Der Aufbau der
Zweistofflegierungen

Eine kritische Zusammenfassung

von

Dr. phil. habil. M. Hansen

Dürener Metallwerke A.-G., Düren/Rhld.

Mit 456 Textabbildungen

Springer-Verlag Berlin Heidelberg GmbH
1936

Copyright 1936 by Springer-Verlag Berlin Heidelberg
Ursprünglich erschienen bei Berlin Verlag von Julius Springer 1936
Softcover reprint of the hardcover 1st edition 1936

ISBN 978-3-642-47187-2   ISBN 978-3-642-47516-0 (eBook)
DOI 10.1007/978-3-642-47516-0

G. Tammann

gewidmet

Vorwort.

In dem vorliegenden Werk wird der Versuch gemacht, die heutigen Kenntnisse über das Verhalten von je zwei Metallen zueinander, wie es durch ihr Zustandsdiagramm beschrieben wird, unter einem einheitlichen Gesichtspunkt zusammenzufassen. Damit dürfte eine seit langem fühlbare Lücke im metallkundlichen Schrifttum geschlossen werden.

Die Zustandsschaubilder der weitaus meisten Zweistofflegierungen in ihrer gegenwärtigen Form — insbesondere der technisch wichtigen — stellen sich als das Ergebnis einer jahrzehntelangen Entwicklung dar, die durch das Zusammentragen zahlreicher mehr oder weniger umfangreicher Teilergebnisse gekennzeichnet ist. In dieser Entwicklung lassen sich deutlich zwei Zeitabschnitte unterscheiden. Nach Schaffung des Rüstzeuges, das zu der Ausarbeitung der ersten binären Zustandsdiagramme befähigte, kam es zunächst darauf an, unter Außerachtlassung quantitativer Einzelheiten einen allgemeinen Überblick über den Aufbau der wichtigsten Zweistofflegierungen zu gewinnen, zumal hier ein völliges Neuland betreten wurde. Durch diese Arbeiten, die wir besonders TAMMANN und seinen Schülern verdanken, wurde vor allem erkannt, welche Legierungen innerhalb eines Zweistoffsystems einer technischen Nutzbarmachung zugeführt werden können und welche ohne technisches Interesse sind. Ferner lernte man an Hand der gewonnenen Zustandsschaubilder, daß zwischen dem Aufbau und den Eigenschaften der Legierungen gesetzmäßige Beziehungen bestehen.

In dem Maße, wie man dann in Verbindung mit Ergebnissen auf anderen Teilgebieten der Metallkunde erkannte, welche Bedeutung den Zustandsdiagrammen für die Erzeugung, Verarbeitung und Entwicklung metallischer Werkstoffe zukommt, wuchs naturgemäß das Bedürfnis nach einer möglichst genauen Kenntnis aller Einzelheiten der Zustandsdiagramme. Die Lösung dieser Aufgabe wurde ermöglicht durch eine ständige Verfeinerung der Hilfsmittel der älteren Konstitutionsforschung und die Anwendung ganz neuer Untersuchungsverfahren, unter denen besonders die Röntgenanalyse erheblichen Anteil an dem Fortschritt der Erkenntnis hat. Heute kann der Aufbau aller wichtigen Zweistofflegierungen als im wesentlichen geklärt angesehen werden, so daß es geboten erscheint, das außerordentlich umfangreiche Tatsachenmaterial einer kritischen Sichtung zu unterziehen und somit einem größeren Leserkreis zugänglich zu machen.

In der Abfassung des Textes wurde von dem Gedanken ausgegangen, dem Leser das Zurückgreifen auf die Originalveröffentlichungen nach Möglichkeit ganz zu ersparen. Doch konnte in manchen Fällen die Erörterung und Aufklärung der vorhandenen Unklarheiten und Widersprüche nur in knappster Form durchgeführt werden, wenn der Umfang des Werkes nicht zu stark anwachsen sollte. Da eine Kenntnis der Phasenlehre vorausgesetzt werden mußte, konnte von einer näheren Beschreibung der Diagramme abgesehen werden.

Von einer Idealisierung und Vervollständigung unvollständiger Zustandsschaubilder auf Grund theoretischer Erwägungen wurde grundsätzlich abgesehen; vielmehr wurden die Diagramme ausschließlich unter Berücksichtigung aller derjenigen Teilergebnisse entworfen, die nach wiederholten oder eindeutigen experimentellen Befunden als feststehend angesehen werden können. Bestehende Unklarheiten werden in den Abbildungen als solche gekennzeichnet.

Die Literatur wurde bis etwa zum Herbst 1935 erfaßt. Während der Fertigstellung des Buches veröffentlichte Arbeiten werden in Form kurzer Nachträge im Anschluß an die betreffenden Zweistoffsysteme berücksichtigt.

Der Hauptteil der Arbeit wurde ausgeführt während meiner Zugehörigkeit zum damaligen Kaiser Wilhelm-Institut für Metallforschung, Berlin-Dahlem, dessen Direktor, Herrn Professor Dr.-Ing. E. h. O. BAUER, ich für die Ermöglichung eines zur Beschaffung von Literatur notwendigen Auslandsurlaubes zu besonderem Dank verpflichtet bin. Für die Überlassung von Sonderdrucken habe ich ferner zahlreichen in- und ausländischen Fachgenossen zu danken, gleicherweise auch Frl. H. KERSTEN und Herrn Dr. K. L. DREYER für das Lesen von Korrekturen. Bei der Sammlung und Beschaffung von Literatur wurde ich in tatkräftiger Weise von Frl. I. GABRICH unterstützt, wofür ich auch an dieser Stelle meinen herzlichen Dank aussprechen möchte.

Düren (Rhld.), März 1936. M. HANSEN.

Inhaltsverzeichnis.

Verzeichnis der Systeme, nach der alphabetischen Reihenfolge der chemischen Kurzzeichen geordnet[1].

[1] Diese Reihenfolge entspricht dem Aufbau des Buches. Ein nach der alphabetischen Reihenfolge der Metalle geordnetes Verzeichnis der Zweistoffsysteme befindet sich am Ende des Buches.

Inhaltsverzeichnis.

Inhaltsverzeichnis.

Einige physikalische Konstanten der Metalle.

Kurzzeichen	Element	Atomnummer	Atomgewicht	Schmelzpunkt	Umwandlungspunkt	Siedepunkt	Dichte	Kristallgitter Struktur	Gitterkonstanten a Å	Gitterkonstanten c Å	Gitterkonstanten c/a
Ag	Silber	47	107,880	960,5		2150±20	10,50	flächenzentriert kubisch	4,077		
Al	Aluminium	13	26,97	660		~2000	2,69	flächenzentriert kubisch	4,040		
As	Arsen	33	74,91	(817)		~630 (Subl.)	5,72	Arsengitter (rhombisch)	4,151	α = 53°49'	
Au	Gold	79	197,2	1063		2677	19,3	flächenzentriert kubisch	4,070		
B	Bor	5	10,82	2300			1,73				
Ba	Barium	56	137,36	704		1540	3,6	raumzentriert kubisch	5,01$_5$		
Be	Beryllium	4	9,02	1282	600—700	~1900	1,84	α-Be: hexagonale dichteste P.	2,2810	3,5771	1,568
Bi	Wismut	83	209,00	271,0		1560±5	9,80	Arsengitter (rhombisch)	4,736	α = 57°16'	
C	Kohlenstoff Graphit	6	12,000	~3900			2,25	Graphitgitter (hexagonal)	2,46	6,78	
	Diamant						3,51	Diamantgitter (kubisch)	3,560		
Ca	Kalzium	20	40,08	851	~450	1240	1,55	α-Ca: flächenzentriert kubisch	5,56		
								β-Ca: hexagonale dichteste P.	3,98	6,52	1,638
Cd	Kadmium	48	112,41	321		767±2	8,64	hexagonale dichteste Packung	2,974	5,606	1,885
Ce	Cer	58	140,13	630			6,8	α-Ce: hexagonale dichteste P.	3,65	5,91	1,62
								β-Ce: flächenzentriert kubisch	5,14		

Co	Kobalt	27	58,94	1490	~450	~2400	8,8	α(ε)-Co: hexagon. dichteste P.	2,50₇	4,07₂	1,624
								β-Co: flächenzentriert kubisch	3,54₅		
Cr	Chrom	24	52,01	1860±60		~2660	7,1	raumzentriert kubisch	2,878		
Cs	Cäsium	55	132,91	26		670	1,87	raumzentriert kubisch	6,05	(bei −173°)	
Cu	Kupfer	29	63,57	1083		2360	8,93	flächenzentriert kubisch	3,608		
Fe	Eisen	26	55,84	1528	906	2840	7,86	α(δ)-Fe: raumzentriert kubisch	2,861		
					1401			γ-Fe: flächenzentriert kubisch	3,56₄		
Ga	Gallium	31	69,72	29,8		2300	5,9	orthorhombisch	4,516₇	7,644₈	b=4,510₇
Ge	Germanium	32	72,60	958			5,40	Diamantgitter	5,64₇		
H	Wasserstoff	1	1,008	−259,2		−252,8					
Hf	Hafnium	72	178,6	2230			13,3	hexagonale dichteste Packung	3,20₀	5,07₇	1,587
Hg	Quecksilber	80	200,61	−38,9		357	13,55	einfach rhomboedrisch	2,999	α = 70°32'	
In	Indium	49	114,76	155,4		>4800	7,25	flächenzentriert tetragonal	4,58₃	4,93₆	1,077
Ir	Iridium	77	193,1	2454			22,4	flächenzentriert kubisch	3,831		
K	Kalium	19	39,096	63,5		762	0,86	raumzentriert kubisch	5,333		
La	Lanthan	57	138,92	812			6,15	α-La: hexagonale dichteste P.	3,75₄	6,06₃	1,613
								β-La: flächenzentriert kubisch	5,29₆		
Li	Lithium	3	6,940	179		1336	0,53	raumzentriert kubisch	3,51		
Mg	Magnesium	12	24,32	650		1097±3	1,74	hexagonale dichteste Packung	3,202	5,199	1,6236
Mn	Mangan	25	54,93	1244	742	2250	7,3	α-Mn: kubisch (eig. Typ)	8,903		
					1191			β-Mn: kubisch (eig. Typ)	6,29		
								γ-Mn: flächenzentriert tetrag.	3,77₄	3,53₃	0,937
Mo	Molybdän	42	96,0	2570		3560	10,2	raumzentriert kubisch	3,140		

Einige physikalische Konstanten der Metalle (Fortsetzung).

Kurzzeichen	Element	Atomnummer	Atomgewicht	Schmelzpunkt	Umwandlungs-punkt	Siedepunkt	Dichte	Kristallgitter			
								Struktur	Gitterkonstanten		
									a Å	c Å	c/a
N	Stickstoff	7	14,008	−210,5		−196		raumzentriert kubisch	4,30		
Na	Natrium	11	22,997	97,5		880	0,97	raumzentriert kubisch	$3,29_9$		
Nb	Niobium	41	92,91	~1950			8,5				
Nd	Neodym	60	144,27	840		2340	7,0	hexagonale dichteste Packung	$3,65_7$	$5,8_8$	1,608
Ni	Nickel	28	58,69	1452?			8,8	flächenzentriert kubisch	3,517		
O	Sauerstoff	8	16,000	−219		−183					
Os	Osmium	76	191,5	2700		>5300	22,5	hexagonale dichteste Packung	2,724	4,314	1,584
P	Phosphor	15	31,02	44		280,5	1,8 bis 2,7				
Pb	Blei	82	207,22	327		1740±10	11,34	flächenzentriert kubisch	4,939		
Pd	Palladium	46	106,7	1554		2200	11,9	flächenzentriert kubisch	3,882		
Pr	Praseodym	59	140,92	932			6,47	hexagonale dichteste Packung	3,657	5,924	1,620
Pt	Platin	78	195,23	1773		3800	21,4	flächenzentriert kubisch	3,916		
Rb	Rubidium	37	85,44	39		696	1,52	raumzentriert kubisch	5,62		
Re	Rhenium	75	186,31	3170±60		>2500	21,2	hexagonale dichteste Packung	2,755	4,449 (bei −173°)	1,615
Rh	Rhodium	45	102,91	1966±3			12,4	flächenzentriert kubisch	3,795		
Ru	Ruthenium	44	101,7	2460?		>2700	12,26	hexagonale dichteste Packung	$2,69_5$	$4,27_3$	1,585

									a	c	c:a
S	Schwefel	16	32,06	112,8	95,5	444,5	2,0			$\alpha = 57°5'$	
Sb	Antimon	51	121,76	630,5		1635±8	6,69	Arsengitter (rhomb.)	4,50	4,945	1,140
Se	Selen	34	78,96	220,5		688	4,80	hexagonal (eig. Typ)	4,337		
Si	Silizium	14	28,06	1414		2400	2-2,3	Diamantgitter	$5{,}41_8$		
Sn	Zinn	50	118,70	232	18	2275	7,28	α-Sn: Diamantgitter	6,46	$3{,}175_3$	0,5456
								β-Sn: raumzentriert tetragonal	$5{,}819_4$		
Sr	Strontium	38	87,63	771		1370	2,60	flächenzentriert kubisch	$6{,}07_5$		
Ta	Tantal	73	181,4	3030			16,6	raumzentriert kubisch	3,298		1,33
Te	Tellur	52	127,61	452,5		1390	6,25	Selengitter (hexagonal)	4,445	5,912	
Th	Thorium	90	232,12	1850			11,5	flächenzentriert kubisch	5,08		
Ti	Titan	22	47,90	1800			4,5	hexagonale dichteste Packung	2,95	4,73	1,60
Tl	Thallium	81	204,39	302	232	1457±10	11,85	α-Tl: hexagonale dichteste P.	3,45	5,52	1,60
								β-Tl: flächenzentriert kubisch			
U	Uran	92	238,14	~1690			18,7				
V	Vanadium	23	50,95	1715			5,7	raumzentriert kubisch	3,01		
W	Wolfram	74	184,0	3400		~4830	19,1	raumzentriert kubisch	3,158		
Zn	Zink	30	65,38	419,4		907,2	7,14	hexagonale dichteste Packung	2,659	4,935	1,856
Zr	Zirkonium	40	91,22	1860	862		6,53	α-Zr: hexagonale dichteste P.	3,22	5,12	1,589
								β-Zr: raumzentriert kubisch	3,61	(bei 867°)	

Ag-Al. Silber-Aluminium.

WRIGHT[1] stellte die vollständige Mischbarkeit der beiden Metalle im flüssigen Zustand fest. GAUTIER[2] bestimmte erstmalig die Liquiduskurve (11 Legn.) und fand ein Maximum bei der Zusammensetzung Ag_2Al. Nach HEYCOCK-NEVILLE[3] wird der Erstarrungspunkt des Silbers durch 1,4% Al auf etwa 923° erniedrigt.

Die Legierungen mit 0—15% Al. Das mit Hilfe thermischer und auch mikroskopischer Untersuchungen (25 Legn.) ausgearbeitete vollständige

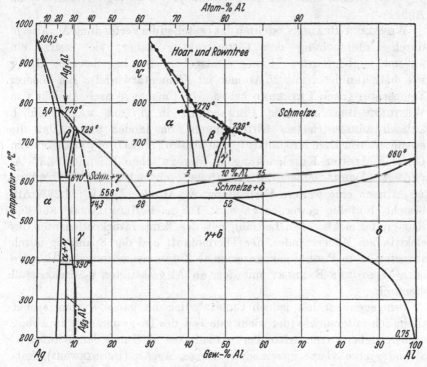

Abb. 1. Ag-Al. Silber-Aluminium.

Zustandsschaubild wurde erstmalig von PETRENKO[4] gegeben. Er schloß auf das Bestehen der Verbindungen Ag_3Al (7,69% Al) und Ag_2Al (11,11% Al); das von GAUTIER gefundene Maximum konnte er jedoch nicht bestätigen. Der Verlauf seiner Kurven des Endes der Erstarrung im Konzentrationsgebiet der Verbindungen ist theoretisch unhaltbar. Die röntgenographischen Untersuchungen von WESTGREN-BRADLEY[5] (s. w. u.) lassen jedoch die Deutung zu, daß die in Abb. 1 mit β und γ

bezeichneten Kristallarten durch peritektische Reaktionen bei 770° bzw. 718—723° gebildet werden. In der Tat konnten HOAR-ROWNTREE[6], die die Konstitution im Bereich von 0—15% Al bei Temperaturen oberhalb 600° untersuchten, diese Erstarrungsverhältnisse bestätigen. Nach HOAR-ROWNTREE liegen die beiden peritektischen Horizontalen bei 5—6,2% Al und 779° (α + Schmelze $\rightleftharpoons \beta$) und etwa 10—10,8% Al und 729° (β + Schmelze $\rightleftharpoons \gamma$). Die von ihnen bestimmten Liquidustemperaturen liegen durchweg 5—10° oberhalb den von PETRENKO gefundenen, wahrscheinlich infolge des verwendeten reineren Aluminiums (99,5%). Die zwischen den α- und β-Zustandsgebieten verlaufenden Phasengrenzen wurden mikrographisch festgelegt, während die β ($\beta + \gamma$)-Grenze nur thermisch bestimmt wurde (vgl. Nebenabb. zu Abb. 1).

WESTGREN-BRADLEY[5] stellten das Bestehen der Verbindung $Ag_3Al = \beta'$ durch Untersuchung der Gitterstruktur sicher; sie besitzt ein äußerst engbegrenztes Homogenitätsgebiet und hat dasselbe Gitter wie β-Mn (kubisch, mit 20 Atomen im Elementarwürfel). Bei höherer Temperatur (nach PETRENKO bei rd. 610°) macht β' nach Ansicht von WESTGREN-BRADLEY eine Umwandlung in β (mit wahrscheinlich kubisch-raumzentriertem Gitter) durch. Sie fanden weiter, daß die zweite intermediäre Kristallart (γ) ein Mischkristall mit hexagonalem Gitter dichtester Kugelpackung ist, der zwischen 8,5 und 14,3% Al vorliegt. Damit schien die Streitfrage[7], ob neben der Verbindung Ag_3Al noch eine weitere Verbindung, Ag_2Al oder Ag_3Al_2 (14,29% Al), besteht, hinfällig geworden zu sein: Die nach BRONIEWSKI[8] auf den Kurven der elektrischen Leitfähigkeit, des Temperaturkoeffizienten des elektrischen Widerstandes, der Thermokraft und der Spannung durch ausgezeichnete Punkte gekennzeichnete Zusammensetzung Ag_3Al_2 wäre nach WESTGREN-BRADLEY mit dem an Al gesättigten γ-Mischkristall identisch.

Demgegenüber hat jedoch CREPAZ[9], der das ganze System erneut thermisch untersuchte (der wichtigste Teil des Diagramms ist in Abb. 2 wiedergegeben), eine dritte Peritektikale bei 698° und damit außer β, β' und γ eine vierte intermediäre Phase, Ag_3Al_2 (BRONIEWSKI), festgestellt, die PETRENKO, WESTGREN-BRADLEY und HOAR-ROWNTREE nicht gefunden haben. Hier können nur neue Versuche Klarheit bringen. Der zwischen 0 und 12% Al liegende Teil des Diagramms von CREPAZ, der theoretisch unhaltbar ist, ist durch die Arbeiten von HOAR-ROWNTREE und AGEEW-SHOYKET[10] überholt.

AGEEW-SHOYKET[10] haben den bis dahin unaufgeklärten Teil des Systems zwischen 0 und 12% Al unterhalb 600° mit Hilfe röntgenographischer und mikrographischer Untersuchungen ausgearbeitet (Abb. 3). Danach findet also mit fallender Temperatur nicht eine

Umwandlung $\beta \rightarrow \beta'$ (Ag$_3$Al) statt, sondern der Mischkristall β zerfällt zunächst bei etwa 610° in α und γ, und wenig unterhalb 400° bildet sich $\beta' = $ Ag$_3$Al aus α und γ.

Hume-Rothery, Mabbott und Evans[11] haben die Soliduskurve und die Sättigungsgrenze des α-Mischkristalls mikrographisch bestimmt. Abgesehen von kleinen Unterschieden in quantitativer Hinsicht[12] stimmt die Sättigungsgrenze von α mit der von Ageew-Shoyket gefundenen überein.

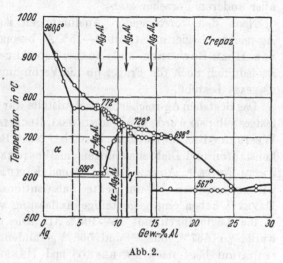

Abb. 2.

Eine in russischer Sprache veröffentlichte Arbeit von Tischtchenko[13] über die Ag-Al-Verbindungen war mir nicht zugänglich. Nach einem Referat[14] fand dieser Forscher mit Hilfe thermischer Untersuchungen, daß die bei 771° gebildete β-Phase (von ihm als Ag$_3$Al angesehen) bei 606° eine Umwandlung in β' durchmacht; das trifft jedoch nach Ageew-Shoyket sicher nicht zu. Mit Crepaz vertritt Tischtchenko die Auffassung, daß die Verbindung Ag$_3$Al$_2$ besteht, die einen maximalen Schmelzpunkt von 752° (?) besitzt und mit dem an Al gesättigten β-Misch-

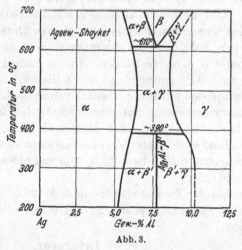

Abb. 3.

kristall mit 10,2% Al ein Eutektikum (?) bei 722° bildet. Ag$_3$Al$_2$ soll jedoch nur bis herunter zu 711° stabil sein und bei dieser Temperatur in γ'', einer festen Lösung von Al in Ag$_2$Al mit höchstens 14,33% Al, zerfallen. Zwischen 711° und 400° soll um 13% Al ein Zweiphasengebiet ($\beta + \gamma'$) vorliegen, und unterhalb 400° sollen die Legierungen mit 7,7—11,1% Al aus β' und γ bestehen. Leider kann

1*

man sich nach diesen spärlichen Angaben des Referates kein Bild
von dem nach Tischtchenko geltenden Aufbau der Legierungen mit
7,7—14,3% Al machen. Es kann jedoch so gut wie sicher gelten, daß
der Verfasser bei der Deutung seiner Versuchsergebnisse Fehlschlüsse[15]
gezogen hat, da seine Auffassung im Widerspruch zu den Ergebnissen
aller anderen Forscher steht.

Nach den vorstehenden Ausführungen ist die Konstitution der
Ag-reichen Legierungen mit 0—15% Al besonders durch die Arbeiten
von Hoar-Rowntree und Ageew-Shoyket aufgeklärt. Umstritten
ist lediglich noch die Frage, ob die Verbindung Ag_3Al_2 (Broniewski,
Crepaz) besteht.

Das Bestehen Ag-reicher α-Mischkristalle war erstmalig von Petrenko
festgestellt; sie wurde von Broniewski, Beckmann[16], Hansen-Sachs[17],
Westgren-Bradley u. a. m. bestätigt. Nach Bestimmungen der Gitterkonstanten und Dichtemessungen von Westgren-Bradley, Barrett[18],
Jette-Foote[19], Ageew-Shoyket und Kokubo[20] handelt es sich —
wie zu erwarten — um echte Substitutionsmischkristalle; Phelps-
Davey[21] haben eine gegenteilige Auffassung vertreten.

Die Legierungen mit 15—100% Al. Die eutektische Temperatur
wurde zu 567°[4], 558°[22] und 568°[9] gefunden. Die eutektische Konzentration liegt nach Petrenko[4] und Hansen[22] bei etwa 30% Al;
Crepaz (Abb. 2) fand etwa 25,5% Al, gibt jedoch im Text 39,5% Al
an (?). Das Bestehen Al-reicher δ-Mischkristalle, das von Petrenko
verneint wurde (nach seinen thermischen Daten aber schon sehr wahrscheinlich war), konnten Broniewski und später Kroll[23], Tazaki[24],
Hansen[22] u. a. m. feststellen. Die in Abb. 1 eingezeichnete Soliduskurve und Sättigungsgrenze der δ-Mischkristalle wurde von Hansen
mikrographisch bestimmt. Danach nimmt die Löslichkeit von < 0,5% Ag
bei Raumtemperatur auf etwa 48% Ag bei 558° zu und beträgt bei
200° bzw. 300°, 400° und 500° 0,75 bzw. 3,25; 12 und 33% Ag.
Crepaz fand später unter Verwendung eines weniger reinen Aluminiums[25]
Löslichkeiten von 45 bzw. 24,5, 11,5 und etwa 3% bei 568° bzw. 500°,
400° und 250°.

Ein bei der Zusammensetzung AgAl (20,0% Al) von Puschin[26] fest-
gestellter Spannungssprung ist mit dem Aufbau der Legierungen unvereinbar.

Literatur.

1. Wright, C. R. A.: Proc. Roy. Soc., Lond. Bd. 52 (1892) S. 24/26. —
2. Gautier, H.: C. R. Acad. Sci., Paris Bd. 123 (1896) S. 109; Bull. Soc. Encour.
Ind. nat. (5) Bd. 1 (1896) S. 1312. — **3.** Heycock, C. T., u. F. H. Neville: Philos.
Trans. Roy. Soc., Lond. A Bd. 189 (1897) S. 69. — **4.** Petrenko, G. J.: Z. anorg.
allg. Chem. Bd. 46 (1905) S. 49/59. Wärmebehandlungen wurden nicht ausgeführt.
— **5.** Westgren, A., u. A. J. Bradley: Philos. Mag. VII Bd. 6 (1928) S. 280/88.
— **6.** Hoar, T. P., u. R. K. Rowntree: J. Inst. Met., Lond. Bd. 45 (1931) S. 119/24.

S. a. GAYLER, M.: Ebenda S. 124/25. — 7. KREMANN, R.: Elektrochem. Metallkde
in W. Guertlers Handbuch Metallographie Bd. II, Teil 1, Abschn. 3, S. 120/24.
Berlin: Gebr. Borntraeger 1912. — HANSEN, M.: Z. Metallkde. Bd. 20 (1928) S. 217/22.
— 8. BRONIEWSKI, W.: Ann. Chim. Phys. Bd. 25 (1912) S. 80/86; C. R. Acad.
Sci., Paris Bd. 150 (1910) S. 1754/57. — 9. CREPAZ, E.: Atti III. Congr. naz. Chim.
pura appl. Firenze e Toscana 1929 S. 371/79. — 10. AGEEW, N., u. D. SHOYKET:
J. Inst. Met., Lond. Bd. 52 (1933) S. 119/26. — 11. HUME-ROTHERY, W., G. W.
MABBOTT u. K. M. C. EVANS: Philos. Trans. Roy. Soc., Lond. A Bd. 233 (1934)
S. 1/97. — 12. S. darüber HUME-ROTHERY, W.: J. Inst. Met., Lond. Bd. 52 (1933)
S. 127/29. — 13. TISCHTCHENKO, F. E.: J. gen. Chem. Bd. 3 (1933) S. 549/57 (russ.).
— 14. J. Inst. Met., Lond. Met. Abs. Bd. 1 (1934) S. 7; Chem. Zbl. 1934 II S. 390. —
15. S. a. J. Inst. Met., Lond. Bd. 52 (1933) S. 126/27. — 16. BECKMANN, B.: Int.
Z. Metallogr. Bd. 6 (1914) S. 246/55. — 17. HANSEN, M., u. G. SACHS: Z. Metallkde.
Bd. 20 (1928) S. 151/52. — 18. BARRETT, C. S.: Met. & Alloys Bd. 44 (1933) S. 63/64, 74.
— 19. JETTE, E., u. F. FOOTE: Met. & Alloys Bd. 44 (1933) S. 78. — 20. KOKUBO, S.:
Sci. Rep. Tôhoku Univ. Bd. 33 (1934) S. 45/51. — 21. PHELPS, R. T., u. W. P.
DAVEY: Trans. Amer. Inst. min. metallurg. Engr. Inst. Metals Div. Bd. 99 (1932)
S. 234/45, Diskussion S. 245/63. — 22. HANSEN, M.: Z. Metallkde. Bd. 20 (1928)
S. 217/22; Naturwiss. Bd. 16 (1928) S. 417/19. Reinheitsgrad des verwendeten
Al: 99,74%. — 23. KROLL, W.: Met. u. Erz Bd. 23 (1926) S. 555/57. — 24. TAZAKI,
M.: Im Referatenteil der japanischen Zeitschrift Kinzoku no Kenkyu Bd. 4 (1927)
S. 34 befindet sich die Besprechung einer in japanischer Sprache veröffentlichten
Arbeit von TAZAKI: Aus dem dort abgebildeten Diagramm geht hervor, daß die
Löslichkeit von Ag in Al bei 565° (eut. Temp.) etwa 24% Ag, bei 400° etwa 9% Ag
beträgt. Der Ag-reiche Teil des Diagramms wurde mit Ausnahme des eutektischen
Punktes, der zu 85% Al angegeben wird, anscheinend von PETRENKO übernommen.
— 25. Reinheitsgrad 99,33%. — 26. PUSCHIN, N. A.: J. russ. phys.-chem. Ges.
Bd. 39 (1907) S. 528/66.

Ag-As. Silber-Arsen.

Das Diagramm von FRIEDRICH-LEROUX[1], die das System im Bereich
von 0—19% As durch Aufnahme von Abkühlungskurven und mikroskopische Beobachtung der im Ofen erstarrten Schmelzen untersuchten,
besteht aus einer vom Schmelzpunkt des Silbers abfallenden Liquiduskurve und einer Horizontalen bei 528°, die die Verfasser für eine Eutektikale hielten. Aus der Tatsache, daß die von ihnen veröffentlichten
Gefügebilder neben dem Eutektikum deutlich zwei Kristallarten erkennen lassen, von denen die eine die andere umhüllt, schloß GUERTLER[2],
daß die Horizontale als eine Peritektikale aufzufassen sei, die der Bildung
einer von DESCAMPS[3] (allerdings auf Grund unzureichender Kriterien)
vermuteten Verbindung Ag_3As (18,8% As) nach der Gleichung Ag
+ Schmelze → Ag_3As entspräche.

Die von HEIKE-LEROUX[4] durchgeführte thermische und mikroskopische Untersuchung der ganzen Legierungsreihe hat diese älteren
Arbeiten überholt (Abb. 4). Die Verfasser stellten ihre Legierungen
(10—15 g) in evakuierten, geschlossenen Porzellanröhren her[5].

Die Sättigungsgrenze des α-Mischkristalls bei 595° liegt nach 3 bis
6stündigem Glühen und Abschrecken bei etwa 4,5% As. Mit fallender

Temperatur verschiebt sie sich wahrscheinlich zu etwas höheren As-Gehalten. Die durch die peritektische Reaktion bei 595° gebildete und bei 374° eutektoidisch zerfallende β-Kristallart entspricht einer Zusammensetzung von 7,5% As = 10,5 Atom-% As (Ag$_9$As?). Wahrscheinlich kommt ihr nur ein beschränktes Zustandsgebiet zu. Die Löslichkeit von Ag in As wurde nicht bestimmt.

Nachtrag. Eine von BRODERICK-EHRET[6] ausgeführte Röntgenanalyse bestätigte das Diagramm von HEIKE-LEROUX und ergab im

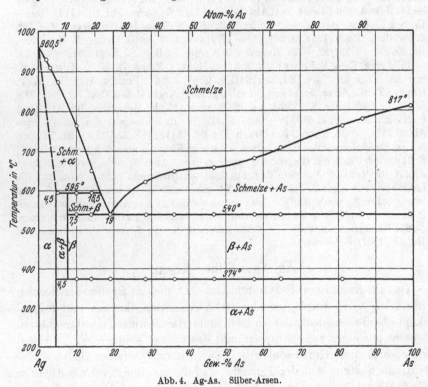

Abb. 4. Ag-As. Silber-Arsen.

einzelnen folgendes: Die Löslichkeit von As in Ag ist annähernd 5% (nach „sehr langsamer" Abkühlung aus dem Schmelzfluß), andererseits ist Ag in As praktisch unlöslich. Die β-Phase hat ein hexagonales Gitter dichtester Kugelpackung, ihr Homogenitätsgebiet ist „sehr eng".

Literatur.

1. FRIEDRICH, K., u. A. LEROUX: Metallurgie Bd. 3 (1906) S. 192/95. Die neun von ihnen untersuchten Legierungen wurden in offenen Tiegeln hergestellt. — **2.** GUERTLER, W.: Handbuch Metallographie Bd. 1 S. 853/55. Berlin: Gebr. Borntraeger 1912. — **3.** DESCAMPS, A.: C. R. Acad. Sci., Paris Bd. 86 (1878) S. 1023. D. gewann durch Reduktion von Ag-Arsenat mit Zyankalium eine Legierung von der Zusammensetzung AgAs, die durch Umschmelzen in Ag$_3$As überging. Diese Legierung entspricht nach Abb. 4 nahezu der eutektischen Legierung. — **4.** HEIKE,W., u. A. LEROUX: Z. anorg. allg. Chem. Bd. 92 (1915) S. 119/26. — **5.** Daß der Einfluß des Druckes nur sehr gering sein kann, erhellt aus der Tatsache, daß sowohl in As-armen wie in As-reichen Legierungen die eutektische und eutektoide Horizontale stets bei derselben Temperatur gefunden wurde. Die in Abb. 4 dargestellte Liquiduskurve der As-reichen Schmelzen ist jedoch nur unter erhöhtem Druck realisierbar, da As selbst nur unter hohem Druck zum Schmelzen zu bringen ist. Unter Atmosphärendruck sublimiert es nach JONKER bei 616°; s. As-S. — **6.** BRODERICK, S. J., u. W. F. EHRET: J. physic. Chem. Bd. 35 (1931) S. 3322/29.

Ag-Au. Silber-Gold.

Das System Ag-Au ist eines der wenigen Systeme, von dem man nach unserer heutigen Kenntnis noch annehmen kann, daß es aus einer lückenlosen Reihe von Mischkristallen besteht[1]. Mit der Aufstellung

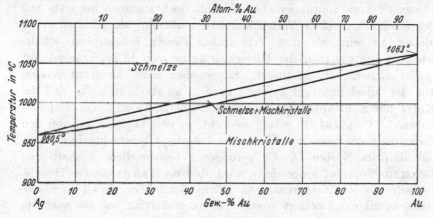

Abb. 5. Ag-Au. Silber-Gold.

des Schmelzdiagramms befassen sich die thermischen Untersuchungen von ERHARD und SCHERTEL[2], GAUTIER[3], HEYCOCK und NEVILLE[4] (die nur den Einfluß kleiner Au-Gehalte auf den Erstarrungspunkt des Silbers untersuchten), ROBERTS-AUSTEN und KIRKE ROSE[5], JÄNECKE[6] und RAYDT[7]. Die beiden letztgenannten Forscher bestimmten auch das Ende der Erstarrung; ihre Ergebnisse stimmen ausgezeichnet überein (Abb. 5). Die Gefügeuntersuchungen von JÄNECKE und RAYDT und die Messungen der elektrischen Leitfähigkeit[8] von MATTHIESSEN[9], ROBERTS-AUSTEN[10], STROUHAL und BARUS[11], BECKMANN[12] und SEDSTRÖM[13], des Temperaturkoeffizienten des elektrischen Widerstandes von MATTHIESSEN und VOGT[14], STROUHAL-BARUS und BECKMANN, der thermischen Leitfähigkeit von SEDSTRÖM, der Thermokraft[15] von STROUHAL-BARUS[16], RUDOLFI[17] und besonders SEDSTRÖM und des linearen Ausdehnungskoeffizienten[18] von JOHANSSON[19] stehen mit dem Diagramm in bestem Einklang. Die von MATTHIESSEN[20] und HOITSEMA[21] gemessene Dichte ändert sich vollkommen linear mit der Zusammensetzung in Atom-%.

Durch die von Mc Keehan[22], Weiss[23], Jung[24], Holgersson[25] sowie Sachs und Weerts[26] ausgeführte Röntgenanalyse der Legierungen konnte ebenfalls festgestellt werden, daß eine lückenlose Reihe von Mischkristallen vorliegt. Alle Legierungen haben das kubisch-flächenzentrierte Gitter der Komponenten. Mc Keehan fand, daß die Kurve der Gitterkonstanten bei 40 und 70 Atom-% Au Maxima, bei 50 Atom-% ein Minimum aufweist. Weiss konnte die von Mc Keehan gefundenen Gitterkonstanten nicht bestätigen; er stellte vielmehr fest, daß sie sich innerhalb der experimentellen Fehlergrenze von 0,1% kontinuierlich zwischen den Konstanten der Komponenten ändern[27]. Die von Holgersson gemessenen Gitterkonstanten zeigen zwar Abweichungen[28] vom kontinuierlichen Verlauf, doch stimmen auch sie mit den Mc Keehanschen Werten keineswegs überein; sie scheinen etwas kleiner zu sein, als dem Vegardschen Gesetz entsprechen würde. Sachs-Weerts haben die Gitterkonstanten von 11 Legierungen mit großer Genauigkeit bestimmt. Sie weichen nach kleineren Werten von der Mischungsregel ab, und zwar in so starkem Maße, daß die Kurve der Konstanten bei Au-Gehalten um 70 Atom-% ein Minimum aufweist. Phragmén[29] gelang es nicht, in den Legierungen von den Zusammensetzungen Ag_3Au, $AgAu$ und $AgAu_3$ Überstrukturlinien ähnlich den im System Au-Cu gefundenen festzustellen, weshalb von Borelius[30] darauf hingewiesen wird, daß die Tammannsche Theorie, wonach die Resistenzgrenzen in Mischkristallreihen durch geordnete Atomverteilungen erklärt werden sollen, unhaltbar sei, da auch im System Ag-Au solche Resistenzgrenzen auftreten.

Die von Tammann[31] bei 320° (am Elektrometer) gemessenen Elemente $AgAu_x/AgNO_3/Glas/NaNO_3 \cdot KNO_3 \cdot AuCl_3/Au^+$ ergaben Spannungswerte, die auf einer zwischen den Spannungen der beiden Komponenten stetig verlaufenden Kurve liegen, wie es die Theorie beim Vorliegen einer lückenlosen Reihe von Mischkristallen fordert. Bei Messungen der Polarisationsspannungen der Ag-Au-Mischkristalle gegen Ag in $AgNO_3$-Lösung bei gewöhnlicher Temperatur wurde eine Resistenzgrenze bei 50 Atom-% Au ($^4/_8$ Mol Au) festgestellt.

Nachtrag. Mit dem Bestehen einer lückenlosen Mischkristallreihe stehen ferner im Einklang die Messungen der elektrischen Eigenschaften u. a. m. von Broniewski-Wesolowski[32], der magnetischen Suszeptibilität von Vogt[33] und Shimizu[34], des spezifischen Widerstandes von Shimizu[34], weiter die Röntgenuntersuchungen von Le Blanc-Erler[35], die die von Sachs-Weerts gefundene Abhängigkeit der Gitterkonstanten von der Konzentration nur mit der Ausnahme bestätigen, daß sie das Minimum nahe bei 50 Atom-% statt bei 70 Atom-% Au fanden, und WIEST[36], der bei ein- und vielkristallinen Legierungen verschiedene Gitterkonstanten feststellte. Nach ORNSTEIN-VAN GEEL[37] besteht eine auffallende Parallelität zwischen den Kurven des Hall-Effektes und der Gitterkonstanten. Die Spannungen der Kette Ag/AgCl, KCl/(Ag, Au) wurden von ÖLANDER[38] bei 400° und 625°, von WAGNER-ENGEL-HARDT[39] bei 410—745° gemessen; sie können annähernd als Gleichgewichtspotentiale angesehen werden.

Aus gewissen Abweichungen der Aktivitätskoeffizienten vom glatten Kurvenverlauf hat ÖLANDER auf die mögliche Existenz von intermediären Phasen geschlossen. Das von ÖLANDER entworfene Diagramm zeigt unterhalb 800° zwei neue Phasen zwischen 0 und 18 und zwischen 50 und 80 Atom-% Au. WAGNER-ENGELHARDT bemerken dazu, daß nach dem Verlauf ihrer Versuche die Sicherheit derartiger Messungen kaum hinreicht, um aus so kleinen Effekten mit Sicherheit Schlüsse ziehen zu können.

Über die Resistenzgrenze im System Ag-Au siehe BORCHERS[40] und LE BLANC-ERLER.

Literatur.

1. LIEMPT, J. A. M. VAN: Rec. Trav. chim. Pays-Bas Bd. 45 (1926) S. 203/206. — 2. ERHARD, T., u. A. SCHERTEL: Jb. Berg- u. Hüttenwes. Sachsen 1879 S. 164. — 3. GAUTIER, H.: Bull. Soc. Encour. Ind. nat. Bd. 1 (1896) S. 1318. — 4. HEYCOCK, C. T., u. F. H. NEVILLE: Philos. Trans. Roy. Soc., Lond. A Bd. 189 (1897) S. 69. — 5. ROBERTS-AUSTEN, W. C., u. T. KIRKE ROSE: Proc. Roy. Soc., Lond. Bd. 71 (1903) S. 161/63; Chem. News Bd. 87 (1903) S. 1/2. Diese Forscher fanden, daß die Liquiduskurve zwischen 60 und 100% Au nahezu horizontal bei der Erstarrungstemperatur des Goldes verläuft und erst bei etwa 30% Au steiler zum Erstarrungspunkt des Silbers abfällt. JÄNECKE führt das auf eine ungenügende Durchmischung der Schmelze zurück; es wurde stets der Erstarrungspunkt des Goldes gemessen. — 6. JÄNECKE, E.: Metallurgie Bd. 8 (1911) S. 599/600. — 7. RAYDT, U.: Z. anorg. allg. Chem. Bd. 75 (1912) S. 58/62. — 8. Die Kurven der elektrischen und thermischen Leitfähigkeit (Isothermen) und des Temperaturkoeffizienten des elektrischen Widerstandes in Abhängigkeit von der Konzentration in Atomprozent sind Kettenkurven mit einem flachen Minimum. — 9. MATTHIESSEN, A.: Pogg. Ann. Bd. 110 (1860) S. 219/20. — 10. ROBERTS(-AUSTEN), W. C.: Philos. Mag. 5 Bd. 8 (1879) S. 58. — 11. STROUHAL u. C. BARUS: Abh. kgl.-böhm. Ges. Wiss. Bd. 12 (1883/84). — 12. BECKMANN, B.: Dissertation. Upsala 1911. — 13. SEDSTRÖM, E.: Ann. Physik Bd. 59 (1919) S. 137/38 und Dissertation. Stockholm 1924. — 14. MATTHIESSEN, A., u. C. VOGT: Pogg. Ann. Bd. 122 (1864) S. 42, 45/46, 53. — 15. Die Kurve der Thermokraft hat nach STROUHAL-BARUS sowie SEDSTRÖM eine der Kettenkurve ähnliche Gestalt mit einem zur Ag-Seite verschobenen Minimum bei etwa 30 Atom-% Au. — 16. Vgl. auch Rev. Métallurg. Bd. 7 (1910) S. 347. — 17. RUDOLFI, E.: Z. anorg. allg. Chem. Bd. 67 (1910) S. 85/88. — 18. Die linearen Ausdehnungskoeffizienten liegen auf einer schwach konvex zur Konzentrationsachse in Atomprozent verlaufenden Kurve, nach JOHANSSON ebenfalls ein Beweis für die Existenz einer lückenlosen Mischkristallreihe. — 19. JOHANSSON, C. H.: Ann. Physik Bd. 76 (1925) S. 448/49. — 20. MATTHIESSEN, A.: Pogg. Ann. Bd. 110 (1860) S. 36/37. — 21. HOITSEMA, C.: Z. anorg. allg. Chem. Bd. 41 (1904) S. 66/67. — 22. McKEEHAN, L. W.: Physic.

Rev. Bd. 20 (1922) S. 424/32. — **23.** WEISS, H.: Proc. Roy. Soc., Lond. Bd. 108 (1925) S. 652/54. —**24.** JUNG, H.: Z. Kristallogr. Bd. 64 (1926) S. 425/29. —**25.** HOL- GERSSON, S.: Ann. Physik Bd. 79 (1926) S. 42/46. — **26.** SACHS, G., u. J. WEERTS: Z. Physik Bd. 60 (1930) S. 481/90. — **27.** WEISS vermutet, daß McKEEHAN die Größe des experimentellen Fehlers unterschätzte. — **28.** Nach HOLGERSSON sind die Abweichungen nicht größer, als daß sie aus der Inhomogenität der Legierungen erklärt werden können. Nach JUNG „liegen alle Abweichungen innerhalb der Fehlergrenze". — **29.** PHRAGMÉN, G.: Fysisk Tidskr. Bd. 24 (1926) S. 40/41. — **30.** BORELIUS, G.: Fysisk Tidskr. Bd. 24 (1926) S. 93/97. — **31.** TAMMANN, G.: Z. anorg. allg. Chem. Bd. 107 (1919) S. 144/52. — **32.** BRONIEWSKI, W., u. K. WESOLOWSKI: C. R. Acad. Sci., Paris Bd. 194 (1932) S. 2047/49. — **33.** VOGT, E.: Ann. Physik Bd. 14 (1932) S. 8/10. — **34.** SHIMIZU, Y.: Sci. Rep. Tôhoku Univ. Bd. 21 (1932) S. 829/34. S. auch H. AUER, E. RIEDL u. H. J. SEEMANN, Z. Physik Bd. 92 (1934) S. 291/302. — **35.** LE BLANC, M., u. W. ERLER: Ann. Physik Bd. 16 (1933) S. 321/36. — **36.** WIEST, P.: Z. Physik Bd. 81 (1933) S. 121/28. — **37.** ORN- STEIN, L. S., u. W. C. VAN GEEL: Z. Physik Bd. 72 (1931) S. 488/91; s. auch VAN AUBEL, E.: Ebenda Bd. 75 (1932) S. 119. — **38.** ÖLANDER, A.: J. Amer. chem. Soc. Bd. 53 (1931) S. 3577/88. — **39.** WAGNER, C., u. G. ENGELHARDT: Z. physik. Chem. Bd. 159 (1932) S. 260/67. — **40.** BORCHERS, H.: Met. u. Erz Bd. 29 (1932) S. 392/98.

Ag-B.   Silber-Bor.

Amorphes Bor löst sich in geschmolzenem Silber selbst bei 1500—1600° (im H_2-Strom) nicht merklich auf[1]. Zementationsversuche von Ag und Au mit Bor verliefen negativ[2].

Literatur.

1. GIEBELHAUSEN, H.: Z. anorg. allg. Chem. Bd. 91 (1915) S. 261/62. — **2.** LOSKIEWICZ, W.: Przegl. Gorniczo-Hutniczy Bd. 21 (1929) S. 583/611 (poln. mit franz. Zusammenfassung); Ref. J. Inst. Met., Lond. Bd. 47 (1931) S. 516/17.

Ag-Ba.   Silber-Barium.

WEIBKE[1] hat das Diagramm ausschließlich mit Hilfe der thermi- schen Analyse ausgearbeitet[2] (Abb. 6). Eine endgültige Festlegung der Gleichgewichtskurven für Ba-Gehalte oberhalb 60% war wegen ex- perimenteller Schwierigkeiten nicht möglich. Nach Ansicht WEIBKEs dürfte das Bestehen der Verbindungen Ag_4Ba (24,15% Ba), Ag_5Ba_3 (43,32% Ba) und Ag_3Ba_2 (45,92% Ba) wohl als gesichert anzusehen sein; letztere folgt aus dem Maximum der Erstarrungstemperatur bei ihrer Konzentration. Ag_4Ba folgt aus dem Verschwinden der eutekti- schen Haltezeiten bei 726° und 679°; die für dieses Gebiet vorliegenden thermischen Daten gestatten jedoch leider nicht die Bestimmung der maximalen Erstarrungstemperatur, die sich nur sehr wenig von der Temperatur des $Ag-Ag_4Ba$-Eutektikums unterscheiden kann. Die Zu- sammensetzung der durch ein verdecktes Maximum gekennzeichneten Verbindung Ag_5Ba_3 ergibt sich nur angenähert aus der eutektischen Haltezeit bei 679°, doch dürfte die angegebene Formel am wahrschein-

lichsten für die bei 679° entstehende Verbindung sein (vgl. Ag-Sr).
Bezüglich der Konstitution der Legierungen zwischen 60 und 100% Na
sagt WEIBKE:

„Die Existenz zweier weiterer Verbindungen Ag_3Ba_4 (62,93% Ba) und $AgBa_3$
(79,25% Ba) ist als nicht sichergestellt zu betrachten, da in ihrem Gebiete die
Schwierigkeiten der Darstellung verbunden mit den sehr schwachen thermischen
Effekten eine zu große Unsicherheit in die Messungen bringen. Die Kurve wurde
aus diesem Grunde von 60% Ba an gestrichelt gezeichnet.“

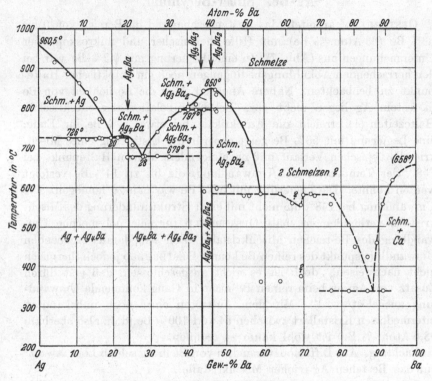

Abb. 6. Ag-Ba. Silber-Barium.

WEIBKE bemerkt weiter, daß zwischen 60 und 80% Ba eine Mischungslücke im flüssigen Zustand zu bestehen scheine, da die in dieses
Gebiet fallenden Legierungen nach den Analysen offenbar aus zwei
Schichten bestehen. Tatsächlich ist eine Mischungslücke auch mit den
thermischen Daten (praktisch horizontaler Verlauf der Liquiduskurve)
durchaus verträglich. Das Bestehen der beiden von WEIBKE vermuteten Verbindungen Ag_3Ba_4 und $AgBa_3$ wäre dann jedoch unwahrscheinlich. Bezüglich der Erstarrungstemperatur der Ba-reichen
Schmelzen ist zu bemerken, daß das verwendete Ba, dessen Schmelzpunkt zu 629° gefunden wurde (statt 658°), Sr-haltig war[2].

Literatur.

1. WEIBKE, F.: Z. anorg. allg. Chem. Bd. 193 (1930) S. 297/310. — 2. Das
verwendete Ba war 97,8% ig und enthielt 1,9% Sr und 0,15% N. Die Schmelzen
wurden in Eisentiegeln in einer Argonatmosphäre hergestellt. Das Volumen der
Legierungen betrug fast durchweg 3 cm³. Die Verfolgung der Abkühlungskurven
geschah im allgemeinen bis etwa 50° unter die eutektischen Temperaturen. Die
Zusammensetzungen der Legierungen wurden nach der Analyse korrigiert.

Ag-Be. Silber-Beryllium.

OESTERHELD[1] arbeitete das Zustandsschaubild im Bereich von 0 bis
53% Be (93 Atom-% Be) mit Hilfe thermischer und mikroskopischer
Untersuchungen aus (Abb. 7). In einer Legierung mit 0,2% Be war bei
den herrschenden Abkühlungsbedingungen noch ein eutektischer Haltepunkt zu beobachten. Nähere Angaben über die Löslichkeit von Be
in festem Ag liegen nicht vor. Bei Extrapolation der eutektischen
Haltezeiten (!) erreicht die Eutektikale bei etwa 54% Be ihr Ende,
eine Legierung mit 53% Be zeigt den für die Erstarrung eines Mischkristalls typischen Verlauf mit nachfolgendem kleinen Haltepunkt bei
748°, der Temperatur der Umwandlung, die bis zu 14% Be verfolgt
werden konnte. Die Legierung mit 54% Be war nahezu homogen. Die
Umwandlung bei 748°, die nicht mit einer Strukturänderung des Mischkristalls verbunden ist, hält OESTERHELD für eine polymorphe Umwandlung des Be-reichen Mischkristalls. Den sich daraus ergebenden
Umwandlungspunkt des reinen Be konnte OESTERHELD jedoch thermisch
nicht nachweisen, „doch ist es nicht ausgeschlossen, daß erst durch
Zusatz von Ag die beim reinen Be nicht in Gang kommende Umwandlung ausgelöst wird". Mit dem Auftreten einer noch unbekannten
intermediären Kristallart zwischen 54 und 100% Be (d. h. also oberhalb
93,5 Atom-% Be) ist wohl kaum zu rechnen.

Nachtrag. Aus Diffusionsversuchen von Be in Ag schloß LOSKIEWICZ[2]
auf das Bestehen Ag-reicher Mischkristalle.

Bei einer erneuten Ausarbeitung des Zustandsschaubildes mit Hilfe
thermischer und mikrographischer Untersuchungen konnte SLOMAN[3]
die Ergebnisse von OESTERHELD in allen wesentlichen Punkten bestätigen und dessen Diagramm erweitern (Abb. 7). Der eutektische
Punkt wurde bei 0,97% Be, 881° gegenüber 1,5% Be, 878° nach OESTER-
HELD gefunden. Bezüglich der Umwandlung bei 750° — sie konnte bis
herunter zu 8% Be (etwa 50 Atom-% Be) verfolgt werden; oberhalb
50% Be (etwa 92 Atom-% Be) wurde sie bei tieferer Temperatur beobachtet — schloß sich SLOMAN der Ansicht von OESTERHELD an. Anzeichen
für eine polymorphe Umwandlung von Be ergaben sich bereits aus einer
früheren Arbeit von SLOMAN[4]. Kürzlich konnte JAEGER[5] den Umwandlungspunkt zwischen 600 und 700° festlegen.

Die Löslichkeit von Be in Ag wurde mikrographisch bestimmt, nach eintägigem Glühen bei 875° und Abkühlen auf verschiedene Abschrecktemperaturen zwischen 868° und 750° (s. Nebenabb.).

Literatur.

1. OESTERHELD, G.: Z. anorg. allg. Chem. Bd. 97 (1916) S. 27/32. Das verwendete Be war 99,5%ig. Die Einwaage betrug bei den Legierungen bis 14% Be jeweils 10 g, für die beiden höherprozentigen 2,5 g. Die Legierungen wurden analysiert. — 2. LOSKIEWICZ, W.: S. Ag-B. — 3. SLOMAN, H. A.: J. Inst. Met.,

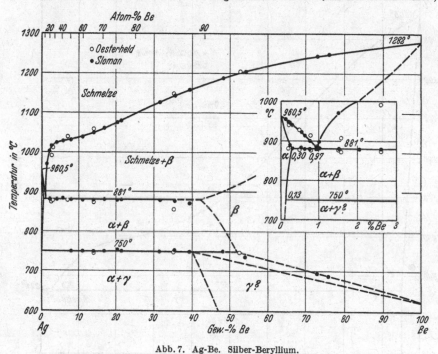

Abb. 7. Ag-Be. Silber-Beryllium.

Lond. Bd. 54 (1934) S. 161/71. — 4. SLOMAN, H. A.: J. Inst. Met., Lond. Bd. 49 (1932) S. 386/388. — 5. JAEGER, F. M.: Proc. Acad. Amsterd. Bd. 36 (1933) S. 636/44. Vgl. jedoch Z. angew. Chem. Bd. 47 (1934) S. 721.

Ag-Bi. Silber-Wismut.

WRIGHT[1] stellte die vollständige Mischbarkeit der beiden Metalle im flüssigen Zustand fest. HEYCOCK-NEVILLE[2] untersuchten den Einfluß geringer Silberzusätze (bis 2,6%) auf den Schmelzpunkt des Wismuts und die Temperaturen des Beginns der Erstarrung der silberreichen Legierungen bis 31% Bi mit Hilfe von 7 Legierungen. Sie fanden eine Erniedrigung der Erstarrungspunkte durch die genannten Gehalte auf 261° bzw. 718°. Diese Ergebnisse wurden von PETRENKO[3], der das

ganze Diagramm vornehmlich mit Hilfe thermischer Untersuchungen
(9 Legn.) ausarbeitete, bestätigt (Abb. 8). Eine Legierung mit 5% Bi
war nach langsamer Abkühlung aus dem Schmelzfluß bzw. 2 bis
3-stündigem Glühen bei 265° homogen. Im Gleichgewichtszustand wird
die Sättigungsgrenze des Ag-reichen Mischkristalls bei höherem Bi-
Gehalt liegen. Die Löslichkeit von Ag in Bi, die von PETRENKO nicht

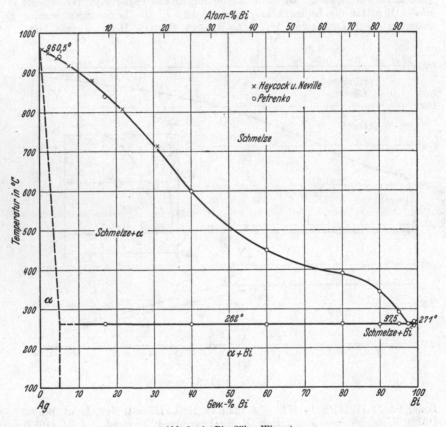

Abb. 8. Ag-Bi. Silber-Wismut.

bestimmt wurde, ist nach den Leitfähigkeitsmessungen von MAT-
THIESSEN[4] zu etwa 0,25—0,5% Ag anzunehmen. Auf die Konzentration
des Ag-reichen Mischkristalls läßt dagegen die Leitfähigkeitskurve von
MATTHIESSEN keinen Schluß zu[5]. Mit dem metallographischen Befund
von PETRENKO stehen die Dichtemessungen von MATTHIESSEN-HOLZ-
MANN[6] und die Spannungsmessungen von LAURIE[7] im Einklang.

　　Nachtrag. Die Löslichkeit von Bi in Ag (nach „sehr langsamer"
Abkühlung aus dem Schmelzfluß) wurde röntgenographisch von
BRODERICK-EHRET[8] zu annähernd 5,5% bestimmt.

Literatur.

1. WRIGHT, C. R. A.: Proc. Roy. Soc., Lond. Bd. 52 (1892) S. 24/26; J. Soc. chem. Ind. Bd. 13 (1894) S. 1016. — 2. HEYCOCK, C. T., u. F. H. NEVILLE: J. chem. Soc. Bd. 65 (1894) S. 73; Philos. Trans. Roy. Soc., Lond. A Bd. 189 (1897) S. 67/68. — 3. PETRENKO, G. J.: Z. anorg. allg. Chem. Bd. 50 (1906) S. 136/39. — 4. MATTHIESSEN, A.: Pogg. Ann. Bd. 110 (1860) S. 217. — 5. S. darüber auch FREY, G. S. SON: Z. Elektrochem. Bd. 38 (1932) S. 270/71. — 6. MATTHIESSEN, A., u. M. HOLZMANN: Pogg. Ann. Bd. 110 (1860) S. 33/34. — 7. LAURIE, A. P.: J. chem. Soc. Bd. 65 (1894) S. 1034. — 8. BRODERICK, S. J., u. W. F. EHRET: J. physic. Chem. Bd. 35 (1931) S. 2627/36.

Ag-C. Silber-Kohlenstoff.

Nach RUFF-BERGDAHL[1] vermag geschmolzenes Silber bei 1660° bzw. 1735° und 1940° (Siedepunkt) 0,0012 bzw. 0,0025 und 0,0022% C zu lösen. HEMPEL[2] fand eine Löslichkeit von 0,026—0,04% C, er macht keine Angabe über die Temperatur der Schmelze. Beim Erkalten des Silbers kristallisiert der gesamte Kohlenstoff als Graphit aus.

Silberkarbide (Ag_4C, Ag_2C, AgC[1]) sind verschiedentlich beschrieben worden[2], doch besteht für die Einheitlichkeit dieser Produkte, insbesondere der beiden erstgenannten, keine Gewähr. Silberazetylid Ag_2C_2 (10,01% C), das auf chemischem Wege hergestellt wird, hat keine metallischen Eigenschaften; es ist explosiv.

Literatur.

1. RUFF, O., u. B. BERGDAHL: Z. anorg. allg. Chem. Bd. 106 (1919) S. 91. — 2. HEMPEL, W.: Z. angew. Chem. Bd. 17 (1904) S. 324. — 3. AgC hat Metallglanz. — 4. S. GMELIN-KRAUT: Hb. anorg. Chem. Bd. V, 2 (1914) S. 143, 1447.

Ag-Ca. Silber-Kalzium.

Das in Abb. 9[1] dargestellte Zustandsdiagramm wurde von BAAR[2] mit Hilfe thermischer und mikroskopischer Untersuchungen aus gearbeitet[3].

Die Kurven in dem Gebiet zwischen 27% und 47% Ca sind gestrichelt gezeichnet, da nach den von BAAR gegebenen thermischen Daten eine einwandfreie Deutung der Phasenumwandlungen nicht möglich ist. Die Darstellung folgt dem BAARschen Diagramm, obgleich der gezeichnete Kurvenverlauf den Gesetzen der heterogenen Gleichgewichtslehre widerspricht. Die von HAUGHTON[4] gegebene Deutung ist ebenfalls theoretisch unmöglich.

Nach BAAR sollen sich aus den Schmelzen zwischen 27% (AgCa) und 42,6% Ca ($AgCa_2$?) Mischkristalle ausscheiden, die bei Temperaturen zwischen 533° und 557° in die Verbindungen AgCa und $AgCa_2$ zerfallen sollen, wofür sich Anhaltspunkte aus der Gefügeuntersuchung ergaben. Ein strenger Beweis für die vermuteten Strukturänderungen fehlt jedoch. Legierungen zwischen 42,6% und 47% Ca bestehen aus einer Kristallart. Die Löslichkeit der beiden Metalle ineinander im festen Zustand wurde nicht untersucht.

Die Verbindungen haben folgende Zusammensetzungen: Ag_4Ca = 8,50% Ca, Ag_3Ca = 11,02% Ca, Ag_2Ca = 15,66% Ca, AgCa = 27,08% Ca, $AgCa_2$ (?) = 42,62% Ca. Über den Schmelzpunkt des Kalziums vgl. von Antropoff-Falk[5].

Das Bestehen der Verbindungen Ag_4Ca, Ag_3Ca, Ag_2Ca und AgCa konnten Kremann, Wostall und Schöpfer[6] durch Potentialmessungen bestätigen[8].

Nachtrag. Die Verbindung AgCa hat ein linienreiches Röntgenphotogramm, das sich nicht aufklären ließ[7] [8].

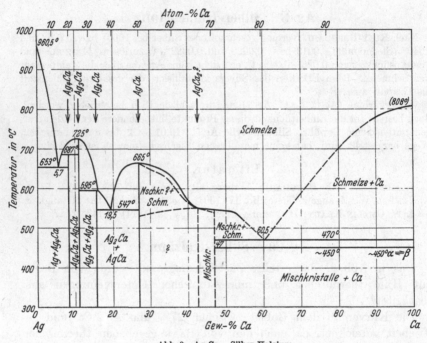

Abb. 9. Ag-Ca. Silber-Kalzium.

Literatur.

1. Die thermischen Effekte wurden nicht eingezeichnet, um die Übersichtlichkeit nicht zu beeinträchtigen. — **2.** Baar, N.: Z. anorg. allg. Chem. Bd. 70 (1911) S. 383/92.— **3.** B. untersuchte 33 Legierungen. Einwaage 10 g; Analyse des Ca: 99,17% Ca, 0,55% Al + Fe, 0,28% Si; alle Legierungen wurden analysiert. Wärmebehandlungen zur Erreichung des Gleichgewichtszustandes wurden nicht ausgeführt. — **4.** Haughton, J. L.: International Critical Tables Bd. 2 (1927) S. 421. New York: Mc Graw-Hill Book Company, Inc. — **5.** Antropoff, A. von, u. E. Falk: Z. anorg. allg. Chem. Bd. 187 (1930) S. 405/15. — **6.** Kremann, R., H. Wostall u. H. Schöpfer: Forschungsarb. zur Metallkunde 1922, Heft 5. — **7.** Zintl, E., u. G. Brauer: Z. physik. Chem. Abt. B Bd. 20 (1933) S. 245/71. — **8.** Vgl. dagegen die röntgenographische Untersuchung von C. Degard: Z. Kristallogr. Bd. 90 (1935) S. 399/407, wonach Ag_4Ca, Ag_2Ca und $AgCa_2$ nicht bestehen sollen. Ag_3Ca tetragonal, AgCa kubisch-flächenzentriert.

Ag-Cd. Silber-Kadmium.

Nach HEYCOCK-NEVILLE[1] wird der Erstarrungspunkt des Kadmiums schon durch sehr kleine Ag-Zusätze deutlich erhöht. Die von GAUTIER[2] erstmalig bestimmte Liquiduskurve besitzt allenfalls orientierenden Wert. Das Erstarrungsdiagramm von KIRKE ROSE[3] ist fehlerhaft und ganz unbrauchbar, weil es sich nicht mit den Gesetzen vom heterogenen Gleichgewicht in Einklang bringen läßt; ebenso lassen sich seine Schlußfolgerungen auf das Bestehen einer Anzahl Verbindungen nicht aufrecht erhalten. BRUNI-QUERCIGH[4] bestimmten die Temperaturen des Beginns

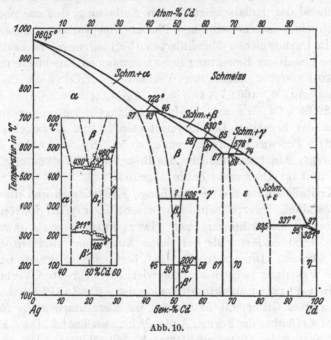

Abb. 10.

und des Endes der Erstarrung und machten den Fehler, die letzteren durch einen kontinuierlichen Kurvenzug untereinander zu verbinden. Die Kurven berühren sich bei den Konzentrationen der Verbindungen AgCd (51,02% Cd) und AgCd$_4$ (80,64% Cd). Da sie ihre Legierungen nicht mikroskopisch untersuchten, mußte ihnen notwendigerweise das Bestehen der verschiedenen Mischkristallreihen und Mischungslücken entgehen.

Nach PETRENKO-FEDOROW[5] besteht die Liquiduskurve (die mit der von BRUNI-QUERCIGH gegebenen innerhalb der Fehlergrenzen übereinstimmt) aus 6 Abschnitten, entsprechend der Ausscheidung ebenso vieler Mischkristallarten α, β, γ, δ, ε und η (vgl. Abb. 10). Die Soliduskurve der Mischkristalle wird von peritektischen Horizontalen bei 722°[6] (α +

Schm. $\rightleftharpoons \beta$), 630° (β + Schm. $\rightleftharpoons \gamma$), 578°[7] ($\gamma$ + Schm. $\rightleftharpoons \delta$) und 337°[8] ($\varepsilon$ + Schm. $\rightleftharpoons \eta$) unterbrochen. Da das Zustandsfeld der β-Mischkristalle mit fallender Temperatur enger wird — wie durch einige Abschreckversuche festgestellt wurde —, und da weiterhin bei 426°[9] eine Umwandlung im festen Zustand stattfindet, nahmen PETRENKO-FEDOROW an, daß bei dieser Temperatur die β-Kristallart in ein Eutektoid ($\alpha + \gamma$) zerfällt. Bei einer weiteren von ihnen bei 200° beobachteten Umwandlung soll sich mit fallender Temperatur die Verbindung AgCd aus α und γ bilden. Für keine dieser Deutungen gelang es ihnen, eine eindeutige mikroskopische Bestätigung zu erbringen. Entsprechend der damals herrschenden Auffassung, daß das chemisch Kennzeichnende intermetallischer Phasen von variabler Zusammensetzung in irgendwelchen Molekülarten (Verbindungen) zu suchen sei und unter einseitiger Bewertung ihrer thermischen Ergebnisse nahmen PETRENKO-FEDOROW außer der Verbindung AgCd noch die Verbindungen Ag_2Cd_3 (60,97% Cd) = γ, $AgCd_3$ (75,76% Cd) = δ und $AgCd_4$ (80,64% Cd) = ε an. Dadurch gelangten sie weiter zu zwei nebeneinander liegenden Einphasengebieten (δ und ε) zwischen etwa 70 und 81% Cd, was natürlich unmöglich ist. Später[10] haben sie auf Grund einiger Abschreckversuche das Bestehen der Verbindung $AgCd_4$ verneint und ihr Diagramm dahin abgeändert.

Die Kristallstruktur der verschiedenen Kristallarten und die Natur der Umwandlung bei 426° wurde im wesentlichen durch die röntgenographischen Untersuchungen von NATTA-FRERI[11] sowie ÅSTRAND-WESTGREN[12] aufgeklärt. Bis auf einige Ausnahmen stimmen die Ergebnisse überein. Die unterhalb 426° beständige β_1-Phase ist nach ÅSTRAND-WESTGREN kubisch-raumzentriert (CsCl-Struktur, Verbindung AgCd), die γ-Phase ist strukturell analog der γ (Cu-Zn)-Phase (kubisch-raumzentriertes Gitter mit 52 Atomen im Elementarwürfel); für ihre Struktur ist offenbar die Formel Ag_5Cd_8[13] kennzeichnend. Die ε-Phase[14] hat ein hexagonales Gitter dichtester Kugelpackung[15]. Die oberhalb 426° beständige allotrope Modifikation des β_1-Mischkristalls, β, hat nach ÅSTRAND-WESTGREN wahrscheinlich ebenfalls ein hexagonales Gitter dichtester Kugelpackung. ÅSTRAND-WESTGREN haben daran die Vermutung geknüpft, daß die β-Phase und die ε-Phase bei hohen Temperaturen zusammenhängen. Versuche in dieser Richtung schlugen jedoch fehl. „Daß ein und dieselbe Phase eines Systems innerhalb von zwei getrennten Konzentrationsgebieten auftritt, muß jedoch als so seltsam angesehen werden, daß die vollständige Strukturidentität der β- und der ε-Phase, wenn sie wirklich nicht bei höherer Temperatur zusammenhängen, unwahrscheinlich sein dürfte." Das fast gleiche Streuungsvermögen der beiden Atomarten macht jedoch die Aufklärung eines bestehenden Unterschiedes in der Gruppierung der Atome unmöglich. Die bei 200° stattfindende Umwandlung im β-Mischkristall ist nach Åstrand-Westgren keine Phasenumwandlung[16] und offenbar ein Analogon zu der β-Umwandlung im Cu-Zn-System (β' mit geordneter, β_1 mit ungeordneter Atomverteilung). Bemerkenswert ist, daß Natta-Freri im Gegensatz zu Åstrand-Westgren der β-Phase ein kubisch-raumzentriertes, der β_1-Phase ein hexagonales Gitter zuschreiben; die Zustandsgebiete beider Phasen sind also vertauscht (s. Nachtrag).

Aus der Änderung der Gitterkonstanten mit der Konzentration ermittelten Åstrand-Westgren die angenäherten Werte der Sättigungskonzentrationen der einzelnen Kristallarten. Unter Verwendung dieser Ergebnisse und der von Petrenko-Fedorow festgelegten Erstarrungskurven wurde das in Abb. 10 dargestellte Diagramm gezeichnet. Es kann natürlich keinen größeren Anspruch als den einer groben Annäherung an die tatsächlichen Verhältnisse, die nur durch experimentelle Untersuchungen aufzuklären sind, machen.

1. Nachtrag. Nach Niederschrift der obigen Zusammenfassung wurden einige Arbeiten veröffentlicht, die zu einer weitgehenden Klärung der Konstitutionsverhältnisse führten. Fraenkel-Wolf[17] haben das in der Nebenabb. zu Abb. 10 dargestellte Umwandlungsschaubild auf Grund thermischer, mikroskopischer u. a. Untersuchungen entworfen. Die noch unveröffentlichten Ergebnisse einer Röntgenuntersuchung von Wolf[18] stehen damit im Einklang. Die Verfasser haben Anzeichen dafür gefunden, daß die oberhalb 430—460° stabile β-Phase und die unter 211° stabile β'-Phase hinsichtlich ihrer Strukturen sicher ähnlicher sind als β_1 und β'. Das wird auch durch die Röntgenuntersuchung von Wolf bestätigt. Nach den vorliegenden Ergebnissen haben wir in diesem System den bisher noch nicht beobachteten Konstitutionsfall vor uns, daß sich zwischen die Existenzgebiete der beiden Phasen β und β', die dasselbe kubisch-raumzentrierte Gitter haben und sich nur hinsichtlich der Atomgruppierung unterscheiden (β ungeordnete, β' geordnete Atomverteilung), eine Phase einschiebt, die ein hexagonales Gitter (Natta-Freri, Wolf) besitzt. Dieser Auffassung schloß sich auch Ölander[19] an. Die obigen Schlußfolgerungen von Åstrand-Westgren haben daher als überholt zu gelten.

Ölander[19] hat die Spannungen der Legierungen mit etwa 40 bis 80% Cd in der Kette Cd (flüssig)/(Li, Rb, Cd)Cl/(Ag, Cd) bei Temperaturen zwischen 330 und 555° gemessen und daraus die in Abb. 11 dargestellten Phasengrenzen dieses Bereichs abgeleitet. Die γ'-Phase wurde neu gefunden; sie unterscheidet sich — wie Hägg wahrscheinlich machen konnte — von γ, das geordnete Atomverteilung besitzt, offenbar durch eine ungeordnete Atomverteilung. Das Umwandlungsdiagramm ist dem Diagramm von Fraenkel-Wolf ähnlich.

Durrant[20] hat die Gleichgewichtskurven zwischen 60 und 100% Cd

durch sehr sorgfältige thermische und mikroskopische Untersuchungen
festgelegt (Abb. 11). Das zwischen den Gebieten γ' und γ einerseits
und ε anderseits liegende Zweiphasengebiet wurde von DURRANT nur
bis herunter zu etwa 450° verfolgt. Es stimmt mit dem $(\gamma' + \varepsilon)$-Gebiet
von ÖLANDER gut überein. Die von ÖLANDER für 300° gefundenen
Grenzen des $(\gamma + \varepsilon)$-Gebietes wurden in Abb. 11 um etwa 1% nach

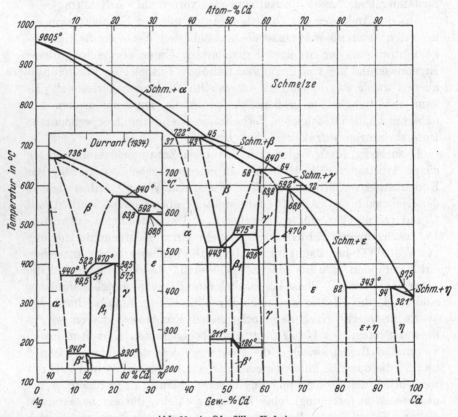

Abb. 11. Ag-Cd. Silber-Kadmium.

der Cd-Seite verschoben, um eine etwas bessere Angleichung an die
von ÅSTRAND-WESTGREN ermittelten Phasengrenzen (Abb. 10) zu bekommen[21].

Die Kristallstruktur elektrolytisch abgeschiedener Ag-Cd-Legie-
rungen wurde von ROUX-COURNOT[22] und besonders STILLWELL-STOUT[23]
untersucht. Weitere Literatur [24].

2. Nachtrag. Die Konstitution im Bereich von 40—70% Cd wurde
kürzlich von DURRANT[25] sehr eingehend mit Hilfe thermischer und
mikroskopischer Untersuchungen ausgearbeitet. Das Ergebnis ist in
der Nebenabb. von Abb. 11 wiedergegeben. Der Befund von FRAENKEL-

WOLF und ÖLANDER wurde, abgesehen von Unterschieden in quantitativer Hinsicht, bestätigt. Ferner sei auf die Bestimmung der Soliduskurve und der Sättigungsgrenze der α-Mischkristalle von HUME-ROTHERY und Mitarbeitern [26] verwiesen; die Arbeit war mir nicht mehr zugänglich.

Literatur.

1. HEYCOCK, C. T., u. F. H. NEVILLE: J. chem. Soc. Bd. 61 (1892) S. 900. — 2. GAUTIER, H.: Bull. Soc. Encour. Ind. nat. Bd. 1 (1896) S. 1315; C. R. Acad. Sci., Paris Bd. 123 (1896) S. 173. — 3. KIRKE ROSE, T.: Proc. Roy. Soc., Lond. A Bd. 74 (1905) S. 218/30. — 4. BRUNI, G., u. E. QUERCIGH: Z. anorg. allg. Chem. Bd. 68 (1910) S. 198/206. — 5. PETRENKO, G. I., u. A. S. FEDOROW: Z. anorg. allg. Chem. Bd. 70 (1911) S. 157/68. — 6. KIRKE ROSE: 720°. — 7. KIRKE ROSE: 570°. — 8. BRUNI-QUERCIGH: 337°. — 9. KIRKE ROSE: 419—430°. — 10. PETRENKO, G. J., u. A. S. FEDOROW: Z. anorg. allg. Chem. Bd. 71 (1911) S. 215/18. — 11. NATTA, G., u. M. FRERI: Atti Accad. naz. Lincei Bd. 6 (1927) S. 422/28, 505/11; Bd. 7 (1928) S. 406/10. Ref. J. Inst. Met., Lond. Bd. 39 (1928) S. 537/38; Bd. 40 (1928) S. 573/74. — 12. ÅSTRAND, H., u. A. WESTGREN: Z. anorg. allg. Chem. Bd. 175 (1928) S. 90/96. — 13. In Analogie mit der von A. J. BRADLEY u. J. THEWLIS: Proc. Roy. Soc., Lond. A Bd. 112 (1926) S. 678/92 aufgeklärten Struktur des γ-Messings. — 14. Die von PETRENKO-FEDOROW gemachte Unterscheidung zwischen δ und ε im Bereich von 70—83% Cd ist nach ÅSTRAND-WESTGREN nicht gerechtfertigt. — 15. Auch von GOLDSCHMIDT, V. M.: Z. physik. Chem. Bd. 133 (1928) S. 397/419 wurde bestätigt, daß ε ein dichtgepackt hexagonales Gitter, β eine CsCl-Struktur hat. — 16. Die Annahme von NATTA-FRERI, daß β in den Legierungen mit 48 und 52% Cd nach Glühen bei 180° in α und γ zerfällt, konnten ÅSTRAND-WESTGREN nicht bestätigen. — 17. FRAENKEL, W., u. A. WOLF: Z. anorg. allg. Chem. Bd. 189 (1930) S. 145/67. — 18. WOLF, A.: Z. anorg. allg. Chem. Bd. 189 (1930) S. 152 Fußnote; Z. Metallkde. Bd. 24 (1932) S. 270; siehe auch ebenda Bd. 22 (1930) S. 369. — 19. ÖLANDER, A.: Z. physik. Chem. Bd. 163 (1933) S. 107/21. — 20. DURRANT, P. J.: J. Inst. Met., Lond. Bd. 45 (1931) S. 99/113. — 21. Vgl. J. Inst. Met., Lond. Bd. 45 (1931) S. 114. — 22. ROUX, A., u. J. COURNOT: Rev. Métallurg. Bd. 26 (1929) S. 657/59. — 23. STILLWELL, C. W., u. L. E. STOUT: J. Amer. chem. Soc. Bd. 53 (1931) S. 2416/17; Bd. 54 (1932) S. 2583/92. — 24. Elektrische Leitfähigkeit: SEDSTRÖM, E.: Ann. Physik Bd. 59 (1919) S. 134/44 (0—17% Cd). HANSEN, M., u. G. SACHS: Z. Metallkde. Bd. 20 (1928) S. 151/52 (0—28% Cd). — Thermische Leitfähigkeit, Thermokraft: SEDSTRÖM a. a. O. — Spannung: Die stark voneinander abweichenden und von falschen Voraussetzungen über die Konstitution diskutierten Spannungsmessungen von R. KREMANN u. H. RUDERER: Z. Metallkde. Bd. 12 (1920) S. 209/14. SCHREINER, E., I. B. SIMONSEN u. O. H. KRAG: Z. anorg. allg. Chem. Bd. 125 (1922) S. 173/84. SCHREINER, E.: Ebenda Bd. 137 (1924) S. 389/400 erlauben keinen Rückschluß auf die Konstitution. — 25. DURRANT, P. J.: J. Inst. Met., Lond. Bd. 56 (1935) S. 155/64. — 26. HUME-ROTHERY, W., G. W. MABBOTT u. K. M. C. EVANS: Philos. Trans. Roy. Soc., Lond. A Bd. 233 (1934) S. 1/97.

Ag-Co. Silber-Kobalt.

Nach PETRENKO [1] sind Ag und Co im flüssigen Zustand bei 1600° vollkommen unlöslich ineinander. Die erstarrten Gemenge bestanden aus zwei Schichten der reinen Metalle. Die Spannungsmessungen von

DUCELLIEZ[2], wonach die ganze Legierungsreihe die Spannung des unedleren Co besitzt, stehen zu diesem Befund zum mindesten nicht im Widerspruch. TAMMANN-OELSEN[3] haben sehr geringe Mengen Co in Ag-Schmelzen, die bis auf 1000° bzw. 1200° erhitzt waren, eingeführt und die Löslichkeit nach dem Erstarren mit Hilfe einer sehr empfindlichen magnetischen Methode zu $7 \cdot 10^{-4}$ bzw. $4 \cdot 10^{-4}\%$ Co bestimmt.

Literatur.

1. PETRENKO, G. J.: Z. anorg. allg. Chem. Bd. 53 (1907) S. 215. — 2. DUCELLIEZ, F.: Bull. Soc. chim. France Bd. 7 (1910) S. 506/07. — 3. TAMMANN, G., u. W. OELSEN: Z. anorg. allg. Chem. Bd. 186 (1930) S. 279/80.

Ag-Cr. Silber-Chrom.

Über dieses System liegt nur eine Untersuchung von HINDRICHS[1] vor, wonach die beiden Metalle im flüssigen Zustand nur beschränkt ineinander löslich sind (Abb. 12). Die Konzentration der bei annähernd 1464° an Cr gesättigten Schmelze gibt HINDRICHS willkürlich zu etwa 3% Cr an. Zwischen 25 und 92% Cr wurde nach beendeter Erstarrung Schichtenbildung beobachtet; eine Legierung mit 5% Cr zeigte jedoch keine Schichtenbildung mehr. Der Rest der Schmelze erstarrt nach HINDRICHS als „praktisch reines" Silber. Die angegebenenTemperaturen (Ag-Schmelzpunkt = 953°!) sind nicht korrigiert.

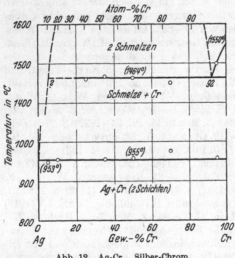

Abb. 12. Ag-Cr. Silber-Chrom.

Unter Verwendung eines Chroms, das mit 1,2% Fe und 0,32% Si verunreinigt war, wurden die Legierungen mit bis zu 50% Cr in Porzellantiegeln, Cr-reichere in Magnesiatiegeln im Kohlerohrofen unter Stickstoff (!) erschmolzen. Sie waren also stark verunreinigt mit Cr-Nitrid, Cr-Karbid und Reaktionsprodukten der Schmelze mit den Tiegelmaterialien. Das geht vor allem aus dem ganz wesentlich zu tief gefundenen Cr-Schmelzpunkt von 1550° hervor[2] (s. darüber Cr-N), wofür in erster Linie wohl die Aufnahme von Stickstoff durch die Schmelze verantwortlich zu machen ist. Das von HINDRICHS entworfene Diagramm ist also nicht das Zustandsdiagramm des binären Systems Ag-Cr. Eine

Neubearbeitung des Diagramms unter sauberen Versuchsbedingungen wird zeigen, ob sich der Einfluß der Verunreinigungen vornehmlich nur auf eine Erniedrigung der Gleichgewichtstemperaturen und Verschiebung der ausgezeichneten Konzentrationen erstreckt.

BRADLEY-OLLARD[3] haben festgestellt, daß das nach einem besonderen elektrolytischen Verfahren (kaltes Bad, hohe Stromstärke) gewonnene Cr in der Hauptsache aus einer hexagonalen dichtest gepackten Modifikation (Mg-Typ) und nur zum kleinen Teil aus der auf thermischem Wege gewonnenen kubisch-raumzentrierten Form besteht. SILLERS[4] konnte diese Beobachtung trotz weitgehender Veränderung der Abscheidungsbedingungen, unter Einschluß der von BRADLEY-OLLARD eingehaltenen, nicht bestätigen; er fand stets die kubische Form des thermisch gewonnenen Cr. Die Frage, ob Cr polymorph ist, bleibt noch offen. Vielleicht liegen doch beim Chrom ähnliche Verhältnisse vor wie beim Mangan: Elektrolyt-Mn kristallisiert in der bei hohen Temperaturen stabilen tetragonalen γ-Modifikation[5].

Literatur.

1. HINDRICHS, G.: Z. anorg. allg. Chem. Bd. 59 (1908) S. 423/27. — 2. Die Temperaturmessung erfolgte erst von 1600—1650° ab, unter 1600° erwies sich die Cr-Schmelze als zähflüssig. — 3. BRADLEY, A. J., u. E. F. OLLARD: Nature, Lond. Bd. 117 (1926) S. 122. Ref. J. Inst. Met., Lond. Bd. 35 (1926) S. 463. — 4. SILLERS, F.: Trans. Amer. electrochem. Soc. Bd. 52 (1927) S. 301/308. Ref. J. Inst. Met., Lond. Bd. 37 (1927) S. 521. S. auch Strukturbericht 1913—1928, S. 61, 755, Leipzig 1931. — 5. Vgl. Strukturbericht 1913—1928, S. 63/65, 758/59, Leipzig 1931.

Ag-Cu. Silber-Kupfer.

Die älteste thermische Untersuchung über die Konstitution der Ag-Cu-Legierungen, eine der ältesten thermischen Untersuchungen von metallischen Systemen überhaupt, hat ROBERTS-AUSTEN[1] ausgeführt. Seine Bestimmungen der Temperaturen des Beginns der Erstarrung haben jedoch heute nur noch historisches Interesse, da der Ag-Schmelzpunkt zu 1040° (statt 960,5°) und der Cu-Schmelzpunkt zu 1330° (statt 1083°) angegeben wird. Immerhin geht aus der Arbeit von ROBERTS-AUSTEN schon hervor, daß die Liquiduskurve aus zwei von den Schmelzpunkten der Komponenten abfallenden Ästen besteht, die sich in einem Minimumpunkt in der Nähe von 30% Cu schneiden. Später hat ROBERTS-AUSTEN[2] die Erstarrungskurven der Legierungen mit 7,5, 28,1 und 40% Cu veröffentlicht. Die Legierung mit 28,1% Cu erkannte er als Eutektikum, im Gegensatz zu LEVOL[3], der diese Legierung als die Verbindung Ag_3Cu_2 (28,20% Cu) ansah. Die eutektische Temperatur gab er zu 748° an.

Die Erstarrungskurven. Die vollständige Liquiduskurve und ein Teil der eutektischen Horizontalen wurde in exakter Weise von Heycock-Neville[4] unter Verwendung von 57 Legierungen bestimmt. Der eutektische Punkt liegt danach bei 28% Cu und 778—779°. Die späteren thermischen Untersuchungen von Friedrich und A. Leroux[5] (18 Legn.), die das erste vollständige Zustandsdiagramm angaben, und Hirose[6] (25 Legn.)

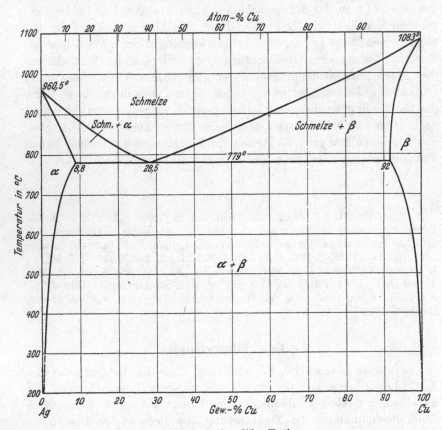

Abb. 13. Ag-Cu. Silber-Kupfer.

haben den von Heycock-Neville festgestellten Verlauf bestätigt. Die Werte von Friedrich-Leroux liegen jedoch im Bereich von 0—28% Cu, teilweise bis zu 10° oberhalb, im Bereich von 28—100% Cu teilweise bis zu 10° unterhalb der von Heycock-Neville gefundenen. Die Werte von Hirose fallen zwischen 0 und 28% Cu fast ausnahmslos auf die Kurve von Heycock-Neville, zwischen 28 und 100% Cu kommen sie mit der Kurve von Friedrich-Leroux zur Deckung. Eine zwischen diesen beiden Kurven verlaufende Kurve gibt die Liquidustemperatur mit einer Genauigkeit von wenigstens ± 5° an[7] (Abb. 13). Die eutek-

tische Konzentration wurde von FRIEDRICH-LEROUX nicht genau
ermittelt; HIROSE gibt sie auf Grund eingehender thermischer und
mikroskopischer Untersuchungen zu 28,5%, STOCKDALE[8] zu 28,06% Cu
an. Die eutektische Temperatur wurde von allen Forschern bei 778—779°
gefunden; ROESER[8a] bestimmte sie mit großer Genauigkeit zu 779,4
± 0,1°. J. A. A. LEROUX und RAUB[9] stellten durch Untersuchungen
im Bereich von 25—32% Cu fest, daß die Bestimmung der eutektischen
Konzentration mit Hilfe von mikroskopischen Beobachtungen nicht
gelingt, da infolge der größeren Kristallisationsfähigkeit der Cu-reichen
Mischkristalle und der größeren Neigung der Ag-reichen Mischkristalle
zu Unterkühlungen selbst bei den von HEYCOCK-NEVILLE und HIROSE
gefundenen eutektischen Konzentrationen, je nach der Abkühlungsgeschwindigkeit der Schmelze, primäre Cu- oder primäre Ag-Kristalle
oder beide nebeneinander auftreten. Betreffend weiterer Einzelheiten
über die Kristallisation „eutektischer" Ag-Cu-Schmelzen muß auf die
Arbeiten von HIROSE und LEROUX-RAUB verwiesen werden.

Die thermischen Bestimmungen der Soliduskurve der Ag-reichen
Mischkristalle von FRIEDRICH-LEROUX und HIROSE wurden durch die
Untersuchung von HANSEN[10], der diese Kurve erstmalig mit Hilfe
mikrographischer Beobachtungen ermittelte, überholt. Einen nur wenig
davon abweichenden Verlauf fanden HAAS-UNO[11] mit Hilfe von Aus-
dehnungs- und Widerstandsmessungen. Die von STOCKDALE[12] mikrographisch festgelegte Soliduskurve (Abb. 13) liegt zwischen 3 und
7% Cu bei höchstens um 10—15° höheren Temperaturen als die von
HANSEN bestimmte.

Die Soliduskurve der Cu-reichen Mischkristalle wurde näher bestimmt von MÖLLER[13] (Widerstands-Temperaturkurven), STOCKDALE[12]
und SMITH-LINDLIEF[14] (beide mikrographisch). Zwischen 0 und etwa
5% Ag fallen die Kurven zusammen. Oberhalb dieser Zusammensetzung ist STOCKDALEs Kurve (Abb. 13) wahrscheinlich noch etwas
genauer als die Kurve von SMITH.

Die Löslichkeit von Kupfer in Silber. Der Verlauf der ganzen
Löslichkeitskurve bis herunter zu 300° wurde zuerst von HANSEN[10]
auf mikrographischem Wege festgelegt. Danach beträgt die Löslichkeit
bei 779° bzw. 700°, 600°, 500°, 400° und 300° 9,0 bzw. 7,2, 5,0, 3,2, 2,2
und 1,7% Cu. Durch Härtemessungen an abgeschreckten Legierungen
konnte HANSEN[15] diesen Verlauf weitgehend bestätigen. Die röntgenographische Bestimmung der Löslichkeitskurve von AGEEW-SACHS[16]
führte jedoch zu einer Verschiebung der Kurve zu wesentlich kupfer-
ärmeren Konzentrationen, und zwar ergaben sich die in Tabelle 1 angeführten, aus der Kurve entnommenen Werte. STOCKDALE[12] fand mit
Hilfe von mikrographischen Untersuchungen und Widerstandsmessungen
nur wenig davon abweichende Löslichkeiten (vgl. Tabelle 1). Über die

möglichen Ursachen der Abweichungen s. HUME-ROTHERY[17] und AGEEW[18]. Für 450° fanden BERNAL-MEGAW[19] röntgenographisch eine Löslichkeit von 1,3% Cu, in ausgezeichneter Übereinstimmung mit AGEEW-SACHS (1,2%) und STOCKDALE (1,4%).

Tabelle 1. Löslichkeit von Cu in Ag (in Gew.-% Cu) bei verschiedenen Temperaturen.

	779°	750°	700°	600°	500°	400°	300°	200°	100°	0°
AGEEW-SACHS	8,9 *	7,0	5,2	3,1	1,7	1,0	0,65	0,4	0,2 *	0,1 *
STOCKDALE	8,8	7,4	5,8	3,5	1,9	1,1	—	(< 0,8)	—	—

* Extrapoliert.

Auf die Teilbestimmungen von MATTHIESSEN[20], MATTHIESSEN-VOGT[21], BARUS-STROUHAL[22] (Leitfähigkeit), OSMOND[23] (mikroskopische Beobachtung langsam erkalteter Legierungen), FRIEDRICH-LEROUX (thermisch), VON LEPKOWSKI[24] (mikroskopisch), KURNAKOW-PUSCHIN-SENKOWSKI[25], FRAENKEL-SCHALLER[26], JOHANSSON-LINDE[27] (Leitfähigkeit), NORBURY[28] und WEINBAUM[29] sowie auf die von HIROSE gefundene Sättigungsgrenze, die einen ganz unmöglichen Verlauf hat, braucht hier nicht näher eingegangen zu werden[30]. Die von HAAS-UNO mit Hilfe von Ausdehnungs- und Widerstandsmessungen für den Bereich von 400—779° bestimmte Kurve verläuft bei noch Cu-reicheren Zusammensetzungen als die von HANSEN angegebene Grenze.

Die Löslichkeit von Silber in Kupfer. Während die Beobachtungen und Teilbestimmungen von OSMOND, FRIEDRICH-LEROUX, VON LEPKOWSKI, KURNAKOW-PUSCHIN-SENKOWSKI, FRAENKEL[31] und WEINBAUM keine quantitativen Angaben über die Löslichkeit von Ag in Cu gestatten, geht aus den Leitfähigkeitsmessungen an geglühten und abgeschreckten Drähten von JOHANSSON-LINDE hervor, daß die Löslichkeitsgrenze bei 750° und 350° bei etwa 8,2 bzw. 1,7% Ag liegt. Diese Löslichkeiten, wie auch diejenigen von MÖLLER[13] (Widerstands-Temperaturkurven) sind jedoch wesentlich zu hoch, während die von HIROSE[32] ermittelte Löslichkeitskurve bei ganz erheblich zu niedrigen Ag-Gehalten verläuft. Die vollständige Löslichkeitskurve wurde außerdem bestimmt von AGEEW-HANSEN-SACHS[33] (röntgenographisch), STOCKDALE[12] (mikrographisch und Widerstandsmessungen), SMITH-LINDLIEF[14] (mikrographisch), WIEST[34] (röntgenographisch, Einkristalle) und SCHMID-SIEBEL[35] (röntgenographisch, Einkristalle). Die Übereinstimmung ist, wie Tabelle 2 zeigt, durchaus befriedigend, lediglich die von WIEST gefundenen, von SCHMID-SIEBEL als fehlerhaft erkannten Werte sind bei weitem zu hoch. Die von MEGAW[36] zu 0,83% Ag bei 450° gefundene Löslichkeit (röntgenographisch) fällt mit der Kurve von AGEEW-HANSEN-SACHS zusammen[37].

Tabelle 2. Löslichkeit von Ag in Cu (in Gew.-% Ag) bei verschiedenen Temperaturen.

	779°	700°	600°	500°	400°	300°	200°
MÖLLER	7,0*	5,6	4,5	3,7	—	—	—
AGEEW-HANSEN-SACHS . . .	7,0*	4,4	2,4	1,3	0,6	0,25	<0,1
STOCKDALE	8,2	4,7	2,5	1,3	0,7	—	—
SMITH-LINDLIEF	7,9	4,4	2,1	0,9	0,4	—	—
WIEST	10,4*	6,6	4,0	2,8	1,85	—	—
SCHMID-SIEBEL	9,1*	4,8	2,7	1,5	0,9	—	—
Abb. 13	8,0	4,5	2,4	1,2	0,5	—	—

* Extrapoliert.

Mit dem in Abb. 13 dargestellten Diagramm im Einklang stehen die oben zitierten Messungen der elektrischen Leitfähigkeit, des Temperaturkoeffizienten, der Härte, die Dichtemessungen von KAMARSCH[38], die Spannungsmessungen von HERSCHKOWITSCH[39], die Reflexionsmessungen von CHIKASHIGE-NOSE[40] sowie KOTO[41] und die Röntgenuntersuchungen von ERDAL[42], SACKLOWSKI[43], JOHANSSON-LINDE, AGEEW-SACHS und AGEEW-HANSEN-SACHS. Das spezifische Volumen der flüssigen Legierungen bei 1100° und 1200° ändert sich nach KRAUSE-SAUERWALD[44] additiv. Die für 1100°, 1150° und 1200° geltenden Isothermen der Oberflächenspannung weichen dagegen von den nach der Mischungsregel berechneten beträchtlich ab (nach KRAUSE-SAUERWALD-MICHALKE[45]).

Nachtrag. BRONIEWSKI-KOSTACZ[46] haben eine eingehende Untersuchung der physikalischen und mechanischen Eigenschaften ausgeführt und auch das Erstarrungsschaubild erneut ausgearbeitet. Eutektikum: 779°, 29% Cu. Sättigungsgrenzen bei 779°: 7% Cu und 6% Ag.

Literatur.

1. ROBERTS-AUSTEN, W. C.: Proc. Roy. Soc., Lond. Bd. 23 (1875) S. 481/95. — 2. ROBERTS-AUSTEN, W. C.: Engineering Bd. 52 (1891) S. 579/80. — 3. LEVOL: Ann. Chim. Phys. Bd. 36 (1852) S. 193; Bd. 39 (1853) S. 163. — 4. HEYCOCK, C. T., u. F. H. NEVILLE: Philos. Trans. Roy. Soc., Lond. A Bd. 189 (1897) S. 32/36, 57/58. — 5. FRIEDRICH, K., u. A. LEROUX: Metallurgie Bd. 4 (1907) S. 297/99. — 6. HIROSE, T.: Mem. Imp. Mint., Osaka Nr. 1 (1927) S. 1/74. — 7. Unterschiede in der Erstarrungstemperatur lassen sich durch Seigerungen erklären. HIROSE fand bei Legn. mit 20 und 50% Cu Temperaturunterschiede von 10—20°, je nachdem sich das Thermoelement in der Mitte oder am Rande des Tiegels befand. — 8. STOCKDALE, D.: J. Inst. Met., Lond. Bd. 43 (1930) S. 209. — 8a. ROESER, W. F.: U. S. Bureau Standards, J. Research Bd. 3 (1929) S. 343/58. — 9. LEROUX, J. A. A., u. E. RAUB: Z. anorg. allg. Chem. Bd. 178 (1929) S. 257/71. — 10. HANSEN, M.: Z. Metallkde. Bd. 21 (1929) S. 181/84. — 11. HAAS, M., u. D. UNO: Z. Metallkde. Bd. 22 (1930) S. 154/57. — 12. STOCKDALE, D.: J. Inst. Met., Lond. Bd. 45 (1931) S. 127/40. — 13. MÖLLER, F.: Metallwirtsch. Bd. 9

(1930) S. 879/85. — **14.** SMITH, C. S., u. W. E. LINDLIEF: Trans. Amer. Inst. min. metallurg. Engr. Inst. Metals Div. Bd. 99 (1932) S. 101/14. — **15.** HANSEN, M.: Z. anorg. allg. Chem. Bd. 186 (1930) S. 41/48. — **16.** AGEEW, N., u. G. SACHS: Z. Physik Bd. 63 (1930) S. 293/303. — **17.** HUME-ROTHERY, W.: J. Inst. Met., Lond. Bd. 45 (1931) S. 142/45. — **18.** AGEEW, N.: J. Inst. Met., Lond. Bd. 45 (1931) S. 147/48. — **19.** BERNAL, J. D., u. H. D. MEGAW: J. Inst. Met., Lond. Bd. 45 (1931) S. 149/52. MEGAW, H. D.: Philos. Mag. Bd. 14 (1932) S. 130/42. — **20.** MATTHIESSEN, A.: Pogg. Ann. Bd. 110 (1860) S. 190. — **21.** MATTHIESSEN, A., u. C. VOGT: Pogg. Ann. Bd. 116 (1869) S. 369. — **22.** BARUS, V., u. C. STROUHAL: Bull. U. S. Geological Survey Nr. 14 (1885) S. 85. Ann. Physik Beibl. 9 (1885) S. 353. — **23.** OSMOND, F.: C. R. Acad. Sci., Paris Bd. 124 (1897) S. 1094/97, 1234/37. Bull. Soc. Encour. Ind. nat. Bd. 2 (1897) S. 837. — **24.** LEPKOWSKI, W. v.: Z. anorg. allg. Chem. Bd. 59 (1908) S. 289/91. — **25.** KURNAKOW, N., N. PUSCHIN u. N. SENKOWSKI: Z. anorg. allg. Chem. Bd. 68 (1910) S. 123/40. — **26.** FRAENKEL, W., u. P. SCHALLER: Z. Metallkde. Bd. 20 (1928) S. 237/43. — **27.** JOHANSSON, C. H., u. J. O. LINDE: Z. Metallkde. Bd. 20 (1928) S. 443/44. — **28.** NORBURY, A. L.: J. Inst. Met., Lond. Bd. 39 (1928) S. 149/50. — **29.** WEINBAUM, O.: Z. Metallkde. Bd. 21 (1929) S. 397/405. — **30.** Eine kurze Besprechung der genannten Arbeiten befindet sich in den Arbeiten von HANSEN (10), HAASUNO (11), STOCKDALE (12) u. SMITH-LINDLIEF (14). — **31.** FRAENKEL, W.: Z. anorg. allg. Chem. Bd. 154 (1926) S. 388. — **32.** Die von HIROSE angegebenen Kurven weichen von den Ergebnissen aller anderen Forscher außerordentlich stark ab. — **33.** AGEEW, N., M. HANSEN u. G. SACHS: Z. Physik Bd. 66 (1930) S. 350/76. — **34.** WIEST, P.: Z. Physik Bd. 74 (1932) S. 225/53. — **35.** SCHMID, E., u. G. SIEBEL: Z. Physik Bd. 85 (1933) S. 41/55. — **36.** MEGAW, H. D.: Philos. Mag. Bd. 14 (1932) S. 130/42. — **37.** DRIER, R. W.: Ind. Engng. Chem. Bd. 23 (1931) S. 404/405, 970 glaubte auf Grund röntgenographischer Untersuchungen annehmen zu können, daß Ag in Cu unlöslich ist. Vgl. jedoch SMITH, C. S.: Ebenda Bd. 23 (1931) S. 969/70. — **38.** KAMARSCH: Dinglers polytechn. J. Bd. 226 (1877) S. 335. — **39.** HERSCHKOWITSCH, M.: Z. physik. Chem. Bd. 27 (1898) S. 149/40. — **40.** CHIKASHIGE, M., u. T. NOSE: Z. anorg. allg. Chem. Bd. 154 (1926) S. 344/46. — **41.** KOTO, H.: Mem. Coll. Engng., Kyoto A Bd. 12 (1929) S. 80/84. — **42.** ERDAL, A.: Abh. Norske Videnskaps-Akad., Oslo Bd. 12 (1925) S. 15. Z. Kristallogr. Bd. 65 (1927) S. 76/82. — **43.** SACKLOWSKI, A.: Ann. Physik Bd. 77 (1925) S. 255/60. — **44.** KRAUSE, W., u. F. SAUERWALD: Z. anorg. allg. Chem. Bd. 181 (1929) S. 347/52. — **45.** KRAUSE, W., F. SAUERWALD u. M. MICHALKE: Z. anorg. allg. Chem. Bd. 181 (1929) S. 353/56. — **46.** BRONIEWSKI, W., u. S. KOSTACZ: C. R. Acad. Sci., Paris Bd. 194 (1932) S. 973/75.

Ag-Fe. Silber-Eisen.

Silber und Eisen sind nach PETRENKO[1] im flüssigen Zustand bis 1600° ineinander unlöslich; die Abkühlungskurven zeigten Haltepunkte bei den Erstarrungstemperaturen der reinen Metalle. Nach langsamer Abkühlung aus dem Schmelzfluß bestanden die Legierungen aus zwei Schichten. TAMMANN-OELSEN[2] haben sehr geringe Mengen Fe in Ag-Schmelzen, die auf 1600° bzw. 1000° erhitzt wurden, eingeführt und die Löslichkeit nach dem Erstarren mit Hilfe einer sehr empfindlichen magnetischen Methode zu $6 \cdot 10^{-4}$ bzw. $4 \cdot 10^{-4}\%$ Fe bestimmt. In Fe ist Ag unlöslich[3].

Literatur.

1. PETRENKO, G. J.: Z. anorg. allg. Chem. Bd. 53 (1907) S. 215. — 2. TAMMANN, G., u. W. OELSEN: Z. anorg. allg. Chem. Bd. 186 (1930) S. 277/79. — 3. WEVER, F.: Arch. Eisenhüttenwes. Bd. 2 (1928/29) S. 739/46. Naturwiss. Bd. 17 (1929) S. 304 bis 309.

Ag-Ga. Silber-Gallium.

Über die Liquiduskurve, Soliduskurve und Sättigungsgrenze der festen Lösungen von Ga in Ag. s. HUME-ROTHERY[1].

Literatur.

1. HUME-ROTHERY, W., G. W. MABBOTT u. K. M. C. EVANS: Philos. Trans. Roy. Soc., Lond. A Bd. 233 (1934) S. 1/97.

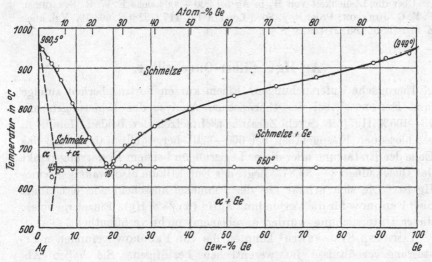

Abb. 14. Ag-Ge. Silber-Germanium.

Ag-Ge. Silber-Germanium.

Das Zustandsdiagramm dieser Legierungen wurde von BRIGGS, MC DUFFIE und WILLISFORD[1] mit Hilfe thermischer und mikroskopischer Untersuchungen ausgearbeitet[2] (Abb. 14). Die angegebene Sättigungsgrenze der Ag-reichen Mischkristalle gründet sich nur auf thermische Untersuchungen; Wärmebehandlungen zur Erreichung des Gleichgewichtszustandes wurden nicht ausgeführt, so daß die Löslichkeit bei 650° sicher noch größer ist. Die Löslichkeit von Ag in Ge wurde nicht bestimmt, doch ist nach gleichfalls ausgeführten Leitfähigkeitsmessungen (im Bereich von 19—100% Ge) anzunehmen, daß Ag in Ge nicht merklich löslich ist. Die Leitfähigkeitskurve als Funktion der Volumkonzentration weicht sehr stark von den Werten ab, die nach der Mischungsregel zu erwarten wären. Den Grund dafür sehen die Verfasser darin, daß das sehr schlecht leitende Ge im Gefüge eine zusammenhängende Masse bildet.

Literatur.

1. BRIGGS, T. R., R. O. McDUFFIE u. S. H. WILLISFORD: J. physic. Chem. Bd. 33 (1929) S. 1080/96. — 2. Der Schmelzpunkt des Germaniums in einer H_2-Atmosphäre wurde zu 949° bestimmt, was gegenüber den Angaben von W. BILTZ: Z. anorg. allg. Chem. Bd. 72 (1911) S. 313 und L. M. DENNIS, K. M. TRESSLER u. F. E. HANCE: J. amer. chem. Soc. Bd. 45 (1923) S. 2033, die 958 ± 5° (unter Luftausschluß) bzw. 958,5° fanden. als fehlerhaft erscheint, worauf auch die Verfasser hinweisen.

Ag-H. Silber-Wasserstoff.

Über die Löslichkeit von H_2 in Ag bei 200—900° siehe E. W. R. STEACIE u. F. M. G. JOHNSON: Proc. Roy. Soc., Lond. A Bd. 117 (1928) S. 663/79. Vgl. auch Z. Metallkde. Bd. 21 (1929) S. 44.

Ag-Hg. Silber-Quecksilber.

Thermische Untersuchungen. Einem kurzen Vortragsbericht zufolge fand FEDOROW[1] bei der thermischen Analyse der Legierungen mit 73—100% Hg (die durch Zusammenschmelzen der beiden Metalle in geschlossenen Eisengefäßen bei 600—620° hergestellt waren), daß das Ende der Erstarrung aller dieser Legierungen bei dem Erstarrungspunkt des Quecksilbers (— 38,87°) liegt, das Eutektikum also praktisch reines Hg ist. Die sich primär aus der Schmelze ausscheidende Kristallart hielt FEDOROW für die Verbindung AgHg (65,03% Hg). Einzelergebnisse dieser Untersuchung wurden anscheinend nicht veröffentlicht.

TAMMANN-STASSFURTH[2] konnten die von FEDOROW gefundenen Erstarrungsverhältnisse im wesentlichen bestätigen. Sie haben Abkühlungskurven von Amalgamen (je 10 g, hergestellt durch Erhitzen eines Gemenges von Ag-Drehspänen und Hg auf 360°) mit 70, 72,5, 75, 80 und 90% Hg aufgenommen. Die Kurven, mit Ausnahme derjenigen der ersten Legierung, zeigten einen Haltepunkt bei —39,7°, dessen Zeitdauer mit abnehmendem Hg-Gehalt abnimmt und der bei etwa 71% Hg verschwindet. Danach wäre die Verbindung Ag_3Hg_4 (71,26% Hg) als die mit einer sehr verdünnten Lösung von Ag in Hg im Gleichgewicht stehende Kristallart anzusehen[3] (Abb. 15). Die mikroskopische Untersuchung geätzter Ag-Amalgame (hergestellt durch 40stündiges Glühen von feinverteiltem Ag mit Hg bei 360°) mit 0—71% Hg ergab folgendes: Die Legierungen mit 0—17% Hg sahen „fast homogen" aus, während im Bereich von 17—71% Hg zwei Strukturbestandteile zu erkennen waren, deren Menge sich mit der Zusammensetzung in regelmäßiger Weise änderte. Das von den Verfassern aufgestellte hypothetische Zustandsschaubild zeigt demnach folgende drei

Zustandsgebiete: ein Gebiet Ag-reicher Mischkristalle (Sättigungsgrenze etwa 17% Hg), ein Zweiphasengebiet: Mischkristall + Ag_3Hg_4 zwischen 17 und 71,32% Hg und — bei Temperaturen unter —39,7° — ein Zweiphasengebiet Ag_3Hg_4 + Hg zwischen 71,32 und 100% Hg. Die Verbindung wird sicher oberhalb 360° gebildet, da auf den Abkühlungskurven keine Anzeichen für eine peritektische Reaktion zwischen 360 und —40° festzustellen waren (s. auch Nachtrag).

Röntgenographische Untersuchungen. Wie GOLDSCHMIDT[4] mitteilt, zeigte eine umfassende bisher unveröffentlichte röntgenographische Untersuchung des Systems (zum Teil gemeinsam mit SCHUBNIKOFF), daß außer Ag-reichen Mischkristallen (α) drei intermediäre Phasen vorliegen, die die Gitter der β-, γ- und ε-Kristallarten des Cu-Zn-Systems besitzen (β = CsCl-Struktur, γ = kubisch mit 52 Atomen im Elementarbereich, ε = dichtgepackt hexagonal). Die Phase mit der Struktur des γ-Messings gruppiert sich um ungefähr 50 Atom % Hg = 65,03 Gew.-% Hg. Die Phase mit der Struktur des ε-Messings ließ sich nicht direkt aus dem Schmelzfluß darstellen, sondern wurde erhalten durch 24 bis 48stündiges Tem-

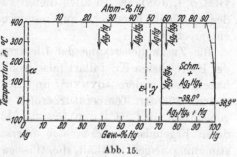

Abb. 15.

pern von γ-Kristallen bei 110°. Sie enthielt 62,71 Gew.-% Hg. WERYHA[5] gibt in einer vorläufigen Mitteilung bekannt, daß die Verbindung Ag_3Hg_4, die als Endprodukt der Einwirkung von Hg auf Ag anzusehen sei, regulär kristallisiert, und daß anscheinend noch zwei weitere (intermediäre?) Phasen bestehen. Nach WESTGREN[6] tritt im System Ag-Hg eine Phase mit der Struktur des γ'-Messings auf; nähere Angaben fehlen (s. auch Nachtrag).

Feststellung intermediärer Kristallarten auf anderem Wege. Hier sind zunächst die Arbeiten von OGG[7] und REINDERS[8] zu nennen, die sich vom Standpunkt der Gleichgewichtslehre mit dem Aufbau der Silberamalgame beschäftigen. Bei der Messung des relativen Dampfdruckes von Hg in Mischungen wechselnden Gehaltes fand OGG sichere Anhaltspunkte für das Vorhandensein der Verbindungen AgHg und Ag_3Hg_4. REINDERS hat die elektrochemischen Spannungen der Ag-Hg-Legierungen bei 25° gemessen. Die Spannungs-Konzentrationskurve deutet auf die Existenz der Verbindungen Ag_3Hg (38,27% Hg), Ag_3Hg_2 (55,35% Hg) und Ag_3Hg_4.

R. MÜLLER und HÖNIG[9] erhielten durch Fällung aus einer Lösung von $AgNO_3$ in Pyridin bei Gegenwart von Hg einheitliche Kristalle von der Zusammensetzung Ag_2Hg_3 (73,61% Hg). Schon DUMAS[10] hatte diese Kristalle in Händen gehabt und ihre Zusammensetzung zu 72,60% Hg ermittelt. Wegen der sehr schwierigen vollständigen Trennung der Kristalle von überschüssigem Hg dürfte der Schluß erlaubt sein, daß es sich wahrscheinlich um die Verbindung Ag_3Hg_4 gehandelt hat; der Unterschied in der Zusammensetzung beträgt nur 2,29%.

MAEY[11] schließt aus der von ihm bestimmten Kurve der spezifischen Volumina der Legierungsreihe auf das Bestehen der Verbindung AgHg.

An älteren Untersuchungen zur Feststellung von Ag-Hg-Verbindungen mit Hilfe der verschiedensten Verfahren (Analyse von Fällungsprodukten aus chemischen Umsetzungen, Verdampfenlassen von Hg, Trennung überschüssigen Quecksilbers von „kristallisierten Amalgamen" durch Abpressen u. a. m.) sind zu erwähnen die Arbeiten von CROOKEWITT[12], DE SOUZA[13], JOULE[14], BECQUEREL[15], RAMSAY[16], BERTHELOT[17], JONES[18]. In allen diesen Fällen ist es durchaus fraglich, ob den von den Forschern angenommenen Formeln einheitliche Stoffe entsprechen.

Die Zusammensetzung der flüssigen Phase, die mit den Kristallen der Hg-reichsten Kristallart (also wohl Ag_3Hg_4) im Gleichgewicht steht, haben insbesondere JOYNER[19] und SUNIER-HESS[20] bestimmt, und zwar ersterer für den Temperaturbereich von 14—163°, letztere (zum Teil gemeinsam mit G. H. REED) für 80—213°. Nach diesen Untersuchungen, deren Ergebnisse in dem sich überschneidenden Teil gute Übereinstimmung zeigen, enthält die flüssige Phase bei 14° bzw. 25°, 98°, 199° und 213° 99,96 bzw. 99,95, 99,78, 99,05 und 98,94% Hg (Abb. 15). Einzelbestimmungen liegen vor von GOUY[21], HUMPHREYS[22], REINDERS, OGG, MAEY sowie EASTMAN-HILDEBRAND[23].

Die Löslichkeit von Hg in festem Ag haben PARRAVANO-JOVANOVICH[24] mit Hilfe von Leitfähigkeitsmessungen bei 25° an Drähten zu 2% Hg festgestellt. Dieser Wert weicht stark ab von den mikroskopischen Beobachtungen von TAMMANN-STASSFURTH, die zu einer Sättigungsgrenze von 17% Hg führten (s. S. 30).

Leitfähigkeits- bzw. Thermokraftmessungen an hochquecksilberhaltigen Ag-Amalgamen haben MATTHIESSEN-VOGT[25] und WEBER[26] ausgeführt.

Nachtrag. Neuerdings wurde der Aufbau des Systems in allen wesentlichen Punkten aufgeklärt. Das in Abb. 16 dargestellte Diagramm[27] wurde von MURPHY[28] durch sehr sorgfältige thermische und mikroskopische Untersuchungen[29] ausgearbeitet und hinsichtlich der Zusammensetzung der Phasen bestätigt und ergänzt durch röntgenographische Untersuchungen von PRESTON[30] und STENBECK[31]. Ag vermag nach MURPHY bei 276° 44—45% Hg, bei tieferer Temperatur gegen etwa 50% Hg zu lösen. PRESTON bestimmte die Sättigungsgrenze bei 100° zu 46 ± 2% Hg. Die β-Phase mit einem engen Homogenitätsgebiet um 60% Hg hat ein hexagonal-dichtgepacktes Gitter[30, 31]. Die γ-Phase hat ein kubisch-raumzentriertes Gitter[30, 31]; sie ist nach STENBECK strukturell analog der γ (Cu-Zn)-Phase und sollte daher die Konzentration Ag_5Hg_8 (74,85% Hg) in sich einschließen[32]. Nach

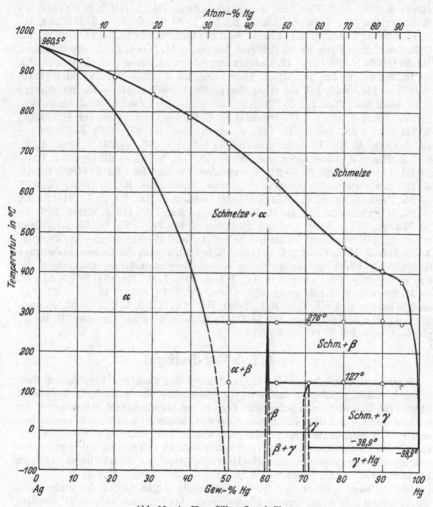

Abb. 16. Ag-Hg. Silber-Quecksilber.

MURPHY und PRESTON ist sie jedoch zwischen etwa 70 und 71% Hg homogen und hat offenbar daher ein anderes Gitter[33]. Sie entspricht der früher angenommenen Verbindung Ag_3Hg_4 (71,26% Hg).

DERIGHT[34] hat die Löslichkeit von Ag in Hg bei 20—80° bestimmt.

Literatur.

1. FEDOROW, A.: Chem.-Ztg. Bd. 36 (1912) S. 220. — **2.** TAMMANN, G., u. TH. STASSFURTH: Z. anorg. allg. Chem. Bd. 143 (1925) S. 369/376. — **3.** Die Abkühlungskurven der Legierungen mit 70 und 72,5% Hg zeigen eine mit abnehmendem Hg-Gehalt größer werdende Verzögerung bei etwa — 35°, über deren Ursache sich nichts Bestimmtes aussagen läßt. — **4.** GOLDSCHMIDT, V. M.: Z. physik. Chem. Bd. 133 (1928) S. 408/09. — **5.** WERYHA, A.: C. R. Soc. Polonaise Phys. Bd. 7 (1926) S. 57/63 (deutsch u. polnisch). — **6.** WESTGREN, A.: Metallwirtsch. Bd. 7 (1928) S. 701. — **7.** OGG, A.: Z. physik. Chem. Bd. 27 (1898) S. 290/311. — **8.** REINDERS, W.: Z. physik. Chem. Bd. 54 (1906) S. 609/27. — **9.** MÜLLER, R., u. R. HÖNIG: Z. anorg. allg. Chem. Bd. 121 (1922) S. 344/46. — **10.** DUMAS, E.: C. R. Acad. Sci., Paris Bd. 69 (1869) S. 759/60. — **11.** MAEY, E.: Z. physik. Chem. Bd. 50 (1905) S. 209/11. — **12.** CROOKEWITT: J. prakt. Chem. Bd. 45 (1848) S. 87. — **13.** SOUZA, E. DE: Ber. dtsch. chem. Ges. Bd. 8 (1875) S. 1616; Bd. 9 (1876) S. 1050. — **14.** JOULE, J. P.: J. chem. Soc. (2) Bd. 1 (1863) S. 378. — **15.** BECQUEREL: C. R. Acad. Sci., Paris Bd. 75 (1872) S. 1729/33. — **16.** RAMSAY, W.: J. chem. Soc. Bd. 55 (1889) S. 533. — **17.** BERTHELOT, C. R. Acad. Sci., Paris Bd. 132 (1901) S. 241/43. — **18.** JONES, H. CH.: J. chem. Soc. Bd. 97 (1910) S. 336/39. — **19.** JOYNER, R. A.: J. chem. Soc. Bd. 99 (1911) S. 205. — **20.** SUNIER, A. A., u. C. B. HESS: J. Amer. chem. Soc. Bd. 50 (1928) S. 662/68. — **21.** GOUY: J. Phys. (3) Bd. 4 (1895) S. 320/21. — **22.** HUMPHREYS: J. chem. Soc. Bd. 69 (1896) S. 243. — **23.** EASTMAN u. HILDEBRAND: J. Amer. chem. Soc. Bd. 36 (1914) S. 2020. — **24.** PARRAVANO, N., u. P. JOVANOVICH: Gazz. chim. ital. Bd. 49, I (1919) S. 6/9. — **25.** MATTHIESSEN, A., u. C. VOGT: Pogg. Ann. Bd. 116 (1862) S. 376. — **26.** WEBER, C. L.: Wied. Ann. Bd. 23 (1884) S. 469/70. — **27.** Die Liquiduskurve unterhalb 200° wurde aus früheren Arbeiten (s. oben) übernommen. — **28.** MURPHY, A. J.: J. Inst. Met., Lond. Bd. 46 (1931) S. 507/22, s. auch die Diskussionsbeiträge S. 528/35. — **29.** Über das Auftreten hartnäckiger metastabiler Zustände s. die Originalarbeit. — **30.** PRESTON, G. D.: J. Inst. Met., Lond. Bd. 46 (1931) S. 522/27. — **31.** STENBECK, S.: Z. anorg. allg. Chem. Bd. 214 (1933) S. 16/18. — **32.** Vgl. auch WESTGREN, A.: J. Inst. Met., Lond. Bd. 46 (1931) S. 533/34. — **33.** S. auch WERYHA, A.: Z. Kristallogr. Bd. 86 (1933) S. 335/39. — **34.** DERIGHT, R. E.: J. physic. Chem. Bd. 37 (1933) S. 405/15.

Ag-In. Silber-Indium.

WEIBKE-EGGERS[1] haben das Zustandsdiagramm nach den Ergebnissen thermischer, mikrographischer und röntgenographischer Untersuchungen aufgestellt (Abb. 17). Der von ihnen gefundene Verlauf der Liquidus- und Soliduskurve der α-Phase stimmt mit dem von HUME-ROTHERY, MABBOTT und EVANS[2] ermittelten sehr gut überein; letztere fanden die peritektische Temperatur α + Schmelze $\rightleftharpoons \beta$ zu 689°. Die Sättigungsgrenze des α-Mischkristalles ergab sich nach den genaueren mikrographischen Bestimmungen von HUME-ROTHERY und Mitarbeiter zu 21,0% In bei 689° (statt 19,8%) und 20,4% In bei 500—300° (statt 19,4%).

Die β-Phase kommt der Zusammensetzung Ag_3In (26,2% In) nahe. Die Umwandlung $\gamma \rightleftharpoons \delta$ ist, soweit abgeschreckte Legierungen untersucht wurden, nicht mit einer Änderung des Gefüges und der Gitterstruktur verbunden. Sie ähnelt darin der Umwandlung im γ (Ag-Sn)-Mischkristall bei 60°. δ hat nach früheren Untersuchungen von GOLDSCHMIDT[3] ein hexagonales Gitter dichtester Kugelpackung.

Einige Zehntel % oberhalb der Sättigungsgrenze von δ (etwa 33,1% In) treten Röntgeninterferenzen auf, die von denjenigen der δ-Phase völlig verschieden sind. Das läßt sich nur durch Annahme einer weiteren Zwischenphase ε deuten, die überdies nach den thermischen Beobachtungen bei 204° eine Umwandlung in ε' durchmacht. Ein heterogenes Gebiet (δ + ε) konnte wegen der benachbarten Lage dieser Phasen nicht festgestellt werden. Die Zusammensetzung der Inreichsten φ-Phase konnte nicht genau bestimmt werden, sie liegt jedoch wahrscheinlich nahe bei 75% In. Ag ist in In praktisch unlöslich.

FREVEL-OTT[4] konnten das Bestehen von drei bei Raumtemperatur stabilen Zwischenphasen röntgenographisch bestätigen. Von diesen besitzen zwei hexagonale Symmetrie (δ und ε), während die In-reichste (φ) kubisch-flächenzentriert ist.

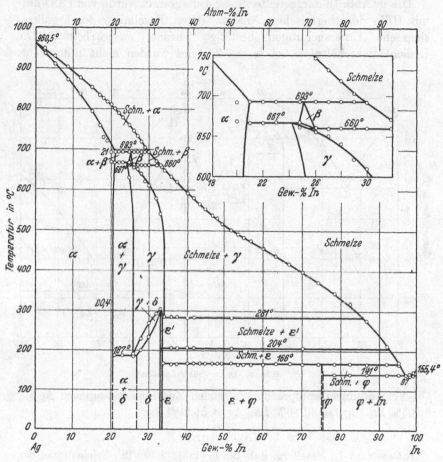

Abb. 17. Ag-In. Silber-Indium.

Literatur.

1. WEIBKE, FR., u. H. EGGERS: Z. anorg. allg. Chem. Bd. 222 (1935) S. 145/60. — 2. HUME-ROTHERY, W., G. W. MABBOTT u. K. M. C. EVANS: Philos. Trans. Roy. Soc., Lond. A Bd. 233 (1934) S. 1/97. — 3. GOLDSCHMIDT, V. M.: Z. physik. Chem. Bd. 133 (1928) S. 406. S. auch PERLITZ, H.: Metallwirtsch. Bd. 12 (1933) S. 103. — 4. FREVEL, L. K., u. E. OTT: J. Amer. chem. Soc. Bd. 57 (1935) S. 228 (vorl. Mitt.).

Ag-Ir. Silber-Iridium.

Nach RÖSSLER[1] löst sich Ir nicht in geschmolzenem Ag auf.

Literatur.

1 Rössler, H.: Chem.-Ztg. Bd. 24 (1900) S. 733/35.

Ag-La. Silber-Lanthan.

Das in Abb. 18 dargestellte Zustandsdiagramm wurde von Canneri[1] mit Hilfe der thermischen Analyse, deren Ergebnisse durch mikroskopische Untersuchungen bestätigt wurden, ausgearbeitet. Die Löslichkeitsverhältnisse im festen Zustand wurden nicht untersucht.

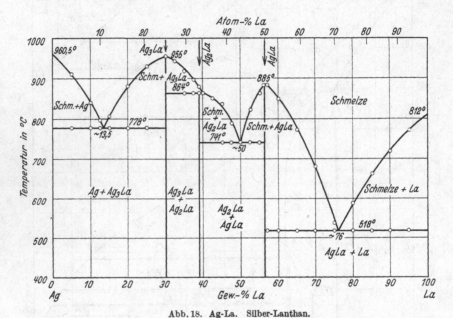

Abb. 18. Ag-La. Silber-Lanthan.

Die Verbindungen entsprechen folgenden Zusammensetzungen: Ag_3La 30,03% La, Ag_2La 39,16% La, AgLa 56,29% La.

Literatur.

1. Canneri, G.: Metallurg. ital. Bd. 23 (1931) S. 815/19. Reinheitsgrad·des La: 99,6%.

Ag-Li. Silber-Lithium.

Abb. 19 zeigt das von Pastorello[1] ausgearbeitete Zustandsschaubild sowohl in Gew.-% als in Atom.-%. Die Legierungen wurden durch Zusammenschmelzen der Komponenten im V 2 A-Tiegel unter Argon hergestellt.

Schon früher hatte Pastorello[2] die Röntgenstruktur der in Abb. 19 durch Pfeile gekennzeichneten Konzentrationen in Atom-% Li (= 5,6 bis 48 Gew.-% Li) untersucht. Daraus ergab sich, daß Ag und Li zwei intermediäre Kristallarten miteinander bilden: die mit Sicherheit nachgewiesene Verbindung AgLi (6,04% Li), die ein kubisch-raumzentriertes Gitter vom CsCl-Typ besitzt, und eine Li-reichere Verbindung $AgLi_3$ (16,18% Li) oder $AgLi_4$, deren Struktur noch unbekannt ist (s. w. u.). PASTORELLO neigte zur Annahme von $AgLi_3$. Die thermische Untersuchung hat diese Annahme bestätigt.

Nach dem Röntgenbefund besteht die Legierung mit 48 Atom-% Li aus AgLi und reinem Ag, und die Legierungen mit 85,5 und 93,5

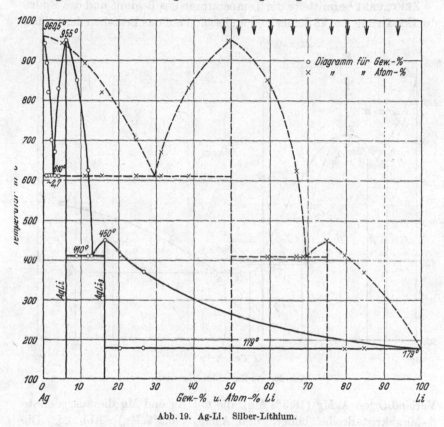

Abb. 19. Ag-Li. Silber-Lithium.

Atom-% Li aus $AgLi_3$ und reinem Li. Mischkristallbildung der Komponenten liegt also nicht vor. Ob die Verbindungen Ag und Li in fester Lösung aufzunehmen vermögen, wurde nicht untersucht.

Nachtrag. ZINTL-BRAUER[3] haben den Befund von PASTORELLO bezüglich der Kristallstruktur von AgLi bestätigt. AgLi ist bei gewöhnlicher Temperatur instabil; nach einem Tag treten neue Interferenzen auf, die weder dem Ag noch der Verbindung $AgLi_3$ zugeordnet werden können; die Interferenzen von AgLi sind nach einigen Tagen vollständig verschwunden. $AgLi_3$ hat nach PERLITZ[4] ein kubisches Gitter mit 52 Atomen im Elementarkörper.

Literatur.

1. Pastorello, S.: Gazz. chim. ital. Bd. 61 (1931) S. 47/51. Ref. J. Inst. Met., Lond. Bd. 47 (1931) S. 522. — **2.** Pastorello, S.: Gazz. chim. ital. Bd. 60 (1930) S. 493/501. — **3.** Zintl, E., u. G. Brauer: Z. physik. Chem. B Bd. 20 (1933) S. 245/71. — **4.** Perlitz, H.: Z. Kristallogr. Bd. 86 (1933) S. 155/58.

Ag-Mg.   Silber-Magnesium.

Zemczuzny[1] ermittelte die Temperaturen des Beginns und des Endes der Erstarrung von 73 Schmelzen und schloß auf das Bestehen der beiden

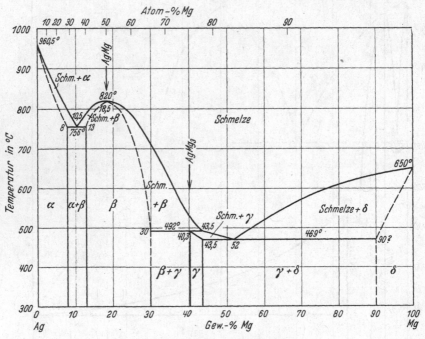

Abb. 20.   Ag-Mg.   Silber-Magnesium.

Verbindungen AgMg (18,5% Mg), die mit Ag und Mg die ausgedehnte β-Mischkristallreihe bildet, und AgMg$_3$ (40,3% Mg); Abb. 20. Die Bildung Mg-reicher Mischkristalle hielt er für unwahrscheinlich; es wurden allerdings keine Versuche zur Bestimmung der Löslichkeit ausgeführt. Das Ergebnis der thermischen Analyse wurde durch die Gefügeuntersuchung vollkommen bestätigt.

Smirnow-Kurnakow[2] untersuchten die Konstitution mit Hilfe sehr eingehender Leitfähigkeitsmessungen an geglühten Proben (12 Stunden bei 400°). Die Leitfähigkeitsisotherme und die Kurve des Temperaturkoeffizienten zeigen deutlich ausgeprägte Richtungsänderungen bei Konzentrationen, die mit den von Zemczuzny mit Hilfe thermischer Messungen bestimmten ausgezeichnet übereinstimmen. Darüber hinaus

kommt auf den Kurven auch noch die Existenz Mg-reicher Mischkristalle von etwa 90—100% Mg und einer intermediären Mischkristallreihe γ (Lösungen von Magnesium in AgMg$_3$) im Bereich von 40,3% bis
43,5% Mg einwandfrei zum Ausdruck[3]. Die Verbindung AgMg ist auf
beiden Kurven durch ein scharfes Maximum (Spitze) ausgezeichnet.

Die β-Kristallart hat nach OWEN-PRESTON[4] und WESTGREN-
PHRAGMÉN[5] ein kubisch-raumzentriertes Gitter (CsCl-Struktur) und ist
daher strukturell analog den β-Phasen der Systeme Ag-Cd, Ag-Zn,
Au-Zn, Au-Cd, Cu-Zn u. a. m.

Literatur.

1. ZEMCZUZNY, S. F.: Z. anorg. allg. Chem. Bd. 49 (1906) S. 400/14. — **2.** SMIR-
NOW, W. J., u. N. S. KURNAKOW: Z. anorg. allg. Chem. Bd. 72 (1911) S. 31/54.

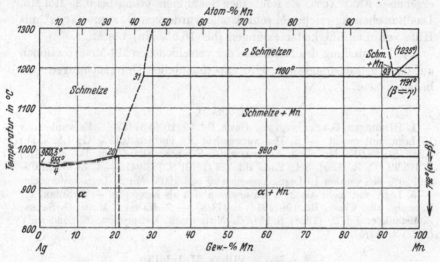

Abb. 21. Ag-Mn. Silber-Mangan.

— **3.** Das Bestehen dieser Mischkristalle geht besonders deutlich aus der Kurve
des Temperaturkoeffizienten hervor und wurde auch mikroskopisch festgestellt.
— **4.** OWEN, E. A., u. G. D. PRESTON: Philos. Mag. VII Bd. 2 (1926) S. 1266/70.
— **5.** WESTGREN, A., u. G. PHRAGMÉN: Metallwirtsch. Bd. 7 (1928) S. 700/703.

Ag-Mn. Silber-Mangan.

Nach HINDRICHS[1] besteht eine ausgedehnte Mischungslücke im
flüssigen Zustand, die bei 1145°, der von ihm gefundenen Temperatur
der Reaktion Schmelze$_{Mn}$ ⇌ Mn + Schmelze$_{Ag}$, von etwa 2—88% Mn
reicht. Die Ag-reiche Schmelze erstarrt als Eutektikum von unbekannter
Zusammensetzung bei 945° (Mn-Schmelzpunkt nach HINDRICHS
1207° !)[2].

Demgegenüber fand ARRIVAUT[3] durch sehr viel eingehendere[4] thermische und mikroskopische Untersuchungen das in Abb. 21 dargestellte

Diagramm. Die bei 980° erstarrende Legierung mit 20% Mn hielt ARRIVAUT jedoch für die Verbindung Ag_2Mn (20,3% Mn) und glaubte eine wesentliche Stütze für diese Auffassung darin erblicken zu können, daß nach den von ihm ausgeführten Spannungsmessungen die Spannung sich zwischen 20 und 23% Mn sprunghaft ändert. Es erscheint jedoch zwangloser, die Legierung mit 20% Mn als den gesättigten Ag-reichen Mischkristall anzusehen[5] und den Spannungssprung mit dem Auftreten von Mn-Kristallen zu erklären. Die Horizontale bei 980° ist also eine Peritektikale (Schmelze $+$ Mn $\rightleftharpoons \alpha$-Mischkristall).

Die von SIEBE[6] zwecks Feststellung von Resistenzgrenzen in der Ag-reichen Mischkristallreihe ausgeführten Spannungsmessungen an Legierungen mit 12,6—16,5% Mn haben keinen Einfluß auf die Meßergebnisse ARRIVAUTs. Er fand einen Spannungssprung bei 0,25 Mol Mn. Das Bestehen Ag-reicher Mischkristalle wurde von HANSEN-SACHS[7] mit Hilfe von Leitfähigkeitsmessungen (bis 16,5% Mn) bestätigt.

Die Feststellung des Einflusses der verschiedenen Mn-Modifikationen auf das Zustandsdiagramm wird experimentellen Untersuchungen vorbehalten sein.

Literatur.

1. HINDRICHS, G.: Z. anorg. allg. Chem. Bd. 59 (1908) S. 437/41. Es wurden nur 10 Legn. untersucht. — **2.** Das verwendete Mn enthielt 0,15% Al; 1,52% Fe; 0,33% Si; 98,01% Mn. — **3.** ARRIVAUT, G.: Z. anorg. allg. Chem. Bd. 83 (1913) S. 193/99. C. R. Acad. Sci., Paris Bd. 156 (1913) S. 1539/41. — **4.** Zwischen 0% und 20% Mn wurden 10 Legn., zwischen 20 und 100% Mn 26 Legn. untersucht. — **5.** Legn. mit mehr als 20% Mn erwiesen sich als heterogen. — **6.** SIEBE, P.: Z. anorg. allg. Chem. Bd. 108 (1919) S. 174/83. — **7.** HANSEN, M., u. G. SACHS: Z. Metallkde. Bd. 20 (1928) S. 151/52. Mitt. dtsch. Mat.prüfgsanst. Sonderh. V (1929) S. 152/54.

Ag-Mo. Silber-Molybdän.

Nach DREIBHOLZ[1] vermag Silber bei etwa 1600° mindestens 5% Mo zu lösen. Das Gefüge der 5%igen Legierung bestand aus primär ausgeschiedenen Mo-Kristallen in einer Grundmasse von Mo-freiem Silber.

Literatur.

1. DREIBHOLZ: Z. physik. Chem. Bd. 108 (1924) S. 4.

Ag-N. Silber-Stickstoff.

Stickstoff wird weder von festem noch von flüssigem Ag gelöst[1] (untersucht bis 1300°).

Literatur.

1. SIEVERTS, A., u. W. KRUMBHAAR: Ber. dtsch. chem. Ges. Bd. 43 (1910) S. 894. STEACIE, E. W. R., u. F. M. G. JOHNSON: Proc. Roy. Soc., Lond. A Bd. 112 (1926) S. 542/58.

Ag-Na. Silber-Natrium.

Die Ergebnisse der thermischen Untersuchungen von QUERCIGH[1]
und MATHEWSON[2] stimmen recht gut miteinander überein. Zwischen
10 und 100% Na verläuft die Erstarrungskurve von MATHEWSON etwa
10—30° unterhalb der von QUERCIGH gefundenen. Die von TAMMANN[3]
festgestellte geringe Erniedrigung des Natriumschmelzpunktes[4] (um 0,09°

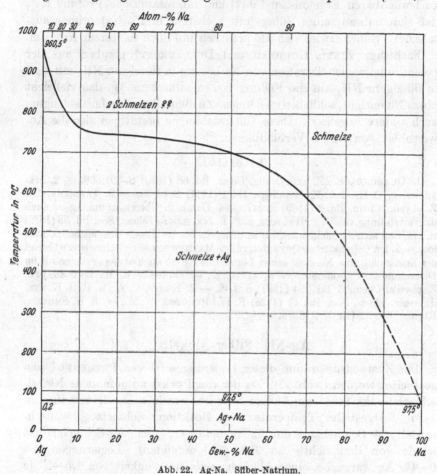

Abb. 22. Ag-Na. Silber-Natrium.

durch 0,3% Ag) wurde von beiden Autoren bestätigt. Die Tatsache,
daß die Liquiduskurve zwischen 10 und 40% Na nur schwach gegen
die Konzentrationsachse geneigt ist, läßt die Existenz einer Mischungslücke im flüssigen Zustande als möglich erscheinen (Abb. 22). Der festgestellte Kurvenabfall wäre dann nur durch mangelndes Erstarrungsgleichgewicht (infolge ungenügenden Rührens während der Erstarrung) vorgetäuscht[5], eine Erscheinung, die auch bei anderen Systemen (Cu-Pb) ge-

legentlich beobachtet wurde. Beide Verfasser erwähnen jedoch nichts von
einer Schichtenbildung. Aus dem Fehlen eines eutektischen Haltepunktes
in den Legierungen mit weniger als 3,3% Na schloß QUERCIGH auf ein
Lösungsvermögen des Silbers für Natrium von etwa 3%. Diese auf
einem unsicheren Kriterium beruhende Auffassung wurde von MATHEW-
SON widerlegt. Er stellte durch Rückstandsanalyse (die in diesem Falle
zu brauchbaren Ergebnissen führt) und mikroskopische Prüfung fest,
daß sich nahezu reines Silber (mit höchstens 0,22% Na) primär ausscheidet. Silber erwies sich als praktisch unlöslich in festem Natrium.

    Nachtrag. ZINTL, GOUBEAU und DULLENKOPF[6] glauben aus der
potentiometrischen Titration von Na-Lösung in flüssigem NH_3 mit AgJ
in flüssigem NH_3 auf die Fällung von metallischem Ag, das vielleicht
etwas Na enthält, schließen zu können. Zu demselben Ergebnis gelangten
auch andere Forscher[7]. Diese Untersuchungen bestätigen also die Abwesenheit von Ag-Na-Verbindungen.

Literatur.

    1. QUERCIGH, E.: Z. anorg. allg. Chem. Bd. 68 (1910) S. 301/306. — **2.** MA-
THEWSON, C. H.: Int. Z. Metallogr. Bd. 1 (1911) S. 51/63. — **3.** TAMMANN, G.:
Z. physik. Chem. Bd. 3 (1889) S. 447. — **4.** Damit in Übereinstimmung ist auch
die Feststellung von C. T. HEYCOCK u. F. H. NEVILLE: J. chem. Soc. Bd. 55 (1889)
S. 674, daß sich Ag nicht merklich in flüssigem Na bei dessen Schmelztemperatur
löst. — **5.** Im Gegensatz zu QUERCIGH rührte MATHEWSON seine Schmelzen während
der Erstarrung; die Neigung seiner Liquiduskurve ist auch etwas geringer als im
Diagramm von QUERCIGH. — **6.** ZINTL, E., J. GOUBEAU u. W. DULLENKOPF:
Z. physik. Chem. A Bd. 154 (1931) S. 1/46. — **7.** KRAUS, C. A., u. H. J. KURTZ:
J. Amer. chem. Soc. Bd. 47 (1925) S. 43. BURGESS, W. M., u. E. H. SMOKER:
Ebenda Bd. 52 (1930) S. 3573.

Ag-Ni.   Silber-Nickel.

    Das Zustandsdiagramm dieser Legierungen ist von PETRENKO[1] aus-
gearbeitet worden (Abb. 23). Da der von PETRENKO gefundene Nickel-
schmelzpunkt 1484° um 32° zu hoch ist, wurde auch die von ihm zu
1465° festgestellte Temperatur der Reaktion: Schmelze$_{Ni}$ $\rightleftharpoons$ Misch-
kristall$_{Ni}$ + Schmelze$_{Ag}$ um 32° vermindert; (der Ag-Schmelzpunkt
wurde von ihm richtig zu 960—961° gefunden). Legierungen mit
0—4% Ag waren bei einer Abkühlungsgeschwindigkeit von 1,5—2° je
Sekunde homogen; darüber hinaus bildeten sich zwei Schichten. Daß
die untere der beiden Schichten aus fast reinem Ag besteht, wurde
analytisch bestätigt. Die von VIGOUROUX[2] bestimmte Spannungskurve
der Legierungen, nach der alle Legierungen bis zum reinen Ag die
Spannung des Ni besitzen, steht mit dem Diagramm von PETRENKO
im Einklang. Die Bildung von Ni-reichen Mischkristallen kommt jedoch
nicht zum Ausdruck. TAMMANN-OELSEN[3] haben geringe Mengen Ni in
Ag-Schmelzen gelöst, nach 4stündigem Glühen bei 940° langsam auf

verschiedene Temperaturen abgekühlt, bei welchen sie 2—5 Stunden gehalten wurden, und darauf abgeschreckt. Die für die verschiedenen Abschrecktemperaturen bei 20° bestimmten Werte der spezifischen Magnetisierung ergaben folgende Löslichkeiten von Ni in festem Ag: 922°: 0,102%, 860°: 0,084%, 785°: 0,066%, 702°: 0,044%, 640°: 0,032%, 600°: 0,026%, 510°: 0,018%, 400°: 0,012% Ni. Unterhalb 400° konnte die Einstellung des Gleichgewichtes wegen der geringen Diffusion bei diesen Temperaturen nicht mehr abgewartet werden.

Nachtrag. In guter Übereinstimmung mit PETRENKO hat DE CESARIS[4] die monotektische Temperatur zu 1435° gefunden. Aus der Tatsache,

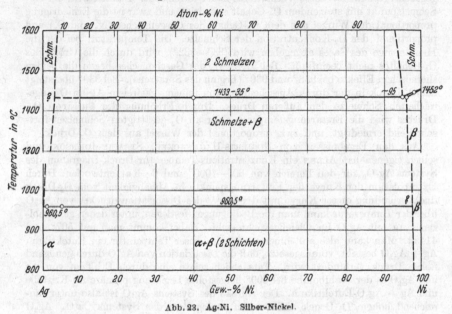

Abb. 23. Ag-Ni. Silber-Nickel.

daß er bereits bei 10% Ni einen thermischen Effekt bei 1435° beobachtet hatte, schlossen GUERTLER-BERGMANN[5] mit Recht, daß die Mischungslücke sich bis zu noch kleinerem Ni-Gehalt ausdehnt. Sie nehmen den Endpunkt auf Grund der von DE CESARIS ausgeführten Analyse der Ag-reichen Schicht bei 1,5% Ni an; PETRENKO fand dagegen nur 0,4% Ni. Die Analyse der Schicht erlaubt daher keinen sicheren Schluß auf die Konzentration des Endpunktes[6]. GUERTLER-BERGMANN beobachteten, daß sich Ag aus dem Ni-reichen β-Mischkristall ausscheidet; die Löslichkeit von Ag in Ni nimmt also mit fallender Temperatur ab.

Literatur.

1. PETRENKO, G. J.: Z. anorg. allg. Chem. Bd. 53 (1907) S. 212/15. — **2.** VIGOUROUX, E.: Bull. Soc. chim. France (4) Bd. 7 (1910) S. 621/22. — **3.** TAMMANN, G., u. W. OELSEN: Z. anorg. allg. Chem. Bd. 186 (1930) S. 264/66. — **4.** CESARIS, P. DE:

Gazz. chim. ital. Bd. 43 II (1913) S. 365/79. — 5. GUERTLER, W., u. A. BERGMANN:
Z. Metallkde. Bd. 25 (1933) S. 56. — 6. Die Ni-reiche Schicht enthält nach P.
3,65%, nach DE C. 3,9% Ag.

Ag-O. Silber-Sauerstoff.

Die Löslichkeit von O_2 in geschmolzenem Ag (923—1125°) wurde von SIEVERTS-
HAGENACKER[1], diejenige in festem Ag (200—800°) von STEACIE-JOHNSON[2] gemessen.

Die Abkühlungskurve einer mit Luft gesättigten Schmelze zeigt zwei Verzögerungen, eine bei 951° (Ag-Schmelzpunkt 961°) und die andere bei 930—940°.
Bei letzterer Temperatur wird die Hauptmenge des Gases unter Spratzen abgegeben. ALLEN[3] hat diese Verhältnisse näher untersucht. Danach wird der Ag-
Schmelzpunkt mit steigendem O_2-Gehalt erniedrigt, und zwar ist die Erniedrigung
proportional der Wurzel aus dem O_2-Gehalt des Gasgemisches (N_2 und O_2) und
proportional der O_2-Konzentration der Schmelze. Die Temperatur, bei der die
Hauptmenge des Gases abgegeben wird (930—932°), wird durch die Größe des
O_2-Gehaltes nicht beeinflußt. Bei 97,4% O_2 des Gasgemisches liegen die beiden
thermischen Effekte bei 938° und 930° (Beginn des Spratzens). Bei 930° übersteigt
der O_2-Druck in der durch Ausscheidung von reinem, gasfreiem Ag an O_2 ange-
reicherten Schmelze den äußeren Druck. Durch Erhöhung des äußeren O_2-
Druckes wird die Erstarrungstemperatur der an O_2 gesättigten Schmelzen fortschreitend erniedrigt, und zwar proportional der Wurzel aus dem O_2-Druck.

Aus den Ergebnissen von SIEVERTS-HAGENACKER, STEACIE-JOHNSON und
seinen eigenen hat ALLEN ein Konzentrations-Temperatur-Druck-Diagramm des
Systems Ag-O_2 für den Bereich von 800—1000° und 0—6 at entworfen. Durch
Extrapolation der Kurve der Erstarrungspunkte in Abhängigkeit vom O_2-Druck
und Verbindung dieser Kurve mit der Kurve des Dissoziationsdruckes von Ag_2O
über der Temperatur kann man die Bedingungen festlegen, unter denen geschmolzenes Ag mit Ag_2O im Gleichgewicht steht. Dabei kommt man auf 507° und
414 at. Man kann also annehmen, daß nahe dieser Temperatur ein Eutektikum
Ag + Ag_2O besteht, vorausgesetzt, daß die Dissoziation von Ag_2O durch genügend
hohen Druck verhindert wird. Tatsächlich zeigte eine durch Erhitzen von Ag
und Ag_2O in der Stahlbombe bei 600° hergestellte Legierung primäre Ag-Kristalle
und Ag + Ag_2O-Eutektikum. Der Aufbau des Systems Ag-O ist also unter hinreichend hohem O_2-Druck vollkommen analog dem des Systems Cu-O. Ag_2O
hat dieselbe Gitterstruktur wie Cu_2O[4].

Literatur.

1. SIEVERTS, A., u. J. HAGENACKER: Z. physik. Chem. Bd. 68 (1909) S. 115/28.
S. auch Z. Metallkde. Bd. 21 (1929) S. 38. — 2. STEACIE, E. W. R., u. F. M. G.
JOHNSON: Proc. Roy. Soc., Lond. A Bd. 112 (1926) S. 542/58. S. auch Z. Metallkde.
Bd. 21 (1929) S. 43. — 3. ALLEN, N. P.: J. Inst. Met., Lond. Bd. 49 (1932) S.317/40.
— 4. Vgl. „Strukturbericht".

Ag-P. Silber-Phosphor.

Aus Untersuchungen von PELLETIER[1], SCHRÖTTER[2] und HAUTE-
FEUILLE-PERREY[3] ist zu schließen, daß P in flüssigem Ag löslich ist,
beim Erstarren des Silbers jedoch in Form elementaren Phosphors
größtenteils ausgestoßen wird. Das Bestehen der durch präparatives
Probieren auf trockenem Wege gewonnenen Verbindungen AgP^4, $Ag_2P_3^2$

und $AgP_2{}^5$ war von vornherein fraglich, da die Einheitlichkeit dieser Produkte nicht erwiesen wurde. Kürzlich haben HARALDSEN-BILTZ[6] die Frage nach der Zusammensetzung etwaiger Ag-Phosphide entschieden durch Aufnahme von Druck-Konzentrationsisothermen (400—500°) beim thermischen Abbau des mit großem P-Überschuß gesättigten phosphorreichsten Phosphides (Tensionsanalyse). Danach bestehen unter den Versuchsbedingungen nur die Verbindungen $AgP_2{}^7$ (36,51% P) und $AgP_3{}^7$ (46,32% P); letztere vermag etwas Phosphor zu lösen. Durch röntgenographische Untersuchungen von K. MEISEL wurde das Bestehen von zwei Phosphiden des Silbers bestätigt.

Nachtrag. MOSER, FRÖHLICH und RAUB[8] beobachteten, daß das Wiederausstoßen des im flüssigen Ag gelösten Phosphors im Augenblick der Erstarrung äußerst energisch erfolgt. „Läßt man die Erstarrung innerhalb 1—2 Minuten verlaufen, so bleibt stets weniger als 0,1% P im Regulus gebunden zurück. Aber auch bei intensivster Abschreckung der mit P übersättigten Schmelze gelingt es nicht, mehr als höchstens 0,4—0,5% P als Silberphosphid gebunden[9] zu erhalten." Die Löslichkeit von P in flüssigem Ag bei 960° und Atmosphärendruck wurde zu 1,45% P bestimmt. Die feste Löslichkeit von P in Ag ist äußerst gering; „Silberstücke mit 0,026% P lassen mikroskopisch auch nach langer Temperaturbehandlung noch Einschlüsse von AgP_2 erkennen".

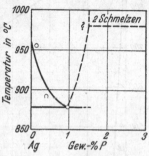

Abb. 24.
Ag-P. Silber-Phosphor.

Abb. 24 gibt einen Teil des Schmelzdiagramms wieder, der durch thermische Analyse einiger Schmelzen im zugeschmolzenen, evakuierten Porzellanrohr gewonnen wurde. Danach bilden Ag und AgP_2 ein Eutektikum bei 0,97% P und 877—879°. Gleichartig hergestellte Legierungen mit zwei und mehr Prozent P bestehen aus zwei Schichten. Der ungefähre P-Gehalt der oberen Schicht von bröcklig-lockerer Beschaffenheit betrug 18—20%, entsprechend rd. 54% AgP_2. Ein durch Überleiten von P-Dampf über Ag-Pulver bei 470—480° erhaltenes gesintertes Stäbchen mit 39,7% P erwies sich als mikroskopisch einphasig, so daß auf weitgehende Mischkristallbildung zwischen AgP_2 und AgP_3 geschlossen werden muß.

Literatur.

1. PELLETIER (1788, 1792). Zitiert nach Gmelin-Kraut: Hb. anorg. Chem. Bd. V 2 (1914) S. 127. — **2.** SCHRÖTTER, A.: Ber. Wien. Akad. Bd. 2 (1849) S. 301. — **3.** HAUTEFEUILLE, P., u. A. PERREY: C. R. Acad. Sci., Paris Bd. 98 (1884) S. 1378. — **4.** EMMERLING, O.: Ber. dtsch. chem. Ges. Bd. 12 (1879) S. 152. — **5.** GRANGER, A.: C. R. Acad. Sci., Paris Bd. 124 (1897) S. 896/98. — **6.** HARALDSEN, H., u. W. BILTZ: Z. Elektrochem. Bd. 37 (1931) S. 504/506. — **7.** Über die Darstellung von AgP_2 und AgP_3 siehe die Originalarbeit. — **8.** MOSER, H., K. W. FRÖHLICH

u. E. RAUB: Z. anorg. allg. Chem. Bd. 208 (1932) S. 227/30. — 9. „Durch den Lösungsvorgang und die damit verbundene Verdünnung des AgP$_2$ wird dessen Dissoziationsdruck so weit vermindert, daß es einige Zeit unzersetzt zu existieren vermag."

Ag-Pb. Silber-Blei.

WRIGHT[1] stellte die vollständige Mischbarkeit der beiden Metalle im flüssigen Zustand fest. HEYCOCK-NEVILLE[2] untersuchten den Einfluß

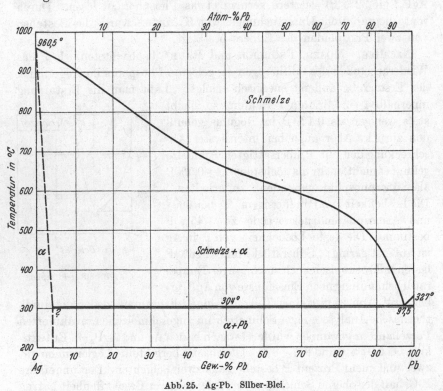

Abb. 25. Ag-Pb. Silber-Blei.

geringer Ag-Zusätze auf den Schmelzpunkt des Bleis und gaben später[3] den mit Hilfe von 32 Legierungen bestimmten Verlauf der ganzen Liquiduskurve, der von FRIEDRICH[4] (20 Legn.) sowie PETRENKO[5] (10 Legn.), die auch das Ende der Erstarrung der ganzen Legierungs- reihe berücksichtigten, ausgezeichnet bestätigt werden konnte (Abb. 25): Die eutektische Temperatur wurde von allen Forschern zu 304° ermittelt; die eutektische Konzentration ist nach HEYCOCK-NEVILLE 96% Pb, nach PETRENKO etwa 97% Pb und nach FRIEDRICH 97,5% Pb. Die Angabe von FRIEDRICH dürfte die verläßlichste sein. Die Frage nach der Bildung von Mischkristallen wurde von FRIEDRICH und PETRENKO verneint; sie haben allerdings ihre Legierungen nicht geglüht. Schon

früher hatte CAMPBELL[6] gefunden, daß eine Legierung mit 4% Pb nur
aus einer Kristallart bestehen kann. Die Leitfähigkeitskurve von
MATTHIESSEN[7] deutet ebenfalls auf die Existenz Ag-reicher Mischkristalle hin[8]. Dagegen scheint die Löslichkeit von Ag in Pb außerordentlich klein zu sein. Das gleiche gilt für die Spannungskurven von
LAURIE[9] und PUSCHIN[10]; doch erlauben auch diese Messungen keine
genaue Angabe der Sättigungskonzentration, da sich ihre Legierungen
sicher nicht im Gleichgewichtszustand befunden haben. Auch RAEDER-
BRUN[11] können die Ergebnisse ihrer Messungen der Wasserstoffüberspannung nur durch Annahme Ag-reicher Mischkristalle deuten. Die
Dichte der Legierungen ändert sich nach den Bestimmungen von
MATTHIESSEN[12] und SPENCER-JOHN[13] (die auch die magnetische Suszeptibilität der Legierungsreihe gemessen haben) innerhalb der Fehlergrenzen linear mit der Zusammenstzung.

Nachtrag. YOLDI und JIMENEZ[14] haben durch thermische Analyse
und mikroskopische Untersuchungen die Ergebnisse der früheren Arbeiten bestätigt gefunden. Die eutektische Konzentration liegt danach
bei 97,7% Pb; die eutektische Temperatur wurde bei 300—305° gefunden. Aus Diffusionsversuchen von Ag in Pb ergibt sich nach SEITH-
KEIL[15] eine Löslichkeit von 0,10 Atom-% = ~0,055 Gew.-% Ag bei
250° und von 0,12 Atom-% = ~0,065 Gew.-% Ag bei 270°[16]. Nach
der ebenfalls von SEITH-KEIL thermo-resistometrisch bestimmten
Löslichkeitskurve ist die Löslichkeit bei diesen Temperaturen um
rd. 0,02 Atom-% größer. Die Kurve fällt danach praktisch linear von
~0,18 Atom-% bei der eutektischen Temperatur auf etwa 0,09 Atom-%
bei 200°.

Literatur.

1. WRIGHT, C. R. A.: Proc. Roy. Soc., Lond. Bd. 52 (1892) S. 21/24. —
2. HEYCOCK, C. T., u. F. H. NEVILLE: J. chem. Soc. Bd. 65 (1894) S. 72/73. —
3. HEYCOCK, C. T., u. F. H. NEVILLE: Philos. Trans. Roy. Soc., Lond. A Bd. 189,
(1897) S. 37, 39, 58/60. — 4. FRIEDRICH, K.: Metallurgie Bd. 3 (1906) S. 396/406.
— 5. PETRENKO, G. J.: Z. anorg. allg. Chem. Bd. 53 (1907) S. 201/204. —
6. CAMPBELL, W.: J. Franklin Inst. Bd. 154 (1902) S. 208/209. — 7. MATTHIESSEN,
A.: Pogg. Ann. Bd. 110 (1860) S. 212. — 8. Darüber vgl. auch FREY, G. S. SON:
Z. Elektrochem. Bd. 38 (1932) S. 270/71. — 9. LAURIE, A. P.: J. chem. Soc.
Bd. 65 (1894) S. 1037. — 10. PUSCHIN, N.: J. russ. phys.-chem. Ges. Bd. 39 (1907)
S. 901/907. — 11. RAEDER, M. G., u. J. BRUN: Z. physik. Chem. Bd. 133 (1928)
S. 25/26. — 12. MATTHIESSEN, A.: Pogg. Ann. Bd. 110 (1860) S. 36. — 13. SPENCER,
J. F., u. M. G. JOHN: Proc. Roy. Soc., Lond. Bd. 116 (1927) S. 64. — 14. YOLDI, F.,
u. D. L. DE A. JIMENEZ: Anal. Soc. españ. Fís. Quím. Bd. 28 (1930) S. 1055/65.
Ref. J. Inst. Met., Lond. Bd. 47 (1931) S. 76. — 15. SEITH, W., u. A. KEIL: Z.
physik. Chem. B Bd. 22 (1933) S. 350/58. — 16. S. auch HEVESY, G. v., u. W.
SEITH: Z. Elektrochem. Bd. 37 (1931) S. 530/31. SEITH, W., u. J. G. LAIRD:
Z. Metallkde. Bd. 24 (1932) S. 195: Löslichkeit von 0,12—0,13 Atom-% Ag
bei 285°.

Ag-Pd. Silber-Palladium.

Nach dem Erstarrungsdiagramm von Ruer[1] (Abb. 26) kristallisiert aus Ag-Pd-Schmelzen eine lückenlose Reihe von Mischkristallen. Die späteren Untersuchungen der elektrischen Leitfähigkeit von Geibel[2], Schulze[3] und Sedström[4], des Temperaturkoeffizienten des elektrischen Widerstandes von Geibel, der thermischen Leitfähigkeit von Schulze und besonders Sedström und der Gitterstruktur von Mc Keehan[5],

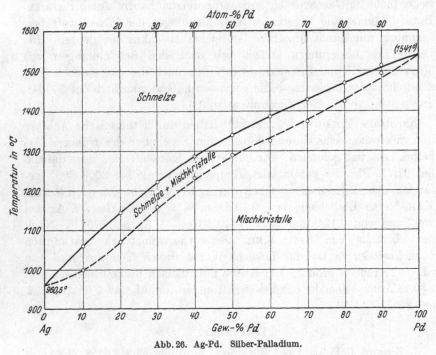

Abb. 26. Ag-Pd. Silber-Palladium.

Krüger-Sacklowski[6] und besonders Stenzel-Weerts[7] (Präzisionsmessungen) konnten dieses Ergebnis bestätigen, wenigstens ergeben sich daraus keine Anzeichen für das Bestehen von Umwandlungen im festen Zustand, die mit fallender Temperatur unter einfacher Entmischung oder Bildung von geordneten Atomverteilungen verlaufen[8].

Die Kurven der elektrischen und thermischen Leitfähigkeit sind Kettenkurven mit einem flachen Minimum, das übereinstimmend bei 60 Atom-% Pd gefunden wurde[9]. Die Gitterkonstanten[5] [6] [7] liegen im Sinne einer Kontraktion des Mischkristallgitters auf einer schwach konvex gegen die Konzentrationsachse (in Atom-%) gekrümmten Kurve. Dasselbe ist für die linearen Ausdehnungskoeffizienten nach Johansson[10] der Fall. Die Kurve der Thermokraft gegen Cu hat nach den genauen Messungen von Sedström ein stark ausgeprägtes Maximum (Zipfel) bei 54 Atom-% Pd, während Geibel und Borelius[11], allerdings auf

Grund weniger zahlreicher Messungen, eine V-Kurve mit dem Scheitelpunkt bei 60 Atom-% Pd, also eine mehr geradlinige Abhängigkeit der Thermokraft bzw. der Peltierwärme von der Konzentration fanden. NOWACK[12] fand eine galvanische Resistenzgrenze bei $^4/_8$ Mol Pd.

Nachtrag. KRÜGER-GEHM[13] haben die Gitterkonstanten erneut bestimmt: Abweichung vom VEGARDschen Gesetz in Richtung und Größe in Übereinstimmung mit STENZEL-WEERTS. Der spezifische elektrische Widerstand und die magnetische Suszeptibilität der ganzen Legierungsreihe wurde von SWENSSON[14] gemessen.

Literatur.

1. RUER, R.: Z. anorg. allg. Chem. Bd. 51 (1906) S. 315/19. — **2.** GEIBEL, W.: Z. anorg. allg. Chem. Bd. 70 (1911) S. 240/42. — **3.** SCHULZE, F. A.: Physik. Z. Bd. 12 (1911) S. 1028/31. — **4.** SEDSTRÖM, E.: Diss. Stockholm 1924. — **5.** MCKEEHAN, L. W.: Physic. Rev. Bd. 20 (1922) S. 424/32. — **6.** KRÜGER, F., u. A. SACKLOWSKI: Ann. Physik Bd. 78 (1925) S. 72/82. — **7.** STENZEL, W., u. J. WEERTS: Festschrift zum 50jährigen Bestehen der Platinschmelze G. Siebert, G. m. b. H., Hanau 1931, S. 288/99. Z. Metallkde. Bd. 24 (1932) S. 139/40. — **8.** LIEMPT, J. A. M. VAN: Rec. Trav. chim. Pays-Bas Bd. 45 (1926) S. 203/206. — **9.** Bei derselben Konzentration fanden F. KRÜGER und A. EHMER: Z. Physik Bd. 14 (1923) S. 1/5 sowie J. SCHNIEDERMANN: Ann. Physik Bd. 13 (1932) S. 761/79 ein Maximum der lichtelektrischen Empfindlichkeit, R. NÜBEL: Ann. Physik Bd. 9 (1931) S. 835/38 und SCHNIEDERMANN ein Maximum der Thermokraft wasserstoffbeladener Legierungen. Daselbst weitere Literatur über diesen Gegenstand. — **10.** JOHANSSON, C. H.: Ann. Physik Bd. 76 (1925) S. 445/54. — **11.** BORELIUS, G.: Ann. Physik Bd. 53 (1917) S. 617/20. — **12.** NOWACK, L.: Z. anorg. allg. Chem. Bd. 113 (1920) S. 1/26. — **13.** KRÜGER, F., u. G. GEHM: Ann. Physik Bd. 16 (1933) S. 190/93. — **14.** SWENSSON, B.: Ann. Physik Bd. 14 (1932) S. 699/711.

Ag-Pr. Silber-Praseodym.

CANNERI[1] hat das Zustandsdiagramm mit Hilfe thermischer und mikroskopischer Untersuchungen ausgearbeitet. (Abb. 27). Die Löslichkeiten im festen Zustand wurden nicht untersucht.

Literatur.

1. CANNERI, G.: Metallurg. ital. Bd. 26 (1934) S. 794/96.

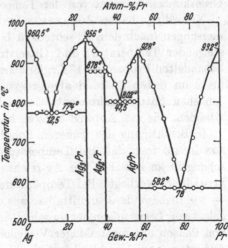

Abb. 27. Ag-Pr. Silber-Praseodym.

Ag-Pt. Silber-Platin.

HEYCOCK-NEVILLE[1] fanden, daß etwa 3,6% Pt den Erstarrungspunkt des Silbers auf 990° erhöhen. THOMPSON-MILLER[2] untersuchten

die Erstarrung und das Gefüge von 5 Legierungen mit 10,5—57% Pt.
Die thermischen Daten sind sicher ungenau und lassen sich nicht zu
einem Diagramm vereinigen; nach langsamem Erkalten bestand eine
Legierung mit 31,5% Pt aus einer Kristallart, während Legierungen mit
38 und 57% Pt zweiphasig waren.

DOERINCKEL[3] bestimmte die Temperaturen des Beginns und des
Endes der Erstarrung von Ag-Pt-Schmelzen mit 10—80% Pt (vgl. die
in Abb. 28 eingezeichneten Kreuze). Danach bestehen zwei durch eine
Lücke getrennte Mischkristallreihen. Die Mischungslücke ist mit dem
Schmelzdiagramm durch eine peritektische Horizontale bei 1185° verknüpft, die sich von etwa 31 bis oberhalb 80% Pt erstreckt. Den peritektischen Punkt nahm DOERINCKEL bei etwa 48% Pt an, da sich eine
Legierung mit 45% Pt nach „längerem" Glühen bei Temperaturen
wenig unterhalb 1185° als homogen, eine solche mit 50% Pt als heterogen
erwies.

KURNAKOW-NEMILOW[4] haben das Zustandsschaubild von DOERINCKEL
durch mikroskopische Untersuchungen im wesentlichen bestätigt und
vervollständigt. Sie stellten fest, daß nach zweitägigem Glühen bei
950—1050° (mit wahrscheinlich nachfolgendem langsamem Erkalten)
die Grenzkonzentrationen der Ag-reichen bzw. Pt-reichen Mischkristalle
zwischen 35,5 und 40% Pt bzw. 86 und 92% Pt (näher bei 86%) zu
suchen sind. Dazu ist jedoch zu sagen, daß KURNAKOW-NEMILOW
ebenso wie DOERINCKEL die fehlerhafte Annahme machen, daß die
Grenzkonzentrationen von der Temperatur unabhängig sein sollen.

Neuerdings haben JOHANSSON-LINDE[5] mit Hilfe von Widerstandsmessungen (nach dem Abschrecken bei hohen Temperaturen sowie bei
steigender Temperatur) und Gitterstrukturbestimmungen (an wärmebehandelten Proben) an 16 Legierungen mit 10—90% Pt die Mischungslücke im festen Zustand abgegrenzt. Die nach beiden Verfahren gefundenen Sättigungskonzentrationen bei verschiedenen Temperaturen
stimmen, wie aus Abb. 28 hervorgeht, gut miteinander überein.

In Bestätigung der früheren Forschungsergebnisse stellten JOHANS-
SON-LINDE fest, daß bei Temperaturen oberhalb 730—750° eine Mischungslücke zwischen der Ag-reichen α- und der Pt-reichen δ-Misch-
kristallreihe vorliegt. Bei Temperaturen unterhalb 750° treten dagegen
— wie insbesondere unmittelbar aus den Röntgenaufnahmen von angelassenen Legierungen hervorgeht — intermediäre Homogenitätsgebiete
von Phasen mit regelmäßiger Verteilung der Atome (kenntlich an dem
Auftreten von Überstrukturlinien) auf. Die Zustandsgebiete dieser
Phasen wurden jedoch nicht näher festgelegt; sie sind in Abb. 28 nur
angedeutet.

Die in Legierungen mit 45—70 Atom-% Pt = 60—81 Gew.-% Pt
festgestellte β-Phase (kubisch-flächenzentriert) entspricht wahrschein-

lich bei idealer Ordnung der Atome der Formel AgPt (64,41% Pt),
obgleich nicht alle Überstrukturlinien dieser geordneten Atomverteilung

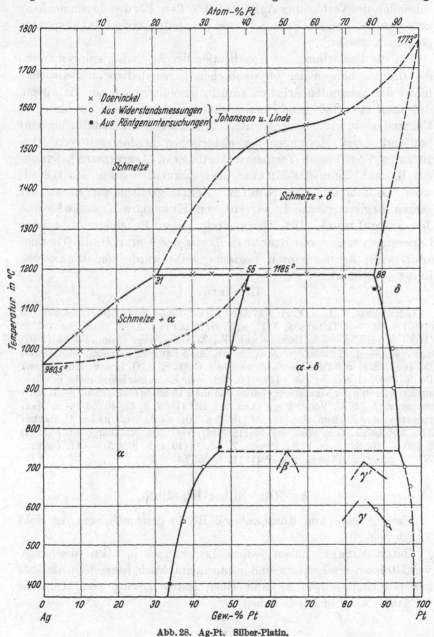

Abb. 28. Ag-Pt. Silber-Platin.

beobachtet wurden. Zwei weitere Phasen mit kubisch-flächenzentriertem
Gitter und geordneter Verteilung der Atome, jedoch mit verschiedenen

4*

Überstrukturlinien, γ' und γ, wurden in Legierungen mit 75—85 Atom-% Pt = 84,5—91 Gew.-% Pt beobachtet. Die γ-Phase entspricht wahrscheinlich der Verbindung $AgPt_3$ (84,45% Pt). Für den Zusammenhang zwischen den beiden Phasen γ' und γ konnten einige Anhaltspunkte gewonnen werden[6].

Für die Beurteilung der Konstitution der Ag-Pt-Legierungen treten die Untersuchungen der physikalischen Eigenschaften an Bedeutung hinter den genannten Arbeiten zurück, besonders nachdem wir wissen, daß unter etwa 750° neue Homogenitätsgebiete anzunehmen sind. Das Vorhandensein einer ausgedehnten Ag-reichen Mischkristallreihe wird bestätigt durch Messungen der elektrischen Leitfähigkeit von MATTHIESSEN-VOGT[7] (auch Temperaturkoeffizient), MATTHIESSEN[8], STROUHAL-BARUS[9], THOMPSON-MILLER[2] und SCHULZE[10] sowie der thermischen Leitfähigkeit von SCHULZE. Leitfähigkeitsmessungen an der ganzen Legierungsreihe liegen vor von KURNAKOW-NEMILOW[4] sowie JOHANSSON-LINDE[5]. Die Thermokraft gegen Pt einiger Ag-reicher Legierungen wurde von STROUHAL-BARUS und GEIBEL[11], die Thermokraft gegen Ag der ganzen Legierungsreihe wurde von JOHANSSON-LINDE[5] bestimmt.

Literatur.

1. HEYCOCK, C. T., u. F. H. NEVILLE: Philos. Trans. Roy., Soc., Lond. Bd. 189 (1897) S. 69. — **2.** THOMPSON, J. F., u. E. H. MILLER: J. Amer. chem. Soc. Bd. 28 (1906) S. 1115/32. — **3.** DOERINCKEL, F.: Z. anorg. allg. Chem. Bd. 54 (1907) S. 338/44. — **4.** KURNAKOW, N. S., u. W. A. NEMILOW: Z. anorg. allg. Chem. Bd. 168 (1928) S. 339/48. — **5.** JOHANSSON, C. H., u. J. O. LINDE: Ann. Physik Bd. 6 (1930) S. 458/86; Bd. 7 (1930) S. 408. — **6.** Es ist hier leider nicht möglich, auf Einzelheiten der Versuchsergebnisse und ihrer Deutung einzugehen. — **7.** MATTHIESSEN, A., u. C. VOGT: Pogg. Ann. Bd. 122 (1864) S. 43, 46, 53. — **8.** MATTHIESSEN, A.: J. chem. Soc. Bd. 20 (1867) S. 201. — **9.** STROUHAL u. C. BARUS: Abh. kgl.-böhm. Ges. Wiss. Bd. 12 (1883/84); vgl. Rev. Métallurg. Bd. 7 (1910) S. 350. — **10.** SCHULZE, F. A.: Physik. Z. Bd. 12 (1911) S. 1028/31. — **11.** GEIBEL, W.: Z. anorg. allg. Chem. Bd. 70 (1911) S. 253/54.

Ag-Rh. Silber-Rhodium.

Nach Angabe von RÖSSLER[1] soll Rh in geschmolzenem Ag nicht löslich sein.

DRIER-WALKER[2] haben jedoch Legierungen in allen Mischungsverhältnissen erschmolzen und röntgenographisch festgestellt, daß sie aus praktisch reinem Ag und einer festen Lösung von höchstens 0,1 Atom-% Ag in Rh bestehen.

Literatur.

1. RÖSSLER, H.: Chem.-Ztg. Bd. 24 (1900) S. 733/35. — **2.** DRIER, R. W., u. H. L. WALKER: Philos. Mag. Bd. 16 (1933) S. 294/98.

Ag-S. Silber-Schwefel.

Die ersten Angaben über den Aufbau der Ag-S-Legierungen machte
ROESSLER[1]. Er stellte u. a. fest, 1. daß in Legierungen mit mehr als
etwa 2,5% S Schichtenbildung eintritt, 2. daß sich außer Ag die Verbindung Ag_2S (12,94% S) am Aufbau der Ag-reichen Legierungen beteiligt (durch Rückstandsanalyse), 3. daß eine Legierung mit 0,25% S
aus primären Ag-Kristallen besteht, die von Ag_2S-Kriställchen um-

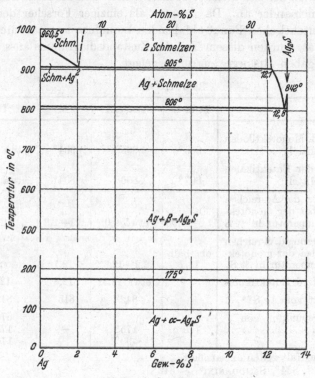

Abb. 29. Ag-S. Silber-Schwefel.

geben sind, 4. daß der Schmelzpunkt des Ag_2S rd. 100° unter dem
Ag-Schmelzpunkt liegt.

Das System Ag-Ag_2S ist verhältnismäßig häufig Gegenstand thermischer Untersuchungen gewesen. Nach PÉLABON[2] bilden Ag und Ag_2S
ein in unmittelbarer Nähe der Verbindung gelegenes, bei rd. 800° erstarrendes Eutektikum. Die Liquiduskurve besteht nach den darüber
vorliegenden spärlichen Angaben des Verfassers aus zwei Ästen, die von
diesem eutektischen Punkt zum Schmelzpunkt des Silbers bzw. Silber-
sulfids ansteigen, d. h. Ag und Ag_2S wären im flüssigen Zustand in
allen Verhältnissen mischbar. Diese Ansicht steht zu den Beobachtungen von ROESSLER und den Feststellungen aller späteren Forscher

im Widerspruch. Den Schmelzpunkt von Ag_2S gibt PÉLABON in der zitierten Arbeit mit 825°, in einer früheren Arbeit[3] jedoch mit 840 bis 845° an.

Das in Abb. 29 wiedergegebene Zustandsschaubild wurde nach den von FRIEDRICH-LEROUX[4], JAEGER-VAN KLOOSTER[5], BISSETT[6] sowie URASOW[7] ermittelten thermischen Werten gezeichnet. Die Angaben der Verfasser, die in Tabelle 3 einander gegenübergestellt sind, weichen nur hinsichtlich der eutektischen Konzentration und des Ag_2S-Schmelzpunktes voneinander ab. Da BISSETT als einziger Forscher den von 905° zum eutektischen Punkt abfallenden Liquidusast experimentell festgelegt hat, wurden diesem Teil des Zustandsdiagramms ausschließlich die Angaben BISSETTs zugrunde gelegt.

Tabelle 3.

	F. u. L.	J. u. v. K.	B.	U.
Temperatur d. Monotektikalen (Mittel)	905°	905°	904°	„etwa 900°"
Temperatur der Eutektikalen (Mittel)	807°	806°	804°	„etwa 800°"
Zusammensetz. der Ag-reichen Schmelze bei der monotektischen Temperatur in % S	1,8—1,95	etwa 2,0	2,1—2,2	1,9
Zusammensetzung d. S-reichen Schmelze bei der monotektischen Temperatur in % S.	oberhalb 11,7	12,2—12,3*	12,1	?
Zusammensetz. d. Eutektikums	—	etwa 12,3*	12,8	12,3
Schmelzpunkt von Ag_2S** ...	—	842°	815°	842°
Umwandlungspunkte von Ag_2S***	175°	175° ~90°?	—	576° 175° 110°

* Aus den Haltezeiten extrapoliert.
** TRUTHE[8]: 834°, SANDONNINI[9]: ~ 812°.
*** TRUTHE: 175°, SANDONNINI: 178°, BELLATI u. LUSSANA[10]: 175°.

Die stark divergierenden Werte des Ag_2S-Schmelzpunktes sind wohl darauf zurückzuführen, daß bei den zu tief gefundenen Temperaturen (PÉLABON (1906), BISSETT, TRUTHE, SANDONNINI) eine Abröstung des Sulfides eingetreten war: der Schmelzpunkt des Ag_2S wird durch nur etliche Zehntel Prozent Ag um 36° erniedrigt. JAEGER-VAN KLOOSTER und URASOW, die übereinstimmend 842° fanden, erschmolzen das Sulfid in einer N_2-Atmosphäre bzw. unter einer Holzkohledecke.

Außer der mit steigender Temperatur bei 175° stattfindenden Umwandlung des rhombischen Ag_2S in die kubische Form beobachtete URASOW als einziger Forscher noch einen polymorphen Umwandlungspunkt bei höherer Temperatur (576°) und einen bei 110°; letzterer

könnte möglicherweise mit einem von JAEGER-VAN KLOOSTER zu ungefähr 90° (unter Vorbehalt) angegebenen identisch sein. Es wird weiteren Untersuchungen vorbehalten sein müssen festzustellen, ob Ag_2S
in mehr als zwei allotropen Formen besteht.

Über die Löslichkeit von S in festem Ag lassen sich keine quantitativen Angaben machen. Jedenfalls wird sie sehr gering sein, da nach
FRIEDRICH-LEROUX in Legierungen, die aus dem Schmelzfluß erkaltet
waren, noch Zehntel Prozente Ag_2S mikroskopisch nachzuweisen sind
(0,3% Ag_2S = ~0,04% S).

Literatur.

1. ROESSLER, F.: Z. anorg. allg. Chem. Bd. 9 (1895) S. 34/39. — PÉLABON, H.:
C. R. Acad. Sci., Paris Bd. 143 (1906) S. 294/96. — **3.** PÉLABON, H.: C. R. Acad.
Sci., Paris Bd. 137 (1903) S. 920. — **4.** FRIEDRICH, K., u. A. LEROUX: Metallurgie
Bd. 3 (1906) S. 361/67. — **5.** JAEGER, F. M., u. H. S. VAN KLOOSTER: Z. anorg.
allg. Chem. Bd. 78 (1912) S. 248/52. — **6.** BISSETT, C. C.: J. chem. Soc. Bd. 105
(1914) S.1223/28. — **7.** URASOW, G. G.: Ann. Inst. Polytechn., Petrograd Bd. 23
(1915) S. 593/627. Diese Arbeit war mir nur durch ein Referat zugänglich:
J. Inst. Met., Lond. Bd. 14 (1915) S. 234/35. — **8.** TRUTHE, W.: Z. anorg. allg.
Chem. Bd. 76 (1912) S. 168. — **9.** SANDONNINI, C.: Rend. Accad. Lincei (Roma) 5
Bd. 21 (1912) S. 480. — **10.** BELLATI, M., u. S. LUSSANA: Z. physik. Chem. Bd. 5
(1890) S. 282.

Ag-Sb. Silber-Antimon.

Die thermischen Untersuchungen von GAUTIER[1] und vor allem
HEYCOCK-NEVILLE[2], deren Daten als die verläßlichsten anzusehen sind,
und PETRENKO[3], der als erster auch das Ende der Erstarrung berücksichtigte, führte PETRENKO zur Aufstellung eines Zustandsdiagramms.
Daraus geht hervor, daß nur eine intermediäre Phase in diesem System
besteht, nämlich die Verbindung Ag_3Sb (27,34% Sb), die bei 559°
durch peritektische Umsetzung des Ag-reichen Mischkristalles mit
15% Sb[4] und der Schmelze mit annähernd 28% Sb gebildet wird. Die
mikroskopischen Untersuchungen von CHARPY[5] und LIEBISCH[6] und die
Kurve des spezifischen Volumens[7], der ja allerdings kein allzu großes
Gewicht beizulegen ist, stehen damit in Einklang.

Entgegen den nach dem Diagramm von PETRENKO zu erwartenden
Verhältnissen zeigt jedoch die Kurve der Überspannungen der Legierungen nach RAEDER-BRUN[8] einen Verlauf, der auf das Vorhandensein
einer weiteren intermediären Kristallart zwischen 0 und rd. 28% Sb
hindeutet. In der Tat hat die röntgenographische Untersuchung des
Systems durch WESTGREN-HÄGG-ERIKSSON[9] einwandfrei gezeigt, daß
in diesem Bereich zwei intermediäre Phasen veränderlicher Zusammensetzung vorliegen. Nach den genannten Verfassern dürfte die Sättigungsgrenze der Silberphase (α) bei etwa 5,5—6% Sb liegen. „Von 6 bis
etwa 11% Sb steht α mit einer anderen Phase im Gleichgewicht, und
diese letztere (ε), welche die Struktur hexagonaler dichtester Kugel-

packung hat, ist zwischen 11 und etwa 17,7% Sb homogen. Von
17,7—22% Sb kommt wieder ein Zweiphasengebiet, wo ε mit der
nächsten Phase ε' koexistiert. ε' ist homogen innerhalb des Gebietes
22—27,3% Sb (= Ag$_3$Sb) und hat die Struktur einer ganz wenig deformierten hexagonalen dichtesten Kugelpackung[10]; sie ist wahrscheinlich rhombisch[11].

Die ε'-Kristallart entspricht der von Petrenko angenommenen
Verbindung Ag$_3$Sb, ob jedoch für ihr Gitter diese Zusammensetzung,
die nach Westgren-Hägg-Eriksson die eine Phasengrenze von ε'

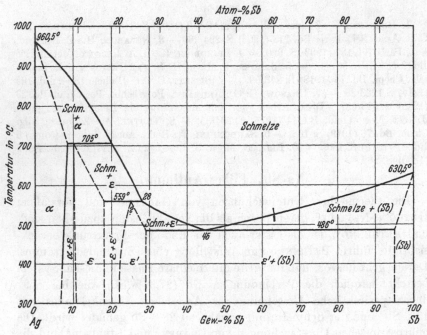

Abb. 30. Ag-Sb. Silber-Antimon.

darstellt, kennzeichnend ist, ist fraglich. Die Bildungsbedingungen der
ε-Phase sind noch ungeklärt, doch dürfte mit großer Wahrscheinlichkeit
anzunehmen sein, daß auch sie durch eine peritektische Reaktion
(α + Schmelze $\rightleftharpoons \varepsilon$) gebildet wird (s. Nachtrag). Das Ag-Sb-System
wäre danach vollkommen analog dem Ag-Sn-System aufgebaut. Da
Petrenko nur Legierungen mit 5, 15, 20 und 25% Sb untersuchte, ist
ihm die ε-Phase entgangen[12].

Die von Haken[13] bestimmte Kurve der elektrischen Leitfähigkeit
hat bei der Zusammensetzung Ag$_3$Sb ein relatives Maximum (Spitze),
woraus auf ein ziemlich beträchtliches Lösungsvermögen für Ag und
Sb (bis rd. 35% Sb?) zu schließen wäre. Es ist jedoch anzunehmen,
daß sich seine Legierungen nicht im Gleichgewicht befanden, zumal

die ε-Phase auf der Kurve nicht hervortritt. Durch die starke, auch von HANSEN-SACHS[14] festgestellte Leitfähigkeitserniedrigung des Ag durch Sb wird das Bestehen Ag-reicher Mischkristalle bestätigt; die Angabe der Sättigungskonzentration ist jedoch nicht möglich. Der steile Abfall der Leitfähigkeit des Sb durch Ag-Zusatz deutet auf das Vorhandensein Sb-reicher fester Lösungen bis rd. 5% Ag hin; diese Angabe bedarf jedoch der Nachprüfung. Zwischen 40 und 95% Sb ändert sich die Leitfähigkeit linear. Die ebenfalls von HAKEN ermittelte Kurve der Thermokraft besitzt ein ausgeprägtes Minimum bei der Konzentration Ag_3Sb. PUSCHIN[15] schließt aus der Spannungskurve auf die Existenz der beiden Verbindungen Ag_3Sb und Ag_2Sb (36,07% Sb) sowie auf die Bildung Ag- und Sb-reicher fester Lösungen. Der der Zusammensetzung Ag_2Sb entsprechende Spannungssprung ist als fehlerhaft anzusehen.

Nachtrag. AGEEW-HANSEN (unveröffentlichte Versuche aus dem Jahre 1930) haben den Aufbau der Legierungen mit 3,5—19% Sb untersucht. Die Temperatur der peritektischen Reaktion $\alpha +$ Schmelze $\rightleftharpoons \varepsilon$ wurde an Legierungen mit etwa 10, 12 und 14% Sb bei Abkühlung zu 701°, bei Erhitzung zu 708° (im Mittel) gefunden; die Wärmetönung ist nur schwach, da sich α und ε in der Zusammensetzung wenig unterscheiden. Die genaue Bestimmung der Grenzen des $(\alpha + \varepsilon)$-Gebietes erwies sich als schwierig, da die Legierungen zur umgekehrten Blockseigerung neigen, eine Tatsache, die bei dem sehr schmalen $(\alpha + \varepsilon)$-Gebiet sehr ins Gewicht fällt. Immerhin ist die mit Hilfe des mikrographischen Verfahrens (nach tagelangem Glühen und Abschrecken bei 675°, 520° und 400°) bestimmte α $(\alpha + \varepsilon)$-Grenze ziemlich sicher. Die ε $(\alpha + \varepsilon)$-Grenze ist — wenn überhaupt — nur schwach geneigt. Die Grenzen der α- und ε-Gebiete stimmen mit den röntgenographisch bestimmten Sättigungskonzentrationen gut überein.

Unabhängig von AGEEW-HANSEN haben GUERTLER-ROSENTHAL[16] das Bestehen von ε bestätigt und aus dem Gefüge auf eine peritektische Bildung geschlossen. Das Diagramm wurde erneut bestätigt durch eine Röntgenanalyse von BRODERICK-EHRET[17]: Löslichkeit von Sb in Ag etwa 6%; ε (dichtest gepackt hexagonal) mit 11—16% Sb; ε' (entweder rhombisches oder deformiert kubisches Gitter) mit 22—28% Sb. Oberhalb 28% Sb steht ε' offenbar mit praktisch reinem Sb im Gleichgewicht.

Literatur.

1. GAUTIER, H.: C. R. Acad. Sci., Paris Bd. 123 (1896) S. 173. — **2.** HEYCOCK, C. T., u. F. H. NEVILLE: Philos. Trans. Roy. Soc., Lond. A Bd. 189 (1897) S. 52/54. — **3.** PETRENKO, G. J.: Z. anorg. allg. Chem. Bd. 50 (1906) S. 139/44. — **4.** Bei dieser Konzentration liegt nach P. die Sättigungsgrenze des α-Mischkristalls; Legn. mit 5 und 15% Sb bestanden aus einer Kristallart. — **5.** CHARPY, G.: Bull.

Soc. Encour. Ind. nat. Bd. 2 (1897) S. 409. — **6.** LIEBISCH, TH.: Sitzgsber. preuß.
Akad. Wiss., Berlin Bd. 20 (1910) S. 365/70. — **7.** MAEY, E.: Z. physik. Chem.
Bd. 50 (1905) S. 203/04. Die Kurve besteht aus 2 Geraden, die sich bei Ag_3Sb
schneiden. — **8.** RAEDER, M. G., u. J. BRUN: Z. physik. Chem. Bd. 133 (1928)
S. 28/29. RAEDER, M. G.: Z. physik. Chem. B Bd. 6 (1929) S. 40/42. — **9.** WEST-
GREN, A., G. HÄGG u. S. ERIKSSON: Z. physik. Chem. B Bd. 4 (1929) S. 461/68.
— **10.** Schon früher hatte F. MACHATSCHKI: Z. Kristallogr. Bd. 67 (1928) S.169/76
festgestellt, daß die Legierung Ag_3Sb und das Mineral Dyskrasit gleicher Zusammensetzung ein hexagonales Gitter mit dichtester Kugelpackung haben. Er beobachtete auch schon gewisse Anzeichen, die mit einem solchen Gitter nicht voll
verträglich sind; s. 11. — **11.** „Die Photogramme der ε'-Phase sind denen der
ε-Phase auffallend ähnlich. Ein Unterschied besteht aber darin, daß die sämtlichen
Interferenzen der letzteren, mit Ausnahme der Basisreflexe in den Photogrammen
der ε'-Phase, als Dubletten auftreten. Der Abstand zwischen den beiden Linien
in diesen Dubletten wächst nicht regelmäßig mit steigendem Abbeugungswinkel,
sondern variiert, und auch das Intensitätsverhältnis desselben wechselt. Die
Verdoppelung der Linien kann also nicht durch eine Mischung zweier hexagonaler
Phasen verschiedenen Sb-Gehaltes erklärt werden, sondern muß sicher einer
Symmetrieerniedrigung zugeschrieben werden." (WESTGREN-HÄGG-ERIKSSON.) —
12. Auch im Falle der Ag-Sn-Legierungen ist ihm die entsprechende Phase entgangen. — **13.** HAKEN, W.: Ann. Physik Bd. 32 (1910) S. 323/26. — **14.** HANSEN,
M., u. G. SACHS: Z. Metallkde. Bd. 20 (1928) S. 151/52. — **15.** PUSCHIN, N.: J.
russ. phys.-chem. Ges. Bd. 39 (1907) S. 528/66. Ref. Chem. Zbl. 1907 IV S. 2028.
— **16.** GUERTLER, W., u. W. ROSENTHAL: Z. Metallkde. Bd. 24 (1932) S. 8. —
17. BRODERICK, S. J., u. W. J. EHRET: J. physic. Chem. Bd. 35 (1931) S. 2627/36.

Ag-Se. Silber-Selen.

ROESSLER[1] stellte fest, daß eine Legierung mit 86,6% Se aus zwei
Schichten besteht. Die obere Schicht hinterließ beim Behandeln mit
verdünnter Salpetersäure einen unlöslichen Rückstand, der sich als die
Verbindung Ag_2Se (26,79% Se) erwies.

FRIEDRICH-LEROUX[2] bestimmten im Bereich von 0—26,8% Se die
Temperaturen des Beginns und des Endes der Erstarrung und fanden
einen vom Schmelzpunkt des Ag abfallenden Kurvenast und zwei
Horizontalen bei etwa 894° (im Mittel) und etwa 840° (im Mittel).
Oberhalb rd. 7% Se (monotektischer Punkt) bleibt die Liquidustemperatur bei 894° konstant; diese Horizontale ist also ein Beweis
für die Existenz einer Mischungslücke im flüssigen Zustand. Mikroskopische Beobachtungen stehen damit im Einklang. Bei der Temperatur der unteren Horizontalen kristallisiert ein Eutektikum von Ag und
Ag_2Se; der eutektische Punkt wurde nicht bestimmt. Die Legierung
mit 26,79% Se (Ag_2Se) erwies sich als homogen; ihr Schmelzpunkt liegt
nach FRIEDRICH-LEROUX nur wenig oberhalb der eutektischen Temperatur. Eine Legierung mit nur 0,2% Se war nach dem Erkalten aus
dem Schmelzfluß heterogen.

PÉLABON[3] fand demgegenüber, daß der Ag-Schmelzpunkt (956° nach
PÉLABON) durch Se-Zusatz bis zu einem eutektischen Punkt bei 19,5% Se

und 830° erniedrigt wird. Mit weiter zunehmendem Se-Gehalt steigt
die Liquidustemperatur bis zum Schmelzpunkt des Selenids (880°) und
fällt dann allmählich bis 620° bei etwa 40% Se ab. Zwischen 40 und
95% Se liegt sie bei 620° (Monotektikale). Das Bestehen einer Mischungslücke im flüssigen Zustand zwischen diesen Konzentrationen wurde auch
mikroskopisch bestätigt. Die obere Schicht der erkalteten Legierungen

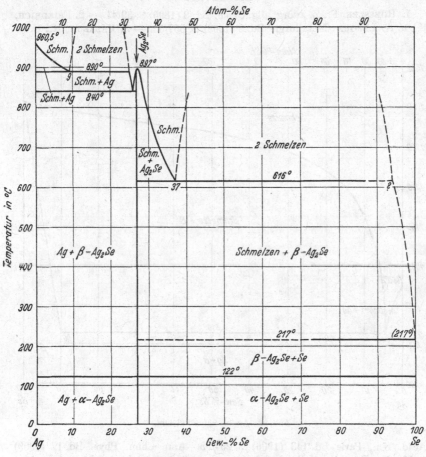

Abb. 31. Ag-Se. Silber-Selen.

erwies sich als reines Se, die untere als eine Ag$_2$Se-reiche Legierung.

Die thermische Untersuchung des ganzen Systems von PELLINI[4]
führte zu einer Bestätigung der von FRIEDRICH-LEROUX gefundenen
Konstitution des Systems Ag — Ag$_2$Se und der von PÉLABON gefundenen
Konstitution des Systems Ag$_2$Se — Se (Abb. 31). Die Konzentration
des Eutektikums bei 840° wurde nicht ermittelt, sie liegt — in Übereinstimmung mit FRIEDRICH-LEROUX — in unmittelbarer Nähe der
Verbindung. Die Monotektikale bei 616° (im Mittel) wurde bis 87% Se

sicher verfolgt. Das Selenid erleidet, wie durch Abkühlungskurven der Legierungen mit 26,8%, 33%, 42,3% und 86,8% Se festgestellt wurde, bei 122° eine polymorphe Umwandlung[5].

Auf der Spannungskurve (Puschin[6], Pélabon[7]) ist die Konzentration der Verbindung durch einen großen Spannungssprung ausgezeichnet.

Literatur.

1. Roessler, F.: Z. anorg. allg. Chem. Bd. 9 (1895) S. 39/41. — 2. Friedrich, K., u. A. Leroux: Metallurgie Bd. 5 (1908) S. 357/58. — 3. Pélabon, H.: C. R.

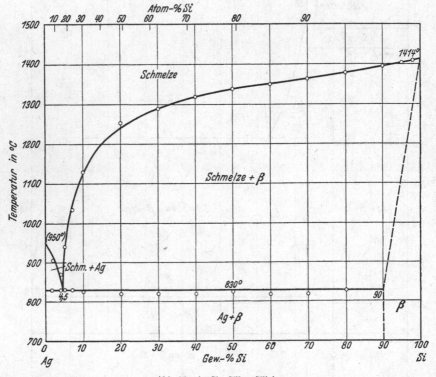

Abb. 32. Ag-Si. Silber-Silizium.

Acad. Sci., Paris Bd. 143 (1906) S. 294/95. Ann. Chim. Phys. Bd. 17 (1909) S. 558/60. Experimentelle Angaben werden nicht gemacht. — 4. Pellini, G.: Gazz. chim. ital. Bd. 45 (1915) S. 533/39. — 5. Nach M. Bellati u. S. Lussana: Z. physik. Chem. Bd. 5 (1890) S. 282 liegt der Umwandlungspunkt bei 133°. — 6. Puschin, N.: Z. anorg. allg. Chem. Bd. 56 (1908) S. 5/7. — 7. Pélabon, H.: C. R. Acad. Sci., Paris Bd. 154 (1912) S. 1414/16.

Ag-Si. Silber-Silizium.

Arrivaut[1] hat das in Abb. 32 dargestellte Erstarrungsschaubild ausgearbeitet[2]. Daraus ergibt sich in Übereinstimmung mit Beobachtungen von Moissan[3], Moissan-Siemens[4] und Vigouroux[5], daß Ag und Si keine Verbindung bilden. Die angegebene Löslichkeit von Ag in Si bei 830° wurde nur mit Hilfe der Haltezeiten der eutektischen Kristallisation und der mikroskopischen Prüfung ungeglühter Legierungen ermittelt; sie sollte im Gleichgewichtszustand größer sein. Die Löslichkeit von Si in Ag wurde nicht bestimmt.

Nachtrag. Aus Diffusionsversuchen[6] von Si in Ag folgt das Bestehen von Ag-reichen Mischkristallen. Demgegenüber schließen JETTE-GEBERT[7] aus Messungen der Gitterkonstanten, daß keine festen Lösungen der beiden Komponenten ineinander bestehen.

Literatur.

1. ARRIVAUT, G.: Z. anorg. allg. Chem. Bd. 60 (1908) S. 436/40 (daselbst ältere Literatur). C. R. Acad. Sci., Paris Bd. 147 (1908) S. 859. Rev. Métallurg. Bd. 5 (1908) S. 932. Das verwendete Si war 99% ig. — 2. Von MOISSAN-SIEMENS[4] ausgeführte Bestimmungen der Löslichkeit von Si in flüssigem Ag bei 950—1470° sind ziemlich ungenau. — 3. MOISSAN, H.: C. R. Acad. Sci., Paris Bd. 121 (1895) S. 625/26. — 4. MOISSAN, H., u. F. SIEMENS: C. R. Acad. Sci., Paris Bd. 138 (1904) S. 1299/1303. — 5. VIGOUROUX, E.: C. R. Acad. Sci., Paris Bd. 144 (1907) S. 1214. — 6. LOSKIEWICZ, W.: S. Ag-B und Congrès International des Mines etc. in Lüttich 1930, Section de Métallurgie. — 7. JETTE, E. R., u. E. B. GEBERT: J. chem. Phys. Bd. 1 (1933) S. 753/55. Ref. Physik. Ber. Bd. 15 (1934) S. 261.

Ag-Sn. Silber-Zinn.

GAUTIER[1] bestimmte erstmalig den annähernden Verlauf der Liquiduskurve, der im wesentlichen von den späteren Forschern bestätigt wurde. HEYCOCK-NEVILLE[2] untersuchten den Einfluß kleiner Ag-Zusätze auf den Erstarrungspunkt von Sn und gaben die vollständige Liquiduskurve auf Grund sehr eingehender Bestimmungen[3]. Das Ergebnis der späteren thermoanalytischen Untersuchungen von PETRENKO[4] und MURPHY[5] stimmt mit dem von HEYCOCK-NEVILLE ermittelten Verlauf ausgezeichnet überein. Der eutektische Punkt wurde übereinstimmend bei 96,5% Sn und 221° gefunden.

Nach dem von PETRENKO auf Grund thermischer und mikroskopischer[6] Untersuchungen aufgestellten vollständigen Zustandsdiagramm sind bei 480° etwa 25% Sn, bei 200° etwa 19% Sn in Ag löslich[7] (α-Mischkristall). Bei 480° bildet sich durch peritektische Reaktion des α-Mischkristalls mit Schmelze (52% Sn) die Verbindung Ag_3Sn (26,83% Sn), die in den Sn-reicheren Legierungen neben reinem Sn vorliegt. Bei 232° auf den Abkühlungskurven der Legierungen mit etwa 20—50% Sn auftretende thermische Effekte hielt PETRENKO für Anzeichen einer polymorphen Umwandlung von Ag_3Sn.

In neuester Zeit hat MURPHY[5] das Gleichgewichtsdiagramm auf Grund sehr ausführlicher Untersuchungen ausgearbeitet und damit die Arbeiten über die Konstitution zu einem gewissen Abschluß gebracht (Abb. 33). In Abweichung von PETRENKOs Diagramm fand er bei 724°

zwischen 13,5 und 22% Sn die peritektische Reaktion α + Schmelze $\rightleftharpoons \beta$ und damit außer der Verbindung Ag$_3$Sn, die mit Ag die begrenzte γ-Mischkristallreihe zu bilden vermag, eine zweite intermediäre Phase, den β-Mischkristall. Die Soliduskurven und die Grenzkurven der verschiedenen Ein- und Zweiphasengebiete wurden durch mikroskopische Prüfung hinreichend lange geglühter und darauf langsam abgekühlter

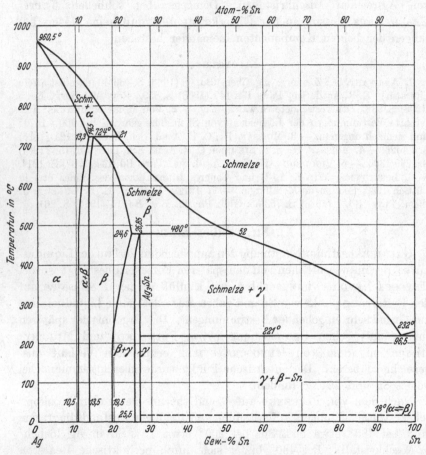

Abb. 33. Ag-Sn. Silber-Zinn.

oder abgeschreckter Proben ermittelt. Die Löslichkeit von Ag in festem Sn ist kleiner als 0,1%. Die von PETRENKO bei 232° gefundenen thermischen Effekte (s. o.) konnten trotz sorgfältiger thermischer (Differential-Erhitzungs- und -Abkühlungskurven), dilatometrischer und Widerstandsmessungen nicht bestätigt werden[8]. Dagegen wurde in einer Legierung von der Zusammensetzung Ag$_3$Sn mit Hilfe der Widerstandsmessungen eine „Umwandlung" bei etwa 60° festgestellt, deren Natur jedoch nicht aufgeklärt werden konnte, zumal sich durch eine

von PRESTON[9] ausgeführte Röntgenanalyse herausstellte, daß eine frisch
gepulverte und eine bei 100° gealterte Probe dieselben Interferenzen
zeigen. Die $\alpha \rightleftharpoons \beta$-Umwandlung des Zinns bei 18° scheint durch kleine
Ag-Zusätze verhindert oder doch sehr stark verzögert zu werden.

Der γ-Mischkristall (Ag_3Sn) hat nach PRESTON[9] und WEISS[10] ein
hexagonales Gitter dichtester Kugelpackung. Das Gitter der β-Phase,
der nach HUME-ROTHERY[11] die Verbindung Ag_5Sn (18% Sn) zugrunde
liegen soll, ist, wie WESTGREN-PHRAGMÉN[12] mitteilen, ebenfalls eine
hexagonale dichteste Kugelpackung. Da jedoch die beiden Zwischenphasen nicht demselben Gittertyp angehören können, so bleibt der
Widerspruch in den Untersuchungen von PRESTON, WEISS und WEST-
GREN-PHRAGMÉN noch zu klären (s. Nachtrag).

Das Bestehen Ag-reicher Mischkristalle findet sich bestätigt durch
die Messungen der elektrischen Leitfähigkeit von MATTHIESSEN[13] (von
0—100% Sn), SEDSTRÖM[14] (0—11,5% Sn) und HANSEN-SACHS[15] (0 bis
9% Sn), der thermischen Leitfähigkeit von HARDEBECK[16] und besonders
SEDSTRÖM und der Thermokraft von BJÖRNSSON[17] (0—100% Sn) und
SEDSTRÖM. Die von MAEY[18] ermittelte Kurve des spezifischen Volumens
der Legierungen besteht aus 2 Geraden, die sich ungefähr bei der Zusammensetzung Ag_3Sn schneiden. Die Spannungskurve von PUSCHIN[19],
die gegenüber der von HERSCHKOWITSCH[20] bestimmten als die genauere
anzusehen ist, zeigt 2 Spannungssprünge, einen kleinen zwischen
15,5% Sn (Ag_6Sn) und 18% Sn (Ag_5Sn) und einen bedeutend größeren
bei der Zusammensetzung Ag_3Sn. Die Legierungen zwischen Ag_3Sn
und Sn zeigen — in bester Übereinstimmung mit dem Zustandsschaubild — die Spannung des Zinns. TAMMANN[21] schrieb — allerdings noch
unter Voraussetzung des Diagramms von PETRENKO — den in Abweichung von dem nach Abb. 33 zu erwartenden Verlauf der Kurve
auftretenden ersteren Spannungssprung der Gegenwart von Ag_3Sn-
Kristallen zu (infolge zu rascher Abkühlung der PUSCHINschen Proben).
Nach dem Diagramm von MURPHY könnte man an eine galvanische
Resistenzgrenze im β-Mischkristall denken.

1. Nachtrag. Eine von NIAL-ALMIN-WESTGREN[22] ausgeführte Röntgenanalyse bestätigte das Schaubild von MURPHY. Die Photogramme der
beiden intermediären Phasen β und γ (von NIAL-ALMIN-WESTGREN mit
ε und ε' bezeichnet) sind einander sehr ähnlich; es besteht nur der
Unterschied, daß die meisten Linien, die bei β einfach sind, bei γ verdoppelt auftreten. β besitzt eine Struktur mit hexagonal dichtester
Kugelpackung. Die γ-Phase ist durch eine ganz wenig deformierte
β-Struktur gekennzeichnet. Die Atomanordnung ist die einer rhombisch
deformierten hexagonalen dichtesten Kugelpackung; die Zelle enthält
4 Atome (s. auch Ag—Sb). Aus der Änderung der Gitterabmessungen
ergibt sich, daß Ag bei 400° bis zu 12,3% Sn zu lösen vermag. Nach

Glühen bei 400° erstreckt sich das Homogenitätsgebiet der β-Phase von etwa 14,4—21,2% Sn und das der γ-Phase von etwa 26—27,5% Sn (vgl. mit Abb. 33).

Mc LENNAN-ALLEN-WILHELM[23] untersuchten die Supraleitfähigkeit einiger Ag-Sn-Legierungen.

2. Nachtrag. HANSON-SANDFORD-STEVENS[24] haben die Erstarrungspunkte der Legierungen mit 0,5—6% Ag ermittelt; sie fanden das Eutektikum bei 3,5% Ag, 221,3°. Die Soliduskurve und Sättigungsgrenze der α-Mischkristalle wurde von HUME-ROTHERY, MABBOTT und EVANS[25] bestimmt.

Literatur.

1. GAUTIER, H.: C. R. Acad. Sci., Paris Bd. 123 (1896) S. 173. Bull. Soc. Encour. Ind. nat. 5 Bd. 1 (1896) S. 1316. — **2.** HEYCOCK, C. T., u. F. H. NEVILLE: J. chem. Soc. Bd. 57 (1890) S. 377. — **3.** HEYCOCK, C. T., u. F. H. NEVILLE: Philos. Trans. Roy. Soc., Lond. A Bd. 189 (1897) S. 40/41, 58/60. — **4.** PETRENKO, G. J.: Z. anorg. allg. Chem. Bd. 53 (1907) S. 204/211. — **5.** MURPHY, A. J.: J. Inst. Met., Lond. Bd. 35 (1926) S. 107/24. — **6.** Die früheren mikroskopischen Untersuchungen von H. BEHRENS (Das mikroskopische Gefüge der Metalle und Legierungen S. 38/39, Hamburg-Leipzig 1894), G. CHARPY: Bull. Soc. Encour. Ind. nat. Bd. 2 (1897) S. 415 und W. CAMPBELL: J. Franklin Inst. Bd. 154 (1902) S. 213/14 haben heute nur noch historisches Interesse. CHARPY beobachtete allerdings schon eine intermediäre Phase mit annähernd 35% Sn entsprechend Ag_2Sn. CAMPBELL fand, daß Legierungen mit 0—35% Sn aus Mischkristallen des Ag mit der gleichfalls von ihm vermuteten Verbindung Ag_2Sn bestehen. — **7.** Die Solidus- und Löslichkeitskurve wurde durch Abschreckversuche festgestellt. — **8.** Da die von PETRENKO auf den Abkühlungskurven beobachteten Verzögerungen nur im Bereich der Legierungen, die die peritektische Reaktion bei 480° durchmachen, auftraten, so vermutet MURPHY, daß diese Reaktion während der schnellen Abkühlung nicht beendet war und dadurch zum Auftreten der Verzögerungen Anlaß gab. — **9.** PRESTON, G. D.: J. Inst. Met., Lond. Bd. 35 (1926) S. 118/19, 129. — **10.** WEISS, H.: Rev. Métallurg. Bd. 22 (1925) S. 349. — **11.** HUME-ROTHERY, W.: J. Inst. Met., Lond. Bd. 35 (1926) S. 127. — **12.** WESTGREN A., u. G. PHRAGMÉN: Z. Metallkde. Bd. 18 (1926) S. 279/84. — **13.** MATTHIESSEN, A.: Pogg. Ann. Bd. 110 (1860) S. 215/16. — **14.** SEDSTRÖM, E.: Diss. Stockholm 1924. — **15.** HANSEN, M., u. G. SACHS: Z. Metallkde. Bd. 20 (1928) S. 151/52. — **16.** HARDEBECK, C.: Diss. Aachen 1909. — **17.** BJÖRNSSON: Lunds Univ. Årsskrift Bd. 5 (1909) Nr. 6. — **18.** MAEY, E.: Z. physik. Chem. Bd. 38 (1901) S. 297. — **19.** PUSCHIN, N.: Z. anorg. allg. Chem. Bd. 56 (1908) S. 20/22. — **20.** HERSCHKOWITSCH, M.: Z. physik. Chem. Bd. 27 (1898) S. 148/49. Er schließt aus einem Spannungssprung auf die Verbindung Ag_4Sn (21,6% Sn). — **21.** TAMMANN, G.: Z. anorg. allg. Chem. Bd. 107 (1919) S. 155. — **22.** NIAL, O., A. ALMIN u. A. WESTGREN: Z. physik. Chem. B Bd. 14 (1931) S. 83/90. — **23.** Mc LENNAN, J. C., J. F. ALLEN u. J. O. WILHELM: Philos. Mag. Bd. 13 (1932) S. 1196/1209. — **24.** HANSON, D., E. S. SANDFORD u. H. STEVENS: J. Inst. Met., Lond. 1934, Arbeit Nr. 677. — **25.** HUME-ROTHERY, W., G. W. MABBOTT u. K. M. C. EVANS: Philos. Trans. Roy. Soc., Lond. A Bd. 233 (1934) S. 1/97.

Ag-Sr.   Silber-Strontium.

Das in Abb. 34 dargestellte Diagramm wurde von WEIBKE[1] ausschließlich mit Hilfe der thermischen Analyse ausgearbeitet[2]. Die

Zusammensetzung der vier Verbindungen Ag$_4$Sr (16,88% Sr), Ag$_5$Sr$_3$[3] (32,76% Sr), AgSr (44,81% Sr) und Ag$_2$Sr$_3$ (54,91% Sr) wurde aus der Lage der Maxima auf der Liquiduskurve und aus den eutektischen Haltezeiten ermittelt. Die Löslichkeiten im festen Zustand wurden nicht untersucht.

Literatur.

1. WEIBKE, F.: Z. anorg. allg. Chem. Bd. 193 (1930) S. 297/310. — 2. Das verwendete Sr war 99,8—99,9% ig und enthielt 0,03% N. Über Versuchsbedingungen s. Ag-Ba. — 3. Statt Ag$_5$Sr$_3$ käme vielleicht auch das einfachere Atomverhältnis Ag$_3$Sr$_2$ in Betracht.

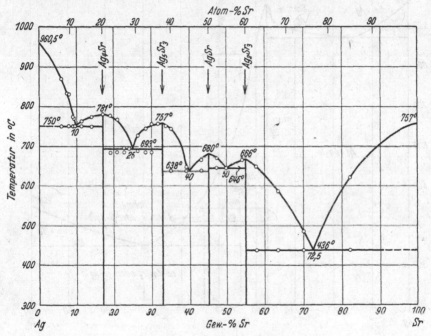

Abb. 34. Ag-Sr. Silber-Strontium.

Ag-Ta. Silber-Tantal.

Die beiden Metalle legieren sich nicht[1].

Literatur.

1. MOISSAN, H.: C. R. Acad. Sci., Paris Bd. 134 (1902) S. 411.

Ag-Te. Silber-Tellur.

Das System wurde thermisch untersucht von PÉLABON[1], PELLINI-QUERCIGH[2] und CHIKASHIGE-SAITO[3]. PÉLABON bestimmte lediglich die Kurve des Beginns der Erstarrung und fand einen Höchstwert bei 955° bei der Zusammensetzung Ag$_2$Te[4] (37,14% Te) und zwei eutektische

Punkte bei 825° und etwa 23% Te sowie bei 345° und rd. 67% Te.
PELLINI-QUERCIGH gaben das Zustandsdiagramm auf Grund einer
ausführlichen thermischen Analyse im wesentlichen in seiner heutigen
Gestalt (Abb. 35). Die spätere Untersuchung von CHIKASHIGE-SAITO
führte bis auf wenige Punkte zu einer Bestätigung ihrer Ergebnisse,
insbesondere stimmt der Verlauf der Liquiduskurve in beiden Diagrammen ausgezeichnet überein, so daß auf die Wiedergabe der einzelnen

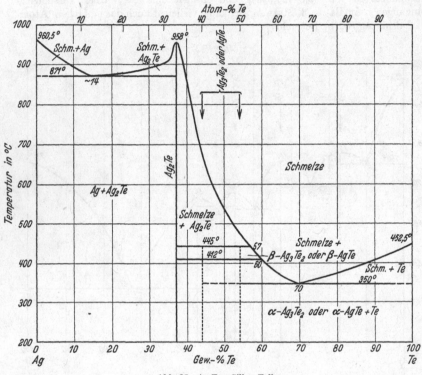

Abb. 35. Ag-Te. Silber-Tellur.

thermischen Werte verzichtet werden kann. Den Liquidusast zwischen
dem Ag-Ag$_2$Te-Eutektikum und Ag$_2$Te konnten PELLINI-QUERCIGH
nicht beobachten. Die Unterschiede in den Temperaturen und Konzentrationen der ausgezeichneten Punkte gehen aus Tabelle 4 hervor.

Hinsichtlich der Natur der bei 445° aus Schmelze und Ag$_2$Te peritektisch gebildeten Kristallart gehen die Ansichten der beiden Forscherpaare auseinander. Die Abhängigkeit der Haltezeiten bei 445° und
412° (polymorphe Umwandlung der Verbindung) gestatten keinen Rückschluß auf die Formel der Verbindung, da die Reaktion bei 445° infolge
von Gleichgewichtsstörungen bei schneller Abkühlung unvollständig
verläuft[5], wodurch auch thermische Effekte bei 350° auf den Ab-

Tabelle 4.

	P. u. Q.	CH. u. S.
Ag—Ag$_2$Te-Eutektikum...............	872° 15—16% Te**	870°* 12,5% Te**
Schmelzpunkt der Verbindung Ag$_2$Te...	959°	957°
Peritektikale	~443°	446°—447°
Umwandlungshorizontale	412°	408°—413°
Ag$_3$Te$_2$ } -Te-Eutektikum .... AgTe }	351° 70% Te	347°* 68% Te**

* Mittelwert.   ** Aus den Haltezeiten.

kühlungskurven solcher Legierungen hervorgerufen werden, die im Gleichgewicht diese Wärmetönungen nicht aufweisen würden; diese Legierungen sind dann also dreiphasig[6].

PELLINI-QUERCIGH entschlossen sich aus nicht ganz durchsichtigen Gründen für die Verbindung AgTe (54,17% Te), während CHIKASHIGE-SAITO vornehmlich auf Grund mikroskopischer Untersuchungen die Existenz der wesentlich Te-ärmeren Verbindung Ag$_7$Te$_4$ (40,63% Te) für gesichert halten. Letztere fanden, daß 12stündiges Glühen bei 360° von Legierungen mit 44,1—44,4% Te (entsprechend der Zusammensetzung Ag$_3$Te$_2$ = 44,07% Te) und 55% Te (nahezu der Verbindung AgTe entsprechend) keinen wesentlichen Einfluß auf die Menge des Eutektikums hat. Dieses Ergebnis spricht jedoch m. E. nicht gegen die beiden genannten Verbindungen, da die Wärmebehandlung nicht ausgereicht zu haben braucht, um die starken Gleichgewichtsstörungen (Umhüllungen!) aufzuheben; ebensowenig wie die annähernde Homogenität einer Legierung mit 39,5% Te (CHIKASHIGE-SAITO) für die Verbindung Ag$_7$Te$_4$ spricht. — Wir sind also vorerst nicht in der Lage, die Formel der betreffenden Verbindung anzugeben. Wegen des einfacheren Atomverhältnisses wären Ag$_3$Te$_2$ und AgTe der Formel Ag$_7$Te$_4$ vorzuziehen. — Über die Mischkristallbildung im System Ag-Te ist nichts bekannt.

Die Spannungskurve nach PUSCHIN[7] weist eine diskontinuierliche Änderung bei der Zusammensetzung Ag$_2$Te auf; eine Andeutung für eine Te-reichere Verbindung, wie sie das Zustandsdiagramm fordert, ergibt sich jedoch nicht. Die Legierungen zwischen Ag$_2$Te und Te zeigten vielmehr die Spannung des Te, ein Zeichen dafür, daß sie sich aus den oben angeführten Gründen nicht im Gleichgewicht befanden.

Literatur.

1. PÉLABON, H.: C. R. Acad. Sci., Paris Bd. 143 (1906) S. 295/96. — 2. PELLINI, G., u. E. QUERCIGH: Atti Accad. naz. Lincei II Bd. 19 (1910) S. 415/21. — 3. CHIKASHIGE, M., u. I. SAITO: Mem. Coll. Sci., Kyoto Bd. 1 (1916) S. 361/68. — 4. Die Verbindung Ag$_2$Te, die in der Natur als Mineral (Hessit) vorkommt, ist seit langem bekannt und auf verschiedenem Wege hergestellt worden,

u. a. von J. Margottet: Ann. Sci. agronom. franc. Bd. 8 (1879) S. 247, B.
Brauner: Mh. Chemie Bd. 10 (1889) S. 421, G. Rose: Pogg. Ann. Bd. 18 (1830)
S. 64, J. B. Senderens: C. R. Acad. Sci., Paris Bd. 104 (1887) S. 175, R. D. Hall
u. V. Lenher: J. Amer. chem. Soc. Bd. 24 (1902) S. 918, C. A. Tibbals: Ebenda
Bd. 31 (1909) S. 909. — 5. Das kommt in den Werten von Pellini-Quercigh
durch einen unregelmäßigen Verlauf der Haltezeiten zum Ausdruck. Nach
Chikashige-Saito soll das Maximum der Haltezeiten zwischen 40 und 45% Te
liegen; das würde sowohl für Ag_7Te_4 als auch für Ag_3Te_2 zutreffen. — 6. In dem

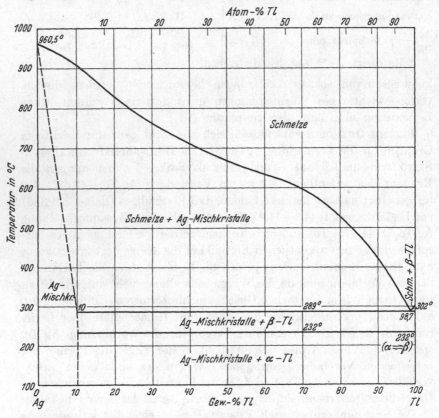

Abb. 36. Ag-Tl. Silber-Thallium.

fraglichen Bereich fanden Pellini-Quercigh thermische Effekte bei 350° für
Legierungen mit 56, 54, 49, 44 und 41 (!)% Te. Nach Chikashige-Saito zeigte die
Abkühlungskurve der Schmelze mit 45% Te noch einen deutlichen Effekt bei
344°, diejenige der Schmelze mit 40% Te dagegen nicht mehr. — 7. Puschin, N.:
Z. anorg. allg. Chem. Bd. 56 (1908) S. 7/9. Es wurde die Kette Ag/1/7 n $AgNO_3$/
$AgTe_x$ gemessen.

Ag-Tl. Silber-Thallium.

Heycock-Neville[1] untersuchten den Einfluß kleiner Ag-Zusätze
auf den Tl-Erstarrungspunkt und fanden einen eutektischen Punkt bei
98,7 % Tl, 289°. Dieselben Verfasser[2] bestimmten auch einen Teil der vom

Ag-Schmelzpunkt ausgehenden Liquiduskurve bis zu 9,8 % Tl. PETRENKO[3] arbeitete das ganze System aus (Abb. 36). Er fand das Eutektikum bei 97,5 % Te und 287°, doch ist die Angabe von HEYCOCK-NEVILLE wegen der größeren Genauigkeit ihrer Versuche vorzuziehen. Nach PETRENKO ist eine Legierung mit 10 % Tl nach „langsamer" Abkühlung homogen (die nächste untersuchte Tl-reichere Legierung enthielt bereits 25 % Tl). Im Gleichgewicht werden beträchtlich größere Gehalte löslich sein. Das Bestehen Ag-reicher Mischkristalle wird durch den von HARDEBECK[4] festgestellten starken Abfall der thermischen Leitfähigkeit des Ag durch 2,73 und 4,76 % Tl bestätigt. Die Löslichkeit von Ag in Tl wurde nicht untersucht, doch schließt PETRENKO aus der Tatsache, daß der Umwandlungspunkt von Tl durch Ag nicht beeinflußt wird, daß sich reines β-Tl ausscheidet.

Literatur.

1. HEYCOCK, C. T., u. F. H. NEVILLE: J. chem. Soc. Bd. 65 (1894) S. 33. — 2. HEYCOCK, C. T., u. F. H. NEVILLE: Philos. Trans. Roy. Soc., Lond. A Bd. 189 (1897) S. 55. — 3. PETRENKO, G. J.: Z. anorg. allg. Chem. Bd. 50 (1906) S. 133/36. — 4. HARDEBECK, C.: Diss. Aachen 1909.

Ag-V. Silber-Vanadium.

Nach GIEBELHAUSEN[1] zeigte die Abkühlungskurve einer bis auf 1800° erhitzten Schmelze mit 88 % Ag und 12 % V (94,2 % ig) nur einen Haltepunkt beim Erstarrungspunkt von Ag. Die beiden Schichten des Regulus enthielten keine Einschlüsse der anderen Komponente. Daraus geht hervor, daß bei 1800° kein gegenseitiges Lösungsvermögen der flüssigen Metalle besteht; Ag und V legieren sich also nicht.

Literatur.

1. GIEBELHAUSEN, H.: Z. anorg. allg. Chem. Bd. 91 (1915) S. 256/57.

Ag-W. Silber-Wolfram.

Ag und W legieren sich nicht, d. h. sind im flüssigen Zustand praktisch unlöslich ineinander[1].

Literatur.

1. BERNOULLI, F. A.: Pogg. Ann. Bd. 111 (1860) S. 587/88. M. v. SCHWARZ: Metall- u. Legierungskunde S. 73. Stuttgart 1929.

Ag-Zn. Silber-Zink.

Die vollständige Mischbarkeit von Ag und Zn im flüssigen Zustand wurde zuerst von WRIGHT[1] festgestellt. GAUTIER[2] bestimmte einige Punkte der Liquiduskurve und fand ein Maximum bei der Zusammensetzung Ag$_2$Zn (23,25 % Zn), das jedoch weder von HEYCOCK-NEVILLE[3], die den Verlauf der ganzen Liquiduskurve durch sehr eingehende Bestimmungen (82 verschiedene Schmelzen) ermittelten, noch von G. J. Petrenko[4], sowie neuerdings Ueno[5], die diesen Verlauf mit recht guter Übereinstimmung bestätigen konnten, gefunden wurde. Die Temperaturen der peritektischen Reaktionen $\alpha +$ Schmelze $\rightleftharpoons \beta$, $\gamma +$ Schmelze $\rightleftharpoons \varepsilon$ und $\varepsilon +$ Schmelze $\rightleftharpoons \eta$ stimmen in den Arbeiten von Heycock-Neville, Petrenko und Ueno ebenfalls überein. Die Liquiduskurve zeigt einige Richtungsänderungen, woraus die genannten Verfasser — wie wir heute wissen ohne Berechtigung — auf das Vorhandensein einer ganzen Anzahl Verbindungen (besonders AgZn, Ag_2Zn_3, Ag_2Zn_5) schlossen. Die Tatsache, daß Legierungen dieser Zusammensetzungen aus nur einer Kristallart bestehen, hielten sie für eine ausreichende Bestätigung für das Bestehen dieser Verbindungen[6].

Das von G. J. Petrenko gegebene Diagramm war noch sehr lückenhaft und teilweise auch im Widerspruch mit den Gesetzen vom heterogenen Gleichgewicht. Petrenko konnte jedoch schon zeigen, daß fünf Zustandsgebiete mit je einer Kristallart (Mischkristalle) und vier Mischungslücken vorhanden sind, und daß sich zum Teil die Löslichkeiten mit der Temperatur stark ändern. Er gab auch die ungefähren Sättigungskonzentrationen bei Raumtemperatur an. Eine im Konzentrationsbereich von 22—45% Zn auftretende Umwandlung bei wechselnden Temperaturen zwischen etwa 200° und 280° hielt Petrenko für eine polymorphe Umwandlung der Verbindung AgZn (37,73% Zn).

Carpenter-Whiteley[7] haben das Bestehen der von Petrenko angenommenen Mischkristallreihen und Mischungslücken bestätigt und den Verlauf der $\beta (\alpha + \beta)$-, $\beta (\beta + \gamma)$-, $\gamma (\gamma + \varepsilon)$- und $\varepsilon (\varepsilon + \eta)$-Grenzkurven sowie die Sättigungskonzentrationen bei Raumtemperatur durch Glüh- und Abschreckversuche genauer festgestellt[8]. Die von ihnen eingehender untersuchte Umwandlung in den Legierungen, die die β-Kristallart enthalten, schrieben sie einem eutektoiden Zerfall des β-Mischkristalls in α und γ zu. Die Temperatur des eutektoiden Zerfalls nahmen sie zu 264° (als Mittelwert aus Erhitzungs- und Abkühlungskurven), die Konzentration des Eutektoids zu etwa 35% Zn an. Sie glaubten auch eine mikroskopische Bestätigung für den — ihrer Ansicht nach sehr langsam fortschreitenden — Zerfall des β-Mischkristalls erbracht zu haben.

In einem Punkt war das Zustandsdiagramm von Carpenter-Whiteley noch fehlerhaft[9]: Das Auftreten der Mischungslücke $(\beta + \gamma)$ macht im Bereich von annähernd 45—50% Zn eine peritektische Reaktion $\beta +$ Schmelze $\rightleftharpoons \gamma$ notwendig. Die dieser Reaktion entsprechende Horizontale, die sowohl Heycock-Neville wie G. J. Petrenko und Ueno entgangen ist[10], wurde von G. J. Petrenko gemeinsam mit B. G. Petrenko[11] bei 665° festgestellt, und zwar erstreckt sie sich von

45—49% Zn. Den peritektischen Punkt nahmen die Verfasser bei 47,61% Zn (= Ag_2Zn_3) an.

In neuerer Zeit hat G. J. PETRENKO[12] die Umwandlung im β-Mischkristall abermals untersucht. Es stellte sich dabei heraus, daß bei fallender Temperatur die Umwandlungstemperatur im $(\alpha + \beta)$-Gebiet bei 240° liegt, im β-Felde von 240° auf 260° ansteigt und im $(\beta + \gamma)$-Gebiet bei dieser Temperatur konstant bleibt[13]. Durch eine solche Abhängigkeit der Umwandlungstemperatur von der Zusammensetzung, die übrigens auch UENO bestätigte, ist einwandfrei erwiesen, daß die Reaktion nicht auf einen eutektoiden Zerfall des β-Mischkristalls zurückzuführen ist. PETRENKO hielt seinerzeit die Umwandlung für eine polymorphe Umwandlung der Verbindung AgZn, also für eine echte Phasenumwandlung, und ordnete die Umwandlungskurven als Gleichgewichtskurven in das Zustandsschaubild ein. Für die dadurch notwendigerweise auftretenden Löslichkeitsänderungen fehlt jedoch bisher die mikroskopische Bestätigung.

B. G. PETRENKO[14] will mit Hilfe von Erhitzungs- und Abkühlungskurven festgestellt haben, daß eine Legierung von der Zusammensetzung AgZn ohne Intervall erstarrt (was für die direkte Ausscheidung der Verbindung aus der Schmelze sprechen würde), daß sich aber die Kurven des Beginns und Endes der Umwandlung nicht berühren, was bei einer polymorphen Umwandlung der Verbindung der Fall sein müßte. Er fand die Umwandlungstemperaturen bei der Abkühlung zu 240° auf der $(\alpha + \beta)$-Seite und zu 275° auf der $(\beta + \gamma)$-Seite, bei der Erhitzung zu 281° bzw. 295°. Aus diesen Ergebnissen folgert B. G. PETRENKO, daß die Verbindung AgZn bei der Umwandlung mit fallender Temperatur (!) dissoziiert. Abgesehen davon, daß eine solche Erscheinung an sich sehr unwahrscheinlich ist, ist einzuwenden, daß diese Schlußfolgerung aus den Versuchen unmöglich gezogen werden kann, da die beobachteten Schwankungen der Umwandlungstemperaturen größer sind als die hier in Frage kommenden Temperaturunterschiede. Auch die Feststellung, daß die Legierung AgZn ohne Intervall erstarrt, ist mit Vorbehalt aufzunehmen, da es sich um Temperaturintervalle von nur 3—4° handelt, und da die Erhitzungs- und Abkühlungskurven durch subjektive Beobachtung am Millivoltmeter erhalten wurden.

Der Ansicht von B. G. PETRENKO, daß die Umwandlung in der β-Phase mit fallender Temperatur auf der Dissoziation der Verbindung AgZn beruht, schloß sich G. J. PETRENKO[15] an. Er fand nämlich, daß die Leitfähigkeitskurve der Legierungen, die oberhalb der Umwandlung abgeschreckt waren, bei der Zusammensetzung AgZn eine Spitze aufweist, während die Leitfähigkeitskurve der bei 200° geglühten Legierungen einen solchen ausgezeichneten Punkt nicht zeigt.

Gegen die an sich nicht unberechtigte Vermutung, daß die Umwand-

lung bei 240—260° ein Analogon zu der im β-Mischkristall der Cu-Zn-
Legierungen auftretenden Umwandlung ist (s. Cu-Zn) spricht die Tatsache, daß im Falle der Ag-Zn-Legierungen die Umwandlung — wie
G. J. Petrenko[12] zeigen konnte — offenbar mit einer Umkristallisation verbunden ist. Die Frage nach der Natur der Umwandlung
muß unbeantwortet bleiben, solange Röntgenuntersuchungen fehlen,
die zeigen würden, ob die beiden Kristallarten verschiedene Gitterstrukturen haben, oder ob die unter 240° stabile Phase nur durch eine
geordnete Verteilung der Atome (Überstruktur) vor der oberhalb
240° stabilen Phase ausgezeichnet ist (s. Nachtrag).

Westgren-Phragmén[16] haben durch Röntgenanalyse des Systems
die völlige Strukturanalogie der Kristallarten des Ag-Zn-Systems mit
den entsprechenden der Cu-Zn-Legierungen festgestellt (s. jedoch Nachtrag). Danach hätte man anzunehmen, daß die in Abb. 37 mit ζ bezeichnete Phase ein kubisch-raumzentriertes Gitter mit der Verbindung
AgZn als Basis besitzt, und daß der γ-Phase (kubisch-raumzentriert mit
52 Atomen im Elementarkörper) die Verbindung Ag_5Zn_8[17] (49,22% Zn)
zugrunde liegt.

Die von G. J. Petrenko und B. G. Petrenko[11] angenommene Verbindung Ag_2Zn_3, die nach Ansicht dieser Forscher bei 228° aus dem
γ-Mischkristall gleicher Zusammensetzung gebildet werden soll, existiert
sicher nicht. Die ε-Phase hat ein dichtgepacktes hexagonales Gitter
analog ε(Cu-Zn).

Die von Guillet-Cournot[18] festgestellte Beeinflussung des mikroskopischen Gefüges einer Legierung mit 30,23% Zn durch Wärmebehandlung (Abschrecken und Anlassen) wurde von Roux-Cournot[19]
röntgenographisch untersucht. Die Legierung zeigte nach dem Glühen
bei 500° und Erkalten im Ofen zwei kubisch-flächenzentrierte Gitter
nebeneinander (?), nach dem Abschrecken bei 500° ein kubisch-flächenzentriertes Gitter (?) und nach dem Abschrecken bei 500° und darauf-
folgendem Anlassen bei 210° ein tetragonal-flächenzentriertes Gitter
(Zwischenstruktur?). Die beobachteten Gitterstrukturen stehen zu
den Ergebnissen von Westgren-Phragmén, die für die mit β und ζ
bezeichneten Phasen ein kubisch-raumzentriertes Gitter (s. jedoch
Nachtrag) fanden, im Widerspruch.

Die von Puschin-Maximenko[20] und G. J. Petrenko[15] bestimmten
Kurven der Leitfähigkeit, des Widerstandes und seines Temperaturkoeffizienten zeigen zahlreiche mehr oder weniger starke Richtungsänderungen bei Zusammensetzungen, die recht gut mit den mikroskopisch festgestellten Phasengrenzen zusammenfallen. Nach der
neueren Anschauung liegt kein Grund mehr vor, bei diesen ausgezeichneten Konzentrationen Verbindungen anzunehmen. Die Kurven von
Puschin-Maximenko und Petrenko weichen offenbar deshalb in

einigen Teilen voneinander ab, weil die Legierungen verschiedenen Wärmebehandlungen unterworfen waren.

Die von PUSCHIN[21] gemessenen Spannungen, die gegenüber denjenigen von HERSCHKOWITSCH[22] und KREMANN-HOFMEIER[23] als die genaueren anzusehen sind, können nicht zur Beurteilung der Richtigkeit des mit Hilfe von thermischen und mikroskopischen Untersuchungen aufgestellten Zustandsdiagramms herangezogen werden:

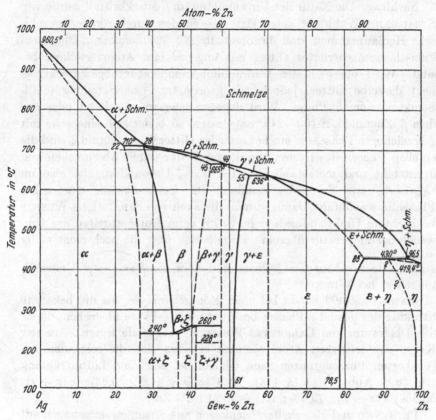

Abb. 37. Ag-Zn. Silber-Zink (vgl. auch Nachtrag).

Im Bereich von 0—60% Zn ist die Spannung — von einem kleinen Spannungssprung an der α-Grenze abgesehen — nahezu von der Zusammensetzung unabhängig; erst beim Auftreten der ε-Kristallart und noch stärker innerhalb der ε-Mischkristallreihe (bei etwa 71% Zn) nimmt die Spannung sprunghaft ab. Den letzteren Spannungssprung sieht TAMMANN[24] als eine galvanische Resistenzgrenze an.

Das in Abb. 37 dargestellte Diagramm ist nach den Ergebnissen von HEYCOCK-NEVILLE, G. J. PETRENKO und UENO (Liquidus- und Soliduskurve), CARPENTER-WHITELEY (Löslichkeitsgrenzen) und G. J. PE-

TRENKO sowie UENO ($\beta \rightleftharpoons \zeta$ Umwandlung) gezeichnet. Während die ausgezogenen Löslichkeitskurven wenigstens als eine Annäherung an die Gleichgewichtskurven anzusehen sind, bedarf der Verlauf der gestrichelten Kurven einer experimentellen Festsetzung. Die von zahlreichen Forschern vermutete Polymorphie des Zinks ist nach röntgenographischen Untersuchungen[25] nicht mehr aufrechtzuerhalten und daher nicht in das Diagramm aufgenommen.

Nachtrag. Die Natur der Umwandlung im β-Mischkristall wurde von STRAUMANIS-WEERTS[26] aufgeklärt. Sie fanden durch röntgenographische Heißaufnahmen, daß die oberhalb 240—260° stabile β-Phase ein kubisch-raumzentriertes Gitter mit ungeordneter Atomverteilung besitzt. Wird oberhalb der Umwandlungstemperatur abgeschreckt, so liegt dasselbe Gitter, jedoch mit geordneter Atomverteilung (CsCl-Struktur) vor: β'-Phase. Wird dagegen langsam abgekühlt oder aus dem β'-Zustand auf 100—240° angelassen, so bildet sich eine neue mit ζ bezeichnete Phase, die ein hexagonales Gitter[27] hat. β und ζ sind die stabilen Phasen des Systems, während β' nur durch Abschrecken von β entsteht und metastabil ist. Die $\beta \rightleftharpoons \zeta$-Umwandlung ist also im Gegensatz zur $\beta \rightleftharpoons \beta'$-Umwandlung im Cu-Zn-System eine echte Phasenumwandlung. Damit stimmt die auch von STRAUMANIS-WEERTS beobachtete Umkristallisation (s. S. 72) beim Durchschreiten der Umwandlungstemperatur überein. Einzelheiten über die noch nicht völlig aufgeklärte Struktur der ζ-Phase und über die $\beta \rightleftharpoons \zeta \leftarrow \beta'$-Umwandlungen s. bei WEERTS[28] [29].

OWEN-PICKUP[30] haben bei einer Röntgenanalyse, die die bekannte Struktur der γ- und ε-Phasen bestätigte, die ζ-Phase übersehen, da sie das Diagramm von CARPENTER-WHITELEY zugrunde legten. Aus der Kurve der mittleren Atomvolumina ergaben sich die folgenden angenäherten Phasengrenzen nach Glühen bei 380° und Luftabkühlung (vgl. mit Abb. 37): α ($\alpha + \beta$): 28,8%; γ ($\gamma + \varepsilon$): 50,9%; ε ($\gamma + \varepsilon$): 55,3%; ε ($\varepsilon + \eta$): 79,6%; η ($\varepsilon + \eta$): 91,2% Zn[31].

PETRENKO und Mitarbeiter[32] schlossen aus Spannungsmessungen auf das Bestehen der Verbindungen AgZn, Ag_2Zn_3, Ag_2Zn_5 und $AgZn_9$. Diese Auffassung ist überholt.

Anmerkung bei der Korrektur. Die Soliduskurve der α-Mischkristalle wurde kürzlich neu bestimmt[33], desgleichen die Sättigungsgrenzen im Bereich von 50—100% Zn[34].

Literatur.

1. WRIGHT, C. R. A.: Proc. Roy. Soc., Lond. Bd. 50 (1892) S. 391/94. — **2.** GAUTIER, H.: C. R. Acad. Sci., Paris Bd. 123 (1896) S. 173. — **3.** HEYCOCK, C. T., u. F. H. NEVILLE: J. chem. Soc. Bd. 71 (1897) S. 407/18. — **4.** PETRENKO, G. J.: Z. anorg. allg. Chem. Bd. 48 (1906) S. 347/63. — **5.** UENO, S.: Mem. Coll. Sci.,

Kyoto A Bd. 12 (1929) S. 347/48. — **6.** Schon früher hatte G. CHARPY: Bull. Soc. Encour. Ind. nat. Bd. 2 (1897) S. 418 das Gefüge einiger Legierungen untersucht, war aber zu keiner Klärung gelangt. — **7.** CARPENTER, H. C. H., u. W. WHITELEY: Int. Z. Metallogr. Bd. 3 (1913) S. 145/67. — **8.** Der Verlauf der $\gamma(\beta + \gamma)$- und $\varepsilon(\gamma + \varepsilon)$-Grenzen wurde bisher noch nicht bestimmt. PETRENKO hatte diese Phasengrenzen als Senkrechte bei den Zusammensetzungen Ag_2Zn_3 (47,61% Zn) und Ag_2Zn_5 (60,24% Zn) angenommen. CARPENTER u. WHITELEY haben diese Grenzen von PETRENKO übernommen. — **9.** Die $\beta(\beta + \gamma)$-Grenze endet unmittelbar in der Liquiduskurve, was natürlich theoretisch unmöglich ist. — **10.** Sie untersuchten in dem betr. Konzentrationsgebiet nur eine oder zwei Schmelzen. — **11.** PETRENKO, G. J., u. B. G. PETRENKO: Z. anorg. allg. Chem. Bd. 185 (1930) S. 96/100. — **12.** PETRENKO, G. J.: Z. anorg. allg. Chem. Bd. 165 (1927) S. 297/304. — **13.** Tatsächlich hatten auch schon CARPENTER-WHITELEY diese Abhängigkeit der Umwandlungstemperatur von der Zusammensetzung gefunden. — **14.** PETRENKO, B. G.: Z. anorg. allg. Chem. Bd. 184 (1929) S. 369/75. — **15.** PETRENKO, G. J.: Z. anorg. allg. Chem. Bd. 149 (1925) S. 395/400; Bd. 184 (1929) S. 376/84. — **16.** WESTGREN, A., u. G. PHRAGMÉN: Philos. Mag. Bd. 50 (1925) S. 311/41. — **17.** In Analogie mit der von A. J. BRADLEY u. J. THEWLIS: Proc. Roy. Soc., Lond. Bd. 112 (1926) S. 678/92 aufgeklärten Struktur des γ-Messings. — **18.** GUILLET, L., u. J. COURNOT: C. R. Acad. Sci., Paris Bd. 182 (1926) S. 607/608; Rev. Métallurg. Bd. 27 (1930) S. 1/7. — **19.** ROUX, A., u. J. COURNOT: C. R. Acad. Sci., Paris Bd. 188 (1929) S. 1399/1401. — **20.** PUSCHIN, N., u. M. MAXIMENKO: J. russ. phys.-chem. Ges. Bd. 41 (1909) S. 500/524. — **21.** PUSCHIN, N.: Z. anorg. allg. Chem. Bd. 56 (1908) S. 33/38. — **22.** HERSCHKOWITSCH, M.: Z. physik. Chem. Bd. 27 (1898) S. 145/46. — **23.** KREMANN, R., u. F. HOFMEIER: Mh. Chemie Bd. 32 (1911) S. 597/608. — **24.** TAMMANN, G.: Z. anorg. allg. Chem. Bd. 107 (1919) S. 157. — **25.** PIERCE, W. M., E. A. ANDERSON u. P. VAN DYK: J. Franklin Inst. Bd. 200 (1925) S. 349. FREEMANN, J. R., P. F. BRANDT u. F. SILLERS: Sci. Pap. Bur. Stand. 1926 Nr. 522. F. SIMON u. E. VOHSEN: Z. physik. Chem. Bd. 133 (1928) S. 165/87. — **26.** STRAUMANIS, M., u. J. WEERTS: Metallwirtsch. Bd. 10 (1931) S. 919/22. — **27.** Die hexagonale Struktur wurde auch von A. WESTGREN gefunden, s. Metallwirtsch. Bd. 10 (1931) S. 921 Fußnote. — **28.** WEERTS, J.: Z. Metallkde. Bd. 24 (1932) S. 265/70. M. HANSEN u. J. WEERTS, noch unveröffentlichte Arbeit. — **29.** Vgl. auch die Bemerkung zur Struktur der ζ-Phase von WOLF: Z. Metallkde. Bd. 24 (1932) S. 270. — **30.** OWEN, E. A., u. L. PICKUP: Proc. Roy. Soc., Lond. A Bd. 140 (1933) S. 344/58. — **31.** Unter Zugrundelegung des überholten Diagramms von CARPENTER-WHITELEY unterscheiden OWEN-PICKUP zwischen zwei Zn-reichen Mischkristallen, je einer festen Lösung von Ag in β-Zn und in α-Zn. Die diesbezüglichen beobachteten Effekte, die vielleicht auf eine starke Zunahme der Löslichkeit von Ag in Zn zurückzuführen sind, bedürfen der Klärung. — **32.** PETRENKO, G., u. Mitarb.: S. J. Inst. Met., Lond. Bd. 47 (1931) S. 378. — **33.** HUME-ROTHERY, W., E. W. MABBOT u. K. M. C. EVANS: Philos. Trans. Roy. Soc., Lond. A Bd. 233 (1934) S. 1/97. — **34.** OWEN, E. A., u. I. G. EDMUNDS: J. Inst. Met., Lond. Bd. 57 (1935) S. 297/306. — Weitere Literatur: SEDSTRÖM, E.: Ann. Physik Bd. 59 (1919) S. 134/44 und Diss. Stockholm 1924 (El. Leitf., therm. Leitf. u. Thermokraft von 0—19% Zn). M. HANSEN u. G. SACHS: Z. Metallkde. Bd. 20 (1928) S. 151/52. (El. Leitf. von 0—19% Zn).

Ag-Zr. Silber-Zirkonium.

Während es DE BOER[1] nicht gelang, durch Erhitzen eines Gemenges von Ag und Zr eine Legierung zu gewinnen, konnte SYKES[2] Legierungen mit bis zu 30% Zr herstellen, indem er Zr-Pulver und Ag im Vakuum erhitzte. Beim Ag-Schmelzpunkt ist die Lösungsgeschwindigkeit sehr klein. Nach den mikroskopischen Untersuchungen bilden Ag und Zr eine Verbindung unbekannter Zusammensetzung, jedoch mit mehr als 30% Zr. Die feste Löslichkeit ist sehr gering (Zahlenangaben werden nicht gemacht) und — wie durch Glühen und Abschrecken bei 800° gezeigt wurde — von der Temperatur praktisch unabhängig. Eine eutektische Gefügeausbildung wurde nicht beobachtet; die Verbindungskristalle liegen offenbar in einer Ag-reichen Grundmasse.

Literatur.

1. BOER, J. H. DE: Ind. Engng. Chem. Bd. 19 (1927) S. 1256/59. — 2. SYKES, C.: J. Inst. Met., Lond. Bd. 41 (1929) S. 179/90.

Al-As. Aluminium-Arsen.

Nach WÖHLER[1] bildet ein Gemenge der gepulverten Elemente in der Glühhitze unter schwacher Feuererscheinung ein dunkelgraues Pulver, das beim Reiben Metallglanz annimmt. WINKLER[2] beobachtete, daß geschmolzenes Al kein As zu lösen vermag.

NATTA-PASSERINI[3] erhielten durch Zusammenschmelzen bei 800° von Al mit einem geringen Überschuß an As eine graue, metallisch glänzende Masse von der (analytisch ermittelten) Zusammensetzung AlAs (73,54% As). Der Schmelzpunkt dieser Verbindung liegt oberhalb 1200° (s. u.). GOLDSCHMIDT[4] sowie NATTA-PASSERINI stellten fest, daß AlAs mit AlSb isomorph ist, d. h. eine Raumgitterstruktur vom Zinkblendetypus besitzt (kubisch-flächenzentriertes Gitter mit 4 Molekülen im Elementarwürfel).

Nach MANSURI[5] vereinigen sich Al und As unter vermindertem Druck bei mindestens 750°, unter Atmosphärendruck bei etwa 900°, zu einem rotbraunen Pulver, das in geschmolzenem Al unlöslich ist (vgl. WINKLER). Abkühlungskurven von Mischungen mit bis zu 64% As zeigten nur einen beim Erstarrungspunkt des reinen Aluminiums gelegenen Haltepunkt, dessen Größe mit steigendem As-Gehalt bis zu der genannten Konzentration linear abnahm. Daraus schloß MANSURI, daß das Produkt der Reaktion zwischen Al und As die Formel Al_3As_2 mit 64,95% As besitzt[6]; eine Analyse des gebildeten Pulvers hat er anscheinend nicht ausgeführt. Die Röntgenuntersuchungen haben jedoch zweifelsfrei ergeben, daß der beim Zusammenschmelzen von Al mit As gebildeten Verbindung die Formel AlAs zukommt[7].

Mit einem Überschuß von As läßt sich — wie MANSURI zeigte — die erst bei einer Temperatur oberhalb 1600° schmelzende Verbindung nicht legieren: beide Bestandteile setzen sich in zwei Schichten gegeneinander ab.

Nach diesen Ergebnissen würde das Zustandsdiagramm des Systems Al-As eine beim Schmelzpunkt der Verbindung AlAs ($> 1600°$) verlaufende, sich praktisch über den gesamten Konzentrationsbereich erstreckende horizontale Liquiduskurve (entsprechend einer Mischungslücke im flüssigen Zustand von ~ 0 bis $\sim 100\%$ As) und zwei bei den Schmelzpunkten der Elemente[8] liegende, bis zur Zusammensetzung AlAs reichende eutektische Horizontalen aufweisen.

Literatur.

1. WÖHLER, F.: Pogg. Ann. Bd. 11 (1827) S. 161. — 2. WINKLER, C.: J. prakt. Chem. Bd. 91 (1864) S. 206. — 3. NATTA, G., u. L. PASSERINI: Gazz. chim. ital.

Bd. 58 (1928) S. 458/60. — **4.** GOLDSCHMIDT, V. M.: Skrifter Norske Videnskaps-Akademi Oslo, Mat. u. naturwiss. Kl. 1927 Nr. 8. — **5.** MANSURI, Q. A.: J. chem. Soc. 2 Bd. 121 (1922) S. 2272/77. — **6.** Die Arbeit MANSURIS liegt zeitlich vor den Arbeiten von NATTA-PASSERINI und GOLDSCHMIDT. — **7.** Es dürfte gänzlich abwegig sein, aus der verschiedenen Beschreibung des Aussehens des Al-arsenids (vgl. WÖHLER und NATTA-PASSERINI einerseits und MANSURI andererseits) auf das Bestehen zweier verschiedener Verbindungen zu schließen. Es handelt sich bei den grauen und den rotbraunen Erscheinungsformen anscheinend um verschiedene Verteilungszustände, vielleicht auch um polymorphe Modifikationen. — **8.** As schmilzt nur unter Druck.

Al-Au. Aluminium-Gold.

Die ersten Angaben über den Aufbau dieser Legierungen machte ROBERTS-AUSTEN[1]. Er stellte fest, daß der Schmelzpunkt des Goldes durch Aluminiumzusätze beträchtlich erniedrigt wird (10% Al erniedrigen den Goldschmelzpunkt um 417°). Weitere Zusätze an Al erhöhen die Erstarrungstemperatur jedoch wieder ganz außerordentlich, so daß eine Legierung mit 78,52% Au, die ROBERTS-AUSTEN bereits als die Verbindung Al_2Au erkannte, bei einer Temperatur erstarrt, die etwa 32,5° oberhalb des Goldschmelzpunktes (= 1035° nach ROBERTS-AUSTEN) liegt. Zwischen der Konzentration der Verbindung Al_2Au und reinem Al fällt die Liquiduskurve nach ROBERTS-AUSTEN allmählich auf eine Temperatur, die etwa 5° unterhalb des Aluminiumschmelzpunktes liegt.

HEYCOCK-NEVILLE[2] haben das ganze System thermisch und mikroskopisch untersucht; Wärmebehandlungen zur Erreichung des Gleichgewichtszustandes wurden jedoch nicht ausgeführt. Sie ermittelten den Verlauf der Liquiduskurve durch Aufnahme von Abkühlungskurven von 112 Schmelzen und bestimmten ebenfalls die Temperaturen der zahlreichen horizontalen Gleichgewichtskurven (s. Abb. 38 u. Nebenabb.). Das Bestehen der beiden Verbindungen Al_2Au (78,52% Au) und $AlAu_2$ (93,60% Au) ist ohne weiteres sichergestellt durch die maximalen Erstarrungstemperaturen dieser Legierungen. Im einzelnen muß folgendes gesagt werden: Die Eutektikale bei 648° konnte bis 58% Au verfolgt werden. Die Abkühlungskurve einer Legierung mit 64% Au zeigte bei dieser Temperatur offenbar keinen thermischen Effekt mehr. Das würde für das Vorhandensein einer ausgedehnten Mischkristallreihe mit der Basis der Verbindung Al_2Au sprechen. Der in Abb. 38 gestrichelt gezeichnete Verlauf der Soliduskurve und der Löslichkeitskurve ist jedoch mit größtem Vorbehalt anzunehmen, da er keine experimentelle Stütze hat. Die Horizontale bei 569° ist ebenfalls eine Eutektikale, die Horizontale bei 625° kann dagegen nur eine Peritektikale sein. Die Zusammensetzung der sich mit fallender Temperatur bei 625° bildenden Phase ist nicht experimentell festgestellt, doch handelt es sich mit

großer Wahrscheinlichkeit um die Verbindung AlAu mit rd. 88% Au.
In dem fraglichen Konzentrationsgebiet beobachteten HEYCOCK-
NEVILLE drei Kristallarten (die Verbindungen Al$_2$Au und AlAu$_2$ und
die unbekannte Kristallart), ein Beweis, daß der Gleichgewichtszustand
während der Abkühlung aus dem Schmelzfluß infolge unvollständiger
peritektischer Umsetzung nicht erreicht wurde. Bei rd. 90% Au ist

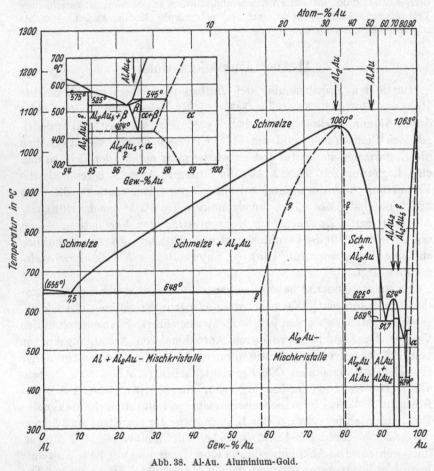

Abb. 38. Al-Au. Aluminium-Gold.

jedoch die bei 625° gebildete Phase, die in keinem Fall allein erhalten
wurde, in größter Menge vorhanden. Gegen das Bestehen der Verbindung AlAu könnte die Tatsache sprechen, daß die Eutektikale bei
569°, die nur bis 88% Au reichen dürfte (wie auch in Abb. 38 gezeichnet
wurde), von HEYCOCK-NEVILLE bis herunter zu 80% Au verfolgt werden
konnte. Diese Abweichung findet jedoch durch die bereits erwähnte
unvollkommene Gleichgewichtseinstellung während der Abkühlung ihre
hinreichende Erklärung.

Die zwischen der Verbindung AlAu$_2$ und reinem Gold stattfindenden Umwandlungen konnten HEYCOCK-NEVILLE nicht aufklären; sie machten daher dieses Konzentrationsgebiet zum Gegenstand einer späteren Untersuchung[3], die aber ebenfalls nicht zu einer vollständigen Klärung der noch offenen Fragen gelangte.

Das Ergebnis dieser Arbeiten fassen sie im wesentlichen in einem Diagramm zusammen, das als Nebenabb. zu Abb. 38 wiedergegeben ist. Auf Grund von Abkühlungskurven und Abschreckversuchen an geglühten Legierungen nehmen sie an, daß bei 545° mit fallender Temperatur der Au-reiche α-Mischkristall mit der Schmelze unter Bildung der mit β bezeichneten Phase reagiert. Bei 424° zerfällt die β-Phase (mit 96,85% Au) in ein Eutektoid, das aus α-Kristallen und einer weiteren Phase besteht, die sie als die Verbindung Al$_2$Au$_5$ (94,82% Au) oder die davon in der Zusammensetzung nur wenig abweichende Verbindung Al$_3$Au$_8$ (95,12% Au) ansehen[4].

Eine ganze Reihe von anderen Versuchen, auf die im folgenden kurz eingegangen wird, läßt es jedoch als sicher erscheinen, daß das Diagramm nicht den Gleichgewichtsaufbau beschreibt, sondern daß man ein — bis zu einem gewissen Grade — metastabiles System vor sich hat.

Mit dem Diagramm durchaus im Einklang sind die Gefügebilder der Legierungen, die im α-, ($\alpha + \beta$-) und β-Gebiet geglüht und abgeschreckt sind. Auch Strukturen, die neben α- bzw. Al$_2$Au$_5$-Kristallen einen typischen eutektoiden Gefügebestandteil zeigen, wurden beobachtet, und zwar bei Legierungen mit 97,1 und 96,1% Au, die bei 418—420° geglüht und abgeschreckt waren. Wurden jedoch die Legierungen mit 97,1 und 96,7% Au, nachdem sie vorher bei 418° abgeschreckt waren, bei 400° geglüht und abgeschreckt, so trat eine durchgreifende Gefügeänderung ein, die nicht ohne weiteres zu deuten ist[5]. Ganz einwandfrei dürfte aber m. E. aus den Gefügebildern der Legierungen mit 97,8, 97,6 und 97,1% Au, die langsam auf 400° bzw. 380° und 410° abgekühlt, bei diesen Temperaturen geglüht und abgeschreckt wurden, hervorgehen, daß sich die α-Mischkristalle bei Temperaturen unter 424° weitgehend unter Ausscheidung einer Phase entmischen. Die Löslichkeit von Al in Au nimmt also, wie in der Nebenabb. angedeutet ist, mit fallender Temperatur ab. HEYCOCK-NEVILLE haben diese Tatsache nicht erkannt.

Auf den Abkühlungskurven der Legierungen mit 98,5—95,18% Au beobachteten HEYCOCK-NEVILLE nach dem Haltepunkt bei 424° einen plötzlichen erheblichen Temperaturanstieg, der bei wechselnden Temperaturen auftrat und verschieden groß war (bis zu 70°). Am ausgesprochensten wurde diese Erscheinung, die mit einem plötzlichen Erglühen des Regulus (Rekaleszenz) verbunden ist, bei der Legierung mit 96,7% Au beobachtet[6]. Die Erhitzungskurve dieser Legierung zeigt die erste Verzögerung bei 520°; diese Temperatur sehen die Verfasser daher als die Gleichgewichtstemperatur der Reaktion an.

Die bereits erwähnte Entmischung der α-Kristalle bringen HEYCOCK-NEVILLE ebenfalls in Zusammenhang mit der spontan auftretenden Reaktion und halten die damit verbundene Gefügeänderung für den Ausdruck dieser Umwandlung — wenigstens in einem Teil der Legierungen. Man könnte deshalb daran denken, daß der plötzliche Temperaturanstieg durch die spontane Auslösung der Entmischung hervorgerufen wird, muß dann allerdings die wenig wahrscheinliche Annahme machen, daß die dabei frei werdende Lösungswärme ungewöhnlich groß ist. Jedoch lassen sich nicht alle mit der spontan auftretenden Umwandlung einhergehenden Gefügeänderungen mit dieser Annahme erklären.

HEYCOCK-NEVILLE nehmen an, daß die plötzlich eintretende Umwandlung einer Reaktion zwischen α- und Al_2Au_5-Kristallen entspricht, wobei eine dieser beiden Phasen — je nach der Zusammensetzung der Legierung — vollständig verschwindet und eine neue Phase, wahrscheinlich Al_4Au mit 96,7% Au, gebildet wird. In der Tat besteht eine Legierung dieser Zusammensetzung nach Ablauf der Umwandlung und längerem Glühen bei 410° nicht mehr zum großen Teil aus dem Eutektoid α + Al_2Au_5 (wie nach Abb. 38 zu erwarten wäre), sondern vornehmlich aus der neuen Phase und wenig α[7].

Die Entstehungsbedingungen der Verbindung $AlAu_4$ sind noch völlig ungeklärt. Es geht aus den bisher vorliegenden Ergebnissen nicht sicher hervor, ob sie im festen Zustand gebildet wird, oder ob sie sich im Gleichgewichtszustand aus der Schmelze (direkt oder peritektisch) ausscheidet. Nach der oben erwähnten Erhitzungskurve wäre zu vermuten, daß sie im Gleichgewichtszustand aus der Schmelze auskristallisiert[8].

Für diese Annahme würde noch eine weitere Beobachtung sprechen. Es zeigte sich nämlich, daß die mit fallender Temperatur im festen Zustand spontan verlaufende Umwandlung nicht nur unterhalb 424°, wo sie auf den Abkühlungskurven am häufigsten beobachtet wurde, eintritt, sondern selbst noch bei Temperaturen bis herauf zu 515° (!) erzwungen werden kann, wenn man die erkaltenden Legierungen mit einem kalten Eisendraht berührt. Bei einem solchen Versuch zeigte sich beispielsweise, daß die Legierung mit 96,7% Au (= $AlAu_4$), die nach dem Glühen und Abschrecken bei 508° aus β-Polyedern bestand, aus der neuen Phase $AlAu_4$ und wenig α[7] aufgebaut war, wenn bei derselben Temperatur die Umwandlung durch Berühren mit dem Eisendraht erzwungen wurde.

Zusammenfassend kann man über die Untersuchung von HEYCOCK-NEVILLE sagen, daß im Gleichgewichtszustand zwischen α und Al_2Au_5 eine weitere Phase besteht ($AlAu_4$), deren Kristallisation stark zur Unterkühlung neigt, wodurch es zur Ausbildung eines instabilen Systems (s. Nebenabb.) kommt. Systematisch durchgeführte lang andauernde Glühungen würden zu einer Klärung der Gleichgewichtskonstitution führen.

Nachtrag. Nach WEST-PETERSON[9] hat die Verbindung Al_2Au wahrscheinlich Flußspatstruktur, ähnlich Mg_2Pb, Mg_2Si, Mg_2Sn. EISENHUT-KAUPP[10] haben bei einer durch Aufdampfen im Hochvakuum auf eine Glimmerfolie hergestellten Legierung von der Zusammensetzung AlAu mittels Elektronenbeugung nach Glühen oberhalb 400° ein Gitter mit Diamantstruktur (Zinkblendetyp) gefunden; über die mögliche Ursache s. Au-Cu.

Literatur.

1. ROBERTS-AUSTEN, W. C.: Proc. Roy. Soc., Lond. Bd. 50 (1891/92) S. 367/68. — 2. HEYCOCK, C. T., u. F. H. NEVILLE: Philos. Trans. Roy. Soc., Lond. Bd. 194 (1900) S. 201/32. — 3. HEYCOCK, C. T., u. F. H. NEVILLE: Philos. Trans. Roy. Soc., Lond. Bd. 214 (1914) S. 267. Proc. Roy. Soc., Lond. Bd. 90 (1914) S. 560/62. — 4. In der Originalarbeit (Philos. Trans. Roy. Soc., Lond.) wird Al_3Au_8, in dem Bericht (Proc. Roy., Soc., Lond.) Al_2Au_5 genannt. — 5. Die Auslegung der Gefügebilder wird dadurch erschwert, daß nicht angeben ist, welches Ätzmittel in jedem einzelnen Fall angewandt wurde. — 6. Die Abkühlungskurve dieser Legierung zeigte in einem Falle nach dem Haltepunkt bei 424° einen Temperaturabfall auf 388° und darauf einen plötzlichen Temperaturanstieg auf 428°, auf den wieder unmittelbar der Abfall folgte. — 7. Die Umwandlung des Gefüges ist also nicht vollständig gewesen, da sonst die Legierung einphasig sein müßte. Eine Verbindung $AlAu_3$ kommt wohl kaum in Frage, da sie nur 95,64% Au enthält. — 8. Ein Weg zur Entscheidung dieser Frage wäre die Aufnahme von Abkühlungskurven unter fortwährender Impfung der Schmelzen. — 9. WEST, C. D., u. A. W. PETERSON: Z. Kristallogr. Bd. 88 (1934) S. 93/94. — 10. EISENHUT, O., u. E. KAUPP: Z. Elektrochem. Bd. 37 (1931) S. 472.

Al-B. Aluminium-Bor.

GUERTLER[1] gibt in einer Zusammenfassung der bis 1917 vorliegenden älteren Untersuchungen über Aluminium-Borverbindungen an, daß im System Al-B mit großer Wahrscheinlichkeit keine Boride als intermediäre Kristallarten, wohl aber borreiche Mischkristalle vorliegen[2]. Demgegenüber kommt HAENNI[3] zu dem Schluß, daß mit dem Bestehen der beiden Verbindungen AlB_2 mit 44,53% B (Schmelzpunkt etwa 1100°) und AlB_{12} mit 82,80% B zu rechnen sei[4].

GIEBELHAUSEN[5] stellte fest, daß sich amorphes Bor in geschmolzenem Al bei 1000° merklich löst.

HAENNI hat die Kurven des Beginns und des Endes der Erstarrung im Bereich von 0—8,5% B bestimmt (Abb. 39). Durch Verlängerung

der Liquiduskurve über diesen B-Gehalt würde man zu einer eutektischen Konzentration von 15—18% B kommen. Die von HAENNI gegebenen Schliffbilder zeigen das Vorhandensein

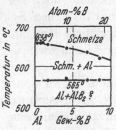

eines Eutektikums neben primären Al-Kristallen.
Demgegenüber konnten HOFMANN-JÄNICHE[6] ein
Eutektikum nicht nachweisen. Sie bestätigten das
Bestehen von AlB_2 und fanden, daß B in festem
Al unlöslich ist.

Abb. 39.
Al-B. Aluminium-Bor.

Literatur.

1. GUERTLER, W.: Metallographie Bd. 1, Teil 2, Heft 2,
S. 760/63. Berlin: Gebr. Borntraeger 1917. — 2. Nach
der TAMMANNschen Regel der Verbindungsfähigkeit der
Elemente dürften keine Al-B-Verbindungen bestehen. — 3. HAENNI, P.: Rev.
Métallurg. Bd. 23 (1926) S. 342/52. C. R. Acad. Sci., Paris Bd. 181 (1925) S. 864/66.
Z. Metallkde. Bd. 18 (1926) S. 324/25. — 4. Ausführliche Literaturangaben s. bei
HAENNI. — 5. GIEBELHAUSEN, H.: Z. anorg. allg. Chem. Bd. 91 (1915) S. 262. —
6. HOFMANN, W., u. W. JÄNICHE: Z. Me-
tallkde. Bd. 28 (1936) S. 1/5.

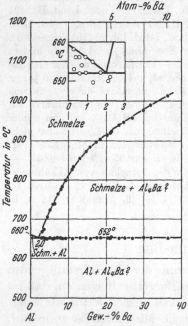

Abb. 40. Al-Ba. Aluminium-Barium.

Al-Ba. Aluminium-Barium.

Versuche, Al-Ba-Legierungen durch
Zersetzung von Bariumverbindungen,
insbesondere Bariumoxyden, darzustellen, sind seit langem bekannt[1].
ALBERTI[2] hat reine Legierungen[3] mit
bis zu 36% Ba durch Eintragen von
gepulvertem BaO in geschmolzenes Aluminium bei 1100° bei Gegenwart eines
Flußmittels hergestellt, in einer Atmosphäre von reinem Argon erschmolzen und thermoanalytisch untersucht.
Abb. 40 zeigt das Erstarrungsschaubild. Das mikroskopische Gefüge steht
im Einklang mit dem Ergebnis der
thermischen Analyse. Die Menge der
am Aufbau der Legierungen beteiligten
Verbindung nimmt über 36% Ba weiter
zu; Legierungen mit 36—50% Ba wurden nur mikroskopisch untersucht, da sie mit Oxyd und anhaftendem Flußmittel verunreinigt
waren. Dem Gefüge zufolge liegt die Zusammensetzung der Verbindung
etwas oberhalb 50% Ba. Die Haltezeiten der eutektischen Kristallisation deuten ebenfalls auf eine wenig oberhalb 50% Ba liegende Zusammensetzung. Die Formeln Al_5Ba und Al_4Ba entsprechen einem

Ba-Gehalt von 50,46% bzw. 56,01%. Anm. b. d. Korr. ANDRESS-ALBERTI[4] haben auf Grund röntgenographischer Untersuchungen erkannt, daß der Verbindung die Formel Al_4Ba zukommt (tetragonales Schichtengitter mit innenzentrierter Zelle). Ba ist in festem Al unlöslich.

Literatur.

1. Literaturzusammenstellung in der Arbeit E. ALBERTI. — 2. ALBERTI, E.: Diss. Darmstadt 1932. Z. Metallkde. Bd. 26 (1934) S. 6/9. S. auch Met. u. Erz Bd. 30 (1933) S. 231/33. — 3. Die Legn. enthielten nur 0,20—0,28% Fe und 0,22—0,26% Si. Über experimentelle Einzelheiten s. die Originalarbeit. — 4. ANDRESS, K. R., u. E. ALBERTI: Z. Metallkde. Bd. 27 (1935) S. 126/28.

Al-Be. Aluminium-Beryllium.

OESTERHELD[1] arbeitete das Zustandsschaubild des ganzen Systems mit Hilfe thermischer und mikroskopischer Untersuchungen aus

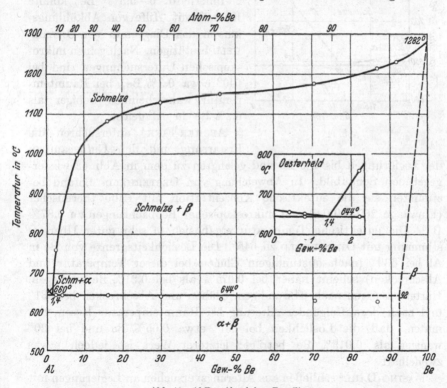

Abb. 41. Al-Be. Aluminium-Beryllium.

(Abb. 41). Aus dem Verlauf der Liquiduskurve zwischen 0 und 0,8% Be (vgl. Nebenabb.) und den Haltezeiten der eutektischen Kristallisation bei 644° nahm er das Eutektikum bei 1,4% Be an. — Nach langsamem Erkalten aus dem Schmelzfluß enthielt eine Legierung mit 0,4% Be noch Eutektikum. — Zwischen rd. 20 und 80% Be verläuft die Liquiduskurve sehr flach; auf den Abkühlungskurven wurden ausgesprochene Haltepunkte beobachtet, deren Zeitdauer mit steigendem Be-Gehalt zunahm. Es lag daher nahe, an das Bestehen einer Mischungslücke im flüssigen Zustand zu denken, doch konnte Schichtenbildung nicht festgestellt werden. — Die mit 92% Be angegebene Sättigungskonzentration des Be-reichen Mischkristalls wurde lediglich aus den eutektischen Haltezeiten ermittelt, sie entspricht also nicht dem Gleichgewichtszustand.

Laut Bericht über das Jahr 1925 des National Physical Laboratory[2], Teddington, England, wurde in diesem Institut die Konstitution des Al- und des Be-reichen Teiles des Systems thermisch und mikroskopisch untersucht. Ergebnisse wurden bisher nicht mitgeteilt.

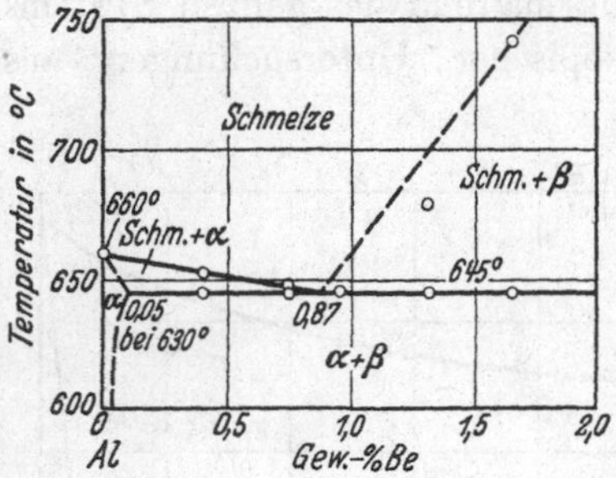

Abb. 42.

Innerhalb 0—5,3% Be konnte KROLL[3] mit Hilfe von Abkühlungskurven das Diagramm von OESTERHELD bestätigen. Nach seinen mikroskopischen Untersuchungen sind bei 640° etwa 0,3% Be, bei Raumtemperatur wahrscheinlich weniger als 0,2% Be in Al gelöst.

ARCHER-FINK[4] untersuchten die Erstarrung und den Gefügeaufbau der Legierungen bis 2% Be und gelangten zu dem in Abb. 42 wiedergegebenen Schaubild. In Abweichung von OESTERHELDs Befund bestimmten sie die eutektische Konzentration mit Hilfe thermischer (Einwaage 200—400 g) und mikroskopischer Beobachtungen zu 0,87% Be[5]. Die eutektische Temperatur ergab sich in sehr guter Übereinstimmung mit OESTERHELD zu 645°. Die Löslichkeitsgrenze von Be in Al bei 639° (nach 50stündigem Glühen bei dieser Temperatur und Abschrecken) scheint näher bei 0,075% als bei 0,21% Be zu liegen. Härtemessungen nach 24stündigem Glühen und Abschrecken bei 631° und nach darauffolgender Alterung bei Raumtemperatur lassen vermuten, daß die Löslichkeit bei 631° etwa 0,05% Be und bei 20° weniger als 0,013% Be beträgt; letzterer Wert ist jedoch etwas zweifelhaft.

MASING-DAHL[6] schließen aus Alterungsversuchen an Legierungen mit 0,25 und 0,5% Be, daß „die Löslichkeit von Be in festem Al, falls überhaupt ein geringes Lösungsvermögen vorliegt, zwischen Zimmertemperatur und 540° von der Temperatur wenig abhängig ist".

HAAS-UNO[7] nehmen — vornehmlich auf Grund von mikroskopischen Beobachtungen[8] — eine Löslichkeit von etwa 0,8% Be bei der eutektischen Temperatur und von 0,2% Be nach langsamem Erkalten auf

Raumtemperatur an. Die von OESTERHELD angegebene eutektische Konzentration fanden sie bestätigt.

Hinsichtlich der eutektischen Konzentration erscheint eine Entscheidung zwischen den Werten von OESTERHELD, KROLL und HAAS-UNO einerseits und ARCHER-FINK andererseits schwer möglich, da das von HAAS-UNO gegebene Gefügebild einer Legierung mit 1,38% Be für diese Konzentration, der thermische Befund von ARCHER-FINK (Abb. 42) dagegen für etwa 0,9% Be spricht. Die von ARCHER-FINK angegebenen Sättigungskonzentrationen des Al-reichen Mischkristalls dürften jedoch aus mancherlei Gründen der Wirklichkeit näher kommen als die bedeutend höheren Werte von HAAS-UNO.

Nach HIDNERT-SWEENY[9] zeigen die Ausdehnungskurven von Legierungen mit 4,2—32,7% Be keine Unstetigkeiten. Die annähernd linearen Isothermen des Ausdehnungskoeffizienten stehen mit dem von OESTERHELD gefundenen Diagrammtypus in Einklang.

Literatur.

1. OESTERHELD, G.: Z. anorg. allg. Chem. Bd. 97 (1916) S. 9/14. Die Einwaage betrug 2 g. — 2. The National Physical Laboratory, Report for the year 1925, S. 205. — 3. KROLL, W.: Met. u. Erz Bd. 23 (1926) S. 613/16. — 4. ARCHER, R. S., u. W. L. FINK: Amer. Inst. min. metallurg. Engr. Techn. Publ. Nr. 91 (1928) S. 1/27. Proc. Inst. Met. Div., Amer. Inst. min. metallurg. Engr. 1928, S. 616/43, insb. S. 625/33. Ref. Z. Metallkde. Bd. 20 (1928) S. 446/47. Verwendet wurde ein 99,95%iges Al und ein 99%iges Be. — 5. Eine Legierung mit 0,75% Be zeigte primäre Al-Kristalle, eine solche mit 0,95% Be primäre Be-Kristalle. — 6. MASING, G., u. O. DAHL: Wiss. Veröff. Siemens-Konz. Bd. 8 (1929) Heft 1 S. 249/50. Es wurde ein technisches Al (99,5%) verwendet. — 7. HAAS, M., u. D. UNO: Z. Metallkde. Bd. 22 (1930) S. 277/78. Die Verff. untersuchten Legierungen, die aus Al höchster Reinheit hergestellt waren. — 8. HAAS-UNO haben auch den elektrischen Widerstand und die Längenänderung einiger Legierungen bei steigender Temperatur gemessen; für die Feststellung von Löslichkeitsgrenzen sind jedoch diese Verfahren wenig geeignet: sie führen meistens zu hohen Löslichkeitswerten. — 9. HIDNERT, P., u. W. T. SWEENY: Sci. Pap. Bur. Stand. Nr. 565 (1927) S. 533/45.

Al-Bi. Aluminium-Wismut.

HEYCOCK-NEVILLE[1] geben unter Vorbehalt an, daß der Schmelzpunkt des Wismuts durch 0,13% Al um nur 0,25° erniedrigt wird. WRIGHT[2] sowie CAMPBELL-MATHEWS[3] stellten fest, daß Al und Bi sich im flüssigen Zustand nur sehr beschränkt ineinander lösen. PÉCHEUX[4] bestätigte diesen Befund für Legierungen mit mehr als 30% Bi; Legierungen mit 6, 12, 15 und 25% Bi erwiesen sich dagegen als homogen (?). GWYER[5] hat das ganze System thermisch untersucht und gelangte zu den in Abb. 43 dargestellten Erstarrungstemperaturen. Die Mischungslücke im flüssigen Zustand erstreckt sich danach bei 652° von etwa 3,7% (?) bis etwa 98,5% Bi, möglicherweise noch etwas weiter. Der

Erstarrungspunkt des Wismuts wird durch Al-Zusätze praktisch nicht beeinflußt. Der mikroskopische Befund ist mit den Ergebnissen der thermischen Analyse in Einklang. Da es nahe lag, in Analogie mit dem System Al-Sb eine Verbindung AlBi (88,57% Bi) zu vermuten, die sich wie die Verbindung AlSb durch eine sehr kleine Bildungsgeschwin-

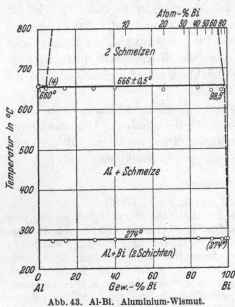

Abb. 43. Al-Bi. Aluminium-Wismut.

digkeit auszeichnet, wurden verschiedene Schmelzen vor dem Erkalten unter beständigem Rühren 1 Stunde bei 1200° bzw. 5 Stunden bei 710—720° erhitzt. Es wurde jedoch keine Veränderung der Abkühlungskurven wahrgenommen.

Die von PÉCHEUX[6] für die Legierungen mit 6, 12, 15 und 25% Bi gefundenen Erstarrungstemperaturen von 655° bzw. 663°, 680° und 720° (Al-Schmelzpunkt = 626°!) sind mit den Ergebnissen von GWYER durchaus nicht in Einklang zu bringen. Die Leitfähigkeitsmessungen von BRONIEWSKI[7] sind im Hinblick auf die Tatsache, daß die erstarrten Legierungen aus zwei Schichten bestehen, wertlos.

Neuerdings haben HANSEN-BLUMENTHAL[8] die Beobachtungen von GWYER bestätigt. Während GWYER jedoch den Temperaturabfall zur monotektischen Horizontalen zu 5° ermittelte, fanden sie nur einen solchen von 3,5 ± 0,5° (Abb. 43).

Literatur.

1. HEYCOCK, C. T., u. F. H. NEVILLE: J. chem. Soc. Bd. 61 (1892) S. 893. — **2.** WRIGHT, C. R. A.: J. Soc. chem. Ind. Bd. 11 (1892) S. 492/94; Bd. 13 (1894) S. 1014/17. Er ließ die beiden flüssigen Schichten während achtstündigen Erhitzens bei 870° gegeneinander absitzen. Die Analyse der erkalteten (!) Legierung ergab im Mittel 2,02% Bi für die obere und 99,72% Bi für die untere Schicht. Diese Zahlen sind jedoch ohne quantitative Bedeutung. — **3.** PÉCHEUX, H.: C. R. Acad. Sci., Paris Bd. 138 (1904) S. 1501/02. — **4.** CAMPBELL, W., u. J. A. MATHEWS: J. Amer. chem. Soc. Bd. 24 (1902) S. 255/56. — **5.** GWYER, A. G. C.: Z. anorg. allg. Chem. Bd. 49 (1906) S. 316/19. Das verwendete Al war 99,4%ig und enthielt 0,16% Si und Spuren Eisen. Die von GWYER gefundenen thermischen Daten sind in das Diagramm eingezeichnet. — **6.** PÉCHEUX, H.: C. R. Acad. Sci., Paris Bd. 143 (1906) S. 397/98. — **7.** BRONIEWSKI, W.: Ann. Chim. Phys. Bd. 25 (1912) S. 66/72. — **8.** HANSEN, M., u. B. BLUMENTHAL: Metallwirtsch. Bd. 10 (1931) S. 925/27. Es wurde ein 99,9%iges Al verwendet.

Al-C. Aluminium-Kohlenstoff.

Über Darstellung und Eigenschaften des Aluminiumkarbides Al_4C_3 (25,02% C) wird in einer größeren Anzahl Arbeiten[1] berichtet. Nach WÖHLER-HOFER[2] (daselbst kurze Angaben über die älteren Arbeiten) sind die Unterschiede in den Angaben über die Zersetzlichkeit dieses Karbides durch mehr oder weniger große Anteile eines dem kristallisierten Karbid beigemengten, reaktionsfähigeren amorphen Karbides bedingt.

BAUR-BRUNNER[3] haben die Schmelzpunkte von Al_2O_3-haltigen Al-C-Reaktionsprodukten mit verschiedenem C-Gehalt bestimmt (Tabelle 5).

Tabelle 5.

% Al	% Al_4C_3	% Al_2O_3	Schmelztemperatur °
72	25	3	2085
63	34	3	2225
51	43,9	5,1	2340
48,5	45,1	6,4	2415
46,3	47,7	6	2450
44,4	50,8	4,8	2460
25,8	68,5	5,7	2650

Danach wurde — ohne Berücksichtigung des Al_2O_3-Gehaltes — die in Abb. 44 wiedergegebene Schmelzkurve gezeichnet. Die Verfasser schließen daraus auf das Bestehen von $Al_9C_3 = Al_3C$ (12,91% C). Ob zwischen diesem Karbid und Al_4C_3 noch eine weitere Phase vorliegt — etwa Al_2C (18,2% C) — lassen sie dahingestellt sein[4].

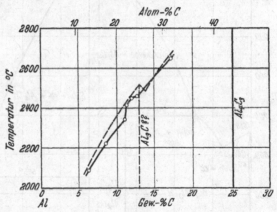

Abb. 44. Al-C. Aluminium-Kohlenstoff.

Literatur.

1. MOISSAN, H.: C. R. Acad. Sci., Paris Bd. 119 (1894) S. 16. ASKENASY, P., u. LEBEDEFF: Z. Elektrochem. Bd. 16 (1910) S. 564. GNIADEK, B.: Diss. Techn. Hochsch. München 1913. BRINER, E.: J. Chim. physique Bd. 13 (1915) S. 362. RUFF, O., u. E. JELLENIK: Z. anorg. allg. Chem. Bd. 97 (1916) S. 312/36. WÖHLER, L., u. K. HOFER: Z. anorg. allg. Chem. Bd. 213 (1933) S. 249/55. SCHMIDT, J.: Z. Elektrochem. Bd. 40 (1934) S. 170/74. — 2. WÖHLER, L., u. K. HOFER a. a. O. — 3. BAUR, E., u. R. BRUNNER: Z. Elektrochem. Bd. 40 (1934) S. 156/57. — 4. Vgl. auch J. Inst. Met., Lond. Met. Abs. Bd. 2 (1935) S. 461/62.

Al-Ca. Aluminium-Kalzium.

Das Zustandsdiagramm wurde erstmalig[1] von DONSKI[2] mit Hilfe thermischer Untersuchungen ausgearbeitet; die Ergebnisse waren jedoch noch lückenhaft. DONSKI fand die Verbindung Al_3Ca (33,02% Ca), die mit Al ein Eutektikum bei rd. 8% Ca und 610° bildet. Bei 692° schmilzt die Verbindung unter Bildung zweier Schmelzen mit annähernd 15 und 43% Ca. Diese auf Grund der thermischen Analyse angenommene Mischungslücke im flüssigen Zustand könnte jedoch mikroskopisch

nicht nachgewiesen werden[2]. Zwischen 33 und 100% Ca sind nach
Donski Al$_3$Ca-Kristalle mit Ca-Kristallen im Gleichgewicht; es besteht
ein Eutektikum bei etwa 75% Ca und 550°. Die Liquiduskurve ist in
diesem Konzentrationsbereich nur durch zwei Punkte festgelegt worden.

Das Vorhandensein der Verbindung Al$_3$Ca wurde schon früher von
Schlegel[3] auf Grund allerdings ziemlich spärlicher und ungenauer
thermischer Beobachtungen angenommen.

In neuester Zeit hat Matsuyama[4] das ganze System sehr eingehend
mit Hilfe der thermischen Analyse, deren Ergebnis durch Widerstands-

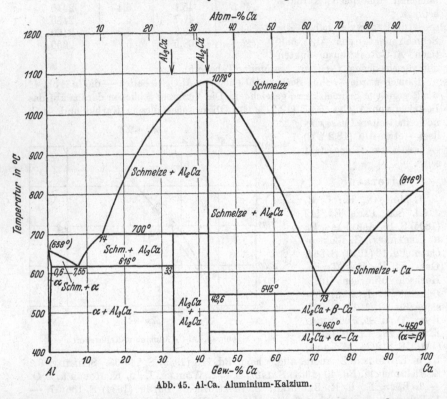

Abb. 45. Al-Ca. Aluminium-Kalzium.

Temperaturkurven ergänzt und sehr weitgehend bestätigt wurde, untersucht. Das von ihm aufgestellte Diagramm zeigt Abb. 45. Die von
Donski gefundene Verbindung Al$_3$Ca und die horizontalen Gleichgewichtskurven wurden bestätigt; die Temperaturen weichen jedoch
etwas von denjenigen des Donskischen Diagramms ab. Darüber hinaus
stellte Matsuyama fest, daß noch eine zweite Verbindung (Al$_2$Ca mit
42,62% Ca) mit maximalem Schmelzpunkt besteht[5], und daß die
Horizontale bei 700° (692° nach Donski) eine Peritektikale ist, die der
Reaktion Al$_2$Ca + Schmelze ⇌ Al$_3$Ca entspricht. Die mikroskopischen
Beobachtungen sind mit dem thermischen Befund in völliger Überein-

stimmung. Die Löslichkeit von Ca in Al gibt MATSUYAMA — vornehmlich auf Grund von Widerstandsmessungen mit steigender Temperatur — zu etwa 0,6% Ca bei 616° und etwa 0,3% Ca bei Raumtemperatur an, doch bedürfen diese Angaben der Nachprüfung mit Hilfe eines zur Festlegung von Löslichkeitskurven geeigneteren Verfahrens.

Die elektrische Leitfähigkeit und das Potential der Legierungen bis 80% Ca wurde von BRECKENRIDGE[6] bestimmt. Die Leitfähigkeitskurve ließe auf die Existenz eines ziemlich ausgedehnten Al-reichen Mischkristallgebietes schließen, da die Leitfähigkeit des Aluminiums durch Kalziumzusätze sehr stark erniedrigt wird. Bei 32—34% Ca zeigt die Kurve eine geringe Richtungsänderung entsprechend der Verbindung Al_3Ca. Deutlicher kommt diese Kristallart auf der Spannungs-Konzentrationskurve durch eine sprungartige Änderung der Spannung zum Ausdruck. Die Verbindung Al_2Ca macht sich dagegen auf beiden Kurven nicht bemerkbar. Die Legierungen von BRECKENRIDGE, der auf dem Zustandsdiagramm von DONSKI fußte, befanden sich offenbar wegen unvollständiger peritektischer Umsetzung (Umhüllungserscheinung) nicht im Gleichgewicht.

EDWARDS-TAYLOR[7] maßen den elektrischen Widerstand einer Anzahl Al-reicher Legierungen mit 0,25—3,34% Ca im gegossenen und gewalzten Zustand. Danach nimmt der Widerstand mit steigendem Ca-Gehalt linear und bedeutend weniger ab, als von BRECKENRIDGE gefunden wurde, was für eine praktische Unlöslichkeit von Ca in Al sprechen würde. Die Dichte nimmt mit steigendem Ca-Gehalt gleichfalls linear ab.

Die Ergebnisse von EDWARDS-TAYLOR wurden von BOZZA-SONNINO[8] für Ca-Gehalte bis 5% bestätigt. Eine Nachprüfung der Erstarrungspunkte im Bereich von 0—5% Ca ergab nur geringe Abweichungen von den Daten DONSKIs (eutektische Temperatur 613°).

Das Bestehen der Verbindung Al_3Ca wurde auch von KREMANN, WOSTALL und SCHÖPFER[9] durch Spannungsmessungen bestätigt.

Literatur.

1. Schon früher hatte L. STOCKEM: Metallurgie Bd. 3 (1906) S. 149 festgestellt, daß sich die beiden Metalle in allen Verhältnissen legieren. Vgl. auch die Angaben von K. ARNDT: Ber. dtsch. chem. Ges. Bd. 38 (1905) S. 1972/74. — **2.** DONSKI, L.: Z. anorg. allg. Chem. Bd. 57 (1908) S. 201/205. Angaben über die Reinheit des verwendeten Al werden nicht gemacht; das Kalzium war 99,17% ig. Gefügebilder werden von DONSKI nicht gegeben. — **3.** SCHLEGEL, H.: Diss. Leipzig 1906. — **4.** MATSUYAMA, K.: Sci. Rep. Tôhoku Univ. Bd. 17 (1928) S. 783/89. Das Al enthielt 0,3% Fe, 0,3% Si; das Kalzium enthielt 0,14% Fe, 0,11% Si, 0,15% Al, 1,17% Mg. Die Legn. enthielten sicher Ca_3N_2, worauf auch schon der zu 816° gefundene Ca-Schmelzpunkt hindeutet (s. das System Ca-N). Nach G. DOAN: Z. Metallkde. Bd. 18 (1926) S. 350/55 und J. D. GROGAN: J. Inst. Met., Lond. Bd. 37 (1927) S. 77/89 liegt das Kalzium in Si-haltigen Al-Ca-Legierungen als

CaSi$_2$ vor, das in festem Al praktisch unlöslich ist. GROGAN veröffentlichte Gefügebilder von Al-Ca-Legierungen mit 1 und 8,85% Ca. — 5. DONSKI waren also die
Temperaturen des Beginns der Erstarrung entgangen; offenbar, weil er erst bei
tieferen Temperaturen mit der Aufnahme der Abkühlungskurven begann. —
6. BRECKENRIDGE, J. M.: Trans. Amer. electrochem. Soc. Bd. 17 (1910) S. 367/75.
— 7. EDWARDS, J. D., u. C. S. TAYLOR: Trans. Amer. electrochem. Soc. Bd. 50
(1926) S. 391/97. Das verwendete Al enthielt nur 0,022% Fe, 0,013% Si und
0,022% Cu, das Ca hatte einen Reinheitsgrad von 99,8%. — 8. BOZZA, G., u.
C. SONNINO: G. Chim. ind. appl. Bd. 10 (1928) S. 443/49. — 9. KREMANN, R.,
H. WOSTALL u. H. SCHÖPFER: Forsch.-Arb. Metallkde. 1922 Heft 5.

Al-Cd. Aluminium-Kadmium.

Nach WRIGHT[1] und CAMPBELL-MATHEWS[2] bilden sich beim Zusammenschmelzen von Al und Cd zwei Schichten. Das von WRIGHT mitgeteilte
Ergebnis der Analyse der beiden
erkalteten(!) Schichten läßt einen
Schluß auf die gegenseitige Löslichkeit der beiden Metalle nicht
zu, da die Trennung der Schichten nur selten vollständig ist.
HEYCOCK-NEVILLE[3] fanden, daß
der Cd-Erstarrungspunkt durch
Al nicht erniedrigt wird. Zu
demselben Ergebnis gelangte auch
GWYER[4]. Dieser Forscher stellte
weiter fest, daß durch Cd-Zusätze
keine merkliche Erniedrigung des
Al-Erstarrungspunktes (von ihm
zu 654° angegeben) eintritt
(Abb. 46). Demgegenüber fanden HANSEN-BLUMENTHAL[5], daß
mit steigendem Cd-Gehalt eine
fortschreitende Erniedrigung des
Erstarrungspunktes von Al bis
um 11° stattfindet (s. den oberen
Teil der Abb. 46). Flüssiges Al
vermag also — im Gegensatz zu
der Feststellung von GWYER —
recht beträchtliche Mengen Cd
zu lösen. Das maximale Lösungs-

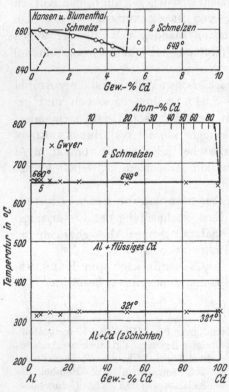

Abb. 46. Al-Cd. Aluminium-Kadmium.

vermögen des geschmolzenen Al für Cd beträgt bei der monotek-
tischen Temperatur von 649° etwa 5 Gew.-% = 1,25 Atom-% Cd.
Nach HANSEN-BLUMENTHAL ist auch Cd in festem Al in beschränktem
Maße löslich, und zwar liegt die Sättigungsgrenze bei 550°, wie röntgeno-

graphische Untersuchungen zeigten, sicher unterhalb 0,97% Cd. Aus Aushärtungsversuchen an Legierungen verschiedenen Cd-Gehaltes folgt, daß die Löslichkeit mit sinkender Temperatur auf mindestens 0,2% Cd bei 150°[6], höchstwahrscheinlich noch wesentlich stärker abnimmt. Eine merkliche Beeinflussung des Cd-Erstarrungspunktes durch Al konnten auch sie nicht feststellen.

Literatur.

1. WRIGHT, C. R. A.: J. Soc. chem. Ind. Bd. 11 (1892) S. 492/94; Bd. 13 (1894) S. 1014/19. — **2.** CAMPBELL, W., u. J. A. MATHEWS: J. Amer. chem. Soc. Bd. 24 (1902) S. 255/56. — **3.** HEYCOCK, C. T., u. F. H. NEVILLE: J. chem. Soc. Bd. 61 (1892) S. 911. — **4.** GWYER, A. G. C.: Z. anorg. allg. Chem. Bd. 57 (1908) S. 149/51. Die thermischen Daten ($\times$) sind in Abb. 46 eingezeichnet. — **5.** HANSEN, M., u. B. BLUMENTHAL: Metallwirtsch. Bd. 10 (1931) S. 925/27. Es wurde ein Al hoher Reinheit (99,91%) verwendet. — **6.** BLUMENTHAL, B., u. M. HANSEN: Metallwirtsch. Bd. 11 (1932) S. 671/74.

Al-Ce. Aluminium-Cer.

MUTHMANN-BECK[1] isolierten Kristalle von der Zusammensetzung Al_4Ce (56,5% Ce) aus Al-reicheren Legierungen durch Behandeln mit heißer Kalilauge. Durch eingehende thermische und mikroskopische Untersuchungen gelangte VOGEL[2] zu dem in Abb. 47 dargestellten Zustandsdiagramm[3]. Die beiden der Bildung der Verbindungen AlCe und $AlCe_2$ entsprechenden peritektischen Reaktionen bei 780° und 593° verlaufen infolge der Bildung von Umhüllungen nur sehr unvollständig, so daß man in zu schnell abgekühlten Legierungen drei, zum Teil sogar vier Kristallarten nebeneinander beobachtet. Die feste Löslichkeit von Ce in Al und Al in Ce wurde nicht bestimmt; zwischen 0 und 9,5% Ce wurden keine Legierungen untersucht. Die Verbindungen haben folgende Zusammensetzung: Al_4Ce[4] = 56,5% Ce, Al_2Ce = 72,2% Ce, AlCe — 82,9% Ce, $AlCe_2$ — 91,2% Ce, $AlCe_3$ — 94,2% Ce.

BARTH[5] hat den Beginn und das Ende der Erstarrung der Al-reichen Legierungen mit 0—11% Ce bestimmt und nimmt im Gegensatz zu VOGEL an, daß sich innerhalb dieses Bereiches Mischkristalle ausscheiden, da die Abkühlungskurven die dafür typische Gestalt hätten. Das Ergebnis seiner Gefügebeobachtung ist jedoch — trotz gegenseitiger Behauptung — nicht damit im Einklang. MEISSNER[6] hat zwecks Aufklärung der zwischen VOGEL und BARTH bestehenden Abweichungen die Versuche von BARTH wiederholt und das Ergebnis von VOGEL vollkommen bestätigt gefunden. Nach Leitfähigkeitsmessungen von SCHULTE[7] könnte man annehmen, daß die feste Löslichkeit von Ce in Al geringer als 0,05% Ce ist.

Literatur.

1. MUTHMANN, W., u. H. BECK: Liebigs Ann. Bd. 331 (1904) S. 47/50. — **2.** VOGEL, R.: Z. anorg. allg. Chem. Bd. 75 (1912) S. 41/57. — **3.** Das verwendete

Cer enthielt außer wenig Fe und C größere Beimengungen an Nd, Pr und La. Die Analyse ergab im Mittel 93,5% Ce. Der Einfluß der Beimengungen wurde berücksichtigt, indem der Berechnung des Verhältnisses Al:Ce die Werte für reines Ce zugrunde gelegt wurden. In einigen Legn. wurden von den Beimengungen herrührende Kristallarten beobachtet. — 4. Bei der Vereinigung der beiden Metalle entsteht immer erst die Verbindung Al₄Ce (Max. Bildungswärme

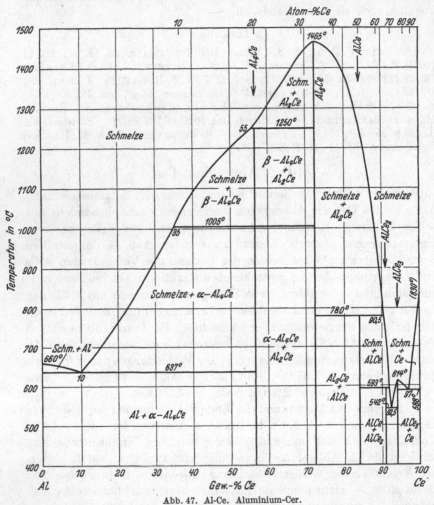

Abb. 47. Al-Ce. Aluminium-Cer.

nach W. Biltz u. H. Pieper: Z. anorg. allg. Chem. Bd. 134 (1924) S. 13/24). — 5. Barth, O.: Metallurgie Bd. 9 (1912) S. 274/76. — 6. Meissner, K. L.: Met. u. Erz Bd. 21 (1924) S. 41/44. — 7. Schulte, J.: Met. u. Erz Bd. 18 (1921) S. 236/40.

Al-Co. Aluminium-Kobalt.

Die von Guillet[1] erstmalig bestimmte Liquiduskurve, die zwei Maxima bei den Zusammensetzungen Al₆Co (26,7% Co) und Al₂Co (52,2% Co) und zwei eutektische Punkte bei 30 bzw. 74% Co besitzt, erwies sich nach der späteren

Untersuchung GWYERS[2] als vollkommen falsch. Des weiteren nahm GUILLET ohne ersichtlichen Grund die Verbindungen AlCo$_2$ und AlCo$_8$ an, die nach dem GWYERschen Diagramm ebenfalls nicht bestehen.

Abb. 48 zeigt das durch die Ergebnisse neuerer Arbeiten ergänzte Diagramm von GWYER, das mit Hilfe der thermischen Analyse aus-

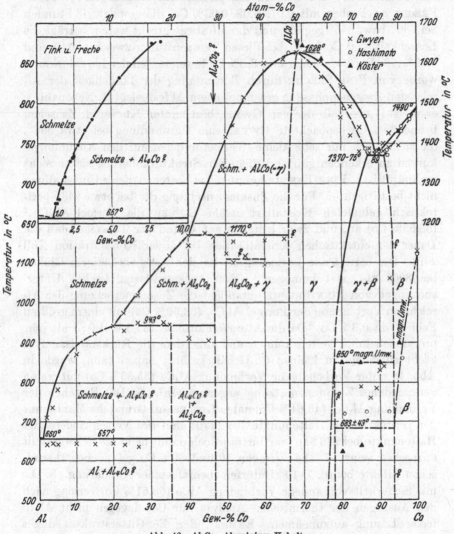

Abb. 48. Al-Co. Aluminium-Kobalt.

gearbeitet wurde; es ist dem Zustandsdiagramm des Systems Al-Ni außerordentlich ähnlich.

Zu Abb. 48 ist folgendes zu bemerken: 1. Die Temperatur des Al-reichen Eutektikums liegt nach GWYER, der ein Al handelsüblicher Reinheit verwendete, bei 643° (Al-Schmelzpunkt 654°), nach FINK-

Freche[3], die ein Al höchster Reinheit (99,975%) benutzten, bei 657°.
Die eutektische Konzentration wurde von Gwyer nicht ermittelt, nach
mikroskopischen Beobachtungen von Daniels[4] ist sie zwischen 0,4 und
0,9% Co zu suchen; Fink-Freche bestimmen sie mit großer Genauigkeit zu 1,0% Co. 2. Nach mikroskopischen Untersuchungen von Fink-
Freche an Proben mit 0,01, 0,02, 0,03% Co, die gewalzt, 48 Stunden
bei 630° bzw. 655° geglüht und darauf abgeschreckt waren, beträgt die
Löslichkeit von Co in Al bei diesen Temperaturen zwischen 0,01 und
0,02%. 3. Der zwischen 1 und 8,3% Co liegende Teil der Liquiduskurve
wurde von Fink-Freche durch Bestimmung der Löslichkeit der Al-
reichsten Zwischenphase in geschmolzenem Al festgelegt (s. Nebenabb.);
er verläuft oberhalb der von Gwyer bestimmten Kurve. 4. Zwischen
0 und 35% Co beobachtete Gwyer eine Umwandlung bei etwa 550°,
die sich durch nur sehr kleine Wärmetönungen auf den Abkühlungskurven zu erkennen gab und mit einer Strukturänderung sicher nicht
verknüpft ist[5]. Fink-Freche konnten das Bestehen dieser Umwandlung
nicht bestätigen. 5. Für die Zusammensetzung der bei etwa 943° peritektisch gebildeten Kristallart nahm Gwyer die Formel $Al_{13}Co_3$[6]
(33,53% Co) an, und zwar lediglich auf Grund der Tatsache, daß die
Dauer der eutektischen Kristallisation bei dieser Konzentration Null
wird. Die betreffende Legierung erwies sich nach 6stündigem Glühen
bei 800° als „fast homogen". Nach rückstandsanalytischen Untersuchungen von Fink-Freche entspricht die Zusammensetzung der Al-
reichsten Verbindung der Formel Al_9Co_2 (32,69% Co) mit einem größten
Fehler von 0,3% Co. Da die Atomverhältnisse 13 : 3 und 9 : 2 als sehr
unwahrscheinlich gelten können und außerdem die Rückstandsanalyse
leicht zu einem zu kleinen Co-Gehalt geführt haben kann, wurde in
Abb. 48 unter Vorbehalt die Verbindung Al_4Co (35,33% Co) mit wenig
verschiedener Zusammensetzung angenommen[7]. 6. Das Bestehen der
Verbindung Al_5Co_2 (46,64% Co) nahm Gwyer auf Grund des Maximums
der peritektischen Haltepunkte bei 1170° und des Verschwindens der
Haltepunkte bei 943° an; sie dürfte jedoch damit nicht als sichergestellt
anzusehen sein[8]. 7. Die zwischen 50 und 60% Co gefundenen thermischen Effekte bei rd. 1110° bedürfen ebenfalls einer Aufklärung. 8. Die
mit Sicherheit vorhandene Verbindung AlCo (68,61% Co) vermag nach
den Aussagen der thermischen Analyse nur Co, dagegen nicht Al in
fester Lösung aufzunehmen. Ekman[9], der die Gitterstruktur dieser
Phase als diejenige des β-Messings (CsCl-Struktur) erkannte, bestimmte
die Grenzkonzentrationen in erster Annäherung zu 66,2 und 72,5% Co
(aus der Änderung der Gitterkonstanten mit der Konzentration).
9. Nach den thermischen Untersuchungen von Gwyer und Hashimoto[10]
ist an dem Bestehen eines Eutektikums zwischen der γ-Phase und dem
Mischkristall des β-Co nicht zu zweifeln. Über die Ausdehnung der

Mischungslücke bei verschiedenen Temperaturen lassen sich jedoch noch keine verläßlichen Angaben machen, da Untersuchungen in quantitativer Richtung ganz fehlen (s. Nachtrag). 10. Der Einfluß von Al auf die Temperatur der magnetischen Umwandlung und der polymorphen $\varepsilon \rightleftharpoons \beta$-Umwandlung des Kobalts[11] (hexagonal $\rightleftharpoons$ kubisch flächenzentriert) wurde von HASHIMOTO mit Hilfe von Abkühlungskurven untersucht. Die Temperatur der polymorphen Umwandlung (nach HASHIMOTO 400°) wird durch 2 bzw. 4,22% Al auf 190° bzw. 77° erniedrigt.

Nachtrag. Der Co-reiche Teil des Systems zwischen 70 und 100% Co wurde erneut von KÖSTER[12] untersucht. Danach liegt die eutektische Gerade bei 1370° (GWYER ~1375°) zwischen etwa 87 und 91,5% Co (nach HASHIMOTO zwischen etwa 86—87 und 91% Co). Das Eutektikum enthält etwa 89% Co (GWYER 90% Co). Das heterogene Gebiet $(\gamma + \beta)$ erweitert sich mit sinkender Temperatur von 87% auf etwa 79% Co bei 1000° einerseits und von 91,5% auf annähernd 94% Co andererseits. Die γ $(\gamma + \beta)$-Grenze liegt also nach KÖSTER mit rd. 78% Co bei erheblich höherem Co-Gehalt als nach EKMAN (72,5% Co). Der magnetische Umwandlungspunkt von Co wird nach KÖSTER durch 6% Al auf 640°, nach HASHIMOTO durch etwa 6% Al auf 725° erniedrigt; in Abb. 48 wurde der Mittelwert 683° angenommen. Innerhalb des $(\gamma + \beta)$-Gebietes zeigen die Legierungen nach KÖSTER außer dem Curiepunkt bei 640°, der dem gesättigten β-Mischkristall zugehört, noch einen Curiepunkt bei 850°, der dem gesättigten γ-Mischkristall eigen ist. Bei 20° liegt die Grenze zwischen dem ferromagnetischen und paramagnetischen Zustand der γ-Phase ungefähr bei 74% Co.

Literatur.

1. GUILLET, L.: Génie civ. Bd. 41 (1902) S. 169 u. 396. Bull. Soc. Encour. Ind. nat. Bd. 103 (1902) S. 263/64. — 2. GWYER, A. G. C.: Z. anorg. allg. Chem. Bd. 57 (1908) S. 140/47. — 3. FINK, W. L., u. H. R. FRECHE: Amer. Inst. min. metallurg. Engr. Techn. Publ. Nr. 473 (1932). — 4. DANIELS, S.: Ind. Engng. Chem. Bd. 18 (1926) S. 686/91. — 5. GWYER zeichnet die Horizontale bis zur Konzentration der Verbindung Al_5Co_2; er hält also anscheinend eine polymorphe Umwandlung der Al-reichsten Verbindung für möglich. — 6. BRUNCK, O.: Ber. dtsch. chem. Ges. Bd. 34 (1901) S. 2734 glaubte eine Kristallart dieser Konzentration durch Rückstandsanalyse festgestellt zu haben. — 7. Eine der Verbindung Al_3Ni analoge Verbindung Al_3Co besitzt den wohl zu hohen Co-Gehalt von 42,2%. — 8. Eine der Verbindung Al_2Ni analoge Verbindung Al_2Co besitzt 52,2% Co. — 9. EKMAN, W.: Z. physik. Chem. B Bd. 12 (1930) S. 57/78. — 10. HASHIMOTO, U.: Kinzoku no Kenkyu Bd. 9 (1932) S. 65/68 (japan.). — 11. S. u. a. MASUMOTO, H.: Sci. Rep. Tôhoku Univ. Bd. 15 (1926) S. 449/63. SCHULZE, A.: Z. techn. Physik Bd. 8 (1927) S. 365/70. — 12. KÖSTER, W.: Arch. Eisenhüttenwes. Bd. 7 (1933/34) S. 263. — Weitere Literatur: HARADA, T.: Suiyô-Kwaishi Bd. 5 (1926) S. 13/28 (japan.). Ref. J. Inst. Met., Lond. Bd. 41 (1929) S. 441.

Al-Cr. Aluminium-Chrom.

GUILLET[1] will die Verbindung $AlCr_4$ (88,52% Cr) durch Behandeln einer Cr-reicheren, aluminothermisch hergestellten Legierung mit verdünnter Salzsäure sowie die Verbindung AlCr (65,85% Cr) isoliert haben.

HINDRICHS[2] hat für den Konzentrationsbereich von 0—70% Cr auf Grund thermischer Untersuchungen ein Zustandsdiagramm entworfen (Abb. 49a), das jedoch wegen der unreinen Ausgangsstoffe[3], der starken Verunreinigung der Legierungen infolge heftiger Reaktion des Aluminiums mit dem Tiegelmaterial (Magnesia), der Bildung von Cr-Nitrid usw. und anderer experimenteller Schwierigkeiten (s. a. Cr-Cu) allenfalls nur als eine grobe Annäherung an die tatsächlichen Verhältnisse anzusehen war. Die Legierungen mit 2—70% Cr zeigten Schichtenbildung, obwohl eine solche nach Abb. 49a nur bis etwa 54% Cr zu erwarten wäre. Aus den Tatsachen, daß 1. die Liquiduskurve schon bei 70% Cr die von HINDRICHS bestimmte Schmelztemperatur des Chroms erreicht hat, 2. die Zeitdauer der eutektischen Haltepunkte bei 645° bei annähernd 85% Cr Null werden müßte, 3. nach dem GOLD-SCHMIDTschen Verfahren hergestellte Legierungen mit 86 und 96% Cr bei etwa 1900° noch nicht geschmolzen waren und 4. diese Cr-reichen Legierungen „fast" homogen waren, schließt HINDRICHS auf das Bestehen einer beträchtlich oberhalb 1900° schmelzenden Verbindung (wahrscheinlich $AlCr_3$ mit 85,26% Cr), die anscheinend mit Cr Mischkristalle bilden soll.

Bei einer Untersuchung über die Konstitution der Cr-Fe-Legierungen stellte JÄNECKE[4] fest, daß die Erstarrungspunkte Al-haltiger[5] Cr-reicher Cr-Fe-Legierungen bei Temperaturen oberhalb des Cr-Schmelzpunktes, die Erstarrungspunkte Al-freier Legierungen dagegen unterhalb des Cr-Schmelzpunktes liegen. JÄNECKE schloß daraus, daß der Cr-Schmelzpunkt schon durch geringe Al-Zusätze beträchtlich erhöht wird. Tatsächlich fand er auf der Abkühlungskurve eines aluminothermisch hergestellten Chroms eine primäre Verzögerung etwas oberhalb 1600°, eine zweite bei 1525°. Das Bestehen einer hochschmelzenden Cr-reichen Verbindung ($AlCr_3$ oder $AlCr_4$) ist danach wahrscheinlich.

SISCO-WHITMORE[6] haben das Gefüge Al-reicher Legierungen mit 0,8—5,6% Cr untersucht und gefunden, daß sich neben Al eine in charakteristischen Formen kristallisierende Kristallart (unbekannter Zusammensetzung) am Aufbau der Legierungen beteiligt. Durch Glühen und Abschrecken bei 580° konnte die Menge dieser Kristallart nicht merklich verringert werden.

Ein von dem HINDRICHschen Schaubild vollkommen abweichendes Zustandsdiagramm der Al-reichen Legierungen (bis 36,6% Cr) haben

GOTO-DOGANE[7] — anscheinend auf Grund thermoanalytischer und
mikroskopischer Untersuchungen — aufgestellt. Die in japanischer
Sprache veröffentlichte Arbeit war mir nicht zugänglich; Abb. 49 b
wurde einem Bericht von HONDA[8] entnommen. Danach sind Al und
Cr im untersuchten Konzentrationsgebiet im flüssigen Zustand vollkommen ineinander löslich. Das Bestehen der beiden Verbindungen
Al_6Cr (24,32% Cr) und Al_4Cr (32,53% Cr) ist jedoch als nicht sichergestellt zu betrachten, da in dem von HONDA veröffentlichten Schaubild
beide Formeln mit einem Fragezei-
chen versehen sind.

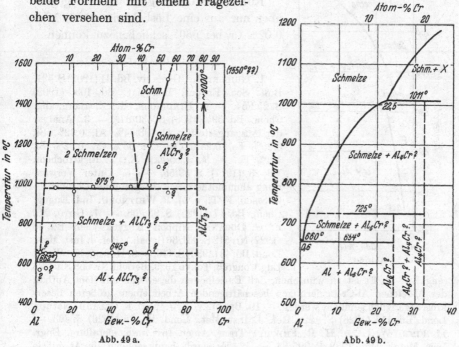

Abb. 49 a.   Abb. 49 b.
Al-Cr. Aluminium-Chrom (siehe auch Abb. 50).

Zusammenfassend ist zu sagen, daß unsere Kenntnis von dem Aufbau
der Al-Cr-Legierungen noch sehr dürftig ist. Die Ergebnisse von GOTO-
DOGANE bedürfen einer Nachprüfung, da man nicht weiß, inwieweit
das von ihnen gegebene Diagramm durch experimentelle Unterlagen
gestützt ist[9]. Ein Anschluß des Schaubildes von GOTO-DOGANE an das
Schaubild von HINDRICHS ist nicht möglich; über den Aufbau der
Cr-reicheren Legierungen besteht also noch völlige Unklarheit. Im
Zusammenhang damit ist die Frage zu klären, ob die von BRADLEY-
OLLARD[10] vermutete Polymorphie des Chroms (s. darüber Ag-Cr) be-
steht oder nicht. Über den Cr-Schmelzpunkt s. Cr-N.

Nachtrag. Über den Aufbau der Al-reichen Legierungen bis zu
2% Cr liegt eine sehr sorgfältige Untersuchung von FINK-FRECHE[11]

vor[12] (Abb. 50). Die Zusammensetzung der in diesen Legierungen vorhandenen Zwischenphase ergab sich rückstandsanalytisch zu Al_7Cr (21,6% Cr) gegenüber Al_6Cr nach Goto-Dogane. Die Liquiduskurve wurde teils thermisch (○), teils durch analytische Bestimmung der Löslichkeit von Al_7Cr in flüssigem Al (×) bestimmt. Die Löslichkeit von Cr in festem Al ergab sich auf mikrographischem Wege zu 0,77% (extrapoliert) bzw. 0,6, 0,4 und 0,25% Cr bei 661° bzw. 630°, 580° und 530°.

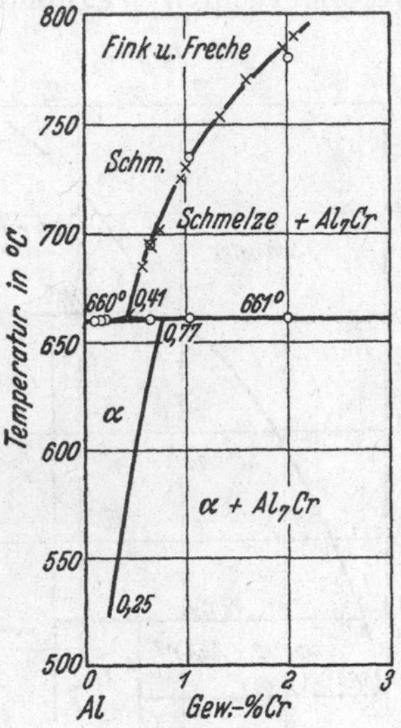

Abb. 50.

Röntgen-Koch[13] glaubten demgegenüber nur auf eine Löslichkeit von 0,01 bis 0,02% Cr bei 560° schließen zu können.

Literatur.

1. Guillet, L.: Génie civ. Bd. 41 (1902) S. 391. Bull. Soc. Encour. Ind. nat. Bd. 103 (1902) S. 252/54. — 2. Hindrichs, G.: Z. anorg. allg. Chem. Bd. 59 (1908) S. 430/37. — 3. Analyse der Ausgangsstoffe: Al: 98,74% Al, 0,42% Si, 0,25% Fe, 0,23% Cu; Cr: 98% Cr, 0,32% Si, 1,2% Fe. — 4. Jänecke, E.: Z. Elektrochem. Bd. 23 (1917) S. 53/55. — 5. Unter Verwendung aluminothermisch hergestellten Chroms. — 6. Sisco, F. T., u. M. R. Whitmore: Ind. Engng. Chem. Bd. 17 (1925) S. 956/58. — 7. Goto, M., u. G. Dogane: Nippon Kogyokwaishi Bd. 43 (1927) Nr. 512 S. 931/36 (japan.). Ref. J. Inst. Met., Lond. Bd. 43 (1930) S. 446. — 8. Honda, K.: World Eng. Congreß, Tokyo 1929, Bericht Nr. 658 S. 24/25 (engl.). — 9. Es ist zu wünschen, daß Einzelheiten dieser sich mit dem Aufbau der Al-reichen Al-Cr-Legierungen beschäftigenden Arbeit einem größeren Leserkreis zugänglich gemacht werden. — 10. Bradley, A. J., u. E. F. Ollard: Nature, Lond. Bd. 117 (1926) S. 122. Ref. J. Inst. Met., Lond. Bd. 35 (1926) S. 463. — 11. Fink, W. L., u. H. R. Freche: Trans. Amer. Inst. min. metallurg. Engr. Inst. Metals Div. 1933 S. 325/34. — 12. Es wurde hauptsächlich ein Al mit je 0,01% Fe, Si, Cu verwendet. — 13. Röntgen, P., u. W. Koch: Z. Metallkde. Bd. 25 (1933) S. 184.

Al-Cu. Aluminium-Kupfer.

Die Entwicklung des Zustandsdiagramms. Seit der erstmaligen Bestimmung des Verlaufs der ganzen Liquiduskurve von Le Chatelier[1] (1895) hat sich die Kenntnis von der Konstitution des Systems ganz allmählich entwickelt durch die mehr oder weniger eingehenden Untersuchungen von Heycock-Neville[2] (Einfluß von Al auf Cu-Schmelzpunkt), Behrens[3] (mikrosk.), Le Chatelier[4], Brunck[5] und Guillet[6] (präp. und rückstandsanalytische Untersuchungen), Campbell-Mathews[7] (thermo-analytisch), Campbell[8] (mikrosk.), Guillet[9] (Umwandlung in Cu-reichen Legierungen; mikrosk.), Dejean[10] (Erstarrung

der Legierungen mit 0—9,3% Al) und besonders durch die thermoanalytischen und mikroskopischen Untersuchungen des ganzen Systems
von CURRY[11], CARPENTER-EDWARDS[12] sowie GWYER[13]. (Von den drei
letztgenannten, unabhängig voneinander ausgearbeiteten Diagrammen
ist dasjenige von CURRY am vollständigsten.) Später machte ANDREW[14]
wichtige Feststellungen hinsichtlich der Umwandlungen in Cu-reichen
Legierungen. Auf Einzelheiten dieser an sich grundlegenden Arbeiten
(insbesondere [11-14]) kann im folgenden nur soweit eingegangen werden,
als sie verläßlich und nicht überholt sind.

Zu einem gewissen Abschluß schienen die Untersuchungen über das
System durch die eingehenden Arbeiten von STOCKDALE[15][16] gelangt
zu sein. Die wenig später in japanischer Sprache veröffentlichte Arbeit
von TAZAKI[17] zeigte jedoch, daß insbesondere die Konstitution des sehr
verwickelten Gebietes zwischen 54 und 84% Cu noch nicht endgültig
aufgeklärt war. Wichtige Beiträge zu dieser Frage wurden in neuester
Zeit durch röntgenographische Untersuchungen (s. S. 102) geliefert.
Zahlreiche weitere Arbeiten befassen sich mit einzelnen Teilen des
Diagramms, wie Phasengrenzen, Umwandlungen im festen Zustand,
darüber s. S. 102 ff.

Die Legierungen mit 0—54% Cu. Liquiduskurve, eutektische
Temperatur und Konzentration. Die Erstarrungsvorgänge in
diesem Konzentrationsgebiet wurden untersucht von LE CHATELIER[1],
CAMPBELL-MATHEWS[7], CURRY[11], CARPENTER-EDWARDS[12], GWYER[13],
OTANI-HEMMI[18], BINGHAM-HAUGHTON[19], STOCKDALE[16], TAZAKI[17],
NISHIMURA[20], KULBUSCH[21], STOCKDALE[22]. Die eutektische Temperatur
wird seit CURRY mit 543—548° angegeben, sie ist bei 547—548°[17][24][20][22]
anzunehmen; die eutektische Konzentration ist ziemlich genau 33,0% Cu.

Die ϑ-Phase. Die Al-reichste Zwischenphase wurde seit LE CHA-
TELIER bis in die neueste Zeit fast allgemein (besonders[11][12][13][16][23][17][24])
als eine singuläre Phase von der Zusammensetzung Al_2Cu (54,10% Cu)
angesehen. Hinsichtlich der Bildungsbedingungen dieser Phase waren
die Ansichten insofern geteilt, als einige Forscher[13][17][20][20a] feststellten,
daß sie durch eine peritektische Reaktion bei 590° gebildet wird (also
unter Zersetzung schmilzt), während nach anderen[11][12][16][21] die Verbindung sich direkt aus der Schmelze ausscheidet und ihre Zusammensetzung dem Endpunkt der Horizontalen bei 590° entspricht. Bei
Röntgen-Strukturuntersuchungen von WESTGREN[24a] und BRADLEY-
JONES[25] ergaben sich Anzeichen für ein gewisses Homogenitätsgebiet
der ϑ-Phase; STOCKDALE[22] konnte diese Beobachtung durch mikrographische Untersuchungen bestätigen und feststellen, daß die Zusammensetzung Al_2Cu oberhalb 400° sicher heterogen ist. Das von ihm
bestimmte Homogenitätsgebiet der ϑ-Phase ist in Abb. 53 eingezeichnet.
Eine Legierung mit 53,5% Cu schmilzt danach ohne Zersetzung bei

591°; das Homogenitätsgebiet erstreckt sich bei 548° von 52,5 bis 53,6% Cu, bei 400° von 53,25—53,9% Cu.

Untersuchungen der Gitterstruktur der ϑ-Phase liegen vor von OWEN-PRESTON[26], BECKER-EBERT[27], JETTE-PHRAGMÉN-WESTGREN[23], FRIAUF[28] und besonders BRADLEY-JONES[25]: tetragonale innen-zentrierte Zelle mit 12 Atomen (8 Al, 4 Cu). Auf Grund der Gitterstruktur ist die Konzentration Al_2Cu kennzeichnend für die ϑ-Phase, obgleich diese Konzentration selbst nicht einphasig ist (s. PHRAGMÉN[28a]).

Die Löslichkeit von Cu in Al. Das Bestehen fester Lösungen von Cu in Al wurde bereits von CAMPBELL-MATHEWS[7] und GUILLET[9] erkannt und von späteren Forschern[11] [12] [13] [29] bestätigt. CURRY, CARPENTER-EDWARDS und GWYER gaben die Löslichkeit bei der eutektischen Temperatur zu 10% bzw. 5% und 4% Cu an. 1919 machten MERICA, WALTENBERG und FREEMAN[30] die wichtige Beobachtung, daß die Löslichkeit von Cu in Al mit fallender Temperatur abnimmt, und zwar von 4,2% bei 540° auf 3,7% bzw. etwa 3,1%, 1,6—2,1% und 1,1—1,6% bei 525° bzw. 500°, 400° und 300°. Von ROSENHAIN-ARCHBUTT-HANSON[31], OTANI-HEMMI[18] und TAZAKI[17] wurden folgende Löslichkeiten angegeben:

ROSENHAIN-ARCHBUTT-HANSON: 540° 5%, 400° etwa 3,7%, 20° etwa 3% Cu; OTANI-HEMMI: 520° 4,8%, 460° 2,6%, 420° 1,5%; TAZAKI: 547° etwa 5,7%; 500° 4%, 450° 2%, 415° 1%. Die sehr sorgfältigen mikrographischen Untersuchungen von DIX-RICHARDSON[24] (unter Verwendung von Al höchster Reinheit) führten zu folgenden Löslichkeiten: 5,65% bei 548°, linearer Abfall auf 2,0% bei 430°, 1,4% bei 400°, 0,95% bei 350°, 0,74% bei 300°, 0,5% bei 200° (gute Übereinstimmung mit OTANI-HEMMI und TAZAKI). In großer Abweichung davon fanden SALDAU-ANISIMOW[32] 5,6% bei 500° und 2,7% bei 150 bis 300°. Nach v. ZEERLEDER-BOSSHARD[33] beträgt die Löslichkeit bei 550° 4,75%, bei 300° 0,4% (bei 0,2% Fe, 0,15% Si). STENZEL-WEERTS[34] bestimmten die Löslichkeitskurve röntgenographisch (Al höchster Reinheit). Oberhalb 350° ergab sich völlige Übereinstimmung mit DIX-RICHARDSON, unter 350° jedoch eine geringere Löslichkeit: bei 300° etwa 0,35% (s. v. ZEERLEDER-BOSSHARD), schon bei 225° sollte die Löslichkeit danach 0% sein. STOCKDALE[22] (mikrographisch) fand in vollster Übereinstimmung mit DIX-RICHARDSON und STENZEL-WEERTS, daß die Löslichkeit von 5,73% bei 548° linear auf 3,0% bei 462° abfällt. Bei einer röntgenographischen Bestimmung der Löslichkeitskurve wollen PHILLIPS-BRICK[35] festgestellt haben, daß die Löslichkeit von Cu in einkristallinen Legierungen besonders oberhalb 400° beträchtlich größer ist als in fein-polykristallinen Legierungen (??)[35a]. Für erstere soll die Löslichkeit bei 548° etwa 7%, bei 500° 4,4%, bei

400° 1,5%, bei 300° 0,6%, bei 200° 0,2% betragen, für letztere: 548° 5,6%, 500° 3,4%, 400° 1,25%, 200° 0,2%. Vgl. neuerdings auch[65].

Die Soliduskurve der Al-reichen Mischkristalle ist nach TAZAKI[17] (thermo-resistometrisch), DIX-RICHARDSON[24] und STOCKDALE[22] (mikrographisch) als eine Gerade anzusehen.

Die Legierungen mit 54—84% Cu. Nach den orientierenden Arbeiten einiger Forscher[1,3—9] haben sich um die Aufklärung der Konstitution dieses Konzentrationsgebietes näher bemüht CURRY, CARPENTER-EDWARDS, GWYER, ANDREW (81—84% Cu) und vor allem STOCKDALE[15 16]

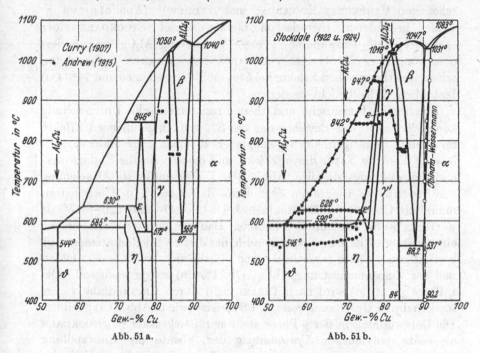

Abb. 51 a.   Abb. 51 b.

und TAZAKI. Ferner sind zu nennen die röntgenographischen Untersuchungen von JETTE-PHRAGMÉN-WESTGREN[23], BRADLEY[36], WESTGREN-PHRAGMÉN[37] und besonders PRESTON[38], WESTGREN[24a], OBINATA[39] und BRADLEY-JONES[25]. Die Phasen werden von den einzelnen Forschern verschieden bezeichnet; im folgenden wurde zum Teil eine neue Bezeichnung eingeführt.

Die Diagramme von CARPENTER-EDWARDS[12] und GWYER[13] brauchen hier nicht berücksichtigt zu werden, da sie in diesem Bereich sehr lückenhaft sind[40]. Auch das Diagramm von CURRY (Abb. 51 a) hat hinsichtlich der Erstarrungs- und Umwandlungsvorgänge noch Lücken; immerhin zeigt es zwischen 70 und 85% Cu bereits 3 Phasen (η, ε und γ), von denen ε nur bei hohen Temperaturen beständig ist. Das von STOCK-DALE[16] mit Hilfe einer eingehenden thermischen und mikrographischen

Analyse ausgearbeitete Diagramm (Abb. 51 b) weicht bezüglich der Zahl und ungefähren Zusammensetzung der Phasen von CURRYs Diagramm nicht allzu sehr ab. STOCKDALE nahm jedoch an, daß sich ε nicht erst bei 842—846°, sondern schon bei 947°, der von ihm entdeckten peritektischen Horizontalen, bildet, und daß ε bei 842° eine Umwandlung unbekannter Natur in ε' (ohne Gefügeänderung) erleidet. Die Horizontale bei 626—630° hielt STOCKDALE ebenfalls nicht für eine Peritektikale (ε + Schmelze $\rightleftharpoons \eta$; Abb. 51 a), sondern für die Kurve einer „polymorphen" Umwandlung $\varepsilon' \rightleftharpoons \eta$ (η = Verbindung AlCu). Die schon von CARPENTER-EDWARDS[12] und ANDREW[14] (Abb. 51 a) im η-Gebiet gefundenen thermischen Effekte schrieb STOCKDALE einer „polymorphen" Umwandlung $\gamma \rightleftharpoons \gamma'$ (Verbindung Al_2Cu) zu. Außerdem konnte er die bereits von CARPENTER-EDWARDS beobachteten schwachen thermischen Effekte bei 540—565° (zwischen 60 und 74% Cu) bestätigen, jedoch nicht deuten.

Durch eine thermische und thermo-resistometrische Untersuchung konnte TAZAKI[17] das Bestehen der von STOCKDALE gefundenen Effekte fast völlig bestätigen, doch gelangte er zu einer ganz anderen Auffassung über die Natur dieser Effekte und damit über die Erstarrungs- und Umwandlungsvorgänge (Abb. 52)[41]. Die wesentlichste Abweichung von STOCKDALEs Diagramm liegt darin, daß TAZAKI (in Übereinstimmung mit CURRY) die Horizontalen bei 842—847° und 626—627° als peritektische Horizontalen deutete. Dadurch kam er zur Annahme einer weiteren Phase in diesem Bereich, der dritten bei Raumtemperatur beständigen δ-Phase (zwischen η und γ'), die sich bei 947—60° bilden und der Zusammensetzung Al_3Cu_5 (79,71% Cu) entsprechen soll. Die η-Phase (= AlCu) wird nach TAZAKI nicht durch Umwandlung von ε, sondern durch Umsetzung von ε mit Schmelze (wie in Abb. 51 a) gebildet. Die Umwandlung in der γ-Phase stellt er im Gegensatz zu STOCKDALE als echte polymorphe Umwandlung dar, ebenso die Umwandlung $\eta \rightleftharpoons \eta'$. Die Phasengrenzen wurden von TAZAKI lediglich mit Hilfe der Widerstandsmessungen bei steigender Temperatur ermittelt; sie entsprechen also sicher nicht dem völligen Gleichgewichtszustand, könnten aber doch ein qualitativ richtiges Bild geben.

Über die Röntgenuntersuchungen läßt sich im wesentlichen folgendes sagen. a) Legierungen mit 77,5—84% Cu: JETTE-PHRAGMÉN-WESTGREN[23] hatten zwischen 54 und 84% Cu zunächst nur eine Phase[42] mit etwa 75—84% Cu gefunden, deren kubische Zelle bei 84% Cu 52 Atome, bei 75% Cu dagegen nur 49 Atome enthält. Durch Untersuchung von Legierungen mit 81—84% Cu klärten WESTGREN-PHRAGMÉN[37] und BRADLEY[36] die Struktur der γ'-Phase auf und führten sie auf die Formel Al_4Cu_9 (84,12% Cu, diese Zusammensetzung entspricht der γ' ($\alpha + \gamma'$)-Grenze) zurück (γ-Messing-Typ, kubische Zelle,

36 Cu- und 16 Al-Atome)[43]. Westgren-Phragmén[37] und später Bradley-Jones[25] fanden, daß Legierungen zwischen 84 und 81% Cu dieselbe Struktur haben, und zwar enthält die kubische Zelle hier dadurch,
daß 2 von den 36 Cu-Atomen durch Al-Atome ersetzt werden können,
wobei das Gitter vergrößert wird, stets insgesamt 52 Atome. (Der
unteren Grenze des γ'-Gebietes sollte also die Formel $Cu_{34}Al_{18} = 81,5\%$
Cu entsprechen). Unterhalb etwa 81% Cu tritt dann eine „Änderung‘‘
der γ'-Struktur ein: Unter Verkleinerung der Elementarzelle und der

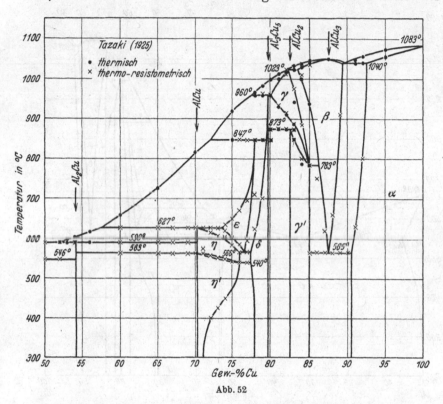

Abb. 52

Atomzahl auf 49 tritt ein Verlust der kubischen Symmetrie ein; die
Struktur ist im einzelnen noch nicht aufgeklärt. Diese derart modi-
fizierte Struktur, die in Legierungen mit 77,5—81% Cu vorliegt[24a 25],
wurde in Abb. 53 in Anlehnung an das Diagramm von Tazaki als einer
besonderen δ-Phase zugehörig angesprochen. Ein Zweiphasengebiet zwischen der γ'- und δ-Struktur wurde zwar bisher noch nicht
festgestellt, ist aber durchaus denkbar[44]. Die andere Grenze der
δ-Struktur (77,5% Cu) stimmt mit Stockdales Grenze des γ'-Gebietes
ausgezeichnet überein. Die $\gamma \rightleftharpoons \gamma'$-Umwandlung ist, wie Röntgenuntersuchungen an abgeschreckten Legierungen zeigten[39 25], nicht mit einer
Gitteränderung verbunden. In Abb. 53 wurde daher diese Umwandlung

mit Stockdale und im Gegensatz zu Tazaki nicht als polymorphe
Umwandlung, sondern als eine der $\beta \rightleftharpoons \beta'$-Umwandlung im Cu-Zn-
System analoge Umwandlung dargestellt.

    b) Legierungen mit 70—77,5% Cu. Bei 75% Cu fanden Jette-
Phragmén-Westgren[23] die δ-Struktur; das stimmt mit dem Diagramm
von Tazaki ($\eta + \delta$), jedoch nicht mit dem Diagramm von Stockdale
(nur η) überein. Preston[38], der Legierungen mit 70—80% Cu unter-

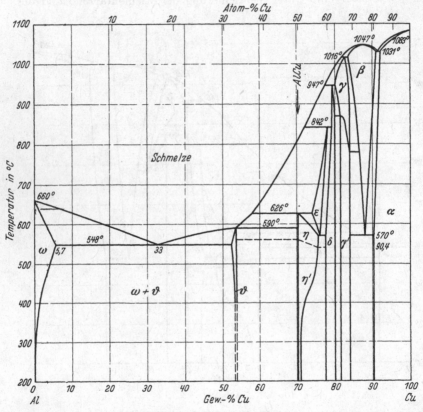

Abb. 53. Al-Cu. Aluminium-Kupfer.

suchte, fand im η-Gebiet nach Stockdale zwei Phasen, eine mit 75%
(hexagonal) und eine mit 71% = Verbindung AlCu (70,21%, ortho-
rhombisch)[45]. Westgren[24a] schloß dagegen, daß das η-Gebiet (Abb. 51 b)
tatsächlich ein Zweiphasengebiet ist, in dem δ und η vorliegen, also
keine neue bei 20° beständige Phase zwischen η und δ auftritt. Bradley-
Jones bemerken ebenfalls, daß in Legierungen mit 71—77% Cu mehr
als eine Phase vorhanden ist; sie vermuten, daß entweder eine allmähliche Strukturänderung stattfindet, oder daß eine Anzahl sehr
verwandter Phasen, jede mit engem Homogenitätsgebiet, besteht.

Ferner teilt GAYLER[46] mit, daß bei Untersuchung der ε- und η-Phasen mehr Haltepunkte als von STOCKDALE gefunden wurden, von denen einige mit Gefügeänderungen verbunden sind. Im η-Gebiet nach STOCKDALE wurden heterogene Strukturen gefunden. Das Bestehen der höchstens nur bis herunter zu 530° beständigen ε-Phase (Abb. 52 u. 53) konnten BRADLEY-JONES bestätigen (Leg. mit 77,2% Cu bei 700° abgeschreckt); sie hat offenbar ein kubisches Gitter, das einfacher als das δ-Gitter ist.

Zusammenfassung. Aus vorstehendem geht hervor, daß bezüglich des Aufbaus zwischen 70 und 77,5% Cu noch Unklarheit besteht. Es ist daher vorerst nicht möglich, die gesamten Ergebnisse zu einem Diagramm widerspruchsfrei zu vereinigen. Die von TAZAKI angegebene Konstitution, die dem Wesen nach in Abb. 53 dargestellt wurde, hat die größte Wahrscheinlichkeit für sich, da sie mit den Ergebnissen von WESTGREN-PHRAGMÉN, WESTGREN, BRADLEY-JONES und auch STOCKDALE vereinbar ist und lediglich im Widerspruch zu den Schlußfolgerungen von PRESTON steht (vgl. Nachtrag).

Die Legierungen mit 84—100% Cu. Über den Aufbau dieser Legierungen sind wir im wesentlichen seit CURRY[11] unterrichtet. STOCKDALE[15] hat die Liquidus- (Maximum bei $AlCu_3$) und Soliduskurven sowie die Phasengrenzen am genauesten bestimmt (letztere mikrographisch); s. Abb. 51b u. 53. Die von ihm gefundene Sättigungsgrenze des α-Mischkristalls wurde, wie Abb. 51b zeigt, von OBINATA-WASSERMANN[47] mit Hilfe des röntgenographischen Verfahrens ausgezeichnet bestätigt. Die Löslichkeit von Al in Cu nimmt nach STOCKDALE von 7,4% Al bei 1031° linear auf 9,8% bei 537° zu und ändert sich dann nicht mehr. Nach OBINATA-WASSERMANN beträgt die Löslichkeit bei 1000° $7,4_9$%, bei 800° $8,8_6$%, bei 650—400° $9,4_3$% Al.

Die Temperatur des eutektoiden Zerfalls von β wird von verschiedenen Forschern[9 11 12 14 48 15 17 49 50] dadurch, daß der Zerfall von β stark unterkühlbar ist (wobei sich hartnäckige metastabile Zustände ausbilden), und daß bei Erhitzung und Abkühlung sehr große Temperaturunterschiede beobachtet werden, sehr verschieden angegeben. Außerdem ergaben sich bei Legierungen links und rechts vom Eutektoid stark unterschiedliche Werte und häufig auch zwei thermische Effekte nacheinander. Sie ist mit SMITH-LINDLIEF[50] bei $570 \pm 1°$ (mikrographisch bestimmt) anzunehmen, d. h. bei einer wesentlich höheren Temperatur als häufig vermutet wurde. Die Konzentration des Eutektoids wird von STOCKDALE zu 88,2%, von anderen Autoren (u. a. ANDREW[14] und BRADLEY-JONES[25]) zu 87,6% Cu (entsprechend der Formel $AlCu_3$) angegeben. Nach SMITH-LINDLIEF kann, je nach der Wärmevorbehandlung, das Eutektoid bei verschiedenen Gehalten gefunden werden.

Kennzeichnend für die Reaktion $\beta \longrightarrow \alpha + \gamma'$ ist, daß sie sehr träge und über metastabile Phasen verläuft. Diese Frage war Gegenstand zahlreicher Arbeiten[9 12 14 51 48 53 49 54 50 55 56 57] besonders[48 49 50 55 56], auf die hier nur verwiesen werden kann, zumal es sich nicht um stabile Gleichgewichte handelt. Namentlich WASSERMANN[56] hat die bei Abkühlung von β und beim Anlassen von β' (entsteht durch Abschrecken von β) stattfindenden Umwandlungen eingehend röntgenographisch untersucht und weitgehend aufgeklärt. Der Zerfall $\beta \longrightarrow \alpha + \gamma'$ erfolgt nur bei langsamer Abkühlung. Nach rascher Abkühlung (Abschrecken) bestehen die Legierungen bei Raumtemperatur aus der β'-Phase (Kristallstruktur s. u.), die zwar an sich instabil, aber unter 300° gut beständig ist. Oberhalb 300° geht β' in β_1 über. Bei Abkühlung entsteht wieder β'. β_1 ist nur dicht oberhalb 300° einigermaßen beständig, bei steigender Temperatur zerfällt es mit wachsender Geschwindigkeit in $\alpha + \gamma'$. Auch bei unmittelbarer Abkühlung von β bildet sich, wenn das Gebiet hoher Zerfallgeschwindigkeit in $\alpha + \gamma'$ zwischen 570° und etwa 350° schnell durchschritten wird, zunächst die β_1- und erst bei weiterer Abkühlung die β'-Phase[62].

Röntgenuntersuchungen. α-Phase: Bestimmungen der Gitterkonstanten von [58 26 23 59 25 47], besonders[26 59 47].

β-Phase: Untersuchungen von[23 37 39 25 56]. Nach WASSERMANN[56] kubisch-raumzentriertes Gitter mit ungeordneter Atomverteilung; s. auch [60].

β'-Phase: Untersuchungen von [28 61 39 55 25 56], besonders [55 25 56]. β' hat ein dem kubisch-flächenzentrierten α-Gitter sehr ähnliches Gitter[55 25 56], wahrscheinlich mit geordneter Atomverteilung[55 56]. Die β_1-Phase ist nach WASSERMANN[56], der sie entdeckt hat, eine der Zusammensetzung Cu_3Al entsprechende Überstruktur der β-Phase.

Nachtrag. Anm. bei der Korrektur: HISATSUNE[63] hat kürzlich eine umfangreiche Bestimmung des Zustandsdiagramms mit Hilfe thermischer, thermo-resistometrischer und mikrographischer Untersuchungen ausgeführt. Im Bereich von 70—80% Cu wurden neue Umwandlungen im festen Zustand und neue Phasen festgestellt. Eine weitere Arbeit liegt von MATSUYAMA[64] vor (in japanischer Sprache).

Literatur.

1. LE CHATELIER, H.: Bull. Soc. Encour. Ind. nat. 4 Bd. 10 (1895) S. 569. Contribution à l'étude des alliages S. 100, 394, 454, Paris 1901. S. auch Z. anorg. allg. Chem. Bd. 57 (1908) S. 122. — **2.** HEYCOCK, C. T., u. F. H. NEVILLE: Philos. Trans. Roy. Soc., Lond. A Bd. 189 (1897) S. 69. — **3.** BEHRENS, H.: Das mikroskopische Gefüge der Metalle und Legierungen S. 107/17, 1894.—**4.** LE CHATELIER, H.: C. R. Acad. Sci., Paris Bd. 120 (1895) S. 836: Verbindung AlCu. — **5.** BRUNCK, O.: Ber. dtsch. chem. Ges. Bd. 34 (1901) S. 2733: Verbindung Al_9Cu_4. — **6.** GUILLET, L.: Bull. Soc. Encour. Ind. nat. Bd. 101 (1902) S. 236: Verbindungen Al_2Cu, AlCu, $AlCu_3$. — **7.** CAMPBELL, W., u. J. A. MATHEWS: J. Amer.

chem. Soc. Bd. 24 (1902) S. 264/66. J. Franklin Inst. Bd. 153 (1902) S. 121. S. auch Z. anorg. allg. Chem. Bd. 57 (1908) S. 123. Metallurgie Bd. 6 (1909) S. 296/302. — **8.** CAMPBELL, W.: J. Amer chem. Soc. Bd. 26 (1904) S. 1290/1306. J. Franklin Inst. Bd. 108 (1904) S. 164/66. S. auch Z. anorg. allg. Chem. Bd. 57 (1908) S. 123. — **9.** GUILLET, L.: Rev. Métallurg. Bd. 2 (1905) S. 567/88. S. auch Metallurgie Bd. 6 (1909) S. 296/302. — **10.** DEJEAN, P.: Rev. Métallurg. Bd. 3 (1906) S. 240/42. — **11.** CURRY, B. E.: J. physic. Chem. Bd. 11 (1907) S. 425/36. S. auch Metallurgie Bd. 6 (1909) S. 296/302. J. Inst. Met., Lond. Bd. 13 (1915) S. 253. — **12.** CARPENTER, H. C. H., u. C. A. EDWARDS: 8. Rep. to the Alloys Research Committee, Inst. Mech. Eng. Bd. 72 (1907) S. 57/269. S. auch Rev. Métallurg. Bd. 5 (1908) S. 415/21. Metallurgie Bd. 6 (1909) S. 296/302. J. Inst. Met., Lond. Bd. 1 (1909) S. 114/16; Bd. 13 (1915) S. 261/62. — **13.** GWYER, A. G. C.: Z. anorg. allg. Chem. Bd. 57 (1908) S. 114/26. — **14.** ANDREW, J.H.: J. Inst. Met., Lond. Bd. 13 (1915) S. 249/60. — **15.** STOCKDALE, D.: J. Inst. Met., Lond. Bd. 28 (1922) S. 273/86. S. auch Diskussion S. 287/96. — **16.** STOCKDALE, D.: J. Inst. Met., Lond. Bd. 31 (1924) S. 275/89. S. auch Diskussion S. 290/93. — **17.** TAZAKI, M.: Kinzoku no Kenkyu Bd. 2 (1925) S. 490/95 (japan.). — **18.** OTANI, B., u. T. HEMMI: Ref. einer japan. Arbeit (1921) in J. Inst. Met., Lond. Bd. 28 (1922) S. 643. — **19.** BINGHAM, K. E., u. J. L. HAUGHTON: J. Inst. Met., Lond. Bd. 29 (1923) S. 80, 95. — **20.** NISHIMURA, H.: Mem. Coll. Engng., Kyoto Bd. 5 (1927) S. 64/66. — **20a.** JARES, V.: Z. Metallkde. Bd. 10 (1919) S. 2. — **21.** KULBUSCH, G. P.: Ref. einer russischen Arbeit (1927) in J. Inst. Met., Lond. Bd. 44 (1930) S. 485. — **22.** STOCKDALE, D.: J. Inst. Met., Lond. Bd. 52 (1933) S. 111/16.

23. JETTE, E. R., G. PHRAGMÉN u. A. WESTGREN: J. Inst. Met., Lond. Bd. 31 (1924) S. 193/206. S. auch Diskussion S. 206/15. — **24.** DIX, E. H., u. H. H. RICHARDSON: Trans. Amer. Inst. min. metallurg. Engr. Bd. 73 (1926) S. 560/80. S. auch Z. Metallkde. Bd. 18 (1926) S. 196/97. — **24a.** WESTGREN, A.: Trans. Amer. Inst. min. metallurg. Engr. Inst. Metals Div. 1931. — **25.** BRADLEY, A. J., u. P. JONES: J. Inst. Met., Lond. Bd. 51 (1933) S. 131/57. S. auch Diskussion 157/62. — **26.** OWEN, E. A., u. G. D. PRESTON: Proc. Phys. Soc., Lond. Bd. 36 (1923) S. 14/30. J. Inst. Met., Lond. Bd. 30 (1923) S. 6/7. — **27.** BECKER, K., u. F. EBERT: Z. Physik Bd. 16 (1923) S. 165/69. — **28.** FRIAUF, J. B.: J. Amer. chem. Soc. Bd. 49 (1927) S. 3107/3114. — **28a.** PHRAGMÉN, G.: J. Inst. Met., Lond. Bd. 52 (1933) S. 117/118. — **29.** BRONIEWSKI, W.: Ann. Chim. Phys. Bd. 25 (1912) S. 86/95. — **30.** MERICA, P. D., G. R. WALTENBERG u. J. R. FREEMAN: Sci. Pap. Bur. Stand. Nr. 347 (1919). Bull. Amer. Inst. Mining Engr. Bd. 64 (1921) S. 9/15. S. auch Z. Metallkde. Bd. 13 (1921) S. 575/76. — **31.** ROSENHAIN, W., S. L. ARCHBUTT u. D. HANSON: 11. Report to the Alloys Research Committee, Inst. Mech. Eng. Sonderbd. 1921, S. 199/201. S. auch J. Inst. Met., Lond. Bd. 29 (1923) S. 509; Bd. 40 (1928) S. 299. — **32.** SALDAU, P., u. N. N. ANISIMOW (1926) s. Ref. J. Inst. Met., Lond. Bd. 40 (1928) S. 496/97.— **33.** ZEERLEDER, A. v., u. M. BOSSHARD: Z. Metallkde. Bd. 19 (1927) S. 462/64. — **34.** STENZEL, W., u. J. WEERTS: Metallwirtsch. Bd. 12 (1933) S. 353/56, 369/74. Diss. Techn. Hochschule Berlin 1933 (STENZEL). — **35.** PHILLIPS, A., u. R. M. BRICK: J. Franklin Inst. Bd. 215 (1933) S. 557/77. — **35a.** Nach E. SCHMID u. G. SIEBEL: Z. Physik Bd. 85 (1933) S. 36/55 besteht bei anderen Mischkristallen kein Unterschied zwischen der Löslichkeit bei ein- und vielkristallinen Legierungen. — **36.** BRADLEY, A. J.: Philos. Mag. 7 Bd. 6 (1928) S. 878/88. — **37.** WESTGREN, A., u. G. PHRAGMÉN: Metallwirtsch. Bd. 7 (1928) S. 701. — **38.** PRESTON, G. D.: Philos. Mag. 7 Bd. 12 (1931) S. 980/93. — **39.** OBINATA, I.: Mem. Ryojun Coll. Engng. Bd. 3 (1931) S. 285/94, 295/98. Nature, Lond. Bd. 126 (1930) S. 809. — **40.** CARPENTER-EDWARDS betonen selbst, daß ihr Diagramm nicht als genügend sichergestellt gelten kann. — **41.** Da TAZAKIS Arbeit nur in japan. Sprache veröffentlicht wurde

(Einzelheiten waren mir daher nicht zugänglich), ist das Diagramm bisher außerhalb Japans nicht bekannt geworden. — 42. Daraufhin stellten G. MASING u. L. KOCH: Wiss. Veröff. Siemens-Konz. Bd. 4 (1925) S. 109/12 durch Diffusion von Al_2Cu in α bei 400—575° fest, daß bei dieser Temperatur zwei Phasen zwischen α und Al_2Cu bestehen. — 43. Wurde von OBINATA[39] und PRESTON[38] bestätigt. — 44. Nimmt man an, daß die γ'- und δ-Struktur zu einer einzigen Phase gehören, d. h. daß der Übergang von der γ'- zur δ-Struktur allmählich erfolgt, so müßte man das Diagramm von STOCKDALE in diesem Bereich als richtig ansehen. Es besteht dann die Schwierigkeit in der Deutung des Effektes bei 842°. — 45. Nach PRESTON besteht die hexagonale Phase sicher innerhalb eines ausgedehnten Temperaturbereiches und zerfällt wahrscheinlich nicht beim Abkühlen auf 20°. Die Schwierigkeit, das Gleichgewicht unter 500° zu erreichen, ließ diesen Punkt zweifelhaft. Die orthorhombische Phase (AlCu) besteht bei 600°, wandelt sich beim Abkühlen aber um. Über die Struktur von AlCu s. auch OWEN-PRESTON[26] u. BECKER-EBERT[27]. — 46. GAYLER, M. L. V.: J. Inst. Met., Lond. Bd. 51 (1933) S. 157. Originalveröffentlichung ist angekündigt. — 47. OBINATA, I., u. G. WASSERMANN: Naturwiss. Bd. 21 (1933) S. 382/85. — 48. MATSUDA, T.: Sci. Rep. Tôhoku Univ. Bd. 11 (1922) S. 237/51. — 49. OBINATA, I.: Mem. Ryojun Coll. Engng. Bd. 2 (1929) S. 205/25. — 50. SMITH, C. S., u. W. E. LINDLIEF: Amer. Inst. min. metallurg. Engr. Techn. Publ. Nr. 493 (1933). Ref. J. Inst. Met., Lond. Bd. 53 (1933) S. 187. Chem. Zbl. 1933 I S. 2506. — 51. HANEMANN, H., u. P. D. MERICA: Int. Z. Metallogr. Bd. 4 (1913) S. 209/27. — 52. MATSUDA, T.: J. Inst. Met., Lond. Bd. 39 (1928) S. 76/85. — 53. BOULDOIRES, J.: Rev. Métallurg. Bd. 24 (1927) S. 357/76, 463/73. — 54. OBINATA, I.: Mem. Ryojun. Coll. Engng. Bd. 3 (1930) S. 87/94. — 55. AGEEW, N., u. G. KURDJUMOW: Physik. Z. Sowjet-Union Bd. 2 (1932) S. 146/48. Ref. Chem. Zbl. 1933 I S. 559. S. auch J. Inst. Met., Lond. Bd. 51 (1933) S. 159. — 56. WASSERMANN, G.: Metallwirtsch. Bd. 12 (1933) S. 358 (vorl. Mitt.); Bd. 13 (1934) S. 133/39. — 57. DEHLINGER, U.: Metallwirtsch. Bd. 13 (1934) S. 205/206. — 58. BAIN, E. C.: Chem. metallurg. Engng. Bd. 28 (1923) S. 22. — 59. SEKITO, S.: Sci. Rep. Tôhoku Univ. Bd. 18 (1929) S. 59/77. — 60. BRADLEY, A. J., u. P. JONES: J. Inst. Met., Lond. 51 (1933) S. 161. — 61. ROUX, A., u. J. COURNOT: C. R. Acad. Sci., Paris Bd. 188 (1929) S. 172/73. Physik. Ber. Bd. 10 (1929) S. 741. — 62. Anm. bei der Korrektur: Vgl. auch KAMINSKY, E., G. KURDJUMOW, u. W. NEUMARX: Metallwirtsch. Bd. 13 (1934) S. 373 sowie KURDJUMOW, G., u. T. STELLETZKY: Ebenda Bd. 13 (1934) S. 304. — 63. HISATSUNE, Ch.: Mem. Coll. Engng., Kyoto Bd. 8 (1934) S. 74/91. Ref. J. Inst. Met., Lond. Met. Abs. Bd. 2 (1935) S. 145. — 64. MATSUYAMA, K.: Kinzoku no Kenkyu Bd. 11 (1934) S. 461/90 (japan.). Ref. J. Inst. Met., Lond. Met. Abs. Bd. 2 (1935) S. 7/8. — 65. AUER, H., u. W. GERLACH: Metallwirtsch. Bd. 14 (1935) S. 815/16.

Al-Fe. Aluminium-Eisen.

Von den älteren Arbeiten seien nur folgende genannt: BRUNCK[1] isolierte aus einer Legierung mit 25% Fe Kristalle mit 40,3% Fe entsprechend Al_3Fe (40,83% Fe). GUILLET[2] glaubte mit Hilfe von mikroskopischen Untersuchungen die drei Verbindungen Al_3Fe, Al_3Fe_2 (57,99% Fe) und AlFe (67,43% Fe) festgestellt und die beiden ersten durch rückstandsanalytische Untersuchungen[3] bestätigt zu haben. ROBERTS-AUSTEN[3] gab bereits 1895 den Verlauf der ganzen Liquiduskurve in großen Zügen.

1. Die Legierungen mit 0—41% Fe. Mehr oder weniger umfangreiche thermische Untersuchungen wurden in diesem Bereich von zahlreichen Forschern[5-12] ausgeführt. Die in Abb. 55 gezeichnete Liquiduskurve zwischen 0 und 41% Fe wurde nach den verläßlichsten Angaben
von Kurnakow, Urasow und Grigorjew[7], Gwyer-Phillips[11] sowie
Archer-Fink[12] (0—10% Fe) gezeichnet. Tabelle 6 gibt eine Übersicht
über die für das Al-Al$_3$Fe-Eutektikum angegebenen Werte. Die Unterschiede sind wohl größtenteils durch den verschiedenen Reinheitsgrad
des verwendeten Al zu erklären. Die von Dix und Archer-Fink angegebenen Werte sind zweifellos die sichersten; danach liegt das Eutektikum bei 654—655° und 1,7—2% Fe. — Die feste Löslichkeit von
Fe in Al ist äußerst gering. Sie liegt nach Dix selbst bei 640—50°
(nach 7 tägigem Glühen und Abschrecken) noch unter 0,06%.

Tabelle 6.

Verfasser	Eut. Temp. °	Eut. Konz. % Fe	Al-Schmelz- punkt °
Gwyer (1908)[5]	646—649	(0)	653
Rosenhain u. Mitarb. (1921)[6]	648	2,0	657
Kurnakow u. Mitarb. (1922)[7]	652	(0)	652
Wetzel (1923)[8]	650	2,5	—
Dix (1925)[9]	655	etwa 1,7	660
			(extrapol.)
Masing u. Dahl (1926)[13]	—	etwa 2,2	
Isawa u. Murakami (1927)[10]	648	—	657
Gwyer u. Phillips (1927)[11]	653	1,9	658,6
Archer u. Fink (1928)[12]	654	2,0	660
			(extrapol.)

2. Die Legierungen mit 40—65% Fe. Der Aufbau dieses Konzentrationsgebietes ist ziemlich verwickelt. Abb. 54 gibt Auskunft über
den Befund der verschiedenen Forscher. Isawa-Murakami und Gwyer-
Phillips nehmen die Verbindung Al$_3$Fe an, die einen maximalen
Schmelzpunkt besitzt und das Endglied einer Mischkristallreihe darstellt.
Demgegenüber verneinen Kurnakow und Mitarbeiter das Bestehen
von Al$_3$Fe auf Grund der Feststellung, daß erstens sich das Maximum
der Liquiduskurve nicht bei Al$_3$Fe, sondern bei höherem Fe-Gehalt
(43,1—44% Fe) befindet und zweitens die Konzentration Al$_3$Fe, die
innerhalb der Mischkristallreihe liegt, sich nicht auf der Leitfähigkeitsisotherme durch einen ausgezeichneten Wert zu erkennen gibt, so daß
sie nicht Basis eines Mischkristalls sein kann.

Während Kurnakow-Urasow-Grigorjew und Isawa-Murakami
zwischen 40 und 50% Fe nur eine Phase veränderlicher Zusammensetzung fanden, stellten Gwyer-Phillips mit Sicherheit das Bestehen
von zwei derartigen Phasen (ϑ und η) in diesem Gebiet fest. Gwyer-
Phillips konnten weiter nachweisen, daß außer ϑ, η und ε noch eine
weitere Zwischenphase besteht, die durch Reaktion von η und ε bei

1158°, d. h. nur wenige Grad unterhalb der Kristallisation des $(\eta + \varepsilon)$-Eutektikums, gebildet wird. Die Zusammensetzung dieser ζ-Phase läßt sich nicht leicht bestimmen, da die Reaktion $\eta + \varepsilon \longrightarrow \zeta$ bei rascher Abkühlung und infolge der Trennung der Reaktionsteilnehmer η und ε durch Schichten des gebildeten ζ nur sehr unvollständig verläuft[14]. Die Tatsache, daß die größte Wärmetönung der Reaktion bei 52,8% Fe beobachtet wurde, ist also, wie auch GWYER-PHILLIPS hervorheben,

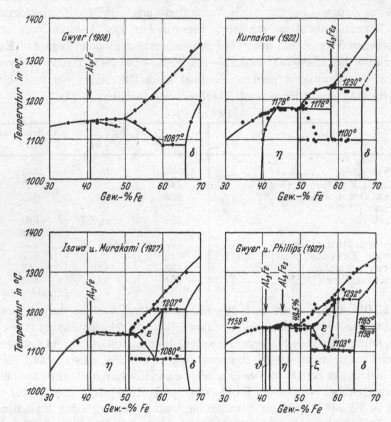

Abb. 54. Al-Fe. Aluminium-Eisen. Teildiagramme nach verschiedenen Forschern.
(Siehe auch Abb. 56.)

kein Beweis dafür, daß die ζ-Phase diese Zusammensetzung hat. Da anzunehmen ist, daß ζ Al-reicher ist, wurde sie in Abb. 55 bei der Zusammensetzung Al_2Fe (50,87% Fe) angenommen.

Für das Hauptdiagramm (Abb. 55) wurde sonst im wesentlichen das Ergebnis von GWYER-PHILLIPS übernommen. An Stelle des maximalen Schmelzpunktes von Al_3Fe und des daraus resultierenden $(\vartheta + \eta)$-Eutektikums wurde jedoch nach dem Vorgange von AGEEW-VHER[15] ein Peritektikum Schmelze $+ \eta \rightleftharpoons Al_3Fe (= \vartheta)$ angenommen. Dafür sprechen die Strukturen der Legierungen mit 42,5% Fe (GWYER-

Phillips) und 43,6% Fe (Ageew-Vher) sowie die von Kurnakow gefundenen Liquidustemperaturen. Eine sichere Trennung der Temperaturen des Beginns und des Endes der Erstarrung ist in diesem Bereich

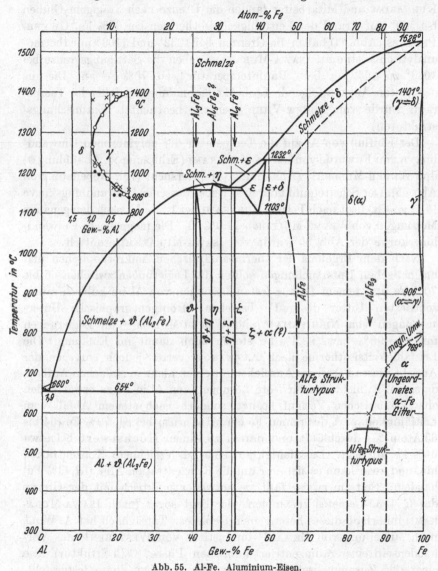

Abb. 55. Al-Fe. Aluminium-Eisen.

naturgemäß nicht leicht. Die Ausdehnung der Homogenitätsgebiete ϑ und η ist bisher nicht genau bestimmt.

3. Die Legierungen mit 65—100% Fe. Die Liquiduskurve der Fe-reichen Mischkristalle wurde nach den am höchsten gefundenen Erstarrungstemperaturen, die Soliduskurve nach den am kleinsten ge-

fundenen Erstarrungsintervallen gezeichnet. Die Grenzen der Gebiete
$(\varepsilon + \delta)$ und $(\eta + \delta)$ nach der Fe-Seite hin sind noch nicht näher bestimmt worden. GWYER zeichnet sie als Senkrechte bei 66% Fe,
KURNAKOW und Mitarbeiter fanden die Grenze nach 3 tägigem Glühen
bei 500° auf Grund der Leitfähigkeitsisothermen bei 66% Fe, GWYER-
PHILLIPS (Abb. 54) haben die Grenzen bei 1232° und 1103° nur thermoanalytisch bestimmt, ISAWA-MURAKAMI geben die Sättigungsgrenze bei
1080° zu 66% Fe, bei „Raumtemperatur" zu 70% Fe an. Die aus
der letzten Angabe folgende Löslichkeitsabnahme mit fallender Temperatur wurde von AGEEW-VHER ebenfalls beobachtet (Entmischungsstrukturen).

Der Einfluß von Al auf die Temperatur der polymorphen Umwandlungen von Fe wurde von ISAWA-MURAKAMI (Erhitzung ×, Abkühlung ●)
und WEVER-MÜLLER[16] (Abkühlung ○) untersucht (vgl. Nebenabb. von
Abb. 55). Der Scheitelpunkt der in sich geschlossenen Umwandlungskurve
$(\delta \rightleftharpoons \gamma \rightleftharpoons \alpha)$ liegt nach ISAWA-MURAKAMI bei 1,2% Al, nach den genauen
Messungen von WEVER-MÜLLER bei 1,0% Al. Die magnetische Umwand-
lungskurve der Abb. 55 wurde von ISAWA-MURAKAMI ermittelt.

Nach dem Ergebnis der thermoanalytischen, mikroskopischen und
magnetischen Untersuchungen sollten die Legierungen zwischen 66 bis
70% Fe und reinem Fe aus festen Lösungen von Al im kubisch-raumzentrierten Gitter des α-Fe bestehen. Röntgenographische Untersuchungen von NISHIYAMA[19] und WEVER-MÜLLER[16] an Legierungen
mit 86—98% bzw. 88,4% Fe stehen auch damit im Einklang. Die
Leitfähigkeitsisotherme nach KURNAKOW verrät jedoch entgegen der
Ansicht dieses Forschers Anzeichen für einen nicht so einfachen Aufbau,
da sie m. E. nicht den für feste Lösungen von Al in Fe zu erwartenden
charakteristischen Verlauf besitzt, sondern nach steilem Abfall vom
Leitfähigkeitswert des reinen Fe ein Minimum bei rd. 79% Fe (64 bis
65 Atom-%) durchläuft und darauf zu einem Höchstwert bei etwa
66% Fe ansteigt. Das deutet auf eine ausgezeichnete Konzentration
hin, und zwar kann es sich nur um die Konzentration AlFe (67,43% Fe)
handeln. Seltsamerweise fällt sie entweder praktisch mit der Grenze
des $(\zeta + \alpha)$-Gebietes zusammen oder liegt sogar (nach ISAWA-MURA-
KAMI) innerhalb dieses heterogenen Gebietes. Tatsächlich hat A. WOLF
nach Mitteilung von EKMAN[17] im Institut von WESTGREN[18] das Vorhandensein einer raumzentriert-kubischen Phase (CsCl-Struktur), also
einer der Zusammensetzung AlFe entsprechenden Phase festgestellt.
Da sich nach dem Erstarrungsdiagramm keine Verbindung AlFe aus
der Schmelze ausscheidet, so kann es sich nur um eine geordnete Mischphase handeln, die im festen Zustand mit fallender Temperatur aus dem
ungeordneten kubisch-raumzentrierten α-Fe-Mischkristallgitter entsteht.

Neuerdings haben BRADLEY-JAY[20] bei einer eingehenden Röntgenanalyse der Legierungen mit 66,6—100% Fe nach langsamer Abkühlung von 750° bzw. nach Abschrecken bei 600° und 700° den Befund von Wolf bestätigt und noch eine weitere raumzentriert-kubische Mischphase mit geordneter Atomverteilung gefunden, die ein der Zusammensetzung AlFe$_3$ (86,13% Fe) entsprechendes Gitter besitzt. Über die hier bestehenden verwickelten Strukturverhältnisse (näheres s. Originalarbeit), die in Abb. 55 nach dem Vorgange der Verfasser ausgewertet wurden, ist kurz folgendes zu sagen. Legierungen mit 90—100% Fe besitzen sowohl im langsam erkalteten wie im abgeschreckten Zustand das α-Fe-Gitter. Langsam erkaltete Legierungen mit 83—90% Fe haben das AlFe$_3$-Gitter, das zwischen 83 und 80% Fe allmählich in das AlFe-Gitter übergeht. Im abgeschreckten Zustand besteht zwischen 86 und 100% Fe das α-Fe-Gitter, während Legierungen mit weniger als 86% Fe im abgeschreckten und mit weniger als 80% Fe im langsam erkalteten Zustand das AlFe-Gitter besitzen. Daraus folgt, daß sich das Al$_3$Fe-Gitter erst unterhalb 600° bildet, während das AlFe-Gitter möglicherweise noch bei 600—700° stabil ist, doch ist es auch denkbar, daß die Bildung dieses Gitters durch Abschrecken

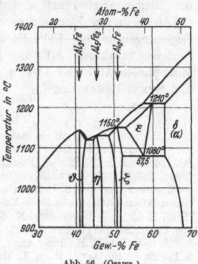

Abb. 56. (Osawa.)

nicht verhindert werden kann. Anzeichen für „Phasen"grenzen und Gebiete von zwei Strukturen („Phasen") konnten nicht gefunden werden, d. h. der Übergang vom Al$_3$Fe-Gitter zum AlFe-Gitter einerseits und zum α-Fe-Gitter andererseits erfolgt offenbar kontinuierlich. Mikroskopisch machen sich die Gitterumwandlungen nicht bemerkbar. In der Diskussion zur Arbeit von Bradley-Jay teilt Sykes[21] mit, daß er in Legierungen mit 83—89% Al eine Umwandlung bei etwa 560° festgestellt hat. Bezüglich der sehr interessanten Einzelheiten sei nochmals auf die Originalarbeit mit Diskussion verwiesen.

Nachtrag. Osawa[22] hat auf Grund der Diagramme von Isawa-Murakami[10], Gwyer-Phillips[11] und Ageew-Vher[15] — ohne Berücksichtigung der Arbeiten von Wolf[17][18] und Bradley-Jay[20] — und der Ergebnisse eigener mikrographischer und röntgenographischer Untersuchungen im Bereich von 41—95% Fe (33 Legn.) ein Diagramm entworfen, dessen wichtigster Teil in Abb. 56 (übertragen aus dem Originaldiagramm) dargestellt ist. Von dem Diagramm der Abb. 55 weicht es besonders hinsichtlich der Liquidus- und Soliduskurve zwischen

40 und 50% Fe[23], der Entstehungsbedingungen der ζ-Phase[24] (hier ist der Befund von GWYER-PHILLIPS unberücksichtigt gelassen) und des Homogenitätsgebietes dieser Phase ab. Die Ergebnisse der Röntgenuntersuchung[25] der intermediären Phasen (an Einkristallen) werden nur kurz unter Angabe der Gittertypen und ihrer Abmessungen mitgeteilt. $\delta = Al_3Fe$ (von OSAWA ζ genannt) hat wahrscheinlich ein orthorhombisches Gitter[26] (104 Atome in der Elementarzelle), $\eta = Al_5Fe_2$ hat ein monoklines Gitter (56 Atome in der Elementarzelle), $\zeta = Al_2Fe$ (von OSAWA θ genannt) hat ein rhomboedrisches Gitter (18 Atome in der Elementarzelle) und ε hat ein raumzentriert-kubisches Gitter (16 Atome in der Elementarzelle). Bei der Strukturuntersuchung der Legierungen mit 68—100% Fe sind OSAWA die von BRADLEY-JAY gefundenen Strukturen AlFe und AlFe₃ entgangen. Über die geordneten Mischphasen AlFe und AlFe₃ s. auch SCHÄFER[27] bzw. SYKES-EVANS[28] und SYKES-BAMPFYLDE[29].

Literatur.

1. BRUNCK, O.: Ber. dtsch. chem. Ges. Bd. 34 (1901) S. 2733. — **2.** GUILLET, L.: Génie civ. Bd. 41 (1902) S. 380. — **3.** GUILLET, L.: C. R. Acad. Sci., Paris Bd. 134 (1902) S. 236/38. — **4.** ROBERTS-AUSTEN, W. C.: Proc. Instn. mech. Engr. 1895 S. 245/48. — **5.** GWYER, A. G. C.: Z. anorg. allg. Chem. Bd. 57 (1908) S. 126/33. — **6.** ROSENHAIN, W., S. L. ARCHBUTT u. D. HANSON: 11. Report to the Alloys Research Committee, Instn. Mech. Eng. 1921 S. 211/12. Ref. Z. Metallkde. Bd. 18 (1926) S. 65. — **7.** KURNAKOW, N. S., G. URASOW u. A. GRIGORJEW: Z. anorg. allg. Chem. Bd. 125 (1922) S. 207/27. — **8.** WETZEL, E.: Metallbörse Bd. 13 (1923) S. 738. — **9.** DIX, E. H.: Proc. Amer. Soc. Test. Mat. Techn. Papers Bd. 25 (1925) S. 120/29. — **10.** ISAWA, M., u. T. MURAKAMI: Kinzoku no Kenkyu Bd. 4 (1927) S. 467/77 (japan.). — **11.** GWYER, A. G. C., u. H. W. L. PHILLIPS: J. Inst. Met., Lond. Bd. 38 (1927) S. 35/44, 83. S. auch A. G. C. GWYER, H. W. L. PHILLIPS u. L. MANN: Ebenda Bd. 40 (1928) S. 302 u. 358. — **12.** ARCHER, R. S., u. W. L. FINK: J. Inst. Met., Lond. Bd. 40 (1928) S. 356/57. — **13.** MASING, G., u. O. DAHL: Wiss. Veröff. Siemens-Konz. Bd. 5 (1926) Heft 1 S. 152/59. Z. anorg. allg. Chem. Bd. 154 (1926) S. 189/96. — **14.** Die Folge einer Gleichgewichtsstörung ist, daß das durch Zerfall von ε entstehende Eutektoid auch in Legierungen mit bis herunter zu 47,3% Fe auftritt. Zwischen 47,3 und 52,8% bestehen die Legierungen aus den drei Phasen η, ζ und δ. — **15.** AGEEW, N. W., u. O. I. VHER: J. Inst. Met., Lond. Bd. 44 (1930) S. 84/85. — **16.** WEVER, F., u. A. MÜLLER: Mitt. Kais.-Wilh.-Inst. Eisenforschg., Düsseld. Bd. 11 (1928) S. 220—23. Z. anorg. allg. Chem. Bd. 192 (1930) S. 340/45. — **17.** EKMAN, W.: Z. physik. Chem. B Bd. 12 (1931) S. 57/78. — **18.** WESTGREN, A.: Metallwirtsch. Bd. 9 (1930) S. 923. Z. Metallkde. Bd. 22 (1930) S. 372. — **19.** NISHIYAMA, Z.: Sci. Rep. Tôhoku Univ. Bd. 18 (1929) S. 381/87. — **20.** BRADLEY, A. J., u. A. H. JAY: J. Iron Steel Inst. Bd. 125 (1932) S. 339/57. Proc. Roy. Soc., Lond. A Bd. 136 (1932) S. 210/31. — **21.** SYKES, C.: J. Iron Steel Inst. Bd. 125 (1932) S. 358/59. — **22.** OSAWA, A.: Sci. Rep. Tôhoku Univ. Bd. 22 (1933) S. 803/19. — **23.** Offenbar hat OSAWA die Kurven zur Erhöhung der Deutlichkeit auseinandergezogen. — **24.** Die ζ-Phase wurde in Übereinstimmung mit Abb. 55 als Verbindung Al₂Fe angenommen. — **25.** S. darüber A. OSAWA: Kinzoku no Kenkyu Bd. 10 (1933) S. 432/445 (japan.). Ref. Met. & Alloys 1934, April. — **26.** Auch E. BACHMETEW: Z. Kristallogr. Bd. 88 (1934) S. 179/81, 575/86 fand ein flächenzentriert-rhombisches Gitter für Al_3Fe, es bestehen jedoch Abweichungen in der Atomanordnung. — **27.** SCHÄFER, K.: Naturwiss. Bd. 21 (1933) S. 207. — **28.** SYKES, C., u. H. EVANS: Proc. Roy. Soc., Lond. A Bd. 145 (1934) S. 529/39. — **29.** SYKES, C., u. J. W. BAMPFYLDE: Iron Steel Inst. Advance copy 1934, Sept. Ref. J. Inst. Met., Lond. Met. Abs. Bd. 1 (1934) S. 562/63.

Al-Ga. Aluminium-Gallium.

Über einige Eigenschaften von Al-Ga-Legierungen machte bereits LECOQ DE BOISBAUDRAN[1] Angaben, die jedoch nur spärliche Rückschlüsse auf die Konstitution gestatten. Al-reiche Legierungen erwiesen sich als spröde; Ga-reiche

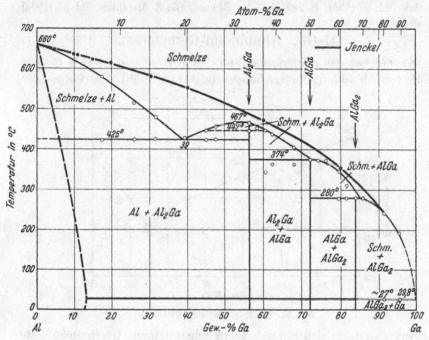

Abb. 57. Al-Ga. Aluminium-Gallium.

Legierungen sollen infolge der durch Zusatz von Al hervorgerufenen Erstarrungspunkterniedrigung von Ga (Schmelzpunkt 29,8°) bei 15° flüssig oder teigig sein.

Abb. 57 zeigt das von PUSCHIN-STAJIĆ[2] ausgearbeitete Zustandsdiagramm mit den drei Verbindungen Al_2Ga (56,38% Ga), AlGa (72,11% Ga) und $AlGa_2$ (83,79% Ga); Al_2Ga ist dimorph (Umwandlungspunkt 447°). Die Beobachtung von LECOQ DE BOISBAUDRAN, daß Ga-reiche Legierungen bei 15° flüssig oder teigig sind, wurde also nicht bestätigt. Al-reiche Legierungen sind nicht aushärtbar[3].

Nachtrag. JENCKEL[4] hat den Befund von PUSCHIN und Mitarbeitern trotz sorgfältiger Nachprüfung in keiner Weise bestätigen können. Das von ihm auf Grund thermischer und röntgenographischer Untersuchungen entworfene Diagramm wurde nachträglich in Abb. 57 ein-

gezeichnet. Danach ist das System gekennzeichnet durch die Abwesenheit von Al-Ga-Verbindungen und das Bestehen einer Mischungslücke im festen Zustand von rd. 13—100% Ga. Das sehr Ga-reiche
(unterkühlbare) Eutektikum schmilzt bei 26°. — RÖHRIG[5] schloß demgegenüber aus Leitfähigkeitsmessungen, daß Ga in festem Al unlöslich ist.

Literatur.

1. BOISBAUDRAN, LECOQ DE: C. R. Acad. Sci., Paris Bd. 86 (1878) S. 1240/41.
— 2. PUSCHIN, N. A., u. V. STAJIĆ: Z. anorg. allg. Chem. Bd. 216 (1933) S. 26/28.
— 3. KROLL, W.: Metallwirtsch. Bd. 11 (1932) S. 436. — 4. JENCKEL, E.: Z. Metallkde. Bd. 26 (1934) S. 249/50. — 5. RÖHRIG, H.: Z. Metallkde. Bd. 26 (1934)
S. 250/51.

Al-Ge. Aluminium-Germanium.

KROLL[1] hat das Schmelzdiagramm im Bereich von 0—60% Ge mit
Hilfe von Abkühlungskurven ausgearbeitet[2] (Abb. 58). Das Gefüge der

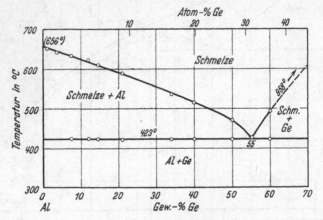

Abb. 58. Al-Ge. Aluminium-Germanium.

Legierungen deckt sich mit dem thermischen Befund. Oberhalb 55% Be
scheidet sich reines Ge oder ein Ge-reicher Mischkristall aus; Verbindungen sind also nicht vorhanden. „Ob Al befähigt ist, Ge in fester
Lösung aufzunehmen, ließ sich nicht mit Sicherheit nachweisen, weil
sich das Al-Si-Eutektikum überlagerte[2]." Die Zustandsdiagramme der
Systeme Al-Ge und Al-Si sind einander sehr ähnlich.

Literatur.

1. KROLL, W.: Met. u. Erz Bd. 23 (1926) S. 682/84. — 2. Das verwendete Al
enthielt 0,25% Si und 0,45% Fe. Das Ge enthielt nur Spuren Fe und Si.

Al-H. Aluminium-Wasserstoff.

Über die Löslichkeit von Wasserstoff in flüssigem Aluminium siehe die Arbeiten
von CZOCHRALSKI[1], BIRCUMSHAW[2], (SIEVERTS[3]), HESSENBRUCH[4], CLAUS-BRIESE-
MEISTER-KALAEHNE[5] und RÖNTGEN-BRAUN[6].

Literatur.

1. Czochralski, J.: Z. Metallkde. Bd. 14 (1922) S. 282. — **2.** Bircumshaw, L. L.: Philos. Mag. 7 Bd. 1 (1926) S. 510/22. — **3.** Sieverts, A.: Z. Metallkde. Bd. 21 (1929) S. 39. — **4.** Hessenbruch, W.: Z. Metallkde. Bd. 21 (1929) S. 54. — **5.** Claus, W., S. Briesemeister u. E. Kalaehne: Z. Metallkde. Bd. 21 (1929) S. 268. — **6.** Röntgen, P., u. H. Braun: Metallwirtsch. Bd. 11 (1932) S. 459/63; daselbst ausführliche Literaturangaben.

Al-Hg. Aluminium-Quecksilber.

Smits und de Gruyter[1] haben das in Abb. 59 dargestellte Erstarrungsdiagramm ausgearbeitet. Experimentelle Unterlagen und

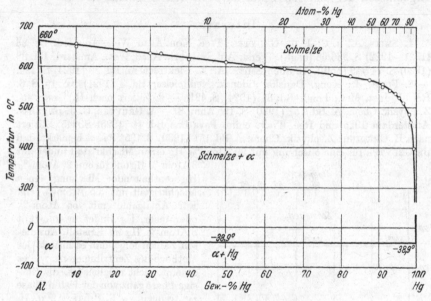

Abb. 59. Al-Hg. Aluminium-Quecksilber.

Einzeldaten wurden von den Verfassern nicht mitgeteilt. Abb. 59 wurde graphisch aus dem Original übertragen. Die Tatsache, daß nach Smits-de Gruyter die eutektische Temperatur mit dem Erstarrungspunkt des Quecksilbers praktisch identisch ist, deckt sich mit der von Fogh[2] festgestellten außerordentlich geringen Löslichkeit des Aluminiums in Quecksilber ($< 0,002\%$ bei Raumtemperatur). Über die feste Löslichkeit von Hg in Al gehen die Ansichten auseinander. Fogh fand 11 bis 12 Atom-% Hg ($\sim$48—50 Gew.-%) in den Mischkristallen[3], während de Gruyter mittels Zentrifugieren fand, daß die Sättigungsgrenze bei ungefähr 8 Atom-% Hg (39,3 Gew.-%) liegt[4]. Smits-Gerding[5] schließen aus ihren Spannungsmessungen (s. u.) auf eine Löslichkeit von nur 0,8 Atom-% Hg (5,6 Gew.-%) bei Raumtemperatur.

Das elektromotorische Verhalten der Al-Hg-Legierungen wurde u. a.[6]

von Kremann und R. Müller[7], Smits[8], Smits-Gerding[9], Dadieu[10] und R. Müller[11] studiert. Nach den Messungen der Spannungen in nichtwässerigen Elektrolyten (AlBr$_3$ · KBr-Schmelze, Lösung von AlBr$_3$ in Äthylbromid, AlBr$_3$ · Pyridin-Schmelze) von Dadieu sowie R. Müller ist zu sagen, daß im Bereich von 0—99,8 Atom-% Hg, also praktisch im ganzen System, das Potential des Aluminiums und das der Amalgame gleich ist. Demgegenüber fanden Smits-Gerding bei Potentialmessungen in einer Lösung von Aluminiumazetylazetonat in Azetylazeton ein konstantes Potential nur zwischen 0,8 und 99,97 Atom-% Hg (0,8 Atom-% Hg = 5,6 Gew.-%). Einzelheiten und Auseinandersetzungen mit den Ergebnissen der anderen Forscher s. in den Originalarbeiten.

Literatur.

1. Smits, A., u. C. J. de Gruyter: Proc. Kon. Akad. Wet., Amsterd. Bd. 23 (1921—1922) S. 966/68 (engl.). Versl. Afd. Natuurk. Akad. Wet., Amsterd. Bd. 29 (1920) S. 747/49 (holl.). S. auch Smits, A.: Z. Elektrochem. Bd. 30 (1924) S. 424. — **2.** Fogh, J.: Kong. Danske Vidensk. Meddelelser Bd. 3 (1921) No. 15 S. 6. Ref. J. Inst. Met., Lond. Bd. 31 (1924) S. 421. — **3.** Zitiert nach H. Gerding: Z. physik. Chem. A. Bd. 151 (1930) S. 195 Anm. 3. — **4.** Gruyter, C. J. de: Diss. Amsterdam 1925 und Rec. Trav. chim. Pays-Bas Bd. 44 (1925) S. 945. Zitiert nach H. Gerding: Z. physik. Chem. A Bd. 151 (1930) S. 195. Es sei bemerkt, daß de Gruyter für eine Mischung mit 20 Atom-% Hg einen Mischkristall findet mit 3 Atom-% Hg und für eine 25 Atom-% Hg enthaltende Mischung einen Mischkristall mit 3,5 Atom-% Hg. Für Amalgame mit 55 Atom-% oder mehr Hg findet er konstant 8 Atom-% Hg im Kristall. Aus diesen Zahlen folgt, daß es mittels der Methode des Zentrifugierens, wie es scheint, nicht möglich ist, die flüssige Phase ganz von der festen Phase zu trennen. — **5.** Smits, A., u. H. Gerding: Z. Elektrochem. Bd. 31 (1925) S. 304/308. Gerding, H.: Z. physik. Chem. A Bd. 151 (1930) S. 190/218. — **6.** Weitere Literaturangaben s. insbesondere in der Arbeit von R. Müller. — **7.** Kremann, R., u. R. Müller: Z. Metallkde. Bd. 12 (1920) S. 289/303. — **8.** Smits, A.: Z. Elektrochem. Bd. 30 (1924) S. 423/35. — **9.** loc. cit. — **10.** Dadieu, A.: Mh. Chemie Bd. 47 (1926) S. 497/510. — **11.** Müller, R.: Z. Elektrochem. Bd. 35 (1929) S. 240/49.

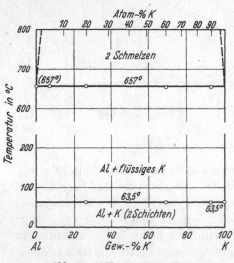

Abb. 60. Al-K. Aluminium-Kalium.

Al-K. Aluminium-Kalium.

Nach Smith[1] (Abb. 60) sind die beiden flüssigen Metalle in der Nähe des Al-Schmelzpunktes ineinander praktisch unlöslich, da ein Zusatz von

Kalium zu Aluminium und andererseits ein Zusatz von Aluminium zu Kalium den Erstarrungspunkt der beiden Metalle nicht verändert.

Literatur.

1. Smith, D. P.: Z. anorg. allg. Chem. Bd. 56 (1908) S. 112/13. (Analyse des verwendeten Aluminiums: 99,4% Al, 0,16% Si, Spur Fe.)

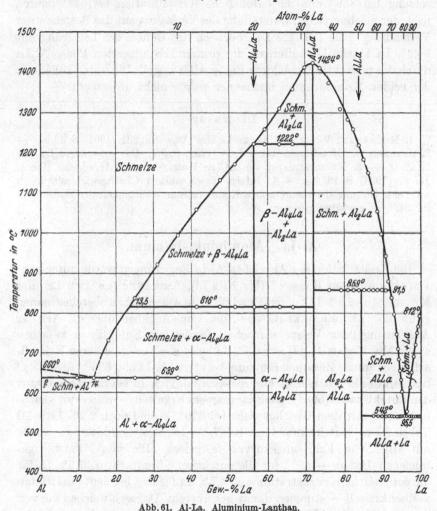

Abb. 61. Al-La. Aluminium-Lanthan.

Al-La. Aluminium-Lanthan.

Muthmann-Beck[1] konnten aus einer Al-reichen Legierung Kristalle von der Zusammensetzung Al_4La (56,29% La) isolieren.

Das in Abb. 61 dargestellte Erstarrungsschaubild wurde von Canneri[2] mit Hilfe thermischer und mikroskopischer Untersuchungen ausgearbeitet. Das Bestehen der Verbindungen Al_4La^3 (56,29% La) und Al_2La (72,03% La) ergab sich zweifelsfrei aus den thermischen Daten (Haltezeiten für 639°, 816° (= polymorphe Umwandlung) und 1222° bzw. maximaler Schmelzpunkt) und dem einphasigen Gefüge der betreffenden Legierungen. Die Haltezeiten für die peritektische Umsetzung bei 859° und die eutektische Kristallisation bei 542° deuten nach der zeichnerischen Darstellung des Verfassers auf das Bestehen der Verbindung AlLa (83,74% La), obgleich das Gefüge der Legierung mit 84,2% La starke Umhüllungen der primär kristallisierten Phase Al_2La durch die peritektisch gebildete Phase AlLa zeigt[4]. Die feste Löslichkeit der beiden Komponenten ineinander wurde nicht untersucht.

Literatur.

1. MUTHMANN, W., u. H. BECK: Liebigs Ann. Bd. 331 (1904) S. 46/57. — **2.** CANNERI, G.: Metallurgia ital. Bd. 24 (1932) S. 3/7. Das verwendete La war 99,6% ig. — **3.** Kristallstruktur von Al_4La: ROSSI, A.: Atti Accad. naz. Lincei Bd. 17 (1933) S. 182/85. — **4.** Infolge dieser starken Gleichgewichtsstörungen wäre eine Störung der theoretischen Konzentrationsabhängigkeit der Haltezeiten für 542° zu erwarten gewesen.

Al-Li. Aluminium-Lithium.

Die Konstitution der Al-reichen Al-Li-Legierungen wurde untersucht von CZOCHRALSKI-RASSOW[1] (bis 10% Li), ASSMANN[2] (bis 12% Li) und MÜLLER[3] (bis 18% Li), deren Ergebnisse im wesentlichen übereinstimmen (Abb. 62). CZOCHRALSKI-RASSOW, die keine Angaben über die Art der Ausführung ihrer Versuche machen, fanden ein Eutektikum zwischen einem Mischkristall „mit etwa 3% Li" und einer intermediären Kristallart unbekannter Zusammensetzung bei etwa 7% Li und 590°. ASSMANN[4] bestimmte die Sättigungskonzentration zu 3,5% Li bei der Temperatur der Eutektikalen (598°); nach langsamem Erkalten — also etwa gleichbedeutend mit dem Gleichgewicht bei 300° — sind noch 2,2% Li in Al löslich. Das Eutektikum liegt bei 7,8% Li. Die Soliduskurve wurde mit Hilfe von Erhitzungskurven festgelegt. Die von MÜLLER[5] gefundenen Daten — 590° für die eutektische Temperatur, 7,3% Li für die eutektische Konzentration und 3,5% Li für den bei 590° gesättigten α-Mischkristall — stimmen damit gut überein. Dagegen weichen die von ihnen ermittelten Liquidustemperaturen der übereutektischen Legierungen ziemlich stark voneinander ab[6]. Nach MÜLLER ist die Existenz einer Verbindung AlLi (20,46% Li) mit einer Erstarrungstemperatur von etwa 720° gegenüber der von ASSMANN vermuteten Verbindung Al_3Li_2 mit 14,64% Li (in Analogie mit Al_3Mg_2) sehr wahrscheinlich.

Auf der Abkühlungskurve einer Legierung mit 70% Li fand MÜLLER zwei thermische Effekte bei 450° und 179°, der Schmelztemperatur des Li. Die Natur der sich in diesen Li-reichen Legierungen primär ausscheidenden Kristallart ist ebenso wie der Aufbau der zwischen 20 und 70% Li liegenden Legierungen noch unbekannt.

Nachtrag. Nach PASTORELLO[7] besitzt die der Zusammensetzung AlLi entsprechende Legierung ein kubisch-raumzentriertes Gitter vom CsCl-Typus. Damit ist das Bestehen der Verbindung AlLi sichergestellt. BERNADZIEKIEWICZ-BRONIEWSKI[8] haben einige Eigenschaften Al-reicher Legierungen bestimmt und ihre Aushärtung untersucht.

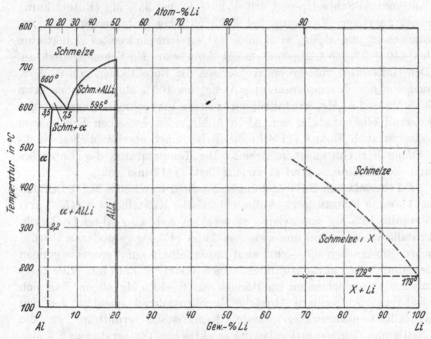

Abb. 62. Al-Li. Aluminium-Lithium.

Literatur.

1. CZOCHRALSKI, J., u. E. RASSOW: Moderne Metallkunde S. 36. Berlin: Julius Springer 1924. — 2. ASSMANN, P.: Diss. Darmstadt 1925. Z. Metallkde. Bd. 18 (1926) S. 51/52. — 3. MÜLLER, A.: Diss. Göttingen 1926. Z. Metallkde. Bd. 18 (1926) S. 231/32. — 4. Er verwendete ein Aluminium mit 0,23% Si und 0,25% Fe und ein Lithium mit 98,08% Li, Rest Na + K. — 5. Er verwendete ein Aluminium mit 0,16% Si und 0,26% Fe und ein Lithium mit 93,5% Li, 6% Na, Spuren von K und Ca. — 6. Für eine Legierung mit 12% Li nach ASSMANN 695°, nach MÜLLER 660°. — 7. PASTORELLO, S.: Gazz. chim. ital. Bd. 61 (1931) S. 47/51. Ref. J. Inst. Met., Lond. Bd. 47 (1931) S. 522. — 8. BERNADZIEKIEWICZ, S., u. W. BRONIEWSKI, vgl. Referat einer poln. Arbeit in J. Inst. Met., Lond. Met. Abs. Bd. 1 (1934) S. 563.

Al-Mg. Aluminium-Magnesium.

1. Das Erstarrungsdiagramm. Die von BOUDOUARD[1] bestimmte Liquiduskurve (14 Schmelzen) zeigt zwei flache Maxima bei 50% Mg,

462° und 65% Mg, 455°, drei Minima bei 30% Mg, 432°; 55% Mg,
445° und 75% Mg, 356° (!) und ein nahezu horizontales Stück zwischen
80 und 90% Mg bei 432—437°. Er schloß daraus auf das Bestehen der
Verbindungen AlMg (47,42% Mg) und AlMg$_2$ (64,33% Mg) und glaubte
diese Verbindungen sowie die Verbindung Al$_4$Mg (18,39% Mg) auch
durch rückstandsanalytische Untersuchungen[2] bestätigt zu haben. Bei
einer vollständigen thermischen Analyse des Systems (17 Schmelzen)
fand GRUBE[3] demgegenüber folgenden Verlauf der Liquiduskurve: sie
fällt vom Al-Schmelzpunkt auf 451,5 ± 1° bei 35% Mg (Eutektikum),
steigt zu einem Maximum bei 463°, 55% Mg (entsprechend der Zusammensetzung Al$_3$Mg$_4$ = 54,59% Mg), erreicht ein zweites Eutektikum
bei 440 ± 1°, 68% Mg und steigt dann zum Mg-Schmelzpunkt an.
Den Haltezeiten zufolge erstrecken sich die Eutektikalen von 0—35%
und von der Zusammensetzung Al$_3$Mg$_4$ bis 100% Mg. Zwischen etwa
35% Mg und Al$_3$Mg$_4$ kristallisieren in einem sehr schmalen Erstarrungsintervall Mischkristalle von Al in Al$_3$Mg$_4$. Zu denselben Ergebnissen
gelangte auch EGER[4] (11 Schmelzen) bei einer oberflächlichen Nachprüfung der GRUBEschen Arbeit. Die Temperaturen der Eutektika
und des Maximums fand er zu 452° bzw. 441° und 459°.

Bei thermischen Untersuchungen zwischen 1 und 20% Mg (8 Schmelzen) konnte SCHIRMEISTER[5] eine eutektische Kristallisation (455°) erst
oberhalb 10% Mg feststellen; es scheiden sich also Al-reiche Mischkristalle aus. Die von ihm zwischen 2 und 14% Mg gefundenen thermischen Effekte bei 580—590° sind unzweifelhaft auf Verunreinigungen
des Aluminiums zurückzuführen. Auch VOGEL[6] konnte mit Hilfe thermischer Untersuchungen im Bereich von 0—10% Mg zeigen, daß sich
nicht reines Al, sondern Al-reiche Mischkristalle ausscheiden. Aus den
Kristallisationsintervallen dieser Mischkristalle ermittelte er die
„Sättigungs"konzenvration bei der eutektischen Temperatur zu 6% Mg.

HANSON-GAYLER[7] haben das Diagramm mit Hilfe thermischer und
mikrographischer Untersuchungen einer eingehenden Revision unterzogen. Abb. 63 zeigt die von ihnen bestimmten Liquidus- und Soliduskurven. Danach besitzt die Liquiduskurve zwei Maxima, und zwar das
eine offenbar bei der Zusammensetzung Al$_3$Mg$_2$ (37,54% Mg) und das
andere zwischen 47,5 und 57% Mg. Da die Erstarrungspunkte aller
Schmelzen zwischen 50,4 und 55% Mg bei derselben Temperatur
(465—465,5°) gefunden wurden, ist es nicht möglich, die Konzentration
des Maximums genau anzugeben. Die von GRUBE angenommene Verbindung Al$_3$Mg$_4$ enthält 54,59% Mg, während die Zusammensetzung
Al$_2$Mg$_3$ (57,49% Mg) einen deutlich tieferen (um 2—3°) Erstarrungspunkt besitzt. URASOW[8], der das System ebenfalls thermisch untersuchte
(die Originalarbeit war mir nicht zugänglich) und nur eine Phase
veränderlicher Zusammensetzung zwischen etwa 34,5 und 56,5% Mg

fand, teilt mit, daß das Maximum nicht bei einer Konzentration liegt, die durch ein einfaches Atomverhältnis auszudrücken ist.

In diesem Zusammenhang sind die Versuche von HANSON-GAYLER zur Bestimmung der Soliduskurve der γ-Mischkristalle von Interesse. Sie haben mit Hilfe sehr sorgfältiger mikrographischer Untersuchungen

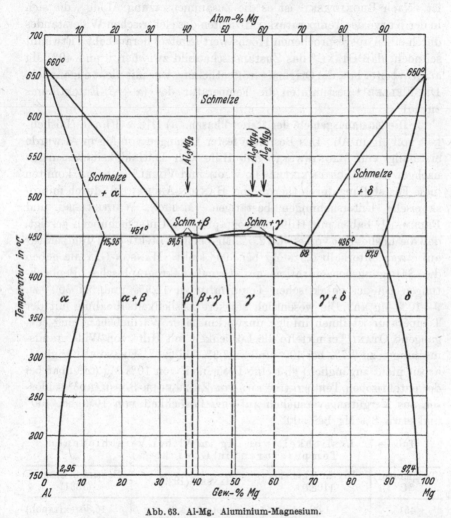

Abb. 63. Al-Mg. Aluminium-Magnesium.

festgestellt, daß die Legierung Al$_3$Mg$_4$ nicht bei einer konstanten Temperatur, sondern in einem Intervall von etwa 5° erstarrt, daß sich dagegen die Liquidus- und Soliduskurve bei 56—57% Mg, d. i. nahe bei Al$_2$Mg$_3$ (also bei einer tieferen Temperatur) berühren. Da gegen den experimentellen Befund nichts einzuwenden und an der großen Genauigkeit der mikrographischen Bestimmungen nicht zu zweifeln ist, so wurden in

Abb. 63 die Erstarrungskurven nach dem Vorgange von HANSON-
GAYLER so gezeichnet, wie sie experimentell gefunden wurden. Diese
Darstellung widerspricht natürlich der Phasenregel. Röntgenographische Untersuchungen werden Klarheit darüber schaffen, ob
eine und welche Konzentration des γ-Gebietes vor anderen ausgezeichnet
ist. Nach BRONIEWSKI[9] ist es die Zusammensetzung Al_2Mg_3, die sich
in der Kurve des Temperaturkoeffizienten des elektrischen Widerstandes
durch einen ausgesprochenen Höchstwert (Spitze) heraushebt. Erwähnt
sei noch, daß OTANI[10] das Zustandsschaubild zwischen 0 und 40% Mg
ausgearbeitet hat, die Originalveröffentlichung war mir nicht zugänglich.
DIX-KELLER[14] bestimmten die Temperatur des $(\alpha + \beta)$-Eutektikums
zu 451°.

2. Die Zustandsgebiete der festen Phasen. a) Die α-Phase (Löslichkeit von Mg in Al). Das Bestehen fester Lösungen von Mg in Al wurde
erstmalig von BRONIEWSKI[9] mit Hilfe von Leitfähigkeitsmessungen
nachgewiesen. SCHIRMEISTER[5] (s. w. o.) und VOGEL[6] (s. w. o.) konnten
diese Feststellung durch thermische, HANSON-ARCHBUTT[11] durch mikroskopische Untersuchungen bestätigen. MERICA, WALTENBERG und
FREEMAN[12] haben mit Hilfe mikrographischer Untersuchungen gezeigt,
daß die Löslichkeit von etwa 12,5% Mg bei der eutektischen Temperatur
auf etwas unterhalb 5,9% Mg bei 300° sinkt. HANSON-GAYLER geben
die Sättigungskonzentration auf Grund mikrographischer Beobachtungen bei der eutektischen Temperatur zu 11,5% und bei 300° zu
9—10% Mg an. Die wesentlich stärkere Löslichkeitsabnahme mit der
Temperatur ist ihnen infolge unzweckmäßiger Wärmebehandlung entgangen. OTANI[10] ermittelte die Löslichkeit mit Hilfe von Widerstandsmessungen zu 9,7% bei 400° und zu 7,3% bei 320°. URASOW[8] (Originalarbeit nicht zugänglich) gibt eine Löslichkeit von 10% Mg (offenbar bei
der eutektischen Temperatur) an. VON ZEERLEDER-BOSSHARD[13] schlossen aus Vergütungsversuchen auf eine Löslichkeit von 10% bei 450°
und etwa 8% Mg bei 300°.

Tabelle 7. Löslichkeit von Mg in Al bei verschiedenen
Temperaturen (in Gewicht-%).

Temperatur °C	DIX u. KELLER (1929)	HANSEN (1929)	SCHMID u. SIEBEL (1931)
451	14,9	(etwa 15,0)	15,35 (extrapol.)
445	—		15,00
430	—	13,6	—
400	11,5	11,8	12,05
350	8,7	9,1	9,05
300	6,4	6,7	6,25
250	4,9	4,7	4,38
		(zwischen 4,0 und 4,95)	
200	4,0	zwischen 2,9 und 4,0	3,38
150	—	—	2,95

Der Verlauf der ganzen Löslichkeitskurve wurde festgelegt von Dix-
Keller[14] (mikrographisch), Hansen[15] (unveröffentlichte mikrographi-
sche Untersuchungen) sowie Schmid-Siebel[16] (röntgenographisch).
Aus den in Tabelle 7 dargestellten Ergebnissen geht hervor, daß die
Löslichkeitskurven gut übereinstimmen. Die röntgenographisch be-
stimmten Löslichkeiten sind oberhalb 350° etwas größer, unter 350°
etwas kleiner als die mikrographisch ermittelten. Miyasaki[17] gibt die
Löslichkeit bei „Raumtemperatur" (?) zu 2,2% Mg an.

b) Die β-Phase, für die nach Hanson-Gayler offenbar die Zusammensetzung Al_3Mg_2 (37,54% Mg) charakteristisch ist, ist nur innerhalb eines engen Konzentrationsgebietes homogen, zwischen etwa 36,5
und 38,5% Mg. Hanson-Gayler konnten keine merkliche Verschiebung der Sättigungsgrenzen mit der Temperatur feststellen. Schon
Vogel[6] und später Sander-Meissner[18] konnten jedoch zeigen, daß
die β $(\alpha + \beta)$-Grenze sich mit fallender Temperatur zu etwas höheren
Mg-Gehalten verschieben muß. Nach Urasow[8] liegt diese Grenze bei
der eutektischen Temperatur bei 34,5% Mg, Otani[10] fand in guter
Übereinstimmung mit Hanson-Gayler 36% Mg (Temperatur?). Aus
den Messungen des elektrischen Widerstandes und der Thermokraft im
Bereich von 31—50% Mg von Mehl[19] und den älteren Leitfähigkeitsmessungen von Broniewski[9] lassen sich keine sicheren Schlüsse bezüglich Existenz oder Nichtexistenz der β-Phase ziehen. Halstead-
Smith[20] kamen auf Grund von Messungen des Widerstandes, seines
Temperaturkoeffizienten und der Thermokraft an Legierungen mit
30—44,7% Mg zu dem Ergebnis, daß in diesem Bereich nicht ein,
sondern zwei Homogenitätsgebiete liegen, deren Grenzen (nach Glühen
bei 300°) sie in erster Annäherung zu 34,5 und 36,4% Mg für die „β_1-
Phase" und zu 37 und 40,5% Mg für die „β_2-Phase" angeben. Dieser —
an sich wohl wenig wahrscheinliche — Befund bedarf unbedingt der
Nachprüfung.

c) Die γ-Phase. Die in Abb. 63 dargestellten Grenzen der γ-Phase
wurden nach den Ergebnissen der mikrographischen Untersuchungen
von Hanson-Gayler gezeichnet. Daß die γ $(\gamma + \delta)$-Grenze sich nicht
mit der Temperatur verschiebt, ist jedoch unwahrscheinlich. (Mehl[19]
gibt die γ $(\beta + \gamma)$-Grenze zu rd. 50% Mg, Urasow[8] die Konzentration
des bei beendeter Erstarrung an Mg gesättigten γ-Mischkristall zu
56,5% Mg (?) an.)

d) Die δ-Phase (Löslichkeit von Al in Mg). Das Bestehen Mg-
reicher Mischkristalle wurde zuerst von Broniewski[9] mit Hilfe von
Leitfähigkeitsmessungen erkannt. Hanson-Gayler glaubten mit Hilfe
von mikrographischen Untersuchungen nachgewiesen zu haben, daß
bei 420° etwa 11%, bei 300° etwa 9% Al löslich seien. Schmidt-
Spitaler[21] fanden jedoch, daß die Löslichkeit mit der Temperatur

stärker, und zwar von etwa 11% bei 436° auf etwa 7,5% Al bei 300° abnimmt. Unter 300° wurden keine Beobachtungen gemacht. ARCHER[22] fand, daß eine abgeschreckte Legierung mit 6% Al durch Anlassen bei 150° noch aushärtbar war; die Löslichkeit muß also auf mindestens 6% heruntersinken. MEISSNER[23] kam zu demselben Ergebnis. HAAS[24] konnte die Feststellungen von ARCHER und MEISSNER nicht bestätigen.

SCHMID-SELIGER[25] haben die ganze Löslichkeitskurve mit großer Genauigkeit durch röntgenographische Untersuchungen festgelegt (vgl. Abb. 63). Danach beträgt das Lösungsvermögen des Magnesiums für Aluminium bei 436° bzw. 400°, 350°, 300°, 250°, 200° und 150° 12,1% bzw. 9,7[26]; 7,32; 5,3; 4,1; 3,2 und 2,6%. Eine spätere Bestimmung von SALDAU-ZAMATORIN[27], wonach die Löslichkeit bei 436° bzw. 400°, 350° und 250° 12,6% bzw. 10,9; 8 und 6% Al beträgt, besitzt nicht die Genauigkeit und Sicherheit der Ergebnisse von SCHMID-SELIGER.

3. Röntgenographische Untersuchungen. a) Al-reiche Mischkristalle: BECKER-EBERT[28], OWEN-PRESTON[29], NISHIYAMA[30], WASSERMANN[31], SCHMID-SIEBEL[16]. b) Mg-reiche Mischkristalle: SCHMID-SELIGER[25].

Nachtrag. SCHMID-SIEBEL[32] haben die Löslichkeit von Al in Mg zwischen 218° und 340° an einkristallinen Legierungen bestimmt und das von SCHMID-SELIGER an vielkristallinen Legierungen gewonnene Ergebnis bestätigt. SALDAU-SERGEEV[33] bestimmten mikrographisch die Löslichkeit von Mg in Al zu $14,0_8$ bzw. $10,0_2$; $8,3_6$; $6,8_2$ und $4,7_4$% Mg bei 435° bzw. 370°, 336°, 285° und 196°. Sehr gute Übereinstimmung mit der Kurve von SCHMID-SIEBEL oberhalb 370°, unter 370° zu hohe Löslichkeit.

Anm. bei der Korrektur: Laut Bericht über eine in japanischer Sprache veröffentlichte Arbeit hat KAWAKAMI[34] auf Grund thermischer, mikrographischer, röntgenographischer und anderer Untersuchungen auf das Bestehen von drei Zwischenphasen veränderlicher Zusammensetzung geschlossen, denen er die Formeln Al_8Mg_5 (36,04% Mg), AlMg (47,42% Mg) und Al_3Mg_4 (54,59% Mg) zuschreibt (vgl. Abb. 63). AlMg soll durch eine peritektische Reaktion von Al_3Mg_4 und Schmelze gebildet werden. Nach ISHIDA[35] fällt die Löslichkeit von Al in Mg von etwa 13% bei 436° auf 5% bei „Raumtemperatur" (vgl. dagegen Abb. 63); HAUGHTON-PAYNE[36] fanden in guter Übereinstimmung mit[25] eine Löslichkeit von 3,6% bei 200°.

Literatur.

1. BOUDOUARD, O.: C. R. Acad. Sci., Paris Bd. 132 (1901) S. 1325/27. — 2. BOUDOUARD, O.: C. R. Acad. Sci., Paris Bd. 133 (1901) S. 1003/1005. — 3. GRUBE, G.: Z. anorg. allg. Chem. Bd. 45 (1905) S. 225/37. — 4. EGER, G.: Int. Z. Metallogr. Bd. 4 (1913) S. 42/46. — 5. SCHIRMEISTER, H.: Met. u. Erz Bd. 11 (1914) S. 522/23. — 6. VOGEL, R.: Z. anorg. allg. Chem. Bd. 107 (1919) S. 267/71. — 7. HANSON, D., u. M. L. V. GAYLER: J. Inst. Met., Lond. Bd. 24

(1920) S. 201/227. — 8. URASOW, G. G.: Ann. Inst. analyt. Phys. Chim., Leningrad Bd. 2 (1924) S. 480/81. — 9. BRONIEWSKI, W.: Ann. Chim. Phys. Bd. 25 (1912) S. 73/79. C. R. Acad. Sci., Paris Bd. 152 (1911) S. 85/87. — 10. OTANI, B.: J. Chem. Ind. Japan Bd. 25 (1922) S. 36/52. Ref. J. Inst. Met., Lond. Bd. 28 (1922) S. 643/44. — 11. HANSON, D., u. S. L. ARCHBUTT: J. Inst. Met., Lond. Bd. 21 (1919) S. 302/303. — 12. MERICA, P. D., R. G. WALTENBERG u. J. R. FREEMAN: Sci. Pap. Bur. Stand. No. 337 (1919) S. 115/119. Trans. Amer. Inst. min. metallurg. Engr. Bd. 64 (1921) S. 15/21. — 13. v. ZEERLEDER u. M. BOSSHARD: Z. Metallkde. Bd. 19 (1927) S. 463/65. — 14. DIX, E. H., u. F. KELLER: Trans. Amer. Inst. min. metallurg. Engr. Inst. Metals Div. 1929 S. 351/65. Z. Metallkde. Bd. 21 (1929) S. 205/206. — 15. Die Untersuchung wurde bei Veröffentlichung der Arbeit von DIX und KELLER abgebrochen. — 16. SCHMID, E., u. G. SIEBEL: Z. Metallkde. Bd. 23 (1931) S. 202/204. — 17. MIYAZAKI, K.: Kinzoku no Kenkyu Bd. 6 (1929) S. 124/26 (japan.). Ref. J. Inst. Met., Lond. Bd. 41 (1929) S. 438. — 18. SANDER, W., u. K. L. MEISSNER: Z. Metallkde. Bd. 16 (1924) S. 13/14. — 19. MEHL, R. F.: Trans. Amer. electrochem. Soc. Bd. 46 (1924) S. 164/76. — 20. HALSTEAD, T., u. D. P. SMITH: Trans. Amer. electrochem. Soc. Bd. 49 (1926) S. 291/312. — 21. SCHMIDT, W., u. P. SPITALER: Z. Metallkde. Bd. 19 (1929) S. 452/55. S. auch J. Inst. Met., Lond. Bd. 38 (1927) S. 197. — 22. ARCHER, R. S.: Trans. Amer. Soc. Steel Treat. Bd. 10 (1926) S. 728/29. — 23. MEISSNER, K. L.: J. Inst. Met., Lond. Bd. 38 (1927) S. 201. — 24. HAAS, M.: Z. Metallkde. S. 21 (1929) S. 62. — 25. SCHMID, E., u. H. SELIGER: Z. Elektrochem. Bd. 37 (1931) S. 455/58. Metallwirtsch. Bd. 11 (1932) S. 409/411. J. Inst. Met., Lond. Bd. 48 (1932) S. 226. — 26. In der Tabelle sind 10,66%, in der Abb. 9,7% angegeben; der erste Wert fällt stark aus der Kurve heraus. — 27. SALDAU, P., u. M. ZAMATORIN: J. Inst. Met., Lond. Bd. 48 (1932) S. 221/25. — 28. BECKER, K., u. F. EBERT: Z. Physik Bd. 16 (1923) S. 166. — 29. OWEN, E. A., u. G. D. PRESTON: Proc. Phys. Soc., Lond. Bd. 36 (1923) S. 25/28. — 30. NISHIYAMA, Z.: Sci. Rep. Tôhoku Univ. Bd. 18 (1929) S. 388. — 31. WASSERMANN, G.: Z. Metallkde. Bd. 22 (1930) S. 158. — 32. SCHMID, E., u. G. SIEBEL: Z. Physik Bd. 85 (1933) S. 37/41. — 33. SALDAU, P. J., u. L. N. SERGEEV: Ref. einer russischen Arbeit in J. Inst. Met., Lond. Met. Abs. Bd. 1 (1934) S. 563. — 34. KAWAKAMI, M.: Kinzoku no Kenkyu Bd. 10 (1933) S. 532/554 (japan.); Ref. J. Inst. Met., Lond. Met. Abs. Bd. 1 (1934) S. 169. — 35. ISHIDA, S.: J. Mining Inst. Japan Bd. 46 (1930) S. 245/68 (japan.); Ref. J. Inst. Met., Lond. Met. Abs. Bd. 1 (1934) S. 417. — 36. HAUGHTON, J. L., u. R. J. M. PAYNE: J. Inst. Met. Lond. Bd. 57 (1935) S. 293/94.

Al-Mn. Aluminium-Mangan.

Die älteren Arbeiten von WÖHLER-MICHEL[1] sowie BRUNCK[2], die durch Behandeln von Legierungen mit verdünnter Salzsäure Rückstände erhielten, denen sie die Formeln Al_3Mn (40,44% Mn) bzw. Al_7Mn_2 (36,79% Mn) zuschrieben, haben heute keine Bedeutung mehr, zumal die Rückstände durch Fe und Si stark verunreinigt waren. Aber auch die Untersuchungen von GUILLET[3] dürften als überholt anzusehen sein. GUILLET fand auf gleichem Wege die Verbindungen Al_3Mn und Al_3Mn_2 (57,58% Mn); ferner glaubte er, in aluminothermisch hergestellten Legierungen Einzelkristalle von der Zusammensetzung Al_4Mn (33,75% Mn) gefunden zu haben.

Durch thermische Analyse, deren Ergebnisse „nicht immer genügend sicher" waren, gelangte HINDRICHS[4] zu dem in Abb. 64a dargestellten Diagramm. In Anbetracht der Tatsache, daß sich der Untersuchung experimentelle Schwierigkeiten in den Weg stellten (wie starke Seigerungen, Abbrand[5], kleine thermische Effekte und Sprödigkeit der Legierungen, die eine mikroskopische Prüfung der Legierungen mit mehr als 40% Mn sehr erschwerte), war das HINDRICHsche Diagramm schon zur Zeit seiner Veröffentlichung mit Vorbehalt aufzunehmen, ganz besonders aber dann, als gezeigt wurde, daß die Mischungslücke im flüssigen Zustand im Bereich von rd. 15—43% Mn (Abb. 64a) fehlt. Die Zusammensetzung der bei 670° peritektisch gebildeten Verbindung konnte nicht ermittelt werden, da in keinem Fall eine homogene Legierung erhalten wurde. Immerhin hält HINDRICHS die Verbindung Al_3Mn für möglich. Die Konstitution der Mn-reichen Legierungen blieb gänzlich ungeklärt; so fehlen z. B. die durch die beiden polymorphen Umwandlungen des Mangans bedingten Gleichgewichtskurven. HINDRICHS macht folgende Angaben: 1. Ob die Temperaturen des Beginns der Erstarrung im Bereich von 80—95% Mn auf einer Horizontalen bei 1280° liegen (was für eine Mischungslücke im flüssigen Zustand sprechen würde), oder ob ein sehr flaches Maximum vorliegt, ließ sich nicht entscheiden. Die Legierungen erstarrten in deutlichen Intervallen. 2. Da die Dauer der Haltezeiten bei 1040° bei 85% Mn am größten war und die Legierungen dieses Konzentrationsgebietes nach dem Erkalten aus zwei Kristallarten bestanden, nahm HINDRICHS an, daß oberhalb 1040° Mischkristalle auf der Basis der Verbindung $AlMn_3$ (85,94% Mn) bestehen, die bei 1040° in eine Al-reichere Phase und praktisch reines Mangan zerfallen. Nach der Gleichgewichtslehre ist ein derartiger Aufbau jedoch unmöglich. Das Bestehen der Horizontalen bei 1040° verlangt vielmehr, daß oberhalb und unterhalb dieser Temperatur Zweiphasengebiete vorliegen[6].

ROSENHAIN-LANTSBERRY[7] haben die Konstitution der Al-reichen Legierungen untersucht. Sie verzichteten auf die Veröffentlichung ihrer Ergebnisse, da starke Seigerungen zu uneinheitlichen Legierungen führten und das verwendete Mn nur 96%ig war. Sie geben an, daß 3—4% Mn den Al-Schmelzpunkt auf 650° (eutektische Temperatur) erniedrigen. Die Liquiduspunkte Mn-reicherer Legierungen liegen — im Gegensatz zu dem Befund von HINDRICHS — auf einer glatten Kurve bis zur Zusammensetzung Al_3Mn (40,44% Mn), wo die Liquiduskurve ihre Richtung ändert. Die Existenz der Verbindung Al_3Mn sehen die Verfasser als gesichert an, da die Menge der intermediären Kristallart allmählich zu bis dieser Konzentration, die sich als homogen erweist, zunimmt.

BRONIEWSKI[8] hat die elektrische Leitfähigkeit im Bereich von 0 bis rd. 50% Mn gemessen. Er fand, daß Leitfähigkeit und Temperaturkoeffizient des Al schon durch kleine Mn-Gehalte stark erniedrigt werden, was für eine gewisse Löslichkeit spricht (s. S. 129 DIX und KEITH). Während die Leitfähigkeitskurve keine ausgezeichneten Punkte aufweist, macht sich auf der Kurve des Temperaturkoeffizienten die Konzentration Al_3Mn durch einen Höchstwert bemerkbar. Für eine Entscheidung über die Formel der Al-reichen Verbindung ist jedoch diese letztere Tatsache ohne Bedeutung, da sich die Legierungen BRONIEWSKIs sicher nicht im Gleichgewicht befanden und möglicherweise drei Kristallarten enthielten.

Dem Referat einer in japanischer Sprache veröffentlichten Arbeit von GOTO-MISHIMA[9] zufolge fanden diese Autoren, daß im System Al-Mn zwei Mischungslücken im flüssigen Zustand zwischen 10 und 45% Mn bzw. 90 und 95% Mn (vgl. HINDRICHS) und die drei Verbindungen Al_5Mn (28,94% Mn), Al_2Mn (50,45% Mn) und $AlMn_3$ (85,94% Mn) vorhanden sind. Nähere Angaben über diese Untersuchung waren mir nicht zugänglich.

DANIELS[10] veröffentlichte erstmalig Gefügebilder Al-reicher Legierungen. Eine Legierung mit 9,6% Mn hat — abgesehen von den durch die Verunreinigungen entstandenen Kristallarten — ein typisches peritektisches Gefüge (3 Bestandteile). Durch 98stündiges Glühen bei 580° konnte eine Kristallart nahezu zum Verschwinden gebracht werden. Die Zusammensetzung der Bestandteile wurde nicht bestimmt.

KRINGS-OSTMANN[11] schließen aus einer Untersuchung des ternären Systems Cu-Al-Mn, daß die Verbindung Al_3Mn, die nach ROSENHAIN-LANTSBERRY als sichergestellt gelten konnte, nicht bestehen kann[12]. Dagegen müsse es eine Verbindung Al_4Mn (33,74% Mn) geben, da der Schnitt Al_2Cu-Al_4Mn sich als quasibinär erwies. Für die Mischungslücke von 15—43% Mn konnten sie weder im binären noch im ternären System eine Bestätigung finden.

Die Löslichkeit von Mangan in festem Aluminium wurde von DIX-KEITH[13] mit Hilfe sehr eingehender mikroskopischer Untersuchungen von sorgfältig geglühten (4—12 Tage) und abgeschreckten Legierungen bestimmt, die aus Aluminium hoher Reinheit[14] hergestellt waren. Die eutektische Temperatur wurde als Mittel aus fünf Bestimmungen bei 657°, die eutektische Konzentration durch mikroskopische Beobachtungen zu 2,2% Mn gefunden. Die Löslichkeit bei 657° bzw. 600°, 550°, 500° und 200° ergab sich zu 0,65 bzw. 0,3, 0,25, 0,15 und < 0,14% Mn (vgl. jedoch Nachtrag).

RASSOW[15] hat das Diagramm bis 40% Mn mit Hilfe der thermischen Analyse ausgearbeitet (Abb. 64b). Im einzelnen ist folgendes zu sagen: 1. Anzeichen für eine Mischungslücke im flüssigen Zustand konnten nicht festgestellt werden. 2. Die eutektische Konzentration wurde nicht ermittelt. 3. Die Eutektikale konnte bis etwa 23% Mn verfolgt werden. 4. Die (neu aufgefundene) Horizontale bei 820° und die Horizontale bei 670° erreichen nach den Haltezeiten ihr Ende bei rd. 33 bzw. 34% Mn. Das Maximum der Haltezeiten liegt bei beiden Reaktionen um etwa

23% Mn. Aus diesen Beobachtungen schließt Rassow auf das Bestehen der Verbindung Al₇Mn mit 22,54% Mn, die bei 820° peritektisch gebildet wird und bei 670° eine polymorphe Umwandlung erleidet.

Rassow weist darauf hin, daß man auch daran denken könne, die Horizontale bei 670° mit Hindrichs für eine Peritektikale zu halten, zumal die Wärmetönungen bei 670° (Maximum der Haltezeiten 4,5 Minuten) sehr viel größer als bei 820° (Maximum der Haltezeiten 100 Sekunden) seien, was gegen eine polymorphe Umwandlung sprechen könnte. Auf Grund der gefundenen Abhängigkeit der Haltezeiten von der Konzentration sei die Annahme einer Umwandlung jedoch berechtigter. Rassow teilt mit, daß die thermischen Befunde mikroskopisch

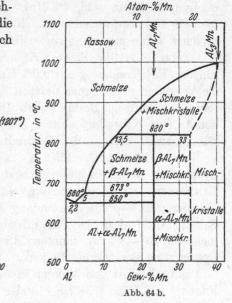

Abb. 64 a.   Abb. 64 b.
Abb. 64 a und b. Al-Mn. Aluminium-Mangan.

weitgehend bestätigt werden konnten; eine Legierung mit 23,6% Mn habe nach 20stündigem Glühen bei 790—800° „weitgehend aus einer Kristallart" bestanden. Auch das Bestehen eines Mischkristallgebietes zwischen 34 und 40% Mn wurde erwiesen.

Die nach Hindrichs nicht wieder untersuchte Konstitution der Legierungen mit mehr als 50% Mn wurde im wesentlichen aufgeklärt durch eine — bereits 1926 in japanischer Sprache veröffentlichte — Arbeit von Ishiwara[16], die einem größeren Leserkreis durch eine kurze Zusammenfassung der Versuchsergebnisse bekannt geworden ist. Zu dem in Abb. 64c dargestellten Zustandsdiagramm Ishiwaras ist zu bemerken, daß die Liquiduskurve und die horizontalen Gleichgewichtskurven mit Hilfe der thermischen Analyse, die Kurven der polymorphen Umwandlungen der Mn-reichen Mischkristalle sowie die Phasengrenzen der α-,

γ- und δ-Gebiete mit Hilfe von Messungen des Widerstandes und der Längenänderung bei steigender Temperatur festgelegt wurden. Mikroskopische Beobachtungen bestätigten die aus diesen Untersuchungen gezogenen Schlüsse. Die von Ishiwara angegebenen Umwandlungstemperaturen des Mangans beziehen sich auf ein Metall mit einem Reinheitsgrad von 96—98%; nach Gayler findet die $\alpha \rightleftharpoons \beta$- bzw. $\beta \rightleftharpoons \gamma$-Umwandlung reinen Mangans bei 742° bzw. 1191° statt.

Aus der Tatsache, daß nach Persson[17] in gewissen Cu-Mn-Al-Legierungen eine Phase mit kubisch-raumzentriertem Gitter auftritt, in der die Cu- und Mn-Atome in regelloser Verteilung zusammen ein einfaches kubisches Gitter besetzen, während die Al-Atome die Punkte des zentrierenden kubischen Gitters einnehmen, schloß Westgren[18] auf die Möglichkeit der Existenz einer Verbindung AlMn (67,07% Mn) mit kubisch-raumzentrierter Gitterstruktur. Diese Vermutung hat sich, wie Westgren[19] an anderer Stelle mitteilt (s. auch Ekman[20]), bestätigt. Nach Ishiwaras Diagramm liegt die der Formel AlMn entsprechende Zusammensetzung an der Mn-reichen Grenze der δ-Phase,

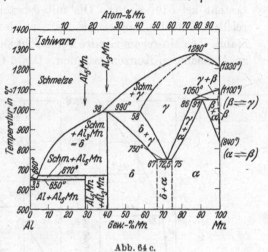

Abb. 64 c.

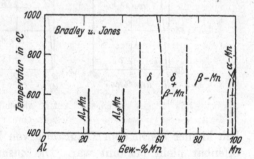

Abb. 64 d.

Abb. 64 c und d. Al-Mn. Aluminium-Mangan.

die nach Ishiwara als eine feste Lösung von Mn in Al_3Mn aufzufassen ist. Die Befunde von Ishiwara und Westgren-Ekman widersprechen sich also. Nach letzteren müßte zwischen den Zusammensetzungen Al_3Mn und AlMn eine Mischungslücke vorhanden sein; sie wurde auch von Bradley-Jones[21] (s. Nachtrag) gefunden.

Nachtrag. Einen Überblick über die im System Al-Mn bei 500 bis 1000° vorliegenden Kristallarten haben Bradley-Jones[21] gegeben, und zwar mit Hilfe röntgenographischer Untersuchungen (Pulvermethode) an Legierungen, die in der Hauptsache bei 500—600° längere

Zeit geglüht waren. Die Gitterstrukturen wurden nicht bestimmt. Die
Verunreinigungen der Legierungen nahmen bis auf höchstens 1%
(Fe + Si + C) in den Mn-reichsten Mischungen zu. Abb. 64d gibt das
von BRADLEY-JONES mitgeteilte „vorläufige" Diagramm wieder. Danach bestehen die Verbindungen Al_7Mn (in Übereinstimmung mit
RASSOW) und sehr wahrscheinlich Al_3Mn. Eine Verbindung Al_4Mn
besteht bei 570° nicht. Die mit δ bezeichnete Phase ist an der Al-
reichen Seite bis mindestens 860°, an der Mn-reichen Seite bis 1000°
stabil. Die Mn-reiche Grenze verschiebt sich mit steigender Temperatur
zu Al-reicheren Konzentrationen. Das δ-Gebiet (Abb. 64d) ist wesent-

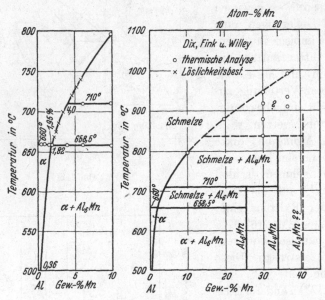

Abb. 64 e.   Al-Mn.   Aluminium-Mangan.

lich kleiner als in dem Diagramm von ISHIWARA, das den Verfassern
offenbar nicht bekannt war. Die Zusammensetzung AlMn, die man
nach den Strukturuntersuchungen als charakteristisch anzusehen hat,
ist nach BRADLEY-JONES zweiphasig. Möglicherweise ist also die Verbindung AlMn nur mit einem gewissen Überschuß an Al stabil. Die
β-Mn-Phase besteht innerhalb eines weiten Konzentrationsgebietes; das
steht ebenfalls im Widerspruch zu dem Diagramm von ISHIWARA
(Abb. 64c). α-Mn hat nach BRADLEY-JONES nur ein sehr geringes
Lösungsvermögen für Al, doch sind die in Abb. 64d angegebenen
Grenzen in diesem Gebiet nur ganz roh.

    Über den Aufbau der Al-reichen Legierungen liegt eine sorgfältige
Untersuchung von DIX, FINK und WILLEY[22] vor[23] (Abb. 64e). Es
stellte sich heraus, daß die kleinen Fe-Gehalte des in der Arbeit von

DIX-KEITH[13] (s. S. 129) verwendeten Al[14] die Löslichkeit von Mn in Al unter Bildung eines Al-Mn-Fe-Bestandteils stark erniedrigen. Eine neue Bestimmung der Löslichkeit unter Verwendung des reineren Al[23] mit Hilfe von Messungen der elektrischen Leitfähigkeit geglühter und abgeschreckter Legierungen zeigte, daß bei 658,5° (eutektische Temperatur) bzw. 626°, 570° und 500° 1,82% (extrapoliert) bzw. 1,35%, 0,78% und 0,36% Mn löslich sind.

Die Zusammensetzung der sich unterhalb und oberhalb 710° primär ausscheidenden Kristallarten wurde auf rückstandsanalytischem Wege zu Al_6Mn (25,35% Mn) und Al_4Mn (33,74% Mn) ermittelt. Mikroskopische und qualitative röntgenographische Untersuchungen an geglühten Legierungen bestätigten diesen Befund. Die Zusammensetzungen Al_7Mn (RASSOW, BRADLEY-JONES) und Al_5Mn (GOTO-MISHIMA, ISHIWARA) erwiesen sich als heterogen.

Die Liquiduskurve wurde teils durch thermische Analyse, teils durch Löslichkeitsbestimmung der primär kristallisierenden Verbindungen Al_6Mn und Al_4Mn in flüssigem Al bestimmt (s. Abb. 64e). Die Temperatur der peritektischen Umsetzung Al_4Mn + Schmelze (4% Mn) $\rightleftharpoons Al_6Mn$ wurde bei Abkühlung zu 678° (vgl. Abb. 64a, b, c), bei Erhitzung zu 710° gefunden; letztere wurde — auch auf Grund der Löslichkeitsbestimmungen — als Gleichgewichtstemperatur angenommen. Auch Al_4Mn schmilzt unter Zersetzung, wobei möglicherweise Al_3Mn (?) gebildet wird.

Bestimmungen der Löslichkeit von Mn in Al von BOSSHARD[24] sind im Hinblick auf den hohen Fe-Gehalt (0,3%) des verwendeten Al ohne Bedeutung für das Zweistoffsystem Al-Mn.

Zusammenfassend ist über den Aufbau der Al-Mn-Legierungen folgendes zu sagen: 1. Eine Mischungslücke im flüssigen Zustand[4 9] besteht sicher nicht 2. Die eutektische Temperatur (650° nach[4 7 15 16], 657° nach[13], 658,5° nach[22]) ist mit DIX-FINK-WILLEY zu 658,5° anzunehmen (Grund: höhere Reinheit des verwendeten Al). 3. Die eutektische Konzentration (3—4% nach[7], 2,2% nach[13], 3,5% nach[16], 1,95% nach[22]) ist nach dem unter 2 angegebenen Grunde bei 1,95% anzunehmen. 4. Über den Grad der Löslichkeit von Mn in Al höchster Reinheit sind wir durch die Arbeit von DIX-FINK-WILLEY unterrichtet. 5. Die Al-reichste Verbindung (Al_3Mn? nach[4], Al_5Mn nach[9 16], Al_7Mn nach[15 21]) hat die Formel Al_6Mn[22], sie schmilzt unter Zersetzung bei 710°[22]. 6. Die nächste Zwischenphase entspricht höchstwahrscheinlich der Zusammensetzung Al_4Mn[21 22] statt Al_3Mn[15 16 21]. Ihre Schmelztemperatur ist noch unbekannt. 7. Der Aufbau der Al-reichen Legierungen wird durch Abb. 64e sicher einwandfrei beschrieben. 8. Das Bestehen der Verbindung Al_3Mn wird von zahlreichen Forschern[1 3 4 7 8 15 16 21 22] angenommen oder vermutet. Es bleibt noch festzustellen,

ob sie nur Mn (ISHIWARA) oder auch Al (RASSOW) zu lösen vermag,
oder ob sie eine singuläre Phase ist (BRADLEY-JONES). 9. Zwischen
Al_3Mn und der Phase AlMn, deren Bestehen als sichergestellt gelten
kann[18-20] (möglicherweise ist sie nur bei einem Überschuß an Al stabil[21]),
muß eine Mischungslücke vorhanden sein[21]. Das Diagramm von ISHI-
WARA kann also in diesem Bereich nicht zutreffen. 10. Über den Aufbau
der Mn-reichen Legierungen läßt sich wegen der schon stark ins Gewicht
fallenden Verunreinigungen des verwendeten Mn nichts Sicheres sagen,
zumal sich die Ergebnisse von ISHIWARA und BRADLEY-JONES widersprechen.

Literatur.

1. WÖHLER, F., u. F. MICHEL: Liebigs Ann. Bd. 115 (1860) S. 104. MICHEL, F.:
Diss. Göttingen 1860. — 2. BRUNCK, O.: Ber. dtsch. chem. Ges. Bd. 34 (1901)
S. 2735. — 3. GUILLET, L.: C. R. Acad. Sci., Paris Bd. 134 (1902) S. 237/38. Bull.
Soc. Encour. Ind. nat. Bd. 103 (1902) S. 249/52. — HINDRICHS, G.: Z. anorg.
allg. Chem. Bd. 59 (1908) S. 441/48. Das Mn war 98—98,5% ig; das Al enthielt
0,23% Cu, 0,25% Fe, 0,42% Si. — 5. Die Legierungen wurden nicht analysiert.
— 6. Dieser Notwendigkeit Rechnung tragend, hat W. GUERTLER: Metallographie
Bd. 1 S. 785/90, Berlin: Gebr. Borntraeger 1912, ein hypothetisches Diagramm
entworfen, wonach die bei 1280° aus zwei Schmelzen gebildete Verbindung $AlMn_3$
bei 1040° eine polymorphe Umwandlung erleidet. Für die Existenz einer polymorphen Umwandlung würde nach GUERTLER die Tatsache sprechen, daß eine
Legierung von der Zusammensetzung $AlMn_3$ in einer indifferenten Atmosphäre
ohne Gewichtsverlust zu Pulver zerfällt. (Vgl. L. GUILLET: C. R. Acad. Sci., Paris
Bd. 169 (1919) S. 1042/43.) GUERTLER nimmt des weiteren eine Verbindung AlMn
(67,1% Mn) an, die oberhalb 980° aus Al_3Mn und Schmelze gebildet werden soll.
— 7. ROSENHAIN, W., u. F. C. A. H. LANTSBERRY: Proc. Instn. mech. Engr.
Bd. 74 (1910) S. 252/54. — 8. BRONIEWSKI, W.: Ann. Chim. Phys. Bd. 25 (1912)
S. 103/06. — 9. GOTO, M., u. T. MISHIMA: Nippon-Kogyo Kwaishi Bd. 41 (1925)
Nr. 477 S. 1/17 (japan.). Japan. J. Engng. Bd. 5 (1925) S. 48. J. Inst. Met.,
Lond. Bd. 38 (1927) S. 410. — 10. DANIELS, S.: Ind. Engng. Chem. Bd. 18 (1926)
S. 125/30. — 11. KRINGS, W., u. W. OSTMANN: Z. anorg. allg. Chem. Bd. 163
(1927) S. 145/54. — 12. Die Verfasser schließen das aus der Tatsache, daß eine
Legierung des Schnittes Al_2Cu-Al_3Mn drei Phasen hatte. Es ist jedoch nicht
ausgeschlossen, daß diese drei Phasen durch eine unvollständige peritektische
Reaktion entstanden sind. — 13. DIX, E. H. JUN., u. W. D. KEITH: Proc. Amer.
Inst. Metals Div., Amer. Inst. min. metallurg. Engr. 1927 S. 315/33. Ref.
Z. Metallkde. Bd. 19 (1927) S. 497/98. — 14. Analyse des Al: 0,021% Cu,
0,012% Fe, 0,013% Si. Analyse des Mn: 1,05% Al, 0,08% C, 0,01% Cu, 1,21% Fe,
0,051% P, 1,21% Si. — 15. RASSOW, E.: Haus-Z. Aluminium Bd. 1 (1929) S. 187/90.
Das verwendete Al war 99,85% ig, das Mn war aluminothermisches Mn von GOLD-
SCHMIDT. — 16. ISHIWARA, T.: Kinzoku no Kenkyu Bd. 3 (1926) S. 13 (japan.).
Sci. Rep. Tôhoku Univ. Bd. 19 (1930) S. 500/04. Es wurde ein 99,5% iges Al
und ein 96—98% iges Mn verwendet. — 17. PERSSON, E.: Z. Physik: Bd. 57 (1929)
S. 115/33. S. neuerdings auch O. HEUSLER: Z. Metallkde. Bd. 25 (1933) S. 274/77.
— 18. WESTGREN, A.: Metallwirtsch. Bd. 9 (1930) S. 923. — 19. WESTGREN, A.:
Z. Metallkde. Bd. 22 (1930) S. 372. — 20. EKMAN, W.: Z. physik. Chem. B Bd. 12
(1931) S. 57/78. — 21. BRADLEY, A. J., u. P. JONES: Philos. Mag. 7 Bd. 12 (1931)
S. 1137/52. — 22. DIX, E. H. JUN., W. L. FINK u. L. A. WILLEY: Trans. Amer.
Inst. min. metallurg. Engr. Inst. Metals Div. 1933 S. 335/52. — 23. Analyse des

Al: etwa 0,007% Fe, 0,004% Si, 0,0035% Cu. Die Legierungen enthielten meist weniger als je 0,01% Fe, Si, Cu. — **24.** BOSSHARD, M.: Ber. Nr. 231 Bureau Int. de l'Aluminium 1932; zitiert nach [22].

Al-Mo. Aluminium-Molybdän.

WÖHLER-MICHEL[1] glaubten durch Behandeln einer Al-reichen Legierung mit verdünnter NaOH die Verbindung Al_4Mo (47,1% Mo) isoliert zu haben. GUILLET[2] erhielt durch Reduktion von Molybdänsäure mit Aluminium Legierungen mit verschiedenen Mo-Gehalten, die teils aus Einzelkristallen, teils aus kompakten Massen bestanden. Die Analyse der Kristalle und der aus den kompakten Massen durch Behandeln mit verdünnter Salzsäure isolierten Rückstände ergab die Zusammensetzungen Al_7Mo, Al_3Mo, $AlMo$, $AlMo_4$. Diese Angaben sind wertlos.

Durch die Untersuchung von REIMANN[3], nach der die Al-reichen Legierungen infolge unvollständiger peritektischer Umsetzung ohne Wärmebehandlung aus **drei** Kristallarten bestehen, ist gezeigt worden, daß rückstandsanalytische Untersuchungen sicher zu unrichtigen Ergebnissen führen müssen. Die thermische Untersuchung einer Anzahl Legierungen mit 2 bis 35% Mo[4], die durch Reduktion von Molybdänglanz mit Aluminium hergestellt waren, ergab eine eutektische Horizontale beim Al-Schmelzpunkt, eine zweite Horizontale

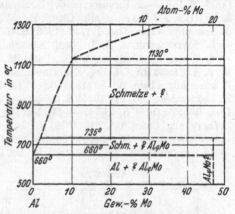

Abb. 65. Al-Mo. Aluminium-Molybdän.

bei rd. 735° und mit einiger Wahrscheinlichkeit noch eine weitere Horizontale bei 1130°. Aus den mikroskopischen Beobachtungen (besonders einer Legierung mit 12% Mo + 2% Fe) ist zu schließen, daß die Horizontale bei 735° eine Peritektikale ist. Die Zusammensetzung der beiden beobachteten intermediären Kristallarten wurde nicht bestimmt. In Abb. 65 ist das von REIMANN gegebene hypothetische Diagramm dargestellt.

Nachtrag. Nach RÖNTGEN-KOCH[5] (mikroskopische Untersuchungen) liegt die feste Löslichkeit von Mo in Al bei 560° in der Größenordnung von 0,01—0,02%.

Literatur.

1. WÖHLER, F., u. F. MICHEL: Liebigs Ann. Bd. 115 (1860) S. 103. MICHEL, F.: Diss. Göttingen 1860. — **2.** GUILLET, L.: C. R. Acad. Sci., Paris Bd. 132 (1901) S. 1322/25; Bd. 133 (1901) S. 291/93. Bull. Soc. Encour Ind. nat. Bd. 103 (1902) S. 232/36. — **3.** REIMANN, H.: Z. Metallkde. Bd. 14 (1922) S. 119/23. — **4.** Die Legierungen wurden nicht analysiert. Einzelne thermische Daten werden nicht angegeben. — **5.** RÖNTGEN, P., u. W. KOCH: Z. Metallkde. Bd. 25 (1933) S. 184.

Al-N. Aluminium-Stickstoff.

Aluminium und Stickstoff vereinigen sich lebhaft bei rd. 800° (wenn das Aluminium pulverförmig ist) zu dem Nitrid AlN (34,18% N). Über die Darstellung und Eigenschaften dieser Verbindung unterrichten u. a. die Arbeiten von MALLET[1], ZENGHELIS[2], FICHTER[3] (daselbst ältere Literaturangaben), STRUKOW[4], SOFIANO-POULOS[5], WOLK[6], FICHTER-SPENGEL[7] (daselbst weitere Literaturangaben), WOLF[8], FICHTER-OESTERHELD[9], TSCHISCHEWSKI[10] und NEUMANN-KRÖGER-HAEBLER[11] [12].

Über die Löslichkeit von N_2 in flüssigem Al siehe die Arbeiten von CZOCHRALSKI[13], HESSENBRUCH[14], CLAUS-BRIESEMEISTER-KALAEHNE[15] und RÖNTGEN-BRAUN[16]. CZOCHRALSKI hat Gefügebilder von AlN-haltigem Al veröffentlicht. AlN zersetzt sich an feuchter Luft unter Bildung von Ammoniak.

AlN hat ein hexagonales Gitter vom Typus des Wurtzitgitters[17].

Literatur.

1. MALLET, J. W.: J. chem. Soc. Bd. 30 (1876) S. 349. Liebigs Ann. Bd. 186 (1877) S. 155. — 2. ZENGHELIS, C.: Z. physik. Chem. Bd. 46 (1903) S. 289/90. — 3. FICHTER, F.: Z. anorg. allg. Chem. Bd. 54 (1907) S. 322/27. — 4. STRUKOW, I.: J. russ. phys.-chem. Ges. Bd. 40 (1908) S. 457/59. Ref. Chem. Zbl. 1908 II S. 484. — 5. SOFIANOPOULOS, A. J.: Bull. Soc. chim. France 4 Bd. 5 (1909) S. 614/16. — 6. WOLK, D.: C. R. Acad. Sci., Paris Bd. 151 (1910) S. 318/19. — 7. FICHTER, F., u. A. SPENGEL: Z. anorg. allg. Chem. Bd. 82 (1913) S. 192/97. — 8. WOLF, F.: Z. anorg. allg. Chem. Bd. 83 (1913) S. 159/62. — 9. FICHTER, F., u. G. OESTERHELD: Z. Elektrochem. Bd. 21 (1915) S. 50/54. — 10. TSCHISCHEWSKI, N.: J. Iron Steel Inst. Bd. 92 (1915) S. 73/74. — 11. NEUMANN, B., C. KRÖGER u. H. HAEBLER: Z. anorg. allg. Chem. Bd. 204 (1932) S. 83/87. — 12. S. auch die Zusammenfassung in R. J. ANDERSON: Metallurgy of alum. and alum. alloys New York 1925, S.145/46. — 13. CZOCHRALSKI, J.: Z. Metallkde. Bd. 14 (1922) S. 278/81. — 14. HESSEN-BRUCH, W.: Z. Metallkde. Bd. 21 (1929) S. 54. — 15. CLAUS, W., S. BRIESEMEISTER u. E. KA-LAEHNE: Z. Metallkde. Bd. 21 (1929) S. 268. — 16. RÖNTGEN, P., u. H. BRAUN: Metallwirtsch. Bd. 11 (1932) S. 471/72. — 17. OTT, H.: Z. Physik Bd. 22 (1924) S. 201/14. S. auch „Struktur-bericht".

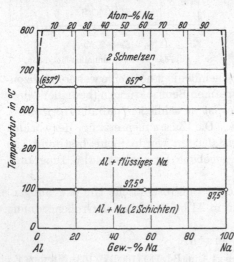

Abb. 66. Al-Na. Aluminium-Natrium.

Al-Na.
Aluminium-Natrium.

Nach MATHEWSON[1] wird weder der Erstarrungspunkt des Aluminiums (99,7% Al) durch Na-Zusatz noch der Erstarrungspunkt des Natriums[2] durch Al-Zusatz beeinflußt (Abb. 66). Die beiden Metalle sind also im flüssigen Zustand nicht merklich ineinander löslich: sie legieren sich nicht.

Literatur.

1. Mathewson, C. H.: Z. anorg. allg. Chem. Bd. 48 (1906) S. 192/93. — **2.** In Übereinstimmung mit C. T. Heycock u. F. H. Neville: J. chem. Soc. Bd. 55 (1889) S. 668.

Al-Nb. Aluminium-Niobium.

Marignac[1] hat bei der Reduktion von K_2NbF_7 mit Al einen Regulus erhalten, der nach Behandlung mit verdünnter HCl ein kristallinisches Pulver von der annähernden Zusammensetzung Al_3Nb (53,6% Nb) zurückließ.

von Olshausen[2] hat die Gitterstruktur eines aluminothermisch hergestellten Niobiums, das nach von Bolton[3] annähernd 3 Gewichts-% = 10 Atom-% Al enthalten haben muß, untersucht. Über die Natur der mit Nb (bzw. Nb-reichem Mischkristall) im Gleichgewicht stehenden Phase vermochte er nichts auszusagen.

Literatur.

1. Marignac, L.: C. R. Acad. Sci., Paris Bd. 66 (1868) S. 180/83. — **2.** Olshausen, S. v.: Z. Kristallogr. Bd. 61 (1925) S. 475/78. — **3.** Bolton, W. v.: Z. Elektrochem. Bd. 13 (1907) S. 146.

Al-Nd. Aluminium-Neodym.

Die Verbindung AlNd (84,4% Nd) hat CsCl-Struktur[1].

Literatur.

1. Stillwell, C. W., u. E. E. Jukkola: J. Amer. chem. Soc. Bd. 56 (1934) S. 56/57.

Al-Ni. Aluminium-Nickel.

Wöhler-Michel[1] glaubten durch Behandeln einer Al-reichen Legierung mit verdünnter Salzsäure die Verbindung Al_6Ni (26,62% Ni) isoliert zu haben. Brunck[2] erschmolz eine Legierung mit etwa 14% Ni, die nach dem Behandeln mit 3%iger Salzsäure einen aus hellen Nadeln bestehenden Rückstand ergab, der der Zusammensetzung Al_3Ni (42,04% Ni) entsprach. Campbell-Mathews[3] stellten fest, daß eine Legierung mit 7,97% Ni aus einem Netzwerk von Kristallen besteht, das in eine Al-reiche Grundmasse eingelagert ist. Die Zusammensetzung dieser Kristalle, die sie durch Behandeln mit verdünnter Salzsäure isolieren konnten, wurde nicht ermittelt. Der Schmelzpunkt der Grundmasse liegt etwas unter dem Al-Schmelzpunkt. Legierungen mit 2,12 und 3,14% Ni enthielten die fraglichen Kristalle in bedeutend geringerer Menge. Guillet[4], der einige aluminothermisch hergestellte Al-Ni-Legierungen mikroskopisch untersuchte, nahm ohne ersichtlichen Grund die Verbindungen Al_6Ni, Al_2Ni, $AlNi_2$ und $AlNi_8$ an. Zwischen 27 und 50% Ni erhielt er Legierungen, die aus zwei Schichten bestanden. Weder dieser letztere Befund noch die Existenz der Verbindungen Al_6Ni, $AlNi_2$ und $AlNi_8$ konnte später von Gwyer bestätigt werden.

Das in Abb. 67 wiedergegebene Zustandsdiagramm wurde von Gwyer[5] mit Hilfe der thermischen und mikroskopischen Analyse ausgearbeitet; Wärmebehandlungen wurden nur in sehr geringem Umfang ausgeführt. Er verwendete ein Nickel mit 1,9% Kobalt. Die Legierungen wurden nicht analysiert.

Im einzelnen ist zu dem Gwyerschen Diagramm folgendes zu bemerken: 1. Aus den in Abb. 67 eingezeichneten thermischen Werten
geht hervor, daß die Liquiduskurve im Bereich von 25—75% Ni nur
durch sehr wenige Schmelzen festgelegt wurde. Es dürfte jedoch feststehen, daß der maximale Schmelzpunkt bei der Zusammensetzung AlNi
mit 68,51% Ni auftritt. Eine Legierung dieser Zusammensetzung erwies
sich zudem als homogen. 2. Die Löslichkeit von Ni in festem Al wurde
nicht bestimmt; sie ist wie die des Kobalts jedenfalls sehr klein (s. Nachtrag). 3. Die bei 550° zwischen 0 und 42% Ni beobachtete Umwandlung,
deren Bestehen an sich sehr unwahrscheinlich sein dürfte, gab sich
durch nur sehr kleine Wärmetönungen zu erkennen. Mit einer Strukturänderung ist sie, wie Gwyer feststellte, nicht verbunden (s. Al-Co).
Die Zusammensetzung der bei 842° und 1132° peritektisch gebildeten
intermediären Kristallarten Al_3Ni (42,04) und Al_2Ni (52,11% Ni) wurde
mit Hilfe der Haltezeiten ermittelt und durch mikroskopische Prüfung
der betreffenden Legierungen, die sich nach dem Glühen als homogen
erwiesen, bestätigt. 5. Ob die Verbindung AlNi ($= \beta$) außer Ni auch
Al in fester Lösung aufzunehmen vermag (was sehr wahrscheinlich sein
dürfte), wurde nicht festgestellt (s. Al-Co). 6. Während Gwyer die
Ausdehnung der (wahrscheinlich eutektischen) Horizontalen bei 1370°
nicht bestimmte, hat er den Verlauf der Mischungslücke zwischen den
α- und β-Mischkristallgebieten durch einige Glüh- und Abschreckversuche in grober Annäherung festgelegt. Die von Gwyer gemachten Angaben bedürfen der Nachprüfung. 7. Die Bestimmung der
Temperaturen der magnetischen Umwandlung haben nur qualitative
Bedeutung, da sich der Co-Gehalt des verwendeten Ni in diesen Ni-
reichen Legierungen stark bemerkbar machen wird.

Broniewski[6] bestimmte die elektrische Leitfähigkeit, den Temperaturkoeffizienten des Widerstandes und das elektrochemische Potential
der Legierungen im Bereich von 0—45% Ni und 85—100% Ni. Daraus
geht hervor, daß das Lösungsvermögen von Al für Ni nur sehr klein
sein kann. Das Bestehen nickelreicher Mischkristalle und der Verbindung Al_3Ni kommt auf der Kurve des Temperaturkoeffizienten sehr
gut zum Ausdruck. Die Spannung der Legierungen erfährt bei der
Zusammensetzung Al_3Ni eine sprunghafte Änderung.

Honda[7] hat die magnetische Suszeptibilität der von Gwyer erschmolzenen Legierungen gemessen, und zwar im Bereich von 0—80% Ni
bei 25°, im Bereich von 80—100% Ni bei 550°, d. h. bei einer Temperatur
oberhalb der ferromagnetischen Umwandlung. Die Ergebnisse sind soweit in bestem Einklang mit dem Gwyerschen Diagramm, doch sind,
worauf Honda hinweist, die Beobachtungen nicht zahlreich genug, um
mit Sicherheit sagen zu können, ob die Konzentrationen der Knickpunkte tatsächlich den von Gwyer gefundenen Verbindungen ent-

sprechen. Das Bestehen einer Ni-reichen Mischkristallreihe und eines heterogenen Gebietes in den Ni-reicheren Legierungen ist jedoch durch die HONDAschen Messungen bestätigt.

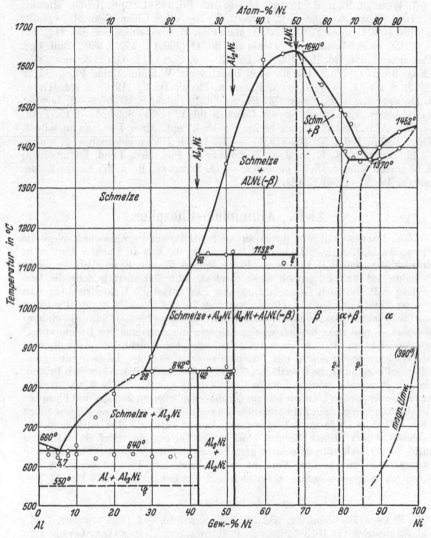

Abb. 67. Al-Ni. Aluminium-Nickel.

Die Verbindung AlNi hat nach BECKER-EBERT[8] und LÖWENHAMN[9] eine kubische Struktur vom CsCl-Typ (β-Messing).

Nachtrag. Der Aufbau der Al-reichen Legierungen höchster Reinheit bis 18% Ni wurde von FINK-WILLEY[10] untersucht. Das Eutektikum Al-reicher Mischkristall + Al$_3$Ni[11] wurde bei 640°, 5,7% Ni[12] festgestellt. Die Löslichkeit von Ni in Al beträgt bei 640° bzw. 600° und

$500°$ etwa 0,05 bzw. $0,02_8$ und $0,00_6\%$. Röntgen-Koch[13] fanden 0,01 bis 0,02% bei $560°$.

Literatur.

1. Wöhler, F., u. F. Michel: Liebigs Ann. Bd. 115 (1860) S. 102/05. Michel, F.: Diss. Göttingen 1860. — 2. Brunck, O.: Ber. dtsch. chem. Ges. Bd. 34 (1901) S. 2734. — 3. Campbell, W., u. J. A. Mathews: J. Amer. chem. Soc. Bd. 24 (1902) S. 257/58. — 4. Guillet, L.: Génie civ. Bd. 41 (1902) S. 170 u. 394. Bull. Soc. Encour. Ind. nat. Bd. 103 (1902) S. 259/63. — 5. Gwyer, A. G. C.: Z. anorg. allg. Chem. Bd. 57 (1908) S. 133/40. — 6. Broniewski, W.: Ann. Chim. Phys. Bd. 25 (1912) S. 106/11. — 7. Honda, K.: Ann. Physik Bd. 32 (1910) S. 1015/17. — 8. Becker, K., u. F. Ebert: Z. Physik Bd. 16 (1923) S. 166/67. — 9. Löwen- hamn, bei W. Ekman: Z. physik. Chem. B Bd. 12 (1931) S. 57/58. — 10. Fink, W. L., u. A. L. Willey: Metals Technology 1934, Sept. Amer. Inst. min. metallurg. Engr. Techn. Publ. Nr. 569 (1934). — 11. Durch Rückstandsanalyse gefunden. — 12. Bingham, K. E., u. J. L. Haughton: J, Inst. Met., Lond. Bd. 29 (1923) S. 80 hatten $633°$, 5,3% Ni gefunden. — 13. Röntgen, P., u. W. Koch: Z. Me- tallkde. Bd. 25 (1933) S. 184.

Al-P.   Aluminium-Phosphor.

Nach Franck[1] soll man durch direkte Synthese auf verschiedenem Wege die Phosphide Al_3P, Al_5P_3, AlP und Al_3P_7 erhalten, die sich an feuchter Luft unter Entwicklung von H_3P zersetzen. Einen Beweis für die Einheitlichkeit dieser Produkte hat Franck jedoch nicht erbracht. Mit Sicherheit besteht die Ver- bindung AlP, die nach Goldschmidt[2] und Passerini[3] die Kristallstruktur vom Typ der Zinkblende besitzt. Goldschmidt stellte das Phosphid durch Überleiten von Phosphordampf im Wasserstoffstrom über Al-Pulver bei $500°$ dar. Aluminium- phosphid — und zwar handelt es sich entgegen der Annahme von Czochralski[4] offenbar nicht um Al_3P, sondern um AlP — mischt sich nicht mit geschmolzenem Al. Wird geschmolzenes Al mit Phosphor versetzt, so steigt das sich unter $800°$ bildende Phosphid an die Oberfläche. In den Fußenden der Blöckchen (von Proben, die mit P versetzt waren) konnte Czochralski nur rd. 0,08% P nachweisen. Aus mikroskopischen Untersuchungen glaubt er schließen zu können, daß Phosphor „in Grenzen von einigen Zehntausendteilen von Al in fester Lösung aufgenommen wird, so daß es als freier Gefügebestandteil nicht auftritt". Der mikroskopische Nachweis derart kleiner Mengen eines suspendierten, pulverigen Bestandteiles dürfte sich jedoch äußerst schwer gestalten, so daß die letztere Schlußfolgerung Czochralskis mit größter Vorsicht aufzunehmen ist. Unter technischen Be- dingungen umgeschmolzenes Al enthielt nach Czochralski 0,001% P.

Literatur.

1. Franck, L.: Chem.-Ztg. Bd. 22 (1898) S. 237/40. — 2. Goldschmidt, V. M.: Vgl. Strukturbericht 1913—1928 von P. P. Ewald u. C. Hermann, Leipzig 1931 S. 140/41. Skrifter Norke Videnskap-Akademi Oslo, Math. nat. Kl. Nr. 8 (1927). — 3. Passerini, L.: Gazz. chim. ital. Bd. 58 (1928) S. 655/64. — 4. Czochralski, J.: Z. Metallkde. Bd. 15 (1923) S. 277/82.

Al-Pb.   Aluminium-Blei.

Heycock-Neville[1] stellten fest, daß der Schmelzpunkt des Bleis durch Zusatz von Aluminium nicht merklich erniedrigt wird. Wright[2] sowie CAMPBELL-MATHEWS[3] fanden, daß beim Zusammenschmelzen der beiden Metalle zwei Schichten gebildet werden. Diesen Befund konnte PÉCHEUX[4] für Legierungen mit mehr als 10% Pb bestätigen; Legierungen mit 2, 5 und 7% Pb erwiesen sich jedoch als homogen (?). GWYER[5] untersuchte das ganze System thermisch und gelangte zu dem Ergebnis, daß Aluminium und Blei beim Schmelzpunkt des Aluminiums praktisch unlöslich ineinander sind (Abb. 68); unter Zugrundelegung eines Al-Schmelzpunktes von 654° fand er zwischen 1 und 80% Pb Erstarrungstemperaturen von 654° und 653°. Demgegenüber konnten HANSEN-BLUMENTHAL[6] eindeutig feststellen, daß Pb den Al-Erstarrungspunkt erniedrigt. Abkühlungskurven von Schmelzen mit 3, 5, 7 und 24% Pb ergaben übereinstimmend eine Erniedrigung von $1{,}5 \pm 0{,}5°$; Pb ist also in flüssigem Al etwas löslich. Eine merkliche Beeinflussung des Pb-Erstarrungspunktes durch Al konnten auch sie nicht feststellen. Die Bestimmungen des Erstarrungspunktes einiger Legierungen von PÉCHEUX[7]

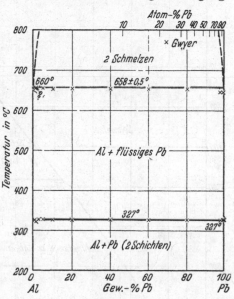

Abb. 68. Al-Pb. Aluminium-Blei.

sind mit den Ergebnissen von GWYER und HANSEN-BLUMENTHAL nicht in Einklang zu bringen, doch ist diesen Bestimmungen keine Bedeutung beizumessen. Er fand für die Legierungen mit 4, 6 und 8% Pb Erstarrungspunkte von 637° bzw. 648° und 643°. (Al-Schmelzpunkt = 626°!)

Literatur.

1. HEYCOCK, C. T., u. F. H. NEVILLE: J. chem. Soc. Bd. 61 (1892) S. 888. — **2.** WRIGHT, C. R. A.: J. chem. Soc. Bd. 11 (1892) S. 492/94; Bd. 13 (1894) S. 1014/17. Die Analyse der erkalteten (!) Legierungen ergab im Mittel 1,92% Pb für die obere und 99,93% Pb für die untere Schicht, doch lassen diese Angaben einen Schluß auf die gegenseitige Löslichkeit der beiden Metalle nicht zu. — **3.** CAMPBELL, W., u. J. A. MATHEWS: J. Amer. chem. Soc. Bd. 24 (1902) S. 255/56. — **4.** PÉCHEUX, H.: C. R. Acad. Sci., Paris Bd. 138 (1904) S. 1042/44. — **5.** GWYER, A. G. C.: Z. anorg. allg. Chem. Bd. 57 (1908) S. 147/49. Die von GWYER gefundenen thermischen Daten sind in dem Diagramm angegeben. — **6.** HANSEN, M., u. B. BLUMENTHAL: Metallwirtsch. Bd. 10 (1931) S. 925/27. Das verwendete Al war 99,91% ig. — **7.** PÉCHEUX: C. R. Acad. Sci., Paris Bd. 143 (1906) S. 397/98.

Al-Pr. Aluminium-Praseodym.

Thermoanalytische und mikroskopische Untersuchungen von Canneri[1] führten zu dem in Abb. 69 dargestellten Zustandsdiagramm mit
den drei Verbindungen Al_4Pr (56,64% Pr), Al_2Pr (72,32% Pr) und AlPr

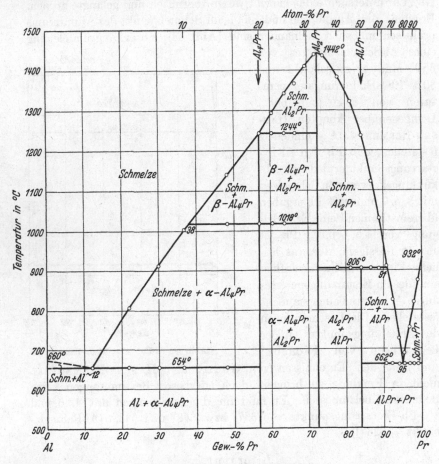

Abb. 69. Al-Pr. Aluminium-Praseodym.

(83,94% Pr). Die Löslichkeiten im festen Zustand wurden nicht untersucht.

Literatur.

1. Canneri, G.: Alluminio Bd. 2 (1933) S. 87/89 (ital.).

Al-Pt. Aluminium-Platin.

Brunck[1] hat durch Rückstandsanalyse einer Al-Pt-Legierung mit
etwa 86% Pt wahrscheinlich Kristalle der Verbindung Al_3Pt (70,7% Pt)
isoliert[2]. Campbell-Mathews[3] wollen auf gleichem Wege in Legierungen

mit 30—50% Pt die Verbindung AlPt$_4$ (96,66% Pt) gefunden haben. Letzteres Ergebnis dürfte ziemlich unwahrscheinlich sein.

Das in Abb. 70 dargestellte Diagramm wurde von CHOURIGUINE[4] ausgearbeitet. Nicht mehr aufgenommen ist der zu 1457° gefundene Erstarrungspunkt der Legierung mit 80% Pt. Das Bestehen der Verbindung Al$_3$Pt ist nach den mikroskopischen Untersuchungen als sehr wahrscheinlich zu betrachten. Die Legierung mit 80% Pt enthält

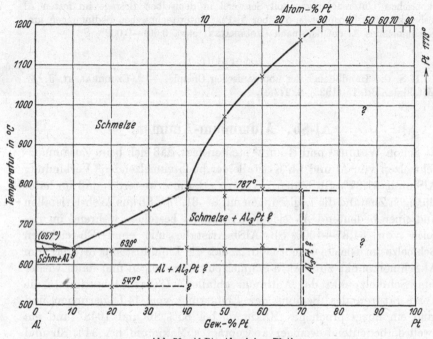

Abb. 70. Al-Pt. Aluminium-Platin.

nahezu gleiche Mengen zweier Kristallarten, während die Legierung mit 90% Pt aus einer (offenbar platinreichen) Grundmasse besteht, in der geringe Mengen einer nadeligen Kristallart eingelagert sind. Dieser Befund dürfte für das Vorhandensein platinreicher Mischkristalle und einer zweiten Verbindung (vielleicht AlPt mit 87,9% Pt) sprechen, die mit fallender Temperatur bei 787° mit der 40%igen Schmelze unter Bildung der Verbindung Al$_3$Pt reagiert. Über die Natur der bei 547° beobachteten Reaktion werden keine Aussagen gemacht.

Literatur.

1. BRUNCK, O.: Ber. dtsch. chem. Ges. Bd. 34 (1901) S. 2735. — **2.** BRUNCK selbst gibt allerdings die Formel Al$_{10}$Pt$_3$ (68,47% Pt) an. — **3.** CAMPBELL, W., u. J. A. MATHEWS: J. Amer. chem. Soc. Bd. 24 (1902) S. 253/66. — **4.** CHOURI-GUINE: Rev. Métallurg. Bd. 9 (1912) S. 874/83. C. R. Acad. Sci., Paris Bd. 155 (1912) S. 156.

Al-S. Aluminium-Schwefel.

Durch direkte Synthese aus den Elementen, sowie durch chemische Umsetzungen bildet sich das in der chemischen Literatur[1] vielfach beschriebene
Sulfid Al_2S_3 (64,07% S). Nach Beobachtungen von CzOCHRALSKI[2] mischt es sich
nicht mit geschmolzenem Al. Wird flüssiges Al durch Einleiten ˙von SO_2 ge-
schwefelt, so steigt der weitaus größte Teil des sich bei etwa 800° lebhaft bildenden
Al_2S_3 an die Oberfläche der Schmelze. In den Fußenden der Blöckchen von ge-
schwefelten Proben konnte nur rd. 0,08% S nachgewiesen werden. Nach mikroskopischen Untersuchungen soll Schwefel in demselben Betrage im festen Al
löslich sein wie Phosphor (s. darüber Al-P). Unter technischen Bedingungen umgeschmolzenes Al enthielt nach CzOCHRALSKI etwa 0,001—0,002% S.

Literatur.

1. S. die Handbücher der anorganischen Chemie. — 2. CzOCHRALSKI, J.: Z.
Metallkde. Bd. 15 (1923) S. 277/82.

Al-Sb. Aluminium-Antimon.

Schon WRIGHT[1] und ROCHE[2] stellten fest, daß sich beim Zusammenschmelzen von Al und Sb Kristalle der hochschmelzenden[3] Verbindung
AlSb mit 81,87% Sb bilden. WRIGHT erkannte weiter, 1. daß im halbflüssigen Zustand die Legierungen mit 0—81,87% Sb aus AlSb-Kristallen
und einer bedeutend Al-reicheren Schmelze bestehen, während im Bereich von 81,87—100% Sb AlSb-Kristalle mit einer Sb-reicheren
Schmelze im Gleichgewicht sind, 2. daß die Liquidustemperaturen vom
Al-Schmelzpunkt zum AlSb-Schmelzpunkt ansteigen und dann wieder
zum Schmelzpunkt des Antimons abfallen. GAUTIER[4] bestimmte die
Temperaturen des Beginns der Erstarrung von 14 Legierungen und
fand ein ausgesprochenes Maximum bei 85% Sb und 1048° und ein
zweites, bedeutend weniger ausgeprägtes Maximum bei 34% Sb und
950°. Obgleich das von ihm festgestellte Maximum nicht genau bei
der Zusammensetzung der Verbindung AlSb lag, hielt er diese für
erwiesen. VAN AUBEL[5] bestimmte den Schmelzpunkt der Verbindung
zu 1078—1080°.

MATHEWS[6] sowie CAMPBELL-MATHEWS[7] haben das System thermisch
(12 Legn.) und mikroskopisch untersucht. Sie bestätigten im wesentlichen die von GAUTIER gefundene Liquiduskurve, doch liegen ihre
Temperaturen durchweg 30—50° höher. Im Unterschied zu GAUTIER
fanden sie den Höchstwert bei 82% Sb und 1065°, das zweite, auf
ihrer Kurve deutlicher ausgeprägte Maximum bei 33% Sb und 980°.
Zwischen 82% und 95% Sb wurden keine Liquidustemperaturen bestimmt. Das Ende der Erstarrung liegt zwischen 0 und 82% Sb bei
der Temperatur des Al-Schmelzpunktes, zwischen 82% und 100% Sb
etwa 2° unterhalb des Sb-Schmelzpunktes; letzteres Ergebnis würde
für eine gewisse Löslichkeit von Al in flüssigem Sb sprechen[8]. Die

Ursache des Maximums bei 33% Sb und des zwischen beiden Maxima liegenden Minimums bei 40% Sb und 940° konnte nicht aufgeklärt werden, doch bezweifelten die Verfasser die Existenz einer zweiten Verbindung, zumal das Gefüge der Legierungen nicht die geringsten Anhaltspunkte dafür gab.

Von diesem Widerspruch ausgehend stellte TAMMANN[9] fest, daß die Verbindung AlSb sich sehr langsam aus ihren geschmolzenen Komponenten bildet[10]. Er konnte zeigen, daß mit Erhöhung der Temperatur des geschmolzenen Gemisches und der Dauer des Konstanthaltens die Menge der Verbindung und gleichzeitig die Temperatur des Beginns

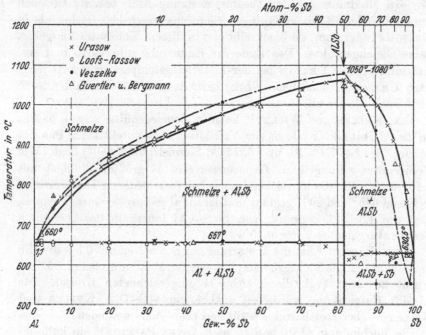

Abb. 71. Al-Sb. Aluminium-Antimon.

der Erstarrung erhöht wird. Die von GAUTIER und CAMPBELL-MATHEWS gefundenen Temperaturunterschiede finden damit eine Erklärung. Auch die Lage des Maximums ist bei ungenügender Exposition eine zufällige, nicht durch die Zusammensetzung der Verbindung fest bestimmte. Des weiteren kann die langsame Bildung der Verbindung — wie TAMMANN auseinandersetzte — zum Auftreten eines normalerweise nicht vorhandenen Maximums führen, das nach genügender Exposition der Schmelzen verschwinden muß.

Unter Berücksichtigung dieser Verhältnisse hat URASOW[11], der im übrigen die von TAMMANN gemachten Feststellungen bestätigen konnte, das ganze System erneut ausgearbeitet[12]. Abb. 71 ist gegenüber den

Diagrammen von GAUTIER und CAMPBELL-MATHEWS als Gleichgewichtsdiagramm aufzufassen[13]. Die Liquiduskurve hat nunmehr nur ein
Maximum. Die aus der Reaktionsträgheit der Komponenten erwachsen-
den Schwierigkeiten wurden dadurch beseitigt, daß die Verbindung als
Vorlegierung zugesetzt wurde. Die mikroskopische Analyse bestätigte
den thermischen Befund. Die Verbindung bildet mit Al und Sb keine
Mischkristalle.

Eine von GOTO[14] in japanischer Sprache veröffentlichte Arbeit war
mir in den Einzelheiten nicht zugänglich. Die von GOTO bestimmte
Liquiduskurve gleicht insofern der von URASOW ermittelten, als sie auch
nur ein Maximum bei der Zusammensetzung AlSb besitzt; zwischen
etwa 30 und 50% Sb verläuft sie allerdings wesentlich flacher als in
URASOWs Diagramm, sie beschreibt also in diesem Konzentrationsgebiet
keine Gleichgewichte. Das Ende der Erstarrung gibt GOTO in Übereinstimmung mit URASOW bei der Erstarrungstemperatur des Al (653°
nach URASOW[12], 655° nach GOTO) bzw. des Sb (631° nach URASOW,
629° nach GOTO) an.

DIX, KELLER und WILLEY[15] konnten demgegenüber zeigen, daß es
an der Al-Seite des Systems zur Ausbildung eines eutektischen Punktes
kommt, der bei 1,1% Sb und 657° (Al-Schmelzpunkt 660°) liegt. Wie
Gefügeuntersuchungen an Legierungen aus Al größter Reinheit mit
0,10—3,16% Sb, die hinreichend lange bei verschiedenen Temperaturen
zwischen 645° und 200° geglüht und darauf abgeschreckt waren, zeigten,
liegt die Löslichkeitsgrenze von Sb in Al innerhalb des genannten
Temperaturgebietes unter 0,10% Sb.

LOOFS-RASSOW[16] hat die Erstarrung der Schmelzen mit 0,5—40% Sb
untersucht und die Nichtexistenz eines zweiten Maximums bei rd. 33% Sb
erneut bestätigt (vgl. die in Abb. 71 eingezeichneten Kreise). Das
Al-AlSb-Eutektikum wurde — unabhängig von DIX, KELLER und
WILLEY — bei annähernd 1% Sb und 650—652° gefunden.

Die Verbindung AlSb besitzt nach OWEN-PRESTON[17] ein kubisch-
flächenzentriertes Gitter vom Typus der Zinkblende.

In Übereinstimmung mit dem Gleichgewichtsdiagramm besteht die
Kurve der magnetischen Suszeptibilität der Legierungen nach HONDA-
SONE[18] aus zwei geradlinigen Ästen, die sich bei der Konzentration
der Verbindung schneiden. Dasselbe gilt nach den Bestimmungen von
VAN AUBEL[5] und SAUERWALD[19] für das spezifische Volumen der Legierungen bei Raumtemperatur. Die spezifischen Volumina der geschmolzenen Legierungen bei 1000° und 1200° liegen dagegen nach SAUERWALD
auf einer geraden Linie, was — allerdings im Gegensatz zu der Feststellung, daß die Bildungsgeschwindigkeit der Verbindung gerade bei
hohen Temperaturen groß sein soll — für eine Dissoziation der Verbindung beim Schmelzen sprechen könnte.

1. Nachtrag. Ohne Kenntnis der Arbeiten von URASOW und LOOFS-RASSOW hat neuerdings VESZELKA[20] zwecks Feststellung, ob nur eine oder mehrere Al-Sb-Verbindungen bestehen, eine Nachprüfung des Erstarrungsdiagramms unternommen. Die von ihm bestimmten Liquidus- und Solidustemperaturen von 10 Schmelzen sind in Abb. 71 eingetragen. Dadurch ist erneut bewiesen, daß nur die Verbindung AlSb existiert; ihr Schmelzpunkt wurde mit Hilfe einer Erhitzungskurve zu 1080°, mit Hilfe einer Abkühlungskurve zu 1048° bestimmt. Zwischen 0% Al und AlSb liegt das Ende der Erstarrung bei einer von der Schmelztemperatur des Aluminiums wenig verschiedenen Temperatur. Hinsichtlich der Solidustemperatur zwischen AlSb und Sb weichen die Ergebnisse VESZELKAs von dem Befund URASOWs ab: Al ruft nach VESZELKA eine Erniedrigung des Sb-Erstarrungspunktes auf 555° hervor. Die eutektische Konzentration wurde durch Analyse einer Probe mit rein eutektischem (!) Gefüge zu 98,8% Sb ermittelt.

2. Nachtrag. Zu einer abermaligen Bestätigung der früheren Ergebnisse gelangten GUERTLER-BERGMANN[21] bei einer ohne Kenntnis der neueren Arbeiten[11 14 15 16 20] durchgeführten Ausarbeitung des Erstarrungsdiagramms. Die von ihnen gefundenen Erstarrungstemperaturen wurden nachträglich in Abb. 71 eingetragen. Im einzelnen wurde gefunden: Schmelzpunkt von AlSb 1050°; Temperaturen der Eutektika 656—657° (d. h. 1—2° unterhalb des Schmelzpunktes des verwendeten Aluminiums) bzw. 624° (die von VESZELKA gefundene, wahrscheinlich durch instabiles Gleichgewicht bedingte starke Erniedrigung des Sb-Schmelzpunktes wurde also nicht bestätigt); eutektische Konzentrationen nahe 1% Sb bzw. nahe 99% Sb. Es ergaben sich durch das Gefüge Anzeichen dafür, daß AlSb im festen Zustand sowohl Al als Sb zu lösen vermag, und daß diese Löslichkeit mit fallender Temperatur abnimmt[22].

Literatur.

1. WRIGHT, C. R. A.: J. Soc. chem. Ind. Bd. 11 (1892) S. 493/94. — **2.** ROCHE, D. A.: Moniteur scient. IV Bd. 7 (1893) S. 269. — **3.** Mindestens Ag-Schmelzpunkt nach WRIGHT. — **4.** GAUTIER, H.: Bull. Soc. Encour. Ind. nat. Bd. 1 (1896) S. 1313. — **5.** AUBEL, E. VAN: C. R. Acad. Sci., Paris Bd. 132 (1901) S. 1266/67. — **6.** MATHEWS, J. A.: J. Franklin Inst. Bd. 153 (1902) S. 121/23. — **7.** CAMPBELL, W., u. J. A. MATHEWS: J. Amer. chem. Soc. Bd. 24 (1902) S. 259/64. — **8.** MATHEWS gibt allerdings an, daß keine Erniedrigung des Sb-Schmelzpunktes beobachtet wurde. — **9.** TAMMANN, G.: Z. anorg. allg. Chem. Bd. 48 (1906) S. 53/60. — **10.** Nach TAMMANN haben sich etwa ³/₄ der ursprünglichen Emulsion von Al und Sb nach halbstündigem Glühen bei 1100° miteinander verbunden, bei 715° nach 100 Minuten etwa ¹/₁₀. — **11.** URASOW, G. G.: J. russ. phys.-chem. Ges. Bd. 51 (1919) S. 461. Ann. Inst. Anal. Phys. Chim. Bd. 1 (1921) (russ.). Diese Arbeit wurde mir durch frdl. Vermittlung von Herrn Dipl.-Ing. N. AGEEW, Leningrad, zugänglich gemacht. — **12.** Das verwendete Al enthielt 0,34% Fe, 0,49% Si. — **13.** Die Vermutung von F. SAUERWALD: Z. Metallkde. Bd. 14 (1922) S. 458/60, daß eine teilweise Nichtmischbarkeit im flüssigen Zustande vorliegen könnte, hat sich damit nicht bestätigt. — **14.** GOTO, M.: Kinzoku no Kenkyu Bd. 4 (1927) Referateteil S. 34 (japan.). — **15.** DIX, E. H. JR., F. KELLER u. L. A. WILLEY: Amer. Inst. min. metallurg. Engr. Techn. Publ. Bd. 356 (1930) 9 Seiten. — **16.** LOOFS-RASSOW, E.: Haus-Z. Aluminium Bd. 3 (1931) S. 20/23. Die Legn. waren anscheinend aus Handels-Al hergestellt. — **17.** OWEN, E. A., u. G. D. PRESTON: Proc. Phys. Soc., Lond. Bd. 36 (1924) S. 345/48. Nature, Lond. Bd. 113 (1924) S. 914. — **18.** HONDA, K., u. T. SONE: Sci. Rep. Tôhoku Univ. Bd. 2 (1913) S. 7/9. — **19.** SAUERWALD, F.: Z. Metallkde. Bd. 14 (1922) S. 458/60. — **20.** VESZEL-KA, J.: Mitt. berg- u. hüttenmänn. Abt. kgl. ungar. Hochschule für Berg- u. Forst-wesen Sopron 1931 S. 193/201 (deutsch). Es wurde ein 99,5% iges Al verwendet. Die Verb. wurde als Vorlegierung verwendet. — **21.** GUERTLER, W., u. A. BERG-MANN: Z. Metallkde. Bd. 25 (1933) S. 82/84. — **22.** Legn. mit 86—99% Sb ent-hielten neben AlSb und Sb noch freies Al infolge unvollständiger Legierung; ihre Liquidustemperaturen liegen deshalb etwas zu tief.

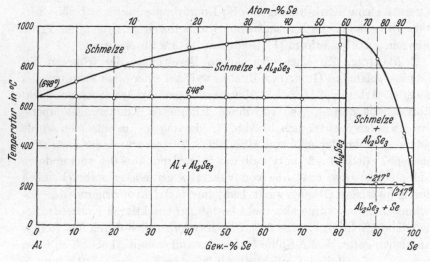

Abb. 72. Al-Se. Aluminium-Selen.

Al-Se. Aluminium-Selen.

Eine von CHIKASHIGE-AOKI[1] ausgeführte thermische Analyse des Systems[2] ergab das in Abb. 72 dargestellte Diagramm. Aus den ein-gezeichneten unkorrigierten thermischen Daten geht hervor, daß das Maximum der Liquiduskurve bei einer Temperatur oberhalb 953° zwischen 70 und 80% Se zu suchen ist. Die Formeln AlSe, Al_3Se_4 und Al_2Se_3 erfordern 74,6% bzw. 79,66% und 81,5% Se. Infolge erheblicher Verdampfung des Selens während des Schmelzens sind jedoch die für die Einwaagen (die Legierungen wurden nicht analysiert!) angegebenen Erstarrungstemperaturen sicher nicht reell, die Liquiduskurve verläuft also in Wirklichkeit steiler. Die genaue Zusammensetzung der Ver-bindung läßt sich demnach nicht aus den eingewogenen Zusammen-setzungen herleiten. Die Analyse der in den Mischungen mit 40, 60 und 80 % Se während der Erstarrung ausgeseigerten spezifisch schwereren Verbindung ergab einen mittleren Se-Gehalt von 79,9 % Se. Die Verfasser schlossen daraus auf das Bestehen der Verbindung Al_3Se_4.

Aus Gründen der Analogie mit den Systemen Al-S und Al-Te, in denen die Verbindung vom Typus Al_2X_3 mit Sicherheit besteht, sowie nach den Ergebnissen der präparativen Untersuchungen von Fonzes-Diacon[3], Matignon[4] und insbesondere Moser-Doctor[5] dürfte jedoch die Formel Al_2Se_3 sichergestellt sein. Die geringe Abweichung ihrer Zusammensetzung von dem oben angegebenen Analysenergebnis wird durch geringe, bei der Trennung der beiden Schichten schwer zu vermeidende Aluminiumanteile bewirkt sein.

Literatur.

1. Chikashige, M., u. T. Aoki: Mem. Coll. Sci., Kyoto Bd. 2 (1917) S. 249/54 (deutsch). — 2. Über den Reinheitsgrad des verwendeten Al werden keine Angaben gemacht; der Erstarrungspunkt wurde zu 648° (!) gefunden. Die Legierungen wurden in einer CO_2-Atmosphäre erschmolzen; sie wurden nicht analysiert. — 3. Fonzes-Diacon, H.: C. R. Acad. Sci., Paris Bd. 130 (1900) S. 1315. — 4. Matignon, C.: C. R. Acad. Sci., Paris Bd. 130 (1900) S. 1393. — 5. Moser, L., u. E. Doctor: Z. anorg. allg. Chem. Bd. 118 (1921) S. 285/286 erhielten durch Überleiten von Se-Dampf über Al im Vakuum das Selenid Al_2Se_0.

Al-Si. Aluminium-Silizium.

Nach den thermischen und mikroskopischen Untersuchungen des ganzen Systems von Fraenkel[1] (daselbst ältere Literaturangaben), Roberts[2], Gwyer-Phillips[3] [4] und Broniewski-Smialowski[5] bilden Aluminium und Silizium eine einfache eutektische Legierungsreihe (Abb. 73). Die Abwesenheit von Al-Si-Verbindungen in Legierungen, die durch Zusammenschmelzen der Komponenten hergestellt sind, wurde auch von Vigouroux[6], Hönigschmid[7] und Frilley[8] erkannt[9].

Die eutektische Temperatur und Konzentration. Nach den verläßlichsten der in Tabelle 8 zusammengestellten Angaben ist die eutektische Temperatur zu 577°, die eutektische Konzentration zu 11,6—11,8 % Si anzunehmen. Ein durch die Verwendung Fe-haltigen Aluminiums bedingter kleiner Fe-Gehalt hat keinen merklichen Einfluß auf die Temperatur und Konzentration des Eutektikums[28].

Die Löslichkeit von Silizium in Aluminium. Die vor 1926 veröffentlichten Angaben (vgl. Tabelle 8) über die Löslichkeit von Si in Al sind — insbesondere, was die Löslichkeit bei „Raumtemperatur" (gemeint ist die nach sog. „langsamer" Abkühlung auf gewöhnliche Temperatur gefundene Löslichkeit) betrifft — größtenteils wertlos, weil sie sich auf undefinierte Zustände beziehen und in einigen Fällen nur auf Mutmaßungen beruhen. Die Temperaturabhängigkeit der Löslichkeit wurde bestimmt von Otani[18] (Widerstandsisothermen), Köster-

MÜLLER[19] (chemisch-analytisches Verfahren), GWYER-PHILLIPS[3][4], GWYER, PHILLIPS und MANN[23] (mikrographisch), DIX-HEATH[21] (mikrographisch), ANASTASIADIS[24] (thermisch, thermo-resistometrisch und dilatometrisch), sowie LOSANA-STRATTA[26] (thermisch, dilatometrisch,

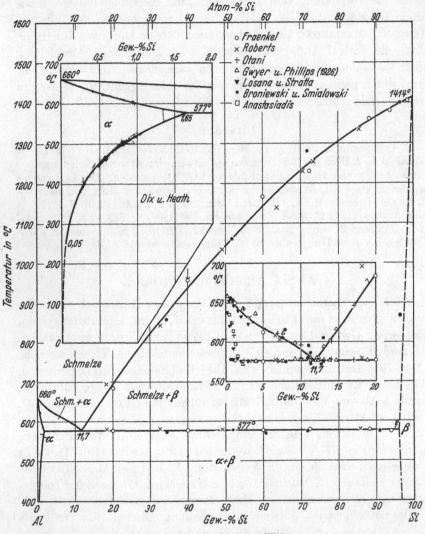

Abb. 73. Al-Si. Aluminium-Silizium.

Härtemessungen). Von diesen Bestimmungen ist diejenige von DIX-HEATH sicher die genaueste, zumal diese Autoren ein Aluminium höchster Reinheit (99,951%) — ihre Legierungen enthielten also nur 0,03 bis höchstens 0,05% Fe — verwendeten. Das von DIX-HEATH angewendete Verfahren und die Art der Durchführung ihrer Unter-

Tabelle 8.

Verfasser	Eutektikum		Löslichkeit von Silizium in Aluminium in % Si bei								
	Temp.	% Si	577°	550°	500°	450°	400°	350°	300°	250°	R.T. (bzw. „langsame" Abkühlung)
FRAENKEL[1]	576°±2	~10	<1,25								(<0,5)
CZOCHRALSKI[10]	578°±2	~10									<1
ROBERTS[2]			(0,12—0,2)								
MERICA, WALTENBERG u. FREEMAN[11]		10,5	1,5								1,5
ROSENHAIN, ARCHBUTT u. HANSON[12]	570°	10,5	1,5								1,5
HANSON u. GAYLER[13]			0,7		0,5						0,1
GUILLET[14]	577°	11,5—11,6									
EDWARDS[15]		13,8									
RASSOW[16]											
WETZEL[17]			1,0	1,45							0,5
OTANI[18]	578°	12,2				0,95 (460°)		0,43—0,52 (360°)			
GWYER u. PHILLIPS[3]	577°	11,7	1,6*	1,35*	0,9*	0,8*	0,5*	0,25*	0,1		
KÖSTER u. MÜLLER[19]			1,7*	1,55*	1,2				<0,2		
BOSSHARD[20]			1,5—1,6								
GWYER u. PHILLIPS[4]	577°	11,8	1,3*	1,0	0,45*	0,2	0,2	0,2	0,2		
DIX u. HEATH[21]			1,65	1,3	0,8	0,48	0,3	0,17	0,10	0,05	<0,05 ~0,01
v. GÖLER u. SACHS[22]			1,5*	1,0*	0,55*	~0,35	0,25*		~0,15		~0,15
GWYER, PHILLIPS u. MANN[23]			1,48		~1,25 ~0,45		0,9*		0,55*		(0,04—0,07)
ANASTASIADIS[24]											
GUILLET u. BALLAY[25]											
LOSANA u. STRATTA[26]	576°		1,75	1,2*	0,57*	0,37*	0,3*	0,22*	0,19*		(0,07—0,1)
FRAENKEL u. HAHN[27]				~1,5	~0,45				<0,15		
BRONIEWSKI u. SMIALOWSKI[5]	575°	~11,1									

* aus der Kurve entnommen.

suchung geben die Gewähr dafür, daß die von ihnen festgelegte Löslichkeitskurve (s. Nebenabb. von Abb. 73) den höchst erreichbaren Grad
an Genauigkeit besitzt.

Die Löslichkeit von Aluminium in Silizium wurde bisher wegen des
geringen Reinheitsgrades des Siliziums nicht näher untersucht. BRO-
NIEWSKI-ŚMIALOWSKI, die ein Si mit 1,2% Fe, 1,5% Al, 97,3% Si
(Si + Al = 98,8%) verwendeten, schließen auf eine Löslichkeit von
etwa 4% Al bei der eutektischen Temperatur und eine etwas geringere
bei tieferer Temperatur.

Nachtrag. Die Löslichkeit von Si in Al wird von SALDAU-DANILO-
WITSCH[29] wie folgt angegeben: 570° 1,32% (extrapoliert), 560° 1,25%,
480° 0,65%, 400° 0,3%, 300° < 0,17% Si. Die Sicherheit der Löslichkeitskurve von DIX-HEATH wird dadurch nicht beeinträchtigt.

Literatur.

1. FRAENKEL, W.: Z. anorg. allg. Chem. Bd. 58 (1908) S. 154/58. — **2.** ROBERTS,
C. E.: J. chem. Soc. Bd. 105 II (1914) S. 1383/86. — **3.** GWYER, A. G. C., u. H. W.
L. PHILLIPS: J. Inst. Met., Lond. Bd. 36 (1926) S. 294/95. — **4.** GWYER, A. G. C.,
u. H. W. L. PHILLIPS: J. Inst. Met., Lond. Bd. 38 (1927) S. 31/35. — **5.** BRO-
NIEWSKI, W., u. ŚMIALOWSKI: Rev. Métallurg. Bd. 29 (1932) S. 542/52. —
6. VIGOUROUX, E.: C. R. Acad. Sci., Paris Bd. 123 (1896) S. 115/18. Ann. Chim.
Phys. 7 Bd. 12 (1897) S. 161/65. C. R. Acad. Sci., Paris Bd. 141 (1905) S. 951/53.
— **7.** HÖNIGSCHMID, O.: C. R. Acad. Sci., Paris Bd. 142 (1906) S. 157/59. —
8. FRILLEY, R.: Rev. Métallurg. Bd. 8 (1911) S. 518/25. — **9.** Die von ST. CLAIRE-
DEVILLE: C. R. Acad. Sci., Paris Bd. 42 (1856) S. 49 und C. WINKLER: J. prakt.
Chem. Bd. 91 (1864) S. 193 vermuteten „Verbindungen" Al_2Si bzw. Al_2Si_3 waren
Zufallsprodukte. — **10.** CZOCHRALSKI, J.: Z. angew. Chem. Bd. 26 I (1913)
S. 503. — **11.** MERICA, P. D., R. G. WALTENBERG u. J. R. FREEMAN: Sci. Pap.
Bur. Stand. Nr. 337 (1919). Trans. Amer. Inst. min. metallurg. Engr. Bd. 64
(1921) S. 3/21. — **12.** ROSENHAIN, W., S. L. ARCHBUTT u. D. HANSON: 11. Report
to the Alloys Research Committee, Inst. Mech. Engr. 1921, S. 221. — **13.** HANSON,
D., u. M. L. V. GAYLER: J. Inst. Met., Lond. Bd. 26 (1921) S. 323/24. — **14.** GUILLET,
L.: Rev. Métallurg. Bd. 19 (1922) S. 303. C. R. Acad. Sci., Paris Bd. 158 (1924)
S. 2081/83. — **15.** EDWARDS, J. D.: Chem. metallurg. Engng. Bd. 27 (1922) S. 654;
Bd. 28 (1923) S. 167. — **16.** RASSOW, E.: Z. Metallkde. Bd. 15 (1923) S. 106. —
17. WETZEL, E.: Metallbörse Bd. 13 (1923) S. 737/38. — **18.** OTANI, B.: J. Inst.
Met., Lond. Bd. 36 (1926) S. 243/45. Kinzoku no Kenkyu Bd. 2 (1925) S. 117/50
(japan.). — **19.** KÖSTER, W., u. F. MÜLLER: Z. Metallkde. Bd. 19 (1927) S. 52/55.
— **20.** BOSSHARD, M.: Bull. schweiz. elektrotechn. Ver. Bd. 18 (1927) S. 113/22.
Ref. Z. Metallkde. Bd. 19 (1927) S. 288. S. auch v. ZEERLEDER u. M. BOSSHARD:
Z. Metallkde. Bd. 19 (1927) S. 461. — **21.** DIX, E. H. JR., u. A. C. HEATH: Amer.
Inst. min. metallurg. Engr. Techn. Publ. Nr. 30 (1927). Proc. Inst. Met. Div.,
Amer. Inst. min. metallurg. Engr. 1928 S. 164/79. — **22.** v. GÖLER u. G. SACHS:
Z. Metallkde. Bd. 19 (1927) S. 93. — **23.** GWYER, A. G. C., H. W. L. PHILLIPS
u. L. MANN: J. Inst. Met., Lond. Bd. 40 (1928) S. 300/302. — **24.** ANASTASIADIS, L.:
Z. anorg. allg. Chem. Bd. 179 (1929) S. 145/54. S. auch die Kritik von W. KÖSTER:
Z. anorg. allg. Chem. Bd. 181 (1929) S. 295/97. — **25.** GUILLET, L., u. M. BALLAY:
Rev. Métallurg. Bd. 27 (1930) S. 398/400. — **26.** LOSANA, L., u. R. STRATTA:
Metallurg. ital. Bd. 23 (1931) S. 193/97. — **27.** FRAENKEL, W., u. R. HAHN: Metall-
wirtsch. Bd. 10 (1931) S. 643/44. — **28.** Dagegen findet durch Unterkühlung der

Kristallisation von Al und Si eine Verschiebung der eutektischen Konzentration zu Si-reicheren Zusammensetzungen statt; nach M. L. V. GAYLER: J. Inst. Met., Lond. Bd. 38 (1927) S. 157/74 bis mindestens 13,0% Si. — 29. SALDAU, P. J., u. M. V. DANILOWITSCH: Ref. einer russischen Arbeit in J. Inst. Met., Lond. Met. Abs. Bd. 1 (1934) S. 564.

Al-Sn. Aluminium-Zinn.

Die in Abb. 74 dargestellte Liquiduskurve stützt sich auf die thermischen Untersuchungen von ROLAND-GOSSELIN[1] (16 Legn.), CAMPBELL-MATHEWS[2], ANDERSON-LEAN[3] (12 Legn.), SHEPHERD[4] (9 Legn.), GWYER[5] (15 Legn.), LORENZ-PLUMBRIDGE (3 Legn.) sowie CREPAZ[7] (9 Legn.),

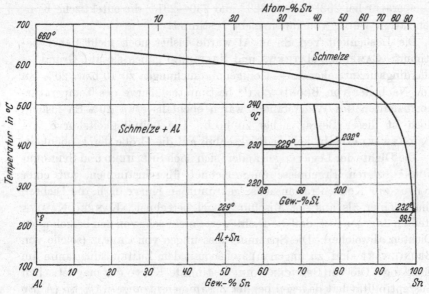

Abb. 74. Al-Sn. Aluminium-Zinn.

deren Ergebnisse recht gut miteinander übereinstimmen. Die von GAUTIER und CAMPBELL-MATHEWS ermittelten Kurven weichen allerdings insofern von denen der anderen Forscher ab, als sie ein Maximum bzw. Minimum aufweisen. GAUTIER fand ein kleines Maximum bei 80% Sn und 580°, das annähernd der Verbindung AlSn (81,5% Sn) entsprechen würde; zwei seiner Liquiduspunkte fallen dadurch aus der in Abb. 74 wiedergegebenen Kurve heraus. CAMPBELL-MATHEWS, die weiter keine Einzelwerte angeben, teilen mit, daß der Erstarrungsbeginn der Legierungen mit 74%, 80% und 85% Sn bei 570° bzw. 490° (Minimum) und 550° liegt. Es fällt demnach nur die 80%ige Legierung aus der Kurve heraus. Die Ursache dieser Unregelmäßigkeiten wird in Meßfehlern zu suchen sein, da keiner der späteren Forscher sie bestätigen konnte.

Das Bestehen der von GUILLET[8] auf Grund rückstandsanalytischer (!) Untersuchungen angenommenen Verbindungen Al_4Sn (52,4% Sn) und AlSn konnte durch die mikroskopischen Beobachtungen von CAMPBELL, MATHEWS, SHEPHERD und besonders GWYER[9] nicht bestätigt werden.

Das Ende der Erstarrung liegt nach HEYCOCK-NEVILLE[10], die feststellten, daß der Schmelzpunkt des Zinns durch 0,5% Al (eutektischer Punkt) um 3° erniedrigt wird, bei 229°. Von ANDERSON-LEAN und besonders LOSANA-CAROZZI[11] wurden diese Angaben ausgezeichnet bestätigt. Im Gegensatz dazu fanden KANEKO-KAMIYA[12] das Eutektikum bei 98,7% Sn; ihre Arbeit war dem Verfasser leider nicht zugänglich. GWYER, LORENZ-PLUMBRIDGE und CREPAZ fanden die eutektische Temperatur bei 232°[13] bzw. 229° und 230—231°; die eutektische Konzentration wurde von ihnen nicht bestimmt.

Die Löslichkeit von Sn in Al wurde bisher noch nicht näher bestimmt. CAMPBELL-MATHEWS und SHEPHERD gaben sie auf Grund — allerdings unzureichender — Gefügeuntersuchungen zu 10 bzw. 20% Sn an. Nach der von BRONIEWSKI[14] bestimmten Kurve des Temperaturkoeffizienten des Widerstandes wären ebenfalls etwa 20% Sn löslich, doch ist dieser Betrag sicher zu hoch. Die Leitfähigkeitskurve von BRONIEWSKI erlaubt keinen Rückschluß auf die Größe der Löslichkeit.

Die Dichte der Legierungen ändert sich nach SHEPHERD und SPENCER-JOHN[15], deren Ergebnisse ausgezeichnet übereinstimmen, auf einer konvex zur Konzentrationsachse gekrümmten Kurve, d. h. die Dichten sind kleiner als aus der Mischungsregel berechnet. KANEKO-KAMIYA stellten dagegen fest, daß die Dichtewerte nicht sehr von den berechneten Dichten abweichen. Die Spannungsmessungen von CREPAZ (solche von BRONIEWSKI sind zu ungenau) stehen mit dem Zustandsdiagramm im Einklang. Die von SPENCER-JOHN bestimmte Kurve der magnetischen Suszeptibilität hat dagegen bei der Zusammensetzung 76,1% Sn (Al_4Sn = 76,75% Sn) ein ausgesprochenes Minimum, dessen Ursache nicht aufgeklärt wurde.

Nachtrag. SHIMIZU[16] hat gezeigt, daß der eigenartige Verlauf der Suszeptibilitäts-Konzentrationskurve nach SPENCER-JOHN auf einen Gasgehalt ihrer Legierungen zurückzuführen ist, da sich die Suszeptibilität von Legierungen, die im Vakuum erschmolzen und geglüht sind, streng linear mit der Zusammensetzung in Gew.-% ändert.

Literatur.

1. ROLAND-GOSSELIN s. bei H. GAUTIER: Contribution à l'étude des alliages, Paris 1901, S. 111/12. Bull. Soc. Encour. Ind. nat. Bd. 1 (1896) S. 1311. — **2.** CAMPBELL, W., u. J. A. MATHEWS: J. Amer. chem. Soc. Bd. 24 (1902) S. 258/59. MATHEWS, J. A.: J. Franklin Inst. Bd. 153 (1902) S. 123. — **3.** ANDERSON, W. C., u. G. LEAN: Proc. Roy. Soc. Lond. Bd. 72 (1903) S. 277/84. — **4.** SHEPHERD, E. S.: J. physic. Chem. Bd. 8 (1904) S. 233/74. — **5.** GWYER, A. G. C.: Z. anorg.

allg. Chem. Bd. 49 (1906) S. 311/16. — **6.** LORENZ, R., u. D. PLUMBRIDGE: Z. anorg. allg. Chem. Bd. 83 (1913) S. 243/45. — **7.** CREPAZ, E.: G. Chim. ind. appl. Bd. 5 (1923) S. 115/22. — **8.** GUILLET, L.: C. R. Acad. Sci., Paris Bd. 133 (1902) S. 935/37. Bull. Soc. Encour. Ind. nat. Bd. 103 (1902) S. 240/44. — **9.** GWYER stellte durch einen besonderen Versuch fest, daß auch keine Verbindung AlSn, die sich durch geringe Bildungsgeschwindigkeit (ähnlich der Verbindung AlSb) auszeichnet, besteht. — **10.** HEYCOCK, C. T., u. F. H. NEVILLE: J. chem. Soc. Bd. 57 (1890) S. 385/86. — **11.** LOSANA, L., u. E. CAROZZI: Gazz. chim. ital. Bd. 53 (1923) S. 546/47. — **12.** KANEKO, K., u. M. KAMIYA: Nihon-Kogyokwaishi Bd. 40 (1924) S. 509/16 (japan.). Ref. J. Inst. Met., Lond. Bd. 36 (1926) S. 436. — **13.** GWYER betont allerdings, daß sein Thermoelement nicht gestattete, die von HEYCOCK-NEVILLE gefundene Erniedrigung des Sn-Schmelzpunktes nachzuprüfen. — **14.** BRONIEWSKI, W.: Ann. Chim. Phys. 2Bd. 5 (1912) S. 60/66. — **15.** SPENCER, J. F., u. M. E. JOHN: Proc. Roy., Soc., Lond. Bd. 116 (1927) S. 68/69. SPENCER, J. F.: J. Soc. chem. Ind. Bd. 50 (1931) S. 37/47. — **16.** SHIMIZU, Y.: Sci. Rep. Tôhoku Univ. Bd. 21 (1932) S. 848/49.

Al-Ta. Aluminium-Tantal.

Nach MARIGNAC[1] wird K_2TaF_7 durch Al unter Bildung einer Al-Ta-Legierung reduziert, die beim Behandeln mit verdünnter HCl ein kristallinisches Pulver von der Zusammensetzung Al_3Ta (69,1% Ta) hinterläßt. SCHIRMEISTER[2] teilt mit, daß die Legierfähigkeit von Ta in Mengen bis 3,5% mit Al „recht gut" ist.

Literatur.

1. MARIGNAC, L.: C. R. Acad. Sci., Paris Bd. 66 (1868) S. 180/83. — **2.** SCHIRMEISTER, H.: Stahl u. Eisen Bd. 35 (1915) S. 999/1000.

Al-Te. Aluminium-Tellur.

CHIKASHIGE-NOSE[1] haben die Konstitution dieser Legierungsreihe mit Hilfe der thermischen Analyse untersucht[2]. Im einzelnen ist zu ihrem in Abb. 75 dargestellten Diagramm folgendes zu sagen. Ob die Verbindung Al_2Te_3 (87,64% Te), die übrigens schon früher von WHITE-HEAD[3] dargestellt wurde, außer Te auch Al in fester Lösung aufzunehmen vermag, wurde nicht näher untersucht. Die Zusammensetzung des bei 414° gesättigten Mischkristalls wurde aus den eutektischen Haltezeiten bei dieser Temperatur zu annähernd 92% Te bestimmt. Die γ-Kristallart soll eine Umwandlung in γ' erleiden, doch sind die darüber vorliegenden thermischen Daten nur sehr dürftig. Wäre der Verbindung Al_2Te_3 eine polymorphe Umwandlung eigen, so hätten auch im Gebiet Schmelze $+ Al_2Te_3$ Wärmetönungen beobachtet werden müssen. Die bei etwa 551° in Legierungen mit 0—85% Te stattfindende Reaktion entspricht nach Ansicht der Verfasser der Umsetzung: $13 Al + Al_2Te_3 \rightleftharpoons 3 Al_5Te$, da das Maximum der Haltezeiten bei 551° zwischen 47 und 50% Te liegt; Al_5Te erfordert 48,6% Te. Die aus dem Schmelzfluß erkaltete Legierung mit 47% Te erwies sich tatsächlich als nahezu einphasig. Immerhin ist die endgültige Klärung der Natur der Reaktion bei 551°

und des Bestehens einer Verbindung Al₅Te nur mit Hilfe weiterer Untersuchungen möglich.

Entgegen den sicher eindeutigen Feststellungen von CHIKASHIGE-
NOSE wollen SISCO-WHITMORE[4] gefunden haben, daß Te gänzlich un-
löslich in flüssigem Al ist und fast quantitativ als Tellurid aus der
Schmelze ausgeschieden wird.

Literatur.

1. CHIKASHIGE, M., u. J. NOSE: Mem. Coll. Sci., Kyoto Bd. 2 (1917) S. 227
bis 232. — 2. Das verwendete Al hatte einen Erstarrungspunkt von 649° (!). Die

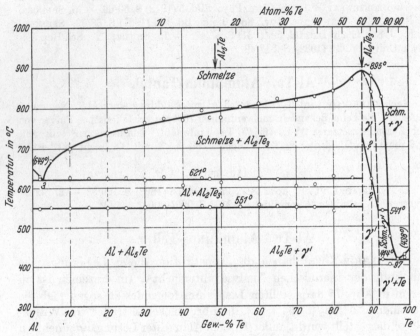

Abb. 75. Al-Te. Aluminium-Tellur.

Legierungen (2 cm³) wurden in Porzellanröhren unter Wasserstoff erschmolzen.
— 3. WHITEHEAD, C.: J. Amer. chem. Soc. Bd. 17 (1895) S. 849. S. auch L. MOSER
u. K. ERTL: Z. anorg. allg. Chem. Bd. 118 (1921) S. 271/73. — 4. SISCO, F. T.,
u. M. R. WHITMORE: Ind. Engng. Chem. Bd. 16 (1924) S. 838/841.

Al-Th. Aluminium-Thorium.

Das in Abb. 76 dargestellte Diagramm wurde von LEBER[1] bis zu
einem Th-Gehalt von 56% mit Hilfe thermischer und mikroskopischer
Untersuchungen ausgearbeitet[2]. Die Kristallart, die sich neben Al am
Aufbau der untersuchten Legierungen beteiligt, ist mit Sicherheit als
die (bei 880° peritektisch gebildete) Verbindung Al₃Th (74,15% Th)

anzusehen. Durch Behandeln von Legierungen mit 30—45% Th mit verdünnter Natronlauge konnte LEBER Kristalle dieser Verbindung isolieren und damit die Annahme von HÖNIGSCHMID[3], der diese Verbindung auf gleiche Weise gewonnen hatte, bestätigen. Die Zusammensetzung der Kristallart, die sich bei Temperaturen oberhalb 880° primär aus der Schmelze ausscheidet, konnte nicht bestimmt werden. In dem Gefüge der Legierungen mit 44—56% Th war diese Phase infolge unvollständiger peritektischer Umsetzung während der raschen Abkühlung zu sehen. Die Löslichkeit von Th in Al wurde nicht untersucht.

Dem Referat über eine Arbeit von GROGAN-SCHOFIELD[4] zufolge ist

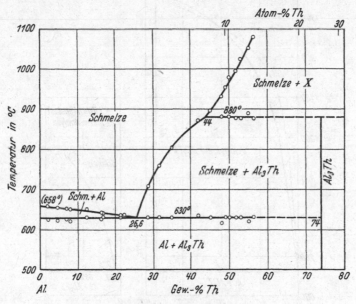

Abb. 76. Al-Th. Aluminium-Thorium.

die Löslichkeit von Th in festem Al „klein und praktisch gleich Null, wenn Si vorhanden ist, da die Verbindung ThSi$_2$ gebildet wird". In Übereinstimmung damit zeigten binäre Al-Th-Legierungen keine Aushärtungserscheinungen (s. auch Cd-Th).

Literatur.

1. LEBER, A.: Z. anorg. allg. Chem. Bd. 166 (1927) S. 16/26. — 2. Die Legn. bis 25% wurden durch Reduktion von Thorium-Kaliumfluorid mit geschmolzenem Al gewonnen. Legn. mit höheren Thoriumgehalten konnten nur unter Verwendung von Vorlegierungen hergestellt werden. Zur Vermeidung der Oxydation und Karbidbildung wurde in einer Argonatmosphäre gearbeitet. — 3. HÖNIGSCHMID, O.: C. R. Acad. Sci., Paris Bd. 142 (1906) S. 280/81. — 4. GROGAN, J. D., u. T. H. SCHOFIELD: Aeronaut. Research Committee, Reports and Memoranda Nr. 1253 (1929) 12 Seiten. Ref. J. Inst. Met., Lond. Bd. 44 (1930) S. 488.

Al-Ti. Aluminium-Titan.

GUILLET[1] vermutete — allerdings auf Grund völlig unzureichender
Kriterien — die Verbindungen Al_4Ti (30,8% Ti) und Al_3Ti_2 (54,2% Ti).
MANCHOT-RICHTER[2] haben durch Behandeln einer 9,4% Ti enthaltenden
Legierung mit Natronlauge eine intermediäre Kristallart von der Formel
Al_3Ti (37,3% Ti) isoliert. WEISS-KAISER[3] haben bei der Wiederholung
der Untersuchung von MANCHOT-RICHTER die Verbindung Al_3Ti_2 ge-

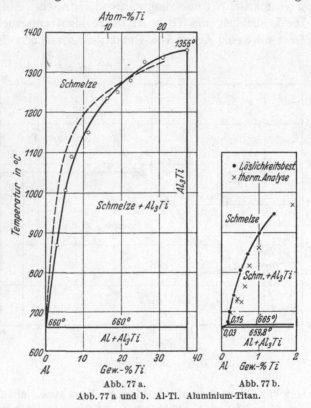

Abb. 77 a.   Abb. 77 b.
Abb. 77 a und b. Al-Ti. Aluminium-Titan.

funden. Nach dem erstmalig von VAN ERKELENS[4] bis zu einem Ti-Gehalt
von 31% mit Hilfe thermischer und mikroskopischer Untersuchungen
ausgearbeiteten Zustandsschaubild kristallisiert aus allen Schmelzen
innerhalb dieses Bereiches primär die Verbindung Al_4Ti (Erstarrungspunkt 1325°); das Eutektikum besteht praktisch aus reinem Al. In
Abb. 77 a ist die von VAN ERKELENS ermittelte Liquiduskurve ohne Angabe der Einzelwerte gestrichelt gezeichnet.

MANCHOT-LEBER[5] haben — offenbar ohne Kenntnis der Arbeit von
VAN ERKELENS — diese Verhältnisse im wesentlichen bestätigt; vgl. die
ausgezogene Kurve in Abb. 77 a. Sie konnten jedoch zeigen, daß die
Liquiduskurve oberhalb Al_4Ti mit 31% Ti (der von VAN ERKELENS

untersuchten Ti-reichsten Legierung) noch weiter ansteigt. Eine Legierung mit 31% Ti erwies sich als heterogen, während eine der Zusammensetzung der Verbindung Al_3Ti entsprechende Legierung mit 37,3% Ti (der von MANCHOT-LEBER untersuchten Ti-reichsten Legierung) aus einheitlichen Kristallen besteht. Das Bestehen von Al_3Ti konnte durch zahlreiche Isolierungen der primär ausgeschiedenen Kristalle immer wieder bestätigt werden. Al_4Ti besteht also sicher nicht; Al_3Ti_2 würde außerhalb des bisher bekannten Teiles des Zustandsdiagramms liegen.

FINK, VAN HORN und BUDGE[6] haben die Konstitution der Legierungen mit 0,03—1,89% Ti (die unter Verwendung von Al höchster Reinheit hergestellt wurden) thermisch und mikroskopisch sehr eingehend untersucht. Da die Wärmetönung bei der Ausscheidung von Al_3Ti-Kristallen sehr gering ist und die Ausscheidung selbst zu Unterkühlungen neigt, sind die mit Hilfe von Abkühlungskurven bestimmten Liquidustemperaturen unsicher. Das geht auch aus der großen Differenz der Liquiduspunkte in den Diagrammen von VAN ERKELENS und MANCHOT-LEBER hervor. Die Verfasser bedienten sich daher des bei der Festlegung von Löslichkeitskurven in wässerigen Systemen angewandten Verfahrens. Wie Abb. 77b zeigt, liegt die auf diese Weise ermittelte Kurve erwartungsgemäß oberhalb der mit Hilfe der thermischen Analyse bestimmten Kurve. Das Ende der Erstarrung wurde mit Hilfe von Abkühlungskurven bestimmt, und zwar von 23 Schmelzen mit 0,03—1,89% Ti. Die Eutektikale liegt bei 659,8°, also praktisch beim Al-Schmelzpunkt; der eutektische Punkt ist sehr nahe bei 0,03% Ti anzunehmen. Bei Schmelzen mit mehr als 0,15% Ti beobachteten die Verfasser eine bei 665° stattfindende Reaktion, deren Natur jedoch nicht aufgeklärt werden konnte. Man könnte an eine peritektische Reaktion: Schmelze $+ Al_3Ti = Al_xTi_y$ denken. Dagegen spricht jedoch die Tatsache, daß mikroskopisch wie auch mit Hilfe der Rückstandsanalyse und der Röntgenuntersuchung isolierter Kristalle stets nur die Kristallart Al_3Ti festgestellt werden konnte. Überdies konnten auch aus einer bei 662° geglühten und abgeschreckten Legierung mit 0,75% Ti nur Al_3Ti-Kristalle isoliert werden. — Al_3Ti kristallisiert tetragonal (Achsenverhältnis 1,58) mit 4 Molekülen im Elementarbereich (näheres s. Originalarbeit).

Die feste Löslichkeit von Ti in Al müßte geringer als 0,03% Ti sein. Gegenteilige Feststellungen[7] mit Hilfe von Leitfähigkeitsmessungen sind daher überholt. Kürzlich hat BOHNER[8] gezeigt, daß Al unter bestimmten Verhältnissen stark übersättigte feste Lösungen mit Ti bilden kann.

Literatur.

1. GUILLET, L.: Bull. Soc. Encour. Ind. nat. Bd. 103 (1902) S. 244/45. — **2.** MANCHOT, W., u. P. RICHTER: Liebigs Ann. Bd. 357 (1907) S. 140. — **3.** WEISS,

L., u. H. KAISER: Z. anorg. allg. Chem. Bd. 65 (1910) S. 358/61. — **4.** ECKELENS, E. VAN: Met. u. Erz Bd. 20 (1923) S. 206/10. — **5.** MANCHOT, W., u. A. LEBER: Z. anorg. allg. Chem. Bd. 150 (1926) S. 26/34. Sie veröffentlichten die ersten Schliffbilder von Al-Ti-Legierungen. — **6.** FINK, W. L., K. R. VAN HORN u. P. M. BUDGE: Amer. Inst. min. metallurg. Engr. Techn. Publ. Nr. 393 (1931) 18 Seiten. — **7.** Aus Leitfähigkeitsmessungen von VAN ERKELENS konnte man auf eine feste Löslichkeit von annähernd 0,3% Ti schließen; die Gesamtzusammensetzung dieser Legn. ist nicht angegeben; Leitfähigkeit des Al = 31,95 (!). BOSSHARD nimmt — ebenfalls auf Grund von Leitfähigkeitsmessungen — eine zwischen 300 und 500° gleichbleibende Sättigungsgrenze von 0,23% Ti an; seine Legn. enthalten jedoch etwa 0,4% Fe und 0,17% Si (!). BOSSHARD, M.: Bull.

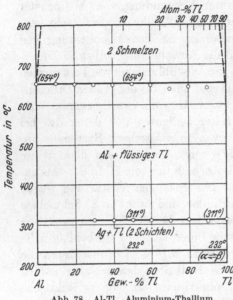

Abb. 78. Al-Tl. Aluminium-Thallium.

schweiz. elektrotechn. Ver. Bd. 18 (1927) S. 113/22. Vgl. Z. Metallkde. Bd. 19 (1927) S. 288/89. v. ZEERLEDER u. M. BOSSHARD: Z. Metallkde. Bd. 19 (1927) S. 462. — **8.** BOHNER, H.; Z. Metallkde. Bd. 26 (1934) S. 268/71.

Al-Tl. Aluminium-Thallium.

Nach DOERINCKEL[1] bilden Al und Tl eine von 0—100% Tl reichende Mischungslücke im flüssigen Zustand (Abb. 78). Die von ihm im Abstand von 10 zu 10% Tl beobachteten Haltepunkte auf den Abkühlungskurven liegen bei Temperaturen zwischen 654 und 641° und zwischen 311 und 306° (654° = Schmelzpunkt des verwendeten Al; 311° = Schmelzpunkt des Tl, statt 303,5°). Eine derartige Verschiebung der Haltepunkte zu tieferen Temperaturen ist im vorliegenden Fall, wo die Metalle in zwei sich gegeneinander absetzenden Schichten erstarren, damit zu erklären, daß sich die Lötstelle des Thermoelementes einmal mehr in der Al-reichen, das andere Mal mehr in der Tl-reichen Zone der Schmelze befand und die freiwerdende Erstarrungswärme des in geringerer Menge vorhandenen Metalls nicht ausreichte, bei fortgeschrittener Abkühlung die Temperatur wieder auf die Erstarrungstemperatur der betreffenden Komponente zu erhöhen.

Literatur.

1. DOERINCKEL, F.: Z. anorg. allg. Chem. Bd. 48 (1906) S. 188/90.

Al-U. Aluminium-Uran.

Durch Reduktion von U_2O_3 mit Al im verschiedenen Mengenverhältnis hat GUILLET[1] zwei Legierungen hergestellt. Aus der Al-reicheren glaubte er durch

Behandeln mit HCl Kristalle von der Zusammensetzung Al_3U isoliert zu haben. Der Rückstand enthielt nach den Analysenwerten, die GUILLET angibt, nur 41% U, was nicht der Formel Al_3U (74,64% U), sondern nahezu der Formel $Al_{13}U$ (40,45% U) entspricht. Die U-reichere Legierung, die er ohne weiteres als Verbindung Al_3U_2 (85,48% U) ansprach, enthielt 73,5—74,2% U entsprechend der Zusammensetzung Al_3U. Die Angaben von GUILLET sind wertlos[2].

Literatur.

1. GUILLET, L.: Bull. Soc. Encour. Ind. nat. Bd. 103 (1902) S. 254/57. — 2. S. auch P. HELLER: Met. u. Erz Bd. 19 (1922) S. 399.

Al-V. Aluminium-Vanadium.

MATIGNON-MONNET[1] haben aus einer Legierung mit 76,9% V einen Rückstand isoliert, der ungefähr der Zusammensetzung AlV (65,4% V) entsprach.

CZAKO[2] hat eine Reihe Legierungen mikroskopisch untersucht, die durch aluminothermische Reduktion von Vanadinsäure hergestellt waren. Eine Legierung mit 1% V enthält bereits primär ausgeschiedene Kristalle einer Al-V-Verbindung, deren Menge mit steigendem V-Gehalt bis 34,5% V zunimmt. Eine Legierung dieser Zusammensetzung war „fast" homogen[3]. Durch Behandeln einer 30%igen Legierung mit Salzsäure konnten Kristalle mit 37,9% V isoliert werden; 38,7% V würde der Verbindung Al_3V entsprechen. Eine Legierung mit 53% V erwies sich ebenfalls als „fast" homogen. Den Formeln Al_2V und Al_3V_2 würden die V-Gehalte 48,6% und 55,8% entsprechen. Um 60,7% V liegt nach den Gefügebeobachtungen eine weitere Verbindung, vielleicht AlV mit 65,41% V. Dafür würde sprechen, daß aus einer 58,3%igen Legierung kleine Kristalle mit 64,8% V isoliert werden konnten. Des weiteren erwies sich die Legierung mit 79,3% V als einphasig, woraus CZAKO auf das Bestehen der Verbindung AlV_2 mit 79,1% V schloß.

Zusammenfassend ist zu sagen, daß der Al-reiche Teil des Al-V-Diagramms ähnlich dem des Al-Ti- oder Al-Mo-Diagramms sein wird. Für die Al-reichste Verbindung dürfte mit einiger Sicherheit die Formel Al_3V gelten, zumal dieses Atomverhältnis bei Al-Legierungen sehr häufig ist. Die Formeln der anderen intermediären Kristallarten dürften noch unsicher sein.

Nachtrag. Aus Leitfähigkeitsmessungen ist geschlossen worden, daß die Grenze der Löslichkeit von V in Al bei 0,65% V liegt[4]. Nähere Angaben (Wärmebehandlung? u. a. m.) waren nicht zugänglich.

Literatur.

1. MATIGNON, C., u. E. MONNET: C. R. Acad. Sci., Paris Bd. 134 (1902) S. 542/45. — 2. CZAKO, N.: C. R. Acad. Sci., Paris Bd. 156 (1913) S. 140/42. — 3. Al_4V = 32,1% V. — 4. Ungenannt: Aluminium Broadcast Bd. 3 (1931) Nr. 5 S. 12/13. Ref. J. Inst. Met., Lond. Bd. 50 (1932) S. 472.

Al-W. Aluminium-Wolfram.

Um über die Konstitution dieser Legierungsreihe Aufklärung zu gewinnen, hat man sich bisher ausschließlich des unsicheren Verfahrens der Rückstandsanalyse bedient. Die Angaben über die Zusammensetzung der Al-W-Verbindungen widersprechen einander sehr, was sowohl wegen des Verfahrens, wie auch durch die Existenz peritektischer Umsetzungen, die ohne nachträgliche Wärmebehandlung unvollständig verlaufen, erklärlich ist. Wöhler-Michel[1] glaubten durch Behandlung einer Al-reichen Legierung die Verbindung Al_4W (63,04% W) isoliert zu haben, Mathews-Campbell[2] haben einzelne Kristalle mit 57,1 bis 60,4% W bzw. 49,2 bis 50,9% W erhalten, die sie ohne Grund als die Verbindungen Al_5W (57,71% W) und Al_7W (49,36% W) ansprachen. Am unsichersten — weil sich die einzelnen Angaben völlig widersprechen — sind die Ergebnisse von Guillet[3], der die Existenz der Verbindungen Al_4W, Al_3W (69,46% W) und AlW_2 (93,17% W) auf Grund von rückstandsanalytischen Untersuchungen an aluminothermisch hergestellten Legierungen annahm.

Kremer[4] beobachtete, daß W-Pulver sich nicht in geschmolzenem Al auflöste.

Literatur.

1. Wöhler, F., u. F. Michel: Liebigs Ann. Bd. 115 (1860) S. 103. — 2. Mathews, J. A., u. W. Campbell: J. Amer. chem. Soc. Bd. 24 (1902) S. 253/66. — 3. Guillet, L.: C. R. Acad. Sci., Paris Bd. 132 (1901) S. 1112/15. Bull. Soc. Encour. Ind. nat. Bd. 103 (1902) S. 228/32. — 4. Kremer, D.: Abh. Inst. Metallh. u. Elektromet. T. H. Aachen Bd. 1 (1916) Nr. 2 S. 11.

Al-Zn. Aluminium-Zink.

Um die Aufklärung des Aufbaues der Al-Zn-Legierungen haben sich sehr viele Forscher bemüht. Das in Abb. 79 dargestellte Diagramm verdanken wir im wesentlichen den Arbeiten von Rosenhain-Archbutt[1], Bauer-Vogel[2] und Hanson-Gayler[3]. Die Untersuchungen von Tanabe[4] und Isihara[5] führten — von z. T. erheblichen Abweichungen im Verlauf der Grenze der γ-Phase abgesehen — zu einer vollkommenen Bestätigung der Ergebnisse von Hanson-Gayler. In neuester Zeit wurde dieses Diagramm, soweit es die β-Phase betrifft, auf Grund von Strukturuntersuchungen über diese Phase angezweifelt. Eine endgültige Klärung steht noch aus.

Die Erstarrungsvorgänge. Die Liquiduskurve wurde bestimmt von Roland-Gosselin[6], Heycock-Neville[7], Shepherd[8], Ewen-Turner[9], Rosenhain-Archbutt[1], Eger[10], Bauer-Vogel[2], Fedorow[11], Crepaz[12], Tanabe[4] und Isihara[5]. Innerhalb der Fehlergrenzen stimmen die Ergebnisse überein.

Die peritektische Horizontale:γ + Schmelze $\rightleftharpoons \beta$ wurde erstmalig von Rosenhain-Archbutt festgestellt. Die früheren Forscher und auch noch Eger und Fedorow haben sie nicht beobachtet, sie glaubten vielmehr ein einfaches eutektisches System zwischen Mischkristallen des Aluminiums und Zinks vor sich zu haben. Später wurde die Peritektikale wiederholt bestätigt (Tabelle 9), so daß an ihrem Bestehen nicht gezweifelt werden könnte. Die vorliegenden peritektischen Temperaturen stimmen nach Tabelle 9 ausgezeichnet überein. Dagegen wurde der Endpunkt der peritektischen Horizontalen nach der Al-Seite zu sehr verschieden gefunden. Der hierfür von Rosenhain-Archbutt angegebene geringe Zn-Gehalt, der auch von Bauer-Vogel gefunden wurde, dürfte auf die starke Gleichgewichtsstörung während der raschen Abkühlung bei der thermischen Analyse zurückzuführen sein. Für den Gleichgewichtszustand ergibt sich der Endpunkt als Schnittpunkt der von HANSON-GAYLER mikrographisch bestimmten Soliduskurve des γ-Mischkristalles mit der Peritektikalen recht genau zu 69—70% Zn. Der peritektische Punkt fällt nach den Bestimmungen der Grenzen des β-Gebietes von HANSON-GAYLER, TANABE und ISIHARA praktisch mit dem Endpunkt der Peritektikalen zusammen[14]; er liegt also nicht, wie lange vermutet wurde[1][2], bei der Zusammensetzung Al_2Zn_3 (78,4% Zn).

Tabelle 9. Peritektikale: $\gamma + Schm. \rightleftharpoons \beta$.

Verfasser	Temp.	Peritektikum	Konzentrations-bereich
ROSENHAIN-ARCHBUTT	443°	78,4% Zn (Al_2Zn_3)	41—85% Zn
BAUER-VOGEL	443°	78,4% Zn (Al_2Zn_3)	etwa 40—85% Zn
HANSON-GAYLER	(443°)	70% Zn	69—(85)% Zn
HEMMI[13]	(443°)	?	42--?% Zn
CREPAZ	443°	—	?—85,5% Zn
TANABE	442°	70% Zn	69,5—85% Zn
ISIHARA	440°	70% Zn	59—87% Zn

Die eutektische Horizontale: Schmelze $\rightleftharpoons \alpha + \beta$. Der eutektische Punkt ist nach dem praktisch übereinstimmenden Befund aller Forscher[6][7][8][9][1][10][2][11][12][4][5] zu 380° und 95,0% Zn anzunehmen. Große Abweichungen bestanden lange hinsichtlich des Endpunktes der Eutektikalen nach der Al-Seite zu. So gaben SHEPHERD, EWEN-TURNER, EGER und FEDOROW ausschließlich auf Grund thermischer Untersuchungen 45 bzw. 65, 66 und 80% Zn an. Nach ROSENHAIN-ARCHBUTT und BAUER-VOGEL, die das Bestehen der singulären Phase Al_2Zn_3 annahmen, liegt der Endpunkt bei dieser Konzentration. Später konnte durch Bestimmung der β ($\beta + \alpha$)-Grenze eindeutig gezeigt werden, daß er bei 82—84% Zn liegt[3][4][5].

Die β-Phase wurde von ROSENHAIN-ARCHBUTT, die sie erstmalig feststellten, auf Grund der Haltezeiten der eutektischen Kristallisation und der Reaktion im festen Zustand als eine singuläre Kristallart von der Zusammensetzung Al_2Zn_3 (78,4% Zn) angesehen. Diese Forscher erkannten weiter, daß die β-Phase in ein Eutektoid ($\alpha + \gamma$) zerfällt[15]. BAUER-VOGEL schlossen sich der Ansicht von ROSENHAIN-ARCHBUTT an. FEDOROW, der das Bestehen einer intermediären Phase nicht bestätigen konnte, verknüpfte die Reaktion im festen Zustand mit der vielfach vermuteten polymorphen Umwandlung des Aluminiums bei 550° und gelangte so zu einer Umwandlungshorizontalen, die der Reaktion: feste Lösung von β-Al (78% Zn) $\rightleftharpoons$ feste Lösung von α-Al (50% Zn) + Zn entspricht. Dieselbe Annahme hat später TIEDEMANN[16] auf Grund mechanischer Untersuchungen gemacht. Die Haltlosigkeit dieser Hypo-

11*

these ist jedoch durch die sichere und wiederholte Feststellung, daß Al keinen Umwandlungspunkt besitzt, erwiesen. Einen direkten Beweis erbrachte MÜLLER[17].

HANSON-GAYLER und dann auch TANABE und ISIHARA haben eindeutig festgestellt, daß die β-Phase keine singuläre Kristallart, sondern ein Mischkristall ist, dessen Zustandsgebiet von ihnen mit guter Übereinstimmung ermittelt wurde. Die Angaben bezüglich der Temperatur des eutektoiden Zerfalls des β-Mischkristalles schwanken zwischen 248°

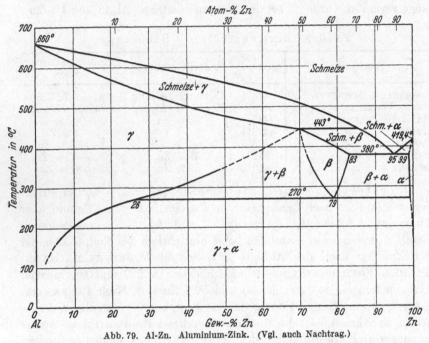

Abb. 79. Al-Zn. Aluminium-Zink. (Vgl. auch Nachtrag.)

und 305°[18]. Die verläßlichsten Bestimmungen ergaben etwa 270° als Mittel aus Erhitzung und Abkühlung.

Da das Eutektoid zu etwa 70% Zn gefunden wurde, lag der Gedanke nahe, daß dem β-Mischkristall eine durch die Zusammensetzung Al_2Zn_3 gekennzeichnete Struktur zuzuschreiben ist. Diese Vermutung wurde jedoch durch röntgenographische Untersuchungen[19] an abgeschreckten Legierungen und besonders bei Temperaturen oberhalb 270° von v. SCHWARZ-SUMMA[20], SCHMID-WASSERMANN[21] und OWEN-IBALL[22] widerlegt. Vielmehr wurde von diesen und anderen[23] Forschern übereinstimmend gefunden, daß die β-Phase ein kubisch-flächenzentriertes Gitter, also die gleiche Struktur wie der γ-Mischkristall hat. Überstrukturlinien, die auf das Vorhandensein einer Verbindung hätten schließen lassen, wurden nicht beobachtet[21]. Hinsichtlich der Abhängigkeit der Gitterkonstanten von der Konzentration und der Deutung der

Befunde bestehen jedoch Unterschiede. Während die von OWEN-IBALL bei Temperaturen zwischen 290° und 450° gemessenen Gitterkonstanten für eine gewisse Verschiedenheit von β und γ sprechen würden, konnten SCHMID-WASSERMANN zeigen, daß das β-Gebiet strukturell als eine Fortsetzung der γ-Phase angesehen werden muß und die beiden Zustandsgebiete nur durch eine Mischungslücke getrennt sind. Sie halten es sogar für wahrscheinlich, daß die Trennung zwischen den β- und γ-Gebieten nicht einmal vollständig ist, sondern daß beide Zustandsfelder schon unter 400° ohne Unterbrechung ineinander übergehen und somit ein vollkommen einheitliches Zustandsfeld bilden. Es würde dann also derselbe Konstitutionsfall vorliegen, der kürzlich von HANSON und PELL-WALPOLE[24] im System Cd-Sn gefunden wurde. Mit dieser Vermutung ist indessen die wiederholt festgestellte Peritektikale bei 443° nicht in Einklang zu bringen, da bei einer Verbindung der γ- und β-Gebiete oberhalb einer gewissen Temperatur die peritektische Horizontale ihre Daseinsberechtigung verliert. Eine endgültige Klärung ist nur durch neue Untersuchungen möglich. (S. darüber Nachtrag.)

ISHARA hat in den Legierungen, die den β-Mischkristall enthalten, eine Umwandlung festgestellt, die der $\beta \rightleftharpoons \beta'$-Umwandlung im System Cu-Zn analog sein könnte. ISHARA hält sie auch für eine fortschreitende Umwandlung, die mit steigender Temperatur bei 340° im $(\alpha + \beta)$-Gebiet und bei 350° im $(\beta + \gamma)$-Gebiet ihr Ende erreicht und — wie Röntgenuntersuchungen bei 300° und 380° gezeigt haben sollen — nicht mit einer Gitteränderung verbunden ist. Die neueren Röntgenuntersuchungen bei hohen Temperaturen[22] haben ebenfalls keine Anzeichen für eine Strukturänderung ergeben. Es bleibt abzuwarten, ob diese Umwandlung bestätigt wird.

Bemerkenswert ist, daß der eutektoide Zerfall der β-Phase nach dem Abschrecken spontan unter Wärmeentwicklung und erheblichen Eigenschaftsänderungen einsetzt[25]. Man hat anzunehmen, daß sich die β-Kristalle unter Ausscheidung von Zink in den Al-Mischkristall (γ) umwandeln[26]; es tritt also eine durch umfangreiche Diffusionsvorgänge verursachte Umkristallisation ein[21]. Durch kleine Mg-Gehalte (0,1%) wird der Zerfall stark verzögert[27].

Die γ-Phase. Die Sättigungsgrenze der γ-Phase (Löslichkeit von Zn in Al) wurde sehr häufig bestimmt, und zwar mit Hilfe der verschiedensten Verfahren. Wie Abb. 80 zeigt, weichen die Ergebnisse außerordentlich stark voneinander ab. Auf die Ursachen dieser Unterschiede kann hier nicht näher eingegangen werden, jedenfalls sind sie teils durch unzureichende Bestimmungsverfahren, teils durch ungenügende Glühdauer, aber auch durch Fehlschlüsse bedingt. Die von SCHMID-WASSERMANN[21] für den Temperaturbereich von 160—345° mit Hilfe des röntgenographischen Verfahrens ermittelte Löslichkeitskurve ist zweifellos als die zuverläßlichste anzusehen[28]. Danach fällt die Löslichkeit von Zn in Al von 48% Zn bei 350° auf 5% Zn bei 160°. Bei Raumtemperatur dürfte sie höchstens 2% Zn, wahrscheinlich jedoch erheblich weniger betragen. In ihrem unteren Verlauf kommt die Löslichkeitskurve nach SCHMID-WASSERMANN den Kurventeilen nach NISHIMURA[29] (auf Grund

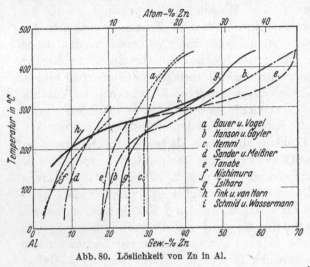

Abb. 80. Löslichkeit von Zn in Al.

von Aushärtungsversuchen u. a.) und FINK-VAN HORN[30] (röntgenographisch bestimmt) am nächsten. Über 50% Zn hinaus konnten SCHMID-WASSERMANN die Löslichkeitskurve nicht verfolgen, hauptsächlich weil sich die Legierungen hier nicht mehr wirksam abschrecken lassen. Die Extrapolation würde zu einer höchsten Löslichkeit von etwa 70% Zn bei 440° führen, in Übereinstimmung mit den Befunden von HANSON-GAYLER und TANABE. Ob die Kurve jedoch überhaupt mit der Soliduskurve zum Schnitt kommt, muß, wie oben ausgeführt wurde, noch geklärt werden. (S. darüber Nachtrag.)

Die α-Phase. Die Löslichkeit von Al in Zn wurde näher nur von PEIRCE[31], TANABE und ISIHARA bestimmt. PEIRCE fand mit Hilfe von mikrographischen Untersuchungen und Leitfähigkeitsmessungen an abgeschreckten Legierungen Löslichkeiten von 1% bei 380°, 0,85% bei 335°, 0,6% bei 230° und 0,25% (?) bei 20°. TANABE fand ebenfalls auf mikrographischem Wege: 1% bei 380°, 0,5% bei 270° und 0,9% (??) bei 20°. ISIHARA gibt auf Grund thermo-resistometrischer Untersuchungen Löslichkeiten von 1% bei 380° und 0,3% bei 20—270° an. Nach diesen nur teilweise leidlich übereinstimmenden Ergebnissen ist anzunehmen, daß die Löslichkeit von etwa 1% bei der eutektischen Temperatur auf etwa 0,5% bei 270° sinkt; mit weiter fallender Temperatur dürfte sie rasch auf einen sehr kleinen Wert abnehmen.

Physikalische Eigenschaften. Dichte[32], thermische Ausdehnung[33], elektrische Leitfähigkeit[34] [35] [36] [4], elektrochemisches Potential[35].

Nachtrag b. d. Korr. OWEN-PICKUP[37] haben durch röntgenographische Untersuchungen bei hohen Temperaturen (Messung der Gitterkonstanten) bestätigt, daß die Gebiete β und γ oberhalb einer bestimmten Temperatur ohne Unterbrechung ineinander übergehen.

Abb. 79 ist also dahin abzuändern, daß sich das $(\beta + \gamma)$-Gebiet bei etwa 70% Zn und 370° schließt. Die Peritektikale bei 443° besteht also nicht.

Literatur.

1. ROSENHAIN, W., u. S. L. ARCHBUTT: Philos. Trans. Roy. Soc., Lond. A Bd. 211 (1911) S. 315/43. J. Inst. Met., Lond. Bd. 6 (1911) S. 236/50. — 2. BAUER, O., u. O. VOGEL: Mitt. dtsch. Mat.-Prüf.-Anst. Bd. 33 (1915) S. 146/68. Int. Z. Metallogr. Bd. 8 (1916) S. 101/32. — 3. HANSON, D., u. M. L. V. GAYLER: J. Inst. Met., Lond. Bd. 27 (1922) S. 267/94. — 4. TANABE, T.: J. Inst. Met., Lond. Bd. 32 (1924) S. 415/27. — 5. ISIHARA, T.: Sci. Rep. Tôhoku Univ. Bd. 13 (1925) S. 427/42. J. Inst. Met., Lond. Bd. 33 (1925) S. 73/89. Sci. Rep. Tôhoku Univ. Bd. 15 (1926) S. 209/24. — 6. ROLAND-GOSSELIN s. bei II. GAUTIER: Bull. Soc. Encour Ind. nat. Bd. 1 (1896) S. 1308. Contribution à l'étude des alliages S. 103, Paris 1901. — 7. HEYCOCK, C. T., u. F. H. NEVILLE: J. Chem. Soc. Bd. 71 (1897) S. 389. — 8. SHEPHERD, E. S.: J. physic. Chem. Bd. 9 (1905) S. 304/12. — 9. EWEN, D., u. T. TURNER: J. Inst. Met., Lond. Bd. 4 (1910) S. 140/56. — 10. EGER, G.: Int. Z. Metallogr. Bd. 4 (1913) S. 35/41. — 11. FEDOROW, A. S.: J. russ. phys.-chem. Ges. Bd. 49 (1917) S. 394/407. Ref. Chem. Zbl. Bd. 94 IV (1923) S. 716 (mit Diagramm). J. Inst. Met., Lond. Bd. 30 (1923) S. 516/17. Vgl. auch K. L. MEISSNER: Z. VDI Bd. 70 (1926) S. 394. Die Originalarbeit wurde mir durch freundliche Vermittlung von Herrn Dipl.-Ing. N. AGEEW, Leningrad, zugänglich gemacht. — 12. CREPAZ, E.: G. Chim. ind. appl. Bd. 5 (1923) S. 285/86. — 13. HEMMI, T.: J. Soc. chem. Ind. Japan Bd. 25 (1922) S. 411/24 (japan.). Ref. Chem. Abstr. Bd. 17 (1923) S. 374 (mit Diagramm). J. Inst. Met., Lond. Bd. 28 (1922) S. 644. — 14. Daher ist die peritektische Reaktion nur mit einer kleinen Wärmetönung verbunden. — 15. EWEN-TURNER konnten keine Deutung für die von ihnen zuerst gefundene Umwandlungshorizontale geben. — 16. TIEDEMANN, O.: Z. Metallkde. Bd. 18 (1926) S. 18/21, 221/23. — 17. MÜLLER, A.: Z. Metallkde. Bd. 19 (1927) S. 414/15. — 18. Bestimmungen liegen vor von [9 1 2 11 12 4 5 20 22] sowie JAREŠ, V.: Amer. Inst. min. metallurg. Engr. Inst. Metal Div. 1927 S. 65/66. — 19. Röntgenographische Untersuchungen an langsam erkalteten Legierungen wurden zuerst von W. C. PHEBUS u. F. C. BLAKE: Physic. Rev. Bd. 25 (1925) S. 107 ausgeführt. Das Ergebnis steht im Einklang mit dem Zustandsdiagramm der Abb. 79. — 20. SCHWARZ, M. v., u. O. SUMMA: Metallwirtsch. Bd. 11 (1932) S. 369/71. — 21. SCHMID, E., u. G. WASSERMANN: Metallwirtsch. Bd. 11 (1932) S. 386/87 (vorl. Mitt.). Z. Metallkde. Bd. 26 (1934) S. 145/50. — 22. OWEN, E. A., u. J. IBALL: Philos. Mag. Bd. 17 (1934) S. 433/57. — 23. KENNEDY, R. G.: Met. & Alloys Bd. 5 (1934) S. 106/109, 112, 124/26. KOSSOLAPOW, G. F., u. A. K. TRAPESNIKOW: Metallwirtsch. Bd. 14 (1935) S. 45/56. — 24. HANSON, D., u. W. T. PELL-WALPOLE: J. Inst. Met., Lond. Bd. 56 (1935) S. 165/82. — 25. HANSON, D., u. M. L. V. GAYLER: J. Inst. Met., Lond. Bd. 27 (1922) S. 280/83. IGARASI, J.: Sci. Rep. Tôhoku Univ. Bd. 12 (1924) S. 33/45. BAUER, O., u. W. HEIDENHAIN: Z. Metallkde. Bd. 16 (1924) S. 221/28. TANABE, T.: J. Inst. Met., Lond. Bd. 32 (1924) S. 415/53. FRAENKEL, W., u. W. GOEZ: Z. Metallkde. Bd. 17 (1925) S. 12/17. FRAENKEL, W.: Z. Metallkde. Bd. 18 (1926) S. 189/92. ISIHARA, T.: Sci. Rep. Tôhoku Univ. Bd. 15 (1926) S. 209/24. FRAENKEL, W., u. E. WACHSMUTH: Z. Metallkde. Bd. 22 (1930) S. 162/67. MEYER, H.: Z. Physik Bd. 76 (1932) S. 268/80; Bd. 78 (1932) S. 854. BUGAKOW, V.: Physik Z. Sowjet-Union Bd. 3 (1933) S. 632/52. KENNEDY, R. G.: Met. & Alloys Bd. 5 (1934) S. 106/109, 112, 124/26. FULLER, M. L., u. R. L. WILCOX: Amer. Inst. min. metallurg. Engr. Techn. Publ. Nr. 572 (1934). IMAI, H., u. M. HAGIYA: Mem. Ryojun Coll. Engng. 1934 S. 83/105. — 26. FULLER, M. L., u. R. L. WILCOX s. Anm. 25. — 27. FRAENKEL, W.: Z. Metallkde.

Bd. 18 (1926) S. 189/92. Fuller, M. L., u. R. L. Wilcox: Amer. Inst. min. metallurg. Engr. Techn. Publ. Nr. 572 (1934). — 28. Die ebenfalls röntgenographisch bestimmten Löslichkeiten nach Owen-Iball stehen zu den Ergebnissen aller anderen Arbeiten im Widerspruch. — 29. Nishimura, H.: Mem. Coll. Engng., Kyoto Bd. 3 (1924) S. 133/63. — 30. Fink, W. L., u. K. R. van Horn: Trans. Amer. Inst. min. metallurg. Engr. Inst. Metals Div. Bd. 99 (1932) S. 132/40. — 31. Peirce, W. M.: Trans. Amer. Inst. min. metallurg. Engr. Bd. 68 (1932) S. 773/75. — 32. Shepherd, E. S.: J. physic. Chem. Bd. 9 (1905) S. 304/12. Pécheux, H.: C. R. Acad. Sci., Paris Bd. 138 (1904) S. 1103/04. — 33. Smirnoff, W.: C. R. Acad.'Sci., Paris Bd. 155(1912) S. 351/52. Schulze, A.: Physik. Z. Bd. 22 (1921) S. 403/406. — 34. Sturm: Diss. Rostock 1904. Vgl. W. Guertler: Z. anorg. allg. Chem. Bd. 51 (1906) S. 411/12. — 35. Broniewski, W.: Ann. Chim. Phys. Bd. 25 (1912) S. 53/59. — 36. Holbein u. G. Lechner: Vgl. Z. Metallkde. Bd. 14 (1922) S. 76. — 37. Owen, E. A., u. L. Pickup: Philos. Mag. Bd. 20(1935) S. 761/77.

Al-Zr. Aluminium-Zirkonium.

Die über dieses System vorliegenden Arbeiten präparativen und rückstandsanalytischen Charakters sind für die Beurteilung der Konstitutionsverhältnisse ziemlich wertlos, da in keinem Falle der Beweis für die Einheitlichkeit der als Verbindungen angesehenen Konzentrationen Al_3Zr^1 (53,0% Zr), Al_2Zr^2 (62,8% Zr) und Al_4Zr_3 (71,7% Zr) erbracht wurde. Nicht zu verkennen ist jedoch die Tatsache, daß ein Produkt von der annähernden Zusammensetzung Al_4Zr_3 wiederholt isoliert wurde[3].

Schirmeister[4] teilt mit, daß sich Zr als Legierungsbestandteil für Al fast genau wie Ti verhält; es legiert sich ebenfalls gut, nur ist die Schmelzpunkterhöhung noch größer. Bradford[5] bemerkt, daß die Eigenschaften der Al-Zr-Legierungen etwa denen der Al-Ti-Legierungen entsprechen. Nach Cooper[6] erhält man bei etwa 1100° Legierungen in fast allen Mischungsverhältnissen. De Boer[7] teilt mit, daß Al mit Zr hochschmelzende Verbindungen bildet. Er stellte eine Legierung von der Zusammensetzung $AlZr_{2,7}$ (entsprechend 90,1% Zr) aus den Elementen dar; die Untersuchung der Gitterstruktur zeigte, daß sich eine Verbindung gebildet hatte.

Sykes[8] hat Legierungen bis zu 70% Zr durch Auflösen von gepulvertem Zr in Al im Hochfrequenzofen im Vakuum hergestellt. Legierungen mit mehr als 40% Zr waren ziemlich stark durch Reaktionsprodukte der Schmelze mit dem Tiegelmaterial (Al_2O_3) verunreinigt. Die mikroskopische Untersuchung der schnell erstarrten Reguli ergab, daß sich aus Schmelzen mit mehr als 1% Zr eine Verbindung primär ausscheidet, und daß die Erstarrung mit der Kristallisation praktisch reinen Aluminiums abschließt. Trotzdem nimmt der Verfasser die feste Löslichkeit von Zr in Al zu mehr als 0,57% und weniger als 0,97% an, ohne indessen diesbezügliche nähere Untersuchungen ausgeführt zu haben. Die eutektische Temperatur liegt sicher weniger als 2° unterhalb des Al-Schmelzpunktes.

Die Verbindung enthält mehr als 68% Zr, da in dieser Legierung noch geringe Mengen sekundär kristallisiertes Aluminium festgestellt werden konnte. Die oben genannten ,,Verbindungen'' Al_3Zr und Al_2Zr bestehen danach also nicht. Dagegen wäre die Formel Al_4Zr_3 durchaus mit den Ergebnissen der Gefügeuntersuchung verträglich. Da die Verbindung jedoch durch NaOH, das Weiss-Neumann und Marden-Rich zum Behandeln ihrer Reaktionsprodukte zwecks Isolierung der Verbindung verwendet haben, angegriffen wird, so hält Sykes die Formel Al_4Zr_3 für ungewiß.

Literatur.

1. Hönigschmid, O.: C. R. Acad. Sci., Paris Bd. 143 (1906) S. 224/26, Mh. Chemie Bd. 27 (1907) S. 1067/69 glaubte Al_3Zr bei der Darstellung von $ZrSi_2$

als Nebenprodukt erhalten zu haben. — **2.** Von E. WEDEKIND: Z. Elektrochem. Bd. 10 (1904) S. 331/35 aus dem Produkt einer aluminothermischen Reaktion (K_2ZrF_6 + Al) isoliert; gef. 34% Al, ber. 38,3% Al. — **3.** Al_4Zr_3 wurde von L. WEISS u. E. NEUMANN: Z. anorg. allg. Chem. Bd. 65 (1910) S. 258/59 und J. W. MARDEN u. M. N. RICH: U. S. Bur. Mines Bull Nr. 186 (1921) S. 105/06 aus einem Reaktionsprodukt von K_2ZrF_6 und Al durch abwechselnde Behandlung mit NaOH und HCl isoliert. WEISS-NEUMANN bzw. MARDEN-RICH (sehr reines Produkt) fanden 72,2 bzw. 70% Zr, ber. 71,7% Zr. Nach WEDEKIND (s. Anm. 2) geht Al_2Zr durch Umschmelzen in Al_4Zr_3 über. — **4.** SCHIRMEISTER, H.: Stahl u. Eisen Bd. 35 (1914) S. 999. — **5.** BRADFORD, L.: Chem. metallurg. Engng. Bd. 19 (1918) S. 684. — **6.** COOPER, H. S.: J. Amer. electrochem. Soc. Bd. 43 (1923) S. 224. — **7.** BOER, J. H. DE: Ind. Engng. Chem. Bd. 19 (1927) S. 1259. — **8.** SYKES, C.: J. Inst. Met., Lond. Bd. 41 (1929) S. 181/88.

As-Au. Arsen-Gold.

Versuche FRIEDRICHs[1], As-Au-Legierungen herzustellen, „hatten wegen der Flüchtigkeit des Arsens keine nennenswerten Erfolge". SCHLEICHER[2] konnte in offenen Tiegeln Legierungen mit einem Höchstgehalt von 11,5% As erschmelzen, jedoch nur solche bis zu einem Gehalt von 8,3% As thermisch untersuchen. Die Ergebnisse sind in Abb. 81 wiedergegeben. Das Eutektikum zwischen Au und einer intermediären Kristallart unbekannter Zusammensetzung würde, sofern diese As-reicheren Legierungen unter gewöhnlichen Verhältnissen darstellbar sind,

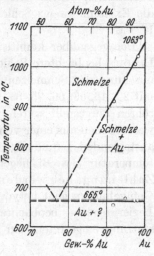

Abb. 81. As-Au. Arsen-Gold.

bei rd. 75—80% Au anzunehmen sein. Das Gefüge der Legierungen zeigte in Bestätigung der Ergebnisse der thermischen Analyse primäre Au-Kristalle + Eutektikum.

Literatur.

1. FRIEDRICH, K.: Metallurgie Bd. 5 (1908) S. 593, 603. Ältere Angaben (s. bei SCHLEICHER) sind ohne Bedeutung. — **2.** SCHLEICHER, A. P.: Int. Z. Metallogr. Bd. 6 (1914) S. 18/22.

As-Ba. Arsen-Barium.

Durch Reduktion von $Ba_3(AsO_4)_2$ mit Kohlenstoff hat LEBEAU[1] die Verbindung Ba_3As_2 (73,32% Ba) dargestellt.

Literatur.

1. LEBEAU, P.: C. R. Acad. Sci., Paris Bd. 129 (1899) S. 48/49. Ann. Chim. Phys. 7 Bd. 25 (1902) S. 480/83.

As-Bi. Arsen-Wismut.

HEYCOCK-NEVILLE[1] fanden, daß der Schmelzpunkt des Wismuts
(266,5° nach HEYCOCK-NEVILLE) durch geringe As-Zusätze stetig erniedrigt wird. Der eutektische Punkt liegt bei etwa 99,2% Bi und
265°. FRIEDRICH-LEROUX[2] untersuchten die Legierungen im Bereich
von 85—100% Bi und fanden zwei horizontale Gleichgewichtskurven:
die eine beim Bi-Schmelzpunkt (267—270°), die andere, die bei Bi-
Gehalten von 85 bis etwa 97% beobachtet werden konnte, bei 484°.
Dieser Befund würde für eine teilweise Unmischbarkeit im flüssigen
Zustande sprechen. Die mikroskopischen Beobachtungen bestätigten
die Existenz zweier Schichten, von denen die untere praktisch reines
Bi war.

Demgegenüber konnte HEIKE[3] beweisen, daß die von FRIEDRICH-
LEROUX beobachtete Schichtenbildung auf einer ungenügenden Dulrch
mischung der Schmelzen beruhte. Abkühlungskurven von Schmelzen
mit 20, 40, 53, 66, 75, 85, 90 und 95% Bi, die in evakuierten Porzel an-
röhren hergestellt waren, zeigten, daß „das Erstarrungsdiagramm im
wesentlichen aus einer von dem Schmelzpunkt des Bi nach dem des As
ansteigenden Liquiduskurve, sowie aus einer dicht bei der Schmelztemperatur des Bi liegenden (eutektischen) Horizontalen besteht".
Zahlenangaben werden nicht gemacht[4]. Aus den veröffentlichten
Gefügebildern geht hervor, daß die — insbesondere bei den Bi-reichen
Legierungen — beobachtete starke Seigerung erst während der Erstarrung eingetreten sein kann[5].

Literatur.

1. HEYCOCK, C. T., u. F. H. NEVILLE: J. chem. Soc. Bd. 61 (1892) S. 894. —
2. FRIEDRICH, K., u. A. LEROUX: Metallurgie Bd. 5 (1908) S. 148/49. — **3.** HEIKE,
W.: Int. Z. Metallogr. Bd. 6 (1914) S. 209/11. — **4.** Die HEIKEsche Arbeit ist eine
vorläufige Mitteilung; eine spätere Veröffentlichung liegt jedoch offenbar nicht vor.
— **5.** Die von DESCAMPS: C. R. Acad. Sci., Paris Bd. 86 (1878) S. 1066 auf Grund
ungenügender Kriterien angenommene Verbindung Bi_3As_4 besteht sicher nicht.

As-C. Arsen-Kohlenstoff.

In siedendem (gemeint ist wohl in sublimierendem) Arsen lösen sich nur „Spuren
bzw. unwägbar kleine Mengen Kohlenstoff" auf[1].

Literatur.

1. RUFF, O., u. B. BERGDAHL: Z. anorg. allg. Chem. Bd. 106 (1919) S. 91.

As-Ca. Arsen-Kalzium.

Das Kalziumarsenid Ca_3As_2 (44,50% Ca) ist von LEBEAU[1] sowohl durch direkte
Synthese als auch durch Reduktion von $Ca_3(AsO_4)_2$ mit Kohlenstoff dargestellt
worden.

Literatur.

1. LEBEAU, P.: C. R. Acad. Sci., Paris Bd. 128 (1899) S. 95/98. Ann. Chim. Phys. 7 Bd. 25 (1902) S. 477/79.

As-Cd. Arsen-Kadmium.

Untersuchungen von DESCAMPS[1] und SPRING.[2] hatten rein präparativen Charakter; die Zusammensetzung der von ihnen gefundenen „Verbindungen" Cd_3As und Cd_6As ist zufällig. GRANGER[3] gewann durch Überleiten von As-Dampf über geschmolzenes Cd ein unzersetzt (!) verdampfendes Produkt von der Zusammensetzung Cd_3As_2 (69,22% Cd)

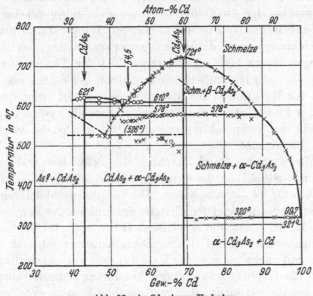

Abb. 82. As-Cd. Arsen-Kadmium.

Das in Abb. 82 dargestellte Diagramm wurde von ZEMCZUZNY[4] mit Hilfe thermischer und mikroskopischer Untersuchungen ausgearbeitet. Die Legierungen wurden durch Zusammenschmelzen der Komponenten hergestellt und analysiert. Zur näheren Erläuterung des Zustandsdiagramms seien folgende Angaben gemacht.

Der Schmelzpunkt des Kadmiums wird nach HEYCOCK-NEVILLE[5] durch 0,3% As um rd. 1° erniedrigt (eutektischer Punkt). Die Horizontale bei 578° entspricht einer polymorphen Umwandlung der Verbindung Cd_3As_2. In den Legierungen mit kleinerem Cd-Gehalt als der Verbindung Cd_3As_2 entspricht, besteht ein instabiles und ein stabiles System; ersteres wird dadurch hervorgerufen, daß die Kristallisation der Verbindung $CdAs_2$ zu beträchtlichen Unterkühlungen neigt.

Das instabile System. Bei „gewöhnlicher" Abkühlung der Schmelzen

(ohne Impfung) bildet sich das instabile System aus: Die Abkühlungskurven zeigen außer den beiden der primären Ausscheidung von Cd_3As_2-
Kristallen und der polymorphen Umwandlung der Verbindung entsprechenden thermischen Effekten einen Haltepunkt, bei dessen Temperatur ein aus der Verbindung Cd_3As_2 und wahrscheinlich reinem As
bestehendes Eutektikum kristallisiert. Wie aus den eingezeichneten
thermischen Daten ($\times$) hervorgeht, neigt die eutektische Kristallisation
zu großen Unterkühlungen[6]. Das reine Eutektikum erstarrt bei 526°
und enthält etwa 48% Cd[7]. Die Instabilität dieses aus Cd_3As_2 und
(wahrscheinlich) As bestehenden Systems macht sich in Legierungen
mit mehr als 62% Cd nicht bemerkbar. In Cd-ärmeren Legierungen
treten dagegen bei der Abkühlung entweder gleichzeitig mit der eutektischen Kristallisation oder bei etwas höheren Temperaturen plötzliche
Wärmeentwicklungen auf, die einen Temperaturanstieg von 15—25°,
zuweilen sogar bis zu 80°, verursachen. Tritt der Temperatursprung
vor der eutektischen Kristallisation ein, so fehlt der eutektische Haltepunkt, d. h. die Reaktion in der flüssigen Phase findet unter spontaner
Bildung fester Phasen statt: es bildet sich das stabile System Cd_3As_2 —
$CdAs_2$. Bleibt der Temperatursprung ganz aus, so wird der eutektische
Haltepunkt beobachtet.

Das stabile System. Durch Impfung der Schmelzen während der
Abkühlung mit Stückchen der betreffenden Legierung bildet sich das
stabile System Cd_3As_2—$CdAs_2$ sofort. Die Gleichgewichtskurven dieses
Systems sind die beiden von den Erstarrungspunkten der Verbindungen
abfallenden Liquidusäste, die eutektische Horizontale bei 610° und die
Umwandlungshorizontale bei 578°[8]. Bemerkenswert ist, daß in den
Legierungen mit mehr als etwa 60% Cd bei den Versuchsbedingungen
ZEMCZUZNYs die Impfung während der Abkühlung ohne Wirkung war;
in diesen Legierungen bleibt also das instabile System erhalten[9] und
kann erst durch nachträgliches Glühen zum Verschwinden gebracht
werden.

Die Struktur der Legierungen steht in völligem Einklang mit dem
thermischen Befund. Im stabilen Zustand bestehen die Legierungen
mit 42,8% Cd ($CdAs_2$) bis 69,2% Cd aus primären Cd_3As_2- bzw. $CdAs_2$-
Kristallen $+$ Eutektikum Cd_3As_2 — $CdAs_2$, im instabilen Zustand aus
primären Cd_3As_2- bzw. As (?) -Kristallen $+$ Eutektikum Cd_3As_2 — As.

Eine Legierung mit 37% Cd, d. h. weniger als der Verbindung $CdAs_2$
entspricht, besteht aus primären $CdAs_2$-Kristallen und einem Eutektikum, das aus dieser Verbindung und wahrscheinlich Arsen besteht;
Anhaltspunkte dafür, daß die Verbindung $CdAs_2$ die As-reichste Verbindung des Systems ist, liegen allerdings nicht vor.

In weiterer Übereinstimmung mit der durch die Abb. 82 wiedergegebenen Konstitution besteht die von ZEMCZUZNY bestimmte Kurve

der spezifischen Gewichte der stabilen Legierungen aus drei zwischen den Komponenten und den Verbindungen verlaufenden geradlinigen Ästen.

Nach PASSERINI[10] ist die Verbindung Cd_3As_2 isomorph mit Zn_3As_2; sie besitzt ein kubisches Gitter mit 2 Molekülen im Elementarbereich[11] (s. „Strukturbericht" S. 786/87).

Literatur.

1. DESCAMPS, A.: C. R. Acad. Sci., Paris Bd. 86 (1878) S. 1022/23. — **2.** SPRING, W.: Ber. dtsch. chem. Ges. Bd. 16 (1883) S. 324. — **3.** GRANGER, A.: C. R. Acad. Sci., Paris Bd. 138 (1904) S. 574/75. — **4.** ZEMCZUZNY, S. F.: Int. Z. Metallogr. Bd. 4 (1913) S. 228/46. J. russ. phys.-chem. Ges. Bd. 37 (1905) S. 1281 (russ.). — **5.** HEYCOCK, C. T., u. F. H. NEVILLE: J. chem. Soc. Bd. 61 (1892) S. 899. — **6.** Mit dem Grad der Unterkühlung nimmt auch die Störung der eutektischen Struktur zu. — **7.** Bei dieser Zusammensetzung trifft der instabile Zweig der Liquiduskurve auf die Eutektikale bei 526°. — **8.** ZEMCZUZNY zeichnete — irrtümlich — die Horizontale bei 578° nur bis zum instabilen Teil der Liquiduskurve. Merkwürdig ist allerdings, daß er für Legierungen mit weniger als 60% Cd, die während der Abkühlung geimpft wurden, keine der polymorphen Umwandlung der Verbindung entsprechenden thermischen Effekte (○) angibt. — **9.** Das Gefüge dieser Legierungen war mit und ohne Impfung identisch. — **10.** PASSERINI, L.: Gazz. chim. ital. Bd. 58 (1928) S. 775/81. — **11.** Vgl. auch STACKELBERG, M. v., u. R. PAULUS: Z. physik. Chem. B Bd. 28 (1935) S. 427/60.

As-Co. Arsen-Kobalt.

In Abb. 83 ist der von FRIEDRICH[1] mit Hilfe thermischer Untersuchungen ausgearbeitete Teil des Zustandsdiagramms wiedergegeben[2]. Legierungen mit weniger als 45,6% Co (Vorlegierung) waren durch Zusammenschmelzen der Komponenten im offenen Tiegel nicht darstellbar.

Die Endpunkte der horizontalen Gleichgewichtskurven und damit die Formeln der intermetallischen Verbindungen $CoAs$ (44,02% Co), Co_3As_2 (54,12% Co), Co_2As (61,13% Co) und Co_5As_2 (66,28% Co) wurden durch Extrapolation der Haltezeiten (!) der eutektischen Kristallisation bei 916°, der peritektischen Reaktionen bei 1014°, 958° und 923° sowie der polymorphen Umwandlungen $\alpha\text{-}Co_3As_2 \rightleftharpoons \beta\text{-}Co_3As_2$ bei etwa 909° und $\alpha\text{-}Co_5As_2 \rightleftharpoons \beta\text{-}Co_5As_2$ bei etwa 828° ermittelt. Darüber hinaus ist über die Konstitution der As-Co-Legierungen noch folgendes zu sagen: 1. Die Existenz Co-reicher fester Lösungen folgt aus der Zonenstruktur der sich in diesem Bereich primär aus der Schmelze ausscheidenden Kristallite. FRIEDRICH gibt ihre „Sättigungskonzentration" auf Grund der Haltezeiten bei 916° und 828° zu etwa 99% Co an. Im Gleichgewichtszustand (d. h. nach geeigneter Wärmebehandlung) werden jedoch bei 916° sicher wesentlich mehr als 1% As in festem Kobalt löslich sein. Der Einfluß der polymorphen Umwandlung des Kobalts (s. darüber Au-Co) auf die Löslichkeit des Arsens bleibt noch zu klären. 2. Die Umwandlungen bei 828° und 909°[3], die bei den Konzentrationen Co_5As_2 bzw. Co_3As_2 den größten Wärmeeffekt zeigen, sind mit einer Gefügeänderung nicht verknüpft; sie sind also als polymorphe Umwandlungen dieser Kristallarten anzusehen. 3. Die im Bereich von 57 bis etwa 84% Co bei Temperaturen zwischen 248° und 352° auftretende Reaktion ist bei fallender Temperatur mit einer starken Volumvermehrung verbunden und zeigt den größten Wärmeeffekt bei

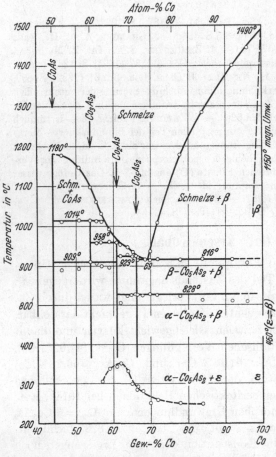

etwa 61—62% Co, d. h. bei der Konzentration des Temperaturmaximums. FRIEDRICH vermutet in ihr eine polymorphe Umwandlung der Verbindung Co_2As. Eine solche kann jedoch nicht in Frage kommen, da sie dann auf den Bereich von 54—66% Co beschränkt sein müßte, es sei denn, daß die thermischen Effekte auf verschiedene Reaktionen zurückzuführen sind. Auffallend sind die großen Temperaturschwankungen (Unterkühlungen?). Die von FRIEDRICH gegebenen Gefügebilder geben keinen Aufschluß. Da FRIEDRICH jedoch hervorhebt, daß die Gefügeuntersuchung im Einklang mit dem thermischen Befund ist, so ist die Annahme durchgreifender Strukturänderungen unter Bildung

Abb. 83. As-Co. Arsen-Kobalt.

neuer Kristallarten zunächst nicht gerechtfertigt. 4. Legierungen mit etwa 62—100% Co werden vom Magneten angezogen; $CoAs_2$ ist schon unmagnetisch.

DUCELLIEZ[4] erhielt durch Erhitzen von As und Co in H_2-Atmosphäre oder beim Überleiten von As-Dämpfen mittels H_2-Strom über pulverisiertes Co bei 800—1400° bzw. 600—800°, 400—600° und unterhalb 400° die Verbindungen Co_3As_2 (Schmelzpunkt etwa 1000°) bzw. CoAs,

Co_2As_3 (34,39% Co) und $CoAs_2$ (28,22% Co). Weitere Bildungsmöglichkeiten dieser Verbindungen und Umwandlungen ineinander (durch Zersetzen der jeweils As-reicheren Verbindung) s. im Original. Ob die beiden As-reichsten Verbindungen, die FRIEDRICH durch Zusammenschmelzen nicht darstellen konnte, tatsächlich bestehen, sei dahingestellt; DUCELLIEZ gibt keine Analysen seiner Produkte.

Die in der Natur unter der Bezeichnung Skutterudit vorkommende Verbindung $CoAs_3$ (20,77% Co) besitzt nach OFTEDAL[5] ein kubisches Kristallgitter von besonderem Typus. Über die Struktur von CoAs siehe[6].

Literatur.

1. FRIEDRICH, K.: Metallurgie Bd. 5 (1908) S. 150/57. Verwendet wurde ein Co „von ganz außerordentlicher Reinheit"; es war frei von C, Cu, Fe und Ni. — **2.** Der Abb. 83 wurden die Zusammensetzungen zugrunde gelegt, die aus dem As-Verlust berechnet waren. — **3.** Die 909°-Umwandlung erfolgte bei den Legierungen mit 54,1 und 55,6% Co in zwei Abschnitten. — **4.** DUCELLIEZ, F.: C. R. Acad. Sci., Paris Bd. 147 (1908) S. 424/26. — **5.** OFTEDAL, I.: Z. Kristallogr. Bd. 66 (1928) S. 517/46. — **6.** FYLKING, K. E.: Arkiv för Kemi, Min. och Geol. B Bd. 11 (1935) Nr. 48 S. 1/6.

As-Cr. Arsen-Chrom.

DIECKMANN-HANF[1] haben durch Erhitzen von feinverteiltem Cr mit überschüssigem As im Schießrohr (30 Stunden bei 700°) stets die Verbindung Cr_2As_3 (31,62% Cr) erhalten. Aus dieser Verbindung wurde durch Abdestillieren des As (mehrtägiges Glühen bei 500° im H_2-Strom) die Verbindung CrAs (40,99% Cr) dargestellt[2].

CrAs hat vermutlich die Kristallstruktur des NiAs.[3]

Literatur.

1. DIECKMANN, TH., u. O. HANF: Z. anorg. allg. Chem. Bd. 86 (1914) S. 291/95. — **2.** Eine früher von DIECKMANN (Diss. Berlin: Techn. Hochschule 1911) als vielleicht bestehend angesehene Verbindung $CrAs_2$ wurde nicht aufrecht erhalten. — **3.** JONG, W. F. DE, u. H. W. V. WILLEMS: Physica Bd. 7 (1927) S. 74/79. Ref. Chem. Zbl. 1927 II S. 540. J. Inst. Met., Lond. Bd. 43 (1930) S. 534.

As-Cu. Arsen-Kupfer.

Erstarrung und Umwandlung. Thermische und mikroskopische Untersuchungen zur Aufstellung eines Zustandsschaubildes bis zu einem As-Gehalt von etwa 44% (dem höchsten As-Gehalt, der beim Schmelzen im offenen Tiegel zu erreichen ist) liegen vor von HIORNS[1], FRIEDRICH[2][3] und BENGOUGH-HILL[4]. Die Ergebnisse der Arbeiten von FRIEDRICH und BENGOUGH-HILL stimmen zwar in vielen Punkten überein, doch war es bisher nicht möglich, alle Erscheinungen widerspruchsfrei zu erklären. Die Frage nach der Konstitution der Legierungen im Bereich von 28—40% As muß auch nach diesen Arbeiten noch offen bleiben.

HIORNS[1] ermittelte nur den Verlauf der Liquiduskurve (s. Abb. 84) und fand mit steigendem As-Gehalt folgende ausgezeichneten Punkte (den Cu-Schmelzpunkt gibt er zu 1060° an): Ein Eutektikum bei 685°, 19,2% As, einen Knickpunkt bei 750° und der Zusammensetzung Cu_3As (28,21% As), ein Maximum bei 807° und Cu_5As_2 (32,03% As), einen

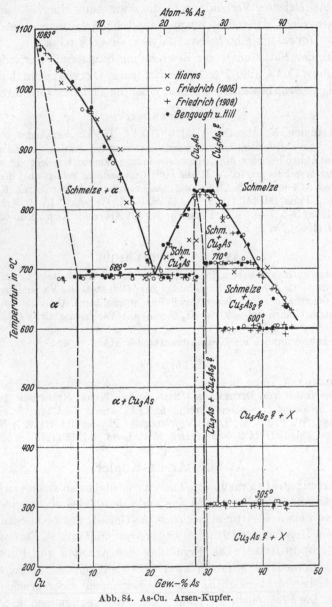

Abb. 84. As-Cu. Arsen-Kupfer.

eutektischen Punkt bei 695°, 35% As, ein zweites Maximum bei 740° und Cu_2As (37,08% As) und darauf einen Abfall auf 702° bei 41% As. HIORNS schließt daraus auf das Bestehen der drei genannten Ver-

bindungen und glaubte dazu um so mehr berechtigt zu sein, als sich
Legierungen dieser Konzentration als praktisch einphasig erwiesen.

FRIEDRICH veröffentlichte zwei Arbeiten[2][3] (Abb. 84 u. 85 a), die erste
wurde ohne Kenntnis der Arbeit von HIORNS ausgeführt. Innerhalb
des untersuchten Bereiches fand er im Gegensatz zu HIORNS nur ein
Maximum. Die Bestimmung der Konzentration dieses Maximums
machte Schwierigkeiten, weil das Maximum an sich schon ziemlich
flach ist, und weil der verschiedene As-Gehalt in verschiedenen Teilen
der Reguli (Seigerung durch As-Verdampfung) eine Unsicherheit bedingt; s. darüber die Originalarbeit. Nach der ersten Arbeit liegt das

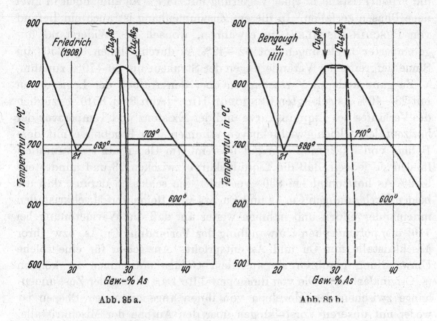

Abb. 85 a.   Abb. 85 b.

Maximum bei 29,1% As, wenn man den As-Gehalt einer aus der Nähe
des Thermoelementes entnommenen Probe, bei 30% As, wenn der
As-Gehalt einer Durchschnittsprobe zugrunde gelegt wird. Diese Gehalte sind größer als der Formel Cu_3As (28,21% As) entspricht. Auch
nach der zweiten Arbeit liegt das Maximum bei einer wenig höheren
As-Konzentration, bestenfalls 28,6% As. FRIEDRICH trägt deshalb Bedenken, das Bestehen von Cu_3As als gesichert anzusehen, doch besteht
dazu im Hinblick auf die erwähnte Unsicherheit keine Veranlassung,
zumal auch röntgenographische[5] und präparative[6] Untersuchungen, sowie Widerstandsmessungen[7] für die Existenz dieses Arsenides, das auch
natürlich als Mineral Domeykit vorkommt, sprechen.

Zwischen etwa 30 und 38% As fand FRIEDRICH eine Horizontale
bei 709°, die er als eine der Reaktion $Cu_3As + Schmelze \rightleftharpoons Cu_5As_2$

entsprechende Peritektikale ansah. Das Maximum dieser Wärmetönung lag zwar recht nahe bei der Konzentration Cu_5As_2, ein mikroskopischer Nachweis für das Bestehen von Cu_5As_2 ist jedoch m. E. FRIEDRICH nicht gelungen[8]. Möglicherweise hängt das mit der von ihm oberhalb 30% As beobachteten Umwandlung bei Temperaturen zwischen 300 und 310° zusammen. Über die Natur dieser Umwandlung konnte FRIEDRICH keine Aussagen machen, er beobachtete jedoch, daß in Legierungen, die längere Zeit gelagert hatten, eigenartige Gefüge-änderungen auftreten, die möglicherweise mit der Bildung neuer Kristall-arten verbunden sind (s. Originalarbeit). Auch KATOH[5] teilt mit, daß die Primärkristalle in einer Legierung mit 38,7% As allmählich in zwei neue Phasen zerfallen. In diesem Zusammenhang ist auch ein Befund von PUSCHIN-DISCHLER[7] zu erwähnen, wonach der Widerstand un-getemperter Legierungen mit 32—42% As durch Glühen bei 350° im Sinne tiefgreifender Veränderungen der Struktur um 60—70% zunahm.

Zu ganz anderen Vorstellungen über den Aufbau der Legierungen mit 28—40% As gelangten BENGOUGH-HILL[4] (Abb. 84 u. 85 b). Bezüglich des Verlaufes der Liquiduskurve und der Existenz und Temperatur der horizontalen Gleichgewichtskurven stimmen ihre Ergebnisse mit dem Befund von FRIEDRICH sehr gut überein. Im Gegensatz zu FRIEDRICH fanden sie jedoch, daß die Liquiduskurve zwischen 28 und mindestens 31,2% As horizontal bei 830° verläuft. Sie schlossen daraus, daß die beiden Verbindungen Cu_3As und Cu_5As_2 eine Reihe von Mischkristallen miteinander bilden und nahmen weiter an, daß die Wärmetönung bei 710° der polymorphen Umwandlung der Verbindung Cu_5As_2 bzw. ihrer Mischkristalle mit Cu und As entspricht. Anzeichen für eine solche Umwandlung glaubten sie aus dem Gefüge entnehmen zu können (s. Originalarbeit). Die von ihnen gewählte Darstellung der Zusammen-hänge zwischen den einzelnen von ihnen angenommenen Phasen ist weder mit unseren Vorstellungen über den Aufbau der Mischkristalle, noch mit den Gesetzen der Lehre vom heterogenen Gleichgewicht ver-einbar. Über die Natur der Umwandlung bei 305° konnten auch sie nichts Sicheres aussagen, sie vermuteten, daß bei dieser Temperatur die As-reiche Phase des Eutektikums eine polymorphe Umwandlung durchmacht, ohne jedoch sichere Anhaltspunkte dafür zu haben.

Eine Entscheidung zwischen den Schaubildern von FRIEDRICH und BENGOUGH-HILL läßt sich an Hand der veröffentlichten Gefügebilder leider nicht treffen, doch scheint mir, was die Deutung des thermischen Effektes bei 710° angeht, das Schaubild von FRIEDRICH größere Wahr-scheinlichkeit zu besitzen. In Abb. 84 wurde daher mit FRIEDRICH die Bildung der Verbindung Cu_5As_2 aus der Cu_3As-Mischkristallphase und Schmelze unter Vorbehalt angenommen, im Gegensatz zu FRIEDRICH jedoch angedeutet, daß diese Verbindung bei 305° in die Cu_3As-Phase und eine As-reichere Phase unbekannter Zusammensetzung wieder zerfällt.

Für diese letztere Annahme ergeben sich gewisse Anzeichen aus dem Befund der röntgenographischen Untersuchungen von MACHATSCHKI[5] und KATOH[5]. MACHATSCHKI fand, daß eine Legierung von der Zusammensetzung Cu_5As_2 inhomogen ist und hauptsächlich aus einer Phase besteht, die dieselbe hexagonale Gitterstruktur wie die Cu_3As-Phase besitzt, nur mit etwas anderen Gitterabmessungen im Sinne der Bildung einer festen Lösung.

Auch KATOH[5], der die Legierungen mit bis zu 31% As untersuchte, konnte nur die der Verbindung Cu_3As entsprechenden Interferenzen finden (hexagonales Gitter mit wahrscheinlich 6 Molekülen im Elementarkörper, $c/a = 1{,}024$). Eine langsam erkaltete Legierung mit 31% As zeigte nur sehr schwache Linien neben denjenigen der Cu_3As-Phase, die in Übereinstimmung mit den Angaben von FRIEDRICH und BEN-GOUGH-HILL ein gewisses Homogenitätsgebiet besitzt. Wurde die Legierung bei 630° abgeschreckt, so erschienen eine Anzahl neuer Linien neben den Linien der Cu_3As-Phase. Eine der Zusammensetzung Cu_5As_2 entsprechende Legierung zeigte nach dem Abschrecken bei 670° die Linien der Cu_3As-Phase und war inhomogen. Diese Phase war allerdings in einer Legierung mit 38,7% As nicht mehr zu beobachten; sie bestand vielmehr aus Primärkristallen, die in zwei Phasen zerfallen waren (FRIEDRICH), und Eutektikum.

Zusammenfassend ist zu sagen, daß eine Klärung der noch strittigen Konstitution der Legierungen mit mehr als 28% As an Hand der bisher vorliegenden Untersuchungen nicht möglich ist. Der Grund dafür scheint darin zu liegen, daß in den zur Untersuchung gelangten Legierungen infolge mehr oder weniger vollständigen Verlaufes von Phasenumwandlungen kleinere oder größere Gleichgewichtsstörungen vorgelegen haben.

Die Löslichkeit von As in Cu. Sichere Schlüsse auf den Grad der Löslichkeit von As in Cu ließen sich aus den Messungen der elektrischen Leitfähigkeit von MATTHIESSEN-HOLZMANN[10], MATTHIESSEN-VOGT[11] (bis 5,4% As), HAMPE[12] (bis 0,8% As), FRIEDRICH[3] (bis 11,3% As), HIORNS-LAMB[13] (bis 2,7% As) und PUSCHIN-DISCHLER[7] (bis 42% As), sowie den Messungen der Wärmeleitfähigkeit von RIETZSCH[14] (bis 5% As) nicht ziehen. HANSON-MARRYAT[15] fanden mit Hilfe mikrographischer Untersuchungen, daß die Löslichkeitsgrenze bei 650° zwischen 7,25 und 7,78% As, näher bei 7,25% As, liegt, und daß sie sich mit fallender Temperatur nur ganz unwesentlich verschiebt[16].

Literatur.

1. HIORNS, A. H.: J. Soc. chem. Ind. Bd. 25 (1906) S. 616/22. Electrochemist and Metallurgist Bd. 3 (1904) S. 648/55. Ref. J. Soc. chem. Ind. Bd. 23 (1904)

S. 547. — 2. Friedrich, K.: Metallurgie Bd. 2 (1905) S. 477/95. — 3. Friedrich, K.: Metallurgie Bd. 5 (1908) S. 529/35. — 4. Bengough, G. D., u. B. P. Hill: J. Inst. Met., Lond. Bd. 3 (1910) S. 34/71. — 5. Machatschki, F.: N. Jb. Mineral. Beil.-Bd. 59 (1929) S. 137. S. bei N. Katoh: Z. Kristallogr. Bd. 76 (1931) S.228/34. Desgl. N. Katoh. — 6. Koenig, G. A.: Z. Kristallogr. Bd. 38 (1903) S. 529 (durch Einwirkung von As-Dampf auf hoch erhitztes Cu). Weitere Lit.-Angaben in der Arbeit von N. Katoh s. Anm. 5. — 7. Puschin, N., u. E. Dischler: Z. anorg. allg. Chem. Bd. 80 (1913) S. 65/70. — 8. Eine Legierung mit 32,7% As (0,7% As mehr als der Formel Cu_5As_2 entspricht) wird einmal als aus Cu_3As (!) und Cu_5As_2 bestehend, andererseits als nur aus Cu_5As_2 bestehend angesehen. — 9. Granger, A.: C. R. Acad. Sci., Paris Bd. 136 (1903) S. 1397/99 will das Arsenid Cu_5As_2 u. a. durch Erhitzen von Cu und As auf 440° erhalten haben. Die Einheitlichkeit des Produktes wurde jedoch nicht bewiesen. — 10. Matthiessen, A., u. M. Holzmann: Pogg. Ann. Bd. 110 (1860) S. 229. — 11. Matthiessen, A., u. C. Vogt: Pogg. Ann. Bd. 122 (1864) S. 43. — 12. Hampe, W.: Chem.-Ztg. Bd. 16I (1892) S. 728. — 13. Hiorns, A. H., u. S. Lamb: J. Soc. chem. Ind. Bd. 28 (1909) S. 451/57. — 14. Rietzsch, A.: Ann. Physik IV Bd. 3 (1900) S. 403/27. — 15. Hanson, D., u. C. B. Marryat: J. Inst. Met., Lond. Bd. 37 (1927) S. 121/43. — 16. Siehe neuerdings auch Hume-Rothery, W., G. W. Mabbott u. K. M. C. Evans: Phil. Trans. Roy. Soc. Bd. 233 (1934) S. 1/97.

As-Fe. Arsen-Eisen.

Über die Konstitution der Fe-reichen Fe-As-Legierungen sind wir unterrichtet durch die Arbeiten von Friedrich[1], Oberhoffer-Gallaschik[2] (beide thermisch und mikroskopisch) sowie Hägg[3] (röntgenographisch).

Die Legierungen mit 60—100% Fe (Abb. 86). Friedrich bestimmte den Verlauf der Liquidus- und Soliduskurve im Bereich von 60—91,6% Fe und fand einen eutektischen Punkt bei etwa 70% Fe und 833—835°. Das Bestehen der Verbindung Fe_2As (59,84% Fe) ergab sich aus dem mikroskopischen Gefüge, der Zeitdauer der eutektischen Haltepunkte und dem Schmelzpunktmaximum (?). Nach der Fe-Seite zu erreicht die Eutektikale ihr Ende bei etwa 92% Fe. Der von Oberhoffer-Gallaschik festgelegte Teil des Diagramms von 92—100% Fe schließt sich zwanglos an das Friedrichsche Diagramm an; zwischen 66 und 92% Fe fanden sie ferner Friedrichs Angaben vollauf bestätigt. Der eutektische Punkt wurde von ihnen bei 69,7% Fe, die eutektische Temperatur bei 827° und die Sättigungsgrenze des α-Mischkristalls zu 93,2% Fe gefunden.

Die $\gamma \rightleftharpoons \delta$-Umwandlung soll sich nach Oberhoffer-Gallaschik durch eine schroffe Richtungsänderung der Liquiduskurve bei 1440° und etwa 97,6% Fe bemerkbar machen. Die in der Nebenabb. eingezeichneten Konzentrationen der bei 1440° miteinander im Gleichgewicht stehenden δ- und γ-Phasen sind nur thermisch aus dem Ende der Erstarrung der δ- und γ-Mischkristalle ermittelt. Bei 1440° selbst sind keine thermischen Effekte auf den Abkühlungskurven beobachtet worden. Zu den von OBERHOFFER-GALLASCHIK über die $\gamma \rightleftharpoons \delta$-Umwandlung gemachten Angaben steht eine Bemerkung von WEVER[4] im Widerspruch, wonach es experimentell festgestellt ist, daß im System As-Fe ein geschlossenes γ-Feld vorliegt, d. h. daß die $\gamma \rightleftharpoons \delta$- und $\alpha \rightleftharpoons \gamma$-Umwandlung auf gemeinsamen, rückläufigen Umwandlungskurven liegen.

Damit übereinstimmen würde die Tatsache, daß es OBERHOFFER-GALLA-SCHIK nicht gelang, etwaige Zerfallsvorgänge des γ-Mischkristalls in Legierungen mit 93 bis 100% Fe thermisch nachzuweisen. In Abb. 86 sind die beiden theoretisch notwendigen Kurven strichliert gezeichnet, da eine Veröffentlichung darüber noch nicht vorliegt. Es handelt sich also zunächst um hypothetische Kurven. Ältere Beobachtungen von OS-MOND[5], wonach die $\alpha \rightleftharpoons \gamma$-Umwandlung durch geringe As-Zusätze erhöht wird, sind übrigens ebenfalls mit der WEVERschen Feststellung im Einklang.

HÄGG[3] hat die Gitterstruktur von Legierungen mit 99,2, 97,6, 85 und 59,3% Fe ($\sim = Fe_2As$) bestimmt. „Aus den Verschiebungen der

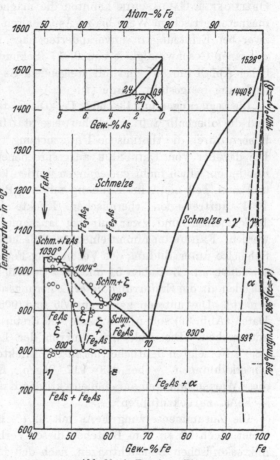

Abb. 86. As-Fe. Arsen-Eisen.

α-Fe-Linien mit steigender As-Konzentration kann man auf eine Löslichkeit von ungefähr 5% As in α-Fe bei Raumtemperatur (?) schließen"; die Legierungen wurden jedoch anscheinend nicht wärmebehandelt. Die Linien der Fe_2As-Phase ($= \varepsilon$) sind in allen Röntgenbildern in der gleichen Lage; der Homogenitätsbereich ist also sicher sehr klein. Laue- und Drehkristallaufnahmen haben gezeigt, daß Fe_2As ein einfach tetragonales Gitter mit 2 Molekülen in der Elementarzelle hat (Einzelheiten s. Originalarbeit).

Nach OSMOND bleibt die A_2-Umwandlungstemperatur des Fe durch As unbeeinflußt. LIEDGENS[6] fand mit Hilfe von Abkühlungskurven, daß die A_2-Umwandlung durch As-Zusätze unregelmäßig zu tieferen Temperaturen verschoben wird: Die magnetischen Umwandlungspunkte der Legierungen mit 0,28 und 3,52% As ergaben sich zu 678° bzw. 639°[7]. OBERHOFFER-GALLASCHIK konnten die magnetische Umwandlung auf magnetometrischem Wege bis zu As-Gehalten von 3% beobachten, und zwar bei Erhitzung in unveränderter Lage, während bei Abkühlung mit einer Geschwindigkeit von 0,017°/Sekunde bei 0,5% As ein plötzlicher Abfall um 80° und mit steigendem As-Gehalt keine wesentliche Änderung festgestellt wurde (?).

Die Legierungen mit 43—60% Fe. Die Erstarrung dieser Legierungen und die oberhalb 800° möglicherweise stattfindenden Umwandlungen blieben durch die thermische Untersuchung von FRIEDRICH ungeklärt. Die darüber von FRIEDRICH ausgesprochenen Vermutungen, auf die hier im einzelnen nicht eingegangen werden kann, sind widersprechend und zum Teil nicht im Einklang mit der Phasenlehre. Die bei etwa 1004° auftretenden thermischen Effekte konnten nur bei 4 von 10 Schmelzen, und zwar nur bei langsamer Abkühlung, beobachtet werden. FRIEDRICH nimmt eine peritektische Umsetzung von FeAs mit Schmelze unter Bildung der Verbindung Fe_5As_4 (48,22% Fe) als wahrscheinlich an. Zwischen 51 und 60% Fe sollen sich Mischkristalle ausscheiden, da die Erstarrung dieser Legierungen in Temperaturintervallen erfolgt[8]. Die unteren zwischen 965 und 900° liegenden thermischen Daten (Abb. 86) sollen dem Ende der Erstarrung dieser Mischkristalle entsprechen. Die Abkühlungskurven der Legierungen mit 54,8 bis 58,8% Fe zeigten deutliche thermische Effekte, die — wohl infolge von Unterkühlungen — bei 888—917° lagen. Es erscheint naheliegend, diese Wärmetönungen auf eine eutektische Kristallisation: Mischkristall $+ FeAs_2$ zurückzuführen[9].

Die Zusammensetzung FeAs mit 42,7% Fe wurde zwar nicht erreicht, doch ist an dem Bestehen dieser Verbindung nach FRIEDRICHs mikroskopischen Beobachtungen, nach den Haltezeiten bei etwa 800° und insbesondere nach der Röntgenuntersuchung von HÄGG, sowie nach einigen präparativen Arbeiten (s. S. 183) nicht zu zweifeln. Die FeAs-Phase $(= \eta)$ kristallisiert in einem einfachen rhombischen Gitter[14]. Die Elementarzelle enthält 4 FeAs. Da eine Legierung mit 43,1% Fe heterogen ist, liegt die Grenze des Homogenitätsgebietes der η-Phase nach der Fe-Seite zu sehr nahe bei der Konzentration FeAs.

Die Haltezeiten bei etwa 800° erreichen ein Maximum bei etwa 53% Fe entsprechend der Zusammensetzung Fe_3As_2 (52,77% Fe). Auch das Gefüge deutet nach FRIEDRICHs Auffassung auf das Bestehen dieser Verbindung hin. HÄGG, der Legierungen mit 43,1, 45, 53,6 und 55,2% Fe röntgenographisch untersuchte, konnte jedoch eine unterhalb 800° bestehende Verbindung Fe_3As_2 nicht finden. Eine bei 875° abgeschreckte Probe mit 55,2% Fe zeigte ebenfalls keine neuen Interferenzen, so daß es den Anschein hatte, daß zwischen Fe_2As und FeAs keine intermediäre Phase besteht. Eine mikroskopische Untersuchung zeigte jedoch einwandfrei, daß sich mit sinkender Temperatur bei 800° keine Verbindung bildet, sondern daß hier eine Phase eutektoidisch zerfällt. Das Eutektoid ist jedoch äußerst feinkörnig, so daß es bei kleinen Vergrößerungen homogen erscheint (FRIEDRICH). Durch Abschrecken bei 875° kann der eutektoide Zerfall der oberhalb 800° stabilen ζ-Kristallart nicht verhindert werden, weshalb abgeschreckte Proben stets nur die Linien von Fe_2As und FeAs zeigen. Der in Abb. 86 dargestellte Teil des Diagramms zwischen FeAs und Fe_2As wurde auf Grund der Angaben von HÄGG gezeichnet.

Über das Verhalten von As und Fe zueinander liegen außerdem einige Untersuchungen präparativen Charakters vor[10]. Die von DESCAMPS[10] u. a. vermutete Verbindung Fe_3As (69,09% Fe) ist sicher ein Zufallsprodukt gewesen, da sie nach dem Zustandsdiagramm unmöglich bestehen kann. — Um über das Vorhandensein von Verbindungen Aufschluß zu bekommen, die As-reicher als FeAs sind, haben HILPERT-DIECKMANN[11] Fe-Pulver mit überschüssigem As in einem Schießrohr aus Hartglas 6—8 Stunden bei 700° erhitzt. Dabei hatte sich einwandfrei das Arsenid $FeAs_2$ (27,14% Fe) gebildet, aus dem durch Abdestillieren des Arsens bei 680° im H_2-Strom bis zur Gewichtskonstanz die Verbindung FeAs entsteht. Die Schmelzpunkte von $FeAs_2$ und FeAs wurden in geschlossenen Quarzröhren zu 980 bis 1040° bzw. 1020° festgestellt. Es ist jedoch nicht ausgeschlossen, daß in beiden Fällen der FeAs-Schmelzpunkt gemessen wurde, da sich $FeAs_2$ bei hoher Temperatur zersetzt.

Die Kristallstruktur von natürlichem $FeAs_2$ (Löllingit) wurde von DE JONG[12] und BUERGER[13] bestimmt. $FeAs_2$ ist isomorph mit FeS_2 und $FeSb_2$ (Markasit-Struktur).

Literatur.

1. FRIEDRICH, K.: Metallurgie Bd. 4 (1907) S. 129/37. — 2. OBERHOFFER, P., u. A. GALLASCHIK: Stahl u. Eisen Bd. 43 (1923) S. 398/400. — 3. HÄGG, G.: Z. Kristallogr. Bd. 68 (1928) S. 470/71 vorl. Mitt. ; Bd. 71 (1929) S. 134/36. Nova Acta Soc. Sci. Upsaliensis Serie IV Bd. 7 (1929) Nr. 1 S. 44/70. — 4. WEVER, F.: Naturwiss. Bd. 17 (1929) S. 304/309. Arch. Eisenhüttenwes. Bd. 2 (1928/29) S. 739 bis 746. — 5. OSMOND, F.: C. R. Acad. Sci., Paris Bd. 110 (1890) S. 346/48. — 6. LIEDGENS, J.: Stahl u. Eisen Bd. 32 (1912) S. 2099/115. Diss. Techn. Hochsch. Berlin 1911. — 7. Als Ausgangsmaterial diente ein Flußeisen von folgender Durchschnittszusammensetzung: 0,08% C, 0,43% Mn, 0,18% Cu, 0,02% P, 0,05% Si, 0,05% S, 0,03% As. — 8. Die mikroskopische Prüfung abgeschreckter Legierungen brachte keine Klärung. — 9. Da der von FRIEDRICH angenommene maximale Schmelzpunkt der Verbindung Fe_2As als nicht sicher bewiesen zu gelten hat,

so könnten die Wärmetönungen einer peritektischen Reaktion entsprechen. FRIEDRICH selbst macht an einer Stelle die Bemerkung, daß sich FeAs peritektisch bilde. — 10. DESCAMPS, A.: C. R. Acad. Sci., Paris Bd. 86 (1878) S. 1066 (Fe$_3$As, Fe$_3$As$_2$, FeAs). CARNOT, A., u. E. GOUTAL: C. R. Acad. Sci., Paris Bd. 125 (1897) S. 148/52; Bd. 131 (1900) S. 92/96 (Fe$_2$As). Die Verfasser nahmen diese Verbindungen auf Grund unzureichender Kriterien an. — 11. HILPERT, S., u. TH. DIECKMANN: Ber. dtsch. chem. Ges. Bd. 44 (1911) S. 2378/85. — 12. JONG, W. F. DE: Physica Bd. 6 (1926) S. 325/32. — 13. BUERGER, M. J.: Z. Kristallogr. Bd. 82 (1932) S. 165/87. — 14. Vgl. auch FYLKING, K. E.: Arkiv för Kemi, Min. och Geol. B Bd. 11 (1935) Nr. 48 S. 1/6.

As-Ga. Arsen-Gallium.

Galliumarsenid GaAs (48,20% Ga) besitzt nach GOLDSCHMIDT[1] ein Raumgitter vom Zinkblendetypus (kubisch-flächenzentriertes Gitter mit 4 Molekülen im Elementarkörper).

Literatur.

1. GOLDSCHMIDT, V. M.: Skrifter Norske Videnskaps-Akademi Oslo, Math. u. naturwiss. Kl. Nr. 8 (1927).

As-Hg. Arsen-Quecksilber.

Nach Angabe von RAMSAY[1] ist As in Hg, selbst bei dessen Siedepunkt, unlöslich. Auch NEUMANN[2] sowie HUMPHREYS[3] konnten eine Löslichkeit von As in Hg nicht feststellen. TAMMANN-HINNÜBER[4] geben an, daß sie „jedenfalls außerordentlich gering ist". — Von PARTHEIL-AMOST[5] und DUMESNIL[6] wurde die Verbindung Hg$_3$As$_2$ (80,1% Hg) auf verschiedenem chemischem Wege dargestellt.

Literatur.

1. RAMSAY, W.: J. chem. Soc. Bd. 55 (1889) S. 531. — 2. NEUMANN, B.: Z. physik. Chem. Bd. 14 (1894) S. 220. — 3. HUMPHREYS, W. J.: J. chem. Soc. Bd. 69 (1896) S. 1685. — 4. TAMMANN, G., u. J. HINNÜBER: Z. anorg. allg. Chem. Bd. 160 (1927) S. 256. — 5. PARTHEIL, A., u. E. AMOST: Ber. dtsch. chem. Ges. Bd. 31 (1898) S. 394/95. — 6. DUMESNIL, F.: C. R. Acad. Sci., Paris Bd. 152 (1911) S. 868/69.

As-Ir. Arsen-Iridium.

WÖHLER-EWALD[1] haben Iridiumdiarsenid IrAs$_2$ (56,30% Ir) durch Synthese aus den Elementen, einfacher jedoch durch Erhitzen von IrCl$_3$ mit As im Wasserstoffstrom bei 500—600° dargestellt.

Literatur.

1. WÖHLER, L., u. K. F. A. EWALD: Z. anorg. allg. Chem. Bd. 199 (1931) S. 58/60.

As-K. Arsen-Kalium.

Systematische Untersuchungen über dieses System fehlen ganz[1]. Nach HUGOT[2] bestehen die Verbindungen KAs$_2$ (20,69% K) und K$_3$As (61,01% K).

Literatur.

1. S. GMELIN-KRAUTs Handbuch der anorganischen Chemie Bd. III, Abt. 2 S. 514/15, Heidelberg 1908. — 2. HUGOT, C.: C. R. Acad. Sci., Paris Bd. 129 (1899) S. 603/604.

As-Li. Arsen-Lithium.

LEBEAU[1] stellte durch Reduktion von Li_3AsO_3 mit Kohle die Verbindung Li_3As (21,74% Li) dar.

Literatur.

1. LEBEAU, P.: C. R. Acad. Sci., Paris Bd. 129 (1899) S. 49/50.

As-Mg. Arsen-Magnesium.

NATTA-PASSERINI[1] haben die Gitterstruktur der Verbindung Mg_3As_2 (32,7% Mg), deren Bestehen schon durch Untersuchungen von PARKINSON[2] sehr wahrscheinlich gemacht war, bestimmt. Die Verbindung hat ein kubisches Gitter mit 2 Molekülen (kein Ionengitter) und schmilzt bei 800°. Eine analoge Verbindung besteht auch in den Systemen As-Cd und As-Zn.

Nachtrag. Mg_3As_2 hat nach ZINTL-HUSEMANN[3] ein Gitter, das mit der kubischen C-Struktur der Lanthaniden-Sesquioxyde $Sc_2O_3 — Sm_2O_3$ übereinstimmt (16 Gruppen Mg_3As_2 im Elementarwürfel). S. Originalarbeit.

Literatur.

1. NATTA, G., u. L. PASSERINI: Gazz. chim. ital. Bd. 58 (1928) S. 541/50. Die Verbindung wurde durch Zusammenschmelzen der Komponenten gewonnen. — 2. PARKINSON: J. chem. Soc. Bd. 20 (1867) S. 127, 309. PARKINSON erhielt durch Glühen von Mg-Pulver mit überschüssigem As im H_2-Strom ein sprödes Produkt, das sehr nahe der Zusammensetzung Mg_3As_2 entsprach. — 3. ZINTL, E., u. E. HUSEMANN: Z. physik. Chem. B Bd. 21 (1933) S. 138/55.

As-Mn.
Arsen-Mangan.

Über dieses System liegt nur eine im wesentlichen thermische Untersuchung von SCHOEN[1] vor (Abb. 87). Das Bestehen Mn-reicher Mischkristalle ist — obgleich die Untersuchungen nach der Mn-Seite nur bis 92% Mn reichen — allein schon nach den Haltezeiten der eutek-

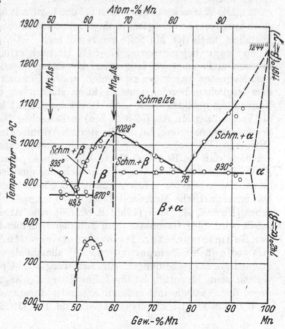

Abb. 87. As-Mn. Arsen-Mangan.

tischen Kristallisation bei 930° ziemlich sicher. Danach wären bei dieser Temperatur mindestens 5% As löslich. In Anbetracht der Existenz von drei Mn-Modifikationen (s. Abb. 87) ist die Konstitution der Mn-reichen Legierungen jedoch noch als völlig ungeklärt anzusehen.

Die durch einen maximalen Schmelzpunkt ausgezeichnete Verbindung Mn_2As (59,44% Mn) vermag nach den Aussagen der thermischen Analyse Mischkristalle zu bilden. Nach den eutektischen Haltezeiten bei 870° dürfte weiterhin die Verbindung MnAs (42,29% Mn) bestehen; ihr Vorhandensein wurde auch von HILPERT-DIECKMANN[2] bestätigt. Die Natur der Umwandlung im festen Zustand zwischen 50 und 56% Mn ist noch ungeklärt[3].

Das Manganarsenid MnAs kristallisiert nach OFTEDAL[4] hexagonal im NiAs-Typ, nach FYLKING (s. As-Fe) ist es wie FeAs rhombisch.

Literatur.

1. SCHOEN, P.: Metallurgie Bd. 8 (1911) S. 739/41. SCHOEN verwendete ein Mn folgender Zusammensetzung: 1,11% SiO_2, 0,34% Cu, 0,48% Fe, 0,44% Al, 97,37% Mn. Die Legn. (20 g Einwaage) wurden unter Verwendung einer Vorlegierung mit 42,7% Mn in offenen Tiegeln erschmolzen; sie wurden sämtlich analysiert.

2. HILPERT, S., u. TH. DIECKMANN: Ber. dtsch. chem. Ges. Bd. 44 (1911) S. 2378/85 erhielten beim zehnstündigen Erhitzen eines Mn-As-Gemenges auf 750° im Schießrohr stets die Verbindung MnAs, auch wenn die doppelte der theoretisch nötigen Menge As genommen wurde.

3. „Die Wärmetönungen waren bei den Legn. mit 53,7 und 52,2% Mn besonders stark ausgeprägt. Sie ließen in ihrer Intensität sowohl nach der As- als aber auch vor allem nach der Mn-Seite zu rasch nach." Da die Legn. mit 45—54% Mn — und zwar diejenigen von 47—54% Mn nach erfolgtem Abschrecken, die Mn-ärmeren z. T. auch bei langsamer Abkühlung — die Eigentümlichkeit zeigten, vom Magneten angezogen zu werden, spricht SCHOEN die Vermutung aus, daß in dem fraglichen Bereich eine Reaktion stattfindet, durch die eine magnetische Verbindung gebildet wird. „Als Reaktionsprodukt käme hierbei in erster Linie die Verbindung Mn_3As_2 (52,36% Mn) in Betracht. Diese entspricht ziemlich nahe der Zusammensetzung, bei der die stärkste Wärmeentwicklung beobachtet wurde." Der große Unterschied in der Umwandlungstemperatur wäre dann darauf zurückzuführen, daß die Reaktion MnAs $+ \beta \rightarrow Mn_3As_2$ stark zu unterkühlen ist. Nach E. WEDEKIND ist MnAs an und für sich unmagnetisch, doch kann es durch Erhitzen magnetisierbar gemacht werden [Z. Elektrochem. Bd. 11 (1905) S. 850/51]. Das unmagnetische MnAs soll dabei in die magnetische Verbindung Mn_2As übergehen [Physik. Z. Bd. 7 (1906) S. 805/06], eine Ansicht, die von SCHOEN nicht geteilt wird. Im Gegensatz dazu konnten HILPERT-DIECKMANN zeigen, daß das bei Raumtemperatur ferromagnetische MnAs seinen Magnetismus mit steigender Temperatur bis 45° allmählich verliert. Die Heranziehung magnetischer Erscheinungen zur Erklärung der Umwandlung dürfte demnach verfehlt sein, immerhin ist die Bildung von Mn_3As_2 nicht unwahrscheinlich und wegen der Analogie mit anderen Arseniden durchaus möglich.

4. OFTEDAL, I.: Z. physik. Chem. Bd. 132 (1928) S. 206/16.

As-Mo. Arsen-Molybdän.

Das Molybdändiarsenid $MoAs_2$ (39,0% Mo) läßt sich nach HEINERTH-BILTZ[1] durch Erhitzen von Mo-Pulver mit As im geschlossenen Rohr bei 570° darstellen.

Literatur.

1. HEINERTH, E., u. W. BILTZ: Z. anorg. allg. Chem. Bd. 198 (1931) S. 171.

As-Na. Arsen-Natrium.

HUGOT[1] hat Na_3As (47,93% Na) durch Einwirkung von Na auf As in flüssigem NH_3 dargestellt. ZINTL, GOUBEAU und DULLENKOPF[2] haben bei der potentiometrischen Titration einer Lösung von Na in flüssigem NH_3 mit einer Lösung von As_2S_3 in flüssigem NH_3 Anzeichen für das Bestehen von Na_3As_7, $NaAs_5$, Na_3As_3 und Na_3As erhalten.

Literatur.

1. HUGOT, C.: C. R. Acad. Sci., Paris Bd. 127 (1898) S. 553; Bd. 129 (1899) S. 604. Vgl. auch P. LEBEAU: C. R. Acad. Sci., Paris Bd. 130 (1900) S. 502. — 2. ZINTL, E., J. GOUBEAU u. W. DULLENKOPF: Z. physik. Chem. A Bd. 154 (1931) S. 32/33.

As-Nb. Arsen-Niobium.

Beim Erhitzen von Niobium mit Arsen im geschlossenen Rohr bei 600° erhielten HEINERTH-BILTZ[1] ein Präparat von der Zusammensetzung $NbAs_{1,80}$. Das Bestehen eines Niobdiarsenids $NbAs_2$ ist hiernach noch nicht als erwiesen zu betrachten.

Literatur.

1. HEINERTH, E., u. W. BILTZ: Z. anorg. allg. Chem. Bd. 198 (1931) S. 175.

As-Ni. Arsen-Nickel.

Über das Verhalten von As und Ni zueinander liegt eine Anzahl Arbeiten[1] auf präparativer Grundlage vor, auf die hier nicht näher eingegangen werden kann. Danach sollen die Verbindungen $NiAs_2$ (28,13% Ni), NiAs (43,91% Ni), Ni_3As_2 (54,02% Ni), Ni_2As (61,03% Ni) und Ni_3As (70,14% Ni) bestehen.

Die Konstitution der Legierungen mit 46,7% Ni (der Ni-ärmsten Legierung, die im offenen Tiegel herzustellen war) bis 100% Ni wurde von FRIEDRICH[2] zum Teil gemeinsam mit F. BENNIGSON studiert. Abb. 88 gibt das mit Hilfe thermischer und mikroskopischer Untersuchungen ausgearbeitete Zustandsdiagramm[3] wieder.

Die Endpunkte der beiden eutektischen Horizontalen bei 804° und 898° wurden lediglich durch Extrapolation der Haltezeiten ermittelt. Die Löslichkeit von As in Ni, die auch aus dem Gefüge folgt, dürfte daher bei 898° im Gleichgewichtszustand eher noch größer sein, als von FRIEDRICH angenommen wurde (5,5% As). Die Existenz der Verbindung Ni_5As_2[4] (66,19% Ni) folgt unmittelbar aus dem Maximum der Liquiduskurve bei dieser Zusammensetzung. Sie bildet mit As und Ni die β-Mischkristallreihe. Die Zusammensetzung der Verbindung NiAs (43,91% Ni) wurde zwar nicht erreicht, doch ist ihr Bestehen gesichert.

Das Diagramm ist noch nicht in allen Teilen geklärt.

1. Wie in Abb. 88 angedeutet ist, beobachtete FRIEDRICH in den Legierungen mit etwa 66—69% Ni nach dem Beginn der Erstarrung und vor dem Eintreten der eutektischen Kristallisation thermische Effekte, die er in der angegebenen Weise zu einem Kurvenzug vereinigte. Er deutete diese Wärmetönungen mit einer polymorphen Umwandlung der Kristallart Ni_5As_2, da der größte Effekt nahe bei dieser Zusammensetzung lag. In der von FRIEDRICH gegebenen Form ist eine solche Annahme jedoch nicht mit den Gesetzen der Lehre vom heterogenen Gleichgewicht vereinbar.

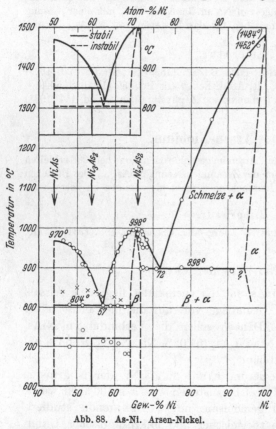

Abb. 88. As-Ni. Arsen-Nickel.

2. Auf den Abkühlungskurven der Legierungen mit 46—64% Ni wurden — ohne Impfung der Schmelzen — eutektische Haltepunkte bei rd. 804° und bei Temperaturen zwischen 680° und 740° weitere spontan auftretende Wärmeentwicklungen beobachtet, denen große Unterkühlungen (bis zu 53°) vorausgingen. Beide Effekte sind in Abb. 88 mit ○ bezeichnet. Wurden die Schmelzen während der Erstarrung fortwährend geimpft, so traten die sekundären Wärmetönungen, die auch dann noch zum Teil mit erheblichen Unterkühlungen verbunden waren, bei Temperaturen auf, die oberhalb der eutektischen Temperatur lagen, d. h. bei 818—850° (in Abb. 88 mit × bezeichnet). Merkwürdigerweise hat FRIEDRICH diese thermischen Effekte bei der Konstruktion seines Diagramms gar nicht berücksichtigt, trotz gegenteiliger Auslassungen darüber im Text der Arbeit[5]. Nach dem Diagramm nimmt FRIEDRICH an, daß in dem Konzentrationsbereich dieser Reaktion die Verbindung Ni_3As_2[6] (54,02% Ni) gebildet wird, und zwar durch Reaktion von NiAs-Kristallen mit Ni_5As_2-Kristallen, also nach beendeter Erstarrung. Er zeichnet daher die Reaktionshorizontale bei

einer Temperatur unterhalb der eutektischen Temperatur in das Diagramm ein, betont aber, daß es wegen der starken Unterkühlungen nicht möglich gewesen sei, die genaue Temperatur zu ermitteln. Die Formel der sich sicher neubildenden Kristallart folgerte FRIEDRICH aus dem Maximum der Wärmetönung und aus dem Gefüge[7].

Die beobachteten thermischen Effekte lassen sich jedoch viel einfacher deuten, wenn man annimmt, daß die Bildung der Verbindung Ni_3As_2 durch eine peritektische Umsetzung von NiAs-Kristallen mit Schmelze bei etwa 850°[8] erfolgt. Bei schneller Abkühlung der Schmelzen wird diese Umsetzung zunächst verhindert: es kommt zur Ausbildung eines instabilen Systems NiAs—β (= Ni_5As_2), das bei weiterer Abkühlung durch eine spontane Reaktion, die allerdings nicht mehr ganz zu Ende verlaufen kann, in die stabilen Systeme NiAs—Ni_3As_2 und Ni_3As_2—β übergeht. Beim Impfen der Schmelzen wird jedoch die peritektische Reaktion NiAs + Schmelze → Ni_3As_2 nicht übersprungen, d. h. es bildet sich das stabile System sofort. Bei den von FRIEDRICH angewendeten ziemlich großen Abkühlungsgeschwindigkeiten ist die peritektische Reaktion allerdings nie vollständig verlaufen.

In der Nebenabb. von Abb. 88 sind diese Verhältnisse schematisch angedeutet. Die ausgezogenen Kurven stellen das stabile System, die strichlierten Kurven das instabile System dar.

In Anbetracht der Tatsachen, daß nach FRIEDRICHs Untersuchungen über die Systeme As-Co und As-Ni am Aufbau dieser Legierungen wohl eine Verbindung Co_2As, nicht aber Ni_2As mit 61,03% Ni beteiligt ist, und daß man bei der Ausführung der PLATTNERschen Nickelprobe durch Entarsenierung von NiAs zu einem Endprodukt kommt, das der Zusammensetzung Ni_2As entspricht, untersuchte FRIEDRICH in einer weiteren Arbeit[9] die bei der Nickelprobe zurückbleibenden Nickel-Arsenkörner mikroskopisch und thermisch. Keines dieser Körner mit 61% Ni wies homogenes Gefüge auf, sondern zeigte die nach dem Zustandsdiagramm zu erwartende Struktur. Auch die Ergebnisse der früheren thermischen Untersuchungen an dieser Legierung konnten bestätigt werden.

Die Kristallstruktur des Nickelarsenids NiAs wurde von AMINOFF[10], DE JONG[11] und ALSÉN[12] bestimmt. Es kristallisiert hexagonal mit 2 Molekülen im Elementarbereich.

Literatur.

1. DESCAMPS, A.: C. R. Acad. Sci., Paris Bd. 86 (1878) S. 1065 (Ni_3As_2, Ni_3As) GRANGER, A.: Arch. Sci. phys. nat. 4 Bd. 6 (1898) S. 391 (Ni_2As). GRANGER, A. u. G. DIDIER: C. R. Acad. Sci., Paris Bd. 130 (1900) S. 914/15 (Ni_3As_2). VIGOUROUX, E.: C. R. Acad. Sci., Paris Bd. 147 (1908) S. 426/28 ($NiAs_2$, NiAs, Ni_3As_2). BEUTELL, A.: Zbl. Mineral., Geol., Paläont. 1916 S. 49/56 ($NiAs_2$, NiAs). — 2. FRIEDRICH, K.: Metallurgie Bd. 4 (1907) S. 202/216. Als Ausgangsmaterial

wurde Elektrolytnickel und ein durch Reduktion von sehr reinem Nickeloxydul gewonnenes Ni verwendet. Einwaage 30 g. Ein großer Teil der Legn. wurde analysiert. Wärmebehandlungen wurden nicht ausgeführt. — 3. Der Ni-Schmelzpunkt wurde zu 1484° statt 1452° angenommen; die Temperaturen würden dadurch eine Korrektion erfahren, die in Abb. 88 jedoch nicht berücksichtigt wurde. — 4. Im System As-Co besteht eine analoge Verbindung. — 5. In der Zusammenfassung sagt FRIEDRICH: „Die Bildung von Ni_3As_2 erfolgt im Verlaufe einer Reaktion, an welcher Mischkristalle von Ni_5As_2 mit As und die Verbindung NiAs beteiligt sind. Die Reaktion tritt bei nicht geimpften Schmelzen vielfach erst nach erfolgter und beendeter Erstarrung des Eutektikums und zwar unter starker Unterkühlung ein. In geimpften Schmelzen dagegen gehen die Erstarrung des Eutektikums und die Reaktion zugleich (?) oder wenigstens kurz hintereinander bei Temperaturen, welche über der eutektischen liegen, vor sich" (?). — 6. Auch im System As-Co besteht eine analoge Verbindung. — 7. Die Auslegung der von FRIEDRICH veröffentlichten Gefügebilder bereitet Schwierigkeiten, weil der Grad der Umsetzung nicht bekannt ist. — 8. 850° ist die höchste von FRIEDRICH beobachtete Reaktionstemperatur. — 9. FRIEDRICH, K.: Metallurgie Bd. 5 (1908) S. 598 u. 601/03. — 10. AMINOFF, G.: Z. Kristallogr. Bd. 58 (1923) S. 203/19. — 11. JONG, W. F. DE: Physica Bd. 5 (1925) S. 194/98. — 12. ALSÉN, N.: Geol. Fören. Stockholm Förh. Bd. 47 (1925) S. 19/72.

As-Pb. Arsen-Blei.

Die von DESCAMPS[1] auf Grund unzureichender Kriterien angenommenen Verbindungen Pb_3As_4, PbAs, Pb_3As_2 und Pb_2As, sowie die von KÖNIG[2] vermutete Verbindung Pb_9As konnten durch spätere Untersuchungen nicht bestätigt werden.

Durch sorgfältige Messungen (12 Legn. im Bereich von 97,2 bis 100% Pb) haben HEYCOCK-NEVILLE[3] eine fortschreitende Erniedrigung des Pb-Schmelzpunktes durch As-Zusätze (durch 2,8% As auf 292°) festgestellt. FRIEDRICH[4] hat das System im Bereich von 65,5% Pb (der As-reichsten Legierung, die noch im offenen Tiegel herzustellen war) bis 100% Pb mit Hilfe thermischer und mikroskopischer Beobachtungen untersucht. Die genaue Festlegung der Liquiduskurve wurde durch das Auftreten sehr beträchtlicher Seigerungen unmöglich gemacht. FRIEDRICH schließt aus seinen Untersuchungen, daß die As-Pb-Legierungen während der Abkühlung eine weitgehende Entmischung erleiden, die sich wohl erst bei niederen Temperaturen, jedoch noch im flüssigen Zustand vollziehen muß, da auf den Abkühlungskurven einiger Schmelzen beim Pb-Schmelzpunkt Knicke auftraten[5]. Im wesentlichen entspricht jedoch das FRIEDRICHsche Diagramm dem später von HEIKE[6] gegebenen: eutektische Temperatur = 298—293°; eutektische Konzentration = 97—97,5% Pb. HEIKE konnte zeigen, daß FRIEDRICHs Ergebnisse auf eine ungenügende Durchmischung der Schmelzen vor der Abkühlung zurückzuführen sind.

Mit Hilfe thermischer Untersuchungen gelangte HEIKE[6] zu dem in Abb. 89 wiedergegebenen Diagramm, das durch das Nichtvorhandensein einer Mischungslücke im flüssigen Zustand sowie von Verbindungen (s. o.) gekennzeichnet ist. Die Legierungen wurden in evakuierten, geschlossenen Porzellanröhren erschmolzen. Auf diese Weise war es möglich, Schmelzen mit bis zu 63% As herzustellen. Der Druck, unter dem die Schmelzen bei der Erstarrung standen, war natürlich nicht gleich, sondern nahm mit steigendem As-Gehalt zu. Unter Atmosphärendruck hat der As-reiche Teil des Diagramms nicht die in Abb. 89 wieder-

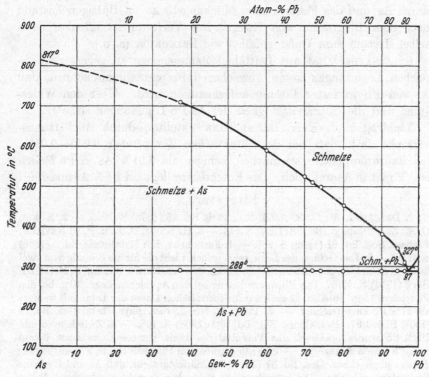

Abb. 89. As-Pb. Arsen-Blei (vgl. auch Nachtrag).

gegebene einfache Gestalt, da As unter Atmosphärendruck nicht schmilzt, sondern bei 616° (nach JONKER) sublimiert (s. As-S). Die Löslichkeitsverhältnisse im festen Zustand wurden nicht untersucht.

Der Verlauf der von PUSCHIN[7] bestimmten Spannungskurve deutet auf die Existenz As-reicher fester Lösungen (?) hin, dagegen nicht auf das Bestehen von Verbindungen[8] [9].

Nachtrag. MOHAMMAD OMAR FARUQ hat das Erstarrungsdiagramm erneut bearbeitet; seine Originalarbeit[10] war mir nicht zugänglich. Das im J. Inst. Met., Lond. veröffentlichte Referat[11] hat folgenden Wortlaut:

„Arsen und Blei legieren sich in allen Verhältnissen[12]. Das Diagramm wurde bis zu einem As-Gehalt von 60% untersucht. Blei vermag bei seinem Schmelzpunkt kein Arsen zu lösen, bei höheren Temperaturen bilden sich zwei Schichten. Die untere Schicht ist Pb mit einer geringen Menge As, die obere Schicht ist As, in dem eine geringe Menge Pb gelöst ist.''

Die Angaben, daß sich die beiden Komponenten in allen Verhältnissen legieren, und daß im flüssigen Zustand zwei Schichten bestehen, sind nicht miteinander vereinbar. Darüber hinaus steht der Befund im Widerspruch zu den Ergebnissen von HEYCOCK-NEVILLE, FRIEDRICH und HEIKE bezüglich der Erniedrigung des Pb-Schmelzpunktes durch As und des Fehlens einer Mischungslücke im flüssigen Zustand nach dem Diagramm von HEIKE. Der Verfasser ist offenbar demselben Irrtum zum Opfer gefallen wie FRIEDRICH (s. o.).

SELJESATER[13] hat aus Leitfähigkeitsmessungen an gegossenen Pb-reichen Legierungen keine Anzeichen dafür entnehmen können, daß As von Pb in fester Lösung aufgenommen wird. Über den Widerstand und die Supraleitfähigkeit der As-Pb-Legierungen siehe[14].

Nachtrag b. d. Korr. BAUER-TONN[15] stellten durch Aushärtungsversuche fest, daß bei der eutektischen Temperatur 0,045—0,05%, bei Raumtemperatur vermutlich weniger als 0,01% As in Pb löslich ist. Pb ist in As unlöslich. Das Eutektikum liegt bei 2,6% As und 290°.

Literatur.

1. DESCAMPS, A.: C. R. Acad. Sci., Paris Bd. 86 (1878) S. 1065. — **2.** KÖNIG, G. A.: Z. Kristallogr. Bd. 38 (1904) S. 544. — **3.** HEYCOCK, C. T., u. F. H. NEVILLE: J. chem. Soc. Bd. 61 (1892) S. 906. — **4.** FRIEDRICH, K.: Metallurgie Bd. 3 (1906) S. 41/52. — **5.** Das Gefüge der Legn. zeigt jedoch nicht die für die Bildung von zwei flüssigen Schichten charakteristischen Merkmale. — **6.** HEIKE, W.: Int. Z. Metallogr. Bd. 6 (1914) S. 49/57. Die Einwaage betrug bei den As-reichen Legn. 10 g, bei den Pb-reichen 15 g. In Abb. 89 sind nur die thermischen Daten der Legn. mit weniger als 97% Pb eingezeichnet. — **7.** PUSCHIN, N.: J. russ. phys.-chem. Ges. Bd. 39 (1907) S. 869/97. Ref. Chem. Zbl. Bd. 79 I (1908) S. 108. — **8.** Zwischen 48 und 100% Pb wurde praktisch das Potential des Bleis gemessen, zwischen 0 und 48% Pb fehlen Messungen. — **9.** Nach Angabe von PUSCHIN hat S. F. ZEMCZUZNY: J. russ. phys.-chem. Ges. Bd. 37 (1905) S. 1283 festgestellt, daß As und Pb keine Verbindungen bilden. Die betreffende, in russischer Sprache geschriebene Arbeit war mir nicht zugänglich. Ein Referat liegt nicht vor. — **10.** MOHAMMAD OMAR FARUQ: Proc. 15. Indian Sci. Congress 1928 S. 176. — **11.** J. Inst. Met., Lond. Bd. 47 (1931) S. 520. — **12.** D. h. sie sind im flüssigen Zustand in allen Verhältnissen mischbar. — **13.** SELJESATER, K. S.: Amer. Inst. min. metallurg. Engr. Techn. Publ. Nr. 179 (1929). Amer. Inst. min. metallurg. Engr. Inst. Metals Div. 1929 S. 573/80. — **14.** MEISSNER, W., H. FRANZ u. H. WESTERHOFF: Ann. Physik Bd. 17 (1933) S. 594/99. — **15.** BAUER, O., u. W. TONN: Z. Metallkde. Bd. 27 (1935) S. 183/87.

As-Pd. Arsen-Palladium.

THOMASSEN[1] hat festgestellt, daß das von ihm durch Zusammenerhitzen der Komponenten im evakuierten Quarzröhrchen erhaltene Pd-Arsenid $PdAs_2$ (41,58% Pd) Pyritstruktur besitzt. Die Verbindung schmilzt bei 600—700°. Ein beim Zusammenerhitzen von je 50 Atom-% Pd und As erhaltenes Präparat erwies sich röntgenographisch als aus zwei Verbindungen bestehend; PdAs (58,74% Pd) besteht also nicht.

Wöhler-Ewald[2] fanden, daß PdAs$_2$ bei etwa 680° (im Wasserstoffstrom) unter As-Verlust zu silberglänzenden Kügelchen zusammenschmolz. „Vollständig wurde aber das Arsen nicht abgegeben. Welche Verbindung dabei entsteht, ob PdAs oder, was (nach dem Befund von Thomassen) wahrscheinlicher ist, Pd$_3$As$_2$ (68,11% Pd), wird untersucht."

Literatur.

1. Thomassen, L.: Z. physik. Chem. B Bd. 4 (1929) S. 279/81. — 2. Wöhler, L., u. K. F. A. Ewald: Z. anorg. allg. Chem. Bd. 199 (1931) S. 63/64.

As-Pt. Arsen-Platin.

Bereits nach präparativen Untersuchungen von Wells[1] war das Bestehen der schwer schmelzbaren und beim Erhitzen auf Rotglut unzersetzlichen Verbindung PtAs$_2$ mit 56,56% Pt ziemlich sichergestellt. Wells fand weiter, daß der Pt-Schmelzpunkt durch As-Zusätze stark erniedrigt wird. Die Einheitlichkeit eines Stoffes von der Zusammensetzung PtAs$_2$ wurde eindeutig bewiesen durch die Tatsache, daß die Gitterstruktur des natürlichen Platinarsenids Sperrylith, das sehr nahe der Zusammensetzung PtAs$_2$ entspricht, nach Ramsdell[2], de Jong[3], Aminoff-Parsons[4] und Thomassen[5] mit der der künstlich hergestellten Legierung dieser Konzentration identisch und gleich der Struktur des Pyrits (FeS$_2$) ist[6]. Wöhler[7] konnte zeigen, daß sich Platinmohr und überschüssiges As bei etwa 300—400° im geschlossenen Bombenrohr zu PtAs$_2$-Kristallen vereinigen (s. auch Wöhler-Ewald[8]).

Das in Abb. 90 dargestellte Diagramm wurde von Friedrich-Leroux[9] auf Grund thermischer Untersuchungen entworfen. Die An-

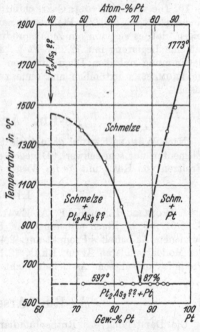

Abb. 90. As-Pt. Arsen-Platin.

nahme, daß die sich am Aufbau der von ihnen untersuchten Legierungen beteiligende intermediäre Kristallart die Verbindung Pt$_2$As$_3$ (63,45% Pt) ist, stützt sich lediglich darauf, daß die Zeitdauer der eutektischen Kristallisation durch Extrapolation bei annähernd 65% Pt Null wird. Auch ohne die Tatsache, daß dieses Kriterium allein natürlich nicht genügt, bleibt die Existenz der Verbindung PtAs$_2$ (s. o.) durch die Annahme der Verbindung Pt$_2$As$_3$ unberührt. Als gesichert dürfte das

Bestehen des Arsenids Pt_2As_3 jedoch keineswegs anzusehen sein. Die feste Löslichkeit von As in Pt wurde nicht untersucht[10] [11].

Literatur.

1. WELLS, H. L.: Amer. J. Sci. 3 Bd. 37 (1889) S. 69. — **2.** RAMSDELL, L. S.: Amer. Mineral. Bd. 10 (1925) S. 281/304; Bd. 12 (1927) S. 79. — **3.** JONG, W. F. DE: Physica Bd 5 (1925) S. 292/301. — **4.** AMINOFF, G., u. A. L. PARSONS: Amer. Mineral. Bd. 13 (1928) S. 110. — **5.** THOMASSEN, L.: Z. physik. Chem. B Bd. 4 (1929) S. 278/79. — **6.** ROESSLER, F.: Z. anorg. allg. Chem. Bd. 9 (1895) S. 60/66 glaubte ebenfalls die Verbindung $PtAs_2$ dargestellt zu haben, doch enthielt die von ihm analysierte fragliche Substanz ziemlich erhebliche Mengen anderer Elemente. — **7.** WÖHLER, L.: Z. anorg. allg. Chem. Bd. 186 (1930) S. 324/36. — **8.** WÖHLER, L., u. K. F. A. EWALD: Z. anorg. allg. Chem. Bd. 199 (1931) S. 62/63. — **9.** FRIEDRICH, K., u. A. LEROUX: Metallurgie Bd. 5 (1908) S. 148/49. Die Legn. (20 g Einwaage) wurden in offenen Tiegeln erschmolzen. Sie wurden z. T. analysiert. Auffallend ist, daß es FRIEDRICH-LEROUX nicht gelang, Legn. mit mehr als 28% As — und damit auch nicht das Arsenid $PtAs_2$ — herzustellen. — **10.** Die von D. TIVOLI: Gazz. chim. ital. Bd. 14 (1884) S. 488 erhaltene „Verbindung" Pt_3As_2 (79,62% Pt) besteht nach Abb. 90 sicher nicht. WÖHLER konnte zeigen, daß es sich um ein Zufallsprodukt handelt. — **11.** THOMASSEN (a. a. O.) hat eine Legierung mit 72,25% Pt (= PtAs) hergestellt. Sie bestand in Übereinstimmung mit dem Diagramm von FRIEDRICH-LEROUX aus 2 Kristallarten, die THOMASSEN irrtümlich und ohne zwingenden Grund für Pt_3As_2 und $PtAs_2$ ansieht.

As-Rh. Arsen-Rhodium.

Nach WÖHLER-EWALD[1] gelingt die Synthese des $RhAs_2$ (40,71% Rh) aus den Elementen nur sehr schwer[2]. Dagegen erhält man diese Verbindung leicht durch Erhitzen von $RhCl_3$ mit As im Wasserstoffstrom.

Literatur.

1. WÖHLER, L., u. K. F. A. EWALD: Z. anorg. allg. Chem. Bd. 199 (1931) S. 60/61. — **2.** „Nach siebenmaligem Erhitzen mit As enthielt ein von unverbundenem As befreites Produkt nur 42,49% As. Dies entspricht zwar dem Gehalt des Monoarsenids an Arsen, RhAs, 42,14%, ist aber ein Zufallsergebnis, da sich Produkte mit diesem As-Gehalt nicht reproduzieren ließen."

As-Ru. Arsen-Ruthenium.

Die Darstellung des Rutheniumdiarsenids $RuAs_2$ (40,43% Ru) durch Arsenierung von feinverteiltem Ru gelingt nach WÖHLER-EWALD[1] offenbar nur sehr schwer[2]. Leicht war dagegen diese Verbindung durch Erhitzen von $RuCl_3$ mit As im Wasserstoffstrom zu erhalten.

Literatur.

1. WÖHLER, L., u. K. F. A. EWALD: Z. anorg. allg. Chem. Bd. 199 (1931) S. 61/62. — **2.** Nach einmaliger Behandlung mit As enthielt das Reaktionsprodukt 32,72% As. Nach zweimaliger Arsenierung stieg der As-Gehalt auf 44,77%, nach zwölfmaliger Wiederholung des Prozesses auf 53,68%, schließlich nach 40 Malen auf 56,76% As. $RuAs_2$ verlangt 59,57% As.

As-S. Arsen-Schwefel.

Das System As-S ist nicht mehr metallisch. Es wird jedoch hier behandelt, da es das einzige der bisher vollständig untersuchten binären Systeme mit As ist, dessen Zustandsdiagramm für konstanten Druck (1 Atmosphäre) und unter Berücksichtigung der Dampfphase ausgearbeitet wurde. Abb. 91 zeigt das von JONKER[1] entworfene Diagramm.

Von den drei Verbindungen des Arsens mit Schwefel, As_2S_2 (29,97% S, Realgar), As_2S_3 (39,09% S, Auripigment) und As_2S_5 (51,68% S) waren nur die beiden ersten durch die thermische Untersuchung nachzuweisen. (As_2S_5 läßt sich an- scheinend nur durch Fällung aus wässeriger Lösung von H_3AsO_4 mit H_2S darstellen.) Oberhalb 35% S ließen sich die Temperaturen des Beginns der Erstarrung nicht be- stimmen, da diese Schmelzen so sehr viskos sind, daß sie nicht kristalli- sieren, d. h. das Gleichgewicht fest ⇌ flüssig stellt sich nur äußerst lang- sam ein. Der Schmelzpunkt von As_2S_3 konnte daher nur an natür- lichen As_2S_3-Kristallen ermittelt wer- den. Die in Abb. 91 mit △ be- zeichneten „Liquiduspunkte" der Schmelzen mit 51,5 und 63% S stellen in Wirklichkeit Erhärtungs- oder Erweichungspunkte dar, die durch qualitative Viskositätsbestim- mungen (Steckenbleiben eines Rühr- stabes) gefunden wurden. Auch durch diese Bestimmungen ergaben sich keine Anzeichen für die Bildung von As_2S_5 aus der Schmelze.

Die Kurve der Siedepunkte (Zu- sammensetzung der Schmelzen beim Beginn des Siedens) zeigte, daß As_2S_2 im geschmolzenen Zustand sehr stark dissoziiert ist, da hier die Flüssig-

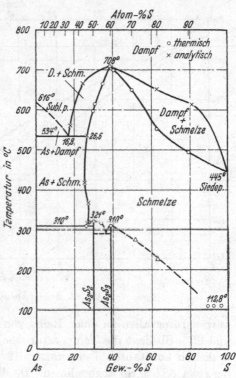

Abb. 91. As-S. Arsen-Schwefel.

keits- und Dampfkurve weit voneinander entfernt sind. As_2S_3 dissoziiert dagegen nicht, da eine Schmelze dieser Zusammensetzung ohne Änderung der Zusammensetzung überdestilliert. Die Kurve des Endes des Siedens (Dampf- kurve) wurde durch analytische Bestimmung der Zusammensetzung des Dampfes, der mit einer siedenden Flüssigkeit bekannter Konzentration im Gleich- gewicht ist, festgelegt. Zwischen 0 und 26,6% S bildet sich bei 534° ein nonvari- antes Gleichgewicht zwischen As (fest), gesättigter Schmelze mit 26,6% S und einem Dampf konstanter Zusammensetzung (16,8% S) aus. Die vom Sublimationspunkt des Arsens (616°) nach 534° abfallende Kurve, die die Zusammensetzung der mit festem As im Gleichgewicht befindlichen Dämpfe angibt, wurde nicht bestimmt. Betreffs weiterer Einzelheiten muß auf die Originalarbeit verwiesen werden; daselbst befindet sich eine Besprechung älterer Arbeiten.

13*

Literatur.

1. Jonker, W. P. A.: Z. anorg. allg. Chem. Bd. 62 (1909) S. 89/107.

As-Sb. Arsen-Antimon.

Parravano-de Cesaris[1] haben das Zustandsdiagramm im Bereich von 65^2—100% Sn mit Hilfe thermischer und mikroskopischer Untersuchungen ausgearbeitet. Die in offenen Tiegeln erschmolzenen Legierungen (30 g Einwaage) erstarren nach Abb. 92 (s. Nebenabb.) in

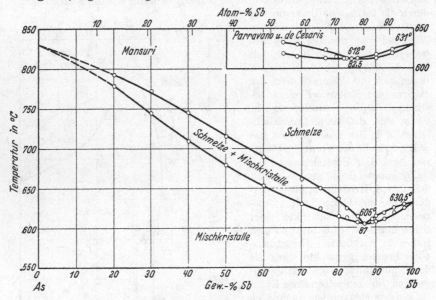

Abb. 92. As-Sb. Arsen-Antimon.

kurzen Intervallen zu einer Reihe von Mischkristallen. Zwischen 81,5 und 85% Sb liegt die Temperatur des Beginns der Erstarrung bei der praktisch konstanten Temperatur 612°. Das sehr flache Minimum ist bei etwa 82,5% Sb anzunehmen. Da die Abkühlungskurven unterhalb der Solidustemperatur bis herunter zu 100° keine Unstetigkeiten zeigten, halten die Verfasser das Bestehen von Umwandlungen im festen Zustand für ausgeschlossen, um so mehr, als das Gefüge mit der Annahme einer lückenlosen Mischkristallreihe im Einklang ist. Die Legierungen zeigen die für inhomogene Mischkristalle charakteristische Zonenstruktur.

Anscheinend ohne Kenntnis der Arbeit von Parravano-de Cesaris hat Mansuri[3] die Konstitution eines weit größeren Bereiches ebenfalls mit Hilfe der thermischen Analyse untersucht. Im Unterschied zu den italienischen Verfassern hat er die Abkühlungskurven von Schmelzen (40—50 g) aufgenommen, die sich in evakuierten (15 mm Hg), zugeschmolzenen Hartglasröhren befanden, d. h. die As-reichen Schmelzen standen unter einem mit steigendem As-Gehalt größer werdenden Druck. Unter Atmosphärendruck hat der As-reiche Teil des Diagramms nicht die in Abb. 92 wiedergegebene einfache Gestalt, da As unter Atmosphärendruck nicht schmilzt, sondern bei 616° (nach JONKER) sublimiert. Die Liquiduskurve kommt also vor Erreichung der As-Achse zum Schnitt mit der Verdampfungs- (Sublimations-) Kurve (vgl. As-S).

Die beiden Diagramme sagen über den Aufbau der Legierungen dasselbe aus[4], in quantitativer Hinsicht ergeben sich jedoch ziemlich erhebliche Abweichungen. Das Minimum der Schmelzkurve im MANSURIschen Diagramm ist ausgeprägter und liegt bei 87% Sb und 605°. Während die Temperaturen zwischen 90 und 100% Sb gut miteinander übereinstimmen, fällt in den Sb-ärmeren Legierungen die Liquiduskurve bei PARRAVANO-DE CESARIS annähernd mit der Soliduskurve bei MANSURI zusammen. Welches die Ursache dieser Abweichungen ist, wird sich schwer sagen lassen, doch scheint es verfehlt, den höheren Druck, unter dem die Legierungen mit weniger als etwa 80% Sb nach der Anordnung von MANSURI erstarrten, dafür verantwortlich zu machen.

Da das Auftreten eines minimalen Schmelzpunktes in lückenlosen Mischkristallreihen typisch für Bestehen von Umwandlungen (Entmischungen) dieser Mischkristalle im festen Zustand zu sein scheint (vgl. u. a. die Systeme Au-Cu, Au-Ni), so liegt der Gedanke nahe, auch im vorliegenden Falle solche Umwandlungen zu vermuten. In der Tat gewinnt diese Vermutung durch eine Veröffentlichung von KALB[5] „Das System As-Sb in der Natur" sehr an Wahrscheinlichkeit. Mikroskopische Untersuchungen von KALB haben nämlich gezeigt, daß das Mineral Allemontit, das nach RAMMELSBERG[6] etwa der Zusammensetzung SbAs₃ ...

Da das Auftreten eines minimalen Schmelzpunktes in lückenlosen Mischkristallreihen typisch für Bestehen von Umwandlungen (Entmischungen) dieser Mischkristalle im festen Zustand zu sein scheint (vgl. u. a. die Systeme Au-Cu, Au-Ni), so liegt der Gedanke nahe, auch im vorliegenden Falle solche Umwandlungen zu vermuten. In der Tat gewinnt diese Vermutung durch eine Veröffentlichung von KALB[5] „Das System As-Sb in der Natur" sehr an Wahrscheinlichkeit. Mikroskopische Untersuchungen von KALB haben nämlich gezeigt, daß das Mineral Allemontit, das nach RAMMELSBERG[6] etwa der Zusammensetzung SbAs₃ (35,13% Sb) entspricht, nicht, wie zu erwarten, einheitlich ist, sondern aus einem Gemenge zweier Kristallarten[7] (in allerdings stark wechselndem Mengenverhältnis) besteht, die durch die Entmischung der festen Lösungen (oder eine andere Reaktion) entstanden sein dürften.

Da nicht einzusehen ist, daß die künstlichen As-Sb-Legierungen sich anders verhalten als die natürlichen, so dürfte sowohl PARRAVANO-DE CESARIS als auch MANSURI die Entmischung entgangen sein, weil sie sich anscheinend während der Abkühlung nur sehr langsam vollzieht[8].

Literatur.

1. PARRAVANO, N., u. P. DE CESARIS: Int. Z. Metallogr. Bd. 2 (1912) S. 70/75. — 2. As-reichere Legn. waren unter Atmosphärendruck nicht darstellbar. — 3. MANSURI, Q. A.: J. chem. Soc. 1928 II S. 2107/08. — 4. Das Gefüge der Legn. ist auch nach MANSURI mit dem Ergebnis der thermischen Analyse im Einklang; Gefügebilder werden nicht gegeben. — 5. KALB, G.: Met. u. Erz Bd. 23 (1926) S. 113/15. Vgl. auch R. W. VAN DER VEEN: Mineragraphy and Oredeposition,

Bd. 1, den Haag 1925. — **6.** RAMMELSBERG, C.: Pogg. Ann. Bd. 62 (1844) S. 137.
— **7.** Die Gefügeausbildung ist sehr verschiedenartig. — **8.** DESCAMPS, A.: C. R.
Acad. Sci., Paris Bd. 86 (1878) S. 1066 glaubte durch Zusammenschmelzen von
Sb mit überschüssigem As die Verbindung Sb_2As (76,46% Sb) erhalten zu haben.
Diese Angabe ist bedeutungslos.

As-Si. Arsen-Silizium.

As vereinigt sich nicht direkt mit Si; dieses bleibt sowohl beim Glühen mit
überschüssigem As, als auch beim Erhitzen in Arsendampf oder H_3As arsenfrei
zurück[1].

Literatur.

1. WINKLER, C.: J. prakt. Chem. Bd. 91 (1864) S. 204.

As-Sn. Arsen-Zinn.

Aus präparativen Untersuchungen schlossen DESCAMPS[1] und SPRING[2]
(allerdings auf Grund unzureichender Kriterien) auf das Bestehen der
Verbindungen Sn_2As_3 (51,35% Sn) bzw. Sn_3As_4 (54,29% Sn). HEADDEN[3]
glaubte die Verbindung Sn_6As (90,48% Sn) isoliert zu haben. Von
späteren Forschern konnten diese Verbindungen nicht bestätigt werden.

STEAD[4] konnte aus teilweise erstarrten Sn-reichen Legierungen
Kristalle isolieren, die sehr nahe die Zusammensetzung Sn_3As_2 (70,37%
Sn) hatten. Es gelang STEAD, Legierungen mit bis zu 43% As herzustellen, doch trat in den As-reicheren Legierungen bereits starke Verdampfung des Arsens ein. Bei 80% Sn fand er die Liquidustemperatur
bei 530°, die Solidustemperatur bei 235°. Später konnte STEAD[5] seine
Beobachtungen hinsichtlich der Verbindung Sn_3As_2 bestätigen und dahin
ergänzen, daß Legierungen mit 80, 90, 95 und 99,5% Sn aus primär
ausgeschiedenen Kristallen des Arsenids in einer Grundmasse von
praktisch reinem Sn bestehen.

Aus mikroskopischen Beobachtungen schlossen JOLIBOIS-DUPUY[6] auf
die Existenz der Verbindungen SnAs (61,29% Sn) und Sn_4As_3 (67,86%
Sn); letztere konnten sie durch Rückstandsanalyse (!) bestätigen.

PARRAVANO-DE CESARIS[7] haben die Konstitution der Legierungen
mit 50—100% Sn mit Hilfe der thermischen Analyse und mikroskopischen Beobachtungen[8] untersucht. Die Legierungen (30 g) wurden in
offenen Tiegeln unter einer Kohleschutzdecke hergestellt[9]. Das Zustandsdiagramm (Abb. 93, Nebenabb.) spricht für das Bestehen der
(bei 568° peritektisch gebildeten) Verbindung Sn_3As_2 und gegen die
von JOLIBOIS-DUPUY angenommene Verbindung Sn_4As_3. Die Beobachtungen STEADS fanden damit ihre Bestätigung. Außerdem
besteht die Verbindung SnAs. Die As-reichste Legierung mit 50,6% Sn
besteht fast vollkommen aus einem Eutektikum zwischen SnAs und
einer Kristallart unbekannter Zusammensetzung.

Mansuri[10] hat die Konstitution des Systems As-Sn für einen größeren Konzentrationsbereich untersucht. Im Gegensatz zu Parravano-de Cesaris hat er die Abkühlungskurven von Schmelzen (20—30 g) aufgenommen, die sich in evakuierten (15 mm Hg), zugeschmolzenen

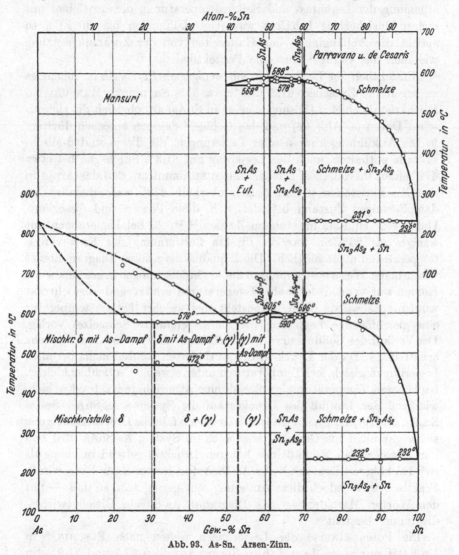

Abb. 93. As-Sn. Arsen-Zinn.

Glasröhren befanden. (Über den Einfluß des Druckes s. w. u.) Wie aus Abb. 93 hervorgeht, unterscheiden sich die beiden Diagramme in einigen Punkten. 1. Die Liquiduskurve und die Horizontalen liegen bei Mansuri bei durchweg höheren Temperaturen (Temperaturmessung!) 2. Während Parravano-de Cesaris feststellten, daß die Verbindung

Sn_3As_2 durch eine peritektische Reaktion ($SnAs$ + Schmelze → Sn_3As_2) gebildet wird, fand MANSURI, daß sie einen maximalen Schmelzpunkt hat, und daß zwischen $SnAs$ und Sn_3As_2 ein Eutektikum besteht. Wenngleich — worauf PARRAVANO-DE CESARIS hinweisen — die Bestimmung der Liquidus- und Solidustemperatur in diesem Gebiet mit einiger Unsicherheit behaftet war (Unterkühlungen bis zu 20°), so spricht die Abhängigkeit der Haltezeiten von der Zusammensetzung wie auch das Gefüge[11] für eine Peritektikale.

Hinsichtlich der Legierungen mit weniger als 61,3% Sn ist folgendes zu sagen: 1. Zwischen 61,3 und etwa 53% Sn nimmt MANSURI ein Mischkristallgebiet γ (Lösung von As in SnAs) an, obgleich die thermischen Daten (s. Abb. 93) und das Gefüge[12] dagegen sprechen dürften. 2. Die Abkühlungskurven aller Legierungen, die die γ- und δ-Mischkristalle enthalten, auch der Legierung mit 61,3% Sn, zeigen bei etwa 472° einen thermischen Effekt. MANSURI nimmt an, daß das Arsen in den Mischkristallen γ und δ sich oberhalb 472° wahrscheinlich im dampfförmigen Zustand befindet, d. h. diese Phasen sind dissoziiert. Unter 472° sind sie im stabilen Zustand[13][14]. 3. Bei Legierungen mit weniger als 20% Sn war die direkte Bestimmung der Erstarrungstemperaturen nicht möglich. Die Liquiduskurve dieses Diagrammteiles wurde in der Weise bestimmt, daß die As-Sn-Mischungen in geschlossenen Röhren auf verschieden hohe Temperaturen erhitzt und abgeschreckt wurden. Es wurde dann festgestellt, bei welcher Mindesttemperatur eine gleichförmige Legierung (= schnell erstarrte Schmelze) vorlag. Der Verlauf der Soliduskurve wurde ebenfalls durch Abschreckversuche ermittelt. 4. Da der Druck in den evakuierten Röhren nicht bei allen Legierungen gleich, bei Temperaturen unter etwa 600° offenbar kleiner, bei höheren Temperaturen größer als eine Atmosphäre ist, fragt es sich, wie groß der Einfluß des Druckes auf die Systeme As-SnAs, SnAs-Sn_3As_2 und Sn_3As_2-Sn ist. In letzteren beiden fällt die Druckerniedrigung sicher gar nicht ins Gewicht, aber auch im System As-SnAs wird sich nur „insofern ein Einfluß (des höheren Druckes) geltend machen, als sich bei höheren Drucken mehr As-Dampf in festem SnAs lösen wird". Praktisch wird jedoch diese Änderung sehr gering sein, so daß — mit den Worten MANSURIs — das Diagramm As-Sn ein Gleichgewichtsdiagramm darstellt[14].

Die Potentialwerte der Legierungen weisen nach PUSCHIN[15] in 1 n KOH nur einen deutlichen Sprung zwischen 67,7 und 71,2% Sn auf, der der Verbindung Sn_3As_2 entspricht; in 1 n H_2SO_4 tritt außer diesem noch ein zweiter Sprung zwischen 58,4 und 61,3% Sn auf, der auf das Bestehen der Verbindung SnAs hinweist. Die Spannungsmessungen stehen also mit dem Zustandsdiagramm im Einklang.

Nachtrag b. d. Korr. Durch Röntgenanalyse kamen WILLOT-EVANS[16] und

HÄGG-HYBINETTE[17] zu teilweise widersprechenden Ergebnissen. Während nach [16] 29,5% As in Sn löslich sein und Sn_3As_2 nicht bestehen soll, ist nach [17] an dem Bestehen von Sn_3As_2 und der Unlöslichkeit von As in Sn in Einklang mit Abb. 93 nicht zu zweifeln. SnAs hat NaCl-Struktur[16][17]. Beide Verbindungen haben nach [17] sehr enge Homogenitätsgebiete, hingegen soll nach [16] die SnAs-Phase zwischen 51 und 65,5% Sn homogen sein (?). In As sind etwa 30%[17] bzw. 32%[16] Sn löslich.

Literatur.

1. DESCAMPS, A.: C. R. Acad. Sci., Paris Bd. 86 (1878) S. 1066. — **2.** SPRING, W.: Ber. dtsch. chem. Ges. Bd. 16 (1883) S. 324. — **3.** HEADDEN, W. P.: Amer. J. Sci. IV Bd. 5 (1898) S. 95. — **4.** STEAD, J. E.: J. Soc. chem. Ind. Bd. 16 (1897) S. 206/07. — **5.** STEAD, J. E.: J. Inst. Met., Lond. Bd. 22 (1919) S. 130/32. Z. Metallkde. Bd. 12 (1920) S. 134/35. — **6.** JOLIBOIS, P., u. E. L. DUPUY: C. R. Acad. Sci., Paris Bd. 152 (1911) S. 1312/14. — **7.** PARRAVANO, N., u. P. DE CESARIS: Int. Z. Metallogr. Bd. 2 (1912) S. 1/12. Gazz. chim. ital. Bd. 42 I (1912) S. 274. — **8.** Wärmebehandlungen wurden nicht ausgeführt. — **9.** Legn. mit weniger als 77% Sn wurden analysiert. — **10.** MANSURI, Q. A.: J. chem. Soc. Bd. 123 (1923) S. 214/23. — **11.** Die Struktur einer Legierung mit 66,86% Sn weist nach PARRAVANO-CESARIS keinen eutektischen Gefügebestandteil auf: beide Kristallarten liegen nebeneinander. MANSURI gibt zwar nicht das Gefüge seiner eutektischen Legierung, teilt aber mit, daß eine Legierung dieser Zusammensetzung (65,68% Sn) typische Eutektikumstruktur besitzt. In einer Legierung mit 65% Sn ist dagegen m. E. — wenigstens bei der angegebenen Vergrößerung — kein Eutektikum zu erkennen. — **12.** Die von PARRAVANO-CESARIS gegebenen Gefügebilder von Legn. mit 59,5 und 54,9% Sn zeigen deutlich primäre SnAs-Kristalle + Eutektikum. Auch die von MANSURI gegebene Struktur der Legierung mit 58,3% Sn zeigt anscheinend 2 Kristallarten. Die Existenz As-reicher δ-Mischkristalle wurde mikroskopisch bestätigt. — **13.** Unterhalb 472° abgeschreckt, haben die Legn. gleichförmige Struktur, etwas oberhalb 472° abgeschreckt, sind sie porös wie Schwamm. — **14.** Handelt es sich bei den thermischen Effekten bei 472° wirklich um den Sublimationspunkt des Arsens in den Legn., so dürfte das Diagramm in diesem Bereich nicht die einfache Gestalt haben. Bei Atmosphärendruck ist der oberhalb etwa 600° liegende Teil der Schmelzkurven nicht realisierbar. Bei gewöhnlichem Druck schmilzt As nicht, sondern sublimiert bei 616° (nach JONKER); s. As-S. — **15.** PUSCHIN, N.: J. russ. phys.-chem. Ges. Bd. 39 (1907) S. 528/66 (russ.). Ref. Chem. Zbl. Bd. 78 II (1907) S. 2027/28. PUSCHIN untersuchte Legn. mit 34,5—100% Sn. — **16.** WILLOTT, W. H., u. E. J. EVANS: Philos. Mag. Bd. 18 (1934) S. 114/28. — **17.** HÄGG, G., u. A. G. HYBINETTE: Philos. Mag. Bd. 20 (1935) S. 913/29.

As-Sr. Arsen-Strontium.

LEBEAU[1] hat durch Reduktion von $Sr_3(AsO_4)_2$ mit Kohlenstoff im elektrischen Ofen die Verbindung Sr_3As_2 (63,68% Sr) erhalten.

Literatur.

1. LEBEAU, P.: C. R. Acad. Sci., Paris Bd. 129 (1899) S. 47/48. Ann. Chim. Phys. 7 Bd. 25 (1902) S. 479/80.

As-Ta. Arsen-Tantal.

HEINERTH-BILTZ[1] versuchten Tantaldiarsenid $TaAs_2$ (54,76% Ta) durch Arsenierung von Ta-Pulver im geschlossenen Rohr darzustellen. Das Reaktionsprodukt von der Zusammensetzung TaAs$_{1,4}$ enthielt noch freies Ta. Dieser Fehlversuch ist, wie die Verfasser betonen, auf unzureichende Versuchsbedingungen zurückzuführen.

Literatur.

1. HEINERTH, E., u. W. BILTZ: Z. anorg. allg. Chem. Bd. 198 (1931) S. 175.

As-Te. Arsen-Tellur.

Die in Abb. 94 dargestellte Kurve des Beginns der Erstarrung der As-Te-Legn. wurde von PÉLABON[1] gegeben; sie ist jedoch nur als grobe Annäherung zu werten. Einzeldaten werden nicht mitgeteilt. Das Maximum bei 362° würde für die

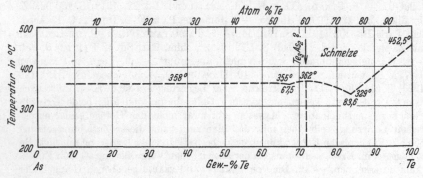

Abb. 94. As-Te. Arsen-Tellur.

Existenz der Verbindung Te$_3$As$_2$[2] (71,84% Te) und die Horizontale bei 358° für eine ausgedehnte Mischungslücke im flüssigen Zustand sprechen, doch bedürfen die Angaben einer Nachprüfung[3].

Literatur.

1. PÉLABON, H.: C. R. Acad. Sci., Paris Bd. 146 (1908) S. 1397/99. Ann. Chim. Phys. 8 Bd. 17 (1909) S. 561/63. — 2. Zwischen 100 und 72% Te ist das Diagramm analog dem Sb-Te-Diagramm. Die Formel der Verbindung entspricht ebenfalls der Sb-Te-Verbindung. — 3. Über die Einheitlichkeit der von OPPENHEIM: J. prakt. Chem. Bd. 71 (1857) S. 278 beschriebenen Legn. TeAs und Te$_3$As$_2$ ist nichts bekannt. Ohne Bedeutung ist die Beobachtung von E. C. SZARVASY u. C. MESSINGER J. chem. Soc. Bd. 75 (1899) S. 597/99, daß das durch Zusammenschmelzen der Komponenten im Verhältnis 8 As : 3 Te gewonnene Produkt Te$_3$As$_8$ (38,94% Te) unter Druck ohne Zersetzung zu sublimieren ist.

As-Tl. Arsen-Thallium.

Die einzige über dieses System vorliegende Arbeit ist die von MANSURI[1] Abb. 95[2]. Legierungen mit 0—55% As wurden in offenen Tiegeln unter einer Salzdecke, As-reichere Legierungen in evakuierten, zugeschmolzenen Hartglasröhren erschmolzen. Das Diagramm gilt also nicht für konstanten Druck. Da die Röhren jedoch bis auf etwa 15 mm evakuiert wurden, so ist der Einfluß des Druckes auf das Zustandsdiagramm nach Ansicht MANSURIs selbst bei Temperaturen oberhalb 600° nicht merklich[3].

Literatur.

1. Mansuri, Q. A.: J. Inst. Met., Lond. Bd. 28 (1922) S. 453/68. Analyse des Tl: 99,61% Tl, 0,23% Fe, 0,16% andere Verunreinigungen. — **2.** Die thermischen Daten der Legn. mit mehr als 90% Tl sind nicht eingezeichnet. — **3.** Da As nur unter hohem Druck zum Schmelzen zu bringen ist — unter Atmosphärendruck sublimiert As bei 616° (nach Jonker) —, so ist der zwischen 0 und 20% Tl liegende Teil der Liquiduskurve nur unter sehr viel höherem Druck realisierbar, als der in der Versuchsanordnung von Mansuri zu erreichende.

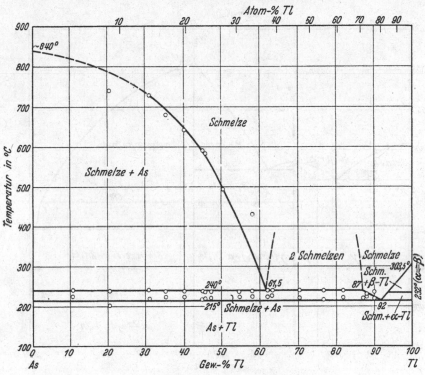

Abb. 95. As-Tl. Arsen-Thallium.

As-W. Arsen-Wolfram.

Defacqz[1] erhielt WAs$_2$ (55,10% W) durch Reaktion von WCl$_6$ mit H$_2$As. Dieselbe Verbindung haben Heinerth-Biltz[2] durch fünftägiges Erhitzen der Elemente im geschlossenen Rohr bei 620° dargestellt. Das Reaktionsprodukt entsprach der Zusammensetzung WAs$_{1,954}$, entsprechend 55,6% W.

Literatur.

1. Defacqz, E.: C. R. Acad. Sci., Paris Bd. 132 (1901) S. 138/39. — **2.** Heinerth, E., u. W. Biltz: Z. anorg. allg. Chem. Bd. 198 (1931) S. 173.

As-Zn. Arsen-Zink.

Von älteren präparativen Untersuchungen dürfte nur die Feststellung von Descamps[1] von Wert sein, daß beim Überleiten von metallischem As im H_2-Strom über glühendes Zn Kristalle der Formel Zn_3As_2 (56,67% Zn) entstehen. Dieselbe Verbindung glaubte SPRING[2] erhalten zu haben.

FRIEDRICH-LEROUX[3] konnten im offenen Tiegel Legierungen mit nur bis zu etwa 14% As herstellen[4]. Die thermische Analyse ergab eine vom Zn-Schmelzpunkt steil ansteigende Liquiduskurve (Beginn der Erstarrung einer Legierung mit 90,7% Zn bei 803°) und eine beim Zn-

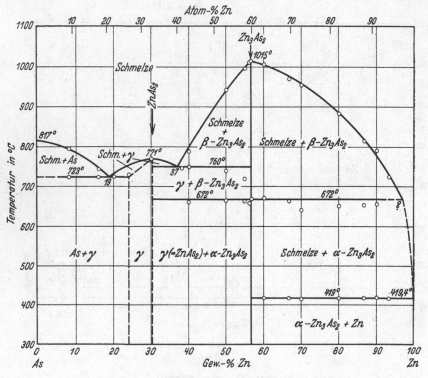

Abb. 96. As-Zn. Arsen-Zink.

Schmelzpunkt verlaufende Eutektikale. Die Zusammensetzung der sich primär ausscheidenden Kristallart konnte, da sie außerhalb des untersuchten Bereiches liegt, nicht ermittelt werden. ARNEMANN[5] gelang es ebenfalls nicht, den Erstarrungsbeginn in Legierungen unter 2% As thermisch festzustellen.

Das in Abb. 96 dargestellte Zustandsdiagramm wurde von HEIKE[6] mit Hilfe thermischer und mikroskopischer Untersuchungen[7] ausgearbeitet. Die Legierungen wurden in evakuierten, geschlossenen Porzellanröhren erschmolzen und thermisch analysiert. Das Diagramm gilt also nur für erhöhten Druck. Unterhalb 70% As war die Verdampfung von As unter den vorliegenden Versuchsbedingungen nicht merklich. Die Sättigungsgrenzen des γ-Mischkristalls wurden nicht näher bestimmt. Zn_3As_2 vermag nach HEIKE keine Mischkristalle zu bilden.

Auffallend ist die große Ähnlichkeit der Zustandsdiagramme As-Cd und As-Zn. In beiden Systemen bestehen je 2 Verbindungen von gleicher Formel; die As-ärmere erleidet eine polymorphe Umwandlung. Das Auftreten eines durch die Unterkühlungsfähigkeit der Kristallisation der As-reicheren Verbindung bedingten instabilen Systems wurde im System As-Zn allerdings nicht beobachtet.

Zn_3As_2 hat nach NATTA-PASSERINI[8] ein kubisches Gitter mit 2 Molekülen im Elementarkörper; die Verbindung ist isomorph mit Cd_3As_2. Über die Kristallstruktur von Zn_3As_2 s. ferner v. STACKELBERG-PAULUS[9] (kubisch mit 16 Zn_3As_2 im Elementarbereich).

Literatur.

1. DESCAMPS, A.: C. R. Acad. Sci., Paris Bd. 86 (1878) S. 1066. — **2.** SPRING, W.: Ber. dtsch. chem. Ges. Bd. 16 (1883) S. 324. — **3.** FRIEDRICH, K., u. A. LEROUX: Metallurgie Bd. 3 (1906) S. 477/79. — **4.** In den Schmelzen (125 g) traten während der Erstarrung starke Seigerungen auf. — **5.** ARNEMANN, TH.: Metallurgie Bd. 7 (1910) S. 201/11. — **6.** HEIKE, W.: Z. anorg. allg. Chem. Bd. 118 (1921) S. 264/68. — **7.** Wärmebehandlungen wurden nicht ausgeführt; Gefügebilder werden nicht gegeben (s. bei FRIEDRICH-LEROUX). — **8.** NATTA, G., u. L. PASSERINI: Gazz. chim ital. Bd. 58 (1928) S. 541/50. — **9.** STACKELBERG, M. v., u. R. PAULUS: Z. physik. Chem. B Bd. 22 (1933) S. 305/22; Bd. 28 (1935) S. 427/60.

Au-B. Gold-Bor.

Siehe Ag-B, S. 10.

Au-Be. Gold-Beryllium.

LOSKIEWICZ[1] schließt aus Diffusionsversuchen von Be in Au, daß die beiden Elemente ein einfaches eutektisches System miteinander bilden. Die eutektische Temperatur liegt zwischen 500 und 550°. Be ist in nur sehr beschränktem Maße in festem Au löslich.

NOWACK[2] teilt kurz mit, daß Au-Be-Legierungen im Gegensatz zu Cu-Be-Legierungen nicht aushärtbar sind. „Das Zustandsschaubild dieser Legierungen scheint auf der Au-Seite ähnlich dem der Au-Al-Legierungen zu sein. Es tritt sofort eine Verbindung eutektisch auf, die Legierungen werden außerordentlich spröde, es zeigen sich aber keine Vergütungseffekte. Ein Teilschaubild wird demnächst veröffentlicht."[3] In der Frage der Existenz einer Verbindung, die LOSKIEWICZ verneint, gehen die beiden Verfasser also auseinander.

MISCH[4] hat die Kristallstruktur der Verbindung $AuBe_5$ (18,61% Be) bestimmt.

Literatur.

1. LOSKIEWICZ, W.: Przegl. Gorniczo-Hutniczy Bd. 21 (1929) S. 583/611. (poln. mit franz. Zusammenfassung). Ref. J. Inst. Met., Lond. Bd. 47 (1931) S. 516/17. S. auch Congrès International des Mines etc. in Lüttich, Section de Métallurgie (franz. Auszug). — **2.** NOWACK, L.: Z. Metallkde. Bd. 22 (1930) S. 99. — **3.** Ist nicht erfolgt. — **4.** MISCH, K.: Metallwirtsch. Bd. 14 (1935) S. 897/99.

Au-Bi. Gold-Wismut.

Nach ʹHEYCOCK-NEVILLE[1] wird der Schmelzpunkt des Bi durch 1,6% Au um rd. 4° erniedrigt.

VOGEL[2] arbeitete das Zustandsdiagramm mit Hilfe thermischer und mikroskopischer Untersuchungen aus (Abb. 97). Dadurch wurde gezeigt, daß Au-Bi-Verbindungen[3] nicht bestehen (s. jedoch Nachtrag). Wie aus Abb. 97 hervorgeht, wurde die Zusammensetzung des Eutektikums nur graphisch ermittelt[4]. Die Mischkristallbildung der beiden Metalle miteinander wurde nicht eingehender untersucht. Das Bestehen Au-

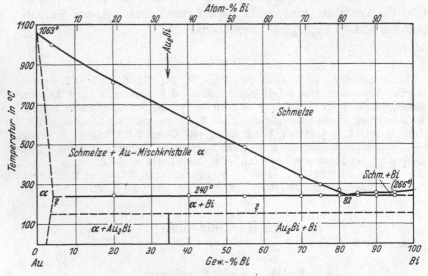

Abb. 97. Au-Bi. Gold-Wismut.

reicher fester Lösungen ergab sich jedoch aus dem Gefüge (Zonenkristalle); eine 4% Bi enthaltende Legierung erstarrte ohne Kristallisation des Eutektikums und erwies sich als einphasig. Im Gleichgewicht werden wohl größere Bi-Gehalte bei 240° in Au löslich sein. Über die feste Löslichkeit von Au in Bi lassen sich nur annähernde Angaben machen auf Grund der Leitfähigkeitsmessungen von MATTHIESSEN[5], der eine Erniedrigung der Leitfähigkeit des Bi auf einen Mindestwert bei etwa 4,5% Au feststellte. Da über den Zustand der betreffenden Legierungen keine Aussagen gemacht werden können, ist auch dieser Wert ohne wesentliche Bedeutung.

Nach LAURIE[6] hat eine Legierung mit nur 5% Bi praktisch dieselbe Spannung gegen Au (in NaCl-Lösung) wie reines Bi gegen Au. Damit wird bestätigt, daß keine intermediären Kristallarten in diesem System vorliegen (s. jedoch Nachtrag).

Nachtrag. Aus der Tatsache, daß Au-Bi-Legierungen supraleitend

werden, obgleich die Komponenten keine Supraleiter sind, schlossen
DE HAAS-JURRIAANSE[7] auf das Bestehen einer bisher übersehenen intermediären Phase, der die Supraleitfähigkeit eigen ist. In der Tat konnten
sie durch Behandeln der eutektischen Legierung mit HNO_3 supraleitende
Kristalle von der Zusammensetzung Au_2Bi (34,64% Bi) isolieren[8]. Die
Verbindung Au_2Bi, die wahrscheinlich ein flächenzentriertes kubisches
Gitter hat[9], kann sich nach dem Erstarrungsschaubild von VOGEL nur
im festen Zustand durch Reaktion der beiden Komponenten miteinander
bilden. Es ist daher nicht verwunderlich, daß VOGEL diese Phase übersehen hat, da die Bildung der Verbindung bei der örtlichen Trennung
der Reaktionsteilnehmer nur sehr unvollständig sein kann; der mit
der Entstehung der Verbindung verbundene thermische Effekt kann
also bei überdies relativ schneller Abkühlung nur sehr klein sein.

JURRIAANSE[10] fand jedoch neuerdings, daß die Verbindung Au_2Bi
durch eine peritektische Reaktion bei 373° gebildet wird. Sie ist
u. a. strukturell analog Au_2Pb und Cu_2Mg. Die Löslichkeit von Bi
in Au wurde im Gegensatz zu VOGEL zu $< 0,2\%$ gefunden, da sich
diese Legierung nach 48stündigem Glühen (Temp.?) als heterogen
erwies.

Literatur.

1. HEYCOCK, C. T., u. F. H. NEVILLE: J. chem. Soc. Bd. 61 (1892) S. 897.
— 2. VOGEL, R.: Z. anorg. allg. Chem. Bd. 50 (1906) S. 145/51. VOGEL gibt
den Bi-Schmelzpunkt zu 266° an, d. h. 5° unterhalb der tatsächlichen Schmelztemperatur des reinen Bi. Die Temperaturen erfahren daher eine kleine Korrektur.
— 3. ROESSLER, F.: Z. anorg. allg. Chem. Bd. 9 (1895) S. 70/72 hielt den Rückstand, den eine Legierung mit 97% Bi nach Behandlung mit verd. HNO_3 hinterließ, zufolge der Analyse dieses Rückstandes für die Verbindung Au_3Bi (26,15% Bi).
Die Kurve der spezifischen Volumina (berechnet nach den Dichtewerten von
A. MATTHIESSEN u. M. HOLZMANN: Pogg. Ann. Bd. 110 (1860) S. 35/36) besteht
nach E. MAEY: Z. physik. Chem. Bd. 38 (1901) S. 297/98 aus zwei Geraden, die
sich — entsprechend einer maximalen Kontraktion — bei etwa 61% Bi schneiden.
MAEY nahm daher die Verbindung Au_2Bi_3 (61,38% Bi) an. — 4. Die an der Ober-
fläche Bi-reicher Reguli haftenden kugelförmigen Metalltropfen (Ausdehnung des
Bi beim Erstarren!) enthielten 82% Bi, d. h. sie bestehen aus reinem Eutektikum.
— 5. MATTHIESSEN, A.: Pogg. Ann. Bd. 110 (1860) S. 216. S. auch W. GUERTLER:
Z. anorg. allg. Chem. Bd. 51 (1906) S. 408/11. — 6. LAURIE, A. P.: J. chem. Soc.
Bd. 65 (1894) S. 1034. — 7. HAAS, W. J. DE, u. F. JURRIAANSE: Naturwiss. Bd. 19
(1931) S. 706. — 8. Vgl. auch die rückstandsanalytische Untersuchung von
ROESSLER, Anm. 3. — 9. HAAS, W. J. DE, u. F. JURRIAANSE: Proc. Kon. Akad.
Wetensch., Amsterd. Bd. 35 (1932) S. 748/50. In der 1. Mitteilung[7] war das Gitter
als tetragonal angesprochen worden. — 10. Z. Kristallogr. Bd. 90 (1935) S. 322/29.

Au-C. Gold-Kohlenstoff.

Nach MOISSAN[1] vermag siedendes Au (Siedepunkt etwa 2600°) Kohlenstoff
zu lösen, der beim Erkalten des Goldes als Graphit auskristallisiert. Das Lösungsvermögen ist jedoch nach Beobachtungen von RUFF-BERGDAHL[2] nur sehr klein
(„in Spuren bzw. unwägbar kleiner Menge"), nach HEMPEL[3] beträgt es dagegen
etwa 0,3%.

Literatur.

1. Moissan, H.: C. R. Acad. Sci., Paris Bd. 141 (1905) S. 977/83. — **2.** Ruff, O., u. B. Bergdahl: Z. anorg. allg. Chem. Bd. 106 (1919) S. 91. — **3.** Hempel, W.: Z. angew. Chem. Bd. 17 (1904) S. 324.

Au-Ca. Gold-Kalzium.

Abb. 98 zeigt das Zustandsdiagramm nach thermoanalytischen Untersuchungen von Weibke-Bartels[1]; Konzentrationsachse der besseren Übersichtlichkeit halber in Atom-%. Außer den Phasen von

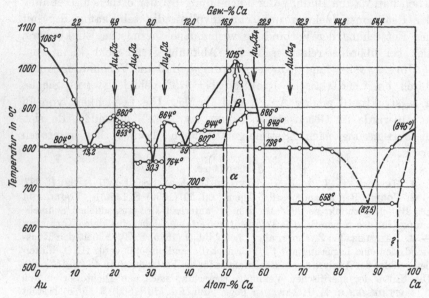

Abb. 98. Au-Ca. Gold-Kalzium.

der singulären Zusammensetzung Au_4Ca (4,83% Ca), Au_3Ca (6,35% Ca), Au_2Ca^2 (9,23% Ca), $Au_3Ca_4{}^3$ (21,32% Ca) und $AuCa_2$ (28,92% Ca) besteht noch eine Phase veränderlicher Zusammensetzung zwischen etwa 49 und 55,5 Atom-% Ca. „Die Zusammensetzung dieser Phase entspricht in ihrem Schmelzpunktmaximum einer Formel Au_9Ca_{10} (52,63 Atom-% = 18,43 Gew.-% Ca)[4]; indessen wurde von einer formelmäßigen Bezeichnung dieses ausgedehnten Homogenitätsbereiches abgesehen." Die Verfasser geben sie in ihrem Diagramm als $AuCa_{1,11}$ (18,4% Ca) entsprechend ihrer mittleren Zusammensetzung an. Sie besteht in zwei Modifikationen (α und β). Die Löslichkeit von Ca in Au dürfte bei 800° < 0,3 Gew.-% = 1,8 Atom-% sein, dagegen sind bei 658° rd. 19 Gew.-% = 4,5 Atom-% Au in Ca löslich. Der Einfluß von Au auf die Temperatur der polymorphen Umwandlung von Ca (450°) wurde nicht untersucht.

Literatur.

1. WEIBKE, F., u. W. BARTELS: Z. anorg. allg. Chem. Bd. 218 (1934) S. 241/48. — 2. Polymorphe Umwandlung bei 700°. — 3. WEIBKE-BARTELS bevorzugen die „weniger verbindliche Formulierung" $AuCa_{1,33}$. — 4. Die Analysen zeigten eindeutig, daß dem Maximum nicht die Zusammensetzung AuCa (16,89% Ca) zukommt.

Au-Cd. Gold-Kadmium.

Das Gleichgewichtsschaubild. HEYCOCK-NEVILLE[1] haben die Erniedrigung des Cd-Erstarrungspunktes durch kleine Au-Gehalte (bis etwa 1,2%) bestimmt und aus Cd-reichen Legierungen mit rd. 20% Au durch Verdampfen des überschüssigen Cd einen Rückstand mit 34,3 bis 37,7% Cd isoliert, den sie für die Verbindung AuCd (36,30% Cd) ansahen. Die späteren Untersuchungen haben gezeigt, daß die Zusammensetzung des Rückstandes eine zufällige war. MYLIUS-FROMM[2] fanden, daß aus verdünnten wässerigen Lösungen von $AuCl_3$ durch Cd Kriställchen einer Au-Cd-Legierung ausgefällt werden, die wegen ihrer konstanten Zusammensetzung als die Verbindung $AuCd_3$ angesehen wurde.

Das Erstarrungsschaubild wurde erstmalig von VOGEL[3] ausgearbeitet. Neben einem Au-reichen α-Mischkristall (bis 18% Cd) bestehen danach zwei Zwischenphasen, eine Mischkristallreihe (β) zwischen etwa 30 und 51% Cd, deren Au-reiches Endglied — von VOGEL als Verbindung Au_4Cd_3 (29,95% Cd) angesprochen — bei 623° durch die peritektische Reaktion α + Schmelze (31% Cd) → β (29,95% Cd) gebildet wird, und eine Phase von der singulären Zusammensetzung $AuCd_3$ (63,10% Cd), die bei 493° aus dem β-Mischkristall mit 51% Cd und der Schmelze mit wenig mehr als 63% Cd gebildet wird. $AuCd_3$ und Cd bilden ein Eutektikum mit 87% Cd, das bei 303° erstarrt. Die Grenzen der α- und β-Mischkristalle wurden nicht bestimmt.

Bei einer Überprüfung des Zustandsdiagramms mit Hilfe von thermischen Untersuchungen und Widerstandsmessungen nach 10tägigem Glühen bei 350° bzw. 250° sowie bei hohen Temperaturen (Isothermenmethode) gelangte SALDAU[4] im wesentlichen zu demselben Diagrammtypus. Im einzelnen ergaben sich jedoch folgende Abweichungen: Die Löslichkeit von Cd in Au nimmt von etwa 18% Cd bei 612° (im Gleichgewichtszustand sicher noch mehr) auf 24,5% Cd bei 350° zu. Die α- und β-Phasen sind nicht durch eine peritektische Mischungslücke (VOGEL), sondern durch eine eutektische Mischungslücke getrennt. Das Eutektikum liegt bei 612° und 30,3% Cd. Die β-Mischkristalle besitzen bei 50 Atom-% Cd eine maximale Erstarrungstemperatur von 627°, woraus auf die Verbindung AuCd (36,30% Cd) zu schließen ist, die Au und Cd zu lösen vermag. Zur Annahme der Verbindung Au_4Cd_3 (VOGEL) besteht keine Berechtigung. Bei 495° erstreckt sich das β-Gebiet von

etwa 33—55%, bei 300° von 33—45% Cd. Die γ-Phase (AuCd$_3$) —
in Abb. 99 mit ε bezeichnet — ist bei 250° zwischen etwa 62 und 67,5% Cd
homogen, bei höherer Temperatur soll das Homogenitätsgebiet etwas
enger sein. Ob sich die Verbindung AuCd$_3$ direkt aus der Schmelze
ausscheidet oder durch eine peritektische Reaktion (Vogel) gebildet
wird, wurde nicht entschieden. Das letztere wurde unter Vorbehalt
angenommen. Der Cd-reiche Teil des Diagramms von Saldau weicht

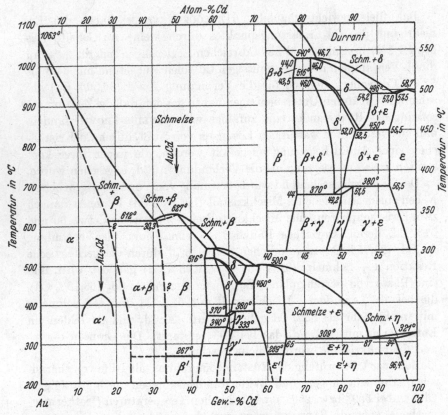

Abb. 99. Au-Cd. Gold-Kadmium.

von Vogels Diagramm nur hinsichtlich der eutektischen Temperatur
(303°) und des Bestehens von Cd-reichen Mischkristallen (bis 3,5% Au)
ab. Die Ergebnisse von Messungen der Härte und der elektromotorischen
Kraft (Kette Cd/1 n CdSO$_4$/Au$_x$Cd$_{(1-x)}$) erwiesen sich als im Einklang
mit dem Diagramm stehend.

Durch sehr eingehende und sorgfältige Untersuchungen im Bereich
von 38—100% Cd mit Hilfe der thermischen Analyse und des mikrographischen Verfahrens hat Durrant[5] den genauen Verlauf der Phasengrenzen in diesem Konzentrationsgebiet (mit Ausnahme der Grenze

des β-Gebietes nach Cd-reichen Konzentrationen hin, die nur nach den thermischen Daten der nonvarianten Gleichgewichte gezeichnet wurde) festgelegt und damit gezeigt, daß der Aufbau der Legierungen oberhalb 52% Cd wesentlich verwickelter ist, als auf Grund der Arbeiten von Vogel und Saldau anzunehmen war.

Das von Durrant entworfene Diagramm ist in Abb. 99, der Teil von 40—60% Cd in größerem Maßstab in der Nebenabb. dargestellt. Der zwischen 0 und 38% Cd liegende Teil wurde nach den Angaben von Saldau (Liquiduskurve und eutektische Horizontale bei 612°) sowie nach den Ergebnissen einer Arbeit von Ölander[6] (s. w. u.) gezeichnet. Die Umwandlungskurve im α-Gebiet, die Horizontalen bei 340° und 333° und die sich daraus ergebende γ'-Phase, sowie die Umwandlungshorizontale bei 267° bzw. 269° im β- und ε-Gebiet wurden ebenfalls der Arbeit von Ölander entnommen.

Das Hauptverdienst von Durrant liegt in der Auffindung der drei von Vogel und Saldau übersehenen, in Abb. 99 mit δ, δ' und γ' (Bezeichnung nach Ölander[6]) benannten Phasen und der Abgrenzung ihrer Zustandsgebiete. Die Frage, ob die Umwandlungen $\delta \rightleftharpoons \delta'$ und $\delta' \rightleftharpoons \gamma$ echte Phasenumwandlungen sind oder nicht, konnte Durrant mit Hilfe der thermischen Untersuchungen naturgemäß nicht entscheiden. Wie Gayler[7] in der Diskussion zu der Arbeit von Durrant ausführte, ergeben sich aus den von Durrant veröffentlichten Gefügebildern Anzeichen für das Vorhandensein einer weiteren zwischen 350° und 295° stattfindenden Umwandlung der γ-Phase. Diese Umwandlung $\gamma \rightleftharpoons \gamma'$ wurde später von Ölander bestätigt.

Die bereits erwähnte Untersuchung von Ölander[6] führte zur Entdeckung von vier weiteren Umwandlungen im festen Zustand (Abb. 99). Ölander hat u. a. die elektromotorischen Kräfte der Kette: flüssiges Cd/K (Rb) Cl, LiCl, CdCl$_2$/Au$_x$Cd$_{(1-x)}$ bei Temperaturen oberhalb 340°, also im Bereich merklichen Platzwechsels der Atome, gemessen. Aus diesen und anderen Spannungsmessungen ergab sich das Bestehen der $\alpha \rightleftharpoons \alpha'$-Umwandlung, der $\beta \rightleftharpoons \beta'$-Umwandlung (die gleichzeitig von Ölander[8] röntgenographisch bestätigt wurde, s. w. u.) der $\gamma \rightleftharpoons \gamma'$-Umwandlung (vgl. Gayler) und einer Umwandlung in der ε-Phase.

Für die Sicherheit der von Ölander gewonnenen Ergebnisse sprechen die beiden folgenden Tatsachen: 1. Die sich aus den Potentialmessungen ergebenden Phasengrenzen in den Legierungen mit mehr als 40% Cd stimmen mit den von Durrant gefundenen ausgezeichnet überein. (Die Grenzen des $(\alpha + \beta)$-Gebietes bei 430° ergaben sich zu 23% — in recht guter Übereinstimmung mit Saldau — und 30,5% Cd[9]. Das $(\alpha + \beta)$-Gebiet ist also wesentlich schmäler als von Saldau angenommen wurde. Dieser Teil des Diagramms bedarf jedoch einer genauen mikrographischen Untersuchung). 2. Nach einer gelegentlichen

14*

Mitteilung von WESTGREN[10] hat E. R. JETTE bei einer Röntgenanalyse 11 verschiedene Phasen im System Au-Cd gefunden. Diese Zahl stimmt mit der von DURRANT und ÖLANDER gefundenen Anzahl Phasen überein.

Über die Gitterstruktur der Au-Cd-Phasen liegen folgende Angaben vor. WESTGREN-PHRAGMÉN[11] teilten mit, daß eine Legierung mit etwas mehr Cd als der Zusammensetzung $AuCd_3$ entspricht (ε'-Phase in Abb. 99), eine Struktur besitzt, die ähnlich derjenigen der γ_2-Phase des Au-Zn-Systems (s. S. 269) ist, und daß die β-Phase[12] strukturell analog der β (Cu-Zn)-Phase sei (CsCl-Gitter). Demgegenüber fand neuerdings ÖLANDER[8] — nachdem er durch Potentialmessungen (s. o.) festgestellt hatte, daß die β-Phase bei 267° eine Umwandlung durchmacht —, daß die unterhalb 267° stabile Modifikation β' nicht das CsCl-Gitter, sondern ein etwas deformiertes CsCl-Gitter besitzt (s. Original). Die oberhalb 267° stabile Form hat, wie eine Röntgenaufnahme bei 400—450° zeigte, das reine CsCl-Gitter. Durch Abschrecken bei 430° läßt sich der Übergang $\beta \rightleftharpoons \beta'$ nicht verhindern.

Nach WESTGREN-PHRAGMÉN[12] soll des weiteren eine hexagonale Phase dichtester Kugelpackung gefunden sein; dieses Gitter könnte wohl nur noch der γ'-Phase zukommen (?). Da mit Ausnahme der Angaben von ÖLANDER bisher keine Einzelangaben von Strukturuntersuchungen veröffentlicht sind, läßt sich nichts Sicheres über den Gitterbau der Au-Cd-Kristallarten sagen. Die von WESTGREN angekündigte Arbeit JETTEs dürfte eine Aufklärung der Gitterstrukturen und damit der Natur der zahlreichen Umwandlungen im festen Zustand bringen.

Weitere Arbeiten. SEDSTRÖM[13] hat die elektrische und Wärmeleitfähigkeit der α-Mischkristalle bis zu 10,5% Cd gemessen. Die von SPENCER-JOHN[14] bestimmte Kurve der magnetischen Suszeptibilität in Abhängigkeit von der Konzentration gibt keinen Aufschluß über die Konstitution.

Nachtrag. THIESSEN-HEUMANN[15] konnten die Beobachtung von MYLIUS-FROMM (s. S. 209) bestätigen:

„Der beim Eintauchen von metallischem Cd in eine sehr verdünnte Lösung von $AuCl_3$ entstehende Niederschlag ist nicht nur in seiner Zusammensetzung, sondern auch in seiner röntgenographisch verglichenen Struktur identisch mit der intermetallischen, aus der Schmelze entstandenen Verbindung $AuCd_3$."

Das sehr linienreiche DEBYE-SCHERRER-Diagramm weist auf ein Kristallsystem niederer Symmetrie hin.

Literatur.

1. HEYCOCK, C. T., u. F. H. NEVILLE: J. chem. Soc. Bd. 61 (1892) S. 902, 914. — **2.** MYLIUS, F., u. O. FROMM: Ber. dtsch. chem. Ges. Bd. 27 (1894) S. 636/37. — **3.** VOGEL, R.: Z. anorg. allg. Chem. Bd. 48 (1906) S. 333/46. — **4.** SALDAU, P.:

Int. Z. Metallogr. Bd. 7 (1915) S. 3/33. — **5.** DURRANT, P. J.: J. Inst. Met., Lond. Bd. 41 (1929) S. 139/71. — **6.** ÖLANDER, A.: J. Amer. chem. Soc. Bd. 54 (1932) S. 3819/33. — **7.** GAYLER, M. L. V.: J. Inst. Met., Lond. Bd. 41 (1929) S. 172/73. S. auch die Diskussionsbemerkungen von W. HUME-ROTHERY S. 174/75. — **8.** ÖLANDER, A.: Z. Kristallogr. Bd. 83 (1932) S. 145/48. — **9.** Diese letztere Grenzkonzentration würde eine geringe Verschiebung des eutektischen Punktes bei 612° zu Au-reicheren Konzentrationen notwendig machen. — **10.** WESTGREN, A.: Z. Metallkde. Bd. 22 (1930) S. 370. — **11.** WESTGREN, A., u. G. PHRAGMÉN: Philos. Mag. Bd. 50 (1925) S. 339 Fußnote. — **12.** WESTGREN, A., u. G. PHRAGMÉN: Metallwirtsch. Bd. 7 (1928) S. 702. — **13.** SEDSTRÖM, E.: Ann. Physik Bd. 59 (1919) S. 134/44. S. auch J. O. LINDE: Ann. Physik Bd. 15 (1932) S. 233/34. — **14.** SPENCER, J. F., u. M. E. JOHN: Proc. Roy. Soc., Lond. Bd. 116 (1927) S. 67/68. — **15.** THIESSEN, P. A., u. J. HEUMANN: Z. anorg. allg. Chem. Bd. 209 (1932) S. 325/27.

Au-Co. Gold-Kobalt.

WAHL[1] hat das Zustandsdiagramm mit thermischen und mikroskopischen Untersuchungen ausgearbeitet (Abb. 100). Er beobachtete

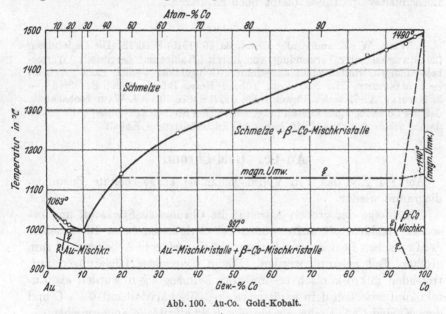

Abb. 100. Au-Co. Gold-Kobalt.

außerordentlich große Unterkühlungen (bis zu 170°), doch wurden zur Konstruktion der Liquiduskurve nur solche Abkühlungskurven berücksichtigt, bei deren Aufnahme die Unterkühlung nicht größer als 20—30° gewesen war.

Die Löslichkeit von Co in Au und von Au in Co und ihre Änderung mit der Temperatur wurde nicht näher untersucht. Die Konzentration des bei 997° gesättigten Au-reichen Mischkristalls ist nach der thermischen Analyse zu etwa 6% Co anzunehmen; eine Legierung mit 5% Co bestand nach dem Abkühlen aus dem Schmelzfluß aus zonigen Misch-kristallen. Nach den eutektischen Haltezeiten würde sich die Zu-sammensetzung des gesättigten Co-reichen Mischkristalls zu annähernd 87% Co ergeben, doch erwies sich eine Legierung mit 96,5% Co noch als heterogen, vielleicht infolge einer starken Löslichkeitsabnahme mit fallender Temperatur. In Abb. 100 wurde ganz willkürlich ein mittlerer Wert angenommen; immerhin ist es nicht unwahrscheinlich, daß bei 997° sogar noch mehr als 13% Au in Co löslich sind.

Nach MASUMOTO[2] und SCHULZE[3] besteht Kobalt in zwei allotropen Modifikationen: die unterhalb rd. 450° beständige α-Form hat ein hexagonales Gitter[4] (dichteste Kugelpackung), β-Kobalt ist kubisch-flächenzentriert. Beide Formen sind ferromagnetisch; der magnetische Umwandlungspunkt liegt bei 1130—1150° und sollte durch Au infolge Mischkristallbildung — wie in Abb. 100 angenommen wurde — etwas erniedrigt werden. Der Einfluß der polymorphen Umwandlung auf die Löslichkeitsverhältnisse bleibt noch zu klären.

Literatur.

1. WAHL, W.: Z. anorg. allg. Chem. Bd. 66 (1910) S. 60/72. Die Legierungen (20 g) wurden unter Verwendung von Kobalt „Kahlbaum" hergestellt. Wärme-behandlungen wurden nicht ausgeführt. (Gefügebilder werden nicht gegeben.) — **2.** MASUMOTO, H.: Sci. Rep. Tôhoku Univ. Bd. 15 (1926) S. 449/63. — **3.** SCHULZE, A.: Z. techn. Physik Bd. 8 (1927) S. 365/70. — **4.** WAHL beobachtete, daß der Co-reiche Mischkristall in sechsstrahligen Sternen kristallisiert. Er schloß daraus schon damals auf ein hexagonal kristallisierendes Kobalt.

Au-Cr. Gold-Chrom.

Abb. 101 gibt das von VOGEL-TRILLING[1] ausgearbeitete Zustands-diagramm wieder.

Die infolge der großen Affinität des Chroms zu Stickstoff und be-sonders Kohlenstoff auftretenden Schwierigkeiten beim Erschmelzen der Cr-reichen Legierungen konnten durch geeignete Arbeitsweise[2] zum größten Teil gebannt werden. Die in Cr-reichen Legierungen auf-tretenden mikroskopisch erkennbaren Beimengungen wurden als Eu-tektikum zwischen dem gesättigten Cr-C-Mischkristall mit 0,4% C und dem Karbid Cr_5C_2[3] oder als einzelne Karbidkristalle angesprochen.

Zu Abb. 101 ist noch folgendes zu sagen: 1. Aus dem annähernd horizontalen Teil der Liquiduskurve zwischen 70 und 100% Cr (s. die eingezeichneten thermischen Werte[4]) schlossen VOGEL-TRILLING zu-nächst auf eine Mischungslücke im flüssigen Zustand, zumal sich auch anfangs Anhaltspunkte dafür aus dem Gefüge ergaben (Schichtbildung). Es stellte sich aber heraus, daß diese Schichtbildung auf ein un-genügendes Vermischen der Schmelze infolge des sehr langsamen In-lösunggehens größerer Chromstücke zurückzuführen ist. Die Bildung

für sich erstarrter, aus den Strukturbestandteilen der Au-Cr-Legierungen
bestehender Tröpfchen, die den sichersten Beweis für das Bestehen einer
Mischungslücke im flüssigen Zustand bilden würde, wurde niemals
beobachtet[5]. 2. Die in dem Konzentrationsbereich von 5—17% Cr gestrichelt gezeichneten Grenzkurven sind nicht experimentell im einzelnen
festgelegt. Aus den beiden Tatsachen, daß mit fallender Temperatur
eine (durch sehr verschiedene Ausscheidungsformen der Cr-reichen

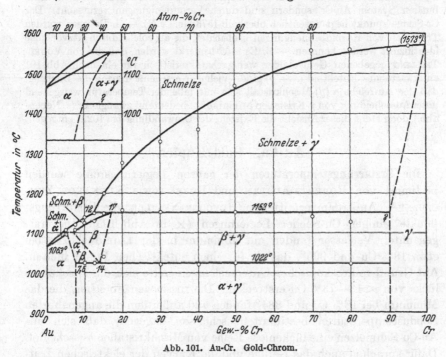

Abb. 101. Au-Cr. Gold-Chrom.

γ-Mischkristalle ausgezeichnete) „Entmischung" der Au-reichen Grundmasse eintritt, und daß die bei der konstanten Temperatur von 1022°
gefundene Wärmetönung (Maximum bei etwa 14% Cr) für ein non-
variantes Gleichgewicht spricht, ergab sich keine andere theoretische
Deutung der Versuchsergebnisse als die dargestellte[6]. Die zu 17% Cr angegebene Konzentration der bei 1152° peritektisch gebildeten β-Kristall-
art ergab sich aus der maximalen Haltezeit bei dieser Zusammensetzung.
Für das $(\alpha + \beta)$-Feld und die (von VOGEL-TRILLING bei 1100° angenommene) Horizontale, die der peritektischen Reaktion: Schmelze
$+ \beta \rightleftharpoons \alpha$ entsprechen würde, liegen keine experimentellen Belege vor.
3. Die Sättigungsgrenze des γ-Mischkristalls folgte aus der Extrapolation
der Haltezeiten bei 1152°, sowie aus der praktischen Homogenität der
(allerdings ungeglühten) 90%igen Legierung. 4. Über den Schmelzpunkt
des Chroms s. Cr-N.

Literatur.

1. VOGEL, R., u. E. TRILLING: Z. anorg. allg. Chem. Bd. 129 (1923) S. 276/92. VOGEL, R.: Umschau Bd. 28 (1924) S. 297/302. Es wurde sowohl auf alumino-thermischem Wege gewonnenes Cr als Elektrolytchrom (99,99%) verwendet; Unterschiede zwischen den betreffenden Legn. wurden nicht festgestellt. Die Einwaage betrug 10 g. — **2.** S. darüber im Original; das Zusammenschmelzen erfolgte in H_2-Atmosphäre. — **3.** RUFF, O., u. T. FOEHR: Z. anorg. allg. Chem. Bd. 104 (1918) S. 27/46. — **4.** Die Liquidustemperaturen gehören nicht zum binären System Au-Cr, sondern sind durch Verunreinigungen verursacht. Der Cr-Schmelzpunkt liegt wesentlich oberhalb 1573° (s. Cr-N). — **5.** Dagegen wurden Tröpfchen von Karbidbeimengungen beobachtet, die als solche durch Ätzversuche identifiziert werden konnten. — **6.** Es muß bemerkt werden, daß die von VOGEL-TRILLING gegebenen Gefügebilder wenig charakteristisch für ein nach Abb. 101 zu erwartendes Eutektoid ($\alpha + \gamma$) sind. Vielmehr erscheint danach die Deutung, daß der Au-reiche α (β)-Mischkristall sich mit fallender Temperatur weitgehend unter Ausscheidung von γ-Kristallen entmischt, bedeutend zwangloser (s. Neben-abb.), doch steht dieser Ansicht die Existenz der Umwandlung bei 1022° entgegen.

Au-Cu. Gold-Kupfer.

Die Erstarrungstemperaturen der ganzen Legierungsreihe wurden bestimmt von ROBERTS-AUSTEN und ROSE[1] sowie KURNAKOW-ZEM-CZUZNY[2]. Außerdem ermittelten HEYCOCK-NEVILLE[3] die Erstarrungs-punkte einiger Cu-reicher Legierungen ($\times$ in Abb. 105). Die erst-genannten Verfasser fanden ein Minimum in der Liquiduskurve bei etwa 18% Cu und 905°, das sie für einen eutektischen Punkt hielten. Auf Grund mikroskopischer Untersuchungen sollte sich die Mischungs-lücke von < 18—73% Cu erstrecken. Die russischen Forscher, die das Minimum bei 18% Cu und 884° fanden und außerdem die angenäherten Solidustemperaturen bestimmten, schlossen dagegen, daß sich aus Au-Cu-Schmelzen eine lückenlose Reihe von Mischkristallen ausscheidet. Dafür sprachen auch das Gefüge und die Kurven der elektrischen Leit-fähigkeit der Legierungen nach MATTHIESSEN[4], der Thermokraft nach RUDOLFI[5], der Dichte nach HOITSEMA[6] und der Härte nach KURNAKOW-ZEMCZUZNY[7].

Die Umwandlungen im festen Zustand. 1916 konnten KURNAKOW-ZEMCZUZNY-ZASEDATELEV[8] mit Hilfe von Abkühlungskurven zeigen, daß innerhalb des Mischkristallgebietes Umwandlungen stattfinden. Die Umwandlungspunkte liegen auf zwei kuppenförmigen Kurven zwischen 15 und 32,5% Cu bzw. 37,5 und 52,5% Cu (35—60 bzw. 65—77,5 Atom-% Cu), deren Maxima bei den Zusammensetzungen AuCu (24,4% Cu) und $AuCu_3$ (49,2% Cu) und den Temperaturen 367° bzw. 371° liegen. Daraus wurde geschlossen, daß sich aus den homo-genen Mischkristallen bei den angegebenen Konzentrationen die Ver-bindungen AuCu und $AuCu_3$ ausscheiden, und daß diese Verbindungen mit ihren Komponenten in gewissem Umfange Mischkristalle bilden können. Diese Auffassung wurde durch Leitfähigkeits- und Härtemessungen an langsam abgekühlten Legierungen bestätigt: die Leitfähigkeitsisotherme zeigt ausgeprägte Spitzen bei den Konzentrationen AuCu und $AuCu_3$. Zwischen den beiden Umwandlungen ergaben sich wesentliche Unterschiede: das Umwandlungsintervall war bei AuCu klein, bei $AuCu_3$ groß; die Bildung von AuCu war mit einer deutlichen Gefügeänderung verbunden, diejenige von $AuCu_3$ dagegen nicht.

Das Bestehen einer lückenlosen Mischkristallreihe bei hohen Temperaturen wurde später immer wieder bestätigt, und zwar durch Leitfähigkeitsmessungen[9] [10] [11] [12] [13] an abgeschreckten Legierungen oder bei hohen Temperaturen, sowie durch mikroskopische[11] [13] [14] und röntgenographische[15 bis 21] [13] [50] Untersuchungen (die Mischkristalle haben das kubisch-flächenzentrierte Gitter der Komponenten mit ungeordneter Atomverteilung) an abgeschreckten Legierungen.

a) Röntgenographische Untersuchungen. Schon BAIN[22] schloß aus den bei $AuCu_3$ gefundenen Überstrukturlinien auf eine geordnete Atomverteilung in dieser Legierung. JOHANSSON-LINDE[17] stellten fest, 1. daß die Umwandlung Mischkristall → AuCu in der Bildung einer geordneten Verteilung der Atome unter gleichzeitigem Übergang des kubisch-flächenzentrierten Gitters in ein tetragonal-flächenzentriertes Gitter besteht; 2. daß die Umwandlung Mischkristall → $AuCu_3$ in der Bildung einer geordneten Atomverteilung besteht, wobei das kubisch-flächenzentrierte Gitter erhalten bleibt. Dieser Befund konnte dem Wesen nach bestätigt werden, und zwar für AuCu von GORSKY[23], LE BLANC-RICHTER-SCHIEBOLD[20], OSHIMA-SACHS[24], DEHLINGER-GRAF[25], PRESTON[26], EISENHUT-KAUPP[27], LE BLANC-WEHNER[13] und für $AuCu_3$ von PHRAGMÉN[28], LE BLANC-RICHTER-SCHIEBOLD[20], SACHS-WEERTS[29], LE BLANC-WEHNER[13]. SACHS-WEERTS fanden, daß bei $AuCu_3$ der Übergang vom ungeordneten zum geordneten Zustand mit einer Vorkleinerung des Gitterabstandes um 0,1% verbunden ist.

Die Legierung Au_2Cu_3 hat dasselbe (tetragonale) Gitter wie die Legierungen um AuCu[20] [26] [13].

EISENHUT-KAUPP[27] haben bei einer durch Aufdampfen im Hochvakuum auf eine Glimmerfolie hergestellten Legierung AuCu mittels Elektronenbeugung nach Glühen bei 450—500° ein Gitter mit Diamantstruktur (Zinkblendetyp) festgestellt. „Vielleicht kommt dieses Gitter nur durch die besonderen Versuchsbedingungen hinsichtlich des Nachweises (Elektronenbeugung) als auch des Untersuchungsmaterials (dünnste Folien, allerkleinste Kristallite) zustande."

b) Bestimmungen der Umwandlungstemperaturen mit Hilfe thermo-resistometrischer Untersuchungen wurden von folgenden Forschern ausgeführt: BORELIUS und Mitarbeiter[10] bestimmten die Temperaturen zwischen 45 und 55 sowie zwischen 70 und 80 Atom-% Cu.

Die Maxima der kuppenförmigen Kurven wurden wie folgt gefunden: AuCu 430° bei Erhitzung, 400° bei Abkühlung; AuCu$_3$ 390° bei Erhitzung, 382° bei Abkühlung. Bei Erhitzung setzte die Umwandlung mit merklicher Geschwindigkeit bei 250—300° ein.

GRUBE und Mitarbeiter[11] ermittelten die in Abb. 102 dargestellten Temperaturen bei Erhitzung (Erhitzungsgeschwindigkeit 10°/25 Minuten). Bei den Temperaturen der gestrichelten Kurve wird die Störung der geordneten Verteilung der Atome merkbar; zwischen den ausgezogenen Kurven erfolgt der mit einem starken Widerstandsanstieg verbundene Übergang der noch teilweise geordneten in die völlig regellose Verteilung des bei höheren Temperaturen beständigen α-Misch-

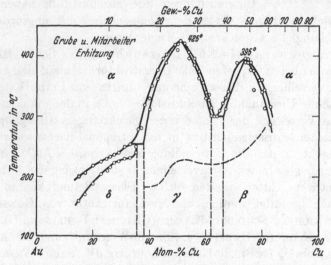

Abb. 102. Umwandlung in Au-Cu-Legierungen (GRUBE und Mitarbeiter).

kristalls. Die Maxima wurden bei 49 und 74 Atom-% Cu und 425° bzw. 396° gefunden. Die geordneten Mischphasen γ und β von der Zusammensetzung AuCu und AuCu$_3$ werden als Verbindungen angesehen. Über die Natur der Umwandlung $\alpha \rightleftharpoons \delta$ ist nichts bekannt; nach PHRAGMÉN[28] ist sie nicht mit einer Änderung der Atomverteilung oder des Gittertypus verbunden. Legierungen mit 62—66 Atom-% Cu erwiesen sich mikroskopisch als zweiphasig.

Die von KURNAKOW-AGEEW[12] bestimmten oberen Umwandlungstemperaturen im Bereich von 30—80 Atom-% Cu liegen auf zwei kuppenförmigen Kurven mit den Maxima bei 425—450°. Unterhalb dieser Temperatur werden die Legierungen AuCu und AuCu$_3$ als Verbindungen angesehen, die Au und Cu zu lösen vermögen.

HAUGHTON-PAYNE[14] haben das in Abb. 103 dargestellte Schaubild auf Grund thermo-resistometrischer (Temperaturänderung 5°/Stunde) und mikrographischer Untersuchungen zwischen 20 und 80 Atom-% Cu entworfen. Die Temperaturhysterese betrug bei den δ-Legierungen > 20°, bei den β-Legierungen 1—9°. Das Diagramm ist ausgezeichnet durch ein drittes Maximum bei Au_2Cu_3 und 360°. Aus der Tatsache, daß 1. eine auf 200° abgekühlte Legierung mit 60,7 Atom-% Cu das tetragonale Gitter der δ-Legierungen, eine in gleicher Weise behandelte Legierung mit 61,9 Atom-% Cu dagegen das kubische Gitter der β-Legierungen besitzt[26] und 2. die Widerstands-Konzentrationskurve der langsam abgekühlten Legierungen keinen ausgezeichneten Punkt bei 60 Atom-% Cu erkennen läßt, schlossen HAUGHTON-PAYNE, daß die mit γ bezeichnete Au_2Cu_3-Phase nur bei höherer Temperatur beständig ist.

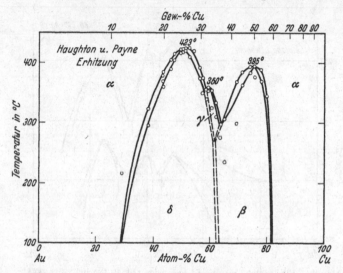

Abb. 103. Umwandlung in Au-Cu-Legierungen (HAUGHTON und PAYNE).

Die im γ-Gebiet abgeschreckte Legierung Au_2Cu_3 war mikroskopisch nicht von α und β zu unterscheiden. Die gestrichelten Kurven sind hypothetisch[30].

LE BLANC-WEHNER[13], die das in Abb. 104 wiedergegebene Umwandlungsschaubild entwarfen, haben sich bemüht, durch außerordentlich langsame Temperaturänderung und Zwischenschaltung langer Glühungen die von allen anderen Verfassern beobachtete Temperaturhysterese auszuschalten. Das Bestehen einer ausgezeichneten Konzentration Au_2Cu_3 konnten sie unabhängig von HAUGHTON-PAYNE bestätigen. Auch auf den Isothermen der elektrischen Leitfähigkeit und der Thermokraft tritt diese Konzentration entgegen dem Befund der früheren Arbeiten durch einen deutlichen Höchstwert hervor. Offenbar bildet sich die für Au_2Cu_3 kennzeichnende Atomverteilung erst nach besonders langem Glühen oder äußerst langsamer Abkühlung, da sonst nicht zu verstehen wäre, daß HAUGHTON-PAYNE, die auch das Maximum bei Au_2Cu_3 in der Umwandlungskurve beobachteten, auf der Leitfähigkeitsisotherme für 20° keine Anzeichen dafür fanden. Die Legierungen AuCu, Au_2Cu_3 und $AuCu_3$ sehen LE BLANC-WEHNER als Verbindungen an, die bei 240 bis 270° je eine Umwandlung erleiden. Die dieser sekundären Umwandlung entsprechenden Knicke in den Widerstands-Temperaturkurven sind jedoch m. E. zu schwach ausgebildet, als daß man daraus auf eine weitere Umwandlung schließen könnte. Auch GRUBE-WEBER[31] haben diese schwachen Richtungsänderungen anfangs als besondere Umwandlung angesehen, später aber diese Auffassung verlassen. Sehr wahrscheinlich zeigen diese Temperaturen nur an, daß hier die Entordnung des Gitters

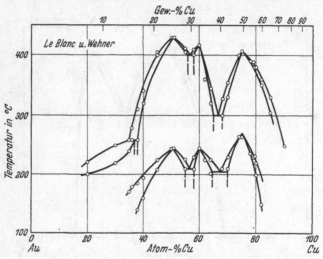

Abb. 104. Umwandlung in Au-Cu-Legierungen (LE BLANC und WEHNER).

einzusetzen beginnt (Abb. 102). In Abb. 105 wurden daher die betreffenden Umwandlungskurven fortgelassen. Über das Wesen der Legierung Au_2Cu_3 ist nur bekannt, daß sie sich hinsichtlich des Gittertypus nicht von AuCu unterscheidet[20 26 13].

Auf die Frage nach dem Mechanismus der Umwandlung von α in AuCu, Au_2Cu_3 und $AuCu_3$ bei langsamer Abkühlung aus dem α-Gebiet (ob ein- oder zweiphasig), sowie beim Anlassen abgeschreckter Legierungen kann hier nicht eingegangen werden, da die Ansichten darüber mangels ausreichender Versuchsergebnisse noch weit auseinander gehen und auch einander entgegenstehende Befunde vorliegen. Es sei hier nur auf die zahlreichen experimentellen und theoretischen Beiträge[10 11 13 17 20 23—25 29 32—36] und die gelegentlichen Meinungsaustausche[37 38] hingewiesen. In engstem Zusammenhang mit dem Problem des Umwandlungsmechanismus steht die Frage nach dem

Wesen und der Definition der geordneten Atomverteilung (chemische Verbindung, Mischphase) und damit auch nach der Einordnung und Darstellung der Umwandlungen im Gleichgewichts-(Phasen-)Schaubild. In Abb. 105 wurden die Umwandlungen $\alpha \to$ AuCu und $\alpha \to$ Au$_2$Cu$_3$ unter Vorbehalt als echte Phasenumwandlungen dargestellt, da sie mit

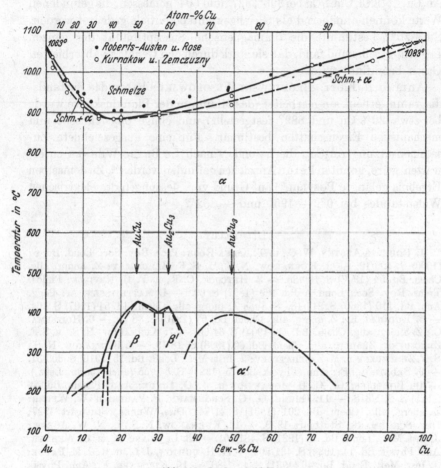

Abb. 105. Au-Cu. Gold-Kupfer.

einer Umkristallisation verbunden sind; die $\alpha \to$ AuCu$_3$-Umwandlung wurde als Analogon zur $\beta \rightleftharpoons \beta'$ (Cu-Zn)-Umwandlung aufgefaßt.

Über die mit der Umwandlung: ungeordnete $\rightleftharpoons$ geordnete Atomverteilung verbundenen Eigenschaftsänderungen liegen außer den bereits genannten Untersuchungen[8-14 17 24 29] noch weitere Arbeiten[39-43] vor. Wichtig erscheint insbesondere die Tatsache, daß der Übergang von ungeordneter zu geordneter Atomverteilung bei AuCu mit einer Zunahme, bei AuCu$_3$ mit einer Abnahme der diamagnetischen Suszeptibilität gegenüber den Werten des ursprünglichen Mischkristalls verbunden ist[42].

Zur Frage der galvanischen und chemischen Einwirkungsgrenzen bei Au-Cu-Legierungen siehe [44 20 45 46 47].

Nachtrag. WAGNER-ENGELHARDT[48] haben die Spannungen der Kette $Au_xCu_{1-x}/KCl, CuCl/Cu$ bei 390°, 527° und 604° gemessen; die gefundenen Werte können annähernd als Gleichgewichtspotentiale gedeutet werden. SHIMIZU[49] bestimmte die diamagnetische Suszeptibilität der ganzen Legierungsreihe und fand, daß sie stark durch den Gehalt an absorbierten Gasen beeinflußt wird.

Anm. b. d. Korr. BRONIEWSKI-WESOLOWSKI[51] haben das Zustandsdiagramm erneut ausgearbeitet (das Minimum der Liquiduskurve wurde bei etwa 20% Cu und 889° festgestellt) und einige physikalische und mechanische Eigenschaften bestimmt. Für eine ausgezeichnete Zusammensetzung Au_2Cu_3, die besonders nach LE BLANC-WEHNER zu erwarten wäre, konnten keine Anzeichen gefunden werden[53]. Zu demselben Ergebnis gelangte POSPIŠIL[52] auf Grund von Messungen des elektrischen Widerstandes bei 0°, — 195° und — 252°.

Literatur.

1. ROBERTS-AUSTEN, W. C., u. T. KIRKE ROSE: Proc. Roy. Soc., Lond. Bd. 67 (1900) S. 105/12. — **2.** KURNAKOW, N. S., u. S. F. ZEMCZUZNY: Z. anorg. allg. Chem. Bd. 54 (1907) S. 158/65. — **3.** HEYCOCK, C. T., u. F. H. NEVILLE: Philos. Trans. Roy. Soc., Lond. A Bd. 189 (1897) S. 69. — **4.** MATTHIESSEN, A.: Pogg. Ann. Bd. 110 (1860) S. 217/18. S. auch Z. anorg. allg. Chem. Bd. 54 (1907) S. 164. — **5.** RUDOLFI, E.: Z. anorg. allg. Chem. Bd. 67 (1910) S. 88/90. — **6.** HOITSEMA, C.: Z. anorg. allg. Chem. Bd. 41 (1904) S. 64/66. — **7.** KURNAKOW, N. S., u. S.F. ZEMCZUZNY: Z. anorg. allg. Chem. Bd. 60 (1908) S. 18/19. — **8.** KURNAKOW, N. S., S. F. ZEMCZUZNY u. M. ZASEDATELEV: J. Inst. Met., Lond. Bd. 15 (1916) S. 305/31. — **9.** SEDSTRÖM, E.: Ann. Physik Bd. 75 (1924) S. 549/55 (auch therm. Leitf.). — **10.** BORELIUS, G., C. H. JOHANSSON u. J. O. LINDE: Ann. Physik Bd. 86 (1928) S. 291/318. — **11.** GRUBE, G., G. SCHÖNMANN, F. VAUPEL u. W. WEBER: Z. anorg. allg. Chem. Bd. 201 (1931) S. 41/74. Diss. WEBER, Stuttgart 1927; Diss. SCHÖNMANN, Stuttgart 1929. — **12.** KURNAKOW, N. S., u. N. W. AGEEW: J. Inst. Met., Lond. Bd. 46 (1931) S. 481/501. — **13.** LE BLANC, M., u. G. WEHNER: Ann. Physik Bd. 14 (1932) S. 481/509. — **14.** HAUGHTON, J. L., u. R. J. M. PAYNE: J. Inst. Met., Lond. Bd. 46 (1931) S. 457/480. — **15.** KIRCHNER, F.: Ann. Physik Bd. 69 (1922) S. 77/79. — **16.** LANGE, H.: Ann. Physik Bd. 76 (1925) S. 480/82. — **17.** JOHANSSON, C. H., u. J. O. LINDE: Ann. Physik Bd. 78 (1925) S. 439/60; Bd. 82 (1927) S. 452/53. — **18.** VEGARD, L., u. H. DALE: Z. Kristallogr. Bd. 67 (1928) S. 157/61. — **19.** ARKEL, A. E. VAN, u. J. BASART: Z. Kristallogr. Bd. 68 (1928) S. 475/76. — **20.** LE BLANC, M., K. RICHTER u. E. SCHIEBOLD: Ann. Physik Bd. 86 (1928) S. 929/1005. — **21.** SMITH, C. S.: Min. & Metallurgy Bd. 9 (1928) S. 458/59. — **22.** BAIN, E. C.: Chem. metallurg. Engng. Bd. 28 (1923) S. 67/68. Trans. Amer. Inst. min. metallurg. Engr. Bd. 68 (1923) S. 637/38. — **23.** GORSKY, W.: Z. Physik Bd. 50 (1928) S. 64/81. — **24.** OSHIMA, K., u. G. SACHS: Z. Physik Bd. 63 (1930) S. 210/23. — **25.** DEHLINGER, U., u. L. GRAF: Z. Physik Bd. 64 (1930) S. 359/77. Z. Metallkde. Bd. 24 (1932) S. 248/53. — **26.** PRESTON, G. D.:

J. Inst. Met., Lond. Bd. 46 (1931) S. 477/78. — **27.** EISENHUT, O., u. E. KAUPP: Z. Elektrochem. Bd. 37 (1931) S. 466/72. — **28.** PHRAGMÉN, G.: Tekn. T. Bd. 56 (1926) S. 81/85. Fysisk T. Bd. 24 (1926) S. 40/41. — **29.** SACHS, G., u. J. WEERTS: Z. Physik Bd. 67 (1931) S. 507/15. — **30.** Die Verff. kündigen weitere Untersuchungen über dieses noch ungeklärte Gebiet an. — **31.** S. bei L. NOWACK: Z. Metallkde. Bd. 22 (1930) S. 99. Die in dem dort veröffentlichten Diagramm angegebene ausgezeichnete Konzentration $AuCu_4$ besteht nicht. — **32.** TAMMANN, G., u. O. HEUSLER: Z. anorg. allg. Chem. Bd. 158 (1926) S. 355/58. — **33.** WAGNER, C., u. W. SCHOTTKY: Z. physik. Chem. B Bd. 11 (1930) S. 163/210. — **34.** SACHS, G.: Erg. techn. Röntgenkde. Bd. 2 (1931) S. 251/61 (Leipzig). — **35.** DEHLINGER, U.: Z. Physik Bd. 74 (1932) S. 267/90. — **36.** TAMMANN, G.: Z. anorg. allg. Chem. Bd. 209 (1932) S. 212. S. auch G. TAMMANN u. A. RUPPELT: Z. anorg. allg. Chem. Bd. 197 (1931) S. 65/89. — **37.** J. Inst. Met., Lond. Bd. 46 (1931) S. 502/506. — **38.** Z. Metallkde. Bd. 24 (1932) S. 253/54. — **39.** NOWACK, L.: Z. Metallkde. Bd. 22 (1930) S. 99/102. — **40.** GERLACH, W.: Z. Metallkde. Bd. 22 (1930) S. 320. — **41.** SEEMANN, H. J.: Z. Physik Bd. 62 (1930) S. 824/33. — **42.** SEEMANN, H. J., u. E. VOGT: Ann. Physik Bd. 2 (1929) S. 976/90. VOGT, E.: Z. Elektrochem. Bd. 37 (1931) S. 460/66. Ann. Physik Bd. 14 (1932) S. 1/31. SEEMANN, H. J.: Z. Metallkde. Bd. 24 (1932) S. 299/301. — **43.** SCHUCH, E.: Metallwirtsch. Bd. 12 (1933) S. 145/47. — **44.** TAMMANN, G.: Z. anorg. allg. Chem. Bd. 107 (1919) S. 1/239. — **45.** TAMMANN, G.: Ann. Physik Bd. 1 (1929) S. 309/17, 321/22. — **46.** LE BLANC, M., K. RICHTER u. E. SCHIEBOLD: Ann. Physik Bd. 1 (1929) S. 318/20. — **47.** GRAF, L.: Metallwirtsch. Bd. 11 (1932) S. 77/82, 91/96. — **48.** WAGNER, C., u. G. ENGELHARDT: Z. physik. Chem. Bd. 159 (1932) S. 260/67. — **49.** SHIMIZU, Y.: Sci. Rep. Tôhoku Univ. Bd. 21 (1932) S. 834/85. — **50.** VEGARD, L., u. A. KLOSTER: Z. Kristallogr. Bd. 89 (1934) S. 560/74. — **51.** BRONIEWSKI, W., u. K. WESOLOWSKI: C. R. Acad. Sci., Paris Bd. 198 (1934) S. 370/72, 569/71. — **52.** POSPIŠIL, V.: Ann. Physik Bd. 18 (1933) S. 497/514. — **53.** Vgl. jedoch Ann. Physik Bd. 23 (1935) S. 570.

Au-Fe. Gold-Eisen.

Das Erstarrungs- und Umwandlungsschaubild wurde erstmalig in großen Zügen von ISAAAK-TAMMANN[1] (vgl. die in Abb. 106 eingezeichneten Temperaturpunkte) ausgearbeitet. Danach sind Au und Fe im flüssigen Zustand in allen Verhältnissen mischbar. Im festen Zustand liegt eine breite Mischungslücke zwischen Au-reichen und Fe-reichen festen Lösungen vor, die mit den Schmelzkurven durch eine peritektische Horizontale bei 1170° (zwischen 26 und 72% Fe, peritektischer Punkt bei 37% Fe) verknüpft ist. Intermediäre Kristallarten bestehen nach ISAAC-TAMMANN nicht. Nach dem Abschrecken bei 1050° sollen sich Legierungen mit 0—37% Fe (η-Phase) und 72—100% Fe (γ-Phase) als einphasig erwiesen haben. Mit fallender Temperatur (d. h. nach „langsamer" Abkühlung) beobachteten ISAAC-TAMMANN eine starke Löslichkeitsabnahme der beiden Metalle ineinander, und zwar sinkt die Löslichkeit von Fe in Au auf mindestens 17% Fe, diejenige von Au in α-Fe auf mindestens 18% Au. Weder die Temperatur der $\alpha \rightleftharpoons \gamma$-Umwandlung des Fe (nach ISAAC-TAMMANN 826° statt 906°), noch der Curiepunkt des Fe (nach ISAAC-TAMMANN 738° statt 769°) wird durch Au merklich beeinflußt.

In neuerer Zeit wurde das System Au-Fe — wie NOWACK[2] gelegentlich mitteilte — von WEVER untersucht. Die Ergebnisse dieser Arbeit
wurden jedoch bisher nicht von WEVER selbst veröffentlicht. Abb. 106
zeigt das von NOWACK gegebene Zustandsdiagramm[3] nach WEVER mit

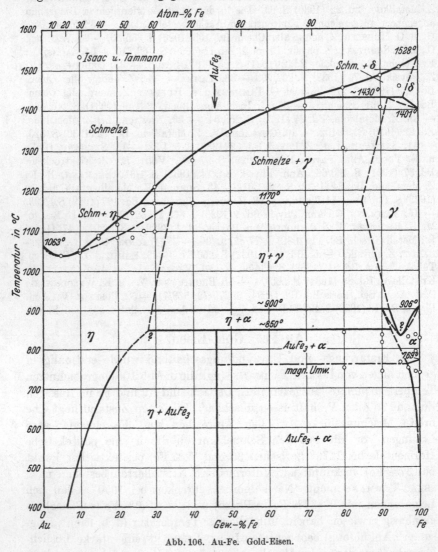

Abb. 106. Au-Fe. Gold-Eisen.

einer Veränderung, die die Sättigungsgrenzen der η- und α-Mischkristalle
betrifft (s. Nachtrag). Das wichtigste Ergebnis der WEVERschen
Arbeit ist die Auffindung der sich im festen Zustand bildenden Verbindung $AuFe_3$ (45,93% Fe). Nach WEVER wird der $\gamma \rightleftharpoons \delta$-Fe-Um-
wandlungspunkt, der ISAAC-TAMMANN noch nicht bekannt war, durch

Au erhöht, der $\alpha \rightleftharpoons \gamma$-Umwandlungspunkt geht durch ein Minimum (?) bei etwa 95% Fe, 830°. Die Löslichkeit von Au in γ-Fe bei 1170° ist nach WEVER wesentlich kleiner als von ISAAC-TAMAMNN auf Grund ihres thermischen und mikroskopischen Befundes angegeben wird. Die Löslichkeit von Fe in Au fällt nach WEVER von 35% Fe bei 1170° beinahe linear auf 16% Fe bei Raumtemperatur; bei 400° beträgt sie etwa 21% Fe.

Da NOWACK[2] jedoch an einer Legierung mit 15% Fe noch beträchtliche Aushärtungserscheinungen beim Altern bei 450—550° feststellen konnte, so liegt die Sättigungsgrenze des η-Mischkristalls bei dieser Temperatur noch unter 15% Fe. Eine Legierung mit 10% Fe zeigte keine Aushärtungseffekte mehr. Es ist ferner anzunehmen, daß die Löslichkeitsgrenze bei 850°, der Bildungs- bzw. Zerfallstemperatur der Verbindung $AuFe_3$, eine beträchtliche Richtungsänderung erfährt.

Das Bestehen Au-reicher bzw. Fe-reicher fester Lösungen wird durch die Leitfähigkeitsmessungen von MATTHIESSEN-VOGT[4] und GUERTLER-SCHULZE[5] bestätigt. SHIH[6] hat die magnetische Suszeptibilität der Legierungen mit bis zu 10% Fe gemessen.

Nachtrag. JETTE-BRUNER-FOOTE[7] stellten mit Hilfe röntgenographischer Untersuchungen (nach Abschrecken bei verschiedenen Temperaturen) fest, daß die Gebiete der Au- und Fe-reichen Mischkristalle unterhalb der $\alpha \rightleftharpoons \gamma$-Umwandlung wesentlich geringere Ausdehnung haben als bisher angenommen wurde. Die Löslichkeit von Fe in Au steigt von etwa 3,5% bei 300° auf 6,9% bei 450°, 12,5% bei 600° und 17,2% bei 724°. Die Löslichkeit von Au in α-Fe konnte nicht so genau gestimmt werden: sie beträgt 2,05% bei 724° und nimmt auf 0,6% bei 600° ab (Abb. 106).

Literatur.

1. ISAAC, E., u. G. TAMMANN: Z. anorg. allg. Chem. Bd. 53 (1907) S. 291/97. — 2. NOWACK, L.: Z. Metallkde. Bd. 22 (1930) S. 97. — 3. Da das von NOWACK veröffentlichte Diagramm nur sehr klein ist, so sind die Temperatur- und Konzentrationsangaben der Abb. 106 nicht allzu genau. — 4. MATTHIESSEN, A., u. C. VOGT: Pogg. Ann. Bd. 122 (1864) S. 37/50. — 5. GUERTLER, W., u. A. SCHULZE: Z. physik. Chem. Bd. 104 (1923) S. 90/100. — 6. SHIH, J. W.: Physic. Rev. 2 Bd. 38 (1931) S. 2051/55. — 7. JETTE, E. R., W. L. BRUNER u. F. FOOTE: Metals Technology Jan. 1934. Trans. Amer. Inst. min. metallurg. Engr. Inst. Metals Div. (1934) S. 354/60.

Au-Ga. Gold-Gallium.

Nach Messungen des spezifischen Widerstandes von Legierungen mit 0,76 und 1,74 Atom-% Ga dürften bis zu mindestens 1,74 Atom-% Ga (= rd. 0,65 Gew.-%) in festem Au löslich sein[1].

Literatur.

1. LINDE, J. O.: Ann. Physik Bd. 15 (1932) S. 233/34.

Au-Ge. Gold-Germanium.

Aus Messungen des spezifischen Widerstandes von Au-reichen Legierungen dürfte hervorgehen, daß mindestens 1,42 Atom-% Ge (= rd. 0,6 Gewichts-%) in festem Au löslich sind[1].

Literatur.

1. LINDE, J. O.: Ann. Physik Bd. 15 (1932) S. 233/34.

Au-H. Gold-Wasserstoff.

Wasserstoff wird weder von festem noch von flüssigem Au (untersucht bis 1300°) gelöst [1] [2].

Literatur.

1. SIEVERTS, A., u. W. KRUMBHAAR: Ber. dtsch. chem. Ges. Bd. 43 (1910) S. 896. — **2.** Über ein festes Goldhydrid s. E. PIETSCH u. E. JOSEPHY: Naturwiss. Bd. 19 (1931) S. 737.

Au-Hg. Gold-Quecksilber.

Das bis 1921 vorliegende Schrifttum wurde von BRALEY-SCHNEIDER[1] kurz zusammengefaßt, das seit 1918 erschienene von ANDERSON[2] ausführlicher besprochen[3].

Die Liquiduskurve. Zur Bestimmung des Verlaufes der Liquiduskurve wurden sowohl thermo-analytische als chemisch-analytische (d. h. Bestimmungen der Löslichkeit von Au in flüssigem Hg bei verschiedenen Temperaturen) Untersuchungen ausgeführt. Ältere Untersuchungen beschränkten sich auf die Bestimmung der Löslichkeit bei gewöhnlicher oder etwas erhöhter Temperatur. So fand HENRY[4] für Raumtemperatur 0,14%, KASANZEFF[5] für 0° bzw. 20° und 100° 0,11% bzw. 0,126% und 0,65%, GOUY[6] für 15—18° 0,13% Au. Nach neueren Arbeiten von BRITTON-MC BAIN[7] und SUNIER-WHITE[8] beträgt die Löslichkeit 0,212—0,287% (?) bei 18° bzw. 0,1306% bei 20°. Der letztere Wert ist als der genaueste anzusehen.

EASTMAN-HILDEBRAND[9] gaben den Liquiduspunkt der Legierung mit 83,45% Hg mit Hilfe von Dampfspannungsmessungen zu 318° an. PARRAVANO[10] bestimmte die Liquiduskurve (Löslichkeitskurve) mit Hilfe von Abkühlungskurven zwischen 113° und 312° (s. die in Abb.107 eingetragenen Punkte). Ebenfalls mit dem thermischen Verfahren ermittelten BRALEY-SCHNEIDER[1] die Liquiduskurve der ganzen Legierungsreihe, und zwar durch Abkühlungskurven von Legierungen, die sich in einer Bombe befanden. Da ihre Ergebnisse, sowohl in quantitativer Hinsicht als bezüglich der Gestalt der Liquiduskurve, außerordentlich stark von denen aller anderen Forscher abweichen, so braucht darauf nicht eingegangen zu werden. So beträgt z. B. nach BRALEY-SCHNEIDER die Löslichkeit bei Raumtemperatur mehr als 15% Au (!), bei 200° mehr als 20% Au (!). Mit Hilfe von 79 Löslichkeitsbestimmungen (d. h. durch Analyse der flüssigen Phase, die mit der festen Phase im Gleichgewicht steht) bestimmten BRITTON-MC BAIN[7] die Liquiduskurve zwischen 18° und 410°. Sie zeigt nach Abb. 107 ein flaches Maximum bei der Zusammensetzung $AuHg_6$ (85,9% Hg) und 342° und einen eutektischen Punkt bei 78% Hg und 320°. PLAKSIN[11] wiederum bediente sich des thermo-analytischen Verfahrens (s. Abb. 107

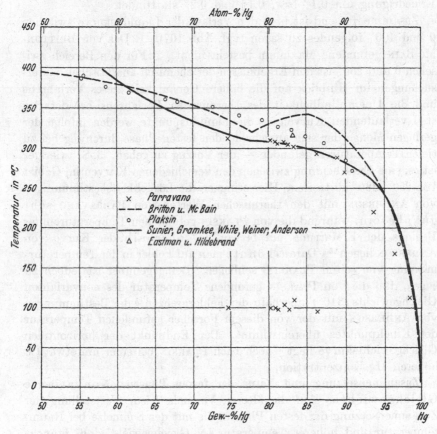

Abb. 107. Beginn der Erstarrung im System Au-Hg.

u. 108). Sehr genaue und zahlreiche Löslichkeitsbestimmungen verdanken wir SUNIER und seinen Mitarbeitern, und zwar SUNIER und WHITE[8] für Temperaturen zwischen 7° und 80° (65 Bestimmungen), SUNIER und GRAMKEE[12] zwischen 80° und 200° (65 Bestimmungen), SUNIER und WEINER[13] zwischen 200° und 300° (50 Bestimmungen) und ANDERSON[2] zwischen 280° und 400° (42 Bestimmungen). Die Ergebnisse dieser vier Arbeiten sind in Abb. 107 zu einer ausgezogenen Kurve vereinigt.

Der der Primärkristallisation von Hg entsprechende Liquidusast kann nach den vorliegenden Löslichkeitsbestimmungen für 0—20° nur außerordentlich klein sein. Der Erstarrungspunkt des Quecksilbers (—38,9°) wird durch Zusatz von Au nach PARRAVANO gar nicht, nach PLAKSIN allenfalls um 0,1°, nach BRALEY-SCHNEIDER um etwa 2° (?) erniedrigt. Die genausten Messungen in diesem Bereich sind wohl von TAMMANN[14], wonach durch 0,006% bzw. 0,012% und 0,025% eine Erniedrigung um 0,1° bzw. 0,1° und 0,2° stattfindet.

Zusammenfassend ist über den Verlauf der Liquiduskurve zwischen 0 und 400° folgendes zu sagen (vgl. Abb. 107). 1. Das von BRITTON-MC BAIN gefundene Maximum besteht nicht. 2. Für den Bereich zwischen 0 und 250° ist den Ergebnissen der chemisch-analytischen Untersuchungen im Hinblick auf die höhere Genauigkeit dieses Verfahrens und die Unempfindlichkeit des thermischen Verfahrens bei derartig steil verlaufenden Kurven — die Liquiduspunkte werden infolge der geringen Menge der sich ausscheidenden festen Phase durchweg bei zu tiefen Temperaturen gefunden — der Vorzug zu geben. 3. Schwieriger ist es, eine Entscheidung zwischen den verschiedenen Kurven im Gebiet von 250—380° zu treffen. Hier stimmen die Löslichkeitsbestimmungen von ANDERSON mit den thermischen Werten von PARRAVANO sehr gut überein, während die von PLAKSIN gefundenen Temperaturen des Beginns der Erstarrung um bis zu 25° oberhalb der Kurve von ANDERSON liegen[15]. Daraus könnte man auf Fehler in der Temperatur-messung von seiten PLAKSINs schließen. Demgegenüber ist jedoch zu sagen, daß die von PLAKSIN gefundene Temperatur des nonvarianten Gleichgewichts (310°) innerhalb der Fehlergrenzen[15] der Bestimmungen von ANDERSON mit der von diesem Forscher gefundenen Temperatur des Knickpunktes übereinstimmt. Der Endpunkt der horizontalen Gleichgewichtskurve liegt jedoch nach PLAKSIN bei einer um etwa 9% höheren Hg-Konzentration.

Zusammensetzung und Natur der festen Phasen. Nonvariante Gleichgewichte. Auf die älteren Versuche[16] zur Feststellung der Zusammensetzung der festen Phasen, die mit der Schmelze bei Raumtemperatur und höherer Temperatur im Gleichgewicht sind, braucht hier nicht eingegangen zu werden, da sie wegen der Unmöglichkeit, Kristalle durch Filtration u. ä. von ihrer Schmelze vollständig zu trennen, zu stark widersprechenden Angaben führten. Auch die aus Destillationsversuchen (bis zur annähernden Gewichtskonstanz des Rückstandes) gezogenen Schlußfolgerungen sind sehr gewagt. Bei einer Besprechung dieser Arbeiten schloß GUERTLER[17] unter Vorbehalt, daß als „einzige feste Phase in den Au-Amalgamen eine feste Lösung von Hg in Au mit bis zu rd. 10% Hg auftritt, intermediäre Kristallarten hingegen fehlen".

Das Bestehen fester Lösungen von Hg in Au wurde später tat-

sächlich einwandfrei festgestellt. Nach Leitfähigkeitsmessungen von
PARRAVANO-JOVANOVICH[18] ist die Sättigungsgrenze dieses Misch-
kristalles bei etwa 10% Hg (nach 2—3stündigem Tempern bei 200°)
anzunehmen. Dem thermischen Befund von BRALEY-SCHNEIDER sowie
PLAKSIN zufolge sind bei 390—400° 15% bzw. 17% Hg löslich. BILTZ-
MEYER[19] schließen aus Messungen der Hg-Dampfspannung von Au-Hg-
Legierungen bei 253°, 300° und 315° auf eine Sättigungsgrenze von
etwa 18% bei diesen Temperaturen, PABST[20] gibt sie auf Grund von
Bestimmungen der Gitterkonstanten zu 15—16% Hg an.

Mit Hilfe eines Verfahrens, das auf der Einstellung eines bestimmten
Hg-Dampfdruckes beruht, wenn Au-Amalgame bei konstanter Temperatur gehalten werden, sowie anderer Versuche fand PARRAVANO, daß
bei 80° die Verbindung Au_2Hg_3
(60,41% Hg), bei 150—325° die
Verbindung Au_3Hg (25,32% Hg)
mit Schmelze im Gleichgewicht
steht. Ergänzende thermische
Untersuchungen ergaben, daß
sich Au_2Hg_3 bei etwa 100° in
Au_3Hg und Schmelze zersetzt.
SAHMEN[21] stellte es auf Grund
der thermischen Daten von
PARRAVANO als möglich hin,
daß Au_3Hg bei 310—325° eine
polymorphe Umwandlung er-

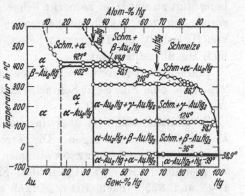

Abb. 108. Au-Hg. Gold-Quecksilber (PLAKSIN).

leidet oder wahrscheinlicher unter Bildung der festen Lösung von Hg in Au
schmilzt. BRALEY-SCHNEIDER schlossen aus ihren thermischen Untersuchungen auf das Bestehen der drei Verbindungen Au_2Hg (67,05% Hg),
Au_2Hg_5 (71,77% Hg; beide mit maximalem Schmelzpunkt) und $AuHg_4$
(80,27% Hg), die bei 100° (vgl. PARRAVANO) unter Bildung von Au_2Hg_5
schmilzt.

Nach dem in Abb. 108 dargestellten, von PLAKSIN auf Grund eingehender thermischer und mikroskopischer Untersuchungen entworfenen
Zustandsdiagramm bestehen die beiden Verbindungen Au_2Hg und
$AuHg_2$ (67,05% Hg). Erstere besitzt einen Umwandlungspunkt bei 402°,
letztere zwei, bei 122° und —36°. Den von PLAKSIN gefundenen horizontalen Gleichgewichtskurven bei 402° oder 421°, 310° und 124° entsprechen die von BRALEY-SCHNEIDER gefundenen Horizontalen bei 390°,
vielleicht 300° sowie 100° und die von PARRAVANO ermittelten Horizontalen bei 310—325° (SAHMEN) und 100°.

BILTZ-MEYER bestimmten die Hg-Dampfspannung der Legierungen
mit 7,4—25,8% Hg bei 253°, 300° und 315°. Danach besteht bei diesen
Temperaturen nur eine intermediäre Phase, und zwar eine solche

variabler Zusammensetzung zwischen etwa 21,3 und 24,7% Hg; sie
schließt also die Zusammensetzungen Au_4Hg und annähernd auch
Au_3Hg (PARRAVANO) in sich ein[22].

PABST hat die Röntgenstruktur[23] von getemperten Legierungen
untersucht (Pulvermethode) und mit Sicherheit zwei intermediäre
Kristallarten festgestellt: eine hexagonale Phase mit dichtester Kugelpackung bei 25% Hg mit einem ,,Homogenitätsbereich von nur wenigen
Prozenten" und eine Hg-reichere Phase, deren Struktur nicht aufgeklärt werden konnte, und die bei 30%, 40% und 50% Hg mit der
hexagonalen Phase, bei 60% Hg ($= \sim Au_2Hg_3$) allein vorliegt. Da bei
65,8 und 68% Hg wieder andere, linienärmere Photogramme gefunden
wurden, glaubte PABST zu der Annahme einer dritten Zwischenphase
berechtigt zu sein[24], er bemerkt jedoch an anderer Stelle, daß der Rückstand, den man aus Gemischen mit 80 und 90% Hg durch Abpressen
von Hg erhält, ein Diagramm liefert, das mit dem der Legierung mit
60% Hg übereinstimmt.

Endlich fand ANDERSON auf rückstandsanalytischem Wege, daß bei
295—359° eine Phase mit Schmelze im Gleichgewicht steht, die zwischen
20 und 40% Hg enthält.

Zusammenfassend ist über die Zusammensetzung der intermediären
Phasen folgendes zu sagen. Die Ergebnisse von PARRAVANO, BILTZ-
MEYER, PABST und ANDERSON stimmen darin überein, daß eine Kristallart besteht, die rd. 25% Hg enthält. Sie ist nach PARRAVANO zwischen
150° und 325°, nach BILTZ-MEYER zwischen 253° und 315°, nach
ANDERSON zwischen 295° und 359° mit Schmelze im Gleichgewicht.
Diese Befunde stehen zu dem Diagramm von PLAKSIN (Abb. 108) in
doppelter Hinsicht im Widerspruch, da nach PLAKSIN 1. die Verbindung
Au_2Hg besteht und 2. sich zwischen 150° und 359° (genau bei 310°)
die Zusammensetzung der mit Schmelze im Gleichgewicht befindlichen
Phase von $AuHg_2$ auf Au_2Hg ändert. Daß eine zweite Zwischenphase
besteht, ist nach PARRAVANO, PLAKSIN und PABST sicher; ob sie jedoch
die Zusammensetzung $AuHg_2$ (PLAKSIN) oder Au_2Hg_3 besitzt, ist unsicher. Das Bestehen einer dritten noch Hg-reicheren Zwischenphase bei
Raumtemperatur (BRALEY-SCHNEIDER, PABST) ist unwahrscheinlich.

Unter Zugrundelegung der obigen Schlußfolgerungen und unter Berücksichtigung der von SUNIER und Mitarbeitern bestimmten Liquiduskurve (Abb. 107) sowie der von PLAKSIN gefundenen thermischen Effekte
der nonvarianten Gleichgewichte hat ANDERSON das in Abb. 109 dargestellte Zustandsschaubild entworfen, das — ohne voll zu befriedigen —
den heutigen Stand unserer Kenntnisse wohl am besten wiedergibt
(vgl. Abb. 108 u. 109)[25]. Weitere Untersuchungen sind notwendig, um
insbesondere die Natur der Wärmetönung bei 310° (nach PLAKSIN
Peritektikum, nach ANDERSON polymorphe Umwandlung der Au-

reichen Zwischenphase) und die Zusammensetzung der Hg-reicheren Zwischenphase aufzuklären.

Nachtrag. Eine von STENBECK[26] ausgeführte Röntgenanalyse nach monatelangem Tempern der Legierungen bei 90° ergab ein fast völlig anderes Bild von der Konstitution des Systems oberhalb 30% Hg. Die Sättigungsgrenze des Au-reichen α-Mischkristalls wurde zu etwa 16,7% Hg gefunden. Sodann wurde das Bestehen von fünf anstatt zwei (vgl. Abb. 108 u. 109) intermediären Phasen festgestellt, und zwar der Phasen β (hexagonal, dichteste Kugelpackung), die zwischen 21,6 und

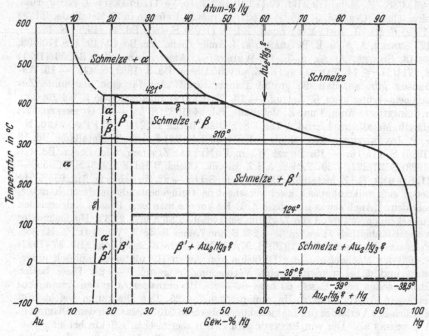

Abb. 109. Au-Hg. Gold-Quecksilber.

27,7% Hg homogen ist, γ mit wahrscheinlich etwa 50% Hg, sowie δ, ε und η mit etwa 67%, 72% bzw. 80% Hg. Die sicher sehr verwickelte Struktur von γ, δ, ε und η konnte nicht bestimmt werden; daher lassen sich auch die Homogenitätsgebiete dieser Phasen nicht angeben.

KREMANN, BAUM und LÄMMERMAYR[27] haben die Spannungen verschiedener Ketten in dem ganzen Konzentrationsgebiet gemessen und nur einen Spannungssprung bei Au_3Hg (β-Phase nach Abb. 109) gefunden. Zur Feststellung der festen Phase, die bei 25° im Gleichgewicht mit Schmelze ist, wurden Abpreßversuche unternommen, die zu einem Rückstand mit 53,4—56,7% Hg ($AuHg_2$?) führten. Ein Amalgam mit 75,4% Hg enthielt noch mikroskopisch feststellbare Schmelze, erst bei 54% Hg konnte keine Schmelze mehr beobachtet werden.

Literatur.

1. BRALEY, S. A., u. R. F. SCHNEIDER: J. Amer. chem. Soc. Bd. 43 (1921) S. 740/46. — **2.** ANDERSON, J. T.: J. physic. Chem. Bd. 36 (1932) S. 2145/65. — **3.** Siehe auch die Literaturzusammenstellung in dem Referat der Arbeit von PLAKSIN: Z. Metallkde. Bd. 24 (1932) S. 56. — **4.** HENRY, T. H.: Philos. Mag. 4 Bd. 9 (1855) S. 458. — **5.** KASANZEFF: Referat Ber. dtsch. chem. Ges. Bd. 11 (1878) S. 1255. — **6.** GOUY: J. Physique 3 Bd. 4 (1895) S. 320/21. — **7.** BRITTON, G. T., u. J. W. MC BAIN: J. Amer. chem. Soc. Bd. 48 (1926) S. 593/98. — **8.** SUNIER, A. A., u. C. M. WHITE: J. Amer. chem. Soc. Bd. 52 (1930) S. 1842/50. — **9.** EASTMAN, E. D., u. J. H. HILDEBRAND: J. Amer. chem. Soc. Bd. 36 (1914) S. 2020/30. — **10.** PARRAVANO, N.: Gazz. chim. ital. Bd. 48 II (1918) S. 123/38. Z. Metallkde. Bd. 12 (1920) S. 113/15. — **11.** PLAKSIN, I. N.: J. russ. phys.-chem. Ges. Bd. 61 (1929) S. 521/34 (russ.). Referate in Z. Metallkde. Bd. 24 (1932) S. 89. J. Inst. Met., Lond. Bd. 39 (1928) S. 498; Bd. 41 (1929) S. 459. — **12.** SUNIER, A. A., u. E. B. GRAMKEE: J. Amer. chem. Soc. Bd. 51 (1929) S.1703/08. — **13.** SUNIER, A. A., u. L. G. WEINER: J. Amer. chem. Soc. Bd. 53 (1931) S. 1714/21. — **14.** TAMMANN, G.: Z. physik. Chem. Bd. 3 (1889) S. 445. — **15.** ANDERSON gibt an, daß die größte Temperaturdifferenz für eine bestimmte Zusammensetzung etwa 6° betrug. — **16.** Eine kurze Inhaltsangabe s. bei BRALEY u. SCHNEIDER: Anm. 1 und Z. Metallkde. Bd. 24 (1932) S. 56. — **17.** GUERTLER, W.: Handb. Metallographie Bd. 1 Teil 1 S. 522/25, Berlin 1912. — **18.** PARRAVANO, N., u. P. JOVANOVICH: Gazz. chim. ital. Bd. 49 I (1919) S. 1/6. Z. Metallkde. Bd. 12 (1920) S. 115/16. — **19.** BILTZ, W., u. F. MEYER: Z. anorg. allg. Chem. Bd. 176 (1928) S. 27/32. — **20.** PABST, A.: Z. physik. Chem. B Bd. 3 (1929) S. 443/55. — **21.** SAHMEN, R.: Z. Metallkde. Bd. 12 (1920) S. 115. — **22.** Zwischen 25,8 und 33% Hg ließen sich mikroskopisch zwei verschiedene Gefügebestandteile deutlich unterscheiden. „Auch etwas unterhalb 21% Hg konnte man zwei Phasen einigermaßen gut erkennen, während die Legierungen zwischen 25,8 und 21,3% Hg mehr oder weniger einheitlich aussahen". — **23.** Schon früher hatte A. WERYHA [C. R. Soc. Polonaise Physique Bd. 7 (1926) S. 57/63. Ref. J. Inst. Met., Lond. Bd. 37 (1927) S. 469] den Mechanismus der Diffusion von Au in Hg röntgenographisch untersucht und dabei wenigstens eine Verbindung festgestellt. — **24.** Diese beiden Phasen sollen nach PABST 60 bzw. 66—68% Hg enthalten, also den Zusammensetzungen Au_2Hg_3 und $AuHg_2$ entsprechen. — **25.** Das Diagramm weicht hinsichtlich des Verlaufes der Liquiduskurve oberhalb 310° etwas von dem Diagramm ANDERSONS ab. Die von PLAKSIN gefundenen thermischen Effekte bei 402° entsprechen nach ANDERSON nicht einem nonvarianten Gleichgewicht, sondern sollen durch die plötzliche Konzentrationsänderung der β-Phase oberhalb 402° bedingt sein (?). Die Horizontale bei 124° fand PLAKSIN erst oberhalb 34% Hg, ANDERSON zeichnet sie bereits von der α-Grenze ab. Das Maximum der Wärmetönung bei 124° würde nach PLAKSIN bei 67%, nach ANDERSON bei rd. 25% Hg liegen. — **26.** STENBECK, S.: Z. anorg. allg. Chem. Bd. 214 (1933) S. 16/26. — **27.** KREMANN, R., R. BAUM u. L. LÄMMERMAYR: Mh. Chemie Bd. 61 (1932) S. 315/29. Ref. Chem. Zbl. 1933I S. 2059.

Au-In. Gold-Indium.

Aus Widerstandsmessungen an zwei Au-reichen Legierungen mit 0,5 und 1,0% In schließt LINDE[1], daß „In wenigstens bis 1,0% (= 1,7 Atom-%) in Au bei 800° löslich ist".

Literatur.

1. LINDE, J. O.: Ann. Physik 5 Bd. 10 (1931) S. 69.

Au-Ir. Gold-Iridium.

Nach Matthey[1] und Rössler[2] löst sich Iridium nicht in flüssigem Gold auf. Linde[3] hat jedoch Au-reiche Legierungen mit bis zu 2,76 Atom-% = 2,71 Gew.-% Ir hergestellt und ihre Widerstände nach dem Abschrecken bei 900—950° gemessen. Er schließt daraus, daß die Löslichkeit von Ir in Au selbst bei dieser Temperatur „verschwindend klein" ist.

Literatur.

1. Matthey, E.: Proc. Roy. Soc., Lond. Bd. 47 (1890) S. 180. — 2. Rössler, H.: Chem.-Ztg. Bd. 24 (1900) S. 733/35. — 3. Linde, J. O.: Ann. Physik 5 Bd. 10 (1931) S. 69.

Au-K. Gold-Kalium.

Über dieses System liegen keine systematischen Konstitutionsuntersuchungen vor. Nach Heycock-Neville[1] beträgt die atomare Schmelzpunkterniedrigung des Kaliums durch Zusatz von Gold 1,8° (d. h. etwa 4,7% Au erniedrigen den K-Schmelzpunkt um 1,8°). Andrews[2] hat das Gefüge einer 0,1% K enthaltenden Legierung beschrieben.

Literatur.

1. Heycock, C. T., u. F. H. Neville: J. chem. Soc. Bd. 55 (1889) S. 676. — 2. Andrews, T.: Engineering Bd. 66 (1898) S. 541.

Au-La. Gold-Lanthan.

Das in Abb.110 dargestellte Zustandsschaubild wurde von Canneri[1] mit Hilfe der thermischen Analyse ausgearbeitet. Die Löslichkeitsverhältnisse im festen Zustand wurden nicht untersucht. Das Bestehen der vier Verbindungen Au_3La (19,01% La), Au_2La (26,05% La), AuLa (41,33% La) und $AuLa_2$ (58,48% La) wurde durch mikroskopische Beobachtungen bestätigt.

Literatur.

1. Canneri, G.: Metallurg. ital. Bd. 23 (1931) S. 819/22. Reinheitsgrad des La: 99,6%.

Au-Li. Gold-Lithium.

Zintl-Brauer[1] konnten die bei 50 Atom-% Li gesuchte raumzentrierte Struktur nicht finden. Dagegen ergab eine Legierung mit 52 Atom-% Li ein neues Röntgenbild, das noch nicht gedeutet werden konnte.

Literatur.

1. Zintl, E., u. G. Brauer: Z. physik. Chem. B Bd. 20 (1933) S. 245/71.

Au-Mg. Gold-Magnesium.

Über die Konstitution dieser Legierungsreihe sind wir unterrichtet durch die fast gleichzeitig veröffentlichten Arbeiten von Vogel[1] und Urasow[2]. Die Ergebnisse der beiden Untersuchungen stimmen im wesentlichen überein, die in quantitativer Hinsicht bestehenden Abweichungen gehen aus den in Tabelle 10 zusammengestellten ausgezeichneten Temperaturen und Konzentrationen des Diagramms hervor. Wo eine Mittelbildung sinnlos wäre, ist den Daten URASOWs der Vorzug zu geben, da URASOWs Diagramm sich auf die Untersuchung von 107 Legierungen, die sämtlich analysiert wurden, stützt, während VOGEL nur 25 Legierungen untersuchte und die Zusammensetzung nur weniger Legierungen nachprüfte.

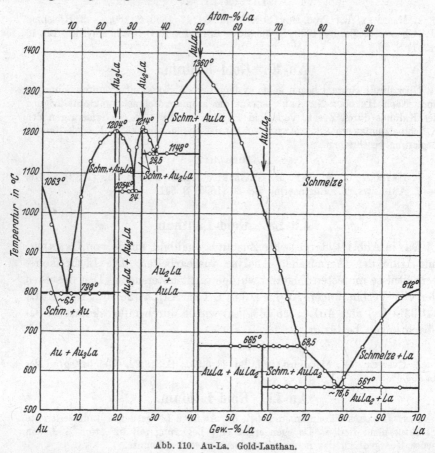

Abb. 110. Au-La. Gold-Lanthan.

Recht wesentliche Abweichungen bestehen in folgenden Punkten: 1. Die Liquiduskurve im Bereich von 0—11,2% Mg (= AuMg) verläuft nach VOGEL in zwei sehr konkav zur Konzentrationsachse gekrümmten Ästen (bei Temperaturen, die zum Teil mehr als 100° oberhalb den von URASOW gefundenen liegen), während sie nach URASOW (vgl. Abb. 111) aus zwei nahezu geradlinig verlaufenden Ästen besteht. Analoges gilt für die Liquiduskurve zwischen 30 und 50% Mg. 2. Die Ausdehnung der (α + β)-Mischungslücke wird von beiden Verfassern sehr verschieden angegeben. VOGELs Angabe stützt sich auf die Extra-

polation der Haltezeiten bei 830°; die Lücke wird danach zu groß
sein. URASOW hat die Haltezeiten nicht berücksichtigt. Für die in
Abb. 111 angegebene Konzentration des gesättigten α-Mischkristalls
wurde der Mittelwert angenommen. Die Grenze der an Au gesättigten
β-Mischkristalle dürfte von VOGEL genauer bestimmt sein. Er beobachtete durch einige Abschreckversuche eine mit fallender Temperatur abnehmende Löslichkeit, die übrigens auch für die α-Grenze

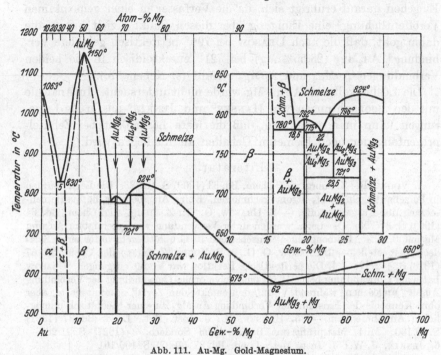

Abb. 111. Au-Mg. Gold-Magnesium.

Tabelle 10. Thermische Daten nach VOGEL und URASOW.

	VOGEL	URASOW
Schmelzpunkt von AuMg............	1160°	1150°
Schmelzpunkt von AuMg$_2$............	796°	788°
Schmelzpunkt von Au$_2$Mg$_5$............	—	796°
Schmelzpunkt von AuMg$_3$............	830°	818°
Eutektikum S. ⇌ α + β..............	833°; 4,6%Mg	827°; 5,6% Mg
Eutektikale „ „ (Mischungslücke)	2,6 bis 6,5% Mg	4,8 bis 5,8% Mg
Eutektikum S. ⇌ β + AuMg$_2$.........	783°; 18,5% Mg	780°; 19,0% Mg
Eutektikale „ „ „	15,6 bis AuMg$_2$	14,8 bis AuMg$_2$
Eutektikum S. ⇌ AuMg$_2$ + Au$_2$Mg$_5$	774°; 22,3% Mg	776°; 21,5% Mg
Peritektikum S. + AuMg$_3$ ⇌ Au$_2$Mg$_5$...	—	796°; S. = 23% Mg
Eutektoid Au$_2$Mg$_5$ ⇌ AuMg$_2$ + AuMg$_3$..	713°	721°
Eutektikum S. ⇌ AuMg$_3$ + Mg........	576°; 55,5% Mg	575°; 62,1% Mg

gelten wird. 3. Die Konzentration des $AuMg_3$-Mg-Eutektikums unterscheidet sich um 6,5%, offenbar weil die Verfasser ihre thermischen Daten in Abhängigkeit von der Atomkonzentration aufgetragen haben. Aus dem obengenannten Grunde wurde die von URASOW bestimmte Zusammensetzung in Abb. 111 aufgenommen. 4. Die wesentlichste Abweichung betrifft die Konstitution der Legierungen zwischen den Verbindungen $AuMg_2$ (19,78% Mg) und $AuMg_3$ (27,0% Mg). Ein näheres Eingehen darauf erübrigt sich, da die Verfasser in einer gemeinsamen Veröffentlichung[3] eine Einigung über diesen Punkt erzielt haben, die dahin geht, daß die nach URASOW bei 796° peritektisch gebildete Verbindung[4] Au_2Mg_5 (23,55% Mg) bei 721° eutektoidisch in die beiden Verbindungen $AuMg_2$ und $AuMg_3$ zerfällt (s. Nebenabb.).

Die Löslichkeit von Au in Mg wurde nicht untersucht. In Analogie mit den Beobachtungen von HANSEN[5] und JENKIN[6] an Cu-Mg-Legierungen kann man annehmen, daß die feste Löslichkeit bei Zehntelprozenten oder noch kleineren Gehalten an Au liegen wird.

Literatur.

1. VOGEL, R.: Z. anorg. allg. Chem. Bd. 63 (1909) S. 169/83. Die Legn. wurden in Porzellantiegeln im H_2-Strom erschmolzen. Keine Angabe über die Zusammensetzung der Ausgangsstoffe. — **2.** URASOW, G. G.: Z. anorg. allg. Chem. Bd. 64 (1909) S. 375/96. Die Legn. wurden unter Verwendung von gereinigtem Au und Mg mit 0,15% „Beimengungen" anscheinend in Graphittiegeln unter einer Salzdecke hergestellt. — **3.** URASOW, G. G., u. R. VOGEL: Z. anorg. allg. Chem. Bd. 67 (1910) S. 442/47. — **4.** Die peritektische Reaktion war VOGEL entgangen. URASOW hatte die Umwandlung bei 721° für eine polymorphe Umwandlung der Verbindung Au_2Mg_5 angesehen, während VOGEL den eutektoiden Zerfall erkannt hatte, aber ohne Kenntnis der Existenz der Verbindung Au_2Mg_5 zu einer theoretisch unmöglichen Annahme kam. — **5.** HANSEN, M.: J. Inst. Met., Lond. Bd. 37 (1927) S. 93/100. Mitt. Mat.prüfgsamt Berl.-Dahlem Sonderh. 3 (1927) S. 21/28. — **6.** JENKIN, J. W.: J. Inst. Met., Lond. Bd. 37 (1927) S. 100/101.

Au-Mn. Gold-Mangan.

Abb. 112 zeigt das von PARRAVANO-PERRET[1] vornehmlich mit Hilfe thermischer Untersuchungen ausgearbeitete Zustandsdiagramm[2]. Die Ausdehnung der horizontalen Gleichgewichtskurven wurde durch Extrapolation der Haltezeiten annähernd ermittelt und durch mikroskopische Beobachtungen nachgeprüft. Die von etwa 49—57% Mn reichende Mischungslücke im flüssigen Zustand wurde sowohl durch mikroskopische Prüfung von Schmelzen, die oberhalb 1140° abgeschreckt waren (wobei die schnell erstarrte Schmelze das Aussehen einer Emulsion zeigte), wie auch durch Beobachtung von zwei Schichten in der erstarrten Legierung mit 50% Mn bestätigt. Die Konstitution der Mn-reichen Legierungen ist in Anbetracht der Existenz von drei verschiedenen Manganmodifikationen (s. Abb. 113) noch als völlig ungeklärt anzusehen.

Immerhin stellten PARRAVANO-PERRET fest, daß Legierungen mit 75, 80 und 90% Mn vollkommen homogen sind. Die Legierung mit 70% Mn enthielt nach dem Erkalten aus dem Schmelzfluß reichlich Eutektikum, von welchem nach dem Glühen (?) nur sehr wenig übrig blieb. Die Sättigungsgrenze der in Abb. 112 mit γ bezeichneten Kristallart wurde deshalb bei 75% Mn angenommen.

Über die Natur der im Bereich von 30—80% Mn bei wechselnden Temperaturen (infolge Unterkühlungen) zwischen 660° und 580° beobachteten Umwandlung im festen Zustand lassen sich keine sicheren

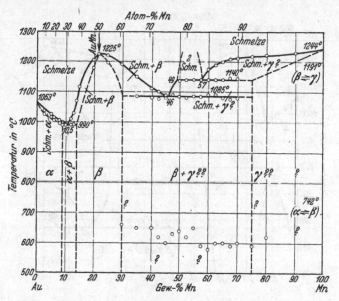

Abb. 112. Au-Mn. Gold-Mangan (PARRAVANO und PERRET).

Angaben machen; um so mehr als die Bestimmung der Konzentration, bei der die maximale Wärmetönung auftritt, wegen der Kleinheit der thermischen Effekte unmöglich war. Da sie bei fallender Temperatur mit einer starken Volumzunahme verbunden ist, was sich durch das Zerspringen der Schmelztiegel bemerkbar machte, ist die Bildung einer neuen Kristallart unbekannter Zusammensetzung als wahrscheinlich anzunehmen. Proben, die oberhalb der Umwandlungstemperatur abgeschreckt waren, zeigten das nach dem Diagramm zu erwartende Gefüge. Geglühte Proben mit 45—70% Mn zeigten einen Strukturwechsel unter Bildung eines sehr feinkörnigen Gefüges. Genaue Untersuchungen ließen sich jedoch nicht anstellen, da diese Proben völlig zerbröckelten.

Die Ergebnisse der Untersuchung von HAHN-KYROPOULOS[3] sind mit dem Diagramm von PARRAVANO-PERRET gar nicht in Einklang zu bringen. HAHN-KYROPOULOS bestimmten die Temperaturen des Beginns und die annähernden Temperaturen des Endes der Erstarrung mit Hilfe von insgesamt 13 Legierungen und fanden folgenden Verlauf: Die Liquidustemperaturen liegen auf einer Kurve, die vom Au-Schmelzpunkt bis auf 945° bei 8,5% Mn abfällt, dann bis auf 1195° bei 21,8% Mn (Verbindung AuMn) ansteigt, abermals zu einem Minimum bei 1065° und 40% Mn abfällt und schließlich zum Mn-Schmelzpunkt (1267°) ansteigt. Die Soliduskurve verläuft wenig unterhalb der Liquiduskurve und berührt diese bei den genannten Konzentrationen der Minima und des Maximums.

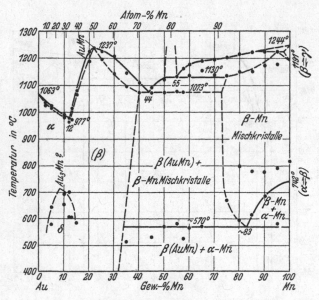

Abb. 113. Au-Mn. Gold-Mangan (MOSER, RAUB und VINCKE).

HAHN-KYROPOULOS nehmen also an, daß alle Legierungen mit Ausnahme der ausgezeichneten Zusammensetzungen in Intervallen erstarren, und daß Au und Mn eine lückenlose Reihe von Mischkristallen bilden[4].

Während die Gestalt der Erstarrungskurve im Bereich von 0—40% Mn in beiden Zustandsdiagrammen wenigstens annähernd übereinstimmt (die großen Temperaturunterschiede sind wohl mit der größeren Unreinheit des von HAHN-KYROPOULOS verwendeten Mangans zu erklären)[3], weicht sie zwischen 40 und 100% Mn erheblich voneinander ab. In diesem Bereich untersuchten HAHN-KYROPOULOS jedoch nur 2 Legierungen! Die Mischungslücke im flüssigen Zustand, die horizontalen Gleichgewichtskurven, die beiden heterogenen Gebiete und die Umwandlung im festen Zustand sind ihnen entgangen[4] (s. jedoch 2. Nachtrag).

1. Nachtrag. Eine neuerliche Untersuchung von MOSER, RAUB und VINCKE[5] mit Hilfe des thermoanalytischen und mikroskopischen Verfahrens führte, wie Abb. 113 zeigt, zu einer weitgehenden Bestätigung des Diagramms von PARRAVANO-PERRET. Eine größere Abweichung besteht lediglich hinsichtlich des Aufbaus der Au-reichen Legierungen. Während PARRAVANO-PERRET hier eine eutektische Mischungslücke zwischen dem Au-reichen Mischkristall und dem Mischkristall der Verbindung AuMn fanden, liegt nach MOSER-RAUB-VINCKE bei Temperaturen oberhalb 700° eine Reihe fester Lösungen bis zu rd. 35% Mn vor. Ein derartiger Aufbau ist jedoch undenkbar, da das dem Gold eigene Gitter nicht kontinuierlich in das Gitter der Verbindung AuMn übergehen kann. In Legierungen mit mindestens 5—15% Mn findet unterhalb 700° eine in einem Temperaturintervall verlaufende Umwandlung unter Bildung einer härteren Phase δ statt. „Im Schliffbild äußert sich diese Umwandlung im Auftreten eines nadeligen, martensitähnlichen Gefüges." Die Zusammensetzung dieser Phase wurde nicht ermittelt; möglicherweise ist für sie die Formel Au_3Mn (8,5% Mn) oder — weniger wahrscheinlich — Au_2Mn (12,2% Mn) charakteristisch. Es erscheint denkbar, daß die von MOSER und Mitarbeiter entdeckte $\alpha \rightleftharpoons \delta$-Umwandlung in ähnlicher Weise mit der theoretisch notwendigen Mischungslücke verknüpft ist, wie im System Au-Zn (s. S. 268).

Das Bestehen einer engen Mischungslücke im flüssigen Zustand konnte bestätigt werden; die beiden in der Zusammensetzung wenig verschiedenen Schmelzen setzen sich jedoch nicht als Schichten gegeneinander ab, sondern bilden eine Emulsion. Das nahezu horizontale Stück der Liquiduskurve zwischen etwa 85 und 95% Mn hängt „möglicherweise mit der $\beta \rightleftharpoons \gamma$-Umwandlung des Mangans bei 1191° zusammen. In diesem Falle würden die auf den Abkühlungskurven bei 1224° beobachteten Haltepunkte nicht dem Erstarrungsbeginn entsprechen, sondern der Temperatur des nonvarianten Gleichgewichts zwischen γ-Mn-Mischkristallen, Schmelze und β-Mn-Mischkristallen". In Abb. 113 wurde diese Vermutung der Verfasser unter Vorbehalt zum Ausdruck gebracht.

Die bereits von PARRAVANO-PERRET beobachtete Umwandlung in Legierungen oberhalb 30% Mn wurde bestätigt und in Zusammenhang mit der $\alpha \rightleftharpoons \gamma$-Manganumwandlung gebracht. Das hier entstehende Eutektoid zeichnet sich durch eine große Feinkörnigkeit aus (vgl. PARRAVANO-PERRET). Eine etwa bei 800° stattfindende Umwandlung in Mn und Mn-reichen Legierungen ist offenbar auf Verunreinigungen zurückzuführen.

2. Nachtrag. Zu einem ganz anderen Zustandsschaubild gelangten BUMM-DEHLINGER[6] auf Grund röntgenographischer Untersuchungen (s. Abb. 114). Bei 1000° abgeschreckte Legierungen zeigten zwischen

0 und 84,5% Mn das kubisch-flächenzentrierte Gitter des Goldes (deutliche Abweichung der Konstanten vom VEGARD schen Gesetz) und zwischen 84,5 und 87% Mn das kubische Gitter und das tetragonale γ-Mn-Gitter (c/a = 0,996). Die nahe 25 Atom-% Mn liegende δ-Phase hat ein tetragonal-flächenzentriertes Gitter mit Überstruktur. Neu gefunden wurde bei 50 Atom-% Mn unterhalb 700° ein tetragonal-raumzentriertes Gitter mit einer Überstruktur, die eine Atomverteilung wie im CsCl-Typus anzeigt. Das von den anderen Forschern gefundene

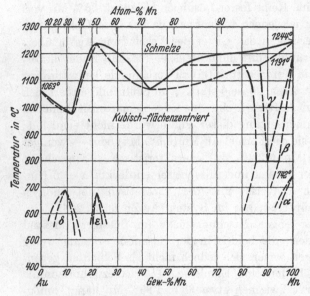

Abb. 114. Au-Mn. Gold-Mangan (BUMM und DEHLINGER).

ausgedehnte Zwei-phasengebiet wurde nach Ansicht von BUMM-DEHLINGER bei den mikroskopischen Untersuchungen wahrscheinlich dadurch vorgetäuscht, „daß die bei tiefen Temperaturen einsetzenden Umwandlungen sich durch Abschrecken nicht vollständig unterdrücken lassen, andererseits aber im vielkristallinen Material sich auch niemals vollständig ausbilden". Da nach der Struktur der bei 1000° abgeschreckten Legierungen keine Bedenken gegen das Diagramm von BUMM-DEHLINGER geltend zu machen sind, so würde zu schließen sein, daß die eutektische Kristallisation bei 1073—1085° (Abb. 112 u. 113) durch die große Breite des Erstarrungsintervalls und die geringe Neigung der Soliduskurve vorgetäuscht ist. Das monotektische Gleichgewicht bei 1130—1400° in Abb. 112 und 113 würde dem peritektischen Gleichgewicht zwischen Schmelze, Au-Mischkristallen und γ-Mn-Mischkristallen entsprechen.

Literatur.

1. PARRAVANO, N., u. U. PERRET: Gazz. chim. ital. Bd. 45 I (1915) S. 293/303. Z. Metallkde. Bd. 14 (1922) S. 73/74. — **2.** Die Zusammensetzung des verwendeten Mangans wird leider nicht angegeben. — **3.** HAHN, L., u. S. KYROPOULOS: Z. anorg. allg. Chem. Bd. 95 (1916) S. 105/14. Das verwendete Mn enthielt nur 91,7% Mn, außerdem 5,3% Al, 0,4% Cu, 0,7% Fe, 0,5% Si, Rest ?. — **4.** „Sämtliche Legn. waren ihrer Struktur nach ziemlich homogen und bestanden aus unter sich ziemlich homogenen Kristalliten verschiedener Form." In den Legn. mit

27,4, 29,5, 31,7, 37 und besonders 40% Mn zeigten sich „Andeutungen einer eutektischen Struktur“, die durch einstündiges Glühen bei 1000° verschwanden. Auf den Abkühlungskurven der Legn. mit 30,5 und 32% Mn beobachteten HAHN-KYROLOULOS deutliche Haltepunkte bei 950° bzw. 960°. — 5. MOSER, H., E. RAUB u. E. VINCKE: Z. anorg. allg. Chem. Bd. 210 (1933) S. 67/76. Das verwendete Mn hatte einen Reinheitsgrad von 97%. Die Legn. wurden in geeigneten Tiegeln unter Wasserstoff erschmolzen. — 6. BUMM, H., u. U. DEHLINGER: Metallwirtsch. Bd. 13 (1934) S. 23/25.

Au-Mo. Gold-Molybdän.

Gold vermag bei Temperaturen bis zu 1500° kein Mo aufzulösen[1].

Literatur.

1. DREIBHOLZ: Z. physik. Chem. Bd. 108 (1924) S. 4/5.

Au-N. Gold-Stickstoff.

Stickstoff wird weder von festem noch von flüssigem Au (untersucht bis 1300°) gelöst[1].

Literatur.

1. SIEVERTS, A., u. W. KRUMBHAAR: Ber. dtsch. chem. Ges. Bd. 43 (1910) S. 894. TOOLE, F. J., u. M. F. G. JOHNSON: J. physic. Chem. Bd. 37 (1933) S. 331/46.

Au-Na. Gold-Natrium.

HEYCOCK-NEVILLE[1] stellten durch eingehende Versuche fest, daß der Erstarrungspunkt des Natriums durch Au-Zusatz auf 82° bei 77—77,5% Na (eutektischer Punkt) erniedrigt wird. Die eutektische Konzentration konnte durch Aufnahme von Gefügebildern mit Hilfe durchfallender Röntgenstrahlen bestätigt werden[2]. In Legierungen mit weniger als 77% Na sollen — wie HEYCOCK-NEVILLE vermuteten — primär aus-geschiedene Nadeln von reinem Au vorliegen.

MATHEWSON[3] (Abb. 115) stellte demgegenüber fest, daß eine Verbindung besteht, Au_2Na mit 5,51% Na. Die mit Hilfe der thermischen Analyse festgestellte Zusammensetzung der Verbindung wurde durch Rück-standsanalyse bestätigt. Die Zusammensetzung der Eutektika wurde lediglich aus den eutektischen Haltezeiten ermittelt. Die feste Löslich-keit wurde nicht näher untersucht, da keine Wärmebehandlungen aus-geführt wurden. Die Liquiduskurve für den Bereich von 18,3—71,2% Na, für den keine thermischen Daten vorliegen, konnte mit einiger Genauig-keit aus der Darstellung des Diagramms in Atom-% entnommen werden.

ZINTL, GOUBEAU und DULLENKOPF[4] haben Anzeichen für das Be-stehen einer anscheinend nur in Lösung von flüssigem NH_3 beständigen Verbindung AuNa (10,45% Na) erhalten.

Literatur.

1. HEYCOCK, C. T., u. F. H. NEVILLE: J. chem. Soc. Bd. 55 (1889) S. 668/71. — 2. Dieselben: J. chem. Soc. Bd. 73 (1898) S. 716/18. — 3. MATHEWSON, C. H.:

Int. Z. Metallogr. Bd. 1 (1911) S. 81/88. Die Legn. wurden teils in mit Graphit ausgekleideten Porzellantiegeln, teils in Glastiegeln hergestellt. Der größte Teil wurde analysiert. — 4. ZINTL, E., J. GOUBEAU u. W. DULLENKOPF: Z. physik. Chem. A Bd. 154 (1931) S. 1/46, insbes. S. 15 u. 44.

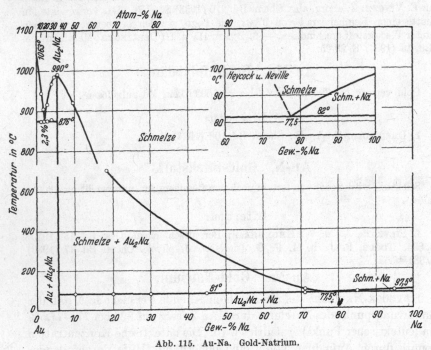

Abb. 115. Au-Na. Gold-Natrium.

Au-Ni. Gold-Nickel.

Thermische und mikroskopische Untersuchungen über die Konstitution dieses Systems liegen vor von LEVIN[1], DE CESARIS[2], FRAENKEL-STERN[3] [4], HAFNER[5] und HEIKE-KESSNER[6].

Die Liquiduskurve der Abb. 116 wurde durch graphische Interpolation der von LÉVIN (9 Legn.), DE CESARIS (11 Legn.), FRAENKEL-STERN[3] (12 Legn.) sowie HAFNER (12 Legn.) ermittelten Temperaturen des Beginns der Erstarrung gewonnen. Die Genauigkeit ist wohl größer als ± 10°. Das Minimum wurde von LEVIN bei etwa 25% Ni und 950°, DE CESARIS bei 15% Ni und 955°, FRAENKEL-STERN[3] zwischen 15 und 20% Ni und 950°, HAFNER bei 15—20% Ni und 945—948° gefunden.

Die Soliduskurve. Das Ende der Erstarrung wurde von LEVIN im Bereich von 5—70% Ni bei 950° (im Mittel) gefunden, jedoch zeigte nur die Schmelze mit 40% Ni einen deutlichen Haltepunkt bei dieser Temperatur, während die Abkühlungskurven der übrigen Legierungen nur einen schwachen Knick aufwiesen. Trotzdem schloß er auf das Bestehen einer ausgedehnten Mischungslücke zwischen Au- und Ni-reichen Mischkristallen, da auch das Gefüge eine Bestätigung dafür erbrachte. DE CESARIS fand das Ende der Erstarrung im Bereich von 7,5—70% Ni bei wechselnden Temperaturen zwischen 955 und 980°. FRAENKEL-STERN[4] und unabhängig von ihnen HAFNER konnten dem-

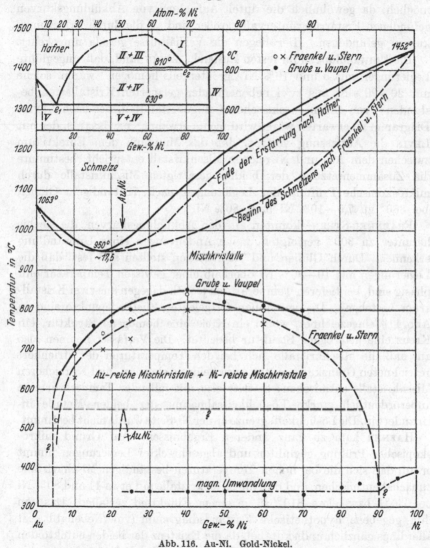

Abb. 116. Au-Ni. Gold-Nickel.

gegenüber zeigen, daß keine eutektische Horizontale besteht, sondern eine lückenlose Mischkristallreihe vorliegt.

Während FRAENKEL-STERN die Soliduskurve durch Aufnahme von Erhitzungskurven von Legierungen, die vorher „bis zum Homogenwerden ausgetempert" waren, festlegten, ermittelte HAFNER die Solidustemperaturen durch Bestimmung der Erstarrungsintervalle auf den Abkühlungskurven. Die Ergebnisse weichen, wie Abb. 116 zeigt, zwischen 20 und 100% Ni außerordentlich voneinander ab. Eine Entscheidung über die Richtigkeit der einen oder anderen Kurve ist nicht möglich, da gewöhnlich die durch Aufnahme von Abkühlungskurven gefundenen Erstarrungsintervalle größer sind als die durch Erhitzungskurven gefundenen. Hier liegen die Verhältnisse gerade umgekehrt.

Die Umwandlungen im festen Zustand. LEVIN fand, daß ungeglühte Legierungen mit 5 und 10% Ni „größtenteils homogen" waren, solche mit 20—90% Ni aus zwei nebeneinander gelagerten Kristallarten bestanden[7]; von einem eutektischen Gefügebestandteil, der nach LEVINs Diagramm zu erwarten wäre, wird nichts erwähnt. DE CESARIS, der mit LEVIN die Auffassung vertrat, daß das Minimum dem Eutektikum zwischen dem Au- und Ni-reichen Mischkristall entspricht, bestimmte die Zusammensetzung der beiden gesättigten Mischkristalle durch mikroskopische Prüfung der Legierungen nach 72stündigem Glühen bei 880° zu 7,5—10% Ni bzw. 80% Ni.

FRAENKEL-STERN[3] konnten auf den Abkühlungskurven, die sie bis herunter zu 300° verfolgten, keine Andeutungen einer Umwandlung erkennen. Durch Glühen und Abschrecken stellten sie[4] fest, daß die Legierungen mit 10—80% Ni oberhalb einer gewissen Temperatur einphasig sind, bei tieferen Temperaturen jedoch dagegen aus zwei Kristallarten bestehen[8]. Die von ihnen festgelegten Zustandspunkte sind in Abb. 116 eingezeichnet, wobei ein Kreis eine homogene Struktur, ein Kreuz eine heterogene Struktur bedeutet. Die Verfasser nehmen also an, daß die Mischkristalle sich bei den Temperaturen der strichliert gezeichneten Grenzkurve unter Ausscheidung eines Au- und Ni-reicheren Mischkristalls entmischen; es tritt also mit fallender Temperatur eine außerordentlich starke Löslichkeitsabnahme der beiden Metalle ineinander ein. Die Löslichkeitsgrenze an der Ni-Seite wurde nicht bestimmt.

HAFNER kam zu ganz anderen Ergebnissen. Auf Grund mikroskopischer Prüfung geglühter und abgeschreckter Legierungen nimmt er an, daß sich die bei hohen Temperaturen beständigen Mischkristalle zunächst entmischen, und daß die Mischkristalle mit etwa 11 und 80% Ni bei 630°[9] bzw. etwa 810° zu je einem Eutektoid zerfallen. Das von ihm gegebene hypothetische Zustandsdiagramm (vgl. Nebenabb.) ist allerdings gänzlich undiskutabel, da die Existenz der beiden eutektoiden Horizontalen — entgegen allen bisher vorliegenden Erkenntnissen — die Annahme je einer polymorphen Umwandlung des Goldes und Nickels notwendig macht. Darüber hinaus vermögen die von HAFNER veröffentlichten Gefügebilder nicht im Sinne der HAFNERschen Deutung zu überzeugen; mit größerer Wahrscheinlichkeit sind sie als Entmischungsstrukturen anzusehen. HAFNER dürfte aus einem eutektoidähnlichen Gefüge irrtümlicherweise auf das Bestehen von Eutektoiden geschlossen haben[10]. Betreffend Einzelheiten muß auf die Original-arbeit verwiesen werden.

HEIKE-KESSNER haben sich nach eigenen mikroskopischen Unter-suchungen der HAFNERschen Deutung angeschlossen, wenigstens hin-sichtlich der Legierungen mit weniger als 40% Ni. Gegenüber der HAFNERschen Arbeit bringt ihre Arbeit nichts wesentlich Neues. Zu der Auslegung der Gefügebilder ist dasselbe zu sagen wie bei HAFNER. Die oben geäußerte Auffassung, daß die beobachtete Gefügeausbildung für eine Entmischung infolge Löslichkeitsabnahme mit sinkender Temperatur spricht, erfährt durch die von HEIKE-KESSNER veröffent-lichten Gefügebilder eine wesentliche Stütze. Die Grenze der Löslich-keit von Ni in Au geben HEIKE-KESSNER zu etwas weniger als 6% Ni (bei 550°?) an.

Die von BECKMANN[11] bestimmte Kurve der elektrischen Leitfähig-keit der Au-reichen Legierungen mit bis zu 14% Ni erlaubt keinen ein-deutigen Schluß auf die Sättigungskonzentration.

Die Temperatur der magnetischen Umwandlung des Nickels wird — wie LEVIN durch allerdings ziemlich rohe Versuche feststellte — durch Au-Zusätze innerhalb der Versuchsfehler nicht verändert. Eine magne-tische Umwandlung konnte noch bei einer Legierung mit 10% Ni beobachtet werden.

Zusammenfassend ist über die Umwandlungen im festen Zustand zu sagen, daß das von FRAENKEL-STERN gegebene Diagramm die Kon-stitutionsverhältnisse sicher am besten beschreibt. Daß die Ent-mischung der Au-Ni-Mischkristalle nicht, wie man vermuten könnte, mit der Bildung einer oder mehrerer intermediärer Kristallarten ver-bunden ist, sondern in der durch Abb. 116 wiedergegebenen einfachen Weise vor sich geht, dürfte aus einer Untersuchung von WISE[12] folgen. WISE fand, daß eine Legierung mit 23% Ni (50 Atom-%) nach dem Abschrecken bei 860° aus einem kubisch-flächenzentrierten Misch-kristall, nach dem Anlassen bei 455° dagegen aus zwei solchen Misch-kristallen bestand, die auf Grund von Bestimmungen der Gitter-konstanten etwa 5 und 88,5% Ni enthielten.

1. Nachtrag. Bei einer Nachprüfung der Ergebnisse von HAFNER und FRAENKEL-STERN mit Hilfe von Widerstands-Temperaturkurven, die im Vakuum mit einer Erhitzungsgeschwindigkeit von 2° je Minute aufgenommen wurden[13], haben GRUBE-VAUPEL[14] das Diagramm von FRAENKEL-STERN bestätigt. In Abb. 116 sind die von GRUBE-VAUPEL gefundenen Temperaturen der Knickpunkte der Widerstands-Tempe-raturkurven, die den Temperaturen des Überganges heterogen → homo-gen entsprechen, eingezeichnet. Die durch diese Punkte gelegte Grenz-kurve verläuft zwischen 10 und 70% Ni ungefähr parallel zu der Kurve

nach FRAENKEL-STERN, jedoch durchweg etwas höher. Dies ist, wie
GRUBE-VAUPEL selbst bemerken, wohl darauf zurückzuführen, daß bei
ihren Versuchen mit steigender Temperatur gemessen wurde, wodurch
vielleicht die Knickpunkte etwas zu hoch gefunden wurden. Die von
GRUBE-VAUPEL bestimmten magnetischen Umwandlungspunkte würden
für eine Grenzkonzentration des Ni-reichen Mischkristalls von 80—85%
Ni sprechen. Nach dem Befund von FRAENKEL-STERN und WISE liegt
sie jedoch bei höherem Ni-Gehalt.

2. Nachtrag. Nach einem Bericht über eine Arbeit von WESTGREN
und EKMAN[15] haben diese Forscher die Verbindung AuNi mit der
Struktur des β-Messings gefunden. Es ist anzunehmen, daß sich diese
Verbindung durch Reaktion von Au-reichen mit Ni-reichen Mischkristallen bildet (Abb. 116), analog der β-Phase im System Ag-Pt (s. S. 51)
(vgl. jedoch WISE[12]).

Literatur.

1. M.: Z. anorg. allg. Chem. Bd. 45 (1905) S. 238/42. — **2.** CESARIS,
P. DE: Gazz. chim. ital. Bd. 43 II (1913) S. 609/11. — **3.** FRAENKEL, W., u. A. STERN:
Z. anorg. allg. Chem. Bd. 151 (1926) S. 105/108. — **4.** FRAENKEL, W., u. A. STERN:
Z. anorg. allg. Chem. Bd. 166 (1927) S. 161/164. — **5.** HAFNER, H. (u. W. HEIKE):
Diss. Freiburg i. Sa. 1927. — **6.** HEIKE. W., u. H. KESSNER: Z. anorg. allg. Chem.
Bd. 182 (1929) S. 272/80. — **7.** Die Menge der von HNO_3 leicht angreifbaren
Kristalle nahm, wie sich an sehr langsam abgekühlten Proben erkennen ließ, mit
steigendem Ni-Gehalt merklich zu. — **8.** Aus den beiden von FRAENKEL-STERN
gegebenen Gefügebildern entmischter Legn. lassen sich keine weiteren Schlüsse
ziehen. — **9.** Für das Bestehen der Horizontalen bei 630° fand HAFNER Andeutungen auf den Abkühlungskurven der Legn. mit 25 und 30% Ni. — **10.** In zahlreichen Fällen scheidet sich bei einer durch Löslichkeitsabnahme mit fallender
Temperatur eintretenden Entmischung eine Kristallart in lamellarer Form aus,
so daß man den Eindruck einer eutektoiden Struktur hat. — **11.** BECKMANN, B.:
Arch. Mat. Astron. Fysik Bd. 7 (1912) S. 1/18. Vgl. A. SCHULZE: Die elektrische
und thermische Leitfähigkeit in W. Guertlers Handbuch Metallographie, Berlin:
Gebr. Borntraeger 1925. — **12.** WISE, E. M.: Trans. Amer. Inst. min. metallurg.
Engr. Inst. Metals Div. 1929 S. 384/403. — **13.** Die Proben waren vorher 24 Stunden
bei 950° geglüht und im Verlauf von 7 Wochen auf Raumtemperatur abgekühlt.
— **14.** GRUBE, G., u. F. VAUPEL: Z. physik. Chem. Bodenstein-Festbd. (1931)
S. 187/97. — **15.** WESTGREN, A., u. W. EKMAN: Arkiv för Kemi, Min. och Geol. B
Bd. 10 (1930) S. 1/6. Ref. J. Inst. Met., Lond. Bd. 50 (1932) S. 477/78.

Au-O. Gold-Sauerstoff.

Löslichkeit von O_2 in Au bei 300—900°: F. J. TOOLE u. F. M. G. JOHNSON:
J. physic. Chem. Bd. 37 (1933) S. 331/46.

Au-Os. Gold-Osmium.

Aus Widerstandsmessungen an Au-reichen Legierungen mit bis zu 2,96 Atom-%
= 2,87 Gewichts-% Os bzw. 2,76 Atom-% = 1,44 Gewichts-% Ru, die bei 900
bis 950° abgeschreckt waren, schließt LINDE[1], daß die Löslichkeiten dieser beiden
Metalle in Au „verschwindend klein" sind.

Literatur.

1. LINDE, J. O.: Ann. Physik 5 Bd. 10 (1931) S. 69.

Au-P. Gold-Phosphor.

Nach Beobachtungen von HAUTEFEUILLE-PERREY[1] absorbiert geschmolzenes Gold Phosphordampf und gibt ihn beim Erkalten unter
Spratzen von sich. Bei Vereinigung der Elemente (also auf trockenem
Wege) erhielt SCHRÖTTER[2] ein Produkt von der annähernden Zusammen-
setzung Au_2P_3 (19,09% P), GRANGER[3] dagegen ein solches entsprechend
Au_3P_4. Beide Stoffe zersetzten sich bereits wenig oberhalb ihrer Bildungstemperatur; ihre Einheitlichkeit war nicht erwiesen. HARALDSEN-
BILTZ[4] haben das Ergebnis von SCHRÖTTER bestätigt[5] und darüber
hinaus durch tensimetrische Untersuchungen (s. Ag-P) gezeigt, daß ein
Au-reicheres Phosphid (wie Au_3P_4) sicher nicht besteht. Da sich bei
zahlreichen Versuchen keine Anzeichen für die Bildung einer P-reicheren
Verbindung ergeben haben, so betrachten die Verfasser „zur Zeit Au_2P_3
als die phosphorreichste (mithin einzige) auf trockenem Wege und bei
normalen Drucken herstellbare Phosphorverbindung des Goldes".
Au_2P_3 vermag kein Au, dieses kein P in fester Lösung aufzunehmen.

Literatur.

1. HAUTEFEUILLE, P., u. A. PERREY: C. R. Acad. Sci., Paris Bd. 98 (1884)
S. 1378. — 2. SCHRÖTTER, A.: Ber. Wien. Akad. Bd. 2 (1849) S. 301. — 3. GRANGER,
A.: C. R. Acad. Sci., Paris Bd. 124 (1897) S. 498/99. — 4. HARALDSEN, H., u.
W. BILTZ: Z. Elektrochem. Bd. 37 (1931) S. 502/504. — 5. Au_2P_3 wurde durch
Erhitzen von reduziertem Au mit rotem P im evakuierten Rohr bei 500° dargestellt

Au-Pb. Gold-Blei.

Nach HEYCOCK-NEVILLE[1] wird der Erstarrungspunkt des Bleis durch
Au-Zusätze stetig erniedrigt; die Legierung mit 96,3% Pb (Au-reichste
Legierung) erstarrt danach bei 302°.

VOGEL[2] arbeitete das in Abb. 117 dargestellte Zustandsdiagramm mit
Hilfe thermischer und mikroskopischer Untersuchungen aus. Die Zusammensetzung der beiden Verbindungen Au_2Pb (34,44% Pb) und $AuPb_2$
(67,76% Pb) ergab sich zwar mit einiger Sicherheit aus den maximalen
Haltezeiten der peritektischen Umsetzungen bei 418° bzw. 254°, doch
erbrachte die mikroskopische Prüfung keine Bestätigung dafür, da die
Legierungen mit 10—68% Pb infolge der während der schnellen Abkühlung unvollständig verlaufenden peritektischen Reaktionen fast
durchweg aus drei oder sogar vier Kristallarten bestanden. Nach
längerem Glühen bei 420° und langsamer Abkühlung konnte jedoch die
Legierung mit 35% Pb praktisch homogen erhalten werden. Auch die
Legierung mit 68% Pb besteht, wie VOGEL zeigen konnte, nach langsam

geleiteter Abkühlung der Schmelze fast ausschließlich aus einer Kristallart.

Die auf den Abkühlungskurven der Legierungen mit 35—70% Pb beobachteten Verzögerungen bei 211° (vgl. die eingezeichneten thermischen Daten) hielt VOGEL für Anzeichen einer polymorphen Umwand-

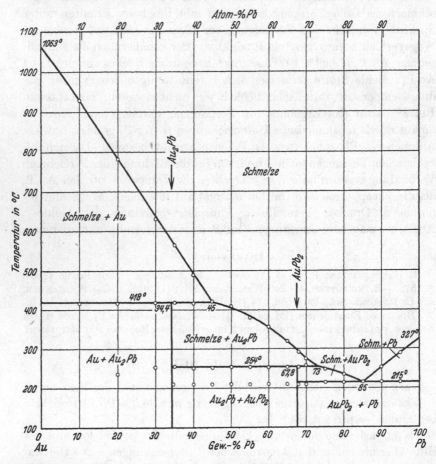

Abb. 117. Au-Pb. Gold-Blei.

lung der Verbindung $AuPb_2$. Der Verfasser möchte demgegenüber die Vermutung aussprechen, daß es sich hier infolge der mangelhaften Gleichgewichtseinstellung bei 418° und 254° (Umhüllungen) um das Auftreten der eutektischen Kristallisation bei 215° handelt, um so mehr, als 1. die vermeintliche Umwandlungstemperatur nur um 4° unterhalb der eutektischen Temperatur liegt, 2. das Auftreten von drei Kristallarten damit im Einklang ist, 3. auf die Abhängigkeit der Haltezeiten bei 211 und 215° bei den beobachteten starken Gleichgewichtsstörungen kein allzu großes Gewicht zu legen ist und 4. auch die peritektische Reaktion bei 254° noch bei kleineren Pb-Gehalten als 35% und tieferer Temperatur (als Folge der Umhüllung) beobachtet wurde.

Bezüglich der Löslichkeit von Pb in festem Au sei auf die mikroskopischen Untersuchungen einer 0,2% Pb enthaltenden Legierung von ARNOLD-JEFFERSON[3] und ANDREWS[4], sowie auf die Besprechung dieser Ergebnisse von OSMOND[5] und OSMOND und ROBERTS-AUSTEN[6] verwiesen[7]. Neuere Untersuchungen von NOWACK[8] deuten darauf hin, daß die Löslichkeitsgrenze nach mehrstündigem Glühen bei 650° zwischen 0,005 und 0,06% Pb liegt. Die Löslichkeit von Au in festem Pb wurde bisher noch nicht untersucht, doch ist nach den von ROBERTS-AUSTEN[9] und von HEVESY-SEITH[17] bei Raumtemperatur ausgeführten Diffusionsversuchen (Au in Pb) auf eine gewisse Löslichkeit zu schließen (s. Nachtrag).

MATTHIESSEN[10] hat die elektrische Leitfähigkeit von 6 Legierungen mit 67,8 (= $AuPb_2$) bis 100% Pb bestimmt. Die Leitfähigkeitsisotherme zeigt einen schwachen Knick, die Widerstandsisotherme eine schroffe Richtungsänderung (Spitze) bei der Zusammensetzung $AuPb_6$ (86,3% Pb). Dieses Ergebnis steht mit dem VOGELschen Diagramm nicht im Einklang. Ob der Knick, wie GUERTLER[11] vermutet, auf eine noch unbekannte Verbindung zurückzuführen ist, muß weiteren Untersuchungen vorbehalten bleiben. Sicher ist aber, daß sie sich erst unter 180° bilden könnte, da VOGEL seine Abkühlungskurven bis zu dieser Temperatur abwärts verfolgte, ohne Andeutungen einer Reaktion im festen Zustand zu finden. Die der Zusammensetzung $AuPb_6$ benachbarte Pb-ärmere Legierung, die schon auf dem anderen Ast der Leitfähigkeitskurve liegt, enthielt 80,8% Pb. Da diese Legierung nach dem Diagramm unter Primärausscheidung von $AuPb_2$-Kristallen erstarrt, ist es nicht möglich, den von MATTHIESSEN gefundenen Knick mit Gleichgewichtsstörungen zu erklären[12].

MAEY[13] hat (im Jahre 1901, also vor VOGELs Arbeit) die von MATTHIESSEN-HOLZMANN[14] bestimmten Dichten einer Anzahl Legierungen als spezifische Volumina ausgewertet und eine höchste (absolut genommen jedoch ziemlich geringe) Kontraktion bei etwa der Zusammensetzung Au_2Pb_3 (61,18% Pb) gefunden. Ganz abgesehen davon, daß die Dichte oder das spezifische Volumen nur mit größtem Vorbehalt als Mittel zur Konstitutionsforschung herangezogen werden kann, ist diese Feststellung völlig bedeutungslos, da nach der VOGELschen Arbeit in den aus der Schmelze erstarrten Legierungen starke Gleichgewichtsstörungen vorliegen.

SPENCER-JOHN[15] haben die Dichte und die magnetische Suszeptibilität der ganzen Legierungsreihe bestimmt. Ihre Dichtewerte liegen mit geringer Streuung auf einer schwach konvex zur Konzentrationsachse (in Gew.-%) geneigten Kurve; sie sagen also nichts über die Konstitution aus. (Die von MATTHIESSEN bestimmten Dichten liegen auf einer schwach konkav zur Konzentrationsachse geneigten Kurve!) Die magnetische Suszeptibilität ändert sich nach SPENCNR-JOHN sehr unregelmäßig mit der Zusammensetzung und ist ohne Zusammenhang mit der Konstitution. Die Verfasser dürften nicht berücksichtigt haben, daß die ungeglühten Legierungen sehr weit vom Gleichgewichtszustand entfernt sind.

Nach Messungen der Kette Au/NaCl-Lösung/Au_xPb_{1-x} durch LAURIE[16] kommt das Bestehen der beiden Verbindungen auf der Spannungskurve nicht zum Ausdruck, da die Spannung des Pb bis etwa 90% Au erhalten bleibt. Es ist nicht ausgeschlossen, daß das Bleipotential der Legierung mit 90% Au durch Spuren des $AuPb_2$-Pb-Eutektikums hervorgerufen ist. Neuerdings konnten GRIENGL-BAUM[18] den Befund LAURIEs durch Spannungsmessungen in 0,1 n, mit $PbCl_2$ gesättigter HCl bestätigen.

Nachtrag. Aus Diffusionsversuchen von Au in Pb ergibt sich eine Löslichkeit von 0,03 Atom- oder Gew.-% Au bei 170° und von 0,08 Atom- oder Gew.-% Au bei 200°[19]. Mc LENNAN und Mitarbeiter[20] bestimmten die Temperaturen, bei denen die Verbindungen und Eutektika supraleitend werden.

Au_2Pb hat ein kubisch-flächentriertes Gitter mit 24 Atomen im Elementarwürfel und ist strukturell analog Cu_2Mg und Bi_2K[21].

Literatur.

1. HEYCOCK, C. T., u. F. H. NEVILLE: J. chem. Soc. Bd. 61 (1892) S. 909, 912. — **2.** VOGEL, R.: Z. anorg. allg. Chem. Bd. 45 (1905) S. 11/23. — **3.** ARNOLD, J. O., u. J. JEFFERSON: Engineering Bd. 61 (1896) S. 176/78. — **4.** ANDREWS, T.: Engineering Bd. 66 (1898) S. 541. — **5.** OSMOND, F.: Engineering Bd. 66 (1898) S. 756. — **6.** OSMOND, F., u. W. C. ROBERTS-AUSTEN: Engineering Bd. 67 (1899) S. 254. Vgl. auch Bull. Soc. Encour. Ind. nat. 5 Bd. 1 (1896) S. 1137. — **7.** ROESSLER, F.: Z. anorg. allg. Chem. Bd. 9 (1895) S. 76/77 beobachtete in einer Legierung mit 1% Pb erhebliche Mengen eines zweiten Gefügebestandteiles. — **8.** NOWACK, L.: Z. anorg. allg. Chem. Bd. 154 (1926) S. 395/98. Z. Metallkde. Bd. 19 (1927) S. 241/44. — **9.** ROBERTS-AUSTEN, W. C.: Proc. Roy. Soc., Lond. Bd. 67 (1900) S. 101/105. Ref. Chem. Zbl. 1900 II S. 1148. — **10.** MATTHIESSEN, A.: Pogg. Ann. Bd. 110 (1860) S. 211. — **11.** GUERTLER, W.: Z. anorg. allg. Chem. Bd. 51 (1906) S. 413/15. — **12.** GUERTLER (l. c.) gibt auf Grund einer Bemerkung von VOGEL, daß sich das Eutektikum in den Pb-reichen Legierungen stark oxydiert und eine einwandfreie Prüfung des Gefüges verhindert, eine weitere Erklärung: „Diese Oxydationsfähigkeit, die den beiden Bestandteilen des Eutektikums nicht zukommt, kann einerseits auf die Existenz einer Verbindung in demselben deuten, erklärt andererseits das erwähnte Minimum in MATTHIESSENs Leitfähigkeitskurve (dessen Konzentration nahezu mit der des Eutektikums zusammenfällt) durch die Entstehung von Oxydhäuten und Übergangswiderständen in der Legierung." — **13.** MAEY, E.: Z. physik. Chem. Bd. 38 (1901) S. 298. — **14.** MATTHIESSEN, A., u. M. HOLZMANN: Pogg. Ann. Bd. 110 (1860) S. 37. — **15.** SPENCER, F. J., u. M. E. JOHN: Proc.

Roy. Soc., Lond. Bd. 116 (1927) S. 66. J. Soc. chem. Ind. Bd. 50 (1931) S. 37/39.
— **16.** LAURIE, A. P.: J. chem. Soc. Bd. 65 (1894) S. 1036. — **17.** HEVESY, G. v.,
u. W. SEITH: Z. Elektrochem. Bd. 37 (1931) S. 528/31. — **18.** GRIENGL, F., u.
R. BAUM: Mh. Chemie Bd. 57 (1931) S. 165/76. — **19.** SEITH, W., u. A. KEIL:
Z. physik. Chem. B Bd. 22 (1933) S. 350/58. S. auch W. SEITH u. J. G. LAIRD:
Z. Metallkde. Bd. 24 (1932) S. 195 und W. SEITH u. H. ETZOLD: Z. Elektro-
chem. Bd. 40 (1934) S. 829/33. — **20.** McLENNAN, J. C., J. F. ALLEN u. J. O.
WILHELM: Philos. Mag. Bd. 13 (1932) S. 1196/1209. — **21.** SELLITZ, H.: Acta et
Comment. Univ. Tartuensis Bd. 27 (1934). Ref. Chem.   . 1935 I, S. 783,
J. Inst. Met., Lond. Met. Abs. Bd. 2 (1935) S. 15, 222.

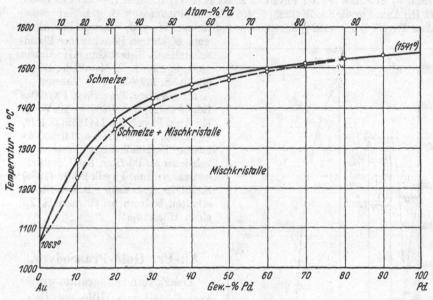

Abb. 118. Au-Pd. Gold-Palladium.

Au-Pd. Gold-Palladium.

Nach dem Erstarrungsdiagramm von RUER[1] (Abb. 118), das FRAENKEL-
STERN[2] bei einer Wiederholung in großen Zügen gut bestätigen konnten
(sie teilen jedoch keine Einzelergebnisse mit), kristallisiert aus Au-Pd-
Schmelzen eine lückenlose Reihe von Mischkristallen. Diese Mischkristalle erleiden nach den bisher vorliegenden Messungen der elektrischen Leitfähigkeit von GEIBEL[3] und SEDSTRÖM[4], des Temperaturkoeffizienten des elektrischen Widerstandes von GEIBEL, der thermischen Leitfähigkeit von SCHULZE[5] und SEDSTRÖM, des linearen Ausdehnungskoeffizienten von JOHANSSON[6] und der Gitterkonstanten von
HOLGERSSON-SEDSTRÖM[7] und besonders STENZEL-WEERTS[8] (Präzisionsmessungen) keine Umwandlungen im festen Zustand, die mit fallender
Temperatur unter einfacher Entmischung oder Bildung geordneter
Atomverteilungen vor sich gehen[9]. Nach STENZEL-WEERTS ändern sich

die Gitterkonstanten — im Gegensatz zu den weniger genauen Ergebnissen von HOLGERSSON-SEDSTRÖM — praktisch linear mit der Zusammensetzung in Atom-%. VOGT[10] bestimmte die magnetische Suszeptibilität der ganzen Mischkristallreihe bei 20° und —183°[11].

Literatur.

1. RUER, R.: Z. anorg. allg. Chem. Bd. 51 (1906) S. 391/96. — 2. FRAENKEL, W., u. A. STERN: Z. anorg. allg. Chem. Bd. 166 (1927) S. 164. — GEIBEL, W.: Z. anorg. allg. Chem. Bd. 69 (1911) S. 43/46. — 4. SEDSTRÖM, E.: Diss. Stockholm 1924. — SCHULZE F. A.: Physikal. Z. Bd. 12 (1911) S. 1028/31. — 6. JOHANSSON, C. H.: Ann. Physik Bd. 76 (1925) S. 452/53. — 7. HOLGERSSON, S., u. E. SEDSTRÖM: Ann. Physik Bd. 7 (1924) S. 149/50. — 8. STENZEL, W., u. J. WEERTS: Festschrift zum 50jährigen Bestehen der Platinschmelze G. Siebert G.m.b.H., Hanau 1931, S. 288/99. Z. Metallkde. Bd. 24 (1932) S. 139/40. — 9. LIEMPT, J. A. M. VAN: Rec. Trav. chim. Pays-Bas Bd. 45 (1926) S. 203/206. — 10. VOGT, E.: Ann. Physik Bd. 14 (1932) S. 1/39. — 11. Die Thermokraft und lichtelektrische Empfindlichkeit wasserstoffbeladener Au-Pd-Legn. hat J. SCHNIEDERMANN: Ann. Physik Bd. 13 (1932) S. 761/79 gemessen. Beide Eigenschaften besitzen bei 60 Atom-% Pd einen Höchstwert.

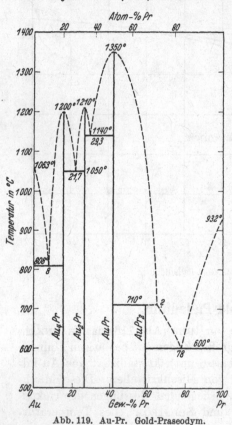

Abb. 119. Au-Pr. Gold-Praseodym.

Au-Pr. Gold-Praseodym.

Das Zustandsdiagramm wurde von ROSSI[1] mit Hilfe der thermischen Analyse ausgearbeitet. Abb. 119 gibt das nach einem Referat dieser Arbeit gezeichnete Diagramm wieder; die Liquiduskurve ist schematisch.

Literatur.

1. ROSSI, A.: Gazz. chim. ital. Bd. 64 (1934) S. 748/57. — 2. J. Inst. Met., Lond. Met. Abs. Bd. 2 (1935) S. 98.

Au-Pt. Gold-Platin.

Das Erstarrungsschaubild. ERHARD-SCHERTEL[1] bestimmten die Schmelzpunkte von 19 Au-Pt-Legierungen mit 5, 10, 15, 20 ... 95% Pt offenbar durch Beobachtung der Formänderung beim Glühen bei steigenden Temperaturen. Die Schmelzpunkte liegen auf einer gegen die Konzentrationsachse sehr schwach konvexen Kurve; Schmelzpunkt der 50%igen Legierung 1385°. Die nach diesem Verfahren bestimmten Soliduspunkte sind sicher etwas zu hoch, da der Beginn des Schmelzens sich der genauen Beobachtung entzieht. DOERINCKEL[2] bestimmte erstmalig die Temperaturen des Beginns der Erstarrung und die annähernden Temperaturen des Endes der Erstarrung mit Hilfe von Abkühlungskurven im Bereich von 0—60% Pt (s. Abb. 120). Letztere sind sicher wesentlich zu tief gefunden. DOERINCKEL schloß aus seinen Ergebnissen, daß sich aus Au-Pt-Schmelzen eine lückenlose Reihe von Mischkristallen ausscheidet, was bereits nach den Daten von ERHARD-SCHERTEL anzunehmen war. Bei einer Wiederholung der thermischen Analyse zwischen 0 und 61,3% Pt fand GRIGORJEW[3] zum Teil stark streuende Liquiduspunkte und oberhalb 20% Pt praktisch gleiche Solidustemperaturen (rd. 1290°). GRIGORJEW schloß daraus, daß sich bei 1290° die peritektische Reaktion: Pt-reicher Mischkristall + Schmelze ⇌ Au-reicher Mischkristall vollzieht. Dieser Befund entspricht, wie weiter unten gezeigt wird, nicht den Tatsachen; Au und Pt sind vielmehr bei hohen Temperaturen lückenlos mischbar[4]. JOHANSSON-LINDE[5] glühten Drähte mit 39,75, 44,75 und 49,75% Pt bei 1260° und beobachteten, daß die erstgenannte Legierung teilweise geschmolzen, die beiden anderen nur stark bzw. ein wenig gesintert waren. Dieser Befund spricht deutlich gegen die Auffassung von GRIGORJEW und zeigt weiter, daß der Soliduspunkt bei 1260° zwischen 40 und 45% Pt liegt, d. h. zwischen den von ERHARD-SCHERTEL und DOERINCKEL angegebenen Soliduskurven.

Die Mischungslücke im festen Zustand. DOERINCKEL fand keine Anzeichen für das Bestehen einer Mischungslücke[6][7]. Demgegenüber schloß GRIGORJEW aus mikroskopischen Beobachtungen und Härtemessungen an Legierungen, die bei 1000° (bei 5—30% Pt) und 1200° (bis 90% Pt) geglüht waren (Abkühlung?), daß sich die Mischungslücke von etwa 25—80% Pt erstreckt. NOWACK[8] fand beim Anlassen abgeschreckter Legierungen mit 20 und 25% Pt bei 550° Härtesteigerungen; eine Legierung mit 15% Pt zeigte keine Aushärtungserscheinungen. Unter der Voraussetzung, daß die von NOWACK untersuchten Legierungen nach dem Glühen und Abschrecken in allen Teilen gleiche Zusammensetzung hatten, folgt daraus, daß die Sättigungsgrenze bei 550° zwischen 15 und 20% Pt liegt und sich mit steigender Temperatur zu Pt-reicheren Konzentrationen verschiebt.

Die von DOERINCKEL vermutete lückenlose Mischbarkeit bei hohen Temperaturen wurde bewiesen durch Bestimmung der Gitterkonstanten von abgeschreckten Legierungen (bei 1000—1275° je nach der Zusammensetzung) von JOHANSSON-LINDE[9] sowie STENZEL-WEERTS[10].

Die Gitterkonstanten ändern sich praktisch linear mit der Konzentration (in Atom-%). Auch die von JOHANSSON-LINDE gemessenen elektrischen und thermischen Leitfähigkeiten abgeschreckter Legierungen bestätigen

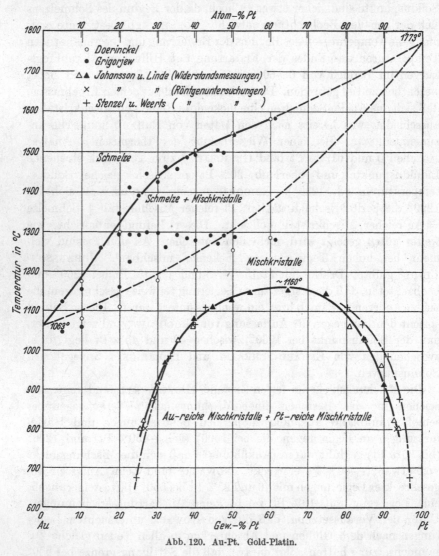

Abb. 120. Au-Pt. Gold-Platin.

das Vorliegen einer lückenlosen Reihe von Mischkristallen bei hohen Temperaturen.

Die Grenze der Mischungslücke wurde erstmalig festgelegt von JOHANSSON-LINDE, und zwar mit Hilfe von Widerstandsmessungen an Drähten (13 Legn. mit 8—96% Pt), die bei 800° und höheren Temperaturen hinreichend lange geglüht und abgeschreckt waren. Die in Abb. 120

mit △ bezeichneten Grenzkonzentrationen wurden aus den Widerstandsisothermen, die mit ▲ bezeichneten aus log Widerstand-(Abschreck-)
Temperatur-Kurven einzelner Legierungen entnommen. Die röntgenographisch bestimmten Grenzen der gegenseitigen Löslichkeit bei 800°
(mit ✕ bezeichnet) ergaben Übereinstimmung mit den elektrischen
Messungen. Wenig später haben STENZEL-WEERTS die gegenseitige
Löslichkeit der beiden Metalle bei Temperaturen zwischen 675 und
1108° ausschließlich mit Hilfe des röntgenographischen Verfahrens bestimmt. Wie Abb.120 zeigt, ist die Übereinstimmung mit den Sättigungskonzentrationen an der Au-Seite nach JOHANSSON-LINDE sehr gut, an
der Pt-Seite fanden STENZEL-WEERTS dagegen oberhalb 700° eine deutlich geringere Löslichkeit. Über die möglichen Ursachen dieser Abweichung siehe die Ausführungen von STENZEL-WEERTS.

Aus der zeitlichen Änderung des elektrischen Widerstandes beim
Anlassen bei 350—400° von Legierungen, die bei einer oberhalb der
Mischungslücke liegenden Temperatur abgeschreckt waren, und insbesondere aus Bestimmungen der Gitterkonstanten von derartig behandelten Legierungen — die Gitterkonstanten der einphasigen Legierungen und der angelassenen Legierungen erwiesen sich als (innerhalb
der Meßfehler) gleich — ist zu schließen, daß beim Anlassen bei 400°
keine einfache Entmischung allein (d. h. eine Spaltung des übersättigten
Mischkristalls in einen Au-reichen und einen Pt-reichen Mischkristall)
eingetreten sein kann. Man hat vielmehr anzunehmen, daß sich bei
dieser Temperatur intermediäre Phasen mit einfachen Mischungsverhältnissen der Komponenten bilden, die, wie im System Ag-Pt
(s. S. 51) möglicherweise geordnete Atomverteilung aufweisen[11].

JOHANSSON-LINDE haben auch die Thermokraft und magnetische
Suszeptibilität der bei hohen Temperaturen abgeschreckten einphasigen
Legierungen gemessen.

Literatur.

1. ERHARD, T., u. A. SCHERTEL: Jb. Berg- u. Hüttenwes. in Sachsen Bd. 17
(1879) S. 163. S. auch die Arbeiten von DOERINCKEL (Anm. 2) und GRIGORJEW
(Anm. 3). Die Schmelzpunkte sind angegeben in Stahl u. Eisen Bd. 19 (1899)
S. 27 und Gmelin-Kraut Hb. Bd. 5 Abt. 3 (1915) S. 982. — 2. DOERINCKEL, F.:
Z. anorg. allg. Chem. Bd. 54 (1907) S. 345/49. — 3. GRIGORJEW, A. T.: Z. anorg.
allg. Chem. Bd. 178 (1929) S. 97/107. Ann. Inst. Platine 1928 Lief. 6 S. 184/94.
— 4. Wodurch die von GRIGORJEW auf den Abkühlungskurven beobachteten
Knicke bei 1290° bedingt sind, ist unklar. — 5. JOHANSSON, C. H., u. J. O. LINDE:
Ann. Physik 5 Bd. 5 (1930) S. 772/73. — 6. Legn. mit 30 und 50% Pt, die 3 Stunden
nahe bei der von DOERINCKEL angegebenen Soliduskurve geglüht wurden, erwiesen sich als homogen; die Abkühlung nach dem Glühen muß also ziemlich
schnell erfolgt sein, da die Entmischung unterdrückt wurde. — 7. Aus Messungen
der elektrischen Leitfähigkeit bzw. der thermischen Leitfähigkeit zwischen 0 und
40% Pt schlossen W. GEIBEL: Z. anorg. allg. Chem. Bd. 70 (1911) S. 251/54 und
F. A. SCHULZE: Physik. Z. Bd. 12 (1911) S. 1028/31, daß in diesem Konzentrationsgebiet Mischkristalle vorliegen. Im Lichte der neueren Erkenntnisse könnten die

Isothermen auch für eine oberhalb 20% Pt auftretende Mischungslücke sprechen, da sie von dieser Konzentration ab sehr flach verlaufen. Nach den neueren Messungen von JOHANSSON-LINDE befanden sich die Proben jedoch nicht in einem definierten Zustand. — 8. NOWACK, L.: Z. Metallkde. Bd. 22 (1930) S. 97/98. — 9. JOHANSSON, C. H., u. J. O. LINDE: Ann. Physik 5 Bd. 5 (1930) S. 762/92. — 10. STENZEL, W., u. J. WEERTS: Festschrift zum 50jährigen Bestehen der Platinschmelze G. Siebert G. m. b. H., Hanau 1931, S. 300/308. Z. Metallkde. Bd. 24 (1932) S. 139/40. — 11. Diese Hypothese läßt sich im System Au-Pt. nicht röntgenographisch entscheiden, da das Streuvermögen der Au- und Pt-Atome annähernd gleich ist, so daß Überstrukturlinien entsprechend einer vorhandenen geordneten Verteilung in den Röntgenbildern nicht sichtbar werden. Weitere Einzelheiten über die Annahme von intermediären, sich durch Reaktion der Au-reichen und Pt-reichen Mischkristalle bildenden Phasen siehe in der Originalarbeit[9].

Au-Rh. Gold-Rhodium.

Die Grenze der Löslichkeit von Rh in flüssigem Au soll nach RÖSSLER[1] wenig über 1% Rh liegen. Im festen Zustand soll Rh als elementares Rh vorliegen.

Aus Widerstandsmessungen an Au-reichen Legierungen mit bis zu 3 Atom-% = 1,6 Gew.-% Rh schließt LINDE[2], daß „die Löslichkeitsgrenze für Rh bei etwa 0,6 Atom-% = 0,3 Gew.-% bei 900° gelegen ist".

Nachtrag. DRIER-WALKER[3] haben RÖSSLERs Beobachtung nicht bestätigen und mit Hilfe röntgenographischer Untersuchungen an der ganzen Legierungsreihe feststellen können, daß Au-Rh-Legierungen aus zwei festen Lösungen der beiden Metalle ineinander bestehen. Die Löslichkeiten würden nach Auffassung der Autoren zu etwa 2,25 Gew.-% Rh in Au (vielleicht sogar bis zu rd. 4,5%) und zu 2—4,5 Gew.-% Au in Rh anzunehmen sein, doch beziehen sich diese Angaben auf nicht näher definierte Zustände. Die von DRIER-WALKER angenommene höhere Löslichkeit von Rh in Au ist mit dem Befund von LINDE nicht in Einklang zu bringen.

Literatur.

1. RÖSSLER, H.: Chem.-Ztg. Bd. 24 (1900) S. 733/35. — 2. LINDE, J. O.: Ann. Physik 5 Bd. 10 (1931) S. 69. — 3. DRIER, R. W., u. H. L. WALKER: Philos. Mag. Bd. 16 (1933) S. 294/98.

Au-Ru. Gold-Ruthenium.

Siehe Au-Os, S. 246.

Au-S. Gold-Schwefel.

FRIEDRICH[1] gelang es nicht Au-S-Schmelzen herzustellen, da der Schwefel verdampfte, bevor wesentliche Mengen Au aufgelöst worden waren. Auch PÉLABON[2] fand, daß sich Au und S nicht auf direktem Wege vereinigen lassen. MUIR[3] sowie MCLAURIN[4] konnten durch Einwirkung von geschmolzenem Schwefel bzw. Schwefeldampf auf geschmolzene Ag-Au-Legierungen ein Gemisch von Sulfiden des Ag und Au herstellen.

Literatur.

1. FRIEDRICH, K.: Metallurgie Bd. 5 (1908) S. 593. — 2. PÉLABON, H.: Ann. Chim. Phys. 8 Bd. 17 (1909) S. 566. — 3. MUIR, P.: Chem. News Bd. 25 (1872) S. 265. — 4. McLAURIN, J. S.: J. chem. Soc. Bd. 69 (1896) S. 1269/76.

Au-Sb. Gold-Antimon.

Das in Abb.121 dargestellte Diagramm wurde von VOGEL[1] mit Hilfe der thermischen Analyse und mikroskopischer Beobachtungen aus-

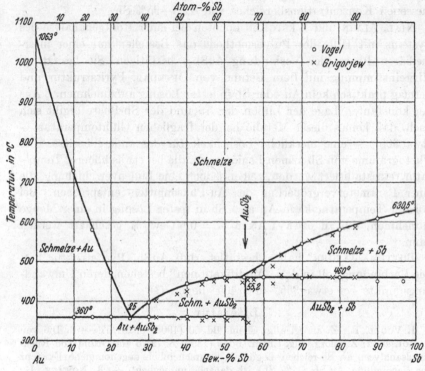

Abb. 121. Au-Sb. Gold-Antimon.

gearbeitet[2]. Die Löslichkeitsverhältnisse im festen Zustand wurden nicht untersucht. NOWACK[3] schließt aus Walzversuchen, daß „eine Spur von Sb sich in Au zu lösen scheint".

Die Legierung mit 55% Sb ($AuSb_2$) ist gegenüber den Legierungen mit 50 und 60% Sb durch eine bedeutend stärker negative Thermokraft gegen Cu ausgezeichnet[4].

OFTEDAL[5] stellte fest, daß die Kristallstruktur der Verbindung $AuSb_2$ (55,26% Sb) zum Pyrittypus gehört.

Nachtrag. GRIGORJEW[6] sowie NIAL, ALMIN und WESTGREN[7] haben neuerdings das Diagramm von VOGEL bestätigen können. Wie aus den in Abb. 121 eingezeichneten, von GRIGORJEW ermittelten Erstarrungstemperaturen der Schmelzen mit 32—84% Sb hervorgeht, sind die Temperaturabweichungen nur gering. Die Widerstands-Konzentrationskurve besteht im Einklang mit den vom Diagramm beschriebenen Konstitutionsverhältnissen aus zwei geradlinigen zwischen Au und $AuSb_2$ sowie zwischen $AuSb_2$ und Sb verlaufenden Ästen. Die Kurve der elektrischen Leitfähigkeit und des Temperaturkoeffizienten des Widerstandes deutet auf das Bestehen Au-reicher und Sb-reicher fester Lösungen hin. Die Sättigungsgrenzen liegen jedoch außerhalb des gemessenen Konzentrationsbereiches von 4,33—95% Sb.

NIAL, ALMIN und WESTGREN konnten bei einer Röntgenanalyse des Systems mit Hilfe der Pulvermethode das Bestehen nur einer intermediären Phase, der Verbindung $AuSb_2$, bestätigen. Sie besitzt, in Übereinstimmung mit dem Befund von OFTEDAL, Pyritstruktur und vermag praktisch kein Au oder Sb in fester Lösung aufzunehmen. „Aus der konstanten Lage der Linien der Au und der Sb-Phase ergibt sich auch, daß keines dieser Metalle bei der fraglichen Glühtemperatur — etwa 300° — eine merkliche Löslichkeit für das andere besitzt. Die Photogramme von Sb-armen Legierungen, die bei etwas höherer Temperatur rekristallisiert wurden, zeigen jedoch eine Linienverschiebung, die einer Parametervergrößerung des Au-Phasengitters entsprechen. Bei höherer Temperatur kann Au also Sb in fester Lösung in einer Menge aufnehmen, die zu etwa 1 Atom-% = 0,6 Gew.-% geschätzt werden kann."

BOTTEMA-JAEGER[8] haben bestätigt, daß $AuSb_2$ Pyritstruktur hat. Die Verbindung soll in drei „Modifikationen" bestehen, deren Umwandlungspunkte bei etwa 355° und 405° liegen (?).

Literatur.

1. VOGEL, R.: Z. anorg. allg. Chem. Bd. 50 (1906) S. 151/57. — 2. Die von F. ROESSLER: Z. anorg. allg. Chem. Bd. 9 (1895) S. 72/73 auf Grund von Rückstandsanalysen an Sb-reichen Legn. als wahrscheinlich angenommene Existenz der Verbindung Au_3Sb (17% Sb) ist danach unmöglich. — 3. NOWACK, L.: Z. Metallkde. Bd. 19 (1927) S. 241. — 4. HAKEN, W.: Ann. Physik Bd. 32 (1910) S. 328/29. — 5. OFTEDAL, I.: Z. physik. Chem. Bd. 135 (1928) S. 291/99. — 6. GRIGORJEW, A. T.: Ann. Inst. Platine 1929 Lief. 7 S. 45/51 (russ.). Z. anorg. allg. Chem. Bd. 209 (1932) S. 289/94. — 7. NIAL, O., A. ALMIN u. A. WESTGREN: Z. physik. Chem. B Bd. 14 (1931) S. 81/82. — 8. BOTTEMA, J. A., u. F. M. JAEGER: Proc. Kon. Akad. Wetensch., Amsterdam. Bd. 35 (1932) S. 916/28. Ref. J. Inst. Met., Lond. Bd. 53 (1933) S. 13/14. Chem. Zbl. 1933 I S. 389/90.

Au-Se. Gold-Selen.

FRIEDRICH[1] teilt mit, daß Bemühungen, Schmelzen von Au mit Se herzustellen, erfolglos waren, da das Selen verdampfte, bevor wesentliche Mengen Au aufgelöst waren. Nach PÉLABON[2] legieren sich Au und Se nicht. Die Verbindung Au_2Se_3 ist auf chemischem Wege dargestellt worden[3].

Literatur.

1. FRIEDRICH, K.: Metallurgie Bd. 5 (1908) S. 593. — 2. PÉLABON, H.: Ann. Chim. Phys. 8 Bd. 17 (1909) S. 566. — 3. UELSMANN, H.: Diss. Göttingen 1860.

Au-Si. Gold-Silizium.

Nach VIGOUROUX[1] scheidet sich aus Au-reichen Schmelzen keine Verbindung sondern Au aus. DI CAPUA[2] hat das System mit Hilfe thermischer Untersuchungen ausgearbeitet (Abb. 122). Der eutektische Punkt wurde graphisch zu 6% Si ermittelt. Die gegenseitige Löslich-

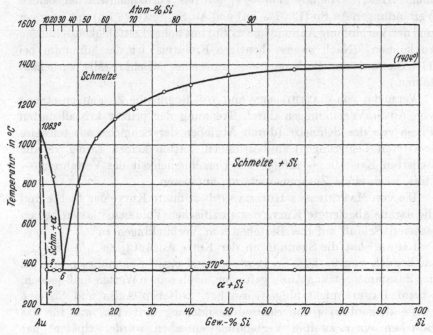

Abb. 122. Au-Si. Gold-Silizium.

keit der beiden Komponenten im festen Zustand wurde von DI CAPUA nicht untersucht. Aus Diffusionsversuchen von LOSKIEWICZ[3] folgt, daß Si in festem Au löslich ist. Die eutektische Temperatur liegt nach LOSKIEWICZ nahe bei 300° statt bei 370°.

Nachtrag. Aus Messungen der Gitterkonstanten schließen JETTE-GEBERT[4], daß keine festen Lösungen der beiden Komponenten ineinander bestehen.

Literatur.

1. VIGOUROUX, E.: Ann. Chim. Phys. 7 Bd. 12 (1897) S. 170/71. — 2. CAPUA, C. DI: Rend. Accad. Lincei (Roma) Bd. 29 (1920) S.111/14. — 3. LOSKIEWICZ, W.: Przegl. Gorniczo-Hutniczy Bd. 21 (1929) S. 583/611. (poln. mit franz. Zusammenfassung). Ref. J. Inst. Met., Lond. Bd. 47 (1931) S. 516/17. S. auch Congrès

Internat. des Mines, etc. in Lüttich 1930, Section de Métallurgie (franz. Auszug). — **4.** JETTE, E. R., u. E. B. GEBERT: J. chem. Phys. Bd. 1 (1933) S. 753/55. Ref. Physik. Ber. Bd. 15 (1934) S. 261.

Au-Sn. Gold-Zinn.

Untersuchungen vor Aufstellung des Zustandsdiagramms. MATTHIESSEN[1] hat die elektrische Leitfähigkeit der Au-Sn-Legierungen gemessen und gefunden, daß das Leitvermögen bei 11 und 60% Sn je ein Minimum, bei 37% Sn dagegen ein ausgeprägtes Maximum erreicht. Hieraus glaubte er auf das Vorhandensein der beiden Verbindungen Au_4Sn (13,07% Sn) und Au_2Sn_5 (60,07% Sn) mit geringer und der Verbindung AuSn (37,58 % Sn) mit hoher Leitfähigkeit schließen zu können. (Nach unserer heutigen Kenntnis[2] ist das Minimum bei 11% Sn auf das Vorhandensein Au-reicher Mischkristalle zurückzuführen.)

Versuche von MATTHIESSEN und VON BOSE[3], die Zusammensetzung von Au-Sn-Verbindungen durch Trennung der primär kristallisierten Phase von der Schmelze (durch Abgießen der Schmelze aus teilweise erstarrten Legierungen) zu bestimmen, hatten keinen Erfolg, da die isolierten Kristalle — infolge der Unzulänglichkeit des Verfahrens — stark wechselnde Zusammensetzung aufwiesen.

Die von MATTHIESSEN-HOLZMANN[4] bestimmte Kurve der Dichte und die daraus abgeleitete Kurve des spezifischen Volumens[5] lassen keinen sicheren Schluß auf das Bestehen von Verbindungen zu[6].

LAURIE[7] hat die Spannungen der Kette $Au/AuCl_3/SnCl_4/Au_xSn_{(1-x)}$ im Bereich von 0—50% Sn gemessen und einen Spannungssprung bei der Zusammensetzung AuSn gefunden, nach seinen Werten muß jedoch, worauf LAURIE nicht hingewiesen hat, zwischen AuSn und Sn eine zweite diskontinuierliche Spannungsänderung auftreten, was für das Bestehen einer zweiten Verbindung sprechen würde. Später[8] hat LAURIE die Spannungen derselben Legierungen in NaCl-Lösung gemessen und den Spannungssprung bei der Konzentration AuSn bestätigt.

Nach HEYCOCK-NEVILLE[9], die den Einfluß kleiner Au-Zusätze auf den Schmelzpunkt des Zinns sehr genau untersuchten, liegt bei etwa 90,5% Sn und 214° ein eutektischer Punkt.

Nach dem von VOGEL[10] vornehmlich mit Hilfe der thermischen Analyse ausgearbeiteten Zustandsdiagramm bestehen drei intermediäre Kristallarten, die Verbindungen AuSn (37,58% Sn), $AuSn_2$ (54,63% Sn) und $AuSn_4$ (70,66% Sn); (s. Abb. 123). Das Vorhandensein dieser Verbindungen ergab sich einwandfrei aus den thermischen Daten und dem Gefüge[11]. Bezüglich der festen Löslichkeit von Sn in Au ist aus VOGELs Ergebnissen nur zu entnehmen, daß eine Legierung mit 5% Sn nach langsamem Erkalten aus dem Schmelzfluß fast einphasig ist.

Das Vorhandensein der Verbindungen AuSn und $AuSn_2$ konnte von PUSCHIN[12] durch Spannungsmessungen (Kette $Sn/1$ n $H_2SO_4/Au_xSn_{(1-x)}$) bestätigt werden. Die Verbindung $AuSn_4$ gab sich jedoch — anscheinend wegen der bei der Kristallisation von Legierungen mit 60 bis 80% Sn auftretenden Gleichgewichtsstörungen[11] — nicht durch einen Spannungssprung zu erkennen[13]. Die von SPENCER-JOHN[14] gemessene

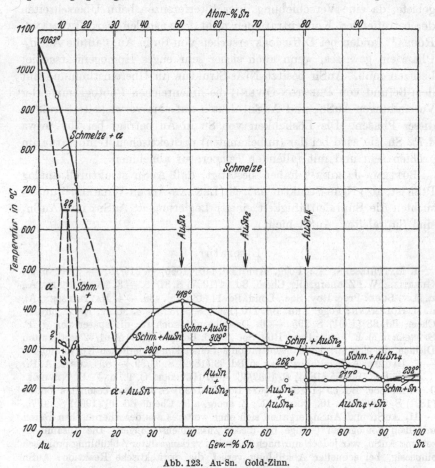

Abb. 123. Au-Sn. Gold-Zinn.

magnetische Suszeptibilität der Legierungen ändert sich mit der Konzentration in einer nicht mit dem Aufbau zusammenhängenden Weise.

PRESTON-OWEN[15] erkannten, daß die Kristallstruktur von AuSn der von NiAs analog ist.

Nachtrag. Bei einer Röntgenanalyse nach dem Pulververfahren haben STENBECK-WESTGREN[16] eine weitere intermediäre Phase (β) gefunden, die nach der Änderung der Gitterkonstanten zwischen etwa 7,5 und 10,3% Sn homogen ist. Sie besitzt ein hexagonales Gitter dichtester

Kugelpackung. Vogel war diese Kristallart entgangen, da er in dem
fraglichen Konzentrationsgebiet nur Schmelzen mit 5, 10 und 20% Sn
untersuchte. Die peritektische Bildungstemperatur des β-Mischkristalls
ist noch unbekannt; in Abb. 123 wurde sie willkürlich zu 650° angegeben. Die drei von Stenbeck-Westgren bestätigten Verbindungen
AuSn, AuSn$_2$ und AuSn$_4$ haben offenbar sehr enge Homogenitätsgebiete, da eine Verschiebung ihrer Interferenzen beim Überschreiten
der betreffenden Konzentrationen nicht festzustellen war. Tammann-
Rocha[17] fanden bei Diffusionsversuchen von Sn in Au, daß die AuSn$_4$-
Phase ein gewisses, wenn auch sicher sehr enges Homogenitätsgebiet
besitzen muß. AuSn besitzt NiAs-Struktur (in Übereinstimmung mit
dem Befund von Preston-Owen); die linienreichen Photogramme der
Verbindungen AuSn$_2$ und AuSn$_4$ deuten auf eine verwickelte Struktur
dieser Phasen. Die Löslichkeit von Sn in Au beträgt bei 750° etwa
4,7% Sn, sie wird bei der (unbekannten) peritektischen Temperatur am
größten sein und mit fallender Temperatur abnehmen.

Bottema-Jaeger[18] haben bestätigt, daß AuSn strukturell analog
PtSn ist, also NiAs-Struktur hat. Mc Lennan-Allen-Wilhelm[19] untersuchten die Supraleitfähigkeit einiger Legierungen; AuSn$_2$ und AuSn$_4$
sind Supraleiter, AuSn nicht.

Literatur.

1. Matthiessen, A.: Pogg. Ann. Bd. 110 (1860) S. 214/15. — **2.** S. u. a.:
Guertler, W.: Z. anorg. allg. Chem. Bd. 54 (1907) S. 87/88. — **3.** Matthiessen, A.,
u. M. v. Bose: Proc. Roy. Soc., Lond. Bd. 11 (1861) S. 430. — **4.** Matthiessen, A.,
u. M. Holzmann: Pogg. Ann. Bd. 110 (1860) S. 31/32. — **5.** Maey, E.: Z. physik.
Chem. Bd. 38 (1901) S. 295. — **6.** Dasselbe gilt auch für die später von J. F.
Spencer u. M. E. John: Proc. Roy. Soc., Lond. Bd. 116 (1927) S. 61/72 bestimmten
Dichten, die sich mit der Konzentration auf einer kontinuierlichen Kurve ändern.
— **7.** Laurie, A. P.: Philos. Mag. 5 Bd. 33 (1892) S. 94/99. — **8.** Laurie, A. P.:
J. chem. Soc. Bd. 65 (1894) S. 1037/38. — **9.** Heycock, C. T., u. F. H. Neville:
J. chem. Soc. Bd. 55 (1889) S. 667; Bd. 57 (1890) S. 378 und besonders Bd. 59
(1891) S. 936/66. — **10.** Vogel, R.: Z. anorg. allg. Chem. Bd. 46 (1905) S. 60/75.
— **11.** AuSn und AuSn$_2$ ergaben sich ohne weiteres aus den thermischen Daten
und dem homogenen Gefüge bei diesen Zusammensetzungen. Die Zusammensetzung AuSn$_2$ war jedoch nur nach besonders verlangsamter Abkühlung praktisch
einphasig, bei schneller Abkühlung verlief die peritektische Reaktion: AuSn
+ Schmelze → AuSn$_2$ infolge Bildung von Umhüllungen von AuSn$_2$ um die
primären AuSn-Kristalle nicht vollständig. Solche Umhüllungen traten in sehr
starkem Maße bei der Zusammensetzung AuSn$_4$ auf, weshalb auch bei Schmelzen
mit weniger als 70% Sn die eutektische Kristallisation bei 217° zu beobachten
war (s. Abb. 123). Durch Pulverisieren der Legierung AuSn$_4$ und Glühen bei 260°
konnte die peritektische Reaktion AuSn$_2$ + Schmelze → AuSn$_4$ zu Ende geführt
werden. Die Haltezeiten bei 252° und die eutektischen Haltezeiten derjenigen
Schmelzen, bei denen keine peritektischen Umhüllungen eintreten (d. h. bei rund
oberhalb 80% Sn), sprechen für die Formel AuSn$_4$. — **12.** Puschin, N. A.: J. russ.
phys.-chem. Ges. Bd. 39 (1906) S. 353/99 (russ.). Ref. Chem. Zbl. 1907 II S. 1319. —
13. S. darüber auch Tammann, G.: Z. anorg. allg. Chem. Bd. 107 (1919) S. 155/56.

— **14.** Spencer, J. F., u. M. E. John: Proc. Roy., Soc., Lond. Bd. 116 (1927) S. 66/67. — **15.** Preston, G. D., u. E. A. Owen: Philos. Mag. 7 Bd. 4 (1927) S. 133/47. — **16.** Stenbeck, S., u. A. Westgren: Z. physik. Chem. B Bd. 14 (1931) S. 91/96. — **17.** Tammann, G., u. H. J. Rocha: Z. anorg. allg. Chem. Bd. 199 (1931) S. 292/94. — **18.** Bottema, J. A., u. F. M. Jaeger: Proc. Kon. Akad. Wetensch., Amsterdam Bd. 35 (1932) S. 916/28. Ref. J. Inst. Met., Lond. Bd. 53 (1933) S. 13/14. Chem. Zbl. 1933 I S. 389/90. — **19.** McLennan, J. C., J. F. Allen u. J. O. Wilhelm: Philos. Mag. Bd. 13 (1932) S. 1196/1209.

Au-Te. Gold-Tellur.

Das Erstarrungsdiagramm wurde kurz nacheinander ausgearbeitet von Rose[1], Pélabon[2] und Pellini-Quercigh[3]. Die Ergebnisse dieser drei Arbeiten stimmen — von quantitativen Unterschieden (s. Tabelle 11) abgesehen — überein.

Tabelle 11.

	Rose	Pélabon	Pellini u. Quercigh
Au-AuTe$_2$-Eutektikum	432°; 40% Te	452°; 44% Te	447°; 42% Te
Schmelzpunkt von AuTe$_2$ . .	452°	472°	464°
AuTe$_2$-Te-Eutektikum	397°; 80% Te	415°; 84% Te	416°; 82,5% Te
Schmelzpunkt von Te	440°	452°	451°

Abb. 124 zeigt das nach den thermischen Daten von Pellini-Quercigh gezeichnete Diagramm, das in quantitativer Hinsicht als das verläßlichste anzusehen ist. Das Diagramm von Rose gleicht diesem vollkommen (auch bezüglich des Liquidusastes, der der Primärkristallisation von Au entspricht), doch sind die oberhalb 40% Te liegenden Temperaturen alle zu niedrig, was wohl durch die Zugrundelegung eines zu tiefen Te-Schmelzpunktes (Tabelle 11) bedingt ist. Pélabon macht keine tabellarischen Angaben, sondern beschreibt nur den Verlauf der von ihm ermittelten Liquiduskurve. Den der Primärkristallisation von Au entsprechenden Liquidusast hat er (da er seine Schmelzen nicht hoch genug erhitzte), nicht beobachtet, er fand in diesem Bereich nur die eutektische Horizontale, die er irrtümlich für die Liquiduskurve hielt.

Coste[4] konnte die durch Abb. 124 beschriebene Konstitution mit Hilfe mikroskopischer Untersuchungen bestätigen und weiter zeigen, daß sich die Spannung der Legierungen in verdünnter NHO$_3$ bei der Zusammensetzung AuTe$_2$ (56,39% Te) sprunghaft ändert.

Die Verbindung AuTe$_2$ kommt in der Natur als Mineral Calaverit vor.

Die von Margottet[5] und Brauner[6] auf Grund präparativer Untersuchungen[7] (Einwirkung von Te-Dampf auf Au) vermutete Verbindung Au$_2$Te entsprechend 24,4% Te besteht nicht.

Die Löslichkeit von Te in festem Au ist sehr gering. Einwandfreie

Untersuchungen liegen bisher nicht vor, doch ist bekannt[8], daß bereits 0,1% die Walzbarkeit des Goldes stark beeinträchtigt (infolge der Gegenwart von Einschlüssen der spröden Verbindung $AuTe_2$). Eine Legierung mit 0,01% Te läßt sich hingegen gut walzen[8].

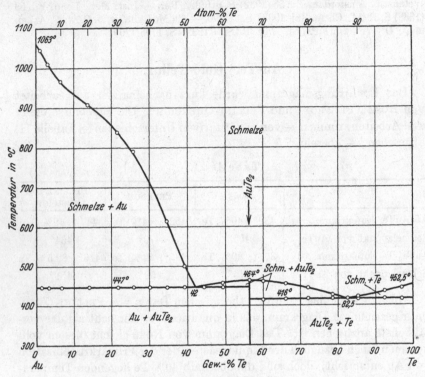

Abb. 124. Au-Te. Gold-Tellur.

Literatur.

1. Rose, T. K.: Trans. (Brit.) Inst. min. metallurg. Bd. 17 (1907/08) S. 285. Ref. mit Diagramm in J. Soc. chem. Ind. Bd. 27 (1908) S. 229. — **2.** Pélabon, H.: C. R. Acad. Sci., Paris Bd. 148 (1909) S. 1176/77. Ann. Chim. Phys. 8 Bd. 17 (1909) S. 564/66. — **3.** Pellini, G., u. E. Quercigh: Atti Accad. naz. Lincei, Roma 5 Bd. 19 II (1910) S. 445/49. — **4.** Coste, M.: C. R. Acad. Sci., Paris Bd. 152 (1911) S. 859/62. — **5.** Margottet, J.: Ann. Sci. Ecole norm. sup. 2 Bd. 8 (1879) S. 247, zitiert nach Gmelin-Kraut Handb. Bd. 5 (1914) Abt. 2 S. 321, 1639. — **6.** Brauner, R.: Mh. Chemie Bd. 10 (1889) S. 411/57. — **7.** Solche wurden auch ausgeführt von V. Lenher: Chem. News. Bd. 101 (1910) S. 149/50 und M. Coste: Anm. 4. — **8.** Nowack, L.: Z. Metallkde. Bd. 19 (1927) S. 241.

Au-Ti. Gold-Titan.

Aus der außerordentlich starken Erniedrigung der elektrischen Leitfähigkeit von Au durch kleine Ti-Gehalte ist zu schließen, daß mindestens 0,3—0,35 Gew.-% Ti in Au löslich ist[1].

Literatur.

1. LINDE, J. O.: Ann. Physik Bd. 15 (1932) S. 233/34.

Au-Tl. Gold-Thallium.

HEYCOCK-NEVILLE[1] stellten durch eingehende Untersuchungen (9 Legn. im Bereich von 93,5—100% Tl) fest, daß Au-Zusätze den Erstarrungspunkt des Tl (301° nach HEYCOCK-NEVILLE) stetig erniedrigen, und zwar auf 261° durch 6,5% Au.

LEWIN[2] hat das in Abb. 125 dargestellte Zustandsdiagramm auf Grund von Abkühlungskurven von allerdings nur 6 Legierungen gegeben.

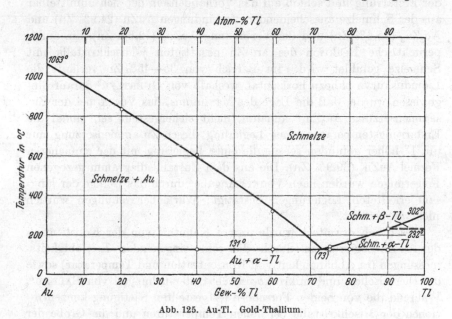

Abb. 125. Au-Tl. Gold-Thallium.

Nach LEVINs Angabe „dürfte die Liquiduskurve mit einem Fehler von 10° behaftet sein". Die eutektische Konzentration wurde nur graphisch ermittelt.

Der mikroskopische Befund deckt sich im wesentlichen mit dem thermischen[3]. Daß Tl in festem Au löslich ist, dürfte aus einer Bemerkung LEVINs hervorgehen, wonach die primär ausgeschiedenen Au-Kristalle zonigen Aufbau hatten. Über den Grad der Löslichkeit ist jedoch nichts bekannt.

Die Umwandlung des Tl wurde von LEVIN bei 225° beobachtet; in den Legierungen wurde sie jedoch nicht weiter verfolgt. In Abb. 125 wurde die Umwandlungskurve als Horizontale bei 232° gezeichnet unter der Annahme, daß Au nicht merklich in festem β-Tl löslich ist.

Literatur.

1. HEYCOCK, C. T., u. F. H. NEVILLE: J. chem. Soc. Bd. 65 (1894) S. 33. —
2. LEVIN, M.: Z. anorg. allg. Chem. Bd. 45 (1905) S. 31/38. Die Einwaage der
Legn. betrug 30 g; sie wurden nicht analysiert. Wärmebehandlungen wurden
nicht ausgeführt. — **3.** Die Legierung mit 75% Tl enthielt neben primärem Tl
auch primäres Au. LEVIN führt dies darauf zurück, daß infolge Unterkühlung
metastabile Goldausscheidung stattfinden kann.

Au-Zn. Gold-Zink.

Die Konstitution dieser Legierungen wurde erstmalig von VOGEL[1]
untersucht. Er bestimmte die Temperaturen des Beginns und des Endes
der Erstarrung und schloß auf das Vorhandensein der sich unmittelbar
aus der Schmelze ausscheidenden Verbindungen AuZn (24,9% Zn) und
Au_3Zn_5 (35,6% Zn) und der Verbindung $AuZn_8$ (72,6% Zn), die durch
peritektische Reaktion des an Zn gesättigten γ-Mischkristalls mit
Schmelze gebildet wird. Im Bereich von 35—45% Zn verläuft die
Liquiduskurve nahezu horizontal, weshalb von GUERTLER[2] darauf hingewiesen wurde, daß die Lage des Maximums, das VOGEL bei der Zusammensetzung Au_3Zn_5[3] annahm, nicht sichergestellt sei, zumal die
Erstarrungstemperatur einer Legierung dieser Zusammensetzung nur
um 1° höher gefunden sei als die einer Legierung mit der einfacheren
Formel $AuZn_2$ (39,9% Zn). Die aus dem Zustandsdiagramm gezogenen
Folgerungen wurden nach VOGELs Angabe[4] durch das Gefüge der langsam erkalteten Legierungen bestätigt; Wärmebehandlungen wurden
nicht ausgeführt.

Wesentlich erweitert wurde unsere Kenntnis von der Konstitution
der Au-Zn-Legierungen durch die sehr eingehenden Leitfähigkeitsmessungen (in Abhängigkeit von Konzentration und Temperatur) sowie
die thermischen und mikroskopischen Untersuchungen von SALDAU[5].
Während die von beiden Forschern festgestellten Sättigungskonzentrationen der Mischkristalle bei hohen Temperaturen und die Größe der
Kristallisationsintervalle innerhalb der für thermische Untersuchungen
geltenden Fehlergrenzen übereinstimmen, unterscheiden sich die Diagramme in folgenden Punkten:

1. Die von SALDAU gefundenen Liquidus- und Soliduskurven verlaufen wesentlich tiefer (15—30° und mehr) als die entsprechenden
Kurven von VOGEL. Diese Abweichungen gehen am besten aus den in
Tabelle 12 zusammengestellten Temperaturen der horizontalen Gleichgewichtskurven hervor. Eine Entscheidung über diesen Punkt zugunsten
der einen oder anderen Arbeit ist naturgemäß unmöglich, solange weitere
Untersuchungen fehlen[6]. Lediglich um die Einheit des von SALDAU
bedeutend eingehender ausgearbeiteten Diagramms zu wahren, liegt es
jedoch nahe, auch die von ihm bestimmten Liquidus- und Soliduskurven
anzunehmen (Abb. 126).

Tabelle 12.

	VOGEL	SALDAU
Eutektikale Schm. $\rightleftharpoons \alpha + \beta$ ..	672°	642°
Eutektikale Schm. $\rightleftharpoons \beta + \gamma$ ..	651°	626°
Peritektikale $\gamma +$ Schm. $\rightleftharpoons \varepsilon$..	490°	475°
Peritektikale $\varepsilon +$ Schm. $\rightleftharpoons \eta$..	438°	423°

2. Im Gegensatz zu Vogel (s. oben) stellte Saldau im Bereich von 35—45% Zn bei 39,8% Zn (entsprechend der Zusammensetzung $AuZn_2$) ein Maximum auf der Liquiduskurve fest. Saldau hält jedoch das Bestehen einer Verbindung $AuZn_2$ für sehr unwahrscheinlich, da die Leitfähigkeitsisothermen für alle Temperaturen zwischen 25° und 600° keinen ausgezeichneten Punkt bei dieser Zusammensetzung aufweisen. Außerdem ist der wahre Berührungspunkt von Liquidus- und Soliduskurve in diesem Gebiet nur sehr schwer zu bestimmen und nicht mit Sicherheit festgestellt.

3. Die von Saldau im α- und γ-Gebiet gefundenen Umwandlungen (Abb. 126) sind Vogel entgangen. Ein Teil dieser Umwandlungen[7] konnte mit Hilfe von Abkühlungskurven festgestellt werden; die Aufklärung der Natur der Umwandlungen gelang jedoch erst mit Hilfe von Leitfähigkeitsmessungen, deren Ergebnisse als Leitfähigkeitsisothermen und Widerstands-Temperaturkurven ausgewertet wurden.

Im Gebiet der γ-Kristallart wandelt sich mit fallender Temperatur bei etwa 515° ein Mischkristall mit 49,9% Zn in die Verbindung $AuZn_3$ von derselben Zusammensetzung um. Diese Verbindung, die bei 225° eine polymorphe Umwandlung erleidet, bildet die Basis der beiden Mischkristallreihen γ_1 und γ_2, deren Zustandsgebiete aus dem Diagramm zu ersehen sind. Die Leitfähigkeitsisothermen zeigen im Bereich der γ-Kristallart für Temperaturen oberhalb 515° den für Mischkristalle typischen Verlauf, für Temperaturen unterhalb 515° bis Raumtemperatur haben sie bei der Zusammensetzung $AuZn_3$ eine Spitze.

Im Gebiet der α-Kristallart ändern dagegen die Leitfähigkeitsisothermen zweimal ihren Charakter: Während sie für Temperaturen oberhalb etwa 425° Kettenkurven sind, weisen sie für Temperaturen zwischen 425 und 270° eine Spitze bei der Zusammensetzung Au_3Zn (9,95% Zn) auf, ein Beweis für die Bildung dieser Verbindung. Für Temperaturen unterhalb 270° ist das Maximum ein wenig zu goldreicheren Konzentrationen verschoben, nähert sich aber mit weiter fallender Temperatur wieder immer mehr der Zusammensetzung Au_3Zn. Saldau erklärt diese Verschiebung des Maximums damit, daß die Verbindung bei Temperaturen unterhalb ihrer polymorphen Umwandlung (270°) dissoziiert ist, und daß diese Dissoziation mit sinkender Temperatur abnimmt. Die Existenz der verschiedenen α- und γ-Kristallarten fand ihre Bestätigung durch die mikrographischen Untersuchungen, mit

deren Hilfe auch die Sättigungsgrenzen bei Raumtemperatur festgestellt wurden.

Im β-Felde haben die Leitfähigkeitsisothermen für Temperaturen
nahe dem Schmelzpunkt ein scharfes Maximum bei der Zusammensetzung AuZn. Die Verbindung ist also nicht dissoziiert.

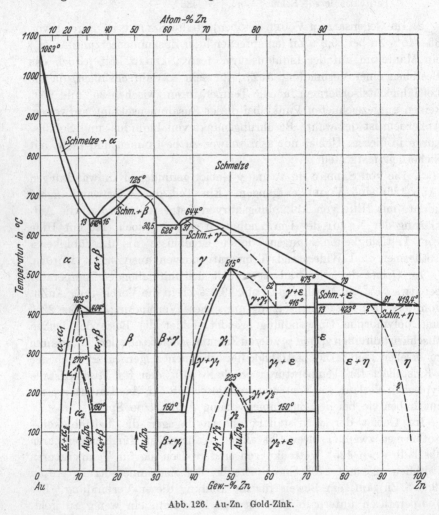

Abb. 126. Au-Zn. Gold-Zink.

Da SALDAU auf den Widerstands-Temperaturkurven des Zinks
(bei 360°) und der zinkreichen Legierungen (bei 100°) ebenfalls Knicke
feststellte, hielt er an der allotropen Umwandlung des Zinks fest. Nach
neueren röntgenographischen Untersuchungen[8] ist jedoch festgestellt,
daß sich das Zinkgitter zwischen gewöhnlicher Temperatur und 400°
nicht ändert. Es ist daher wohl sicher, daß die festgestellte „Um-

wandlung" andere Ursachen hat, und daß das Diagramm in diesem Gebiet einer Nachprüfung bedarf (Festlegung der η-Sättigungsgrenze).

4. Im Gegensatz zu VOGEL und in Übereinstimmung mit WESTGREN-PHRAGMÉN (s. unten) hält SALDAU die ε-Kristallart nicht für die Verbindung $AuZn_3$, sondern für einen Mischkristall mit einem Ausdehnungsbereich von einigen Zehntel Prozent.

WESTGREN-PHRAGMÉN[9] haben die Röntgenstruktur der Au-Zn-Legierungen untersucht und gefunden, daß die verschiedenen Kristallarten ein den entsprechenden Kristallarten der Cu-Zn-, Ag-Cd- und Ag-Zn-Systeme (s.S. 666) analoges Gitter besitzen[10]. Die Gitter der α_1- und α_2-Mischkristalle wurden nicht festgestellt. Von den drei γ-Kristallarten ist γ_1 analog den γ-Mischkristallen der genannten Systeme aufgebaut, d. h. kubisch ($a = 9,223$ Å bei 41,1% Zn) mit 52 Atomen im Elementarwürfel[11]. γ_2 ist ebenfalls kubisch ($a =$ etwa 7,88 Å) mit 32 Atomen im Elementarwürfel, und die Struktur der nur bei hohen Temperaturen beständigen γ-Kristallart wird — unter Vorbehalt — als kubisch mit etwa 90 Atomen im Elementarwürfel angegeben. ε ist als ein idealer Mischkristall (dichtgepackt hexagonal) anzusehen.

Die von PUSCHIN[12] gemessenen Spannungen können — ganz abgesehen davon, daß sich die Legierungen sicher nicht im Gleichgewicht befunden haben — nach den Ausführungen TAMMANNs[13] zur Beurteilung der Richtigkeit des SALDAUschen Diagramms nicht herangezogen werden.

Literatur.

1. VOGEL, R.: Z. anorg. allg. Chem. Bd. 48 (1906) S. 319/32. — **2.** GUERTLER, W.: Metallographie Bd. 1 S. 477/81, Berlin: Gebr. Borntraeger 1912. — **3.** Diese Zusammensetzung entspricht nach VOGEL dem an Gold gesättigten γ-Mischkristall. — **4.** VOGEL weist jedoch auf eine Unstimmigkeit hin: Eine Legierung mit 45% Zn bestand nach dem Erkalten aus 2 Kristallarten, obgleich hier nach VOGELS Diagramm nur eine Kristallart zu erwarten war. Tatsächlich fällt eine Legierung dieser Zusammensetzung nach SALDAUS Diagramm in das $(\gamma_1 + \gamma_2)$-Gebiet. Durch sehr langsamen Durchgang durch das Erstarrungsintervall konnte VOGEL diese Legierung homogenisieren, weshalb er annahm, daß die Zweiphasenstruktur durch die Inhomogenität des γ-Mischkristalls vorgetäuscht worden sei. — **5.** SALDAU, P.: J. Inst. Met., Lond. Bd. 30 (1923) S. 351/400. Z. anorg. allg. Chem. Bd. 141 (1925) S. 325/62. — **6.** Die von C. T. HEYCOCK u. F. H. NEVILLE: J. chem. Soc. Bd. 71 (1897) S. 419 zu 432° gefundene Temperatur der peritektischen Reaktion $\varepsilon + $ Schm. $\rightleftharpoons \eta$ liegt zwischen den von VOGEL und SALDAU bestimmten Temperaturen, allerdings etwas näher bei 438°. — **7.** Bei 404° im $(\alpha + \beta)$-Gebiet und 416° im $(\gamma + \varepsilon)$-Gebiet. — **8.** PIERCE, W. H., E. A. ANDERSON u. P. VAN DYK: J. Franklin Inst. Bd. 200 (1925) S. 349. FREEMAN, J. R., P. F. BRANDT u. F. SILLERS: Sci. Pap. Bur. Stand. Nr. 522 (1926). SIMON, F., u. E. VOHSEN: Z. physik. Chem. Bd. 133 (1928) S. 165/87. — **9.** WESTGREN, A., u. G. PHRAGMÉN: Philos. Mag. Bd. 50 (1925) S. 311/41. — **10.** Daß die β-Phase ein Gitter vom CsCl-Typus besitzt, wurde von E. A. OWEN u. G. D. PRESTON: Philos. Mag. Bd. 2 (1926) S. 1266/70 bestätigt. — **11.** In Analogie mit der von A. J. BRADLEY und J. THEWLIS: Proc. Roy. Soc., Lond. A Bd. 112 (1926) S. 678/92 aufgeklärten

Struktur des γ-Messings hätte man als Basis des γ_1-Mischkristalls die Verbindung Au_5Zn_8 anzunehmen. Eine Legierung dieser Zusammensetzung fällt jedoch in das $(\beta + \gamma_1)$-Gebiet. — 12. Puschin, N.: Z. anorg. allg. Chem. Bd. 56 (1908) S. 38/41. — 13. Tammann, G.: Z. anorg. allg. Chem. Bd. 107 (1919) S. 152/63.

B-Ba. Bor-Barium.

Die Boride von Ba, Ca, Ce, Er, La, Nd, Pr, Sr und Th von der Formel MeB_6 haben eine kubische CsCl-Struktur aus Metallatomen und B_6-Gruppen (1 Molekül im Elementarbereich). Ihr metallischer Charakter ergibt sich aus der elektrischen Leitfähigkeit[1].

Literatur.

1. Stackelberg, M. v., u. F. Neumann: Z. physik. Chem. B Bd. 19 (1932) S. 314/20. Daselbst weitere Literatur.

B-Bi. Bor-Wismut.

Giebelhausen[1] brachte amorphes Bor in geschmolzenes Bi, Cu, Pb, Sn und Tl und erhitzte die Schmelze im Magnesiarohr bis auf 1500—1600° im H_2-Strom. „In allen Fällen hatte sich der Schmelzpunkt des betreffenden Metalles nach Erhitzung mit amorphem Bor nicht merklich geändert, und das amorphe Bor war von den genannten Metallen kaum benetzt. Mikroskopisch konnte in allen diesen Metallen eine zweite Kristallart nicht festgestellt werden. Amorphes Bor scheint sich also in den genannten Metallen auch bei 1500—1600° nicht merklich zu lösen."

Auch Tucker-Moody[2] stellten fest, daß B mit Bi und Cu selbst bei sehr hohen Temperaturen nicht reagiert.

Literatur.

1. Giebelhausen, H.: Z. anorg. allg. Chem. Bd. 91 (1915) S. 261/62. — 2. Tucker, S. A., u. H. R. Moody: Proc. chem. Soc., Lond. Bd. 17 (1901) S. 129/30.

B-Ca. Bor-Kalzium.

Siehe B-Ba, diese Seite.

B-Ce. Bor-Cer.

Siehe B-Ba, diese Seite.

B-Co. Bor-Kobalt.

Moissan[1] und Binet du Jasonneix[2] haben aus Reguli, die durch Zusammenschmelzen der Komponenten erhalten waren, Kristalle von der Zusammensetzung CoB (84,49% Co) bzw. Co_2B (91,59% Co) isoliert. Ein Beweis für die Einheitlichkeit dieser Produkte wurde nicht erbracht, doch ist das Bestehen der den — mit Sicherheit nachgewiesenen — Nickelboriden NiB und Ni_2B (s. B-Ni) entsprechenden Kobaltboride recht wahrscheinlich.

Nachtrag. Bjurström[3] hat Legierungen mit bis zu 20% B röntgenographisch analysiert. „Das System zeigt mit dem B-Fe-System sehr große Ähnlichkeit. Wie in diesem treten in dem untersuchten Gebiet zwei intermediäre Phasen auf, deren Formeln Co_2B und CoB sind. In den Pulverphotogrammen der B-reichsten Legierung deuten möglicherweise einige Reflexe auf das Vorhandensein noch einer (intermediären) Phase. Diese konnte aber nicht untersucht werden, da es nicht gelang, genügend B-reiche Legierungen herzustellen." Co_2B und CoB haben dieselbe Gitterstruktur wie Fe_2B und Ni_2B bzw. FeB und NiB (siehe B-Fe). Näheres in der Originalarbeit.

Literatur.

1. MOISSAN, H.: C. R. Acad. Sci., Paris Bd. 122 (1896) S. 424. — 2. BINET DU JASSONNEIX, A.: C. R. Acad. Sci., Paris Bd. 145 (1907) S. 240/41. — 3. BJUR-STRÖM, T.: Arkiv för Kemi, Min. och Geol. A Bd. 11 (1933) Nr. 5 S. 1/12.

B-Cr. Bor-Chrom.

MOISSAN[1], TUCKER-MOODY[2], BINET DU JASSONNEIX[3] sowie WEDEKIND-FETZER[4] schlossen aus präparativen und rückstandsanalytischen Untersuchungen auf das Bestehen der Verbindung CrB (82,78 % Cr), ohne indessen die Einheitlichkeit eines Produktes dieser Zusammensetzung zu beweisen. BINET DU JASSONNEIX will außerdem die Verbindung Cr_2B (87,82% Cr) isoliert haben, seine Arbeit enthält jedoch schwerwiegende Widersprüche. Nach der Untersuchung von WEDEKIND-FETZER, die aus aluminothermisch gewonnenen Reguli ein Kristallpulver mit 83,5—83,9% Cr isolierten, ist das Bestehen des Monoborids CrB immerhin recht wahrscheinlich. GIEBELHAUSEN[5] teilt mit, daß sich amorphes Bor in geschmolzenem Chrom „bis zu mindestens 10% löst".

Literatur.

1. MOISSAN, H.: C. R. Acad. Sci., Paris Bd. 119 (1894) S. 185. — 2. TUCKER, S. A., u. H. R. MOODY: J. chem. Soc. Bd. 81 (1902) S. 14/17. — 3. BINET DU JASSONNEIX, A.: C. R. Acad. Sci., Paris Bd. 143 (1906) S. 897/99, 1149/51. — 4. WEDEKIND, E., u. K. FETZER: Ber. dtsch. chem. Ges. Bd. 40 (1907) S. 297/801. — 5. GIEBELHAUSEN, H.: Z. anorg. allg. Chem. Bd. 91 (1915) S. 262.

B-Cu. Bor-Kupfer.

Siehe B-Bi, S. 270. Diffusionsversuche[1] von Bor in Kupfer hatten — in Übereinstimmung mit den früheren Feststellungen — ein negatives Ergebnis.

Literatur.

1. LOSKIEWICZ, W.: Przegl. Gorniczo-Hutniczy Bd. 21 (1929) S. 583/611 (poln. mit franz. Zusammenfassung). Ref. J. Inst. Met., Lond. Bd. 47 (1931) S. 516/17. S. auch Congrès International des Mines etc. in Lüttich 1930, Section de Métallurgie (franz. Auszug).

B-Fe. Bor-Eisen.

Um über den Aufbau der Fe-B-Legierungen, insbesondere über das Bestehen von Eisenboriden, Aufschluß zu bekommen, wurden zunächst präparative und rückstandsanalytische Untersuchungen ausgeführt, und zwar von MOISSAN[1], BINET DU JASSONNEIX[2] und HOFFMANN[3]. (Diese und andere ältere Untersuchungen über Fe-B werden in der Arbeit von HANNESEN[4] besprochen.) Danach sollen die Boride Fe_2B[2], FeB[1] [2], FeB_2[2] und Fe_2B_3?[3] bestehen.

Das Erstarrungs- und Umwandlungsschaubild wurde erstmalig, nahezu gleichzeitig und unabhängig voneinander von HANNESEN[4] bis zu einem B-Gehalt von 8,5% und von TSCHISCHEWSKY-HERDT[5] bis zu 11,5% B mit Hilfe thermoanalytischer und mikroskopischer Untersuchungen ausgearbeitet; Erstarrungspunkte s. in Abb. 127. Beide Arbeiten führten im wesentlichen zu demselben Gesamtergebnis, in einigen Punkten weichen sie jedoch sehr erheblich voneinander ab. Nach HANNESEN existiert das bei 1350° unzersetzt schmelzende Borid Fe_5B_2[6] (7,19% B), während nach TSCHISCHEWSKY-HERDT die Verbindung der Formel Fe_2B[7] (8,83% B) mit einem Schmelzpunkt von 1325°, der den Schnittpunkt ihrer Gleichgewichtskurve mit der einer höher schmelzenden unbekannten Kristallart darstellt, entspricht. Aus Schmelzen mit bis zu 1,4—1,5% B kristallisiert der δ-Fe-Mischkristall primär. Die $\delta \rightleftharpoons \gamma$-Umwandlungstemperatur wird nach beiden Untersuchungen erniedrigt, die Temperatur der Reaktion δ-Mischkristall + Schmelze $\rightleftharpoons \gamma$-Mischkristall wird von HANNESEN zu 1395—1414°[8] (im Mittel 1403°), von TSCHISCHEWSKY-HERDT jedoch zu 1320° angegeben. Das Eutektikum zwischen γ-Mischkristall und Borid wurde von HANNESEN bei 1164 ± 6° und 4,0% B, von TSCHISCHEWSKY-HERDT bei 1135° und 3,1% B gefunden. Die Konzentration des bei der eutektischen Temperatur gesättigten γ-Mischkritalls beträgt nach HANNESEN etwa 0,25% B (nach den eutektischen Haltezeiten!), nach TSCHISCHEWSKY-HERDT nur 0,08% B.

Bezüglich der Gleichgewichte im festen Zustand stimmen beide Arbeiten darin überein, daß 1. die Löslichkeit von B in γ-Fe mit sinkender Temperatur zunimmt, 2. die Temperatur der $\gamma \rightleftharpoons \alpha$-Umwandlung des Eisens durch Bor erniedrigt wird und 3. der an B gesättigte γ-Mischkristall eutektoidisch in Borid und α-Mischkristall zerfällt. Die Löslichkeit von B in γ-Fe nimmt nach HANNESEN auf 0,8% B bei 713°, nach TSCHISCHEWSKY-HERDT dagegen auf sogar 3,5% B bei 760° zu. Der beim eutektoidischen Zerfall dieses gesättigten Mischkristalls bei den angegebenen Temperaturen entstehende α-Mischkristall soll nach HERDT etwa 0,25% B (nach der Haltezeit bei 713°), nach TSCHISCHEWSKY-HERDT dagegen nur 0,08% B enthalten. Der Einfluß von B auf die Temperatur der magnetischen Umwandlung des Eisens wurde von TSCHISCHEWSKY-HERDT nicht untersucht. HANNESEN, der noch die (heute als irrig erkannte) Auffassung vertrat, daß die magnetische Umwandlung eine echte Phasenumwandlung sei, verknüpfte sie mit der $\gamma \rightleftharpoons \alpha$-Umwandlung zu einem Gleichgewicht: β-Mischkristall (etwa 0,25% B) $\rightleftharpoons \alpha$-Mischkristall (0,2% B) + γ-Mischkristall (0,5% B) bei 747°.

VOGEL-TAMMANN[9] versuchten die gekennzeichneten Widersprüche durch die Ausbildung von Zuständen mit verschiedener Stabilität zu erklären und schlossen, daß TSCHISCHEWSKY-HERDT bei ihren Versuchen dem stabilen Zustand jedenfalls viel näher gewesen sind als

HANNESEN, weil sie mit größeren Mengen gearbeitet haben. Das von ihnen aus den beschriebenen Beobachtungen konstruierte Zustandsschaubild zeigt die Verbindung Fe_2B bei 3,5% B und 1165°. Der γ-Mischkristall des Eutektikums soll 0,08% B, der gesättigte γ-Mischkristall 3,5% B enthalten und sich bei 760° eutektoidisch aufspalten; der Gehalt des dabei entstehenden α-Mischkristalls wird zu 0,08% B angenommen. VOGEL-TAMMANN schlossen sich damit im wesentlichen den Ergebnissen von TSCHISCHEWSKY-HERDT an.

Demgegenüber haben WEVER-MÜLLER[10] eindeutige Beweise dafür erbracht, daß sich die im Ferrobor (Vorlegierung) enthaltenen Verunreinigungen Al und Si und die beim Erschmelzen der Legierungen im Kohlerohr-Kurzschlußofen nur durch besondere Vorsichtsmaßregeln auf ein unschädliches Maß zu beschränkende Kohlenstoffaufnahme der Schmelze sowie die bei Verwendung kieselsäurehaltiger Schmelzgefäße usw. stattfindende lebhafte Siliziumreduktion bei den Fe-B-Legierungen besonders stark geltend machen, da das Bor selbst nur eine wenig durchdringende Wirkung besitzt und sein Einfluß daher sehr schnell hinter dem anderer Beimengungen zurücktritt. Da bei den Versuchen von HANNESEN und TSCHISCHEWSKY-HERDT eine Aufkohlung der Schmelze und eine Verunreinigung mit Si stattgefunden hat, so sind ihre Ergebnisse entstellt. Das geht auch insbesondere aus dem mikroskopischen Befund hervor.

Der Aufbau des Systems wurde erneut sehr eingehend von WEVER-MÜLLER[10] mit Hilfe der thermischen, mikroskopischen und röntgenographischen Verfahren untersucht[11]. Abb. 127 zeigt das durch Ausschalten des Einflusses der Verunreinigungen idealisierte Diagramm. Dazu ist nur folgendes zu bemerken. Die Löslichkeit des Bors in den drei Fe-Modifikationen ist nur sehr gering, sie beträgt bei 1381° im δ-Fe etwa 0,15%, im γ-Fe etwa 0,10%. Bei 1174° dürften höchstens 0,15%, bei 915° etwa 0,10% B im γ-Fe löslich sein. Die Löslichkeit von B in α-Fe liegt bei 915° nicht oberhalb 0,15%, bei 880° (abgeschreckt) wurde sie auf Grund röntgenographischer Untersuchungen zu 0,10% geschätzt, nach langsamer Abkühlung ergab sie sich auf dieselbe Weise zu etwa 0,06%. Im Gegensatz zum Kohlenstoff bildet Bor mit α-Fe und wahrscheinlich auch mit γ-Fe Substitutionsmischkristalle. Während der Curiepunkt des Eisens durch Bor nicht beeinflußt wird, wird die Temperatur der $\gamma \rightleftharpoons \alpha$-Umwandlung erhöht und erreicht bereits bei dem sehr kleinen Gehalt von 0,15% B 915°. Sie hält sich bis 0,5% B unverändert bei dieser Temperatur, um mit höheren Gehalten im gleichen Maße anzusteigen wie die $\delta \rightleftharpoons \gamma$-Umwandlung nach Abb. 127 fällt. WEVER-MÜLLER schließen daraus, daß B eine Erhöhung des $\gamma \rightleftharpoons \alpha$-Punktes bewirkt, und daß der weitere Anstieg bei höheren Konzentrationen auf die gleichzeitig zunehmenden

Gehalte an Si und Al (aus dem als Vorlegierung verwendeten Ferrobor[11]) zurückzuführen ist.

Eine vollständige von WEVER-MÜLLER ausgeführte Strukturanalyse[12] des Eisenborids Fe_2B ergab, daß diese Verbindung ein tetragonal-raumzentriertes Gitter mit 4 Gruppen Fe_2B in der Elementarzelle besitzt,

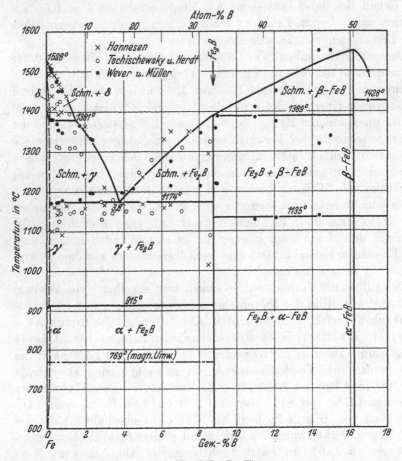

Abb. 127. B-Fe. Bor-Eisen

und daß dem Borid die Formel Fe_4B_2 zukommt. Näheres s. Originalarbeit.

BJURSTRÖM-ARNFELT[13] konnten bei einer Röntgenanalyse des Systems bis zu 19% B die Feststellung von WEVER-MÜLLER hinsichtlich der Kristallstruktur von Fe_2B, sowie das Bestehen des Monoborids FeB (16,23% B) bestätigen. Letzteres hat eine rhombische Struktur mit 4 Gruppen FeB im Elementarbereich; WEVER-MÜLLER hatten unter Vorbehalt eine tetragonale Struktur mit 16 Molekülen FeB im Elementarbereich angegeben. Das Lösungsvermögen der beiden Boride ist nach WEVER-MÜLLER und BJURSTRÖM-ARNFELT unmerklich klein.

HÄGG[14] konnte die tetragonal-raumzentrierte Kristallstruktur von Fe$_2$B bestätigen; er gibt jedoch eine andere Atomgruppierung an als WEVER-MÜLLER.

WASMUHT[15] hat 5 Legierungen mit 0,06—2,5% B nach dem Abschrecken bei 750° bei verschiedenen Temperaturen gealtert und keine Ausscheidungshärtung festgestellt. Daraus könnte man auf keine oder nur sehr geringe Löslichkeitsabnahme von B in α-Fe schließen.

Nachtrag. Über die Gitterstruktur (insbesondere Atomgruppierung) von FeB siehe noch die Arbeiten von HENDRICKS-KOSTING[16] sowie BJURSTRÖM[17].

Literatur.

1. MOISSAN, H.: C. R. Acad. Sci., Paris Bd. 120 (1895) S. 173/77. Bull. Soc. Chim. France 3 Bd. 13 (1895) S. 956. — **2.** BINET DU JASSONNEIX, A.: C. R. Acad. Sci., Paris Bd. 145 (1907) S. 121/23. — **3.** HOFFMANN, J.: Z. anorg. allg. Chem. Bd. 66 (1910) S. 370/75. — **4.** HANNESEN, G.: Z. anorg. allg. Chem. Bd. 88 (1914) S. 257/78. — **5.** TSCHISCHEWSKI, N., u. A. HERDT: J. russ. metallurg. Ges. Bd. 1 (1915) S. 533/46 (russ.). Ref. Iron Age Bd. 98 (1916) S. 396. Rev. Métallurg. Extraits Bd. 14 (1917) S. 21/26. J. Iron Steel Inst. Bd. 96 (1917) S. 451. — **6.** Für das Bestehen von Fe$_5$B$_2$ spricht nach HANNESEN der maximale Schmelzpunkt, das Nullwerden der eutektischen Haltezeiten bei 7,1% B und das Gefüge; die Legn. mit 6,5 und 7,5% B enthielten geringe Mengen eines „wahrscheinlich nicht identischen Eutektikums". — **7.** Eine Legierung dieser Zusammensetzung erwies sich als einphasig. — **8.** Der Umwandlungspunkt des verwendeten Eisens lag bei 1415°. — **9.** VOGEL, R., u. G. TAMMANN: Z. anorg. allg. Chem. Bd. 123 (1922) S. 225/33. — **10.** WEVER, F., u. A. MÜLLER: Mitt. Kais.-Wilh.-Inst. Eisenforschg., Düsseld. Bd. 11 (1930) S. 193/218. — **11.** Die Legn. wurden unter Verwendung von Elektrolyteisen und Ferrobor mit 30,4% B, 0,06% C, 0,89% Si, 0,62% Mn, 4,30% Al in Magnesiatiegeln unter Wasserstoff in einem Hochfrequenz- bzw. Kohlerohr-Kurzschlußofen erschmolzen. Der C-Gehalt lag im Durchschnitt unter 0,01%, der Si-Gehalt stieg von 0,05% bei 0,19% B auf 0,54% bei 17% B, der Al-Gehalt stieg von 0,06% auf > 2%. — **12.** S. auch F. WEVER: Z. techn. Physik Bd. 10 (1929) S. 137/38. — **13.** BJURSTRÖM, T., u. H. ARNFELT: Z. physik. Chem. B Bd. 4 (1929) S. 469/74. — **14.** HÄGG, G.: Z. physik. Chem. B Bd. 11 (1930) S. 152/62; Bd. 12 (1931) S. 413/14. — **15.** WASMUHT, R.: Arch. Eisenhüttenwes. Bd. 5 (1931) S. 261/66. — **16.** HENDRICKS, S. B., u. P. R. KOSTING: Z. Kristallogr. Bd. 74 (1930) S. 517/22. — **17.** BJURSTRÖM, T.: Arkiv för Kemi, Min. och Geol. A Bd. 11 (1933) Nr. 5 S. 1/12.

B-Hf. Bor-Hafnium.

MOERS[1] hat reines Hafniumborid (Zusammensetzung?) dargestellt und seine metallische Natur durch Leitfähigkeitsmessungen erwiesen. Der Schmelzpunkt des Borids wurde von K. BECKER[2] zu 3335° abs. bestimmt.

Literatur.

1. MOERS, K.: Z. anorg. allg. Chem. Bd. 198 (1931) S. 243/75. — **2.** S. bei K. MOERS: Ebenda Bd. 198 (1931) S. 268.

B-Mn. Bor-Mangan.

Auf Grund präparativer Untersuchungen[1][2] wird das Bestehen der Boride MnB (16,46% B) und MnB$_2$ (28,26% B) behauptet, ohne daß bisher die Einheitlichkeit dieser Produkte streng bewiesen wäre. Die mehrfach gelungene Isolierung eines Stoffes von der annähernden Zusammensetzung MnB und dessen hohe Magnetisierbarkeit macht die Existenz von MnB jedoch so gut wie sicher.

Nach GIEBELHAUSEN[3] löst sich amorphes Bor bei 1000° in geschmolzenem Mn bis zu mindestens 20% auf.

Literatur.

1. Eine Zusammenfassung dieser Arbeiten findet sich in den Handbüchern der anorganischen Chemie von GMELIN-KRAUT und ABEGG-AUERBACH. — 2. BINET DU JASSONNEIX, A.: C. R. Acad. Sci., Paris Bd. 139 (1904) S. 1209/11; Bd. 142 (1906) S. 1336/38. WEDEKIND, E., u. K. FETZER: Ber. dtsch. chem. Ges. Bd. 38 (1905) S. 1228/32; Bd. 40 (1907) S. 1264/66. S. auch J. HOFFMANN: Z. anorg. allg. Chem. Bd. 66 (1910) S. 361/99. HEUSLER, F., u E. TAKE: Trans. Faraday Soc. Bd. 8 (1912) (Ref. Chem. Zbl. 1912 II S. 572). OCHSENFELD, R.: Ann. Physik Bd. 12 (1932) S. 354. — 3. GIEBELHAUSEN, H.: Z. anorg. allg. Chem. Bd. 91 (1915) S. 262.

B-Mo. Bor-Molybdän.

Versuche, aus Reaktionsgemischen von MoO$_2$ und B[1] und Sinterprodukten[2] aus feinverteiltem Mo und B Molybdänboride zu isolieren, war bisher ohne Erfolg.

Literatur.

1. BINET DU JASSONNEIX, A.: C. R. Acad. Sci., Paris Bd. 143 (1906) S. 169. — 2. WEDEKIND, E., u. O. JOCHEM: Ber. dtsch. chem. Ges. Bd. 46 (1913) S. 1205/6.

B-Na. Bor-Natrium.

Bor wird von siedendem Natrium nicht angegriffen[1].

Literatur.

1. MOISSAN, H.: C. R. Acad. Sci., Paris Bd. 114 (1892) S. 319.

B-Ni. Bor-Nickel.

GIEBELHAUSEN[1] hat das System B-Ni im Bereich von 82—100% Ni thermisch analysiert und dadurch das Bestehen von vier Boriden, Ni$_2$B[2] (91,56% Ni), Ni$_3$B$_2$ (89,06% Ni), NiB[3] (84,43% Ni) und Ni$_2$B$_3$? (78,34% Ni) nachgewiesen[4]. Abb. 128 a gibt das von ihm entworfene Zustandsschaubild wieder, das mangels Angabe tabellarischer Einzelwerte aus dem Originalschaubild graphisch übertragen werden mußte.

Zwischen 87,5 und 91,4% Ni sind die Erstarrungs- und Schmelzvorgänge nicht reversibel. In Abb. 128a sind die Vorgänge beim Erhitzen dieser Legierungen dargestellt. Die aus der Schmelze entstandenen instabilen Legierungen haben sich unterhalb 950° in stabilere Gemenge umgewandelt. Diese erleiden beim Erhitzen folgende Veränderungen. Bei 1050° wandelt sich unter Wärmeaufnahme die

α-Ni$_3$B$_2$-Modifikation in die β-Form um. β-Ni$_3$B$_2$ besitzt ein deutliches Schmelzpunktmaximum. Die Ni-reicheren Legierungen beginnen bei 1125° zu schmelzen, indem zuerst das Eutektikum mit 90,3% Ni, dann bei weiterer Temperatursteigerung die noch übrig bleibenden Ni$_3$B$_2$- bzw. Ni$_2$B-Kristalle schmelzen. Bei der Abkühlung der Schmelzen sind die Vorgänge ganz andere. Abb. 128b gibt diese wieder. Auf den Abkühlungskurven tritt bei der Temperatur der oberen Kurve eine Verzögerung ein, deren Zeitdauer bei Ni$_2$B am größten ist, und die bei

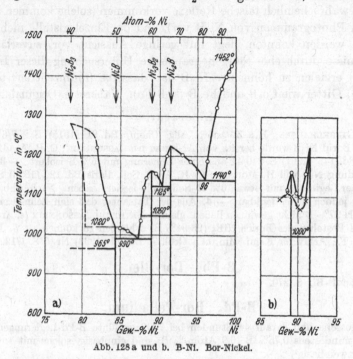

Abb. 128 a und b. B-Ni. Bor-Nickel.

87,5% Ni Null wird. Ihnen folgt dann eine zweite Verzögerung (untere Kurve), deren Zeitdauer bei Ni$_3$B$_2$ am größten ist. „Schließlich wurde bei den meisten Legierungen noch ·eine dritte Verzögerung bei 1000° gefunden. Es ist möglich, daß schon hier eine teilweise Umwandlung der instabilen Legierungen in ihre stabileren Formen begonnen hat. Die aus der Schmelze entstandenen Legierungen bestehen nämlich aus zwei Strukturelementen, einem abgerundeten, primär ausgeschiedenen, welches von einer fast strukturlosen Masse umgeben ist. Der Grund dieser Abnormität ist wohl darin zu suchen, daß sich hier eine Molekülart aus der Schmelze verhältnismäßig langsam bildet oder mit ziemlich geringer Geschwindigkeit zerfällt."

Die Erstarrungs- und Umwandlungsverhältnisse bei Ni-Gehalten unter 84,4% (NiB) sind noch nicht geklärt. GIEBELHAUSEN nimmt an, daß sich hier feste Lösungen von Ni in Ni_2B_3 ausscheiden, die bei 965° eine Umwandlung durchmachen oder zerfallen.

Nachtrag. BJURSTRÖM[5] hat Legierungen mit bis zu einem Höchstgehalt von etwa 20% B röntgenographisch analysiert. „Die Röntgenphotogramme der Ni-B-Legierungen zeigen, daß in diesem System mehrere Phasen vorkommen. Ni_2B ist ein Analogon zu Fe_2B und Co_2B. Die Gitter der übrigen Phasen (vgl. Abb. 128) scheinen verwickelter Natur zu sein, da eine große Zahl von Interferenzen auftritt. Da unter diesen wahrscheinlich falsche Reflexe vorkommen (solche kommen auch in den Photogrammen von Ni_2B vor), und da Einzelkristalle nicht erhalten werden konnten, liegt nur geringe Aussicht vor, zuverlässige Ergebnisse durch eine röntgenographische Untersuchung dieser Legierungen erzielen zu können." Ni_2B hat dasselbe (raumzentriert-tetragonale) Gitter wie Co_2B und Fe_2B (s. B-Fe). Näheres s. Originalarbeit.

Literatur.

1. GIEBELHAUSEN, H.: Z. anorg. allg. Chem. Bd. 91 (1915) S. 257/61. — **2.** Das Borid Ni_2B wurde bereits von A. BINET DU JASSONNEIX: C. R. Acad. Sci., Paris Bd. 145 (1907) S. 240/41 aus einer Legierung mit 5% B isoliert. — **3.** Die Verbindung NiB will H. MOISSAN: C. R. Acad. Sci., Paris Bd. 122 (1896) S. 424 aus einer Legierung mit etwa 10% B Sollgehalt isoliert haben. Nach Abb. 128a ist das jedoch nicht denkbar. — **4.** Aus der Tatsache, daß sich Schmelzen mit mehr als 27% B nicht gewinnen ließen, glaubte BINET DU JASSONNEIX (s. Anm. 2) auf das Bestehen des Borids NiB_2 (26,94% B) schließen zu können. — **5.** BJURSTRÖM, T.: Arkiv för Kemi, Min. och Geol. A Bd. 11 (1933) Nr. 5 S. 1/12.

B-Pb. Bor-Blei.

Siehe B-Bi, S. 270.

B-Pd. Bor-Palladium.

Gegossene und darauf 44 Stunden bei 700° geglühte B-Pd-Legierungen mit bis zu mindestens 0,75% B (6,9 Atom-% B) sind einphasig, solche mit 1,6 und 2% B zweiphasig[1].

Literatur.

1. SIEVERTS, A., u. K. BRÜNING: Z. physik. Chem. Bd. 168 (1934) S. 412.

B-Pt. Bor-Platin.

Pt bildet mit B verhältnismäßig leicht schmelzende Legierungen[1].

Literatur.

1. WÖHLER u. DEVILLE: C. R. Acad. Sci., Paris Bd. 43 (1856) S. 1086. Zitiert nach Gmelin-Kraut Handb. Bd. 5 (1915) Abt. 3 S. 333.

B-Sn. Bor-Zinn.

Siehe B-Bi, S. 270.

B-Sr. Bor-Strontium.

Siehe B-Ba, S. 270.

B-Ta. Bor-Tantal.

K. Moers: Z. anorg. allg. Chem. Bd. 198 (1931) S. 243/75 berichtete über Versuche zur Darstellung reinen Tantalborids.

B-Th. Bor-Thorium.

Wie Binet du Jassonneix[1] und Wedekind-Fetzer[2] gezeigt haben, wird ThO_2 durch Bor zu sehr hochschmelzenden Thoriumboriden reduziert. Bei Verwendung der gerade zur Reduktion nötigen Menge B konnte ersterer aus dem Reaktionsprodukt mit 10—12% B durch Behandeln mit verd. HCl einen kristallisierten, metallisch aussehenden Stoff von der Zusammensetzung ThB_4 (15,72% B) isolieren. Bei Anwendung von überschüssigem B entstanden Stoffe mit bis zu 17% B, die sich als ein Gemenge von ThB_4 (löslich in konz. HCl) und ThB_6 (21,85% B) erwiesen haben sollen. Diese Ergebnisse berechtigen jedoch nicht zur Annahme von Verbindungen ThB_4 und ThB_6, da die Einheitlichkeit der isolierten Produkte nicht bewiesen wurde.

Nachtrag. Das Bestehen von ThB_6 wurde neuerdings durch röntgenographische Untersuchungen einwandfrei bewiesen[3]. Das Borid hat metallischen Charakter; s. auch B-Ba.

Literatur.

1. Binet du Jassonneix, A.: C. R. Acad. Sci., Paris Bd. 141 (1905) S. 191/93. Bull. Soc. chim. France 3 Bd. 35 (1906) S. 278/80. — 2. Wedekind, E., u. K. Fetzer: Chem.-Ztg. Bd. 29 (1905) S. 1031/32. — 3. Allard, C.: C. R. Acad. Sci., Paris Bd. 189 (1929) S. 108. Stackelberg, M. v., u. F. Neumann: Z. physik. Chem. B Bd. 19 (1932) S. 314/20.

B-Ti. Bor-Titan.

Moers[1] hat reines Titanborid (Zusammensetzung?) dargestellt, dessen metallische Natur durch Leitfähigkeitsmessungen bewiesen wurde[2].

Literatur.

1. Moers, K.: Z. anorg. allg. Chem. Bd. 198 (1931) S. 243/75. — 2. S. auch E. Wedekind u. M. Koestlein: Ber. dtsch. chem. Ges. Bd. 46 (1913) S. 1207.

B-Tl. Bor-Thallium.

Siehe B-Bi, S. 270.

B-U. Bor-Uran.

Wedekind-Jochem[1] haben B und U im atomaren Verhältnis 2:1 zusammengesintert und im Lichtbogen geschmolzen. Das erhaltene Produkt hatte annähernd die Zusammensetzung UB_2 (8,33% B), doch besteht daraufhin natürlich kein Grund zur Annahme einer solchen Verbindung.

Literatur.

1. Wedekind, E., u. O. Jochem: Ber. dtsch. chem. Ges. Bd. 46 (1913) S. 1204/05.

B-V. Bor-Vanadium.

Wedekind-Horst[1] haben fein verteiltes V und B im Hochvakuum zusammengesintert und darauf im Lichtbogen geschmolzen. Die erhaltenen Kügelchen hatten die Zusammensetzung V B (17,48% B), ihre Einheitlichkeit wurde nicht bewiesen.

Moers[2] hat sehr reines Vanadiumborid dargestellt, jedoch die Zusammensetzung bisher nicht ermittelt. Die metallische Natur des Borids wurde durch Leitfähigkeitsmessungen bewiesen.

Literatur.

1. Wedekind, E., u. C. Horst: Ber. dtsch. chem. Ges. Bd. 46 (1913) S. 1203/04. — 2. Moers, K.: Z. anorg. allg. Chem. Bd. 198 (1931) S. 243/75.

B-W. Bor-Wolfram.

Tucker-Moody[1] und Wedekind[2] glaubten auf Grund der Tatsache, daß ein durch Zusammensintern und -schmelzen im Lichtbogen von B und W erhaltenes Produkt annähernd die Zusammensetzung WB_2 (10,5% B) hatte, zur Annahme einer Verbindung WB_2 berechtigt zu sein. Moers[3] berichtet über vergebliche Versuche zur Darstellung von reinem W-Borid nach dem Aufwachsverfahren. Schmelzpunkt eines gesinterten Preßlings von der Zusammensetzung WB nach Agte[4]: 3195° abs. $\pm$ 50°.

Literatur.

1. Tucker, S. A., u. H. R. Moody: Proc. Chem. Soc. Bd. 17 (1901) S. 129/31. — 2. Wedekind, E.: Ber. dtsch. chem. Ges. Bd. 46 (1913) S. 1206. — 3. Moers, K.: Z. anorg. allg. Chem. Bd. 198 (1931) S. 243/75. — 4. Diss. Techn. Hochsch. Berlin 1931, S. 29.

B-Zn. Bor-Zink.

Amorphes Bor wird von siedendem Zink nicht benetzt[1].

Literatur.

1. Giebelhausen, H.: Z. anorg. allg. Chem. Bd. 91 (1915) S. 262.

B-Zr. Bor-Zirkonium.

Tucker-Moody[1] und Wedekind[2] haben ein Zirkonborid von der Zusammensetzung Zr_3B_4 entsprechend 13,66% B durch Sinterung eines Gemisches der Komponenten im genannten Mengenverhältnis hergestellt. Wedekind hat das erhaltene Produkt im Lichtbogen geschmolzen und darauf analysiert, es enthielt 12,3—12,6% B. Da das Reaktionsprodukt nicht auf seine Einheitlichkeit hin geprüft wurde, besteht keine Veranlassung zur Annahme einer Verbindung Zr_3B_4.

Moers[3] hat ein reines, laut Röntgenbild regulär kristallisierendes Zirkonborid dargestellt: „ob ihm die Formel ZrB oder ZrB_2 zuzuschreiben ist, konnte nicht entschieden werden". Die metallische Natur des Borids wurde durch Leitfähigkeitsmessungen erwiesen; nach Messungen von Meissner, Franz und Westerhoff[4] wird es zwischen 3,2 und 2,8° abs. supraleitend. K. Becker[5] bestimmte seinen Schmelzpunkt zu 3265° abs. Dieselbe Temperatur gibt Agte[6] für ZrB an.

Literatur.

1. Tucker, S. A., u. H. R. Moody: Proc. Chem. Soc. Bd. 17 (1901) S. 129/30. — 2. Wedekind, E.: Ber. dtsch. chem. Ges. Bd. 46 (1913) S. 1201/03. — 3. Moers, K.: Z. anorg. allg. Chem. Bd. 198 (1931) S. 243/75. — 4. Meissner, W., H. Franz u. H. Westerhoff: Z. Physik Bd. 75 (1932) S. 527/28. — 5. Siehe bei K. Moers: Anm. 3. — 6. Agte, C.: Diss. Techn. Hochsch. Berlin 1931, S. 29.

Ba-C. Barium-Kohlenstoff.

Bariumkarbid[1] BaC$_2$ (14,87% C) ist unmetallisch. Nach v. STACKELBERG[2] hat es ein tetragonal-flächenzentriertes Kristallgitter (Ionengitter), das als eine deformierte Kochsalzstruktur aufgefaßt werden kann.

Literatur.

1. S. die Handbücher der Chemie. — **2.** STACKELBERG, M. v.: Z. physik. Chem. B Bd. 9 (1930) S. 437/75. Z. Elektrochem. Bd. 37 (1931) S. 542/45.

Ba-Cd. Barium-Kadmium.

GAUTIER[1] hat Ba-Cd-Legierungen mit 55—84% Cd hergestellt und ihre Eigenschaften beschrieben. Einen Rückschluß auf die Konstitution der Legierungen gestatten diese Untersuchungen nicht.

Literatur.

1. GAUTIER, H.: C. R. Acad. Sci., Paris Bd. 134 (1902) S. 1054/56, 1109.

Ba-Fe. Barium-Eisen.

Nach Angabe von WEVER[1] ist Barium in festem Eisen unlöslich. Höchstwahrscheinlich sind die beiden Metalle auch im flüssigen Zustand unmischbar (vgl. Ca-Fe).

Literatur.

1. WEVER, F.: Naturwiss. Bd. 17 (1929) S. 304/09. Arch. Eisenhüttenwes. Bd. 2 (1928/29) S. 739/46.

Ba-Hg. Barium-Quecksilber.

Von den zahlreichen Arbeiten[1] über Ba-Amalgame lassen nur die folgenden Schlüsse auf die Konstitution dieser Legierungen zu.

GUNTZ-FÉRÉE[2] haben die Zusammensetzung eines kristallisierten Ba-Amalgams, das sie durch gelindes Abpressen des flüssigen Bestandteiles erhielten, zu 4,03—4,29% Ba, entsprechend der Formel BaHg$_{16}$ (4,10% Ba), ermittelt. Bei Anwendung eines stärkeren Druckes (40 kg/cm^2) ging dieses Amalgam unter weiterem Hg-Verlust (!) in ein solches von der Zusammensetzung 5,38—5,55% Ba, entsprechend BaHg$_{12}$ (5,40% Ba) über. Das vermeintliche Amalgam BaHg$_{16}$ war sicher zweiphasig.

KERP[3] hat die Löslichkeit von Ba in Hg bei 65° und 81° zu 0,81% bzw. 0,97% Ba bestimmt; das mit diesen gesättigten Lösungen im Gleichgewicht befindliche kristallisierte Amalgam (durch Absaugen im Goochtiegel gewonnen) enthielt 5,17—5,24% Ba, besaß also eine nahezu der Formel BaHg$_{12}$ entsprechende Zusammensetzung. Bei 21° betrug die Löslichkeit 0,32%; der Ba-Gehalt des bei dieser Temperatur isolierten festen Amalgams betrug nur 4,79—5,12%. Die für 0° bestimmte Löslichkeit von 0,17% erwies sich später[4] als etwas zu hoch, da die

Ba-Hg-Schmelzen zur Übersättigung neigen, d. h. erst bei längerem Verweilen bei dieser Temperatur oder Impfen tritt vollständige Auskristallisation der Verbindung ein.

KERP, BÖTTGER und IGGENA[4] bestimmten die Löslichkeit von Ba in Hg bei Temperaturen zwischen 0 und 99°. Mit Hilfe dieser Angaben läßt sich die in Abb. 129 dargestellte Liquiduskurve zeichnen. Danach erstarren Schmelzen mit 1,28%, 0,98%, 0,69%, 0,43%, 0,33% und 0,15% Ba bei 99° bzw. 81°, 56°, 30°, 20° und 0°. Die Zusammensetzungen der bei den verschiedenen Temperaturen durch Absaugen der flüssigen Phase isolierten kristallisierten Amalgame deuten nach Ansicht der Verfasser darauf hin, daß zwischen 0 und 30° die Verbindung $BaHg_{13}$ mit 5,0% Ba (auf Grund von 6 zwischen 4,60 und 4,95% Ba liegenden Werten), oberhalb 30° dagegen die Verbindung $BaHg_{12}$ (gefunden wurden 8 zwischen 5,26 und 5,34% Ba liegende Werte) mit Hg-reicher Schmelze im Gleichgewicht ist. Es müßte also bei 30° eine peritektische Horizontale bestehen, die der Reaktion: Schmelze (0,43% Ba) $+ BaHg_{12} \rightleftharpoons BaHg_{13}$ entspricht. Berücksichtigt man, daß nach Angabe von KERP[3] die sich bei 20° bildenden Kristalle Mutterlauge einschließen, und daß nach Angabe von KERP, BÖTTGER und IGGENA[4] das Amalgam $BaHg_{12}$ leichter von anhaftender Schmelze zu trennen ist, als die von ihnen vermutete Verbindung $BaHg_{13}$ (vgl. die stark schwankenden Amalgamwerte), so sind Zweifel an der Vollständigkeit der Trennung der beiden Phasen bei Temperaturen unter 30° wohl berechtigt.

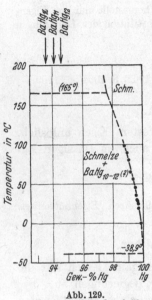

Abb. 129.
Ba-Hg. Barium-Quecksilber.

Tatsächlich erhielten MC PHAIL SMITH-BENNETT[5] durch Zentrifugieren der Amalgame bei 24° Kristalle mit 5,38—5,55% Ba, entsprechend $BaHg_{12}$, statt 4,95% bei KERP und Mitarbeitern. Die Löslichkeit bei 24° fanden sie zu 0,32%, KERP und Mitarbeiter 0,34% bei 25°.

Zu noch höheren Ba-Gehalten (5,61 und 5,63%) gelangte LANGBEIN[6] durch Abschleudern des flüssigen Amalgams (Fallenlassen der Kristalle von Tischhöhe). Er schließt daraus auf das Bestehen der Verbindung $BaHg_{11}$ (5,86% Ba), deren Schmelzpunkt zu 165° gefunden wurde. Aus dem Verlauf der Kurve des spezifischen Volumens folgt nach LANGBEIN mit Sicherheit das Bestehen der Verbindung $BaHg^7$ (40,64% Ba) und vermutlich auch der Verbindung $BaHg_5^8$ (12,05% Ba), doch sind die dafür angeführten Kriterien[7][8] durchaus nicht maßgebend.

Zusammenfassend läßt sich nach den obigen Arbeiten über die Konstitution der Hg-reichen Ba-Hg-Legierungen sagen, daß eine Verbindung $BaHg_{12}$ oder $BaHg_{11}$ oder — in Analogie mit dem System Ca-Hg — $BaHg_{10}$ (6,41% Ba) bis herauf zu etwa 165° (LANGBEIN) im Gleichgewicht mit Hg-reicher Schmelze ist (Abb. 129). Da jedoch bei keiner der genannten Untersuchungen die Gewähr besteht, daß die Trennung der Kristalle von der Mutterlauge wirklich vollständig geglückt ist, so ist die Verbindung sehr wahrscheinlich noch Ba-reicher. Das Ende der Erstarrung liegt sicher sehr nahe beim Hg-Schmelzpunkt.

Literatur.

1. Vgl. Gmelin-Kraut Handb. Bd. 5 (1914) Abt. 2 S. 1073/78. — **2.** GUNTZ, A., u. J. FÉRÉE: Bull. Soc. chim. France 3 Bd. 15 (1896) S. 834. — **3.** KERP, W.: Z. anorg. allg. Chem. Bd. 17 (1898) S. 303/305. — **4.** KERP, W., W. BÖTTGER u. H. IGGENA: Z. anorg. allg. Chem. Bd. 25 (1900) S. 44/53. — **5.** McPHAIL SMITH, G., u. H. C. BENNETT: J. Amer. chem. Soc. Bd. 32 (1910) S. 622/26. — **6.** LANGBEIN, G.: Diss. Königsberg 1900, s. GMELIN-KRAUT. — **7.** „Für die Existenz von HgBa spricht die außerordentlich große Volumenkontraktion, welche die hochprozentigen Amalgame aufweisen, die Tatsache, daß die bis 36% Ba blasigen Amalgame bei weiterer Konzentration kompakt werden, und die große Energie, mit der von diesem kompakten Amalgam Hg selbst bei heller Rotglut zurückgehalten wird" (LANGBEIN, nach GMELIN-KRAUT). — **8.** Für die Verbindung $BaHg_5$ „spricht die einseitige Abweichung am Anfang der Kurve des spezifischen Volumens der konzentrierten Amalgame" (LANGBEIN, nach GMELIN-KRAUT).

Ba-Pb. Barium-Blei.

CZOCHRALSKI-RASSOW[1] haben die Erstarrung und den Gefügeaufbau der Legierungen mit 92—100% Pb untersucht (Abb. 130a). Eine einwandfreie thermische Analyse war wegen starker Seigerung jedoch nur im Bereich von 95—100% Pb möglich. Die mikroskopische Untersuchung bestätigte den thermischen Befund vollkommen. Die aus dem Schmelzfluß erkaltete Legierung mit 0,14% Ba erwies sich noch deutlich als

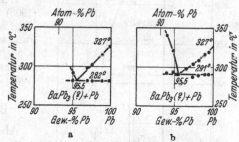

Abb. 130 a und b. Ba-Pb. Barium-Blei.

zweiphasig. Legierungen, die die Verbindung (vermutlich $BaPb_3$ mit 81,9% Pb) als Primärkristalle enthalten, sind an der Luft unbeständig.

Unabhängig von CZOCHRALSKI-RASSOW haben COWAN, SIMPKINS und HIERS[2] den Aufbau der Legierungen mit 94—100% Pb untersucht (Abb. 130b). Ihr Ergebnis stimmt mit dem der erstgenannten Verfasser gut überein; die eutektische Temperatur wurde allerdings um 9° höher gefunden.

Literatur.

1. CZOCHRALSKI, J., u. E. RASSOW: Z. Metallkde. Bd. 12 (1920) S. 337/40.
Die Legn. (100 g) wurden unter Verwendung einer etwa 90% igen Vorlegierung
in Glasröhren unter hochsiedendem Öl erschmolzen. — **2.** COWAN, W. A., L. D.
SIMPKINS u. G. O. HIERS: Trans. Amer. electrochem. Soc. Bd. 40 (1921) S. 237/58.
Chem. metallurg. Engng. Bd. 25 (1921) S. 1182/84.

Ba-S. Barium-Schwefel.

Bariumsulfid[1] BaS (18,92% S), Bariumselenid[2] BaSe (36,57% Se) und Barium-
tellurid[3] BaTe (48,14% Te) haben ein Kristallgitter vom Typus des Steinsalzes[4].

Literatur.

1. HOLGERSSON, S.: Z. anorg. allg. Chem. Bd. 126 (1923) S. 179. — **2.** SLAT-
TERY, M. K.: Physic. Rev. Bd. 25 (1925) S. 333/37. — **3.** SPANGENBERG, R.:
Naturwiss. Bd. 15 (1927) S. 266. — **4.** S. auch „Strukturbericht".

Ba-Se. Barium-Selen.

Siehe Ba-S, diese Seite.

Ba-Si. Barium-Silizium.

Über das Bariumsilicid BaSi$_2$ (29,01% Si) siehe die Arbeiten von BRADLEY[1],
HÖNIGSCHMID[2] und besonders FRILLEY[3].

Nachtrag. WÖHLER-SCHUFF[4] haben durch präparative Untersuchungen das
Bestehen von BaSi (16,96% Si), BaSi$_2$
und BaSi$_3$ (38,0% Si) festgestellt. Das
Bestehen von Ba$_2$Si$_7$ (41,69% Si) und
BaSi$_4$ (44,97% Si) glauben sie wahrschein-
lich gemacht zu haben.

Literatur.

1. BRADLEY, C. S.: Chem. News Bd. 82
(1900) S. 149/50. — **2.** HÖNIGSCHMID, O.:
Mh. Chemie Bd. 30 (1909) S. 497/508. —
FRILLEY, R.: Rev. Métallurg. Bd. 8 (1911)
S. 531/32. — **4.** WÖHLER, L., u. W.
SCHUFF: Z. anorg. allg. Chem. Bd. 209
(1932) S. 33/59.

Ba-Sn. Barium-Zinn.

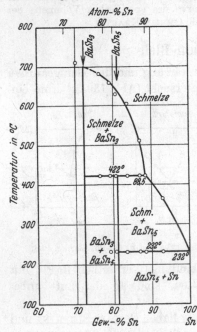

Abb. 131. Ba-Sn. Barium-Zinn.

Abb. 131 gibt das von RAY-
THOMPSON[1] auf Grund thermischer
und mikroskopischer Untersuchungen, deren Ergebnisse miteinander
völlig im Einklang standen, aufgestellte Zustandsdiagramm der Legierungen mit 70—100% Sn wieder.
Das Bestehen der Verbindungen
BaSn$_3$ (72,16% Sn) und BaSn$_5$ (81,21% Sn) ergab sich aus den Haltezeiten
bei 422° und 232° und der Gefügebeobachtung an geglühten Legierungen

(12 Stunden im geschlossenen Glasrohr bei 400°). Die ungeglühten Legierungen mit 76—83,5% Sn bestanden nach dem schnellen Abkühlen aus dem Schmelzfluß infolge der unvollständigen peritektischen Umsetzung bei 422° aus drei Phasen ($BaSn_3$, $BaSn_5$ und Sn). Die Verbindung $BaSn_3$ scheint sich — nach dem Erstarrungspunkt der 70% igen Legierung zu urteilen (Abb. 131) — nicht allein unmittelbar aus der Schmelze, sondern auch durch eine peritektische Reaktion einer Ba-reicheren Verbindung mit Schmelze zu bilden.

Literatur.

1. RAY, K. W., u. R. G. THOMPSON: Met. & Alloys Bd. 1 (1930) S. 314/16. Für die thermische Analyse wurden Schmelzen von 50 g verwendet. Eine Beschreibung der Herstellung der Legn. auf elektrolytischem Wege gibt K. W. RAY: Met. & Alloys Bd. 1 (1929) S. 112/13.

Ba-Te. Barium-Tellur.

Siehe Ba-S, S. 284.

Ba-Tl. Barium-Thallium.

Eine Verbindung BaTl hat, falls sie wirklich bestehen sollte, jedenfalls weder das Gitter des β-Messings noch das der Verbindung NaTl.

Literatur.

1. ZINTL, E., u. G. BRAUER: Z. physik. Chem. B Bd. 20 (1933) S. 245/71.

Be-C. Beryllium-Kohlenstoff.

SLOMAN[1] hat Gefügebilder von Be_2C-haltigem Beryllium veröffentlicht. Über Be_2C (39,95% C) s. LEBEAU[2]; Kristallstruktur von Be_2C: v. STACKELBERG[3].

Literatur.

1. SLOMAN, H. A.: J. Inst. Met., Lond. Bd. 49 (1932) S. 370. — **2.** LEBEAU, P.: C. R. Acad. Sci., Paris Bd. 121 (1895) S. 496/99. Ber. dtsch. chem Ges. Referatebd. 1895 S. 899. — **3.** STACKELBERG, M. v.: Z. Elektrochem. Bd. 37 (1931) S. 542/45. Z. physik. Chem. B Bd. 27 (1934) S. 37/49.

Be-Ca. Beryllium-Kalzium.

KROLL-JESS[1] erhielten nach dem Erhitzen von Be mit geschmolzenem Ca auf hinreichend hohe Temperatur (im Magnesiatiegel unter Argon im Hochfrequenzofen) einen Regulus, der aus einem Kern von reinem Be und einer Schale aus reiner Be-Ca-Legierung (71,2% Be, 26,7% Ca) bestand. Sie bemerken dazu: „Ob die geringen Mengen der übrigen Verunreinigungen, nämlich 2,1% Fremdmetalle, die aus dem Kalzium stammen, die Legierung herbeigeführt haben, ist nicht sehr wahrscheinlich. Vielmehr dürften Ca und Be in einem geringen Bereich legierbar sein. Die metallographische Untersuchung der sehr spröden Ca-Be-Haut bereitete große Schwierigkeiten. Es konnte trotzdem nachgewiesen werden, daß diese Haut tatsächlich einheitlich legiert war."

Literatur.

1. KROLL, W., u. E. JESS: Wiss. Veröff. Siemens-Konz. Bd. 10 (1931) Heft 2 S. 30.

Be-Co. Beryllium-Kobalt.

MASING[1] teilt mit, daß die Co-reichen Be-Co-Legierungen „in ihrem strukturellen Aufbau den Be-Ni-Legierungen ungefähr gleich sind" (s. S. 291). Kobalt erleidet eine polymorphe Umwandlung bei rd. 450° (s. Co-Cr).

Literatur.

1. MASING, G.: Z. Metallkde. Bd. 20 (1928) S. 21.

Be-Cu. Beryllium-Kupfer.

Das in Abb. 132 dargestellte Erstarrungs- und Umwandlungsschaubild der Cu-reichen Cu-Be-Legierungen ist in allen wesentlichen Punkten das Ergebnis einer thermischen und mikroskopischen Untersuchung von OESTERHELD[1]. Spätere Arbeiten von MASING-DAHL[2], die die Grenzen der α- und β-Mischkristallgebiete bestimmten, und besonders BORCHERS[3], der das Diagramm bei Ausschaltung aller erdenklichen Fehlerquellen einer sehr eingehenden Revision unterzog, haben das Diagramm von OESTERHELD nur in quantitativer Hinsicht verbessert und erweitert.

Die Erstarrungskurven. Die von OESTERHELD und BORCHERS bestimmten Liquiduskurven stimmen, wie Abb. 132 zeigt, sehr gut miteinander überein, allerdings erwies sich der von OESTERHELD gefundene eigenartige Verlauf der Liquiduskurve des β-Mischkristalls als fehlerhaft. Die Temperaturen der drei peritektischen Horizontalen $\alpha +$ Schmelze $\rightleftharpoons \beta$, $\beta +$ Schmelze $\rightleftharpoons \gamma$, $\gamma +$ Schmelze $\rightleftharpoons \delta$ und der eutektoiden Horizontalen $\beta \rightleftharpoons \alpha + \gamma$ sind nach OESTERHELD 864° (im Mittel) bzw. 920°, 930° und 578°, nach BORCHERS 864° bzw. 920°, 933° und 576°. Es besteht also ausgezeichnete Übereinstimmung. Dasselbe gilt für die Konzentration des Eutektoids ($\alpha + \gamma$), die von beiden Forschern zu 6% Be ermittelt wurde. Die in Abb. 132 gezeichneten Soliduskurven der α- und β-Mischkristallgebiete wurden von BORCHERS mit Hilfe von Abkühlungskurven festgelegt. Die Peritektikale $\beta +$ Schmelze $\rightleftharpoons \gamma$ bei 920° ist nach BORCHERS nur sehr klein, sie erstreckt sich von 11—11,3% Be. Der maximale Erstarrungspunkt zwischen 29 und 31% Be deutet auf das Bestehen der Verbindung CuBe$_3$ (29,86% Be).

Die Löslichkeit von Be in Cu bei verschiedenen Temperaturen wurde von OESTERHELD nicht bestimmt; er gibt eine mit der Temperatur unveränderte Löslichkeit von etwa 1,6% an. Demgegenüber stellte BASSETT[4] fest, daß eine Legierung mit 1,89% Be nach dem Glühen bei 750° (Abkühlung?) einphasig war. Auch CORSON[5] gibt auf Grund einer Nachprüfung an, daß sich die feste α-Lösung bis 1,9% erstrecke. MASING-DAHL[2] ermittelten den Verlauf der Löslichkeitskurve mit Hilfe von Leitfähigkeitsmessungen (Isothermenmethode) und fanden eine

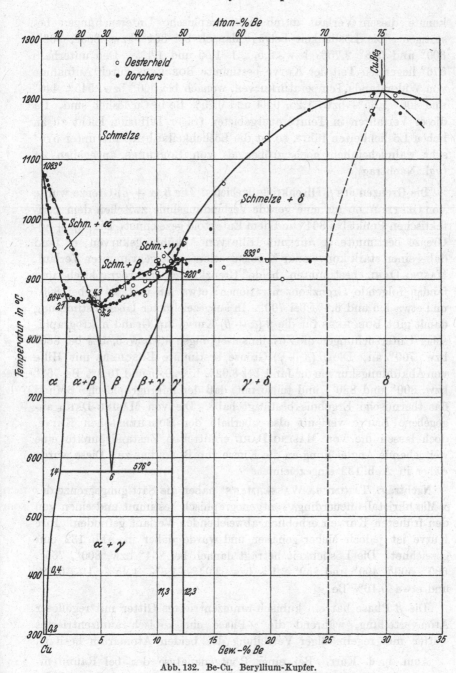

Abb. 132. Be-Cu. Beryllium-Kupfer.

Löslichkeit von 2,4 bzw. 2,08, 1,82, 1,57, 1,32, 0,96 und 0,76% bei
800—810° bzw. 750°, 680°, 610°, 560°, 480° und 400°. BORCHERS[3]

konnte diesen Verlauf durch mikrographische Untersuchungen bestätigen. Die Löslichkeit beträgt danach bei 864° bzw. 800°, 700°, 600° und 576° 2,75% bzw. 2,5, 2,1, 1,55 und 1,4%. Den unterhalb 576° liegenden Teil der Kurve bestimmte BORCHERS durch Aufnahme von Widerstands-Temperaturkurven, wonach bei 560° bzw. 545°, 440° und 400° 1,35% bzw. 1,25, 0,84 und 0,75% Be in Cu löslich sind. Da dieses Verfahren in Temperaturgebieten träger Diffusion leicht zu zu hohen Löslichkeiten führt, so ist die Löslichkeitsabnahme unter 576° sehr wahrscheinlich noch größer als von BORCHERS angegeben ist (vgl. Nachtrag).

Die Grenzen des β-Mischkristallgebietes. Die β $(\alpha + \beta)$-Grenze wurde von OESTERHELD als eine gerade Verbindungslinie zwischen dem peritektischen Punkt bei 864° und dem Eutektoid gezeichnet. Die β $(\beta + \gamma)$-Grenze bestimmte er nur mit Hilfe von Abkühlungskurven; er fand dabei einen stark konvex zur Konzentrationsachse gekrümmten Verlauf. MASING-DAHL bestimmten beide Grenzkurven mikrographisch und fanden folgende Grenzkonzentrationen: etwa 4,8 und 8,4% bei 800° und etwa 5,5 und 6,8% bei 700°. In ausgezeichneter Übereinstimmung damit gibt BORCHERS für die β $(\alpha + \beta)$-Kurve auf Grund mikrographischer Untersuchungen die Zusammensetzungen 4,9 bzw. 5,45% bei 800° bzw. 700° an. Die β $(\beta + \gamma)$-Grenze bestimmte BORCHERS mit Hilfe von Abkühlungskurven (er fand bei 8,02% bzw. 9,45 und 10,2% Be 761° bzw. 800° und 820°) und teilte mit, daß der mikrographische Befund das thermische Ergebnis bestätigt habe. Die von MASING-DAHL angegebene Kurve verläuft also oberhalb der BORCHERSschen Kurve, doch lassen die von MASING-DAHL ermittelten Zustandspunkte eine weitgehende Angleichung an die Kurve von BORCHERS zu. Diese wurde daher in Abb. 132 eingezeichnet.

Nachtrag. TANIMURA-WASSERMANN[6] haben die Sättigungsgrenze des α-Mischkristalls neuerdings röntgenographisch bestimmt und einen von den früheren Kurven erheblich abweichenden Verlauf gefunden. Ihre Kurve ist jedoch sicher genauer und wurde daher in Abb. 132 eingezeichnet. Die Löslichkeit beträgt danach bei 864° bzw. 800°, 700°, 600°, 500°, 400° und 250° 2,1% bzw. 2,04%, 1,8%, 1,45%, 1%, 0,4% und etwa 0,16% Be.

Die β-Phase hat ein kubisch-raumzentriertes Gitter mit regelloser Atomverteilung, während die γ-Phase ein kubisch-raumzentriertes Gitter mit regelmäßiger Verteilung der beiden Atomarten besitzt[7].

Anm. b. d. Korr. Bei einer Röntgenanalyse der bei Raumtemperatur beständigen Phasen fand MISCH[8] die Verbindungen $CuBe$ $(= \gamma)$ mit CsCl-Struktur und $CuBe_2$ (22,1% Be; vgl. mit Abb. 132) mit Cu_2Mg-Struktur.

Literatur.

1. OESTERHELD, G.: Z. anorg. allg. Chem. Bd. 97 (1916) S. 14/27. — **2.** MASING, G., u. O. DAHL: Wiss. Veröff. Siemens-Konz. Bd. 8 (1929) S. 94/100. S. auch Z. Metallkde. Bd. 20 (1928) S. 19/21. — **3.** BORCHERS, H.: Metallwirtsch. Bd. 11 (1932) S. 317/21, 329/30. — **4.** BASSETT, W. H.: Proc. Inst. Met. Div. Amer. Inst. min. metallurg. Engr. 1927 S. 218/32. — **5.** CORSON, M. G.: Brass Wld. Bd. 22 (1926) S. 314/20. Met. Ind., Lond. Bd. 29 (1926) S. 555/56, 623/24. — **6.** TANIMURA, H., u. G. WASSERMANN: Z. Metallkde. Bd. 25 (1933) S. 179/81. — **7.** WASSERMANN, G.: Z. Metallkde. Bd. 26 (1934) S. 257/58; KOSSOLAPOW, G. F., u. A. K. TRAPESNIKOW: Metallwirtsch. Bd. 14 (1935) S. 45/46. — **8.** Z. physik. Chem. B Bd. 29 (1935) S. 42/58.

Be-Fe.
Beryllium-Eisen.

OESTERHELD[1] hat das in Abb. 133a dargestellte Zustandsdiagramm der Fe-reichen Legierungen auf Grund thermischer Untersuchungen entworfen. Der Einfluß von Be-Zusätzen auf die Temperaturen der polymorphen Umwandlungen des Eisens wurde von ihm nicht untersucht. Die Zusammensetzung der neben Fe-reichen α-Mischkristallen vorliegenden Kristallart wurde nicht mit Sicherheit ermittelt; OESTERHELD hält sie für

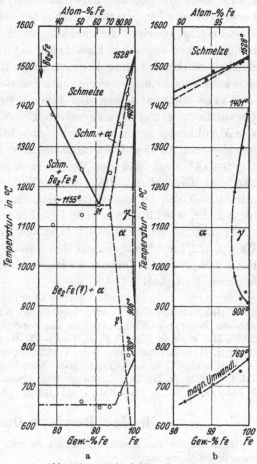

Abb. 133a und b. Be-Fe. Beryllium-Eisen.

die Verbindung Be_2Fe (75,58% Fe). Die Temperatur und Konzentration des Eutektikums dürfte, wie aus den in Abb. 133a eingezeichneten thermischen Werten hervorgeht, nur annähernd bekannt sein. Dasselbe gilt für die Konzentration des bei der eutektischen Temperatur gesättigten α-Mischkristalles, die OESTERHELD bei 93,5% Fe angenommen hat, da die Abkühlungskurve dieser Legierung nur noch einen sehr schwach angedeuteten eutektischen Haltepunkt besaß. Fe dürfte im Gleichgewichtszustand mehr als 6,5% Be bei 1155° zu lösen vermögen. Die Sättigungsgrenze des α-Mischkristalls wurde bisher noch nicht bestimmt. Oesterheld konnte zwar aus ·dem Gefüge seiner Legierung mit 93,5% Fe schließen, daß sie sich mit fallender Temperatur zu Fe-reicheren Zusammensetzungen verschiebt. Da nach Masing[2] eine bei 1150° abgeschreckte 98%ige Legierung noch starke Vergütungseffekte beim Anlassen auf 400—700° zeigt, so verläuft die Löslichkeitskurve in diesem Temperaturbereich sicher bei noch höheren Fe-Gehalten. Dasselbe folgt aus einer Untersuchung von Kroll[3], nach der beim Altern bei 520° einer abgeschreckten Legierung (1100°) mit 2,25% Be noch ziemlich starke, bei einer Legierung mit 1,21% Be nur noch ziemlich schwache Aushärtungserscheinungen festzustellen waren.

Wever-Müller[4] haben den Einfluß von Be auf die polymorphen Umwandlungen und die magnetische Umwandlung des Eisens mit Hilfe von Abkühlungskurven untersucht (Abb. 133b). Der Umkehrpunkt der geschlossenen $(\alpha \rightleftharpoons \gamma)$-Umwandlungskurve liegt bei etwa 0,45% Be.

Sloman[5] fand, daß die Menge eines in 99,7—99,8%igen Be vorhandenen Gefügebestandteils durch Fe-Zusatz zunahm. Legierungen mit 0,01—0,05% Fe zeigten nach dem Glühen diesen Gefügebestandteil nicht mehr, was für eine gewisse feste Löslichkeit von Fe in Be spricht.

Anm. b. d. Korr. Misch[6] fand die Verbindungen Be_2Fe (magn. Umwp. 522°) mit hexagonalem Gitter analog $MgZn_2$, Be_5Fe (55,32% Fe) mit Cu_2Mg-Struktur analog $CuBe_2$ und eine Verbindung mit noch höherem Be-Gehalt.

Literatur.

1. Oesterheld, G.: Z. anorg. allg. Chem. Bd. 97 (1916) S. 32/37. Das verwendete Be war 99,5%ig, Analyse des verwendeten Fe: 0,07% C, 0,06% Si, 0,10% Mn, etwa je 1/100% P, S, Cu. — 2. Masing, G.: Z. Metallkde. Bd. 20 (1928) S. 21. — 3. Kroll, W.: Wiss. Veröff. Siemens-Konz. Bd. 8 (1929) S. 223/24. — 4. Wever, F., u. A. Müller: Mitt. Kais.-Wilh.-Inst. Eisenforschg., Düsseld. Bd. 11 (1929) S. 218/19. Z. anorg. allg. Chem. Bd. 192 (1930) S. 337/40. — 5. Sloman, H. A.: J. Inst. Met., Lond. Bd. 49 (1932) S. 370/71. — 6. Vgl. Be-Cu.

Be-Hg. Beryllium-Quecksilber.

Nach Angabe von Bodforss[1] bildet Be kein Amalgam und „scheint in Hg ganz unlöslich zu sein".

Literatur.

1. Bodforss, S.: Z. physik. Chem. Bd. 124 (1926) S. 68.

Be-Mg. Beryllium-Magnesium.

Nach Versuchen von Oesterheld[1] vermag geschmolzenes Mg kein Be (Schmelzpunkt 1282°) aufzulösen, auch wenn es bis zu seinem Siedepunkt (1120°) erhitzt wurde. Die Abkühlungskurve zeigte den unveränderten Magnesiumhaltepunkt; mikroskopisch war eine Legierbarkeit ebenfalls nicht festzustellen. „Ob dieses Verhalten für Nichtmischbarkeit der beiden Metalle spricht, ist unsicher. Auch bei den Be-Al-Legierungen ist es zur Lösung des Be notwendig, dieses bis zu seinem Schmelzpunkt zu erhitzen. Da aber Mg zu sieden anfängt, bevor Be schmilzt, war dies im vorliegenden Fall nicht möglich."

Zur Nachprüfung des OESTERHELD schen Befundes haben KROLL-JESS[2] Be mit Mg im Magnesiatiegel unter reinem Argon im Hochfrequenzofen bis zum Siedepunkt des Magnesiums erhitzt. Die mikroskopische Prüfung des auf diese Weise hergestellten Metallkörpers ergab mit Sicherheit, daß sich Be nicht in siedendem Mg auflöst.

PAYNE-HAUGHTON[3] konnten die Beobachtungen von KROLL-JESS bestätigen. Verschiedene andere Versuche, die beiden Metalle zu legieren (Eingießen von geschmolzenem Be in geschmolzenes Mg mit nachfolgendem Glühen der so gewonnenen Probe, Glühen von Preßlingen, elektrolytische Abscheidung von Be auf geschmolzenem Mg, Reduktion von Be-Fluorid durch geschmolzenes Mg) schlugen fehl. Weder konnte eine Reaktion noch ein Inlösunggehen von Be in Mg festgestellt werden.

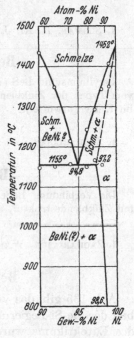

Abb. 134. Be-Ni.
Beryllium-Nickel.

Literatur.

1. OESTERHELD, G.: Z. anorg. allg. Chem. Bd. 97 (1916) S. 14. — **2.** KROLL, W., u. E. JESS: Wiss. Veröff. Siemens-Konz. Bd. 10 (1931) Heft 2 S. 29/30. — **3.** PAYNE, R. J. M., u. J. L. HAUGHTON: J. Inst. Met., Lond. Bd. 49 (1932) S. 363/64.

Be-Ni. Beryllium-Nickel.

Den in Abb. 134 dargestellten Teil des Zustandsdiagramms haben MASING-DAHL[1] mit Hilfe thermischer und mikroskopischer Untersuchungen ausgearbeitet[2].

Die sich außer dem Ni-reichen α-Mischkristall am Aufbau der Legierungen beteiligende Kristallart wurde nicht näher identifiziert; wahrscheinlich ist es die Verbindung BeNi (86,68% Ni), da die eutektische Haltezeit bei etwa 86,4% Ni Null wird[2]. Die Kurve der Löslichkeit von Be in Ni wurde für Temperaturen zwischen 1100 und 800° durch mikroskopische Untersuchung gewalzter, von 1100° (nach 1stündigem Glühen) bzw. 1000° (2stündig), 900° (4stündig) und 800° (7stündig) abgeschreckter Proben mit 1, 1,5, 2 und 2,5% Be, die vorher alle bei 1100° homogenisiert und abgeschreckt waren, bestimmt.

Der Curiepunkt des Nickels (360°) wird nach einer gelegentlichen Mitteilung von KUSSMANN durch Be auf annähernd 200° erniedrigt.

19*

Literatur.

1. MASING, G., u. O. DAHL: Wiss. Veröff. Siemens-Konz. Bd. 8 (1929) S. 211/14.
— 2. MISCH (vgl. Cu-Be) fand die Verbindungen BeNi (CsCl-Struktur) und Be_2Ni_5
(94,25% Ni), wahrscheinlich mit deformierter γ-Messing-Struktur.

Be-O. Beryllium-Sauerstoff.

Nach SLOMAN[1] bildet Be mit BeO ein Eutektikum. Dieses Eutektikum, das
auch im Be vom Reinheitsgrad $> 99{,}9\%$ vorhanden ist, verursacht die Sprödigkeit
des Metalls, da es die Be-Körner als feine Säume umgibt.

Literatur.

1. SLOMAN, H. A.: J. Inst. Met., Lond. Bd. 49 (1932) S. 372.

Be-S. Beryllium-Schwefel.

Berylliumsulfid BeS (78,04% S) hat nach ZACHARIASEN[1] eine Kristallstruktur
vom Typus der Zinkblende (kubisch-flächenzentriertes Gitter mit 4 Molekülen
im Elementarwürfel).

Literatur.

1. ZACHARIASEN, W.: Z. physik. Chem. Bd. 119 (1926), S. 201/13.

Be-Se. Beryllium-Selen.

Die Verbindung BeSe (89,78% Se) kristallisiert nach ZACHARIASEN[1] regulär
mit Zinkblendestruktur, s. Be-S.

Literatur.

1. ZACHARIASEN, W.: Z. physik. Chem. Bd. 124 (1926) S. 436/48.

Be-Si. Beryllium-Silizium.

Abb. 135 gibt das von MASING-DAHL[1] aufgestellte Erstarrungsschaubild der Be-Si-Legierungen wieder. Die angegebene Zusammensetzung
des Eutektikums wurde aus den eutektischen Haltezeiten ermittelt.
SLOMAN[2] schließt aus mikroskopischen Untersuchungen, daß Si wahrscheinlich in festem Be unlöslich ist.

Literatur.

1. MASING, G., u. O. DAHL: Wiss. Veröff. Siemens-Konz. Bd. 8 (1929) S. 255/56.
Es wurde ein Be mit einem Reinheitsgrad von etwa 99,8% und kristallisiertes Si
von KAHLBAUM unbekannter Zusammensetzung verwendet. Einwaage 15 g. —
2. SLOMAN, H. A.: J. Inst. Met., Lond. Bd. 49 (1932) S. 369/70.

Be-Te. Beryllium-Tellur.

ZACHARIASEN[1] hat die Gitterstruktur der Verbindung BeTe (93,4% Te) bestimmt; sie kristallisiert regulär mit Zinkblendestruktur, s. Be-S.

Literatur.

1. ZACHARIASEN, W.: Z. physik. Chem. Bd. 124 (1926) S. 277/84.

Bi-C. Wismut-Kohlenstoff.

Nach RUFF-BERGDAHL[1] vermag Wismut bei 1385° bzw. 1408° und 1490° (Siedepunkt) 0,012 bzw. 0,0168 und 0,023% C zu lösen. Beim Erkalten des Wismuts kristallisiert der Kohlenstoff als Graphit aus.

Literatur.

1. RUFF, O., u. B. BERGDAHL: Z. anorg. allg. Chem. Bd. 106 (1919) S. 91.

Bi-Ca. Wismut-Kalzium.

DONSKI[1] hat die Erstarrung der Bi-reichen Legierungen untersucht (Abb. 136). Die Konzentration des 3—5° unterhalb des Bi-Schmelz-

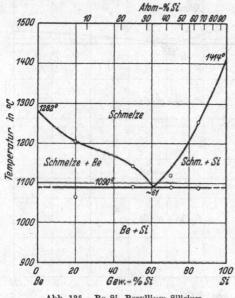

Abb. 135. Be-Si. Beryllium-Silizium.

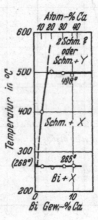

Abb. 136.

punktes kristallisierenden Eutektikums ist unbekannt. Ob die sich neben Bi am Aufbau der Legierungen beteiligende Kristallart X (s. darüber w. u.) durch eine bei 498° stattfindende peritektische Um-setzung einer (bei Temperaturen oberhalb 498° primär kristallisierenden) Kristallart Y mit Bi-reicher Schmelze oder durch Reaktion zweier un-mischbarer Schmelzen gebildet wird, ist nach den wenigen vorliegenden thermischen Daten nicht zu sagen (s. Nachtrag).

KREMANN, WOSTALL und SCHÖPFER[2] schließen aus Spannungs-messungen auf das Bestehen der Verbindungen Bi_3Ca (6,0% Ca), Bi_3Ca_2 (11,33% Ca) und vermutlich auch Bi_2Ca (8,75% Ca). Mit dem Ergebnis von DONSKI könnten die Verbindungen Bi_3Ca und Bi_2Ca (?), die beide in dem thermisch untersuchten Konzentrationsbereich liegen, insofern im Widerspruch stehen, als Donski bemerkt, daß die von ihm hergestellten Legierungen aus Kristallen X und Eutektikum bestehen; die Zusammensetzung der Bi-reichsten Verbindung wird also — wenn nicht peritektische oder ähnliche Gleichgewichtsstörungen das Bild verwischen — bis 10% Ca nicht erreicht.

Nachtrag. Über die Konstitution des Systems Bi-Ca sind wir neuerdings unterrichtet durch eine thermische[3] und mikroskopische Analyse

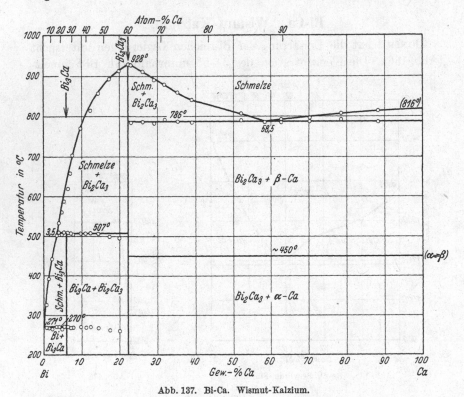

Abb. 137. Bi-Ca. Wismut-Kalzium.

von Kurzyniec[4]. Abb. 137 zeigt das von ihm entworfene Diagramm (die eingezeichneten Temperaturpunkte sind häufig Mittelwerte von zwei bis drei praktisch übereinstimmenden Messungen) mit den Verbindungen Bi_3Ca, deren Bestehen aus dem Höchstwert der peritektischen Haltezeit bei 507° folgt, und Bi_2Ca_3. Diese beiden Verbindungen wurden bereits früher von Kremann, Wostall und Schöpfer (s. oben) gefunden; dagegen besteht die von diesen Forschern vermutete Verbindung Bi_2Ca sicher nicht. Die Tatsache, daß Donski bis zu 10% Ca keine einphasige Legierung beobachtete, wird nach den von Kurzyniec festgestellten starken Gleichgewichtsstörungen, die durch den unvollständigen Verlauf der Reaktion $Bi_2Ca_3 + Schmelze \rightleftharpoons Bi_3Ca$ hervor-

gerufen werden, verständlich (s. die eutektischen Haltepunkte oberhalb
6% Ca). Die mikroskopischen Untersuchungen bestätigen vollauf den
Befund der thermischen Analyse. Der Erstarrungspunkt des nitrid-
haltigen Kalziums[3] wurde zu 816° gefunden; dieser Wert liegt erheblich
unter dem wahren Ca-Schmelzpunkt, s. darüber Ca-N. Die Temperatur
des Bi_2Ca_3-Ca-Eutektikums liegt deshalb in Wirklichkeit oberhalb 786°.

Literatur.

1. DONSKI, L.: Z. anorg. allg. Chem. Bd. 57 (1908) S. 214/16. Analyse des
verwendeten Ca: 99,17% Ca, 0,55% Al + Fe, 0,28% SiO_2. — 2. KREMANN, R.,
H. WOSTALL u. H. SCHÖPFER: Forschungsarb. Metallkde. 1922 Heft 5. — 3. Die
beiden Metalle Bi (99,8%) und Ca (99,13%) mit 0,91% N (!) wurden in abge-
wogenen Mengen unter Argon in zugeschweißten Fe-Tiegeln erschmolzen. —
4. KURZYNIEC, E.: Bull. Intern. Acad. Polonaise A 1931 S. 31/58 (deutsch).

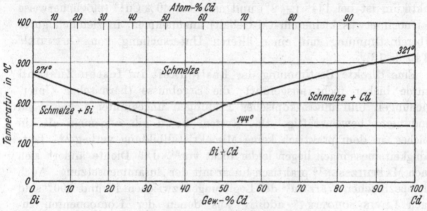

Abb. 138. Bi-Cd. Wismut-Kadmium.

Bi-Cd. Wismut-Kadmium.

Die Erstarrung der Bi-Cd-Legierungen[1] wurde untersucht von
HEYCOCK-NEVILLE[2], die den Einfluß kleiner Cd-Zusätze (bis 2,2%) bzw.
Bi-Zusätze (bis 6,3%) auf den Erstarrungspunkt des Bi bzw. Cd näher
bestimmten, KAPP[3], STOFFEL[4], PORTEVIN[5], RUDOLFI[6], LEVIN-SCHOTTKY[7],
MATHEWSON-SCOTT[8], PETRENKO-FEDOROW[9] und WÜST-DURRER[10]. Der
von FISCHER[11] berechnete Verlauf der Liquiduskurve stimmt mit dem
experimentell gefundenen gut überein.

Die in Abb. 138 dargestellte Kurve des Beginns der Erstarrung wurde
durch graphische Interpolation fast aller Einzelwerte gewonnen, sie
besitzt eine Genauigkeit, die größer als ± 5° ist. In Tabelle 13 sind
die von den verschiedenen Forschern gefundenen eutektischen Temperaturen und Konzentrationen zusammengestellt. Die von ihnen zugrunde gelegten oder bestimmten Erstarrungspunkte des Wismuts und
Kadmiums sind, um einen Anhalt für die Genauigkeit der Temperatur-

Tabelle 13.

	G.[13]	K.	S.	P.	L. u. S.	M. u. S.	P. u. F.	W. u. D.
Anzahl der untersuchten Schmelzen	—	9	6*	9	9	9	23	11
Bi-Erstarrungspunkt	—	268°	271°	261°	269°	269°	269°	270°
Eutektische Temperatur	144°	—	146°	139°	146°	145°	142°	147°
Eutektische Konzentration in % Cd	40,81	(40)	40	37	38	39,8	40	37
Cd-Erstarrungspunkt	—	317°	—	305°**	320°	321°	322°	321°

* Zwischen 40 und 100% Cd. — ** Der Erstarrungspunkt einer Legierung mit 99% Cd wurde dagegen zu 311° gefunden.

messung zu geben, gleichfalls aufgeführt. Einige Verfasser haben durch mikroskopische Prüfung der aus dem Schmelzfluß erstarrten Legierungen die Aussagen der thermischen Analyse bestätigt gefunden. Das Eutektikum ist bei 144° ($\pm$ 2°) und nahe bei 40% Cd[12] (möglicherweise bei noch etwas kleinerem Cd-Gehalt) anzunehmen, in ziemlich guter Übereinstimmung mit einer älteren Untersuchung von GUTHRIE[13] (Tabelle 13).

Eine direkte Bestimmung der Löslichkeit im festen Zustand wurde bisher nicht ausgeführt; die Ergebnisse thermischer Untersuchungen und mikroskopischer Prüfungen ungeglühter Legierungen sind nicht beweiskräftig. Das System Bi-Cd gilt allgemein als ein solches, in dem praktisch keine Mischkristallbildung vorliegt[14]. Leitfähigkeitsmessungen liegen leider nicht vor[24]. Die Dichte ändert sich nach MATTHIESSEN[15] praktisch linear mit der Zusammensetzung. Auch die spezifischen Wärmen[24] der Legierungen zwischen 17 und 100° sind nach LEVIN-SCHOTTKY[7] additiv aus denen der Komponenten zusammengesetzt. Dagegen würde die Kurve der Thermokraft[24] (gegen Pb) und ihres Temperaturkoeffizienten nach BATTELLI[16] auf ein gewisses Lösungsvermögen der beiden Metalle füreinander hindeuten. Auch die Kurve der von RUDOLFI[6] gemessenen Thermokräfte (gegen Cu und Ni) ist keine gerade Linie, sondern besitzt einen Knick bei rd. 10% Cd, doch ist diese Konzentration als Sättigungskonzentration sicher viel zu hoch. Die von DI CAPUA-ARNONE[17] gemessene Härte der Legierungen nach 10tägigem Glühen bei 130° ändert sich streng linear mit der Zusammensetzung, dagegen würde die von SCHISCHOKIN-AGEJEWA[18] (allerdings durch bedeutend weniger Punkte belegte) Härtekurve für das Bestehen Cd-reicher Mischkristalle sprechen. Die Ergebnisse der Spannungsmessungen von HERSCHKOWITSCH[19] stehen im Einklang mit dem Zustandsschaubild: Die Kette Cd/1 n CdSO$_4$/Bi$_x$Cd$_{(1-x)}$ zeigt die Spannung des unedleren Cd innerhalb des gesamten Konzentrationsgebietes. Die Potentiale der Bi-reichsten Legierungen können nach Messungen von FUCHS[20] durch mechanische Deckschichtenbildung entstellte, edlere Werte besitzen. — MATUYAMA[21] bestimmte den elektrischen Widerstand und die Dichte der geschmolzenen Legierungen und KoTÔ[22] die Reflexion ultravioletter Strahlen von polierten Schliffflächen.

Nachtrag. Nach TAMMANN-ROCHA[23] ist die Löslichkeit von Bi in Cd bei der eutektischen Temperatur kleiner als 0,05% Bi.

Literatur.

1. WRIGHT, C. R. A.: J. Soc. chem. Ind. Bd. 13 (1894) S. 1014 hatte schon vor KAPP die vollständige Mischbarkeit der beiden flüssigen Metalle festgestellt. — 2. HEYCOCK, C. T., u. F. H. NEVILLE: J. chem. Soc. Bd. 61 (1892) S. 895, 904. — 3. KAPP, A. W.: Diss. Königsberg 1901. Ann. Physik 4 Bd. 6 (1901) S. 754/73. — 4. STOFFEL, A.: Z. anorg. allg. Chem. Bd.53 (1907) S.148/49. — 5. PORTEVIN, A.: Rev. Métallurg. Bd. 4 (1907) S. 389/94. — 6. RUDOLFI, E.: Z. anorg. allg. Chem. Bd. 67 (1910) S. 80/83. Es werden keine näheren Angaben gemacht. — 7. LEVIN, M., u. H. SCHOTTKY: Ferrum Bd. 10 (1912/13) S. 198/200. — 8. MATHEWSON, C. H., u. W. M. SCOTT: Int. Z. Metallogr. Bd. 5 (1914) S. 15/16. — 9. PETRENKO, G. J., u. A. S. FEDOROW: Int. Z. Metallogr. Bd. 6 (1914) S. 212/16. — 10. WÜST, F., u. R. DURRER: Temperatur-Wärmeinhaltskurven wichtiger Metallegierungen, Berlin 1921, S. 22. S. auch bei V. FISCHER: Z. techn. Physik Bd. 6 (1925) S. 146/48. — 11. FISCHER, V.: Z. techn. Physik Bd. 6 (1925) S. 146/48. — 12. Die in Tabelle 13 angeführten Werte wurden teils durch graphische Extrapolation der Liquiduskurve bzw. der eutektischen Haltezeiten, teils auch direkt (M. u. L. sowie P. u. F.) durch thermische Versuche ermittelt. — 13. GUTHRIE, F.: Philos. Mag 5 Bd. 17 (1884) S. 462. — 14. Vgl. HONDA, K., u. T. ISHIGAKI: Sci. Rep. Tôhoku Univ. Bd. 14 (1925) S. 221. — 15. MATTHIESSEN, A.: Pogg. Ann. Bd. 110 (1860) S. 190. — 16. BATTELLI, A.: Atti R. Ist. Veneto 6 Bd. 5 (1886/87) S. 1137. Wied. Ann. Beibl. Bd. 12 (1888) S. 269. S. auch bei W. BRONIEWSKI: Rev. Métallurg. Bd. 7 (1910) S. 353/54. — 17. CAPUA, C. DI, u. M. ARNONE: Rend. Accad. Lincei (Roma) Bd. 33 (1924) S. 28/31. — 18. SCHISCHOKIN, W., u. W. AGEJEWA: Z. anorg. allg. Chem. Bd. 193 (1930) S. 238/39. — 19. HERSCHKOWITSCH, M.: Z. physik. Chem. Bd. 27 (1898) S. 141. — 20. FUCHS, P.: Z. anorg. allg. Chem. Bd. 109 (1920) S. 85/86. — 21. MATUYAMA, Y.: Sci. Rep. Tôhoku Univ. Bd. 16 (1927) S. 447/74; Bd. 18 (1929) S. 36. — 22. KOTÔ, H.: Mem. Coll. Sci. Kyoto Imp. Univ. A Bd. 12 (1927) S. 84/86. — 23. TAMMANN, G., u. H. J. ROCHA: Z. Metallkde. Bd. 25 (1933) S. 133/34. — 24. S. neuerdings noch GABE, S., u. E. J. EVANS: Philos. Mag. Bd. 19 (1935) S. 773/87.

Bi-Ce. Wismut-Cer.

Über den Aufbau der Bi-Ce-Legierungen sind wir durch eine von VOGEL[1] ausgeführte thermische und mikroskopische Untersuchung unterrichtet, die zu dem in Abb. 139 dargestellten Zustandsschaubild führte. Es bestehen danach die vier Verbindungen Bi_2Ce (25,11% Ce), $BiCe$ (40,14% Ce), Bi_3Ce_4 (47,20% Ce) und $BiCe_3$ (66,79% Ce), von denen die drei letzteren einen ungewöhnlich hohen Schmelzpunkt besitzen; die höchstschmelzende Kristallart Bi_3Ce_4 hat einen um etwa 1370° höheren Schmelzpunkt als die am niedrigsten schmelzende Komponente.

Infolge der Bildung von Umhüllungen verlaufen die peritektischen Umsetzungen bei 883°, 1525° und 1400° nur sehr unvollständig. VOGEL

beobachtete unter den bei seinen Versuchen herrschenden Abkühlungsbedingungen im Bereich von 20—40% Ce drei Phasen, zwischen 40 und
47% Ce sogar vier Phasen, und zwischen 55 und 65% wiederum drei
Kristallarten. Trotz dieser starken Gleichgewichtsstörungen bei zu
raschem Abkühlen der Schmelzen haben die von Vogel angegebenen
Konstitutionsverhältnisse einen hohen Grad von Sicherheit, da die

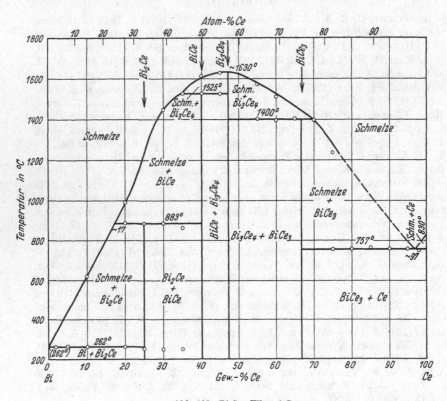

Abb. 139. Bi-Ce. Wismut-Cer.

thermische Entstehungsgeschichte der Legierungen sich an ihrer Struktur
mikroskopisch eindeutig verfolgen und bestätigen läßt.

Außer den in Abb. 139 eingezeichneten thermischen Werten beobachtete Vogel auf den Abkühlungskurven der Legierungen mit
75—100% Ce kleine Wärmetönungen bei Temperaturen zwischen 830°
und 860°, deren Intensität mit wachsendem Ce-Gehalt zunahm. Die
mikroskopische Untersuchung der Struktur der betreffenden Legierungen ließ nach Vogel nur die Deutung zu, daß bei diesen Temperaturen eine Kristallart kristallisiert, die nicht aus Bi und Ce, sondern
aus Bi und „einer der dem Ce beigemengten Elemente Lanthan und
Didym (Neodym und Praseodym)" besteht[2].

Literatur.

1. VOGEL, R.: Z. anorg. allg. Chem. Bd. 84 (1914) S. 327/39. Über die experimentellen Schwierigkeiten beim Erschmelzen der Legierungen, der thermischen Analyse und der Herstellung einwandfreier Schliffflächen siehe die Originalarbeit. — 2. Über die Zusammensetzung des verwendeten Cers macht VOGEL keine Angaben. Anscheinend wurde ein auch bei früheren Untersuchungen verwendetes Cer benutzt, das einen Reinheitsgrad von nur etwa 93,5% Ce hatte (s. Al-Ce).

Bi-Co. Wismut-Kobalt.

Abb. 140 zeigt das auf Grund der thermischen Bestimmungen von LEWKONJA[1] entworfene Zustandsschaubild. Dazu ist folgendes zu bemerken: 1. Da LEWKONJA den Erstarrungspunkt des Kobalts statt 1490° mit 1440° angibt, dürfte auch der horizontale Teil der Liquiduskurve bei rd. 50° oberhalb 1345° verlaufen. 2. Die Ausdehnung der Mischungslücke im flüssigen Zustand bei der Temperatur der Monotektikalen (∼ 6—93% Co) wurde aus den Haltezeiten der bei dieser Temperatur stattfindenden Reaktion Schmelze$_{Co}$ ⇌ Co + Schmelze$_{Bi}$ ermittelt. Die Zusammensetzung der Bi-reichen Schmelze ist wegen der weiten Extrapolation (s. Abb. 140) sehr unsicher. 3. Die eutektische

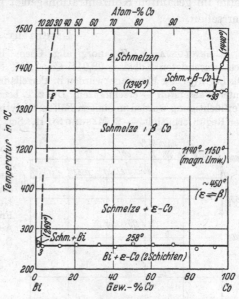

Abb. 140. Bi-Co. Wismut-Kobalt.

Kristallisation wurde bei 251—262° (Mittel 258°) beobachtet; die eutektische Konzentration ergibt sich aus den Haltezeiten und dem Verlauf des vom Bi-Schmelzpunkt abfallenden Liquidusastes zu rd. 3% Co. 4. Da die Löslichkeit des Wismuts in festem Kobalt nicht untersucht wurde, so lassen sich über die Beeinflussung des Curiepunktes des Kobalts (1140—1150°) und des von MASUMOTO[2] erstmalig festgestellten polymorphen Umwandlungspunktes (bei rd. 450°) keine Aussagen machen.

DUCELLIEZ[3] stellte — unabhängig von LEWKONJA — fest, daß sich die beiden Metalle im flüssigen Zustand nur sehr beschränkt mischen. Beim Erhitzen eines pulverisierten Gemisches mit 88% Co auf 1450° im H$_2$-Strom trat eine Trennung der Schmelze in zwei Schichten ein.

Durch Behandeln des Regulus mit Salpetersäure ließ sich keine intermediäre Kristallart isolieren.

Die Löslichkeit von Co in Bi im festen Zustand beträgt nach TAMMANN-OELSEN[4] $9 \cdot 10^{-3}$ bis $10 \cdot 10^{-3}\%$ Co.

Die von DUCELLIEZ[5] ermittelte Spannungs-Konzentrationskurve (es wurde die Kette Co/1 n $CoSO_4/Bi_x Co_{(1-x)}$ gemessen) ist im großen und ganzen mit dem LEWKONJAschen Diagramm im Einklang. Zwischen > 99,5 und 6,5% Co wurde eine konstante, um 34 Millivolt edlere als dem Nullwert des Kobalts entsprechende Spannung gefunden, während die 2% Co enthaltende Legierung eine zwischen dieser und der Spannung des Wismuts gelegene Spannung aufwies. Nach LEWKONJAs Diagramm sollte im gesamten Konzentrationsgebiet praktisch das Kobaltpotential herrschen.

Literatur.

1. LEWKONJA, A.: Z. anorg. allg. Chem. Bd. 59 (1908) S. 315/18. Analyse des verwendeten Kobalts: 98,04% Co, 1,62% Ni, 0,17% Fe, Rückstand 0,04%. Die Legn. (je 20 g Einwaage) wurden in Porzellanröhren unter Stickstoff—Co-reiche unter Wasserstoff — erschmolzen. Die z. T. beträchtlichen Verluste an Bi durch Verflüchtigung wurden in einigen Fällen analytisch, meist durch Gewichtsverlust der Reguli ermittelt. — 2. MASUMOTO, H.: Sci. Rep. Tôhoku Univ. Bd. 15 (1926) S. 449/63. — 3. DUCELLIEZ, F.: Bull. Soc. chim. France 4 Bd. 5 (1909) S. 61/62. — 4. TAMMANN, G., u. W. OELSEN: Z. anorg. allg. Chem. Bd.186 (1930) S. 279/80 (s. Ag-Co). — 5. DUCELLIEZ, F.: Bull. Soc. chim. France 4 Bd. 7 (1910) S. 199. C. R. Acad. Sci., Paris Bd. 150 (1910) S. 98/101.

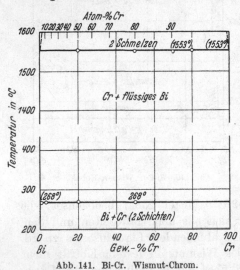

Abb. 141. Bi-Cr. Wismut-Chrom.

Bi-Cr. Wismut-Chrom.

Der Aufbau dieses Systems wurde von WILLIAMS[1] untersucht; in Abb. 141 sind seine thermischen Beobachtungen wiedergegeben[2]. Danach reicht die Mischungslücke im flüssigen Zustand beim Cr-Schmelzpunkt praktisch von 0—100% Cr. Der thermische Befund wurde durch eine mikroskopische (die beiden Schichten erwiesen sich als „vollkommen homogen") und analytische Untersuchung der Schichten bestätigt.

Die obere (Liquidus-) Horizontale verläuft in WILLIAMS' Diagramm bei der von WILLIAMS angenommenen Schmelztemperatur von Cr, in Wirklichkeit sogar noch etwas oberhalb des von ihm gefundenen Cr-Schmelzpunktes (1515°). Dieser um rd. 300° zu tiefe Cr-Schmelzpunkt ist — da WILLIAMS seine Legierungen in einer N_2-Atmosphäre erschmolz[2] — wenigstens zum Teil (wahrscheinlich in der Hauptsache) mit der Aufnahme von Stickstoff (Nitridbildung) zu erklären (Einzelheiten s. bei Cr-N). Die obere Horizontale in Abb. 141 kann also nicht zu dem binären System Bi-Cr gehören, und es ist durchaus möglich, daß die beiden Metalle bei Abwesenheit jeglicher Verunreinigungen ein anderes Verhalten zueinander zeigen, als durch das Diagramm der Abb. 141 beschrieben wird. Merkwürdig ist nur, daß WILLIAMS unter den beschriebenen Umständen bei allen Mischungen dieselbe Liquidustemperatur fand, und daß die Cr-Schicht „vollkommen homogen" war.

Literatur.

1. WILLIAMS, R. S.: Z. anorg. allg. Chem. Bd. 55 (1907) S. 23/24. — 2. Analyse des verwendeten Cr: 98,97% Cr, 0,67% Fe, 0,30% Cr_2O_3 + SiO_2. Die beiden Metalle (jeweils gleiche Volumina) wurden in Porzellantiegeln, Cr-reichere Mischungen in Magnesiatiegeln unter Stickstoff (!) im Kohlerohrofen erschmolzen. „Beim Versuch, die Legn. mit 70 und 80% Cr zu erschmelzen trat z. T. erhebliche Verflüchtigung des Bi ein." (Siedepunkt von Bi: rd. 1430°).

Bi-Cu. Wismut-Kupfer.

Das Erstarrungsschaubild. HEYCOCK-NEVILLE[1] fanden, daß der Erstarrungspunkt des Wismuts durch sehr kleine Cu-Zusätze fortschreitend erniedrigt wird. Bei 0,6 Atom-% = 0,2 Gew.-% Cu und einer 0,6 bis 0,8° unter dem Bi-Erstarrungspunkt liegenden Temperatur wird ein eutektischer Punkt erreicht. Die ganze Liquiduskurve wurde bestimmt von ROBERTS-AUSTEN[2] (der keine tabellarischen Angaben macht[3]), ROLAND-GOSSELIN und GAUTIER[4], HIORNS[5], PORTEVIN[6] und JERIOMIN[7] (Abb. 142). HEYCOCK-NEVILLE[8] bestimmten die Liquiduspunkte der Legierungen mit 76,6—99,1% Cu. Die Befunde von ROBERTS-AUSTEN, PORTEVIN und JERIOMIN stimmen qualitativ vollkommen überein, in quantitativer Hinsicht bestehen jedoch gewisse Abweichungen in den Temperaturangaben. Die von ROLAND-GOSSELIN und GAUTIER sowie HIORNS beobachteten Unregelmäßigkeiten im Verlauf der Liquiduskurve, die die erstgenannten Forscher zu der Annahme einer Verbindung (CuBi?) und zweier Eutektika bei 2,8% Cu, 243° und etwa 40% Cu, 885°, HIORNS dagegen zur Annahme einer Mischungslücke im flüssigen Zustand zwischen 30 und 43% Cu und ganz abwegigen Auffassungen über die Konstitution führten, liegen nach den Ergebnissen der anderen Autoren nicht vor. Die beiden Metalle sind im flüssigen Zustand in allen Verhältnissen mischbar[9] und bilden keine Verbindung. Nahezu innerhalb des ganzen Konzentrationsbereiches kristallisiert Kupfer primär aus der Schmelze, das Ende der Erstarrung liegt sehr nahe beim Bi-Schmelzpunkt. Mit dem von HEYCOCK-NEVILLE angegebenen eutektischen Punkt bei etwa 0,2% Cu stimmen die mikroskopischen Befunde von PORTEVIN und JERIOMIN gut überein. PORTEVIN fand bei 0,3% Cu primäre Cu-Kristalle, JERIOMIN bei 0,5% Cu ebenfalls, bei 0,25% Cu jedoch nicht mehr. Die Abwesenheit einer Bi-Cu-Verbindung wurde von EHRET-FINE[10] röntgenographisch bestätigt.

Die Löslichkeit von Bi in festem Cu wurde am genauesten von HANSON-FORD[11] bestimmt; auf die Angaben der älteren Forscher[12]

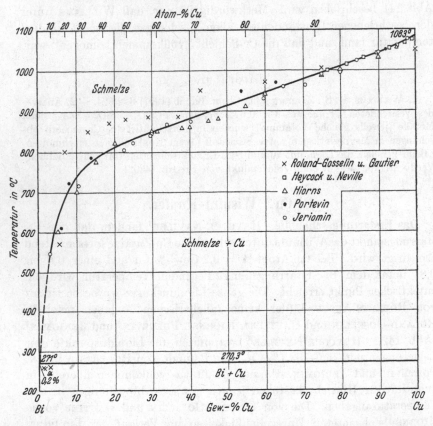

Abb. 142. Bi-Cu. Wismut-Kupfer.

braucht daher hier nicht eingegangen zu werden. HANSON-FORD untersuchten das Gefüge von sauerstofffreien Legierungen mit 0,001%, 0,002%, 0,005% usw. bis 0,36% Cu nach 4stündigem Glühen (in geschlossenen Röhren) bei 980° und anschließendem Abschrecken. In allen Legierungen mit Ausnahme der 0,001% Cu enthaltenden konnte freies Bi festgestellt werden. Für die praktische Unlöslichkeit von Bi in Cu, wie auch von Cu in Bi spricht auch die Tatsache, daß nach EHRET-FINE[10] die Gitterkonstanten der reinen Metalle in den Legierungen innerhalb der Fehlergrenzen unverändert sind.

Über den tiefgreifenden Einfluß von Wismut auf die Verarbeitbarkeit und die mechanischen Eigenschaften des Kupfers siehe die Arbeiten von HANSON-FORD (daselbst findet sich eine kurze Besprechung der Ergebnisse älterer Untersuchungen über diesen Gegenstand) und BLAZEY[13].

Literatur.

1. HEYCOCK, C. T., u. F. H. NEVILLE: J. chem. Soc. Bd. 61 (1892) S. 893. — **2.** ROBERTS-AUSTEN, W. C.: Engineering Bd. 55 (1893) S. 660. — **3.** Die von ROBERTS-AUSTEN gezeichnete Liquiduskurve fällt fast geradlinig vom Cu-Schmelzpunkt auf 800° bei etwa 28% Cu und dann weiter auf etwa 660° bei 5% Cu. — **4.** ROLAND-GOSSELIN s. bei H. GAUTIER: Bull. Soc. Encour. Ind. nat. Bd. 1 (1896) S. 1309. Contribution à l'étude des alliages S. 109/10, Paris 1901. — **5.** HIORNS, A. H.: J. Soc. chem. Ind. Bd. 25 (1906) S. 618. — **6.** PORTEVIN, A.: Rev. Métallurg. Bd. 4 (1907) S. 1077/80. — **7.** JERIOMIN, K.: Z.anorg. allg. Chem. Bd. 55 (1907) S. 412/14. — **8.** HEYCOCK, C. T., u. F. H. NEVILLE: Philos. Trans. Roy., Soc., Lond. A Bd. 189 (1897) S. 46. — **9.** Die vollständige Mischbarkeit der beiden flüssigen Metalle wurde auch von C. R. A. WRIGHT: J. Soc. chem. Ind. Bd. 13 (1894) S. 1014 festgestellt. — **10.** EHRET, W. F., u. R. D. FINE: Philos. Mag. 7 Bd. 10 (1930) S. 551/58. — **11.** HANSON, D., u. G. W. FORD: J. Inst. Met., Lond. Bd. 37 (1927) S. 169/78, insbes. 172/73. — **12.** S. darüber die Arbeit von HANSON u. FORD. — **13.** BLAZEY, C.: J. Inst. Met., Lond. Bd. 46 (1931) S. 359/67.

Bi-Fe. Wismut-Eisen.

Nach der thermischen Untersuchung von ISAAC-TAMMANN[1] (Abb. 143) zeigen Bi und Fe praktisch vollständige gegenseitige Unlöslichkeit im flüssigen Zustand bei der Temperatur des Fe-Schmelzpunktes. Die beiden Metalle erstarrten in den Mischungen mit 10, 50 und 90% Fe bei praktisch unveränderter Erstarrungstemperatur. Aus einer Beobachtung von THALLNER[2], daß winzige Beimengungen von Wismut Rotbrüchigkeit des Eisens erzeugen, schließt GUERTLER[3], daß Bi nicht vollkommen unlöslich in flüssigem Fe sei, während THALLNER diese Erscheinung damit erklärt, daß bei Gegenwart von Bi die Aufnahmefähigkeit des Eisens für den Rotbruch erzeugenden Sauerstoff (bzw. die Löslichkeit für Eisenoxydul) erhöht wird.

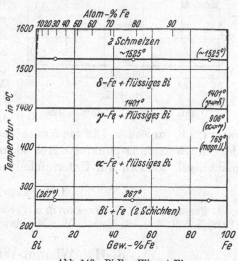

Abb. 143. Bi-Fe. Wismut-Eisen.

HÄGG[4] stellte fest, daß die Röntgenphotogramme der beiden Schichten die Linien der beiden Metalle bei genau derselben Lage zeigten wie in

den reinen Metallen; Bi und Fe sind also — was nach dem Befund von
Isaac-Tammann zu erwarten war — auch im festen Zustand nicht
merklich ineinander löslich[5]. Tammann-Oelsen[6] haben sehr geringe
Mengen Fe in Bi-Schmelzen, die bis auf 400° bzw. 1600° unter Wasserstoff erhitzt wurden, eingeführt und die Löslichkeit nach dem Erstarren
mit Hilfe einer sehr empfindlichen magnetischen Methode zu $2 \cdot 10^{-4}$
bzw. $4 \cdot 10^{-4}$ % Fe bestimmt.

Literatur.

1. Isaac, E., u. G. Tammann: Z. anorg. allg. Chem. Bd. 55 (1907) S. 59/61.
— 2. Thallner, O.: Stahl u. Eisen Bd. 27 (1907) S. 1684. — 3. Guertler, W.:
Metallographie Bd. 1 (1912) Teil 1 S. 580. Berlin: Gebr. Borntraeger. — 4. Hägg,
G.: Z. Kristallogr. Bd. 68 (1928) S. 472. Nova Acta Regiae Societatis Scientiarium
Upsaliensis 4 Bd. 7 (1929) No. 1 S. 89. (engl.). — 5. S. auch Wever, F.: Arch.
Eisenhüttenwes. Bd. 2 (1928/29) S. 739/46. — 6. Tammann, G., u. W. Oelsen:
Z. anorg. allg. Chem. Bd. 186 (1930) S. 277/79.

Bi-Ga. Wismut-Gallium.

Puschin, Stepanović und Stajić[1] haben das Erstarrungsdiagramm
dieses Systems ausgearbeitet (Abb. 144). Danach sind die beiden Komponenten im flüssigen Zustand
nur teilweise mischbar. Die
Zusammensetzung der bei 225°
mit Bi und Bi-reicher Schmelze
im Gleichgewicht stehenden Ga-
reichen Schmelze läßt sich aus
den vorliegenden Daten nicht
angeben. Der Ga-Erstarrungspunkt wird nach Puschin und
Mitarbeiter durch Bi nicht erniedrigt; Bi ist also in flüssigem
Ga nahe seiner Schmelztempe-

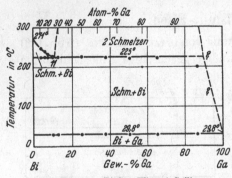

Abb. 144. Bi-Ga. Wismut-Gallium.

ratur (29,8°) unlöslich. Die von Kroll[2] beobachtete geringe Erniedrigung
des Ga-Erstarrungspunktes durch kleine Bi-Zusätze ist anscheinend
nicht reell, sondern auf Unterkühlungserscheinungen zurückzuführen.

Literatur.

1. Puschin, N. A., S. Stepanović u. V. Stajić: Z. anorg. allg. Chem. Bd. 209
(1932) S. 329/34. — 2. Kroll, W.: Metallwirtsch. Bd. 11 (1932) S. 435/37.

Bi-H. Wismut-Wasserstoff.

Wasserstoff wird weder von festem noch von flüssigem Bi (untersucht bis
600°) gelöst[1].

Literatur.

1. Sieverts, A., u. W. Krumbhaar: Ber. dtsch. chem. Ges. Bd. 43 (1910)
S. 896.

Bi-Hg. Wismut-Quecksilber.

Der nahezu vollständige Verlauf der Liquiduskurve wurde von
PUSCHIN[1] bestimmt; Bi-Erstarrungspunkt 265,5° (Abb. 145). Schon
früher hatten HEYCOCK-NEVILLE[2] festgestellt, daß der Bi-Erstarrungspunkt, der zu 266,6° ermittelt wurde, durch etwa 0,2%, 0,85%, 3%
und 4% Hg um 0,5° bzw. 2°, 6,9° und 8,9° erniedrigt wird. Unterhalb
18° brachen die Bestimmungen PUSCHINs ab. Die Löslichkeit von Bi
in Hg beträgt hier 1,4%; in recht guter Übereinstimmung damit ist
die von GOUY[3] durch Analyse der mit fester Phase im Gleichgewicht
befindlichen flüssigen Phase bestimmte Löslichkeit von 1,2% Bi bei
15—18°. TAMMANN[4] untersuchte den Einfluß kleiner Bi-Zusätze auf

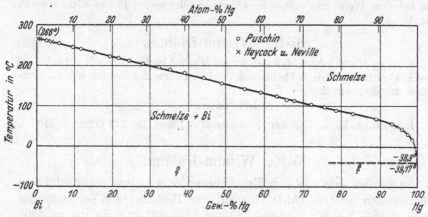

Abb. 145. Bi-Hg. Wismut-Quecksilber.

den Erstarrungspunkt von Hg und fand, daß dieser durch 0,05%
0,108% und 0,226% Bi um 0,15° bzw. 0,30° und 0,30° erniedrigt wird.
Die beiden letzten Werte entsprechen offenbar dem Ende der Erstarrung, das also bei einer eutektischen Temperatur von —39,2°
liegt. Der eutektische Punkt ist nach TAMMANNs Daten bei 99,9% Hg
anzunehmen. Aus einer Arbeit von MAZZOTTO[5], die mir im Original
nicht zugänglich war, läßt sich nach Aussage von BORNEMANN[6] entnehmen, daß die Solidustemperatur zwischen 75 und 100% Hg sehr
nahe beim Hg-Erstarrungspunkt liegt, doch bleiben diese Temperaturangaben sicher an Genauigkeit hinter denen von TAMMANN zurück.

Auf Grund von Spannungsmessungen bei 20° kommt PUSCHIN zu
dem Schluß, daß Hg und Bi keine Verbindung miteinander bilden,
sondern daß praktisch reines Bi mit an Bi gesättigten Schmelzen im
Gleichgewicht steht. Gestützt wird diese Auffassung durch die Tatsache, daß die aus einer Schmelze mit 69% Hg ausgeschiedenen Kristalle nach PUSCHIN die dem reinen Bi eigene Kristallform aufweisen[7].
Das Vorliegen eines heterogenen Gemenges von Hg und Bi ist jedoch

wenig wahrscheinlich und auch noch keineswegs erwiesen, da Puschins Befund nicht das Bestehen einer sich erst unterhalb Raumtemperatur bildenden intermediären Kristallart ausschließt.

Literatur.

1. Puschin, N. A.: Z. anorg. allg. Chem. Bd. 36 (1903) S. 201/54. — 2. Heycock, C. T., u. F. H. Neville: J. chem. Soc. Bd. 61 (1892) S. 897. — 3. Gouy: J. Physique 3 Bd. 4 (1895) S. 320/21. — 4. Tammann, G.: Z. physik. Chem. Bd. 3 (1889) S. 444. — 5. Mazzotto, D.: Atti Ist. Veneto 7 Bd. 4 (1892/93) S. 1311, 1527. Ref. Z. physik. Chem. Bd. 13 (1894) S. 572. — 6. Bornemann, K.: Metallurgie Bd. 7 (1910) S. 109/10. — 7. Die Feststellung von Crookewitt: J. prakt. Chem. Bd. 45 (1848) S. 87, daß ein durch Abpressen des flüssigen Amalgams isolierter Rückstand nahezu der Zusammensetzung Bi_2Hg entsprach, ist ohne Bedeutung, da auf diese Weise eine vollständige Trennung der beiden Phasen nicht erreicht wird.

Bi-Ir. Wismut-Iridium.

Wöhler-Metz[1] fanden, daß sich Bi und Ir selbst im Verhältnis 31:1 ($\sim 3\%$ Ir) bei 800° nicht legieren; Ir bleibt nach der Behandlung des Regulus mit Salpetersäure ungelöst zurück.

Literatur.

1. Wöhler, L., u. L. Metz: Z. anorg. allg. Chem. Bd. 149 (1925) S. 310.

Bi-K. Wismut-Kalium.

Smith[1] schließt aus den Ergebnissen der von ihm durchgeführten thermischen Analyse (Abb. 146) auf das Bestehen der Verbindungen Bi_2K (8,56% K), BiK_3 (35,95% K) und Bi_2K_3 (21,92% K), die bei 420° peritektisch gebildet wird, und einer vierten bei 373°[2] peritektisch gebildeten Verbindung, der er unter großem Vorbehalt die Formel Bi_7K_9?? (19,39% K) zuschreibt. Eine Nachprüfung der auf thermischem Wege gewonnenen Ergebnisse mit Hilfe der mikroskopischen Prüfung war wegen der starken Oxydation und der porösen Beschaffenheit der Legierungen nur bei einigen wenigen Konzentrationen möglich; bei diesen befand sich die Struktur im Einklang mit dem Diagramm. Die polymorphe Umwandlung der BiK_3-Phase bei 280° geht bei Wärmeentziehung unter Volumvergrößerung vor sich.

Vournasos[3] konnte das Bestehen der Verbindung BiK_3 bestätigen.

Die von Kremann-Riebe[4] bestimmte Abhängigkeit der Potentiale der Legierungen von der Zusammensetzung zeigt zwei Sprünge bei 33 und 75 Atom-% K entsprechend der Zusammensetzung der beiden Verbindungen Bi_2K und BiK_3. Für das Bestehen von zwei weiteren zwischen diesen beiden Verbindungen gelegenen Verbindungen gibt das elektromotorische Verhalten der Legierungen keine Anhaltspunkte.

Bi_2K besitzt ein kubisches Gitter mit gleicher Struktur wie Cu_2Mg (8 Bi_2K im Elementarbereich)[5].

Literatur.

1. Smith, D. P.: Z. anorg. allg. Chem. Bd. 56 (1908) S. 125/29. Die Legn. wurden in Gefäßen aus schwer schmelzbarem Glas unter Wasserstoff erschmolzen. — 2. Die Horizontale bei 373° ist nur durch die Abkühlungskurve einer Schmelze belegt. — 3. Vournasos, A. G.: C. R. Acad. Sci., Paris Bd. 152 (1911) S. 714/15. — 4. Kremann, R., u. R. Riebe: Z. Metallkde. Bd. 13 (1921) S. 71/73. Es wurde die Kette: Bi/2/1000 n KCl in Pyridin/$Bi_xK_{(1-x)}$ gemessen. — 5. Zintl, E., u. A. Harder: Z. physik. Chem. B Bd. 16 (1932) S. 206/212.

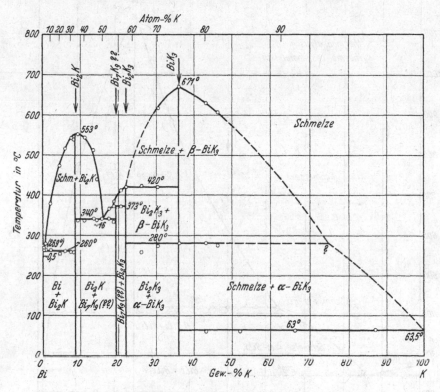

Abb. 146. Bi-K. Wismut-Kalium.

Bi-Li. Wismut-Lithium.

Das Zustandsdiagramm wurde von Grube, Vosskühler und Schlecht[1] mit Hilfe der thermischen Analyse und auf Grund von Messungen der elektrischen Leitfähigkeit der Legierungen (letztere zwischen 0 und 57,5 Atom-% Li) ausgearbeitet (Abb. 147 mit Konzentrationsangabe in Atom-%!). Die durch die peritektische Reaktion Schmelze (37 Atom-% Li) + $BiLi_3$ → BiLi bei 415° entstehende Verbindung BiLi (3,21 Gew.-% Li) besteht in zwei polymorphen Formen; der Umwandlungspunkt liegt bei 400°. Das Auftreten von festen Lösungen der Komponenten und Verbindungen konnte nicht nachgewiesen werden.

20*

ZINTL-BRAUER[2] haben das System röntgenographisch untersucht und in Übereinstimmung mit Abb. 147 die beiden singulären Verbindungen α-BiLi (tetragonal-raumzentrierte Struktur, deformiertes β-Messinggitter) und BiLi$_3$ (kubisches Gitter mit 4 BiLi$_3$ je Zelle) gefunden.

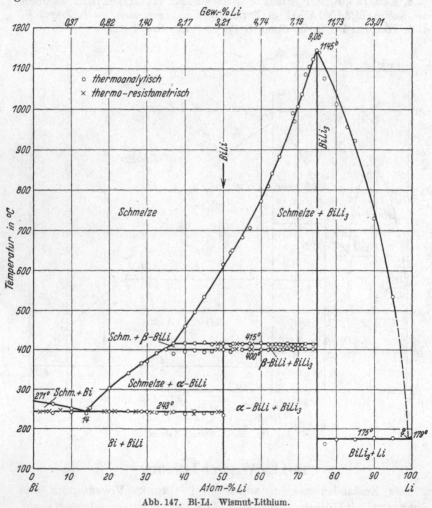

Abb. 147. Bi-Li. Wismut-Lithium.

Literatur.

1. GRUBE, G., H. VOSSKÜHLER u. H. SCHLECHT: Z. Elektrochem. Bd. 40 (1934) S. 270/74. — 2. ZINTL, E., u. G. BRAUER: Z. physik. Chem. B Bd. 20 (1933) S. 245/71. Z. Elektrochem. Bd. 41 (1935) S. 297/303.

Bi-Mg. Wismut-Magnesium.

Über den Aufbau der Bi-Mg-Legierungen sind wir im wesentlichen unterrichtet durch die Arbeiten von STEPANOW[1] und GRUBE[2]

(s. Nachtrag). Das in Abb. 148 dargestellte Diagramm ist ausschließlich nach den von GRUBE gegebenen thermischen Werten gezeichnet, da mir die Einzeldaten der in russischer Sprache veröffentlichten Untersuchung von STEPANOW nicht zugänglich waren. Aus dem in einer späteren Veröffentlichung desselben Verfassers[3] gegebenen Diagramm geht jedoch die Übereinstimmung mit dem GRUBEschen Schaubild hervor. Lediglich die Zusammensetzung des von der Verbindung Bi_2Mg_3 (14,86% Mg) und Magnesium gebildeten Eutektikums weicht voneinander ab. STEPANOW gibt dafür einen Gehalt von etwa 43,5—44% Mg[4], GRUBE dagegen etwa 35% Mg an (vgl. Abb. 148). Welche dieser

beiden Zusammensetzungen die richtigere ist, läßt sich ohne Einblick in die STEPANOWsche Originalarbeit nicht sagen. Die von GRUBE angenommene Konzentration. dürfte, da sie lediglich aus den Haltezeiten ermittelt wurde, nur annähernd richtig sein. Die Temperatur des Bi_2Mg_3-Mg-Eutektikums und

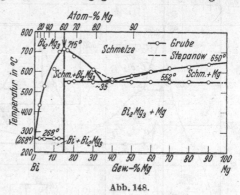

Abb. 148.

den Schmelzpunkt der Verbindung Bi_2Mg_3 gibt STEPANOW zu 550°[4] (GRUBE 552°) bzw. etwa 720°[4] (GRUBE 715°) an. Zwischen Bi und Bi_2Mg_3 kommt es nach GRUBE nicht zur Ausbildung eines Eutektikums[5]; STEPANOW nimmt dagegen einen kleinen der Primärkristallisation von Bi entsprechenden Liquidusast an: eutektischer Punkt bei rd. 0,1% Mg[4], eutektische Temperatur nur wenig unterhalb des Bi-Schmelzpunktes.

Untersuchungen über die Mischkristallbildung der Komponenten und der Verbindung wurden von beiden Autoren nicht ausgeführt. Die von STEPANOW[3] ermittelte Leitfähigkeitsisotherme für 25° macht hinsichtlich des Bestehens fester Mg-reicher Lösungen keine Aussagen, da die Mg-reichste untersuchte Legierung nur 82,4 Atom-% Mg (= 35,35 Gew.-% Mg) enthielt. Immerhin weicht der fragliche Ast der Isotherme im Sinne einer Mischkristallbildung ziemlich stark von dem theoretischen fast geradlinigen Verlauf ab (s. Nachtrag).

Die von KREMANN-EITEL[6] bestimmte Potential-Konzentrationskurve, die zwischen 14 und 19% Mg einen Spannungssprung aufweist, steht im wesentlichen in Übereinstimmung mit dem Zustandsschaubild; die Formel Bi_2Mg_3 verlangt 14,86% Mg. Im Bereich von 0 bis etwa 5% Mg (d. h. 0 und 30 Atom-% Mg) gemessene, von den theoretischen Werten etwas abweichende Spannungen erklären die Verfasser mit Passivierungserscheinungen, denen die Elektroden unterliegen.

1. Nachtrag. Eine erneute Bearbeitung des Zustandsdiagramms mit Hilfe thermischer, thermo-resistometrischer und mikroskopischer Untersuchungen von GRUBE, MOHR und BORNHAK[7] ergab, daß die Verbindung Bi_2Mg_3 in zwei Modifikationen besteht (Abb. 149). Dadurch sind die Erstarrungsverhältnisse im Bereich der Verbindung verwickelter als früher gefunden war. Die beiden Formen von Bi_2Mg_3 vermögen Mg zu lösen; die Löslichkeit von Mg in α-Bi_2Mg_3 wurde thermo-resistometrisch bestimmt. Ebenso wurde das Zustandsgebiet der Mg-reichen

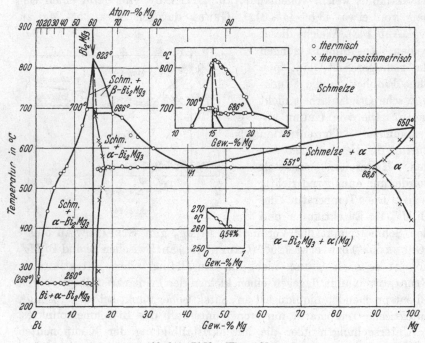

Abb. 149. Bi-Mg. Wismut-Magnesium.

Mischkristalle festgelegt. An der Bi-Seite wurde ein Eutektikum bei etwa 0,54% Mg, 260° gefunden. Die Leitfähigkeitsisothermen für 50—550° wurden ebenfalls bestimmt.

Nach ZINTL-HUSEMANN[8] hat α-Bi_2Mg_3 dieselbe Struktur wie α-Sb_2Mg_3; s. darüber bei Mg-Sb.

2. Nachtrag. Nach Messungen der Gitterkonstanten kann — wenn überhaupt — nur äußerst wenig Mg in Bi löslich sein[9].

Literatur.

1. STEPANOW, N. J.: J. russ. chem. Ges. Bd. 37 (1905) S. 1285. — **2.** GRUBE, G.: Z. anorg. allg. Chem. Bd. 49 (1906) S. 83/87. Das Zusammenschmelzen der Legn. (20 g) erfolgte in schwer schmelzbaren Jenaer Glasröhren, die bei den Mg-reichen Legn. mit einer Einlage aus Asbest versehen waren. Der Abbrand war, da im

Wasserstoffstrom gearbeitet wurde, sehr gering. — 3. STEPANOW, N. J.: Z. anorg. allg. Chem. Bd. 78 (1912) S. 25/29. — 4. Aus dem im Z. anorg. allg. Chem. Bd. 78 (1912) S. 28 über Atom-% dargestellten Diagramm entnommen. — 5. Die GRUBE-sche Auffassung steht mit einer älteren Beobachtung von C. T. HEYCOCK und F. H. NEVILLE: J. chem. Soc. Bd. 61 (1892) S. 892, wonach Mg-Zusätze keinen merklichen Einfluß auf den Bi-Schmelzpunkt ausüben, im Einklang. — 6. KREMANN, R., u. H. EITEL: Z. Metallkde. Bd. 12 (1920) S. 363/65. — 7. GRUBE, G., L. MOHR u. R. BORNHAK: Z. Elektrochem. Bd. 40 (1934) S. 143/50. — 8. ZINTL, E., u. E. HUSEMANN: Z. physik. Chem. B Bd. 21 (1933) S. 138/55. — 9. JETTE, E. R., u. F. FOOTE: Physic. Rev. Bd. 39 (1932) S. 1020.

Bi-Mn. Wismut-Mangan.

Der Aufbau der Bi-Mn-Legierungen ist, obgleich er mehrfach Gegenstand der Untersuchung war, im einzelnen durchaus noch ungeklärt. Der Ausarbeitung des Zustandsschaubildes stellen sich anscheinend unüberwindbare, in der Eigentümlichkeit der in diesem System herrschenden Gleichgewichtsbeziehungen begründete Schwierigkeiten entgegen.

BEKIER[1] macht im wesentlichen folgende Angaben: 1. Der Bi-Schmelzpunkt wird durch kleine Mn-Zusätze um 6—7° erniedrigt. 2. Von dem sehr nahe dem Zustandspunkt des Wismuts liegenden eutektischen Punkt steigt die Liquiduskurve auf 450° bei etwa 8% Mn an. Dieser Liquidusast entspricht mit Sicherheit der Primärkristallisation einer intermediären Kristallart, der vermutlich die Formel BiMn[2] (20,81% Mn) zukommt. In Legierungen mit mehr als 8% Mn wird diese Phase durch eine bei etwa 450° stattfindende peritektische Reaktion der 8%igen Schmelze mit einer anderen Phase (nach BEKIER handelt es sich um reines Mangan) gebildet. Das Gefüge der Legierung mit 12,5% Mn zeigt nach BEKIER primäre Mn-Kristalle (?), die von solchen der Verbindung BiMn (?) umhüllt sind, in einer Grundmasse aus praktisch reinem Bi. 3. Legierungen mit 50% Mn und mehr erwiesen sich als aus zwei Schichten bestehend. Nach dem Absetzen und raschen Abkühlen einer Mischung mit 50% Mn Gesamtzusammensetzung bestand die obere Schicht aus praktisch Bi-freiem Mn + 7,55% Si (!)[3], die untere Schicht enthielt 38,4—39,3% Mn und hatte den für eine Legierung dieser Zusammensetzung charakteristischen Aufbau. BEKIER veröffentlichte ein hypothetisches Diagramm, das nur hinsichtlich der im Bereich von 0—10% Mn verlaufenden Erstarrungskurven experimentell gestützt ist.

Bei einer erneuten Bearbeitung des Zustandsdiagramms gelangte SIEBE[4] — vornehmlich auf Grund thermischer Untersuchungen — zu ganz anderen Ergebnissen. Es wurden, wie Abb. 150 zeigt, fünf Gleichgewichtshorizontalen festgestellt, die alle infolge sehr erheblicher Gleichgewichtsstörungen bis zu mindestens 90% Mn verfolgt werden konnten. Zu Abb.150 ist folgendes zu bemerken: 1. Die der Reaktion Schmelze$_{Mn}$ ⇌ Mn + Schmelze$_{Bi}$ entsprechende oberste Horizontale wurde bei Temperaturen zwischen 1244° und 1265° festgestellt, doch beansprucht diese Angabe keine allzu große Genauigkeit, da die von BEKIER beobachtete Anreicherung von Si in der Mn-reichen Schmelze die wahre Gleichgewichtstemperatur in ganz unkontrollierbarer Weise verändert haben kann. Die Ausdehnung der Mischungslücke bei etwa 1255° nimmt SIEBE zu 23^5 ^{6} (aus den Haltezeiten) bis 99,5% Mn an; letzterer Wert wurde durch analytische Bestimmung des Bi-Gehaltes

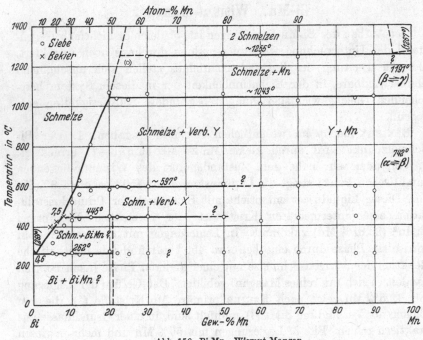

Abb. 150. Bi-Mn. Wismut-Mangan.

der oberen Schicht nach dem Absaugen bei 1300° erhalten. 2. Bei 1043° (im Mittel) wird sicher eine intermediäre Kristallart Y durch peritektische Reaktion zwischen Mn-Kristallen und Schmelze gebildet. Naturgemäß kann diese Bildung nicht vollständig sein, da sie nur an der Trennungsfläche der beiden Schichten vor sich gehen kann. Ein Versuch, die Zusammensetzung dieser Verbindung und damit auch der beiden anderen nach den thermischen Werten bestehenden Verbindungen aus der Intensität der Wärmetönungen zu bestimmen, ist daher zwecklos. (Das von SIEBE gefundene Maximum der Haltezeiten bei 85% Mn würde auf die sehr wenig wahrscheinliche Formel BiMn$_{12}$ hindeuten). 3. Ebenso wenig läßt sich über die Zusammensetzung der bei etwa 597° (im Mittel) peritektisch entstehenden Kristallart X aussagen. Versuche, die Zusammensetzung der Bi-reichsten Verbindung (nach BEKIER BiMn?) zu ermitteln, hat SIEBE nicht unternommen. Er spricht noch die Möglichkeit aus, daß die einzelnen Kristallarten keine verschiedene Zusammensetzung haben könnten, daß also die eine oder andere Wärmetönung durch eine polymorphe Umwandlung bedingt sein könne. Dagegen spricht jedoch, daß er deutliche peritektische Umhüllungen der jeweils primär aus der Schmelze ausgeschiedenen Kristallart durch anders geformte und anders gefärbte Phasen festgestellt hat. 4. Die Zusammensetzung der bei etwa 445° mit Kristallen der Bi-reichsten Verbindung im Gleichgewicht befindlichen Schmelze liegt nach den thermischen Werten bei 9% Mn, nach den mikroskopischen Beobachtungen jedoch sicher unter 8% Mn. 5. Der unterhalb 445° liegende Teil der Liquiduskurve weicht ziemlich stark von dem von BEKIER gefundenen ab (vgl. Abb. 150). Der eutektische Punkt liegt etwa 6° unter dem Bi-Schmelzpunkt zwischen 0,5 und 0,8% Mn.

PARRAVANO-PERRET[7] beschäftigten sich fast ausschließlich mit der Feststellung der Ausdehnung der Mischungslücke, und zwar mit Hilfe von Analysen der beiden festen Schichten. Auf Grund dieser Ergebnisse[8] nehmen sie die Zusammensetzung der beiden flüssigen Schichten bei der Temperatur der größten Ausdehnung der Mischungslücke zu 30 und 93% Mn an. Bezüglich der Bi-reichsten Kristallart haben PARRAVANO-PERRET versucht nähere Aufklärung zu schaffen, indem sie Legierungen in den Atomverhältnissen BiMn, Bi_2Mn_3 und $BiMn_3$ herstellten, diese Proben 10 Tage bei 400° glühten und darauf die Stärke des thermischen Effektes beim Durchgang durch die peritektische Temperatur (450°) bestimmten. Der Höchstwert wurde bei der Zusammensetzung BiMn gefunden. Zwischen den beiden ehemals flüssigen Schichten fanden sie schön ausgebildete Kristalle mit 19,9% Mn (BiMn = 20,81% Mn). Dieselbe Beobachtung hatten schon früher WEDEKIND-VEIT[9] gemacht. Mit dem Zustandsschaubild von SIEBE ist diese Feststellung insofern nicht vereinbar, als die Kristallart BiMn keinesfalls ursprünglich zwischen den beiden Schichten entstehen kann. Auch HILPERT-DIECKMANN[10] glaubten die Verbindung BiMn isoliert zu haben, doch war diese aus ihren Untersuchungen gezogene Schlußfolgerung sehr gewagt.

Die Bi-Mn-Legierungen zeigen nach HILPERT-DIECKMANN sowie SIEBE kräftigen Ferromagnetismus; als dessen Träger die Bi-reichste Kristallart anzusehen ist. Nach Siebe verschwindet der Magnetismus beim Überschreiten der Gleichgewichtstemperatur von 445°, nach HILPERT-DIECKMANN bereits bei 360—380°.

Über den Einfluß von Bi-Zusätzen auf die Temperaturen der polymorphen Umwandlungen des Mangans ist vorerst noch nichts bekannt.

Literatur.

1. Bekier, E.: Int. Z. Metallogr. Bd. 7 (1914) S. 83/92. Das verwendete Mn enthielt 1,60% Fe, 1,52% Si, 0,10 %Cu. — **2.** Durch Bestimmung der Flächen-anteile an Bi und Verbindung in Schliffen einer Legierung mit 10% Mn. — **3.** Das im Mn enthaltene Si hatte sich nach Ansicht Bekiers in der Mn-reichen Schicht angereichert; Tiegelmaterial jedoch Porzellan. — **4.** Siebe, P.: Z. anorg. allg. Chem. Bd. 108 (1919) S. 161/71. Analyse des verwendeten Mangans: 3% Al, 0,5% Si, 0,6% Fe. Die Legn. (20 g) wurden in Pythagoras Tiegeln in einer Wasser-stoffatmosphäre hergestellt. — **5.** Also um 15% Mn weniger als Bekier annimmt. — **6.** Zu bedenken ist, daß die Größe der Mischungslücke sicher abhängt von Art und Menge der im Mn enthaltenen Verunreinigungen. — **7.** Parravano, N., u. U. Perret: Gazz. chim. ital. Bd. 45 I (1923) S. 390/94. Das benutzte Mn enthielt 1% Si. — **8.** Nach langsamer Abkühlung fanden sie in der Mn-armen Schicht, 26,8—28,8% Mn, in der Mn-reichen 81,4—88,8% Mn. Proben, die 5 Minuten bei hoher Temperatur gehalten worden waren und dann abgeschreckt wurden, zeigten in solchen Fällen, wo es gelang, zwei sauber abgesetzte Schichten zu er-halten, bei einem Gesamtgehalt von 50 bzw. 80% Mn in der Mn-armen Schicht als Mittel aus 8 Werten 29,4 bzw. 28,7% Mn, in der Mn-reichen 89,7 bzw. 92,8% Mn; vgl. Anm. 6. — **9.** Wedekind, E., u. Th. Veit: Ber. dtsch. chem. Ges. Bd. 44 (1911) S. 2665/66. — **10.** Hilpert, S., u. Th. Dieckmann: Ber. dtsch. chem. Ges. Bd. 44 (1911) S. 2831/35.

Bi-Mo.   Wismut-Molybdän.

Sargent[1] konnte Bi-Mo-Legierungen durch Reduktion der Metalloxyde mit Kohle darstellen.

Literatur.

1. Sargent, C. L.: J. Amer. chem. Soc. Bd. 22 (1900) S. 783/90.

Bi-N.   Wismut-Stickstoff.

Stickstoff wird weder von festem noch von flüssigem Bi (untersucht bis 600°) gelöst[1].

Literatur.

1. Sieverts, A., u. W. Krumbhaar: Ber. dtsch. chem. Ges. Bd. 43 (1910) S. 894.

Bi-Na.   Wismut-Natrium.

Heycock-Neville[1] untersuchten den Einfluß kleiner Na-Zusätze auf den Erstarrungspunkt des Wismuts und fanden eine Erniedrigung um 8,3° durch 0,44% Na.

Joannis[2] sowie Lebeau[3] haben durch Einwirkung von Bi auf eine Lösung von Na in flüssigem NH_3 die Verbindung $BiNa_3$ (24,82% Na) dargestellt.

Kurnakow-Kusnetzow[4] bestimmten die Temperaturen des Beginns der Erstarrung einer Anzahl Schmelzen (in Abb. 151 mit × bezeichnet) und fanden einen Höchstwert bei der Zusammensetzung $BiNa_3$. Abb. 151 zeigt das von Mathewson[5] ausgearbeitete Diagramm. Das Bestehen der beiden Verbindungen BiNa (9,91% Na) und BiNa$_3$[6] ergab sich ohne weiteres aus den thermischen Werten, insbesondere den Haltezeiten bei 218° und 446°. Die Beeinflussung des Na-Schmelzpunktes durch Bi-Zusätze wurde nicht näher untersucht, da zur Bestimmung der Temperatur das in diesem Temperaturgebiet unempfindliche Pt/Pt-Rh-Thermoelement benutzt wurde; MATHEWSON bemerkt, daß die Solidustemperatur zwischen 24,82 und 100% Na bis auf 2—3° genau der Schmelztemperatur des Natriums entspräche. Die Untersuchung der

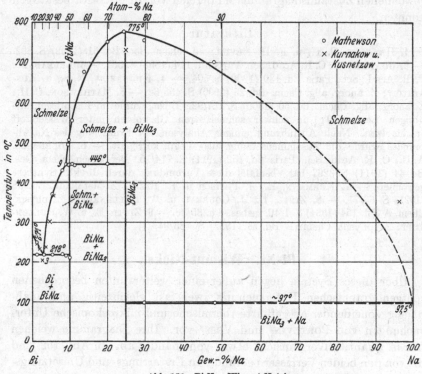

Abb. 151. Bi-Na. Wismut-Natrium.

Bruchflächen der Legierungen führte zu einer befriedigenden Bestätigung des Zustandsschaubildes.

Die Ergebnisse der Spannungsmessungen von KREMANN, FRITSCH und RIEBL[7] sind für eine Nachprüfung des Zustandsschaubildes nicht geeignet (s. Originalarbeit).

Nachtrag. Durch potentiometrische Titration bei tiefen Temperaturen einer Lösung von Na in flüssigem NH$_3$ mit einer Lösung von BiJ$_3$ in NH$_3$ konnten ZINTL, GOUBEAU und DULLENKOPF[8] das Bestehen der in ammoniakalischer Lösung als „polyanionige Salze" (d. h. salzartige Verbindungen vom Typus der Polysulfide) aufzufassenden Verbindungen Bi$_5$Na$_3$ (6,19% Na), Bi$_3$Na$_3$ und BiNa$_3$ nachweisen. Bi$_5$Na$_3$

konnte thermoanalytisch nicht nachgewiesen werden (s. oben); diese
Verbindung scheidet sich also offenbar nicht aus Bi-Na-Schmelzen aus.
Wie die Verfasser kurz bemerken, hat die in NH_3 gebildete Verbindung
Bi_3Na_3 einen ganz anderen Aufbau als die aus der Schmelze kristallisierende Phase BiNa.

Die Verbindung BiNa hat nach neueren Untersuchungen von ZINTL-
DULLENKOPF[9] sehr wahrscheinlich eine tetragonal-raumzentrierte Struktur. Die Verfasser bemerken, daß sie die Richtigkeit des thermoanalytisch
gewonnenen Zustandsdiagramms im Bereich von Bi bis BiNa bestätigen
konnten.

Literatur.

1. HEYCOCK, C. T., u. F. H. NEVILLE: J. chem. Soc. Bd. 61 (1892) S. 892.
— 2. JOANNIS, A.: C. R. Acad. Sci., Paris Bd. 114 (1892) S. 587. — 3. LEBEAU, P.:
C. R. Acad. Sci., Paris Bd. 130 (1900) S. 504. — 4. KURNAKOW, N. S., u. KUS-
NETZOW: Z. anorg. allg. Chem. Bd. 23 (1900) S. 455/62. — 5. MATHEWSON, C. H.:
Z. anorg. allg. Chem. Bd. 50 (1906) S. 187/92. $BiNa_3$ wurde im Eisentiegel, alle
übrigen Legn. (20 g) in schwer schmelzbaren Glasröhren unter Wasserstoff
erschmolzen. Nach Ausführung einiger Analysen zur Ermittlung des Na-Abbrandes wurde die Zusammensetzung aller Legn. korrigiert. — 6. VOURNASOS,
A. G.: C. R. Acad. Sci., Paris Bd. 152 (1911) S. 714/15. Ber. dtsch. chem. Ges.
Bd. 44 (1911) S. 3267 hat ebenfalls diese Verbindung durch direkte Synthese
gewonnen. — 7. KREMANN, R., J. FRITSCH u. R. RIEBL: Z. Metallkde. Bd. 13
(1921) S. 66/71. — 8. ZINTL, E., J. GOUBEAU u. W. DULLENKOPF: Z. physik.
Chem. A Bd. 154 (1931) S. 1/46, insbes. 6 u. 35/36. — 9. ZINTL, E., u. W. DULLEN-
KOPF: Z. physik. Chem. B Bd. 16 (1932) S. 183/94.

Bi-Ni. Wismut-Nickel.

Über dieses System liegen außer einer weiter unten besprochenen
röntgenographischen Untersuchung zwei fast gleichzeitig und unabhängig voneinander ausgeführte thermische und mikroskopische Untersuchungen von PORTEVIN[1] und VOSS[2] vor. Ihre Diagramme weichen
nur in quantitativer Hinsicht etwas voneinander ab. In Abb. 152 sind
die von den beiden Verfassern gefundenen Erstarrungs- und Umsetzungstemperaturen eingezeichnet.

Der oberhalb 655° liegende Teil der Liquiduskurve, der der Primärkristallisation von Ni bzw. Ni-reichen α-Mischkristallen entspricht, läßt
sich am besten durch eine graphische Interpolation der von PORTEVIN
und VOSS gefundenen Werte angeben. Die zwischen etwa 30 und 100%
Ni ermittelten tiefer liegenden Werte von VOSS lassen sich nicht durch
eine Verdampfung[3] von Wismut erklären; der Unterschied zwischen
den beiden Kurven würde dadurch nur noch größer. In weiterer Abweichung von dem von PORTEVIN gezeichneten Verlauf der Liquiduskurve zwischen 469° und rd. 1200°, der in der Abb. 152 übernommen
wurde, verläuft nach dem Diagramm von VOSS die Liquiduskurve von
469° bei 4% Ni nach 638° bei 12% Ni, um von hier aus steil anzusteigen;

doch lassen m. E. auch die von Voss gefundenen Temperaturen den
in Abb. 152 dargestellten Kurvenverlauf zu. Unterhalb 469° ist der von
Voss angegebene Verlauf der Liquiduskurve durch zahlreichere Messungen festgelegt als der von Portevin gezeichnete. Bezüglich der
Temperaturunterschiede zwischen den drei Horizontalen in den
Schaubildern von Portevin und Voss ist folgendes zu sagen: Während
die sich auf die untere und mittlere Horizontale beziehenden Temperaturangaben innerhalb der möglichen Fehlergrenze liegen[4], verläuft die
obere Horizontale nach Portevin bei etwa 655° gegenüber 638° nach

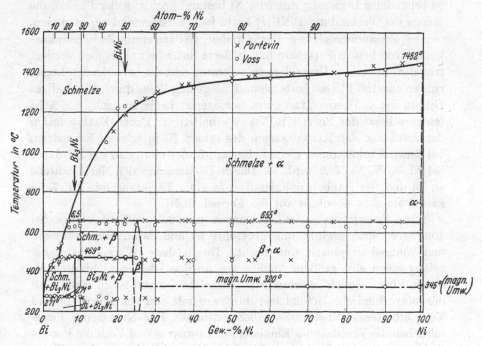

Abb. 152. Bi-Ni. Wismut-Nickel.

Voss. Da nun Voss selbst hervorhebt, daß infolge von Unterkühlungen
sein Wert voraussichtlich zu tief liegt, so dürfte der von Portevin dem
Gleichgewicht näher kommen.

Die Feststellung der Zusammensetzung der beiden bei 655° bzw. 469°
sich peritektisch bildenden intermediären Kristallarten wurde wegen
der Unvollständigkeit der peritektischen Umsetzungen bei zu rascher
Abkühlung der Schmelzen (infolge starker Umhüllungen) sehr erschwert.
Die Größe dieser Gleichgewichtsstörungen geht schon deutlich aus den
in Abb. 152 eingezeichneten thermischen Werten hervor, die zeigen, daß
auch auf den Abkühlungskurven solcher Legierungen, in denen die peritektische Reaktion bei 469° und die Kristallisation von Bi bei 271°

nicht mehr stattfinden sollte, Haltepunkte bei den angegebenen Temperaturen beobachtet wurden. Bei 638° fand Voss allerdings ein Maximum
der Zeitdauer bei 22% Ni, d. h. bei der der Formel BiNi (21,92% Ni)
entsprechenden Zusammensetzung; die betreffende Legierung bestand
jedoch — wie alle Legierungen mit etwa 17—50% Ni (nach Voss) bzw.
etwa 10—37% Ni (nach Portevin) — aus vier Kristallarten. Portevin
hält daher das Bestehen einer Verbindung mit der Formel BiNi für
durchaus hypothetisch. Voss gelang es übrigens auch nicht, die Umhüllungen durch 60stündiges Glühen bei 620—630° zu beseitigen; eine
so behandelte Legierung mit 22% Ni bestand noch aus vier Phasen, die
Menge der Verbindung BiNi (?) hatte jedoch bedeutend zugenommen.

Die Zusammensetzung der zweiten (Ni-ärmeren) Zwischenphase
konnte von beiden Forschern mit größerer Sicherheit angegeben werden,
trotzdem auch hier Umhüllungen auftraten und die betreffenden Legierungen aus drei Phasen bestanden. 1. Es gelang Voss, durch 60stündiges
Glühen bei 465° eine „fast ganz homogene" Legierung mit 8,56% Ni
(entsprechend der Formel Bi_3Ni) zu erhalten. 2. Durch Extrapolation
der Zeitdauer der Kristallisation des reinen Bi in solchen Schmelzen,
bei denen Umhüllungen nicht auftreten, findet man, daß die Zeitdauer
bei rd. 8,5% Ni Null wird. 3. Durch Bestimmung der Mengenanteile
an Bi und der fraglichen Kristallart in einer Legierung mit 2,75% Ni
kam Portevin ebenfalls auf die Formel Bi_3Ni.

Hägg-Funke[5] haben 8 Legierungen mit 2,7—75% Ni 7 Tage bei
400° bzw. 600° geglüht und abgeschreckt und darauf mikroskopisch
und röntgenographisch untersucht. Durch diese Wärmebehandlung
gelang ihnen eine größere Annäherung an den Gleichgewichtszustand,
als sie Voss möglich gewesen war. Zusammenfassend ist zu sagen, daß
der mikroskopische Befund fast durchweg mit den von Portevin und
Voss erhaltenen Ergebnissen übereinstimmt. Der Ni-ärmeren Phase
schrieben die Verfasser im Einklang mit Portevin und Voss die Formel
Bi_3Ni zu, da eine Legierung mit 9,5% Ni praktisch aus einer Phase
bestand. Ihre Gitterstruktur konnte nicht bestimmt werden, da die
Pulverphotogramme sehr verwickelt sind und Einzelkristalle nicht dargestellt werden konnten. Das Homogenitätsgebiet der Bi_3Ni-Phase ist
eng, da die Interferenzen in allen Photogrammen dieselben Lagen einnehmen. Erwähnt sei noch, daß die primär ausgeschiedenen Nadeln
dieser Kristallart hexagonalen Querschnitt besitzen. — Die Ergebnisse
der Röntgenuntersuchungen an der Ni-reicheren, in Abb. 152 mit β bezeichneten Zwischenphase machen es „so gut wie sicher, daß ihr Homogenitätsgebiet bei mehr als 50 Atom-% Ni liegt. Es ist aber wahrscheinlich nicht viel von dieser Zusammensetzung entfernt". Man dürfte annehmen, „daß es irgendwo zwischen 50 und 60 Atom-% Ni liegt",
und daß die Ni-ärmste Zusammensetzung wahrscheinlich höchstens

50 Atom-% Ni entspricht. Es zeigte sich, daß die Abmessungen der β-Phase bei einer bestimmten Temperatur stets am größten bei der nickelreichsten Zusammensetzung war, jedoch ist der Unterschied in den Abmessungen entsprechend einem engen Homogenitätsgebiet klein. Der Unterschied wird aber mit steigender Temperatur größer, was also einer Verbreiterung des Zustandsgebietes bei höherer Temperatur entspricht (s. Originalarbeit). — Es wäre merkwürdig, wenn sich die β-Phase nicht bis herunter zu 50 Atom-% Ni erstreckt, da sie die Struktur des Nickelarsenids NiAs (s. S. 189) besitzt; andernfalls würde sich ergeben, daß die Verbindung BiNi nur mit einem gewissen Überschuß an Ni-Atomen, die in den Zwischenräumen des Gitters eingelagert sind, stabil ist.

Die Löslichkeit von Bi in festem Ni wurde von PORTEVIN nicht näher untersucht. Voss gibt an, daß eine Legierung mit 1,5% Bi einphasig ist; außerdem fand er durch qualitative Messungen, daß der Curiepunkt[6] des Nickels durch diesen Bi-Gehalt um höchstens 20—25° erniedrigt wird, was ebenfalls für eine Mischkristallbildung des Ni mit Bi spricht. HÄGG-FUNKE fanden dagegen, daß die Kantenlänge des flächenzentrierten Elementarwürfels der mit Bi gesättigten Ni-Phase in allen Fällen praktisch gleich der des reinen Nickels war.

Literatur.

1. PORTEVIN, A.: C. R. Acad. Sci., Paris Bd. 145 (1907) S. 1168. Rev. Métallurg. Bd. 5 (1908) S. 110/20. Die Legn. wurden unter Verwendung eines Ni unbekannter Zusammensetzung unter Leuchtgasatmosphäre in Tiegeln, die mit Magnesia ausgekleidet waren, erschmolzen. — **2.** VOSS, G.: Z. anorg. allg. Chem. Bd. 57 (1908) S. 52/58. Die Legn. wurden unter Verwendung eines Ni mit 1,86% Co und 0,47% Fe in Porzellantiegeln unter Stickstoff hergestellt. — **3.** Es sei hier bemerkt, daß PORTEVIN die Zusammensetzung aller Legn. durch Analyse ermittelte, während VOSS den zwischen 0,1 und 0,3% Bi liegenden Verlust nur mit Hilfe einiger Analysen bestimmte. — **4.** Die untere Horizontale liegt nach Auffassung beider Forscher beim Bi-Schmelzpunkt: 269° nach PORTEVIN, 273° nach VOSS. Die mittlere Horizontale verläuft nach PORTEVINs Werten bei etwa 466°, nach VOSS bei etwa 472°. — **5.** HÄGG, G., u. G. FUNKE: Z. physik. Chem. B Bd. 6 (1930) S. 272/83. — **6.** In Abb. 152 sind die Mittelwerte aus den bei Abkühlung und Erhitzung gefundenen magnetischen Umwandlungstemperaturen angegeben.

Bi-P. Wismut-Phosphor.

Ein Wismutphosphid ist bisher wohl mit Sicherheit weder durch direkte Vereinigung der Elemente, noch durch ein indirektes Verfahren[1] hergestellt worden; s. insbesondere die Arbeiten von GRANGER[2] und STOCK-GOMOLKA[3]. STOCK-GOMOLKA haben geschmolzenes Wismut bei 800° mit Phosphor gesättigt; nach dem Erkalten enthielt das Wismut etwa 0,1% P in elementarer Form.

Literatur.

1. Bei Einwirkung von PH_3 auf festes $BiCl_3$ bei 100° erhielt A. CAVAZZI: Gazz. chim. ital. Bd. 14 (1884) S. 219. Ber. dtsch. chem. Ges. Bd. 17 III (1884) S. 562

einen schwarzen Körper, der „wahrscheinlich" die Zusammensetzung BiP hatte.
Über Versuche zur Darstellung von BiP durch Fällung aus wässerigen Bi-Salz-
lösungen mit PH$_3$ s. Cavazzi (s. oben), P. Kulisch: Liebigs Ann. Bd. 231 (1886)
S. 349 und die chemischen Handbücher. — **2.** Granger, A.: Ann. Chim. Phys. 7
Bd. 14 (1898) S. 5/90. — **3.** Stock, A., u. F. Gomolka: Ber. dtsch. chem. Ges.
Bd. 42 (1909) S. 4519/21.

Bi-Pb. Wismut-Blei.

Das Erstarrungsdiagramm. Die Liquiduskurve und die Temperatur der eutektischen Horizontalen wurde — abgesehen von
den Bestimmungen (vornehmlich von älteren Forschern[1]) der Schmelz-
und Erstarrungstemperatur einzelner Legierungen, die hier unberück-

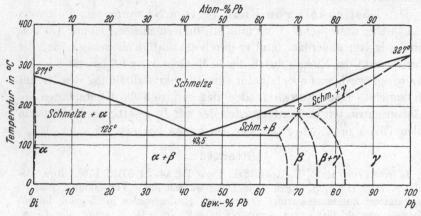

Abb. 153. Bi-Pb. Wismut-Blei.

sichtigt bleiben können — untersucht von Wiedemann[2], Mazzotto[3],
Heycock-Neville[4] (die den Einfluß kleiner Bi-Zusätze — bis 4,6% —
auf den Erstarrungspunkt des Bleis näher bestimmten), Kapp[5],
Charpy[6] und insbesondere Barlow[7]. Die in Abb. 153 dargestellte
Liquiduskurve wurde der Arbeit von Barlow, die in dieser Hinsicht
als die genaueste anzusehen ist, entnommen. Wright[8] hatte schon
früher, anscheinend unabhängig von anderen Forschern, die vollständige
Mischbarkeit der beiden flüssigen Metalle erkannt.

Der eutektische Punkt wird angegeben von Guthrie[9] zu 44,4% Pb
und 123°, von Mazzotto zu 42,65% Pb (entsprechend Bi$_4$Pb$_3$) und
125—127° und später[10] zu 44% Pb und 125°, von Kapp zu etwa
44% Pb und 124°, von Charpy zu 44,4% Pb und 125° und von Barlow zu 43,5% Pb und 125°. Für die Abb. 153 wurde der letztgenannte
Wert übernommen.

Die Löslichkeit von Blei in Wismut. An dem Vorhandensein Bi-
reicher fester Lösungen ist insbesondere nach den zahlreichen über dieses
System vorliegenden Messungen physikalischer Eigenschaften nicht zu

zweifeln. Leider gestatten jedoch die Ergebnisse dieser Untersuchungen keinen quantitativen Schluß auf die Größe der Löslichkeit. Ganz abgesehen davon, daß die Messungen teilweise zu ungenau, die Zahl der untersuchten Proben zu gering und die untersuchte Eigenschaft hier zu unempfindlich ist, ist der Grund dafür darin zu suchen, daß die zur Untersuchung gelangten Proben sich in einem nicht näher zu beschreibenden Gefügezustand befanden. Es wurden teilweise gegossene, teilweise langsamer aus dem Schmelzfluß abgekühlte Proben untersucht, und bei den geglühten Proben fehlen Angaben über die Art der Abkühlung nach der Wärmebehandlung, so daß über den Grad der mit fallender Temperatur sicher eintretenden Entmischung (Löslichkeitsabnahme mit sinkender Temperatur) nichts gesagt werden kann. Die nachstehenden zum Teil sehr voneinander abweichenden Angaben können daher nur einen ungefähren Anhalt für die Größe der Löslichkeit geben.

Die Löslichkeit von Pb in Bi bei der eutektischen Temperatur würde nach den von MAZZOTTO[3] bestimmten Kristallisationswärmen des Eutektikums höchstens 2% Pb, nach den von KAPP, BARLOW und DI CAPUA[11] ermittelten Haltezeiten der eutektischen Kristallisation etwa 4—5% bzw. 14% bzw. 4% Pb betragen. Die Leitfähigkeitsmessungen von MATTHIESSEN[12] würden auf eine Löslichkeit von etwa 2 Volum-% hindeuten, diejenigen von SCHULZE[13] auf etwa 4 Volum-%, diejenigen von HEROLD[14] auf höchstens 1,6 Volum-%. Die Messungen der Wärmeleitfähigkeit von SCHULZE bzw. der magnetischen Suszeptibilität von ENDO[15] sprechen für eine Löslichkeit von etwa 3—4 Volum-% bzw. 4 Gew.-% Pb, die Messungen der Thermokraft von BATTELLI[16] für rd. 5 Volum-% Pb. Die Bestimmungen der Dichte von MATTHIESSEN[17], RICHE[18], MAEY[19], SHEPHERD[20], RICHTER[21] und GOEBEL[22], der spezifischen Wärme von RICHTER[23], des elektrochemischen Potentials von LAURIE[24], SHEPHERD[25], PUSCHIN[26] sowie KREMANN-LANGBAUER[27] und der Härte von HEROLD, GOEBEL, DI CAPUA-ARNONE[28] und MALLOCK[29] sagen, vornehmlich wegen der Unempfindlichkeit dieser Eigenschaften, nichts über die an sich geringe Löslichkeit von Pb in Bi aus. HEROLD stellte in einer langsam erstarrten Legierung mit 0,5% Pb noch Eutektikum fest, in einer 0,2%igen dagegen nicht mehr; GUERTLER[30] fand eine 0,5% Pb enthaltende Legierung homogen.

Für die Löslichkeit von Wismut in Blei gelten dieselben allgemeinen Bemerkungen (s. S. 320/21), immerhin sind hier etwas genauere Angaben möglich. Bei der eutektischen Temperatur liegt die „Sättigungs"-grenze nach WIEDEMANN bei rd. 70% Pb, nach MAZZOTTO bei 64—65% Pb, nach KAPP bei 66—67% Pb, nach BARLOW bei 68—69% Pb, nach DI CAPUA bei 66% Pb (thermische Analyse), nach HEROLD bei weniger als 60% Pb (mikroskopische Untersuchung abgeschreckter Proben), nach GOEBEL bei 65% Pb (Dichte abgeschreckter Proben). Die Kurve der elektrischen Leitfähigkeit der bei 123° geglühten und bei dieser Temperatur gemessenen Legierungen nach HEROLD weist keine ausgesprochene Richtungsänderung auf. Aus den Messungen der elektrischen Leitfähigkeit von MATTHIESSEN und SCHULZE und der thermischen Leitfähigkeit von SCHULZE lassen sich keine sicheren Angaben entnehmen, dagegen weisen die Kurven der elektrischen Leitfähigkeit und des Temperaturkoeffizienten von geglühten Legierungen (100 Stunden bei 123°; Abkühlung?) nach HEROLD einen deutlichen Knick bei 81,5—82,5 Volum-% Pb auf. Eine langsam erstarrte Legierung mit 85% Pb erwies sich nach HEROLD als homogen, eine solche mit 80% Pb als heterogen. TAMMANN-RÜDIGER[31] fanden, daß abgeschreckte Pb-reiche Legierungen beim Lagern bei Raumtemperatur Widerstandsänderungen aufweisen, wenn sie weniger als 85% Pb enthalten. Das spricht für eine Löslichkeitsabnahme auf etwa diese Konzentration. Die von DI CAPUA-ARNONE bestimmte Kurve der Härte nach 160stündigem Glühen bei 110° (Abkühlung?) weist auf die hohe Sättigungsgrenze von 66% Pb. Alle sonst oben aufgeführten Arbeiten über die Dichte, die spezifische Wärme, die Thermokraft, die magnetische Suszeptibilität, das elektrochemische Potential[32] und die Härte sagen nichts über die Löslichkeit von Bi in Pb aus.

Für eine starke Löslichkeitsabnahme von Bi in Pb mit fallender Temperatur spricht nach STOFFEL[33] auch eine Beobachtung SHEPHERDs, nämlich die, daß eine Legierung mit 67% Pb beim Erwärmen von 75° auf 80° eine beträchtliche Volumverkleinerung erfährt. Im Sinne einer nonvarianten Reaktion im festen Zustand (Bildung und Zerfall einer intermediären Kristallart) wird diese Erscheinung wohl nicht zu deuten sein, zumal nach besonderen Untersuchungen von TAMMANN-SCHIMPFF[34] an einer 50%igen Legierung weder thermisch noch mikroskopisch Andeutungen einer Reaktion zwischen den beiden Mischkristallen gefunden wurden; vgl. auch die diesbezüglichen Beobachtungen von BUX[35].

MATUYAMA[36] bestimmte den elektrischen Widerstand und die Dichte und ENDO[37] die magnetische Suszeptibilität der geschmolzenen Legierungen.

Nachtrag. Neuere Untersuchungen haben gezeigt, daß doch eine intermediäre Phase im System Bi-Pb besteht. Nach Röntgenuntersuchungen von SOLOMON und MORRIS-JONES[38] liegt diese Phase, die ein hexagonales Gitter dichtester Kugelpackung besitzt, zwischen etwa 67 und 75 Atom-% Pb vor. MEISSNER und Mitarbeiter[39] konnten ihre Existenz durch Untersuchung der Supraleitfähigkeit bestätigen[40]. In Abb. 153 wurde mit BENEDICKS[41] angenommen, daß sie sich durch eine peritektische Reaktion bildet. — TAMMANN-BANDEL[42] ermittelten die Löslichkeit von Pb in Bi[43] bei der eutektischen Temperatur mikrographisch zu < 0,1% Pb. — SHIMIZU[44] fand im Gegensatz zu ENDO für die magnetische Suszeptibilität eine fast vollkommen additive Änderung mit der Konzentration.

Literatur.

1. U. a. Döbereiner (1824), T. Thomson (1841), F. Rudberg (1847), Person (1847), E. Dippel (1913). — 2. Wiedemann, E.: Wied. Ann. Bd. 20 (1883) S. 236/43. — 3. Mazzotto, D.: Mem. R. Ist. Lomb. 3 Bd. 16 (1886) S. 1. Wied. Ann. Beibl. Bd. 11 (1887) S. 231. — 4. Heycock, C. T., u. F. H. Neville: J. chem. Soc. Bd. 61 (1892) S. 910/11. — 5. Kapp, A. W.: Diss. Königsberg 1901. Ann. Physik 4 Bd. 6 (1901) S. 760 u. 769. S. auch Stoffel, A.: Z. anorg. allg. Chem. Bd. 53 (1908) S. 149/51. — 6. Charpy, G.: Contrib. à l'étude des alliages, Paris 1901 S. 220. — 7. Barlow, W. E.: Z. anorg. allg. Chem. Bd. 70 (1911) S. 183/84. J. Amer. chem. Soc. Bd. 32 (1910) S. 1394/95. — 8. Wright, C. R. A.: J. Soc. chem. Ind. Bd. 13 (1894) S. 1016. — 9. Guthrie, F.: Philos. Mag. 5 Bd. 17 (1884) S. 464. — 10. Mazzotto, D.: Nuovo Cimento 5 Bd. 18 II (1909) S. 180/96. — 11. Capua, C. di: Atti R. Accad. Lincei, Roma 5 Bd. 31 I (1922) S. 162/64. — 12. Matthiessen, A.: Pogg. Ann. Bd. 110 (1860) S. 209/10. Vgl. W. Guertler: Z. anorg. allg. Chem. Bd. 51 (1906) S. 408/11. — 13. Schulze, F. A.: Ann. Physik Bd. 9 (1902) S. 580/81. — 14. Herold, W.: Z. anorg. allg. Chem. Bd. 112 (1920) S. 131/54. — 15. Endo, H.: Sci. Rep. Tôhoku Univ. Bd. 14 (1925) S. 498/99. Honda, K., u. H. Endo: J. Inst. Met., Lond. Bd. 37 (1927) S. 34/36. — 16. Battelli, A.: Atti R. Ist., Veneto 6 Bd. 5 (1886/87) S. 1137. Wied. Ann. Beibl. Bd. 12 (1888) S. 269. S. auch bei W. Broniewski: Rev. Métallurg. Bd. 7 (1910) S. 352/53. — 17. Matthiessen, A., u. M. Carty: Pogg. Ann. Bd. 110 (1860) S. 34/35. S. auch E. Maey: Z. physik. Chem. Bd. 38 (1901) S. 299. — 18. Riche, A.: C. R. Acad. Sci., Paris Bd. 55 (1862) S. 143. — 19. Maey, E.: Z. physik. Chem. Bd. 50 (1905) S. 216/17. — 20. Shepherd, E. S.: J. physic. Chem. Bd. 6 (1902) S. 522/23. — 21. Richter, O.: Ann. Physik 4 Bd. 42 (1913) S. 779/95. — 22. Goebel, J.: Z. Metallkde. Bd. 14 (1922) S. 390/92. — 23. Richter, O.: Ann. Physik 4 Bd. 39 (1912) S. 1590/1608; Bd. 42 (1913) S. 779/95. — 24. Laurie, A. P.: J. chem. Soc. Bd. 65 (1894) S. 1034. — 25. Shepherd, E. S.: J. physic. Chem. Bd. 7 (1908) S. 15/17. Wenn die von Shepherd gemessenen außerordentlich geringen Spannungsunterschiede reell sind, so deuten sie auf eine gegenseitige feste Löslichkeit von rd. 10% (?). — 26. Puschin, N.: J. russ. phys.-chem. Ges. Bd. 39 (1907) S. 869. Ref. Chem. Zbl. 1908 I S. 108. — 27. Kremann, R., u. A. Langbauer: Z. anorg. allg. Chem. Bd. 127 (1923) S. 240. — 28. Capua, C. di, u. M. Arnone: Rend. R. Accad. Lincei, Roma Bd. 33 (1924) S. 28/31. — 29. Mallock, A.: Nature Bd. 121 (1928) S. 827. — 30. Guertler, W.: Z. anorg. allg. Chem. Bd. 51 (1906) S. 411. — 31. Tammann, G., u. H. Rüdiger: Z. anorg. allg. Chem. Bd. 192 (1930) S. 9/13. — 32. Vgl. jedoch Anm. 25. — 33. Stoffel, A.: Z. anorg. allg. Chem. Bd. 53 (1908) S. 149/51. — 34. Tammann, G., u. H. Schimpff: Z. Elektrochem. Bd. 18 (1912) S. 595. — 35. Bux, K.: Z. Physik Bd. 14 (1923) S. 316/27. — 36. Matuyama, Y.: Sci. Rep. Tôhoku Univ. Bd. 16 (1927) S. 447/74; Bd. 18 (1929) S. 35. — 37. Endo, H.: Sci. Rep. Tôhoku Univ. Bd. 16 (1927) S. 227/28. Honda, K., u. H. Endo: J. Inst. Met., Lond. Bd. 37 (1927) S. 34/36. — 38. Solomon, D., u. W. Morris-Jones: Philos. Mag. Bd. 11 (1931) S. 1090/1103. — 39. Meissner, W., H. Franz u. H. Westerhoff: Ann. Physik Bd. 13 (1932) S. 979/84. — 40. Thompson, J. G.: Bur. Stand. J. Res. Bd. 5 (1930) S. 1085. — 41. Benedicks, C.: Z. Metallkde. Bd. 25 (1933) S. 200/201. — 42. Tammann, G., u. G. Bandel: Z. Metallkde. Bd. 25 (1933) S. 156. — 43. S. auch Jette, E. R., u. F. Foote: Physic. Rev. Bd. 39 (1932) S. 1018/20. — 44. Shimizu, Y.: Sci. Rep. Tôhoku Univ. Bd. 2 (1932) S. 842/43.

Bi-Pd. Wismut-Palladium.

Um den Einfluß kleiner Pd-Gehalte auf den Erstarrungspunkt des Wismuts festzustellen, bestimmten HEYCOCK-NEVILLE[1] die Erstarrungspunkte von 6 Schmelzen mit 0,097—1,16% Pd. Sie fanden eine kontinuierliche Erniedrigung bis zu 5°, ohne einen eutektischen Punkt zu erreichen.

ROESSLER[2] konnte aus einer annähernd 5% Pd enthaltenden Legierung durch Behandeln mit verdünnter HNO_3 Nädelchen von der Zusammensetzung Bi_2Pd (20,33% Pd) isolieren.

Literatur.

1. HEYCOCK, C. T., u. F. H. NEVILLE: J. chem. Soc. Bd. 61 (1892) S. 894. — **2.** ROESSLER, F.: Z. anorg. allg. Chem. Bd. 9 (1895) S. 70.

Bi-Pt. Wismut-Platin.

Von den Untersuchungen über Bi-Pt-Legierungen gestatten nur die Arbeiten von HEYCOCK-NEVILLE[1] und ROESSLER[2] Rückschlüsse auf die Konstitution. Nach HEYCOCK-NEVILLE wird der Erstarrungspunkt des Wismuts durch 0,2—1,2 Atom-% Pt = 0,19—1,1 Gew.-% Pt um 2° (im Mittel) erniedrigt. Der eutektische Punkt läge danach unter 0,2% Pt. ROESSLER hat aus einer Legierung mit etwa 2,4% Pt durch Behandeln mit verdünnter HNO_3 Kriställchen isoliert, die 34,08% Pt, 64,19% Bi und 0,85% Ag (Ag war im Bi enthalten und hatte sich in der Bi-Pt-Legierung angereichert) enthielten. Das Ergebnis der Analyse weicht etwas von der Formel Bi_2Pt (31,84% Pt) ab, was offenbar darauf zurückzuführen ist, daß auch etwas Bi aus der Verbindung herausgelöst wird.

Neuerdings wurde das Bestehen der Verbindung BiPt (48,3% Pt) nachgewiesen; sie besitzt Nickelarsenidstruktur[3].

Literatur.

1. HEYCOCK, C. T., u. F. H. NEVILLE: J. chem. Soc. Bd. 61 (1892) S. 896. — **2.** ROESSLER, F.: Z. anorg. allg. Chem. Bd. 9 (1895) S. 68/69. — **3.** HARDER, A., bei E. ZINTL u. H. KAISER: Z. anorg. allg. Chem. Bd. 211 (1933) S. 128.

Bi-Rh. Wismut-Rhodium.

Durch Behandeln von Bi-Rh-Legierungen mit 2—5% Rh mit kalter verdünnter HNO_3 konnte RÖSSLER[1] Nädelchen von der Zusammensetzung Bi_4Rh (10,96% Rh) isolieren. Eine Legierung mit 12% Rh erwies sich als praktisch einphasig. Bei Rh-reicheren Legierungen als der Zusammensetzung Bi_4Rh entspricht, lag nach Behandeln mit kochender konzentrierter HNO_3 Rhodium als unlöslicher Rückstand vor[2].

WÖHLER-METZ[3] konnten die Beobachtung RÖSSLERs bezüglich Bi_4Rh bestätigen. Aus einer Legierung mit 9% Rh, die bei 800° erschmolzen war, konnten sie durch Behandlung mit heißer konzentrierter HNO_3 die Verbindung Bi_2Rh (19,75% Rh) gewinnen. Letzteres Ergebnis ist deshalb bemerkenswert, als sich nach dem Diagramm von RODE[4] (s. unten) die Kristallart Bi_2Rh zwar aus einer Schmelze mit 9% Rh primär ausscheidet, bei rd. 433° aber durch Umsetzung mit Schmelze in Bi_4Rh übergeht. Aus dem Befund von WÖHLER-METZ wäre demnach zu schließen, daß sich diese peritektische Umsetzung bei rascher Abkühlung bis auf unterhalb Raumtemperatur unterkühlen läßt.

In neuester Zeit hat RODE[4] das in Abb. 154 dargestellte Zustandsschaubild nur mit Hilfe thermischer und mikroskopischer Unter-

suchungen ausgearbeitet. Da die Arbeit in russischer Sprache veröffentlicht ist, mußte ich mich bezüglich des Textes mit den Referaten[5]
über diese Arbeit begnügen.

Zu Abb. 154 ist folgendes erläuternd zu sagen: 1. RODE nimmt auf
Grund der (zum Zwecke der Unterscheidung von den Temperaturen der
nächst höheren Horizontalen)
durch Punkte gekennzeichneten Solidustemperaturen der
Schmelzen mit 0—11% Rh
an, daß die Erstarrung dieser
Schmelzen mit der Kristallisation eines Bi-Bi$_4$Rh-Eutektikums mit 0,7% Rh bei 260°
abschließt. Die gefundenen
Solidustemperaturen liegen jedoch in der Mehrzahl bei
höheren Temperaturen, und
zwar bei den Bi-reichsten Legierungen, bei denen die Unterkühlung oder eine gewisse
Verzögerung in der Temperaturanzeige am geringsten sein
wird, oberhalb des Bi-Erstarrungspunktes. Es wäre daher
an Stelle einer Eutektikalen
eine Peritektikale anzunehmen. Dagegen spricht allerdings die Tatsache, daß das
Gefüge der 0,7% Rh enthaltenden Legierung ein rein
eutektisches ist. Hier besteht
also ein vielleicht in der Temperaturmessung begründeter
Widerspruch. Bei welcher Tem

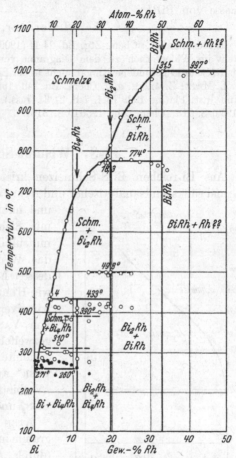

Abb. 154. Bi-Rh. Wismut-Rhodium.

peratur der Bi-Schmelzpunkt gefunden oder angenommen wurde, wird
leider nicht mitgeteilt. 2. Über die Natur der bei etwa 498°, 390° und 310°
beobachteten Wärmetönungen geben die Referate keine Auskunft. Wahrscheinlich handelt es sich um polymorphe Umwandlungen der Verbindungen Bi$_2$Rh (498°) und Bi$_4$Rh (390° und 310°). 3. Die peritektischen Umsetzungen, insbesondere diejenige bei 433°, treten erst nach ziemlich großen
Unterkühlungen ein; sie verlaufen sehr träge und konnten auch durch
längeres Glühen nicht zu Ende geführt werden, da Umhüllungen eintreten.
4. Der mikroskopische Befund bestätigt die Ergebnisse der thermischen

Analyse. Die Mikrophotographie der Legierung mit 10,5% Rh zeigt vorwiegend Bi_4Rh-Kristalle, diejenige der Legierung mit 19,81% Rh (entsprechend Bi_2Rh) zeigt — soweit zu erkennen ist — eine einphasige Struktur, und das Gefügebild der Legierung mit 31,94% Rh ($\sim$ entsprechend BiRh) zeigt wenige primäre Rh(?)-Kristalle in einer Grundmasse von BiRh.

Literatur.

1. Rössler, H.: Chem.-Ztg. Bd. 24 II (1900) S. 734/35. — **2.** Dieses Ergebnis steht im Widerspruch zu dem Diagramm von Rode. Wahrscheinlich war das als Rückstand gefundene Rh gar nicht in der Schmelze gelöst. — **3.** Wöhler, L., u. L. Metz: Z. anorg. allg. Chem. Bd. 149 (1925) S. 309/13. — **4.** Rode, E. J.: Ann. Inst. Platine 1929 Lief. 7 S. 21/31 (russ.). — **5.** J. Inst. Met., Lond. Bd. 44 (1930) S. 513. Chem. Zbl. 1930 I, S. 3101.

Bi-S. Wismut-Schwefel.

Aus Bi-reichen Bi-S-Schmelzen kristallisiert, wie Roessler[1] auf Grund rückstandsanalytischer und Aten[2] auf Grund thermoanalytischer

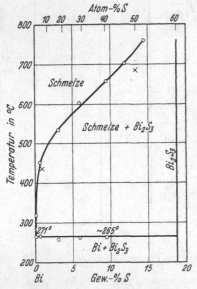

und mikroskopischer Untersuchungen mit Sicherheit feststellten, das Wismutsulfid Bi_2S_3[3] (18,71% S) und nicht das Wismutsulfür BiS (13,30% S), dessen Bestehen von Schneider[4] sowie Herz-Guttmann[5] auf Grund präparativer Untersuchungen behauptet, von Vanino-Treubert[6] jedoch angezweifelt wurde. Auch Schneider[7] erkannte bereits, daß die von Werther[8] aus Bi-S-Legierungen isolierte „Verbindung" BiS ein Gemenge von Bi_2S_3 und Bi ist.

Aten arbeitete das Erstarrungsdiagramm im Bereich von 0—14,45% S aus (durch Aufnahme von Abkühlungskurven von Schmelzen, die in Glasröhren eingeschlossen waren); Legierungen mit höherem S-Gehalt beginnen beim Erhitzen bis zu ihrem Schmelzpunkt zu sieden[9]. Schon früher hatte Pélabon[10] die Erstarrungspunkte einiger Bi-S-Schmelzen bestimmt und daraus auf das Bestehen der Verbindung BiS mit einem maximalen Schmelzpunkt geschlossen. Aten konnte jedoch, wie Abb. 155 zeigt, nachweisen, daß die Liquiduskurve noch oberhalb der Zusammensetzung BiS weiter ansteigt, und daß auch das Fehlen einer eutektischen oder peritektischen Reaktion gegen das Bestehen von BiS

Abb. 155. Bi-S. Wismut-Schwefel.

spricht. Das Gefüge der Legierungen beweist ebenfalls eindeutig, daß sich die Verbindung Bi_2S_3 am Aufbau der Bi-reichen Legierungen beteiligt.

Literatur.

1. ROESSLER, F.: Z. anorg. allg. Chem. Bd. 9 (1895) S. 44/46. — 2. ATEN, A. H. W.: Z. anorg. allg. Chem. Bd. 47 (1905) S. 386/98. — 3. In der Natur als Mineral Bismutit, Wismutglanz. — 4. SCHNEIDER, R.: Pogg. Ann. Bd. 88 (1853) S. 43; Bd. 97 (1856) S. 480/82. J. prakt. Chem. 2 Bd. 58 (1898) S. 562; Bd. 60 (1899) S. 524/43. — 5. HERZ, W., u. A. GUTTMANN: Z. anorg. allg. Chem. Bd. 53 (1907) S. 71/73. — 6. VANINO, L., u. F. TREUBERT: Ber. dtsch. chem. Ges. Bd. 32 (1899) S. 1078/81. — 7. SCHNEIDER, R.: Pogg. Ann. Bd. 91 (1854) S. 404. — 8. WERTHER: J. prakt. Chem. Bd. 27 (1842) S. 65. — 9. S. darüber die phasentheoretischen Betrachtungen von ATEN. — 10. PÉLABON, H.: C. R. Acad. Sci., Paris Bd. 137 (1903) S. 648/50. Ann. Chim. Phys. Bd. 17 (1909) S. 546/49.

Bi-Sb. Wismut-Antimon.

Nach den neueren Untersuchungen von OTANI[1] (thermo-resistometrische Untersuchungen) und BOWEN und MORRIS-JONES[2] (röntgenographische Strukturanalyse) kann kein Zweifel mehr darüber bestehen, daß Bi und Sb eine ununterbrochene Mischkristallreihe miteinander bilden. Wismut und Antimon sind somit nach unserer heutigen Kenntnis das einzige nicht regulär kristallisierende Metallpaar, das im festen Zustand lückenlos mischbar ist, nach Ansicht von BERNAL[3] in der Hauptsache deshalb, weil die beiden Metalle denselben äußeren Elektronenbau besitzen.

Thermische und mikroskopische Untersuchungen. HEYCOCK-NEVILLE[4] fanden, daß der Bi-Erstarrungspunkt durch 1,7% Sb um annähernd 9° erhöht wird. WRIGHT[5] stellte die vollständige Mischbarkeit der beiden flüssigen Metalle fest. ROLAND-GOSSELIN und GAUTIER[6] (Abb. 156) bestimmten erstmalig den Verlauf der Liquiduskurve und schlossen daraus auf die lückenlose Mischbarkeit von Bi und Sb auch im festen Zustand. CHARPY[7] schloß sich dieser Ansicht auf Grund mikroskopischer Untersuchungen an ungeglühten Legierungen an, obgleich man nach dem von ihm veröffentlichten Gefügebild einer Legierung mit 60% Sb gegenteiliger Auffassung sein könnte.

Bei einer erneuten Untersuchung mit Hilfe der thermischen Analyse beobachteten HÜTTNER-TAMMANN[8], daß infolge außerordentlich träger Diffusion zwischen den zuerst aus der Schmelze ausgeschiedenen Mischkristallen und der Schmelze das Erstarrungsgleichgewicht sehr weitgehend gestört wird, und zwar so sehr, daß die Kristallisation aller Schmelzen mit weniger als 70% Sb erst mit der Erstarrung fast reinen Wismuts beendet wird. Sie fanden daher nicht die beim Vorliegen einer lückenlosen Mischkristallreihe zu erwartende kontinuierlich vom Sb-Schmelzpunkt zum Bi-Schmelzpunkt abfallende Soliduskurve, son-

dern eine solche, die zwischen 0 und 70% Sb praktisch horizontal beim
Bi-Schmelzpunkt verläuft (266 ± 4°) und oberhalb dieser Konzentration
zum Sb-Schmelzpunkt ansteigt (Abb. 156). Eine Bestätigung für ihre
Auffassung erblickten die Verfasser darin, daß die Inhomogenität der
Legierungen bei langsamer Abkühlung der Schmelzen abnahm. Die
Frage, ob die beiden Metalle lückenlos mischbar sind, oder ob an der
Bi-Seite des Systems eine Mischungslücke besteht, ließen sie offen.

SAPOSSNIKOW[9] gelang es durch längeres Glühen, bis zu 30% Bi vollkommen in Lösung zu bringen, während PARRAVANO-VIVIANI[10] sogar

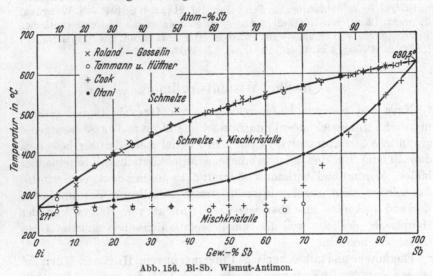

Abb. 156. Bi-Sb. Wismut-Antimon.

Legierungen mit 50—80% Bi durch 10tägiges Glühen bei 320—330°
fast homogen erhalten konnten.

Zur Entscheidung der Frage, ob tatsächlich eine lückenlose Isomorphie zwischen Bi und Sb besteht oder nicht, hat COOK[11] das System
abermals thermisch und mikroskopisch untersucht. In Übereinstimmung mit HÜTTNER-TAMMANN fand er, daß die Erstarrung der Schmelzen
mit bis zu 60% Sb praktisch erst mit der Kristallisation von Wismut
beendet ist (Abb. 156). 24tägiges Glühen bei 250 ± 5° von Legierungen
mit 10—90% Sb führte zu keiner wesentlichen Veränderung des stark
inhomogenen Gefüges der langsam (im Verlauf 1 Stunde) aus dem
Schmelzfluß erkalteten Legierungen. Durch 23tägiges Glühen bei 275°,
d. h. wenig oberhalb des Bi-Schmelzpunktes, wurden die genannten
Legierungen dagegen vollkommen homogen.

Da dieser Befund eine lückenlose Mischbarkeit im festen Zustand
äußerst wahrscheinlich macht, anderseits aber der von HÜTTNER-
TAMMANN und COOK gefundene Verlauf der Soliduskurve sicher nicht
dem Gleichgewichtszustand entspricht, hat OTANI[1] die Soliduskurve mit

Hilfe des thermo-resistometrischen Verfahrens bestimmt. Die von ihm bei noch relativ schneller (1° je Minute) Abkühlung aus dem Schmelzfluß und anschließender Erhitzung der inhomogenen Legierungen gewonnene Soliduskurve stimmt weitgehend mit der von Cook gefundenen überein[12]. Wurden die Legierungen dagegen durch 38—95 stündiges Glühen bei 245—405° (je nach der Zusammensetzung) homogenisiert und dann erhitzt, so wurde der dem Beginn des Schmelzens entsprechende Knick auf den Widerstands-Temperaturkurven bei zum Teil wesentlich höherer Temperatur gefunden (Abb. 156). Durch noch längeres Homogenisieren trat keine weitere Erhöhung der Solidustemperatur ein. Man kann daher annehmen, daß die in Abb. 156 gezeichnete Soliduskurve dem Gleichgewicht entspricht.

Eine weitere Bestätigung für das Vorliegen einer ununterbrochenen Reihe fester Lösungen wurde von Bowen und Morris-Jones[2] durch röntgenographische Untersuchungen erbracht; die Gitterkonstante ändert sich fast linear mit der Konzentration in Atom-%.

Physikalische Eigenschaften[13]. Bei der Beurteilung der Ergebnisse von Untersuchungen physikalischer Eigenschaften, die zum Teil zeitlich weit zurückliegen, fällt erschwerend ins Gewicht, daß die zur Messung gelangten Legierungen sicher größtenteils nicht homogenisiert, also stark inhomogen waren. Eine Ausnahme machen hier wohl nur die neueren Messungen der magnetischen Suszeptibilität (auch der flüssigen Legierungen) von Endo[14]. Immerhin sind die Messungen des elektrischen Widerstandes und seines Temperaturkoeffizienten von Smith[15], der Thermokraft von Becquerel[16], Hutchins[17] und Smith, des Hall-Effektes von Smith, der magnetischen Suszeptibilität von Honda-Soné[18] und des elektrochemischen Potentials von Puschin[19], Bekier[20], sowie Kremann, Langbauer und Rauch[21] nicht im Widerspruch mit dem Bestehen einer lückenlosen Reihe fester Lösungen. Auch die von Gehlhoff-Neumeier[22] beobachteten geringen Abweichungen (zwischen 0 und 20% Sb) von dem beim Vorliegen einer lückenlosen Mischkristallreihe zu erwartenden Verlauf der Kurven der elektrischen und thermischen Leitfähigkeit und selbst die von Haken[23] gefundenen etwas größeren Abweichungen im Verlauf der Kurven der elektrischen Leitfähigkeit und der Thermokraft (ebenfalls zwischen 0 und 20% Sb) lassen sich noch durch eine große und vielleicht gradmäßig verschiedene Inhomogenität der Proben erklären. Die Streuung der Werte ist auch bei den Kurven von Smith, die durch zahlreiche Punkte belegt sind, verhältnismäßig groß. Jedenfalls kann das durch thermische (Otani), mikroskopische (Cook, Otani) und röntgenographische Untersuchungen (Bowen und Morris-Jones) einwandfrei bewiesene Bestehen einer lückenlosen Mischkristallreihe zwischen Bi und Sb nicht durch diese älteren Untersuchungen angezweifelt werden.

Der Vollständigkeit halber sei noch auf eine Arbeit von YAP[24] eingegangen. Um nach einer Erklärung für den nach HÜTTNER-TAMMANN und COOK vorhandenen horizontalen Teil der Soliduskurve zu suchen, hat YAP die thermodynamischen Gesetze der idealen Lösungen auf das System Bi-Sb angewendet. Die Ergebnisse machen es nach Ansicht von YAP wahrscheinlich, daß Wismut sowohl 2atomige als 3atomige Moleküle bildet, und daß daher zwei verschiedene feste Lösungen von Bi und Sb bestehen: α = feste Lösung von Sb_2 und Bi_2 und β = feste Lösung von Sb_2 und Bi_3. Das horizontale Stück der Soliduskurve soll danach eine peritektische Horizontale sein, die der Reaktion α + Schmelze $\rightleftharpoons \beta$ entspricht. Durch röntgenographische Untersuchungen sollte es nach YAPs Ansicht möglich sein, kleine Unterschiede in der Kristallstruktur von α und β, die also die Rolle von zwei verschiedenen Phasen spielen, zu finden.

Die Arbeit von YAP ist für die Frage, ob eine lückenlose Mischbarkeit zwischen Bi und Sb besteht, ohne Bedeutung. Diese Frage war ja bereits durch die früher veröffentlichten Arbeiten von COOK und OTANI (letztere läßt YAP ganz außer acht) entschieden. Danach erscheint die Problemstellung der Arbeit von YAP ganz abwegig, zumal der bei rascher Erstarrung zu findende horizontale Teil der Soliduskurve viel zwangloser durch starke Gleichgewichtsstörungen erklärt werden kann.

Nachtrag. Eine weitere röntgenographische Untersuchung von homogenisierten Legierungen von EHRET-ABRAMSON[24] ergab, daß sich die Gitterkonstanten im Sinne des Bestehens einer lückenlosen Mischkristallreihe linear mit der Zusammensetzung in Atom-% ändern. Damit ist die Auffassung von YAP erneut widerlegt. Die von HONDA-SONÉ und ENDO gefundene Kurve der diamagnetischen Suszeptibilität wurde von SHIMIZU[25] dem Wesen nach bestätigt; sie wird durch den Gehalt an absorbierten Gasen beeinflußt.

Literatur.

1. OTANI, B.: Sci. Rep. Tôhoku Univ. Bd. 13 (1925) S. 293/97. — **2.** BOWEN, E. G., u. W. MORRIS-JONES: Philos. Mag. 7 Bd. 13 (1932) S. 1029/32. — **3.** BERNAL, J. D.: Metallwirtsch. Bd. 9 (1930) S. 987. — **4.** HEYCOCK, C. T., u. F. H. NEVILLE: J. chem. Soc. Bd. 61 (1892) S. 896. — **5.** WRIGHT, C. R. A.: J. Soc. chem. Ind. Bd. 13 (1894) S. 1014. — **6.** GAUTIER, H. (u. ROLAND-GOSSELIN): Bull. Soc. Encour. Ind. nat. Bd. 1 (1896) S. 1314. Contribution à l'étude des alliages S. 114, Paris 1901. — **7.** CHARPY, G.: Bull. Soc. Encour. Ind. nat. Bd. 2 (1897) S. 384. Contribution à l'étude des alliages S. 138/39, Paris 1901. — **8.** HÜTTNER, K., u. G. TAMMANN: Z. anorg. allg. Chem. Bd. 44 (1905) S. 131/44. — **9.** SAPOSSNIKOW: J. russ. phys.-chem. Ges. Bd. 40 (1908) S. 665 (russ.). Zitiert nach M. COOK: J. Inst. Met., Lond. Bd. 28 (1922) S. 421. — **10.** PARRAVANO, N., u. E. VIVIANI: Atti R. Accad. Lincei, Roma 5 Bd. 19 I (1910) S. 835/40. Gazz. chim. ital. Bd. 40 II (1910) S. 446. — **11.** COOK, M.: J. Inst. Met., Lond. Bd. 28 (1922) S. 421/36. S. auch die Diskussion zu dieser Arbeit S. 437/45. — **12.** Die so gefundene Soliduskurve steigt zwischen 0 und 50% Sb unregelmäßig auf 280°, darüber hinaus erst schwach, dann steil zum Sb-Schmelzpunkt an. — 13. Literaturangaben von älteren Arbeiten s. bei M. SACK: Z. anorg. allg. Chem. Bd. 35 (1903) S. 249/328. — 14. ENDO, H.: Sci. Rep. Tôhoku Univ. Bd. 16 (1927) S. 225/27. S. auch K. HONDA u. H. ENDO: J. Inst. Met., Lond. Bd. 37 (1927) S. 38. — 15. SMITH, A. W.: Physic. Rev. Bd. 32 (1911) S. 178/200. — 16. BECQUEREL, E.: Ann. Chim. Phys. 4 Bd. 8 (1866) S. 389. S. W. BRONIEWSKI: Rev. Métallurg. Bd. 7 (1910) S. 347/49. — 17. HUTCHINS, C.: Sill. Amer. J. Sci. 3 Bd. 48 (1894) S. 226. S. W. BRONIEWSKI: Rev. Métallurg. Bd. 7 (1910) S. 347/49. — 18. HONDA, K., u. T. SONÉ: Sci. Rep. Tôhoku Univ. Bd.2 (1913) S. 3/6. — 19. PUSCHIN, N. A.: J. russ. phys.-chem. Ges. Bd. 39 (1907) S. 528/66 (russ.). Ref. Chem. Zbl. 1907 II S. 2026/27. — 20. BEKIER, E.: Chemisk Polski Bd. 15 (1918) S. 119/31. Ref. Chem. Zbl. 1918 I S. 1000/1001. — 21. KREMANN, R., A. LANGBAUER u. H. RAUCH: Z. anorg. allg. Chem. Bd. 127 (1923) S. 232. — 22. GEHLHOFF, G., u. F. NEUMEIER: Verh. dtsch. physik. Ges. Bd. 15 (1913) S. 876. S. auch A. SCHULZE: Z. anorg. allg. Chem. Bd. 159 (1927) S. 338/39. — 23. HAKEN, W.: Ann. Physik Bd. 32 (1910) S. 326/27. — 24. EHRET, W.F., u. M. B. ABRAMSON: J. Amer. chem. Soc. Bd. 56 (1934) S. 385/88. — 25. SHIMIZU, Y.: Sci. Rep. Tôhoku Univ. Bd. 21 (1932) S. 836/38.

Bi-Se. Wismut-Selen.

ROESSLER[1] versuchte die in einer Legierung mit etwa 5% Se vorliegenden Primärkristalle von der Grundmasse zu trennen. Er ermittelte den Gehalt dieser Kristalle, denen, wie er hervorhebt, eine andere Kristallform eigen ist, als der natürlich vorkommenden Verbindung Bi_2Se_3[2] (36,24% Se), zu 13,8—18,6% Se. Die Formel $BiSe$ verlangt 15,93% Se; ROESSLER hielt jedoch die Existenz dieser Verbindung für nicht erwiesen. Heute wissen wir, daß die von ihm untersuchten Kristalle aus der Verbindung $BiSe$ (27,48% Se) bestanden.

PÉLABON[3], der schon früher[4] die Verbindung $BiSe$ durch direkte Synthese dargestellt hatte, untersuchte die Erstarrungsverhältnisse im Bereich von etwa 4—36,24% Se (= Bi_2Se_3). Das von ihm veröffentlichte Erstarrungsschaubild sagt aus, daß 1. das Ende der Erstarrung in den Bi-reichsten Legierungen praktisch mit dem Bi-Schmelzpunkt (nach PÉLABON 265°) zusammenfällt; 2. die Liquiduskurve (abgesehen von einem, wohl durch Versuchsfehler entstandenen schwachen Knick bei 11,2% Se und rd. 500°) eine Richtungsänderung bei 27,5% Se und 625° aufweist (woraus PÉLABON auf das Bestehen der Verbindung $BiSe$ schließt); 3. die Legierungen mit 27,5—36,24% Se bei einer zwischen 625° und 717°, dem Schmelzpunkt von Bi_2Se_3, liegenden Temperatur zu erstarren beginnen, und daß das Ende der Kristallisation dieser Legierungen mit dem Schmelzpunkt von $BiSe$ (625°) praktisch zusammenfällt. Vergleicht man diese Angaben mit dem in Abb. 157 dargestellten Schaubild, so stellt man eine befriedigende Übereinstimmung des PÉLABONschen Befundes mit den neueren Ergebnissen fest.

Das ganze System wurde thermisch von PARRAVANO[5] sowie TOMOSHIGE[6] untersucht. Beide Schaubilder stimmen in allen wesentlichen

Punkten überein. Nur hinsichtlich der Temperaturangaben bestehen, wie aus den in Abb. 157 eingezeichneten Erstarrungs- und Umwandlungstemperaturen hervorgeht, gewisse, teils möglicherweise durch Se-Verluste beim Schmelzen verursachte, teils sicher durch Fehler in der Messung bewirkte Abweichungen. Die Unterschiede in den Temperaturen und Konzentrationen der ausgezeichneten Punkte des Diagramms gehen aus Tabelle 14 hervor.

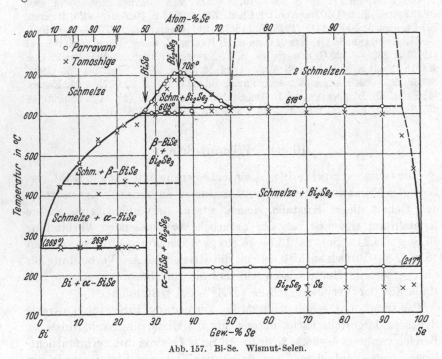

Abb. 157. Bi-Se. Wismut-Selen.

Tabelle 14.

	P.	T.
Peritektikale: Schmelze + Bi$_2$Se$_3$ ⇌ BiSe	605° ~26,5—36,3% Se	599—605° (602°) ~27,4—36,3% Se
Schmelzpunkt der Verb. Bi$_2$Se$_3$	706°	688°
Monotektikale: Schmelze ⇌ Bi$_2$Se$_3$ + Schmelze$_{Se}$	615—622° (618°)	602—609° (605°)
Mischungslücke im flüssigen Zustand bei der Temp. der Monotektikalen	50—>95% Se	51—~91% Se
Ende der Erstarrung der Legierungen mit 36,2—100% Se	216—218° (217°)	~150—170°

Darüber hinaus ist folgendes zu sagen: TOMOSHIGE fand auf den Abkühlungskurven der Schmelzen mit 15, 22 und 25% Se thermische Effekte bei Temperaturen zwischen 404° und 435°, die er für Anzeichen einer polymorphen Umwandlung der Verbindung BiSe hielt.

Merkwürdigerweise fand er diese Wärmetönung nicht bei allen Legierungen, die diese Kristallart enthalten. — Hinsichtlich des Endpunktes des horizontalen Teiles der Liquiduskurve verdient — obgleich nur Tomoshige den von 618° abfallenden Liquidusast thermisch bestimmen konnte — die Angabe Parravanos den Vorzug, da in solchen Fällen die höchste angegebene Konzentration der Wirklichkeit am nächsten kommt. Der von Tomoshige von 90% Se ab beobachtete Abfall der Liquiduskurve ist m. E. auf ungenügendes Erstarrungsgleichgewicht zurückzuführen; die Temperaturangaben sind also vorgetäuscht. — Tomoshige gibt das Ende der Erstarrung der Legierungen mit 36,2—100% Se zu rd. 160° an, während Parravano fand, daß die Erstarrung in diesem Bereich mit der Kristallisation praktisch reinen Selens bei 217° beendet ist. Die Zusammensetzung des bei rd. 160° kristallisierenden Eutektikums fällt jedoch auch im Diagramm von Tomoshige fast mit dem Zustandspunkt des Selens zusammen. — Beide Forscher konnten den Befund der thermischen Analyse durch Untersuchung des Feingefüges bestätigen.

Nachtrag. Röntgenographische Untersuchungen von Parravano-Caglioti[7] haben das Bestehen der Verbindungen BiSe und Bi_2Se_3 sowie die Abwesenheit von festen Lösungen erneut bestätigt.

Literatur.

1. Roessler, F.: Z. anorg. allg. Chem. Bd. 9 (1895) S. 46/47. — **2.** Die Verbindung Bi_2Se_3 war schon viel früher dargestellt und beschrieben worden. — **3.** Pélabon, H.: J. Chim. physique Bd. 2 (1904) S. 328/30. — **4.** Pélabon, H.: Ann. Chim. Phys. 7 Bd. 25 (1902) S. 432. — **5.** Parravano, N.: Gazz. chim. ital. Bd. 43 I (1913) S. 201/209. — **6.** Tomoshige, N.: Mem. Coll. Sci. Kyoto Imp. Univ. Bd. 4 (1919) S. 55/60. — **7.** Parravano, N., u. V. Caglioti: Gazz. chim. ital. Bd. 60 (1930) S. 923/33.

Bi-Si. Wismut-Silizium.

Abb. 158 gibt das nach den von Williams[1] gefundenen thermischen Daten gezeichnete Erstarrungsdiagramm des Systems wieder. Danach ist Bi in Si bei der Temperatur des Si-Schmelzpunktes unlöslich; in Bi lösen sich bei 1414° nicht mehr als 2% Si. Die Legierungen mit 2 bis 95% Si bestanden aus zwei Schichten, von denen die eine aus Si ohne mikroskopisch nachweisbare Einschlüsse von Bi, die andere, schwerere aus Bi mit Nadeln aus Si bestand. Legierungen mit 0,2—0,8% Si enthielten diese Nadeln nicht; danach wären sogar kleine Si-Gehalte in festem Bi löslich (?). Die Zusammensetzung des eutektischen Punktes ist nicht bekannt. Die geringe, 3—4° betragende Erniedrigung des Bi-Schmelzpunktes könnte, worauf der Verfasser hinweist, auch durch eine Beimengung des Si[1] verursacht sein.

Ältere Beobachtungen von Vigouroux[2], wonach Si sich in geschmolzenem Bi bei hohen Temperaturen löst, beim Erkalten sich aber wieder elementar (nicht als Verbindung) ausscheidet, stehen im Einklang mit dem Diagramm von Williams.

Nachtrag. Aus Messungen der Gitterkonstanten schließen Jette-Gebert[3], daß keine festen Lösungen der beiden Komponenten ineinander bestehen.

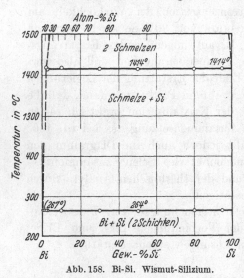

Abb. 158. Bi-Si. Wismut-Silizium.

Literatur.

1. Williams, R. S.: Z. anorg. allg. Chem. Bd. 55 (1907) S. 21/23. Zur Schmelzung wurden 3,5 cm³ der Mischungen beider Metalle unter Stickstoff bei 1500° in Porzellantiegeln erhitzt. Analyse des verwendeten Si: 98,07% Si, 0,95% Fe, 0,39% Al, 1,27% Rückstand (C + SiO₂). Ein nicht erheblicher Teil des Bi sublimierte an die kalten Tiegelwände. — 2. Vigouroux, E.: C. R. Acad. Sci., Paris Bd. 123 (1896) S. 115. — 3. Jette, E. R., u. E. B. Gebert: J. Chem. Phys. Bd. 1 (1933) S. 753/55. Ref. Physik. Ber. Bd. 15 (1934) S. 261.

Bi-Sn. Wismut-Zinn.

Das Erstarrungsschaubild. Die Liquiduskurve besteht nach Untersuchungen von Rudberg[1], Mazzotto[2], Kapp[3], von Lepkowski[4], Würschmidt[5] und Endo[6] aus zwei Ästen, die sich in einem eutektischen Punkte schneiden (Abb. 159). Schmelzpunkte (eutektische Temperatur) und Erstarrungspunkte von einzelnen Legierungen wurden bestimmt u. a. von Döbereiner[7], Thomson[8], Guthrie[9], Weber[10], Heycock-Neville[11][12] (4 Legn. zwischen 0 und 1,3% Sn; 12 Legn. zwischen 93,6 und 100% Sn), Stoffel[13] und Gilbert[14].

In der Tabelle 15 sind die von den verschiedenen Forschern gefundenen Temperaturen und Konzentrationen des Eutektikums zusammengestellt. Danach ist der eutektische Punkt bei 139° und etwa 42% Sn anzunehmen.

Die Löslichkeit von Zinn in Wismut. Die Fähigkeit des Wismuts, geringe Beträge Zinn in fester Lösung aufzunehmen, steht nach den zahlreichen Messungen physikalischer Eigenschaften[17] u. a. m. außer Zweifel; eine genaue Bestimmung der Löslichkeit und ihrer Temperaturabhängigkeit liegt indessen noch nicht vor. Über die quantitative Bewertung der Ergebnisse der nachstehend genannten Arbeiten siehe die bei der Besprechung der Löslichkeit von Blei in Wismut gemachten allgemeinen Ausführungen.

Das Bestehen Bi-reicher fester Lösungen ergibt sich aus den Messungen der elektrischen Leitfähigkeit von MATTHIESSEN[18], RIGHI[19], VON ETTINGHAUSEN und NERNST[20], SCHULZE[21], BUCHER[22], KÜNZEL-MEHNER[23], sowie LE BLANC-NAUMANN und TSCHESNO[24], des Temperatur-koeffizienten des elektrischen Widerstandes von WEBER[10], BUCHER und LE BLANC-NAUMANN-TSCHESNO, der Wärmeleitfähigkeit von SCHULZE, der Thermokraft von HUTCHINS[25], BUCHER und LE BLANC-NAUMANN-TSCHESNO, der magneti-schen Suszeptibilität von ENDO[26], SPENCER und JOHN[27] sowie GOETZ und FOCKE[28 28a], den thermi-schen Untersuchungen von MAZZOTTO[16], den mikrosko-pischen Untersuchungen von GUERTLER[29], VON LEP-KOWSKI[4] u. a., den thermo-resistometrischen Unter-suchungen von ENDO[6] und den Messungen der Gitter-konstanten Bi-reicher Le-gierungen von JETTE und FOOTE[30]. Faßt man die Ergebnisse dieser Unter-suchungen zusammen, so-weit sich aus ihnen über-haupt einigermaßen verläß-liche quantitative Schlüsse ziehen lassen, so kann man die Löslichkeit bei der eu-

Tabelle 15.

Verfasser	Eutektische Tempe-ratur ° C	Eutektische Konzen-tration % Sn
DÖBEREINER (1824).....	131—137	—
RUDBERG (1830)	136—143	46,0*
THOMSON (1841)........	134—138	—
GUTHRIE (1884)	133	53,9**
WEBER (1888)	~140	—
CHARPY[15] (1897 u. 1901).	—	(53,9)***
KAPP (1901)	135	44
v. LEPKOWSKI (1908)....	136,5	42
MAZZOTTO[16] (1909)	137	41
MAZZOTTO[33] (1913)	138—142	—
WÜRSCHMIDT (1921)	140	40
GILBERT (1922)	140	46
ENDO (1925)	139	42

* Nach seiner Liquiduskurve (Abb. 159): zwischen 41 und 44% Sn.

** Wahrscheinlich irrtümlich statt 53,9% Bi (= 46,1% Sn) angegeben.

*** Eine Legierung dieser Zusammensetzung besteht — entgegen der Auffassung von CHARPY — aus primären Sn-Kristallen + Eutektikum (s. Abb. 3 der Arbeit von CHARPY, 1901).

tektischen Temperatur (unter Vorbehalt) mit etwa 1% Sn (eher etwas größer) annehmen; mit fallender Temperatur nimmt sie auf mindestens 0,2%, wahrscheinlich noch erheblich tiefer, ab.

Der annähernde Verlauf der Soliduskurve der Bi-reichen Misch-kristalle wurde von MAZZOTTO[16] nach einem besonderen thermischen Verfahren[31] und von ENDO[6] resistometrisch bestimmt.

Die Löslichkeit von Wismut in Zinn. Über die Löslichkeit bei der eutektischen Temperatur lassen sich auf Grund der Arbeiten von MAZZOTTO[16] und ENDO[6], die die Soliduskurve der Sn-reichen Misch-kristalle bestimmten[32], verläßlichere Angaben machen, und zwar ergibt sich aus den thermo-resistometrischen Untersuchungen von ENDO

(s. Abb. 159) eine Löslichkeit von etwa 19% Sn. Den gleichen Gehalt entnimmt GUERTLER[32a] den Ergebnissen von MAZZOTTO. Dagegen lassen sich über die Löslichkeit bei tieferen Temperaturen angesichts der Tatsache, daß nach neueren Untersuchungen von MAZZOTTO[33] die Löslichkeit zwar innerhalb eines engen Temperaturgebietes außerordentlich stark abnimmt, die Mischkristalle aber selbst bei langsamer Abkühlung sehr zur Übersättigung neigen, aus den Bestimmungen der physikalischen Eigenschaften usw. keine sicheren Angaben machen. Die zur Messung gelangten Proben befanden sich in einem unbestimmbaren Zustand, was sich sicher in einer Entstellung der Eigenschafts-

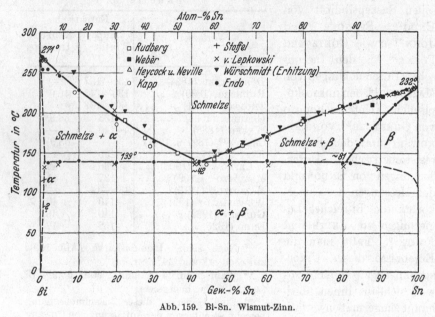

Abb. 159. Bi-Sn. Wismut-Zinn.

Konzentrationskurven usw. auswirkt[34]. Auf eine Wiedergabe der von den verschiedenen Forschern gezogenen Schlüsse (größtenteils in der irrigen Auffassung, daß sich die Löslichkeit mit der Temperatur nicht ändert) kann daher verzichtet werden. MAZZOTTO[33] gibt die Löslichkeit von Bi in Sn bei verschiedenen Temperaturen — allerdings auf Grund eines nicht sehr genauen Verfahrens — wie folgt an: bei 142° (eutektische Temperatur): 20%, bei 136°: 11,7%, bei 128°: 4,9% und bei 122° bereits 0% Bi. Diese Zahlen dürften immerhin einen Begriff von der starken Löslichkeitsabnahme mit sinkender Temperatur geben. (Weiteres über die Löslichkeit von Bi in Sn im nächsten Absatz.)

Die angebliche Umwandlung im festen Zustand. Bereits 1886 fand MAZZOTTO[2], daß beim Abkühlen von Legierungen mit rd. 10—90% Sn in der Nähe von 95—100° schwache Wärmetönungen auftreten, die in

Legierungen mit mehr als 50% Sn (besonders bei 57%) größer sind als in den Sn-ärmeren Legierungen. BORNEMANN[35] wies auf die Möglichkeit der Bildung der Verbindung $BiSn_2$ (53,18% Sn) hin, während GUERT-LER[32a] die Umwandlung mit der damals noch vermuteten $\beta \rightleftharpoons \gamma$-Sn-Umwandlung in Verbindung brachte. In späteren Arbeiten hat MAZ-ZOTTO[16][33] seine Beobachtungen bestätigt. Auf Grund eingehender Untersuchungen[33] über den Einfluß verschiedener Wärmebehandlung auf die Größe des thermischen Effektes gelangte er zu dem Schluß, daß die Wärmetönung durch die Ausscheidung der Bi-reichen Mischkristalle aus der beim eutektischen Punkt gesättigten festen Lösung β infolge der mit sinkender Temperatur stark abnehmenden Löslichkeit von Bi in Sn bedingt ist. Diese Ausscheidung sollte an sich unmittelbar unterhalb 139° beginnen, wird aber, da der β-Mischkristall zur Übersättigung neigt, zu tieferen Temperaturen verzögert und nimmt zugleich „explosive" Formen an, weil die Legierung bis zu der betreffenden Temperatur übersättigt bleibt.

Neuerdings haben LE BLANC-NAUMANN-TSCHESNO auf Grund von Leitfähigkeits- und Thermokraftmessungen bei höheren Temperaturen auf die Möglichkeit des Bestehens einer sich im festen Zustand bildenden Verbindung $BiSn_7$ (79,9% Sn) hingewiesen, „die sich aber schon bei Zimmertemperatur (!) und noch mehr bei höherer Temperatur zu zersetzen scheint". Die von MAZZOTTO gegebene Deutung ist jedoch der Annahme, daß die beobachteten Unregelmäßigkeiten durch die Bildung einer instabilen Verbindung hervorgerufen werden, entschieden vorzuziehen. Dafür spricht auch die Tatsache, daß es bei den thermo-resisto-metrischen Untersuchungen „bei allen Legierungen gelang, bei genügend langsamer Temperaturänderung eine einzige glatte Kurve zu bekommen, unabhängig von der Richtung, in der die Temperaturänderung sich bewegte". Gegen das Bestehen einer Verbindung spricht auch das Fehlen diesbezüglicher Anzeichen im mikroskopischen Gefüge und die röntgenographische Untersuchung von SOLOMON und MORRIS-JONES[36]. Nach diesen Forschern bestehen alle Legierungen aus einem Gemisch von zwei Phasen, die nach den Gitterkonstanten als praktisch reines Bi und Sn (?) anzusehen sind; s. dagegen JETTE und FOOTE[30], die aus den Gitterkonstanten auf eine geringe, unter 1% liegende Löslichkeit von Sn in Bi schließen.

Zusammenfassend ist zu sagen, daß die Wärmetönungen nahe 90° offenbar lediglich durch Gleichgewichtsstörungen hervorgerufen werden; eine horizontale Gleichgewichtskurve würde dann also nicht im Diagramm vorhanden sein. Möglicherweise liegen jedoch auch hier ähnliche Verhältnisse vor wie im System Cd-Sn (s. S. 451 ff).

Weitere Untersuchungen. Durch die nachstehend genannten Arbeiten erfahren unsere Kenntnisse von der Konstitution des Systems Bi-Sn keine weitere Bereicherung. Jedenfalls stehen ihre Ergebnisse zu dem in Abb. 159 dargestellten Diagramm nicht im Widerspruch.

Dichte, spezifisches Volumen: MATTHIESSEN-CARTY[37], RICHE[38], SHEPHERD[39], SPENCER-JOHN[27].

Spannung: LAURIE[40], SHEPHERD[41], PUSCHIN[42]; Wasserstoffüberspannung: RAEDER-BRUN[43].

Untersuchungen an flüssigen Legierungen. Dichtebestimmungen von PLÜSS[44], BORNEMANN-SIEBE[45], MATUYAMA[46]; thermische Ausdehnung: BORNEMANN-SIEBE; innere Reibung: PLÜSS; elektrischer Widerstand: MATUYAMA[47].

Nachtrag. SHIMIZU[48] hat gezeigt, daß die von ENDO und SPENCER-JOHN gefundenen Kurven der magnetischen Suszeptibilität, besonders letztere, durch einen Gasgehalt der Legierungen entstellt sind. Nach Glühung dicht unterhalb der eutektischen Temperatur (Abkühlung?) zeigt die aus zwei Geraden bestehende Kurve einen Knick bei 86% Sn. Eine Löslichkeit von Sn in Bi war nicht nachzuweisen.

Literatur.

1. RUDBERG, F.: Pogg. Ann. Bd. 18 (1830) S. 240. — **2.** MAZZOTTO, D.: Mem. R. Ist. Lombardo Bd. 16 (1886) S. 1. S. auch K. BORNEMANN: Metallurgie Bd. 8 (1911) S. 277 und die späteren Arbeiten von MAZZOTTO. — **3.** KAPP, A. W.: Diss. Königsberg 1901. Drudes Ann. Physik Bd. 6 (1901) S. 759 u. 769. — **4.** LEPKOWSKI, W. v.: Z. anorg. allg. Chem. Bd. 59 (1908) S. 286/89. — **5.** WÜRSCHMIDT, J.: Z. Physik Bd. 5 (1921) S. 39/47. — **6.** ENDO, H.: Sci. Rep. Tôhoku Univ. Bd. 14 (1925) S. 489/95. Kinzoku no Kenkyu Bd. 2 (1925) S. 682/91 (japan.). — **7.** DÖBEREINER, F.: 1824; zitiert nach GMELIN-KRAUT. — **8.** THOMSON, T.: 1841; zitiert nach GMELIN-KRAUT. — **9.** GUTHRIE, F.: Philos. Mag. 5 Bd. 17 (1884) S. 462. — **10.** WEBER, C. L.: Wied. Ann. Physik Bd. 34 (1888) S. 580. — **11.** HEYCOCK, C. T., u. F. H. NEVILLE: J. chem. Soc. Bd. 57 (1890) S. 384. — **12.** HEYCOCK, C. T., u. F. H. NEVILLE: J. chem. Soc. Bd. 61 (1892) S. 896. — **13.** STOFFEL, A.: Z. anorg. allg. Chem. Bd. 53 (1907) S. 147/48. — **14.** GILBERT, K.: Z. Metallkde. Bd. 14 (1922) S. 249/51. — **15.** CHARPY, G.: Bull. Soc. Encour. Ind. nat. 5 Bd. 2 (1897) S. 391 u. 396. Contribution à l'étude des alliages S. 128/29, Paris 1901. — **16.** MAZZOTTO, D.: Nuovo Cimento 5 Bd. 18 II (1909) S. 180/96. — **17.** Über die vor 1907 veröffentlichten Messungen von elektrischen Eigenschaften s. die Zusammenfassung von W. GUERTLER: Z. anorg. allg. Chem. Bd. 51 (1906) S. 408/411; Bd. 54 (1907) S. 68/69. — **18.** MATTHIESSEN, A.: Pogg. Ann. Bd. 110 (1860) S. 212/13. — **19.** RIGHI, A.: J. Physique 2 Bd. 3 (1884) S. 355. — **20.** ETTINGHAUSEN, A. v., u. W. NERNST: Wied. Ann. Physik 2 Bd. 33 (1888) S. 474. — **21.** SCHULZE, F. A.: Ann. Physik Bd. 9 (1902) S. 555/89. — **22.** BUCHER, A.: Z. anorg. allg. Chem. Bd. 98 (1916) S. 117/26. — **23.** KÜNZEL-MEHNER: Diss. Leipzig 1920. — **24.** LE BLANC, M., M. NAUMANN u. D. TSCHESNO: Ber. K. Sächs. Ges. Wiss., Math.-phys. Kl. Bd. 79 (1927) S. 71/106. — **25.** HUTCHINS, C.: Amer. J. Sci. 3 Bd. 48 (1894) S. 226. S. W. BRONIEWSKI: Rev. Métallurg. Bd. 7 (1910) S. 353. — **26.** ENDO, H.: Sci. Rep. Tôhoku Univ. Bd. 14 (1925) S. 489/95; Bd. 16 (1927) S. 229. HONDA, K., u. H. ENDO: J. Inst. Met., Lond. Bd. 37 (1927) S. 36. — **27.** SPENCER, J. F., u. M. E. JOHN: Proc. Roy. Soc., Lond. A Bd. 116 (1927) S. 69/70. SPENCER, J. F.: J. Soc. chem. Ind. Bd. 50 (1931) S. 37/39. — **28.** GOETZ, A., u. A. B. FOCKE: Physic. Rev. Bd. 38 (1931) S. 1569/72. — **28a.** Der starke

Abfall der Suszeptibilität an der Bi-Seite des Systems wird neuerdings von Y. Shimizu: Sci. Rep. Tôhoku Univ. Bd. 21 (1932) S. 840/42 auf die Gegenwart absorbierter Gase zurückgeführt. — 29. Guertler, W.: Z. anorg. allg. Chem. Bd. 51 (1906) S. 411. — 30. Jette, E. R., u. F. Foote: Physic. Rev. Bd. 39 (1932) S. 1018/20. — 31. Danach liegen die Soliduspunkte für die entsprechenden Liquiduspunkte bei 11 und 20% Sn bei 0,3 und 0,8% Sn. — 32. Zu den Punkten der Liquiduskurve bei 57% bzw. 66,7%, 80%, 88,9% und 94,1% Sn gibt Mazzotto die zugehörigen Punkte der Soliduskurve bei 80% bzw. 83%, 88%, 93% und 96% Sn an. Die Soliduskurve verläuft also bei niederen Sn-Konzentrationen als diejenige von Endo. — 32a. Guertler, W.: Handbuch Metallographie Bd. 1 Teil 1 S. 736/42, Berlin 1912. — 33. Mazzotto, D.: Int. Z. Metallogr. Bd. 4 (1913) S. 273/94. — 34. Hier sind zu nennen außer den Arbeiten von Matthiessen, Weber, Schulze, v. Lepkowski, Bucher, Endo, Le Blanc-Naumann-Tschesno, Spencer-John, die Härtemessungen von C. di Capua: Rend. Accad. Lincei, Roma Bd. 33 I (1924) S. 141/44 und W. Schischokin u. W. Agejewa: Z. anorg. allg. Chem. Bd. 193 (1930) S. 237/38. — 35. Bornemann, K.: Metallurgie Bd. 8 (1911) S. 279. Er gibt irrtümlich Bi$_2$Sn statt BiSn$_2$ an. — 36. Solomon, D., u. W. Morris-Jones: Philos. Mag. 7 Bd. 11 (1931) S. 1090/1103. — 37. Matthiessen, A., u. M. Carty: Pogg. Ann. Bd. 110 (1860) S. 29/30.— 38. Riche, A.: C. R. Acad. Sci., Paris Bd. 55 (1862) S. 143. — 39. Shepherd, E. S.: J. physic. Chem. Bd. 6 (1902) S. 523/26. — 40. Laurie, A. P.: J. chem. Soc. Bd. 65 (1894) S. 1031. — 41. Shepherd, E. S.: J. physic. Chem. Bd. 7 (1903) S. 15/16. — 42. Puschin, N. A.: Z. anorg. allg. Chem. Bd. 56 (1908) S. 24/26. — 43. Raeder, M. G., u. J. Brun: Z. physik. Chem. Bd. 133 (1928) S. 27/28 — 44. Plüss, M.: Z. anorg. allg. Chem. Bd. 93 (1915) S. 1/44. — 45. Bornemann, K., u. P. Siede: Z. Metallkde. Bd. 14 (1922) S. 329/34. — 46. Matuyama, Y.: Sci. Rep. Tôhoku Univ. Bd. 18 (1929) S. 19/46. — 47. Matuyama, Y.: Sci. Rep. Tôhoku Univ. Bd. 16 (1927) S. 447/74. — 48. Shimizu, Y.: Sci. Rep. Tôhoku Univ. Bd. 21 (1932) S. 840/42.

Bi-Te. Wismut-Tellur.

Ältere Untersuchungen. Stead[1] beobachtete in einer Legierung mit 3% Te primär kristallisierte Würfel einer nicht näher identifizierten Kristallart; das Eutektikum liegt also sicher unter 3% Te. Gutbier[2] stellte fest, daß sich Bi und Te in allen Verhältnissen zusammenschmelzen lassen, eine Beobachtung, die schon wesentlich früher Berzelius gemacht hatte.

Die Ergebnisse der thermischen Untersuchungen von Mönke-meyer[3], Pélabon[4], Körber[5], Endo[6] und Körber-Haschimoto[7] stimmen — was den Typus des Zustandsschaubildes anbetrifft — vollkommen überein. Die Abweichungen in quantitativer Hinsicht sind, wie Tabelle 16 zeigt, ebenfalls nicht sehr wesentlich, abgesehen von den von Mönkemeyer und Endo im Bereich von etwa 80—100% Te wesentlich tiefer gefundenen Liquidus- und Solidustemperaturen, die auf eine größere Unreinheit des von diesen Forschern verwendeten Tellurs hindeuten (vgl. die Schmelzpunkte von Te in Tabelle 16). Die in Abb. 160 dargestellte Liquiduskurve stützt sich im wesentlichen auf die von Körber sowie Körber-Haschimoto bestimmten Werte, die

zwischen 3 und 55% Te besonders gut mit den Daten ENDOs übereinstimmen.

Tabelle 16.

	M.	P.	K.	E.	K. u. H.
Schmelzpunkt des Wismuts	267°	270°	270°	(270°)	272°
Bi-Bi$_2$Te$_3$-Eutektikum	261°	263°	267°	266°	266°
	~1% Te	1% Te	—	>1% Te	1,5% Te
Schmelzpunkt der Verb. Bi$_2$Te$_3$ (47,78 % Te)	573°	583°	586°	585°	583°
Bi$_2$Te$_3$-Te-Eutektikum	388° (!)	410°	413°	389° (!)	413°
	86% Te	85% Te	85% Te	87% Te	—
Schmelzpunkt des Tellurs	428°	452°	448°	(430°?)	447°

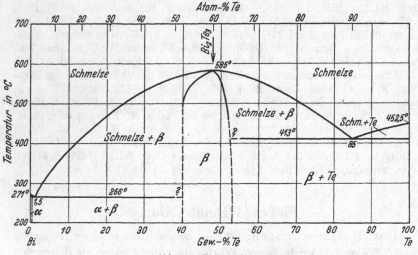

Abb. 160. Bi-Te. Wismut-Tellur.

Die Untersuchung der Löslichkeitsverhältnisse im festen Zustand[8] bewegt sich besonders um die durch eine Arbeit von HAKEN[9]
angeregte Frage nach der Größe der Löslichkeit der Komponenten in
der Verbindung Bi$_2$Te$_3$. HAKEN nahm auf Grund einer Untersuchung
der elektrischen Leitfähigkeit und der Thermokraft[10] an, daß die Verbindung Bi$_2$Te$_3$ beide Komponenten zu lösen vermag, und zwar könnte
man aus der eigenartigen Änderung der Thermokraft mit der Zusammensetzung entnehmen, daß sich das Zustandsgebiet des β-Mischkristalls
(Abb. 160), dem die Verbindung Bi$_2$Te$_3$ zugrunde liegt, von etwa 40 bis
rd. 55—58% Te erstreckt. Die von HONDA-SONÉ[11] und ENDO[12] bestimmte Kurve der magnetischen Suszeptibilität[13] (bei Raumtemperatur) ließe auf ein zwischen annähernd 40 und 53% Te liegendes
Homogenitätsgebiet schließen. Im Einklang damit fand ENDO zwischen
etwa 41 und 53% Te weder thermisch noch mit Hilfe von Widerstands-

Temperaturkurven Effekte, die der Kristallisation eines Eutektikums entsprechen; unbehandelte Legierungen mit 42—52% Te erwiesen sich als einphasig. KÖRBER bzw. KÖRBER-HASCHIMOTO fanden, daß die Zeit-dauer der eutektischen Kristallisation bei 266° bei 40% Te bzw. 36% Te Null wird, während die Haltezeiten bei 413° erst bei der Konzentration der Verbindung verschwinden. Die Bestimmung der Thermokräfte durch KÖRBER und KÖRBER-HASCHIMOTO führte zu einer weitgehenden Bestätigung des Befundes von HAKEN, d. h. zu den Löslichkeitsgrenzen von 40 und 55% Te. In dieser Verschiedenheit der thermisch gefundenen und der aus den Messungen der Thermokraft zu entnehmenden Kon-zentration des Te-reicheren Gliedes der β-Mischkristallreihe sehen KÖRBER-HASCHIMOTO einen gewissen Widerspruch. Dagegen ist jedoch einzuwenden, daß rein thermischen Untersuchungen zur Entscheidung dieser Frage eine nur sehr untergeordnete Bedeutung zukommt, be-sonders dann, wenn — wie im vorliegenden Falle — die Schmelzen so rasch erkaltet waren, daß teilweise die Kristallisation des Eutektikums erst nach Unterkühlungen von 20—40° eintrat.

Zusammenfassend ist über die Größe der Löslichkeit[14] von Bi und Te in der Verbindung zu sagen, daß den oben angegebenen „Sättigungs"-konzentrationen (36—55 oder 40—53% Te) eine quantitative Bedeutung nicht zukommt, da in keinem Fall geglühte Legierungen zur Prüfung kamen. Es ist wahrscheinlich, daß die mikroskopische Prüfung hin-reichend lange geglühter Proben zu größeren Löslichkeiten führen wird. Nicht übersehen werden darf, daß sich der Reinheitsgrad des verwendeten Tellurs gerade hier besonders störend auswirken kann. Der in Abb. 160 dargestellte obere (ausgezogene) Teil der Soliduskurve im Gebiet des β-Mischkristalls wurde von ENDO[6] mit Hilfe von Widerstands-Tempe-raturkurven festgelegt. Ob er Gleichgewichtsverhältnisse beschreibt, ist ungewiß.

Aus den Kurven der Thermokraft und der magnetischen Suszeptibili-tät folgt das Bestehen Bi-reicher fester Lösungen mit einem Gehalt von annähernd 0,5 bis höchstens 1% Te. Die feste Löslichkeit von Bi in Te ist wahrscheinlich nur äußerst gering.

Durch Messung der magnetischen Suszeptibilität der geschmolzenen Bi-Te-Legierungen konnte ENDO[14] zeigen, daß in der Schmelze Bi_2Te_3-Moleküle bestehen; die für 600 und 700° geltenden Isothermen besitzen ein Minimum bei 48% Te, dessen geringe Schärfe auf eine teilweise Dissoziation hindeuten soll. In diesem Zusammenhang wäre die Be-stimmung der Kristallstruktur von Bi_2Te_3 wünschenswert, die auch zeigen würde, ob die β-Phase ein Substitutions- oder Einlagerungs-mischkristall ist.

Nachtrag. SHIMIZU[15] hat den von ENDO gefundenen Knick in der Kurve der magnetischen Suszeptibilität bei 0,5—1% Te, der auf das

Bestehen einer festen Lösung von Te in Bi hindeuten würde, nicht bestätigen können.

Literatur.

1. STEAD, J. E.: J. Soc. chem. Ind. Bd. 16 (1897) S. 207. — **2.** GUTBIER, A.: Z. anorg. allg. Chem. Bd. 31 (1902) S. 331/39. — **3.** MÖNKEMEYER, K.: Z. anorg. allg. Chem. Bd. 46 (1905) S. 415/22. — **4.** PÉLABON, H.: C. R. Acad. Sci., Paris Bd. 146 (1908) S. 1397/1400. Ann. Chim. Phys. 8 Bd. 17 (1909) S. 526/66. — **5.** Die Ergebnisse der von F. KÖRBER z. T. gemeinsam mit SAEMANN in den Jahren 1914 und 1918 ausgeführten Untersuchungen sind in der Arbeit von F. KÖRBER u. U. HASCHIMOTO (s. d.) zu finden. — **6.** ENDO, H.: Sci. Rep. Tôhoku Univ. Bd. 14 (1925) S. 507/10. — **7.** KÖRBER, F., u. U. HASCHIMOTO: Z. anorg. allg. Chem. Bd. 188 (1930) S. 114/26. Die Verfasser verwendeten ein Te mit einem Reinheitsgrad von 98,68%; es wurde im Vakuum destilliert. Alle anderen Forscher sagen nichts über die Reinheit des benutzten Te aus. — **8.** MÖNKEMEYER u. PÉLABON haben die Löslichkeit im festen Zustand nicht untersucht. — **9.** HAKEN, W.: Ann. Physik Bd. 32 (1910) S. 319/23. — **10.** Auf der Kurve der Thermokräfte tritt die Zusammensetzung Bi_2Te_3 durch einen ausgeprägten Höchstwert (Spitze) hervor, auf der Leitfähigkeitsisotherme ist sie durch ein weniger deutliches Minimum gekennzeichnet. Aus einem schwach ausgeprägten Maximum auf der Leitfähigkeitskurve bei etwa 60% Te schließt HAKEN auf eine zweite Verbindung, etwa $BiTe_2$ mit 54,96% Te, deren Bildung unterhalb der eutektischen Temperatur erfolgen soll. Damit würde nach Ansicht HAKENs auch das ausgeprägte Minimum auf der Thermokraftkurve bei 58% Te eine Erklärung finden. Dazu ist zu sagen, daß das Bestehen einer Verbindung außer Bi_2Te_3 nach den mikroskopischen Untersuchungen von MÖNKEMEYER, ENDO und KÖRBER-HASCHIMOTO und den qualitativen röntgenographischen Untersuchungen der letztgenannten Forscher gänzlich ausgeschlossen ist. Das kleine Maximum auf der Leitfähigkeitskurve dürfte durch Meßfehler, eher aber durch Inhomogenität der Proben hervorgerufen sein. Das Minimum in der Thermokraftkurve entspricht der Grenze des β-Mischkristallgebietes nach der Te-Seite des Diagramms. — **11.** HONDA, K., u. T. SONÉ: Sci. Rep. Tôhoku Univ. Bd. 2 (1913) S. 12/13. — **12.** ENDO, H.: Sci. Rep. Tôhoku Univ. Bd. 14 (1925) S. 479/512. S. auch K. HONDA u. H. ENDO: J. Inst. Met., Lond. Bd. 37 (1927) S. 38/45. — **13.** Die Suszeptibilität des Systems Bi-Te wurde auch von C. E. MENDENHALL u. W. F. LENT: Physic. Rev. Bd. 32 (1911) S. 406 untersucht. Sie haben keinen ausgezeichneten Wert für die Verbindung gefunden; allerdings untersuchten sie nur wenige Legn. in der Nähe dieser Zusammensetzung. — **14.** ENDO, H.: Sci. Rep. Tôhoku Univ. Bd. 16 (1927) S. 206/09. S. auch K. HONDA u. H. ENDO: J. Inst. Met., Lond. Bd. 37 (1927) S. 38/45. — **15.** SHIMIZU, Y.: Sci. Rep. Tôhoku Univ. Bd. 21 (1932) S. 846/47.

Bi-Th B. Wismut-Thorium B.

Die Löslichkeit des Bleiisotops Thorium B in festem Bi ist kleiner als $1 \cdot 10^{-6}\%$[1].

Literatur.

1. TAMMANN, G., u. G. BANDEL: Z. Metallkde. Bd. 25 (1933) S. 155. Vgl. dagegen W. SEITH u. A. KEIL: Z. Metallkde. Bd. 26 (1934) S. 68/69.

Bi-Tl. Wismut-Thallium.

HEYCOCK-NEVILLE untersuchten[1] den Einfluß kleiner Tl-Gehalte (bis etwa 0,9%) auf den Erstarrungspunkt des Wismuts und bestimmten[2]

den Verlauf der Liquiduskurve im Bereich von 58—100% Tl. CHIKA-
SHIGE[3] sowie KURNAKOW, ZEMCZUZNY und TARARIN[4] führten eine vollständige thermische Analyse aus. Die russischen Forscher bestimmten
außerdem die elektrische Leitfähigkeit, den Temperaturkoeffizienten
des Widerstandes, den Fließdruck und die Härte der ganzen Legierungsreihe. GUERTLER-SCHULZE[5] führten thermo-resistometrische Untersuchungen bei steigender Temperatur aus. Die von ihnen gefundenen
Solidus- und Liquidustemperaturen der Legierungen mit 1, 10, 20, 30,
37, 40, 53 und 60% Tl stimmen nach ihren Angaben praktisch mit den
von CHIKASHIGE angegebenen überein. Die thermischen Daten der drei
ersten Untersuchungen sind in Abb.161 wiedergegeben; die ausgezeichneten Konzentrationen und Temperaturen sind in Tabelle 17 einander
gegenübergestellt. Im folgenden werden die Ergebnisse der genannten
Arbeiten und von einigen weniger umfangreichen Untersuchungen
verglichen.

Tabelle 17.

	H. u. N.	CH.	K., Z. u. T.	G. u. SCH.
Bi-Schmelzpunkt	—	269,2°	269,2°	—
(Bi + δ)-Eutektikum	—	20% Tl 195°	23,5% Tl 198,5°	194°*
Maximum der δ-Phase ...	—	37,0% Tl (Bi$_5$Tl$_3$) 212°	36,7% Tl 214,4°	212°*
(δ + γ)-Eutektikum	—	53,0% Tl 186°	52,5% Tl 189°	~184°*
Maximum der γ-Phase ...	zwischen 87,8 u. 89,8% Tl nahe 303,7°	88,75% Tl 303,5°	zwischen 87,7 u. 90% Tl nahe 303,7°	—
(γ + β)-Eutektikum	nahe 94,2% Tl 299,4°	~93% Tl 297,2°	~94% Tl 299°	—
Maximum der β-Phase ...	~99,2% Tl 301,4°	zwischen 98,5 u. 99,25% Tl nahe 301,9°	99,1% Tl 301,5°	—
Tl-Schmelzpunkt.........	301,18°	301,0°	301,2°	—

* Aus den Kurven entnommen.

Die Liquiduskurven weichen, wie Abb.161 zeigt, nur unwesentlich
voneinander ab. Die Eutektika (Bi + δ) und (δ + γ) sind bei 23,5% Tl,
198° bzw. 52,5% Tl, 188° anzunehmen.

Das ziemlich flache Maximum der δ-Phase liegt bei 36,7—37% Tl
und 213°. CHIKASHIGE nahm an, daß es der Zusammensetzung Bi$_5$Tl$_3$
(36,98% Tl) entspricht. KURNAKOW-ZEMCZUZNY-TARARIN schreiben der
δ-Phase jedoch keine chemische Formel zu, da die Leitfähigkeitsisotherme (nach 2tägigem Glühen der Legn. bei 150—170°) innerhalb
des δ-Gebietes keine für das Vorhandensein einer ausgezeichneten
stöchiometrischen Zusammensetzung sprechende Spitze aufweist: Leit-

fähigkeit und Temperaturkoeffizient des Widerstandes ändern sich auf schwach konvex zur Konzentrationsachse gekrümmten Kurven. (Der Fließdruck und die Härte gehen, wie das für ein Mischkristallgebiet charakteristisch ist, durch ein Maximum nahe bei 39% Tl, also bei höherem Tl-Gehalt als die Liquiduskurve.) Demgegenüber fanden GUERTLER-SCHULZE auf den Leitfähigkeitsisothermen für 80° und 180° und der Kurve des Temperaturkoeffizienten ausgeprägte Höchstwerte (Spitzen) bei der Zusammensetzung Bi_5Tl_3[6]. Ein Grund für diesen Widerspruch läßt sich nicht ohne weiteres angeben, so daß die Frage nach einer ausgezeichneten Konzentration innerhalb des δ-Gebietes zunächst noch offen bleiben muß. Über eine Röntgenuntersuchung dieser Phase s. Nachtrag.

Die Ausdehnung der Mischungslücken (Bi + δ) und (δ + γ) wird von CHIKASHIGE auf Grund der Haltezeiten der eutektischen Kristallisationen zu 0—35,5% und 38,5—66,3% Tl, von KURNAKOW-ZEMCZUZNY-TARARIN in größerer Annäherung an den Gleichgewichtszustand zu 0—35,5% und 44,5—66,5% Tl angegeben.

Die feste Löslichkeit von Tl in Bi ist nach KURNAKOW-ZEMCZUZNY-TARARIN praktisch Null, da sie sich auf den Kurven der elektrischen Eigenschaften nicht zu erkennen gibt. GUERTLER-SCHULZE beobachteten hingegen einen auf das Bestehen Bi-reicher Mischkristalle geringer Ausdehnung (bis „etwa 0,5% Tl") hindeutenden Verlauf derselben Kurven.

Das Temperaturmaximum der γ-Phase liegt — in guter Übereinstimmung mit den Ergebnissen aller Untersuchungen — nach den im oberen Teil der Abb. 161 dargestellten Liquidustemperaturen im Mittel bei 88,5% Tl[7] und 303,5°. (In Abb. 161 wurde irrtümlich 301,5° angegeben.) Es wäre sicher abwegig, diese Konzentration durch eine chemische Formel (etwa $BiTl_8$ mit 88,63% Tl) auszudrücken. Darüber sind sich auch alle Forscher einig. Nach einer Strukturuntersuchung von GOLDSCHMIDT-BARTH[8] kommt der γ-Phase wahrscheinlich ein Kristallgitter vom Typus des CsCl-Gitters zu. Die sich daraus ergebende Verbindung BiTl besteht jedoch nach Abb. 161 nicht im reinen Zustande, sondern wäre nur bei einem großen Tl-Überschuß existenzfähig[9] (vgl. jedoch Nachtrag). Über eine Umwandlung im γ-Gebiet s. S. 346/47.

Die Frage, ob das zwischen 88,5% und 100% Tl liegende Minimum der Liquiduskurve einem eutektischen Punkt entspricht, ob also die in Abb. 161 gezeichnete enge Mischungslücke zwischen dem γ- und β-Gebiet tatsächlich besteht, ist bisher experimentell nicht einwandfrei entschieden. Nach CHIKASHIGE ergaben sich Anzeichen für eine sehr enge Mischungslücke zwischen etwa 92 und 93% Tl aus der Abkühlungskurve der Schmelze mit 92,5% Tl; diese Legierung enthielt nach seiner Angabe Primärkristalle + Eutektikum. GUERTLER[10] hielt das Bestehen der Eutektikalen nach der Arbeit von CHIKASHIGE und eigenen (unveröffentlichten) Leitfähigkeitsmessungen zwischen 70 und 100% Tl für mehr als zweifelhaft, mußte allerdings zugeben, daß der wellenförmige Verlauf von Liquidus und Solidus mit 2 Maxima und einem Minimum

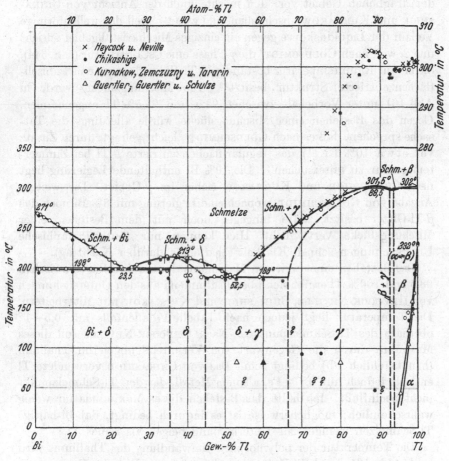

Abb. 161. Bi-Tl. Wismut-Thallium.

in der gesamten metallographischen Literatur kein Gegenbeispiel hat. GUERTLERs Ansicht wurde später von GUERTLER-SCHULZE aufrechterhalten, und zwar auf Grund des von ihnen gefundenen vollkommen kontinuierlichen Verlaufs der Leitfähigkeitsisothermen für 80° und 180° zwischen 70 und 100% Tl. Demgegenüber ist jedoch zu sagen, daß sich auch das schmale $(\alpha + \beta)$-Gebiet, d. h. der Übergang vom α-Tl- zum β-Tl-Mischkristall (bei 80° zwischen 96,3 und 96,9% Tl), entgegen der Erwartung auf der Leitfähigkeitsisotherme für 80° nicht durch eine

Richtungsänderung zu erkennen gibt. KURNAKOW-ZEMCZUZNY-TARARIN wiederum nahmen eine Mischungslücke an, und zwar zwischen 93,5 und 94,5% Tl. In der Tat dürfte insbesondere der Verlauf der Kurven der elektrischen Eigenschaften (vor allem des Temperaturkoeffizienten) für eine solche sprechen[11]. Leider liegen jedoch nur wenige Meßpunkte in dem fraglichen Gebiet vor. Ich möchte mich der Ansicht von CHIKASHIGE und KURNAKOW anschließen, und zwar 1. weil der wellenförmige Verlauf der Liquiduskurve gegen ein einziges Mischkristallgebiet spricht und 2. weil nach GOLDSCMIDT[8] die γ-Phase eine CsCl-Struktur (s. S. 344), die bis auf Raumtemperatur beständige β-Tl-Phase dagegen eine kubisch-flächenzentrierte Struktur besitzt[12]. Die Mischungslücke wurde in Abb. 161 unter Vorbehalt zwischen 92,5 und 93,5% Tl angenommen. Gegen das Bestehen einer Mischungslücke würde allerdings die Tatsache sprechen, daß es nach GOLDSCHMIDT „leicht gelingt, durch Zusatz von etwa 10% Bi (!) das regulär-flächenzentrierte β-Tl bei Zimmertemperatur zu untersuchen". Die 10% Bi enthaltende Legierung liegt nach CHIKASHIGE und KURNAKOW sicher im γ-Gebiet. Die weitere Angabe von GOLDSCHMIDT, wonach eine Legierung mit 8% Bi noch das β-Tl-Gitter besitzt, wäre hingegen noch mit dem Bestehen einer Mischungslücke verträglich. Hier können nur röntgenographische Untersuchungen schnell Klarheit schaffen (s. darüber Nachtrag).

Das Bestehen eines weiteren Maximums der Liquiduskurve zwischen 98,5 und 100% Tl ergibt sich übereinstimmend aus den Untersuchungen von HEYCOCK-NEVILLE, CHIKASHIGE und KURNAKOW mit Mitarbeitern. Die Temperatur liegt jedoch nach Tabelle 17 allenfalls nur 0,5—1° oberhalb des Tl-Schmelzpunktes. Nach HEYCOCK-NEVILLE soll dieses Maximum durch die Gegenwart von Verunreinigungen im Thallium (hauptsächlich Pb) bedingt sein. Das von CHIKASHIGE verwendete Tl enthielt jedoch nur 0,1% Fe, also ein Metall, das den Tl-Schmelzpunkt nicht beeinflußt. Ich halte das Bestehen dieses Maximums für wenig wahrscheinlich; möglicherweise ist es dadurch bedingt, daß Bi-haltige Tl-Schmelzen weniger zur Unterkühlung neigen als reines Tl.

Die Temperatur der polymorphen Umwandlung des Thalliums wird nach Abb. 161 durch Bi-Zusätze stark erniedrigt. Die von GUERTLER[10] und GUERTLER-SCHULZE durch Widerstandsmessungen bei steigender Temperatur bestimmten Punkte besitzen die größte Sicherheit; sie wurden daher zur Festlegung des $(\alpha + \beta)$-Gebietes verwendet. Die Temperatur der $\alpha \rightleftharpoons \beta$-Umwandlung einer Legierung mit 7% Bi liegt nach GUERTLER-SCHULZE bereits unterhalb Raumtemperatur. Damit in Übereinstimmung ist die oben erwähnte Feststellung von GOLDSCHMIDT, daß sich das β-Tl-Mischkristallgebiet bis herunter zu Raumtemperatur erstreckt.

CHIKASHIGE fand auf den Abkühlungskurven der Legierungen mit 60, 70 und 75% Tl thermische Effekte bei 81—93°; er sprach die

Vermutung aus, daß sich hier die Verbindung $BiTl_3$ (74,58% Tl) aus dem γ-Mischkristall bildet. GUERTLER-SCHULZE konnten auf den Widerstands-Temperaturkurven der Legierungen mit 53, 60 und 80% Tl ebenfalls schwache Knicke bei 82° feststellen; sie schlossen sich der Ansicht von CHIKASHIGE an. Möglicherweise liegt hier auch ein Umwandlungspunkt der γ-Phase vor. Es wurde jedoch davon abgesehen, diesbezügliche hypothetische Kurven in die Abb. 161 einzutragen, da das vorliegende experimentelle Material zu spärlich ist. Es besteht durchaus die Möglichkeit, daß die von CHIKASHIGE und GUERTLER-SCHULZE beobachteten schwachen thermischen Effekte auf Entmischungs- bzw. Anlaßeffekte, die bei den gefundenen Temperaturen wirksam werden, zurückzuführen sind. Daß der Bi-reiche γ-Mischkristall sich mit fallender Temperatur entmischt, geht aus dem von KURNAKOW gegebenen Gefüge einer Legierung mit 59% Tl hervor. Die γ $(\delta + \gamma)$-Grenze verläuft also nicht senkrecht, wie in Abb. 161 mangels experimenteller Ergebnisse vorbehaltlich angenommen wurde, sondern im Sinne einer Löslichkeitsabnahme mit der Temperatur.

Weitere Arbeiten. SEKITO[13] stellte fest, daß Legierungen mit 2 und 4% Bi nach dem Abschrecken (Temperatur?) das Gitter des β-Tl besitzen. Nach KREMANN-LOBINGER[14] ändert sich die Spannung (Kette $Tl/TlCl/Bi_xTl_{1-x}$) zwischen 37 und 42% Tl diskontinuierlich (δ-Phase). Außerdem tritt bei etwa 75% Tl eine schwache Richtungsänderung in der Spannungs-Konzentrationskurve ein (γ-Grenze oder $BiTl_3$?). DE HAAS und VOOGD[15] untersuchten die Supraleitfähigkeit der Legierung von der Zusammensetzung $Bi_5Tl_3 = \delta$ (Sprungpunkt = etwa 6,5° abs.) und ihre Störung durch magnetische Felder. Das chemische und elektrochemische Verhalten der „Verbindung" Bi_5Tl_3 wurde von JENGE[16] studiert.

Nachtrag. Durch röntgenographische Untersuchungen stellte ÖLANDER[17] in Übereinstimmung mit Abb. 161 zwei intermediäre Phasen fest: δ zwischen 33,5 und 45,5% Tl mit hexagonalem Gitter und γ zwischen 72,5 und 96 (?) % Tl mit kubisch-flächenzentriertem Gitter (im Gegensatz zu GOLDSCHMIDT), genau wie β-Thallium. In beiden Gittern sind die Atome offenbar weitgehend statistisch über die Punktlagen verteilt, doch wird für die γ-Phase bei der Zusammensetzung $BiTl_7$ mit 87,25% Tl (analog $PbTl_7$) eine — auch theoretisch notwendige — schwache Tendenz zur Ordnung vermutet. Spannungsmessungen[18] bei Temperaturen zwischen 120 und 295° ergaben auch für die δ-Phase Anzeichen für eine zum mindesten teilweise geordnete Atomverteilung bei der Zusammensetzung Bi_2Tl (32,84% Tl).

Literatur.

1. HEYCOCK, C. T., u. F. H. NEVILLE: J. chem. Soc. Bd. 61 (1892) S. 895.
— 2. HEYCOCK, C. T., u. F. H. NEVILLE: J. chem. Soc. Bd. 65 (1894) S. 34. —

3. Chikashige, M.: Z. anorg. allg. Chem. Bd. 51 (1906) S. 328/35. — **4.** Kurnakow, N. S., S. F. Zemczuzny u. V. Tararin: Z. anorg. allg. Chem. Bd. 83 (1913) S. 200/227. — **5.** Guertler, W., u. A. Schulze: Z. physik. Chem. Bd. 106 (1923) S. 1/17. — **6.** Es wurden in diesem Bereich nur Legn. mit 30, 37 und 40% Tl untersucht. — **7.** Bei einem Vergleich der Ergebnisse von Heycock-Neville mit seinen eigenen stellte Chikashige eine Abweichung um 2% Tl hinsichtlich der Lage des Maximums fest. Er ließ dabei außer acht, daß Heycock u. Neville ihre Konzentrationsangaben nicht in Atom-% Bi, sondern in Anzahl der Atome Bi auf 100 Atome Tl machten. — **8.** Goldschmidt, V. M.: Z. physik. Chem. Bd. 133 (1928) S. 409/11. — **9.** Vielleicht kommt das CsCl-Gitter nicht der γ-Phase, sondern der δ-Phase zu; dann wäre die Verbindung BiTl nur bei einem Überschuß an Bi stabil. — **10.** Guertler, W.: Handbuch der Metallographie Bd. 1, Teil 1, S. 544/48, Berlin 1912. — **11.** Die Leitfähigkeitskurve weist einen Wendepunkt, die Kurve des Temperaturkoeffizienten einen schroffen Knick auf. — **12.** Hier ist allerdings der Einwand zu erheben, daß es nicht feststeht, ob das CsCl-Gitter der δ- oder der γ-Phase zukommt; s. Anm. 9. — **13.** Sekito, S.: Z. Kristallogr. Bd. 74 (1930) S. 193/95, 200. — **14.** Kremann, R., u. A. Lobinger: Z. Metallkde. Bd. 12 (1920) S. 249/51. — **15.** Haas, W. J. de u. J. Voogd: Proc. K. Akad. Wet., Amsterd. Bd. 32 (1929) S. 874/82. Ref. J. Inst. Met.. Lond. Bd. 43 (1930) S. 453. — **16.** Jenge, W.: Z. anorg. allg. Chem. Bd. 118 (1921) S. 114/15. — **17.** Ölander, A.: Z. Kristallogr. Bd. 89 (1934) S. 89/92. — **18.** Ölander, A.: Z. physik. Chem. A Bd. 169 (1934) S. 260/268.

Bi-W. Wismut-Wolfram.

Sargent[1] konnte durch Reduktion der Metalloxyde mit Kohle keine Bi-W-Legierungen erhalten.

Literatur.

1. Sargent, C. L.: J. Amer. chem. Soc. Bd. 22 (1900) S. 783/90.

Bi-Zn. Wismut-Zink.

Daß Wismut und Zink im flüssigen Zustand nur sehr beschränkt mischbar sind, wurde schon früh erkannt[1]. Matthiessen und von Bose[2] gaben die Zusammensetzung der beiden erstarrten Schichten zu 14,3 und 97,6% Zn an, doch gestatten diese Zahlen keinen Rückschluß auf die Löslichkeitsverhältnisse im flüssigen Zustand. Dasselbe gilt für die darüber von Wright-Thompson[3] gemachten Angaben. Diese Forscher brachten die beiden flüssigen Schichten bei rd. 650°, 750° und 800° ins Gleichgewicht, kühlten die Schmelze ziemlich rasch ab und bestimmten darauf die Zusammensetzung der beiden festen Schichten zu (im Mittel) 14,28% und 97,68% bzw. 15,18% und 97,53% sowie 15,83% und 97,48% Zn. Nach diesen Werten würde die gegenseitige Löslichkeit der beiden Metalle nur sehr wenig mit steigender Temperatur zunehmen. Wie die späteren Untersuchungen von Spring-Romanoff[4] und Heycock-Neville[5] zeigten, entspricht die von Wright-Thompson gefundene Konzentration der beiden Schichten jedoch nicht dem Gleichgewicht bei den angegebenen Temperaturen, sondern annähernd dem Gleichgewicht bei der (monotektischen) Temperatur des Beginns der Erstarrung von 416° (s. darüber auch MATHEWSON-SCOTT[6]: Besprechung der Arbeiten von WRIGHT-THOMPSON und SPRING-ROMANOFF).

GAUTIER und ROLAND-GOSSELIN[7] bestimmten die Temperaturen des Beginns der Erstarrung im Bereich von 0 bis etwa 60% Zn (nach ihrem Diagramm) und fanden den eutektischen Punkt bei etwa 240°, 2,8% Zn und die Temperatur der monotektischen Horizontalen (bei 18% Zn beginnend) zu 395° (statt 416°). HEYCOCK-NEVILLE[5][8] haben das vollständige Erstarrungsdiagramm ausgearbeitet. Danach erstreckt sich die Mischungslücke bei der monotektischen Temperatur (416°) von 15,5—98,1% Zn; der eutektische Punkt liegt bei 254—255° und 2,7% Zn (Abb. 162 mit Nebenabb.). RUDBERG[9] hatte die eutektische Temperatur zu 251°, GUTHRIE[10] zu 248° ermittelt.

Das Schaubild von HEYCOCK-NEVILLE wurde durch die von SPRING-ROMANOFF[4] festgelegte Grenzkurve des Gebietes zweier flüssiger Phasen vervollständigt. Durch Entnahme von Analysenproben aus den beiden miteinander im Gleichgewicht stehenden flüssigen Schichten bestimmten sie die gegenseitige Löslichkeit von Bi und Zn bei 475°, 584°, 650° und 750° sowie die Löslichkeit von Bi in Zn bei 419° (s. die Punkte in Abb. 162). Die beiden so gewonnenen Äste der Grenzkurve treffen bei Extrapolation nach tieferen Temperaturen hin mit recht großer Genauigkeit auf die von HEYCOCK-NEVILLE bestimmten Konzentrationen der flüssigen Phasen bei der monotektischen Temperatur. Daraus geht hervor, daß die Löslichkeitsverhältnisse im flüssigen Zustand nach den Angaben von SPRING-ROMANOFF wenigstens in der Nähe der Erstarrungstemperatur zutreffen. Ob das auch für die Löslichkeitsangaben bei höheren Temperaturen gilt, erscheint allerdings fraglich, da das von SPRING-ROMANOFF angewendete Verfahren der Probeentnahme nicht die Gewähr dafür gibt, daß die aus den beiden Schichten entnommenen Proben vollkommen frei von Anteilen der anderen Schicht waren (was durch eine mikroskopische Untersuchung hätte festgestellt werden können). Die Möglichkeit dazu ist bei hohen Temperaturen zweifellos größer als bei tieferen, da sich die spezifischen Gewichte und Oberflächenspannungen der beiden flüssigen Phasen mit steigender Temperatur einander nähern, wodurch eine vollständige Trennung immer schwieriger wird[11] (s. auch Pb-Zn).

MATHEWSON-SCOTT[6] haben die Zusammensetzung der beiden flüssigen Schichten nahe bei der monotektischen Temperatur ebenfalls durch Analyse von Proben, die aus den Schmelzen entnommen waren, bestimmt. Sie fanden eine Löslichkeit von 1,95% Bi gegenüber 1,9% bei 416° nach HEYCOCK-NEVILLE (thermisch) und 3% Bi bei 419° nach SPRING-ROMANOFF. Die Zusammensetzung der Bi-reichen Schicht ergab sich zu 17,5% Zn, d. h. zu 2% mehr Zink als nach den thermischen

Daten von HEYCOCK-NEVILLE. Die mikroskopische Prüfung dieser Probe ergab jedoch die Anwesenheit von kleinen tropfenförmigen Einschlüssen der Zn-reichen Schmelze (!).

ARNEMANN[12] ermittelte den monotektischen Punkt thermoanalytisch zu 99% Zn, die monotektische und eutektische Temperatur zu 416° bzw. 254°.

Die Löslichkeit von Zn in Bi und umgekehrt im festen Zustand wurde bisher nicht näher bestimmt. Es liegen darüber folgende Angaben

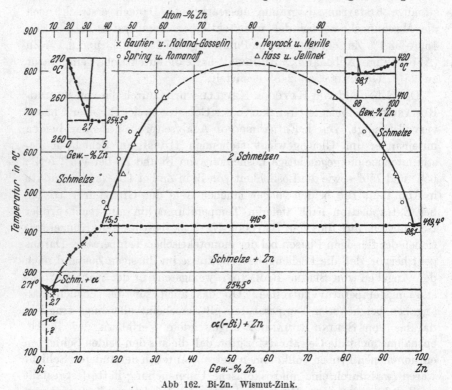

Abb 162. Bi-Zn. Wismut-Zink.

vor. ENDO[13] schließt aus der von ihm bestimmten Kurve der magnetischen Suszeptibilität auf eine Löslichkeit von etwa 2% Zn (Wärmebehandlung?), während CURRY[14] und FUCHS[15] aus dem Gefüge geglühter Legierungen (Temperatur?), letzterer auch nach der Spannungs-Konzentrationskurve geglühter Legierungen, eine Löslichkeit von fast 4% (??) bzw. 2,7% Zn annehmen. Nach CURRY und FUCHS läge also praktisch der gesamte Zn-Gehalt, der zur Bildung des Eutektikums führt, gelöst im Wismut vor (?)[16].

Die Löslichkeit von Bi in Zn kann nur sehr klein sein (ENDO). ARNEMANN erkannte eine aus dem Schmelzfluß abgekühlte Legierung mit 0,1% Bi als heterogen.

Mit dem in Abb. 162 dargestellten Diagramm sind die Spannungsmessungen von HERSCHKOWITSCH[17], FUCHS[15] und KREMANN-LANGBAUER-RAUCH[18], die Messungen der magnetischen Suszeptibilität von ENDO[13] und des spezifischen Volumens von MAEY[19] im Einklang.

Nachtrag. Die gegenseitige Löslichkeit von Bi und Zn im flüssigen Zustand zwischen 460° und 735° wurden von HASS-JELLINEK[20] durch Analyse der beiden miteinander im Gleichgewicht stehenden Schichten bestimmt. Die Übereinstimmung mit den nach demselben Verfahren von SPRING-ROMANOFF gefundenen Löslichkeiten ist recht gut (Abb. 162), doch verdienen die Werte von HASS-JELLINEK den Vorzug, da bei den Untersuchungen dieser Forscher die Gewähr für eine vollständige Trennung der Schichten bei Entnahme der Analysenproben größer ist. Mit Hilfe der Regel der Mittellinie von CAILLETET und MATHIAS würde sich der kritische Punkt der extrapolierten Löslichkeitskurve zu etwa 56% Zn, 820° ergeben[11].

Literatur.

1. MARX: Schweiggers J. Chem. Phys. Bd. 58 (1830) S. 465. FOURNET: Ann. Chim. Phys. 2 Bd. 54 (1833) S. 247/48. — **2.** MATTHIESSEN, A., u. M. v. BOSE: Proc. Roy. Soc., Lond. Bd. 11 (1861) S. 430. — **3.** WRIGHT, C. R. A., u. C. THOMPSON: Proc. Roy. Soc., Lond. Bd. 49 (1890/91) S. 156/58. **4.** SPRING, W., u. L. ROMANOFF: Z. anorg. allg. Chem. Bd. 13 (1897) S. 29/35. **5.** HEYCOCK, C. T., u. F. H. NEVILLE: J. chem. Soc. Bd. 71 (1897) S. 390/92, 399/400. — **6.** MATHEWSON, C. H., u. W. M. SCOTT: Int. Z. Metallogr. Bd. 5 (1914) S. 1/15. — **7.** GAUTIER, H. (u. ROLAND-GOSSELIN): Bull. Soc. Encour. Ind. nat. 5 Bd. 1 (1896) S. 1308. Contribution à l'étude des alliages S. 108/109, Paris 1901. — **8.** HEYCOCK, C. T., u. F. H. NEVILLE: J. chem. Soc. Bd. 61 (1892) S. 893. — **9.** RUDBERG, F.: Pogg. Ann. Bd. 18 (1830) S. 247. — **10.** GUTHRIE, F.: Philos. Mag. 5 Bd. 17 (1894) S. 462. — **11.** Nach SPRING-ROMANOFF wäre die kritische Temperatur bei rd. 820° und die kritische Konzentration — nach dem Gesetz des geraden Durchmessers — zu annähernd 49—50% Zn anzunehmen. — **12.** ARNEMANN, P. T.: Metallurgie Bd. 7 (1910) S. 206 u. 209. — **13.** ENDO, H.: Sci. Rep. Tôhoku Univ. Bd. 14 (1925) S. 501/502. — **14.** CURRY, B. E.: J. physic. Chem. Bd. 13 (1909) S. 601/605. — **15.** FUCHS, P.: Z. anorg. allg. Chem. Bd. 109 (1920) S. 86/88. — **16.** Eine mit 15° je Minute bei 275° abgekühlte Legierung mit etwa 0,2% Zn zeigte nach MATHEWSON-SCOTT noch freies Zink. — **17.** HERSCHKOWITSCH, M.: Z. physik. Chem. Bd. 27 (1898) S. 145. — **18.** KREMANN, R., A. LANGBAUER u. H. RAUCH: Z. anorg. allg. Chem. Bd. 127 (1923) S. 231/32. — **19.** MAEY, E.: Z. physik. Chem. Bd. 50 (1905) S. 215. — **20.** HASS, K., u. K. JELLINEK: Z. anorg. allg. Chem. Bd. 212 (1933) S. 356/61.

C-Ca. Kohlenstoff-Kalzium.

Über das unmetallische[1] Kalziumkarbid CaC_2 siehe die Handbücher der Chemie. Kristallstruktur: DEHLINGER-GLOCKER[2], v. STACKELBERG[3] und „Strukturbericht"; CaC_2 ist strukturell analog BaC_3 (s. d.).

Literatur.

1. FRIEDERICH, E., u. L. SITTIG: Z. anorg. allg. Chem. Bd. 144 (1925) S. 187/88 bestimmten den spezifischen Widerstand zu ungefähr 6 Millionen Ohm. — **2.** DEH-

LINGER, U., u. R. GLOCKER: Z. Kristallogr. Bd. 64 (1926) S. 296/302. — 3. STACKEL-
BERG, M. v.: Z. physik. Chem. B Bd. 9 (1930) S. 437/75. Z. Elektrochem. Bd. 37
(1931) S. 542/44.

C-Cd.　Kohlenstoff-Kadmium.

Siedendes Kadmium, Quecksilber, Zinn und Zink lösen Kohlenstoff „nur in
Spuren bzw. in unwägbaren Mengen". Beim Erkalten der Metalle scheidet sich der
Kohlenstoff als Graphit aus[1] [2].

Literatur.

1. RUFF, O., u. B. BERGDAHL: Z. anorg. allg. Chem. Bd. 106 (1919) S. 91/92.
— 2. Wurde für Zinn bereits von H. MOISSAN: C. R. Acad. Sci., Paris Bd. 125
(1898) S. 840 festgestellt.

C-Ce.　Kohlenstoff-Cer.

Die Formel des von PETTERSSON[1] und MOISSAN[2] durch Reduktion von CeO_2
mit Kohle dargestellten Karbids CeC_2 (14,62% C) wurde von v. STACKELBERG[3]
durch röntgenographische Strukturuntersuchung bestätigt. Die Kristallstruktur
ist derjenigen des BaC_2 (s. d.) analog. FRIEDERICH-SITTIG[4] stellten fest, daß das
Karbid auffallend gut den elektrischen Strom leitet.

Literatur.

1. PETTERSSON, O.: Ber. dtsch. chem. Ges. Bd. 28 (1895) S. 2419/22. —
2. MOISSAN, H.: C. R. Acad. Sci., Paris Bd. 122 (1896) S. 357/62. Ber. dtsch. chem.
Ges. Referate Bd. 29 (1896) S. 209. — 3. STACKELBERG, M. v.: Z. physik. Chem.
B Bd. 9 (1930) S. 437/75. Z. Elektrochem. Bd. 37 (1931) S. 542/45. — 4. FRIEDE-
RICH, E., u. L. SITTIG: Z. anorg. allg. Chem. Bd. 144 (1925) S. 187.

C-Co.　Kohlenstoff-Kobalt.

Ältere Angaben[1] über die Legierfähigkeit von Kobalt und Kohlenstoff sind widersprechend und überholt.

BOECKER[2], der erstmalig den Aufbau der Co-reichen Legierungen
thermisch und mikroskopisch untersuchte, fand, daß in langsam erkalteten Legierungen die Hauptmenge des Kohlenstoffs als Graphit,
ein sehr geringer Teil (meist nur 0,1%) als gebundener Kohlenstoff vorliegt. Ein Karbid besteht in solchen Legierungen also nicht. Die von
BOECKER gefundenen Erstarrungspunkte sind in Abb. 163a ohne Korrektur eingetragen; der Co-Schmelzpunkt wurde von ihm zu 1448°
statt 1490° angenommen. Die Liquidustemperaturen streuen infolge
von Unterkühlungen sehr stark. Die eutektische Temperatur wurde
bei 1274—1317° gefunden, Mittelwert 1300°. Die Legierungen bestehen
aus primären Co-reichen Mischkristallen bzw. primärem Kohlenstoff in
Form von Graphit und Temperkohle, umgeben von einem Eutektikum
Kobalt-Graphit. Nach dem Gefüge liegt das Eutektikum zwischen 2,6
und 3,1%; es wurde bei 2,9% angenommen. Die feste Löslichkeit von
C in Co bei Temperaturen zwischen 1300 und 1000° wurde durch analy-

tische Bestimmung des gebundenen Kohlenstoffs in geglühten und darauf abgeschreckten Proben ermittelt. Die Löslichkeit nimmt von 0,82% bei 1300° auf 0,33% bei 1000° und nur etwa 0,1% nach langsamer Abkühlung ab (Abb. 163 a).

Neuerdings hat HASHIMOTO[3] die Versuche BOECKERs wiederholt und dabei die in Abb. 163 a eingezeichneten Erstarrungs- und Umwandlungstemperaturen und Löslichkeitsgrenzen ge-

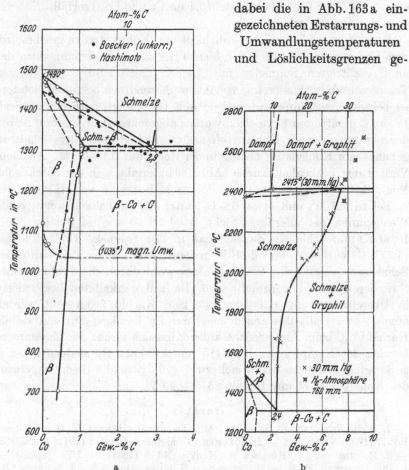

a   b
Abb. 163 a und b. C-Co. Kohlenstoff-Kobalt.

funden. Der eutektische Punkt wurde recht willkürlich bei 2,9% C und 1309° angenommen. Die mit Hilfe thermischer Untersuchungen (Einzelheiten darüber konnten aus der in japanischer Sprache veröffentlichten Arbeit nicht entnommen werden) bestimmten Löslichkeiten von C in β-Co sind um 0,2—0,3% größer als die von BOECKER ermittelten. HASHIMOTO fand weiter, daß die Temperatur der polymorphen Umwandlung des Kobalts ($\sim 400°$) schon durch 0,02% C auf 328° und durch 0,08% C auf 142° erniedrigt wird.

Mit dieser letzteren Tatsache und den Beobachtungen von Boecker sind die Ergebnisse von F. Eisenstecken[4] sowie Schenck-Klas[5] nicht vereinbar. Diese Forscher nehmen auf Grund von Untersuchungen des Methan-Wasserstoffgleichgewichts über Kobalt bei 350—900° an, daß ein Karbid Co_nC existiert, und daß der Co-reiche β-Mischkristall mit etwa 0,1% C bei 685° in ein Eutektoid aus Co und Co_nC zerfällt. Näheres s. in der Originalarbeit.

Ruff-Keilig[6] haben die Löslichkeit von Kohlenstoff in geschmolzenem Co unter einem Druck von 30 mm Hg bis zur Siedetemperatur der an C gesättigten Schmelze mit 7,4% C (2415 $\pm$ 10°), bei höheren Temperaturen in Wasserstoff von Atmosphärendruck bestimmt; letztere ist bei gleichen Temperaturen, wie Abb. 163 b zeigt, natürlich größer[7]. Die an C gesättigten Schmelzen wurden abgeschreckt und darauf wurde der Gesamtgehalt an Kohlenstoff analytisch bestimmt; der Gehalt an gebundenem Kohlenstoff betrug in der Regel nur 0,1—0,3%. Aus dem Verlauf der Löslichkeitskurve (Abb. 163 b) ergibt sich der eutektische Punkt bei 2,4% C gegenüber 2,9% nach Boecker und Hashimoto.

Bei rd. 2100° und etwa 6% C besitzt die Löslichkeitskurve einen Wendepunkt, der allerdings nicht so scharf ist wie im System Ni-C. Ruff-Keilig schließen daraus, daß in der Schmelze Co_3C-Moleküle (6,35% C) vorliegen, und daß die weitere Zunahme des C-Gehaltes der Schmelzen jenseits des Wendepunktes wohl durch die Bildung eines C-reicheren Karbids veranlaßt wird. Da in den erkalteten Legierungen in Übereinstimmung mit Boecker kein Karbid festgestellt werden konnte, so zerfällt das anscheinend nur im flüssigen Zustand stabile Karbid Co_3C beim Abschrecken außerordentlich rasch. Die Zusammensetzung des Dampfes der bei 2415° unter 30 mm Hg siedenden, an C gesättigten Schmelze ergab sich zu 2 $\pm$ 0,6% C, die Siedetemperatur des Kobalts bei 30 mm Hg zu 2375 $\pm$ 40°.

Literatur.

1. S. die Arbeit von G. Boecker, Anm. 2 sowie W. Hempel: Z. angew. Chem. Bd. 17 (1904) S. 298/300. — **2.** Boecker, G.: Metallurgie Bd. 9 (1912) S. 296/303. — **3.** Hashimoto, U.: Kinzoku no Kenkyu Bd. 9 (1932) S. 57/73 (japan.). — **4.** Eisenstecken, F.: S. bei R. Schenck u. H. Klas: Anm. 5. — **5.** Schenck, R., u. H. Klas: Z. anorg. allg. Chem. Bd. 178 (1929) S. 146/56. — **6.** Ruff, O., u. F. Keilig: Z. anorg. allg. Chem. Bd. 88 (1914) S. 410/23. Ber. dtsch. chem. Ges. Bd. 45 (1913) S. 3142. Ferrum Bd. 13 (1915/16) S. 108/109. — **7.** Bei 1700° fand Boecker unter Atmosphärendruck eine maximale Löslichkeit von 3,9% C.

C-Cr. Kohlenstoff-Chrom.

Kurzer geschichtlicher Überblick. Moissan[1] glaubte Kristalle von der Zusammensetzung Cr_4C (5,45% C) und Cr_3C_2 (13,33% C) in Händen gehabt zu haben. Aus Chromstählen wollen auf chemischem Wege

CARNOT-GOUTAL[2] die beiden Doppelkarbide Fe_3C, $3\,Cr_3C_2$ und $3\,Fe_3C$, Cr_3C_2, WILLIAMS[3] das Doppelkarbid $3\,Fe_3C$, $2\,Cr_3C_2$ und ARNOLD-READ[4] das Doppelkarbid $2\,Fe_3C$, $3\,Cr_4C$ isoliert haben. Letztere nahmen die Karbide Cr_4C und Cr_3C_2 (MOISSAN) als bestehend an. BARADUC-MULLER[5] hat den kleinen prismatischen Kristallen, die er aus Si-haltigem Ferrochrom abgeschieden hat, die Formel Fe_3C, Cr_4C gegeben. MURA-KAMI[6] schloß aus mikroskopischen Untersuchungen an Legierungen mit bis zu 5,2% C, daß 1. etwa 0,6% C von Cr in fester Lösung aufgenommen wird und 2. bei etwa 1,7% C ein Eutektikum aus dem Cr-reichen Mischkristall und dem Karbid Cr_4C (hexagonale Kristalle) liegt.

RUFF-FOEHR[7] haben den Versuch unternommen, die Karbide des Chroms durch rückstandsanalytische und mikroskopische Untersuchungen festzustellen und ein Zustandsdiagramm zu entwerfen. Aus Legierungen mit 1,5—6,96% C isolierten sie Kristalle von der Zusammensetzung Cr_5C_2 (8,45% C). Dieses Karbid wurde auch mikroskopisch nachgewiesen; sein Schmelzpunkt wurde zu etwa 1665° bestimmt. Das Karbid Cr_4C (MOISSAN) wurde nicht gefunden. Cr_5C_2 bildet nach RUFF-FOEHR mit einem Cr-reichen Mischkristall (etwa 0,4% C) ein Eutektikum mit 4,3% C; die eutektische Temperatur wurde nicht bestimmt. Die chemische Untersuchung der Legierungen mit 9,4—11,2% C führte zur Isolierung des seit MOISSAN bekannten Karbids Cr_3C_2 (das bei 1890 ± 10° unter Zersetzung in Cr_4C_2 [?] und Graphit schmilzt) und zu einem in HCl löslichen Karbid, dem die Verfasser unter Vorbehalt die Formel Cr_4C_2 (10,34% C) zuschrieben. Für das Bestehen von Cr_4C_2 (Schmelzpunkt rd. 1750°) ergaben sich auch Anzeichen aus dem Gefüge. Aus Schmelzen mit mehr als 12,1% C kristallisiert Graphit primär. Der Gehalt der bei t° mit Graphit gesättigten Chromschmelze ergab sich zu:

t°	1840	1960	2035	2140	2233	2348	2442
% C	12,42	13,33	13,75	13,96	14,03	14,96	16,00

Bei 2570° und 10 mm Hg siedet die an C gesättigte Schmelze mit 17% C unter Abgabe von fast reinem Cr-Dampf.

EDWARDS, SUTTON und OISHI[8] unterzogen die Ergebnisse der früheren Arbeiten einer kritischen Betrachtung und schlossen auf das Bestehen des Doppelkarbides Fe_3C, Cr_3C_2; die Existenz des Karbides Cr_5C_2 (RUFF-FOEHR) hielten sie für sehr wahrscheinlich.

TAMMANN-SCHÖNERT[9] fanden, daß Kohlenstoff aus kohlenstoff-liefernden Dämpfen bei 800—980° nicht in Cr diffundiert.

Nach mikroskopischen Untersuchungen von NISCHK[10] soll zwischen 0 und 11,7% C nur ein Karbid bestehen, und zwar Cr_2C (10,34% C) an Stelle von Cr_5C_2 (RUFF-FOEHR). Es tritt bereits wenig oberhalb 2% C als primäre Kristallart auf und soll mit Kohlenstoff eine ziemlich ausgedehnte Reihe von Mischkristallen (bis mindestens 11,7%) bilden.

RUFF[11] wandte sich gegen diese Auffassung und bemerkte, daß die von NISCHK veröffentlichten Gefügebilder u. a. m. nicht für dessen Annahme sprechen.

Die Natur der in Cr-C-Legierungen mit bis zu 15% C vorliegenden Kristallarten haben WESTGREN-PHRAGMÉN[12] mit Hilfe röntgenographischer Untersuchungen festgestellt. Danach ist das Bestehen von drei Karbiden anzunehmen, deren wahrscheinlichste Formeln Cr_4C (regulär, flächenzentrierte Zelle mit 24 Molekülen)[12a], Cr_7C_3[13] (9,0%C) (trigonal[14], 8 Moleküle in der Elementarzelle) und Cr_3C_2 (rhombisch, 4 Moleküle in der Elementarzelle) sind. Das Lösungsvermögen von Cr für Kohlenstoff ist, im Gegensatz zu der Annahme von MURAKAMI praktisch gleich Null. Die mikroskopische Untersuchung[14] ergab, daß 1. das Eutektikum Cr-Cr_4C nur wenig oberhalb 3,3% C liegen kann, und 2. Legierungen mit 4,7, 5,3 und 6% C peritektisches Gefüge haben. (Cr_7C_3 + Cr_4C + Eutektikum Cr-Cr_4C). Das Karbid Cr_4C wird also durch eine peritektische Reaktion von Cr_7C_3 mit Schmelze (die 1—2% C weniger hat als Cr_4C) gebildet. Einzelheiten über die Strukturuntersuchung s. in der Originalarbeit und im „Strukturbericht"[15].

VON VEGESACK[16] bestimmte die Temperatur des Eutektikums zwischen Cr und dem Cr-reichsten Karbid zu etwa 1543°. Das Gefüge einer allerdings nicht ganz gleichmäßig zusammengesetzten Legierung mit 3,2% C (?) sprach mehr für die von RUFF-FOEHR angegebene eutektische Konzentration als für die von MURAKAMI angegebene.

Auf Grund thermoanalytischer (s. Abb. 164) und mikroskopischer Untersuchungen und Dichtemessungen im Bereich von 0—13% C haben KRAICZEK-SAUERWALD[17] ein Zustandsdiagramm entworfen, in welchem die Kurven im Gebiet zwischen 6,9 bis mindestens 8,3% C Kurven metastabiler Gleichgewichte sind. Dem Cr-reichsten Karbid schrieben die Verfasser die Formel Cr_5C_2 (RUFF-FOEHR) zu; Cr_4C (WESTGREN-PHRAGMÉN) konnte nicht festgestellt werden. Cr_5C_2 bildet mit einem Mischkristall von C in Cr (nicht näher bestimmt) ein Eutektikum bei 4,5% C, 1475°. Außerdem wurde das Bestehen des Karbides Cr_3C_2 bestätigt. Die Frage nach dem Aufbau der Legierungen zwischen 8,45 (Cr_5C_2) und 9,8% C wurde offengelassen, da auf Grund des Gefüges und der thermischen Daten nicht entschieden werden konnte, ob zwischen diesen Konzentrationen Mischkristalle von C in Cr_5C_2 oder eine weitere intermediäre Phase mit 9,2—9,8% C vorliegt. Die bei etwa 1665° gefundene Peritektikale entspricht also entweder der Bildung des C-reichsten Endgliedes der Cr_5C_2-Mischkristalle oder der Bildung eines etwas C-reicheren Karbides als der Formel Cr_5C_2 entspricht. Das Diagramm von KRAICZEK-SAUERWALD wurde größtenteils durch eine spätere Arbeit von FRIEMANN-SAUERWALD (s. w. u.) überholt.

In einer Bemerkung zu der Arbeit von KRAICZEK-SAUERWALD hielten WESTGREN-PHRAGMÉN[18] ihre auf röntgenographischem Wege gewonnenen Ergebnisse aufrecht und bewiesen mit Hilfe von Gefügebildern, daß 1. das Eutektikum zwischen Cr und dem Cr-reichsten Karbid nicht bei 4,5% C, sondern zwischen 3,3 und 3,6% C liegt; 2. die Cr-reichste Verbindung das sich peritektisch bildende Karbid Cr_4C ist und 3. eine Mischkristallreihe um 9% C nicht vorliegt.

Durch weitere sehr eingehende thermische[19] und mikroskopische Untersuchungen (zum Teil in Gemeinschaft mit A. WINTRICH) stellten

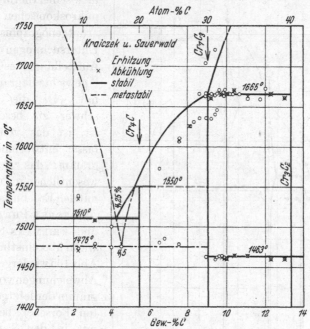

Abb. 164. C-Cr. Kohlenstoff-Chrom (FRIEMANN-SAUERWALD).

FRIEMANN-SAUERWALD[20] fest, daß es bei relativ schneller Abkühlung (wie bei den Versuchen von KRAICZEK-SAUERWALD) infolge der geringen Bildungsgeschwindigkeit des Karbides Cr_4C zur Ausbildung eines metastabilen Systems kommt, das durch das Bestehen eines Eutektikums zwischen Cr und Cr_7C_3 (Cr_7C_3 mit Vorbehalt angenommen, jedoch wahrscheinlicher als Cr_5C_2) bei 4,5% C und 1475° charakterisiert ist. Bei verzögerter Abkühlung kristallisiert hingegen das Karbid Cr_4C, das mit Cr ein Eutektikum bei etwa 4,25% C, 1510° bildet. Abb.164 zeigt das von FRIEMANN-SAUERWALD entworfene Diagramm, das in allen wesentlichen Punkten — auch hinsichtlich der praktischen Unlöslichkeit von C in Cr und der Existenz von Cr_3C_2 — eine Bestätigung der Ergebnisse von WESTGREN-PHRAGMÉN ist. Ein Unterschied besteht lediglich hinsichtlich der Zusammensetzung des Cr-Cr$_4$C-Eutektikums. Die thermischen Effekte bei etwa 1463° entsprechen nach FRIEMANN-SAUERWALD entweder einer polymorphen Umwandlung von Cr$_3$C$_2$ oder sind auf Verunreinigungen zurückzuführen. Über den Schmelzpunkt des Chroms siehe Cr-N, über die vermutete Polymorphie des Chroms siehe Ag-Cr.

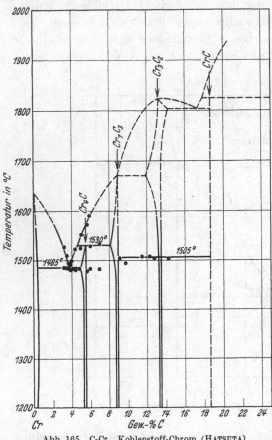

In einer in japanischer Sprache veröffentlichten Arbeit teilte HATSUTA[21] die Ergebnisse seiner thermischen, mikroskopischen und röntgenographischen Untersuchungen zur Aufstellung eines Gleichgewichtsdiagramms mit. Da die Arbeit schwer zu beschaffen ist, ist das vom Verfasser entworfene Diagramm, das in allen wesentlichen Punkten mit den Ergebnissen von WESTGREN-PHRAGMÉN und FRIEMANN-SAUERWALD übereinstimmt, in Abb. 165 wiedergegeben. Abweichungen vom Diagramm der letztgenannten Forscher bestehen nur in den Temperaturangaben und hinsichtlich der Konzentration des Cr-Cr$_4$C-

Abb. 165. C-Cr. Kohlenstoff-Chrom (HATSUTA).

Eutektikums, das HATSUTA in recht guter Übereinstimmung mit WESTGREN-PHRAGMÉN bei 3,7% C fand. Der der Primärkristallisation von Cr entsprechende Liquidusast endet nicht, wie HATSUTA annimmt, in einem Cr-Schmelzpunkt von 1640°, sondern in einem wesentlich höher liegenden Cr-Schmelzpunkt (s. darüber Cr-N). Die gestrichelten Kurven in Abb. 165 und das Karbid CrC[22] (18,75% C) sind hypothetisch.

SCHENCK, KURZEN und WESSELKOCK[23] haben versucht, über die Konstitution der Cr-C-Legierungen durch isothermen Aufbau der Karbide bei Einwirkung von Methan auf feinverteiltes Cr bei 600—800° und durch isothermen Abbau der Karbide mit Wasserstoff, d. h. durch

Feststellung der Gasgleichgewichte in Abhängigkeit vom C-Gehalt der Bodenkörper Aufschluß zu bekommen. Nach ihren Ergebnissen ist das Cr-reichste Karbid Cr_5C_2 und nicht Cr_4C. Sodann schließen sie auf das Bestehen von Cr_3C_2 und einer zwischen diesen beiden Karbiden liegenden intermediären Mischkristallreihe. Sie erblicken in diesen Feststellungen eine Bestätigung der Arbeit von KRAICZEK-SAUERWALD.

Zusammenfassung. Der Aufbau des Systems Cr-C ist nach den Untersuchungen von WESTGREN-PHRAGMÉN, KRAICZEK-SAUERWALD, FRIEMANN-SAUERWALD und HATSUTA als weitgehend geklärt anzusehen. Die Ergebnisse der vorstehend besprochenen Arbeiten lassen sich wie folgt kurz zusammenfassen: 1. C ist praktisch unlöslich in festem Cr. 2. Es bestehen mit Sicherheit die drei Karbide Cr_4C, Cr_7C_3 und Cr_3C_2, deren Gitterstrukturen bekannt sind. Cr_4C und auch Cr_7C_3 werden durch peritektische Reaktionen gebildet. 3. Cr_4C zeichnet sich durch ein geringes Kristallisationsvermögen aus, so daß es bei relativ schneller Abkühlung der Schmelze nicht kristallisiert. Vielmehr kommt es unter diesen Bedingungen zur Ausbildung eines metastabilen Systems zwischen Cr und Cr_7C_3 (Abb. 164).

Nachtrag. Das Bestehen des von FRIEMANN-SAUERWALD gefundenen metastabilen Systems $Cr-Cr_7C_3$ neben dem stabilen System $Cr-Cr_4C$ wurde von SAUERWALD, TESKE und LEMPERT[24] durch röntgenographische Untersuchungen bestätigt, und zwar an Legierungen, die dem stabilen Eutektikum (4,25% C) bzw. dem metastabilen Eutektikum (4,5% C) entsprachen. In ersterer wurde Cr und Cr_4C (Cr ohne gelösten C), in letzterer Cr und Cr_7C_3 gefunden. Weiter konnte gezeigt werden, daß das ,,metastabile System eine so große relative Beständigkeit hat, daß keine nachweisbaren Mengen Cr_4C entstehen'', und daß metastabil erstarrte Legierungen mit 6,4, 6,95 und 8,5% C (Cr + Cr_7C_3) durch Glühen unter Verschwinden des Eutektikums in Cr_4C + Cr_7C_3 übergehen.

Eine genauere röntgenographische Untersuchung der sogenannten Cr_4C-Phase von WESTGREN[25] hat gezeigt, daß die kubisch-flächenzentrierte Elementarzelle nicht 120 Atome sondern 116 Atome enthält. Die Zusammensetzung ist demnach $Cr_{26}C_6$ (5,68% C). Die Gitterstruktur des rhombischen Karbides Cr_3C_2 wurde eingehend von HELLBORN-WESTGREN[26] untersucht. — Die Arbeit von HATSUTA (s. S. 358) wurde kürzlich auch in englischer Sprache veröffentlicht[27].

Literatur.

1. MOISSAN, H.: C. R. Acad. Sci., Paris Bd. 116 (1893) S. 350; Bd. 119 (1894) S. 185/91; Bd. 125 (1897) S. 841. — **2.** CARNOT, A., u. E. GOUTAL: C. R. Acad. Sci., Paris Bd. 126 (1898) S. 1243. Contribution à l'étude des alliages S. 510/13, Paris 1901. — **3.** WILLIAMS: C. R. Acad. Sci., Paris Bd. 127 (1893) S. 410. — **4.** ARNOLD, J. O., u. A. A. READ: J. Iron Steel Inst. Bd. 83 (1911) S. 249/60. — **5.** BARADUC-MULLER, L.: Rev. Métallurg. Bd. 7 (1910) S. 705. — **6.** MURAKAMI, T.: Sci. Rep.

Tôhoku Univ. Bd. 7 (1918) S. 263. — **7.** RUFF, O., u. T. FOEHR: Z. anorg. allg. Chem. Bd. 104 (1918) S. 27/46. — **8.** EDWARDS, C. A., H. SUTTON u. G. OISHI: J. Iron Steel Inst. Bd. 101 (1920) S. 403/21. — **9.** TAMMANN, G., u. K. SCHÖNERT: Z. anorg. allg. Chem. Bd. 122 (1922) S. 28/31. — **10.** NISCHK, K.: Z. Elektrochem. Bd. 29 (1923) S. 384/87. — **11.** RUFF, O.: Z. Elektrochem. Bd. 29 (1923) S. 469/70. — **12 a.** s. jedoch Nachtrag. — **12.** WESTGREN, A., u. G. PHRAGMÉN: Sv. Vetenskapsakademiens Hdl. Bd. 2 (1925) Nr. 5 S. 1—11. — **13.** Die Formel Cr_7C_3 halten die Verfasser für wahrscheinlicher als Cr_5C_2. — **14.** Nach A. WESTGREN, G. PHRAGMÉN u. T. NEGRESCO: J. Iron Steel Inst. Bd. 117 (1928) S. 386/87. — **15.** EWALD, P. P., u. C. HERMANN: Strukturbericht 1913—1928, S. 573/75, Leipzig 1931. — **16.** VEGESACK, A. v.: Z. anorg. allg. Chem. Bd. 154 (1926) S. 41/42. — **17.** KRAICZEK, R., u. F. SAUERWALD: Z. anorg. allg. Chem. Bd. 185 (1929) S. 193/216. — **18.** WESTGREN, A., u. G. PHRAGMÉN: Z. anorg. allg. Chem. Bd. 187 (1930) S. 401/403. — **19.** Es werden keine tabellarischen Angaben gemacht. — **20.** FRIEMANN, E., u. F. SAUERWALD: Z. anorg. allg. Chem. Bd. 203 (1931) S. 64/74. — **21.** HATSUTA, K.: Kinzoku no Kenkyu Bd. 8 (1931) S. 81/88 (japan.). Ref. J. Inst. Met., Lond. Bd. 47 (1931) S. 337. Einzelheiten der Arbeit waren mir erklärlicherweise nicht zugänglich. — **22.** Nach RUFF-FOEHR kristallisiert aus Schmelzen mit mehr als 12,1% C Graphit primär. — **23.** SCHENCK, R., F. KURZEN u. H. WESSELKOCK: Z. anorg. allg. Chem. Bd. 203 (1931) S. 169/76. — **24.** SAUERWALD, F., W. TESKE u. G. LEMPERT: Z. anorg. allg. Chem. Bd. 210 (1933) S. 21/23. — **25.** WESTGREN, A.: Jernkont. Ann. Bd. 117 (1933) S. 501/12. Ref. Physik. Ber. Bd. 15 (1934) S. 260; J. Inst. Met., Lond. Met. Abs. Bd. 1 (1934) S. 238. — **26.** HELLBORN, K., u. A. WESTGREN: Svensk kem. T. Bd. 45 (1933) S. 141/50. Ref. Physik. Ber. Bd. 15 (1934) S. 260. — **27.** HATSUTA, K.: Techn. Rep. Tôhoku Univ. Bd. 10 (1932) S. 680/88.

C-Cu. Kohlenstoff-Kupfer.

Flüssiges Kupfer vermag geringe Mengen Kohlenstoff aufzulösen, gibt ihn jedoch beim Erkalten als Graphit wieder ab. KARSTEN[1] fand „höchstens 0,2% C", RUCKTÄSCHEL-HEMPEL[2] nach einstündigem Erhitzen auf Weißglut (rd. 1700°) dagegen nur 0,02—0,03% C. Nach RUFF-BERGDAHL[3] vermag Cu bei 2215° bzw. 2245° und 2300° (Siedepunkt 2360°) 0,024 bzw. 0,025 und 0,033% C aufzulösen. Nach BRINER-SENGLET[4] soll man bei schneller Abkühlung einer C-haltigen Kupferschmelze von 1600° eine Strukturänderung erhalten, die auf die Bildung eines Karbides hindeutet, das durch die schnelle Abkühlung vor dem Zerfall bewahrt wird. Die nur bei tieferen Temperaturen stabilen Karbide des Kupfers sind unmetallisch[5].

Literatur.

1. KARSTEN, zitiert nach W. HEMPEL: Z. angew. Chem. Bd. 17 (1904) S. 323/24. — **2.** (P. RUCKTÄSCHEL u.) W. HEMPEL s. Anm. 1. — **3.** RUFF, O., u. B. BERGDAHL: Z. anorg. allg. Chem. Bd. 106 (1919) S. 91. — **4.** BRINER, E., u. R. SENGLET: J. Chim. physique Bd. 13 (1915) S. 351/75. — **5.** S. die chem. Handbücher.

C-Fe. Kohlenstoff-Eisen.

Das Diagramm des Systems Eisen-Kohlenstoff in seiner heutigen Form stellt sich als das Ergebnis einer jahrzehntelangen Entwicklung dar. An seiner Aufklärung sind zahlreiche Forscher mit mehreren hundert Arbeiten beteiligt. Da eine Würdigung und kritische Sichtung der

Einzelergebnisse aller vorliegenden Arbeiten weit über den Rahmen dieses Buches hinausgehen würde, können hier nur die Befunde der

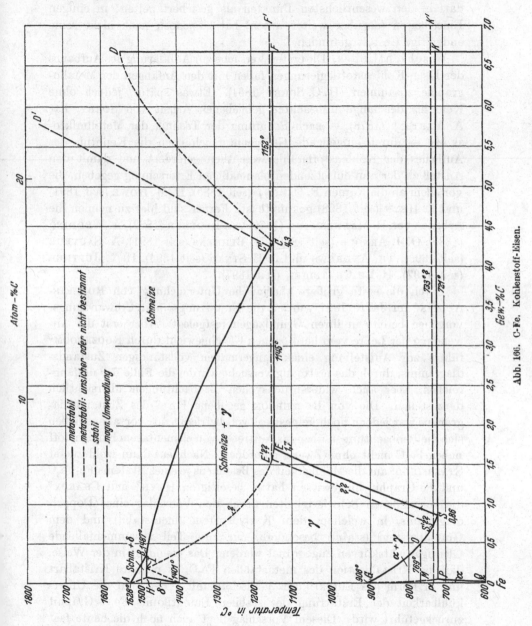

Abb. 166. C-Fe. Kohlenstoff-Eisen.

wichtigsten Arbeiten ohne nähere Erörterung aufgeführt werden. Die im folgenden gegebene Darstellung schließt sich eng an die kürzlich von KÖRBER-OELSEN[1] und KÖRBER-SCHOTTKY[2] veröffentlichte Literaturzusammenfassung an. Das in Abb. 166 dargestellte Diagramm ist mit dem von diesen Forschern entworfenen Diagramm identisch. Es darf in den wesentlichsten Punkten als gesichert gelten; in einigen Einzelheiten (darüber weiter unten) hat es jedoch noch nicht seine endgültige Gestalt gefunden.

Geschichtliches. Die ersten Versuche zur Aufklärung des Aufbaues der Eisen-Kohlenstofflegierungen fallen mit den Anfängen der Metallographie zusammen (H. C. SORBY 1864). Etwas später, jedoch ohne Kenntnis der lange unbeachtet gebliebenen Arbeit von SORBY, hat A. MARTENS (1878) — nach Schaffung der Technik der Metallmikroskopie — durch eingehende Gefügeuntersuchungen die Kenntnis des Aufbaues der Kohlenstoffstähle wesentlich gefördert und damit den Anstoß zu der nun einsetzenden planmäßigen Erforschung gegeben, die vor allem an die Namen F. OSMOND (seit 1885), H. M. HOWE (seit 1891) und E. HEYN (seit 1898) geknüpft ist. Ferner sind hier zu nennen die Arbeiten von R. MANNESMANN (1879)[3], A. LEDEBUR (1882), A. WEDDING (1885), O. J. ARNOLD (seit 1890), H. BEHRENS (seit 1891), A. SAUVEUR (seit 1893), TH. ANDREWS und J. E. STEAD (seit 1894), H. v. JÜPTNER (seit 1897), H. LE CHATELIER (seit 1897).

Durch die erste größere thermische Untersuchung von ROBERTS-AUSTEN[4] im Jahre 1897 wurden die Erstarrungs- und Umwandlungsvorgänge bereits in ihren Grundzügen festgelegt. Aber erst die Anwendung der Lehre vom heterogenen Gleichgewicht durch ROOZEBOOM[5] führte zur Aufstellung eines einigermaßen vollständigen Zustandsdiagramms, durch das erstmalig versucht wurde, die Fülle der umfangreichen, aber auch widerspruchsvollen Beobachtungen übersichtlich darzustellen. Die von ROOZEBOOM gegebene Form des Zustandsdiagramms war jedoch noch keineswegs voll befriedigend; vor allem ließen sich die Beobachtungen über das Auftreten von elementarem Kohlenstoff neben Fe_3C nicht ohne Zwang einordnen. Nachdem dann wohl zuerst STANSFIELD[6] auf die Möglichkeit des Bestehens je eines Systems Fe-Fe_3C und Fe-Graphit hingewiesen hatte, beseitigten HEYN[7] und CHARPY[8] die vorhandenen Schwierigkeiten durch den Vorschlag eines Doppeldiagramms, in welchem dem Karbidsystem (metastabil) und dem Graphitsystem (stabil) besondere, nur zum Teil zusammenfallende Gleichgewichtskurven zugeordnet werden. Das geschieht in der Weise, daß die Kristallisation des metastabilen Fe_3C als primäre Kristallart und in Form des Eutektikums γ-Mischkristall + Fe_3C auf die Unterkühlbarkeit der Erstarrung des stabilen Eutektikums Fe + Graphit zurückgeführt wird. Diesem Vorschlag liegt auch noch die heute fast allgemein angenommene Form des Diagramms zugrunde.

Nachdem inzwischen CARPENTER-KEELING[9] den von ROBERTS-AUSTEN gefundenen Diagrammtypus durch umfangreiche thermische

Untersuchungen bestätigt hatten, bemühten sich besonders BENEDICKS[10] sowie auch GOERENS[11], SAUVEUR[12], WÜST[13] und GUERTLER[13a] durch eine kritische Besprechung des Tatsachenmaterials und zum Teil eigene experimentelle Beiträge um eine weitere Klärung. Eine wesentliche Förderung des Problems verdanken wir RUER und seinen Mitarbeitern [14] [15] [16] [77], denen es insbesondere gelang, das Vorhandensein der durch das Doppeldiagramm geforderten Linienpaare und das Bestehen des δ-Gebietes nachzuweisen. Außer den Genannten haben noch zahlreiche andere Forscher mehr oder weniger umfangreiche Teilarbeit bei der genauen Festlegung von Linien und Punkten des Diagramms geleistet (s. darüber weiter unten).

A. Das metastabile System Eisen-Zementit (Karbidsystem).

1. Die Erstarrungsvorgänge. Die Liquiduskurve AB des δ(α)-Mischkristalls wurde bestimmt von CARPENTER-KEELING[9], RUER-KLESPER[14] und ANDREW-BINNIE[17]. Sie stellt nach RUER-KLESPER eine gerade Linie dar, die den Schmelzpunkt des Eisens (1528°) mit dem Endpunkt der Peritektikalen δ + Schmelze ⇌ γ bei 1487° und 0,36% C verbindet.

Die Liquiduskurve BC des γ-Mischkristalls (Austenit) ist durch die Bestimmungen von CARPENTR-KEELING[9], RUER-KLESPER[14] und besonders RUER-GOERENS[15] mit großer Sicherheit bekannt. Die verläßlichsten Werte sind diejenigen von RUER-KLESPER-GOERENS; sie liegen um bis zu rund 30° höher als die Werte von ROBERTS-AUSTEN[4] und GUTOWSKY[18] und um bis zu etwa 10° über den von CARPENTER-KEELING gefundenen Liquiduspunkten. Die unter Annahme eines Fe-Schmelzpunktes von 1537° von ANDREW-BINNIE[17] ermittelten Punkte sind offensichtlich zu hoch.

Die Liquiduskurve CD von Fe_3C ist nicht bekannt. Es liegen nur einige von ROBERTS-AUSTEN[4] (4,5 und 5% C) und HONDA-ENDO[19] (4,5% C) gefundene Punkte vor. In Abb. 166 wurde die Kurve nach Angabe von RUER[20] schematisch gezeichnet. Der Schmelzpunkt des Karbids läßt sich nicht bestimmen, da sich Fe_3C bei höheren Temperaturen zersetzt.

Die Peritektikale HIB (δ(α) + Schmelze ⇌ γ) liegt nach RUER-KLESPER[14] bei 1487°, nach ANDREW-BINNIE[17], die einen um 9° höheren Fe-Schmelzpunkt als erstere zugrunde legten, bei 1495°. Sie erstreckt sich von 0,07% C[14] (Punkt H) bis 0,36%[14] bzw. 0,4%[15] und 0,71% C[17] (Punkt B). In Abb. 166 wurde Punkt B bei 0,36% C angenommen. Der peritektische Punkt I ergibt sich zu ungefähr 0,18% C[14].

Die Soliduskurve AH des δ-Mischkristalls wurde bisher nicht bestimmt.

Während über die Konzentration des Punktes E weitgehende Übereinstimmung herrscht — er liegt bei 1,7% C — besteht über den Verlauf der Soliduskurve *IE* des γ-Mischkristalls noch keine Klarheit. Es stehen sich zwei Ansichten gegenüber: Nach CARPENTER-KEELING[9] (Abkühlungskurven), ELLIS[21] (Untersuchungen über die Schmiedbarkeit), ANDREW-BINNIE[17] (Erhitzungskurven) und JOMINY[22] (Untersuchungen über das Verbrennen und Überhitzen von Stahl) ist die Soliduskurve praktisch eine Gerade, während sie nach GUTOWSKY[18] (Abschreckversuche), ASAHARA[23] (Abschreckversuche), KAYA[24] (Messung des elektrischen Widerstandes mit steigender und fallender Temperatur) und HONDA-ENDO[19] (Messung der magnetischen Suszeptibilität bei Erhitzung) einen konvex zur Konzentrationsachse gekrümmten Verlauf hat. Innerhalb beider Gruppen besteht weitgehende Übereinstimmung der Versuchsergebnisse. Vorerst ist es nicht möglich, zwischen beiden Ansichten zu entscheiden, dazu sind neue Untersuchungen nötig. Bei einer eingehenden Besprechung des Für und Wider hat sich ELLIS[25] für den gradlinigen Verlauf entschieden. Auch nach thermodynamischen Betrachtungen von KÖRBER-OELSEN[1] ist die gradlinige Form der Soliduskurve wahrscheinlicher als die konvex zur Konzentrationsachse gekrümmte Form, obwohl die Versuchsergebnisse, die für die erstere sprechen, mit viel gröberen Hilfsmitteln gewonnen wurden.

Über die Temperatur der Eutektikalen *ECF* (Schmelze $\rightleftharpoons \gamma + Fe_3C$) liegen folgende Angaben vor: 1120—1140°[4], 1110—1146°[9], 1093 bis 1134°[18], 1145°[15], <1140°[24], 1130°[19] und 1145°[26]. Für das Diagramm der Abb. 166 wurde die von RUER-GOERENS und PIWOWARSKY[26] ermittelte Temperatur von 1145° übernommen; sie stimmt mit dem höchsten und daher verläßlichsten von CARPENTER-KEELING gefundenen Wert (1146°) ausgezeichnet überein. Die Zusammensetzung des Zementiteutektikums (Ledeburit) wird heute nach der Untersuchung von RUER-BIREN[16] allgemein zu 4,3% C angenommen. Frühere Bestimmungen sprachen für etwa 4,2% C[10 18 15].

2. Die Umwandlungsvorgänge im festen Zustand. Die Kurve *NH* des Beginns der $\delta(\alpha) \rightarrow \gamma$-Umwandlung wurde von RUER-KLESPER[14] und ANDREW-BINNIE[17] bestimmt. In Abb. 166 wurden die Ergebnisse der ersteren übernommen. Die Kurve *NI* des Endes dieser Umwandlung wurde bisher nicht festgelegt.

Untersuchungen über den Einfluß von Kohlenstoff auf den $\alpha \rightleftharpoons \gamma$-Umwandlungspunkt des Eisens (A_3-Umwandlung, Kurve *GOS*) liegen in großer Zahl vor. Eine kritische Literaturzusammenstellung der bis 1920 veröffentlichten Untersuchungen wurde von MAURER[27] gegeben. Sieht man von den ältesten Ergebnissen ab, so sind folgende Arbeiten zu nennen: ROBERTS-AUSTEN[4] (thermisch), CARPENTER-KEELING[9] (thermisch), HEYN[28] (thermisch), GOERENS-MEYER[29] (mikrographisch), HONDA[30] (thermisch), GOERENS-SALDAU[31] (mikrographisch und Härtemessungen), SALDAU[32] (elektr. Widerstand), RÜMELIN-MAIRE[33] (thermisch), HONDA[34] (magnetometrisch), BARDENHEUER[35] (thermisch), IITAKA[36] (elektr. Widerstand), MAURER-HETZLER[37] (thermisch), HOYT-DOWDELL[38] (thermisch), BURGESS-CROWE-SCOTT[39] (thermisch), KONNO[40] (dilatometrisch), BERLINER[41] (thermo-elektrisch), STÄBLEIN[42] (dilatometrisch), ESSER[43] (dilatometrisch), SATO[44] (dilatometrisch und magnetometrisch), HARRINGTON-WOOD[45] (thermisch) und KÖRBER-OELSEN[1] (thermodynamisch berechnet). Die zum Teil recht erheblichen Unterschiede in den Umwandlungstemperaturen für eine bestimmte Konzentration sind, abgesehen von Unterschieden in der Zusammensetzung (Reinheit) der Proben, in der Hauptsache auf die Hysterese der Umwandlung bei Abkühlung und Erhitzung — es handelt sich ja um Ausscheidungs- und Lösungsvorgänge — und den großen Einfluß der Geschwindigkeit der Temperaturänderung[46] zurückzuführen. Es besteht heute kein Zweifel mehr darüber, daß die GOS-Kurve einen konvex zur Konzentrationsachse gekrümmten stetigen Verlauf besitzt[1]. Oberhalb 0,45—0,5% C (Punkt 0) fällt die A_3-Umwandlung mit der magnetischen A_2-Umwandlung zusammen.

Die Kurve GP des Endes der $\gamma \to \alpha$-Umwandlung in den kohlenstoffarmen Legierungen, die nicht eutektoidisch zerfallen, ist noch nicht bekannt.

Die Bestimmung der Gleichgewichtstemperatur der eutektoiden Horizontalen PSK (A_1-Umwandlung) stößt auf dieselben Schwierigkeiten wie die Festlegung der GOS-Kurve, da auch der eutektoide Zerfall $\gamma \to \alpha + Fe_3C$ bei zu rascher Abkühlung stark unterkühlt, der rückläufige Vorgang bei zu schneller Erhitzung stark überhitzt wird[46]. Nach den gut übereinstimmenden Befunden von RÜMELIN-MAIRE[33] (718°), BARDENHEUER[35] (710—721,5°), RUER-GOERENS[15] (721 ± 3°), KONNO[40] (721 ± 3°), ESSER[43] (722°) und SATO[44] (726°) liegt die Gleichgewichtstemperatur nahe bei 720°. Sie wurde in Abb. 166 zu 721° angenommen. Die Zusammensetzung des Perliteutektoids wird von verschiedenen Forschern wie folgt angegeben: 0,85%[4], 0,89%[9], 0,93%[28], 0,95%[29], 0,9%[47], 0,89%[31], 0,89%[32], 0,75%[33], 0,86%[35], 0,75%[37], 0,86%[38], 0,91%[40], 0,86%[42], 0,86%[43], 0,86%[44], 0,82% C[45]. Danach ist es berechtigt, den Perlitpunkt bei der mehrfach gefundenen Konzentration von 0,86% C anzunehmen.

Der Verlauf der Sättigungsgrenze ES des γ-Mischkristalls (A_{cm}-Umwandlung[48] wurde von folgenden Forschern ermittelt: ROBERTS-AUSTEN[4] (mikrographisch), CARPENTER-KEELING[9] (thermisch), GUTOWSKY[18] (chemisch), WARK[49] (mikrographisch), GOERENS-SALDAU[31] (mikrographisch und Härtemessungen an abgeschreckten Proben), SALDAU[32] (elektr. Widerstand), TSCHISCHEWSKY-SCHULGIN[50] (mikroskopisch durch Chlorheißätzung), KONNO[40] (dilatometrisch), KAYA[24] (elektr. Widerstand), Stäblein[42] (dilatometrisch), Honda-Endo[19] (magnetometrisch), Sato[44] (dilatometrisch und magnetometrisch), Harrington-Wood[45] (thermisch) und Körber-Oelsen[1] (thermodynamisch berechnet).

Die versuchsmäßig bestimmten Koordinaten der *ES*-Linie lassen sich in ihrer Gesamtheit am besten durch eine Gerade interpolieren. Damit stimmt das Ergebnis der thermodynamischen Berechnungen von Körber-Oelsen, das ebenfalls für eine gradlinige Verbindung der beiden sehr genau bekannten Punkte *E* und *S* spricht, überein. Am weitesten links von der Geraden liegen die Werte von Honda-Endo, deren Kurve eine leicht konkave Krümmung zur Geraden *ES* zeigt und zwischen 900 und 1000° um höchstens 0,13% C von dieser abweicht. Zwischen der Kurve von Honda-Endo und der Geraden liegen insbesondere die Werte von Gutowsky, Konno, Kaya und Sato. Die mikrographisch bestimmten Punkte von Wark liegen nur sehr wenig nach rechts verschoben (um etwa 0,05% C) und die beiden von Tschischewsky-Schulgin gefundenen Punkte liegen praktisch auf der Geraden.

Daß α-Fe (Ferrit) eine gewisse Menge Kohlenstoff in fester Lösung aufzunehmen vermag, ergab sich bereits aus der Beobachtung der Bildung von körnigem Perlit aus lamellarem Perlit durch Diffusion. Aber erst in neuester Zeit wurde erkannt, daß die Löslichkeit mit fallender Temperatur stark abnimmt (Kurve *PQ*), also eine Aushärtungsmöglichkeit besteht[51] [52]. Die Löslichkeit bei der eutektoiden Temperatur wird von verschiedenen Forschern zu 0,04% C[53] [54] [52] angegeben, andere halten sie für etwas geringer (0,03—0,035%)[55] [56] [57] oder größer (0,06%)[58]. Die Löslichkeit bei Raumtemperatur dürfte nur noch äußerst gering sein; man schätzt sie auf etwa 0,006% C[52] [59] [60] [61] [56] oder weniger. Alle Angaben beziehen sich auf Untersuchungen an technischen Eisensorten; über den Einfluß der verschiedenen Verunreinigungen ist nichts bekannt.

Die Temperatur der magnetischen Umwandlung des Eisens (A_2-Umwandlung) bei 769° wird durch Kohlenstoff nicht merklich beeinflußt. Fe_3C hat einen magnetischen Umwandlungspunkt bei 210—215° (A_0-Umwandlung)[62] [63].

3. Die Phasen. Der $\alpha(\delta)$-Mischkristall (Ferrit) hat das kubischraumzentrierte Gitter des α-Eisens [64-67]. Ein röntgenographischer Nachweis der Aufnahme von Kohlenstoff wurde bisher noch nicht erbracht, da das Lösungsvermögen bei tieferen Temperaturen nur noch äußerst gering ist und daher die Gitterkonstante in reinen Kohlenstoffstählen innerhalb der Fehlergrenzen praktisch gleich der des Eisens ist.

Der γ-Mischkristall (Austenit) besitzt — wie röntgenographische Untersuchungen an legierten austenitischen Stählen gezeigt haben — ein kubisch-flächenzentriertes Gitter [64] [65]. Die Gitterplätze sind jedoch

nur von Fe-Atomen besetzt, während die C-Atome zwischen ihnen eingelagert sind, und zwar in der Würfelmitte, da hier die Einlagerung
ohne Zwang möglich ist.

Eisenkarbid (Zementit) hat ein rhombisches Gitter mit 4 Molekülen
Fe_3C in der Elementarzelle[64] [68] [69].

Der Martensit ist eine durch Abschrecken aus dem Austenitgebiet
entstehende „instabile" Phase mit tetragonalem Gitter. Er hat also
im Gleichgewichtsdiagramm kein Zustandsgebiet[70].

B. Das stabile System Eisen-Graphit (Graphitsystem).

Von diesem System sind nur die in Abb. 166 als Linien des stabilen
Systems gekennzeichneten Gleichgewichtslinien bekannt. Die übrigen
Kurven sind noch nicht bestimmt oder unsicher; sie fallen aber offenbar
weitgehend mit den Kurven des metastabilen Systems zusammen.

1. Die Erstarrungsvorgänge. Die Temperatur der eutektischen
Horizontalen $E'C'F'$ (Schmelze $\rightleftharpoons \gamma +$ Graphit) ist nach den sorgfältigen Messungen von RUER-GOERENS[15] zu 1152° anzunehmen; in
sehr guter Übereinstimmung damit fand PIWOWARSKY[26] 1154—1155°.
Eine ältere Bestimmung von THOMSEN[71] führte zu 1180°. Das Graphit-
eutektikum (Punkt C') liegt nach RUER-BIREN[16] bei 4,25% C (Abb.166)
gegenüber 4,15% C nach RUER-GOERENS[15].

Über die Liquiduskurve $C'D'$ des Graphits liegen Untersuchungen
vor von HANEMANN[72], RUFF-GOECKE[73], WITTORF[74], RUER-BIREN[16] und
SCHICHTEL-PIWOWARSKY[75]. Durch die von RUER-BIREN ermittelten
Punkte läßt sich gut die in Abb.166 dargestellte Gerade legen. Versuche, die Kurve der beginnenden Ausscheidung von Graphit bis zu
höheren C-Gehalten zu verfolgen, wurden von RUFF-GOECKE[73] und
WITTORF[74] ausgeführt. Die Ergebnisse beider Arbeiten weichen jedoch
sehr erheblich voneinander ab.

2. Die Umwandlungsvorgänge im festen Zustand. Schon
über die Zusammensetzung des Punktes E' besteht keine Klarheit.
Unter Zugrundelegung einer eutektischen Temperatur von 1152° ergibt
sich, je nachdem man eine gradlinige oder eine konvex zur Konzentrationsachse gekrümmte Soliduskurve IE annimmt, die Konzentration von E' zeichnerisch zu etwa 1,55% bzw. etwa 1,68% C. Die
versuchsmäßig gefundenen Zusammensetzungen für den Punkt E'
weichen wie folgt voneinander ab[76]: GUTOWSKY[18] 1,713% C bei 1135°,
1,704% C bei 1120°, RUER-ILJIN[77] 1,25% C bei 1120°, RUER-GOERENS[15]
1,32% C bei 1120°, SÖHNCHEN-PIWOWARSKY[78] 1,84% C bei 1100°,
extrapoliert aus $E'S'$ 1,75% C bei 1100°. Dementsprechend bestehen
auch hinsichtlich des Verlaufes der Sättigungsgrenze des γ-Mischkristalls
in bezug auf Graphit große Unterschiede. Während CHARPY[79], BENE-
DICKS[80], THOMSEN[71], RUER-ILJIN[77] und RUER-GOERENS[15] die Löslich-

keit des Graphits im γ-Mischkristall viel kleiner als die des Zementits fanden, konnten ROYSTON[81], GUTOWSKY[18] und SÖHNCHEN-PIWOWARSKY[78] keinen wesentlichen Unterschied in den beiden Löslichkeitswerten feststellen. Die gleiche Unsicherheit besteht demnach auch über die Zusammensetzung des Eutektoids S' (Graphiteutektoid), das sich nach ROYSTON[81] bei 720°, nach THOMSEN[71] bei 750°, nach RUER[20] bei 733° (Abb. 166) nach HAYES-FLANDERS-MOORE[82] bei etwa 770° (Mittel aus Bestimmung bei Erhitzung und Abkühlung) und nach HAYES-DIEDERICHS[83] bei 780—800° bildet. Für den Punkt S' werden von verschiedenen Forschern folgende Zusammensetzungen angegeben: ROYSTON[81] 0,85—0,9% C, BENEDICKS[80] etwa 0,55% C, THOMSEN[71] 0,9% C, RUER[20] 0,7% C, SÖHNCHEN-PIWOWARSKY[78] 0,85% C, HAYES-DIEDERICHS[83] etwa 0,56% C. In Abb. 166 wurden die Kurven der Umwandlungen im stabilen System wegen der großen Unsicherheit ihres Verlaufes unter Vorbehalt eingezeichnet.

C. Zur Frage des Doppeldiagramms Eisen-Kohlenstoff.

Die Frage nach der Berechtigung der Annahme eines Doppeldiagramms für das System Eisen-Kohlenstoff war schon zur Zeit der Aufstellung des Doppeldiagramms von HEYN[7] und CHARPY[8] Gegenstand zahlreicher Veröffentlichungen. In neuerer Zeit ist dieses Problem im Zusammenhang mit Versuchen über die Verbesserung der Eigenschaften von Gußeisen wieder lebhaft erörtert worden. Eine lesenswerte Darstellung des augenblicklichen Standes der Ansichten hat kürzlich KRYNITSKY[84] gegeben (daselbst Literaturangaben).

In Deutschland wird von maßgebender Seite[85] die Auffassung vertreten, daß die Vielheit der Erscheinungen bei Gußeisen nur durch das Doppeldiagramm befriedigend zu erklären ist. Zudem konnte der für das Doppeldiagramm sprechende direkte thermische Nachweis der beiden Eutektika $Fe + Fe_3C$ und $Fe + Graphit$ durch RUER und F. GOERENS[15] von P. GOERENS[86] und in neuester Zeit von PIWOWARSKY[26] abermals bestätigt werden.

Demgegenüber wird besonders von HONDA[87], auf dessen Arbeiten hier nachdrücklich verwiesen sei, die Berechtigung des Doppeldiagramms heftig bestritten und das einfache Diagramm $Fe - Fe_3C$ als Gleichgewichtsdiagramm angesprochen. HONDA glaubt, daß sich Graphit nicht unmittelbar aus der Schmelze ausscheidet (weder primär noch als Eutektikum), sondern erst durch Zersetzung des bei hohen Temperaturen an sich wenig beständigen Zementits, unter Umständen unmittelbar nach dessen Kristallisation gebildet wird. Für diese Auffassung macht HONDA eine Anzahl Gründe geltend, denen in der Tat eine gewisse Beweiskraft nicht abgesprochen werden kann. Auch die von RUER-GOERENS und anderen beobachtete Verdoppelung des eutektischen Haltepunktes beim Erhitzen steht seiner Ansicht nach keineswegs im Gegensatz zu dem einfachen Diagramm Fe-Fe$_3$C, da dafür ebenfalls eine andere ungezwungene Deutung gegeben werden kann. Für die ausschließliche Bildung von Graphit durch Zersetzung von Fe$_3$C haben sich auch HEIKE-MAY[88] ausgesprochen.

Es ist in diesem Zusammenhang nicht möglich, auf die Beweisgründe der einander entgegengesetzten Auffassungen einzugehen, zumal dabei auch noch weitere Theorien (HANSON[89], NORBURY[90]), die zur Deutung der Konstitutionsverhältnisse in kohlenstoffreichen Legierungen aufgestellt wurden, zu berücksichtigen wären. Allein die Tatsache, daß mehrere Theorien über dasselbe Problem bestehen, scheint ein Anzeichen dafür zu sein, daß wir von einer Lösung dieses Problems noch weit entfernt sind.

Literatur.

1. KÖRBER, F., u. W. OELSEN: Arch. Eisenhüttenwes. Bd. 5 (1931/32) S. 569/78. — 2. KÖRBER, F., u. H. SCHOTTKY: Ber. Werkstoffaussch. Nr. 180 V. d. Eisenhüttenleute 1933. — 3. MANNESMANN, R.: Verh. Ver. Befördg. Gewerbfl. Bd. 58 (1879) S. 31/68. M. entwarf das erste Zustandsdiagramm. — 4. ROBERTS-AUSTEN, W. C.: Proc. Instn. mech. Engr. 1897, S. 31/100; 1899, S. 35/102. Vgl. Stahl u. Eisen Bd. 20 (1900) S. 625/36. — 5. BAKHUIS ROOZEBOOM, H. W.: Z. physik. Chem. Bd. 34 (1900) S. 437/87. J. Iron Steel Inst. Bd. 58 (1900) S. 311/16. — 6. STANSFIELD, A.: J. Iron Steel Inst. Bd. 56 (1899) S. 169/79; Bd. 58 (1900) S. 317/29. — 7. HEYN, E.: Z. Elektrochem. Bd. 10 (1904) S. 491/503. — 8. CHARPY, G.: C. R. Acad. Sci.. Paris Bd. 141 (1905) S. 948/51. — 9. CARPENTER, H. C. H., u. B. F. E. KEELING: J. Iron Steel Inst. Bd. 65 (1904) S. 224/42. — 10. BENEDICKS, C.: Metallurgie Bd. 3 (1906) S. 393/95, 425/41, 466/76. — 11. GOERENS, P.: Metallurgie Bd. 3 (1906) S. 175/86; Bd. 4 (1907) S. 137/49, 173/85, 216/41. — 12. SAUVEUR, A.: Metallurgie Bd. 3 (1906) S. 489/504. — 13. WÜST, P.: Metallurgie Bd. 6 (1909) S. 512/29. Daselbst Darstellung der geschichtlichen Entwicklung mit Literaturangaben. — 13a. GUERTLER, W.: Hb. Metallographie Bd. 1 Teil 2 Heft 1 (1913). — 14. RUER, R., u. R. KLESPER: Ferrum Bd. 11 (1913/14) S. 257/61. — 15. RUER, R., u. F. GOERENS: Ferrum Bd. 14 (1916/17) S. 161/77. — 16. RUER, R., u. J. BIREN: Z. anorg. allg. Chem. Bd. 113 (1920) S. 98/112. Vgl. Stahl u. Eisen Bd. 41 (1921) S. 698. — 17. ANDREW, J. H., u. D. BINNIE: J. Iron Steel Inst. Bd. 119 (1929) S. 309/58. Vgl. Stahl u. Eisen Bd. 49 (1929) S. 1275. — 18. GUTOWSKY, N.: Metallurgie Bd. 6 (1909) S. 731/43. Stahl u. Eisen Bd. 29 (1909) S. 2066/68. — 19. HONDA, K., u. H. ENDO: Sci. Rep. Tôhoku Univ. Bd. 16 (1927) S. 235/44. J. Inst. Met., Lond. Bd. 37 (1927) S. 45/49. — 20. RUER, R.: Z. anorg. allg. Chem. Bd. 117 (1920) S. 249/61. — 21. ELLIS, O. W.: Carnegie Scholarship. Mem. Bd. 15 (1926) S. 195/215. — 22. JOMINY, W. E.: Trans. Amer. Soc. Steel Treat. Bd. 16 (1929) S. 372/92. — 23. ASAHARA: Sci. Papers Inst. physic. chem. Res., Tokyo Bd. 2 (1924) S. 420. — 24. KAYA, S.: Sci. Rep. Tôhoku Univ. Bd. 14 (1925) S. 529/36. — 25. ELLIS, O. W.: Met. & Alloys Bd. 1 (1930) S. 462/64. — 26. PIWOWARSKY, E.: Stahl u. Eisen Bd. 54 (1934) S. 82/84. — 27. MAURER, E.: Mitt. Kais. Wilh.-Inst. Eisenforschg., Düsseld. Bd. 1 (1920) S. 38/86. Stahl u. Eisen Bd. 41 (1921) S. 1696/1706. — 28. HEYN, E.: Verh. Ver. Befördg. Gewerbfl. Bd. 83 (1904) S. 355/97. S. a. HEYN, E.: Die Theorie der Eisen-Kohlenstoff-Legierungen, S. 15/18. Berlin: Julius Springer 1924. — 29. GOERENS, P., u. H. MEYER: Metallurgie Bd. 7 (1910) S. 307/12. Vgl. Stahl u. Eisen Bd. 30 (1910)

S. 1126. — **30.** HONDA, K.: Sci. Rep. Tôhoku Univ. Bd. 2 (1913) S. 203. —
31. GOERENS, P., u. P. SALDAU: Rev. Soc. Russe Métallurgie 1914 I S. 789/824.
Vgl. Stahl u. Eisen Bd. 38 (1918) S. 15. — **32.** SALDAU, P.: Rev. Soc. Russe
Métallurgie 1915 I S. 655/90. Vgl. Stahl u. Eisen Bd. 38 (1918) S. 39/40. Ann.
Inst. Analyse Phys.-Chim. Bd. 2 (1924) S. 363/66 (russ.). — **33.** RÜMELIN, G., u.
R. MAIRE: Ferrum Bd. 12 (1914/15) S. 141/54. — **34.** HONDA, K.: Sci. Rep. Tôhoku
Univ. Bd. 5 (1916) S. 285. — **35.** BARDENHEUER, P.: Ferrum Bd. 14 (1916/17)
S. 129/33, 145/51. — **36.** IITAKA, S.: Sci. Rep. Tôhoku Univ. Bd. 6 (1917) S. 172.
— **37.** MAURER, E., u. M. HETZLER s. bei E. MAURER (27). — **38.** HOYT, S. L.
(u. R. L. DOWDELL): Metals and Common Alloys, New York: Mc Graw-Hill Book
Co., 1921 S. 189/90. Vgl. R. L. DOWDELL: Met. & Alloys Bd. 1 (1930) S. 517.
— **39.** BURGESS, G. K., J. J. CROWE u. H. SCOTT s. bei HOYT (38). — **40.** KONNO,
S.: Sci. Rep. Tôhoku Univ. Bd. 12 (1923/24) S. 127/36. Vgl. Stahl u. Eisen Bd. 44
(1924) S. 533/34. — **41.** BERLINER, J. F. T.: Sci. Pap. Bur. Stand. Nr. 484 (1924)
S. 347/56. — **42.** STÄBLEIN, F.: Stahl u. Eisen Bd. 46 (1926) S. 101/104. —
43. ESSER, H.: Stahl u. Eisen Bd. 47 (1927) S. 334/44. — **44.** SATO, T.: Technol.
Rep. Tôhoku Univ. Bd. 8 (1929) S. 27/52. — **45.** HARRINGTON, R. H., u. W. P.
WOOD: Trans. Amer. Soc. Steel Treat. Bd. 18 (1930) S. 632/54. Vgl. Stahl u.
Eisen Bd. 51 (1931) S. 407. — **46.** Siehe darüber besonders SATO (44). — **47.** MEU-
THEN, A.: Ferrum Bd. 10 (1912/13) S. 1/21. — **48.** Zusammenfassende Darstellung
von S. EPSTEIN: Met. & Alloys Bd. 1 (1930) S. 559/61. — **49.** WARK, N. J.: Me-
tallurgie Bd. 8 (1911) S. 704/13. Vgl. Stahl u. Eisen Bd. 31 (1911) S. 2108/09. —
50. TSCHISCHEWSKY, N., u. N. SCHULGIN: J. Iron Steel Inst. Bd. 95 (1917) S. 189/98.
Vgl. Stahl u. Eisen Bd. 37 (1917) S. 1033/35. — **51.** MASING, G., u. L. KOCH:
Wiss. Veröff. Siemens-Konz. Bd. 6 (1927) S. 202/10. MASING, G.: Arch. Eisenhüttenwes. Bd. 2 (1928/29) S. 185. — **52.** KÖSTER, W.: Arch. Eisenhüttenwes.
Bd. 2 (1928/29) S. 194 u. 503. Z. Metallkde. Bd. 22 (1930) S. 289/90 u. 302. —
53. SCOTT, H.: Chem. metallurg. Engng. Bd. 27 (1922) S. 1156. J. Amer. Inst.
electr. Engr. Bd. 43 (1924) S. 1066. — **54.** HATFIELD, W. H.: Trans. Faraday Soc.
Bd. 21 (1925) S. 272. — **55.** WHITELEY, J. H.: J. Iron Steel Inst. Bd. 116 (1927)
S. 293. — **56.** TAMARU, S.: J. Iron Steel Inst. Bd. 115 (1927) S. 747/54. —
57. HANEMANN, H.: Z. VDI Bd. 71 (1927) S. 246/53. — **58.** SAUVEUR, A., u. V.
N. KRIVOBOK: J. Iron Steel Inst. Bd. 112 (1925) S. 313. — **59.** YAMADA, Y.: Sci.
Rep. Tôhoku Univ. Bd. 15 (1926) S. 851/55. — **60.** PILLING, N. P.: Trans. Amer.
Inst. min. metallurg. Engr. Bd. 70 (1924) S. 254. — **61.** YENSEN, T. D.: J. Amer.
Inst. electr. Engr. Bd. 43 (1924) S. 455/64. — **62.** SMITH, S. W. J.: Proc. Phys.
Soc., Lond. Bd. 25 (1912) S. 77/81. — **63.** HONDA, K., u. T. MURAKAMI: Sci. Rep.
Tôhoku Univ. Bd. 6 (1917) S. 23. — **64.** WESTGREN, A., u. G. PHRAGMÉN: Z.
physik. Chem. Bd. 102 (1922) S. 1/25. J. Iron Steel Inst. Bd. 105 (1922) S. 241/73;
Bd. 109 (1924) S. 159/74. — **65.** WEVER, F.: Z. Elektrochem. Bd. 30 (1924)
S. 376/82. WEVER, F., u. P. RÜTTEN: Mitt. Kais. Wilh.-Inst. Eisenforschg.,
Düsseld. Bd. 6 (1925) S. 1/6. — **66.** FINK, W. L., u. E. D. CAMPBELL: Trans. Amer.
Soc. Steel. Treat. Bd. 9 (1925) S. 717/48. — **67.** SELJAKOW, N., G. KURDJUMOW
u. N. GOODTZOW: Z. Physik Bd. 45 (1927) S. 384/408. — **68.** WEVER, F.: Mitt.
Kais. Wilh.-Inst. Eisenforschg., Düsseld. Bd. 4 (1923) S. 67/80. — **69.** WESTGREN
A., G. PHRAGMÉN u. T. NEGRESCO: J. Iron Steel Inst. Bd. 117 (1928) S. 383/400.
— **70.** Über den Mechanismus der Umwandlungsvorgänge beim Abschrecken
und Anlassen von Kohlenstoffstählen siehe G. SACHS: Praktische Metallkunde,
3. Teil, Wärmebehandlung, S. 86/91. Berlin: Julius Springer 1935. — **71.** THOMSEN,
K.: Diss. Techn. Hochschule Berlin 1910. Vgl. Stahl u. Eisen Bd. 31 (1911) S. 1061.
— **72.** HANEMANN, H.: Stahl u. Eisen Bd. 31 (1911) S. 333/36. — **73.** RUFF, O.,
u. O. GOECKE: Metallurgie Bd. 8 (1911) S. 417/21. Vgl. Stahl u. Eisen Bd. 31

(1911) S. 1194/95. RUFF, O.: Metallurgie Bd. 8 (1911) S. 456/64, 497/508. —
74. WITTORF, N. F.: Z. anorg. allg. Chem. Bd. 79 (1911) S. 1/70. Vgl. Stahl u.
Eisen Bd. 33 (1913) S. 653/54. — 75. SCHICHTEL, K., u. E. PIWOWARSKY: Arch.
Eisenhüttenwes. Bd. 3 (1929/30) S. 139/47. — 76. Nach KÖRBER-OELSEN (1). —
77. RUER, R., u. N. ILJIN: Metallurgie Bd. 8 (1911) S. 97/101. — 78. SÖHNCHEN, E.,
u. E. PIWOWARSKY: Arch. Eisenhüttenwes. Bd. 5 (1931/32) S. 111/20. —
79. CHARPY, G.: C. R. Acad. Sci., Paris Bd. 145 (1907) S. 1277/79. — 80. BENE-
DICKS, C.: Metallurgie Bd. 5 (1908) S. 41/45. — 81. ROYSTON, B.: J. Iron Steel
Inst. Bd. 51 (1897) S. 166/79. — 82. HAYES, A., H. E. FLANDERS u. E. E. MOORE:
Trans. Amer. Soc. Steel Treat. Bd. 5 (1924) S. 183/94. Vgl. Stahl u. Eisen Bd. 45
(1925) S. 1311. — 83. HAYES, A., u. W. J. DIEDERICHS: Trans. Amer. Soc. Steel
Treat. Bd. 3 (1922/23) S. 918/27. — 84. KRYNITSKY, A. I.: Met. & Alloys Bd. 1
(1930) S. 465/70. — 85. Vgl. u. a. K. DAEVES: Stahl u. Eisen Bd. 45 (1925) S. 427.
Ber. Werkstoffaussch. Nr. 42 Ver. dtsch. Eisenhüttenleute 1929. SCHEIL, E.:
Gießerei Bd. 15 (1928) S. 1086/88. RUER, R.: Stahl u. Eisen Bd. 50 (1930)
S. 1062/67. GOERENS, P.: Hb. Experimentalphysik Bd. 5 S. 622, Leipzig 1930.
HANEMANN, H.: Stahl u. Eisen Bd. 51 (1931) S. 966/67. PIWOWARSKY, E.: Stahl
u. Eisen Bd. 54 (1934) S. 82/84. KÖRBER, F., u. H. SCHOTTKY (2). — 86. GOERENS,
P.: Stahl u. Eisen Bd. 45 (1925) S. 137/40. — 87. HONDA, K.: Trans. Amer. Soc.
Steel Treat. Bd. 16 (1929) S. 183/89. Vgl. Stahl u. Eisen Bd. 49 (1929) S. 1431.
Ferner K. HONDA: Sci. Rep. Tôhoku Univ. Bd. 15 (1926) S. 247/50. HONDA, K.,
u. H. ENDO: Z. anorg. allg. Chem. Bd. 154 (1926) S. 238/52. — 88. HEIKE, W.,
u. G. MAY: Gießerei Bd. 16 (1929) S. 625/33, 645/49. — 89. HANSON, D.: J. Iron
Steel Inst. Bd. 116 (1927) S. 129/83. — 90. NORDURY, A. L.: J. Iron Steel Inst.
Mai 1929.

C-Hf. Kohlenstoff-Hafnium.

AGTE-MOERS[1] und MOERS[2] haben sehr reines Hafniumkarbid HfC (6,29% C)
dargestellt und seine metallische Natur durch Widerstandsmessungen erwiesen.
Sein Schmelzpunkt wurde von AGTE-ALTERTHUM[3] zu 4160 ± 150° abs. gefunden.
Nach Messungen von MEISSNER, FRANZ und WESTERHOFF[4] wird HfC bis herab
zu 1,23° abs. nicht supraleitend.

Literatur.

1. AGTE, C., u. K. MOERS: Z. anorg. allg. Chem. Bd. 198 (1931) S. 286/38. —
2. MOERS, K.: Z. anorg. allg. Chem. Bd. 198 (1931) S. 243/52, 262/75. — 3. AGTE,
C., u. H. ALTERTHUM: Z. techn. Physik Bd. 11 (1930) S. 185. S. auch C. AGTE:
Diss. Techn. Hochsch. Berlin 1931 S. 27. — 4. MEISSNER, W., H. FRANZ u. H.
WESTERHOFF: Z. Physik Bd. 75 (1932) S. 523.

C-Hg. Kohlenstoff-Quecksilber.

Siehe C-Cd, S. 352.

C-Ir. Kohlenstoff-Iridium.

Nach Beobachtungen von MOISSAN[1][2] vermögen die geschmolzenen Platinmetalle Iridium, Osmium, Palladium, Platin, Rhodium und Ruthenium Kohlenstoff z. T. in recht beträchtlicher Menge aufzulösen. Beim Abkühlen kristallisiert
der gesamte Kohlenstoff in Form von Graphit aus, Karbidbildung tritt also nicht
ein. Die Menge des gelösten Kohlenstoffes, der durch Bestimmung des Graphit-
gehaltes in den erkalteten Proben ermittelt wurde, steigt in der Regel mit der

Temperatur der Schmelze an; Temperaturmessungen wurden jedoch nicht ausgeführt.

C-Ir: Es wurden C-Gehalte von 0,63 und 0,84%, bei stärkerer Erhitzung der Schmelze 1,07 und 1,19% festgestellt[1]; beim Siedepunkt[2] betrug die Kohlenstoffaufnahme 2,8%.

C-Os: Beim Siedepunkt wurden 3,9—4% C aufgenommen[2].

C-Pd: Der Kohlenstoffgehalt erreichte zunächst 1,2—1,3%, bei stärkerer Erhitzung der Schmelze 2,32—2,45%[1].

C-Pt: Siehe S. 381.

C-Rh: Die für die Löslichkeit von Kohlenstoff in flüssigem Rhodium angegebenen Werte liegen zwischen 1,42 und 7,38% C[1]. Beim Siedepunkt[2] erreichte die Kohlenstoff-Aufnahme hingegen nur 2,19% C (?).

C-Ru: Bis zum Siedepunkt erhitztes Ruthenium löst 4,8% C auf[2].

Literatur.

1. MOISSAN, H.: C. R. Acad. Sci., Paris Bd. 123 (1896) S. 16/18. — **2.** MOISSAN, H.: C. R. Acad. Sci., Paris Bd. 142 (1906) S. 189/95.

C-La. Kohlenstoff-Lanthan.

Die Formel des von PETTERSSON[1] und MOISSAN[2] durch Reduktion von LaO_2 mit Kohle dargestellten Karbids LaC_2 (14,73% C) wurde von v. STACKELBERG[3] durch röntgenographische Strukturuntersuchung bestätigt. Es hat metallische Eigenschaften[4]. Die Kristallstruktur ist derjenigen des BaC_2 (s. d.) analog.

Literatur.

1. PETTERSSON, O.: Ber. dtsch. chem. Ges. Bd. 28 (1895) S. 2419/22. — **2.** MOISSAN, H.: C. R. Acad. Sci., Paris Bd. 123 (1896) S. 148/51. Referate Ber. dtsch. chem. Ges. Bd. 29 (1896) S. 618. — **3.** STACKELBERG, M. v.: Z. physik. Chem. B Bd. 9 (1930) S. 437/75. Z. Elektrochem. Bd. 37 (1931) S. 542/45. — **4.** S. auch G. HÄGG: Z. physik. Chem. B Bd. 6 (1929) S. 228.

C-Mg. Kohlenstoff-Magnesium.

Die beiden von NOVÁK[1] festgestellten Magnesiumkarbide Mg_2C_3 und MgC_2 sind unmetallisch; sie zersetzen Wasser unter Bildung von Allylen bzw. Azetylen. Über das ältere Schrifttum siehe die Arbeit von NOVÁK.

Literatur.

1. NOVÁK, J.: Z. physik. Chem. Bd. 73 (1910) S. 513/46.

C-Mn. Kohlenstoff-Mangan.

Aus präparativen Untersuchungen einer Reihe Forscher[1], insbesondere von RUFF-GERSTEN[2] geht übereinstimmend das Bestehen des Mangankarbides Mn_3C (6,79% C) hervor. Sein Vorhandensein wurde durch Gefügeuntersuchungen von STADELER[3] und KIDO[4] bestätigt: eine Legierung dieser Zusammensetzung erwies sich als einphasig.

STADELER hat Mn-C-Legierungen mit bis zu 6,72% C (ein höherer als dieser der Formel Mn_3C entsprechender C-Gehalt konnte durch

Auflösen von Kohlenstoff in geschmolzenem Mn nicht erhalten werden)
thermisch und mikroskopisch untersucht. Das verwendete Mn war nur
95,8%ig, sein Schmelzpunkt ergab sich in einer N_2-Atmosphäre (Nitridbildung!) zu 1207° statt 1247°. Die Legierungen wurden ebenfalls
unter Stickstoff erschmolzen.

Die in Abb. 167 angegebenen
Erstarrungs- und Umwand-
lungstemperaturen sind nicht
korrigiert.

Nach STADELER erstarren
Mn-C-Schmelzen zu einer Reihe
von Mischkristallen. Das unzersetzt schmelzende Karbid
Mn_3C erscheint nach seinem
Diagramm als Endglied dieser
Mischkristallreihe, eine Auffassung, die jedoch mit unseren
heutigen Vorstellungen unverträglich ist. Das Bestehen einer
Mischkristallreihe von 0 bis
mindestens 4,4% C wurde durch
mikroskopische Prüfung von
Legierungen, die bei 1050 bis
1080° abgeschreckt waren, bestätigt.

Die Legierungen mit 0,7 bis
3,6% C machen bei 817—855°
eine Umwandlung durch, deren
Wärmetönung bei 2,2% C am
größten ist, und die zur Bildung
von zum Teil verwickelten Zer-
fallsstrukturen führt. STADELER
nimmt auf Grund seiner Gefügeuntersuchungen an langsam
abgekühlten und wärmebehandelten Legierungen an, daß bei

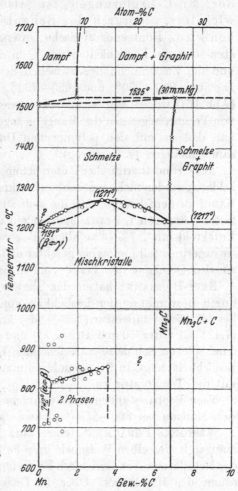

Abb. 167.
C-Mn. Kohlenstoff-Mangan (s. auch Nachtrag).

817—855° eine Entmischung der bei hohen Temperaturen stabilen
festen Lösungen in eine Mn-reiche und eine Mn-ärmere Reihe von
Mischkristallen stattfindet, deren Zusammensetzungen den beiden nach
tieferen Temperaturen abfallenden Kurven entsprechen. Es sollen also
ähnliche Verhältnisse vorliegen wie neuerdings beim System Au-Ni gefunden wurden. Diese an sich sehr einfache Deutung der Umwandlung
hatte schon zur Zeit der Veröffentlichung der Arbeit STADELERs aus

mancherlei Gründen, auf die hier nicht eingegangen zu werden braucht[5], sehr wenig Wahrscheinlichkeit für sich. Sie ist heute, nachdem wir wissen, daß Mangan in drei polymorphen Modifikationen (Umwandlungspunkte bei 1191° und 742°) vorliegt, unhaltbar. **Die Konstitution der Mn-C-Legierungen ist also sicher wesentlich verwickelter, als durch das Schaubild von** Stadeler **beschrieben wird.** Röntgenographische Untersuchungen würden am geeignetsten sein, die Löslichkeiten von C in α-, β- und γ-Mn zu bestimmen und die Zusammenhänge zwischen den einzelnen Phasen zu klären. Die bei 910—930° und 690—730° beobachteten Wärmetönungen (Abb. 167) waren sehr klein und wurden von Stadeler der Wirkung von Verunreinigungen des Mangans zugeschrieben. Es ist jedoch denkbar, daß sie mit den polymorphen Umwandlungen des Mangans zusammenhängen (s. Nachtrag).

Auf Grund thermischer Untersuchungen an festen Legierungen (Einzeldaten werden nicht gegeben) und mikroskopischer Beobachtungen kam Kido[4] zu dem Schluß, daß die sich aus der Schmelze ausscheidenden festen Lösungen bei etwa 920° in ein aus Mn und Mn_3C bestehendes Eutektoid mit 2,7% C zerfallen. Das von Kido entworfene Diagramm ist experimentell nur wenig gestützt und steht überdies im Widerspruch zu den Gesetzen der Lehre vom heterogenen Gleichgewicht.

Ruff-Bormann[6] haben das Erstarrungsdiagramm von Stadeler durch Bestimmung der Löslichkeit von Graphit in flüssigem Mangan bis zur Siedetemperatur (1525°), der an Graphit gesättigten Schmelze (7,12% C) unter 30 mm Druck (!) und der Zusammensetzung der aus einer solchen Schmelze entweichenden Dämpfe (1,94% C) ergänzt. Die Löslichkeit von C in flüssigem Mn nimmt nach Abb. 167 nur sehr wenig mit der Temperatur zu.

Nach Beobachtungen von Stadeler und Tammann-Schönert[7] läßt sich Mangan bei 800—1100° nicht aufkohlen.

Westgren-Phragmén[8] teilen kurz mit, daß sich Kohlenstoff in Mangan in derselben Weise wie im γ-Fe löst, d. h. nicht durch Ersetzen der Metallatome, sondern durch Eintreten von C-Atomen in die Zwischenräume des Mn-Gitters. Über die Gitterstruktur von Mn_3C s. Hägg[9].

Nachtrag. In einer Arbeit von Jacobson-Westgren[10] findet sich folgende Angabe:

„Nach noch unveröffentlichten Untersuchungen von E. Öhman erinnert das System Mn-C an Cr-C insofern, als hier die Karbide Mn_7C_3 (8,56% C) und Mn_4C (5,18% C) vorkommen, die in ihrem Bau den Verbindungen Cr_7C_3 bzw. Cr_4C analog sind (s. d.). Mangan bildet aber auch ein drittes Karbid, Mn_3C (6,79% C), das dieselbe Struktur wie der Zementit Fe_3C besitzt. Es ist rhombisch, und in seiner Elementarzelle sind 12 Metall- und 4 C-Atome vorhanden."

Dem C-ärmsten Karbid kommt nach Westgren[11] die Formel $Mn_{23}C_6$ statt Mn_4C zu, da im kubischen Elementarkörper nicht 120, sondern

116 Atome (92 Mn- und 24 C-Atome) vorhanden sind. Anm. b. d. Korr. Der Aufbau des Systems Mn-Mn$_3$C wurde kürzlich weitgehend geklärt[12].

Literatur.

1. TROOST, L., u. HAUTEFEUILLE: C. R. Acad. Sci., Paris Bd. 80 (1875) S. 964. MOISSAN, H.: C. R. Acad. Sci., Paris Bd. 122 (1896) S. 421/23; Bd. 125 (1897) S. 839/41. GIN u. LELEUX: C. R. Acad. Sci., Paris Bd. 126 (1898) S. 749/50. BULLIER: DRP. 118177 vgl. Chem. Zbl. 1901 I S. 604. — **2.** RUFF, O., u. E. GERSTEN: Ber. dtsch. chem. Ges. Bd. 46 (1913) S. 400/406. — **3.** STADELER, A.: Metallurgie Bd. 5 (1908) S. 260/67, 281/88. — **4.** KIDO, K.: Sci. Rep. Tôhoku Univ. Bd. 9 (1920) S. 305/310. — **5.** Insbesondere spricht die Stärke der Verzögerung auf den Abkühlungskurven gegen eine einfache Entmischung. — **6.** RUFF, O., u. W. BORMANN: Z. anorg. allg. Chem. Bd. 88 (1914) S. 365/85. S. auch Ber. dtsch. chem. Ges. Bd. 45 (1912) S. 3142 und Ferrum Bd. 13 (1915/16) S. 106. — **7.** TAMMANN, G., u. K. SCHÖNERT: Z. anorg. allg. Chem. Bd. 122 (1922) S. 28/31. — **8.** WESTGREN, A., u. G. PHRAGMÉN: Z. Physik Bd. 33 (1925) S. 785/86. — **9.** HÄGG, G.: Z. physik. Chem. B Bd. 6 (1929) S. 228. — **10.** JACOBSON, B., u. A. WESTGREN: Z. physik. Chem. B Bd. 20 (1933) S. 362. — **11.** WESTGREN, A.: Jernkontorets Ann. Bd. 117 (1933) S. 501/12. — **12.** VOGEL, R., u. W. DÖRING: Arch. Eisenhüttenwes. Bd. 9 (1935/36) S. 247/52.

C-Mo. Kohlenstoff-Molybdän.

Durch Reduktion von MoO$_2$ mit Kohle oder CaC$_2$ hat MOISSAN[1] ein Produkt mit 5,48—5,68% C erhalten, das also praktisch der Zusammensetzung Mo$_2$C (5,88% C) entsprach. Später haben MOISSAN-HOFFMANN[2] Molybdän mit Aluminium und Kohlenstoff zusammengeschmolzen und aus dem so erhaltenen Produkt durch chemische Behandlung einen Stoff von der annähernden Zusammensetzung MoC (11,11% C) isoliert. HILPERT-ORNSTEIN[3] haben Mo-Pulver mit C-haltigen Gasen bei verschiedenen Temperaturen aufgekohlt. Dabei wurden Grenzen in der C-Aufnahme gefunden, die einfachen stöchiometrischen Verhältnissen entsprechen. Die Grenzwerte lagen bei der Aufkohlung mit Kohlenoxyd bei Mo$_2$C (für 600° und 1000°); bei 800° schwankte die Zusammensetzung zwischen MoC und Mo$_2$C$_3$. Aus mikroskopischen Untersuchungen an Mo-C-Legierungen mit 0,22—6,07% C schloß NISCHK[4] auf das Bestehen der Verbindung Mo$_2$C. Bei 5,22% C waren noch primäre (?) Mo-Kristalle im Schliffbild zu erkennen. FRIEDERICH-SITTIG[5] haben durch Sintern von Mo-Pulver mit Ruß im beabsichtigten Mengenverhältnis Stoffe von der Zusammensetzung Mo$_2$C und MoC hergestellt, jedoch nicht untersucht, ob sie einheitlich waren. Durch Messung der elektrischen Leitfähigkeit erwiesen sie sich als metallisch. Ihre Schmelzpunkte wurden von FRIEDERICH-SITTIG zu 2500—2600° abs. bzw. 2840° abs., von AGTE-ALTERTHUM[6] mit größerer Genauigkeit zu 2960° abs. ± 50° bzw. 2965° abs. ± 50° ermittelt. Die Strukturuntersuchung des Stoffes von der Zusammensetzung MoC von BECKER-EBERT[7] ergab, daß ihm jedenfalls kein kubisches Gitter zukommt. Es blieb jedoch unbewiesen, ob er überhaupt von einheitlicher Zusammensetzung war oder nicht.

WESTGREN-PHRAGMÉN[8] haben erstmalig versucht, die in Mo-C-Legierungen vorhandenen Phasen durch röntgenographische Strukturuntersuchung zu identifizieren. Die Proben waren durch Sintern von Mo- und Graphitpulver sowie durch Aufkohlen von Mo-Draht mit CO hergestellt. Außer Molybdän fanden sie nur eine intermediäre Phase, die zwischen 30 und < 39 Atom-% C (5,1 und < 7,4 Gew.-%C) homogen ist und eine hexagonale dichteste Kugelpackung der Mo-Atome enthält; die C-Atome sind zwischen den Mo-Atomen eingesprengt. Mit steigendem C-Gehalt vergrößert sich das Gitter ein wenig. WESTGREN-PHRAGMÉN schließen aus ihrem Befund, daß die intermediäre Phase keine Verbindung Mo_2C, sondern ein Mischkristall von C in Mo ist. HOYT[9] hält bei einer Besprechung der Arbeit von WESTGREN-PHRAGMÉN an dem Bestehen der Verbindung Mo_2C fest und nimmt an, daß sie Molybdän in fester Lösung aufzunehmen vermag.

TAKEI[10] hat gesinterte und darauf geschmolzene Legierungen mikroskopisch untersucht. Er fand, daß bis zu 0,3% C von Mo gelöst wird, und daß sich diese Löslichkeit mit der Temperatur jedenfalls nicht wesentlich ändert. Bei etwa 4% C beobachtete er ein Eutektikum zwischen Mo-reichem Mischkristall und einer intermediären Phase, die zwischen 5,5 und 6% C homogen ist. Oberhalb 6% C trat Graphit als primär kristallisierende Phase auf. TAKEI folgert daraus das Bestehen des Karbides Mo_2C, das Mo in fester Lösung aufzunehmen vermag. Die von WESTGREN-PHRAGMÉN gefundene Kristallstruktur der intermediären Phase wurde von SEKITO[11] bestätigt.

Dem Referat einer (russischen) Arbeit von RAVDEL[12] ist zu entnehmen, daß dieser Forscher durch Aufkohlen von Mo-Draht mit Naphthalindampf die Existenz der beiden Karbide Mo_2C und MoC bestätigt zu haben glaubte.

SCHENCK, KURZEN und WESSELKOCK[13] haben versucht, über die Konstitution der Mo-C-Legierungen durch isothermen Aufbau der Karbide bei Einwirkung von Methan auf feinverteiltes Mo bei 700° und 850° und durch isothermen Abbau der Karbide mit Wasserstoff, d. h. durch Feststellung der Gasgleichgewichte in Abhängigkeit vom C-Gehalt der Bodenkörper, Aufschluß zu bekommen. Aus ihren Versuchen ist zu schließen, daß bei 700° nur das Karbid Mo_2C stabil ist, und daß ein zweites Karbid, vielleicht MoC, metastabil aufzutreten scheint. Letzteres soll bei 850°, also bei höherer Temperatur, in Mo_2C und C zerfallen sein.

MEISSNER, FRANZ und WESTERHOFF[14] haben die Temperaturen, bei denen Supraleitfähigkeit eintritt (Sprungpunkte) von Sinterprodukten verschiedenen C-Gehaltes bestimmt. Die Kurve der Sprungpunkte (in ° abs.) in Abhängigkeit vom C-Gehalt in Atom-% steigt von $< 1,2°$ bei 2,7% auf 1,2° bei 5,3%, 2,9° bei 33,3% (Mo_2C), 7,9° bei 50% (MoC) und 8,2° bei 58% C an und fällt darauf auf 4,9° bei 63% steil ab. Da also durch C-Zusatz zu Mo_2C eine weitere Steigerung des Sprungpunktes eintritt, so könnte man schließen, daß in diesem Konzentrationsgebiet eine von Mo_2C verschiedene metallische Phase die Erhöhung des Sprungpunktes bewirkt. Dagegen tritt durch eine Erhöhung des C-Gehaltes über MoC hinaus offenbar keine wesentliche Erhöhung des Sprungpunktes von MoC ein; oberhalb 58 Atom-% C fällt er sogar ab. Anscheinend befanden sich die Proben nicht in vergleichbaren Zuständen. Die mikroskopische Untersuchung (s. darüber Originalarbeit) ergab kein eindeutiges Bild von der Konstitution.

Zusammenfassend kann man wohl mit Sicherheit nur sagen, daß eine innerhalb eines kleinen Konzentrationsgebietes homogene Zwischenphase besteht, die zwar die Zusammensetzung Mo_2C in sich einschließt, aber nach WESTGREN-PHRAGMÉN nicht als eine Verbindung, sondern als eine feste Lösung von Kohlenstoff in Mangan anzusehen ist. Ob eine der Zusammensetzung MoC entsprechende Legierung einheitlich ist, ist bisher nicht sicher bewiesen, doch kann es als so gut wie sicher gelten, daß ein Karbid mit höherem C-Gehalt besteht (s. auch Nachtrag).

Nachtrag. MEISSNER-FRANZ-WESTERHOFF[15] haben in Ergänzung ihrer früheren Versuche (s. o.) festgestellt, daß die Legierungen mit 42—58 Atom-% C praktisch denselben Sprungpunkt haben und tatsächlich auch mikroskopisch zweiphasig sind. — Bei der Zersetzung von CO in Gegenwart von Mo bei Temperaturen zwischen 450 und 600° entsteht, wie TUTIYA[16] röntgenographisch festgestellt haben will, nur Mo_2C. Bei 750—800° wird daneben ein ebenfalls hexagonales Karbid, wahrscheinlich MoC, gebildet. — SYKES-VAN HORN-TUCKER[17] haben das System bis 12% C metallographisch und röntgenographisch untersucht: 1. Löslichkeit von C in Mo (α-Phase) bis 0,09% bei 1500—2000°. 2. Die hexagonale Mo_2C-Phase $= \beta$ bildet mit α ein Eutektikum bei 1,8% C und 2200°. Sie wird durch eine peritektische Reaktion zwischen 5,5 und 10% C bei 2400° gebildet; ihr Zustandsgebiet liegt bei 1400—2200° zwischen 5,4 und 6% C. 3. Die Natur des höheren Karbids ($= \gamma$) konnte nicht aufgeklärt werden; es enthält wahrscheinlich 12,3—13% C.

Literatur.

1. MOISSAN, H.: C. R. Acad. Sci., Paris Bd. 120 (1895) S. 1320/26; Bd. 125 (1897) S. 839/44. Referate Ber. dtsch. chem. Ges. Bd. 28 (1895) S. 595. Chem. Zbl. 1898I S. 178. — **2.** MOISSAN, H., u. M. K. HOFFMANN: Ber. dtsch. chem. Ges. Bd. 37 (1904) S. 3324/27. — **3.** HILPERT, S., u. M. ORNSTEIN: Ber. dtsch. chem. Ges. Bd. 46 (1913) S. 1669/75. — **4.** NISCHK, K.: Z. Elektrochem. Bd. 29 (1923) S. 387/88. — **5.** FRIEDERICH, E., u. L. SITTIG: Z. anorg. allg. Chem. Bd. 144 (1925) S. 183/84, 189. — **6.** AGTE, C., u. H. ALTERTHUM: Z. techn. Physik Bd. 11 (1930)

S. 185. Agte, C.: Diss. Techn. Hochsch. Berlin 1931 S. 27. — 7. Becker, K., u. F. Ebert: Z. Physik Bd. 31 (1925) S. 268/72. — 8. Westgren, A., u. G. Phragmén: Z. anorg. allg. Chem. Bd. 156 (1926) S. 27/36. — 9. Hoyt, S. L.: Trans. Amer. Inst. min. metallurg. Engr. Inst. Metals Div. 1930 S. 9/58. — 10. Takei, T.: Sci. Rep. Tôhoku Univ. Bd. 17 (1928) S. 939/44. — 11. Sekito, S., s. bei T. Takei Anm. 10. — 12. Ravdel, A. A.: s. J. Inst. Met., Lond. Bd. 47 (1931) S. 432. — 13. Schenck, R., F. Kurzen u. H. Wesselkock: Z. anorg. allg. Chem. Bd. 203 (1932) S. 183/85. — 14. Meissner, W., H. Franz u. H. Westerhoff: Ann. Physik Bd. 13 (1932) S. 543/48. Meissner, W., u. H. Franz: Z. Physik Bd. 65 (1930) S. 45/47. — 15. Meissner, W., H. Franz u. H. Westerhoff: Ann. Physik Bd. 17 (1933) S. 599/601. — 16. Tutiya, H.: Sci. Pap. Inst. physic. chem. Res., Tokyo Bd. 19 (1932) Nr. 384/92 (japan.). Ref. Chem. Zbl. 1932 II S. 3832. — 17. Amer. Inst. min. metallurg. Engr. Techn. Publ. Nr. 647 (1935).

C-Nb. Kohlenstoff-Niobium.

Ein Niobkarbid NbC (11,37% C) wurde zuerst von Joly[1] (durch Reduktion von K_2O, $3 Nb_2O_5$ mit Kohlenstoff), später von Friederich-Sittig[2] (durch Reduktion von Nb_2O_3) sowie Agte-Moers[3] (durch Sintern eines Gemisches aus Nb und C) dargestellt. Seine Einheitlichkeit wurde durch röntgenographische Bestimmung der Kristallstruktur von Becker-Ebert[4] nachgewiesen; es besitzt Steinsalzstruktur. Sein Schmelzpunkt wird von Friederich-Sittig[5] zu 4000—4100° abs., von Agte-Alterthum[6] mit größerer Genauigkeit zu 3770° abs. ± 125° angegeben. NbC wird nach Meissner-Franz[7] bei etwa 10° abs. supraleitend.

Literatur.

1. Joly, A.: Ann. Sci. École norm. Bd. 6 (1877) S. 145. — 2. Friederich, E., u. L. Sittig: Z. anorg. allg. Chem. Bd. 144 (1925) S. 182/83, 189. — 3. Agte, C., u. K. Moers: Z. anorg. allg. Chem. Bd. 198 (1931) S. 236/38. — 4. Becker, K., u. F. Ebert: Z. Physik Bd. 31 (1925) S. 268/72. — 5. S. Anm. 2 u. E. Friederich: Z. anorg. allg. Chem. Bd. 145 (1925) S. 245. Z. Physik Bd. 31 (1925) S. 814. — 6. Agte, C., u. H. Alterthum: Z. techn. Physik Bd. 11 (1930) S. 185. Agte, C.: Diss. Techn. Hochsch. Berlin 1931 S. 27. — 7. Meissner, W., u. H. Franz: Z. Physik Bd. 65 (1930) S. 49/51.

C-Ni. Kohlenstoff-Nickel.

Daß geschmolzenes Nickel recht beträchtliche Mengen Kohlenstoff zu lösen vermag, diesen jedoch beim Erkalten größtenteils als Graphit ausscheidet, ist seit langem bekannt[1] und immer wieder bestätigt worden[2]. Alle Handelssorten des Nickels enthalten Kohlenstoff.

Das Erstarrungsschaubild der Ni-reichen Legierungen wurde von Friedrich-Leroux[3], Ruff-Bormann[4] und Kasé[5] ausgearbeitet (Abb. 168a). Die Temperaturangaben gehen infolge von Unterkühlungen zum Teil stark auseinander. Die eutektische Temperatur wurde von Friedrich-Leroux, deren Legierungen 0,2—0,6% Fe enthielten, bei 1307—1318° (Mittel 1314°), von Ruff-Bormann bei 1304—1325° (Mittel 1312°) und von Kasé bei 1305—1318° (Mittel 1313°) gefunden. Der eutektische Punkt liegt nach Friedrich-Leroux bei 2—2,5%, nach Ruff-Bormann bei 2,2% und nach Kasé bei 2,22% C. Die mikroskopische Untersuchung seitens Friedrich-Leroux und Kasé ergab die Abwesenheit von Karbid und das Bestehen eines Eutektikums aus Ni-reichem Mischkristall und Kohlenstoff. Die Löslichkeit von Kohlenstoff in festem Nickel wurde bisher nicht bestimmt. Auf Grund der Haltezeiten der eutektischen Kristallisation nehmen RUFF-BOR-MANN eine feste Löslichkeit von 0,3—0,4% C, KASÉ eine solche von 0,55% C bei 1315° an. Mit sinkender Temperatur nimmt die Löslichkeit wie im System C-Co sicher stark ab. Das geht hervor aus den zum Teil sehr geringen Gehalten an gebundenem Kohlenstoff in den Legierungen: RUFF-MARTIN[6] fanden in einer Legierung, die bei 1640° abgeschreckt war, nur 0,1% gebundenen Kohlenstoff; HEYN[2] stellte fest, daß in einer langsam erkalteten Legierung der gesamte Kohlenstoff als Graphit vorlag. Die Annahme von

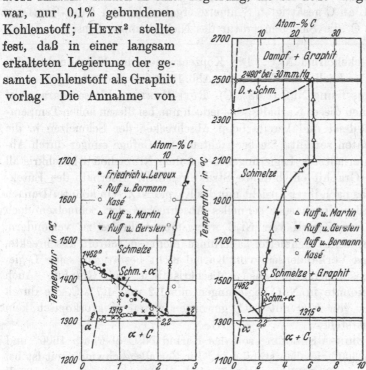

Abb. 168 a und b. C-Ni. Kohlenstoff-Nickel.

KASÉ, daß bei Raumtemperatur noch 0,25% C im Nickel löslich ist, ist daher sehr unwahrscheinlich (vgl. auch Nachtrag). — Nach Messungen von KASÉ wird der magnetische Umwandlungspunkt des Nickels durch Kohlenstoff etwas erniedrigt; nähere Angaben fehlen.

Über die Löslichkeit von Kohlenstoff in geschmolzenem Nickel bei hohen Temperaturen liegen folgende Untersuchungen vor (vgl. Abb. 168 b). RUFF-MARTIN[6] bestimmten die Löslichkeit zwischen 1560° und 2500° durch Ermittlung des Gesamtkohlenstoffgehaltes von Schmelzen, die im Vakuum bei verschiedenen Temperaturen mit Kohlenstoff gesättigt und dann in Eiswasser abgeschreckt wurden. Danach steigt die Löslichkeit bis auf 6,42% C bei 2100°; bei höheren Temperaturen bleibt die Löslichkeit innerhalb der Fehlergrenzen gleich (s. darüber S. 380). Gelegentlich einiger Kontrollbestimmungen im Bereich von 1645—2075° bzw. bei 1430° konnten Ruff-Gersten[7] bzw. Ruff-Bormann[4] die Löslichkeitskurve nach Ruff-Martin bestätigen und ergänzen (Abb. 168b). Kasé hat die Löslichkeit bei 1366—1700° bestimmt. Seine Werte streuen zwar etwas stärker, stimmen aber doch noch recht gut mit den von Ruff und Mitarbeitern gefundenen Löslichkeitswerten überein.

Die Zusammensetzung des Dampfes der unter 2490° bei 30 mm Hg siedenden, an C gesättigten Schmelze ergab sich nach Ruff-Bormann zu 0,28% C, die Siedetemperatur des Nickels unter demselben Druck zu 2340°.

Das Nickelkarbid Ni_3C. Die Konzentration des Knickpunktes bei 2100° in der Löslichkeitskurve der Abb. 168b entspricht sehr genau der Zusammensetzung Ni_3C (6,38% C). Ruff-Martin schlossen daraus auf das Bestehen dieses Karbides, das jedoch nur bei diesen hohen Temperaturen stabil ist und bereits beim Abschrecken der Schmelzen in die Komponenten zerfällt. Sie beobachteten im Gefüge einiger durch Abschrecken erhaltener Legierungen neben dem Ni-reichen α-Mischkristall und dem Graphit ein braunes Strukturelement innerhalb des Eutektikums, das nach ihrer Ansicht nur das Karbid Ni_3C sein könnte. Danach wäre es also durch sehr schnelles Abschrecken der Schmelzen doch möglich, den Zerfall von Ni_3C wenigstens teilweise zu verhindern. Kasé, der seine Schmelzen allerdings nicht so schroff abschreckte, konnte das Vorhandensein von Karbid nicht bestätigen, seine Legierungen bestanden nur aus α-Mischkristallen und Graphit. Auch Nischk[8] konnte in Ni-C-Legierungen mit 1,2 und 1,7% C, die durch Reduktion von NiO mit CaC_2 gewonnen waren, mikroskopisch kein Karbid feststellen.

Nach Briner-Senglet[9] soll das Karbid Ni_3C oberhalb 1600° und unterhalb 300° ziemlich stabil sein. Die Zerfallsgeschwindigkeit ist bei 1600° sehr groß. Will man das Karbid erhalten, so muß man schnell von 2000° auf 1000° abkühlen. Meyer-Scheffer[10] haben ein Nickelkarbid Ni_xC durch Spaltung von CO mit Nickel bei rd. 250° erhalten und geben seine Zersetzungstemperatur zu 700° an. Auf dem gleichen Wege haben Bahr und Bahr[11] ein Karbid erhalten, das sie als Ni_3C identifizierten und das sich bereits bei 380—420° zersetzt[12]. An der Existenz von Ni_3C ist also danach nicht zu zweifeln, doch kann es in Ni-C-Legierungen, die durch Auflösen von C in flüssigem Ni hergestellt werden, nicht als Gefügebestandteil auftreten.

Nachtrag. Eine von Jacobson-Westgren[13] ausgeführte Röntgenanalyse von Ni_3C, das durch Aufkohlung von Ni mittels CO hergestellt wurde, hat ergeben, daß die Metallatome dieses Karbids in hexagonaler dichtester Kugelpackung geordnet sind. Ein Lösungsvermögen des festen Nickels für Kohlenstoff und eine Ausdehnung des Homogenitätsgebiets von Ni_3C haben sich röntgenographisch nicht nachweisen lassen.

Nach MISHIMA[14] fällt die Löslichkeit von C in Ni von 0,52% bei 1315° auf etwa 0,1% C (?) bei „Raumtemperatur".

Literatur.

1. Über das ältere Schrifttum s. Gmelin-Kraut Handbuch Bd. 5 Abt. 1 S. 104, Heidelberg 1909 sowie die Arbeiten von HEMPEL, RUFF-MARTIN und KASÉ. — **2.** HEMPEL, W.: Z. angew. Chem. Bd. 17 (1904) S. 300/301. HEYN, E.: Stahl u. Eisen Bd. 26 (1906) S. 1390. KURNAKOW, N. S., u. S. F. ZEMCZUZNY: Z. anorg. allg. Chem. Bd. 54 (1907) S. 151 und alle neueren Arbeiten. — **3.** FRIEDRICH, K., u. A. LEROUX: Metallurgie Bd. 7 (1910) S. 10/13. — **4.** RUFF, O., u. W. BORMANN: Z. anorg. allg. Chem. Bd. 88 (1914) S. 386/96. Ber. dtsch. chem. Ges. Bd. 45 (1912) S. 3142. Ferrum Bd. 13 (1915/16) S. 108. — **5.** KASÉ, T.: Sci. Rep. Tôhoku Univ. Bd. 14 (1925) S. 187/93. — **6.** RUFF, O., u. W. MARTIN: Metallurgie Bd. 9 (1912) S. 143/48. — **7.** RUFF, O., u. E. GERSTEN: S. Metallurgie Bd. 9 (1912) S. 145 Fußnote und Z. anorg. allg. Chem. Bd. 88 (1914) S. 393. — **8.** NISCHK, K.: Z. Elektrochem. Bd. 29 (1923) S. 389. — **9.** BRINER, E., u. R. SENGLET: J. Chim. Physique Bd. 13 (1915) S. 351/75. — **10.** MEYER, G., u. F. E. C. SCHEFFER: Rec. Trav. chim. Pays-Bas Bd. 46 (1927) S. 1/7. — **11.** BAHR, H. A., u. T. BAHR: Ber. dtsch. chem. Ges. Bd. 61 (1928) S. 2177/83; Bd. 63 (1930) S. 99/102. — **12.** Vgl. auch J. SCHMIDT: Z. anorg. allg. Chem. Bd. 216 (1933) S. 85/98. — **13.** JACOBSON, B., u. A. WESTGREN: Z. physik. Chem. B Bd. 20 (1933) S. 361/67. — **14.** MISHIMA, T.: World Engn. Congreß Tokyo, Arbeit Nr. 716 (1929); Ref. J. Inst. Met., Lond. Bd. 47 (1931) S. 76.

C-Os. Kohlenstoff-Osmium.

Siehe C-Ir, S. 371/72.

C-Pb. Kohlenstoff-Blei.

Nach RUFF-BERGDAHL[1] vermag Blei bei 1170° bzw. 1415° und 1555° (Siedepunkt) 0,024 bzw. 0,046 und 0,094% C zu lösen. Beim Erkalten des Bleis scheidet sich der Kohlenstoff als Graphit aus.

Literatur.

1. RUFF, O., u. B. BERGDAHL: Z. anorg. allg. Chem. Bd. 106 (1919) S. 91.

C-Pd. Kohlenstoff-Palladium.

Siehe C-Ir, S. 371/72.

C-Pt. Kohlenstoff-Platin.

Wie alle anderen Platinmetalle (s. C-Ir) vermag auch Platin im geschmolzenen Zustand Kohlenstoff zu lösen. Beim Erkalten kristallisiert dieses vollkommen als Graphit aus, Karbidbildung tritt also nicht ein. MOISSAN[1] fand eine Kohlenstoffaufnahme von 1,45%, HEMPEL[2] eine solche von bis zu 1,2%. Nach TAMMANN-SCHÖNERT[3] tritt bei 800—980° — bei Einwirkung von kohlenstoffliefernden Dämpfen — keine Diffusion von Kohlenstoff in Platin ein.

Literatur.

1. MOISSAN, H.: C. R. Acad. Sci., Paris Bd. 116 (1893) S. 608/11; Bd. 142

(1906) S. 189/95. — **2.** HEMPEL, W.: Z. angew. Chem. Bd. 17 (1904) S. 321/23. — **3.** TAMMANN, G., u. K. SCHÖNERT: Z. anorg. allg. Chem. Bd. 122 (1922) S. 28/29.

C-Rh. Kohlenstoff-Rhodium.

Siehe C-Ir, S. 371/72.

C-Ru. Kohlenstoff-Ruthenium.

Siehe C-Ir, S. 371/72.

C-Sb. Kohlenstoff-Antimon.

Nach RUFF-BERGDAHL[1] löst Sb bei 1055° bzw. 1265° und 1327° (Siedepunkt) 0,033 bzw. 0,068 und 0,094% C auf. Beim Erkalten des Antimons scheidet sich der Kohlenstoff als Graphit aus.

Literatur.

1. RUFF, O., u. B. BERGDAHL: Z. anorg. allg. Chem. Bd. 106 (1919) S. 91.

C-Sc. Kohlenstoff-Scandium.

FRIEDERICH-SITTIG[1] haben durch Reduktion von Scandiumoxyd mit Kohle ein Karbid dargestellt, als dessen wahrscheinlichste Formel sie Sc_4C_3 (16,64% C), jedenfalls nicht ScC_2 ansehen. Das Karbid ist metallisch[2].

Nach Angabe von JACOBSON-WESTGREN[3] besteht das Karbid ScC (21,03% C), das NaCl-Struktur besitzt, und wahrscheinlich auch eine dem V_2C analoge Phase mit hexagonaler dichtester Kugelpackung der Metallatome (s. C-V).

Literatur.

1. FRIEDERICH, E., u. L. SITTIG: Z. anorg. allg. Chem. Bd. 144 (1925) S. 186/87. — **2.** S. auch G. HÄGG: Z. physik. Chem. B Bd. 6 (1929) S. 228. — **3.** JACOBSON, B., u. A. WESTGREN: Z. physik. Chem. B Bd. 20 (1933) S. 361/63.

C-Si. Kohlenstoff-Silizium.

Über das Siliziumkarbid SiC (Karborundum) siehe die Handbücher der Chemie. Es ist unmetallisch, leitet also den elektrischen Strom nicht[1]. Über die Kristallstruktur der verschiedenen polymorphen Modifikationen siehe den „Strukturbericht".

Literatur.

1. FRIEDERICH, E., u. L. SITTIG: Z. anorg. allg. Chem. Bd. 144 (1925) S. 185/86.

C-Sn. Kohlenstoff-Zinn.

Siehe C-Cd, S. 352.

C-Sr. Kohlenstoff-Strontium.

Strontiumkarbid SrC_2[1] (21,5% C) hat Salzcharakter; seine Kristallstruktur[2] ist derjenigen des BaC_2 (s. d.) analog.

Literatur.

1. Darstellung (aus SrO oder $SrCO_3$ und C) und Eigenschaften: MOISSAN, H.: C. R. Acad. Sci., Paris Bd. 118 (1894) S. 683. Referate Ber. dtsch. chem. Ges.

Bd. 27 (1894) S. 297. Kahn, H. M.: C. R. Acad. Sci., Paris Bd. 144 (1907) S. 913/15.
— 2. Stackelberg, M. v.: Z. physik. Chem. B Bd. 9 (1930) S. 437/75. Z. Elektrochem. Bd. 37 (1391) S. 542/45.

C-Ta. Kohlenstoff-Tantal.

Darstellung (nach verschiedenen Verfahren) und Eigenschaften von Tantalkarbid TaC (6,20% C): Joly, A.: Ann. Sci. École norm. Bd. 6 (1877) S. 148.
Friederich, E., u. L. Sittig: Z. anorg. allg. Chem. Bd. 144 (1925) S. 174/81.
Arkel, A. E. van, u. J. H. de Boer: Z. anorg. allg. Chem. Bd. 148 (1925) S. 347/48.
Becker, K., u. H. Ewest: Z. techn. Physik Bd. 11 (1930) S. 148/50, 216/20 (besonders Eigenschaften). Agte, C., u. K. Moers: Z. anorg. allg. Chem. Bd. 198
(1931) S. 236/38. Moers, K.: Z. anorg. allg. Chem. Bd. 198 (1931) S. 252.
Kelley, F. C.: Trans. Amer. Soc. Stl. Treat. Bd. 19 (1932) S. 233/46. Burgers,
W. G., u. J. C. M. Basart: Z. anorg. allg. Chem. Bd. 216 (1934) S. 209/22.

Schmelzpunkt nach E. Friederich u. L. Sittig: Z. anorg. allg. Chem. Bd. 144
(1925) S. 174/81: 4000—4100° abs. Nach C. Agte u. H. Alterthum: Z. techn.
Physik Bd. 11 (1930) S. 185: 4150° abs. $\pm$ 150°. S. auch C. Agte: Diss. Techn.
Hochsch. Berlin 1931, S. 27.

Kristallstruktur (Steinsalzgitter): Arkel, A. E. van: Physica Bd. 4 (1924) S. 294.
Becker, K., u. F. Ebert: Z. Physik Bd. 31 (1925) S. 268/72. Goldschmidt, V. M.:
S. „Strukturbericht" S. 146. Schwarz, M. v., u. O. Summa: Metallwirtsch. Bd. 12
(1933) S. 298. Burgers, W. G., u. J. C. M. Basart: Z. anorg. allg. Chem. Bd. 216
(1934) S. 209/22.

Supraleitfähigkeit: TaC wird bei etwa 9,3° abs. (nach W. Meissner u. H. Franz:
Z. Physik Bd. 65 (1930) S. 47/49) bzw. zwischen 9,5 und 7,6° abs. (nach W. Meissner, H. Franz u. H. Westerhoff: Z. Physik Bd. 75 (1932) S. 524) supraleitend.

Magnetismus: W. Klemm u. W. Schüth: Z. anorg. allg. Chem. Bd. 201 (1931)
S. 24/31.

Nachtrag. Bei der thermischen Dissoziation von $TaCl_5$ an einem glühenden
Kohlefaden bildet sich nach W. G. Burgers u. J. C. M. Basart: Z. anorg. allg.
Chem. Bd. 216 (1934) S. 209/22 außer TaC auch Ta_2C (3,20% C) mit einer hexagonal-dichtestgepackten Kristallstruktur; die C-Atome befinden sich in den Lücken
des von den Ta-Atomen gebildeten Gitters. Höchstwahrscheinlich besteht Ta_2C
wie W_2C in 2 Modifikationen. TaC vermag etwas Ta in fester Lösung aufzunehmen.

C-Th. Kohlenstoff-Thorium.

Troost[1] sowie Moissan-Étard[2] haben durch Reduktion von ThO_2 mit Kohle,
Kunheim[3] durch Reduktion von $Th(SO_4)_2$ ein Karbid von der Zusammensetzung
ThC_2 (9,37% C) erhalten. Die Einheitlichkeit eines Stoffes dieser Zusammensetzung wurde erst neuerdings durch die Bestimmung der Kristallstruktur von
v. Stackelberg[4] bewiesen. Der metallische Charakter von ThC_2 geht aus der
Messung des elektrischen Widerstandes von Friederich-Sittig[5] hervor.

Literatur.

1. Troost, L.: C. R. Acad. Sci., Paris Bd. 116 (1893) S. 1227/30. Referate
Ber. dtsch. chem. Ges. 1893 S. 483. — 2. Moissan, H., u. A. Étard: C. R. Acad.
Sci., Paris Bd. 122 (1896) S. 573/77. Ann. Chim. Phys. 7 Bd. 12 (1897) S. 427/32.
— 3. Kunheim, E.: Diss. Berlin 1900. — 4. Stackelberg, M. v.: Z. physik.
Chem. B Bd. 9 (1930) S. 437/75. Z. Elektrochem. Bd. 37 (1931) S. 542/45. —
5. Friederich, E., u. L. Sittig: Z. anorg. allg. Chem. Bd. 144 (1925) S. 187.

C-Ti. Kohlenstoff-Titan.

Darstellung (nach verschiedenen Verfahren) und Eigenschaften von TiC (20,03% C): MOISSAN, H.: C. R. Acad. Sci., Paris Bd. 120 (1885) S. 290; Bd. 125 (1897) S. 839/44. FRIEDERICH, E., u. L. SITTIG: Z. anorg. allg. Chem. Bd. 144 (1925) S. 170/71. ARKEL, A. E. VAN, u. J. H. DE BOER: Z. anorg. allg. Chem. Bd. 148 (1925) S. 347/48. AGTE, C., u. K. MOERS: Z. anorg. allg. Chem. Bd. 198 (1931) S. 236/38. MOERS, K.: Z. anorg. allg. Chem. Bd. 198 (1931) S. 252. BURGERS, W. G., u. J. C. M. BASART: Z. anorg. allg. Chem. Bd. 216 (1934) S. 209/22.

Schmelzpunkt nach E. FRIEDERICH u. L. SITTIG: Z. anorg. allg. Chem. Bd. 144 (1925) S. 171: 3430° abs. (3400—3500° abs.), nach C. AGTE: Diss. Techn. Hochsch. Berlin 1931 S. 27: 3410° abs. $\pm$ 90°.

Kristallstruktur (Steinsalzgitter): ARKEL, A. E. VAN: Physica Bd. 4 (1924) S. 286/301. BECKER, K., u. F. EBERT: Z. Physik Bd. 31 (1925) S. 268/72. BRANTLEY, L. R.: Z. Kristallogr. Bd. 77 (1931) S. 505/506. SCHWARZ, M. V., u. O. SUMMA: Z. Elektrochem. Bd. 38 (1932) S. 743/44. BURGERS, W. G., u. J. C. M. BASART: Z. anorg. allg. Chem. Bd. 216 (1934) S. 209/22.

Supraleitfähigkeit: TiC wird unterhalb 1,15° abs. supraleitend (nach W. MEISSNER, H. FRANZ u. H. WESTERHOFF: Z. Physik Bd. 75 (1932) S. 522. S. auch W. MEISSNER u. H. FRANZ: Z. Physik Bd. 65 (1930) S. 42/43.

Magnetismus: W. KLEMM u. W. SCHÜTH: Z. anorg. allg. Chem. Bd. 201 (1931) S. 24/31.

Nachtrag. JACOBSON-WESTGREN: Z. physik. Chem. B Bd. 20 (1933) S. 362 vermuten, daß auch eine der Phase V_2C analoge Phase im System C-Ti besteht, die wie jene eine Struktur mit hexagonaler dichtester Kugelpackung der Metallatome hat.

C-U. Kohlenstoff-Uran.

MOISSAN[1] will durch Reduktion von Uranoxyd mit Kohle ein Karbid von der Zusammensetzung U_2C_3 erhalten haben. Später haben LEBEAU[2] und RUFF-HEINZELMANN[3] auf dieselbe Weise ein Karbid erhalten, dem sie die wahrscheinlichere, wenn auch nicht streng bewiesene Formel UC_2 (9,15% C) zuschreiben. RUFF-HEINZELMANN fanden seinen Schmelzpunkt bei 2425°; es hat durch eine auffallend gute elektrische Leitfähigkeit metallischen Charakter[4]. In einer Arbeit über Uranstähle gibt POLUSHKIN[5] das von MOISSAN angenommene Karbid U_2C_3 und das hypothetische Karbid UC an.

Literatur.

1. MOISSAN, H.: C. R. Acad. Sci., Paris Bd. 122 (1896) S. 274/80. Referate Ber. dtsch. chem. Ges. Bd. 29 (1896) S. 207. — 2. LEBEAU, P.: C. R. Acad. Sci., Paris Bd. 152 (1911) S. 955/58. — 3. RUFF, O., u. A. HEINZELMANN: Z. anorg. allg. Chem. Bd. 72 (1911) S. 72/73. — 4. FRIEDERICH, E., u. L. SITTIG: Z. anorg. allg. Chem. Bd. 144 (1925) S. 187. — 5. POLUSHKIN, E. P.: Carnegie Schol. Mem. Iron Steel Inst. Bd. 10 (1920) S. 137/39.

C-V. Kohlenstoff-Vanadium.

Durch Reduktion von V_2O_5 mit Kohlenstoff hat MOISSAN[1] ein Produkt mit 18,4% C erhalten, das also nahezu der Zusammensetzung VC (19,06% C) entsprach. Es war schwerer schmelzbar als Molybdän. Verschiedene Forscher haben versucht, durch Isolierung des in Vanadiumstählen vorliegenden Vanadiumkarbids über die Formel der Vanadium-Kohlenstoffverbindung Aufschluß zu bekommen. So fanden Pütz[2] die Formel V_2C_3 (26,11% C), Arnold-Read[3] sowie Maurer[4] (letzterer auch auf Grund physikalischer Messungen) die begründetere Formel V_4C_3 (15,01% C). Das Moissansche Karbid VC wurde erneut von Ruff-Martin[5] (sie fanden 19,1% C) und später von Friederich-Sittig[6] durch Reduktion von V_2O_3 (statt V_2O_5) dargestellt. Seine Einheitlichkeit wurde von Becker-Ebert[7] durch die Feststellung bewiesen, daß ihm eine Kristallstruktur vom NaCl-Typ zukommt. Friederich-Sittig bestimmten seine spezifische elektrische Leitfähigkeit.

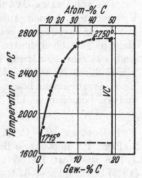

Abb. 169. C-V. Kohlenstoff-Vanadium.

Ruff-Martin ermittelten die Temperatur des Beginns des Schmelzens von V-C-Legierungen mit 1,15—19,01% C. Abb. 169 zeigt das Ergebnis dieser allerdings etwas rohen Messungen.

Osawa-Oya[8] haben 13 V-C-Legierungen mit 1,5—16% C (gewonnen durch Erhitzen von V- und C-Pulver auf 2000°, durch Sinterung von Preßlingen und durch Isolierung aus Vanadiumstählen) mit folgendem Ergebnis röntgenographisch und mikroskopisch untersucht: C ist in festem V nur in sehr geringem Maße löslich (α). Es bestehen zwei intermediäre Phasen, von denen die V-reichere (β) ein hexagonales Gitter dichtester Kugelpackung, die C-reichere (ε) ein kubisch-flächenzentriertes Gitter besitzt; beide sind in einem gewissen Konzentrationsgebiet homogen. Ihre Zusammensetzungen sollen nach der Röntgenanalyse den Formeln V_5C (4,50% C) und V_4C_3 (15,01% C) entsprechen, und zwar soll die Atomverteilung in dem hexagonalen Gitter von V_5C durch Substitution von V-Atomen, die eine dichteste Kugelpackung bilden, durch C-Atome zustande kommen. Das Gitter von V_4C_3 soll dem NaCl-Gitter ähnlich sein. Die mikroskopische Untersuchung zeigte, daß bereits bei 1,5% C primäre β-Kristalle und oberhalb etwa 9% C primäre ε-Kristalle auftreten.

Zu der Arbeit von Osawa-Oya ist folgendes zu bemerken: Das hexagonale Gitter dichtester Kugelpackung der β-Phase spricht dafür, daß diese Phase keine Verbindung, sondern ein Mischkristall von C in W ist. Eine analoge Kristallart wurde von Westgren-Phragmén[9] im System C-Mo gefunden; dort wurde festgestellt, daß die Mo-Atome eine dichteste Kugelpackung bilden, und daß die C-Atome zwischen den Mo-Atomen eingesprengt sind. Diese Struktur ist sehr viel wahrscheinlicher als die von Osawa-Oya angegebene. Das Homogenitätsgebiet der analogen Phase im System C-Mo liegt um einer der Formel Mo_2C

entsprechenden Zusammensetzung. Es ist denkbar, daß dasselbe auch für das System V-C gilt. V_2C entspricht einem C-Gehalt von 10,54% [10]. Der ε-Phase kommt eher die von BECKER-EBERT (s. o.) bestätigte Formel VC als die Formel V_4C_3 zu. Nach TAMMANN-SCHÖNERT[11] diffundiert bei 800—980° Kohlenstoff nicht in Vanadium hinein.

Nachtrag. Zu dem röntgenographischen Befund von OSAWA-OYA äußert sich HÄGG[12] wie folgt:

„Das von OSAWA-OYA mitgeteilte experimentelle Material gibt für die Formeln V_5C und V_4C_3 keinen Anhalt, obwohl es darauf deutet, daß die Homogenitätsgebiete der zwei Phasen bei niedrigeren C-Konzentrationen als V_2C bzw. VC liegen. Mehrere Tatsachen deuten jedoch darauf hin, daß die Präparate stickstoffhaltig sind, was eine Erklärung dieser Abweichungen liefert. Durch teilweisen Ersatz von C durch N werden dann die Phasen bei niedrigeren C-Gehalten homogen. Es ist darum anzunehmen, daß die zwei Phasen bei den Zusammensetzungen V_2C und VC homogen sind."

Literatur.

1. MOISSAN, H.: C. R. Acad. Sci., Paris Bd. 122 (1896) S. 1297/1302. — **2.** PÜTZ, P.: Metallurgie Bd. 3 (1906) S. 651. — **3.** ARNOLD, J. O., u. A. A. READ: J. Iron Steel Inst. Bd. 85 (1912) S. 219/22. — **4.** MAURER, E.: Stahl u. Eisen Bd. 45 (1925) S. 1629/32. — **5.** RUFF, O., u. W. MARTIN: Z. angew. Chem. Bd. 25 (1912) S. 53/56. — **6.** FRIEDERICH, E., u. L. SITTIG: Z. anorg. allg. Chem. Bd. 144 (1925) S. 173/74. — **7.** BECKER, K., u. F. EBERT: Z. Physik Bd. 31 (1925) S. 268/72. — **8.** OSAWA, A., u. M. OYA: Kinzoku no Kenkyu Bd. 5 (1928) S. 434/42 (japan.). Sci. Rep. Tôhoku Univ. Bd. 19 (1930) S. 95/108. — **9.** WESTGREN, A., u. G. PHRAGMÉN: Z. anorg. allg. Chem. Bd. 156 (1926) S. 27/36. — **10.** In einer zusammenfassenden Arbeit nimmt A. WESTGREN: Metallwirtsch. Bd. 9 (1930) S. 921 die Existenz von VC (NaCl-Struktur) und eines C-ärmeren Karbides an, dessen „Homogenitätsgebiet wahrscheinlich um einer der Formel V_2C entsprechenden Zusammensetzung liegt. In einer Arbeit von OSAWA und OYA werden freilich die V-Karbide als V_5C und V_4C_3 bezeichnet. Aus einem Vergleich der Gitterdimensionen dieser Phasen und derjenigen des reinen Vanadiums mit den entsprechenden Größen anderer Karbide und Nitride der Übergangselemente ergibt sich aber, daß die Formeln V_2C und VC wahrscheinlicher als die von den japanischen Forschern angegebenen sind." — **11.** TAMMANN, G., u. K. SCHÖNERT: Z. anorg. allg. Chem. Bd. 122 (1922) S. 28/30. — **12.** HÄGG, G.: Z. physik. Chem. B Bd. 12 (1933) S. 51 Fußnote.

C-W. Kohlenstoff-Wolfram.

Kurzer geschichtlicher Überblick[1]. Durch Schmelzen von Wolfram im Kohletiegel sowie durch Reduktion von WO_3 mit Kohle oder CaC_2 hat MOISSAN[2] W-C-Legierungen hergestellt und u. a. auch ein Produkt mit 3,05—3,22% C erhalten, das er als die Verbindung W_2C (3,16% C) ansprach. Wenig später glaubte WILLIAMS[3] aus einer Fe-W-C-Legierung neben Doppelkarbiden das Karbid WC (6,12% C) isoliert zu haben. Die Einheitlichkeit beider Stoffe wurde nicht bewiesen, doch war das Bestehen von WC nach den Versuchen von WILLIAMS sehr wahrscheinlich. Mit der Darstellung von W-C-Legierungen haben sich auch PRING-FIELDING[4] beschäftigt. HILPERT-ORNSTEIN[5] haben W-Pulver durch

Erhitzen mit CO oder $CH_4 + H_2$ (1:1) aufgekohlt und dabei Grenzen der C-Aufnahme gefunden, die einfachen stöchiometrischen Verhältnissen entsprechen. Sie fanden, daß W bei 1000° durch CO in W_3C_4 (8% C), durch $CH_4 + H_2$ bei 800° in WC übergeführt wird. ARNOLD-READ[6] konnten durch elektrolytische Behandlung von Wolframstählen das Karbid WC isolieren und damit das Ergebnis von WILLIAMS bestätigen.

Die erste umfangreichere, systematische Arbeit über die Konstitution des Systems W-C verdanken wir RUFF-WUNSCH[7]. Es wurden Schmelzpunktbestimmungen und chemische und mikroskopische Untersuchungen ausgeführt. Die großen experimentellen Schwierigkeiten, mit denen die Verfasser zu kämpfen hatten (s. Originalarbeit), machen einen Teil der gewonnenen Ergebnisse recht unsicher. Das gilt besonders für die Schmelzpunktbestimmungen, die wegen der Veränderung der Zusammensetzung der Legierungen beim Sintern und Schmelzen (Entkohlung und Aufkohlung der Oberflächenschichten) keine einwandfreien Ergebnisse lieferten. Die Löslichkeit von Kohlenstoff in geschmolzenem Wolfram wurde bei etwa 2750° zu 4,45, bei 2850° zu 4,89% und bei der Temperatur des Lichtbogens zu höchstens 6,2% ermittelt. In den bei 2750° und 2850° abgeschreckten Legierungen lag der gesamte C-Gehalt als Karbid, in den bei der Lichtbogentemperatur geschmolzenen Proben nie weniger als 3,8% C als Karbid vor. Die Proben bestanden aus WC, das isoliert werden konnte, und einem durch Zerfall von WC entstandenen C-ärmeren Karbid, dem die Verfasser auf Grund der mikroskopischen Untersuchung die Formel W_3C (2,03% C) zuschrieben. Das Bestehen dieses Karbids hielten die Verfasser auf Grund der mikroskopischen Untersuchung für eindeutig erwiesen. Es schmilzt oberhalb 2700° ohne Zersetzung. Die Löslichkeitsgrenze von C in festem W liegt sicher unter 0,12%. Das Bestehen des Karbids W_2C war mit Sicherheit nicht nachzuweisen; die mikroskopische Untersuchung wies zwar auf die Gegenwart noch eines weiteren Karbids zwischen W_3C und WC (W_2C oder W_3C_2) hin, ergab aber gerade für das Bestehen der Verbindung W_2C nicht viel mehr als eine Wahrscheinlichkeit[8]. An dem Bestehen von WC ist nicht zu zweifeln. Es soll bei 2600—2700° unter Bildung von wahrscheinlich W_3C und W_2C und Ausscheidung von Graphit zerfallen. Es wurden drei Eutektika gefunden: das erste bei etwa 1,4% (W + W_3C) und 2690°, ein „zweites, wahrscheinlich metastabil ternäres mit etwa 2,4% aus W_3C, WC und einem dritten Karbid (W_2C?) gebildet und gegen 2660° schmelzend", und ein drittes bei etwa 3,5% C (WC + W_2C?) und 2580°. Betreffs weiterer Einzelheiten muß auf die umfangreiche Veröffentlichung selbst verwiesen werden[9].

Den Befund von RUFF-WUNSCH, daß im System W-C drei Karbide auftreten, konnte HULTGREN[10] bei mikroskopischer Beobachtung einer

durch elektrische Schweißung hergestellten kontinuierlichen Übergangszone zwischen Wolfram und Kohlenstoff nicht bestätigen. Er fand
darin nur zwei homogene Karbidgebiete. Das C-reichere Karbid konnte
isoliert werden und besaß eine der Formel WC entsprechende Zusammensetzung.

ANDREWS[11] und ANDREWS-DUSHMAN[11] berichteten über die Darstellung von W-C-Legierungen verschiedenen C-Gehaltes durch Einwirkung von Naphthalindämpfen auf weißglühenden (1800°) W-Draht
bei vermindertem Druck. Dabei konnte die fortschreitende Aufkohlung
durch Widerstandsmessungen verfolgt werden. Die Widerstands-
Konzentrationskurve zeigt zwei scharfe Knicke bei den Zusammensetzungen W_2C und WC. Andere Karbide wurden unter diesen Bedingungen nicht gebildet. Die Gitterstruktur des von ANDREWS-
DUSHMAN hergestellten Carbids W_2C wurde von W. P. DAVEY[12] bestimmt; sie erwies sich als rhomboedrisch und ließe sich als ein schwach
aufgeweitetes und rhomboedrisch deformiertes W-Gitter, in das sich
C-Atome eingelagert haben, auffassen[13].

FRIEDERICH-SITTIG[14] haben einen Preßling aus W- und C-Pulver im
Verhältnis 1:1 gesintert und die Schmelztemperatur des gebrannten
Produktes zu 3150° abs. bestimmt. Von BECKER-EBERT[15] wurde festgestellt, daß dieses Karbid jedenfalls kein kubisches Gitter besitzt,
sondern von niederer Symmetrie ist.

Die in W-C-Legierungen auftretenden Karbide wurden von WEST-
GREN-PHRAGMÉN[16] durch röntgenographische Strukturanalyse identifiziert. Die Proben waren durch Sintern von W- und Graphitpulver
sowie durch Aufkohlen von W-Draht mit CO hergestellt. Wolfram,
d. h. das kubisch raumzentrierte W-Gitter vermag allenfalls nur äußerst
geringe Mengen Kohlenstoff in fester Lösung aufzunehmen. Es wurden
zwei intermediäre Phasen festgestellt, von denen die C-ärmere, bei
30 Atom-% C auftretende Phase ein hexagonales Gitter dichtester
Kugelpackung, die C-reichere mit 50 Atom-% C ein einfaches hexagonales Gitter besitzt. Letztere stellt das Karbid WC dar. Die Phase
bei 30 Atom-% C ist in einem gewissen Konzentrationsbereich homogen,
ihre Gitterkonstanten ändern sich mit dem C-Gehalt. Die Röntgeninterferenzen dieser Kristallart lassen sich völlig erklären durch eine
hexagonale Kugelpackung der W-Atome ohne Berücksichtigung des
Kohlenstoffs, der zwischen den W-Atomen eingesprengt sein dürfte.
WESTGREN-PHRAGMÉN schließen daraus, daß die C-ärmere Zwischenphase keine Verbindung W_2C, sondern ein Mischkristall von C in W ist.
Eine analoge Phase besteht im System C-Mo. Wolframkarbid, das aus
Ferrowolfram herausgelöst wurde, erwies sich als die Verbindung WC.
Durch den Ersatz von etwas Wolfram durch Eisen sind jedoch die
Gitterabmessungen der hexagonalen Zelle etwas kleiner geworden.

Durch qualitative röntgenographische Untersuchungen konnten
BECKER-HÖLBLING[17] das Bestehen eines von WC verschiedenen, C-ärmeren Karbids bestätigen; sie schrieben ihm die Zusammensetzung W_2C
zu. Gegen die Ansicht von WESTGREN-PHRAGMÉN, daß diese Kristallart
nicht die Verbindung W_2C ist, sondern als ein (intermediärer) Mischkristall des Kohlenstoffs in dem hexagonal kristallisierenden Wolfram
aufzufassen ist, machten sie geltend, daß die chemischen Eigenschaften
der Phase durchaus denen von intermetallischen Verbindungen ähneln.
Durch den Einwand von BECKER-HÖLBLING wird jedoch m. E. keineswegs die Auffassung von WESTGREN-PHRAGMÉN erschüttert, denn eine
intermediäre Phase kann sehr wohl chemische Eigenschaften besitzen,
die denen von typischen Verbindungen ähneln, ohne dem Charakter
ihrer Kristallstruktur nach eine Verbindung zu sein.

Einer Mitteilung von SKAUPY[18] ist zu entnehmen, daß nach gemein-
samer Untersuchung mit BECKER beim Aufkohlen von W die Karbide
W_2C (das möglicherweise W zu lösen vermag) und WC entstehen, und
daß vielleicht oberhalb 2400° eine dritte Phase, die wahrscheinlich
C-ärmer ist als W_2C, gebildet wird. Eine geschmolzen gewesene Legierung mit 3,8% C zeigte eine Struktur, die nach Ansicht von GUERTLER
für ein Eutektoid charakteristisch ist.

Umfangreiche Untersuchungen zur Aufklärung der Konstitution
wurden von BECKER ausgeführt, über die in drei Arbeiten[19] [20] [21] berichtet wurde. Die von SKAUPY-BECKER (s. o.) erwähnte „neue"
dritte Phase erkannte BECKER mit Hilfe röntgenographischer, physikalischer u. a. Untersuchungen an W-Drähten, die durch C-haltige Gase
verschieden stark (bei 975—2870°) aufgekohlt waren, als eine polymorphe Modifikation der W_2C-Phase. Die bei rd. 2400° stattfindende
Umwandlung β-$W_2C \rightarrow \alpha$-W_2C, die unter deutlich hörbarem metallischen Klingen verläuft, läßt sich zum Teil auf Raumtemperatur unterkühlen; durch mechanische Bearbeitung geht das instabile β-W_2C in
α-W_2C über. Die Gitterstruktur der bei hohen Temperaturen stabilen
β-Modifikation wurde nicht aufgeklärt[22]. Bezüglich der Kristallstruktur
von α-W_2C und WC konnte der Befund von WESTGREN-PHRAGMÉN
(s. S. 388) bestätigt werden, doch hält BECKER an der Auffassung fest,
daß W_2C kein Mischkristall, sondern eine echte chemische Verbindung
ist, die im CdJ_2-Typus kristallisiert, wobei die W-Atome eine annähernd
hexagonale dichteste Kugelpackung bilden (Einzelheiten siehe insbesondere bei [20]). Eine merkliche Mischkristallbildung ist nach BECKER
weder bei W noch bei α-W_2C und WC nachzuweisen.

BECKER[21] hat geschmolzen gewesene Legierungen mit 0,2—4,4% C
mikroskopisch und röntgenographisch untersucht und darin nur die
Phasen W, α-W_2C und WC nachweisen können. Aus der Tatsache, daß
sich Schmelzen mit mehr als 4,4% C nicht herstellen ließen (?), schloß

er, daß WC in der Nähe seines Schmelzpunktes unter Freiwerden von C zerfällt, welcher verdampft. „Ob sich dabei ein C-ärmeres Karbid W_3C_2 (4,17% C) bildet, das seinerseits beim Abkühlen (eutektoidisch) in W_2C und WC zerfällt, oder ob ein Teil des WC zu W_2C zerfällt und dieses W_2C den noch übrigbleibenden Anteil WC als feste Lösung aufzunehmen vermag und dieser Mischkristall dann beim Erkalten zerfällt, kann nicht entschieden werden." Dazu ist zu sagen, daß eine der zweiten Deutung entsprechende Konstitution aus theoretischen Gründen ausscheidet. Die Annahme eines Karbids mit einem zwischen W_2C und WC liegenden C-Gehalt, das beim Erkalten in diese beiden Phasen eutektoidisch zerfällt, stützt sich ausschließlich auf die Beobachtung, daß eine Legierung mit 3,8% C, die bei schwacher Vergrößerung ein grobkristallines Gefüge (Primärkristalle des hypothetischen Karbids W_3C_2) besitzt, sich bei starker Vergrößerung als aus einem „Eutektoid" (W_2C + WC) bestehend erweisen soll. Ob diese Feststellung zur Annahme eines dritten Karbids berechtigt, das allerdings — wie röntgenographische Heißaufnahmen zeigten — nur oberhalb 2600° beständig sein, also nur ein sehr enges Stabilitätsgebiet besitzen kann, ist zu bezweifeln.

BARNES[23] konnte in W-Fäden, die bei 1950—2100° abs. gekohlt waren, mikroskopisch ebenfalls nur W_2C und WC nachweisen. Den Schmelzpunkt von W_2C bestimmte er zu 3000 ± 15° abs., doch dürfte bei dem Versuch eine geringe Entkohlung der Oberfläche stattgefunden haben. AGTE-ALTERTHUM[24] fanden den Schmelzpunkt bei 3130 ± 50° abs. und den Schmelzpunkt von WC bei 3140 ± 50° abs. (letzteren in guter Übereinstimmung mit FRIEDERICH-SITTIG).

GREGG-KÜTTNER[25] haben fünf technische W-C-Legierungen röntgenographisch und mikroskopisch untersucht und die Karbide W_2C und WC festgestellt. „Die Struktur der Legierungen, die aus W_2C und WC bestehen, ähnelt derjenigen eines Eutektoids, das von einem Netzwerk aus WC oder einem komplexen Netzwerk umgeben ist." Auch SCHRÖTER[26] berichtet über mikroskopische Untersuchungen an technischen Legierungen.

Zu einem gewissen Abschluß führte eine kürzlich von SYKES[27] durchgeführte sehr sorgfältige Untersuchung. Abb. 170 zeigt das von ihm hauptsächlich auf Grund von Schmelzpunktsbestimmungen und mikroskopischen Beobachtungen, sowie auch qualitativen Röntgenuntersuchungen entworfene vorläufige Zustandsschaubild, das trotz der außerordentlich großen Schwierigkeiten, die das Arbeiten mit diesen Legierungen macht, bereits einen ziemlich hohen Sicherheitsgrad besitzt. Durch einen hier nicht näher durchzuführenden Vergleich mit den oben beschriebenen Ergebnissen der früheren Forscher erhält man ein Bild von dem, was heute auf Grund wiederholter und eindeutiger Feststellungen als feststehend angesehen werden darf. Dabei ergibt sich im wesentlichen, daß nur mit dem Bestehen der beiden Phasen W_2C und WC zu rechnen ist. Die Frage der Polymorphie der W_2C-Phase wurde von SYKES nicht untersucht; er läßt diesen Punkt gänzlich unbehandelt. Durch eine entsprechende Umwandlungskurve wäre also das Schaubild von SYKES zu ergänzen. In Tabelle 18 sind die Ergebnisse der bisher vorliegenden Schmelzpunktsbestimmungen zusammengestellt.

Tabelle 18. Schmelzpunkte von W_2C und WC in °C.

	Ruff u. Wunsch	Friederich u. Sittig	Agte u. Alterthum	Barnes	Sykes
W_2C	—	—	$2860 \pm 50°$	$2730 \pm 15°$	$2700 \pm 50°$
WC	2600—2700°	2880°	$2870 \pm 50°$	—	2600°

SCHENCK, KURZEN und WESSELKOCK[28] haben durch isothermen Aufbau von W-Karbiden mit Hilfe von Methan und Abbau mit H_2 in Übereinstimmung mit HILPERT-ORNSTEIN festgestellt, daß bei 800° nur WC gebildet wird. Bei 700° deutet der Befund auf die Bildung von einem oder vielleicht zwei instabilen Karbiden (W_5C_2 und W_3C_2?) hin, die bei höheren Temperaturen wegen großer Umwandlungsgeschwindigkeit nicht in Erscheinung treten.

Weitere Untersuchungen. MEISSNER-FRANZ[29]: Supraleitfähigkeit von WC; KLEMM-SCHÜTH[30]: Magnetismus von WC; RAVDEL[31]: Nachweis von W_2C und WC durch Aufkohlungsversuche von W-Draht mit Naphthalindampf.

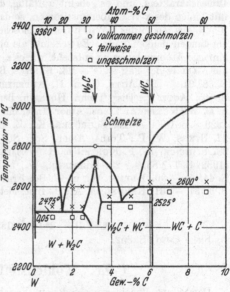

Abb. 170. C-W. Kohlenstoff-Wolfram.

Literatur.

1. In den meisten Arbeiten werden die jeweils früher veröffentlichten Arbeiten besprochen. — **2.** MOISSAN, H.: C. R. Acad. Sci., Paris Bd. 116 (1893) S. 1225/27; Bd. 123 (1896) S. 13/16; Bd. 125 (1897) S. 839/44. — **3.** WILLIAMS, P.: C. R. Acad. Sci., Paris Bd. 126 (1898) S. 1722/24; Bd. 127 (1898) S. 410/12. — **4.** PRING, J. N., u. W. FIELDING: J. chem. Soc. Bd. 95 (1909) S. 1497/1506. — **5.** HILPERT, S., u. M. ORNSTEIN: Ber. dtsch. chem. Ges. Bd. 46 (1913) S. 1669/75. — **6.** ARNOLD, J. O., u. A. A. READ: Engineering Bd. 117 (1914) S. 434/35. — **7.** RUFF, O., u. R. WUNSCH: Z. anorg. allg. Chem. Bd. 85 (1914) S. 292/328. — **8.** Nach RUFF und WUNSCH war das von MOISSAN als W_2C angesehene Produkt sicher ein Gemisch. — **9.** S. auch die Zusammenfassung von I. KOPPEL in Abeggs Handb. d.

anorg. Chem. Bd. 4 Abt. 1 S. 845/49, Leipzig 1921. — 10. HULTGREN, A.: Metallographic Study of Tungsten Steels, New York 1920, S. 50, zitiert nach A. WESTGREN u. G. PHRAGMÉN: Z. anorg. allg. Chem. Bd. 156 (1926) S. 28. — 11. ANDREWS, M. R.: J. physic. Chem. Bd. 27 (1923) S. 270/83. ANDREWS, M. R., u. S. DUSHMAN: J. Franklin Inst. Bd. 192 (1921) S. 545. J. physic. Chem. Bd. 29 (1925) S. 462/72. — 12. DAVEY, W. P., s. bei ANDREWS u. DUSHMAN: J. physic. Chem. Bd. 29 (1925) S. 462/72. — 13. Nach P. P. EWALD u. C. HERMANN: Strukturbericht 1913—1928, S. 225/26, Leipzig 1931. — 14. FRIEDERICH, E., u. L. SITTIG: Z. anorg. allg. Chem. Bd. 144 (1925) S. 184/85. — 15. BECKER, K., u. F. EBERT: Z. Physik Bd. 31 (1925) S. 268/72. — 16. WESTGREN, A., u. G. PHRAGMÉN: Z. anorg. allg. Chem. Bd. 156 (1926) S. 27/36. — 17. BECKER, K., u. R. HÖLBLING: Z. angew. Chem. Bd. 40 (1927) S. 512/13. — 18. SKAUPY, F.: Z. Elektrochem. Bd. 33 (1927) S. 487/91. — 19. BECKER, K.: Z. Elektrochem. Bd. 34 (1928) S. 640/42. — 20. BECKER, K.: Z. Physik Bd. 51 (1928) S. 481/89. — 21. BECKER, K.: Z. Metallkde. Bd. 20 (1928) S. 437/41. — 22. „Gegenüber dem Röntgenogramm des bei 20° beständigen α-W$_2$C zeigt dasjenige von β-W$_2$C eine gewisse Vereinfachung des Liniencharakters, und es scheint auffällig, daß fast sämtliche Linien des β-W$_2$C mit Linien des α-W$_2$C übereinstimmen, so daß man sich das Röntgenogramm des β-W$_2$C aus jenem des α-W$_2$C durch Auslöschung einer Anzahl Linien des letzteren entstanden denken kann. Es scheint, als ob α-W$_2$C aus dem β-W$_2$C durch eine einfache Atomumlagerung entsteht, wie es z. B. bei der Umwandlung von β-Quarz aus α-Quarz der Fall ist." — 23. BARNES, B. T.: J. physic. Chem. Bd. 33 (1929) S. 688/91. — 24. AGTE, C., u. H. ALTERTHUM: Z. techn. Physik Bd. 11 (1930) S. 185. AGTE, C.: Diss. Techn. Hochsch. Berlin 1931, S. 27. — 25. GREGG, J. L., u. C. W. KÜTTNER: Trans. Amer. Inst. min. metallurg. Engr. Inst. Metals Div. 1929 S. 581/90. — 26. SCHRÖTER, K.: Z. Metallkde. Bd. 20 (1928) S. 31/33. — 27. SYKES, W. P.: Trans. Amer. Soc. Stl. Treat. Bd. 18 (1930) S. 968/91. — 28. SCHENCK, R., F. KURZEN u. H. WESSELKOCK: Z. anorg. allg. Chem. Bd. 203 (1932) S. 177/83. — 29. MEISSNER, W., u. H. FRANZ: Z. Physik Bd. 65 (1930) S. 44/45. — 30. KLEMM, W., u. W. SCHÜTH: Z. anorg. allg. Chem. Bd. 201 (1931) S. 30/31. — 31. RAVDEL, A. A.: J. Inst. Met., Lond. Bd. 47 (1931) S. 432 (Ref.).

C-Zn. Kohlenstoff-Zink.

Siehe C-Cd, S. 352.

C-Zr. Kohlenstoff-Zirkonium.

Darstellung (nach verschiedenen Verfahren) und Eigenschaften von ZrC (11,63% C): MOISSAN, H., u. F. LENGFELD: C. R. Acad. Sci., Paris Bd. 122 (1896) S. 651/54. WEDEKIND, E.: Chem.-Ztg. Bd. 31 (1907) S. 654/55. FRIEDERICH, E., u. L. SITTIG: Z. anorg. allg. Chem. Bd. 144 (1925) S. 171/73. ARKEL, A. E. VAN, u. J. H. DE BOER: Z. anorg. allg. Chem. Bd. 148 (1925) S. 347/48. PRESCOTT, C. H.: J. Amer. chem. Soc. Bd. 48 (1926) S. 2534/50. AGTE, C., u. K. MOERS: Z. anorg. allg. Chem. Bd. 198 (1931) S. 236/38. MOERS, K.: Z. anorg. allg. Chem. Bd. 198 (1931) S. 248/51. BURGERS, W. G., u. J. C. M. BASART: Z. anorg. allg. Chem. Bd. 216 (1934) S. 209/22.

Der Schmelzpunkt von ZrC wird von E. FRIEDERICH u. L. SITTIG: Z. anorg. allg. Chem. Bd. 144 (1925) S. 172/73 zu 3400—3500° abs., von C. AGTE u. H. ALTERTHUM: Z. techn. Physik Bd. 11 (1930) S. 185 mit größerer Genauigkeit zu 3805° abs. ± 125° angegeben.

Kristallstruktur (Steinsalzgitter): ARKEL, A. E. VAN: Physica Bd. 4 (1924) S. 286/301. BECKER, K., u. F. EBERT: Z. Physik Bd. 31 (1925) S. 268/72. PRES-

COTT, C. H.: J. Amer. chem. Soc. Bd. 48 (1926) S. 2545/48. BURGERS, W. G., u. J. C. M. BASART: Z. anorg. allg. Chem. Bd. 216 (1934) S. 209/22.

Supraleitfähigkeit: Nach W. MEISSNER, H. FRANZ u. H. WESTERHOFF: Z. Physik Bd. 75 (1932) S. 523/24 wird ZrC zwischen 4,1 und 2,1° abs. supraleitend.

Magnetismus von ZrC: KLEMM, W., u. W. SCHÜTH: Z. anorg. allg. Chem. Bd. 201 (1931) S. 24/31.

Außer ZrC soll noch das Karbid ZrC_2 (20,83% C) bestehen (TROOST, L.: C. R. Acad. Sci., Paris Bd. 16 (1893) S. 1228. RUFF, O., u. R. WALLSTEIN: Z. anorg. allg. Chem. Bd. 128 (1923) S. 100), doch handelt es sich dabei offenbar um ein Gemenge von ZrC mit C. Jedenfalls ist die Einheitlichkeit eines Produktes von der Zusammensetzung ZrC_2 bisher nicht erwiesen.

Ca-Cd. Kalzium-Kadmium.

Abb. 171 zeigt das von DONSKI[1] entworfene Zustandsschaubild. Dazu ist folgendes zu bemerken: Das Bestehen der aus den beiden flüssigen

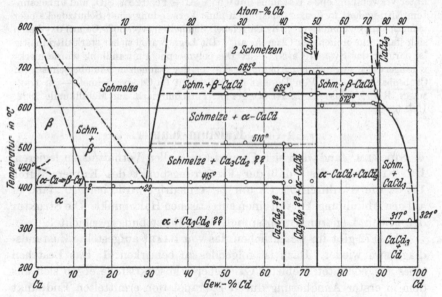

Abb. 171. Ca-Cd. Kalzium-Kadmium.

Schichten bei 685° gebildeten Verbindung CaCd (73,72% Cd) ergab sich zweifelsfrei aus der Intensität der Wärmetönungen bei dieser Temperatur sowie bei 635° (polymorphe Umwandlung der Verbindung[2]), die beide bei rd. 74% Cd am größten waren, außerdem wird die Zeitdauer der peritektischen Reaktion bei 612° bei etwa 74% Cd Null. Die Formel $CaCd_3$ (89,38% Cd) für die Cd-reichste Verbindung wurde aus den Haltezeiten bei 612° und 317° ermittelt; $CaCd_3$ macht möglicherweise bei einer etwa 24° unterhalb ihrer Bildungstemperatur gelegenen Temperatur eine polymorphe Umwandlung durch. Die in den Schmelzen mit 50—67% Cd bei rd. 510° stattfindende Reaktion dürfte der peritektischen Bildung einer weiteren Verbindung entsprechen. Die thermischen Effekte sind hier sehr klein; soweit sie das Maximum der Haltepunktsdauer erkennen lassen, liegt dieses bei etwa 65% Cd. DONSKI nimmt daher für diese Kristallart die Formel Ca_3Cd_2[3] (65,16% Cd) als wahrscheinlich an. Mit Hilfe mikroskopischer Beobachtung Aufklärung zu erhalten, gelang nicht wegen der großen Unbeständigkeit der betreffenden Legierungen. Das Vorhandensein von Ca-reichen Mischkristallen ergab sich lediglich aus dem in erster Annäherung durch Extrapolation ermittelten Endpunkt der Eutektikalen bei 415°.

KREMANN, WOSTALL und SCHÖPFER[4] bestätigten das Vorhandensein der Verbindung $CaCd_3$ mit Hilfe von Spannungsmessungen.

Literatur.

1. DONSKI, L.: Z. anorg. allg. Chem. Bd. 57 (1908) S. 193/99. Die Legn. wurden unter Verwendung eines Kalziums mit 0,55% Al + Fe, 0,28% SiO_2 und unbekanntem Nitridgehalt in Jenaer Glasröhren ohne Verwendung einer Schutzdecke oder -atmosphäre erschmolzen. „Die Ca-reichen Schmelzen (von 30% Ca an) oxydieren sich stark und greifen das Glasrohr an". Die Legn. waren sicher stark nitridhaltig (s. darüber das System Ca-N). — **2.** Die polymorphe Umwandlung wurde merkwürdigerweise nur auf den Abkühlungskurven der Schmelzen mit überschüssigem Ca beobachtet. — **3.** Von DONSKI irrtümlich mit Ca_2Cd_3 bezeichnet. — **4.** KREMANN, R., H. WOSTALL u. H. SCHÖPFER: Forschungsarb. zur Metallkunde 1922, Heft 5.

Ca-Cu. Kalzium-Kupfer.

STOCKEM[1] fand, daß sich Ca und Cu in allen Verhältnissen legieren. DONSKI[2] stellte fest, daß der Erstarrungspunkt des Kupfers durch 1% Ca um 8°, durch 5% Ca um 74° erniedrigt wird; bei 920° fand er auf den Abkühlungskurven einen eutektischen Haltepunkt. Die Struktur der beiden Legierungen entsprach ihrer Entstehungsgeschichte.

Abb. 172 gibt im wesentlichen das von BAAR[3] aufgestellte Zustandsdiagramm wieder. Dazu ist folgendes zu bemerken: 1. Das Bestehen eines ausgedehnten Gebietes Ca-reicher β-Mischkristalle ergab sich aus dem in erster Annäherung durch Extrapolation ermittelten Endpunkt der Eutektikalen bei 560°. 2. Auf den Abkühlungskurven der Legierungen mit 10—76,5% Cu beobachtete BAAR schwache thermische Effekte bei etwa 482 ± 7°. Die Legierung mit 30% Cu, bei der diese Wärmetönung am größten war, erwies sich als homogen, und zwar sowohl nach dem Abschrecken bei 600°, wie auch nach langsamem Erkalten und Glühen bei 470°. Die Legierungen mit 40—50% Cu enthielten dagegen außerdem eine zweite Kristallart, wahrscheinlich γ. BAAR vermutet nun, daß alle β-Mischkristalle mit 30 bis etwa 44% Cu mit sinkender Temperatur beim Überschreiten einer zwischen den Punkten 30% Cu bei 482° und 44% Cu bei 560° verlaufenden Grenzkurve γ-Kristalle ausscheiden, „wobei zum Schluß der gesättigte Mischkristall mit 30%, der auch als Verbindung Ca_4Cu (??) aufgefaßt werden kann, nachbleibt. Dieser Mischkristall wandelt sich dann (d. h. bei 482°) ohne Änderung seiner Zusammensetzung aus der β-Form in die α-Form um". In den Legierungen mit weniger als 30% Cu soll nach BAAR eine ähnliche Entmischung (unter Ausscheidung von Ca-Kristallen) bei praktisch derselben Temperatur vor sich gehen, wofür sich Anhaltspunkte aus der Struktur dieser Legierungen ergaben. Diese Deutung der thermischen Effekte bei etwa 482° ist jedoch mit den Gesetzen der

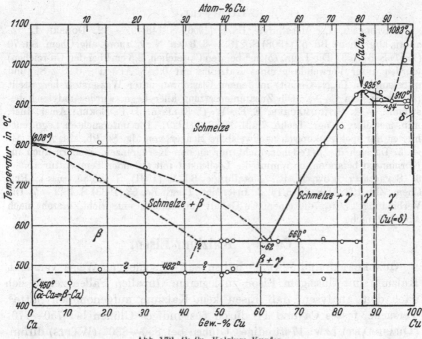

Abb. 172. Ca-Cu. Kalzium-Kupfer.

Lehre vom heterogenen Gleichgewicht unvereinbar, so daß die sich hier abspielenden Vorgänge noch als ungeklärt angesehen werden müssen. 3. Im übrigen bestätigte die Gefügeuntersuchung die Befunde der thermischen Analyse. Insbesondere gab sich das Bestehen fester Lösungen von Cu in der Verbindung $CaCu_4$ (86,39% Cu) durch das Auftreten von Schichtkristallen zu erkennen.

SCHUHMACHER, ELLIS und ECKEL[4] stellten fest, daß eine Legierung mit nur 0,06% Kalzium nach einstündigem Glühen bei 800° in Wasserstoff (ohne nachfolgendes Abschrecken) noch geringe Mengen der γ-Kristallart enthält, die feste Löslichkeit ist also sehr klein[5]. Der geringe Einfluß, den Ca-Gehalte von 0,06—0,8% auf die elektrische Leitfähigkeit des Kupfers ausüben, spricht gleichfalls dafür.

Nachtrag. Dem Referat über eine Arbeit von SSYROMJATNIKOW[6] ist folgendes zu entnehmen. Ssyromjatnikow gibt an, daß eine Legierung mit 83,2% Cu aus Cu-Kristallen und einem Eutektikum Cu + CaCu₃[7] besteht. Nach Abb. 172 würde diese Legierung hingegen aus CaCu₄-Kristallen (γ) und dem Eutektikum ($\beta + \gamma$) aufgebaut sein. Die elektrische Leitfähigkeit des Kupfers wird nach Ssyromjatnikow — entgegen der Feststellung von Schuhmacher-Ellis-Eckel (s. o.) — durch 0,5% Ca auf die Hälfte erniedrigt (?); das würde auf Mischkristallbildung hindeuten (vgl. Abb. 172).

Literatur.

1. Stockem, L.: Metallurgie Bd. 3 (1906) S. 148/49. — **2.** Donski, L.: Z. anorg. allg. Chem. Bd. 57 (1908) S. 218. — **3.** Baar, N.: Z. anorg. allg. Chem. Bd. 70 (1911) S. 377/83. Die Legn. (5 cm³ bei den Ca-reichen, 2,5 cm³ bei den Cu-reichen) wurden unter Verwendung eines Kalziums mit 0,55% Al + Fe, 0,28% Si (und unbekanntem Ca₃N₂-Gehalt) in Jenaer Glasröhren unter Wasserstoff hergestellt (s. das System Ca-N). Die Zusammensetzung aller Legn. wurde analytisch bestimmt. — **4.** Schuhmacher, E. E., W. C. Ellis u. J. F. Eckel: Amer. Inst. min. metallurg. Engr. Techn. Publ. Nr. 240 (1929). Die untersuchten Legn. enthielten nur spektroskopisch nachweisbare Mengen von Mg, Si, Pb, Mn, Ag u. Al. — **5.** Da sich die β-Teilchen nicht nur an den Korngrenzen, sondern auch im Korninnern befanden, so nimmt die Löslichkeit mit fallender Temperatur ab. — **6.** Ssyromjatnikow, R. R.: Metallurgie Bd. 6 (1931) S. 466/85 (russ.). Ref. Chem. Zbl. 1932 II S. 3615/16. J. Inst. Met., Lond. Bd. 53 (1933) S. 182. — **7.** Die Verbindung CaCu₃, die einem Cu-Gehalt von 82,63% entspricht, besteht nach Abb. 172 nicht.

Ca-Fe. Kalzium-Eisen.

Quasebart[1] und Watts[2] haben auf verschiedene Weise versucht, Kalzium mit flüssigem Eisen zu legieren. In allen Fällen zeigte sich nach den Analysen, daß Eisen kein Kalzium aufgenommen hatte[3]. Versuche, festes Ca und Fe durch 60stündiges Glühen bei 750—770° (Quasebart) bzw. 17stündiges Glühen bei 850—880° (Watts) diffundieren zu lassen, verliefen ebenfalls negativ[4].

Literatur.

1. Quasebart, C.: Metallurgie Bd. 3 (1906) S. 28/29. Vgl. nur die mit C-armem Eisen ausgeführten Versuche Nr. 4—7. — **2.** Watts, O. P.: J. Amer. chem. Soc. Bd. 28 (1906) S. 1152/55. Watts verwendete ein Eisen mit 0,03 bis 0,04% C und 0,01—0,09% Si. — **3.** Ebenfalls zum Zwecke des Nachweises der Legierungsfähigkeit des Eisens mit Kalzium ausgeführte Versuche von A. Ledebur: Stahl u. Eisen Bd. 22 (1902) S. 710/13 und L. Stockem: Metallurgie Bd. 3 (1906) S. 147/48 sind nicht beweiskräftig. — **4.** Vgl. auch A. Wever: Naturwiss. Bd. 17 (1929) S. 304/09. Arch. Eisenhüttenwes. Bd. 2 (1928/29) S. 739/46.

Ca-Hg. Kalzium-Quecksilber.

Die Ansichten über die Formeln der Ca-Hg-Verbindungen gehen weit auseinander. So gab Ferrée[1] auf Grund einer präparativen Unter-

suchung eine Verbindung Ca_3Hg_4 (86,97% Hg) an, deren Bestehen von
KERP, BÖTTGER und IGGENA[2] bezweifelt wurde, da die beschriebene
Substanz nicht einheitlich gewesen sein dürfte. SCHÜRGER[3] fand durch
Synthese die Verbindung $CaHg_5$ (96,17% Hg) und MOISSAN-CHAVANNE[4]
nahmen (ebenfalls durch Synthese, jedoch durchaus unbewiesen) die
Formel $CaHg_8$ (97,56% Hg) an, während BECKMANN-LIESCHE[5] aus Be-
stimmungen der Siedepunktserhöhung des Quecksilbers durch Ca auf
das Bestehen der Verbindung $CaHg_{10}$ (98,04% Hg) schlossen.

CAMBI-SPERONI[6] untersuchten die Konstitution der Hg-reichen
Legierungen mit 93,5—100% Hg mit Hilfe der thermischen Analyse
und gelangten zu dem in Abb. 173a dargestellten Schaubild. Das Be-

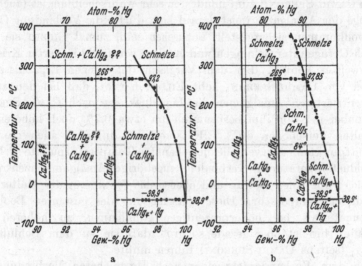

Abb. 173 a und b. Ca-Hg. Kalzium-Quecksilber.

stehen der bei 266° unter Zersetzung schmelzenden Verbindung $CaHg_4$
(95,25% Hg) ergab sich aus dem bei dieser Zusammensetzung liegenden
Maximum der peritektischen Haltezeiten; die Haltezeiten bei —39°
werden jedoch bei 96% Hg gleich Null, was mehr für die Verbindung
$CaHg_5$ (96,17% Hg) sprechen würde. Bei Temperaturen oberhalb 266°
scheidet sich nach Ansicht der Verfasser wahrscheinlich die Verbindung
$CaHg_2$ (90,92% Hg) primär aus; die peritektischen Haltezeiten werden
jedoch bei 92,5—93% Hg gleich Null, was einer zwischen $CaHg_2$ und
$CaHg_3$ (93,76% Hg) liegenden Konzentration entsprechen würde. Die
Untersuchung ergab keinen Anhalt für das Bestehen einer Verbindung
mit höherem Hg-Gehalt, wie solche mehrfach beschrieben wurde (s. o.).
Der Sättigung von flüssigem Hg an Ca bei 25° entspricht nach CAMBI-
SPERONI ein Gehalt von 0,3% Ca.

CAMBI[7] hat das elektrochemische Potential der Legierungen mit mehr als 92% Hg bei —80° gemessen und — in Bestätigung seiner thermischen Untersuchung mit SPERONI — einen deutlichen Spannungssprung bei der Zusammensetzung CaHg$_4$ gefunden. Ein zweiter Sprung deutet dàs Bestehen von CaHg$_9$ (97,78% Hg) an.

Das in Abb. 173b wiedergegebene Diagramm wurde von EILERT[8] (in Gemeinschaft mit NAESER und MENKE) ausgearbeitet. Die drei Verbindungen ergaben sich auf folgende Weise: CaHg$_3$ aus dem Nullwerden der peritektischen Haltezeiten bei 265°, CaHg$_5$ aus dem Höchstwert der Haltezeiten bei 265° und CaHg$_{10}$ aus dem Höchstwert der Haltezeiten bei 84°[9].

Während das Bestehen der Verbindung CaHg$_3$ (gegenüber CaHg$_2$ nach CAMBI-SPERONI) zum mindesten sehr wahrscheinlich ist (auch das Gefüge der Amalgame weist darauf hin), dürfte die Verbindung CaHg$_5$ als vollkommen sichergestellt anzusehen sein, zumal EILERT sie auch durch Gefügeuntersuchungen und Analyse sorgfältig isolierter Kristalle nachweisen konnte. Bei dem Vergleich der eigenen Ergebnisse mit denen von CAMBI-SPERONI hebt EILERT hervor, daß bei den an Ca konzentrierteren Amalgamen die Liquiduskurve nach CAMBI-SPERONI gegenüber der von ihm bestimmten um etwa 0,7% noch höheren Ca-Gehalten verschoben sei[10]. „Entsprechend differiert auch die dem Schnittpunkt der Kurven, die die genannten Temperaturpunkte (d. h. die Liquidustemperaturen) verbinden, zugehörige Amalgamkonzentration bei 265° um jenen Betrag und ebenso das Maximum der Haltezeiten bie dieser Temperatur. Diese Verschiebung des gesamten Beobachtungsmaterials bei höherprozentigen Amalgamen zu höheren Ca-Gehalten hin ist aber gerade so groß, daß sie zu dem Schluß auf CaHg$_4$ (seitens CAMBI-SPERONI) führen mußte."

An dem Vorhandensein einer noch Hg-reicheren Verbindung als CaHg$_5$ ist nach den Untersuchungen von EILERT und seinen Mitarbeitern nicht mehr zu zweifeln. Dagegen ist ihre Formel m. E. noch nicht ganz sicher. Die Zusammensetzungen CaHg$_8$ (MOISSAN-CHAVANNE), CaHg$_9$ (CAMBI) und CaHg$_{10}$ (BECKMANN-LIESCHE und EILERT) unterscheiden sich um nur 0,22 bzw. 0,26%. Die Bildung dieser Verbindung erfolgt bei zu schnellem Durchgang durch die peritektische Temperatur von 84° nicht vollständig. Das Ende der Erstarrung liegt nach den beiden Diagrammen der Abb. 173 auch in Hg-ärmeren Schmelzen bei —39°. Leider teilt EILERT keine thermischen Einzelwerte für die Reaktion bei 84° mit[9]. Immerhin ist die Formel CaHg$_{10}$ wohl als die wahrscheinlichste anzusehen.

Literatur.

1. FERRÉE, J.: C. R. Acad. Sci., Paris Bd. 127 (1898) S. 618/20. — **2.** KERP, W., W. BÖTTGER u. H. IGGENA: Z. anorg. allg. Chem. Bd. 25 (1900) S. 32/33. — **3.** SCHÜRGER, J.: Z. anorg. allg. Chem. Bd. 25 (1900) S. 425/29. — **4.** MOISSAN, H.,

u. CHAVANNE: C. R. Acad. Sci., Paris Bd. 140 (1905) S. 125. — **5.** BECKMANN, E.,
u. O. LIESCHE: Z. anorg. allg. Chem. Bd. 89 (1914) S. 171/90. — **6.** CAMBI, L., u.
G. SPERONI: Atti R. Accad. Lincei, Roma 5 Bd. 23 II (1914) S. 599/605. Chem.
Zbl. 1915 I S. 824. — **7.** CAMBI, L.: Atti R. Accad. Lincei, Roma 5 II Bd. 23 (1914)
S. 606/11. Chem. Zbl. 1915 I S. 825. — **8.** EILERT, A.: Z. anorg. allg. Chem. Bd. 151
(1926) S. 96/104. Das verwendete Ca war 99,2% ig. Die Abkühlung der Schmelzen
geschah im allgemeinen wie ihre Herstellung unter getrocknetem und gereinigtem
CO_2 in geschlossenem Glasrohr. — **9.** Einzelwerte werden für die bei 84° stattfindende Reaktion $CaHg_5$ + Schmelze → $CaHg_{10}$ nicht gegeben, es wird nur bemerkt,
daß bei 84° ein schwacher Haltepunkt im Konzentrationsgebiet 3,8—0,9% Ca
zu beobachten war, der bei einem 1,9% igen Amalgam am größten war. Weiteres
über $CaHg_{10}$ bei EILERT S. 102/03. — **10.** Nach EILERT ist „die Ursache offenbar
darin zu suchen, daß Oxydation des Kalziums an der Oberfläche des Amalgams
eingetreten und bei Angabe des Prozentgehaltes des Amalgams nicht berücksichtigt ist".

Ca-Mg. Kalzium-Magnesium.

Daß Ca und Mg sich in allen Verhältnissen legieren lassen, stellte
erstmalig STOCKEM[1] fest. BAAR[2] arbeitete das ganze Erstarrungsdia-

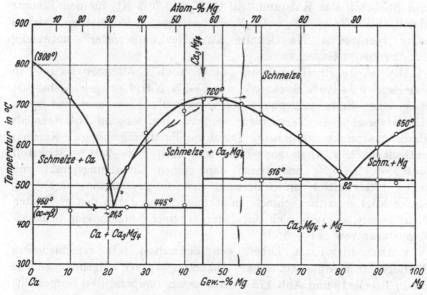

Abb. 174. Ca-Mg. Kalzium-Magnesium.

gramm aus (s. Abb. 174). Die mikroskopische Untersuchung bestätigte
die aus der thermischen Analyse gezogenen Schlüsse. Die Konzentration
der beiden Eutektika[3] wurde lediglich aus den eutektischen Haltezeiten
bestimmt. Die Löslichkeit im festen Zustand in den Komponenten und
der Verbindung Ca_3Mg_4 (44,73% Mg) wurde nicht untersucht.

Das Bestehen der Verbindung Ca_3Mg_4 wurde von KREMANN, WOSTALL
und SCHÖPFER[4] durch Spannungsmessungen bestätigt.

Nachtrag. Pâris[5] teilt mit, daß der Verbindung auf Grund thermischer Untersuchungen die Formel Ca_3Mg_5 (50,3% Mg) statt Ca_3Mg_4 zuzuschreiben sei.

Literatur.

1. Stockem, L.: Metallurgie Bd. 9 (1906) S. 149. — 2. Baar, N.: Z. anorg. allg. Chem. Bd. 70 (1911) S. 362/66. Die Legn. wurden unter Verwendung eines Kalziums mit 0,55% Al + Fe, 0,28% Si (und unbekanntem Ca_3N_2-Gehalt) in Jenaer Glasröhren unter Wasserstoff hergestellt. Der von Baar zu 808° gefundene Schmelzpunkt des Kalziums deutet auf einen ziemlich erheblichen Nitridgehalt (s. das System Ca-N). — 3. Tamaru, S.: Z. anorg. allg. Chem. Bd. 62 (1909) S. 86/87 hatte schon früher die Vermutung ausgesprochen, daß die Temperatur des Ca-reichen Eutektikums bei 450—457° liegt. — 4. Kremann, R., H. Wostall u. H. Schöpfer: Forschungsarb. Metallkde. 1922 Heft 5. — 5. Pâris, R.: C. R. Acad. Sci., Paris Bd. 197 (1933) S. 1634/35.

Ca-N. Kalzium-Stickstoff.

Kalzium bildet bei erhöhter Temperatur (am stärksten bei 400—440°) mit Stickstoff das Kalziumnitrid Ca_3N_2 (18,90% N); für den Eintritt der Reaktion $3 Ca + N_2 = Ca_3N_2$ sind geringe, im technischen Kalzium stets vorhandene Na-Gehalte als „Reaktionserreger" notwendig (v. Antropoff-Germann[1]).

Das reinste Handelskalzium enthält nach v. Antropoff-Falk[2] in der Regel 0,3—0,6% Stickstoff, was 2—3% Nitrid entspricht, und hat dann einen Erstarrungspunkt von etwa 809°. Diese oder eine wenig davon verschiedene Temperatur wird von den meisten Forschern als Ca-Schmelzpunkt angegeben[3]. Durch Sublimation gereinigtes Kalzium enthielt nach v. Antropoff-Falk nur noch 0,05—0,08% Stickstoff = 0,3—0,4% Ca_3N_2 und besaß dann einen Erstarrungspunkt von $848 \pm 1°$ als Mittel von 10 Bestimmungen (in Argonatmosphäre). Berücksichtigt man die Schmelzpunkterniedrigung durch den genannten Nitridgehalt, so ergibt sich für chemisch reines Kalzium eine Schmelztemperatur von $851 \pm 1°$[3a].

v. Antropoff-Falk haben von Schmelzen mit verschiedenem Nitridgehalt in Argonatmosphäre Abkühlungskurven aufgenommen und die in Tabelle 19 und Abb. 175 verzeichneten Temperaturen festgestellt. Der Haltepunkt bei 780° wird der Kristallisation des β-Ca-Ca_3N_2-

Tabelle 19.

% Ca	% Ca_3N_2	% N	Knickpunkt bei °	Haltepunkt bei °	Haltezeit für 100 g	siehe Anm.
dest. Ca	0,3	0,06	—	848,4	—	—
97,4	2.6	0,49	817	809	5,3	4
88,6	11,4	2,2	846	780	6,4	5
74,6	25,4	4,8	887	780	5,9	5
Ca_3N_2	100	18,9	—	1195	—	6

Eutektikums entsprechen, da das zu den betreffenden Schmelzen verwendete Kalzium sublimiert worden war, also alle Beimengungen außer
Ca_3N_2 stark zurücktreten müssen.

Der Haltepunkt bei 809° ist dann
auf andere Beimengungen, vielleicht
Silizium, zurückzuführen. Der eutektische Punkt ist bei 3—4% Ca_3N_2
= 0,57—0,76% N anzunehmen[7].

Aus der Untersuchung von v. Antropoff-Falk ist zu schließen, daß
außer dem früher angenommenen
Ca-Schmelzpunkt auch die Erstarrungs-
und Umwandlungstemperaturen der
bisher näher untersuchten Legierungen
des Kalziums mit Cd, Cu, (Hg), Mg,
Na, Pb, (Sb), Si, Sn, Tl und Zn, zu
deren Herstellung (vielfach ohne schüt-
zende Atmosphäre) durchweg technisches Ca verwendet wurde, — wenig-

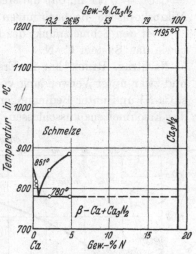

Abb. 175. Ca-N. Kalzium-Stickstoff.

stens doch die der Ca-reichen Mischungen — einer Korrektur bedürfen.

Literatur.

1. Antropoff, A. v., u. E. Germann: Z. physik. Chem. Bd. 137 (1928)
S. 209/37, daselbst auch weitere Literaturangaben. Vgl. auch H. Moissan: C. R.
Acad. Sci., Paris Bd. 127 (1898) S. 497. — 2. Antropoff, A. v., u. F. Falk: Z.
anorg. allg. Chem. Bd. 187 (1930) S. 405/16. — 3. Literaturangaben bei v. Antropoff u. Falk, außerdem W. Hume-Rothery: J. Inst. Met., Lond. Bd. 35
(1926) S. 330/31. — 3a. Vgl. auch F. Hoffmann u. A. Schulze: Z. Metallkde.
Bd. 27 (1935) S. 155/58.—4. Diese Legierung war technisches Kalzium mit außerdem
0,25% Si, 0,15% Al, 0,26% Fe, 0,63% Mg, 0,66% MgCl_3. — 5. Zu dieser Legierung
wurde sublimiertes Ca verwendet. — 6. Moissan, H.: C. R. Acad. Sci., Paris
Bd. 127 (1896) S. 495, 584 fand rd. 1200°. — 7. Das Gefüge einer Legierung mit
25% Ca_3N_2 geben v. Antropoff u. Germann.

Ca-Na. Kalzium-Natrium.

Metzger[1] fand beim Zusammenschmelzen gleicher Gewichtsteile Ca
und Na in einer Bombe bei 900° einen aus zwei Schichten bestehenden
Regulus. Die Analyse der schwereren Schicht ergab etwa 18% Na, die
der leichteren etwa 80% Na. Er schloß aus seinen Beobachtungen, die
für das Bestehen einer Mischungslücke im flüssigen Zustand sprechen
würden, irrtümlich auf vollkommene Mischbarkeit im Schmelzfluß und
teilweise Löslichkeit im festen Zustand.

Lorenz-Winzer[2] haben das Vorhandensein einer Mischungslücke
durch thermische Untersuchungen bestätigt[3] (Abb. 176). Die Horizontale

bei 700° konnte thermisch bis 92,4% Na verfolgt werden, doch nehmen die Verfasser aus Versuchen über das Gleichgewicht $Ca + 2\,NaCl \rightleftharpoons CaCl_2 + 2\,Na$ an, daß die Mischungslücke bis 98,5% Na fortbesteht[4]. Mikroskopische Beobachtungen bestätigten den thermischen Befund.

Über den Schmelzpunkt des Kalziums vgl. v. ANTROPOFF und FALK[5] sowie das System Ca-N.

Nachtrag. RINCK[6] hat das Erstarrungsschaubild erneut ausgearbeitet, und zwar unter Verwendung von nitridfreiem Ca (Schmelzpunkt 848°, s. Ca-N) und unter Bedingungen, die eine Stickstoffaufnahme während des Erschmelzens ausschlossen. Die von ihm gefundenen Erstarrungs-

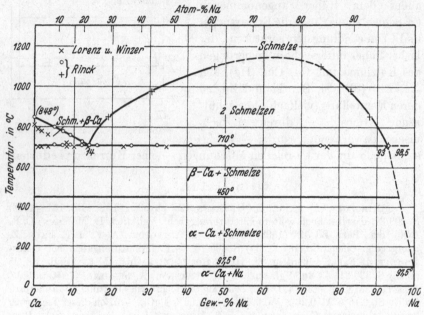

Abb. 176. Ca-Na. Kalzium-Natrium.

punkte wurden, da keine tabellarischen Angaben gemacht werden, aus dem Originaldiagramm entnommen (s. Abb. 176). Der horizontale Teil der Liquiduskurve wurde bei 710° (statt 700° nach LORENZ-WINZER) gefunden. Bei dieser Temperatur sind die Schmelzen mit 14 und 93% Na (statt 10 und 98,5% Na nach LORENZ-WINZER) miteinander im Gleichgewicht. Der Na-Schmelzpunkt wird durch Ca um 0,025° erniedrigt. Der Verlauf der Kurve der gegenseitigen Löslichkeit der flüssigen Komponenten wurde aus den Knickpunkten der Isothermen für 710°, 850°, 975° und 1100° des Reaktionsgleichgewichts $Ca + 2\,NaCl \rightleftharpoons 2\,Na + CaCl_2$ bestimmt. (Die Isothermen dieses Gleichgewichts haben horizontale Stücke, deren Endpunkte den Konzentrationen der beiden im Gleichgewicht befindlichen flüssigen Schichten entsprechen).

Literatur.

1. METZGER, J.: Liebigs Ann. Bd. 355 (1907) S. 141. — 2. LORENZ, R., u. R. WINZER: Z. anorg. allg. Chem. Bd. 179 (1929) S. 281/86. — 3. Die Metalle wurden in Stahlbomben zusammengeschmolzen. Das verwendete Kalzium war 98,76% ig. — 4. LORENZ, R., u. R. WINZER: Z. anorg. allg. Chem. Bd. 181 (1929) S. 193/202. — 5. ANTROPOFF, A. v., u. E. FALK: Z. anorg. allg. Chem. Bd. 187 (1930) S. 405/16. — 6. RINCK, E.: C. R. Acad. Sci., Paris Bd. 192 (1931) S. 1378/81.

Ca-Pb. Kalzium-Blei.

Eine Untersuchung von DONSKI[1] beschränkte sich auf die Feststellung der Struktur- und Erstarrungsverhältnisse in den Pb-reichen Legierungen mit 88—98% Pb (vgl. die in Abb. 177 mit $\times$ bezeichneten Temperaturen). DONSKI schloß daraus auf das Bestehen der unzersetzt schmelzenden Verbindung $CaPb_3$ (93,95% Pb), die — nach dem Gefüge der Legierung mit 93,5% Pb und den Haltezeiten der eutektischen Kristallisation bei 626° zu urteilen — etwa 1% Ca in fester Lösung aufzunehmen vermag[2]. Das Ende der Erstarrung der Schmelzen mit mehr als 94% Pb wurde bei 330—332° gefunden (bei einem zu 330° gefundenen Pb-Schmelzpunkt); die Horizontale dürfte danach als eine Peritektikale anzusehen sein.

Abb. 177 stellt das von BAAR[3] vornehmlich auf Grund thermischer Untersuchungen entworfene Zustandsdiagramm des ganzen Systems dar; die von DONSKI im Gebiet von 88—100% Pb gefundenen Kurven wurden als richtig übernommen. Das Bestehen der beiden Verbindungen Ca_2Pb (72,11% Pb) und $CaPb$ (83,8% Pb) folgte ohne weiteres aus den thermischen Werten. Das ziemlich ausgedehnte Feld der γ-Mischkristalle[4] (feste Lösungen von Ca in Ca_2Pb) ergab sich lediglich aus der Extrapolation der eutektischen Haltezeiten bei 700° und der in erster Annäherung festgestellten Soliduspunkte zweier Schmelzen. Mikroskopische Untersuchungen waren wegen der Unbeständigkeit der Ca-reicheren Legierungen nur bei den Legierungen mit mehr als 76% Pb möglich. Die Untersuchung von BAAR hat insbesondere gezeigt, daß die früher von HACKSPILL[5] angenommene Verbindung Ca_2Pb_3 (88,58% Pb; „Schmelz"punkt 775°) nicht besteht.

Mit der Feststellung der Erstarrungstemperaturen und der Kurve der festen Löslichkeit von Ca in Pb befaßt sich eine eingehende Untersuchung von SCHUMACHER-BOUTON[6]. Die Nebenabb. a der Abb. 177 zeigt die Ergebnisse der thermischen Analyse. Es geht daraus hervor, daß der Endpunkt der um 1° oberhalb des Pb-Schmelzpunktes gelegenen peritektischen Horizontalen sich bei 0,07% Ca befindet. (Die von COWAN, SIMPKENS und HIERS[7] zu 440° gefundene Liquidustemperatur der 0,8% igen Legierung liegt um 40° unterhalb der von SCHUMACHER-BOUTON bestimmten). Die Sättigungsgrenze der Pb-reichen α-Misch-

26*

kristalle (vgl. Nebenabb. b) wurde mit Hilfe von Leitfähigkeits- und Härtemessungen an gealterten Legierungen festgelegt. Danach sind bei 280° bzw. 265°, 200° und 30° 0,05% bzw. 0,04%, 0,016%

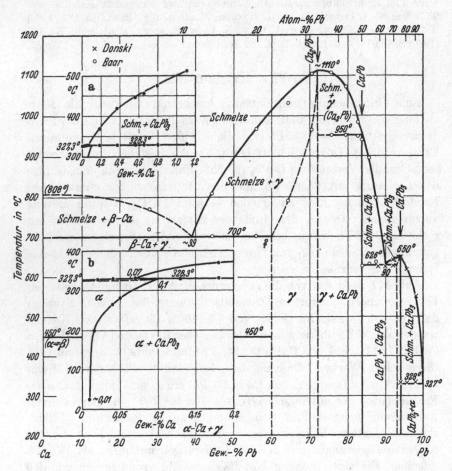

Abb. 177. Ca-Pb. Kalzium-Blei.

und annähernd 0,01% Ca löslich. Bei der peritektischen Temperatur beträgt die Löslichkeit nach mikroskopischen Untersuchungen rd. 0,10% Ca.

KREMANN, WOSTALL und SCHÖPFER[8] konnten das Bestehen der drei Verbindungen mit Hilfe von Spannungsmessungen bestätigen.

Nachtrag. Dem Referat über eine Arbeit von SSYROMJATNIKOW[9] zufolge fand dieser Forscher, daß die Peritektikale $CaPb_3$ + Schmelze ⇌ α (irrtümlich als Eutektikale bezeichnet) bei 330° liegt. Der Schmelzpunkt von $CaPb_3$ wurde zu 670° gefunden; die $CaPb_3$-Phase soll zwischen

93,1 und 93,95 % Pb (= $CaPb_3$) homogen sein. CaPb und $CaPb_3$ bilden ein Eutektikum bei 90,8% Pb, 630°.

ZINTL-NEUMAYR[10] haben die Gitterstruktur von $CaPb_3$ bestimmt. Das Gitter stellt eine Substitutionsüberstruktur des flächenzentriert-kubischen Gitters dar; die Ca-Atome sind in den Eckpunkten, die Pb-Atome in den Flächenmitten des Elementarwürfels anzunehmen[11].

CaPb hat keine kubisch-raumzentrierte Kristallstruktur (β-Messing- oder NaTl-Struktur)[12].

Literatur.

1. DONSKI, L.: Z. anorg. allg. Chem. Bd. 57 (1908) S. 208/11. — 2. Die analoge Verbindung $CaSn_3$ bildet nach genaueren Untersuchungen von HUME-ROTHERY keine Mischkristalle mit Sn und eine — wenn überhaupt — sicher sehr engbegrenzte Mischkristallreihe mit Ca (vgl. Ca-Sn). — 3. BAAR, N.: Z. anorg. allg. Chem. Bd. 70 (1911) S. 372/77. Beide Verfasser verwendeten ein Kalzium mit 0,55% Al + Fe, 0,28% Si. BAAR stellte seine Schmelzen (5 cm³) in Jenaer Glasröhren unter Wasserstoff her. Die Legn. enthielten sicher erhebliche Mengen Ca_3N_2, worauf auch schon der zu 808° gefundene Ca-Schmelzpunkt hindeutet (vgl. das System Ca-N). — 4. Vgl. das Verhalten der analogen Verbindung Ca_2Sn. Es sei hier bemerkt, daß die Systeme Ca-Pb und Ca-Sn hinsichtlich des Typus des Erstarrungsdiagramms, der Zahl und der Formel der Verbindungen eine sehr große Ähnlichkeit besitzen. — 5. HACKSPILL, L.: C. R. Acad. Sci., Paris Bd. 143 (1906) S. 227/29. — 6. SCHUMACHER, E. E., u. G. M. BOUTON: Met. & Alloys Bd. 1 (1930) S. 405/09. — 7. COWAN, W. A., L. D. SIMPKENS u. G. O. HIERS: Chem. metallurg. Engng. Bd. 25 (1921) S. 1182 u. 1184. — 8. KREMANN, R., H. WOSTALL u. H. SCHÖPFER: Forschungsarb. Metallkde. 1922 Heft 5. — 9. SSYROMJATNIKOW, R. R.: Metallurgie Bd. 6 (1931) S. 466/85 (russ.). Ref. Chem. Zbl. 1932 II S. 3615/16. J. Inst. Met., Lond. Bd. 53 (1933) S. 182. — 10. ZINTL, E., u. S. NEUMAYR: Z. Elektrochem. Bd. 39 (1933) S. 86/97. — 11. Vgl. auch G. S. FARNHAM: J. Inst. Met., Lond. Bd. 55 (1934) S. 69/70. — 12. ZINTL, E., u. G. BRAUER: Z. physik. Chem. B Bd. 20 (1933) S. 245/71.

Ca-S. Kalzium-Schwefel.

Kalziumsulfid CaS (44,45% S) hat das Gitter des Steinsalzes[1].

Literatur.

1. KÜSTNER, H.: Physik. Z. Bd. 23 (1922) S. 257/62. HOLGERSSON, S.: Z. anorg. allg. Chem. Bd. 126 (1923) S. 179. DAVEY, W. P.: Physic. Rev. Bd. 21 (1923) S. 213. OFTEDAL, I.: Z. physik. Chem. Bd. 128 (1927) S. 154/58.

Ca-Sb. Kalzium-Antimon.

Nach DONSKI[1] (Abb. 178), der die Erstarrung der Legierungen mit 91—100% Sb untersuchte, bildet Sb mit einer Kristallart unbekannter Zusammensetzung ein bei 585° kristallisierendes Eutektikum mit etwa 91,5% Sb.

Literatur.

1. DONSKI, L.: Z. anorg. allg. Chem. Bd. 57 (1908) S. 216/17. Experimentelles s. Ca-Cd.

Ca-Se.　Kalzium-Selen.

Nach DAVEY[1] und OFTEDAL[2] besitzt die Verbindung $CaSe^3$ (66,41% Se) die Gitterstruktur des Steinsalzes.

Literatur.

1. DAVEY, W. P.: Physic. Rev. Bd. 21 (1923) S. 213. — 2. OFTEDAL, I.: Z. physik. Chem. Bd. 128 (1927) S. 154/58. — 3. Vgl. auch FABRE: C. R. Acad. Sci., Paris Bd. 102 (1886) S. 1469.

Ca-Si.　Kalzium-Silizium.

Präparative Untersuchungen. Arbeiten über die Kalziumsilizide von F. WÖHLER[1], DE CHALMOT[2], JÜNGST-MEWES[3], JACOBS-BRADLEY[4], MOISSAN-DILTHEY[5], GOLDSCHMIDT[6], EICHEL[7] sowie FRILLEY[8] berichten durchweg von einem Kalziumsilizid der Zusammensetzung $CaSi_2$

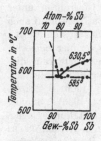

Abb. 178. Ca-Sb.
Kalzium-Antimon.

(58,34% Si). Das Bestehen zweier verschiedener Silizide des Kalziums wird zum erstenmal von LE CHATE-LIER[9] vermutet und von HACKSPILL[10] nachzuweisen versucht, der außer dem bereits bekannten Silizid $CaSi_2$ noch ein Silizid der Formel Ca_3Si_2 (31,83% Si) beschreibt. Ebenfalls zwei Silizide fanden KOLB-FORMHALS[11]; sie geben für ihre Verbindungen die wenig wahrscheinlichen Formeln $Ca_{11}Si_{10}$ (38,9% Si) und Ca_6Si_{10}[12] (53,86% Si) an. Das Bestehen zweier Silizide, $CaSi_2$ und Ca_3Si_2, stellten schließlich auch BURGER[13] und HÖNIGSCHMID[14] fest. In neuerer Zeit haben L. WÖHLER-MÜLLER[15] außer $CaSi_2$ noch die Verbindung CaSi (41,19% Si) isoliert[16].

Thermische Analyse. TAMARU[17] versuchte erstmalig die Frage nach den Ca-Si-Verbindungen mit Hilfe der thermischen Analyse zu entscheiden. Infolge mannigfaltiger experimenteller Schwierigkeiten war das von ihm gegebene Schmelzdiagramm jedoch noch sehr lückenhaft; so konnte er die der primären Kristallisation entsprechenden Temperaturen nur im Bereich von 71—100% Si ermitteln. TAMARU verwendete ein Silizium mit nur 92,48% Si (vgl. die mit ● bezeichneten Temperaturen in Abb. 179) und ein reineres mit 99,2% Si (vgl. die mit × bezeichneten Temperaturen in Abb. 179). Bei 986—991° (nach den reineren Schmelzen) verläuft im Diagramm zwischen rd. 35% Si und wahrscheinlich 100% Si eine Horizontale. Sie entspricht nach TAMARU der peritektischen Reaktion: Schmelze (mit 35% Si) $+$ Si $\rightleftharpoons CaSi_2$, da der Höchstwert der Haltezeiten bei etwa 60% Si liegt. Auch mikroskopisch ergaben sich Anhaltspunkte für das Bestehen dieser Verbindung, wenn auch TAMARU sie für nicht vollkommen sichergestellt hielt.

L. WÖHLER und SCHLIEPHAKE[18] haben das Erstarrungs- und Umwandlungsschaubild im Bereich von 15—86% Si erneut ausgearbeitet

und gelangten zu ganz anderen Ergebnissen als TAMARU. Aus den in
Abb. 179 eingezeichneten Temperaturen sowie aus den Haltezeiten bei
910°, 1020° und 980° folgt mit Sicherheit, daß es drei Ca-Silizide gibt,
und zwar Ca_2Si (25,93% Si), $CaSi$ und $CaSi_2$. Das Silizid Ca_2Si wurde
zum ersten Male festgestellt, es unterscheidet sich von der früher vermuteten Verbindung Ca_3Si_2 (s. o.) um 5,9%. Die peritektischen
Umsetzungen: $CaSi$ + Schmelze → Ca_2Si bei 910° und $CaSi$ + Schmelze
→ $CaSi_2$ bei 1020° erfolgen, wie aus den eingezeichneten Temperaturen

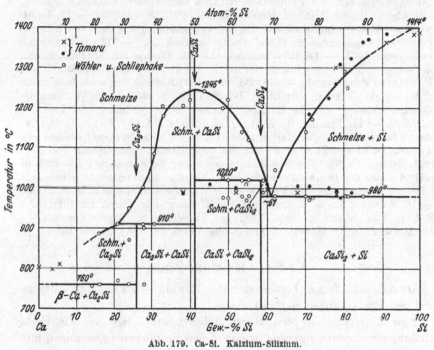

Abb. 179. Ca-Si. Kalzium-Silizium.

hervorgeht, bei rascher Abkühlung nicht vollständig (Umhüllungen). —
Die Feststellung der Verbindung $CaSi_2$ seitens TAMARU dürfte nur einem
Zufall zu verdanken sein, da er entweder die Haltezeiten der peritektischen Umwandlung bei 1020° mit denen der eutektischen Kristallisation
bei 980° verknüpft, oder in den Schmelzen mit weniger als 58% Si nur
die durch Gleichgewichtsstörungen verursachte eutektische Kristallisation beobachtet hat.

Die ebenfalls von WÖHLER-SCHLIEPHAKE bestimmte Spannungskurve der Legierungsreihe (gemessen in $CaCl_2$-Lösung) weist zwei ziemlich diskontinuierliche Sprünge bei Ca_2Si und $CaSi$ auf, $CaSi_2$ gibt
sich jedoch nicht durch diese Messungen zu erkennen, wahrscheinlich
wegen der unvollständigen Bildung dieser Phase.

Die Gitterstruktur von $CaSi_2$ wurde von BÖHM-HASSEL[19] bestimmt.

Literatur.

1. Wöhler, F.: Liebigs Ann. Bd. 127 (1863) S. 257. — 2. Chalmot, G. de: Amer. Chem. J. Bd. 18 (1896) S. 319. — 3. Jüngst, E., u. R. Mewes: Chem. Zbl. 1905 I S. 195. — 4. Jakobs u. C. S. Bradley: Chem. News Bd. 82 (1900) S. 149. — 5. Moissan, H., u. W. Dilthey: Ann. Chim. Phys. 7 Bd. 26 (1902) S. 289. C. R. Acad. Sci., Paris Bd. 134 (1902) S. 503. — 6. Goldschmidt, Th.: Z. Elektrochem. Bd. 14 (1908) S. 561. — 7. Eichel: Diss. Dresden 1909. — 8. Frilley, R.: Rev. Métallurg. Bd. 8 (1911) S. 526/30. — 9. Le Chatelier, H.: Bull. Soc. chim. France 3 Bd. 17 (1897) S. 793. — 10. Hackspill, L.: Bull. Soc. chim. France 4 Bd. 3 (1908) S. 619. — 11. Formhals, R.: Diss. Gießen 1909. Kolb, A.: Z. anorg. allg. Chem. Bd. 64 (1909) S. 342/67; Bd. 68 (1910) S. 297/300. — 12. Formhals und Kolb nehmen an, daß Ca_6Si_{10} wahrscheinlich mit dem von früheren Forschern angenommenen Silizid $CaSi_2$ identisch ist. — 13. Burger, A.: Diss. Basel 1907. — 14. Hönigschmid, O.: Mh. Chemie Bd. 30 (1909) S. 497. Z. anorg. allg. Chem. Bd. 66 (1910) S. 414/17. — 15. Wöhler, L., u. F. Müller: Z. anorg. allg. Chem. Bd. 120 (1921) S. 49/70. S. auch L. Wöhler u. W. Schuff: Z. anorg. allg. Chem. Bd. 209 (1932) S. 33/59. — 16. Vgl. auch die Zusammenfassung von L. Baraduc-Muller: Rev. Métallurg. Bd. 7 (1910) S. 692/95. — 17. Tamaru, S.: Z. anorg. allg. Chem. Bd. 62 (1909) S. 81/88. Tamarus Legn. waren sicher stark nitridhaltig, da sie unter Stickstoff erschmolzen wurden. Dafür spricht auch der von ihm gefundene Ca-Schmelzpunkt von 803° (vgl. System Ca-N). Die Abkühlungskurven der Schmelzen mit 71—82% Si zeigten außer den in Abb. 179 angegebenen Verzögerungen noch eine weitere, bei 825—834° auftretende. Die Ursache dieser Wärmetönung wurde nicht ermittelt. — 18. Wöhler, L., u. O. Schliephake: Z. anorg. allg. Chem. Bd. 151 (1926) S. 1/11. Ca: 98,45% ig. Si: 99,48% ig. Tiegelmaterial: Ton + Tonerde. — 19. Böhm, J., u. O. Hassel: Z. anorg. allg. Chem. Bd. 160 (1927) S. 152/64.

Ca-Sn.   Kalzium-Zinn.

Heycock-Neville[1] bestimmten den Einfluß sehr kleiner Ca-Zusätze auf den Erstarrungspunkt des Zinns.

Eine Untersuchung von Donski[2] beschränkte sich auf die Feststellung der Erstarrungsverhältnisse in den Sn-reichen Legierungen mit 82—99,2% Sn (vgl. die in der Nebenabb. zu Abb. 180 mit $\times$ bezeichneten Temperaturen). Donski schloß daraus auf das Bestehen der unzersetzt schmelzenden Verbindung $CaSn_3$ (89,89% Sn), die — nach den Haltezeiten der eutektischen Kristallisation bei 609° zu urteilen — geringe Mengen Ca in fester Lösung aufzunehmen vermag. Das Ende der Erstarrung der Schmelzen mit 90—100% Sn liegt praktisch beim Sn-Schmelzpunkt.

Über den Aufbau des ganzen Systems sind wir durch eine mit großer Sorgfalt[3] ausgeführte thermische und mikroskopische Untersuchung von Hume-Rothery[4] unterrichtet (s. Abb. 180). Das Bestehen der drei Verbindungen Ca_2Sn (59,70% Sn), $CaSn$ (74,76% Sn) und $CaSn_3$ (s. o.), das sich ohne weiteres aus den thermischen Werten ergab, wurde auch mikroskopisch bestätigt. Im einzelnen ist zu Abb. 180 nur noch folgendes zu bemerken: 1. Um festzustellen, ob die Verbindung $CaSn_3$

mit den Komponenten Mischkristalle bildet, wurde eine Legierung
mit 89,42% Sn nach 24stündigem Glühen bei 600° und eine Legierung
mit 90,01% Sn nach 2wöchigem Glühen bei 215° mikroskopisch geprüft.
Beide Legierungen erwiesen sich als heterogen. Daraus folgt, daß
CaSn₃ kein Sn und sicher bedeutend weniger als 0,5% Ca zu lösen

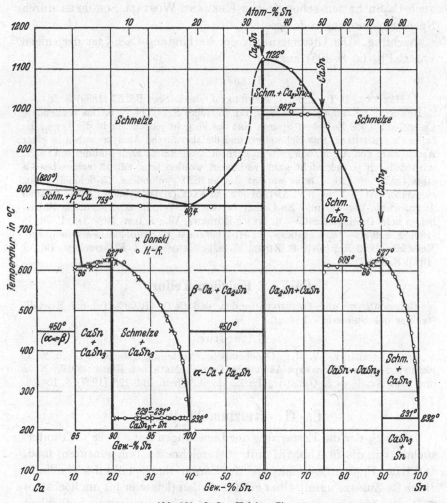

Abb. 180. Ca-Sn. Kalzium-Zinn.

vermag. Ähnliche Untersuchungen ließen sich für die beiden anderen
Verbindungen nicht durchführen, weil sie sehr spröde und unbeständig
sind. Da sich jedoch die nach dem Erkalten aus dem Schmelzfluß vorliegende Menge des jeweiligen Eutektikums durch Glühen kaum veränderte, so dürften, falls überhaupt, nur kleine Gehalte der Komponenten in den Verbindungen Ca₂Sn und CaSn löslich sein. 2. Das Ende

der Erstarrung der Legierungen mit 90—100% Sn wurde mit Sicherheit als eine eutektische Erstarrung erkannt: In 15 Fällen wurde die Solidustemperatur zu 229—231°, jedoch nie die Schmelztemperatur des Zinns (232°) gefunden.

Das Bestehen der Verbindungen CaSn, $CaSn_3$ und wahrscheinlich auch Ca_2Sn hatten schon früher KREMANN-WOSTALL-SCHÖPFER durch Spannungsmessungen festgestellt.

Nachtrag. Die Gitterstruktur der Verbindung $CaSn_3$ ist derjenigen von $CaPb_3$ (s. S. 405) analog[6].

Literatur.

1. HEYCOCK, C. T., u. F. H. NEVILLE: J. chem. Soc. Bd. 57 (1890) S. 384. — **2.** DONSKI, L.: Z. anorg. allg. Chem. Bd. 57 (1908) S. 212/14. — **3.** Das verwendete Ca enthielt 0,6% Fe neben Spuren Na; das Fe geht jedoch nur in die Legn., die freies Ca enthalten. Das Schmelzen und die thermische Analyse wurde in einer Atmosphäre von Argon, das 10% N_2 enthielt, ausgeführt. Eine Bildung von Ca_3N_2 wird dadurch jedoch nicht ganz verhindert worden sein, zumal technisches Ca stets Ca_3N_2 enthält. Dafür spricht der zu 820° gefundene Ca-Schmelzpunkt, gegenüber 851 ± 1° nach v. ANTROPOFF und FALK (s. das System Ca-N). In allen Legn. wurde der Ca- und Sn-Gehalt bestimmt. Weitere experimentelle Einzelheiten siehe Originalarbeit. — **4.** HUME-ROTHERY, W.: J. Inst. Met., Lond. Bd. 35 (1926) S. 319/35. — **5.** KREMANN, R., H. WOSTALL u. H. SCHÖPFER: Forschungsarb. Metallkde. 1922 Heft 5. — **6.** ZINTL, E., u. S. NEUMAYR: Z. Elektrochem. Bd. 39 (1933) S. 86/97.

Ca-Te. Kalzium-Tellur.

GOLDSCHMIDT[1] und OFTEDAL[2] fanden, daß CaTe (76,09% Te) die Kristallstruktur des Steinsalzes besitzt.

Literatur.

1. GOLDSCHMIDT, V. M.: Geochemische Verteilungsgesetze VII u. VIII. Skrifter Norske Videnskaps-Akademie Oslo, I. Math. nat. Klasse 1926, Nr. 2 und 1927 Nr. 8. — **2.** OFTEDAL, I.: Z. physik. Chem. Bd. 128 (1927) S. 154/58.

Ca-Tl. Kalzium-Thallium.

DONSKI[1], der die Erstarrung der Legierungen mit 85—98% Tl untersuchte (vgl. die in Abb. 181 mit × bezeichneten Temperaturen) fand, daß 1. der Erstarrungspunkt und der Umwandlungspunkt des Thalliums durch Ca-Zusätze unmittelbar erhöht werden (letzterer bis um höchstens 24°), was für eine gewisse, jedoch nicht näher bestimmte Löslichkeit von Ca in festem Tl spricht, 2. die Zeitdauer der peritektischen Umsetzungen bei 309° und 524° sowie die Struktur auf das Bestehen der bei 524° unter Zersetzung schmelzenden Verbindung $CaTl_3$ (93,87% Tl) hindeutet, 3. wahrscheinlich eine bei rd. 560° unzersetzt schmelzende Verbindung CaTl (83,61% Tl) besteht.

BAAR[2] hat bei der Ausarbeitung des ganzen Erstarrungsschaubildes die von DONSKI im Bereich von 92—98% Tl gefundenen Kurven als richtig übernommen. Dagegen stellte er in Abweichung von DONSKI fest, daß der nach der Verbindung $CaTl_3$ nächst Ca-reicheren Verbindung nicht die Formel CaTl, sondern Ca_3Tl_4 (87,18% Tl) zukommt. Ca_3Tl_4 wird bei 557° durch peritektische Reaktion von CaTl-Kristallen mit Schmelze (92% Tl) gebildet. DONSKI waren die der Kristallisation von CaTl entsprechenden Temperaturen entgangen, da er die betreffenden

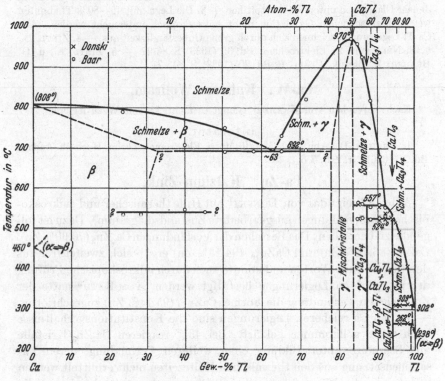

Abb. 181. Ca-Tl. Kalzium-Thallium.

Schmelzen nicht hoch genug erhitzt hatte. Die mikroskopische Prüfung[3] der Legierungen mit mehr als 83,6% Tl ergab eine Bestätigung der aus den Erstarrungskurven gezogenen Schlußfolgerungen; Legierungen mit 85—91,5% Tl bestanden infolge der bei rascher Abkühlung nicht zu vermeidenden Umhüllungen aus drei Kristallarten (CaTl, Ca_3Tl_4, $CaTl_3$). — Die Endpunkte der eutektischen Horizontalen bei 692° liegen nach der Extrapolation der Haltezeiten (!) bei rd. 33 und 78% Tl. Die Natur der in Legierungen mit 23,6—45% Tl bei rd. 540° auftretenden Reaktion, deren größte Wärmetönung bei rd. 35% Tl liegen würde, konnte nicht aufgeklärt werden. Die Legierungen enthielten sicher erhebliche Mengen Ca_3N_2, worauf auch schon der zu 808° gefundene Ca-Schmelzpunkt hindeutet (vgl. das System Ca-N).

Die Gitterstruktur der Verbindung $CaTl_3$ ist derjenigen von $CaPb_3$ (s. S. 405) analog[4]. CaTl hat eine kubisch-raumzentrierte Struktur vom β-Messingtyp[5].

Literatur.

1. Donski, L.: Z. anorg. allg. Chem. Bd. 57 (1908) S. 206/08. — **2.** Baar, N.: Z. anorg. allg. Chem. Bd. 70 (1911) S. 366/72. Beide Verfasser verwendeten ein Kalzium mit 0,55% Al + Fe, 0,28% Si. Baar stellte seine Schmelzen (5 cm³) in Jenaer Glasröhren unter Wasserstoff her. — **3.** Die Legn. mit 45—80% Tl konnten wegen ihrer schnellen Oxydation nicht mikroskopisch untersucht werden. Alle Ca-Tl-Legierungen zeichnen sich durch große Unbeständigkeit aus. — **4.** Zintl, E., u. S. Neumayr: Z. Elektrochem. Bd. 39 (1933) S. 86/97. — **5.** Zintl, E., u. G. Brauer: Z. physik. Chem. B Bd. 20 (1933) S. 245/71.

Ca-W. Kalzium-Wolfram.

Nach Versuchen von Kremer[1] gelingt es nicht, Ca mit W zu legieren.

Literatur.

1. Kremer, D.: Abh. Inst. Metallhütt. u. Elektromet. Techn. Hochsch. Aachen Bd. 1 (1916) Nr. 2 S. 7/8.

Ca-Zn. Kalzium-Zink.

Abb. 182 zeigt das von Donski[1] mit Hilfe thermischer und mikroskopischer Untersuchungen ausgearbeitete Zustandsdiagramm[2]. Dazu ist folgendes zu bemerken: Das Bestehen der Verbindungen Ca_2Zn_3 (70,99% Zn), $CaZn_4$ (86,71% Zn) und $CaZn_{10}$ (94,23% Zn) ergab sich zweifelsfrei aus den thermischen Werten und konnte auch durch mikroskopische Prüfung der ungeglühten Legierungen bestätigt werden. vom Rath[3] hatte der Zn-reichsten Verbindung die Formel $CaZn_{12}$ (95,14% Zn) zugeschrieben. — In den Ca-reicheren Legierungen sind die Konstitutionsverhältnisse noch nicht vollkommen geklärt. Bei 431° reagieren Ca_2Zn_3-Kristalle mit Schmelze unter Bildung einer weiteren Verbindung, deren Zusammensetzung aus den thermischen Haltezeiten nicht ermittelt werden konnte, da die Wärmetönung bei 431° nur sehr schwach ist und die Haltezeiten der eutektischen Kristallisation bei 417° infolge von Umhüllungen (die auch mikroskopisch erkannt wurden) erst etwa bei der Zusammensetzung Ca_2Zn_3 gleich Null werden. Donski hält die Formel CaZn (62,0% Zn) für möglich. — Bei etwa 390° erfolgt eine Umwandlung im festen Zustand, deren Zeitenmaximum bei etwa 30% Zn darauf schließen läßt, daß hier aus Ca und der nur unsicher nachgewiesenen Verbindung CaZn (?) die Verbindung Ca_4Zn (28,97% Zn) entsteht. Die Legierung mit 28,2% Zn erwies sich als praktisch einphasig.

Kremann, Wostall und Schöpfer[4] haben die Verbindungen CaZn (!), Ca_2Zn_3, $CaZn_4$ und $CaZn_{10}$ mit Hilfe von Spannungsmessungen festgestellt.

Nachtrag. Nach Pâris[5] entspricht die bei 390° entstehende Verbindung der Zusammensetzung Ca_5Zn_2 (39,49% Zn) statt Ca_4Zn.

Literatur.

1. Donski, L.: Z. anorg. allg. Chem. Bd. 57 (1908) S. 185/93. Experimentelles s. Ca-Cd. Es ist anzunehmen, daß die Ca-reicheren Legn. ziemlich erhebliche Mengen Ca₃N₂ enthielten (s. System Ca-N). — **2.** Schon sehr viel früher hatten T. H. Norton u. E. Twitchell: Amer. Chem. J. Bd. 10 (1888) S. 70 festgestellt, daß eine Legierung mit 2,28% Ca den Schmelzpunkt des Zinks zeigt; Legn. mit 5,44—6,36% Ca schmolzen bei etwa 640° (statt 680° nach Donski). — **3.** Rath, G. vom: Pogg. Ann. Bd. 136 (1869) S. 434. — **4.** Kremann, R., H. Wostall u. H. Schöpfer: Forschungsarb. Metallkde. 1922 Heft 5. — **5.** Pâris, R.: C. R. Acad. Sci., Paris Bd. 197 (1933) S. 1635.

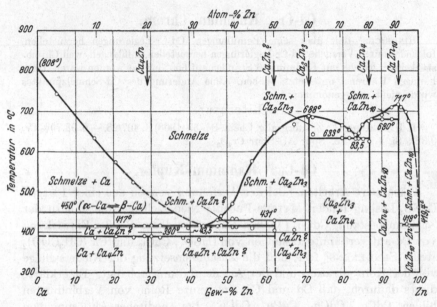

Abb. 182. Ca-Zn. Kalzium-Zink.

Cd-Co. Kadmium-Kobalt.

Abkühlungskurven von Schmelzen mit 2,5, 5 und 10% Co (hergestellt durch Eintragen von Co in Cd, das bis auf 650° erhitzt war), zeigten nach Lewkonja[1] nur einen Haltepunkt bei 316° bei einem Cd-Schmelzpunkt von 322°. „Unter dem Mikroskop zeigten die Legierungen, die etwa 3% ihres ursprünglichen Gewichtes an Cd durch Destillation verloren hatten, ein silberglänzendes (Struktur-) Element von undeutlicher, anscheinend eutektischer Struktur und Anhäufungen von etwas gelblich erscheinenden Kristallen, deren Zusammensetzung nicht festgestellt wurde. Die beiden Kristallarten waren in den Legierungen ungefähr im Verhältnis der eingewogenen Metalle vorhanden. Die von Eutektikum umgebenen, gut ausgebildeten Kristalle sind wahrscheinlich eine Co-Cd-Verbindung oder ein mit Cd gesättigter (intermediärer)

Mischkristall, denn bei Zimmertemperatur waren die hergestellten Legierungen nicht magnetisierbar.''

Nachtrag. WESTGREN-EKMAN[2] fanden, daß eine der Zusammensetzung $Cd_{21}Co_5$ (11,1% Co) entsprechende Legierung die Struktur des γ-Messings besitzt.

Literatur.

1. LEWKONJA, K.: Z. anorg. allg. Chem. Bd. 59 (1908) S. 322/23. — **2.** WESTGREN, A., u. W. EKMAN: Arkiv för Kemi, Min. och Geol. B Bd. 10 (1930) Nr. 11 S. 1/6. Ref. J. Inst. Met., Lond. Bd. 50 (1932) S. 477/78.

Cd-Cr. Kadmium-Chrom.

HINDRICHS[1] teilt über seine Bemühungen, Cd-Cr-Legierungen herzustellen, folgendes mit: ,,Versuche Cd-Cr-Legierungen herzustellen, mißlangen, weil Chromstückchen[2], welche mit Kadmium 6 Stunden auf 650° erhitzt worden waren, trotz häufigen Rührens, unbenetzt blieben. Eine Änderung des Cd-Schmelzpunktes wurde nicht wahrgenommen.''

Literatur.

1. HINDRICHS, G.: Z. anorg. allg. Chem. Bd. 59 (1908) S. 427/28. — **2.** 98,70% Cr, 0,32% Si, 1,20% Fe, Spur Al, Spur Cr_2O_3.

Cd-Cu. Kadmium-Kupfer.

Präparative Arbeiten. Bei der Ausfällung von Cu aus einer 1%igen $CuSO_4$-Lösung fanden MYLIUS-FROMM[1] Niederschläge, die nahezu der Zusammensetzung $CdCu_2$ (53,08% Cu) entsprachen. Bei der Einwirkung von Cd auf verdünnte Lösungen von $CuSO_4$, $CuCl_2$ und Cu $(CH_3COO)_2$ stellte SENDERENS[2] fest, daß die Zusammensetzung der Niederschläge von der Konzentration und der Art der Lösung abhängt. Er erklärte dieses dadurch, daß Cd und Cu eine ganze Reihe von Verbindungen bilden: $CdCu_2$, $CdCu_3$, $CdCu_4$, $CdCu_5$. Bei anodischer Auflösung von Legierungen mit 1—10% Cu in schwach saurer oder neutraler $CdSO_4$-Lösung erhielt DENSO[3] Rückstände, die praktisch die Zusammensetzung Cd_3Cu (15,86% Cu) hatten. Das Bestehen von $CdCu_2$ und Cd_3Cu wurde später bestätigt.

Das Zustandsdiagramm. WRIGHT[4] erkannte, daß Cd und Cu im geschmolzenen Zustand in allen Verhältnissen mischbar sind. Bei einer Untersuchung über den Einfluß von Cu auf den Cd-Erstarrungspunkt fanden HEYCOCK-NEVILLE[5] einen eutektischen Punkt bei 1,2% Cu und 313,5° (korrigiert). Aus mikroskopischen Beobachtungen von LE CHATELIER[6] ist zu schließen, daß eine Cu-reiche (intermediäre) Kristallart besteht, die unter Zersetzung schmilzt (kenntlich an der typisch peritektischen Umhüllungsstruktur mit 3 Phasen). Es handelt sich um die Verbindung $CdCu_2$ (Abb. 183).

Das von SAHMEN[7] auf Grund thermischer (s. die Temperaturpunkte in Abb. 183) und mikroskopischer Untersuchungen entworfene Zustands-

diagramm ist durch das Bestehen von zwei Zwischenphasen gekennzeichnet: der unzersetzt schmelzenden Verbindung Cd_3Cu_2 (27,38% Cu,
Schmelzpunkt 564°), die sowohl Cd (etwa 2%) als Cu (etwa 2,5%) in
fester Lösung (δ) aufzunehmen vermag, und der sich durch Umsetzung
von Cu mit Schmelze (43,5% Cu) bei 532° peritektisch bildenden Ver-

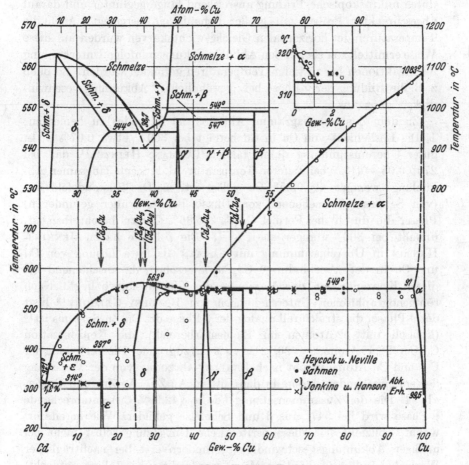

Abb. 183. Cd-Cu. Kadmium-Kupfer.

bindung $CdCu_2$[8] (53,08% Cu). Der an Cd gesättigte δ-Mischkristall
bildet mit Cd ein Eutektikum bei 1,2% Cu, 314°, und der an Cu gesättigte δ-Mischkristall bildet mit $CdCu_2$ ein Eutektikum bei 40,5% Cu,
542°. Die gegenseitige Löslichkeit der beiden Komponenten wurde
nicht untersucht.

Mikroskopische Untersuchungen von GUILLET[9] brachten keinen
Fortschritt.

Eine erneute mit größter Sorgfalt durchgeführte thermische und mikroskopische Untersuchung von JENKINS-HANSON[10] zeigte, daß der Aufbau des Systems wesentlich verwickelter ist, als SAHMEN angenommen hatte. Das in Abb. 183 dargestellte Gleichgewichtsschaubild kann als endgültig angesehen werden. Die Löslichkeitsgrenzen der Phasen α, β, γ ,δ, ε und η und die Soliduskurve der δ-Phase wurden durch mikroskopische Prüfung ausreichend lange geglühter und darauf abgeschreckter Proben mit großer Genauigkeit festgelegt. Auch die Temperaturen der horizontalen Gleichgewichtskurven wurden auf diese Weise ermittelt, da sie auf den Abkühlungskurven infolge Unterkühlung der Reaktionen bei zu tiefen Temperaturen gefunden wurden. So blieb z. B. die Bildung der γ-Phase bei „gewöhnlicher" Abkühlungsgeschwindigkeit ganz aus.

Zu dem Zustandsdiagramm (Abb. 183) ist folgendes zu bemerken: 1. Die Löslichkeit von Cu in Cd beträgt bei 300° „etwa 0,07%". In guter Übereinstimmung damit fanden TAMMANN-HEINZEL[11], daß bei 270° 0,05—0,1%, bei tieferer Temperatur (d. h. nach langsamer Abkühlung) weniger als 0,05% Cu gelöst ist. 2. Das Zustandsfeld der (von SAHMEN übersehenen, von DENSO bereits früher gefundenen) Phase, die durch die Formel Cd_3Cu (15,86% Cu) zu beschreiben ist, umfaßt bei 300° weniger als 1%. 3. Die δ-Phase haben JENKINS-HANSON in Übereinstimmung mit SAHMEN als feste Lösung von Cd und Cu in der „Verbindung" Cd_3Cu_2 angesehen, da anscheinend bei dieser Konzentration das Maximum der Liquiduskurve liegt. Nach röntgenographischen Untersuchungen von BRADLEY-GREGORY[12] liegt der δ-Phase, die strukturell analog der γ-Phase des Cu-Zn-Systems ist[13] (kubisch mit 52 Atomen im Elementarbereich), die Konzentration Cd_8Cu_5 (38,46 Atom-% = 26,12 Gew.-% Cu) zugrunde. Die Verteilung der Cd- und Cu-Atome weicht nach BRADLEY-GREGORY von der Verteilung der entsprechenden Atome in den Gittern Au_5Zn_8, Ag_5Zn_8 und Cu_5Zn_8 ab. 4. Die der Zusammensetzung Cd_3Cu_4 (42,99% Cu) entsprechende γ-Phase wird bei 547° aus β und Schmelze gebildet. Wie bereits erwähnt, vollzieht sich diese peritektische Umsetzung selbst nicht bei mäßiger Abkühlungsgeschwindigkeit, sondern erst bei nachträglicher Wärmebehandlung; auf diese Weise wurde die γ-Kristallart entdeckt. Die Ursache für die Unterdrückung dieser Reaktion (d. h. für das Auftreten des in der Nebenabb. durch gestrichelte Kurven angedeuteten metastabilen Systems) liegt darin, daß die peritektische Reaktion α + Schmelze → β bis auf rd. 544° unterkühlt wird. Diese Temperatur liegt aber unterhalb der peritektischen Temperatur β + Schmelze → γ. Das in der Nebenabb. dargestellte Teildiagramm ist das Ergebnis einer eingehenden und sorgfältigen mikrographischen Analyse. 5. Die β-Phase = $CdCu_2$ besitzt offenbar kein merkliches Lösungsvermögen für die Komponenten. 6. Die Sättigungsgrenze des α-Mischkristalls bei 500°

(nach 14tägigem Glühen) liegt bei 97,4% Cu. Mit fallender Temperatur (nach anschließender 7tägiger Abkühlung auf 300°) ändert sich die Löslichkeit von Cd in Cu nicht merklich (s. jedoch Nachtrag).

Physikalische Eigenschaften. Die von MAEY[14] ohne Kenntnis der Arbeit von SAHMEN bestimmte Kurve des spez. Volumens besteht aus zwei geradlinigen Ästen, die sich in einem Minimum (größte Kontraktion) bei der Zusammensetzung Cd_2Cu (22,04% Cu) schneiden. Diese Verbindung besteht jedoch sicher nicht. Daß das von MAEY angewandte, an sich unzulängliche Verfahren zum Nachweis intermediärer Phasen bei einem derartig verwickelten Aufbau und starken Gleichgewichtsstörungen bei der Kristallisation (s. o.) zu falschen Ergebnissen führt, nimmt nicht Wunder.

Auch die Untersuchung der Konstitution mit Hilfe von Spannungsmessungen erwies sich aus denselben Gründen als erfolglos. Aus einem Spannungssprung zwischen rd. 33 und 40 Atom-% Cu (Ketten $Cd/1$ n $CdSO_4/Cd_xCu_{(1-x)}$ und $Cd/1$ n $H_2SO_4/Cd_xCu_{(1-x)}$) schloß PUSCHIN[15] auf das Bestehen der Verbindung Cd_2Cu. Wir wissen heute, daß dieser Spannungssprung durch das Auftreten der δ-Phase hervorgerufen wird. Über das Vorhandensein weiterer Kristallarten sagt die Spannungskurve nichts aus, dagegen deutet sie auf das Bestehen eines ausgedehnten (?) Gebietes Cu-reicher Mischkristalle. Auch die von SCHREINER-SELJESATER[16] zwischen 22,8 und 100 Atom-% Cu bestimmten Spannungs-Konzentrationskurven für 0° und 25° (Kette $Cd/0,5$ n $CdSO_4/Cd_xCu_{(1-x)}$) besitzt nur einen sich über das Gebiet von rd. < 35—40 Atom-% Cu erstreckenden Spannungssprung. Das Vorhandensein Cu-reicher fester Lösungen wird ebenfalls angezeigt. Die Kurve des Temperaturkoeffizienten der EMK besitzt bei der Konzentration Cd_3Cu_2 ein Maximum.

Aus den von BORNEMANN-WAGENMANN[17] bestimmten Isothermen (für 600°, 650°, 700°) der elektrischen Leitfähigkeit flüssiger Cd-Cu-Legierungen ist zu schließen, daß bei diesen Temperaturen Cd_3Cu_2-Moleküle in der Schmelze vorliegen, die mit steigender Temperatur fortschreitend dissoziieren. Die Kurve des Temperaturkoeffizienten des elektrischen Widerstandes besitzt dieselbe Gestalt. Nach BORNEMANN-WAGENMANN wird der Siedepunkt von Cd (767°) durch 19% Cu auf 801°, durch 31,5% Cu auf 820° erhöht.

Im Anschluß an die Arbeit von JENKINS-HANSON haben RICHARDS-EVANS[18] den spez. elektrischen Widerstand und seinen Temperaturkoeffizienten, die Thermokraft, den Hall-Effekt, die spezifische Wärme und die Dichte der ganzen Legierungsreihe (23 Legn.) bestimmt. Die Eigenschafts-Konzentrationskurven besitzen im allgemeinen ausgezeichnete Punkte bei Zusammensetzungen, die annähernd den Formeln Cd_3Cu, Cd_3Cu_2, Cd_3Cu_4 und $CdCu_2$ entsprechen. Die letzte Phase tritt nicht auf den Kurven des Hall-Effektes und des Temperaturkoeffizienten des Widerstandes hervor. In den Kurven der spezifischen Wärme und der Dichte sind die durch die Phasengrenzen bedingten Diskontinuitäten bedeutend weniger ausgeprägt.

Nachtrag. Bei einer nach dem Pulververfahren ausgeführten Röntgenanalyse haben OWEN-PICKUP[19] die von JENKINS-HANSON gefundenen β-, γ-, δ- und ε-Phasen bestätigt. Die Strukturen der β-, γ- und ε-Phasen ließen sich, da sie sehr verwickelte Photogramme ergeben, nicht bestimmen. Jedenfalls besteht nicht die früher vermutete Strukturanalogie mit den Systemen Cu-Zn, Ag-Zn, Ag-Cd. Hinsichtlich der δ-Phase wurde der Befund von BRADLEY-GREGORY (s. S. 416) bestätigt (kubisch-raumzentriert, 4 Cd_8Cu_5 im Elementarkörper, ähnlich γ-Messing). Die Sättigungsgrenze der α-Phase wurde mit Hilfe von Präzisionsaufnahmen an wärmebehandelten Legierungen festgelegt. Entgegen der Auffassung von JENKINS-HANSON, daß die Grenze zwischen 500° und 300° unverändert bei 97,4% Cu verläuft, wurde gefunden, daß sie für 300° bzw. 400°, 500° und 549° bei 99,5% bzw. 99%, 97,8% und etwa 97% Cu liegt.

Über den Einfluß kleiner Cd-Zusätze (bis 0,6%) auf den elektrischen Widerstand von Cu s.[20].

Literatur.

1. MYLIUS, F., u. O. FROMM: Ber. dtsch. chem. Ges. Bd. 27 (1894) S. 636. — **2.** SENDERENS, J. B.: Bull. Soc. chim. France 3 Bd. 15 (1896) S. 1241/47. — **3.** DENSO, P.: Z. Elektrochem. Bd. 9 (1903) S. 135/37. — **4.** WRIGHT, C. R. A.: J. Soc. chem. Ind. Bd. 13 (1894) S. 1014. — **5.** HEYCOCK, C. T., u. F. H. NEVILLE: J. chem. Soc. Bd. 61 (1892) S. 898. — **6.** LE CHATELIER, H.: C. R. Acad. Sci., Paris Bd. 130 (1900) S. 87. — **7.** SAHMEN, R.: Z. anorg. allg. Chem. Bd. 49 (1906) S. 301/10. — **8.** Die Zusammensetzung der Cu-reicheren Kristallart β ließ sich wegen der bei schneller Abkühlung auftretenden Umhüllungen der Cu-Kristalle durch Kristalle der Verbindung weder mikroskopisch noch aus den Haltezeiten der peritektischen Reaktion bei 552° und der eutektischen Kristallisation bei 542° ermitteln. Infolge der starken Gleichgewichtsstörung zeigten die Haltezeiten für 552° kein deutliches Maximum, aus dem gleichen Grunde war die eutektische Kristallisation bei 542° noch bis 93% Cu zu beobachten (vgl. Abb. 183). Homogenisierungsversuche waren erfolglos. Dagegen ergab sich durch Extrapolation der eutektischen Haltezeiten derjenigen Schmelzen, bei denen die störenden Umhüllungen noch nicht auftraten, die Formel $CdCu_2$. — **9.** GUILLET, L.: Rev. Métallurg. Bd. 4 (1907) S. 627. — **10.** JENKINS, C. H. M., u. D. HANSON: J. Inst. Met., Lond. Bd. 31 (1924) S. 257/70. — **11.** TAMMANN, G., u. A. HEINZEL: Z. anorg. allg. Chem. Bd. 176 (1928) S. 148/49. — **12.** BRADLEY, A. J., u. C. H. GREGORY: Philos. Mag. 7 Bd. 12 (1931) S. 143/62. — **13.** Schon früher haben A. WESTGREN u. G. PHRAGMÉN: Metallwirtsch. Bd. 7 (1928) S. 701 erwähnt, daß im System Cd-Cu eine Kristallart mit dem Gitter des γ-Messings vorhanden ist. — **14.** MAEY, E.: Z. physik. Chem. Bd. 50 (1905) S. 208/209. — **15.** PUSCHIN, N. A.: Z. anorg. allg. Chem. Bd. 56 (1908) S. 41/43. — **16.** SCHREINER, E., u. K. SELJESATER: Z. anorg. allg. Chem. Bd. 137 (1924) S. 393/97. — **17.** BORNEMANN, K., u. K. WAGENMANN: Ferrum Bd. 11 (1913/14) S. 289/314, 330/43. — **18.** RICHARDS, W., u. E. J. EVANS: Philos. Mag. 7 Bd. 13 (1932) S. 201/25. — **19.** OWEN, E. A., u. L. PICKUP: Proc. Roy. Soc., Lond. A Bd. 139 (1933) S. 526/41. — **20.** LINDE, J. O.: Ann. Physik Bd. 15 (1932) S. 226/28.

Cd-Fe. Kadmium-Eisen.

Da Cd bei etwa 767° siedet, Fe erst bei 1528° schmilzt, so ist es unmöglich, Cd in geschmolzenem Fe unter Atmosphärendruck zur Auflösung zu bringen. ISAAC-TAMMANN[1] haben Cd und Fe-Pulver in verschiedenen Mengenverhältnissen längere Zeit im geschlossenen Glasrohr erhitzt und festgestellt, daß der Cd-Schmelzpunkt durch Fe nicht beeinflußt wird. „In den Reguli fand sich in den unteren Teilen das Eisen. Die Körner des ursprünglichen Eisenpulvers hatten sich zu nierenförmigen Aggregaten zusammengeballt. Es ist sehr leicht möglich, daß diese Konglomerate aus einer Fe-Cd-Verbindung bestanden. Dafür sprach erstens das veränderte Aussehen der Partikeln und zweitens der Umstand, daß $CuSO_4$-Lösung auf ihnen keinen roten Überzug (aus Cu) erzeugte. (Sie enthielten also kein freies Fe.) Es wäre möglich, daß Cd und Fe ähnlich wie Zn und Fe eine oder mehrere Verbindungen miteinander bilden, daß die Cd-reichste Verbindung in Cd bei dessen Schmelzpunkt praktisch unlöslich ist, und daß ihre Löslichkeit nur langsam mit steigender Temperatur merkliche Werte annimmt. Man würde dann auf den Abkühlungskurven einen der primären Ausscheidung der Cd-Fe-Verbindung entsprechenden Knick nicht finden können, sondern nur einen Haltepunkt bei der Schmelztemperatur des Cd, wie es sich in der Tat ergab. Es könnten dann die Verhältnisse ähnlich wie beim Zn und Fe liegen. Diese Möglichkeit könnte aber nur entschieden werden, wenn man die Abkühlungskurven der Fe-Cd-Mischungen bei Drucken aufnehmen würde, die den Dampfdruck der Mischung übersteigen."

Dem Referat einer Arbeit von PIERCE[2] über elektrolytische Cd-Überzüge zufolge scheint sich Cd mit Fe bei etwa 250° zu legieren; diese Schichten sollen jedoch im Gegensatz zu ähnlichen Fe-Zn-Legierungen nicht spröde sein.

In festem Fe ist Cd unlöslich[3]. Die Löslichkeit von Fe in Cd wurde von TAMMANN-OELSEN bestimmt. Sie führten geringe Mengen Fe in Cd-Schmelzen, die bis auf 400° bzw. 700° erhitzt wurden, ein und fanden die Löslichkeit mit Hilfe eines sehr empfindlichen magnetischen Verfahrens zu $3{,}10^{-4}$ bzw. $2{,}10^{-4}\%$ Fe.

DANIELS[5] fand, daß $FeCl_3$ von geschmolzenem Cd unter Bildung einer Cd-Fe-Verbindung reduziert wird, die in sehr geringer Menge auch beim Verkadmieren von Eisen gebildet werden dürfte. Die der Verbindung zugeschriebene Formel Cd_2Fe (19,90% Fe) ist nicht streng bewiesen.

Literatur.

1. ISAAC, E., u. G. TAMMANN: Z. anorg. allg. Chem. Bd. 55 (1907) S. 61/62. — 2. PIERCE, H. C.: Brass Wld. Bd. 22 (1926) S. 397. Ref. Z. VDI Bd. 71 I

(1927) S. 506. — **3.** Wever, F.: Arch. Eisenhüttenwes. Bd. 2 (1928/29) S. 739/46. — **4.** Tammann, G., u. W. Oelsen: Z. anorg. allg. Chem. Bd. 186 (1930) S. 277/79. — **5.** Daniels, E. J.: J. Inst. Met., Lond. Bd. 49 (1932) S. 178/79.

Cd-Ga.   Kadmium-Gallium.

Puschin, Stepanović und Stajić[1] haben das Erstarrungsdiagramm dieses Systems ausgearbeitet (Abb. 184). Danach sind die beiden Metalle im flüssigen Zustand nur teilweise mischbar. Die Zusammensetzung der bei 258° mit Cd und Cd-reicher Schmelze im Gleichgewicht stehenden Ga-reichen Schmelze läßt sich aus den vorliegenden Daten nicht angeben.

Im Gegensatz zu der Feststellung der genannten Verfasser, daß der Ga-Erstarrungspunkt durch Cd nicht merklich erniedrigt wird (Cd ist also nahe bei 30° in flüssigem Ga unlöslich), fand Kroll[2] eine fortschreitende Erniedrigung durch Cd-Zusätze bis auf 18° bei 9% Cd (eutektischer Punkt) und einen anschließenden Wiederanstieg der Liquidustemperatur auf 29° bei 14% Cd[3]. Aus der gleichartigen Abweichung der Ergebnisse Krolls von dem sicheren Befund Puschins und seiner Mitarbeiter bei den Systemen Ga-Sn und Ga-Zn (s. S. 771/72) ist jedoch zu schließen, daß die von Puschin bestimmten Erstarrungstemperaturen der Ga-reichen Schmelzen richtig sind.

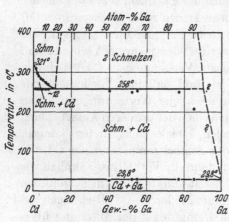

Abb. 184. Cd-Ga. Kadmium-Gallium.

Literatur.

1. Puschin, N. A., S. Stepanović u. V. Stajić: Z. anorg. allg. Chem. Bd. 209 (1932) S. 329/34. — **2.** Kroll, W.: Metallwirtsch. Bd. 11 (1932) S. 435/37. — **3.** Puschin u. Mitarbeiter fanden bei 15% Cd den Beginn der Erstarrung bei 208° (!).

Cd-H.   Kadmium-Wasserstoff.

Wasserstoff wird weder von festem noch von flüssigem Cd (untersucht bis 400°) gelöst[1].

Literatur.

1. Sieverts, A., u. W. Krumbhaar: Ber. dtsch. chem. Ges. Bd. 43 (1910) S. 896.

Cd-Hg.   Kadmium-Quecksilber.

An Hand des in Abb. 185 dargestellten, von Mehl-Barrett[1] auf Grund zahlreicher früherer sowie eigener Untersuchungen entworfenen Gleichgewichtsdiagramms, das im wesentlichen auf die Arbeit von

BIJL[2] zurückgeht, werden im folgenden die wichtigsten Arbeiten, die sich mit der Konstitution des Systems Cd-Hg befassen, kurz besprochen.

Der vollständige Verlauf der **Liquiduskurve** wurde unabhängig voneinander thermisch bestimmt von BIJL[2] (24—99,7% Hg) und PUSCHIN[3] (3—98,1% Hg). Die Übereinstimmung ist ausgezeichnet. Bei 50,5% Hg und 188° besitzt die Kurve einen durch ein peritektisches Gleichgewicht bedingten Knick. Einzelne Teile der Liquiduskurve wurden früher oder später bestimmt von: TAMMANN[4] (thermisch; 99,691—99,927% Hg; der Hg-Erstarrungspunkt wird bereits durch 0,073% Cd um 0,4° erhöht), HEYCOCK-NEVILLE[5] (thermisch; 0—9,4% Hg), KERP, BÖTTGER und IGGENA[6] (analytisch; zwischen 0 und 99°), JÄNECKE[7] (thermisch; 31—88% Hg), SMITH[8] (Spannungsmessungen zwischen 0 und 65°), SCHULZE[9] (thermisch; 85,2—91,8% Hg), MOESVELD und DE MEESTER[10] (Spannungsmessungen zwischen 0 und 41°), MEHL-BARRETT[1] (thermisch; 83—100% Hg). Auf verschiedenem Wege gewonnene Einzelwerte, besonders in der Nähe der Raumtemperatur, liegen außerdem vor von u. a. GOUY[11], JAEGER[12], BIJL[2], HULLET und DE LURY[13], WÜRSCHMIDT[14], SCHULZE[9]. In Erweiterung der Ergebnisse von BIJL fanden MEHL-BARRETT bei 99,3% Hg und —34° einen zweiten Knickpunkt in der Liquiduskurve, der ebenfalls durch ein peritektisches Gleichgewicht hervorgerufen wird.

Die Frage nach dem **Bestehen von Verbindungen** und ihrer Zusammensetzung spielt besonders in dem älteren Schrifttum über Cd-Amalgame eine große Rolle. Zu ihrer Beantwortung wurden die verschiedensten Untersuchungsverfahren herangezogen, deren Ergebnisse jedoch einer Kritik nicht standhalten. Es wurden genannt die Verbindungen: Cd_8Hg[15], Cd_2Hg[15], Cd_4Hg_3[16], $CdHg$[17 18], Cd_4Hg_5[15], Cd_5Hg_8[19], $CdHg_2$[20], Cd_2Hg_5[15 21 22], Cd_2Hg_7[6 15], $CdHg_4$[16], $CdHg_5$[15] und $CdHg_{12}$[15], von denen indessen mit Sicherheit keine besteht. Schon aus thermischen Untersuchungen von MAZZOTTO[23] ließ sich schließen, daß sich aus Cd-Hg-Schmelzen Mischkristalle ausscheiden. Die Arbeiten von BIJL und PUSCHIN ergaben dann den unbestreitbaren Beweis dafür.

Die Soliduskurve. Über die Soliduskurve der α-Mischkristalle liegen nur die dilatometrisch bestimmten Punkte von BIJL vor (Abb. 185). Die Soliduskurve der β-Phase wurde von BIJL auf dieselbe Weise ermittelt. Des weiteren lassen sich aus den von JAEGER[12], PUSCHIN[3], SMITH[8] und SCHULZE[9] für verschiedene Temperaturen bestimmten Spannungsisothermen einige Soliduspunkte entnehmen, die besonders zwischen 0 und 50° liegen (Abb. 185). Wegen der außerordentlich langsamen Gleichgewichtseinstellung in den Amalgamen bei Raumtemperatur (in viel stärkerem Maße naturgemäß bei noch tieferen Temperaturen), auf die besonders MOESVELD und DE MEESTER[10] sowie RICHARDS, FREVERT und TEETER[24] hinweisen[25], kommt diesen Punkten nicht die

Bedeutung von Gleichgewichten zu. RICHARDS und Mitarbeiter fanden
mit Hilfe thermochemischer Untersuchungen einen Soliduspunkt bei
25° und 86% Hg, den sie für einen Gleichgewichtspunkt ansehen. Über
die Peritektikalen bei 188°[26] und —34° s. im nächsten Absatz.

Die Grenzen der heterogenen Gebiete. Die Konzentration des bei der
peritektischen Temperatur von 188° gesättigten α-Mischkristalls und

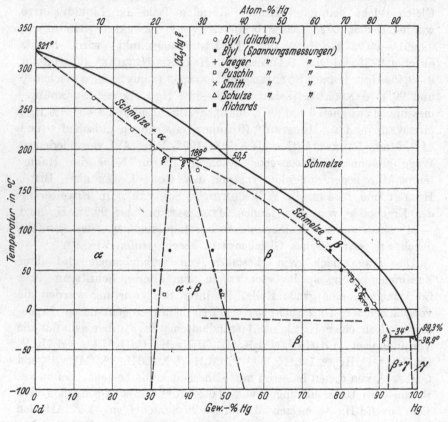

Abb. 185. Cd-Hg. Kadmium-Quecksilber.

des peritektischen Punktes ermittelte BIJL aus dem Verlauf der Solidus
kurven, die in diese Punkte einmünden, zu rd. 34,5—35% bzw. 37 bis
37,5% Hg. Beide Konzentrationen sind wegen der Unsicherheit dieses
Verfahrens nur als erste Annäherung zu werten. Die Grenzen des sich
nach tieferen Temperaturen hin erweiternden heterogenen Gebietes
(α + β) fand BIJL mit Hilfe von Spannungsmessungen bei 75°, 50° und
25°. Dabei ergaben sich aus den Spannungsisothermen die in Abb. 185
durch ● gekennzeichneten Zusammensetzungen. Auf dieselbe Weise
fand PUSCHIN die Grenzkonzentrationen □ bei 20°. Alle diese Konzentrationen sind wegen der mangelnden Gleichgewichtseinstellung bei

den genannten Temperaturen nur als annähernd richtig zu bezeichnen. Das ergibt sich auch daraus, daß man durch eine gradlinige Interpolation zwischen den Punkten ● und Verlängerung über den höchsten Punkt hinaus auf einen bei 188° gesättigten α-Mischkristall mit 43% Hg (!) kommen würde, wenn man nicht annehmen will, daß die Sättigungsgrenze erst unterhalb 75° stark zu höheren Cd-Gehalten abbiegt, oberhalb 75° aber nahezu senkrecht verläuft[27].

Die Peritektikale bei —34°, die BIJL nicht finden konnte, da er die Soliduspunkte nur bis herunter zu +8° verfolgte, wurde von MEHL-BARRETT entdeckt. Der peritektische Punkt liegt bei etwa 98% Hg (Maximum der Haltezeiten). Sowohl auf Abkühlungs- als auch Erhitzungskurven konnte die peritektische Umsetzung bis herunter zu 83% Hg verfolgt werden. Der Endpunkt der peritektischen Horizontalen liegt jedoch im Gleichgewichtszustand, der bei diesen Temperaturen wohl nie zu erreichen ist, sicher bei einem wesentlich höheren Hg-Gehalt. Nach dem Verlauf der Soliduskurve der β-Phase dürfte die Sättigungskonzentration zu etwa 93% Hg anzunehmen sein.

PUSCHIN, der die Cd-Hg-Legierungen erstmalig mikroskopisch untersuchte, teilte die Legierungen ein in solche mit weniger und solche mit mehr als 51% Hg. Erstere hielt er für feste Lösungen von Hg in Cd, letztere für feste Lösungen von Cd in Hg. 51% Hg entspricht etwa der Grenze der β-Phase. Nach mikroskopischen Untersuchungen und Härtemessungen von TAMMANN-MANSURI[28] sind gegossene (!) Legierungen mit 29—50% Hg in Übereinstimmung mit Abb. 185 zweiphasig.

VON SIMSON[29] hat die Gitterstruktur von Legierungen mit etwa 28, 51 und 64% Hg untersucht und festgestellt, daß erstere das Gitter des Cd, die beiden anderen ein davon verschiedenes Gitter besitzen. Eine eingehendere Röntgenanalyse wurde von MEHL[30] ausgeführt, und zwar mit schnell erstarrten, bearbeiteten und darauf 2—4 Tage bei 260° bis 70° (je nach Zusammensetzung) geglühten Legierungen mit 10—77% Hg. Die Photogramme der Legierungen mit 10—40% Hg zeigten das Gitter des Cd mit unveränderten Abmessungen; es handelt sich um ideale feste Lösungen von Hg in Cd. Die Legierungen mit 50—77% Hg besitzen ein einfaches tetragonal-raumzentriertes[31] Gitter mit gleicher Abmessung innerhalb des genannten Konzentrationsbereiches. Für Verbindungen ergaben sich keine Anzeichen.

Aus der Tatsache, daß die β-Phase ein Gitter besitzt, das von dem rhomboedrischen Gitter des Hg[32—35] verschieden ist, folgt bereits, daß sie eine intermediäre Phase sein muß. Die Arbeit von MEHL-BARRETT[1] (s. o.) erbrachte die Bestätigung dafür. Die genannten Forscher konnten in Legierungen mit etwa 88, 94 und 97% Hg bei —64° das rhomboedrische Gitter des Hg nachweisen[36].

Umwandlungen im festen Zustand. MEHL-BARRETT haben thermo-

analytisch das Bestehen einer Umwandlung bei —14° bis —10,5°
zwischen 43 und 85% Hg nachgewiesen. Sie ist nur mit einer Änderung
der spezifischen Wärme, nicht mit einer Strukturänderung verbunden.

In der an sich durch nichts gerechtfertigten Vermutung, daß die
Verbindung Cd_3Hg (37,3% Hg) bestehen könne, hat Taylor[37] die
Gitterstruktur von Legierungen mit 30, 37,3 (= Cd_3Hg) und 43,3% Hg
nach Tempern bei 147° (Abkühlung?) untersucht. Die erste Legierung
zeigte nur das Gitter des α-Mischkristalls. Aus den Photogrammen der
beiden anderen Legierungen, die nach Abb. 185 aus einem Gemenge von
α und β bestehen sollten, leitete Taylor ein tetragonal-raumzentriertes
Gitter[38] mit den überaus hohen Konstanten $a = 16,53$ Å, $c = 12,09$ Å,
$c/a = 0,732$ und 152 Atomen (= 38 Moleküle Cd_3Hg) in der Elementarzelle ab. Versuche, eine Struktur mit kleineren Abmessungen abzuleiten, waren erfolglos. Der Linienreichtum der Photogramme spricht
dagegen, daß ein Gemenge von α und β vorliegt. Die Tatsache, daß
Mehl in einer Legierung mit 40% Hg nur das Cd-Gitter festgestellt
hatte, erklärt Taylor mit der von Mehl angewendeten höheren Glühtemperatur von 170°. Sollte der Befund von Taylor zutreffen, so
würde entweder eine grundlegende Veränderung des Gleichgewichtsdiagramms notwendig sein, oder aber die Verbindung Cd_3Hg bildet sich
durch Reaktion von α mit β zwischen 170° und 147°.

De Haas und De Boer[39] haben die Sprungpunkte zur Supraleitfähigkeit der drei aus β-Mischkristallen bestehenden Legierungen mit
50, 60 und 70 Atom-% Hg zu 1,71° bzw. 1,91° und 2,16° abs. bestimmt.
Reines Hg wird bei 4,1° abs. supraleitend.

Literatur.

1. Mehl, R. F., u. C. S. Barrett: Trans. Amer. Inst. min. metallurg. Engr.
Inst. Metals Div. 1930 S. 575/88. — **2.** Bijl, H. C.: Z. physik. Chem. Bd. 41 (1902)
S. 641/71. — **3.** Puschin, N. A.: Z. anorg. allg. Chem. Bd. 36 (1903) S. 201/254.
— **4.** Tammann, G.: Z. physik. Chem. Bd. 3 (1889) S. 445. — **5.** Heycock, C. T.,
u. F. H. Neville: J. chem. Soc. Bd. 61 (1892) S. 888. — **6.** Kerp, W., W. Böttger
u. H. Iggena: Z. anorg. allg. Chem. Bd. 25 (1900) S. 59/67. — **7.** Jänecke, E.:
Z. physik. Chem. Bd. 60 (1907) S. 409. — **8.** Smith, F. E.: Nat. physic. Lab. coll.
Res. Bd. 6 (1910) S. 137/63. Philos. Mag. Bd. 19 (1910) S. 250. S. auch Z. physik.
Chem. Bd. 95 (1920) S. 293. — **9.** Schulze, A.: Z. physik. Chem. Bd. 105 (1923)
S. 177/203. — **10.** Moesveld, A. L. T., u. W. A. T. de Meester: Z. physik. Chem.
Bd. 130 (1927) S. 146/53. — **11.** Gouy: J. Physique Bd. 4 (1895) S. 320/21. —
12. Jaeger, W.: Wied. Ann. Bd. 65 (1898) S. 106/110. — **13.** Hullet, G. A.,
u. R. E. de Lury: J. Amer. chem. Soc. Bd. 30 (1908) S. 1811. — **14.** Würschmidt,
J., 1912. — **15.** Frilley, R.: Rev. Métallurg. Bd. 8 (1911) S. 542/46. S. dagegen
E. Maey: Z. physik. Chem. Bd. 50 (1905) S. 212/14. — **16.** Bachmetjeff (1894),
s. Z. anorg. allg. Chem. Bd. 36 (1903) S. 204. — **17.** Gore, G.: Philos. Mag. 5 Bd. 30
(1890) S. 202. — **18.** Hildebrand, J. H.: J. Amer. chem. Soc. Bd. 35 (1913)
S. 501/519. — **19.** König: J. prakt. Chem. Bd. 69 (1856) S. 466. — **20.** Stromeyer
(1818), s. Z. anorg. allg. Chem. Bd. 36 (1903) S. 204. — **21.** Croockewitt (1848),

s. Z. anorg. allg. Chem. Bd. 36 (1903) S. 202. — 22. Schumann, J.: Wied. Ann. Bd. 43 (1891) S. 105. — 23. Mazzotto, D.: S. Z. physik. Chem. Bd. 13 (1894) S. 571/72. — 24. Richards, T. W., H. L. Frevert u. C. E. Teeter: J. Amer. chem. Soc. Bd. 50 (1928) S. 1293/1302. — 25. Die Gleichgewichtseinstellung (Aufhebung der Kristallseigerung) bei 25° erfordert nach Richards einige Jahre! — 26. Puschin konnte die peritektische Umsetzung mit Hilfe von Abkühlungskurven nicht feststellen. — 27. Über die Mischungslücke s. auch G. Tammann u. C. F. Marais: Z. anorg. allg. Chem. Bd. 138 (1924) S. 162/66. — 28. Tammann, G., u. Q. A. Mansuri: Z. anorg. allg. Chem. Bd. 132 (1923) S. 69/70. — 29. Simson, C. v.: Z. physik. Chem. Bd. 109 (1923) S. 195/97. — 30. Mehl, R. F.: J. Amer. chem. Soc. Bd. 50 (1928) S. 381/90. — 31. Mehl läßt offen, ob die β-Phase ein tetragonal-flächenzentriertes oder ein tetragonal-raumzentriertes Gitter besitzt; offenbar hält er ersteres für wahrscheinlicher. P. P. Ewald u. C. Hermann (Strukturbericht S. 568/70) nehmen eine raumzentrierte Zelle an. — 32. Mc Keehan, L. W., u. P. P. Cioffi: Physic. Rev. Bd. 19 (1922) S. 444/46. — 33. Wolf, M.: Z. Physik Bd. 53 (1929) S. 72/79. Nature Bd. 122 (1928) S. 314. — 34. Terrey, H., u. C. M. Wright: Philos. Mag. Bd. 6 (1928) S. 1055/69. — 35. Lark-Horovitz, K.: Physic. Rev. Bd. 33 (1929) S. 121. — 36. Die Legn. mit 88 und 94% Hg erwiesen sich als zweiphasig, letztere nur infolge unvollständiger peritektischer Umsetzung bei −34°. — 37. Taylor, N. W.: J. Amer. chem. Soc. Bd. 54 (1932) S. 2713/20. — 38. Taylor glaubt, daß die Struktur aus der Struktur von β abgeleitet ist. — 39. Haas, W. J. de, u. J. de Boer: Proc. K. Akad. Wet., Amsterdam Bd. 35 (1932) S. 128/31. Ref. J. Inst. Met., Lond. Bd. 50 (1932) S. 475. Physik. Ber. Bd. 13 (1932) S. 2169.

Cd-K. Kadmium-Kalium.

Zu dem von Smith[1] vornehmlich mit Hilfe der thermischen Analyse ausgearbeiteten Zustandsdiagramm (Abb. 186) sind folgende erläuternde Angaben zu machen. Außer der durch einen maximalen Erstarrungspunkt ausgezeichneten Verbindung $Cd_{12}K$ oder $Cd_{11}K$ (die beiden hier in Betracht kommenden Formeln verlangen 2,82 bzw. 3,07% K; sie unterscheiden sich also nur um 0,25%) nimmt Smith eine weitere K-reichere Verbindung Cd_7K (4,73% K) an, die sich bei etwa 473° peritektisch aus $Cd_{12}K$ (?) und Schmelze bilden soll. Diese Annahme wird lediglich gestützt durch die Abhängigkeit der Haltezeiten der sekundären Kristallisation von der Zusammensetzung, die aus der Nebenabb. zu entnehmen ist. Dagegen geht aus den in der Hilfsabb. ebenfalls eingezeichneten thermischen Werten keineswegs das Bestehen zweier Horizontalen bei 468° und 473° hervor, vielmehr wären sie im Einklang mit der Annahme, daß nur eine Horizontale, also auch nur eine Verbindung ($Cd_{12}K$) besteht. Ob man mit Smith den Haltezeiten ein so großes Gewicht beimessen darf, erscheint mir sehr fraglich, da in dem hier in Rede stehenden Konzentrationsgebiet die Erstarrung erst nach sehr erheblichen Unterkühlungen[2] einsetzte und auch die sekundäre Kristallisation nach Unterkühlungen von 4—6° vor sich ging. Auch die mikroskopische Untersuchung führte zu keiner Aufklärung der Konstitutionsverhältnisse.

Die von KREMANN-MEHR[3] bestimmte Spannungs-Konzentrations-kurve erlaubt keine Rückschlüsse auf die Konstitution (s. Originalarbeit).

Literatur.

1. SMITH, D. P.: Z. anorg. allg. Chem. Bd. 56 (1908) S. 119/25. Die Legn. (10 cm³) wurden in schwer schmelzbaren Glasröhren unter Wasserstoff erschmolzen. — 2. Die Unterkühlung betrug bei den Schmelzen mit 3,7%, 4,5% und 4,9% K 35° bzw. 18° und 11°. — 3. KREMANN, R., u. A. MEHR: Z. Metallkde. Bd. 12 (1920) S. 451/53.

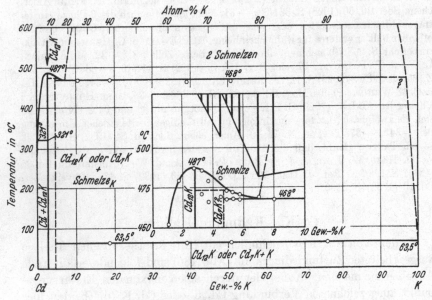

Abb. 186. Cd-K. Kadmium-Kalium.

Cd-Li.   Kadmium-Lithium.

MASING-TAMMANN[1] haben den Versuch unternommen, die Konstitution dieses Systems im Bereich von 0—30 Gew.-% Li (entsprechend 0—87 Atom-% Li) durch thermische und mikroskopische Untersuchungen aufzuklären (s. die Erstarrungstemperaturen in Abb. 187). Danach hielten sie das Vorliegen einer lückenlosen Reihe von Mischkristallen für erwiesen. Dazu ist zu bemerken, daß das Bestehen der beiden von MASING-TAMMANN vermuteten Verbindungen Cd_2Li (2,99% Li) und CdLi (5,8% Li) die Ausbildung einer ununterbrochenen Mischkristallreihe von vornherein ausschließen sollte. Es erscheint nicht ausgeschlossen, daß den Verfassern dadurch, daß sie gezwungen waren, mit sehr kleinen Substanzmengen zu arbeiten, thermische Effekte entgangen sind; sie bemerken selbst, daß die Wärmetönungen schwach waren und die Bestimmung der Temperatur des Endes der Erstarrung in den meisten Fällen recht unsicher war[2].

Das Bestehen der Verbindung CdLi ist wegen des maximalen Erstarrungspunktes (541°) sehr wahrscheinlich, dagegen ist die Annahme der Verbindung Cd_2Li auf Grund der bisher vorliegenden Ergebnisse m. E. nicht berechtigt. Anzeichen für das Vorliegen von Umwandlungen im festen Zustand ergaben sich aus einem bei der Legierung mit 3% Li (= Cd_2Li) beobachteten thermischen Effekt bei 356°.

Eine lückenlose Mischbarkeit der beiden Komponenten im festen Zustand ist schon wegen ihrer verschiedenen Gitterstruktur nicht möglich, eine Erkenntnis, die allerdings erst neueren Untersuchungen zu verdanken ist.

1. Nachtrag. Abb. 187 zeigt das von GRUBE, VOSSKÜHLER und VOGT[3] auf Grund umfangreicher thermoanalytischer[4], resistometrischer[5] und dilatometrischer[6] Untersuchungen entworfene Zustandsdiagramm. Die Konzentration ist hier ausnahmsweise in Atom-% angegeben, da die Gebiete der α-, β-, β'-, γ- und γ'-Phasen in dem kleinen Bereich von 0—20 Gew.-% Li liegen. Eine nähere Beschreibung der Einzelergebnisse erübrigt sich, da die Gleichgewichtskonzentrationen und die mit den verschiedenen Untersuchungsverfahren gewonnenen Meßpunkte in Abb. 187 eingetragen sind.

Vergleicht man die Ergebnisse von GRUBE-VOSSKÜHLER-VOGT mit dem Befund von MASING-TAMMANN, so zeigt sich, daß nur die von diesen Forschern gefundene Liquiduskurve und das Bestehen der Verbindung CdLi und der Umwandlung bei etwa 360° bestätigt werden konnten. Die Tatsache, daß die verschiedenen Untersuchungsmethoden zu übereinstimmenden Ergebnissen hinsichtlich der Umwandlungen im festen Zustand führten, verleiht dem Diagramm von GRUBE und seinen Mitarbeitern einen hohen Grad von Sicherheit. Indessen dürfte es nicht unberechtigt sein zu sagen, daß der Verlauf der Löslichkeitskurven, insbesondere bei relativ niedrigen Temperaturen, nicht unbedingt dem Gleichgewichtszustand zu entsprechen braucht, da die Festlegung dieser Kurven mit Hilfe resistometrischer und dilatometrischer Untersuchungen häufig zu unrichtigen Ergebnissen in quantitativer Hinsicht geführt hat. Für die Beurteilung der Natur der Umwandlungen ist das jedoch belanglos. Die in den β- und γ-Mischkristallen stattfindenden Umwandlungen werden dadurch verursacht, daß diese primär aus der Schmelze kristallisierenden Mischkristalle beim Abkühlen bei 370° bzw. 272° in Mischkristalle mit geordneter Atomverteilung von der stöchiometrischen Zusammensetzung Cd_3Li (2,02 Gew.-% Li) bzw. $CdLi_3$ (15,63 Gew.-% Li) übergehen. Die der Zusammensetzung Cd_3Li entsprechende Legierung ist bei Raumtemperatur nicht mehr einphasig, da sie sich bei 230—240° unter Ausscheidung von γ-Kristallen entmischt.

2. Nachtrag. Dem Bericht über eine Arbeit von BARONI[7] ist folgendes zu entnehmen: Die Verbindungen Cd_3Li, CdLi und $CdLi_3$ konnten

thermoanalytisch bestätigt werden. CdLi soll die Kristallstruktur des
β-Messings, Cd₃Li eine kompliziertere kubische Struktur mit 8 Cd₃Li
im Elementarkörper besitzen. CdLi₃ konnte röntgenographisch nicht
nachgewiesen werden.

Nach ZINTL-BRAUER[8] sowie besonders ZINTL-SCHNEIDER[9] sind die

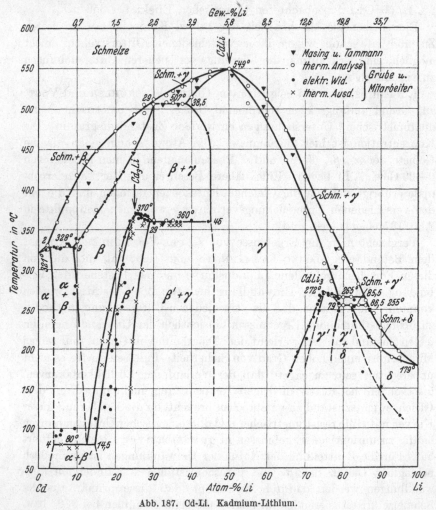

Abb. 187. Cd-Li. Kadmium-Lithium.

Strukturbestimmungen von BARONI falsch. Erstere haben wiederholt
festgestellt, daß CdLi ein kubisches Gitter vom Typus der Verbindung
NaTl besitzt. Letztere fanden, daß Cd₃Li eine hexagonale Struktur
dichtester Kugelpackung, CdLi₃ die Struktur von NaPb₃, jedoch mit
ungeordneter Atomverteilung hat. Siehe jedoch auch die Gegenäußerung
von BARONI[10].

ZINTL-SCHNEIDER[11] haben die vier von GRUBE und Mitarbeitern gefundenen Zwischenphasen durch röntgenographische Untersuchungen bestätigen können. β: wahrscheinlich kubisches Gitter, $\beta' = Cd_3Li$: s. oben, $\gamma = CdLi$: s. oben, $\gamma' = CdLi_3$: kubisch-flächenzentriertes Gitter mit ungeordneter Atomverteilung.

Literatur.

1. MASING, G., u. G. TAMMANN: Z. anorg. allg. Chem. Bd. 67 (1910) S. 194/97. — 2. Vgl. die Entwicklung unserer Kenntnis von dem Aufbau der den Cd-Li-Legn. verwandten Cd-Mg-Legn., sowie der Au-Mn-Legn. — 3. GRUBE, G., H. VOSSKÜHLER u. H. VOGT: Z. Elektrochem. Bd. 38 (1932) S. 869/80. — 4. Die Legn. (10—15 cm³) wurden unter Verwendung von 99%igem Li (Hauptverunreinigung 0,62% K, 0,32% Li₃N, 0,14% Na) in Eisentiegeln unter Argon erschmolzen und thermisch analysiert. — 5. Die Widerstandstemperaturkurven wurden nach langsamer Abkühlung der Proben unter Argon mit einer Erhitzungsgeschwindigkeit von 10° in 6 Minuten aufgenommen. Ihre Auswertung erfolgte sowohl direkt, als auch durch Konstruktion der Isothermen der spez. elektrischen Leitfähigkeit. — 6. Die dilatometrischen Messungen wurden nach langsamer Abkühlung der Proben mit einer Erhitzungsgeschwindigkeit von 10° in 8 Minuten ausgeführt. — 7. BARONI, A.: Atti R. Accad. Lincei, Roma 6 Bd. 18 (1933) S. 41/44. Chem. Zbl. 1933 II S. 3526. Z. Elektrochem. Bd. 40 (1934) S. 107. — 8. ZINTL, E., u. G. BRAUER: Z. physik. Chem. B Bd. 20 (1933) S. 245/71. — 9. ZINTL, E., u. A. SCHNEIDER: Z. Elektrochem. Bd. 39 (1933) S. 95 (Fußnote) und Bd. 40 (1934) S. 107. — 10. BARONI, E.: Z. Elektrochem. Bd. 40 (1934) S. 565. — 11. ZINTL, E., u. A. SCHNEIDER: Z. Elektrochem. Bd. 41 (1935) S. 294/97.

Cd-Mg. Kadmium-Magnesium.

Die Erstarrungsvorgänge. Die Liquiduskurve wurde von BOUDOUARD[1] (12 Schmelzen), GRUBE[2] (15 Schmelzen), BRUNI-SANDONNINI[3] (15 Schmelzen) sowie HUME-ROTHERY und ROWELL[4] (48 Schmelzen) bestimmt. Sieht man von einigen herausfallenden Werten BOUDOUARDs ab, so ist die Übereinstimmung — mit Ausnahme des zwischen 4 und 12% Mg liegenden Teiles — ausgezeichnet. Hier verdienen die zahlreichen und genauen Bestimmungen von HUME-ROTHERY und ROWELL unbedingt den Vorzug. Die Soliduskurve wurde von GRUBE und BRUNI-SANDONNINI mit Hilfe von Abkühlungskurven bestimmt (GRUBE fand breitere und daher weniger wahrscheinliche Erstarrungsintervalle); sie schlossen daraus, daß sich aus den Schmelzen eine lückenlose Reihe von Mischkristallen ausscheidet, und daß sich Liquidus- und Soliduskurve bei 50 Atom-% berühren. Demgegenüber konnten HUME-ROTHERY und ROWELL, die die Soliduskurve mit Hilfe mikrographischer Untersuchungen sehr sorgfältig und mit einer Genauigkeit von 1—2° bestimmten, zeigen, daß 1. keine Berührung von Liquidus- und Soliduskurve bei 50 Atom-% erfolgt, 2. zwei Reihen von Mischkristallen bestehen, die durch eine Mischungslücke (zwischen 6,5 und 12,7% Mg) getrennt sind und 3. innerhalb dieser Mischungslücke noch die Verbindung Cd$_2$Mg (9,76% Mg) besteht (vgl. Abb. 188 mit Nebenabb.). Die zwischen 6 und 13% Mg liegenden Soliduskurventeile und Löslichkeitsgrenzen wurden durch sehr eingehende mikrographische Untersuchungen (nach tage- und wochenlangem Glühen) festgelegt. Auf Einzelerscheinungen und -ergebnisse kann hier nicht eingegangen werden. Bemerkenswert ist jedoch, daß die Verbindung Cd$_2$Mg bei der Erstarrung infolge Gleichgewichtsstörung nur in geringer Menge gebildet wird; erst sehr langes Glühen führt zur Vergrößerung der Menge und zum Gleichgewichtszustand.

Die Umwandlungsvorgänge im festen Zustand. Da sich nach dem Befund von Grube und Bruni-Sandonnini (s. S. 429) die Liquidus- und Soliduskurve bei der Zusammensetzung CdMg (17,79% Mg) berühren sollen, glaubte man[2][3][5][6], 1. daß sich die Verbindung CdMg aus der Schmelze ausscheidet, und 2. daß sie mit beiden Komponenten Mischkristallreihen bildet. Diese Auffassung ist — nach der gegenteiligen Feststellung von Hume-Rothery und Rowell einerseits und nach unseren Vorstellungen über die Gitterstruktur metallischer Phasen andererseits — heute nicht mehr aufrechtzuerhalten. Aus diesem Grunde und nach neueren Feststellungen (s. w. u.) ist auch die zuerst von Grube vertretene und von Urasow[5], Bruni-Sandonnini und Valentin[6] geteilte Auffassung, daß die im festen Zustand im Bereich der Zusammensetzung CdMg stattfindende Umwandlung auf eine polymorphe Umwandlung von CdMg (in eine bei tieferer Temperatur stabile Form mit geringerem Lösungsvermögen für Cd und Mg) zurückzuführen ist, überholt.

Die von Grube mit Hilfe von Abkühlungskurven zwischen 15 und 30% Mg gefundene Umwandlungskurve besitzt ein Maximum bei der Konzentration CdMg und 246°. Bruni-Sandonnini konnten diesen Befund bestätigen (die Umwandlung wurde zwischen 8,5 und 24,5% Mg beobachtet; Maximum bei CdMg und 248°)[7]. Urasow, der auch einige Umwandlungspunkte bestimmte, schloß aus dem Verlauf der Leitfähigkeitsisothermen für 25—300° des ganzen Systems ebenfalls, daß oberhalb 255° eine lückenlose Reihe von Mischkristallen der Verbindung β-CdMg mit Cd und Mg besteht, und daß sich das Mischkristallgebiet von α-CdMg bei 25° von etwa 5—43% Mg erstreckt. Entgegen den Schlußfolgerungen von Urasow ließ sich jedoch schon damals auf Grund der Leitfähigkeitshöchstwerte bei rd. 5—7% Mg (20—25 Atom-%) und besonders bei rd. 40—46% Mg (75—80 Atom-%) vermuten, daß hier eher ausgezeichnete Konzentrationen als einfache Mischkristallgrenzen (Zweiphasengebiete) vorhanden sind. Valentin[6] untersuchte die Umwandlung dilatometrisch und fand zwischen 10 und 50% Mg Umwandlungspunkte, die sich gut in die Umwandlungskurve aus früheren Untersuchungen einordnen. Hume-Rothery und Rowell bestimmten die Sättigungsgrenze des α- und β-Mischkristalls mikrographisch bis herunter zu 250° und ermittelten die in Abb. 188 durch $\times$

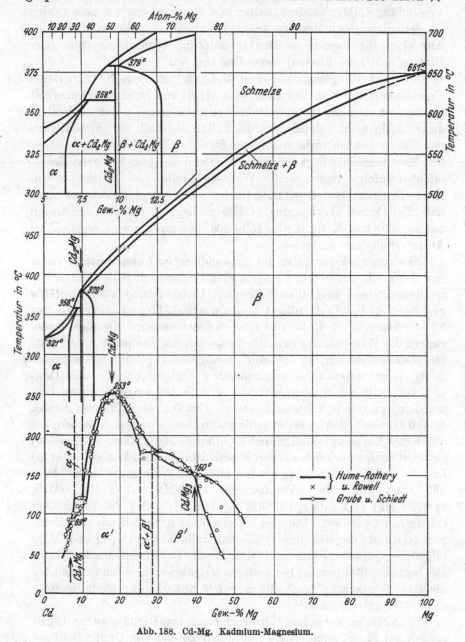

Abb. 188. Cd-Mg. Kadmium-Magnesium.

gekennzeichneten Umwandlungspunkte nach langem Glühen der Legierungen thermisch. Daraus geht hervor, daß das Maximum nicht bei

der Konzentration CdMg, sondern bei etwas höherem Mg-Gehalt ge-
funden wurde. Die Verfasser glauben daher nicht an das Bestehen der
Verbindung CdMg, sondern halten die Umwandlung für eine solche,
die derjenigen des β-Messings analog ist, zumal sie mikroskopisch keine
Anzeichen für irgendeine Strukturänderung (Umkristallisation oder
Bildung von zwei Phasen) feststellen konnten.

Aus einer röntgenographischen Untersuchung von NATTA[8], deren
Ergebnisse später zum Teil durch eine Arbeit von DEHLINGER[9] überholt
wurden, ist als wesentlichster Befund zu entnehmen, 1. daß die Verbindung Cd$_2$Mg nicht gefunden wurde, 2. daß oberhalb 250° zwei Reihen
von Mischkristallen vorliegen, die die Struktur des Cd bzw. Mg besitzen
(die Mischungslücke liegt zwischen rd. 40 und 60 Atom-% Mg, ist also —
offenbar infolge ungenügender Wärmebehandlung — breiter als von
HUME-ROTHERY und ROWELL gefunden wurde), 3. daß demnach oberhalb 250° keine „Verbindung‘‘ CdMg vorliegt, 4. daß in Legierungen
mit 30—60 Atom-% Mg, die bei 150—200° getempert waren, regelmäßige
Atomverteilungen auftreten.

Die Frage nach der Natur der Umwandlung im festen Zustand wurde
von GRUBE-SCHIEDT[10] einer eingehenden Prüfung mit Hilfe von thermo-
resistometrischen und dilatometrischen Untersuchungen an sorgfältig
geglühten und darauf äußerst langsam abgekühlten Legierungen mit
20—80 Atom-% Mg (5,1—46,4 Gew.-%) unterzogen. Aus den Änderungen des Widerstandes bzw. der Länge mit der Temperatur, den Leitfähigkeitsisothermen für 50—300°, sowie den Ergebnissen der gleichzeitig ausgeführten röntgenographischen Untersuchungen von DEH-
LINGER[9] (s. w. u.) ergaben sich die in Abb. 188 eingezeichneten Umwandlungspunkte und Zustandsgebiete. Die Verfasser schlossen daraus,
1. daß oberhalb 250° zwei Mischkristallreihen, α und β, bestehen, die
durch eine Lücke zwischen 28 und 33 Atom-% Mg (7,8 und 9,8 Gew.-%)
getrennt sind, 2. daß sich aus den Mischkristallen mit 25 Atom-% Mg (α)
bzw. 50 und 75 Atom-% Mg (β) mit fallender Temperatur bei 89° bzw.
253° und 150° die „Verbindungen‘‘ Cd$_3$Mg (6,73% Mg), CdMg
(17,79% Mg) und CdMg$_3$ (39,36% Mg) bilden, 3. daß die Verbindung
Cd$_2$Mg nicht existiert. Die drei „Verbindungen‘‘ sollen mit den Komponenten und untereinander (?) Mischkristalle bilden: Cd$_3$Mg und CdMg
bilden die α'-Mischkristalle, und CdMg$_3$ ist die Basis der β'-Mischkristalle.
Die bei hoher Temperatur beständigen Mischkristalle sollen von den bei
niederer Temperatur beständigen durch heterogene Zerfallsgebiete
(Abb. 188) getrennt sein[11].

Die röntgenographischen Untersuchungen von DEHLINGER[9] an Legierungen mit 20—80 Atom-% Mg haben den Befund von GRUBE-SCHIEDT
im großen und ganzen bestätigt. Abweichungen bestehen hinsichtlich
der Lage und Ausdehnung der Mischungslücken $(\alpha + \beta)$[12] und $(\alpha'+\beta')$[13].

Die Röntgenanalyse nach 4wöchigem Glühen der Legierungen bei 300°
und Abschrecken ergab, daß bei dieser Temperatur die beiden Mischkristallreihen α und β bestehen, die durch eine Mischungslücke zwischen
etwa 30 und 40 Atom-% Mg getrennt sind. Sie besitzen die Gitter
hexagonaler dichtester Kugelpackung des Cd bzw. Mg mit einem
Achsenverhältnis von 1,89 bzw. 1,62 bei allen Konzentrationen, die
Gitterabmessungen werden jedoch mit steigendem Zusatz der anderen
Komponente kleiner. Nach langsamer Abkühlung auf Raumtemperatur
(d. h. nach vollzogener Umwandlung) wurde ein Cd-artiges Gitter
zwischen 0 und etwa 65 Atom-% Mg, ein Mg-artiges Gitter zwischen
etwa 50 und 100 Atom-% Mg gefunden[14]. Die langsam erkalteten Legierungen von der Zusammensetzung Cd_3Mg und $CdMg_3$ besitzen das Gitter
des Cd bzw. Mg, jedoch — wie aus den zusätzlichen Überstrukturlinien
in den Photogrammen hervorgeht — mit geordneter Atomverteilung;
Näheres über die Struktur s. Originalarbeit. Das Bestehen einer weiteren
Überstruktur noch unbekannter Natur wurde in den Legierungen
zwischen 30 und 65 Atom-% Mg, insbesondere um 50 Atom-% erkannt.
Die von HUME-ROTHERY und ROWELL angenommene Verbindung
Cd_2Mg konnte auch DEHLINGER nicht bestätigen.

Untersuchungen der Eigenschaften. Um über den Aufbau des
Systems Aufschluß zu bekommen, wurden außer Leitfähigkeitsmessungen
(URASOW, GRUBE-SCHIEDT) besonders Potentialmessungen ausgeführt,
und zwar von KREMANN und GMACHL-PAMMER[15], WINOGOROW-PE-
TRENKO[16] sowie KRÖGER[17]. Die von diesen Forschern gefundenen
Spannungs-Konzentrationskurven sind jedoch — offenbar infolge sekun-
därer Einflüsse (Deckschichtenbildung u. a. m.) — sehr verschieden.
Immerhin lassen die Kurven von WINOGOROW-PETRENKO und besonders
von KRÖGER einen Zusammenhang mit der Struktur erkennen, obgleich
die Spannungen durch Deckschichten entstellt sind[17] [18].

Das Gleichgewichtsschaubild. Trotz umfangreicher Untersuchungen
reichen die vorliegenden Ergebnisse nicht aus, um ein einigermaßen
sicheres Gleichgewichtsschaubild zu entwerfen. So läßt sich z. B. nicht
sagen, weshalb nach der Arbeit von HUME-ROTHERY und ROWELL mit
dem Bestehen von Cd_2Mg zu rechnen ist, während NATTA, GRUBE-
SCHIEDT und DEHLINGER keine Anzeichen dafür finden konnten.
GRUBE-SCHIEDT nehmen eine einfache peritektische Mischungslücke
(β + Schmelze $\rightleftharpoons \alpha$) an. Ebenso ist die Ausdehnung der Mischungslücke
($\alpha + \beta$) noch ungewiß[12].

Über die Umwandlungen im festen Zustand kann man mit Sicherheit
nur sagen, daß sich mit fallender Temperatur aus den Mischkristall-
gittern mit ungeordneter Atomverteilung von der Zusammensetzung
Cd_3Mg, $CdMg$ und $CdMg_3$ solche mit geordneter Atomverteilung bilden.
Die Zusammenhänge zwischen den einzelnen Konzentrationsgebieten

verschiedenen Gitterbaus bei tieferer Temperatur, die Größe dieser Gebiete und der Mechanismus der Umwandlung ungeordnet ⇌ geordnet (ob stetig in homogener Phase verlaufend oder — wie GRUBE-SCHIEDT (Abb. 188) annehmen — über heterogene Gleichgewichte) sind jedoch noch ungeklärt. Vorläufig erscheint es zweckmäßig, die von GRUBE-SCHIEDT gegebene Darstellung der Umwandlungsvorgänge, die auf ihrem experimentellen Befund beruht, zur Beschreibung der Konstitutionsverhältnisse beizubehalten. Ob sich jedoch tatsächlich die in Einzelheiten noch ungeklärten Umwandlungsvorgänge durch Phasengleichgewichte darstellen lassen, ist zweifelhaft.

Literatur.

1. BOUDOUARD, O.: C. R. Acad. Sci., Paris Bd. 134 (1902) S. 1431. Bull. Soc. chim. France 3 Bd. 27 (1902) S. 854/58. — **2.** GRUBE, G.: Z. anorg. allg. Chem. Bd. 49 (1906) S. 72/77. — **3.** BRUNI, G., u. C. SANDONNINI: Z. anorg. allg. Chem. Bd. 78 (1912) S. 277/81. — **4.** HUME-ROTHERY, W., u. S. W. ROWELL: J. Inst. Met., Lond. Bd. 38 (1927) S. 137/54. — **5.** URASOW, G. G.: Z. anorg. allg. Chem. Bd. 73 (1910) S. 31/47. — **6.** VALENTIN, J.: Rev. Métallurg. Bd. 23 (1926) S. 216/18. — **7.** Die Annahme von BRUNI und SANDONNINI, daß in Cd-reichen Legn. ein Eutektoid besteht, ist, wie HUME-ROTHERY und ROWELL zeigten, auf eine irrtümliche Deutung des Gefüges zurückzuführen. — **8.** NATTA, G.: Ann. Chim. appl. Bd. 18 (1928) S. 135/88. Ref. Chem. Zbl. 1928 II S. 219/20. J. Inst. Met., Lond. Bd. 40 (1928) S. 572/73. — **9.** DEHLINGER, U.: Z. anorg. allg. Chem. Bd. 194 (1930) Bd. 223/38. — **10.** GRUBE, G., u. E. SCHIEDT: Z. anorg. allg. Chem. Bd. 194 (1930) S. 190/222. — **11.** Die Gestalt der Widerstandstemperaturkurven und der Kurven der thermischen Ausdehnung für die Gebiete zwischen 40 und 60 sowie 70 und 80 Atom-% Mg deutet darauf hin, daß hier die mit steigender Temperatur stattfindende Umwandlung von ,,Verbindung" (d. h. geordneter Atomverteilung) in Mischkristall (d. h. regelloser Atomverteilung) in 2 Stufen verläuft. Auf der ersten (70—80° unterhalb des eigentlichen Umwandlungsintervalles) tritt in homogener Phase eine mit der Temperatur langsam zunehmende Störung der bei niederer Temperatur stabilen Verteilung der Atome ein, auf der zweiten (einphasig oder zweiphasig?) erfolgt der Übergang der noch teilweise geordneten in die völlig regellose Verteilung der bei höherer Temperatur beständigen Mischkristalle. — **12.** Nach GRUBE-SCHIEDT zwischen 28 und 33 Atom-% Mg, nach DEHLINGER zwischen 30 und 40 Atom-% Mg, nach HUME-ROTHERY und ROWELL zwischen 24 und 40 Atom-% Mg. — **13.** Nach GRUBE-SCHIEDT zwischen 61 und 67 Atom-% Mg, nach DEHLINGER zwischen 50 und 65 Atom-% Mg. — **14.** Durch Druck (Kaltbearbeitung, innere Spannungen infolge Umwandlung) können die Cd-artigen α'-Mischkristalle mit 50 Atom-% Mg in die Mg-artigen β'-Mischkristalle übergeführt werden. Das β'-Gebiet wird also durch Druck nach niederen Mg-Gehalten verschoben. Näheres über den Einfluß des Druckes siehe in der Arbeit von DEHLINGER. — **15.** KREMANN, R., u. J. GMACHL-PAMMER: Z. Metallkde. Bd. 12 (1920) S. 361/67. — **16.** WINOGOROW, G., u. G. PETRENKO: Z. anorg. allg. Chem. Bd. 150 (1926) S. 254/57. — **17.** KRÖGER, C.: Z. anorg. allg. Chem. Bd. 179 (1929) S. 27/48. — **18.** Vgl. auch W. JENGE: Z. anorg. allg. Chem. Bd. 118 (1921) S. 120.

Cd-N. Kadmium-Stickstoff.

Stickstoff wird weder von festem noch von flüssigem Cd (untersucht bis 400°) gelöst[1].

Literatur.

1. Sieverts, A., u. W. Krumbhaar: Ber. dtsch. chem. Ges. Bd. 43 (1910) S. 894.

Cd-Na. Kadmium-Natrium.

Bei einer Untersuchung über den Einfluß von Cd-Zusätzen auf den Na-Erstarrungspunkt bestimmte Tammann[1] den Beginn bzw. das Ende der Erstarrung von 9 Schmelzen mit 0,1—3,75% Cd. Der eutektische Punkt ist danach bei etwa 2,6% Cd und einer um 1,8° unterhalb des Na-Schmelzpunktes liegenden Temperatur (d. i. 95,7°) anzunehmen. Nach gleichartigen Versuchen von Heycock-Neville[2] (8 Schmelzen mit 0,4—3,7% Cd) liegt das Eutektikum in ausgezeichneter Übereinstimmung mit Tammanns Befund bei 2,6% Cd, 95,4°. Heycock-Neville[3] stellten außerdem fest, daß der Erstarrungspunkt von Cd durch 0,25% Na um 5,7° erniedrigt wird.

Kurnakow-Kusnetzow[4] ermittelten in großen Zügen den Verlauf der ganzen Liquiduskurve (vgl. die in Abb. 189 mit × bezeichneten Punkte) und später[5] das vollständige Erstarrungsdiagramm mit Hilfe einer ausführlichen thermischen Analyse (55 Schmelzen). Die Liquiduskurve hat zwei Maxima bei den Zusammensetzungen Cd_6Na (3,3% Na) und 363,5° und Cd_2Na (9,28% Na) und 384° und drei Eutektika bei 1,2% Na, 291°, 4,65% Na, 351°, 96,7% Na, 95,4°. Da die Verfasser zwischen Cd_6Na und 4,1% Na keine eutektische Kristallisation beobachten konnten, schlossen sie, daß sich aus Schmelzen dieses Bereichs Mischkristalle der Verbindung Cd_6Na mit Na ausscheiden. Die mikroskopische Untersuchung ergab eine vollkommene Bestätigung des Befundes der thermischen Untersuchung, insbesondere auch hinsichtlich des Bestehens fester Lösungen von Cd_6Na mit Na. Auf Grund der Tatsache, daß die sich zwischen 3,3 und rd. 2% Na primär ausscheidenden Kristalle im Schliffbild kubischen Querschnitt, die Primärkristalle zwischen 2 und 1,2% Na dagegen hexagonalen Querschnitt hatten, vermuteten Kurnakow-Kusnetzow, daß hier eine dritte, unter Zersetzung schmelzende Verbindung — vielleicht Cd_9Na (2,2% Na) — bestehen könne. Aus den thermischen Daten ergaben sich jedoch keine Anzeichen für die Existenz dieser Phase.

Ohne Kenntnis der zweiten Arbeit von Kurnakow-Kusnetzow hat Mathewson[6] das System Cd-Na zwischen 0 und 54% Na thermisch analysiert (21 Schmelzen). Er bestätigte das Bestehen von Cd_2Na (Schmelzpunkt 385°), fand jedoch an Stelle der Verbindung Cd_6Na die Verbindung Cd_5Na (3,93% Na, Schmelzpunkt 360°). Die eutektischen Punkte ergaben sich zu 1,2% Na (aus den Haltezeiten), 285°, und 5,2% Na, 346°. In Abweichung von den russischen Forschern fand Mathewson, daß Cd und Na eine kleine Mischungslücke im flüssigen Zustand bilden, deren Ausdehnung bei 332° auf Grund der Haltezeiten bei dieser Temperatur zu etwa 23—32,5% Na ermittelt, nach der Analyse der beiden festen Schichten (einer Legierung mit 29% Na) zu etwa 24,5—33% Na gefunden wurde. Auch Kurnakow-Kusnetzow heben hervor, daß die Liquiduskurve bei rd. 50 Atom-% Na einen Wendepunkt besitzt, für das Bestehen einer Horizontalen ergaben sich jedoch keine Anzeichen.

Für das Bestehen von Cd_6Na statt Cd_5Na (Unterschied 2,37 Atom-%

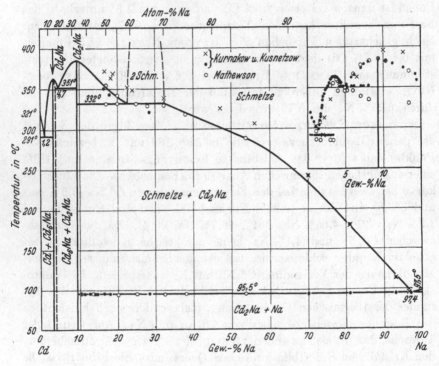

Abb. 189. Cd-Na. Kadmium-Natrium.

= 0,6 Gew.-%) sprechen folgende Tatsachen. 1. Kurnakow-Kusnetzow haben in dem betreffenden Konzentrationsgebiet eine große Anzahl Schmelzen untersucht (s. Nebenabb.), die nach dem Erstarren analysiert wurden. „Zur Erzielung zuverlässigerer Resultate wurden die Beobachtungen auf dem genannten Zweige einige Male wiederholt, sowohl thermometrisch als auch mit dem Registrierpyrometer." Das Maximum ist zwar sehr flach (zwischen 3,1 und 3,8% Na liegen die Erstarrungspunkte bei 363 ± 5°), doch wurden die Versuche offenbar mit größtmöglicher Genauigkeit durchgeführt. Das gilt nicht in demselben Maße von den Versuchen Mathewsons. Wie aus der Nebenabb. hervorgeht, hat Mathewson in dem fraglichen Gebiet wesentlich weniger Liquiduspunkte bestimmt, die — anscheinend infolge Unterkühlung[7] — außerdem nicht regelmäßig liegen. Zudem hat MATHEWSON seine Legierungen nicht analysiert, sondern nur ihre Zusammensetzung aus der Oxydation des Na korrigiert. 2. Die Bestimmung der Zusammensetzung der Verbindung aus den Haltezeiten der eutektischen Kristallisation (MATHEWSON) ist zu ungenau, zumal eine Mischkristallreihe zwischen etwa 3,3 und 4,1% Na vorliegt. 3. Die Beobachtung von MATHEWSON, daß eine Legierung mit 3,8% Na wie ein einheitlicher Stoff erstarrt, steht zu dem Diagramm von KURNAKOW-KUSNETZOW nicht im Widerspruch, da das Erstarrungsintervall der Mischkristalle nach Angabe dieser Verfasser nur sehr klein ist. 4. ZINTL, GOUBEAU und DULLENKOPF[8] haben eine Lösung von Na in NH_3 mit einer Lösung von CdJ_2 in NH_3 potentiometrisch titriert. „Die Ergebnisse scheinen auf eine Phase zwischen Cd_5Na und Cd_7Na zu deuten.“

Die von KREMANN-REININGHAUS[9] bestimmte Spannungs-Konzentrationskurve (Kette $Cd/1$ n NaJ in Pyridin/Cd_xNa_{1-x}) besitzt einen zwischen 15 und 20 Atom-% Na und einen bei 34 Atom-% Na liegenden Spannungssprung. Sie vermag also nicht zwischen Cd_6Na und Cd_5Na zu entscheiden. JÄNECKE[10] hält sogar — ohne Angabe eines Grundes — das Bestehen von Cd_4Na (4,87% Na) für wahrscheinlicher. Das Vorliegen einer kleinen Mischungslücke im flüssigen Zustand hält er für zweifelhaft.

Über einen Versuch zur Bestimmung der Kristallstruktur von Cd_2Na s. PAULING[11].

Literatur.

1. TAMMANN, G.: Z. physik. Chem. Bd. 3 (1889) S. 447. — **2.** HEYCOCK, C. T., u. F. H. NEVILLE: J. chem. Soc. Bd. 55 (1889) S. 673. — **3.** HEYCOCK, C. T., u. F. H. NEVILLE: J. chem. Soc. Bd. 61 (1892) S. 897. — **4.** KURNAKOW, N. S., u. A. N. KUSNETZOW: Z. anorg. allg. Chem. Bd. 23 (1900) S. 455/62. — **5.** KURNAKOW, N. S., u. A. N. KUSNETZOW: Z. anorg. allg. Chem. Bd. 52 (1907) S. 173/85. — **6.** MATHEWSON, C. H.: Z. anorg. allg. Chem. Bd. 50 (1906) S. 180/87. — **7.** Auf die Neigung der Verbindung Cd_6Na zur Unterkühlung weisen KURNAKOW-KUSNETZOW hin. — **8.** ZINTL, E., J. GOUBEAU u. W. DULLENKOPF: Z. physik. Chem. Bd. 154 (1931) S. 43. — **9.** KREMANN, R., u. P. v. REININGHAUS: Z. Metallkde. Bd. 12 (1920) S. 285/87. — **10.** JÄNECKE, E.: Z. Metallkde. Bd. 20 (1928) S. 117. — **11.** PAULING, L.: J. Amer. chem. Soc. Bd. 45 (1923) S. 2779/80.

Cd-Ni. Kadmium-Nickel.

Abb. 190a zeigt das von VOSS[1] ausgearbeitete Erstarrungsdiagramm der Cd-reichen Legierungen mit bis zu 15% Ni; oberhalb dieses Gehaltes treten beim Schmelzen starke Cd-Verluste ein. — Das auf Grund der Haltezeiten für 321° wahrscheinlich gemachte Bestehen der Verbindung Cd_4Ni (11,55% Ni) wurde durch mikroskopische Prüfung bestätigt: die Legierung mit 12% Ni erwies sich ohne Wärmebehandlung als homogen. EKMAN[2] konnte demgegenüber durch röntgenographische Untersuchungen zeigen, daß nicht die Formel Cd_4Ni, sondern die Formel $Cd_{21}Ni_5$ (11,06% Ni; Verhältnis von Valenzelektronenzahl zu Atomzahl = 21 : 13) für die hier bestehende Zwischenphase charakteristisch ist. Die Phase besitzt das der γ-Kristallart des Cu-Zn-Systems eigene Kristallgitter, kubisch mit 52 Atomen im Elementarbereich. Ihre Grenzkonzentrationen wurden bisher noch nicht ermittelt.

Die Natur der bei 405° stattfindenden Umwandlung, die mit fallender Temperatur unter Volumvermehrung erfolgt, wurde nicht aufgeklärt; mit steigendem Ni-Gehalt nimmt die Wärmetönung zu. In Abb. 190 a wurde sie als polymorphe Umwandlung der Kristallart X angenommen, da Voss über das Gefüge der Legierungen mit 13 und 15% Ni nichts mitteilt, was auf die Bildung oder den Zerfall einer Phase von anderer Zusammensetzung als X schließen ließe.

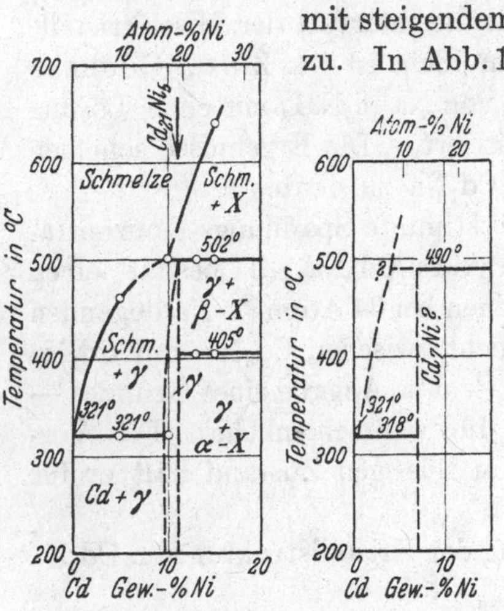

Nachtrag. Swartz-Phillips[3] haben den Bereich von 0—7,5% Ni thermisch und mikroskopisch untersucht[4] (Abb. 190 b). Danach besteht ein Eutektikum bei 0,25% Ni und 318° aus Cd und einer Verbindung, der die Formel Cd_7Ni (6,94% Ni) zukommen soll. Vom eutektischen Punkt steigt die Liquiduskurve steil auf 490° an; bei dieser Temperatur wird die Verbindung durch eine peritektische Reaktion gebildet. — Die Zusammensetzung der Cd-reichsten Zwischenphase dürfte durch Abb. 190 a nach den Arbeiten von Voss und Ekman richtiger wiedergegeben sein.

Abb. 190 a und b. Cd-Ni. Kadmium-Nickel.

Literatur.

1. Voss, G.: Z. anorg. allg. Chem. Bd. 57 (1908) S. 69/70. — 2. Ekman, W.: Z. physik. Chem. B Bd. 12 (1931) S. 69/77. Vgl. auch A. Westgren: Z. Metallkde. Bd. 22 (1930) S. 372. — 3. Swartz, C. E., u. A. J. Phillips: Trans. Amer. Inst. min. metallurg. Engr. Inst. Metals Div. 1934 S. 333/36. — 4. Nachstehende Angaben auf Grund von Referaten: J. Inst. Met., Lond. Bd. 53 (1933) S. 696. Chem. Zbl. 1934 I S. 111.

Cd-P. Kadmium-Phosphor.

In Analogie mit dem Verhalten von P zu Zn dürfte beim Eintragen von P in Cd-Schmelzen das Phosphid Cd_3P_2 (15,54% P) entstehen. Die Einheitlichkeit eines Stoffes dieser Zusammensetzung, der von Oppenheim[1] und Brukl[2] durch chemische Umsetzung, von Regnault[3] durch direkte Synthese aus den Elementen dargestellt wurde, ist durch die Strukturuntersuchung von Passerini[4] erwiesen.

Das Bestehen von $CdP_2{}^3$ (35,56% P) ist zwar unbewiesen aber wahrscheinlich[5]. Dagegen ist das von EMMERLING[6] dargestellte Produkt von der Zusammensetzung Cd_2P sicher nicht einheitlich gewesen.

Nachtrag. Über die Kristallstruktur von Cd_3P_2 siehe ferner v. STACKELBERG-PAULUS[7] (kubisch mit 16 Cd_3P_2 im Elementarbereich); daselbst auch über $Cd\,P_2$.

Literatur.

1. OPPENHEIM: Ber. dtsch. chem. Ges. Bd. 5 (1872) S. 979. — **2.** BRUKL, A.: Z. anorg. allg. Chem. Bd. 125 (1922) S. 256. — **3.** REGNAULT: C. R. Acad. Sci., Paris Bd. 76 (1873) S. 283. — **4.** PASSERINI, L.: Gazz. chim. ital. Bd. 58 (1928) S. 655/64. S. auch Strukturbericht 1913—1928 von P. P. EWALD u. C. HERMANN, Leipzig 1931, S. 786/87. — **5.** Vgl. P-Zn. — **6.** EMMERLING, O.: Ber. dtsch. chem. Ges. Bd. 12 (1879) S. 154. — **7.** STACKELBERG, M. v., u. R. PAULUS: Z. physik. Chem. B Bd. 22 (1933) S. 305/22. Bd. 28 (1935) S. 427/60.

Cd-Pb. Kadmium-Blei.

Das Erstarrungsdiagramm. Die vollständige Mischbarkeit der beiden flüssigen Metalle wurde erkannt von WRIGHT-THOMPSON[1] und MYLIUS-FUNK[2]. Die Liquiduskurve wurde erstmalig bestimmt von KAPP[3], nachdem bereits HEYCOCK-NEVILLE[4] den Einfluß von Pb (bis 2,4%) auf den Cd-Erstarrungspunkt und von Cd (bis 2,7%) auf den Erstarrungspunkt von Pb untersucht hatten. Später gab STOFFEL[5] die Erstarrungspunkte von zwei Schmelzen. Eine Nachprüfung des Erstarrungsdiagramms einschließlich der eutektischen Horizontalen durch JÄNECKE[6] und insbesondere BARLOW[7] sowie DI CAPUA[8] und ABEL, REDLICH und ADLER[9] bestätigte den Befund von KAPP. Außerdem bestimmte GOEBEL[10] einige Liquiduspunkte in der Nähe des eutektischen Punktes. Im oberen Teil der Abb. 191 sind alle Liquiduspunkte mit Ausnahme der von DI CAPUA bestimmten, deren Originalarbeit mir nicht vorgelegen hat, wiedergegeben.

Die eutektische Temperatur ist nach KAPP 249°, JÄNECKE 249 bis 252° (Mittel 250°), BARLOW 247,3°, GOEBEL 248°, DI CAPUA 245° und ABEL-REDLICH-ADLER 247°. Der eutektische Punkt liegt nach KAPPs thermischen Daten bei etwa 81% Pb, nach JÄNECKE liegt er bei 79%, nach BARLOW bei 82,6%, nach GOEBEL bei 82,5%, nach COOK[11] (mikroskopisch bestimmt) bei 82,5% und nach ABEL-REDLICH-ADLER bei 82,7% Pb.

Die Löslichkeit von Pb in Cd. Während die von MATTHIESSEN[12] und BECKMAN[13] bestimmten Leitfähigkeitsisothermen auf die Abwesenheit jeglicher Löslichkeit von Pb in Cd hindeuten, ließe sich aus den von BATTELLI[14] ermittelten Kurven der Thermokraft gegen Pb und ihres Temperaturkoeffizienten — wenn auch unsicher — auf das Bestehen Cd-reicher Mischkristalle schließen. Der von HEYCOCK-NEVILLE[4] bestimmten atomaren Gefrierpunktserniedrigung zufolge sollte Pb in Cd praktisch unlöslich sein. Nach JÄNECKE[6] „nimmt Cd in geringer Menge Pb in fester Lösung auf". Die Haltezeit der eutektischen Kristallisation

wird nach BARLOW[7] bei rd. 4% Pb, nach DI CAPUA[8] jedoch erst beim
reinen Cd gleich Null. Auf das Fehlen ausgedehnter Cd-reicher
Mischkristalle deuten auch die Dichtemessungen von MATTHIESSEN-
HOLZMANN[15] und GOEBEL[10], die Härtemessungen von GOEBEL, DI CAPUA-
ARNONE[16] sowie SCHISCHOKIN-AGEJEWA[17] und die Spannungsmessungen
von HERSCHKOWITSCH[18] und KREMANN-LANGBAUER[19]. Die bisher verläßlichsten Angaben über die Löslichkeit von Pb in Cd haben TAMMANN-

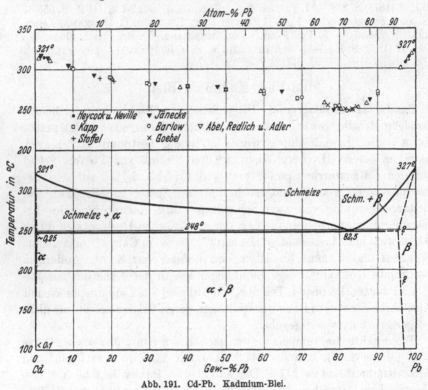

Abb. 191. Cd-Pb. Kadmium-Blei.

HEINZEL[20] und TAMMANN-RÜDIGER[21] gemacht. Mit Hilfe eines besonderen (mikroskopischen) Verfahrens bestimmten erstere die Löslichkeit bei 270° zu > 0,1% und bei tieferer Temperatur (d. h. nach „langsamer Abkühlung" von 270°) zu < 0,1%; letztere fanden nach derselben
Methode eine Löslichkeit von 0,2—0,3% bei 248° und von < 0,1%
nach langsamer Abkühlung. Dieses Ergebnis zeigt einerseits, daß die
Angaben von BARLOW unrichtig sind, beweist aber andererseits nicht,
daß die Aussagen der Dichte-, Härte- und Spannungskurven unbedingt
zutreffen, da diese Verfahren an sich zum Nachweis kleiner Mischkristallgebiete zu ungenau sind.

   Die Löslichkeit von Cd in Pb (s. die allgemeinen Ausführungen über
die Löslichkeit von Pb in Bi). Aus den Leitfähigkeitsisothermen nach

MATTHIESSEN und BECKMAN wäre zu schließen, daß Cd, wenn überhaupt, nur in sehr geringer Menge von Pb in fester Lösung aufgenommen wird. Die genaueren Messungen der elektrischen Leitfähigkeit an Pb-reichen Legierungen von DI CAPUA-ARNONE bzw. des Widerstandes von TAMMANN-RÜDIGER beweisen jedoch eindeutig das Vorliegen Pb-reicher Mischkristalle. Die von DI CAPUA-ARNONE bestimmte Leitfähigkeitskurve der 200 Stunden bei 200° geglühten (und darauf anscheinend relativ langsam abgekühlten) Legierungen besitzt bei 1% Cd ein deutliches Minimum. Nach TAMMANN-RÜDIGER liegt das entsprechende Maximum der Widerstandskurve nach dem Abschrecken bei 225° bei etwa 4% Cd. Da der Widerstand abgeschreckter Drähte mit 0 bis 3% Cd nach 50tägigem Lagern bei Raumtemperatur noch unverändert ist, diese Legierungen also keine Aushärtungserscheinungen zeigen, schließen TAMMANN-RÜDIGER auf eine Löslichkeit von nahezu 3% Cd bei Raumtemperatur. Der Widerstand der abgeschreckten Drähte mit mehr als 3% Cd nimmt dagegen beim Altern im Sinne einer Entmischung der Pb-reichen übersättigten Mischkristalle ab. Die Löslichkeit nimmt also mit der Temperatur zu[22]. Nach Messungen der EMK der Kette $Cd/1 n \ CdSO_4/Cd_xPb_{1-x}$ von HERSCHKOWITSCH, FUCHS[23] und KREMANN-LANGBAUER liegt der durch die Existenz Pb-reicher Mischkristalle bedingte Spannungssprung bei $> 2,5\%$ bzw. 5% und 4% Cd. Die untersuchten Legierungen befanden sich jedoch nicht in einem definierten Zustand. Nähere Angaben lassen sich über die Größe der festen Löslichkeit von Cd in Pb vorerst nicht machen. Der Vollständigkeit halber sei nur noch mitgeteilt, daß auch die von HEYCOCK-NEVILLE bestimmte atomare Gefrierpunktserniedrigung des Pb durch Cd, die Härtemessungen von LUDWIK[24], GOEBEL, DI CAPUA-ARNONE, TAMMANN-RÜDIGER und SCHISCHOKIN-AGEJEWA und die von BATTELLI gefundene Thermokraftkurve das Vorhandensein Pb-reicher fester Lösungen anzeigen. Die Ergebnisse der beiden von BARLOW und DI CAPUA ausgeführten thermischen Analysen widersprechen sich jedoch: die Haltezeit der eutektischen Kristallisation wird nach BARLOW bei ungefähr 3% Cd, nach DI CAPUA indessen erst bei reinem Pb gleich Null, ein Beweis für die Unzulänglichkeit dieser Methode zum Nachweis von Mischkristallgebieten.

Mit dem in Abb. 191 dargestellten Zustandsdiagramm sind, was die Abwesenheit intermediärer Phasen betrifft, die Ergebnisse der obengenannten Bestimmungen physikalischer Eigenschaften[25] und die Dichteund Widerstandsmessungen an flüssigen Cd-Pb-Legierungen von MATUYAMA[26][27] im Einklang.

Literatur.

1. WRIGHT, C. R. A., u. C. THOMPSON: Proc. Roy. Soc., Lond. Bd. 48 (1890) S. 25. WRIGHT, C. R. A.: J. Soc. chem. Ind. Bd. 13 (1894) S. 1016. — **2.** MYLIUS, F.,

u. R. FUNK: Z. anorg. allg. Chem. Bd. 13 (1897) S. 158. — **3.** KAPP, A. W.: Ann. Physik 4 Bd. 6 (1901) S. 764 u. 770. — **4.** HEYCOCK, C. T., u. F. H. NEVILLE: J. chem. Soc. Bd. 61 (1892) S. 903 u. 907. — **5.** STOFFEL, A.: Z. anorg. allg. Chem. Bd. 53 (1907) S. 151/52. — **6.** JÄNECKE, E.: Z. physik. Chem. Bd. 60 (1907) S. 399 u. 409. — **7.** BARLOW, W. E.: J. Amer. chem. Soc. Bd. 32 (1910) S. 1392/94. Z. anorg. allg. Chem. Bd. 70 (1911) S. 181/83. — **8.** CAPUA, C. DI: Rend. Accad. Lincei, Roma 5 Bd. 31 I (1922) S. 162/64. Ref. J. Inst. Met., Lond. Bd. 28 (1922) S. 646. — **9.** ABEL, E., O. REDLICH u. J. ADLER: Z. anorg. allg. Chem. Bd. 174 (1928) S. 265/68. — **10.** GOEBEL, J.: Z. Metallkde. Bd. 14 (1922) S. 388/90. — **11.** COOK, M.: J. Inst. Met., Lond. Bd. 31 (1924) S. 297. — **12.** MATTHIESSEN, A.: Pogg. Ann. Bd. 110 (1860) S. 208. — **13.** BECKMAN, B.: Ark. Mat. Astr. Fys. Bd. 7 (1912) S. 1. — **14.** BATTELLI, A.: Atti Ist. Veneto 6 Bd. 5 (1887). Wied. Ann. Beibl. Bd. 12 (1888) S. 269. S. auch W. BRONIEWSKI: Rev. Métallurg. (1910) S. 354/57. — **15.** MATTHIESSEN, A., u. M. HOLZMANN: Pogg. Ann. Bd. 110 (1860) S. 33. — **16.** CAPUA, C. DI, u. M. ARNONE: Rend. Accad. Lincei, Roma 5, Bd. 33 I (1924) S. 293/97. — **17.** SCHISCHOKIN, W., u. W. AGEJEWA: Z. anorg. allg. Chem. Bd. 193 (1930) S. 240. — **18.** HERSCHKOWITSCH, M.: Z. physik. Chem. Bd. 27 (1898) S. 140/41. — **19.** KREMANN, R., u. H. LANGBAUER: Z. anorg. allg. Chem. Bd. 127 (1923) S. 240. — **20.** TAMMANN, G., u. A. HEINZEL: Z. anorg. allg. Chem. Bd. 176 (1928) S. 148. — **21.** TAMMANN, G., u. H. RÜDIGER: Z. anorg. allg. Chem. Bd. 192 (1930) S. 3/9. — **22.** Bereits GOEBEL glaubte aus seinen Härtemessungen auf eine mit der Temperatur zunehmende Löslichkeit von Cd in Pb schließen zu können. — **23.** FUCHS, P.: Z. anorg. allg. Chem. Bd. 109 (1920) S. 84/85. — **24.** LUDWIK, P.: Z. anorg. allg. Chem. Bd. 94 (1916) S. 168, 174/75. — **25.** Zu erwähnen sind noch Spannungsmessungen an der Kette $Pb/NaCl/Cd_xPb_{1-x}$ von A. LAURIE: J. chem. Soc. Bd. 65 (1894) S. 1037. — **26.** MATUYAMA, Y.: Sci. Rep. Tôhoku Univ. Bd. 18 (1929) S. 19/46. — **27.** MATUYAMA, Y.: Sci. Rep. Tôhoku Univ. Bd. 16 (1927) S. 447/74.

Cd-Pd. Kadmium-Palladium.

HEYCOCK-NEVILLE[1] bestimmten den Erstarrungsbeginn von fünf Schmelzen zwischen 0 und 0,36% Pd. Danach wird nach einer linearen Erniedrigung des Cd-Erstarrungspunktes durch kleine Pd-Gehalte bei 0,28% Pd und einer um 0,6° unterhalb des Erstarrungspunktes von Cd liegenden Temperatur ein eutektischer Punkt erreicht.

WESTGREN-EKMAN[2] fanden, daß eine der Zusammensetzung $Cd_{21}Pd_5$ (18,4% Pd) entsprechende Legierung die Struktur des γ-Messings besitzt.

Literatur.

1. HEYCOCK, C. T., u. F. H. NEVILLE: J. chem. Soc. Bd. 61 (1892) S. 900. — **2.** WESTGREN, A., u. W. EKMAN: Arkiv för Kemi, Min. och Geol. B Bd. 10 (1930) No. 11 S. 1/6. Ref. J. Inst. Met., Lond. Bd. 50 (1932) S. 477/78.

Cd-Pt. Kadmium-Platin.

HEYCOCK-NEVILLE[1] bestimmten die Erstarrungstemperaturen von drei Schmelzen zwischen 0 und 0,26% Pt. Danach wird bei etwa 0,24% Pt und einer 0,6° unterhalb der Erstarrungstemperatur von Cd liegenden Temperatur ein eutektischer Punkt erreicht.

Nach HODGKINSON, WARING und DESBOROUGH[2] nimmt Pt beim Glühen in Cd-Dampf soviel Cd auf, als praktisch zur Bildung der Zusammensetzung Cd_2Pt (46,48% Pt) benötigt wird.

Wenn die gebildete Legierung auch spröde ist und beim Glühen bei rd. 700° kein Cd abgibt, so genügen diese Eigenschaften nicht zur Annahme des Bestehens einer Verbindung Cd_2Pt[3].

Nachtrag. WESTGREN-EKMAN[4] fanden, daß eine der Zusammensetzung $Cd_{21}Pt_5$ (29,25% Pt) entsprechende Legierung die Struktur des γ-Messings besitzt.

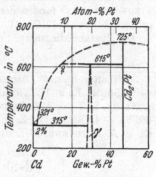

Einem Referat zufolge hat RAY[5] Legierungen mit bis zu 50% Pt thermisch, mikroskopisch und röntgenographisch untersucht. Danach bestehen die Verbindungen Cd_9Pt_2 (27,85% Pt), die bei 615° unter Zersetzung schmilzt, und Cd_2Pt (s. o.). Ob letztere bei 725° unzersetzt schmilzt oder nicht, geht nicht aus dem Referat hervor.

Die Cd-reichste intermediäre Phase, die nach WESTGREN-EKMAN γ-Messingstruktur besitzt, dürfte ein gewisses Homogenitätsgebiet umfassen. Ihr kommt auf Grund der Struktur sicher eher die Formel $Cd_{21}Pt_5$ als die von RAY angenommene Formel Cd_9Pt_2 zu. Abb.192 zeigt das nach dem mir zugänglichen Ergebnis der Arbeit von RAY und dem Befund von WESTGREN-EKMAN entworfene Zustandsdiagramm.

Abb. 192.
Cd-Pt. Kadmium-Platin.

Literatur.

1. HEYCOCK, C. T., u. F. H. NEVILLE: J. chem. Soc. Bd. 61 (1892) S. 901. — **2.** HODGKINSON, WARING u. DESBOROUGH: Chem. News Bd. 80 (1899) S. 185. — **3.** Bereits STROMEYER (1818) glaubte zur Annahme der Verbindung Cd_2Pt berechtigt zu sein. Er erhitzte Pt mit überschüssigem Cd bis der Überschuß verdampft war und fand ein Produkt mit 46,02% Pt.—**4.** WESTGREN, A., u. W. EKMAN: Arkiv för Kemi, Min. och Geol. B Bd. 10 (1930) Nr. 11 S. 1/6. Ref. J. Inst. Met., Lond. Bd. 50 (1932) S. 477/78. — **5.** RAY, K. W.: Proc. Iowa Acad. Sci. Bd. 38 (1931) S. 166. Ref. Chem. Abstr. Bd. 27 (1933) S. 1852. J. Inst. Met., Lond. Bd. 53 (1933) S. 494.

Cd-Rh. Kadmium-Rhodium.

Die der Zusammensetzung $Cd_{21}Rh_5$ (17,9% Rh) entsprechende Legierung besitzt nach WESTGREN-EKMAN[1] die Struktur des γ-Messings.

Literatur.

1. WESTGREN, A., u. W. EKMAN: Arkiv för Kemi, Min. och. Geol. B Bd. 10 (1930) Nr. 11 S. 1/6. Ref. J. Inst. Met., Lond. Bd. 50 (1932) S. 477/78.

Cd-S. Kadmium-Schwefel.

Literaturzusammenstellung über CdS (22,19% S) siehe in den chemischen Handbüchern. CdS ist dimorph; je nach den Bildungsbedingungen liegt die eine oder andere Modifikation vor. Aus gesättigter $CdSO_4$-Lösung mit H_2S gefälltes und bei 70° getrocknetes, scheinbar amorphes CdS ist regulär[1][2] (Zinkblende-Gitter). Durch Glühen bei 700—800° in Schwefeldampfatmosphäre geht diese Form in hexagonales CdS[1] (Wurtzit-Gitter) über. ALLEN-CRENSHAW[3], die sich eingehend mit CdS befaßten, glaubten stets nur die hexagonale Modifikation erhalten zu haben, da sie ohne Röntgenuntersuchungen das scheinbar amorphe CdS nicht als die reguläre Modifikation erkennen konnten. Mit Hilfe von Erhitzungs- und Abkühlungskurven konnten sie bis 1000° keinen Umwandlungspunkt feststellen. BILTZ[4] bestimmte die Temperatur des Beginns der Sublimation zu 980°. TIEDE-SCHLEEDE[5] fanden den Schmelzpunkt unter einem Druck von 100 Atmosphären bei rund 1750°.

Das Zustandsdiagramm Cd-S wird dem des Systems Cd-Se (s. d.) analog sein.

Literatur.

1. ULRICH, F., u. W. ZACHARIASEN: Z. Kristallogr. Bd. 62 (1925) S. 260/73, 614. — 2. BÖHM, J., u. H. NICLASSEN: Z. anorg. allg. Chem. Bd. 132 (1923) S. 7. — 3. ALLEN, E. T., u. J. L. CRENSHAW: Z. anorg. allg. Chem. Bd. 79 (1913) S. 147/55, 183/85. — 4. BILTZ, W.: Z. anorg. allg. Chem. Bd. 59 (1908) S. 278/79. — 5. TIEDE, E., u. A. SCHLEEDE: Ber. dtsch. chem. Ges. Bd. 53 (1920) S. 1720.

Cd-Sb. Kadmium-Antimon.

Thermische, mikroskopische und röntgenographische Untersuchungen. WRIGHT[1] stellte fest, daß sich Cd und Sb im flüssigen Zustand in allen Verhältnissen mischen. Schon vorher hatten HEYCOCK-NEVILLE[2] den Einfluß kleiner Sb-Gehalte (bis 0,39%) auf den Cd-Erstarrungspunkt untersucht. Die Erstarrungs- und Umwandlungsvorgänge in dem System Cd-Sb, das durch die Ausbildung eines metastabilen Systems gekennzeichnet ist, wurden fast gleichzeitig und unabhängig voneinander von TREITSCHKE[3] und KURNAKOW-KONSTANTINOW[4] mit Hilfe thermischer und mikroskopischer Untersuchungen studiert. Sie gelangten zu praktisch gleichen Ergebnissen (vgl. Abb. 193a u. b), jedoch zu abweichenden Auffassungen über die Stabilitätsverhältnisse der beiden intermediären Kristallarten. Da sich die Deutung TREITSCHKEs durch spätere Untersuchungen als die richtige erwiesen hat, kann auf eine eingehende Besprechung der beiden gegensätzlichen Auffassungen verzichtet werden.

TREITSCHKE (Abb. 193a u. Tabelle 20) sieht die Verbindung Cd_3Sb_2[5] (41,93% Sb) im ganzen Temperatur- und Konzentrationsbereich als instabil an. Sie (bzw. ihre Mischkristalle mit Sb) scheidet sich bei spontaner Kristallisation (d. h. ohne Impfung der Schmelze) aus allen Schmelzen mit mehr als etwa 30% Sb primär bzw. sekundär (als Eutektikum mit Sb) aus; zwischen 8 und 30% Sb kristallisiert dagegen stets die stabile Kristallart CdSb (52,0% Sb) primär. Bei instabiler Ausscheidung von Cd_3Sb_2 tritt demgemäß eine Stabilisierung durch eine nachträgliche Umwandlung ein, bei der die gesamte Verbindung Cd_3Sb_2 nach den Reaktionen $Cd_3Sb_2 = 2\,CdSb + Cd$ (zwischen 0 und

42% Sb) und $Cd_3Sb_2 + Sb = 3\,CdSb$ (zwischen 42 und 100% Sb) verschwindet. Im einzelnen ist über die Ergebnisse TREITSCHKEs noch folgendes zu sagen: 1. Zwischen etwa 70 und 100% Sb sind die Liquidustemperaturen bei instabiler und stabiler Kristallisation identisch. 2. Entgegen der Auffassung von KURNAKOW-KONSTANTINOW vermag CdSb keine Mischkristalle oder allenfalls nur eine beschränkte Reihe fester Lösungen mit Sb zu bilden, dagegen liegen in den instabilen Legierungen mit 42 bis nahezu 52% Sb Mischkristalle von Cd_3Sb_2 mit Sb vor (auf Grund des Ausbleibens der eutektischen Kristallisation bei 408° und des einphasigen Gefüges der bei 400° abgeschreckten instabilen Legierungen dieser Konzentration). 3. Zwischen 35 und 100% Sb wurde beobachtet, daß instabil erstarrte Legierungen sich bei weiterer Abkühlung spontan unter Selbsterhitzung in die stabilen Legierungen umwandeln. Diese Umwandlung erfolgte bei sehr wechselnden Temperaturen (225—410°) und wohl in manchen Fällen nur teilweise. Trotzdem war die dabei frei werdende Wärmemenge (gemessen an der Temperaturerhöhung) bei etwa 52% Sb (= CdSb) am größten. In einigen Fällen wurden zwei Umwandlungen beobachtet, anscheinend weil die Reaktion einfriert und darauf von neuem einsetzt. 4. Mikroskopische Untersuchungen bestätigten die aus dem thermischen Befund gezogenen Schlüsse. 5. Zwischen 5 und 20% Sb beobachtete TREITSCHKE unterhalb der eutektischen Temperatur schwache thermische Effekte unbekannter Natur, deren Größe unabhängig von der Konzentration war. „Man müßte hier eine chemische Reaktion zwischen Cd und CdSb (?) annehmen, doch konnten aus der mikroskopischen Untersuchung keine Indizien für eine solche Reaktion abgeleitet werden."

Tabelle 20. Die ausgezeichneten Punkte des stabilen und metastabilen Systems nach den Angaben der verschiedenen Verfasser. (Die Daten von KURNAKOW-KONSTANTINOW werden im Sinne der Deutung von TREITSCHKE angegeben.)

		T.	K. u. K.	A., R. u. A.	M. u. S.
Stabiles System	Cd-CdSb-Eutektikum	295° 8% Sb	290° 7,5% Sb	292° 7,5% Sb	290° 7,5% Sb
	CdSb-Schmelzpunkt	~465°	455°	458°	456°
	CdSb-Sb-Eutektikum	~455° 60% Sb	445° 60% Sb	446° 60,8% Sb	445° 59% Sb
Metastabiles System	Cd-Cd$_3$Sb$_2$-Eutektikum	—	—	—	285° (8% Sb)
	(Cd$_3$Sb$_2$)-Schmelzpunkt.......	~423°	423°	424°	420° 44,5% Sb
	Cd$_3$Sb$_2$-Sb-Eutektikum	408° 54% Sb	402° 52,5% Sb	402° 53,3% Sb	395° 54% Sb

Im Gegensatz zu TREITSCHKE nehmen KURNAKOW-KONSTANTINOW (Abb.193 b u.Tabelle 20) an, daß die Cd_3Sb_2-Phase ein stabiles Zustandsfeld besitzt, und zwar glauben sie, daß die Verbindung aus Schmelzen mit 7,5—36% Sb primär stabil ausgeschieden und zwischen 36 und 52% Sb durch die peritektische Reaktion: Schmelze (36% Sb) + CdSb $\rightleftharpoons Cd_3Sb_2$ gebildet wird. Bei instabiler Primärkristallisation von Cd_3Sb_2 würde also zwischen 36 und 42% Sb die Verbindung Cd_3Sb_2 bei Durchschreitung der peritektischen Temperatur ohne irgendwelche Umwandlung stabil werden, und zwischen 42 und 52% Sb würde sich Cd_3Sb_2 bei irgendeiner Temperatur durch Reaktion mit dem im in-

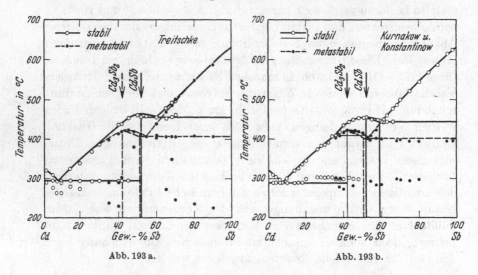

Abb. 193 a.   Abb. 193 b.

stabilen Eutektikum vorhandenen Sb bis zu dessen Aufzehrung nach der Gleichung Cd_3Sb_2 + Sb = 3 CdSb stabilisieren. Nach beendeter Erstarrung wären also zwischen 0 und 42% Sb Cd_3Sb_2 (bzw. Mischkristalle) und Cd im Gleichgewicht, und zwischen 42 und 52% Sb wäre ein Gemisch von Cd_3Sb_2 und CdSb (oder deren Mischkristalle) stabil.

Abgesehen davon, daß die KURNAKOW-KONSTANTINOWsche Deutung wesentlich verwickeltere Stabilisierungsverhältnisse voraussetzt, sprechen folgende Tatsachen gegen diese Auffassung. 1. Eine der genannten peritektischen Reaktion entsprechende peritektische Horizontale bei rd. 410° wurde nicht beobachtet. (Die Annahme von KURNAKOW-KONSTANTINOW stützt sich anscheinend vornehmlich auf die von ihnen gefundene Richtungsänderung der Liquiduskurve bei 36% Sb). 2. Eine spontane Umwandlung nach beendeter Erstarrung sollte unterhalb 42% Sb nicht möglich sein. Eine solche wurde jedoch sowohl von TREITSCHKE (bei 35 u. 40% Sb) als von den russischen Forschern (bei 38 u. 40% Sb) beobachtet[6].

Zur Klärung der Stabilitätsverhältnisse haben ABEL, REDLICH und ADLER[7] wesentlich beigetragen. Diese Forscher konnten durch einige thermoanalytische Kontrollversuche und eine Erörterung des gesamten Versuchsmaterials zeigen, daß die TREITSCHKEsche Deutung sicher zu Recht besteht. Die in Tabelle 20 eingetragenen ausgezeichneten Punkte des Diagramms wurden teils aus eigenen Ergebnissen, teils aus denen der älteren Arbeiten abgeleitet.

Neuerdings haben MURAKAMI-SHINAGAWA[8] — unabhängig von ABEL-REDLICH-ADLER — die Konstitution des Systems mit Hilfe der thermischen, thermoresistometrischen und mikroskopischen Verfahren untersucht. Die Arbeit ist bisher einem größeren Leserkreis nicht zugänglich geworden, da sie in japanischer Sprache veröffentlicht ist. Aus diesem Grunde waren mir außer den Angaben in den Tabellen und Kurven keine Einzelheiten des Textes zugänglich. Abb. 194 zeigt das von den Verfassern entworfene stabile und metastabile Gleichgewichtsdiagramm. Das stabile Diagramm wurde mit Hilfe von Widerstandstemperaturkurven, das metastabile Diagramm mit Hilfe der thermischen Analyse ausgearbeitet. MURAKAMI-SHINAGAWA vertreten mit TREITSCHKE die Auffassung, daß die von ihnen mit β bezeichnete Phase, die die Konzentration Cd_3Sb_2 in sich einschließt, unter allen Umständen metastabil ist. Sie nehmen jedoch im Gegensatz zu TREITSCHKE an, daß die β-Phase auch aus Schmelzen mit weniger als 30% Sb instabil kristallisieren kann, mit Cd ein instabiles Eutektikum bildet und bei etwa 250° eutektoidisch in Cd und Sb oder γ ($= CdSb$) zerfällt. Die Phasenumwandlungen wurden — den Referaten über diese Arbeit zufolge — durch mikroskopische Untersuchungen bestätigt.

HALLA-ADLER[9] haben mit Hilfe röntgenographischer Untersuchungen abermals nachgewiesen, daß CdSb die einzige intermediäre Phase im stabilen System ist. Sie besitzt ein rhombisches[10] Kristallgitter mit 4 Molekülen im Elementarbereich; Einzelheiten im Original. Es wurde auch das Gitter von Cd_3Sb_2 untersucht (bei 200° abgeschreckt), doch konnte das Röntgenbild nicht aufgeklärt werden[11]. Nach 2stündigem Glühen bei 300° wurde das Gitter von CdSb festgestellt.

Unabhängig von HALLA-ADLER haben CHIKASHIGE-YAMAMOTO[12] Strukturuntersuchungen durchgeführt, auf die hier jedoch nicht eingegangen zu werden braucht, da aus einer Entgegnung von ABEL, ADLER, HALLA und REDLICH[13] einwandfrei folgt, daß die von CHIKASHIGE-YAMAMOTO gezogenen Schlüsse jeder Grundlage entbehren.

Die Löslichkeit von Sb in Cd wurde bisher nicht bestimmt Jedenfalls ist sie sowohl nach der von HEYCOCK-NEVILLE bestimmten Gefrierpunktserniedrigung des Cd durch Sb, als nach den Messungen der Thermokraft von BATTELLI[14] und EUCKEN-GEHLHOFF[15], der elektrischen und thermischen Leitfähigkeit von EUCKEN-GEHLHOFF und der magnetischen Suszeptibilität von Endo[16], die keine Anzeichen für merkliche Löslichkeit geben, sehr klein.

Während die Messungen von Eucken-Gehlhoff auf die Abwesenheit fester Lösungen von Cd in Sb schließen lassen, ergibt sich aus den Bestimmungen der Suszeptibilität von Endo deutlich, daß Cd von Sb in fester Lösung aufgenommen wird. Murakami-Shinagawa

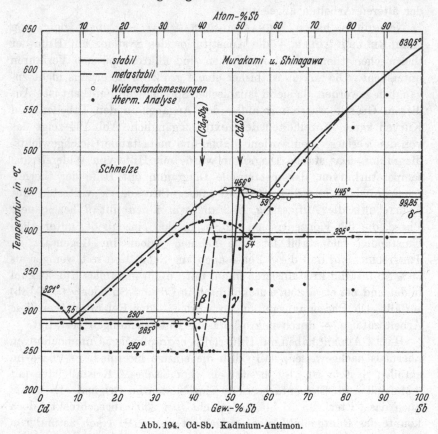

Abb. 194. Cd-Sb. Kadmium-Antimon.

geben eine Löslichkeit von 0,15% Cd bei 445° und < 0,1% bei „Raumtemperatur" an.

Physikalische und physikochemische Eigenschaften. Die Kurven der Thermokraft nach Battelli und Eucken-Gehlhoff, der elektrischen Leitfähigkeit, der Wärmeleitfähigkeit und des Hall-Effektes nach Eucken-Gehlhoff sowie der magnetischen Suszeptibilität nach Endo[16] und Meara[17] beweisen eindeutig das Bestehen der Verbindung CdSb, die mit Cd ein mechanisches Gemenge, mit Sb eine begrenzte Reihe von Mischkristallen bildet. Sie schließen also die Existenz von Cd_3Sb_2 neben CdSb im stabilen System aus. Auch die Messungen der EMK von KREMANN und GMACHL-PAMMER[18] bestätigen die Gegenwart von Cd in stabil erstarrten Legierungen mit weniger als 50 Atom-% Sb. MAEY[19] hat seine Dichtemessungen offenbar an instabilen Legierungen ausgeführt; der Aufbau des Systems war ihm noch unbekannt.

ENDO[16] konnte mit Hilfe von Suszeptibilitätsmessungen an flüssigen Cd-Sb-Legierungen zeigen, daß im geschmolzenen Zustand undissoziierte CdSb-Moleküle vorliegen.

Nachtrag. HALLA, NOWOTNY und TOMPA[20] ist es neuerdings gelungen, die Kristallstruktur der metastabilen Verbindung Cd_3Sb_2 zu bestimmen. Sie kristallisiert monoklin mit 4 Molekülen im Elementarbereich. — Über Zustandsgebiet und Struktur von CdSb s. ferner ÖLANDER[21].

Literatur.

1. WRIGHT, C. R. A.: J. Soc. chem. Ind. Bd. 13 (1894) S. 1016. — 2. HEYCOCK, C. T., u. F. H. NEVILLE: J. chem. Soc. Bd. 61 (1892) S. 901. — 3. TREITSCHKE, W.: Z. anorg. allg. Chem. Bd. 50 (1906) S. 217/25. — 4. KURNAKOW, N. S., u. N. S. KONSTANTINOW: Z. anorg. allg. Chem. Bd. 58 (1908) S. 12/22; vorl. Mitt. J. russ. phys.-chem. Ges. Bd. 37 (1905) S. 580. — 5. TREITSCHKE bemerkt, daß die Lage des Maximums in der instabilen Liquiduskurve nicht genau bei der Konzentration Cd_3Sb_2 liegt, es scheine vielmehr bei 45% Sb zu liegen. „Doch ist hierauf wohl kein besonderer Wert zu legen, da die Ausscheidung der fraglichen Verbindung fast immer mit einer Unterkühlung von 5—10° eintritt". Dadurch wird natürlich die Bestimmung der wahren Liquidustemperatur unsicher. — 6. Das Auftreten einer eutektischen Kristallisation bei Sb-Konzentrationen oberhalb 42%, das bei vollständiger Gleichgewichtseinstellung mit dem stabilen Vorkommen von Cd_3Sb_2 unverträglich ist, ließe sich durch unvollständigen Ablauf der peritektischen Umwandlung bei gewöhnlicher Abkühlung (Gleichgewichtsstörung durch Bildung von Umhüllungen) erklären. — 7. ABEL, E., O. REDLICH u. J. ADLER: Z. anorg. allg. Chem. Bd. 174 (1928) S. 257/64. — 8. MURAKAMI, T., u. T. SHINAGAWA: Kinzoku no Kenkyu Bd. 5 (1928) S. 283/300 (japan.). Ref. J. Inst. Met., Lond. Bd. 40 (1928) S. 504; Bd. 41 (1929) S. 443. — 9. HALLA, F., u. J. ADLER: Z. anorg. allg. Chem. Bd. 185 (1929) S. 184/92. — 10. Über goniometrische Untersuchung von CdSb-Kristallen bzw. vermeintlichen Cd_3Sb_2-Kristallen s. HIMMELBAUER bei HALLA-ADLER u. W. ISKÜLL bei KURNAKOW-KONSTANTINOW sowie HALLA-ADLER. — 11. „Jedenfalls liegt keine kubische Substanz vor, wie nach Angaben von L. PASSERINI: Gazz. chim. ital. Bd. 58 (1929) S. 775 über das Cd_3As_2 wegen der vermutlichen Isomorphie dieser beiden Stoffe zu erwarten gewesen wäre." — 12. CHIKASHIGE, M., u. T. YAMAMOTO: Anniversary Volume dedicated to Masumi Chikashige. Institute of Chemistry, Department of Science, Kyoto Imperial University 1930 S. 195/200. — 13. ABEL, E., J. ADLER, F. HALLA u. O. REDLICH: Z. anorg. allg. Chem. Bd. 205 (1932) S. 398/400. — 14. BATTELLI, A., s. W. BRONIEWSKI: Rev. Métallurg. Bd. 7 (1910) S. 358/60. — 15. EUCKEN, A., u. G. GEHLHOFF: Verh. dtsch. physik. Ges. Bd. 14 (1912) S. 169/82. Z. Metallkde. B. 12 (1920) S. 194/96. Z. anorg. allg. Chem. Bd. 159 (1927) S. 336/38. — 16. ENDO, H.: Sci. Rep. Tôhoku Univ. Bd. 16 (1927) S. 220/22. HONDA, K., u. H. ENDO: J. Inst. Met., Lond. Bd. 37 (1927) S. 39. — 17. MEARA, F. L.: Physic. Rev. Bd. 37 (1931) S. 467. Physica Bd. 2 (1932) S. 33/41. — 18. KREMANN, R., u. J. GMACHL-PAMMER: Z. Metallkde. Bd. 12 (1920) S. 241/45. S. auch W. JENGE: Z. anorg. allg. Chem. Bd. 118 (1921) S. 111/14. — 19. MAEY, E.: Z. physik. Chem.

Bd. 50 (1905) S. 202. — **20.** HALLA, F., H. NOWOTNY u. H. TOMPA: Z. anorg. allg. Chem. Bd. 214 (1933) S. 196/97. — **21.** Z. physik. Chem. Bd. 173 (1935) S. 284/94. Z. Kristallogr. Bd. 91 (1935) S. 243/47.

Cd-Se. Kadmium-Selen.

Das Kadmiumselenid CdSe (41,33% Se) ist seit langem bekannt und sowohl durch direkte Vereinigung der Elemente[1] wie durch Fällung aus wässeriger Lösung von Cd-Salzen mit Hilfe von H_2Se[2] dargestellt worden. Es läßt sich ohne Zersetzung sublimieren.

Über das Erstarrungsdiagramm der Cd-Se-Mischungen versuchten CHIKASHIGE-HITOSAKA[3] Aufschluß zu bekommen. Es stellte sich heraus, daß die beiden geschmolzenen Komponenten sich nicht mischen, und daß es daher nur an der Trennungsfläche der beiden Schichten zur Bildung der Verbindung CdSe kommen kann. Die Abkühlungskurven zeigen daher den Beginn und das Ende der Erstarrung des reinen Kadmiums bzw. des reinen Selens an. Wenn man also die verschiedenen Mischungsverhältnisse Cd:Se durch Erschmelzen der beiden Komponenten herstellt, so hat es nach dem Ergebnis der thermischen Analyse (Abb. 195) den Anschein, als ob eine Cd-Se-Verbindung gar nicht besteht.

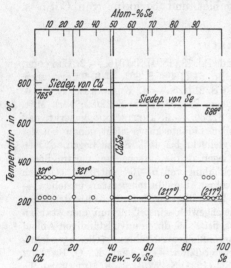

Abb. 195. Cd-Se. Kadmium-Selen.

Die Menge der gebildeten Verbindung nimmt mit steigender Reaktionstemperatur zu, dieser ist jedoch unter gewöhnlichen Arbeitsbedingungen durch den Siedepunkt des Selens eine Grenze gesetzt. CdSe schmilzt erst oberhalb 1350°.

CdSe ist dimorph. Durch direkte Vereinigung der Elemente hergestelltes CdSe besitzt eine hexagonale Kristallstruktur vom Wurtzit-Typ[4], durch Fällung erhaltenes ($CdSO_4 + H_2Se$) besitzt die reguläre Struktur der Zinkblende[5].

Literatur.

1. LITTLE, G.: Ann. Pharm. Bd 112 (1859) S. 211. MARGOTTET, J.: C. R. Acad. Sci., Paris Bd. 84 (1877) S. 1293. — **2.** UELSMANN: Ann. Pharm. Bd. 116 (1860) S. 122. FONCES-DIACON: C. R. Acad. Sci., Paris Bd. 131 (1900) S. 895. — **3.** CHIKASHIGE, M., u. R. HITOSAKA: Mem. Coll. Sci. Kyoto Univ. Bd. 2 (1917) S. 239/44. — **4.** ZACHARIASEN, W.: Z. physik. Chem. Bd. 124 (1926) S. 436/48. — **5.** GOLDSCHMIDT, V. M.: S. Strukturbericht 1913—1928, S. 136, Leipzig 1931.

Cd-Si. Kadmium-Silizium.

Aus Messungen der Gitterkonstanten schließen JETTE-GEBERT[1], daß keine festen Lösungen der beiden Komponenten ineinander bestehen.

Literatur.

1. JETTE, E. R., u. E. B. GEBERT: J. chem. Phys. Bd. 1 (1933) S. 753/55. Ref. Physik. Ber. Bd. 15 (1934) S. 261.

Cd-Sn. Kadmium-Zinn.

Die Erstarrungs- und Umwandlungsvorgänge. WRIGHT[1] stellte fest, daß flüssiges Cd und Sn sich in allen Verhältnissen mischen. Schon vorher hatten HEYCOCK-NEVILLE[2][3] den Einfluß kleiner Sn-Gehalte (bis etwa 2,7%) auf den Erstarrungspunkt von Cd und kleiner Cd-Gehalte (bis etwa 8,7%) auf den Erstarrungspunkt von Sn untersucht. KAPP[4] bestimmte erstmalig den angenäherten Verlauf der ganzen Liquiduskurve mit Hilfe von 8 Schmelzen, woraus hervorging, daß die beiden Metalle ein einfaches eutektisches System bilden; die eutektische Temperatur ergab sich zu 177—178°, die eutektische Konzentration wurde in grober Annäherung zu etwa 71,5% Sn gefunden. Die von ihm bestimmten Temperaturpunkte und die der späteren Arbeiten sind im oberen Teil der Abb. 196 wiedergegeben.

STOFFEL[5] bestimmte die Erstarrungstemperaturen von zwei weiteren Schmelzen und fand die eutektische Temperatur bei 175—177°. Bei 122° beobachtete er in allen Legierungen zwischen mindestens 10,5 und 97,5% Sn mit Hilfe von Abkühlungskurven eine stets mit geringer Unterkühlung eintretende Umwandlung[6], deren Wärmetönung zwischen rd. 70 und 95% Sn fast gleich groß war, mit abnehmendem Sn-Gehalt jedoch deutlich kleiner wurde. Er schrieb sie der mit fallender Temperatur eintretenden Bildung einer Verbindung ($CdSn_3$ oder $CdSn_4$) zu[7]. Durch dilatometrische Untersuchungen bestimmte STOFFEL die Temperatur beginnender Schmelzung der Legierungen mit 97,7 bzw. 95,3 und 90,5% Sn zu >210° bzw. 210° und 177°. Daraus folgt, daß Sn bei 177° zwischen 5 und 10% Cd zu lösen vermag.

Zu einer anderen Auffassung hinsichtlich der Natur der Umwandlung im festen Zustand gelangten GUERTLER[8] und SCHLEICHER[9], der auf Anregung von GUERTLER eine thermische und mikroskopische Untersuchung des Systems durchführte. Sie brachten die Umwandlung in Zusammenhang mit der mehrfach vermuteten Umwandlung β-Sn $\rightleftharpoons \gamma$-Sn bei 161° und nahmen an, daß bei 127 $\pm$ 2° (Umwandlungstemperaturen bei Abkühlung 114—124°, bei Erhitzung 135° und höher) der Zerfall des γ-Mischkristalls in Cd und β-Sn erfolgt. Gegen die Annahme einer intermediären Kristallart (STOFFEL) spricht nach Ansicht des Verfassers „erstens der Umstand, daß die Reaktion bei der Abkühlung so glatt vor sich geht und noch entschiedener die mikroskopische Beobachtung. Würde dem thermischen Effekt die Bildung einer intermediären Kristallart entsprechen, so müßte dieselbe bei der Deutlichkeit dieses Effektes, wenn nicht vollständig, so doch in deutlich sichtbarem Maße gebildet sein. Weder das reine Eutektikum noch die Legierung mit 85% Sn, die dem Maximum des Effektes entspricht, zeigt davon die geringste Andeutung". Die eutektische Temperatur liegt

nach SCHLEICHER bei 177°, für die eutektische Konzentration
werden widersprechende Angaben gemacht. Das Maximum der Haltezeiten lag bei 66% Sn, rein eutektische Strukturen wurden sowohl bei
66 als bei 68% Sn beobachtet, und in der Zusammenfassung wird
68,7% Sn als genaue eutektische Konzentration angegeben. GUERTLER[10]
entschied sich für 66% Sn. Nach sehr genauen Untersuchungen von
STOCKDALE[10a] liegt das Eutektikum bei 67,75% Sn. Das von SCHLEI-
CHER entworfene Zustandsschaubild wurde von GUERTLER[10] auf Grund
theoretischer Erwägungen über die Gleichgewichtsstörungen bei zu
rascher Abkühlung korrigiert. Danach liegt der Endpunkt der Eutektikalen an der Sn-Seite bei kaum mehr als 88,5% Sn und das vermutete
Eutektoid bei annähernd 92,5% Sn.

Zu einer fast vollständigen Übereinstimmung mit dem Diagramm
von GUERTLER-SCHLEICHER gelangte MAZZOTTO[11] auf Grund einer
umfangreichen Untersuchung der Kristallisations- und Umwandlungs-
wärmen bei gewöhnlicher Abkühlung und insbesondere nach vorherigem
Glühen bei wenig unterhalb 177°; Einzelheiten im Original. Danach
liegt der Endpunkt der Eutektikalen an der Cd-Seite praktisch bei
0% Sn und an der Sn-Seite bei 90% Sn; das Eutektoid wurde bei
94,5% Sn und 130° gefunden. Die Soliduskurve der Sn-reichen Mischkristalle ist praktisch eine gerade Linie. Bezüglich der Deutung der
Umwandlung schloß sich MAZZOTTO also der Auffassung von GUERTLER
und SCHLEICHER an.

„Um die Frage der Existenz von Mischkristallen zu entscheiden",
haben LORENZ-PLUMBRIDGE[12] ohne Kenntnis der Arbeiten von GUERT-
LER-SCHLEICHER und MAZZOTTO eine thermische Analyse des Systems
ausgeführt. Die eutektische Horizontale (177°) erstreckt sich den
Haltezeiten (!) zufolge bis 100% Cd und 97% Sn. Die Umwandlung
im festen Zustand wurde nicht untersucht.

BUCHER[13] hat die Leitfähigkeit und Thermokraft von 11 Legierungen
mit 1,8—98,4% Sn bei verschiedenen Temperaturen gemessen und die
Umwandlungstemperatur zu annähernd 130° ermittelt. Die Leitfähigkeitsisotherme für 20° und die Kurve der Thermokraft zwischen
0 und 100° deuten auf sehr begrenzte Mischkristallbildung der beiden
Komponenten hin; zwischen den Sättigungskonzentrationen ändern sich
beide Eigenschaften additiv. Das Gefüge verrät ebenfalls keine Anzeichen für das Bestehen einer sich im festen Zustand bildenden Verbindung.

Bezüglich der Natur der Umwandlung schloß KÜNZEL-MEHNER[14] aus
Widerstands-Temperaturkurven, „daß der Knick durch eine Gleichgewichtseinstellung verursacht wäre, die infolge zu schnellen Erhitzens
und Abkühlens sich zufällig gerade erst in der Nähe von 130° vollzöge".
Damit wird erstmalig gesagt, daß der Knickpunkt auf den Eigenschafts-

Temperaturkurven bei 130° durch den Übergang von irgendeinem metastabilen Zustand in den stabilen Zustand und umgekehrt entsteht. Im
Gleichgewichtsdiagramm müßte daher die Horizontale bei 130° fehlen.

Das Zustandsdiagramm wurde erneut von FEDOROW[15] thermoanalytisch bearbeitet. Das Eutektikum wurde bei 70% Sn, 177° gefunden. Den Haltezeiten (!) bei 177° zufolge liegt der Endpunkt der
Eutektikalen an der Sn-Seite bei 90% Sn, in Übereinstimmung mit
MAZZOTTO. Die Zeitdauer der Umwandlung (120°) besitzt bei langsamer
Abkühlung ihren größten Wert bei etwa 76% Sn, bei schnellerer Abkühlung dagegen bei etwa 90% Sn. Die Lage des auch von FEDOROW
vermuteten Eutektoids ist also je nach der Abkühlungsgeschwindigkeit
verschieden (!!), eine Feststellung, die bereits GUERTLER-SCHLEICHER
und MAZZOTTO gemacht hatten.

Mit der Umwandlung im festen Zustand haben sich LE BLANC,
NAUMANN und TSCHESNO[16] besonders eingehend beschäftigt. Sie bestimmten die elektrische Leitfähigkeit der ganzen Legierungsreihe
in Abhängigkeit von der Temperatur, wobei auf eine äußerst langsame Temperaturänderung bei Erhitzung und Abkühlung zwecks Erreichung des Gleichgewichts bei jeder Temperatur besonderer Wert gelegt wurde; eine Änderung um 2° je 3 Stunden erwies sich als noch zu
schnell, um die Erhitzungs- und Abkühlungskurve vollkommen zur
Deckung zu bringen. Beim Erwärmen war die Verzögerung der Gleichgewichtseinstellung stärker als beim Abkühlen. Die Leitfähigkeitsisothermen für Temperaturen unter 128° zeigen folgenden Verlauf:
steiler Abfall von 0—3% Sn, sanfter linearer Abfall bis 81% Sn, horizontales Stück zwischen 81 und 94% Sn, zwischen 94 und 97,5% Sn
ein kleiner Abfall und steiler Anstieg von diesem Minimum auf den
Wert des Zinns. Oberhalb 130° ist das horizontale Stück verschwunden,
das Minimum liegt bei etwa 95% Sn und verschiebt sich bis 92,5% Sn
bei 170°, der weitere Verlauf ist unverändert. Den Knickpunkt bei 81%
Sn auf allen Isothermen unterhalb 130° sehen die Verfasser als kennzeichnend für das Auftreten der Verbindung $CdSn_4$ (80,86% Sn) an.
Eine Legierung dieser Zusammensetzung soll sich als nahezu homogen
erwiesen haben, eine Feststellung, die zu dem Befund aller anderen
Forscher im Widerspruch steht. Die Kurve der Thermokraft zwischen
11 und 100° zeigt zwischen den Konzentrationen der Cd- und Sn-
reichen Mischkristalle keine Diskontinuität, die auf das Vorhandensein
einer Verbindung deuten würde.

Von einer ganz anderen Seite ging neuerdings MATUYAMA[17] an das
Problem der Umwandlung heran. Mit Hilfe genauer physikalischer
Messungen an reinem Sn (Widerstands-Temperaturkurven, Differential-
Dilatationskurven, Differential-Abkühlungskurven, Thermokraft-Tem-
peraturkurven) und einer röntgenographischen Untersuchung an einer

Legierung mit 96% Sn bei einer oberhalb der Umwandlungstemperatur liegenden Temperatur wies er zunächst nach, daß Sn keinen Umwandlungspunkt zwischen Raumtemperatur und Schmelzpunkt besitzt. OSAWA[18] bestätigte diesen Befund durch Röntgenaufnahmen an reinem

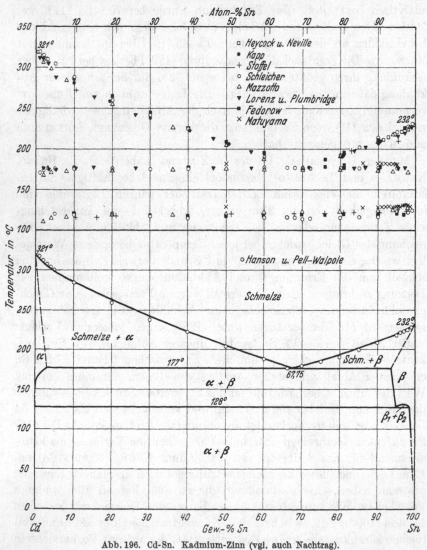

Abb. 196. Cd-Sn. Kadmium-Zinn (vgl. auch Nachtrag).

Sn bei 220—223° bzw. Raumtemperatur. Der von GUERTLER-SCHLEICHER, MAZZOTTO und FEDOROW vertretenen Auffassung ist damit der Boden entzogen. Mit Hilfe der oben genannten Verfahren (mit Ausnahme der Thermokraftmessungen) untersuchte er sodann die Umwandlung im festen Zustand bei Erhitzung bzw. Abkühlung an 15 Legie-

rungen zwischen 90 und 99 % Sn und stellte ihren reversiblen Charakter
fest. Die Umwandlung vollzieht sich in einem engen Temperaturbereich.
Aus den Abkühlungskurven ergibt sich eine eutektische Temperatur
von 182—183° und eine Umwandlungstemperatur von 128—132°.
MATUYAMA nimmt an, daß die Umwandlungshorizontale eine eutektoide
Horizontale ist, die dem Zerfall eines Sn-reichen Mischkristalls mit
95,7 % Sn (eutektoider Punkt) in Cd und einen Sn-reichen Mischkristall
mit 98,5 % Sn entspricht. Zwei an diesem Dreiphasengleichgewicht be-
teiligte Phasen sind also identisch und unterscheiden sich nur durch
die Zusammensetzung. Die feste Löslichkeit von Cd in Sn beträgt
nach MATUYAMA bei der eutektischen Temperatur etwa 5 %, bei
130° etwa 1,5 % und bei „Raumtemperatur" (d. h. nach „langsamer" Abkühlung) 1,2 %; letzterer Wert entspricht dem Knickpunkt
der Widerstands-Konzentrationskurve.

Auf Grund der vorstehend behandelten Arbeiten und anderer Untersuchungen physikalischer Eigenschaften ist über die Natur der Umwandlung bei 130° folgendes zu sagen. Für das Bestehen einer Verbindung spricht lediglich die Angabe von LE BLANC-NAUMANN-
TSCHESNO, daß sich eine Legierung von der Zusammensetzung CdSn$_4$
als praktisch einphasig erwies. Mit dem Ergebnis der eingehenderen
mikroskopischen Untersuchungen von SCHLEICHER und GUERTLER ist
dieser Befund jedoch unvereinbar. Gegen das Bestehen einer Verbindung spricht ferner der Verlauf der Leitfähigkeitsisotherme von
MATTHIESSEN[19] und BUCHER[13], der Thermokraftkurve von BATTELLI[20],
RUDOLFI[21], BUCHER und LE BLANC-NAUMANN-TSCHESNO, der Spannungs-Konzentrationskurve von HERSCHKOWITSCH[22] und FUCHS[23]. Die
Kurven der Dichte nach MATTHIESSEN[24] und der Härte von DI CAPUA[25]
und SCHISCHOKIN-AGEJEWA[26] besitzen ebenfalls keine Diskontinuität.
Auch die — allerdings nur orientierende — Röntgenuntersuchung von
ROUX-COURNOT[27] ergab keine Anzeichen für das Bestehen einer von
Cd und Sn verschiedenen Phase. Der von LE BLANC und Mitarbeiter
gefundene eigenartige Verlauf der Leitfähigkeitsisothermen für Temperaturen unter 130° (s. S. 453) reicht m. E. nicht aus, um den gegenteiligen Befund der anderen Forscher zu erschüttern; er dürfte durch
eine stets auftretende Streuung der Leitfähigkeitswerte bedingt sein.
Gegen die Annahme eines Eutektoids γ-Sn-Mischkristall $\rightleftharpoons$ Cd $+$ β-Sn-
Mischkristall sprechen die eindeutigen Feststellungen von MATUYAMA
und OSAWA (s. S. 454 f.), daß ein γ-Sn nicht besteht.

Will man die noch nicht durch mikroskopische Untersuchungen er-
härtete Auffassung von einem eutektoiden Zerfall (MATUYAMA) nicht
teilen — dieser Konstitutionsfall ist bisher noch in keinem anderen System
beobachtet worden — so besteht keine Möglichkeit, das Auftreten der
Wärmetönung bei 130° mit dem Bestehen eines nonvarianten Gleich-

gewichtes bei dieser Temperatur zu erklären; das würde bedeuten, daß eine Gleichgewichtshorizontale bei 130° überhaupt nicht vorliegt. Es scheint daher nur noch möglich, den thermischen Effekt dem Freiwerden (bei Abkühlung) bzw. der Absorption (bei Erhitzung) der Lösungswärme von Cd in Sn zuzuschreiben. Es ist dann allerdings nicht ohne weiteres einzusehen, daß hier die Lösungswärme — im Gegensatz zu den Verhältnissen bei fast allen anderen Systemen — mit sinkender Temperatur bei einer ganz bestimmten Temperatur, gewissermaßen plötzlich, in großer Menge frei wird. Diese Schwierigkeit wird überwunden, wenn man annimmt, daß entweder die Löslichkeit von Cd in Sn unterhalb der eutektischen Temperatur zunächst kaum, von 130° dann sehr stark abnimmt (die Sättigungsgrenze der Sn-reichen Mischkristalle müßte also bei 130° einen Umkehrpunkt besitzen), oder daß die Ausscheidung des Cd-reichen Mischkristalls aus dem Sn-reichen Mischkristall erst mit Aufhebung eine Übersättigung (Unterkühlung) plötzlich bei einer ganz bestimmten Temperatur einsetzt. Gegen die erstere Annahme, die von HONDA-ABÉ[28] zur Erklärung eines vollkommen gleichartigen thermischen Effektes im System Pb-Sn herangezogen wird, sprechen die Beobachtungen von MAZZOTTO[29], JEFFERY[30] und insbesondere STOCKDALE[31] an Pb-Sn-Legierungen (s. S. 994). Die zweite Hypothese wurde von MAZZOTTO zur Deutung des analogen thermischen Effektes im System Pb-Sn aufgestellt. Sie hat m. E. einige Wahrscheinlichkeit, doch bleibe es dahingestellt, ob nicht etwa auch die Ausbildung eines anderen metastabilen Gleichgewichtes (s. STOCKDALE, Pb-Sn) oder ein eutektoider Zerfall des Sn-Mischkristalls (nach MATUYAMA) die Ursache der Wärmetönung bei 130° ist (vgl. auch Nachtrag).

Die Löslichkeit von Sn in Cd wurde bisher noch nicht genauer untersucht, sie ist sicher bedeutend kleiner als die des Cd in Sn. Das geht hervor aus der von HEYCOCK-NEVILLE bestimmten atomaren Gefrierpunktserniedrigung, aus der Leitfähigkeitsisotherme nach MATTHIESSEN und der Thermokraftkurve von RUDOLFI, die keine Anzeichen für merkliche Mischkristallbildung verraten. Die Ergebnisse der thermischen Analyse von SCHLEICHER, MAZZOTTO, LORENZ-PLUMBRIDGE und FEDOROW sind nicht beweiskräftig, da dieses Verfahren zum Nachweis geringer Löslichkeit bei der eutektischen Temperatur ungeeignet ist. Dagegen deuten die von BATTELLI, BUCHER und LE BLANC-NAUMANN-TSCHESNO bestimmten Thermokräfte, die von letzteren und BUCHER gemessenen Leitfähigkeiten und die Härte-Konzentrationskurven nach DI CAPUA und SCHISCHOKIN-AGEJEWA auf das Bestehen Cd-reicher fester Lösungen hin. Es ist jedoch nicht möglich, daraus sichere Schlüsse auf die Größe der Löslichkeit bei einer bestimmten Temperatur zu ziehen. LE BLANC und Mitarbeiter fanden, daß eine langsam erkaltete Legierung mit 1% Sn heterogen ist.

Die Löslichkeit von Cd in Sn ist bei 177° nach den thermischen Untersuchungen von SCHLEICHER-GUERTLER, MAZZOTTO und FEDOROW mindestens 10%. LE BLANC und Mitarbeiter fanden den Knick in der Leitfähigkeitsisotherme von 170° bei 7%, von 130° bei etwa 5% und von Raumtemperatur bei etwa 2,5% Cd. MATUYAMA gibt die Löslichkeit für 130° mit 1,5% und für Raumtemperatur mit 1,2% Cd an.

Weitere Untersuchungen. Die von SPENCER-JOHN[32] bestimmte Kurve der magnetischen Suszeptibilität läßt keinen Zusammenhang mit dem Aufbau erkennen: bei etwa 9,5% Sn liegt ein Maximum, bei 15,5% Sn ein Minimum; letzteres könne nach Ansicht der Verfasser auf das Bestehen der Verbindung Cd_7Sn deuten, doch besteht diese Verbindung sicher nicht. Die Dichte und der elektrische Widerstand der flüssigen Legierungen wurde von MATUYAMA[33] gemessen.

Nachtrag. Die oben als möglich angesprochene Deutung der Umwandlung bei rd. 130° von MATUYAMA wurde kürzlich von HANSON und PELL-WALPOLE[34] auf Grund thermischer und mikrographischer Untersuchungen glaubhafter gemacht. Danach zerfällt der Sn-reiche Mischkristall mit 95% Sn bei 128° in ein „Eutektoid" aus dem Cd-reichen Mischkristall mit < 0,2% Sn und einen Sn-reichen Mischkristall mit 98,75% Sn (s. Abb. 196). Neu gefunden wurde ein schwacher thermischer Effekt bei 170°, der anscheinend durch die zwischen 177° und 170° stattfindende starke Abnahme der Löslichkeit von Sn in Cd (von etwa 3—3,5% bei 177° auf < 0,2% bei 160°) bedingt ist[35]. — Die von H. u. W.-P. bestimmten Liquiduspunkte wurden nachträglich in Abb. 196 eingezeichnet. — Neuerdings führen dieselben Forscher die Reaktion bei 128° auf den eutektoiden Zerfall einer bei 223° peritektisch gebildeten Zwischenphase zurück[36].

SHIMIZU[37] hat gezeigt, daß der von SPENCER-JOHN gefundene Verlauf der Suszeptibilitäts-Konzentrationskurve auf einen Gasgehalt ihrer Legierungen zurückzuführen ist. Die Suszeptibilität der im Vakuum geschmolzenen und geglühten Legierungen ändert sich im Einklang mit Abb. 196 annähernd linear mit der Zusammensetzung in Gew.-%.

Literatur.

1. WRIGHT, C. R. A.: J. Soc. chem. Ind. Bd. 13 (1894) S. 1016. — **2.** HEYCOCK, C. T., u. F. H. NEVILLE: J. chem. Soc. Bd. 61 (1892) S. 901. — **3.** HEYCOCK, C. T., u. F. H. NEVILLE: J. chem. Soc. Bd. 57 (1890) S. 383. — **4.** KAPP, A. W.: Diss. Königsberg 1901. Ann. Physik Bd. 6 (1901) S. 762 u. 770/71. S. auch die unter 5 und 12 genannten Arbeiten. **5.** STOFFEL, A.: Z. anorg. allg. Chem. Bd. 53 (1907) S. 140/47 u. 167. — **6.** Bei Erhitzung wurde die Umwandlungstemperatur mit Hilfe von Dilatationskurven zu 135° gefunden. — **7.** Mit den Ergebnissen thermischer Untersuchungen im ternären System Cd-Sn-Pb würde nach Ansicht STOFFELS am besten die Existenz von $CdSn_4$ übereinstimmen. — **8.** GUERTLER, W.: Handbuch Metallographie Bd. 1, S. 710/11, Berlin 1912. — **9.** SCHLEICHER, A. P.: Int. Z. Metallogr. Bd. 2 (1912) S. 76/89. — **10.** GUERTLER, W.: Int. Z. Metallogr. Bd. 2 (1912) S. 90/102, 172/77. — **10a.** STOCKDALE, D.: J. Inst. Met., Lond.

Bd. 43 (1930) S. 198/211. — **11.** MAZZOTTO, D.: Int. Z. Metallogr. Bd. 4 (1913) S. 13/27; s. auch ebenda S. 273/94. — **12.** LORENZ, R., u. D. PLUMBRIDGE: Z. anorg. allg. Chem. Bd. 83 (1913) S. 234/36. — **13.** BUCHER, A.: Z. anorg. allg. Chem. Bd. 98 (1916) S. 106/17. — **14.** KÜNZEL-MEHNER: Diss. Leipzig 1920 nach Angabe von 16. — **15.** FEDOROW, A.: J. Chim. Ukraine Bd. 2 (1926) S. 69/74. Ref. J. Inst. Met., Lond. Bd. 39 (1928) S. 502. — **16.** LE BLANC, M., M. NAUMANN u. D. TSCHESNO: Ber.Verh. Sächs. Ges.Wiss.,Math.-phys. Kl. Bd. 79 (1927) S. 72/106, insb. 99/106. — **17.** MATUYAMA, Y.: Sci. Rep. Tôhoku Univ. Bd. 20 (1931) S. 649/80. — **18.** OSAWA, A.: S. bei Y. MATUYAMA: Anm. 17. — **19.** MATTHIESSEN, A.: Pogg. Ann. Bd. 110 (1860) S. 206/207. — **20.** BATTELLI, A.: S. bei W. BRONIEWSKI: Rev. Métallurg. Bd. 7 (1910) S. 356. — **21.** RUDOLFI, E.: Z. anorg. allg. Chem. Bd. 67 (1911) S. 70/72. — **22.** HERSCHKOWITSCH, M.: Z. physik. Chem. Bd. 27 (1898) S. 139/40. — **23.** FUCHS, P.: Z. anorg. allg. Chem. Bd. 109 (1920) S. 83/84. — **24.** MATTHIESSEN, A.: Pogg. Ann. Bd. 110 (1860) S. 28/29. — **25.** CAPUA, C. DI: Rend. Accad. Lincei, Roma 5 Bd. 33 I (1923) S. 141/44. — **26.** SCHISCHOKIN, W., u. W. AGEJEWA: Z. anorg. allg. Chem. Bd. 193 (1929) S. 240. — **27.** ROUX, A., u. J. COURNOT: Rev. Métallurg. Bd. 26 (1929) S. 659/60. — **28.** HONDA, K., u. H. ABÉ: Sci. Rep. Tôhoku Univ. Bd. 19 (1930) S. 315/30. — **29.** MAZZOTTO, D.: Int. Z. Metallogr. Bd. 1 (1911) S. 289/346. — **30.** JEFFERY, F. H.: Trans. Faraday Soc. Bd. 24 (1928) S. 209/11. — **31.** STOCKDALE, D.: J. Inst. Met., Lond. Bd. 49 (1932) S. 267/82. — **32.** SPENCER, J. F., u. M. E. JOHN: Proc. Roy. Soc., Lond. Bd. 116 (1927) S. 70/71. — **33.** MATUYAMA, Y.: Sci. Rep. Tôhoku Univ. Bd. 18 (1929) S. 35/45; Bd. 18 (1927) S. 447/74. — **34.** HANSON, D., u. W. T. PELL-WAL-POLE: J. Inst. Met., Lond. Bd. 56 (1935) S. 165/82. — **35.** S. jedoch ebenda S. 184/85. — **36.** Demnächst. — **37.** SHIMIZU, Y.: Sci. Rep. Tôhoku Univ. Bd. 21 (1932) S. 843/45.

Cd-Sr. Kadmium-Strontium.

Die erste Mitteilung über Cd-Sr-Legierungen hat GAUTIER[1] gemacht, der Legierungen mit 18—20% Sr durch Erhitzen „auf Rotglut" von Na mit einem Gemisch aus $SrCl_2$ und $CdCl_2$ darstellte.

Mit mehreren Mitarbeitern hat HODGE[2] Cd-Sr-Legierungen mit bis 26% Sr durch Elektrolyse eines geschmolzenen eutektischen Gemisches von $SrCl_2$ und NaCl über geschmolzenem Cd als Kathode und Kohlenstoff als Anode hergestellt und einige physi-kalische Eigenschaften untersucht.

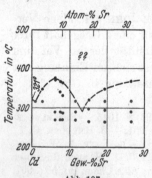

Abb. 197.
Cd-Sr. Kadmium-Strontium.

Ihre Angaben über den Aufbau dieser Legierun-gen sind voller Widersprüche. Mit Hilfe von Ab-kühlungskurven wurden die in Abb. 197 dargestellten — wie es scheint gänzlich unmöglichen — Erstar-rungs- und Umwandlungstemperaturen bestimmt. Der Verfasser bemerkt dazu: „Infolge mangelnder Genauigkeit der verwendeten Apparate (!) und der Kompliziertheit der Phasenbeziehungen in den er-starrten Legierungen konnte kein befriedigendes Erstarrungs- und Umwandlungsschaubild entworfen werden. Wahrscheinlich existiert die Verbindung $Cd_{12}Sr$ (6,10% Sr); für das Bestehen einer zweiten Verbindung, möglicherweise CdSr (43,81% Sr), scheinen Anzeichen vorhanden zu sein. Es wurden zwei Eutektika beobachtet, und zwar bei 0,9 und 13,8% Sr. Die Umwandlungen im festen Zustand sind nicht deutlich definiert, möglicherweise liegen polymorphe Umwandlungen der Verbindung CdSr vor." Angaben über die Größe der Wärmetönungen (Haltezeiten) werden nicht gemacht.

Aus den veröffentlichten Gefügebildern ergibt sich ein wesentlich anderer Aufbau. Bei 0,7% Sr (ungeglüht) erkennt man wenige Primärkristalle einer Verbindung (von charakteristischer Kristallform) in einer Cd-Grundmasse (HODGE hält dagegen die Grundmasse für das Eutektikum mit 0,9% Sr, die Primärkristalle für Cd). Dieselben harten, charakteristischen Primärkristalle sind auch bei 7,88%, 8,07%, 10,9% und 11,35% Sr zu erkennen, ihre Menge nimmt mit steigendem Sr-Gehalt zu. Das Bestehen einer Verbindung $Cd_{12}Sr$ (s. oben) ist demnach ausgeschlossen. Bei 14,66% Sr erkennt man deutlich peritektische Umhüllungen, auf die auch der Verfasser hinweist, obwohl er bei 13,8% Sr ein Eutektikum annimmt (s. oben)[3]. Die Cd-reichste Verbindung, deren Zusammensetzung noch wesentlich oberhalb 11% Sr liegt — etwa bei Cd_4Sr (16,31% Sr) oder bei Cd_3Sr (20,63% Sr) — schmilzt also unter Zersetzung. Über die Zusammensetzung der von wenigstens 14% Sr ab primär kristallisierenden Phase läßt sich auf Grund der vorliegenden Ergebnisse nichts sagen.

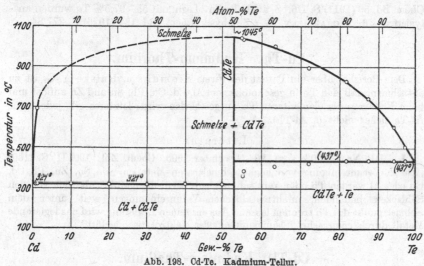

Abb. 198. Cd-Te. Kadmium-Tellur.

Literatur.
1. GAUTIER, H.: C. R. Acad. Sci., Paris Bd. 133 (1901) S. 1005/1008. —
2. HODGE, H. C., u. sechs Mitarbeiter: Met. & Alloys Bd. 2 (1931) S. 355/57. —
3. Das Gefüge der Legn. mit 19,3 und 26,4% Sr, das aus drei Phasen aufgebaut sein sollte, ist leider nicht deutlich wiedergegeben.

Cd-Te. Kadmium-Tellur.

MARGOTTET[1] und FABRE[2] haben die Verbindung CdTe (53,15% Te) durch Zusammenschmelzen der Elemente bei 500° und Sublimation im H_2-Strom dargestellt. TIBBALS[3] fand dieselbe Verbindung auf chemischem Wege[4].

KOBAYASHI[5], der das in Abb. 198 dargestellte Zustandsdiagramm mit Hilfe thermischer und mikroskopischer Untersuchungen ausgearbeitet hat, konnte das Bestehen der Verbindung CdTe bestätigen. Die Darstellung eines ausschließlich aus CdTe-Kristallen bestehenden Regulus gelang jedoch nicht, wenn die beiden Komponenten im stöchiometri-

schen Verhältnis oder bei Cd-Überschuß zusammengeschmolzen wurden,
da ein Teil des Cd durch Verdampfung verloren ging. Aus diesem
Grunde konnten auch die Liquidustemperaturen zwischen 1 und
55,2% Te nicht bestimmt werden.

CdTe kristallisiert regulär mit Zinkblendestruktur[6].

Literatur.

1. MARGOTTET, J.: C. R. Acad. Sci., Paris Bd. 84 (1877) S. 1294/95. —
2. FABRE, C.: C. R. Acad. Sci., Paris Bd. 105 (1887) S. 279. — 3. TIBBALS, C. A.:
J. Amer. chem. Soc. Bd. 31 (1909) S. 908. Die Verbindung hat die Fähigkeit
3 Mol Wasser zu binden, besitzt also schon gewissen Salzcharakter. Das geht auch
aus der Gitterstruktur hervor. — 4. Vgl. auch L. M. DENNIS u. R. P. ANDERSON:
J. Amer. chem. Soc. Bd. 36 (1914) S. 887. — 5. KOBAYASHI, M.: Z. anorg. allg.
Chem. Bd. 69 (1911) S. 1/6. S. auch Te-Zn. Legn. mit 55—97,5% Te wurden analysiert. — 6. ZACHARIASEN, W.: Z. physik. Chem. Bd. 124 (1926) S. 277/84.

Cd-Th. Kadmium-Thorium.

Dem Bericht[1] über ein Patent der Firma Siemens u. Halske A.-G. ist zu
entnehmen, daß sich Th in geschmolzenem Al, Cd, Cu, Pb, Sn und Zn auflöst und
beim Erstarren als elementares Th ausgeschieden wird; letzteres gilt jedoch für
Al-Th sicher nicht (s. Al-Th).

Literatur.

1. DRP. Nr. 146503 vom 20. November 1900. Chem. Zbl. 1903 II S. 1156:
„Durch Verunreinigung von leicht schmelzbaren Metallen, wie Sn, Zn, Pb, Cd,
Cu oder Al werden Th oder Y in schmelzbare Legn. übergeführt, die sich von den
Schlacken bildenden, nichtmetallischen Verunreinigungen weit unter dem
Schmelzpunkt des Th trennen lassen. Aus der reinen Legierung wird das legierende
Metall durch chemische Lösungsmittel oder elektrolytisch gelöst."

Cd-Tl. Kadmium-Thallium.

HEYCOCK-NEVILLE[1] bestimmten die Erstarrungspunkte von fünf
Schmelzen mit 0,09—3,4% Tl und fanden eine Erniedrigung des Cd-
Schmelzpunktes um 8,5° durch den letztgenannten Tl-Gehalt. Der
Verlauf der ganzen Liquiduskurve wurde sehr genau von KURNAKOW-
PUSCHIN[2] festgelegt (Abb. 199). Die eutektische Temperatur wurde bei
203,5°, die eutektische Konzentration bei 83% Tl gefunden. Über die
Ausdehnung der Eutektikalen, d. h. die Größe der Mischkristallbildung
der Komponenten bei der eutektischen Temperatur, läßt sich auf Grund
der Bestimmungen von KURNAKOW-PUSCHIN nichts sagen, da die Verfasser das Ende der Erstarrung nur bei vereinzelten Schmelzen zwischen
25 und 90% Tl bestimmten und die Größe der eutektischen Haltezeiten
nicht ermittelten. Nach KURNAKOW-PUSCHIN ist die beobachtete
Gefrierpunkterniedrigung des Cd durch Tl-Zusatz gleich der unter Annahme von einatomig gelöstem Tl und Ausscheidung von reinem Cd
berechneten. Für Tl trifft das nicht zu. Danach dürfte Cd nur sehr

wenig Tl, β-Tl dagegen erheblichere Mengen Cd in fester Lösung aufnehmen.

Nach Versuchen von DI CAPUA[3] dürfte das tatsächlich zutreffen.
DI CAPUA hat das System abermals oberflächlich thermisch analysiert
(Abb. 199) und dabei die Größe der eutektischen Haltezeiten bestimmt.
Aus der Extrapolation der Haltezeiten auf den Wert Null ergibt sich
eine feste Löslichkeit von rd. 2,5% Cd in Tl bei 203°. Dieser Zahl
kommt jedoch wegen der Unsicherheit des Verfahrens keine quantitative Bedeutung zu[4].

Über den Einfluß von Cd auf die Temperatur der polymorphen
Umwandlung α-Tl ⇌ β-Tl ist nichts bekannt. Entweder wird die Um-

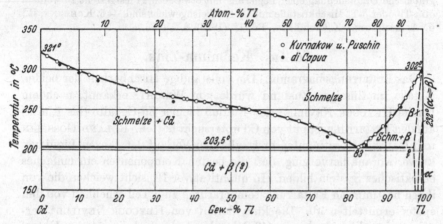

Abb. 199. Cd-Tl. Kadmium-Thallium.

wandlungstemperatur durch Cd nur wenig erniedrigt (oder erhöht), so
daß die Kurve der β → α-Umwandlung oberhalb 203° auf die Soliduskurve der Tl-reichen Mischkristalle trifft, oder die Umwandlungstemperatur wird bereits durch sehr kleine Cd-Zusätze stark unter 203°
erniedrigt, d. h. aus Schmelzen mit 83—100% Tl scheiden sich nur feste
Lösungen von Cd in β-Tl aus. Da die Liquiduskurve zwischen 303°
und 203° keine Richtungsänderung aufweist, hat letztere Annahme
größere Wahrscheinlichkeit. Ob die Umwandlungstemperatur bis auf
Raumtemperatur oder bis zu einer der Umsetzung β-Tl ⇌ Cd + α-Tl
entsprechenden konstanten Umwandlungstemperatur erniedrigt wird,
ob also beide Tl-Modifikationen bei Raumtemperatur stabil sind (in
Abb. 199 hypothetisch angenommen) oder nur die α-Form, kann nur
durch Versuche entschieden werden[5]. Aus der von DI CAPUA bestimmten
Leitfähigkeitsisotherme für 10° geht hervor, daß weder Cd noch α-Tl
Mischkristalle merklicher Konzentration zu bilden vermag. Die Kurve
fällt regelmäßig von dem Leitfähigkeitswert des Cd zu dem des α-Tl.

Die von KREMANN-LOBINGER[6] bestimmte Spannungs-Konzentrationskurve bestätigt die Abwesenheit von Verbindungen, sagt über das Vorhandensein Tl-reicher Mischkristalle jedoch nichts aus.

Literatur.

1. HEYCOCK, C. T., u. F. H. NEVILLE: J. chem. Soc. Bd. 61 (1892) S. 903. — 2. KURNAKOW, N. S., u. N. A. PUSCHIN: Z. anorg. allg. Chem. Bd. 30 (1902) S. 101/108. — 3. CAPUA, C. DI: Rend. Accad. Lincei, Roma Bd. 32 (1923) Nr. 1 S. 282/85. — 4. Das Bestehen Tl-reicher Mischkristalle ergibt sich auch aus der von C. DI CAPUA: Rend. Accad. Lincei, Roma Bd. 32 (1932) Nr. 2 S. 34/46 bestimmten Härte-Konzentrationskurve: Sie fällt nahezu linear vom Cd-Wert bis auf etwa 98% Tl und biegt hier scharf um; kleine Cd-Zusätze wirken also wesentlich stärker erhöhend auf die Härte als größere. — 5. Es braucht nur durch röntgenographische Untersuchung einer Legierung mit etwa 90% Tl festgestellt zu werden, ob α-Tl- oder β-Tl-Mischkristalle mit Cd im Gleichgewicht sind. — 6. KREMANN, R., u. A. LOBINGER: Z. Metallkde. Bd. 12 (1920) S. 255/56.

Cd-Zn. Kadmium-Zink.

Das Erstarrungsdiagramm. Die vollständige Mischbarkeit der beiden Metalle im flüssigen Zustand wurde von WRIGHT[1] erkannt, nachdem bereits HEYCOCK-NEVILLE[2] den Einfluß kleiner Zn-Gehalte (bis 1,56%) auf den Erstarrungspunkt von Cd untersucht hatten. ROLAND-GOSSELIN und GAUTIER[3] bestimmten erstmalig den Verlauf der ganzen Liquiduskurve, woraus hervorging, daß die beiden Komponenten ein einfaches eutektisches System bilden. In quantitativer Hinsicht weichen die von ihnen bestimmten Erstarrungstemperaturen zum Teil erheblich von den später ermittelten ab. Die kurz darauf von HEYCOCK-NEVILLE[4] veröffentlichte Liquiduskurve (43 Schmelzen) wurde bei späteren Untersuchungen des Systems an Genauigkeit nicht übertroffen. Das Erstarrungsdiagramm wurde außerdem mehr oder weniger vollständig bearbeitet von HINDRICHS[5], der erstmalig auch das Ende der Erstarrung berücksichtigte, BRUNI, SANDONNINI und QUERCIGH[6], LORENZ-PLUMBRIDGE[7], MATHEWSON-SCOTT[8] und JENKINS[9]; ARNEMANN[10] bestimmte die Liquiduspunkte von 3 Schmelzen. Im oberen Teil der

Tabelle 21.

Verfasser	Eutektische Temperatur ° C	Eutektische Konzentration % Zn
ROLAND-GOSSELIN u. GAUTIER (1896)...	~250	etwa 7
HEYCOCK u. NEVILLE (1897)	264,5	17,6
HINDRICHS (1907)....................	270	17,4
ARNEMANN (1910).....................	259,5	—
BRUNI, SANDONNINI u. QUERCIGH (1910)	262	17,4
LORENZ u. PLUMBRIDGE (1913).........	263,5	—
MATHEWSON u. SCOTT (1914)	267	17
COOK[11] (1924)	265	—
JENKINS (1926)	266	17,4
STOCKDALE[12] (1930)	—	17,4

Abb. 200 sind die von den verschiedenen Verfassern gefundenen Liquidustemperaturen wiedergegeben; Tabelle 21 gibt eine Zusammenstellung der eutektischen Temperaturen und Konzentrationen. Während die eutektische Temperatur zwischen 260° und 270° schwankt, stimmt die

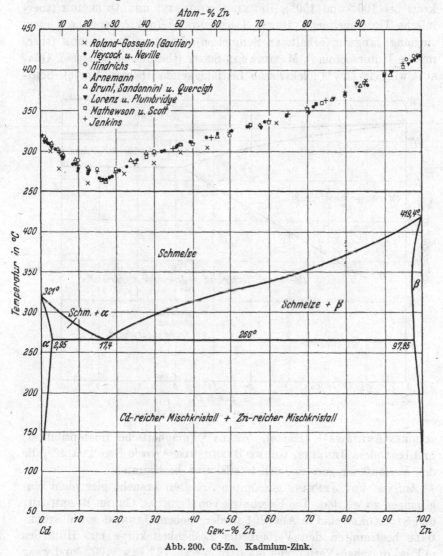

Abb. 200. Cd-Zn. Kadmium-Zink.

eutektische Konzentration sehr gut überein. Erstere liegt bei 265—266°, letztere bei 17,4% Zn (insbesondere nach STOCKDALE[12]).

Die Löslichkeit von Zn in Cd. Mit der Frage der Löslichkeit von Zn in festem Cd haben sich folgende Forscher befaßt: MATTHIESSEN[13] (elektrische Leitfähigkeitsisotherme), HEYCOCK-NEVILLE[2] (Gefrier-

punktserniedrigung), HINDRICHS (thermische Analyse), SAPOZNIKOW-
SACHAROW[14] (Härte), PUSCHIN[15] (Spannung), KURNAKOW-ZEMCZUZNY[16]
(thermische Untersuchung), CURRY[17] (mikroskopische Untersuchung
von Proben, die 2 Monate bei 217° geglüht waren), RUDOLFI[18] (Thermokraft bei 100° und 150°), BRUNI, SANDONNINI und QUERCIGH (thermische Untersuchung), BRUNI-SANDONNINI[19] (mikroskopische Untersuchung langsam erkalteter Schmelzen), LORENZ-PLUMBRIDGE (thermische Untersuchung), MATHEWSON-SCOTT (thermische Analyse), GLA-
SUNOW-MATWEEW[20] (elektrische Leitfähigkeitsisotherme, Härte), SCHI-

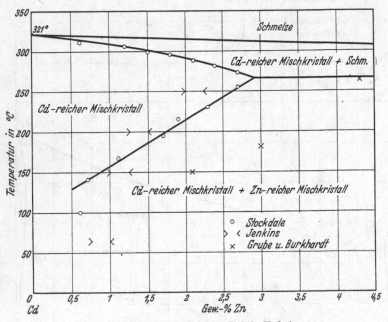

Abb. 201. Löslichkeit von Zink in Kadmium.

SCHOKIN-AGEJEWA[21] (Härte), MEARA[22] (magnetische Suszeptibilität)
und besonders JENKINS, GRUBE-BURKHARDT[23] sowie STOCKDALE[24], die
den Verlauf der ganzen Löslichkeitskurve bestimmten.

Auf die vor JENKINS genannten Arbeiten braucht hier nicht eingegangen zu werden. Die Ergebnisse von JENKINS, GRUBE-BURKHARDT
und STOCKDALE sind in Abb. 201 wiedergegeben. JENKINS sowie STOCK-
DALE bestimmten den Verlauf der Löslichkeitskurve mit Hilfe des
mikroskopischen Verfahrens bis herunter zu 70° bzw. 100°, und zwar
letzterer mit größerer Genauigkeit, da er eine größere Zahl Legierungen
untersuchte. Die Ergebnisse beider Arbeiten stimmen recht gut überein,
während die von GRUBE-BURKHARDT gefundenen Löslichkeiten bei
weitem zu hoch sind, ein Beweis für die Unzulänglichkeit des von diesen
Forschern angewendeten Verfahrens zur Bestimmung von Löslichkeits-

kurven mit Hilfe von Widerstands-Temperaturkurven. Bei der eutektischen Temperatur beträgt die Löslichkeit nach JENKINS 2,25%, nach STOCKDALE 2,95% und nach GRUBE-BURKHARDT 4,3% Zn. Der fast geradlinige Verlauf der STOCKDALEschen Kurve läßt vermuten, daß die Löslichkeit bei 100° bereits nahezu gleich Null ist, doch konnte die Entmischung einer Legierung mit 0,5% Zn nach 5wöchigem Glühen bei 100° wegen der Feinheit der Ausscheidungen mikroskopisch nicht mehr festgestellt werden. GRUBE-BURKHARDT und STOCKDALE bestimmten auch den Verlauf der Soliduskurve der Cd-reichen Mischkristalle; in Abb. 200 wurde die Kurve von STOCKDALE eingezeichnet.

Die Löslichkeit von Cd in Zn begegnete noch größerem Interesse als die Löslichkeit von Zn in Cd. Die Ergebnisse der Untersuchungen von MATTHIESSEN, HEYCOCK-NEVILLE, HINDRICHS, SAPOZNIKOW-SACHAROW, PUSCHIN, KURNAKOW-ZEMCZUZNY, CURRY, RUDOLFI, LORENZ-PLUMBRIDGE, MATHEWSON-SCOTT, GLASUNOW-MATWEEW, BENEDICKS-ARPI[25] (Widerstands-Temperaturkurven), LUDWIK[26] (Härte), BINGHAM[27] (mikroskopische Untersuchung geglühter Legierungen), PEIRCE[28] (mikroskopische Untersuchung geglühter Legierungen und Leitfähigkeitsisotherme), SCHISCHOKIN-AGEJEWA, MEARA und STRAUMANIS[29] (der vermutete, daß „Zn mit Cd auch unter 0,1% Cd noch keine Mischkristalle bildet") lassen keine Schlüsse auf die Größe der Löslichkeit von Cd in Zn zu, da entweder die angewendeten Verfahren ungeeignet bzw. zu unempfindlich, oder die untersuchten Legierungen nicht in einem definierten Zustand waren (Löslichkeitsabnahme mit fallender Temperatur!).

In Abb. 202 sind die Ergebnisse von JENKINS, GRUBE-BURKHARDT und STOCKDALE wiedergegeben. Über die Verfahren und die Genauigkeit der Bestimmungen vgl. die obigen Ausführungen unter Löslichkeit von Zn in Cd. JENKINS fand, daß die Löslichkeit von Cd in Zn oberhalb der eutektischen Temperatur entgegen allen bisherigen Erfahrungen noch weiter ansteigt und oberhalb rd. 350° dann stark abnimmt, d. h. Legierungen mit 2,2—2,6% Cd werden nach vollständiger Erstarrung mit fallender Temperatur wieder teilweise flüssig. Er brachte diese Tatsache in Zusammenhang mit einer (vielfach vermuteten) polymorphen Umwandlung des Zinks bei etwa 330°. Da jedoch nach zahlreichen neueren Untersuchungen Zink nicht polymorph ist, so ist eine Deutung der genannten Erscheinung auf dieser Basis nicht möglich. STOCKDALE konnte übrigens die Feststellung von JENKINS bestätigen, und zwar weist die von ihm bestimmte Löslichkeitskurve (Abb. 202) eine noch wesentlich stärkere Richtungsänderung bei 266° auf, als die von JENKINS angegebene. Die Ursache dieser Richtungsänderung bleibt vorläufig noch unbekannt[30].

Mit dem in Abb. 200 dargestellten Gleichgewichtsschaubild sind —

was die Abwesenheit intermediärer Kristallarten betrifft — die Ergebnisse der bereits oben angeführten Untersuchungen physikalischer
Eigenschaften in Abhängigkeit von der Konzentration sowie die Spannungsmessungen von LAURIE[31], die Dichtemessungen von MAEY[32] und
auch die Dichte- und Widerstandsmessungen an flüssigen Legierungen
von MATUYAMA[33] im Einklang.

Nachtrag. Die Löslichkeit von Cd in Zn wurde erneut von BOAS[34]
mit Hilfe des röntgenographischen Verfahrens bestimmt. Sie beträgt

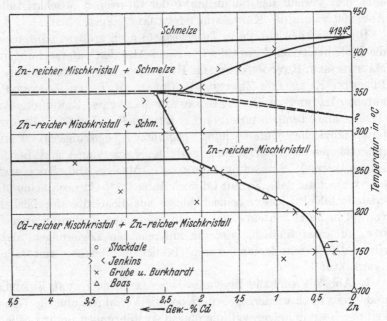

Abb. 202. Löslichkeit von Kadmium in Zink.

danach bei 255° (nach 9 tägigem Glühen) 1,85%, bei 218° (nach nachfolgendem 8 tägigen Anlassen) 1,15%, bei 156° (10 Tage) 0,35%, bei
100° (14 Tage) wird sie bereits innerhalb der Fehlergrenze Null. Bei
hohen Temperaturen fällt die Löslichkeitskurve nahezu mit der Kurve
von JENKINS zusammen und zeigt wie diese starke Abweichungen
gegenüber der Kurve von GRUBE-BURKHARDT.

LE BLANC-SCHÖPEL[35] haben die Sättigungskonzentration der Cd-
und Zn-reichen Mischkristalle bei der eutektischen Temperatur, die bei
263 ± 1° gefunden wurde, thermo-resistometrisch zu 3—4,25% bzw.
95—96,7% Zn bestimmt. Nach Abschrecken bei 230° waren Legierungen mit 3 und 96,7% Zn einphasig, solche mit 4,25 und 95% Zn
zweiphasig. Über die Löslichkeitsabnahme mit fallender Temperatur
lassen sich aus den Leitfähigkeitsisothermen für 20—240° leider keine
eindeutigen Schlüsse ziehen; für die Löslichkeit von Zn in Cd würde

sich danach eine zwischen 20° und 240° gleichbleibende Löslichkeit von
0,15% ergeben (vgl. dagegen Abb. 201). Unerklärlich ist ein bei 95% Zn
(97 Atom-%) gefundener Höchstwert in den Isothermen.

STRAUMANIS[36] und CHADWICK[37] schließen etwas gewagt auf eine
Löslichkeit von < 0,1 bzw. 0,05 Gew.-% Cd in Zn bei „Raumtemperatur" (vgl. BOAS).

Literatur.

1. WRIGHT, C. R. A.: J. Soc. chem. Ind. Bd. 13 (1894) S. 1016. — 2. HEYCOCK,
C. T., u. F. H. NEVILLE: J. chem. Soc. Bd. 61 (1892) S. 899. — 3. ROLAND-
GOSSELIN u. H. GAUTIER: Bull. Soc. Encour. Ind. nat. 5 Bd. 1 (1896) S. 1307.
Contribution à l'étude des alliages S. 107, Paris 1901. — 4. HEYCOCK, C. T., u.
F. H. NEVILLE: J. chem. Soc. Bd. 71 (1897) S. 387/88. — 5. HINDRICHS, G.:
Z. anorg. allg. Chem. Bd. 55 (1907) S. 415/18. — 6. BRUNI, G., C. SANDONNINI
u. E. QUERCIGH: Z. anorg. allg. Chem. Bd. 68 (1910) S. 75/78. — 7. LORENZ, R.,
u. D. PLUMBRIDGE: Z. anorg. allg. Chem. Bd. 83 (1913) S. 231/33; Bd. 85 (1914)
S. 435/36. — 8. MATHEWSON, C. H., u. W. M. SCOTT: Int. Z. Metallogr. Bd. 5
(1914) S. 16/17. — 9. JENKINS, C. H. M.: J. Inst. Met., Lond. Bd. 36 (1926) S. 63/97.
— 10. ARNEMANN, P. T.: Metallurgie Bd. 7 (1910) S. 204/205. — 11. COOK, M.:
J. Inst. Met., Lond. Bd. 31 (1924) S. 299. — 12. STOCKDALE, D.: J. Inst. Met.,
Lond. Bd. 43 (1930) S. 193/211. — 13. MATTHIESSEN, A.: Pogg. Ann. Bd. 110
(1860) S. 207. — 14. SAPOZNIKOW, A., u. M. SACHAROW: J. russ. phys.-chem. Ges.
Bd. 39 (1907) S. 907. Vgl. auch die Arbeit unter Anm. 20. — 15. PUSCHIN, N. A.:
Z. anorg. allg. Chem. Bd. 56 (1908) S. 26/27. — 16. KURNAKOW, N. S., u. S. F.
ZEMCZUZNY: Z. anorg. allg. Chem. Bd. 60 (1908) S. 32 Anm. S. auch KURNAKOW,
N. S., u. A. N. ACHNASAROW: Z. anorg. allg. Chem. Bd. 125 (1922) S. 191. —
17. CURRY, B. E.: J. physic. Chem. Bd. 13 (1908) S. 589/605. Ref. J. Inst. Met.,
Lond. Bd. 2 (1909) S. 320. — 18. RUDOLFI, E.: Z. anorg. allg. Chem. Bd. 67 (1910)
S. 75/78. — 19. BRUNI, G., u. C. SANDONNINI: Z. anorg. allg. Chem. Bd. 78 (1912)
S. 273/75. — 20. GLASUNOW, A., u. M. MATWEEW: Int. Z. Metallogr. Bd. 5 (1914)
S. 113/21. — 21. SCHISCHOKIN, W., u. W. AGEJEWA: Z. anorg. allg. Chem. Bd. 193
(1930) S. 242. — 22. MEARA, F. L.: Physic. Rev. Bd. 37 (1931) S. 467. Physics
Bd. 2 (1932) S. 33/41. — 23. GRUBE, G., u. A. BURKHARDT: Z. Metallkde. Bd. 21
(1929) S. 231/32. Festschrift der Techn. Hochsch. Stuttgart zur Vollendung ihres
ersten Jahrhunderts S. 140, Berlin 1929. — 24. STOCKDALE, D.: J. Inst. Met.,
Lond. Bd. 44 (1930) S. 75/80. — 25. BENEDICKS, C., u. R. ARPI: Z. anorg. allg.
Chem. Bd. 88 (1914) S. 237/54, insb. S. 251. — 26. LUDWIK, P.: Z. anorg. allg.
Chem. Bd. 94 (1916) S. 177/78. — 27. BINGHAM, K. E.: J. Inst. Met., Lond. Bd. 24
(1920) S. 337/38 u. 340. 28. PEIRCE, W. M.: Trans. Amer. Inst. min. metallurg.
Engr. Bd. 68 (1923) S. 769/71. — 29. STRAUMANIS, M.: Z. physik. Chem. Bd. 148
(1930) S. 124. — 30. Vgl. die Diskussion zur Arbeit von STOCKDALE: J. Inst. Met.,
Lond. Bd. 44 (1930) S. 81. — 31. LAURIE, A. P.: J. chem. Soc. Bd. 65 (1894)
S. 1035. — 32. MAEY, E.: Z. physik. Chem. Bd. 50 (1905) S. 214/15. — 33. MA-
TUYAMA, Y.: Sci. Rep. Tôhoku Univ. Bd. 18 (1929) S. 35/40; Bd. 16 (1927)
S. 447/74. — 34. BOAS, W.: Metallwirtsch. Bd. 11 (1932) S. 603/604. — 35. LE
BLANC, M., u. H. SCHÖPEL: Z. Elektrochem. Bd. 39 (1933) S. 695/701. — 36.
STRAUMANIS, M.: Metallwirtsch. Bd. 13 (1933) S. 175/76. — 37. CHADWICK, R.:
J. Inst. Met., Lond. Bd. 51 (1933) S. 114.

Ce-Cu. Cer-Kupfer.

Abb. 203 gibt das von HANAMAN[1] auf Grund eingehender thermischer
und mikroskopischer Untersuchungen entworfene Zustandsschaubild der

30*

Ce-Cu-Legierungen wieder. Während das Bestehen der Verbindungen
$CeCu_2$ (47,57% Cu) und $CeCu_6$ (73,13% Cu) außer allem Zweifel steht,
ist das Bestehen der Verbindungen CeCu (31,21% Cu) und $CeCu_4$
(64,47% Cu), deren Formeln sich nicht ohne weiteres aus den thermischen Werten ergaben, doch sehr wahrscheinlich. Durch einige Glühversuche unter chemischer Kontrolle der Proben konnten die peritektischen Punkte bei 515° und 780°, d. h. die Zusammensetzungen der sich

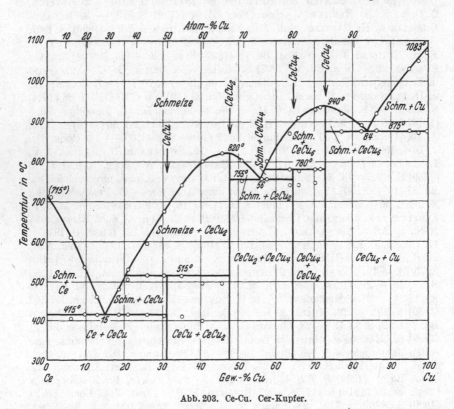

Abb. 203. Ce-Cu. Cer-Kupfer.

bei diesen Temperaturen bildenden Verbindungen, annähernd ermittelt
werden.

Über die feste Löslichkeit von Ce in Cu ist nichts Näheres bekannt[2].

Literatur.

1. HANAMAN, F.: Int. Z. Metallogr. Bd. 7 (1915) S. 174/212. Die Legn. (40 g
Einwaage) wurden unter verschiedenen Salzdecken in Porzellantiegeln erschmolzen.
Das verwendete Cermetall enthielt 96,7% Ce, 2,5% andere Ceritmetalle und 0,5% Fe;
Erstarrungspunkt = 715° (vgl. darüber auch R. VOGEL: Z. anorg. allg. Chem.
Bd. 99 (1917) S. 27/29). Alle Legn. wurden analysiert. — **2.** Eine Legierung mit
0,4% Ce erwies sich nach dem Erkalten aus dem Schmelzfluß als deutlich heterogen.

Ce-Fe. Cer-Eisen.

Das Zustandsdiagramm dieses auch technisch wichtigen Systems mit Cer als Komponente (Zündsteine) wurde von VOGEL[1] ausgearbeitet[2] (Abb. 204).

Über die Zusammensetzung der beiden sich bei rd. 1090° bzw. 773° bildenden Kristallarten ist folgendes zu sagen. Schon das anormale Auftreten der Haltepunkte bei 773° bis mindestens 75% Fe (= annähernd 90 Atom-% Fe), noch deutlicher aber das mikroskopische Gefüge der Legierungen zeigt, daß die beiden peritektischen Reaktionen infolge Bildung von Umhüllungen bei verhältnismäßig schneller Abkühlung nicht vollständig verlaufen[3]. Versuche, diese Reaktionen durch Wärmebehandlung (24 Stunden bei nahezu 1100° bzw. 72 Stunden bei 770°) zu Ende zu führen, hatten keinen Erfolg — bei 1100° wegen des allmählichen Undichtwerdens der Quarzröhrchen, in welche die Proben, um sie vor dem Verbrennen zu bewahren, eingeschmolzen werden mußten, und bei 770° wegen der Langsamkeit, mit der die Reaktion fortschreitet. So konnte „die Zusammensetzung der Verbindungen nur aus dem Maximum der betreffenden Haltezeiten auf den* Abkühlungskurven mit annähernder Sicherheit bestimmt werden". Auf diese Weise erhält man die Formeln $CeFe_2$ (44,35% Fe) und Ce_2Fe_5 (49,91% Fe). Die von BECK[4] auf Grund einer Rückstandsanalyse angenommene Verbindung $CeFe_{10}$ (79,94% Fe) besteht sicher nicht. CLOTOFSKI[5] gelangte mit Hilfe von Spannungsmessungen zu den Formeln $CeFe$ (28,49% Fe) und $CeFe_6$ (70,51% Fe), doch ist dieses Verfahren zur Bestimmung der Zusammensetzung der intermediären Kristallarten bei den erheblichen Gleichgewichtsstörungen, die in den Ce-Fe-Legierungen auftreten, gänzlich ungeeignet.

Die Löslichkeit von Ce in festem Fe und der Einfluß von Ce auf die polymorphen Umwandlungen von Fe. Bei 1100° sind rd. 15% Ce in Fe löslich; nach 4stündigem Glühen bei 1100° bestand die genannte Legierung „nahezu ganz aus γ-Mischkristallen". Mit fallender Temperatur nimmt die Löslichkeit nicht unwesentlich ab: nach 2stündigem Glühen bei 850° war die 15%ige Legierung stark heterogen, die Legierung mit 10% Ce dagegen noch homogen. Letztere blieb auch homogen nach „langsamer Abkühlung" auf Raumtemperatur, doch handelt es sich dabei sicher nicht um den Gleichgewichtszustand.

Ob die $\gamma \rightleftarrows \delta$-Umwandlung des Eisens (1401°) durch Ce-Zusatz erhöht oder erniedrigt wird, wurde nicht untersucht. Dagegen ist aus Abb. 204 zu entnehmen, daß die $\alpha \rightleftarrows \gamma$-Umwandlung durch Ce zu höheren Temperaturen verschoben wird. Da jedoch diese Umwandlung unter den bei VOGELs Versuchen herrschenden Abkühlungsbedingungen stark unterkühlt wurde (sie wurde bei 824° statt bei 906° gefunden), so ist

anzunehmen, daß auch die nach Abb. 204 bei 845° verlaufende Umwandlungshorizontale im Gleichgewichtszustand bei höheren Temperaturen liegt.

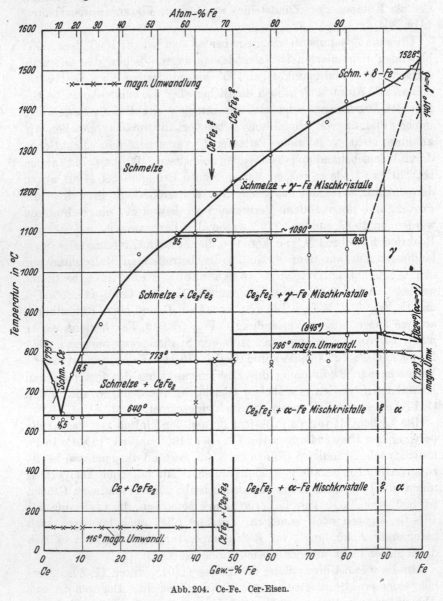

Abb. 204. Ce-Fe. Cer-Eisen.

Sämtliche Ce-Fe-Legierungen sind bei gewöhnlicher Temperatur
ferromagnetisch, die Fe-reicheren mit 40—100% Fe infolge der Gegenwart des Fe-reichen Mischkristalles stärker, die Ce-reicheren, die nur

die beiden Verbindungen enthalten, etwas schwächer. Der gesättigte Mischkristall verliert seinen Ferromagnetismus bei 796°, die Verbindung CeFe$_2$ bei 116°. Da die Ce-reichere der beiden Verbindungen ferromagnetisch ist, so dürfte es wohl die Fe-reichere erst recht sein; ihr magnetischer Umwandlungspunkt müßte unterhalb 116° liegen, weil alle Legierungen, die den α-Mischkristall auch bei stärksten peritektischen Gleichgewichtsstörungen (d. h. alle Legierungen mit weniger als 35% Fe) nicht enthalten können, ihren Ferromagnetismus bereits bei 116° verlieren.

Die Pyrophorität der Legierungen ist nach AUER V. WELSBACH[6] am größten bei 30% Fe; s. auch die sehr interessanten Ausführungen VOGELs[7] über die Deutung der pyrophorischen Eigenschaften.

Literatur.

1. VOGEL, R.: Z. anorg. allg. Chem. Bd. 99 (1917) S. 25/49. — 2. Die Legn. mit 15—75% Fe wurden dem Verf. fertig angeliefert; Zusammensetzung des dazu verwendeten Ce unbekannt. Die restlichen Legn. wurden unter Stickstoff in Tiegeln aus „Extra P"-Masse von HALDENWANGER bei Verwendung von 95,6%igem Ce (Erstarrungspunkt 775°) und Blumendraht (Legn. mit 2,5—10% Fe) bzw. Flußeisen mit 0,07% C (Legn. mit mehr als 80% Fe) erschmolzen. Sie wurden nicht analysiert. Vgl. auch die Ausführungen über den Ce-Schmelzpunkt von F. HANAMAN: Int. Z. Metallogr. Bd. 7 (1915) S. 183/85. — 3. Die Legn. mit 10—35% Fe und 50—85% Fe bestanden aus 3, die dazwischen liegenden sogar aus 4 Phasen. Die Zündsteinlegierung mit rund 30% Fe besteht also bei rascher Erstarrung aus Ce$_2$Fe$_5$, CeFe$_2$ und Ce. — 4. BECK, H.: Diss. München 1907. — 5. CLOTOFSKI, F.: Z. anorg. allg. Chem. Bd. 114 (1920) S. 9/16. — 6. AUER V. WELSBACH: DRP. Nr. 154807, 1903. — 7. VOGEL, R.: Z. anorg. allg. Chem. Bd. 99 (1917) S. 43/49.

Ce-H.   Cer-Wasserstoff.

Über die Löslichkeit von H$_2$ in Ce, La, Ta, Th, Ti, V und Zr siehe A. SIEVERTS: Z. Metallkde. Bd. 21 (1929) S. 41/42, daselbst Literaturangaben.

Ce-Hg.   Cer-Quecksilber.

WINKLER[1] stellte fest, daß sich Ce in Hg löst. MUTHMANN-BECK[2] haben Legierungen bis zu 16,55% Ce-Gehalt durch Eintragen von Ce in siedendes Hg dargestellt. Sie teilen mit, daß die Amalgame flüssig sind, „wenn der Ce-Gehalt 3% nicht übersteigt; beträgt derselbe 3—8% Ce, so erhält man weiche Produkte von teigiger Konsistenz, höher prozentige Amalgame sind bei gewöhnlicher Temperatur fest."

Neuerdings haben BILTZ-MEYER[3] die ersten sicheren Angaben über die Konstitution machen können, und zwar auf Grund von Messungen der Quecksilberdampfspannung von Ce-Amalgamen mit 12—57% Ce. Die für 340° geltende Druck-Konzentrationskurve verläuft zwischen 0 und 12% Ce praktisch bei dem Dampfdruck des Hg und fällt mit steigendem Ce-Gehalt innerhalb eines engen Konzentrationsgebietes auf einen zwischen 15,2% und 57% Ce konstant bleibenden Wert. „Hiernach bildet Ce mit Hg das Certetramercurid CeHg$_4$ mit 14,9% Ce. Diese Verbindung ist nur wenig in Hg löslich, denn die Dampfdruckerniedrigung des Hg im Gebiete bis 12% ist nur gering (s. oben); metallisches Ce ist unlöslich in dieser

Verbindung, denn alle an Bodenkörpern mit mehr als 15,2% Ce aufgenommenen Tensionskurven ordnen sich derselben logarithmischen Graden zu." Besondere Versuche zeigten, daß die mit CeHg$_4$ im Gleichgewicht befindliche Phase reines Ce ist; es besteht also keine weitere an Ce reichere Verbindung.

Durch die Untersuchung von BILTZ-MEYER ist jedoch nicht bewiesen, daß CeHg$_4$ die einzige Verbindung des Systems ist. Es können sehr wohl Hg-reichere Verbindungen bestehen, die nur unterhalb 340° beständig sind, d. h. also erst unterhalb 340° durch peritektische Umsetzungen gebildet werden.

Nachtrag. DANILTCHENKO[4] hat festgestellt, daß CeHg$_4$ bei 470° zerfällt.

Literatur.

1. WINKLER, CL.: Ber. dtsch. chem. Ges. Bd. 24 (1891) S. 883. — **2.** MUTH-MANN, W., u. H. BECK: Liebigs Ann. Bd. 331 (1904) S. 56. — **3.** BILTZ, W., u. F. MEYER: Z. anorg. allg. Chem. Bd. 176 (1928) S. 32/38. Das verwendete Ce hatte einen Reinheitsgrad von 98%; die Einwaagen wurden auf reines Ce reduziert. — **4.** DANILTCHENKO, P. T.: Ref. einer russischen Arbeit in J. Inst. Met., Lond. Bd. 50 (1932) S. 540.

Ce-Mg. Cer-Magnesium.

Über den Aufbau dieser Legierungsreihe gibt eine thermische und mikroskopische Untersuchung von VOGEL[1] Aufschluß. Die in Abb. 205 eingezeichneten Temperaturpunkte gelten für Zusammensetzungen, die in bezug auf die 6,5% betragenden Beimengungen des Cers korrigiert sind.

Das Bestehen der Verbindungen CeMg (14,79% Mg) und CeMg$_3$ (34,24% Mg) ergibt sich mit Sicherheit aus den thermischen Werten und dem Gefüge der betreffenden Legierungen. CeMg bildet mit Mg eine Reihe von Mischkristallen, die sich teils unmittelbar aus der Schmelze ausscheiden, teils durch die bei rd. 722° stattfindende peritektische Reaktion: CeMg$_3$ + Schmelze → gesättigter Mischkristall mit etwa 22% Mg bilden[2]. Das Bestehen der Mischkristallreihe ist auch durch mikroskopische Prüfung erwiesen[3].

Die etwas ungewöhnliche Formel CeMg$_9$ (60,97% Mg) für die Mg-reichste Verbindung, die sich bei 622° aus CeMg$_3$-Kristallen und Schmelze mit etwa 66% Mg bildet, dürfte trotz der Unmöglichkeit, die Formel der betreffenden Verbindung mit Sicherheit aus den thermischen Werten zu ermitteln, als ziemlich feststehend anzusehen sein, zumal eine andere einfache Formel nicht möglich sein kann. Zwischen 52 und 61,5% Mg beobachtete VOGEL typische Umhüllungsstrukturen mit drei Kristallarten. Versuche, diese starken Gleichgewichtsstörungen durch Wärmebehandlung aufzuheben, wurden nicht ausgeführt.

Weniger klar sind die Konstitutionsverhältnisse zwischen Ce und CeMg. Auf Grund des thermischen Befundes (s. Abb. 205) hätte man zu schließen, daß bei 632° das Eutektikum Ce-CeMg kristallisiert, und daß bei etwa 497° Ce und CeMg unter Bildung einer neuen Verbindung miteinander reagieren. Aus dem Gefüge der Legierungen folgt aber

nach Vogel, daß diese nächstliegende Deutung der thermisch ermittelten Zustandsänderungen im vorliegenden Falle nicht zutreffen
kann. Vielmehr soll es sich nach der Vogelschen Auslegung des Gefüges
bei der bei 497° vollziehenden Zustandsänderung nicht um die Bildung
einer Verbindung, sondern um den Zerfall einer schon vorhandenen Verbindung im festen Zustand handeln. Diese Verbindung, der Vogel
die Formel Ce_4Mg (4,16% Mg) gibt[4], soll sich bei einer von 632° wenig
verschiedenen Erstarrungstemperatur primär aus der Schmelze ausscheiden und mit Ce einerseits und CeMg andererseits Eutektika bilden,
die bei praktisch gleicher Temperatur (632°) kristallisieren. Diese

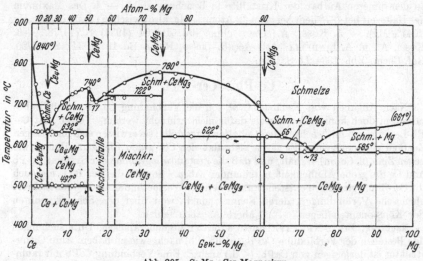

Abb. 205. Ce-Mg. Cer-Magnesium.

Deutung würde verlangen, daß die beiden vom Schmelzpunkt des Cers
und der Verbindung CeMg abfallenden Liquidusäste sich nicht schneiden. Das trifft nun nach Vogels Ansicht auch zu, sobald man im
Diagramm die Zusammensetzung in Atom-% mißt; m. E. ist jedoch
eine derartige Auslegung der thermischen Werte sehr gezwungen:
die beiden Liquidusäste lassen sich mit gleicher Berechtigung bei 632°
und 20 Atom-% Mg zum Schnitt bringen. Eine Entscheidung mit Hilfe
des von Vogel veröffentlichten Gefügebildes einer Legierung mit
20,55 Atom-% Mg = 4,3 Gew.-% Mg zu treffen, halte ich für zu gewagt.
In Abb. 205 ist jedoch die Vogelsche Deutung beibehalten worden,
zumal in den Systemen La-Mg und Mg-Pr der analoge Konstitutionsfall vorliegt. Weitere Einzelheiten siehe bei Vogel.

Über die Mischkristallbildung von Mg mit Ce ist nichts bekannt. —
Legierungen mit 4—22% sind pyrophor; am stärksten pyrophor ist
die 10%ige Legierung.

$CeMg$[5] und $CeMg_3$[6] haben kubische Kristallgitter.

Literatur.

1. VOGEL, R.: Z. anorg. allg. Chem. Bd. 91 (1915) S. 277/98. Die Zusammensetzung des verwendeten Cermetalls s. bei Ce-Sn. Da die Schmelztemperaturen in diesem System verhältnismäßig tief liegen, konnten die Legn. (10—20 g Einwaage) in Kohletiegeln erschmolzen werden, ohne daß eine Belästigung durch die Bildung von Cerkarbid zu befürchten war. — **2.** Wärmebehandlungen zur Erreichung des Gleichgewichtszustandes wurden nicht ausgeführt. — **3.** Das Gefügebild der Legierung mit rd. 20% Mg zeigt von einer dunklen Kristallart (wahrscheinlich von den Verunreinigungen des Cers herrührend) umgebene Kristallite, die eine Streifung besitzen. Das würde für eine mit fallender Temperatur eintretende Entmischung der festen Lösung sprechen, doch gibt VOGEL an, daß eine Streifung auch bei der reinen Verbindung CeMg zu beobachten ist, also jedenfalls zu dem inneren Aufbau der Kristallite in Beziehung steht. — **4.** Das Maximum der Haltezeit bei 497° liegt bei etwa 22 Atom-% Mg, also zwischen Ce_4Mg und Ce_3Mg (5,47% Mg). — **5.** ROSSI, A.: Gazz. chim. ital. Bd. 64 (1934) S. 774/78. — **6.** ROSSI, A., u. A. IANDELLI: Atti Accad. Lincei, Roma Bd. 19 (1934) S. 415/20. Ref. Chem. Zbl. 1934 II S. 1264.

Ce-Pb. Cer-Blei.

Nach Angaben von KELLERMANN[1] soll die Verbindung Ce_2Pb_3 (68,92% Pb) bestehen, doch konnte der Beweis dafür nicht erbracht werden. VOGEL[2] hat Ce-Pb-Legierungen mit wechselnden Gehalten hergestellt; sie erwiesen sich im flüssigen Zustand als homogen. „Es zeigte sich, daß sich Cer gegen Blei ganz ähnlich wie gegen Zinn (s. Ce-Sn) verhält, und daß die Zustandsdiagramme der Systeme Ce-Pb und Ce-Sn große Ähnlichkeit miteinander haben. Sowohl die Cer-Blei- als auch die Cer-Zinnlegierungen entstehen unter heftiger Wärmetönung und bilden mehrere chemische Verbindungen, deren Schmelzpunkte weit über den Schmelzpunkten der Komponenten liegen . . ." Nähere Angaben fehlen.

Nachtrag. ZINTL-NEUMAYR[3] dürften durch röntgenographische Untersuchungen das Bestehen der Verbindung $CePb_3$ (81,6% Pb) nachgewiesen haben. Ihre Gitterstruktur ist derjenigen von $CaPb_3$ (s. d.) analog. Eine Verbindung CePb mit raumzentriertem Gitter konnte nicht gefunden werden[4].

Literatur.

1. KELLERMANN, H.: Diss. Techn. Hochsch. Berlin 1910. Zitiert nach F. HANAMAN: Int. Z. Metallogr. Bd. 7 (1915) S. 177. — **2.** VOGEL, R.: Z. anorg. allg. Chem. Bd. 72 (1911) S. 320. — **3.** ZINTL, E., u. S. NEUMAYR: Z. Elektrochem. Bd. 39 (1933) S. 86/97. — **4.** ZINTL, E., u. G. BRAUER: Z. physik. Chem. B Bd. 20 (1933) S. 245/71.

Ce-Si. Cer-Silizium.

Das in Abb. 206 dargestellte Erstarrungsschaubild wurde von VOGEL[1] ausgearbeitet. Danach bilden Ce und Si sicher eine Verbindung, der höchstwahrscheinlich die Formel CeSi (16,68% Si) zukommt. Diese Formel folgt aus der Extrapolation der sehr deutlichen eutektischen Haltezeiten. Die Struktur der untersuchten Legierungen steht mit dem thermischen Befund im Einklang.

Die Frage, ob Ce und Si noch weitere Verbindungen bilden, bleibt vorläufig offen, da die Legierungen mit mehr als 70% Ce wegen großer experimenteller Schwierigkeiten nicht zugänglich waren.

Die von STERBA[2] angenommene Verbindung CeSi$_2$ (28,6% Si) steht zu dem VOGELschen Diagramm im Widerspruch.

Literatur.

1. VOGEL, R.: Z. anorg. allg. Chem. Bd. 84 (1913) S. 323/27. Über die Zusammensetzung des verwendeten Cermetalls werden keine Angaben gemacht; bei früheren Untersuchungen verwendete VOGEL ein Ausgangsmaterial mit 93,5% Ce (s. Ce-Sn). Die Legn. wurden in Porzellangefäßen erschmolzen; eine erhebliche Einwirkung der Schmelze auf das Porzellan fand bei den Schmelzen des thermisch untersuchten Bereiches nicht statt. — 2. STERBA: C. R. Acad. Sci., Paris Bd. 135 (1902) S. 170/72.

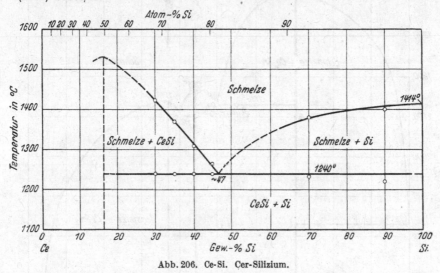

Abb. 206. Ce-Si. Cer-Silizium.

Ce-Sn. Cer-Zinn.

VOGEL[1] hat das Zustandsdiagramm unter Verwendung eines Cermetalls mit 93,5% Ce[2] ausgearbeitet. Die in Abb. 207 eingetragenen Temperaturpunkte beziehen sich auf Legierungen, deren Zusammensetzungen nicht durch Berücksichtigung der Beimengungen des Cers verbessert wurden.

Das Bestehen der drei Verbindungen Ce$_2$Sn (29,75% Sn), Ce$_2$Sn$_3$ (55,96% Sn) und CeSn$_2$ (62,88% Sn) ergibt sich ohne weiteres aus den bei diesen Zusammensetzungen gelegenen Maximalpunkten der Liquiduskurve sowie aus den Haltezeiten der verschiedenen eutektischen Kristallisationen. Die der sekundären Kristallisation des Cers entsprechenden Temperaturen zwischen 0 und 30% Sn konnten nicht ermittelt werden. Die Zusammensetzung des CeSn$_2$-Sn-Eutektikums ist ebenfalls nicht bekannt[3]. Die Ergebnisse der thermischen Analyse konnten — soweit das fast augenblicklich eintretende Anlaufen der Schliffe nicht zu sehr störte — durch mikroskopische Prüfung der Legierungen bestätigt werden. — Die am stärksten pyrophore Legierung ist die Verbindung Ce_2Sn.

Nachtrag. ZINTL-NEUMAYR[4] glauben durch röntgenographische Untersuchungen das Bestehen der Verbindung $CeSn_3$ (71,76% Sn) nachgewiesen zu haben, die offenbar strukturell analog $CaPb_3$ (s. S. 405) ist;

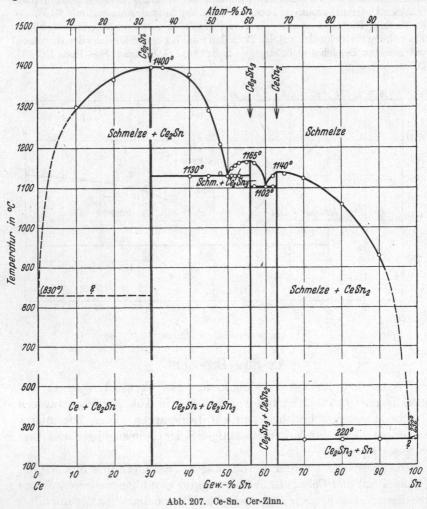

Abb. 207. Ce-Sn. Cer-Zinn.

Näheres Originalarbeit. Auf thermoanalytischem Wege (Abb. 207) konnte $CeSn_3$ nicht gefunden werden.

Literatur.

1. VOGEL, R.: Z. anorg. allg. Chem. Bd. 72 (1911) S. 319/28. — **2.** Rest: Neodym und Praseodym sowie „wenig Fe". Exp. Einzelheiten s. Originalarbeit. Der Erstarrungspunkt des Ausgangsmaterials lag bei 830°. Über den Ce-Schmelzpunkt vgl. F. HANAMAN: Int. Z. Metallogr. Bd. 7 (1915) S. 183/85 und R. VOGEL: Z.

anorg. allg. Chem. Bd. 99 (1917) S. 27/29. — 3. In Abb. 207 wurde die mit Sn im Gleichgewicht stehende Verbindung irrtümlich als Ce_2Sn_3 statt $CeSn_2$ bezeichnet. — 4. ZINTL, E., u. S. NEUMAYR: Z. Elektrochem. Bd. 39 (1933) S. 86/97.

Ce-Zn. Cer-Zink.

CLOTOFSKI[1] schließt aus Messungen der elektrochemischen Spannung der Legierungen auf das Bestehen der Verbindungen Ce_4Zn (10,45% Zn) und Ce_2Zn (18,92% Zn)[2]. Das Vorhandensein von Ce-Zn-Verbindungen ist ferner nachgewiesen von TAMMANN-WERNER[3].

Literatur.

1. CLOTOFSKI, F.: Z. anorg. allg. Chem. Bd. 114 (1920) S. 16/23. — 2. S. auch W. MUTHMANN u. H. BECK: Liebigs Ann. Bd. 331 (1904) S. 46/57. — 3. TAMMANN, G., u. M. WERNER: Nicht veröffentlichte Beobachtungen; zitiert nach R. VOGEL: Z. anorg. allg. Chem. Bd. 99 (1917) S. 45.

Co-Cr. Kobalt-Chrom.

Den ersten Versuch, ein Zustandsschaubild des Systems Co-Cr aufzustellen, unternahm LEWKONJA[1]. Er bestimmte die Liquidustemperaturen und mit grober Annäherung auch die Solidustemperaturen und fand zwei von den Erstarrungspunkten der Komponenten (gefunden wurde 1440° für 98%iges Co und 1547° für aluminothermisches Cr unbekannter Zusammensetzung) abfallende Liquidusäste, die sich in einem bei etwa 47% Cr und 1320° gelegenen Minimum schneiden. Die Soliduskurve berührt die Liquiduskurve im Minimumpunkt. LEWKONJA schloß aus seinen Untersuchungen, daß sich aus Co-Cr-Schmelzen eine lückenlose Reihe von Mischkristallen ausscheidet. Die Legierungen mit 45—85% Cr erleiden bei Temperaturen zwischen 1215° und 1232° eine mit geringer Wärmetönung verbundene Umwandlung, die — wie die mikroskopische Beobachtung zeigte — einem Zerfall (oder einer Entmischung) des bei hohen Temperaturen beständigen Mischkristalls in einen Co-reicheren und einen Cr-reicheren Bestandteil unbekannter Zusammensetzung entsprechen soll. Durch Abschrecken kann diese Reaktion nicht übersprungen werden. Die magnetische Umwandlungstemperatur des Kobalts wird nach LEWKONJA durch 15% Cr auf 300°, durch etwa 25% Cr auf Raumtemperatur erniedrigt. HONDA[2] konnte die von LEWKONJA bezüglich der magnetischen Umwandlung gewonnenen Ergebnisse im wesentlichen bestätigen.

Abb. 208 stellt das auf Grund umfassender Untersuchungen von WEVER-HASCHIMOTO[3] und WEVER-LANGE[4] entworfene Zustandsschaubild dar. Es ist — auch qualitativ — noch nicht als in allen Teilen geklärt aufzufassen und beschreibt nur zum Teil Gleichgewichtszustände, da die Festlegung der Umwandlungskurven und Phasengrenzen für den Idealfall vollkommenen Gleichgewichts wegen der großen

Trägheit der Umwandlungs- und Diffusionsvorgänge auf experimentelle, in der Natur der Sache begründete Schwierigkeiten stößt.

Die Liquidustemperaturen und die durch Extrapolation nach dem TAMMANNschen Verfahren bestimmten Solidustemperaturen nach WEVER-HASCHIMOTO sind in Abb. 208 näher gekennzeichnet. Die Übereinstimmung in diesem Punkt mit dem Schmelzdiagramm von LEWKONJA ist schlecht.

Die $\varepsilon \rightleftharpoons \beta$-Umwandlung[5], hexagonal-dichtgepackt $\rightleftharpoons$ kubischflächenzentriert, der Co-reichen Mischkristalle und die magnetische Umwandlung des ε- und β-Mischkristalls wurde von WEVER-HASCHIMOTO mit Hilfe des magnetometrischen (bis 7,5% Cr), dilatometrischen (bis 11% Cr) und rein thermischen Verfahrens (bis 35% Cr), von WEVER-LANGE mit größerer Genauigkeit und Sicherheit mit Hilfe magnetometrischer Messungen (bis 13,5% Cr) untersucht. Zusammenfassend ist darüber zu sagen, daß die polymorphe Umwandlung insbesondere bei fallender Temperatur mit so großer Trägheit verläuft, daß die Mischkristalle — ebenso auch reines Co — bei Raumtemperatur gewöhnlich Gemenge beider Modifikationen darstellen. Die magnetische Umwandlung (von WEVER-LANGE bis 17,3% Cr untersucht) verläuft hingegen ohne Temperaturhysterese. Die bei Cr-Gehalten oberhalb 13,5% liegenden Teile der $\varepsilon \rightarrow \beta$-Umwandlungskurven wurden extrapoliert; sie münden bei rd. 1200° in die Mischungslücke ein. Die punktierte Kurve veranschaulicht die mit fallender Temperatur gefundenen $\beta \rightarrow \varepsilon$-Umwandlungspunkte (Ungleichgewicht).

Eine sichere Beantwortung der Frage nach den wahren Gleichgewichtskurven zwischen der ε- und β-Phase scheint unter den gegebenen Verhältnissen nicht möglich zu sein. Es darf jedoch vermutet werden, daß die wirklichen Gleichgewichtstemperaturen der magnetometrisch von WEVER-LANGE gewonnenen Kurve (bis 13,5% Cr) der Umwandlung bei der Erhitzung nahekommen (Abb. 208). Betreffs Einzelheiten muß auf die Originalarbeiten verwiesen werden.

Die übrigen Umwandlungen im festen Zustand. Die in Abb. 208 gestrichelt gezeichneten Grenzen der Mischkristallgebiete ε, β, δ und η geben nur den angenäherten Verlauf der Phasengrenzen wieder. Die angegebenen Grenzkurven stützen sich vornehmlich auf die Ergebnisse der mikroskopischen und auch röntgenographischen Prüfung von geglühten und darauf langsam erkalteten, sowie auch von einigen wenigen abgeschreckten Proben. Da jedoch eine bei tieferen Temperaturen stattfindende Löslichkeitsabnahme durch das langsame Erkalten nicht voll zur Auswirkung gelangen kann, so dürfte es m. E. nicht ausgeschlossen sein, daß im Gleichgewichtszustand bei tieferen Temperaturen die Sättigungskonzentration des Co-reichen Mischkristalls nach Cr-ärmeren, diejenige des Cr-reichen Mischkristalls mehr nach Cr-

reicheren Konzentrationen verschoben ist; WEVER-HASCHIMOTO nehmen
das Gegenteil an. Auf eine systematisch durchgeführte mikrographische

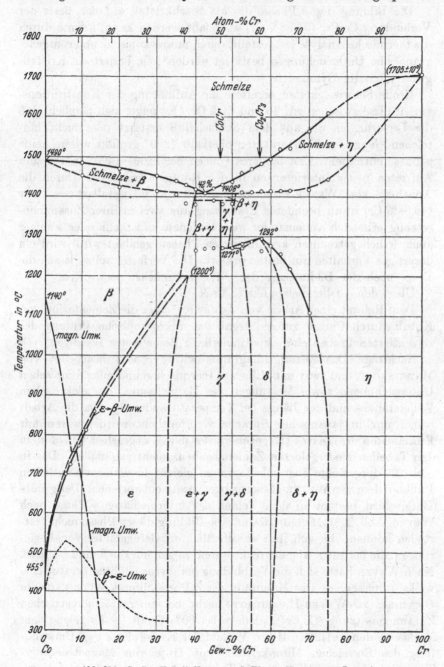

Abb. 208. Co-Cr. Kobalt-Chrom (nach WEVER-HASCHIMOTO-LANGE).

Analyse verzichteten die Verfasser wegen der selbst bei hohen Temperaturen großen Diffusionsträgheit.

Die Bildung der δ-Phase, die als Mischkristall auf der Basis der Verbindung Co_2Cr_3 (56,96% Cr) aufgefaßt werden kann, konnte durch die thermische Analyse festgestellt, durch mikroskopische und röntgenographische Untersuchungen bestätigt werden[6]; sie besitzt ein Kristallgitter niedriger Symmetrie.

Große Schwierigkeiten bereitete die Aufklärung der Konstitutionsverhältnisse zwischen rd. 40 und 50% Cr. Es zeigte sich nämlich, daß die Legierungen, die aus dem Schmelzfluß erstarrt oder nicht hinreichend lange bei Temperaturen oberhalb 1200° geglüht waren, keine γ-Phase enthalten. Erst längeres Glühen bei 1200—1400° führte zum Auftreten neuer Interferenzen in den Röntgenogrammen. Durch die Annahme von WEVER-HASCHIMOTO, daß die γ-Kristallart $= CoCr$ (46,88% Cr) nach beendeter Erstarrung aus zwei in ihrer Zusammensetzung erheblich voneinander verschiedenen und mehr oder weniger auch örtlich getrennten kristallisierten Phasen gebildet wird, wird ein derartiges Verhalten am besten erklärt. Die Verfasser selbst lassen die Frage nach der Bildungsart der γ-Phase zunächst noch offen.

Über den Cr-Schmelzpunkt s. Cr-N.

Dem Referat einer Arbeit von JASIEWICZ[7] über die Zementation von Kobalt durch Chrom zufolge ergab die mikroskopische Prüfung der zementierten Proben eine „kontinuierliche Reihe fester Lösungen" (?).

Nachtrag. Das Zustandsdiagramm wurde erneut bearbeitet von MATSUNAGA[8], und zwar mit Hilfe von thermischen und mikroskopischen Untersuchungen sowie Messungen des Magnetismus, des elektrischen Widerstandes und der Länge bei Temperaturänderung. Da die Arbeit bisher nur in japanischer Sprache veröffentlicht wurde, waren mir Einzelheiten des Textes (Experimentelles usw.), abgesehen von den in den Tabellen niedergelegten Zahlenangaben, nicht zugänglich. Das in Abb. 209 dargestellte Zustandsdiagramm gleicht in vielen wesentlichen Punkten dem von WEVER-HASCHIMOTO-LANGE entworfenen. Der größte Unterschied besteht in dem Fehlen der intermediären γ-Phase nach WEVER (Abb. 208). MATSUNAGA hat die Bildung dieser Phase nicht feststellen können; die von ihm veröffentlichten Gefügebilder von Legierungen, die bei 1380° abgeschreckt waren, zeigen nur die β- und η-Phase. Nach WEVER hätte sich die Verbindung bei dieser Glühtemperatur entwickeln müssen. — Das Maximum der δ-Phase nimmt MATSUNAGA im Gegensatz zu WEVER-HASCHIMOTO nicht bei einer stöchiometrischen Zusammensetzung (Co_2Cr_3), sondern bei 60% Cr an. — Es gelang dem Verfasser, den vollständigen Verlauf der Kurve der $\varepsilon \rightleftharpoons \beta$-Umwandlung des Co-reichen Mischkristalls mit Hilfe von Magnetisierungs-Temperaturkurven, Widerstands-Temperaturkurven und Dilatationskurven festzulegen. Danach liegen die bei Erhitzung gefundenen Umwandlungstemperaturen unterhalb den von WEVER-LANGE ermittelten, und die Umwandlungskurve mündet bei einer wesentlich tieferen Temperatur in die Mischungslücke ein, als WEVER-LANGE vermutet hatten

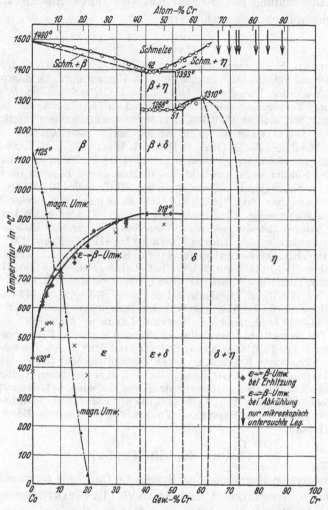

Abb. 209. Co-Cr. Kobalt-Chrom (nach MATSUNAGA).

(Einfluß der Erhitzungsgeschwindigkeit?). Bei Abkühlung trat merkwürdigerweise nur in den Legierungen mit 0—20% Cr eine sehr erhebliche Unterkühlung der $\beta \rightarrow \varepsilon$-Umwandlung ein, in Cr-reicheren Legierungen lagen die bei Abkühlung gefundenen Umwandlungstemperaturen nur relativ wenig unterhalb den bei Erhitzung gefundenen. Die Kurve der Curiepunkte stimmt in beiden Diagrammen ausgezeichnet überein.

Was oben über den Verlauf der Phasengrenzen in dem Diagramm von
Wever-Haschimoto gesagt wurde, gilt auch für das Diagramm von
Matsunaga. Matsunaga hat keinen Versuch unternommen, den
Gleichgewichtszustand bei mittleren und tieferen Temperaturen zu er-
reichen. Die Bildung der δ-Phase läßt sich durch Abschrecken bei
1380° nicht vollkommen verhindern.

Literatur.

1. Lewkonja, K.: Z. anorg. allg. Chem. Bd. 59 (1908) S. 323/27. — 2. Honda,
K.: Ann. Physik Bd. 32 (1910) S. 1009/10. — 3. Wever, F., u. U. Haschimoto:
Mitt. Kais.-Wilh.-Inst. Eisenforschg., Düsseld. Bd. 11 (1929) S. 293/308. 50 g-Legn.
wurden unter Verwendung von reinstem Co und Cr (Kahlbaum) mit mehr als
99,9% Gehalt und weniger als 0,01% C in Magnesiaschmelzröhren im H_2-Strom
erschmolzen. Der C-Gehalt der Legn. lag gewöhnlich unter 0,01%, s. auch F.
Wever: Z. Metallkde. Bd. 20 (1928) S. 368. — 4. Wever, F., u. H. Lange: Mitt.
Kais.-Wilh.-Inst. Eisenforschg., Düsseld. Bd. 12 (1930) S. 353/63. — 5. Die Polymorphie des Kobalts wurde entdeckt von H. Masumoto: Kinzoku no Kenkyu
Bd. 2 (1925) S. 877/93 (japan.). Trans. Amer. Soc. Stl. Treat Bd. 10 (1926) S. 489/91.
Sci. Rep. Tôhoku Univ. Bd. 15 (1926) S. 449/63. Er ist inzwischen durch zahlreiche
Arbeiten bestätigt worden. Die Umwandlung verläuft insbesondere bei Abkühlung
mit großer Trägheit, ist also stark vom Wärmefluß abhängig. Die Umwandlungs-
temperatur wurde u. a. gefunden von Masumoto bei 477° (Erh.) und 403° (Abk.),
von S. Umino: Kinzoku no Kenkyu Bd. 3 (1926) S. 278/93 (japan.). Trans. Amer.
Soc. Stl. Treat. Bd. 10 (1926) S. 321/22. Ref. J. Inst. Met., Lond. Bd. 37 (1927)
S. 396; Bd. 38 (1927) S. 377, bei 460° (Erh.), von A. Schulze: Z. techn. Physik
Bd. 8 (1927) S. 365/70. Z. Metallkde. Bd. 22 (1930) S. 309/11 bei 444—470° bei
Erh. und rd. 100° tiefer bei Abk., von Wever u. Haschimoto bei 465—490° (Erh.)
und bei 383—400° (Abk.) und von Wever u. Lange bei 455° (Erh.) und 395°
(Abk.). — Der magnetische Umwandlungspunkt wird mit großer Übereinstimmung
durchweg zu 1140—1150° angegeben; Schulze fand 1128°. — 6. Die schon von
Lewkonja beobachtete Reaktion im festen Zustand (s. oben) findet also durch
Wever-Haschimoto ihre Bestätigung. Die von ihm gegebenen Gefügebilder
sind also nach Abb. 208 als Entmischungsstrukturen zu deuten. — 7. Jasiewicz, L.:
Przegl. Gorniczo-Hutniczy Bd. 19 (1927) S. 644/48. Ref. J. Inst. Met., Lond. Bd.
47 (1931) S. 139/40. — 8. Matsunaga, Y.: Kinzoku no Kenkyu Bd. 8 (1931)
S. 549/61 (japan.).

Co-Cu. Kobalt-Kupfer.

Das Erstarrungsdiagramm. Das System Co-Cu wurde thermisch analysiert von Konstantinow[1] und Sahmen[2]. Konstantinow schließt
daraus auf das Bestehen einer Mischungslücke im flüssigen Zustand, die
bei der Temperatur der Monotektikalen (1370—1380°) zwischen rd. 32 und
rd. 72% Cu liegen soll. Die Reaktion: Co-reiche Schmelze → Co-reicher
Mischkristall + Cu-reiche Schmelze wurde jedoch bei stark wechselnden
Temperaturen gefunden (vgl. Abb. 210), so daß die Konzentration der Cu-
reichen Schmelze nur mit großer Unsicherheit anzugeben ist. Sie wird
sicher bei höherem Cu-Gehalt als 70% liegen, da bei den vorliegenden
Erstarrungsverhältnissen der horizontale Teil der Liquiduskurve infolge

mangelnden Erstarrungsgleichgewichtes fast durchweg zu kurz gefunden wird (vgl. Cu-Pb). Bei 1105—1108° tritt nach KONSTANTINOW
die peritektische Reaktion β + Schmelze $\rightleftharpoons \gamma$ ein. Die mikroskopische
Untersuchung bestätigte insofern nicht die Ergebnisse der thermischen
Analyse, als Schichtenbildung in den erstarrten Legierungen nicht festzustellen war. KONSTANTINOW erklärt das durch die sehr geringe Differenz der spezifischen Gewichte der Komponenten. Da das verwendete
Co bis zu 0,7% C enthielt, so liegt an sich der Gedanke nahe, für die
teilweise Unmischbarkeit den C-Gehalt der Schmelzen verantwortlich
zu machen, doch sollen nach Angabe des Verfassers auch Schmelzen,
die mit reinem Co hergestellt waren, in derselben Weise erstarren, wie
oben beschrieben ist.

Die von SAHMEN bestimmten Liquidus- und Solidustemperaturen
sind ebenfalls in Abb. 210 eingetragen. SAHMEN fand keinen horizontal
verlaufenden Teil der Liquiduskurve und hielt daher die beiden flüssigen
Metalle für lückenlos mischbar, zumal auch er im Gefüge keine Andeutung von Schichtenbildung beobachtete. M. E. dürften jedoch auch
die von SAHMEN gefundenen Temperaturen des Beginns der Erstarrung
für das Bestehen einer Mischungslücke sprechen, da der zwischen etwa
30 und 70% Cu sanft abfallende mittlere Teil der Liquiduskurve durch
mangelndes Erstarrungsgleichgewicht zu erklären ist (s. auch Cu-Pb),
um so mehr als SAHMEN nur Schmelzen von 20 g, KONSTANTINOW jedoch
solche von 70—100 g untersuchte.

Auch IITSUKA[3] hält nach eigenen, in dieser Richtung unternommenen
Versuchen das Bestehen einer Mischungslücke im flüssigen Zustand für
erwiesen.

Die magnetische Umwandlungstemperatur des Kobalts (1120° nach
SAHMEN) wird durch rd. 10% Cu auf höchstens etwa 1045° erniedrigt.
Eine von SAHMEN bei etwa 970—880° gefundene magnetische Umwand-
lung des γ-Mischkristalls dürfte wohl durch kleine Fe-Gehalte der
Legierungen zu erklären sein.

Die Löslichkeit von Cu in Co wurde bisher nicht näher bestimmt; wir
sind hier nur auf die unzureichenden thermischen (vgl. Abb. 210) und
mikroskopischen Untersuchungen von KONSTANTINOW und SAHMEN
angewiesen. Bei 1108° gibt KONSTANTINOW die Sättigungsgrenze zwischen 15 und 17% Cu, SAHMEN bei etwa 10% Cu an; diese Legierung
erwies sich nach dem Erkalten im Ofen als einphasig. Über die Art
der Beeinflussung der polymorphen Co-Umwandlung (s. Co-Cr) durch
Cu und die mit der Umwandlung verbundene sprunghafte Löslichkeitsänderung (-abnahme) ist noch nichts bekannt.

Über die Löslichkeit von Co in Cu sind wir gut unterrichtet durch
Arbeiten von CORSON[4] und TAMMANN-OELSEN[5]. Ohne nähere experimentelle Unterlagen gibt CORSON folgende Sättigungskonzentrationen an: bei

1000° 3,4%, 900° 2,4%, 800° 1,7%, 600° 0,9%, 20° ~0,35% Co und
in einer späteren Arbeit[6]: bei 1000° nicht mehr als 3,8%, bei 950° etwa
3,5%. Der in Abb. 210 gezeichneten Löslichkeitskurve sind die von

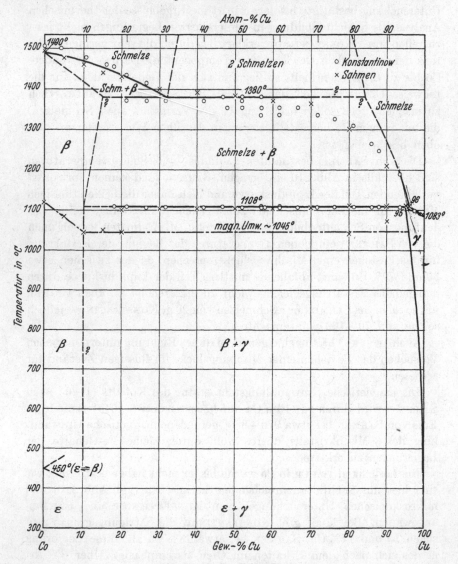

Abb. 210. Co-Cu. Kobalt-Kupfer.

TAMMANN-OELSEN mit Hilfe einer empfindlichen magnetischen Methode
bestimmten Werte zugrunde gelegt. Sie fanden im einzelnen u. a. bei
1070° 4,51%, 1050° 4,32%, 1030° 4,0%, 1010° 3,75%, 945° 3,07%,
890° 2,51%, 800° 1,72%, 690° 0,94%, 570° 0,42%, 502° 0,26%, unter-

halb 440° 0,22% und weniger. Die Kurven von CORSON und TAMMANN-OELSEN stimmen gut überein.

Verglichen mit den genannten Arbeiten sind von untergeordneter Bedeutung die Untersuchungen von REICHARDT[7] (elektrische Leitfähigkeit und Thermokraft zwischen 10 und 98% Cu), DUCELLIEZ[8] (Spannung) und VEGARD-DALE[9] (Röntgenstruktur der Legn. mit 25, 50 und 75 Atom-% Cu).

Literatur.

1. KONSTANTINOW, N.: Rev. Métallurg. Bd. 4 (1907) S. 983/88. J. russ. phys.-chem. Ges. Bd. 39 (1907) S. 771/77. Ref. Chem. Zbl. 1908I S. 111/12. — **2.** SAHMEN, R.: Z. anorg. allg. Chem. Bd. 57 (1908) S. 1/9. — **3.** IITSUKA, D.: Mem. Coll. Sci. Kyoto Univ. Bd. 12 (1929) S. 179/81. — **4.** CORSON, M. G.: Proc. Amer. Inst. Metals Div. Amer. Inst. min. metallurg. Engr. 1927 S. 425. — **5.** TAMMANN, G., u. W. OELSEN: Z. anorg. allg. Chem. Bd. 186 (1930) S. 260/64. — **6.** CORSON, M. G.: Rev. Métallurg. Bd. 27 (1930) S. 95/101. — **7.** REICHARDT, G.: Ann. Physik 4 Bd. 6 (1901) S. 832. Vgl. auch Z. anorg. allg. Chem. Bd. 51 (1906) S. 405/06. Ann. Physik 4 Bd. 32 (1910) S. 332/33. — **8.** DUCELLIEZ, F.: Bull. Soc. chim. France 4 Bd. 7 (1910) S. 196/99. — **9.** VEGARD, L., u. H. DALE: Z. Kristallogr. Bd. 67 (1928) S. 154/57.

Co-Fe. Kobalt-Eisen.

Das Zustandsschaubild des Systems Co-Fe (Abb. 211) ist im wesentlichen als aufgeklärt zu betrachten.

Die Erstarrung von Co-Fe-Legierungen wurde untersucht von GUERTLER-TAMMANN[1] (12 Legn.), RUER-KANEKO[2] (19 Legn.) und KASÉ[3] (9 Legn.). Für die Abb. 211 wurden die von RUER-KANEKO bestimmten Temperaturen verwendet, die von KASÉ ausgezeichnet bestätigt wurden. GUERTLER-TAMMANN war die durch die δ-Phase des Eisens hervorgerufene peritektische Reaktion $\delta + $ Schmelze $\rightleftharpoons \gamma$ entgangen, sie fanden jedoch eine darauf hinweisende Richtungsänderung der Liquiduskurve. Nach RUER-KANEKO erfolgt die peritektische Umsetzung zwischen 78 und 84,5% Fe bei 1493°; der peritektische Punkt konnte nicht mit Sicherheit bestimmt werden. KASÉ fand die peritektische Temperatur zu 1496°, und zwar bei Legierungen mit 80, 83 und 85% Fe. Die Erstarrung der Schmelzen mit 0—78% Fe erfolgt nach übereinstimmender Aussage aller Forscher in einem sehr engen Temperaturintervall; KASÉ gibt auf Grund von Abkühlungskurven Intervalle von 5—10° an. Zwischen 30 und 40% Fe hat die Liquiduskurve ein Minimum bei etwa 1477°.

Die Umwandlungen im festen Zustand. Die Erhöhung der $\gamma \rightleftharpoons \delta$-Umwandlung des Eisens durch Co wurde von RUER-KANEKO sowie KASÉ bestimmt. Die Temperatur dieser Umwandlung des reinen Eisens geben RUER-KANEKO zu 1420° statt 1401° an; die höhere Temperatur dürfte durch den C-Gehalt des verwendeten Fe verursacht sein.

Mit der Aufklärung der polymorphen $\alpha \rightleftharpoons \gamma$-Umwandlung der Fe-Co-Mischkristalle und der Änderung des magnetischen Umwandlungspunktes von Fe durch Co und umgekehrt beschäftigen sich die Arbeiten von GUERTLER-TAMMANN, RUER-KANEKO, GRENET[4] (nur theoretisch) und MASUMOTO[5]. Die grundlegenden Untersuchungen der Umwandlungsvorgänge von GUERTLER-TAMMANN mit Hilfe magnetischer Messungen sind heute als überholt anzusehen, da die Verfasser nur ein qualitatives Verfahren anwendeten. Dem Charakter nach stimmt ihr Befund jedoch mit den späteren Ergebnissen überein. Zudem gingen sie bei der Deutung ihrer Ergebnisse noch von der Auffassung aus, daß die magnetischen Umwandlungen Phasenumwandlungen sind.

Auch RUER-KANEKO, denen wir die genaue Bestimmung des Verlaufes der Umwandlungskurven verdanken, vertraten diese Anschauung. Die von ihnen mit Hilfe von Temperatur-Zeit- bzw. Temperatur-Magnetisierungskurven (sowohl bei Erhitzung als bei Abkühlung) bestimmten Umwandlungstemperaturen sind als Gleichgewichtstemperaturen anzusehen. Während die magnetischen Umwandlungen zwischen 0 und etwa 25% Fe sowie zwischen 85 und 100% Fe ohne merkliche Temperaturhysterese verlaufen, liegen die beim Erhitzen gefundenen Temperaturen des Beginns der polymorphen $\alpha \rightarrow \gamma$-Umwandlung um rd. 10—15° höher als die beim Erkalten gefundenen Temperaturen des Beginns der $\gamma \rightarrow \alpha$-Umwandlung. Zwischen etwa 30 und 85% Fe fällt die magnetische Umwandlung mit der $\alpha \rightarrow \gamma$-Umwandlung (kubisch-raumzentriert $\rightarrow$ kubisch-flächenzentriert) zusammen. Beginn und Ende der Umwandlung liegen nach RUER-KANEKO beim Erhitzen um etwa 4—10° auseinander; beim Erkalten fielen beide Temperaturen teilweise zusammen. Bei Gehalten unterhalb 30% Fe bricht die von RUER-KANEKO bestimmte Kurve der $\alpha \rightleftharpoons \gamma$-Umwandlung ab.

GRENET[4] hat die Ergebnisse von RUER-KANEKO zuerst vom modernen Standpunkt besprochen, indem er Phasenumwandlung und magnetische Umwandlung trennte. Das von ihm vorgeschlagene hypothetische Zustandsdiagramm gleicht in allen wesentlichen Punkten dem in Abb. 211 dargestellten.

MASUMOTO[5] konnte die von RUER-KANEKO gefundenen Umwandlungstemperaturen mit Hilfe von Magnetisierungs- und Dilatationsmessungen sehr gut bestätigen. Die von ihm angegebenen Temperaturpunkte der polymorphen Umwandlung liegen durchweg etwas tiefer. Doch dürfte diese Abweichung innerhalb der für derartige Umwandlungserscheinungen zu erwartenden Fehlergrenze liegen, da die Umwandlungstemperaturen bei verschiedenem Wärmefluß stets etwas verschieden gefunden werden. MASUMOTO verfolgte den nach tieferen Temperaturen hin abfallenden Teil des $(\alpha + \gamma)$-Gebietes nur bei Abkühlung. Da dabei

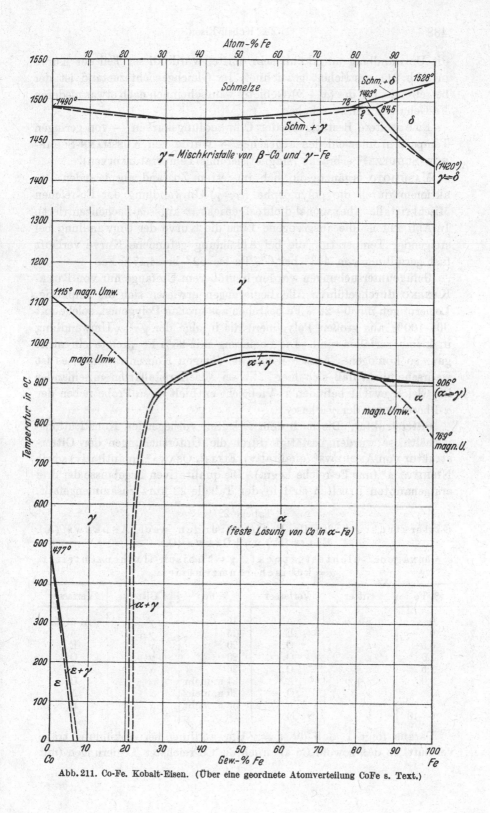

Abb. 211. Co-Fe. Kobalt-Eisen. (Über eine geordnete Atomverteilung CoFe s. Text.)

die Umwandlung unterkühlt sein dürfte, wurde dieser Teil der Kurve in Abb. 211 gestrichelt gezeichnet. Im Gleichgewichtszustand ist der betreffende Teil des $(\alpha + \gamma)$-Gebietes wahrscheinlich nach etwas niederen Fe-Gehalten hin verschoben.

Eine weitere Bestätigung der Umwandlungskurven — von geringen Temperaturunterschieden abgesehen — wurde von Kussmann-Scharnow-Schulze[22] erbracht (Magnetisierungs-Temperaturkurven).

Masumoto ergänzte die sich im festen Zustand abspielenden Reaktionen durch die polymorphe $(\varepsilon \rightleftharpoons \gamma)$-Umwandlung der Co-reichen Mischkristalle (hexagonal-dichtestgepackt $\rightleftharpoons$ kubisch-flächenzentriert). In Abb. 211 ist die ausgezogene Linie die Kurve der Umwandlung bei steigender Temperatur; die bei Abkühlung gefundene Kurve verläuft fast geradlinig von $403°$ bei 0% Fe bis $62°$ bei $4,17\%$ Fe.

Gefügeuntersuchungen wurden in größerem Umfange nur von Ruer-Kaneko durchgeführt. Alle Legierungen erwiesen sich als einphasig. Legierungen mit $0—20\%$ Fe bestehen aus großen Polygonen, solche mit $30—100\%$ aus großen Polygonen, die infolge der $\gamma \rightarrow \alpha$-Umwandlung in kleine zerfallen sind. Die Legierung mit 25% Fe „zeigte ein nicht ganz so homogenes Aussehen wie die übrigen Konzentrationen, es ist wahrscheinlich, daß sich hier ... zwei Mischkristallarten miteinander im Gleichgewicht befinden". Vielleicht enthielt diese Probe neben der α-Phase Reste der γ-Phase.

Gitterstruktur. Die nach dem Erkalten vorliegenden Konstitutionsverhältnisse wurden bestätigt durch die Untersuchungen der Gitterstruktur von Andrews[6] (qualitativ), Ellis[7], Osawa[8] (quantitativ) sowie Nishiyama[9] (nur Fe-reiche Legn.). Die qualitativen Ergebnisse der drei erstgenannten Arbeiten sind in der Tabelle 22 kurz zusammengefaßt.

Tabelle 22.

Gitterstruktur von Co-Fe-Legierungen nach Andrews (A.), Ellis (E.) und Osawa (O.).

ε = hexagonal-dichtestgepackt, γ = kubisch-flächenzentriert, α = kubisch-raumzentriert.

% Fe	Gitter	Verfasser	% Fe	Gitter	Verfasser
0	$\varepsilon + \gamma$	A.	10	γ	A. u. E.
0	ε	E.	15	$\gamma + \alpha$	A.
0,5	ε	O.	20	γ	E.
1,0	ε	O.	20	$\gamma + \alpha$	O.
1,5	ε	O.	20	α	A.
2,0	$\varepsilon + \gamma$	A.	24 u. mehr	α	O.
3	γ	O.	25 u. mehr	α	A.
5	γ	A. u. O.	38 u. mehr	α	E.
6—10	γ	O.			

Daraus folgt 1. daß die $\varepsilon \rightleftharpoons \gamma$-Umwandlung bei Abkühlung träge verläuft, so daß sowohl Co als auch die Co-reichsten Legierungen (mit etwa 2% Fe) Reste der kubisch-flächenzentrierten γ-Phase enthalten können (ANDREWS), 2. daß die Grenze zwischen dem γ- und α-Gebiet bei rd. 20% Fe liegt. Berücksichtigt man, daß die Röntgenuntersuchung bei Feststellung geringer Mengen einer zweiten Phase unempfindlich ist, so ist die Übereinstimmung der drei Arbeiten untereinander und mit dem Zustandsschaubild sehr gut zu nennen.

Physikalische Eigenschaften. Die Untersuchung einiger physikalischer Eigenschaften führte zu sehr bemerkenswerten Ergebnissen. Im Gegensatz zu dem beim Vorliegen einer Mischkristallreihe mit ungeordneter Atomverteilung zu erwartenden Verlauf treten in den Eigenschafts-Konzentrationskurven Anomalien auf, die auf einen besonderen Feinbau der α-Phase hindeuten. So hatte bereits WEISS[19] auf Grund eines von PREUSS[13] gefundenen Höchstwertes der Sättigungsmagnetisierung bei etwa 65% Fe auf das Bestehen der Verbindung $CoFe_2$ geschlossen. Wichtig war aber vor allem die Feststellung von HONDA[14], daß die elektrische und thermische Leitfähigkeit einem Höchstwert bei rund 40% Fe zustrebt. ELLIS[7], SCHULZE[10] und KUSSMANN-SCHARNOW-SCHULZE[22] konnten diese Beobachtung bestätigen. Sie fanden den Tiefstwert des Widerstandes bzw. den Höchstwert der Leitfähigkeit nahe bei 50% Fe, d. h. bei der Zusammensetzung CoFe. Das Gesamtgebiet der Anomalie erstreckt sich danach von etwa 30—70% Fe. Weitere Abweichungen von dem beim Vorliegen einer einfachen Mischkristallreihe zu erwartenden Verlauf wurden in den Kurven der thermoelektrischen Kraft[15][7] und der Sättigungsmagnetisierung [14][18][22] festgestellt, während die Kurven der Dichte [13][7][9], der Wärmeausdehnung[17][18][11][22] und Härte[22] in dem betreffenden Gebiet keine Besonderheiten zeigen.

KUSSMANN-SCHARNOW-SCHULZE neigen der Ansicht zu, daß der Höchstwert der elektrischen Leitfähigkeit und der Sättigungsmagnetisierung in der Nähe von 50% Fe auf eine sich mit fallender Temperatur einstellende geordnete Atomverteilung CoFe zurückzuführen ist. Daß eine Ordnung der Atome im Gitter, die zu dem Auftreten von Überstrukturlinien im Röntgenbild führen würde, röntgenographisch nicht nachgewiesen werden konnte (s. w. o.), erklärt sich durch den zu geringen Unterschied im Streuvermögen der Co- und Fe-Atome. Einige Erscheinungen, insbesondere das Fehlen einer Umwandlungstemperatur, aber auch die Nichtunterdrückbarkeit der Umwandlung durch Abschrecken, stehen jedoch zu der Annahme einer Umwandlung geordnet $\rightleftharpoons$ ungeordnet in einem gewissen Widerspruch, der nur durch zusätzliche Annahmen verständlich gemacht werden kann. In diesem Zusammenhang ist bemerkenswert, daß die Anomalie in der Leitfähigkeitskurve nach KUSSMANN-SCHARNOW-SCHULZE bei Temperaturerhöhung bis 800° verschwindet, während sie nach ELLIS[7] bis mindestens 900° erhalten bleibt.

Nachstehend wird eine Zusammenstellung der Arbeiten über die physikalischen Eigenschaften gegeben.

Dichte: [13] [7] [9], elektrische Eigenschaften: [14] [15] [16] [10] [7] [22], Wärmeleitfähigkeit: [14], Wärmeausdehnung: [17] [11] [18] [22], thermoelektrische Kraft: [15] [7], magnetische Eigenschaften: [19] [13] [14] [20] [12] [7] [23] [22] [24].

Nachtrag. HASHIMOTO[21] hat die Erstarrungs- und Umwandlungstemperaturen von 5 Legierungen mit 1,5—10,5% Fe bestimmt und die früheren Ergebnisse bestätigt. Bei fallender Temperatur fand er folgende Temperaturen der polymorphen Umwandlung: 0% Fe 400°, 1,53% Fe 276°, 2,54% Fe 218°. Der Curiepunkt fällt von 1121° für reines Co auf 1027° bei 10,5% Fe.

Literatur.

1. GUERTLER, W., u. G. TAMMANN: Z. anorg. allg. Chem. Bd. 45 (1905) S. 203/24. — **2.** RUER, R., u. K. KANEKO: Ferrum Bd. 11 (1913/14) S. 33/39. — **3.** KASÉ, T.: Sci. Rep. Tôhoku Univ. Bd. 16 (1927) S. 494/95. — **4.** GRENET, L.: Rev. Métallurg. Bd. 22 (1925) S. 472/75. J. Iron Steel Inst. Bd. 112 (1925) S. 267/75. — **5.** MASUMOTO, H.: Sci. Rep. Tôhoku Univ. Bd. 15 (1926) S. 469/76. Trans. Amer. Soc. Stl. Treat. Bd. 10 (1926) S. 491/92. — **6.** ANDREWS, M. R.: Physic. Rev. 2 Bd. 18 (1921) S. 245/54. S. auch bei MASUMOTO[5]. — **7.** ELLIS, W. C.: Rensselaer Polytechnic Institute. Engineering and Science Series No. 16 (1927) 57 Seiten. — **8.** OSAWA, A.: Kinzoku no Kenkyu Bd. 6 (1929) S. 254/60 (japan.). Sci. Rep. Tôhoku Univ. Bd. 19 (1930) S. 115/21. — **9.** NISHIYAMA, Z.: Sci. Rep. Tôhoku Univ. Bd. 18 (1929) S. 359/400. — **10.** SCHULZE, A.: Z. techn. Physik Bd. 8 (1927) S. 425/27. — **11.** SCHULZE, A.: Physik. Z. Bd. 28 (1927) S. 669/73. — **12.** SCHULZE, A.: Z. techn. Physik Bd. 8 (1927) S. 500/501. — **13.** PREUSS, A.: Diss. Zürich 1912. Trans. Faraday Soc. Bd. 8 (1912) S. 57. — **14.** HONDA, K.: Sci. Rep. Tôhoku Univ. Bd. 8 (1919) S. 51/58. — **15.** MALLETT: Thesis, Rensselaer Polytechnic Institute 1924. S. bei ELLIS[7]. — **16.** HOLMES: Thesis, Rensselaer Polytechnic Institute 1925. S. bei ELLIS[7]. — **17.** HONDA, K., u. Y. OKUBO: Sci. Rep. Tôhoku Univ. Bd. 13 (1924) S. 106/107. — **18.** MASUMOTO, H., u. S. NARA: Sci. Rep. Tôhoku Univ. Bd. 16 (1927) S. 335/36. — **19.** WEISS, P.: Trans. Faraday Soc. Bd. 8 (1912) S. 149. — **20.** HONDA, K., u. K. KIDO: Sci. Rep. Tôhoku Univ. Bd. 9 (1920) S. 226/31. — **21.** HASHIMOTO, U.: Kinzoku no Kenkyu Bd. 9 (1932) S. 63/64 (japan.). — **22.** KUSSMANN, A., B. SCHARNOW u. A. SCHULZE: Z. techn. Physik Bd. 10 (1932) S. 449—60; vgl. Z. Metallkde. Bd. 25 (1933) S. 145/46. — **23.** FORRER, R.: C. R. Acad. Sci., Paris Bd. 190 (1930) S. 1284/87. — **24.** MASIYAMA, Y.: Sci. Rep. Tôhoku Univ. Bd. 21 (1932) S. 394/410.

Co-H. Kobalt-Wasserstoff.

Über die Löslichkeit von H_2 in Co siehe A. SIEVERTS: Z. physik. Chem. Bd. 60 (1907) S. 129. Z. Metallkde. Bd. 21 (1929) S. 43.

Co-Hg. Kobalt-Quecksilber.

Aus dem von NAGAOKA[1] bestimmten Wert der spezifischen Magnetisierung eines Co-Amalgams mit 0,25% Co berechnen TAMMANN-OELSEN[2] eine Löslichkeit von Co in Hg bei Raumtemperatur von 0,062%. Dieser

Wert ist erheblich kleiner als die von Tammann-Kollmann[3] mit Hilfe von Spannungsmessungen gefundene Löslichkeit von 0,17% Co bei 17°. Letzterer ist nach Tammann-Oelsen als der richtige Wert zu betrachten; s. jedoch die Nachträge bei Fe-Hg und Hg-Ni. Die von Irvin-Russell[4] analytisch gefundene Löslichkeit von Co in Hg ist nur 0,00008%.

Aus älteren Untersuchungen über Darstellung und Eigenschaften von Co-Amalgamen lassen sich keine Schlüsse auf die Konstitution der Hg-reichen Co-Hg-Legierungen ziehen.

Literatur.

1. Nagaoka, H.: Wied. Ann. Physik Bd. 59 (1896) S. 66. — 2. Tammann, G., u. W. Oelsen: Z. anorg. allg. Chem. Bd. 186 (1930) S. 280/81. — 3. Tammann, G., u. K. Kollmann: Z. anorg. allg. Chem. Bd. 160 (1927) S. 244/46. — 4. Irvin, N. M., u. A. S. Russell: J. chem. Soc. 1932 S. 891/98.

Co-Mg. Kobalt-Magnesium.

Nach Mitteilung von Parkinson[1] soll sich Mg nicht mit Co zusammenschmelzen lassen[2]. Diese ältere Beobachtung bedarf jedoch einer Nachprüfung. Die dem Co verwandten Metalle Fe und Ni verhalten sich dem Mg gegenüber verschieden (s. Fe-Mg, Mg-Ni).

Nachtrag. Nach Wetherill[3] wird der Mg-Schmelzpunkt durch Co erniedrigt bis bei 635° und annähernd 5% Co ein eutektischer Punkt erreicht wird. Die Ansicht von Parkinson (s. o.) trifft also nicht zu.

Literatur.

1. Parkinson: J. chem. Soc. Bd. 20 (1867) S. 117. — 2. Die Beobachtung Parkinsons, daß in einem Co-Regulus, dem im geschmolzenen Zustand Mg zugesetzt war, kein Mg nachzuweisen war, ist jedoch kein strenger Beweis dafür, daß sich die Metalle nicht legieren lassen. — 3. Wetherill, J. P.: Metals & Alloys Bd. 6 (1935) S. 153/55.

Co-Mn. Kobalt-Mangan.

Hiege[1] hat die Temperaturen des Beginns der Erstarrung und die annähernden Temperaturen des Endes der Erstarrung der Co-Mn-Schmelzen bestimmt (Abb. 212)[2]. Nach im festen Zustande auftretenden Reaktionen wurde nicht gesucht. Die in Abb. 212 angegebenen Temperaturen der magnetischen Umwandlung nach Hiege sind ziemlich roh.

Die Gestalt der Abkühlungskurven deutet nach Hieges Angabe auf die Kristallisation einer ununterbrochenen Reihe von Mischkristallen hin, und Hiege nimmt eine solche auch als bis herunter zu Raumtemperatur bestehend an. Nachdem wir jedoch nunmehr wissen, daß Kobalt in zwei, Mangan sogar in drei polymorphen Modifikationen besteht, und daß keine der drei Manganarten ein Gitter besitzt, das mit einem der beiden Kobaltmodifikationen identisch ist, so widerspricht die Annahme einer lückenlosen Mischbarkeit der beiden Metalle — insbesondere auch dicht unterhalb beendeter Erstarrung[3] —

unseren Vorstellungen über die strukturellen Bedingungen einer lückenlosen Mischkristallbildung. Es ist also als ziemlich sicher anzunehmen,
daß im Konzentrationsbereich des Minimums der Liquiduskurve —
also von rd. 65—75% Mn — die Erstarrung mit der Kristallisation
eines Eutektikums (bestehend aus einem an Mn-gesättigten Mischkristall des β-Kobalts und einem an Co-gesättigten Mischkristall des
γ-Mangans oder β-Mangans) ihren Abschluß findet[12] (vgl. S. 494).
Möglicherweise liegen die Verhältnisse aber auch ähnlich wie in den
Systemen Cu-Mn und Fe-Mn. Die Festlegung dieser sicher bis herauf
zu beginnender Schmelzung vorliegenden Mischungslücke im festen
Zustand sowie die Beantwortung der Frage nach der Beeinflussung
der Umwandlungspunkte durch Zusätze der anderen Komponente
und dem Bestehen intermediärer Kristallarten bleibt experimentellen
Untersuchungen vorbehalten.

Es muß jedoch bemerkt werden, daß das Ergebnis der Gefügeuntersuchung HIEGEs die von diesem vermutete lückenlose Mischbarkeit von Co und Mn zu bestätigen scheint. Nach Angabe HIEGEs
gelang es, die Proben, die nach der Erstarrung Schichtkristalle aufwiesen, durch 5stündiges Glühen bei 1000° fast vollständig zu homogenisieren[4]. Demgegenüber stellten BLUMENTHAL, KUSSMANN und
SCHARNOW[5] fest, daß die Legierung mit 49,6% Mn aus zwei ungefähr
in gleicher Menge vorliegenden Kristallarten besteht, auch nach viel-
stündigem Glühen bei 1050° im Vakuum. Die Legierung mit 26,6% Mn
besteht nach denselben Autoren aus Kristallen einer Mischkristallphase,
an deren Grenzen sich ein zweiter Bestandteil befindet. Worauf der
Unterschied zwischen den Ergebnissen von HIEGE und BLUMENTHAL-
KUSSMANN-SCHARNOW zurückzuführen ist, bleibt vorläufig unklar.

Aus Untersuchungen über das elektrochemische Verhalten der
Co-Mn-Legierungen von TAMMANN-VADERS[6] lassen sich keine Rückschlüsse auf die Konstitution ziehen.

1. Nachtrag. HASHIMOTO[7] hat die Erstarrungs- und Umwandlungstemperaturen (bei fallender Temperatur) von 7 Legierungen mit 4,93
bis 51,2% Mn bestimmt (s. Abb. 212). Bezüglich der Erstarrung der genannten Legierungen werden — von zu erwartenden quantitativen
Unterschieden abgesehen — die Ergebnisse HIEGEs insofern bestätigt,
als sich aus Schmelzen mit mindestens bis zu 51% Mn eine Reihe von
Mischkristallen des β-Co ausscheidet; das Erstarrungsintervall ist ziemlich eng. Die Konstanz der magnetischen Umwandlungstemperatur
(832°) zwischen 10 und mindestens 20% Mn (bei 30 und mehr Prozent
Mn wurde offenbar keine magnetische Umwandlung mehr festgestellt)
spricht für das Auftreten einer Mischungslücke bei etwa 10% Mn,
innerhalb der Co-reiche Mischkristalle mit einer unmagnetischen (intermediären) Kristallart im Gleichgewicht sind. Die Temperatur der

$\varepsilon \rightleftharpoons \beta$-Umwandlung des Kobalts wird im Sinne einer Mischkristall-bildung stark erniedrigt.

2. Nachtrag. Unabhängig von HASHIMOTO haben KÖSTER-SCHMIDT[8] den Einfluß von Mn auf die Umwandlungstemperaturen des Kobalts

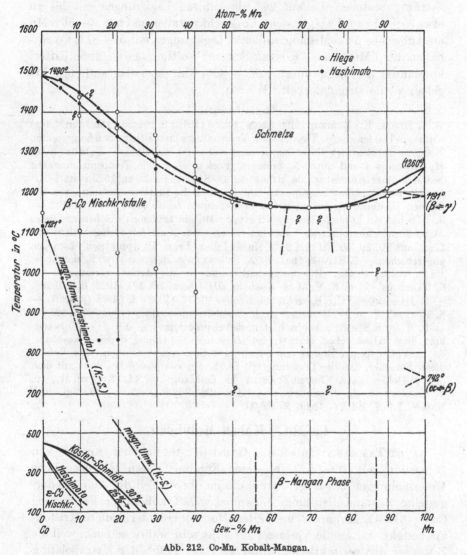

Abb. 212. Co-Mn. Kobalt-Mangan.

untersucht. Die magnetische Umwandlungskurve ist im Gegensatz zu dem Befund von HASHIMOTO annähernd geradlinig; sie erreicht die Raumtemperatur bei etwa 38% Mn. Zwischen 0 und 10% Mn fällt sie mit der Kurve von HASHIMOTO zusammen. Die Temperatur der poly-morphen Umwandlung (400° nach HASHIMOTO, 450° nach KÖSTER-

SCHMIDT) wird nach KÖSTER-SCHMIDT weit weniger stark durch Mn erniedrigt als nach HASHIMOTO. Der Grund für diese Abweichung liegt wohl darin, daß HASHIMOTO die Temperaturen bei Abkühlung, KÖSTER-SCHMIDT offenbar bei Erhitzung bestimmt haben[9]. Nach KÖSTER-SCHMIDT bestehen die auf 20° abgekühlten Legierungen mit bis zu etwa 25% Mn aus hexagonalen ε-Co-Mischkristallen und mit 30—56% Mn aus kubischen β-Co-Mischkristallen[10]; Legierungen mit 56—87% Co enthalten die β-Mn-Phase. KÖSTER-SCHMIDT bestimmten auch die Gitterkonstanten der Legierungen mit 0—45% Mn; über das auffällige Ergebnis s. die Originalarbeit [8] [11].

Literatur.

1. HIEGE, K.: Z. anorg. allg. Chem. Bd. 83 (1913) S. 253/56. Die Legn. (20 g) wurden in Haldenwanger Tiegeln unter Verwendung aluminothermisch hergestellten Mangans unbekannter Zusammensetzung und eines nickelfreien Kobalts unter H_2 erschmolzen und unter N_2 erkalten gelassen. — 2. Die Temperaturangaben bedürfen einer Korrektur, da HIEGE den Co-Schmelzpunkt zu 1525 statt 1490° angibt. Das erscheint umso merkwürdiger, als er die Erstarrungspunkte von Sb, Au und Ni durchweg bei zu tiefen Temperaturen fand: 625°, 1040°, 1410°. — 3. β-Co hat ein kubisch-flächenzentriertes, γ-Mn ein tetragonal-flächenzentriertes und β-Mn ein kompliziertes kubisches Gitter. — 4. Nach den Gefügebildern von Legn. mit 10, 20, 50, 70 und 90% Mn sind diese Legn. als „praktisch" homogen anzusprechen. — 5. BLUMENTHAL, B., A. KUSSMANN u. B. SCHARNOW: Z. Metallkde. Bd. 21 (1929) S. 416. Die Gefügebilder sind in der Arbeit vertauscht. — 6. TAMMANN, G., u. E. VADERS: Z. anorg. allg. Chem. Bd. 121 (1922) S. 200/208. — 7. HASHIMOTO, U.: Kinzoku no Kenkyu Bd. 9 (1932) S. 64/65 (japan.). — 8. KÖSTER, W., u. W. SCHMIDT: Arch. Eisenhüttenwes. Bd. 7 (1933/34) S. 121/26. — 9. KÖSTER-SCHMIDT beobachteten, daß eigenartigerweise die $\beta \to \varepsilon$-Umwandlung beim Abschrecken eintritt, bei langsamer Abkühlung dagegen ausbleibt. — 10. Vgl. dagegen BLUMENTHAL-KUSSMANN-SCHARNOW, s. oben. Der Befund dieser Forscher, daß die Legierung mit 26,6% Mn zweiphasig ist, steht mit dem $(\varepsilon + \beta)$-Gebiet nach KÖSTER-SCHMIDT im Einklang. — 11. KÖSTER, W., u. W. SCHMIDT: Arch. Eisenhüttenwes. Bd. 8 (1934/35) S. 25/27. — 12. Vgl. auch Nature, Lond. Bd. 24 (1929) S. 333/34.

Co-Mo. Kobalt-Molybdän.

RAYDT-TAMMANN[1] haben auf Grund der thermischen Analyse von Schmelzen mit 10—65% Mo, deren Ergebnis durch mikroskopische Untersuchungen bestätigt wurde, das im oberen Teil der Abb. 213 dargestellte Zustandsdiagramm entworfen. Daß außer der Verbindung CoMo (61,96% Mo) noch eine weitere Mo-reichere intermediäre Kristallart besteht, halten die Verfasser für nicht sehr wahrscheinlich, weil die Zeitdauer der peritektischen Umsetzung bei 1485°, der Extrapolation nach zu urteilen, erst in der Nähe des reinen Molybdäns zu verschwinden scheint. Da durch Erhitzen eines Gemenges aus 70% Mo und 30% Co auf etwa 1800° das Molybdän nicht vollständig in Lösung zu bringen war, so versuchten RAYDT-TAMMANN den Aufbau der Mo-reichen Legierungen durch mikroskopische Prüfung aluminothermisch hergestellter

Proben zu klären. Solche Legierungen, die der Analyse nach 70% und 77% Mo enthielten, bestanden ebenso wie die aus dem Schmelzfluß erstarrte Legierung mit 65% Mo aus primär ausgeschiedenen Mo-reichen abgerundeten Körnern, umgeben von den Balken der Verbindung CoMo (Umhüllung). Auf aluminothermischem Wege hergestellte Legierungen mit 83% und 92% Mo „zeigten dagegen primär gebildete weiße eckige Kristallite in umgebender dunkler Masse. Da diese Legierungen aber nicht unerhebliche Mengen Al und Si enthielten, kann man aus ihrer Struktur über die Existenz einer zweiten Verbindung keinen Schluß ziehen".

Das Bestehen von zwei polymorphen Co-Modifikationen war den Verfassern noch nicht bekannt.

Die Temperaturen der magnetischen Umwandlung ergaben sich wie folgt: 0 % Mo 1134°, 10% Mo über 1000°, 20% Mo 900—960°, 25% Mo 820—870°, 30% Mo 750—780°, 40% Mo 750—790°. Die Umwandlungslinie verläuft danach bei wesentlich höheren Temperaturen, als später von TAKEI[2] (s. u.) gefunden wurde.

Die Konstitution der Co-Mo-Legierungen war weiterhin Gegenstand einer Untersuchung von TAKEI[2]. Diese Arbeit ist bisher nur in japanischer Sprache veröffentlicht; sie war mir daher in den Einzelheiten nicht zugänglich. Das im unteren Teil der Abb. 213 dargestellte Diagramm wurde der Originalarbeit entnommen. Wie aus der vom Verfasser gegebenen englischen Zusammenfassung seiner Arbeit hervorgeht, erfolgte die Ausarbeitung mit Hilfe dilatometrischer und mikroskopischer Untersuchungen. Die Liquiduskurve dürfte aus der Arbeit von RAYDT-TAMMANN übernommen worden sein.

Inwieweit die in Abb. 213 näher bezeichneten Sättigungskonzentrationen und ausgezeichneten Temperaturen sich dem Gleichgewichtszustand nähern, läßt sich nicht sagen, da mir etwaige Angaben über die Geschwindigkeit der Temperaturänderung bei den Ausdehnungsmessungen nicht zugänglich waren. Einzelwerte in Tabellenform finden sich nicht in der Arbeit, doch sind die Kurven der $\varepsilon \rightleftharpoons \beta$-Umwandlung in einem Teilschaubild durch zahlreiche Punkte belegt. Die Änderung der Löslichkeiten mit der Temperatur wurde nicht näher verfolgt.

Interessant ist die Feststellung, daß steigende Mo-Gehalte die $\varepsilon \rightarrow \beta$-Umwandlung des Kobalts erhöhen (Gleichgewicht), die $\beta \rightarrow \varepsilon$-Umwandlung dagegen erniedrigen (Ungleichgewicht). In letzterem Fall tritt also eine außerordentlich starke Unterkühlung der Umwandlung ein, was durch die von etwa 450° abfallenden punktierten Kurven des Beginns und des Endes der Umwandlung $\beta \rightarrow \varepsilon$ zum Ausdruck gebracht ist. Bei Mo-Gehalten von 22% und mehr wird die Umwandlung beim Erhitzen und Abkühlen reversibel.

Die TAKEIsche Untersuchung hat weiter gezeigt, daß die Verbindung CoMo erhebliche Mengen Co zu lösen vermag, und daß die sich bei

1550° peritektisch bildende und bei 1340° eutektoidisch zerfallende δ-Phase als ein Mischkristall auf der Basis der Verbindung Co₂Mo₃ (70,96% Mo) aufzufassen sein dürfte.

Nachtrag. Köster-Tonn[3] haben den Befund von Takei hinsichtlich der ε ⇌ β-Umwandlung der Co-reichen Mischkristalle — abgesehen von

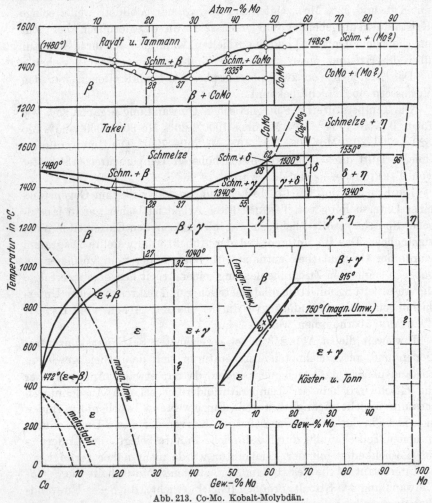

Abb. 213. Co-Mo. Kobalt-Molybdän.

Temperaturunterschieden — bestätigt und ferner festgestellt, daß die magnetische Umwandlung des gesättigten ε-Mischkristalls bei 750° stattfindet. Die Löslichkeit von Mo in ε-Co nimmt von 22—23% bei 915° auf etwa 9% bei 400° ab (vgl. Abb. 213).

Literatur.

1. Raydt, U., u. G. Tammann: Z. anorg. allg. Chem. Bd. 83 (1913) S. 246/52. Die Legn. wurden unter Verwendung eines Kobalts mit 98% Co, 0,9% Ni, 0,45% Fe,

Rest ? und eines aluminothermisch hergestellten Molybdäns mit 98,2% Mo, 0,8% Si, 0,15% Al, Rest ? in Porzellantiegeln (bis 40% Mo) bzw. Magnesiatiegeln (bis 65% Mo) im H$_2$-Strom erschmolzen. — **2.** TAKEI, T.: Kinzoku no Kenkyu Bd. 5 (1928) S. 364/79 (japan.). Ref. J. Inst. Met., Lond. Bd. 40 (1928) S. 521/22. — **3.** KÖSTER, W., u. W. TONN: Z. Metallkde. Bd. 24 (1932) S. 296/99.

Co-N. Kobalt-Stickstoff.

Versuche, Kobaltnitrid durch Behandlung von Kobalt oder Kobaltverbindungen mit NH$_3$ herzustellen, sind besonders in älterer Zeit ohne Erfolg ausgeführt worden[1].

Neuerdings hat HÄGG[2] die bei der Nitrierung des Eisens erfolgreichen Verfahren auch auf Kobalt anzuwenden versucht; Einwirkung von NH$_3$ auf Co red., auch unter Druck, bei Temperaturen unterhalb und oberhalb der polymorphen Umwandlung ($\sim$ 450°). In den Röntgenogrammen der behandelten Präparate konnten weder neue Linien noch eine Verschiebung der Co-Linien beobachtet werden; es tritt also keine Verbindungs- und Mischkristallbildung ein. Über Co$_3$N$_2$ siehe VOURNASOS[3].

Literatur.

1. Literatur s. in Gmelin-Krauts Handbuch Bd. 5 I S. 225, Heidelberg 1909. — **2.** HÄGG, G.: Nova Acta Soc. Sci. Upsaliensis Serie IV Bd. 7 (1929) S. 22/23. S. auch Z. physik. Chem. B Bd. 6 (1929) S. 221/32, insb. S. 222 u. 225. — **3.** VOURNASOS, A. C.: C. R. Acad. Sci., Paris Bd. 168 (1919) S. 889/91; dargestellt nach Co(CN)$_2$ + 2 CoO = 2 CO + Co$_3$N$_2$ oberhalb 2000°.

Co-Ni. Kobalt-Nickel.

Die Erstarrungs- und Schmelztemperaturen von Co-Ni-Legierungen wurden bestimmt von GUERTLER-TAMMANN[1] (8 Legn.), RUER-KANEKO[2] (9 Legn.) sowie KASÉ[3] (4 Legn.). Die Ergebnisse, die innerhalb der möglichen Fehlergrenzen übereinstimmen, zeigen, daß die Erstarrung bzw. Schmelzung in einem sehr engen, nur wenige Grad betragenden Intervall erfolgt. RUER-KANEKO, deren Kurve für die Abb. 214 verwendet wurde, bemerken, daß die Liquidus- und Soliduspunkte praktisch zusammenfallen.

Die von RUER-KANEKO und MASUMOTO[4] bestimmten Curiepunkte der ganzen Legierungsreihe (vgl. Abb. 214) stimmen sehr gut miteinander überein; sie liegen um annähernd 20—30° über den von GUERTLER-TAMMANN festgestellten. Die magnetische Umwandlung erfolgt ohne merkliche Temperaturhysterese; die Unterschiede sind durch Beobachtungsfehler zu erklären.

Als MASUMOTO[4] die Polymorphie des Kobalts entdeckte, mußte die bis dahin vertretene Auffassung, daß Co und Ni im festen Zustand bei Temperaturen bis herunter zu Raumtemperatur lückenlos mischbar seien, fallen gelassen werden. MASUMOTO bestimmte die Temperaturen der polymorphen $\varepsilon \rightleftharpoons \beta$-Umwandlung bei Erhitzung und Abkühlung[5]. Die Umwandlung verläuft mit erheblicher Temperaturhysterese (vgl. Abb. 214; die punktierte Linie stellt die Umwandlungskurve bei Abkühlung dar). In guter Übereinstimmung damit stellte MASUMOTO

weiter fest, daß die auf Raumtemperatur abgekühlten Legierungen
zwischen 0 und 25—30% Ni das hexagonal-dichtgepackte Gitter des

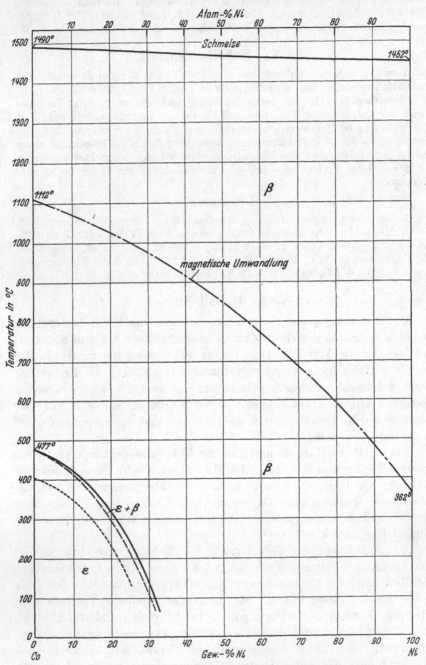

Abb. 214. Co-Ni. Kobalt-Nickel. (Über geordnete Atomverteilungen s. Text.)

ε-Co, zwischen 30 und 100% Ni das kubisch-flächenzentrierte Gitter des β-Co und Ni besitzen. OSAWA[6], der die Gitterstruktur der ganzen Legierungsreihe näher untersuchte, bestätigte dieses Ergebnis MASUMOTOs und fand darüber hinaus, daß die Gitterkonstanten der ε-Mischkristalle und β-Mischkristalle auf zwei geraden Linien liegen, die von 0—30% bzw. 30—100% Ni verlaufen[7].

Mit dem in Abb. 214 dargestellten Zustandsdiagramm stehen im Einklang die Messungen der Intensität der Magnetisierung, der Magnetostriktion[7a], der elektrischen und der thermischen Leitfähigkeit von MASUMOTO[8]. Dagegen zeigen die von SCHULZE[9] gefundenen Kurven der elektrischen Leitfähigkeit, des Temperaturkoeffizienten des elektrischen Widerstandes, der Magnetostriktion und der thermischen Ausdehnung[10] einen verwickelteren Verlauf, aus dem SCHULZE auf das Vorhandensein mehrerer Verbindungen (Co_4Ni, Co_2Ni_3, $CoNi_4$) schließt, „die sowohl mit den reinen Metallen, wie untereinander vollständige Mischkristallreihen bilden". Ein derartiger Aufbau ist jedoch unmöglich und stände auch im Widerspruch zu den Röntgenuntersuchungen von OSAWA. Es ist jedoch denkbar, daß die Anomalien in den EigenschaftsKonzentrationskurven auf das Vorhandensein von geordneten Atomverteilungen hindeuten, die röntgenographisch nicht feststellbar sind, da der Unterschied im Streuvermögen der Co- und Ni-Atome zu gering ist.

Erwähnt seien noch die magnetischen Messungen von BLOCH[11], WEISS-BLOCH[12] und WEISS[13] sowie die Dichtebestimmungen von BLOCH.

Nachtrag. HASHIMOTO[14] hat die Erstarrungs- und Umwandlungstemperaturen von 4 Legierungen mit 5—30% Ni bestimmt und die Ergebnisse MASUMOTOs bestätigt. Er fand bei fallender Temperatur die folgenden Curiepunkte und polymorphen Umwandlungspunkte: 0% Ni 1121°, 400°; 5% Ni 1094°, 385°; 10% Ni 1081°, 351°; 20% Ni 1034°, 319°; 30% Ni 967°, . Über physikalische Eigenschaften s. auch[15].

Literatur.

1. GUERTLER, W., u. G. TAMMANN: Z. anorg. allg. Chem. Bd. 42 (1904) S. 353/62. — 2. RUER, R., u. K. KANEKO: Metallurgie Bd. 9 (1912) S. 419/22. — 3. KASÉ, T.: Sci. Rep. Tôhoku Univ. Bd. 16 (1927) S. 496. — 4. MASUMOTO, H.: Kinzoku no Kenkyu Bd. 2 (1926) S. 1023/38 (japan.). Trans. Amer. Soc. Stl. Treat. Bd. 10 (1926) S. 491/92. Sci. Rep. Tôhoku Univ. Bd. 15 (1926) S. 463/68. — 5. Die Größe des Umwandlungsintervalles ist nicht bekannt. — 6. OSAWA, A.: Kinzoku no Kenkyu Bd. 6 (1929) S. 254/60. Sci. Rep. Tôhoku Univ. Bd. 19 (1930) S. 110/15. — 7. Atom-% und Gewichts-% sind in diesem System praktisch gleich. — 7a. Die Magnetostriktion wurde ebenfalls bestimmt von Y. MASIYAMA: Sci. Rep. Tôhoku Univ. Bd. 22 (1933) S. 338/53. — 8. MASUMOTO, H.: Sci. Rep. Tôhoku Univ. Bd. 16 (1927) S. 321/32. — 9. SCHULZE, A.: Z. techn. Physik Bd. 8 (1927) S. 423/25, 502. Physik. Z. Bd. 28 (1927) S. 669/73. — 10. Auch die Kurve des thermischen Ausdehnungskoeffizienten zwischen 30 und 100° nach H. MASUMOTO u. S. NARA: Sci. Rep. Tôhoku Univ. Bd. 16 (1927) S. 333/35 zeigt nicht den einfachen Verlauf, der nach dem Aufbau des Systems erwartet werden könnte.

— **11.** Bloch, O.: Ann. Chim. Phys. 8 Bd. 26 (1912) S. 5/22. — **12.** Weiss, P., u. O. Bloch: C. R. Acad. Sci., Paris Bd. 155 (1912) S. 941/43. — **13.** Weiss, P.: Trans. Faraday Soc. Bd. 8 (1912) S. 149. — **14.** Hashimoto, U.: Kinzoku no Kenkyu Bd. 9 (1932) S. 63 (japan.). — **15.** C. R. Acad. Sci., Paris Bd. 201 (1935) S. 206/208.

Co-P. Kobalt-Phosphor.

Das in Abb. 215 dargestellte Zustandsschaubild der Co-P-Legierungen mit bis zu 21,2% P wurde von Zemczuzny-Schepelew[1] mit Hilfe thermischer und mikroskopischer Untersuchungen, deren Ergebnisse sich gegen-

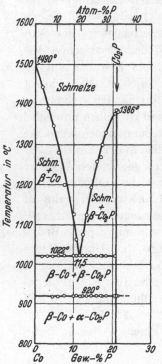

Abb. 215. Co-P. Kobalt-Phosphor.

seitig vollkommen bestätigten, ausgearbeitet. Legierungen mit mehr als 21,2% P waren unter Atmosphärendruck durch Vereinigung der Elemente im flüssigen Zustand nicht herstellbar.

Das Bestehen der Verbindung Co_2P (20,83% P), die bei 920° eine polymorphe Umwandlung erleidet, folgt ohne weiteres aus den thermischen Werten und dem Gefügeaufbau. Sie war schon früher von Granger[2] und Maronneau[3] dargestellt worden. — Über die feste Löslichkeit von P in Co ist nichts Näheres bekannt. Die magnetische Umwandlung des Co (1140 bis 1150°) erfolgt im Gebiet: Schmelze + Co; Co_2P ist schwach magnetisch. Über die polymorphe Umwandlung des Kobalts s. das System Co-Cr.

Ob die auf verschiedene Weise[4] dargestellten P-reicheren Produkte Co_3P_2 mit 25,97% P[5], Co_4P_3 mit 28,30% P[6] und Co_2P_3 mit 44,12% P[7] einheitliche Stoffe waren, ist nicht sicher. Das Bestehen von CoP (34,48% P) wurde durch Strukturuntersuchung von Fylking[8] nachgewiesen.

Literatur.

1. Zemczuzny, S., u. J. Schepelew: Z. anorg. allg. Chem. Bd. 64 (1909) S. 245/57. Die Legn. wurden durch Zusammenschmelzen von Co mit einer Vorlegierung mit 21% P (durch Eintragen von rotem P in Co erhalten) hergestellt. Sämtliche Legn. wurden analysiert. — **2.** Granger, A.: C. R. Acad. Sci., Paris Bd. 123 (1896) S. 176. Ann. Chim. Phys. 2 Bd. 14 (1898) S. 5. — **3.** Maronneau, G.: C. R. Acad. Sci., Paris Bd. 130 (1900) S. 657. — **4.** S. darüber auch bei Zemczuzny-Schepelew. — **5.** Rose, H.: Pogg. Ann. Bd. 24 (1832) S. 332. — **6.** Schrötter, A.: Ber. Wien. Akad. Bd. 2 (1849) S. 304; der Verf. nimmt zwar die Formel Co_3P_2 an, doch entspricht sein Analysenergebnis besser der Formel Co_4P_3. — **7.** Granger, A.: C. R. Acad. Sci., Paris Bd. 122 (1896) S. 1484. Ann. Chim. Phys. 2 Bd. 14 (1898) S. 5. — **8.** Arkiv för Kemi, Min och Geol. B Bd. 11 (1935) Nr. 48 S. 1/6.

Co-Pb. Kobalt-Blei.

DUCELLIEZ[1] gelang es nicht, Co und Pb durch Erhitzen eines stark zusammengepreßten Gemisches der feinverteilten Metalle in Wasserstoff auf etwa 1400° (Co-Schmelzpunkt = 1490°) zu legieren.

Abb. 216 zeigt das von LEWKONJA[2] auf Grund thermischer Bestimmungen und mikroskopischer Beobachtungen entworfene Zustandsschaubild. Dazu ist folgendes zu bemerken: 1. LEWKONJA gibt den Erstarrungspunkt des von ihm verwendeten 98%igen Kobalts[3] zu 1440°, die Temperatur des horizontalen Teiles der Liquiduskurve mit 1438 bis 1439° an. Blei kann also nur in äußerst beschränktem Maße in flüssigem Kobalt löslich sein. Die Zusammensetzung der erstarrten Co-reichen Schicht wurde zu 0,89% Pb + 1,92% Beimengungen (!) ermittelt, doch gibt dieses Verfahren entgegen der Annahme von LEWKONJA keinen zuverlässigen Wert für die Zusammensetzung der an Pb gesättigten flüssigen Co-reichen Schicht. 2. Die Konzentration der Pb-reichen

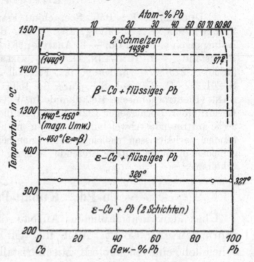

Abb. 216. Co-Pb. Kobalt-Blei.

Schicht bei der Temperatur der Monotektikalen ergab sich durch Extrapolation der Haltezeiten zu rd. 97% Pb, ist aber wegen der Größe der Extrapolation (Abb. 216) wohl sehr unsicher. 3. Das Ende der Erstarrung liegt bei 326°, d. h. 1° unterhalb des Pb-Schmelzpunktes. In der 99,5% Pb enthaltenden Legierung waren nach Angabe des Verfassers primär ausgeschiedene Pb-Kristalle in einem Co-armen Eutektikum deutlich zu unterscheiden. Hieraus ist auf das Vorhandensein eines der Primärkristallisation von Pb entsprechenden Liquidusastes zu schließen. Der eutektische Punkt wurde in Abb. 216 zu 99% Pb angenommen.

Über den Co-Schmelzpunkt und den magnetischen und polymorphen Umwandlungspunkt des Kobalts s. bei Co-Cr.

Die Löslichkeit von Co in Pb im festen Zustand beträgt nach TAMMANN-OELSEN[4] $11-12 \cdot 10^{-4}\%$ Co. Die nach der thermischen Analyse bereits anzunehmende Abwesenheit Co-reicher Mischkristalle merklicher Ausdehnung wird bestätigt durch LEWKONJAs Beobachtung, daß die Temperatur der magnetischen Umwandlung des Kobalts durch Pb-Zusatz praktisch nicht verändert wird.

DUCELLIEZ[5] führte an den im feinverteilten Zustande zusammengepreßten und dann im H_2-Strom auf 1400° erhitzten Metallgemischen
Messungen elektromotorischer Kräfte aus (Kette $Co/1 n \, CoSO_4/Co_x Pb_{1-x}$).
Die Spannungskurve ist durchaus analog der für das System Bi-Co
gefundenen (s. S. 299). Zwischen 0,8 und mindestens 96% Pb wurde
eine konstante, um etwa 45 Millivolt edlere[6] als dem Nullwert des
Kobalts entsprechende Spannung gefunden.

Literatur.

1. DUCELLIEZ, F.: Bull. Soc. chim. France 4 Bd. 3 (1908) S. 621/22. —
2. LEWKONJA, K.: Z. anorg. allg. Chem. Bd. 59 (1908) S. 312/15. Versuchsbedingungen s. bei Bi-Co. — **3.** Analyse: 98,04% Co, 1,62% Ni, 0,17% Fe, 0,04%
Rückstand. — **4.** TAMMANN, G., u. W. OELSEN: Z. anorg. allg. Chem. Bd. 186
(1930) S. 279/80. — **5.** DUCELLIEZ, F.: Bull. Soc. chim. France 4 Bd. 7 (1910)
S. 201/202. C. R. Acad. Sci., Paris Bd. 150 (1910) S. 98/101. — **6.** Nach R. KRE-
MANN (Elektrochemische Metallkunde in W. Guertlers Handbuch Metallographie,
Berlin: Gebr. Borntraeger 1921, S. 156) ist diese sowie die bei Pb-Gehalten über
96% auftretende Abweichung von den nach LEWKONJAS Diagramm zu erwartenden Verhältnissen vielleicht durch eine bei verschiedenem Pb-Gehalt in verschiedenem Maße zutage tretende Neigung des Kobalts zur Passivierung zu
erklären.

Co-Pd. Kobalt-Palladium.

Über den mutmaßlichen Aufbau dieses Systems vgl. die Ausführungen über Co-Pt. Auch hier gilt, daß β-Co und Pd sehr wahrscheinlich eine lückenlose Mischkristallreihe miteinander bilden, da
CONSTANT[1] feststellte, daß Legierungen mit 90 und 95% Pd, die einphasig sind, unterhalb 235° bzw. 82° (Curiepunkte) ferromagnetisch
sind. Für die hier vermutete Konstitution ließe sich ein hypothetisches
Zustandsschaubild zeichnen, das ähnlich demjenigen des Systems Co-Pt
(Abb. 217) ist; Pd-Schmelzpunkt $= 1554°$.

Nachtrag. Nach GRUBE-KÄSTNER[2] hat die Liquiduskurve der Co-Pd-
Mischkristalle wie die der Co-Pt-Mischkristalle ein Minimum bei
1210—1220° zwischen 40 und 50 Atom-% Pd (54,7 u. 64,4 Gew.-%).
Die Kurve der magnetischen Umwandlung ist nach GRUBE-WINKLER[3]
ebenfalls analog der entsprechenden Kurve im System Co-Pt (Abb. 217
u. 218). Der magnetische Umwandlungspunkt der Legierung mit
90 Atom-% $= 94,2$ Gew.-% Pd liegt bei 34°; der Befund von CONSTANT
(s. o.) wurde also — wenigstens qualitativ — bestätigt.

Die Temperatur der polymorphen Umwandlung des Kobalts wird
durch Pd erniedrigt; oberhalb 10 Atom-% konnte sie nicht mehr beobachtet werden. Zwischen der Umwandlung beim Erhitzen und Abkühlen bestehen große Temperaturunterschiede (ähnlich wie bei Fe-Ni); die
Gleichgewichtstemperaturen der Umwandlung ließen sich daher nicht
bestimmen.

Literatur.

1. Constant, F. W.: Physic. Rev. 2 Bd. 36 (1930) S. 786, 1654/60. — **2.** Kästner: Diss. Stuttgart 1935. Grube, G.: Z. angew. Chem. Bd. 48 (1935) S. 716. — **3.** Grube, G., u. O. Winkler: Z. Elektrochem. Bd. 41 (1935) S. 52/59.

Co-Pt. Kobalt-Platin.

Carter[1] spricht auf Grund mikroskopischer Untersuchungen — allerdings insbesondere an Legierungen mit höherem Pt-Gehalt — die Vermutung aus, daß Co und Pt eine lückenlose Reihe von Mischkristallen bilden.

Eine lückenlose Mischbarkeit bei allen Temperaturen unterhalb der Soliduskurve bis Raumtemperatur und tiefer ist nicht denkbar, da Kobalt polymorph ist. Hingegen ist es durchaus wahrscheinlich, daß β-Co und Pt, die beide ein kubisch-flächenzentriertes Gitter besitzen, lückenlos mischbar sind. Die Konstitution des Systems Co-Pt dürfte also etwa derjenigen des Systems Co-Ni analog sein. Diese Vermutung wird gestützt durch die Feststellung von Constant[2], daß Legierungen mit 90—98,5% Pt, die sich als einphasig erwiesen, unterhalb einer bestimmten Temperatur ferromagnetisch sind, also eine Eigenschaft besitzen, die nur durch Co-Atome im Gitter eines idealen Mischkristalls hervorgerufen sein kann. Constant, der die magnetischen Eigenschaften der Pt-reichen Co-Pt-Legierungen zum Gegenstand eingehender Untersuchungen machte, bestimmte die magnetischen Umwandlungspunkte (Curiepunkte) der Legierungen mit 90 bzw. 95, 97 und 98,5% Pt zu 249° bzw. 49°, —82° und —191°. Abb. 217 zeigt ein hypothetisches Diagramm des Systems.

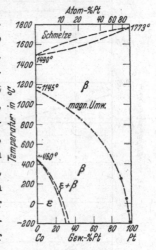

Abb. 217. Co-Pt. Kobalt-Platin (hypothetisch) s. auch Abb. 218.

Nachtrag. Aus dem von Nemilow[3] für den Bereich von 0—77,5% Pt bestimmten Erstarrungsdiagramm (Abb. 218) und der mikroskopischen Untersuchung von Legierungen mit 15—97,5% Pt, die bei 1200° abgeschreckt waren, ist zu schließen, daß sich aus Co-Pt-Schmelzen eine lückenlose Reihe fester Lösungen ausscheidet. Über das Bestehen von Umwandlungen im festen Zustand ist folgendes zu sagen: 1. Legierungen mit mindestens 15—52% Pt (5—25 Atom-%), die von 900° abgekühlt waren, zeigten innerhalb der polyedrischen Kristallite ein feines Netzwerk (Umkristallisation). 2. Die Härtekurve der von 900° abgekühlten Legierungen besitzt zwei Maxima bei etwa 31% (12 Atom-%) und 77% Pt (50 Atom-%) und ein Minimum bei 45—52% Pt (~20—25 Atom-%). Weder das Gefüge noch die Härte der langsam abgekühlten Legierungen konnte durch Abschrecken bei 500° verändert werden.

Daraus dürfte hervorgehen, daß die polymorphe Umwandlung der Co-reichen Mischkristalle (kubisch ⇌ hexagonal) nicht für die Entstehung des
Netzwerkes und den eigenartigen Verlauf der Härtekurve verantwortlich

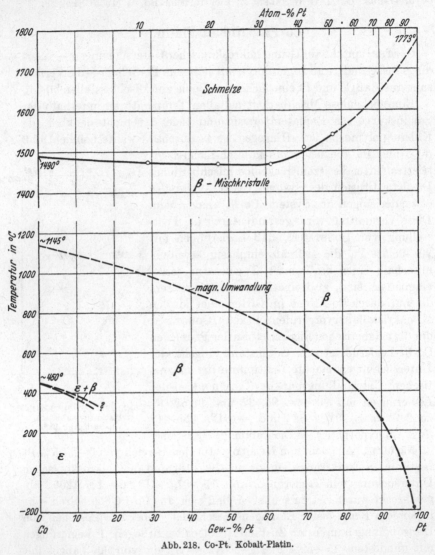

Abb. 218. Co-Pt. Kobalt-Platin.

zu machen ist, da die Temperatur der polymorphen Umwandlung von Co
(~450°) sicher durch Pt erniedrigt wird und auch zu erwarten ist, daß
die Umwandlungstemperatur schon durch kleinere Pt-Gehalte als 25
Atom-% auf 20° erniedrigt wird. Möglicherweise bildet sich zwischen
1200° und 500° eine Zwischenphase (Co$_3$Pt, Co$_4$Pt?). Die von CONSTANT
(s. o.) bestimmten Curiepunkte wurden in Abb. 218 eingezeichnet.

Literatur.

1. CARTER, F. C.: Proc. Inst. Metals Div. Amer. Inst. min. metallurg. Engr. 1928 S. 770. — **2.** CONSTANT, F. W.: Nature. Lond. Bd. 123 (1929) S. 943/44. Physic. Rev. 2 Bd. 34 (1929) S. 548, 1217/24; Bd. 35 (1930) S. 116; Bd. 36 (1930) S. 786 und insb. Bd. 36 (1930) S. 1654/60. — **3.** NEMILOW, W. A.: Z. anorg. allg. Chem. Bd. 213 (1933) S. 283/91.

Co-S. Kobalt-Schwefel.

In Abb. 219 ist der von FRIEDRICH[1] ausgearbeitete Teil des Zustandsdiagramms wiedergegeben; Legierungen mit mehr als 33,6% S waren durch Zusammenschmelzen der Komponenten im offenen Tiegel nicht darstellbar. Die zwischen 26,6 und 29,7% S gelegenen Teile der Erstarrungs- und Umwandlungskurven wurden durch eine eingehende thermische Analyse von 19 Schmelzen näher festgelegt; diese Temperaturpunkte wurden jedoch nicht in Abb. 219 aufgenommen.

Die feste Löslichkeit von S in Co wurde nicht bestimmt; jedenfalls ist sie sehr klein. Die Temperatur der polymorphen Umwandlung des Kobalts (vgl. Co-Cr) dürfte daher durch S nicht wesentlich beeinflußt werden.

Die Umwandlungsvorgänge zwischen etwa 27 und 33% S sind nicht ganz geklärt, weshalb dieser Teil des Zustandsdiagramms mit Vorbehalt aufzunehmen ist. FRIEDRICH nimmt an, daß sich aus Schmelzen mit 26,5 und etwa 29% S primär die in Abb. 219 mit β bezeichneten Mischkristalle von Co in der Verbindung Co_4S_3[2] (28,97% S) ausscheiden, die bei 788° eutektoidisch in β-Co und Co_6S_5? (31,19% S) zerfallen. Das Gefüge der erkalteten

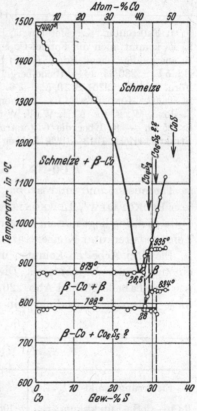

Abb. 219. Co-S. Kobalt-Schwefel.

Legierungen ist damit im Einklang. Oberhalb 29% S kristallisiert höchstwahrscheinlich das Monosulfid CoS (35,23% S) primär; BILTZ[3] bestimmte den Schmelzpunkt von CoS zu 1100°, aus FRIEDRICHs Daten ist auf eine oberhalb 1116° liegende Schmelztemperatur zu schließen. Bei 935° findet die peritektische Reaktion: CoS + Schmelze = Co_4S_3[2] statt. Die Natur der Horizontalen bei 834° konnte nicht geklärt werden. Da die Horizontale bei 788° bei etwa der Zusammensetzung Co_6S_5 ihr Ende erreicht und das Maximum der Haltezeiten bei 834° auch bei dieser Konzentration liegen könnte, so ist es immerhin wahrscheinlich, daß bei 834° die Reaktion Co_4S_3 ($= \beta$) $+ 2\,CoS = Co_6S_5$ stattfindet.

In der chemischen Literatur[4] werden beschrieben die Co-Sulfide Co_4S_3 (jedoch fraglich), CoS, an dessen Bestehen kein Zweifel ist, und außerdem die S-reicheren Verbindungen Co_3S_4, Co_2S_3, CoS_2 und Co_2S_7. CoS[5] besitzt die Gitterstruktur des NiAs, Co_3S_4[6] (sowohl natürliches als künstliches) hat das Gitter des Spinells und CoS_2[7] hat die Gitterstruktur des Pyrits[8].

Literatur.

1. FRIEDRICH, K.: Metallurgie Bd. 5 (1908) S. 212/15. Exp. s. As-Co. — 2. Es kommt auch die Formel Co_5S_4 (30,32% S) in Betracht. — 3. BILTZ, W.: Z. anorg. allg. Chem. Bd. 59 (1908) S. 280/81. — 4. Vgl. Gmelin-Krauts Handb. Bd. 5 I, S. 230/33, 1444, Heidelberg 1909. — 5. ALSÉN, N.: Geol. För. Stockholm Förh. Bd. 47 (1925) S. 19/72. — 6. MENZER, G.: Z. Kristallogr. Bd. 64 (1926) S. 506/07. JONG, W. F. DE: Z. anorg. allg. Chem. Bd. 161 (1927) S. 311/15. — 7. JONG, W. F. DE, u. H. W. V. WILLEMS: Z. anorg. allg. Chem. Bd. 160 (1927) S. 185/89. — 8. Über die Gitterstruktur der genannten Verbindungen s. auch Strukturbericht 1913—1928, Leipzig 1931, S. 132, 217, 421.

Co-Sb. Kobalt-Antimon.

Thermische und mikroskopische Untersuchungen wurden ausgeführt von PODKOPAJEW[1], LEWKONJA[2] und LOSSEW[3]. Von der erstgenannten Untersuchung liegt nur ein kurzer Bericht vor, in dem die ausgezeichneten Temperaturen und Konzentrationen des Diagramms mitgeteilt werden.

Die drei Arbeiten kommen in allen wesentlichen Punkten zu übereinstimmenden Ergebnissen. Die Temperaturunterschiede sind jedoch, wie aus Tabelle 22 und Abb. 220 hervorgeht, recht erheblich. Wodurch diese Unterschiede bedingt sein mögen, vermag ich nicht zu sagen, da

Tabelle 22.

	P.	LE.	Lo.	Mittel-werte
Co-Erstarrungspunkt	?	1440°	1505°	—
β-Co — CoSb-Eutektikum	1082° 41% Sb	1093° $^{+12}_{-7}$ 39% Sb	1089 ± 20° 38,5% Sb	1088° —
Schmelzpunkt der Verbindung CoSb (67,38% Sb)	1238°	~1193°	? (s. Abb. 220)	—
Schmelze + CoSb $\rightleftarrows$ CoSb₂ (80,51% Sb) . . . . Zusammensetzung d. Schmelze	888° 92% Sb	898 ± 6° 91% Sb	906 ± 3° 90% Sb	894° —
Co₂Sb — Sb-Eutektikum	613° 98,5% Sb	616 ± 3° ~98,5% Sb	625 ± 5° (100% Sb)	618° —

mir die näheren Versuchsbedingungen (Reinheitsgrad des verwendeten Kobalts, Fixpunkte für die Eichkurve des Thermoelementes usw.) der beiden russischen Arbeiten nicht zugänglich waren. Außerdem sind

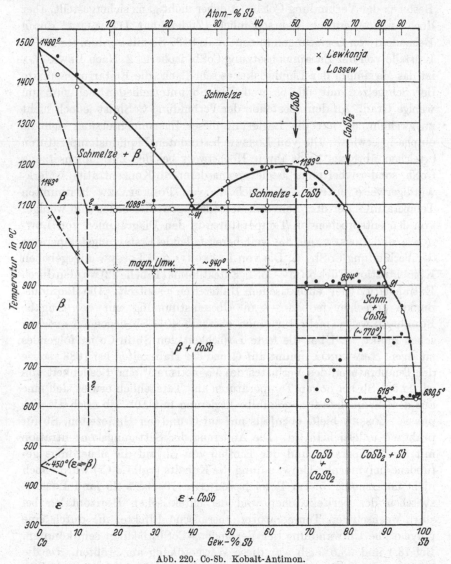

Abb. 220. Co-Sb. Kobalt-Antimon.

schon die Streuungen der Temperaturen der nonvarianten Gleichgewichte innerhalb einer und derselben Arbeit sehr groß.

Zu Abb. 220 und Tab. 22 ist folgendes zu bemerken: 1. Die mikroskopische Untersuchung LEWKONJAs bestätigte die Ergebnisse der thermischen Analyse mit der einen natürlichen Ausnahme, daß die peritektische

Umsetzung   CoSb + Schmelze ⇌ CoSb$_2$ infolge   Bildung   von   Umhüllungen bei schneller Abkühlung nicht vollständig verlief und die
betreffenden Legierungen daher aus drei Kristallarten bestanden. Das
Bestehen der Verbindung CoSb$_2$ ist daher nicht ganz sichergestellt, aber
doch außerordentlich wahrscheinlich. Zudem hat DUCELLIEZ[4] durch
Behandeln von Legierungen mit mehr als 81% Sb mit verdünnter HNO$_3$
Kristalle von der Zusammensetzung CoSb$_2$ isoliert. 2. Nach LEWKONJA
ist das Maximum der Liquiduskurve sehr flach; die Erstarrungspunkte
der Schmelzen mit 60, 65 und 70% Sb unterschieden sich nur um
wenige Grad. An dem Bestehen der Verbindung CoSb ist jedoch nicht
zu zweifeln, da nur die Legierung dieser Zusammensetzung sich als
einphasig erwies[5]. Die von LOSSEW bestimmten Liquidustemperaturen
erreichen übrigens nicht ihren Höchstwert bei der Zusammensetzung
CoSb, sondern bei einer Legierung niederer Sb-Konzentration. Merkwürdigerweise unterscheiden sich die von PODKOPAJEW bestimmten
Temperaturen der drei nonvarianten Gleichgewichte bedeutend weniger
von den entsprechenden Temperaturen in den Diagrammen von LEW-
KONJA und LOSSEW, als die weit herausfallende Erstarrungstemperatur
der Verbindung CoSb. 3. Die von LEWKONJA und LOSSEW angegebenen
Konzentrationen des β-Co—CoSb-Eutektikums (Tabelle 22) wurden durch
Extrapolation der eutektischen Haltezeiten ermittelt. Die Liquiduspunkte sprechen jedoch — in Übereinstimmung mit der Angabe
PODKOPAJEWs — mehr für einen oberhalb 40% Sb liegenden eutektischen Punkt. 4. Über die feste Löslichkeit von Sb in Co ist folgendes
zu sagen. LEWKONJA nimmt auf Grund der Haltezeiten bei 1088° sowie
der Temperaturen des Verlustes des Magnetismus[6] eine Löslichkeit von
rd. 12,5% Sb bei hohen Temperaturen an. Tatsächlich erwies sich eine
aus dem Schmelzfluß abgekühlte Legierung mit 10% Sb noch als einphasig. LOSSEW hielt, ebenfalls nur auf Grund der Haltezeiten, Sb für
praktisch unlöslich in Co. Die Änderung der Sättigungskonzentration
mit der Temperatur und der Einfluß von Sb auf die neuerdings gefundene polymorphe Umwandlung des Kobalts (vgl. Co-Cr) wurde noch
nicht untersucht. 5. Im Bereich von etwa 70—95% Sb fand LOSSEW
zwischen der peritektischen und der eutektischen Horizontalen bei
stark wechselnden Temperaturen thermische Effekte, die durch eine
polymorphe Umwandlung der Verbindung CoSb$_2$ bedingt sein könnten.
Bei 78,4 und 83,5% Sb war diese Wärmetönung am größten. Da die
beiden anderen Forscher diese Umwandlung nicht beobachtet haben,
wurde sie als nicht sicher bestehend in dem Diagramm vermerkt.

Nach DUCELLIEZ[7] ändert sich das Potential der Co-Sb-Legierungen
(Kette Co/1 n CoSO$_4$/Co$_x$Sb$_{1-x}$) sprunghaft zwischen 0 und 10% Sb
(Mischkristall) und bei der Zusammensetzung CoSb. Für das Bestehen
von CoSb$_2$ ergeben sich jedoch — wahrscheinlich wegen der Neigung

zur Passivierung (s. Co-Sn) — keine Anhaltspunkte aus der Spannungskurve.

Die Verbindung CoSb besitzt nach Oftedal[8] und de Jong-Willems[9] ein hexagonales Kristallgitter vom Typus des NiAs.

Literatur.

1. Podkopajew, N. S.: J. russ. phys.-chem. Ges. Bd. 38 (1906) S. 463 (russ.). Von dem Inhalt des Sitzungsberichtes erhielt ich Kenntnis durch Herrn Dipl.-Ing. N. Ageew, Leningrad. — 2. Lewkonja, K.: Z. anorg. allg. Chem. Bd. 59 (1908) S. 305/12. Exp. s. Co-Sn. Die Konzentrationen der Legn. wurden ohne Korrektur verwendet, da die Analyse einiger Proben nur eine sehr geringe Konzentrationsverschiebung gezeigt hatte. — 3. Lossew, K.: J. russ. phys.-chem. Ges. Bd. 43 (1911) S. 375/88. Die Legn. mit mehr als 50% Sb wurden analysiert. — 4. Ducelliez, F.: C. R. Acad. Sci., Paris Bd. 147 (1908) S. 1048/50. — 5. Die Verbindung CoSb wurde auch von Ducelliez (Anm. 4) durch Synthese sowie auf rückstandsanalytischem Wege festgestellt. Den Schmelzpunkt bestimmte er zu etwa 1200°. — 6. Die Temperaturen dürften durch den Ni-Gehalt des verwendeten Kobalts (1,62%) etwas erniedrigt sein. — 7. Ducelliez, F.: C. R. Acad. Sci., Paris Bd. 150 (1910) S. 98/101. — 8. Oftedal, I.: Z. physik. Chem. Bd. 128 (1927) S. 135/53. — 9. Jong, W. F. de, u. H. W. V. Willems: Physica Bd. 7 (1927) S. 74/79.

Co-Se. Kobalt-Selen.

Little[1], Fabre[2] und Fonzes-Diacon[3] stellten durch direkte Vereinigung von Co und Se das Monoselenid CoSe (57,33% Se) dar.

Fonzes-Diacon erhielt durch Einwirkung von H_2Se auf $CoCl_2$ je nach der Temperatur Stoffe von der Zusammensetzung Co_3Se_4 (64,18% Se), Co_2Se_3 (66,84% Se) und $CoSe_2$ (72,88% Se). Durch Erhitzen sollen diese Selenide in Co_2Se (40,19% Se) übergehen. Die Einheitlichkeit der erhaltenen Produkte ist nicht erwiesen.

CoSe hat nach Oftedal[4] und de Jong-Willems[5] ein Kristallgitter vom Typus des NiAs. De Jong-Willems[6] haben das Selenid $CoSe_2$ durch Zusammenschmelzen von CoSe mit Se (im Vakuum bei etwa 230°) dargestellt und gefunden, daß es ein Kristallgitter vom Typus des Pyrits, FeS_2, besitzt.

Literatur.

1. Little, G.: Liebigs Ann. Chem. Bd. 112 (1859) S. 211. — 2. Fabre, C.: Ann. Chim. Phys. 6 Bd. 10 (1887) S. 505. — 3. Fonzes-Diacon: C. R. Acad. Sci., Paris Bd. 131 (1900) S. 704/705. — 4. Oftedal, I.: Z. physik. Chem. Bd. 128 (1927) S. 137/38. — 5. Jong, W. F. de, u. H. W. V. Willems: Physica Bd. 7 (1927) S. 74/79. — 6. Jong, W. F. de, u. H. W. V. Willems: Z. anorg. allg. Chem. Bd. 170 (1928) S. 241/45.

Co-Si. Kobalt-Silizium.

Abb. 221 zeigt das von Lewkonja[1] auf Grund einer thermischen und mikroskopischen Untersuchung entworfene Zustandsschaubild der Co-Si-Legierungen. Die Ergebnisse der beiden Untersuchungsverfahren bestätigten einander vollkommen. Das Bestehen der fünf Kobaltsilizide Co_2Si (19,23% Si), Co_3Si_2 (24,09% Si), CoSi (32,25% Si), $CoSi_2$ (48,77% Si) und $CoSi_3$ (58,82% Si) konnte danach als gesichert angesehen werden (s. jedoch Nachtrag). Die Bildung der Verbindung Co_3Si_2 bei 1215° durch Reaktion von Co_2Si- und CoSi-Kristallen nach der Gleichung $Co_2Si + CoSi = Co_3Si_2$ glaubte BARADUC-MULLER[2] durch mikroskopische Prüfung von Legierungen mit 27,9% und 30,4% Si bestätigt zu haben. Wie die in Abb. 221 eingezeichneten Temperaturpunkte der genannten Reaktion zeigen, ist die Umsetzung bei Abwesenheit primärer Kristalle des einen Reaktionsbestandteils (in diesem Fall CoSi) stark unterkühlbar, eine Erscheinung, die man sehr häufig in metallischen Systemen beobachtet.

Zu Abb. 221 ist noch folgendes zu bemerken: Die Löslichkeit von etwa 7,5% Si in β-Kobalt bei 1205° wurde lediglich aus den Haltezeiten

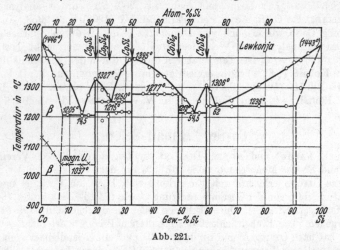

Abb. 221.

der eutektischen Kristallisation bei dieser Temperatur extrapoliert; im Gleichgewicht ist sie wohl größer. Die Änderung der Löslichkeit mit fallender Temperatur wurde nicht untersucht[3], insbesondere ist über die mit der polymorphen Umwandlung des Kobalts (s. darüber das System Co-Cr) sicher verknüpfte sprunghafte Löslichkeitsänderung nichts bekannt. — Die in Abb. 221 angegebenen Temperaturen der magnetischen Umwandlung sind das Mittel aus den Temperaturen des Verlustes der Magnetisierbarkeit beim Erhitzen und ihrer Wiederkehr beim Abkühlen; die Unterschiede betrugen zwischen 15 und 30°.

Die Kobaltsilizide Co_2Si, CoSi und $CoSi_2$ sind schon vor LEWKONJA mit mehr oder weniger großer Sicherheit für die Einheitlichkeit der Produkte auf synthetischem und rückstandsanalytischem Wege dargestellt worden[4].

1. Nachtrag. BORÉN[5] konnte bei einer Röntgenanalyse des Systems nur zwei intermediäre Phasen feststellen, die Co-reichere ist höchstwahrscheinlich die Verbindung Co_2Si, die „nur bei Temperaturen unterhalb etwa 1000° stabil zu sein scheint" (vgl. dagegen Abb. 221), die

andere ist die Verbindung CoSi. Co_2Si hat ein rhombisches Gitter (12 Atome in der Elementarzelle, Atomlagen bestimmt von[8]), CoSi ist strukturell analog FeSi (kubisch, 8 Atome im Elementarwürfel). Borén fand weiter, daß sowohl ε-Co (hexagonal) als β-Co (flächenzentriert-kubisch) Silizium unter Kontraktion der Gitter zu lösen vermag, und daß auch Co in Si löslich ist (vgl. Abb. 221). Die Ursache des Unterschiedes zwischen den Ergebnissen von Lewkonja und Borén muß noch aufgeklärt werden.

2. Nachtrag. Bei einer Nachprüfung des Systems zwischen Co und der Verbindung CoSi fanden Vogel-Rosenthal[6] (Abb. 222) mit Hilfe thermischer und mikroskopischer Untersuchungen im Gegensatz zu

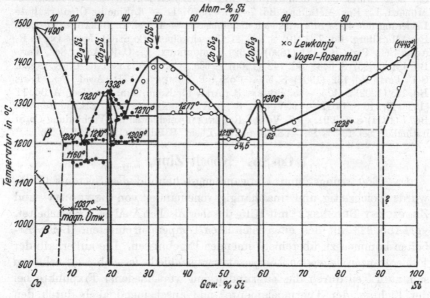

Abb. 222. Co-Si. Kobalt-Silizium.

Lewkonja zwischen dem Co-reichen Mischkristall und der Verbindung Co_2Si die Verbindung Co_3Si (13,7% Si)[7], die sich bei 1210° durch peritektische Reaktion von Schmelze ($\sim$13% Si) mit Co_2Si bildet und bei 1160° bereits wieder in den Co-Mischkristall und Co_2Si zerfällt. Die von Lewkonja und Baraduc-Muller angenommene Verbindung Co_3Si_2 wurde nicht gefunden. Vielmehr entsprechen die von Lewkonja beobachteten Haltepunkte dem eutektoiden Zerfall eines Si-reicheren Mischkristalls (20,8% Si) der Verbindung Co_2Si, der durch eine polymorphe Umwandlung der Verbindung verursacht wird. Der Umwandlungspunkt des Silizides Co_2Si liegt etwa 12° unterhalb seines Schmelzpunktes und wird durch Si bis auf 1208°, der eutektoiden Temperatur, erniedrigt. — Da die Liquiduskurve nach Vogel-Rosen-

THAL sich nicht an diejenige nach Lewkonja anschließt (Lewkonja fand unter Zugrundelegung eines tieferen Co-Schmelzpunktes — Abb. 221 — zu tiefe Temperaturen), wurde in Abb. 222 zwischen 23,6% Si und CoSi eine gemittelte Kurve gezeichnet. Boréns Befund hinsichtlich Co_2Si (s. o.) trifft sicher nicht zu.

Literatur.

1. Lewkonja, K.: Z. anorg. allg. Chem. Bd. 59 (1908) S. 327/38. Als Ausgangsmaterial diente ein Kobalt mit 99,38% Co, 0,32% Fe und 0,18% Rückstand und ein 98,5%iges Silizium, das Fe, Al, Mg, C u. O enthielt. Die Legn. (3 cm³) wurden in Porzellantiegeln, die ziemlich stark angegriffen wurden, unter H_2 erschmolzen und unter N_2 im Tiegel erkalten gelassen. Die Zusammensetzung der Legn. wurde nach dem Befund einiger Analysen korrigiert. — 2. Baraduc-Muller, L.: Rev. Métallurg. Bd. 7 (1910) S. 707/11. — 3. Eine im Ofen erkaltete Legierung mit 4,2% Si erwies sich als einphasig. — 4. Vgl. L. Baraduc-Muller: Rev. Métallurg. Bd. 7 (1910) S. 707/11. Im einzelnen: Co_2Si: H. Moissan: C. R. Acad. Sci., Paris Bd. 121 (1895) S. 621. Vigouroux, E.: C. R. Acad. Sci., Paris Bd. 121 (1895) S. 686; Bd. 142 (1906) S. 635. CoSi: P. Lebeau: C. R. Acad. Sci., Paris Bd. 132 (1901) S. 556. $CoSi_2$: P. Lebeau: C. R. Acad. Sci., Paris Bd. 135 (1902) S. 475. — 5. Borén, B.: Arkiv för Kemi, Min. och Geol. A Bd. 11 (1933) Nr. 10 S. 17/22. — 6. Vogel, R., u. K. Rosenthal: Arch. Eisenhüttenwes. Bd. 7 (1934) S. 689/91. — 7. Vogel-Rosenthal zeichneten die Verbindung Co_3Si irrtümlich bei 13,3% Si. — 8. Z. physik. Chem. B Bd. 29 (1935) S. 231/35.

Co-Sn. Kobalt-Zinn.

Das Erstarrungs- und Umwandlungsschaubild des Systems Co-Sn wurde gleichzeitig und unabhängig voneinander von Lewkonja[1] und Zemczuzny-Belynsky[2] mit Hilfe der thermischen Analyse ausgearbeitet, vgl. Abb. 223 mit den eingezeichneten Temperaturpunkten. Beide Arbeiten kommen zu übereinstimmenden Ergebnissen. Die außerhalb der Fehlergrenzen liegenden Temperaturunterschiede (s. Abb. 223) erklären sich zum Teil durch die Zugrundelegung verschiedener Fixpunkte bei der Eichung der Thermoelemente[3] und anscheinend auch durch den verschiedenen Reinheitsgrad des verwendeten Kobalts[4]; es müssen aber auch noch andere Faktoren eine Rolle gespielt haben[5]. Da eine Entscheidung für eine der beiden Untersuchungen schwer fällt[5], wurden in Abb. 223 die Mittelwerte der Temperaturen angenommen.

Im einzelnen ist zu Abb. 223 folgendes zu bemerken: 1. Die mikroskopische Untersuchung bestätigte die Ergebnisse der thermischen Analyse mit der einen natürlichen Ausnahme, daß bei schneller Abkühlung die peritektische Reaktion Co_2Sn + Schmelze → CoSn bei 936 ± 9° infolge Bildung von Umhüllungen unvollständig verläuft und die betreffenden Legierungen dann aus 3 Kristallarten bestehen. 2. Das Bestehen der Verbindung CoSn (66,82% Sn) hatte schon früher Ducelliez[6] nach dem Verfahren der Rückstandsanalyse an Legierungen mit 81—92% Sn festgestellt; gleichartige Untersuchungen an Legierungen mit

9—57% Sn führten zur Isolierung von Kristallen der Zusammensetzung
Co_8Sn_2 (57,31% Sn). Eine Verbindung mit dieser Formel besteht jedoch
nach den Diagrammen von LEWKONJA und ZEMCZUZNY-BELYNSKY

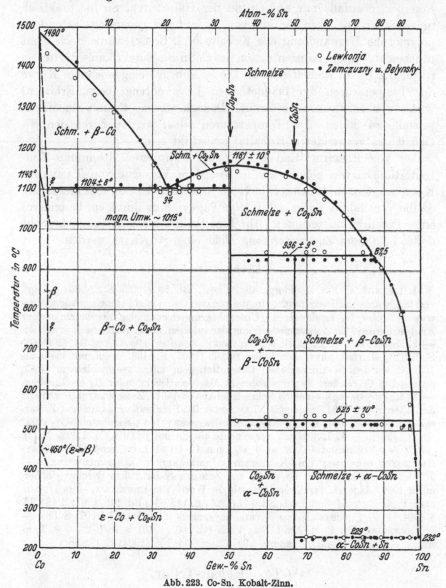

Abb. 223. Co-Sn. Kobalt-Zinn.

sicher nicht. Die Lage des Maximums der Liquiduskurve und die Abhängigkeit der Haltezeiten bei 1104° und 936° von der Zusammensetzung
spricht eindeutig für die Verbindung Co_2Sn (50,17% Sn). 3. Über die
feste Löslichkeit von Sn in Co ist nichts Sicheres zu sagen. Während

LEWKONJA auf Grund der Haltezeiten bei 1104° eine Löslichkeit von etwa 2,5% Sn bei dieser Temperatur annahm (diese Leg. blieb nach 8stündigem Glühen bei 1000° noch zweiphasig), hielten die russischen Forscher, ebenfalls nur auf Grund der Haltezeiten, Sn für praktisch unlöslich in Co. Der Einfluß von Sn auf die neuerdings gefundene polymorphe Umwandlung des Kobalts (vgl. Co-Cr) wurde noch nicht untersucht. 4. Die Konzentration des CoSn-Sn-Eutektikums dürfte bei rd. 99,5% Sn zu suchen sein. 5. Die in Abb. 223 eingezeichnete Kurve der Temperaturen der magnetischen Umwandlung (beim Erhitzen) wurde von LEWKONJA bestimmt. Danach vermag Co mit Sn Mischkristalle zu bilden. Die Temperaturen selbst werden durch den Ni-Gehalt des verwendeten Kobalts[4] erniedrigt sein.

Die von PUSCHIN[7] und DUCELLIEZ[8] bestimmten Spannungs-Konzentrationskurven geben, wie insbesondere Versuche von TAMMANN-KOCH[9] zeigten, ein falsches Bild von dem Aufbau der Co-Sn-Legierungen, da die Verbindung CoSn sich infolge Passivierung durch ein besonderes edles Potential auszeichnet. Auf Einzelheiten dieser Arbeiten braucht daher in diesem Zusammenhang nicht eingegangen zu werden.

Literatur.

1. LEWKONJA, K.: Z. anorg. allg. Chem. Bd. 59 (1908) S. 294/304. Legn. von 20 g wurden in Porzellantiegeln, die von den Co-reichen Schmelzen angegriffen wurden, unter N_2 erschmolzen. Unter Zugrundelegung der Ergebnisse einiger Analysen wurde die Zusammensetzung der meisten Legn. rechnerisch ermittelt. — **2.** ZEMCZUZNY, S. F., u. S. W. BELYNSKY: Z. anorg. allg. Chem. Bd. 59 (1908) S. 364/70. J. russ. phys.-chem. Ges. Bd. 39 (1907) S. 1463. Legn. mit mehr als 10% Ni wurden in Morganschen Chamottetiegeln unter geschmolzenem $BaCl_2$ hergestellt; Co-reichere Legn. wurden in Magnesiatiegeln unter H_2 erschmolzen. — **3.** LEWKONJA legte einen Ni-Schmelzpunkt von 1451°, ZEMCZUZNY u. BELYNSKY den älteren von 1484° zugrunde. LEWKONJA fand für 98%iges Co einen Erstarrungspunkt von nur 1440°, ZEMCZUZNY-BELYNSKY für „Kahlbaum"-Co 1502° (statt 1490°). — **4.** LEWKONJA verwendete ein Co mit 98,04% Co, 1,62% Ni (!), 0,17% Fe; Rückstand 0,04% und O_2, von Co-Oxyd herrührend; ZEMCZUZNY-BELYNSKY benutzten ein Kahlbaum-Co unbekannter Zusammensetzung. — **5.** Oberhalb 1000° liegen die Werte von ZEMCZUZNY-BELYNSKY durchweg höher, unter 1000° dagegen durchweg tiefer als die Werte von LEWKONJA. — **6.** DUCELLIEZ, F.: C. R. Acad. Sci., Paris Bd. 144 (1907) S. 1432/34; Bd. 145 (1907) S. 431/33, 502/04. — **7.** PUSCHIN, N. A.: J. russ. phys.-chem. Ges. Bd. 39 (1907) S. 884. — **8.** DUCELLIEZ, F.: C. R. Acad. Sci., Paris Bd. 150 (1910) S. 98/101. — **9.** TAMMANN, G., u. A. KOCH: Z. anorg. allg. Chem. Bd. 133 (1924) S. 179/86.

Co-Te. Kobalt-Tellur.

Durch Erhitzen von zerkleinertem Co mit gepulvertem Te im N_2-Strom erhielt FABRE[1] einen Stoff von der Zusammensetzung CoTe (68,39% Te). Einen Beweis für die Einheitlichkeit dieses Präparates erbrachte FABRE nicht. Das Bestehen der Verbindung CoTe dürfte jedoch durch die Feststellung OFTEDALS[2], daß eine Legierung dieser Zusammensetzung das Gitter des NiAs besitzt, erwiesen sein.

TIBBALS[3] hat auf chemischem Wege die Verbindung $Co_2Te_3 \cdot 4 H_2O$ dargestellt; durch Glühen geht sie in CoTe über.

Literatur.

1. FABRE, C.: C. R. Acad. Sci., Paris Bd. 105 (1897) S. 277. — 2. OFTEDAL, I.: Z. physik. Chem. Bd. 128 (1927) S. 135/53. — 3. TIBBALS, C. A.: J. Amer. chem. Soc. Bd. 31 (1909) S. 908/909.

Co-Ti. Kobalt-Titan.

Im Zusammenhang mit umfangreichen Untersuchungen über Herstellung und Eigenschaften Co-reicher Legierungen hat EGEBERG[1] das Gefüge von Legierungen mit 0,5—10,9% Ti und wechselnden Gehalten an Al, Fe, Si, C (zusammen 2—5%) und unbekanntem Ti-Nitridgehalt untersucht. Er schließt daraus, daß ein Co-reicher Mischkristall (enthaltend etwa 3,5% Ti) mit einer Kristallart unbekannter Zusammensetzung — es handelt sich um Co_3Ti[2] — ein Eutektikum bei etwa 18—20% Ti bildet.

Literatur.

1. EGEBERG, B.: Abh. Inst. Metallhütt. u. Elektromet. Techn. Hochsch. Aachen Bd. 1 (1915) Nr. 1 S. 37/54, insbes. S. 48/49. Die Arbeit enthält 14 Gefügebilder. — 2. KÖSTER, W.: Arch. Eisenhüttenwes. Bd. 8 (1934/35) S. 471/72.

Co-Tl. Kobalt-Thallium.

Auf Grund von Versuchen von LEWKONJA[1] ist anzunehmen, daß das Zustandsdiagramm der Legierungsreihe Co-Tl sehr ähnlich demjenigen des Systems Co-Pb (s. d.) ist, mit der Einschränkung, daß zumindest der oberhalb des Tl-Siedepunktes (1457 ± 10°) gelegene Teil der Liquiduskurve unter Atmosphärendruck nicht zu bestimmen ist. LEWKONJA fand folgendes: 1. Beim Eintragen von Tl in geschmolzenes Co destillierte Tl bis auf einen Gehalt von 2,4% ab; diese Legierung bestand aus Co-Kristalliten, auf deren Säumen sich kleine Tl-Tröpfchen befanden. 2. Pulverisiertes Co löste sich in geschmolzenem Tl bei 900° bis zu etwa 2,9% auf; dieser Gehalt bewirkte eine Erniedrigung des Tl-Schmelzpunktes um 6° und des Tl-Umwandlungspunktes um 8°. 3. Eine 2,5% Co enthaltende Legierung bestand aus primären Tl-Kristalliten, die von Eutektikum umgeben waren; bei wenig höherem Co-Gehalt trat Schichtenbildung ein.

Literatur.

1. LEWKONJA, K.: Z. anorg. allg. Chem. Bd. 59 (1908) S. 318/19.

Co-U. Kobalt-Uran.

VOGEL[1] veröffentlichte die Mikrophotographie einer gegossenen oder langsam aus dem Schmelzfluß erkalteten Legierung mit 50 Gewichts-% = 19,81 Atom-% U. Sie zeigt primär kristallisierte dendritische Kristalle (Co_4U??) mit sehr geringen Mengen einer zweiten Phase als Grundmasse.

Literatur.

1. VOGEL, R.: Z. anorg. allg. Chem. Bd. 116 (1921) S. 39.

Co-W. Kobalt-Wolfram.

SARGENT[1] und KREMER[2] stellten fest, daß Co und W im flüssigen Zustand mischbar sind.

KREMER hat 4 Legierungen mit 26, 37,3, 48,3 und 79,3% W (Co + W = ~ 98,6%, Rest Fe, Si, C) hergestellt. Legierung 1 erwies sich als nahezu einphasig

(Co-reicher Mischkristall). Legierung 2 enthält erhebliche Mengen Eutektikum neben Co-reichem Mischkristall. Legierung 3 liegt oberhalb des eutektischen Punktes und enthält eine nadelförmig ausgebildete Phase (Verbindung ?) neben Eutektikum, Legierung 4 läßt harte Körner in weicher (vielleicht heterogener) Grundmasse erkennen; die Natur beider Gefügebestandteile konnte nicht bestimmt werden. Vgl. die Ergebnisse dieser Gefügeuntersuchung mit dem Diagramm von KREITZ (s. unten).

KREITZ[3] hat das im unteren Teil der Abb. 224 dargestellte Zustandsschaubild angegeben. Die Gefügeuntersuchung der unbehandelten Legierungen bestätigte und ergänzte das Ergebnis der thermischen Analyse. Die Legierungen mit 74 und 78,6% W befanden sich nach

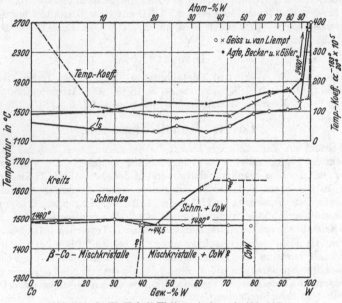

Abb. 224. Co-W. Kobalt-Wolfram (vgl. auch Abb. 225).

dem Erkalten aus dem Schmelzfluß im metastabilen Gefügezustand (Umhüllungen), der auf das Vorliegen eines verdeckten Maximums hindeutet. Das Bestehen der Verbindung CoW (75,74% W) wurde zwar nicht sichergestellt, jedoch recht wahrscheinlich gemacht. Über die Beeinflussung des magnetischen Umwandlungspunktes[4] (1140—1150°) und des polymorphen Umwandlungspunktes des Kobalts (etwa 450°) durch W-Zusätze ist noch nichts bekannt[5].

GEISS-VAN LIEMPT[6] haben Co-W-Legierungen mit 22—99,3% W[7] durch Sinterung von Stäben, die aus pulverisiertem, reinstem W und durch Reduktion von reinstem CoO gewonnenem Co gepreßt waren, hergestellt. Nach Bestimmung der zum Durchschmelzen der Stäbe erforderlichen Stromstärke wurden weitere Stäbchen bei 95% des Durchschmelzstromes solange gesintert, bis keine Änderung des Temperatur-

koeffizienten des elektrischen Widerstandes zwischen —183° und 20°
mehr eintrat. Die Kurve des Temperaturkoeffizienten (Abb. 224) läßt
keinen eindeutigen Schluß auf die Konstitution zu. Sicher dürfte nur
sein, daß sowohl Co-reiche als W-reiche Mischkristalle bestehen. Die
Verfasser vermuten, daß die Legierungen „wahrscheinlich aus zwei oder
mehr Arten von Mischkristallen oder vielleicht auch Verbindungen aufgebaut sind. Auch die Schliffe lassen darauf schließen". Aus den in

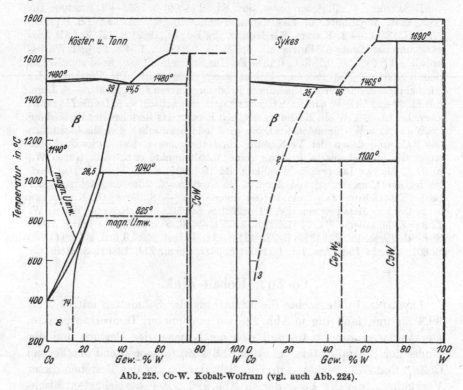

Abb. 225. Co-W. Kobalt-Wolfram (vgl. auch Abb. 224).

Abb. 224 wiedergegebenen schwarzen Temperaturen Ts bei 95% des
Durchschmelzstromes folgt lediglich, daß der Schmelzpunkt (nicht
Erstarrungspunkt) erst von 75% W, besonders aber oberhalb 95% W
stärker ansteigt. Der starke Anstieg oberhalb 95% W deutet ebenfalls
auf das Bestehen W-reicher Mischkristalle hin.

Nachtrag. AGTE-BECKER-v. GÖLER[8] haben die Versuche von GEISS-
VAN LIEMPT wiederholt und die wahren Schmelztemperaturen (Solidustemperaturen) gesinterter Proben bestimmt (vgl. Abb. 224). Auf Grund
magnetischer und röntgenographischer Untersuchungen schlossen sie auf
das Bestehen einer (nicht regulär kristallisierenden) intermediären Phase,
die wahrscheinlich zwischen 37 und 48—50 Atom-% W homogen sein soll.

Einen wesentlichen Fortschritt brachten die Arbeiten von KÖSTER-

Tonn[9] (dilatometrische, magnetometrische und mikrographische Untersuchungen des festen Zustandes) und Sykes[10] (thermische und röntgenographische Analyse, mikrographische Untersuchungen). In Abb. 225 sind die beiden Diagramme wiedergegeben, das Diagramm von Sykes jedoch nur soweit es nach den mir zugänglich gewesenen Referaten[11] möglich war.

Literatur.

1. Sargent, C.: J. Amer. chem. Soc. Bd. 22 (1900) S. 783. — 2. Kremer, D.: Abh. Inst. Metallhütt. u. Elektromet. Techn. Hochsch. Aachen Bd. 1 (1916) Nr. 2 S. 13/14. — 3. Kreitz, K.: Met. u. Erz Bd. 19 (1922) S. 137/40. Als Ausgangsmaterial diente W-Pulver mit 0,56% Si, 0,24% C, 1,54% Fe und Würfelkobalt mit 0,23% Si, 0,18% C, 0,13% Fe. Die Schmelzen (20 g) wurden in Kohletiegeln, die mit Magnesit ausgekleidet waren, hergestellt. Die Ergebnisse der Abkühlungskurven wurden stets durch Erhitzungskurven nachgeprüft. — 4. Legn. mit rd. 30 und 52% W sind nach Sargent stark magnetisch. — 5. Da die Liquiduskurve bei rd. 30% W ein Maximum hat, hält Kreitz das Bestehen der Verbindung Co_6W (34,22% W) für möglich. Dann muß jedoch zwischen den Mischkristallen des β-Co und denen der Verbindung ein heterogenes Gebiet vorhanden sein, wofür die mikroskopische Prüfung keine Anhaltspunkte gab. — 6. Geiss, W., u. J. A. M. van Liempt: Z. Metallkde. Bd. 19 (1927) S. 113/14. — 7. Den Verf. ist bei der Umrechnung von Atom-% in Gewichts-% oder umgekehrt (?) der beiden Co-reichsten Legn. ein Irrtum unterlaufen. — 8. Agte, C., K. Becker u. v. Göler: Metallwirtsch. Bd. 11 (1932) S. 447/50. — 9. Köster, W., u. W. Tonn: Z. Metallkde. Bd. 24 (1932) S. 296/99. — 10. Sykes, W. P.: Trans. Amer. Soc. Stl. Treat. Bd. 21 (1933) S. 385/421. — 11. J. Inst. Met., Lond. Bd. 50 (1932) S. 601; ebenda Met. Abs. Bd. 1 (1934) S. 341. Chem. Zbl. 1933 II S. 3188.

Co-Zn. Kobalt-Zink.

Lewkonja[1] untersuchte die Erstarrung der Schmelzen mit 81,5 bis 99% Zn und fand die in Abb. 226 eingezeichneten Temperaturpunkte. Der Verfasser nimmt an, daß sich die Kurven des Beginns und des Endes der Kristallisation bei etwa 81,6% Zn (entsprechend der Formel $CoZn_4$) und 873° berühren und schließt daraus auf das Bestehen dieser Verbindung, die die Basis der in Abb. 226 mit γ bezeichneten Mischkristallreihe sein soll[2]. Der an Zn gesättigte γ-Mischkristall, dessen Konzentration sich durch Extrapolation der eutektischen Haltezeiten zu etwa 86,6% Zn ergibt, bildet nach Lewkonja mit Zn ein zwischen 99 und 100% Zn liegendes und bei etwa 413° erstarrendes Eutektikum. Die mikroskopische Prüfung der Legierungen bestätigte den thermischen Befund. Die untersuchten Legierungen erwiesen sich als unmagnetisch.

Peirce[3] konnte die von Lewkonja beobachtete Erniedrigung des Zn-Schmelzpunktes durch Co um rd. 6° nicht bestätigen. Abkühlungskurven von Schmelzen mit 0,5 und 0,9% Co zeigten Haltepunkte bei einer nur um Bruchteile eines Grades unter dem Zn-Schmelzpunkt liegenden Temperatur. Er deutet die von Lewkonja durchweg gefundene niedere eutektische Temperatur mit der Anwesenheit einer immerhin ziemlich erheblichen Menge an Verunreinigungen (?). PEIRCE fand weiter, daß der eutektische Punkt bei oberhalb 99,97% Zn liegt, da eine Legierung dieser Zusammensetzung primäre γ-Kristalle enthielt. Die feste Löslichkeit von Co in Zn ist danach außerordentlich klein, jedoch, wie entsprechende Versuche zeigten, bei höherer Temperatur deutlich größer als bei tieferer.

Neuerdings hat EKMAN[4] das Bestehen der γ-Phase durch Röntgenuntersuchungen bestätigt und ihr Homogenitätsgebiet zwischen 79,5 und 86,2% Zn liegend festgestellt. Bezüglich ihres Kristallbaus ist diese Phase dem γ-Messing und vielen anderen Phasen analog. Innerhalb dieses Bereiches liegt die für die Entstehung des genannten Strukturtypus offenbar maßgebende Zusammensetzung Co_5Zn_{21} (82,33% Zn). Legierungen mit weniger als 79,5% Zn enthalten neben der γ-Phase eine Kristallart β', die dieselbe Struktur wie das β-Mangan besitzt. Das γ-Gebiet erweitert sich bei höheren Temperaturen anscheinend nach niederen Zn-Konzentrationen hin, da die Photogramme der Legierung mit etwa 75% Zn nach dem Abschrecken bei 700° nur γ-Linien, nach dem Glühen bei 500° und 400° β'-Linien und diffuse γ-Linien enthielten.

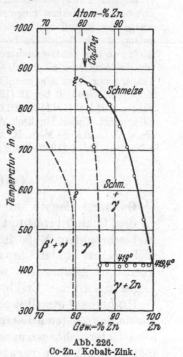

Abb. 226.
Co-Zn. Kobalt-Zink.

Die Kurve der elektromotorischen Kräfte (Kette $Zn/1$ n $ZnSO_4/Co_xZn_{1-x}$) der ganzen Legierungsreihe besitzt nach DUCELLIEZ[5] einen großen Sprung zwischen etwa 82 und 85% Zn, was nach Ansicht des Verfassers ebenfalls auf das Bestehen der Verbindung $CoZn_4$ hindeutet. Heute liegt die Annahme näher, daß die sprunghafte Änderung der Spannung an der Sättigungsgrenze des γ-Mischkristalls erfolgt, zumal sie bereits bei niederem Co-Gehalt beginnt. Die von DUCELLIEZ im Bereich von 0—80% Zn gemessenen Spannungen gestatten wohl keinen Rückschluß auf die sicher ziemlich verwickelte Konstitution dieser Legierungen. Zwischen 0 und rd. 40% Zn steigt die Spannung auf den zwischen rd. 40 und 85% Zn konstant bleibenden Wert.

Durch eine Untersuchung von EGEBERG[6], der Legierungen mit bis zu 32% im offenen Tiegel herzustellen vermochte, Legierungen mittlerer Konzentration jedoch auch nicht unter Druck erschmelzen konnte, erfuhr die Frage nach dem Aufbau der Co-Zn-Legierungen keine

Förderung. Die 32% Co enthaltende Legierung besteht aus wenigen Primärkristallen in einer Grundmasse unbekannten Gefügeaufbaus.

Nachtrag. PARRAVANO-CAGLIOTI[7] haben in Legierungen mit 74 bis 83% Zn die von EKMAN gefundene Phase mit γ-Messingstruktur bestätigt; sie schreiben ihr jedoch die Formel Co_8Zn_{31} zu.

Literatur.

1. LEWKONJA, K.: Z. anorg. allg. Chem. Bd. 59 (1908) S. 319/22. Die Legn. (20 g) wurden unter Verwendung eines Kobalts mit 99,38% Co, 0,32% Fe, 0,18% Rückstand unter Wasserstoff in schwerschmelzbaren Glasröhren erschmolzen. Die durch Zn-Verlust eingetretene Konzentrationsänderung wurde durch Rückwaage der Reguli bestimmt. — 2. Die Tatsache, daß es DUCELLIEZ (Anm. 5) gelang, durch Behandeln hochzinkhaltiger Legn. mit verdünnten Säuren einen Stoff von der Zusammensetzung $CoZn_4$ zu isolieren, ist ebenso wenig als Beweis für das Bestehen einer solchen Verbindung anzusehen. — 3. PEIRCE, W. M.: Trans. Amer. Inst. min. metallurg. Engr. Bd. 68 (1923) S. 779/81. — 4. EKMAN, W.: Z. physik. Chem. B Bd. 12 (1931) S. 65/69. — 5. DUCELLIEZ, F.: Bull. Soc. chim. France 4 Bd. 9 (1911) S. 1017/23. — 6. EGEBERG, B.: Abh. Inst. Metallhütt. u. Elektromet. Techn. Hochsch. Aachen Bd. 1 (1915) Nr. 1 S. 55/57. — 7. PARRAVANO, N., u. V. CAGLIOTI: Mem. R. Accad. Italia, Classe di Science Fisiche, Matematiche e Naturali Bd. 3 (1932) Nr. 3 S. 1/21.

Cr-Cu. Chrom-Kupfer.

GUILLET[1] glaubte auf Grund von mikroskopischen Beobachtungen zu dem Schluß berechtigt zu sein, daß sich Cr und Cu nicht oder nur in beschränktem Maße im flüssigen Zustand mischen. Es ist jedoch nicht sicher, ob das Chrom in den von ihm untersuchten Legierungen überhaupt geschmolzen war, da nach seiner Angabe die Cu-reichen Legierungen graue Cr-Flitter in Cu-Grundmasse zeigten.

HINDRICHS[2] (daselbst einige ältere unwichtige Literaturangaben) versuchte das Zustandsdiagramm mit Hilfe thermischer und mikroskopischer Untersuchungen auszuarbeiten. Es wurde ein Chrom mit 98,7% Cr, 0,32% Si, 1,2% Fe verwendet. Die Legierungen mit bis zu 50% Cr wurden in Porzellantiegeln, Cr-reichere in Magnesiatiegeln im Kohlerohrofen unter Stickstoff (!) erschmolzen. Sie waren also stark verunreinigt mit Cr-Nitrid, Cr-Karbid und Reaktionsprodukten der Schmelze mit den Tiegelstoffen. Das geht vor allem aus dem ganz wesentlich zu tief gefundenen Cr-Schmelzpunkt von 1550° hervor[3] (s. darüber Cr-N). Das von HINDRICHS entworfene Zustandsdiagramm ist also nicht das Zustandsdiagramm des binären Systems Cr-Cu. (Dasselbe gilt für die von HINDRICHS aufgestellten Diagramme der Systeme Ag-Cr, Al-Cr, Cr-Pb und Cr-Sn.)

Aus den in Abb. 227 eingezeichneten, von HINDRICHS gefundenen Liquidus- und Solidustemperaturen schloß der Verfasser, daß Cr und Cu im flüssigen Zustand nur sehr beschränkt ineinander löslich sind.

Über die Größe der Mischungslücke bei der Liquidustemperatur vermochte er keine sicheren Aussagen zu machen, da — wegen der starken Angreifbarkeit der Tiegel mußte die Schmelze sehr schnell abgekühlt werden — der Beginn der Erstarrung nur bei zwei Schmelzen annähernd bestimmt werden konnte und eine Trennung der Schmelze in zwei scharf begrenzte Schichten nicht eintrat[4]. Als feststehend kann angesehen werden, daß der Cu-Schmelzpunkt durch Cr um etwa 7° er-

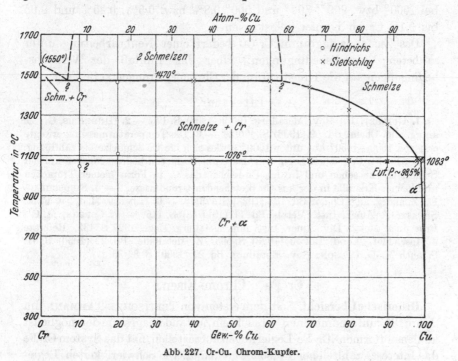

Abb. 227. Cr-Cu. Chrom-Kupfer.

niedrigt wird. „Die eutektische Konzentration liegt unterhalb 0,5% Cr, da in der Legierung mit 0,5% Cr noch vereinzelte Cr-Tröpfchen vorhanden waren und die Grundmasse keine eutektische Struktur besaß."

Unter etwas günstigeren Versuchsbedingungen (das Zusammenschmelzen von Cu und Cr (97,8% ig) erfolgte bei ~1700° in Kohletiegeln mit gebrannter Tonerdeauskleidung unter starker Wasserstoffdecke) gelangte Siedschlag[5] zu im wesentlichen gleichen Schlußfolgerungen hinsichtlich der Konstitution. In Übereinstimmung mit HINDRICHS wurde die Temperatur der oberen (monotektischen) Horizontalen zu etwa 1470°, die der eutektischen Horizontalen zu 1076° gefunden. Die Ausdehnung der Mischungslücke im flüssigen Zustand wurde durch chemische Untersuchung der erkalteten Schichten der 35% und 50% Cu-haltigen Legierungen zu etwa 7 und 63% Cu ermittelt.

Der eutektische Punkt liegt nach mikroskopischen Beobachtungen zwischen 98 und 99% Cu.

Daß Kupfer merkliche Mengen Chrom in fester Lösung aufzunehmen vermag, ging erstmalig aus Leitfähigkeitsmessungen von HUNTER-SEBAST[6] hervor. Danach liegt die „Sättigungs"-Grenze für hartgezogene (?) Drähte nahe bei 0,5% Cr; durch Ausglühen (?) nimmt die Löslichkeit ab. CORSON[7] teilt ohne Angabe experimenteller Einzelheiten mit, daß bei 1000° bzw. 900°, 800° und 500° 0,8% bzw. 0,5%, 0,25% und 0,05 bis 0,1% Cr im Kupfer gelöst seien.

Das Zustandsdiagramm Cr-Cu bedarf einer Neubearbeitung unter sauberen Versuchsbedingungen. Über den Einfluß der Versuchsbedingungen auf die Konstitution der Chromlegierungen s. Cr-Fe.

Literatur.

1. GUILLET, L.: Rev. Métallurg. Bd. 3 (1906) S. 176. — 2. HINRICHS, G.: Z. anorg. allg. Chem. Bd. 59 (1908) S. 420/23. — 3. Die Temperaturmessung erfolgte erst von 1600—1650° ab; unter 1600° erwies sich die Cr-Schmelze als zähflüssig. — 4. „In den Cr-reichen Legn. war das Cu in Form von kleinen Flecken auf der Schlifffläche zu sehen und in den Cu-reichen das Cr in Form kleiner Tröpfchen und kleiner Kristalle in der aus Cu bestehenden Grundmasse." — 5. SIEDSCHLAG, E.: Z. anorg. allg. Chem. Bd. 131 (1923) S. 173/78. — 6. HUNTER, M. A., u. F. M. SEBAST: J. Amer. Inst. Metals Bd. 11 (1917/18) S. 115. — 7. CORSON, M. G.: Proc. Inst. Metals Div. Amer. Inst. min. metallurg. Engr. 1927 S. 435. Referate J. Inst. Met., Lond. Bd. 40 (1928) S. 505. Z. Metallkde. Bd. 22 (1930) S. 91. S. auch M. G. CORSON: Rev. Métallurg. Bd. 27 (1930) S. 86/95.

Cr-Fe. Chrom-Eisen.

Historische Übersicht. Seit dem ersten von TREITSCHKE-TAMMANN[1] im Jahre 1907 unternommenen Versuch, ein Zustandsdiagramm der möglichst kohlenstoffarmen[2] Cr-Fe-Legierungen aufzustellen, hat das System Cr-Fe das Interesse zahlreicher Forscher gefunden. Die Schwierigkeiten, Legierungen von nur mittlerer Reinheit zu erschmelzen, erwiesen sich bei den beschränkten Hilfsmitteln früherer Autoren als so groß, daß die von ihnen erhaltenen Ergebnisse hauptsächlich nur noch von historischem Interesse sind. Das ausgeprägte Vermögen des Cr und seiner Legierungen, Kohlenstoff, Sauerstoff und vor allem Stickstoff (s. Cr-N) aufzunehmen und mit den damals zur Verwendung gelangten Tiegelstoffen zu reagieren, führte zu sehr widersprechenden Ergebnissen.

Da wir heute dank einiger genauer Untersuchungen über die Konstitution des Systems Cr-Fe sehr gut unterrichtet sind, seien im folgenden die älteren, durch neuere Forschungen überholten Arbeiten nur kurz gestreift. TREITSCHKE-TAMMANN[1] vermuteten, daß die von ihnen beobachteten primären[3], sekundären und tertiären thermischen Effekte und mikroskopischen Strukturen nur durch die Annahme eines ternären Systems aus Cr, Fe und einer Verbindung X von geringer Bildungsgeschwindigkeit im flüssigen Zustand zu erklären seien. Diese Auffassung stellte zwar damals eine Deutungsmöglichkeit des merkwürdigen, hier nicht näher zu erörternden Tatsachenbestandes dar, vermochte jedoch nicht recht zu befriedigen. Wichtig erscheint nach wie vor die Feststellung, daß aluminothermisch hergestellte, also sehr hoch erhitzte Legierungen aus praktisch homogenen Mischkristallen bestehen, woraus die Verfasser schlossen, daß Cr und die hochschmelzende Verbindung X einerseits, Fe und X anderseits im festen Zustand lückenlos mischbar seien. Durch Umschmelzen dieser Legierungen bei 1700° in Magnesiatiegeln ohne Schutzatmosphäre wurde ihre Struktur — unter Bildung eines Eutektikums zwischen Cr-reichem und Fe-reichem Mischkristall — identisch mit dem Gefüge der durch direktes Zusammenschmelzen der Komponenten erhaltenen Legierungen. Die Ursache dieses Unterschiedes ist im Sinne der TREITSCHKE-TAMMANN schen Deutung in der Verschiedenheit der Temperatur, auf welche die Schmelzen vor dem Erstarren erhitzt wurden, zu suchen. Die $\alpha \rightleftharpoons \gamma$-Umwandlung des Eisens war bei 10% Cr nicht mehr zu beobachten. Die Legierungen mit bis zu 80% Cr erwiesen sich bei Raumtemperatur als magnetisch, bis zu dieser Konzentration muß also der Fe-reiche Mischkristall in der α-Form (kubisch-raumzentriert) vorliegen.

Unter Voraussetzung der Annahme von TREITSCHKE-TAMMANN, daß man das Gleichgewichtsdiagramm erhält, wenn die thermische Untersuchung an hinreichend hoch erhitzt gewesenen Schmelzen ausgeführt wird, damit sich die Verbindung X bilden kann, hat MONNARTZ[4] Abkühlungskurven von aluminothermisch hergestellten Schmelzen aufgenommen. Die Liquiduskurve hatte in der Tat einen etwas anderen Verlauf als nach TREITSCHKE-TAMMANN, was MONNARTZ im Sinne der TREITSCHKE-TAMMANN schen Auffassung damit erklärte, daß durch diese Arbeitsweise eine größere Annäherung an den Gleichgewichtszustand erreicht wurde. Sie besitzt ein Minimum bei rd. 15% Cr und 1410° und ein Maximum bei etwa 66% Cr und 1635°, d. h. nahe bei der Konzentration Cr_2Fe, der von TREITSCHKE-TAMMANN vermuteten Verbindung X.

Die thermischen und mikroskopischen Untersuchungen von JÄNECKE[5] ergaben ein ganz verändertes Bild. An Stelle der bisherigen Annahme vollkommener Löslichkeit der Komponenten im festen Zustand (bei Erreichung des Gleichgewichtszustandes in der Schmelze) hat JÄNECKE die Cr-Fe-Legierungen als ein eutektisches System zwischen Cr-reichen Mischkristallen mit etwa 15% Fe und Fe-reichen Mischkristallen mit etwa 45% Fe und einem eutektischen Punkt bei etwa 25% Fe und 1320° dargestellt. Weder JÄNECKE noch MONNARTZ hat den Einfluß von Cr auf die polymorphe und magnetische Umwandlung des Eisens untersucht.

Aus Messungen des elektrischen Widerstandes und seines Temperatur-koeffizienten Fe-reicher Legierungen von Hunter-Sebast[6] folgte, daß im Bereich von 80—100% Fe Mischkristalle vorliegen.

Auf Grund von magnetischen Messungen mit steigender und fallender Temperatur an Legierungen mit 10—100% Fe (s. d. magnetischen Umwandlungspunkte in Abb. 228) schloß Murakami[7], daß Cr und Fe eine lückenlose Reihe von Mischkristallen bilden. Gefügeuntersuchungen führten zu demselben Ergebnis, und zwar zeigten Legierungen mit weniger als 70% Fe zonige Kristallite mit primär ausgeschiedenen Cr-reichen Schichten, solche mit mehr als 75% Fe Kristallite mit primär ausgeschiedenen Fe-reicheren Schichten, d. h. zwischen 70 und 75% Fe muß nach Murakami in der Liquiduskurve ein Minimum vorliegen.

Bain[8] fand mit Hilfe röntgenographischer Untersuchungen, daß bei ziemlich schnell erkalteten Legierungen eine lückenlose Mischkristall-reihe (kubisch-raumzentriert) vorliegt, daß sich jedoch durch langes Glühen bei 1100° wahrscheinlich eine intermediäre Phase entwickelt.

Fischbeck[9] hat den „Versuch gemacht, aus den Arbeiten von Treitschke-Tammann, Monnartz und Jänecke das herauszulesen, was am besten mit dem Gefüge und den Gleichgewichten der ternären Fe-Cr-C-Legierungen übereinstimmt". Das von ihm vorgeschlagene Zustandsdiagramm ist jedoch überholt.

Ein neuer Abschnitt in der Entwicklung der Erkenntnisse über das Cr-Fe-Zustandsdiagramm beginnt mit der Arbeit von Pakulla-Ober-hoffer[10]. Diese Forscher haben (unter Verwendung von Elektrolyt-eisen und aluminothermischem Cr mit 99% Cr + Fe) Schmelzen mit 43—100% Fe in Tonerdetiegeln im Vakuum-Molybdänofen hergestellt und mit Hilfe eines optischen Pyrometers thermisch analysiert. Die Liquiduskurve besitzt innerhalb des untersuchten Bereiches ein Mini-mum bei 85—90% Fe und wenig oberhalb 1400°, sie wird in diesem Punkte von der Soliduskurve berührt. In Übereinstimmung mit dem thermischen Befund erwiesen sich alle Legierungen mit 4—100% Fe als einphasig (lückenlose Mischkristallreihe). Esser-Oberhoffer[11] haben das Diagramm von Pakulla-Oberhoffer durch dilatometrische Bestimmung der Umwandlungstemperaturen im festen Zustand ergänzt. Sie fanden, daß die $\alpha \rightleftharpoons \gamma$-Umwandlung ($A_3$) bis 16% Cr stetig sinkt, oberhalb dieser Konzentration mit der magnetischen Umwandlung zu-sammenfällt und durch etwa 75% Cr auf Raumtemperatur erniedrigt wird. Dieses Ergebnis, das von denselben Verfassern bei einer späteren Arbeit nicht bestätigt werden konnte, stand, wie leicht einzusehen ist, zu dem röntgenographischen Befund von Bain (s. o.) und dem mikroskopischen Befund von Murakami und Pakulla-Oberhoffer in schroffem Widerspruch.

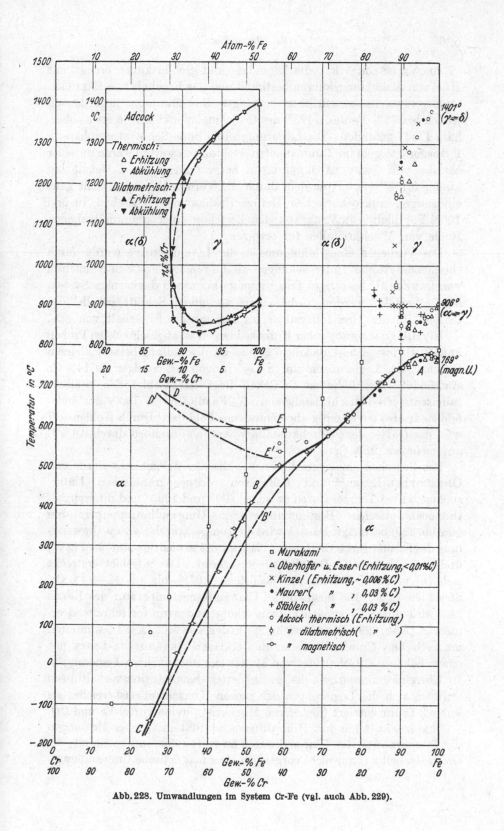

Abb. 228. Umwandlungen im System Cr-Fe (vgl. auch Abb. 229).

von Vegesack[12] hat die Liquidus- und Soliduskurve erneut mit Hilfe von Abkühlungskurven bestimmt und das Ergebnis von Pakulla-Oberhoffer im wesentlichen bestätigt. Das Minimum liegt danach jedoch bei 72% Fe und 1490°, der Cr-Schmelzpunkt wurde etwas oberhalb 1700° gefunden. Die Legierungen (die ohne Schutzatmosphäre in Pythagorastiegeln im Tammannofen erschmolzen waren) waren unreiner als die von Pakulla-Oberhoffer hergestellten; ihr C-Gehalt lag „unter 0,1%" (!). Trotz dem durch die Verunreinigungen nicht ganz eindeutigen mikroskopischen Gefüge (insbesondere zwischen 70 und 100% Fe) hielt von Vegesack das Bestehen einer ununterbrochenen Reihe von Mischkristallen für erwiesen.

Das Vorliegen eines Minimums in der Liquiduskurve wurde durch thermoanalytische Untersuchungen an Fe-reichen Fe-Cr-Si-Schmelzen von Denecke[13] bestätigt. Das Minimum konnte in das ternäre System hinein verfolgt werden, insbesondere an einem Schnitt parallel der Cr-Fe-Seite des Dreistoffsystems bei konstantem Si-Gehalt von 8%.

Mit Hilfe mikroskopischer Untersuchungen an abgeschreckten Proben hat Bain[14] festgestellt, daß die $\delta \rightleftharpoons \gamma \rightleftharpoons \alpha$-Umwandlung bei sehr kleinem C-Gehalt der Legierungen nur in Legierungen mit weniger als 14% Cr stattfindet. Bei höherem Cr-Gehalt liegt das Gebiet der kubisch-raumzentrierten Mischkristalle von α (δ)-Fe mit Cr vor. Das γ-Zustandsfeld stellt also ein allseitig abgeschlossenes Feld dar. Durch Kohlenstoff wird das Gebiet der γ-Mischkristalle wesentlich erweitert, durch 0,4% C auf mehr als 25% Cr.

Das Bestehen eines geschlossenen γ-Mischkristallgebietes wurde von Oberhoffer-Esser[15] mit Hilfe von röntgenographischen Untersuchungen bei Temperaturen zwischen 800° und 1000° und differential-thermoanalytischen Bestimmungen der Umwandlungstemperaturen (s. Abb. 228) bestätigt. Danach wird die Temperatur der $\alpha \rightleftharpoons \gamma$-Umwandlung des Eisens durch Cr-Gehalte bis etwa 8% erniedrigt (auf etwa 840°) und durch höhere Cr-Gehalte wieder erhöht. Das γ-Gebiet erstreckt sich bei einem C-Gehalt von höchstens 0,01% bis rd. 12—14% Cr, näher bei 12%. Die magnetische Umwandlungstemperatur des Eisens (A_2) wird durch Cr zunächst etwas erhöht und dann fortschreitend erniedrigt (Abb. 228). Die Abweichung von den von Murakami bestimmten magnetischen Umwandlungspunkten erklären Oberhoffer-Esser mit einem höheren C-Gehalt der von Murakami untersuchten Legierungen. In Übereinstimmung mit den geschilderten Konstitutionsverhältnissen erwiesen sich die Legierungen des ganzen Konzentrationsbereiches als kubisch-raumzentriert (lückenlose Mischkristallreihe von α-Fe und Cr).

Chevenard[16] hat mit Hilfe differential-dilatometrischer Messungen die Temperaturen der Umwandlungen im festen Zustand bestimmt; die Originalarbeit hat mir nicht vorgelegen. Der magnetische Umwandlungs-

punkt von Fe (nach CHEVENARD 765°) wird durch 6% Cr um 10°
erhöht (s. OBERHOFFER-ESSER) und durch höhere Cr-Gehalte praktisch
linear bis auf 0° bei 80% Cr erniedrigt. Aus Unregelmäßigkeiten in
der Ausdehnung der Legierungen mit mehr als 42% Cr zog CHEVENARD
den Schluß, daß das Gebiet der festen Lösungen sich bis etwa 40% Cr
erstreckt, bei höheren Cr-Gehalten jedoch eine Verbindung vorliegen
muß[17] (s. erste Arbeit von BAIN).

Gelegentlich umfangreicher Gefügeuntersuchungen von Fe-Cr-Ni-
und Fe-Cr-Legierungen stellten BAIN-GRIFFITHS[18] fest, daß bei hinreichend langsamer Abkühlung oder nach langandauernder Glühung
unterhalb 950° in Legierungen mittlerer Konzentration ein harter,
spröder und unmagnetischer Gefügebestandteil gebildet wird, der durch
Erhitzen über diese Temperatur und nachfolgendes Abschrecken wieder
zum Verschwinden gebracht werden kann. In den binären Fe-Cr-
Legierungen wurde diese intermediäre Phase zwischen etwa 45 und 57%
Cr beobachtet. Merkwürdigerweise ist diese vollkommen eindeutige
Feststellung von BAIN-GRIFFITHS bis in die neueste Zeit unberücksichtigt
geblieben.

KINZEL[19] bestimmte die in Abb. 228 angegebenen Umwandlungstemperaturen mit Hilfe dilatometrischer Messungen; die Legierungen
enthielten nur sehr wenig Kohlenstoff, nach einer Angabe nur 0,006%.
Entgegen den Feststellungen von OBERHOFFER-ESSER u. a. fand KINZEL,
daß die $\alpha \rightleftharpoons \gamma$-Umwandlungstemperatur von Fe durch Cr nicht erniedrigt wird; das γ-Feld schließt sich nach seinen Beobachtungen bereits
bei 12,2% Cr.

WESTGREN, PHRAGMÉN und NEGRESCO[20] haben mit Hilfe von
Röntgenuntersuchungen an 6 Legierungen mit 8,3—80,3% Cr festgestellt,
daß $\alpha(\delta)$-Fe und Cr lückenlos mischbar sind. Die Gitterkonstante
ändert sich stetig mit der Konzentration.

MAURER[21] hat die in Abb. 228 eingetragenen Umwandlungstempera-
turen mit Hilfe von Differential-Erhitzungskurven bestimmt; seine
Legierungen enthielten 0,03% C (!). Das Minimum in der Kurve der
$\alpha \rightleftharpoons \gamma \rightleftharpoons \delta$-Umwandlung liegt danach bei rd. 10% Cr und 830°; das
γ-Gebiet konnte bei dem genannten C-Gehalt bis zu mindestens 16,8% Cr
festgestellt werden.

Das Vorliegen einer lückenlosen Mischkristallreihe zwischen $\alpha(\delta)$-Fe
und Cr hat KREUTZER[22] mit Hilfe röntgenographischer Untersuchungen
erneut festgestellt. Röntgenuntersuchungen bei hohen Temperaturen,
deren Ergebnisse bereits OBERHOFFER-ESSER mitgeteilt hatten, ergaben,
daß sich das γ-Mischkristallgebiet bis zu einer zwischen 14,77 und 16,2%
Cr liegenden Zusammensetzung erstreckt. Das vollständige γ-Feld
konnte infolge der Verdampfung von Cr bei den betreffenden Temperaturen röntgenographisch nicht abgegrenzt werden.

Ruf[23] hat den elektrischen Widerstand, seinen Temperaturkoeffizienten, die Thermokraft, das spezifische Gewicht und den thermischen Ausdehnungskoeffizienten der ganzen Legierungsreihe (im Vakuum erschmolzene, C-freie Legn.) bestimmt. Die Ergebnisse stehen mit der Annahme einer lückenlosen Mischkristallreihe zwischen $\alpha(\delta)$-Fe und Cr nicht im Widerspruch.

Stäblein[24] bestimmte mit den bereits von Maurer untersuchten Legierungen (C-Gehalt etwa 0,03%) die Temperaturen des Beginns und des Endes der $\alpha \rightleftharpoons \gamma$-Umwandlung mit Hilfe dilatometrischer Messungen (s. Abb. 228). Für den genannten C-Gehalt reicht das γ-Gebiet bis mindestens 16,8% Cr (vgl. Maurer). Auf die Hysterese dieser Umwandlung bei Erhitzung und Abkühlung kann hier nicht näher eingegangen werden. Schroeter[25] fand mit Hilfe von Ausdehnungsmessungen an den bereits von Oberhoffer-Esser verwendeten Legierungen, daß das γ-Gebiet bis zu einer zwischen 11,33 und 12,62% Cr liegenden Konzentration reicht. Dieses Ergebnis steht in guter Übereinstimmung mit den Bestimmungen von Kinzel. Die Bestimmungen der $\alpha \rightleftharpoons \gamma$-Umwandlungstemperaturen von Merz[26] im Bereich von 0—10% Cr wurden an Legierungen mit 0,02—0,07% C ausgeführt und können daher hier unberücksichtigt bleiben.

Neuerdings haben Wever-Jellinghaus[27] das Bestehen einer intermediären Phase im System Cr-Fe, die sich mit sehr geringer Bildungsgeschwindigkeit aus dem $\alpha(\delta)$-Mischkristall bildet, bestätigen können (s. Chevenard und Bain-Griffiths). Bei der röntgenographischen und mikroskopischen Untersuchung Ni-armer Fe-Cr-Ni-Legierungen, die bei 900° geglüht waren, konnte ihr Bestehen nachgewiesen werden. Die Verfasser haben daraufhin[28] auch binäre Cr-Fe-Legierungen mikroskopisch und röntgenographisch untersucht und festgestellt, daß nach dem Glühen bei 900° keine merkliche Veränderung des Gefüges der aus dem Schmelzfluß erkalteten homogenen Legierungen eintritt, daß jedoch nach 4tägigem Glühen bei 600° zwischen 50 und 60% Fe ein neuer Gefügebestandteil entsteht, der durch Glühen bei 1200° wieder verschwindet. Die Röntgenaufnahmen deuten auf eine Struktur hin, die ähnlich derjenigen der im System Fe-V bestehenden Verbindung FeV ist; die Formel CrFe (51,78% Fe) hat daher große Wahrscheinlichkeit. Über das Konzentrationsgebiet, innerhalb dessen die Verbindung CrFe, die sowohl Fe als Cr im Überschuß zu lösen vermag, besteht, liegen bereits einige mit Hilfe von Röntgenuntersuchungen gewonnene Anhaltspunkte[29] vor, auf Grund von dilatometrischen Messungen von Wever-Jellinghaus und magnetischen Untersuchungen von Adcock (s. w. u.) könnte man jedoch schließen, daß die intermediäre Phase in einem wesentlich größeren Konzentrationsgebiet vorliegt; bei 500—600° zwischen rd. 30 und 70% Fe.

Eine mit größter Sorgfalt und unter Ausschaltung aller erdenklichen Fehlerquellen durchgeführte Untersuchung über das System verdanken wir Adcock[30]. Die Legierungen wurden aus sehr reinem Elektrolyteisen und -chrom in Tiegeln aus reinem Aluminiumoxyd, die mit Thoriumoxyd ausgekleidet waren, im Vakuum-Hochfrequenzofen erschmolzen; die Proben hatten beispielsweise an Verunreinigungen nur 0,04% C, 0,003% N, 0,004% Si, 0,01% S, 0% Al und Th.

Thermische Untersuchungen unter Vakuum führten zu der in Abb. 229 dargestellten Liquiduskurve; der Cr-Schmelzpunkt (s. darüber Cr-N) wurde bei 1830°, das Minimum bei 1507° und 78% Fe gefunden. Die mit Hilfe von Erhitzungskurven an homogenisierten Proben im Argonstrom bestimmte Soliduskurve wird als vorläufig angesehen. Die Temperaturen der $\alpha(\delta) \rightleftharpoons \gamma$-Umwandlung wurden durch thermische (im Vakuum) und dilatometrische Beobachtungen (in Argon) bei Erhitzung und Abkühlung bestimmt; s. die Nebenabb. von Abb. 228. Danach erstreckt sich das γ-Feld bis 11,6% Cr. Die Grenzkurve, die das γ-Feld vom $(\alpha + \gamma)$-Feld trennt, ist unbekannt. Die magnetischen Umwandlungspunkte wurden mit Hilfe von thermischen, dilatometrischen und verschiedenen magnetischen Messungen ermittelt; die Proben waren vorher 12 Stunden bei 1300—1350° geglüht und darauf langsam im Ofen erkaltet. Die Umwandlungskurve (Abb. 228) erreicht bei etwa 3% Cr ein Maximum und fällt nach Durchschreiten einer kleinen Unstetigkeit auf —140° bei 75% Cr ab. Bemerkenswert ist die durch Wärmebehandlung (Abschrecken) bewirkte Verschiebung der magnetischen Umwandlungspunkte zwischen 25 und 55% Fe. Die Kurve ABC (Abb. 228) gibt die magnetischen Umwandlungspunkte bei langsamer Abkühlung von 1300° wieder. Werden Proben des genannten Bereiches auf eine über DE liegende Temperatur erhitzt und abgeschreckt, so tritt eine Erniedrigung der Umwandlungstemperatur auf die Kurve $AB'C$ ein. Abschrecken bei Temperaturen unterhalb $D'E'$ ist ohne Einfluß, Abschrecken bei Temperaturen zwischen $D'E'$ und DE ruft nur eine teilweise Erniedrigung hervor. Da die Erniedrigung in der Nähe von 50 Atom-% am größten (80°) ist, so schließt Scheil[31] auf einen Zusammenhang dieser Erscheinung mit der von Wever-Jellinghaus beobachteten Bildung der Verbindung CrFe.

Adcock, dem die Arbeit von Wever-Jellinghaus beim Abschluß seiner Versuche noch nicht bekannt war, schließt aus den hier besprochenen Ergebnissen, den mikroskopischen Beobachtungen, den Messungen des elektrischen Widerstandes, der Dichte und der Härte, daß Cr und α-Fe lückenlos mischbar sind. Dieselbe Ansicht vertritt Preston[32] auf Grund von Bestimmungen der Gitterkonstanten der ganzen Legierungsreihe. In einem Nachtrag zu seiner Arbeit nimmt Adcock[33] zu dem Befund von Wever-Jellinghaus Stellung und teilt

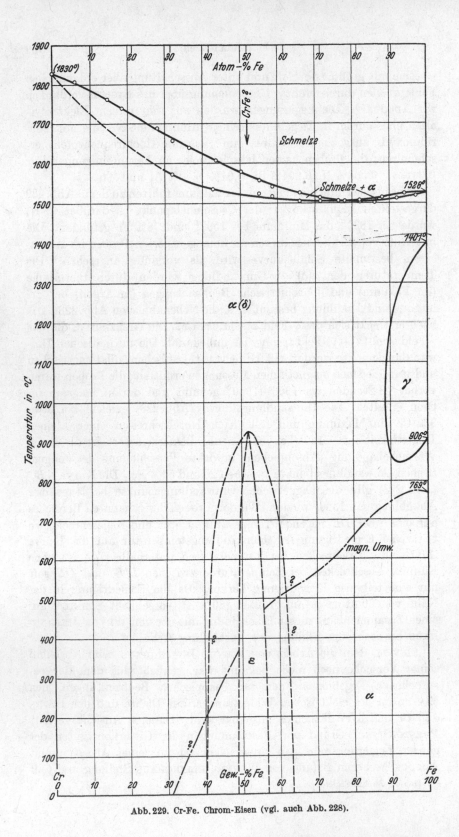

Abb. 229. Cr-Fe. Chrom-Eisen (vgl. auch Abb. 228).

mit, daß Legierungen mit 51,3 und 53% Fe nach 4tägigem Glühen bei 600° weder röntgenographisch noch mikroskopisch irgendein Anzeichen für die Bildung einer Verbindung aufwiesen. Dieser Widerspruch mit dem Ergebnis von WEVER-JELLINGHAUS, wonach die Umwandlung zwischen 50 und 60% Fe umkehrbar zwischen 600° und 1200° verläuft, wird durch weitere Versuche zu klären sein.

Kurze Zusammenfassung. Die Liquiduskurve und auch wohl die Soliduskurve ist von ADCOCK mit der größten erreichbaren Genauigkeit bestimmt worden. Dasselbe gilt auch von der Grenzkurve des geschlossenen γ-Zustandsfeldes, die nach Abb. 228 teilweise ausgezeichnet mit den von KINZEL (oberer Teil) und OBERHOFFER-ESSER (unterer Teil) bestimmten Grenzen übereinstimmt. Das γ-Gebiet erstreckt sich nach KINZEL bis 12,2% Cr (bei ~0,006% C), nach OBERHOFFER-ESSER bis etwa 12% Cr (bei < 0,01% C), nach SCHROETER bis zwischen 11,33 und 12,62% Cr (bei < 0,01% C) und nach ADCOCK bis 11,6% Cr (bei etwa 0,03—0,04% C). Höhere Grenzgehalte (MAURER, STÄBLEIN) dürften auf höhere Gehalte an Verunreinigungen, insbesondere Kohlenstoff, zurückzuführen sein. Der genaue Grenzgehalt ist wohl nur nach Bestimmung des Einflusses von Kohlenstoff durch Extrapolation auf einen C-Gehalt von 0% festzulegen. An dem Bestehen der Verbindung CrFe (ε-Phase) kann nach den Befunden von BAIN, CHEVENARD, BAIN-GRIFFITHS und WEVER-JELLINGHAUS trotz der gegenteiligen Feststellung von ADCOCK wohl nicht gezweifelt werden (vgl. Nachtrag). Die Kurve der magnetischen Umwandlungspunkte ist nach den gut übereinstimmenden Ergebnissen von OBERHOFFER-ESSER, MAURER und ADCOCK in dem Gebiet zwischen etwa 70 und 100% Fe hinreichend genau bekannt. In dem Gebiet der ε-Phase (CrFe) ist ihr Verlauf noch nicht festgelegt. Der in Abb. 229 gezeichnete Verlauf zwischen 30 und 70% Fe bezieht sich wegen der geringen Bildungsgeschwindigkeit der ε-Phase auf Ungleichgewichte.

Weitere Untersuchungen. Der Vollständigkeit halber sei noch auf die Arbeiten von NISHIYAMA[34] (Gitterkonstanten zwischen 0 und 13,2% Cr), FISCHER[35] (magnetische und elektrische Eigenschaften zwischen 10 und 20% Cr) und WEBB[36] (magnetische Eigenschaften des ganzen Systems) hingewiesen.

Nachtrag. Neuerdings hat ERIKSSON[37] die ε-Phase durch Röntgenuntersuchungen abermals bestätigen können. Sie hat wahrscheinlich ein deformiertes α-Gitter von niederer Symmetrie.

Literatur.

1. TREITSCHKE, W., u. G. TAMMANN: Z. anorg. allg. Chem. Bd. 55 (1907) S. 402/11. — 2. Die von früheren Forschern untersuchten Cr-Fe-Legn. hatten einen mehr oder weniger großen C-Gehalt. Von historischem Interesse sind die Arbeiten von R. A. HADFIELD (mit Literaturangaben) sowie F. OSMOND: J. Iron

Steel Inst. 1892 II S. 49/114 u. 115/31. Weitere Zitate bei M. Sack: Bibliographie der Metallegierungen, Z. anorg. allg. Chem. Bd. 35 (1903) S. 325. — **3.** Die Liquiduskurve ist eine zwischen den Schmelzpunkten von Fe und Cr (1513°!) unregelmäßig verlaufende Kurve. — **4.** Monnartz, P.: Metallurgie Bd. 8 (1911) S. 163/68. — **5.** Jänecke, E.: Z. Elektrochem. Bd. 23 (1917). S. 49/55. — **6.** Hunter, A., u. F. H. Sebast: J. Amer. Inst. Metals Bd. 11 (1917/18) S. 115. — **7.** Murakami, T.: Sci. Rep. Tôhoku Univ. Bd. 7 (1918) S. 224/25 u. 264/66. — **8.** Bain, E. C.: Chem. metallurg. Engng. Bd. 28 (1923) S. 23. — **9.** Fischbeck, K.: Stahl u. Eisen Bd. 44 (1924) S. 716/17. — **10.** Pakulla, E., u. P. Oberhoffer: Ber. Werkstoffausschuß V. d. Eisenhüttenleute Nr. 68 (1925) S. 1/6. — **11.** Esser, H., u. P. Oberhoffer: s. Pakulla u. Oberhoffer Anm. 10. — **12.** Vegesack, A. v.: Z. anorg. allg. Chem. Bd. 154 (1926) S. 37/41. — **13.** Denecke, W.: Z. anorg. allg. Chem. Bd. 154 (1926) S. 178/85. — **14.** Bain, E. C.: Trans. Amer. Soc. Steel Treat. Bd. 9 (1926) S. 9/32. — **15.** Oberhoffer, P., u. H. Esser: Stahl u. Eisen Bd. 47 (1927) S. 2021 bis 2031. — **16.** Chevenard, P.: Trav. et Mém. Bureau Internat. Poids et Mesures Bd. 12 (1927) 144 Seiten. Ref. J. Inst. Met., Lond. Bd. 37 (1927) S. 471/72. — **17.** Chevenard, P.: Originalarb. S. 90. — **18.** Bain, E. C., u. W. E. Griffiths: Trans. Amer. Inst. min. metallurg. Engr. Bd. 75 (1927) S. 166/211. — **19.** Kinzel, A. B.: Amer. Inst. min. metallurg. Engr. Techn. Publ. Nr. 100 (1928) 7 Seiten. Ref. Stahl u. Eisen Bd. 48 (1928) S. 871. — **20.** Westgren, A., G. Phragmén u. T. Negresco: J. Iron Steel. Inst. Bd. 117 (1928) S. 385/86. — **21.** Maurer, E., u. H. Nienhaus: Stahl u. Eisen Bd. 48 (1928) S. 999/1000. — **22.** Kreutzer, C.: Z. Physik Bd. 48 (1928) S. 560/64. Oberhoffer, P., u. C. Kreutzer: Arch. Eisenhüttenwes. Bd. 2 (1928/29) S. 451/53. — **23.** Ruf, K.: Z. Elektrochem. Bd. 34 (1928) S. 813/18. — **24.** Stäblein, F.: Arch. Eisenhüttenwes. Bd. 3 (1929/30) S. 301/305. — **25.** Schroeter, K.: S. bei F. Stäblein: Arch. Eisenhüttenwes. Bd. 3 (1929/30) S. 303. — **26.** Merz, A.: Arch. Eisenhüttenwes. Bd. 3 (1929/30) S. 591/92. — **27.** Wever, F., u. W. Jellinghaus: Mitt. Kais. Wilh.-Inst. Eisenforschg., Düsseld. Bd. 13 (1931) S. 107. — **28.** Wever, F., u. W. Jellinghaus: Mitt. Kais. Wilh.-Inst. Eisenforschg., Düsseld. Bd. 13 (1931) S. 143/47. — **29.** „Die Interferenzlinien der Verbindung wurden bei den 4 Tagen bei 600° geglühten Proben von 43,2% Fe bis 59,7% Fe beobachtet, während sie bei den gleich behandelten Proben mit 40,5 und 61,4% Fe fehlten. Die Grenze des Mischkristallfeldes muß danach die 600°-Isotherme zwischen 60 und 62 bzw. 40 und 43% Fe schneiden." Die Löslichkeitsgrenze der ε-Phase (Abb. 229) liegt bei 600° auf der Cr-Seite nicht weit unter 50% Fe und auf der Fe-Seite bei etwa 55—56% Fe. Die Mischungslücke ist bei 900° schon nahezu geschlossen. — **30.** Adcock, F.: J. Iron Steel Inst. Bd. 124 (1931) S. 99/139. S. auch National Physical Laboratory, Report for the year 1930 S. 263/64. — **31.** Scheil, E.: Stahl u. Eisen Bd. 51 (1931) S. 1577/78. — **32.** Preston, G. D.: J. Iron Steel Inst. Bd. 124 (1931) S. 139/41. Philos. Mag. 7 Bd. 13 (1932) S. 419/25. — **33.** Adcock, F.: J. Iron Steel Inst. Bd. 124 (1931) S. 147/49. — **34.** Nishiyama, Z.: Sci. Rep. Tôhoku Univ. Bd. 18 (1929) S. 377/87. — **35.** Fischer, F. Kapp: Rensselaer Polytech. Inst. Bull. Eng. Sci. Series Nr. 28 (1930) S. 1/32. — **36.** Webb, C. E.: J. Iron Steel Inst. Bd. 124 (1931) S. 141/45. — **37.** Eriksson, S.: Jernkont. Ann. Bd. 118 (1934) S. 530/43; vgl. J. Inst. Met., Lond. Met. Abs. Bd. 2 (1935) S. 343.

Cr-H. Chrom-Wasserstoff.

L. Luckemeyer-Hasse und H. Schenck: Arch. Eisenhüttenwes. Bd. 6 (1932/33) S. 210 haben die Löslichkeit von H_2 in Elektrolytchrom (99,7%) bei 300—1200° bestimmt.

Cr-Hg. Chrom-Quecksilber.

Cr-Amalgam ist verschiedentlich[1] durch Fällung aus Chromosalzlösung mit Na-Amalgam, sowie von Férée[2] durch Elektrolyse einer $CrCl_3$-Lösung (Hg-Kathode) dargestellt worden. Durch Abpressen der flüssigen Phase mit einem Druck von 200 kg/cm² erhielt Férée wiederholt einen Rückstand von der Zusammensetzung CrHg; dieser Befund berechtigt jedoch nicht zur Annahme einer solchen Verbindung. Auf Grund von Spannungsmessungen geben Tammann-Hinnüber[3] die Löslichkeit von Cr in Hg bei 18° zu $3{,}1 \cdot 10^{-11}\%$ an. Auf analytischem Wege fanden Irvin-Russel[4] dagegen $5 \cdot 10^{-5}\%$.

Literatur.

1. U. a. H. Moissan: C. R. Acad. Sci., Paris Bd. 88 (1879) S. 180/83. Ann. Chim. Phys. 5 Bd. 21 (1880) S. 250. — 2. Férée, J.: C. R. Acad. Sci., Paris Bd. 121 (1895) S. 822/24. — 3. Tammann, G., u. J. Hinnüber: Z. anorg. allg. Chem. Bd. 160 (1927) S. 257/59. — 4. Irvin, N. M., u. A. S. Russel: J. chem. Soc. 1932 S. 891/98.

Cr-Ir. Chrom-Iridium.

Eine Cr-Ir-Legierung mit 10% Cr (hergestellt durch Sintern eines pulverigen Gemisches aus Ir und aluminothermisch gewonnenem Cr) erwies sich als ferromagnetisch[1].

Literatur.

1. Friederich, E.: Z. techn. Physik Bd. 13 (1932) S. 59.

Cr-Mo. Chrom-Molybdän.

Abb. 230 zeigt das von Siedschlag[1] mit Hilfe thermischer und mikroskopischer Untersuchungen entworfene Zustandsschaubild. Zur Herstellung der Legierungen wurde ein aluminothermisch gewonnenes, also C-freies 97,8%iges Cr (!) und ein nur Spuren von Fe enthaltendes Mo verwendet[2].

Über die Fähigkeit der Komponenten, Mischkristalle zu bilden, ist nichts Sicheres bekannt: eine unbehandelte Legierung mit 0,7% Mo erwies sich als zweiphasig, doch ist dieser Mo-Gehalt kleiner als der Gehalt an Verunreinigungen. Die Grenze der Mo-reichen Mischkristallreihe nimmt Siedschlag auf Grund des nahezu einphasigen Gefüges einer im

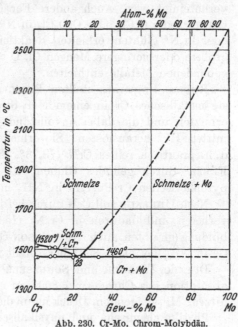

Abb. 230. Cr-Mo. Chrom-Molybdän.

Lichtbogen erschmolzenen Legierung mit 97,5% Mo zu etwa 98% Mo an, diese Legierung war jedoch nicht wärmebehandelt[3].

Abb. 230 kann nicht als das Zustandsdiagramm des binären Systems Cr-Mo angesehen werden. Die Schmelzen müssen stark verunreinigt gewesen sein. Das geht vor allem aus dem ganz wesentlich zu tief gefundenen Cr-Schmelzpunkt von rd. 1520° hervor (s. darüber Cr-N). Das Diagramm bedarf einer erneuten Bearbeitung unter sauberen Versuchsbedingungen (vgl. Cr-Fe).

Literatur.

1. SIEDSCHLAG, E.: Z. anorg. allg. Chem. Bd. 131 (1923) S. 191/96. — 2. Die Legn. wurden in einer H_2-Atmosphäre in Kohletiegeln, die mit Al_2O_3 ausgekleidet waren, erschmolzen. Die Herstellung der Legn. mit bis zu 25% Mo geschah durch Einwerfen von Mo-Draht in geschmolzenes Cr, diejenige der Mo-reicheren Legn. durch Einsetzen eines fest gepreßten Briketts aus zerkleinertem Cr und Mo-Pulver in den hocherhitzten Tiegel. Fast alle Reguli wurden analysiert. — 3. Schon früher hatte C. L. SARGENT: J. Amer. chem. Soc. Bd. 22 (1900) S. 783/90 durch Reduktion der Metalloxyde mit Kohle festgestellt, daß sich Cr und Mo mit größter Leichtigkeit legieren.

Cr-N. Chrom-Stickstoff.

Präparative Arbeiten. LIEBIG[1] stellte durch Einwirkung von NH_3 auf $CrCl_3$ die Verbindung CrN (21,22% N) dar, hielt sie aber irrtümlicherweise für metallisches Cr. Ihre wirkliche Natur wurde später von SCHRÖTTER[2] erkannt, der auch fand, daß das Produkt durch Chlor stark verunreinigt war. Auch andere Forscher (UFER[3], UHRLAUB[4], SMITS[5], GUNTZ[6]), die $CrCl_3$ oder CrO_2Cl_2 in NH_3 oder mit Nitriden wie Mg_3N_2[5] oder Li_3N[6] glühten, erhielten Reaktionsprodukte, die nebst Cr und N größere oder geringere Mengen Cl, O oder die in den Ausgangsnitriden gebundenen Metalle enthielten.

Reinere Präparate stellten BRIEGLEB-GEUTHER[7] dadurch her, daß sie metallisches Cr in einem NH_3-Strom bis zur Weißglut ($\sim1400°$) erhitzten und die dabei unvollständig nitrierten Teile des Produktes mittels HCl herauslösten. Sie erhielten so einen Stoff mit 78,9% Cr, d. h. praktisch reines CrN (78,78% Cr). Diese Verbindung hat auch FÉRÉE[8] durch gelindes Glühen eines aus Cr-Amalgam hergestellten pyrophorischen Cr-Pulvers in NH_3 in sehr reinem Zustand erhalten.

Nach UHRLAUB soll CrN durch heftiges Glühen (?) in NH_3 Stickstoff verlieren und dadurch in Cr_3N_2 (15,22% N) übergehen. Diese Verbindung glaubten auch HENDERSON-GALLETLY[9] durch Nitrierung von Cr in NH_3 bei etwa 850° hergestellt zu haben.

DUPARC, WENGER und SCHUSSELÉ[10] fanden die höchste Stickstoffabsorption des Chroms bei 800° zu etwa 12% nach 2stündigem Erhitzen. Mit steigendem Druck nahm die aufgenommene Menge etwas zu.

Physiko-chemische und physikalische Messungen am System Cr-N.

Schon UFER hat bemerkt, daß CrN bei hoher Temperatur, etwa beim Ni-Schmelzpunkt (1452°), teilweise zerfällt. Aus Messungen der Dissoziationsspannung des CrN bei 800° schlossen BAUR-VOERMANN[11], daß Cr und CrN nur eine variable Phase, also Mischkristalle, bilden. Derselben Ansicht schloß sich SHUKOW[12] (er beobachtete eine Aufnahme von Stickstoff nur bis zu 8%) auf Grund von Messungen des Gleichgewichtsdruckes bei verschiedenen Temperaturen an. Auch aus der elektrischen Leitfähigkeit der Cr-N-Präparate, die von derselben Größenordnung ist wie die des Metalls, schloß SHUKOW[13] seltsamerweise ebenfalls auf das Bestehen fester Lösungen des Stickstoffs in Chrom. VALENSI[1] hat die Gleichgewichtsdrucke im System Cr-N bei verschiedenen Temperaturen gemessen (s. w. u.). Die Menge des von Cr aufgenommenen Stickstoffs deutet nach VALENSI auf die Formel CrN.

Das System Cr-N. BLIX[15] hat Cr-N-Legierungen, die durch NH_3-Azotierung von 99,6%igem Cr bei 800° hergestellt und zwecks Homogenisierung 1 Stunde bei 1100°, in einigen Fällen auch 3 Stunden bei 1250—1300°, in evakuierten Quarzröhren geglüht waren, röntgenographisch untersucht. Die Ergebnisse der Röntgenanalyse stellen sich wie folgt dar.

Die Löslichkeit von Stickstoff in Cr kann nur sehr gering sein, da die Interferenzen der Cr-Phase, α, in den Photogrammen der unvollständig nitrierten Präparate genau dieselbe Lage haben wie im Photogramm des Cr.

Es treten zwei intermediäre Phasen im System Cr-N auf. Die N-ärmere dieser Phasen, β, hat ein hexagonales Gitter dichtester Kugelpackung und liegt nahe an der der Formel Cr_2N mit 11,87% N entsprechenden Stickstoffkonzentration; ihr Homogenitätsgebiet liegt zwischen etwa 11,3 und 11,9% N (entsprechend 32 und 33,3 Atom-% N), d. h. hauptsächlich — vielleicht sogar völlig — unterhalb der Zusammensetzung Cr_2N (s. auch Nachtrag). Die N-Atome sind wahrscheinlich willkürlich in den Hohlräumen des hexagonalen dichtgepackten Cr-Gitters eingelagert.

Die Verbindung CrN hat ein kubisches Gitter vom NaCl-Typ. Das von HENDERSON-GALLETLY vermutete Nitrid Cr_3N_2 besteht nicht.

Interessant sind die Folgerungen, die TAMMANN[16] aus den von VALENSI[14] bestimmten Druck-Konzentrationsisothermen für Temperaturen von 810—1000° zieht. Danach sind bei 810° und etwa 20 mm Stickstoffdruck die beiden Phasen Cr_2N und CrN miteinander im Gleichgewicht. Mit steigender Temperatur nähern sich die N-Gehalte der beiden Phasen und werden im kritischen Punkt bei etwa 950°, 190 mm Druck gleich, und zwar gleich rd. 15,5% N. „Die beiden Kristallarten, deren Zusammensetzungen bei 810° nahezu den Formeln Cr_2N und CrN entsprechen, müssen also isomorph sein, und die Abstände der Cr-Atome in beiden Kristallarten müssen mit wachsender Temperatur und dem Ausgleich ihrer N-Gehalte sich einander nähern und im kritischen Punkt gleich werden. Bei Temperaturen oberhalb des kritischen Punktes findet der Zerfall in zwei feste Phasen nicht mehr statt, es liegt dann eine Mischkristallreihe vor, die von 0 bis über 50 Atom-% N (21,22% Gew.-% N) hinausreicht. Die beiden Endglieder zweier Mischkristallreihen, deren Zusammensetzungen bei tieferen Temperaturen nahezu den multiplen Proportionen Cr_2N und CrN entsprechen, bilden sich also durch allmähliche Entmischung einer Mischkristallreihe." Mit dieser Auffassung sind die Ergebnisse der röntgenographischen Untersuchung von BLIX nicht in Einklang zu bringen, nach denen insbesondere die Phase CrN als echte chemische Verbindung anzusehen ist.

Weitere Erkenntnisse verdanken wir ADCOCK[17]. Er schmolz handelsreines Cr in einem Al_2O_3-Tiegel und leitete 50 Minuten lang N_2 auf die Oberfläche der Schmelze. Bei anschließender Druckerniedrigung trat starke Gasabgabe ein. Nach dem Erstarren unter $1/_2$ at Druck enthielt der Regulus 3,9% N; Brinellhärte 315 kg/mm² gegenüber 165 vom Ausgangsstoff. Ferner schmolz er Elektrolytchrom im Hochfrequenzofen unter Luftzutritt um. Er hielt die Schmelze nur etwa 2 Minuten flüssig. Der Regulus enthielt 2,38% N. Im Gefüge beider Cr-Schmelzen fand ADCOCK größere Mengen eines gelblichen Bestandteils in eutektischer Anordnung und vermutet mit Recht, daß er aus Nitrid besteht. Im Vakuum umgeschmolzenes Elektrolytchrom enthielt diesen Bestandteil nicht, dagegen konnte der gelbe Bestandteil in handelsreinem Cr in geringer Menge festgestellt werden.

Der Schmelzpunkt des Chroms. Der Einfluß von Stickstoff auf den Schmelzpunkt des Chroms. Die Angaben über den Schmelzpunkt des Chroms sind sehr verschieden. Nach der Zusammenstellung in LANDOLT-BÖRNSTEINs Tabellenwerk (1923) liegen die von 1902—1913 bestimmten Schmelzpunkte von aluminothermischem Chrom zwischen 1513° und 1553°, Mittelwert 1530°. KOPPEL[18] vermochte bei der Besprechung dieser Angaben keine Entscheidung zwischen den seiner Ansicht nach beiden wahrscheinlichsten Werten von 1520° und 1560° zu fällen. Seither ist die Bestimmung des Cr-Schmelzpunktes Gegenstand zahlreicher Untersuchungen gewesen, aus denen übereinstimmend hervorgeht, daß diese Temperatur zu tief ist. Betreffs Einzelheiten der Versuchsdurchführung muß auf die unten genannten Originalarbeiten verwiesen werden. So berichten RUFF-FOEHR[19], daß es ihnen nicht geglückt sei, Cr im Kohlevakuumofen unter 1600° zu schmelzen. PAKULLA-OBERHOFFER[20] schließen aus thermischen Untersuchungen (opt. Pyrometer) am System Cr-Fe, die in rohen Tonerdetiegeln im Molybdän-Vakuumofen ausgeführt wurden, daß der Schmelzpunkt „wesentlich höher liegt, als bisher angenommen worden ist"; bereits eine Schmelze mit 57% Cr, Rest Fe erstarrte bei etwas oberhalb 1600°. „Trotz der hohen Einschmelztemperatur von 1700° war es nur teilweise möglich, reines Cr zu verflüssigen." KOHLRAUSCH (1926) nennt 1620°, während VON VEGESACK[21] in Übereinstimmung mit PAKULLA-OBERHOFFER zu dem Schluß kommt, daß „der Schmelzpunkt des Chroms jedenfalls nicht unter 1700° liegt". Er fand, daß eine im Pythagorastiegel im Tammannofen ohne Schutzatmosphäre erhitzte Probe von 97,95%igem Cr beim Erhitzen auf 1710° nur teilweise geschmolzen war. SMITHELLS-WILLIAMS[22] gelang es ebenfalls nicht, Cr in H_2-Atmosphäre bei 1700° zum Schmelzen zu bringen. Durch Widerstandsheizung von Cr-Stäbchen im Vakuum und Messung des Emissionsvermögens schließen sie auf eine Schmelztemperatur von 1920° (Minimalwert). WEVER-HASCHIMOTO[23] bestimmten den Schmelzpunkt in H_2-Atmosphäre im Magnesiatiegel mit Hilfe eines optischen Pyrometers zu 1705 $\pm$ 10°. MÜLLER[24] fand bei einer mit Hilfe eines Ir-Rh/Ir-Ru-Thermoelementes aufgenommenen Abkühlungskurve von Elektrolytchrom, das im Zirkontiegel unter Wasserstoff im Hochfrequenzofen geschmolzen war, eine Erstarrungstemperatur von 1805°. HOFFMANN-TINGWALDT[25] haben den Schmelzpunkt von reinem Cr nach zwei Verfahren optisch-pyrometrisch bestimmt. Bei dem ersten Verfahren, bei dem das Metall im Kohlevakuumofen im Magnesiatiegel geschmolzen wurde, ergab sich 1800$\pm$10°, bei dem zweiten, bei dem ein Stäbchen aus dem Metall durch elektrische Widerstandsheizung geschmolzen wurde, 1765 $\pm$ 10°. SAUERWALD-WINTRICH[26] stellten fest, daß Elektrolytchrom und aluminothermisches Chrom unter 1900° nicht schmolz; Magnesiatiegel im Kohlegriesvakuumofen. „Einige Bestimmungen mit dem optischen Pyrometer ergaben 1915—1925° als wahrscheinlichsten Schmelzpunkt." ADCOCK[27] schmolz sehr reines Elektrolytchrom in einem mit ThO_2 ausgekleideten Tiegel aus reinem Al_2O_3 im Vakuum und bestimmte den Erstarrungspunkt mit Hilfe eines optischen Pyrometers zu 1830°. AGTE[28] gibt den mit Hilfe der Bohrlochmethode bestimmten Schmelzpunkt von 92%igem Elektrolytchrom (Rest Chromoxyde) zu 1777° an.

Es soll hier nicht in eine Besprechung der vorliegenden immer noch sehr verschiedenen Cr-Schmelzpunkte eingetreten werden, zumal es schwer, wenn nicht gar noch unmöglich ist, die Ursachen für die Verschiedenheit der Werte anzugeben[25], um so mehr als selbst bei Einhaltung annähernd gleicher Versuchsbedingungen (HOFFMANN-TINGWALDT, SAUERWALD-WINTRICH) große Unterschiede festgestellt wurden. Aufnahme von Kohlenstoff führt nach den Untersuchungen über das System C-Cr zu einer Erniedrigung des Schmelzpunktes. Über den Einfluß der Reaktionsprodukte der Cr-Schmelze mit den Tiegelmaterialien wissen wir dagegen nichts. Einen starken Einfluß übt mit Sicherheit

Stickstoff aus, doch ist es nicht möglich, damit allein die großen Unterschiede zu erklären, da dieser bei den Versuchen von SMITHELLS-WILLIAMS, WEVER-HASCHIMOTO, MÜLLER, HOFFMANN-TINGWALDT, SAUERWALD-WINTRICH und ADCOCK[27] wohl praktisch völlig abwesend war (H_2-Atmosphäre oder Vakuum). Die Frage nach der wahren Schmelztemperatur des Chroms bleibt daher nach wie vor offen. Die Angabe $1860 \pm 60°$ schließt die verläßlichsten Werte in sich ein. Es hat jedoch den Anschein, daß der Cr-Schmelzpunkt näher bei $1800°$ als bei $1900°$ zu suchen ist.

Der große Einfluß von Stickstoff auf den Cr-Schmelzpunkt geht aus Versuchen von ADCOCK[17] sowie SAUERWALD-WINTRICH hervor. Ersterer fand den Cr-Schmelzpunkt bei Anwesenheit von Luft nahe $> 1630°$; die Schmelze hatte bei diesem Versuch 2,1% N aufgenommen. Die Abkühlungskurve zeigte einen bedeutenden Haltepunkt bei etwa $1580°$; diese Temperatur hält ADCOCK für den Schmelzpunkt des Eutektikums zwischen Cr und dem gelblichen Gefügebestandteil (s. o.). Bei dem Versuch, den Schmelzpunkt von Cr zu bestimmen, haben SAUERWALD-WINTRICH (s. o.) in einem Fall als Ofenfüllung ein Gemisch von H_2 und N_2 verwendet. Das Chrom schmolz dann bei ungefähr $1650°$, also bei einer um $270°$ tieferen Temperatur, als unter sonst gleichen Bedingungen im Vakuum gefunden wurde. Das mit N_2 behandelte Chrom hatte 3,65% N und zeigte im Schliff gelblichweiße Ausscheidungen.

Aus den obigen Ausführungen über den Cr-Schmelzpunkt folgt, daß auch die Erstarrungs- und Umwandlungstemperaturen der bisher näher untersuchten Legierungen des Chroms (wenigstens doch die der Cr-reichen Mischungen) mit Ag, Al, Au, Bi, Co, Cu, Mo, Ni, Pb, Sb und Sn (außer Fe und Pt), die nach unserer heutigen Kenntnis unter völlig unzureichenden Versuchsbedingungen bestimmt wurden (Luftzutritt oder gar N_2-„Schutz"-Atmosphäre, ungeeignete Tiegelstoffe, aluminothermisches Chrom u. a. Einzelheiten s. bei den betreffenden Systemen), neu ermittelt werden müssen.

Nachtrag. Nach ERIKSSON[29] hat die hexagonale β-Phase eine Überstruktur; ihr Homogenitätsgebiet liegt zwischen 9,3 und 11,9% N (statt 11,3—11,9% nach BLIX).

Literatur.

1. LIEBIG, J.: Pogg. Ann. Bd. 21 (1831) S. 359. — **2.** SCHRÖTTER, A.: Liebigs Ann. Bd. 37 (1841) S. 148. — **3.** UFER, C. E.: Liebigs Ann. Bd. 112 (1859) S. 281. — **4.** UHRLAUB: Diss. Göttingen 1859. — **5.** SMITS, A.: Rec. Trav. chim. Pays-Bas Bd. 15 (1897) S. 136. — **6.** GUNTZ: C. R. Acad. Sci., Paris Bd. 135 (1902) S. 739. — **7.** BRIEGLEB, F., u. A. GEUTHER: Liebigs Ann. Bd. 123 (1862) S. 239. — **8.** FÉRÉE, J.: Bull. Soc. chim. France 3 Bd. 25 (1901) S. 618. Chem. Zbl. 1901 II S. 169. — **9.** HENDERSON, G. G., u. J. C. GALLETLY: J. Soc. chem. Ind. Bd. 27 (1908) S. 388. — **10.** DUPARC, L., P. WENGER u. W. SCHUSSELÉ: Helv. chim. Acta Bd. 13 (1930) S. 917/29. — **11.** BAUR, E., u. G. L. VOERMAN: Z. physik.

Chem. Bd. 52 (1905) S. 473. — **12.** Shukow, I.: J. russ. phys.-chem. Ges. Bd. 40 (1908) S. 457/59. Ref. Chem. Zbl. 1908 II S. 484. — **13.** Shukow, I.: J. russ. phys.-chem. Ges. Bd. 42 (1910) S. 40/41. Ref. Chem. Zbl. 1910 I S. 1221. — **14.** Valensi, G.: J. Chim. physique Bd. 26 (1929) S. 152/77 u. 202/18. — **15.** Blix, R.: Z. physik. Chem. B Bd. 3 (1929) S. 229/39. — **16.** Tammann, G.: Z. anorg. allg. Chem. Bd. 188 (1930) S. 396/401. — **17.** Adcock, F.: J. Iron Steel Inst. Bd. 114 (1926) S. 117/26. Ref. Stahl u. Eisen Bd. 47 (1927) S. 65/66. — **18.** Koppel, I.: Abegg-Auerbachs Handb. d. anorg. Chem. Bd. IV, 1 (1921) S. 31/32. — **19.** Ruff, O., u. T. Foehr: Z. anorg. allg. Chem. Bd. 104 (1918) S. 45. — **20.** Pakulla, E., u. P. Oberhoffer: Ber. d. Werkstoffausschusses d. V. d. Eisenhüttenleute Nr. 68 (1925) S. 5/6. — **21.** Vegesack, A. v.: Z. anorg. allg. Chem. Bd. 154 (1926) S. 40. — **22.** Smithells, C. J., u. S. V. Williams: Nature, Lond. Bd. 124 (1929) S. 617/18. — **23.** Wever, F., u. U. Haschimoto: Mitt. Kais. Wilh.-Inst. Eisenforschg., Düsseld. Bd. 11 (1929) S. 295/96. — **24.** Müller, L.: Ann. Physik 5 Bd. 7 (1930) S. 48/53. — **25.** Hoffmann, F., u. C. Tingwaldt: Z. Metallkde. Bd. 23 (1931) S. 31/32. — **26.** Sauerwald, F., u. A. Wintrich: Z. anorg. allg. Chem. Bd. 203 (1931) S. 73/74. — **27.** Adcock, F.: J. Iron Steel Inst. Bd. 124 (1931) S. 99/146. — **28.** Agte, C.: Diss. Techn. Hochsch. Berlin 1931 S. 21/22. — **29.** Eriksson, S.: Jernkont. Ann. Bd. 118 (1934) S. 530/43; vgl. J. Inst. Met., Lond. Met. Abs. Bd. 2 (1935) S. 343.

Cr-Ni. Chrom-Nickel.

Das erste Zustandsschaubild des Systems Cr-Ni hat Voss[1] vornehmlich mit Hilfe thermischer Untersuchungen entworfen. Er fand zwei von den Schmelzpunkten der Komponenten abfallende Liquidusäste, die sich in einem bei etwa 42% Ni und 1290° liegenden Minimum schneiden. Die Legierungen mit 0—40% und 45—100% Ni erstarren nach Voss als Mischkristalle (die Abkühlungskurven zeigten die dafür typischen Temperaturintervalle); sie bestanden nach dem Erkalten aus dem Schmelzfluß aus mehr oder weniger zonigen Kristalliten. Da die Legierung mit 42% Ni jedoch eine eutektische Struktur zeigte, so hielt Voss das Vorliegen einer sehr engen „eutektischen" Mischungslücke für erwiesen.

Nach der kritischen Besprechung der Voss schen Arbeit in Guertlers[2] Handbuch (1912) wurde jedoch lange Zeit allgemein angenommen, daß Cr und Ni im festen Zustand lückenlos mischbar sind. Diese Auffassung mußte verlassen werden, als festgestellt wurde, daß Cr ein kubisch-raumzentriertes Gitter, Ni dagegen ein kubisch-flächenzentriertes Gitter besitzt und somit die unbedingt notwendige Voraussetzung für die lückenlose Mischbarkeit zweier Komponenten, gleiche Gitterstruktur, nicht erfüllt ist.

Schon bevor Bain[3] mit Hilfe röntgenographischer Untersuchungen das Bestehen einer Mischungslücke bewies (er fand, daß die Photogramme der Legierungen zwischen etwa 5 und 35% Ni die Interferenzen beider Komponenten enthielten) hatte Chevenard[4] auf Grund von Ausdehnungsmessungen an Ni-reichen Legierungen mit bis zu 15,6% Cr vermutet, daß Cr und Ni nicht lückenlos mischbar sein können: zur Erklärung des starken Einflusses von Chrom auf die Ausdehnung des Nickels bei höheren Temperaturen hatte er die Bildung der Verbindung Cr_3Ni_2 (42,93% Ni) angenommen.

Neuerdings haben gleichzeitig und unabhängig voneinander MATSUNAGA[5] sowie NISHIGORI-HAMASUMI[6] den Aufbau des Cr-Ni-Systems untersucht. Die Arbeit von MATSUNAGA ist bisher nicht allgemein bekannt geworden, da sie nur in japanischer Sprache veröffentlicht wurde. Die von den Verfassern auf Grund thermoanalytischer und mikroskopischer Untersuchungen entworfenen Zustandsschaubilder sind im wesentlichen gleich, in quantitativer Hinsicht bestehen Abweichungen, auf die im folgenden kurz eingegangen sei. MATSUNAGA verwendete ein Cr mit 0,3% Al, 0,49% Fe, 0,28% Si, 0,04% C, 98,8% Cr, NISHIGORI-HAMASUMI ein solches mit 3,5% Al, 0,45% Fe, 0,9% Si, 0,05% S, 94,21% Cr. Experimentelle Einzelheiten der Arbeit von MATSUNAGA waren mir nicht zugänglich. NISHIGORI-HAMASUMI erschmolzen ihre Legierungen in Magnesiatiegeln in H_2-Atmosphäre im Tammannofen; sie betonen, daß ihre Legierungen frei von Al waren.

Der obere Teil der Abb. 231 gibt Aufschluß über die Abweichungen der Liquiduskurven. Der eutektische Punkt wurde von MATSUNAGA bei 48,5% Ni, 1346°, von NISHIGORI-HAMASUMI bei etwa 50% Ni, 1320° gefunden (letztere fanden die eutektische Temperatur in 3 Fällen bei 1280°, 1305° und 1320°). Im Diagramm der Abb. 231 wurde ein mittlerer Verlauf der Liquiduskurve[7] und ein eutektischer Punkt von 49,25% Ni (Mittelwert) und 1333 ± 13° angenommen. Die Liquidustemperaturen zwischen 25 und 45% Ni scheinen auf einen Cr-Schmelzpunkt von 1600—1650° hinzudeuten. Diese Temperatur ist jedoch wesentlich zu tief (s. darüber bei Cr-N), der der Primärkristallisation von Cr-reichen Mischkristallen entsprechende Liquidusast also möglicherweise nicht richtig. Der von Voss gefundene Cr-Schmelzpunkt sowie die Liquiduspunkte der Cr-reichen Legierungen nach Voss zeigen, daß die Schmelzen stark verunreinigt gewesen sein müssen; Voss erschmolz die Legierungen unter Stickstoff (!) in Porzellan- bzw. Magnesiatiegeln im Tammannofen. Wie weit das auch für die von den japanischen Forschern erschmolzenen Legierungen gilt, läßt sich nicht sagen.

Über die Ausdehnung der Mischungslücke ist folgendes zu sagen. Nach BAIN (s. o.) erwiesen sich Legierungen mit etwa 5 bis 35% Ni röntgenographisch als zweiphasig (Cr-reicher + Ni-reicher Mischkristall), doch ist über den Zustand der von BAIN untersuchten Proben nichts bekannt. MATSUNAGA und NISHIGORI-HAMASUMI haben die Löslichkeitskurven zwischen 1300° und 1050° angenähert mittels des mikrographischen Verfahrens bestimmt[8] (s. die in Abb. 231 eingezeichneten Zustandspunkte). Aus dem Verlauf der Kurven schließen MATSU-

NAGA und NISHIGORI-HAMASUMI auf eine Löslichkeit bei der eutektischen Temperatur (s. o.) von 37 bzw. 36% Ni in Cr (in Abb. 231 wurde 38% Ni angenommen) und von 47 bzw. 46% Cr in Ni. Mit fallender

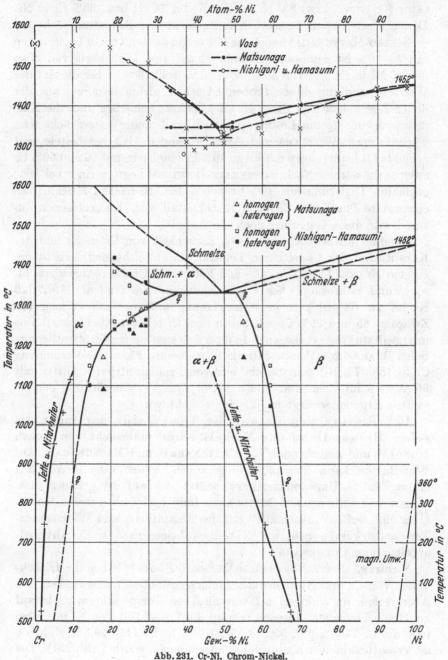

Abb. 231. Cr-Ni. Chrom-Nickel.

Temperatur erweitert sich die Mischungslücke. Durch Extrapolation (!) der Löslichkeitskurven nach tieferen Temperaturen gelangten MATSU-NAGA und NISHIGORI-HAMASUMI zu einer Löslichkeit bei Raumtemperatur (??) von 7 bzw. 8% Ni in Cr und von 44 (?) bzw. 35% Cr in Ni. Diesen Werten kommt natürlich eine quantitative Bedeutung nicht zu.

SEKITO-MATSUNAGA[9] haben die Gitterkonstanten von 16 Legierungen mit 5—90% Ni gemessen. Daraus ist auf eine Löslichkeit von etwa 5—7% Ni in Cr und von 45% Cr in Ni zu schließen. Über die Art der Wärmebehandlung dieser Proben ist leider nichts bekannt; aus der hohen Löslichkeit von Cr in Ni ist jedoch zu schließen, daß die Entmischung der festen Lösung praktisch vollständig unterdrückt war.

SMITHELLS, WILLIAMS und AVERY[10] fanden, daß bearbeitete und geglühte (?) Legierungen mit bis zu 40% Cr einphasig, mit 50 und 60% Cr zweiphasig waren. Nach ROSENHAIN-JENKINS[11] liegt in einer bei 800° geglühten Legierung mit 40% Cr neben dem Ni-reichen Mischkristall eine zweite Phase, der Cr-reiche Mischkristall, vor. Im gegossenen Zustand war diese Legierung noch einphasig[12].

Zu einer hinsichtlich der festen Löslichkeit von Cr in Ni und der Konstitution der Cr-reicheren Legierungen abweichenden Ansicht gelangten BLAKE, LORD, PHEBUS und FOCKE auf Grund röntgenographischer und mikroskopischer Untersuchungen. Sie fanden[13] [14] [15], daß Ni bis zu 63—64% Cr in fester Lösung aufzunehmen vermag (?). Zwischen 65 und 85% Cr soll neben dem Cr-reichen Mischkristall eine intermediäre Phase vorliegen[16]. In einer späteren kurzen Veröffentlichung teilen BLAKE-LORD[17] mit, daß die intermediäre Phase die Verbindung Cr_2Ni (36,07% Ni) sei, die ein tetragonal-raumzentriertes Gitter mit 96 Atomen im Elementarbereich habe. Eine Veröffentlichung der gesamten Ergebnisse liegt m. W. bisher nicht vor.

Der Einfluß von Cr auf die Temperatur der magnetischen Umwandlung des Nickels wurde untersucht von VOSS[1], HONDA[18] und eingehender von CHEVENARD[19] und MATSUNAGA[5]. Auf Einzelheiten kann hier nicht eingegangen werden. Die in Abb. 231 eingezeichnete Umwandlungskurve stützt sich auf die genauen Messungen von CHEVENARD. MATSUNAGA fand praktisch dieselbe Kurve. Über eine weitere „Anomalie" auf den Dilatations- und Widerstands-Temperaturkurven usw. der Ni-reichen Legierungen s. die Originalarbeiten von CHEVENARD.

Nachtrag. JETTE-NORDSTROM-QUENEAU-FOOTE[20] haben die Löslichkeiten von Cr und Ni ineinander röntgenographisch (nach Glühen und Abschrecken im Vakuum bei verschiedenen Temperaturen bis herauf zu 1150°) bestimmt. Danach beträgt die Löslichkeit von Ni in Cr bei 524° 1,6%, 745° 2,2%, 950° 4,8%, 1030° 7,3%, 1113° 9,3%, d. h. sie ist wesentlich kleiner als bis dahin angenommen wurde (Abb. 231). Die

Löslichkeit von Cr in Ni steigt nahezu linear von 32% bei 500° auf etwa 52% Cr bei 1100°. Der letzte Wert liegt nach Abb. 231 noch bei höherem Cr-Gehalt als der eutektische Punkt. Dieser Unterschied dürfte — da eine oberhalb 1100° rückläufig werdende Löslichkeitskurve wohl nicht anzunehmen ist — auf die bedeutend höhere Reinheit der von JETTE und Mitarbeiter untersuchten Legierungen[21] zurückzuführen sein. Eine Cr-Ni-Verbindung (s. o.) konnte mit Sicherheit nicht nachgewiesen werden.

SADRON[22] hat folgende Temperaturen der magnetischen Umwandlung der Ni-reichen Mischkristalle bestimmt:

Gew.-% Cr:	2,92	6,02	8,0	10
°C:	+ 231	+ 74	— 3	— 143

Danach liegt der Curiepunkt der Legierung mit etwa 12% Cr beim absoluten Nullpunkt.

Literatur.

1. Voss, G.: Z. anorg. allg. Chem. Bd. 57 (1908) S. 58/61. — **2.** GUERTLER, W.: Metallographie Bd. 1 (1912) S. 209/10, 361/63. — **3.** BAIN, E. C.: Trans. Amer. Inst. min. metallurg. Engr. Bd. 68 (1923) S. 631/33. — **4.** CHEVENARD, P.: C. R. Acad. Sci., Paris Bd. 174 (1922) S. 109/12. — **5.** MATSUNAGA, Y.: Kinzoku no Kenkyu Bd. 6 (1929) S. 207/218 (japan.). Ref. J. Inst. Met., Lond. Bd. 42 (1929) S. 459. — **6.** NISHIGORI, S., u. M. HAMASUMI: Sci. Rep. Tôhoku Univ. Bd. 18 (1929) S. 491/502. Kinzoku no Kenkyu Bd. 6 (1929) S. 219/28 (japan.) — **7.** Im National Physical Laboratory, Teddington (England) wurde die Konstitution des Systems Cr-Ni erneut untersucht. Die Ergebnisse sind noch nicht veröffentlicht, lediglich die Liquiduskurve zwischen 50 und 100% Ni wurde von anderer Seite (J. Iron Steel Inst. Bd. 121 (1930) S. 280/81) mitgeteilt. Danach wird der von MATSUNAGA gefundene Liquidusast ausgezeichnet bestätigt. — **8.** NISHIGORI-HAMASUMI glühten die Legn. 5—25 Stunden bei 1250—1300° und kühlten entweder auf die Abschrecktemperatur ab, oder ließen die vorher abgeschreckten Proben bei der Abschrecktemperatur an. Über die von MATSUNAGA durchgeführte Wärmebehandlung ist mir nichts bekannt. — **9.** SEKITO, S., u. Y. MATSUNAGA: Kinzoku no Kenkyu Bd. 6 (1929) S. 229/38 (japan.). Ref. J. Inst. Met., Lond. Bd. 42 (1929) S. 514. — **10.** SMITHELLS, E. J., S. V. WILLIAMS u. J. W. AVERY: J. Inst. Met.; Lond. Bd. 40 (1928) S. 275/76. — **11.** ROSENHAIN, W., u. C. H. M. JENKINS: J. Iron Steel Inst. Bd. 121 (1930) S. 231. — **12.** JENKINS, C. H. M., H. J. TAPSELL, C. R. AUSTIN u. W. P. REES: J. Iron Steel Inst. Bd. 121 (1930) S. 246. — **13.** PHEBUS, W. C., u. F. C. BLAKE: Physic. Rev. Bd. 25 (1925) S. 107. — **14.** BLAKE, F. C., u. A. E. FOCKE: Physic. Rev. Bd. 27 (1926) S. 798/99. — **15.** BLAKE, F. C., J. O. LORD u. A. E. FOCKE: Physic. Rev. Bd. 29 (1927) S. 206/207. — **16.** BLAKE, F. C., J. O. LORD, W. C. PHEBUS u. A. E. FOCKE: Physic. Rev. Bd. 31 (1928) S. 305. — **17.** BLAKE, F. C., u. J. O. LORD: Physic. Rev. Bd. 35 (1930) S. 660. — **18.** HONDA, K.: Ann. Physik Bd. 32 (1910) S. 1007/1009. — **19.** CHEVENARD, P.: J. Inst. Met., Lond. Bd. 36 (1926) S. 46/53. Rev. Métallurg. Bd. 25 (1928) S. 14/22. Stahl u. Eisen Bd. 48 (1928) S. 1045/47. Traveaux et Mémoirs du Bureau International des Poids et Mesures Bd. 17 (1927). — **20.** JETTE, E. R., V. H. NORDSTROM, B. QUENAU u. F. FOOTE: Trans. Amer. Inst. min. metallurg. Engr. Inst. Metals Div. 1934 S. 361/73. — **21.** Aus elektrolytischen Metallen im Vakuum erschmolzen. — **22.** SADRON, C.: C. R. Acad. Sci., Paris Bd. 190 (1930) S. 1339/40. Ref. J. Inst. Met., Lond. Bd. 50 (1932) S. 733.

Cr-P. Chrom-Phosphor.

Bereits durch Versuche von GRANGER[1] und MARONNEAU[2] war das Bestehen des Chromphosphids CrP (37,36% P) wenn auch nicht sichergestellt, so doch sehr wahrscheinlich gemacht.

Durch Erhitzen von feinverteiltem Cr mit P im zugeschmolzenen Rohr bei gelinder Rotglut erhielten DIECKMANN-HANF[3] die Verbindung Cr_2P_3 (47,22% P). Durch Abdestillieren von P bei 440° ging sie in das Monophosphid CrP (37,36% P) über[4].

Literatur.

1. GRANGER, A.: C. R. Acad. Sci., Paris Bd. 124 (1897) S. 190/91. Ann. Chim. Phys. 7 Bd. 14 (1898) S. 38. — **2.** MARONNEAU, G.: C. R. Acad. Sci., Paris Bd. 130 (1900) S. 658. — **3.** DIECKMANN, T., u. O. HANF: Z. anorg. allg. Chem. Bd. 86 (1914) S. 291/95. — **4.** S. auch E. HEINERTH u. W. BILTZ: Z. anorg. allg. Chem. Bd. 198 (1931) S. 175.

Cr-Pb. Chrom-Blei.

Nach den thermischen Untersuchungen von HINDRICHS[1], deren spärliches Ergebnis in Abb. 232 dargestellt ist, sind Chrom (98,7% ig)

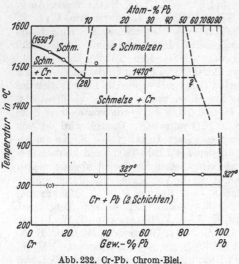

Abb. 232. Cr-Pb. Chrom-Blei.

und Blei nur beschränkt im flüssigen Zustand ineinander löslich. Diese Annahme stützt sich jedoch im wesentlichen nur auf die bei gleicher Temperatur gefundenen Liquiduspunkte der Legierungen mit 50 und 75% Pb[2]; eine nähere mikroskopische Prüfung dieses Befundes war nicht möglich, da die Proben sehr bröcklig waren und keine zusammenhängenden Flächen lieferten. „Immerhin waren Andeutungen von Schichten- und Tropfenbildungen auf den Schliffen zu erkennen."

Die Zusammensetzung der Cr-reichen Schmelze bei 1470° ergibt sich durch Verlängerung des vom Cr-Schmelzpunkt[3] abfallenden Liquidusastes zu annähernd 27—28% Pb. Die mit ihr im Gleichgewicht befindliche Pb-reiche Schmelze enthält sicher mehr als 75% Pb; HINDRICHS nimmt ihre Zusammensetzung willkürlich zu 87—88% Pb an, d. h. also in der Mitte zwischen 75 und 100% Pb.

Das von HINDRICHS entworfene Diagramm kann nicht als das Zustandsdiagramm des binären Systems Cr-Pb angesehen werden und bedarf einer Neubearbeitung unter sauberen Versuchsbedingungen[4]; über die Gründe s. Cr-Cu.

Literatur.

1. HINDRICHS, G.: Z. anorg. allg. Chem. Bd. 59 (1908) S. 428/30. Analyse
des verwendeten Chroms: 98,7% Cr, 0,32% Si, 1,20% Fe. — 2. W. GUERTLER:
Metallographie Bd. 1, S. 569/71, Berlin: Gebr. Borntraeger 1912, weist darauf
hin, daß sich durch die in Abb. 232 eingezeichneten Temperaturpunkte des Beginns
der Erstarrung eine kontinuierlich vom Cr-Schmelzpunkt zum Pb-Schmelzpunkt
abfallende Liquiduskurve legen ließe unter Berücksichtigung der Tatsache, daß
auch der Liquiduspunkt der Legierung mit 34,5% Pb wesentlich aus dem von
ihm angenommenen Verlauf der Kurve des Beginns der Erstarrung herausfällt.
— 3. S. darüber Cr-N. — 4. Über den Einfluß der Versuchsbedingungen auf die
Konstitution der Cr-Systeme s. Cr-Fe.

Cr-Pt. Chrom-Platin.

BARUS[1] hat den spezifischen elektrischen Widerstand und seinen
Temperaturkoeffizienten von einigen Pt-reichen Pt-Cr-Legierungen, die
nur durch ihre Dichte gekennzeichnet sind, bestimmt. Unter der Voraussetzung, daß sich die
Dichte der ganzen Le-
gierungsreihe additiv
mit der Zusammenset-
zung ändert, kann man
mit GUERTLER[2] anneh-
men, daß es sich um
Legierungen mit etwa
3, 4, 6 und 8 Atom-% Cr
(0,7, 1, 1,6, 2,2 Gew.-%
Cr) handelt. Aus den
Eigenschaftswerten
folgt dann, daß Pt sicher
bis zu 8 Atom-% Cr in
fester Lösung aufzuneh-
men vermag.

MÜLLER[3] hat die in
Abb. 233 wiedergegebe-
nen Liquidustempera-

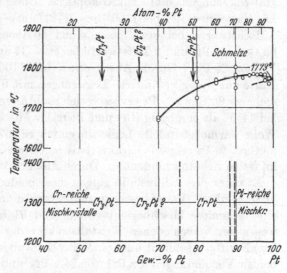

Abb. 233. Cr-Pt. Chrom-Platin (vgl. auch 2. Nachtrag).

turen Pt-reicher Legierungen bestimmt. Jeder dieser Punkte ist der Mittelwert aus 4—10 Einzelwerten. Die Übereinstimmung der Einzelwerte
ist zwar gut (mittlerer Fehler des Mittelwertes $\pm 1,4°$), jedoch bereitete
es trotz Arbeitens unter Wasserstoff (Zirkontiegel) Schwierigkeiten, die
Schmelzen frei von Oxydschichten zu halten (die Temperaturmessung
erfolgte mit Hilfe eines neuen optischen Verfahrens), so daß die in Abb. 233
wiedergegebenen Erstarrungspunkte merkliche Abweichungen zeigen.
MÜLLER bestimmte auch den Temperaturkoeffizienten des elektrischen
Widerstandes (zwischen 0 und 100°) vakuumgeschmolzener Legierungen

mit 3 und 5 Gew.-% Cr nach 16stündigem Homogenisieren bei 800°
im Vakuum (bis zur Konstanz des Widerstandes). Diese Werte fallen
sehr gut in die von BARUS (s. o.) bestimmte Kurve hinein und deuten
auf das Vorliegen einer Mischkristallreihe bis zu mindestens 5% Cr.
Die mikroskopische Untersuchung von Legierungen mit 10 und
30 Gew.-% Cr nach 5stündigem Vakuumglühen bei 1200° ergab, daß
erstere aus homogenen Mischkristallen besteht, letztere zeigte nach
weiterem 6,5stündigem Glühen bei 1450° noch „intrakristalline Einschlüsse (rd. 5 Flächen-%), die vermutlich aus ungelöstem Cr bestehen".
Die Natur der neben Pt-reichen Mischkristallen vorliegenden Phase
wurde jedoch nicht näher untersucht.

FRIEDERICH[4] fand, daß Legierungen mit 2, 5, 10 und 15% Cr (hergestellt durch Sintern eines Pulvergemisches von Pt und aluminothermischem Cr bei 1250° im H_2-Strom) ferromagnetisch sind (s. 2. Nachtrag).

   1. Nachtrag. NEMILOW[5] versuchte, den Aufbau der Legierungen durch
Härtemessungen und mikroskopische Untersuchungen aufzuklären.
Die Härtekurve der bei 1100° bzw. 1450° ausgeglühten Legierungen hat
3 Höchstwerte bei etwa 25, 45 und 60 Atom-% Pt (55,5, 75,5 und
85 Gew.-% Pt) und 2 Tiefstwerte bei etwa 34 und 50 Atom-% Pt (66 u.
79 Gew.-% Pt). Durch Abschrecken bei 1100° und 1450° wird die
Härte nur wenig verändert. Legierungen mit 0 bis etwa 55,5 sowie mit
mehr als 90 Gew.-% Pt erwiesen sich nach Ausglühen oder Abschrecken
bei 1450° als einphasig (Cr- und Pt-reiche Mischkristalle). In derselben
Weise wärmebehandelte Legierungen mit rd. 67—72 und mit rd. 75 bis
89 Gew.-% Pt zeigten charakteristische Gefüge, die auf Umwandlungen
im festen Zustand hindeuten. Durch Abschrecken bei einer Temperatur
dicht unter der Soliduslinie gingen diese beiden Legierungen in Mischkristalle über. (Es sei bemerkt, daß entgegen der Ansicht von NEMILOW
eine lückenlose Mischbarkeit von Cr und Pt bei hohen Temperaturen
wegen der verschiedenen Kristallstruktur der Metalle nicht möglich
ist.) NEMILOW schließt aus seinen Beobachtungen auf das Bestehen der
beiden Verbindungen Cr_2Pt? (65,24% Pt) und CrPt (78,96% Pt), die
sich durch Zerfall von Mischkristallen oberhalb 1450° bilden.

   2. Nachtrag. KUSSMANN und FRIEDERICH[6] haben das System — vornehmlich die Pt-reichen Legierungen — nach magnetischen, mikrographischen und röntgenographischen Verfahren untersucht. Bei 1000°
geglühte Legierungen mit etwa 100—84% Pt bestehen danach aus
Pt-reichen Mischkristallen (kubisch-flächenzentriertes Pt-Gitter); oberhalb 1100—1400° erstreckt sich das Gebiet der festen Lösungen von
Cr in Pt bis zu höheren Cr-Gehalten. Unter 84% Pt tritt in den geglühten Legierungen eine Phase mit geordneter Atomverteilung (Überstruktur des kubisch-flächenzentrierten Gitters mit nahezu gleicher
Gitterkonstante wie bei dem Pt-reichen Mischkristall) auf. Die Bildung

dieser Phase läßt sich selbst durch Abschrecken bei 1400° nicht vollständig unterdrücken. Die geordnete Atomverteilung, der vermutlich die Formel Cr_3Pt zukommt, konnte bis herunter zu rund 40% Pt (16 Atom-%) verfolgt werden. Unterhalb dieser Konzentration sind die Verhältnisse, abgesehen von dem Bestehen Cr-reicher Mischkristalle, noch ungeklärt. Möglicherweise tritt hier eine zweite Zwischenphase auf.

Legierungen mit 80—94% Pt erwiesen sich als ferromagnetisch, und zwar bei 90% Pt am stärksten. Der Ferromagnetismus ist also eigenartigerweise nicht an eine stöchiometrisch ausgezeichnete Zusammensetzung gebunden, vielmehr liegt das ferromagnetische Gebiet in der Übergangszone zwischen den Pt-reichen Mischkristallen und der Überstrukturphase. In Übereinstimmung damit fällt die Kurve der Curiepunkte von oberhalb 900° bei 80% Pt auf 50° bei 93% Pt stetig ab.

Literatur.

1. Barus, C.: Amer. J. Sci. 3 Bd. 36 (1888) S. 434. Ann. Physik Beibl. Bd. 13 (1889) S. 709. — 2. Guertler, W.: Metallographie Bd. 1 (1912) S. 368. — 3. Müller, L.: Ann. Physik 5 Bd. 7 (1930) S. 9/47. — 4. Friederich, E.: Z. techn. Physik Bd. 13 (1932) S. 59. — 5. Nemilow, W. A.: Z. anorg. allg. Chem. Bd. 218 (1934) S. 33/44. — 6. Kussmann, A., u. E. Friederich: Physik. Z. Bd. 36 (1935) S. 185/92; vgl. Z. Metallkde. Bd. 26 (1934) S. 119/20.

Cr-Re. Chrom-Rhenium.

Agte[1] hat die Schmelzpunkte (Soliduspunkte) einiger durch Sinterung hergestellter Cr-Re-Legierungen bestimmt; sie liegen zwischen den Schmelzpunkten der Komponenten (Abb. 234).

Literatur.

1. Agte, C.: Diss. Techn. Hochsch. Berlin 1931, S. 21/23. Metallwirtsch. Bd. 10 (1931) S. 789.
Das verwendete Cr war Elektrolytchrom von 92% Reinheitsgrad,

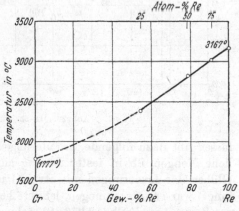

Abb. 234. Cr-Re. Chrom-Rhenium.

Rest Chromoxyde. Über den Cr-Schmelzpunkt s. Cr-N. Der Re-Schmelzpunkt wird von Agte zu 3440 ± 60° abs. angegeben; dieselbe Toleranz wird auch für die Cr-Re-Legierungen gelten.

Cr-S. Chrom-Schwefel.

Chrom und Schwefel bilden die beiden Verbindungen CrS[1] (38,13% S) und Cr_2S_3[2] (48,04% S). CrS hat eine Kristallstruktur vom NiAs-Typ[3].

Literatur.

1. Moissan, H.: C. R. Acad. Sci., Paris Bd. 90 (1880) S. 818 (durch Erhitzen von $CrCl_2$ im H_2S-Strom auf 440° oder beim Glühen von Cr_2S_3 im H_2-Strom).

Mourlot, A.: C. R. Acad. Sci., Paris Bd. 121 (1895) S. 943. — **2.** Cr_2S_3 ist seit langem bekannt, in der chemischen Literatur (s. Gmelin-Kraut) wird eine ganze Reihe von Darstellungsverfahren angegeben. Cr_2S_3 wurde u. a. beschrieben von H. Moissan: C. R. Acad. Sci., Paris Bd. 90 (1880) S. 817; Bd. 119 (1894) S. 189 ($CrCl_3 + H_2S$ bei 440°; $Cr + S$-Dampf bei 700°; $Cr + H_2S$ bei 1200°). — **3.** Jong, W. F. de, u. H. W. V. Willems: Physica Bd. 7 (1927) S. 74/79.

Cr-Sb. Chrom-Antimon.

Abb. 235 zeigt das von Williams[1] auf Grund thermischer und mikroskopischer Untersuchungen[2] entworfene Zustandsdiagramm. Der Ver-

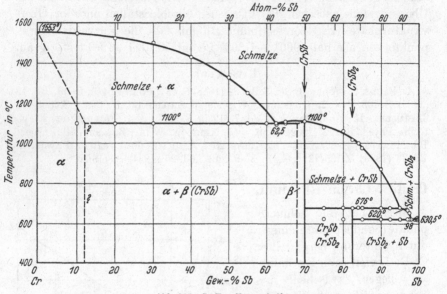

Abb. 235. Cr-Sb. Chrom-Antimon.

fasser gibt dazu folgende Erläuterungen: 1. Cr vermag ziemlich erhebliche Mengen Sb in fester Lösung aufzunehmen; nach 10stündigem Glühen der Legierungen mit etwa 11 und 13% Sb bei 1050° (Abkühlung?) war erstere homogen, letztere heterogen. 2. Das Vorhandensein der Verbindung CrSb (70,07% Sb) folgt aus dem Maximum der Liquiduskurve, den Haltezeiten der peritektischen Reaktion bei 676° und dem Gefüge. Mit Cr bildet die Verbindung eine Reihe von Mischkristallen (β) bis etwa 68% Sb[3], ob auch mit Sb, wurde nicht untersucht. 3. Die Zusammensetzung der sich bei 676° peritektisch bildenden Phase konnte wegen der bei relativ schneller Abkühlung naturgemäß auftretenden Gleichgewichtsstörungen (Umhüllung der primär kristallisierten CrSb-Kristalle durch die peritektisch gebildete Phase) mit Sicherheit weder aus den thermischen Daten, noch aus dem Gefüge der Legierungen ermittelt werden. Durch 60stündiges Glühen bei 660° verschwand jedoch nicht nur die Umhüllungserscheinung, sondern es wurde auch auf den Abkühlungskurven der so vorbehandelten Legierungen die Zeitdauer der eutektischen Haltepunkte bei etwa 82% Sb gleich Null. Danach kommt der Verbindung die Formel $CrSb_2$ (82,40% Sb) zu. 4. Über das Lösungsvermögen des festen Sb für Cr ist nichts bekannt.

WILLIAMS gibt die Schmelztemperatur des Chroms zu 1553° an. Dieser um rd. 300° zu tiefe Cr-Schmelzpunkt ist — da WILLIAMS seine Legierungen in einer N_2-Atmosphäre erschmolz[2] — wenigstens zum Teil (wahrscheinlich in der Hauptsache) mit der Aufnahme von Stickstoff (Nitridbildung) zu erklären (Einzelheiten s. bei Cr-N). Der der Konstitution der Cr-reichen Legierungen entsprechende Teil des Zustandsdiagramms (Abb. 235) gilt also sicher nicht für das binäre System Cr-Sb[4]. Wie weit sich der durch die Beimengungen bedingte Einfluß auf die Gleichgewichtstemperaturen nach Cr-ärmeren Konzentrationen hin erstreckt, kann nur eine erneute Bearbeitung des Zustandsdiagramms unter sauberen Bedingungen zeigen.

Die Verbindung CrSb hat eine Kristallstruktur vom NiAs-Typ[5].

Literatur.

1. WILLIAMS, R. S.: Z. anorg. allg. Chem. Bd. 55 (1907) S. 7/11. — 2. Analyse des verwendeten Cr: 98,97% Cr, 0,67% Fe, 0,30% Cr_2O_3 + SiO_2. Das Erschmelzen der Legn. (jeweils gleiche Volumina) erfolgte zwischen 0 und 50% Sb in Magnesiatiegeln, zwischen 50 und 100% Sb in Porzellantiegeln unter Stickstoff (!) im Kohlerohrofen. — 3. Legn. mit 68,4 und 69,2% Sb erwiesen sich bereits ohne Wärmebehandlung als einphasig, eine solche mit 67,5% Sb als zweiphasig. — 4. Merkwürdig ist, daß WILLIAMS nichts über die Anwesenheit von Beimengungen mitteilt; die Legierung mit etwa 11% Sb bestand nach zehnstündigem Glühen bei 1050° „aus unter sich homogenen Polyedern". — 5. OFTEDAL, I.: Z. physik. Chem. Bd. 128 (1927) S. 135/53. JONG, W. F. DE, u. H. W. V. WILLEMS: Physica Bd. 7 (1927) S. 74/79.

Cr-Se. Chrom-Selen.

MOISSAN[1] hat die Chromselenide $CrSe^2$ (60,36% Se) und $Cr_2Se_3^3$ (69,55% Se) beschrieben. CrSe hat eine Kristallstruktur vom NiAs-Typ[4]. Die Einheitlichkeit von Cr_2Se_3 ist nicht erwiesen, aber in Analogie mit Cr_2S_3 wahrscheinlich; MOISSAN hat keine Analysenergebnisse mitgeteilt.

Literatur.

1. MOISSAN, H.: C. R. Acad. Sci., Paris Bd. 90 (1880) S. 819. — 2. Durch Erhitzen von $CrCl_2$ im H_2Se-Strom oder durch Reduktion von Cr_2Se_3 mittels H_2. — 3. Durch Erhitzen von $CrCl_3$ im H_2Se-Strom oder von nicht geglühtem Cr_2O_3 in Se-Dampf. — 4. JONG, W. F. DE, u. H. W. V. WILLEMS: Physica Bd. 7 (1927) S. 74/79.

Cr-Si. Chrom-Silizium.

Das bis zum Jahre 1910 vorliegende Schrifttum über Cr-Silizide wurde von BARADUC-MULLER[1] zusammengestellt und beschrieben. Danach ist — vornehmlich auf Grund rückstandsanalytischer Untersuchungen — das Bestehen folgender

Verbindungen des Chroms mit Silizium behauptet worden: Cr_3Si^2 (15,24% Si), Cr_2Si^3 (21,25% Si), $Cr_3Si_2{}^4$ (26,45% Si) und $CrSi_2{}^5$ (51,90% Si). Auf eine kritische Besprechung der in den Anmerkungen genannten Untersuchungen kann verzichtet werden, da in keinem Fall ein sicherer Beweis für die Einheitlichkeit der aus den verschiedenartigen Reaktionsprodukten isolierten, ohne weiteres als Verbindungen angesprochenen Stoffe erbracht ist. Zudem widersprechen sich die Ergebnisse verschiedener Forscher in wichtigen Punkten. So sind z. B. die Angaben MOISSANS[3] betreffend Cr_2Si, wie GUERTLER[6] gezeigt hat, mit den Angaben anderer Verfasser über Cr_3Si^2, $Cr_3Si_2{}^4$ und $CrSi_2{}^5$ nicht vereinbar. Immerhin scheint das Bestehen von Cr_3Si_2 recht wahrscheinlich zu sein.

FRILLEY[7] hat aus Legierungen mit 10, 23, 40, 61, 77 und 89% Si, die aus Cr_2O_3 und SiC oder Cr_2O_3, SiO_2 und C dargestellt waren, 19 Legierungen mit 10 bis 89% Si hergestellt und ihre Dichten bestimmt. Alle Legierungen ließen sich leichter verflüssigen als Cr und Si. Die Legierungen enthielten im Mittel 0,5 bis 1,2% Fe (aus den Ausgangsstoffen) und C (bei 15—18% Si 0,3—0,5% C, bei 10% Si $>$ 1,4% C). Aus dem Verlauf der Dichte-Konzentrationskurve glaubte FRILLEY auf das Bestehen von Cr_2Si, CrSi (35,05% Si) und $CrSi_2$ schließen zu können. Dagegen zeigt die Kurve $\dfrac{100}{d}$ sechs „Winkelpunkte" bei den Zusammensetzungen Cr_3Si, Cr_2Si, CrSi, Cr_2Si_3, $CrSi_2$ und Cr_2Si_7 (65,38% Si), und die Kurve der Molekularvolumina deutet nach Ansicht von FRILLEY auf das Bestehen von Cr_3Si, Cr_2Si, $CrSi_2$ und Cr_2Si_7. Der Höchstwert der Kontraktion entspricht der Zusammensetzung $CrSi_2$. Das Bestehen dieser Verbindung dürfte als ziemlich gesichert anzusehen sein.

Nachtrag. Eine von BORÉN[8] ausgeführte Röntgenuntersuchung ergab, daß nur die folgenden 4 intermediären Phasen (nach steigendem Si-Gehalt geordnet) vorhanden sind: Cr_3Si (kubisch, 8 Atome im Elementarwürfel, Atomlagen wurden bestimmt), eine Phase unbekannter Zusammensetzung, die nur unterhalb etwa 1000° stabil ist (wahrscheinlich rhombisch), CrSi (strukturell analog dem kubischen FeSi (8 Atome im Elementarwürfel) und $CrSi_2$ (hexagonal, 9 Atome in der Elementarzelle, Atomlagen wurden bestimmt). „Cr löst ein wenig Si unter Kontraktion des Gitters; dagegen scheint Si kein Cr zu lösen."

Literatur.

1. BARADUC-MULLER, L.: Rev. Métallurg. Bd. 7 (1910) S. 696/97. — **2.** ZETTEL, C.: C. R. Acad. Sci., Paris Bd. 126 (1898) S. 833/35 (Reaktionsprodukt aus Cu, Al, Cr_2O_3 und Si-haltigem Tiegel mit Königswasser behandelt); LEBEAU, P., u. J. FIGUERAS: C. R. Acad. Sci., Paris Bd. 136 (1903) S. 1329/31 (Reaktionsprodukt aus Cu, Cr u. Si (in bestimmtem Mengenverhältnis) mit HNO_3 und NaOH abwechselnd behandelt). — **3.** MOISSAN, H.: C. R. Acad. Sci., Paris Bd. 121 (1895) S. 624. Ann. Chim. Phys. 7 Bd. 9 (1896) S. 292 (durch Erhitzen von SiO_2, Cr_2O_3 und C und Behandeln des Reaktionsproduktes mit konz. HF). LEBEAU, P., u. J. FIGUERAS: S. Anm. 2. MATIGNON, C., u. R. TRANNOY: C. R. Acad. Sci., Paris Bd. 141 (1905) S. 190 (durch aluminothermische Reduktion eines Gemenges von Cr_2O_3 und SiO_2). BARADUC-MULLER, L.: Rev. Métallurg. Bd. 7 (1910) S. 700/703 (durch Zusammenschmelzen von 1 Mol Cr_2O_3, 1 Mol SiC und 2 At. C, Identifizierung von Cr_2Si s. Originalarbeit). — **4.** LEBEAU, P., u. J. FIGUERAS: S. Anm. 2. VIGOUROUX, E.: C. R. Acad. Sci., Paris Bd. 144 (1907) S. 83/85 (durch Überleiten von $SiCl_4$ über Cr-Pulver bei etwa 1200°). BARADUC-MULLER, L.: Rev. Métallurg. Bd. 7 (1910) S. 698/700 (aus einem durch Zusammenschmelzen von 3 Mol Cr_2O_3, 4 Mol SiC und 5 At. C gewonnenen Reaktionsprodukt wurde Cr_3C_2 durch Behandeln mit HF isoliert, die aufgelösten Anteile Cr und Si standen im

Atomverhältnis 3 : 2). — **5.** CHALMONT, G. DE: Amer. Chem. J. Bd. 19 (1897) S. 69/70. LEBEAU, P., u. J. FIGUERAS: S. Anm. 2. — **6.** GUERTLER, W.: Handbuch Metallographie Bd. 1 (1917) S. 652/53. — **7.** FRILLEY, R.: Rev. Métallurg. Bd. 8 (1911) S. 476/83. — **8.** BORÉN, B.: Arkiv för Kemi, Min. och Geol. A Bd. 11 (1933) Nr. 10 S. 2/10.

Cr-Sn. Chrom-Zinn.

Über das Verhalten von Cr zu Sn sind wir durch eine orientierende thermische und mikroskopische Untersuchung von HINDRICHS[1] unterrichtet. (Zusammensetzung des verwendeten Cr s. bei Cr-Pb). Abb. 236 zeigt das von ihm entworfene Erstarrungsschaubild. Die Konzentration der Cr-reichen Schmelze bei ∼1420° ergibt sich aus der Liquiduskurve zu etwa 13% Sn (monotektischer Punkt); die Zusammensetzung der Sn-reichen Schmelze bei 1420° und des eutektischen Punktes bei etwa 230° ist nicht bekannt, beide liegen jedoch wahrscheinlich sehr nahe bei reinem Sn. Über die Struktur der Legierungen sagt HINDRICHS folgendes:

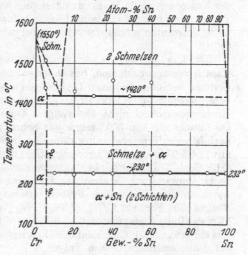

Abb. 236. Cr-Sn. Chrom-Zinn.

„Die Ergebnisse, welche bei der mikroskopischen Untersuchung der Legierungen erhalten wurden, decken sich im wesentlichen mit den auf thermischem Wege gewonnenen. Die Reguli von 5—70% Cr zeigen deutliche Schichtenbildung, wenn auch bei einigen Schmelzen wegen der großen Abkühlungsgeschwindigkeit keine vollständige Trennung in zwei Schichten stattgefunden hatte, sondern in den an Sn reichen Schichten kleine Cr-Kristalle oder Cr-Tröpfchen ausgeschieden worden waren. Die Struktur der Legierung mit 5% Sn war fast homogen, jedenfalls nicht wesentlich inhomogener als die des aluminothermisch hergestellten Chroms. Diese Beobachtung spricht für die Mischbarkeit von kristallisiertem Cr mit Sn."

Auf die Temperatur der $\alpha \rightleftharpoons \beta$-Umwandlung des Zinns (13°) ist Cr sicher ohne Einfluß.

Das von HINDRICHS entworfene Diagramm kann nicht als das Zustandsdiagramm des binären Systems Cr-Sn angesehen werden und bedarf einer Neubearbeitung unter sauberen Versuchsbedingungen[3]; über die Gründe s. Cr-Cu.

Auf Grund von Spannungsmessungen (Kette Sn/1 n KOH/Cr_xSn_{1-x}) gelangte PUSCHIN[2] — zeitlich vor HINDRICHS — zu dem Ergebnis, daß die beiden Metalle keine Verbindung bilden. Im Bereich von 4 Atom-%

Sn = 8,7 Gew.-% Sn bis 100% Sn wurde praktisch das Sn-Potential gemessen.

Literatur.

1. HINDRICHS, G.: Z. anorg. allg. Chem. Bd. 59 (1908) S. 416/20. — **2.** PUSCHIN, N.: J. russ. phys.-chem. Ges. Bd. 39 (1907) S. 869/97. Ref. Chem. Zbl. 1908I S. 110. — **3.** Über den Einfluß der Versuchsbedingungen auf die Konstitution der Systeme mit Cr s. Cr-Fe.

Cr-Te. Chrom-Tellur.

Nach OFTEDAL[1] hat die Verbindung CrTe (71,03% Te), die durch Erhitzen der Komponenten im H_2-Strom dargestellt wurde, eine Kristallstruktur vom NiAs-Typus. Sie vermag Te in fester Lösung aufzunehmen, da bei Te-Überschuß andere Gitterkonstanten gefunden wurden als bei der stöchiometrischen Zusammensetzung CrTe.

Nachdem bereits GOLDSCHMIDT[2] beobachtet hatte, daß Cr-Te-Legierungen stark ferromagnetisch sind, hat OCHSENFELD[3] systematische Untersuchungen des Ferromagnetismus an diesen Legierungen ausgeführt. Er teilt darüber im wesentlichen folgendes mit: „Bei Cr-Te genügte die höchst erreichbare Temperatur des Hochfrequenzofens nicht zur völligen Durchschmelzung des Einsatzes. Schon bei Einwirkung von 900° zeigte das Schmelzgut (?) Ferromagnetismus, der sich nach höheren Temperatureinwirkungen verstärkte. Es konnten bereits Schmelzen mit 11,4% Te deutlich als ferromagnetisch nachgewiesen werden; bei 30 Atom-% Te (51,2 Gew.-% Te) dürfte ein Maximum der Magnetisierbarkeit liegen. Die magnetische Umwandlung (Verlust des Ferromagnetismus bei steigender Temperatur) wurde an einer Reihe von Proben untersucht, die nach den eingewogenen (!) Mengen den Formeln $CrTe_2$, CrTe, $CrTe_{0,8}$ und Cr_3Te entsprachen", und deren „Umwandlungs"temperaturen zu 96° bzw. 108°, 100° und 100° ermittelt wurden. Aus der praktischen Gleichheit der Umwandlungstemperatur schließt OCHSENFELD auf denselben magnetischen Träger.

Literatur.

1. OFTEDAL, I.: Z. physik. Chem. Bd. 128 (1927) S. 135/53. — **2.** GOLDSCHMIDT, V. M.: Ber. dtsch. chem. Ges. Bd. 60 I (1927) S. 1287. — **3.** OCHSENFELD, R.: Ann. Physik Bd. 12 (1932) S. 353/56.

Cr-W. Chrom-Wolfram.

Nach Angabe von SARGENT[1] legieren sich Cr und W bei Reduktion eines Gemenges der Metalloxyde mit Kohlenstoff äußerst leicht.

Literatur.

1. SARGENT, C. L.: J. Amer. chem. Soc. Bd. 22 (1901) S. 783/90.

Cr-Zn. Chrom-Zink.

LE CHATELIER[1] fand bei Versuchen, Chrom durch Reduktion von Chromchlorid mit Zink herzustellen, im überschüssigen Zink kleine hexagonale, spröde Kristalle, die sich von dem Zink durch Behandeln mit verdünnter Salzsäure usw. trennen ließen. Die Analyse dieser Kristalle ergab einen Cr-Gehalt von 7%, doch fehlt der Beweis für ihre Einheitlichkeit. Die Formel $CrZn_{10}$ verlangt 7,37% Cr.

Die Herstellung von Cr-Zn-Schmelzen scheitert an der geringen Lösungs-geschwindigkeit des hochschmelzenden Chroms in Zink und der leichten Ver-dampfbarkeit des Zinks. HINDRICHS[2] hat eine 95% Zn enthaltende Mischung der beiden Metalle $7^{1}/_{2}$ Stunden auf 650° erhitzt und bei der Aufnahme einer Abküh-lungskurve einen Knickpunkt bei 429—434° und einen Haltepunkt in der Nähe des Zn-Schmelzpunktes (419°) gefunden. ,,Der Schliff dieser Legierung zeigt eine homogene Grundmasse (Zn) und in diese eingebettet helle, scharf umrissene Kristalle[3] und graue ungelöste Cr-Stückchen.''

Literatur.

1. LE CHATELIER, H.: C. R. Acad. Sci., Paris Bd. 120 (1895) S. 835. — 2. HINDRICHS, G.: Z. anorg. allg. Chem. Bd. 59 (1908) S. 427. — 3. Offenbar sind diese sich aus hochzinkhaltigen Schmelzen primär ausscheidenden Kristalle identisch mit den von LE CHATELIER gefundenen.

Cs-Fe. Cäsium-Eisen.

Cs ist in festem Fe unlöslich[1].

Literatur.

1. WEVER, F.: Arch. Eisenhüttenwes. Bd. 2 (1928/29) S. 739/46.

Cs-Ga. Cäsium-Gallium.

Über die Darstellung usw. von Cs-Ga-, Cs-In-, Ga-In- und Ga-Na-Legierungen siehe ZINTL u. KAISER[1].

Literatur.

1. ZINTL, E., u. H. KAISER: Z. anorg. allg. Chem. Bd. 211 (1933) S. 121/22.

Cs-Hg. Cäsium-Quecksilber.

KURNAKOW-ZUKOWSKY[1] haben die Erstarrung der Cs-Hg-Schmelzen untersucht, leider ohne die Kristallisationszeiten zu berücksichtigen. In Abb. 237 sind die von ihnen bestimmten Temperaturpunkte des Beginns und des Endes der Kristallisation eingezeichnet; der zwischen 90 und 100% Hg liegende Teil des Diagramms ist der besseren Übersicht wegen bezüglich der Konzentration in doppeltem Maßstab wiedergegeben.

1. Die Liquiduskurve zeigt durch drei Maxima deutlich das Vor-handensein der drei Verbindungen $CsHg_2$ (75,13% Hg), $CsHg_4$ (85,80% Hg) und $CsHg_6$ (90,06% Hg) an. Die auf den Abkühlungskurven der Legierungen mit 71,4—74,8% Hg (schwach ausgeprägten) Haltepunkte bei 188° deuten nach Ansicht der Verfasser auf eine polymorphe Um-wandlung der Verbindung $CsHg_2$ hin. Dagegen spricht jedoch die Tat-sache, daß entsprechende Wärmetönungen nicht in den Schmelzen mit einem Überschuß an Hg gefunden wurden (vgl. Abb. 237). — $CsHg_6$ bildet nach KURNAKOW-ZUKOWSKY mit Cs eine begrenzte Mischkristall-reihe, da die Kristallisation des $CsHg_4$-$CsHg_6$-Eutektikums bei 152° nur in Schmelzen mit 86,5—87,7% Hg, nicht aber in Hg-reicheren bis 90% Hg ($= CsHg_6$) beobachtet wurde (?).

2. Das Ende der Erstarrung der Schmelzen mit 40—70% Hg wurde nicht bestimmt. Aus diesem Grunde lassen sich keine bestimmten Aussagen über etwa in diesem Bereich vorliegende Verbindungen machen. Die von KURNAKOW-ZUKOWSKY angegebenen Formeln Cs_2Hg (43,03% Hg) und $CsHg$ (60,17% Hg) sind bloße Vermutungen und ohne jede experimentelle Stütze. Dagegen halte ich das Bestehen der Verbindung Cs_2Hg_3 (69,38% Hg), die sich bei 171° nach der Gleichung $CsHg_2$ + Schmelze → Cs_2Hg_3 bilden würde, für ziemlich sicher, da eine andere Deutung dieser Reaktion, über die KURNAKOW-ZUKOWSKY

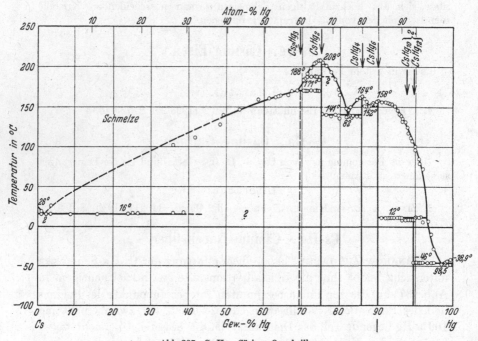

Abb. 237. Cs-Hg. Cäsium-Quecksilber.

merkwürdigerweise nichts sagen, nicht möglich ist. Ob außer Cs_2Hg_3 noch eine Cs-reichere Verbindung vorhanden ist, muß dahingestellt bleiben.

3. Die Formel der sich bei 12° bildenden Hg-reichsten Verbindung läßt sich nicht mit Sicherheit angeben, da über die Änderung der Dauer der peritektischen Reaktion mit der Zusammensetzung nichts bekannt ist. Die Verfasser geben unter Vorbehalt die Formel $CsHg_{10}$ (93,79% Hg) an. MC PHAIL SMITH und BENNETT[2] konnten durch Zentrifugieren Hg-reicher Mischungen Kristalle mit 94,94% Hg isolieren, was nahezu der Formel $CsHg_{12}$ (94,77% Hg) entsprechen würde, doch wird bei solchen Rückstandsanalysen eher zuviel Hg gefunden.

Literatur.

1. Kurnakow, N. S., u. G. J. Zukowsky: Z. anorg. allg. Chem. Bd. 52 (1907) S. 416/27. — **2.** Mc Phail Smith, G., u. H. C. Bennett: J. Amer. chem. Soc. Bd. 32 (1910) S. 622/26.

Cs-In. Cäsium-Indium.

Siehe Cs-Ga, S. 553.

Cs-Na. Cäsium-Natrium.

Abb. 238 zeigt das von Rinck[1] ausgearbeitete Erstarrungsschaubild.

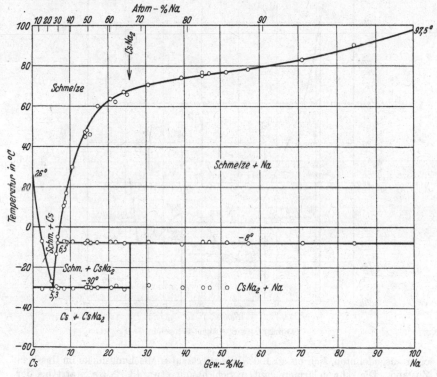

Abb. 238. Cs-Na. Cäsium-Natrium.

Die Verbindung $CsNa_2$ (25,71% Na) ergab sich aus dem Höchstwert der peritektischen Haltezeit bei — 8°.

Literatur.

1. Rinck, E.: C. R. Acad. Sci., Paris Bd. 199 (1934) S. 1217/19.

Cs-S. Cäsium-Schwefel.

Nach thermischen Untersuchungen von Biltz und Wilke-Dörfurt[1] (vgl. Abb. 239) scheiden sich aus Cs-S-Schmelzen mit 19,4 bis 43,3% S die Polysulfide

Cs$_2$S$_2$ (19,45% S), Cs$_2$S$_3$ (26,58% S), Cs$_2$S$_4$ (32,56% S), Cs$_2$S$_5$ (37,64% S) und Cs$_2$S$_6$ (42,00% S) aus.

Die Art der Bildung der Verbindung Cs$_2$S$_3$ konnte nicht aufgeklärt werden, da die Schmelzen im Bereich von etwa 25,7—27,5% S amorph erstarren; die Annahme einer peritektischen Reaktion Cs$_2$S$_2$ + Schmelze → Cs$_2$S$_3$ bei 206° ist hypothetisch.

In Mischungen mit mehr als 43,3% S hört, wie ein besonderer Versuch zeigte, die Mischbarkeit der Sulfidschmelzen mit Schwefel auf, d. h. es kommt zur Bildung

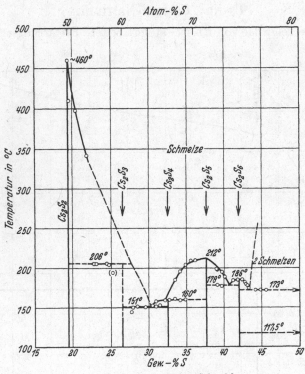

Abb. 239. Cs-S. Cäsium-Schwefel.

einer ausgedehnten, sich bis zu 100% S erstreckenden Mischungslücke im flüssigen Zustand. Die schwefelärmere, untere Schicht mit etwa 43,3% S erstarrt bei der gleichbleibenden Temperatur von 173° nach der Gleichung: Schmelze → Cs$_2$S$_6$ + S; die obere, aus reinem Schwefel bestehende Schicht erstarrt bei 117,5°.

Literatur.

1. BILTZ, W., u. E. WILKE-DÖRFURT: Z. anorg. allg. Chem. Bd. 48 (1906) S. 305/18. Die Sulfidschmelzen wurden, ausgehend von dem leicht darzustellenden Pentasulfid, durch Entziehung von Schwefel bei höheren Temperaturen bis zum Disulfid bzw. durch Zusatz von Schwefel erhalten. Die angegebenen Temperaturen wurden teils mehrfach nachgeprüft. Die thermische Analyse wurde in Glasgefäßen (bei den höher schmelzenden Gemischen in Porzellantiegeln) unter Wasserstoff bzw. Stickstoff (oberhalb 240°) ausgeführt. Impfen erwies sich als unbedingt erforderlich. Die „Legierungen" wurden nach dem Versuch analysiert.

Cu-Fe. Kupfer-Eisen.

Über die Legierungen des Kupfers mit Eisen gibt es eine sehr umfangreiche Literatur. Da aber in fast allen älteren Arbeiten nicht größere Konzentrationsgebiete, sondern nur einzelne Legierungen beschrieben wurden, und zwar vornehmlich vom Standpunkt ihrer mechanischen Eigenschaften, und außerdem die betreffenden Legierungen — auch in den Fällen, in denen über den C-Gehalt nichts ausgesagt wird — sicher erhebliche Mengen Kohlenstoff enthalten haben, so sind sie für die Beurteilung der Konstitution der reinen, möglichst C-freien Cu-Fe-Legierungen ohne Bedeutung. Es sei auf die Zusammenstellung der Literatur bei STEAD[1] verwiesen; einzelne Arbeiten werden weiter unten erwähnt.

Besteht eine Mischungslücke im flüssigen Zustand? MUSHET[2] fand, daß sich schmiedbares Fe und Cu in allen Verhältnissen legieren, daß aber höhere C-Gehalte (wie in Stahl oder Gußeisen) die Löslichkeit im geschmolzenen Zustand stark herabsetzen (bis auf rd. 5% Cu). Mit der letzteren Feststellung stimmen die Beobachtungen an höher C-haltigen Legierungen von RICHE[3], KARSTEN[4], RILEY[5], GARRISON[6], LIPIN[7], BREUIL[8], WIGHAM[9], MÜLLER-WEDDING[10] u. a. überein. Bei Verwendung eines 99,54%igen Fe mit 0,035% C und möglichste Ausschaltung einer C-Aufnahme während des Schmelzens fand STEAD[1] vollkommene Legierungsfähigkeit (keine Schichtenbildung) der beiden Metalle. PFEIFFER[11] untersuchte neben sehr Cu-reichen Legierungen vornehmlich solche mit 0,5—35% Cu, die unter Verwendung eines Fe mit 0,037% C und ganz geringen anderen Beimengungen in einem Kryptolofen (!) hergestellt waren. Aus dem Umstand, daß die Kupferausscheidungen — auch in sehr Cu-armen Legierungen — immer in Form erstarrter Tröpfchen vorlagen und die Schmelzpunkte des Fe und Cu durch Zusätze der anderen Komponente angeblich nicht erniedrigt wurden, schloß er, daß Cu und Fe im flüssigen Zustand vollkommen ineinander unlöslich, sondern nur suspendiert sind. Dagegen fanden MÜLLER-WEDDING[10] wiederum, daß sich Cu und Fe mit 0,14% C in allen Verhältnissen ohne Schichtenbildung zusammenschmelzen lassen.

SAHMEN[12] arbeitete erstmalig das Zustandsdiagramm mit Hilfe thermischer und mikroskopischer Untersuchungen aus. Er verwendete ein Fe mit 0,07% C und 0,2% sonstigen Beimengungen und kam zu dem Ergebnis, daß im flüssigen Zustand vollständige Mischbarkeit besteht, obgleich — wie er selbst hervorhebt — der fast horizontale Verlauf der Liquiduskurve zwischen 30 und 60% Fe dagegen sprechen könnte (die Erstarrungstemperatur steigt in diesem Bereich von 1425° auf 1435°). SAHMEN konnte jedoch keine Fortsetzung des horizontalen Kurvenstückes nach höheren Fe-Konzentrationen feststellen[13] und keinerlei Neigung zur Schichtenbildung beobachten.

Ruer-Fick[14] verwendeten bei der Ausarbeitung des Zustandsdiagramms ein Fe mit 0,08% C und 0,12% anderen Beimengungen.
(Die Schmelzen wurden in Porzellantiegeln im Tammannofen unter
Stickstoff hergestellt.) Systematische Untersuchungen über den Einfluß
des Kohlenstoffs führten zu dem Ergebnis, daß der ursprünglich 0,08%
betragende C-Gehalt des benutzten Eisens mindestens um 0,08% erhöht
werden mußte, um beim Zusammenschmelzen mit der gleichen Menge
Kupfer beim Erhitzen auf 1580° eine Trennung in zwei Schichten zu
erzielen. Da die Verfasser diesen C-Gehalt für zu gering halten, als daß
er eine Wirkung auf die gegenseitige Löslichkeit von Cu und Fe ausüben
könnte, so sehen sie die Schichtenbildung für eine Eigenart der reinen
Cu-Fe-Legierungen an; bei beginnender Erstarrung liegt die Mischungslücke nach Ruer-Fick zwischen 29 und 74% Fe. Die Wirkung des
Kohlenstoffs erklären sie mit der Verhinderung der Oxydation der
Schmelzen, d. h. die Bildung von Oxydhäuten, die dem Absetzen
hinderlich sind, wird vermieden. Auch bei C-haltigen Schmelzen wurde
bisweilen keine Schichtenbildung erzielt, was mit der großen Neigung
zur Emulsionsbildung gedeutet wird.

Um den Einfluß des Kohlenstoffs möglichst ganz auszuschalten,
haben Ruer-Goerens[15] in einer zweiten Arbeit mit Schmelzen gearbeitet, die bei Verwendung eines Elektrolyteisens mit nur 0,001% C
unter denselben Bedingungen wie oben gesagt hergestellt wurden. Es
ergab sich die überraschende Tatsache, daß beim Zusammenschmelzen
dieses reinen Eisens mit Elektrolytkupfer fast durchweg Schichtenbildung eintrat. ,,Hier konnte demnach von einer das Absetzen be-
fördernden Wirkung des Kohlenstoffs keine Rede sein. Dafür hat aber
das Elektrolyteisen gewisse Mengen Wasserstoff okkludiert, und diese
bewirken ebenso gut wie der zugesetzte Kohlenstoff eine Reduktion etwa
vorhandener oder bei der Schmelzung entstandener Spuren von Oxyd.‘‘
Die Auffassung, daß die teilweise Unmischbarkeit im flüssigen Zustand
eine Eigenart der reinen Cu-Fe-Legierungen ist, wurde also auch nach
dieser Arbeit aufrechterhalten.

Anderseits verläuft, wie auch schon von Ruer-Fick festgestellt wurde,
die Liquiduskurve keineswegs horizontal. Die beobachtete Abweichung
vom horizontalen Verlauf liegt nach Auffassung der Verfasser außerhalb
der Beobachtungsfehler. ,,Das System Cu-Fe zeigt also bei der Erstarrung das Verhalten eines Drei- oder Mehrstoffsystems.‘‘ Da aber
eine Aufnahme von Beimengungen durch den Schmelzvorgang in hinreichender Menge nicht nachgewiesen werden konnte, so mußten Ruer-
Goerens das Auftreten einer Molekülart, die wegen geringer Bildungs-
und Zerfallsgeschwindigkeit die Rolle eines dritten Stoffes spielt, annehmen; es ist ihnen jedoch nicht möglich gewesen, Beobachtungen zu
machen, die diese Annahme gestützt hätten. Das Diagramm von

Ruer-Goerens steht daher — wie die Verfasser selbst anerkennen — im Widerspruch zu der Phasenregel.

Ruer-Goerens haben auch die Löslichkeitskurve der beiden Schmelzen bestimmt. Aus gleichen Teilen Cu und Fe bestehende Schmelzen wurden bei Temperaturen zwischen 1445 und 1572° gehalten, absetzen und darauf im Ofen erkalten gelassen. In den Fällen, in denen sich eine scharfe Trennungsfläche ausgebildet hatte, wurden die beiden Schichten analysiert und nach den erhaltenen Daten die Löslichkeitskurve festgelegt[16] (s. die Kreuze in Abb. 240). Danach findet eine Zunahme der gegenseitigen Löslichkeit — gegen die allgemeine Erfahrung — mit fallender Temperatur statt. Auffallend ist, daß bei Temperaturen unter 1470°, also 30° oberhalb der Erstarrungstemperatur, keine Schichtenbildung auftrat (Emulsionsbildung?), wenn die Schmelze nicht vorher höheren Temperaturen ausgesetzt war.

Im Hinblick auf diese letztere Tatsache hat Ostermann[17] die bestehenden Widersprüche durch Annahme einer Mischungslücke gedeutet, die sich etwa 20° oberhalb der Liquiduskurve schließt, also einen unteren kritischen Punkt besitzt. Dieser Gedanke wurde von Müller[18] aufgenommen und experimentell gestützt. Nach ihm würde der kritische Punkt etwa 60° oberhalb der Liquiduskurve liegen, da aus gleichen Teilen Cu und Fe bestehende Schmelzen (mit etwa 0,1% C) ohne Schichtenbildung erstarrten, wenn sie vorher Temperaturen von 1470 bis 1510° ausgesetzt waren; bei höheren Temperaturen trat Schichtenbildung ein. Gegen diese Auffassung hat Ruer[19] unter eingehender Behandlung seiner früheren Untersuchungen eingesprochen, besonders indem er hervorhob, daß das Ausbleiben einer Schichtenbildung wegen etwa vorliegender Emulsionsbildung nicht entscheidend für vollständige Mischbarkeit unter etwa 1470—1490° sein könne[20] und ein Zusammenfließen der beiden Schichten selbst bei 1445° nicht stattfand, wenn die Schmelze vorher auf 1540° erhitzt worden war. (Vgl. auch die Antwort von Müller[21] und die Ausführungen von Ruer-Kuschmann[22].) Mit der Auffassung von Ostermann und Müller stimmt übrigens auch Reuleaux[23] und in gewissem Sinne Benedicks[24] überein. Benedicks hält es für möglich, daß die gegenseitige Lage der Liquiduskurve und des nach unten geschlossenen Gebietes zweier flüssiger Phasen von den geringsten Beimengungen abhängig ist, doch scheint er anzunehmen, daß sich die beiden Kurven auf alle Fälle schneiden. Mit gleicher Berechtigung könnte man dann auch mit Guertler[25] annehmen, daß nicht stets ein Schneiden der Löslichkeitskurve mit der Liquiduskurve stattfindet, sondern daß erst unter bestimmten experimentellen Bedingungen (Reinheit der Ausgangsstoffe, insbesondere C-Gehalt, Tiegelmaterial u. ä.) eine derartige Verschiebung der Löslichkeitskurve zu tieferen Temperaturen eintritt, so daß ein Schneiden erfolgen kann.

Der Verfasser hat sich, wie aus dem Zustandsdiagramm (Abb. 240) hervorgeht, dieser Ansicht angeschlossen, da sie die Vorzüge der Auffassung von OSTERMANN und MÜLLER beibehält, ohne dabei die Beobachtungen von RUER-GOERENS allzu sehr zu verletzen. Eine weitere durchaus mögliche Deutung wäre die, daß die Mischungslücke im flüssigen Zustand die Liquiduskurve auch bei den reinen Cu-Fe-Legie-

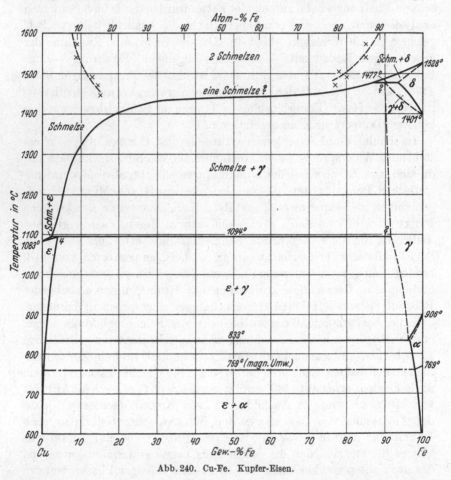

Abb. 240. Cu-Fe. Kupfer-Eisen.

rungen schneidet. Die Unmöglichkeit, bei Temperaturen wenig oberhalb der Liquiduskurve eine Entmischung mikroskopisch festzustellen, wäre dann ganz im Sinne von RUER und seinen Mitarbeitern zu erklären. In diesem Falle müßte die Liquiduskurve jedoch in einem gewissen Bereich horizontal verlaufen. Obgleich alle Verfasser das verneinen, ist es möglich, die festgestellte geringe Neigung der Kurve (zwischen 70 und 40% Fe nur 3° je 10% Fe!) durch mangelndes Erstarrungs-

gleichgewicht zu erklären, da in keinem Falle die Schmelzen während
der Erstarrung gerührt wurden. Ein ähnliches Beispiel dafür geben die
Cu-Pb-Legierungen (s. S. 598). Gegen das von Ruer-Goerens gegebene
Diagramm spricht die Tatsache, daß es im Widerspruch zu der Phasenregel steht, und daß die zur Erklärung dieses Widerspruches gemachte
Annahme einer Molekülart, die wegen geringer Bildungs- und Zerfallsgeschwindigkeit die Rolle eines dritten Stoffes spielt, wenig be-
friedigt.

Die Liquidus- und Soliduskurve. Die in Abb. 240 dargestellten Kurven
beruhen auf den eingehenden und wiederholt bestätigten Messungen von
Ruer-Fick, Ruer-Klesper[26] ($\gamma \rightleftharpoons \delta$-Umwandlung) und Ruer-Goerens. Die Ergebnisse von Sahmen stimmen damit gut überein; die
$\gamma \rightleftharpoons \delta$-Umwandlung war Sahmen allerdings entgangen. Die zu 1094°
gefundene Temperatur der peritektischen Horizontalen ist auch in
bester Übereinstimmung mit älteren Beobachtungen von Heycock-
Neville[27]. Die Zusammensetzungen der bei beginnender Schmelzung
und bei 1094° gesättigten γ-Mischkristalle wurden bisher noch nicht
näher bestimmt.

Die Umwandlungen und Löslichkeitsänderungen im festen Zustand.
Die Löslichkeit von Fe in Cu ist von Hanson-Ford[28] (mikroskopisch)
und Tammann-Oelsen[29] (mit Hilfe magnetischer Messungen) bestimmt
worden. Beide Löslichkeitskurven stimmen gut überein. Nach Hanson-
Ford nimmt die Löslichkeit von 3,8% Fe bei 1094° nahezu linear auf
unter 0,2% Fe bei 750° ab. Nach Tammann-Oelsen sind bei 1094°
etwa 4% Fe löslich; bei 1035° bzw. 930°, 852°, 770° und 635° liegt die
Sättigungsgrenze bei 3,1 bzw. 1,7, 1,04, 0,54, 0,15% Fe. Bei tieferen
Temperaturen ist die Diffusion so gering, daß die Einstellung des Gleichgewichtes nicht mehr abzuwarten ist. Bei 200° bzw. 20° ist nach
Tammann-Oelsen nur noch eine Löslichkeit von etwa 1.27 . 10⁻⁵ bzw.
5,9 . 10⁻¹¹% Fe zu erwarten (berechnet). Die von Hanson-Ford und
Heuer[30] ermittelten Leitfähigkeitsisothermen der Cu-reichen Legierungen erlauben keinen eindeutigen Schluß auf die Sättigungskonzentration.

Die $\gamma \rightleftharpoons \alpha$-Umwandlung des Fe wird nach Ruer-Goerens durch
etwa 2,3% Cu auf 833° erniedrigt (Abb. 240). Die Grenze der Löslichkeit
von Cu in α-Fe sollte danach bei dieser Temperatur unter 2% Cu liegen.
Bei 759° dürfte sie nur noch etwa 1% Cu betragen, da die Temperatur
der magnetischen Umwandlung des Fe nach Ruer-Goerens durch
1% Cu auf diese — bei höheren Cu-Gehalten konstant bleibende —
Temperatur erniedrigt wird. Über die Löslichkeit oberhalb 833° liegen
keine Untersuchungen vor.

Mit dem Diagrammtypus (ausgedehnte Mischungslücke zwischen
Grenzmischkristallreihen geringer Ausdehnung) im Einklang sind die

Leitfähigkeitsmessungen von RUER-FICK und die Härtemessungen von ISIHARA[31] und vor allem KUSSMANN-SCHARNOW[32].

1. Nachtrag. KÖSTER-BUCHHOLTZ[33] haben die Löslichkeit von Cu in technischem Fe bei 810° (der Temperatur des eutektoiden Zerfalls von γ, in Abb. 240 833°) zu etwa 3,4%, bei 600° zu etwa 0,4% Cu gefunden. Diese Zahlen weichen recht erheblich von den Angaben von RUER-GOERENS über den Verlauf der Umwandlungskurven (s. o.) und den daraus abzuleitenden Löslichkeiten ab.

Qualitative röntgenographische Untersuchungen der ganzen Legierungsreihe von CARTER[34] lieferten keine neuen Erkenntnisse. Über den Einfluß kleiner Fe-Zusätze auf den elektrischen Widerstand (bis 0,8% Fe) bzw. die Wärmeleitfähigkeit (bis 1% Fe) von Cu s.[35] bzw.[36].

2. Nachtrag. Nach röntgenographischen Bestimmungen von NORTON[37] ist die Löslichkeit von Cu in α-Fe doch erheblich geringer als KÖSTER-BUCHHOLTZ angeben; sie beträgt bei 850° 1,4% (größte Löslichkeit) und fällt auf 0,35% bei 650° ab. — Die Löslichkeit von Cu in γ-Fe ist nach VOGEL-DANNÖHL[38] 8% bei 1477° und 8,5% bei 1094°.

Literatur.

1. STEAD, J. E.: Engineering Bd. 72 (1901) S. 851/53. J. Iron Steel Inst. Bd. 60 (1901) S. 104/19. — **2.** MUSHET, D.: Philos. Mag. 3 Bd. 6 (1835) S. 81. — **3.** RICHE: Ann. Chim. Phys. 4 Bd. 30 (1874) S. 351. — **4.** KARSTEN s. bei STEAD (Anm. 1). — **5.** RILEY: J. Iron Steel Inst. 1890 Nr. 1 S. 123. — **6.** GARRISON, F. L.: J. Franklin Inst. Bd. 131 (1891) S. 434. — **7.** LIPIN, W.: Stahl u. Eisen Bd. 20 (1900) S. 536/41, 583/90; Bd. 27 (1907) S. 99. — **8.** BREUIL, P.: C. R. Acad. Sci., Paris Bd. 142 (1906) S. 1421; Bd. 143 S. 346, 377/80. — **9.** WIGHAM, F. H.: Metallurgie Bd. 3 (1906) S. 328/34. — **10.** MÜLLER, W., u. H. WEDDING: Stahl u. Eisen Bd. 26 (1906) S. 1444/47. — **11.** PFEIFFER, V. O.: Metallurgie Bd. 3 (1906) S. 281/87. — **12.** SAHMEN, R.: Z. anorg. allg. Chem. Bd. 57 (1908) S. 9/20. — **13.** Die $\gamma \rightleftharpoons \delta$-Umwandlung ist SAHMEN entgangen. — **14.** RUER, R., u. K. FICK: Ferrum Bd. 11 (1914) S. 39/51. — **15.** RUER, R., u. F. GOERENS: Ferrum Bd. 14 (1916/17) S. 49/61. — **16.** Dieses Verfahren zur Abgrenzung der Mischungslücke im flüssigen Zustand dürfte kaum zu brauchbaren Ergebnissen führen. — **17.** OSTERMANN, F.: Z. Metallkde. Bd. 17 (1925) S. 278. — **18.** MÜLLER, A.: Mitt. Kais. Wilh.-Inst. Eisenforschg., Düsseld. Bd. 9 (1927) S. 173/75. Z. anorg. allg. Chem. Bd. 162 (1927) S. 231/36. — **19.** RUER, R.: Z. anorg. allg. Chem. Bd. 164 (1927) S. 366/76. — **20.** Auf diese Arbeit sei hier nachdrücklichst verwiesen. — **21.** MÜLLER, A.: Z. anorg. allg. Chem. Bd. 169 (1928) S. 272. — **22.** RUER, R., u. J. KUSCHMANN: Z. anorg. allg. Chem. Bd. 153 (1926) S. 260/62. — **23.** REULEAUX, O.: Met. u. Erz Bd. 24 (1927) S. 99/100. REULEAUX ist auf Grund einiger Stichversuche „zu der Überzeugung gekommen, daß eine Mischungslücke im flüssigen Zustand zwar vorhanden ist, sich aber vor der Erstarrung schon wieder geschlossen hat". — **24.** BENEDICKS, C.: Z. physik. Chem. Bd. 131 (1928) S. 289/93. — **25.** GUERTLER, W.: S. bei OSTERMANN Anm. 17. — **26.** RUER, R., u. R. KLESPER: Ferrum Bd. 11 (1914) S. 259/60. — **27.** HEYCOCK, C. T., u. F. H. NEVILLE: Philos. Trans. Roy. Soc., Lond. A Bd. 189 (1897) S. 69. — **28.** HANSON, D., u. G. W. FORD: J. Inst. Met., Lond. Bd. 32 (1924) S. 335/61. — **29.** TAMMANN, G., u. W. OELSEN: Z. anorg. allg. Chem. Bd. 186 (1930) S. 267/77. — **30.** HEUER, R. P.: J. Amer. chem. Soc. Bd. 49 (1927) S. 2711/20. — **31.** ISIHARA, T.: Sci. Rep. Tôhoku Univ. Bd. 11

(1922) S. 210/11. — **32.** KUSSMANN, A., u. B. SCHARNOW: Z. anorg. allg. Chem. Bd. 178 (1929) S. 317/24. Z. Physik Bd. 54 (1929) S. 1/15. — **33.** KÖSTER, W., u. H. BUCHHOLTZ: Stahl u. Eisen Bd. 50 (1930) S. 688. Z. Metallkde. Bd. 22 (1930) S. 294. — **34.** CARTER, J. H.: Iowa State Coll. J. Sci. Bd. 6 (1932) S. 413/16. Nach Chem. Zbl. 1932 II S. 3949. — **35.** LINDE, J. O.: Ann. Physik Bd. 15 (1932)

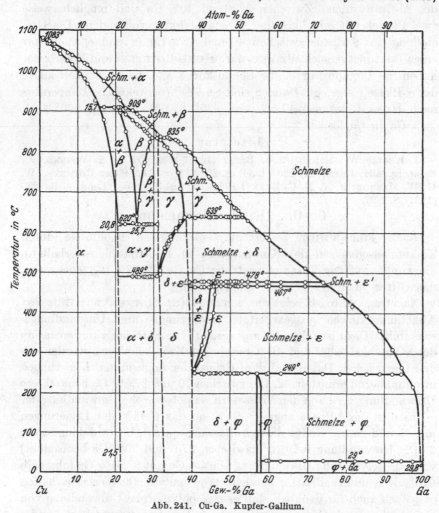

Abb. 241. Cu-Ga. Kupfer-Gallium.

S. 225/27. — **36.** HANSON, D., u. C. E. RODGERS: J. Inst. Met., Lond. Bd. 48 (1932) S. 37/42. — **37.** NORTON, J. T.: Metals Technology Dez. 1934, Amer. Inst. min. metallurg. Engr. Techn. Publ. Nr. 586. — **38.** VOGEL, R., u. W. DANNÖHL: Arch. Eisenhüttenwes. Bd. 8 (1934/35) S. 39/40.

Cu-Ga. Kupfer-Gallium.

Nachdem bis vor kurzem nur eine Mitteilung von KROLL[1] über die Legierbarkeit von Cu mit Ga vorlag, hat WEIBKE[2] das vollständige

Zustandsschaubild mit Hilfe sorgfältiger thermischer Untersuchungen ausgearbeitet und durch mikrographische und röntgenographische Untersuchungen ergänzt und bestätigt (vgl. Abb. 241). Die Phasen β und δ (Cu_9Ga_4 mit 32,8% Ga) sind strukturell analog den Phasen β und γ' des Al-Cu-Systems. Zwischen 32,8 und 40% Ga sind möglicherweise zwei Phasen mit sehr ähnlicher Kristallstruktur vorhanden. Die Darstellung des Aufbaus zwischen 40 und 46% Ga (ε' und ε) stellt nur einen Deutungsversuch WEIBKEs dar. HUME-ROTHERY[3] und Mitarbeiter haben die Liquiduskurve, die Soliduskurve und die Löslichkeitskurve der α-Phase festgelegt. Danach sind bei 914° (peritektische Temperatur nach HUME-ROTHERY) 17,5%, bei 620° 21,6% und bei 200° noch 20% Ga in Cu löslich.

Literatur.

1. KROLL, W.: Metallwirtsch. Bd. 11 (1932) S. 435/37. — **2.** WEIBKE, F.: Z. anorg. allg. Chem. Bd. 220 (1934) S. 293/311. — **3.** HUME-ROTHERY, W. G. W. MABBOTT u. K. M. C. EVANS: Philos. Trans. Roy. Soc., Lond. A Bd. 233 (1934) S. 1/97.

Cu-Ge. Kupfer-Germanium.

Nach GOLDSCHMIDT[1] besitzt die Legierung mit 26,50% Ge (durch Zusammenschmelzen der Komponenten in H_2-Atmosphäre erhalten), die annähernd der Zusammensetzung Cu_3Ge (27,57% Ge) entspricht, das Gitter einer hexagonalen Kugelpackung.

Nachtrag. Abb. 242 zeigt das von SCHWARZ-ELSTNER[2] mit Hilfe von Abkühlungskurven ausgearbeitete Erstarrungs- und Umwandlungsschaubild. Dazu ist folgendes zu sagen: 1. Die Sättigungskonzentration des α-Mischkristalls[3] und die Grenzen der Zwischenphasen wurden aus den thermischen Daten und dem Gefüge der ungeglühten Legierungen nur annähernd ermittelt. 2. Die zwischen 19 und 27,5% Ge beobachtete Umwandlung wird von den Verfassern als polymorphe Umwandlung der γ-Phase in die δ-Phase angesprochen; ob das Gefüge der Legierungen mit 25 und 25,5% Ge für diese Auffassung spricht, bleibt dahingestellt. 3. Die Umwandlung bei 615° (zwischen 27,6 und 90% Ge beobachtet) wird als polymorphe Umwandlung von Cu_3Ge mit 27,57% Ge (oberhalb 615° als ε, unterhalb als η bezeichnet) gedeutet. Die Verfasser halten es jedoch auch für denkbar, daß es eine polymorphe Umwandlung von Ge ist, die durch Cu ausgelöst wird. 4. Das Gebiet zwischen γ und ε bzw. δ und η konnte nicht genau geklärt werden. Die Existenz und Natur der thermischen Effekte bei 576—580° ist ungewiß.

HUME-ROTHERY und Mitarbeiter[4] haben die Solidus- und Löslichkeitskurve der α-Mischkristalle bestimmt.

Literatur.

1. GOLDSCHMIDT, V. M.: Z. physik. Chem. Bd. 133 (1928) S. 413. — **2.** SCHWARZ, R., u. G. ELSTNER: Z. anorg. allg. Chem. Bd. 217 (1934) S. 289/97. — **3.** Schon früher hatte J. O. Linde: Ann. Physik Bd. 15 (1932) S. 225 aus Messungen der elektrischen Leitfähigkeit von Cu-reichen Legierungen geschlossen, daß mindestens 2,2 Gew.-% Ge in Cu löslich sind (nach Glühen bei 400—600°). — 4. Hume-Rothery, W., G. W. Mabbott u. K. M. C. Evans: Philos. Trans. Roy. Soc., Lond. A Bd. 233 (1934) S. 1/97. Die Arbeit war mir nicht mehr zugänglich.

Cu-H. Kupfer-Wasserstoff.

Die Löslichkeit (Absorption) von H_2 in festem und flüssigem Cu wurde eingehend von Sieverts[1] in Gemeinschaft mit P. Beckmann, W. Krumbhaar, E. Jurisch und E. Bergner untersucht; in der ersten Arbeit[1] befinden sich Literaturangaben von älteren Untersuchungen.

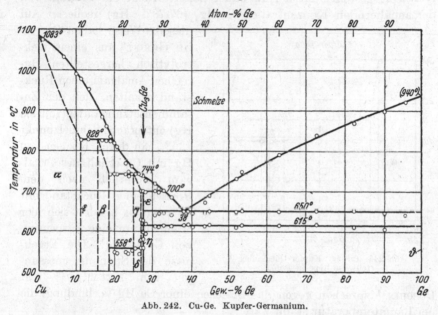

Abb. 242. Cu-Ge. Kupfer-Germanium.

Über die Hydride des Kupfers siehe Gmelin-Krauts Handb. d. anorg. Chemie[2] und die neueren Arbeiten von Müller-Bradley[3] (ĊuH) sowie Pietsch-Josephy[4] (CuH₂).

Literatur.

1. Sieverts, A.: Z. physik. Chem. Bd. 60 (1907) S. 139/53. Sieverts, A., u. W. Krumbhaar: Z. physik. Chem. Bd. 74 (1910) S. 288/94. Dies. Ber. dtsch. chem. Ges. Bd. 43 (1910) S. 896/98. Sieverts, A.: Z. physik. Chem. Bd. 77 (1911) S. 594/98. Z. Metallkde. Bd. 21 (1929) S. 40, 44. — **2.** Bd. 5 (1909) S. 721/23. — **3.** Müller, H., u. A. J. Bradley: J. chem. Soc. 1926 S. 1669/74. — **4.** Pietsch, E., u. E. Josephy: Naturwiss. Bd. 19 (1931) S. 737/38.

Cu-Hg. Kupfer-Quecksilber.

Die Löslichkeit von Cu in Hg bei Raumtemperatur wurde von verschiedenen Forschern wie folgt gefunden: Gouy[1] 0,001% bei 15—18°, Humphreys[2] 0,0031% bei 27°, Iggena[3] 0,16% (??), Richards und GARROD-THOMAS[4] etwa 0,0024%, TAMMANN-KOLLMANN[5] (indirekt) 0,0032%. Als sicherster Wert dürfte derjenige von HUMPHREYS sowie TAMMANN-KOLLMANN gelten[6] [6a]. Die geringe Löslichkeit von Cu in Hg geht auch aus den Spannungsmessungen von SPENCER[7] hervor. Die Liquiduskurve steigt also vom Hg-Erstarrungspunkt außerordentlich steil zur Raumtemperatur an.

Die Zwischenphasen. Über die Natur der mit gesättigter Lösung sich im Gleichgewicht befindenden Kristallart sind wir erst neuerdings unterrichtet. JOULE[8] hatte aus Hg-reichem Amalgam (elektrolytisch hergestellt) durch Anwendung hoher Drucke ein Produkt von der annähernden Konzentration Cu_3Hg_2 (67,78% Hg) isoliert. Auf

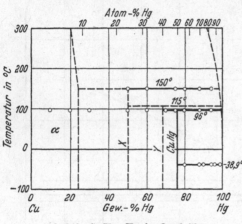

Abb. 243. Cu-Hg. Kupfer-Quecksilber
(teilweise hypothetisch).

dieselbe Weise haben GUNTZDE GREIFT[9] aus einem elektrolytisch hergestellten Hg-reichen Amalgam einen Rückstand erhalten, der der Zusammensetzung CuHg(75,94% Hg) entsprach; Schmelzpunkt 135°. Ein durch Kochen von Hg mit Cu erhaltenes Amalgam hinterließ nach dem Pressen einen Rückstand mit 97% Cu; es handelt sich hier offenbar um eine Suspension von Cu in Hg. Die Ergebnisse der Spannungsmessungen von NEUMANN[10] und

PUSCHIN[11] sprechen gegen das Bestehen einer Cu-Hg-Verbindung, die bei Raumtemperatur stabil wäre[12].

TAMMANN-STASSFURTH[13] haben versucht, die Konstitution der Cu-Amalgame mit Hilfe thermischer und mikroskopischer Untersuchungen aufzuklären. Abb. 243 stellt das von ihnen entworfene mehr oder weniger hypothetische Zustandsschaubild dar.

Legierungen mit bis zu 30% Hg wurden durch Verreiben von reduziertem Cu-Pulver mit Hg, Legierungen mit höheren Hg-Gehalten durch Elektrolyse hergestellt. Abkühlungskurven von Hg-reichen Amalgamen zeigten einen Haltepunkt beim Erstarrungspunkt des Hg; bei etwa 76% Hg verschwand dieser Haltepunkt. Die Verfasser schließen daraus auf das Bestehen der Verbindung CuHg (75,94% Hg). Erhitzungskurven von Legierungen mit 10—94% Hg, die vorher 40 Stunden bei 100° geglüht und darauf erkalten gelassen waren[14], ergaben folgendes: Auf allen Kurven trat ein Haltepunkt bei 96° auf, der bei 75% Hg am größten war. Die Verbindung CuHg schmilzt also

bei dieser Temperatur unter Bildung eines Cu-reichen Mischkristalls
und einer Hg-reichen Schmelze. Auf den Erhitzungskurven der Legierungen mit 50—94% Hg trat außerdem noch ein Haltepunkt bei 150°
auf, der von 94 nach 80% Hg an Größe zunahm, zwischen 80 und 50%
Hg dagegen wesentlich kleiner war.

Wurde nach Aufnahme der Erhitzungskurve, die bis etwa 200° verfolgt wurde, eine Abkühlungskurve aufgenommen, so zeigte sich
weder ein Knick noch ein Haltepunkt, ein Zeichen dafür, daß die bei
96° und 150° unter Zersetzung schmelzenden Kristallarten sich langsam
bilden. „Wiederholt man drei Tage nach der ersten Erhitzung die
Aufnahme der Erhitzungskurven, während dieser Zeit waren die Amalgame bei 20° größtenteils erhärtet, so wurden weder bei 96° noch bei
150° Haltepunkte und Knicke gefunden.‟ Für dieses eigenartige Verhalten geben TAMMANN-STASSFURTH folgende Deutung:

„Nach längerem Erhitzen auf 100° (vor Aufnahme der ersten Erhitzungskurve)
hat sich langsam die bei 150° schmelzende Kristallart X gebildet. Bei der Abkühlung bildet diese Kristallart mit einer sehr Hg-reichen Lösung bei 96° die Verbindung CuHg, wobei die Kristallart X teilweise oder vollständig aufgezehrt wird;
diese Reaktion geht mit einer Geschwindigkeit vor sich, die nur durch den Wärmefluß bestimmt wird, weil bei 96° auf den Abkühlungskurven Haltepunkte auftreten, deren Haltezeiten sowie die der Haltepunkte bei — 38,87° in ihrer Abhängigkeit vom Cu-Gehalt auf die Bildung der Kristallart CuHg hinwiesen. Wenn aber
die Amalgame über 150° bis etwa 200° erhitzt werden, so entstehen während
der Abkühlung und auch im Laufe von drei Tagen bei Zimmertemperatur die
bei 96° und 150° partiell entstehenden Kristallarten nicht. Daher bildet sich auch
die Kristallart CuHg nicht wieder, sondern es entsteht eine andere Kristallart Y,
die bei 108—115°[15] wahrscheinlich partiell schmilzt. Die Schmelzwärme dieser
Kristallart ist sehr gering, da bei ihrem Schmelzen ein Haltepunkt auf der Erhitzungskurve nicht auftritt.‟

Sie muß Cu-reicher sein als die Kristallart CuHg, da nach ihrer
Bildung, d. h. nach längerem Verweilen bei Raumtemperatur, die Zeitdauer des Haltepunktes bei —38,9° ganz erheblich zunimmt.

Die mikroskopische Untersuchung der 40 Stunden auf 100° erhitzten
Amalgame ergab folgendes: Von 0—24% Cu waren die CuHg-Kristalle[16]
von flüssigem Hg umgeben. Von 24% Cu an tritt die bei 150° schmelzende gelbliche Kristallart X als primäre Phase auf, die von CuHg
umgeben ist. Oberhalb 40% Cu tritt zu dem gelblichen noch ein rötliches,
ebenfalls primär angeordnetes Strukturelement, der Cu-reiche Mischkristall, hinzu. Oberhalb 76% Cu erwiesen sich die Legierungen als
einphasig. In den bei Raumtemperatur erhärteten[17] Amalgamen fehlt
das gelbliche Strukturelement. Die Kristallart Y ist von der Kristallart
CuHg nicht zu unterscheiden.

Nach TAMMANN-STASSFURTH bestehen also drei intermediäre
Kristallarten, deren Bildung von der Vorbehandlung abhängt. In den
bei 100° getemperten Amalgamen liegen die Verbindung CuHg und die

Cu-reichere Phase X vor, während in den bei 20° erhärteten Amalgamen nur die Kristallart Y vorhanden ist[18].

Röntgenographische Untersuchungen[19]. Terrey-Wright[20] untersuchten Legierungen mit 1—80% Hg, die durch Zusammenreiben der beiden Metalle gewonnen wurden und durch längeres Verweilen bei Raumtemperatur gehärtet waren. Die Röntgenogramme besaßen die Interferenzen des Kupfers in allen frischen Amalgamen sowie in den gehärteten mit weniger als 50% Hg. Außerdem ist meist ein überall gleiches Amalgamgitter vorhanden, bei den frischen Amalgamen nur schwach, bei den gehärteten überall und mit größerer Intensität. Zur Bestimmung der Gitterstruktur der intermediären Phase wurde ein Amalgam mit 70% Hg nach dem Härten von überschüssigem Hg befreit. Es blieb dabei ein Amalgam mit 65—70% Hg zurück, das nach Ansicht der Verfasser ein tetragonales Gitter besitzt. (Katoh[21] hat diese Auslegung der Röntgenogramme kritisiert.) Terrey-Wright halten die intermediäre Phase für die Verbindung Cu_3Hg_4 (80,80% Cu), doch dürfte bei der Angabe dieser Formel den Verfassern ein Irrtum unterlaufen sein, da die Zusammensetzung des durch Abpressen (mit den Händen!) von der flüssigen Phase erhaltenen Rückstandes mit 65—70% Hg (s. o.) mehr der Formel Cu_4Hg_3 (70,30% Hg) entspricht.

Katoh[21] hat die Struktur einer größeren Anzahl Legierungen mit 6—86% Hg untersucht. Durch Abpressen (mit 10000 kg/cm²) der flüssigen Phase aus einem elektrolytisch hergestellten Amalgam mit 90% Hg wurde ein Amalgam mit 74,47% Hg erhalten. Es besitzt ein Gitter, das demjenigen der γ-Phase des Cu-Zn-Systems sehr ähnlich ist[22]. Ein der Zusammensetzung CuHg entsprechendes Amalgam, das 48 Stunden bei 100° getempert war, ergab dieselben Interferenzen[23]. Nach der Cu-Seite des Systems hin erstreckt sich der Homogenitätsbereich der γ-Phase, die mit der von Tammann-Stassfurth als CuHg bezeichneten Phase identisch ist, nach Ansicht Katohs bis zu einer zwischen 70 und 73% Hg liegenden Konzentration (nach 48stündigem Tempern bei 100°). Dieser Schluß stützt sich auf die Beobachtung, daß bei 70% Hg bereits die ersten schwachen Cu-Linien erscheinen, während bei 73% Hg solche Linien nicht sichtbar sind. Demgegenüber ist einzuwenden, daß die Röntgenuntersuchung zum Nachweis geringer Mengen einer zweiten Phase unempfindlich ist, und daß die Gitterkonstante der γ-Phase in Legierungen unterhalb und oberhalb 76% Hg gleich ist. Die γ-Phase hat also ein sehr enges Homogenitätsgebiet.

Im Gegensatz zu Tammann-Stassfurth wurde festgestellt, daß 1. Cu praktisch kein Hg in fester Lösung aufzunehmen vermag, da die Gitterkonstante der Cu-reichen Phase (α) innerhalb der Meßfehlergrenzen derjenigen des reinen Cu entspricht; 2. daß in allen bei 100° geglühten Proben stets nur eine intermediäre Phase, γ, vorliegt (nach

TAMMANN-STASSFURTH liegen in derart behandelten Legierungen die Kristallarten CuHg und X vor). Wie bei diesen einfachen Konstitutionsverhältnissen die von TAMMANN-STASSFURTH beobachteten Erscheinungen (Abhängigkeit des Auftretens der thermischen Effekte usw. von der Vorbehandlung), die von diesen Forschern nur durch Annahme von drei intermediären Kristallarten gedeutet werden konnten, zu erklären sind, bleibt vorläufig noch unklar.

Literatur.

1. GOUY: J. Physique Bd. 4 (1895) S. 320/21. — 2. HUMPHREYS, W. J.: J. chem. Soc. Bd. 69 (1896) S. 247. — 3. IGGENA, H.: Diss. Göttingen 1899. — 4. RICHARDS, T. W., u. R. N. GARROD-THOMAS: Z. physik. Chem. Bd. 72 (1910) S. 177/81. — 5. TAMMANN, G., u. K. KOLLMANN: Z. anorg. allg. Chem. Bd. 160 (1927) S. 246/48. — 6. Bei den Bestimmungen von RICHARDS u. GARROD-THOMAS wurde das Kupfer während der Filtration anscheinend etwas oxydiert. — 6a. Neuerdings fanden jedoch N. M. IRVIN u. A. S. RUSSEL: J. chem. Soc. 1932 S. 891/98 auf analytischem Wege wiederum nur 0,0020%. — 7. SPENCER, J. F.: Z. Elektrochem. Bd. 11 (1905) S. 681/84. — 8. JOULE, J. P.: J. chem. Soc. Bd. 16 (1863) S. 378. — 9. GUNTZ, A., u. DE GREIFT: C. R. Acad. Sci., Paris Bd. 154 (1912) S. 357/58. — 10. NEUMANN, B.: Z. physik. Chem. Bd. 14 (1894) S. 211. — 11. PUSCHIN, N. A.: Z. anorg. allg. Chem. Bd. 36 (1903) S. 240/41. — 12. Die Spannung bleibt innerhalb des ganzen Konzentrationsbereiches praktisch gleich. Auch E. COHEN, F. D. CHATTAWAY u. W. TOMBROCK: Z. physik. Chem. Bd. 60 (1907) S. 715/18 fanden innerhalb des von ihnen untersuchten Gebietes von 1 bis 16% Cu konstante Spannung. — 13. TAMMANN, G., u. T. STASSFURTH: Z. anorg. allg. Chem. Bd. 143 (1925) S. 357/69. — 14. Diese Vorbehandlung erwies sich als notwendig, da durch Vorversuche festgestellt wurde, daß die auf den Erhitzungskurven auftretenden beiden Haltepunkte sich ihrer Zeitdauer nach stark mit der Vorbehandlung der Amalgame änderten. — 15. Durch Beobachtung des Auftretens von Hg-Tröpfchen beim Erhitzen der Amalgame mit weniger als 80% Hg ergab sich die Schmelztemperatur der bei 100° getemperten Proben zu 96° (in Übereinstimmung mit den thermischen Untersuchungen), in den bei Raumtemperatur erhärteten Legierungen traten die ersten Hg-Tröpfchen erst bei 110—118° auf. Diese Temperatur hätte als Schmelztemperatur der Y-Phase zu gelten. — 16. Da die CuHg-Kristallite von flüssigem Hg benetzt werden, so war an ihnen nur die Farbe des Hg zu erkennen. — 17. Da die beiden bei 96° und 150° schmelzenden Kristallarten in den bei gewöhnlicher Temperatur erhärteten Amalgamen nicht vorhanden sind, weil auf ihren Erhitzungskurven bei diesen Temperaturen keine Verzögerungen auftreten, so kann die Erhärtung der Amalgame bei Raumtemperatur nicht durch die Bildung dieser beiden Kristallarten bedingt sein. Sie muß der Bildung der Y-Phase zugeschrieben werden. — 18. Bei 20° herrscht die Bildung der Kristallisationszentren von Y vor der der Kristallisationszentren von X und CuHg so sehr vor, daß diese Kristallarten nicht oder nur in sehr geringer Menge entstehen. Bei 100° ist dagegen die Zahl der Kristallisationszentren von Y gegenüber derjenigen der beiden anderen Phasen sehr klein. — 19. Das Bestehen mindestens einer intermediären Kristallart wurde von A. WERYHA (Vorl. Mitt. C. R. Soc. Polonaise Phys. Bd. 7 (1926) S. 57/63) auf Grund von orientierenden Strukturuntersuchungen behauptet. — 20. TERREY, H., u. C. M. WRIGHT: Philos. Mag. 7 Bd. 6 (1928) S. 1055/69. — 21. KATOH, N.: Z. physik. Chem. B Bd. 6 (1929) S. 27/39. — 22. Wenn die γ-Phase tatsächlich die dem γ-Messing eigene Gitterstruktur besitzt, so stellt sie die bisher einzige Ausnahme von der Regel dar,

daß Phasen diesen Strukturtyps einen Konzentrationswert einschließen, der dem
Verhältnis von Valenzelektronenzahl zu Atomzahl von 21 : 13 entspricht.
GOLDSCHMIDT, V. M.: Z. physik. Chem. Bd. 133 (1928) S. 403. Vgl. auch Anm. 23.
— 23. Das wurde kürzlich bestätigt von SCHLOSSBERGER, F.: Z. physik.
Chem. B Bd. 29 (1935) S. 65/78.

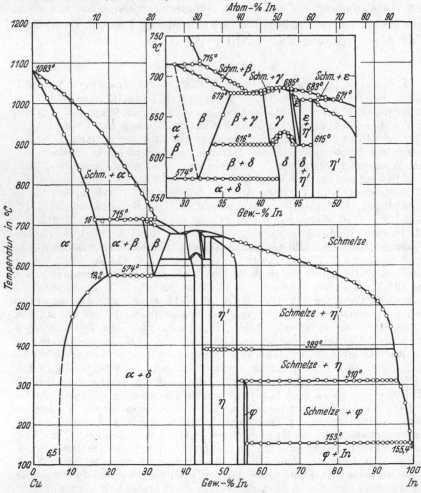

Abb. 244. Cu-In. Kupfer-Indium.

Cu-In. Kupfer-Indium.

Abb. 244 zeigt das von WEIBKE-EGGERS[1] ausgearbeitete Zustandsdiagramm nach thermischen, mikrographischen und röntgenographischen
Befunden. Bezüglich Einzelheiten muß auf die erst kurz vor Abschluß
dieses Buches veröffentlichte Originalarbeit verwiesen werden.

Literatur.

1. WEIBKE, F., u. H. EGGERS: Z. anorg. allg. Chem. Bd. 220 (1934) S. 273/92.

Cu-Ir. Kupfer-Iridium.

Aus Leitfähigkeitsmessungen an Cu-reichen Legierungen folgt, daß mindestens 0,48 Atom-% Ir (= 1,5 Gew.-%) in Cu löslich ist (nach Glühen bei 800—950°)[1].

Literatur.

1. LINDE, J. O.: Ann. Physik Bd. 15 (1932) S. 226.

Cu-La. Kupfer-Lanthan.

CANNERI[1] hat das in Abb. 245 dargestellte Zustandsschaubild mit Hilfe der thermischen Analyse ausgearbeitet. Das Bestehen der vier

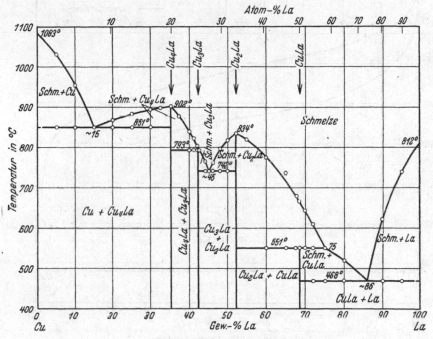

Abb. 245. Cu-La. Kupfer-Lanthan.

Verbindungen Cu_4La (35,33% La), Cu_3La (42,14% La), Cu_2La (52,21% La) und CuLa (68,60% La) wurde durch mikroskopische Untersuchungen bestätigt. Über die Mischkristallbildung in diesem System ist nichts bekannt.

Literatur.

1. CANNERI, G.: Metallurgia ital. Bd. 23 (1931) S. 813/15. Reinheitsgrad des La: 99,6%.

Cu-Li. Kupfer-Lithium.

PASTORELLO[1] hat Schmelzen mit 0,18—63,1 Gew.-% Li bzw. 1,71 bis 94 Atom-% Li, die im V 2 A-Tiegel unter Argon hergestellt waren, thermisch analysiert. Das Ergebnis zeigt Abb. 246.

Die Abwesenheit einer intermediären Kristallart sowie fester Lösungen der Metalle ineinander wurde durch eine Röntgenuntersuchung bestätigt: das Photogramm der Legierung mit 50 Atom-% zeigte nur die Linien der reinen Komponenten.

Literatur.

1. PASTORELLO, S.: Gazz. chim. ital. Bd. 60 (1930) S. 188/92. Ref. J. Inst. Met., Lond. Bd. 47 (1931) S. 521/22.

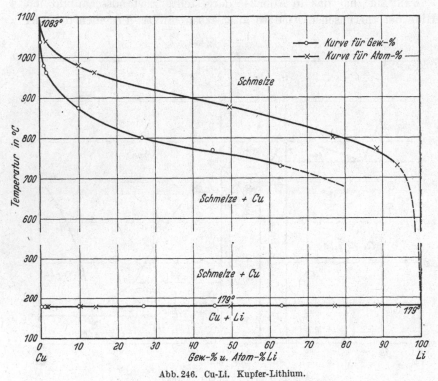

Abb. 246. Cu-Li. Kupfer-Lithium.

Cu-Mg. Kupfer-Magnesium.

Die Erstarrungskurven. Der Verlauf der Liquiduskurve wurde erstmalig in großen Zügen von BOUDOUARD[1] ermittelt. Zwischen 0 und 50% Mg sind seine Temperaturangaben jedoch unrichtig und zu spärlich (es wurden die Erstarrungspunkte von nur insgesamt 12 Schmelzen bestimmt). Auf Grund von drei Maxima — zwischen 10 und 20% Mg, bei etwa 28% Mg und zwischen 40 und 50% Mg — nahm er das Bestehen der drei Verbindungen Cu_2Mg (16,06% Mg), $CuMg$ (27,67% Mg) und $CuMg_2$ (43,35% Mg) an. Die Existenz dieser drei Verbindungen glaubte er auch durch rückstandsanalytische Untersuchungen[2] bestätigt zu haben. Das vollständige Erstarrungsdiagramm wurde fast gleichzeitig und unabhängig voneinander von URASOW[3] (mit Hilfe von 76 Legierungen) und SAHMEN[4] (mit Hilfe von 24 Legierungen) ausgearbeitet. Die Ergebnisse der beiden Arbeiten stimmen im wesentlichen gut überein (vgl. Tabelle 23), und zwar konnten beide Forscher auf Grund ihrer thermischen und mikroskopischen Untersuchungen nur das Bestehen der Verbindungen Cu_2Mg und $CuMg_2$ feststellen. In neuester Zeit hat JONES[5] das Erstarrungsschaubild mit Hilfe sehr sorgfältiger Untersuchungen (die Legierungen wurden im Vakuum erschmolzen und thermisch analysiert) abermals aufgestellt und den Befund von URASOW und SAHMEN bestätigt (s. Tabelle 23). Die Liquidus- und Soliduskurve der Abb. 247 wurden auf Grund der von JONES bestimmten 117 Erstarrungspunkte gezeichnet.

Tabelle 23.

	B.	U.	S.	J.
α—Cu_2Mg-Eutektikum....	—	9,7% Mg 725°	etwa 9,5% Mg 728—730°	9,7% Mg 722°
Cu_2Mg	—	799°	797°	819°
Cu_2Mg–$CuMg_2$-Eutektikum	—	35,0% Mg 555°	32,5—33% Mg 555°	34,6% Mg 552°
$CuMg_2$	545—550°	570°	570°	568°
$CuMg_2$—Mg-Eutektikum..	~70% Mg 475°	66,6% Mg 480°	etwa 69% Mg 485°	69,3% Mg 485°

Gitterstruktur. FRIAUF[6] hat mit Hilfe von Laue-, Drehkristall- und Pulveraufnahmen festgestellt, daß die Kristallart Cu_2Mg ein kubisch-flächenzentriertes Raumgitter mit 8 Molekülen Cu_2Mg im Elementarbereich besitzt (eigener Gittertyp).

RUNQVIST, ARNFELT und WESTGREN[7] konnten FRIAUFs Angaben mit Hilfe von Pulveraufnahmen bestätigen. Wegen der Verschiedenheit der Gitterkonstanten der Cu_2Mg-Phase, je nachdem ob sie mit der α-Phase oder der $CuMg_2$-Phase im Gleichgewicht ist, ist ein gewisser, wenn auch nur sehr kleiner Homogenitätsbereich der Cu_2Mg-Phase anzunehmen (die Präparate wurden 10—20 Minuten bei einer etwa 100° unterhalb der Schmelztemperatur liegenden Temperatur geglüht). RUNQVIST-ARNFELT-WESTGREN schätzen ihn auf höchstens 1 Atom-% = etwa 0,5 Gew.-%. Die Kristallart $CuMg_2$ hat nach Laue- und Drehkristall-aufnahmen von RUNQVIST-ARNFELT-WESTGREN ein flächenzentriert-rhombisches Gitter; der Elementarbereich enthält 16 Moleküle. Auch diese Phase hat ein geringes Lösungsvermögen: Im Gleichgewicht mit Mg sind ihre Gitterkonstanten etwas größer als im Gleichgewicht mit Cu_2Mg.

Das kubisch-flächenzentrierte Gitter der Phase Cu_2Mg wurde abermals von GRIME und MORRIS-JONES[8] bestätigt. Das Homogenitäts-

gebiet dieser Phase erstreckt sich nach Ansicht der Verfasser bis zu
etwa 2—3 Gew.-% zu beiden Seiten der Zusammensetzung Cu_2Mg. Die
Kristallart $CuMg_2$ besitzt dagegen nach GRIME und MORRIS-JONES ein
hexagonales Gitter von unveränderlichen Abmessungen mit 8 Molekülen
im Elementarbereich (auf Grund von Pulveraufnahmen).

Auf Grund von mikroskopischen Untersuchungen an Legierungen,
die 72 Stunden bei 500° geglüht und darauf abgeschreckt waren, schloß
JONES, daß die Verbindung Cu_2Mg (16,06% Mg) keine festen Lösungen

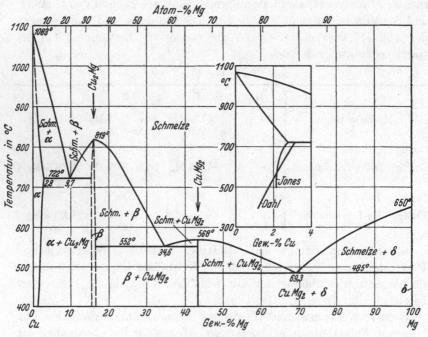

Abb. 247. Cu-Mg. Kupfer-Magnesium.

zu bilden vermag. Die tabellarischen Angaben von JONES sind mit
diesem Schluß jedoch im Widerspruch. Danach erwies sich eine Legierung mit 15,73% Mg als zweiphasig, eine solche mit 16,80% Mg als
einphasig (d. h. eine Legierung, die 0,74% Mg mehr enthält als der
Formel Cu_2Mg entspricht) und eine Legierung mit 17,36% Mg als zweiphasig. In Abb. 247 wurde daher ein beschränktes Mischkristallgebiet
— β — eingezeichnet (vgl. auch Nachtrag).

Die Löslichkeit von Mg in Cu. Ohne nähere Angaben teilte GUILLET[9]
mit, daß Legierungen mit 0—4% Mg aus Mischkristallen bestehen. Die
Existenz Cu-reicher fester Lösungen ging erstmalig mit Sicherheit aus
der von STEPANOW[10] bestimmten Leitfähigkeitsisotherme hervor. Die
Sättigungsgrenze ist danach bei etwa 4% Mg anzunehmen; die Legierungen waren allerdings nicht wärmebehandelt. RUNQVIST-ARNFELT-

WESTGREN schätzen die Löslichkeit von Mg in Cu auf Grund von Gitterkonstantenbestimmungen zu etwa 0,6% (Wärmebehandlung s. S. 573).
Auf dieselbe Weise gelangten GRIME und MORRIS-JONES zur Annahme
einer Löslichkeit von annähernd 3% Mg. Alle diese Angaben sind ziemlich wertlos, da sie sich auf Legierungen von undefiniertem Zustand
beziehen, zumal eine mit fallender Temperatur abnehmende Löslichkeit
von Mg in Cu nachgewiesen wurde. DAHL[11] hat die in der Nebenabb.
von Abb. 247 gezeichnete Löslichkeitskurve mit Hilfe von Leitfähigkeitsmessungen an Legierungen bestimmt, die nach dem Glühen bei 700°
(3 Stunden) bzw. 600° (8 Stunden), 525° (30 Stunden), 470° (48 Stunden)
und 400° (72 Stunden) abgeschreckt waren. Einen davon abweichenden
Verlauf fand JONES mit Hilfe mikroskopischer Untersuchungen. Nach
72stündigem Glühen bei 680° lag die Grenze zwischen 2,38 und 2,52% Mg
und nach anschließendem 12stündigem Glühen bei 700° zwischen 2,5
und 2,7% Mg. DAHL fand die Grenze bei 700° nach nur 3stündigem
Glühen auf Grund mikroskopischer Untersuchungen zwischen 2,5 und
3% Mg, näher bei 3%, auf Grund der — hier weniger genauen —
Leitfähigkeitsisotherme bei 3% Mg. Bei 700° ist also der Wert von
JONES an sich als der richtigste anzusehen, ob er jedoch dem Gleichgewichtszustand entspricht, ist fraglich[12]. Bei 600° und 500° verdienen
die von DAHL angegebenen Konzentrationen den Vorzug, da die von
JONES angewendete Wärmebehandlung (Abkühlen von 700° auf 600°
bzw. 500° und anschließendes 12stündiges bzw. 36stündiges Glühen)
keine vollständige Entmischung bewirkt haben dürfte.

JONES bestimmte auch den Verlauf der Soliduskurve des α-Misch-
kristallgebietes zwischen 722° und 900° mit Hilfe des mikrographischen
Verfahrens.

Die Löslichkeit von Cu in Mg. Da sich die Gitterkonstanten des Mg
durch Legieren mit Cu nicht merklich ändert, so schließen RUNQVIST-
ARNFELT-WESTGREN, daß die Löslichkeit von Cu in Mg nur „geringfügig" sein kann. GRIME und MORRIS-JONES halten aus demselben
Grunde eine Löslichkeit für ausgeschlossen. Nach der zeitlich eher
veröffentlichten Arbeit von HANSEN[13] steht es außer Zweifel, daß Cu
von Mg in fester Lösung aufgenommen zu werden vermag. Mikroskopische Untersuchungen an abgeschreckten und langsam erkalteten
Proben ergaben, daß die Löslichkeit bei tieferen Temperaturen „unter
0,2% Cu" und bei 485° „nicht größer als 0,4—0,5% Cu" ist. Die mikroskopisch sichtbare Entmischung der festen Lösung geht jedoch bereits
teilweise beim Abschrecken in Wasser vor sich. Durch ergänzende
mikroskopische Beobachtungen von JENKIN[14] wurde es sehr wahrscheinlich gemacht, daß die Löslichkeitsgrenze bei tieferen Temperaturen (d. h. nach langsamem Erkalten) noch erheblich unterhalb
0,02% Cu liegt. Auf Grund von Gefügebeobachtungen an unbehandelten

und geglühten Legierungen mit 0,25% und mehr Cu glaubt GANN[15], daß HANSENs Ergebnisse „wenigstens annähernd richtig sind". JONES, der sich mit dieser Frage ziemlich eingehend beschäftigt hat, schließt aus mikroskopischen Untersuchungen, daß die Sättigungsgrenze bei 470—480° mit 0,03% und bei „Raumtemperatur" mit 0,02% Cu anzunehmen ist. DE CARLI[16] schließt aus dem Verlauf der Leitfähigkeitsisothermen für 20—250° im Bereich von 94,5—99,9% Mg, daß bei „Raumtemperatur" 0,1% Cu und bei höherer Temperatur nur sehr wenig mehr Cu gelöst sei; seine Leitfähigkeitswerte sind jedoch — ebenso wie die Beweisführung — nicht überzeugend.

Mit dem Zustandsdiagramm der Abb. 247 stehen im Einklang die Messungen der elektrischen Leitfähigkeit von STEPANOW[10], der Spannung von JENGE[17] und der magnetischen Suszeptibilität von DAVIES-KEEPING[18].

Nachtrag. SEDERMAN[19] stellte röntgenographisch fest, daß sich die β-Phase (Cu_2Mg) bei 500° von 15,7—17,4% Mg erstreckt; bei tieferen Temperaturen ist das Gebiet wesentlich schmaler.

Literatur.

1. BOUDOUARD, O.: Bull. Soc. Encour. Ind. nat. Bd. 102 (1903) S. 200. C. R. Acad. Sci., Paris Bd. 135 (1902) S. 794/96. — **2.** BOUDOUARD, O.: C. R. Acad. Sci., Paris Bd. 136 (1903) S. 1327/29. — **3.** URASOW, G. G.: J. russ. phys.-chem. Ges. Bd. 39 (1907) S. 1566/81. Ref. Chem. Zbl. 1908 I, S. 1038. S. auch J. Inst. Met., Lond. Bd. 46 (1931) S. 419/20. — **4.** SAHMEN, R.: Z. anorg. allg. Chem. Bd. 57 (1908) S. 26/33. — **5.** JONES, W. R. D.: J. Inst. Met., Lond. Bd. 46 (1931) S. 395/419. — **6.** FRIAUF, J. B.: J. Amer. chem. Soc. Bd. 49 (1927) S. 3107/10. — **7.** RUNQVIST, A., H. ARNFELT u. A. WESTGREN: Z. anorg. allg. Chem. Bd. 175 (1928) S. 43/48. — **8.** GRIME, G., u. W. MORRIS-JONES: Philos. Mag. 7 Bd. 7 (1929) S. 1113/34. — **9.** GUILLET, L.: Rev. Métallurg. Bd. 4 (1907) S. 622. — **10.** STEPANOW, N. I.: Z. anorg. allg. Chem. Bd. 78 (1912) S. 17/22. — **11.** DAHL, O.: Wiss. Veröff. Siemens-Konz. Bd. 6 (1927) S. 222/25. — **12.** HUME-ROTHERY, W.: J. Inst. Met., Lond. Bd. 46 (1931) S. 420/21 hält die von JONES angewendeten Glühzeiten für nicht ausreichend zur Erreichung des Gleichgewichtes, zumal zu erwarten sei, daß die Löslichkeit bei höheren Temperaturen — etwa oberhalb 600° — wesentlich stärker zunähme, als durch die Kurve von JONES zum Ausdruck komme. — **13.** HANSEN, M.: J. Inst. Met., Lond. Bd. 37 (1927) S. 93/100. — **14.** JENKIN, J. W.: J. Inst. Met., Lond. Bd. 37 (1927) S. 100/101. — **15.** GANN, J. A.: Trans. Amer. Inst. min. metallurg. Engr. Inst. Metals Div. 1929 S. 331. — **16.** CARLI, F. DE: Metallurg. ital. Bd. 23 (1931) S. 18/24. — **17.** JENGE, W.: Z. anorg. allg. Chem. Bd. 118 (1921) S. 118/19. — **18.** DAVIES, W. G., u. E. S. KEEPING: Philos. Mag. 7 Bd. 7 (1929) S. 145/53. — **19.** SEDERMAN, V. G.: Philos. Mag. 7 Bd. 18 (1934) S. 343/52.

Cu-Mn. Kupfer-Mangan.

Nachstehend werden die Arbeiten, die sich mit dem Aufbau des Systems Cu-Mn befassen, in der Reihenfolge ihrer Veröffentlichung besprochen. Die von den verschiedenen Forschern ermittelten Erstarrungspunkte usw. sind im oberen Teil der Abb. 249 eingezeichnet.

Aus der von FEUSSNER-LINDECK[1] bestimmten Kurve des Temperatur-koeffizienten des elektrischen Widerstandes der Legierungen mit bis zu 30% Mn geht hervor, daß Mn von Cu in fester Lösung aufgenommen wird. Da die Kurve von etwa 10% Mn ab praktisch horizontal verläuft, könnte man auf eine in der Nähe dieser Zusammensetzung liegende Sättigungsgrenze schließen.

LEWIS[2] bestimmte die Erstarrungstemperaturen von 14 Legierungen (vgl. Abb. 249), die unter Verwendung eines Mn vom Reinheitsgrad 96,96% (Schmelzpunkt 1280°) erschmolzen waren. Die beiden Metalle sind im flüssigen Zustand in allen Verhältnissen mischbar. Vom Cu-Schmelzpunkt fällt die Liquiduskurve bis zu einem Minimum bei etwa 40% Mn, 880°; zwischen 50 und 90% Mn liegt der Primäreffekt bei Temperaturen zwischen 1180° und 1220° und ein Sekundäreffekt bei 860—885°. Die Primäreffekte oberhalb 40% Mn haben sich als unrichtig erwiesen; anscheinend sind sie durch eine ungenügende Durch-mischung der Schmelzen verursacht. Die Angaben über das Gefüge der Legierungen mit 5—25% Mn beruhen auf einem Fehlschluß. LEWIS sah die Cu-ärmeren Zonen der Mischkristalle für Eutektikum an. Bei etwa 50% Mn fand er ein ,,Eutektikum", oberhalb 50% trat ein neuer Bestandteil, Mn, neben ,,Eutektikum" auf.

WOLOGDINE[3] verwendete ein Mn mit 97,5—98%, Schmelzpunkt 1275° bei einem Cu-Schmelzpunkt von 1080°. Seine Liquiduspunkte stimmen laut Abb. 249 bis zu etwa 78% Mn recht gut mit den Ergebnissen späterer Verfasser überein; das Minimum liegt bei 40% Mn und 845°. Bei dieser Temperatur fand er zwischen 40 und 75% Mn einen sekun-dären thermischen Effekt. Bei der Zusammensetzung CuMn$_4$ erreicht seine Liquiduskurve ein Maximum, fällt zu einem bei 89% Mn, 1000 bis 1005° liegenden eutektischen Punkt ab und steigt darauf zum Mn-Schmelzpunkt an. Zwischen 0 und etwa 40% Mn kristallisieren Misch-kristalle; im übrigen hielt WOLOGDINE das Gefüge der Legierungen als im Einklang mit seinem Erstarrungsdiagramm stehend, doch hat er Primär- und Sekundärbestandteil verwechselt. Die Legierung des Minimums bei 40% Mn erwies sich als nicht eutektisch. ZEMCZUZNY-URASOW-RYKOWSKOW[4] haben darauf hingewiesen, daß die von WOLOG-DINE zwischen 78 und 100% Mn gefundenen thermischen Effekte, die von allen anderen Forschern nicht beobachtet wurden, durch Bildung von Mn-Karbid bedingt sein können (WOLOGDINE hat seine Legierungen unter Holzkohle erschmolzen). Dafür spräche auch die Tatsache, daß WOLOGDINEs Mn-reiche Legierungen an der Luft zu Pulver zerfielen.

ZEMCZUZNY und seine Mitarbeiter[4] nahmen auf Grund ihrer thermi-schen und mikroskopischen Untersuchungen an, daß Cu und Mn im festen Zustand lückenlos mischbar sind. Innerhalb des ganzen Kon-zentrationsgebietes beobachteten sie die für die Kristallisation von

Mischkristallen typischen Erstarrungsintervalle. Sämtliche Legierungen erwiesen sich als mikroskopisch einphasig. Das Minimum fanden sie bei 30—31% Mn und 868°. Die Tatsache, daß die Verfasser die Erstarrungspunkte oberhalb rd. 85% Mn und den Mn-Erstarrungspunkt (Zusammensetzung des Mn ist unbekannt) bei höheren Temperaturen fanden als die anderen Forscher, ist auf die Zugrundelegung eines Ni-Schmelzpunktes von 1484° statt 1452° zurückzuführen.

SAHMEN[5], der hauptsächlich ein Mangan mit 99,2% Mn (Erstarrungspunkt 1214°), daneben ein solches mit 98,1% Mn (Erstarrungspunkt 1218°) verwendete, gelangte ebenfalls auf Grund thermischer und mikroskopischer Untersuchungen zur Annahme einer lückenlosen Mischbarkeit der beiden Komponenten im festen Zustand. Die Erstarrungsintervalle der Schmelzen oberhalb des Minimums — 35% Mn, 866° — fand SAHMEN jedoch wesentlich größer als ZEMCZUZNY und Mitarbeiter. Bei den Schmelzen mit 45—70% Mn wurde das Ende der Erstarrung sogar durch eine haltepunktartige Verzögerung der Abkühlungsgeschwindigkeit bei 871—875° angezeigt, d. h. bei praktisch derselben Temperatur, bei welcher LEWIS und WOLOGDINE eine horizontale Gleichgewichtskurve annahmen. SAHMEN hat dieser Beobachtung keine Bedeutung beigemessen, zumal nach seiner Ansicht das Gefüge für das Bestehen einer lückenlosen Mischkristallreihe spricht.

Aus der von HUNTER-SEBAST[6] bestimmten Kurve der elektrischen Leitfähigkeit der Legierungen mit bis zu 60% Mn geht die Existenz Cu-reicher Mischkristalle hervor, deren Sättigungsgrenze sich daraus nur sehr unsicher zu rd. 20—30% Mn angeben läßt.

Nach TAMMANN-VADERS[7], die noch von dem Vorliegen einer lückenlosen Mischkristallreihe überzeugt waren, besitzt die Legierungsreihe Cu-Mn eine scharfe galvanische Resistenzgrenze bei 0,5 Mol: die Spannungs-Konzentrationskurve zeigt — nach längerer Einwirkung des Elektrolyten — bei dieser Zusammensetzung einen starken Sprung.

Nachdem das Zustandsdiagramm von ZEMCZUZNY und Mitarbeitern sowie SAHMEN allgemein angenommen war, äußerte BAIN[8] erstmalig Bedenken gegen das Vorliegen einer lückenlosen Mischkristallreihe zwischen den beiden Komponenten, und zwar auf Grund von Röntgenstrukturuntersuchungen. Im Bereich von 40—90% Mn fand er sowohl die Interferenzen des Kupfers als auch des Mangans. Nähere Angaben werden nicht gemacht.

ZEMCZUZNY-POGODIN-FINKEISEN[9] wiederum schlossen auf Grund von Bestimmungen des elektrischen Widerstandes, seines Temperaturkoeffizienten und der Härte auf das Vorhandensein einer kontinuierlichen Reihe von Mischkristallen.

Die lückenlose Mischbarkeit wurde erneut in Frage gestellt durch röntgenographische Untersuchungen von PATTERSON[19]. Dieser fand, daß von 50% Mn an Interferenzen auftreten, die einer anderen als der Cu-reichen Mischkristallphase zuzuschreiben sind. Da zudem von 30 bis 90% Mn nahezu keine Aufweitung des Cu-Gitters mehr stattfindet, schloß er, daß von 35% Mn an eine Mischungslücke auftreten müsse. Experimentelle Daten werden nicht mitgeteilt.

Die von ENDO[11] bestimmte Kurve der magnetischen Suszeptibilität in Abhängigkeit von der Konzentration gestattet keine sicheren Schlüsse auf die Konstitution. Sie besteht aus zwei praktisch geradlinigen Ästen zwischen 0 und 20% Mn sowie zwischen rd. 50 und 100% Mn. In dem dazwischenliegenden Gebiet ändert sich die Suszeptibilität auf einer Kurve, die bei etwa 25% Mn durch ein Maximum geht. Nach den Erfahrungen, die bisher über die Abhängigkeit der magnetischen Suszeptibilität von der Konstitution vorliegen, mußte man daraus mit ENDO schließen, daß zwischen 0 und 20% Mn sowie zwischen rd. 50 und 100% Mn ein Gemenge zweier Phasen vorliegt, ein Schluß, der bezüglich der Cu-reichen Legierungen sicher gänzlich abwegig ist, da an dem Bestehen eines Mischkristallgebietes an der Cu-Seite nicht zu zweifeln ist.

Dieses wurde erneut bewiesen durch SMITHs[12] Messungen der Wärmeleitfähigkeit der Legierungen mit 10—60% Mn. Danach läge die Sättigungsgrenze bei oder oberhalb 30% Mn, doch befanden sich die Proben nicht in einem definierten Zustand.

Im Jahre 1925 entdeckten BRADLEY[13] und WESTGREN-PHRAGMÉN[14], daß Mn polymorph ist. Damit stand fest, daß die Diagramme von ZEMCZUZNY und Mitarbeitern sowie SAHMEN nicht zutreffend sein können. Durch die Strukturuntersuchungen an Mangan von WESTGREN-PHRAGMÉN wurde weiter bewiesen, daß Cu und Mn auch nicht innerhalb eines beschränkten Temperaturbereiches lückenlos mischbar sein können, da keine der drei Mn-Modifikationen mit Cu isomorph ist.

HEUSLER[15] erbrachte einen weiteren Beweis für die begrenzte Löslichkeit von Mn in Cu mit Hilfe mikroskopischer Untersuchungen, und zwar gibt er die Sättigungsgrenze zu etwa 35% Mn an. Die von ihm gegebene Deutung der Struktur ist indessen nach dem Diagramm von PERSSON (s. S. 581) überholt. Er hielt die — bei Temperaturen oberhalb 700° homogene — Mischkristallphase in einer Legierung mit 65% Mn nach längerem Glühen bei 500° für eutektoidisch zerfallen, in Wirklichkeit handelt es sich jedoch um eine einfache Entmischung unter Ausscheidung von α-Mn bzw. dessen Mischkristall. Durch Diffusionsversuche konnten die an Schmelzen gemachten Beobachtungen bestätigt werden; näheres s. Originalarbeit. HEUSLER hat darauf hingewiesen, daß auch die Spannungsmessungen von TAMMANN-VADERS (s. S. 578) — sofern man die Eintauchspannungen berücksichtigt — für eine bei 35% Mn auftretende Mischungslücke sprechen: Zwischen etwa 33 und 37,5% Mn steigt die Spannung in 0,05 Mol-MnCl$_2$-Lösung gegen Cu von 0,125 Volt sprunghaft auf 0,732 Volt.

KRINGS-OSTMANN[16] beobachteten bei Abkühlung von Legierungen mit 30 und 33,5% Mn eine starke Ansdehnung mit nachfolgender Zusammenziehung, die sie mit den Umwandlungen des Mn in Verbindung bringen.

Auf den Versuch von CORSON[17], ein hypothetisches Zustandsdiagramm zu entwerfen, das den Ergebnissen von BAIN, PATTERSON und WEST-GREN-PHRAGMÉN Rechnung trägt, braucht nicht näher eingegangen zu werden.

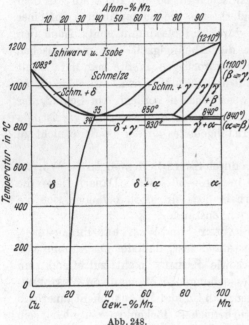

Abb. 248.

ISHIWARA-ISOBE[18] haben das in Abb. 248 wiedergegebene Zustandsdiagramm aufgestellt. Weder in der japanischen Arbeit noch in der englischen Veröffentlichung des erstgenannten Verfassers werden tabellarische Angaben von experimentellen Einzelergebnissen gemacht. Es wurde ein Mangan vom Reinheitsgrad „96—98%" verwendet.

Zu Abb. 248 ist folgendes zu bemerken: Die Liquiduskurve wurde mit Hilfe von Abkühlungskurven bestimmt (Einzelwerte im oberen Teil von Abb. 249), die Soliduskurve der Cu-reichen δ-Mischkristalle, die eutektische Horizontale bei 850° und die Umwandlungshorizontale $\alpha \rightleftharpoons \beta$ bei 840° wurden mit Hilfe von Widerstands-Temperaturkurven ermittelt, während die Soliduskurve der γ-Mischkristalle, die Umwandlungskurve $\beta \rightleftharpoons \gamma$ ($\gamma(\gamma + \beta)$-Grenze), die Löslichkeitskurve von Mn in Cu ($\delta(\delta + \alpha)$-Grenze) sowie die eutektoide Horizontale bei 830° nach dem mikrographischen Verfahren festgelegt wurden. Für die Beurteilung der Ergebnisse der älteren Arbeiten ist die Feststellung wichtig, daß sich die γ-Phase bis auf Raumtemperatur unterkühlen läßt, und zwar selbst dann, wenn die Abkühlung langsam im Ofen erfolgt. Die Beobachtungen von ZEMCZUZNY und SAHMEN werden dadurch verständlich. Die Kurve der magnetischen Suszeptibilität in Abhängigkeit von der Konzentration besteht aus zwei Ästen, die sich bei 20% Mn — der Sättigungskonzentration des δ-Mischkristalls bei tieferen Temperaturen

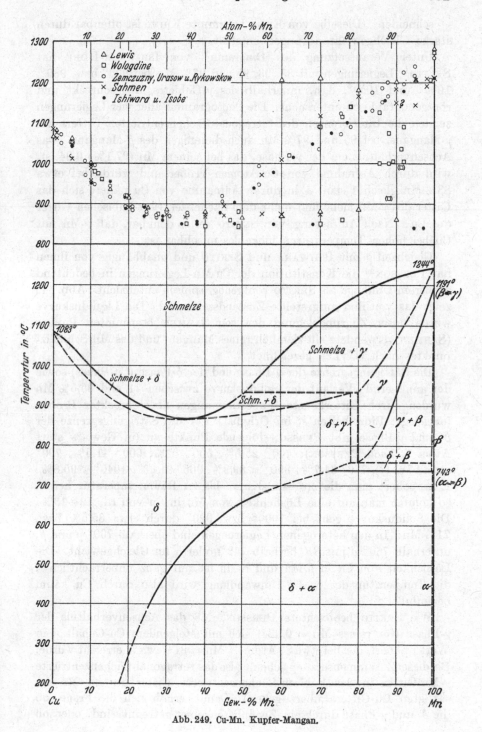

Abb. 249. Cu-Mn. Kupfer-Mangan.

— schneiden. (Dieselbe von Endo bestimmte Kurve ist offenbar durch starke Gleichgewichtsstörungen entstellt, s. S. 579).

Unter Voraussetzung des Diagramms von Ishiwara-Isobe hat Sekito[19] Legierungen mit 85, 93, 95 und 97% Mn bei 900° bzw. 980°, 1000° und 1050°, d. h. innerhalb des γ-Gebietes, abgeschreckt und röntgenographisch untersucht. Die Photogramme aller vier Legierungen zeigten die Interferenzen des tetragonal-flächenzentrierten Gitters des γ-Mangans, bei 95 und 97% Mn auch diejenigen des β-Mangans. Das Achsenverhältnis c/a der γ-Phase, das bei seinem Mn (97,1%) 0,94 ist, wird durch Aufnahme von Cu-Atomen größer und würde bei etwa 83% Mn gleich 1 sein, d. h. durch Aufnahme von Cu nähert sich das Gitter des γ-Mn mehr und mehr dem flächenzentriert-kubischen Gitter des Cu. Nach Auffassung von Sekito sei es denkbar, daß γ-Mn mit Cu bei hohen Temperaturen lückenlos mischbar ist.

Gleichzeitig mit Ishiwara und Sekito und unabhängig von ihnen hat Persson[20] die Konstitution der Cu-Mn-Legierungen in bedeutend größerem Umfange als Sekito röntgenographisch untersucht. Abb. 249 zeigt das von ihm aufgestellte Zustandsschaubild. Die Liquiduskurve wurde unter Zugrundelegung der von Sahmen bestimmten Punkte (Sahmen verwendete ein ziemlich reines Mangan) und des Mn-Schmelz-punktes nach Gayler gezeichnet.

Die Sättigungsgrenze der γ-Phase und der δ-Phase (Cu-Phase) sowie der annähernde Verlauf der Soliduskurve zwischen 71 und 85,5% Mn wurden durch Gitterkonstantenbestimmungen abgeschreckter Proben festgelegt; Einzelheiten s. im Original. Für die Sättigungsgrenze der δ- und γ-Phase gibt Persson folgende Punkte an (in Gew.-% statt Atom-% nach Persson): 400° 25,5%, 500° 32%, 600° 41,5%, 700° etwa 67% (?), 770° 84,7%, 850° < 89,2%, 965° 91,3%, 1040° < 95,8%. Extrapoliert man die $\delta(\delta + \alpha)$-Kurve bis zu Raumtemperatur herab, so kommt man auf eine Löslichkeit von Mn in Cu von rd. 12—13%. Die Soliduskurve geht bei 1000° bzw. 920° durch etwa 85,5% bzw. 71% Mn. In den heterogenen Legierungen sind oberhalb 760° γ und β, unterhalb 760° δ mit β (oberhalb 742°) oder α im Gleichgewicht. Die Löslichkeit von Cu in β-Mn und α-Mn ist nur ganz unbeträchtlich[21], die Temperatur der $\alpha \rightleftharpoons \beta$-Umwandlung wird also durch Cu kaum beeinflußt.

Wie Sekito beobachtete Persson, daß das Achsenverhältnis der γ-Phase (für reines Mn = 0,934) sich mit steigendem Cu-Gehalt dem Wert 1 nähert, der bei etwa 83 Atom-% Mn = 81 Gew.-% erreicht würde. Bei dieser Zusammensetzung scheint also das tetragonal-flächenzentrierte γ-Mn-Gitter in das kubisch-flächenzentrierte Gitter des an Mn ge-sättigten Cu-Gitters überzugehen. Damit erhob sich die Frage, ob die δ- und γ-Phase durch ein Zweiphasengebiet getrennt sind, oder ob sie innerhalb eines zusammenhängenden Einphasengebietes auftreten. Das theoretisch zu erwartende Zweiphasengebiet muß allerdings sehr eng sein, denn es ist PERSSON trotz großer Bemühungen nicht gelungen, ein Photogramm zu erhalten, das einem Gleichgewicht zwischen der kubischen und der tetragonalen Phase entspricht. Mit ÖHMAN (s. Fe-Mn) nimmt PERSSON folgenden Standpunkt ein:

„Die Ergebnisse der Röntgenanalyse sowie der früher ausgeführten mikroskopischen Untersuchungen deuten freilich darauf hin, daß Cu und Mn in einem Temperaturgebiet dicht unter der Soliduskurve eine ununterbrochene Mischkristallreihe bilden. Eine Erniedrigung der Symmetrie von kubisch auf tetragonal bedeutet aber in sich eine Diskontinuität und obwohl es schwer ist, ein Zweiphasengebiet experimentell nachzuweisen, dürfte es jedoch das richtigste sein, bis auf weiteres mit der Möglichkeit zu rechnen, daß tatsächlich das Cu- und das γ-Mn-Gebiet durch eine Mischungslücke getrennt sind. Es wird diese Ansicht durch Einzeichnen eines Zweiphasengebietes mit gestrichelten Linien im Diagramm der Abb. 249 zum Ausdruck gebracht" (darüber s. auch Au-Mn, BUMM-DEHLINGER).

Nachtrag. VALENTINER-BECKER[22] haben die Gitterkonstanten der Cu-Phase (δ) bis zur Sättigungsgrenze bei rd. 80% Mn bestimmt (nur geringe Abweichung von PERSSONs Ergebnis) sowie den elektrischen Widerstand[23] und die magnetische Suszeptibilität der ganzen Legierungsreihe zwischen — 188° und 20° gemessen. Die Proben waren bei 750° abgeschreckt und bei 350° gealtert.

Literatur.

1. FEUSSNER, K., u. S. LINDECK: Wiss. Abh. physik.-techn. Reichsanst. Bd. 2 (1895) S. 509/16. — 2. LEWIS, A. E.: J. Soc. chem. Ind. Bd. 21 (1902) S. 842/44. — 3. WOLOGDINE, S.: Rev. Métallurg. Bd. 4 (1907) S. 25/38. — 4. ZEMCZUZNY, S. F., G. URASOW u. A. RYKOWSKOW: J. russ. phys.-chem. Ges. Bd. 38 (1906) S. 1050. Z. anorg. allg. Chem. Bd. 57 (1908) S. 253/61. Die Legn. wurden in Magnesiatiegeln unter Salz bzw. Wasserstoff erschmolzen, sie wurden fast durchweg analysiert. — 5. SAHMEN, R.: Z. anorg. allg. Chem. Bd. 57 (1908) S. 20/26. Die Legn. wurden in Porzellanröhren unter Wasserstoff erschmolzen; sie wurden nicht analysiert. — 6. HUNTER, M. A., u. F. M. SEBAST: J. Amer. Inst. Metals Bd. 11 (1917/18) S. 115. — 7. TAMMANN, G., u. E. VADERS: Z. anorg. allg. Chem. Bd. 121 (1922) S. 193/200. — 8. BAIN, E. C.: Trans. Amer. Inst. min. metallurg. Engr. Bd. 68 (1923) S. 633. Chem. metallurg. Engng. Bd. 28 (1923) S. 21/24. — 9. ZEMCZUZNY, S. F., S. A. POGODIN u. W. A. FINKEISEN: Ann. Inst. anal. Phys. Chim. (Leningrad) Bd. 2 (1924) S. 405/449 (russ.). Ref. J. Inst. Met., Lond. Bd. 40 (1928) S. 530/31. — 10. PATTERSON, R. A.: Physic. Rev. Bd. 23 (1924) S. 552. Ind. Engng. Chem. Bd. 16 (1924) S. 689/91. — 11. ENDO, H.: Sci. Rep. Tôhoku Univ. Bd. 14 (1925) S. 510/11. — 12. SMITH, C. S.: Trans. Amer. Inst. min. metallurg. Engr. Inst. Metals Div. 1930 S. 84/105. — 13. BRADLEY, A. J.: Philos. Mag. Bd. 50 (1925) S. 1018/30. — 14. WESTGREN, A., u. G. PHRAGMÉN: Z. Physik Bd. 33 (1925) S. 777/88. — 15. HEUSLER, O.: Z. anorg. allg. Chem. Bd. 159 (1926) S. 38/39. — 16. KRINGS, W., u. W. OSTMANN: Z. anorg. allg. Chem. Bd. 163 (1927) S. 146/47. — 17. CORSON, M. G.: Proc. Inst. Metals Div. Amer. Inst. min. metallurg. Engr. 1928 S. 483/502. Rev. Métallurg. (Extraits) Bd. 26 (1929) S. 129. — 18. ISHIWARA, T., u. M. ISOBE: Kinzoku no Kenkyu Bd. 6 (1929) S. 383/97 (japan.). Ref. J. Inst. Met., Lond. Bd. 43 (1930) S. 474. ISHIWARA, T.: World Eng. Congress

Tokyo 1929, Paper Nr. 223 u. Sci. Rep. Tôhoku Univ. Bd. 19 (1930) S. 504/509;
s. auch K. Honda: World Eng. Congress Tokyo 1929, Paper Nr. 658 S. 32. —
19. SEKITO, S.: Z. Kristallogr. Bd. 72 (1929) S. 406/15. — **20.** PERSSON, E. (u.
E. ÖHMAN): Nature, Lond. Bd. 124 (1929) S. 333/34 (Vorl. Mitt.). Z. physik.
Chem. B Bd. 9 (1930) S. 25/42. — **21.** „Im Diagramm (Abb. 249) werden aber aus
theoretischen Gründen ganz enge Homogenitätsgebiete der α- und β-Mn-Phase angedeutet." — **22.** VALENTINER, S., u. G. BECKER: Z. Physik Bd. 80 (1933) S. 735/54;
Bd. 82 (1933) S. 833. — **23.** S. auch J. O. LINDE: Ann. Physik Bd. 15 (1932)
S. 225/27.

Cu-Mo. Kupfer-Molybdän.

Nach SIEDSCHLAG[1] und DREIBHOLZ[2] bilden Cu und Mo eine von
0—100% M   reichende Mischungslücke im flüssigen Zustand[3]. In Übereinstimmung damit ist nach LINDE[4] (Leitfähigkeitsmessungen) auch die
Löslichkeit von Mo in festem Cu bei 900° „verschwindend klein".

Literatur.

1. SIEDSCHLAG, E.: Z. anorg. allg. Chem. Bd. 131 (1923) S. 196/202. —
2. DREIBHOLZ, L.: Z. physik. Chem. Bd. 108 (1924) S. 214. — **3.** In Übereinstimmung damit sind ältere Versuche von C. SARGENT: J. Amer. chem. Soc. Bd. 22
(1900) S. 783/90 und C. LEHMER: Metallurgie Bd. 3 (1906) S. 596/97, wonach
es nicht gelang, die beiden Metalle zu legieren. — **4.** LINDE, J. O.: Ann. Physik
Bd. 15 (1932) S. 231.

Cu-N. Kupfer-Stickstoff.

Nach Untersuchungen von SIEVERTS-KRUMBHAAR[1] wird N_2 weder von festem
noch von flüssigem Cu (bis 1400° untersucht) gelöst.

Bei Einwirkung von NH_3 auf Cu bei Hellrotglut ($\sim$ 900—1000°) soll nach
WARREN[2], BEILBY-HENDERSON[3] und MATIGNON-TRANNOY[4] ein Nitrid entstehen;
s. dagegen SCHRÖTTER[5].

Cupronitrid, Cu_3N (6,84% N) entsteht nach SCHRÖTTER[5] sowie GUNTZ-
BASSETT[6] durch Überleiten von NH_3 über gefälltes CuO oder Cu_2O bei 250—270°.
Dieselbe Verbindung hat auch FITZGERALD[7] auf anderem Wege dargestellt.

Literatur.

1. SIEVERTS, A., u. W. KRUMBHAAR: Z. physik. Chem. Bd. 74 (1910) S. 280.
Ber. dtsch. chem. Ges. Bd. 43 (1910) S. 894. — **2.** WARREN, H. N.: Chem. News
Bd. 55 (1887) S. 156. — **3.** BEILBY, G. T., u. G. G. HENDERSON: J. chem. Soc.
Bd. 79 (1901) S. 1245/56. — **4.** MATIGNON, C., u. R. TRANNOY: C. R. Acad. Sci.,
Paris Bd. 142 (1906) S. 1210/11. — **5.** SCHRÖTTER, A.: Liebigs Ann. Bd. 37 (1841)
S. 131. — **6.** GUNTZ, A., u. H. BASSETT: Bull. Soc. chim. France 3 Bd. 35 (1904)
S. 201/207. — **7.** FITZGERALD, F. F.: J. Amer. chem. Soc. Bd. 29 (1907) S. 656/65.

Cu-Na. Kupfer-Natrium.

Bei der potentiometrischen Titration einer Lösung von Na in flüssigem NH_3
mit einer Lösung von CuJ in NH_3 fanden ZINTL-GOUBEAU-DULLENKOPF[1] kein Anzeichen für das Bestehen einer Cu-Na-Verbindung (s. Cu-Li).

Literatur.

1. ZINTL, E., J. GOUBEAU u. W. DULLENKOPF: Z. physik. Chem. Bd. 154
(1931) S. 44.

Cu-Ni. Kupfer-Nickel.

Außer den älteren Arbeiten von Gautier[1] und Heycock-Neville[2] liegen thermische Untersuchungen über dieses System vor von Guertler-Tammann[3], Kurnakow-Zemczuzny[4] und Tafel[5], deren Ergebnisse gut miteinander übereinstimmen (Abb. 250). Cu und Ni bilden danach eine lückenlose Reihe fester Lösungen. Damit im Einklang stehen die mikroskopischen Untersuchungen der fünf letzteren Verfasser und besonders Krupkowski[6] und die Ergebnisse der Röntgenanalyse von Bain[7], Owen-Preston[8], Lange[9], Sacklowski[10], Holgersson[11], Vegard-Dale[12] und Pienkowski[13], wonach alle bisher untersuchten Legierungen das kubisch-flächenzentrierte Gitter der Komponenten haben. Die von Owen-Preston, Sacklowski und Vegard-Dale bestimmten Gitterkonstanten erfüllen das Vegardsche Gesetz der Additivität der Gitterkonstanten in Mischkristallreihen gut, während Lange und besonders Holgersson annehmen, daß die Konstanten sich auf einer schwach konvex gegen die Konzentrationsachse gekrümmten Kurve ändern (Kontraktion des Gitters). Die Kurve erfährt beim Übergang vom ferromagnetischen in das paramagnetische Konzentrationsgebiet keine Störung. Das Gitter der ferromagnetischen Legierungen ist — wie besonders Pienkowski festgestellt hat — mit dem der paramagnetischen Legierungen vollkommen identisch.

Die von dem magnetischen Umwandlungspunkt des Nickels ausgehende Kurve der magnetischen Umwandlung der Ni-reichen Mischkristalle, die ja allerdings nicht mehr in ein Phasendiagramm hineingehört, seitdem man weiß, daß der Verlust und das Auftreten des Ferromagnetismus nicht mit einer Phasenänderung (Gitteränderung) verknüpft ist, wurde von Guertler-Tammann[14], Hill[15], Gans-Fonseca[16] (s. S. 587), Chevenard[17] und am vollständigsten und bei weitem genauesten[18] von Krupkowski[19] mit Hilfe von magnetischen Messungen (zwischen 368° und −141°) und Widerstandsmessungen (zwischen 368° und −258°) bestimmt. Die Curiepunkte liegen auf einer geraden Linie (Kurve I in Abb. 250), die bei etwa 68,5% Ni die Raumtemperatur und bei etwa 41,5% Ni den absoluten Nullpunkt erreicht.

Da die in Ni und den Ni-reichen Legierungen auftretende magnetische Umwandlung — die sich in einem weiten Temperaturintervall vollzieht — von einer anormalen Änderung der physikalischen Eigenschaften begleitet ist, so ist zu erwarten, worauf schon Tammann[20] hinwies, daß die Eigenschafts-Konzentrationskurven von dem bei lückenlosen Mischkristallen (mit unmagnetischen Komponenten) zu erwartenden normalen Verlauf abweichen. Auf den Kurven der elektrischen Leitfähigkeit tritt allerdings diese Abweichung nicht oder doch nicht deutlich hervor: die von Feussner[21] (für 0°), Sedström[22] (für 0 und 100°) und vor allem Krupkowski (für 0°) bestimmten Isothermen sind Kettenkurven mit

einem sehr flachen Minimum. Dasselbe gilt für die von SEDSTRÖM bestimmten Isothermen der Wärmeleitfähigkeit bei 0 und 100°. Dagegen
zeigen die Kurven des Temperaturkoeffizienten des Widerstandes[23 24 19],
der Thermokraft[25] von FEUSSNER (bei 0° gegen Cu), CHEVENARD
(0—1000° gegen Pt), SEDSTRÖM[26] (0° und 100° gegen Cu) und KRUP-

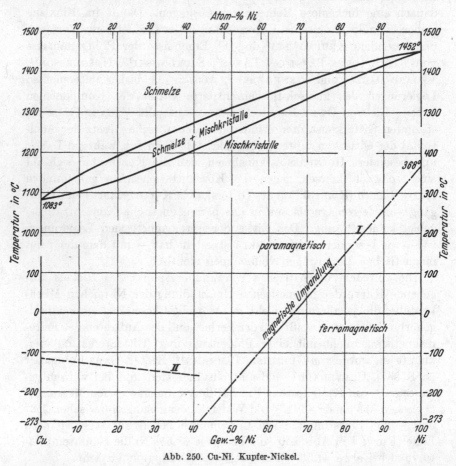

Abb. 250. Cu-Ni. Kupfer-Nickel.

KOWSKI (—252° bis 100° gegen Pb) und besonders ihres Temperaturkoeffizienten[19] starke Abweichungen (Knicke bzw. Maxima), soweit sie
für Temperaturen gelten, bei denen noch magnetische Umwandlungen
in den Legierungen auftreten. Für Temperaturen oberhalb des Curiepunktes des Nickels haben dagegen — wie CHEVENARD und BASH[27] für
Thermokraftmessungen gezeigt haben — die Isothermen den Verlauf
kontinuierlicher Kettenkurven. Die Kurven des Ausdehnungskoeffizienten[19] zeigen in dem Temperatur- und Konzentrationsgebiet der
magnetischen Umwandlung ebenfalls kleine, aber deutliche Störungen[28].

KRUPKOWSKI, auf dessen Arbeit hier nachdrücklichst verwiesen wird, konnte durch Thermokraftmessungen zeigen, daß die Abweichungen auf den Kurven ihres Temperaturkoeffizienten besonders groß bei den Legierungen wird, deren Curiepunkte in das Temperaturgebiet fallen, für das der Temperaturkoeffizient ermittelt wurde, z. B. für 0—100°. Die größte Abweichung fällt jedoch nicht mit einer der beiden Konzentrationen zusammen, deren Curiepunkte bei 0° bzw. 100° liegen — nach Abb. 250 also 66,5 und 75,5% Ni — sondern liegt etwa bei der Zusammensetzung der mittleren Temperatur, also bei 71% Ni. Bei sehr tiefen Temperaturen und damit bei fallendem Ni-Gehalt der Legierungen nimmt die mit der magnetischen Umwandlung verbundene Störung immer mehr ab. Zusammenfassend ist zu sagen, daß die auf den Eigenschafts-Konzentrationskurven auftretenden Abweichungen mit irgendwelchen Phasenumwandlungen nicht zusammenhängen, besonders da sie mit der Temperatur beweglich werden. Die auf Grund der mikroskopischen und röntgenographischen Untersuchungen gemachte Feststellung, daß Cu und Ni eine lückenlose Mischkristallreihe bilden, bleibt also dadurch unberührt.

Diesem Ergebnis gegenüber steht die von GANS-FONSECA[16] auf Grund magnetischer Messungen vertretene Auffassung, daß zwischen 45 und 50% Ni eine kleine Mischungslücke vorliegt[29]. Die von ihnen im Bereich von 35 (!) — 65% Ni bestimmten Curiepunkte liegen auf einer Kurve, die zwischen 45 und 49% Ni einen horizontalen Absatz bei —90 bis —105° hat[30]. Gegen das Ergebnis von GANS-FONSECA muß der schwerwiegende Einwand erhoben werden, daß die Legierungen nicht geglüht waren und demnach aus stark inhomogenen Kristalliten bestanden. Darauf ist es auch zurückzuführen, daß selbst in Legierungen mit nur 35 und 40% Ni Curiepunkte gefunden wurden, obwohl diese Legierungen — wenn sie sich im Gleichgewicht befinden — nach den Messungen von KRUPKOWSKI (Abb. 250) bis zum absoluten Nullpunkt paramagnetisch sind[31].

Für das Vorhandensein der Verbindung CuNi (48% Ni) hat sich CHEVENARD[17] ausgesprochen. Er beobachtete auf den Thermokraft-Temperaturkurven (0—1000°) und auf den Kurven des wahren Temperaturkoeffizienten des elektrischen Widerstandes in Abhängigkeit von der Temperatur (—200 bis 1000°) außer der mit der magnetischen Umwandlung der Ni-reichen Legierungen verbundenen Richtungsänderung eine reversible anormale Änderung (Inflexionspunkte) der betreffenden Eigenschaften bei 400—500°, die ihren Höchstwert in Legierungen mit etwa 50% Ni erreicht. Das Bestehen dieser sog. „X-Anomalie" soll durch eine „quasi-reversible physiko-chemische Reaktion" hervorgerufen sein, die bei tiefen Temperaturen beginnt und bei etwa 450° beendet ist. Innerhalb dieses Intervalles ruft sie eine anormale

Verminderung des Widerstandes hervor, die bei etwa 50% Ni (entsprechend CuNi) den normalen Widerstandsanstieg mit der Temperatur hemmt. Eine weitere Stütze für das Bestehen der Verbindung CuNi erblickt CHEVENARD darin, daß das Maximum auf den von ihm für Temperaturen zwischen —200 und 1000° bestimmten Widerstandsisothermen mit fallender Temperatur immer schärfer wird und sich gleichzeitig der Zusammensetzung CuNi nähert.

Dazu ist zu bemerken, daß das letztere Merkmal nicht zur Entscheidung der Frage über das Bestehen oder Fehlen einer Verbindung herangezogen werden kann, zumal eine Verbindung durch einen Tiefstwert des Widerstandes ausgezeichnet sein müßte. Die bei etwa 400 bis 450° beobachtete Anomalie könnte mit der im β (Cu-Zn)-Mischkristall auftretenden und ebenfalls in einem größeren Temperaturbereich stattfindenden Umwandlung (s. S. 663) verwandt sein. Durch röntgenographische Untersuchungen ist jedoch die Bildung einer geordneten Atomverteilung nicht nachweisbar, da der Unterschied im Beugungsvermögen der Cu- und Ni-Atome zu gering ist. KRUPKOWSKI kommt auf Grund seiner umfangreichen Untersuchungen zu dem Schluß, daß keine Veranlassung besteht, eine Verbindung anzunehmen.

Nach Beobachtungen von KRUPKOWSKI findet in den Cu-reichen Legierungen bei tiefen Temperaturen eine Umwandlung statt (Kurve II in Abb. 250), die er auf eine magnetische Umwandlung des Kupfers zurückführt. Näheres in der Originalarbeit.

Spannungsmessungen bei gewöhnlicher Temperatur von VIGOUROUX[32], GORDON-SMITH[33], NOWACK[34] und KRUPKOWSKI haben gezeigt, daß die Legierungen bis nahe zum reinen Nickel praktisch die Kupferspannung zeigen.

Nachtrag. Die Gitterkonstanten der ganzen Legierungsreihe wurden erneut von BURGERS-BASART[35] und OWEN-PICKUP[35a] bestimmt; es wurde eine Abweichung vom VEGARDschen Additivitätsgesetz nach kleineren Werten festgestellt. Eine Anzahl weiterer Arbeiten befaßt sich mit den physikalischen Eigenschaften, so mit dem elektrischen Widerstand[36-40], der Wärmeleitfähigkeit[41], der magnetischen Suszeptibilität[42].

Literatur.

1. GAUTIER, H.: Bull. Soc. Encour. Ind. nat. Bd. 1 (1896) S. 1309/10. C. R. Acad. Sci., Paris Bd. 123 (1896) S. 173/74. Die von GAUTIER gefundene Liquiduskurve weicht zu erheblich höheren Temperaturen von den später bestimmten Kurven ab; sie hat einen Knick bei 50% Ni. — **2.** HEYCOCK, C. T., u. F. H. NEVILLE: Philos. Trans. Roy. Soc., Lond. A Bd. 189 (1897) S. 69. 4% Ni erhöhen den Cu-Schmelzpunkt auf 1100°. — **3.** GUERTLER, W., u. G. TAMMANN: Z. anorg. allg. Chem. Bd. 52 (1907) S. 25/29. — **4.** KURNAKOW, N. S., u. S. F. ZEMCZUZNY: Z. anorg. allg. Chem. Bd. 54 (1907) S. 151/55. J. russ. phys.-chem. Ges. Bd. 39 (1907) S. 211/19. — **5.** TAFEL, V. E.: Metallurgie Bd. 5 (1908) S. 348/49. — **6.** KRUPKOWSKI, A.: Rev. Métallurg. Bd. 26 (1929) S. 203/206. — **7.** BAIN, E. C.: Trans. Amer. Inst. min. metallurg. Engr. Bd. 68 (1923) S. 635/36. Chem. metallurg.

Engng. Bd. 26 (1922) S. 655. Keine Angabe von Gitterkonstanten. — **8.** Owen, E. A., u. G. D. Preston: Proc. Phys. Soc., Lond. Bd. 36 (1923) S. 28/29. — **9.** Lange, H.: Ann. Physik Bd. 76 (1925) S. 482/84. — **10.** Sacklowski, A.: Ann. Physik Bd. 77 (1925) S. 260/64. — **11.** Holgersson, S.: Ann. Physik Bd. 79 (1926) S. 46/49. — **12.** Vegard, L., u. H. Dale: Z. Kristallogr. Bd. 67 (1928) S. 154/57. — **13.** Pienkowski, S.: S. bei A. Krupkowski: Rev. Métallurg. Bd. 26 (1929) S. 206/207. — **14.** Die von Guertler-Tammann gefundene Hysterese bei der magn. Umw. wurde später nicht bestätigt. — **15.** Hill, B.: Verh. dtsch. physik. Ges. Bd. 4 (1902) S. 194. — **16.** Gans, R., u. A. Fonseca: Ann. Physik Bd. 61 (1920) S. 742/52. — **17.** Chevenard, P.: Chaleur et Ind. 4. Juli 1923. Vgl. J. Inst. Met., Lond. Bd. 36 (1926) S. 53/62. — **18.** Da die Legn. durch langes Glühen in den Gleichgewichtszustand gebracht waren. — **19.** Krupkowski, A.: Rev. Métallurg. Bd. 26 (1929) S. 131/53, 193/208. — **20.** Tammann, G.: Lehrbuch der Metallographie, 2. Aufl., Leipzig 1921, S. 269. — **21.** Feussner, K.: Verh. dtsch. physik. Ges. Bd. 10 (1921) S. 109. Feussner, K., u. S. Lindeck: Wiss. Abh. physik.-techn. Reichsanst. Bd. 2 (1895) S. 503/16. S. auch Ann. Physik Bd. 32 (1910) Tafel XI. — **22.** Sedström, E.: Diss. Stockholm 1924. S. auch Ann. Physik Bd. 59 (1919) S. 134/44. — **23.** Die von Sedström bestimmten Temperatur-koeffizienten streuen stark. — **24.** Die Kurve von Feussner ist zwischen 62 und 89,5% Ni lückenhaft. — **25.** Ältere, weniger genaue Messungen: E. Englisch: Wied. Ann. Bd. 50 (1893) S. 109/10. Rudolfi, E.: Z. anorg. allg. Chem. Bd. 67 (1910) S. 89/92. — **26.** A. a. O. 1924. — **27.** Bash, F. E.: Trans. Amer. Inst. min. metallurg. Engr. Bd. 64 (1921) S. 239/60. Thermokraft gegen Fe bei 816°. — **28.** S. auch die Messungen von C. H. Johansson: Ann. Physik Bd. 76 (1925) S. 448/49. Johansson beobachtete bei etwa 70% Ni eine kleine Abweichung, die er als innerhalb der Fehlergrenze liegend ansah.— **29.** In diesem Bereich liegt die Legierung von der Zusammensetzung CuNi (48% Ni), die nach Sacklowski das kubisch-flächenzentrierte Gitter des Cu und Ni besitzt. — **30.** Die Kurve der magn. Suszeptibilität hat einen ähnlichen Verlauf. — **31.** Zur Bewertung der Arbeit von Gans-Fonseca ist zu bemerken, daß nach ihren Messungen eine zweite Konstanz des Curiepunktes zwischen 40 und 42% Ni vorliegen würde, die von den Verfassern jedoch als innerhalb der Fehlergrenze liegend angesehen wird. — **32.** Vigouroux, E.: C. R. Acad. Sci., Paris Bd. 149 (1909) S. 1378/80. — **33.** Gordon, N. T., u. D. P. Smith: J. physik. Chem. Bd. 22 (1918) S. 194/212. — **34.** Nowack, L.: Z. anorg. allg. Chem. Bd. 113 (1930) S. 1/26. — **35.** Burgers, W. G., u. J. C. M. Basart: Z. Kristallogr. Bd. 75 (1930) S. 155/57. — **35a.** Owen, E. A., u. L. Pickup: Z. Kristallogr. Bd. 88 (1934) S. 116/21. — **36.** Zemczuzny, S. F., S. A. Pogodin u. W. A. Finkeisen: Ann. Inst. Anal. Phys. Chim. (Leningrad) Bd. 2 (1924) S. 405/49. — **37.** Kimura, S., u. Z. Isawa: Res. electro-techn. Lab., Tokyo 1926 Nr. 171. — **38.** Krupkowski, A., u. W. J. de Haas: Proc. K. Akad. Westensch., Amsterd. Bd. 32 (1929) S. 912/20. Z. Metallkde. Bd. 23 (1931) S. 196. — **39.** Sager, G. F.: Rensselaer Polytechn. Inst. Eng. and Sci. Series Nr. 27 (1930). — **40.** Bornemann, K., u. G. v. Rauschenplat: Metallur-gie Bd. 9 (1912) S. 473/86, 505/15 (flüssige Legn.). — **41.** Smith, C. S.: Amer. Inst. min. metallurg. Engr. Techn. Publ. Nr. 291 1930. — **42.** Williams, E. H.: Physic. Rev. Bd. 37 (1931) S. 1681; Bd. 38 (1931) S. 828/31.

Cu-O. Kupfer-Sauerstoff.

Das Teilsystem Cu-Cu$_2$O. 1. Die Legierungen mit bis zu 1% O=9,0% Cu$_2$O. Die Erstarrungstemperaturen dieser Legierungen wurden bestimmt von Heyn[1], Dejean[2], Slade-Farrow[3] und Vogel-Pocher[4].

Sie sind mit Ausnahme derjenigen von SLADE-FARROW (diese Verfasser machen keine tabellarischen Angaben) in Abb. 251 wiedergegeben. Die Abweichung der Liquidustemperaturen zwischen 0 und 0,4% O ist — vielleicht infolge von Unterkühlungen bei der Kristallisation des Kupfers — recht groß. Die Temperatur des Cu-Cu$_2$O - Eutektikums ergab sich übereinstimmend zu 1065°. Die eutektische Konzentration wird von HEYN, SLADE-FARROW und VOGEL-POCHER zu 0,39% O = 3,5% Cu$_2$O, von DEJEAN dagegen zu 0,5—0,56% O angegeben. Letzterer Wert ist jedoch nach den thermischen Daten von HEYN sicher unrichtig; DEJEAN hat offenbar bei O-Konzentrationen oberhalb 0,5% nur die eutektische Temperatur gemessen. Neuerdings ist JOHNSON[5] auf Grund mikroskopischer und analytischer Untersuchungen für einen höheren als den allgemein angenommenen Wert eingetreten; er gibt unter Vorbehalt 0,47% O an.

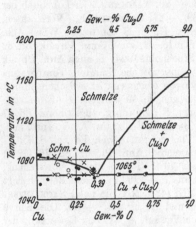

Abb. 251. Cu-O. Kupfer-Sauerstoff.
(siehe auch Abb. 252).

Die Löslichkeit von Sauerstoff in festem Kupfer ist nach HEYN als praktisch Null anzusehen. In der von ihm untersuchten an Sauerstoff ärmsten Legierung mit 0,08% Cu$_2$O = 0,009 Gew.-% O = 0,036 Atom-% O waren noch Cu$_2$O-Kriställchen deutlich zu erkennen. Zu demselben Befund gelangten HANSON, MAR-RYAT und FORD[6] auf Grund genauerer Untersuchungen; auch sie konnten in einer Legierung mit 0,009% O, die 100 Stunden bei 1000° im Vakuum geglüht und darauf abgeschreckt war, noch freies Cu$_2$O wahrnehmen. Die Ergebnisse der Leitfähigkeitsmessungen an Cu$_2$O-haltigem Cu von ANTISELL[7], HANSON-MARRYAT-FORD sowie besonders HEUER[8] lassen ebenfalls erkennen, daß die Löslichkeit nur außerordentlich gering sein kann. Daß eine Löslichkeit vorliegt, folgt aus der Tatsache, daß sich die Cu$_2$O-Teilchen des Eutektikums beim Glühen zusammenballen, eine Erscheinung, die ohne das Bestehen einer gewissen Löslichkeit nicht zu erklären ist. Neuerdings haben VOGEL-POCHER in den Befund der früheren Untersuchungen Zweifel gesetzt. Sie beobachteten, daß gegossenes oder langsam erstarrtes Cu nach dem Ätzen typische Zonenkristalle aufweist, ein Beweis dafür, daß ein (oder mehrere) Bestandteile vom Kupfer in fester Lösung aufgenommen werden[9]. Die Frage, ob es tatsächlich Sauerstoff ist, der die zonige Struktur bewirkt, haben die Verfasser auf Grund besonderer Versuche, auf die hier nicht eingegangen werden kann, bejaht. Aus mikroskopi-

schen Beobachtungen an geglühten Legierungen glaubten sie zu dem
Schluß berechtigt zu sein, daß Kupfer bei der eutektischen Temperatur
Sauerstoff bis zu dem sehr hohen Betrag von rd. $0,09\% = 0,8\%$ Cu_2O
aufzunehmen vermag. Es muß weiteren Feststellungen vorbehalten
bleiben, wodurch der Widerspruch zwischen den Untersuchungen von

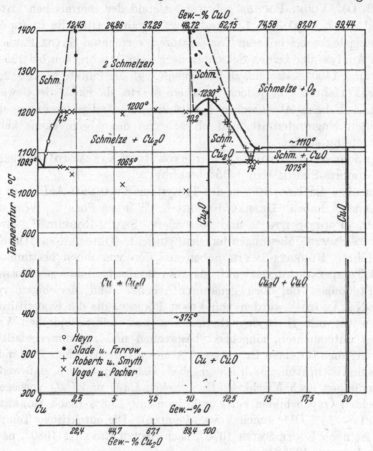

Abb. 252. Cu-O. Kupfer-Sauerstoff (s. auch Abb. 251).

HANSON und Mitarbeitern und VOGEL-POCHER bedingt ist (s. jedoch
Nachtrag).

2. Die Legierungen mit bis zu $11,18\%$ $O = 100\%$ Cu_2O. SLADE-
FARROW[3] stellten erstmalig durch thermische und mikroskopische
Untersuchungen und durch Messung der Dissoziationsdrucke im System
Cu-Cu_2O fest, daß Cu und Cu_2O im flüssigen Zustand nur beschränkt
ineinander löslich sind. Die monotektische Temperatur (Reaktion:
Cu_2O-reiche Schmelze $\rightleftharpoons$ Cu-reiche Schmelze + Cu_2O) wurde von ihnen
zu 1195—1203° bestimmt; in guter Übereinstimmung damit fanden

VOGEL-POCHER 1195—1205°. In Abb. 252 wurde 1200° angenommen.
Die Zusammensetzung der beiden bei dieser Temperatur miteinander
im Gleichgewicht befindlichen flüssigen Phasen ermittelten SLADE-
FARROW durch analytische Bestimmung der Zusammensetzung der
langsam erkalteten (!) Schichten zu 20,2 und 94,5% Cu_2O (d. i. 2,26 und
10,57% O). VOGEL-POCHER geben auf Grund der thermischen Daten
14 und 91,2% Cu_2O (d. i. 1,55 und 10,2% O) an[10]. Über die Breite der
Mischungslücke bei höheren Temperaturen versuchten SLADE-FARROW
durch Analyse der beiden Schichten nach dem Abschrecken bei 1254°,
1340° und 1400° Aufschluß zu bekommen; vgl. die Punkte in Abb. 252.
Dieses Verfahren gibt jedoch unsichere Werte, da nicht die Gewähr
besteht, ob beim Abschrecken bereits die vollständige Trennung der
Schichten eingetreten ist, und ob während des Abschreckens keine
Entmischung erfolgt.

Der Schmelzpunkt von Cu_2O wurde von RUER-NAKAMOTO[11] zu 1222°,
von ROBERTS-SMYTH[12] zu 1235° bestimmt.

Um über die Konstitution des Teilsystems Cu_2O-CuO Aufschluß zu
bekommen, haben DEBRAY-JOANNIS[13], WÖHLER-FOSS[14], WÖHLER-
FREY[15], FOOTE-SMITH[16] und besonders SMYTH-ROBERTS[17] sowie
ROBERTS-SMYTH[12] Messungen der Gleichgewichts-(Dissoziations-) Drucke
ausgeführt. ROBERTS-SMYTH haben aus den von ihnen bestimmten
Druck-Temperaturkurven auf das Zustandsschaubild geschlossen.
Die Ergebnisse der oben genannten Arbeiten und derjenigen von
RUER-NAKAMOTO[11] wurden von VOGEL-POCHER, die die Konstitution
auch selbst mit Hilfe des thermischen und mikroskopischen Ver-
fahrens untersuchten, eingehend besprochen und zusammengefaßt[18].
Das von ihnen für einen Druck von 1 Atmosphäre entworfene Zustands-
diagramm ist in Abb. 252 wiedergegeben. Daraus ergibt sich, daß weder
Verbindungen noch Mischkristalle zwischen Cu_2O und CuO vorliegen.
Die beiden Oxyde bilden ein Eutektikum mit 13,8% (nach ROBERTS-
SMYTH) — 14% O[18a] (nach VOGEL-POCHER). Die eutektische Tempe-
ratur ist nach FOOTE-SMITH 1070°, nach SMYTH-ROBERTS 1080°, nach
VOGEL-POCHER 1075°[19].

Da die Zersetzung von CuO in Cu_2O und O_2 bereits im festen Zustand
erheblich ist — nach ROBERTS-SMYTH ist der Dissoziationsdruck bei
1026° gleich dem Partialdruck des Sauerstoffs in der Atmosphäre
(153 mm Hg), bei der eutektischen Temperatur ist der Druck 402 mm Hg
—, so muß das thermische Gleichgewicht der Mischungen von Cu_2O und
CuO und damit ihr Verhalten beim Erhitzen stark abhängig von dem
über der Mischung vorhandenen O_2-Druck sein. Bei 1110° ist der
Dissoziationsdruck gleich einer Atmosphäre. Bei dieser Temperatur
muß also das noch nicht vorher zersetzte CuO unter Zersetzung schmelzen
und aus der Schmelze lebhaft Sauerstoff entweichen. Betreffs Einzel-

heiten über den Einfluß des Druckes auf das Konzentrations-Temperatur-diagramm s. die Arbeiten von ROBERTS-SMYTH und VOGEL-POCHER.

Die Zersetzung von Cu_2O in Cu und CuO bei rd. 375°. Aus mikroskopischen Untersuchungen an langsam abgekühlten und bei 300—350° geglühten Cu $+$ Cu_2O-Legierungen und reinem Cu_2O sowie anderen Versuchen schlossen VOGEL-POCHER, daß Cu_2O bei Temperaturen unterhalb etwa 375° unbeständig ist und unter Bildung von CuO zerfällt. Der Zerfall erfolgt jedoch nur sehr langsam.

Über die Kristallstruktur von Cu_2O s. die Zusammenstellung der Arbeiten von BRAGG und BRAGG[20], DAVEY[21], NIGGLI[22], GREENWOOD[23] und BÖHM[24] bei NEUBURGER[25] und im „Strukturbericht"[26]. Die Kristallstruktur von CuO wurde von NIGGLI[22][26] bestimmt.

Nachtrag. Die Bestimmungen der Löslichkeit von Sauerstoff in festem Kupfer von RHINES-MATHEWSON[27] — Anstieg der Löslichkeit von nur 0,007% bei 600° auf 0,009% bei 800°, 0,010% bei 900° und 0,015% bei 1050° — stehen in guter Übereinstimmung mit dem Ergebnis von HANSON und seinen Mitarbeitern und im Widerspruch zu dem Befund von VOGEL-POCHER (s. S. 590f.).

Literatur.

1. HEYN, E.: Mitt. kgl. techn. Versuchsanst., Berlin Bd. 18 (1900) S. 315/29. Z. anorg. allg. Chem. Bd. 39 (1904) S. 1/23. — 2. DEJEAN, P.: Rev. Métallurg. Bd. 3 (1906) S. 233/40. — 3. SLADE, R. E., u. F. D. FARROW: Proc. Roy. Soc., Lond. A Bd. 87 (1912) S. 524/34. — 4. VOGEL, R., u. W. POCHER: Z. Metallkde. Bd. 21 (1929) S. 333/37, 368/71. — 5. JOHNSON, F.: Met. Ind., Lond. Bd. 27 (1925) S. 208. S. auch J. Inst. Met., Lond. Bd. 4 (1910) S. 230. — 6. HANSON, D., C. MARRYAT u. G. W. FORD: J. Inst. Met., Lond. Bd. 30 (1923) S. 197/227. — 7. ANTISELL, F. L.: Trans. Amer. Inst. min. metallurg. Engr. Bd. 64 (1921) S. 435. — 8. HEUER, R. P.: J. Amer. chem. Soc. Bd. 49 (1927) S. 2711/20. — 9. Es wurden keine Gesamtanalysen ausgeführt. — 10. Die Verfasser setzten irrtümlich 10,2% O = 95% Cu_2O. — 11. RUER, R., u. M. NAKAMOTO: Rec. Trav. chim. Pays-Bas 4 Bd. 42 (1923) S. 675/85. — 12. ROBERTS, H. S., u. F. H. SMYTH: J. Amer. chem. Soc. Bd. 43 (1921) S. 1061/79. — 13. DEBRAY, H., u. JOANNIS: C. R. Acad. Sci., Paris Bd. 99 (1884) S. 583. — 14. WÖHLER, L., u. A. FOSS: Z. Elektrochem. Bd. 12 (1906) S. 781/86. S. auch SLADE, R. E., u. F. D. FARROW: Z. Elektrochem. Bd. 18 (1912) S. 817/18. — 15. WÖHLER, L., u. W. FREY: Z. Elektrochem. Bd. 15 (1909) S. 34/38. — 16. FOOTE, H. W., u. E. K. SMITH: J. Amer. chem. Soc. Bd. 30 (1908) S. 1345/46. — 17. SMYTH, F. H., u. H. S. ROBERTS: J. Amer. chem. Soc. Bd. 42 (1920) S. 2582/2607. — 18. S. auch die kurze Zusammenfassung bei M. RANDALL, R. F. NIELSEN u. G. H. WEST: Ind. Engng. Chem. Bd. 23 (1931) S. 391/93. — 18a. Das entspricht einem Gehalt von 32% CuO, 68% Cu_2O. — 19. S. auch R. E. SLADE u. F. D. FARROW: Z. Elektrochem. Bd. 18 (1912) S. 817/18. — 20. BRAGG, W. H., u. W. L. BRAGG: X-rays and crystal structure, London 1915. — 21. DAVEY, W. P.: Physic. Rev. Bd. 19 (1922) S. 248/51. — 22. NIGGLI, P.: Z. Kristallogr. Bd. 57 (1922) S. 253/99. — 23. GREENWOOD, G.: Philos. Mag. Bd. 48 (1924) S. 654/63. — 24. BÖHM, J.: Z. Kristallogr. Bd. 64 (1926) S. 550. — 25. NEUBURGER, M. C.: Z. Kristallogr. Bd. 77 (1931) S. 169/70. —

26. EWALD, P. P., u. C. HERMANN: Strukturbericht 1913—1928, S. 114, 155, 222, Leipzig 1931. — **27.** RHINES, F. N., u. C. H. MATHEWSON: Trans. Amer. Inst. min. metallurg. Engr. Inst. Metals Div. (1934) S. 337/53.

Cu-Os. Kupfer-Osmium.

Aus Widerstandsmessungen an Cu-reichen Legierungen folgt, daß die Löslichkeit von Os und Ru in festem Cu „verschwindend klein" ist (nach Glühen bei 900°)[1].

Literatur.

1. LINDE, J. O.: Ann. Physik Bd. 15 (1932) S. 231.

Cu-P. Kupfer-Phosphor.

Das Teilsystem Cu-Cu$_3$P. Die Erstarrungskurven wurden bestimmt von GUILLET[1], HIORNS[2] und HEYN-BAUER[3]. Die Ergebnisse der drei Arbeiten stimmen darin überein, daß Cu und Cu$_3$P (13,99% P) ein eutektisches System bilden, in quantitativer Hinsicht weichen sie jedoch erheblich voneinander ab. GUILLET, der nur 6 Liquiduspunkte bestimmte (Abb. 253) fand — unter Zugrundelegung eines Cu-Schmelzpunktes von etwa 1045° — einen zwischen 9 und 10% P liegenden eutektischen Punkt bei etwa 615°. Nach den von HIORNS ermittelten Liquiduspunkten (Abb. 253) ergibt sich das Eutektikum zu 8,2% P, 620°, der Schmelzpunkt von Cu$_3$P zu 1005°. HEYN-BAUER (Abb. 253) fanden fast durchweg wesentlich höhere Erstarrungspunkte[4]. Die von ihnen gefundene eutektische Konzentration (die Analyse von Proben mit rein eutektischer Struktur ergab 8,16—8,20% P), die übrigens mit der von HIORNS angegebenen identisch ist, wurde von HUNTINGTON-DESCH[5] durch planimetrische Bestimmung der „Mengenanteile" der Gefügebestandteile ausgezeichnet bestätigt.

Die feste Löslichkeit von P in Cu wurde zuerst von HEYN-BAUER näher untersucht. In einer langsam erkalteten Legierung mit 0,175% P konnten sie noch Spuren von Cu$_3$P erkennen. Aus mikroskopischen Beobachtungen von HIORNS folgt, daß die Löslichkeit mit fallender Temperatur abnimmt. Nach LEWIS[6] erwies sich eine Legierung mit 0,2% P als homogen. Das Bestehen Cu-reicher Mischkristalle geht einwandfrei aus den Messungen der elektrischen Leitfähigkeit von MATTHIESSEN[7], RIETZSCH[8] (0,13—5,25% P), MÜNKER[9] (0,014—1,06% P), HANSON-ARCHBUTT-FORD[10] (0,014—0,95% P) sowie SMITH[11] (0,04 bis 0,93% P) und der thermischen Leitfähigkeit von RIETZSCH (0,3—5,25% P), PFLEIDERER[12] (0,63 und 1,98% P), SMITH (wie oben) und HANSON-RODGERS[12a] (0,08—0,4% P) hervor. Die Leitfähigkeitsisothermen erlauben zwar keinen sicheren Rückschluß auf die Sättigungskonzentration des Mischkristalls, doch ergibt sich daraus mit Sicherheit eine größere Löslichkeit als HEYN-BAUER vermuteten. HUDSON-LAW[13] fanden, daß eine Legierung mit 0,9% P nach 2stündigem Glühen bei

690° oder 4stündigem Glühen bei 640° (und nachfolgendem Abschrecken?) „fast“ homogen war. Die in Abb. 253 dargestellte Löslichkeitskurve wurde von HANSON-ARCHBUTT-FORD[14] mit Hilfe des mikroskopischen Verfahrens bestimmt. Danach steigt die Löslichkeit von
wenig unterhalb 0,5% P bei 280° auf etwa 0,6% bzw. 0,8% und 1,15% P
bei 500° bzw. 600° und 707° (siehe auch Nachtrag).

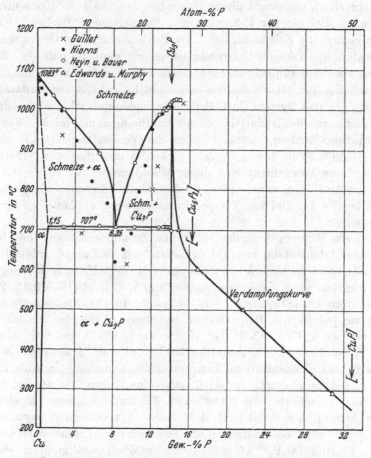

Abb. 253. Cu-P. Kupfer-Phosphor (s. auch Abb. 254).

Der Vollständigkeit halber sei noch gesagt, daß das Bestehen der
Verbindung Cu₃P auch aus den Kurven des elektrochemischen Potentials
und der Dichte nach HEYN-BAUER und der Thermokraft nach HAKEN[15]
folgt.

Das Teilsystem Cu₃P-P. Nach HEYN-BAUER steigt die Liquiduskurve
oberhalb des eutektischen Punktes bis zu 1018° bei der Konzentration
Cu₃P an und verläuft zwischen 14,24 und 14,96% P horizontal bei
1022—1024°. Diese Temperatur ist nach HEYN-BAUER gleichzeitig der

38*

Siedepunkt der Schmelzen, aus denen Mischkristalle von Cu_3P mit P
kristallisieren. Durch Einwirkung von P-Dampf auf Cu-Späne bei 300
bis 400° konnten HEYN-BAUER Produkte mit bis zu 27,4% P darstellen. Beim Erhitzen unter Holzkohle verlieren diese P-reicheren
Legierungen Phosphor; jeder Temperatur entspricht ein bestimmter
P-Gehalt, der als Grenzzustand anzusehen ist[16]. Bei 1100°, also nach
dem Schmelzen, entspricht dieser Grenzphosphorgehalt der Konzentration Cu_3P. Bei rascher Erhitzung und Schmelzung P-reicher Legierungen genügt die Zeit nicht, um unter P-Abspaltung den Grenzgehalt
herbeizuführen. Diesem Umstande ist es zu danken, daß die Erzeugung von Legierungen mit bis zu etwa 15% P auf schmelzflüssigem
Wege möglich ist. HEYN-BAUER gaben ein hypothetisches Zustandsschaubild für das System Cu_3P-P für Atmosphärendruck und für den
Fall, daß die entstandenen Dämpfe mit den flüssigen und festen Phasen
in Berührung bleiben. Danach sollen die Verbindungen Cu_3P und
Cu_5P_2 (16,33% P) im festen Zustand lückenlos mischbar sein (??) und
die P-ärmeren Konzentrationen dieser Mischkristalle bei 1018—1023°
schmelzen und dann verdampfen, die P-reicheren Zusammensetzungen
jedoch bereits bei tieferen Temperaturen teilweise verdampfen, ohne
zu schmelzen.

EDWARDS-MURPHY[17] fanden, daß die Zusammensetzung der bei
1stündigem Behandeln von Cu-Zylindern mit P-Dampf gebildeten
Phosphidschicht praktisch unabhängig von der Phosphorisierungs-
temperatur ist, wenn diese zwischen 400 und 700° liegt (15—15,3% P).
Bei längerem Phosphorisieren von Cu-Spänen in CO_2-Atmosphäre erhielten sie jedoch wie HEYN-BAUER bedeutend P-reichere Produkte,
und zwar bei 290° 30,9% P, bei 400° etwa 25,9% P, bei 500° etwa
21,8% P, bei 600° 17,06% P und bei 700° 14,84% P. Trägt man diese
Punkte in das Konzentrations-Temperaturdiagramm ein (in Abb. 253
durch △ gekennzeichnet), so erhält man eine Kurve, die angibt, bis
zu welcher Temperatur die betreffenden Zusammensetzungen in einer
inerten Atmosphäre stabil sind, d. h. nicht zu verdampfen beginnen.
EDWARDS-MURPHY halten danach das Bestehen der Verbindungen CuP
(32,79% P) und Cu_5P_2[18] (16,33% P) für möglich und glauben, daß
zwischen Cu_5P_2 und CuP keine weitere Verbindung vorliegt (s. jedoch
Nachtrag).

Über die Verbindungen des Kupfers mit Phosphor liegen zahlreiche
ältere Arbeiten vor, auf die hier nur verwiesen werden kann[19]. Danach
sollen außer Cu_3P folgende Verbindungen bestehen: Cu_5P_2 (GRANGER[20]),
Cu_2P mit 19,61% P (GRANGER[20], MARONNEAU[21]), Cu_3P_2 mit 24,55% P
(ROSE[22], MOISSAN[23]), CuP (EMMERLING[24], GRANGER[20] u. a. m.) und
CuP_2 mit 49,39% P (GRANGER[20]); s. auch CRISTOMANOS[25].

Nachtrag. Teilsystem Cu-Cu_3P. LINDLIEF[26] hat das Erstarrungsschaubild bis 12% P erneut ausgearbeitet (vgl. Abb. 254). Daß die Liquiduspunkte nicht gut auf einer Kurve liegen, erklärt LINDLIEF mit der Schwierigkeit der Probeentnahme zur chemischen Analyse. Der steile Abfall der Kurve zwischen 6% P und dem Eutektikum konnte nicht bestätigt werden; nach LINDLIEF verläuft die Kurve bei erheblich tieferer Temperatur als in Abb. 253. Die eutektische Temperatur wurde um 7° höher, die eutektische Konzentration (mikroskopisch und analytisch) um rd. 0,1% P höher gefunden als von HEYN-BAUER.

VERÖ[27] teilt mit, daß er die von HANSON-ARCHBUTT-FORD bestimmte Sättigungsgrenze des α-Mischkristalls bestätigen konnte, bei 700° fand er 1,3% P. Dagegen fanden MOSER-FRÖHLICH-RAUB[28] (mikrographisch) bei 660° eine Löslichkeit von nur 0,122% P (gegenüber 0,95% nach HANSON-ARCHBUTT-FORD) und bei 900° von 0,16% P. HANSON-ARCHBUTT-FORD haben wesentlich länger geglüht als MOSER-FRÖHLICH-RAUB, ihr Befund ist daher wohl verläßlicher[29]. Der sehr große Unterschied ist aber auffallend.

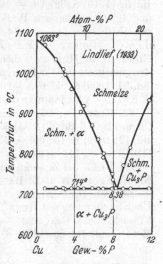

Abb. 254. Cu-P. Kupfer-Phosphor (s. auch Abb. 253).

Teilsystem Cu₃P-P. HARALDSEN[30] hat durch Tensionsanalyse (s. Ag-P) festgestellt und durch Röntgenanalyse bestätigt, daß außer Cu₃P nur das Phosphid CuP₂ besteht. Die oben vermuteten Phosphide Cu₅P₂ und CuP gibt es also nicht. Auch MOSER-FRÖHLICH-RAUB[28] konnten keine Anhaltspunkte für das Bestehen von Cu₅P₂ finden; Phosphorkupfer mit bis zu 26% P erwiesen sich als mikroskopisch vollkommen homogen und zeigten die Farbe von Cu₃P. Ein Phosphorkupfer mit 34% P (annähernd CuP), das als harter, spröder aber ziemlich dichter Stoff erhalten wurde, ließ im Schliffbild einen hellen und einen dunklen Bestandteil erkennen.

Literatur.

1. GUILLET, L.: Génie civ. Bd. 47 (1905) S. 187. Rev. Métallurg. Bd. 2 (1906) S. 171/73. — 2. HIORNS, A. H.: J. Soc. chem. Ind. Bd. 25 (1906) S. 618 u. 620. — 3. HEYN, E., u. O. BAUER: Z. anorg. allg. Chem. Bd. 52 (1907) S. 129/51. Metallurgie Bd. 4 (1907) S. 242/47, 257/66. — 4. Die Ursache der starken Abweichungen ist vielleicht in Unterkühlungen zu suchen. HEYN und BAUER haben die Schmelzen während der Erstarrung gerührt, die anderen Forscher anscheinend nicht. HEYN und BAUER fanden trotzdem noch Unterkühlungen von 1—8°. Eine eutektische Temperatur von annähernd 710° folgt auch aus Versuchen von EDWARDS-MURPHY (s. unten). — 5. HUNTINGTON, A. K., u. C. H. DESCH: Trans. Faraday Soc. Bd. 4 (1908) S. 51/58. — 6. LEWIS, E. A.: Engineering Bd. 76 (1903) S. 753. — 7. MATTHIESSEN, A., u. M. HOLZMANN: Pogg. Ann. Bd. 110

(1860) S. 228. MATTHIESSEN, A., u. C. VOGT: Pogg. Ann. Bd. 122 (1864)
S. 19. — **8.** RIETZSCH, A.: Ann. Physik 4 Bd. 3 (1900) S. 403/27. — **9.** MÜN-
KER, E.: Metallurgie Bd. 9 (1912) S. 195/97. — **10.** HANSON, D., S. L. ARCH-
BUTT u. G. W. FORD: J. Inst. Met., Lond. Bd. 43 (1930) S. 41/62, insb.
S. 50/51. — **11.** SMITH, C. S.: Amer. Inst. min. metallurg. Engr. Techn. Publ.
Nr. 360 (1930) 9 S. Vgl. Z. Metallkde. (Referatenteil) Bd. 23 (1931) S. 20. —
12. PFLEIDERER, G.: Ges. Abh. z. Kenntnis d. Kohle Bd. 4 (1919) S. 409/26.
Ref. Chem. Zbl. 1921 I S. 348. — **12a.** HANSON, D., u. C. E. RODGERS: J. Inst.
Met., Lond. Bd. 48 (1932) S. 37/42. — **13.** HUDSON, O. F., u. E. F. LAW: J. Inst.
Met., Lond. Bd. 3 (1910) S. 163. — **14.** HANSON, D., S. L. ARCHBUTT u. G. W. FORD:
J. Inst. Met., Lond. Bd. 43 (1930) S. 54/55. — **15.** HAKEN, W.: Ann. Physik 4
Bd. 32 (1910) S. 327/29. — **16.** Nach zweistündigem Erhitzen auf 800° bzw. 900°
und 1000° wurden aus P-reicheren Ausgangsstoffen mit 25—27,4% P Produkte
mit 15,05 bzw. 14,5 und 14,5% P (im Mittel) erhalten. — **17.** EDWARDS, C. A.,
u. A. J. MURPHY: J. Inst. Met., Lond. Bd. 27 (1922) S. 183/213. — **18.** Auch
EDWARDS u. MURPHY haben gut ausgebildete Kristalle von der annähernden
Zusammensetzung Cu_5P_2 erhalten. — **19.** Einzelheiten in Gmelin-Krauts Handb.
Bd. 5 I (1909) S. 958/67. — **20.** GRANGER, A.: Ann. Chim. Phys. 7 Bd. 14 (1898)
S. 59/71. — **21.** MARONNEAU, G.: C. R. Acad. Sci., Paris Bd. 128 (1899) S. 936/39.
— **22.** ROSE, H.: Pogg. Ann. Bd. 24 (1832) S. 328. — **23.** MOISSAN, H.: Ann.
Chim. Phys. 6 Bd. 6 (1885) S. 437. — **24.** EMMERLING, O.: Ber. dtsch. chem. Ges.
Bd. 12 (1879) S. 152/55. — **25.** CRISTOMANOS, A. C.: Z. anorg. allg. Chem. Bd. 41
(1904) S. 305/14. — **26.** LINDLIEF, W. E.: Met. & Alloys Bd. 4 (1933) S. 85/87.
— **27.** VERÖ, J.: Z. anorg. allg. Chem. Bd. 213 (1933) S. 258. — **28.** MOSER, H.,
K. W. FRÖHLICH u. E. RAUB: Z. anorg. allg. Chem. Bd. 208 (1932) S. 226/27.
— **29.** Den Schmelzpunkt von Cu_3P fanden MOSER-FRÖHLICH-RAUB in bester
Übereinstimmung mit HEYN-BAUER zu 1023°. — **30.** HARALDSEN, H.: Skr. Norske
Vidensk.-Akad. Oslo, Mat.-Naturw. Kl. 1932 (9) S. 1/63 (deutsch). Ref. J. Inst.
Met., Lond. Bd. 53 (1933) S. 622. Die Originalarbeit war mir nicht zugänglich.

Cu-Pb. Kupfer-Blei.

HEYCOCK-NEVILLE[1] untersuchten den Einfluß geringer Cu-Zusätze
auf den Schmelzpunkt des Bleis (327°) und fanden einen eutektischen
Punkt bei etwa 0,06% Cu und 326°. GAUTIER[2] bestimmte zuerst die
vollständige Kurve des Beginns der Erstarrung und stellte ein Minimum
bei etwa 50% Pb und 930° und ein Maximum bei etwa 70% Pb und
970° fest. ROBERTS-AUSTEN[3] und besonders HEYCOCK-NEVILLE[4] wiesen
durch sehr sorgfältige Untersuchungen nach, daß sich Cu und Pb im
flüssigen Zustand nicht in allen Verhältnissen mischen, und daß demnach die Liquiduskurve innerhalb eines weiten Konzentrationsgebietes
horizontal verläuft. Die Temperatur der Horizontalen und die Konzentrationen der bei dieser Temperatur an Cu bzw. Pb gesättigten
Schmelzen wurde von ROBERTS-AUSTEN zu 952° und 38 bzw. 77% Pb
bestimmt; von HEYCOCK-NEVILLE sind die entsprechenden Daten zu
954° und 40 bzw. etwa 85% Pb ermittelt. Die von HIORNS[5] angegebene
Kurve ist demgegenüber als ein Rückschritt zu bezeichnen, da er ausdrücklich hervorhebt, daß die Kurve zwischen 40 und 80% Pb nicht
horizontal verläuft. Die eingehende Untersuchung von FRIEDRICH-

LEROUX[6] und die mehr oberflächliche Nachprüfung von GIOLITTI-MARANTONIO[7] führte dagegen — wenigstens hinsichtlich der qualitativen Verhältnisse — zu einer völligen Bestätigung der älteren Ergebnisse. Diese Forscher fanden für die Grenzkonzentrationen der Cu-reicheren der beiden flüssigen Schichten etwa 36 bzw. etwa 38% Pb, für diejenige der Pb-reicheren Schicht etwa 85 bzw. 86,5% Pb. Die zugehörigen Temperaturen liegen bei 953° bzw. 949°. Es muß jedoch bemerkt werden, daß die von FRIEDRICH-LEROUX auf Grund von Abkühlungs-kurven ermittelte Kurve ähnlich wie die Kurve von HIORNS schon bei ziemlich geringen Pb-Gehalten stark nach der Pb-Seite abfällt, was darauf zurückzuführen sein wird, daß kein Erstarrungsgleichgewicht herrschen konnte, da die Schmelzen während des Erkaltens nicht ge-rührt wurden.

Der Verlauf der Entmischungs- oder Löslichkeitskurve im Gebiet der Schmelze wurde erstmalig von FRIEDRICH-WAEHLERT[8] an einer Legierung mit 65% Pb bestimmt, indem die Zusammensetzung der beiden miteinander im Gleichgewicht befindlichen Schmelzen (nach kräftigem Rühren) für 954°, 975°, 1000° und 1025° festgestellt wurde. Danach mündet die Entmischungskurve für den Gleichgewichtszustand in die Liquiduskurve bei 46 und 81% Pb ein; das Maximum der Kurve liegt bei etwa 64,5% Pb und 1025°. BORNEMANN-WAGENMANN[9] haben die Ausdehnung des Zustandsgebietes durch Messungen des elektrischen Widerstandes bis herauf zu 1300° abgegrenzt. Der kritische Punkt wäre danach noch beträchtlich oberhalb 1500° zu suchen (Abb. 255). Dieses Ergebnis steht mit dem von FRIEDRICH-WAEHLERT gar nicht im Einklang; möglicherweise weil während der Messung bei fallender Temperatur kein Gleichgewicht geherrscht hat. FRIEDRICH-WAEHLERT fanden nämlich, daß vollkommene Mischbarkeit im flüssigen Zustand bei unvollständigem „Gleichgewicht" (d. h. bei schwachem Rühren und kurzer Ruhezeit der flüssigen Analysenproben) erst wesentlich oberhalb 1025° auftritt. Gegen die Richtigkeit der Bestimmungen von FRIEDRICH-WAEHLERT spricht allerdings die von ihnen zu 46% Pb gefundene Kon-zentration der bei 954° mit der Pb-reichen Schmelze koexistierenden Cu-reichen Schmelze, da dieser Wert von den thermisch gefundenen Werten erheblich abweicht. Bei BORNEMANN-WAGENMANN treffen da-gegen die beiden Äste der Entmischungskurve mit großer Genauigkeit bei denjenigen Konzentrationen auf die Horizontale von 954°, die nach dem Erstarrungsdiagramm zu erwarten sind. Die Konzentration der Pb-reichen Schmelze wurde übrigens von BORNEMANN-WAGENMANN durch Abkühlungskurven von großen Schmelzen (etwa 670 g), die wäh-rend des Erkaltens kräftig gerührt wurden, und unter Berücksichtigung der Haltezeiten einwandfrei zu 92,65% Pb festgelegt. Bei allen früheren Arbeiten ist also der Kurvenabfall bei Bleigehalten unterhalb dieser

Zusammensetzung auf mangelndes Erstarrungsgleichgewicht zurückzuführen.

BOGITSCH[10] bestimmte den Verlauf der Entmischungskurve durch Abschrecken kleiner Flüssigkeitströpfchen von Temperaturen oberhalb

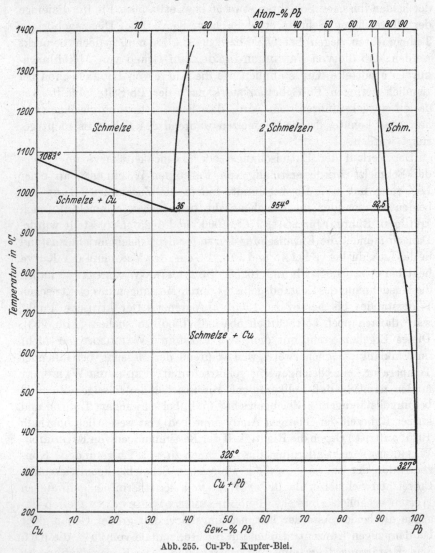

Abb. 255. Cu-Pb. Kupfer-Blei.

und unterhalb der vermeintlichen Kurve und fand den kritischen Punkt bei etwa 75% P und 970°; die Endpunkte liegen bei 34,5 und 87% Pb. Danach würde sich also das Existenzgebiet zweier Schmelzen schon 16° oberhalb der Horizontalen wieder schließen[11]. Dieses Ergebnis erscheint sehr zweifelhaft, zumal das von BOGITSCH angewandte Verfahren wohl kaum zur Bestimmung der Grenzen von Mischungslücken im flüssigen Zustand geeignet ist.

Nach sämtlichen Ergebnissen der thermischen Untersuchungen ist über die Konstitution der Cu-Pb-Legierungen zu sagen, daß im flüssigen Zustand eine Mischungslücke vorliegt, deren Ausdehnung bei 954° mit 36—92,5% Pb anzunehmen ist. Ob der kritische Punkt schon bei 1025° (FRIEDRICH-WAEHLERT) oder erst bedeutend oberhalb 1500° (BORNEMANN-WAGENMANN) liegt, ist nach den genannten Arbeiten nicht einwandfrei zu entscheiden, doch dürfte dem Ergebnis von BORNE-MANN-WAGENMANN wohl die größere Wahrscheinlichkeit zukommen. Das Eutektikum Cu-Pb fällt praktisch mit reinem Blei zusammen[12].

Die mikroskopische Prüfung der Legierungen, wie auch die Spannungsmessungen von PUSCHIN[13], wonach über dem ganzen Konzentrationsgebiet die Spannung des reinen Bleis herrscht, stehen mit den thermischen Untersuchungen in vollkommener Übereinstimmung.

Über die Löslichkeit von Blei in festem Kupfer liegen keine direkten Bestimmungen vor, doch ist nach den Leitfähigkeitsmessungen von ADDICKS[14] sowie PILLING-HALLIWELL[15] anzunehmen, daß sie noch unterhalb 0,05 bzw. 0,02% Pb liegt.

Nachtrag. Durch Analyse von Schöpfproben aus der Cu-reichen Schicht bei 972°, 988°, 1000° und 1010° hat BRIESEMEISTER[16] den Verlauf des Cu-reichen Astes der Entmischungskurve im flüssigen Zustand festzulegen versucht. Danach würde sich diese Kurve bei etwa 65% Pb und 1000° schließen (recht gute Übereinstimmung mit FRIEDRICH-WAEHLERT) und bei etwa 39% Pb auf die Monotektikale treffen. Die große Abweichung auch dieses Befundes von dem Ergebnis von BORNEMANN-WAGENMANN läßt sich mit CLAUS[17 18] dadurch erklären, daß oberhalb rd. 1000° eine Schichtenbildung aus der bei wesentlich höherer Temperatur durch Entmischung der homogenen Lösung entstandenen feindispersen Emulsion nicht eintritt. Die Kurve der Schichtenbildung nach FRIEDRICH-WAEHLERT und BRIESEMEISTER gehört demnach selbstverständlich nicht dem Gleichgewichtsschaubild an[18].

NISHIKAWA[19] hat bei einer Überprüfung des Systems die Mischungslücke bei der Temperatur der monotektischen Reaktion (957°) zwischen 52 und 87% Pb gefunden (?).

Literatur.

1. HEYCOCK, C. T., u. F. H. NEVILLE: J. chem. Soc. Bd. 61 (1892) S. 905. — **2.** GAUTIER, H.: Bull. Soc. Encour. Ind. nat. 5 Bd. 1 (1896) S. 1310. — **3.** ROBERTS-AUSTEN, W. C.: Engineering Bd. 63 (1897) S. 253/55. — **4.** HEYCOCK, C. T., u. F. H. NEVILLE: Philos. Trans. Roy. Soc., Lond. A Bd. 189 (1897) S. 42/45, 60/62. — **5.** HIORNS, A. H.: J. Soc. chem. Ind. Bd. 25 (1906) S. 618/19. — **6.** FRIEDRICH, K., u. A. LEROUX: Metallurgie Bd. 4 (1907) S. 299/302. —

7. GIOLITTI, F., u. M. MARANTONIO: Gazz. chim. ital. Bd. 40 I (1910) S. 51/59.
— **8.** FRIEDRICH, K., u. M. WAEHLERT: Met. u. Erz Bd. 10 (1913) S. 578/86.
— **9.** BORNEMANN, K., u. K. WAGENMANN: Ferrum Bd. 11 (1913/14) S. 291/93,
309/10. — **10.** BOGITSCH, B.: C. R. Acad. Sci., Paris Bd. 161 (1915) S. 416/17.
— **11.** BOGITSCH fand allerdings die monotektische Temperatur zu 940°. —
12. In Abweichung von den anderen Autoren gaben GIOLITTI-MARANTONIO die
eutektische Temperatur mit 323° an. Die von ihnen gefundene Temperatur der
Monotektikalen (949°) liegt zwar auch um einige Grade tiefer als bei den anderen
Forschern. — **13.** PUSCHIN, N.: J. russ. phys.-chem. Ges. Bd. 39 (1907) S. 869/97.
Ref. Chem. Zbl. Bd. 79 I (1908) S. 110. — **14.** ADDICKS, L.: Trans. Amer. Inst.
min. metallurg. Engr. Bd. 36 (1906) S. 18/27. — **15.** PILLING, N. B., u. G. P.
HALLIWELL: Trans. Amer. Inst. min. metallurg. Engr. Bd. 73 (1926) S. 679/92.
— **16.** BRIESEMEISTER, S.: Z. Metallkde. Bd. 23 (1931) S. 226/28. — **17.** CLAUS,
W.: Z. Metallkde. Bd. 23 (1934) S. 264/66. Kolloid-Z. Bd. 57 (1931) S. 14/16.
— **18.** CLAUS, W.: Metallwirtsch. Bd. 13 (1934) S. 226/27. — **19.** NISHIKAWA, M.:
Suiyokwai-shi Bd. 8 (1933) S. 239/43 (japan.). Ref. J. Inst. Met., Lond. Met. Abs.
Bd. 1 (1934) S. 8.

Cu-Pd. Kupfer-Palladium.

Nach den von RUER[1] mit Hilfe von Abkühlungs- und Erhitzungskurven bestimmten Liquidus- und Soliduskurven scheidet sich aus Cu-Pd-Schmelzen eine lückenlose Mischkristallreihe aus[2] (Abb. 256). Das Gefüge der Legierungen mit 30—70% Pd zeigte nach dem Ätzen mit Königswasser zweiphasigen, „nadeligen" Aufbau. Die Menge der Nadeln schwankte unregelmäßig mit der Konzentration, machte jedoch nie mehr als rd. 10 Flächenprozente aus. RUER hielt es für „immerhin möglich, daß sich hier eine instabile Modifikation der Mischkristalle von Pd und Cu gebildet hat, deren Umwandlungsgeschwindigkeit so gering ist, daß sie scheinbar stabil ist. Doch ist es auch nicht ausgeschlossen, daß diese Nadeln einer in der festen Phase stattfindenden Reaktion, deren Wärmetönung sehr gering sein müßte, ihre Entstehung verdanken". Es ist merkwürdig, daß keiner der späteren Verfasser diese Beobachtungen und Vermutungen von RUER erwähnt.

NOWACK[3] fand bei Messung der Polarisationsspannungen (Kette $Cu/0,5$ Mol $CuSO_4/Cu_xPd_{1-x}$) eine Resistenzgrenze bei 50 Atom-%.

SEDSTRÖM[4] bestimmte die elektrische und thermische Leitfähigkeit sowie die Thermokraft gegen Cu der ganzen Legierungsreihe und fand, daß die Eigenschafts-Konzentrationskurven — in Abweichung von der charakteristischen Kettenkurve einer lückenlosen Mischkristallreihe — bei 40 und 50 Atom-% Pd (52,81 bzw. 62,66 Gew.-%) eine Spitze (Maximum) besitzen. Er schloß daraus auf das Bestehen der sich im festen Zustand bildenden Verbindungen Cu_3Pd_2 und $CuPd$. SEDSTRÖMs Meßergebnisse wurden jedoch inzwischen überholt; seine Proben befanden sich teilweise in einem undefinierten Zustand.

HOLGERSSON-SEDSTRÖM[5] haben daraufhin die Gitterstruktur untersucht. Sie fanden im Gebiet 0—38 Atom-% Pd (50,5 Gew.-%) und

50—100 Atom-% Pd (62,66 Gew.-%) das kubisch-flächenzentrierte Gitter der Komponenten, im Gebiet 40—50 Atom-% Pd lag ein Gemenge dieses Gitters mit einem Gitter vom CsCl-Typ vor, bei 45,5 Atom-% Pd bestand letzteres allein. (DieLegierungen wurden nach dem Drahtziehen bis dicht unter den Soliduspunkt erhitzt.)

Nach JOHANSSON[6] liegen die linearen Ausdehnungskoeffizienten der Legierungen für Temperaturen zwischen —140° und +35° auf einer konvex zur Konzentrationsachse gekrümmten Kurve. In der Nähe von 50 Atom-% zeigte sich eine schwache zusätzliche Ausbiegung, die bei tieferen Temperaturen ausgeprägter ist[7], und die JOHANSSON mit dem Auftreten des CsCl-Gitters in Zusammenhang bringt.

JOHANSSON-LINDE[8] haben sich in zwei Arbeiten näher mit dem Charakter der Umwandlungen im festen Zustand befaßt. In Abweichung von HOLGERSSON-SEDSTRÖM fanden sie, daß das Gebiet der homogenen Phase mit CsCl-Struktur wesentlich größer ist, als es nach deren Angaben erscheint. Im Gleichgewichtszustand, d. h. nach dem Tempern bei etwa 400° wurden zwischen 38 (50,5 Gew.-% Pd) und 49,8 Atom-% Pd nur reine „CsCl-Gitter" gefunden[9]. Die Grenze der beiden Phasen bei 50 Atom-% ist sehr scharf: noch bei 49,8 Atom-% Pd erhält man ein körperzentriertes „CsCl-Gitter" ohne eine Spur von der flächenzentrierten Phase, während bei 49,95 Atom-% Pd ein ganz ungemischtes flächenzentriertes Gitter mit statistischer Verteilung gefunden wird[10]. Die „CsCl-Phase" läßt sich besonders leicht bei niedriger Pd-Konzentration erhalten. Bei 39—45 Atom-% Pd ist nach mäßig schneller Abkühlung bereits kein Tempern mehr erforderlich. Zwischen 45 (58,4 Gew.-% Pd) und 50 Atom-% Pd ist zur Einstellung der Ordnung des Gitters Anlassen erforderlich. Nach dem Abschrecken bei hohen Temperaturen zeigen alle Legierungen zwischen 38 und 50 Atom-% Pd nur Linien des flächenzentrierten Typs.

Durch Röntgenuntersuchungen an getemperten (400°) Pd-ärmeren Legierungen stellten JOHANSSON-LINDE (zweite Arbeit) weiter fest, daß auch zwischen etwa 10 und 30 Atom-% Pd (15,7 und 41,8 Gew.-% Pd) ein von dem ungeordneten flächenzentriert-kubischen Gitter der Komponenten abweichendes Gitter vorliegt. Die hier auftretenden Überstrukturlinien entsprechen einem geordneten kubisch-flächenzentrierten Gitter (Cu₃Pd). Nach BORELIUS-JOHANSSON-LINDE[11] sind die Überstrukturlinien, die im Röntgendiagramm die Ordnung anzeigen, oberhalb 25 Atom-% Pd kaum noch zu entdecken, sie werden um etwa 17 Atom-% Pd am stärksten und verschwinden erst bei etwa 10 Atom-% Pd. Auch für die Cu₃Pd-Phase gilt also, daß die Neigung, in den geordneten Zustand überzugehen, bei einem Cu-Überschuß am größten ist. Mit fortschreitender Ordnung der Atome geht eine fortschreitende Erniedrigung des elektrischen Widerstandes einher. Im Gleichgewicht sollte die Widerstands-Konzentrationskurve bei 25 und 50 Atom-% Pd eine Spitze (Minimum) besitzen. Der davon abweichende Verlauf, wie er von Johansson-Linde (zweite Arbeit) gefunden wurde, ist auf ein nicht vollständiges Erreichen der Ordnung zurückzuführen.

Durch Aufnahme von Widerstands-Temperaturkurven im Cu_3Pd-

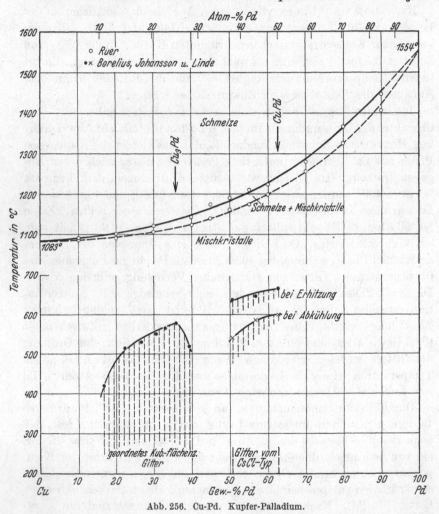

Abb. 256. Cu-Pd. Kupfer-Palladium.

Gebiet (Legierungen mit 10,8—28 Atom-% Pd) und im CuPd-Gebiet (Legierungen mit 38—49,8 Atom-% Pd) haben Borelius-Johansson-Linde[11] den Charakter der Umwandlung bei steigender und fallender Temperatur untersucht. Im Cu_3Pd-Gebiet erfolgt die Umwandlung geordnet-kubisch-flächenzentriert ⇌ ungeordnet-kubisch-flächenzentriert in einem weiten Temperaturbereich; die Temperatur des Endes der

Umwandlung bei steigender Temperatur und die Temperatur des Beginns der Umwandlung bei abnehmender Temperatur ist hier in den meisten Fällen praktisch gleich. Im CuPd-Gebiet (geordnet-kubisch-raumzentriertes Gitter ⇌ ungeordnet-kubisch-flächenzentriertes Gitter) ist das Aussehen der Kurven ein ganz anderes: die Kurven zeigen hier bedeutend engere Umwandlungsgebiete, die nach beiden Seiten recht scharf begrenzt sind, und gleichzeitig sehr starke Temperaturhysterese, die bei 49,8 Atom-% Pd etwa 60° und bei 38 Atom-% Pd über 100° umfaßt.

In Abb. 256 sind die Lagen der Gebiete der Gitterstrukturumwandlung in der von BORELIUS-JOHANSSON-LINDE angegebenen Weise im Zustandsdiagramm eingezeichnet. Die oberen Grenzen sind durch Kreise und Kreuze gekennzeichnet. Die in der Abb. 256 eingezeichneten Umwandlungsgebiete haben ihre höchsten Punkte bei den Konzentrationen, die einfachen Atomverhältnissen entsprechen.

Über den Mechanismus der Atomumordnung siehe die Arbeit von BORELIUS-JOHANSSON-LINDE und die beim System Au-Cu angeführte Literatur.

Nachtrag. In neuester Zeit wurden die mit der Umwandlung ungeordnete ⇌ geordnete Atomverteilung verbundenen Änderungen der Eigenschaften und der Gitterstruktur von verschiedener Seite[12-17] untersucht. Es kann hier nur noch auf die Originalarbeiten, insbesondere auf die Arbeiten von TAYLOR[15] und GRAF[17] verwiesen werden.

Literatur.

1. RUER, R.: Z. anorg. allg. Chem. Bd. 51 (1906) S. 223/30. — **2.** Die Erstarrungspunkte schwanken infolge der Neigung der Schmelzen zur Unterkühlung ein wenig; aus diesem Grunde ist der etwas unregelmäßige Verlauf zwischen 30 und 70% Pd sicher nicht reell. — **3.** NOWACK, L.: Z. anorg. allg. Chem. Bd. 113 (1920) S. 1/26. — **4.** SEDSTRÖM, E.: Diss. Stockholm 1924. S. auch Ann. Physik Bd. 75 (1924) S. 161. Z. anorg. allg. Chem. Bd. 159 (1927) S. 339/41. **5.** HOLGERSSON, S., u. E. SEDSTRÖM: Ann. Physik Bd. 75 (1924) S. 150/62. — **6.** JOHANSSON, C. H.: Ann. Physik Bd. 76 (1925) S. 445/54. — **7.** Für die höheren Temperaturen schwanken die Einzelwerte ziemlich stark. — **8.** JOHANSSON, C. H., u. J. O. LINDE: Ann. Physik Bd. 78 (1925) S. 454/57; Bd. 82 (1927) S. 449/58. — **9.** Im Grenzgebiet bei etwa 38 Atom-% Pd bekommt man, wenn die Legn. nach dem Glühen bei Temperaturen nahe dem Schmelzpunkt relativ langsam abgekühlt werden, bald ein zweiphasiges Kristallgemenge, bald nur die raumzentrierte Phase, bei nicht wesentlich verschiedenen Abkühlungsbedingungen. Nach dem Abschrecken bei hoher Temperatur und anschließendem Tempern bei etwa 400° bekommt man nur die raumzentrierte Phase. — **10.** Daß die Phase vom CsCl-Typ sich von der theoretischen Zusammensetzung CuPd nur nach der Cu-reichen Seite hin erstreckt, läßt sich so erklären, daß in ihr wohl Pd durch Cu ersetzt werden kann, ohne die Stabilität des Gitters zu stören, nicht aber Cu durch Pd. Daher entsteht die Phase (durch Einordnen der Atome) nahe oder bei der Konzentration CuPd schwerer als bei größerem Cu-Überschuß. — **11.** BORELIUS, G., C. H. JOHANSSON u. J. O. LINDE: Ann. Physik Bd. 86 (1928) S. 299/318. — **12.** SWENSSON, B.: Ann. Physik Bd. 14 (1932) S. 699/711 (Wider-

stand u. magnetische Suszeptibilität der ganzen Legierungsreihe). — **13.** SEEMANN,
H. J.: Z. Metallkde. Bd. 24 (1932) S. 299/301 (magn. Susz. von Cu_3Pd). Z. Physik
Bd. 84 (1933) S. 557/64; Bd. 88 (1934) S. 14/24 (el. Wid. von Cu_3Pd u. CuPd bei
tiefen Temp.). — **14.** STOCKDALE, D.: Trans. Faraday Soc. Bd. 30 (1934) S. 310/14.
— **15.** TAYLOR, R.: J. Inst. Met., Lond. 1934, Arbeit Nr. 655 (thermische, mikrographische u. Widerstandsuntersuchungen). — **16.** LINDE, J. O.: Ann. Physik
Bd. 15 (1932) S. 249/51 (Gitterstruktur). — **17.** Physik. Z. Bd. 36 (1935) S. 489/98.

Cu-Pr. Kupfer-Praseodym.

Abb. 257 zeigt das von CANNERI[1] mit Hilfe thermischer und mikroskopischer Untersuchungen ausgearbeitete Zustandsschaubild.

Literatur.

1. CANNERY, G.: Metallurg. ital. Bd. 26 (1934) S. 869/71.

Cu-Pt. Kupfer-Platin.

Nach dem von DOERINCKEL[1] ausgearbeiteten Erstarrungsschaubild
(Abb. 258) kristallisiert aus Cu-Pt-Schmelzen mit 0 bis mindestens
70% Pt (= 43 Atom-% Pt) eine
Reihe von Mischkristallen. Die nach
dem Erkalten aus dem Schmelzfluß
inhomogenen Mischkristalle konnten
durch 2stündiges Glühen bei 1100°
homogenisiert werden. Aus Messungen des Widerstandes und seines
Temperaturkoeffizienten von Pt-
reichen Legierungen von BARUS[2]
hatte sich bereits früher ergeben,
daß auch Legierungen mit bis zu
etwa 5% Cu aus festen Lösungen
von Cu in Pt bestehen.

SEDSTRÖM[3] bestimmte die elektrische und thermische Leitfähigkeit sowie die Thermokraft (gegen
Cu) der Legierungen mit bis zu 67%
Pt = 40 Atom-% Pt und fand, daß
die betreffenden Eigenschafts-Konzentrationskurven — in Abweichung
von den charakteristischen Kettenkurven beim Vorliegen einer lückenlosen Mischkristallreihe — zwischen

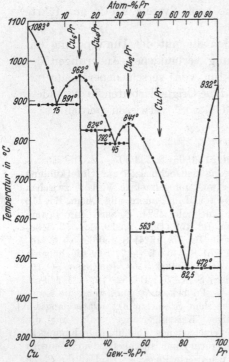

Abb. 257. Cu-Pr. Kupfer-Praseodym.

10 und 20 Atom-% Pt (25,4 und 43,4 Gew.-% Pt) eine Unstetigkeit aufweisen, die nach Ansicht von SEDSTRÖM auf das Bestehen einer Mischungslücke hindeutet.

JOHANSSON-LINDE[4] konnten jedoch zeigen, daß diese Form der
Kurven auf eine andere Ursache zurückzuführen ist. Widerstands-

messungen und Untersuchungen der Gitterstruktur an Legierungen, die nahe bei ihrem Schmelzpunkt abgeschreckt wurden, ergaben, daß nach beendeter Erstarrung eine ununterbrochene Reihe von festen Lösungen vorliegt (kubisch-flächenzentriertes Gitter der Komponenten mit statistischer Verteilung der beiden Atomarten). Wurden die Legierungen dagegen langsam abgekühlt und anschließend bei etwa 400° getempert, so trat eine zum Teil sehr erhebliche Abnahme des Widerstandes ein, und zwar lassen die Messungen erkennen, daß in den Gebieten von 10—26 Atom-% (25,4—52 Gew.-% Pt), 35—55 Atom-% (62,5 bis 79 Gew.-% Pt) und etwa 60 bis annähernd 80 Atom-% (82—92,5 Gew.-% Pt) drei verschiedene „Phasen" vorliegen, die von der in abgeschreckten Legierungen vorliegenden Phase verschieden sind.

Mit Hilfe von Röntgenuntersuchungen konnte gezeigt werden, daß die sich mit fallender Temperatur aus den Cu-Pt-Mischkristallen bildenden Phasen sog. Mischphasen mit geordneter Atomverteilung (Überstrukturen) sind. Im Gebiet von 10—26 Atom-% Pt liegt ein kubisch-flächenzentriertes Gitter mit geordneter Atomverteilung vor, entsprechend der Zusammensetzung Cu_3Pt mit 50,59 Gew.-% Pt (also analog den auch in den Systemen Au-Cu und Cu-Pd im Gebiet von 25 Atom-% Au bzw. Pd auftretenden Gitterstrukturen). Die Ordnung der Atome erfolgt hier also ohne Änderung der Gittersymmetrie[5].

Demgegenüber ist die Einordnung der Atome im Bereich von etwa 40—55 Atom-% Pt mit einer Änderung der Gittersymmetrie verbunden, und zwar lassen sich die Röntgenbilder vollständig deuten durch die Annahme, daß im kubisch-flächenzentrierten Gitter die Netzebenen parallel zur Oktaederebene abwechselnd nur von Cu- und nur von Pt-Atomen besetzt sind, wodurch zugleich der Würfel zu einem Rhomboeder deformiert wird[5] [5a].

Zwischen 60 und mindestens 75 Atom-% Pt bildet sich dagegen ein kubisches Gitter mit geordneter Atomverteilung, dessen flächenzentrierte Zelle die doppelte Gitterkonstante der reinen Metalle besitzt. Die Überstrukturlinien entsprechen der von TAMMANN für das kubisch-flächenzentrierte Gitter bei einem Atomverhältnis 1 : 1 angegebenen Atomverteilung. Dieses Gitter, das demjenigen der Verbindung CuPt entspricht, ist hier aber nur bei einem bedeutenden Überschuß von Pt stabil[5].

Eine weitere anscheinend kubische Phase wurde durch Glühen und Abschrecken einer rhomboedrischen Legierung mit 45 Atom-% Pt bei 700° gefunden[5].

Der Aufbau des Systems wurde erneut von KURNAKOW-NEMILOW[6] studiert. Mit Hilfe von Abkühlungskurven wurden die Umwandlungstemperaturen im Bereich von 66,7—81% Pt ermittelt (vgl. Abb. 258); bei der Legierung CuPt war die Wärmetönung am größten. Die ge-

nannten Legierungen zeigten nach langsamer Abkühlung[7] eine nadelige
Struktur (bei 82,4% Pt bereits ziemlich wenig) als Folge der Um-

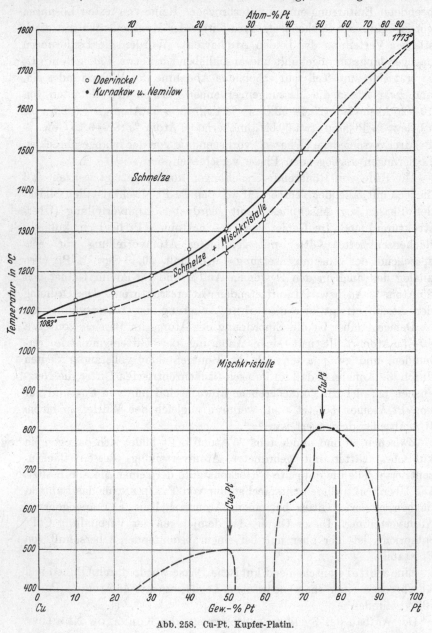

Abb. 258. Cu-Pt. Kupfer-Platin.

wandlung. Im Gebiet von 20—25 Atom-% Pt konnten weder mit Hilfe
von Abkühlungskurven, noch durch mikroskopische Beobachtung an

langsam abgekühlten Legierungen Anzeichen einer Umwandlung gefunden werden: alle Legierungen mit bis zu rd. 40 Atom-% und oberhalb 60 Atom-% Pt erwiesen sich als vollkommen homogen. Dasselbe galt für die gesamte Legierungsreihe, sofern oberhalb 800—900° abgeschreckt wurde.

Messungen des elektrischen Widerstandes und seines Temperaturkoeffizienten an abgeschreckten (800—900°) bzw. langsam abgekühlten Legierungen bestätigten die von JOHANSSON-LINDE gewonnenen Ergebnisse. Die Widerstände der abgeschreckten Legierungen besagen, daß bei 800—900° eine lückenlose Mischkristallreihe vorliegt, und diejenigen der langsam erkalteten Legierungen deuten auf das Bestehen von Umwandlungen im Bereich von rd. 10—25 Atom-% Pt und im Gebiet der Zusammensetzung CuPt hin. Entsprechende Unstetigkeiten sind auch auf der Härtekurve der langsam erkalteten Legierungen zu erkennen. Durch Messung des Widerstandes nach Abschrecken von verschiedenen Temperaturen konnte weiter festgestellt werden, daß die Umwandlung bei 20—25 Atom-% Pt zwischen 450° und 525° stattfindet.

In einem Punkte weichen die Ergebnisse von JOHANSSON-LINDE und KURNAKOW-NEMILOW voneinander ab. Nach ersteren hat die Legierung mit 55 Atom-% Pt nach Abschrecken bei 900° noch das rhomboedrische Gitter, nach letzteren liegt die Umwandlungstemperatur dieser Legierung jedoch bei 800°. Möglicherweise erfolgt die Umgruppierung der Atome so schnell, daß sie durch Abschrecken von nicht genügend hohen Temperaturen nicht immer übersprungen werden kann[8].

SEEMANN[9] bestimmte die Zunahme der diamagnetischen Atomsuszeptibilität der Legierung Cu_3Pt bei der Bildung der geordneten Atomverteilung.

Die in Abb. 258 angegebenen Grenzen der Zustandsänderungen im festen Zustand sind unsicher.

Literatur.

1. DOERINCKEL, F.: Z. anorg. allg. Chem. Bd. 54 (1907) S. 335/38. — 2. BARUS, C.: Amer. J. Sci. (Sill.) 3 Bd. 36 (1888) S. 427. S. auch W. GUERTLER: Z. anorg. allg. Chem. Bd. 51 (1906) S. 427/29 u. die Arbeit von JOHANSSON u. LINDE. — 3. SEDSTRÖM, E.: Diss. Stockholm 1924 u. JOHANSSON-LINDE. — 4. JOHANSSON, C. H., u. J. O. LINDE: Ann. Physik Bd. 82 (1927) S. 459/77. — 5. Einzelheiten über Gitterstruktur s. in der Arbeit von JOHANSSON-LINDE und bei P. P. EWALD u. C. HERMANN: Strukturbericht 1913—1928, S. 485/87, 517/18, Leipzig 1931. — 5a. Nach neueren Anschauungen kann die Gittersymmetrieänderung nicht mehr als eine Folge der geordneten Atomverteilung angesehen werden; S. u. a. L. GRAF: Z. Metallkde. Bd. 24 (1932) S. 251/53. — 6. KURNAKOW, N. S., u. W. A. NEMILOW: Z. anorg. allg. Chem. Bd. 210 (1933) S. 1/12. Ann. Inst. Platine Bd. 8 (1931) S. 5/16 (russ.). — 7. Die Legn. mit bis zu 65% Pt wurden 6—8 Tage bei 650°, die Pt-reicheren bei 700—750° geglüht und darauf langsam abgekühlt. — 8. Dafür spricht, daß nach JOHANSSON-LINDE bei 1350° abgeschreckte Legn. Widerstände besaßen, die bereits wesentlich kleiner waren als diejenigen der bei

der Solidustemperatur abgeschreckten Proben. Überstrukturen traten allerdings noch nicht auf. — **9.** SEEMANN, H. J.: Z. Metallkde. Bd. 24 (1932) S. 299/301. S. auch Z. Physik Bd. 84 (1933) S. 557/64; Bd. 88 (1934) S. 14/24.

Cu-Rh. Kupfer-Rhodium.

ZVIAGINTZEV und BRUNOVSKIY[1] haben versucht, über den Aufbau dieses Systems durch Härtemessungen, mikroskopische und röntgenographische Untersuchungen an abgeschreckten und geglühten Legierungen Aufschluß zu bekommen[2]. Danach bilden Cu und Rh bei hohen Temperaturen anscheinend eine lückenlose Mischkristallreihe, aus der sich mit fallender Temperatur die geordneten Mischphasen Cu_3Rh? (35,05% Rh), CuRh (61,82% Rh) und $CuRh_3$ (82,93% Rh) bilden.

Die Härtekurve der abgeschreckten (Temp.?) Legierungen ist kennzeichnend für das Vorhandensein einer lückenlosen Mischkristallreihe, während nach dem Glühen je ein Härtetiefstwert bei 50 und 75 Atom-% Rh auftritt. Nach dem Abschrecken haben folgende Legierungen homogenes Gefüge: 0—20 Atom-% Rh (= 28,8 Gew.-%); 90—100 Atom-% Rh (93,6 Gew.-%); 50 Atom-% Rh und 75—80 Atom-% Rh (82,9—86,6 Gew.-%). Alle anderen Legierungen sind heterogen. Die Röntgenbilder der abgeschreckten Legierungen mit 20 bis 90 Atom-% Rh zeigen die Linien der angrenzenden Cu-reichen[3] und Rh-reichen Mischkristalle. Nach dem Glühen treten in den Legierungen mit 25 (?), 50 und 75 Atom-% Rh Überstrukturen auf.

Literatur.

1. ZVIAGINTZEV, O. E., u. B. K. BRUNOVSKIY: Ann. Inst. Platine (1935) S. 37/66 (russ.). — **2.** Nachstehende Ausführungen auf Grund des Referates in J. Inst. Met., Lond. Met. Abs. Bd. 2 (1935) S. 217. — **3.** Vgl. auch LINDE, J. O.: Ann. Physik Bd. 15 (1932) S. 225 (elektr. Fähigkeit bis 0,8% Rh).

Cu-Ru. Kupfer-Ruthenium.

Siehe Cu-Os, S. 594.

Cu-S. Kupfer-Schwefel.

Das Teilsystem Cu-Cu_2S. Der Aufbau dieses Teilsystems wurde erstmalig von HEYN-BAUER[1] untersucht. Abb. 259 zeigt die von ihnen gefundenen Erstarrungstemperaturen, aus denen sich die teilweise Unmischbarkeit der beiden flüssigen Komponenten ergibt. Die eutektische Konzentration liegt nach dem Analysenergebnis einer rein eutektischen Probe bei 3,82% Cu_2S = 0,77% S. Bei der Liquidustemperatur von 1102°, bei welcher die Reaktion S-reiche Schmelze → Cu-reiche Schmelze + Cu_2S (20,14% S) stattfindet, erstreckt sich die Mischungslücke den thermischen Daten zufolge von 9% Cu_2S = 1,8% S bis 85% Cu_2S

= 17,1% S. Der Erstarrungspunkt des 99,71%igen Cu_2S (entsprechend 20,08% S) wurde zu 1127° ermittelt.

Andere Autoren fanden den Schmelz- bzw. Erstarrungspunkt von Cu_2S wie folgt: LE CHATELIER[2] 1100°, BODLÄNDER-IDASZEWSKY[3] 1091°, RÖNTGEN[4] 1085°, FRIEDRICH[5] 1121° (20,05% S) und später[6] 1135° (interpoliert), BORNEMANN[7] 1105° (19,94% S), TRUTHE[8] 1114°, POSNJAK-ALLEN-MERWIN[9] 1130 ± 1° sowie neuerdings JOUKOFF[10] 1131°. Der Wert von POSNJAK-ALLEN-MERWIN ist als der richtigste anzusehen; er stimmt mit den Werten von HEYN-BAUER (aus dem sich der Erstarrungspunkt von reinem Cu_2S zu etwa 1132° ergeben würde), FRIEDRICH und besonders JOUKOFF gut überein. Die übrigen genannten Beobachter hatten wohl kein reines Cu_2S in Händen, ihre Werte liegen alle zu niedrig.

Das Erstarrungsschaubild wurde abermals von URASOW[11] bestimmt. Nach einem Referat[11] über diese Arbeit wurde die Erstarrungstemperatur der S-reichen Schicht zu 1121°, die eutektische

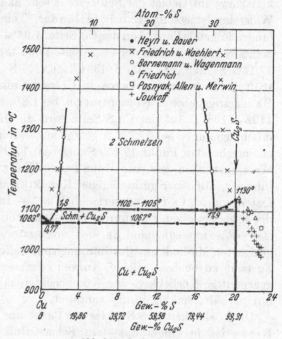

Abb. 259. Cu-S. Kupfer-Schwefel.

Temperatur zu 1070° und die eutektische Konzentration zu 4,36% Cu_2S = 0,88% S gefunden. Die Ausdehnung der Mischungslücke bei 1121° ist in dem Referat leider nicht angegeben. Die angegebenen Gleichgewichtstemperaturen liegen um 19° bzw. 3° höher als die von HEYN-BAUER ermittelten: 1102° und 1067°. Letztere sind jedoch wohl als die richtigen anzusehen, da BORNEMANN-WAGENMANN[12] mit Hilfe von Widerstands-Temperaturkurven die eutektische Temperatur ebenfalls bei 1067° und die Erstarrungstemperatur der S-reichen Schicht bei 1105° fanden.

Den Verlauf der Begrenzungskurve der Mischungslücke haben FRIEDRICH-WAEHLERT[13] und BORNEMANN-WAGENMANN[12] bestimmt. Erstere ermittelten an einer Legierung mit 50% Cu_2S = 10,07% S die Zusammensetzung der beiden bei 1150° bzw. 1200°, 1300°, 1425° und 1485 ± 3° miteinander im Gleichgewicht befindlichen flüssigen Phasen (nach kräftigem Rühren und hinreichend langer Absetzzeit) durch Entnahme von Proben aus den beiden Schichten. In Abb. 259 sind die auf diese Weise erhaltenen Konzentrationen durch × gekennzeichnet. An der Cu-Seite trifft die Grenzkurve etwa bei der Zusammensetzung auf die Liquiduskurve, die HEYN-BAUER bestimmten, auf der Cu_2S-Seite liegt der Schnittpunkt mit der Monotektikalen von 1102° nach FRIEDRICH-WAEHLERT bei 19,3—19,5% S, gegenüber 17,1% S nach HEYN-BAUER[14].

BORNEMANN-WAGENMANN haben die Entmischungs- bzw. Löslichkeitskurve im Gebiet der Schmelze in sehr exakter Weise mit Hilfe von Widerstandsmessungen bei fallender Temperatur festgelegt. Sie fanden folgende Punkte an der Cu-Seite: 1,93% S 11,40°, 2,11% S 1217°, 2,42% S 1280° und an der Cu_2S-Seite 17,64% S 1198°, 17,34% S 1268°, 17,14% S 1295°, 17,06% S 1321°, 16,92% S 1349°. An der Cu-Seite trifft die Entmischungskurve, in Übereinstimmung mit der von HEYN-BAUER angegebenen Konzentration, bei 1,8% S auf die Horizontale von 1102—1105°. Auf der Cu_2S-Seite wird die Horizontale von der Entmischungskurve bei 17,9% S getroffen, während HEYN-BAUER für den entsprechenden Punkt 17,1% S angeben. 17,9% S ist als der richtigere Wert anzusehen, der, wie BORNEMANN-WAGENMANN des näheren ausführen[15], mit einer geringfügigen Korrektur auch mit den thermischen Daten von HEYN-BAUER verträglich ist. — Die starken Abweichungen der Ergebnisse von FRIEDRICH-WAEHLERT von dem Befund von BORNE-MANN-WAGENMANN sind in der von ersteren angewendeten weniger geeigneten Methode zur Bestimmung von Löslichkeitskurven im flüssigen Zustand zu suchen. Beide Kurven stimmen darin überein, daß die gegenseitige Löslichkeit der Komponenten mit steigender Temperatur nur verhältnismäßig wenig zunimmt.

Die Löslichkeit von S in festem Cu ist nur sehr klein. Nach HEYN-BAUER ist in einem aus dem Schmelzfluß erkalteten Regulus mit 0,01% Cu_2S = 0,002% S noch Cu_2S mikroskopisch zu erkennen.

Cu_2S ist dimorph, die α-Form ist rhombisch, die β-Form regulär. Nach HITTORF[16] liegt der Umwandlungspunkt beim Erhitzen bei 103°, beim Abkühlen bei 97°. MÖNCH[17] fand auf Widerstands-Temperaturkurven zwei Knicke bei 95° und 150°, ein anderes Mal bei 103° und 167°. REICHENHEIM[18] bestätigte den unteren Umwandlungspunkt bei 89—98°, konnte eine zweite Umwandlung jedoch nicht feststellen. BELLATI-LUSSANA[19] geben die Umwandlungstemperatur zu 103° an. Am eingehendsten haben sich POSNJAK-ALLEN-MERWIN mit dieser Frage beschäftigt. Sie fanden nur einen Umwandlungspunkt bei 91° (Erhitzung) bzw. etwa 87° (Abkühlung). Sie zeigten, daß die Größe der Körner die Umwandlungstemperatur erheblich beeinflußt: bei grobkörnigem und kompaktem Material lag der Umwandlungspunkt bei 102—104° (Erhitzung).

Die Gitterstruktur der regulären β-Modifikation wurde von BARTH[20] bei etwa 200° bestimmt; CaF$_2$-Typ.

Die Natur der elektrischen Leitfähigkeit von Cu$_2$S (metallisch oder elektrolytisch) war Gegenstand zahlreicher Untersuchungen[21].

Das Teilsystem Cu$_2$S-CuS. Der Erstarrungspunkt von Cu$_2$S wird nach Beobachtungen von FRIEDRICH[6], POSNJAK-ALLEN-MERWIN[9] sowie JOUKOFF[10] durch S-Zusatz erniedrigt; vgl. die in Abb. 259 eingezeichneten Erstarrungspunkte (FRIEDRICH, JOUKOFF) und Schmelzpunkte (POSNJAK-ALLEN-MERWIN sowie JOUKOFFs untere Punkte). Nach übereinstimmender Feststellung der genannten Autoren scheiden sich aus Schmelzen dieser Zusammensetzung Mischkristalle von Cu$_2$S mit S aus (nicht — wie POSNJAK-ALLEN-MERWIN sowie JOUKOFF vermuten — Mischkristalle von Cu$_2$S mit CuS). JOUKOFF bestimmte die Erstarrungsintervalle dieser Mischkristalle mit Hilfe von Abkühlungs- und Erhitzungskurven. Die Sättigungskonzentration der Mischkristalle ist nach den gut übereinstimmenden Ergebnissen von POSNJAK-ALLEN-MERWIN, JOUKOFF und BILTZ-JUZA[22] bei rd. 22,3% S anzunehmen; näheres siehe in den genannten Originalarbeiten. Der Umwandlungspunkt von Cu$_2$S (91°) wird durch S-Zusätze auf etwa 93,5° erhöht, oberhalb etwa 21,1% S war eine Umwandlung jedoch nicht mehr zu beobachten (POSNJAK-ALLEN-MERWIN).

CuS (33,53% S) hat keinen Umwandlungspunkt, es leitet den elektrischen Strom metallisch[23] und ist Supraleiter[24]. Seine Gitterstruktur wurde von ALSÉN[25] sowie GOSSNER-MUSSGNUG[26], ROBERTS-KSANDA[27] und am genauesten von OFTEDAL[28] bestimmt; hexagonales Gitter von verwickelterer Struktur als FeS.

Literatur.

1. HEYN, E., u. O. BAUER: Metallurgie Bd. 3 (1906) S. 73/82. — **2.** LE CHATELIER, H.: Bull. Soc. chim. France 2 Bd. 47 (1887) S. 300. — **3.** BODLÄNDER, G., u. K. S. IDASZEWSKY: Z. Elektrochem. Bd. 11 (1905) S. 163/64. — **4.** RÖNTGEN, P.: Metallurgie Bd. 3 (1906) S. 483. — **5.** FRIEDRICH, K.: Metallurgie Bd. 4 (1907) S. 671/72. — **6.** FRIEDRICH, K.: Metallurgie Bd. 5 (1908) S. 52/53. — **7.** BORNEMANN, K.: Metallurgie Bd. 6 (1909) S. 623/24. — **8.** TRUTHE, W.: Z. anorg. allg. Chem. Bd. 76 (1912) S. 166/68. — **9.** POSNJAK, E., E. T. ALLEN u. H. E. MERWIN: Z. anorg. allg. Chem. Bd. 94 (1916) S. 95/138. Econ. Geol. Bd. 10 (1915) S. 492/535. Schmelzpunkt 1130 ± 1°; Erstarrungspunkt 1127 ± 1°. — **10.** JOUKOFF, J. G.: Met. u. Erz Bd. 26 (1929) S. 137/41. — **11.** URASOW, G. G.: Ann. Inst. Polytechn., Petrograd Bd. 23 (1915) S. 593/627. Ref. J. Inst. Met., Lond. Bd. 14 (1915) S. 234/35. — **12.** BORNEMANN, K., u. K. WAGENMANN: Ferrum Bd. 11 (1913/14) S. 276/82, 293/94, 303, 306, 310/313, 331/32. Die Verf. haben die thermischen Werte von HEYN und BAUER unter der Annahme eines Cu-Schmelzpunktes von 1084° (statt 1085° nach HEYN u. BAUER) und eines Cu$_2$S-Schmelzpunktes von 1135° (FRIEDRICH) etwas korrigiert. Mit Ausnahme der sich aus der von BORNEMANN-WAGENMANN bestimmten Entmischungskurve ergebenden Korrektur der Konzentration der S-reichen Schmelze bei 1102—1105° (17,1% S nach HEYN u. BAUER, 17,9% S nach BORNEMANN-WAGENMANN), die nach den von HEYN

u. BAUER mitgeteilten Liquidustemperaturen zwischen 17,1 und 20,08% S zwanglos möglich ist (vgl. S. 312 bei BORNEMANN u. WAGENMANN), halte ich diese Korrektur für nicht gerechtfertigt, zumal sie zu einem eutektischen Punkt von 0,96% S (statt 0,77% nach HEYN u. BAUERs Analyse und 0,88% nach URASOW) führt. — **13.** FRIEDRICH, K., u. M. WAEHLERT: Met. u. Erz Bd. 10 (1913) S. 976/79. — **14.** Eine rohe thermische Bestimmung des monotektischen Punktes von FRIEDRICH-WAEHLERT führte zu etwa 19,5% S. Durch die Untersuchung von BORNEMANN-WAGENMANN ist dieses Ergebnis überholt. — **15.** BORNEMANN, K., u. K. WAGENMANN: Ferrum Bd. 11 (1913/14) S. 311/12. — **16.** HITTORF, W.: Pogg. Ann. Bd. 84 (1851) S. 1. — **17.** MÖNCH, W.: Diss. Göttingen 1905. — **18.** REICHENHEIM, O.: Diss. Freiburg 1906. — **19.** BELLATI, M., u. S. LUSSANA: Z. physik. Chem. Bd. 5 (1890) S. 282. — **20.** BARTH, T.: Zbl. Mineral., Geol., Paläont. 1926 S. 284/86. — **21.** Literaturzusammenstellung bei K. FISCHBECK u. O. DORNER: Z. anorg. allg. Chem. Bd. 181 (1929) S. 372/73. — **22.** BILTZ, W., u. R. JUZA: Z. anorg. allg. Chem. Bd. 190 (1930) S. 173/76. — **23.** FISCHBECK, K., u. O. DORNER: Z. anorg. allg. Chem. Bd. 181 (1929) S. 372/78; daselbst ältere Literaturangaben. — **24.** MEISSNER, W.: Z. Physik Bd. 58 (1929) S. 570/72. — **25.** ALSÉN, N.: Geol. Fören. Stockholm Förh. Bd. 47 (1925) S. 19/72; s. „Strukturbericht“. — **26.** GOSSNER, B., u. F. MUSSGNUG: Zbl. Mineral., Geol., Paläont. 1927 S. 410/13; s. „Strukturbericht“. — **27.** ROBERTS, H. S., u. C. J. KSANDA: Amer. J. Sci. Bd. 17 (1929) S. 489. — **28.** OFTEDAL, I.: Z. Kristallogr. Bd. 83 (1932) S. 9/25.

Cu-Sb. Kupfer-Antimon.

Der Aufbau des Systems Cu-Sb ist auf Grund zahlreicher Untersuchungen — abgesehen von Einzelheiten in quantitativer Hinsicht — als geklärt anzusehen. Die durch das in Abb. 260 dargestellte Gleichgewichtsschaubild beschriebenen Konstitutionsverhältnisse, insbesondere diejenigen zwischen 25 und 55% Sb, gehen vornehmlich auf eine Arbeit von CARPENTER[1] zurück, deren Ergebnisse von späteren Forschern in allen wesentlichen Punkten bestätigt wurden. Da es in diesem Zusammenhange nicht möglich ist, die Ergebnisse und Deutungen der verschiedenen Bearbeiter des Diagramms im einzelnen zu würdigen,

Tabelle

	LE CHATE-LIER	CHARPY	STEAD	STANSFIELD	BAIKOW
$\alpha + \beta$ Eutektikum	31% Sb 620° —	30% Sb — —	31% Sb — —	31% Sb 640° 5—37,5% Sb	— —
Maximum der Liquiduskurve	43% Sb 650°	— —	— —	43% Sb ∼695°	zwischen 40 und 44% Sb 676°
Peritektikale β + Schmelze ⇌ Cu_2Sb .	· —	— —	— —	580° 51—61% Sb	586° 47—60% Sb
$Cu_2Sb + \delta$-Eutektikum .	75% Sb 485° —	75% Sb — —	76% Sb — —	75% Sb 500° 52,5—95,5% Sb	76% Sb 525° 49—∼96% Sb

werden im folgenden die Arbeiten unter gemeinsamen sachlichen Gesichtspunkten kurz zusammengefaßt.

Die Liquidus- und Soliduskurven wurden ganz oder teilweise bestimmt von LE CHATELIER[2], STANSFIELD[3], BAIKOW[4], HIORNS[5], PARRAVANO-VIVIANI[6], CARPENTER[1], KURNAKOW-BELOGLASOW[7], REIMANN[8] sowie TASAKI[9]. Die von diesen Forschern gefundenen Konzentrationen und Temperaturen der ausgezeichneten Punkte des Erstarrungsdiagramms sind in Tabelle 24 zusammengestellt, wie sie sich aus den von den Verfassern gegebenen thermischen Einzelwerten — soweit mir diese zugänglich waren[10] — ergeben. Sie weichen in einigen Fällen von den Werten, die von den Verfassern — ohne Berechtigung — angenommen werden, ab. Außerdem sind die Erstreckungsbereiche der horizontalen Gleichgewichtskurven, die besonders von CARPENTER auch durch mikrographische Untersuchungen näher bestimmt wurden, sowie die eutektischen Konzentrationen angegeben, die CHARPY[11] und STEAD[12] mit Hilfe mikroskopischer Untersuchungen fanden. Aus Tabelle 24 ist zu entnehmen, in welchem Grade die genannten Verfasser an der Aufklärung der Erstarrungsverhältnisse beteiligt sind.

Es ergibt sich, daß das Maximum der Liquiduskurve nicht, wie besonders BAIKOW und CARPENTER annahmen, bei der Zusammensetzung Cu_3Sb (38,97% Sb), sondern bei einem höheren Sb-Gehalt, und zwar sehr nahe bei 43% Sb liegt. Die sich unter Berücksichtigung verschiedener Faktoren ergebenden verläßlichsten Temperaturen der Liquiduskurve und Konzentrationen der ausgezeichneten Punkte sind in Abb. 260 angegeben. Von einer Eintragung der einzelnen Erstarrungspunkte mußte abgesehen werden, da die Übersichtlichkeit des Diagramms darunter gelitten hätte.

Umwandlungen im festen Zustand wurden erstmalig von STANSFIELD und unabhängig davon von BAIKOW festgestellt. BAIKOW

24.

HIORNS	PARRAVANO-VIVIANI	CARPENTER	KURNAKOW-BELOGLASOW[10]	REIMANN	TASAKI
31,5—32% Sb	32% Sb	29,5% Sb	?	—	31,5% Sb
630°	630°	646°	?		643°
—	0—34% Sb	∼8—30,5% Sb	?—31% Sb		bis 32% Sb
∼43% Sb	—	41—45% Sb	42,5—43% Sb	43,4% Sb	43% Sb
675°	—	∼682°	?	682°	680°
—	—	585°	?	586°	583°
—	—	49—61% Sb	48,5—?% Sb	47—?% Sb	47—60% Sb
75% Sb	—	∼76% Sb	?	—	76% Sb
470°	528°	525—530°	?	—	525°
—	bis 100% Sb	49—99,5% Sb	49—?% Sb	—	∼50-∼100%Sb

deutete sie als eine polymorphe Umwandlung der Verbindung Cu_3Sb,
die in der oberhalb 407° bestehenden β-Form sowohl Cu als Sb
in fester Lösung aufzunehmen vermag, in der α-Form jedoch
als singuläre Kristallart vorliegt. CARPENTER konnte demgegenüber
zeigen, daß die betreffende, bei Raumtemperatur stabile Phase ebenso
wie die sich aus Schmelzen mit etwa 31,5—60,5% Sb ausscheidende
Phase eine feste Lösung ist. Die Umwandlung erkannte er als eine
polymorphe Umwandlung, die in den Cu-reicheren Legierungen bei 450°
(bei Erhitzung 458°, bei Abkühlung 448°), in den Cu-ärmeren Legierungen bei 430° (bei Erhitzung 436°, bei Abkühlung 420°) stattfindet.
PARRAVANO-VIVIANI bestimmten die Umwandlungstemperatur auf der
Cu-Seite bei Abkühlung zu 420°, REIMANN fand an der Sb-Seite im
Mittel 425°. TASAKI fand bei Erhitzung 460 bzw. 420°. CARPENTER
und besonders REIMANN und TASAKI gaben der Umwandlung die in
Abb. 260 dargestellte Fassung.

Die Zusammensetzung und Natur der intermediären Kristallarten.
a) Die β- und ε-Phase. Auf Grund mikroskopischer Untersuchungen
schloß STEAD auf das Bestehen der Verbindung Cu_3Sb[13]. Auf das
Vorhandensein dieser Verbindung konnte man bereits aus der von
KAMENSKY[14] bestimmten Leitfähigkeitskurve schließen. BAIKOW nahm
an, daß sich aus Schmelzen mit etwa 30—60% Sb Mischkristalle der
Verbindung Cu_3Sb ausscheiden, da nach seiner Ansicht das Maximum
der Liquiduskurve bei dieser Konzentration lag. Über seine Deutung
der Umwandlung siehe den vorigen Abschnitt. HIORNS und PARRAVANO-
VIVIANI schlossen sich auf Grund mikroskopischer bzw. thermischer
Untersuchungen im wesentlichen der Auffassung von BAIKOW an,
HIORNS wies jedoch bereits darauf hin, daß das Maximum der Liquiduskurve nicht bei der Konzentration Cu_3Sb liegt. CARPENTER, der wiederum
annahm, daß die Konzentration Cu_3Sb einen maximalen Schmelzpunkt
besitzt, hielt die beiden Mischkristalle β und ε (Abb. 260) für Mischkristalle auf der Basis der Verbindung Cu_3Sb. Demgegenüber gelangten
KURNAKOW-NABEREZNOW-IWANOW[15] sowie KURNAKOW-BELOGLASOW[7]
auf Grund von Leitfähigkeitsmessungen (Isothermenmethode) u. a. m.
zu der Auffassung, daß weder der β-Phase noch der ε-Phase eine Verbindung zugrunde liegt, sondern daß sie „Verbindungen variabler Zusammensetzung" sind, da die Leitfähigkeitsisothermen für Raumtemperatur bis 600° nicht auf eine ausgezeichnete Konzentration innerhalb der beiden festen Lösungen hindeuten. KURNAKOW-BELOGLASOW[16][17]
haben diese Ansicht nachdrücklich gegenüber der Vermutung von
REIMANN, daß sich die β-Phase als Mischkristall der Verbindung Cu_5Sb_2
(Maximum der Liquiduskurve) auffassen läßt, vertreten. Hinsichtlich
der ε-Phase fand die Auffassung der russischen Forscher ihre Bestätigung
durch die röntgenographischen Untersuchungen von MORRIS-JONES und

EVANS[18], WESTGREN-HÄGG-ERIKSSON[19] sowie HOWELLS und MORRIS-JONES[20], die übereinstimmend ergaben, daß diese Phase ein (idealer) Mischkristall ist, der eine hexagonale Kristallstruktur dichtester Kugelpackung besitzt. Zu erwähnen sind hier noch die Messungen einiger elektrischer Eigenschaften der ganzen Legierungsreihe von STEPHENS-EVANS[21], die nach Ansicht dieser Forscher auf die Existenz von „Cu₃Sb" (als Endglied einer Mischkristallreihe) hindeuten[21a].

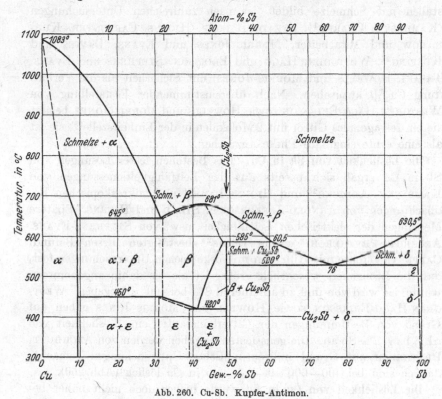

Abb. 260. Cu-Sb. Kupfer-Antimon.

Die Kristallstruktur der β-Phase ist bisher noch nicht bestimmt worden. WESTGREN-PHRAGMÉN[22] berichten zwar, daß im System Cu-Sb eine kubisch-raumzentrierte Phase (diese kann nur die β-Phase sein) gefunden wurde, in der späteren Originalarbeit bemerken die Verfasser[19] jedoch, daß eine Strukturbestimmung nicht gelang, da die Phasenumwandlung β → ε durch Abschrecken nicht völlig verhindert werden konnte. Dieselbe Beobachtung haben auch HOWELLS und MORRIS-JONES gemacht.

Eine genauere Bestimmung der Grenzen der β- und ε-Zustandsgebiete mit Ausnahme der β(β + Cu₂Sb)-Grenze (CARPENTER, REIMANN, TASAKI) wurde noch nicht ausgeführt. Die Sättigungsgrenzen der ε-Phase sind nach CARPENTER 31 und 39%, nach KURNAKOW und Mitarbeiter 32,5 und 40%, nach REIMANN (31) und 38%, nach WEST-GREN-HÄGG-ERIKSSON 31 und 39%, nach STEPHENS-EVANS 30 und 39%, nach HOWELLS und MORRIS-JONES 30 und 39% und nach TASAKI (nur auf Grund der thermischen Untersuchungen) 31 und 38% Sb[23].

b) Die Cu_2Sb-Phase. Die Zusammensetzung der Sb-reichsten intermediären Phase, die sich durch peritektische Reaktion von β-Kristallen mit Schmelze bildet, ist nach zahlreichen Untersuchungen (KAMENSKY, CHARPY[11], STEAD, BAIKOW, HIORNS, CARPENTER, KURNAKOW und Mitarbeiter, MORRIS-JONES und EVANS, DAVIES und KEEPING[24], WESTGREN, HÄGG und ERIKSSON, STEPHENS und EVANS, TASAKI, HOWELLS und MORRIS-JONES) mit Sicherheit als die Verbindung Cu_2Sb anzusehen. Nach übereinstimmender Feststellung von WESTGREN-HÄGG-ERIKSSON sowie HOWELLS und MORRIS-JONES besitzt sie ein tetragonales Gitter mit 2 Molekülen in der Einheitszelle[38]; sie ist als eine echte singuläre Phase anzusehen.

Die Löslichkeit von Sb in Cu. Das Bestehen fester Lösungen von Sb in Cu ergab sich bereits aus den Leitfähigkeitsmessungen von KAMENSKY, ADDICKS[25] und HIORNS-LAMB[26] und mikroskopischen Beobachtungen von ARNOLD-JEFFERSON[27], STEAD und HIORNS. Spätere Messungen der elektrischen Leitfähigkeit usw. von STEPHENS-EVANS, ARCHBUTT-PRYTHERCH[28] sowie LINDE[29] bestätigten diesen Befund. CARPENTER stellte mit Hilfe von mikroskopischen Untersuchungen fest, daß die Löslichkeit wesentlich größer ist als bis dahin angenommen wurde; sie wird von ihm zu annähernd 8% bei 400° angegeben. WEST-GREN-HÄGG-ERIKSSON sowie HOWELL und MORRIS-JONES geben auf Grund von Bestimmungen der Gitterkonstanten eine Löslichkeit von rd. 8 bzw. 7% Sb an. Die genauesten Angaben werden von ARCHBUTT-PRYTHERCH auf Grund mikrographischer Untersuchungen gemacht; danach sind bei 400—600° 9—9,5% Sb in Cu löslich (Abb. 260).

Die Löslichkeit von Cu in Sb wurde bisher noch nicht näher bestimmt. STEAD fand in einer ungeglühten Legierung mit 0,5% Cu bereits Cu_2Sb-Kristalle. CARPENTER schloß aus mikroskopischen Beobachtungen auf eine Löslichkeit von nicht mehr als 0,5% Cu bei 400°. Die Messungen elektrischer Eigenschaften (KAMENSKY, STEPHENS-EVANS) geben keine Anzeichen für eine merkliche Löslichkeit. Auch HOWELLS und MORRIS-JONES glauben auf Grund von Bestimmungen der Gitterkonstanten der Sb-Phase zu dem Schluß berechtigt zu sein, daß die Löslichkeit praktisch Null ist. Demgegenüber fand ENDO[30] eine Kurve der magnetischen Suszeptibilität, die für eine deutlich erkennbare Löslichkeit spricht; er gibt etwa 1,4% Cu an.

Weitere Arbeiten. Thermische Ausdehnung: LE CHATELIER[31], BRAESCO[32]. Dichte: KAMENSKY[33], MAEY[34], STEPHENS-EVANS[21]. Potential: BAIKOW[4]. Untersuchungen an flüssigen Legierungen: BORNE-MANN-VON RAUSCHENPLAT[35] (elektrische Leitfähigkeit), BORNEMANN-SAUERWALD[36] (Dichte, thermische Ausdehnung).

Nachtrag. HUME-ROTHERY[37] und Mitarbeiter haben neuerdings die Sättigungsgrenze der α-Mischkristalle bestimmt.

Literatur.

1. CARPENTER, H. C. H.: Int. Z. Metallogr. Bd. 4 (1913) S. 300/321. — 2. LE CHATELIER, H.: Bull. Soc. Encour. Ind. nat. 4 Bd. 10 (1895) S. 569. Contribution à l'étude des alliages S. 394, Paris 1901. S. auch H. GAUTIER: Bull. Soc. Encour. Ind. nat. 5 Bd. 1 (1896) S. 1300. Contribution à l'étude des alliages S. 99/100, Paris 1901. — 3. STANSFIELD, zitiert nach W. CAMPBELL: J. Franklin Inst. Bd. 154 (1902) S. 209; daselbst das Diagramm nach STANSFIELD. — 4. BAIKOW, A.: J. russ. phys.-chem. Ges. Bd. 36 (1904) S. 111/65 (russ.). Ref. Chem. Zbl. 1905 I, S. 665/67 mit Diagramm. S. auch Bull. Soc. Encour. Ind. nat. Bd. 102 (1903) S. 626. — 5. HIORNS, A. H.: J. Soc. chem. Ind. Bd. 25 (1906) S. 617. — 6. PARRAVANO, N., u. E. VIVIANI: Atti R. Accad. Lincei, Roma 5 I Bd. 19 (1910) S. 838/40. — 7. KURNAKOW, N. S., u. K. F. BELOGLASOW: J. russ. phys.-chem. Ges. Bd. 47 II (1916) S. 700. Ref. J. Inst. Met., Lond. Bd. 16 (1916) S. 237/38. — 8. REIMANN, H.: Z. Metallkde. Bd. 12 (1920) S. 321/31. — 9. TASAKI, M.: Mem. Coll. Engng., Kyoto Bd. 12 (1929) S. 230, 249. — 10. Von den Ergebnissen LE CHATELIERS und STANSFIELDS waren mir nur die Diagramme bekannt, die Arbeit von KURNAKOW-BELOGLASOW war mir nur durch ein Referat zugänglich (vgl. Anm. 7). — 11. CHARPY, G.: C. R. Acad. Sci., Paris Bd. 124 (1897) S. 957/58. Bull. Soc. Encour. Ind. nat. 5 Bd. 2 (1897) S. 397/401. Contribution à l'étude des alliages S. 134/37, Paris 1901. — 12. STEAD, J. E.: J. Soc. chem. Ind. Bd. 17 (1898) S. 1111/16. S. auch CAMPBELL, W.: J. Franklin Inst. Bd. 154 (1902) S. 209/211. — 13. Es sei bemerkt, daß nach den von CHARPY und STEAD veröffentlichten Gefügebildern von Legn. mit rd. 20—45% Sb die Konstitutionsverhältnisse in diesem Bereiche nicht so einfach sein können, wie die Verf. unter Zugrundelegung der Liquiduskurve von LE CHATELIER und ohne Kenntnis der Umwandlungen im festen Zustand vermuten durften. Beide Autoren wiesen jedoch bereits auf die Möglichkeit des Vorliegens verwickelterer Konstitutionsverhältnisse hin. — 14. KAMENSKY, G.: Philos. Mag. 5 Bd. 17 (1884) S. 270. S. auch W. GUERTLER: Z. anorg. allg. Chem. Bd. 51 (1906) S. 418/20. — 15. KURNAKOW, N. S., P. NABEREZNOW u. W. IWANOW: J. russ. phys.-chem. Ges. Bd. 48 (1916) S. 701 (russ.). Ref. J. Inst. Met., Lond. Bd. 16 (1916) S. 237. — 16. KURNAKOW, N. S., u. K. F. BELOGLASOW: S. J. Inst. Met., Lond. Bd. 29 (1923) S. 637 und Rev. Métallurg. Bd. 19 (1922) S. 588/89. — 17. KURNAKOW, N. S., u. K. F. BELOGLASOW: s. J. Inst. Met., Lond. Bd. 36 (1926) S. 440. — 18. MORRIS-JONES, W., u. E. J. EVANS: Philos. Mag. 7 Bd. 4 (1927) S. 1302/11. — 19. WESTGREN, A., G. HÄGG u. S. ERIKSSON: Z. physik. Chem. B Bd. 4 (1929) S. 453/68. — 20. HOWELLS, E. V., u. W. MORRIS-JONES: Philos. Mag. 7 Bd. 9 (1930) S. 993/1014. — 21. STEPHENS, E., u. E. J. EVANS: Philos. Mag. 7 Bd. 7 (1929) S. 161/76. — 21 a. Vgl. auch J. O. LINDE: Ann. Physik 5 Bd. 8 (1931) S. 124/28. — 22. WESTGREN, A., u. G. PHRAGMÉN: Metallwirtsch. Bd. 7 (1928) S. 701. — 23. Im Gegensatz zu dem übereinstimmenden Befund der genannten Forscher weisen neuerdings W. GUERTLER u. W. ROSENTHAL: Z. Metallkde. Bd. 24 (1932) S. 32 darauf hin, daß Legn. mit 33—39% Sb heterogen sind; s. Abb. 14 ihrer Arbeit und Abb. 16 der Arbeit von HIORNS (!). — 24. DAVIES, W. G., u. E. S. KEEPING: Philos. Mag. 7 Bd. 7 (1929) S. 150/53. — 25. ADDICKS, L.: Trans. Amer. Inst. min. metallurg. Engr. Bd. 36 (1906) S. 18/27.

— **26.** Hiorns, A. H., u. S. Lamb: J. Soc. chem. Ind. Bd. 28 (1909) S. 453. —
27. Arnold, J., u. J. Jefferson: Engineering Bd. 61 (1896) S. 177. — **28.** Archbutt, S. L., u. W. E. Prytherch: J. Inst. Met., Lond. Bd. 45 (1931) S. 278/81.
— **29.** Linde, J. O.: Ann. Physik 5 Bd. 15 (1932) S. 219/33. — **30.** Endo, H.:
Sci. Rep. Tôhoku Univ. Bd. 14 (1925) S. 501. — **31.** Le Chatelier, H.: C. R. Acad.
Sci., Paris Bd. 128 (1899) S. 1444. — **32.** Braesco, P.: C. R. Acad. Sci., Paris
Bd. 170 (1920) S. 103/105. — **33.** Kamensky, G.: Proc. Phys. Soc., Lond. Bd. 6
(1883) S. 53 und Anm. 14. — **34.** Maey, E.: Z. physik. Chem. Bd. 50 (1905) S. 204
bis 206. — **35.** Bornemann, K., u. G. v. Rauschenplat: Metallurgie Bd. 9 (1912)
S. 473/86, 505/15. — **36.** Bornemann, K., u. F. Sauerwald: Z. Metallkde. Bd. 14
(1922) S. 254/56. — **37.** Hume-Rothery, W., G. W. Mabbott u. K. M. C. Evans:
Philos. Trans. Roy. Soc., Lond. A Bd. 233 (1934) S. 1/97. Die Arbeit war mir
nicht mehr zugänglich. — **38.** Vgl. auch J. Inst. Met., Lond. Met. Abs. Bd. 2 (1935)
S. 593.

Cu-Se. Kupfer-Selen.

Bei einer im Bereich von 0—43,6% Se ausgeführten thermischen
Analyse — Se-reichere Legierungen waren durch Zusammenschmelzen
der Komponenten im offenen Tiegel nicht herzustellen — beobachteten
Friedrich-Leroux[1] die in Abb. 261 angegebenen Erstarrungspunkte.

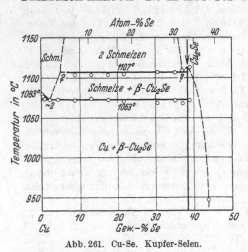

Abb. 261. Cu-Se. Kupfer-Selen.

Durch Extrapolation der Haltezeiten für die eutektische Kristallisation bei 1063° auf Null
gelangt man zu der Zusammensetzung Cu_2Se (38,38% Se). Das
Bestehen dieser Verbindung,
die seit langem bekannt ist[2],
wurde durch die mikrosko-
pische Untersuchung bestätigt.
Die Verfasser schließen aus der
Gestalt der Liquiduskurve, daß
„eine gewisse Neigung zur
Schichtenbildung im flüssigen
Zustand vorhanden zu sein
scheint". Die ausgesprochene
Schichtenbildung, die aus dem
Gefügebild einer Legierung mit 30,5% Se Einwaage hervorgeht (die beiden
Schichten enthalten Einschlüsse der anderen Phase in Form von kugelig
erstarrten Tröpfchen), möchte ich jedoch nicht als die Folge einer Seigerung — wie die Verfasser glauben —, sondern für den Ausdruck einer
teilweisen Unmischbarkeit der Komponenten im flüssigen Zustand oberhalb etwa 5% Se halten. Die Liquidustemperatur wurde zwischen 8,7 und
37% Se bei 1104—1109° gefunden. Cu_2Se schmilzt unzersetzt bei 1113°.
Es liegen also dieselben Konstitutionsverhältnisse vor wie im System Cu-S.
Das in Abb. 261 dargestellte Schaubild weicht also von dem von Friedrich-Leroux gezeichneten ab. Das Eutektikum Cu-Cu_2Se liegt dem

Gefüge einer Legierung mit 2,2% Se zufolge sehr nahe bei diesem Se-Gehalt. Eine unbehandelte Legierung mit 0,2% Se zeigte noch erhebliche Mengen von Cu_2Se-Einschlüssen. Auch eine ungeglühte Legierung mit 0,11% Se erweist sich nach HEYN-BAUER noch als deutlich heterogen. Die feste Löslichkeit von Se in Cu ist also sicher sehr klein.

BELLATI-LUSSANA[4] fanden, daß Cu_2Se bei 110° eine (wahrscheinlich polymorphe) Umwandlung durchmacht.

PÉLABON[5] schließt aus seinen Spannungsmessungen (Kette $Cu/CuSO_4/Cu_xSe_{1-x}$ zwischen 0 und 68% Se) auf das Bestehen von Cu_2Se (schroffer Potentialabfall) und aus dem bei höherem Se-Gehalt stattfindenden stetigen Fallen der Spannung auf die Bildung von Mischkristallen der Verbindung mit Se bis 68% Se (?). Oberhalb dieser Konzentration liegt seiner Meinung nach Se als zweite Phase vor. Jedenfalls gibt sich die Verbindung CuSe (55,47% Se) auf der Spannungskurve nicht zu erkennen. An ihrem Bestehen ist indessen nach den präparativen Untersuchungen älterer Forscher[6] wohl nicht zu zweifeln. Sie schmilzt bei Dunkelrotglut ($\sim 700°$) unter beginnender Zersetzung[7], wobei sich Cu_2Se bildet.

Literatur.

1. FRIEDRICH, K., u. A. LEROUX: Metallurgie Bd. 5 (1908) S. 355/57. 16 g Einwaage ohne Deckschicht unter Verwendung Se-reicher Vorlegn. Die Zusammensetzung der Legn. wurde aus der Rückwaage ermittelt, wobei ein Gewichtsverlust als Se-Verdampfung in Rechnung gesetzt wurde. Die beiden Se-reichsten Legn. wurden analysiert. — 2. Vgl. Gmelin-Krauts Handb. 1 Bd. 5 (1909) S. 878/80. — 3. HEYN, E., u. O. BAUER: Metallurgie Bd. 3 (1906) S. 84. — 4. BELLATI, M., u. S. LUSSANA: Z. physik. Chem. Bd. 5 (1890) S. 282. — 5. PÉLABON, H.: C. R. Acad. Sci., Paris Bd. 154 (1912) S. 1415. — 6. LITTLE, G.: Liebigs Ann. Bd. 112 (1859) S. 211 (Se-Dampf über erhitztes Cu-Blech). FONZES-DIACON: C. R. Acad. Sci., Paris Bd. 131 (1900) S. 1207 (durch Überleiten von H_2Se über wasserfreies $CuCl_2$ bei 200°) u. a. m. — 7. Nach FONZES-DIACON s. unter 6.

Cu-Si. Kupfer-Silizium.

Die ersten Untersuchungen über die Konstitution der Cu-Si-Legierungen hatten rein präparativen Charakter und beschäftigten sich ausschließlich mit der Frage nach der Zusammensetzung etwaiger Cu-Si-Verbindungen. VIGOUROUX[1] glaubte in einem Regulus Kristalle der Verbindung Cu_2Si (18,08% Si) gefunden zu haben. Gleichzeitig hielt DE CHALMONT[2] das Bestehen der Verbindung Cu_2Si_3 (39,84% Si) für erwiesen, allerdings auf Grund völlig unzureichender Kriterien. Später[3] schloß er sich der Ansicht von VIGOUROUX an; er glaubte, daß das von ihm isolierte Produkt aus einem Gemenge von Cu_2Si, Cu und Si bestand (!). LEBEAU[4] sowie VIGOUROUX[5] schlossen auf Grund von rückstandsanalytischen Untersuchungen auf das Bestehen von Cu_4Si (9,94% Si). Letzterer glaubte diese Verbindung auch durch Einwirkung von $SiCl_4$ auf

Cu bei rd. 1200° erhalten zu haben. PHILIPS[6] gelangte, ebenfalls auf
Grund von rückstandsanalytischen Untersuchungen, zur Annahme der
Verbindung Cu_7Si_2 (11,2% Si); seine Arbeit wurde von GUERTLER[7]
kritisiert.

GUILLET[8] bestimmte erstmalig in großen Zügen den Verlauf der
Liquiduskurve zwischen 0 und 35% Si. Zwischen 0 und 10% verläuft
die Kurve annähernd wie die später ermittelten Kurven, sie fällt jedoch
von da ab bis zu einem zwischen 12 und 15% Si liegenden sehr flachen
Minimum bei 790° und steigt auf etwa 875° bei 35% Si. Das Maximum
ist GUILLET also entgangen.

Ein vollständiges Zustandsdiagramm wurde von RUDOLFI[9] (daselbst
eine kurze Behandlung der älteren Arbeiten) mit Hilfe thermischer und
mikroskopischer Untersuchungen entworfen. Die Liquiduskurve besteht
aus 4 Ästen, die der Primärkristallisation von α-Mischkristallen (gesättigter Mischkristall = 4,5% Si), β-Mischkristallen (mit etwa 7,3 bis
8,3% Si), Cu_3Si (12,83% Si, Maximum bei 865°) und Si entsprechen.
Der Soliduskurve gehören folgende horizontale Teile an: eine Peritek-
tikale α + Schmelze $\rightleftharpoons \beta$ bei 840—856° zwischen 4,5 und 7,8% Si, eine
Eutektikale bei etwa 830° zwischen 8,3 und 12,83% Si (eutektischer
Punkt bei 10% Si) und eine Eutektikale bei rd. 800° zwischen 12,83
und ~100% Si (eutektischer Punkt bei etwa 17,6% Si). Die Natur
der im Bereich von 4,5—12,8% Si im festen Zustand auftretenden
Reaktionen (zwischen 4,5 und 8,3% Si bei 815—780°[10] und zwischen 4,5
und Cu_3Si bei rd. 714°)[11] vermochte RUDOLFI nicht aufzuklären; seine
Darstellung widerspricht den Gesetzen der Lehre vom heterogenen
Gleichgewicht[12].

Präparative Untersuchungen von BARADUC-MULLER[13] (daselbst eine
eingehende Besprechung der älteren Arbeiten) und Dichtemessungen
von FRILLEY[14] brachten keinen Fortschritt gegenüber der Arbeit von
RUDOLFI.

Nach einer erneuten Bearbeitung des Zustandsdiagramms vornehmlich mit Hilfe thermischer Untersuchungen gab SANFOURCHE[15]
eine von der Deutung RUDOLFIs stark abweichende, jedoch auch nicht
in allen Punkten theoretisch mögliche Darstellung der Umwandlungsvorgänge im festen Zustand (vgl. Abb. 262a)[16]. Wichtig war die Feststellung, daß zwischen 7,6 und 10% Si nicht ein, sondern zwei Mischkristalle, β und γ, kristallisieren. Das Maximum wurde bei 12,1% Si
entsprechend $Cu_{13}Si_4$ (11,96% Si) angenommen. Die Annahme einer
weiteren zwischen 15,5 und 16,5% Si primär kristallisierenden intermediären Kristallart ε erfolgte lediglich auf Grund der vermeintlichen
Tatsache, daß sich die vom Maximum und Si abfallenden Liquidusäste
nach den von RUDOLFI bestimmten Liquiduspunkten nicht in einem
eutektischen Punkte treffen.

Eine mikroskopische Untersuchung der Cu-reichen Legierungen von BOGDAN[17] führte — einem Referat über diese Arbeit zufolge — zu keinem Fortschritt.

CORSON[18] hat versucht, die Konstitution der Cu-reichen Legierungen mit bis zu 12,5% Si ausschließlich mit Hilfe mikroskopischer Untersuchung abgeschreckter und langsam erkalteter Legierungen aufzuklären. Die Löslichkeit von Si in Cu bestimmte er zu 6,9 ± 0,1% bei 840° (peritektische Temperatur) bis 800°, 6,4% bei 700°, 5,4% bei 600°, 3,7% bei 500°, 3% bei 400° und vermutlich <2% bei Raumtemperatur. Die von ihm — auf Grund zahlreicher aus dem mikroskopischen Gefüge gezogener Fehlschlüsse — gegebene Darstellung der Konstitution oberhalb 7,8% Si läßt die von RUDOLFI und SANFOURCHE beobachteten Umwandlungen im festen Zustand gänzlich außer acht und steht übrigens zum Teil im Widerspruch mit der Gleichgewichtslehre. Es ist daher nicht notwendig, hier näher auf die Arbeit von CORSON einzugehen.

Abb. 262b zeigt das von MATUYAMA[19] ohne Kenntnis der Arbeiten von SANFOURCHE und CORSON mit Hilfe von Abkühlungskurven und Widerstands-Temperaturkurven aufgestellte Erstarrungs- und Umwandlungsschaubild. Daraus geht hervor, daß MATUYAMA im Gegensatz zu SANFOURCHE zwischen 7,9 und 10% Si nur eine primär kristallisierende Mischkristallphase feststellte. Die Annahme, daß sich die γ-Phase — Cu_5Si (8,11% Si) — je nach der Zusammensetzung der Legierung — entweder durch eutektoiden Zerfall des β-Mischkristalls oder durch Reaktion von β mit δ bildet, erscheint nach den von MATUYAMA veröffentlichten Gefügebildern gezwungen.

SMITH[20][21] hat die Konstitution der Legierungen mit bis zu 20% Si sehr eingehend und sehr sorgfältig mittels des thermoanalytischen und des mikrographischen Verfahrens untersucht. Seine Ergebnisse sind in zwei Arbeiten veröffentlicht. Die erste Arbeit[20] befaßt sich mit dem Aufbau zwischen 0 und 8% Si, d. h. vornehmlich mit der Löslichkeit von Si in Cu. Die Nebenabb. von Abb. 263 zeigt die von SMITH gefundene Löslichkeitskurve. Die Legierungen, die nicht mehr als 0,06% Verunreinigungen enthielten, wurden 24 Stunden bei 800° geglüht, abgeschreckt, kalt bearbeitet und darauf hinreichend lange bei 15 verschiedenen zwischen 350° und 845° liegenden Temperaturen angelassen (bei 350° 7 Wochen, bei 400° 7 Tage), und zwar wurden im Bereich von 3—7% Si insgesamt 19 Legierungen untersucht. Die Löslichkeitskurve hat also einen sehr hohen Genauigkeitsgrad. Oberhalb 800° ist die Löslichkeit kleiner, unter 600° größer als nach CORSONs Bestimmungen (s. w. o.). Die Soliduskurve der α-Mischkristalle wurde ebenfalls mit Hilfe des mikrographischen Verfahrens festgelegt.

Abb. 262c zeigt das auf Grund der zweiten Arbeit[21] von SMITH ent-

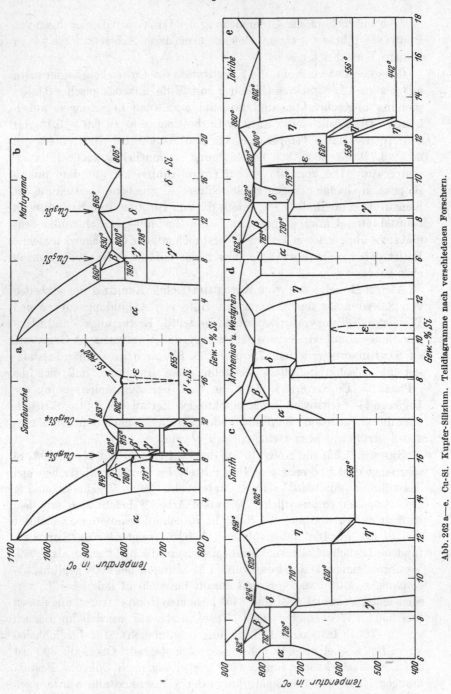

Abb. 262 a—e. Cu-Si. Kupfer-Silizium. Teildiagramme nach verschiedenen Forschern.

worfene Zustandsdiagramm, das in wesentlichen Punkten dem Diagramm von SANFOURCHE ähnelt. Die große Abweichung von dem Diagramm von MATUYAMA ist darauf zurückzuführen, daß MATUYAMA bedeutend weniger Legierungen untersuchte als SMITH, zwischen 8 und 10% Si untersuchte MATUYAMA nur 4, SMITH dagegen 22 Legierungen verschiedener Konzentration. Die Zusammenhänge zwischen den Phasen β, δ und γ sind nach der außerordentlich sorgfältigen Untersuchung von SMITH als geklärt anzusehen. Die von MATUYAMA bei 800° gefundene Horizontale konnte SMITH nicht beobachten; er läßt jedoch die Möglichkeit zu, daß MATUYAMA recht habe. Nachstehende Zusammenstellung gibt einen Überblick über die von SMITH angegebenen Phasengleichgewichte:

$$852° \quad \alpha\,(5,25\%) + \text{Schm. } (7,7\%) \rightleftharpoons \beta\,(6,8\%)$$
$$824° \quad \beta\,(8,4\%) + \text{Schm. } (8,9\%) \rightleftharpoons \delta\,(8,6\%)$$
$$820° \quad \ldots\ldots \text{Schm. } (9,9\%) \rightleftharpoons \delta\,(9,7\%) + \eta\,(11,2\%)$$
$$802° \quad \ldots\ldots \text{Schm. } (16,0\%) \rightleftharpoons \eta\,(12,8\%) + \text{Si}^{22}$$
$$782° \quad \ldots\ldots\ldots \beta\,(7,75\%) \rightleftharpoons \alpha\,(6,7\%) + \delta\,(8,60\%)$$
$$726° \quad \ldots \alpha\,(6,7\%) + \delta\,(8,65\%) \rightleftharpoons \gamma\,(8,35\%)$$
$$710° \quad \ldots\ldots\ldots \delta\,(8,95\%) \rightleftharpoons \gamma\,(8,60\%) + \eta\,(11,7\%)$$
$$620° \quad \ldots\ldots\ldots \eta\,(11,75\%) \rightleftharpoons \eta'\,(11,75\%)$$
$$558° \quad \ldots\ldots\ldots \eta\,(13,0\%) \rightleftharpoons \eta'\,(12,8\%) + \text{Si}$$

ARRHENIUS-WESTGREN[23] haben das Zustandsdiagramm einer Nachprüfung mit Hilfe röntgenographischer Untersuchungen unterzogen, um über die Zahl und die Natur der im System vorkommenden intermediären Phasen Aufschluß zu bekommen. Das wichtigste Ergebnis der Arbeit ist, daß nicht 4 (nach SMITH) sondern 5 intermediäre Phasen bestehen (Abb. 262d). Wegen des geringen Unterschiedes in der Größe der beiden Atomarten tritt keine wesentliche Verschiebung der Interferenzen bei Konzentrationsänderung ein, eine Bestimmung der Ausdehnung der Homogenitätsgebiete war daher nicht möglich. Die Phasen $\alpha, \delta, \gamma, \varepsilon$ und η sind um etwa 14,5 bzw. 18, 17, 21 und 25 Atom%-Si (= 7,1 bzw. 8,9, 8,4, 10,5, 12,8 Gew.-% Si) homogen; ihre Homogenitätsgebiete haben eine Ausdehnung, die vermutlich kleiner als 2 Atom-% Si ist. „In einigen Punkten weichen diese Ergebnisse von SMITHs Zustandsschaubild ab. Erstens hat SMITH offenbar die Phase, die etwa 21 Atom-% Si enthält (ε), ganz übersehen. Unglücklicherweise hat er hauptsächlich nur bei hoher Temperatur abgeschreckte Legierungen mikroskopisch untersucht. Zweitens gibt er an, daß die η-Phase im Intervall 558 bis 620° eine Umwandlung erleidet. Die Röntgenuntersuchung liefert keine Stütze für diese Auffassung. Eine Legierung mit 25 Atom-% Si, die mehrere Tage bei 400° gehalten wurde, ergab ein Photogramm, das denen der bei 550° rekristallisierten sowie der von 800° abgeschreckten Präparate ganz ähnlich war. Es liegt daher die Vermutung nahe, daß die von SMITH im Intervall 558—620° beobachtete Wärmetönung tatsächlich nicht von der Umwandlung der η-Phase, sondern von der Bildung der ε-Phase herrührt. SMITH gibt ausdrücklich an, daß die

Wärmetönung an der Si-Seite der η-Phase wenig hervortritt und meistens verdoppelt auftritt. Er schreibt dies Seigerungserscheinungen zu. Es erscheint nicht ausgeschlossen, daß dieselben überhaupt für das Auftreten der Wärmetönung bei den fraglichen Legierungen verantwortlich sind."

In dem in Abb. 262d dargestellten Diagramm von ARRHENIUS-WESTGREN sind folgende Änderungen gegenüber dem Diagramm von SMITH angebracht worden: 1. Das Homogenitätsgebiet der β-Phase ist etwas nach der Cu-Seite hin verschoben. 2. Die neuentdeckte ε-Phase wurde eingeführt; ihr Homogenitätsgebiet wurde nur schematisch eingezeichnet. 3. Die Sättigungsgrenze der η-Phase an der Cu-Seite ist nach etwas höheren Si-Konzentrationen verschoben worden. 4. Die $\eta \rightleftharpoons \eta'$-Umwandlung wurde weggelassen (s. o.).

Über den Kristallbau der 5 Zwischenphasen ist kurz folgendes zu sagen (Einzelheiten s. Originalarbeit). Die β-Phase ist eine Kristallart mit der Struktur hexagonaler dichtester Kugelpackung, die γ-Phase hat dieselbe Struktur wie β-Mangan; die Stabilität des Gitters ist wahrscheinlich durch das Mengenverhältnis $3:2$ zwischen Valenzelektronen und Atomen bedingt; der Phase kommt daher die Formel Cu_5Si (s. MATUYAMA) zu. Die δ-Phase hat wahrscheinlich eine Struktur vom deformierten γ-Messingtypus, die ε-Phase hat ein raumzentriert-kubisches Gitter mit 76 Atomen in der Elementarzelle[32] (ihr dürfte demgemäß die Formel $Cu_{15}Si_4$ mit $10,53\%$ Si zuzuschreiben sein), und die η-Phase hat wahrscheinlich ein hexagonales Gitter, das von einer einfachen raumzentriert-kubischen Atomanordnung (CsCl-Struktur) nur wenig abweicht.

KAISER-BARRETT[24] haben die Gitterkonstanten von α-Mischkristallen mit $1,1$—$6,36\%$ Si nach dem Abschrecken bei $725°$ bestimmt. Danach sind — im Gegensatz zu dem Diagramm von SMITH — bei dieser Temperatur Legierungen mit mehr als etwa $5,5\%$ Si heterogen; die von SMITH bestimmten Löslichkeiten sind zweifellos richtiger. In diesem Zusammenhang sind noch die Bestimmungen des elektrischen Widerstandes und seines Temperaturkoeffizienten im Bereich von 0—6% Si von GEISS-VAN LIEMPT[25] zu nennen, die indessen einen Schluß auf die Größe der Löslichkeit von Si in Cu nicht zulassen.

Fast gleichzeitig mit dem Erscheinen der Arbeit von ARRHENIUS-WESTGREN veröffentlichte IOKIBE[26] die Ergebnisse seiner ebenfalls sehr eingehenden und sorgfältigen Untersuchung des Gleichgewichtsdiagramms zwischen 0 und 20% Si. Da die Arbeit in japanischer Sprache geschrieben ist, waren mir Einzelheiten des Textes, abgesehen von dem umfangreichen Zahlenmaterial in den Tabellen, nicht zugänglich. Die Temperaturen der nonvarianten Gleichgewichte wurden mit Hilfe von thermischen und differential-thermischen Messungen, die der

$\eta \rightleftharpoons \eta' \rightleftharpoons \eta''$-Umwandlung außerdem mit Hilfe von dilatometrischen und Widerstandsmessungen bei Erhitzung und Abkühlung bestimmt, die Phasengrenzen wurden — allerdings etwas weniger eingehend als SMITH es getan hatte — mit Hilfe des mikrographischen Verfahrens festgelegt. Das wichtigste Ergebnis der Arbeit ist die Auffindung der ε-Phase mit 10,6—10,7% Si, deren Existenz auch aus den unabhängig durchgeführten Untersuchungen von ARRHENIUS-WESTGREN folgt (Abb. 262e). Sie wird bei 800° (der von MATUYAMA gefundenen, von SMITH übersehenen Umwandlungstemperatur) aus δ und η gebildet, also nicht bei 620° aus γ und η, wie ARRHENIUS-WESTGREN vermuteten. Das Bestehen der $\eta \rightleftharpoons \eta'$-Umwandlung, die von ARRHENIUS-WESTGREN (s. S. 625) verneint wird, wurde von IOKIBE erneut bestätigt. IOKIBE fand außerdem eine weitere Umwandlung in dieser Phase bei 558—442° (442° ist die Mitteltemperatur aus 470° bei Erhitzung und 415° bei Abkühlung). Beide Umwandlungen der η-Phase hält IOKIBE für echte Phasenumwandlungen; nach ARRHENIUS-WESTGREN ist das nicht der Fall. Im übrigen gleicht das Diagramm von IOKIBE auch in quantitativer Hinsicht dem Diagramm von SMITH.

Zusammenfassend ist zu sagen, daß ein nach den Ergebnissen von SMITH und IOKIBE gezeichnetes Erstarrungs- und Umwandlungsschaubild die im System Cu-Si vorhandenen verwickelten Phasenumwandlungen und Zustandsgebiete sehr genau beschreibt (Abb. 263). Über die Natur der fünf intermediären Kristallarten gibt die Arbeit von ARRHENIUS-WESTGREN erschöpfende Auskunft. Unbeantwortet ist lediglich die Frage nach der Natur der $\eta \rightleftharpoons \eta' \rightleftharpoons \eta''$-Umwandlungen.

Nachtrag. LOSKIEWICZ[27] hat nach den Ergebnissen von MATUYAMA und SMITH ein Diagramm entworfen, in dem die δ-Phase (SMITH) fehlt. Zwischen etwa 6,5 und 12% Si liegen zwei Horizontalen bei 790° und 735°, die den Gleichgewichten $\beta \rightleftharpoons \alpha + \eta$ und $\alpha + \eta \rightleftharpoons \gamma$ entsprechen (Phasenbezeichnung nach SMITH). Mit diesem Diagramm stehen die Ergebnisse von Diffusionsversuchen bei 740—990°, die LOSKIEWICZ ausgeführt hat, am besten im Einklang.

Auf Grund einer Überprüfung der Konstitution im Bereich von 0—14% Si mit Hilfe thermischer (nur in geringem Umfang), mikroskopischer (auch im polarisierten Licht) und vor allem röntgenographischer Untersuchungen hat SAUTNER[28] das in Abb. 264 dargestellte Diagramm entworfen. Es weicht in wesentlichen Punkten (β- und ζ-Phase!) erheblich von den Ergebnissen früherer Arbeiten ab. Hinsichtlich der Erstarrungsvorgänge zwischen 5 und 8% Si steht es im Widerspruch zu der Phasenregel. Die von SAUTNER gefundenen sechs Zwischenphasen haben folgende Zusammensetzung und Kristallstruktur. β: 5,99% Si, hexagonal-dichteste Kugelpackung, 2 Moleküle Cu_7Si in der Zelle; ζ[29]: 7,6% Si, dasselbe Gitter wie β, nur andere Basislänge;

γ: 8,12% Si entsprechend Cu$_5$Si, β-Manganstruktur mit 20 Atomen (?) je Zelle[30]; δ: 8,9% Si (die Struktur von δ konnte wegen des lebhaften Bestrebens in γ und η zu zerfallen nicht bestimmt werden)[31]; η: 12,8% Si

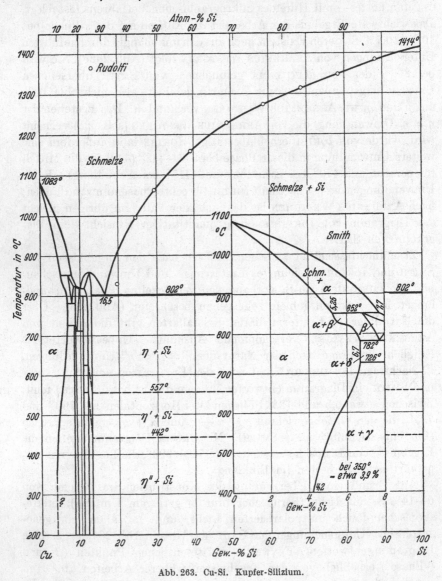

Abb. 263. Cu-Si. Kupfer-Silizium.

entsprechend Cu$_3$Si, kubisch-raumzentriert, 19 Cu$_3$Si je Zelle; ε: 12,26% Si, tetragonal-raumzentriertes Gitter mit 76 Atomen je Zelle entsprechend Cu$_{29}$Si$_9$[32]. Die Nachprüfung einzelner Ergebnisse erscheint geboten.

Literatur.

1. Vigouroux, E.: C. R. Acad. Sci., Paris Bd. 122 (1896) S. 318. — 2. Chal-mont, G. de: Amer. Chem. J. Bd. 18 (1896) S. 95. — 3. Chalmont, G. de: Amer. Chem. J. Bd. 19 (1897) S. 118/23. — 4. Lebeau, P.: C. R. Acad. Sci., Paris Bd. 141 (1905) S. 889/91; Bd. 142 (1906) S. 154/57. — 5. Vigouroux, E.: C. R. Acad. Sci., Paris Bd. 142 (1906) S. 87/89; Bd. 141 (1905) S. 890. — 6. Philips, M.: Metallurgie Bd. 4 (1907) S. 587/92, 613/17; daselbst eine eingehende Besprechung der älteren Arbeiten. — 7. Guertler, W.: Metallurgie Bd. 5 (1908) S. 184/86. — 8. Guillet, L.: Rev. Métallurg. Bd. 3 (1906) S. 173/74. — 9. Rudolfi, E.: Z. anorg. allg. Chem. Bd. 53 (1907) S. 216/27. — 10. Zerfall des β-Mischkristalls mit 7,3% Si in α und einen β-Mischkristall mit 8,3% Si (!!). — 11. Zerfall von β (8,3%) in α und Cu$_3$Si und gleichzeitige (!!) Bildung von Cu$_{19}$Si$_4$ (8,50% Si). — 12. Rudolfis Arbeit wurde kritisiert von W. Guertler: Phys.-Chem. Zbl. Bd. 4 (1907) S. 576, K. Bornemann: Metallurgie Bd. 4 (1907) S. 851/53 und A. Portevin: Rev. Métallurg. Bd. 5 (1908) S. 390/92. Rudolfis Ent-gegnung auf die Kritik Guertlers s. Phys.-Chem. Zbl. Bd. 5 (1908) S. 223 u. Metallurgie Bd. 5 (1908) S. 257/59. — 13. Baraduc-Muller, L.: Rev. Métallurg. Bd. 7 (1910) S. 711/18. — 14. Frilley, R.: Rev. Métallurg. Bd. 8 (1911) S. 511/17. — 15. Sanfourche, A.: Rev. Métallurg. Bd. 16 (1919) S. 246/56. — 16. Der besseren Über-sicht halber sind in den Diagrammen keine Einzelwerte eingezeichnet. — 17. Bogdan, S.: Bulletinul Societatei de Chimie din România Bd. 1 (1919) S. 60/72. Ref. J. Inst. Met., Lond. Bd. 26 (1921) S. 544. — 18. Cor-son, M. G.: Rev. Métallurg. Bd. 27

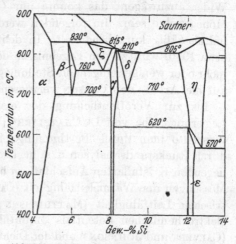

Abb. 264. Cu-Si. Kupfer-Silizium. Teildiagramm nach Sautner (vgl. auch Abb. 262).

(1930) S. 133/53. Vorl. Mitt. Proc. Amer. Inst. Metals Div. Amer. Inst. min. metallurg. Engr. 1927 S. 435. Iron Age Bd. 119 (1927) S. 353/56. — 19. Matuyama, K.: Sci. Rep. Tôhoku Univ. Bd. 17 (1928) S. 665/73. — 20. Smith, C. S.: J. Inst. Met., Lond. Bd. 40 (1928) S. 359/71. — 21. Smith, C. S.: Amer. Inst. min. metallurg. Engr. Techn. Publ. Nr. 142 (1928) 25 S. Trans. Amer. Inst. min. metallurg. Engr. Inst. Metals Div. 1929 S. 414/39. Ref. J. Inst. Met., Lond. Bd. 40 (1928) S. 509. — 22. Die in Abb. 262c mit η und η' bezeichneten Phasen wurden von Smith ε und ε' genannt. — 23. Arrhenius, S., u. A. Westgren: Z. physik. Chem. B Bd. 14 (1931) S. 66/79. — 24. Kaiser, H. F., u. C. S. Barrett: Physic. Rev. Bd. 37 (1931) S. 1697. — 25. Geiss, W., u. J. A. M. van Liempt: Z. anorg. allg. Chem. Bd. 168 (1928) S. 31/32. — 26. Iokibe, K.: Kinzoku no Kenkyu Bd. 8 (1931) S. 433/56. Ref. J. Inst. Met., Lond. Bd. 47 (1931) S. 651. — 27. Loskiewicz, L.: Congrès International des Mines etc. Liége 1930, S. 538/40. Przegl. Górniczo-Hutniczy 1929 S. 46/65 (poln.). — 28. Sautner, K.: Beitrag zur Kenntnis des Systems Kupfer-Silizium, Folge 9 der Forschungsarbeiten über Metallkunde und Röntgenmetallographie, München u. Leipzig: F. u. J. Voglrieder. — 29. Identisch mit der β-Phase nach Arrhenius-Westgren. — 30. 20 ist nicht durch 6 teilbar! — 31. „Es ist wahrscheinlich, daß das δ-Gitter weitgehende Ähnlichkeit mit dem der ε-Phase besitzt. Treten neben δ starke η-Ausscheidungen

auf, so bekommen die Diagramme ein Aussehen, welches denen der γ-Messing-
phasen ähnlich ist, was wohl ARRHENIUS-WESTGREN veranlaßt haben mag, der
δ-Phase ein deformiertes γ-Messinggitter zuzuschreiben."

Cu-Sn. Kupfer-Zinn.

Nach einer kritischen Bearbeitung des überaus umfangreichen Tatsachenmaterials, das über den Aufbau dieses Systems vorliegt, wurde
das in Abb. 265 dargestellte Gleichgewichtsdiagramm entworfen. Im
Rahmen dieses Buches ist es natürlich nicht möglich, die sich auch
heute noch in einigen Punkten widersprechenden Einzelergebnisse der
Arbeiten einander gegenüberzustellen und ausführlich das Für und
Wider abzuwägen; das könnte nur Gegenstand einer umfangreichen
Monographie sein. Im folgenden werden daher die Befunde nur verhältnismäßig kurz behandelt. In den meisten neueren Arbeiten (seit
etwa 1910) wird zu den Ergebnissen der jeweils früher veröffentlichten
mehr oder weniger eingehend Stellung genommen. Insbesondere sei hier
auf die Arbeit von CARSON verwiesen[1].

Bis zur Veröffentlichung der ersten Liquiduskurve der ganzen
Legierungsreihe von LE CHATELIER[2] (1894) sowie STANSFIELD[3] (1895)
versuchte man durch Bestimmung physikalischer Eigenschaften und
durch Rückstandsanalysen u. a. m. über die in Cu-Sn-Legierungen vorliegenden Kristallarten Aufschluß zu bekommen. So ergaben sich aus
Messungen der Wärmeleitfähigkeit (CALVERT und JOHNSON[4]), der elek-
trischen Leitfähigkeit (MATTHIESSEN und HOLZMANN[5], LODGE[6]), des
elektrochemischen Potentials (LAURIE[7]), des Ausdehnungskoeffizienten
(CALVERT und JOHNSON[8]) und der Dichte bzw. des spezifischen Volumens
(CALVERT und JOHNSON[9], RICHE[10]) Anzeichen für das Bestehen der
Verbindungen Cu_4Sn, Cu_3Sn und $CuSn$. Rückstandsanalytische Untersuchungen an Sn-reichen Legierungen von FOERSTER[11] ließen auf das
Bestehen einer Kristallart schließen, die zwischen Cu_3Sn und Sn liegt.
LE CHATELIER[12] fand demgegenüber stets Cu_3Sn. MYLIUS-FROMM[13]
erhielten beim Eintauchen von Sn in Cu-Salzlösungen Niederschläge
von nahezu der Zusammensetzung Cu_3Sn. — WRIGHT[14] erkannte die
vollständige Mischbarkeit der beiden Metalle im flüssigen Zustand.

1. **Die Liquiduskurve** wurde erstmalig in großen Zügen von LE CHA-
TELIER[2] bestimmt. Schon früher hatten HEYCOCK und NEVILLE[15] den
Einfluß kleiner Cu-Zusätze auf den Erstarrungspunkt von Sn untersucht. Unabhängig von LE CHATELIER ermittelte STANSFIELD[3] die
ganze Liquiduskurve; sie wurde bald darauf von ROBERTS-AUSTEN und
STANSFIELD[16] ergänzt und berichtigt. (Das Diagramm von ROBERTS-
AUSTEN und STANSFIELD enthält bereits alle peritektischen Horizontalen und alle wichtigen, thermoanalytisch leicht erfaßbaren Kurven
von Umwandlungen im festen Zustand, es macht jedoch noch keine Aus-

sagen über die Zahl und Natur der Phasen.) Gleichzeitig gaben HEYCOCK-NEVILLE[17] eine vollständige Liquiduskurve[18]. In ihrer klassischen Arbeit aus dem Jahre 1904 veröffentlichten dieselben Forscher[19] dann das erste Phasendiagramm, das durch die zahlreichen späteren Arbeiten nur in Einzelheiten vervollständigt, nicht jedoch in wesentlichen Punkten

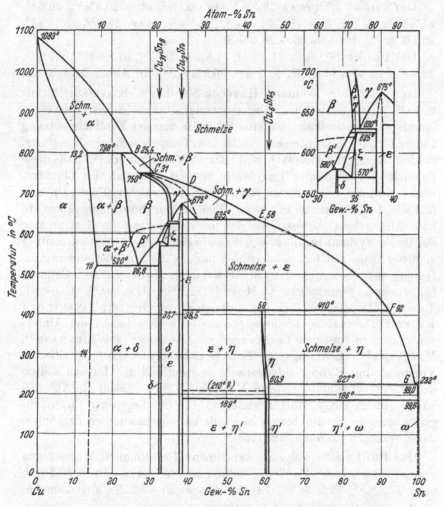

Abb. 265. Cu-Sn. Kupfer-Zinn (vgl. auch Abb. 266—268 und Nachtrag).

geändert zu werden brauchte. Weitere Bestimmungen des ganzen Verlaufs der Liquiduskurve liegen vor von GIOLITTI-TAVANTI[20], BAUER-VOLLENBRUCK[21], ISIHARA[22], TASAKI[23]. Einzelne Teile der Kurve in verschiedenen Konzentrationsgebieten wurden bestimmt von SLAVINSKI[23a], GUREVICH-HROMATKO[24], MILLER[25], JEFFERY[26], RAPER[27], ISI-

HARA[28], HIERS-FOREST[29], HAMASUMI-NISHIGORI[30], HAMASUMI[31], VERÖ[92], HANSON-SANDFORD-STEVENS[93].

2. Die ausgezeichneten Konzentrationen (Knickpunkte) der Liquiduskurve.

(Vgl. Abb. 265.) Über die zugehörigen Temperaturen s. bei den weiter unten behandelten einzelnen Konzentrationsgebieten.

Der Punkt B[32]: etwa 26,5%[2], etwa 24%[3], etwa 25,5%[16], 26%[19], 26%[20], 26%[23a], 25,3%[21], 24,6%[22], 25,5%[27], etwa 26%[23], 26,5%[30], 26,1% Sn[92]. In Abb. 265: 25,5% Sn.

Der Punkt C[32]: etwa 31,2%[16], 31,5%[19], 32%[20], 31,8%[23a], 30,4%[21], 32%[22], 31,8%[27], 30,5%[23], 31,5%[30], 30,5% Sn[92]. In Abb. 265: 31% Sn.

Der Punkt D: Während HEYCOCK-NEVILLE[19], SLAVINSKI[23a], ISIHARA[22] [28] (bei wiederholter Untersuchung), RAPER[27] sowie HAMASUMI-NISHIGORI[30] feststellten, daß eine Schmelze von der Zusammensetzung Cu_3Sn (38,36% Sn) in einem deutlichen Temperaturintervall erstarrt, fanden GIOLITTI-TAVANTI[20] und BAUER-VOLLENBRUCK[21], daß diese Schmelze bei konstanter Temperatur erstarrt, d. h. daß sich Liquidus- und Soliduskurve bei dieser Konzentration berühren (Punkt D), und daß die Liquiduskurve in diesem Punkte eine horizontale Tangente hat. Alle anderen Autoren, die sich des näheren mit der Konstitution des Cu-Sn-Systems befaßt haben, haben keinen experimentellen Beitrag zu dieser Frage geliefert, sondern sich nur für die eine oder andere Auffassung entschieden, und zwar GUERTLER[33], HOYT (1913)[34], COREY[35] für erstere, BORNEMANN[36], HOYT (1921)[37], MATSUDA[38], CARSON[1], TASAKI[23] für letztere. Für die Auffassung von GIOLITTI-TAVANTI und BAUER-VOLLENBRUCK könnten sprechen die Ergebnisse der Untersuchungen an flüssigen Legierungen von BORNEMANN-WAGENMANN[39], MATUYAMA[39a] (Leitfähigkeit), BORNEMANN-SAUERWALD[40] (spezifisches Volumen) und ENDO[41] (magnetische Suszeptibilität). Danach sollten in der Schmelze undissoziierte Moleküle Cu_3Sn bestehen. In Abb. 265 wurde jedoch ein Erstarrungsintervall für die Legierung Cu_3Sn angenommen, da die am besten begründeten experimentellen Ergebnisse dafür sprechen (s. auch Abb. 268).

Der Punkt E[32]: Folgende experimentell bestimmten Werte liegen vor: rd. 60%[3], 58,5%[16], 57%[19], 58%[20], 58,4%[21], etwa 53%[22], 60,3%[26], etwa 55,5%[23], 59% Sn[31]. In Abb. 265 wurde 58% Sn angenommen.

Der Punkt F[32]: Die folgenden Werte wurden experimentell ermittelt: 97—97,5%[3], 92%[16], 92,5%[19], 91,5%[20], 91,4%[21], etwa 88%[22], 92,7%[26], 92%[23], 93% Sn[31]. In Abb. 265: 92% Sn.

Der eutektische Punkt G: Folgende experimentell bestimmten Werte liegen vor: 99,05%[15], etwa 97%[2], etwa 99%[16], 99%[43], etwa 94,5%[20], 99%[24], 99,25%[42], 98,5%[21], 99%[22], 99,3—99,4%[25], >99%[26], 99,06%[29], 99,2% Sn[31]. In Abb. 265: 99% Sn (s. auch Nachtrag).

3. Die Legierungen mit 0—20% Sn. a) Die Soliduskurve der α-Mischkristalle wurde nur von STOCKDALE[44] genauer bestimmt (durch sorgfältige mikrographische Untersuchungen). Die Kurve besitzt einen hohen Sicherheitsgrad.

b) Die Temperatur der peritektischen Horizontalen α + Schmelze ⇌ β wird von den verschiedenen Forschern wie folgt angegeben: etwa 790°[16], 795°[17][19], 795°[20], 782°[45], 792—800°[23a], 798°[21], 790°[22], 799°[44], 798—801°[27], 790°[23], 780°[30], 780°[31], 797°[92]. Sie ist mit großer Sicherheit zu 795—800°, näher nach 800° anzunehmen, wesentlich tiefere Werte dürften auf Unterkühlung zurückzuführen sein.

c) Die Löslichkeit von Sn in Cu (Sättigungsgrenze des α-Mischkristalls) wurde erstmalig von STOCKDALE[44] genauer bestimmt; die früheren Bestimmungen sind unzureichend. Er fand, daß die Sättigungsgrenze fast geradlinig zwischen 13,3% bei 799° und 16% Sn bei 518° (eutektoide Temperatur) verläuft; unterhalb 518° soll die Löslichkeit konstant 16% betragen, die Kurve also vertikal verlaufen. Zwischen 800° und etwa 518° wurde die Kurve von STOCKDALE ausgezeichnet bestätigt von HAUGHTON[46] (zwischen 800° und 600°), HANSEN[47] (zwischen 600° und 518°) und CARSON[1]; die Abweichung beträgt hier höchstens 0,1—0,2% Sn. HAUGHTON und HANSEN konnten jedoch zeigen, daß die Löslichkeit unterhalb 518° wieder abnimmt, und zwar fand HAUGHTON bei 500° und 400° Löslichkeiten von 14,9 bzw. 14,6%. Die von HAUGHTON offen gelassene Frage, ob die Löslichkeit bereits unterhalb 590° oder erst unterhalb 520° wieder abnimmt, konnte HANSEN und später CARSON im Sinne der letzteren Auffassung in Übereinstimmung mit dem STOCKDALEschen Befund zwischen 600° und 520° entscheiden. HANSEN fand, daß die Löslichkeit bei 500°, 400° und „Raumtemperatur" auf 15,4% bzw. 14,3% und mindestens 14% abnimmt. In Abb. 265 wurde bei 798°, 700°, 600°, 520°, 500°, 400° und „Raumtemperatur" eine Löslichkeit von 13,2% bzw. 14,4%, 15,3%, 16%, 15,2%, 14,4% und ∼14% angenommen (s. auch Nachtrag und Abb. 267).

d) Die Gitterstruktur der α-Legierungen. Die α-Phase hat als feste Lösung von Sn in Cu das kubisch-flächenzentrierte Gitter des Kupfers mit ungeordneter Atomverteilung. Bestimmungen der Gitterkonstanten wurden ausgeführt von BAIN[48], WEISS[49], WESTGREN-PHRAGMÉN[50], CARSON[1], SEKITO[51], MEHL-BARRETT[52], KERSTEN-MAAS[53], ISAWA-OBINATA[94], OWEN-IBALL[95].

4. Die Legierungen mit 20—40% Sn. a) Das Phasendiagramm. Der außerordentlich verwickelte Aufbau dieses Konzentrationsbereiches wurde in größeren experimentellen Arbeiten untersucht von ROBERTS-AUSTEN und STANSFIELD[15], HEYCOCK-NEVILLE[19], SHEPHERD-BLOUGH[54], GIOLITTI-TAVANTI[20], SLAVINSKI[23a], COREY[35], BAUER-VOLLENBRUCK[21], ISIHARA[22], RAPER[27], CARSON[1], TASAKI[23], HAMASUMI-NISHIGORI[30], VERÖ[92].

Mit der Aufklärung einzelner Fragen befassen sich die Arbeiten von
Hoyt[34][37], Matsuda[55], Isihara[28][56], Hansen[57], Matsuda[38], Stockdale[58],
Broniewski-Hakiewicz[59], Hume-Rothery[60], Imai-Obinata[61], Imai-
Hagiya[62]. Ferner sind zu berücksichtigen die Röntgenuntersuchungen
von Westgren-Phragmén[63], Bain[62a], Morris-Jones und Evans[64],
Bernal[65], Carson[1], Linde[66], Carlsson-Hägg[67], Isaitschew-Kurdjumow[68], Kersten-Maas[53], Owen-Iball[95] sowie die kritischen Bear-
beitungen des jeweils vorhandenen Tatsachenmaterials von Bornemann[36], Guertler[33], Broniewski[69] und in neuester Zeit besonders
Carson[1] und Hamasumi-Nishigori[30]. Auf die beiden letzteren sei ausdrücklich verwiesen, da in diesem Zusammenhang auf eine in Einzelheiten gehende kritische Besprechung der Befunde verzichtet werden muß.

In den in Abb. 266 wiedergegebenen Teildiagrammen sind die Ergebnisse der wichtigsten Arbeiten dargestellt. Daraus geht hervor, wie
groß der Anteil der einzelnen Forscher an der Aufklärung der Konstitution dieses Gebietes ist, und daß hinsichtlich des Verlaufs der
Phasengrenzen trotz den besonders eingehenden Untersuchungen von
Carson und Hamasumi-Nishigori noch große Abweichungen bestehen.
Immerhin sind folgende Punkte als geklärt anzusehen.

α) Die β-Phase zerfällt in das Eutektoid $(\alpha + \delta)$. Die Temperatur
des Eutektoids liegt nahe bei 520°, seine Konzentration liegt zwischen
26,7 und 27% Sn. Die abweichende Auffassung, daß β in ein Eutektoid
$(\alpha + \gamma)$ und γ in das Eutektoid $(\alpha + \delta)$ zerfällt, wurde von Hoyt[34][37],
der nach einer Deutung der von ihm[34] entdeckten Umwandlung im
$(\alpha + \beta)$-Gebiet bei etwa 580° suchte, auf Grund allerdings unzureichender Kriterien aufgestellt. Später hat Hoyt[70] diese Deutung verlassen.
Bauer-Vollenbruck (Abb. 266) glaubten jedoch Anzeichen für das Bestehen eines $(\alpha + \gamma)$-Eutektoids gefunden zu haben. Matsuda[38] schloß
sich der Auffassung von Bauer-Vollenbruck an. Nach den Arbeiten
von Isihara[22][28][56], Raper[27], Carson[1], Hamasumi-Nishigori[30] u. a.[61]
[62][71], die sich mit dieser Frage eingehend beschäftigen, ist indessen
wohl nicht zu zweifeln, daß β in $(\alpha + \delta)$ zerfällt[72]. Zu einer gegenteiligen Auffassung gelangte neuerdings wieder Verö[92] (Abb. 268 und
Nachtrag).

β) Die δ-Phase ist entgegen der lange herrschenden Ansicht
(vgl. Abb. 266) nicht als eine singuläre Phase von der Zusammensetzung Cu_4Sn anzusehen. Sie stellt vielmehr eine etwas Sn-reichere
Phase veränderlicher Zusammensetzung dar, deren Homogenitätsgebiet allerdings eng ist. Daß die δ-Phase von veränderlicher Zusammensetzung ist, wurde bereits früher von Shepherd-Blough[54] sowie Corey[35] (Abb. 266) angenommen. Isihara[22][28] behauptete hingegen wiederum auf Grund eigens zur Entscheidung dieser Frage aus-
geführter Versuche, daß δ die singuläre Phase Cu_4Sn ist. Endo[73] schloß

aus Messungen der magnetischen Suszeptibilität, daß Cu_4Sn etwa
2% Cu (?) zu lösen vermag. WESTGREN-PHRAGMÉN[63] glaubten auf
Grund röntgenographischer Untersuchungen (s. S. 639) annehmen zu
können, daß die δ-Phase wahrscheinlich die Zusammensetzung $Cu_{31}Sn_8$
(32,52% Sn) besitzt; in der Tat erwies sich diese Legierung mikroskopisch
als einphasig. Das Homogenitätsgebiet ist nach ihrer Ansicht sehr eng,
da keine Verschiebung der Interferenzlinien in den Photogrammen bei
Überschreitung der Zusammensetzung beobachtet werden konnte.
BERNAL[65] schloß aus röntgenographischen Untersuchungen (s. S. 640),
daß für die δ-Phase die Zusammensetzung $Cu_{41}Sn_{11}$ (33,38% Sn) charakteristisch ist. Auf seine Anregung hin prüfte STOCKDALE[58] das Gefüge
von 16 Legierungen zwischen 19 und 22 Atom-% Sn (30,4—34,5 Gew.-%
Sn) in Abständen von je 0,2 Atom-% nach 3wöchigem Glühen. Er
fand, daß nur die Legierung mit 20,6 Atom-% Sn = 32,64 Gew.-% Sn
einphasig ist; das entspricht sehr genau der Konzentration $Cu_{31}Sn_8$.
Die Zusammensetzung $Cu_{41}Sn_{11}$ ist also nicht homogen. CARSON[1] fand
mit Hilfe mikrographischer Untersuchungen, daß die δ-Phase bei 450°
zwischen 32 und 33% Sn homogen ist; die Zusammensetzung Cu_4Sn ist
mit Sicherheit heterogen $(\alpha + \delta)$. In Übereinstimmung mit diesem
Befund und im Gegensatz zu WESTGREN-PHRAGMÉN konnte er eine
erhebliche Veränderung der Gitterkonstanten von δ mit der Konzentration feststellen. HAMASUMI-NISHIGORI fanden, daß die Legierungen
mit 32,03% und 32,92% Sn α bzw. ε enthalten. Sie schlossen sich deshalb der Ansicht von WESTGREN-PHRAGMÉN an, daß δ die Zusammensetzung $Cu_{31}Sn_8$ hat. Nähere mikrographische Untersuchungen führten
sie allerdings nicht aus[74] (s. auch Nachtrag).

γ) Die ε-Phase entsteht durch Ausscheidung aus der γ-Phase. Das
Maximum der Ausscheidungskurve liegt bei der Zusammensetzung
Cu_3Sn (38,36% Sn) und etwa 675°. Die Ergebnisse einer Anzahl ther-
mischer und thermo-resistometrischer Untersuchungen stimmen darin
überein, daß der Endpunkt der Horizontalen bei 635°, die dem eigen-
artigen Gleichgewicht $\gamma \rightleftharpoons \varepsilon +$ Schmelze entspricht, bei einem höheren
Sn-Gehalt als Cu_3Sn liegt, d. h. daß Cu_3Sn bei dieser Temperatur etwas
Sn zu lösen vermag. Nach gleichartigen Versuchen von HAMASUMI-
NISHIGORI besitzt Cu_3Sn bei dieser Temperatur auch ein gewisses
Lösungsvermögen für Cu. Das Homogenitätsgebiet der ε-Phase ist sehr
eng, nach WESTGREN-PHRAGMÉN (röntgenographisch) einige Zehntel
Prozent, nach CARSON (mikrographisch) handelt es sich um eine singuläre
Phase, nach HUME-ROTHERY[60] (mikrographisch) erstreckt sich das
Homogenitätsgebiet von 37,7—38,5% (die Verschiebung der Phasen-
grenzen mit der Temperatur liegt innerhalb der Genauigkeitsgrenze des
Verfahrens), nach HAMASUMI-NISHIGORI von mindestens 37,9—38,8%
Sn[75] (s. auch Nachtrag).

Über folgende Punkte gehen die Ansichten der Forscher zum Teil weit auseinander:

δ) **Die Natur der Umwandlung bei 580—590° im $(\alpha + \beta)$- Gebiet.** Beiträge zu dieser Frage bringen die Arbeiten von HOYT[34][37], BAUER-VOLLENBRUCK[21], MATSUDA[55][38], ISIHARA[22][56][28], STOCKDALE[44], RAPER[27], HANSEN[57], CARSON[1], HAMASUMI-NISHIGORI[30], IMAI-OBINATA[61], VERÖ[92]. Die Deutung von CARSON, HAMASUMI-NISHIGORI und IMAI-OBINATA ist bisher experimentell zweifellos am besten begründet. Danach handelt es sich weder um den eutektoiden Zerfall von β in $\alpha + \gamma$, der von HOYT[34], BAUER-VOLLENBRUCK[21] und MATSUDA[55] angenommen wurde, noch um eine Umwandlung der α-Phase (ISIHARA), noch um eine poly-morphe Umwandlung der β-Phase (RAPER). HAMASUMI-NISHIGORI konnten mit Hilfe von Widerstands-Temperaturkurven zeigen, daß Legierungen mit 25—32% Sn, die oberhalb 580° nur aus dem β-Misch-kristall bestehen, eine Umwandlung bei 600—625° durchmachen; vgl. die gestrichelte Kurve in Abb. 265 und 266. Diese Umwandlung ($\beta \rightleftharpoons \beta'$) ähnelt, wie auch IMAI-OBINATA für die $(\alpha + \beta)$-Legierungen fanden, ihrem Charakter nach der magnetischen Umwandlung des Eisens, d. h. es handelt sich um eine mit der Temperatur fortschreitende Umwand-lung, die bei Erhitzung bei den Temperaturen der gestrichelten Kurve beendet ist. Offenbar ist die Umwandlung analog derjenigen des β (Cu-Zn)-Mischkristalls, die wahrscheinlich in einem allmählichen Übergang von geordneter Atomverteilung in ungeordnete Atom-verteilung (bei Erhitzung) besteht. Durch Röntgenaufnahmen an β-Legierungen bei 540—640° konnte CARSON allerdings keine Gitter-änderung in diesem Temperaturgebiet feststellen. Da die Widerstands-änderung in den $(\alpha + \beta)$-Legierungen bei 580° größer ist als in den β-Legierungen bei 600—625° (erstere Umwandlung ist zudem thermisch erfaßbar, letztere dagegen nicht), und da die $\beta(\alpha + \beta)$-Grenze nach übereinstimmender Feststellung von RAPER und HAMASUMI-NISHIGORI bei 580° zweifellos ihre Richtung ändert (vgl. Abb. 266), so glauben HAMASUMI-NISHIGORI, daß der Hauptteil der Widerstandsänderung bei 580° auf die hier ziemlich „plötzlich eintretende Änderung der Ge-schwindigkeit der Ausscheidung bzw. Auflösung von α zurückzu-führen ist"[76]. Anm. b. d. Korr.: Neuerdings wird von VERÖ[92] wieder-um die Auffassung vertreten, daß die Horizontale dem eutektoiden Zerfall von β in $\alpha + \gamma$ entspricht (Abb. 268 und Nachtrag).

ε) **Der Verlauf des $(\beta + \gamma)$-Gebietes und die Zahl der horizon-talen Gleichgewichtskurven zwischen etwa 32 und 38,4% Sn** (vgl. Abb. 266). Die Entscheidung für die eine oder andere Auffassung wird besonders dadurch erschwert, daß die beiden Arbeiten von CARSON und HAMASUMI-NISHIGORI, die sich mit dieser Frage besonders ein-gehend beschäftigt haben, zu stark widersprechenden Ergebnissen

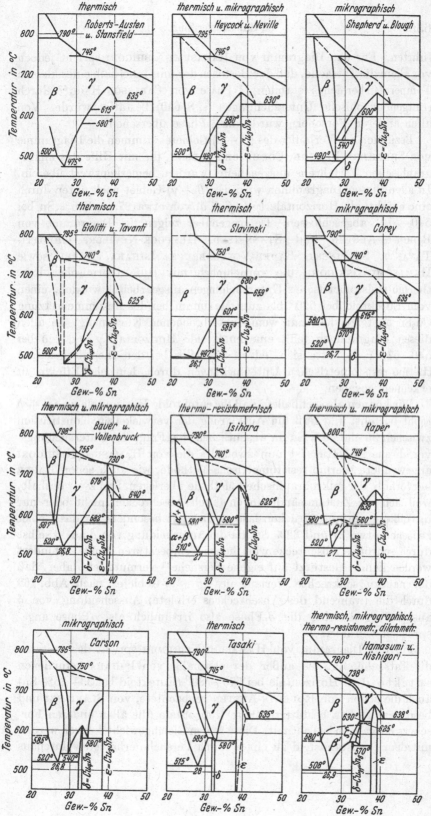

Abb. 266. Cu-Sn. Kupfer-Zinn. Teildiagramme nach verschiedenen Forschern (vgl. auch Abb. 268).

führten. Für das Diagramm von Hamasumi-Nishigori spricht jedoch vor allem die Tatsache, daß das Bestehen der (nur innerhalb eines kleinen Temperaturbereiches stabilen) ζ-Phase von Carlsson-Hägg[67] durch röntgenographische Untersuchungen (s. S. 640) bestätigt wurde. Von allen anderen Forschern wurde die ζ-Phase übersehen.

Bezüglich des Verlaufes des $(\beta + \gamma)$-Gebietes stimmen die Diagramme von Shepherd-Blough, Corey und Carson, die mit Hilfe des mikrographischen Verfahrens ausgearbeitet wurden, bemerkenswert überein. In allen diesen Diagrammen wird das $(\beta + \gamma)$-Gebiet noch unten durch eine eutektoide Horizontale $(\gamma \rightleftharpoons \beta + \delta)$ von etwa 27,5—32,5% Sn bei 540—570° abgeschlossen. Demgegenüber zeigen die Diagramme von Roberts-Austen und Stansfield, Heycock-Neville, Giolitti-Tavanti, Slavinski, Bauer-Vollenbruck, Isihara, Raper sowie Hamasumi-Nishigori, die vornehmlich mit Hilfe thermischer bzw. thermo-resistometrischer Untersuchungen ausgearbeitet wurden, einen vom Eutektoid bei 520° bis zum Maximum bei der Zusammensetzung Cu₃Sn ansteigenden, nur wenig unterbrochenen Kurvenzug. In allen diesen Diagrammen fehlt eine eutektoide Horizontale $\gamma \rightleftharpoons \beta + \delta$ bei 540—570°; sie hätte sich jedoch zweifellos bei den thermischen und thermo-resistometrischen Untersuchungen durch deutliche Effekte zu erkennen gegeben.

Wir können also schließen, daß die eutektoide Horizontale $\gamma \rightleftharpoons \beta + \delta$ nicht besteht, und daß die Aufklärung der verwickelten Konstitution zwischen 35 und 40% Sn im wesentlichen eine Frage des Untersuchungsverfahrens ist. Hier ist nun zweifellos die von Hamasumi-Nishigori angewendete thermo-resistometrische Methode, wie auch schon Raper hervorhob, der mikrographischen Methode überlegen, und zwar deshalb, weil sich die Zustandsänderungen durch Abschrecken nicht oder nur unvollkommen unterdrücken lassen. Das gilt besonders für das Gebiet zwischen etwa 27 und 32% Sn, da die Ausscheidung von δ aus β selbst durch schroffes Abschrecken bei hohen Temperaturen nicht verhindert werden kann. Gestützt auf eigene Versuche[71] vermute ich daher, daß der nahezu senkrechte Verlauf des $(\beta + \gamma)$-Gebietes nach Abb. 266 durch die (während des Abschreckens erfolgte) Ausscheidung von δ aus β vorgetäuscht, die δ-Phase also irrtümlich als γ-Phase angesprochen wurde[77].

Für das Diagramm von Hamasumi-Nishigori spricht des weiteren die Tatsache, daß es außer der erstmalig von Isihara gefundenen eutektoiden Horizontale bei 570—580° (Eutektoid bei 33—35% Sn) auch die schon von Roberts-Austen beobachtete, von Slavinski und besonders Raper bestätigte obere Horizontale (die allen anderen Forschern entgangen ist) enthält. Diese beiden Gleichgewichtskurven werden mit dem ζ-Zustandsfeld zu einem durch Versuche erhärteten durchaus plausiblen Umwandlungsdiagramm vereinigt. Nach allem besteht keine Veranlassung, in das Ergebnis von HAMASUMI-NISHIGORI ernstlich begründete Zweifel zu setzen. Damit ist jedoch nicht gesagt, daß das Diagramm dieser Forscher in allen Einzelheiten die wahren Konstitutionsverhältnisse beschreibt. Recht wenig begründet scheint der stark gebogene Verlauf des $(\beta + \gamma)$-Gebietes zu sein. Da er in der Hauptsache durch mikrographische Versuche festgelegt wurde, so ist er möglicherweise vorgetäuscht und durch einen tiefer liegenden Verlauf (nach Art des von ISHARA und RAPER gezeichneten) zu ersetzen.

b) Die Gitterstruktur der Phasen β, γ, δ, ε und ζ. Die β-Phase hat nach WESTGREN-PHRAGMÉN[63] (bei 700° abgeschreckte Legierung mit 25% Sn) und CARSON[1] (Heißaufnahmen bei 540—640° an einer Legierung mit 26,5% Sn) ein kubisch-raumzentriertes Gitter mit ungeordneter Atomverteilung. Mit der Frage nach der Natur der martensitähnlichen Nadelstruktur des β-Mischkristalls, die beim Abschrecken von Legierungen mit weniger als 25% Sn entsteht, haben sich mehrere Forscher befaßt. Die Auffassung von MATSUDA[78], CARSON[1] und HAMASUMI-NISHIGORI[30], daß diese Struktur durch die Ausscheidung von α-Nadeln aus dem übersättigten β-Mischkristall bedingt ist, konnte von IMAI-OBINATA[61], IMAI-HAGIYA[62] und ISAITSCHEW-KURDJUMOW[09] nicht bestätigt werden. Vielmehr handelt es sich nach diesen Forschern, insbesondere ISAITSCHEW-KURDJUMOW (röntgenographische Untersuchung von Einkristallen), um eine instabile „martensitische" Zwischenstruktur[96].

Das Gitter der γ-Phase wurde bisher noch nicht bestimmt. CARSON teilt mit, daß die Proben selbst dann, wenn die Abschreckung aus dem γ-Gebiet wirksam war, sich bei Raumtemperatur in den stabilen Zustand umwandelten. Heißaufnahmen waren erfolglos. Er vermutet, daß γ ein verwickeltes Gitter besitzt, das demjenigen von δ ähnelt. WESTGREN-PHRAGMÉN konnten in abgeschreckten Pulvern nur die bei tiefen Temperaturen stabilen Kristallarten nachweisen. Sie werfen die Frage auf, ob die γ-Phase (von ihnen mit β' bezeichnet) „sich bezüglich ihrer Struktur wesentlich von der β-Phase unterscheidet, oder ob sie vielleicht nur durch eine Art Überstruktur gekennzeichnet ist".

Die δ-Phase hat nach WESTGREN-PHRAGMÉN (von ihnen mit γ bezeichnet) ein flächenzentriert-kubisches Gitter mit $416 = 8 \times 52$ Atomen im Elementarwürfel; $a = 17{,}91$ Å. Die Struktur ist ähnlich der der γ-Phase von Cu-Zn und Al-Cu (Cu_5Zn_8, Al_4Cu_9, d. h. Verhältnis von Valenzelektronen : Atomen $= 21 : 13$), ihre Formel könnte also $Cu_{31}Sn_8$ (32,52% Sn) sein. Wie oben gezeigt wurde, entspricht die Konzentration der δ-Phase tatsächlich dieser Formel. Das Homogenitätsgebiet ist nach WESTGREN-PHRAGMÉN sehr eng (s. S. 635). Mit der Formel $Cu_{31}Sn_8$ sind jedoch, wie die Verfasser betonen, die kristallgeometri-

schen Daten nicht vereinbar, da die Zahl der Atome im Elementarbereich 416 kein Vielfaches von 39 ist[79]. BERNAL[65] hat δ-Einkristalle
untersucht und das von WESTGREN-PHRAGMÉN gefundene flächenzentriert-kubische Gitter mit 416 Atomen bestätigt (a = 17,92 Å). Da
nach BERNAL die Dichte von δ (8,95) dafür sprechen würde, daß in der
Zelle 328 Cu-Atome und 88 Sn-Atome vorhanden sind, so wäre die
Formel $Cu_{41}Sn_{11}$ (33,38% Sn) anzunehmen. Eine Legierung dieser
Konzentration ist jedoch nach STOCKDALE[58] und CARSON heterogen,
so daß geschlossen werden müßte, daß das Gitter erst durch einen
Überschuß von Cu-Atomen stabil ist. CARSON fand mikrographisch und
röntgenographisch, daß die δ-Phase ein Homogenitätsgebiet von etwa
1% besitzt (zwischen 32 und 33% Sn); das Gitter wurde von ihm nicht
bestimmt.

Die ε-Phase. BAIN[62a], WESTGREN-PHRAGMÉN[63], MORRIS-JONES
und EVANS[64], CARSON[1], sowie KERSTEN-MAAS[53] fanden, daß die Legierung der Zusammensetzung Cu_3Sn ein Gitter hexagonaler dichtester
Kugelpackung hat, mit unregelmäßiger Verteilung der beiden Atomarten. Danach wäre also die ε-Phase nicht als eine Verbindung anzusehen. Aus der geringen, jedoch deutlich feststellbaren Veränderung
der Gittergröße schließen WESTGREN-PHRAGMÉN, daß das Homogenitätsgebiet nur einige Zehntel Prozent umfaßt; nach HUME-RO-
THERY[60] von 37,7—38,5% Sn. CARSON hält die ε-Phase auf Grund
mikrographischer und röntgenographischer Untersuchungen dagegen für
eine singuläre Phase. Im Gegensatz zu den früheren Ergebnissen nach
dem Pulververfahren konnte BERNAL[65] durch Untersuchung von Einkristallen der ε-Phase (von ihm mit η bezeichnet) feststellen, daß sie
eine Überstruktur (rhombische Zelle mit 32 Atomen) besitzt, die als
Folge einer geordneten Verteilung der beiden Atomarten auf die
Gitterpunkte der einfachen hexagonalen Kugelpackung angesehen
werden kann. Die ε-Phase hat also tatsächlich Verbindungscharakter (Cu_3Sn). Auch LINDE[66], dem die Arbeit von BERNAL nicht
bekannt war, konnte Überstrukturlinien im Sinne einer regelmäßigen
Atomverteilung nachweisen, die er jedoch anders zu deuten versuchte.
Eine vollständige Bestimmung der Struktur gelang ihm nicht, da er
nach dem Pulververfahren arbeitete. CARLSSON-HÄGG[67] (Einkristalle)
konnten den Befund von BERNAL bezüglich der Überstruktur der
ε-Phase vollkommen bestätigen. Einzelheiten über die Struktur siehe
bei BERNAL und CARLSSON-HÄGG.

Die ζ-Phase, die von HAMASUMI-NISHIGORI entdeckt wurde, haben
CARLSSON-HÄGG (von ihnen mit γ' bezeichnet) röntgenographisch untersucht, und zwar an einer bei 595° abgeschreckten, pulverförmigen Legierung mit 34,2% Sn. Sie besitzt eine hexagonale Elementarzelle mit
26 Atomen. Die Atomlagen konnten nicht mit Sicherheit bestimmt

werden. Möglicherweise ist die Zusammensetzung $Cu_{20}Sn_6$ (35,90% Sn) für die Struktur von einer gewissen Bedeutung. Näheres über die Struktur in der Originalarbeit.

5. Die Legierungen mit 40—100% Sn. a) Die Erstarrungsvorgänge in diesem Konzentrationsgebiet wurden bereits von ROBERTS-AUSTEN und STANSFIELD[16] sowie HEYCOCK-NEVILLE[17] [19] aufgeklärt. Über die ausgezeichneten Punkte E, F und G (eutektischer Punkt) der Liquiduskurve siehe unter Absatz 2. Für die horizontalen Gleichgewichtskurven wurden folgende Temperaturen gefunden:

Horizontale $\gamma \rightleftharpoons \varepsilon +$ Schmelze (58% Sn): $635°$[16], $630°$[19], $625°$[20], $655—659°$[23a], $640°$[21], $625°$[22], $633°$[26], $635°$[23], $638°$[30], $630°$[31]. In Abb. 265: $635°$.

Horizontale $\varepsilon +$ Schmelze (92% Sn) $\rightleftharpoons \eta$: $405°$[16], $400°$[19], $400°$[20], $420°$[23a], $415°$ (Erhitzung), $401°$ (Abkühlung))[80] [81], $420°$[21], $400°$[22], $411 \pm 3°$[26], $400°$[23], $399°$[31]. In Abb. 265: $410°$.

Eutektische Horizontale: Schmelze (99% Sn) $\rightleftharpoons \eta +$ Sn: $227°$[15], etwa $225°$[16], etwa $220°$[20], $227,1°$[24], $227,4°$[81], $225°$[21], $225°$[22], $227°$[26] [29] [23] [31] [93]. In Abb. 265: $227°$.

b) Die η-Phase. Mit der Frage nach der Zusammensetzung der η-Phase haben sich zahlreiche Forscher beschäftigt. Ältere Bestimmungen physikalischer Eigenschaften[4-10] in Abhängigkeit von der Zusammensetzung schienen auf die Formel CuSn (65,12% Sn) hinzudeuten. Dieses Ergebnis ist jedoch sicher entstellt, da die peritektische Reaktion bei $410°$ auch bei langsamer Abkühlung aus der Schmelze infolge Bildung von Umhüllungen der ε-Kristalle durch Kristalle der sich bildenden η-Phase nur sehr unvollständig verläuft. Die dadurch bedingten starken Gleichgewichtsstörungen lassen sich nur durch sehr langes Glühen zum Verschwinden bringen. Aus diesem Grunde wird die eutektische Kristallisation auch in Legierungen mit weniger als etwa 61% Sn beobachtet, die im Gleichgewicht kein freies Zinn enthalten. Die rückstandsanalytischen Untersuchungen von FOERSTER[11] und STEAD[18] führten zu Sn-Gehalten von 60—65%; siehe auch die mikroskopischen Untersuchungen von BEHRENS[18], STEAD[18] und CAMPBELL[18]. HEYCOCK-NEVILLE[19] (mikrographisch und rückstandsanalytisch) geben die Zusammensetzung der η-Phase bei ihrer Bildungstemperatur zu 61,1% Sn an; mit fallender Temperatur soll sich die Zusammensetzung bis auf etwa 65% Sn bei der eutektischen Temperatur verschieben. Nach SHEPHERD-BLOUGH[54] (mikrographisch) erstreckt sich das η-Gebiet bei $300—350°$ von 59,5—60,5% Sn, bei $200°$ von 59,5—62% Sn. GIOLITTI-TAVANTI[20] machten, obgleich sie drei Phasen (ε, η, Sn) beobachteten, keinen Versuch zur Feststellung der Konzentration von η. In ihrem Diagramm fehlt zwischen Cu_3Sn und Sn eine Zwischenphase.

Die Aufklärung der Konstitution im Bereich von 40—100% Sn

verdanken wir zwei sehr sorgfältigen thermoanalytischen, thermo-
resistometrischen und mikrographischen Untersuchungen von HAUGH-
TON[80][81], deren Ergebnisse unverändert in Abb. 265 übernommen wurden.
Danach enthält die η-Phase (von HAUGHTON mit ε bezeichnet) unterhalb
227° 60,3—60,9% Sn. Spätere, zum Teil allerdings weniger begründete
Ergebnisse decken sich im wesentlichen mit dem Befund von HAUGHTON.
BAUER-VOLLENBRUCK[21] haben aus Legierungen mit 93—95% Sn Kristalle isoliert, die sehr genau der Zusammensetzung Cu_6Sn_5 (60,88% Sn)
entsprachen; sie sehen daher das Bestehen dieser Verbindung als gesichert an. ISIHARA[22] glaubte hingegen, daß η der (singulären) Verbindung CuSn entspricht, die bei 180° eine Umwandlung durchmacht.
Auf Grund thermo-resistometrischer Untersuchungen gibt JEFFERY[26]
die Zusammensetzung von η bei der peritektischen Temperatur zu
53,5% Sn, bei der eutektischen Temperatur zu etwa 72% Sn (!) an;
die Umwandlungstemperatur schwankt unregelmäßig zwischen 176 und
181°. Aus der Tatsache, daß er noch bei 55% Sn die eutektische
Kristallisation beobachtete, folgt, daß sich seine Proben während der
Messung nicht im Gleichgewicht befanden; siehe auch HAUGHTON[82]
über die Arbeit von JEFFERY. TASAKI[23] fand, daß die Legierung mit
60% Sn nach 200stündigem Glühen bei 250° homogen wird; die der
Formel CuSn entsprechende Legierung blieb nach derselben Behandlung
heterogen. Die Umwandlungstemperatur ermittelte er zu 190°. HAMA-
SUMI[31] bestätigte, daß die Legierung Cu_6Sn_5 durch hinreichend langes
Glühen homogen wird. Aus den Ergebnissen thermo-resistometrischer
u. ä. Untersuchungen würde sich nach HAMASUMI ergeben, daß die
Umwandlung von Cu_6Sn_5 (bei rd. 175°) ähnlich der magnetischen Umwandlung des Eisens ist; er hält es jedoch auf Grund einer röntgenographischen Untersuchung (deren Ergebnis noch nicht mitgeteilt ist) für
möglich, daß es sich um eine allotrope Umwandlung von Cu_6Sn_5 handelt.

Von WESTGREN-PHRAGMÉN[63] ausgeführte röntgenographische Unter-
suchungen an Kristallpulver aus der η-Phase (isoliert aus 98%iger
Legierung) zeigten, daß sie die Nickelarsenidstruktur besitzt. Da die
Konzentration von η jedoch Cu-reicher ist als der Formel CuSn entspricht, die sich aus der Struktur ergeben würde, so ist zu schließen,
daß die NiAs-Struktur nur bei einem Cu-Überschuß stabil ist. Nach
Auffassung von WESTGREN-PHRAGMÉN sind die überschüssigen Cu-
Atome unregelmäßig in den Hohlräumen des CuSn-Gitters eingelagert.
Untersuchungen an η-Einkristallen von BERNAL[65] (von ihm mit ε bezeichnet) und später CARLSSON-HÄGG[67] haben jedoch gezeigt, daß η
eine Überstruktur besitzt, die sich in einer fünffachen Verlängerung
sowohl der a-Achse wie der c-Achse der hexagonalen Pseudozelle von
NiAs-Struktur zeigt. Die wirkliche Zelle enthält offenbar 250 Sn-Atome
und 300 Cu-Atome; 50 Cu-Atome davon sind in den Hohlräumen ein-

gelagert. Die Zusammensetzung von η entspricht daher wahrscheinlich der Formel Cu_6Sn_5, in Übereinstimmung mit den Ergebnissen der anderen Untersuchungen.

c) Die Löslichkeit von Cu in Sn wurde von HAUGHTON[81] mikrographisch bestimmt; sie beträgt danach bei 195° 0,2%, bei 140° 0,15% Cu. Nach WESTGREN-PHRAGMÉN (röntgenographisch) ist die Löslichkeit „sehr gering". Nach mikrographischen Untersuchungen von HANSON-SANDFORD-STEVENS[93] ist sie in der Tat bei 220° kleiner als 0,01% Cu.

6. Weitere Untersuchungen. Außer den bereits oben erwähnten Bestimmungen physikalischer Eigenschaften der Cu-Sn-Legierungen in Abhängigkeit von der Zusammensetzung[4 5 6 7 8 9 10 18 39 39a 40 41 73] seien noch folgende angeführt; sie liefern keine neuen Beiträge zur Konstitution des Systems.

Elektrische Leitfähigkeit und Temperaturkoeffizient des elektrischen Widerstandes: LEDOUX[83], BRONIEWSKI-HACKIEWICZ[59], STEPHENS[84a], LINDE[85].

Thermische Leitfähigkeit: s. die Zusammenstellung von SMITH[85a].

Thermokraft: LEDOUX[83], BRONIEWSKI-HACKIEWICZ[59], STEPHENS[84].

Elektrochemisches Potential: PUSCHIN[86], SACKUR-PICK[87], BRONIEWSKI-HACKIEWICZ[59].

Wasserstoffüberspannung: RAEDER-EFJESTAD[88].

Ausdehnungskoeffizient: BRONIEWSKI-HACKIEWICZ[59].

Dichte: HAUGHTON-TURNER[89].

Härte: HAUGHTON-TURNER[89], BAUER-VOLLENBRUCK[90], BRONIEWSKI-HACKIEWICZ[59].

Der Vollständigkeit halber sei auch auf JEFFERYs[91] thermodynamische Betrachtungen über den molekularen Aufbau der α-, β-, ε- und η-Phasen hingewiesen.

Nachtrag. Die Löslichkeit von Sn in Cu wurde erneut bestimmt von ISAWA-OBINATA[94], OWEN-IBALL[95], KONOBEJEWSKI-TARASOWA[97] (sämtlich röntgenographisch) und VERÖ[92] (mikrographisch). Nach Abb. 267 stimmt der Befund von ISAWA-OBINATA und OWEN-IBALL oberhalb 520° ausgezeichnet überein; die Löslichkeit ist hier etwas größer als nach den bis dahin verläßlichsten Werten angenommen werden konnte. Unter 520° konnten ISAWA-OBINATA das Ergebnis von HANSEN sehr gut bestätigen, während KONOBEJEWSKI-TARASOWA und OWEN-IBALL unter 400° eine von allen früheren Befunden abweichende, sehr erhebliche Löslichkeitsabnahme gefunden haben. Diese Feststellung bedarf der Nachprüfung; möglicherweise kann beim Glühen bei diesen relativ tiefen Temperaturen eine metastabile Zwischenphase (s. darüber[96]) entstanden und dadurch oder aus anderen Gründen eine zu geringe Sättigungskonzentration der α-Phase vorgetäuscht sein. Die

Bildung einer „neuen" Phase wurde in der Tat beobachtet[95][97]; von OWEN-IBALL wurde sie als die hexagonale ε-Phase angesehen und daher die Vermutung ausgesprochen, daß δ zwischen 400° und 300° in α und ε zerfällt.

Der Aufbau der Legierungen mit 20—40% Sn wurde von VERÖ[92] mit Hilfe der thermischen und mikrographischen Verfahren untersucht. Das Diagramm (Abb. 268) stellt gewissermaßen eine Vereinigung der in Abb. 266 wiedergegebenen Schaubilder von BAUER-VOLLENBRUCK (20—30% Sn) und HAMASUMI-NISHIGORI (30—40% Sn) dar, die dadurch ermöglicht wird, daß im Bereich von 25—33% Sn nicht eine, sondern zwei peritektische Horizontalen (bei 756° und 742°), also

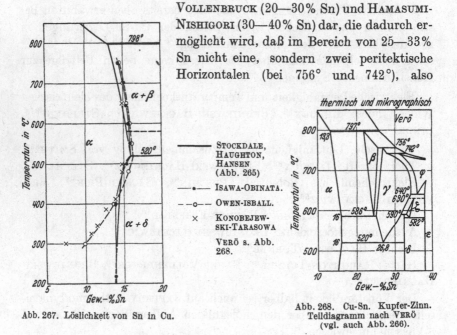

STOCKDALE,
HAUGHTON,
HANSEN
(Abb. 265)

—•— ISAWA-OBINATA.

--o-- OWEN-ISBALL.

× KONOBEJEW-
SKI-TARASOWA

VERÖ s. Abb.
268.

Abb. 267. Löslichkeit von Sn in Cu.

Abb. 268. Cu-Sn. Kupfer-Zinn.
Teildiagramm nach VERÖ
(vgl. auch Abb. 266).

drei statt zwei Hochtemperaturphasen bestehen sollen. Es erscheint merkwürdig, daß die zweite Horizontale bisher allen Bearbeitern des Gleichgewichtsschaubildes entgangen sein soll. Mit dem Diagramm von VERÖ wird ferner erneut die Frage nach der Natur der Horizontalen bei 580—590° im (α + β)-Gebiet aufgeworfen. VERÖ schließt auf Grund von mikrographischen Versuchen, daß β bei 586° in α + γ zerfällt (BAUER-VOLLENBRUCK) und glaubt dazu um so mehr berechtigt zu sein, als sich auch einige von EASH-UPTHEGROVE[98] und ihm[9] bei Untersuchungen der Dreistoffsysteme Cu-Sn-Ni[98], Cu-Sn-Mn[99] und Cu-Sn-P[99] gefundene Ergebnisse nur durch das Schaubild von BAUER-VOLLEN-BRUCK deuten lassen. Zwischen 30 und 40% Sn hat VERÖ das Schaubild von HAMASUMI-NISHIGORI bestätigt.

Die Zusammensetzung der δ- und ε-Phase wurde röntgenographisch von OWEN-IBALL[95] bestimmt. δ liegt zwischen 32 und 34% Sn und besitzt höchstwahrscheinlich ein gewisses Homogenitätsgebiet. Die ε-Phase erstreckt sich bei 380° von rd. 37,3 bis rd. 39% Sn.

Der eutektische Punkt G liegt nach Untersuchungen von HANSON-SANDFORD-STEVENS[93] sicher oberhalb 99% Sn, und zwar mit großer Genauigkeit bei 99,25—99,3% Sn und 227°.

Literatur.

1. CARSON, O. A.: Canad. min. metallurg. Bull. Nr. 201 (1929) S. 129/270. — 2. LE CHATELIER, H.: C. R. Acad. Sci., Paris April 1894. Bull. Soc. Encour. Ind. nat. 1895 S. 573. S. auch Contribution à l'étude des alliages S. 99/100, Paris 1901. — 3. STANSFIELD, A.: Inst. Mech. Eng. 1895 S. 269/79, Anhang II zu 3. Report of the Alloys Research Committee. — 4. CALVERT, C. F., u. R. JOHNSON (1862): S. Rev. Métallurg. Bd. 12 (1915) S. 978/79. — 5. MATTHIESSEN, A., u. M. HOLZMANN: Pogg. Ann. Bd. 110 (1860) S. 222. Z. anorg. allg. Chem. Bd. 51 (1906) S. 416/18. — 6. LODGE: Philos. Mag. 5 Bd. 8 (1879) S. 554. Z. anorg. allg. Chem. Bd. 51 (1906) S. 416/18. — 7. LAURIE, A. P.: J. chem. Soc. Bd. 53 (1888) S. 104; Bd. 65 (1894) S. 1031. — 8. CALVERT, C. F., u. R. JOHNSON (1861): S. Rev. Métallurg. Bd. 12 (1915) S. 979/80. — 9. CALVERT, C. F., u. R. JOHNSON (1859): S. Rev. Métallurg. Bd. 12 (1915) S. 979/80. — 10. RICHE, A.: Ann. Chim. Phys. 4 Bd. 30 (1873) S. 351. S. Rev. Métallurg. Bd. 12 (1915) S. 979/80. J. Inst. Met., Lond. Bd. 6 (1911) S. 207. — 11. FOERSTER, F.: Z. anorg. allg. Chem. Bd. 10 (1895) S. 309/19. — 12. LE CHATELIER, H.: C. R. Acad. Sci., Paris Bd. 120 (1895) S. 835/37. Ber. dtsch. chem. Ges. Bd. 28 (1875) S. 373 (Referateband). — 13. MYLIUS, F., u. O. FROMM: Ber. dtsch. chem. Ges. Bd. 27 (1894) S. 637. — 14. WRIGHT, C. R. A.: J. Soc. chem. Ind. Bd. 13 (1894) S. 1014. — 15. HEYCOCK, C. T., u. F. H. NEVILLE: J. chem. Soc. Bd. 57 (1890) S. 379. — 16. ROBERTS-AUSTEN, W. C., u. A. STANSFIELD: Inst. Mech. Eng. 1897, S. 67/69: 4. Report of the Alloys Research Committee. — 17. HEYCOCK, C. T., u. F. H. NEVILLE: Philos. Trans. Roy. Soc., Lond. A Bd. 189 (1897) S. 47/51, 62/66. — 18. Um diese Zeit führten H. BEHRENS: Das mikroskopische Gefüge der Metalle und Lggn. S. 71/93, Hamburg u. Leipzig 1894, G. CHARPY: C. R. Acad. Sci., Paris Bd. 124 (1897) S. 957, Contribution à l'étude des alliages S. 139/44, Paris 1901, J. E. STEAD: J. Soc. chem. Ind. Bd. 17 (1898) S. 1116, u. W. CAMPBELL: Engineering Bd. 73 (1902) S. 7, 28, 61, 95, 532. J. Franklin Inst. Bd. 154 (1902) S. 217/23 ihre grundlegenden mikroskopischen Untersuchungen, M. HERSCHKOWITSCH: Z. physik. Chem. Bd. 27 (1898) S. 147/48 seine Spannungsmessungen und E. MAEY: Z. physik. Chem. Bd. 38 (1901) S. 290 u. 301/302 seine Dichtemessungen aus. — 19. HEYCOCK, C. T., u. F. H. NEVILLE: Philos. Trans. Roy. Soc., Lond. A Bd. 202 (1904) S. 1/69. S. auch Proc. Roy. Soc., Lond. Bd. 71 (1904) S. 409/12. Ein Teil der hier veröffentlichten Ergebnisse lag bereits früher vor in Proc. Roy. Soc., Lond. Bd. 68 (1901) S. 171/78. — 20. GIOLITTI, F., u. TAVANTI: Gazz. chim. ital. Bd. 38 II (1908) S. 209/39. — 21. BAUER, O., u. O. VOLLENBRUCK: Mitt. Mat.prüfsamt Berl.-Dahlem Bd. 40 (1922) S. 181/215. Z. Metallkde. Bd. 15 (1923) S. 119/25, 191/95. — 22. ISIHARA, T.: Sci. Rep. Tôhoku Univ. Bd. 13 (1924) S. 75/100. J. Inst. Met., Lond. Bd. 31 (1924) S. 315/45. — 23. TASAKI, M.: Mem. Coll. Engng., Kyoto A Bd. 12 (1929) S. 228/29. — 23a. SLAVINSKI, M. P.: Ber. russ. metallurg. Ges. Bd. 1 (1913) S. 548/63 (russ.). Ref. Rev. Métallurg. Bd. 12 (1915) S. 405/409. — 24. GUREVICH, L. J., u. J. S. HROMATKO: Trans. Amer. Inst. min. metallurg. Engr. Bd. 64 (1921) S. 233/35. J. Inst. Met., Lond. Bd. 37 (1927) S. 235. — 25. MILLER, H. J.: J. Inst. Met., Lond. Bd. 37 (1927) S. 188/90. — 26. JEFFERY, F. H.: Trans. Faraday Soc.

Bd. 23 (1927) S. 563/70. — **27.** RAPER, A. R.: J. Inst. Met., Lond. Bd. 38 (1927) S. 217/31. — **28.** ISIHARA, T.: Sci. Rep. Tôhoku Univ. Bd. 17 (1928) S. 927/37. — **29.** HIERS, G. O., u. G. P. DE FOREST: Trans Amer. Inst. min. metallurg. Engr. Inst. Metals Div. 1930 S. 207/18. — **30.** HAMASUMI, M., u. S. NISHIGORI: Technol. Rep. Tôhoku Univ. Bd. 10 (1931) S. 131/87 (englisch). Kinzoku no Kenkyu Bd. 7 (1930) S. 535/51 (japan.). Ref. J. Inst. Met., Lond. Bd. 44 (1930) S. 495; Bd. 47 (1931) S. 651/52. — **31.** HAMASUMI, M.: Kinzoku no Kenkyu Bd. 10 (1933) S. 137/47 (japan.). Ref. J. Inst. Met., Lond. Bd. 53 (1933) S. 550/51. — **32.** Die angegebenen Werte sind größtenteils aus den Abbildungen der betreffenden Arbeiten entnommen. — **33.** GUERTLER, W.: Metallographie Bd. 1 (1912) S. 660/90. — **34.** HOYT, S. L.: J. Inst. Met., Lond. Bd. 10 (1913) S. 259/65. — **35.** COREY, C. R.: Thesis for M. A. Columbia Univ. 1915, s. Trans. Amer. Inst. min. metallurg. Engr. Bd. 73 (1926) S. 1159 u. 1162 und die Arbeiten von CARSON[1] und HAMASUMI-NISHIGORI[30]. — **36.** BORNEMANN, K.: Metallurgie Bd. 6 (1909) S. 302/304, 326. — **37.** HOYT, S. L.: Trans. Amer. Inst. min. metallurg. Engr. Bd. 60 (1919) S. 198. — **38.** MATSUDA, T.: Sci. Rep. Tôhoku Univ. Bd. 17 (1928) S. 141/61. — **39.** BORNEMANN, K., u. K. WAGENMANN: Ferrum Bd. 11 (1913/14) S. 276/82, 289/314, 330/43. — **39a.** MATUYAMA, Y.: Sci. Rep. Tôhoku Univ. Bd. 16 (1927) S. 447/74. — **40.** BORNEMANN, K., u. F. SAUERWALD: Z. Metallkde. Bd. 14 (1922) S. 145/59. — **41.** ENDO, H.: Sci. Rep. Tôhoku Univ. Bd. 16 (1927) S. 222/24. HONDA, K., u. H. ENDO: J. Inst. Met., Lond. Bd. 37 (1927) S. 46. — **42.** ROONEY, T. E.: J. Inst. Met., Lond. Bd. 25 (1921) S. 333. — **43.** CAMPBELL, W.: Vgl. Anm. 18. — **44.** STOCKDALE, D.: J. Inst. Met., Lond. Bd. 34 (1925) S. 111/20. — **45.** HEYN E., u. O. BAUER: Mitt. Mat.prüfgsamt Berl.-Dahlem Bd. 29 (1911) S. 68. — **46.** HAUGHTON, J. L.: J. Inst. Met., Lond. Bd. 34 (1925) S. 121/23. — **47.** HANSEN, M.: Z. Metallkde. Bd. 19 (1927) S. 407/409. — **48.** BAIN, E. C.: Chem. metallurg. Engng. Bd. 28 (1923) S. 21/24. — **49.** WEISS, H.: Proc. Roy. Soc., Lond. A Bd. 108 (1925) S. 643/54. — **50.** WESTGREN, A., u. G. PHRAGMÉN: Z. anorg. allg. Chem. Bd. 175 (1928) S. 80/89. — **51.** SEKITO, S.: Sci. Rep. Tôhoku Univ. Bd. 18 (1929) S. 59/68. — **52.** MEHL, R. F., u. C. S. BARRETT: Trans. Amer. Inst. min. metallurg. Engr. Inst. Metals Div. 1930 S. 203/206. — **53.** KERSTEN, H., u. J. MAAS: J. Amer. chem. Soc. Bd. 55 (1933) S. 1002/1004. — **54.** SHEPHERD, E. S., u. E. BLOUGH: J. physic. Chem. Bd. 10 (1906) S. 630/53. — **55.** MATSUDA, T.: Sci. Rep. Tôhoku Univ. Bd. 11 (1922) S. 224/37. — **56.** ISIHARA, T.: Sci. Rep. Tôhoku Univ. Bd. 15 (1926) S. 225/46. — **57.** HANSEN, M.: Z. anorg. allg. Chem. Bd. 170 (1928) S. 18/24. — **58.** STOCKDALE, D., bei J. D. BERNAL: Nature, Lond. Bd. 122 (1928) S. 54. — **59.** BRONIEWSKI, W., u. B. HACKIEWICZ: Rev. Métallurg. Bd. 25 (1928) S. 671/84; Bd. 26 (1929) S. 20/28. — **60.** HUME-ROTHERY, W.: Philos. Mag. 7 Bd. 8 (1929) S. 114/21. — **61.** IMAI, H., u. I. OBINATA: Mem. Ryojun Coll. Eng. Bd. 3 (1930) S. 117/35. — **62.** IMAI, H., u. M. HAGIYA: Mem. Ryojun Coll. Eng. Bd. 5 (1932) S. 77/89. — **62a.** BAIN, E. C.: Chem. metallurg. Engng. Bd. 28 (1923) S. 69. Ind. Engng. Chem. Bd. 16 (1924) S. 692/98. — **63.** WESTGREN, A., u. G. PHRAGMÉN: Z. anorg. allg. Chem. Bd. 175 (1928) S. 80/89. S. auch Z. Metallkde. Bd. 18 (1926) S. 279/84. Metallwirtsch. Bd. 7 (1928) S. 700f. — **64.** MORRIS-JONES, W., u. E. J. EVANS: Philos. Mag. 7 Bd. 4 (1927) S. 1302/11. — **65.** BERNAL, J. D.: Nature, Lond. Bd. 122 (1928) S. 54. — **66.** LINDE, J. O.: Ann. Physik 5 Bd. 8 (1931) S. 124/28. — **67.** CARLSSON, O., u. G. HÄGG: Z. Kristallogr. Bd. 83 (1932) S. 308/17. — **68.** ISAITSCHEW, I., u. G. KURDJUMOW: Metallwirtsch. Bd. 11 (1932) S. 554. — **69.** BRONIEWSKI, W.: Rev. Métallurg. Bd. 12 (1915) S. 974/89. — **70.** HOYT, S. L.: Metallography, Metals and their Common Alloys 1921; s. CARSON[1]. — **71.** HANSEN, M.: Unveröffentlichte Versuche 1927. — **72.** BRONIEWSKI u. HACKIEWICZ[59] geben eine ganz abweichende, unmögliche Deutung. — **73.** ENDO,

H.: Sci. Rep. Tôhoku Univ. Bd. 14 (1925) S. 486/88. — **74.** TASAKIs Annahme (s. Abb. 266) ist experimentell nicht hinreichend gestützt. — **75.** BERNAL fand, daß die Legierung mit 37,5% Sn homogen ist. — **76.** HAMASUMI-NISHIGORI sprechen die Vermutung aus, daß der Knick in der β $(\alpha + \beta)$-Grenze durch die $\beta \rightleftharpoons \beta'$-Umwandlung hervorgerufen wird. Die $\beta \rightleftharpoons \beta'$-Umwandlung im System Cu-Zn scheint einen ähnlichen Einfluß auszuüben. — **77.** Es sei jedoch nicht verschwiegen, daß nach CARSON Legn. mit 29,55 und 30% Sn bei 610° bzw. 550° (nach röntgenographischen Heißaufnahmen) nicht aus β bestehen. — **78.** MATSUDA, T.: J. Inst. Met., Lond. Bd. 39 (1928) S. 67/108. — **79.** „Vielleicht ist die Kantenlänge des Elementarkubus tatsächlich dreimal so groß, wie sie aus den Pulverphotogrammen hervorzugehen scheint. Oder, was wahrscheinlicher sein dürfte, die δ-Phase stellt vielleicht keine chemische Verbindung dar, sondern ist eine Art fester Lösung, deren Stabilität durch die Valenzelektronenkonzentration 21 : 13 (Formel $Cu_{31}Sn_8$) bedingt ist." — **80.** HAUGHTON, J. L.: J. Inst. Met., Lond. Bd. 13 (1915) S. 222/42. — **81.** HAUGHTON, J. L.: J. Inst. Met., Lond. Bd. 25 (1921) S. 309/30, 335/36. — **82.** HAUGHTON, J. L.: Trans. Faraday Soc. Bd. 24 (1928) S. 212/13. — **83.** LEDOUX, R.: C. R. Acad. Sci., Paris Bd. 155 (1912) S. 35/37. — **84.** STEPHENS, E.: Philos. Mag. 7 Bd. 8 (1929) S. 273/89. — **85.** LINDE, J. O.: Ann. Physik Bd. 15 (1932) S. 219/33. — **85a.** SMITH, C. S.: Amer. Inst. min. metallurg. Engr. Techn. Publ. Nr. 291 (1930) S. 7. — **86.** PUSCHIN, N. A.: Z. anorg. allg. Chem. Bd. 56 (1908) S. 17/19. — **87.** SACKUR, O., u. H. PICK: Z. anorg. allg. Chem. Bd. 58 (1908) S. 46/58. — **88.** RAEDER, M. G., u. D. EFJESTAD: Z. physik. Chem. Bd. 140 (1929) S. 129/30. — **89.** HAUGHTON, J. L., u. T. TURNER: J. Inst. Met., Lond. Bd. 6 (1911) S. 192/212. — **90.** BAUER, O., u. O. VOLLENBRUCK: Mitt. Mat.prüfgsamt Berl.-Dahlem Bd. 42 (1924) S. 34/36. — **91.** JEFFERY, F. H.: Trans. Faraday Soc. Bd. 27 (1931) S. 136/37, 137/39, 188/90. — **92.** VERÖ, J.: Z. anorg. allg. Chem. Bd. 218 (1934) S. 402/24. — **93.** HANSON, D., E. J. SANDFORD u. H. STEVENS: J. Inst. Met., Lond. Bd. 55 (1934) S. 119/21. — **94.** ISAWA, T., u. I. OBINATA: Metallwirtsch. Bd. 14 (1935) S. 185/88; Mem. Ryojun Coll. Eng. Inouye Gedächtnisband (1934) S. 235/42. — **95.** OWEN, E. A., u. J. IBALL: J. Inst. Met., Lond. Bd. 57 (1935) S. 267/86. — **96.** Vgl. ferner ISAITSCHEW, I., u. G. KURDJUMOW: Physik. Z. Sowjet-Union Bd. 5 (1934) S. 6/21; BUGAKOW, W., I. ISAITSCHEW u. G. KURDJUMOW: ebenda S. 22/30 (russ.). — **97.** KONOBEJEWSKI, S. T., u. V. P. TARASOWA: Z. exp. u. theoret. Physik Bd. 4 (1934) S. 272/91 (russ.); Ref. J. Inst. Met., Lond. Met. Abs. Bd. 2 (1935) S. 150. — **98.** EASH, J. T., u. C. UPTHEGROVE: Trans. Amer. Inst. min. metallurg. Engr. Inst. Metals Div. Bd. 104 (1933) S. 221/49. — **99.** VERÖ, J.: Mitt. berg. u. hütt. Abt. Hochsch. zu Sopron, Ungarn Bd. 5 (1933) S. 128/55; Z. anorg. allg. Chem. Bd. 213 (1933) S. 257/72.

Cu-Te. Kupfer-Tellur.

CHIKASHIGE[1] hat das in Abb. 269 dargestellte Zustandsdiagramm auf Grund thermischer und mikroskopischer Untersuchungen entworfen[2]. Zu beachten ist, daß der Schmelzpunkt des Kupfers mit 1055° statt 1083° angegeben wird; dadurch erfahren die höheren Erstarrungs- und Umwandlungstemperaturen eine erhebliche Korrektur, die jedoch in Abb. 269 nicht angebracht wurde. Der Schmelzpunkt des Tellurs (KAHLBAUM) wird ebenfalls um einiges zu tief — 438° statt 453° — angegeben.

Es bestehen die beiden Verbindungen Cu_2Te (50,07% Te) und Cu_4Te_3

(60,07% Te). Erstere ist seit langem bekannt[3], das Bestehen der letzteren folgert CHIKASHIGE aus der Abhängigkeit der Haltezeiten für 623°, 365° (polymorphe Umwandlung)[4] und 344° von der Konzentration. Wegen der Verschiebung der Zusammensetzung der Legierungen während des Schmelzens[2] könnte für die Te-reichere der beiden Verbindungen vielleicht auch die Formel Cu_3Te_2 (57,21% Te) in Frage kommen.

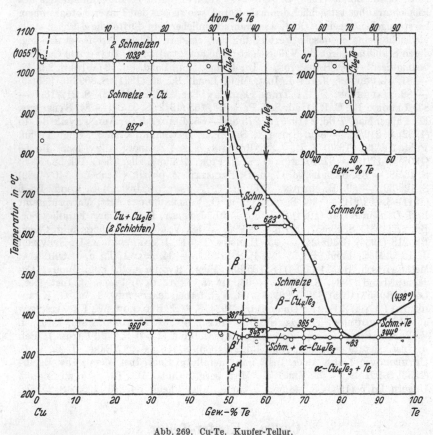

Abb. 269. Cu-Te. Kupfer-Tellur.

Ob Cu_2Te direkt aus der Schmelze kristallisiert, wie in Abb. 269 angenommen wurde, oder bei rd. 1033° peritektisch gebildet wird (vgl. Nebenabb.), wurde nicht entschieden, da zwischen 48,2 und 53% Te keine Schmelzen untersucht wurden. Den Haltezeiten der peritektischen Reaktion zufolge bildet Cu_2Te mit Te Mischkristalle; die aus dem Schmelzfluß erkalteten Legierungen mit 53 und 55% Te — korrigiert etwa 51 und 53% Te[2] — erwiesen sich als mikroskopisch einphasig. Eine widerspruchsfreie Deutung der beiden Umwandlungen bei 387°

(nur zwischen 48 und 57,5% Te beobachtet) und etwa 360—345° ist auf Grund der Angaben des Verfassers nicht möglich, um so weniger, als die Zusammensetzung der Legierungen nicht analytisch ermittelt wurde. CHIKASHIGE hält beide Reaktionen für polymorphe Umwandlungen der Verbindung Cu_2Te, bemerkt jedoch selbst, daß die größte Wärmetönung merkwürdigerweise nicht bei der Konzentration Cu_2Te, sondern bei 55% Te (wahre Zusammensetzung rd. 53% Te), d. h. bei der Zusammensetzung des an Te gesättigten Mischkristalles beobachtet wurde. GUERTLER[5] versucht die Umwandlungen anders zu deuten, doch kommt er zu dem Ergebnis, daß zwischen Cu_2Te und Cu_4Te_3 ein heterogenes Gemenge dieser beiden Phasen vorliegt, was mit den Angaben von CHIKASHIGE über das Gefüge nicht vereinbar ist.

Die feste Löslichkeit von Cu in Te wurde nicht untersucht, bezüglich der festen Löslichkeit von Te in Cu ist zu sagen, daß 0,05% Te mikroskopisch noch deutlich zu erkennen waren. CHIKASHIGE vermutet, „daß sich ein Gehalt von 0,01% Te der mikroskopischen Beobachtung kaum entziehen dürfte".

PUSCHIN[6] hat die Kette $Cu/1$ n $CuSO_4/Cu_xTe_{(1-x)}$ ohne Kenntnis des Aufbaus der Legierungen gemessen. Die Spannungskurve besitzt einen Sprung bei Cu_2Te. Zur Erklärung des Kurvenverlaufes erachtet er die — allerdings durch nichts gerechtfertigte — Annahme einer Verbindung CuTe (66,73% Te) als notwendig. KREMANN hat darauf hingewiesen, daß PUSCHINs Einzelpotentialwerte auch die Annahme eines Spannungssprunges bei der Zusammensetzung Cu_4Te_3 zulassen, doch beträgt der Spannungsabfall bei dieser Konzentration allenfalls 20 Millivolt, während die Fehlergrenze der Messungen PUSCHINs nur wenig kleiner ist.

Literatur.

1. CHIKASHIGE, M.: Z. anorg. allg. Chem. Bd. 54 (1907) S. 50/57. — **2.** Zwischen 70 und 100% Te entsprach die Zusammensetzung der Legn. den Einwaagen, bei niederem Te-Gehalt trat Te-Verlust während des Schmelzens (unter CO_2) ein. „Da aber die Te-Verluste 2% nicht übersteigen, so wurde auf Anbringung der entsprechenden Korrektionen verzichtet." Nur die Zusammensetzung der beiden Reguli, die fast ausschließlich aus den beiden Verbindungen bestanden, wurde analytisch bestimmt. Ihre Zusammensetzungen waren 39,37% Cu (Einwaage 40% Cu) und 51,79% Cu (Einwaage 50% Cu). — **3.** Cu_2Te wurde durch Glühen von Cu in Te-Dampf dargestellt von J. MARGOTTET: C. R. Acad. Sci., Paris Bd. 85 (1877) S. 1142. FABRE, C.: Ebenda Bd. 105 (1887) S. 277. BRAUNER, B.: Mh. Chemie Bd. 10 (1889) S. 411/57. — **4.** Nach 7stündigem Glühen bei 360° hatte sich das Gefüge der Legn. mit 60—70% Te nicht verändert. Die Reaktion bei 365° ist also sicher keine peritektische. — **5.** GUERTLER, W.: Metallographie S. 921/23, Berlin 1912. — **6.** PUSCHIN, N. A.: Z. anorg. allg. Chem. Bd. 56 (1908) S. 9/12.

Cu-Th. Kupfer-Thorium.

Siehe Cd-Th, S. 460.

Cu-Ti. Kupfer-Titan.

Abb. 270a gibt die von KROLL[1] bestimmten Kurven des Beginns und des Endes der Erstarrung der Cu-Ti-Schmelzen bis zu einem Ti-Gehalt von 18,5% wieder. Über die sicher im festen Zustand auftretenden Reaktionen und die Natur der daran beteiligten Kristallarten wissen wir nichts. Bei 900° sind nach KROLL 3—4% Ti im Kupfer gelöst; bei 350° liegt die Sättigungsgrenze unterhalb 0,5% Ti, da eine bei 850° abgeschreckte Legierung dieser Zusammensetzung beim Anlassen auf 350° eine erhebliche Härtesteigerung erfährt[2].

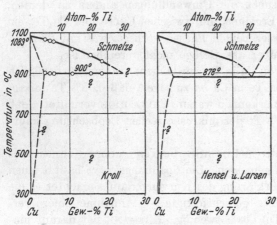

Abb. 270 a und b. Cu-Ti. Kupfer-Titan.

Das Bestehen Cu-reicher fester Lösungen wurde schon früher von HUNTER-BACON[3] durch Messung der elektrischen Leitfähigkeit und des Temperaturkoeffizienten des elektrischen Widerstandes von Legierungen mit 1, 2 und 5% Ti bewiesen, doch gestatteten diese wenigen Messungen keine Angaben über den Grad der Löslichkeit.

Nachtrag. Unabhängig von KROLL gelangten HENSEL-LARSEN[4] auf Grund thermischer Untersuchungen im Bereich von 0—27,3% Ti zu einem im wesentlichen gleichen Zustandsschaubild der Cu-reichen Legierungen (Abb. 270b). Die Legierungen wurden jedoch ohne (!) Schutzatmosphäre (vgl. Anm. 1) erschmolzen; sie enthielten neben TiN an metallischen Verunreinigungen Fe (bei 17% Ti rd. 0,04—0,5%, bei höheren Ti-Gehalten 2—3%), Al (0,03—0,24%) und Si (0,01—0,24%). Aus den thermischen Daten schließen die Verfasser auf eine Löslichkeit von 4—4,5% Ti bei der eutektischen Temperatur. Aushärtungsversuche zeigten, daß die Löslichkeit auf unter 0,8% Ti bei 400° sinkt. Nach Aushärtungsversuchen von SCHUMACHER-ELLIS[5] liegt die Sättigungsgrenze bei 400° noch unter 0,67% Ti. Orientierende Röntgenuntersuchungen vermochten nichts Sicheres über die Natur der mit Cu-reichen Mischkristallen im Gleichgewicht befindlichen Phase auszusagen; das Cu-Gitter wird durch Ti aufgeweitet.

Literatur.

1. KROLL, W.: Z. Metallkde. Bd. 23 (1931) S. 33/34. Es wurde reines geschmolzenes, schmiedbares Ti verwendet, das hergestellt war durch Reduktion

von TiCl$_4$ mit Na in einer Ni-Stahlbombe (Metallwirtsch. Bd. 9 (1930) S. 1043).
Das Einschmelzen der Legn. erfolgte unter gereinigtem Argon (Ti hat eine sehr
große Affinität zu Stickstoff) in Alundumtiegeln. — **2.** BENSEL, F. O.: Met. u. Erz
Bd. 11 (1914) S. 10/16, 46/48 berichtete über die Herstellung von Cu-Ti-Legn. auf
verschiedenem Wege. Er bemühte sich vergebens, das Erstarrungsschaubild der
Cu-reichen Legn. aufzustellen, vor allem wurde er durch Bildung von Titannitrid
stark behindert. Er teilt unter Vorbehalt mit, daß der Schmelzpunkt des Kupfers
schon durch kleine Ti-Gehalte wesentlich erhöht wird, was KROLL (s. oben) nicht
bestätigen konnte. BENSEL veröffentlichte 2 Gefügebilder. — **3.** HUNTER, M. A.,
u. J. W. BACON: Trans. Amer. electrochem. Soc. Bd. 37 (1920) S. 513/24. —
4. HENSEL, F. R., u. E. I. LARSEN: Amer. Inst. min. metallurg. Engr. Techn.
Publ. Nr. 432 (1931) S. 1/11. — **5.** SCHUMACHER, E. E., u. W. C. ELLIS: Met.
& Alloys Bd. 2 (1931) S. 111.

Cu-Tl. Kupfer-Thallium.

Abb. 271 gibt das von
DOERINCKEL[1] entworfene Zustandsschaubild wieder. Das
Bestehen einer Mischungslücke
im flüssigen Zustand konnte
mikroskopisch bestätigt werden; die Schichtenbildung trat
jedoch erst oberhalb 40% Tl
deutlich ein; noch bei 50% Tl
konnte sie durch kräftiges Umrühren der Schmelze bis zum
Erstarrungsbeginn verhindert
werden. Die Entmischungs-
grenzen bei 962° ergaben sich

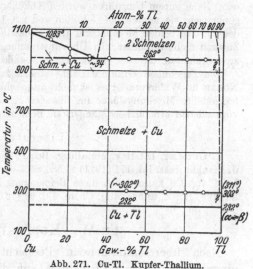

Abb. 271. Cu-Tl. Kupfer-Thallium.

zu etwa 34—35% Tl und rd. 98—99% Tl, letzterer Wert ist jedoch sehr
roh, da er nur durch Extrapolation der Haltezeiten bei 962° gewonnen
wurde. Das Ende der Erstarrung fand DOERINCKEL bei 302° unter
Zugrundelegung eines Tl-Schmelzpunktes von 311°. Die Lage des
eutektischen Punktes und die Größe der Löslichkeiten im festen Zustand ist nicht bekannt.

Literatur.

1. DOERINCKEL, F.: Z. anorg. allg. Chem. Bd. 48 (1906) S. 185/88. Schmelzen
von 20 g unter CO$_2$ und Kohlepulver.

Cu-V. Kupfer-Vanadium.

Über den Aufbau der Cu-reichen Cu-V-Legierungen liegen folgende Angaben vor.
GUILLET[1], der einige Legierungen durch Reduktion von V$_2$O$_5$ mit Hilfe von
Al in Gegenwart von Cu herstellte, zieht aus der mikroskopischen Prüfung den
Schluß, daß 1. bis etwa 6—7% V Cu und V Mischkristalle bilden, 2. bei höheren
V-Gehalten ein bläulicher Gefügebestandteil auftritt, 3. zwischen 10 und 25% V
die Legierungen aus zwei Schichten bestehen, einer oberen, die aus der bläulichen

Kristallart besteht und einer unteren, die aus dem Mischkristall besteht, 4. oberhalb 25% V die Legierungen aus zwei „Verbindungen" aufgebaut sind. Die von ihm veröffentlichten Gefügebilder der Legierungen mit 7%, 10% und 22% sind jedoch m. E. nicht damit in Einklang zu bringen (vgl. Originalarbeit). Insbesondere besteht die 7%ige Legierung m. E. aus wenigen Primärkristallen in einer eutektischen Grundmasse (vgl. auch Norris).

Norris[2] bemerkt, daß bei etwa 7% V ein Eutektikum liegt, und daß einige Hundertstel % V die elektrische Leitfähigkeit von Cu außerordentlich erniedrigen. Über den Reinheitsgrad der untersuchten Legierungen wird gesagt, daß sie schwer frei von Fe und Al zu erhalten waren[3].

Giebelhausen[4] hat aluminothermisch hergestelltes V mit 94,2% V (!) und Cu in Magnesiaröhren über 1800° erhitzt, so daß auch das Vanadium geschmolzen war. Nach gutem Umrühren wurden Abkühlungskurven von etwa 1300° an aufgenommen; sie zeigten bei Gehalten von 2,8, 13 und 21% V nur den Haltepunkt des Cu. Die beiden Metalle sind also in diesem Konzentrationsgebiet im flüssigen Zustand nicht mischbar. In Übereinstimmung damit bestanden die Proben aus zwei Schichten, die sich als die reinen Metalle erwiesen.

Die Ergebnisse Giebelhausens stehen zu dem Befund von Guillet und Norris im Widerspruch; es ist nicht ausgeschlossen, daß die von Giebelhausen festgestellte Mischungslücke im flüssigen Zustand durch die im verwendeten V vorhandenen erheblichen Mengen an Beimengungen (5,8%) verursacht ist.

Literatur.

1. Guillet, L.: Rev. Métallurg. Bd. 3 (1906) S. 174/75. — 2. Norris, G. L.: J. Franklin Inst. Bd. 171 (1911) S. 580/81. — 3. Die starke Erniedrigung der elektr. Leitf. von Cu kann durch diese Beimengung hervorgerufen sein. — 4. Giebelhausen, H.: Z. anorg. allg. Chem. Bd. 91 (1915) S. 256.

Cu-W. Kupfer-Wolfram.

Nach übereinstimmenden Beobachtungen zahlreicher Forscher[1] nimmt geschmolzenes Cu kein W auf; die beiden Metalle legieren sich also nicht[2][3].

Literatur.

1. Guillet, L.: Rev. Métallurg. Bd. 3 (1906) S. 176. Rumschöttel, O.: Met. u. Erz Bd. 12 (1915) S. 45/50 u. Abh. Inst. Metallhütt. u. Elektromet. Techn. Hochsch. Aachen Bd. 1 Nr. 1 (1915) S. 19/24. Kremer, D.: Abh. Inst. Metallhütt. u. Elektromet. Techn. Hochsch. Aachen Bd. 1 Nr. 2 (1916) S. 10/11. Schwarz, M. v.: Metall u. Legierungskunde S. 101, Stuttgart 1929. Schröter, K.: Z. Metallkde. Bd. 23 (1931) S. 197. — 2. In der Arbeit von Rumschöttel befinden sich Widersprüche. Es geht nicht klar aus seinen Ausführungen hervor, ob W in flüssigem Cu — selbst bei sehr hoher Temperatur — unlöslich ist, oder ob W gelöst war und beim Erkalten als elementares W primär ausgeschieden und darauf geseigert war. — 3. Ältere Literatur (ziemlich wertlos): Bernoulli: Pogg. Ann. Bd. 111 (1860) S. 573. Sargent, C. L.: J. Amer. chem. Soc. Bd. 22 (1900) S. 783. Weitere Angaben s. bei Rumschöttel.

Cu-Zn. Kupfer-Zink.

Die bis zum Jahre 1927 veröffentlichten Arbeiten wurden von Bauer und Hansen[1] in ihrer Monographie „Der Aufbau der Kupfer-

Zinklegierungen" einer eingehenden Kritik unterzogen. Im Anschluß daran haben die genannten Verfasser dasjenige zusammengefaßt, was auf Grund wiederholter und eindeutiger Feststellungen als einwandfrei feststehend angesehen werden durfte, und überall da, wo noch Fragen offen oder zweifelhaft erschienen, eigene Untersuchungen unter Ausschaltung aller erdenklichen Fehlerquellen ausgeführt. Das von ihnen unter Zugrundelegung fremder und eigener Untersuchungen aufgestellte, auch in quantitativer Hinsicht mit einem hohen Sicherheitsgrad behaftete Gleichgewichtsschaubild ist durch spätere Arbeiten — die wichtigsten wurden von BAUER-HANSEN gelegentlich[2][3] besprochen — unbeeinflußt geblieben. Lediglich bezüglich der Art der Darstellung der $\beta \rightleftharpoons \beta'$-Umwandlung wurde später[3], dem Fortschritt der Erkenntnis Rechnung tragend, eine kleine Änderung vorgenommen.

Über die geschichtliche Entwicklung des Zustandsdiagramms ist zu sagen, daß bereits nach den Arbeiten von BEHRENS[4], CHARPY[5] (mikroskopische Untersuchungen), ROBERTS-AUSTEN[6] (Erstarrungsdiagramm), HEYCOCK-NEVILLE[7] (Erstarrung der Zn-reichen Legierungen) und ganz besonders SHEPHERD[8] (Aufstellung des ersten vollständigen Diagramms auf Grund thermischer und mikrographischer Untersuchungen) ein Diagramm vorlag, das in allen wesentlichen Punkten (Erstarrungskurven, Zahl der intermediären Phasen, Grenzen der Mischkristallgebiete) wenigstens qualitativ dem heutigen Diagramm entspricht. In quantitativer Hinsicht — insbesondere was den Verlauf einzelner Phasengrenzen u. a. m. angeht — ließen jedoch die Diagramme von SHEPHERD, TAFEL[9], PARRAVANO[10], IMAI[11], IITSUKA[12] und CREPAZ[13] sowie die älteren Kombinationsdiagramme von BORNEMANN[14], GUERTLER[15] und BRONIEWSKI[16] zu wünschen übrig. Um diesem Mangel abzuhelfen, haben sich zahlreiche Forscher, die weiter unten genannt werden, mit der Klärung einzelner Fragen, wie die genaue Festlegung von Mischkristallgrenzen, die $\beta \rightleftharpoons \beta'$-Umwandlung, die Kristallstruktur der Phasen u. a. m. befaßt. Die Untersuchungen über das Erstarrungs- und Umwandlungsschaubild wurden zum Abschluß gebracht durch die kritische Sichtung des vorliegenden Tatsachenmaterials und die eingehenden und umfangreichen Untersuchungen von BAUER und HANSEN[1], die durch einige, sich jedoch nur mit Teilfragen beschäftigende Arbeiten bestätigt und ergänzt wurden[2][3].

Im folgenden werden die einzelnen Arbeiten an Hand des Diagramms der Abb. 272 unter einheitlichen Gesichtspunkten, der Einteilung des Stoffes in der Monographie folgend, kurz zusammengefaßt. Eine nähere Besprechung der Ergebnisse ist in diesem Zusammenhange wegen der Fülle der Arbeiten nicht möglich. Es muß daher dieserhalb auf die genannte Monographie verwiesen werden (s. auch Nachtrag).

1. Die Liquiduskurve des ganzen Systems wurde bestimmt von

CHARPY[5] (sehr ungenau), ROBERTS-AUSTEN[6], SHEPHERD[8], SACKUR[17], TAFEL[9], PARRAVANO[10], IMAI[11], IITSUKA[12], CREPAZ[13], RUER-KREMERS[18]. BAUER-HANSEN[1] haben die Liquidustemperaturen im Bereich von 0—45% Cu bestimmt. Die Erstarrungstemperaturen der Zn-reichen Legierungen wurden ermittelt von HEYCOCK-NEVILLE[7] (0—15% Cu), ARNEMANN[19] (0—9% Cu) und HAUGHTON-BINGHAM[20] (0—10% Cu). Trägt man die von den verschiedenen Verfassern gefundenen Liquiduspunkte in das Temperatur-Konzentrationsdiagramm ein, so ergibt sich zwischen 100 und 30% Cu ein Streubereich von rd. 5—15°, zwischen 30 und 10% Cu ein solcher von 10° und weniger und zwischen 10 und 0% Cu ein solcher von 5° und weniger. Die in Abb. 272 gezeichnete Liquiduskurve wurde durch graphische Interpolation gewonnen, wobei die verläßlichsten Werte besonders berücksichtigt wurden.

2. Die Soliduskurve setzt sich zusammen aus den Kurven des Endes der Erstarrung der Mischkristalle α, β, γ, δ, ε und η sowie Teilen der peritektischen Horizontalen BD, GH, LN, OQ und UW, bei deren Temperaturen sich die primär ausgeschiedenen Mischkristalle der Konzentrationsbereiche dieser Horizontalen mit der jeweils übriggebliebenen Cu-ärmeren Schmelze unter Bildung der nächstfolgenden Cu-ärmeren Kristallart umsetzen. Die Soliduskurven der α-, β- und γ-Mischkristalle wurden mit Hilfe thermischer Untersuchungen ermittelt von SACKUR, TAFEL, PARRAVANO, IMAI, IITSUKA, CREPAZ und RUER-KREMERS. Der Streubereich (etwas größer als bei der Liquiduskurve) ist außer durch Abweichungen in der Temperaturmessung vor allem bedingt durch die in den Versuchsbedingungen liegende Unsicherheit, mit der die Bestimmung von Erstarrungsintervallen der Mischkristalle mittels thermischer und ähnlicher Untersuchungen behaftet ist. Die in Abb. 272 dargestellten Kurven wurden in derselben Weise gewonnen wie die Liquiduskurven, wobei die kleinsten Erstarrungsintervalle, die in der Regel als die verläßlichsten anzusehen sind, besonders berücksichtigt wurden[98]. Die Soliduskurve der δ-Mischkristalle wurde nach den genauesten darüber vorliegenden Angaben von BAUER-HANSEN (mikrographisch) gezeichnet. Das Ende der Erstarrung der ε-Mischkristalle wurde näher nur von IITSUKA und RUER-KREMERS bestimmt (thermisch); ihre Ergebnisse stimmen recht gut überein. Über die Soliduskurve der η-Mischkristalle liegen genaue Angaben nur von HAUGHTON-BINGHAM vor.

Die Temperaturen der Peritektikalen und die Konzentrationen ihrer Endpunkte und der peritektischen Punkte sind nach den Ergebnissen der verschiedenen Forscher in Tabelle 25 zusammengestellt. Die in Klammern eingeschlossenen Werte sind von den betreffenden Verfassern nicht selbst ermittelt, sondern übernommen worden. In der letzten Spalte sind die Werte angegeben, die für die Abb. 272 verwendet wurden. Bezüglich der Temperaturen ist zu sagen, daß ein Unterschied von 1—2° innerhalb der Grenze der Meßgenauigkeit liegt.

Die Peritektikale BCD (α + Schmelze $\rightleftharpoons \beta$) verläuft bei 905°. Der Punkt B liegt nach den mikrographischen Untersuchungen von GENDERS-BAILEY[21] mit Sicherheit sehr nahe bei 67,5% Cu, d. h. bei einer kleineren

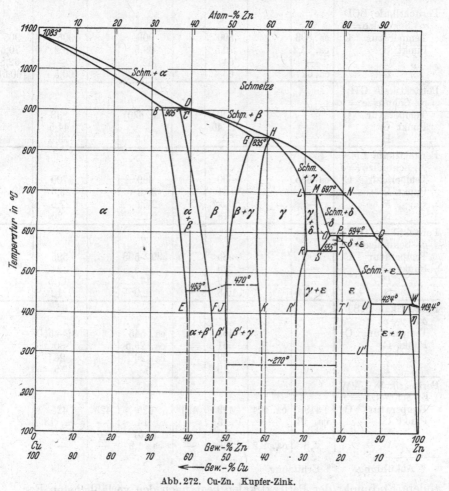

Abb. 272. Cu-Zn. Kupfer-Zink.

Cu-Konzentration, als auf Grund der thermischen Untersuchungen angenommen wurde. Diese Tatsache findet ihre Erklärung darin, daß in allen Fällen, in denen auf Abkühlungskurven von Schmelzen mit mehr als 67,5% Cu Haltepunkte gefunden wurden, die Abkühlungsgeschwindigkeit zu groß war, um den Gleichgewichtszustand zu erreichen. Der Punkt C liegt nach den mikrographischen Untersuchungen von BAUER-HANSEN sehr nahe bei 63% Cu, in guter Übereinstimmung mit dem von den meisten anderen Autoren gefundenen peritektischen Punkt. Der

Tabelle 25. Temperaturen der horizontalen Gleichgewichtskurven und
R.-A. = ROBERTS-AUSTEN, H. u. N. = HEYCOCK u. NEVILLE, S. = SHEPHERD, Sa. =
DAVIDSON, I. = IMAI, J. = JARES, Ia. = IITSUKA, H. u. B. = HAUGTHON u. BINGHAM,
RUER u. KREMERS, H. u. S.

	R.-A.	H.u.N.	S.	Sa.	T.	A.	P.	M. u. D.
Peritektikale BCD α+Schmelze $\rightleftharpoons \beta$								
Temperatur ° C	ca. 893		890		906		905	905
Punkt B	ca. 73,2		70,5		69,5		70,2	70,5
„ C	—		64		62		—	62,8
„ D	ca. 62		63		61,5		60,5	(60,5)
Peritektikale GH β+Schmelze $\rightleftharpoons \gamma$								
Temperatur ° C			840		(ca. 830)		838	
Punkt G			ca. 46		—		44,5	
„ H			50		39,3		39,3	
Peritektikale LMN γ+Schmelze $\rightleftharpoons \delta$								
Temperatur ° C	ca. 685		690		699		700	
Punkt L	—		31		30,3		29,5	
„ M	—		30,5 ?		27,2		27,5	
„ N	18		18		20,2		20	
Peritektikale OPQ δ+Schmelze $\rightleftharpoons \varepsilon$								
Temperatur ° C	590		585		589—598		595	
Punkt O	—		20		19,5		24	
„ P	—		19		17		17,5	
„ Q	ca. 11		10,5		12,3		12	
Dystektikale RST $\delta \rightleftharpoons \gamma + \varepsilon$								
Temperatur ° C			455		ca. 545		545—550	
Punkt R			31		ca. 29,5		30	
„ S			29		ca. 26		26	
„ T			19		?		19	
Peritektikale UVW ε+Schmelze $\rightleftharpoons \eta$								
Temperatur ° C	419	ca. 424	419	421	425	425	425	
Punkt U	ca. 13	—	13	—	14	—	ca. 13	
„ V	—	—	2,5	—	(2,5)	—	—	
„ W	1,8	ca. 2,2	2,5	—	ca. 1,8	—	—	

* Abkühlung.   ** Erhitzung.

andere Endpunkt der Peritektikalen liegt nach den verläßlichsten Ergebnissen zwischen 60 und 62% Cu. BAUER-HANSEN u. a. hatten mit
PARRAVANO 60,5% Cu angenommen, doch ist es unter Berücksichtigung
der neueren sorgfältigen Ergebnisse von RUER-KREMERS wahrscheinlicher, daß er näher bei 62% Cu liegt. Er wurde in Abb. 272 bei 61,5%
angenommen.

Die Peritektikale *GH* (β + Schmelze $\rightleftharpoons \gamma$) verläuft bei 833—835°,
und ihre Endpunkte sind zu 43,5% (BAUER-HANSEN, mikrographisch)
und 39% Cu anzunehmen. Der peritektische Punkt fällt, wie fast aus-

Konzentrationen (in Gew.-% Cu) ihrer ausgezeichneten Punkte.

Sackur, T. = Tafel, A. = Arnemann, P. = Parravano, M. u. D. = Mathewson u. G. u. B. = Genders u. Bailey, C. = Crepaz, B. u. H. = Bauer u. Hansen, R. u. K. = = Hansen u. Stenzel.

I.	J.	Ia.	H. u. B.	G. u. B.	C.	B. u. H.	R. u. K.	H. u. S.	Abb. 272
905		893		906	903	(905)	902		905
69		68,5		67,5	68	(67,5)	69,2		67.5
ca. 63,5		63		(62,8)	(62,5)	63,0	62,1		63,0
62		60		(60,5)	62,5	(60,5)	62,1		61,5
835		833			840	833	835		835
ca. 45		44			45	43,5	43,6		43,5
39—40		38			ca. 39	39,0	40,2		39,0
							696 *		
700		695			700	695	704 **		697
(31)		30,5			30	ca. 30,2	29,8		30,2
(30,5)		30,5			30	27,0	ca. 27		27,0
20		20			19,5	19,5	20		19,5
							593 *		
585		592			595	594	601 **		594
(20)		23,5			(20)	23,5	ca. 23,5		23,5
(19)		21,5			19,5	21,5	ca. 21		21,5
11		11,5			10,5	11,5	11,6		11,5
							542 *		
530		555			545	555	564 **		555
(31)		30			(30)	29,5	30		29,5
(28,5)		26			26	26,0	26		26,0
(19)		21,5			19,5	21,5	21		21,5
425	424	423	426		425	423	423	—	424
—	—	13	—		12	ca. 12,5	13	—	12,5
—	2,0—2,5	1,5	2,0—2,1		—	(2,0)	(2,0)	2,66	2,66
—	2,0	ca. 1,0	1,8		ca. 2,5	1,8	1,5	—	1,8

nahmslos gefunden wurde, praktisch mit dem Endpunkt H zusammen.

Die Peritektikalen LMN (γ + Schmelze $\rightleftharpoons \delta$) und OPQ (δ + Schmelze $\rightleftharpoons \varepsilon$). Die Konzentration der Punkte L, M, Q und P wurde am genauesten von Bauer-Hansen festgelegt, und zwar durch mikrographische Bestimmung der in sie einmündenden Gleichgewichtskurven. Die Endpunkte N und Q ergeben sich aus den thermischen Untersuchungen der meisten Forscher zu 19,5—20% bzw. 11,5 ± 0,5% Cu; Bauer-Hansen fanden 19,5 und 11,5% Cu.

Die peritektische Horizontale UVW (ε + Schmelze $\rightleftharpoons \eta$) erstreckt sich von etwa 12,5% Cu (BAUER-HANSEN, mikrographisch) bis 1,8% Cu (HAUGHTON-BINGHAM, thermisch). Der peritektische Punkt V wurde am genauesten von HANSEN-STENZEL[22] aus dem Verlauf der η $(\varepsilon + \eta)$-Grenze ermittelt. Er liegt mit 2,66% Cu bei einem etwas höheren Cu-Gehalt, als nach der bis dahin sichersten Bestimmung von HAUGHTON-BINGHAM anzunehmen war.

3. **Die $\alpha(\alpha + \beta)$-Grenze (Löslichkeit von Zink in Kupfer).** Diese und die $\beta(\alpha + \beta)$-Grenze sind die für die Technik wichtigsten Kurven des ganzen Systems. Die ganze Sättigungsgrenze des α-Mischkristalls BE wurde mikrographisch festgelegt von SHEPHERD, MATHEWSON-DAVIDSON[23], GENDERS-BAILEY[21], IITSUKA[12] und röntgenographisch (unterhalb 800°) von OWEN-PICKUP[24]. Der zwischen 900 und 800° liegende Teil wurde von IMAI thermo-resistometrisch und der zwischen 590 und 400° liegende Teil von GAYLER[25] mikrographisch bestimmt. Wie Abb. 273 zeigt, bestehen sehr starke Abweichungen. Den höchsten Sicherheitsgrad hat zweifellos die Kurve von GENDERS-BAILEY. Sie wird überdies durch die von GAYLER und OWEN-PICKUP (wenigstens zwischen 800 und 500°) bestimmten Kurventeile weitgehend bestätigt[26]. Mit den Ergebnissen von GENDERS-BAILEY und GAYLER sind weiter im Einklang die Bestimmungen der Sättigungsgrenze des α-Mischkristalls bei 400—450° (d. h. der Temperatur, bei der die Erreichung des Gleichgewichtes noch abzuwarten ist) von ELLIS[27], HAUGHTON-GRIFFITHS[28], ELLIS-HAUGHTON[29], BAUER-HANSEN und OSTERMANN[30], die übereinstimmend zeigten, daß eine Legierung mit 61% Cu noch homogen erhalten werden kann. Der abweichende Verlauf der Kurven von SHEPHERD, MATHEWSON-DAVIDSON und IITSUKA ist darauf zurückzuführen, daß diese Autoren Proben untersucht haben, die sich infolge ungenügend langer Glühdauer noch nicht im Gleichgewicht befanden, d. h. die von der Herstellung der Legierungen in ihnen vorhandenen β-Kristalle waren noch nicht ganz in Lösung gegangen. Auch in den von OWEN-PICKUP nach längerem Glühen bei 500° bei 450—350° geglühten und darauf röntgenographisch untersuchten $(\alpha + \beta)$-Legierungen war bei diesen relativ niedrigen Temperaturen offenbar kein β mehr in Lösung gegangen. Dasselbe gilt für die von anderen Verfassern[31] angegebenen, mehr als 61% Cu betragenden Konzentrationen des Punktes E (Abb. 272). Es kann kein Zweifel mehr darüber bestehen, daß Kupfer mindestens 39% Zn bei 400°, nach OSTERMANN noch etwas mehr, zu lösen vermag. Durch Extrapolation der Kurve von GENDERS-BAILEY kommt man auf eine Löslichkeit von 39,5% Zn bei 400°. Wie groß die zu erwartende Löslichkeitszunahme bei tieferer Temperatur ist, läßt sich wohl nicht entscheiden, da bei diesen Temperaturen eine weitere Zunahme der Löslichkeit infolge der Diffusionsträgheit nicht voll zur Auswirkung gelangt (s. auch Nachtrag).

4. Die $\beta(\alpha+\beta)$-Grenze wurde bestimmt von SHEPHERD, MATHEWSON-DAVIDSON, IITSUKA, BAUER-HANSEN (alle mikrographisch), von IMAI (thermo-resistometrisch) zwischen 905° und 600° und von OWEN-PICKUP (röntgenographisch) zwischen 800° und 350°. GAYLER bzw. SALDAU-SCHMIDT[32] bestimmten den zwischen 590° und 400° bzw. 550° und 440° liegenden Teil mikrographisch. Außerdem liegen mikrographische Untersuchungen an einzelnen Legierungen vor[33]. Hier kann die von BAUER-HANSEN ermittelte Kurve den Anspruch auf größte Genauigkeit erheben; sie deckt sich überdies ziemlich weitgehend mit dem Befund von MATHEWSON-DAVIDSON, GAYLER und SALDAU-SCHMIDT[34] (vgl. Abb. 273). Bezüglich der Gründe für die Abweichung der Kurven von SHEPHERD, IMAI und IITSUKA muß auf die obengenannte Monographie verwiesen werden. Auf eine Erörterung der möglichen Gründe für die Abweichung der Kurve von OWEN-PICKUP, die mit dem Befund von MATHEWSON-DAVIDSON, BAUER-HANSEN u. a. nicht in Wettbewerb treten kann, muß hier leider verzichtet werden (s. auch Nachtrag).

Bei der lange herrschenden Auffassung, daß die $\beta \rightleftharpoons \beta'$-Umwandlung (s. S. 663 f.) eine echte polymorphe Umwandlung sei, hatten zahlreiche Forscher[23] [25] [28] [32] [1] geglaubt, eine diskontinuierliche Abnahme der Löslichkeit von Cu im β-Mischkristall bei 453° annehmen zu müssen, doch lassen die von diesen Forschern (mit Ausnahme von[32]) bestimmten Zustandspunkte durchaus die Annahme einer kontinuierlichen Löslichkeitsabnahme zu. Die von SALDAU-SCHMIDT[32] bestimmten Zustandspunkte würden allerdings für eine diskontinuierliche Löslichkeitsabnahme von 55 auf 54% Cu bei 450° sprechen. Eine solche ist aber, nachdem nunmehr die Natur der $\beta \rightleftharpoons \beta'$-Umwandlung aufgeklärt ist, nicht zu erwarten. Bei 400° liegt die $\beta(\alpha + \beta)$-Grenze recht genau bei 54,3% Cu; sie verschiebt sich mit fallender Temperatur deutlich zu kleineren Cu-Gehalten und ist bei 300° zu rd. 53,5% Cu anzunehmen. Dieser Wert wurde auch von HAUGHTON-GRIFFITHS durch Leitfähigkeitsmessung an Stäben, die nach langem Glühen bei 400—450° innerhalb von 2 Tagen auf 20° abgekühlt waren, gefunden.

5. Die $\beta(\beta + \gamma)$-Grenze. Von den hier vorliegenden Kurven von SHEPHERD, IITSUKA, BAUER-HANSEN und OWEN-PICKUP und Kurventeilen von MATHEWSON-DAVIDSON, IMAI, GAYLER und SALDAU-SCHMIDT sind die Bestimmungen von BAUER-HANSEN sicher als die genauesten anzusehen. Sowohl SHEPHERD als IITSUKA haben bei ihren mikrographischen Untersuchungen wie auch OWEN-PICKUP bei ihren röntgenographischen Untersuchungen den Umstand unberücksichtigt gelassen, daß beim Abschrecken aus dem β-Zustand bei Temperaturen oberhalb 650° eine Ausscheidung von γ nicht oder nur schwer zu unterdrücken ist. Für den von BAUER-HANSEN angegebenen Verlauf der Kurve oberhalb

600° sprechen die Ergebnisse von I<small>TSUKA</small> (unterhalb 600°), G<small>AYLER</small>, S<small>ALDAU</small>-S<small>CHMIDT</small> (vgl. Abb. 273). Die Übereinstimmung ist in diesem Temperaturgebiet, in dem sich die Proben wirksam abschrecken lassen, als sehr gut zu bezeichnen. Bezüglich des Verlaufes unterhalb 500°

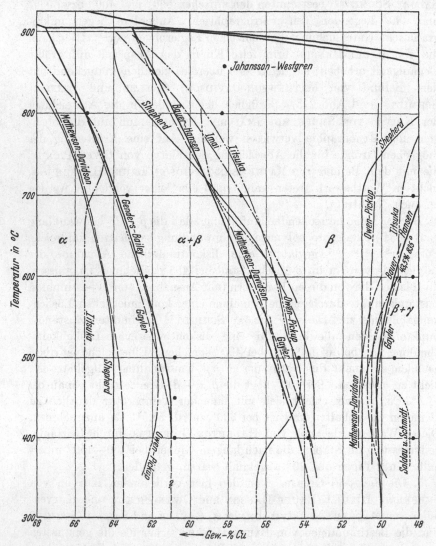

Abb. 273. Cu-Zn. Kupfer-Zink. Grenzkurven nach verschiedenen Forschern.

stehen sich die Ergebnisse von I<small>TSUKA</small>, G<small>AYLER</small>, H<small>AUGHTON</small>-G<small>RIFFITHS</small>, B<small>AUER</small>-H<small>ANSEN</small>, O<small>WEN</small>-P<small>ICKUP</small> einerseits und S<small>ALDAU</small>-S<small>CHMIDT</small> andrerseits gegenüber. Nach S<small>ALDAU</small>-S<small>CHMIDT</small> war eine Legierung mit 49,1% Cu durch 84tägiges Glühen bei 440° in den β-Zustand überzuführen,

d. h. die der Zusammensetzung CuZn (49,31% Cu) entsprechende Legierung wäre danach im Gleichgewicht einphasig, und es träte bei 470° eine starke, diskontinuierliche Änderung der Löslichkeit von Zn in β ein. BAUER-HANSEN (unveröffentlicht) haben diese Versuche wiederholt, jedoch ihren früheren Befund bestätigt. Die Ursache dieses Widerspruches bleibt also ungeklärt. Die Sättigungsgrenze des Zn-reichen β-Mischkristalls bei 400° ist nach Abb. 273 und HAUGHTON-GRIFFITHS sehr nahe bei 50% Cu anzunehmen (s. auch Nachtrag).

JENKINS[35] glaubt Anzeichen dafür gefunden zu haben, daß die Löslichkeit von Zn in β nur bis zu etwa 700° zunimmt, oberhalb dieser Temperatur dagegen wieder abnimmt. HANSEN[36] hat demgegenüber darauf hingewiesen, daß eine oberhalb 700° eintretende Löslichkeitsabnahme offenbar dadurch vorgetäuscht wird, daß die Ausscheidung von γ aus β während der Abschreckung schon in sehr grober Form stattfinden kann, doch hat sich JENKINS dieser Ansicht nicht angeschlossen.

6. Die $\gamma(\beta + \gamma)$-Grenze. Einige Verfasser haben sich darauf beschränkt, diese Grenze als eine Parallele zur Temperaturachse anzunehmen, und zwar bei 40% Cu[11] bzw. bei 39,3% Cu $= Cu_2Zn_3$[9][10]. Die Kurve wurde näher bestimmt von MATSUDA, IITSUKA, BAUER-HANSEN (alle mikrographisch) und OWEN-PICKUP (röntgenographisch). Diejenigen von MATSUDA und IITSUKA decken sich nahezu zwischen 400° und 700° (bei rd. 41,5% Cu), erstere biegt bei höherer Temperatur nach Cu-ärmeren, letztere nach Cu-reicheren Konzentrationen ab und erreicht bei 40% bzw. 43,5% Cu die peritektische Horizontale GH. Die in Abb. 272 dargestellte Grenzkurve beruht auf den Untersuchungen von BAUER-HANSEN. Sie wurde neuerdings ausgezeichnet bestätigt von OWEN-PICKUP, die für 800°, 700°, 600°, 500°, 450° und 400° die Sättigungskonzentrationen zu 41 bzw. 41,7, 42,2, 42,25, 42,2 und 41,9% Cu angeben. An dem gebogenen Verlauf der Kurve ist nicht zu zweifeln, insbesondere ist die unterhalb 500° eintretende Löslichkeitsabnahme von Cu in γ, die auch schon MATSUDA beobachtete, sichergestellt[37].

7. Die $\gamma(\gamma + \delta)$- und $\gamma(\gamma + \varepsilon)$-Grenzen. Diese, die Sättigungsgrenze des Zn-reichen γ-Mischkristalls darstellenden Kurven wurden nur von IITSUKA und BAUER-HANSEN bestimmt (mikrographisch), und zwar mit zum Teil recht gut übereinstimmendem Befund. OWEN-PICKUP geben die Sättigungsgrenze des Zn-reichen γ-Mischkristalls für 500° in Übereinstimmung mit BAUER-HANSEN zu 31% Cu, für 380° zu 31,7% Cu an. Alle anderen Forscher haben sich darauf beschränkt, die von ihnen thermisch mehr oder weniger genau bestimmten oder angenommenen Punkte L und R (vgl. Tabelle 25) geradlinig miteinander zu verbinden und über R hinaus nach R' (der zum Teil auch mikrographisch angenähert ermittelt wurde) zu verlängern.

8. Das δ-Zustandsfeld wird außer von der Soliduskurve der δ-Misch-kristalle (s. darüber unter 2.) begrenzt durch die Kurven MS, OS und die Dystektikale RST (s. Tabelle 25) im Punkte S. Die hier noch vor-handen gewesenen Unklarheiten, insbesondere was die Lage der Punkte M, S und O (Tabelle 25) angeht, wurden von BAUER-HANSEN beseitigt, nach deren thermischen und mikrographischen Untersuchungen die genannten Kurven gezeichnet wurden.

9. Das ε-Zustandsfeld. Die Sättigungsgrenzen der ε-Phase wurden etwas näher ebenfalls nur von ITSUKA und BAUER-HANSEN bestimmt. Die von ihnen ermittelten Punkte P und T stimmen überein; unterhalb T verläuft die Grenze nach BAUER-HANSEN praktisch senkrecht (eine Löslichkeitsänderung war zwischen 21 und 22% Cu nicht nachzuweisen), nach ITSUKA tritt eine Löslichkeitsabnahme von 21,5% Cu bei 555° auf 20,5% Cu bei etwa 400° ein. OWEN-PICKUP fanden bei 380° 21% Cu. Alle anderen Verfasser beschränkten sich darauf, die von ihnen gefundenen oder angenommenen Punkte P und T zu verbinden und TT' als eine Senkrechte zu zeichnen. Der Punkt U liegt nach BAUER-HANSEN (mikrographisch) bei etwa 12,5% Cu; die thermo-analytisch bestimmte Konzentration ist durchweg etwa 13% Cu (Tabelle 25). Mit fallender Temperatur tritt eine Abnahme der Löslichkeit von Zn in der ε-Phase auf etwa 14,5% Cu bei 350° nach ITSUKA bzw. auf etwa 13,5% Cu bei 300° nach BAUER-HANSEN ein. Nach OWEN-PICKUP liegt die Grenze für 380° bei 12,8% Cu.

10. Die $\eta(\varepsilon + \eta)$-Grenze (Löslichkeit von Kupfer in Zink). Außer vereinzelten Angaben von PEIRCE[38] lagen bis vor kurzem nur die Er-gebnisse der mikroskopischen Untersuchungen von HAUGHTON-BING-HAM[20] vor, wonach die Löslichkeit von Cu in Zn bei 360° 1,6% Cu, bei 250° etwa 0,9% Cu beträgt. Neuerdings haben HANSEN-STENZEL[22] den Verlauf der ganzen Sättigungsgrenze mit großer Genauigkeit durch röntgenographische Untersuchungen ermittelt und gefunden, daß die Löslichkeit von 2,66% Cu bei 424° auf 2,41 bzw. 1,95, 1,53, 1,12, 0,77, 0,51 und 0,29% Cu (extrapoliert) bei 400° bzw. 350°, 300°, 250°, 200°, 150° und 100° abnimmt. OWEN-PICKUP fanden für 380° eine Löslich-keit von 2,4—2,6% Cu (s. auch Nachtrag).

11. Die vermutete Umwandlung im α-Mischkristall. Die Warm-sprödigkeit der α-Messinglegierungen wurde verschiedentlich in Ver-bindung mit einer angeblich vorhandenen Umwandlung im Gebiet der α-Mischkristalle gebracht. Eine Sichtung des bis 1927 vorliegenden Tatsachenmaterials von physikalischen Messungen u. a. m. (s. BAUER-HANSEN[1]) hat gezeigt, daß eine Deutung der Warmsprödigkeit auf strukturellem Wege, also durch Bildung neuer Kristallarten, wie etwa bei den α-Mischkristallen der Au-Zn-Legierungen, nicht möglich ist. BAUER-HANSEN haben diesen Befund durch thermo-resistometrische

Untersuchungen bis herauf zu 800° an Legierungen mit 85%, 73,5% und 62,5% Cu bestätigt.

12. Die $\beta \rightleftharpoons \beta'$-Umwandlung (Einzelheiten s. in der Zusammenfassung bei[1 2 3]) war Gegenstand sehr zahlreicher Untersuchungen. Sie wurde von Roberts-Austen entdeckt, von Shepherd und Tafel nicht gefunden, von Carpenter-Edwards[39] bei rd. 470° erneut festgestellt und von allen späteren Forschern bestätigt. Carpenter-Edwards nahmen einen eutektoiden Zerfall des β-Mischkristalls in α und γ an. Carpenter suchte diese Auffassung gegenüber der Kritik[40] durch mehrere Arbeiten[41] aufrechtzuerhalten und formulierte seine Ansicht dahin, daß der eutektoide Zerfall von β in submikroskopischer Form stattfindet, so daß der β-Mischkristall „scheinbar" erhalten bleibt. Schon früh wurden schwerwiegende Gründe für die Unhaltbarkeit der „Eutektoidtheorie", die, nachdem sie schnell in die Literatur Eingang gefunden hatte, sich merkwürdigerweise recht lange hielt[42], geltend gemacht. So fanden Hudson[43] in Bestätigung früherer Beobachtungen von Masing[44] und später Weiss[45] und Masing[46], daß der β-Mischkristall durch Diffusion von Zn in Cu bzw. von γ in α unterhalb der Umwandlungstemperatur entsteht; ein besserer Beweis für seine Stabilität unter 470° konnte kaum erbracht werden. Hudson schloß daraus, einem Vorschlag von Desch[40] folgend, daß der β-Mischkristall eine polymorphe Umwandlung durchmacht. Ein weiterer entscheidender Beweis gegen die Eutektoidtheorie wurde von Slavinsky[47] durch die Feststellung erbracht, daß die Umwandlung im $(\alpha + \beta)$-Gebiet bei einer anderen (niederen) Temperatur stattfindet als im $(\beta + \gamma)$-Gebiet. Dieser Befund wurde bestätigt von Hatch[48], Matsuda[49], Iitsuka, Gayler, Haughton-Griffiths, Bauer-Hansen, Ruer-Kremers und Ruer[50]. Die von Haughton-Griffiths thermo-resistometrisch bei langsamer Erhitzung bestimmten Temperaturen, 453° und 470°, sind wohl als die sichersten anzusehen. Gegen die „Eutektoidtheorie" sprechen ferner die Ergebnisse der röntgenographischen Untersuchungen von Owen-Preston[51], West-gren-Phragmén[52] u. a. m.

In Abweichung von allen früheren Forschern glaubte Iitsuka[12] gefunden zu haben, daß die β-Phase nicht eine, sondern zwei Umwandlungen bei nur um etwa 10° verschiedenen Temperaturen durchmacht. Bauer-Hansen konnten diesen Befund bei sorgfältiger Nachprüfung nicht bestätigen. Demgegenüber will Iitsuka in einer zweiten Arbeit[53] erneut Anzeichen für eine doppelte Umwandlung $(\beta \rightleftharpoons \beta' \rightleftharpoons \beta'')$ gefunden haben. Die von Ruer-Kremers[18] beobachteten thermischen Effekte schienen ebenfalls für eine doppelte Umwandlung im $(\beta + \gamma)$-Gebiet, nicht jedoch im $(\alpha + \beta)$-Gebiet zu sprechen. Bei einer späteren Nachprüfung[50] hat Ruer auch im $(\beta + \gamma)$-Gebiet mit Sicherheit nur eine Umwandlungstemperatur beobachtet.

Die Auffassung Hudsons, daß die $\beta \rightleftharpoons \beta'$-Umwandlung eine echte polymorphe Umwandlung sei, fand Anhänger in Mathewson-Davidson, Gayler und Saldau-Schmidt, die diese Auffassung im Zustandsdiagramm dadurch zur Darstellung brachten, daß sie, wie es die Theorie erfordern würde, eine diskontinuierliche Löslichkeitsänderung von Cu und Zn in der β-Phase bei der Umwandlungstemperatur annahmen. Auch Bauer-Hansen schlossen sich dem zunächst an, brachten jedoch später[54] [3], dem Fortschritt der Erkenntnis Rechnung tragend und nach dem Vorgang anderer Forscher[11] [12] [13] [49], die Umwandlung in der in Abb. 272 wiedergegebenen Weise zur Darstellung[55]. Abgesehen von den Ergebnissen von Saldau-Schmidt, die für eine diskontinuierliche Löslichkeitsänderung sprechen, lassen die von anderen Forschern[23] [25] [1] bestimmten Zustandspunkte auch eine kontinuierliche Löslichkeitsänderung mit der Temperatur zu (vgl. Abb. 273).

In ein neues Stadium gelangte das Problem der $\beta \rightleftharpoons \beta'$-Umwandlung durch zwei fast gleichzeitig ausgeführte Arbeiten von Matsuda[49] und Imai[11]. Diese Forscher stellten mit Hilfe von thermo-resistometrischen und dilatometrischen Untersuchungen fest, daß sich die Umwandlung nicht bei einer bestimmten Temperatur, sondern in einem weiten Temperaturintervall vollzieht und lediglich eine Funktion der Temperatur und nicht der Zeit ist. Die Umwandlungstemperaturen, die man mit Hilfe von Temperatur-Zeitkurven erhält (453—470°) sind danach die Temperaturen, bei denen die Umwandlung bei Abkühlung beginnt bzw. bei Erhitzung beendet ist. Matsuda und Imai nehmen daher an, daß die $\beta \rightleftharpoons \beta'$-Umwandlung — was vor allem durch die Ähnlichkeit der Gestalt der Eigenschafts-Temperaturkurven zum Ausdruck kommt— mit der magnetischen Umwandlung der ferromagnetischen Metalle Fe, Co und Ni sehr wesensverwandt, also ein in homogener Phase verlaufender Vorgang ist, d. h. die fortschreitende Umwandlung und die entsprechende Änderung der physikalischen Eigenschaften beruht nicht auf einer Änderung der Atomanordnung, sondern auf einer Änderung von „Atomenergie irgendwelcher Art"[56]. Es sei hier noch erwähnt, daß der von Matsuda und Imai gefundene Typus der Eigenschafts-Temperaturkurven auch früher und später bestätigt wurde von Merica-Schad[57], Braesco[58] (Volumenänderung), Haughton-Griffiths (Widerstandsänderung), Ruer-Kremers (Änderung des Wärmeinhalts). Weiter stellten Tammann-Heusler[59] mit Hilfe von Differential-Erhitzungs- und -Abkühlungskurven ebenfalls fest, daß die in einem großen Temperaturintervall (bei mindestens 170° ist die Umwandlung bereits merkbar) stattfindende Umwandlung lediglich eine Funktion der Temperatur ist und durch Abschrecken nicht übersprungen werden kann. Daß die $\beta \rightarrow \beta'$-Umwandlung nicht unterkühlbar ist, wurde auch von Hansen[54] beobachtet.

Die Auffassung von MATSUDA und IMAI, die auch von PHILLIPS-THELIN[60] vertreten wird (sie nehmen an, daß die Umwandlung auf eine Energieänderung in einer der beiden Atomarten zurückzuführen ist), ist von JOHANSSON[61] dahin präzisiert worden, daß es sich um Drehschwingungen (Wärmeschwingungen) der nichtsphärischen Zn-Atome um Trägheitsachsen senkrecht zu den Symmetrieachsen handeln kann. Nach JOHANSSON sind bei tiefen Temperaturen die einzelnen Atome durch die herrschenden Gitterkräfte in eine bestimmte günstige Richtung eingestellt. „Mit steigender Temperatur steigt die mittlere Schwingungsamplitude und oberhalb der kritischen Temperatur ist das Gitter derart gestört, daß keine Kräfte innerhalb des Gitters vorhanden sind, die das einzelne Atom in eine bestimmte Richtung einstellen können. Die Richtungsverteilung der Atomachsen des Zinks ist daher bei Temperaturen oberhalb des kritischen Punktes statistisch ungeordnet." Die Umwandlung im β-Mischkristall besteht nach JOHANSSON also in einem stetigen Übergang eines Gitters, in dem die Zn-Atome längs der Gitterachse gerichtet sind, in ein Gitter mit statistisch ungeordneten Richtungen der Atomachsen.

Demgegenüber sprachen TAMMANN-HEUSLER zuerst die Vermutung aus, daß es sich um eine mit steigender Temperatur allmählich fortschreitende Dissoziation der Verbindung CuZn handeln könne, d. h. um einen Übergang von geordneter Atomverteilung (CsCl-Gitter) in die statistisch ungeordnete des kubisch-raumzentrierten Mischkristallgitters. Für diese Deutung spricht, daß die mit der Umwandlung $\beta' \rightarrow \beta$ verbundenen Eigenschaftsänderungen den beim Übergang von geordneter zu ungeordneter Atomverteilung im Falle der Au-Cu-Legierung von der Zusammensetzung $AuCu_3$ weitgehend ähnlich sind, und daß die Größe der Eigenschaftsänderung eher auf eine Verteilungsänderung der Atome, als auf eine Änderung im Sinne der Auffassung von JOHANSSON hindeutet[62]. Im Gegensatz zu der Umwandlung bei $AuCu_3$ ist jedoch der Übergang von geordneter in ungeordnete Atomverteilung bei β (Cu-Zn) röntgenographisch nicht zu erfassen, da die Cu- und Zn-Atome nahezu gleiches Streuvermögen besitzen, ihr geordnetes Gitter (β') im Röntgenbild also keine Überstruktur zeigen kann (OWEN-PRESTON[51], WESTGREN-PHRAGMÉN[52]). Jedenfalls ließen Röntgenuntersuchungen bei Temperaturen unterhalb und oberhalb 470° von PHILLIPS-THELIN[60] und VON GÖLER-SACHS[63] keine Rückschlüsse auf eine Gitteränderung irgendwelcher Art zu. Strenge Analogiebeweise sind nicht zu erbringen, da in den Systemen Ag-Zn und Au-Zn zum Teil andersartige Verhältnisse vorliegen. Immerhin sind in diesen beiden Systemen geordnete β-Strukturen beobachtet worden: im Ag-Zn-System tritt sie nach dem Abschrecken aus dem β-Gebiet auf (STRAUMANIS-WEERTS[64]) und im Au-Zn-System liegt sie offenbar

in dem ganzen Temperaturgebiet zwischen Soliduspunkt und Raumtemperatur vor (WESTGREN-PHRAGMÉN[52], STRAUMANIS-WEERTS[64]).

Eine Entscheidung auf experimenteller Grundlage zwischen den
Auffassungen von MATSUDA, IMAI und JOHANSSON einerseits und
TAMMANN-HEUSLER u. a. m. andererseits erscheint vorerst nicht möglich.
Letztere hat m. E. jedoch den Vorzug der größeren Einfachheit und
Wahrscheinlichkeit (s. auch Nachtrag[95] [97]).

13. Die Umwandlung im γ-Mischkristall. Mit Hilfe thermo-resistometrischer Untersuchungen fanden MATSUDA[49] und IMAI[11] eine schwache
Umwandlung im γ-Mischkristall (beobachtet zwischen 35,6 und 41,4 % Cu)
bei 280° bzw. 250—260°. Beide Verfasser konnten die Umwandlung,
über deren Natur sich keine näheren Aussagen machen lassen, nur in
den reinen γ-Legierungen beobachten. Vielleicht handelt es sich um
eine der $\beta \rightleftharpoons \beta'$-Umwandlung ähnliche, fortschreitende Umwandlung,
die mit steigender Temperatur bei 250—280° beendet ist (s. auch
Nachtrag[96]).

14. Die Gitterstrukturen der Phasen des Cu-Zn-Systems sind, mit
Ausnahme der Struktur der nur bei hohen Temperaturen stabilen
δ-Phase, bekannt. Besonders zahlreiche Bestimmungen der Gitter-
konstanten aller Phasen liegen von OWEN-PICKUP vor.

Die α-Phase ist eine feste Lösung von Zink in Kupfer: Die Zn-
Atome treten durch einfache, regellose Substitution der Cu-Atome in
das kubisch-flächenzentrierte Gitter des Kupfers ein[65-73], wodurch eine
Aufweitung des Kupfergitters stattfindet. Bestimmungen der Gitter-
konstanten von α-Messingen liegen vor von BAIN[67], OWEN-PRESTON[68],
WESTGREN-PHRAGMÉN[69], SEKITO[71], VON GÖLER-SACHS[72] und OWEN-
PICKUP[73].

Die β-Phase besitzt nach ANDREWS[66], OWEN-PRESTON, WESTGREN-
PHRAGMÉN, PHILLIPS-THELIN[60], VON GÖLER-SACHS[63], OWEN-PICKUP
u. a. m. ein kubisch-raumzentriertes Gitter. Die Würfelkante wächst
mit steigendem Zn-Gehalt. Wegen des sehr ähnlichen Beugungsvermögens der Cu- und Zn-Atome ist nicht festzustellen, ob es sich um
eine statistische Verteilung der beiden Atomarten oder um eine geordnete Verteilung (CsCl-Struktur, zwei einfache kubische Gitter, die
einander zentrieren) handelt; letztere müßte durch eine Überstruktur
ausgezeichnet sein, wie sie bei β (Au-Zn)- und abgeschreckten (!)
β (Ag-Zn)-Mischkristallen beobachtet wird. Aus diesem Grunde ist der
bei der $\beta' \rightarrow \beta$-Umwandlung stattfindende Vorgang, der sehr wahrscheinlich in einem Übergang von geordneter in ungeordnete Atomverteilung
besteht, röntgenographisch nicht erfaßbar (s. darüber auch unter
Abschnitt 12). Das Bestehen einer geordneten Atomverteilung in der
β'-Phase (CsCl-Struktur) ist gleichbedeutend mit der Existenz der Verbindung CuZn (49,31 % Cu). Eine Legierung dieser Zusammensetzung

ist jedoch nicht einphasig[74], sondern besteht aus β und γ, d. h. die Verbindung ist nur stabil durch einen Überschuß an gelöstem Kupfer, ein Konstitutionsfall, der auch in anderen Systemen vorliegt.

Die γ-Phase. ANDREWS schrieb der γ-Phase ein kubisch-raumzentriertes Gitter zu, während OWEN-PRESTON ein rhomboedrisches Gitter für am wahrscheinlichsten hielten, und BECKER-EBERT[75] nur aussagen konnten, daß das Gitter kubisch sei. WESTGREN-PHRAGMÉN stellten mit Sicherheit fest, daß γ-Messing eine sehr verwickelte kubisch-raumzentrierte Struktur besitzt und der Elementarwürfel 52 Atome enthält. Eine völlige Aufklärung der Gitterstruktur des γ-Messings gelang jedoch erst BRADLEY-THEWLIS[76] durch Untersuchung der strukturell gleichartigen γ-Phasen der Systeme Ag-Zn und Au-Zn. Danach sind die 52 Atome des Elementarwürfels auf vier Gruppen verteilt, in denen die Atome untereinander strukturell gleichwertig sind. Diese Gruppen umfassen die Zahlen 8, 8, 12 und 24, und zwar sind 20 Atome ($= 8 + 12$) Kupferatome und 32 Atome ($= 8 + 24$) Zinkatome. Die Formel der „chemischen Verbindung", die der γ-Kristallart zugrunde liegt, ist daher Cu_5Zn_8 (37,79% Cu), was einem Verhältnis:Zahl der Valenzelektronen : Zahl der Atome $= 21 : 13$ entspricht. Diese Valenzelektronenkonzentration ist für alle Phasen vom γ-Messingtypus charakteristisch (s. auch Nachtrag[96]). Die Würfelkante wächst mit steigendem Zn-Gehalt.

Die ε-Phase besitzt nach OWEN-PRESTON und WESTGREN-PHRAGMÉN ein hexagonales Gitter dichtester Kugelpackung (Mg-Typ) und ist als eine ideale feste Lösung anzusehen. Für das Gleichgewicht bei 380° ist an der $\varepsilon(\varepsilon + \gamma)$-Grenze $a = 2{,}730_3$, $c = 4{,}286_6$, $c/a = 1{,}570$ und an der $\varepsilon(\varepsilon + \eta)$-Grenze $a = 2{,}760_3$, $c = 4{,}289_5$, $c/a = 1{,}554$ (nach OWEN-PICKUP).

Die η-Phase ist eine feste Lösung von Kupfer in Zink. Über die Veränderung der Dimensionen des Zn-Gitters durch Cu-Aufnahme siehe die Arbeiten von HANSEN-STENZEL, OWEN-PICKUP und ANDERSON[100].

15. Über die Frage nach dem Bestehen von **chemischen Verbindungen zwischen Kupfer und Zink** besteht ein umfangreiches Schrifttum. Die bis 1927 erschienenen Arbeiten wurden von BAUER-HANSEN kritisch besprochen; Einzelheiten darüber und Literaturangaben siehe daselbst. Neuere Arbeiten über dieses Problem liegen vor von RUER-KREMERS[18] und BRONIEWSKI-STRASBURGER[77].

Die weitaus meisten Arbeiten haben die ältere Molekularvorstellung zur Voraussetzung, wonach das chemisch Kennzeichnende der intermediären Kristallarten in irgendwelchen Molekülarten zu suchen ist. Über die Frage nach dem Bestehen und der Zusammensetzung der Verbindungen suchte man durch Messung physikalischer Eigenschaften der ganzen Legierungsreihe Aufschluß zu bekommen. Aus derartigen

Untersuchungen schlossen zahlreiche Forscher mit großer Übereinstimmung auf das Bestehen der drei Verbindungen $CuZn$[77–81] (49,31% Cu)
für die β-Phase, $CuZn_2$[77–83] (32,74% Cu) für die γ-Phase und $CuZn_6$[77–81]
(13,95% Cu) für die ε-Phase. Die bei oder nahe diesen Konzentrationen
gefundenen Unstetigkeiten auf den Kurven der physikalischen Eigenschaften treten jedoch, wie BAUER-HANSEN zeigten, ganz offensichtlich
an den Grenzen der Zustandsfelder auf, so daß die Richtungsänderungen
dieser Kurven einfach mit dem Auftreten neuer Kristallarten erklärt
werden können. Aus dem Erstarrungsdiagramm könnte man — wie
das auch vielfach geschehen ist — auf die Existenz der Verbindung
Cu_2Zn_3[84] (39,37% Cu) schließen, doch sprechen keine weiteren beweis-
kräftigen Kriterien dafür.

Eine Vertiefung des Problems war erst möglich, als man Aussagen
über den Kristallbau der intermediären Phasen machen konnte. Auf
Grund von Bestimmungen der Gitterstruktur gelangten WESTGREN-
PHRAGMÉN zu der Auffassung, daß das Kennzeichnende dieser Phasen
im Typus des Kristallgitters zu suchen ist, und daß in vielen Fällen für
die Bildung bestimmter Gittertypen die Valenzelektronenkonzentration
maßgebend ist. Die Ergebnisse von Strukturuntersuchungen an Cu-Zn-
Legierungen (s. darüber Abschnitt 14) führten so zu der Annahme der
Verbindungen $CuZn$[85] und Cu_5Zn_8[84].

16. Physikalische Eigenschaften. Auf eine Auswertung der Untersuchungen von physikalischen Eigenschaften der Kupfer-Zinklegierungen bei Raumtemperatur in Abhängigkeit von der Zusammensetzung kann verzichtet werden, da sie gegenüber den Ergebnissen der
direkten Konstitutionsuntersuchungen nichts Neues aussagen und an
Genauigkeit zum Teil hinter diesen zurückbleiben. Im folgenden sind
die wichtigsten Arbeiten zusammengestellt.

Elektrische Leitfähigkeit, elektrischer Widerstand und dessen Tem-
peraturkoeffizient: MATTHIESSEN-VOGT[86], HAAS[87], WEBER[88], NORSA[79],
PUSCHIN-RJASCHSKY[80], MATSUDA[49], IMAI[11], HAUGHTON-GRIFFITHS[28],
BRONIEWSKI-STRASBURGER[77], SMITH[90], LINDE[89].

Thermische Leitfähigkeit: SMITH[90].

Thermokraft: NORSA, BRONIEWSKI-STRASBURGER.

Magnetische Suszeptibilität: WEBER-GTEULICH[82], ENDO[83].

Elektrochemisches Potential: LAURIE[91], HERSCHKOWITSCH[92], PU-
SCHIN[78], SAUERWALD[93], BAUER-VOLLENBRUCK[94], BRONIEWSKI-STRAS-
BURGER.

Siedepunkte: LEITGEBEL[99].

Nachtrag. ÖLANDER[95] hat die Spannungen der Legierungen mit etwa
40—90% Zn in der Kette: Zn (flüssig)/(Li, Rb, Zn) Cl/(Cu, Zn) zwischen
333° und 626° gemessen und daraus den Verlauf der Phasengrenzen
in diesen Bereich abgeleitet. „Das Diagramm von BAUER-HANSEN

wurde, bis auf die Neigung der $\gamma(\beta + \gamma)$-Grenze, vollständig bestätigt." Diese Grenze ist nach ÖLANDER oberhalb der β-Umwandlung nach der Cu-Seite hin geneigt; sie ist jedoch mit dem mikroskopischen Befund von BAUER-HANSEN und der Lage des peritektischen Punktes bei 833° nicht vereinbar. Aus verschiedenen Anzeichen schließt ÖLANDER, daß sowohl β als β' geordnete Atomverteilung besitzen, und daß die Umwandlung $\beta \rightleftharpoons \beta'$ nicht in einer Atomumlagerung, „sondern in einer äußeren Elektronenumlagerung besteht, die keine andere Einwirkung auf das Gitter als eine kleine Ausdehnung hat, gewissermaßen der magnetischen Umwandlung von Fe analog".

JOHANSSON-WESTGREN [96] haben die $\alpha(\alpha + \beta)$-, $\beta(\alpha + \beta)$- und $\beta(\beta + \gamma)$-Grenzen zwischen 400 und 800° nach dem röntgenographischen Verfahren an abgeschreckten pulverförmigen Legierungen bestimmt. Die gefundenen Sättigungskonzentrationen sind als Kreise in Abb. 273 eingezeichnet. Die α-Grenze wird dadurch erneut gut bestätigt. Die Daten betreffend die $\beta(\alpha + \beta)$-Grenze deuten nach Ansicht von JOHANSSON-WESTGREN darauf hin, daß diese Grenze gegenüber derjenigen von BAUER-HANSEN um 1% Zn nach der Zn-Seite verschoben werden muß; m. E. sprechen sie jedoch dafür, daß die Proben bei 700 und 800° nicht hinreichend schnell abgeschreckt waren. Bei der hier notwendigen hohen Abschreckgeschwindigkeit ist das mikrographische Verfahren dem röntgenographischen überlegen, da es gleichzeitig über den Zustand der Probe — ob während des Abschreckens Entmischung eingetreten ist oder nicht — Auskunft gibt. Die Punkte der $\beta(\beta + \gamma)$-Grenze (bei 800° 45,3% Zn) schwanken noch etwas mehr, so daß die durch sie hindurchgelegte Kurve in quantitativer Hinsicht unsicherer ist als die mikrographisch bestimmte Kurve. Immerhin ist sie genauer als die von OWEN-PICKUP nach demselben Verfahren ermittelte Kurve (Abb. 273).

JOHANSSON-WESTGREN bemerken, daß γ nur oberhalb 59 Atom % Zn ein kubisches Gitter hat. Die mit Cu gesättigte γ-Phase hat eine niedrigere, wahrscheinlich rhomboedrische Symmetrie.

v. STEINWEHR-SCHULZE [97] haben die $\beta \rightleftharpoons \beta'$-Umwandlung durch Bestimmung der Umwandlungswärme, der Thermokraft, der thermischen Ausdehnung und des spezifischen Widerstandes in Abhängigkeit von der Temperatur untersucht und den von früheren Forschern gefundenen Kurvencharakter bestätigt gefunden. „Die Ergebnisse bringen keine Entscheidung über die Natur der Umwandlung, sie stehen jedoch im Einklang mit der Vermutung, daß sie auf einen reversiblen Übergang von geordneter in ungeordnete Atomverteilung zurückzuführen ist."

ANDERSON und Mitarbeiter [100] haben die zinkreichen Legierungen mit bis zu 3% Cu mit Hilfe der röntgenographischen, mikrographischen und Leitfähigkeitsverfahren untersucht. Die Löslichkeit von Cu in Zn beträgt bei 100° 0,3%, bei 200° 1,0%, bei 300° 1,7%, bei 400° 2,48%

und bei der peritektischen Temperatur (424,5°) 2,68% Cu (extrapol.). Sie ändert sich zwischen 100° und 300° völlig linear und weicht von der gebogenen Kurve nach HANSEN-STENZEL um höchstens 0,25% bei 200° und 300° nach höheren Cu-Gehalten ab. Der Punkt W der Liquiduskurve (vgl. Abb. 272 und Tabelle 25) wurde bei 1,9% Cu gefunden.

Literatur.

1. BAUER, O., u. M. HANSEN: Der Aufbau der Kupfer-Zinklegierungen, eine Monographie 150 S., Berlin: Julius Springer 1927, zugleich Sonderheft IV der Mitt. dtsch. Mat.-Prüf.-Anst. 1927. Auszug in Z. Metallkde. Bd. 19 (1927) S. 423/34. — 2. BAUER, O., u. M. HANSEN: Sonderheft IX der Mitt. dtsch. Mat.-Prüf.-Anst. 1929 S. 5/6. — 3. BAUER, O., u. M. HANSEN: Z. Metallkde. Bd. 24 (1932) S. 1/2. Mitt. dtsch. Mat.-Prüf.-Anst. Sonderh. XXI (1933) S. 3/4. — 4. BEHRENS, H.: Das mikroskopische Gefüge der Metalle und Legierungen S. 93/102, Hamburg u. Leipzig 1894. — 5. CHARPY, G.: Bull. Soc. Encour. Ind. nat. Bd. 1 (1896) S. 180; Bd. 2 (1897) S. 384, 412. C. R. Acad. Sci., Paris Bd. 122 (1896) S. 670. Contribution à l'étude des alliages Paris 1901 S. 21/31, 51/52, 149/52. — 6. ROBERTS-AUSTEN, W. C.: Proc. Inst. mech. Engr. 1897 S. 36/47. Engineering Bd. 63 (1897) S. 222/24, 253. — 7. HEYCOCK, C. T., u. F. H. NEVILLE: J. chem. Soc. Bd. 71 (1897) S. 383, 419. — 8. SHEPHERD, E. S.: J. physic. Chem. Bd. 8 (1904) S. 421. — 9. TAFEL, V. E.: Metallurgie Bd. 5 (1908) S. 349/52, 375/83. — 10. PARRAVANO, N.: Gazz. chim. ital. Bd. 44 II (1914) S. 476/84. — 11. IMAI, H.: Sci. Rep. Tôhoku Univ. Bd. 11 (1922) S. 313/32. — 12. IITSUKA, D.: Mem. Coll. Sci. Kyoto Univ. A Bd. 8 (1925) S. 179/212. Z. Metallkde. Bd. 19 (1927) S. 396/403. — 13. CREPAZ, E.: Ann. R. Scuola Ing., Padova Bd. 2 (1926) S. 49/54. — 14. BORNEMANN, K.: Metallurgie Bd. 6 (1909) S. 247/53, 296/97. Die binären Metall-Legierungen, Halle (Saale): W. Knapp 1909. — 15. GUERTLER, W.: Metallographie Bd. 1 I S. 452/68, Berlin: Gebr. Borntraeger 1912. — 16. BRONIEWSKI, W.: Rev. Métallurg. Bd. 12 (1915) S. 961/74. — 17. SACKUR, O.: Ber. dtsch. chem. Ges. Bd. 38 (1905) S. 2186/96. — 18. RUER, R., u. K. KREMERS: Z. anorg. allg. Chem. Bd. 184 (1929) S. 193/231. — 19. ARNEMANN, P. T.: Metallurgie Bd. 7 (1910) S. 206/208. — 20. HAUGHTON, J. L., u. K. E. BINGHAM: Proc. Roy. Soc., Lond. A Bd. 99 (1921) S. 47/68. J. Inst. Met., Lond. Bd. 23 (1920) S. 268. — 21. GENDERS, R., u. G. L. BAILEY: J. Inst. Met., Lond. Bd. 33 (1925) S. 213/21. — 22. HANSEN, M., u. W. STENZEL: Metallwirtsch. Bd. 12 (1933) S. 539/42. — 23. MATHEWSON, C. H., u. P. DAVIDSON: J. Amer. Inst. Met. Bd. 11 (1917) S. 12/36. — 24. OWEN, E. A., u. L. PICKUP: Proc. Roy. Soc., Lond. A Bd. 137 (1932) S. 397/417; Bd. 140 (1933) S. 179/91, 191/204. — 25. GAYLER, M. L. V.: J. Inst. Met., Lond. Bd. 34 (1925) S. 235/44. — 26. Die Kurve von GAYLER läßt sich in Übereinstimmung mit den ermittelten Zustandspunkten noch etwas zu Cu-ärmeren Konzentrationen verschieben. — 27. ELLIS, O. W.: Trans. Amer. Inst. min. metallurg. Engr. Bd. 70 (1924) S. 389/90. — 28. HAUGHTON, J. L., u. W. T. GRIFFITHS: J. Inst. Met., Lond. Bd. 34 (1925) S. 245/53. — 29. ELLIS, O. W., u. M. A. HAUGHTON: J. Inst. Met., Lond. Bd. 33 (1925) S. 223/25. — 30. OSTERMANN, F.: Z. Metallkde. Bd. 19 (1928) S. 186. — 31. CZOCHRALSKI, J.: Mod. Metallkde. S. 29, Berlin: Julius Springer 1924. MATSUDA, T.: S. Zitat 49. RUER, R.: Z. anorg. allg. Chem. Bd. 209 (1932) S. 364/68. — 32. SALDAU, P., u. I. SCHMIDT: J. Inst. Met., Lond. Bd. 34 (1925) S. 258/60. Z. anorg. allg. Chem. Bd. 173 (1928) S. 273/86. SALDAU, P.: Z. Metallkde. Bd. 21 (1929) S. 97/98. — 33. U. a. von O. W. ELLIS u. D. A. SCHEMNITZ: Trans. Amer. Inst. min. metallurg. Engr. Bd. 71 (1925) S. 794/804. R. GENDERS u. G. L. BAILEY[21]. — 34. Die von GAYLER angegebene Kurve kann unter voller

Berücksichtigung der gefundenen Zustandspunkte noch um 0,2—0,4% Cu zu höheren Cu-Gehalten verschoben werden. — **35.** JENKINS, C. H. M.: J. Inst. Met., Lond. Bd. 38 (1927) S. 283/85, 313/14. — **36.** HANSEN, M.: J. Inst. Met., Lond. Bd. 38 (1927) S. 311/13. — **37.** S. darüber auch C. H. M. JENKINS: J. Inst. Met., Lond. Bd. 38 (1927) S. 283 u. O. BAUER u. M. HANSEN: Z. Metallkde. Bd. 21 (1929) S. 357/67, 406/411; Bd. 22 (1930) S. 387/91, 405/411; Bd. 23 (1931) S. 19/22; Bd. 24 (1932) S. 1/6, 73/78, 104/106. — **38.** PEIRCE, W. M.: Trans. Amer. Inst. min. metallurg. Engr. Bd. 68 (1923) S. 771/73. — **39.** CARPENTER, H. C. H., u. C. A. EDWARDS: J. Inst. Met., Lond. Bd. 5 (1911) S. 127/49. Int. Z. Metallogr. Bd. 1 (1911) S. 156/72. — **40.** J. Inst. Met., Lond. Bd. 5 (1911) S. 158/93. — **41.** CARPENTER, H. C. H.: J. Inst. Met., Lond. Bd. 7 (1912) S. 70/88. Int. Z. Metallogr. Bd. 2 (1912) S. 129/49. J. Inst. Met., Lond. Bd. 8 (1912) S. 51/58, 59/73. — **42.** Trotz umfangreichen Beweismaterials gegen die Eutektoid-Theorie wurde diese erneut verfochten von W. HEIKE u. K. LEDEBUR: Z. Metallkde. Bd. 16 (1924) S. 380/81 (allerdings auf Grund einer als irrig nachgewiesenen Voraussetzung) und von J. H. ANDREW u. R. HAY: J. Roy. techn. College, Glasgow Bd. 1 (1924) S. 48/58. J. Inst. Met., Lond. Bd. 34 (1925) S. 185/87. — **43.** HUDSON, O. F.: J. Inst. Met., Lond. Bd. 12 (1914) S. 89/99. S. auch O. F. HUDSON u. R. M. JONES: Ebenda Bd. 14 (1915) S. 98/108. — **44.** MASING, G.: Z. anorg. allg. Chem. Bd. 62 (1909) S. 301/303. — **45.** WEISS, H.: C. R. Acad. Sci., Paris Bd. 171 (1920) S. 108/11. — **46.** MASING, G.: Wiss. Veröff. Siemens-Konz. Bd. 3 (1923) S. 240/42. Z. Metallkde. Bd. 16 (1924) S. 96/98. — **47.** SLAVINSKY, M. P.: J. russ. metallurg. Ges. Bd. 1 (1914) S. 778. S. die Arbeiten von P. SALDAU u. I. SCHMIDT[32]. — **48.** HATCH bei C. H. MATHEWSON u. P. DAVIDSON[23], s. auch bei [1]. — **49.** MATSUDA, T.: Sci. Rep. Tôhoku Univ. Bd. 11 (1922) S. 251/68. — **50.** RUER, R.: Z. anorg. allg. Chem. Bd. 209 (1932) S. 364/68. — **51.** OWEN, E. A., u. G. D. PRESTON: Proc. Phys. Soc., Lond. Bd. 36 (1923) S. 49/66. — **52.** WESTGREN, A., u. G. PHRAGMÉN: Philos. Mag. Bd. 50 (1925) S. 311/11. S. Z. Metallkde. Bd. 18 (1926) S. 59/61. — **53.** IITSUKA, D.: Anniversary volume dedicated to M. CHIKASHIGE: Inst. of Chem. Imp. Univ. Kyoto 1930 S. 305/309. — **54.** HANSEN, M.: Z. Physik Bd. 59 (1930) S. 466/96. — **55.** Vgl. auch G. TAMMANN: Z. anorg. allg. Chem. Bd. 209 (1932) S. 204/12. — **56.** „Während der Erhitzung nehmen die Atome im Umwandlungsintervall irgendeine innere Energie auf, während der Abkühlung wird diese Energie allmählich wieder abgegeben." — **57.** MERICA, P. D., u. L. W. SCHAD: Bull. Bur. Stand. Bd. 14 (1919) S. 571/90. — **58.** BRAESCO, P.: Ann. Physique Bd. 14 (1920) S. 5/75. — **59.** TAMMANN, G., u. O. HEUSLER: Z. anorg. allg. Chem. Bd. 158 (1926) S. 349/58. — **60.** PHILLIPPS, A., u. L. W. THELIN: J. Franklin Inst. Bd. 204 (1927) S. 359/68. — **61.** JOHANSSON, C. H.: Ann. Physik Bd. 84 (1927) S. 976/1008. Z. anorg. allg. Chem. Bd. 187 (1930) S. 334/36. — **62.** „Wenn die Einstellung der geordneten Atomverteilung nicht wie bei $AuCu_3$ unterkühlbar ist, obwohl die obere Grenze des Temperaturbereiches der Umwandlung verhältnismäßig niedrig liegt, so hängt dies vielleicht mit der in kubisch-raumzentrierten Legierungen durchweg sehr hohen Diffusionsgeschwindigkeit zusammen." STRAUMANIS, M., u. J. WEERTS: Metallwirtsch. Bd. 10 (1931) S. 919/22. — **63.** v. GÖLER u. G. SACHS: Naturwiss. Bd. 16 (1298) S. 412/16. — **64.** STRAUMANIS, M., u. J. WEERTS: Metallwirtsch. Bd. 10 (1931) S. 919/22. WEERTS, J.: Z. Metallkde. Bd. 24 (1932) S. 265/66. — **65.** NISHIKAWA, S., u. G. ASAHARA: Physic. Rev. Bd. 15 (1920) S. 40. — **66.** ANDREWS, M. R.: Physic. Rev. Bd. 18 (1921) S. 245/54. — **67.** BAIN, E. C.: Chem. metallurg. Engng. Bd. 28 (1923) S. 21/22. — **68.** OWEN, E. A., u. G. D. PRESTON: Proc. Phys. Soc., Lond. Bd. 36 (1923) S. 49/66. — **69.** WESTGREN, A., u. G. PHRAGMÉN: Philos. Mag. Bd. 50 (1925) S. 311/41. — **70.** NAKLAMURA, H.: Sci. Pap. Inst. physic. chem. Res., Tokyo Bd. 2 (1925) S. 287/92. — **71.** SEKITO, S.: Sci. Rep. Tôhoku Univ.

Bd. 18 (1929) S. 59/68. — **72.** v. Göler u. G. Sachs: Z. Physik Bd. 55 (1929)
S. 618/19. — **73.** Owen, E. A., u. L. Pickup: Proc. Roy. Soc., Lond. A Bd. 137
(1932) S. 397/417. — **74.** Lediglich Saldau-Schmidt[32] glauben, daß diese Legierung
homogen erhalten werden kann. — **75.** Becker, K., u. F. Ebert: Z. Physik
Bd. 16 (1923) S. 165/69. — **76.** Bradley, A. J., u. J. Thewlis: Proc. Roy. Soc.,
Lond. A Bd. 112 (1926) S. 678/92. — **77.** Broniewski, W., u. J. Strasburger:
Rev. Métallurg. Bd. 28 (1931) S. 19/29, 79/84. — **78.** Puschin, N.: Z. anorg. allg.
Chem. Bd. 56 (1907) S. 27/33. — **79.** Norsa, L.: C. R. Acad. Sci., Paris Bd. 155
(1912) S. 348/51. — **80.** Puschin, N., u. W. Rjaschsky: Z. anorg. allg. Chem.
Bd. 82 (1913) S. 50/62. — **81.** Broniewski, W.: Rev. Métallurg. Bd. 12 (1915)
S. 961/74. — **82.** Weber, R. H., u. K. Greulich: Ann. Physik Bd. 62 (1920)
S. 666/72. — **83.** Endo, H.: Sci. Rep. Tôhoku Univ. Bd. 14 (1925) S. 495/97.
Honda, K., u. H. Endo: J. Inst. Met., Lond. Bd. 37 (1927) S. 45. — **84.** Ruer-
Kremers[18] schreiben der der γ-Phase zugrunde liegenden Verbindung die Formel
$Cu_{21}Zn_{31}$ (39,70% Cu) zu, die nach ihrer Ansicht sowohl mit der Gitterstruktur
als dem Erstarrungsdiagramm verträglich ist. — **85.** Ruer-Kremers erscheint
die Formel $Cu_{14}Zn_{13}$ (51,14% Cu) am besten mit der Gitterstruktur und den
physikalischen Eigenschaften (Phasengrenze!) verträglich. — **86.** Matthiessen, A.,
u. C. Vogt: Pogg. Ann. Bd. 122 (1864) S. 19. — **87.** Haas, R.: Elektrotechn. Z.
Bd. 16 (1895) S. 272. — **88.** Weber, R. H.: Ann. Physik Bd. 68 (1899) S. 705.
— **89.** Linde, J. O.: Ann. Physik Bd. 15 (1932) S. 219/48. — **90.** Smith, C. S.:
Trans. Amer. Inst. min. metallurg. Engr. Inst. Metals Div. 1930 S. 84/105; daselbst
ältere Angaben. — **91.** Laurie, A. P.: J. chem. Soc. Bd. 53 (1888) S. 104. —
92. Herschkowitsch, M.: Z. physik. Chem. Bd. 27 (1898) S. 142/44. —
93. Sauerwald, F.: Z. anorg. allg. Chem. Bd. 111 (1920) S. 243/79. — **94.** Bauer,
O., u. O. Vollenbruck: Z. Metallkde. Bd. 19 (1927) S. 86/89. — **95.** Ölander, A.:
Z. physik. Chem. Bd. 164 (1933) S. 428/38. — **96.** Johansson, A., u. A. Westgren:
Metallwirtsch. Bd. 12 (1933) S. 385/87. — **97.** Steinwehr, H. v., u. A. Schulze:
Physik. Z. Bd. 35 (1934) S. 385/97. Z. Metallkde. Bd. 26 (1934) S. 130/35. —
98. Anm. b. d. Korr.: Die Soliduskurve der α-Mischkristalle wurde kürzlich
genauer bestimmt von Hume-Rothery, W., G. W. Mabbott u. K. M. C. Evans:
Phil. Trans. Roy. Soc., Lond. A Bd. 233 (1934) S. 1/97. — **99.** Leitgebel, W.:
Z. anorg. allg. Chem. Bd. 202 (1931) S. 305 ff. — **100.** Anderson, E. A.,
M. L. Fuller, R. L. Wilcox u. J. L. Rodda: Trans. Amer. Inst. min. metallurg.
Engr. Inst. Metals Div. Bd. 111 (1934) S. 264/92.

Cu-Zr. Kupfer-Zirkonium.

Über die Konstitution dieser Legierungen liegt nur eine Arbeit von
Allibone-Sykes[1] vor. Es wurde das Gefüge von schnell erstarrten
Legierungen mit bis zu 30% Zr, die aus Elektrolytkupfer und gesintertem Zr mit 0,2% Hf im Hochfrequenzofen in der Leere erschmolzen
waren, untersucht[2]. — Legierungen mit höherem Zr-Gehalt erwiesen
sich als zu sehr durch Reaktionsprodukte mit dem Tiegelmaterial
(Al_2O_3) verunreinigt.

Die Legierung mit 0,2% Zr war einphasig (Mischkristalle); bei
0,38% Zr zeigten sich Spuren eines Eutektikums. Die eutektische Konzentration liegt bei 12,5% Zr. Die 30,55% Zr enthaltende Legierung
enthielt nur noch geringe Mengen des Eutektikums neben primären
Verbindungskristallen. Die Formel der Verbindung ist daher höchst-

wahrscheinlich Cu_3Zr (32,35% Zr). Das Eutektikum schmilzt bei 964°, die Verbindung „oberhalb 1000°“. — Nach den obigen Angaben wurde das in Abb. 274 dargestellte hypothetische Zustandsdiagramm gezeichnet.

Der elektrische Widerstand geschmiedeter und bei 750° geglühter Legierungen ändert sich nach SYKES[3] zwischen 0 und 6% Zr streng linear mit der Zusammensetzung, was gegen das Bestehen Cu-reicher fester Lösungen sprechen würde.

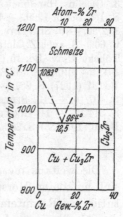

Abb. 274. Cu-Zr.
Kupfer-Zirkonium.

Literatur.

1. ALLIBONE, T. E., u. C. SYKES: J. Inst. Met., Lond. Bd. 39 (1928) S. 176/79. — **2.** Lediglich mit der Herstellung von Cu-reichen Legn. auf direktem oder indirektem Wege (im letzteren Falle stark verunreinigt) haben sich befaßt: K. METGER: Diss. München Techn. Hochsch. 1910; W. R. HODGKINSON: J. Soc. chem. Ind. Bd. 33 (1914) S. 446; H. S. COOPER: Trans. Amer. electrochem. Soc. Bd. 43 (1923) S. 224 und J. H. DE BOER: Ind. Engng. Chem. Bd. 19 (1927) S. 1259.

Fe-Ga. Eisen-Gallium.

KROLL[1] teilt mit, daß sich Fe leicht mit Ga legieren läßt. Eine Legierung mit 1,2% Ga läßt sich gut walzen, jedoch nicht aushärten.

Literatur.

1. KROLL, W.: Metallwirtsch. Bd. 11 (1932) S. 435/37.

Fe-Ge. Eisen-Germanium.

Im System Fe-Ge liegt wahrscheinlich ein vollständig geschlossenes γ-Feld mit rückläufiger $\alpha(\delta) \rightleftharpoons \gamma$-Umwandlungskurve vor[1]. Ge besitzt ein Diamantgitter, ist also weder mit α- noch mit γ-Fe isomorph.

Literatur.

1. WEVER, F.: Arch. Eisenhüttenwes. Bd. 2 (1928/29) S. 739/46. Naturwiss. Bd. 17 (1929) S. 304/309.

Fe-H. Eisen-Wasserstoff.

Eine tabellarische Zusammenstellung der älteren Literatur über die Löslichkeit von Wasserstoff in Eisen siehe bei WEDDING-FISCHER[1], eine Zusammenstellung der Literatur von 1861—1918 siehe bei HADFIELD[2]. Das gesamte über Eisen-Wasserstoff vorliegende Schrifttum wird behandelt in Gmelins Handbuch der anorganischen Chemie[3] unter den Abschnitten: Aufnahme von Wasserstoff durch Eisen, Wasserstoffabgabe beim Erhitzen, Einfluß des Wasserstoffs auf die Umwandlungspunkte des Eisens, Art der Bindung des Wasserstoffs im Eisen, Eisenhydride.

Quantitative Bestimmungen der Wasserstoffaufnahme von festem und flüssigem Eisen wurden ausgeführt von SIEVERTS[4], SIEVERTS-JURISCH[5], IWASÉ[6] (vollkommen abweichende Werte), NIKITIN[7], DEW-TAYLOR[8], MARTIN[9], SIEVERTS-HAGEN[10] und

LUCKEMEYER-HASSE und SCHENCK[11]. Die Arbeiten von SIEVERTS und Mitarbeitern, MARTIN sowie LUCKEMEYER-HASSE und SCHENCK (Löslichkeit bei 800—1450°) sind am wichtigsten.

Literatur.

1. WEDDING, H., u. T. FISCHER: 5. Int. Kongr. angew. Chemie Berlin 1904 II S. 35/51. — 2. HADFIELD, R.: Trans. Faraday Soc. Bd. 14 (1918/19) S. 190. — 3. Gmelins Handbuch d. anorg. Chemie 8. Aufl., System-Nr. 59: Eisen, Teil B, S. 1/6, Berlin 1929. — 4. SIEVERTS, A.: Z. physik. Chem. Bd. 60 (1907) S. 153/65, 192/96. — 5. SIEVERTS, A., u. E. JURISCH: Z. physik. Chem. Bd. 77 (1911) S. 598 u. 606. S. auch Z. Metallkde. Bd. 21 (1929) S. 40, 43. — 6. IWASÉ, K.: Sci. Rep. Tôhoku Univ. Bd. 15 (1926) S. 536/39. — 7. NIKITIN, N.: Z. anorg. allg. Chem. Bd. 154 (1926) S. 133/36. — 8. DEW, W. A., u. H. S. TAYLOR: Z. physik. Chem. Bd. 31 (1927) S. 281. — 9. MARTIN, E.: Arch. Eisenhüttenwes. Bd. 3 (1929/30) S. 407/16. — 10. SIEVERTS, A., u. H. HAGEN: Z. physik. Chem. Bd. 155 (1931) S. 314/17. — 11. LUCKEMEYER-HASSE, L., u. H. SCHENCK: Arch. Eisenhüttenwes. Bd. 6 (1932/33) S. 209/14.

Fe-Hg. Eisen-Quecksilber.

Die weitaus meisten Untersuchungen über Fe-Amalgame befassen sich mit deren Herstellung und lassen keine Schlüsse auf ihre Konstitution bei Raumtemperatur zu. Insbesondere läßt sich über die Natur des mit flüssigem Amalgam (d. i. die gesättigte Lösung von Fe in Hg) im Gleichgewicht befindlichen Bodenkörpers (ob intermediäre Phase oder Fe) nichts Sicheres sagen (s. jedoch Nachtrag).

Selbst die Angaben über den Grad der Löslichkeit von Fe in Hg bei gewöhnlicher Temperatur weichen ganz außerordentlich voneinander ab. Nach JOULE[1] sollen Legierungen mit 0,14 und 1,4% Fe vollkommen flüssig sein, doch ging bereits aus der Löslichkeitsbestimmung von GOUY[2] hervor, wonach die Löslichkeit bei 15—18° noch geringer als 0,01% Fe ist, daß diese beiden Amalgame eine feste Phase enthalten. RICHARDS und GARROD-THOMAS[3] fanden nach wiederholtem Filtrieren durch Leder, daß das flüssige Amalgam 0,00134% Fe enthielt; sie bemerken jedoch, daß es nicht bewiesen sei, daß nicht selbst diese geringe Spur Fe im festen Zustand (in Form einer Suspension) durch das Leder gedrungen ist. Aus dem von NAGAOKA[4] bestimmten Wert der spezifischen Magnetisierung eines Fe-Amalgams mit 0,19% Fe berechnen TAMMANN-OELSEN[5] eine Löslichkeit von Fe in Hg von 0,062%. Dieser Wert ist sehr erheblich größer als die von TAMMANN-KOLLMANN[6] mit Hilfe von Spannungsmessungen gefundene Löslichkeit von nur $1,15 \cdot 10^{-17}$% Fe bei 17°[7]). Letzterer Wert ist nach TAMMANN-OELSEN als der richtige zu betrachten.

Nach Angabe von WEVER[8] ist Hg in festem Fe unlöslich.

1. Nachtrag. Das von TAMMANN-KOLLMANN angewendete Verfahren zur Bestimmung der Löslichkeit von Fe in Hg hat EVA PALMAER[9] kritisiert. Sie selbst bestimmte die Löslichkeit durch Umrühren mit einem amalgamierten Eisendraht mit dem Ergebnis, daß dieselbe etwa

0,00007% beträgt und sich zwischen 20° und 211° nicht merklich ändert. „Die Kristalle, die aus Hg, auf dem Fe elektrolytisch ausgefällt wurde (sog. Fe-Amalgam), sich abscheiden, bestehen nicht aus einer stöchiometrischen Verbindung zwischen Fe und Hg, sondern aus reinem Fe, das in Hg aufgeschlämmt gewesen ist." Dieses letztere Ergebnis folgt aus mikroskopischen Untersuchungen, Dichtebestimmungen und einer von G. HÄGG ausgeführten Röntgenuntersuchung an einem 2,3% Fe enthaltenden „Amalgam". Vgl. auch RABINOWITSCH und ZYWOTINSKI[10].

In bestem Einklang mit dem Befund von PALMAER steht die Beobachtung von BRILL-HAAG[11], daß Fe-Amalgame mit bis zu 25% Fe nach den Aussagen der Röntgenanalyse aus einer Suspension von α-Fe in Hg bestehen. Bei Raumtemperatur ist also sicher keine intermediäre Phase stabil.

2. Nachtrag. Die Löslichkeit von Fe in Hg wurde analytisch von IRVIN-RUSSELL[12] zu 0,00001% bestimmt (vgl. mit den obigen Werten).

Literatur.

1. JOULE, J. P.: J. chem. Soc. Bd. 1 (1876) S. 378. — **2.** GOUY: J. Physique 3 Bd. 4 (1895) S. 320/21. — **3.** RICHARDS, T. W., u. R. N. GARROD-THOMAS: Z. physik. Chem. Bd. 72 (1910) S. 181/82. — **4.** NAGAOKA, H.: Wied. Ann. Bd. 59 (1896) S. 66. — **5.** TAMMANN, G., u. W. OELSEN: Z. anorg. allg. Chem. Bd. 186 (1930) S. 280/81. — **6.** TAMMANN, G., u. K. KOLLMANN: Z. anorg. allg. Chem. Bd. 160 (1927) S. 243/46. — **7.** Bei TAMMANN-OELSEN ist die Löslichkeit irrtümlich mit $1,0 \cdot 10^{-10}$ angegeben. — **8.** WEVER, F.: Arch. Eisenhüttenwes. Bd. 2 (1928/29) S. 739/46. — **9.** PALMAER, EVA: Z. Elektrochem. Bd. 38 (1932) S. 70/76. — **10.** RABINOWITSCH, M., u. ZYWOTINSKI: Kolloid-Z. Bd. 52 (1930) S. 31. — **11.** BRILL, R., u. W. HAAG: Z. Elektrochem. Bd. 38 (1932) S. 211/12. Amalgame mit bis zu 10% Fe wurden hergestellt durch Auftropfen von Eisenpentacarbonyl $Fe (CO)_5$ auf Hg bei 300°. Durch teilweises Abdestillieren des Hg aus den pastigen Amalgamen im Hochvakuum wurde eine feste, harte Masse mit 25% Fe erhalten. — **12.** IRVIN, N. M., u. A. S. RUSSELL: J. chem. Soc. 1932 S. 891/98.

Fe-Ir. Eisen-Iridium.

Da Iridium und Rhodium mit γ-Fe isomorph sind, so ist es sehr wahrscheinlich, daß beide Metalle, ebenso wie Pd und Pt, mit γ-Fe innerhalb eines bestimmten Temperaturbereiches eine lückenlose Mischkristallreihe bilden (offenes γ-Feld).

Fe-K. Eisen-Kalium.

Lithium, Natrium, Kalium, Rubidium, Cäsium, Magnesium, Kalzium, Strontium und Barium sind in festem Fe unlöslich.

Eisen wird von den geschmolzenen Metallen nicht aufgelöst.

Da der Siedepunkt der genannten Metalle unterhalb des Schmelzpunktes des Eisens liegt, so läßt sich unter gewöhnlichem Druck nicht feststellen, ob sie von flüssigem Eisen gelöst werden. Sie bilden sehr wahrscheinlich keine Legierungen mit Fe (s. Ca-Fe).

Fe-Li. Eisen-Lithium.

Siehe Fe-K, diese Seite.

Fe-Mg. Eisen-Magnesium.

Siehe Fe-K, S. 675.

Fe-Mn. Eisen-Mangan.

Mit den Umwandlungserscheinungen in Fe-reichen C-haltigen Fe-Mn-Legierungen beschäftigen sich Untersuchungen von Le Chatelier[1] (elektrischer Widerstand), Osmond[2] (thermische Untersuchung) und Curie[3] (magnetische Eigenschaften). Danach werden die Temperaturen der A_3- und A_2-Umwandlungen des Eisens durch Mn erniedrigt.

Die planmäßigen Konstitutionsuntersuchungen beginnen mit der Bestimmung der Liquiduskurve und des annähernden Verlaufes der Soliduskurve (mit Hilfe von Abkühlungs- und Erhitzungskurven) von Levin-Tammann[4]. Sie schlossen aus ihren Ergebnissen auf die innerhalb eines ziemlich engen Temperaturintervalls stattfindende Kristallisation einer lückenlosen Reihe von Mischkristallen. In Übereinstimmung damit erwiesen sich die langsam aus dem Schmelzfluß erkalteten Legierungen als „fast völlig homogen". Bei einer erneuten Bestimmung des Erstarrungsdiagramms haben Rümelin-Fick[5] im wesentlichen den Befund von Levin-Tammann bestätigt (zwischen 0 und 50% Mn liegen die von ihnen gefundenen Liquidustemperaturen zum Teil erheblich tiefer, zwischen 60 und 100% Mn fallen sie mit den Daten von Levin-Tammann zusammen). Darüber hinaus fanden Rümelin-Fick, daß die $\delta \rightleftharpoons \gamma$-Umwandlung des Eisens durch Mn erhöht wird. Bei etwa 2% Mn wird die Soliduskurve von der Umwandlungskurve geschnitten; es kommt also zur Ausbildung des peritektischen Gleichgewichtes: δ-Mischkristall $+$ Schmelze (etwa 12,5% Mn) $\rightleftharpoons \gamma$-Mischkristall (etwa 7% Mn) bei 1455°. Das Erstarrungsdiagramm von Rümelin-Fick wurde von allen späteren Forschern übernommen (Abb. 275 u. 277). Mit Hilfe thermischer Untersuchungen fanden Rümelin-Fick, daß der $\gamma \rightleftharpoons \alpha$-Fe-Umwandlungspunkt durch 1% Mn auf 816° erniedrigt wird und bei dieser Temperatur bis zu mindestens 50% Mn konstant bleibt. Die thermisch bestimmten Curiepunkte (A_2) liegen auf einer bis zu 711° bei 50% Mn sanft abfallenden Kurve. Die magnetisch bestimmten A_2-Punkte stimmen bis zu 10% Mn mit den thermisch ermittelten gut überein; es wurde in diesem Bereich keine Temperaturhysterese festgestellt. Bei 13% Mn wurde dagegen die Umwandlung beim Erhitzen bei etwa 695°, beim Abkühlen bei etwa 135° festgestellt, oberhalb 13% Mn war keine magnetische Umwandlung nachzuweisen. Rümelin-Fick fanden eine Umwandlung des Mangans bei 1146°, die durch 5% Fe auf 1141° erniedrigt wird.

Im Gegensatz zu dem Befund von Rümelin-Fick hat Gumlich[6] (seine Legierungen enthielten 0,08—0,22% C) erstmalig gezeigt, daß die (durch magnetometrische Messungen) bestimmten magnetischen Umwandlungspunkte auch schon bei kleinen Mn-Gehalten beim Erhitzen und Abkühlen stark auseinanderfallen, und daß die Hysterese mit wachsendem Mn-Gehalt stark zunimmt (Abb. 276). Aus der Tatsache,

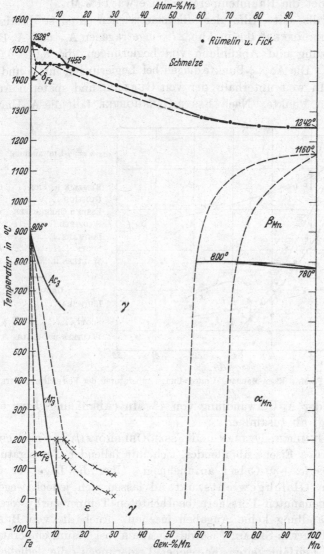

Abb. 275. Fe-Mn. Eisen-Mangan (vgl. auch Abb. 277 und 278).
– – – – – Umwandlungen nach ISHIWARA.

daß Ar_2 und Ac_2 bei wesentlich verschiedenen Temperaturen liegen, folgt, daß die A_2- und A_3-Umwandlungen oberhalb eines bestimmten Mn-Gehaltes (nach GUMLICH etwa 1,7%) zusammenfallen.

DEJEAN[7] bestimmte die Temperaturen der $\gamma \rightarrow \alpha$-Umwandlung durch

dilatometrische Messungen bei langsamer Abkühlung von Mangan-
stählen mit verschiedenen C-Gehalten und leitete daraus die in Abb. 276
gezeichnete Umwandlungskurve für Legierungen ohne Kohlenstoff ab;
sie schneidet die Raumtemperatur bei etwa 14% Mn.

Gleichfalls mit Hilfe der dilatometrischen Analyse bestimmten
ESSER-OBERHOFFER[8] die in Abb. 276 eingetragenen A_2- und A_3-Punkte
bei Erhitzung und Abkühlung von Legierungen, die 0,01—0,03% C
enthielten. Die $Ac_{2 \cdot 3}$-Punkte liegen bei Legierungen mit 5 und mehr
Prozent Mn weit unterhalb der von GUMLICH und späteren Autoren
gefundenen Punkte. Nach ESSER-OBERHOFFER fällt die A_2-Umwand-

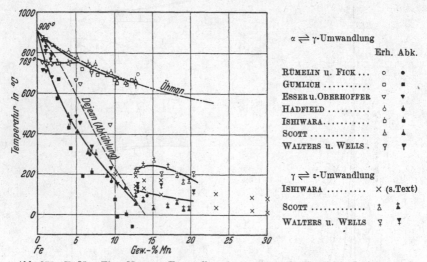

Abb. 276. Fe-Mn. Eisen-Mangan. Umwandlungstemperaturen der Fe-reichen Legierungen.

lung mit der A_3-Umwandlung von 4% Mn (Abkühlung) bzw. 6% Mn
(Erhitzung) ab zusammen.

Nach GUMLICH, DEJEAN und ESSER-OBERHOFFER hat man ein vom
A_3-Punkt des Eisens abfallendes, sich mit fallender Temperatur ver-
breiterndes $(\alpha + \gamma)$-Gebiet anzunehmen. Über die Lage der Grenzkurven im Gleichgewichtszustand lassen sich jedoch wegen der
von den genannten Forschern beobachteten Temperaturhysterese bei
der Umwandlung keine Angaben machen. Auch die von BURGERS-
ASTON[9], HUNTER-SEBAST[10] sowie GUMLICH bei Raumtemperatur gemessenen Leitfähigkeiten Fe-reicher Legierungen, die lediglich das
Bestehen von Mischkristallen verraten, geben darüber keine Auskunft,
da sich die untersuchten Proben nicht in einem definierten Zustand
befanden.

Die erste Röntgenuntersuchung führte BAIN[11] aus. Die Photogramme seiner langsam abgekühlten Legierungen enthalten bis etwa
20% Mn nur die Linien der α-Fe-Phase und von etwa 40—60% Mn

nur die der γ-Fe-Phase. Bei höheren Mangangehalten treten die Linien des Mangans auf. Durch diese Untersuchung wurde erstmalig das Bestehen einer Mischungslücke zwischen der γ-Fe-Phase und Mn nachgewiesen.

Im Jahre 1925 wurde durch die Strukturuntersuchungen an Mn von Westgren-Phragmén[12] gezeigt, daß Fe und Mn auch nicht innerhalb eines beschränkten Temperaturgebietes lückenlos mischbar sein können, da keine der drei Mn-Modifikationen mit keiner der beiden Fe-Modifikationen isomorph ist.

Die in Abb. 276 eingezeichneten, von Hadfield[13] bestimmten Ac_3- und Ar_3-Punkte der Legierungen mit 1,7—14,3% Mn und 0,09% C (im Mittel) sind im Einklang mit dem Befund von Gumlich, Dejean und Esser-Oberhoffer sowie aller späteren Forscher.

Wohrmann[14] hat Legierungen mit 3,3, 8,1 und 30,3% Mn (die 0,03 bzw. 0,07 und 0,116% C enthielten) mikroskopisch untersucht und gefunden, daß auch die außerhalb des nach Gumlich u. a. zu erwartenden $(\alpha + \gamma)$-Gebietes liegende Legierung mit 30% Mn heterogen ist (Widmannstättenstruktur). Obgleich insbesondere die letztgenannte Legierung einen nicht unbeträchtlichen C-Gehalt besitzt, glaubt der Verfasser zu dem Schluß berechtigt zu sein, daß auch der Mn-reichere γ-Mischkristall eine Umwandlung unter Bildung von zwei Phasen erleidet[15].

Der Aufbau der ganzen Legierungen wurde von Schmidt[16] röntgenographisch untersucht. Die Legierungen mit bis zu 22% Mn enthielten 0,045% C im Mittel, Mn-reichere 0,1—0,24% C. Folgende Phasen wurden in den langsam erkalteten Legierungen gefunden: zwischen 0 und 20% Mn die Phase des α-Fe, zwischen 12 und 29% Mn eine mit ε bezeichnete Phase mit einem Gitter hexagonaler dichtester Kugelpackung, zwischen 16 und etwa 60% Mn die Phase des γ-Fe, zwischen 62 und 98% Mn die Phase des β-Mn und in Mn-reicheren Legierungen die α-Mn-Phase, die nach Schmidt nur ein geringes Lösungsvermögen für Fe besitzt. Die ε-Phase liegt also zwischen etwa 12 und 16% Mn mit der α-Fe-Phase, zwischen 20 und 30% Mn mit der γ-Fe-Phase und zwischen 16 und 20% Mn mit diesen beiden Phasen vor. Zumindest die dreiphasigen Legierungen befanden sich also nicht im Gleichgewicht; das geht auch daraus hervor, daß die Gitterabmessungen aller drei Phasen mit dem Mn-Gehalt kontinuierlich wachsen. Eine der drei Phasen ist also bei tiefer Temperatur instabil. Legierungen mit 14—22% Mn enthielten die ε-Phase (neben α bzw. γ) ebenfalls nach dem Abschrecken von 800—1300°. Die Bildung der ε-Phase läßt sich also durch Abschrecken nicht unterdrücken.

Unabhängig von Schmidt hat Osawa[17] eine vollständige Röntgenanalyse des Systems an langsam erkalteten Proben ausgeführt; seine Legierungen waren jedoch wesentlich unreiner: sie enthielten fast durch-

weg 0,1—0,3% C und 0,3 bis fast 2% Si. Osawas Befund stimmt im
wesentlichen mit den Ergebnissen von Schmidt überein. Linien der
hexagonalen ε-Phase wurden zwischen 12,4 und 14,4% Mn mit α-Linien,
zwischen 20,7 und 23% Mn mit γ-Linien beobachtet. Ausschließlich
ε-Linien waren zwischen 14,4 und 20,7% Mn festzustellen, doch ist das
entgegen der Ansicht von Osawa kein Beweis für die Abwesenheit der
α- bzw. γ-Phase in diesen Legierungen. Die Linien der γ-Phase konnten
bis 66,5% Mn verfolgt werden. Oberhalb dieser Konzentration wurde
sowohl die β-Mn-Phase als die α-Mn-Phase festgestellt, in der Hauptsache jedoch — in Übereinstimmung mit Schmidt — die β-Mn-Phase.
Da jedoch einige nachträglich bei 700° geglühte Proben nur α-Mn-
Linien zeigten, ist anzunehmen, daß die α-Mn-Phase ein erhebliches
Konzentrationsgebiet (bis mindestens 30% Fe) — entgegen der Auffassung von Schmidt — besitzt. Das Auftreten von β-Mn-Linien in
den Photogrammen der langsam erkalteten Proben (Schmidt, Osawa)
ist auf die unvollständige Umwandlung der Mischkristalle des β-Mn in
diejenige des α-Mn während der Abkühlung zurückzuführen. Bezüglich
der Entstehung der ε-Phase und ihres Existenzgebietes im Gleichgewichtsdiagramm schließt Osawa sich der Auffassung von Ishiwara
an (s. S. 683). Er vermutet, daß der ε-Phase die Verbindung Fe$_5$Mn
(16,4% Mn) zugrunde liegt. Aus der Tatsache, daß das Achsenverhältnis
des tetragonal-flächenzentrierten Gitters der γ-Mn-Phase (in abgeschreckten Legierungen) bei etwa 69% Mn gleich 1 wird, das Gitter also hier
mit dem kubisch-flächenzentrierten Gitter des γ-Fe identisch ist, folgert
Osawa, daß γ-Fe und γ-Mn lückenlos mischbar sind (vgl. darüber
auch Öhman[18]).

Wiederum unabhängig von Osawa führte Öhman[18] ebenfalls eine
eingehende röntgenographische Untersuchung des Systems durch. Seine
Legierungen waren unter Verwendung von Elektrolyteisen und vakuum-
destilliertem Mn im Vakuum erschmolzen und wurden vor der Aufnahme je nach der Zusammensetzung in Pulverform einige Stunden bis
zu 8 Tagen getempert. Abb. 277 zeigt das auf Grund dieser Untersuchungen und einiger Hochtemperaturaufnahmen entworfene Zustandsdiagramm. Im einzelnen ist dazu folgendes zu sagen: 1. Durch Abschrecken der Legierungen zwischen 15 und 65% Mn (Mn-ärmere ließen
sich nicht wirksam abschrecken) gelang es, die γ-Fe-Phase festzuhalten.
Eine bei 1150° abgeschreckte Legierung mit etwa 78,5% Mn zeigte neben
β-Mn-Linien auch γ-Mn-Linien. Aus den Gitterkonstanten dieser Legierung folgt, daß das Achsenverhältnis des flächenzentriert-tetragonalen
γ-Mn-Gitters mit steigender Fe-Aufnahme sich dem Wert 1 nähert.
Öhman ist daher mit Osawa der Ansicht, daß γ-Mn mit dem flächenzentriert-kubischen γ-Fe eine ununterbrochene Reihe von Misch-
kristallen bildet. Da jedoch ein kontinuierlicher Übergang von einem

Kristallsystem in ein anderes bisher nicht bekannt ist, so wurde in Abb. 277 die Möglichkeit der Existenz einer Mischungslücke angedeutet (s. darüber auch Au-Mn, BUMM-DEHLINGER). 2. Die heterogenen Gebiete zwischen der γ-Fe-Phase und den β-Mn- und α-Mn-Phasen wurden mit Hilfe von Bestimmungen der Gitterkonstanten abgeschreckter Legierungen (vgl. die mit $\times$ angedeuteten Zustandspunkte) annähernd festgelegt. Daraus geht in Übereinstimmung mit OSAWA, jedoch im Widerspruch zu der Auffassung von SCHMIDT hervor, daß α-Mn erheb-

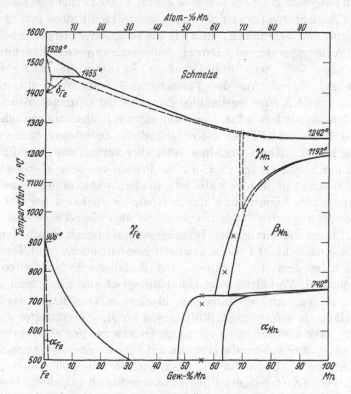

Abb. 277. Fe-Mn. Eisen-Mangan nach ÖHMAN (vgl. auch Abb. 275 und 278).

liche Mengen Fe in fester Lösung aufzunehmen vermag. Das Ergebnis von SCHMIDT (s. S. 679) ist damit zu erklären, daß SCHMIDT seine Legierungen nicht hinreichend lange geglüht, sondern ziemlich schnell abgekühlt hat; die Umwandlung β-Mn-Mischkristall $\rightarrow$ α-Mn-Mischkristall hatte sich also in seinen Proben nicht vollständig vollzogen. 3. Bei Mn-Gehalten unter 15% ließ sich das Gleichgewicht bei hohen Temperaturen nicht durch Abschrecken festhalten. Bei Abschrecktemperaturen von 500—600° ist die Umwandlungsgeschwindigkeit der Reaktion $\gamma \rightarrow \alpha$ jedoch nur sehr gering. Durch Untersuchung von Legierungen, die während „längerer Zeit" bei diesen Temperaturen getempert und abgeschreckt wurden, hat ÖHMAN die in Abb. 276 und 277 angegebenen Grenzen des $(\alpha + \gamma)$-Gebietes bestimmt. Die Löslichkeit von Mn in α-Fe ist danach bei 500—600° nicht größer als 1%. Die von ÖHMAN angegebene $\gamma(\alpha + \gamma)$-Grenze stellt jedoch, wie spätere Untersuchungen zeigten, keine Gleichgewichtsgrenze dar. Die Ursache dafür ist darin zu suchen, daß die α-Fe-Phase, wie ÖHMAN beobachtete, zu starker Übersättigung an Mn neigt (α'-Phase), und daß diese Übersättigung auch nach längerem Tempern bestehen bleibt. 4. Die hexagonale ε-Phase tritt nach Ansicht von ÖHMAN nur in abgeschreckten Proben mit 12 bis 23% Mn auf, und zwar neben α und γ in um so größerer Menge, je höher die Abschrecktemperatur ist. Durch Abschrecken von Temperaturen unter 700° wurde bei keiner Zusammensetzung die ε-Phase gefunden. Aus der Tatsache, daß SCHMIDT in den drei Phasen α, γ und ε eine regelmäßige Zunahme der Gitterabmessungen mit dem Mn-Gehalt feststellte, sowie aus eigenen Beobachtungen schloß ÖHMAN, daß alle drei Phasen die ursprüngliche Zusammensetzung der Legierung haben. „Diese Annahme setzt aber voraus, daß die ε-Phase nicht bei der hohen Temperatur, die die Proben vor dem Abschrecken besitzen, entsteht (d. h. hier stabil ist), sondern während der schnellen Abkühlung. Dies konnte auch durch Röntgenaufnahmen bei 600 bis 1000° bestätigt werden." Nach ÖHMAN ist also die ε-Phase eine instabile Phase, die mit großer Bildungsgeschwindigkeit durch Zerfall der γ-Phase entsteht. In einem gewissen Konzentrations- und Temperaturgebiet, in dem die Bildungs- und Zerfallsgeschwindigkeiten in einem günstigen Verhältnis zur Abkühlungsgeschwindigkeit beim Abschrecken stehen, kann sie durch Abschrecken teilweise fixiert werden, sonst zerfällt sie sofort unter Bildung von an Mn übersättigter α-Fe-Phase (α'). Dazu ist folgendes zu sagen: ÖHMAN hat nur abgeschreckte Proben, nicht aber solche, die langsam auf Raumtemperatur abgekühlt waren, untersucht. So mußte ihm das unterhalb 100—200° mit Sicherheit vorliegende Zustandsgebiet der ε-Phase natürlich entgehen. Bereits nach den an relativ langsam erkalteten Proben gemachten Aufnahmen von SCHMIDT (und auch OSAWA) war das Bestehen einer bei tiefen Temperaturen beständigen ε-Phase anzunehmen. Die von ÖHMAN mehrfach unterstrichene Tatsache, daß die ε-Kristallart nicht oberhalb 500° „stabil" ist, ist mit den Ergebnissen von ISHIWARA[19], SCOTT[20] und WALTERS und WELLS[22] (s. S. 683f.) in bester Übereinstimmung und schließt das Vorliegen einer unterhalb 500° „stabilen" ε-Phase, das ÖHMAN jedoch wegen der mit sinkender Temperatur stark abnehmenden Umwandlungsgeschwindigkeit für sehr unwahrscheinlich hält, nicht aus.

Da ÖHMANs Vorstellungen über die Bildungsbedingungen der ε-Phase im Lichte späterer Arbeiten nicht zutreffen können, so muß für das eigenartige Verhalten der Legierungen beim Abschrecken (Bildung von um so mehr ε, je höher die Abschrecktemperatur, keine Bildung von ε beim Abschrecken bei unterhalb 700°), das ÖHMAN nur durch die Annahme einer instabilen ε-Phase deuten zu können glaubt, eine andere Erklärung gefunden werden.

Zu dem in Abb. 275 dargestellten Diagramm von ISHIWARA[19], das mit Hilfe thermischer, dilatometrischer, magnetischer, thermoresistometrischer und mikroskopischer Untersuchungen ausgearbeitet wurde, ist folgendes zu bemerken: 1. Die Legierungen wurden größtenteils aus Armco-Eisen und 96—98%igem Mn hergestellt; über ihren C-Gehalt usw. ist nichts bekannt. 2. ISHIWARA macht keine tabellarischen Angaben seiner Einzelergebnisse; die graphische Darstellung weicht in verschiedenen Diagrammen der japanischen und englischen Veröffentlichung voneinander ab. 3. Die in Abb. 276 wiedergegebenen, der japanischen Veröffentlichung entnommenen Temperaturen der $\alpha \rightleftharpoons \gamma$-Umwandlung bei Abkühlung und Erhitzung wurden dilatometrisch bestimmt. (Im Originaldiagramm der englischen Arbeit ISHIWARAs erstrecken sich die Ac_3- und Ar_3-Kurven bis zu etwa 17% Mn. Diese Angabe bezieht sich jedoch auf die Einwaage an Mn (!). (Hier wurden selbstverständlich die Analysenwerte berücksichtigt.) Die in Abb. 275 gestrichelt gezeichneten „Gleichgewichts“-$\alpha \rightleftharpoons \gamma$-Umwandlungskurven sind hypothetisch; experimentell können sie nicht ermittelt werden. Nach mikroskopischen Untersuchungen vermag α-Fe 2,5—3% Mn in fester Lösung aufzunehmen, doch handelt es sich wahrscheinlich um die übersättigte α'-Phase nach ÖHMAN. Legierungen mit 3—13% Mn zeigten erwartungsgemäß martensitisches Gefüge. 4. Legierungen mit 13—30% Mn machen die $\varepsilon \rightleftharpoons \gamma$-Umwandlung durch. Abb. 275 und 276 zeigen die mit dilatometrischen Messungen gewonnenen Temperaturen des Beginns und des Endes dieser Umwandlung (aus den Mitteltemperaturen beim Erhitzen bzw. Abkühlen). Die Darstellung einer peritektischen Bildung von ε aus α und γ zwischen 3 und 12,5% Mn ist natürlich hypothetisch und — da es sich bei α (α') und ε offenbar nicht um stabile Phasen im Sinne der Phasenregel handelt — auch sehr unwahrscheinlich. Die $\gamma \rightarrow \varepsilon$-Umwandlung erfolgt selbst bei langsamer Abkühlung wegen der sehr niedrigen Zerfallstemperaturen nur unvollständig; die Legierungen mit 13—30% Mn besitzen Widmannstättengefüge. 5. Das heterogene Gebiet zwischen der γ-Fe-Phase und den β-Mn- und α-Mn-Phasen wurde annähernd festgelegt mit Hilfe einiger thermischer (zwischen 70 und 100% Mn) und mikroskopischer Untersuchungen. Die Konzentrationsangaben beziehen sich jedoch auf die Einwaage an Mn (!), das heterogene Gebiet liegt, da die tatsächlichen Mn-Gehalte wesentlich kleiner waren (sie wurden jedoch nicht bestimmt), also in Wirklichkeit bei Fe-reicheren Konzentrationen. Die

Umwandlungstemperaturen β-Mn-Phase $\rightleftharpoons$ α-Mn-Phase wurden dilatometrisch und thermo-resistometrisch bestimmt.

Scott[20] ermittelte die in Abb. 276 wiedergegebenen Temperaturen
des Beginns der $\gamma \to \alpha$-Umwandlung, des Endes der $\alpha \to \gamma$-Umwandlung
sowie des Beginns der $\gamma \rightleftharpoons \varepsilon$-Umwandlung bei Erhitzung bzw. Abkühlung durch dilatometrische Versuche. Die Legierungen enthielten
0,05% C (bei 5% Mn) bis 0,11% C (bei 20% Mn) und im Mittel 0,2% Si.
Die $\alpha \rightleftharpoons \gamma$-Umwandlung konnte nur bis 12,7% Mn verfolgt werden;
diese Legierung macht auch schon die $\gamma \rightleftharpoons \varepsilon$-Umwandlung durch. Die
Beobachtungen von Scott sprechen für eine bei tiefen Temperaturen
„stabile" ε-Phase.

Kürzlich wurden die ersten Teilergebnisse einer groß angelegten
Arbeit amerikanischer Forscher[21-24] zur Aufklärung der Konstitution
des ganzen Systems veröffentlicht. Grundsätzlich Neues wurde jedoch
bisher nicht gefunden. Die Legierungen zeichnen sich durch ihre hohe
Reinheit aus; sie wurden in reinen MgO-Tiegeln im Hochfrequenzofen
unter Argon aus Elektrolyteisen und destilliertem Mn erschmolzen[21].
Der C-Gehalt lag fast durchweg unter 0,03%, meist unter 0,02%.

Die thermische Untersuchung der Umwandlungsvorgänge[22] ergab die
in Abb. 276 eingezeichneten Umwandlungstemperaturen bei Erhitzung
und Abkühlung, soweit sie aus der sehr kleinen Abbildung der Originalarbeit entnommen werden konnten. Zwischen 13 und 20% Mn ist der
Charakter der Umwandlung ($\gamma \rightleftharpoons \varepsilon$) ein ganz anderer als zwischen 0
und 13% Mn ($\gamma \rightleftharpoons \alpha$). Die Tatsache, daß die $\gamma \rightleftharpoons \varepsilon$-Umwandlung —
in Übereinstimmung mit Scott — auch bei langsamem Wärmefluß
stattfindet, spricht für das Bestehen einer „stabilen" ε-Kristallart
unterhalb $\sim 200°$. Bei 26—60% Mn konnte keine Umwandlung im
festen Zustand festgestellt werden.

Die röntgenographische Untersuchung[23] ergab folgendes: Die
ε-Phase wurde in geschmiedeten, ofengekühlten und abgeschreckten
Proben gefunden, in abgeschreckten Proben zuerst bei 7,2% Mn. Sie
liegt in langsam abgekühlten Proben in größerer Menge (neben α und γ)
und bei kleineren Mn-Gehalten vor als in abgeschreckten Proben. Es
gelang, die ε-Phase innerhalb eines weit größeren Konzentrationsgebietes zu beobachten (zwischen 7,2 und mindestens 32% Mn) als
Schmidt, Osawa und Öhman vermochten. Vielleicht ist der kleinere
C-Gehalt dafür verantwortlich. Die Bildung von ε wird durch Spannung
(Bearbeitung) begünstigt; eine 20% Mn enthaltende Legierung, die
bearbeitet war, enthielt röntgenographisch nur die ε-Phase.

Dilatometrische Untersuchungen[24] bestätigen den Befund der thermi-
schen Analyse. Die $\gamma \rightleftharpoons \varepsilon$-Umwandlung wurde bei 13, 16, 20 und
26% Mn beobachtet.

Zusammenfassung. Die vorstehende, in zeitlicher Folge der Veröffentlichungen gegebene Darstellung der Befunde hat gezeigt, daß wir von einer Aufklärung der Konstitutionsverhältnisse in den Fe-reichen Legierungen noch weit entfernt sind, da verläßliche Angaben

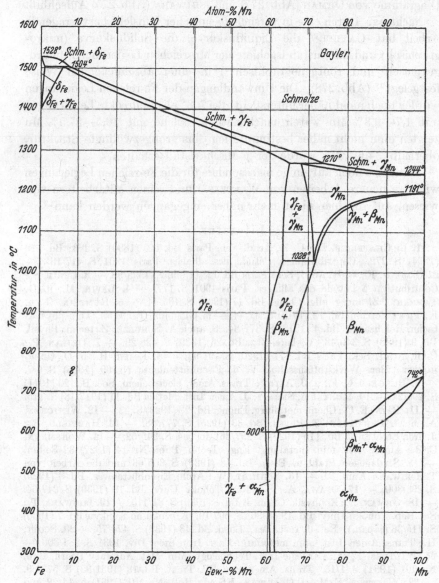

Abb. 278. Fe-Mn. Eisen-Mangan nach GAYLER (vgl. auch Abb. 275 und 277).

über die Beziehungen zwischen den Phasen α, α', γ und ε, ihre Stabilitätsbedingungen und gittermechanischen Zusammenhänge bisher ganz fehlen. Offenbar besteht eine weitgehende Analogie zu den Umwandlungsvorgängen in System Fe-Ni (s. d.), doch kommt es dort nicht zur Bildung einer hexagonalen Phase. Über den Aufbau der Mn-reichen Legierungen geben die — sich nur in Einzelheiten widersprechenden — Diagramme von ÖHMAN (Abb. 277) und ISHIWARA (Abb. 275) Aufschluß.

Nachtrag. Durch eine in versuchstechnischer Hinsicht hervorragende Arbeit hat GAYLER[25] die Liquiduskurve, die Soliduskurve (mikrographisch) und die Zustandsgebiete der Mn-reichen Legierungen (mikrographisch und röntgenographisch[26]) in einer abschließenden Weise festgelegt[27] (Abb. 278). Die Umwandlungen der Fe-reichen Legierungen wurden noch nicht näher untersucht. Bei 708° abgeschreckte Legierungen mit 1,7—9,3% Mn waren martensitisch, solche mit 10,5—27,5% Mn zeigten eine nicht näher bestimmte fein- bis grobgezwillingte Struktur, oberhalb 34,6% Mn wurde der γ-Mischkristall erhalten.

Ferner sei noch auf einige insbesondere für die Fe-reichen Legierungen wichtige neuere Arbeiten von WALTERS[28] und seinen Mitarbeitern verwiesen, auf die hier nicht mehr näher eingegangen werden kann[29].

Literatur.

1. LE CHATELIER, H.: C. R. Acad. Sci., Paris Bd. 110 (1890) S. 283; Bd. 119 (1894) S. 272. Contribution à l'étude des alliages, Paris 1901 S. 417/18. — **2.** OSMOND, F.: C. R. Acad. Sci., Paris Bd. 128 (1899) S. 1395/98. — **3.** CURIE, S.: Contribution à l'étude des alliages, Paris 1901 S. 177. — **4.** LEVIN, M., u. G. TAMMANN: Z. anorg. allg. Chem. Bd. 47 (1905) S. 136/44. — **5.** RÜMELIN, G., u. K. FICK: Ferrum Bd. 12 (1915) S. 41/44. — **6.** GUMLICH, E.: Wiss. Abh. physik.-techn. Reichsanst. Bd. 4 (1918) S. 377/84. S. auch A. SCHULZE: Z. techn. Physik Bd. 9 (1928) S. 340/43. Gießerei-Ztg. Bd. 26 (1929) S. 428/29. — **7.** DEJEAN, P.: C. R. Acad. Sci., Paris Bd. 171 (1920) S. 791/94. — **8.** ESSER, H., u. O. OBERHOFFER: Ber. Werkstoffausschuß V. d. Eisenhüttenleute Nr. 69 (1925) S. 6/7. — **9.** BURGERS, C. F., u. J. ASTON: Trans. Amer. electrochem. Soc. Bd. 20 (1911) S. 205/24. — **10.** HUNTER u. SEBAST: J. Amer. Inst. Metals Bd. 11 (1917/18) S. 115. — **11.** BAIN, E. C.: Chem. metallurg. Engng. Bd. 28 (1923) S. 23. — **12.** WESTGREN, A., u. G. PHRAGMÉN: Z. Physik Bd. 33 (1925) S. 777/88. — **13.** HADFIELD, R.: J. Iron Steel Inst. Bd. 115 (1927) S. 297/361, insbes. S. 345/52. — **14.** WOHRMANN, C. R.: Amer. Inst. min. metallurg. Engr. Techn. Publ. Nr. 14 (1927) 32 Seiten. — **15.** S. dagegen Stahl u. Eisen Bd. 48 (1928) S. 665/66 und die Arbeit von T. ISHIWARA Anm. 19. — **16.** SCHMIDT, W.: Arch. Eisenhüttenwes. Bd. 3 (1929) S. 293/300. — **17.** OSAWA, A.: Sci. Rep. Tôhoku Univ. Bd. 19 (1930) S. 247/64. — **18.** ÖHMAN, E.: Z. physik. Chem. B Bd. 8 (1930) S. 81/110. — **19.** ISHIWARA, T.: Sci. Rep. Tôhoku Univ. Bd. 19 (1930) S. 509/19. Kinzoku no Kenkyu Bd. 7 (1930) S. 115/36 (japan.). Ref. J. Inst. Met., Lond. Bd. 43 (1930) S. 474/75. — **20.** SCOTT, H.: Trans. Amer. Inst. min. metallurg. Engr. Iron Steel Div. 1931 S. 284/300. — **21.** WALTERS, F. M.: Carnegie Inst. Technology, Min. Met. Advisory Board, Bull. Nr. 101 (1931) S. 1/13. Trans. Amer. Soc. Stl. Treat. Bd. 19 (1931/32) S. 577/89. — **22.** WALTERS, F. M., u. C. WELLS: Ebenda Bull. Nr. 101 (1931) S. 14/22 und Trans. Amer. Soc. Stl. Treat. Bd. 19 (1931/32) S. 590/98. — **23.** GENSAMER, M., J. F. ECKEL u. F. M. WALTERS: Ebenda Bull. Nr. 101 (1931) S. 23/31 und Trans. Amer. Soc. Stl. Treat. Bd. 19 (1931/32) S. 599/607. — **24.** WALTERS, F. M., u. M. GENSAMER: Ebenda Bull. Nr. 101 (1931) S. 32/45 und Trans. Amer. Soc. Stl. Treat. Bd. 19 (1931/32) S. 608/21. — **25.** GAYLER, M. L. V.: J. Iron Steel Inst.

Bd. 128 (1933) S. 293/340. — **26.** Röntgenographische Untersuchungen von C. WAINWRIGHT. — **27.** S. auch die Diskussionsbeiträge von ÖHMAN u. WELLS-WALTERS S. 341/53. — **28.** WELLS, C., u. J. C. WARNER: Elektrochem. Soc. 1932, S. 233/36. KRIVOBOK, V. N., u. C. WELLS: Trans. Amer. Soc. Stl. Treat. Bd. 21 (1933) S. 807/20. WALTERS, F. M.: Ebenda Bd. 21 (1933) S. 821/29, 1002/15. WALTERS, F. M., u. J. F. ECKEL: Ebenda Bd. 21 (1933) S. 1016/20. WALTERS, F. M., u. C. WELLS: Ebenda Bd. 21 (1933) S. 1021/27. WALTERS, F. M., u. C. WELLS: Trans. Amer. Soc. Met. Bd. 68 (1935) S. 727/50. — **29.** S. auch Arch. Eisenhüttenwes. Bd. 7 (1933/34) S. 121/26 und Bd. 9 (1935/36) S. 115/16.

Fe-Mo. Eisen-Molybdän.

Von den älteren Arbeiten über Fe-Mo-Legierungen mit mehr oder weniger großem C-Gehalt sind hier allenfalls diejenigen von CARNOT-GOUTAL[1] und VIGOUROUX[2] zu nennen. Erstere glaubten aus C-armen Legierungen mit 2,5 und 3,4% Mo (?!) durch Behandeln mit HCl die Verbindung Fe_3Mo_2 (53,4% Mo) isoliert zu haben. VIGOUROUX will auf dieselbe Weise aus Legierungen, die aluminothermisch (also C-frei) oder durch Zusammenschmelzen der Komponenten dargestellt waren, die Verbindungen Fe_2Mo (aus Legierungen mit 12—43% Mo), Fe_3Mo_2 (aus Legierungen mit 49—51% Mo), FeMo (aus Legierungen mit 55—60% Mo) und $FeMo_2$ (aus Legierungen mit 69—76% Mo) erhalten haben. Den Beweis für die Einheitlichkeit der von ihm ohne weiteres als Verbindungen angesprochenen Rückstände blieb er schuldig. In der Tat haben die späteren Arbeiten gezeigt, daß bei gewöhnlicher Temperatur nur die Verbindung Fe_3Mo_2 stabil ist, und daß Fe_2Mo und $FeMo_2$ nicht bestehen (Abb. 279).

Die ersten Versuche von LAUTSCH-TAMMANN[3], ein Zustandsdiagramm mit Hilfe von thermischen und mikroskopischen Untersuchungen auszuarbeiten, hatten wenig Erfolg. Immerhin läßt sich auf Grund des Gefüges der ungeglühten Legierungen sagen, daß Fe und Mo eine Verbindung mit mehr als 45% Mo bilden. Die Verbindung besitzt nach Auffassung von LAUTSCH-TAMMANN eine geringe Bildungsgeschwindigkeit im flüssigen Zustand, so daß es zur Ausbildung eines pseudoternären Systems Fe-Mo-Verbindung X kommen soll[4].

Die Zweifel an der Richtigkeit dieser Anschauung wurden gelöst durch eine umfangreiche thermische und mikroskopische Untersuchung von SYKES[5]. Das von SYKES entworfene Diagramm ist gekennzeichnet durch das Bestehen der Verbindung $Fe_3Mo_2 = \varepsilon$, die sich bei 1540° mit fallender Temperatur durch die peritektische Reaktion: Mo-reicher Mischkristall (89% Mo) $+$ Schmelze (50% Mo) $\rightarrow$ Fe_3Mo_2 bilden soll und aus Schmelzen mit 24—50% Mo bei 1440° mit dem Fe-reichen Mischkristall (24% Mo) eutektisch kristallisiert; eutektischer Punkt bei 36% Mo. Die Temperatur der $\gamma \rightleftharpoons \delta$-Umwandlung wird durch Mo-Zusatz erniedrigt, diejenige der $\alpha \rightleftharpoons \gamma$-Umwandlung erhöht. Es ent-

steht also ein geschlossenes γ-Feld, dessen Scheitelpunkt nach den von
SYKES bei Abkühlung bestimmten Umwandlungspunkten (vgl. Neben-
abb.) etwas oberhalb 3% Mo liegt. Bei der eutektischen Temperatur
1440° sind nach SYKES 24% Mo in α-Fe gelöst, bei 600° etwa 6,5%[6].
Die Löslichkeit von Fe in Mo fällt von 11% bei 1540° auf etwa 5% bei
„Raumtemperatur".

Gelegentlich einer Besprechung der SYKESschen Arbeit hat MÜLLER[7]
mitgeteilt, daß auch im Kaiser Wilhelm-Institut für Eisenforschung eine
in sich geschlossene $\alpha \rightleftharpoons \gamma$-Umwandlungskurve festgestellt wurde. Nach
den in der Nebenabb. wiedergegebenen Umwandlungspunkten ($\times$ Er-
hitzung, $\bullet$ Abkühlung) würde der Scheitelpunkt schon bei 2,7% Mo
anzunehmen sein[17]. TAKEI-MURAKAMI[8] fanden den Scheitelpunkt mit
Hilfe von Abschreckversuchen bei etwa 3% Mo; eine bei 1100° abgeschreckte Legierung mit 1,6% Mo bestand aus α und γ. Der Curiepunkt des Eisens wird weder nach SYKES noch nach MÜLLER merklich
durch Mo beeinflußt, während TAKEI-MURAKAMI eine geringe, aber
deutliche Erniedrigung feststellen konnten.

Aus mikroskopischen Untersuchungen an Legierungen, die aus dem
Schmelzfluß erkaltet (also nicht im Gleichgewicht) waren, schloß
ARNFELT[9], daß „mindestens zwei intermediäre Phasen im System
Fe-Mo vorliegen, die sich nacheinander aus der Schmelze ausscheiden".
Die Fe-reichere dieser beiden Kristallarten wurde aus einer Legierung
mit 25% Mo durch Behandeln mit HCl herausgelöst (sie enthielt dann
51,4% Mo) und röntgenographisch untersucht[10]. Sie erwies sich als
isomorph mit der hexagonalen[11] Phase Fe_3W_2, ihre Zusammensetzung
entspricht also in Übereinstimmung mit SYKES der Formel Fe_3Mo_2
($a = 4,743$ Å, $c = 25,63$ Å, $c/a = 5,404$; wahrscheinlich 40 Atome in
der Elementarzelle). Anm. b. d. Korr.: Nach neueren Untersuchungen
von ARNFELT-WESTGREN[18] hat die ε-Phase ein rhomboedrisches Gitter
mit 13 Atomen in der Elementarzelle, sie hat die Zusammensetzung
Fe_7Mo_6 (59,6% Mo).

Die Mo-reichere Zwischenphase, für deren Bestehen sich sichere
Anhaltspunkte aus der mikroskopischen Untersuchung ergaben, hielt
ARNFELT für nur bei hohen Temperaturen stabil, da nur das Photogramm einer Legierung mit 63% Mo neben den Linien der Verbindung Fe_3Mo_2 einige schwache Linien einer anderen Phase zeigte; der
größte Teil dieser Phase war durch Glühen bei 1000° nach dem
Pulverisieren zerfallen.

Eine unabhängig von ARNFELT ausgeführte Untersuchung von
TAKEI-MURAKAMI[8] (hauptsächlich mit Hilfe des mikrographischen Verfahrens) führte in Verbindung mit den Ergebnissen von SYKES im wesentlichen zu dem in Abb. 279 dargestellten Diagramm. Es unterscheidet
sich hauptsächlich von dem Schaubild von SYKES durch die Fest-

stellung einer neuen η-Phase, die zwischen 1540° und 1180° beständig ist (vgl. ARNFELT) und etwa der Zusammensetzung FeMo[10] (63,2% Mo) entspricht. SYKES konnte, wie er in einem Diskussionsbeitrag[12] zu der Arbeit von TAKEI-MURAKAMI mitteilte, das Vorhandensein der η-Phase

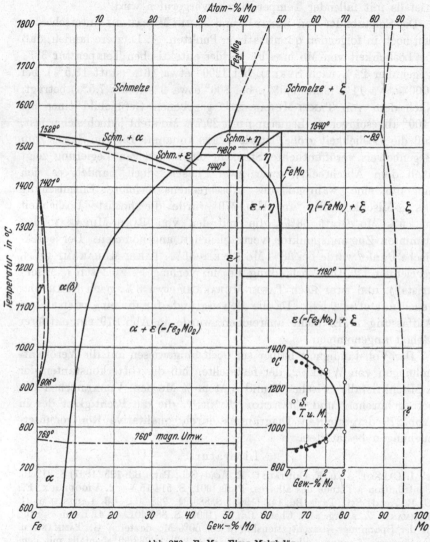

Abb. 279. Fe-Mo. Eisen-Molybdän.

bestätigen; die Grenzen des η-Zustandsgebietes nach den Gebieten (Schmelze + η) und (ε + η) hin wurden von ihm durch mikrographische Untersuchungen festgelegt. Das Auftreten eines eutektoiden Gefüge-bestandteils in langsam abgekühlten Legierungen mit 90—93% Mo deuteten TAKEI-MURAKAMI — unter Annahme einer bisher durch nichts gerechtfertigten polymorphen Umwandlung des Mo bei sehr hohen Temperaturen — mit dem Vorliegen eines weiteren Eutektoids. In Abb. 279 wurde jedoch mit Sykes angenommen, daß diese eutektoid-ähnliche Struktur durch die Entmischung des Mo-reichen ζ-Mischkristalls mit fallender Temperatur hervorgerufen wird.

Die Schaubilder von Sykes[13] und Takei-Murakami unterscheiden sich noch in folgenden quantitativen Punkten. 1. Letztere fanden, daß die Löslichkeit von Mo in α-Fe bei der eutektischen Temperatur 38% (gegenüber 24% nach Sykes), bei 1200° etwa 16% (statt 13,5%), bei 1000° etwa 11% (statt 9,5%), bei 800° etwa 9% (statt 7,5%) beträgt. Nach dem von Takei-Murakami[14] gegebenen Gefügebild einer bei 1400° abgeschreckten Legierung mit 29,7% Mo steht jedoch sicher fest, daß die Löslichkeit größer ist als Sykes annahm. Die von Sykes zum Gegenbeweis veröffentlichte Struktur einer 30%igen Legierung zeigt nach dem Abschrecken zwar zwei Phasen, doch handelt es sich hier um eine während des Abschreckens erfolgte Entmischung des α-Mischkristalls. In Abb. 279 wurde die höchste Löslichkeit zu 35% Mo (statt 38%), die mit den von Takei-Murakami bestimmten Zustandspunkten verträglich ist, angenommen. Der eutektische Punkt wurde bei 38% Mo (Sykes 36%, Takei-Murakami 40%), gezeichnet. 2. Die Verbindung Fe_3Mo_2 vermag Fe zu lösen (ε-Mischkristall), und zwar nach Takei-Murakami etwa 3%, nach Sykes dagegen nur etwa 0,5%. Da die Beweisgründe für die eine oder andere Auffassung m. E. nicht ausreichen, wurde in Abb. 279 ein mittlerer Gehalt angenommen.

Der Vollständigkeit halber sei noch hingewiesen auf die Veröffentlichungen von Wever[15], der feststellte, daß die Gitterkonstanten der α-Mischkristalle zwischen 0 und 6 Atom-% Mo dem Vegardschen Gesetz gehorchen, und Chartkoff-Sykes[16], die die Richtigkeit des in Abb. 279 dargestellten Diagramms durch qualitative Röntgenuntersuchungen bestätigten.

Literatur.

1. Carnot, A., u. E. Goutal: C. R. Acad. Sci., Paris Bd. 125 (1897) S. 213/16. Contribution à l'étude des alliages, Paris 1901, S. 514/15. — 2. Vigouroux, E.: C. R. Acad. Sci., Paris Bd. 142 (1906) S. 889/91, 928/30. — 3. Lautsch u. G. Tammann: Z. anorg. allg. Chem. Bd. 55 (1907) S. 386/401. — 4. Einen Sprung in der Spannungs-Konzentrationskurve bei 60% Mo deuteten G. Tammann u. E. Sotter: Z. anorg. allg. Chem. Bd. 127 (1923) S. 268/69 ebenfalls mit dem Vorhandensein einer Verbindung. — 5. Sykes, W. P.: Trans. Amer. Soc. Stl. Treat. Bd. 10 (1926) S. 839/71, 1035. Die Legierungen waren praktisch kohlenstoffrei. — 6. Grube, G., u. F. Lieberwirth: Z. anorg. allg. Chem. Bd. 188 (1930) S. 274/86 beobachteten, daß eine innerhalb 3 Stunden von 1250° abgekühlte Legierung mit 11% Mo infolge unvollkommener Gleichgewichtseinstellung während der Abkühlung noch homogen war. — 7. Müller, A.: Stahl u. Eisen Bd. 47 (1927) S. 1341/42. — 8. Takei, T., u. T. Murakami: Trans. Amer. Soc. Stl. Treat.

Bd. 16 (1929) S. 339/58. Sci. Rep. Tôhoku Univ. Bd. 18 (1929) S. 135/53. —
9. ARNFELT, H.: Carnegie Schol. Mem. Iron Steel Inst. Bd. 17 (1928) S. 13/21.
— 10. Schon früher hatte E. C. BAIN: Chém. metallurg. Engng. Bd. 28 (1923)
S. 23 eine, allerdings oberflächliche, Röntgenuntersuchung ausgeführt und daraus
auf das Bestehen einer Verbindung FeMo mit hexagonaler Struktur geschlossen.
— 11. Nach P. P. EWALD u. C. HERMANN: Strukturbericht 1913—1928, Leipzig
1931, S. 526. ARNFELT bezeichnet die Strukturen der Fe_3Mo_2- und Fe_3W_2-Phasen
als trigonal. — 12. SYKES, W. P.: Trans. Amer. Soc. Stl. Treat. Bd. 16 (1929)
S. 358/69. — 13. S. auch die Zusammenfassung von W. P. SYKES: Trans. Amer.
Soc. Stl. Treat. Bd. 17 (1930) S. 280/82. — 14. TAKEI, T., u. T. MURAKAMI: Trans.
Amer. Soc. Stl. Treat. Bd. 16 (1929) S. 369/71 (Entgegnung auf den Diskussions-
beitrag von SYKES s. Anm. 12). — 15. WEVER, F.: Z. Metallkde. Bd. 20 (1928)
S. 366/67. — 16. CHARTKOFF, E. P., u. W. P. SYKES: Amer. Inst. min. metallurg.
Engr. Techn. Publ. Nr. 307 (1930). Trans. Amer. Inst. min. metallurg. Engr.
Inst. Metals Div. 1930 S. 566/73. Stahl u. Eisen Bd. 50 (1930) S. 1004. —
17. Die von MÜLLER bestimmten Umwandlungstemperaturen wurden in der
Nebenabb. versehentlich TAKEI-MURAKAMI zugeschrieben. — 18. ARNFELT, H.,
u. A. WESTGREN: Jernkont. Ann. Bd. 119 (1935) S. 185/96.

Fe-N. Eisen-Stickstoff.

Die zahlreichen Untersuchungen, die sich mit dem Verhalten von
Stickstoff zu Eisen befassen (Absorption von molekularem Stickstoff,
Bildung von fester Lösung und von Nitriden bei Einwirkung von
Ammoniak auf Eisen) sind, soweit sie bis 1929 veröffentlicht wurden,
in GMELINs Handbuch der anorganischen Chemie, 8. Auflage, System
Nr. 59: Eisen, Teil B, Lieferung 1, 1929, zusammengefaßt und besprochen. Bei der Behandlung des Zustandsdiagramms des Systems
Fe-N kann die weitaus größte Zahl dieser Arbeiten unberücksichtigt
bleiben, da ihre Ergebnisse (meist Einzelbeobachtungen) durch die
neueren eingehenderen Untersuchungen überholt sind. Die wichtigsten
älteren Arbeiten, die sich auf die Konstitution des Systems Fe-N beziehen, werden in den meisten unten aufgeführten Arbeiten besprochen;
es kann hier nur darauf verwiesen werden[1].

Das Zustandsdiagramm (auf Grund von Nitrierung mit Ammoniak). Der erste Versuch zur Aufstellung eines Zustandsdiagramms
wurde gleichzeitig und unabhängig von FRY[2] (Phasendiagramm[3] hauptsächlich auf Grund von mikroskopischen Untersuchungen) und SAWYER[4]
(Phasendiagramm[5] auf Grund von thermischen und mikroskopischen
Untersuchungen) unternommen. An der Aufklärung der Konstitution
sind außerdem folgende Forscher maßgebend beteiligt: OSAWA-IWAIZUMI[6]
(röntgenographische Analyse ergab das Bestehen von $\gamma' = Fe_4N$ und $\varepsilon =$
Fe_2N), MURAKAMI-IWAIZUMI[7] (Phasendiagramm[8] auf Grund von magnetischer Analyse), HÄGG[9] (Röntgenanalyse ergab das Bestehen von $\gamma, \gamma' =$
Fe_4N, $\varepsilon (= Fe_3N?)$, $\zeta = Fe_2N$; Entwurf eines Phasendiagramms 1930[9]
und 1931[9]), EPSTEIN, CROSS, GROESBECK und WYMORE[10] (Entwurf eines
Phasendiagramms[11] auf Grund thermischer und mikroskopischer Unter-

44*

suchungen) und besonders EISENHUT-KAUPP[12](Phasendiagramm Abb.280
auf Grund quantitativer Röntgenanalyse) und LEHRER[13] (Phasendiagramm Abb. 280 auf Grund quantitativer magnetischer Analyse; mit
Ausnahme der Grenze der α-Phase).

Die Diagramme von EISENHUT-KAUPP und LEHRER stimmen im
größten Teil — auch quantitativ — ausgezeichnet überein. Da sie mit
Hilfe ganz verschiedener Untersuchungsverfahren gewonnen wurden,
ist diese Übereinstimmung besonders hoch zu bewerten. (Zu den Untersuchungen wurde reinstes [Karbonyl-]Eisen verwendet). Die einzige

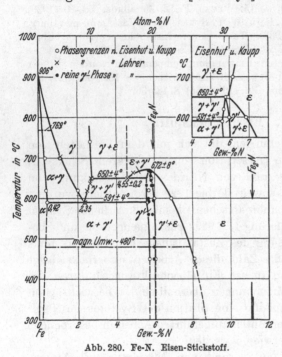

Abb. 280. Fe-N. Eisen-Stickstoff.

Abweichung besteht in der
Art der Umsetzung zwi-
schen den Phasen γ, γ' und ε.
EISENHUT-KAUPP (vgl.
Nebenabb. von Abb. 280)
geben eine peritektoide,
LEHRER eine eutektoide
Umsetzung an. Spätere
mikroskopische Untersu-
chungen von KÖSTER[14] und
thermoresistometrische,
mikroskopische u. a. Untersuchungen von NISHIGORI[15]
entschieden zugunsten des
Bestehens von zwei Eutek-
toiden, also zugunsten des
Diagramms von LEHRER.
Der Sicherheitsgrad des
Diagramms nach LEHRER-
EISENHUT-KAUPP wird wei-
ter erhöht duch die Tat-
sache, daß die Ergebnisse
zahlreicher früherer oder späterer Arbeiten[2 6 7 9 19 21] hinsichtlich der
Natur der intermediären Phasen und ihrer Zustandsgebiete damit in
Übereinstimmung oder nicht dazu im Widerspruch stehen.

Allgemein ist zu dem Phasendiagramm zu bemerken, daß es kein
Gleichgewichtsdiagramm im üblichen Sinne ist. Es hätte strenge
Gültigkeit nur für einen Gasraum, in dem keine Zersetzung der Nitride
stattfindet. Die Feststellung von „Gleichgewichts"-Kurven durch
Untersuchungen bei hoher Temperatur und solche Verfahren, in denen
wärmebehandelte und abgeschreckte Proben zur Untersuchung gelangten, ist nur möglich gewesen, weil die Dissoziationsgeschwindigkeit
der Nitride relativ klein ist. So ist z. B. $Fe_4N = \gamma'$ nicht unbegrenzt
lange bis herauf zu 672° stabil, es beginnt sich vielmehr bereits bei

wesentlich tieferen Temperaturen zu zersetzen. Über die Gleichgewichte im System Fe-N unter Berücksichtigung der Gasphase liegen bereits einige Arbeiten vor[13] [18] [19]. Im einzelnen ist zu Abb. 280 noch folgendes zu sagen:

1. Das Zustandsfeld der γ'-Phase wurde von LEHRER[13] in der Weise bestimmt, daß Fe-Pulver in NH_3-H_2-Gemischen geeigneter Konzentration bei verschiedenen Temperaturen zwischen 449° und 669° zu reinen Nitriden der γ'-Phase nitriert und der N-Gehalt nach den in der Arbeit beschriebenen Verfahren bestimmt wurde. Die Grenzkurven der γ'-Phase wurden so gezogen, daß sie sämtliche Nitride (in Abb. 280 mit ● bezeichnet) umschließen. Die Übereinstimmung mit den von EISENHUT-KAUPP[12] röntgenographisch bestimmten Grenzkurven — mit Ausnahme der obengenannten Abweichung bezüglich des Gleichgewichtes zwischen γ, γ' und ε — ist ausgezeichnet.

2. FRY[2] gibt an, daß die Temperatur der magnetischen Umwandlung von Fe (769°) durch Lösung von Stickstoff auf höchstens 740° erniedrigt wird. Weder SAWYER[4] (thermisch) noch LEHRER[13] (magnetometrisch) konnten jedoch Anhaltspunkte für die Veränderung der Umwandlungstemperatur finden. Die γ'-Phase hat nach FRY und MURAKAMI-IWAIZUMI[7] einen magnetischen Umwandlungspunkt bei etwa 480°, nach LEHRER bei 475—500°.

3. Die Löslichkeit von N in α-Fe wurde von EISENHUT-KAUPP zu 0,32% bei 450°, 0,42% bei 590°, 0,39% bei 620° und 0,34% bei 700° bestimmt. Nach den Angaben von FRY (Elektrolyteisen) sinkt die Löslichkeit von etwa 0,5% (nicht genau bestimmt) bei 580° mit fallender Temperatur auf etwa 0,2% bei 500°, 0,08% bei 400° und einen zwischen 0,010 und 0,025% liegenden Wert bei „Raumtemperatur". KÖSTER[16] fand, daß bei 400° bzw. 300°, 200° und 100° etwa 0,02% bzw. 0,01%, 0,005% und 0,001% in α-Fe löslich ist. Den großen Unterschied zwischen der von EISENHUT-KAUPP und KÖSTER gefundenen Löslichkeit bei 400° (0,30 gegenüber 0,02%) erklären erstere damit, daß KÖSTER die Löslichkeit in technischem Eisen, sie selbst dagegen in reinstem Eisen ermittelten. Nach DEAN[17] soll die Löslichkeitsgrenze von N in technischem Fe bei „Raumtemperatur" unter 0,007% liegen. Mit der Frage der Löslichkeit von N in α-Fe beschäftigten sich außer den genannten und älteren Forschern[1] u. a. auch SAWYER[4] [5], OSAWA-IWAIZUMI[6], HÄGG[9], EPSTEIN und Mitarbeiter[10] sowie EMMETT-HENDRICKS-BRUNAUER[18] und BRUNAUER-JEFFERSON-EMMETT-HENDRICKS[19].

Die Gitterstruktur der verschiedenen Phasen. α-Phase: raumzentriert-kubisches α-Fe-Gitter; nach OSAWA-IWAIZUMI[6], EPSTEIN[10] und Mitarbeiter, HÄGG[9] (1930) und besonders EISENHUT-KAUPP[12] ist eine Aufweitung des α-Gitters durch N-Aufnahme sichergestellt[20]. Über die Lage der N-Atome läßt sich nichts Sicheres sagen; EISENHUT-

KAUPP neigen dazu anzunehmen, daß die N-Atome nicht in den Lücken
des nur von Fe gebildeten Gitters eingelagert sind, sondern daß sie
Fe-Atome ersetzen.

γ-Phase: flächenzentriert-kubisches γ-Fe-Gitter, das durch N-Auf-
nahme aufgeweitet wird (EPSTEIN, HÄGG (1930) und besonders EISEN-
HUT-KAUPP). Die N-Atome befinden sich wie beim Austenit in den
Gitterlücken[12].

Die γ'-Phase (Fe$_4$N) hat nach OSAWA-IWAIZUMI[6], BRILL[21], HÄGG[9],
EISENHUT-KAUPP[12], EMMETT und Mitarbeiter[18] sowie BRUNAUER und
Mitarbeiter[19] ebenfalls ein flächenzentriert-kubisches Gitter, jedoch mit
fester geordneter Lage der N-Atome in der Würfelmitte des Gitters.
Während OSAWA-IWAIZUMI und EISENHUT-KAUPP eine Aufweitung des
Gitters mit steigendem N-Gehalt mit Sicherheit feststellten, konnten
die anderen Forscher[9] [18] [19] keine merkliche Veränderung der Gitterabmessung beobachten; siehe auch SIEVERTS-KRÜLL[22]. Die von HÄGG
ausgesprochene Vermutung, daß die Homogenitätsgebiete von γ und γ'
bei höheren Temperaturen zusammenhängen, hat sich nach den Untersuchungen von EISENHUT-KAUPP und LEHRER nicht bewahrheitet[23].
EPSTEIN und Mitarbeiter schrieben das flächenzentriert-kubische Gitter
der $\gamma' = $ Fe$_4$N-Phase fälschlich der Verbindung Fe$_6$N zu. Die in Fe-
reichen Legierungen auftretenden Nitridnadeln (es sind in Wirklichkeit
Platten) sollten nach den verläßlichsten, vielfach bestätigten Feststellungen aus der N-ärmsten Zwischenphase γ' (Fe$_4$N) bestehen. Demgegenüber wollen MEHL-BARRETT[24] gefunden haben, daß dieser Gefügebestandteil das hexagonale Gitter der ε-Phase besitzt. Dieser Widerspruch bedarf der Aufklärung.

ε-Phase: OSAWA-IWAIZUMI[6], HÄGG[9] und EISENHUT-KAUPP[12] stellten
fest, daß das Gitter dieser Phase, deren Homogenitätsgebiet zwischen
etwa 8 und 11,1% N liegt, eine hexagonale dichteste Kugelpackung
der Fe-Atome ist. Sie halten es für sehr wahrscheinlich, daß den
N-Atomen eine bestimmte Lage zuzuschreiben ist, d. h. daß sie geordnet
eingebaut sind. In Einzelheiten, u. a. hinsichtlich der Natur der ε-Phase
(feste Lösung von Fe in Fe$_2$N[6], Bestehen von Fe$_3$N[9] [25]) bestehen noch
Abweichungen in den Auffassungen. Es muß daher auf die genannten
Arbeiten sowie die Strukturbestimmung von HENDRICKS-KOSTING[25]
verwiesen werden; s. auch BRUNAUER und Mitarbeiter[19], SIEVERTS-
KRÜLL[22]. EPSTEIN und Mitarbeiter[10] glaubten, daß sowohl Fe$_4$N als
Fe$_2$N ein hexagonales Gitter besitzen.

ζ-Phase: In dem N-reichsten Präparat (11,2%) hat HÄGG[9] eine
Phase beobachtet, deren Photogramm dem der ε-Phase zwar ähnelt,
deren Gitter aber nicht hexagonal, sondern basiszentriert-rhombisch ist.
Dieser Phase, die nur ein sehr enges Homogenitätsgebiet besitzt, schreibt
er die Formel Fe$_2$N (11,14% N) zu. EISENHUT-KAUPP[12] konnten diese

Phase in einem Präparat mit 11,23% N nicht beobachten; s. auch HENDRICKS-KOSTING[25].

Über den Stickstoff-Martensit s. FRY[2], EISENHUT-KAUPP[12], LEHRER[13], KÖSTER[14].

Über die Absorption von molekularem Stickstoff durch Eisen bei 750—1190° s. besonders die zusammenfassende Arbeit von SIEVERTS[26] (daselbst Literaturangaben).

Literatur.

1. Besprechung älterer Ergebnisse besonders in den Arbeiten 4, 9, 10, 12, 13. — **2.** FRY, A.: Kruppsche Mh. Bd. 4 (1923) S. 137/51. Stahl u. Eisen Bd. 43 (1923) S. 1271/79. — **3.** Diagramm nach FRY: feste Lösung von N in α-Fe $\sim 0,5\%$ bei 580°; etwa 0,015% bei „Raumtemp.", $Fe_4N = \gamma'$, Fe_2N, Eutektoid $\gamma \rightleftharpoons \alpha + \gamma'$ bei 580°, 1,5%. — **4.** SAWYER, C. B.: Trans. Amer. Inst. min. metallurg. Engr. Bd. 69 (1923) S. 798/828. — **5.** Diagramm nach SAWYER: Feste Lösung von N in α-Fe 0,03%, Fe_8N, Fe_6N, Eutektoid $\gamma \rightleftharpoons \alpha + Fe_8N$ bei 620°, 1,7%, Eutektoid $\gamma \rightleftharpoons Fe_8N + Fe_6N$ bei 693° und $\sim 3,5\%$. — **6.** OSAWA, A., u. S. IWAIZUMI: Z. Kristallogr. Bd. 69 (1928) S. 26/34 (engl.). Sci. Rep. Tôhoku Univ. Bd. 18 (1929) S. 79/89. — **7.** MURAKAMI, T., u. S. IWAIZUMI: Kinzoku no Kenkyu Bd. 5 (1928) S. 159 (japan.). — **8.** Diagramm nach MURAKAMI-IWAIZUMI: Feste Lösung von N in α-Fe nach FRY, $Fe_4N = \gamma'$ von 5—6% N, $Fe_2N = \varepsilon$ von 8,1—11,1% N, Eutektoid $\gamma \rightleftharpoons \alpha + \gamma'$ bei 640°, 1,5%. Gleichgewichte $Fe_4N \rightleftharpoons \gamma$ (1,7% N) $+ N_2$ bei 670° und $Fe_2N \rightleftharpoons Fe_4N + N_2$ bei 650°. — **9.** HÄGG, G.: Nature, Lond. Bd. 121 (1927) S. 826/27; Bd. 122 (1928) S. 314, 962 (vorl. Mitt.). Nova Acta Regiae Societatis Scientiarium Upsaliensis IV Bd. 7 (1929) S. 6/22 (engl.). Z. physik. Chem. B Bd. 8 (1930) S. 455/74. Jernkont. Ann. 1931 S. 184/92. — **10.** EPSTEIN, S., H. C. CROSS, E. C. GROESBECK u. I. J. WYMORE: Bur. Stand. J. Res. Bd. 3 (1929) S. 1005/27. EPSTEIN, S.: Trans. Amer. Soc. Stl. Treat Bd. 16 (1929) S. 19/65. — **11.** Diagramm nach EPSTEIN u. Mitarbeiter: Feste Lösung von N in α-Fe nach FRY, Fe_8N?, Fe_4N, Fe_2N, Eutektoid $\gamma \rightleftharpoons \alpha + Fe_8N$ bei 600°, 2,0%, Peritektoid $Fe_8N \rightleftharpoons \gamma$ (3% N) $+ Fe_4N$ bei 675°. — **12.** EISENHUT, O., u. E. KAUPP: Z. Elektrochem. Bd. 36 (1930) S. 392/404, daselbst zahlreiche Literaturangaben. — **13.** LEHRER, E.: Z. Elektrochem. Bd. 36 (1930) S. 460/73, 383/92. Z. techn. Physik Bd. 10 (1929) S. 183/85. — **14.** KÖSTER, W.: Arch. Eisenhüttenwes. Bd. 4 (1931) S. 537/39. — **15.** NISHIGORI, S.: Kinzoku no Kenkyu Bd. 9 (1932) S. 490/505 (japan.). — **16.** KÖSTER, W.: Arch. Eisenhüttenwes. Bd. 3 (1930) S. 553/58, 637/58. Stahl u. Eisen Bd. 50 (1930) S. 630. Z. Metallkde. Bd. 22 (1930) S. 290/94. — **17.** DEAN, R. S.: Bur. Mines Rep. Investigation Nr. 3076. S. Stahl u. Eisen Bd. 51 (1931) S. 1438. — **18.** EMMETT, P. H., S. B. HENDRICKS u. S. BRUNAUER: J. Amer. chem. Soc. Bd. 52 (1930) S. 1456/64. — **19.** BRUNAUER, S., M. E. JEFFERSON, P. H. EMMETT, S. B. HENDRICKS: J. Amer. chem. Soc. Bd. 53 (1931) S. 1778/86. — **20.** Gegenteilige Feststellung von 18 und 19. — **21.** BRILL, R.: Naturwiss. Bd. 16 (1928) S. 593/94. Z. Kristallogr. Bd. 68 (1928) S. 379/84. — **22.** SIEVERTS, A., u. F. KRÜLL: Ber. dtsch. chem. Ges. Bd. 63 (1930) S. 1071/72. Z. Elektrochem. Bd. 39 (1933) S. 735/36. — **23.** Nach HÄGG ist das γ'-Gebiet bei 600° sehr eng, bei höherer Temperatur verbreitert es sich nach Fe-reicheren Gehalten hin. — **24.** MEHL, R. F., u. C. S. BARRETT: Metals & Alloys Bd. 1 (1930) S. 422/30. — **25.** HENDRICKS, S. B., u. P. R. KOSTING: Z. Kristallogr. Bd. 74 (1930) S. 511/17. — **26.** SIEVERTS, A.: Z. physik. Chem. Bd. 155 (1931) S. 299/313.

Fe-Na. Eisen-Natrium.

Siehe Fe-K, S. 675.

Fe-Nb. Eisen-Niobium.

v. Bolton[1] teilt kurz mit, „daß sich diese beiden Metalle in allen Verhältnissen miteinander zu legieren scheinen", d. h. im flüssigen Zustand lückenlos mischbar sind.

Nach Wever[2] ist mit Sicherheit festgestellt, daß im System Fe-Nb ein vollständig geschlossenes Zustandsfeld des kubisch-flächenzentrierten γ (Fe)-Mischkristalls mit rückläufiger $\alpha\,(\delta) \rightleftharpoons \gamma$-Umwandlungskurve vorliegt.

Nb ist mit $\alpha\,(\delta)$-Fe isomorph.

Literatur.

1. Bolton, W. v.: Z. Elektrochem. Bd. 13 (1907) S. 149. — 2. Wever, F.: Arch. Eisenhüttenwes. Bd. 2 (1928/29) S. 739/46. Naturwiss. Bd. 17 (1929) S. 304/309.

Fe-Ni. Eisen-Nickel.

Das Erstarrungsdiagsamm und die $\delta \rightleftharpoons \gamma$-Umwandlung. Die Erstarrungstemperaturen der ganzen Legierungsreihe wurden bestimmt von Guertler-Tammann[1], Ruer-Schüz[2], Hanson-Freeman[3] und Kase[4][5]; außerdem haben Vogel[6] und Bennek-Schafmeister[7] die Erstarrungspunkte der Fe-reichen Legierungen mit bis zu 28% bzw. 49% Ni ermittelt. Die Ergebnisse stimmen darin überein, daß die Liquiduskurve eine schwach durchhängende Kurve mit einem flachen Minimum ist, das nach den eingehendsten Bestimmungen von Hanson-Freeman bei 1436° und 66—70% Ni liegt. Das Erstarrungsintervall ist oberhalb 10% Ni äußerst gering und beträgt höchstens einige Grad. Auch in quantitativer Hinsicht stimmen die meisten Ergebnisse sehr gut überein. Eine Ausnahme machen lediglich die Erstarrungstemperaturen nach Kase[5] (zweite Arbeit) und Guertler-Tammann; erstere liegen bis zu 10° oberhalb der Kurve, die man durch Interpolation der übrigen erhält, letztere liegen um weitere 15—30° höher (da ein Fe- und Ni-Schmelzpunkt von 1545° bzw. 1484° zugrunde gelegt wurde) und streuen ziemlich stark.

Die durch die peritektische Reaktion δ + Schmelze $\rightleftharpoons \gamma$ mit der Erstarrungskurve zusammenhängende $\delta \rightleftharpoons \gamma$-Umwandlung wurde erstmalig von Hanson-Freeman, später auch von Vogel, Kase[5] und Bennek-Schafmeister untersucht. Bezüglich der Temperatur und Ausdehnung der peritektischen Horizontalen bestehen größere Abweichungen. Die Peritektikale liegt nach Hanson-Freeman bei 1502° und 3—6% Ni, nach Vogel bei 1455° und 6 bis etwa 35% Ni, nach Kase bei 1509° und 3,5—8% Ni, nach Bennek-Schafmeister bei 1494° und 3—12% Ni. Vogels Ergebnisse weichen von den anderen stark ab. In Abb. 281 wurde eine mittlere Temperatur von 1501° ($\pm$ 7°) und ein Erstreckungsbereich der Peritektikalen von 3—8,5% Ni angenommen[8]. Der peritektische Punkt (Zusammensetzung von γ) läßt sich nicht sicher angeben.

Die polymorphen und magnetischen Umwandlungen waren Gegenstand so außerordentlich zahlreicher Untersuchungen, daß es im Rahmen dieses Buches nicht möglich ist, auf Einzelheiten — experimentelle Befunde wie Deutungen — dieser Arbeiten einzugehen.

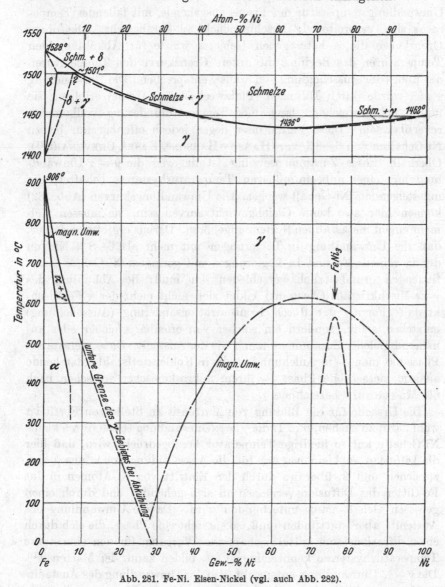

Abb. 281. Fe-Ni. Eisen-Nickel (vgl. auch Abb. 282).

Die Abb. 281 und 282 zeigen das Umwandlungsschaubild des Systems, wie es nach dem heutigen Stand der Erkenntnis darzustellen wäre. Es ist zu unterscheiden zwischen einem stabilen und einem metastabilen System, und zwar aus folgendem Grunde.

Da γ-Fe und Ni lückenlos mischbar sind, α-Fe und Ni dagegen nicht, so wäre zu erwarten, daß die Temperatur der $\gamma \rightleftharpoons \alpha$-Umwandlung des Eisens durch Nickel erniedrigt wird und infolgedessen eine von der Umwandlungstemperatur des Eisens ausgehende, mit fallender Temperatur sich verbreiternde Mischungslücke $\alpha + \gamma$ besteht. Die obere Grenzkurve dieses heterogenen Gebietes würde für Abkühlung den Temperaturen des Beginns, die untere Grenzkurve den Temperaturen des Endes der Ausscheidung von α aus γ entsprechen. Die Umwandlung $\gamma \rightleftharpoons \alpha$ würde durch Diffusion (Platzwechsel der Atome) erfolgen; sie müßte bei hinreichend langsamer Temperaturänderung vollkommen reversibel sein. Diese Verhältnisse liegen jedoch offenbar nur bis zu Ni-Gehalten von 6—8% vor (HANSON-HANSON[9], KASE[4], CHEVENARD[21]). Oberhalb dieser Zusammensetzung ist dagegen die $\gamma \rightleftharpoons \alpha$-Umwandlung mit einer unbeeinflußbaren Temperaturhysterese behaftet, die mit steigendem Ni-Gehalt wächst. Die Umwandlungskurven (Abb. 282) können hier also keine Gleichgewichtskurven sein, sie müssen vielmehr einem metastabilen System angehören. Daraus ergibt sich ferner, daß die Umwandlung in Legierungen mit mehr als 6—8% Ni von der in reinem Fe und in Legierungen mit geringem Ni-Gehalt stattfindenden grundsätzlich verschieden sein muß: Bei Abkühlung des γ-Fe-Mischkristalls (Austenit) bildet sich nicht mehr der α-Fe-Mischkristall (Ferrit), der durch Konzentrationsänderung (Ausscheidung) entstehen sollte, sondern ein solcher von offenbar gleicher oder annähernd gleicher Zusammensetzung wie der Austenit. Diese metastabile Phase hat man — in Anlehnung an die in Kohlenstoffstahl entstehende analoge metastabile Phase — ihrem mikroskopischen Aussehen nach als Martensit bezeichnet.

Die Ursache für die Bildung von Martensit an Stelle von Ferrit ist wohl darin zu suchen, daß 1. die $\gamma \rightarrow \alpha$-Umwandlung schon durch kleine Ni-Gehalte auf so niedrige Temperatur herabgedrückt wird, daß hier die Diffusion zu klein ist, um für die Ausscheidung von α aus γ auszureichen und 2. überdies durch den Eintritt von Ni-Atomen in das Fe-Gitter das Diffusionsvermögen an sich gehemmt und durch einen gewissen Gehalt ganz unterbunden wird. Da die Umwandlung des Austenits aber stattfinden muß, so entsteht eine Phase, die sich durch einen diffusionslosen, gittermechanischen Vorgang, für den eine starke Temperaturhysterese kennzeichnend ist, bilden kann, der Martensit[10]. Die $\gamma \rightarrow \alpha$-Umwandlung entspricht also der Umwandlung des Austenits in Martensit in Kohlenstoffstählen[11]. Ein für den Vorgang selbst unwesentlicher Unterschied besteht darin, daß das Martensitgitter der Fe-Ni-Legierungen kubischraumzentriert, das der Kohlenstoffstähle dagegen schwach tetragonal ist (SCHEIL[12], WASSERMANN[10], DEHLINGER[80]).

Nach dieser Auffassung würde die bei Ni-Gehalten bis etwa 8%

gefundene obere Umwandlungskurve (Abb. 282) der Ausscheidung von Ferrit aus Austenit entsprechen. Die untere Kurve kann, wie HANSON-HANSON und KASE[4] zeigten, mikrographisch festgelegt werden. Erhitzt man die nach langsamer Abkühlung oder anschließendem Glühen bei

Temperaturen unterhalb der unteren Kurve aus Ferrit bestehenden Legierungen mit 0 bis etwa 8% Ni auf eine Temperatur oberhalb dieser Kurve und schreckt dann ab, so enthalten sie Martensit. Nach Abschrecken bei Temperaturen oberhalb der oberen Umwandlungskurve in Abb. 282 enthalten alle Legierungen bis mindestens herunter zu 2% Ni Martensit (KASE[4]).

Oberhalb 6—8% Ni tritt beim Abkühlen auf die Temperaturen der in Abb. 281 gestrichelt gezeichneten Kurve Martensitbildung ein; diese Kurve ist daher als untere Grenze des γ-Mischkristallgebietes anzusehen, sie gehört jedoch nicht dem stabilen System Fe-Ni an. Die oberhalb 6—8% gefundenen Umwandlungspunkte entsprechen also bei Abkühlung dem Beginn und Ende der Martensitbildung, bei Erhitzung dem Beginn und Ende der Rückbildung des Austenits (Abb. 282). Die Umwandlungen finden bei sehr verschiedenen Temperaturen statt; der Temperaturunterschied wird mit steigendem Ni-Gehalt größer. In dem Zwischengebiet sind Austenit und Martensit nebeneinander beständig, ohne daß bisher eine Umwandlung in der einen oder anderen Richtung nachgewiesen werden konnte (GOSSELS[13],

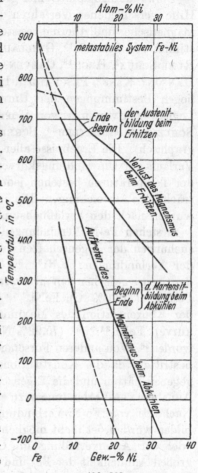

Abb. 282.
Fe-Ni. Eisen-Nickel. Die Umwandlungstemperaturen des metastabilen Systems.

ANASTASIADIS-GUERTLER[14]). Man nennt diese Legierungen im Hinblick auf die Verschiedenheit der Umwandlungstemperaturen bei Abkühlung und Erhitzung die irreversiblen Fe-Ni-Legierungen. Ihre Grenze nach höherem Ni-Gehalt hin liegt bei Abkühlung auf Raumtemperatur bei etwa 27,5% Ni, bei Abkühlung in flüssiger Luft bei rd. 34% Ni. Oberhalb 34% Ni tritt bei Eintauchen der Legierungen in flüssige Luft keine Martensitbildung mehr ein; die Legierungen bestehen aus dem

γ-Mischkristall, in dem lediglich die (reversible) magnetische Umwandlung stattfindet. Die Curiepunkte liegen, wie übereinstimmend von allen Forschern gefunden wurde, auf einer Kurve, die ein Maximum in der Nähe von 70% Ni hat.

Umwandlungspunkte einer größeren Anzahl Legierungen wurden mit Hilfe verschiedener Verfahren (thermische, dilatometrische, thermomagnetische und thermo-resistometrische Untersuchungen) u. a. bestimmt von OSMOND[15], GUILLAUME[16], DUMAS[17], GUERTLER-TAMMANN[1], RUER-SCHÜZ[2], HEGG[18], CHEVENARD[19 20 21], HONDA-TAKAGI[22], HANSON-HANSON[9], KASE[4], PESCHARD[23], HONDA-MIURA[24], GOSSELS[13]. Außerdem liegen Bestimmungen der Umwandlungstemperaturen von einzelnen Legierungen vor, u. a. von HOPKINSON[25], LE CHATELIER[26], DUMONT[27], SCHLEICHER-GUERTLER[28], SCHEIL[12] und ROBERTS-DAVEY[29] (röntgenographisch). Die Ergebnisse aller dieser Arbeiten stimmen bezüglich des Verlaufs der Umwandlungskurven im wesentlichen überein, hinsichtlich der Temperaturen bestehen jedoch aus mancherlei Gründen recht beträchtliche Abweichungen. Die in Abb. 281 und 282 dargestellten Kurven wurden nach den verläßlichsten Angaben gezeichnet.

Bestehen Fe-Ni-Verbindungen? Besonders auf Grund von Untersuchungen der Eigenschaften der Fe-Ni-Legierungen ist das Bestehen der Verbindungen Fe_2Ni[30 23 20 21 31] (34,45% Ni, entspricht etwa der Grenze zwischen den „irreversiblen" und „reversiblen" Legierungen), Fe_3Ni_2[23] (41,20% Ni), $FeNi_1$[1 19 23 31 32 33] (67,76% Ni, entspricht etwa der Konzentration des Maximums der magnetischen Umwandlungskurve), $FeNi_3$[34 32 35] (75,92% Ni) und $FeNi_4$[34] (80,78% Ni) vermutet worden[36]. Von anderen Forschern wird die Existenz von Verbindungen bestritten, da die Konstitutionsuntersuchungen keinen Anhalt dafür gegeben hätten und die Eigenschaften der Legierungen auch ohne die Annahme von Verbindungen zu erklären seien. Ein röntgenographischer Nachweis von Fe-Ni-Verbindungen, die sich erst im festen Zustand bilden würden, ist nicht möglich, da eine Änderung der Gitterabstände oder der Atomverteilung im Gitter des γ-Mischkristalls wegen der großen Ähnlichkeit der Fe- und Ni-Atome nicht feststellbar ist[37]. Mit Sicherheit ist bisher nur die Verbindung $FeNi_3$ (geordnete Atomverteilung im Sinne von $AuCu_3$) durch die eingehenden Untersuchungen von DAHL[32] und KUSSMANN-SCHARNOW-STEINHAUS[35] nachgewiesen. Sie bildet sich durch Anlassen bei Temperaturen unterhalb 600[80].

Nachtrag b. d. Korr. Die ungefähre Lage der Umwandlungskurven im Gleichgewichtsdiagramm haben DEHLINGER[79] (Kinetik des Umwandlungsvorganges $\gamma \rightarrow$ Martensit), SCHEIL[81] (dilotometrische Untersuchungen) und JETTE-FOOTE[82] (Röntgenanalyse) abzuleiten versucht. Aus der Arbeit von SCHEIL ergaben sich ferner wichtige Folgerungen für die Ursache des Auftretens der Irreversibilität.

Schrifttum[38]. An der Aufstellung des Zustandsschaubildes sind besonders beteiligt: Osmond-Roozeboom[39], Guertler-Tammann[1], Ruer-Schüz[2], Chevenard[19 21], Honda-Takagi[22], Hanson-Hanson[9], Hanson-Freeman[3], Kase[4 5], Peschard[23], Honda-Miura[24] (s. auch Grenet[40]), sowie durch röntgenographische Untersuchungen: Andrews[41], Mc Keehan[42], Osawa[43], Jung[44]. Literaturangaben von zahlreichen älteren Arbeiten, die hier nicht angeführt zu werden brauchen, befinden sich u. a. bei Sack[45] und Hanson-Hanson[9].

Gefügeuntersuchungen: Besonders Hanson-Hanson[9] und Kase[4].

Kristallstruktur: Andrews[41], Kirchner[46], Bain[47], Mc Keehan[42], Osawa[43], Blake-Focke[48], Jung[44], Roberts-Davey[29], Phragmén[49], Wassermann[10], Jette-Foote[82], besonders [42 43 44 82]. Kristallstruktur von elektrolytisch hergestellten Legierungen: Iwase-Nasu[50].

Elektr. Widerstand oder Leitfähigkeit: a) In Abhängigkeit von der Zusammensetzung: Ruer-Schüz[2], Burgess-Aston[51], Honda[52], Yensen[53], Ingersoll[54], Ribbeck[55], Chevenard[20], Schulze[56], Sizoo-Zwikker[31], Gossels[13], Dahl[32], Broniewski-Smolinski[33]. b) In Abhängigkeit von der Temperatur: Hopkinson[25], Le Chatelier[26], Schleicher-Guertler[28], Hanson-Hanson[9], Ribbeck[55], Chevenard[20], Gossels[13], Anastasiadis-Guertler[14], Dahl[32].

Wärmeleitfähigkeit: Honda[52], Jakob[57].

Thermische Ausdehnung: a) Bis zu hohen Temperaturen: Guillaume[16 58], Chevenard[19 21], Kase[4], Honda-Miura[24], Hiemenz[59]. b) Ausdehnungskoeffizient: Guillaume[16 58], Kaye[60], Honda-Okubo[61], Schulze[62], Masumoto[63], Broniewski-Smolinski[33].

Thermokraft: Chevenard[20], Broniewski-Smolinski[33].

Spezifische Wärme: Kawakami[64].

Magnetische Eigenschaften: a) In Abhängigkeit von der Zusammensetzung: Hegg[18], Weiss-Foëx[30], Honda-Takagi[22], Yensen[53 65], Arnold-Elmen[66], Peschard[23], Gumlich-Steinhaus-Kussmann-Scharnow[34], (Anfangspermeabilität[66 65 34]). b) Thermomagnetische Untersuchungen: Osmond[15], Guertler-Tammann[1], Ruer-Schüz[2], Hegg[18], Honda-Takagi[22], Kase[4], Peschard[23]. c) Magnetostriktion: Honda-Kido[67], Schulze[56 68], Masumoto-Nara[69], Masiyama[70], Lichtenberger[71].

Dichte: Hegg[18], Osawa[43], Chevenard[71a].

Härte: Kase[4], Osawa[43], Sauerwald[72].

Untersuchungen über Eisen-Nickelmeteorite: Osmond-Cartaud[39], Fraenkel-Tammann[73], Guertler[74], Benedicks[75], Pfann[76], Vogel[6], Peschard[23], Kase[77]; röntgenographisch: Young[78], Jung[44].

Über das Permalloy-Problem siehe die zusammenfassende Darstellung von Kussmann-Scharnow-Steinhaus[35] (daselbst zahlreiche Literaturangaben) und Dahl-Pfaffenberger[32].

Literatur.

1. Guertler, W., u. G. Tammann: Z. anorg. allg. Chem. Bd. 45 (1905) S. 205/16. — **2.** Ruer, R., u. E. Schüz: Metallurgie Bd. 7 (1910) S. 415/20. — **3.** Hanson, D., u. J. R. Freeman: J. Iron Steel Inst. Bd. 107 (1923) S. 301/14. — **4.** Kase, T.: Sci. Rep. Tôhoku Univ. Bd. 14 (1925) S. 173/87. — **5.** Kase, T.: Sci. Rep. Tôhoku Univ. Bd. 16 (1927) S. 492/94. — **6.** Vogel, R.: Z. anorg. allg. Chem. Bd. 142 (1925) S. 193/228. Arch. Eisenhüttenwes. Bd. 1 (1927/28) S. 605/11. — **7.** Bennek, H., u. P. Schafmeister: Arch. Eisenhüttenwes. Bd. 5 (1931/32) S. 123/25. — **8.** Auch die nach den Verhältnissen im Dreistoffsystem Fe-Ni-W nach K. Winkler u. R. Vogel: Arch. Eisenhüttenwes. Bd. 6 (1932/33) S. 165 wahrscheinlich gemachte Temperatur von 1470° liegt sicher zu tief. — **9.** Hanson, D., u. H. E. Hanson: J. Iron Steel Inst. Bd. 102 (1920) S. 39/60. — **10.** Wassermann, G.:

Arch. Eisenhüttenwes. Bd. 6 (1932/33) S. 347/51. — **11.** KURDJUMOW, G., u. G. SACHS: Z. Physik Bd. 64 (1930) S. 325/43. — **12.** SCHEIL, E.: Z. anorg. allg. Chem. Bd. 207 (1932) S. 21/40. — **13.** GOSSELS, G.: Z. anorg. allg. Chem. Bd. 182 (1929) S. 19/27. — **14.** ANASTASIADIS, L., u. W. GUERTLER: Z. Metallkde. Bd. 23 (1931) S. 189/90. — **15.** OSMOND, F.: C. R. Acad. Sci., Paris Bd. 110 (1890) S. 242/44; Bd. 118 (1894) S. 532/34; Bd. 128 (1899) S. 304/07, 1395/98. — **16.** GUILLAUME, C. E.: C. R. Acad. Sci., Paris Bd. 124 (1897) S. 176; Bd. 125 (1897) S. 235; Bd. 126 (1898) S. 738; Bd. 136 (1903) S. 303/306. — **17.** DUMAS, L.: C. R. Acad. Sci., Paris Bd. 130 (1900) S. 1311/14. — **18.** HEGG, F.: Arch. Sci. phys. nat., Genève Bd. 30 (1910) S. 15/45. S. bei P. D. MERICA: Chem. metallurg. Engng. Bd. 24 (1921) S. 377. — **19.** CHEVENARD, P.: C. R. Acad. Sci., Paris Bd. 159 (1914) S. 175/78. Rev. Métallurg. Bd. 11 (1914) S. 841. — **20.** CHEVENARD, P.: C. R. Acad. Sci., Paris Bd. 182 (1926) S. 1388/91. — **21.** CHEVENARD, P.: Trav. et Mém. Bureau Intern. Poids et Mesures Bd. 12 (1927). Ref. J. Inst. Met., Lond. Bd. 37 (1927) S. 471. — **22.** HONDA, K., u. H. TAKAGI: Sci. Rep. Tôhoku Univ. Bd. 6 (1918) S. 321/40. — **23.** PESCHARD, M.: Rev. Métallurg. Bd. 22 (1925) S. 490/514, 581/609, 663/84. C. R. Acad. Sci., Paris Bd. 180 (1925) S. 1475/78. — **24.** HONDA, K., u. S. MIURA: Sci. Rep. Tôhoku Univ. Bd. 16 (1927) S. 745/53. Trans. Amer. Soc. Stl. Treat. Bd. 13 (1928) S. 270/79. — **25.** HOPKINSON, J.: Proc. Roy. Soc., Lond. Bd. 47 (1889) S. 23, 138; Bd. 48 (1890) S. 1. — **26.** LE CHATELIER, H.: C. R. Acad. Sci., Paris Bd. 110 (1890) S. 283; Bd. 111 (1890) S. 454. Contribution à l'étude des alliages Paris 1901, S. 413/20. — **27.** DUMONT, E.: C. R. Acad. Sci., Paris Bd. 126 (1898) S. 741. — **28.** SCHLEICHER, A. P., u. W. GUERTLER: Z. Elektrochem. Bd. 20 (1914) S. 237/52. — **29.** ROBERTS, O. L., u. W. P. DAVEY: Met. & Alloys Bd. 1 (1930) S. 648/54. — **30.** WEISS, P., u. G. FOËX: Arch. Sci. phys. nat., Genève Bd. 31 (1911) S. 5/19, 89/117. WEISS, P.: Rev. Métallurg. Bd. 9 (1912) S. 1138/41. — **31.** SIZOO, G. J., u. C. ZWIKKER: Z. Metallkde. Bd. 21 (1929) S. 125/26. — **32.** DAHL, O.: Z. Metallkde. Bd. 24 (1932) S. 107/11. S. auch O. DAHL u. J. PFAFFENBERGER: Z. Metallkde. Bd. 25 (1933) S. 241/45. — **33.** BRONIEWSKI, W., u. J. SMOLINSKI: C. R. Acad. Sci., Paris Bd. 196 (1933) S. 1793/96. — **34.** GUMLICH, E., W. STEINHAUS, A. KUSSMANN u. B. SCHARNOW: Elektr. Nachr.-Techn. Bd. 5 (1928) S. 83/100. Wiss. Abh. physik.-techn. Reichsanst. Bd. 12 (1929) S. 159/76. — **35.** KUSSMANN, A., B. SCHARNOW u. W. STEINHAUS: Festschrift der Heraeus Vacuumschmelze 1933, S. 310/38. — **36.** S. auch die Arbeiten von A. SCHULZE[56 62 68]. — **37.** Präzisionsaufnahmen an der Legierung FeNi$_3$ ließen mit Sicherheit keine Änderung des •Gitters erkennen: J. WEERTS u. W. STENZEL: Z. Metallkde. Bd. 25 (1933) S. 242. — **38.** Die Angaben über das Schrifttum machen keinen Anspruch auf Vollständigkeit. Es wurden besonders die neueren Arbeiten berücksichtigt. — **39.** S. bei F. OSMOND u. G. CARTAUD: Rev. Métallurg. Bd. 1 (1904) S. 69/79. — **40.** GRENET, L.: J. Iron Steel Inst. Bd. 112 (1925) S. 267/75. — **41.** ANDREWS, M. R.: Physic. Rev. Bd. 18 (1921) S. 245/54. — **42.** MC KEEHAN, L. W.: Physic. Rev. Bd. 21 (1923) S. 402/407. — **43.** OSAWA, A.: Sci. Rep. Tôhoku Univ. Bd. 15 (1926) S. 387/98. J. Iron Steel Inst. Bd. 113 (1926) S. 447/56. — **44.** JUNG, A. O.: Z. Kristallogr. Bd. 65 (1927) S. 309/34. — **45.** SACK, M.: Z. anorg. allg. Chem. Bd. 35 (1933) S. 249ff. — **46.** KIRCHNER, F.: Ann. Physik Bd. 69 (1922) S. 75/77. — **47.** BAIN, E. C.: Chem. metallurg. Engng. Bd. 28 (1923) S. 23/24. Trans. Amer. Inst. min. metallurg. Engr. Bd. 68 (1923) S. 633/34. — **48.** BLAKE, F. C., u. A. E. FOCKE: Physic. Rev. Bd. 29 (1927) S. 206 u. 207. — **49.** PHRAGMÉN, G.: J. Iron Steel Inst. Bd. 123 (1931) S. 465. — **50.** IWASE, K., u. N. NASU: Sci. Rep. Tôhoku Univ. Bd. 22 (1933) S. 328/37. — **51.** BURGESS, C.F., u. J. ASTON: Met. Chem. Eng. Bd. 8 (1910) S. 79/81. — **52.** HONDA, K.: Sci. Rep. Tôhoku Univ. Bd. 7 (1918) S. 59/66. — **53.** YENSEN, T. D.: J. Amer. Inst. electr. Engr. Bd. 39 (1920) S. 396. S. bei P. D. MERICA: Chem. metallurg. Engng. Bd. 24

(1921) S. 377/78. — 54. INGERSOLL, L. R.: Physic. Rev. Bd. 16 (1920) S. 126. — 55. RIBBECK, F.: Z. Physik Bd. 38 (1926) S. 772/87, 887/907. — 56. SCHULZE, A.: Z. Physik Bd. 50 (1928) S. 468/90. — 57. JAKOB, M.: Z. Metallkde. Bd. 16 (1924) S. 356. — 58. GUILLAUME, C. E.: Weitere Literaturangaben s. bei PESCHARD[23] u. HIEMENZ[59]. — 59. HIEMENZ, H.: Heraeus-Festschrift 1930, S. 69/79. Ref. Physik. Ber. Bd. 11 (1930) S. 1308. — 60. KAYE, G. W. C.: Proc. Roy. Soc., Lond. A Bd. 85 (1911) S. 430. — 61. HONDA, K., u. Y. OKUBO: Sci. Rep. Tôhoku Univ. Bd. 13 (1924/25) S. 105/106. — 62. SCHULZE, A.: Physik. Z. Bd. 28 (1927) S. 671/73. — 63. MASUMOTO, H.: Kinzoku no Kenkyu Bd. 8 (1931) S. 237/52 (japan.). Ref. J. Inst. Met., Lond. Bd. 47 (1931) S. 378. — 64. KAWAKAMI, M.: Sci. Rep. Tôhoku Univ. Bd. 15 (1926) S. 251/62. — 65. YENSEN, T. D.: J. Franklin Inst. Bd. 199 (1925) S. 333. — 66. ARNOLD, R. D., u. G. W. ELMEN: J. Franklin Inst. Bd. 195 (1923) S. 621/32. G. W. ELMEN: Ebenda Bd. 207 (1929) S. 583/617. — 67. HONDA, K., u. K. KIDO: Sci. Rep. Tôhoku Univ. Bd. 9 (1920) S. 224/25. — 68. SCHULZE, A.: Z. techn. Physik Bd. 8 (1927) S. 495/500. — 69. MASUMOTO, H., u. S. NARA: Sci. Rep. Tôhoku Univ. Bd. 16 (1927) S. 337/41. — 70. MASIYAMA, Y.: Sci. Rep. Tôhoku Univ. Bd. 20 (1931) S. 574/93. — 71. LICHTENBERGER, F.: Ann. Physik Bd. 15 (1932) S. 45/71. — 71a. CHEVENARD, P.: C. R. Acad. Sci., Paris Bd. 159 (1914) S. 53/56. — 72. SAUERWALD, F.: Z. anorg. allg. Chem. Bd. 131 (1923) S. 61/63. S. auch H. SCHOTTKY: Ebenda Bd. 133 (1924) S. 26/28. — 73. FRAENKEL, W., u. G. TAMMANN: Z. anorg. allg. Chem. Bd. 60 (1903) S. 416/35. — 74. GUERTLER, W.: Z. physik. Chem. Bd. 74 (1910) S. 428/42. — 75. BENEDICKS, C.: Rev. Métallurg. Bd. 8 (1911) S. 85/107. — 76. PFANN, E.: Int. Z. Metallogr. Bd. 9 (1918) S. 65/81. — 77. KASE, T.: Sci. Rep. Tôhoku Univ. Bd. 14 (1925) S. 537/58. — 78. YOUNG, J.: Proc. Roy. Soc., Lond. A Bd. 112 (1926) S. 630/41. — 79. DEHLINGER, U. (u. H. BUMM): Z. Metallkde. Bd. 26 (1934) S. 112/16. — 80. Vgl. auch Z. Metallkde. Bd. 25 (1933) S. 277/78. — 81. Arch. Eisenhüttenwes. Bd. 9 (1935/36) S. 163/66. — 82. Amer. Inst. min. metallurg. Engr. Techn. Publ. Nr. 670 1936.

Fe-O.　Eisen-Sauerstoff.

Der Ausarbeitung des Gleichgewichtsdiagramms des Systems Fe-O, ja selbst der Beantwortung einer so einfach scheinenden Frage nach der Löslichkeit von O in festem Fe, haben sich, wie die zum Teil stark voneinander abweichenden Ergebnisse verschiedener Forscher zeigen, große experimentelle Schwierigkeiten entgegenstellt. Auch heute ist der Aufbau dieses Systems trotz eifriger Bemühungen noch nicht in allen Punkten geklärt.

Außer durch experimentelle Untersuchungen haben sich mehrere Forscher, so besonders BENEDICKS-LÖFQUIST[1], SCHÖNERT[2], RALSTON[3], MATHEWSON-SPIRE-MILLIGAN[4], durch kritische Besprechung der jeweils vorliegenden Ergebnisse um eine Klärung bemüht. Auf die ausgezeichnete Zusammenfassung von BENEDICKS-LÖFQUIST (1931), in der auch zahlreiche Einzelbeobachtungen berücksichtigt werden, sei vor allem hingewiesen.

Inzwischen sind einige wichtige Arbeiten erschienen, durch die das Diagramm von BENEDICKS-LÖFQUIST, vornehmlich in dem zwischen den Zusammensetzungen FeO und Fe_2O_3 liegenden Teil, in wesentlichen Punkten geändert werden muß.

A. Die Legierungen mit 0—22% O. 1. Die Löslichkeit von O in flüssigem Fe beim oder nahe beim Schmelzpunkt des Eisens wird von LEDEBUR[5] zu 0,24%, von ROMANOFF[6] zu 0,29%, von AUSTIN[7] zu 0,28%, vom Bureau of Standards[8] zu 0,21%, von TRITTON-HANSON[9] zu 0,21%, von WIMMER[10] zu 0,20% (bei 0,38% Mn), von HERTY[11] zu 0,22% O angegeben. 0,21% ist als der sicherste Wert anzunehmen. Mit steigender Temperatur nimmt sie nach HERTY[12] und Mitarbeitern von 0,21% bei 1550° auf etwa 0,30% bei 1600° und 0,45% bei 1700° zu; LE CHATELIER[13] fand bei 1600° 0,24%. DE COUSSERGUES[14] ermittelte erheblich höhere, aber sicher ungenauere Werte als HERTY und Mitarbeiter. Durch 0,21% O wird der Fe-Schmelzpunkt um etwa 15° erniedrigt[9] (monotektischer Punkt). Demgegenüber glauben ESSER-CORNELIUS[15] annehmen zu können, daß O in Fe bei seinem Schmelzpunkt praktisch unlöslich ist, eine Beeinflussung des Schmelzpunktes durch O also nicht stattfindet. Oberhalb 0,21% O besteht eine Mischungslücke im flüssigen Zustand, die sich bis zu 21—21,5% O erstreckt[9].

2. Die Löslichkeit von O in festem Fe. Auf eine Besprechung der zahlreichen hierüber ausgeführten Untersuchungen muß in diesem Zusammenhang verzichtet werden. Zusammenfassende Darstellungen s. bei [1] [2] [3] [4] [16] [17] [18] und in den meisten nachstehend aufgeführten neueren Arbeiten.

Eine gewisse Löslichkeit von O in festem Fe wurde wohl zuerst von LE CHATELIER-BOGITSCH[19] auf Grund von Gefügeuntersuchungen angenommen; s. auch [20]. Die auf verschiedenem Wege gewonnenen zahlenmäßigen Angaben sind in Tabelle 26 zusammengestellt; bei den eingeklammerten Werten handelt es sich um Schätzungen auf Grund eigener oder fremder Untersuchungen. Ferner sind zu erwähnen die Arbeiten von MONDEN[33], wonach die Löslichkeit in γ-Fe mit der Temperatur zunehmen soll, von GROEBLER-OBERHOFFER[34], die ein Lösungsvermögen des Eisens für Sauerstoff röntgenographisch nachgewiesen haben, und von R. SCHENCK und Mitarbeiter[35], die die wichtige Feststellung machten, daß für Fe-Pulver die Teilchengröße bei der Sauerstoffaufnahme eine große Rolle spielt.

ESSER-CORNELIUS[15] haben durch mikroskopische Untersuchungen bei 700—1100° an einer Legierung mit 0,05% O (hergestellt durch Erschmelzen von Elektrolyteisen und Fe-Oxyd im Vakuum) einwandfrei gezeigt, daß die Löslichkeit erheblich unter 0,05% liegt und sich mit der Temperatur, wenn überhaupt, nur sehr wenig ändert. Sie selbst nehmen die Löslichkeit in festem und flüssigem Fe als Null an.

3. Der Einfluß von O auf die Umwandlungspunkte von Fe. Nach AUSTIN[7] und REED[36] soll die Temperatur der $\alpha \rightleftharpoons \gamma$-Umwandlung (A$_3$-Punkt) durch O erniedrigt werden. Auch aus den obigen Angaben,

daß die Löslichkeit von O in γ-Fe größer als in α-Fe sein soll, würde eine Erniedrigung des A_3-Punktes folgen. TRITTON-HANSON[9] konnten jedoch trotz sorgfältiger Untersuchung keine Veränderung der $\alpha \rightleftharpoons \gamma$- noch der $\gamma \rightleftharpoons \delta$-Umwandlung ($A_4$-Punkt) feststellen. Auch ESSER[37] fand keine Beeinflussung des A_3-Punktes. SCHENCK-HENGLER schließen aus thermischen Untersuchungen, daß A_3 wahrscheinlich bis zu 0,2% O, der von ihnen angenommenen Löslichkeitsgrenze von O in γ-Fe, um einige Grad erhöht, und daß A_4 schwach, um höchstens 3° erniedrigt

Tabelle 26.

Verfasser	Löslichkeit v. O in Fe	Verfasser	Löslichkeit v. O in Fe
MATSUBARA[21]	6—7% zwischen 900 u. 1200°	R. SCHENCK-DING-MANN-KIRSCHT-WESSELKOCK[25] ...	0,4—0,5% bei 800—1000°
EASTMAN-EVANS[22]	5% bei 1000°	KRINGS-KEMPKENS[26]	0,11 ± 0,015% bei 715°
TRITTON-HANSON[9]	(etwa 0,05%)	KRINGS-KEMPKENS[27]	0,095 ± 0,01% bei 800°
WIMMER[10]	0,035% (bei 0,38% Mn)	DÜNWALD-WAGNER[28]	< 0,01% bei 800—1000°
SCHÖNERT[2]	(α-Fe: 0,03%) (γ-Fe: 0,15—0,19%)	H. SCHENCK-HENGLER[29]	γ-Fe : 0,2%
BENEDICKS-LÖFQUIST[1]	γ-Fe : 0,05% α- u. δ-Fe etwas kleiner	ESSER[30]	< 0,05% zwischen 0° u. 1500°, wahrscheinlich nahe 0,01%
OBERHOFFER-SCHIFFLER-HESSENBRUCH[23]	etwa 0,05%	ZIEGLER[31]	< 0,01% zwischen 0° u. 800°. Zunahme bis 0,10% bei 1000°
R. SCHENCK-DINGMANN[24] ...	2,05% bei 700° 2,8 % bei 1000°	RESCHKA[32]	< 0,08% bis 1300°, ohne merkliche Löslichkeits-änderung

wird; der magnetische Umwandlungspunkt wird nicht merklich beeinflußt[38]. Die von ihnen festgestellten Veränderungen liegen jedoch praktisch innerhalb der Fehlergrenze der Messungen. Aus der Tatsache, daß die Löslichkeit von O in Fe nach ESSER-CORNELIUS praktisch als Null anzusehen ist, folgt in Übereinstimmung mit den vorliegenden Messungen, daß die Umwandlungspunkte des Eisens nicht durch O beeinflußt werden (Abb. 283).

B. Die Legierungen mit 22—27,64% O (= Fe_3O_4). Als Fe-reichste Fe-O-Verbindung wurde seit langem das Eisenoxydul FeO (22,27% O) angesehen, das ein gewisses Lösungsvermögen für Sauerstoff[21] [22] besitzt. Auch BENEDICKS-LÖFQUIST[1] nahmen eine Phase dieser Zusammensetzung an. Sie zerfällt bei 565—575°[39] in Fe mit allenfalls sehr geringem O-Gehalt und Fe_3O_4 (Magnesit). R. SCHENCK-DINGMANN[24] fanden dagegen, daß die Verbindung FeO in reinem Zustande nicht besteht, sondern erst bei einem Überschuß an O stabil ist; sie nannten diese Phase wechselnder Zusammensetzung Wüstit[40]. Von allen späteren Forschern wurde dieser Befund bestätigt.

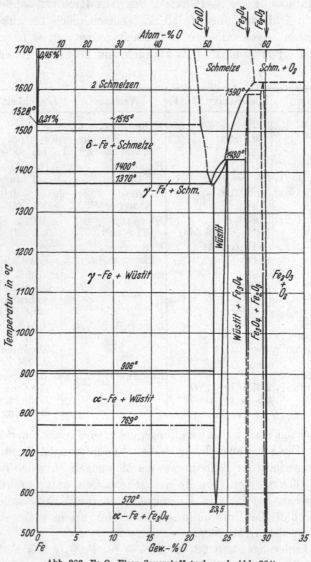

Abb. 283. Fe-O. Eisen-Sauerstoff (vgl. auch Abb. 284).

Die von verschiedenen Forschern gefundenen Erstarrungskurven im Bereich von 22—27,6% O weichen zum Teil erheblich voneinander ab. BENEDICKS-LÖFQUIST nahmen an, daß der von TRITTON-HANSON in Legierungen bis zu mindetens 22% O gefundene thermische Effekt bei 1370° dem Schmelzpunkt von FeO entspricht und deuteten ihn als peritektischen Punkt (verdecktes Maximum), da Tritton-Hanson bei 22% O noch die $\delta \rightleftharpoons \gamma$-Umwandlung bei 1400° festgestellt hatten und ein Eutektikum Fe + FeO nie beobachtet worden war. Auf Grund der Arbeiten von Oberhoffer-d'Huart[41] und Wyckoff-Crittenden[42] nahmen sie weiter ein Eutektikum zwischen FeO und Fe₃O₄ an, dessen Konzentration sie zu 24% O schätzten; die eutektische Temperatur gaben sie unter Vorbehalt zu 1200°[41] an.

Die vorliegenden Erstarrungskurven sind in Abb. 284 eingezeichnet. Daraus geht hervor, daß die Kurve von Mathewson[4] schon allein hinsichtlich der Temperaturlage von den anderen Kurven sehr stark abweicht. Auch die von H. Schenck-Hengler[29] angenommenen Erstarrungskurven der Wüstitmischkristalle sind wegen des Auftretens je eines Minimums und Maximums recht unwahrscheinlich. Große Übereinstimmung besteht — auch in quantitativer Hinsicht — zwischen den Ergebnissen von Pfeil[43] und Vogel-Martin[44]; sie sind daher als gesichert anzusehen.

Die Grenzen des Wüstitfeldes wurden näher von R. Schenck-Dingmann (durch reduktiven Abbau von Fe-Oxyden zwischen 1100 und 600°), Pfeil (mikrographisch, zwischen 1200 und 600°) sowie Jette-Foote[45] (röntgenographische Untersuchungen an abgeschreckten Proben bis herunter zu 610°) festgelegt. Die rechte Grenze wurde außerdem mikrographisch bei 100° und 850° von H. Schenck-Hengler (wobei die Kurve von R. Schenck-Dingmann bestätigt wurde) und von Vogel-Martin mit Hilfe von Abkühlungskurven ermittelt.

In Abb. 284 sind die Phasengrenzen des Wüstitfeldes eingezeichnet. Die linke Grenze liegt in guter Übereinstimmung nach[43][44][45] bei 23,1 bis 23,25% O[46]. Die Kurve nach Schenck-Dingmann weicht davon nach kleineren O-Gehalten ab. Welcher der rechten Grenzen das höchste Maß der Sicherheit zukommt, ist schwer zu sagen. Nach Jette-Foote wird sie oberhalb 1000° rückläufig, was von allen anderen Befunden abweicht und mit dem peritektischen Punkt nach Pfeil und Vogel-Martin nicht in Einklang zu bringen ist[47]. In Abb. 283 wurde die linke Grenze bei konstant 23,2% O, das Eutektoid bei 23,5% O angenommen. Die rechte Grenze entspricht zwischen 600 und 900° praktisch der Kurve von Jette-Foote und verläuft oberhalb 900° auf den peritektischen Punkt bei 24,85% O (Mittel aus den Werten nach[43] u. [44]) zu.

Über das Zustandsfeld der Fe₃O₄-Phase liegen folgende Angaben vor. Die linke Grenze liegt nach Groebler-Oberhoffer (röntgenographisch) für 800° bei etwa 27,35% O, nach Pfeil (mikrographisch) für 1000° bei 27,5% O, entsprechend einem Lösungsvermögen des Fe₃O₄ für Fe. Die rechte Grenze liegt nach Ruer-Nakamato[48] für

1150—1200° bei etwa 27,7% O, nach Pfeil für 1000° bei etwa 27,65% O,
also bei der Zusammensetzung Fe$_3$O$_4$. Der Schmelzpunkt von Fe$_3$O$_4$
wird im Schrifttum[17] zu 1527—1600° angegeben, die höchsten Werte

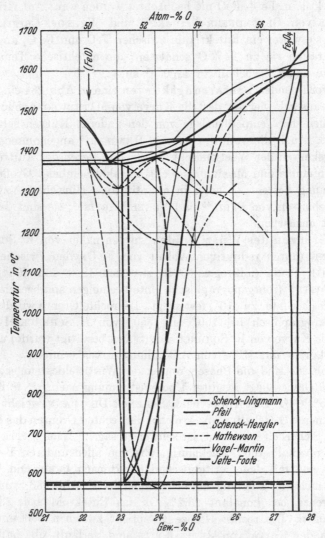

Abb. 284. Teildiagramm Fe-O. Eisen-Sauerstoff.

(1590°[49], 1600°[50]) stimmen mit der von Pfeil und Vogel-Martin
(Abb. 284) gefundenen peritektischen Temperatur überein.

C. Das Teilsystem Fe$_3$O$_4$ — Fe$_2$O$_3$ (30,06% O). Die Vermutung von
Sosman-Hostetter[51], daß Fe$_3$O$_4$ und Fe$_2$O$_3$ lückenlos mischbar sind,
kann — worauf schon Smits-Bijvoet[52] hinwiesen — nicht zutreffen,
da die beiden Verbindungen nicht isomorph sind. In der Tat vermag

Fe_3O_4 offenbar nur wenig O (s. o.) und Fe_2O_3 nach Ruer-Nakamato[48] bei 1150—1200° keine nennenswerte Menge Fe zu lösen. Pfeil[53][43] gibt die Sättigungsgrenze der festen Lösung von Fe in Fe_2O_3 bei 20 bis 1000° zu 29,7% O an, während nach Huggett-Chaudron[54] die Grenze für 650° bei rd. 29,6% O liegen würde. Benedicks-Löfquist nehmen auf Grund dieser und anderer Beobachtungen zwischen der Fe_3O_4- und Fe_2O_3-Phase eine Mischungslücke an, die sich bei 1500° von etwa 28,9[55] bis 29,5% O erstreckt und mit fallender Temperatur nach beiden Seiten hin verbreitert (s. auch[56]). Bei Temperaturen oberhalb rd. 1100° ist das Zustandsgebiet und damit auch der Schmelzpunkt von Fe_2O_3 nicht zu realisieren, da sich Fe_2O_3 bei dieser Temperatur[51] schon merklich unter O_2-Abgabe zersetzt. Weitere Einzelheiten s.[17].

D. Die Kristallstruktur der Fe-Oxyde[57]. Wüstit (FeO): NaCl-Typ[42][45], über die Anordnung der überschüssigen O-Atome s.[34][45] und besonders[58].

Fe_3O_4 (Magnesit): Spinell-Typ, 8 Fe_3O_4 im Elementarwürfel[59].

Fe_2O_3 (Haematit): Korund-Typ, rhomboedrisch mit 2 Fe_2O_3 im Elementarkörper[60].

Literatur.

1. Benedicks, C., u. H. Löfquist: Non-metallic inclusions in iron and steel S. 47/63, New York: J. Wiley & Sons 1931. S. auch Z. VDI Bd. 71 (1927) S. 1576/77. — **2.** Schönert, K.: Z. anorg. allg. Chem. Bd. 154 (1926) S. 220/25. — **3.** Ralston, O. C.: U. S. Bureau Mines Bull. Nr. 296, 1929. — **4.** Mathewson, C. H., E. Spire u. W. E. Milligan: Trans. Amer. Soc. Stl. Treat. Bd. 19 (1931) S. 60/88. — **5.** Ledebur, A.: Stahl u. Eisen Bd. 3 (1883) S. 502. — **6.** Romanoff, L.: Stahl u. Eisen Bd. 19 (1899) S. 267. — **7.** Austin, W.: J. Iron Steel Inst. Bd. 92 (1915) S. 157/61. — **8.** Chem. metallurg. Engng. Bd. 26 (1922) S. 778. — **9.** Tritton, F. S., u. D. Hanson: J. Iron Steel Inst. Bd. 110 (1924) S. 90/128. — **10.** Wimmer, A.: Stahl u. Eisen Bd. 45 (1925) S. 74. — **11.** Herty, C. H.: Trans. Amer. Inst. min. metallurg. Engr. Bd. 73 (1926) S. 1107/31. — **12.** Herty, C. H.: Amer. Inst. min. metallurg. Engr. Techn. Publ. Nr. 88 (1927). S. Stahl u. Eisen Bd. 48 (1928) S. 831/34. Arch. Eisenhüttenwes. Bd. 5 (1931/32) S. 355/56. — **13.** Le Chatelier, H.: Rev. Métallurg. Bd. 9 (1912) S. 514. — **14.** Coussergues, C. de: Rev. Métallurg. Bd. 19 (1922) S. 639. — **15.** Esser, H., u. H. Cornelius: Stahl u. Eisen Bd. 53 (1933) S. 534/35. Met. & Alloys Bd. 4 (1933) S. 121/22. — **16.** Chem. metallurg. Engng. Bd. 23 (1920) S. 761. — **17.** Gmelin-Kraut Handb. 8. Aufl., System Nr. 59: Eisen, Teil B, Lief. 1 (1929) S. 12/16, 26/94. — **18.** Klärding, J.: Stahl u. Eisen Bd. 52 (1932) S. 785. — **19.** Le Chatelier, H., u. B. Bogitsch: C. R. Acad. Sci., Paris Bd. 167 (1918) S. 472/77. Rev. Métallurg. Bd. 16 (1919) S. 129. — **20.** Stead, J. E.: J. Iron Steel Inst. Bd. 103 (1921) S. 271/75. — **21.** Matsubara, A.: Z. anorg. allg. Chem. Bd. 124 (1922) S. 39/55. Trans. Amer. Inst. min. metallurg. Engr. Bd. 67 (1922) S. 3/55. — **22.** Eastman, E. D., u. R. M. Evans: J. Amer. chem. Soc. Bd. 46 (1924) S. 888/903. — **23.** Oberhoffer, P., H. J. Schiffler u. W. Hessenbruch: Arch. Eisenhüttenwes. Bd. 1 (1927/28) S. 57/68. — **24.** Schenck, R., u. T. Dingmann: Z. anorg. allg. Chem. Bd. 166 (1927) S. 113/54. S. auch ebenda Bd. 171 (1928) S. 231/38, 239/57. — **25.** Schenck, R., T. Dingmann, P. H. Kirscht u. H. Wesselkock: Z. anorg. allg. Chem. Bd. 182 (1929) S. 97/117. S. auch Stahl u. Eisen Bd. 50 (1930) S. 1530/31. — **26.** Krings, W., u. J. Kempkens: Z. anorg. allg. Chem. Bd. 183 (1929) S. 225/50. — **27.** Krings, W., u. J. Kempkens:

Z. anorg. allg. Chem. Bd. 190 (1930) S. 313/20. — **28.** DÜNWALD, H., u. C. WAGNER: Z. anorg. allg. Chem. Bd. 199 (1931) S. 342/46. S. auch ebenda Bd. 201 (1931) S. 188/92. — **29.** SCHENCK, H., u. F. HENGLER: Arch. Eisenhüttenwes. Bd. 5 (1931/32) S. 209/14. — **30.** ESSER, H.: Z. anorg. allg. Chem. Bd. 202 (1931) S. 73/76. S. auch ESSER-CORNELIUS[15]. — **31.** ZIEGLER, N. A.: Trans. Amer. Soc. Stl. Treat. Bd. 20 (1932) S. 73/96. — **32.** RESCHKA, J.: Mitt. Forsch.-Inst. verein. Stahlwerke, Dortmund Bd. 3 (1932) S. 1/18. — **33.** MONDEN, H.: Stahl u. Eisen Bd. 43 (1923) S. 784/85. — **34.** GROEBLER, H., u. P. OBERHOFFER: Stahl u. Eisen Bd. 47 (1927) S. 1984/88. GROEBLER, H.: Z. Physik Bd. 48 (1928) S. 567/70. — **35.** SCHENCK, R., T. DINGMANN, P. H. KIRSCHT u. A. KORTENGRÄBER: Z. anorg. allg. Chem. Bd. 206 (1932) S. 73/96, 208, 255/56. — **36.** REED, E. L.: Iron Steel Inst. Carnegie Schol. Mem. Bd. 14 (1925) S. 118/23. — **37.** ESSER, H.: Z. anorg. allg. Chem. Bd. 202 (1931) S. 75 Fußnote. — **38.** S. auch J. HUGGETT u. G. CHAUDRON: C. R. Acad. Sci., Paris Bd. 184 (1927) S. 199/201. — **39.** Zuerst festgestellt von G. CHAUDRON: C. R. Acad. Sci., Paris Bd. 172 (1921) S. 152/55 u. P. VAN GRONINGEN: Diss. Delft 1921 und von zahlreichen Forschern bestätigt (vgl. 17). — **40.** Über metastabile Zustände beim Zerfall von Wüstit s. 25. — **41.** OBERHOFFER, P., u. K. D'HUART: Stahl u. Eisen Bd. 39 (1919) S. 165/69. — **42.** WYCKOFF, R. W. G., u. E. D. CRITTENDEN: J. Amer. chem. Soc. Bd. 47 (1925) S. 2876/82. Z. Kristallogr. Bd. 63 (1926) S. 144/47. — **43.** PFEIL, L. B.: J. Iron Steel Inst. Bd. 123 (1931) S. 237/55. — **44.** VOGEL, R., u. E. MARTIN: Arch. Eisenhüttenwes. Bd. 6 (1932/33) S. 108/11. — **45.** JETTE, E. R., u. F. FOOTE: Trans. Amer. Inst. min. metallurg. Engr. Iron Steel Div. Bd. 105 (1933) S. 276/84. S. Stahl u. Eisen Bd. 49 (1933) S. 1284/85. — **46.** S. auch W. BAUKLOH: Stahl u. Eisen Bd. 52 (1932) S. 1195/96. — **47.** S. auch Diskussion zur Arbeit von JETTE-FOOTE S. 285/89. — **48.** BUER, R., u. M. NAKAMOTO: Rec. Trav. chim. Pays-Bas Bd. 42 (1923) S. 678. — **49.** HOSTETTER J. C., u. H. S. ROBERTS: J. Amer. ceram. Soc. Bd. 4 (1921) S. 929/31. — **50.** KOHLMEYER, E. J.: Met. u. Erz Bd. 10 (1913) S. 455. — **51.** SOSMAN, R. B., u. J. C. HOSTETTER: J. Amer. chem. Soc. Bd. 38 (1916) S. 807/33. — **52.** SMITS, A., u. J. M. BIJVOET: Proc. Kon. Akad. Wet., Amsterd. Bd. 21 (1918) S. 386. — **53.** PFEIL, L. B.: J. Iron Steel Inst. Bd. 119 (1929) S. 501/47. — **54.** HUGGETT, J., u. G. CHAUDRON: C. R. Acad. Sci., Paris Bd. 184 (1927) S. 201. — **55.** Das würde für eine starke Zunahme der Löslichkeit von O in Fe_3O_4 oberhalb 1000° sprechen. — **56.** Diskussion zur Arbeit von PFEIL[53] S. 548/60. — **57.** Über Einzelheiten s. 17 u. P. P. EWALD u. C. HERMANN: Strukturbericht 1913—1928, Leipzig 1931. — **58.** HÄGG, G.: Diskussion zur Arbeit von JETTE-FOOTE[45] S. 287. — **59.** BRAGG, W. H.: Philos. Mag. Bd. 30 (1915) S. 305/15. NISHIKAWA, S.: Proc. Tokyo Math. Phys. Soc. Bd. 8 (1915) S. 199/209. WYCKOFF, R. W. G., u. E. D. CRITTENDEN: J. Amer. chem. Soc. Bd. 47 (1925) S. 2868/76; u. a. [17 57]. — **60.** DAVEY, W. P.: Physic. Rev. Bd. 21 (1923) S. 716. PAULING, L., u. S. B. HENDRICKS: J. Amer. chem. Soc. Bd. 47 (1925) S. 781/90. BRILL, R.: Z. Kristallogr. Bd. 83 (1922) S. 323/25. KATZOFF, S., u. E. OTT: Z. Kristallogr. Bd. 86 (1933) S. 311/12 u. a. [17 57].

Fe-Os. Eisen-Osmium.

Osmium und Ruthenium haben ein héxagonales Gitter (Mg-Typ), sie sind also weder mit α (δ)-Fe noch mit γ-Fe isomorph. Nach WEVER[1] liegt in den Systemen Fe-Os und Fe-Ru ein sogenanntes erweitertes γ-Feld, analog Fe-C, vor.

Literatur.

1. WEVER, F.: Arch. Eisenhüttenwes. Bd. 2 (1928/29) S. 739/46. Naturwiss. Bd. 17 (1929) S. 304/309.

Fe-P. Eisen-Phosphor.

Über die Konstitution der Fe-P-Legierungen mit bis zu 30% P sind wir dank sorgfältiger Untersuchungen genau unterrichtet. Es ist daher nicht notwendig, auf die zahlreichen älteren Untersuchungen auf präparativer Grundlage, die zu der Annahme einer großen Anzahl Fe-P-Verbindungen, und zwar Fe_4P, Fe_3P, Fe_5P_2, Fe_2P, Fe_3P_2, Fe_4P_3, FeP, Fe_3P_4, Fe_2P_3 führten, näher einzugehen. Es sei auf die Zusammenstellung und kurze Inhaltsangabe der wichtigsten diesbezüglichen Arbeiten bei KONSTANTINOW[1] verwiesen. Die Bemühungen, über die Zusammensetzung der sich am Aufbau der Fe-P-Legierungen beteiligenden Kristallarten durch präparative Untersuchungen (direkte und indirekte Synthese, Rückstandsanalyse) Aufklärung zu bekommen, fanden ihren Abschluß mit einer Arbeit von LE CHATELIER-WOLOGDINE[2]. Diese Forscher gelangten nach einer Kritik der Ergebnisse der früheren Arbeiten sowie eigenen Untersuchungen zu der Auffassung, daß nur die Verbindungen Fe_3P (15,62% P), Fe_2P (21,74% P), FeP (35,71% P) und Fe_2P_3 (45,45% P) bestehen.

Schon früher hatte STEAD[3] in einer klassisch zu nennenden Arbeit mit Hilfe von mikroskopischen Untersuchungen (bis 24% P) und Rückstandsanalysen das Bestehen der beiden Fe-reichsten Verbindungen Fe_3P und Fe_2P sicher nachgewiesen. Er erkannte ferner, daß P von Fe in fester Lösung aufgenommen werden kann (nach langsamem Erkalten aus dem Schmelzfluß bis 1,7%; mit fallender Temperatur nimmt die Löslichkeit deutlich ab), daß Fe_3P mit dem Fe-reichen Mischkristall ein Eutektikum bildet, das 10,2% P enthält und bei etwa 980° kristallisiert, und daß das bei etwa 1060° schmelzende Fe_3P anscheinend kein Eutektikum mit dem höher schmelzenden Fe_2P bildet. Fe_3P erwies sich als ziemlich stark magnetisch, Fe_2P als fast unmagnetisch; dadurch war eine leichte Trennung beider Verbindungen möglich.

Die Erstarrung der Fe-P-Schmelzen. SAKLATWALLA[4] hat erstmalig ein Erstarrungsdiagramm entworfen. Danach bildet Fe_3P (maximaler Schmelzpunkt etwa 1104°) sowohl mit dem Fe-reichen Mischkristall, dessen Sättigungskonzentration nicht bestimmt wurde, als mit Fe_2P (Schmelzpunkt ~1270°) je ein Eutektikum bei 10,2% P, rd. 1010° bzw. 16,2% P, etwa 965°. Fe_2P bildet mit einer P-reicheren Verbindung ebenfalls ein Eutektikum. Den thermischen Daten zufolge soll Fe_2P etwa 1% Fe in fester Lösung aufnehmen können.

Im Gegensatz zu STEAD, der das Ende der Erstarrung zwischen 1,7 und 10,2% P stets bei 980° beobachtete, fand SAKLATWALLA die eutektische Temperatur unterhalb 5% P bei 886° und erst oberhalb 7,5% P bei rd. 1000°. Bei einer Nachprüfung konnte GERCKE[5], der die Erstarrung der Schmelzen mit 0,7—9,5% P untersuchte, den Befund von STEAD bestätigen und zeigen, daß die Beobachtung von SAKLAT-

WALLA auf starke Unterkühlungsfähigkeit der eutektischen Kristallisation (bis rd. 880°) beruht, deren Größe mit steigendem P-Gehalt allmählich abnimmt.

KONSTANTINOW[1], dem wir eine sehr sorgfältige thermische Analyse des Systems bis 21% P verdanken, fand das Eutektikum zwischen Fe-reichem Mischkristall und Fe_3P bei wenig oberhalb 10% P und 1025°, gelangte jedoch bezüglich der Konstitution der Mischungen zwischen Fe_3P und Fe_2P (Schmelzpunkt 1350°) zu ganz anderen Ergebnissen als SAKLATWALLA. Werden die Schmelzen mit 15—20% P beim Erstarren geimpft, so tritt nach primärer Kristallisation von Fe_2P bei 1155° eine peritektische Reaktion unter Bildung von Fe_3P ein. Ohne Impfen erfolgt die Abkühlung jedoch bis auf 930—945°, ohne daß eine peritektische Reaktion stattfindet. Bei dieser Temperatur zeigen die Abkühlungskurven, häufig erst nach einem kleinen Haltepunkt, einen plötzlichen Temperatursprung bis auf rd. 1040°. KONSTANTINOW schließt daraus, daß diese Legierungen zur Ausbildung eines instabilen Gleichgewichtes zwischen Fe-reichem Mischkristall und Fe_2P neigen, und zwar kristallisiert bei rd. 945° ein Fe-Fe_2P-Eutektikum. Zu gleicher Zeit mit der Kristallisation dieses Eutektikums, mitunter aber auch nach dessen teilweiser Erstarrung, tritt dann spontan die Bildung von Fe_3P aus Fe_2P und Fe ein. Mikroskopische Untersuchungen bestätigten das Bestehen eines instabilen Gleichgewichtes[6].

HAUGHTON[7] konnte bei einer sehr eingehenden thermischen Analyse (bis zu 30% P) den Befund von KONSTANTINOW bestätigen und darüber hinaus zeigen, daß Fe_2P mit der nächst P-reicheren Phase (wahrscheinlich FeP^{24}) ein Eutektikum bildet. Die in Abb. 285 dargestellten Liquidus- und Soliduskurven (einschließlich der mikrographisch bestimmten Soliduskurve der α-Mischkristalle) wurden nach seinen Angaben (hauptsächlich auf Grund von Erhitzungskurven) gezeichnet. Auch er beobachtete, daß infolge der großen Neigung zur Ausbildung instabiler Gleichgewichte 1. in Legierungen oberhalb der eutektischen Konzentration die Primärkristallisation von Fe_3P unterkühlbar ist und 2. die peritektische Reaktion: Schmelze $+ Fe_2P = Fe_3P$ unterdrückt werden kann, so daß zunächst das instabile Eutektikum kristallisiert. „Dieses impft die Schmelze, und die Temperatur steigt manchmal um nicht weniger als 150° an." Die Neigung zur Bildung eines instabilen Systems Fe-Fe_2P hat HAUGHTON beim Entwurf seines Diagramms nicht berücksichtigt.

Eine spätere Untersuchung der Erstarrungsverhältnisse bis 21% P von VOGEL-GONTERMANN[8] führte zu einer vollständigen Bestätigung der Schaubilder von KONSTANTINOW und HAUGHTON: Eutektikum bei 10% P, 1050°; peritektische Temperatur etwa 1035°; Temperatur des instabilen Eutektikums 950°. Der stabile Zustand tritt nach VOGEL-

Gontermann bei schneller Abkühlung v > 75°/min, der instabile Zustand bei langsamer Abkühlung v < 50°/min ein.

Die Umwandlungen im festen Zustand. 1. $\alpha \rightleftharpoons \gamma \rightleftharpoons \delta$-Umwandlung der Fe-reichen Mischkristalle. Arnold[9] konnte auf den Erhitzungs- und

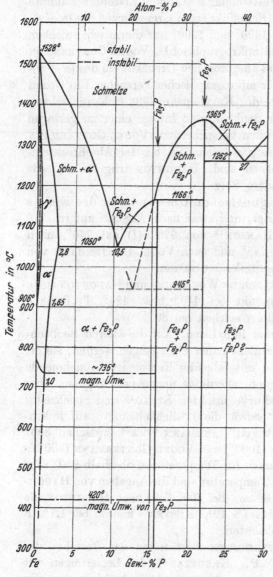

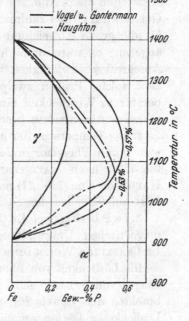

Abb. 285. Fe-P. Eisen-Phosphor.

Abkühlungskurven einer Legierung mit 1,36% P nur den magnetischen Umwandlungspunkt des Eisens feststellen. von Schwarze[10] teilt mit, daß die $\alpha \rightarrow \gamma$-Umwandlung bei 0,1% P noch bei rd. 900° zu erkennen ist, bei 0,83% P aber nicht mehr auftritt. Esser-Oberhoffer[11] konnten mit Hilfe von Differentialdilatometerkurven zeigen, daß die $\gamma \rightleftharpoons \delta$-Umwandlung (A$_4$) durch 0,26% P auf 1355° erniedrigt, die $\alpha \rightleftharpoons \gamma$-Umwandlung (A$_3$) durch 0,3% P auf etwa 1000° erhöht wird. Bei 0,42% P konnte keine polymorphe Umwandlung fest-

gestellt werden. Die Verfasser schließen daraus, daß das γ-Gebiet abge-
schnürt wird, die $\alpha(\delta) \rightleftharpoons \gamma$-Umwandlungskurve also eine in sich geschlossene Kurve ist. HAUGHTON und unabhängig davon VOGEL-
GONTERMANN konnten diese Feststellung bestätigen. Ersterer bestimmte
die in Abb. 285 dargestellten strichpunktierten Grenzkurven des $(\alpha + \gamma)$-
Gebietes, und zwar zwischen 1400° und 1300° nur thermisch, zwischen
900° und 1050° thermisch und mikrographisch[12]. VOGEL-GONTERMANN
ermittelten die in Abb. 285 voll ausgezogenen Grenzkurven des $(\alpha + \gamma)$-
Gebietes auf Grund zahlreicher mikrographischer Versuche. Ein Grund
für die große Abweichung beider Kurvenpaare läßt sich nur schwer
angeben; es wäre immerhin denkbar, daß infolge einer zu geringen
Abschreckgeschwindigkeit bei den Versuchen von VOGEL-GONTERMANN
auch solche Proben zweiphasig wurden, die bei der Abschrecktemperatur in Wirklichkeit einphasig sind. HAUGHTON trug für ein sehr
schnelles Abschrecken besondere Sorge.

2. Die Temperatur der magnetischen Umwandlung des Eisens
wird durch Phosphor erniedrigt, und zwar nach ARNOLD auf rd. 710
bis 720°, nach HAUGHTON-HANSON[13] von 775° (?) auf 740°, nach
HAUGHTON von 780° (?) auf 745° und nach VOGEL-GONTERMANN von
769° auf 720° bei der Sättigungskonzentration.

3. Fe$_3$P besitzt nach LE CHATELIER-WOLOGDINE und HAUGHTON einen
magnetischen Umwandlungspunkt bei 440° bzw. 420°, Fe$_2$P nach
LE CHATELIER-WOLOGDINE einen solchen bei 80°.

Die Löslichkeit von Phosphor in α-Eisen. Auf die älteren Beobachtungen von STEAD[14] soll hier nicht näher eingegangen werden; sie erbrachten den Beweis für eine mit fallender Temperatur abnehmende
Löslichkeit. Die ersten näheren, allerdings ungenauen Angaben über
den Verlauf der Löslichkeitskurve machten STEAD[15] und gleichzeitig
HAUGHTON-HANSON. Später wurde die Löslichkeitskurve auf mikrographischem Wege bestimmt von HANEMANN-VOSS[16] (zwischen 800°
und 1020°), HAUGHTON (700—1000°) und VOGEL-GONTERMANN (800 bis
1000°). Ihre Ergebnisse stimmen für Temperaturen oberhalb 850° sehr
gut überein, unterhalb dieser Temperatur sind die Angaben von HAUGH-
TON als die genauesten anzusehen. Bei 700° liegt nach HAUGHTON die
Sättigungsgrenze sehr nahe bei 1% P[17]. KÖSTER[18] konnte bei 1,1% P
keine Aushärtung mehr beobachten.

Röntgenographische Untersuchungen bestätigten das Bestehen der
Verbindungen Fe$_3$P und Fe$_2$P. KREUTZER[19], der Legierungen mit
bis zu mehr als 21% P untersuchte, glaubte zunächst aus der
Ähnlichkeit in der Zahl und der Anordnung der Interferenzlinien der
Pulverphotogramme den Schluß ziehen zu können, daß beide Kristall-
arten im gleichen System (tetragonal) kristallisieren. HÄGG[20] untersuchte
Legierungen mit bis zu 28,8% P. Er stellte mit Hilfe von Laue- und

Drehkristallaufnahmen fest, daß Fe_3P ein tetragonal-raumzentriertes Gitter (8 Moleküle Fe_3P in der Elementarzelle), Fe_2P dagegen ein hexagonales Gitter (3 Moleküle Fe_2P) besitzt; Einzelheiten s. Originalarbeit. Den Gitterkonstanten zufolge haben beide Phasen kein merkliches Lösungsvermögen für die Komponenten[21]. Da die Legierung mit 28,8% P ziemlich gleiche Mengen von Fe_2P und der Phase mit nächst höherem P-Gehalt enthält, so dürfte letztere bei etwa 36% P homogen sein, d. h. sehr wahrscheinlich die Formel FeP besitzen. Interessant ist die Feststellung, daß die Gitterkonstante des α-Eisens durch P-Zusatz nicht merklich verändert wird. Das kann nur durch die Tatsache erklärt werden, daß die Fe- und P-Atome nahezu denselben Durchmesser haben, so daß die Gitterabmessung beim Ersetzen von Fe durch P praktisch nicht geändert wird. Friauf[22] konnte den Befund Häggs hinsichtlich der Kristallstruktur von Fe_2P bestätigen.

Nachtrag. Die Gitterstruktur von Fe_2P wurde auch von Hendricks-Kosting[23], diejenige von FeP von Fylking (vgl. As-Co) untersucht.

Literatur.

1. Konstantinow, N.: Z. anorg. allg. Chem. Bd. 66 (1910) S. 209/27. — **2.** Le Chatelier, H., u. S. Wologdine: C. R. Acad. Sci., Paris Bd. 149 (1909) S. 709/14. — **3.** Stead, J. E.: J. Iron Steel Inst. Bd. 58 (1900) S. 60/84. — **4.** Saklatwalla, B.: Metallurgie Bd. 5 (1908) S. 331/36. J. Iron Steel Inst. Bd. 77 (1908) S. 92/103. — **5.** Gercke, E.: Metallurgie Bd. 5 (1908) S. 604/609. — **6.** Die Neigung der Schmelze instabil zu erstarren, besteht erst oberhalb 10%, besonders stark aber oberhalb 15% P. Die von Saklatwalla angegebenen Liquidus- und Solidustemperaturen (s. oben) deuten darauf hin, daß er die Temperaturen des instabilen Systems gemessen hat. — **7.** Haughton, J. L.: J. Iron Steel Inst. Bd. 115 (1927) S. 417/33. — **8.** Vogel, R. (u. H. Gontermann): Arch. Eisenhüttenwes. Bd. 3 (1929/30) S. 369/71. — **9.** Arnold, J. O.: J. Iron Steel Inst. Bd. 45 (1894) S. 144. — **10.** v. Schwarze: Diss. Aachen 1924, zitiert nach Esser u. Oberhoffer. — **11.** Esser, H., u. P. Oberhoffer: Ber. V. dtsch. Eisenhüttenleute, Werkstoffausschuß Ber. Nr. 69 (1925) S. 5/6. — **12.** Haughton gibt an, daß die $\alpha (\alpha + \gamma)$-Grenze recht genau ist, die $\gamma (\alpha + \gamma)$-Grenze dagegen mit einem Fehler von 0,1% P behaftet sein kann. — **13.** Haughton, J. L., u. D. Hanson: J. Iron Steel Inst. Bd. 97 (1918) S. 413/14. — **14.** Stead, J. E.: J. Iron Steel Inst. Bd. 58 (1900) S. 60/84; Bd. 91 (1915) S. 140/98. — **15.** Stead, J. E.: J. Iron Steel Inst. Bd. 97 (1918) S. 398/405. — **16.** Hanemann, H., u. H. Voss: Zbl. Hütten- u. Walzwerke Bd. 31 (1927) S. 245/48. — **17.** Beobachtungen von Gercke über Zerfallserscheinungen innerhalb der Mischkristalle sind durch die Gestalt der Löslichkeitskurve nun zwanglos zu erklären. — **18.** Köster, W.: Arch. Eisenhüttenwes. Bd. 4 (1930/31) S. 609/11. — **19.** Kreutzer, C.: Z. Physik Bd. 48 (1928) S. 564/65. Oberhoffer, P., u. C. Kreutzer: Arch. Eisenhüttenwes. Bd. 2 (1928/29) S. 454/55. — **20.** Hägg, G.: Z. Kristallogr. Bd. 68 (1928) S. 470 (vorl. Mitt.) und Nova Acta Reg. Soc. Sci. Upsaliensis IV Bd. 7 (1929) S. 26/43. S. auch „Strukturbericht" S. 593/94. — **21.** Haughton glaubte durch Gefügebeobachtungen Anzeichen dafür gefunden zu haben, daß Fe_2P Phosphor zu lösen vermag und zwar bei höherer Temperatur mehr. — **22.** Friauf, J. B.: Trans. Amer. Soc. Stl. Treat. Bd. 17 (1930) S. 499/508. — **23.** Hendricks, S. B., u. P. R. Kosting: Z. Kristallogr. Bd. 74 (1930) S. 522/33. — **24.** Vgl. Nachtrag.

Fe-Pb. Eisen-Blei.

Entgegen früheren Vermutungen, daß Fe und Pb sich legieren können, haben Isaac-Tammann[1] durch thermische Analyse festgestellt, daß die beiden flüssigen Metalle praktisch unlöslich ineinander sind[2]

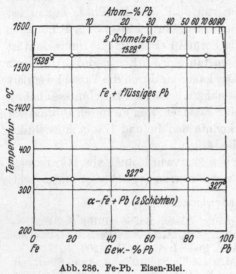

Abb. 286. Fe-Pb. Eisen-Blei.

(Abb. 286). Die Reguli bestanden aus zwei scharf voneinander getrennten Schichten, eine Beobachtung, die bereits Stavenhagen-Schuchard[3] gemacht hatten. Die beiden Metalle sind natürlich auch im festen Zustand praktisch unlöslich ineinander; Tammann-Oelsen[4] geben die Löslichkeit von Fe in Pb zu $2 . 10^{-4}$ bis $3 . 10^{-4}\%$ an. Pb hat keinen Einfluß auf die Umwandlungstemperaturen des Eisens (in Abb. 285 nicht eingezeichnet). Daniels[5] will gefunden haben, daß $FeCl_3$ von geschmolzenem Pb unter Bildung einer Fe-Pb-Verbindung reduziert wird, die auch beim Verbleien von Fe in sehr geringer Menge gebildet werden soll. Die der Verbindung zugeschriebene Formel $FePb_2$ (88,13% Pb) ist jedoch nicht streng bewiesen.

Literatur.

1. Isaac, E., u. G. Tammann: Z. anorg. allg. Chem. Bd. 55 (1907) S. 58/59. — **2.** Die Metalle wurden in Mengen von 20 g bis auf 1600° erhitzt. Bei dieser Temperatur destillierte Pb schon merklich ab. „Auf allen Abkühlungskurven fanden sich zwei Haltepunkte, von denen der eine mit dem Schmelzpunkt des Fe (1527°) bis auf $\pm 5°$ und der andere mit dem Schmelzpunkt des Pb (327°) bis auf $\pm 5°$ zusammenfiel." — **3.** Stavenhagen, A., u. E. Schuchard: Ber. dtsch. chem. Ges. Bd. 35 (1902) S. 910. — **4.** Tammann, G., u. W. Oelsen: Z. anorg. allg. Chem. Bd. 186 (1930) S. 277/79. — **5.** Daniels, E. J.: J. Inst. Met., Lond. B. 49 (1932) S. 179/80.

Fe-Pd. Eisen-Palladium.

Abb. 287 zeigt das von Grigorjew[1] ausgearbeitete Erstarrungs- und Umwandlungsschaubild dieses Systems. Da die $\gamma \rightleftharpoons \delta$-Umwandlung des Eisens durch Palladium erhöht wird, ergibt sich, daß γ-Fe und Pd eine lückenlose Mischkristallereihe bilden. Bei der in Fe-reichen Legierungen mit bis zu mindestens 40% Pd stattfindenden Umwandlung, die mit einer bedeutenden Wärmetönung verbunden ist, findet der der $\gamma \rightleftharpoons \alpha$-Umwandlung des Eisens entsprechende Übergang:

kubisch-flächenzentrierter γ-Mischkristall ⇌ kubisch-raumzentrierter
α-Mischkristall statt. Die Umwandlungstemperaturen, die im Gleichgewicht auf einem Kurvenzug liegen müßten, der vom Umwandlungspunkt des Eisens (906°) ausgeht, werden bei Abkühlung bei wesentlich
tieferen Temperaturen gefunden (Abb. 287). Offenbar liegen dieselben
Verhältnisse vor wie im System Fe - Ni. Die im Bereich von 76 bis

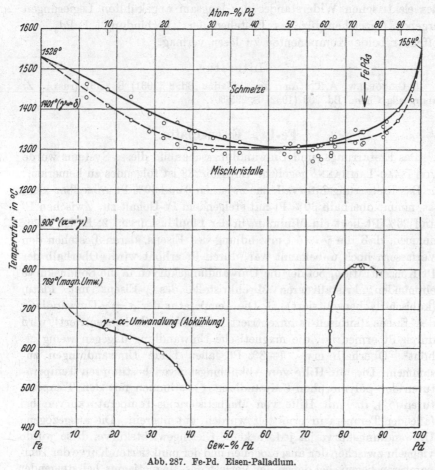

Abb. 287. Fe-Pd. Eisen-Palladium.

85% Pd beobachtete Umwandlung entspricht entweder einer mit
fallender Temperatur stattfindenden Bildung der Verbindung FePd₃
(85,15% Pd) mit einem von der Struktur der Mischkristalle ganz verschiedenen Gitter oder der Bildung einer geordneten Verteilung der
beiden Atomarten in dem kubisch-flächenzentrierten Gitter (geordnete
Mischphase) analog den Verhältnissen bei der Legierung AuCu₃.

Die mikroskopische Untersuchung der Legierungen nach 3 stündigem
Glühen bei 1000° und nachfolgendem Abschrecken bzw. nach langsamer

Abkühlung (im Laufe einer Woche) von 950° auf 400° ließ auf das
Vorliegen einer lückenlosen Mischkristallreihe bei allen Temperaturen
zwischen Soliduskurve und Raumtemperatur schließen, da eine nach
den thermischen Ergebnissen zu erwartende Änderung des Gefüges der
bei hohen Temperaturen vorhandenen Mischkristalle „nicht zu bemerken war". Die Kurven der Härte und des Temperaturkoeffizienten
des elektrischen Widerstandes der langsam abgekühlten Legierungen
ergeben Anzeichen für das Bestehen der „Verbindung" $FePd_3$, die
offenbar beide Komponenten zu lösen vermag.

Literatur.

1. GRIGORJEW, A. T.: Ann. Inst. Platine Bd. 8 (1931) S. 25/37 (russ.). Z.
anorg. allg. Chem. Bd. 209 (1932) S. 295/307.

Fe-Pt. Eisen-Platin.

Das Erstarrungs- und Umwandlungsschaubild dieses Systems wurde
von ISAAC-TAMMANN[1] gegeben. Zu Abb. 288 ist folgendes zu bemerken:
1. Das Erstarrungsintervall, das zwischen 0 und 30% Pt unmeßbar klein
ist, nimmt oberhalb 30% Pt mit steigendem Pt-Gehalt zu. Zwischen 10
und 20% Pt liegt ein Minimum in der Liquiduskurve. 2. Es ist anzu-
nehmen, daß die $\gamma \rightleftharpoons \delta$-Umwandlung des Eisens, deren Bestehen den
Verfassern noch unbekannt war, durch Pt erhöht wird. Oberhalb der
Pt-Konzentration, bei der die Umwandlungskurven in die Soliduskurve
einmünden, kristallisieren Mischkristalle des γ-Eisens mit Platin
(kubisch-flächenzentriert). 3. Die Temperatur der $\alpha \rightleftharpoons \gamma$-Umwandlung
des Eisens (kubisch-raumzentriert $\rightleftharpoons$ kubisch flächenzentriert) wird
durch Pt erniedrigt, die magnetische Umwandlung dagegen wenig erhöht[2]. Oberhalb etwa 7—8% Pt fallen beide Umwandlungen zusammen. Die mit Hilfe von Abkühlungskurven bestimmten Temperaturen der polymorphen Umwandlung (○) stimmen mit den Temperaturen (×), die mit Hilfe von Magnetisierungs-Temperaturkurven bei
fallender Temperatur ermittelt wurden, gut überein. Die ausgezogene
Umwandlungskurve ist jedoch keine Gleichgewichtskurve, diese würde
vielmehr zwischen der ausgezogenen und der punktierten Kurve der Temperaturen liegen, bei denen der Verlust des Magnetismus bei steigender
Temperatur festgestellt wurde. 4. Die Natur der in Legierungen mit
70, 80 und 90% Pt bei 990° bzw. 1270° und 1347° (bei fallender Tempe-
ratur) beobachteten $\gamma \rightleftharpoons \varepsilon$-Umwandlung wurde von den Verfassern
nicht aufgeklärt. 5. Über das Ergebnis der Gefügeuntersuchung an
Proben, die nicht wärmebehandelt waren, ist zu sagen, daß bei 0—50% Pt
sowie bei 90% Pt eine polygonale Mischkristallstruktur beobachtet
wurde, bei 60, 70 und 80% Pt wiesen die Polygone deutliche kreuzweise
Schraffierung (Riffelung) auf, deren Richtung von Kristallit zu Kristallit

wechselte. Die Schraffierung war bei den Legierungen mit 70 und 80% Pt auch nach dem Abschrecken bei 1400°, also bei Temperaturen oberhalb der $\gamma \rightleftharpoons \varepsilon$-Umwandlung, zu erkennen. Durch das Abschrecken wurde die Härte der auf Raumtemperatur erkalteten Legierungen anscheinend nicht wesentlich beeinflußt.

NEMILOW[3, 4] hat zum Zweck der Aufklärung der Konstitution des Systems Fe-Pt die Brinellhärte, das Gefüge und den elektrischen Wider-

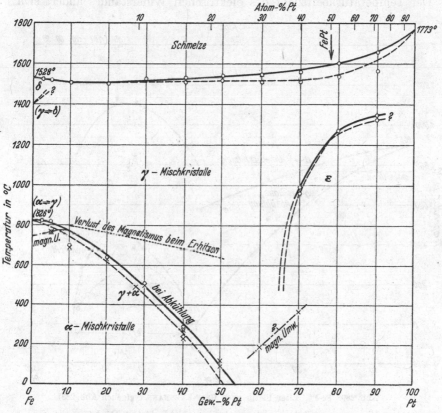

Abb. 288. Fe-Pt. Eisen-Platin nach ISAAC-TAMMANN (vgl. auch Abb. 289).

stand von 17 abgeschreckten bzw. geglühten Legierungen mit 8,9 bis 96% Pt untersucht.

Die genannten Eigenschaften wurden untersucht nach dreitägigem Glühen bei 680° mit wahrscheinlich ziemlich langsamer nachfolgender Abkühlung sowie nach dem Abschrecken (vorherige Glühdauer 25 bis 30 Minuten) bei 1100° (bei Pt-Gehalten unter 65%) bzw. 1200—1400° (bei Pt-Gehalten über 65%). Die Härte-Konzentrationskurve der abgeschreckten Legierungen[5] läßt das Bestehen von zwei Mischkristallreihen zwischen 0 und 65—70% Pt sowie zwischen 65—70 und 100% Pt erkennen. Die Härte-Konzentrationskurve der bei 680° geglühten Legierungen[6] deutet auf das Bestehen der Verbindung FePt (77,76% Pt), die nach dem Diagramm von Isaac-Tammann bei etwa 1230° aus einem kubisch-flächenzentrierten γ-Mischkristall gleicher Konzentration gebildet werden würde, und die — ganz analog den Verhältnissen im System Au-Cu u. a. — mit beiden Komponenten eine selbständige Reihe von Mischkristallen innerhalb 65—70 bis etwa 90% Pt bildet. Der Temperaturkoeffizient des elektrischen Widerstandes ändert sich

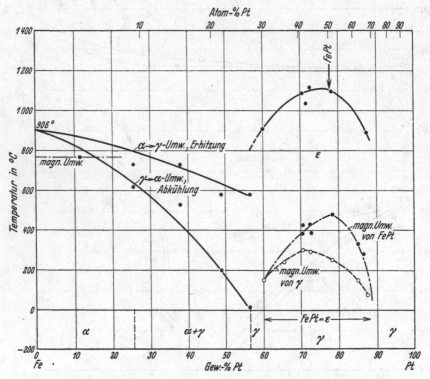

Abb. 289. Fe-Pt. Eisen-Platin nach Graf-Kussmann (vgl. auch Abb. 288).

mit der Konzentration, wenn auch in umgekehrter Richtung, so doch in analoger Weise wie die Härte[7]. Auf der Kurve der geglühten Legierungen ist die Konzentration FePt durch einen Höchstwert ausgezeichnet. Das Gefüge der bei 680° geglühten Legierungen besteht bis zu etwa 65% Pt und oberhalb 87% Pt aus homogenen festen Lösungen, zwischen 65 und etwa 87% Pt tritt die auch von Isaac-Tammann beobachtete parallele Streifung in den Kristalliten auf; sie ist bei etwa 50 Atom-% Pt am stärksten und ist offenbar das Kennzeichen der in Abb. 288 mit ε bezeichneten Phase. Die Beobachtungen reichen jedoch nicht aus, das Zustandsgebiet dieser Kristallart auch nur annähernd abzugrenzen, zumal aus den veröffentlichten Mikrophotographien nicht immer deutlich hervorgeht, ob der Gefügeaufbau einphasig oder zweiphasig ist. Die bei Temperaturen oberhalb der $\gamma \rightleftharpoons \varepsilon$-Umwandlung abgeschreckten Legierungen bestehen fast durchweg aus Kristalliten ohne Streifung, die Umwandlung kann also übersprungen werden. Das Schliffbild der bei 1400° abgeschreckten Legierung mit 76,8% Pt läßt jedoch geringe Mengen einer zweiten durch Entmischung entstandenen Phase (ε?) in der γ-Mischkristallgrundmasse erkennen.

Nach älteren von BARUS[8] ausgeführten Bestimmungen des Temperaturkoeffizienten des elektrischen Widerstands von Pt-reichen Legierungen liegen im Bereich von etwa 86—100% Pt Mischkristalle vor.

Nachtrag. Abb. 289 zeigt das von GRAF-KUSSMANN[9] mit Hilfe magnetischer, röntgenographischer und mikrographischer Untersuchungen ausgearbeitete Umwandlungsschaubild, das in den wesentlichsten Punkten dem Schaubild von ISAAC-TAMMANN (Abb. 288) gleicht. — Die $\alpha \rightleftharpoons \gamma$-Umwandlung ist, analog den Verhältnissen im System Fe-Ni, mit einer erheblichen Temperaturhysterese verbunden. Wie dort dürfte die Umwandlung durch einen gittermechanischen Vorgang erfolgen. Die $\gamma \rightarrow \varepsilon$ (= FePt)-Umwandlung läßt sich, in Übereinstimmung mit früheren Beobachtungen, im Bereich von etwa 65—87% Pt durch Abschrecken nicht völlig überspringen. Umgekehrt war es auch selbst bei langdauerndem Glühen unterhalb der Umwandlunglinie nicht möglich, die Mischkristalle vollständig in die Verbindung überzuführen, vielmehr wurde stets ein Gemenge beider Phasen beobachtet. Die ε-Phase hat ein kubisch-raumzentriertes Gitter mit ungeordneter Atomverteilung und praktisch der gleichen Gitterkonstanten wie α-Fe. — Zwischen 56 und 60% Pt sind die Legierungen unmagnetisch. Oberhalb 60% Pt werden die Legierungen wieder ferromagnetisch, und zwar ist bei den abgeschreckten Legierungen der γ-Mischkristall Träger des Ferromagnetismus. Durch Anlassen bei 500—800°, d. h. durch Bildung der Verbindung FePt aus dem Mischkristall, nimmt die Magnetisierbarkeit ab, und gleichzeitig steigt die magnetische Umwandlungstemperatur an (Abb. 289).

Literatur.

1. ISAAC, E., u. G. TAMMANN: Z. anorg. allg. Chem. Bd. 55 (1907) S. 63/71. Legn. (20 g Einwaage) mit 0—50% Pt wurden in Porzellanröhren, mit 50—90% Pt in Magnesiaröhren in N_2-Atmosphäre hergestellt. Das verwendete Pt enthielt 0,2% Ir als Hauptbeimengung; das Fe enthielt außer 0,07% C insgesamt 0,22% andere Bestandteile. — **2.** Bei fallender Temperatur wurde die $\gamma \rightarrow \alpha$-Umwandlungstemperatur des verwendeten Fe zu 826°, die magnetische Umwandlungstemperatur zu 746° (thermisch) bzw. 800° (magnetisch) bestimmt. — **3.** NEMILOW, V. A.: Ann. Inst. Platine 1929, Lief. 7 S. 1/12 (russ.). — **4.** NEMILOW, V. A.: Z. anorg. allg. Chem. Bd. 204 (1932) S. 49/59. — **5.** Die Kurve steigt vom Fe ausgehend zu einem zwischen 30 und 40% Pt gelegenen Maximum an, fällt zu einem Minimum bei etwa 67,5% Pt ab, steigt zu einem Höchstwert bei etwa 78% Pt (FePt) an und fällt darauf auf den Pt-Wert ab. — **6.** Diese Kurve besitzt zwei Maxima bei etwa 70 bzw. 85% Pt und ein Minimum bei der Zusammensetzung

FePt (∼ 78% Pt). — **7.** An der Fe-Seite (Minimum bei 35% Pt) und an der Pt-
Seite (Minimum bei 90% Pt) laufen die beiden Kurven des Temperaturkoeffizienten
parallel oder fallen zusammen. Während jedoch die Kurve der geglühten
Legn. zwischen 35 und 70% Pt ein Maximum bei FePt erreicht, hat die bei klei-
neren Werten liegende Kurve der abgeschreckten Legn. keinen ausgezeichneten
Punkt in diesem Bereich. — **8.** BARUS, C.: Amer. J. Sci. 3 Bd. 36 (1888) S. 434.
Vgl. W. GUERTLER: Z. anorg. allg. Chem. Bd. 51 (1906) S. 427/29 und Gmelin-
Kraut Handbuch V Bd. 3 (1915) S. 936/37. — **9.** GRAF, L., u. A. KUSSMANN:
Physik. Z. Bd. 36 (1935) S. 544/51.

Fe-Rb. Eisen-Rubidium.
Siehe Fe-K, S. 675.

Fe-Rh. Eisen-Rhodium.
Siehe Fe-Ir, S. 675.

Fe-Ru. Eisen-Ruthenium.
Siehe Fe-Os, S. 710.

Fe-S. Eisen-Schwefel.

Das Teilsystem Fe-FeS (36,47% S). Das Erstarrungsdiagramm.
LE CHATELIER-ZIEGLER[1] haben durch mikroskopische u. a. Untersuchungen gezeigt, daß die Legierungen, die man durch Zusammenschmelzen von Fe und FeS erhält, Gemenge dieser Bestandteile (oder
deren Mischkristalle) sind, und daß sie ein Eutektikum bilden. (Die
früher vermuteten Verbindungen Fe_8S, Fe_2S und Fe_4S_3 bestehen also
nicht.) Diese Konstitutionsverhältnisse wurden von TREITSCHKE-
TAMMANN[2] (thermische und mikroskopische Untersuchungen) sowie
ZIEGLER[3] (mikroskopisch) und allen späteren Forschern bestätigt.
TREITSCHKE-TAMMANN hatten allerdings aus thermoanalytischen Bestimmungen geschlossen, daß Fe und FeS im geschmolzenen Zustand
nur beschränkt ineinander löslich sind, und zwar soll sich die Mischungslücke bei 1400° (monotektische Temperatur) von etwa 3—29% S erstrecken. Eine Trennung der Schmelze in zwei Schichten konnten sie
jedoch nicht feststellen, was sie mit der hohen Viskosität des an FeS
gesättigten flüssigen Eisens erklärten (?). Eine Schichtenbildung ist
auch später niemals beobachtet worden.

Nach den thermoanalytischen Untersuchungen (unter Verwendung
reinen Schwefeleisens) von FRIEDRICH[4], LOEBE-BECKER[5] und MIYAZAKI[6]
(deren thermische Daten s. in Abb. 290 sowie nach der Arbeit von
BOGITSCH[7] kann kein Zweifel darüber bestehen, daß zwischen Fe und
FeS vollständige Mischbarkeit im flüssigen Zustand besteht. Der
gegenteilige Befund von TREITSCHKE-TAMMANN wurde von ZIEGLER,
FRIEDRICH und LOEBE-BECKER auf den Oxydgehalt ihrer Schmelzen
zurückgeführt (TREITSCHKE-TAMMANN verwendeten ein käufliches FeS,
das also große Mengen Eisenoxyd enthielt[1 2 4 5]).

Nach BOGITSCH und auch BENEDICKS[8] bewirkt ein Oxydgehalt der
Schmelze jedoch keine Entmischung. BENEDICKS vermutet daher, daß

bei den Versuchen von TREITSCHKE-TAMMANN ein gewisser Si-Gehalt (aus dem Tiegelmaterial usw.) für die Entmischung verantwortlich war[9].

Die Übereinstimmung der von den verschiedenen Forschern ge-

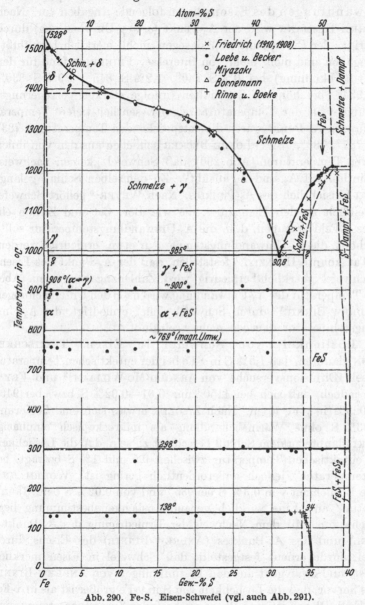

Abb. 290. Fe-S. Eisen-Schwefel (vgl. auch Abb. 291).

fundenen Liquiduskurven ist nach Abb. 290 größtenteils recht gut. Das Fe-FeS-Eutektikum liegt nach TREITSCHKE-TAMMANN bei ~31% S, 970° (gefunden bei 923—997°), nach ZIEGLER bei >30% S, nach

46*

FRIEDRICH bei etwa 31% S, 983°, nach LOEBE-BECKER bei 30,8% S, 985°, nach MIYAZAKI bei etwa 30,5% S, 985°.

Über den Einfluß von Schwefel auf die Temperaturen der Umwandlungen des Eisens liegen folgende Angaben vor. Nach TREITSCHKE-TAMMANN wird der A_3-Punkt ($\alpha \rightleftharpoons \gamma$-Umwandlung) durch S erniedrigt, der Curiepunkt (A_2) dagegen nicht merklich beeinflußt; Zahlenangaben sind nicht mehr von Interesse. FRIEDRICH fand für den A_3-Punkt (Abkühlung) bei 0% S 840°, 1,2% S 845°, 1,9% S 839°, 3,7% S 834°, bei höheren S-Gehalten (infolge starker Verzögerungserscheinungen bei der Temperaturanzeige) wesentlich tiefere Temperaturen; für den A_2-Punkt waren die entsprechenden Temperaturen 783° (0% S), 787°, 783°, 781°. LOEBE-BECKER schließen aus den von ihnen ermittelten Temperaturen (Abb. 290), daß Schwefel „keinen nachweisbaren Einfluß auf A_3 und A_2 ausübt". Zu demselben Schluß gelangt MIYAZAKI hinsichtlich des A_3-Punktes. Nach WEVER[10] gehört Schwefel wahrscheinlich zu den Elementen, die wie Bor, Cer und Zirkon ein verengtes γ-Feld erzeugen, d. h. die A_3-Umwandlungstemperatur sollte etwas erhöht, die A_4-Umwandlungstemperatur etwas erniedrigt werden. In der Tat konnte HEINZEL[11] feststellen, daß der A_4-Punkt des Eisens durch Schwefel „merklich" erniedrigt wird, Zahlenangaben fehlen. Aber auch die Temperatur der A_3-Umwandlung wird nach den Untersuchungen von ANDREW-BINNIE[12] durch Schwefel sicher erniedrigt, die A_2-Umwandlungstemperatur dagegen nicht beeinflußt.

Die Löslichkeit von Schwefel in Eisen. TREITSCHKE-TAMMANN glaubten, daß 1,5% S in γ-Fe bei der eutektischen Temperatur löslich sei. Diffusionsversuche von ARNOLD-MC WILLIAM[13] und FRY[14] ergaben jedoch, daß sich bei 1150° nur 0,01—0,02% S bzw. bei 940° etwa 0,025% in γ-Fe lösen. Nach ZIEGLER erwies sich eine Legierung mit 0,03% S ohne Wärmebehandlung als mikroskopisch einphasig. MIYAZAKI glaubte zu dem Schluß berechtigt zu sein, daß die Löslichkeit bei der eutektischen Temperatur zwischen 0,5 und 1% S beträgt, bei „Raumtemperatur" jedoch außerordentlich gering ist. WOHRMANN[15] gibt eine Löslichkeit von 0,3% S bei 985° und von 0,02% S bei „Raumtemperatur" an. Eine wirklich genaue Löslichkeitsbestimmung liegt noch nicht vor. Mit dem Nachweis der Erniedrigung des A_4-Punktes (HEINZEL) und des A_3-Punktes (ANDREW-BINNIE) des Eisens durch Schwefel wurde erneut festgestellt, daß Schwefel in Eisen merklich löslich ist, und zwar geht aus den Bestimmungen von ANDREW-BINNIE überdies hervor, daß die Löslichkeit von S in γ-Fe größer ist als in α-Fe.

Die FeS-Phase ist eine Phase wechselnder Zusammensetzung, und zwar vermag die Verbindung FeS, sofern man von einer solchen überhaupt sprechen kann, sowohl Fe als S in fester Lösung aufzunehmen. Das Mineral Pyrrhotin (Magnetkies) ist eine feste Lösung von S in FeS,

seine Zusammensetzung schwankt im allgemeinen zwischen rd. 38,5%
und 39,6% S (Fe_7S_8 und $Fe_{11}S_{12}$); das in Meteoriten vorkommende
Monosulfid, der Troilit, kommt der Zusammensetzung FeS sehr nahe.

Nach übereinstimmender Feststellung von FRIEDRICH[16], BORNE-
MANN[17], LOEBE-BECKER und ALLEN, CRENSHAW und JOHNSTON[18] steigt
die Liquiduskurve oberhalb der Zusammensetzung FeS noch weiter an.
Die verläßlichste Erstarrungstemperatur wird von BORNEMANN, LOEBE-
BECKER und BILTZ[19] zu 1194°, 1193° bzw. 1197 ± 2° angegeben. FRIED-
RICH sowie ALLEN und Mitarbeiter fanden 1171 ± 10° bzw. 1175 ± 5°.

Die in diesem Zusammenhang besonders interessierende Sättigungsgrenze der FeS-Phase nach der Fe-Seite zu ist noch nicht näher bestimmt worden. Bei 138° liegt die Grenze nach RINNE-BOEKE[20] bei
34% S.

Die FeS-Phase erleidet zwei Umwandlungen, bei 298° und 138°.
Der obere Umwandlungspunkt wurde von LOEBE-BECKER durch thermische und dilatometrische Messungen gefunden und ist möglicherweise
mit dem von mehreren Forschern[23] beobachteten magnetischen Umwandlungspunkt (rd. 320—350°) identisch. Die untere, wahrscheinlich
polymorphe Umwandlung wurde von LE CHATELIER-ZIEGLER an käuf-
lichem Schwefeleisen (das in der Regel primär kristallisiertes Fe, also
weniger als 31% S enthält) bei etwa 130° entdeckt. Nach RINNE-
BOEKE[20] sowie LOEBE-BECKER und ALLEN-CRENSHAW-JOHNSTON zeigt
jedoch reines FeS diese Umwandlung nicht, sondern nur FeS mit einem
Überschuß an Fe. Die Umwandlungstemperatur innerhalb des heterogenen Gebietes beträgt nach TREITSCHKE-TAMMANN 128 ± 5°, nach
FRIEDRICH[4] 125—130°, nach LOEBE-BECKER 130—135°. RINNE-
BOEKE fanden, daß die Umwandlungstemperatur von 138° innerhalb
des heterogenen Gebietes bis 34% S auf unter Raumtemperatur bei
etwa 35% S abfällt (Abb. 290); vgl. ihre Deutung dieser Erscheinung.
S. auch TAMMANN-KOHLHAAS[21] und das System Fe-Se.

Die Kristallstruktur[22] von FeS und Magnetkies ist diejenige des
Nickelarsenids NiAs. Im Magnetkies sind Fe-Atome durch über-
schüssige S-Atome ersetzt, dadurch tritt eine Verengung des Gitters
ein (s. dagegen Nachtrag).

Das Teilsystem FeS-S ist in diesem Zusammenhang ohne größeres
Interesse. Es ist daher nicht notwendig, die zahlreichen einschlägigen
Arbeiten näher zu behandeln (s. die Bearbeitung dieses Stoffgebietes
in GMELINs Handbuch der anorganischen Chemie[23] und bei JUZA-
BILTZ[24]). In Abb. 291 ist das sich auf die Arbeiten von ALLEN-CRENSHAW-
JOHNSTON[18], ALLEN-LOMBARD[25], DE JONG-WILLEMS[26] und JUZA-BILTZ
gründende Diagramm dieses Teilsystems dargestellt (Druck = 1 at).
Über die Kristallstruktur von FeS_2 (als Pyrit kubisch, als Markasit
rhombisch) s.[23] [27]

Nachtrag. Entgegen früheren Feststellungen (s. o.) fanden HÄGG-SUCKSDORFF[28], daß FeS keine typische NiAs-Struktur besitzt, vielmehr tritt bei 50 Atom-% S eine Überstruktur des NiAs-Gitters auf, die bis etwa 51,2 Atom-% S zu verfolgen ist; oberhalb 51,6% liegt eine reine NiAs-Struktur vor[29]. Wenn die Überstruktur und die NiAs-Struktur kontinuierlich ineinander übergehen, was wohl am wahrscheinlichsten sein dürfte, so liegt das Homogenitätsgebiet der FeS-Phase bei 650°

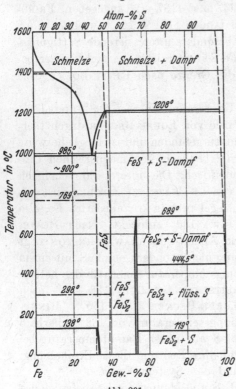

zwischen etwa 50 und 55,5 Atom-% S. Die Umwandlungen bei 138° und 298° konnten röntgeno-graphisch (nach Abschrecken) nicht nachgewiesen werden (s. Fe-Se).

Abb. 291.
Fe-S. Eisen-Schwefel (vgl. auch Abb. 290).

Literatur.

1. LE CHATELIER, H., u. M. ZIEG-LER: Bull. Soc. Encour. Ind. nat. 1902 II S. 368. — **2.** TREITSCHKE, W., u. G. TAMMANN: Z. anorg. allg. Chem. Bd. 49 (1906) S. 320/35. — **3.** ZIEG-LER, M.: Rev. Métallurg. Bd. 6 (1909) S. 459/75. — **4.** FRIEDRICH, K.: Me-tallurgie Bd. 7 (1910) S. 257/61. — **5.** LOEBE, R., u. E. BECKER: Z. anorg. allg. Chem. Bd. 77 (1912) S. 301/19. BECKER, E.: Stahl u. Eisen Bd. 32 (1912) S. 1017/21. — **6.** MIYAZAKI, K.: Sci. Rep. Tôhoku Univ. Bd. 17 (1928) S. 877/81. — **7.** BOGITCH, B.: C. R. Acad. Sci., Paris Bd. 182 (1926) S. 217/19. — **8.** BENEDICKS, C.: Z. physik. Chem. Bd. 131 (1928) S. 288/89. BENEDICKS, C., u. H. LÖFQUIST: Non-metallic inclusions in iron and steel, New York 1931 S. 12/16. — **9.** Nach BOGITCH bewirkt Zusammenschmel-zen in Graphittiegeln die Bildung von zwei Schichten, doch ist nach dem Dreistoffsystem Fe-C-S von H. HANEMANN u. A. SCHILDKÖTTER: Arch. Eisenhüttenwes. Bd. 3 (1929/30) S. 427/35 der zur Entmischung der Schmelze notwendige C-Gehalt mindestens 3—4%. — **10.** WEVER, F.: Arch. Eisenhüttenwes. Bd. 2 (1928/29) S. 739/46. — **11.** HEINZEL, A.: Arch. Eisenhüttenwes. Bd. 2 (1928/29) S. 747. — **12.** ANDREW, J. H., u. D. BINNIE: J. Iron Steel Inst. Bd. 119 (1929) S. 346/52. — **13.** ARNOLD, J. O., u. A. MC WILLIAM: J. Iron Steel Inst. Bd. 55 (1899) S. 85/106. — **14.** FRY, A.: Stahl u. Eisen Bd. 43 (1923) S. 1039/44. — **15.** WOHRMANN, C. R.: Trans. Amer. Soc. Stl. Treat. Bd. 14 (1928) S. 255/76. — **16.** FRIEDRICH, K.: Metallurgie Bd. 5 (1908) S. 55/56. — **17.** BORNEMANN, K.: Metallurgie Bd. 5 (1908) S. 63/64. — **18.** ALLEN, E. T., J. L. CRENSHAW u. J. JOHNSTON: Z. anorg. allg. Chem. Bd. 76 (1912) S. 201/50, 269/73. — **19.** BILTZ, W.: Z. anorg. allg. Chem. Bd. 59 (1908) S. 279/80. — **20.** RINNE, F., u. H. E. BOEKE: Z. anorg. allg. Chem. Bd. 53 (1907) S. 338/43.

— **21.** TAMMANN, G., u. R. KOHLHAAS: Z. anorg. allg. Chem. Bd. 199 (1931) S. 214/20. — **22.** Vgl. P. P. EWALD u. C. HERMANN: Strukturbericht 1913—1928, Leipzig 1931, S. 132, u. Gmelin-Kraut Handbuch 8. Aufl., System Nr. 59: Eisen Teil B, Berlin 1930, S. 366. — **23.** Gmelin-Kraut Handbuch 8. Aufl., System Nr. 59: Eisen, Teil B, Berlin 1930, S. 345/93. — **24.** JUZA, R., u. W. BILTZ: Z. anorg. allg. Chem. Bd. 205 (1932) S. 273/86. — **25.** ALLEN, E. T., u. R. H. LOMBARD: Amer. J. Sci. 4 Bd. 43 (1917) S. 188. — **26.** JONG, W. F. DE, u. H. W. V. WILLEMS: Z. anorg. allg. Chem. Bd. 161 (1927) S. 311/15. — **27.** EWALD, P. P., u. C. HERMANN: Strukturbericht 1913—1928, Leipzig 1931, S. 150/52, 215/16, 495/97, 779/80. — **28.** HÄGG, G., u. I. SUCKSDORFF: Z. physik. Chem. B Bd. 22 (1933) S. 444/52. — **29.** Es tritt keine Substitution von Fe durch S ein; die Erhöhung der S-Konzentration wird durch Leerstellen im Fe-Gitter („Subtraktion" von Fe-Atomen) verursacht.

Fe-Sb. Eisen-Antimon.

Ohne Kenntnis der Konstitution haben LABORDE[1] und MAEY[2] die Dichte der Fe-Sb-Legierungen bestimmt. Ersterer fand, daß die Dichte-kurve aus zwei sich in einem Höchstwert bei 60—61% Sb schneidenden Geraden besteht. Danach wäre auf das Bestehen von Fe_3Sb_2 (59,24% Sb) zu schließen. MAEY erhielt für die Kurve der spezifischen Volumina zwei Geraden, die sich in einem Minimum schneiden. Die Konzentration des Minimums nahm MAEY bei der Zusammensetzung FeSb (68,56% Sb) an; doch lassen die ziemlich stark streuenden Werte auch die Konstruk-tion eines in der Nähe von 63 und 64% Sb liegenden Minimums zu.

KURNAKOW-KONSTANTINOW[3] haben das Zustandsdiagramm mit Hilfe thermischer und mikroskopischer Untersuchungen ausgearbeitet[4]. Sie schlossen auf das Bestehen der Verbindungen Fe_3Sb_2 (59,24% Sb) und $FeSb_2$ (81,35% Sb); s. Abb. 292. Fe_3Sb_2 besitzt einen maximalen Schmelzpunkt und vermag Fe in fester Lösung aufzunehmen; die Existenz von Mischkristallen folgt nach KURNAKOW-KONSTANTINOW nicht allein aus dem Fehlen eutektischer Haltepunkte auf den Abkühlungskurven der Schmelzen mit 55, 57 und 58,3% Sb, sondern auch aus dem homo-genen Gefüge dieser Legierungen. $FeSb_2$ wird bei 728° durch die peritektische Reaktion: $Fe_3Sb_2 + 4 Sb$ (aus der Schmelze mit 93% Sb) $\rightarrow FeSb_2$ gebildet. Da diese Reaktion bei zu schneller Abkühlung in-folge starker Gleichgewichtsstörungen (Umhüllung der primären Fe_3Sb_2-Kristalle durch $FeSb_2$-Kristalle) nicht zu Ende verläuft, so bestehen die betreffenden Legierungen aus drei Kristallarten, Fe_3Sb_2, $FeSb_2$ und Sb. Die eutektischen Haltepunkte bei 628° sind aus demselben Grunde bis zu erheblich kleineren Sb-Gehalten als der Formel $FeSb_2$ entspricht verfolgbar. Durch 30stündiges Glühen bei 710° konnte die Reaktion zu Ende geführt werden, so daß eine Legierung von der Zusammen-setzung $FeSb_2$ einphasig wurde. Über die Löslichkeit von Sb in Fe konnten KURNAKOW-KONSTANTINOW nur soviel sagen, daß aus dem Schmelzfluß erkaltete Legierungen mit 0—5% Sb sich als homogen er-wiesen. Der Einfluß von Sb auf die Umwandlungspunkte des Eisens

wurde von ihnen nicht untersucht. Die in Abb. 292 durch Kreuze be-
zeichneten Umwandlungstemperaturen wurden von Portevin[5] mit
Hilfe von Differential-Erhitzungs- und Abkühlungskurven bestimmt.
Aus der Lage dieser Punkte und der Tatsache, daß eine merkliche
Temperaturhysterese nicht beobachtet wurde, folgt mit ziemlicher

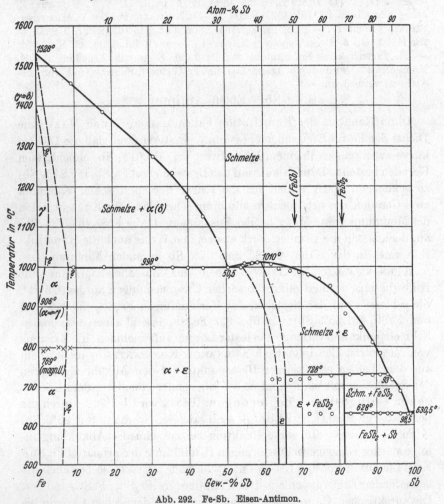

Abb. 292. Fe-Sb. Eisen-Antimon.

Gewißheit, daß es sich um die magnetische Umwandlung handelt.
(Die entsprechende Umwandlungstemperatur des von Portevin verwendeten Eisens [0,03% C, 0,12% Mn, 0,078% Si] wurde nicht ermittelt).
Portevin fand, daß die Probe mit 6,5% Sb einphasig, diejenige mit
9,2% Sb dagegen zweiphasig war.

    Wever[6] teilt mit, daß Sb ein geschlossenes γ-Feld mit rückläufiger
$\alpha(\delta) \rightleftharpoons \gamma$-Umwandlungskurve erzeugt (Abb. 292). Über die Lage dieser

Umwandlungspunkte und die Ausdehnung des γ-Gebietes ist jedoch noch nichts bekannt (s. Nachtrag).

OFTEDAL[7] hat die Gitterstruktur von zwei Legierungen bestimmt, die durch Zusammenschmelzen der Komponenten im H_2-Strom in den Verhältnissen $Fe_1 : Sb_1$ bzw. $Fe_3 : Sb_2$ hergestellt waren; die genaue Zusammensetzung nach dem Schmelzen ist nicht bekannt. Beide Legierungen besitzen die hexagonale Struktur des NiAs-Typus, woraus auf das Bestehen der Verbindung FeSb zu schließen wäre. Merkwürdigerweise enthält die im Atomverhältnis 1 : 1 dargestellte Legierung jedoch noch eine zweite Phase, die OFTEDAL irrtümlich für freies Sb hielt. Daraus folgt, daß die Zusammensetzung FeSb selbst (d. h. ohne einen gelösten Teil Fe) nicht stabil ist. Die auch später von HÄGG[8] beobachtete Tatsache, daß die Gitterabmessungen um so kleiner sind, je größer die Konzentration der größeren Sb-Atome ist, läßt sich nur so verstehen: An der Sb-reichsten Grenze des Homogenitätsgebietes bilden zwei Fe- und zwei Sb-Atome zusammen die Elementarzelle vom NiAs-Typus, während die überschüssigen Fe-Atome ganz regellos in den Zwischenräumen dieses Gitters untergebracht sind (Einlagerungsmischkristall). Wenn die Fe-Konzentration steigt, lagern sich auch die neu eintretenden Atome in gleicher Weise in die Zwischenräume und verursachen eine Aufweitung des Gitters.

Bei einer vollständigen röntgenographischen Strukturanlayse des Systems konnte HÄGG[8] das Vorhandensein von zwei intermediären Phasen bestätigen. 1. In Übereinstimmung mit OFTEDAL fand er, daß die Fe-reichere, von ihm mit ε bezeichnete Zwischenphase NiAs-Struktur besitzt, und daß die Konzentration FeSb nicht in das Homogenitätsgebiet der Phase, dessen Grenzen mit Hilfe von 5 Legierungen nach dem Glühen bei 600° zu 63,5 und 65,5% Sb bestimmt wurden, fällt. Die Gitterabmessungen der an Sb gesättigten Konzentration stimmen sehr gut mit den von OFTEDAL an der Legierung FeSb (Einwaage) gefundenen Werten überein. Dagegen sind die von OFTEDAL für die Legierung Fe_3Sb_2 (Einwaage) gefundenen Dimensionen beträchtlich größer als die von HÄGG für die an Fe gesättigte Konzentration ermittelten. OFTEDALs Werte würden auf eine größere Ausdehnung der ε-Phase nach Fe-reicheren Gehalten zu hindeuten als HÄGG fand (63,5% Sb). Dieser Widerspruch fand seine Aufklärung durch eine zweite Arbeit von OFTEDAL[9], in der er seine früheren Meßergebnisse an der Legierung Fe_3Sb_2 (Einwaage) bestätigen konnte. Da er jedoch im Gegensatz zu HÄGG seine Legierung gleich nach dem Erstarren in Wasser abschreckte, so ist mit Sicherheit anzunehmen, daß die von OFTEDAL untersuchten Proben nur bei höherer Temperatur homogen sind. Das Zustandsfeld der ε-Phase wird also mit steigender Temperatur zu höheren Fe-Konzentrationen verschoben. Nunmehr ist es möglich, das von HÄGG bestimmte Homogenitätsgebiet der ε-Phase, das zu dem Erstarrungsdiagramm von KURNAKOW-KONSTANTINOW im Widerspruch stand, mit diesem Diagramm in Einklang zu bringen (s. Abb. 292). Die Beobachtung von KURNAKOW-KONSTANTINOW, daß Legierungen mit 55, 57 und 58,3% Sb nach dem Erkalten aus dem Schmelzfluß einphasig waren (s. S. 727), ist durch ein Ausbleiben der mikroskopisch erkennbaren Entmischung (unter Ausscheidung von Fe-reichen Mischkristallen) der ε-Mischkristalle bei der relativ schnellen Abkühlung zu erklären. Das Maximum der Liquiduskurve bei 1010° kann nach der nunmehrigen Kenntnis der Gitterstruktur der ε-Kristallart nicht mehr durch das Bestehen einer Verbindung Fe_3Sb_2 erklärt werden.

2. Die $FeSb_2$-Phase, von HÄGG mit ζ bezeichnet, hat ein rhombisches Kristallgitter, das sehr wahrscheinlich strukturell analog dem natürlichen Markasit, FeS_2, ist. Die Elementarzelle enthält 2 Moleküle. Bereits WYROUBOFF[10] und ISKÜLL[11] hatten mit Hilfe goniometrischer Messungen erkannt, daß $FeSb_2$ dem rhombischen System angehört.

3. Zur Feststellung der festen Löslichkeit von Sb in α-Fe wurden Legierungen mit 2,3, 3,8 und 12% Sb untersucht. Eine genaue Löslichkeitsbestimmung war jedoch nicht möglich, da die ersten beiden Legierungen nicht frei von Kristallseigerung zu erhalten waren. Auf Grund der Linienverschiebung schätzt HÄGG die Löslichkeit bei „Raumtemperatur" (?) zu 6—7% Sb.

4. Fe ist in festem Sb praktisch unlöslich.

Nachtrag. VOGEL-DANNÖHL[12] fanden, daß Sb in γ-Fe bis zu 2% löslich ist. Zwischen 55 und 65% Sb konnten sie den Befund von HÄGG bestätigen.

Literatur.

1. LABORDE, J.: C. R. Acad. Sci., Paris Bd. 123 (1896) S. 227/31. — **2.** MAEY, E.: Z. physik. Chem. Bd. 38 (1901) S. 302/303. — **3.** KURNAKOW, N. S., u. N. S. KONSTANTINOW: Z. anorg. allg. Chem. Bd. 58 (1908) S. 2/12. — **4.** Die Legn. (50—60 g) mit 80—100% Sb wurden unter Verwendung einer Vorlegierung mit 35% Sb, die durch Eintragen von Sb in eine aluminothermisch gewonnene Fe-Schmelze erhalten war, hergestellt. Es wurde vornehmlich im Kryptolofen gearbeitet. „Zum Schutze der Schmelzen vor Oxydation wurde bei Legn. von 50—100% Sb Kohlepulver (!) zugefügt. Über den C-Gehalt der Legn. ist nichts bekannt. Da die Verfasser den Fe-Schmelzpunkt mit 1544° angeben, wurde eine entsprechende Temperaturkorrektur angebracht; die eutektische Horizontale liegt danach bei 997—998° statt 1003°. — **5.** PORTEVIN, A.: Rev. Métallurg. Bd. 8 (1911) S. 312/14. — **6.** WEVER, F.: Arch. Eisenhüttenwes. Bd. 2 (1928/29) S. 739/46. Naturwiss. Bd. 17 (1929) S. 304/309. — **7.** OFTEDAL, I.: Z. physik. Chem. Bd. 128 (1927) S. 135/53. — **8.** HÄGG, G.: Nova Acta Regiae Societatis Scientiarium Upsaliensis 4 Bd. 7 (1929) S. 71/88 (engl.); vorl. Mitt. Z. Kristallogr. Bd. 68 (1928) S. 471/72. — **9.** OFTEDAL, I.: Z. physik. Chem. B Bd. 4 (1929) S. 67/70. — **10.** WYROUBOFF, G.: S. bei KURNAKOW-KONSTANTINOW, Anm. 3. — **11.** ISKÜLL, W.: Z. Kristallogr. Bd. 42 (1906) S. 377 und bei KURNAKOW-KONSTANTINOW Anm. 3. — **12.** VOGEL, R., u. W. DANNÖHL: Arch. Eisenhüttenwes. Bd. 8 (1934/35) S. 39/40.

Fe-Se. Eisen-Selen.

LITTLE[1] glaubte die Verbindung Fe_2Se_3 durch Erhitzen von Fe in Se-Dampf und Umschmelzen des Reaktionsproduktes hergestellt zu haben. Die Homogenität dieses Produktes ist aber ebensowenig erwiesen wie diejenige der von FONCES-DIACON[2] ohne weiteres als Verbindungen angesehenen (Zufalls-)Produkte von der Zusammensetzung Fe_2Se_3, Fe_3Se_4 und Fe_7Se_8, die beim Glühen in Wasserstoff zu FeSe (58,58% Se), dem Analogon von FeS, reduziert werden. Die Verbindung FeSe, die auch auf direktem Wege von FONCES-DIACON und MOSER-DOCTOR[3] dargestellt wurde, besitzt nach ALSÉN[4] die Struktur des NiAs.

In Analogie mit $CoSe_2$ und $NiSe_2$ könnte auch das Diselenid $FeSe_2$ (73,88% Se) mit Pyritstruktur bestehen. FONCES-DIACON behauptet, diese Verbindung durch Einwirkung von H_2Se auf $FeCl_3$ unter Dunkelrotglut dargestellt zu haben.

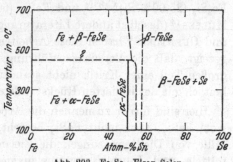

Abb. 293. Fe-Se. Eisen-Selen.

DE JONG-WILLEMS[5] konnten dagegen $FeSe_2$ weder nach der zur Darstellung von $CoSe_2$ und $NiSe_2$ verwendeten Methode (Zusammenschmelzen von FeSe mit Se bei 230° im Vakuum), noch durch Einwirkung von H_2Se auf FeSe bei 200° gewinnen.

Nachtrag. Nach röntgenographischen Untersuchungen von HÄGG-KINDSTRÖM[6] treten bei 50 Atom-% Se (FeSe) zwei intermediäre Phasen auf, von denen die eine (α) unterhalb 300—600° stabil ist und PbO-Struktur (tetragonal) hat. Oberhalb dieser noch nicht näher bestimmten Temperatur besteht eine Phase mit NiAs-Struktur (β), die Se (bis zur Sättigung bei 57,5 Atom-% Se) unter starker Gitterkontraktion zu lösen vermag[7] und dann auch bei niedrigerer Temperatur beständig wird (vgl. Abb. 293[8]). Zwischen 57,5 und 100 Atom-% Se scheint — in Übereinstimmung mit früheren Feststellungen[5] — keine stabile intermediäre Phase (wie $FeSe_2$) zu bestehen.

Literatur.

1. LITTLE, G.: Liebigs Ann. Bd. 112 (1859) S. 211. — **2.** FONCES-DIACON: C. R. Acad. Sci., Paris Bd. 130 (1900) S. 1710/12. — **3.** MOSER, L., u. E. DOCTOR: Z. anorg. allg. Chem. Bd. 118 (1921) S. 285/87. — **4.** ALSÉN, N.: Geol. Fören. Förh., Stockholm Bd. 47 (1925) S. 19. — **5.** JONG, W. F. DE, u. H. W. V. WILLEMS: Z. anorg. allg. Chem. Bd. 170 (1928) S. 241/45. — **6.** HÄGG, G., u. A. L. KINDSTRÖM: Z. physik. Chem. B Bd. 22 (1933) S. 453/64. — **7.** Bei etwa 53 Atom-% Se tritt eine Deformation der orthohexagonalen Zelle in eine monokline ein, diese Deformation nimmt bis 55—56% zu und dann wieder bis 57,5% ab. — **8.** In Abb. 293 wurde die Konzentrationsachse versehentlich mit Atom-% Sn statt Se bezeichnet.

Fe-Si. Eisen-Silizium.

Die älteren synthetischen und rückstandsanalytischen Untersuchungen, die das Ziel hatten, die Zusammensetzung der in Fe-Si-Legierungen vorhandenen Eisensilizide festzustellen, haben heute im wesentlichen nur noch geschichtliche Bedeutung. Außer den zuerst von Hahn[1] beschriebenen Siliziden Fe_2Si (20,08% Si), FeSi (33,44% Si) und $FeSi_2$ (50,13% Si), deren Bestehen auch von anderen Forschern behauptet wird (Fe_2Si[2 3 4 5 6], FeSi[7 8 9], $FeSi_2$[3 10 11 12]), werden im Schrifttum die Silizide Fe_3Si (14,35% Si)[4 13 12], Fe_5Si_2 (16,74% Si)[8], Fe_3Si_2 (25,09% Si)[7 10 12] und $FeSi_3$ (60,12% Si)[13] genannt. Baraduc-Muller[14] (daselbst andere Literaturangaben derselben Untersuchungen) und Guertler[18] haben diese Arbeiten zusammengefaßt; letzterer hat gezeigt, daß die Versuchsausführung und Schlußfolgerung bei einem großen Teil einer Kritik nicht standzuhalten vermag, zumal die Einheitlichkeit der isolierten Rückstände u. ä. meist nicht bewiesen wurde.

Hier sind ferner zu nennen die Arbeiten von v. Schwarz[15], wonach wohl $FeSi_2$, aber nicht $FeSi_3$ besteht, Frilley[16], der versuchte, mit Hilfe von Dichtemessungen die Zusammensetzung der Silizide zu ermitteln, und Jouve[17], der aus magnetischen Messungen auf das Bestehen von Fe_2Si und FeSi schloß.

Dank einer Reihe sehr wertvoller Konstitutionsuntersuchungen mit Hilfe der thermischen, mikrographischen, magnetischen und röntgenographischen Analyse ist der Aufbau der Fe-Si-Legierungen als im wesentlichen geklärt anzusehen. Außer den experimentellen Untersuchungen, die nachstehend unter einheitlichen Gesichtspunkten kurz zusammengefaßt werden, liegen einige kritische Besprechungen des jeweils bekannten Tatsachenmaterials vor, und zwar besonders von Guertler[18], Körber[19] (!), Corson[32], Stoughton-Greiner[20], die versucht haben, die Ergebnisse zu einem möglichst widerspruchsfreien Bilde zu vereinen. (Das Diagramm von Guertler ist durch spätere Arbeiten überholt, die Diagramme von Corson und Stoughton-Greiner weichen zum Teil stark von dem hier gegebenen, das praktisch mit dem Körberschen Schaubild übereinstimmt, ab.) Ferner sind zu nennen die Bemerkungen von Guertler[21], Honda-Murakami[22], Tammann[23] und vor allem Oberhoffer[24 25], die zur Klärung einzelner Punkte beitragen sollten.

Das Teilsystem Fe-FeSi. 1. Die Erstarrungskurven wurden bestimmt von Guertler-Tammann[26], Ruer-Klesper[27] (nur bis 1,2% Si), Murakami[28], Kurnakow-Urasow[29] und Haughton-Becker[30]. Danach besteht die Liquiduskurve aus zwei Ästen, die der Primärkristallisation von Fe-reichen Mischkristallen und der Verbindung FeSi entsprechen[31] und sich in einem eutektischen Punkt schneiden. Die zum

Teil erheblichen Abweichungen der Erstarrungstemperaturen (s. darüber[32] [20] [30]) dürften hauptsächlich auf den Gehalt der Legierungen an
Beimengungen (C sowie besonders Al, Mn, P u. a. durch Verwendung
unreiner Si- oder Ferrosiliziumsorten und ungeeigneter Tiegel u. ä.)
zurückzuführen sein. Die in Abb. 294 dargestellten Kurven wurden
nach den Daten von HAUGHTON-BECKER, deren Legierungen nur geringe Beimengungen enthielten, gezeichnet. Von HAUGHTON-BECKER
wurde auch die Soliduskurve der α-Mischkristalle mikrographisch am
genauesten bestimmt[33]. Das Eutektikum liegt nach HAUGHTON-
BECKER bei 20% Si, 1195°, der Schmelzpunkt von FeSi bei 1410°.
Frühere Forscher fanden für das Eutektikum etwa 22%, 1240°[26] bzw.
23%, 1205°[28], 22,3%, 1230°[29] und 21,2% Si[46], für den FeSi-Schmelzpunkt ~1443°[26] bzw. ~1430°[28] und ~1463°[29]. Die Auffassung von
MURAKAMI[28], daß die Erstarrung der Schmelzen mit mehr als 20 bis
23% Si nicht mit der Kristallisation des $(\alpha + \text{FeSi})$-Eutektikums, sondern nur von α beendet ist (ein eutektischer Punkt also fehlt), hat sich
nicht bestätigt[29] [46] [34] [30].

2. Der Einfluß von Si auf die Umwandlungen des Eisens
war Gegenstand zahlreicher Untersuchungen[35] [36] [37] [26] [38] [27] [39] [40] [28] [41-47] [30]
und Erörterungen[48] [18] [21] [22] [24] [25] [32]. Auf Einzelheiten der älteren Arbeiten kann hier nicht eingegangen werden, siehe darüber die geschichtlichen Überblicke bei OBERHOFFER[24] und WEVER-GIANI[43]. Die von
OBERHOFFER auf Grund der früheren Ergebnisse aufgestellte Hypothese, daß die $\alpha(\delta) \rightleftharpoons \gamma$-Umwandlungen oberhalb eines gewissen Si-
Gehaltes nicht mehr stattfinden, also ein geschlossenes γ-Feld mit
rückläufiger Umwandlungskurve vorliegt, wurde durch die Arbeiten
von WEVER-GIANI[43] (thermisch, mikroskopisch), ESSER-OBERHOFFER[44]
(dilatometrisch), PHRAGMÉN[45] [46], KREUTZER[47] (beide röntgenographisch)
und HAUGHTON-BECKER[30] (thermisch) bestätigt. In der Nebenabb. von
Abb. 294 sind die wichtigsten zahlenmäßigen Angaben zusammengestellt.
Nach WEVER-GIANI liegt der Scheitelpunkt der Umwandlungskurve bei
etwa 1,8% Si, nach KREUTZER (röntgenographische Heißaufnahmen)
bei 2,5% Si und rd. 1160°.

Über die magnetische Umwandlung der Fe-reichen Legierungen
liegen außer den älteren lückenhaften Bestimmungen[35] [37] [26] die Arbeiten
von MURAKAMI[28], WEVER-GIANI[43] und HAUGHTON-BECKER[30] vor (s. die
in Abb. 294 bei Abkühlung gefundenen Temperaturen).

3. Die Sättigungsgrenze des α-Mischkristalls wurde erstmalig näher von MURAKAMI bestimmt; danach fällt die Löslichkeit von
rd. 23% bei 1205—1020° auf rd. 18% bei 900°. Nach HANEMANN-VOSS[34]
liegt die Grenze bei 1100° zwischen 18,5 und 22,4% Si, nach „langsamer
Abkühlung" bei rd. 16,8% Si. Nach den eingehenderen mikrographischen Bestimmungen von HAUGHTON-BECKER (Abb. 294) fällt die Löslich-

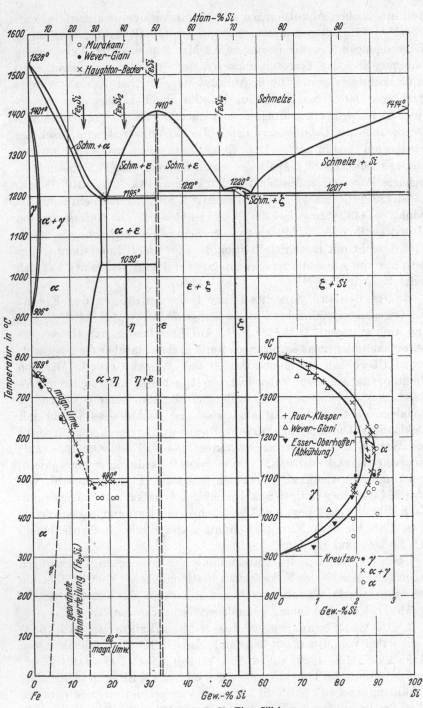

Abb. 294. Fe-Si. Eisen-Silizium.

keit von 17,3—20% Si (im Mittel 18,5%) bei 1195—1030° auf etwa 15% bei 800°.

4. Die Reaktion bei etwa 1030° wurde zuerst von SANFOURCHE[49] festgestellt, später von KURNAKOW-URASOW, MURAKAMI[28] u. a. bestätigt. MURAKAMI hat sie auf Grund magnetometrischer und mikrographischer Untersuchungen als Umsetzung von FeSi mit dem gesättigten α-Mischkristall zu der Verbindung Fe_3Si_2 (25,09% Si) $= \eta$ gedeutet. Von späteren Forschern wurde diese Deutung bestätigt[45 46 34 30] oder anerkannt[21 23 19 20]. Insbesondere konnten HANEMANN-VOSS zeigen, daß eine Legierung mit 24,4% Si nach 30stündigem Glühen bei 1000° fast nur aus Fe_3Si_2 neben wenig α und FeSi besteht. In ungeglühten oder nicht hinreichend lange geglühten Legierungen liegen infolge des langsamen Fortschreitens der Reaktion α, FeSi und Fe_3Si_2 vor.

HAUGHTON-BECKER beobachteten erstmalig in den Abkühlungskurven der Legierungen mit 19—30% Si einen schwachen Effekt bei 950°, in Ausdehnungskurven fehlte dieser Effekt, der nicht mit einer Gefügeänderung verbunden ist. Vielleicht hängt er mit der Reaktion bei 1030° zusammen. Das Silizid $Fe_3Si_2 = \eta$ hat einen magnetischen Umwandlungspunkt, der nach MURAKAMI bei 90°, nach HAUGHTON-BECKER bei 82° liegt.

5. An dem Bestehen einer Umwandlung im α-Mischkristallgebiet ist nach den Arbeiten von PHRAGMÉN[45 46], CORSON[32], STOUGHTON-GREINER[20] und besonders JETTE-GREINER[50] nicht zu zweifeln. Nach PHRAGMÉN und JETTE-GREINER handelt es sich um die Bildung einer geordneten Atomverteilung Fe_3Si (geordnete Einlagerung von Si-Atomen im α-Fe-Gitter), die oberhalb 6,5% Si nachzuweisen ist (analoge Verhältnisse liegen im System Al-Fe vor). Die Bildung der geordneten Atomverteilung ist mit einer Änderung des Gefüges[32], einer Erhöhung der elektrischen Leitfähigkeit[32] und dem Sprödewerden der Legierungen[51 32] verbunden. Auf Widerstandstemperaturkurven macht sich die Umwandlung durch Unstetigkeiten bemerkbar[20]. Betreffs Einzelheiten muß auf die genannten Arbeiten verwiesen werden. Zur Klärung sind im Anschluß an die Arbeit von JETTE-GREINER (daselbst Deutungsversuche[51a]) weitere Untersuchungen notwendig; s. auch[33].

6. Röntgenographische Untersuchungen. Die Gitterkonstanten der α-Mischkristalle wurden gemessen von PHRAGMÉN[46], NISHIYAMA[52] und vor allem JETTE-GREINER[50]. Über die Struktur der geordneten Mischphase Fe_3Si s.[46 50].

FeSi $= \varepsilon$ kristallisiert regulär (einfaches kubisches Gitter mit 4 FeSi im Elementarwürfel), genaue Strukturbestimmung von PHRAGMÉN[53 46] und WEVER-MÖLLER[54].

Die Struktur von $Fe_3Si_2 = \eta$ ist noch nicht aufgeklärt; das Pulver-photogramm ist sehr verwickelt[45] [46].

Das Teilsystem FeSi-Si. Über den Aufbau dieses Teilsystems bestand schon frühzeitig insofern Klarheit, als allgemein das Bestehen nur einer Zwischenphase ζ angenommen wurde. Dagegen gehen die Ansichten der Forscher über die Zusammensetzung, Natur und Bildungsbedingungen dieser Phase weit auseinander. Hinsichtlich des Verlaufes der Erstarrungskurven bestehen zwischen den Angaben sehr große Abweichungen (s. darüber[55] [30]), die außer auf die Art und Menge der Beimengungen der Legierungen wohl auch auf Unterkühlung zurück-zuführen sind. GUERTLER-TAMMANN nahmen ein Eutektikum zwischen FeSi und Si (ζ fehlt also) bei 61,5% Si, $\sim$1247° an. KURNAKOW-URASOW fanden zwischen 55,2 und 61,5% Si ein horizontales Stück der Liquiduskurve bei 1244°, das der isothermen Kristallisation (?) einer Mischkristallreihe entsprechen soll. BAMBERGER-EINERL-NUSSBAUM[55] beobachteten zwei Eutektika bei 45,7% Si, 1205° und 55,4% Si, 1215° und ein dazwischen liegendes Maximum der Liquiduskurve bei $FeSi_2$, 1275°. PHRAGMÉN hielt zunächst[53] die peritektische Bildung von $FeSi_2$ $= \zeta$ aus FeSi und Schmelze für am wahrscheinlichsten, desgleichen KÖRBER[19]. Später konnte jedoch PHRAGMÉN[46] mit Hilfe mikroskopischer Untersuchungen zeigen, daß zwei Eutektika mit etwa 50,5% Si (FeSi $+ \zeta$) und 61% Si (ζ + Si) bestehen. MURAKAMI[56] fand demgegenüber nur ein Eutektikum zwischen FeSi und $FeSi_2$ bei 45% Si, 1220° und eine peritektische Horizontale entsprechend der Reaktion: Schmelze $+ Si \rightleftharpoons FeSi_2$ bei 1225° zwischen $FeSi_2$ und Si. STOUGHTON-GREINER[20] schlossen sich dieser Auffassung an. HAUGHTON-BECKER fanden wiederum zwei Eutektika bei 51% Si, 1212° und 58% Si, 1207° und ein dazwischen liegendes flaches Maximum bei 54—56% Si, 1220° (Abb. 294). Zwischen den Ergebnissen von KURNAKOW-URASOW, MURA-KAMI und HAUGHTON-BECKER besteht soweit Übereinstimmung, als diese Forscher ein sehr flaches Stück der Liquiduskurve feststellten; die Grenzkonzentrationen dieses Stückes sind jedoch sehr verschieden: 55,2 und 61% Si bzw. 45 und 50,13% Si = $FeSi_2$ sowie 51 und 58% Si. Alle Forscher fanden, daß die Temperaturen der beiden teils als Eutekti-kalen, teils als Peritektikalen angesprochenen horizontalen Soliduslinien sich nur sehr wenig unterscheiden (um 0°[26] [29], 5°[56] [30] bzw. 10°[55]), ein Unterschied besteht nur insofern, als BAMBERGER und MURAKAMI die rechte Horizontale bei höherer, HAUGHTON-BECKER dagegen bei tieferer Temperatur fanden. In Abb. 294 wurde der Befund von HAUGHTON-BECKER als der wahrscheinlichere angenommen, da das Gefüge der Legierungen oberhalb der Konzentration der ζ-Phase nach PHRAGMÉN[46] und HAUGHTON-BECKER für das Vorhandensein eines (ζ + Si)-Eutekti-kums spricht. An dem Bestehen eines (FeSi + ζ)-Eutektikums ist nicht zu zweifeln[46 56 30]; nach den mikroskopischen Untersuchungen von PHRAGMÉN und HAUGHTON-BECKER liegt es bei 50,5—51% Si, also oberhalb der Zusammensetzung $FeSi_2$.

Über die Zusammensetzung der ζ-Phase ist nach obigem nur noch wenig zu sagen. Die Vermutung, daß sie der Formel $FeSi_2$ entspricht oder doch diese Formel in sich einschließt[12 57 58 53 55 19 56 20 59 60], hat sich nicht bewahrheitet; vielmehr liegt sie sicher oberhalb dieser Konzentration[29 46 30]. Ihre Grenzkonzentrationen sind nach HAUGHTON-BECKER (mikrographisch) etwa 53,5 und rd. 56,5% Si; sie schreiben ihr deshalb die Formel Fe_2Si_5 (55,68% Si) zu. Nach PHRAGMÉN würde die untere Grenze bei 52,5—53% Si, die obere dagegen noch deutlich unter 55% liegen[61]. Da die ζ-Phase sehr spröde ist, so ist ihr Bereich nicht leicht festzulegen.

Trotz des vorstehenden Befundes spricht die Kristallstruktur der ζ-Phase (tetragonal mit 3 Atomen im Elementarbereich) nach PHRAGMÉN[53 46] dafür, daß für diese Phase die Formel $FeSi_2$ kennzeichnend ist, d. h. die Verbindung $FeSi_2$ wäre nur stabil, wenn ein Teil der Fe-Atome durch Si-Atome ersetzt ist. Derartige Fälle liegen auch in anderen Systemen vor.

Die Löslichkeit von Fe in Si. Nach den röntgenographischen Untersuchungen von PHRAGMÉN[46] ist Fe in Si nicht merklich löslich, OSAWA[62] stellte hingegen röntgenographisch ein Lösungsvermögen fest. HENGSTENBERG[59] schloß aus Dichtemessungen auf eine Löslichkeit von 5% Fe, MURAKAMI[56] aus mikroskopischen Untersuchungen auf eine solche von 4% Fe. Diese sich widersprechenden Angaben sind praktisch wertlos, da sie sich auf unreines Si beziehen.

Literatur.

1. HAHN, H.: Liebigs Ann. Bd. 129 (1864) S. 57. — **2.** OSMOND, F.: C. R. Acad. Sci., Paris Bd. 113 (1891) S. 474. — **3.** MOISSAN, H.: C. R. Acad. Sci., Paris Bd. 121 (1895) S. 621/26. — **4.** CARNOT, A., u. E. GOUTAL: C. R. Acad. Sci., Paris Bd. 126 (1898) S. 1240. — **5.** LEBEAU, P.: C. R. Acad. Sci., Paris Bd. 131 (1900) S. 583/86. Ann. Chim. Phys. Bd. 26 (1902) S. 5/31. — **6.** VIGOUROUX, E.: C. R. Acad. Sci., Paris Bd. 141 (1905) S. 828/30. — **7.** PELOUZE u. FREMY (1864) s. Rev. Métallurg. Bd. 7 (1910) S. 719/20. — **8.** CARNOT, A., u. E. GOUTAL: C. R. Acad. Sci., Paris Bd. 125 (1897) S. 148/52. — **9.** LEBEAU, P.: C. R. Acad. Sci., Paris Bd. 128 (1899) S. 933/36. Ann. Chim. Phys. Bd. 26 (1902) S. 5/31. — **10.** CHALMOT, G. DE: Amer. Chem. J. Bd. 19 (1897) S. 119/23. J. Amer. chem. Soc. Bd. 21 (1898) S. 59/66. — **11.** LEBEAU, P.: C. R. Acad. Sci., Paris Bd. 132 (1901) S. 681/83; Bd. 133 (1901) S. 1008. Ann. Chim. Phys. Bd. 26 (1902) S. 5/31. — **12.** PICK, W.: Diss. Karlsruhe 1906, zitiert nach KÖRBER[19]. — **13.** NASKE, T.: Chem.-Ztg. Bd. 27 I (1903) S. 481/84. — **14.** BARADUC-MULLER, L.: Rev. Métallurg. Bd. 7 (1910) S. 718/35. — **15.** SCHWARZ, M. v.: Ferrum Bd. 11 (1913/14) S. 80/90, 112/17. — **16.** FRILLEY, R.: Rev. Métallurg. Bd. 8 (1911) S. 492/501. — **17.** JOUVE, A.: C. R. Acad. Sci., Paris Bd. 134 (1902) S. 1577/79. — **18.** GUERTLER, W.: Metallographie Bd. 1 (1917) S. 658/73. — **19.** KÖRBER, F.: Z. Elektrochem. Bd. 32 (1926) S. 371/76. — **20.** STOUGHTON, B., u. E. S. GREINER: Amer. Inst. min. metallurg. Engr. Techn.

Publ. Nr. 309, 1930. S. Stahl u. Eisen Bd. 50 (1930) S. 1004. Gießerei Bd. 17 (1930) S. 716/17. — **21.** GUERTLER, W.: Stahl u. Eisen Bd. 42 (1922) S. 667. — **22.** HONDA, K., u. T. MURAKAMI: J. Iron Steel Inst. Bd. 107 (1923) S. 546/47. Sci. Rep. Tôhoku Univ. Bd. 12 (1924) S. 258/60. — **23.** TAMMANN, G.: Lehrbuch der Metallographie, 3. Aufl., Leipzig 1923, S. 289. — **24.** OBERHOFFER, P.: Stahl n. Eisen Bd. 44 (1924) S. 979. — **25.** OBERHOFFER, P.: Das technische Eisen, 2. Aufl., Berlin 1925, S. 103/105. — **26.** GUERTLER, W., u. G. TAMMANN: Z. anorg. allg. Chem. Bd. 47 (1905) S. 163/79. — **27.** RUER, R., u. R. KLESPER: Ferrum Bd. 11 (1913/14) S. 259. — **28.** MURAKAMI, T.: Sci. Rep. Tôhoku Univ. Bd. 10 (1921) S. 79/92; Bd. 16 (1927) S. 481/82. — **29.** KURNAKOW, N. S., u. G. URASOW: Z. anorg. allg. Chem. Bd. 123 (1922) S. 92/107. — **30.** HAUGHTON, J. L., u. M. L. BECKER: J. Iron Steel Inst. Bd. 121 (1930) S. 315/35. — **31.** CORSON und STOUGHTON-GREINER vermuten, daß sich oberhalb 14,35% Si die Verbindung Fe₃Si ausscheidet; s. auch [33]. — **32.** CORSON, M. G.: Amer. Inst. min. metallurg. Engr. Techn. Publ., Nr. 96 1928. Berichte: Stahl u. Eisen Bd. 48 (1928) S. 1179/81. Rev. Métallurg. Bd. 26 (1929) S. 442/48 (Extraits). — **33.** HAUGHTON-BECKER halten es für möglich, jedoch nicht hinreichend gesichert, daß Liquidus- und Soliduskurve sich bei rd. 12,5% Si berühren. Anzeichen dafür wurden auch schon früher wiederholt gefunden. Möglicherweise hängt das mit der Bildung der geordneten Mischphase Fe₃Si (14,35% Si) zusammen, die sich vielleicht schon aus der Schmelze ausscheidet[20]. — **34.** HANEMANN, H., u. H. VOSS: Zbl. Hütten- u. Walzwerke Bd. 31 (1927) S. 259/62. Diss. Techn. Hochsch. Berlin (VOSS) 1927. — **35.** OSMOND, F.: J. Iron Steel Inst. Bd. 37 (1890) S. 62. — **36.** ARNOLD, J. O.: J. Iron Steel Inst. Bd. 45 (1894) S. 143. — **37.** BAKER, T.: J. Iron Steel Inst. Bd. 64 (1903) S. 322/25. — **38.** CHARPY, G., u. A. CORNU: C. R. Acad. Sci., Paris Bd. 156 (1913) S. 1240/43. — **39.** RUDER, W. E.: Trans. Amer. Inst. min. metallurg. Engr. Bd. 47 (1914) S. 569/83. — **40.** SANFOURCHE, A.: C. R. Acad. Sci., Paris Bd. 167 (1919) S. 683/85. — **41.** OBERHOFFER, P., u. A. HEGER: Stahl u. Eisen Bd. 43 (1923) S. 1474/76. — **42.** BÜSCHER: Diplomarbeit Techn. Hochsch. Aachen 1921, zitiert nach [41]. — **43.** WEVER, F., u. P. GIANI: Mitt. Kais. Wilh.-Inst. Eisenforschg., Düsseld. Bd. 7 (1925) S. 59/68. WEVER, F.: Z. anorg. allg. Chem. Bd. 154 (1926) S. 297/304. Stahl u. Eisen Bd. 45 (1925) S. 1208/10. — **44.** ESSER, H., u. P. OBERHOFFER: Ber. V. dtsch. Eisenhüttenleute Werkstoffausschuß Ber. Nr. 69, 1925. — **45.** PHRAGMÉN, G.: Stahl u. Eisen Bd. 45 (1925) S. 299/300. — **46.** PHRAGMÉN, G.: J. Iron Steel Inst. Bd. 114 (1926) S. 397/403. S. Stahl u. Eisen Bd. 47 (1927) S. 193/95. — **47.** KREUTZER, C.: Z. Physik Bd. 48 (1928) S. 558/60. OBERHOFFER, P., u. C. KREUTZER: Arch. Eisenhüttenwes. Bd. 2 (1929) S. 450/51. Stahl u. Eisen Bd. 49 (1929) S. 189/90. — **48.** GONTERMANN, G.: Z. anorg. allg. Chem. Bd. 59 (1908) S. 384/87. — **49.** SANFOURCHE, A.: Rev. Métallurg. Bd. 16 (1919) S. 217/24; die Arbeit hat mir nicht vorgelegen. — **50.** JETTE, E. R., u. E. S. GREINER: Trans. Amer. Inst. min. metallurg. Engr. Iron Steel Div. Bd. 105 (1933) S. 259/74. S. Stahl u. Eisen Bd. 53 (1933) S. 1284. — **51.** PILLING, N. B.: Trans. Amer. Inst. min. metallurg. Engr. Bd. 69 (1923) S. 780/89. — **51a.** Die von CORSON gegebene Deutung ist abwegig. — **52.** NISHIYAMA, Z.: Sci. Rep. Tôhoku Univ. Bd. 18 (1929) S. 385/86. — **53.** PHRAGMÉN, G.: Jernkont. Ann. 1923, S. 121/31. S. Stahl u. Eisen Bd. 45 (1925) S. 51/52. — **54.** WEVER, F., u. H. MÖLLER: Z. Kristallogr. Bd. 75 (1930) S. 362/65. Naturwiss. Bd. 18 (1930) S. 734/35. — **55.** BAMBERGER, M., O. EINERL u. J. NUSSBAUM: Stahl u. Eisen Bd. 45 (1925) S. 141/44. — **56.** MURAKAMI, T.: Sci. Rep. Tôhoku Univ. Bd. 16 (1927) S. 475/89. — **57.** BARADUC-MULLER, L.: Rev. Métallurg. Bd. 7 (1910) S. 764/86. — **58.** LOWZOW A. T. (u. O. A. HOUGEN): Chem. metallurg. Engng. Bd. 24 (1921) S. 481/84. — **59.** HENGSTENBERG, O.: Stahl u. Eisen Bd. 44 (1924) S. 914/15. — **60.** BEDEL, C.: C. R. Acad. Sci., Paris Bd. 195 (1932) S. 329/30.

— 61. Auch Murakami vertritt auf Grund röntgenographischer Untersuchungen von Osawa[62] die Auffassung, daß ζ von veränderlicher Zusammensetzung ist. — 62. Osawa, A. s. bei T. Murakami[56].

Fe-Sn. Eisen-Zinn.

Alle Untersuchungen über Eisen-Zinnverbindungen auf präparativer und rückstandsanalytischer Grundlage sind, nachdem man weiß, daß in diesen Legierungen starke Seigerungen, wenn nicht gar Schichtenbildung, auftreten und dadurch die im halbflüssigen und festen Zustand stattfindenden Umsetzungen unvollständig verlaufen, ohne jede Bedeutung[1]. Nach diesen Arbeiten ist das Bestehen folgender Eisen-Zinnverbindungen behauptet worden[2]: Fe_4Sn (Bergmann sowie Berthier), Fe_3Sn (Lassaigne), $FeSn$ (Deville und Caron), Fe_3Sn_4 (Berthier), $FeSn_2$ (Nöllner), $FeSn_3$ (Spencer), $FeSn_5$ oder $FeSn_6$ (Rammelsberg). Nach Headden sollen außer Fe_4Sn, Fe_3Sn, $FeSn$ und $FeSn_2$ noch die Verbindungen Fe_3Sn_4, Fe_5Sn_6 und Fe_9Sn bestehen. Für die chemische Einheitlichkeit aller dieser Zusammensetzungen bestand, vielleicht mit Ausnahme von $FeSn_2$[3], keine Gewähr.

Die erste systematische thermische und mikroskopische Untersuchung der Konstitution haben Isaac-Tammann[4] ausgeführt. Sie gelangten zu dem in Abb. 295a dargestellten Zustandsdiagramm. Das Lösungsvermögen des Fe für Sn wurde lediglich auf Grund der Haltezeiten bei 1140° zu etwa 19% angenommen. — Eine sichere Deutung der zahlreichen bei tieferen Temperaturen auf den Abkühlungskurven auftretenden thermischen Effekte erwies sich als unmöglich, da sich im Bereich von 50—90% Sn zwei flüssige Schichten vor Beginn der Erstarrung gegeneinander absetzen (Mischungslücke im flüssigen Zustand) und die Fe-reichen Mischkristalle, die sich auf der vom Fe-Schmelzpunkt abfallenden Liquiduskurve ausscheiden bzw. bei 1140° nach der Gleichung: Fe-reiche Schmelze → Mischkristalle + Sn-reiche Schmelze bilden, auf den Boden des Tiegels sinken und sich dadurch den bei tieferen Temperaturen auftretenden Reaktionen entziehen.

Isaac-Tammann nehmen an, daß die primär ausgeschiedenen Mischkristalle bei 893° mit der Schmelze mit etwa 96% Sn unter Bildung einer Verbindung reagieren. Die wegen der Seigerungserscheinungen nur schwach ausgeprägten und unregelmäßigen Wärmetönungen bei 893° ließen keinen Schluß auf die Formel dieser Verbindung zu. Die Reaktion bei 780°, die sie für eine polymorphe Umwandlung der Verbindung ansehen, zeigte ein ziemlich deutliches Maximum der Haltezeiten bei 40% Sn (Fe_3Sn würde 41,47% Sn verlangen), doch durfte auch daraus kein sicherer Schluß auf die Zusammensetzung der Verbindung gezogen werden, da sich bei 893° nicht die gesamte Menge der Verbindung bildet. Bei 496° soll die Verbindung unbekannter Zusammen-

setzung nach Isaac-Tammann entweder eine weitere polymorphe Umwandlung durchmachen, oder mit einer sehr Sn-reichen Schmelze unter
Bildung einer Sn-reicheren Verbindung (vielleicht FeSn₂ mit 80,96% Sn)
reagieren. Der Rest der Schmelze erstarrt nach Isaac-Tammann bei

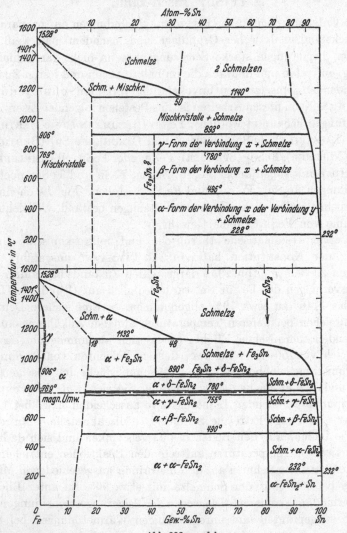

Abb. 295 a und b.
Fe-Sn. Überholte Diagramme nach Isaac-Tammann (1907) und Wever-Reinecken (1925).

225—230° (Mittelwert 228°). Es dürfte also eine Eutektikale vorliegen,
die, falls die Verbindung FeSn₂ tatsächlich existiert, im Gleichgewichtszustand nur bis zu dieser Konzentration reichen dürfte. Auch die
mikroskopische Prüfung gab keinen näheren Aufschluß über die Konstitution, da es sich nicht entscheiden ließ, ob die in den Fe-reichen

Legierungen neben dem Mischkristall vorliegende intermediäre Kristallart mit der in Sn-reichen Legierungen neben Zinn vorhandenen identisch ist oder nicht. Das Bestehen der Mischungslücke wurde bestätigt. Die Reguli zeigten zwei Schichten mit scharfer Trennungsfläche.

Der Einfluß des Zinns auf die polymorphen Umwandlungspunkte des Eisens wurde von Isaac-Tammann nicht verfolgt, jedoch wird auf die Möglichkeit hingewiesen, daß die Umwandlungstemperaturen von α- (und β-) Eisen mit steigendem Sn-Gehalt zu höheren Temperaturen verschoben werden könnten. Der magnetische Umwandlungspunkt fand sich bis zu Sn-Gehalten von 20% bei nahezu der gleichen Temperatur wie bei reinem Fe.

Bei einer Neubearbeitung des Zustandsdiagramms kamen Wever-Reinecken[5] zu gänzlich abweichenden Ergebnissen (Abb. 295b). Im Gegensatz zu Isaac-Tammann nehmen sie an, 1. daß im flüssigen Zustand keine Mischungslücke vorliegt, 2. daß sich die Fe-reiche Verbindung (Fe_3Sn) in Legierungen zwischen 18 und 48% Sn bereits bei 1132° durch peritektische Reaktion von Mischkristallen mit Schmelze bildet, 3. daß sich die primär ausgeschiedene Verbindung Fe_3Sn in Legierungen mit mehr als 41,47% Sn bei etwa 890° mit der Sn-reichen Schmelze unter Bildung der Verbindung $FeSn_2$ (80,96% Sn) umsetzt, und daß die bei dieser Reaktion übriggebliebenen Fe_3Sn-Kristalle (also in Mischungen zwischen 17 und 81% Sn) bei einer nur wenig tieferen Temperatur in Fe-reiche Mischkristalle und $FeSn_2$ zerfallen, 4. daß nicht Fe_3Sn sondern $FeSn_2$ bei 780°, 755°[6] und 490° polymorphe Umwandlungen erfährt und 5. daß die Restschmelze praktisch reines Sn ist.

Die Löslichkeit von Sn in Fe, die bei 1132° etwa 18% Sn beträgt, nimmt mit fallender Temperatur ab; doch wurde von einer genaueren Bestimmung der Sättigungsgrenze abgesehen, da Kohlenstoff die Löslichkeit in unbekanntem Maße zu niederen Sn-Gehalten verschiebt. Eine Legierung mit 12,4% Sn enthielt nach „längerem Glühen und langsamer Abkühlung" noch geringe Mengen eines zweiten Gefügebestandteils ($FeSn_2$).

Die Formel $FeSn_2$ für die Sn-reiche der beiden vorhandenen Verbindungen dürfte von Wever-Reinecken sichergestellt sein[7]. Dagegen ist nicht deutlich gezeigt worden, daß diese Verbindung bei 890° gebildet wird, und daß die Fe-reiche Verbindung, für die die Formel Fe_3Sn wenigstens sehr wahrscheinlich sein dürfte, bei nahezu derselben Temperatur in α und $FeSn_2$ zerfällt.

Der Einfluß von Sn auf die polymorphen Umwandlungen von Fe äußert sich in einer Erhöhung der $\alpha \rightleftharpoons \gamma$-Umwandlung um etwa 40° und einer Erniedrigung der $\gamma \rightleftharpoons \delta$-Umwandlung um etwa 140° für 1% Sn[8]. Oberhalb einer thermisch nicht bestimmbaren Konzentration, die zu etwa 1,9% Sn geschätzt wird, findet ein Durchgang durch die

γ-Phase nicht mehr statt; das γ-Zustandsfeld ist also durch einen stetigen Linienzug gegen das Feld der α ($= \delta$)-Phase abgegrenzt. Die Temperatur der magnetischen Umwandlung von Fe wird durch Sn-Zusatz nur unwesentlich beeinflußt.

In Übereinstimmung mit Isaac-Tammann beobachteten Wever-Reinecken zwischen 48 und 80% Sn eine praktisch konstante Temperatur des Beginns der Erstarrung[9]. Da außerdem die langsam abgekühlten Schmelzen ausgesprochene Schichtenbildung[10] zeigten, so hielten die Verfasser die Mischungslücke anfangs für bestätigt. Auf Grund von makroskopischen Beobachtungen von Schmelzen, die nach kräftigem Umrühren langsam im Ofen oder an der Luft erkaltet bzw. bei hohen Temperaturen (1380°, 1140°) abgeschreckt waren, schlossen die Verfasser jedoch, daß die Schichtenbildung durch starke Ausseigerung der spezifisch schwereren Verbindung Fe_3Sn zu erklären ist. In der Tat fehlte in den bei den genannten Temperaturen abgeschreckten Schmelzen jede Andeutung einer Schichtenbildung, und auch die Ausbildung der Schichtengrenzen in den langsam abgekühlten Schmelzen deutete in höherem Maße auf die Ausfällung einer spezifisch schwereren Komponente, als auf eine Trennung im flüssigen Zustand hin. Erst durch mehrfaches langsames Durchschreiten des Erstarrungsintervalls trat eine scharfe Begrenzungsfläche der beiden Schichten ein.

Bei dem starken Auseinandergehen der Auffassungen der beiden Forscherpaare ist es schwer zu entscheiden, welches Diagramm den tatsächlichen Verhältnissen mehr entspricht. Die Kernfrage ist, ob im binären System eine Mischungslücke im flüssigen Zustand besteht oder nicht. Ist eine solche wirklich vorhanden, so kann das Diagramm von Wever-Reinecken auch in seinen anderen Teilen nicht richtig sein, da dann die Verbindung Fe_3Sn nicht bei 1132°, sondern erst bei tieferen Temperaturen gebildet werden kann. Nicht ausgeschlossen erscheint es, daß die Schichtenbildung erst durch einen gewissen Kohlenstoffgehalt hervorgerufen oder doch begünstigt wird. Über den C-Gehalt der von Isaac-Tammann und Wever-Reinecken verwendeten Legierungen ist zwar nichts bekannt, doch dürften die Legierungen von Wever-Reinecken wegen des C-ärmeren Eisens und den bei der Herstellung der Schmelzen beobachteten Vorsichtsmaßregeln C-ärmer[11] gewesen sein, was im Sinne der oben ausgesprochenen Vermutung ist.

Gegen die von Wever-Reinecken vertretene Ansicht, daß die Verbindung Fe_3Sn bei 1132° peritektisch gebildet wird — und damit für das Vorhandensein einer Mischungslücke —, spricht folgende von Isaac-Tammann gemachte Beobachtung: Zwei Proben mit 50% Sn wurden bei 825° bzw. 910° abgeschreckt. Im ersten Fall war zwischen den dunkel gefärbten α-Mischkristallen die weiße glänzende Verbindung zu erkennen, im zweiten Fall aber war die Bildung der Verbindung ver-

hindert worden, und zwischen den Mischkristallen war eine grau aus-
sehende Sn-reiche Masse zu erkennen. Danach würde Fe$_3$Sn erst zwischen
910° und 825° (bei 890°) gebildet werden.

RUER-KUSCHMANN[12] halten das Diagramm von WEVER-REINECKEN
mit der Annahme völliger Mischbarkeit im flüssigen Zustand schwer
vereinbar. Zur direkten Prüfung wurde eine Legierung mit 70% Sn
(unter Verwendung von Elektrolyteisen) im Porzellanrohr unter einer
Argonatmosphäre erschmolzen, bis auf 1400° erhitzt, darauf bei 1300°
gerührt und an der Luft erkalten gelassen. Es wurde eine scharfe
Trennungsfläche zwischen beiden Schichten festgestellt, außerdem enthielt jede Schicht, besonders aber die Sn-reiche, zahlreiche tropfen-
förmige Einschlüsse[13] der anderen Schicht, wodurch nach Ansicht
von RUER-KUSCHMANN bewiesen sein dürfte, daß die Schichtenbildung
erfolgte, als sich die Legierung im geschmolzenen Zustand befand.

Zusammenfassend ist zu sagen, daß über die Konstitution der Fe-Sn-
Legierungen noch nicht das letzte Wort gesprochen ist. Insbesondere
bedarf die Frage, ob in den reinen Legierungen eine Mischungslücke im
flüssigen Zustand besteht oder nicht, einer erneuten Behandlung. Darüber hinaus erscheint es nicht ausgeschlossen, die Bildungsbedingungen
und Stabilitätsverhältnisse der Verbindungen durch mikroskopische
Prüfung von Proben (etwa aus den Fe- bzw. Sn-reichen Schichten von
langsam erstarrten Schmelzen), die nach hinreichend langem Glühen bei
verschiedenen Temperaturen abgeschreckt werden, Aufschluß zu bekommen (vgl. Nachträge).

Die Spannungskurve der von PUSCHIN[14] gemessenen Kette Sn/1 n
KOH/Fe$_x$Sn$_{(1-x)}$ weist einen Sprung bei 34,7% Sn (entsprechend der
Zusammensetzung Fe$_4$Sn) auf, doch kommt diesem Befund keine Be-
deutung zu, da es bei der offenbar vorhandenen Mischungslücke im
flüssigen Zustand und den starken Gleichgewichtsstörungen während
der Erstarrung durch den unvollständigen Verlauf der peritektischen
Umsetzungen aussichtslos ist, die Konstitution mit Hilfe von Span-
nungsmessungen aufzuklären. Außerdem sind die Spannungen — worauf
KREMANN[15] hinweist — durch Passivierung des Fe durch KOH entstellt.
(Oxydpotentiale statt Metallpotentiale).

1. Nachtrag. Nach Fertigstellung der obigen Besprechung veröffentlichten EDWARDS-PREECE[16] die Ergebnisse umfangreicher Untersuchungen des Zustandsdiagramms, durch die das Diagramm von
WEVER-REINECKEN als größtenteils unrichtig erwiesen wurde. Abb. 296
zeigt das von den Verfassern auf Grund thermischer und vor allem
mikrographischer Untersuchungen entworfene Gleichgewichtsdiagramm,
ergänzt durch die von WEVER-REINECKEN bestimmte rückläufige Grenzkurve des γ-Fe-Mischkristallgebietes und die magnetische Umwandlungskurve.

744 Fe-Sn. Eisen-Zinn.

Durch mikroskopische Prüfung von Proben, die nach zweckmäßiger Wärmebehandlung aus den verschiedenen Zustandsgebieten abgeschreckt waren, gelang es den Verfassern, die Natur der zahlreichen nonvarianten Gleichgewichte und der an ihnen beteiligten Phasen aufzuklären, nachdem zuvor das Bestehen einer Mischungslücke im flüssigen Zustand und die daraus mit Notwendigkeit folgende Abwesenheit der von WEVER-REINECKEN vermuteten Verbindung Fe₃Sn mit Sicherheit festgestellt wurde. Das Vorliegen einer Mischungslücke im flüssigen Zustand wurde auch von BANNISTER[17] bestätigt. Bei den Wärmebehandlungen zur

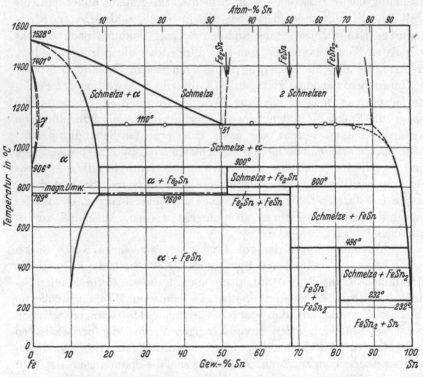

Abb. 296. Fe-Sn. Eisen-Zinn nach EDWARDS-PREECE (vgl. auch Abb. 297).

Erreichung des Gleichgewichtes unterhalb 900° mußte in der Weise vorgegangen werden, daß alle bei jeweils höherer Temperatur stattfindenden Reaktionen zu Ende geführt wurden, d. h. die Proben mußten langsam von einer oberhalb 900° liegenden Temperatur unter Einschaltung von Zwischenglühungen auf die Abschrecktemperatur abgekühlt werden. An dem Bestehen der drei durch peritektische Reaktionen sich bildenden Verbindungen Fe₂Sn (51,52% Sn), FeSn (68,01% Sn) und FeSn₂ (80,96% Sn) und den durch die Abb. 296 beschriebenen Stabilitätsbereichen dieser Phasen ist nicht zu zweifeln;

das Zustandsdiagramm ist also nunmehr als im wesentlichen geklärt anzusehen.

Einzelergebnisse über die Kurve der Löslichkeit von Sn in α-Fe werden nicht mitgeteilt. Die Mischungslücke im flüssigen Zustand nahmen die Verfasser auf Grund der in Abb. 296 eingezeichneten Liquiduspunkte zwischen 51 und 80% Sn an, doch dürfte der geringe Abfall der Kurve kurz oberhalb 80% Sn m. E. durch mangelndes Erstarrungsgleichgewicht bedingt sein (vgl. Cu-Pb), d. h. die Mischungslücke erstreckt sich — wie in Abb. 296 angedeutet — noch weiter als EDWARDS-PREECE angenommen hatten.

Die Verbindung FeSn wurde übrigens auch von WESTGREN-EHRET[18] bei einer Röntgenanalyse des Systems, über die Einzelheiten noch nicht veröffentlicht sind, gefunden. Sie besitzt NiAs-Struktur und ist nach Ansicht der Verfasser „bei gewöhnlicher Temperatur nicht stabil, sondern kommt nur in Legierungen vor, die von etwa 800° abgeschreckt sind". Diese Feststellung steht zu dem Diagramm von EDWARDS-PREECE im Widerspruch, wonach die FeSn-Phase bis herunter zu Raumtemperatur stabil ist. Dieser Widerspruch könnte so gedeutet werden, daß die Verbindung FeSn in Legierungen, die von 800° auf gewöhnliche Temperatur abgekühlt sind, infolge des unvollständigen Verlaufes der peritektischen Reaktion: FeSn + Schmelze → $FeSn_2$ (die im Ungleichgewicht auch in Legierungen stattfindet, die an Sn ärmer sind als die Zusammensetzung FeSn) von $FeSn_2$-Kristallen umhüllt ist und sich dadurch der röntgenographischen Feststellung entzieht (s. jedoch 2. Nachtrag).

2. Nachtrag. EHRET-WESTGREN[19] haben eine Röntgenanalyse (Pulvermethode) des Systems durchgeführt, auf Grund deren sie das in Abb. 297 wiedergegebene schematische Diagramm entwarfen. Es stimmt ziemlich weitgehend mit dem Diagramm von EDWARDS-PREECE überein; die bei hohen Temperaturen stabilen Phasen β' und γ sind jedoch von diesen Forschern übersehen worden. Bezüglich der Konstitution unter 500° ist die Übereinstimmung vollkommen, so daß dieser Teil des Diagramms als endgültig angesehen werden kann. Nach Ansicht von EHRET-WESTGREN bedarf das Gebiet oberhalb 500° noch weiterer eingehender Untersuchungen. Obgleich die (im Vakuum erschmolzenen) Legierungen langsam erstarrt waren, wurde Schichtenbildung weder bei 59,4% noch bei 81,7% Sn, sondern nur bei 71,8% Sn beobachtet; die Schichten (78,9 und 54,9%) bestanden hauptsächlich aus $FeSn_2$ bzw. β. Daß das Gleichgewicht selbst nicht nach langem Glühen immer erreicht wurde, ergab sich aus der Tatsache, daß einzelne Proben 3—4 Phasen enthielten.

Einzelergebnisse: Die Löslichkeit von Sn in Fe (α-Phase) beträgt bei 680° 9,8%, bei 900° 18,8% Sn. Die β-Phase hat ein hexagonales Gitter und ein sehr enges Homogenitätsgebiet. Wahrscheinlich entspricht die

Zusammensetzung der Formel FeSn; die Elementarzelle enthält dann
3 Gruppen FeSn. Die β'-Phase wurde in Legierungen mit 27, 39, 48
und 59% Sn nach dem Abschrecken bei 680° gefunden. Die Struktur
blieb ungeklärt; es wird für möglich gehalten, daß die Interferenzen
der vermeintlichen β'-Phase in Wirklichkeit einem Gemenge zweier
Phasen entsprechen, doch sprechen andere Tatsachen wieder gegen diese
Vermutung. In Legierungen mit 27, 39 und 48% Sn, die bei 860° abgeschreckt waren, wurde die β''-Phase gefunden. Sie besitzt ein sehr
enges Homogenitätsgebiet, ist hexagonal und entspricht sehr wahr-

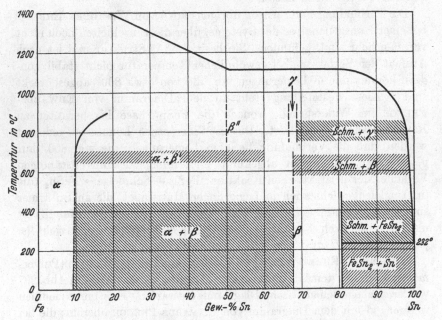

Abb. 297. Fe-Sn. Eisen-Zinn. Schematisches Diagramm nach EHRET-WESTGREN.

scheinlich der Zusammensetzung Fe_2Sn (Elementarzelle enthält
2 Fe_2Sn)[20]. Die γ-Phase wurde in Legierungen mit 27, 39 und 81% Sn
nach dem Abschrecken bei 750—900° gefunden. Sie besitzt NiAs-
Struktur und entspricht daher der Formel FeSn, wenngleich es nicht
nötig ist, daß diese Zusammensetzung in das Homogenitätsgebiet fällt[21].
Die Sn-reichste Phase besitzt ein sehr enges Homogenitätsgebiet; sie
entspricht der Konzentration $FeSn_2$. Wahrscheinlich hexagonales Gitter
mit 4 $FeSn_2$. Fe ist in Sn unlöslich. —

JONES-HOARE[22] konnten das Bestehen von 3 Zwischenphasen, denen
höchstwahrscheinlich die Formeln Fe_2Sn, FeSn und $FeSn_2$ zukommen,
bestätigen. Die γ-Phase nach EHRET-WESTGREN (Abb. 297) konnten
sie dagegen nicht feststellen.

Literatur.

1. Isaac, E., u. G. Tammann (l. c) geben eine Zusammenfassung der älteren Literatur. — **2.** Bergmann: Gmelin-Kraut Handbuch Bd. 3 (1897) S. 427. Lassaigne: J. chim. méd. Bd. 6 (1830) S. 609. H. Sainte-Claire Deville u. H. Caron: C. R. Acad. Sci., Paris Bd. 46 (1858) S. 764. Berthier: Jber. dtsch. chem. Ges. 1863 S. 239. Nöllner, C.: Liebigs Ann. Bd. 115 (1860) S. 233/37. Spencer, L. J.: Mineral. Mag. Bd. 19 (1921) S. 113/23. Rammelsberg, C.: Pogg. Ann. Bd. 120 (1863) S. 55/57. Headden, W. P.: Amer. J. Sci. 3 Bd. 44 (1892) S. 464. — **3.** S. auch S. Stevanović: Z. Kristallogr. Bd. 40 (1905) S. 321/31. — **4.** Isaac, E., u. G. Tammann: Z. anorg. allg. Chem. Bd. 53 (1907) S. 281/91. Analyse des verwendeten Fe: 0,07% C, 0,09% Si, 0,08% Mn, 0,01% P, 0,0015% S, 0,023% Cu. Die Legn. wurden unter Stickstoff in Porzellantiegeln im Tammann-Ofen erschmolzen. Einwaage 20 g. Sie wurden nicht analysiert. — **5.** Wever, F., u. W. Reinecken: Mitt. Kais. Wilh.-Inst. Eisenforschg., Düsseld. Bd. 7 (1925) S. 69/79. Z. anorg. allg. Chem. Bd. 151 (1926) S. 349/72. Wever, F.: Z. anorg. allg. Chem. Bd. 154 (1926) S. 294. Es wurde Elektrolyteisen mit 0,02% C, 0,005% P und Spuren von Si, Mn, S verwendet. Die Legn. wurden in Marquardttiegeln unter Wasserstoff im Tammann-Ofen hergestellt. Die zur Feststellung der $\alpha \rightleftharpoons \gamma$- und $\gamma \rightleftharpoons \delta$-Umwandlung verwendeten Legn. wurden im Vakuum-Ofen erschmolzen; ihr C-Gehalt lag bei rd. 0,015%. — **6.** Die Umwandlung bei 755° hatten Isaac-Tammann nicht gefunden. — **7.** Die Verf. bedienten sich eines besonderen Verfahrens (s. Originalarbeit). — **8.** Kohlenstoff hat einen erheblichen Einfluß auf die Lage der Umwandlungspunkte; so zeigte eine Legierung mit 1% Sn bei Zunahme des Kohlenstoffes um etwa 0,04% eine Erhöhung des $\gamma \rightarrow \delta$-Punktes um nahezu 120°. Es ist anzunehmen, daß das γ-Feld bei vollständig C-freien Legn. enger ist als in Abb. 295b dargestellt ist. — **9.** Diese Feststellung haben die Verfasser in dem Diagramm nicht berücksichtigt. **10.** Bei 7 verschiedenen Einwaagen von 55—90% Sn betrug der Fe-Gehalt der unteren und oberen Schicht im Mittel 52 bzw. 87% Sn. — **11.** Vgl. Anm. 4 u. 5. — **12.** Ruer, R., u. J. Kuschmann: Z. anorg. allg. Chem. Bd. 153 (1926) S. 260/62. — **13.** Auch Wever-Reinecken teilen mit, daß die Ausscheidung von Fe_3Sn zwischen 48 und 80% in Form von Globuliten erfolgt. — **14.** Puschin, N.: J. russ. phys.-chem. Ges. Bd. 39 (1907) S. 869/97 (russ.). — **15.** Kremann, R.: Elektrochem. Metallkde. Bd. 2, Teil 2, Abschn. 3 von Guertlers Handb. Metallographie S. 171/72, Berlin 1921. — **16.** Edwards, C. A., u. A. Preece: J. Iron Steel Inst. Bd. 124 (1931) S. 41/66. — **17.** Bannister, C. O.: J. Iron Steel Inst. Bd. 124 (1931) S. 68 (Diskussionsbemerkung). — **18.** Westgren, A.: Metallwirtsch. Bd. 9 (1930) S. 919 Fußnote. — **19.** Ehret, W. F., u. A. F. Westgren: J. Amer. chem. Soc. Bd. 55 (1933) S. 1339/51. — **20.** Da die genannten Legn. nach dem Abschrecken nicht im Gleichgewicht waren, ließ sich der Temperaturbereich der Stabilität nicht bestimmen. Er wird mit Vorbehalt zu 750—950° angegeben. — **21.** Vgl. „NiAs"-Phase im System Fe-Sb. — **22.** Jones, W. D., u. W. E. Hoare: J. Iron Steel Inst. Bd. 129 (1934) S. 273/80.

Fe-Sr. Eisen-Strontium.

Siehe Fe-K, S. 675.

Fe-Ta. Eisen-Tantal.

Wever[1] fand ein geschlossenes γ-Zustandsfeld, das sich bis höchstens 4,25% Ta erstreckt[2]. Nach Jellinghaus[2] bildet der Fe-reiche α-Mischkristall (6—10% Ta) mit der Verbindung FeTa (76,4% Ta; Schmelzpunkt etwa 1700°) ein bei etwa 1400° schmelzendes Eutektikum mit rd. 40% Ta. Die Löslichkeit von Ta in α-Fe nimmt mit fallender Temperatur ab. Die Verbindung FeTa hat ein hexagonales Gitter mit 4 Molekülen in der Elementarzelle.

Literatur.

1. WEVER, F.: Arch. Eisenhüttenwes. Bd. 2 (1928/29) S. 739/46. — 2. JELLINGHAUS, W.: Z. anorg. allg. Chem. Bd. 223 (1935) S. 362/64.

Fe-Te. Eisen-Tellur.

Das Eisenmonotellurid FeTe[1] (69,54% Te) besitzt sehr wahrscheinlich NiAs-Struktur[2].

Literatur.

1. FABRE, C.: C. R. Acad. Sci., Paris Bd. 105 (1887) S. 277. MOSER, L., u. K. ERTL: Z. anorg. allg. Chem. Bd. 118 (1921) S. 271/73. OFTEDAL, I.: Z. physik. Chem. Bd. 132 (1928) S. 208/209. — 2. OFTEDAL, I.: Z. physik. Chem. Bd. 132 (1928) S. 208/16.

Fe-Ti. Eisen-Titan.

CARNOT-GOUTAL[1] erhielten beim Behandeln eines 48,6% Ti enthaltenden Ferrotitans mit HCl einen Rückstand aus reinem Ti. GUILLET[2] untersuchte zwei Reihen von Titanstählen mit 0,12% C (im Mittel) und 0,4—2,6% Ti und mit 0,66% C (im Mittel) und 0,33—8,7% Ti. Aus der Tatsache, daß das Titan keinen Einfluß auf das Gefüge der betreffenden Kohlenstoffstähle ausübt, schloß er, daß Ti im Eisen gelöst sei.

Die Kenntnis der Konstitution der Fe-reichen Legierungen verdanken wir im wesentlichen einer thermischen und mikroskopischen Untersuchung von LAMORT[3] (s. Abb. 298). LAMORTs Legierungen[4] enthielten außer TiN („nie mehr als 2%, in der Regel weniger als 1%") noch gewisse Mengen Si (in 3 Fällen wurde 0,57, 0,90 und 1,12% gefunden) und Al (in 3 Fällen wurde 1,15, 1,57 und 2,13% gefunden). Über den C-Gehalt ist nichts bekannt.

Aus dem Ergebnis der thermischen Analyse ist auf eine feste Löslichkeit von wenigstens 6% Ti bei der eutektischen Temperatur und einen eutektischen Punkt bei etwa 13,2% Ti zu schließen. Die von LAMORT veröffentlichten Gefügebilder der aus dem Schmelzfluß erkalteten Legierungen zeigen folgendes: bei 0,38% Ti homogene Mischkristalle; bei 3,33—7,3% Ti Mischkristallkörner, die sich unter Ausscheidung eines Ti-reicheren Bestandteils weitgehend entmischt haben (LAMORT hielt diese Ausscheidungen innerhalb und an den Grenzen der Mischkristallkörner irrtümlich für unmetallische Einschlüsse, insbesondere TiN); bei 9,66 und 11,90% Ti Mischkristalle und Eutektikum; bei 13,45% Ti praktisch reines Eutektikum; bei 14,07—21,5% Ti Fe-Ti-Verbindung, deren Menge mit steigendem Ti-Gehalt stark zunimmt, und Eutektikum. Da bei 21,5% Ti die Hauptmasse der Legierung aus der Verbindung besteht, so kann man mit LAMORT auf das Bestehen der Verbindung Fe$_3$Ti (22,2% Ti) schließen, die wahrscheinlich unzersetzt schmilzt.

Über die Löslichkeit von Ti in Fe läßt sich nach den LAMORTschen

Gefügebildern mit Sicherheit sagen, daß sie mit fallender Temperatur noch erheblich unter 3% Ti abnimmt. Die Entmischung erfolgt offenbar sehr leicht. WASMUTH[5] konnte bei Legierungen mit bis zu 3% Ti keine nennenswerten Aushärtungserscheinungen beobachten.

Der Curiepunkt des Eisens (zu 780° angegeben) wird nach LAMORT durch Ti geradlinig erniedrigt, und zwar durch 21% Ti auf 690°. PORTEVIN[6] stellte fest, daß die magnetische Umwandlung zwischen 0,4 und 2,6% Ti (bei 0,1% C) bei 690° erfolgt.

Über den Einfluß von Ti auf die Temperaturen der $\alpha \rightleftharpoons \gamma$- und $\gamma \rightleftharpoons \delta$-Umwandlung ist bis jetzt folgendes bekannt. PORTEVIN[6] fand, daß die $\gamma \rightarrow \alpha$-Umwandlung bei einem C-Gehalt der Legierungen von 0,1% durch 0,42% bzw. 0,88%, 1,40% und 2,57% Ti auf 860° bzw. 850°, 830° und 830° erniedrigt wird. Aus der von ihm veröffentlichten Abkühlungskurve einer Legierung mit 0,6% C und 0,72% Ti ergibt sich jedoch der $\gamma \rightarrow \alpha$-Umwandlungspunkt zu 980°, was einer bedeutenden Erhöhung dieser Umwandlungstemperatur durch Ti-Zusatz entspricht. Nach Mitteilung von WEVER[7] liegt im System Fe-Ti ein vollständig geschlossenes γ-Feld mit rückläufiger $\alpha(\delta) \rightleftharpoons \gamma$-Umwandlungskurve vor. Einzelheiten sind bisher nicht veröffentlicht. MICHEL-BÉNAZET[8] gelangten unabhängig von WEVER zu demselben Ergebnis. Die von ihnen untersuchten Stähle hatten jedoch ziemlich komplexe Zusammensetzung (Tabelle 27). Für 0,51 bzw. 0,78% Ti geben sie die $\alpha \rightleftharpoons \gamma$-Umwandlungstemperatur zu 980° bzw. 1080° an. Bei 1,77% Ti wird das γ-Feld nicht mehr geschnitten, d. h. die Umwandlungskurve wird zwischen 0,78 und 1,77% Ti rückläufig. Der Curiepunkt der beiden ersten Legierungen liegt bei etwa 780°.

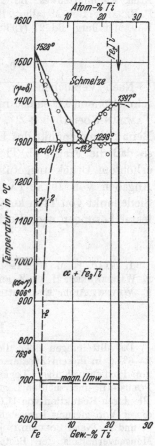

Abb. 298. Fe-Ti. Eisen-Titan.

Tabelle 27.

Ti %	C %	Si %	Mn %	Cr %	Ni %	Al %
0,51	0,15	1,03	0,21	1,11	—	0,080
0,78	0,04	0,33	0,12	0	0	0,11
1,77	0,08	0,45	0,15	0	0	0,47

Literatur.

1. Carnot, A., u. E. Goutal: C. R. Acad. Sci., Paris Bd. 125 (1897) S. 213/16. Contribution à l'étude des alliages, Paris 1901 S. 515/16. — **2.** Guillet, L.: Rev. Métallurg. Bd. 1 (1904) S. 506/10. — **3.** Lamort, J.: Ferrum Bd. 11 (1913/14) S. 225/34. — **4.** Über die Herstellung der Legn., Analysen usw. siehe die Originalarbeit. — **5.** Wasmuth, R.: Arch. Eisenhüttenwes. Bd. 5 (1931/32) S. 45/50. — **6.** Portevin, A.: Rev. Métallurg. Bd. 6 (1909) S. 1355/58. — **7.** Wever, F.: Arch. Eisenhüttenwes. Bd. 2 (1928/29) S. 739/46. S. auch bei A. Michel u. P. Bénazet: Rev. Métallurg. Bd. 27 (1930) S. 326. — **8.** Michel, A., u. P. Bénazet: Rev. Métallurg. Bd. 27 (1930) S. 326/33.

Fe-Tl. Eisen-Thallium.

Nach Versuchen von Isaac-Tammann[1] löst sich Fe nicht in geschmolzenem Tl, selbst nicht bei dessen Siedepunkt, der nach Isaac-Tammann bei $1515 \pm 2°$, nach von Wartenberg bei $1280 \pm 50°$ liegt. Beim Schmelzpunkt des Eisens liegt Tl also bereits in Dampfform vor, so daß die Frage, ob Tl in flüssigem Fe löslich ist, nur durch unter erhöhtem Druck ausgeführte Versuche zu beantworten ist. Nach den Angaben von Isaac-Tammann wirkten die beiden Metalle bis zum Siedepunkt von Tl in keiner Weise aufeinander ein, es liegen also weder feste[2] Lösungen noch Verbindungen vor: Fe und Tl legieren sich nicht.

Literatur.

1. Isaac, E., u. G. Tammann: Z. anorg. allg. Chem. Bd. 55 (1907) S. 61. — **2.** Wartenberg, H. v.: Z. anorg. allg. Chem. Bd. 56 (1908) S. 320. — **3.** S. auch F. Wever: Arch. Eisenhüttenwes. Bd. 2 (1928/29) S. 739/46.

Fe-U. Eisen-Uran.

Da Mitteilungen über die Darstellung von Ferrouran-Legierungen mit rd. 2—6% C in diesem Zusammenhang nicht interessieren, ist hier nur eine Arbeit von Polushkin[1] über „Legierungen von Eisen und Uran" zu nennen. Die von Polushkin untersuchten Legierungen mit bis zu 90% U enthielten jedoch — wie alle durch Reduktion von U_3O_8 mit Kohle gewonnenen Ferrourane und mit Hilfe dieser Vorlegierung hergestellten Uranstähle — ziemlich erhebliche Mengen C, Si und V. Nach Polushkin soll das Uran in diesen Legierungen — je nach dem Mengenverhältnis der Bestandteile — als Urankarbid (UC), Doppelkarbid $(Fe_3C \cdot U_2C_3)$ und als eine mit der hypothetischen Formel Fe_6U bezeichnete Verbindung vorliegen.

Literatur.

1. Polushkin, E. P.: Carnegie Scholarship. Mem. Iron Steel Inst. Bd. 10 (1920) S. 129/50.

Fe-V. Eisen-Vanadium.

Die Erstarrungstemperaturen der Fe-V-Legierungen wurden bestimmt von Vogel-Tammann[1] sowie neuerdings von Wever-Jellinghaus[2] (Abb. 299). Vogel-Tammann schlossen aus ihren Daten auf

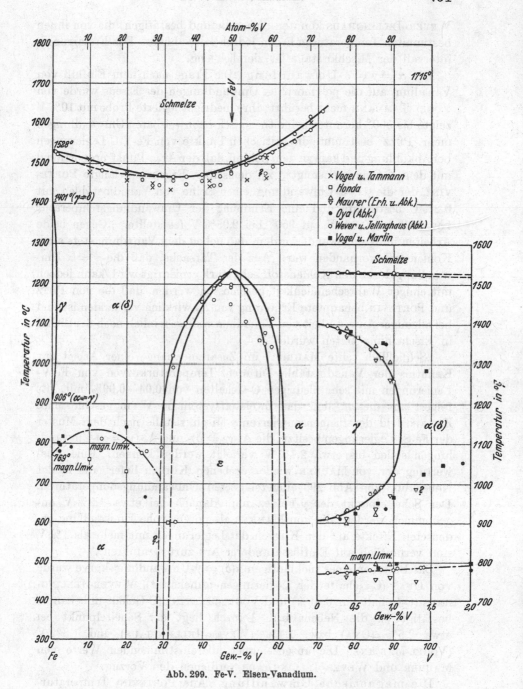

Abb. 299. Fe-V. Eisen-Vanadium.

die Kristallisation einer lückenlosen Reihe von Mischkristallen. Die Liquiduskurve besitzt bei etwa 32% V und 1435° ein flaches Minimum.

WEVER-JELLINGHAUS konnten diesen Befund bestätigen; die von ihnen bestimmten Temperaturen liegen jedoch etwas höher. Das Erstarrungsintervall der Mischkristalle ist ziemlich eng.

Die $\alpha \rightleftharpoons \gamma \rightleftharpoons \delta$-Umwandlung. Die Frage nach dem Einfluß von Vanadium auf die polymorphen Umwandlungen des Eisens wurde von VOGEL-TAMMANN nicht berührt; ihre niedrigst legierte Probe mit 10% V zeigte bis 500° herunter keine thermisch nachweisbaren Umwandlungen mehr. PÜTZ[3] bestimmte die kritischen Punkte von Fe-V-C-Legierungen bei Abkühlung und kam zu dem Schluß, daß der $Ar_{3.2}$-Punkt proportional mit dem V-Gehalt ansteigt[4]. Zu demselben Ergebnis gelangte PORTEVIN[5], der die $\gamma \rightarrow \alpha$-Umwandlung einer Reihe von Vanadinstählen mit 0,2% C bestimmte und eine Erhöhung der Umwandlungstemperatur von 900° bei 0,6% V auf 950° bei 2,98% V feststellte. „Gegen beide Arbeiten muß eingewandt werden, daß neben dem Vanadium stets auch Kohlenstoff vorhanden war. Aus der Tatsache, daß die $\gamma \rightleftharpoons \alpha$-Umwandlung durch den Kohlenstoff sehr stark erniedrigt wird, kann jedoch mit einiger Wahrscheinlichkeit geschlossen werden, daß die von PÜTZ und PORTEVIN behauptete Erhöhung von A_3 wirklich vorhanden ist und bei alleiniger Anwesenheit von Vanadium wahrscheinlich noch deutlicher in Erscheinung treten würde[6]".

„Schließlich teilte MAURER[7] im Zusammenhange einer Arbeit zur Kenntnis der Vanadinstähle Differenz-Temperaturkurven von Fe-V-Legierungen mit sehr niedrigen C-Gehalten von 0,04—0,09% mit. Er folgert aus diesen, daß das Zweistoffsystem Fe-V ein geschlossenes Zustandsfeld der flächenzentrierten γ-Mischkristalle nach dem Muster der Fe-Si-Legierungen besitzt; die A_4-$(\gamma \rightleftharpoons \delta)$- und A_3-$(\gamma \rightleftharpoons \alpha)$-Umwandlungen sollen bis etwa 2,1% V verfolgt werden können. Eine Auswertung der von MAURER wiedergegebenen Kurven liefert die in der Nebenabb. von Abb. 299 eingezeichneten Umwandlungstemperaturen. Der Scheitelpunkt des γ-Feldes muß danach bei etwa 1,2% V angenommen werden; die von MAURER als polymorphe Umwandlung gedeuteten Effekte auf den Kurven der Legierungen mit mehr als 1% V sind vermutlich auf Einflüsse anderer Art zurückzuführen[6]."

Das Bestehen einer rückläufigen $\alpha(\delta) \rightleftharpoons \gamma$-Umwandlungskurve wurde von OYA[8] (C-Gehalte der Legierungen unbekannt), WEVER-JELLINGHAUS (C-Gehalt nur 0,01%) und VOGEL-MARTIN[9] (C-Gehalt unbekannt) bestätigt (s. die Nebenabb.). Danach liegt der Scheitelpunkt bei etwa 2,5% (OYA) bzw. 1,1% (WEVER-JELLINGHAUS) und 1,8% V (VOGEL-MARTIN). Die ausgezeichnet übereinstimmenden Werte von MAURER und WEVER-JELLINGHAUS verdienen den Vorzug.

Die magnetische Umwandlung. Aus PORTEVINs Temperaturangaben könnte man schließen, daß die magnetische Umwandlungstemperatur (Curiepunkt) bei einem C-Gehalt von 0,2% unregelmäßig

von 810° (?) bei 0,6% V auf 840° bei 7,4% V ansteigt. Nach Magneti-
sierungs-Temperaturkurven, die von HONDA[10] aufgenommen wurden,
wird der Curiepunkt des Eisens bis zu 10% V wenig, oberhalb dieser
Zusammensetzung stark erniedrigt. Die Curiepunktkurve erreicht die
Raumtemperatur noch vor 40% V, wahrscheinlich wenig oberhalb
31% V, da die Magnetisierungs-Konzentrationskurve zwischen diesen
Konzentrationen steil abfällt. An einer anfänglichen Erhöhung der
Umwandlungstemperatur bei V-Zusatz ist nach den Bestimmungen von
MAURER, OYA und insbesondere WEVER-JELLINGHAUS nicht zu zweifeln.
Die in Abb. 299 eingezeichneten Umwandlungspunkte der Legierungen
mit mehr als 5% V weichen ungewöhnlich stark voneinander ab (s. w. u.).

Die Bildung der ε-Phase im festen Zustand. VOGEL-TAMMANN
fanden, daß langsam aus dem Schmelzfluß erkaltete Legierungen „aus
unter sich fast homogenen Polyedern" bestanden. OYA beobachtete
ebenfalls in Legierungen mit 15, 27,3, 46,8 und 81,6% V, die 10 Stunden
bei 1100° geglüht und anscheinend ziemlich langsam erkaltet waren,
eine polygonale, einphasige Struktur. Für das Bestehen einer lückenlosen Reihe kubisch-raumzentrierter, bis herunter zu Raumtemperatur
stabiler Mischkristalle zwischen α-Fe und V sprechen auch die Ergebnisse der Gitterkonstantenbestimmungen von OSAWA-OYA[11] an
9 Legierungen mit 15—91% V, die 8 Stunden bei 1100° geglüht und
darauf langsam abgekühlt waren. Die Gitterkonstanten liegen auf einer
kontinuierlich gegen die Konzentrationsachse schwach konvex gekrümmten Kurve. WEVER-JELLINGHAUS konnten diesen röntgenographischen Befund an Legierungen, die oberhalb 1300° abgeschreckt
waren, bestätigen.

Bei der Verfolgung der Abkühlungskurven bis herunter zu etwa 600°
fanden WEVER-JELLINGHAUS „bei Zusammensetzungen zwischen 29 und
60% V deutliche thermische Effekte, deren Temperaturen eine stetig
verlaufende Gleichgewichtslinie mit einem Maximum von 1234° bei
48% V ergeben. Dieses entspricht dem stöchiometrischen Verhältnis
FeV mit 47,71% V sehr genau; es liegt damit die Annahme nahe, daß
die primär als homogene Mischkristalle erstarrten Legierungen bei den
Temperaturen der Gleichgewichtslinie (Abb. 299) unter Bildung einer
Verbindung FeV zerfallen". Das Vorliegen der spröden Verbindung in
Legierungen, die hinreichend langsam abgekühlt oder bei niederer
Temperatur geglüht waren, gibt sich durch tiefgreifende Veränderung
des mikroskopischen Gefüges und das Auftreten eines linienreichen
Interferenzmusters im Röntgenbild zu erkennen. Der Zerfall der Misch-
kristalle läßt sich selbst beim Abschrecken von 1400° nicht immer ganz
verhindern. Durch Bestimmung der Netzebenenabstände bei ver-
schiedener Zusammensetzung ließ sich einwandfrei zeigen, daß die
Verbindung FeV sowohl Fe als auch V im Überschuß zu lösen vermag.

Die in Abb. 299 angegebenen Grenzkurven haben nur qualitativen Charakter[12]. Die Legierungen des Umwandlungsbereiches sind nach langsamer Abkühlung bei Raumtemperatur unmagnetisch oder nur schwach magnetisch. Dagegen erwiesen sich Legierungen mit bis zu 56% V nach dem Abschrecken von Temperaturen oberhalb der Zerfallskurve der α-Mischkristalle als stark magnetisch. Im Lichte der Ergebnisse von WEVER-JELLINGHAUS sind die an der Grenze des an V gesättigten Fe-reichen Mischkristalls liegenden Curiepunkte nach HONDA und OYA keine „Gleichgewichts"-Punkte, sondern durch die jeweilige mehr oder weniger weit fortgeschrittene Bildung der ε-Phase bedingt. Nach WEVER-JELLINGHAUS kommt die Curiepunktkurve der übersättigten (d. h. abgeschreckten) Mischkristalle bei rd. 58% V zum Schnitt mit der Raumtemperatur.

Weitere Untersuchungen. Der Vollständigkeit halber sei auf RUFs[13] Messungen der Dichte, des spezifischen Widerstandes und seines Temperaturkoeffizienten, der Thermokraft gegen Pt und der Wärmeausdehnung von Legierungen mit 6, 12 und 18% V auf NISHIYAMAs[14] Bestimmungen der Gitterkonstanten von Legierungen mit 2, 4, 6 und 8% V hingewiesen. Nach TAMMANN[15] liegt bei 0,5 Mol eine chemische Resistenzgrenze.

Literatur.

1. VOGEL, R., u. G. TAMMANN: Z. anorg. allg. Chem. Bd. 58 (1908) S. 79/82. Legn. mit 10 und 20% V wurden mit Hilfe einer Vorlegierung (26,8% V), V-reichere durch aluminothermische Reaktion hergestellt; sie enthielten durchweg 1% Si. — **2.** WEVER, F., u. W. JELLINGHAUS: Mitt. Kais. Wilh.-Inst. Eisenforschg., Düsseld. Bd. 12 (1930) S. 317/22. Die Legn. wurden unter Verwendung eines Ferrovanadins mit 60% und 80% V in Magnesia- bzw. Pythagorastiegeln erschmolzen. 26 Legn. mit 13,4—79,8% V enthielten zwischen 0,03 und 0,13% C (Mittelwert 0,07%) und zwischen 0,42 und 2,01% Si (Mittelwert 0,93%). — **3.** PÜTZ, P.: Metallurgie Bd. 3 (1906) S. 635/38, 649/56. — **4.** Die von ihm gegebenen Abkühlungskurven von sehr C-armen Legn. deuten jedoch auf eine Erniedrigung des Ar_3-Punktes mit steigendem V-Gehalt; vielleicht sind die Kurven verwechselt. — **5.** PORTEVIN, A.: Rev. Métallurg. Bd. 6 (1909) S. 1352/55. — **6.** Nach WEVER-JELLINGHAUS. — **7.** MAURER, E.: Stahl u. Eisen Bd. 45 (1925) S. 1629/32. — **8.** OYA, M.: Sci. Rep. Tôhoku Univ. Bd. 19 (1929) S. 235/45. Kinzoku no Kenkyu Bd. 5 (1928) S. 349/56 (japan.). — **9.** VOGEL, R., u. E. MARTIN: Arch. Eisenhüttenwes. Bd. 4 (1930/31) S. 487/95. — **10.** HONDA, K.: Ann. Physik Bd. 32 (1910) S. 1010/11. — **11.** OSAWA, A., u. M. OYA: Sci. Rep. Tôhoku Univ. Bd. 18 (1929) S. 727/31. Kinzoku no Kenkyu Bd. 6 (1929) S. 234/36 (japan.). — **12.** Die Abgrenzung des Existenzgebietes der ε-Phase und der heterogenen Gebiete $(\alpha + \varepsilon)$ mit Hilfe von Bestimmungen der Gitterkonstanten gedenken die Verfasser nachzuholen. — **13.** RUF, K.: Z. Elektrochem. Bd. 34 (1928) S. 813/18. — **14.** NISHIYAMA, Z.: Sci. Rep. Tôhoku Univ. Bd. 18 (1929) S. 382. — **15.** TAMMANN, G.: Z. anorg. allg. Chem. Bd. 107 (1919) S. 119/26.

Fe-W. Eisen-Wolfram.

Die ersten Einblicke in den Aufbau der Fe-W-Legierungen versuchte man vornehmlich mit Hilfe rückstandsanalytischer Untersuchungen zu

gewinnen. Die durch Behandeln von weniger oder mehr kohlenstoff-
haltigen Legierungen mit Lösungsmitteln isolierten Rückstände wurden,
wenn ihre Zusammensetzung annähernd einfachen stöchiometrischen
Verhältnissen der Komponenten entsprach, wie immer in solchen Fällen,
ohne weiteres, d. h. ohne Prüfung auf Einheitlichkeit, als Verbindungen
angesprochen. Auf Einzelheiten derartiger Untersuchungen von Poleck-
Grützner[1], Behrens-van Linge[2], Carnot-Goutal[3], Vigouroux[4] und
Swinden[5] u. a. einzugehen, ist nicht notwendig, da später mit Hilfe
exakter Verfahren durchgeführte Untersuchungen zu eindeutigen Ergebnissen hinsichtlich der Konstitution geführt haben[6]. Bei den von
diesen Forschern genannten Rückständen von den Zusammensetzungen
$Fe_3W^{3\ 5}$, Fe_2W^2, $Fe_3W_2^4$ und FeW_2^1 handelt es sich, wohl mit Ausnahme
des von Vigouroux isolierten Bestandteils Fe_3W_2, um Zufallsergebnisse.
Aus Messungen der elektrischen Leitfähigkeit von Barrett, Brown
und Hadfield[7] folgte, daß W von Fe in fester Lösung aufgenommen
zu werden vermag.

Harkort[8] unternahm erstmalig den Versuch, ein Zustandsdiagramm
der Fe-reichen Legierungen mit bis zu etwa 20% W (C-Gehalt unter
0,03%) mit Hilfe thermischer und mikroskopischer Untersuchungen
aufzustellen. Seine Bemühungen waren jedoch — vornehmlich wegen
unzulänglicher Versuchsführung — nur teilweise von Erfolg begleitet. Die
Bestimmung der Liquidustemperaturen führte zu stark schwankenden
Werten, besonders unter 5% W. Immerhin ist aus seinen Ergebnissen
zu entnehmen, 1. daß die Temperatur des Beginns der Erstarrung nach
einer möglichen Erhöhung des Fe-Schmelzpunktes durch kleine W-
Zusätze mit steigendem W-Gehalt (bis 15,4% untersucht) kontinuierlich
fällt, 2. daß sich aus diesen Schmelzen Fe-reiche Mischkristalle aus-
scheiden, 3. daß die Temperatur der $\gamma \rightleftharpoons \delta$- bzw. der $\alpha \rightleftharpoons \gamma$-Umwandlung
des Eisens durch W erniedrigt bzw. — wie schon Osmond[9] beobachtete —
erhöht[10], der Curiepunkt dagegen nicht merklich beeinflußt wird,
4. daß die feste Löslichkeit von W in Fe mit steigender Temperatur
zunimmt.

Kremer[11] hat auf Grund mikroskopischer Untersuchungen an nur
9 schnell abgekühlten (zwecks Vermeidung von Seigerung), aluminothermischen Legierungen mit 8,8—80,5% W ein hypothetisches Zustandsdiagramm aufgestellt, das durch das Bestehen von Fe-reichen
Mischkristallen (Löslichkeitszunahme mit der Temperatur) sowie zwei
Fe-W-Verbindungen charakterisiert ist, deren Formeln sich jedoch nicht
angeben ließen[12].

Abb. 300 zeigt das von Honda-Murakami[13] auf Grund mikroskopischer Untersuchungen an ofengekühlten und wärmebehandelten (bezüglich der Löslichkeitskurve von W in Fe) Legierungen entworfene Zustandsdiagramm. Das Bestehen der Verbindung Fe_2W wurde auf

Grund der Tatsache angenommen, daß eine sehr langsam durch 1500° abgekühlte Legierung dieser Zusammensetzung annähernd einphasig war.

OZAWA[14] hat das Schaubild von HONDA-MURAKAMI bestätigt und durch thermische Untersuchung der Erstarrungsvorgänge sowie durch

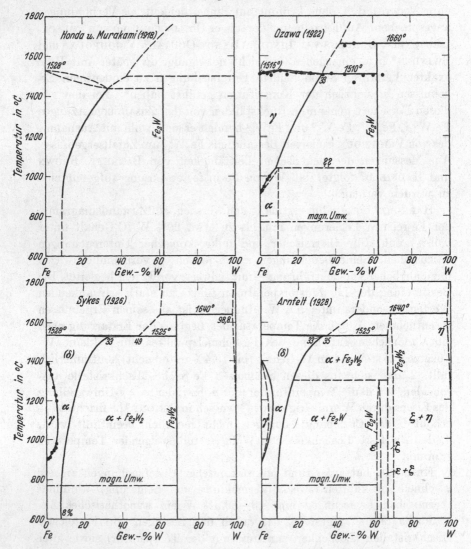

Abb. 300. Fe-W. Eisen-Wolfram. Diagramme nach verschiedenen Forschern.

dilatometrische Untersuchung der Umwandlungsvorgänge erweitert[15]. (Abb. 300). Die Löslichkeitsgrenze der Fe-reichen Mischkristalle wurde von HONDA-MURAKAMI übernommen.

Aus orientierenden Röntgenuntersuchungen schloß BAIN, daß eine

Verbindung FeW mit unbekanntem hexagonalen Gitter besteht (diese Feststellung wurde später nicht bestätigt), und daß Eisen einige Atom-% W, Wolfram dagegen praktisch kein Eisen in fester Lösung aufzunehmen vermag.

Auf Grund eingehender thermischer und mikroskopischer Untersuchungen an sehr reinen Legierungen gelangte Sykes[17] zu dem in Abb. 300 wiedergegebenen Schaubild[18]. Dazu ist folgendes zu bemerken: Die Temperaturmessung erfolgte auf optischem Wege (mit einer Genauigkeit von $\pm 3°$ beim Fe-Schmelzpunkt), und zwar wurde der Beginn des Schmelzens durch das erste Auftreten von Tröpfchen an den Ecken, das Ende durch den Eintritt gleichmäßiger Abrundung der ganzen Oberfläche der Probe festgestellt. Die eutektische Temperatur liegt nur einige Grad unter dem Fe-Schmelzpunkt. Die Temperaturen der polymorphen Umwandlung der Fe-reichen Mischkristalle sind mit Hilfe von Abkühlungskurven bestimmt; durch 5,5% W wird die $\delta \rightarrow \gamma$-Umwandlung auf 1200° erniedrigt, die $\gamma \rightarrow \alpha$-Umwandlung auf 980° erhöht, der Scheitelpunkt der rückläufigen Umwandlungskurve liegt danach nahe bei 6% W. Die Sättigungsgrenze des α-Mischkristalls wurde mikrographisch festgelegt. Das Vorhandensein und die Bildungstemperatur der Verbindung Fe_3W_2 (68,72% W) wurde aus Gefügeuntersuchungen abgeleitet: nach 30stündigem Glühen bei 1550—1575° zeigte eine Legierung mit 69% W nur eine einzige Kristallart. Bei unvollständigem Verlauf der peritektischen Reaktion bei 1640° bestanden Legierungen mit 62—75% W, wie zu erwarten, aus drei Phasen (W-reicher Mischkristall, Fe_3W_2 und α). Bei 1600° sind etwa 1,2% Fe in Wolfram löslich.

Das Diagramm von Sykes unterscheidet sich von den Diagrammen von Honda-Murakami und Ozawa durch die Existenz von Fe_3W_2 an Stelle von Fe_2W (erstere ist jedoch nach Sykes' Untersuchungen als gesichert anzusehen) und das Vorhandensein eines eutektischen Punktes bei 49% W. Dieser eutektische Punkt ist weder durch thermische, noch durch Gefügeuntersuchungen sicher erwiesen, vielmehr zeigt das Gefüge der Legierung mit 49% W und selbst das einer Legierung mit 35% W deutlich Primärkristalle der Verbindung, in Übereinstimmung mit dem Befund der japanischen Forscher, wonach bei 38% W sicher primäre Verbindungskristalle auftreten. Ein kennzeichnendes eutektisches Gefüge ist bisher nicht beobachtet worden, die eutektische Konzentration muß daher sehr nahe bei der Konzentration des gesättigten α-Mischkristalls liegen. In dem Hauptdiagramm (Abb. 301) wurde sie mit Arnfelt[19] bei 35% W angenommen.

Bei einer Röntgenanalyse des Systems fand Arnfelt[19], daß sowohl die Verbindung Fe_2W (Honda-Murakami) als die Verbindung Fe_3W_2 (Sykes) besteht (Abb. 300). Durch Behandeln einer 100 Stunden bei

1000° geglühten 25% W enthaltenden Legierung mit verdünnter HCl wurde ein Kristallpulver isoliert, das 62,6% W enthielt, entsprechend Fe_2W (62,23% W). Diese Verbindung hat ein hexagonales Gitter mit 4 Molekülen im Elementarbereich (a = 4,727 Å, c = 7,704 Å, c/a = 1,630). In gleicher Weise wurden aus einer Legierung mit 50% W, die bei 1700° geglüht, auf 1450° abgekühlt, 6 Stunden bei dieser Temperatur geglüht und darauf im Ofen erkaltet war (während dieser relativ schnellen Abkühlung wird die Bildung von Fe_2W unterdrückt), kleine Kristalle isoliert, die 68,7% W enthielten, entsprechend Fe_3W_2 (68,72% W). Fe_3W_2 besitzt ein hexagonales[20] Gitter (a = 4,731 Å, c = 25,76 Å, c/a = 5,440) mit 8 Molekülen in der Elementarzelle; sie ist isomorph mit Fe_3Mo_2. OSAWA-TAKEDA[23] konnten diese Struktur bestätigen. Die Bildungstemperatur von Fe_3W_2 wurde von ARNFELT nicht bestimmt, sie liegt zwischen 1000° und 1450°, in Abb. 300 wurde willkürlich 1300° angenommen. ARNFELT nimmt an, daß die beiden intermediären Phasen mit den Komponenten engbegrenzte Mischkristallgebiete, mit ε bzw. ζ bezeichnet, bildet. Für die Fe_3W_2-Phase scheint eine Mischkristallbildung auf Grund von Bestimmungen der Gitterkonstanten zwar erwiesen zu sein, doch konnte die Größe des Homogenitätsgebietes nicht bestimmt werden, da es wegen der geringen Reaktionsgeschwindigkeit nicht gelang, beide Phasen miteinander ins Gleichgewicht zu bringen. — Das α-Fe-Gitter erfährt, wie auch NISHIYAMA[21], CHARTKOFF-SYKES[22] und OSAWA-TAKEDA[23] fanden, durch W-Aufnahme eine geringe Aufweitung. Eine schnell von hoher Temperatur abgekühlte Legierung mit 85% W ergab Interferenzen der W-Phase, die gegenüber denjenigen des reinen Wolframs etwas verschoben sind; dadurch wird die von SYKES gefundene Löslichkeit von Fe in W bestätigt.

Durch mikroskopische Untersuchungen konnte TAKEDA[24] das Vorhandensein der Verbindung Fe_3W_2 bestätigen; mit OZAWA (Abb. 300) nimmt er an, daß sie sich durch eine peritektische Reaktion bei 1660° mit einer Schmelze mit 43% W bildet. TAKEDA weist darauf hin, daß das Gefüge der Legierungen nicht mit der Annahme eines eutektischen Punktes bei 49% W (SYKES) vereinbar ist; vielmehr fällt die eutektische Konzentration praktisch mit der Konzentration des gesättigten α-Mischkristalls (33% W) zusammen (Abb. 300). Aus mikroskopischen Beobachtungen an W-reichen Legierungen glaubt TAKEDA Anzeichen dafür gefunden zu haben, daß eine weitere intermediäre Phase mit etwa 80—90% W vorhanden sein könne, die bereits bei sehr hoher Temperatur eutektoidisch in Fe_3W_2 und W-reichen Mischkristall zerfällt. Wegen des geringen darüber vorliegenden Beweismaterials wurden die sich aus dem Bestehen einer solchen Phase ergebenden Gleichgewichtskurven im Hauptdiagramm (Abb. 301) nicht eingezeichnet. Es ist nicht ausgeschlossen, daß die beobachteten eutektoidähnlichen Gefüge durch eine Entmischung des W-reichen η-Mischkristalls hervorgerufen sind. Tatsächlich konnte Sykes[25], wie er gelegentlich mitteilte, bei einer „sorgfältigen Untersuchung des Systems zwischen 70 und 90% W" keine Anzeichen für eine eutektoidisch zerfallende Phase finden.

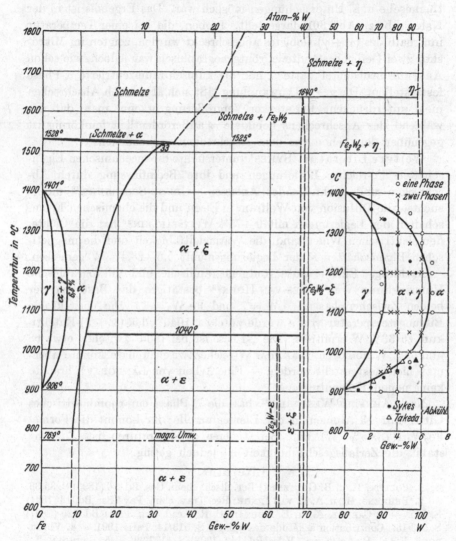

Abb. 301. Fe-W. Eisen-Wolfram (vgl. auch Abb. 300).

Die von Arnfelt gefundene Verbindung Fe_2W ist in dem Schaubild von Takeda nicht vorhanden. Diese Phase kann sich, da sie durch Reaktion von zwei festen Phasen entsteht (Fe_3W_2 und α), nach Arnfelt nur durch sehr langes Glühen bilden. Takeda bestätigte, daß eine rückläufige $\alpha(\delta) \rightleftharpoons \gamma$-Umwandlungskurve vorliegt, und daß der Curiepunkt des Eisens durch W nicht beeinflußt wird.

Neuerdings hat SYKES[26] die Grenzen des $(\alpha + \gamma)$-Gebietes mit Hilfe mikrographischer Untersuchungen genauer festgelegt als es durch thermische u. ä. Untersuchungen möglich war. Das Ergebnis ist in der Nebenabb. zu Abb. 301 dargestellt. Proben, die bei einer Temperatur innerhalb des $(\alpha + \gamma)$-Gebietes abgeschreckt wurden, zeigten im Mikroskop zwei Gefügebestandteile, röntgenographisch war jedoch, wie schon ARNFELT beobachtet hatte[27], nur die kubisch-raumzentrierte α-Phase festzustellen. Die $\gamma \rightarrow \alpha$-Umwandlung läßt sich also durch Abschrecken nicht unterdrücken. Bei starker Vergrößerung erkennt man, daß das während des Abschreckens gebildete α außerordentlich feinkörnig ist gegenüber dem schon vor dem Abschrecken vorhandenen α.

Weitere Literatur. SYKES[17] untersuchte die mechanischen Eigenschaften Fe-reicher Legierungen und ihre Beeinflussung durch Abschrecken und nachfolgendes Anlassen. GRUBE-SCHNEIDER[28] untersuchten die Diffusion vou Wolfram in Eisen und die chemischen Eigenschaften der Legierungen mit 0—75% W. STÄBLEIN[29] hat die Dichte, den elektrischen Widerstand, die Wärmeleitfähigkeit und die magnetischen Eigenschaften reiner Legierungen mit 5,6—28,4% W gemessen.

Nachtrag. Eine erneute röntgenographische und mikrographische Untersuchung von SYKES-VAN HORN[30] bestätigte das Bestehen der beiden Zwischenphasen $Fe_2W = \varepsilon$ und $Fe_3W_2 = \zeta$. Die peritektoide Bildungstemperatur von ε wurde zu etwa 1040°, das $(\alpha + \zeta)$-Eutektikum zu 33% W ermittelt. Die ζ-Phase ist bei 1600° zwischen etwa 68 und 69% W homogen. TAKEDAs W-reiche Zwischenphase konnte abermals nicht festgestellt werden. — Eine Arbeit von LANDGRAF[31] brachte keine neuen Erkenntnisse.

Nach ARNFELT-WESTGREN[32] hat die ζ-Phase ein rhomboedrisches Gitter mit 13 Atomen in der Elementarzelle; ihr kommt die Formel Fe_7W_6 (73,85% W) zu. Bei tieferen Temperaturen ist ζ nicht stabil, die Zerfallsgeschwindigkeit ist jedoch gering.

Literatur.

1. POLECK, T., u. B. GRÜTZNER: Ber. dtsch. chem. Ges. Bd. 26 (1893) S. 35/38. — **2.** BEHRENS, H., u. A. R. VAN LINGE: Rec. Trav. chim. Pays-Bas Bd. 13 (1894) S. 155. — **3.** CARNOT, A., u. E. GOUTAL: C. R. Acad. Sci., Paris Bd. 125 (1897) S. 213/16. Contribution à l'étude des alliages S. 513/14. Paris 1901. — **4.** VIGOUROUX, E.: C. R. Acad. Sci., Paris Bd. 142 (1906) S. 1197/99. — **5.** SWINDEN, T.: J. Iron Steel Inst. Bd. 73 (1907) S. 292. Metallurgie Bd. 6 (1909) S. 720. — **6.** Eine kurze Inhaltsangabe der älteren Arbeiten s. bei H. ARNFELT: Carnegie Scholarship Mem. Iron Steel Inst. Bd. 17 (1928) S. 2. — **7.** BARRETT, BROWN u. HADFIELD: J. Inst. electr. Engr. Bd. 31 (1902) S. 674. S. darüber W. GUERTLER: Z. anorg. allg. Chem. Bd. 51 (1906) S. 422/25. — **8.** HARKORT, H.: Metallurgie Bd. 4 (1907) S. 617/31, 639/47, 673/82. — **9.** OSMOND, F.: C. R. Acad. Sci., Paris Bd. 104 (1887) S. 985. — **10.** Der Ar_4-Punkt wird durch 0,75% W um rd. 45° erniedrigt; der

Ac_3-Punkt war bis 5% W (Erhöhung um 30°) zu verfolgen. — **11.** KREMER, D.: Abh. Inst. Metallhütt. u. Elektromet. Techn. Hochsch. Aachen Bd. 1 (1916) S. 14/18. — **12.** In dem Schaubild nimmt KREMER die Verbindungen Fe_3W und Fe_3W_2 an, letztere soll sich peritektisch bilden (Umhüllungsstrukturen). — **13.** HONDA, K., u. T. MURAKAMI: Sci. Rep. Tôhoku Univ. Bd. 6 (1918) S. 264/71. — **14.** OZAWA, S.: Sci. Rep. Tôhoku Univ. Bd. 11 (1922) S. 333/40. S. auch Stahl u. Eisen Bd. 46 (1926) S. 1834/35. — **15.** OZAWA (Abb. 300) gibt an, daß der Fe-Schmelzpunkt durch Wolfram anfangs etwas erhöht wird, trotzdem starke Unterkühlungen das Bild verwischen. Diese Beobachtung bedarf der Nachprüfung. — **16.** BAIN, E. C.: Chem. metallurg. Engng. Bd. 28 (1923) S. 23. — **17.** SYKES, W. P.: Trans. Amer. Inst. min. metallurg. Engr. Bd. 73 (1926) S. 968/1008. — **18.** S. auch Stahl u. Eisen Bd. 46 (1926) S. 1833/34. — **19.** ARNFELT, H.: Carnegie Scholarship Mem. Iron Steel Inst. Bd. 17 (1928) S. 1/13. — **20.** Nach P. P. EWALD u. C. HERMANN: Strukturbericht 1913/1928, Leipzig 1931, S. 527/28. ARNFELT u. OSAWA-TAKEDA (Anm. 23) bezeichnen die Struktur von Fe_3W_2 als trigonal. — **21.** NISHIYAMA, Z.: Sci. Rep. Tôhoku Univ. Bd. 18 (1929) S. 377/86. — **22.** CHARTKOFF, E. P., u. W. P. SYKES: Amer. Inst. min. metallurg. Engr. Techn. Publ. Nr. 307 1930. Trans. Amer. Inst. min. metallurg. Engr. Inst. Metals Div. 1930 S. 566/73. Stahl u. Eisen Bd. 50 (1930) S. 1004. — **23.** OSAWA, A., u. S. TAKEDA: Kinzoku no Kenkyu Bd. 8 (1931) S. 181/96 (japan.). Ref. J. Inst. Met., Lond. Bd. 47 (1931) S. 534. — **24.** TAKEDA, S.: Kinzoku no Kenkyu Bd. 6 (1929) S. 298/308 (japan.). Technol. Rep. Tôhoku Univ. Bd. 9 (1930) S. 101/15 (engl.). — **25.** SYKES, W. P.: Trans. Amer. Soc. Stl. Treat. Bd. 16 (1929) S. 368. — **26.** SYKES, W. P.: Amer. Inst. min. metallurg. Engr. Techn. Publ. Nr. 428 1931. Trans. Amer. Inst. min. metallurg. Engr. Iron Steel Div. 1931 S. 307/11. — **27.** Die α-Linien waren in je zwei Linien aufgeteilt, woraus hervorgeht, daß der W-Gehalt der ursprünglichen α-Kristallite und der durch Umwandlung während des Abschreckens gebildeten verschieden ist. **28.** GRUBE, G., u. K. SCHNEIDER: Z. anorg. allg. Chem. Bd. 168 (1927) S. 17/30. — **29.** STÄBLEIN, F.: Arch. Eisenhüttenwes. Bd. 3 (1929) S. 301/305. — **30.** SYKES, W. P., u. K. R. VAN HORN: Trans. Amer. Inst. min. metallurg. Engr. Iron Steel Div. Bd. 105 (1933) S. 198/212. — **31.** LANDGRAF, O.: Forschungsarb. über Metallkunde u. Röntgenmetallographie Folge 12, 1933. — **32.** ARNFELT, H., u. A. WESTGREN: Jernkont. Ann. Bd. 119 (1935) S. 185/96.

Fe-Zn. Eisen-Zink.

Analytische Untersuchungen. Die sich in eisernen Verzinkungsgefäßen bildenden Kristalle von Fe-Zn-Legierungen (Hartzink) sind mehrfach analysiert worden, doch dürften alle diese Bestimmungen der Zusammensetzung der Żn-reichsten intermediären Kristallart nicht stichhaltig sein, da ungewiß ist, ob jeweils die Kristalle frei von anhaftendem Zn waren. So ermittelten ELSNER[1] und BERTHIER[2] Fe-Gehalte von 6,24% (neben 0,75% C) bzw. etwa 9,5%. CALVERT-JOHNSON[3] analysierten eine Fe-Zn-Legierung, die sich am Boden eines Zinkbades gebildet hatte, und fanden 6,05% Fe; sie wurde von ihnen als Verbindung $FeZn_{12}$ (6,64% Fe) angesprochen. LE CHATELIER[4] (Rückstandsanalyse) sowie TABOURY[5] (Analyse von Einzelkristallen) glaubten mit Sicherheit die Verbindung $FeZn_{10}$ (7,87% Fe) isoliert zu haben.

Thermische und mikroskopische Untersuchungen. WOLOGDINE[6] stellte durch thermische Untersuchung im Bereich von 90—100% Zn fest, daß die Liquiduskurve vom Zn-Schmelzpunkt auf etwa 750° bei der Zusammensetzung $FeZn_{10}$ (92,13% Zn) ansteigt, und daß die Solidus-kurve zwischen 94 und 100% Zn praktisch beim Zn-Schmelzpunkt ver-läuft. Ohne hinreichenden Beweis nahm er an, daß $FeZn_{10}$ unzersetzt schmilzt, und daß in Zn-ärmeren Legierungen ein Eutektikum bei 690° vorliegt. Die von Le Chatelier auf Grund rückstandsanalytischer Untersuchungen angenommene „Verbindung" $FeZn_{10}$ konnte er auf gleiche Weise bestätigen. Eine nicht wärmebehandelte Legierung mit 99,93% Zn enthielt noch freie „$FeZn_{10}$"-Kristalle.

Unabhängig von Wologdine hat v. Vegesack[7] die Konstitution im Bereich von 77[8] bis 100% Zn untersucht. Der für dieses Konzentrations-gebiet geltende Teil der Abb. 302 stützt sich im wesentlichen auf diese Arbeit. Nach v. Vegesack bestehen zwei Verbindungen, $FeZn_3$ (77,84% Zn) und $FeZn_7$ (89,12% Zn), die durch peritektische Re-aktionen gebildet werden, entsprechend den Gleichungen: unbekannte Kristallart X + Schmelze mit 89% Zn → $FeZn_3$ bei 777°[21] und $FeZn_3$ + Schmelze mit 96% Zn → $FeZn_7$ bei 662°[21]. $FeZn_7$ bildet mit Zn die η-Mischkristallreihe, deren Zn-reichstes Glied etwa 92,7% Zn enthalten soll[9]. Dieser Mischkristall soll nach v. Vegesack bei 422° mit der bei dieser Temperatur an Fe gesättigten Schmelze mit 99,8% Zn unter Bildung eines Mischkristalls mit annähernd 99,3% Zn reagieren[9]. Die mikroskopische Untersuchung bestätigte den thermischen Befund mit der Ausnahme, daß sich eine Legierung mit 99,75% Zn noch als heterogen erwies.

Arnemann[10] konnte den von v. Vegesack angegebenen Verlauf der Liquiduskurve im Bereich von 89—100% Zn sowie die peritektische Horizontale bei 662° bestätigen, dagegen war es ihm nicht möglich, eine Horizontale bei 422°, also 3° über dem Zn-Schmelzpunkt, mit einem Maximum der Kristallisationsdauer bei 99,3% Zn zu finden. Vielmehr wurde diese Horizontale bei 419° mit Kristallisationsmaximum bei etwa 100% Zn festgestellt[21]. Die Löslichkeit von Fe in festem Zn, die schon allein danach außerordentlich klein sein muß, nahm Arne-mann auf Grund mikroskopischer Prüfung als unter 0,06% Fe liegend an. Neuerdings hat übrigens Peirce[11] die „Sättigungsgrenze des Zn-reichen Mischkristalls nach 110stündigem Glühen der Legierungen bei 400° zu annähernd 0,02% Fe (= 99,98% Zn) bestimmt[21].

Auf Grund von mikroskopischen Beobachtungen an Schliffen von verzinktem Eisen, auf denen sich die Zusammensetzung von reinem Fe bis zu reinem Zn ändert, glaubte Guertler[12] außer den bereits be-kannten intermediären Kristallarten $FeZn_7$ und $FeZn_3$ noch eine weitere unbekannter Zusammensetzung nachgewiesen zu haben. Vigouroux, Ducelliez und Bourbon[13] schlossen aus der von ihnen bestimmten vollständigen Spannungskurve, die vier Sprünge bei einfachen stöchiometrischen Zusammensetzungen aufweist, auf das Bestehen von sogar vier Verbindungen: $FeZn_7$, $FeZn_3$, Fe_3Zn (28,07% Zn) und Fe_5Zn (18,97% Zn).

Demgegenüber konnten RAYDT-TAMMANN[14], die eine Anzahl unter hohem Druck (110—130 at) hergestellte Legierungen mit 3—73% Zn mikroskopisch untersuchten, mit Sicherheit zeigen, daß zwischen Fe_3Zn und dem an Zn gesättigten Fe-reichen Mischkristall mit etwa 20—24% Zn keine weitere Kristallart vorliegt. Die Temperatur der magnetischen Umwandlung des Eisens wird nach RAYDT-TAMMANN durch etwa 30% Zn

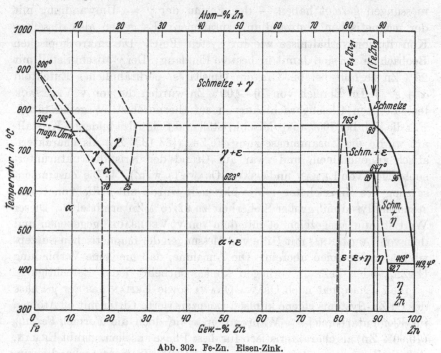

Abb. 302. Fe-Zn. Eisen-Zink.

auf $647 \pm 7°$ erniedrigt. In allen wesentlichen Punkten stimmt das von ihnen entworfene Zustandsdiagramm mit dem in Abb. 302 wiedergegebenen überein.

Zu einem gewissen Abschluß gelangte die Forschung über den Aufbau der Fe-Zn-Legierungen durch die thermischen, magnetischen und mikroskopischen Untersuchungen von OGAWA-MURAKAMI[15] und die Röntgenuntersuchungen von OSAWA-OGAWA[16] sowie EKMAN[17]. Das von OGAWA-MURAKAMI gegebene Diagramm weicht nur unwesentlich von den Ergebnissen der früheren Forscher ab.

Im einzelnen ist zu Abb. 302 folgendes zu bemerken: 1. Die Zusammensetzung des gesättigten α-Mischkristalls wurde durch mikroskopische Prüfung sowie durch Messung der Kette $Zn/1/20$ n $FeSO_4$

/Fe_xZn_{1-x} zu 18% Zn festgestellt. Das Potential fällt von dem Wert
des reinen Fe mit steigendem Zn-Zusatz allmählich auf den Wert der
18%igen Legierung und bleibt bis zur Konzentration des ε-Misch-
kristalls konstant. Die von VIGOUROUX und Mitarbeitern vermuteten
Verbindungen Fe_5Zn und Fe_3Zn bestehen also sicher nicht[18]. 2. Aus
der Bestimmung der magnetischen Umwandlungstemperatur (durch
magnetische Messungen bei fallender Temperatur) folgt, daß der A_2-
Punkt des Fe allmählich auf 623° bei 25% Zn erniedrigt wird; in
Legierungen mit mehr als etwa 14% Zn fällt — wie Ausdehnungsmessungen gezeigt haben — der Beginn der $\gamma \to \alpha$-Umwandlung mit
der magnetischen Umwandlung zusammen. Es gelten also dieselben
Konstitutionsverhältnisse wie im System Fe-C. Die mikroskopischen
Beobachtungen sind damit in bestem Einklang: Der γ-Mischkristall mit
25% Zn zerfällt bei 623° in ein lamellares, perlitähnliches Eutektoid
$\alpha + \varepsilon$. 3. Im Bereich von 70—100% Zn wurden die von v. VEGESACK
festgestellten Gleichgewichtskurven auf thermischem Wege bestätigt.
Für die sich bei 765° aus γ-Mischkristall und Schmelze bildende Kristallart wurde die Zusammensetzung Fe_5Zn_{21} (83,10% Zn) als charakteristisch angenommen, und zwar auf Grund der Kristallstrukturunter-
suchungen von EKMAN und OSAWA-OGAWA (s. w. u.). 4. Die Zusammensetzung des Zn-reichsten η-Mischkristalls wurde mit Hilfe von Rückstandsanalysen mit großer Sicherheit zu 92,75% Zn ermittelt[21]. Dieser
Wert stimmt ausgezeichnet mit dem von v. VEGESACK[9] gegebenen und
dem von LEHMANN[19] mit Hilfe von Messungen der magnetischen Suszeptibilität gefundenen überein. Die Annahme, daß hier eine Verbindung
($FeZn_{10}$ oder $FeZn_{12}$) vorliegen könne, entbehrt jeder Berechtigung.

Die ε-Phase hat nach OSAWA-OGAWA sowie EKMAN das der γ-Phase
des Cu-Zn-Systems eigene kubisch-raumzentrierte Gitter mit 52 Atomen
im Elementarbereich[21]. Während ersterje doch die Formel Fe_3Zn_{10}
(79,60% Zn) als charakteristisch für diese Phase ansehen, glaubt EKMAN,
daß die Zusammensetzung Fe_5Zn_{21} mit 83,10% Zn (entsprechend einem
Verhältnis von Valenzelektronenzahl zu Atomzahl von 21 : 13, wobei
Fe als nullwertig angesehen wird) für die ε-Phase kennzeichnend ist.
Die ε-Phase besitzt, wie EKMAN fand, ein meßbares Homogenitätsgebiet,
und zwar liegen die Grenzen für 500° etwa bei 79,7 und 83,3% Zn;
die Zusammensetzung Fe_5Zn_{21} fällt also praktisch mit der Zn-reichen
Grenzkonzentration zusammen. — Die η-Phase hat ein hexagonales
dichtgepacktes Gitter mit dem Achsenverhältnis 1,6 (Mg-Typ)[21]. Da
sie als idealer Mischkristall anzusehen sein dürfte, hat es keinen Sinn,
ihr eine bestimmte chemische Formel zuzuschreiben.

Die Sättigungsgrenze des α-Mischkristalls (kubisch-raumzentriert)
liegt nach den Röntgenogrammen (OSAWA-OGAWA) annähernd bei
16% Zn[21].

Nachtrag. CHADWICK[20] vermutet, daß die Grenze der festen Löslichkeit von Fe in Zn bei 0,01% Fe liegt.

Literatur.

1. ELSNER: J. prakt. Chem. Bd. 12 (1837) S. 303. — 2. BERTHIER, P.: Ann. Mines Bd. 17 (1840) S. 652. Pogg. Ann. Bd. 52 (1841) S. 340/45. — 3. CALVERT, F. C., u. R. JOHNSON: Ann. Chim. Phys. Bd. 45 (1855) S. 457/68. — 4. LE CHATELIER, H.: C. R. Acad. Sci., Paris Bd. 159 (1914) S. 356/57. — 5. TABOURY, F.: C. R. Acad. Sci., Paris Bd. 159 (1914) S. 241/43. — 6. WOLOGDINE, S.: Rev. Métallurg. Bd. 3 (1906) S. 701/08. — 7. VEGESACK, A. v.: Z. anorg. allg. Chem. Bd. 52 (1907) S. 34/40. — 8. Legn. mit weniger als 77% Zn waren wegen der hohen Dampfspannung des Zn bei der Schmelztemperatur unter Atmosphärendruck nicht herzustellen. Nach v. VEGESACK sieden Legn. mit 78 bzw. 89% Zn bei 915 bzw. 865°. — 9. Die Zusammensetzung der Verbindungen und der beiden bei 422° gesättigten Mischkristalle wurde nur mit Hilfe der Haltezeiten ermittelt. — 10. ARNEMANN, P. TH.: Metallurgie Bd. 7 (1910) S. 203/204, 208/209. — 11. PEIRCE, W. M.: Trans. Amer. Inst. min. metallurg. Engr. Bd. 68 (1923) S. 771/72. — 12. GUERTLER, W.: Int. Z. Metallogr. Bd. 1 (1911) S. 353/75. GUERTLER hat ein hypothetisches Zustandsdiagramm entworfen. — 13. VIGOUROUX, E., F. DUCELLIEZ u. A. BOURBON: Bull. Soc. chim. France 4 Bd. 11 (1912) S. 480. Ref. Chem. Zbl. 1912 II S. 96. Es wurde die Kette Zn/1/20 n ZnSO$_4$/Fe$_x$Zn$_{1-x}$ gemessen. Der Spannungssprung bei etwa FeZn$_7$ erfolgt zwischen 90 und 93% Zn allmählich, in Übereinstimmung mit der Existenz eines Mischkristallgebietes. — 14. RAYDT, U., u. G. TAMMANN: Z. anorg. allg. Chem. Bd. 83 (1913) S. 257/66. — 15. OGAWA, Y., u. T. MURAKAMI: Kinzoku no Kenkyu Bd. 5 (1928) S. 1/12 (japan.). Technol. Rep. Tôhoku Univ. Bd. 8 (1928) S. 53/69. Die Legn. mit 97,4 bis 30% Zn wurden durch Diffusion von Eisenpulver und einer Legierung von der Zusammensetzung FeZn$_7$ in Pulverform in geschlossenen Röhrchen bei 900° und anschließend bei 740° hergestellt. — 16. OSAWA, A., u. Y. OGAWA: Z. Kristallogr. Bd. 68 (1928) S. 177/88 (engl.). Kinzoku no Kenkyu Bd. 5 (1928) S. 102/10 (japan.). Sci. Rep. Tôhoku Univ. Bd. 18 (1929) S. 165/76. — 17. EKMAN, W.: Z. physik. Chem. B Bd. 12 (1931) S. 57/78. — 18. Der von VIGOUROUX und Mitarbeitern bei annähernd der Zusammensetzung Fe$_5$Zn gefundene Spannungssprung fällt mit der Sättigungsgrenze zusammen. — 19. LEHMANN, E.: Physik. Z. Bd. 22 (1921) S. 601/03. LEHMANN bestimmte die magnetische Suszeptibilität im Bereich von 91,5 bis 100% Zn und fand ein ausgesprochenes Maximum (Spitze) bei 92,71% Zn. — 20. CHADWICK, R.: J. Inst. Met., Lond. Bd. 51 (1933) S. 114. Vgl. neuerdings auch TRUESDALE, E. C., R. L. WILCOX u. J. L. RODDA: Amer. Inst. min. metallurg. Engr. Tech. Publ. No. 651 (1935).

Fe-Zr. Eisen-Zirkonium.

ALLIBONE-SYKES[1] haben das Gefüge von schnell erstarrten Legierungen mit bis zu 30% Zr, die aus Elektrolyteisen und Zr mit 0,2% Hf im Hochfrequenzofen in der Leere erschmolzen waren, untersucht[2]. Legierungen mit höherem Zr-Gehalt erwiesen sich als zu sehr durch Reaktionsprodukte mit dem Tiegelmaterial (Al$_2$O$_3$) verunreinigt.

Die Löslichkeit von Zr in α-Fe soll bei Raumtemperatur (?) etwa 0,3% betragen. Für das Bestehen Fe-reicher α-Mischkristalle unterhalb 0,8% Zr spricht auch der Verlauf der Härte-Konzentrationskurve. Der Curiepunkt des Fe wird hingegen durch Zr nicht verschoben. — Die Legierung mit 0,8% Zr zeigte nach 6stündigem Glühen bei 950° Spuren eines Eutektikums. Der eutektische Punkt liegt bei etwa 12,1% Zr. Die oberhalb 12% Zr primär kristallisierende Fe-Zr-Verbindung enthält mehr als 30% Zr, da die Legierung dieser Konzentration noch erhebliche Mengen Eutektikum besitzt. — Die Temperatur der $\alpha \rightleftharpoons \gamma$-Umwandlung wird im Sinne der Nebenabb. in Abb. 303 durch Zr erniedrigt. Zr verhält sich also andersartig als Si. — Die eutektische Temperatur liegt wahrscheinlich nahe dem Fe-Schmelzpunkt.

In Übereinstimmung mit ALLIBONE-SYKES fanden DAVENPORT-KIERNAN[3], daß eine Legierung mit 5,6% Zr aus Fe + Eutektikum besteht. Nach SYKES[4] wird der elektrische Widerstand des Eisens durch 0,3% Zr etwas erniedrigt; zwischen 0,3 und 3,4% Zr steigt der Widerstand wieder linear an. Beim Vorliegen fester Lösungen unterhalb 0,3% hätte man eine Erhöhung des Widerstandes durch diesen Zr-Gehalt zu erwarten.

Nachtrag. VOGEL-TONN[5] haben das in Abb. 303 dargestellte Zustandsschaubild auf Grund von Abkühlungskurven und Gefügeuntersuchungen an ungeglühten Legierungen aufgestellt[6]. Da die Verfasser die Erstarrungs- und Umwandlungstemperaturen nicht tabellarisch wiedergeben, mußten die in Abb. 303 gezeichneten Punkte aus der Originalabbildung entnommen werden. — Da zwischen 40 und 61,5% Zr keine Erstarrungspunkte bestimmt wurden, so stützt sich die Annahme der Verbindung Fe_3Zr_2 (52,13% Zr) anscheinend lediglich auf die Extrapolation der Haltezeiten für die eutektische Kristallisation bei 1330°[7]. Ihr Schmelzpunkt ist bei rd. 1620—1640° anzunehmen. Die Konzentration des γ-Fe + Fe_3Zr_2-Eutektikums geben VOGEL-TONN zu 16% an, gegenüber 12% Zr nach ALLIBONE-SYKES. Letztere fanden jedoch, daß während des Schmelzens ein ziemlich beträchtlicher Zr-Verlust durch Oxydation eintritt. So enthielt eine rein eutektische Legierung mit 15% Zr nur 12,1% Zr; Legierungen mit 1, 2, 4 und 6% Zr Einwaage enthielten in Wirklichkeit nur 0,6, 1,5, 3,4 und 5,2% Zr. Da VOGEL-TONN ihre Legierungen nicht analysierten, so ist anzunehmen, daß die Liquiduskurve und die Kurve des Beginns der $\delta \rightarrow \gamma$-Umwandlung bei Fe-reicheren Konzentrationen verläuft als in Abb. 303 angegeben ist. Die Temperatur der $\delta \rightarrow \gamma$-Umwandlung des Eisens wird durch Zr auf eine nur wenig oberhalb der eutektischen Temperatur liegende Temperatur erniedrigt, in Abb. 303 mit 1335° angenommen. Zwischen 0,7% Zr (annähernder Zr-Gehalt des bei 1330° gesättigten γ-Fe-Mischkristalls) und etwa 15% Zr sollten demnach die Abkühlungskurven in der Gegend von 1330° zwei dicht aufeinanderfolgende Haltepunkte zeigen. Die beiden Wärmetönungen konnten jedoch nicht mit Sicherheit unterschieden werden. Die Temperatur der $\gamma \rightarrow \alpha$-Umwandlung wird bereits durch 0,3% Zr auf 835° und durch höhere Zr-Gehalte — soweit die streuenden Werte eine Beurteilung zulassen — nicht weiter erniedrigt.

Das Lösungsvermögen von α-Fe für Zr ist bei 835° also sicher kleiner als 0,3%. ALLIBONE-SYKES (vgl. Nebenabb.) fanden eine Erniedrigung auf 881° durch 0,25% Zr und seltsamerweise eine stetig fortschreitende

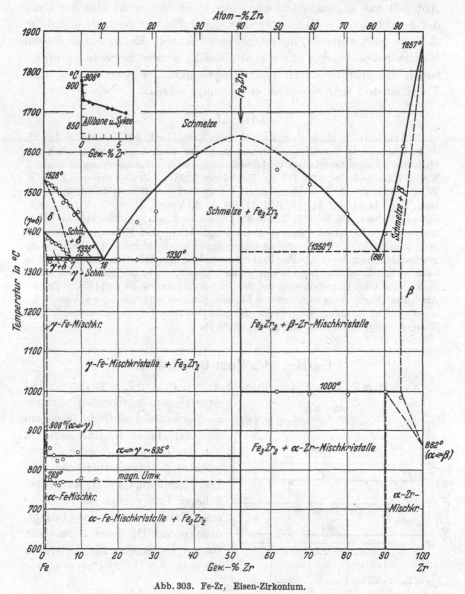

Abb. 303. Fe-Zr. Eisen-Zirkonium.

Erniedrigung auf 865° durch 6% Zr; die mittlere Temperatur beträgt 873°. Die Temperaturunterschiede erklären sich durch eine größere Abkühlungsgeschwindigkeit bei den Versuchen von VOGEL-TONN. Die

Temperatur der magnetischen Umwandlung wird nach VOGEL-TONN in Übereinstimmung mit ALLIBONE-SYKES durch Zr nicht beeinflußt. Die Konstitution der Legierungen zwischen Fe_3Zr_2 und Zr wird durch Abb. 303 nur angenähert beschrieben, insbesondere ist über den Grad der Löslichkeit von Fe in α-Zr (hexagonal dichtest gepackt) und β-Zr[8] (kubisch-raumzentriert) nichts Sicheres bekannt. Es wurden in diesem Konzentrationsbereich nur verhältnismäßig wenige Legierungen untersucht, die überdies durch Reaktionsprodukte der Schmelze mit dem Tiegelbaustoff sehr erheblich verunreinigt waren.

Literatur.

1. ALLIBONE, T. E., u. C. SYKES: J. Inst. Met., Lond. Bd. 39 (1928) S. 182/85. — **2.** Über ältere Versuche zur Herstellung von Fe-Zr-Lcgn. (vornchmlich mit Hilfe des aluminothermischen Verfahrens) siehe die Zusammenstellung in Gmelin-Kraut Handbuch Bd. 6·S. 778/79, Heidelberg 1928. — **3.** DAVENPORT, E. S., u. W. P. KIERNAN: J. Inst. Met., Lond. Bd. 39 (1928) S. 189. — **4.** SYKES, C.: J. Inst. Met., Lond. Bd. 41 (1929) S. 179/81. — **5.** VOGEL, R., u. W. TONN: Arch. Eisenhüttenwes. Bd. 5 (1931/32) S. 387/89. — **6.** Ausgangsstoffe: reinstes Elektrolyteisen; sehr reines, nur mit Spuren von Si, W und Hf verunreinigtes Zr. 20 g wurden im Pythagorastiegel unter Argon erschmolzen. „Als Beimengung machte sich besonders ein gelber harter Bestandteil bemerkbar, dessen Kriställchen auch in den Zr-armen Legn. nicht völlig fehlten". — **7.** Die Haltezeiten lassen m. E. auch eine Extrapolation auf die Zusammensetzung Fe_3Zr (44,96% Zr) zu. Auch diese Verbindung wäre mit den Liquiduspunkten verträglich. — **8.** VOGEL, R., u. W. TONN: Z. anorg. allg. Chem. Bd. 202 (1931) S. 292/96. BURGERS, W. G.: Z. anorg. allg. Chem. Bd. 205 (1932) S. 81/86.

Ga-Hg. Gallium-Quecksilber.

Nach dem in Abb. 304 dargestellten, von PUSCHIN, STEPANOVIĆ und STAJIC[1] ausgearbeiteten Erstarrungsschaubild ist Ga in flüssigem Hg und dieses in flüssigem Ga von der Temperatur des Schmelzpunktes praktisch unlöslich[2]. Die Löslichkeit von Ga in Hg wächst bei höherer Temperatur, da RAMSAY[3] eine Verminderung des Dampfdruckes von Hg durch Zusatz von Ga zu siedendem Hg feststellen konnte.

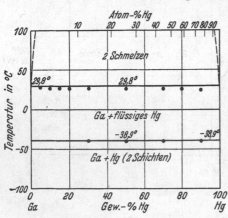

Abb. 304. Ga-Hg. Gallium-Quecksilber.

Literatur.

1. PUSCHIN, N. A., S. STEPANOVIĆ u. V. STAJIC: Z. anorg. allg. Chem. Bd. 209 (1932) S. 329/34. — **2.** „Die gegenseitige Löslichkeit von Ga und Hg, wenn diese überhaupt existiert, ist sehr gering, weil das Hg keine bemerkbare Erniedrigung des Gefrierpunktes zeigte; die beobachtete geringe Verminderung des Gefrierpunktes von Ga (die oberen Haltepunkte wurden bei 25—28° gefunden) ist am wahrscheinlichsten durch kleine Unterkühlung (Ga läßt sich sehr leicht unterkühlen) und nicht durch das Lösen von Hg erklärbar." — 3. RAMSAY, W.: J. chem. Soc Bd. 55 (1889) S. 521.

Ga-In. Gallium-Indium.

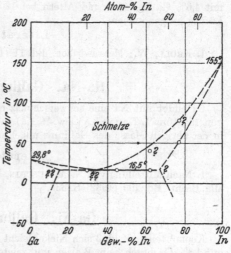

Abb. 305. Ga-In. Gallium-Indium (hypothetisch).

LECOQ DE BOISBAUDRAN[1] bestimmte die Temperaturen des Beginns des Schmelzens bzw. Erweichens und die annähernden Temperaturen des Endes des Schmelzens von vier Legierungen. Er macht darüber die in Tabelle 28 zusammengestellten Angaben, die die Zeichnung des in Abb. 305 wiedergegebenen hypothetischen Zustandsschaubildes gestatten. Es dürften zwei Reihen von Mischkristallen bestehen, über deren Ausdehnung — insbesondere derjenigen des Ga-reichen Mischkristalls — sich jedoch keine Angaben machen lassen. Die Existenz von Ga-In-Verbindungen ist an sich sehr unwahrscheinlich. — S. auch Cs-Ga.

Literatur.

1. LECOQ DE BOISBAUDRAN: C. R. Acad. Sci., Paris Bd. 100 (1885) S. 701/703.

Tabelle 28.

Gew.-% In	Atom-% In	
29,16	20,0	Beg. d. Schm. 16,5—16,6°; von 16,9° ab ist das Schm. schon sehr vorgeschritten.
45,15	33,33	Beg. d. Schm. 16,5° (erweicht schneller als die Leg. mit 62,2% In).
62,21	50,0	Beg. d. Erw. 16,5—16,6°; halbweich 35°; zähflüssig 45°; leichtflüssig zwischen 60—80°.
76,71	66,67	Beg. d. Erw. 46°, d. Schm. 56°; vollkommen geschm. bei 75—80°.

Ga-Li. Gallium-Lithium.

ZINTL-BRAUER[1] entdeckten die Verbindung GaLi (9,05% Li). Sie hat die Kristallstruktur der Verbindung NaTl (s. d.).

Literatur.

1. ZINTL, E., u. G. BRAUER: Z. physik. Chem. B Bd. 20 (1933) S. 245/71.

Ga-Mg. Gallium-Magnesium.

Nach Beobachtung von KROLL[1] läßt sich Mg gut mit Ga legieren, und zwar wird das Gallium, wie Aushärtungsversuche (durch Abschrecken einer Legierung mit 4,6% Ga bei 450° und Altern bei 120°) zeigten, vom Magnesium in fester Lösung aufgenommen.

Literatur.

1. KROLL, W.: Metallwirtsch. Bd. 11 (1932) S. 435/37.

Ga-Na. Gallium-Natrium.

Ga bildet mit Na eine schwerschmelzende Verbindung. ,,Schon eine Zugabe von 15 Atom-% Na (= 5,5 Gew.-% Na) gab eine Verbindung, die auch bei 450° in der übrigen Masse des Galliums ungelöst blieb[1].‘‘ — S. auch Cs-Ga.

Literatur.

1. Nach Mitteilung von N. A. PUSCHIN, S. STEPANOVIĆ u. V. STAJIC: Z. anorg. allg. Chem. Bd. 209 (1932) S. 333.

Ga-Ni. Gallium-Nickel.

KROLL[1] teilt mit, daß sich Nickel leicht mit Ga legieren läßt. Eine Legierung mit 1,3% Ga brach beim Walzen und zeigte keine Aushärtung nach Abschrecken von 1200° und Altern bei 500°.

Literatur.

1. KROLL, W.: Metallwirtsch. Bd. 11 (1932) S. 435/37.

Ga-P. Gallium-Phosphor.

GaP (30,79% P) besitzt das Zinkblendegitter[1].

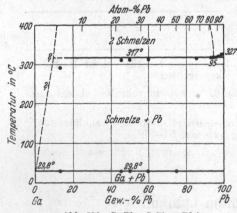

Abb. 306. Ga-Pb. Gallium-Blei.

Literatur.

1. GOLDSCHMIDT, V. M.: Skrifter Norske Videnskaps-Akademi Oslo, I. math.-nat. Klasse 1927. Strukturbericht 1913/1928, Leipzig 1931, S. 77 u. 141.

Ga-Pb. Gallium-Blei.

Abb. 306 zeigt das von PUSCHIN, STEPANOVIĆ und STAJIC[1] entworfene Erstarrungsdiagramm. Danach ist Ga in flüssigem Pb nur beschränkt löslich (etwa 5% bei 317°), Pb in flüssigem Ga bei seinem Schmelzpunkt unlöslich. Über die Zusammensetzung der bei 317° mit Blei und Pb-reicher Schmelze im Gleichgewicht befindlichen Ga-reichen Schmelze lassen sich auf Grund der Versuchsergebnisse keine Angaben machen. Die von KROLL[2] bestimmten Erstarrungstemperaturen Gareicher Schmelzen mit bis zu 24% Pb liegen zwischen 24° und 30°, d. h. also — unter Berücksichtigung von sehr leicht eintretenden Unterkühlungen — praktisch beim Ga-Erstarrungspunkt.

In festem Pb ist Ga ebenfalls nahezu unlöslich, da nach Angabe von KROLL „ein Zusatz von nur 0,2% Ga das Pb äußerst brüchig macht (infolge Gegenwart von freiem Ga) und selbst geringste Mengen bei Zimmertemperatur schädigend auf die mechanischen Eigenschaften des Bleies einwirken".

Literatur.

1. PUSCHIN, N. A., S. STEPANOVIĆ u. V. STAJIC: Z. anorg. allg. Chem. Bd. 209 (1932) S. 329/34. — 2. KROLL, W.: Metallwirtsch. Bd. 11 (1932) S. 435/37.

Ga-S. Gallium-Schwefel.

Die Darstellung und Eigenschaften der Sulfide des Galliums Ga_2S (18,7% S), GaS (31,5% S, Schmelzpunkt 965°) und Ga_2S_3 (40,8% S, Schmelzpunkt $\sim$ 1250°) wurden mehrfach beschrieben[1].

Literatur.

1. BRUKL, A., u. G. ORTNER: Naturwiss. Bd. 18 (1930) S. 393. Z. anorg. allg. Chem. Bd. 203 (1932) S. 23. — JOHNSON, W. C., u. B. WARREN: Naturwiss. Bd. 18 (1930) S. 666. — KLEMM, W., u. H. U. v. VOGEL: Z. anorg. allg. Chem. Bd. 219 (1934) S. 45/64.

Ga-Sb. Gallium-Antimon.

GaSb (63,59% Sb), dargestellt durch Zusammenschmelzen der Elemente, besitzt das der Zinkblende eigene Kristallgitter[1].

Literatur.

1. GOLDSCHMIDT, V. M.: Skrifter Norske Videnskaps-Akademi Oslo, I. math.-nat. Klasse 1926 u. 1927. Strukturbericht 1913/1928, Leipzig 1931, S. 77 u. 141.

Ga-Se. Gallium-Selen.

KLEMM-v. VOGEL[1] haben die Darstellung und einige Eigenschaften der Galliumselenide Ga_2Se (35,2% Se), GaSe (53,1% Se, Schmelzpunkt 960 ± 10°) und Ca_2Se_3 (62,9% Se, Schmelzpunkt etwa 1020°) beschrieben.

Literatur.

1. KLEMM, W., u. H. U. v. VOGEL: Z. anorg. allg. Chem. Bd. 219 (1934) S. 45/64.

Ga-Sn. Gallium-Zinn.

PUSCHIN, STEPANOVIĆ und STAJIC[1] haben das in Abb. 307 wiedergegebene Erstarrungsschaubild ausgearbeitet. Die beiden Metalle mischen sich im flüssigen Zustand in allen Verhältnissen und bilden ein bei 20° schmelzendes Eutektikum mit etwa 8% Sn. Über die Löslichkeitsverhältnisse im festen Zustand ist nichts bekannt. In Abweichung von Abb. 307 soll nach Kroll[2] der Erstarrungsbeginn der Schmelzen mit etwa 11% bzw. 21% und 31% Sn bei 15° bzw. 18° und 32° liegen.

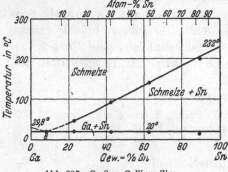

Abb. 307. Ga-Sn. Gallium-Zinn.

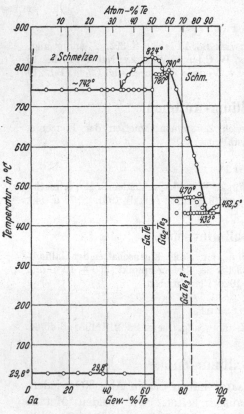

Abb. 308. Ga-Te. Gallium-Tellur.

Literatur.

1. Puschin, N. A., S. Stepanović u. V. Stajic: Z. anorg. allg. Chem. Bd. 209 (1932) S. 329/34. — 2. Kroll, W.: Metallwirtsch. Bd. 11 (1932) S. 435/37.

Ga-Te. Gallium-Tellur.

Aus dem von Klemm-v. Vogel[1] mit Hilfe der thermischen Analyse ausgearbeiteten Zustandsdiagramm (Abb. 308)[2] folgt, daß die Verbindungen GaTe (64,7% Te) und Ga_2Te_3 (73,3% Te) bestehen. Für das dem Sulfid Ga_2S und Selenid Ga_2Se analoge Tellurid Ga_2Te ergaben sich keine Anzeichen.

„Nicht ganz geklärt sind die Verhältnisse im tellurreichen Gebiet. Es scheint uns möglich, daß ein Polytellurid existiert, das aber eine relativ geringe Bildungsgeschwindigkeit besitzt." Die Verfasser zeichneten aus diesem Grunde die Horizontale bei 470° gestrichelt. Aus der Tatsache, daß die größte Wärmetönung bei 75 Atom-% Te beobachtet wurde, ist jedoch mit ziemlicher Sicherheit zu schließen, daß die Reaktion bei 470° der Umsetzung Ga_2Te_3 + Schmelze $\rightleftharpoons GaTe_3$ (84,6% Te) entspricht.

Literatur.

1. Klemm, W., u. H. U. v. Vogel: Z. anorg. allg. Chem. Bd. 219 (1934) S. 45/64. — 2. Die Temperaturpunkte und Temperaturangaben mußten aus dem Originaldiagramm abgelesen werden, da tabellarische Angaben nicht gemacht werden.

Ga-Zn. Gallium-Zink.

Das Erstarrungsschaubild wurde von Puschin, Stepanović und Stajic[1] ausgearbeitet (s. Abb. 309). Die beiden Metalle mischen sich im flüssigen Zustand in allen Verhältnissen und bilden ein Eutektikum mit etwa 5—6% Zn, das bei 25° schmilzt. Die Löslichkeit im festen Zustand wurde nicht untersucht, doch kann die Löslichkeit von Ga in Zn allenfalls nur sehr gering sein, da nach KROLL[2] ein 0,5% Ga enthaltendes Zn nicht mehr warm walzbar ist, „weil flüssiges Ga oder ein Ga-reiches Eutektikum sich an den Korngrenzen abscheidet". KROLL bestimmte auch die Erstarrungspunkte der Ga-reichen Schmelzen mit bis zu 28% Zn. Danach soll der Ga-Erstarrungspunkt durch 9% Zn auf 21° erniedrigt werden, mit weiter steigendem Zn-Gehalt soll die Liquidustemperatur wieder allmählich auf 25° bei 28% Zn ansteigen. Vergleicht man diese Angaben

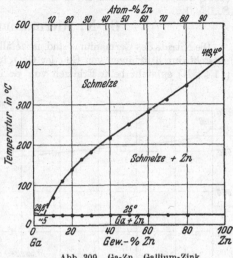

Abb. 309. Ga-Zn. Gallium-Zink.

mit dem Schaubild in Abb. 309, so ergibt sich, daß KROLL oberhalb 5% Zn nur die Temperatur des Endes der Erstarrung (nach Abb. 309 25°) gemessen hat.

Literatur.

1. PUSCHIN, N. A., S. STEPANOVIĆ u. V. STAJIC: Z. anorg. allg. Chem. Bd. 209 (1932) S. 329/34. — 2. KROLL, W.: Metallwirtsch. Bd. 11 (1932) S. 435/37.

Ge-Hg. Germanium-Quecksilber.

Die Löslichkeit von Ge in flüssigem Hg ist nach Beobachtungen von EDWARDS[1] nur sehr gering. Erst bei 250° gehen merkliche Mengen Ge in Lösung. Nach Widerstandsmessungen bei 302° ist bei dieser Temperatur wenigstens 0,027 Gew.-% Ge gelöst.

Literatur.

1. EDWARDS, T. J.: Philos. Mag. 7 Bd. 2 (1926) S. 15/17.

Ge-Mg. Germanium-Magnesium.

SCHENCK-IMKER[1] bezeichnen eine durch Erhitzen einer Mischung aus 2 Tln. Mg-Pulver und 1 Teil Ge-Pulver im Fe-Schiffchen im H_2-Strom erhaltene Legierung als eine bröcklige, grauschwarze Masse. Durch Erhitzen einer Mischung aus gepulvertem Ge und sehr fein gedrehten Mg-Spänen im Verhältnis 3 : 2 im Al_2O_3-Schiffchen im H_2-Strom bis nahe zur Rotglut erhielten DENNIS, COREY u. MOORE[2] eine körnige, dunkelgraue Masse.

ZINTL-KAISER[3] haben festgestellt, daß Mg_2Ge (59,88% Mg) eine Kristallstruktur von Fluorittypus besitzt, also mit Mg_2Pb und Mg_2Sn isomorph ist.

Literatur.

1. Schenck, R., u. A. Imker: Rec. Trav. chim. Pays-Bas Bd. 41 (1922) S. 570.
— **2.** Dennis, L. M., R. B. Corey u. R. W. Moore: J. Amer. chem. Soc. Bd. 46
(1924) S. 659. — **3.** Zintl, E., u. H. Kaiser: Z. anorg. allg. Chem. Bd. 211 (1933)
S. 125/31.

Ge-N. Germanium-Stickstoff.

Die Nitride des Germaniums sind unmetallisch (siehe N-Si). Ge_3N_4[1] (20,46% N)
entsteht durch Erhitzen von Ge oder GeO_2 im NH_3-Strom auf etwa 700°, Ge_3N_2[2]
(11,4% N) entsteht beim Erhitzen von Ge in N_2 bei 800—950°.

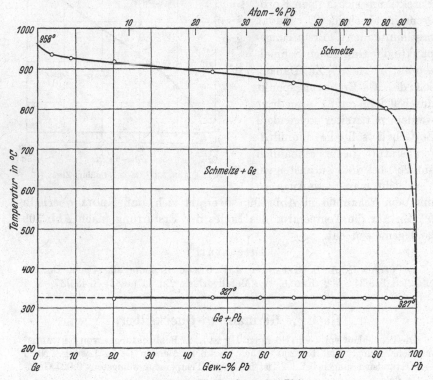

Abb. 310. Ge-Pb. Germanium-Blei.

Literatur.

1. Johnson, W. C.: J. Amer. chem. Soc. Bd. 52 (1930) S. 5160/65. S. auch
R. Schwarz u. P. W. Schenk: Ber. dtsch. chem. Ges. Bd. 63 I (1930) S. 300.
— **2.** Hart, J. R., nach W. C. Johnson: J. Amer. chem. Soc. Bd. 52 (1930)
S. 5164 Fußnote.

Ge-Na. Germanium-Natrium.

Über die Darstellung usw. von Ge-Na-Legierungen (Verbindung GeNa?)
siehe[1][2][3].

Literatur.

1. Dennis, L. M., u. N. A. Skow: J. Amer. chem. Soc. Bd. 52 (1930) S. 2369/72.
— **2.** Zintl, E., u. H. Kaiser: Z. anorg. allg. Chem. Bd. 211 (1933) S. 120/21.

— 3. JOHNSON, W. C., u. A. C. WHEATLEY: Z. anorg. allg. Chem. Bd. 216 (1934) S. 282/87.

Ge-Pb. Germanium-Blei.

BRIGGS-BENEDICT[1] haben das in Abb. 310 wiedergegebene Zustands-diagramm durch Aufnahme von Abkühlungskurven erhalten und die danach zu erwartende Struktur der Legierungen (primär kristallisiertes Ge in Pb-Grundmasse) beobachtet[2]. Ob Pb in festem Ge löslich ist, wurde nicht näher untersucht; die primär ausgeschiedenen Ge-Kristalle zeigten keine Zonenbildung, weshalb die Verfasser eine Mischkristall-bildung für wenig wahrscheinlich halten.

Literatur.

1. BRIGGS, T. R., u. W. S. BENEDICT: J. physic. Chem. Bd. 34 (1930) S. 173/77. — 2. Der Fehler in der Zusammensetzung der Legn. (Abb. 310) ist nach Angabe der Verff. „nicht größer als $\pm$ 3 Atom%". Der Schmelzpunkt des Ge in einer H_2-Atmosphäre wurde einmal zu 941°, ein anderes Mal zu 955° ermittelt (siehe darüber auch Ag-Ge). Ge war spektroskopisch rein.

Ge-Pt. Germanium-Platin.

Pt wird von geschmolzenem Ge sehr leicht durchgefressen[1].

Literatur.

1. MEYER, V.: Ber. dtsch. chem. Ges. Bd. 20 (1887) S. 499.

Ge-S. Germanium-Schwefel.

Über die Sulfide des Germaniums, GeS (30,63% S) und GeS_2 (46,9% S) siehe die Handbücher der anorganischen Chemie. Kristallgitter von GeS[1] und GeS_2[2].

Literatur.

1. ZACHARIASEN, W. H.: Physic. Rev. Bd. 40 (1932) S. 917/22. — 2. ZACHA-RIASEN, W. H.: S. bei W. C. JOHNSON u. A. C. WHEATLEY: Z, anorg. allg. Chem. Bd. 216 (1934) S. 274, Anm. 2.

Ge-Te. Germanium-Tellur.

Abb. 311 zeigt das Erstarrungsschaubild nach KLEMM-FRISCHMUTH[1]. Das Bestehen nur einer Verbindung, des Monotellurids GeTe (63,74% Te), wurde durch Röntgenanalyse bestätigt.

Literatur.

1. KLEMM, W., u. G. FRISCHMUTH: Z. anorg. allg. Chem. Bd. 218 (1934) S.249/51.

H-La. Wasserstoff-Lanthan.

Siehe Ce-H, S. 471.

H-Mn. Wasserstoff-Mangan.

L. LUCKEMEYER-HASSE u. H. SCHENCK: Arch. Eisenhüttenwes. Bd. 6 (1932/33) S. 212 haben die Löslichkeit von H_2 in Mn (96,4%) bei 500—1225° bestimmt.

H-Mo. Wasserstoff-Molybdän.

Über die Löslichkeit von H_2 in Mo siehe E. MARTIN: Arch. Eisenhüttenwes. Bd. 3 (1929/30) S. 412.

H-Ni. Wasserstoff-Nickel.

Über die Löslichkeit von H_2 in Ni siehe A. SIEVERTS: Ber. dtsch. chem. Ges. Bd. 42 (1909) S. 338. Z. physik. Chem. Bd. 77 (1911) S. 611. Z. Metallkde. Bd. 21 (1929) S. 40, 43 (200—1400°) und L. LUCKEMEYER-HASSE u. H. SCHENCK: Arch. Eisenhüttenwes. Bd. 6 (1932/33) S. 210 (300—1200°).

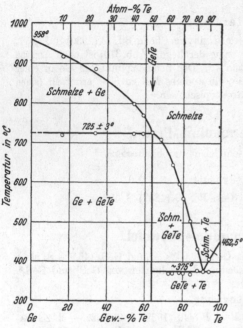

Abb. 311. Ge-Te. Germanium-Tellur.

H-Pb. Wasserstoff-Blei.

Nach A. SIEVERTS u. W. KRUMBHAAR: Ber. dtsch. chem. Ges. Bd. 43 (1910) S. 896 wird H_2 weder von festem noch von flüssigem Pb (untersucht bis 600°), Sb (bis 800°), Sn (bis 800°), Tl (bis 600°) und Zn (bis 600°) gelöst.

H-Pd. Wasserstoff-Palladium.

Über das Verhalten von Wasserstoff zu Pd (erstmalig eingehender untersucht von HOITSEMA[1]) liegt ein umfangreiches Schrifttum vor, auf das hier nur verwiesen werden kann[2].

Literatur.

1. HOITSEMA, C.: Z. physik. Chem. Bd. 17 (1895) S. 1ff. — 2. SIEVERTS, A.: Z. physik. Chem. Bd. 88 (1914) S. 103 u. 451. Z. Metallkde. Bd. 21 (1929) S. 40/44. Zusammenstellung der Literatur bis 1922 bei L. W. MC KEEHAN: Physic. Rev. Bd. 21 (1923) S. 334/421. Neuere Arbeiten: M. YAMADA: Sci. Rep. Tôhoku Univ. Bd. 11 (1922) S. 451/53. Philos. Mag. Bd. 45 (1923) S. 241/43. OSAWA, A.: Sci. Rep. Tôhoku Univ. Bd. 14 (1925) S. 43/45. BREDIG, G., u. R. ALLOLIO: Z. physik. Chem. Bd. 126 (1925) S. 49/71. LINDE, J. O., u. G. BORELIUS: Ann. Physik Bd. 84 (1928) S. 747/74. HANAWALT, J. D.: Physic. Rev. Bd. 33 (1929) S. 444/53. TAMMANN, G.: Z. anorg. allg. Chem. Bd. 188 (1930) S. 396/408. GILLESPIE, L. J., u. J. H. PERRY: J. physic. Chem. Bd. 35 (1931) S. 3367/70. BRÜNING, H., u. A. SIEVERTS: Z. physik. Chem. Bd. 163 (1933) S. 409/41. KRÜGER, F., u. G. GEHM: Ann. Physik Bd. 16 (1933) S. 174/89.

H-Pt. Wasserstoff-Platin.

Löslichkeit von H_2 in Pt: A. SIEVERTS: Ber. dtsch. chem. Ges. Bd. 45 (1912) S. 221. Z. Metallkde. Bd. 21 (1929) S. 44. S. auch A. OSAWA: Sci. Rep. Tôhoku Univ. Bd. 14 (1925) S. 43/45. BREDIG, G., u. R. ALLOLIO: Z. physik. Chem. Bd. 126 (1925) S. 49/71.

H-Sb. Wasserstoff-Antimon.

Siehe H-Pb, S. 776.

H-Sn. Wasserstoff-Zinn.

Siehe H-Pb, S. 776.

H-Ta. Wasserstoff-Tantal.

S. Ce-H, S. 471. Über Tantalhydride: G. HÄGG: Z. physik. Chem. B Bd. 11 (1931) S. 433/54.

H-Th. Wasserstoff-Thorium.

Siehe Ce-H, S. 471.

H-Ti. Wasserstoff-Titan.

Siehe Ce-H, S. 471. Über Titanhydride: G. HÄGG: Z. physik. Chem. B Bd. 11 (1931) S. 433/54.

H-Tl. Wasserstoff-Thallium.

Siehe H-Pb, S. 776.

H-V. Wasserstoff-Vanadium.

Siehe Ce-H, S. 471. Über Vanadiumhydride: G. HÄGG: Z. physik. Chem. B Bd. 11 (1931) S. 433/54.

H-Zn. Wasserstoff-Zink.

Siehe H-Pb, S. 776.

H-Zr. Wasserstoff-Zirkonium.

Siehe Ce-H, S. 471. Über Zirkoniumhydride: G. HÄGG: Z. physik. Chem. B Bd. 11 (1931) S. 433/54.

Hf-N. Hafnium-Stickstoff.

Das von A. E. VAN ARKEL u. J. H. DE BOER: Z. anorg. allg. Chem. Bd. 148 (1925) S. 347 dargestellte Hafniumnitrid HfN (7,27% N) hat metallische Eigenschaften.

Hf-W. Hafnium-Wolfram.

Rührt man WO_3 mit $Hf(NO_3)_4$-Lösung an, bringt zur Trockne und reduziert im H_2-Strom, so wird ein Teil des HfO_2 zu Hf reduziert, das mit dem Wolfram eine feste Lösung bildet[1].

Literatur.

1. LIEMPT, J. A. M. van: Nature, Lond. Bd. 115 (1925) S. 194. Chem. Zbl. 1925 I S. 1674.

Hf-Zr. Hafnium-Zirkonium.

DE BOER-FAST[1] haben duktile Legierungen mit 38 und 49 Atom-% Zr (23,8 und 32,9% Gew.% Zr) hergestellt und beschrieben. — Die Kurve des Temperatur-koeffizienten des elektrischen Widerstandes ist eine Kettenkurve mit sehr flachem Minimum; sie ist also kennzeichnend für das Vorliegen einer lückenlosen (hexagonalen) Mischkristallreihe[2]. Zr ist polymorph (siehe Fe-Zr).

Literatur.

1. BOER, J. H. DE, u. J. D. FAST: Z. anorg. allg. Chem. Bd. 187 (1930) S. 203/204. — 2. ARKEL, A. E. VAN: Metallwirtsch. Bd. 13 (1934) S. 514.

Hg-In. Quecksilber-Indium.

Es liegen einige Untersuchungen über verdünnte In-Amalgame vor, die jedoch keine Schlüsse auf die Konstitution gestatten[1].

Literatur.

1. Nach Angabe von R. KREMANN: Elektrochem. Metallkde. in W. Guertlers Handb. Metallographie, Berlin 1921 S. 205, soll GOUY: J. Physique 3 Bd. 4 (1895) S. 320/21 gefunden haben, daß sich 0,6% In in Hg bei 15—18° zu lösen vermag. GOUY hat jedoch, wie eine Einsichtnahme in die Originalarbeit zeigte, die Löslichkeit von In in Hg gar nicht bestimmt. Der genannte Wert bezieht sich auf die Löslichkeit von Sn.

Hg-K. Quecksilber-Kalium.

Das Bestehen von nicht weniger als 17 Verbindungen des Quecksilbers mit Kalium ist vermutet oder behauptet worden. Besonders für die Zusammensetzung der Hg-reichsten Verbindung sind sehr verschiedene Formeln angegeben worden, da in diesem Konzentrationsgebiet eine kleine Änderung in der Zusammensetzung einer erheblichen Änderung des Atomverhältnisses entspricht. Im folgenden werden nur die wichtigsten Arbeiten[1] über Hg-K angeführt.

Arbeiten präparativen Charakters. Löslichkeitsbestimmungen. KERP[2] bestimmte die Löslichkeit von K in Hg bei 0° und Raumtemperatur zu 0,265 (im Mittel) bzw. 0,46%. GUNTZ-FÉRÉE[3] fanden für Raumtemperatur 0,395% und MAEY[8] extrapolierte aus der Kurve des spezifischen Volumens den Wert 0,38%. KERP-BÖTTGER-WINTER[4] ermittelten die Zusammensetzung der an K gesättigten Schmelze bei 15 verschiedenen zwischen 0 und 100° liegenden Temperaturen und fanden die in Abb. 312 durch Kreuze gekennzeichneten Löslichkeiten oder Liquidustemperaturen. Die Kurve besitzt bei 1,8% K und 75° einen Knick.

Bodenkörperanalysen. KERP fand durch Abpressen von der Mutterlauge Kristalle mit 1,58% K entsprechend $Hg_{12}K$ (1,60% K). Das Bestehen dieser Verbindung war bereits früher von KRAUT-POPP[5] vermutet worden. GUNTZ-FÉRÉE fanden nach dem Abkühlen auf —19°

Kristalle von der Zusammensetzung $Hg_{18}K$ (Analysen werden nicht angegeben), durch Abfiltrieren bei Raumtemperatur $Hg_{12}K$ und bei Anwendung eines hohen Druckes $Hg_{10}K$ (1,91% K). GRIMALDI[6] gibt ebenfalls die Formel $Hg_{10}K$ (Schmelzpunkt etwa 60°) an, die er für wahrscheinlicher als $Hg_{12}K$ hält. KERP-BÖTTGER-WINTER fanden für die Zusammensetzung der zwischen 0 und 71° mit gesättigter Lösung im Gleichgewicht befindlichen Phase (durch Absaugen der Kristalle) 1,55—1,61% K entsprechend $Hg_{12}K$. Bei 73,5° bzw. 74°, 75°, 81°, 90° und 99,8° erhielten sie 1,86% bzw. 1,88%, 2,05%, 2,16%, 2,43% und 2,39% K, bei —2° und —12° 1,35% K. Sie schließen daraus, daß unter 0° $Hg_{14}K$ (1,37% K), zwischen 0 und 71° $Hg_{12}K$, zwischen 71 und etwa 74° $Hg_{10}K$, oberhalb 75° vielleicht Hg_9K (2,12% K) oder Hg_8K (2,38% K) oder eine Phase wechselnder Zusammensetzung (!?) vorliegt. Durch Zentrifugieren erhielten MC PHAIL SMITH und BENNET[7] einen Rückstand mit 1,64% K, d. h. einen zwischen $Hg_{12}K$ und $Hg_{11}K$ (1,74% K) liegenden Wert.

MAEY[8] schließt aus dem Verlauf der von ihm bestimmten Kurve des spezifischen Volumens zwischen 0 und etwa 19,5% K auf das Bestehen der Verbindungen $Hg_{11}K$ (statt $Hg_{12}K$), Hg_5K (3,75% K), Hg_3K (6,10% K), Hg_2K (8,88% K) und HgK (16,31% K). In einer späteren Arbeit[9] teilt er mit, daß die Existenz von $Hg_{11}K$ auf Grund seiner Versuche nicht gesichert sei, und daß seine Ergebnisse auch mit der Formel $Hg_{10}K$ oder $Hg_{12}K$ verträglich seien. Auch die Annahme der Verbindung Hg_5K erscheint nach den Messungen von MAEY nicht berechtigt, da bei dieser Konzentration keine Richtungsänderung der Kurve des spezifischen Volumens stattfindet.

Thermische Untersuchungen. Den zwischen 2,7 und 30% K liegenden Teil der Liquiduskurve haben bereits MERZ-WEITH[10] mit Hilfe von 10 Schmelzen in großen Zügen ermittelt (vgl. $\triangle$ in Abb. 312). TAMMANN[11] stellte fest, daß der Erstarrungspunkt von Hg (—38,9°) durch kleine K-Zusätze fortschreitend erniedrigt wird, und zwar durch 0,136% um 1,24°. Es kommt also zur Ausbildung eines eutektischen Punktes, der jedoch durch TAMMANNs Messungen noch nicht erreicht wurde.

KURNAKOW[12] bestimmte die in Abb. 312 durch Kreise gekennzeichneten Liquidustemperaturen. Daraus folgt mit Bestimmtheit die Existenz von Hg_2K. Die Bestimmung der Zusammensetzung der drei unter Zersetzung schmelzenden Hg-reicheren Verbindungen, die den drei Liquidusästen bis 70°, bis 129° und bis 195° entsprechen, stößt insofern auf Schwierigkeiten, als KURNAKOW nicht das Ende der Erstarrung und die Größe der peritektischen Haltezeiten beobachtet hat. Aus der Lage der Knickpunkte der Liquiduskurve schloß er, daß die Hg-reichste Verbindung — im Gegensatz zu den Ergebnissen der meisten Bodenkörperanalysen[13] — keinen höheren Hg-Gehalt besitzen kann, als der Formel $Hg_{10}K$ (oder Hg_9K) entspricht, und daß die beiden anderen Liquidusäste dem Beginn der Erstarrung von Hg_5K (oder Hg_6K) sowie Hg_3K entsprechen. KURNAKOW vermutet weiter das Bestehen der ebenfalls unter Zersetzung schmelzenden Verbindung HgK,

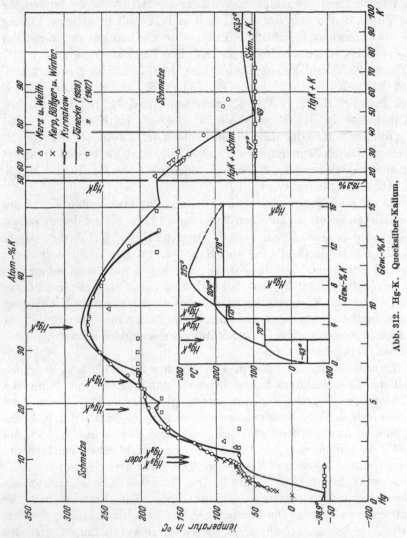

Abb. 812. Hg-K. Quecksilber-Kalium.

doch liegt der von ihm konstruierte Knick der Liquiduskurve nahe bei 14% K, die Verbindung HgK aber bei 16,3% K. Nach KURNAKOWs thermischen Werten kann also eine Verbindung HgK nur einen kongruenten Schmelzpunkt besitzen.

Aus dem Verlauf der Liquiduskurve nach KURNAKOW und der Kurve des spezifischen Volumens nach MAEY schließt TAMMANN[14] auf das Vorliegen der Verbindungen Hg_9K, Hg_3K, Hg_2K und HgK (letztere nur aus MAEYs Ergebnissen). Er nimmt also zwischen Hg und Hg_2K unter Verzicht auf Hg_5K nur zwei Verbindungen an, während KURNAKOW den drei Knicken bei 70°, 129° und 195° entsprechend drei Verbindungen innerhalb dieses Konzentrationsgebietes annimmt. In diesem Zusammenhang ist bemerkenswert, daß der Knick bei 129° in der Kurve von KURNAKOW viel weniger ausgeprägt ist als die Knicke bei 70° und 195° und sich nur auf einen Temperaturwert stützt, der möglicherweise durch einen experimentellen „Fehler" bedingt ist. Ist das der Fall, so liegen in der Tat nur zwei Verbindungen zwischen Hg und Hg_2K vor.

Die Erstarrungstemperaturen wurden erneut von JÄNECKE[15] ermittelt, und zwar für das ganze Konzentrationsgebiet. Leider gibt JÄNECKE seine Ergebnisse nicht tabellarisch, sondern nur in Gestalt eines Diagramms wieder, in dem lediglich die Temperaturpunkte der nonvarianten Gleichgewichte besonders verzeichnet sind (in Abb. 312 durch □ gekennzeichnet). Er fand einen eutektischen Punkt bei —43°, 0,4% K, einen eutektischen Punkt bei 47°, etwa 47% K sowie vier horizontale Gleichgewichtskurven bei 70°, 173°, 204° und 178°. Nach seiner Darstellung münden diese Horizontalen genau bei der Zusammensetzung der von ihm außer Hg_2K angenommenen Verbindungen Hg_9K, Hg_9K_2 (1,45% K), Hg_3K und HgK in die Liquiduskurve ein, d. h. die Zusammensetzung der festen und flüssigen Phase ist gleich: die Verbindungen schmelzen — worauf JÄNECKE besonders hinweist — also ohne Zersetzung. Dieser Grenzfall zwischen einer eutektischen und peritektischen Horizontalen ist zwar theoretisch nicht möglich, „praktisch" jedoch wohl denkbar.

Vergleicht man die Ergebnisse von KURNAKOW und JÄNECKE an Hand der Abb. 312 miteinander, so ist folgendes zu sagen: 1. Die der Kristallisation der beiden Hg-reichsten Verbindungen entsprechenden Liquidusäste verlaufen nach KURNAKOW bei höheren Hg-Konzentrationen als nach JÄNECKE. Der KURNAKOWschen Kurve ist jedoch der Vorzug zu geben, da sie mit der von KERP-BÖTTGER-WINTER (s. S. 778) ermittelten Kurve praktisch zusammenfällt. Der eutektische Punkt liegt also sicher bei einem höheren Hg-Gehalt als von JÄNECKE angegeben wird. 2. Beide Forscher nehmen drei Verbindungen zwischen Hg und Hg_2K an, doch liegen die entsprechenden Knickpunkte nach KURNAKOW bei 70°, 129° (ist fraglich, s. w. o.) und 195°, während JÄNECKE die Horizontalen bei 70° (durch drei thermische Effekte belegt), 173° (zwei thermische Effekte) und 204° (fünf thermische Effekte) fand. 3. Oberhalb 14% K werden die Untersuchungen KURNAKOWs lückenhaft; es wurde bereits darauf hingewiesen, daß die Annahme der Verbindung HgK auf Grund seiner Ergebnisse nicht begründet war.

JÄNECKE fand einen Knick in der Liquiduskurve bei der Konzentration HgK, hier mündet die Horizontale bei 178°, die durch zwei thermische Effekte belegt ist, in die Liquiduskurve ein. HgK und K bilden ein Eutektikum mit etwa 47% K, das bei 47° erstarrt. Die wenigen oberhalb 30% K von KURNAKOW bestimmten Liquiduspunkte stehen damit gar nicht im Einklang.

In einer späteren Arbeit hat JÄNECKE[16] die 1907 gezogenen Schlüsse zum Teil mit folgenden Worten widerrufen:

„Nach genauer Durchsicht der verschiedenen beobachteten Punkte erscheint es jedoch besser, die Kurven ein wenig anders zu ziehen. Es ist höchstwahrscheinlich, daß alle in dem System vorkommenden Verbindungen kongruente Schmelzpunkte haben, derart, daß sich zwischen benachbarten Verbindungen bzw. zwischen den Grenzvorbindungen und K oder Hg Eutektika ausbilden. Für mehrere der Verbindungen liegen diese Eutektika nahe der niedriger schmelzenden Verbindung selbst. Auch in bezug auf die Zusammensetzung der Verbindungen erscheint es mir richtig, auf Grund der Untersuchungen eine geringe Korrektur vorzunehmen und Hg_4K und Hg_8K statt Hg_9K_2 und Hg_9K zu setzen. Das Kalium hat gegenüber dem Quecksilber ein sehr viel kleineres Atomgewicht, so daß diese Korrektur nur eine geringe Verschiebung in dem Gehalt an Quecksilber bewirkt."

Experimentelle Einzelergebnisse teilt der Verfasser auch in dieser zweiten Arbeit nicht mit, so daß die in Abb. 312 wiedergegebene Liquiduskurve aus dem vom Verfasser gegebenen Diagramm übertragen werden mußte. In weiterer Abweichung von der älteren Veröffentlichung ergibt sich, daß der eutektische Punkt zwischen HgK und K nunmehr bei 50° und 51,5% K angenommen wird. Die Erstarrungspunkte der Verbindungen werden wie folgt angegeben: Hg_8K 70°, Hg_4K 182°, Hg_3K 201°, Hg_2K 278°, HgK 178°.

Versucht man die sich zum Teil erheblich widersprechenden Ergebnisse der einzelnen Forscher zu einem Zustandsdiagramm zu vereinigen, das die Konstitutionsverhältnisse im Bereich von 0—16,3% K angenähert wiedergibt, so gelangt man zu dem in der Nebenabb. dargestellten Schaubild. Dabei ist angenommen, daß die Verbindung Hg_8K unter Zersetzung schmilzt (nach den Ergebnissen von KERP-BÖTTGER-WINTER sowie KURNAKOW). Da es nicht sicher ist, daß die drei Verbindungen Hg_4K, Hg_3K und HgK einen maximalen Schmelzpunkt besitzen — JÄNECKE selbst hält es nur für „höchstwahrscheinlich" —, so wurde hier für die drei Horizontalen bei 173°, 204° und 178° (nach der älteren Arbeit von JÄNECKE) der Grenzfall zwischen einer eutektischen und einer peritektischen Horizontalen angenommen.

Weitere Untersuchungen. BORNEMANN-MÜLLER[17] haben die elektrische Leitfähigkeit der flüssigen Legierungen bei Temperaturen zwischen 100° und 400° gemessen. Die Existenz von Hg_2K-Molekülen in der Schmelze kommt durch eine Spitze in den Isothermen für 300°, 350° und 400° zum Ausdruck. Der Vollständigkeit halber seien auch die

Spannungsmessungen von REUTER[18] und KREMANN-MEHR[19] erwähnt, die jedoch keinen Rückschluß auf die Konstitution gestatten, da die Spannungen durch Bildung von Deckschichten an der Elektrodenoberfläche entstellt sind. Aus den Messungen von KREMANN-MEHR geht lediglich das Bestehen von Hg_3K hervor.

Literatur.

1. Weitere, jedoch für Beurteilung des Aufbaues unwichtige Arbeiten s. in den Handbüchern der anorganischen Chemie. — **2.** KERP, W.: Z. anorg. allg. Chem. Bd. 17 (1898) S. 300/303. — **3.** GUNTZ u. FÉRÉE: C. R. Acad. Sci., Paris Bd. 131 (1900) S. 183/84. — **4.** KERP, W., W. BÖTTGER u. H. WINTER: Z. anorg. allg. Chem. Bd. 25 (1900) S. 19/29. — **5.** KRAUT u. POPP: Liebigs Ann. Bd. 159 (1871) S. 188. — **6.** GRIMALDI, G. P.: Atti Accad. naz. Lincei 4 Bd. 4 (1887) S. 71. — **7.** McPHAIL SMITH, G., u. H. C. BENNETT: J. Amer. chem. Soc. Bd. 32 (1910) S. 622/26. — **8.** MAEY, E.: Z. physik. Chem. Bd. 29 (1899) S. 119/38. — **9.** MAEY, E.: Z. physik. Chem. Bd. 38 (1901) S. 305/306. — **10.** MERZ, V., u. W. WEITH: Ber. dtsch. chem. Ges. Bd. 14 (1881) S. 1444/46. — **11.** TAMMANN, G.: Z. physik. Chem. Bd. 3 (1889) S. 443. — **12.** KURNAKOW, N. S.: Z. anorg. allg. Chem. Bd. 23 (1900) S. 441/55. — **13.** Die Trennung von Kristallen und Schmelze ist also in den seltensten Fällen vollständig gewesen. — **14.** TAMMANN, G.: Z. anorg. allg. Chem. Bd. 37 (1903) S. 303/13. — **15.** JÄNECKE, E.: Z. physik. Chem. Bd. 58 (1907) S. 245/49. — **16.** JÄNECKE, E.: Z. Metallkde. Bd. 20 (1928) S. 113/14. — **17.** BORNEMANN, K., u. P. MÜLLER: Metallurgie Bd. 7 (1910) S. 396/402, 730/40, 755/71. — **18.** REUTER, M.: Z. Elektrochem. Bd. 8 (1902) S. 801/808. — **19.** KREMANN, R., u. A. MEHR: Z. Metallkde. Bd. 12 (1920) S. 444/501.

Hg-La. Quecksilber-Lanthan.

DANILTCHENKO[1] hat die Verbindung Hg_4La (14,76% La) dargestellt und untersucht; beim Erhitzen im Vakuum auf 350—400° bleibt sie unzersetzt.

Literatur.

1. DANILTCHENKO, P. T.: Referat einer russischen Arbeit in J. Inst. Met., Lond. Bd. 50 (1932) S. 540.

Hg-Li. Quecksilber-Lithium.

Arbeiten präparativen Charakters. Mit der Feststellung der Zusammensetzung der Hg-reichsten Verbindung und des an Li-gesättigten flüssigen Amalgams befassen sich folgende Arbeiten. GUNTZ-FÉRÉE[1], MAEY[2] sowie KERP-BÖTTGER-WINTER[3] erhielten durch Abpressen der Mutterlauge von dem kristallisierten Amalgam Kristalle, die sehr genau der Zusammensetzung Hg_5Li (0,69% Li) entsprachen. Später konnten MC PHAIL SMITH-BENNETT[4] zeigen, daß man durch Abpressen oder Filtrieren Kristalle erhält, die mit Mutterlauge verunreinigt sind; die Trennung ist also keine vollständige. Durch Filtrieren fanden sie Kristalle mit 0,875% Li im Mittel (entsprechend der Formel Hg_4Li mit 0,86% Li), also bereits einen etwas höheren Li-Gehalt als die früheren

Forscher. Durch Zentrifugieren erhielten sie dagegen Kristalle mit 1,10% Li im Mittel, was der Formel Hg_3Li (1,14% Li) entspricht. Die thermische Untersuchung von ZUKOWSKY[5] (s. w. u.) hat bestätigt, daß die Verbindung Hg_3Li die Hg-reichste Verbindung des Systems ist.

Der Li-Gehalt des bei Raumtemperatur an Li gesättigten flüssigen Amalgams ist nach KERP-BÖTTGER-WINTER 0,04%, nach MAEY 0,032% (extrapoliert berechnet), nach RICHARDS und GARROD-THOMAS[6] 0,036% und nach MC PHAIL SMITH-BENNETT 0,047% (bei 22°). Erstere bestimmten den Li-Gehalt der bei 65° bzw. 81° und 100° gesättigten flüssigen Amalgame zu 0,10% bzw. 0,11% und 0,13%.

Auf Grund von Bestimmungen des spezifischen Volumens der ganzen Legierungsreihe gelangte MAEY zu dem Schluß, daß die Verbindungen Hg_5Li, Hg_3Li, $HgLi$ (3,34% Li) und $HgLi_3$ (9,40% Li) bestehen; bei diesen Konzentrationen treten Knicke in der Kurve des spezifischen Volumens auf.

Das Zustandsdiagramm (Abb. 313) wurde von ZUKOWSKY[5] mit Hilfe thermischer Untersuchungen ausgearbeitet. Zwischen 0 und 50 Atom-% Li = 3,34 Gew.-% Li sind die Konstitutionsverhältnisse als geklärt anzusehen. Die eutektische Horizontale bei — 42° (bei Schmelzen mit weniger als 1,07% Li zu beobachten) und die beiden peritektischen Horizontalen bei 240°[7] (bei Schmelzen mit weniger als 1,7% Li zu beobachten) und 338° deuten auf das Bestehen der Verbindungen Hg_3Li (s. w. o.) und Hg_2Li (1,70% Li) hin. Kalorimetrische Messungen bestätigten das Vorhandensein von Hg_2Li, das MAEY entgangen war. Den Haltezeiten von 338° und 379° zufolge vermag die Verbindung $HgLi$ (s. MAEY) sowohl Hg als Li in fester Lösung aufzunehmen. Der eutektische Punkt liegt zwischen reinem Hg und 1 Atom-% = 0,04 Gew.-% Li[8].

Der übrige Teil des Diagramms ist in den Einzelheiten noch ungeklärt[10]. Der von der Höchsttemperatur abfallende Liquidusast würde nach der Verlängerung über den bei 6,3% Li und 406° gelegenen Punkt hinaus bei etwa 7% Li die Horizontale von 379° schneiden. Diese Horizontale erstreckt sich jedoch noch bis zu 9,6% Li. ZUKOWSKY bemerkt dazu, daß die Kristallisationswärme der Primärkristalle hier so unerheblich ist, daß sie vom Pyrometer nicht angezeigt wird. Ein Zerfall in zwei Schichten wurde nicht beobachtet. Bestimmte Schlüsse auf die Zusammensetzung der sich ausscheidenden Phasen lassen sich nach Ansicht ZUKOWSKYs nicht ziehen[10]. — Das Maximum der Haltezeiten von 379° liegt bei 67 Atom-% Li; in Abb. 313 wurde daher die Verbindung $HgLi_2$ (6,46% Li) unter Vorbehalt angenommen. Nimmt man jedoch an, daß diese Verbindung bei 379° peritektisch gebildet wird, so kann die Liquiduskurve nur den in Abb. 313 punktiert gezeichneten Verlauf besitzen[10].

Der bei 15% Li und 275° liegende Knickpunkt der Liquiduskurve deutet auf das Bestehen einer weiteren unter Zersetzung schmelzenden Verbindung hin; es wurden jedoch keine einer peritektischen Reaktion entsprechenden thermischen Effekte bei 275° beobachtet. Die bei 166° stattfindende Reaktion besitzt die größte Wärmetönung bei 75 Atom-%

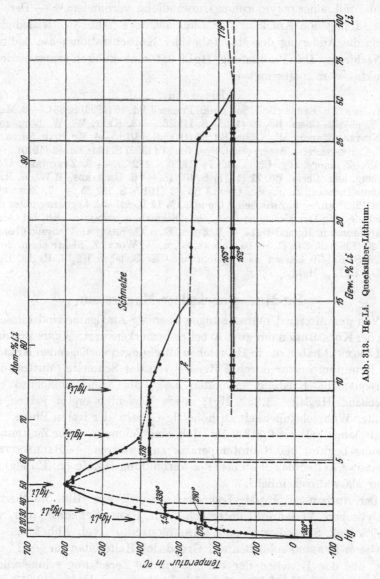

Abb. 313. Hg-Li. Quecksilber-Lithium.

Li; bei 166° könnte also die peritektische Reaktion erfolgen, die unter Bildung der Verbindung $HgLi_3$, deren Existenz auch MAEY behauptet, verläuft. ZUKOWSKY selbst hält auch das Bestehen von $HgLi_3$ für erwiesen, doch nimmt er an, daß der thermische Effekt bei 166° einer polymorphen Umwandlung dieser Kristallart entspricht; danach müßte HgLi$_3$ bei einer höheren Temperatur, vielleicht 275°, gebildet werden. Diese Deutung ist jedoch wenig wahrscheinlich, da die mit einer peritektischen Umsetzung verknüpfte Wärmetönung durchweg größer ist als die mit einer polymorphen Umwandlung verbundene[10]. — Der bei 25% Li liegende Knick in der Liquiduskurve (Abb. 313) ist lediglich durch die Änderung des Maßstabes der Konzentrationsachse bedingt.

Nachtrag. Die Verbindung HgLi hat eine kubisch-raumzentrierte Struktur vom β-Messingtyp[9].

Literatur.

1. Guntz u. Férée: Bull. Soc. chim. France 3 Bd. 15 (1896) S. 834. — 2. Maey, E.: Z. physik. Chem. Bd. 29 (1899) S. 119/38. — 3. Kerp, W., W. Böttger u. H. Winter: Z. anorg. allg. Chem. Bd. 25 (1900) S. 16/19. — 4. Mc Phail Smith, G., u. H. C. Bennett: J. Amer. chem. Soc. Bd. 31 (1909) S. 804; Bd. 32 (1910) S. 622 bis 626. Z. anorg. allg. Chem. Bd. 74 (1912) S. 172/73. — 5. Zukowsky, G. J.: Z. anorg. allg. Chem. Bd. 71 (1911) S. 403/18. — 6. Richards, T. W., u. R. N. Garrod-Thomas: Z. physik. Chem. Bd. 72 (1910) S. 182/85. — 7. Zukowsky nimmt 232° an. — 8. Zwischen 2,1 und 3,1% Li lassen sich Legn. nur unter dem Druck des Hg-Dampfes herstellen; diese Schmelzen zersetzen sich bei Atmosphärendruck in Hg und HgLi. — 9. Zintl, E., u. G. Brauer: Z. physik. Chem. B Bd. 20 (1933) S. 245/71. — 10. Grube, G., u. W. Wolf: Z. Elektrochem. Bd. 41 (1935) S. 675/79 klärten das System auf. Es bestehen Hg$_3$Li, Hg$_2$Li, HgLi, HgLi$_2$, HgLi$_3$, HgLi$_6$.

Hg-Mg. Quecksilber-Magnesium.

Von den älteren Untersuchungen über Mg-Amalgame sind hinsichtlich der Konstitution nur zwei Arbeiten bemerkenswert. Kerp, Böttger und Iggena[1] haben die in Hg-reichen Mischungen vorliegenden Kristalle bei Raumtemperatur durch Filtrieren von der Schmelze (Mutterlauge) getrennt; die Kristalle enthielten 1,87% Mg (d. h. annähernd entsprechend Hg$_6$Mg = 1,98% Mg); dieses Verfahren ergibt jedoch mit größter Wahrscheinlichkeit zu hohe Hg-Gehalte der festen Phase. Die Mutterlauge enthielt 0,313% Mg, d. h. eine Schmelze dieser Zusammensetzung beginnt bei Raumtemperatur zu erstarren. — Bachmetjew-Wzarow[2] halten das Bestehen der Verbindung Hg$_4$Mg (2,94% Mg) für mehr als wahrscheinlich[3].

Der Aufbau der Hg-Mg-Legierungen wurde mit Hilfe des thermoanalytischen Verfahrens untersucht von Cambi-Speroni[4] (nur von 0—9% Mg), Smits-Beck[5] und Daniltschenko[6]; vgl. Abb. 314.

Cambi-Speroni schließen auf Grund der Haltezeiten für —41° und 169° auf das Bestehen der bei 169° unter Zersetzung schmelzenden Verbindung Hg$_2$Mg (5,72% Mg). Die Existenz von HgMg (10,81% Mg) halten sie für wahrscheinlich, da die Haltezeit für 169° bei annähernd dieser Konzentration Null wird. Die thermischen Daten deuten darauf hin, daß HgMg bei 415° unter Zersetzung schmilzt[7].

Das vollständige Erstarrungsschaubild wurde erstmalig ausgearbeitet von SMITS-BECK. Hinsichtlich der Erstarrung der Schmelzen mit 0 bis 5% Mg stimmen ihre Ergebnisse mit denen von CAMBI-SPERONI gut

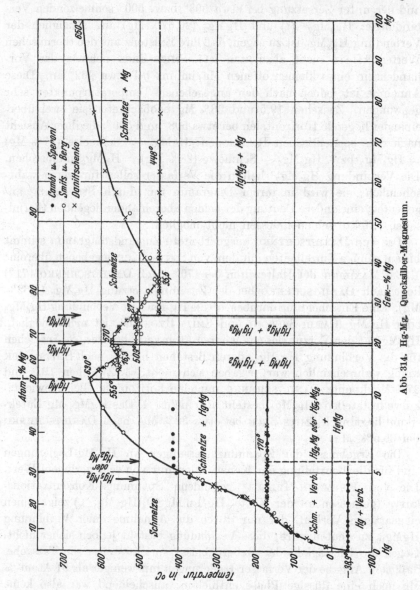

Abb. 314. Hg-Mg. Quecksilber-Magnesium.

überein. Im Gegensatz zu diesen Forschern fanden SMITS-BECK jedoch, daß die Verbindung HgMg, deren Bestehen sie sicherstellten, unzersetzt schmilzt (625°). Einen thermischen Effekt bei 415° konnten sie nicht — ebensowenig wie später DANILTSCHENKO — beobachten. — Auf Grund

50*

der in Abb. 314 eingezeichneten thermischen Daten nehmen Smits-Beck weiter das Vorhandensein der bei etwa 562° bzw. 573° unzersetzt schmelzenden Verbindungen Hg_2Mg_3 (15,4% Mg) und $HgMg_2$ (19,51% Mg) und der unter Zersetzung bei etwa 508° bzw. 500° schmelzenden Verbindungen Hg_3Mg_7[8] (?) und $HgMg_3$ (26,67% Mg) an. Bezüglich der Verbindung Hg_2Mg_3 ist zu sagen, daß ihre Existenz aus den thermischen Werten allein nicht abzuleiten ist: Smits-Beck nehmen das Vorhandensein eines kleinen offenen Maximums bei etwa 562° an. Diese Annahme ist jedoch nach den angegebenen Temperaturpunkten sehr gezwungen. Zwischen 19,5 und 28% Mg beobachteten sie zwei übereinander liegende Horizontalen bei etwa 508° und 500°, die ihrer Ansicht nach den peritektischen Reaktionen: $HgMg_2$ + Schmelze (27% Mg) $\rightleftharpoons Hg_3Mg_7$ bzw. Hg_3Mg_7 + Schmelze (28% Mg) $\rightleftharpoons HgMg_3$ entsprechen. Die Verbindung Hg_3Mg_7[7] halten die Verfasser selbst für wenig wahrscheinlich: sie wird in ihrem Diagramm nur durch Strichelung angedeutet; eine andere Deutung der beiden übereinander liegenden thermischen Effekte schien indessen nicht möglich.

Das von Daniltschenko ausgearbeitete Zustandsdiagramm stimmt bis auf wenige Einzelheiten mit dem von Smits-Beck gegebenen überein: 1. Das Maximum der Haltezeiten bei 170° (nach Daniltschenko 171°) liegt nach Daniltschenko bei der Zusammensetzung Hg_5Mg_2 (4,62% Mg). Eine Entscheidung darüber, ob die Hg-reichste Verbindung Hg_5Mg_2 oder Hg_2Mg (Cambi-Speroni und Smits-Beck) ist, ist nicht möglich. Hg_2Mg hat den Vorzug des einfacheren Atomverhältnisses. 2. Anzeichen für die Verbindung Hg_2Mg_3, deren Bestehen bereits nach Smits-Beck wenig wahrscheinlich war, ergaben sich nicht. 3. Zwischen 19,5 und 27% Mg konnte Daniltschenko nur eine horizontale Gleichgewichtskurve feststellen: Hg_3Mg_7 besteht also nicht. 4. Das $HgMg_3$-Mg-Eutektikum liegt nach Smits-Beck bei etwa 38% Mg, nach Daniltschenko bei 35,5% Mg.

Die Ergebnisse der Spannungsmessungen an Hg-Mg-Legierungen sind für die Beurteilung der Konstitution nur von sehr geringem Wert. Die von Kremann-Müller[9] gefundene Spannungs-Konzentrationskurve (gemessen an der Kette $Hg/1 \, n \, MgSO_4/Hg_xMg_{1-x}$) zeigt einen eigenartigen Verlauf, der nur durch die Annahme einer Verbindung $HgMg_{10}$ zu deuten wäre; diese Verbindung besteht jedoch sicher nicht. Gegen die Richtigkeit der Meßergebnisse spricht weiter die Tatsache, daß nach Angabe der Verfasser Legierungen mit weniger als 91 Atom-% Mg noch eine flüssige Phase enthielten; anscheinend war also keine vollständige Legierungsbildung eingetreten. Da außerdem die Spannungsmessung in wässerigen Elektrolyten an sich sehr unsichere Werte geben muß (die Mg-reicheren Legierungen reagieren lebhaft mit dem Wasser), so haben Müller-Knaus[10] die Spannung der ganzen

Legierungsreihe in einer gesättigten Lösung von $MgBr_2$ in wasserfreiem Pyridin gegen Hg gemessen. Ihre Kurve zeigt deutlich die Verbindung HgMg an, von dem Vorhandensein der drei anderen Verbindungen verrät sie jedoch nichts.

Literatur.

1. KERP, W., W. BÖTTGER u. H. IGGENA: Z. anorg. allg. Chem. Bd. 25 (1900) S. 33/35. — **2.** BACHMETJEW, P., u. J. WZAROW: J. russ. phys.-chem. Ges. Bd. 25 I (1893) S. 115 u. 219. — **3.** Vgl. Gmelin-Kraut Handbuch Bd. 5 Abt. 2 S. 1104/05. Nach Mitteilung von G. J. ZUKOWSKY: Z. anorg. allg. Chem. Bd. 71 (1911) S. 418 liegen „einige Angaben über die Existenz einer Verbindung MgHg vor, der ein Schmelzpunktmaximum zukommt". — **4.** CAMBI, L., u. G. SPERONI: Atti Accad. naz. Lincei, Roma Bd. 24 I (1915) S. 734/38. — **5.** SMITS, A., u. R. P. BECK: Proc. Kon. Akad. Wetensch. Amsterd. Bd. 23 (1921/22) S. 975/76 (engl.). Die Verff. geben keine Einzelwerte ihrer thermischen Analyse. Die in Abb. 314 wiedergegebenen Temperaturpunkte wurden aus dem von ihnen veröffentlichten Diagramm übertragen. — **6.** DANILTSCHENKO, P. T.: J. russ. phys.-chem. Ges. Bd. 62 (1930) S. 975/88; vorl. Mitt. Bd. 61 (1929) S. 172. — **7.** S. Anm. 3. — **8.** Zwischen 66,7 und 75 Atom-% Mg ist eine andere einfache Formel nicht möglich. — **9.** KREMANN, R., u. R. MÜLLER: Z. Metallkde. Bd. 12 (1920) S. 307/12. — **10.** MÜLLER, R., u. W. KNAUS: Z. anorg. allg. Chem. Bd. 130 (1923) S. 176/80.

Hg-Mn. Quecksilber-Mangan.

Die Löslichkeit von Mn in Hg bei Raumtemperatur beträgt nach CAMPBELL[1] 0,0038%, TAMMANN-HINNÜBER[2] $2,5 \cdot 10^{-4}$% (?), IRVIN-RUSSELL[3] 0,0010%, ROYCE-KAHLENBERG[4] $0,0031 \pm 0,0001$%.

Die Zusammensetzung der mit Hg-reicher Schmelze im Gleichgewicht befindlichen Phase ermittelte PRELINGER[5] durch wiederholtes Abpressen der Schmelze aus einem breiigen Amalgam zu Hg_5Mn_2 (9,87% Mn). Da dieser Rückstand dabei noch nicht ganz frei von Schmelze geworden sein dürfte, schloß GUERTLER, daß der Phase eher die Formel Hg_2Mn (12,04% Mn) zukäme. ROYCE-KAHLENBERG haben jedoch den Befund von PRELINGER bestätigen können. Sie fanden weiter, daß Hg_5Mn_2 oberhalb 90° nicht mehr stabil ist, vielmehr soll zwischen 86 und 100° die Verbindung HgMn (21,5% Mn) vorliegen, die bei Raumtemperatur instabil ist.

Literatur.

1. CAMPBELL, A.: J. chem. Soc. Bd. 125 (1924) S. 1713/16. — **2.** TAMMANN, G., u. J. HINNÜBER: Z. anorg. allg. Chem. Bd. 160 (1927) S. 251/54. — **3.** IRVIN, N. M., u. A. S. RUSSELL: J. chem. Soc. 1932 S. 891/98. — **4.** ROYCE, H. D., u. L. KAHLENBERG: Trans. Amer. Electrochem. Soc. Bd. 59 (1931) S. 126/32. — **5.** PRELINGER. O.: Mh. Chemie Bd. 14 (1893) S. 353.

Hg-Mo. Quecksilber-Molybdän.

FÉRÉE[1] hat 2% ig. Mo-Amalgam durch Elektrolyse einer Lösung von MoO_3 in HCl zwischen Hg-Kathode und Pt-Anode hergestellt[2] und durch Abpressen der flüssigen Phase einen Rückstand von der Zusammensetzung Hg_9Mo erhalten. Bei Anwendung stärkeren Druckes erhielt er aus diesem Rückstand einen solchen von der Zusammensetzung Hg_2Mo und bei weiterem Pressen des letzteren einen der Formel Hg_3Mo_2 entsprechenden Rückstand. Dieser Befund, der übrigens durch wiederholte Versuche bestätigt wurde, berechtigt nicht dazu, mit dem Verfasser das Bestehen der drei genannten „Verbindungen" anzunehmen. Es handelt sich vielmehr um eine fortschreitende Entfernung der flüssigen Phase aus dem Gemenge der flüssigen und kristallisierten Phase, über deren Zusammensetzung sich auf Grund dieser Versuche keine Aussagen machen lassen. Bei der Vakuumdestillation des Amalgams blieb reines Molybdän mit pyrophorischen Eigenschaften zurück.

TAMMANN-HINNÜBER[3] haben vergeblich versucht, die Löslichkeit von Mo in Hg bei Raumtemperatur zu bestimmen; IRVIN-RUSSELL[4] ermittelten sie analytisch zu $2 \cdot 10^{-5}\%$.

Literatur.

1. FÉRÉE, J.: C. R. Acad. Sci., Paris Bd. 122 (1896) S. 733. — 2. Über die Darstellung s. auch R. E. MYERS: J. Amer. chem. Soc. Bd. 26 (1904) S. 1124/35. CHILESOTTI, A.: Z. Elektrochem. Bd. 12 (1906) S. 154/55. — 3. TAMMANN, G., u. J. HINNÜBER: Z. anorg. allg. Chem. Bd. 160 (1927) S. 259/60. — IRVIN, N. M., u. A. S. RUSSELL: J. chem. Soc. 1932, S. 891/98.

Hg-Na. Quecksilber-Natrium.

Über den Aufbau des Systems Hg-Na sind wir dank zahlreicher und eingehender Untersuchungen ziemlich genau unterrichtet. Im folgenden brauchen daher nur solche Ergebnisse, die unmittelbare Schlüsse auf die Konstitution zulassen, berücksichtigt zu werden[1].

Arbeiten präparativen Charakters. Löslichkeitsbestimmungen. KERP[2] bestimmte die Löslichkeit von Na in Hg bei Temperaturen zwischen 0 und 100°. Später überprüften KERP-BÖTTGER-WINTER[3] diese Ergebnisse und ermittelten die Löslichkeit bei Temperaturen bis 161°. Aus den in der Nebenabb. von Abb. 315 dargestellten Löslichkeitswerten (△) geht hervor, daß die Abweichung von der auf thermischem Wege bestimmten Liquiduskurve mit steigender Temperatur größer wird. Bei „Raumtemperatur" ist der Gehalt der an Na gesättigten Lösung 0,64% (bei 25°) nach KERP; 0,65% (bei 25°) nach KERP-BÖTTGER-WINTER; 0,57% nach GUNTZ-FÉRÉE[4]; 0,62% nach MAEY[5] (aus der Kurve des spezifischen Volumens extrapoliert).

Bodenkörperanalysen. KRAUT-POPP[6] isolierten Kristalle mit 1,81—1,88% Na entsprechend Hg_6Na (1,88% Na). GRIMALDI[7] fand etwas höhere Na-Gehalte (2,01—2,11%) und schloß daher auf das Bestehen von Hg_5Na (2,24% Na). Dieselbe Verbindung glaubte KERP durch Absaugen von der Mutterlauge bei Temperaturen zwischen 0 und 100° isoliert zu haben; er fand 2,04—2,16% Na (Mittelwert 2,13%). KERP-BÖTTGER-WINTER schlossen dagegen aus den Analysenergebnissen der von ihnen durch Absaugen gewonnenen Kristalle, daß bis zu 40,5° die Verbindung Hg_6Na, oberhalb 40,5° bis rd. 130° die Verbindung Hg_5Na mit gesättigten Lösungen im Gleichgewicht steht. Sie fanden zwischen 0 und 40° 1,74—1,83% Na, d. h. die Trennung der Kristalle von der Schmelze ist ihnen noch weniger gut geglückt als KERP. GUNTZ-FÉRÉE geben an, bei —19° die Verbindung Hg_8Na[8] (1,41% Na) isoliert zu haben, die bei Raumtemperatur unter Abscheidung der Verbindung

Hg_6Na schmilzt. Durch Abpressen (mit der Hand) bei Raumtemperatur fanden sie 1,88—1,91% Na entsprechend Hg_6Na. Bei 96° soll Hg_6Na unter Abscheidung der Verbindung Hg_5Na (Schmelzpunkt 140°) schmelzen. Legierungen, die der Zusammensetzung Hg_6Na und Hg_5Na entsprachen, ließen sich bei starkem Pressen (200—1200 kg/cm²) unter Hg-Verlust in Hg_4Na (2,79% Na) überführen. Da wir heute wissen, daß die Wirkung des Druckes nur in einem Auspressen der an Na gesättigten Schmelze besteht, so folgt aus den Versuchen von GUNTZ-FÉRÉE, daß die Hg-reichste Verbindung sicher keinen kleineren Na-Gehalt besitzen kann als der Formel Hg_4Na entspricht. Den von KRAUT-POPP, GRIMALDI, KERP und Mitarbeitern, GUNTZ-FÉRÉE sowie MC PHAIL SMITH-BENNETT[9] (diese erhielten durch Zentrifugieren einen Rückstand mit 2,28% Na entsprechend Hg_5Na) erhaltenen Kristallen hat also sicher noch Schmelze angehaftet.

MAEY[10] schloß aus dem Verlauf der von ihm bestimmten Kurve des spezifischen Volumens der ganzen Legierungsreihe auf das Bestehen der Verbindungen Hg_5Na, Hg_2Na (5,42% Na), $HgNa$ (10,28% Na) und $HgNa_3$ (25,59% Na). In einer späteren Arbeit[11] teilt er mit, daß die Existenz von Hg_5Na auf Grund seiner Versuche nicht gesichert sei, und daß seine Ergebnisse auch mit der Formel Hg_6Na verträglich seien.

Thermische Untersuchungen. Bereits MERZ-WEITH[12] haben die Erstarrungstemperaturen von 10 Legierungen mit 3—38% Na bestimmt, ihre Angaben sind jedoch teilweise vollkommen unzutreffend. TAMMANN[13] stellte fest, daß der Erstarrungspunkt von Hg durch Na erniedrigt wird (durch 0,11% um 2,2°); es kommt also zur Ausbildung eines eutektischen Punktes, der allerdings durch TAMMANNs Messungen noch nicht erreicht wurde. TAMMANN bestimmte ebenfalls die Erstarrungstemperaturen von 8 Schmelzen mit 87,3—99,9% Na. Seine Ergebnisse wurden von HEYCOCK-NEVILLE[14] (unabhängig von TAMMANN), die 8 Liquiduspunkte zwischen 78,5 und 98,4% Na ermittelten, SCHÜLLER[15] (s. S. 793) sowie VANSTONE[16] (s. S. 794) ausgezeichnet bestätigt (vgl. Abb. 316). Die Bestimmungen einzelner Liquiduspunkte von SCHUMANN[17], MAZZOTTO[18] und MAEY[19] brauchen hier nicht berücksichtigt zu werden.

KURNAKOW[34] ermittelte die in Abb. 315 und 316 durch Kreise gekennzeichneten, oberhalb 16,5° liegenden 74 Liquiduspunkte. Daraus folgt mit Sicherheit das Bestehen der Verbindung Hg_2Na, Schmelzpunkt 346°. Die Bestimmung der Zusammensetzung der fünf unter Zersetzung schmelzenden Verbindungen, deren Existenz aus den fünf von KURNAKOW gefundenen Knickpunkten[20] der Liquiduskurve folgt (bei 2,5%, 155°; 9,5%, 218°; 10,55%, 210°; etwa 16%, 119°; 22,6%, 67°), stößt insofern auf Schwierigkeiten, als KURNAKOW nicht das Ende der Erstarrung und die Größe der peritektischen Haltezeiten beobachtet hat. Aus der Lage der Knickpunkte und dem Befund von MAEY (s. S. 791) schloß er unter Vorbehalt, daß diesen Verbindungen folgende Formeln zukommen: Hg_3Na oder Hg_4Na (primär bis zu 2,5% Na), Hg_nNa ($2 > n > 1$, primär zwischen 9,5 und 10,55% Na), $HgNa$ (primär zwischen 10,55 und etwa 16% Na) sowie Hg_2Na_5 (22,28% Na) oder $HgNa_2$ (18,65% Na,

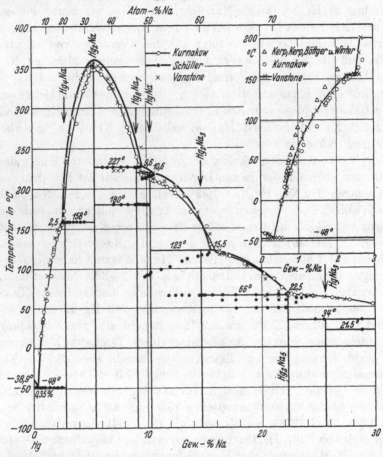

Abb. 315. Hg-Na. Quecksilber-Natrium (vgl. auch Abb. 316).

primär zwischen 22,6 und 39,5% Na). Für die zwischen 16 und 22,6% Na primär kristallisierende Kristallart gibt er merkwürdigerweise keine Formel an[21]; diese Verbindung besitzt nach der Konzentration des Knickpunktes zu urteilen mit einiger Wahrscheinlichkeit die Formel Hg_2Na_3 (14,67% Na). An der Auffassung früherer Autoren, daß die Hg-reichste Verbindung die Formel Hg_5Na oder Hg_6Na besitzt, hielt KURNAKOW fest, obgleich in seinem Diagramm kein Platz für eine dieser Verbindungen ist, da zwischen 16,5° und 155° nur ein Liquidusast vorhanden ist.

Aus dem Verlauf der Liquiduskurve nach KURNAKOW und der Kurve des spezifischen Volumens nach MAEY schloß TAMMANN[22] auf das Vorliegen der Verbindungen Hg_6Na, Hg_3Na, Hg_2Na, $HgNa$ und $HgNa_3$. TAMMANN gibt jedoch die Kurve von KURNAKOW etwas anders wieder; so konstruierte er einen von KURNAKOW nicht angenommenen Knick

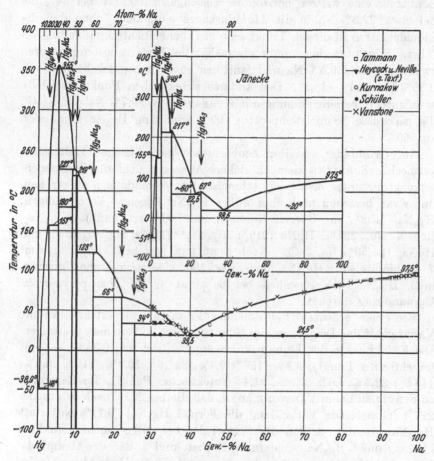

Abb. 316. Hg-Na. Quecksilber-Natrium (vgl. auch Abb. 315).

bei $1{,}5\%$ Na und $90°$ und hielt die bei $10{,}55\%$ und etwa 16% Na[21] liegenden Knicke für nicht reell.

Eine vollständige thermische Analyse des Systems wurde von SCHÜLLER[15] ausgeführt. Leider gibt er die von ihm bestimmten Erstarrungs- und Umwandlungstemperaturen (es wurden etwa 100 Schmelzen untersucht) nicht tabellarisch, sondern nur in Gestalt eines Diagrammes wieder, in welchem lediglich die Temperaturpunkte der nonvarianten Gleichgewichte besonders angegeben sind (vgl. Abb. 315 u. 316).

KURNAKOWs Befund wurde in allen wesentlichen Punkten bestätigt. Die Konzentrationen und Temperaturen der Knickpunkte der Liquiduskurve weichen nur unwesentlich von den von KURNAKOW angegebenen ab, die Temperaturen liegen fast durchweg etwas höher: 2,5%, 159°; 9,6%, 227°; 10,6%, 219°; 15,5%,123°; 22,5%, 66°. Außerdem fand SCHÜLLER eine weitere horizontale Gleichgewichtskurve bei 34°, die bei etwa 37,5% Na in die Liquiduskurve einmündet, ohne daß die Liquiduskurve in diesem Punkt eine merkliche Richtungsänderung erfährt. SCHÜLLER bestimmte erstmalig die Erstarrungstemperaturen zwischen 0 und 0,5% Na und fand den eutektischen Punkt bei etwa 0,35% Na und —48,2°. Den anderen eutektischen Punkt ermittelte er in guter Übereinstimmung mit KURNAKOW zu 39,7% Na und 21,4°; die maximale Schmelztemperatur der Verbindung Hg_2Na ergab sich zu 360°.

Auf Grund der von ihm beobachteten peritektischen Haltezeiten vermochte SCHÜLLER ziemlich sichere Aussagen über die Zusammensetzung der unter Zersetzung schmelzenden Verbindungen zu machen, und zwar bestehen nach ihm außer Hg_2Na folgende Verbindungen: Hg_4Na (159°, in Übereinstimmung mit GUNTZ-FÉRÉE), $Hg_{13}Na_{12}$ (9,57% Na, 227°), $HgNa$ (219°), Hg_2Na_3[23] (123°), Hg_2Na_5 (66°) und $HgNa_3$ (25,59% Na, 34°). Nach SCHÜLLER bestehen also insgesamt 7 Verbindungen. $Hg_{13}Na_{12}$ macht bei 180° eine polymorphe Umwandlung, Hg_2Na_5 wahrscheinlich bei 60° und 49° je eine polymorphe Umwandlung durch[24].

Bei einer erneuten Revision des Erstarrungsschaubildes konnte VANSTONE[16] das Diagramm von SCHÜLLER fast vollkommen bestätigen. Die Knickpunkte der Liquiduskurve ergaben sich zu: 0,35%, —46,6° (eutektischer Punkt); 2,5%, 156°; 9,4%, 221,6°; 10,8%, 212°; 16,5%, 118,5°; 22,4%, 66°; 39,5%, 21,4° (eutektischer Punkt). Im Gegensatz zu SCHÜLLER nahm VANSTONE an: 1. daß die bei 222° (nach SCHÜLLER 227°) schmelzende Verbindung die Formel Hg_8Na_7 (9,12% Na) statt $Hg_{13}Na_{12}$ besitzt; 2. daß die Formel der bei 66° schmelzenden Verbindung nicht Hg_2Na_5 sondern $HgNa_3$ ist, und 3. daß der thermische Effekt bei 34° einer polymorphen Umwandlung der Verbindung $HgNa_3$ entspricht. Dazu ist zu sagen, daß 1. die Formel Hg_8Na_7 wegen des einfacheren Atomverhältnisses wohl größere Wahrscheinlichkeit als die Formel $Hg_{13}Na_{12}$ besitzt (beide Zusammensetzungen unterscheiden sich um 0,45 Gew.-% oder 1,3 Atom-%), daß 2. die bei 66° schmelzende Verbindung nicht die Formel $HgNa_3$ besitzen kann, da diese Zusammensetzung einem höheren Na-Gehalt als dem Knickpunkt bei 66° entspricht, der von allen Forschern mit großer Übereinstimmung zu etwa 22,5% Na angegeben wird. Der thermische Effekt bei 34° kann demnach auch nicht der polymorphen Umwandlung von $HgNa_3$ entsprechen.

Den von SCHÜLLER beobachteten Haltezeiten der Reaktionen bei 66° und 34° zufolge werden bei diesen Temperaturen die Verbindungen Hg_2Na_5 bzw. $HgNa_3$ gebildet. Zusammenfassend ist also zu sagen, daß — mit Ausnahme der weniger wahrscheinlichen Formel $Hg_{13}Na_{12}$ — das Diagramm von SCHÜLLER die Konstitution des Systems Hg-Na richtiger beschreibt als das Diagramm von VANSTONE.

Zu einem von den Ergebnissen von KURNAKOW, SCHÜLLER und VANSTONE gänzlich abweichenden Diagramm gelangte neuerdings JÄNECKE[25]. Der Verfasser macht keine Einzelangaben über die von ihm bestimmten Erstarrungstemperaturen; „es wurden über hundert verschiedene Legierungen untersucht". JÄNECKE teilt lediglich mit, daß nur die Verbindungen Hg_4Na, Hg_2Na, $HgNa$ und $HgNa_3$ gefunden wurden, die „aller Voraussicht nach" kongruent schmelzen und mit den benachbarten Verbindungen Eutektika bilden. Die Temperatur des Hg-Hg_4Na-Eutektikums wurde zu —51° ermittelt.

Das Diagramm von JÄNECKE (Nebenabb. von Abb. 316) steht im Gegensatz zu den weitgehend übereinstimmenden Ergebnissen von KURNAKOW, SCHÜLLER und VANSTONE. Die Auffassung JÄNECKEs, daß die Verbindungen Hg_4Na, $HgNa$ und $HgNa_3$ unzersetzt schmelzen, ist mit den thermischen Daten von KURNAKOW, SCHÜLLER und VANSTONE nicht verträglich. Das JÄNECKEsche Diagramm läßt außerdem die mehrfach direkt oder indirekt bestätigte Existenz der Horizontalen bei annähernd 227°, 123° und 34° und damit von drei weiteren Hg-Na-Verbindungen außer acht.

Weitere Untersuchungen. Es liegt eine große Anzahl Arbeiten über die physikalischen Eigenschaften der Na-Amalgame vor, durch die unsere Kenntnis von dem Aufbau dieser Legierungen allerdings nicht wesentlich erweitert wird. VANSTONE[16][26] hat die Dichte der Legierungen bei 17° gemessen; die Dichte-Konzentrationskurve (in Gew.-%) besitzt — allerdings nur schwach ausgebildete — Knicke bei den Konzentrationen der von ihm mit Hilfe der thermischen Analyse (s. S. 794) festgestellten Verbindungen Hg_4Na, Hg_2Na, $HgNa$, Hg_8Na_7, Hg_2Na_3 und $HgNa_3$. Aus den Kurven der Dichte der flüssigen Legierungen bei 110°, 184° und 237° ergeben sich keine Anzeichen für das Bestehen von Verbindungs-molekülen im geschmolzenen Zustand. Dasselbe gilt nach VANSTONE[26] für die Leitfähigkeitsisotherme von 107° im Bereich von 19—100% Na, indem nur die Verbindungen Hg_2Na_5 und $HgNa_3$ liegen. Dagegen fanden BORNEMANN-MÜLLER[27], die die elektrische Leitfähigkeit der flüssigen Legierungen bei Temperaturen zwischen 100° und 450° gemessen haben, daß die Isothermen für 350°, 400° und 450° bei der Zusammensetzung Hg_2Na eine Spitze besitzen, als Beweis für die Existenz von Hg_2Na-Molekülen in der Schmelze. Leitfähigkeits-messungen an Hg-reichen Amalgamen liegen außerdem vor von GRI-

MALDI[7], FENNINGER[28], RODGERS[29] (der übrigens die Temperatur des Hg-Hg$_4$Na-Eutektikums zu —48° im Mittel bestimmte) und DAVIS-EVANS[30].

Spannungsmessungen haben sich zur Aufklärung der Konstitution, wie aus den Arbeiten von HABER-SACK[31], REUTER[32] und KREMANN-BATTIG[33] hervorgeht, als nicht brauchbar erwiesen, da die Spannungen durch Deckschichtenbildung entstellt werden. Die Spannungs-Konzentrationskurve von KREMANN-BATTIG (Kette Hg/1/n-Lösung von NaJ in Pyridin/Hg$_x$Na$_{1-x}$) scheint bei wohlwollender Bewertung der Einzelwerte das Bestehen von Hg$_4$Na, Hg$_2$Na und HgNa zu bestätigen. Ohne Kenntnis des Aufbaus ist es jedoch nicht möglich, aus dieser Kurve mit Sicherheit auf das Bestehen der genannten drei Verbindungen zu schließen.

Literatur.

1. Über ältere, jedoch unwichtige Arbeiten s. Gmelin-Kraut Handbuch. — **2.** KERP, W.: Z. anorg. allg. Chem. Bd. 17 (1898) S. 288/300. — **3.** KERP, W., W. BÖTTGER u. H. WINTER: Z. anorg. allg. Chem. Bd. 25 (1900) S. 7/16. — **4.** GUNTZ u. FÉRÉE: C. R. Acad. Sci., Paris Bd. 131 (1900) S. 182/84. — **5.** MAEY, E.: Z. physik. Chem. Bd. 29 (1899) S. 129. — **6.** KRAUT u. POPP: Liebigs Ann. Bd. 159 (1871) S. 188. — **7.** GRIMALDI, G. P.: Atti Accad. naz. Lincei, Roma 4 Bd. 4 (1887) S. 32. — **8.** JOANNIS, A.: C. R. Acad. Sci., Paris Bd. 113 (1891) S. 796 glaubte die Verbindung Hg$_8$Na bei Einwirkung einer Lösung von Na in flüssigem NH$_3$ auf Hg erhalten zu haben. Seine Analysenangabe (2,67% Na) spricht jedoch für Hg$_4$Na. — **9.** MC PHAIL SMITH, G., u. H. C. BENNETT: J. Amer. chem. Soc. Bd. 32 (1910) S. 622/26. — **10.** MAEY, E.: Z. physik. Chem. Bd. 29 (1899) S. 119/38. — **11.** MAEY, E.: Z. physik. Chem. Bd. 38 (1901) S. 305/306. — **12.** MERZ, V., u. W. WEITH: Ber. dtsch. chem. Ges. Bd. 14 (1881) S. 1442/46. — **13.** TAMMANN, G.: Z. physik. Chem. Bd. 3 (1889) S. 443 u. 447. — **14.** HEYCOCK, C. T., u. F. H. NEVILLE: J. chem. Soc. Bd. 55 (1889) S. 672. — **15.** SCHÜLLER, A.: Z. anorg. allg. Chem. Bd. 40 (1904) S. 385/99. — **16.** VANSTONE, E.: Trans. Faraday Soc. Bd. 7 (1911) S. 42/63. Chem. News Bd. 103 (1911) S. 181/85, 198/200, 207/209. — **17.** SCHUMANN, J.: Wied. Ann. Bd. 43 (1891) S. 110. — **18.** MAZZOTTO, D.: Atti Ist. Veneto 7 Bd. 4 (1892/93) S. 1527. Ref. Z. physik. Chem. Bd. 13 (1894) S. 572. — **19.** MAEY, E.: Z. physik. Chem. Bd. 29 (1899) S. 137. — **20.** Knickpunkte in der Liquiduskurve können ihre Existenz natürlich auch polymorphen Umwandlungen verdanken. — **21.** Das Vorhandensein eines Knickpunktes bei etwa 16% Na und 119° sah KURNAKOW als nicht sichergestellt an. — **22.** TAMMANN, G.: Z. anorg. allg. Chem. Bd. 37 (1903) S. 303/13. — **23.** Die Formel Hg$_2$Na$_3$ hielt SCHÜLLER für nicht unbedingt sicher, da die großen Unterkühlungen, mit denen die peritektische Bildung der betreffenden Verbindung erfolgt (vgl. Abb. 315) eine sichere Auswertung der Haltezeiten unmöglich macht. — **24.** Die merkwürdige Tatsache, daß die polymorphen Umwandlungen bei 60° und 49° nur bis zu einem Na-Gehalt von etwa 22% bei konstanter Temperatur stattfinden, bei höheren Na-Gehalten ansteigen und bei 23,5% Na zusammenfallen (?), erklärt SCHÜLLER mit der Fähigkeit der Verbindung Hg$_2$Na$_5$, mit Na Mischkristalle zu bilden (?). — **25.** JÄNECKE, E.: Z. Metallkde. Bd. 20 (1928) S. 113/15. Bereits früher hatte JÄNECKE: Z. physik. Chem. Bd. 57 (1907) S. 510 die Schmelzpunkte von Hg$_2$Na und HgNa zu 350° bzw. 217° bestimmt. — **26.** VANSTONE, E.: J. chem. Soc. Bd. 105 (1914) S. 2617/23. — **27.** BORNEMANN, K., u. P. MÜLLER: Metallurgie Bd. 7 (1910) S. 399, 738 u.

767/68. — **28.** FENNINGER, W. N.: Philos. Mag. 6 Bd. 27 (1914) S. 109/12. — **29.** RODGERS, R. C.: Physic. Rev. Bd. 8 (1916) S. 259. Z. Metallkde. Bd. 17 (1925) S. 132/33. — **30.** DAVIS, W. J., u. E: J. EVANS: Philos. Mag. 7 Bd. 10 (1930) S. 569/99. — **31.** HABER, F., u. M. SACK: Z. Elektrochem. Bd. 8 (1902) S. 245. SACK, M.: Z. anorg. allg. Chem. Bd. 34 (1903) S. 337/52. — **32.** REUTER, M.: Z. Elektrochem. Bd. 8 (1902) S. 801. — **33.** KREMANN, R., u. K. BATTIG: Z. Metallkde. Bd. 12 (1920) S. 414/24. — **34.** KURNAKOW, N. S.: Z. anorg. allg. Chem. Bd. 23 (1900) S. 441/55.

Hg-Nb. Quecksilber-Niobium.

„Ein Amalgam des Nb ließ sich nicht herstellen. Beim elektrolytischen Niederschlagen von Hg auf die Nb-Kathode fließt das ausgeschiedene Hg direkt ab, ohne auf der Oberfläche des Nb irgend zu haften"[1].

Literatur.

1. BOLTON, W. v.: Z. Elektrochem. Bd. 13 (1907) S. 149.

Hg-Nd. Quecksilber-Neodym.

DANILTCHENKO[1] hat die Verbindung Hg_4Nd (15,24% Nd) dargestellt und untersucht.

Literatur.

1. DANILTCHENKO, P. T.: Referat einer russischen Arbeit in J. Inst. Met., Lond. Bd. 50 (1932) S. 540.

Hg-Ni. Quecksilber-Nickel.

Aus einer Anzahl älterer, meist vor 1890 veröffentlichten Arbeiten, die sich mit der Darstellung und einigen Eigenschaften von Ni-Amalgam befassen, lassen sich keine Schlüsse auf die Konstitution dieser Legierungen ziehen. TAMMANN-OELSEN[1] haben aus dem von WÜNSCHE[2] bestimmten Wert der spezifischen Magnetisierung eines Ni-Amalgams mit 0,5% Ni eine Löslichkeit von Ni in Hg bei Raumtemperatur von 0,144% berechnet. Dieser Wert ist jedoch sehr erheblich größer als die von TAMMANN-KOLLMANN[3] mit Hilfe von Spannungsmessungen gefundene Löslichkeit von nur 0,00059% bei 17°. Letzterer ist nach TAMMANN-OELSEN als der richtige Wert zu betrachten.

Nachtrag. Das von TAMMANN-KOLLMANN angewendete Verfahren hat EVA PALMAER[4] kritisiert. Sie selbst bestimmte die Löslichkeit von Ni in Hg durch Umrühren mit amalgamiertem Ni-Draht zu etwa 0,00014% bei 20°; s. auch Fe-Hg, Nachtrag. IRVIN-RUSSELL[5] fanden jedoch nur 0,00002%.

BRILL-HAAG[6] fanden, daß ein Amalgam mit 8,83% Ni (dargestellt durch Auftropfen von Nickelkarbonyl $Ni(CO)_4$ auf Hg bei 300°) „eine harte, spröde, auch an der Luft durchaus beständige, mattgraue Masse ist, die, wie die Röntgenuntersuchung zeigte, eine besondere Phase darstellt". Sie ist durch ein einfaches kubisches Gitter, das von dem des Ni verschieden ist, gekennzeichnet.

Literatur.

1. TAMMANN, G., u. W. OELSEN: Z. anorg. allg. Chem. Bd. 186 (1930) S. 280/81.
— **2.** WÜNSCHE, H.: Drudes Ann. Bd. 7 (1902) S. 116. — **3.** TAMMANN, G., u.
K. KOLLMANN: Z. anorg. allg. Chem. Bd. 160 (1927) S. 244/46. — **4.** PALMAER, EVA:
Z. Elektrochem. Bd. 38 (1932) S. 70/76. — **5.** IRVIN, N. M., u. A. S. RUSSELL:
J. chem. Soc. 1932 S. 891/98. — **6.** BRILL, R., u. W. HAAG: Z. Elektrochem. Bd. 38
(1932) S. 212.

Hg-P. Quecksilber-Phosphor.

Hg-Phosphid bildet sich anscheinend nicht, oder doch nur sehr träge aus den
Elementen. Hg_3P_4 (17,09% P), von GRANGER[1] und PARTHEIL-VAN HEEREN[2] durch
Erhitzen von Hg mit PJ_2 im geschlossenen Rohr auf 275—300° erhalten, ist un-
metallisch und zersetzt sich beim Erhitzen unter Entflammung.

Literatur.

1. GRANGER, A.: C. R. Acad. Sci., Paris Bd. 115 (1892) S. 230. — **2.** PARTHEIL,
A., u. A. VAN HEEREN: Arch. Pharmaz. Bd. 238 (1900) S. 28/42.

Hg-Pb. Quecksilber-Blei.

An der Festlegung der Liquiduskurve sind folgende Forscher beteiligt: TAMMANN[1], HEYCOCK-NEVILLE[2], FAY-NORTH[3], PUSCHIN[4] und
JÄNECKE[5]. Ersterer untersuchte den Einfluß sehr kleiner Pb-Zusätze
auf den Erstarrungspunkt von Hg und fand, daß dieser durch 0,015%
um nur 0,02° erniedrigt, durch bereits 0,07% um 0,027° erhöht und
weiter durch 0,17%, 0,25%, 0,33% und 0,35% um 0,37° bzw. 0,89°,
1,24° und 1,30° erhöht wird. Daraus könnte man folgern, daß ein —
wenn auch außerordentlich kurzer — Liquidusast besteht, der der
Primärkristallisation von Hg entspricht, und daß die eutektische
Temperatur praktisch gleich der Erstarrungstemperatur von Hg ist.
Eine von dieser allgemein angenommenen Auffassung abweichende
Ansicht werde ich in der Schlußbemerkung vertreten. — HEYCOCK-
NEVILLE bestimmten die durch Hg-Gehalte bis 6,1% hervorgerufene
Erniedrigung des Pb-Erstarrungspunktes; ihre Ergebnisse wurden später
bestätigt (Abb. 317). Den Verlauf der Liquiduskurve haben FAY-NORTH
zwischen 65 und 95% Pb, PUSCHIN zwischen 3,4 und 97,5% Pb und
JÄNECKE zwischen 20,5 und 95% Pb ermittelt. Nach den in Abb. 317
eingezeichneten Temperaturpunkten stimmen die Ergebnisse von
PUSCHIN und JÄNECKE sehr gut überein[6], die Werte von FAY-NORTH
liegen fast durchweg um rd. 20° zu tief. Unterhalb 50° brechen die
Bestimmungen PUSCHINs ab, da die Liquiduskurve von hier ab sehr
steil abfällt. Infolgedessen ist die Menge der sich je Grad Abkühlung
bildenden Kristalle sehr gering, und die freiwerdende Wärme genügt
nicht, um eine Abnahme in der Abkühlungsgeschwindigkeit anzuzeigen.
PUSCHIN gibt an, daß die Schmelze mit 1,9% Pb „unter 23°“ zu erstarren beginnt. Hier geben die indirekten Bestimmungen Aufschluß.

Gouy[7] bestimmte die Löslichkeit von Pb in Hg bei 15—18° zu 1,3%
(durch Analyse der mit festem Amalgam im Gleichgewicht befindlichen
Schmelze). Aus den Spannungsmessungen von Puschin, Spencer[8] und
Babinski[9] ist auf eine Löslichkeit von unter 1,8% bei 20° (Puschin),
nahe 1,2% bei 18° (Spencer), sicher unter 2% bei 29° und 15,5°
(Babinski) und sehr wenig über 1% bei 0° (Babinski) zu schließen.
Im Lichte dieser Angaben erscheint die von Tammann auf thermischem
Wege bestimmte Löslichkeit von 0,35% Pb bei —37,6° (Hg = —38,9°
sehr viel zu hoch, die Erhöhung des Hg-Erstarrungspunktes durch Pb
also als zu gering, wenn man an der Auffassung festhält, daß die Er-
starrung der Schmelzen mit der Kristallisation eines — freilich sehr
Hg-reichen — Eutektikums beendet wird (vgl. Schlußbemerkung).

   Direkte Bestimmungen von Solidustemperaturen liegen vor von
Gressmann[10], Fay-North und Jänecke. Aus den Spannungsmessungen von Puschin und Babinski lassen sich ebenfalls Schlüsse auf
die Lage einiger Soliduspunkte ziehen. Gressmann ermittelte die
Temperatur des Beginns des Schmelzens einiger Legierungen mit
Hilfe von Widerstandsmessungen in Abhängigkeit von der Temperatur:
die sprunghafte Widerstandszunahme trat in Legierungen mit 4,2%,
7,1%, 11,2% und 25% Pb bei —37,7° bzw. —37°, —30,1° (?) und
—37,65° ein (Hg = —38,8°). Mit Hilfe von Abkühlungskurven fanden
Fay-North das Ende der Erstarrung von 15 Schmelzen mit 2 bis
65% Pb bei Temperaturen zwischen —42° und —37,4° (!), Mittelwert
—39,1° (Abb. 317). Während man also nach Gressmanns Werten zu
der Annahme berechtigt wäre, daß eine Peritektikale vorliegt, deuten
die von Fay-North bestimmten Temperaturen auf eine sehr wenig
unterhalb des Hg-Erstarrungspunktes verlaufende Eutektikale.

   Fay-North beobachteten die nahe —39° liegende Solidustemperatur
nur bis zu 65% Pb; bei 70% Pb war eine Wärmetönung bei dieser
Temperatur nicht mehr festzustellen. Legierungen mit 70 und mehr
Prozent Pb erwiesen sich als mikroskopisch einphasig. Pb vermag also
erhebliche Mengen Hg in fester Lösung aufzunehmen. Das Bestehen
ausgedehnter fester Lösungen von Hg in Pb geht u. a. auch aus
folgenden Ergebnissen hervor: 1. Nach den Spannungsmessungen von
Puschin und Babinski liegt die Sättigungsgrenze (aus den Knicken in
den Spannungs-Konzentrationsisothermen entnommen) bei 30°[11], 15,5°
und 0° angenähert bei 67% bzw. 66,7% und 66% Pb (nach Babinski)
sowie nahe bei 67,2% Pb bei 20° (nach Puschin); vgl. die in Abb. 317
eingezeichneten △-Punkte. 2. Tammann-Mansuri[12] nehmen die
Sättigungsgrenze bei etwa 76% Pb an, da Legierungen mit 0—23% Hg
(in Eisenform gegossen und 2 Tage bei 20° belassen) aus einer Kristallart bestanden, eine Legierung mit 25% Hg dagegen bereits geringe
Mengen der Hg-reichen Schmelze zwischen den Kristalliten enthielt.

Wie aus Untersuchungen von TAMMANN-RÜDIGER[13] hervorgeht, waren
diese Legierungen jedoch offenbar noch nicht im Gleichgewicht[14].
3. JÄNECKE beobachtete bei höheren Pb-Konzentrationen mit steigendem
Hg-Zusatz größer werdende Kristallisationsintervalle. Seine in Abb. 317
eingezeichneten Solidustemperaturen sind jedoch keine Gleichgewichtstemperaturen, da die Bestimmung des Endes der Erstarrung mit Hilfe

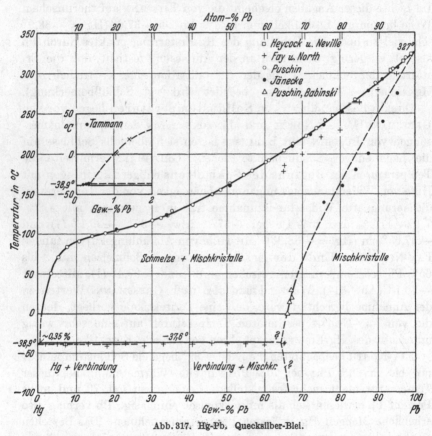

Abb. 317. Hg-Pb. Quecksilber-Blei.

von Abkühlungskurven wenig genau ist und durchweg zu zu tiefen
Temperaturen führt. Der Verfasser selbst gibt die angedeuteten Temperaturen nur als angenäherte an. 4. VON SIMSON[15] zeigte mit Hilfe von
röntgenographischen Untersuchungen, daß sich mindestens 20% Hg in
festem Pb lösen können. 5. Die von MEISSNER[16] in Gemeinschaft mit
FRANZ und WESTERHOFF bestimmten Temperaturen, bei denen Supraleitfähigkeit eintritt (Sprungpunkte), liegen für die Pb-reichen Legierungen auf einer vom Sprungpunkt des Pb ausgehenden gekrümmten
Kurve, für die Hg-reichen heterogenen Legierungen auf einer beim
Sprungpunkt des Hg liegenden Geraden. Die beiden Kurventeile

schneiden sich bei etwa 60—65% Pb[16a]. 6. Aus einer älteren Untersuchung von MAZZOTTO[17] läßt sich der Endpunkt der Horizontalen
(allerdings wegen der hierbei nötigen Extrapolation über ein Gebiet
von 40—50% nur mit großer Unsicherheit) zu 60—70% Pb angeben[18].
MAZZOTTO bestimmte übrigens auch die ganze Liquiduskurve, die
Originalarbeit war mir jedoch nicht zugänglich.

Schlußbemerkung. Zusammenfassend ist über die Konstitution
der Hg-Pb-Legierungen auf Grund der bisher vorliegenden Arbeiten
folgendes zu sagen: 1. Der Verlauf der Liquiduskurve bis herunter zu 0°
ist bekannt. 2. Anzeichen für das Bestehen einer horizontalen Gleichgewichtskurve bei Temperaturen zwischen Liquidus und —37,6° haben
sich bisher weder aus thermischen Untersuchungen noch aus Widerstandsmessungen in Abhängigkeit von der Temperatur ergeben. 3. Als
sichergestellt hat ferner das Bestehen eines ausgedehnten Gebietes
Pb-reicher Mischkristalle zu gelten, dessen Grenze aus den Spannungsmessungen bei 0—30° zwischen 66 und 67% Pb liegt. 4. Entgegen der
bisherigen Anschauung nehme ich an, daß in der Nähe des Hg-Schmelz-
punktes nicht eine, sondern zwei horizontale Gleichgewichtskurven verlaufen, eine Peritektikale und eine Eutektikale, und zwar aus folgenden
Gründen: a) Der Betrag der Erhöhung des Hg-Erstarrungspunktes
durch Pb-Gehalte bis 0,35% (TAMMANN) ist im Verhältnis zu dem nahe
bei 1% Pb und 0° liegenden Liquiduspunkt (s. S. 799) ganz bedeutend
zu gering. Verlängert man die Liquiduskurve geradlinig über 0° hinaus,
bis zu —38,9°, so kommt man auf eine noch unterhalb 0,05% Pb
liegende Löslichkeit bei —37,6°, statt 0,35%. Die von TAMMANN
beobachtete, durch 0,015% Pb hervorgerufene Erniedrigung des Hg-
Erstarrungspunktes um nur 0,02° ist in diesem Zusammenhang völlig
bedeutungslos. b) Die Tatsache, daß es TAMMANN gelang, bei 0 bis
0,35% Pb Liquiduspunkte thermisch zu bestimmen, bei etwas höheren
Pb-Gehalten eine thermische Bestimmung der Liquiduskurve wegen
ihres steilen Verlaufes jedoch nicht möglich war, spricht ebenfalls für
zwei getrennte Liquidusäste. Leider geben die bisherigen Bestimmungen
von Solidustemperaturen (GRESSMANN, FAY-NORTH) keine eindeutige
Auskunft. Ich bin überzeugt, daß es durch sehr genaue thermische
Untersuchungen gelingen wird, die Existenz von zwei Horizontalen
bei etwa —38,9° und einer wenig höheren Temperatur (in Abb. 317 mit
—37,6° angenommen) nachzuweisen. 5. Mit dem Bestehen einer Peritektikalen eng verbunden ist die Frage nach der Natur der intermediären Kristallart, die sich durch die peritektische Reaktion von
Schmelze mit Pb-reichem Mischkristall bildet. Die Angaben über die
Zusammensetzung der bisher vermuteten Verbindungen[19] sind nicht zu
verwenden, da die Bestimmung der Zusammensetzung des Bodenkörpers halbflüssiger Amalgame bei höheren Temperaturen ausgeführt

wurden, bei denen nach Abb. 317 keine Verbindungen vorliegen. Hier können möglicherweise Spannungsmessungen an Amalgamen, die langsam durch die peritektische Temperatur auf eine unter —40° liegende Meßtemperatur gebracht werden, Klarheit schaffen.

Es liegen noch zahlreiche Untersuchungen[20] über die Eigenschaften von Pb-Amalgamen vor; für die Frage nach der Konstitution dieser Legierungen haben diese Arbeiten jedoch keine oder nur sehr geringe Bedeutung.

Nachtrag. THOMPSON[21] hat die Löslichkeit von Pb in Hg zwischen 20° und 70° bestimmt.

Literatur.

1. TAMMANN, G.: Z. physik. Chem. Bd. 3 (1889) S. 444/45. — 2. HEYCOCK, C.T., u. F. H. NEVILLE: J. chem. Soc. Bd. 61 (1892) S. 910. — 3. FAY, H., u. E. NORTH: Amer. Chem. J. Bd. 25 (1901) S. 216/31. — 4. PUSCHIN, N. A.: Z. anorg. allg. Chem. Bd. 36 (1903) S. 201/54. — 5. JÄNECKE, E.: Z. physik. Chem. Bd. 60 (1907) S. 400. — 6. Liquiduspunkte einzelner Amalgame wurden von LOHR: Diss. Erlangen 1914; s. Z. Metallkde. Bd. 17 (1925) S. 203 mit Hilfe von Widerstandsmessungen in Abhängigkeit von der Temperatur und von J. WÜRSCHMIDT: Ber. dtsch. physik. Ges. Bd. 14 (1912) S. 1065/87 mit Hilfe von Ausdehnungsmessungen ermittelt. Sie stimmen angenähert mit den von PUSCHIN und JÄNECKE gefundenen überein. — 7. GOUY: J. Physique 3 Bd. 4 (1895) S. 320/21. — 8. SPENCER, J. F.: Z. Elektrochem. Bd. 11 (1905) S. 683. — 9. BABINSKI, J. J.: Diss. Leipzig 1906, vgl. auch G. TIMOFEJEW: Z. physik. Chem. Bd. 78 (1912) S. 304. — 10. GRESSMANN, G.: Physic. Rev. Bd. 9 (1899) S. 20. Physik. Z. Bd. 1 (1900) S. 345. — 11. Die Legn. wurden vor der Messung 8 Tage bei 30° gehalten. — 12. TAMMANN, G., u. Q. A. MANSURI: Z. anorg. allg. Chem. Bd. 132 (1923) S. 67/68. — 13. TAMMANN, G., u. H. RÜDIGER: Z. anorg. allg. Chem. Bd. 192 (1930) S. 29/33. — 14. Die Tatsache, daß ungeglühte Legn. mit 20—30% Hg Widerstandsabnahmen und Härtezunahmen mit der Zeit aufweisen, spricht für ein allmähliches Diffundieren des anfänglich noch vorhandenen flüssigen Hg in die Mischkristalle. — 15. SIMSON, C. v.: Z. physik. Chem. Bd. 109 (1924) S. 198. — 16. MEISSNER, W.: Metallwirtsch. Bd. 10 (1931) S. 293; spätere ausführliche Veröff. W. MEISSNER, H. FRANZ u. H. WESTERHOFF: Ann. Physik Bd. 13 (1932) S. 521/24. — 16a. S. auch C. BENEDICKS: Z. Metallkde. Bd. 25 (1933) S. 199/200. — 17. MAZZOTTO, D.: Atti Ist. Veneto 7 Bd. 4 (1892/93) S. 1311, 1527. Ref. Z. physik. Chem. Bd. 13 (1894) S. 571/72. — 18. Nach K. BORNEMANN: Metallurgie Bd. 7 (1910) S. 109. — 19. Hg_3Pb_2 nach JOULE: Chem. Gazz. 1850 S. 399. HgPb nach CROOKEWITT: J. prakt. Chem. Bd. 45 (1848) S. 87. $HgPb_2$ nach FAY u. NORTH s. unter 3. — 20. S. u. a. Gmelin-Kraut Handbuch. — 21. THOMPSON, H. E.: J. Phys. Chem. Bd. 39 (1935) S. 655/64.

Hg-Pd. Quecksilber-Palladium.

HOSFORD[1] und CASAMAJOR[2] beschreiben Versuche zur Darstellung von Pd-Amalgam.

Literatur.

1. HOSFORD: Amer. J. Sci. 2 Bd. 13 (1852) S. 305. — 2. CASAMAJOR, P.: Chem. News Bd. 34 (1876) S. 34.

Hg-Pr. Quecksilber-Praseodym.

Es besteht die Verbindung Hg_4Pr (14,94% Pr)[1].

Literatur.

1. DANILTCHENKO, P. T.: Referat einer russischen Arbeit in J. Inst. Met., Lond. Bd. 50 (1932) S. 540.

Hg-Pt. Quecksilber-Platin.

Aus den zahlreichen Arbeiten[1] über Darstellung von Pt-Amalgamen lassen sich keine sicheren Schlüsse auf den Aufbau dieser Legierungen ziehen. Nach Versuchen von JOULE[2], der durch Abpressen der flüssigen Phase aus Hg-reichem Amalgam unter Anwendung eines hohen Druckes einen Rückstand mit annähernd 30% Pt erhielt, hat es den Anschein, daß in den Hg-reichen Amalgamen bei Raumtemperatur das Platin als intermediäre Phase vorliegt; der Formel Hg_2Pt entspricht ein Pt-Gehalt von 32,73%. — TARUGI[3], der Pt-,,Amalgame'' durch Reduktion gemischter Lösungen von $PtCl_4$ und $HgCl_2$ mit Magnesium oder Hydrazin herstellte, bemerkt, daß diese Produkte mikroskopisch kein freies Hg erkennen lassen, selbst nicht in einem Amalgam mit 99% Hg. Dieser Befund ist außerordentlich unwahrscheinlich. — Fein verteiltes Pt amalgamiert sich leicht, während kompaktes Pt nur von Hg benetzt wird, wenn seine Oberfläche vollkommen rein ist[4].

Literatur.

1. S. Gmelin-Kraut Handbuch Bd. 5 Abt. 3 (1915) S. 184/87. — 2. JOULE, J. P.: J. chem. Soc. 2 Bd. 1 (1863) S. 378. — 3. TARUGI, N.: Gazz. chim. ital. Bd. 26 I (1896) S. 425; Bd. 33 II (1903) S. 184. — 4. MC PHAIL SMITH, G., u. H. C. BENNETT: J. Amer. chem. Soc. Bd. 32 (1910) S. 626. KROUCHKOLL, M.: J. Physique 2 Bd. 3 (1884) S. 139.

Hg-Rb. Quecksilber-Rubidium.

KURNAKOW-ZUKOWSKY[1] bestimmten die Temperaturen des Beginns der Erstarrung der Schmelzen mit 1,5—7% Rb (Abb. 318). Für die bei 137° unter Zersetzung schmelzende Verbindung nahmen die Verfasser in Analogie mit den Cs-Amalgamen die Formel Hg_6Rb (6,63% Rb) an. Unterhalb 3,5% Rb (Knickpunkt der Liquiduskurve bei 70°) scheidet sich primär die bei 70° unter Zersetzung schmelzende Kristallart X aus, die mehr Rb enthalten muß als den Formeln $Hg_{12}Rb$ (3,44% Rb) und auch $Hg_{11}Rb$ (3,74% Rb) entspricht, also vielleicht $Hg_{10}Rb$ mit 4,09% Rb oder Hg_9Rb mit 4,52% Rb.

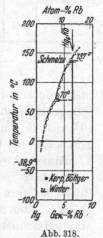

Abb. 318.

KERP-BÖTTGER-WINTER[2] haben durch Abkühlung Hg-reicher Amalgame in Kältemischung und Abfiltrieren kubische Kristalle mit 3,35 bis 3,44% Rb entsprechend der Formel $Hg_{12}Rb$ isoliert, MC PHAIL SMITH-BENNETT[3] konnten dieselben Kristalle durch Zentrifugieren bei Raumtemperatur gewinnen (3,48 bis 3,53% Rb). Durch derartige Verfahren dürfte es wohl nicht gelingen, die Zusammensetzung der festen Phase zu bestimmen, da die Kristalle die Fähigkeit besitzen, Mutterlauge oder

Quecksilber festzuhalten, so daß die Trennung der flüssigen und festen Phasen nicht vollständig ist. Bei 0° und 25° enthielten die von Kerp-Böttger-Winter durch Abfiltrieren gewonnenen Kristalle im Mittel 3,56 bzw. 3,80% Rb. Dieser Befund ist nun nicht mit den Verfassern so zu deuten, daß bei jeder der untersuchten Temperaturen ein anderes festes Amalgam vorliegt, vielmehr veranschaulichen diese Zahlen lediglich, daß es mit steigender Temperatur gelingt, die Kristalle mehr und

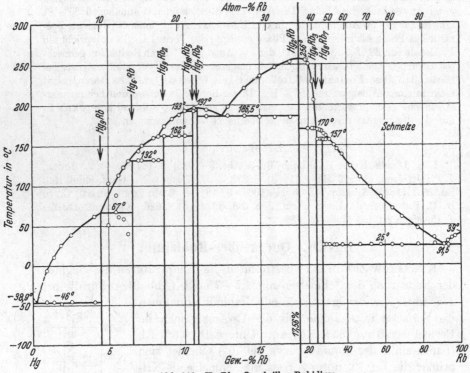

Abb. 319.   Hg-Rb.   Quecksilber-Rubidium.

mehr von anhaftendem Hg zu befreien. — Die bei 0°, 19,5° und 25° an Rb gesättigten Schmelzen enthalten nach Kerp-Böttger-Winter (0° und 25°) und Mc Phail Smith-Bennett 0,92% bzw. 1,21% und 1,37% Rb; die beiden letzten Werte stimmen gut mit den betreffenden Liquiduspunkten nach Kurnakow-Zukowsky überein.

Nachtrag. Biltz-Weibke-Eggers[4] haben kürzlich das vollständige Zustandsdiagramm auf Grund thermoanalytischer Untersuchungen gegeben (s. Abb. 319), die der klareren Übersicht wegen in geteiltem Maßstab gezeichnet wurde. Danach bestehen die 8 Verbindungen Hg_9Rb (4,52% Rb), Hg_6Rb (6,63% Rb), Hg_9Rb_2 (8,45% Rb), $Hg_{18}Rb_5$ (10,58% Rb), Hg_7Rb_2 (10,85% Rb), Hg_2Rb (17,56% Rb), Hg_4Rb_3 (24,21% Rb) und Hg_8Rb_7 (27,15% Rb).

Literatur.

1. Kurnakow, N. S., u. G. J. Zukowsky: Z. anorg. allg. Chem. Bd. 52 (1907) S. 427/28. — **2.** Kerp, W., W. Böttger u. H. Winter: Z. anorg. allg. Chem. Bd. 25 (1900) S. 29/31. — **3.** Mc Phail Smith, G., u. H. C. Bennett: J. Amer. chem. Soc. Bd. 32 (1910) S. 622/26. — **4.** Biltz, W., F. Weibke u. H. Eggers: Z. anorg. allg. Chem. Bd. 219 (1934) S. 119/28.

Hg-S. Quecksilber-Schwefel.

Literaturzusammenstellung über HgS (13,78% S) s. in den chemischen Handbüchern. HgS besteht in zwei, nach Allen-Crenshaw[1] in drei verschiedenen kristallisierten Formen: Zinnober (hexagonal, eigener Gittertyp)[2], Metacinnabarit (Zinkblendestruktur)[2] und — nach Allen-Crenshaw — einer weiteren hexagonalen Form. Zinnober ist die stabile Form von HgS bei allen Temperaturen bis zu seinem Sublimationspunkt, der von Allen-Crenshaw zu 580°, von Biltz[3] zu 446 ± 10° angegeben wird. Tiede-Schleede[4] bestimmten den Schmelzpunkt von HgS unter einem Druck von 120 Atmosphären zu rd. 1450°.

Literatur.

1. Allen, E. T., u. J. L. Crenshaw: Z. anorg. allg. Chem. Bd. 79 (1912) S. 155/71, 185/89. — **2.** Ewald, P. P., u. C. Hermann: S. Strukturbericht 1913/28, Leipzig 1931, S. 129/31, 772. — **3.** Biltz, W.: Z. anorg. allg. Chem. Bd. 59 (1908) S. 279. — **4.** Tiede, E., u. A. Schleede: Ber. dtsch. chem. Ges. Bd. 53 (1920) S. 1721.

Hg-Sb. Quecksilber-Antimon.

Humphreys[1] gibt an, daß nach 15tägiger Einwirkung von Hg auf Sb sich nur Spuren gelöst hätten. Auch die Spannungsmessungen von Neumann[2] (reines Sb, amalgamiertes Sb und elektrolytisch hergestellte Amalgame zeigten die gleiche Spannung in $SbCl_3$-Lösungen) deuten auf eine praktische Unlöslichkeit von Sb in Hg. Tammann-Hinnüber[3] bestimmten die Löslichkeit zu $2,9 \cdot 10^{-5}\%$ bei 18°. — Durch chemische Umsetzung haben Partheil-Mannheim[4] die Verbindung Hg_3Sb_2 (28,81% Sb) dargestellt.

Literatur.

1. Humphreys, W. J.: J. chem. Soc. Bd. 69 (1896) S. 1686. — **2.** Neumann, B.: Z. physik. Chem. Bd. 14 (1894) S. 219. — **3.** Tammann, G., u. J. Hinnüber: Z. anorg. allg. Chem. Bd. 160 (1927) S. 254/56. — **4.** Partheil, A., u. E. Mannheim: Arch. Pharmaz. Bd. 238 (1900) S. 168. Chem Zbl. 1900 I S. 1091.

Hg-Se. Quecksilber-Selen.

Über das Quecksilberselenid HgSe (28,3% Se) liegt ein umfangreiches Schrifttum[1] vor; s. die chemischen Handbücher. Mit der Darstellung und den Eigenschaften von HgSe haben sich besonders eingehend Pellini-Sacerdoti[2] befaßt[3]. Über das Erstarrungsdiagramm ist nur so viel bekannt, daß die Erstarrung der Se-reicheren Schmelzen beim Se-Schmelzpunkt beendet wird; das HgSe-Se-Eutektikum liegt also sehr nahe bei 100% Se. Ein vollständiges Zustandsdiagramm wird sich nur durch thermische Analyse von Schmelzen, die sich in zugeschmolzenen Rohren befinden, aufstellen lassen.

Die Gitterstruktur von natürlichem HgSe (Tiemannit) wurde von de Jong[4] und Hartwig[5], diejenige der künstlich dargestellten Verbindung von Zachariasen[6] bestimmt: HgSe kristallisiert regulär mit Zinkblendestruktur.

Literatur.

1. UELSMANN, H.: Liebigs Ann. Bd. 116 (1860) S. 126. MARGOTTET, J.: C. R. Acad. Sci., Paris Bd. 85 (1877) S. 1142. FABRE, C.: C. R. Acad. Sci., Paris Bd. 103 (1886) S. 345/47. PÉLABON, H.: Bull. Soc. chim. France 3 Bd. 23 (1900) S. 211/13. Ann. Chim. Phys. 7 Bd. 25 (1902) S. 394/99. VOURNASOS, A. C.: Ber. dtsch. chem. Ges. Bd. 44 (1911) S. 3269. — **2.** PELLINI, G., u. R. SACERDOTI: Atti Accad. naz. Lincei, Roma 5 Bd. 18 II (1909) S. 212. Gazz. chim. ital. Bd. 40 II (1910) S. 42/46. — **3.** Unter Atmosphärendruck destilliert aus allen Gemischen von Hg und Se, die mehr als etwa 67 Atom-% Se enthalten, oberhalb 400° Hg ab. Die Verbindung selbst läßt sich bei 600° ohne Zersetzung destillieren. Bei Atmosphärendruck findet die Vermengung von Hg und Se nur bei Gegenwart eines Se-Überschusses statt, dessen Trennung von der Verbindung schwer ist und nur durch langsame fraktionierte Destillation bei allmählicher Steigerung der Temperatur gelingt. Völlige Vereinigung erfolgt beim Atomverhältnis 1:1 nur durch Erhitzen im zugeschmolzenen Rohr bei 500—600°. — **4.** JUNG, W. F. DE: Z. Kristallogr. Bd. 63 (1926) S. 466/71. — **5.** HARTWIG, W.: Sitzgsber. preuß. Akad. Wiss., Physik.-math. Kl. Bd. 10 (1926) S. 79/80. Vgl. Strukturbericht. — **6.** ZACHARIASEN, W.: Z. physik. Chem. Bd. 124 (1926) S. 436/48.

Hg-Si. Quecksilber-Silizium.

Beide Elemente reagieren weder bei Raumtemperatur[1] noch bei erhöhter Temperatur[2] (im geschlossenen Rohr) irgendwie miteinander.

Literatur.

1. GUERTLER, W.: Metallographie Bd. 1 2. Teil S. 702 Berlin 1917. — **2.** WINKLER: J. prakt. Chem. Bd. 91 (1864) S. 193.

Hg-Sn. Quecksilber-Zinn.

An der Festlegung der **Liquiduskurve** sind folgende Forscher beteiligt: WIEDEMANN[1] bestimmte die Erstarrungstemperaturen von Schmelzen mit 37,2 und 54,3% Sn zu 128° und 164° in sehr guter Übereinstimmung mit späteren Messungen. TAMMANN[2] fand, daß die Erstarrungstemperatur von Hg bereits durch 0,06% Sn um 0,6° erhöht und durch steigende Sn-Zusätze weiter erhöht wird (vgl. die Kreuze in Nebenabb. a). HEYCOCK-NEVILLE[3] haben eine Reihe von Erstarrungspunkten zwischen 24,5 und 100% Sn bestimmt, jedoch nur die zwischen 85,2% und 100% Sn liegenden, die in Abb. 320 eingetragen sind, mitgeteilt. Gleichzeitig ermittelte CATTANEO[4] die Liquidustemperaturen der Schmelzen mit 22,7% (104°), 37% (131°), 46% (166°) und 70,2% (193°), die mit einer Ausnahme auf die in Abb. 320 dargestellte Liquiduskurve fallen. Nach Angabe von VAN HETEREN[7] fand MAZZOTTI[5], dessen Originalarbeit mir nicht zugänglich war, „eine kontinuierliche Schmelzkurve und schloß aus der Wärmeentwicklung beim Auskristallisieren, daß sich reines Sn absetzt".

PUSCHIN[6], dessen Untersuchung bereits 1900 experimentell abgeschlossen war, gab erstmalig den genauen Verlauf der ganzen Liquiduskurve auf Grund zahlreicher Abkühlungskurven zwischen 1,6 und 98,9% Sn (Abb. 320). Eine Schmelze mit 0,5% Sn begann „unterhalb 25°'' zu erstarren. VAN HETEREN[7] hat PUSCHINS Kurve ausgezeichnet bestätigt und durch Untersuchung des zwischen 0 und 1% Sn liegenden Teiles ergänzt. Mit einer Meßgenauigkeit von 0,05° stellte er fest, daß die Liquiduskurve vom Hg-Erstarrungspunkt (—38,9°) unmittelbar

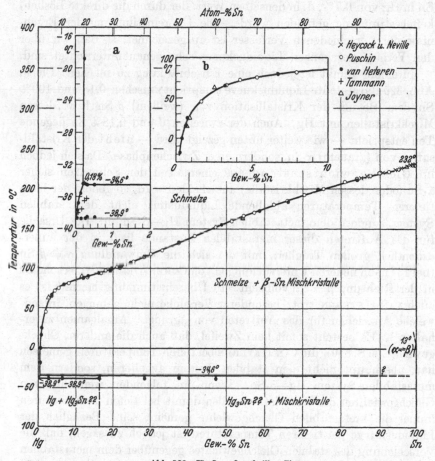

Abb. 320. Hg-Sn. Quecksilber-Zinn.

ansteigt, und zwar auf —34,6° bei 0,18% Sn (Nebenabb. a). Bei wenig höheren Sn-Gehalten ließ sich der Beginn der Erstarrung nicht mehr thermisch bestimmen, da die Kurve nach einem Knick bei 0,18% Sn sehr steil ansteigt und infolgedessen die Menge der sich je Grad Abkühlung ausscheidenden Kristalle sehr gering und damit die freiwerdende Wärmemenge nicht genügend groß ist, um eine Abnahme in der Abkühlungsgeschwindigkeit anzuzeigen. Der zwischen —34,5° und +50° liegende Teil der Liquiduskurve wurde daher durch die Be-

stimmung des Hg-Gehaltes des flüssigen Anteiles eines teilweise erstarrten Amalgams bei — 18,8°, 0°, 15° und 25° festgelegt (s. Nebenabb. a
und b). Auf dieselbe Weise bestimmte GOUY[8] die Löslichkeit von Sn
in Hg bei 15—18° zu 0,6% und JOYNER[9] die Löslichkeiten bei 14°,
25,4°, 63,2°, 90° und 163°. Die von VAN HETEREN bestimmte Spannungs-Konzentrationskurve für 25° deutet auf eine Löslichkeit von
Sn in Hg von 0,7%, d. h. denselben Wert, der durch die direkte Löslichkeitsbestimmung gefunden wurde. Die Übereinstimmung der Ergebnisse der verschiedenen Verfasser ist ausgezeichnet, so daß wir über
den Verlauf der ganzen Liquiduskurve sehr genau unterrichtet sind.

In einem Punkt ist jedoch eine Einschränkung zu machen: Die in
Abb. 320 dargestellte Liquiduskurve entspricht zwischen 0,18 und 100%
Sn dem Beginn der Kristallisation von (weißem) β-Sn bzw. dessen
Mischkristallen mit Hg. Auch der zwischen 0 und 0,18% Sn liegende
Teil entspricht — wie weiter unten gezeigt wird — nicht der Kristallisation von (grauem) α-Sn, sondern einer Zwischenphase. Da sich jedoch
im Gleichgewichtszustand aus einem Teil der Schmelzen sicher
α-Sn (oder dessen Mischkristalle) ausscheiden wird, so gehört der nach
tieferen Temperaturen abfallende Liquidusteil nicht dem stabilen
System, sondern dem metastabilen System Hg—β-Sn an. Die Ursache
für das Auftreten dieser metastabilen Zustände liegt in der außerordentlich großen Trägheit, mit der sich die Umwandlung $\alpha \rightleftharpoons \beta$-Sn
(bei 13° nach neueren Untersuchungen von COHEN-DEKKER[10]), besonders
in der Richtung $\beta \rightarrow \alpha$, vollzieht. In Übereinstimmung hiermit ist es
auch VAN HETEREN trotz besonderer Versuche nicht gelungen, irgendwelche Anzeichen für das Auftreten von „grauen" Amalgamen zu erhalten[11]. Es besteht somit kein Zweifel, daß auch die anderen Gleichgewichte (s. S. 810), die VAN HETEREN bei tiefen Temperaturen gemessen
hat, überhaupt nicht dem stabilen System angehören, sondern dem
metastabilen System Hg—β-Sn. Wenn im folgenden weiterhin von
Gleichgewichten die Rede ist, so sollen damit bei tiefen Temperaturen
immer die metastabilen Gleichgewichte gemeint sein. Bezüglich der
Liquiduskurve bei tieferen Temperaturen ist jedoch zu sagen, daß die
Verschiebung des stabilen Gleichgewichtes gegenüber dem metastabilen
Gleichgewicht nur äußerst gering ist, da die Löslichkeit von weißem Sn
und grauem Sn in Hg bei 0° praktisch gleich gefunden wurde[12]. Bemerkenswert ist, daß Sn gegenüber früheren Auffassungen nur eine
polymorphe Umwandlung bei 13° durchmacht[13].

Bezüglich der Zusammensetzung der festen Phasen, die sich außer
reinem Hg am Aufbau der Hg-Sn-Legierungen beteiligen, ist folgendes
zu sagen.

Die Sn-reiche Phase. Die Spannungsmessungen von NEUMANN[14],
PUSCHIN und besonders VAN HETEREN sagen aus, daß bei gewöhnlicher

Temperatur, entgegen früheren Vermutungen, keine intermediäre Phase vorliegt. Vielmehr stehen bei dieser Temperatur Hg-reiche Schmelzen mit sehr Sn-reichen Mischkristallen[15] des β-Sn im Gleichgewicht. Die Angaben über die Konzentration dieser Mischkristalle gehen sehr auseinander. CROOKEWITT[16] erhielt durch Abpressen der flüssigen Phase einen Rückstand mit etwa 49,5% Sn, JOULE[17] auf dieselbe Weise bei Anwendung hoher Drucke etwa 80,5% Sn für die feste Phase. Durch Zentrifugieren bei 16° erhielt VAN HETEREN Kristalle mit höchstens 57% Sn. Mit Hilfe eines besonderen analytischen Verfahrens (s. Originalarbeit) gelangte VAN HETEREN zu Sn-Gehalten von etwa 90% bei 15°. Aus der für 25° geltenden Spannungs-Konzentrationskurve von VAN HETEREN folgt eine Sättigungsgrenze von etwa 98,2% Sn. Die Horizontale bei —34,6° konnte VAN HETEREN mit Hilfe von Abkühlungskurven nur bis 65% Sn, mit Hilfe von dilatometrischen Untersuchungen bei steigender Temperatur dagegen bis rd. 77% Sn verfolgen. Danach wäre die Löslichkeit bei —34,6° von Hg in dem hier metastabilen β-Sn erheblich größer als bei 25°. Die von TAMMANN-MANSURI[18] ausgeführte mikroskopische Untersuchung von Amalgamen, die in eine Eisenform gegossen waren, ergab, daß die Legierungen mit 0—18% Hg nach 72stündigem Verweilen bei Raumtemperatur nur eine Kristallart enthielten; bei 20,6% Hg waren kleine Flüssigkeitsstreifen zwischen den Kristalliten zu erkennen. Die Sättigungsgrenze liegt danach bei etwa 81% Sn. Aus Untersuchungen der Gitterstruktur Sn-reicher Legierungen zieht VON SIMSON[19] folgende Schlüsse:

„Das Zustandsdiagramm wäre also so zu ändern, daß bei Zimmertemperatur vom reinen Sn ausgehend zunächst Sn-Kristalle (tetragonales β-Sn) mit wachsendem Hg-Gehalt bis zu etwa 1 Atom-% (= 1,6 Gew.-%) vorhanden wären. Von da an tritt neben dem tetragonalen Sn eine zweite Kristallart mit einem einfachen hexagonalen Gitter auf; die Sn-Kristalle verschwinden bei etwa 7—8 Atom-% Hg (= etwa 11—13 Gew.-%) vollständig."

Die Größe des Homogenitätsbereiches der hexagonalen Zwischenphase, die die Konzentration $HgSn_{12}$ (12,34% Hg) einschließt, kann durch Röntgenanalyse nicht festgestellt werden, da die nächste Phase flüssig ist und keine Interferenzlinien gibt. Die Ergebnisse VON SIMSONs finden nur in den Beobachtungen der Oberflächenstruktur von PUSCHIN eine Stütze. PUSCHIN fand nämlich in Mischungen mit 13—100% Sn stets dieselben Primärkristalle mit hexagonaler Sternstruktur. Zu allen anderen Befunden stehen sie im Widerspruch. Die Vermutung, daß die hexagonale Phase möglicherweise von einem bei hoher Temperatur beständigen γ-Sn ableitet, ist nicht zutreffend, da Sn nur in zwei polymorphen Formen existiert[13]. Andererseits ist das Bestehen einer intermediären, an Sn sehr reichen Kristallart ($HgSn_{12}$) auch wenig wahrscheinlich und bedarf der Bestätigung. — Ein sicherer Schluß auf die

Zusammensetzung der gesättigten Sn-reichen Mischkristalle ist nach den
obengenannten verläßlichsten Angaben (90 und 98% Sn nach VAN HE-
TEREN und 81% Sn nach TAMMANN-MANSURI) vorerst nicht möglich.

Die intermediäre Phase. Das Bestehen der von VAN HETEREN nachgewiesenen zwei horizontalen Gleichgewichtskurven bei —34,6° und
—38,9° (Hg-Erstarrungspunkt) spricht für das Vorhandensein einer
intermediären Phase, die mit fallender Temperatur bei —34,6° aus
Schmelze und Sn-reichem Mischkristall gebildet wird. Eine andere
Deutung der Natur der oberen Horizontalen bei —34,6° ist nicht
möglich, jedenfalls entspricht sie nicht der polymorphen Umwandlung
der Sn-reichen Mischkristalle, da die Bildung „grauer" Amalgame nie
beobachtet wurde[20] und in diesem Fall auch das Maximum des thermischen und dilatometrischen Effektes bei sehr hohen Sn-Gehalten liegen
müßte.

Die Bestimmung der Zusammensetzung der Zwischenphase (Verbindung) stößt auf große Schwierigkeiten, da starke Gleichgewichtsstörungen (Unvollständigkeit der peritektischen Umsetzung bei —34,6°
infolge Bildung von Umhüllungen) entstehen werden. Dadurch wird
das Maximum der Wärmetönung oder des dilatometrischen Effektes
zu höheren Sn-Konzentrationen verschoben. Dasselbe gilt für den Endpunkt der eutektischen Horizontalen bei — 38,9°, der im Gleichgewicht bei der Zusammensetzung der Zwischenphase liegen muß.

Die Horizontale bei —38,9° konnte VAN HETEREN thermisch noch
bei 37,3% Sn feststellen, bei 47% Sn nicht mehr. Nach den dilatometrischen Untersuchungen liegt ihr Endpunkt zwischen 47 und 64% Sn.
Der größte thermische Effekt bei —34,6° wurde bei der Legierung mit
etwa 16,5% Sn (25 Atom-% gefunden), jedenfalls war er wesentlich
größer als bei der nächsten Legierung mit 37,3% Sn (50 Atom-%), sofern
man voraussetzt, daß VAN HETEREN annähernd gleich große Schmelzen
untersuchte. Die Größe des dilatometrischen Effektes bei —34,6°
schwankt nach den Messungen von VAN HETEREN sehr, „so daß nicht
geschlossen werden kann, bei welchem Sn-Gehalt diese Umwandlung
am stärksten auftritt". Vielleicht ist das Maximum zwischen 25 und
40 Atom-% Sn zu suchen, obwohl die Volumvergrößerung bei 50 Atom-%
wieder kleiner ist als diejenige bei 60 Atom-%. Die Unregelmäßigkeiten
lassen sich zum Teil erklären aus dem verschiedenen Volumen des
Alkohols in den Dilatometern (!) (VAN HETEREN). BORNEMANN[21], der
den thermischen Werten größeres Gewicht beilegt, glaubt, daß die
Zusammensetzung der Zwischenphase zwischen 10 und 25 Atom-% Sn
zu suchen ist; unter „allergrößtem Vorbehalt" nimmt er 25 Atom-% Sn
= Hg₃Sn an. GUERTLER[22], der dagegen die dilatometrischen Werte für
„fraglos sicherer" hält, nimmt an, daß die intermediäre Kristallart
keinen höheren Sn-Gehalt besitzen kann als der Formel HgSn (37,18% Sn)

und keinen kleineren Sn-Gehalt als der Formel Hg_3Sn (16,47% Sn)
entspricht. Eine Zusammensetzung in der Nähe der Formel HgSn habe
die größte Wahrscheinlichkeit für sich. VAN HETEREN selbst, dem wir
die zahlreichen Messungen verdanken, weist im Text darauf hin, daß das
Maximum der Intensität der Umwandlung bei ungefähr 50 Atom-% Sn
liege, in seinem hypothetischen Diagramm nimmt er jedoch 60 Atom-%
Sn als Zusammensetzung der intermediären Phase an. In Abb. 320 ist
mit BORNEMANN unter Vorbehalt die Verbindung Hg_3Sn angenommen
worden. Das Bestehen einer Verbindung Hg_2Sn (oder Hg_3Sn_2) ist
ebenfalls durchaus möglich[23].

Weitere Untersuchungen. Auf die zahlreichen noch vorliegenden
Arbeiten, die sich mit Leitfähigkeitsmessungen an verdünnten Amalgamen, Dichtebestimmungen bei Raumtemperatur, Ausdehnungsmessungen u. a. m. befassen, braucht in diesem Zusammenhang nicht
eingegangen zu werden, da sie keine Erweiterung unserer Kenntnisse
über die Konstitution der Sn-Amalgame bei Raumtemperatur bringen.
Erwähnt sei nur noch eine an einer Legierung mit 50 Atom-% Sn ausgeführte Gefügeuntersuchung von HAUSER[24].

Nachtrag. Durch eine von STENBECK[25] ausgeführte Röntgenanalyse
des Systems konnten die Ergebnisse von v. SIMSON (s. S. 809) insofern
bestätigt werden, als auch STENBECK eine zwischen 6 und 10% Hg
liegende intermediäre Phase mit einfacher hexagonaler Struktur fand.
Bei etwas höherem Hg-Gehalt konnte noch ein zweites Gitter gefunden
werden, dessen Struktur aus der erstgenannten durch eine geringfügige
Deformation (Erniedrigung der Symmetrie von hexagonal auf rhombisch) abgeleitet werden kann. „Über die Frage, ob diese beiden Gitter
einer und derselben oder zwei verschiedenen Phasen angehören, hat die
Röntgenanalyse keine Klärung gebracht." Sn besitzt nach STENBECK
kein merkliches Lösungsvermögen für Hg.

Literatur.

1. WIEDEMANN, E.: Wied. Ann. Bd. 3 (1878) S. 249. — **2.** TAMMANN, G.: Z.
physik. Chem. Bd. 3 (1889) S. 445. — **3.** HEYCOCK, C. T., u. F. H. NEVILLE: J.
chem. Soc. Bd. 57 (1890) S. 383. — **4.** CATTANEO, C.: Wied. Ann. Beibl. Bd. 14
(1890) S. 1188. — **5.** MAZZOTTO, D.: Atti Ist. Veneto 7 Bd. 4 (1892/93) S. 1311, 1527.
Ref. Z. physik. Chem. Bd. 13 (1894) S. 571/72. — **6.** PUSCHIN, N. A.: Z. anorg. allg.
Chem. Bd. 36 (1903) S. 201/54. — **7.** HETEREN, W. J. VAN: Z. anorg. allg. Chem.
Bd. 42 (1904) S. 129/73. — **8.** GOUY: J. Physique 3 Bd. 4 (1895) S. 320/21. —
9. JOYNER, R. A.: J. chem. Soc. Bd. 99 (1911) S. 204. — **10.** COHEN, E., u. K. D.
DEKKER: Z. physik. Chem. Bd. 127 (1927) S. 178/82. — **11.** „Weiße" Amalgame
wurden mit grauem Sn geimpft und bei — 3° bis — 7° gehalten. Nach 6 Monaten
war noch keine Umwandlung wahrzunehmen. — **12.** Bei zwei bei °0 ausgeführten
Bestimmungen wurde für weißes Sn 0,58 und 0,62 Atom-% Sn, für graues Sn
0,60 und 0,61 Atom-% Sn gefunden. — **13.** MATUYAMA, Y.: Sci. Rep. Tôhoku Univ.
Bd. 20 (1931) S. 649/80. — **14.** NEUMANN, B.: Z. physik. Chem. Bd. 14 (1894)
S. 217. — **15.** Für die Kristallisation von festen Lösungen spricht auch die Abwei-

chung der gefundenen atomaren Gefrierpunktserniedrigung von der theoretischen. — **16.** CROOKEWITT: J. prakt. Chem. Bd. 45 (1848) S. 87. — **17.** JOULE, J.: Chemical Gazette 1850 S. 399. — **18.** TAMMANN, G., u. Q. A. MANSURI: Z. anorg. allg. Chem. Bd. 132 (1923) S. 66/67. — **19.** SIMSON, C. v.: Z. physik. Chem. Bd. 109 (1924) S. 187/92. — **20.** Betr. Einzelheiten muß auf die sehr umfangreiche Veröffentlichung verwiesen werden. — **21.** BORNEMANN, K.: Metallurgie Bd. 7 (1909) S. 108/109. — **22.** GUERTLER, W.: Metallographie Bd. 1 1. Teil S. 719 Berlin 1912. — **23.** Röntgenographische Untersuchungen könnten hier Klarheit schaffen. — **24.** HAUSER, F.: Z. Physik Bd. 13 (1922) S. 1/4. — **25.** STENBECK, S.: Z. anorg. allg. Chem. Bd. 214 (1933) S. 23/26.

Hg-Sr. Quecksilber-Strontium.

Von den zahlreichen Arbeiten[1] über Sr-Amalgame lassen nur die im folgenden genannten Schlüsse auf die Konstitution dieser Legierungen zu.

Die Löslichkeit von Sr in Hg. Die in Abb. 321 gezeichnete Liquiduskurve stützt sich auf die Löslichkeitsbestimmungen[2] von

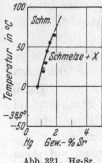

Abb. 321. Hg-Sr. Quecksilber-Strontium.

KERP-BÖTTGER-IGGENA[3] (●) sowie MC PHAIL SMITH-BENNETT[4] (×). Erstere fanden folgende Mittelwerte: 0,73% bei 0°, 1,04% bei 20°, 1,27% bei 30°, 1,35% bei 46°, 1,54% bei 56°, 1,79% bei 64,5°. Die bei 81° ausgeführten Bestimmungen führten zu sehr unregelmäßigen, zwischen 1,64 und 1,98% Sr liegenden Werten.

Die Ansichten über die Formel der Hg-reichsten Verbindung gehen weit auseinander. GUNTZ-FÉRÉE[5] haben durch leichtes Abpressen der flüssigen Phase ein kristallisiertes Amalgam von der Zusammensetzung $Hg_{14}Sr$ (3,02% Sr) erhalten; bei stärkerem Druck (200 kg/cm²) ging diese jedoch unter weiterem Hg-Verlust in ein Amalgam $Hg_{11}Sr$ (3,82% Sr) über. $Hg_{14}Sr$ besteht also sicher nicht. KERP[2] fand nach dem Absaugen des flüssigen Amalgams im Goochtiegel für das kristallisierte Amalgam zwischen 3,61 und 3,77% liegende Sr-Gehalte und schließt daraus ebenfalls auf das Bestehen von $Hg_{11}Sr$. Die bei 64° bzw. 81° erhaltenen festen Amalgame gaben zwischen 4,20 und 5,66% Sr schwankende Zusammensetzungen. Bei Wiederholung der Versuche durch KERP-BÖTTGER-IGGENA ergaben sich bei Temperaturen unter 30° Zusammensetzungen, die auf die Formel $Hg_{12}Sr$ (3,51% Sr) hindeuten. Bei höheren Temperaturen wurden dagegen sehr verschiedene Mittelwerte gefunden: bei 46° 3,98%, bei 56° 4,96%, bei 64,5° 5,33% und bei 81° 5,37%. Die letzten drei Konzentrationen bezeichnen die Verfasser trotz der Schwierigkeit der Trennung der beiden Phasen als noch hinlänglich sicher und mit den Formeln Hg_8Sr (5,18% Sr) bzw. $Hg_{15}Sr_2$ (5,50% Sr) verträglich. Einige Höchstgehalte an Sr weisen sogar auf die Formel Hg_7Sr (5,87% Sr) hin. KERP-BÖTTGER-IGGENA schließen, daß bis herauf zu 30° $Hg_{12}Sr$-Kristalle, oberhalb 30° dagegen eine oder mehrere andere Verbindungen unbekannter Zusammensetzung beständig sind[6]. Dieser Auffassung widerspricht jedoch zum Teil die Angabe derselben Verfasser, daß die Verbindung $Hg_{12}Sr$ erst bei 60 bis 70° schmilzt.

LANGBEIN[7] trennte die flüssige von der festen Phase durch Abschleudern (Fallenlassen von Tischhöhe auf die Erde) und fand für die feste Phase 3,73 und 3,80% Sr entsprechend der Verbindung $Hg_{11}Sr$, deren Schmelzpunkt er zu 125° bestimmte. Auch GUNTZ-ROEDERER[8], die 3,65—3,83% Sr fanden, schlossen auf das Bestehen dieser Verbindung, die sie durch Zentrifugieren oder starken Druck (5000 kg/cm²) von der flüssigen Phase trennten. Mc PHAIL SMITH-BENNETT wiederum isolierten durch Zentrifugieren Kristalle mit 3,33—3,53% Sr entsprechend $Hg_{12}Sr$; sie betrachten diese Formel jedoch nicht als gesichert. Über die Kristallform der Hg-reichsten Verbindung werden sehr widersprechende Angaben gemacht.

Aus den genannten Arbeiten lassen sich sichere Schlüsse auf die Zusammensetzung der Hg-reichsten intermediären Kristallart nicht ziehen, da sehr zu bezweifeln ist, daß die Trennung der flüssigen von der festen Phase wirklich vollständig war. Zu der Annahme einer der beiden Formeln $Hg_{12}Sr$ und $Hg_{11}Sr$ (Unterschied 0,31%), auf die die Analysen der bei gewöhnlicher Temperatur isolierten Kristalle hinweisen, besteht daher keine Veranlassung. Die höchsten Sr-Gehalte, die durch Isolierung der Kristalle bei 64,5 und 81° erhalten wurden (s. S. 812), weisen auf die Formel Hg_7Sr hin. Unbekannt ist auch der Temperaturbereich, innerhalb dessen die Hg-reichste Verbindung besteht. KERP-BÖTTGER-IGGENA geben als Schmelzpunkt von $Hg_{12}Sr$ 60—70°, LANGBEIN dagegen 125° für $Hg_{11}Sr$ an. Dem Verlauf der Löslichkeitskurve in Abb. 321 zufolge findet die Erstarrung der Hg-reichen Schmelzen entweder mit der Kristallisation eines „echten‘‘, d. h. unterhalb —38,9° erstarrenden Eutektikums ihren Abschluß, oder es besteht zwischen 0° und —38,9° eine Peritektikale. Jedenfalls spricht die Größe der Löslichkeit bei 0° dagegen, daß der in Abb. 321 dargestellte Liquidusast im Schmelzpunkt des Quecksilbers sein Ende findet. Auf die Möglichkeit des Bestehens der Verbindung Hg_5Sr_2 (14,87% Sr) haben sowohl KERP-BÖTTGER-IGGENA als GUNTZ-ROEDERER hingewiesen[9].

Aus dem Verlauf der Kurve des spezifischen Volumens schließt LANGBEIN auch auf die Existenz von Hg_5Sr und $HgSr$, doch sind die hierfür angeführten Kriterien (s. bei Ba-Hg) nicht stichhaltig.

Literatur.

1. Vgl. Gmelin-Kraut Handbuch Bd. 5 (1914) S. 1085/90. — 2. Nach Versuchen von W. KERP: Z. anorg. allg. Chem. Bd. 17 (1898) S. 305/308 beträgt die Löslichkeit von Sr in Hg bei 65° und 81° etwa 1,50% bzw. etwa 1,62%. Diese Werte sind

jedoch durch die genannten Feststellungen von Kerp, Böttger und Iggena überholt. — **3.** Kerp, W., W. Böttger u. H. Iggena: Z. anorg. allg. Chem. Bd. 25
(1900) S. 35/44, 53. — **4.** Mc Phail Smith, G., u. H. C. Bennett: J. Amer. chem.
Soc. Bd. 32 (1910) S. 622/26. — **5.** Guntz, A., u. J. Férée: Bull. Soc. chim. France 3
Bd. 17 (1897) S. 390. — **6.** Die Verff. bemerken, daß bei jedem der oberhalb 30°
untersuchten Temperaturpunkte ein neuer Bodenkörper vorzuliegen scheine. —
7. Langbein, G.: Diss. Königsberg 1900, s. Gmelin-Kraut. — **8.** Guntz, A., u.
G. Roederer: Bull. Soc. chim. France 3 Bd. 35 (1906) S. 494/503. — **9.** Ein Produkt
dieser Zusammensetzung blieb bei der Vakuumdestillation Hg-reicher Amalgame
im Kolben zurück (s. die beiden Originalarbeiten). Guntz-Roederer fanden
auf dieselbe Weise in einem Falle einen aus hexagonalen Tafeln bestehenden Destil-
lationsrückstand von der Zusammensetzung Hg_6Sr. Die Einheitlichkeit der Produkte
Hg_5Sr_2 und Hg_6Sr ist nicht erwiesen; es handelt sich offenbar um Zufallsprodukte.

Hg-Ta. Quecksilber-Tantal.

v. Bolton[1] bemerkt, daß es unmöglich war, ein Amalgam des Tantals darzustellen. „Bei keiner Temperatur war irgend eine Einwirkung von Hg auf Ta zu
konstatieren." Versuche zur Darstellung von Ta-Amalgam auf elektrolytischem
Wege sind anscheinend bisher nicht ausgeführt worden.

Literatur.

1. Bolton, W. v.: Z. Elektrochem. Bd. 11 (1905) S. 51.

Hg-Te. Quecksilber-Tellur.

Die Verbindung HgTe (38,86% Te) ist seit langem bekannt; sie kommt natürlich
als Coloradoit vor und wurde auf verschiedenem Wege dargestellt von Margottet[1],
Krafft-Lyons[2], Vournasos[3] und Pellini-Aureggi[4]. Ihr Schmelzpunkt ist
unter gewöhnlichem Druck nicht feststellbar, da sie sich beim Erhitzen zersetzt.
Als oberste Stabilitätsgrenze gilt etwa 550°; im Vakuum tritt bereits bei 370°
Zersetzung ein.

Das in Abb. 322 dargestellte Erstarrungsdiagramm wurde von
Pellini-Aureggi ausgearbeitet. Die eutektischen Haltezeiten bei 411°
(im Mittel) deuten ebenfalls auf das Bestehen von HgTe hin. Die Erstarrungstemperaturen der Hg-reichen Mischungen sind wegen der beim
Erhitzen eintretenden Zersetzung unter Atmosphärendruck nicht zu
bestimmen.

HgTe kristallisiert regulär mit Zinkblendestruktur[5].

Literatur.

1. Margottet, J.: C. R. Acad. Sci., Paris Bd. 85 (1877) S. 1142. — **2.** Krafft,
F., u. R. E. Lyons: Ber. dtsch. chem. Ges. Bd. 27 (1894) S. 1768/69. — **3.** Vour-
nasos, A. C.: Ber. dtsch. chem. Ges. Bd. 44 (1911) S. 3269. — **4.** Pellini, G., u.
C. Aureggi: Atti Accad. naz. Lincei, Roma 5 Bd. 18 II (1909) S. 211/17. Gazz.
chim. ital. Bd. 40 II (1910) S. 46/49. — **5.** Jong, W. F. de: Z. Kristallogr. Bd. 63
(1926) S. 471/72. Zachariasén, W.: Z. physik. Chem. Bd. 124 (1926) S. 277/84.
Hartwig, W.: Sitzgsber. preuß. Akad. Wiss., Physik.-math. Kl. Bd. 10 (1926)
S. 79/80.

Hg-Ti.   Quecksilber-Titan.

IRVIN-RUSSELL[1] bestimmten die Löslichkeit von Ti in Hg analytisch zu $1,10^{-5}\%$.

Literatur.

1. IRVIN, N. M., u. A. S. RUSSELL: J. chem. Soc. 1932 S. 891/98.

Hg-Tl.   Quecksilber-Thallium.

Das in Abb. 323 dargestellte Erstarrungs- und Umwandlungsschaubild fußt im wesentlichen auf den Untersuchungen von TAMMANN[1], KUR-

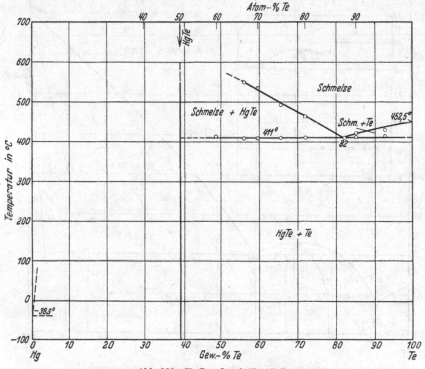

Abb. 322. Hg-Te. Quecksilber-Tellur.

NAKOW-PUSCHIN[2], PAWLOWITSCH[3], ROOS[4], RICHARDS-DANIELS[5] und RICHARDS-SMYTH[6]. Ersterer bestimmte den Einfluß von Tl auf den Erstarrungspunkt von Hg und fand, daß dieser durch 0,47% Tl um 0,8° erniedrigt wird. KURNAKOW-PUSCHIN haben die vollständige Liquiduskurve mit Hilfe von 34 Schmelzen bestimmt und festgestellt, daß bei der Zusammensetzung Hg_2Tl (33,75% Tl) ein Maximum bei 15° und zwei eutektische Punkte bei 8,5% Tl, —60° und 44,45% Tl + 3,5° liegen. Das Ende der Erstarrung wurde nur in der Nähe der Eutektika ermittelt. PAWLOWITSCH, in dessen Originalarbeit ich keinen Einblick nehmen konnte, hat ebenfalls den Verlauf der ganzen Liquiduskurve

festgelegt. Im Gegensatz zu Kurnakow-Puschin fand er den maximalen
Erstarrungspunkt zwischen 29,4 und 30,4% Tl, d. h. bei einer Zusammensetzung, die nicht einem einfachen Atomverhältnis entspricht[7]. Die von
ihm bestimmte Leitfähigkeitskurve für Tl-Gehalte zwischen 0 und 40%
besitzt einen Höchstwert zwischen 26,35 und 28,4% Tl, während die
Spannungs-Konzentrationskurve einen ausgezeichneten Punkt zwischen
27,35 und 28,8% Tl aufweist. Er erkannte weiter, daß im Bereich von

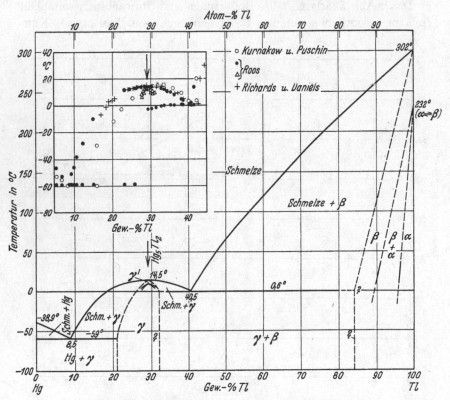

Abb. 323. Hg-Tl. Quecksilber-Thallium (vgl. auch Nachtrag).

etwa 21,3—31,4% Tl Mischkristalle vorliegen, und daß etwa 14% Hg
in festem Tl gelöst sind. Die Tatsache, daß die durch eine maximale
Erstarrungstemperatur und ausgezeichnete Eigenschaftswerte gekennzeichnete Zusammensetzung nicht einem einfachen Atomverhältnis
entspricht, erklärt Pawlowitsch als bedingt durch die Verbindung
Hg₃Tl (25,35% Tl), die in ihrer festen Lösung weitgehend dissoziiert
sei; die Existenz einer „Verbindung" werde bestärkt durch die
Tatsache, daß die betreffenden Legierungen einen Temperaturkoeffizienten des elektrischen Widerstandes besitzen, der nahezu gleich
denjenigen von reinen Metallen sei.

Bei einer unabhängig von Pawlowitsch durchgeführten, sehr eingehenden thermischen Analyse gelangte Roos zu einer ausgezeichneten Bestätigung der zwischen den Komponenten und den Eutektika (diese wurden gefunden bei 8,5% Tl, —59° und 44,45% Tl, +0,6°) liegenden Liquidustemperaturen des Diagramms von Kurnakow-Puschin. Der dazwischen liegende Liquidusast, der der Primärkristallisation der Zwischenphase entspricht, weicht jedoch von dem von Kurnakow-Puschin gegebenen ab (s. Nebenabb. von Abb. 323). Das Maximum liegt wohl praktisch bei der gleichen Temperatur (14,5°), jedoch bei einer Tlärmeren Konzentration, und zwar zwischen 28,8 und 29,1% Tl, d. h. bei der Zusammensetzung Hg_5Tl_2 (28,95% Tl)[8]. Dieser Befund wurde bei mehreren Versuchsreihen immer wieder bestätigt. Das Maximum ist — wohl infolge einer weitgehenden Dissoziation der Verbindung — außerordentlich flach (die Legierungen mit etwa 27,5 und 30,5% Tl erstarren zwischen 14° und 14,5°), doch gestattete die Anwendung eines Hg-Thermometers die Bestimmung der Erstarrungspunkte mit einer Genauigkeit, die größer als $\pm 0,1°$ ist. Den Haltezeiten der eutektischen Kristallisationen zufolge vermag Hg keine merkliche Mengen Tl, Tl dagegen bei 0° etwa 18% Hg in fester Lösung aufzunehmen; das Homogenitätsgebiet der intermediären Kristallart erstreckt sich von etwa 20,5—30,5% Tl. — Sehr interessant ist die Feststellung von Roos, daß die Verbindung Hg_5Tl_2 bei etwa 10,7°, d. h. nur wenige Grad unterhalb ihres Erstarrungspunktes, eine Umwandlung erleidet. Bei ziemlich schneller Abkühlung, wie bei Aufnahme einer Abkühlungskurve, tritt die Umwandlung nicht ein (Unterkühlung), doch kann sie durch sehr geringe Pb-Gehalte bei dieser Abkühlungsgeschwindigkeit zur Auslösung gebracht werden. Bei einem konstanten Pb-Gehalt von 0,04% fand Roos die in der Nebenabb. eingezeichneten Temperaturen des Beginns und des Endes der Umwandlung ($\triangle$). Das Maximum der Umwandlungstemperatur (12,8°) wie dasjenige der größten Wärmetönung liegt bei der Konzentration Hg_5Tl_2. Durch Extrapolation auf den Pb-Gehalt Null ergibt sich eine Umwandlungstemperatur für Hg_5Tl_2 von 10,7.°. In welcher Weise sich die Umwandlungskurven (Abb. 323) in die angrenzenden heterogenen Gebiete hinein fortsetzen, ist unbekannt (s. jedoch Nachtrag).

Richards-Daniels haben die Liquidustemperaturen im Bereich von 17—46% Tl bestimmt und die Ergebnisse von Roos praktisch quantitativ bestätigt (vgl. Nebenabb.). Sie halten das Bestehen von Hg_5Tl_2 für sichergestellt; das Eutektikum zwischen der γ- und β-Phase ergab sich zu 40,8% Tl, 0,5°. Bemerkenswert ist, daß die Untersuchung 1913 bis 1914, also zeitlich vor Roos durchgeführt, jedoch erst 1919 veröffentlicht wurde. Später ermittelten Richards-Smyth auch die Liquidustemperaturen zwischen 82 und 100% Tl und klärten die Konstitutionsverhältnisse der

festen Tl-reichen Legierungen durch Messungen der elektromotorischen
Kraft (bei 20°), der Dichte und Härte auf. Daraus folgt, daß bei Raumtemperatur zwischen 0 und 4% Hg Mischkristalle von Hg in α-Tl,
zwischen etwa 9,5 und etwa 15% Hg Mischkristalle von Hg in β-Tl
vorliegen. Die sich daraus ergebenden Kurven des Beginns und des
Endes der $\beta \rightleftharpoons \alpha$-Umwandlung (Abb. 323) wurden durch geradlinige Interpolation gewonnen. (Bereits PAWLOWITSCH hatte gefunden, daß der Umwandlungspunkt von Tl durch 1% Hg von 234° auf 212° erniedrigt wird.)

Mit dem Zustandsschaubild (Abb. 323) im Einklang stehen die mikroskopische Untersuchung einer Legierung mit 15% Tl (γ + Eutektikum)
von ROSENHAIN-MURPHY[9] und die Ergebnisse von Spannungsmessungen
von SPENCER[10] (0—56% Tl bei 18°), BABINSKI[11] (0—75% Tl bei 0°,
17° und 30°), SUCHENI[12] (0—50% Tl bei —80°, 0° und 37°) sowie
RICHARDS-DANIELS (zwischen 0 und 50% bei 20°, 30° und 40°). Aus
Abb. 323 ist zu entnehmen, innerhalb welcher Konzentrationsgebiete die
Amalgame bei den Meßtemperaturen vollkommen flüssig bzw. halb-
flüssig sind. An der Phasengrenze flüssig-halbflüssig, d. h. im Liquiduspunkt besitzen die Spannungs-Konzentrationsisothermen einen Knick,
dessen Konzentration mit der thermisch bestimmten Erstarrungstemperatur mehr oder weniger gut übereinstimmt; größere, nicht zu
erklärende Abweichungen liegen nur bei den Isothermen für 0°(BABINSKI,
SUCHENI) und —80° (SUCHENI) vor.

Außer den hier besprochenen Arbeiten beschäftigen sich noch eine
große Anzahl von Untersuchungen mit Tl-Amalgamen (Messungen
physikalischer Eigenschaften, insbesondere an flüssigen Amalgamen),
die jedoch, da sie die Kenntnis der Konstitution nicht erweitern, in
diesem Zusammenhang unberücksichtigt bleiben können.

Nachtrag. Nach ÖLANDER[13] hat die γ-Phase, deren Gebiet sich von
20—31% Tl erstrecken soll, ein kubisch-flächenzentriertes Gitter mit ungeordneter Atomverteilung bei den Zusammensetzungen Hg_5Tl_2 und Hg_3Tl;
bei Hg_2Tl ist die Verteilung möglicherweise geordnet. Auch aus Spannungsmessungen ergab sich, daß die Formel Hg_5Tl_2 nicht für die γ-Phase
kennzeichnend sein kann. Für eine wenig unterhalb der Soliduskurve
stattfindende Umwandlung im γ-Gebiet ergaben sich keine Anzeichen.

Literatur.

1. TAMMANN, G.: Z. physik. Chem. Bd. 3 (1889) S. 443. — **2.** KURNAKOW, N.
S., u. N. A. PUSCHIN: Z. anorg. allg. Chem. Bd. 30 (1902) S. 101/108. — **3.** PAWLO-
WITSCH, P.: J. russ. phys.-chem. Ges. Bd. 47 (1915) S. 29/46 (russ.). Ref. Chem.
Zbl. 1916 I S. 655. J. Inst. Met., Lond. Bd. 14 (1915) S. 239. — **4.** ROOS, G. D.:
Z. anorg. allg. Chem. Bd. 94 (1916) S. 358/70. — **5.** RICHARDS, T. W., u. F. DANIELS:
J. Amer. chem. Soc. Bd. 41 (1919) S. 1732/67. — **6.** RICHARDS, T. W., u. C. P.
SMYTH: J. Amer. chem. Soc. Bd. 44 (1922) S. 524/45. — **7.** PAWLOWITSCH bemerkt,
daß auch KURNAKOW — anscheinend erst später — das Bestehen einer „irrationalen"
Verbindung behauptet habe. — **8.** Das Bestehen dieser Verbindung ist bereits von

J. REGNAULD: C. R. Acad. Sci., Paris Bd. 64 (1867) S. 611 auf Grund allerdings
sehr fraglicher Kriterien vermutet worden. — 9. ROSENHAIN, W., u. A. J. MURPHY:
Proc. Roy. Soc., Lond. A Bd. 113 (1927) S. 6. — 10. SPENCER, J. F.: Z. Elektrochem. Bd. 11 (1905) S. 681/84. — 11. BABINSKI, J. J.: Diss. Leipzig 1906. —
12. SUCHENI, A.: Z. Elektrochem. Bd. 12 (1906) S. 729/31. — 13. ÖLANDER, A.:
Z. physik. Chem. Bd. 171 (1934) S. 425/35.

Hg-U. Quecksilber-Uran.

Die Löslichkeit des Urans in Quecksilber beträgt nach TAMMANN-HINNÜBER[1]
bei 18° 0,00014%[2]. IRVIN-RUSSELL[3] fanden nur 0,00001%.

Literatur.

1. TAMMANN, G., u. J. HINNÜBER: Z. anorg. allg. Chem. Bd. 160 (1927) S. 260
u. 261. — **2.** Über die Darstellung von U-Amalgam s. auch J. FÉRÉE: Bull. Soc.
chim. France 3 Bd. 25 (1901) S. 622. — **3.** IRVIN, N. M., u. A. S. RUSSELL: J. chem.
Soc. 1932 S. 891/98.

Hg-V. Quecksilber-Vanadium.

TAMMANN-HINNÜBER[1] haben versucht, die Löslichkeit von Vanadium in
Quecksilber zu bestimmen. Sie konnten jedoch lediglich schließen, daß sie „bei
sehr geringen Werten" liegen wird. IRVIN-RUSSELL[2] fanden eine Löslichkeit
von $5 \cdot 10^{-5}\%$.

Literatur.

1. TAMMANN, G., u. J. HINNÜBER: Z. anorg. allg. Chem. Bd. 160 (1927) S. 256
u. 257. — **2.** IRVIN, N. M., u. A. S. RUSSELL: J. chem. Soc. 1932 S. 891/98.

Hg-W. Quecksilber-Wolfram.

TAMMANN-HINNÜBER[1] haben vergeblich versucht, die Löslichkeit von Wolfram
in Quecksilber zu bestimmen. „Sie scheint noch geringer zu sein, als die des
Molybdäns." Nach IRVIN-RUSSELL[2] ist sie $1 \cdot 10^{-5}\%$.

Literatur.

1. TAMMANN, G., u. J. HINNÜBER: Z. anorg. allg. Chem. Bd. 160 (1927) S. 260.
— **2.** IRVIN, N. M., u. A. S. RUSSELL: J. chem. Soc. 1932 S. 891/98.

Hg-Zn. Quecksilber-Zink.

Über die Legierungen des Hg mit Zn liegt ein außerordentlich umfangreiches Schrifttum vor. SACK[1] zitiert in seiner „Bibliographie der
Metallegierungen" allein 64 bis zum Jahre 1903 veröffentlichte Arbeiten,
deren Mehrzahl allerdings keine Rückschlüsse auf die Konstitution gestattet, da sie sich mit den physikalischen Eigenschaften (Widerstand,
Ausdehnung und besonders elektromotorische Kraft) von flüssigen,
einphasigen Amalgamen mit Zn-Gehalten unter 2% befaßt. Diese
Arbeiten werden nachstehend nicht berücksichtigt[2].

Mit der Bestimmung der Liquiduskurve befassen sich folgende
Arbeiten: Der Erstarrungspunkt von Hg wird nach TAMMANN[3] durch
0,099%, 0,167% und 0,265% Zn um 0,53° bzw. 1,13° und 1,66° erniedrigt; es kommt also zur Ausbildung eines eutektischen Punktes, der
— wenn die von PUSCHIN[4] angegebene eutektische Temperatur von

—42,5° richtig ist — nahe bei 0,5% Zn liegt. KERP-BÖTTGER[5] haben die Zusammensetzung der flüssigen Phase, die bei verschiedenen Temperaturen zwischen 0 und 99° mit einem Bodenkörper unbekannter Zusammensetzung im Gleichgewicht steht, bestimmt. Die Werte waren bis 82° hinreichend reproduzierbar, bei höherer Temperatur ergaben sich jedoch Schwankungen, die sogar in einer Abnahme der Löslichkeit zum Ausdruck kommen. COHEN-INOUYE[6] haben diese Bestimmungen mit größerer Sorgfalt wiederholt; es ergaben sich die in Tabelle 29 angeführten Konzentrationen der flüssigen Phase bei 0 bis 100°, mit deren Hilfe die in Abb. 324 wiedergegebene Liquiduskurve gezeichnet wurde. Nach COHEN-INOUYE beträgt die Löslichkeit von Zn in flüssigem Hg bei 20° 1,99% Zn, nach GOUY[7] 1,8% (15—18°), nach

Tabelle 29.

% Zn	°C	% Zn	°C
1,37	0,3	4,28	61,75
1,99	19,9	5,36	80,1
2,39	30,0	6,10	89,5
2,86	39,95	6,59	94,8
3,37	50,0	7,04	99,6

KERP-BÖTTGER 2—2,1%, nach PUSCHINs Liquiduskurve (Abb. 324) etwa 2,2% Zn. Den Verlauf der ganzen Liquiduskurve hat PUSCHIN mit Hilfe thermischer Untersuchungen ermittelt (Abb. 324); zwischen 0 und 100° liegt seine Kurve etwas unterhalb der von COHEN-INOUYE gegebenen. Das Ende der Erstarrung kam auf den Abkühlungskurven nicht zum Ausdruck. COHEN-VAN GINNEKEN[8] haben einige thermische Bestimmungen nach dem von PUSCHIN befolgten Verfahren wiederholt und dabei erhebliche Abweichungen von den Ergebnissen des russischen Forschers festgestellt. Nähere Angaben werden nicht gemacht.

Hinsichtlich des Aufbaus der Legierungen (Bestehen von intermediären Kristallarten) gehen die Ansichten weit auseinander. Versuche, durch Abpressen von der Mutterlauge u. ä. die Zusammensetzung des Bodenkörpers zu bestimmen, scheiterten an dessen Fähigkeit, flüssiges Amalgam hartnäckig festzuhalten. KERP-BÖTTGER gelangten zu ganz regellosen Konzentrationen; im Lichte ihrer Ergebnisse sind die Feststellungen von CROOKEWITT[9] und JOULE[10], wonach der Bodenkörper die Zusammensetzung Hg_2Zn_3 (32,83% Zn) bzw. $HgZn_2$ (39,46% Zn) besaß, mit größtem Zweifel aufzunehmen. SCHÜZ[11] kam nach Untersuchung der spezifischen Wärme der Erstarrungs- und Schmelzungserscheinungen zur Ansicht, daß wahrscheinlich die Verbindung $HgZn_2$ bestehe. Die von MAEY[12] bestimmte praktisch geradlinige Kurve des spezifischen Volumens läßt keinen Schluß auf Verbindungen zu. PUSCHIN glaubte auf Grund des Verlaufes der Liquiduskurve (!), des mikroskopischen Gefüges und der (inzwischen allerdings überholten) Spannungs-Konzentrationskurve für 20° zu der Ansicht berechtigt zu sein, daß Hg und Zn ein mechanisches Gemenge bilden.

Diese Ansicht ist jedoch sicher unzutreffend. Tammann-Mansuri[13] nehmen auf Grund von mikroskopischen Beobachtungen an, daß zwar keine Verbindung vorliegt, jedoch etwa 31% Hg von Zn in fester Lösung

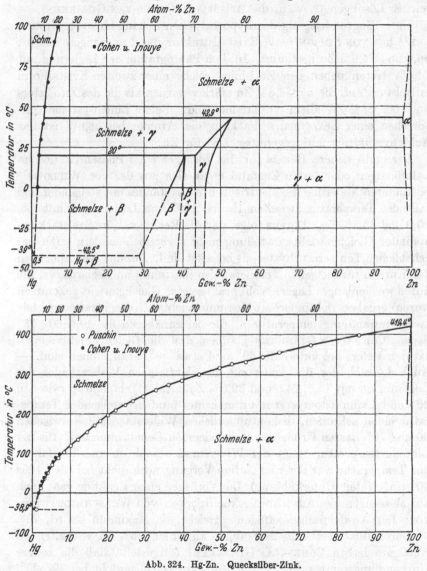

Abb. 324. Hg-Zn. Quecksilber-Zink.

aufgenommen werden können; oberhalb 31% Hg liegt ein Gemenge von gesättigtem Mischkristall und flüssiger Phase vor. Zu derselben Deutung war bereits früher Guertler[14] auf Grund allerdings sehr dürftiger Beweisgründe gelangt. Die Tatsache, daß nach Puschin die experimentell ermittelte atomare Erniedrigung des Zn-Erstarrungspunktes durch Hg den

theoretischen Anforderungen entspricht und die Spannungskurve für 20°
zwischen 100 und etwa 1,5% Zn praktisch konstante Spannung anzeigt,
sprechen gegen das Bestehen eines ausgedehnten Gebietes fester Zn-
reicher Lösungen (s. w. u. die Arbeit von Cohen-van Ginneken).

Unter Zugrundelegung des hypothetischen Schaubildes von Guertler[14] hat von Simson[15] die Kristallstruktur der Legierungen mit 38,
56,6 und 74,6% Zn bestimmt. In dem Photogramm der Legierung mit
74,6% treten neben den Zn-Linien solche einer zweiten Kristallform
mittelstark auf, die bei 56,6% Zn stärker werden als die des Zn-Gitters
und bei 38% Zn allein vorhanden sind. Beide Liniensysteme entsprechen einer hexagonalen Packung der Atome; bei 56,6% ist das
Achsenverhältnis 2,01 gegenüber 1,86 für Zn.

Der erste sichere Beweis für das Vorliegen einer Phasenreaktion im
halbflüssigen oder festen Zustand ergab sich aus der von Willows[16]
bestimmten Änderung des elektrischen Widerstandes mit steigender und
fallender Temperatur zwischen 15 und 100° von Legierungen mit 9,5,
23,9 und 33,3% Zn. Daraus folgt, daß die Reaktionen infolge stark ge-
hemmter Gleichgewichtseinstellung nicht reversibel, sondern mit einer
erheblichen Temperaturhysteresis behaftet sind. Aus den Knickpunkten
der Kurven für steigende Temperaturen (bestimmt an Legierungen, die
durch wochenlanges Lagern wohl praktisch ins Gleichgewicht gekommen
waren) ergaben sich innerhalb des untersuchten Konzentrationsgebiets
zwei Umwandlungstemperaturen, die bei annähernd 35° und 60—75°
liegen; Cohen-van Ginneken glauben, daß die Gleichgewichtstemperaturen tiefer, bei unterhalb 30° und etwa 50°, anzunehmen sind. —
Auch Lohr[17], der die Änderung des elektrischen Widerstandes der
Legierungen mit 14,3, 24,6 und 39,5% Zn mit der Temperatur zwischen
20° und Liquidustemperatur untersuchte, fand bei steigender Temperatur einen schroffen, diskontinuierlichen Widerstandsabfall zwischen
60 und 70°, dessen Größe mit steigendem Zn-Gehalt abnimmt. Bis zur
Liquidustemperatur steigt der Widerstand allmählich an. Bei fallender Temperatur war der rückläufige Vorgang noch nicht bei rd. 30 bis
40° eingetreten (Unterkühlung). Das Vorliegen einer Reaktion geht auch
aus Messungen des Ausdehnungskoeffizienten von Würschmidt[18] hervor: Der Ausdehnungskoeffizient erreicht ein Maximum bei rd. 70°.

Durch dilatometrische Messungen an einem 10% Zn enthaltenden
Amalgam haben Cohen-van Ginneken[8] festgestellt, daß die untere
Umwandlungstemperatur (s. Willows) im Gleichgewicht bei 19—20°,
die obere bei 42,9° liegt. Mit Hilfe umfangreicher und sehr genauer
Spannungsmessungen an Amalgamen mit 2,5—98,5% Zn bei 0°, 12°,
25°, 35° und 50° haben die gleichen Verfasser die Konstitutionsverhältnisse einer Klärung nahe gebracht. Stellt man die isothermen Spannungswerte über der Konzentration dar, so erhält man Kurven, die aus

horizontalen Stücken (entsprechend dem Vorliegen eines Zweiphasengebietes) und diese verbindenden abfallenden Kurvenstücken (entsprechend einem Einphasengebiet) bestehen. Durch Eintragen der Knickpunkte in ein Konzentrationsdiagramm erhält man dann die in Abb. 324 dargestellten Phasengrenzen, die zusammen mit den Horizontalen bei 42,9°, 20° und —42,5° den Aufbau der Hg-Zn-Legierungen beschreiben. Im einzelnen geht aus Abb. 324 das Bestehen von zwei Zwischenphasen variabler Zusammensetzung, β und γ, hervor, deren Grenzen sich den elektromotorischen Messungen zufolge mit der Temperatur verschieben. Das Bestehen Zn-reicher Mischkristalle wurde ebenfalls sichergestellt, nur liegt die Sättigungsgrenze bei sehr viel höheren Zn-Gehalten als TAMMANN-MANSURI angenommen haben, und zwar zwischen den beiden von COHEN-VAN GINNEKEN untersuchten Zn-reichsten Legierungen mit 95,5 und 98,5%. Mit der Temperatur verschiebt sie sich etwa in der angedeuteten Weise.

CHADWICK[19] vermutet, daß die Sättigungsgrenze bei Raumtemperatur bei 99,75% Zn liegt.

Nachtrag. WAGNER-SCHOTTKY[20] sehen die γ-Phase auf Grund thermodynamischer Überlegungen als eine Phase mit ungeordneter Atomverteilung an. Dasselbe dürfte auch für die β-Phase der Fall sein.

Literatur.

1. SACK, M.: Z. anorg. allg. Chem. Bd. 35 (1903) S. 248/328. — 2. Darüber s. Gmelin-Kraut Handbuch Bd. 5 (1914) S. 1171/83. — 3. TAMMANN, G.: Z. physik. Chem. Bd. 3 (1889) S. 443. — 4. PUSCHIN, N. A.: Z. anorg. allg. Chem. Bd. 36 (1903) S. 201/54. — 5. KERP, W., W. BÖTTGER (mit H. IGGENA): Z. anorg. allg. Chem. Bd. 25 (1900) S. 54/59. — 6. COHEN, E., u. K. INOUYE: Z. physik. Chem. Bd. 71 (1910) S. 625/35. — 7. GOUY: J. Physique Bd. 4 (1895) S. 320/21. — 8. COHEN, E., u. P. J. H. VAN GINNEKEN: Z. physik. Chem. Bd. 75 (1911) S. 437/93. — 9. CROOKEWITT: J. prakt. Chem. Bd. 45 (1848) S. 87. — 10. JOULE: Chemical Gazette 1850 S. 399. — 11. SCHÜZ, L.: Wied. Ann. Bd. 46 (1892) S. 177. — 12. MAEY, E.: Z. physik. Chem. Bd. 50 (1905) S. 211/12. — 13. TAMMANN, G., u. Q. A. MANSURI: Z. anorg. allg. Chem. Bd. 132 (1923) S. 68/69. — 14. GUERTLER, W.: Metallographie Bd. 1 (1912) S. 403/408. — 15. SIMSON, C. v.: Z. physik. Chem. Bd. 109 (1924) S. 192/95. — 16. WILLOWS, R. S.: Philos. Mag. 5 Bd. 48 (1899) S. 433. S. bei COHEN-VAN GINNEKEN. — 17. LOHR: Diss. Erlangen 1914. S. A. SCHULZE: Die elektrische u. thermische Leitfähigkeit in W. GUERTLERS Handbuch Metallographie S. 609/10, Berlin 1925. — 18. WÜRSCHMIDT, J.: Ber. dtsch. physik. Ges. Bd. 14 (1912) S. 1065/87. — 19. CHADWICK, R.: J. Inst. Met., Lond. Bd. 51 (1933) S. 114. — 20. WAGNER, C., u. W. SCHOTTKY: Z. physik. Chem. B Bd. 11 (1931) S. 206/207.

Hg-Zr. Quecksilber-Zirkonium.

Versuche zur Herstellung von Zr-Amalgam durch Einwirkung von Hg auf amorphes und regulinisches Zr[1] sowie durch Elektrolyse[2] schlugen fehl.

Literatur.

1. MARDEN, J. W., u. M. N. RICH: Bull. Bur. Mines Nr. 186 (1921) S. 106. — 2. KREMANN, R.: Mh. Chemie Bd. 34 (1913) S. 1001.

In-Li. Indium-Lithium.

Die Verbindung InLi (5,70% Li) wurde von ZINTL-BRAUER[1] aufgefunden; sie hat die Kristallstruktur der Verbindung NaTl (s. d.). — Das Zustandsdiagramm wurde von GRUBE-WOLF[2] ausgearbeitet (Anm. b. d. Korr.).

Literatur.

1. ZINTL, E., u. G. BRAUER: Z. physik. Chem. B Bd. 20 (1933) S. 245/71.
— 2. GRUBE, G., u. W. WOLF: Z. Elektrochem. Bd. 41 (1935) S. 675/81.

In-Na. Indium-Natrium.

HEYCOCK-NEVILLE[1] beobachteten, daß sich In sehr leicht in geschmolzenem Na löst und den Na-Erstarrungspunkt um höchstens 1,3—1,5° erniedrigt. Sie bestimmten folgende „Erstarrungs"-Temperaturen: 0% In 97,6°, 0,12% 97,51°, 0,38% 97,31°, 0,99% 96,32°, 1,85% 96,27°, 2,04% 96,11°, 2,09% 96,11°. Über die Lage des eutektischen Punktes läßt sich danach nichts sicheres sagen, da die für die Schmelzen mit 0,99% und mehr In angegebenen Temperaturen dem Ende der Erstarrung (eutektische Temperatur) entsprechen; er liegt jedoch höchstwahrscheinlich zwischen 1,2 und 2% In.

Nachtrag. Die Verbindung InNa (16,7% Na) wurde von ZINTL-NEUMAYR[2] aufgefunden; sie hat die Kristallstruktur der Verbindung NaTl (s. d.).

Literatur.

1. HEYCOCK, C. T., u. F. H. NEVILLE: J. chem. Soc. Bd. 55 (1889) S. 676.
— 2. ZINTL, E., u. S. NEUMAYR: Z. physik. Chem. B Bd. 20 (1933) S. 272/75.

In-P. Indium-Phosphor.

Durch Versuche von THIEL-KOELSCH[1] ist das Bestehen des Phosphids InP (78,73% P) sehr wahrscheinlich gemacht.

Literatur.

1. THIEL, A., u. H. KOELSCH: Z. anorg. allg. Chem. Bd. 66 (1910) S. 319/20.

In-Pb. Indium-Blei.

Das in Abb. 325 wiedergegebene Erstarrungsschaubild wurde nach den von KURNAKOW-PUSCHIN[1] gegebenen thermischen Werten gezeichnet. Die Verfasser schließen aus der Gestalt der Kurven, daß die beiden Metalle eine ununterbrochene Reihe von Mischkristallen bilden. Über das Feingefüge der Legierungen werden keine Angaben gemacht.

Mit der Annahme von KURNAKOW-PUSCHIN stehen die Ergebnisse von Leitfähigkeitsmessungen bei 25° und 100° (an Drähten aus 9 Legierungen) von KURNAKOW-ZEMCZUZNY[2] im Einklang. Die Leitfähigkeitsisothermen und die Kurve des Temperaturkoeffizienten des Widerstandes über der Zusammensetzung in Atom-% sind typische Kettenkurven mit einem ausgedehnten Minimum. Besonders stark ist die Erniedrigung der Leitfähigkeit des Indiums durch Bleizusätze. Auch die Kurve der Fließdrucke hat den beim Vorliegen einer lückenlosen Mischkristallreihe zu erwartenden Verlauf.

Gegen die lückenlose Isomorphie der Metalle In und Pb spricht die Tatsache, daß die beiden Metalle verschiedenen Kristallsystemen angehören. Allerdings ist das flächenzentriert-kubische Gitter des Bleis (a = 4,941 Å) sehr ähnlich dem flächenzentriert-tetragonalen Gitter des Indiums (a = 4,583 Å, c = 4,936 Å, c/a = 1,077). Es wird weiteren Untersuchungen[4] vorbehalten bleiben hier Klarheit zu schaffen. Nicht ausgeschlossen ist es, daß sich hinter dem sehr flachen Minimum der Leitfähigkeitskurven und der Kurve des Temperaturkoeffizienten eine Mischungslücke verbirgt, und daß die damit zusammenhängenden thermischen Effekte KURNAKOW-PUSCHIN entgangen sind[5].

Nachtrag. Die Tatsache, daß sich die Temperatur, bei der Supraleitfähigkeit der In-Pb-Legierungen eintritt, mit der Zusammensetzung auf einer glatt verlaufenden Kurve ändert, ist nach MEISSNER[6] eine Bestätigung für das Vorliegen einer lückenlosen Mischkristallreihe. Der

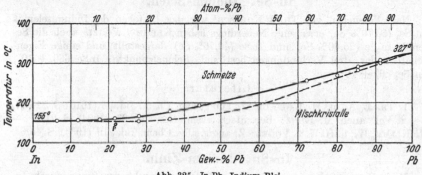

Abb. 325. In-Pb. Indium-Blei.

(zwischen 17 und 84% Pb gemessene) Widerstand bei sehr tiefen Temperaturen ändert sich mit der Zusammensetzung im gleichen Sinne.

Die oben geäußerten Bedenken gegen eine lückenlose Mischbarkeit halte ich trotzdem aufrecht.

Literatur.

1. KURNAKOW, N. S., u. N. A. PUSCHIN: Z. anorg. allg. Chem. Bd. 52 (1907) S. 442/45. — **2.** KURNAKOW, N. S., u. S. F. ZEMCZUZNY: Z. anorg. allg. Chem. Bd. 64 (1909) S. 149/83. — **3.** Man nahm früher an, daß Indium regulär kristallisiert. — **4.** Röntgenuntersuchungen würden am zweckmäßigsten sein, da man dabei mit kleinen Substanzmengen auskommt. — **5.** KURNAKOW-PUSCHIN arbeiteten mit kleinen Mengen. — **6.** MEISSNER, W.: Metallwirtsch. Bd. 10 (1931) S. 292/93. Ausführliche Veröffentlichung: W. MEISSNER, H. FRANZ u. H. WESTERHOFF: Ann. Physik Bd. 13 (1932) S. 507/510. S. auch C. BENEDICKS: Z. Metallkde. Bd. 25 (1933) S. 199.

In-S. Indium-Schwefel.

Über die Darstellung und Eigenschaften der Sulfide des Indiums, In_2S (12,26% S; Schmelzpunkt 653 ± 5°), InS (21,83% S; Schmelzpunkt 692 ± 5°) und In_2S_3 (29,53% S; Schmelzpunkt 1050 ± 3°) siehe die Arbeiten von THIEL und Mitarbeiter[1] sowie Klemm-v. Vogel[2]. Thiel-Luckmann[1] bestimmten auch die Schmelzpunkte der Mischungen zwischen In_2S und In_2S_3.

Literatur.

1. Thiel, A.: Z. anorg. allg. Chem. Bd. 40 (1904) S. 324/27. Thiel, A., u. H. Koelsch: Ebenda Bd. 66 (1910) S. 313/15. Thiel, A., u. H. Luckmann: Ebenda Bd. 172 (1928) S. 353/71. — 2. Klemm, W., u. H. U. v. Vogel: Z. anorg. allg. Chem. Bd. 219 (1934) S. 45/64.

In-Sb. Indium-Antimon.

Die Verbindung InSb (51,47% Sb), die durch Zusammenschmelzen der Elemente erhalten wurde, besitzt ein Kristallgitter vom Zinkblendetypus.[1]

Literatur.

1. Goldschmidt, V. M.: Skrifter Norske Videnskaps Akademi Oslo, Math. nat. Kl. Nr. 2 (1926) s. Strukturbericht 1913—1928, S. 77 u. 141, Leipzig 1931.

In-Se. Indium-Selen.

Nach Versuchen von Thiel-Koelsch[1] war das Bestehen des Indiumselenids In_2Se_3 (50,79% Se) erwiesen[2]. Neuerdings haben Klemm-v. Vogel[3] auch die Selenide In_2Se (25,60% Se) und InSe (40,76% Se) dargestellt und einige Eigenschaften der drei Verbindungen bestimmt. Schmelzpunkte: InSe $660 \pm 10°$, In_2Se_3 $890 \pm 10°$.

Literatur.

1. Thiel, A., u. H. Koelsch: Z. anorg. allg. Chem. Bd. 66 (1910) S. 315/17. — 2. Vgl. auch M. Renz: Ber. dtsch. chem. Ges. Bd. 37 (1904) S. 2112. — 3. Klemm, W., u. H. U. v. Vogel: Z. anorg. allg. Chem. Bd. 219 (1934) S. 45/64.

In-Sn. Indium-Zinn.

Nach Heycock-Neville[1] wird der Erstarrungspunkt des Zinns durch In-Gehalte von 0,1—0,72% fortschreitend (linear) bis um 1,4° erniedrigt, der eutektische Punkt liegt also oberhalb 0,72% In.

Literatur.

1. Heycock, C. T., u. F. H. Neville: J. chem. Soc. Bd. 57 (1890) S. 385.

In-Te. Indium-Tellur.

Durch Zusammenschmelzen von In mit überschüssigem Te erhielten Thiel-Koelsch[1] ein Produkt mit 55% bzw. 53,9% Te; der Formel InTe entspricht ein Te-Gehalt von 52,62%. Das Bestehen von InTe ist danach wohl sehr wahrscheinlich, aber — da die Einheitlichkeit des Reaktionsproduktes nicht erwiesen wurde — nicht sicher[2].

Nachtrag. Klemm-v. Vogel[3] haben das Erstarrungsdiagramm ausgearbeitet (Abb. 326) und dadurch das Bestehen von In_2Te (35,73% Te), InTe (52,65% Te) und In_2Te_3 (62,52% Te) bewiesen. Den zwischen In_2Te_3 und Te liegenden Teil sehen die Verfasser als nicht ganz geklärt an; das Vorhandensein eines Polytellurides wird als möglich hingestellt. Demgegenüber kann auf Grund der Tatsachen, daß die Reaktion bei etwa 455° nur einer peritektischen Umsetzung entsprechen kann und die Haltezeiten für 455° und 427° auf eine ausgezeichnete Zusammensetzung bei 75 Atom-% Te hindeuten, mit ziemlicher Sicherheit die Verbindung $InTe_3$ (76,94% Te) angenommen werden (vgl. auch Ga-Te).

Literatur.

1. Thiel, A., u. H. Koelsch: Z. anorg. allg. Chem. Bd. 66 (1910) S. 317/19. — 2. Vgl. auch M. Renz: Ber. dtsch. chem. Ges. Bd. 37 (1904) S. 2112. — 3. Klemm, W., u. H. U. v. Vogel: Z. anorg. allg. Chem. Bd. 219 (1934) S. 45/64.

In-Tl. Indium-Thallium.

Über das Erstarrungsschaubild dieses Systems liegt nur eine oberflächliche thermische Untersuchung von Kurnakow-Puschin[1] vor. Immerhin läßt sich mit Hilfe der mitgeteilten Erstarrungstemperaturen und der — allerdings nicht näher begründeten — Angaben über die Konzentration der drei bei 180° mit-

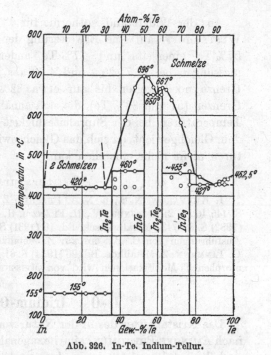

Abb. 326. In-Te. Indium-Tellur.

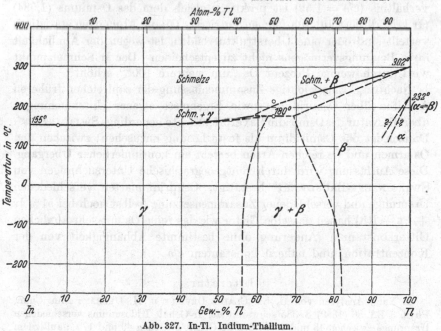

Abb. 327. In-Tl. Indium-Thallium.

einander im Gleichgewicht befindlichen Phasen ein angenähertes Diagramm zeichnen (Abb. 327).

Aus der Widerstandsisotherme für 0° C schließen MEISSNER-FRANZ-WESTERHOFF[2] auf eine Erweiterung der Mischungslücke bis auf etwa 57% Te einerseits und 77% Te andererseits. Nach Widerstandsmessungen bei 77,7, 20,4 und 4,2° abs. verschiebt sich die $\beta(\beta + \gamma)$-Grenze noch weiter bis auf etwa 82% Te, doch entsprechen diese Grenzen (57 und 82% Te), die sich annähernd auch aus der Kurve der Temperaturen, bei der Supraleitfähigkeit eintritt[3], ergeben, sicher nicht dem Gleichgewicht, da sich das Gleichgewicht bei diesen tiefen Temperaturen nicht mehr einstellen kann[4].

Literatur.

1. KURNAKOW, N. S., u. N. A. PUSCHIN: Z. anorg. allg. Chem. Bd. 52 (1907) S. 445/46. — **2.** MEISSNER, W., H. FRANZ u. H. WESTERHOFF: Ann. Physik Bd. 13 (1932) S. 524/43. Metallwirtsch. Bd. 10 (1931) S. 294/95. — **3.** S. darüber auch die Ausführungen von C. BENEDICKS: Z. Metallkde. Bd. 25 (1933) S. 201/202 und G. TAMMANN: Z. Metallkde. Bd. 26 (1934) S. 61. — **4.** Das Bestehen von zwei polymorphen Tl-Modifikationen wird von MEISSNER nicht berücksichtigt.

Ir-Os. Iridium-Osmium.

Das Kristallgitter des in der Natur vorkommenden Iridosmiums[1] ist nach AMINOFF-PHRAGMÉN[2] eine hexagonale Kugelpackung. Das Achsenverhältnis (c/a = 1,59) ist praktisch gleich dem des Osmiums (1,584) (Ir kristallisiert kubisch-flächenzentriert). Ob die Atomarten statistisch verteilt sind oder eine Überstruktur bilden, ist wegen der Ähnlichkeit ihres Beugungsvermögens nicht zu entscheiden. Der Ir-Schmelzpunkt wird durch wenige Prozent Os „um mehrere 100°" erhöht[3].

Nachtrag. Eine wichtige Zusammenfassung der zahlreichen früheren Arbeiten über Osmiridium sowie Ergebnisse eigener Untersuchungen über die Natur des Osmiridiums veröffentlichte neuerdings SWJAGINZEFF[4]. Danach ist das Osmiridium als feste Lösung anzusehen; zwischen den Os-armen und Os-reichen Arten besteht ein kontinuierlicher Übergang. Diese Auffassung wird durch röntgenographische Untersuchungen von SWJAGINZEFF-BRUNOWSKI[5] bestätigt. Osmiridiumarten verschiedenen Ursprungs und verschiedener Zusammensetzung (selbst noch bei 51% Ir + Pt + Rh) haben dasselbe Gitter wie das reine Os mit sehr ähnlichen Gitterkonstanten (Änderung ohne bestimmte Abhängigkeit von der Konzentration) und nahezu konstantem c/a.

Literatur.

1. Nach Analysen von H. ST. CLAIRE DEVILLE u. H. DEBRAY: Ann. Chim. Phys. 3 Bd. 56 (1859) S. 385 schwankt der Ir-Gehalt Iridosmiums verschiedenen Ursprungs zwischen 43 und 70%, der Os-Gehalt zwischen 49 und 17%; außerdem enthält das Mineral wechselnde Beimengungen an Ru, Rh u. Pt. Der Zusammensetzung IrOs entspricht 49,7% Os. — **2.** AMINOFF, G., u. G. PHRAGMÉN: Z. Kristallogr. Bd. 56 (1921) S. 510/14. — **3.** WARTENBERG, H. v., H. WERTH u. H. J.

REUSCH: Z. Elektrochem. Bd. 38 (1932) S. 50. — **4.** SWJAGINZEFF, O. E.: Z. Kristallogr. Bd. 83 (1932) S. 172/86. — **5.** SWJAGINZEFF, O. E., u. B. K. BRUNOWSKI: Z. Kristallogr. Bd. 83 (1932) S. 187/92.

Ir-P. Iridium-Phosphor.

SCHRÖTTER[1] hat die Verbindung IrP_2 (24,32% P) durch Glühen von Ir-Pulver in P-Dampf gewonnen; sie dürfte in Analogie mit PtP_2 Pyritstruktur haben.

Literatur.

1. SCHRÖTTER, A.: Ber. Wien. Akad. Bd. 2 (1849) S. 301/303.

Ir-Pb. Iridium-Blei.

Nach DEBRAY[1] bilden Ir und Pb keine Verbindung miteinander: Beim Behandeln Pb-reicher Mischungen mit verd. HNO_3 wurde ein aus reinem Ir bestehender Rückstand erhalten. Daraus geht nicht hervor, ob das Iridium im Blei bei höherer Temperatur überhaupt gelöst war; möglicherweise legieren sich die beiden Metalle gar nicht. RÖSSLER[2] glaubt jedoch, daß sich Ir bei hoher Temperatur in Pb zu lösen scheine. MYLIUS-FROMM[3] wollen durch Fällung aus Ir-Salzlösungen mit Pb Legierungen (unbekannter Zusammensetzung) erhalten haben.

Literatur.

1. DEBRAY, H.: C. R. Acad. Sci., Paris Bd. 90 (1880) S. 1195. Bd. 104 (1887) S. 1667. — **2.** RÖSSLER, H.: Chem.-Ztg. Bd. 24 (1900) S. 733/35. — **3.** MYLIUS, F., u. O. FROMM: Ber. dtsch. chem. Ges. Bd. 27 (1894) S. 639.

Ir-Pt. Iridium-Platin.

Über die Konstitution dieses Systems vermochte man noch bis vor kurzem nichts Sicheres auszusagen. Die Annahme einer lückenlosen Isomorphie (kubisch-flächenzentriert) der beiden Komponenten lag wohl nahe, war aber durch keine Untersuchung sichergestellt.

Nach Messungen der elektrischen Leitfähigkeit[1] und der Thermokraft[2] von GEIBEL[3] (0—35% Ir) und der Wärmeleitfähigkeit von BARRATT-WINTER[4] (0—20% Ir) war im Bereich von 65—100% Pt Mischkristallbildung zu vermuten. Die Dichte der Legierungen ändert sich nach ST. CLAIRE-DEVILLE und DEBRAY[5] innerhalb der Fehlergrenzen linear von 0—100% Pt.

Thermische und mikroskopische Untersuchungen an Ir-Pt-Legierungen wurden erst in neuester Zeit ausgeführt. FEUSSNER-MÜLLER[6] bestimmten die Liquiduskurve des Systems (Abb. 328). Der mittlere Fehler der Mittelwerte aus 3—7 Einzelwerten beträgt nach Angabe der Verfasser im Durchschnitt $\pm 5°$. Die Soliduskurve ist hypothetisch. Das Gefüge der 50%igen Legierung erwies sich als einphasig.

NEMILOW[7] hat (zeitlich vor FEUSSNER-MÜLLER) das Gefüge, den Temperaturkoeffizienten des elektrischen Widerstandes und die Brinellhärte von 13 Legierungen mit 10—99,75% Pt untersucht, die 10 Tage bei 1100° geglüht waren. Die mikroskopische Untersuchung bewies

das Vorliegen einer lückenlosen Mischkristallreihe. In Übereinstimmung
damit ist die Kurve des Temperaturkoeffizienten über der Zusammensetzung eine Kettenkurve mit einem bei etwa 50% Pt liegenden Minimum; die Härtekurve steigt vom Ir ausgehend praktisch geradlinig
auf einen zwischen 50 und 70% Pt befindlichen Höchstwert und fällt
darauf wieder geradlinig zum Härtewert des Platins ab.

Die Gitterkonstanten ändern sich nach WEERTS-BECK[8] innerhalb der
Meßgenauigkeit vollkommen linear mit der Zusammensetzung.

Gegen das Bestehen einer bei allen Temperaturen lückenlosen Misch-

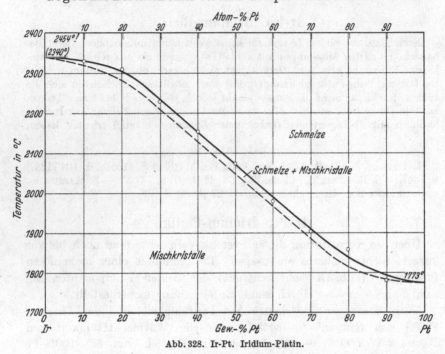

Abb. 328. Ir-Pt. Iridium-Platin.

kristallreihe könnte die Tatsache sprechen, daß — worauf neuerdings
NOWACK[9] hinwies — nach Feststellung von GEIBEL die Zugfestigkeit hart-
gezogener Ir-Pt-Drähte mit 75—85% Pt bei bestimmten Glühtemperatu-
ren steigt und erst bei höheren Temperaturen zurückgeht. Der Höchstwert der Steigerung wird durch Glühen bei 750° erreicht. Diese
Festigkeitssteigerung ist nach Ansicht von NOWACK ein typisches
Kennzeichen der Aushärtung. Es wäre also danach anzunehmen,
daß innerhalb eines gewissen Konzentrationsgebietes (das sich bis etwa
85% Pt erstreckt) mit fallender Temperatur eine einfache Entmischung
der Ir-Pt-Mischkristalle oder etwa eine andere, unter Bildung von einer
oder zwei neuen Phasen verlaufende Reaktion eintritt. Die von NE-
MILOW untersuchten, bei 1100° geglühten Legierungen hätten sich dem-

nach nicht im Gleichgewicht befunden; offenbar tritt die Reaktion erst durch längeres Glühen bei tieferen Temperaturen ein.

Siehe auch die Veröffentlichungen zusammenfassenden Inhalts von KORN[10] und SMITH[11].

Literatur.

1. Die Ergebnisse älterer Leitfähigkeitsmessungen von MATTHIESSEN, McGREGOR u. KNOTT, BARUS sowie DEWAR u. FLEMING wurden zusammengestellt von W. GUERTLER: Z. anorg. allg. Chem. Bd. 51 (1906) S. 427/27; Bd. 54 (1907) S. 73 und A. SCHULZE: Die elektrische und thermische Leitfähigkeit in W. Guertlers Handb. Metallographie S. 281/85, Berlin 1925. — **2.** Über ältere Messungen der Thermokraft einzelner Pt-reicher Legn. von McGREGOR u. KNOTT siehe W. BRONIEWSKI: Rev. Métallurg. Bd. 7 (1910) S. 350. Vgl. auch C. BARUS: Philos. Mag. 5 Bd. 34 (1892) S. 376 u. W. GEIBEL Anm. 3. — **3.** GEIBEL, W.: Z. anorg. allg. Chem. Bd. 70 (1911) S. 246/51. — **4.** BARRATT, T., u. R. M. WINTER: Ann. Phys. 4 Bd. 77 (1925) S. 5. — **5.** ST. CLAIRE DEVILLE u. H. DEBRAY: C. R. Acad. Sci., Paris Bd. 81 (1875) S. 839. S. auch E. MAEY: Z. physik. Chem. Bd. 38 (1901) S. 295. — **6.** FEUSSNER, O., u. L. MÜLLER: Festschrift zum 70. Geburtstage von W. HERAEUS S. 14/15, Hanau, G. M. Albertis Hofbuchhdlg. 1930. MÜLLER, L.: Ann. Physik Bd. 7 (1930) S. 9/47. — **3.** NEMILOW, V. A.: Ann. Inst. Platine 1929, Lief. 7 S. 13/20. Ref. J. Inst. Met., Lond. Bd. 44 (1930) S. 512. Chem. Zbl. 1930 I S. 3100. Spätere deutsche Veröffentlichung: Z. anorg. allg. Chem. Bd. 204 (1932) S. 41/48. — **8.** WEERTS, J.: Z. Metallkde. Bd. 24 (1932) S. 139/40. — **9.** NOWACK, L.: Z. Metallkde. Bd. 22 (1930) S. 140. — **10.** KORN, F.: Met. Ind., Lond. Bd. 38 (1931) S. 309/10. — **11.** SMITH, E. A.: Metallurgist, Beilage zu Engineer (London) Bd. 152 (1931) S. 102/103, 120/21.

Ir-Ru. Iridium-Ruthenium.

Die beiden Metalle vermögen keine lückenlose Reihe von Mischkristallen miteinander zu bilden, da sie verschiedene Gitterstrukturen besitzen. Nach v. WARTENBERG-WERTH-REUSCH[1] erhöhen wenige Prozent Ru den Ir-Schmelzpunkt „um mehrere 100°".

Literatur.

1. WARTENBERG, H. v., H. WERTH u. H. J. REUSCH: Z. Elektrochem. Bd. 38 (1932) S. 50.

Ir-Sn. Iridium-Zinn.

ST. CLAIRE DEVILLE-DEBRAY[1] schmolzen Iridosmium (s. Ir-Os) mit der 5 bis 6fachen Menge Sn zusammen und behandelten die Legierung mit verd. HCl. Sie erhielten größere Würfel als Rückstand, die 56,5% Sn enthielten; der Formel $IrSn_2$ entspricht 55,14% Sn. Später hat DEBRAY[2] aus einer Legierung mit 94% Sn auf dieselbe Weise kleine Kristalle (wahrscheinlich reguläre Oktaeder) von der Zusammensetzung $IrSn_3$ (64,8% Sn) isoliert. Beim Behandeln mit warmer oder konzentrierter HCl erhielt er jedoch Rückstände graphitischen Aussehens von wechselnder Zusammensetzung mit Gehalten an Wasserstoff und Sauerstoff.

Literatur.

1. ST. CLAIRE DEVILLE, H., u. H. DEBRAY: Ann. Chim. Phys. 3 Bd. 56 (1859) S. 385. — **2.** DEBRAY, H.: C. R. Acad. Sci., Paris Bd. 104 (1887) S. 1470.

Ir-Zn. Iridium-Zink.

Bei der Behandlung einer 94% Zn enthaltenden Legierung mit HCl erhielt
DEBRAY[1] explosive[2] Rückstände mit 15,7 und 22,3% Zn (bei warmer, verd. HCl)
und 29,2% Zn (bei kalter, konz. HCl) und Wasserstoff und Sauerstoff, Rest Ir.

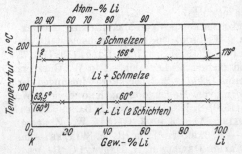

Abb. 329. K-Li. Kalium-Lithium.

Ältere rückstandsanalytische Untersuchungen von ST. CLAIRE DEVILLE-
DEBRAY[3] geben ebenfalls keine Auskunft über die Zusammensetzung
der in Zn-reichen Legierungen vorliegenden intermediären Kristallart.

Literatur.

1. DEBRAY, H.: C. R. Acad. Sci.,
Paris Bd. 104 (1887) S. 1577. —
2. S. darüber auch E. COHEN u.
T. STRENGERS: Z. physik. Chem.
Bd. 61 (1908) S. 698/752. — 3. ST.
CLAIRE DEVILLE, H., u. H. DEBRAY: Ann. Chim. Phys. 3 Bd. 56 (1859) S. 385.
C. R. Acad. Sci., Paris Bd. 94 (1882) S. 1557.

K-Li. Kalium-Lithium.

Abb. 329 gibt das von MASING-TAMMANN[1] mit Hilfe thermischer (und
makroskopischer) Untersuchun-
gen ausgearbeitete Zustandsdiagramm wieder.

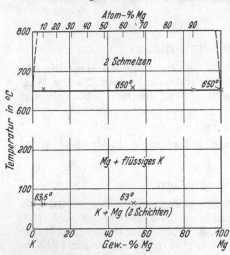

Abb. 330. K-Mg. Kalium-Magnesium.

Literatur.

1. MASING, G., u. G. TAMMANN:
Z. anorg. allg. Chem. Bd. 67 (1910)
S. 187/90.

K-Mg. Kalium-Magnesium.

SMITH[1] bestimmte die Temperaturen des Beginns und des
Endes der Erstarrung von drei
Legierungen mit 6, 53 und 85% Mg
und fand je zwei Haltepunkte
beim Schmelzpunkt des Mg und K.
Daraus folgt, daß sich flüssi-
ges K und flüssiges Mg gegenseitig praktisch nicht lösen (Abb. 330).

Literatur.

1. SMITH, D. P.: Z. anorg. allg. Chem. Bd. 56 (1908) S. 113/14. Die Legn.
wurden in Gefäßen aus schwer schmelzbarem Glas unter Wasserstoff erschmolzen.

K-Na. Kalium-Natrium.

Das Zustandsdiagramm wurde von KURNAKOW-PUSCHIN[1] (26 Legn.) sowie VAN ROSSEN HOOGENDIJK VAN BLEISWIJG[2] (12 Legn.) mit Hilfe thermischer Untersuchungen ausgearbeitet[3] (Abb. 331). Die Ergebnisse der beiden Arbeiten stimmen hinsichtlich der Liquiduskurve, der eutektischen Zusammensetzung und der Temperaturen der beiden horizontalen Gleichgewichtskurven ausgezeichnet überein[4]. Da jedoch KURNAKOW-PUSCHIN die Zeitdauer der peritektischen und eutektischen Kristallisation, deren Bedeutung für die Ermittlung von auftretenden Verbindungen damals noch nicht bekannt war, nicht berücksichtigt und überdies die Temperatur des Endes der Erstarrung nur für einige wenige Schmelzen angegeben haben, so konnten sie das Bestehen der von ihnen vermuteten Verbindung KNa_2 (54,05% Na) nicht mit Sicher-

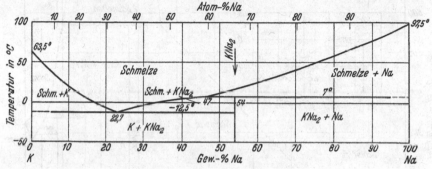

Abb. 331. K-Na. Kalium-Natrium.

heit behaupten[5]. VAN BLEISWIJK hat diese Verbindung aus den Haltezeiten nachgewiesen. Über die Mischkristallbildung ist nichts bekannt, da die mikroskopische Untersuchung dieser Legierungen, die bei Raumtemperatur vollständig oder teilweise geschmolzen sind, auf experimentelle Schwierigkeiten stößt.

Die für 50, 100, 150 und 200° geltenden Leitfähigkeitsisothermen der flüssigen Legierungen sind nach den Messungen von BORNEMANN-MÜLLER[6] Kettenkurven mit flachem Minimum.

Nachtrag. RINCK[7] hat kürzlich das Diagramm nach VAN BLEISWIJK vollkommen bestätigt.

Literatur.

1. KURNAKOW, N. S., u. N. A. PUSCHIN: Z. anorg. allg. Chem. Bd. 30 (1910) S. 109/12. — 2. VAN ROSSEN HOOGENDIJK VAN BLEISWIJK, G. L. C. M.: Z. anorg. allg. Chem. Bd. 74 (1912) S. 152/56. — 3. Schmelz- bzw. Erstarrungstemperaturen einzelner Legn. sind bestimmt worden u. a. von: E. HAGEN: Wied. Ann. Bd. 19 (1883) S. 472. TAMMANN, G.: Z. physik. Chem. Bd. 3 (1889) S. 446. HEYCOCK, C. T., u. F. H. NEVILLE: J. chem. Soc. Bd. 55 (1889) S. 674. ROSENFELD, M.: Ber. dtsch. chem. Ges. Bd. 24 (1891) S. 1658. SIEBEL, K.: Ann. Physik Bd. 60 (1919) S. 260/78. JÄNECKE, E.: Z. Metallkde. Bd. 20 (1928) S. 115 hat das Zu-

standsdiagramm überprüft und die älteren Ergebnisse bestätigt. — 4. Nur bezüglich
der Konzentration der bei 7° an K gesättigten Schmelze weichen die Diagramme
voneinander ab: KURNAKOW-PUSCHIN fanden 47% Na, VAN BLEISWIJK erhielt aus
den Haltezeiten 45% Na. — 5. Die von A. JOANNIS: Ann. Chim. Phys. 6 Bd. 12
(1887) S. 358 auf Grund von Bestimmungen der Bildungswärme der Legn. angenommene Verbindung K_2Na (22,73% Na) besteht sicher nicht. Ihre Zusammensetzung fällt mit dem eutektischen Punkt zusammen. — 6. BORNEMANN, K., u.
P. MÜLLER: Metallurgie Bd. 7 (1910) S. 396/402. — 7. RINCK, E.: C. R. Acad.
Sci., Paris Bd. 197 (1933) S. 49/51.

K-Pb. Kalium-Blei.

In Abb. 332 ist das von SMITH[1] aufgestellte Zustandsdiagramm wiedergegeben. Es ist nur sehr unvollkommen bekannt, da sich der Aus-

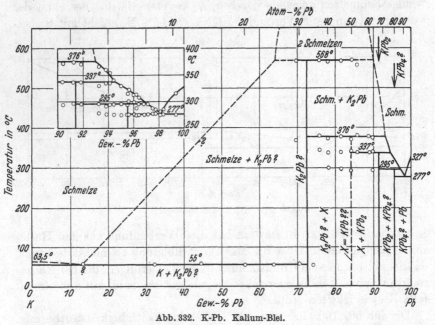

Abb. 332. K-Pb. Kalium-Blei.

arbeitung des Diagramms mit Hilfe der thermischen Analyse sowohl
experimentelle[2] als auch in der Konstitution begründete Schwierigkeiten
in den Weg stellen. Die Zusammensetzung der verschiedenen Verbindungen konnte wegen großer Gleichgewichtsstörungen, hervorgerufen durch das Vorhandensein der Mischungslücke im flüssigen Zustand, durch die sicher unvollkommene Bildung einer Verbindung aus
zwei Schmelzen von sehr verschiedenem spezifischen Gewicht und durch
die drei übereinander liegenden peritektischen Horizontalen, nicht in
allen Fällen mit Sicherheit ermittelt werden. Die bei 376°, 337° und
295° stattfindenden Umsetzungen zwischen Kristallen und Schmelze
können während der relativ schnellen Abkühlung nicht zu Ende ver-

laufen. Es werden also thermische Effekte bei den genannten Temperaturen noch bei Konzentrationen beobachtet, die im Gleichgewichtszustand diese Umsetzungen nicht mehr durchmachen würden (vgl. Nebenabb.), wodurch eine Berücksichtigung der Haltezeiten fast unmöglich wird.

Als sicher bestehend sind nur anzusehen 1. die Mischungslücke im flüssigen Zustand (die Zusammensetzung der beiden flüssigen Schichten bei 568° ist nur mit grober Annäherung aus den Haltezeiten angegeben) und 2. die Verbindung KPb_2 (91,38% Pb), da eine Legierung dieser Zusammensetzung nach 13stündigem Glühen bei 300° fast vollkommen homogen wurde. Das Bestehen der Verbindungen K_2Pb^3 (72,60% Pb) und KPb_4 (95,49% Pb) ist immerhin recht wahrscheinlich. Zwischen K_2Pb und KPb_2 muß entsprechend der peritektischen Horizontalen bei 376° eine weitere Kristallart X vorliegen. SMITH nimmt an, daß bei dieser oder einer wenig höheren Temperatur außerdem eine polymorphe Umwandlung von K_2Pb eintritt, doch erscheint mir diese Annahme sehr wenig gestützt. Der eutektische Punkt bei 55° (im Mittel) wurde nicht bestimmt.

Aus der Tatsache, daß die Härte abgeschreckter Pb-reicher Legierungen beim Lagernlassen nicht ansteigt, schließen TAMMANN-RÜDIGER[5], daß K in festem Pb nicht merklich löslich ist.

KREMANN-PRESSFREUND[6] haben die Kette Pb/0,002 n KCl in Pyridin/Pb_xK_{1-x} unter Verwendung getemperter (?) Legierungen gemessen. Zwei Potentialsprünge bei 33 und 80 Atom-% Pb deuten auf die Verbindungen K_2Pb und KPb_4. Die Verbindungen KPb_2 und X geben sich jedoch nicht auf der Spannungskurve zu erkennen.

Nachtrag. Auf dem bei Na-Pb (Nachtrag) beschriebenen Wege haben ZINTL-GOUBEAU-DULLENKOPF[7] die offenbar nur in ammoniakalischer Lösung stabile Verbindung K_4Pb_9 nachgewiesen; für eine dem Na_4Pb_7 analoge Verbindung K_4Pb_7 ergab sich keine Andeutung.

Literatur.

1. SMITH, D. P.: Z. anorg. allg. Chem. Bd. 56 (1908) S. 133/39. Experimentelles s. K-Mg. Gefügebilder werden nicht gegeben. — 2. Vgl. Originalarbeit. — 3. Nach dem Maximum der Haltezeiten bei 568° zwischen 69,5 und 75,7% Pb und der Tatsache, daß die höchste Temp., bei der die Schmelze starr wird, extrapoliert bei etwa 72—73% Pb liegt. — 4. Nach dem Maximum der Haltezeiten bei 295° bei etwa 95,5% Pb. Diese Legierung konnte jedoch durch 9stündiges Glühen bei 290° nicht vollständig homogen erhalten werden. — 5. TAMMANN, G., u. H. RÜDIGER: Z. anorg. allg. Chem. Bd. 192 (1930) S. 26/29. — 6. KREMANN, R., u. E. PRESSFREUND: Z. Metallkde. Bd. 13 (1921) S. 19/21. — 7. ZINTL, E., J. GOUBEAU u. W. DULLENKOPF: Z. physik. Chem. Bd. 154 (1931) S. 39/40.

K-Pt. Kalium-Platin.

Platin wird nach Beobachtungen von DEWAR-SCOTT[1] und VICTOR MEYER[2] von Kaliumdämpfen sehr stark angegriffen; dabei bildet sich eine schwarze Masse.

— „Pt und K verbinden sich leicht und unter Erglühen zu einer glänzenden, spröden Masse, die beim Erhitzen an der Luft zu einem gelben, in der Hitze Sauerstoff entwickelnden Pulver verbrennt und durch Wasser zersetzt wird" (H. DAVY)[3].

Literatur.

1. DEWAR, J., u. A. SCOTT: Chem. News Bd. 40 (1879) S. 294. — 2. MEYER, VICTOR: Ber. dtsch. chem. Ges. Bd. 13 (1880) S. 391. — 3. Aus Gmelin-Kraut Handbuch Bd. 5, Abt. 3, S. 759, Heidelberg 1915.

K-Rb. Kalium-Rubidium.

KURNAKOW-NIKITINSKY[1] nehmen auf Grund von Leitfähigkeitsmessungen bei 0° und 25° an, daß Kalium (Schmelzpunkt 63,5°) und Rubidium (Schmelzpunkt 39°) eine ununterbrochene Reihe fester Lösungen bilden[2].

Die Leitfähigkeitsisothermen sind kontinuierliche, zur Konzentrationsachse in Atom-% stark konvex gekrümmte Kurven, die ein — allerdings sehr wenig ausgeprägtes — Minimum bei etwa 73,11 Atom-% (= 85,6 Gew.-%) bei 0° bzw. 80,57 Atom-% (= 90,05 Gew.-%) Rb bei 25° besitzen[3]. Die Kurve der Fließdrucke der Legierungen hat den beim Vorliegen einer ununterbrochenen Mischkristallreihe zu erwartenden charakteristischen Verlauf einer stetigen Kurve mit einem ausgesprochenen Maximum (bei etwa 14,29 Atom-% = 26,70 Gew.-% Rb).

Die genannten Verfasser haben auch die Leitfähigkeit der Legierungen bei 50, 75 und 100° bestimmt. Daraus geht hervor, daß die Legierung mit 14,29 Atom-% Rb (= 26,70 Gew.-%) bei 50° noch fest ist, während die Legierungen mit 39,5 Gew.-% Rb und mehr bei dieser Temperatur bereits flüssig sind (vgl. Nachtrag und Abb. 333).

In Anbetracht der Tatsache, daß man aus der Reihe der Metallpaare, von denen man annimmt, daß sie eine ununterbrochene Mischkristallreihe bilden, mit dem Fortschreiten unserer Kenntnisse eine sehr große Anzahl hat streichen müssen[4], erscheint es nicht unberechtigt, hier Zweifel hinsichtlich des Bestehens einer lückenlosen Mischkristallreihe zwischen Kalium und Rubidium zu äußern, und zwar aus folgenden Gründen: 1. Die von KURNAKOW-NIKITINSKY bestimmten Leitfähigkeitsisothermen, die sich auf die Messung von nur 6 Legierungen gründen, entsprechen zwar dem beim Vorliegen einer lückenlosen Mischkristallreihe zu erwartenden Typus, doch unterscheiden sich die Leitfähigkeitswerte der Legierungen mit mehr als 56,58 Atom-% Rb (= 73,98 Gew.-%) nur sehr wenig von dem Wert des Rubidiums[5] (s. Anm. 3), mit anderen Worten: die Leitfähigkeit des Rb wird durch K-Zusätze nur sehr wenig — wenn überhaupt — erniedrigt. Doch auch dann, wenn man annimmt, daß die Isothermen wirklich ein Minimum besitzen, ist diese Tatsache allein nicht immer ein hinreichendes Kriterium für die Existenz einer lückenlosen Mischkristallreihe[6], wie aus dem Beispiel der Indium-Blei-legierungen hervorgehen dürfte (s. das System In-Pb, S. 824). 2. Die Kurve des Temperaturkoeffizienten des Widerstandes ist den Leit-fähigkeitsisothermen nicht analog, da sie bei der Legierung mit 80,57 Atom-% Rb einen Höchstwert erreicht. Inwieweit das auf Meßfehler zurückzuführen ist, läßt sich nicht sagen. 3. K und Rb wären das einzige aus leichtschmelzenden Metallen bestehende Paar, das eine lückenlose Mischkristallreihe bildet, und würden sich hierin grundsätzlich von den anderen Paarungen der Alkali-metalle, deren Zustandsdia-gramme bekannt sind, unter-scheiden[7].

Nachtrag. RINCK[8] hat auf Grund des von ihm ausgearbei-teten Erstarrungsschaubildes (Abb. 333) und mikroskopischer Untersuchungen geschlossen, daß K und Rb im festen Zu-stand lückenlos mischbar sind. Diese Auffassung bedarf im

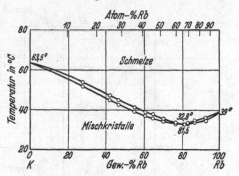

Abb. 333. K-Rb. Kalium-Rubidium.

Hinblick auf die oben geäußerten Bedenken gegen das Vorliegen einer lückenlosen Mischkristallreihe der Bestätigung. Allerdings könnte nur eine schmale Mischungslücke vorhanden sein.

Literatur.

1. KURNAKOW, N. S., u. A. J. NIKITINSKY: Z. anorg. allg. Chem. Bd. 88 (1914) S. 151/60. — 2. Beide Metalle haben ein kubisch-raumzentriertes Gitter. K : a = 5,25 Å, Rb : a = 5,62 Å. — 3. Folgende Leitfähigkeiten wurden bei 0° ge-funden (Zusammensetzung in Atom-% Rb): 0%: 15,15, 14,29%: 12,06, 23,15%: 11,05, 35,81%: 9,83, 56,58%: 8,83, 73,11%: 8,62, 80,57%: 8,65, 100%: 8,86. — 4. Vgl. auch J. A. M. VAN LIEMPT: Rec. Trav. chim. Pays-Bas Bd. 45 (1926) S. 203/206. — 5. Die Isothermen sind also keine richtigen Kettenkurven. — 6. Ein weiteres Beispiel für das Versagen der Leitfähigkeitsmessungen als Mittel zur Konstitutionsforschung bieten u. a. auch die Ag-Ge-Legierungen (s. d.). — 7. S. darüber auch J. D. BERNAL: Metallwirtsch. Bd. 9 (1930) S. 987. — 8. RINCK, E.: C. R. Acad. Sci., Paris Bd. 200 (1935) S. 1205/1206.

K-S. Kalium-Schwefel.

In der chemischen Literatur[1] sind die auf präparativem Wege dargestellten Kaliumsulfide K_2S (29,07% S), K_2S_2 (45,05% S), K_2S_3 (55,15% S), K_2S_4 (62,12% S) und K_2S_5 (67,21% S) angeführt; s. auch neuerdings BERGSTROM[2].

Der Aufbau der aus K-S-Schmelzen kristallisierenden Verbindungen wurde durch thermische Analyse festgestellt von THOMAS und RULE[3] (Abb. 334). Die Reihe der Polysulfide des Kaliums wird durch diese Untersuchung noch um die Verbindung K_2S_6 (71,1% S) vermehrt. Ob K_2S_2 unter Zersetzung schmilzt oder nicht, ist nicht sicher; s. darüber Na-S. Die Ergebnisse von THOMAS und RULE wurden von PEARSON und ROBINSON[4] mit einigen Messungen bestätigt und zu

geringeren S-Konzentrationen hin ergänzt. Mikroskopische Untersuchungen
bestätigten den thermischen Befund. Der vom metallkundlichen Standpunkt
aus mehr interessierende Teil des Zustandsdiagramms zwischen 0 und 29% S
dürfte, da K_2S anscheinend die S-ärmste Verbindung ist, eine ähnliche Gestalt
haben wie in den Systemen Na-Se und Na-Te (s. d.).

Literatur.

1. S. die chem. Handbücher. — **2.** Bergstrom, F. W.: J. Amer. chem. Soc.
Bd. 48 (1926) S. 146/51. — **3.** Thomas, J. S., u. A. Rule: J. chem. Soc., Lond.

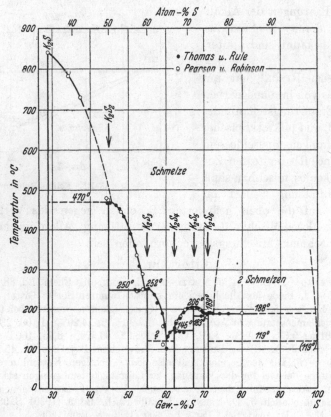

Abb. 334. K-S. Kalium-Schwefel.

Bd. 111 (1917) S. 1063/85, insb. 1077/80. — **4.** Pearson, T. G., u. P. L. Robinson:
J. chem. Soc., Lond. 1931 S. 1304/14.

K-Sb.   Kalium-Antimon.

Abb. 335 gibt das von Parravano[1] ausgearbeitete Zustandsdiagramm
wieder. Da Wärmebehandlungen nicht ausgeführt wurden, ist über die
Bildung fester Lösungen nichts zu sagen. Die Verbindungen K_3Sb und
KSb enthalten 50,93 bzw. 75,69% Sb.

Literatur.

1. PARRAVANO, N.: Gazz. chim. ital. Bd. 45 (1915) S. 485/89. Die Legn. wurden im H$_2$-Strom verschmolzen; Tiegelmaterial?

K-Se. Kalium-Selen.

Das System K-Se wurde bisher noch nicht thermoanalytisch untersucht; vgl. Na-Se. In der chemischen Literatur[1] sind die auf präparativem Wege darge-

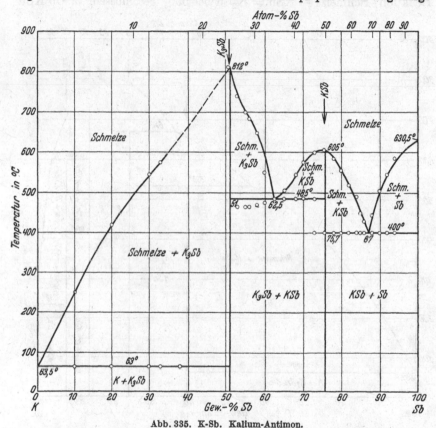

Abb. 335. K-Sb. Kalium-Antimon.

stellten K-Selenide K$_2$Se (50,32% Se), K$_2$Se$_3$ (75,24% Se) und K$_2$Se$_4$ (80,20% Se) genannt.

Literatur.

1. Siehe die chemischen Handbücher.

K-Sn. Kalium-Zinn.

Das in Abb. 336 dargestellte Diagramm wurde nach den von SMITH[1] gegebenen thermischen Daten gezeichnet. Angaben über die Liquidustemperaturen fehlen fast völlig. Zudem sind die Konstitutionsverhältnisse im Bereich von 75—86% Sn noch gänzlich ungeklärt[2].

Im einzelnen ist folgendes zu sagen: 1. Ob eine Erhöhung oder Erniedrigung des K-Schmelzpunktes durch kleinste Sn-Zusätze eintritt, läßt sich nicht sagen, da die beobachteten Temperaturen des Endes der Erstarrung zwischen 59 und 66° schwanken. 2. Das Bestehen der Verbindungen K_2Sn (60,28% Sn) und KSn (75,22% Sn) wurde aus dem Maximum bzw. dem Nullwerden der Haltezeiten der peritektischen Reaktion: Schmelze $+ KSn \rightleftharpoons K_2Sn$ bei 535° geschlossen. 3. Ob KSn

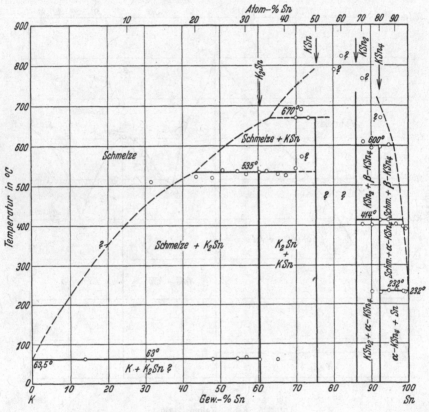

Abb. 336. K-Sn. Kalium-Zinn.

bei 670° peritektisch gebildet wird oder eine polymorphe Umwandlung durchmacht, läßt sich nicht sagen, da ungewiß ist, welcher Verbindung (KSn, KSn_2 oder einer dazwischen liegenden Verbindung) das Schmelzpunktmaximum zukommt. 4. Die Verbindungen KSn_2 (85,86% Sn) und KSn_4 (92,40% Sn) folgen mit einiger Sicherheit aus der Abhängigkeit der Haltezeiten bei 600° (Schmelze $+ KSn_2 \rightleftharpoons KSn_4$) und 414° ($\beta$-$KSn_4$ $\rightleftharpoons \alpha$-$KSn_4$).

Die sich aus dem Zustandsdiagramm ergebenden vier Verbindungen werden durch die von KREMANN-PRESSFREUND[3] gemessenen Spannungen der Kette Sn/2/1000 n KCl in Pyridin/Sn_xK_{1-x} bestätigt. Der der Verbindung K_2Sn entsprechende Spannungssprung fällt allerdings in ein Konzentrationsgebiet, in dem die Herstellung brauchbarer Elektroden nicht gelang.

Bergstrom[4] beobachtete die Bildung einer in flüssigem NH_3 löslichen K-Sn-Verbindung und schrieb ihr die Formel K_4Sn_8 zu (s. o.).

Literatur.

1. Smith, D. P.: Z. anorg. allg. Chem. Bd. 56 (1908) S. 129/33. Experimentelles s. K-Mg. Das Gefüge ist nicht untersucht worden. — 2. Die Liquidustemperatur liegt hier oberhalb des Siedepunktes des Kaliums (etwa 760°). Außerdem wirkten die Schmelzen „bei diesen Temperaturen so schnell auf Glas, Porzellan und Stahl ein, daß in wenigen Minuten nach Einführung des mit einem Glas- und Stahlrohr doppelt geschützten Thermoelementes die Legierung das Stahlrohr durchdrang, das Glasrohr zerstörte und das Thermoelement beschädigte". (Verunreinigung der Schmelzen.) — 3. Kremann, R., u. E. Pressfreund: Z. Metallkde. Bd. 13 (1921) S. 21/24. — 4. Bergstrom, F. W.: J. physic. Chem. Bd. 30 (1926) S. 12.

K-Te. Kalium-Tellur.

Auf verschiedenem chemischen Wege sind die Telluride K_2Te (61,98% Te) und K_2Te_3 (83,02% Te) hergestellt worden[1]. (S. Na-Te.)

Literatur.

1. Siehe die chemischen Handbücher.

K-Tl. Kalium-Thallium.

Das in Abb. 337 dargestellte Zustandsdiagramm wurde von Kurnakow-Puschin[1] ausschließlich mit Hilfe thermischer Untersuchungen ausgearbeitet[2]. Die Untersuchung beschränkt sich jedoch vornehmlich auf die Bestimmung der Temperaturen des Beginns der Erstarrung[3], weshalb eine sichere Entscheidung über die Konstitution nicht möglich ist.

Die Verfasser vermuten, daß außer der Verbindung KTl (83,94% Tl) noch die Verbindung K_2Tl (72,33% Tl) besteht, weil die Liquiduskurve bei 72% Tl einen Knick aufweist. Diese Richtungsänderung, die deutlich zum Ausdruck kommt, wenn das Diagramm in Atom-% dargestellt ist[4], deutet mit Sicherheit auf das Bestehen einer unter Zersetzung schmelzenden Verbindung; an Stelle von K_2Tl kann man aber auch mit gleicher Berechtigung eine zwischen 72% Tl und KTl liegende Verbindung, etwa K_3Tl_2 mit 77,7% Tl, annehmen. Da die Temperaturen des Endes der Erstarrung und die Haltezeiten der peritektischen Reaktion nicht vorliegen und eine mikroskopische Untersuchung auch nicht ausgeführt wurde, so läßt sich keine Entscheidung über die Formel treffen.

Die von Kremann-Pressfreund[5] gemessenen Spannungen der Kette Tl/2/1000 n KCl/Tl_xK_{1-x} erlauben keinen Rückschluß auf die Kon-

stitution, da die Spannungen anscheinend durch Bildung edlerer Deckschichten entstellt sind.

Nachtrag. Die Verbindung KTl hat keine kubisch-raumzentrierte
Kristallstruktur (β-Messing- oder NaTl-Struktur)[6].

Literatur.

1. Kurnakow, N. S., u. N. A. Puschin: Z. anorg. allg. Chem. Bd. 30 (1902)
S. 87/101. Die Schmelzen (100 g und mehr) wurden unter Vaselinöl oder einer
Paraffindecke in Eisentiegeln hergestellt. Der Abbrand war außerordentlich gering.
— **2.** Nach C. T. Heycock u. F. H. Neville: J. chem. Soc. Bd. 55 (1889) S. 676
beträgt die atomare Gefrierpunkterniedrigung des Kaliums durch Zusatz von
Tl 1,7°. — **3.** Die eutektischen Temperaturen werden von den Verf. nur dort
angegeben, wo sie mit unzweifelhafter Deutlichkeit beobachtet werden konnten
(s. Abb. 337). — **4.** Bei dem in Gew.-% gezeichneten Diagramm möchte man eher

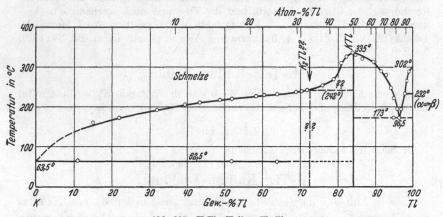

Abb. 337. K-Tl. Kalium-Thallium.

von einem Knick bei 79% Tl sprechen. — **5.** Kremann, R., u. E. Pressfreund:
Z. Metallkde. Bd. 21 (1921) S. 24/27. — **6.** Zintl, E., u. G. Brauer: Z. physik.
Chem. B Bd. 20 (1933) S. 245/71.

K-Zn. Kalium-Zink.

Nach den thermischen Untersuchungen von Smith[1] (Abb. 338) bildet
sich durch Reaktion von zwei praktisch aus den reinen Metallen bestehenden Schmelzen eine Verbindung. Smith beobachtete folgendes:
Die Abkühlungskurven zeigten nach einer anfänglichen Unterkühlung
von wenigen Graden einen Anstieg der Temperatur, darauf eine zweite
Unterkühlung (5—15°) und einen zweiten Wiederanstieg, der durchweg
zu 10° höheren Temperaturen führte als der erste. Er schließt daraus,
daß sich zunächst eine metastabile Form der Verbindung ausscheidet,
die sich unmittelbar darauf in eine stabile Form derselben Zusammensetzung umwandelt.

Es erscheint nicht unberechtigt, demgegenüber darauf hinzuweisen,
ob nicht die beobachtete Erscheinung lediglich auf Unterkühlungen

zurückzuführen ist, und zwar infolge von Gleichgewichtsstörungen, die sicher nicht zu vermeiden sind, da sich die Verbindung aus zwei unmischbaren Schmelzen (Emulsion) bildet.

Zwischen rd. 71 und 94% Zn traten bei stark wechselnden Temperaturen zwischen 440° und 570° (also im Gebiet K-reiche Schmelze + Verbindung) zum Teil ganz ähnliche Erscheinungen auf, wie sie bei der beginnenden Erstarrung bei etwa 590° beobachtet wurden (vgl. die in Abb. 338 eingezeichneten Temperaturen). Es erscheint nicht notwendig, hier mit SMITH eine polymorphe Umwandlung der Verbindung

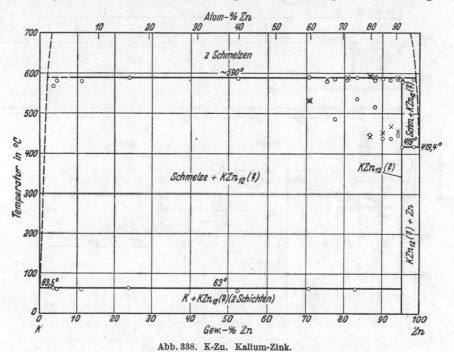

Abb. 338. K-Zn. Kalium-Zink.

anzunehmen (diese hätte auch in Zn-ärmeren und Zn-reicheren Schmelzen beobachtet werden müssen), vielmehr wird es sich um eine restliche Umsetzung der beiden Schmelzen zur Bildung der Verbindung handeln, da örtliche Überschüsse an K bzw. Zn in der Emulsion während der in einem großen Temperaturintervall erfolgenden Erstarrung auftreten werden.

Die Formel der Verbindung läßt sich wegen der beobachteten Unregelmäßigkeiten aus den Haltezeiten bei 590°, 419° und 63° natürlich nicht mit Sicherheit angeben. SMITH hält die Formel KZn_{12} (95,25% Zn) für die wahrscheinlichste (vgl. Cd-K und Na-Zn).

Die von KREMANN-MEHR[2] ermittelte Spannungskurve (Zn-Amalgam /KCl in Pyridin/$K_{1-x}Zn_x$) hat eine von dem theoretisch zu erwartenden

Verlauf gänzlich abweichende Gestalt, die „auf die bei diesem Metallpaar ganz unregelmäßig und ohne Beziehung zur Zusammensetzung der Legierungen in verschieden starkem Maße eintretende Bildung von edleren Deckschichten zurückzuführen ist".

Literatur.

1. SMITH, D. P.: Z. anorg. allg. Chem. Bd. 56 (1908) S. 114/19. Experimentelles s. bei K-Mg. Die Schmelzen wurden während des Erstarrens mit einem Glasstab gerührt. — **2.** KREMANN, R., u. A. MEHR: Z. Metallkde. Bd. 12 (1920) S. 453/55.

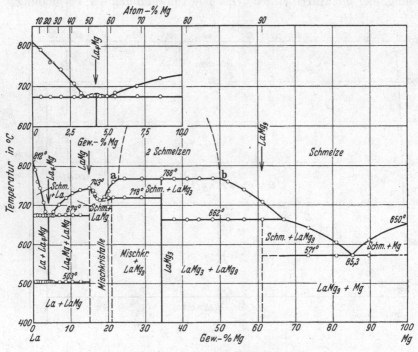

Abb. 339. La-Mg. Lanthan-Magnesium.

La-Mg. Lanthan-Magnesium.

Das in Abb. 339 dargestellte Zustandsschaubild wurde von CANNERI[1] mit Hilfe der thermischen Analyse ausgearbeitet. Dazu ist folgendes zu bemerken:

1. Das Bestehen einer eutektischen Horizontalen bei 674° und einer Umwandlungshorizontalen bei 503° und die Tatsache, daß die bei diesen Temperaturen stattfindenden Vorgänge die größte Wärmetönung (Maximum der Haltezeiten) bei 4,2—4,5% Mg besitzen, ließe die Deutung zu, daß bei 674° eine Schmelze von der annähernden Zusammensetzung La₄Mg (4,19% Mg) eutektisch erstarrt, und daß bei 503° die beiden Bestandteile des Eutektikums (La und LaMg) unter Bildung der Ver-

bindung La$_4$Mg reagieren. Gegen diese Deutung spricht jedoch die Tatsache, daß die beiden von den Schmelzpunkten des Lanthans und der Verbindung LaMg abfallenden Liquidusäste (vgl. Nebenabb.) sich nicht in einem eutektischen Punkte schneiden, sondern bei 3,5% bzw. 5% Mg die Horizontale von 674° treffen. CANNERI schließt daraus, daß zwischen den beiden eutektischen Punkten von 3,5 und 5% Mg ein Liquidusast liegen müsse (in der Nebenabb. gestrichelt gezeichnet), der der Primärkristallisation der Verbindung La$_4$Mg entspräche. Thermisch ließ sich dieser Liquidusast nicht nachweisen[2]. Das Ende der Erstarrung (eutektische Kristallisation) liegt merkwürdigerweise sowohl zwischen 0 und 4,2% Mg als zwischen 4,2 und 15% Mg innerhalb der Meßgenauigkeit bei derselben Temperatur[3]. Bei 503° zerfällt nach CANNERI die Verbindung La$_4$Mg in La und LaMg; für diese Deutung ergaben sich auch Anzeichen aus dem mikroskopischen Gefüge der Legierungen.

2. Die Existenz der Verbindungen LaMg$_3$ (34,44% Mg) und LaMg$_9$ (61,18% Mg) folgt aus der Lage der Maxima der Haltezeiten für 766° und 662° bei diesen Konzentrationen. Hinsichtlich der Reaktion bei 766° (Schmelze a + Schmelze b → LaMg$_3$) ist dieser Schluß berechtigt, da die Wärmetönung dieser Reaktion auch wenn sie — wie zu erwarten — nicht zu Ende verläuft[4], bei der Zusammensetzung der Verbindung am größten sein wird. Dagegen zwingt die Lage des Zeitenmaximums für 662° bei etwa 61% Mg nicht zur Annahme der Verbindung LaMg$_9$, da der unvollständige Verlauf der Reaktion bei 766° erhebliche Gleichgewichtsstörungen im weiteren Verlauf der Erstarrung zur Folge hat.

3. Das Vorliegen eines Mischkristallgebietes zwischen der Zusammensetzung LaMg und etwa 21% Mg wurde durch mikroskopische Beobachtungen bestätigt. Die Mischkristallbildung der Komponenten und anderer Verbindungen wurde nicht untersucht.

Nachtrag. LaMg und LaMg$_3$ haben kubische Kristallgitter[5][6].

Literatur.

1. CANNERI, G.: Metallurg. ital. Bd. 23 (1931) S. 810/13. Reinheitsgrad des La: 99,6%. — **2.** Es sei gestattet, in diesem Zusammenhang auf folgendes hinzuweisen: R. KREMANN u. Mitarb. hatten gefunden, daß bei einer Anzahl binärer Systeme von organischen Verbindungen (Benzolderivate) ein horizontaler Teil auf der Liquiduskurve besteht, analog dem von CANNERI bei La-Mg gefundenen. Sie hatten die Vermutung ausgesprochen, daß der zwischen den beiden eutektischen Punkten gelegene Teil der Liquiduskurve der Primärkristallisation einer Verbindung entspricht. Die Neubearbeitung der betreffenden Zustandsdiagramme durch N. A. PUSCHIN und I. I. RIKOWSKI: Z. physik. Chem. Bd. 151 (1930) S. 257/68 zeigte jedoch, daß ein solcher praktisch horizontaler Teil der Liquiduskurve nicht besteht. — **3.** Die Verbindung La$_4$Mg könnte möglicherweise auch unter Zersetzung schmelzen; die eine der beiden Horizontalen wäre dann eine Peritektikale, die bei einer nur sehr wenig von 674° verschiedenen Temperatur verläuft. — **4.** Die Verbindung kann sich nur an der Trennungsfläche der beiden flüssigen Schichten

bilden. — **5.** Rossi, A.: Gazz. chim. ital. Bd. 64 (1934) S. 774/78 (LaMg). —
6. Rossi, A., u. A. Iandelli: Atti Accad. Lincei, Roma Bd. 19 (1934) S. 415/20
(LaMg$_3$). Ref. Chem. Zbl. 1934 II S. 1264.

La-N. Lanthan-Stickstoff.

Lanthannitrid LaN (9,16% N) entsteht durch direkte Vereinigung der Elemente, z. B. durch Glühen von La in Luft[1].

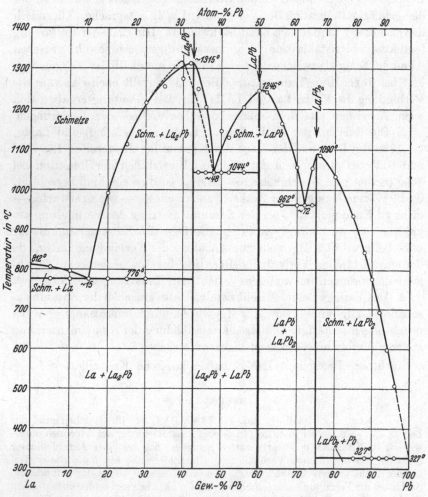

Abb. 340. La-Pb. Lanthan-Blei.

Literatur.

1. Matignon, C.: C. R. Acad. Sci., Paris Bd. 131 (1900) S. 837/39. Chem.-
Ztg. Bd. 24 (1900) S. 1062. Muthmann, W., u. K. Kraft: Liebigs Ann. Bd. 325
(1903) S. 261/78. Neumann, B., C. Kröger u. H. Haebler: Z. anorg. allg. Chem.
Bd. 207 (1932) S. 145/49. Friederich, E., u. L. Sittig (Z. anorg. allg. Chem.

Bd. 143 (1925) S. 314/16) erhielten das Nitrid durch Erhitzen des Oxyd-Kohle-gemisches im Stickstoffstrom bei etwa 200°; s. auch G. HÄGG: Z. physik. Chem. B Bd. 6 (1929) S. 222.

La-Pb. Lanthan-Blei.

Das Erstarrungsschaubild wurde von CANNERI[1] mit Hilfe der thermischen Analyse ausgearbeitet (s. Abb. 340). Das Bestehen der Verbindungen La_2Pb (42,72% Pb), LaPb (59,87% Pb) und $LaPb_2$ (74,90% Pb) folgt mit Sicherheit aus der Lage der Liquidusmaxima bei diesen Konzentrationen[2]. Über die Mischkristallbildung der Komponenten und der drei Verbindungen ist nichts bekannt; der Haltezeit der eutektischen Kristallisation bei 327° zufolge, die bei rd. 85% Pb Null wird, vermag $LaPb_2$ erhebliche Mengen Pb in fester Lösung aufzunehmen.

Nachtrag. ROSSI[3] berichtete über die Bestimmung der Kristallstruktur von $LaPb_3$ (nicht näher bestimmtes kubisches Gitter). Diese Verbindung besteht jedoch nach Abb. 340 gar nicht; offenbar ist $LaPb_2$ gemeint.

Literatur.

1. CANNERI, G.: Metallurg. ital. Bd. 23 (1931) S. 805/806. Reinheitsgrad des La: 99,6%. — 2. Den in der Originalveröffentlichung CANNERIS angegebenen Liquidustemperaturen zwischen 30 und 48% Pb zufolge liegt das Maximum der Pb-ärmsten Verbindung bei 39—40% Pb (vgl. die punktierte Kurve), d. h. zwischen den Zusammensetzungen La_3Pb (33,21% Pb) und La_2Pb; letztere war von dem Verf. als dem Maximum zugehörig angegeben worden. Auf Anfrage teilte mir Herr Dr. CANNERI die in Abb. 340 angegebenen Temperaturen, die der Formel La_2Pb genügen, mit. — 3. ROSSI, A.: Rend. Accad. Lincei, Roma Bd. 17 (1933) S. 839/46. Ref. Chem. Zbl. 1933 II S. 2499. S. auch Gazz. chim. ital. Bd. 64 (1934) S. 832.

La-S. Lanthan-Schwefel.

Über das La_2S_3 (25,72% S) siehe W. MUTHMANN u. L. STÜTZEL: Ber. dtsch. chem. Ges. Bd. 32 (1900) S. 3413/16; daselbst auch ältere Literaturangaben.

La-Sn. Lanthan-Zinn.

Abb. 341 gibt das von CANNERI[1] mit Hilfe der thermischen Analyse ausgearbeitete Zustandsdiagramm wieder. Über die Mischkristallbildung der Komponenten und der drei Verbindungen La_2Sn (29,94% Sn), La_2Sn_3 (56,18% Sn) und $LaSn_2$ (63,09% Sn) ist nichts bekannt. Der Haltezeit der eutektischen Kristallisation von 219° zufolge, die bereits bei etwa 85% Sn Null wird, wäre $LaSn_2$ befähigt, sehr erhebliche Mengen Sn in fester Lösung aufzunehmen.

Nachtrag. ROSSI[2] berichtete über die Bestimmung der Kristallstruktur von $LaSn_3$ (nicht näher untersuchtes kubisches Gitter). Nach Abb. 341 besteht diese Verbindung jedoch gar nicht; wahrscheinlich ist $LaSn_2$ gemeint.

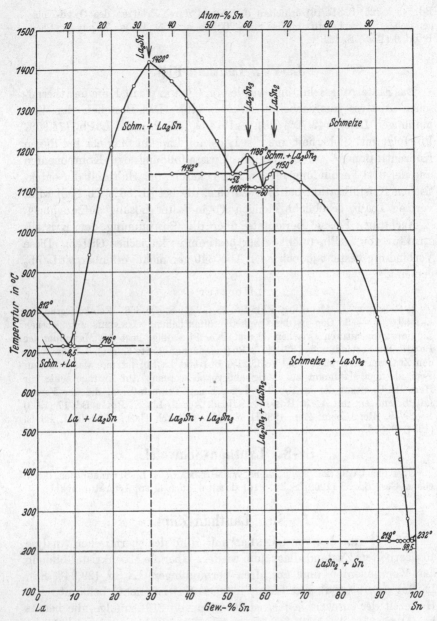

Abb. 341. La-Sn. Lanthan-Zinn.

Literatur.

1. Canneri, G.: Metallurg. ital. Bd. 23 (1931) S. 806/809. **Reinheitsgrad des La:** 99,6%. — **2.** Rossi, A.: Rend. Accad. Lincei, Roma Bd. 17 (1933) S. 839/46. Ref. Chem. Zbl. 1933 II S. 2499. S. auch Gazz. chim. ital. Bd. 64 (1934) S. 832.

La-Tl. Lanthan-Thallium.

Abb. 342 zeigt das von CANNERI[1] mit Hilfe der thermischen Analyse entworfene Zustandsdiagramm. Bezüglich der Formel der außer $LaTl_3$ (81,53% Tl) und LaTl (59,54% Tl) vorhandenen höchstschmelzenden

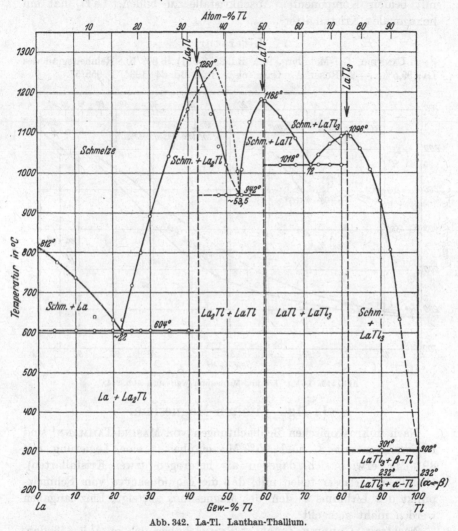

Abb. 342. La-Tl. Lanthan-Thallium.

Verbindung bestand nach den in der Originalarbeit angegebenen Liquidustemperaturen insofern eine Unklarheit, als der Verfasser auf Grund des bei 47,5% Tl liegenden Maximums der Liquiduskurve (vgl. die punktierte Kurve) die Formel La_2Tl annimmt, diese Formel jedoch einem Tl-Gehalt von nur 42,39% entspricht. Nach persönlicher Mitteilung des Verfassers sind die in der Originalmitteilung veröffentlichten Temperaturen in der in Abb. 342 angegebenen Weise umzuändern. Das Maximum genügt nunmehr der Formel La$_2$Tl. Über die Löslichkeitsverhältnisse im festen Zustand ist nichts Sicheres bekannt; den Haltezeiten der eutektischen Kristallisationen zufolge vermögen die drei Verbindungen mit beiden Komponenten Mischkristalle zu bilden. LaTl$_3$ hat ein hexagonales Kristallgitter[2].

Literatur.

1. CANNERI, G.: Metallurg. ital. Bd. 23 (1931) S. 809/10. Reinheitsgrad des La: 99,6%. — **2.** ROSSI, A.: Gazz. chim. ital. Bd. 64 (1934) S. 955/57.

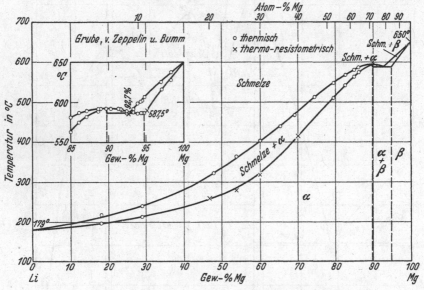

Abb. 343. Li-Mg. Lithium-Magnesium (vgl. auch Abb. 344).

Li-Mg. Lithium-Magnesium.

Nach mikroskopischen Beobachtungen von MASING-TAMMANN[1] sind Legierungen mit 81 und 95% Mg einphasig; eine Legierung mit 89% Mg erwies sich dagegen als heterogen (zwei Kristallarten). Dieselben Verfasser teilen mit, daß die Liquiduskurve vom Schmelzpunkt des Lithiums zu dem des Magnesiums ansteigt; Einzelangaben werden nicht gemacht[2].

Nachtrag. GRUBE-V. ZEPPELIN-BUMM[3] haben das in Abb. 343 dargestellte Diagramm vornehmlich mit Hilfe thermischer Untersuchungen ausgearbeitet[4]. Messungen der elektrischen Leitfähigkeit von sorgfältig getemperten Legierungen zwischen 25° und 550° (Isothermen) stehen damit im Einklang. Die Liquiduskurve hat ein sehr flaches Maximum zwischen 87 und 92% Mg; sorgfältige Bestimmungen ergaben, daß es nahe bei 89,75 Mg (71,43 Atom-%) und 592° liegt.

Zwischen 90 und 92,7% Mg wurde die eutektische Kristallisation nicht beobachtet, da Liquidus- und eutektische Temperatur sich hier nur um 4—5° unterscheiden. Die $\alpha(\alpha + \beta)$-Grenze wurde wenig oberhalb der Konzentration des Maximums angenommen; nach Bestimmungen der Gitterkonstanten von sehr langsam abgekühlten Legierungen liegt sie bei 88,7% Mg. Die $\beta(\alpha+\beta)$-Grenze ergab sich auf Grund der eutektischen Haltezeichen zu 94,8% Mg (83,7 Atom-%), auf Grund röntgenographischer Untersuchungen zu nahe bei 95% bei 350°. Nach der Änderung der Gitterkonstanten des α-Mischkristalls mit der Zusammensetzung erscheint das Bestehen einer geordneten Atomverteilung zwischen 0 und 60 Atom-% Mg nicht ausgeschlossen[4].

Da die Konzentration des Liquidusmaximums der Formel Li_2Mg_5 (89,75% Mg) entspricht, nehmen die Verfasser diese Verbindung an.

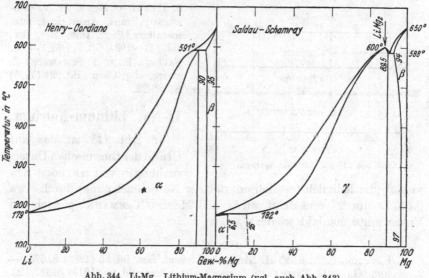

Abb. 344. Li-Mg. Lithium-Magnesium (vgl. auch Abb. 343).

Das erscheint jedoch unberechtigt, da die Legierung dieser Zusammensetzung so lange als feste Lösung von Mg in Li aufzufassen ist, als Anzeichen für das Vorliegen einer intermediären Phase nicht gefunden werden.

Anmerkung bei der Korrektur. Das Schaubild nach Grube und Mitarbeiter wurde, wie Abb. 344 zeigt, durch zwei thermische und mikroskopische Untersuchungen von Henry-Cordiano[5] und Saldau-Schamrey[6] im wesentlichen bestätigt. In folgenden Punkten ergaben sich Abweichungen. Nach Henry-Cordiano soll sich der Li-Mischkristall α bei 591° durch eine peritektische Reaktion von Schmelze (87% Mg) mit dem Mg-Mischkristall β (etwa 95% Mg) bilden, doch konnten Saldau-Schamrey ein Eutektikum (90,5% Mg) einwandfrei bestätigen. Letztere fanden das Maximum der Liquiduskurve bei der Zusammensetzung $LiMg_2$ (87,5% Mg); die Zusammensetzung Li_2Mg_5 erwies sich als heterogen. Die von SALDAU-SCHAMREY vertretene Auffassung, daß eine intermediäre Phase besteht, stützt sich auf die Beobachtung eines peritektischen Gleichgewichtes bei 182° im Bereich von etwa 3—16% Mg, doch ist diese Feststellung nicht hinreichend experimentell bewiesen und nach den Ergebnissen der anderen Forscher auch wenig wahrscheinlich.

Literatur.

1. MASING, G., u. G. TAMMANN: Z. anorg. allg. Chem. Bd. 67 (1910) S. 197/98. — 2. „Die Schwierigkeit bei der Untersuchung der Li-Mg-Legierungen liegt darin, daß man bis zum Mg-Schmelzpunkt erhitzen muß, um homogene Schmelzen zu erhalten, und daß in diese Schmelzen schon bei ziemlich hoher Temperatur das mit Glas geschützte Thermoelement eingeführt werden muß. Hierbei wird zwischen 500 und 600° das Glas beinahe augenblicklich unter Zischen zerstört. Bei Anwendung von eisernen Schutzröhren wäre es wohl möglich, das Li-Mg-Diagramm in befriedigender Weise auszuarbeiten" (nach MASING-TAMMANN). — 3. GRUBE, G., H. V. ZEPPELIN u. H. BUMM: Z. Elektrochem. Bd. 40 (1934) S. 160/64. — 4. Eine systematische Röntgenanalyse des Systems wird von E. ZINTL durchgeführt. — 5. HENRY, O. H., u. H. V. CORDIANO: Trans. Amer. Inst. min. metallurg. Engr. Inst. Met. Div. Bd. 111 (1934) S. 319/32. — 6. SALDAU, P., u. F. SCHAMREY: Z. anorg. allg. Chem. Bd. 224 (1935) S. 388/98.

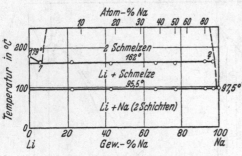

Abb. 345. Li-Na. Lithium-Natrium.

Li-Na. Lithium-Natrium.

In Abb. 345 ist das auf Grund der thermischen Untersuchungen von HEYCOCK-NEVILLE[1] (die lediglich feststellten, daß der Na-Schmelzpunkt durch etwa 0,5% Li um 2° erniedrigt wird) und MASING-TAMMANN[2] gezeichnete Erstarrungsschaubild wiedergegeben.

Literatur.

1. HEYCOCK, C. T., u. F. H. NEVILLE: J. chem. Soc. Bd. 55 (1889) S. 675. — 2. MASING, G., u. G. TAMMANN: Z. anorg. allg. Chem. Bd. 67 (1910) S. 187/190.

Li-Pb. Lithium-Blei.

CZOCHRALSKI-RASSOW[1] haben die Konstitution der bleireichen Legierungen mit 97,85—100% Pb mit Hilfe thermischer und mikroskopischer Untersuchungen studiert[2] (Nebenabb. von Abb. 346). Die Ergebnisse der beiden Verfahren bestätigten einander vollkommen. Die Grenze der festen Löslichkeit wurde nur annähernd zu 0,04—0,09% Li ermittelt. Eine Legierung mit 0,04% Li erwies sich als homogen; die Abkühlungskurve der Legierung mit 0,09% Li zeigte noch einen thermischen Effekt bei 231°. Die neben dem Pb-reichen Mischkristall vorliegende Kristallart wurde mit einiger Sicherheit als die Verbindung Li_2Pb_3 (97,81% Pb) ermittelt, da die Haltezeit bei 231° bei dieser Zusammensetzung Null wird und eine Legierung mit 97,85% Pb nahezu einphasig ist. Da nach den Angaben der Verfasser unter 97,8% liegende Pb-Gehalte zu einer weiteren Erhöhung der Liquidustemperatur führen, schmilzt die Verbindung Li_2Pb_3 offenbar unter Zersetzung (verdecktes Maximum). In Legierungen mit etwa 96,5% und 95,4% Pb wurden neue Gefügebestandteile beobachtet.

Nachtrag. GRUBE-KLAIBER[3] haben das vollständige Zustandsdiagramm mit Hilfe eingehender thermo-analytischer und thermo-

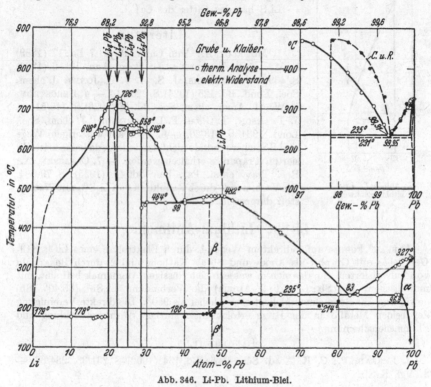

Abb. 346. Li-Pb. Lithium-Blei.

resistometrischer Untersuchungen ausgearbeitet (Abb. 346 mit Konzentration in Atom-%).

Literatur.

1. CZOCHRALSKI, J., u. E. RASSOW: Z. Metallkde. Bd. 19 (1927) S. 111/112. — **2.** Die Legn. (300 Einwaage) wurden unter Verwendung von reinem, Pb und 98%igem Li unter LiF-Decke erschmolzen. Sämtliche Legn. wurden analysiert. — **3.** GRUBE, G., u. H. KLAIBER: Z. Elektrochem. Bd. 40 (1934) S. 754/54.

Li-S. Lithium-Schwefel.

Durch Reduktion von Li_2SO_4 mit Kohle erhielt MOURLOT[1] Li_2S (69,8% S). BERZELIUS[2] hat wahrscheinlich wasserhaltiges Li_2S_2 (82,2% S) in Händen gehabt. THOMAS-JONES[3], die Li_2S und Li_2S_2 (letzteres nur in alkoholischer Lösung) darstellten, halten Li_2S_2 für das einzige existenzfähige Polysulfid des Li; s. auch BERGSTROM[4].

PEARSON-ROBINSON[5] fanden, daß von den Mischungen mit mehr S als der Formel Li_2S entspricht nur der in Abb. 347 dargestellte Teil des Zustandsdiagrammes thermoanalytischen Untersuchungen zugänglich ist: S-reichere Mischungen gehen bei Atmosphärendruck unter Abgabe von S in Li_2S_2 über[6]. Der Schmelzpunkt von Li_2S wird von PEARSON-ROBINSON zu 900—975° angegeben. Da Li_2S das

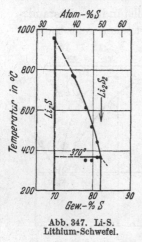

S-ärmste Sulfid des Li ist, dürfte der zwischen 0 und 70% Li liegende Teil des Zustandsdiagramms demjenigen des Systems Na-Se analog sein (s. d.).

Li_2S hat das Gitter des CaF_2[7].

Literatur.

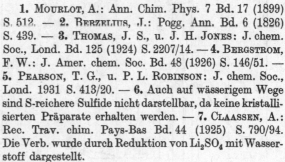

1. MOURLOT, A.: Ann. Chim. Phys. 7 Bd. 17 (1899) S. 512. — 2. BERZELIUS, J.: Pogg. Ann. Bd. 6 (1826) S. 439. — 3. THOMAS, J. S., u. J. H. JONES: J. chem. Soc., Lond. Bd. 125 (1924) S. 2207/14. — 4. BERGSTROM, F. W.: J. Amer. chem. Soc. Bd. 48 (1926) S. 146/51. — 5. PEARSON, T. G., u. P. L. ROBINSON: J. chem. Soc., Lond. 1931 S. 413/20. — 6. Auch auf wässerigem Wege sind S-reichere Sulfide nicht darstellbar, da keine kristallisierten Präparate erhalten werden. — 7. CLAASSEN, A.: Rec. Trav. chim. Pays-Bas Bd. 44 (1925) S. 790/94. Die Verb. wurde durch Reduktion von Li_2SO_4 mit Wasserstoff dargestellt.

Abb. 347. Li-S.
Lithium-Schwefel.

Li-Sb. Lithium-Antimon.

LEBEAU[1] konnte auf indirektem Wege: 1. durch Elektrolyse eines LiCl, KCl-Gemisches mit Graphit als Anode und Sb als Kathode und 2. durch Behandeln von pulverisiertem Sb, das sich in wasserfreiem flüssigen Ammoniak befindet, mit metallischem Li (Sb : Li = 1 : 3 Atome) die Verbindung Li_3Sb[2] (85,40% Sb) gewinnen. Ihr Schmelzpunkt liegt etwas höher als 950°. Die direkte Vereinigung der beiden Metalle in der Hitze erfolgt unter starker Wärmeentwicklung und Flammenerscheinung.

Literatur.

1. LEBEAU, P.: C. R. Acad. Sci., Paris Bd. 134 (1902) S. 231/33, 284/86. — 2. Vgl. K-Sb.

Li-Sn. Lithium-Zinn.

MASING-TAMMANN[1] haben den Aufbau der Legierungen vornehmlich im Bereich von 81—100% Sn untersucht[2] (Abb. 348 mit Konzentration in Atom-%). Die Zusammensetzung der Verbindungen Li_4Sn (81,05% Sn), Li_3Sn_2 (91,94% Sn) und Li_2Sn_5 (97,72% Sn) wurde durch Extrapolation der Haltezeiten bei 458° bzw. 320° ermittelt und durch mikroskopische Beobachtungen bestätigt. (Gefügebilder werden nicht gegeben.) Über die Mischkristallbildung ist nichts bekannt, da die Legierungen nicht wärmebehandelt wurden. MASING-TAMMANN nehmen mit Recht an, daß zwischen Li und Li_4Sn keine weiteren intermediären Kristallarten bestehen, und daß die bei den Schmelzen mit 4 und 9,3

Atom-% Sn beobachtete Temperatur des Endes der Erstarrung von 175° die Temperatur des Li-Li$_4$Sn-Eutektikums ist.

UFFORD[3] hat den für den Bereich von 1—12000 kg/cm² geltenden mittleren Druckkoeffizienten des elektrischen Widerstandes von Li-Sn-Legierungen mit 0, 9, 10, 30,1 40 (= Li$_3$Sn$_2$), 71,4 (= Li$_2$Sn$_5$), 95,1 und 100 Atom-% Sn bestimmt. Die Kurve des Druckkoeffizienten über der Konzentration hat ein Maximum bei 30,1 Atom-% Sn, ein Minimum bei Li$_3$Sn$_2$ und einen Knick bei Li$_2$Sn$_5$. Die Zusammensetzung Li$_4$Sn (20 Atom-% Sn) hat anscheinend keinen ausgezeichneten Wert. — Den Feststellungen UFFORDs kommt im Hinblick auf eine Kontrolle der Konstitution keine Bedeutung zu, da die Kurve des Druckkoeffizienten

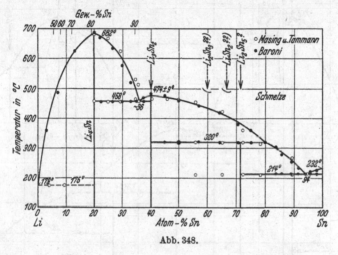

Abb. 348.

mit Hilfe von nur sechs Konzentrationen (bei drei Verbindungen!) bestimmt wurde.

1. **Nachtrag.** BARONI[4] hat das System thermoanalytisch und röntgenographisch untersucht. Die Liquidus- und Soliduskurven stimmen, wie die in Abb. 348 nachträglich eingetragenen Temperaturpunkte zeigen, mit den von MASING-TAMMANN gefundenen recht gut überein. Das Bestehen von Li$_4$Sn (Schmelzpunkt 683° statt 680°) und Li$_3$Sn$_2$ (Schmelzpunkt 483° statt 465°) konnte bestätigt werden; das Li$_4$Sn-Li$_3$Sn$_2$-Eutektikum wurde bei 458°, 35 Atom-% Sn gefunden. Der bei 320° sich bildenden Sn-reichsten Verbindung schreibt BARONI jedoch die Formel LiSn$_4$ (98,56% Sn) zu. Bei dieser Konzentration, die praktisch dem Endpunkt (!) der peritektischen Horizontalen bei 320° entspricht, wird nach BARONI die Haltezeit der eutektischen Kristallisation von 214° gleich Null. Dieser Befund ist mit den Beobachtungen von MASING-TAMMANN nicht in Einklang zu bringen, da diese Forscher infolge Bildung peritektischer Umhüllungen (auch mikroskopisch nachgewiesen)

der Li_3Sn_2-Phase durch Kristalle der Sn-reichsten Verbindung noch bei
56 Atom-% Sn eine eutektische Kristallisation feststellten. Würde die
Zusammensetzung der Verbindung praktisch mit dem Endpunkt der
Peritektikalen zusammenfallen, so wären peritektische Umhüllungen
nicht zu erwarten. Die Annahme der Verbindung $LiSn_4$ ist um so
weniger zu verstehen, als BARONI das Maximum der Haltezeiten bei
320° nicht bei 80 Atom-% Sn, sondern bei etwa 58 Atom-% Sn, also

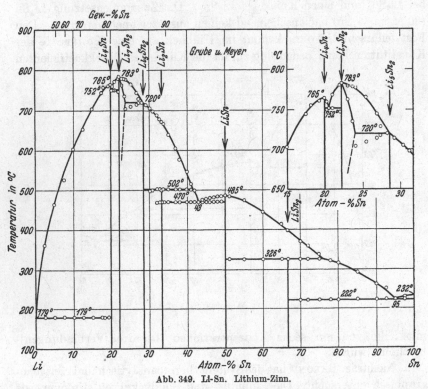

Abb. 349. Li-Sn. Lithium-Zinn.

nahe bei der Konzentration Li_2Sn_3 (96,25% Sn) gefunden hat. (MASING-
TAMMANN fanden das Maximum bei etwa 71,5 Atom-% Sn.) Jedenfalls
ist die Formel der Sn-reichsten Verbindung nach der Arbeit von BARONI
zweifelhaft; außer Li_2Sn_5 kommen auch Li_2Sn_3 und $LiSn_2$ in Betracht. —
Bei einer qualitativen Röntgenanalyse konnte BARONI nur Li_4Sn und
Li_3Sn_2, dagegen nicht die dritte Verbindung nachweisen. ZINTL-
BRAUER[5] bestätigten röntgenographisch, daß die der Zusammensetzung
LiSn (94,48% Sn) entsprechende Legierung nicht einphasig ist.

    2. Nachtrag. Abb. 349 zeigt das von GRUBE-MEYER[6] auf Grund sorg-
fältiger thermoanalytischer Untersuchungen entworfene Zustandsdiagramm. Die Diagramme nach MASING-TAMMANN und BARONI sind dadurch überholt.

Literatur.

1. MASING, G., u. G. TAMMANN: Z. anorg. allg. Chem. Bd. 67 (1910) S. 190/94. — **2.** Die Legn. mit mehr als 94,5% Sn wurden in Glasgefäßen, die Li-reicheren Legn. in Eisengefäßen im H_2-Strom zusammengeschmolzen. — **3.** UFFORD, C. W.: Physic. Rev. Bd. 32 (1928) S. 505/507. — **4.** BARONI, A.: Rend. Accad. Lincei, Roma VI Bd. 16 (1932) S. 153/58. — **5.** ZINTL, E., u. G. BRAUER: Z. physik. Chem. B Bd. 20 (1933) S. 245/71. — **6.** GRUBE, G., u. E. MEYER: Z. Elektrochem. Bd. 40 (1934) S. 771/77.

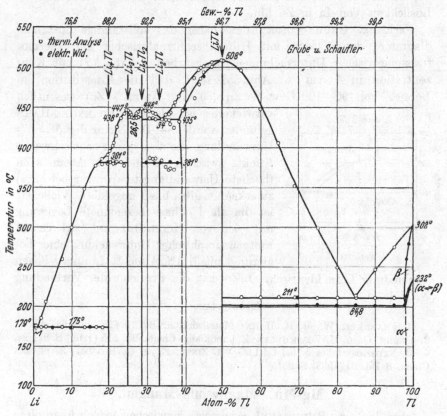

Abb. 350. Li-Tl: Lithium-Thallium.

Li-Tl. Lithium-Thallium.

Das vollständige Zustandsdiagramm wurde vor kurzem von GRUBE-SCHAUFLER[1] mit Hilfe eingehender thermoanalytischer und thermoresistometrischer Untersuchungen ausgearbeitet (Abb. 350 mit Konzentration in Atom-%.) LiTl hat eine kubisch-raumzentrierte Struktur vom β-Messingtyp[2].

Literatur.

1. GRUBE, G., u. G. SCHAUFLER: Z. Elektrochem. Bd. 40 (1934) S. 593/600. — **2.** ZINTL, E., u. G. BRAUER: Z. physik. Chem. B Bd. 20 (1933) S. 245/71.

Li-Zn. Lithium-Zink.

FRAENKEL-HAHN[1] haben die zinkreichsten Li-Zn-Legierungen thermisch (Abb. 351) und mikroskopisch untersucht. Die mit beiden Verfahren gewonnenen Ergebnisse sprechen übereinstimmend für das Bestehen der Verbindung Li_2Zn_3 (93,39% Zn), die beide Komponenten in fester Lösung aufzunehmen vermag. Die thermische Analyse deutet ebenfalls auf eine gewisse, jedoch nicht näher bestimmte feste Löslichkeit von Li in Zn hin.

Nachtrag. GRUBE-VOSSKÜHLER[2] haben das vollständige Zustandsdiagramm des Systems mit Hilfe thermoanalytischer und thermoresistometrischer Untersuchungen[3] ausgearbeitet; Abb. 352 mit Konzentration in Atom-%. Abb. 352 zeigt, daß die Konstitution im Bereich von 90—100 Gew.-% Zn (50—100 Atom-% Zn) wesentlich

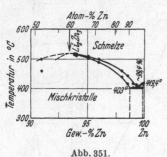

Abb. 351.

verwickelter ist als von FRAENKEL-HAHN gefunden wurde. — Die Natur der $\delta \rightleftharpoons \delta''$-Umwandlung, die sich durch sehr schwache Effekte zwischen 51 und 55% Atom-% Zn (höchste Umwandlungstemperatur bei 52%) zu erkennen gibt, blieb ungeklärt. Vielleicht ist die als δ''-Phase bezeichnete Legierung mit der von ZINTL-BRAUER[4] auf Grund röntgenographischer Untersuchung einer Legierung mit 51,3% Atom-% Li angegebenen Verbindung LiZn identisch. LiZn hat die Struktur der Verbindung NaTl (s. d.).

Literatur.

1. FRAENKEL, W., u. R. HAHN: Metallwirtsch. Bd. 10 (1931) S. 641/42. — 2. GRUBE, G., u. H. VOSSKÜHLER: Z. anorg. allg. Chem. Bd. 215 (1933) S. 211/24. — 3. Experimentelles s. bei Cd-Li. — 4. ZINTL, E., u. G. BRAUER: Z. physik. Chem. B Bd. 20 (1933) S. 251.

Mg-Mn. Magnesium-Mangan.

Aus dem von RUHRMANN[1] gegebenen, inzwischen jedoch überholten Erstarrungsschaubild der Legierungen mit bis zu etwa 2,65% Mn folgt, 1. daß der Erstarrungspunkt des Mg schon durch etwa 0,5% Mn erhöht wird (auf 675°), und 2. daß die Solidustemperatur praktisch beim Mg-Schmelzpunkt liegt. Daraus würde auf die Abwesenheit Mg-reicher Mischkristalle zu schließen sein. In Übereinstimmung mit dem thermischen Befund konnte eine eutektische Struktur nicht festgestellt werden. Die primär kristallisierte Phase hält er für eine Mg-Mn-Verbindung.

Demgegenüber teilen BAKKEN-WOOD[2] mit, „daß eine Legierung mit 3,2% Mn die typische Struktur homogener Legierungen zeigt".

Auf Grund nicht näher beschriebener Versuche[3] nimmt GANN[4] an, daß der neben Mg bzw. Mg-reichem Mischkristall vorliegende harte Gefügebestandteil nicht aus einer Verbindung, sondern aus Mn besteht. Aus mikroskopischen Beobachtungen schließt GANN, daß im Gegensatz zu der Auffassung von RUHRMANN Mg primär kristallisiert (die Mn-Einschlüsse liegen innerhalb der Mg-Körner), und daß eine — wenn

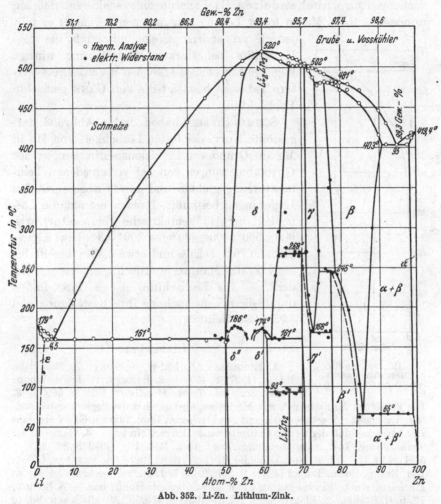

Abb. 352. Li-Zn. Lithium-Zink.

auch geringe — Mischkristallbildung vorliegt (kenntlich an der zonigen Struktur der Mg-Kristallite [Kornseigerung] in Legierungen mit 0,1, 0,4 und 1% Mn). Die Zonen sind besonders deutlich in der Nähe der Mn-Einschlüsse; durch Glühen verschwinden die Zonen. Das Gefüge geglühter und abgeschreckter Legierungen zeigt winzige Mn-Kriställchen innerhalb der Mg-Körner, was dafür sprechen würde, daß die Ausscheidung des bei höheren Temperaturen gelöst gewesenen Mangans —

analog dem Verhalten der Mg-reichen Mg-Cu-Legierungen[5] — durch Abschrecken nicht zu verhindern ist. Damit würde übereinstimmen, daß eine Härtung durch Anlassen abgeschreckter Legierungen nicht beobachtet werden konnte.

PEARSON[6] hat aus gänzlich unzureichenden mikroskopischen Untersuchungen an unbehandelten (!) Legierungen geschlossen, daß Mg mindestens 2,7% Mn in fester Lösung aufzunehmen vermag[7]; er teilt jedoch an anderer Stelle mit, daß die Mg-Kristallite bei starker Vergrößerung winzige kugelige Einschlüsse erkennen lassen. Diese letztere Tatsache bestätigt die von GANN gemachte Beobachtung.

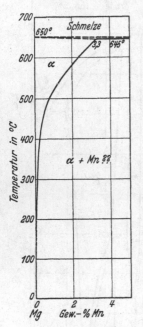

Abb. 353. Mg-Mn.
Magnesium-Mangan.

SCHMID-SIEBEL[8] haben die in Abb. 353 dargestellte Kurve der festen Löslichkeit von Mn in Mg auf Grund von Präzisionsbestimmungen der Gitterabmessungen von bei verschiedenen Temperaturen geglühten und darauf abgeschreckten Legierungen bestimmt. Danach beträgt die Löslichkeit bei 645° (eutektische Temperatur) bzw. 600°, 550°, 500°, 400° und 300° 3,3% bzw. 2,35%, 1,5%, 0,75%, 0,25% und etwa 0,1%; bereits bei 200° ist das Mangan praktisch ganz ausgeschieden[9]. — Die Beobachtungen von GANN finden durch diese Untersuchung ihre Bestätigung und zwanglose Deutung.

Literatur.

1. RUHRMANN, J., bei W. SCHMIDT: Z. Metallkde. Bd. 19 (1927) S. 455. — 2. BAKKEN, H. E., u. WOOD: Amer. Soc. Stl. Treat. Handbook 1929 S. 560. — 3. Die Menge des Mn, das sich mit Mg legiert, wird durch dritte Legierungsbestandteile verringert. Absetzversuche mit geschmolzenen Legn. führten GANN ebenfalls zur Annahme, daß der zweite Gefügebestandteil reines Mn ist. — 4. GANN, J. A.: Trans. Amer. Inst. min. metallurg. Engr. Inst. Met. Div. 1929 S. 327/29. — 5. HANSEN, M.: J. Inst. Met., Lond. Bd. 37 (1927) S. 93/102. — 6. PEARSON, G. W.: Ind. Engng. Chem. Bd. 22 (1930) S. 367/70. — 7. Legn. mit mehr Sollgehalt an Mn zeigen starke Blockseigerung unter Bildung großer Hohlräume. — 8. SCHMID, E., u. G. SIEBEL: Z. Elektrochem. Bd. 37 (1931) S. 455/58. Metallwirtsch. Bd. 10 (1931) S. 923/25. — 9. Die starke Abnahme der Wärmeleitfähigkeit mit steigendem Mn-Gehalt ließ H. SELIGER (unveröffentlichte Versuche) schon 1927 ein schmales Gebiet fester Lösung annehmen. Zu gleicher Auffassung gelangte W. MANNCHEN: Z. Metallkde. Bd. 23 (1931) S. 196.

Mg-N. Magnesium-Stickstoff.

Das Nitrid des Magnesiums Mg_3N_2 (27,74% N) ist unmetallisch[1].

Nachtrag. Darstellung, Bildungs- und Lösungswärme von $Mg_3N_2{}^2$. Kristallstruktur von $Mg_3N_2{}^{3\,4}$.

Literatur.

1. Matignon, C.: C. R. Acad. Sci., Paris Bd. 154 (1912) S. 1351/53 (Darstellung aus Mg und NH_3). Shukow, J.: J. russ. phys.-chem. Ges. Bd. 40 (1908) S. 457/59 (aus Mg und N_2). Hägg, G.: Z. Kristallogr. Bd. 74 (1930) S. 95/99 (Kristallbau). — 2. Neumann, B., C. Kröger u. H. Haebler: Z. anorg. allg. Chem. Bd. 204 (1932) S. 90/93. Neumann, B., C. Kröger u. H. Kunz: Z. anorg. allg. Chem. Bd. 207 (1932) S. 138/41; daselbst weitere Literatur. — 3. Hägg, G.: Z. Kristallogr. Bd. 82 (1932) S. 470/72: Ergänzung und Berichtigung der ersten Arbeit von Hägg[1]. — 4. Stackelberg, M. v., u. R. Paulus: Z. physik. Chem. B Bd. 22 (1933) S. 305/22.

Mg-Na.
Magnesium-Natrium.

Das in Abb. 354 dargestellte Diagramm wurde von Mathewson[1] ausgearbeitet[2]. Der Erstarrungspunkt des Magnesiums wird durch etwa 2% Na auf 638—640° erniedrigt. Die Zusammensetzung der Na-reichen Schmelze, die bei 638° mit der 2%igen Schmelze und Mg im Gleichgewicht ist, wurde durch

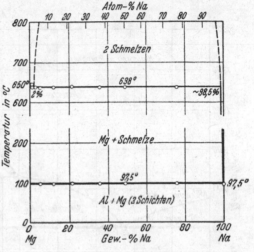

Abb. 354. Mg-Na. Magnesium-Natrium.

Analyse der festen Na-reichen Schichten zu annähernd 98,5% Na ermittelt.

Literatur.

1. Mathewson, C. H.: Z. anorg. allg. Chem. Bd. 48 (1906) S. 193/195. — 2. Mg = 99,9%ig. Die Legn. (25 g) wurden in Röhren aus schwer schmelzbarem Jenaer Glas hergestellt. Es trat eine gewisse Reaktion der beiden Metalle mit dem Schmelzgefäß ein. Während der Erstarrung wurde mit einem Eisendraht gerührt.

Mg-Ni. Magnesium-Nickel.

Abb. 355 zeigt das auf Grund der thermischen und mikroskopischen Untersuchungen von Voss[1] gezeichnete Zustandsschaubild[2]. Das Bestehen der Verbindung $MgNi_2$ (82,84% Ni) wurde aus dem Nullwerden der Haltezeiten bei 1082° und 769° bei 82,6% bzw. 82,9% Ni, sowie aus der Homogenität der Legierung mit 83% Ni geschlossen. Ob sich diese Verbindung unmittelbar aus der Schmelze ausscheidet oder durch Reaktion zweier Schmelzen mit rd. 73 und 84% Ni gebildet wird, konnte nicht entschieden werden. Nach den thermischen Daten hat es den Anschein, daß die Liquiduskurve zwischen diesen Konzentrationen horizontal verläuft. Wegen der starken Reaktion der Schmelze mit dem Porzellanrohr konnte die etwaige Trennung der beiden flüssigen Schichten nicht abgewartet werden. Die Zusammensetzung der bei 769° unter Zersetzung schmelzenden Verbindung Mg_2Ni (54,68% Ni) wurde aus dem Maximum der Haltezeiten bei dieser Temperatur ermittelt. Eine Legierung mit 55% Ni erwies sich infolge der Unvollständigkeit der Reaktion: Schmelze + $MgNi_2$ → Mg_2Ni als dreiphasig ($MgNi$ + Mg_2Ni + Mg). Homogenisierungsversuche wurden nicht ausgeführt. Im übrigen war das Gefüge der aus dem Schmelzfluß erstarrten Legierungen

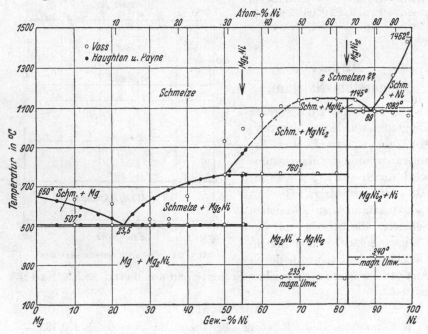

Abb. 355. Mg-Ni. Magnesium-Nickel.

im Einklang mit den Ergebnissen der thermischen Analyse. Die eutektischen Punkte wurden lediglich aus den Haltezeiten bestimmt.

Die Grenze der festen Löslichkeit von Ni in Mg liegt nach Untersuchungen von GANN[3] sicher unterhalb 0,25% Ni. Beim Altern abgeschreckter Legierungen mit 0,25, 0,5, 1, 2, 4 und 8% Ni traten Härtesteigerungen, die auf das Bestehen fester Lösungen einen Schluß erlaubt hätten, nicht ein. Über die Bildung Ni-reicher Mischkristalle ist nichts bekannt.

Die magnetische Umwandlung der Verbindung $MgNi_2$ bei 235° (Abb. 355) wurde anscheinend in Legierungen mit mehr als 83% Ni von Voss nicht beobachtet.

Nachtrag. Bei einer sorgfältigen thermischen Untersuchung im Bereich von 0—55% Ni haben HAUGHTON-PAYNE[4] einen etwas anderen Verlauf der Liquiduskurve gefunden als Voss (Abb. 355). Danach liegt der eutektische Punkt bei 23,5% Ni (Voss etwa 34% Ni), die eutektische Temperatur bei 507° (Voss 512°), die peritektische Temperatur bei 760° (Voss 769°) und der Endpunkt der peritektischen Horizontalen nahe bei 50% Ni (Voss etwa 45% Ni). Die Bestimmung der festen Löslichkeit von Ni in Mg mit Hilfe des mikrographischen Verfahrens ergab, daß selbst bei 500° weniger als 0,1% Ni löslich ist.

MgNi$_2$ hat eine hexagonale Struktur[5][6]. Eine von BACHMETEW[6] vermutete, hexagonal kristallisierende Verbindung Mg$_3$Ni steht zu dem Zustandsschaubild im Widerspruch.

Literatur.

1. Voss, G.: Z. anorg. allg. Chem. Bd. 57 (1908) S. 61/67. — 2. Das verwendete Ni enthielt 1,86% Co, 0,47% Fe und Spuren Cu. Bis zu 40% Ni wurde in Glasschmelzröhren, über 40% in Porzellanröhren im H$_2$-Strom gearbeitet. In beiden Fällen war eine Reaktion des Mg mit dem Schmelzgefäß zu beobachten. Abbrand unter 0,2—0,5% Mg. — 3. GANN, J. A.: Trans. Amer. Inst. min. metallurg. Engr. Inst. Metals Div. 1929 S. 332. — 4. HAUGHTON, J. L., u. R. J. M. PAYNE: J. Inst. Met., Lond. Bd. 54 (1934) S. 275/83. — 5. LAVES, F., u. H. WITTE: Metallwirtsch. Bd. 14 (1935) S. 645/49, 1002. — 6. BACHMETEW, E. F.: Acta Physicochem. U. S. S. R. Bd. 2 (1935) S. 567/70. Ref. J. Inst. Met., Lond. Met. Abs. Bd. 2 (1935) S. 513. Vgl. auch Metallwirtsch. Bd. 14 (1935) S. 1001/1002.

Mg-P. Magnesium-Phosphor.

Nach übereinstimmenden Feststellungen von BLUNT[1], PARKINSON[2] und GAUTIER[3] ist das Bestehen der Verbindung Mg$_3$P$_2$ (45,96% P) als gesichert anzusehen. GRANGER[4] fand davon abweichend ein offenbar aber nicht einheitliches Produkt von der Zusammensetzung Mg$_2$P$_3$. Die Gitterstruktur von Mg$_3$P$_2$ hat PASSERINI[5] bestimmt.

Nachtrag. Mg$_3$P$_2$ hat nach ZINTL-HUSEMANN[6] ein Gitter, das mit dem kubischen C-Gitter der Lanthaniden-Sesquioxyde Sc$_2$O$_3$ bis Sm$_2$O$_3$ übereinstimmt (16 Mg$_3$P$_2$ im Elementarwürfel); s. Originalarbeit. Siehe ferner die Bestimmung der Kristallstruktur von v. STACKELBERG-PAULUS[7].

Literatur.

1. BLUNT, T. P.: J. chem. Soc. Bd. 3 (1865) S. 106/08. — 2. PARKINSON, J.: J. chem. Soc. Bd. 20 (1867) S. 117. — 3. GAUTIER, H.: C. R. Acad. Sci., Paris Bd. 128 (1899) S. 1167/69. — 4. GRANGER, A.: Ann. Chim. Phys. 7 Bd. 14 (1898) S. 36/37. — 5. PASSERINI, L.: Gazz. chim. ital. Bd. 58 (1928) S. 655/64. Ref. J. Inst. Met., Lond. Bd. 42 (1929) S. 514/15. — 6. ZINTL, E., u. E. HUSEMANN: Z. physik. Chem. B Bd. 21 (1933) S. 138/55. — 7. STACKELBERG, M. v., u. R. PAULUS: Z. physik. Chem B Bd. 22 (1933) S. 305/22.

Mg-Pb. Magnesium-Blei.

Untersuchungen über die Erstarrungskurven liegen vor von HEYCOCK-NEVILLE[1], GRUBE[2] und KURNAKOW-STEPANOW[3]. Erstere stellten jedoch nur fest, daß der Schmelzpunkt des Bleis durch etwa

0,17% Mg um 6,5° erniedrigt wird. Die Ergebnisse der thermischen Untersuchungen von GRUBE und KURNAKOW-STEPANOW stimmen, wie aus den in Abb. 356 eingezeichneten thermischen Daten hervorgeht, von einigen Abweichungen in einzelnen Temperaturangaben abgesehen, im wesentlichen überein. Die ausgezeichneten Temperaturen und Konzentrationen der Erstarrungsschaubilder von GRUBE und KURNAKOW-STEPANOW sind mit den neueren Kontrollbestimmungen von ABEL-REDLICH-SPAUSTA[4] in Tabelle 30 zusammengestellt. Der thermische Befund findet durch den mikrographischen volle Bestätigung.

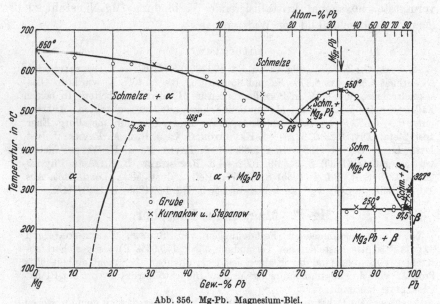

Abb. 356. Mg-Pb. Magnesium-Blei.

Tabelle 30.

	G.	K.-S.	A.-R.-S.
Erstarrungspunkt der Verbindung Mg₂Pb (80,99% Pb)	551°	550°	—
Mg-Mg₂Pb-Eutektikum	459° [1])	475°	470°
	67% Pb [2])	68,05% Pb	—
Mg₂Pb-Pb-Eutektikum	247° [1])	253° [1])	249°
	97% Pb [2])	97,8 % Pb	—

[1] Mittelwerte. [2] Aus den Haltezeiten.

Über das Vorhandensein fester Lösungen waren nach den thermischen Untersuchungen keine bestimmten Aussagen zu machen[5]. Aus Leitfähigkeitsmessungen von STEPANOW[6] ergab sich dann eindeutig die Existenz eines Mischkristallgebietes an der Mg-Seite des Diagramms: Die Leitfähigkeitsisotherme für 25° weist einen starken Abfall der Leitfähigkeit des Mg durch Pb-Zusatz und einen Knick zwischen etwa 27 und 31% Pb auf. Dieser Konzentration kommt jedoch keine quantitative Bedeutung zu, da die Proben nicht wärmebehandelt und überdies sehr schnell erstarrt waren[15]. Den mikroskopischen Beweis für das Bestehen eines ziemlich ausgedehnten Gebietes Mg-reicher Mischkristalle erbrachte HANSEN[7]. Da in der Veröffentlichung der Ergebnisse von HANSEN Einzelangaben fehlen, auf die sich der in Abb. 356 eingezeichnete Verlauf der Löslichkeitsgrenze stützt, seien sie hier mitgeteilt. Die Proben (Preßmaterial) wurden 48 Stunden bei 430° geglüht und abgeschreckt und darauf je 48 Stunden bei 350° bzw. 250° angelassen und abgeschreckt. Die Sättigungsgrenze liegt danach bei 430° oberhalb 23,5% Pb, bei 350° zwischen 19,7 und 20,5% Pb und bei 250° zwischen 16 und 19,7% Pb. Der Verlauf der Kurve ist nicht als endgültig anzusehen, da die Zahl der Zustandspunkte und die Glühdauer nicht ausreichte. Die Soliduskurve der Mg-reichen Mischkristalle wurde gleichfalls von HANSEN mit Hilfe von Erhitzungskurven in grober Annäherung bestimmt.

Über das Bestehen Pb-reicher Mischkristalle sagt die von STEPANOW bestimmte Leitfähigkeitskurve nichts Eindeutiges aus; jedenfalls scheint der Grad der Löslichkeit sehr klein zu sein. STENQUIST[8] konnte das Bestehen von Mischkristallen mit Hilfe von Leitfähigkeitsmessungen nachweisen; Zahlenangaben sind jedoch darüber anscheinend nicht bekannt geworden. Ebensowenig erlauben die Härtemessungen von GOEBEL[9] einen Rückschluß auf die Größe der Löslichkeit.

SACKLOWSKI[10] konnte die Richtigkeit des Zustandsdiagramms durch qualitative röntgenographische Strukturuntersuchungen an einer größeren Anzahl Legierungen mit 2,5—90% Pb bestätigen. Das Bestehen fester Lösungen ist ihm indessen entgangen. Die Kristallstruktur der Verbindung Mg_2Pb wurde von SACKLOWSKI und eingehender von FRIAUF[11] untersucht. Sie hat ein kubisch-flächenzentriertes Gitter mit 4 Molekülen im Elementarbereich (Flußspattyp)[11a].

Die Spannungs-Konzentrationskurve nach KREMANN-GMACHL-PAMMER[12] und die darüber von JENGE[13] gemachten Angaben sind mit dem Zustandsschaubild in Übereinstimmung.

Nachtrag. Nach Härtemessungen von KURNAKOW-POGODIN-VIDUSOVA[14] beträgt sie Löslichkeit von Mg in Pb bei 245° bzw. 220°, 150° und 20° 0,7% bzw. 0,5%, 0,3% und 0,2% Mg.

Literatur.

1. HEYCOCK, C. T., u. F. H. NEVILLE: J. chem. Soc. Bd. 61 (1892) S. 904/905. — **2.** GRUBE, G.: Z. anorg. allg. Chem. Bd. 44 (1905) S. 117/30. Das Zusammenschmelzen der Legn. erfolgte (20 g) in schwer schmelzbaren Jenaer Glasröhren, die bei den Mg-reichen Legn. mit einer Einlage aus Asbest versehen waren. Der Abbrand war, da im Wasserstoffstrom gearbeitet wurde, sehr gering. — **3.** KURNAKOW, N. S., u. N. J. STEPANOW: Z. anorg. allg. Chem. Bd. 46 (1905) S. 177/92. Die Legn. wurden in Eisentiegeln unter einer Karnallit- bzw. Paraffindecke erschmolzen. Abbrand sehr gering. — **4.** ABEL, E., O. REDLICH u. F. SPAUSTA: Z. anorg. allg. Chem. Bd. 190 (1930) S. 82. — **5.** Die stärker als lineare Abnahme der eutektischen Haltezeiten bei 459° nach GRUBE und das Fehlen einer Verzögerung bei dieser Temperatur auf der Abkühlungskurve der Legierung mit 10% Pb sprach zwar für ein solches. — **6.** STEPANOW, N. J.: Z. anorg. allg. Chem. Bd. 60 (1908) S. 209/229; Bd. 78 (1912) S. 11/13. — **7.** HANSEN, M., s. bei W. SCHMIDT: Z. Metallkde. Bd. 19 (1927) S. 455. — **8.** STENQUIST, D.: Z. Metallkde. Bd. 13 (1921) S. 245. — **9.** GOEBEL, J.: Z. Metallkde. Bd. 14 (1922) S. 360/61. — **10.** SAKLOWSKI, A.: Ann. Physik Bd. 77 (1925) S. 264/71. — **11.** FRIAUF, J. B.: J. Amer. chem. Soc. Bd. 48 (1926) S. 1906/1909. — **11a.** S. neuerdings auch E. ZINTL u. H. KAISER: Z. anorg. allg. Chem. Bd. 211 (1933) S. 125/31. — **12.** KREMANN, R., u. J. GMACHL-PAMMER: Z. Metallkde. Bd. 12 (1920) S. 358/61.

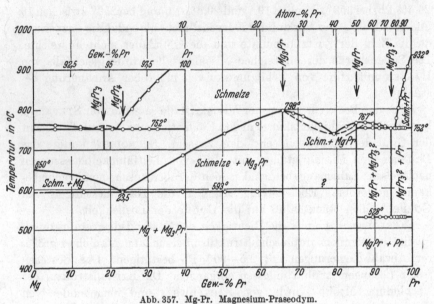

Abb. 357. Mg-Pr. Magnesium-Praseodym.

— **13.** JENGE, W.: Z. anorg. allg. Chem. Bd. 118 (1921) S. 119/20. Zahlenmäßige Angaben über die Spannung der ganzen Legierungsreihe werden nicht gemacht. — **14.** KURNAKOW, N. S., S. A. POGODIN u. T. A. VIDUSOVA: Izv. Inst. Fiziko-Khimicheskogo Analiza Bd. 6 (1933) S. 266/67 (russ.). — **15.** Vgl. auch G. S. son FREY: Z. Elektrochem. Bd. 38 (1932) S. 270/71.

Mg-Pr. Magnesium-Praseodym.

Zu dem in Abb. 357 dargestellten, von CANNERI[1] mit Hilfe thermoanalytischer und mikroskopischer Untersuchungen ausgearbeiteten Diagramm ist folgendes zu sagen:

1. CANNERI nimmt an, daß die beiden Verbindungen Mg₃Pr (65,89% Pr) und MgPr (85,28% Pr), an deren Bestehen nach dem Verlauf der Liquiduskurve nicht zu zweifeln ist, eine lückenlose Mischkristallreihe miteinander bilden. Dieser Konstitutionsfall ist jedoch nicht denkbar.

Überdies zeigt das Gefügebild einer Legierung mit 78% Pr deutlich zwei Kristallarten.

2. Aus der Tatsache, daß die beiden von den Schmelzpunkten der Verbindung MgPr und des Praseodyms abfallenden Liquidusäste sich nicht in einem eutektischen Punkt schneiden, sondern bei etwa 94 und 95,5% Pr die Horizontale von 752° treffen (vgl. Nebenabb.), schließt CANNERI, daß zwischen diesen beiden Schnittpunkten ein thermisch nicht nachweisbarer Liquidusast liegen müsse, der der Primärkristallisation einer Verbindung — nach CANNERI MgPr$_4$ (95,86% Pr) — entspräche (s. auch La-Mg). Wie aus der Nebenabb. hervorgeht, käme jedoch nicht die Formel MgPr$_4$, sondern nur die Formel MgPr$_3$ (94,56% Pr) in Betracht[2]. Bei 528° soll die betreffende Verbindung in MgPr und Pr zerfallen.

ROSSI-IANDELLI[3] berichteten über Versuche zur Bestimmung der Kristallstruktur von MgPr. Dieselben Forscher[4] fanden, daß Mg$_3$Pr ein kubisches Gitter mit 4 Molekülen in der Zelle hat.

Literatur.

1. CANNERI, G.: Metallurg. ital. Bd. 25 (1933) S. 250/52. — 2. CANNERI selbst zeichnet die Verbindung MgPr$_4$ bei 75 Atom-% Pr statt bei 80 Atom-% Pr in sein Diagramm ein. — 3. ROSSI, A., u. A. IANDELLI: Atti R. Accad. Lincei, Roma Bd. 18 (1933) S. 156/61. — 4. ROSSI, A., u. A. IANDELLI: Atti R. Accad. Lincei, Roma Bd. 19 (1934) S. 415/20.

Mg-Pt. Magnesium-Platin.

HODGKINSON-WARING-DESBOROUGH[1] haben bei der Einwirkung von Mg-Dampf im Wasserstoffstrom auf Pt bis zur Gewichtskonstanz ein kristallines Produkt von der angenäherten Zusammensetzung Mg$_2$Pt (80,08% Pt) erhalten, dessen Einheitlichkeit jedoch unbewiesen ist.

Literatur.

1. HODGKINSON, WARING u. DESBOROUGH: Chem. News Bd. 80 (1899) S. 185. Ref. Chem. Zbl. 1899 II S. 1046.

Mg-S. Magnesium-Schwefel.

Beim Glühen von Mg in Schwefeldampf entsteht MgS[1] (56,86% S). Es ist unmetallisch und hat eine Gitterstruktur vom Typus des Steinsalzes[2].

Literatur.

1. S. u. a. A. MOURLOT: C. R. Acad. Sci., Paris Bd. 127 (1899) S. 180 und die chemischen Handbücher. — 2. HOLGERSSON, S.: Z. anorg. allg. Chem. Bd. 126 (1923) S. 179/82. BROCH, E.: Z. physik. Chem. Bd. 127 (1927) S. 446/54.

Mg-Sb. Magnesium-Antimon.

Die ersten näheren Kenntnisse von dem Aufbau der Mg-Sb-Legierungen verdanken wir der Arbeit von GRUBE[1]. Das Diagramm (Abb. 358) ist ohne weiteres verständlich. Der thermische Befund wurde mikrographisch bestätigt. Untersuchungen über die Mischkristallbildung der Komponenten und der Verbindung werden nicht ausgeführt. Da nur verhältnismäßig wenige Legierungen untersucht wurden, dürfte die Konzentration der Eutektika nur annähernd richtig sein. Die Temperatur der beiden eutektischen Horizontalen wurde von ABEL-REDLICH-SPAUSTA[2] zu 622° bzw. 591° ermittelt; die von GRUBE gefundenen Einzelwerte schwanken zwischen 625 und 630° bzw. 591 und 596° (vgl. Nachtrag).

Der von KREMANN-RUDERER[3] bestimmte Verlauf der Potential-Konzentrationskurve, die bei der Konzentration der Verbindung Mg_3Sb_2 (76,95% Sb) einen großen Spannungssprung aufweist, steht in Übereinstimmung mit dem Zustandsschaubild. Legierungen mit mehr als

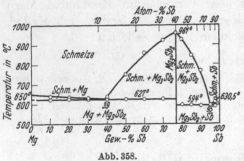

Abb. 358.

95% Sb zeigten jedoch edlere Spannungen in 1 n $MgSO_4$-Lösung als theoretisch zu erwarten waren, was KREMANN-RUDERER mit einem stärkeren Hervortreten der Passivierungserscheinungen erklären.

Nachtrag. Eine erneute Bearbeitung des Systems von GRUBE-BORNHAK[4] ergab, daß die Verbindung Mg_3Sb_2 in zwei Modifikationen besteht. Dadurch sind die Erstarrungsverhältnisse im Bereich der Verbindung verwickelter als früher gefunden war; die Erstarrungstemperaturen liegen hier um rd. 250—300° höher (Abb. 359). Die beiden Formen von Mg_3Sb_2 vermögen Mg zu lösen; der Betrag wurde nicht ermittelt. Auch die gegenseitige Löslichkeit der Komponenten im festen Zustand wurde noch nicht bestimmt.

Nach ZINTL-HUSEMANN[5] hat α-Mg_3Sb_2 eine „nichtmetallische" Struktur, die mit der trigonalen A-Struktur der Lanthaniden-Sesquioxyde Sm_2O_3 bis La_2O_3 übereinstimmt (hexagonaler Elementarkörper mit 1 Mol. Mg_3Sb_2). Sollte die Vermutung von ZINTL[6], daß β-Mg_3Sb_2 die kubische Struktur der Lanthaniden-Sesquioxyde Sc_2O_3 bis Sm_2O_3 besitzt, zutreffen, so würde sich die β-Form noch weniger metallisch verhalten als die α-Form. Dasselbe gilt für α- und β-Bi_2Mg_3.

Literatur.

1. GRUBE, G.: Z. anorg. allg. Chem. Bd. 49 (1906) S. 87/91. Versuchsanordnung s. Mg-Pb. Die Legn. wurden nicht analysiert. Eine vollkommene Durchmischung der beiden flüssigen Metalle trat infolge geringer Bildungsgeschwindigkeit der Verbindung erst nach Erhitzen auf 900° ein. — 2. ABEL, E., O. REDLICH u. F. SPAUSTA: Z. anorg. allg. Chem. Bd. 190 (1930) S. 81. — 3. KREMANN, R., u. H.

Ruderer: Z. Metallkde. Bd. 12 (1920) S. 405/406. — **4.** Grube, G., u. R. Bornhak: Z. Elektrochem. Bd. 40 (1934) S. 140/42. — **5.** Zintl, E., u. E. Husemann: Z. physik. Chem. B Bd. 21 (1933) S. 138/55. — **6.** Zintl, E.: Z. Elektrochem. Bd. 40 (1934) S. 142.

Mg-Se. Magnesium-Selen.

MgSe (76,5% Se) wurde von Moser-Doctor[1] durch Überleiten von trockenem Wasserstoff und Se-Dampf über gepulvertes Mg und durch Erhitzen von Mg

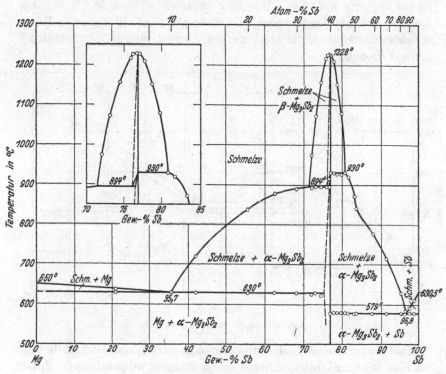

Abb. 359. Mg-Sb. Magnesium-Antimon.

mit Se im geschlossenen, evakuierten Rohr erhalten. Es ist unmetallisch und hat Steinsalzstruktur[2].

Literatur.

1. Moser, L., u. E. Doctor: Z. anorg. allg. Chem. Bd. 118 (1921) S. 286/87. — **2.** Broch, E.: Z. physik. Chem. Bd. 127 (1927) S. 446/54. Goldschmidt, V. M.: Ber. dtsch. chem. Ges. Bd. 60 (1927) S. 1287.

Mg-Si. Magnesium-Silizium.

Das Bestehen des Magnesiumsilizids Mg_2Si (36,59% Si) wurde wohl zuerst von Gattermann[1] und Winkler[2] erkannt. Winkler konnte auch schon ziemlich sicher zeigen, daß die früher von F. Wöhler[3] und Geuther[4] vermuteten Verbindungen MgSi oder Mg_4Si_3 bzw. Mg_5Si_3

keine einheitlichen Stoffe, sondern Gemische von Mg_2Si mit Si oder einem anderen Silizid sind. Die von Lebeau-Bossuet[5] durchgeführte mikroskopische Untersuchung von Mg-Si-Legierungen mit 0,38 bis 77,2% Si, die aus dem Schmelzfluß erstarrt waren, bewies dann einwandfrei, daß nur ein Silizid, Mg_2Si, besteht, das mit Mg und Si je ein Eutektikum bildet. Die Zusammensetzung des Mg-Mg_2Si-Eutektikums konnte zu 1,37—2% Si angegeben werden; das Mg_2Si-Si-Eutektikum liegt nach Lebeau-Bossuet zwischen 42 und 58,8% Si. Die Analyse des aus Legierungen mit mehr als 36,6% Si isolierten Rückstandes führte ebenfalls stets zu der Formel Mg_2Si (Hönigschmid[6], Lebeau-Bossuet).

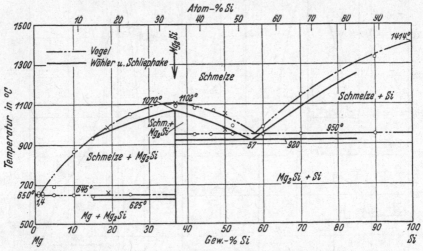

Abb. 360. Mg-Si: Magnesium-Silizium.

Das Zustandsschaubild wurde erstmalig von Vogel[7] mit Hilfe thermischer und mikroskopischer Untersuchungen ausgearbeitet. Später haben L. Wöhler-Schliephake[8] die thermische Analyse der Legierungen im Bereich von 15—85% Si wiederholt. In Abb. 360 sind die beiden Diagramme ineinander gezeichnet. Die Ergebnisse gehen nur hinsichtlich der Temperaturangaben auseinander. Daß nicht die Reinheit des jeweils verwendeten Siliziums dafür verantwortlich zu machen ist, geht aus folgendem hervor. Vogel fand bei Benutzung eines 99,2%igen Si durchweg höhere Erstarrungstemperaturen (mit × bezeichnet) als bei Verwendung eines sehr unreinen Si mit 6% Fe und 1,7% Al (mit ○ bezeichnet)[9]. Da Wöhler-Schliephake ein noch reineres, von anderen Metallen freies Si (mit 99,48% Si, 0,52% SiO_2) verwendeten, so hätten sie eher noch höhere, nicht aber wesentlich tiefere Temperaturen finden müssen. Die Zusammensetzung des Mg-Mg_2Si-Eutektikums wird von Vogel nach den eutektischen Haltezeiten mit

4% Si angegeben. Demgegenüber konnte W. SCHMIDT[10] einwandfrei zeigen, daß das Eutektikum schon bei 1,4% Si liegt, in bester Übereinstimmung mit LEBEAU-BOSSUET (s. o.). Die Konzentration des Si-reichen Eutektikums liegt nach WÖHLER-SCHLIEPHAKE bei 57% Si; dieser Wert ist sicherer als der von VOGEL aus den Haltezeiten extrapolierte Wert von 58% Si.

Auf Grund von Messungen der thermischen und elektrischen Leitfähigkeit bei verschiedenen Temperaturen schließt MANNCHEN[11] auf die Fähigkeit des Magnesiums, Silizium in fester Lösung aufzunehmen.

Neben Mg_2Si halten WÖHLER-SCHLIEPHAKE auch das Bestehen von MgSi (53,57% Si) für erwiesen, da sich Mg_2Si bei hohen Temperaturen unter Abgabe von Mg nur bis zu einem Endprodukt von der Zusammensetzung MgSi zersetzt. Am Aufbau der aus dem Schmelzfluß erstarrten Legierungen beteiligt sich diese Verbindung jedoch sicher nicht.

OWEN-PRESTON[12] haben festgestellt, daß Mg_2Si ein kubisch-flächenzentriertes Gitter vom Flußspattypus besitzt. Auch hierin zeigt sich die große Verwandtschaft der drei Systeme Mg-Pb, Mg-Si und Mg-Sn.

Literatur.

1. GATTERMANN: Ber. dtsch. chem. Ges. Bd. 22 (1889) S. 186. — **2.** WINKLER, C.: Ber. dtsch. chem. Ges. Bd. 23 (1890) S. 2642/57. — **3.** WÖHLER, F.: Liebigs Ann. Bd. 107 (1858) S. 112. — **4.** GEUTHER, A.: J. prakt. Chem. Bd. 95 (1865) S. 424. — **5.** LEBEAU, P., u. P. BOSSUET: Rev. Métallurg. Bd. 6 (1909) S. 273/78. C. R. Acad. Sci., Paris Bd. 146 (1908) S. 282/84. — **6.** HÖNIGSCHMID, O.: Mh. Chemie Bd. 30 (1909) S. 497/508. Ref. Chem. Zbl. 1909 II S. 1307. — **7.** VOGEL, R.: Z. anorg. allg. Chem. Bd. 61 (1909) S. 46/53. Die Legn. (10 g Einwaage) wurden im Kohlerohr unter Wasserstoff erschmolzen; sie wurden nicht analysiert. — **8.** WÖHLER, L., u. O. SCHLIEPHAKE: Z. anorg. allg. Chem. Bd. 151 (1926) S. 11/20. Je 15 g wurden im Graphittiegel erschmolzen. Alle Legn. wurden analysiert. — **9.** Die mit reinem Si hergestellten Schmelzen ergaben eutektische Temperaturen von 658° (?) bzw. 969° bei einem Mg-Schmelzpunkt von 661° (!). — **10.** SCHMIDT, W.: Z. Metallkde. Bd. 19 (1927) S. 452. — **11.** MANNCHEN, W.: Z. Metallkde. Bd. 23 (1931) S. 193/96. — **12.** OWEN, E. A., u. G. D. PRESTON: Proc. Phys. Soc., Lond. Bd. 36 (1924) S. 343/45.

Mg-Sn. Magnesium-Zinn.

Untersuchungen über die Erstarrungskurven liegen vor von HEYCOCK-NEVILLE[1], GRUBE[2], KURNAKOW-STEPANOW[3] sowie HUME-ROTHERY[4]. Erstere stellten nur fest, daß der Erstarrungspunkt des Zinns durch Mg-Zusätze fortschreitend erniedrigt wird, und zwar durch etwa 1,5% Mg um 22°. Die Ergebnisse der thermischen Untersuchungen von GRUBE, KURNAKOW-STEPANOW und HUME-ROTHERY stimmen, von Abweichungen in quantitativer Hinsicht abgesehen, im wesentlichen überein. Die in Tabelle 31 zusammengestellten, von den verschiedenen Forschern gefundenen ausgezeichneten Temperaturen und Konzentrationen des Diagramms geben ein Bild von der Größe dieser Abweichungen.

Zeichnet man die thermischen Daten aus den drei Arbeiten in ein Schaubild, so erkennt man, daß die Temperaturen der Liquiduskurve mit etwa $\pm 15°$ um eine graphisch interpolierte Kurve schwanken.

Tabelle 31.

	G.	K.-S.	H.-R.
Erstarrungspunkt der Verbindung Mg_2Sn (70,93% Sn)....	783°	795°	778°
α-Mg_2Sn-Eutektikum	565° (562—566°) 39% Sn	581° (577—587°) 40% Sn	561° (559—562°) 36,4% Sn
Mg_2Sn-Sn-Eutektikum........	209° (205—211°) ~ 98% Sn	203° (201—205°) 98% Sn	200° (199—201°) 98,0% Sn

Das in Abb. 361 dargestellte Diagramm, abgesehen von den Grenzen des α-Mischkristallgebietes, stützt sich ausschließlich auf die bei weitem sorgfältigste[5] und umfassendste Arbeit von HUME-ROTHERY.

Bezüglich der Erstarrung der Legierungen mit 98—100% Sn ist nach der Untersuchung von HUME-ROTHERY folgendes zu sagen: Aus den in diesem Konzentrationsbereich festgestellten thermischen Effekten (vgl. Nebenabb.) geht hervor, daß die Liquiduskurve nicht, wie HEYCOCK-NEVILLE fanden, fast geradlinig abfällt, sondern daß zwischen 99,3 und 99,8% Sn eine „Unregelmäßigkeit" festzustellen ist, die das Auftreten eines dritten thermischen Effektes (durch Kreuze gekennzeichnet) zwischen Liquidus- und eutektischer Temperatur zur Folge hat. Da die Bildung einer Verbindung[6] nicht in Betracht kommt, so bleibt nur die Annahme einer kleinen Mischungslücke im flüssigen Zustand. Die mittleren Wärmetönungen würden also bei fallender Temperatur auf die Reaktion: Sn-reichere Schmelze $\rightarrow$ Sn $+$ Sn-ärmere Schmelze zurückzuführen sein[7]. Tatsächlich spricht auch das Gefüge der Legierungen mit 99,33% und 99,5% Sn, das aus primärem Sn, Eutektikum und für sich erstarrten Flüssigkeitströpfchen besteht, für diese Annahme.

Die Löslichkeit im festen Zustand wurde von GRUBE und KURNAKOW-STEPANOW nicht untersucht. Um festzustellen, ob die Verbindung Mg_2Sn mit den Komponenten und die Komponenten untereinander feste Lösungen bilden, glühte HUME-ROTHERY die Legierungen mit 4,62% und 70,5% Sn sechs Tage bei 500° und die Legierungen mit 72,89% und 99,98% Sn drei Wochen bei 200°. Eine merkliche Abnahme der Menge des Eutektikums war in keinem Falle zu beobachten. Die Tatsache, daß Mg_2Sn keine Mischkristalle bildet, vermochte HUME-ROTHERY durch eine weitere Untersuchung[8], auf die hier jedoch nicht eingegangen werden kann, zu bestätigen. — Gegenüber dem Befund von HUME-ROTHERY konnte STEPANOW[9] schon früher mit Hilfe von Leitfähigkeitsmessungen einwandfrei zeigen, daß wenigstens Magnesium

mit Zinn Mischkristalle bildet. Die Leitfähigkeitsisotherme für 25°
weist nach einem starken Abfall der Leitfähigkeit des Mg durch Sn-
Zusatz einen Knick zwischen 11 und 15% Sn auf[15]. Da STEPANOWs
Proben schnell erstarrt und nicht weiter wärmebehandelt waren, würde
sich diese „Sättigungs"-Konzentration auf höhere Temperaturen beziehen (vgl. auch Mg-Pb).

SACKLOWSKI[10] konnte die Richtigkeit des Zustandsdiagramms durch
röntgenographische Strukturuntersuchungen an Legierungen mit 39%,

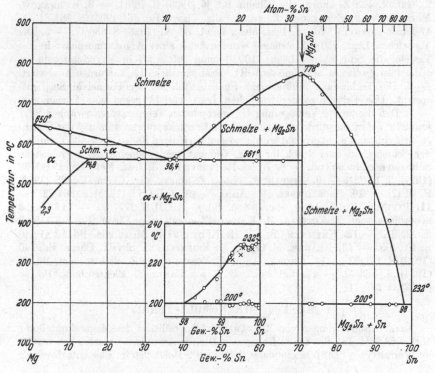

Abb. 361. Mg-Sn. Magnesium-Zinn.

70,95% und 85% Sn bestätigen. Die Kristallstruktur der Verbindung
Mg_2Sn wurde eingehender von PAULING[11] untersucht. Sie hat ein
kubisch-flächenzentriertes Gitter mit 4 Molekülen im Elementarbereich
(Flußspattyp)[11a]. Das Molekulargewicht der Verbindung entspricht
nach HUME-ROTHERY der Formel Mg_4Sn_2.

Die Spannungs-Konzentrationskurve nach KREMANN-RUDERER[12]
steht mit dem Zustandsschaubild im Einklang; die Legierungen mit
mehr als 92% Sn zeigen jedoch infolge von Passivierungserscheinungen
edlere Spannungen als zu erwarten sind. Auf der Kurve der Wasserstoffüberspannung kommt die Verbindung Mg_2Sn jedoch nicht zum
Ausdruck[13].

Nachtrag. GRUBE-VOSSKÜHLER[14] haben durch Widerstands- und Ausdehnungsmessungen festgestellt, daß außer den mit der Löslichkeit von Sn in Mg verbundenen Änderungen keine Umwandlungen im festen Zustand auftreten. Die nach den genannten Verfassern bestimmte Soliduskurve und Phasengrenze der Mg-reichen Mischkristalle sind in Abb. 361 dargestellt.

Literatur.

1. HEYCOCK, C. T., u. F. H. NEVILLE: J. chem. Soc. Bd. 57 (1890) S. 381. — **2.** GRUBE, G.: Z. anorg. allg. Chem. Bd. 46 (1905) S. 76/84. — **3.** KURNAKOW, N. S., u. N. J. STEPANOW: Z. anorg. allg. Chem. Bd. 46 (1905) S. 181/84. — **4.** HUME-ROTHERY, W.: J. Inst. Met., Lond. Bd. 35 (1926) S. 336/47. — **5.** Die Mg-reichen Legn. (50 g Einwaage) wurden unter einer Argonatmosphäre in Fe-Tiegeln, die Sn-reicheren Legn. (100 g) unter Stickstoff in Magnesiatiegeln erschmolzen (weiteres s. Originalarbeit). Fast sämtliche Legn. wurden analysiert. — **6.** Die Verbindung müßte mehr Sn enthalten als der Formel MgSn$_{24}$ entspricht. Das Feingefüge der fraglichen Legn. spricht gegen eine Verbindung. — **7.** Daß die zweite Verzögerung bei wechselnden Temperaturen zwischen 227° und 222° gefunden wurde, wird sicher darauf zurückzuführen sein, daß der Gleichgewichtszustand nicht erreicht wurde, weshalb in einigen Fällen auch eine Trennung der Schmelze in zwei durch ihr spez. Gewicht wenig voneinander verschiedene Schmelzen nicht eintrat. — **8.** HUME-ROTHERY, W.: J. Inst. Met., Lond. Bd. 38 (1927) S. 127/31. — **9.** STEPANOW, N. J.: Z. anorg. allg. Chem. Bd. 78 (1912) S. 13/17. — **10.** SACKLOWSKI, A.: Ann. Physik 4 Bd. 77 (1925) S. 264/72. — **11.** PAULING, L.: J. Amer. chem. Soc. Bd. 45 (1923) S. 2777/80. — **11a.** Siehe neuerdings auch E. ZINTL u. H. KAISER: Z. anorg. allg. Chem. Bd. 211 (1933) S. 125/31. — **12.** KREMANN, R., u. H. RUDERER: Z. Metallkde. Bd. 12 (1920) S. 403/405. — **13.** READER, M. G., u. D. EFJESTAD: Z. physik. Chem. Bd. 140 (1929) S. 131/32. — **14.** GRUBE, G., u. H. VOSSKÜHLER: Z. Elektrochem. Bd. 40 (1934) S. 566/70. — **15.** Vgl. auch G. S. son FREY: Z. Elektrochem. Bd. 38 (1932) S. 270/71.

Mg-Te. Magnesium-Tellur.

Nach Untersuchungen von ZACHARIASEN[1] kristallisiert das Magnesiumtellurid MgTe (83,98% Te), das schon früher von DENNIS-ANDERSON[2] beschrieben wurde, im Wurtzittypus (ZnS) (hexagonales Gitter mit 2 Molekülen im Elementarbereich).

Literatur.

1. ZACHARIASEN, W.: Z. physik. Chem. Bd. 128 (1927) S. 417/20. Die Verbindung wurde durch direkte Vereinigung der Elemente in einer H$_2$-Atmosphäre dargestellt. — **2.** DENNIS, L. M., u. R. P. ANDERSON: J. Amer. chem. Soc. Bd. 36 (1914) S. 882/909. S. auch L. MOSER u. K. ERTL: Z. anorg. allg. Chem. Bd. 118 (1921) S. 271/73.

Mg-Th. Magnesium-Thorium.

Eine Mg-Th-Verbindung (Mg$_2$Th?) scheint beim Erhitzen von ThO$_2$ mit Mg-Pulver zu entstehen[1].

Literatur.

1. KLAUBER, A., u. J. MELL VON MELLENHEIM: Z. anorg. allg. Chem. Bd. 113 (1920) S. 309. SCHWARZ, R., u. E. KONRAD: Ber. dtsch. chem. Ges. Bd. 54 (1921) S. 2131.

Mg-Tl. Magnesium-Thallium.

Das von GRUBE[1] vornehmlich auf Grund thermischer Untersuchungen entworfene Zustandsdiagramm zeigt die drei Verbindungen Mg_8Tl_3, Mg_2Tl und Mg_3Tl_2. Die Zusammensetzung der beiden bei 393° bzw. 355° unter Zersetzung schmelzenden Verbindungen Mg_2Tl (80,73% Tl) und Mg_3Tl_2 (84,82% Tl) ergab sich aus den Haltezeiten der peritektischen Umsetzungen bei diesen Temperaturen und der eutektischen Kristallisation bei 405° (für die Verbindung Mg_3Tl_2). Schwieriger gestaltete sich die Bestimmung der Zusammensetzung der unzersetzt schmelzenden Mg-reichsten Verbindung. Die hier in Betracht kommenden Formeln sind: Mg_8Tl_3 mit 75,91% Tl, Mg_5Tl_2 mit 77,07% Tl und vielleicht auch Mg_7Tl_3 mit 78,27% Tl. Das von GRUBE angewandte Verfahren der Berücksichtigung der Haltezeiten, auf Grund dessen er zur Annahme der Verbindung Mg_8Tl_3 kam, ist hier m. E. zu ungenau, da sich die den Formeln Mg_8Tl_3 und Mg_5Tl_2 entsprechenden Zusammensetzungen nur um rd. 1 Gew.-% oder Atom-% unterscheiden. Da das Maximum der Schmelzkurve sehr flach ist — die Legierungen mit 75, 76, 77,5 und 78,8% Tl erstarrten bei 411° bzw. 413°, 412° und 411°, d. h. die Erstarrungspunkte der den Konzentrationen Mg_8Tl_3 und Mg_5Tl_2 entsprechenden Schmelzen unterschieden sich um nur 1° — so ist auch die Bestimmung der Zusammensetzung der fraglichen Verbindung aus der maximalen Erstarrungstemperatur nicht gangbar. Aus Gründen des einfacheren Atomverhältnisses wäre die Verbindung Mg_5Tl_2 vorzuziehen.

Bezüglich der Existenz Mg-reicher fester Lösungen ist zu sagen: Legierungen mit 10 und 20% Tl erwiesen sich ohne Wärmebehandlung als homogen. Eine Legierung mit 30% Tl enthielt nach $1/_2$ stündigem Glühen bei 405—440° noch geringe Mengen Eutektikum. Die eutektischen Haltezeiten wurden Null bei etwa 40% Tl. Über die Bildung Tl-reicher Mischkristalle und den Einfluß von Mg-Zusätzen auf den Umwandlungspunkt des Tl ist nichts bekannt.

Mg_2Tl ist nicht mit Mg_2Pb isomorph: „Das Pulverdiagramm wies eine große Zahl von Linien auf, die keiner Fluoritstruktur, sondern einer Phase noch unbekannter Konstitution zukommen[2]."

Nachtrag. Da ZINTL-BRAUER[3] auf röntgenographischem Wege eine Phase MgTl (89,37% Tl) mit CsCl-Struktur (β-Messing) gefunden hatten, die mit dem Diagramm von GRUBE nicht vereinbar ist, haben GRUBE-HILLE[4] die Legierungen mit 20—60 Atom-% Tl (67,75—92,65 Gew.-% Tl) thermisch und zur Feststellung der Löslichkeiten und Umwandlungen im festen Zustand das ganze System thermo-resistometrisch untersucht[5]. Abgesehen von belanglosen Temperaturunterschieden weicht das Diagramm (Abb. 362)[6] von dem früheren in folgenden Punkten ab: 1. Die

Mg-reichste Zwischenphase besitzt — wie bereits oben wahrscheinlich gemacht wurde — die Zusammensetzung Mg_5Tl_2. 2. Die Tl-reichste Zwischenphase schmilzt unzersetzt bei 358° (sehr flaches Maximum zwischen 87 und 89,5% Tl) und entspricht der Zusammensetzung MgTl (statt Mg_3Tl_2). Das ältere Diagramm wurde außerdem ergänzt und

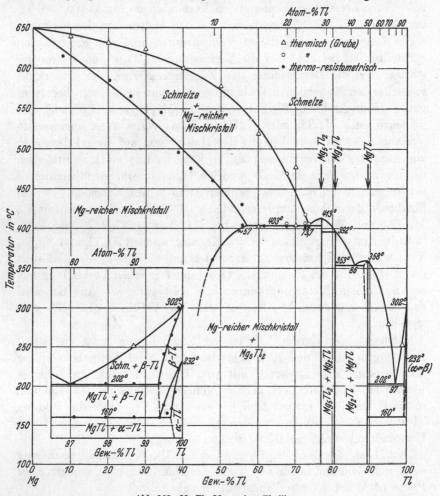

Abb. 362. Mg-Tl. Magnesium-Thallium.

erweitert durch Bestimmung der Soliduskurve der Mg- und Tl-reichen Mischkristalle und des Verlaufes der $\alpha \rightleftharpoons \beta$-Tl-Umwandlung (s. Neben-abb.).

Literatur.

1. Grube, G.: Z. anorg. allg. Chem. Bd. 46 (1905) S. 84/93. — **2.** Zintl, E., u. H. Kaiser: Z. anorg. allg. Chem. Bd. 211 (1933) S. 126/27. — **3.** Zintl, E., u. G. Brauer: Z. physik. Chem. B Bd. 20 (1933) S. 258. — **4.** Grube, G., u. J. Hille:

Z. Elektrochem. Bd. 40 (1934) S. 101/106. — **5.** Die Messungen wurden in H_2-Atmosphäre ausgeführt. Die Proben für die Widerstandsmessungen wurden vorher 5 Tage 30° unterhalb ihrer Erweichungstemperatur geglüht und darauf im Laufe von 6 Wochen auf 20° abgekühlt. — **6.** Der Deutlichkeit halber wurden zwischen 75 und 95% Tl keine Temperaturpunkte eingezeichnet.

Mg-W. Magnesium-Wolfram.

Nach Versuchen von KREMER[1] gelingt es nicht Mg mit W zu legieren.

Literatur.

1. KREMER, D.: Abh. Inst. Metallhütt. u. Elektromet. Techn. Hochsch. Aachen Bd. 1 (1916) S. 8/9.

Mg-Zn. Magnesium-Zink.

Das Erstarrungsdiagramm. Das in Abb. 363 dargestellte Gleichgewichtsschaubild des Systems Mg-Zn ist — mit Ausnahme des einfachen Teiles zwischen 0 und 53,5% Zn — das Ergebnis einer mit größter Sorgfalt durchgeführten thermo-analytischen und mikrographischen Untersuchung von HUME-ROTHERY und ROUNSEFELL[1]. Da es als endgültig feststehend angesehen werden kann, so seien im folgenden die Befunde älterer Arbeiten nur kurz angeführt. Die Arbeiten über die Gebiete der festen Mg-reichen und Zn-reichen Lösungen werden weiter unten gesondert behandelt.

HEYCOCK-NEVILLE[2] ermittelten die durch Mg-Zusatz hervorgerufene Erniedrigung des Zn-Erstarrungspunktes bis zu Mg-Gehalten von 3,4%. BOUDOUARD[3] bestimmte den Verlauf der ganzen Liquiduskurve und fand ein oberhalb 570° gelegenes Maximum bei der Zusammensetzung $MgZn_2$ (84,32% Zn) sowie zwei eutektische Punkte bei rd. 53% Zn, 332° und 95% Zn, 355°. Aus dem Gefüge schloß er auf das — von GRUBE[4] und allen späteren Forschern nicht bestätigte — Bestehen der Verbindung Mg_4Zn (40,19% Zn). GRUBE[4] gab das erste vollständige Zustandsschaubild mit der Verbindung $MgZn_2$ (Schmelzpunkt 595°) und den Eutektika Mg-$MgZn_2$ bei 51,7% Zn, 344° und $MgZn_2$-Zn bei 96,8% Zn, 368°. BRUNI-SANDONNINI-QUERCIGH[5] untersuchten nur das System $MgZn_2$-Zn und fanden den Erstarrungspunkt der Verbindung bei 589°, das Eutektikum bei 97% Zn, 363°. Wenig später bestimmten BRUNI-SANDONNINI[6] auch die Erstarrungstemperaturen im System Mg-$MgZn_2$; das Eutektikum fanden sie bei etwa 51% Zn, 340°. EGER[7] bestätigte den Befund von GRUBE und BRUNI und Mitarbeitern bis auf geringe Temperatur- und Konzentrationsunterschiede: Schmelzpunkt von $MgZn_2$ 590°, eutektische Punkte bei 51% Zn, 355° (!) und 96% Zn, 369°.

Bei einer eingehenden Neubearbeitung des Diagramms mit Hilfe der thermischen und mikrographischen Verfahren fand CHADWICK[8] wesentlich andere als die bis dahin angenommenen Konstitutionsverhältnisse.

1. Zwischen etwa 55,5 und 79,5% Zn beobachtete er eine bei 357°, d. h. 15° oberhalb der eutektischen Horizontalen, verlaufende Umwandlungshorizontale, deren Bedeutung nicht aufgeklärt werden konnte. Für das Bestehen einer sich peritektisch bildenden Verbindung fand er keinen Anhalt in der Struktur. Das Mg-MgZn$_2$-Eutektikum liegt bei 53,8% Zn, 342°. 2. Die Verbindung MgZn$_2$ (585°) vermag nach CHADWICK mit Zn, mehr noch mit Mg Mischkristalle zu bilden: An der Mg-Seite liegt die Sättigungsgrenze bei der eutektischen Temperatur (342°) bei etwa 78% Zn, an der Zn-Seite wurde die maximale Löslichkeit von 0,7% Zn bei 381° festgestellt; mit fallender Temperatur tritt — insbesondere an der Zn-Seite — eine Verengung des Mischkristallgebietes ein. Innerhalb des Mischkristallgebietes wurde eine Umwandlung unbekannter Natur festgestellt, die durch eine mit sinkender Temperatur eintretende Kornverfeinerung der Mischkristalle charakterisiert ist; die Umwandlungskurve soll bei etwa 81,5% Zn und 400° durch ein Maximum gehen. 3. Das Gebiet zwischen MgZn$_2$ und Zn erfuhr durch CHADWICK eine wesentliche Umgestaltung, die durch das Bestehen der bis dahin unbekannten Verbindung MgZn$_5$ (93,07% Zn) bedingt ist. Diese Verbindung bildet sich bei 381° nach der peritektischen Reaktion: Schmelze (mit 96,6% Zn) $+$ an Zn gesättigter Mischkristall der Verbindung MgZn$_2$ (mit 85% Zn) $\rightarrow$ MgZn$_5$. Die eutektische Horizontale verläuft demnach von Zn ausgehend nur bis zur Konzentration MgZn$_5$, und zwar bei 368°. Der eutektische Punkt liegt bei 96,9% Zn. MgZn$_5$ vermag nach CHADWICK bei 368° etwa 0,5% Zn in fester Lösung aufzunehmen. 4. Zusammenfassend ist über die Arbeit von CHADWICK zu sagen, daß die Liquiduskurve der älteren Forscher mit Ausnahme der Konzentration des Mg-MgZn$_2$-Eutektikums im wesentlichen bestätigt, die Soliduskurve dagegen grundlegend geändert wurde. Bemerkenswert ist die Auffindung der Peritektikalen bei 381° (Verbindung MgZn$_5$) und einer Horizontalen bei 357° (s. unter 1).

Die von CHADWICK noch offen gelassenen Fragen nach der Natur der Umwandlung im MgZn$_2$-Mischkristall und der Horizontalen bei 357° versuchte TAKEI[9] mit Hilfe von Messungen des elektrischen Widerstandes bei steigender und fallender Temperatur und mikrographischer Untersuchungen zu klären. Einzelheiten dieser Arbeit waren mir nicht zugänglich, da sie in japanischer Sprache veröffentlicht ist; ich gebe daher in Abb. 363 den in diesem Zusammenhang interessierenden Teil des Diagramms von TAKEI. TAKEI nimmt danach an, daß der an Mg gesättigte MgZn$_2$-Mischkristall (mit γ bezeichnet) mit Schmelze unter Bildung einer weiteren intermediären Phase γ' reagiert, die 79% Zn enthalten soll. Zur Deutung der beiden von ihm gefundenen Horizontalen bei 330° und 340—342° (nach CHADWICK 342° und 357°) nimmt der Verfasser eine nur innerhalb 10° stabile Phase η (mit sehr

kleinem Homogenitätsgebiet um 53% Zn) an, die bei 330° in γ' und
den Mg-reichen Mischkristall α zerfällt. Diese Deutung hat von vornherein wenig Wahrscheinlichkeit für sich.

GRUBE-BURKHARDT[10] haben das Diagramm von CHADWICK mit
Hilfe von Widerstands- und Längenmessungen bei steigender Tempe-

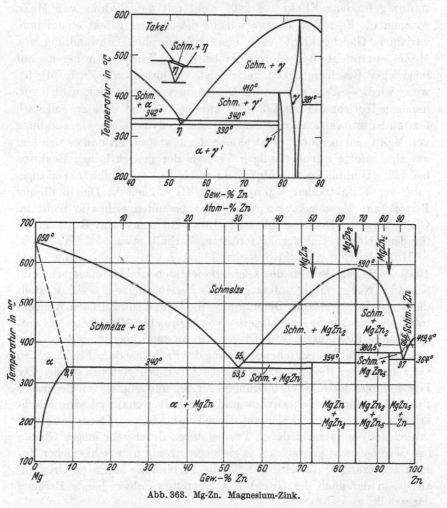

Abb. 363. Mg-Zn. Magnesium-Zink.

ratur in allen wesentlichen Punkten bestätigt. Aus den Messungen der
Widerstandsänderung[11] ergaben sich folgende Gleichgewichtstemperaturen: eutektische Horizontalen bei 332° und 371°, peritektische Horizontale (MgZn$_5$) 389 ± 3°[12]. Neu gefunden wurde eine Umwandlungshorizontale bei 260 ± 10° im heterogenen Gebiet Mg-MgZn$_2$, die nach
Ansicht der Verfasser auf die Bildung einer neuen Verbindung unbekannter Zusammensetzung hindeutet. Anhaltspunkte dafür ergaben

sich aus einer orientierenden Röntgen-Strukturuntersuchung[13]. Tatsächlich haben unabhängig davon (jedoch zeitlich eher veröffentlicht)
HUME-ROTHERY und ROUNSEFELL die Existenz der zwischen Mg und
$MgZn_2$ liegenden Verbindung MgZn (72,89% Zn) eindeutig bewiesen.
Nach ihrem Schaubild (Abb. 363) hängt jedoch der von GRUBE-BURK-
HARDT gefundene Effekt bei 260° nicht mit der Bildung von MgZn
zusammen. Es bleibt abzuwarten, ob dieser neue Effekt einem nonvarianten Gleichgewicht (etwa einer polymorphen Umwandlung von
MgZn) entspricht, oder durch die bei dieser Temperatur bereits mit
merklicher Geschwindigkeit verlaufende Auflösung von Zn in Mg bewirkt wird. — Eine weitere im Diagramm von CHADWICK nicht vorhandene Horizontale bei 373 ± 2° zwischen 85 und 93% Zn soll nach
GRUBE-BURKHARDT wahrscheinlich einer polymorphen Umwandlung
von $MgZn_5$ entsprechen; es ist jedoch so gut wie sicher, daß es sich hier
um eine infolge unvollständigen Verlaufs der peritektischen Reaktion
bei 389° (Umhüllung von $MgZn_2$ durch $MgZn_5$) ausgebildete Verlängerung der Eutektikalen $MgZn_5$-Zn (371°!!) handelt[14]. Die in diesem
Bereich zur Messung gelangten Proben befanden sich also nicht im
Gleichgewicht. Dasselbe gilt nach HUME-ROTHERY und ROUNSEFELL
für den größten Teil der Legierungen oberhalb etwa 55% Zn.

HUME-ROTHERY und ROUNSEFELL[1] haben den zwischen 53,5% und
100% Zn liegenden Teil des Gleichgewichtsschaubildes einer sehr eingehenden Nachprüfung unterzogen. Wie bereits eingangs erwähnt, stellt
das von ihnen gegebene Diagramm — die beiden eutektischen Konzentrationen und der der Kristallisation von Mg-reichen Mischkristallen entsprechende Liquidusast wurden von CHADWICK[15] übernommen — eine
wohl als endgültig anzusehende Lösung des Problems dar. Ein Eingehen
auf Einzelheiten dieser ausgezeichneten Arbeit erübrigt sich daher. Die
Feststellung, daß die Verbindungen $MgZn_2$ und $MgZn_5$ im Gegensatz
zu der Annahme von CHADWICK und GRUBE-BURKHARDT keine Mischkristalle bilden, gründet sich auf die mikroskopische Untersuchung von
zahlreichen, bei verschiedenen Temperaturen durch sehr langes Glühen
ins Gleichgewicht gebrachten Legierungen wenig unterschiedlicher Zusammensetzung[16]; dasselbe gilt für die Verbindung MgZn (s. Originalarbeit, in der auch die Gründe für CHADWICKs abweichende Befunde
dargestellt werden).

Die Löslichkeit von Zink in Magnesium (siehe Tabelle 32 auf S. 881).

Tabelle 32 gibt über die bisher bestimmten Sättigungskonzentrationen
bei verschiedenen Temperaturen Auskunft. Aus der von STEPANOW[17]
bestimmten Leitfähigkeitsisotherme konnte man bereits mit ziemlicher
Sicherheit auf das Bestehen Mg-reicher Mischkristalle schließen. SCHMIDT-
HANSEN[18] haben die Löslichkeitskurve erstmalig mit Hilfe mikro-

Tabelle 32.

Bearbeiter	eut. Temp. %	300° %	250° %	200° %	150° %	20° %
Schmidt u. Hansen (1924)..	6	4,7	3,5	2,5	1,8	—
Stoughton u. Miyake (1926)	> 10, < 12	—	—	—	—	—
Chadwick (1928)	13	(5, 6)	(3, 2)	—	—	—
Takei (1929)	12	~ 6	—	3	—	2
Grube u. Burkhardt (1929)	6,5	5	3,5	—	—	—
Gann[20] (1929).............	—	—	—	—	—	2
Schmid u. Seliger (1932)...	8,4	5,0	3,4	2,0	1,4	—

skopischer Untersuchungen bestimmt. Stoughton-Miyake[19] fanden demgegenüber, daß die Löslichkeit bei 340° wesentlich größer sei. Zu demselben Ergebnis gelangte Chadwick an Hand allerdings nur spärlicher Beweisgründe, seine in Tabelle 32 angegebenen Sättigungskonzentrationen für 300° und 250° sind reichlich unsicher. Wie Takei die Löslichkeitskurve bestimmt hat, ist mir nicht bekannt; die angegebenen Zahlen wurden aus seinem Diagramm entnommen. Grube-Burkhardt haben die Kurve mit Hilfe von Widerstandsmessungen bei steigender Temperatur ermittelt. Schmid-Seliger[21] haben die Löslichkeiten auf Grund von Röntgen-Präzisionsaufnahmen von bei verschiedenen Temperaturen geglühten und sodann abgeschreckten Legierungen bestimmt. Diese Werte wurden, da sie als die richtigsten gelten, der Sättigungskurve in Abb. 363 zugrunde gelegt. Die von Schmidt-Hansen und Grube-Burkhardt ermittelten Kurven stimmen unterhalb 300° ziemlich gut damit überein. — Über den Verlauf der Kurve des Endes der Erstarrung der Mg-reichen Mischkristalle liegen einige orientierende Bestimmungen von Schmidt-Hansen, Chadwick, Takei (mikroskopisch) und Grube-Burkhardt (elektrischer Widerstand) vor. An Genauigkeit können diese sich zum Teil erheblich widersprechenden Ergebnisse nicht mit den anderen Teilen des Diagramms wetteifern.

Die Löslichkeit von Magnesium in Zink wurde erstmalig von Peirce[22] näher untersucht. Durch 60stündiges Glühen bei 300° (Abkühlung?) konnte er keine merkliche Abnahme der in einer ungeglühten Legierung mit 0,06% Mg vorhandenen Menge der zweiten Phase wahrnehmen; die Leitfähigkeitskurve sprach für die Abwesenheit fester Lösungen. Chadwick fand, daß bei 369° 0,1% Mg sicher löslich sind. Auch Grube-Burkhardt erkannten das Vorhandensein von Zn-reichen Mischkristallen. Auf Grund eingehender mikrographischer Untersuchungen von Hume-Rothery und Rounsefell kann man sagen, daß die Sättigungsgrenze bei 360° und 200° mit 0,1 bzw. 0,06% Mg anzunehmen ist. Der Soliduspunkt der Legierung mit 0,07% Mg liegt zwischen 403° und 408°.

Die Gitterstruktur der Verbindung $MgZn_2$ wurde von Friauf[23] und

Tarschisch[32] bestimmt. Kaul[24] hat eine theoretische Deutung der Kristallstruktur von $MgZn_5$ gegeben. — Spannungsmessungen an Mg-Zn-Legierungen wurden ausgeführt von Kremann-Müller[25] sowie Jenge[26]. Einen Rückschluß auf die Konstitution gestatten diese Messungen nicht; die Verfasser mußten, da die Arbeiten zeitlich zurückliegen, bei der Besprechung der Ergebnisse das Diagramm von Grube zugrunde legen.

Nachtrag. In einer kurzen Notiz teilen Botschwar-Welitschko[27] ohne Angabe von experimentellen Einzelergebnissen mit, daß Legierungen mit etwa 79—84,5% Zn in Übereinstimmung mit Chadwick und im Gegensatz zu Hume-Rothery und Rounsefell als einphasig anzusehen sind[28]. Das von ihnen vorgeschlagene Gleichgewichtsschaubild gleicht dem in Abb. 363 dargestellten mit der Ausnahme, daß zwischen den genannten Konzentrationen ein Mischkristallgebiet (feste Lösung von Mg in $MgZn_2$) angenommen wird.

Die Kristallstruktur der Verbindungen MgZn und $MgZn_5$ wurde von Tarschisch[29] bestimmt[34] (s. Originalarbeit). Schmid-Siebel[30] zeigten, daß die an Einkristallen bestimmten Gitterkonstanten der Mg-reichen Mischkristalle (bis 4,5% Zn) mit den an vielkristallinen Legierungen von Schmid-Seliger erhaltenen Konstanten übereinstimmen. Chadwick[31] hält es für möglich, daß die Löslichkeit von Mg in Zn bei „Raumtemperatur" noch kleiner als 0,005% Mg ist.

Ishida[33] bestimmte die Löslichkeit von Zn in Mg zu etwa 2% bei 200° und 7% bei 300° (vgl. Tabelle 32).

Literatur.

1. Hume-Rothery, W., u. E. O. Rounsefell: J. Inst. Met., Lond. Bd. 41 (1929) S. 119/38. — **2.** Heycock, C. T., u. F. H. Neville: J. chem. Soc. Bd. 71 (1897) S. 395/96 u. 402. — **3.** Boudouard, O.: C. R. Acad. Sci., Paris Bd. 139 (1904) S. 424/26. — **4.** Grube, G.: Z. anorg. allg. Chem. Bd. 49 (1906) S. 77/83. — **5.** Bruni, G., C. Sandonnini u. E. Quercigh: Z. anorg. allg. Chem. Bd. 68 (1910) S. 78/79. — **6.** Bruni, G., u. C. Sandonnini: Z. anorg. allg. Chem. Bd. 78 (1912) S. 276/77. — **7.** Eger, G.: Int. Z. Metallogr. Bd. 4 (1913) S. 46/50. — **8.** Chadwick, R.: J. Inst. Met., Lond. Bd. 39 (1928) S. 285/98. — **9.** Takei, T.: Kinzoku no Kenkyu Bd. 6 (1929) S. 177/85 (japan.). Ref. J. Inst. Met., Lond. Bd. 41 (1929) S. 458. — **10.** Grube, G., u. A. Burkhardt: Z. Elektrochem. Bd. 35 (1929) S. 315/32. — **11.** Aus dilatometrischen Messungen ergaben sich eutektische Temperaturen von 340° und 370°, eine peritektische Temperatur von 390°. — **12.** Die von Chadwick gefundene Horizontale bei 357° wurde bei 352° festgestellt. — **13.** Ausgeführt von R. Glocker u. U. Dehlinger. Legn. mit 30 und 70% Zn zeigten nach vierwöchigem Tempern und Abschrecken bei 300° $MgZn_2$- und Mg-Linien, nach gleichlangem Glühen bei 240° und Abschrecken Linien, die weder dem Mg, Zn noch $MgZn_2$ eigen sind. — **14.** Auch Chadwick beobachtete diese infolge erheblicher Gleichgewichtsstörung während der Erstarrung noch bei Zn-Gehalten unter 93% auftretenden Effekte der eutektischen Kristallisation. — **15.** Chadwicks thermische Daten stimmen am besten mit denen von Hume-Rothery u. Rounsefell überein. Überdies wurden seine Legn. analysiert. — **16.** In der Nähe der Verbindung $MgZn_5$ (16,67 Atom-% Mg) wurden Legn. mit

16, 16,5, 16,6, 16,8 und 17,3 Atom-% Mg bei 340°, 320° und 287° abgeschreckt. In der Nähe der Verbindung MgZn$_2$ (33,33 Atom-% Mg) wurden Legn. mit 32,8 und 34,9 Atom-% Mg bei 418°, 340°, 320° u. 200° abgeschreckt. In der Nähe der Verbindung MgZn wurden Legn. mit 49,5 u. 51,1 Atom-% Mg bei 300° abgeschreckt bzw. langsam erkalten gelassen. — **17.** STEPANOW, N. J.: Z. anorg. allg. Chem. Bd. 78 (1912) S. 22/25. — **18.** SCHMIDT W. (u. M. HANSEN): Z. Metallkde. Bd. 19 (1927) S. 454/55. HANSEN, M.: J. Inst. Met., Lond. Bd. 39 (1928) S. 298/300. — **19.** STOUGHTON, B., u. M. MIYAKE: Trans. Amer. Inst. min. metallurg. Engr. Bd. 73 (1926) S. 556/57. — **20.** GANN, J. A.: Trans. Amer. Inst. min. metallurg. Engr. Inst. Met. Div. 1929 S. 309/32. — **21.** SCHMID, E., u. H. SELIGER: Metallwirtsch. Bd. 11 (1932) S. 409/11. S. auch Z. Elektrochem. Bd. 37 (1931) S. 455/59. — **22.** PEIRCE, W. M.: Trans. Amer. Inst. min. metallurg. Engr. Bd. 68 (1923) S. 781/82. — **23.** FRIAUF, J. B.: Physic. Rev. Bd. 29 (1927) S. 34/40. S. Strukturbericht. — **24.** KAUL, L.: Metallbörse Bd. 18 (1928) S. 1154/55. — **25.** KREMANN, R., u. R. MÜLLER: Z. Metallkde. Bd. 12 (1920) S. 411/13. — **26.** JENGE, W.: Z. anorg. allg. Chem. Bd. 118 (1921) S. 118/21. — **27.** BOTSCHWAR, A. A., u. I. P. WELITSCHKO: Z. anorg. allg. Chem. Bd. 210 (1933) S. 164/65. — **28.** „Wir fanden, daß die einzelnen Körner dann verschieden gefärbt werden, wenn die Ätzdauer kurz oder das Ätzmittel schwach ist. Bei längerer Ätzdauer oder bei Anwendung stärkerer Ätzmittel sieht man das polyedrische Gefüge der Mischkristalle. Man kann auch bemerken, daß die früher verschieden gefärbten Teile die zentralen und die peripheren Teile des neuentwickelten Kornes sind, daß also die Kristallite nicht vollständig homogenisiert waren. Am besten werden diese Erscheinungen bei längerem Ätzen mit 1% ig. HCl oder HNO$_3$ beobachtet." — **29.** TARSCHISCH, L.: Z. Kristallogr. Bd. 86 (1933) S. 423/38. — **30.** SCHMID, E., u. G. SIEBEL: Z. Physik Bd. 85 (1933) S. 37/41. — **31.** CHADWICK, R.: J. Inst. Met., Lond. Bd. 51 (1933) S. 114. — **32.** TARSCHISCH, L., A. T. TITOW u. F. K. GARJANOW: Physik Z. Sowjetunion Bd. 5 (1934) S. 503/10. — **33.** ISHIDA, S.: Vgl. J. Inst. Met., Lond. Met. Abs. Bd. 1 (1934) S. 417. — **34.** Vgl. dazu auch Z. Kristallogr. Bd. 91 (1935) S. 501/503.

Mg-Zr. Magnesium-Zirkonium.

Das aus ZrO$_2$ mit Mg im Vakuum reduzierte Zr legiert sich mit Mg. Legierungen mit nicht zu hohem Zr-Gehalt sind hämmerbar wie Mg[1].

Literatur.

1. COOPER, H. S.: Trans. Amer. electrochem. Soc. Bd. 43 (1923) S. 225. S. Gmelin-Kraut Handbuch Bd. 6 S. 758, Heidelberg 1928.

Mn-Mo. Mangan-Molybdän.

ARRIVAUT[1] hat ziemlich reine Mn-Mo-Legierungen mit bis zu 75% Mo durch Zusammenschmelzen der Elemente, vornehmlich jedoch durch aluminothermische Reduktion eines Gemisches von Mn$_3$O$_4$ und MoO$_2$ hergestellt. Durch Behandeln von Legierungen mit 12—19% Mn mit einer verdünnten alkoholischen Essigsäurelösung isolierte er ein in diesem Lösungsmittel unlösliches Produkt, das der Zusammensetzung Mn$_6$Mo (22,6% Mo) entsprach. Auf dieselbe Weise hat er aus Legierungen mit 23—30% Mo einen Rückstand mit 69,12% Mo erhalten, was ziemlich genau der Formel Mn$_4$Mo (30,4% Mo) entspricht. Es ergibt sich daraus der Widerspruch, daß bei Einwirkung eines und desselben Reagenzes im ersten Fall die Auflösung von Mn bei der Zusammensetzung Mn$_6$Mo zum Stillstand gelangt, im zweiten Fall jedoch weiter fortgeschritten sein soll, bis eine Mo-reichere

Konzentration, Mn_4Mo, erreicht wurde. Derselbe Widerspruch findet sich in der zweiten Veröffentlichung von ARRIVAUT, wonach Legierungen mit 35—44% Mo bzw. 43,6—59,3% Mo und 64,7—72,3% Mo beim Behandeln mit Säuren, die für jeweils zwei Konzentrationsgruppen gleich waren, Rückstände von der Zusammensetzung Mn_2Mo (46,6% Mo) bzw. MnMo (63,6% Mo) und $MnMo_2$ (77,7% Mo) hinterlassen sollen.

Das merkwürdigste an den Ergebnissen ARRIVAUTs ist, daß diese Zufallswerte der Zusammensetzung der Rückstände — um solche handelt es sich zweifellos — laut Angabe der Analysenergebnisse selbst bei mehreren (bis zu 5) Parallelversuchen immer wieder erhalten wurden. — Für die Frage nach dem Aufbau der Mn-Mo-Legierungen sind jedenfalls diese Ergebnisse bedeutungslos.

Literatur.

1. ARRIVAUT, G.: C. R. Acad. Sci., Paris Bd. 143 (1906) S. 285/87, 464/65.

Mn-N. Mangan-Stickstoff.

PRELINGER[1] stellte Mangannitride durch Azotierung von metallischem Mn teils mit N_2 und teils mit NH_3 her. Die N_2-Azotierung gab Produkte mit maximal 9,18% N im Mittel, während die NH_3-Azotierung maximal etwa 14% N lieferte. Er faßte die beiden Produkte als bestimmte Nitride Mn_5N_2 (9,26% N) und Mn_3N_2 (14,53% N) auf.

HABER-VAN OORDT[2] behaupteten, ohne nähere Gründe anzuführen, daß PRELINGERs Befund der verschiedenen Maximalkonzentrationen bei Azotierung mit N_2 und NH_3 nicht möglich wäre. Sie versuchten daher, den bei der N_2-Azotierung erhaltenen niedrigeren N-Gehalt (Mn_5N_2) durch die Annahme zu erklären, daß nicht entfernte Sauerstoffreste in dem verwendeten Gas das Mangan teilweise oxydiert hätten. PRELINGERs Analysenergebnisse verschiedener Darstellungen sind jedoch sehr gleichmäßig. Überdies haben die weitaus meisten späteren Untersuchungen PRELINGERs Ergebnisse bestätigt.

SHUKOW[3] untersuchte den Gleichgewichtsdruck von N_2 über verschiedenen Mn-N-Präparaten (bis zu 12% N) und glaubte aus seinen Ergebnissen den Schluß ziehen zu können, daß die Nitride aus festen Lösungen von Stickstoff in Mn bestehen. Er untersuchte auch die elektrische Leitfähigkeit von Mn-Nitriden[4] und fand, daß sie von derselben Größenordnung wie die des Metalls war.

HENDERSON-GALLETLY[5] erhielten durch Glühen von Mn im NH_3-Strom bei etwa 800° Präparate mit 13,6 und 14% N, d. h. Zusammensetzungen, die der Formel Mn_3N_2 sehr nahe kommen.

Die Ergebnisse von PRELINGER bezüglich des Unterschiedes zwischen den maximalen N-Konzentrationen bei Azotierung mit N_2 und NH_3 konnten von WEDEKIND-VEIT[6] bestätigt werden. Sie fanden weiter, daß ein Präparat, dem sie ohne triftige Gründe die Formel Mn_7N_2 (7,29% N) zuerteilten, am stärksten magnetisch war. Die magnetischen Eigenschaften wurden dann mit größerem N-Gehalt schwächer.

TCHIJISKI[7] zeigte, daß Mn zwei Nitride, Mn_3N_2 und MnN (20,32% N)
bildet[8].

ISHIWARA[9], der genauere magnetische Messungen ausgeführt hat,
konnte PRELINGERs Erfahrungen gleichfalls bestätigen. Aus den
Suszeptibilitäts-Temperaturkurven schloß er, daß durch Einwirkung
von elementarem Stickstoff auf Mn sich zwischen 600° und 1600°
wahrscheinlich zwei Nitride und eine feste Lösung bilden, die alle ferromagnetisch sind. Ein Nitrid war Mn_5N_2. Durch Einwirkung von NH_3
erhält man außer diesen Phasen auch das paramagnetische Mn_3N_2.

Das Bestehen der von
WEDEKIND-VEIT vermu-
teten Verbindung Mn_7N_2
konnte er nicht bestätigen.

Aus der Verfolgung
der Stickstoffaufnahme
von Mn bei 600—1000°
schloß VALENSI[10], daß
sehr wahrscheinlich die
Verbindung Mn_3N_2 be-
steht. NEUMANN-KRÖ-
GER-HAEBLER[11] haben die
Existenz von Mn_5N_2 (dargestellt durch N_2-Azotie-
rung in der Kalorimeter-
bombe bei 900 bis 1000°)
bestätigt.

HÄGG[12] hat Mn-N-Le-

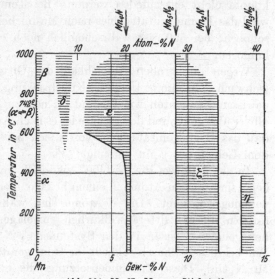

Abb. 364. Mn-N. Mangan-Stickstoff.

gierungen, die durch Azotierung von Mn mit NH_3 hergestellt und
zwecks Homogenisierung in evakuierten Glasröhrchen 135 Stunden
bei 600° (zwischen 0 und 12% N) bzw. 180 Stunden bei 400° (oberhalb
12% N) geglüht waren, röntgenographisch untersucht. Die Ergebnisse
der Röntgenanalyse stellen sich an Hand des in Abb. 364 wiedergegebenen schematischen Zustandsdiagramms wie folgt dar.

Die Löslichkeit von N in α-Mn ist nur etwa 0,15% N = 0,5 Atom-% N;
in β-Mn ist sie „offenbar viel größer"[13].

Die stickstoffärmste der vier intermediären Nitridphasen, δ, ist bei
etwa 2% N homogen und nur bei höheren Temperaturen existenzfähig.
Sie zerfällt zwischen 600° und 400° in α und ε. Die Mn-Atome der
δ-Phase bilden ein flächenzentriert-tetragonales Gitter, das mit dem
flächenzentriert-kubischen Gitter sehr nahe verwandt ist; die Lage der
N-Atome ist unbekannt, Andeutung von einer regelmäßigen Lagerung
wurden nicht gefunden.

Die ε-Phase hat bei niedrigeren Temperaturen (400° und darunter) ein enges Homogenitätsgebiet, das irgendwo zwischen 6 und 6,5% N liegt. Die Struktur der ε-Phase ist ganz analog der γ'-Phase (Fe$_4$N) im System Fe-N; auch im System Mn-N entspricht die stickstoffärmste Homogenitätsgrenze der Formel Mn$_4$N (5,99% N). Die Mn-Atome bilden ein flächenzentriert-kubisches Gitter. Die N-Atome nehmen anscheinend bestimmte Lagen ein; jede flächenzentrierte Elementarzelle enthält ein N-Atom. Ob die N-Atome schon bei der N-ärmsten Homogenitätsgrenze sich alle in bestimmten Lagen anordnen, oder ob sie sich im Anfang unregelmäßig verteilen, um sich erst später zu ordnen, konnte nicht entschieden werden. Bei Temperaturen oberhalb 400° wird das Homogenitätsgebiet nach Mn-reicheren Konzentrationen verschoben; bei 600° ist wahrscheinlich noch ein Präparat mit 3,4% N homogen.

Wegen der großen Ähnlichkeit der Gitterstrukturen von γ-Mn[14] (schwach deformierte kubische Kugelpackung, die durch Aufnahme von gewissen Elementen wie Cu und Ni nahezu in ein wirklich kubisches Gitter übergeht) und der ε-Phase ist es nach Ansicht von HÄGG denkbar, daß das Homogenitätsgebiet von ε sich bei hohen Temperaturen mit dem Gebiet des γ-Mn vereinigt[15 16].

In der ζ-Phase, die bei 400° zwischen ungefähr 9,2 und 11,9% N liegt, sind die Mn-Atome in einem hexagonalen Gitter dichtester Kugelpackung geordnet. Die N-Atome sind wahrscheinlich in den Hohlräumen dieses Gitters willkürlich eingelagert. Die ζ-Phase ist den hexagonalen Phasen in den Systemen Cr-N und Fe-N völlig analog. Wie bei diesen Phasen schließt ihr Homogenitätsgebiet auch die Formel Mn$_2$N ein. Diese Zusammensetzung, die entsprechend Mn$_2$N gleich 11,31% N ist, fällt jedoch im System Mn-N nicht mit einer Phasengrenze zusammen. Das gilt jedoch für die von PRELINGER u. a. als Verbindung angesehene Konzentration Mn$_5$N$_2$.

Die Mn-Atome der N-reichsten η-Phase bilden ein flächenzentriert-tetragonales Gitter. Die N-Atome sind regellos in diesem Gitter verteilt, wenigstens ließen sich Belege für eine regelmäßige Lagerung nicht finden. Die untere Homogenitätsgrenze liegt bei etwa 13,5% N; ein Präparat mit 13,2% N erwies sich nach dem Homogenisieren bei 400° noch als heterogen. Der höchste N-Gehalt, der erreicht wurde, war 14%.

Zu dem schematischen Zustandsdiagramm macht HÄGG noch etwa folgende Bemerkungen. Die Homogenitätsgrenzen der δ-Phase sind sehr unsicher. Die Zeichnung soll überhaupt nur eine unterhalb etwa 500° nicht beständige Phase mit einem Homogenitätsgebiet in der Nähe von 2% N andeuten. Da nicht entschieden werden konnte, ob die δ-Phase bei höheren Temperaturen mit der ε-Phase zusammenfließt oder nicht, sind diese beiden Phasen — um das Diagramm so weit als möglich hypothesenfrei zu erhalten — getrennt gezeichnet. Die N-ärmste Homogenitätsgrenze der ε-Phase bei höheren Temperaturen (etwa oberhalb 600°) ist aus demselben Grunde sehr unsicher. Die übrigen Homogenitätsgrenzen, mit Ausnahme derjenigen der Mn-Phasen, die nur ganz schematisch die Löslichkeit von N in α- bzw. β-Mn andeuten sollen, sind ziemlich sicher bekannt.

Nachtrag. SCHENCK-KORTENGRÄBER[17] haben die Gleichgewichtsdrucke des Systems zwischen 0 und 10% N bei 540—800° bestimmt. Die Isothermen haben ein horizontales Stück, das mit steigender Temperatur kürzer wird und bei etwa 800° verschwindet. Die Verfasser schließen daraus, daß die Endpunkte der Horizontalen den Zusammensetzungen der beiden in N_2-Atmosphäre koexistierenden festen Phasen entsprechen. Die Konzentration der einen Phase, die sich als die ε-Phase nach HÄGG erwies, liegt bei 6—6,3% N, die Zusammensetzung der anderen Phase (ζ-Phase nach HÄGG) geht unter N_2-Verlust von 8,8% N bei 540° in 6,3% N bei 800° über.

Literatur.

1. PRELINGER, O.: Mh. Chemie Bd. 15 (1894) S. 391. — **2.** HABER, F., u. G. VAN OORDT: Z. anorg. allg. Chem. Bd. 44 (1905) S. 370/75. — SHUKOW, I.: J. russ. phys.-chem. Ges. Bd. 40 (1908) S. 457/59 (russ.). S. auch R. LORENZ u. J. WOOLCOCK: Z. anorg. allg. Chem. Bd. 176 (1928) S. 290/91. — **4.** SHUKOW, I.: J. russ. phys.-chem. Ges. Bd. 42 (1910) S. 40/41. — **5.** HENDERSON, G. G., u. J. C. GALLETLY: J. Soc. chem. Ind. Bd. 27 (1908) S. 387/89. — **6.** WEDEKIND, E., u. T. VEIT: Ber. dtsch. chem. Ges. Bd. 41 (1908) S. 3769/73; Bd. 44 (1911) S. 2663. — **7.** TCHIJISKI, N.: J. russ. metallurg. Ges. Bd. 1 (1913) S. 127 (russ.). Ref. Rev. Métallurg. Bd. 11 (1914) S. 617 Extraits. — **8.** Zitiert nach T. ISHIWARA: Sci. Rep. Tôhoku Univ. Bd. 5 (1916) S. 54. HÄGG (s. u.) fand, daß Präparate mit mehr als 13,5% N bei 400° Stickstoff abgeben; die Zusammensetzung MnN könnte danach von TCHIJISKI nur bei tieferen Temperaturen erreicht worden sein (?). — **9.** ISHIWARA, T.: Sci. Rep. Tôhoku Univ. Bd. 5 (1916) S. 53/61. — **10.** VALENSI, G.: J. Chim. physique Bd. 26 (1929) S. 152/57 u. 202/18. — **11.** NEUMANN, B., C. KRÖGER u. H. HAEBLER: Z. anorg. allg. Chem. Bd. 196 (1931) S. 70/73. — **12.** HÄGG, G.: Z. physik. Chem. B Bd. 4 (1929) S. 346/70. — **13.** Ein Präparat mit 0,6% N, das von 950° abgeschreckt worden war, zeigte neben β-Mn-Interferenzen schwache δ-Linien. Der zugehörige Punkt des Zustandsdiagramms entspricht also dem $(\beta + \delta)$-Gebiet. Dasselbe Präparat wurde auch bei 1150° abgeschreckt. Hier waren die Nitridlinien äußerst schwach, aber sie schienen doch noch von der δ-Phase herzurühren. — **14.** PERSSON, E., u. E. ÖHMAN: Nature, Lond. Bd. 124 (1929) S. 333/34. — **15.** HÄGG, G.: Z. physik. Chem. B Bd. 6 (1929) S. 229/30. — **16.** An anderer Stelle (S. 356) diskutiert HÄGG die Möglichkeit der Vereinigung von δ mit γ-Mn und (S. 360) von δ mit ε. — **17.** SCHENCK, R., u. A. KORTENGRÄBER: Z. anorg. allg. Chem. Bd. 210 (1933) S. 273/85.

Mn-Ni. Mangan-Nickel.

Die Erstarrungsvorgänge. ZEMCZUZNY-URASOW-RYKOWSKOW[1] haben erstmalig das Zustandsschaubild mit Hilfe der thermischen Analyse ausgearbeitet. Sie fanden zwei von den Schmelzpunkten der Komponenten abfallende Kurvenäste, die in einem zwischen 41,5 und 50% Ni (bei rd. 45% Ni) liegenden Minimum bei 1030° zusammenlaufen. Mit Ausnahme der im Bereich des Minimums liegenden Schmelzen erstarrten alle Schmelzen in einem deutlichen Intervall, dessen Größe wenigstens in grober Annäherung aus den Abkühlungskurven entnommen werden konnte. Die Verfasser schlossen aus diesen Beobachtungen, daß aus den Mn-Ni-Schmelzen eine lückenlose Reihe fester Lösungen kristallisiert, eine Auffassung, die sich heute, nachdem man weiß, daß weder γ-Mn noch β-Mn mit Ni isomorph ist, nicht mehr aufrecht erhalten läßt.

DOURDINE[2][3] konnte den von ZEMCZUZNY und seinen Mitarbeitern gefundenen Verlauf der Liquiduskurve bestätigen. Berücksichtigt man, daß er die Schmelzpunkte des Nickels und Mangans mit 1451° bzw. 1235° zugrunde legte, ZEMCZUZNY jedoch 1484° bzw. 1260° fand oder übernahm, und erniedrigt man die von letzterem bestimmten Erstarrungspunkte um 25—30°, so stimmen die Liquiduskurven der beiden Schaubilder auch quantitativ gut überein. Das Minimum liegt nach DOURDINE jedoch bei etwas niederem Ni-Gehalt: zwischen 37 und 44% Ni (Abb. 365).

PARRAVANO[4] bestimmte die Erstarrungspunkte der Legierungen mit 20, 40 und 60% Ni zu 1090° bzw. 1015° und 1275°; die angenäherten Solidustemperaturen ergaben sich zu 1060° bzw. 1005° und 1250°.

Die Umwandlungen im festen Zustand. a) Die Mn-reichen Legierungen. Über den Einfluß des Nickels auf die Temperaturen der polymorphen Umwandlungen des Mangans ist bisher sehr wenig bekannt. PERSSON-ÖHMAN[5] konnten durch röntgenographische Untersuchung feststellen, daß eine bei 1100° abgeschreckte Legierung mit 15,7% Ni im wesentlichen aus Mischkristallen des γ-Mangans neben wenig β-Mn-Phase besteht. Die γ-Phase kann nur durch Abschrecken bei wesentlich über 1025° erhalten werden. Aus diesen Angaben folgt, daß die β ⇌ γ-Umwandlung wie in den Systemen Cu-Mn und Fe-Mn erniedrigt wird.

b) Die Legierungen mittlerer Zusammensetzung. Auf den Abkühlungskurven der zwischen 50 und 65% Ni liegenden Legierungen wurden von ZEMCZUZNY-URASOW-RYKOWSKOW bei 816—790° thermische Effekte beobachtet (vgl. Abb. 365), die um so deutlicher waren, je kleiner der Ni-Gehalt war. Die Verfasser vermuteten, daß diese Wärmetönungen durch den Zerfall der festen Lösung bedingt sind, und daß sich dabei eine Verbindung bildet. Eine Bestätigung dieser Auffassung glaubten sie aus dem Gefüge der fraglichen Legierungen entnehmen zu können. Da keine planmäßigen Glühversuche ausgeführt wurden, sind aus den wenigen veröffentlichten Gefügebildern von Legierungen, die aus dem Schmelzfluß erkaltet waren, keine bestimmten Aussagen über die Art der Zerfallsreaktion und die Natur der dabei entstehenden Kristallart zu machen[6].

Im Gegensatz dazu fand Dourdine[2][3] eine große Anzahl thermischer
Effekte auf den Abkühlungskurven, und zwar 1. im Bereich von etwa

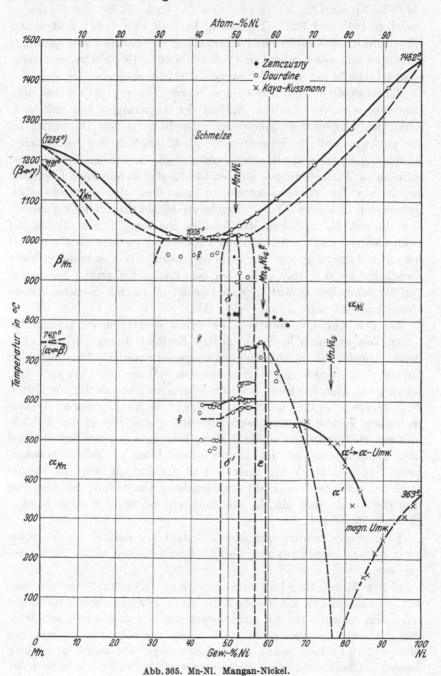

Abb. 365. Mn-Ni. Mangan-Nickel.

33—47% Ni bei 960—970° liegende Haltepunkte mit einer größten
Haltezeit bei rd. 41% Ni, d. h. nahe bei der Zusammensetzung Mn_3Ni_2
(41,60% Ni) und 2. im Gebiet von 38—62% Ni bei Temperaturen
zwischen 480° und 920°. Eigenartig ist, daß ZEMCZUZNY und seinen
Mitarbeitern diese zahlreichen Umwandlungen (bis zu 4 je Legierung)
entgangen sein sollen, zumal sie Proben von 100 g Gewicht verwendeten,
während DOURDINE mit solchen von nur 20 g arbeitete.

Mikrographische Untersuchungen, deren Umfang jedoch bei dem
zweifellos sehr verwickelten Aufbau der Legierungen des mittleren
Konzentrationsgebietes keineswegs ausreichte, führten DOURDINE zu
der Annahme, daß die Schmelzen mit rd. 42—57% Ni bei gewöhnlicher
Abkühlung metastabil erstarren, und daß die in solchen Legierungen
gefundenen Wärmetönungen auf den nachträglichen teilweisen Übergang
in den stabilen Zustand zurückzuführen sind. Im metastabilen
System soll eine vom Nickel ausgehende Mischkristallreihe vorhanden
sein, die sich bis zu hohen Mn-Gehalten erstreckt. Durch Glühen bei
Temperaturen dicht unterhalb der Soliduskurve gehen die metastabil
erstarrten Legierungen in den stabilen Zustand über: es bildet sich die
Zwischenphase $\delta = MnNi$, die sich bei stabiler Erstarrung aus einem
Teil der Schmelzen unmittelbar ausscheidet oder durch die peritektische
Umsetzung Schmelze $+ \alpha_{Ni} \longrightarrow \delta$ bildet.

Auf den Abkühlungskurven der durch nachträgliches Glühen bei
hohen Temperaturen in den stabilen Zustand übergeführten Legierungen wurden die in Abb. 365 eingetragenen unterhalb 800° liegenden
Umwandlungspunkte gefunden. Die Darstellung der Umwandlungsvorgänge in Abb. 365 lehnt sich dem Wesen nach eng an die von DOUR-
DINE gegebene an. Sie kann nur als eine grobe Annäherung an die tatsächlichen Verhältnisse angesehen werden, zumal sich in den Schlußfolgerungen DOURDINES einige Widersprüche befinden und die Deutung
nicht hypothesenfrei ist. Das Bestehen der δ-Phase hat jedoch als sichergestellt zu gelten[7]. Völlig ungeklärt ist der Aufbau zwischen 30 und
50% Ni. Die hier von DOURDINE gegebene Darstellung (es wird von
ihm die Verbindung Mn_3Ni_2 angenommen) ist sehr unwahrscheinlich
(s. auch Nachtrag).

In Übereinstimmung mit Abb. 365 steht der Befund von BLUMEN-
THAL-KUSSMANN-SCHARNOW[8], daß die Legierung mit 55,5% Ni heterogen ist[9].

c) Die Ni-reichen Legierungen. KAYA-KUSSMANN[10] fanden, daß
sich die Legierungen mit 60—85% Ni, die im gewöhnlichen Zustand und
nach dem Abschrecken bei 900° paramagnetisch sind, durch sehr langsame Abkühlung und mehr noch durch mehrtägiges Anlassen bei
400—450° in einen stark ferromagnetischen Zustand[11] überführen
lassen[12]. Gleichzeitig steigt die elektrische Leitfähigkeit erheblich an.

Die größte Steigerung beider Eigenschaften tritt nahe bei etwa 76% Ni, d. h. bei der Zusammensetzung $MnNi_3$ (76,22% Ni) ein. Die mikroskopische und röntgenographische Untersuchung ergab, daß die Umwandlung paramagnetisch $\rightleftharpoons$ ferromagnetisch ($\alpha \rightleftharpoons \alpha'$) in homogener Phase ohne Umkristallisation verläuft, und daß sie sich, wie durch Aufnahme von Widerstands-Temperaturkurven gezeigt wurde, über ein Temperaturintervall von etwa 150° erstreckt.

In Analogie mit den bei anderen Mischkristallreihen beobachteten Erscheinungen wird sie von KAYA-KUSSMANN gedeutet als Ausbildung einer geordneten Verteilung der Mn-Atome im Nickelgitter entsprechend der Zusammensetzung $MnNi_3$ ($= \alpha'$). Letztere ist somit als der Träger der stark ferromagnetischen Eigenschaften anzusehen, während der gewöhnliche Mischkristall (mit ungeordneter Atomverteilung) nur schwach ferromagnetisch bzw. paramagnetisch ist. Ein direkter Nachweis der Überstrukturlinien von $MnNi_3$ im Röntgenbild konnte wegen des geringen Unterschiedes der Atomnummern von Mn und Ni nicht erbracht werden. Später hat jedoch DEHLINGER[20] Überstrukturlinien nachweisen können.

Wenig unterhalb 76% Ni tritt außerdem eine durch Entmischung des α'- bzw. α-Mischkristalls entstehende Phase (in Abb. 365 mit ε bezeichnet) auf, die in Übereinstimmung mit dem Befund von DOURDINE bei rd. 58—60% Ni allein vorhanden ist.

Der Curiepunkt des Nickels wird in der durch Abb. 365 beschriebenen Weise durch Mn erniedrigt[13]. Unterhalb 85% Ni ist der Curiepunkt nur in schnell abgekühlten Legierungen zu beobachten, da hier der Übergang ferromagnetisch $\longrightarrow$ paramagnetisch infolge der Bildung der geordneten Atomverteilung $MnNi_3$ in getemperten Legierungen zu höheren Temperaturen ($\alpha' - \alpha$-Umwandlungskurve in Abb. 365) verschoben wird[14].

Die Gitterstruktur. Nach Mitteilung von ÖHMAN[15] nähert sich das Achsenverhältnis des flächenzentriert-tetragonalen Gitters von γ-Mn in abgeschreckten Legierungen mit steigendem Ni-Gehalt dem Wert 1.

KAYA-KUSSMANN[10] fanden, daß die Legierungen mit 0—25% Mn das flächenzentriert-kubische Gitter des Nickels haben; von etwa 15% Mn an bildet sich durch Anlassen die geordnete Atomverteilung $MnNi_3 = \alpha'$ [20]. Die oberhalb 25% Mn auftretende ε-Phase mit rd. 40% Mn (von KAYA-KUSSMANN mit β bezeichnet) hat ebenfalls ein flächenzentriert-kubisches Gitter, jedoch mit anderer Gitterkonstante. Bei 48% Mn wurde ein flächenzentriert-tetragonales Gitter beobachtet, das offenbar der δ-Phase gehört (vgl. auch Nachtrag).

Weitere Untersuchungen. Aus der von HUNTER-SEBAST[16] bestimmten Kurve der elektrischen Leitfähigkeit[17] der Legierungen mit 0—20% Mn geht in Übereinstimmung mit dem Ergebnis von KAYA-KUSSMANN

(Abb. 365) hervor, daß die Sättigungsgrenze der Ni-reichen Phase bei 20% Mn noch nicht erreicht ist. — TAMMANN-VADERS[18] haben die Spannungen der Kette $Ni/0,05$ Mol $MnCl_2/Mn_x Ni_{1-x}$ gemessen. Rückschlüsse auf den Aufbau der Legierungen lassen sich daraus nicht ziehen.

Nachtrag. Durch röntgenographische Untersuchungen gelangten VALENTINER-BECKER[19] zu Ergebnissen, die in mancher Hinsicht von den früheren abweichen. Nach dem Abschrecken bei 800° wurde das Ni-Gitter in allen Legierungen mit 0—80% Mn gefunden, und zwar stieg die Gitterkonstante bis etwa 63% Mn an und blieb dann konstant. Zwischen 40 und 60% Mn wurde daneben mehr oder weniger deutlich auch die schon von KAYA-KUSSMANN beobachtete flächenzentriert-tetragonale Phase (δ = MnNi) festgestellt, die im gegossenen Zustand dagegen ganz fehlte. Diese Beobachtungen würden für das Bestehen des von DOURDINE vermuteten metastabilen Systems sprechen. Oberhalb 80% Mn wurde das etwas aufgeweitete Gitter des β-Mangans festgestellt.

Durch Anlassen bei 450° trat in den Legierungen mit 40—70% Mn die tetragonale δ-Phase auf, deren Achsenverhältnis von 40 nach 50% Mn abfällt und sich dann nicht mehr ändert. Bei 70% Mn war außerdem noch ein weiteres flächenzentriert-kubisches Gitter (?) zu erkennen.

Daß durch das Anlassen abgeschreckter Legierungen tiefgreifende Strukturänderungen im Sinne der Bildung von Zwischenphasen eintreten, wurde auch durch Widerstandsmessungen erwiesen. Dadurch wurde die geordnete Mischphase $MnNi_3$ und die Zwischenphase $MnNi$ erneut sichergestellt. Für das Bestehen der ε-Phase (Abb. 365) wurden dagegen keinerlei Anzeichen gefunden.

Literatur.

1. ZEMCZUZNY, S., G. URASOW u. A. RYKOWSKOW: Z. anorg. allg. Chem. Bd. 57 (1908) S. 261/66. Die Legn. (100 g) wurden unter Verwendung von Elektrolytnickel und aluminothermisch hergestelltem Mn unter Wasserstoff in Magnesiatiegeln geschmolzen. — **2.** DOURDINE, A.: J. russ. metallurg. Ges. Bd. 1 (1912) S. 11/23, 341/95 (russ.). Ref. Rev. Métallurg. Extraits Bd. 12 (1915) S. 125/33. DOURDINE führte zwei vollständige Versuchsreihen aus, und zwar unter Verwendung von Handelsnickel bzw. Elektrolytnickel (0,47% Fe, 1,86% Co); hier findet nur die letztere Berücksichtigung. Das verwendete Mangan enthielt 99,4% Mn, 0,13% Fe, 0,01% Co, 0,43% SiO_2. Die Legn (20 g) wurden unter Stickstoff in Porzellantiegeln geschmolzen. — **3.** DOURDINE, A.: Rev. Métallurg. Bd. 29 (1932) S. 507/18, 565/73. — **4.** PARRAVANO, N.: Gazz. chim. ital. Bd. 42 II (1912) S. 372. — **5.** PERSSON, E., u. E. ÖHMAN: Nature, Lond. Bd. 124 (1929) S. 333/34. — **6.** Die Legierung mit 61,5% Ni ist sicher, diejenige mit 44% Ni wahrscheinlich heterogen. — **7.** PILLING, N. B., u. T. E. KIHLGREEN: Trans. Amer. Soc. Stl. Treat. Bd. 16 (1929) S. 326/27 nehmen in ihrer Literaturzusammenfassung nur eine eutektische Mischungslücke von etwa 30—57% Ni an. — **8.** BLUMENTHAL, B., A. KUSSMANN u. B. SCHARNOW: Z. Metallkde. Bd. 21 (1929) S. 416. — **9.** Die Leg. besteht aus Körnern einer als Hauptbestandteil vorliegenden Kristallart, die anscheinend weit-

gehend entmischt und von einer zweiten Phase umgeben ist. — **10.** KAYA, S., u.
A. KUSSMANN: Z. Physik Bd. 72 (1931) S. 293/309. Vgl. auch Naturwiss. Bd. 17
(1929) S. 995/96. — **11.** Die Sättigungsmagnetisierung ist sogar noch um etwa
20% höher als diejenige des Nickels. — **12.** Vgl. auch GRAY, A.: Philos. Mag.
Bd. 24 (1912) S. 1. — **13.** DOURDINE[3] veröffentlichte eine von P. CHEVENARD
(1923) bestimmte Umwandlungskurve, wonach der Curiepunkt des Nickels durch
17% Mn auf 0° linear erniedrigt wird. — **14.** L. DUMAS fand, daß die magnetische
Umwandlungskurve bis 13,5% Mn eine gerade Linie ist und bei höheren Mn-
Gehalten einen unregelmäßigen Verlauf hat (zitiert aus Rev. Métallurg. Extraits
Bd. 12 (1915) S. 125). — **15.** ÖHMAN, E.: Z. physik. Chem. B Bd. 8 (1931) S. 87. —
16. HUNTER, M. A., u. F. A. SEBAST: J. Amer. Inst. Met. Bd. 11 (1917/18) S. 115. —
17. Leitfähigkeitsmessungen an Ni-reichen Legn. wurden auch von S. F. ZEMCZ-
ZUZNY, S. A. POGODIN u. W. A. FINKEISEN: Ann. Inst. anal. Phys. Chim. (Lenin-
grad) Bd. 2 (1924) S. 405/49 ausgeführt. — **18.** TAMMANN, G., u. E. VADERS:
Z. anorg. allg. Chem. Bd. 121 (1922) S. 200/208. — **19.** VALENTINER, S., u.
G. BECKER: Z. Physik Bd. 93 (1935) S. 795/803. — **20.** U. DEHLINGER s. bei
A. KUSSMANN, B. SCHARNOW u. W. STEINHAUS: Festschrift der Heraeus-Vacuum-
schmelze 1933, S. 319.

Mn-P. Mangan-Phosphor.

Das in Abb. 366 dargestellte Zustandsschaubild der Mn-P-Legierungen
mit bis zu 33,2% P wurde von ZEMCZUZNY-EFREMOW[1] mit Hilfe thermischer und mikroskopischer Unter-
suchungen, deren Ergebnisse sich gegenseitig vollkommen bestätigten,
ausgearbeitet. Legierungen mit mehr
als 33,2% P waren unter Atmosphärendruck nicht herstellbar.

Das Bestehen des dem Ni_5As_2
analogen Manganphosphids Mn_5P_2
(18,43% P) ergibt sich ohne weiteres
aus den thermischen Werten. Diese
Verbindung, die anscheinend den
Mn-P-Legierungen ihre ferromagnetischen Eigenschaften verleiht, ist
außerordentlich stabil. Sie wurde
auch von WEDEKIND-VEIT[2] dargestellt. — Die eutektische Horizontale
bei 1095° erreicht bei etwa 31% P
ihr Ende; die Liquiduskurve konnte
noch bis 33,4% P verfolgt werden.

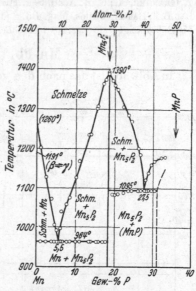

Abb. 366. Mn-P. Mangan-Phosphor.

Daraus folgt, daß sich aus Schmelzen mit mehr als 27,5% P primär
Mischkristalle ausscheiden, die als feste Lösungen auf der Basis der
Verbindung MnP[3][8] (36,09% P) aufzufassen sind. Nach WESTGREN[4]
handelt es sich mit größter Wahrscheinlichkeit um sog. Einlagerungs-

mischkristalle, d. h. die Mn-Atome befinden sich in den Lücken des
Gitters vom NiAs-Typus (vgl. auch Mn-Sb).

Die beiden polymorphen Umwandlungspunkte des Mangans bei etwa
1191° und 742° dürften durch P-Zusätze nur unwesentlich verschoben
werden, da die Löslichkeit von P in festem Mn gering sein wird.

Durch die Arbeit von ZEMCZUZNY-EFREMOW ist einwandfrei festgestellt, daß die früher vermuteten Verbindungen Mn_3P mit 15,84% P
(SCHRÖTTER[5]) und Mn_3P_2 mit 27,35% P (WÖHLER-MERKEL[6], GRANGER[7],
WEDEKIND-VEIT[2]), die mit Hilfe chemischer Umsetzungen oder rein
synthetisch gewonnen waren, nicht bestehen[8].

Literatur.

1. ZEMCZUZNY, S. F., u. N. EFREMOW: Z. anorg. allg. Chem. Bd. 57 (1908)
S. 241/52. Die Legn. (100 g) wurden durch Zusammenschmelzen von aluminothermisch hergestelltem Mn (Erstarrungspunkt 1260°) mit einer 33,2% P enthaltenden Vorlegierung unter einer $BaCl_2$-Decke in Sandtiegeln hergestellt. Sämtliche
Legn. wurden analysiert. — **2.** WEDEKIND, E., u. T. VEIT: Ber. dtsch. chem. Ges. Bd.
40 II (1907) S. 1268/69. — **3.** Die Existenz einer Verbindung MnP dürfte — obgleich sie im offenen Tiegel nicht darzustellen war — in Analogie mit zahlreichen
anderen verwandten Systemen sicher feststehen. — **4.** WESTGREN, A.: Metallwirtsch. Bd. 9 (1930) S. 920. — **5.** SCHRÖTTER, A.: Ber. Wien. Akad. Bd. 1 (1849)
S. 305. — **6.** WÖHLER u. MERKEL: Liebigs Ann. Chem. Bd. 86 (1853) S. 371. —
7. GRANGER, A.: C. R. Acad. Sci., Paris Bd. 124 (1897) S. 190/91. — **8.** Neuerdings
hat L. F. BATES: Philos. Mag. Bd. 8 (1930) S. 714/32 das Bestehen der Verbindung
MnP bestätigt; sie besitzt wahrscheinlich bei 135° einen Umwandlungspunkt.

Mn-Pb. Mangan-Blei.

In Abb. 367 ist das nach den von WILLIAMS[1] bestimmten thermischen

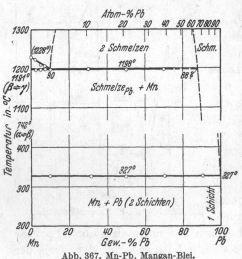

Abb. 367. Mn-Pb. Mangan-Blei.

Werten gezeichnete Zustandsschaubild wiedergegeben. Analyse des verwendeten Mangans:
98,71% Mn, 0,64% Fe, 0,32%
SiO_2, Spuren S und Fe_2O_3, Rest?
Während die Konzentration
der Mn-reichen Schmelze bei
1198° aus den Abkühlungskurven mit hinreichender Genauigkeit bestimmt ist, wissen wir
über die Zusammensetzung der
mit ihr im Gleichgewicht stehenden Pb-reichen Schmelze nur,
daß sie unter 90% Pb liegt, da
eine Legierung dieser Zusammensetzung aus einer Schicht
bestand. Durch Extrapolation

der von WILLIAMS beobachteten Haltezeiten (!) käme man auf annähernd 88% Pb. Das Gefüge der Reguli war im Einklang mit dem thermischen Befund. Über die feste Löslichkeit von Pb in den drei verschiedenen Mn-Modifikationen ist nichts bekannt.

Literatur.

1. WILLIAMS, R. S.: Z. anorg. allg. Chem. Bd. 55 (1907) S. 31/33. Je 3,5 cm der Legn. wurden in Porzellantiegeln unter Stickstoff erschmolzen.

Mn-Pt. Mangan-Platin.

Nach BARUS'[1] Messungen des Temperaturkoeffizienten des elektrischen Widerstandes von zwei Legierungen, „welche nach den Angaben des spezifischen Gewichtes etwa 5 und 15% Mn enthalten haben müssen"[2], bestehen beide Legierungen aus festen Lösungen von Mn in Pt[3].

Literatur.

1. BARUS, C.: Amer. J. Sci. 3 Bd. 36 (1888) S. 434. — 2. GUERTLER, W.: Handb. Metallographie Bd. 1 1. Teil S. 105, Berlin 1912. — 3. S. auch A. SCHULZE: Die elektrische u. thermische Leitfähigkeit in Guertlers Handbuch Metallographie Bd. 2 2. Teil S. 287, Berlin 1925.

Mn-S. Mangan-Schwefel.

Über dieses System ist nur sehr wenig bekannt. Nach mikroskopischen Untersuchungen von LE CHATELIER-ZIEGLER[1] muß das Eutektikum zwischen Mn und MnS (36,85% S) bereits bei sehr kleinem S-Gehalt ($<$ 0,14%) liegen. Weitere Beobachtungen deuten auf das Bestehen einer Mischungslücke im flüssigen Zustand zwischen Mn und MnS. Dafür spricht auch die starke Verschiebung des Eutektikums nach Mn zu, da sich die Schmelzpunkte von Mn und MnS (1620°) nicht allzu sehr unterscheiden.

MnS hat die Kristallstruktur des $NaCl$[2], MnS_2 (53,86% S) ist strukturell analog FeS_2[3].

Literatur.

1. LE CHATELIER, H., u. M. ZIEGLER: Bull. Soc. chim. France Bd. 27 (1902) S. 1140. — 2. Vgl. „Strukturbericht" S. 132. — 3. Vgl. „Strukturbericht" S. 215.

Mn-Sb. Mangan-Antimon.

Nach dem von WILLIAMS[1] ausgearbeiteten Diagramm (über die Zusammensetzung des verwendeten Mangans s. Mn-Pb) bestehen zwei intermediäre Phasen, die in Abb. 368 mit δ und ε bezeichnet sind. Die angegebenen Homogenitätsbereiche dieser Kristallarten wurden vornehmlich aus den Haltezeiten ermittelt; die ε ($\delta + \varepsilon$)-Grenze wurde allerdings etwas genauer zu 59% Sb (nach 10stündigem Glühen bei 820°) bestimmt. Zwischen 47 und 55% Sb liegt ein Maximum der Liquiduskurve; WILLIAMS schloß daraus, daß als Basis der δ-Mischkristalle die Verbindung Mn_2Sb (52,57% Sb) anzusehen ist. Dagegen ist die von ihm vertretene Auffassung, daß die ε-Mischkristalle als feste Lösungen von Sb in der Verbindung Mn_3Sb_2 (59,64% Sb), die praktisch dem Grenzmischkristall der ε-Reihe entspricht, anzusehen sind, nicht ohne weiteres gerechtfertigt, da sie sich nur auf die Ergebnisse der thermischen Untersuchung (Maximum der Haltezeiten bei 853°) und der Gefüge-beobachtung stützt.

Die Natur der ε-Phase wurde neuerdings von OFTEDAL[2] mit Hilfe röntgenographischer Untersuchungen aufgeklärt. Er stellte fest, daß das Gitter der Legierung von der Zusammensetzung MnSb (68,91% Sb) die Atomanordnung des NiAs besitzt. Daraus würde folgen, daß die Zusammensetzung MnSb, die nach den thermischen Untersuchungen von WILLIAMS dem Sb-reichen Endglied der ε-Reihe entspricht, vor anderen Konzentrationen der ε-Phase ausgezeichnet ist, die ε-Phase also als Mischkristall auf der Basis der Verbindung MnSb aufgefaßt werden muß. In der Tat besitzt die Legierung von der Zusammensetzung Mn_3Sb_2 nach OFTEDAL ebenfalls das Gitter des NiAs. Während OFTEDAL

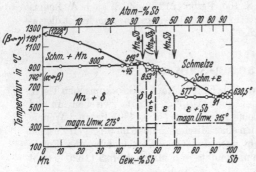

annimmt, daß die ε-Misch-kristalle durch teilweisen Er-satz der Sb-Atome der Verbindung MnSb durch Mn-Atome gebildet werden, glaubt WESTGREN[3], daß die überschüssigen Mn-Atome in den verhältnismäßig großen Lücken des MnSb-Gitters eingelagert sind. Die Zu-sammensetzung MnSb ist wei-ter durch einen Höchstwert

Abb. 368. Mn-Sb. Mangan-Antimon.

der Magnetisierbarkeit ausgezeichnet, weshalb WEDEKIND[4] schon früher das Bestehen dieser Verbindung für erwiesen hielt und in dieser Ansicht durch eine Rückstandsanalyse[5], die ebenfalls zu der Zusam-mensetzung MnSb führte, bestärkt wurde. Letztere Feststellung kann jedoch nicht als Beweis für das Bestehen von MnSb angesehen werden.

Die Konstitution der Mn-reichen Legierungen ist wegen des Bestehens von drei polymorphen Mn-Modifikationen sicher wesentlich verwickelter als durch das Diagramm von WILLIAMS zum Ausdruck kommt. Über die feste Löslichkeit von Mn in Sb ist ebenfalls noch nichts bekannt.

Das magnetische Verhalten der Mn-Sb-Legierungen wurde seit HEUSLERs[6] Entdeckung ihrer ferromagnetischen Eigenschaften sehr häufig untersucht. Auf die Arbeiten von WEDEKIND[4] und WILLIAMS braucht hier jedoch nicht näher eingegangen zu werden, da die späteren Untersuchungen von HONDA[7] sowie HONDA-ISHIWARA[8] wesentlich ein-gehender sind.

Die von HONDA bestimmte Kurve der Magnetisierbarkeit in Abhängigkeit von der Zusammensetzung besitzt mehrere Abschnitte, die sich den von WILLIAMS gefundenen Phasenfeldern gut anpassen; zu einer mehr quantitativen Kontrolle reicht — ganz abgesehen davon, daß die Proben nicht wärmebehandelt waren — jedoch die Zahl der Beobachtungen nicht aus. Wichtig ist in diesem Zusammenhang die Feststellung, daß die Konzentration MnSb durch ein ausgesprochenes

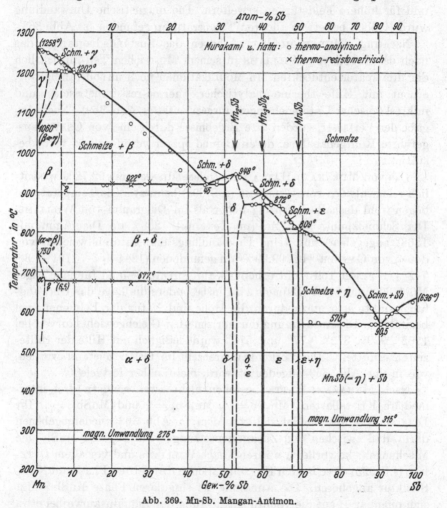

Abb. 369. Mn-Sb. Mangan-Antimon.

Maximum gekennzeichnet ist, während die Zusammensetzung Mn_3Sb_2 nicht durch einen ausgezeichneten Wert zum Ausdruck kommt. Die Magnetisierbarkeit von Mn_2Sb entspricht einem relativen Minimum der Kurve. HONDA hat die Temperaturen des Verlustes des Magnetismus zwischen 0 und 59% Sb zu 315°, zwischen 59 und 100% Sb zu 330° festgestellt; WILLIAMS fand 250—260° bzw. 320—330°. Die Kurve der bei 500°, also im Gebiet des Paramagnetismus, bestimmten Suszeptibilität besitzt ebenfalls einen Höchstwert bei der Zusammensetzung MnSb, während die Werte für Mn_3Sb_2 und Mn_2Sb auf einem vom Höchstwert zum Wert des Mangans sanft abfallenden Kurvenast liegen. HONDA konnte die Ergebnisse seiner Untersuchungen bei einer später gemeinsam mit ISHIWARA[8] ausgeführten sehr eingehenden Wiederholung bestätigen und für höhere Feldstärken erweitern. Die magnetische Umwandlung wurde jedoch bei etwas anderen Temperaturen gefunden (s. Abb. 368).

Nachtrag. MURAKAMI-HATTA[9] haben das Zustandsdiagramm, das nach der Arbeit von WILLIAMS in seinem Mn-reichen Teil hinsichtlich der drei später entdeckten Mn-Modifikationen noch unvollständig war, erneut mit Hilfe thermo-analytischer, thermo-resistometrischer und mikroskopischer Untersuchungen ausgearbeitet (s. Abb. 369). Nach Angabe der Verfasser wurden ihre Ergebnisse durch eine von OSAWA ausgeführte Röntgenanalyse, deren Befund später veröffentlicht wird, bestätigt.

Das von MURAKAMI-HATTA verwendete Mn war mit 99,72% wesentlich reiner als das von WILLIAMS (s. S. 895) benutzte. Die Temperaturen liegen wohl deshalb durchweg höher als im Diagramm von WILLIAMS. Der Schmelzpunkt von Mn (im Text mit 1258°, im Diagramm mit 1268° angegeben) und seine Umwandlungstemperaturen weichen von denen von GAYLER[10] bei 99,99% Mn gefundenen ($1244 \pm 3°$, $1191 \pm 3°$, $742 \pm 1°$) zum Teil recht erheblich ab. SHIMIZU[11] fand für 99,9%iges Mn 1100° und 810°. Danach wird insbesondere die Lage der Umwandlungspunkte sehr stark durch die Höhe und Natur der Beimengungen beeinflußt. Die Ausdehnung der horizontalen Gleichgewichtskurven bei 1202°, 922°, 872°, 677° und 570° wurde lediglich mit Hilfe der Haltezeiten ermittelt. Die Löslichkeitsgrenzen im festen Zustand wurden, wie in der Abb. 369 angedeutet wird, nicht näher festgelegt.

Nach MURAKAMI-HATTA bestehen nicht zwei, sondern drei intermediäre Kristallarten: $Mn_2Sb = \delta$, $Mn_3Sb_2 = \varepsilon$ und $MnSb = \eta$. Ihr Diagramm unterscheidet sich von dem in Abb. 368 wiedergegebenen darin, daß zwischen den Zusammensetzungen Mn_3Sb_2 und MnSb eine Mischungslücke vorliegt, während nach WILLIAMS und vor allem OFTEDAL (s. S. 896) diese beiden Konzentrationen derselben Phase mit NiAs-Struktur angehören. Die Annahme der singulären Phase MnSb stützt sich offenbar 1. auf die Richtungsänderung der Liquiduskurve bei etwa 69% Sb und 809° und 2. auf das nach Ansicht von MURAKAMI-HATTA heterogene Gefüge[12] einer Legierung mit 67,89% Sb. Die bei Bestehen von MnSb notwendige Peritektikale bei 809° wurde jedoch nicht experimentell gefunden, sondern nur angenommen. Bis zur Veröffentlichung der Ergebnisse der oben erwähnten röntgenographischen Untersuchung von OSAWA muß die Frage, ob die Zusammensetzungen Mn_3Sb_2

und MnSb derselben Phase oder verschiedenen Phasen angehören, offen bleiben.

Das Diagramm von Murakami-Hatta wurde durch die in Abb. 368 gezeichneten magnetischen Umwandlungskurven ergänzt.

Literatur.

1. Williams, R. S.: Z. anorg. allg. Chem. Bd. 55 (1907) S. 2/7. Gleiche Volumen der Mischungen (ungefähr 20 g) wurden in Porzellantiegeln in einer N₂-Atmosphäre (!) erschmolzen. — 2. Oftedal, I.: Z. physik. Chem. Bd. 128 (1927) S. 135/53; Bd. 132 (1928) S. 215. — 3. Westgren, A.: Metallwirtsch. Bd. 9 (1930) S. 920. — 4. Wedekind, E.: Z. Elektrochem. Bd. 11 (1905) S. 850/51. Z. physik. Chem. Bd. 66 (1909) S. 614/32. — 5. Wedekind, E., u. K. Fetzer: Ber. dtsch. chem. Ges. Bd. 40 (1907) S. 1266/67. — 6. Heusler, F.: Z. anorg. allg. Chem. Bd. 17 (1904) S. 262. — 7. Honda, K.: Ann. Physik Bd. 32 (1910) S. 1017/23. Er benutzte die von Williams hergestellten Legn. (vgl. Abb. 368). — 8. Honda, K., u. T. Ishiwara: Sci. Rep. Tôhoku Univ. Bd. 6 (1917) S. 9/21. — 9. Murakami, T., u. A. Hatta: Sci. Rep. Tôhoku Univ. Bd. 22 (1933) S. 88/100. — 10. Gayler, M. L. V.: J. Iron Steel Inst. Bd. 115 (1927) S. 393/411. — 11. Shimizu, Y.: Sci. Rep. Tôhoku Univ. Bd. 19 (1930) S. 411/17. — 12. Vgl. Mikrophotographie Nr. 4 der Originalarbeit.

Mn-Se. Mangan-Selen.

Die Verbindung MnSe[1] (59,05% Se) besitzt ein Kristallgitter vom NaCl-Typ[2].

Literatur.

1. Foncez-Diacon, H.: C. R. Acad. Sci., Paris Bd. 130 (1900) S. 1025/26. Wedekind, E., u. T. Veit: Ber. dtsch. chem. Ges. Bd. 44 (1911) S. 2667. — 2. Broch, E.: Z. physik. Chem. Bd. 127 (1927) S. 446/54.

Mn-Si. Mangan-Silizium.

Auf Grund rückstandsanalytischer Untersuchungen, über die Doerinckel[1], Baraduc-Muller[2] und Frilley[3] zusammenfassend berichten, wurde das Bestehen der folgenden Mangansilizide angenommen, ohne daß indessen die Einheitlichkeit der aus sehr verschiedenartigen Reaktionsprodukten isolierten Rückstände erwiesen gewesen wäre: Mn₂Si[4][5] (20,35% Si), MnSi[5][6] (33,81% Si) und MnSi₂[5][7] (50,54% Si). Durch die thermische und mikroskopische Untersuchung von Doerinckel[1], die zu dem in Abb. 370 dargestellten Schaubild führte, wurde das Bestehen von Mn₂Si (s. jedoch Nachtrag) und MnSi sichergestellt und das Bestehen einer weiteren Si-reicheren Verbindung sehr wahrscheinlich gemacht. Dagegen konnte die Verbindung Mn₃Si₂ (25,41% Si), die Gin[8] dargestellt zu haben glaubte, nicht bestätigt werden[9].

Doerinckel verwendete ein Mangan vom Reinheitsgrad 99,4% und Silizium mit 98—98,9%. Die Legierungen wurden unter Stickstoff (Bildung von Mangannitrid!) erschmolzen. Zu Abb. 370 ist folgendes zu bemerken: 1. Der Aufbau der Mn-reichen Legierungen ist im Hinblick

auf das Vorhandensein von drei polymorphen Mn-Modifikationen nicht
so einfach wie DOERINCKEL fand. 2. Auch der Aufbau der Legierungen
mit mehr als 34% Si ist noch nicht geklärt. Nach DOERINCKEL tritt
oberhalb dieser Zusammensetzung eine Kristallart auf, die „durch eine
schöne parallele Riffelung ausgezeichnet ist", und die „neben den primären
Si-Kristallen in allen Legierungen von 50—100% Si vorhanden ist".
Die Zusammensetzung dieser Phase läßt sich auf Grund der spärlichen
thermischen Daten nicht angeben; überdies dürften hier Wärmetönungen übersehen sein. DOERINCKEL hält es für „sehr wahrscheinlich,
daß die Schmelzkurve zwischen 45 und 50% Si ein freies oder verdecktes

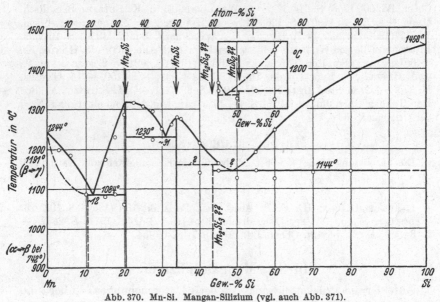

Abb. 370. Mn-Si. Mangan-Silizium (vgl. auch Abb. 371).

Maximum aufweist". Da die Kristallart unbekannter Zusammensetzung
„bei 45% Si fast die ganze Fläche des Schliffes einnimmt", liegt es
m. E. nahe, ihr die Formel Mn_2Si_3 (43,38% Si) zuzuschreiben. Es käme
jedoch auch die Verbindung $MnSi_2$ (50,54% Si) in Betracht, deren Bestehen schon früher (s. S. 799) angenommen war. DOERINCKEL hält diese
Formel jedoch für ausgeschlossen, da „die Legierung mit 50% Si bereits
deutlich primär ausgeschiedene Si-Nadeln zeigt". Dazu ist zu sagen,
daß das Auftreten primärer Si-Kristalle bei 50% Si zu einem möglicherweise bestehenden verdeckten Maximum bei oder oberhalb 50% Si
nicht im Widerspruch steht. Auffallend und wenig wahrscheinlich ist
die große Menge der von DOERINCKEL als primäre Si-Kristalle angesprochenen Phase in der Legierung mit 50% Si. Es ist also denkbar,
daß es sich um Primärkristalle der Verbindung $MnSi_2$ handelt (s. Nebenabb.).

BARADUC-MULLER[2] hat durch mikroskopische Untersuchung bestätigt, daß Legierungen mit 24—26% Si (und etwas Fe und C) zweiphasig sind; jedoch ist seltsamerweise das sekundär kristallisierende MnSi nicht als Eutektikum mit Mn_2Si, sondern allein ausgeschieden.

Von untergeordneter Bedeutung für die Frage nach der Konstitution ist eine Arbeit von FRILLEY[3]. Dieser Forscher hat versucht, aus der Kurve der Dichte usw. der ganzen Legierungsreihe (die Legierungen enthielten mehr oder weniger Beimengungen) Schlüsse auf die Formeln der Mn-Si-Verbindungen zu ziehen. Er glaubt dadurch das Bestehen von Mn_2Si, MnSi und $MnSi_2$ erneut bestätigt zu haben.

Eine Legierung mit 5% Si hatte nach WESTGREN-PHRAGMÉN[10] die Struktur des β-Mangans (Behandlung?).

Nachtrag. Nach einer von BORÉN[11] ausgeführten Röntgenanalyse[12] treten die drei folgenden intermediären Kristallarten

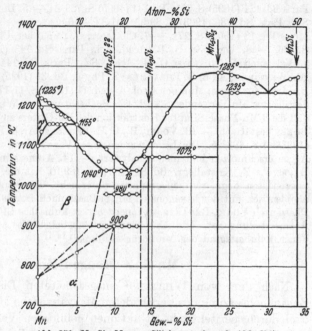

Abb. 371. Mn-Si. Mangan-Silizium (vgl. auch Abb. 370).

auf: Mn_3Si mit 14,55% Si (hexagonal, 16 Atome in der Elementarzelle, Atomlagen sind noch nicht bestimmt), MnSi (kubisch, analog FeSi) und $MnSi_2$ (tetragonal, wahrscheinlich 48 Atome in der Elementarzelle, Atomlagen sind noch nicht bestimmt). Da die Gitterabmessungen der Si-Phase im ganzen Gebiet, wo sie auftritt, konstant sind, so kann die Löslichkeit von Mn in Si als sehr gering angesehen werden. — Das Bestehen von Mn_2Si, das nach DOERINCKEL als sicher anzusehen war, hat sich also nicht bestätigt.

VOGEL-BEDARFF[13] haben das Diagramm von DOERINCKEL unabhängig von BORÉN auf Grund von thermischen und mikroskopischen Untersuchungen ergänzt und berichtigt (s. Abb. 371). Das Bestehen der Verbindung Mn_3Si (BORÉN) wurde bestätigt; sie vermag rd. 1% Mn zu lösen. Zwischen Mn_3Si und MnSi liegt statt Mn_2Si (DOERINCKEL) die Verbindung Mn_5Si_3 (23,46% Si), die von BORÉN übersehen wurde[14].

Die Natur der Reaktion bei 980° zwischen 9 und 13% Si konnte nicht aufgeklärt werden. Sie entspricht möglicherweise der Bildung einer weiteren Verbindung (Mn_5Si?? mit 9,27% Si) aus β und Mn_3Si oder ist durch Beimengungen des Mangans bedingt.

Literatur.

1. DOERINCKEL, F.: Z. anorg. allg. Chem. Bd. 50 (1906) S. 117/32. — 2. BARADUC-MULLER, L.: Rev. Métallurg. Bd. 7 (1910) S. 737/47. — 3. FRILLEY, R.: Rev. Métallurg. Bd. 8 (1911) S. 468/75. — 4. VIGOUROUX, E.: C. R. Acad. Sci., Paris Bd. 121 (1895) S. 771; Bd.141 (1905) S. 722/24. — 5. LEBEAU, P.: C. R. Acad. Sci., Paris Bd. 136 (1903) S. 89/92, 231/33. — 6. CARNOT, A., u. G. GOUTAL: Ann. Mines Bd. 18 (1900) S. 271. — 7. CHALMOT, G. DE: Amer. Chem. J. Bd. 18 (1896) S. 536. — 8. GIN, G.: C. R. Acad. Sci., Paris Bd. 143 (1906) S. 1229/30. — 9. Vgl. auch P. LEBEAU: C. R. Acad. Sci., Paris Bd. 144 (1907) S. 85/86. — 10. WESTGREN, A., u. G. PHRAGMÉN: Z. Physik Bd. 33 (1925) S. 785. — 11. BORÉN, B.: Arkiv för Kemi, Min. och Geol. A Bad. 11 (1933) S. 11/17. Es wurde vakuumdestilliertes Mn verwendet. — 12. Die Beobachtung von WESTGREN-PHRAGMÉN[10], daß die β-Mn-Phase Si unter Kontraktion des Mn-Gitters zu lösen vermag, konnte BORÉN bestätigen. — 13. VOGEL, R., u. H. BEDARFF: Arch. Eisenhüttenwes. Bd. 7 (1933/34) S. 423/25. Die Legn. wurden unter Verwendung von 97%ig. Mn unter Argon erschmolzen und nicht analysiert. — 14. Anmerkung bei der Korrektur: LAVES, F.: Z. Kristallogr. Bd. 89 (1934) S. 189/91 hat die von VOGEL-BEDARFF verwendeten Legn. röntgenographisch untersucht. Die Mn_5Si_3-Phase erwies sich als identisch mit der hexagonalen Mn_3Si-Phase nach BORÉN, während die Mn_3Si-Phase nach VOGEL-BEDARFF ein innenzentriert-kubisches Gitter mit ungeordneter Atomverteilung hat. Die Abweichung ist möglicherweise auf den sehr verschiedenen Reinheitsgrad des Mn zurückzuführen[11][13].

Mn-Sn. Mangan-Zinn.

Nach dem von WILLIAMS[1] ausgearbeiteten Diagramm (über die Zusammensetzung des verwendeten Mangans siehe Mn-Pb) bestehen die drei durch peritektische Reaktionen gebildeten Verbindungen Mn_4Sn (35,07% Sn), Mn_2Sn (51,93% Sn) und wahrscheinlich $MnSn$ (68,36% Sn) (Abb. 372). Ihre Formeln wurden aus den Zeiten der peritektischen Umsetzungen ermittelt. Hinsichtlich des Bestehens der Verbindungen Mn_4Sn und Mn_2Sn erwies sich außerdem der mikroskopische Befund als im Einklang stehend mit den Ergebnissen der thermischen Analyse: Die der Zusammensetzung Mn_4Sn entsprechende Legierung war schon nach dem verhältnismäßig schnellen Abkühlen der Schmelze homogen, während die der Zusammensetzung Mn_2Sn entsprechende Legierung nach 24stündigem Glühen bei 850° einphasig wurde. Die Legierung von der Zusammensetzung $MnSn$ enthielt selbst nach 80stündigem Glühen bei 530° noch drei Kristallarten (Mn_2Sn, $MnSn$(?) und Sn), da infolge des großen Unterschiedes in der Konzentration des peritektischen Punktes und der peritektischen Schmelze bei schneller Erstarrung starke Gleichgewichtsstörungen (Umhüllung der primär ausgeschiedenen Mn_2Sn-Kristalle durch $MnSn$(?)-Kristalle) auftreten. WILLIAMS hält daher

die Formel MnSn für nicht sicher erwiesen, obgleich das Maximum der
Haltezeiten bei 548° bei der ihr entsprechenden Zusammensetzung liegt.
Ob die dem Ende der Erstarrung der Legierungen mit mehr als 68,4% Sn
entsprechende Horizontale eine Eutektikale oder eine Peritektikale ist,
läßt sich nicht sagen, da WILLIAMS den Erstarrungspunkt des Zinns
zu 230° (statt 232°) und die Temperatur der Horizontalen zu 230—231°
bestimmte. Die feste Löslichkeit von Mn in Sn ist bei allen Temperaturen nur äußerst gering[4].

Die Löslichkeitsgrenze der Mn-reichen Mischkristalle wurde nach
10stündigem Glühen bei 950° bei etwa 8% Sn festgestellt. Dieser An-

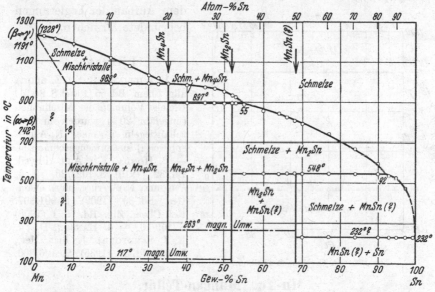

Abb. 372. Mn-Sn. Mangan-Zinn.

gabe kommt jedoch eine quantitative Bedeutung nicht zu, da durch
das — später aufgefundene — Bestehen von drei polymorphen Mn-
Modifikationen starke Löslichkeitsänderungen mit der Temperatur zu
erwarten sind.

Qualitative Untersuchungen von WILLIAMS zeigten, daß die Verbindung Mn_4Sn und in schwächerem Maße auch Mn_2Sn magnetisierbar
ist; der Verlust der Magnetisierbarkeit tritt bei 115—119° bzw. 260 bis
265° ein. Die Ergebnisse der quantitativen magnetischen Messungen
von HONDA[2] stehen, soweit sie Schlüsse auf die Konstitution zulassen,
im Einklang mit dem Zustandsschaubild von WILLIAMS. Die Legierungen, die die Mn_4Sn-Kristallart enthalten, zeigen außer induzierten
auch noch verhältnismäßig großen remanenten Magnetismus. Die
Kurve der remanenten Magnetisierung hat ein sehr steiles Maximum

bei Mn_4Sn und geht bei etwa 8—10% Sn (gesättigter Mischkristall) und 52% Sn ($= Mn_2Sn$) durch den Nullwert. Die Kurve der induzierten Magnetisierung verläuft zwischen 52 und 100% Sn ganz unregelmäßig (kein Gleichgewichtszustand!); zwischen 8—10% und 52% Sn ändert sich die Magnetisierung auf zwei Geraden, die sich in einem Maximum bei Mn_4Sn schneiden.

Die von PUSCHIN[3] gegebene Spannungskurve (es wurde die Spannung gegen Sn in 1 n KOH (!) gemessen) ist für die Beurteilung der Konstitution wertlos, da in Wirklichkeit statt der Metallpotentiale Oxydpotentiale gemessen wurden. Der dadurch hervorgerufene große Spannungssprung bei der Zusammensetzung Mn_3Sn hat also andere als in dem Aufbau der Legierungen begründete Ursachen.

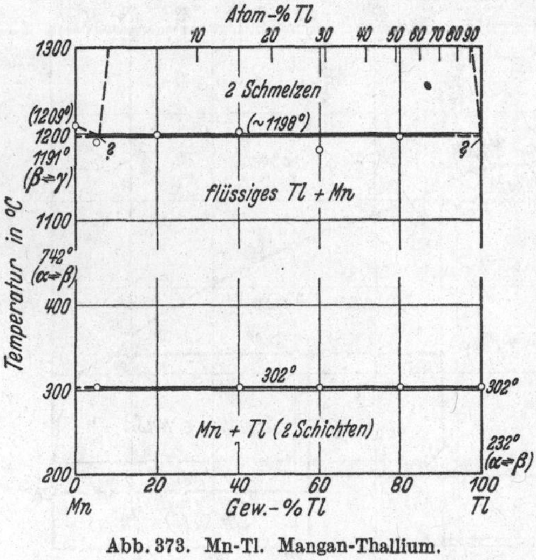

Abb. 373. Mn-Tl. Mangan-Thallium.

Literatur.

1. WILLIAMS, R. S.: Z. anorg. allg. Chem. Bd. 55 (1907) S. 24/31. Gleiche Volumen der Mischungen (ungefähr 20 g) wurden in Porzellantiegeln in einer N_2-Atmosphäre (!) zusammengeschmolzen. — 2. HONDA, K.: Ann. Physik Bd. 32 (1910) S. 1023/25. — 3. PUSCHIN, N.: J. russ. phys.-chem. Ges. Bd. 39 (1907) S. 901/907. Ref. Chem. Zbl. Bd. 79 I (1908) S. 109/10. — 4. HANSON, D., u. E. J. SANDFORD: J. Jnst. Met., Lond. Bd. 56 (1935) S. 196/200.

Mn-Te.　Mangan-Tellur.

Die Verbindung $MnTe^1$ (69,89% Te) hat eine Kristallstruktur vom NiAs-Typ[2], die Verbindung $MnTe_2$ (82,28% Te) das Gitter des FeS_2[3]. OCHSENFELD[4] teilt mit, daß von Mn-Te-Gemengen, die gepulvert und gemischt in einem Röhrentiegel geschmolzen wurden, keine homogene Schmelze zu erhalten war.

Literatur.

1. WEDEKIND, E., u. T. VEIT: Ber. dtsch. chem. Ges. Bd. 44 (1911) S. 2667/68. — 2. OFTEDAL, I.: Z. physik. Chem. Bd. 128 (1927) S. 135/53. — 3. OFTEDAL, I.: Z. physik. Chem. Bd. 135 (1928) S. 291/99. — 4. OCHSENFELD, R.: Ann. Physik Bd. 12 (1932) S. 354/55.

Mn-Tl.　Mangan-Thallium.

Das in Abb. 373 dargestellte Diagramm wurde von BAAR[1] auf Grund der thermischen Untersuchung von nur fünf Schmelzen entworfen. Der zu 1209° bestimmte Schmelzpunkt des verwendeten Mangans (Analyse:

98,78% Mn [!]; 0,53% Al + Fe; 0,69%?) wird durch Thallium auf 1198° (im Mittel) erniedrigt. Die Zusammensetzung der beiden bei dieser Temperatur miteinander im Gleichgewicht stehenden Schmelzen ist nicht bekannt. Die Reguli bestanden aus zwei Schichten, die sich als frei von Einschlüssen der anderen Komponente erwiesen. Mangan besitzt polymorphe Umwandlungspunkte bei etwa 742° und 1191°, Thallium einen solchen bei 232°.

Literatur.

1. BAAR, N.: Z. anorg. allg. Chem. Bd. 70 (1911) S. 358/62. Die Schmelzen (Einwaage ?) wurden in Porzellanröhren unter Stickstoff (Mangannitrid!) hergestellt.

Mn-W. Mangan-Wolfram.

Bei Einwirkung von verdünnten Säuren auf Mn-W-Legierungen, die durch Erhitzen der gepulverten und zusammengepreßten Metalle (bis zu 25% W) und durch aluminothermische Reduktion von WO_3-MnO_2-Gemischen (bis 60% W) hergestellt waren, erhält man nach ARRIVAUT[1] das gesamte in den Mischungen jeweils vorhandene W als Rückstand.

KREMER[2] fand, daß sich W nicht in geschmolzenem Mn auflöst; die beiden Metalle legieren sich also nicht. Auch SARGENT[3] „konnte durch Zusammenschmelzen (?) der Oxyde der beiden Metalle mit Kohle keine Legierung gewinnen[4]". Daraus ist zu schließen, daß die von ARRIVAUT untersuchten Proben keine Legierungen im eigentlichen Sinne, sondern Gemenge der Metalle waren.

Literatur.

1. ARRIVAUT, G.: C. R. Acad. Sci., Paris Bd. 143 (1906) S. 594/96. — 2. KREMER, D.: Abh. Inst. Metallhütt. Elektromet. Techn. Hochsch. Aachen Bd. 1 (1916) S. 1/19. — 3. SARGENT, C.: J. Amer. chem. Soc. Bd. 22 (1901) S. 783. — 4. Zitiert aus Gmelin-Kraut Handbuch Bd. 3, S. 394, Heidelberg 1908.

Mn-Zn. Mangan-Zink.

Der Aufbau der zinkreichen Mn-Zn-Legierungen wurde von PARRAVANO-PERRET[1], SIEBE[2], GIEREN[3], ACKERMANN[4] und PEIRCE[5] untersucht; letzterer beschränkte sich jedoch nur auf die Bestimmung der Löslichkeit von Mn in festem Zn. Die Ergebnisse dieser Arbeiten gehen — mit Ausnahme der Liquiduskurve, die nach den darin gut übereinstimmenden Bestimmungen von PARRAVANO-PERRET, SIEBE sowie ACKERMANN als feststehend anzusehen ist — zum Teil außerordentlich auseinander. Am besten lassen sich die Abweichungen aus einer Gegenüberstellung der einzelnen Diagramme (Abb. 374) erkennen.

PARRAVANO-PERRET nehmen die beiden Verbindungen $MnZn_3$ (78,12% Zn) und $MnZn_7$ (89,28% Zn) an, und zwar auf Grund der Haltezeit bei 260° (polymorphe Umwandlung von $MnZn_3$), die bei $MnZn_3$ am größten ist und bei $MnZn_7$ Null wird, und der Tatsache, daß die Horizontalen bei 585° und 416° bei den betreffenden Konzentrationen etwa ihr Ende erreichen. Eine Kontrolle dieser Formeln mit Hilfe der Haltezeiten bei 730° und 585° war nicht möglich, da die peritektischen Umsetzungen auf den Abkühlungskurven nicht durch Haltepunkte, sondern nur durch eine Verzögerung der Abkühlungsgeschwindigkeit zum Ausdruck kamen. Das Ergebnis der Gefügeuntersuchung stimmt nach Angabe der Verfasser mit ihrem thermischen Befund überein; leider sind die Photographien des Feingefüges nicht

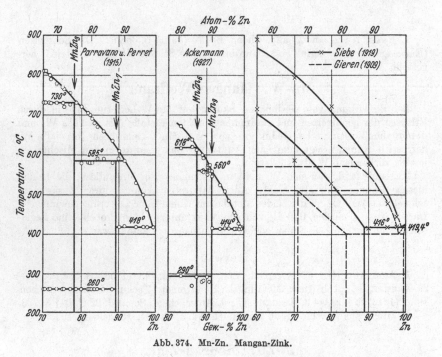

Abb. 374. Mn-Zn. Mangan-Zink.

sehr deutlich. Der eutektische Punkt liegt nach PARRAVANO-PERRET bei rd. 99% Zn.

SIEBE kam, ohne Kenntnis der Untersuchungen von PARRAVANO-PERRET, zu ganz anderen Ergebnissen (Abb. 374). Zwar besteht hinsichtlich des Endpunktes der Eutektikalen Übereinstimmung mit dem PARRAVANO-PERRETschen Diagramm, doch existieren nach SIEBE keine Verbindungen und damit auch keine Peritektikalen. Vielmehr schließt SIEBE aus seinen mikroskopischen Beobachtungen auf das Bestehen eines ausgedehnten Mischkristallgebietes unterhalb 89% Zn. Die eutektische Konzentration wurde nicht ermittelt.

GIEREN, dessen Arbeit durch zwei kritische Referate[6] bekannt geworden ist, hat das System im Bereich von 65—100% Zn thermisch und mikroskopisch untersucht, und zwar ohne Kenntnis der beiden vorgenannten Arbeiten. Das in Abb. 374 dargestellte hypothetische Dia-

gramm wurde aus dem ersten dieser Referate übernommen[10]. Nach den
von GIEREN mitgeteilten thermischen Werten verliefe die Liquiduskurve erheblich unterhalb der von PARRAVANO-PERRET und SIEBE gefundenen[7]. In Übereinstimmung mit ersteren fand GIEREN drei Horizontalen bei rd. 400°, 510° und 570°, also ebenfalls bei sehr viel tieferen
Temperaturen als PARRAVANO-PERRET feststellten. Dieses Ergebnis
läßt sich nur durch Annahme von Fehlern in der Temperaturmessung
von seiten GIERENs deuten. Unverständlich ist jedoch die Tatsache, daß
GIEREN — im Vergleich mit dem in diesem Punkte übereinstimmenden
Ergebnissen von PARRAVANO-PERRET, ACKERMANN und auch SIEBE —
alle drei Horizontalen bis herunter zu Zn-Gehalten von 65% verfolgen
konnte. Hinsichtlich des Gefügeaufbaus der Legierungen nimmt
GIEREN wie SIEBE ein Mischkristallgebiet an, daß sich zwar nur zwischen
etwa 71 und 84% Zn erstreckt. Aus dem Gefügebild einer Legierung
mit etwa 93% Zn folgt mit Sicherheit, daß die untere Peritektikale bei
mindestens dieser, eher noch bei einer etwas höheren Zn-Konzentration
die Liquiduskurve schneidet. Das steht im Widerspruch zu den Zu-
standsschaubildern von PARRAVANO-PERRET und ACKERMANN. Die
eutektische Zusammensetzung gibt GIEREN mit 98% Zn an.

In neuerer Zeit hat ACKERMANN die sich stark widersprechenden
Angaben der einzelnen Forscher durch eine experimentelle Untersuchung zu klären versucht. In seinem Typus entspricht das von ihm
aufgestellte Zustandsschaubild (Abb. 374) vollkommen demjenigen von
PARRAVANO-PERRET, jedoch bestehen hinsichtlich der Zusammensetzung
der Verbindungen und deren Bildungstemperaturen große Unterschiede.

Im Gegensatz zu PARRAVANO-PERRET und SIEBE erreicht die Eutektikale ihr Ende zwischen 91 und 91,5% Zn. Der vom Verfasser an Hand
der beigegebenen Schliffbilder geführte Beweis der Existenz der Verbindungen $MnZn_6$ (87,72% Zn) und $MnZn_9$ (91,46% Zn) ist m. E. nicht
überzeugend, doch kann hier leider nicht näher darauf eingegangen
werden. Die Umwandlung bei 270—290°, die sowohl SIEBE als GIEREN
entgangen war, deutet ACKERMANN als Reaktion der Verbindungen
$MnZn_6$ und $MnZn_9$ „unter reversibler Bildung einer neuen Phase" (?)
läßt aber diese „neue Phase" bei der Besprechung seiner Gefügebilder
ganz unberücksichtigt. Der eutektische Punkt liegt nach ACKERMANN
deutlich oberhalb 99,25% Zn.

In Anbetracht der sich so sehr widersprechenden Angaben der einzelnen Verfasser kann man zusammenfassend wohl nur folgendes über
die wahren Konstitutionsverhältnisse sagen. An dem Bestehen des von
allen Forschern mit Ausnahme von SIEBE gefundenen Diagrammtypus
kann kein Zweifel sein. Ebenso dürfte das Vorhandensein der Verbindung $MnZn_3$ (s. S. 905 PARRAVANO-PERRET) gesichert sein. Auch hinsichtlich der Temperatur der Peritektikalen wird man die thermischen

Werte von PARRAVANO-PERRET vor den von ACKERMANN angegebenen
vorziehen müssen, da die beiden Horizontalen von ersteren durch eine
größere Zahl von Abkühlungskurven festgelegt sind. Die Formel der
Zn-reichsten Verbindung steht noch nicht fest, ebensowenig wie das
Vorhandensein von Mischkristallen in diesem Gebiet. Die eutektische
Temperatur liegt nahe bei 416°, und die eutektische Konzentration liegt
oberhalb 99,25% Zn; PEIRCE gibt sie zu 99,2% Zn an.

Die Löslichkeit von Mn in festem Zn wurde nur von PEIRCE
näher bestimmt, und zwar mit Hilfe von Leitfähigkeitsmessungen von
gewalzten Proben, die $1/_2$ Stunde bei 400° geglüht und darauf luft-
gekühlt (!) waren. Nach dieser Wärmebehandlung liegt der Knick in
der Leitfähigkeitsisotherme bei 99,75% Zn. Da aber während des Erkaltens an der Luft eine teilweise Ausscheidung des bei höheren Temperaturen gelösten Mn im Mikroskop zu erkennen war, ist die Löslichkeit
etwas größer als 0,25% Mn. Die Konzentration des bei tieferen Temperaturen gesättigten Mischkristalls gibt PEIRCE auf Grund von Leitfähigkeitsmessungen an gewalzten und darauf rekristallisierten Proben
zu annähernd 99,9% Zn an.

Nachtrag. Röntgenanalysen der Zn-reichen Legierungen wurden ausgeführt von PARRAVANO-MONTORO[8] und PARRAVANO-CAGLIOTI[9]. PAR-
RAVANO-MONTORO glaubten, die von PARRAVANO-PERRET angenommenen
Verbindungen $MnZn_3 = \gamma$ (kubisch-raumzentriertes Gitter) und $MnZn_7$
$= \varepsilon$ (hexagonales dichtgepacktes Gitter) bestätigt zu haben. Später
haben PARRAVANO-CAGLIOTI ihre Ergebnisse erweitert und berichtigt.
Danach ist die hexagonale ε-Phase ($MnZn_{11}$?) bei Raumtemperatur
zwischen 67 und 75,5% Zn und oberhalb 292° in Legierungen mit
76—87,5% Zn stabil. Die der γ (CuZn)-Phase (Mn_5Zn_{34}?) strukturell
analoge γ-Phase wurde nur in langsam erkalteten Legierungen mit
78—92% Zn gefunden. Beide Phasen haben ein gewisses Homogenitätsgebiet. In Legierungen mit etwa 89—92% Zn wurde eine weitere
Phase mit noch unbekannter Struktur gefunden.

Literatur.

1. PARRAVANO, N., u. U. PERRET: Gazz. chim. ital. I Bd. 45 (1915) S. 1/6.
Die Legn. wurden analysiert. — **2.** SIEBE, P.: Z. anorg. allg. Chem. Bd. 108 (1919)
S. 171/73. Analyse des verwendeten Mn: 0,5% Si, 0,6% Fe; 3% Al. 20 g Einwaage. Keine Abbrandkorrektion der Zusammensetzung. — **3.** GIEREN, P.: Diss.
Berlin Techn. Hochsch. 1919. (50 g Einwaage.) — **4.** ACKERMANN, C. L.: Z. Metallkde. Bd. 19 (1927) S. 200/204. 50 g Einwaage. Die Legn. wurden analysiert.·
— **5.** PEIRCE, W. M.: Trans. Amer. Inst. min. metallurg. Engr. Bd. 68 (1923)
S. 777/79. — **6.** Z. Metallkde. Bd. 11 (1919) S. 16/17; Bd. 12 (1920) S. 141/42.
— **7.** Nach GIERENs thermischen Werten mündet die obere Peritektikale bei
rd. 85—86% Zn, die untere bei rd. 88—89% Zn in die Liquiduskurve. —
8. PARRAVANO, N., u. V. MONTORO: Mem. R. Accad. d'Italia, Kl. f. Phys., Math.
u. Naturwiss. Bd. 1 (1930) S. 5/19. — **9.** PARRAVANO, N., u. V. CAGLIOTI: Atti R.

Accad. Lincei, Roma Bd. 14 (1931) S. 166/69. Mem. R. Accad. d'Italia, Kl. f. Phys., Math. u. Naturwiss. Bd. 3 (1932) S. 1/21. Ref. J. Inst. Met., Lond. Bd. 53 (1933) S. 240/41.

Mo-N. Molybdän-Stickstoff.

Durch 4stündige Azotierung reinen Mo-Pulvers mit reinem NH_3 bei 400—725° hat Hägg[1] Mo-N-Legierungen mit 0,77 Gew.-% N (= 5,1 Atom-% N) bis 7,15% N (= 34,6 Atom-% N) dargestellt; bei Temperaturen oberhalb 725° beginnt das gebildete Nitrid zu dissoziieren. Höhere N-Konzentrationen (8,2—11,95 Gew.-% N = 37,8—48 Atom-% N) wurden durch verschieden lange Azotierung bei 700° (bis zu 120 Stunden) erhalten[2].

Die röntgenographische Untersuchung der Präparate ergab folgendes: Die Linien der Mo-Phase = α besitzen in allen Photogrammen der Proben mit weniger als 33 Atom-% N dieselben Lagen, Stickstoff ist also nicht in Mo löslich.

Die N-ärmste intermediäre β-Phase liegt bei etwa 28 Atom-% = 5,4

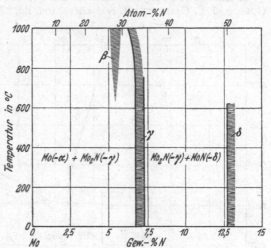

Abb. 375. Mo-N. Molybdän-Stickstoff.

Gew.-% N und besteht nur oberhalb etwa 600°. Wie die Untersuchung abgeschreckter Präparate zeigte, sind die Mo-Atome in einem flächenzentriert-tetragonalen Gitter angeordnet. Die Lagen der N-Atome konnten nicht bestimmt werden.

Die nächsthöhere Nitridphase γ hat bei Temperaturen unterhalb 600—700° ein schmales Homogenitätsgebiet in der Nähe von 33 Atom-% = 6,75 Gew.-% N, sie läßt sich also durch die Formel Mo_2N (6,80% N) ausdrücken. Bei höheren Temperaturen wird das Homogenitätsgebiet nach höheren Mo-Gehalten verschoben. Die Mo-Atome bilden ein flächenzentriert-kubisches Gitter. Die N-Atome liegen wahrscheinlich in den größten Zwischenräumen des Mo-Gitters; wenigstens die über die Konzentration von 20 Atom-% hinaus vorhandenen N-Atome sind statistisch in diesen Zwischenräumen verteilt.

Die N-reichste δ-Phase existiert bei etwa 50 Atom-% N, sie entspricht also der Formel MoN (12,73% N). Ihre Mo-Atome bilden ein einfaches hexagonales Gitter. Die Lagen der N-Atome konnten nicht bestimmt werden. Die Struktur dieser Phase ist ganz analog der des Wolframkarbides WC.

Nach den vorliegenden Ergebnissen wurde das in Abb. 375 dargestellte schematische Zustandsdiagramm gezeichnet.

Die in der älteren Literatur genannten Formeln $Mo_5N_3^3$ (8,05% N), $Mo_5N_4^3$ (10,45% N) und $Mo_3N_2^4$ (8,87% N) entsprechen — wie Abb. 375 zeigt — nicht wirklichen Verbindungen, sondern geben nur die Zusammensetzungen der erhaltenen undefinierten Produkte wieder.

Literatur.

1. HÄGG, G.: Z. physik. Chem. B Bd. 7 (1930) S. 340/56. — 2. HENDERSON, G. G., u. J. C. GALLETLY: J. Soc. chem. Ind. Bd. 27 (1908) S. 387/89 fanden, daß

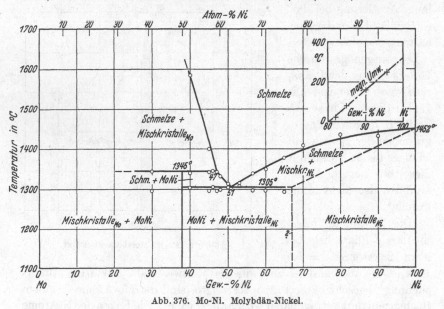

Abb. 376. Mo-Ni. Molybdän-Nickel.

Mo bei 850° mit NH_3 reagiert, wobei ein kleiner Teil des Metalls in Nitrid übergeht. — 3. UHRLAUB: Pogg. Ann. Bd. 101 (1857) S. 624. — 4. ROSENHEIM, A., u. H. J. BRAUN: Z. anorg. allg. Chem. Bd. 46 (1905) S. 317.

Mo-Ni. Molybdän-Nickel.

Abb. 376 zeigt das von BAAR[1] gegebene Zustandsschaubild. Dazu ist folgendes zu bemerken:

Die mit 67% Ni angenommene Grenze des Ni-reichen Mischkristalls bei der Schmelztemperatur wurde lediglich aus den Haltezeiten der eutektischen Kristallisation bei 1305° ermittelt. Im Gleichgewichtszustand dürfte die Löslichkeit bei dieser Temperatur noch größer, bei niederer Temperatur dagegen wohl wesentlich kleiner sein. Über die Gitterkonstanten der Ni-reichen Mischkristalle s. KÖSTER-SCHMIDT[3].

Die Natur der sich bei 1345° peritektisch bildenden intermediären Kristallart konnte nicht mit Sicherheit festgestellt werden. Die thermische Analyse versagt hier, da die peritektische Umsetzung infolge der Bildung von Umhüllungen bei rascher Abkühlung nicht vollständig verläuft. Berücksichtigt man jedoch nur die eutektischen Haltezeiten derjenigen Schmelzen, die unter Primärkristallisation der betreffenden Kristallart erstarren, so kommt man durch Extrapolation auf etwa 40% Ni. Die Formel MoNi verlangt 37,94% Ni; diese Formel dürfte also immerhin wahrscheinlich sein.

Die mikroskopische Untersuchung bestätigte das Ergebnis der thermischen Analyse. Die Legierungen mit 70—90% Ni bestanden nach dem Erkalten aus dem Schmelzfluß aus Schichtkristallen; die 80%ige Legierung wurde durch 6stündiges Glühen bei 1200° vollständig homogen. Legierungen mit 10—45% Ni erwiesen sich als dreiphasig (Mo-reicher Mischkristall, MoNi (?) und Ni-reicher Mischkristall). Durch $1/_2$stündiges Glühen bei 1340° konnte die peritektische Reaktion nicht zu Ende geführt werden, es gelang also auch auf diesem Wege noch nicht, die Zusammensetzung der intermediären Phase zu bestimmen.

DREIBHOLZ[2] teilt mit, daß er die eutektische Temperatur um 10° höher als BAAR fand, und daß er die peritektische Bildung der Verbindung bestätigen konnte. Er bestimmte die Temperaturen des Auftretens des Ferromagnetismus (bei fallender Temperatur) und erhielt die in der Nebenabb. von Abb. 376 eingezeichneten Curiepunkte. Danach liegt der Curiepunkt der Legierung mit 18% Mo bei Raumtemperatur[4].

Literatur.

1. BAAR, N.: Z. anorg. allg. Chem. Bd. 70 (1911) S. 353/58. Das verwendete Molybdän wurde durch aluminothermische Reduktion von MoO_2 hergestellt; es enthielt 97,88% Mo, 0,53% Fe, 0,61% SiO_2, Rest ? Das verwendete Nickel enthielt 1,86% Co und 0,47% Fe. Die beiden Metalle wurden unter Wasserstoff zusammengeschmolzen; Einwaage 20 g. Tiegelmaterial ? — 2. DREIBHOLZ: Z. physik. Chem. Bd. 108 (1924) S. 8/11. — 3. KÖSTER, W., u. W. SCHMIDT: Arch. Eisenhüttenw. Bd. 8 (1934/35) S. 23/27. — 4. Vgl. auch KÖSTER-SCHMIDT[3].

Mo-P. Molybdän-Phosphor.

Es bestehen die Verbindungen MoP[1] (24,4% P) und MoP_2[2] (39,3% P).

Literatur.

1. Aus MoO_3, H_3PO_4 und Kohle dargestellt von WÖHLER und RAUTENBERG: Liebigs Ann. Bd. 109 (1859) S. 374. — 2. Aus den Elementen im geschlossenen Rohr bei 550° dargestellt von E. HEINERTH u. W. BILTZ: Z. anorg. allg. Chem. Bd. 198 (1931) S. 175/76.

Mo-Pt. Molybdän-Platin.

Aus DREIBHOLZ'[1] Versuchen zur Darstellung von Mo-Pt-Legierungen ist zu schließen, daß flüssiges Pt bei der Temperatur des Knallgasgebläses mindestens

16% Mo zu lösen vermag. Daß derselbe Gehalt in der Nähe des Pt-Schmelzpunktes von Pt unter Mischkristallbildung aufgenommen wird, ist nicht unwahrscheinlich. Bei niederer Temperatur (d. h. nach Abkühlung auf Raumtemperatur) sind sicher „weniger als 2% Mo" in Pt gelöst.

Literatur.

1. DREIBHOLZ: Z. physik. Chem. Bd. 128 (1924) S. 5/8.

Mo-S. Molybdän-Schwefel.

Das Molybdändisulfid MoS_2 (40% S) ist durch die verschiedenartigsten chemischen Umsetzungen[1], wie auch durch direkte Vereinigung der Elemente dargestellt worden; an seinem Bestehen ist nicht zu zweifeln. Die Gitterstruktur dieser Verbindung wurde von DICKINSON-PAULING[2], HASSEL[3] und VAN ARKEL[4] bestimmt[5][6].

Die Einheitlichkeit der als Mo_2S_3, MoS_3 und MoS_4 angesehenen Produkte ist noch nicht erwiesen[1]; das Bestehen von Mo_2S_3 ist nach den vorliegenden Untersuchungen wenig wahrscheinlich.

Literatur.

1. Vgl. die chem. Handbücher. — 2. DICKINSON, R. G., u. L. PAULING: J. Amer. chem. Soc. Bd. 45 (1923) S. 1465/71. — 3. HASSEL, O.: Z. Kristallogr. Bd. 61 (1925) S. 92/99. — 4. ARKEL, A. E. VAN: Rec. Trav. chim. Pays-Bas Bd. 45 (1926) S. 437/44. — 5. S. Strukturbericht 1913—1928, S. 166, 214/15, Leipzig 1931. — 6. DICKINSON-PAULING und HASSEL untersuchten die natürlich vorkommende Verbindung (Molybdänglanz); VAN ARKEL stellte fest, daß das künstliche Produkt dieselbe Struktur besitzt.

Mo-Si. Molybdän-Silizium.

An dem Bestehen der Verbindung $MoSi_2$ (36,9% Si) ist nach den präparativen Arbeiten von HÖNIGSCHMID[1], DEFACQZ[2] und WATTS[3] und nach der Strukturuntersuchung von ZACHARIASEN[4] nicht zu zweifeln. HÖNIGSCHMID und ZACHARIASEN isolierten Kristalle dieser Zusammensetzung aus einem Reaktionsprodukt aus MoO_3, SiO_2, Al und S durch abwechselnde Behandlung mit NaOH, HCl und HNO_3. Ihre Einheitlichkeit ist durch die Strukturuntersuchung von ZACHARIASEN erwiesen. $MoSi_2$ hat ein tetragonales Gitter[5].

Die Existenz der Verbindung Mo_2Si_3, die von VIGOUROUX[6] behauptet wird, wird von HÖNIGSCHMID angezweifelt. Die von VIGOUROUX isolierten Kristalle enthielten Eisensilicid; eine Analyse wird nicht mitgeteilt. Die Einheitlichkeit des restlichen Produktes ist nicht erwiesen[7].

Literatur.

1. HÖNIGSCHMID, O.: Mh. Chemie Bd. 28 (1907) S. 1017/28. — 2. DEFACQZ, E.: C. R. Acad. Sci., Paris Bd. 144 (1907) S. 1424. — 3. WATTS, O. P.: Trans. Amer. electrochem. Soc. Bd. 9 (1906) S. 106. — 4. ZACHARIASEN, W.: Z. physik. Chem. Bd. 128 (1927) S. 39/48. — 5. S. Originalarbeit und P. P. EWALD u. C. HERMANN: Strukturbericht 1913—1928, S. 219 u. 783, Leipzig 1931. — 6. VIGOUROUX, E.: C. R. Acad. Sci., Paris Bd. 129 (1899) S. 1238/39. — 7. S. auch die Zusammenfassung von L. BARADUC-MULLER: Rev. Métallurg. Bd. 7 (1910) S. 747/48.

Mo-Sn. Molybdän-Zinn.

SARGENT[1] konnte durch Reduktion der Metalloxyde mit Kohle keine Mo-Sn-Legierungen erhalten.

Literatur.

1. SARGENT, C. L.: J. Amer. chem. Soc. Bd. 22 (1900) S. 783/90.

Mo-Ta. Molybdän-Tantal.

von Bolton[1] teilt mit, daß sich Mo mit Ta in jedem Verhältnis legiert.

Literatur.

1. Bolton, W. von: Z. Elektrochem. Bd. 11 (1905) S. 51.

Mo-W. Molybdän-Wolfram.

Nach den Arbeiten von Fahrenwald[1], Jeffries[2], Geiss-van Liempt[3] und van Arkel[4] besteht kein Zweifel darüber, daß Molybdän und Wolfram eine lückenlose Reihe von Mischkristallen miteinander bilden[5].

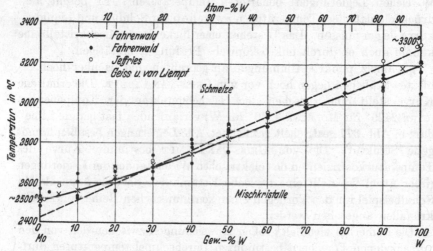

Abb. 377. Mo-W. Molybdän-Wolfram.

Fahrenwald bestimmte erstmalig die Temperaturen des Beginns des Schmelzens hochgesinterter Preßlinge (in H_2-Atmosphäre) mit Hilfe eines optischen Pyrometers. Diese Schmelzpunkte sind in Abb. 377 durch Kreuze gekennzeichnet, durch die sich die ausgezogene Linie, nach Fahrenwald die Soliduskurve des Systems, legen läßt. Das nach dem Verlauf dieser Kurve zu erwartende Bestehen einer lückenlosen Mischkristallreihe konnte er mikroskopisch bestätigen. In seiner zweiten Arbeit hat Fahrenwald die optisch gemessenen Schmelztemperaturen durch ein indirektes Meßverfahren nachgeprüft, das darin bestand, daß der Stromverbrauch gemessen wurde, der zum Durchschmelzen eines Drahtes notwendig ist. Aus einer vorher aufgenommenen Eichkurve, die den Wattverbrauch bei Metallen mit bekanntem Schmelzpunkt (Pt, Ir, Mo 2500°, W 3200°) über der Temperatur darstellt, lassen sich die „Schmelz"punkte entnehmen. Die auf diese Weise ermittelten Temperaturen sind in Abb. 377 als Punkte dargestellt; man sieht, daß hier

starke Streuungen auftreten. Selbstverständlich sind diese Durchschmelztemperaturen keine Gleichgewichtstemperaturen; deshalb ist
ihnen im Vergleich zu den optisch gemessenen Temperaturen keine
allzu große Bedeutung beizumessen. Aus der Beobachtung, daß das
Schmelzen plötzlich eintritt, und die Kristallite der Drähte nur außerordentlich geringe Kristallseigerung zeigen, schließt FAHRENWALD auf
ein sehr enges Erstarrungsintervall der Mo-W-Legierungen.

JEFFRIES bestimmte ebenfalls die Temperaturen des Durchschmelzens
vorher getemperter Drähte nach der von FAHRENWALD benutzten
Methode und fand die in Abb. 377 mit Kreisen bezeichneten und einem
Fehler von 50° (bei den Mo-reichen Legierungen) bis 30° (bei den
W-reichen Legierungen) behafteten Temperaturen[6]. Er betont ausdrücklich, daß diese Temperaturen zwischen der Solidus- und Liquiduskurve liegen müssen. Das Bestehen einer lückenlosen Mischkristallreihe
konnte auch er durch mikroskopische Prüfungen bestätigen.

„Schmelz"punktbestimmungen an gepreßten und nachher hoch erhitzten Stäbchen liegen noch vor von GEISS-VAN LIEMPT. Die erhaltene
Kurve stellt eine zwischen den Schmelzpunkten der Komponenten
(etwa 2420° für Mo, etwa 3280° für W) verlaufende „fast gerade Linie"
dar; in Abb. 377 gestrichelt gezeichnet. Alle Legierungen besaßen homogene Struktur. Die von GEISS-VAN LIEMPT bestimmte Kurve des
Temperaturkoeffizienten des elektrischen Widerstandes der Legierungen
(über Atom-%) stellt eine typische Kettenkurve dar; sie kann als ein
Schulbeispiel für das Vorliegen einer kontinuierlichen Reihe von Mischkristallen angesehen werden.

Die immerhin ziemlich großen Abweichungen zwischen den von den
verschiedenen Forschern bestimmten Durchschmelztemperaturen dürften zum großen Teil durch die Verschiedenheit der als richtig voraus-
gesetzten Schmelztemperaturen des Molybdäns und Wolframs bedingt
sein (vgl. Abb. 377).

Eine weitere Bestätigung dafür, daß Mo und W im festen Zustand
lückenlos mischbar sind, erbrachten die röntgenographischen Untersuchungen von VAN ARKEL. Alle untersuchten Mischungsverhältnisse[7]
besitzen das kubisch-raumzentrierte Gitter der Komponenten mit regelloser Atomverteilung[8]. Die Additivität der Gitterabstände (VEGARD-
sches Gesetz) gilt hier genau. Zu demselben Ergebnis kam schon früher
BAIN[9]; er teilt jedoch keine Einzelergebnisse mit.

Literatur.

1. FAHRENWALD, F. A.: Trans. Amer. Inst. min. metallurg. Engr. Bd. 54 (1917)
S. 570/73, 583/85; Bd. 56 (1917) S. 612/19. — **2.** JEFFRIES, Z.: Trans. Amer. Inst.
min. metallurg. Engr. Bd. 56 (1917) S. 600/611. — **3.** GEISS, W., u. J. A. M. VAN
LIEMPT: Z. anorg. allg. Chem. Bd. 128 (1923) S. 355/60. — **4.** ARKEL, A. E. VAN:
Physica Bd. 4 (1924) S. 33/41; Bd. 6 (1926) S. 64/69. Z. Kristallogr. Bd. 67 (1928)

S. 235/38. — **5.** LIEMPT, J. A. M. VAN: Rec. Trav. chim. Pays-Bas Bd. 45 (1926) S. 203/206 (deutsch). — **6.** Über exp. Einzelheiten und Fehlerquellen siehe die Originalarbeit, vgl. auch den Diskussionsbeitrag von J. W. RICHARDS: Trans. Amer. Inst. min. metallurg. Engr. Bd. 56 (1917) S. 618/19. — **7.** 0, 33,5, 54, 73,2, 82,4, 100 Atom-% W. — **8.** Demgegenüber teilen S. KAYA u. A. KUSSMANN: Z. Physik Bd. 72 (1931) S. 306 ohne Literaturangabe mit, daß im System Mo-W eine geordnete Atomverteilung festgestellt sei. — **9.** BAIN, E. C.: Chem. metallurg. Engng. Bd. 28 (1923) S. 24.

N-Nb. Stickstoff-Niobium.

Darstellung und Eigenschaften von NbN (87,2% Nb): FRIEDERICH, E., u. L. SITTIG: Z. anorg. allg. Chem. Bd. 143 (1925) S. 308/309. Schmelzpunkt etwa 2050°. Kristallstruktur von NbN (Steinsalztypus): BECKER, K., u. F. EBERT: Z. Physik Bd. 31 (1925) S. 268/72. Die metallische Natur von NbN ist bewiesen durch die Messung des spezifischen Widerstandes von FRIEDERICH u. SITTIG.

Über Nb_3N_5 (?) siehe W. MUTHMANN, L. WEISS u. R. RIEDELBAUCH: Liebigs Ann. Bd. 355 (1907) S. 92.

Siehe auch G. HÄGG: Z. physik. Chem. B Bd. 6 (1929) S. 221/32.

N-Ni. Stickstoff-Nickel.

Stickstoff wird von festem Ni (untersucht bis 1400°) nicht gelöst[1].

HÄGG[2] hat die bei der Nitrierung von Fe anwendbaren Verfahren auf Ni anzuwenden versucht: Einwirkung von NH_3 auf Ni red. bei Temperaturen zwischen 300° und 1000°, auch unter Druck. Röntgenographisch konnte keine neue Phase festgestellt werden. Bei einer bei 300° behandelten Probe mit 0,32% N_2 und 0,17% H_2 konnte eine deutliche, wenn auch sehr kleine Verschiebung der Interferenzen im Sinne einer Gitteraufweitung beobachtet werden. Aus der Tatsache, daß eine nur 0,27% H_2 enthaltende Probe diese Linienverschiebung nicht zeigte, ist zu schließen, daß Ni sehr geringe Mengen Stickstoff in seinem Gitter zu lösen vermag.

VOURNASOS[3] hat die Darstellung von Ni_3N_2 beschrieben. $(Ni(CN)_2 + 2 NiO = 2 CO + Ni_3N_2$ oberhalb 2000°.)

Literatur.

1. SIEVERTS, A., u. W. KRUMBHAAR: Ber. dtsch. chem. Ges. Bd. 43 (1910) S. 894. — **2.** HÄGG, G.: Nova Acta Regiae Soc. Scient. Upsaliensis 4 Bd. 7 (1929) S. 22/23 (engl.). — **3.** VOURNASOS, A. C.: C. R. Acad. Sci., Paris Bd. 168 (1919) S. 889/91.

N-Pb. Stickstoff-Blei.

Stickstoff wird von den nachstehenden Metallen nicht gelöst; untersucht bis zu den in Klammern eingeschlossenen Temperaturen: Pb (600°), Pd (1400°), Sb (800°), Sn (800°), Tl (600°) und Zn (600°)[1].

Literatur.

1. SIEVERTS, A., u. W. KRUMBHAAR: Ber. dtsch. chem. Ges. Bd. 43 (1910) S. 894.

N-Pd. Stickstoff-Palladium.

Siehe N-Pb, diese Seite.

N-Sb. Stickstoff-Antimon.

Siehe N-Pb, S. 915.

N-Sc. Stickstoff-Scandium.

Darstellung und Eigenschaften von ScN (76,3% Sc): FRIEDERICH, E., u. L. SITTIG: Z. anorg. allg. Chem. Bd. 143 (1925) S. 310/12. Schmelzpunkt etwa 2650°. Kristallstruktur von ScN (Steinsalztypus): BECKER, K., u. F. EBERT: Z. Physik Bd. 31 (1925) S. 268/72. Die metallische Natur von ScN folgt aus der Messung des spezifischen Widerstandes von FRIEDERICH u. SITTIG. Siehe auch G. HÄGG: Z. physik. Chem. B Bd. 6 (1929) S. 221/32.

N-Si. Stickstoff-Silizium.

Beim Glühen von Si im N_2-Strom bei 1300—1500° entsteht Si_3N_4 (60,03% Si)[1]. Es leitet den elektrischen Strom nicht, ist also unmetallisch.

Literatur.

1. WEISS, L., u. T. ENGELHARDT: Z. anorg. allg. Chem. Bd. 65 (1910) S. 38/104. Daselbst ausführliche Behandlung des älteren Schrifttums. FUNK, H.: Z. anorg. allg. Chem. Bd. 133 (1924) S. 67/72. FRIEDERICH, F., u. L. SITTIG: Z. anorg. allg. Chem. Bd. 143 (1925) S. 313/14. HINCKE u. L. R. BRANTLEY: J. Amer. chem. Soc. Bd. 52 (1930) S. 48/52.

N-Sn. Stickstoff-Zinn.

Siehe N-Pb, S. 915.

N-Ta. Stickstoff-Tantal.

Verbindung TaN (92,8% Ta): Darstellung und Eigenschaften: JOLY, A.: Bull. Soc. chim. France 2 Bd. 25 (1876) S. 506. FRIEDERICH, E., u. L. SITTIG: Z. anorg. allg. Chem. Bd. 143 (1925) S. 308/309. ARKEL, A. E. VAN, u. J. H. DE BOER: Ebenda Bd. 148 (1925) S. 348. MOERS, K.: Ebenda Bd. 198 (1931) S. 243 bis 261, insb. 256/57. Schmelzpunkt nach C. AGTE u. K. MOERS: Z. anorg. allg. Chem. Bd. 198 (1931) S. 239: 3090 ± 50°. Kristallstruktur (hexagonal, vermutlich Wurtzit-Typus): ARKEL, A. E. VAN: Physica Bd. 4 (1924) S. 286/301, s. jedoch auch K. BECKER u. F. EBERT: Z. Physik Bd. 31 (1925) S. 268/72. Die metallische Natur von TaN ist bewiesen durch die Messungen des spezifischen Widerstandes von FRIEDERICH u. SITTIG (s. oben) sowie K. MOERS: Z. anorg. allg. Chem. Bd. 198 (1931) S. 262/75.

Das Bestehen von Ta_3N_5 bzw. TaN_2 wird behauptet von A. JOLY (s. oben) bzw. W. MUTHMANN, L. WEISS u. R. RIEDELBAUCH: Liebigs Ann. Bd. 355 (1907) S. 92. Es besteht jedoch höchstwahrscheinlich nur TaN.

Siehe auch die zusammenfassende Arbeit von G. HÄGG: Z. physik. Chem. B Bd. 6 (1929) S. 221/32.

N-Th. Stickstoff-Thorium.

Durch Vereinigung der Elemente (beim Glühen von Th im N_2-Strom) entsteht Th_3N_4 (92,5% Th). Es hat metallische Eigenschaften[2].

Literatur.

1. MATIGNON, C., u. M. DELÉPINE: C. R. Acad. Sci., Paris Bd. 132 (1901) S. 37. NEUMANN, B., C. KRÖGER u. H. HAEBLER: Z. anorg. allg. Chem. Bd. 207 (1932) S. 145/49. — **2.** HÄGG, G.: Z. physik. Chem. B Bd. 6 (1929) S. 222.

N-Ti. Stickstoff-Titan.

Nach den neueren Arbeiten von RUFF-EISNER[1], WEISS-KAISER[2], FRIEDERICH-SITTIG[3], VAN ARKEL-DE BOER[4] sowie MOERS[5] besteht höchstwahrscheinlich nur das Titanmononitrid TiN (77,34% Ti). Insbesondere ist das von WÖHLER[6], FRIEDEL-GUÉRIN[7], SCHNEIDER[8], GEISOW[9] und WHITEHOUSE[10] als Verbindung Ti_3N_4 (71,94% Ti) angesehene Produkt von RUFF-EISNER als nicht einheitlich erkannt worden. Das von WÖHLER ermittelte Nitrid Ti_5N_6 (74,02% Ti) ist nach FRIEDEL-GUÉRIN identisch mit TiN. Dieselben Verfasser wiesen auch nach, daß ein einheitliches Produkt von der Zusammensetzung TiN_2 (WÖHLER) nicht besteht.

Darstellung und Eigenschaften von TiN: FRIEDEL-GUÉRIN[7], MOISSAN[11], RUFF-EISNER[1], WEISS-KAISER[2], FRIEDERICH-SITTIG[3], VAN ARKEL-DE BOER[4], MOERS[5], CLAUSING[11a]. Der Schmelzpunkt wird von FRIEDERICH-SITTIG zu etwa 2930°; von AGTE-MOERS[12] zu 2950 ± 50° angegeben. TiN kristallisiert nach VAN ARKEL[13] und BECKER-EBERT[14] mit NaCl-Struktur. Der spezifische Widerstand wurde von SHUKOW[15], FRIEDERICH-SITTIG sowie MOERS[16] bestimmt, die Supraleitfähigkeit untersuchten MEISSNER-FRANZ-WESTERHOFF[17].

Literatur.

1. RUFF, O., u. F. EISNER: Ber. dtsch. chem. Ges. Bd. 41 (1908) S. 2250/64; Bd. 42 (1909) S. 900. — **2.** WEISS, L., u. K. KAISER: Z. anorg. allg. Chem. Bd. 65 (1910) S. 393/94. — **3.** FRIEDERICH, F., u. L. SITTIG: Z. anorg. allg. Chem. Bd. 143 (1925) S. 297/300. — **4.** ARKEL, A. E. VAN, u. J. H. DE BOER: Z. anorg. allg. Chem. Bd. 148 (1925) S. 348. — **5.** MOERS, H.: Z. anorg. allg. Chem. Bd. 198 (1931) S. 243/61, insb. 256. — **6.** WÖHLER, F.: Liebigs Ann. Bd. 73 (1850) S. 46. Über WÖHLERs Arbeiten über Titannitride s. auch GMELIN-KRAUT. — **7.** FRIEDEL u. GUÉRIN: Ann. Chim. Phys. 5 Bd. 8 (1876) S. 24. — **8.** SCHNEIDER, E. A.: Z. anorg. allg. Chem. Bd. 8 (1895) S. 88/91. — **9.** GEISOW, H.: Diss. München 1902. — **10.** WHITEHOUSE, N.: J. Soc. chem. Ind. Bd. 26 (1907) S. 738. — **11.** MOISSAN, H.: C. R. Acad. Sci., Paris Bd. 120 (1895) S. 290. Ann. Chim. Phys. 7 Bd. 9 (1895) S. 229. — **11a.** CLAUSING, P.: Z. anorg. allg. Chem. Bd. 208 (1932) S. 401/419. — **12.** AGTE, C., u. K. MOERS: Z. anorg. allg. Chem. Bd. 198 (1931) S. 239. — **13.** ARKEL, A. E. VAN: Physica Bd. 4 (1924) S. 286/301. — **14.** BECKER, K., u. F. EBERT: Z. Physik Bd. 31 (1925) S. 268/72. — **15.** SHUKOW, I.: J. russ. phys.-chem. Ges. Bd. 42 (1910) S. 40/41 (russ.). Ref. Chem. Zbl. 1910 I, S. 1221. — **16.** MOERS, K.: Z. anorg. allg. Chem. Bd. 198 (1931) S. 262/75. — **17.** MEISSNER, W., u. H. FRANZ: Z. Physik Bd. 65 (1930) S. 33/35. MEISSNER, W., H. FRANZ u. H. WESTERHOFF: Z. Physik Bd. 75 (1932) S. 525/26.

N-Tl. Stickstoff-Thallium.

Siehe N-Pb, S. 915.

N-U. Stickstoff-Uran.

Das von COLANI[1] beschriebene Uran-Stickstoffpräparat von der Zusammensetzung U_3N_4 (92,7% U) hat metallische Eigenschaften[2]; ob es einer wohl definierten Verbindung entspricht, ist zweifelhaft; s. auch die Arbeiten von KOHLSCHÜTTER[3], HEUSLER[4] und NEUMANN-KRÖGER-HAEBLER[5].

Literatur.

1. COLANI, A.: C. R. Acad. Sci., Paris Bd. 137 (1903) S. 382/84. — **2.** HÄGG, G.: Z. physik. Chem. B Bd. 6 (1929) S. 222. — **3.** KOHLSCHÜTTER, V.: Liebigs Ann. Bd. 317 (1901) S. 165. — **4.** HEUSLER, O.: Z. anorg. allg. Chem. Bd. 154 (1926) S. 366/73. — **5.** NEUMANN, B., C. KRÖGER u. H. HAEBLER: Z. anorg. allg. Chem. Bd. 207 (1932) S. 145/49.

N-V. Stickstoff-Vanadium.

Verbindung VN (78,43% V): Darstellung und Eigenschaften: ROSCOE: vgl. Gmelin-Kraut Handbuch Bd. 3 S. 92/93, Heidelberg 1908. WHITEHOUSE, N.: J. Soc. chem. Ind. Bd. 26 (1907) S. 738/39. FRIEDERICH, E., u. L. SITTIG: Z. anorg. allg. Chem. Bd. 143 (1925) S. 303/304. MOERS, K.: Ebenda Bd. 198 (1931) S. 243 bis 261, insb. 256. Schmelzpunkt nach FRIEDERICH und SITTIG etwa 2050°. Kristallstruktur (NaCl-Typus): BECKER, K., u. F. EBERT: Z. Physik Bd. 31 (1925) S. 268/72. Die metallischen Eigenschaften von VN sind erwiesen durch die Messungen des spezifischen Widerstandes von FRIEDERICH und SITTIG sowie MOERS: Z. anorg. allg. Chem. Bd. 198 (1931) S. 262/75 und der Supraleitfähigkeit von W. MEISSNER und H. FRANZ: Z. Physik Bd. 65 (1930) S. 32/33.

Das von ROSCOE vermutete Vanadiumdinitrid VN_2 besteht sicher nicht, da nach den neueren Arbeiten die Verbindung VN als die an Stickstoff reichste Phase anzusehen ist. Die Einheitlichkeit eines von W. MUTHMANN, L. WEISS und R. RIEDELBAUCH: Liebigs Ann. Bd. 355 (1907) S. 58 als Verbindung V_2N angesehenen Produktes ist nicht bewiesen.

Siehe auch die zusammenfassende Arbeit von G. HÄGG: Z. physik. Chem. B Bd. 6 (1929) S. 221/32.

N-W. Stickstoff-Wolfram.

HÄGG[1] hat W-N-Legierungen mit bis zu 1,67% N = 18,2 Atom-% N[2] durch Behandeln von W-Pulver mit NH_3 bei 700—800° hergestellt und röntgenographisch untersucht. Die Pulverphotogramme zeigten immer nur Linien der W-Phase zusammen mit Linien einer neuen Phase β. N ist in W unlöslich, da die Linien der W-Phase in allen Photogrammen dieselben Lagen besitzen. Die Lagerung der W-Atome in der β-Phase ist ganz analog der γ-Phase im System Mo-N; sie bilden also ein flächenzentriert-kubisches Gitter. Die N-Atome haben mit größter Wahrscheinlichkeit nur genügend Platz in den größten Zwischenräumen des W-Gitters. In Analogie mit dem System Mo-N ist anzunehmen, daß die β-Phase bei 33,3 Atom-% N homogen ist, sie entspricht also der Zusammensetzung W_2N (3,67% N).

Frühere Untersuchungen. Bei Überleitung von NH_3 über W wird nach HENDERSON-GALLETLY[3] praktisch kein Nitrid gebildet. SIEVERTS-BERGNER[4] fanden, daß N_2 mit W bis 1500° nicht reagiert. LANGMUIR[5] beschreibt das Nitrid WN_2 (13,2% N), das beim elektrischen Erhitzen eines W-Drahtes auf etwa 2500° in einer N-Atmosphäre entsteht.

Literatur.

1. HÄGG, G.: Z. physik. Chem. B Bd. 7 (1929) S. 356/60. — **2.** Dieser höchste N-Gehalt wurde durch 48 stündige Azotierung bei 750° erhalten. — **3.** HENDERSON, G. G., u. J. C. GALLETLY: J. Soc. chem. Ind. Bd. 27 (1908) S. 387/89. — **4.** SIEVERTS, A., u. E. BERGNER: Ber. dtsch. chem. Ges. Bd. 44 (1911) S. 2401. — **5.** LANGMUIR, J.: J. Amer. chem. Soc. Bd. 35 (1913) S. 931/45.

N-Zn. Stickstoff-Zink.

Siehe N-Pb, S. 915.

N-Zr. Stickstoff-Zirkonium.

Darstellung und Eigenschaften von ZrN (86,7% Zr): FRIEDERICH, E., u. L. SITTIG: Z. anorg. allg. Chem. Bd. 143 (1925) S. 300/303. ARKEL, A. E. VAN, u. J. H. DE BOER: Ebenda Bd. 148 (1925) S. 347/48. BOER, J. H. DE, u. J. D. FAST: Ebenda Bd. 153 (1926) S. 7. MOERS, K.: Ebenda Bd. 198 (1931) S. 243/61, insb.

S. 255/56. Clausing, P.: Z. anorg. allg. Chem. Bd. 208 (1932) S. 401/419. Der Schmelzpunkt von ZrN wird von Friederich und Sittig zu 2930°, von C. Agte und K. Moers: Z. anorg. allg. Chem. Bd. 198 (1931) S. 239 zu 2985 ± 50° angegeben. Kristallstruktur von ZrN (NaCl-Typus): Arkel, A. E. van: Physica Bd. 4 (1924) S. 286/301. Becker, K., u. F. Ebert: Z. Physik Bd. 31 (1925) S. 268/72. ZrN hat metallische Eigenschaften; der spezifische Widerstand wurde bestimmt von Friederich und Sittig, Clausing sowie Moers: Z. anorg. allg. Chem. Bd. 198 (1931) S. 262/75, die Supraleitfähigkeit von W. Meissner und H. Franz: Z. Physik Bd. 65 (1930) S. 35/38 sowie W. Meissner, H. Franz u. H. Westerhoff: Z. Physik Bd. 75 (1932) S. 525/26.

Es wird außerdem das Bestehen der folgenden Verbindungen behauptet: Zr_3N_2 von E. Wedekind: Liebigs Ann. Bd. 395 (1913) S. 177, 180. Zr_3N_4 von P. Bruère u. E. Chauvenet: C. R. Acad. Sci., Paris Bd. 167 (1918) S. 203. Zr_2N_3 von J. M. Mathews: J. Amer. chem. Soc. Bd. 20 (1898) S. 843/46 und E. Wedekind: Z. anorg. allg. Chem. Bd. 45 (1905) S. 292/93. Zr_3N_8 (?) von J. M. Mathews: J. Amer. chem. Soc. Bd. 20 (1898) S. 843/46. Da sich nach den neueren Arbeiten auf verschiedenem Wege stets ZrN bildet, so ist das Bestehen dieser Zirkoniumnitride zweifelhaft.

Siehe auch die zusammenfassende Arbeit von G. Hägg: Z. physik. Chem. B Bd. 6 (1929) S. 221/32.

Na-Pb. Natrium-Blei.

Erstarrung und Verbindungsbildung. Tammann[1] fand, daß durch 1,23% Pb eine Erniedrigung des Na-Schmelzpunktes um maximal 0,2° eintritt, während Heycock-Neville[2] eine maximale Gefrierpunktserniedrigung von 0,3° durch etwa 0,38% Pb feststellten. Der Erstarrungspunkt des Bleis wird nach Heycock-Neville[3] durch 0,5% Na um 5° erniedrigt.

Die erstmalig von Kurnakow-Kusnetzow[4] bestimmte Liquiduskurve der ganzen Legierungsreihe besitzt zwei Maxima bei etwa 78,6% Pb und 420° (entsprechend Na_5Pb_2 mit 78,3% Pb) bzw. 96% Pb und 316° (entsprechend $NaPb_3$ mit 96,43% Pb) sowie zwei Minima bei etwa 98,8% Pb und 298° bzw. 97,5% Pb und 307°. Da die Verfasser zwischen 70 und 90% Pb nur sehr wenige Schmelzen untersuchten und auch das Ende der Erstarrung nicht berücksichtigten, so mußten ihnen die beiden anderen Maxima entgehen.

Mathewson[5], dem wir das Zustandsschaubild im wesentlichen verdanken, schloß auf Grund einer ausführlichen thermischen Analyse auf das Bestehen der Verbindungen Na_4Pb (69,25% Pb), Na_2Pb, $NaPb$ (90,01% Pb) und Na_2Pb_5 (95,75% Pb), die er vornehmlich aus den Konzentrationen der Höchstpunkte ermittelte. (Die Verbindung Na_2Pb war schon früher von Joannis[6] isoliert worden. Aus der Abweichung der Dichten der Legierungen mit 68,3%, 80,5% und 90% Pb von den nach der Mischungsregel zu erwartenden Werten hatten Greene-Wahl[7] sehr gewagt auf die Existenz der Verbindungen Na_4Pb, Na_2Pb und $NaPb$ geschlossen). Die von Mathewson bestimmten Erstarrungstemperaturen stimmen mit den von Kurnakow-Kusnetzow gefundenen

gut überein. Hinsichtlich der Konzentration des Pb-reichsten Maximums
weichen jedoch die Ansichten der Forscher voneinander ab: MATHEWSON
konnte durch besondere Versuche[8] ziemlich sicher zeigen, daß es bei
Na_2Pb_5 und nicht bei $NaPb_3$ liegt (beide Zusammensetzungen unterscheiden sich jedoch nur um 0,7% Pb und ihre Erstarrungstemperaturen
nur um etwa 1°). Mit Hilfe der Abhängigkeit der Haltezeiten der eutektischen Kristallisationen bei 373°, 300° und 307° von der Konzentration
stellte MATHEWSON fest, daß Na_4Pb mit Pb, Na_2Pb mit Na und Na_2Pb_5
mit Na und Pb Mischkristalle zu bilden vermag. Der genaue Grad der

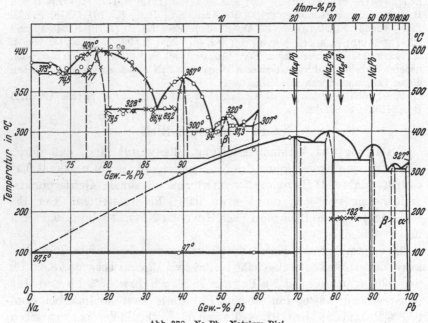

Abb. 378. Na-Pb. Natrium-Blei.

Löslichkeit wurde indessen nicht ermittelt, da keine Wärmebehandlungen und mikroskopischen Untersuchungen ausgeführt wurden.

GOEBEL[9] konnte bei einer Überprüfung der Erstarrungsverhältnisse
zwischen 90 und 100% Pb die von MATHEWSON gefundenen ausgezeichneten Temperaturen und Konzentrationen vollauf bestätigen.

Dagegen erfuhren die von MATHEWSON für den Bereich von 75 bis
90% Pb festgestellten Konstitutionsverhältnisse eine Berichtigung durch
eine thermische Untersuchung von CALINGAERT-BOESCH[10]. Diese Forscher stellten fest, daß das Maximum der höchstschmelzenden Verbindung nicht bei der Zusammensetzung Na_2Pb, sondern — wie schon
KURNAKOW-KUSNETZOW gefunden hatten — bei der Konzentration
Na_5Pb_2 (78,28% Pb) liegt. In der Nebenabb. zu Abb. 378 sind die
thermischen Daten von MATHEWSON durch Kreise, diejenigen von

CALINGAERT-BOESCH durch Kreuze gekennzeichnet. In einer sich nach der Gleichung $Na_5Pb_2 + NaPb = 3\,Na_2Pb$ vollziehenden Reaktion bei 182°, die MATHEWSON entgangen war[11], bildet sich mit fallender Temperatur die Verbindung Na_2Pb. CALINGAERT-BOESCH fanden weiter, daß Na_5Pb_2 sowohl mit Na als mit Pb Mischkristalle zu bilden vermag. Die angegebenen Konzentrationen der „gesättigten" festen Lösungen wurden lediglich aus den Haltezeiten bei 373° und 328° entnommen.

Die Löslichkeit von Natrium in Blei. Nach MATHEWSONs Beobachtungen der Haltezeiten bei 307° würde die Sättigungsgrenze für diese Temperatur schon bei 99,5% Pb liegen, nach Angaben von LEWIN[12] auf Grund mikroskopischer Untersuchungen an abgeschreckten Legierungen bei etwa 99,35% Pb. Auf Grund von Härte- und Dichtemessungen an abgeschreckten und langsam abgekühlten Legierungen nahm GOEBEL[13] eine bei allen Temperaturen gleichbleibende Löslichkeitsgrenze bei 99,2% Pb an. TAMMANN-RÜDIGER[14] schlossen aus der zeitlichen Änderung der Härte und des Widerstandes abgeschreckter Legierungen auf eine Löslichkeitsgrenze von fast 99,1% bei 307°, etwa 99,3% bei 200° und etwa 99,5% Pb bei „Raumtemperatur".

Spannungsmessungen liegen vor von HABER-SACK[15] (im Gebiet zwischen 90 und 95,5% Pb) sowie von KREMANN-VON REININGHAUS[16] (ganze Legierungsreihe). Die Messungen von HABER-SACK deuten auf die Existenz einer mit dem Diagramm unvereinbaren Verbindung $NaPb_2$ (94,74% Pb). Die von KREMANN-VON REININGHAUS gefundene Spannungskurve weist vier statt fünf mehr oder weniger steile Sprünge auf; Einzelheiten s. Originalarbeit.

Nachtrag. Durch potentiometrische Titration bei tiefer Temperatur einer Suspension von PbJ_2 in flüssigem NH_3 mit einer Lösung von Na in flüssigem NH_3 haben ZINTL-GOUBEAU-DULLENKOPF[17] das Bestehen der in ammoniakalischer Lösung als „polyanionige" Salze (d. h. salzartige Verbindungen vom Typus der Polysulfide) aufzufassende Verbindungen Na_4Pb_7 (94,03% Pb) und Na_4Pn_9 (95,30% Pb) festgestellt; beide Verbindungen treten im Zustandsdiagramm nicht hervor, da sie sich nicht aus Na-Pb-Schmelzen ausscheiden.

Bei einer röntgenographischen Untersuchung des Systems zwischen 92 und 100% Pb haben ZINTL-HARDER[18] folgendes festgestellt. Na löst sich im Pb-Gitter unter Gitterkontraktion (α-Phase). Die Pb-reichste Zwischenphase, die nach MATHEWSON die Verbindung Na_2Pb_5 sein soll, hat ein kubisch-flächenzentriertes Gitter mit 4 Atomen im Elementarkörper. Das Gitter ist also mit der Formel Na_2Pb_5 nicht zu vereinbaren. Auch Na_4Pb_9 (s. o.) kommt nicht in Betracht. Nach dem Homogenitätsgebiet dieser in Abb. 378 mit β bezeichneten Phase, das sich von etwa 68—72 Atom-% Pb (etwa 95—95,9 Gew.-% Pb) erstreckt, läßt sich keine mit der Struktur verträgliche Formel für die β-Phase angeben. Aus der Verteilung der Atome im Gitter ergibt sich vielmehr, daß sich die β-Phase aus der an sich nicht beständigen Verbindung $NaPb_3$ durch Einbau von Na-Atomen an die Stelle von willkürlich herausgegriffenen Pb-Atomen herleiten läßt; sie ist also ein Mischkristall der nicht selbst bestehenden Verbindung $NaPb_3$ (analoge Fälle liegen auch in den Systemen Cu-Zn, Fe-Si, Fe-Sb u. a. vor). Die β-Phase unterscheidet sich von der α-Phase darin, daß die Na-Atome im kubisch-flächenzentrierten Gitter nicht mehr sämtlich in statistischer Unordnung, sondern teilweise geordnet auf die Gitterpunkte verteilt sind[19]. NaPb hat wahrscheinlich ein Gitter niedrigerer Symmetrie.

STILLWELL-ROBINSON[20] haben gefunden, daß das Gitter der in Abb. 378 mit Na_4Pb bezeichneten Phase kubisch-flächenzentriert mit 78 Atomen in der Elementarzelle ist; es ist offenbar dem Gitter von γ(Cu-Zn) analog und würde demnach genauer der Formel $Na_{31}Pb_8$ (statt $Na_{32}Pb_8$) entsprechen.

Die Löslichkeit von Na in Pb bei 307° wurde von KURNAKOW-POGODIN[21] mit Hilfe thermischer Untersuchungen und Bestimmungen der Härte und des Widerstandes mit 1,9% Na wesentlich höher als früher angegeben (s. S. 921). Für 20° fanden sie annähernd den von TAMMANN-RÜDIGER festgestellten Wert: 0,4% Na.

Literatur.

1. TAMMANN, G.: Z. physik. Chem. Bd. 3 (1889) S. 447. — **2.** HEYCOCK, C. T., u. F. H. NEVILLE: J. chem. Soc. Bd. 55 (1889) S. 675. — **3.** HEYCOCK, C. T., u. F. H. NEVILLE: J. chem. Soc. Bd. 61 (1892) S. 904.— **4.** KURNAKOW, N. S., u. A. N. KUSNETZOW: Z. anorg. allg. Chem. Bd. 23 (1900) S. 455/62. — **5.** MATHEWSON, C. H.: Z. anorg. allg. Chem. Bd. 50 (1906) S. 172/80. Experimentelles s. Na-Sn. — **6.** JOANNIS, A.: C. R. Acad. Sci., Paris Bd. 114 (1892) S. 585/86. Ann. Chim. Phys. 8 Bd. 7 (1906) S. 79. — **7.** GREENE, W. H., u. W. H. WAHL: J. Franklin Inst. Bd. 130 (1890) S. 483/84. — **8.** Die Abkühlungskurve einer Schmelze mit 96,4% Pb (= $NaPb_3$) zeigte im Gegensatz zu einer solchen mit 96,0% Pb einen deutlichen Effekt bei 307°. — **9.** GOEBEL, J.: Z. Metallkde. Bd. 14 (1922) S. 425/32. Z. anorg. allg. Chem. Bd. 106 (1919) S. 211/12. — **10.** CALINGAERT, G., u. W. J. BOESCH: J. Amer. chem. Soc. Bd. 45 (1923) S. 1901/04. — **11.** MATHEWSON arbeitete mit 20 g-Schmelzen, CALINGAERT-BOESCH mit 100 g-Schmelzen. — **12.** LEWIN, L.: Münch. med. Wschr. Bd. 65 (1918) S. 38/39. — **13.** GOEBEL, J.: Z. VDI Bd. 63 (1919) S. 425. Z. Metallkde. Bd. 14 (1922) S. 425/32. — **14.** TAMMANN, G., u. H. RÜDIGER: Z. anorg. allg. Chem. Bd. 192 (1930) S. 16/26. — **15.** HABER, F., u. M. SACK: Z. Elektrochem. Bd. 8 (1902) S. 246/48. SACK, M.: Z. anorg. allg. Chem. Bd. 34 (1903) S. 317/31. — **16.** KREMANN, R., u. P. v. REININGHAUS: Z. Metallkde. Bd. 12 (1920) S. 273/79. — **17.** ZINTL, E., J. GOUBEAU u. W. DULLENKOPF: Z. physik. Chem. Bd. 154 (1931) S. 37/39. — **18.** ZINTL, E., u. A. HARDER: Z. physik. Chem. Bd. 154 (1931) S. 58/91. — **19.** S. auch E. ZINTL u. S. NEUMAYR: Z. Elektrochem. Bd. 39 (1933) S. 86/97. — **20.** STILLWELL, C. W., u. W. K. ROBINSON: J. Amer. chem. Soc. Bd. 55 (1933) S. 127/29. — **21.** KURNAKOW, N. S., u. S. A. POGODIN: Izv. Inst. Fiziko-Khimicheskogo Analiza Bd. 6 1933) S. 275 (russ.).

Na-Pd. Natrium-Palladium.

TAMMANN[1] fand, daß der Erstarrungspunkt des Natriums durch Pd-Zusätze fortschreitend erniedrigt wird, und zwar um höchstens 0,4° durch 2,8% Pd.

Literatur.

1. TAMMANN, G.: Z. physik. Chem. Bd. 3 (1889) S. 448.

Na-Pt. Natrium-Platin.

Über das Verhalten von Natrium und Platin zueinander bestehen in der Literatur folgende Angaben. Pt wird durch Na-Dampf sehr stark angegriffen (DEWAR-SCOTT[1], V. MEYER[2]). Na dringt bei Rotglut sehr leicht in Pt ein (HABER-SACK[3]). HEYCOCK-NEVILLE[4] gelang es nicht, merkliche Mengen Pt in flüssigem Na zu lösen. Nach TAMMANN[5] wird der Erstarrungspunkt des Na durch Pt-Zusätze bis etwa 1,5% praktisch nicht beeinflußt.

Literatur.

1. DEWAR, J., u. A. SCOTT: Chem. News Bd. 40 (1897) S. 294. — 2. MEYER, V.: Ber. dtsch. chem. Ges. Bd. 13 (1880) S. 391. — 3. HABER, F., u. M. SACK: Z. Elektrochem. Bd. 8 (1902) S. 250. SACK, M.: Z. anorg. allg. Chem. Bd. 34 (1903) S. 313/14. — 4. HEYCOCK, C. T., u. F. NEVILLE: J. chem. Soc. Bd. 55 (1889) S. 668. — 5. TAMMANN, G.: Z. physik. Chem. Bd. 3 (1889) S. 446.

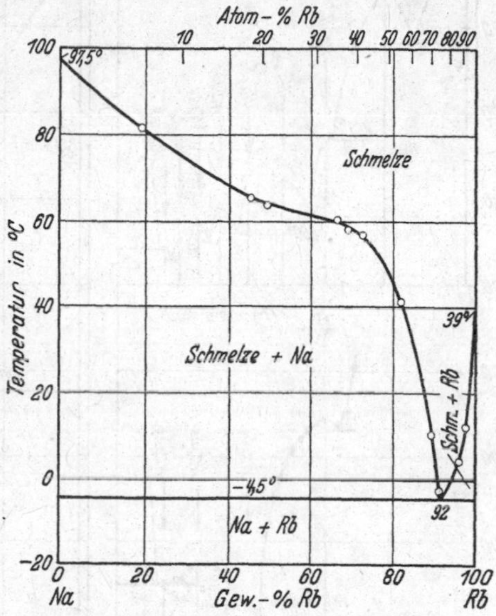

Na-Rb. Natrium-Rubidium.

Abb. 379 zeigt das von E. RINCK: C. R. Acad. Sci., Paris Bd. 197 (1933) S. 1404/1406 ausgearbeitete Zustandsdiagramm.

Abb. 379. Na-Rb. Natrium-Rubidium.

Na-S. Natrium-Schwefel.

Von den zahlreichen Arbeiten über das System Na-S interessieren hier fast ausschließlich die thermoanalytischen Untersuchungen[1]. Mit der Aufstellung des Erstarrungsschaubildes haben sich beschäftigt FRIEDRICH[2] (mit MOUSSET), THOMAS-RULE[3] und PEARSON-ROBINSON[4]. Alle drei Diagramme sind in Abb. 380 wiedergegeben, die letzten beiden im gleichen Maßstab.

Aus Abb. 380 geht hervor, daß das Diagramm von FRIEDRICH außerordentlich stark von den Ergebnissen der neueren Arbeiten abweicht; insbesondere konnte das Bestehen der Na_4S_x-Sulfide nicht bestätigt werden. Nach PEARSON-ROBINSON erklären sich die Abweichungen dadurch, daß FRIEDRICHs Mischungen stark mit Na_2SO_3 und Na_2SO_4 (bis 20%) verunreinigt gewesen sein müssen.

Der zwischen den Diagrammen von THOMAS-RULE und PEARSON-ROBINSON bestehende Unterschied betrifft 1. die Frage, ob Na_2S_3 unzersetzt oder zersetzt schmilzt (sie läßt sich ohne neue Versuche nicht entscheiden), und 2. die zwischen

64 und 70% S vorliegenden Konstitutionsverhältnisse. Im übrigen besteht weitgehende Übereinstimmung. Der zwischen 0 und 41% S gelegene Teil wird dem
entsprechenden zwischen Na und Na_2Se (s. Na-Se) analog sein.

In Abweichung von THOMAS-RULE nehmen PEARSON-ROBINSON an, daß zwischen etwa 65 und 67% S eine Mischungslücke im flüssigen Zustand vorliegt,
und daß die Verbindung Na_2S_3 sich nicht aus der Schmelze ausscheidet. Zu der
letzten Frage ist zu sagen, daß nach PEARSON-ROBINSON die Erstarrung des
Na_2S_2-Na_2S_4-Eutektikums erst nach starker Unterkühlung eintritt, und daß die

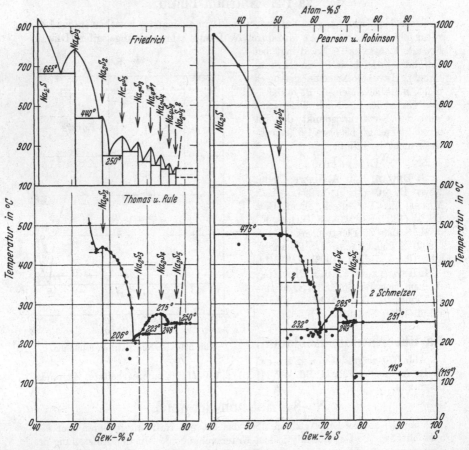

Abb. 380. Na-S. Natrium-Schwefel.

einmal größere und einmal kleinere Unterkühlung ausreicht, das Bild von den
Erstarrungsverhältnissen zu verwischen. Durch Erhitzungskurven konnte festgestellt werden, daß nur eine (eutektische) horizontale Gleichgewichtskurve
zwischen Na_2S_2 und Na_2S_4 vorliegt. Auch die mikroskopische Untersuchung,
die im übrigen die Ergebnisse der thermischen Analyse bestätigte, konnte keine
Anzeichen für das Bestehen von Na_2S_3 erbringen[5].

Durch potentiometrische Titration bei tiefen Temperaturen einer Suspension
von S in flüssigem NH_3 mit einer Lösung von Na in flüssigem NH_3 konnten ZINTL-
GOUBEAU-DULLENKOPF[6] das Bestehen der in ammoniakalischer Lösung als

„polyanionige Salze" aufzufassenden Verbindungen Na_2S_x, wobei $x = 1$ bis 7 ist, nachweisen. Es zeigt sich also, daß Na_2S_3, Na_2S_6 und Na_2S_7 wohl in ammoniakalischer Lösung, nicht aber im festen Zustand in den aus dem Schmelzfluß erstarrten Mischungen vorliegen können.

Na_2S besitzt die Gitterstruktur des CaF_2[7].

Literatur.

1. Vgl. die chemischen Handbücher, neuerdings auch F. W. BERGSTROM: J. Amer. chem. Soc. Bd. 48 (1926) S. 146/51. — **2.** FRIEDRICH, K., u. C. MOUSSET: Met. u. Erz Bd. 11 (1914) S. 85/88. — **3.** THOMAS, J. S., u. A. RULE: J. chem. Soc., Lond. Bd. 111 (1917) S. 1063/85, insb. 1072/77. — **4.** PEARSON, T. G., u. P. L. ROBINSON: J. chem. Soc., Lond. 1930 S. 1473/97. — **5.** Zwischen 65 und 69% S wurde in einigen Fällen bei 190° ein thermischer Effekt beobachtet, der vielleicht mit der Bildung von Na_2S_3 aus Na_2S_2 und Na_2S_4 zusammenhängt; diese Frage wird von den Verfassern noch untersucht. — **6.** ZINTL, E., J. GOUBEAU u. W. DULLENKOPF: Z. physik. Chem. Bd. 154 (1931) S. 1/46. — **7.** CLAASSEN, A.: Rec. Trav. chim. Pays-Bas Bd. 44 (1925) S. 790/94.

Na-Sb. Natrium-Antimon.

JOANNIS[1] sowie LEBEAU[2] haben auf verschiedenem Wege die Verbindung Na_3Sb (63,83% Sb) dargestellt. Über das Verhalten der beiden Metalle zueinander in allen Mischungsverhältnissen gibt die Arbeit von MATHEWSON[3] nahezu erschöpfende Auskunft. Das von MATHEWSON mit Hilfe der thermischen Analyse[4] ausgearbeitete Diagramm zeigt Abb. 381. Die Zusammensetzung der beiden Verbindungen Na_3Sb und $NaSb$ (84,11% Sb) ergab sich ohne weiteres aus den thermischen Werten. Über die Bildung fester Lösungen liegen keine Ergebnisse vor. Der Gefügeaufbau der Legierungen mit 0—80% Sb wurde nur an den Bruchflächen studiert und in Übereinstimmung mit dem Diagramm befunden. Die Beeinflussung des Na-Schmelzpunktes durch kleine Sb-Zusätze (Löslichkeit von Sb in flüssigem Na) wurde nicht näher untersucht, da zur Bestimmung der Temperatur das in diesem Temperaturbereich unempfindliche Pt/Pt-Rh-Thermoelement benutzt wurde. Nach Messungen von TAMMANN[5] ruft ein zwischen 0,4 und 2,4% liegender Sb-Gehalt eine Erhöhung des Na-Erstarrungspunktes um 0,02° hervor.

KREMANN-PRESSFREUND[6] haben die Spannungen der Legierungen mit 70—100% Sb in der Kette Sb/1/10 n NaJ in Pyridin/Na_{1-x} Sb_x gemessen. Da eine Legierung mit 69,4% Sb, die nach Abb. 381 aus Na_3Sb + $NaSb$ besteht, bereits ein um annähernd 900 Millivolt unedleres Potential als Na hatte, so ist es nicht ausgeschlossen, daß dieser Spannungssprung durch die Verbindung Na_3Sb verursacht wird. Ein der Verbindung $NaSb$ entsprechender zweiter Potentialabfall wurde nicht gefunden; vielmehr wurden zwischen 69,4 und 98% Sb praktisch gleiche Spannungen gemessen. Es ist nicht sicher, ob bei den Sb-reichen Legierungen überhaupt die Legierungspotentiale gemessen wurden.

Nachtrag. Durch potentiometrische Titration bei tiefen Temperaturen einer Suspension von Sb_2S_3 in flüssigem NH_3 mit einer Lösung von Na in flüssigem NH_3 haben Zintl-Goubeau-Dullenkopf[7] das Bestehen der in ammoniakalischer Lösung als „polyanionige Salze" (d. h. salzartige Verbindungen vom Typus der Polysulfide) aufzufassenden Verbindungen Na_3Sb und Na_3Sb_3 festgestellt. Sie bemerken kurz, daß die in Ammoniak gebildete Verbindung Na_3Sb_3 eine ganz andere Struktur besitzt als die aus der Schmelze kristallisierende Phase NaSb. Durch Extraktion von Na-Sb-Legierungen mit flüssigem NH_3 konnten sie die

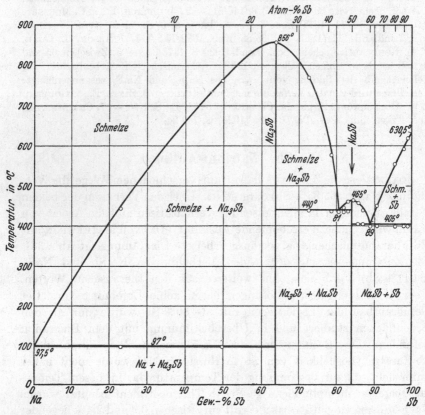

Abb. 381. Na-Sb. Natrium-Antimon.

Verbindung Na_3Sb_7 (92,5% Sb) isolieren. Das Zustandsschaubild sagt jedoch über die Existenz dieser Verbindung nichts aus. — Über die bei der Einwirkung von Sb auf Lösungen von Na in NH_3 entstehenden Na-Sb-Verbindungen s. auch Peck[8] und Joannis[1].

Die Verbindung NaSb kristallisiert nach Zintl-Dullenkopf[9] monoklin und enthält 8 NaSb im Elementarbereich. Die Verfasser bemerken, daß sie die Richtigkeit des thermoanalytisch gewonnenen Zustandsdiagramms zwischen NaSb und Sb bestätigen konnten.

Literatur.

1. Joannis, A.: C. R. Acad. Sci., Paris Bd. 114 (1892) S. 587. — 2. Lebeau, P.: C. R. Acad. Sci., Paris Bd. 130 (1900) S. 502. — 3. Mathewson, C. H.: Z. anorg.

allg. Chem. Bd. 50 (1906) S. 192/95. — **4.** Na₃Sb wurde im Eisentiegel, alle übrigen
Legn. in schwer schmelzbaren Jenaer Glasröhren unter Wasserstoff erschmolzen.
Einwaage 20 g. Nach Ausführung einiger Analysen zur Ermittlung des Na-
Abbrandes wurde die Zusammensetzung aller Legn. korrigiert. — **5.** TAMMANN, G.:
Z. physik. Chem. Bd. 3 (1889) S. 446. — **6.** KREMANN, R., u. E. PRESSFREUND:
Z. Metallkde. Bd. 13 (1921) S. 27/29. — **7.** ZINTL, E., J. GOUBEAU u. W. DULLEN-
KOPF: Z. physik. Chem. Bd. 154 (1931) S. 1/46, insb. 6 u. 33/35. — **8.** PECK, E. B.:

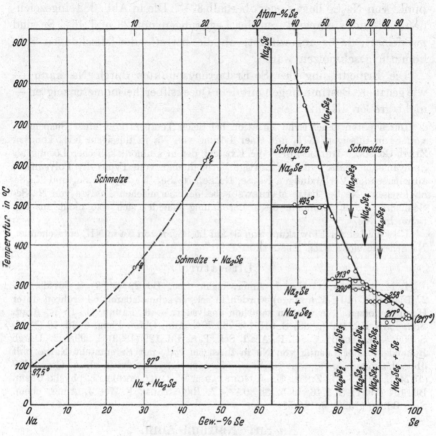

Abb. 382. Na-Se. Natrium-Selen.

J. Amer. chem. Soc. Bd. 40 (1918) S. 335. — **9.** ZINTL, E., u. W. DULLENKOPF:
Z. physik. Chem. B Bd. 16 (1932) S. 183/94.

Na-Se. Natrium-Selen.

Abb. 382 stellt das von MATHEWSON[1] auf Grund thermischer Untersuchungen[2] aufgestellte Erstarrungsschaubild dar. Das Bestehen der
früher auf chemischem Wege dargestellten Na-Selenide Na₂Se[3][4]
(63,26% Se), Na₂Se₂[5] (77,50% Se) und Na₂Se₄[4] (87,32% Se) wurde
damit bestätigt. Neu wurden festgestellt: Na₂Se₃ (83,78% Se) und

Na_2Se_6 (91,18% Se). Mit Ausnahme der erstgenannten schmelzen alle Verbindungen unter Zersetzung.

Da für die hochschmelzenden Mischungen kein geeignetes Tiegelmaterial vorlag — bei diesen Temperaturen wird Fe von Se, Glas und Porzellan von Na heftig angegriffen, so konnten die Liquiduspunkte der Legierungen mit 50—70% Se nicht bestimmt werden. Der Schmelzpunkt von Na_2Se liegt sicher oberhalb 875°. Die in Abb. 382 eingezeichneten Liquidustemperaturen der Legierungen mit 28 und 46% Se sind zweifelhaft, da es ungewiß ist, ob die betreffenden Mischungen vollkommen geschmolzen waren.

Die Erniedrigung des Se-Erstarrungspunktes durch Na kann — wie genauere Bestimmungen mit dem Quecksilberthermometer zeigten — nicht größer als 0,2° sein.

Durch potentiometrische Titration bei tiefen Temperaturen einer Suspension von Se in flüssigem NH_3 mit einer Lösung von Na in flüssigem NH_3 konnten ZINTL-GOUBEAU-DULLENKOPF[6] die Existenz der in ammoniakalischer Lösung als „polyanionige Salze" (d. h. salzartige Verbindungen vom Typus der Polysulfide) aufzufassenden Verbindungen Na_2Se, Na_2Se_2, Na_2Se_3, Na_2Se_4, Na_2Se_5 und Na_2Se nachweisen. Na_2Se_5 hatte MATHEWSON bei der thermischen Analyse von Na-Se-Schmelzen nicht gefunden, diese Verbindung scheidet sich also nicht aus der Schmelze aus.

Über die bei der Einwirkung von Se auf Lösungen von Na in NH_3 entstehenden Na-Selenide siehe auch BERGSTROM[7].

Literatur.

1. MATHEWSON, C. H.: J. Amer. chem. Soc. Bd. 29 (1907) S. 867/80. — **2.** Die Legn. (10 g Einwaage) wurden in schwer schmelzbaren Glasröhren unter H_2 erschmolzen. Sie wurden sämtlich analysiert. — **3.** FABRE, C.: C. R. Acad. Sci., Paris Bd. 102 (1886) S. 613/14, 703/704. Ann. Chim. Phys. 6 Bd. 10 (1887) S. 500. — **4.** HUGOT, C.: C. R. Acad. Sci., Paris Bd. 129 (1899) S. 299/302. Durch Behandeln einer Lösung von Na in flüssigem NH_3 mit Se entsteht Na_2Se, mit überschüssigem Se entsteht Na_2Se_4. — **5.** JACKSON: Ber. dtsch. chem. Ges. Bd. 7 (1874) S. 1277. — **6.** ZINTL, E., J. GOUBEAU u. W. DULLENKOPF: Z. physik. Chem. Bd. 154 (1931) S. 1/46, insb. 28/30. — **7.** BERGSTROM, F. W.: J. Amer. chem. Soc. Bd. 48 (1926) S. 146/51.

Na-Sn. Natrium-Zinn.

Das in Abb. 383 dargestellte Zustandsdiagramm wurde von MATHEWSON[1] ausschließlich mit Hilfe der thermischen Analyse ausgearbeitet. Im einzelnen ist dazu folgendes zu bemerken: 1. Die Zusammensetzung der fünf Verbindungen Na_4Sn (56,34% Sn), Na_2Sn (72,07% Sn), Na_4Sn_3 (79,47% Sn), $NaSn$ (83,77% Sn) und $NaSn_2$ (91,17% Sn), deren Bestehen zweifellos feststeht, wurde aus den Haltezeiten der eutektischen Kristallisationen (bei 97°, 440°, 220°), der peritektischen Umsetzungen (bei 405°, 478°, 305°) und der polymorphen Umwandlungen von Na_4Sn_3 bei 330—355°, $NaSn$ bei 485° und $NaSn_2$ bei 225° ermittelt. (Die den polymorphen Umwandlungen entsprechenden thermischen Werte wurden ih Abb. 383 durch Kreuze gekennzeichnet.) Die Na-reichste Verbindung Na₄Sn war schon früher von LEBEAU[2], Na₂Sn von BAILY[3] isoliert worden. HUME-ROTHERY[4] hat den Schmelzpunkt von Na₂Sn zu 470° bestimmt. 2. Die Löslichkeit von Sn in flüssigem Na, die von MATHEWSON nicht näher untersucht wurde, kann nach HEYCOCK-NEVILLE[5] nur außerordentlich gering sein. Messungen von TAMMANN[6] führten jedoch zu dem Ergebnis, daß der Na-Schmelzpunkt durch Sn-Zusätze fortschreitend erniedrigt wird; allerdings nur um höchstens 0,07° durch 0,62% Sn. Eine etwa 2,4%ige Schmelze hatte indessen einen um nur 0,01° niedri-

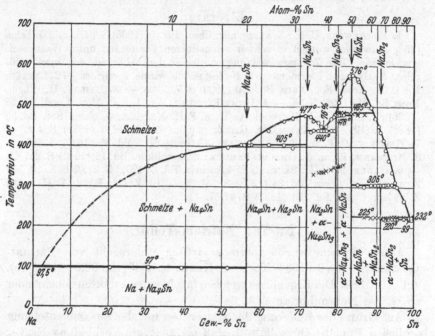

Abb. 383. Na-Sn. Natrium-Zinn.

geren Erstarrungspunkt als reines Na. Man wird aus diesen Ergebnissen schließen können, daß ein kleiner Liquidusast besteht, auf dem sich primär Natrium ausscheidet. 3. Die Beeinflussung des Sn-Schmelzpunktes durch Na-Zusätze wurde eingehender von HEYCOCK-NEVILLE[7] untersucht; sie fanden eine Erniedrigung auf 220° durch 1% Na. 4. Weshalb die polymorphe Umwandlung der Verbindung Na₄Sn₃, die bei fallender Temperatur mit erheblicher Volumenzunahme verbunden ist, bei wechselnden Temperaturen stattfindet, wurde nicht aufgeklärt. 5. Über die feste Löslichkeit von Na in Sn und eine etwaige Mischkristallbildung der Verbindungen ist nichts bekannt.

KREMANN-GMACHL-PAMMER[8] haben die Kette Sn/0,1 n NaJ in Pyridin/Sn$_x$Na$_{(1-x)}$ gemessen. Die Potentialkurve weist 4 Sprünge bei den Zusammensetzungen Na_4Sn, Na_2Sn, $NaSn$ und $NaSn_2$ auf, dagegen gibt sich die Verbindung Na_4Sn_3 nicht durch eine sprunghafte Änderung des Potentials zu erkennen. In Legierungen mit mehr als etwa 97% Sn sind die Spannungen durch Bildung edlerer Deckschichten entstellt. Dasselbe gilt mehr oder weniger auch von den von HABER-SACK[9] gemessenen Spannungen der Legierungen mit 90—94,4% Sn.

ZINTL-HARDER[10] haben durch Behandlung mit flüssigem NH_3 aus einer Legierung mit mehr Sn als der Formel Na_4Sn_9 und weniger Sn als der Formel Na_4Sn_{10} entspricht, die nur in ammoniakalischer Lösung beständige salzartige Verbindung Na_4Sn_9 dargestellt.

Literatur.

1. MATHEWSON, C. H.: Z. anorg. allg. Chem. Bd 46 (1905) S. 94/112. Die Legn. (25 g Einwaage) wurden in schwer schmelzbaren Glasröhren unter Wasserstoff erschmolzen. Ihre Zusammensetzung wurde aus dem Abbrand, der durch zahlreiche Analysen zu höchstens 0,5% Na festgestellt wurde, korrigiert. — **2.** LEBEAU, P.: C. R. Acad. Sci., Paris Bd. 130 (1900) S. 502/505. — **3.** BAILEY, H.: Chem. News Bd. 65 (1892) S. 18. — **4.** HUME-ROTHERY, W.: J. Inst. Met., Lond. Bd. 35 1926) S. 347/48. — **5.** HEYCOCK, C. T., u. F. H. NEVILLE: J. chem. Soc. Bd. 55 (1889) S. 668. — **6.** TAMMANN, G.: Z. physik. Chem. Bd. 3 (1889) S. 448. — **7.** HEYCOCK, C. T., u. F. H. NEVILLE: J. chem. Soc. Bd. 57 (1890) S. 380. — **8.** KREMANN, R., u. J. GMACHL-PAMMER: Z. Metallkde. Bd. 12 (1920) S. 257/62. — **9.** HABER, F., u. M. SACK: Z. Elektrochem. Bd. 8 (1902) S. 248/50. SACK, M.: Z. anorg. allg. Chem. Bd. 34 (1903) S. 331/32. — **10.** ZINTL, E., u. A. HARDER: Z. physik. Chem. Bd. 154 (1931) S. 47/57.

Na-Te. Natrium-Tellur.

Dieses System wurde thermoanalytisch untersucht von PELLINI-QUERCIGH[1] (von 0—100% Te) sowie KRAUS-GLASS[2] (von 82,5—100% Te), vgl. Abb. 384. Die Ergebnisse weichen in folgenden Punkten voneinander ab (s. die Nebenabb. zu Abb. 384).

Auf Grund der Änderung der Haltezeiten mit der Zusammensetzung schließen PELLINI-QUERCIGH, 1. daß bei 348° die Verbindung Na_3Te_2 (78,71% Te) aus Na_2Te[3] (73,49% Te) und der Schmelze mit 84% Te gebildet wird und 2., daß sich aus den bei 436° miteinander im Gleichgewicht stehenden Schmelzen mit etwa 90,5 und 94,5% Te (Mischungslücke im flüssigen Zustand) die Te-reichste Verbindung Na_3Te_7 (92,82% Te) bildet. — Das Bestehen einer Mischungslücke im flüssigen Zustand konnten KRAUS-GLASS weder durch Messungen der elektrischen Leitfähigkeit[4] an flüssigen Legierungen, noch durch die thermische Analyse bestätigen. Vielmehr ergibt sich aus ihren thermischen Werten eindeutig das Bestehen der unzersetzt schmelzenden Verbindung $NaTe_3$ (94,33% Te; KRAUS-GLASS geben die Formel Na_2Te_6 an). In weiterer Abweichung von PELLINI-QUERCIGH nehmen sie für die bei 353° peritektisch gebildete Verbindung die Formel $NaTe$ (84,72% Te, nach KRAUS-GLASS Na_2Te_2) als sehr wahrscheinlich an. Die Temperaturen der drei horizontalen Gleichgewichtskurven stimmen gut überein, dagegen weicht die Liquiduskurve zwischen rd. 80 und 95% Te und damit auch die Konzentration des bei 319° kristallisierenden Eutektikums etwas voneinander ab.

Da die Abwesenheit einer Mischungslücke im flüssigen Zustand als erwiesen gelten kann und die Formeln Na_3Te_2 und Na_3Te_7 an sich sehr

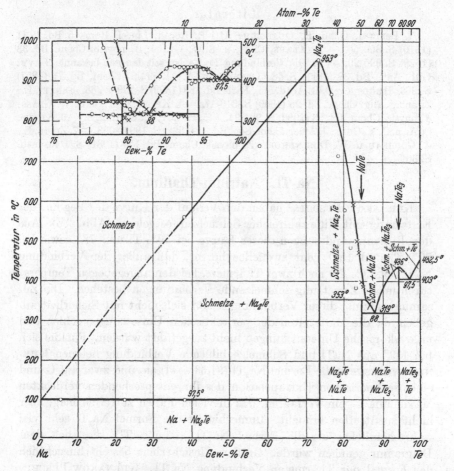

Abb. 384. Na-Te. Natrium-Tellur.

wenig wahrscheinlich sind, wurden dem Hauptdiagramm die Angaben von KRAUS-GLASS zugrunde gelegt.

Durch Einwirkung von Te auf eine Lösung in flüssigem NH_3 beobachtete HUGOT[5] die Bildung der Verbindungen Na_2Te^3 und Na_2Te_3. Eine sehr eingehende Untersuchung über die Na-Telluride in NH_3 stammt von KRAUS-CHIU[6]; aus der Gewichtsabnahme eines Te-Stückes in ammoniakalischer Na-Lösung fanden sie, daß zuerst schwerlösliches Na_2Te, dann Na_2Te_2 und schließlich wahrscheinlich Na_2Te_4 gebildet wird. Durch potentiometrische Titration einer Suspension von

Te in flüssigem NH_3 mit einer Lösung von Na in flüssigem NH_3 haben neuerdings ZINTL-GOUBEAU-DULLENKOPF[7] das Bestehen der in ammoniakalischer Lösung als „polyanionige Salze" (d. h. salzartige Verbindungen vom Typus der Polysulfide) aufzufassenden Verbindungen Na_2Te, Na_2Te_2, Na_2Te_3 und wahrscheinlich Na_2Te_4 nachgewiesen. — Verglichen mit dem Ergebnis der thermischen Analyse zeigt sich, daß sich Na_2Te_3 und Na_2Te_4 aus geschmolzenen Mischungen nicht ausscheiden, sondern nur in ammoniakalischer Lösung beständig sind.

<h2 style="text-align:center">Literatur.</h2>

1. PELLINI, G., u. E. QUERCIGH: Atti R. Accad. Lincei, Roma 5 Bd. 19 II (1910) S. 350/56. — 2. KRAUS, C. A., u. S. W. GLASS: J. physic. Chem. Bd. 33 (1929) S. 995/99. — 3. Die Verbindung Na_2Te ist seit langem bekannt: DAVY: Gilb. Ann. Bd. 37 (1811) S. 48. OPPENHEIM, A.: J. prakt. Chem. Bd. 71 (1857) S. 266. HUGOT, C.: C. R. Acad. Sci., Paris Bd. 129 (1899) S. 299 u. 388. ERNYEI, E.: Z. anorg. allg. Chem. Bd. 25 (1900) S. 313/17. — 4. KRAUS, C. A., u. S. W. GLASS: J. physic. Chem. Bd. 33 (1929) S. 984/94. — 5. HUGOT, C.: S. Anm. 3. — 6. KRAUS, C. A., u. C. Y. CHIU: J. Amer. chem. Soc. Bd. 44 (1922) S. 1999/2008. — 7. ZINTL, E., J. GOUBEAU u. W. DULLENKOPF: Z. physik. Chem. Bd. 154 (1931) S. 1/46, insb. S. 30/31.

Na-Tl. Natrium-Thallium.

KURNAKOW-PUSCHIN[1] haben den Verlauf der Kurve des Beginns der Erstarrung mit Hilfe zahlreicher Schmelzen festgelegt[2] (Abb. 385). Aus den Richtungsänderungen dieser Kurve bei 59% Tl und 78° sowie bei 79% Tl und 159° geht zweifellos hervor, daß außer der Verbindung NaTl (89,89% Tl) noch zwei Tl-ärmere, bei den angegebenen Temperaturen unter Zersetzung schmelzende Verbindungen bestehen. Die Zusammensetzung dieser Verbindungen läßt sich nicht mit Sicherheit angeben, da die Haltezeiten der peritektischen Umsetzungen fehlen und mikroskopische Untersuchungen nicht ausgeführt wurden. Für die sich bei 159° aus NaTl und Schmelze bildende Verbindung nehmen KURNAKOW-PUSCHIN die Formel Na_2Tl (81,63% Tl) an, und zwar auf Grund einer rechnerischen Extrapolation des ihr entsprechenden verdeckten Maximums — ein Verfahren, das in vielen Fällen zutreffen mag, aber nicht zuzutreffen braucht. Immerhin ist die Formel Na_2Tl sehr viel wahrscheinlicher als die Formel Na_3Tl_2 (85,56% Tl), die auch dem Diagramm genügen würde. Größere Unsicherheit besteht hinsichtlich der Formel der Tl-ärmsten Verbindung Na_xTl. KURNAKOW-PUSCHIN lassen ihre Formel offen. Man könnte an Na_5Tl (64% Tl), eher jedoch an Na_4Tl (68,96% Tl) denken.

Mit dem thermischen Befund von KURNAKOW-PUSCHIN sind im Einklang die Ergebnisse der Untersuchungen von TAMMANN[3] und HEYCOCK-NEVILLE[4], wonach der Erstarrungspunkt des Natriums durch steigende Tl-Zusätze fortschreitend erniedrigt wird, und zwar durch 9,4% Tl um 5° (TAMMANN) bzw. durch 28% Tl um 20° (HEYCOCK-NEVILLE).

Kremann-von Reininghaus[5] haben die Kette: amalgam. Tl/0,1 n NaJ in Pyridin/Na$_{1-x}$Tl$_x$ gemessen. Im Bereich bis 95% Tl zeigt die Spannungs-Konzentrationskurve nur einen (!) bei der Zusammensetzung NaTl liegenden Sprung. Ein zweiter Spannungssprung (bis auf nahezu den Wert des Tl) tritt zwischen 95,4 und 97,3% Tl auf. Ohne Kenntnis des Zustandsdiagramms könnte man daraus auf das Bestehen der Verbindung NaTl$_3$ schließen. Die Spannungswerte scheinen hier durch Bildung edlerer Deckschichten entstellt zu sein (s. Originalarbeit).

Nachtrag. Zintl-Goubeau-Dullenkopf[6] haben durch potentiometrische Titration einer Lösung von Na in flüssigem NH$_3$ mit einer Lösung von TlJ

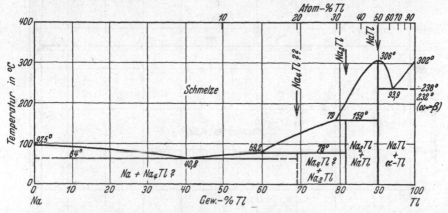

Abb. 385. Na-Tl. Natrium-Thallium.

in NH$_3$ Anzeichen für das Bestehen von NaTl und NaTl$_2$ (94,67 % Tl) erhalten. Über NaTl$_2$ macht das Zustandsdiagramm keine Aussage. Die Verfasser „glauben auch röntgenographisch Anzeichen für die Existenz einer Phase mit mehr als 50 Atom-% Tl erhalten zu haben, doch ist die Untersuchung noch nicht abgeschlossen".

Kraus-Kurtz[7] versetzten ammoniakalische Na-Lösung mit TlJ bis zur Entfärbung der Lösung und leiteten aus ihren Ergebnissen das Vorhandensein einer Verbindung Na$_3$Tl$_2$ ab (s. oben).

Zintl-Dullenkopf[8] haben die Gitterstruktur der Verbindung NaTl bestimmt. Das Gitter erweist sich als ein Spezialfall der kubisch-raumzentrierten β-Messing-Struktur (8 NaTl im Elementarwürfel). Näheres s. Originalarbeit.

Literatur.

1. Kurnakow, N. S., u. N. A. Puschin: Z. anorg. allg. Chem. Bd. 30 (1902) S. 87/101. — 2. Die Temperaturen des Endes der Erstarrung werden nur in ganz vereinzelten Fällen angegeben, und zwar nur dort, „wo sie mit unzweifelhafter Deutlichkeit beobachtet werden konnten". — 3. Tammann, G.: Z. physik. Chem. Bd. 3 (1889) S. 446/47. — 4. Heycock, C. T., u. F. H. Neville: J. chem. Soc. Bd. 55 (1889) S. 671. — 5. Kremann, R., u. P. v. Reininghaus: Z. Metallkde. Bd. 12 (1920) S. 279/82. — 6. Zintl, E., J. Goubeau u. W. Dullenkopf: Z. physik. Chem. Bd. 154 (1931) S. 1/46, insb. 15 u. 40/43. — 7. Kraus, C. A., u. H. F. Kurtz: J. Amer. chem. Soc. Bd. 47 (1925) S. 43. — 8. Zintl, E., u. W. Dullenkopf: Z. physik. Chem. B Bd. 16 (1932) S. 195/205.

Na-Zn. Natrium-Zink.

Nach den thermischen Untersuchungen von MATHEWSON[1], deren Ergebnisse in Abb. 386 dargestellt sind, bildet sich bei 557° durch Reaktion von flüssigem Natrium und einer zinkreichen Schmelze mit etwa 97,5% Zn eine Verbindung, deren Zusammensetzung sich aus der Zeitdauer der Kristallisation bei 557° und 419° zu etwa 96,8% Zn ergibt. Diese Konzentration entspricht sehr nahe der Formel $NaZn_{11}$

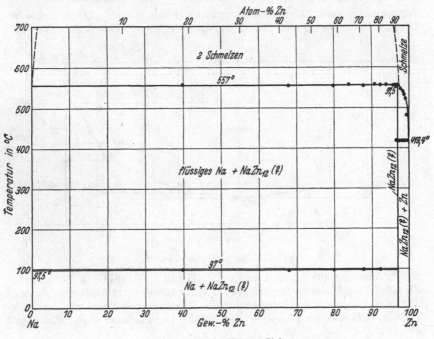

Abb. 386. Na-Zn. Natrium-Zink.

(96,90% Zn). Die Analysen der unteren Schichten der Schmelzen mit 94 und 94,8% Zn deuten dagegen auf die Formel $NaZn_{12}$ (97,15%). Da sich die den beiden Formeln entsprechenden Zusammensetzungen nur um 0,25% Zn unterscheiden und die genannten Verfahren zu ungenau sind, so ist eine Entscheidung für eine der beiden Formeln vorerst nicht möglich. Das Vorhandensein einer Verbindung konnte mikroskopisch sichergestellt werden.

Die Beobachtungen von HEYCOCK-NEVILLE[2], wonach Zink sich nicht in meßbaren Mengen in flüssigem Natrium löst, und HABER-SACK[3], die feststellten, daß sich anscheinend bei höheren Temperaturen etwas Na in geschmolzenem Zn löst, bei gewöhnlicher Temperatur eine Legierungsbildung (auf elektrochemischem Wege) jedoch nicht eintritt, sind im Einklang mit dem Zustandsdiagramm nach MATHEWSON.

KREMANN-VON REININGHAUS[4] haben die Spannungen der ganzen Legierungsreihe gegen amalgamiertes Zink unter Verwendung einer Lösung von NaJ in Pyridin als Elektrolyt gemessen. Die Spannungskurve zeigt im großen und ganzen einen Verlauf, der nach dem Aufbau der Legierungen zu erwarten ist: Im Bereich von 0 bis etwa 96,2% Zn herrscht praktisch das Na-Potential und zwischen rd. 96,2 und 97% Zn erfolgt ein auf die Existenz einer intermediären Kristallart hinweisender Potentialabfall. Zwischen etwa 99,3 und 100% Zn sind die Spannungswerte durch Bildung edlerer Deckschichten entstellt.

Nachtrag. ZINTL-GOUBEAU-DULLENKOPF[5] haben bei der potentiometrischen Titration einer Lösung von ZnJ_2 in flüssigem NH_3 mit einer Lösung von Na in NH_3 Anzeichen für das Bestehen einer Na-Zn-Phase erhalten, „die ungefähr 12 Atome Zn auf 1 Atom Na enthalten würde". Für eine von anderer Seite[6] beschriebene Verbindung $NaZn_4$ ergaben sich keinerlei Anzeichen.

Literatur.

1. MATHEWSON, C. H.: Z. anorg. allg. Chem. Bd. 48 (1906) S. 195/200. Daselbst s. ältere Literaturangaben. Die Schmelzen wurden in Glasgefäßen unter Wasserstoff hergestellt. Die Legn. mit 96—99,6% Zn wurden analysiert. 2. HEYCOCK, C. T., u. F. H. NEVILLE: J. chem. Soc. Bd. 55 (1889) S. 674. — 3. HABER, F., u. M. SACK: Z. Elektrochem. Bd. 8 (1902) S. 250. — 4. KREMANN, R., u. P. VON REININGHAUS: Z. Metallkde. Bd. 12 (1920) S. 282/85. — 5. ZINTL, E., J. GOUBEAU u. W. DULLENKOPF: Z. physik. Chem. Bd. 154 (1931) S. 1/46, insb. 43. — 6. KRAUS, C.A., u. H.F.KURTZ: J. Amer. chem. Soc. Bd. 47 (1925) S. 43. BURGERS, W. M., u. A. ROSE: Ebenda Bd. 51 (1929) S. 2127.

Nb-P. Niobium-Phosphor.

HEINERTH-BILTZ[1] haben das Phosphid NbP (24,9% P) durch Vereinigung von Nb mit überschüssigem P im geschlossenen Rohr bei 500° (d.h. unter erheblichem P-Druck) dargestellt.

Literatur.

1. HEINERTH, E., u. W. BILTZ: Z. anorg. allg. Chem. Bd. 198 (1931) S. 173/74.

Nb-S. Niobium-Schwefel.

Über das Verhalten von Nb zu S siehe die Arbeit von BILTZ-GONDER[1], daselbst Besprechung des älteren Schrifttums.

Literatur.

1. BILTZ, H., u. L. GONDER: Ber. dtsch. chem. Ges. Bd. 40 (1907) S. 4963/72. S. auch W. v. BOLTON: Z. Elektrochem. Bd. 13 (1907) S. 149. BILTZ, W., u. A. VOIGT: Z. anorg. allg. Chem. Bd. 120 (1922) S. 75.

Nb-Se. Niobium-Selen.

Siehe W. v. BOLTON: Z. Elektrochem. Bd. 13 (1907) S. 149.

Ni-O. Nickel-Sauerstoff.

Die ersten Angaben über den Aufbau der Ni-O-Legierungen haben m. W. RUER-KANEKO[1] gemacht. Sie stellten fest, daß eine Schmelze aus

Ni mit überschüssigem NiO bei einer 10° unterhalb des Ni-Schmelzpunktes liegenden Temperatur erstarrte. Das Gefüge dieser Legierung unbekannter Zusammensetzung zeigt praktisch reines Eutektikum Ni-NiO. Ein beim Schmelzen an der Luft oxydiertes Nickel zeigte primäre Ni-Kristalle, umgeben von Eutektikum.

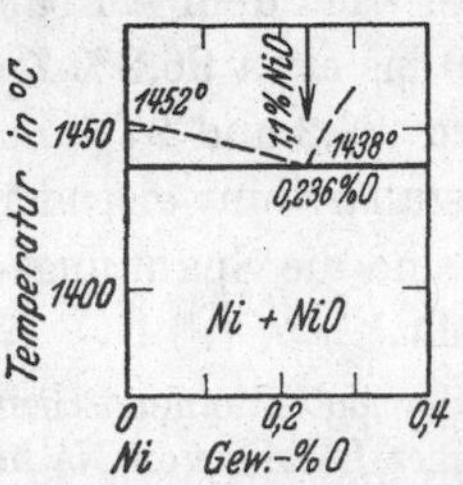

Mit diesen Feststellungen stehen die Beobachtungen von MERICA-WALTENBERG[2] im Einklang. Danach liegt das Eutektikum bei 0,236% O = 1,1% NiO und 1138°, d. i. 13° unterhalb des Ni-Schmelzpunktes (vgl. Abb. 387). „Der Schmelzpunkt von NiO scheint etwa 1655° zu sein. Die Löslichkeit von O in festem Ni scheint sehr klein zu sein; sie wurde allerdings nicht näher bestimmt."

Abb. 387. Ni-O.
Nickel-Sauerstoff.

Die Gitterstruktur von NiO (21,42% O) wurde mehrfach als Steinsalzstruktur erkannt[3].

Literatur.

1. RUER, R., u. K. KANEKO: Metallurgie Bd. 9 (1912) S. 422. — 2. MERICA, P. D., u. R. G. WALTENBERG: Trans. Amer. Inst. min. metallurg. Engr. Bd. 71 (1925) S. 715/16. — 3. Literaturübersicht im Strukturbericht 1913—1928, S. 114, 123/24, 268, 417, Leipzig 1931. Außerdem S. B. HENDRICKS, M. E. JEFFERSON u. J. F. SHULTZ: Z. Kristallogr. Bd. 73 (1930) S. 378/80.

Ni-P.   Nickel-Phosphor.

Arbeiten präparativen Charakters über das Verhalten von Ni und P zueinander liegen in großer Zahl vor[1]. Ob es sich bei den Präparaten von den annähernden Zusammensetzungen Ni_5P_2[2] (17,45% P), Ni_2P[3] (20,9% P), Ni_3P_2[4] (26,06% P), Ni_2P_3[5] (44,22% P), NiP_2[6] (51,39% P) und NiP_3[6] (61,32% P) um wohl definierte Verbindungen oder um Zufallsprodukte handelt, läßt sich auf Grund der Arbeiten nicht sicher entscheiden. Durch die thermischen und mikroskopischen Untersuchungen von KONSTANTINOW[7], deren Ergebnisse sich gegenseitig bestätigten, wurde das Bestehen der Verbindungen Ni_5P_2 und Ni_2P sichergestellt, außerdem wurde ein bis dahin noch unbekanntes Nickelphosphid Ni_3P (14,98% P) aufgefunden. Die Untersuchungen KONSTANTINOWs beschränkten sich auf den Bereich von 0—22,5% P, da P-reichere Legierungen auf schmelzflüssigem Wege unter Atmosphärendruck nicht darstellbar sind. Über das Vorhandensein der obengenannten P-reicheren Verbindungen läßt sich also auf Grund dieser Arbeit keine Entscheidung fällen.

Zu dem in Abb. 388 dargestellten Zustandsdiagramm von KONSTANTINOW ist folgendes zu bemerken: 1. Da der Verfasser seinen Temperaturmessungen im Gebiet zwischen Cu-Schmelzpunkt und Ni-Schmelzpunkt einen Ni-Schmelzpunkt von 1484° statt 1452° zugrunde gelegt hat, so wurden alle oberhalb 1083° gelegenen Temperaturpunkte korrigiert. Das Liquidusmaximum bei der Zusammensetzung Ni_5P_2 fällt dabei um etwa 10°. 2. Die feste Löslichkeit von P in Ni wurde nicht bestimmt. 3. Die Zusammensetzung der sich bei 970° durch peritektische Umsetzung von Schmelze (13,4% P) mit Ni_5P_2 bildenden Verbindung konnte wegen der Unvollständigkeit der Reaktion (Umhüllungen) nicht genau aus den Haltezeiten für 880° und 970° ermittelt werden; nach 20stündigem Glühen bei 800—880° zeigte jedoch eine Legierung mit 14,7% P eine fast homogene Struktur. 4. Die Verbindung Ni_5P_2 ist polymorph. Die β-Form vermag P in fester Lösung aufzunehmen, die α-Form dagegen nicht. Bei 1000° tritt daher der Zerfall des an P gesättigten Mischkristalls mit 18% P in α-Ni_5P_2 und Ni_2P ein. 5. Die Verbindung Ni_2P konnte aus den thermischen Werten nur unsicher identifiziert werden, da ihr Schmelzpunkt nur 4—5° oberhalb der Temperatur

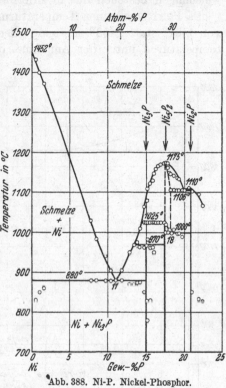

Abb. 388. Ni-P. Nickel-Phosphor.

des Ni_5P_2-Ni_2P-Eutektikums liegt. Sie ergab sich aber zweifelsfrei aus den Gefügeuntersuchungen.

Literatur.

1. Einzelheiten über die unter 2—5 genannten Arbeiten s. in Gmelin-Krauts Handbuch Bd. 5 I (1909) S. 96/97 u. 1405, sowie in der Arbeit von Konstantinow. — **2.** Pelletier: Ann. Chim. Phys. 1 Bd. 13 (1792) S. 113. Granger, A.: C. R. Acad. Sci., Paris Bd. 123 (1896) S. 176/80. — **3.** Struve: Bull. Acad. Petersburg Bd. 1 (1860) S. 468. Schenk, R.: J. chem. Soc. 2 Bd. 12 (1874) S. 214. Granger, A. s. unter 2. Maronneau, G.: C. R. Acad. Sci., Paris Bd. 130 (1900) S. 657. — **4.** Schrötter, A.: Ber. Wien. Akad. Bd. 2 (1849) S. 301/303. Rose, H.: Pogg. Ann. Bd. 24 (1832) S. 232. — **5.** Granger, A.: C. R. Acad. Sci., Paris Bd. 122 (1896) S. 1484. — **6.** Jolibois, P.: C. R. Acad. Sci., Paris Bd. 150 (1910) S. 106/08. Rev. Métallurg. Bd. 9 (1912) S. 1118/20. Mitt. Int. Verb. Materialpr. Techn. Bd. 2, 2. Teil, 1. Absch., Aufsatz II 13 (1912). — **7.** Konstantinow, N.: Z. anorg. allg. Chem. Bd. 60 (1908) S. 405/15. Sämtliche Legn. wurden analysiert.

Ni-Pb. Nickel-Blei.

Das Zustandsschaubild des Systems Ni-Pb wurde unabhängig voneinander von PORTEVIN[1] und VOSS[2] ausgearbeitet (Abb. 389). Abweichungen bestehen nur in ziffernmäßigen Werten.

Da PORTEVIN seinen Temperaturmessungen einen Ni-Schmelzpunkt
von 1484° statt 1452° zugrunde gelegt hat, so wurden seine Liquidustemperaturen unter der Annahme, daß die Temperaturen bei 1000°

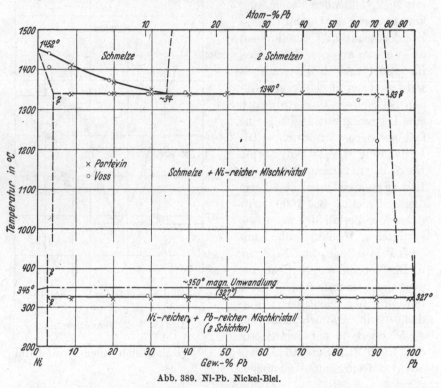

Abb. 389. Ni-Pb. Nickel-Blei.

(zwischen Ag- und Cu-Schmelzpunkt) mit der Normalskala übereinstimmen, graphisch korrigiert. Die Übereinstimmung mit den von
Voss angegebenen Werten ist dann sehr gut. — Die Grenzen der
Mischungslücke im flüssigen Zustand bei 1340° ergeben sich durch
Interpolation und Extrapolation der Haltezeiten nach PORTEVIN zu
40 und 93% Pb, nach Voss zu 28 und 84% Pb[3], im Mittel zu 34 und
88,5% Pb. Für die Ni-reiche Schmelze wurde in Abb. 389 der Mittelwert angenommen, da eine Entscheidung zwischen den beiden Angaben
ohne neuere Versuche nicht möglich ist. Bezüglich des Endpunktes der
monotektischen Horizontalen (Konzentration der Pb-reichen Schmelze
bei 1340°) ist zu sagen, daß er mit Hilfe von Abkühlungskurven in den
meisten Fällen infolge unvollständigen Erstarrungsgleichgewichtes als

zu niedrig gefunden wird (vgl. Cu-Pb); dasselbe gilt auch wohl für die von Voss bestimmten Liquidustemperaturen unterhalb 1340°. Der höchsten Pb-Konzentration (nach PORTEVIN 90—93%) ist demnach der Vorzug zu geben. — Das Ende der Erstarrung liegt nach PORTEVIN bei etwa 323 ± 1°, nach Voss bei 329 ± 1°. Es läßt sich also nicht sagen, ob eine Eutektikale oder eine Peritektikale vorliegt. — Die Löslichkeit von Pb in Ni bei 1340° gibt Voss aus den Haltezeiten zu etwa 4% an; eine Legierung mit 3% Pb erwies sich nach dem Erkalten aus dem Schmelzfluß als mikroskopisch einphasig. TAMMANN-BANDEL[4] bestätigten, daß die Legierung mit 2% Pb homogen ist, sie halten es jedoch für möglich, „daß das Blei beim Zusammenschmelzen mit Nickel zum größten Teil verdampfte oder in Tröpfchen an der Tiegelwandung verblieben ist". — Die Löslichkeit von Ni in Pb wurde von TAMMANN-OELSEN[5] mit Hilfe eines empfindlichen magnetischen Verfahrens bestimmt. Die Sättigungskonzentrationen bei verschiedenen Temperaturen sind nachstehend wiedergegeben.

Temp.	327°	310°	300°	285°	280°	250°	230°	200°	180—20°
% Ni	0,195	0,137	0,103	0,090	0,080	0,047	0,034	0,026	(0,023)

Die Temperatur der magnetischen Umwandlung des Nickels wird nach Voss durch Pb im Sinne einer Mischkristallbildung etwas erhöht.

Literatur.

1. PORTEVIN, A.: Rev. Métallurg. Bd. 4 (1907) S. 814/18. — 2. Voss, G.: Z. anorg. allg. Chem. Bd. 57 (1908) S. 45/48. — 3. Die Extrapolation führt m. E. zu höherem Pb-Gehalt, annähernd 90% Pb. — 4. TAMMANN, G., u. G. BANDEL; Z. Metallkde. Bd. 25 (1933) S. 156. — 5. TAMMANN, G., u. W. OELSEN: Z. anorg. allg. Chem. Bd. 186 (1930) S. 266/67.

Ni-Pd. Nickel-Palladium.

Aus dem von HEINRICH[1] mit Hilfe von thermischen und mikroskopischen Untersuchungen erstmalig ausgearbeiteten Zustandsschaubild geht hervor, daß Ni-Pd-Schmelzen zu einer lückenlosen Reihe von Mischkristallen[2] erstarren. Die Liquiduskurve, die infolge sehr starker Unterkühlungen (insbesondere bei der Erstarrung der Ni-reicheren Schmelzen) einen etwas unstetigen Verlauf zeigt, besitzt ein breites, sich praktisch von 40—60% Pd erstreckendes Minimum bei 1268 ± 2°. Den von HEINRICH durch Konstruktion aus den Abkühlungskurven ermittelten Soliduskurven haftet, wie der Verfasser selbst hervorhebt, „eine ziemliche Unsicherheit an". Der Tatsache, daß selbst die Abkühlungskurven der Schmelzen im Bereich des Minimums ein Erstarrungsintervall von etwa 20° anzeigen, kommt daher keine grundsätzliche Bedeutung zu. — Alle untersuchten Legierungen erwiesen sich nach dem Erkalten aus dem Schmelzfluß als mikroskopisch einphasig.

FRAENKEL-STERN[3] haben die Erstarrungstemperaturen der Ni-Pd-Legierungen erneut bestimmt. Sie konnten die Unterkühlungen nahezu vollständig vermeiden; ihre Liquiduskurve hat daher einen stetigen Verlauf (Abb. 390). Der tiefste Erstarrungspunkt von 1237° wurde bei

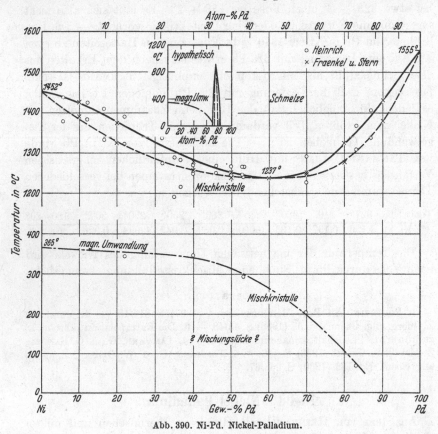

Abb. 390. Ni-Pd. Nickel-Palladium.

60% Pd festgestellt. Nach FRAENKEL-STERN lassen „eine Reihe von Versuchen darauf schließen, daß im System Ni-Pd eine Mischungslücke im festen Zustand vorhanden ist", nähere Angaben fehlen leider. Soviel läßt sich jedoch mit Sicherheit sagen, daß die von HEINRICH bestimmte Kurve der magnetischen Umwandlung[4] gegen das Bestehen einer ausgedehnten einfachen Mischungslücke, ähnlich derjenigen im System Au-Ni, spricht. Eher kommt die Bildung einer intermediären Phase bei Pd-Gehalten oberhalb 70 Atom-% Pd in Betracht, wie in der Nebenabb. angedeutet ist. Ganz allgemein kann man sagen, daß das Auftreten irgendeiner Reaktion im festen Zustand, sei es unter Bildung einer neuen Phase mit gänzlich andersartigem Gitter oder unter Ausbildung einer geordneten Atomverteilung, große Wahrscheinlichkeit hat, da in allen binären metallischen Systemen, in denen wie bei Ni-Pd eine lückenlose Mischkristallreihe unter Bildung eines Minimums der Liquiduskurve kristallisiert, eine Entmischung oder eine Umwandlung der genannten Art auftritt.

Nachtrag. Aus Untersuchungen des Gefüges, des Temperaturkoeffizienten des elektrischen Widerstandes und der Brinellhärte schließt GRIGORJEW[5], daß Ni und Pd eine ununterbrochene Reihe fester Lösungen bilden. Eine scharfe Änderung des Temperaturkoeffizienten bei 70,8 Atom-% Pd soll mit der magnetischen Umwandlung zusammenhängen.

Literatur.

1. HEINRICH, F.: Z. anorg. allg. Chem. Bd. 83 (1913) S. 322/27. — **2.** Vgl. auch J. A. M. VAN LIEMPT: Rec. Trav. chim. Pays-Bas Bd. 45 (1926) S. 203/206. — **3.** FRAENKEL, W., u. A. STERN: Z. anorg. allg. Chem. Bd. 166 (1927) S. 164/65. — **4.** In Abb. 390 ist die Kurve des Verlustes des Magnetismus beim Erhitzen dargestellt; die Kurve der Wiederkehr des Magnetismus beim Abkühlen verläuft zwischen 0 und 70% Pd 35—60° unterhalb der gezeichneten Kurve; bei 83% Pd ist die Temperaturhysterese nur noch etwa 1°. — **5.** GRIGORJEW, A. T.: Ann. Inst. Platine Bd. 9 (1932) S. 13/22 (russ.). Ref. Chem. Zbl. 1933I, S. 4027. Ref. J. Inst. Met., Lond. Met. Abs. Bd. 1 (1934) S. 418.

Ni-Pt. Nickel-Platin.

KURNAKOW-NEMILOW[1] haben die Erstarrungspunkte dieser Legierungsreihe im Bereich von 0—77,5% Pt bestimmt (Abb. 391) und den

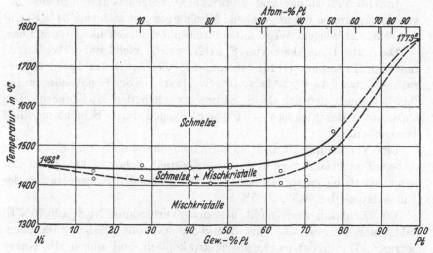

Abb. 391. Ni-Pt. Nickel-Platin.

Aufbau des ganzen Systems mit Hilfe mikroskopischer Untersuchungen und Messungen des Temperaturkoeffizienten des elektrischen Widerstandes sowie der Härte studiert. Die Gestalt des Erstarrungsdiagramms deutet auf die Kristallisation einer kontinuierlichen Reihe fester Lö-

sungen hin. Ein Hinweis auf irgendwelche Umwandlungen im festen
Zustand zwischen 0 und 77,5% Pt (= 51 Atom-% Pt) ergab sich aus
den Abkühlungskurven nicht. Auch die Mikrostruktur geglühter Legierungen[2] (8 Tage bei 1000° mit anschließender Abkühlung auf Raumtemperatur innerhalb 24 Stunden) und die Gestalt der Härtekurve
(nach derselben Wärmebehandlung) und der Kurve des Temperaturkoeffizienten (nach Ausglühen bei 900°) sprechen für das Vorliegen einer
lückenlosen Mischkristallreihe, ohne Bildung von Verbindungen oder
geordneten Atomverteilungen.

Der magnetische Umwandlungspunkt des Nickels (Curiepunkt) bei
360° wird durch Platin so stark erniedrigt, daß er, wie CONSTANT[3] feststellte, bei 90% Pt unter 80° abs. liegt (vgl. Co-Pt); wahrscheinlich
erreicht er schon bei wesentlich kleinerem Pt-Gehalt den absoluten
Nullpunkt.

Literatur.

1. KURNAKOW, N. S., u. W. A. NEMILOW: Ann. Inst. Platine Bd. 8 (1931)
S. 17/24 (russ.). Z. anorg. allg. Chem. Bd. 210 (1933) S. 13/20. — **2.** In den Kristalliten der Legn. mit etwa 20 Atom-% Pt treten feine Parallelstreifen auf, die auf
eine Umkristallisation hindeuten könnten. Die Verfasser bringen diese Erscheinung
mit der magnetischen Umwandlung in Zusammenhang, doch ist diese Auffassung
sicher abwegig. — **3.** CONSTANT, F. W.: Physic. Rev. Bd. 34 II (1929) S. 1222/23.

Ni-S.　Nickel-Schwefel.

In Abb. 392 ist der von BORNEMANN[1] ausgearbeitete Teil des Zustandsdiagramms wiedergegeben; Mischungen mit mehr als 31% S sind
auf schmelzflüssigem Wege unter Atmosphärendruck nicht darstellbar.

Die feste Löslichkeit von S in Ni wurde nicht näher bestimmt;
nach den Haltezeiten (!) für 645° und 535° beträgt sie bei diesen Temperaturen etwa 0,4—0,5% bzw. 0% S. MASING-KOCH[2] beobachteten bei
0,05% S noch deutlich Ni_3S_2-Säume zwischen den Ni-Körnern. Der
Curiepunkt des Nickels (~360°) wird danach durch S nicht merklich
verschoben.

Eine Verbindung Ni_2S (21,45% S), die früher auf Grund präparativer
Arbeiten mehrfach vermutet wurde, besteht sicher nicht. Diese Zu-
sammensetzung entspricht zufällig sehr genau der Konzentration des
Eutektikums bei 645°, 21,5% S.

Die bis dahin noch nicht bekannte Verbindung Ni_3S_2 (26,70% S)
bildet sich bei etwa 553° aus dem β-Mischkristall gleicher Zusammensetzung. Ihre Existenz wurde mikroskopisch und durch die Kurve
des spezifischen Volumens der langsam erkalteten Legierungen, die bei
dieser Konzentration einen Knick besitzt, bestätigt.

Die Umwandlungsvorgänge zwischen etwa 27 und 31% S sind nicht
ganz geklärt. Die Haltezeiten der beiden bei 520° und 503° stattfindenden Reaktionen erreichen bei 29,7% bzw. 30% S ihren Höchst-

wert und werden beide bei etwa 31,4% S gleich Null. Diese letztere Konzentration deutet auf das Bestehen der Verbindung Ni_6S_5 (31,28% S) hin; sie wird bei 550° aus β und NiS (?) gebildet. Nach FRIEDRICH besteht wahrscheinlich eine analoge Verbindung des Kobalts mit Schwefel (s. Co-S).

Nach dem Verlauf der Entmischungskurven des β-Mischkristalls zwischen 26,7 und 31% S erschiene es als das Nächstliegende, die Horizontale bei 520° als eine eutektoide Horizontale aufzufassen. Die Bedeutung der Horizontalen bei 503° ist dann allerdings ungewiß. Um diese Unklarheit zu beseitigen, gibt BORNEMANN die in der Nebenabb. dargestellte Deutung. Er nimmt also an, daß sich bei 520° eine Phase X bildet, die bei 503° bereits wieder zerfällt.

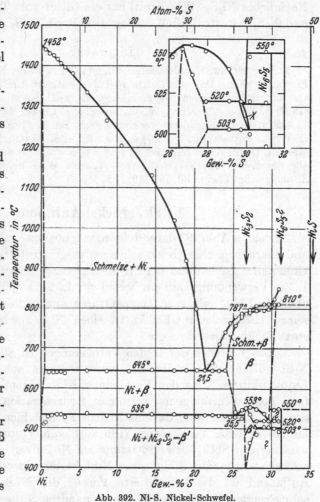

Abb. 392. Ni-S. Nickel-Schwefel.

An S-reicheren Sulfiden des Nickels werden in der chemischen Literatur genannt: NiS (35,33% S), Ni_3S_4 (42,14% S) und NiS_2 (52,21% S). BILTZ[3] hat den Schmelzpunkt von NiS durch Aufnahme von Erhitzungs- und Abkühlungskurven zu 797 ± 2° bestimmt; diese Temperatur ist mit dem Diagramm von BORNEMANN nicht in Einklang zu bringen. Da die Probe während des Versuches 1,8% S verloren hatte, so liegt es nahe anzunehmen, daß BILTZ die Temperatur der peritektischen Reaktion Schmelze + NiS $\rightleftharpoons \beta$ gemessen hat; nach BORNEMANN 810°.

Natürliches NiS (Millerit) besitzt ein rhomboedrisch-quadratisches Gitter[4], künstliches NiS hat die Gitterstruktur des NiAs[5]. Durch Glühen in H_2S-Atmosphäre geht Millerit in NiS mit NiAs-Gitter über. — Natürliches Ni_3S_4 (Polydymit) hat ein Gitter vom Typus des Spinells[6], und NiS_2[7] ist strukturell analog dem Pyrit, FeS_2.

Literatur.

1. BORNEMANN, K.: Metallurgie Bd. 5 (1908) S. 13/19; Bd. 7 (1910) S. 667/74. Einwaage 100 g. Das verwendete Ni-Pulver enthielt 0,26% Fe und 0,40% SiO_2 als Hauptbeimengungen. — **2.** MASING, G., u. L. KOCH: Z. Metallkde. Bd. 19 (1927) S. 278. — **3.** BILTZ, W.: Z. anorg. allg. Chem. Bd. 59 (1908) S. 280. — **4.** ALSÉN, N.: Geol. Fören Stockholm Förh. Bd. 47 (1925) S. 19/72. WILLEMS, H. W. V.: Physica Bd. 7 (1927) S. 203/207. — **5.** ALSÉN, N.: S. Anm. 4. — **6.** MENZER, G.: Z. Kristallogr. Bd. 64 (1926) S. 506/507. JONG, W. F. DE: Z. anorg. allg. Chem. Bd. 161 (1927) S. 311/15. — **7.** JONG, W. F. DE, u. H. W. V. WILLEMS: Z. anorg. allg. Chem. Bd. 160 (1927) S. 185/89.

Ni-Sb. Nickel-Antimon.

Zu dem in Abb. 393 dargestellten, von LOSSEW[1] mit Hilfe thermischer und mikroskopischer Untersuchungen ausgearbeiteten Erstarrungs- und Umwandlungsschaubild der Ni-Sb-Legierungen ist folgendes zu sagen: 1. Zur Verwendung kam ein Nickel mit 1,5% Co und 0,6% Fe. 2. Alle oberhalb 1100° gelegenen Temperaturen wurden korrigiert, da LOSSEW seiner Thermoelement-Eichkurve einen Ni-Schmelzpunkt von 1484° statt 1452° zugrunde legte.

3. Das Bestehen der beiden Verbindungen Ni_5Sb_2 (45,35% Sb) und NiSb (67,48% Sb) ergibt sich ohne weiteres aus dem Verlauf der Liquiduskurve. Das der Verbindung NiSb entsprechende Maximum fand LOSSEW nicht genau bei dieser Konzentration. Es liegen jedoch sicher Meßfehler vor, da eine andere Formel hier nicht in Betracht kommt und die Verbindung NiSb auch von VIGOUROUX[2] durch Einwirkung von $SbCl_3$- bzw. Sb-Dampf auf Ni-Pulver bei 800° bzw. 1300° erhalten wurde; zur Bildung von NiSb besteht also die größte Neigung. Auffallend ist die komplizierte Formel der Ni-reicheren unzersetzt schmelzenden Verbindung, die in verwandten Systemen kein Analogon besitzt. Beide Verbindungen vermögen Mischkristalle zu bilden, und zwar nach Aussage der thermischen Analyse, die jedoch nicht sicher ist, nur mit Ni. Den Gefügebildern der Legierungen mit 49,6 und 58,5% Sb zufolge tritt mit fallender Temperatur eine deutliche Löslichkeitsabnahme von Sb in β bzw. von Ni in γ ein. Diesem Umstand wurde in Abb. 393 Rechnung getragen. Die eingetragenen Löslichkeitskurven sind keine Gleichgewichtskurven. — Die an Sb gesättigte β-Phase erleidet bei 580° eine polymorphe Umwandlung. In den Legierungen mit 34—45% Sb konnte diese Umwandlung nicht festgestellt werden; nach

Lossew „scheint eine geringe Menge Ni, die die Kristalle Ni_5Sb_2 gelöst enthalten, die Umwandlung zu verhindern oder sehr stark zu erniedrigen".

4. Bei 680° erfolgt mit fallender Temperatur die Bildung der Verbindung Ni_4Sb (34,15% Sb) aus α und β. Diese Reaktion vollzieht sich

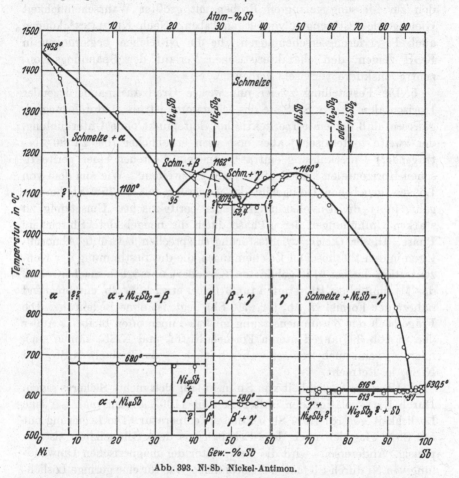

Abb. 393. Ni-Sb. Nickel-Antimon.

selbst bei relativ schneller Abkühlung mit einer für derartige Vorgänge im festen Zustand bemerkenswerten Vollständigkeit, wie aus der praktisch einphasigen Legierung mit 34,8% Sb hervorgeht. Diese Tatsache findet ihre Erklärung in dem Umstande, daß die Konzentration des α-β-Eutektikums sehr nahe mit der Zusammensetzung Ni_4Sb übereinstimmt, so daß die Reaktion vorwiegend in dem sehr innigen eutektischen Kristallgemisch erfolgt. Der reversible Charakter der Reaktion bei 680° wurde durch mikroskopische Untersuchungen sichergestellt. — Puschin[3] schloß aus seinen Spannungsmessungen (Kette Sb/1 n

KOH/Ni_xSb_{1-x}) auf das Bestehen der Verbindung Ni_3Sb (40,88% Sb) statt Ni_4Sb, also auf eine näher der β-Phase liegende Zusammensetzung. Dieser Annahme ist jedoch keine große Bedeutung beizumessen, da erstens der betreffende Spannungssprung zwischen 25 und 35 Atom-% Sb erfolgt (also die Zusammensetzung Ni_5Sb_2 einschließt) und zweitens in den zur Messung gelangten Proben mit größter Wahrscheinlichkeit Gleichgewichtsstörungen vorgelegen haben. Nach KREMANN[4] können auch Passivierungserscheinungen, die die Ni-reichen Legierungen in KOH zeigen, den charakteristischen Verlauf der Spannungs-Konzentrationskurve verwischt haben.

5. Die Feststellung zweier nur wenige Grad auseinanderliegender Horizontalen an der Sb-Seite des Diagramms ist nur dadurch möglich gewesen, daß der erste (peritektische) Haltepunkt ohne Unterkühlung, der zweite (eutektische) aber erst nach erheblicher (bis zu 80° betragender) Unterkühlung eintrat[5]. An dem Bestehen einer peritektischen Horizontalen ist jedenfalls nicht zu zweifeln[6]. Wie aus dem von LOSSEW gegebenen Gefügebild der Legierung mit 77,75% Sb hervorgeht, führt die Unvollständigkeit der peritektischen Umsetzung zu starken Umhüllungen der γ-Phase durch die neugebildete Sb-reichere Phase. Dieser Gleichgewichtsstörung entsprechen bekannte Abnormitäten in den thermischen Erscheinungen, die die Bestimmung der Konzentration der bei 616° gebildeten Kristallart unmöglich machen. Daß das Maximum der Haltezeiten für 616° bei etwa 72% Sb, entsprechend nahezu der Formel Ni_4Sb_5 (72,17% Sb), liegt, ist ohne Bedeutung. Die Frage nach der Zusammensetzung muß also noch offen bleiben. Außer den in Abb. 393 angedeuteten Formeln Ni_2Sb_3 und $NiSb_2$ kämen auch noch — wenn auch weniger wahrscheinlich — die Formeln $NiSb_3$ und $NiSb_4$ in Betracht.

6. Über die Löslichkeit von Sb in Ni läßt sich nichts Sicheres sagen. Durch Extrapolation der Haltezeiten für 1100° kommt man auf eine Löslichkeit von rd. 7,5% Sb bei dieser Temperatur. Die Legierung mit 5% Sb erwies sich nach dem Erkalten aus dem Schmelzfluß als einphasig. Andererseits wird die Temperatur der magnetischen Umwandlung von Ni durch Sb fast nicht beeinflußt, was für eine geringe Löslichkeit von Sb bei tieferen Temperaturen spricht. Eine Entmischung war — wohl wegen der zu schnellen Abkühlung — nicht wahrzunehmen.

Die von PUSCHIN[3] ermittelte Spannungskurve (s. o.) zeigt abgesehen von einem kleinen, nahezu in die Fehlergrenze der Messung fallenden Potentialsprung bei 25 Atom-% Sb (= Ni_3Sb) zwei Potentialsprünge zwischen 50 und 60 Atom-% Sb (entsprechend NiSb) bzw. zwischen 25 und 35 Atom-% Sb.

NiSb (in der Natur als Breithauptit) besitzt ein Kristallgitter vom Typ des NiAs[7].

Literatur.

1. LOSSEW, K.: Z. anorg. allg. Chem. Bd. 49 (1906) S. 58/71. Die Zusammensetzung der ausgezeichneten Punkte des Diagramms wurde durch Analyse der Proben genauer festgestellt. Bei den übrigen Legn. wurde die durch Sb-Verdampfung hervorgerufene Konzentrationsverschiebung aus der Rückwaage der Reguli ermittelt. — **2.** VIGOUROUX, E.: C. R. Acad. Sci., Paris Bd. 147 (1908) S. 976/78. — **3.** PUSCHIN, N. A.: J. russ. phys.-chem. Ges. Bd. 39 (1907) S. 528 (russ.). Ref. Chem. Zbl. 1907 II S. 2028. — **4.** KREMANN, R.: Elektrochemische Metallkunde in W. Guertlers Handbuch Metallographie, S. 168, Berlin 1921. — **5.** Diese starke Unterkühlung ist für die Kristallisation des Sb charakteristisch. — **6.** HAUGHTON, J. L., hat die peritektische Horizontale in dem von ihm bearbeiteten Diagramm Ni-Sb der International Critical Tables weggelassen. — **7.** JONG, W. F. DE: Physica Bd. 5 (1925) S. 241/43. ALSÉN, N.: Geol. Fören Stockholm Förh. Bd. 47 (1925) S. 19. JONG, W. F. DE, u. H. W. V. WILLEMS: Physica Bd. 7 (1927) S. 74/79. OFTEDAL, I.: Z. physik. Chem. Bd. 128 (1927) S. 135/58.

Ni-Se. Nickel-Selen.

LITTLE[1], FABRE[2] und FONCES-DIACON[3] stellten durch direkte Synthese (Ni + Se-Dampf) das Monoselenid NiSe (57,44% Se) dar.

Die Einheitlichkeit der außerdem von FONCES-DIACON vermuteten Verbindungen Ni_2Se_3 oder Ni_3Se_4 und $NiSe_2$, die durch Einwirkung von H_2Se auf $NiCl_2$ je nach der Temperatur erhalten wurden sowie Ni_2Se, in die alle Se-reicheren Verbindungen beim Erhitzen auf Weißglut übergehen sollen, ist auf Grund der Angaben des Verfassers nicht erwiesen.

NiSe hat nach ALSÉN[4] ein Kristallgitter vom Typus des NiAs. DE JONG-WILLEMS[5] haben das Selenid $NiSe_2$ (72,97% Se) (s. oben) durch Zusammenschmelzen von NiSe mit Se (im Vakuum bei etwa 230°) dargestellt und gefunden, daß es das Kristallgitter des Pyrits, FeS_2, besitzt.

Literatur.

1. LITTLE, G.: Liebigs Ann. Bd. 112 (1859) S. 211. — **2.** FABRE, C.: C. R. Acad. Sci., Paris Bd. 103 (1886) S. 345. — **3.** FONCES-DIACON: C. R. Acad. Sci., Paris Bd. 131 (1900) S. 556/58. — **4.** ALSÉN, N.: Geol. Fören Stockholm Förh. Bd. 47 (1925) S. 19/72. — **5.** JONG, W. F. DE, u. H. W. V. WILLEMS: Z. anorg. allg. Chem. Bd. 170 (1928) S. 241/45.

Ni-Si. Nickel-Silizium.

GUERTLER-TAMMANN[1] haben einen Überblick über die Konstitution des Systems durch Ausarbeitung des Erstarrungsdiagramms und ergänzende mikroskopische Untersuchungen gegeben[2]. Später hat GUERTLER[3] auf Grund einer nochmaligen kritischen Sichtung des experimentellen Befundes von GUERTLER-TAMMANN ein teilweise anderes Diagramm entworfen. Danach sind die folgenden fünf intermediären Phasen vorhanden: Ni_2Si (19,29% Si), NiSi (32,35% Si), die durch einen maximalen Schmelzpunkt ausgezeichnet sind, eine der Zusammensetzung Ni_3Si nahe kommende Phase (in Abb. 394 mit β bezeichnet), Ni_3Si_2 (24,17% Si) und $NiSi_2$ (48,88% Si).

Teilsystem Ni-Ni_2Si (vgl. Abb. 394). In diesem Bereich bestehen

noch große Unklarheiten. Den Erstarrungspunkten zufolge sollten nur
Ni-reiche α-Mischkristalle und γ-Mischkristalle der Verbindung Ni$_2$Si
vorhanden sein, die eine eutektische Mischungslücke bilden. Das Gefüge

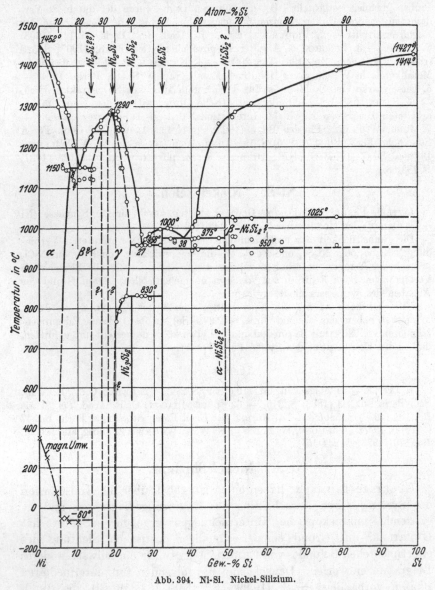

Abb. 394. Ni-Si. Nickel-Silizium.

der langsam erkalteten Legierungen mit 6—15% Si besitzt jedoch, wie
Guertler-Tammann zunächst glaubten, ein damit nicht im Einklang
stehendes Aussehen, vielmehr war es nach ihrer Ansicht nur durch
Annahme der Verbindung Ni$_3$Si verständlich. Sie vermuteten, daß sich

diese Verbindung erst im festen Zustand durch Reaktion des Ni-reichen α-Mischkristalls mit dem Ni_2Si-Mischkristall bildet, zumal sie bei 1120° thermische Effekte gefunden hatten, für die keine andere Deutung möglich schien.

GUERTLER hat diese Deutung verworfen. Die Horizontale bei 1120° nahm er als oberen Endpunkt der damals noch als echte Phasenumwandlung aufgefaßten magnetischen Umwandlung des Ni-reichen Mischkristalls an. Dazu ist zu sagen, daß der magnetische Umwandlungspunkt des Nickels nicht, wie GUERTLER annahm, erhöht, sondern nach KUSSMANN-SCHARNOW[4] erniedrigt wird, und zwar durch rd. 6% Si auf etwa —60°[5]. Die Ursache der bei 1120° gefundenen thermischen Effekte, deren Haltezeit von der Konzentration praktisch unabhängig gefunden war, ist also ungeklärt. Sicher erscheint es jedoch, daß nach GUERTLER im Gefüge keine Anzeichen auf die Bildung einer Verbindung im festen Zustand hindeuten.

An dem Bestehen einer zwischen Ni und Ni_2Si liegenden Phase hält GUERTLER fest, doch sprechen nach seiner Ansicht das Gefüge und andere Anzeichen dafür, daß diese Phase sich nicht erst im festen Zustand bildet, sondern sich teils primär aus der Schmelze, teils durch die peritektische Reaktion Schmelze $+ \gamma = \beta$ bildet. Aus diesem Grunde nahm er eine mehr oder weniger hypothetische Peritektikale bei rd. 1250° an. In Ermangelung weiterer Unterlagen besteht zunächst keine Möglichkeit und auch keine Veranlassung dazu, diese Deutung zu verlassen[6]. Gegen das Bestehen von Ni_3Si oder einer Phase ähnlicher Konzentration könnten nur die Ergebnisse rückstandsanalytischer Untersuchungen von VIGOUROUX[7][8] und FRILLEY[9] sprechen. Ersterer konnte aus einer Legierung mit etwa 9% Si, letzterer aus Legierungen mit 8,1 und 17,8% Si Rückstände isolieren, die sehr nahe der Zusammensetzung Ni_2Si entsprachen. Wenn auch im allgemeinen derartigen Befunden kein allzu großes Gewicht beizumessen ist, so ist die gute Übereinstimmung der Ergebnisse doch auffällig. Im System Co-Si besteht keine Verbindung Co_3Si.

Die Löslichkeit von Si in Ni wurde von GUERTLER[3] zu rd. 6,5% bei 1150° vermutet. DAHL-SCHWARTZ[10] fanden, daß die Löslichkeit mit steigender Temperatur zunimmt. Bei 950° (nach 4stündigem Glühen) soll die Sättigungsgrenze dicht unterhalb 7,6% Si liegen. Nach langsamer Abkühlung im Ofen zeigte eine Legierung mit 6,7% Si sehr feine Ausscheidungen, eine Legierung mit 5,6% Si blieb homogen. Sie schließen daraus und aus Aushärtungsversuchen[11], daß die Entmischung der übersättigten α-Mischkristalle außerordentlich träge verläuft. Bei 500° liegt die Löslichkeit, wie aus Aushärtungsversuchen folgt, unterhalb 4,6% Si.

BLUMENTHAL-HANSEN[12] haben versucht, die Löslichkeit zwischen

1100° und 800° durch röntgenographische Untersuchungen an sehr lange geglühten Legierungen zu bestimmen. Bei 1100° liegt die Grenze mit Sicherheit sehr nahe bei 7,5% Si (7,8% Si war heterogen). Bei 800° (nach 16 tägigem Anlassen) wurde die Löslichkeit zu etwa 6,1% gefunden. Wenn die bei 800° angelassenen Proben auch deutliche mikroskopische Ausscheidungen enthielten, so besteht doch keine allzu große Gewähr für die Vollständigkeit der Entmischung.

Das Teilsystem Ni_2Si-$NiSi$ ist als im wesentlichen geklärt anzusehen. Das Gefüge der bei 860° abgeschreckten Legierungen zeigt in Übereinstimmung mit Abb. 394 γ-Mischkristalle (zwischen Ni_2Si und 24% Si) bzw. $\gamma + NiSi$. Das Gefüge der langsam erkalteten Legierungen läßt erkennen, daß sich im festen Zustand teils durch charakteristische Entmischung des γ-Mischkristalls, teils durch Reaktion von γ mit $NiSi$ bei 830° eine neue Phase bildet, der die Formel Ni_3Si_2 zugeschrieben werden muß (dieselbe Reaktion findet im System Co-Si statt). Die Entmischung der γ-Phase unter Ausscheidung von Ni_3Si_2 ist durch Abschrecken nur schwer zu unterdrücken und ist mit erheblicher Wärmetönung verbunden[13].

Im Teilsystem $NiSi$-Si ist die Zusammensetzung der Phase, die sich bei 1025° durch peritektische Reaktion von Schmelze mit Silizium bildet und bei rd. 950° offenbar eine Umwandlung durchmacht, noch nicht geklärt. Da die Zeitdauer der eutektischen Kristallisation (975°) erst bei hohem Si-Gehalt Null wird, so ist anzunehmen, daß die peritektische Reaktion zu erheblichen Gleichgewichtsstörungen (durch Umhüllungen) führt. Die von GUERTLER-TAMMANN unter Vorbehalt angenommene Verbindung Ni_2Si_3 (41,76% Si) ist daher, wie GUERTLER hervorhebt, unwahrscheinlich, da dann keine Gleichgewichtsstörungen durch die peritektische Umsetzung zu erwarten wären. Er sieht daher die Formel $NiSi_2$ (48,88% Si) als wahrscheinlicher an. Eine Verbindung mit dieser Formel besteht auch im System Co-Si. Mikroskopische Untersuchungen waren wegen der großen Bröckligkeit der Legierungen ohne Erfolg. — FRILLEY[9] hat aus Legierungen mit 36,8 und 57,3% Si Rückstände mit 33,1 bzw. 34,5% Si (entsprechend $NiSi$) isoliert.

Weitere Untersuchungen. BARADUC-MULLER[14] hat einige Legierungen mikroskopisch untersucht. FRILLEY[9] glaubt aus Dichtemessungen auf das Bestehen von Ni_2Si, $NiSi$ und Ni_3Si_2 schließen zu können (?). Die Kurve des Molekularvolumens zeigt nur bei Ni_2Si einen deutlichen Knick entsprechend der größten Kontraktion.

Nachtrag. BORÉN teilt über seine Versuche zur Feststellung der intermediären Phasen auf röntgenographischem Wege folgendes mit:

„Die Pulverphotogramme zeigen, daß die Verhältnisse ziemlich verwickelt sind. Sobald man sich außerhalb der Homogenitätsgebiete der Ni- und der Si-Phase befindet, sind die Photogramme sehr linienreich. Wahrscheinlich ist die Zahl der intermediären Phasen groß. Es ist bis jetzt nur konstatiert worden, daß die Verbindung NiSi auftritt, und daß sie FeSi-Struktur besitzt. Si vermag Ni unter geringer Kontraktion des Gitters zu lösen."

Die Verbindung NiSi wird von Borén als die Si-reichste intermediäre Phase angesehen (s. dagegen Abb. 394).

Literatur.

1. Guertler, W., u. G. Tammann: Z. anorg. allg. Chem. Bd. 49 (1906) S. 93/112. — 2. Es wurde ein Nickel mit 1,86% Co, 0,47% Fe u. Si-Sorten vom Reinheitsgrad 94,8—98,9% verwendet. Die Zusammensetzung der Legn. wurde aus dem Abbrand, der als Si-Verlust in Rechnung gesetzt wurde, korrigiert. Da als Ni-Schmelzpunkt 1484° statt 1452° angenommen war, wurden alle oberhalb 1100° liegenden Temperaturen korrigiert. — 3. Guertler, W.: Handbuch der Metallographie 1. Bd., 2. Teil, S. 676/89, Berlin, Gebr. Borntraeger 1917. — 4. Kussmann, A., u. B. Scharnow: Z. Metallkde. Bd. 23 (1931) S. 216. — 5. Persönl. Mitteilung. Auch O. Dahl u. N. Schwartz (s. Anm. 10) teilen mit, daß der magn. Umwandlungspunkt von Ni durch Si erniedrigt wird; durch 4,6% auf etwa 140°. — 6. Guertler nimmt für die β-Phase eine veränderliche Zusammensetzung an. Die Ni-reichste Konzentration liegt in seinem Diagramm bei Ni_3Si, die Si-reichste bei Ni_5Si_2. — 7. Vigouroux, E.: C. R. Acad. Sci., Paris Bd. 121 (1895) S. 686. — 8. Bei der Einwirkung von $SiCl_4$ auf Ni-Pulver konnte E. Vigouroux: C. R. Acad. Sci., Paris Bd. 142 (1905) S. 1270/71 zwei Grenzen der Aufnahmefähigkeit von Ni für Si feststellen, und zwar bei Ni_4Si (?) und Ni_2Si. — 9. Frilley, R.: Rev. Métallurg. Bd. 8 (1910) S. 484/91. — 10. Dahl, O., u. N. Schwartz: Metallwirtsch. Bd. 11 (1932) S. 277/79. — 11. S. auch O. Dahl: Z. Metallkde. Bd. 24 (1932) S. 277/81. — 12. Blumenthal, B., u. M. Hansen: Unveröffentlichte Versuche 1932. — 13. Guertler nimmt an, daß die Entmischungskurve in die $\gamma(\beta + \gamma)$-Grenze bei der Zusammensetzung Ni_2Si einmündet und schließt daraus irrtümlich auf eine Umwandlung von Ni_2Si bei etwa 750°. Die von ihm gegebene Darstellung bedeutet jedoch, daß die γ-Phase von der Zusammensetzung Ni_2Si in β und Ni_3Si_2 eutektoidisch zerfällt. — 14. Baraduc-Muller, L.: Rev. Métallurg. Bd. 7 (1910) S. 748/57. — 15. Borén, B.: Arkiv för Kemi och Min. Geol. A Bd. 11 (1933) S. 22/23.

Ni-Sn. Nickel-Zinn.

Heycock-Neville[1] stellten bei sehr genauen Untersuchungen über die Erniedrigung des Sn-Erstarrungspunktes durch kleine Ni-Gehalte einen eutektischen Punkt bei 99,87% Sn und einer um nur 0,8° unterhalb des Sn-Schmelzpunktes befindlichen Temperatur fest. Die späteren Untersuchungen über die Erstarrung der Sn-reichen Schmelzen sind wesentlich unvollständiger.

Gautier[2] bestimmte den Verlauf der Liquiduskurve in großen Zügen (s. die in Abb. 395 eingezeichneten Temperaturpunkte) und fand ein nahe bei 1310° gelegenes Maximum zwischen 50 und 60% Sn, näher bei 60%, das für das Bestehen der Verbindung Ni_3Sn_2 (57,42% Sn) spricht, und zwei eutektische Punkte bei 30% Sn und 1160—1170° bzw. annähernd 99,99% Sn (?) und 231°. Charpy[3] fand die beiden eutektischen Punkte durch mikroskopische Beobachtungen bei 40% und 98% Sn.

Die Legierung mit 65% Sn beschreibt er als fast homogen, diejenige mit 50% Sn als aus 2 Phasen bestehend. Er schließt auf das Vorliegen

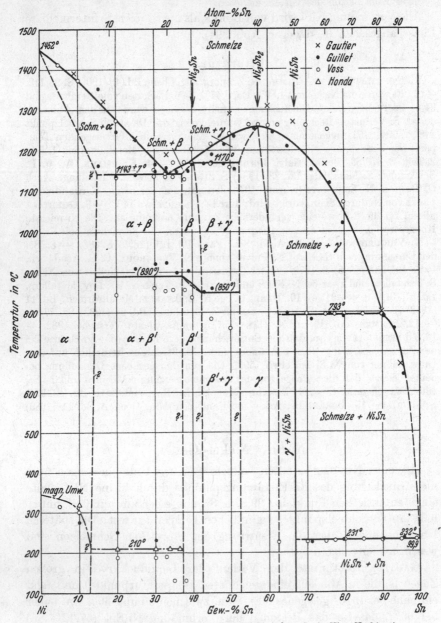

Abb. 395. Ni-Sn. Nickel-Zinn (über die Löslichkeit von Sn in Ni s. Nachtrag).

eines ziemlich ausgedehnten Homogenfeldes im Gebiet der Verbindung (Ni$_3$Sn$_2$?). Gefügebilder werden nicht gegeben.

Um Aufschluß über die von Ni und Sn gebildeten Verbindungen zu bekommen, führte VIGOUROUX[4] zahlreiche Rückstandsuntersuchungen an Legierungen der verschiedensten Zusammensetzung aus. Er gelangte so zur Annahme der Verbindungen Ni_3Sn[5] (40,27% Sn), Ni_3Sn_2[6] (57,42% Sn) und NiSn[7] (66,91% Sn). Auffallend ist die gute Übereinstimmung der gefundenen und der theoretischen Gehalte. Die späteren direkten Konstitutionsuntersuchungen haben gezeigt, daß die genannten drei Verbindungen (oder doch feste Lösungen dieser Verbindungen) tatsächlich bestehen.

Auf Grund thermischer und mikroskopischer Untersuchungen haben GUILLET[8] und VOSS[9] fast gleichzeitig ein vollständiges Zustandsdiagramm aufgestellt; merkwürdigerweise ist die Untersuchung GUILLETS später kaum berücksichtigt worden. Da die Ergebnisse beider Arbeiten erheblich voneinander abweichen, ist es notwendig, sich im folgenden näher mit den beiden Diagrammen zu beschäftigen. Dabei wird auch auf einige andere Arbeiten eingegangen.

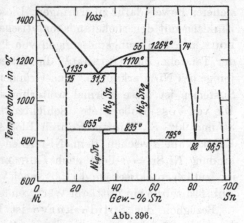

Abb. 396.

In Abb. 395 sind die von beiden Verfassern festgestellten Erstarrungs- und Umwandlungstemperaturen eingezeichnet. Das Hauptdiagramm der Abb. 395 wurde im wesentlichen nach den Angaben von GUILLET gezeichnet, da das Diagramm dieses Forschers die Konstitutionsverhältnisse richtiger beschreibt als das Diagramm von VOSS. Letzteres ist des besseren Verständnisses halber in der Nebenabb. 396 wiedergegeben. GUILLET verwendete ein Nickel mit 1,5% Co und 0,3—0,4% Fe, VOSS ein solches mit 1,86% Co; 0,4% Fe und Spuren Cu. Der Reinheitsgrad ist also praktisch gleich. Im Gegensatz zu GUILLET hat VOSS seine Legierungen nicht analysiert und auch nicht den Co- und Fe-Gehalt berücksichtigt.

Die Liquiduskurven weichen in wesentlichen Punkten voneinander ab, insbesondere ist der zwischen etwa 34 und 50% Sn liegende Teil nach VOSS gegenüber demjenigen nach GUILLET zu erheblich höheren Ni-Gehalten verschoben. Die Ursache dafür ist nicht sicher anzugeben. Die größte Abweichung besteht jedoch zwischen 60 und 90% Sn. Wie Abb. 396 zeigt, nimmt VOSS hier je eine Mischungslücke im flüssigen Zustand zwischen 55 und 74% Sn, sowie zwischen 82 und 96,5% Sn an. Weder GAUTIER noch GUILLET haben ein horizontales Stück zwi-

schen 55 und 74% Sn beobachten können, und auch Voss vermochte
eine Schichtenbildung nicht feszustellen, was er mit der Bildung einer
Emulsion der beiden unmischbaren Schmelzen erklärt. Hinsichtlich der
zweiten Mischungslücke ist zu sagen, daß hier sicher ein Fehlschluß
von seiten Voss' vorliegt, da die Horizontale bei 793° keine Monotektikale, sondern eine Peritektikale ist, die der Reaktion Schmelze $+ \gamma$
$\rightleftharpoons$ NiSn entspricht. Das Bestehen einer intermediären Kristallart
zwischen γ und reinem Sn folgt aus den von GUILLET veröffentlichten
Mikrophotographien der Legierungen mit 70 und 80% Sn, die typische
peritektische Umhüllungen der primär kristallisierten γ-Phase durch die
peritektisch gebildete Phase zeigen. Die Zusammensetzung der bei 793°
sich bildenden Phase gibt GUILLET mit NiSn an, ohne indessen einen
sicheren Beweis dafür zu erbringen. Diese Formel steht jedoch im besten
Einklang mit den rückstandsanalytischen Untersuchungen von VIGOU-
ROUX, den Spannungsmessungen von PUSCHIN[10][11] und vor allem mit
der Tatsache, daß OFTEDAL[12] die Gitterstruktur dieser Phase als diejenige des NiAs erkannte. Aus Gründen der Analogie mit verwandten
Systemen ist diese Formel weiterhin außerordentlich wahrscheinlich.
Die von Voss beobachtete „Schichten"bildung in den Legierungen mit
85 und 90% Sn kann nur durch Blockseigerung bewirkt sein. — Das
Eutektikum zwischen dem Ni-reichen α-Mischkristall und der Verbindung $Ni_3Sn = \beta$ liegt nach GUILLET bei 36% Sn (diese Legierung
ist deutlich eutektisch) und 1150°, nach Voss bei 31,5% Sn und 1135°. In
Abb. 395 wurde ein mittlerer Wert von 34% Sn und 1143° angenommen.

Bezüglich der Soliduskurve ist besonders hervorzuheben, daß
Voss die Ausdehnung der horizontalen Gleichgewichtskurven aus-
schließlich durch Extrapolation der Haltezeiten (!) bestimmte. Er ge-
langte so zur Annahme von intermediären Kristallarten nur singulärer
Zusammensetzung (Abb. 395). GUILLET hingegen berücksichtigte die
Haltezeiten anscheinend nicht, vermochte jedoch durch mikroskopische
Untersuchungen (wenn auch nur an ungeglühten Legierungen) festzustellen, daß die Zwischenphasen veränderliche Zusammensetzung haben.
Nach GUILLET bestehen auf Grund der Untersuchung an langsam
erkalteten (?) Proben folgende Gebiete fester Lösungen: 0—5% Sn
(Voss gibt auf Grund der Haltezeiten für 1143° eine Löslichkeit von
15% Sn bei dieser Temperatur an, eine langsam erkaltete Legierung mit
10% Sn erwies sich als einphasig), 37,5—42,5% Sn $= \beta$-Phase und
52,5—62,5% Sn $= \gamma$-Phase. Für diese beiden Phasen gibt GUILLET
keine Formeln an; er spricht vielmehr nur von festen Lösungen. Demgegenüber ist zu sagen, daß der β-Phase wohl mit Sicherheit die Verbindung Ni_3Sn zugrunde liegt (auf Grund der Haltezeiten bei 1170° nach
Voss), und daß die γ-Phase die Verbindung Ni_3Sn_2 (maximaler Schmelzpunkt) als Basis besitzt.

Die in Abb. 395 angegebenen Phasengrenzen, die sich mit Ausnahme der α-Grenze mit den von GUILLET angegebenen „Sättigungs"-konzentrationen decken, sind natürlich keine Gleichgewichtskurven; vielmehr wird mit fallender Temperatur eine Erweiterung der Mischungslücken eintreten. Eine Löslichkeitsabnahme von Ni in β geht bereits aus dem von GUILLET gegebenen Gefügebild der Legierung mit 51% Sn hervor.

Große Schwierigkeiten macht die Deutung der im festen Zustand zwischen etwa 15 und 52% Sn stattfindenden Reaktion. Aus den von GUILLET bestimmten Umwandlungskurven bei 910° und 850° (im Mittel) geht hervor, daß die β-Phase an der Umwandlung beteiligt ist[13]. Den Mikrostrukturen der Legierungen mit 30 und 36% Sn (reines Eutektikum) zufolge tritt mit fallender Temperatur keine Veränderung des nach den Erstarrungsverhältnissen zu erwartenden Gefügeaufbaues ein, die Umwandlung ist also eine polymorphe Umwandlung der β-Phase ($\beta \rightleftharpoons \beta'$). Dafür spricht vor allem, daß die β-Kristalle der bei 1000° abgeschreckten Legierungen im Gegensatz zu den erkalteten Legierungen nadelige Struktur besitzt; es liegen also offenbar ganz ähnliche Verhältnisse vor wie bei den β-Phasen der Systeme Al-Cu und Cu-Sn.

Voss dagegen, der die Umwandlung bei etwas tieferen Temperaturen feststellte (er beobachtete außerdem starke Unterkühlungen), schließt aus seinen mikroskopischen Untersuchungen gemäß Abb. 396, daß sich bei 855° mit fallender Temperatur aus α und Ni_3Sn die Verbindung Ni_4Sn (33,58% Sn) bildet, und daß bei 835° wahrscheinlich Ni_3Sn in Ni_4Sn und Ni_3Sn_2 zerfällt. Diese Folgerung vermag jedoch m. E. an Hand der Gefügebilder nicht zu überzeugen, und zwar aus folgenden Gründen: Die langsam erkalteten Legierungen mit 30 und 33% Sn (letztere Konzentration entspricht nahezu der Formel Ni_4Sn) zeigen noch α + Eutektikum, die Legierung mit 35% Sn β + Eutektikum, nur mit dem Unterschied, daß das an sich zur Grobkristallisation neigende Eutektikum durch das längere Verweilen bei hohen Temperaturen grobkörniger geworden ist. Von der Bildung einer neuen Phase (Ni_4Sn) ist nichts zu erkennen; die Annahme von Ni_4Sn wird also, zum mindesten hiernach, überflüssig. Auch durch 12stündiges Glühen bei 840° konnten die Legierungen mit 33 und 34% Sn nicht homogen erhalten werden. Nicht zu leugnen ist dagegen eine Beeinflussung der Struktur der β-Phase durch Abschrecken bzw. langsames Erkalten. So zeigt das Gefüge der Legierung mit 45% Sn nach langsamer Abkühlung eine nadelige β-Grundmasse, nach dem Abschrecken bei 1000° dagegen eine glatte β-Grundmasse. Diese Erscheinung, die auch von GUILLET — allerdings in entgegengesetzter Abhängigkeit[14] — beobachtet wurde, läßt sich jedoch zwangloser als polymorphe Umwandlung $\beta \rightleftharpoons \beta'$ deuten.

Die von HONDA[15] bestimmten Temperaturen der magnetischen Umwandlung der α-Mischkristalle verdienen gegenüber den von Voss ermittelten den Vorzug, da letzterer nur ein qualitatives Verfahren verwendete, ersterer dagegen die Änderung der Magnetisierung mit der
Temperatur quantitativ verfolgte. HONDA untersuchte auch den Paramagnetismus der Legierungen, und zwar zwischen 0 und 40% Sn bei
550° und zwischen 40 und 100% Sn bei 25°. Seine Kurve der Suszeptibilität in Abhängigkeit von der Konzentration besteht zwischen 0 und
40% Sn aus zwei sich bei etwa 12% Sn (Grenzmischkristall) schneidenden Geraden; die Zusammensetzung Ni_4Sn hat also keinen ausgezeichneten Wert. Zwischen 40 und 100% Sn ändert sich die Suszeptibilität
ebenfalls auf zwei sich bei etwa 60% Sn ($=$ annähernd Ni_3Sn_2) schneidenden Geraden.

Nachtrag. HANSON-SANDFORD-STEVENS[16] haben vergeblich versucht,
die Erstarrungspunkte der Sn-reichen Legierungen mit bis zu 2% Ni
zu bestimmen. Nach einem chemisch-analytischen Verfahren fanden
sie die Liquiduspunkte der Legierungen mit 0,18, 0,23, 0,19, 0,31 und
1,29% Ni zu 240°, 280°, (320°), (425°) und 550°. Das Ende der Erstarrung lag praktisch beim Sn-Schmelzpunkt. Die Löslichkeit von Ni
in Sn ergab sich zu $< 0,005\%$ bei 228°.

Die Kurve der Löslichkeit von Sn in Ni wurde von JETTE-
FETZ[17] röntgenographisch bestimmt. Die Löslichkeit beträgt bei 1100°
19,6%, 1000° 18,6%, 900° 17,2%, 800° 13,6%, 700° 8,8%, 600°
etwa 4,4% und 500° 1,8% Sn.

Literatur.

1. HEYCOCK, C. T., u. F. H. NEVILLE: J. chem. Soc. Bd. 57 (1880) S. 378. —
2. GAUTIER, H.: Bull. Soc. Encour. Ind. nat. 5 Bd. 1 (1896) S. 1313. Contributions
à l'étude des alliages S. 112/13, Paris 1901. — **3.** CHARPY, G.: Bull. Soc. Encour.
Ind. nat. 5 Bd. 2 (1897) S. 384. Contributions à l'étude des alliages S. 137/38,
Paris 1901. — **4.** VIGOUROUX, E.: C. R. Acad. Sci., Paris Bd. 144 (1907) S. 639/41,
712/14, 1351/53; Bd. 145 (1907) S. 246/48, 429/31. — **5.** Ni_3Sn aus Legn. mit weniger
als 40% Sn durch Behandeln mit heißer HNO_3 und schmelzendem KOH. —
6. Ni_3Sn_2 aus Legn. mit 45,3, 52,7 und 56% Sn mit Hilfe von 25% HCl. —
7. NiSn aus Legn. mit 73,6, 83,7 und 92,7% Sn mit Hilfe von heißer HNO_3 und
schmelzendem KOH sowie aus Legn. mit 57,7 (und 66,8)% Sn mit HNO_3. —
8. GUILLET, L.: Rev. Métallurg. Bd. 4 (1907) S. 535/51. Auszug in C. R. Acad.
Sci., Paris Bd. 144 (1907) S. 752/55. — **9.** Voss, G.: Z. anorg. allg. Chem. Bd. 57
(1908) S. 35/45. — **10.** PUSCHIN, N. A.: J. russ. phys.-chem. Ges. Bd. 39 (1907)
S. 869 (russ.). Ref. Chem. Zbl. 1908 I S. 109. — **11.** Die von PUSCHIN ermittelten
Spannungskonzentrationskurven (gemessen in 1 n $SnCl_2$, 1 n H_2SO_4 bzw. 1 n KOH)
weisen einen großen Spannungssprung zwischen 44 und 50 Atom-% Sn auf. Die
anderen Zwischenphasen geben sich — wahrscheinlich infolge von Passivierung —
nicht durch charakteristische Spannungswerte zu erkennen. — **12.** OFTEDAL, I.:
Z. physik. Chem. Bd. 132 (1928) S. 208/16. — **13.** GUILLET gibt eine mit den
Gesetzen der Lehre vom heterogenen Gleichgewicht nicht verträgliche Darstellung
der Umwandlung. — **14.** Vielleicht hat Voss die bei hohen Temperaturen abge-

schreckten bzw. langsam erkalteten Proben oder Photographien verwechselt. —
15. Honda, K.: Ann. Physik Bd. 32 (1910) S. 1011/15. — **16.** Hanson, D., E. S.
Sandford u. H. Stevens: J. Inst. Met., Lond. Bd. 55 (1934) S. 117/19. —
17. Jette, E. R., u. E. Fetz: Metallwirtsch. Bd. 14 (1935) S. 165/68.

Ni-Ta. Nickel-Tantal.

Aus einigen fast gleichlautenden Mitteilungen[1] über die chemischen und me-
chanisch-technologischen Eigenschaften von Ni-Ta-Legierungen mit 5, 10 und
30% Ta dürfte hervorgehen, daß Ta in beträchtlichem Maße von Ni in fester
Lösung aufgenommen zu werden vermag. Die 30%ige Legierung ließ sich noch
leicht walzen, hämmern und zu Draht ausziehen. Die genannten Legierungen
erwiesen sich als unmagnetisch; der Curiepunkt des Nickels wird also schon
durch weniger als 5% Ta auf unterhalb Raumtemperatur im Sinne einer Mischkristallbildung erniedrigt.

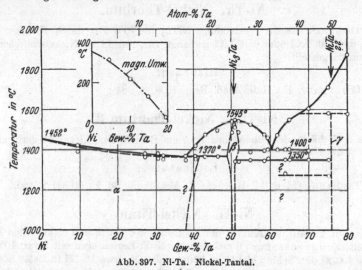

Abb. 397. Ni-Ta. Nickel-Tantal.

Nachtrag. Therkelsen[2] hat das in Abb. 397 dargestellte Zustandsdiagramm auf Grund thermischer und mikroskopischer Untersuchungen
(ohne Wärmebehandlung) entworfen. Eine Erläuterung ist nicht notwendig. Die Ausbildung typischer Entmischungsstrukturen in Legierungen mit 38 und 40% Ta läßt auf eine starke Abnahme der
Löslichkeit von Ta in Ni mit der Temperatur schließen. Die Natur
der Umwandlung bei 1350° wurde nicht aufgeklärt; sie entspricht
sehr wahrscheinlich der Bildung einer zwischen β = Ni$_3$Ta (50,75% Ta)
und γ (= NiTa??) liegenden Phase, da Legierungen oberhalb 62% Ta
aus drei Kristallarten bestehen, und bei dieser Konzentration noch
keine peritektischen Umhüllungen auftreten können. Die Vermutung
(s. oben), daß Legierungen oberhalb 5% Ta bei gewöhnlicher Temperatur
unmagnetisch sind, hat sich nicht bestätigt: Nach Therkelsen erreicht
die Curiepunktkurve (s. Nebenabb.) erst bei 20% Ta die Raumtemperatur.

Literatur.

1. U. a. Met. u. Erz Bd. 11 (1914) S. 615; Bd. 15 (1918) S. 461. Chem.-Ztg.
Bd. 42 (1918) S. 287. — 2. THERKELSEN, E.: Met. & Alloys Bd. 4 (1933) S. 105/108.
Diss. Techn. Hochsch. Berlin 1932.

Ni-Te. Nickel-Tellur.

Das Nickeltellurid NiTe (68,48% Te), das zuerst von FABRE[1] durch Erhitzen
von Ni in Te-Dampf dargestellt wurde, besitzt nach OFTEDAL[2] das Gitter des NiAs.

Literatur.

1. FABRE, C.: C. R. Acad. Sci., Paris Bd. 105 (1887) S. 277. — 2. OFTEDAL, I.:
Z. physik. Chem. Bd. 128 (1927) S. 135/53.

Ni-Th. Nickel-Thorium.

CHAUVENET[1] hat die Verbindung $NiTh_2$ (88,78% Th) durch Erhitzen von
$ThCl_4$, das mit KCl oder mit LiCl gemengt war, mit Li im Nickelschiffchen im
Vakuum dargestellt.

Literatur.

1. CHAUVENET, E.: Bull. Acad. Belg. 1908, S. 684.

Ni-Th$_B$. Nickel-Thorium B.

Die Löslichkeit des Bleiisotops Thorium B in festem Nickel ist geringer als
$1 \cdot 10^{-6}$ %[1].

Literatur.

1. TAMMANN, G., u. G. BANDEL: Z. Metallkde. Bd. 25 (1933) S. 155.

Ni-Ti. Nickel-Titan.

Aus dem Verlauf der Kurven der Zugfestigkeit[1], Härte und elektrischen Leitfähigkeit sandgegossener (!) nickelreicher Ni-Ti-Legierungen mit bis zu 10% Ti
glaubte LAUE[2] den Schluß ziehen zu können, daß Ni etwa 1% Ti in fester Lösung
aufzunehmen vermag, und daß bei 7—8% Ti ein aus diesem Mischkristall und einer
Phase unbekannter Zusammensetzung bestehendes Eutektikum liegt. Die Aufstellung des Erstarrungsschaubildes scheiterte an dem großen Abbrand des Titans.
Mikroskopische Untersuchungen wurden nicht ausgeführt.

Abgesehen davon, daß LAUEs Schlußfolgerungen auf die Konstitution äußerst
gewagt sind, möchte ich betonen, daß die von ihm bestimmten Leitfähigkeiten
auf das Bestehen einer Mischkristallreihe bis mindestens 5—6% Ti (Sandguß),
wahrscheinlich bis noch etwas höheren Ti-Gehalten, hindeuten. Denselben Charakter hat auch die von HUNTER-BACON[3] ermittelte Leitfähigkeitskurve der
Legierungen mit 0—10% Ti, die in Drahtform zur Messung gelangten.

Literatur.

1. Die Zugfestigkeit fällt zu einem scharfen Minimum bei 0,5% Ti, steigt
linear zu einem zwischen 6,5 und 8% Ti gelegenen Maximum und fällt mit weiter
steigendem Ti-Gehalt schnell ab, um bei 11% den Wert des Ni zu erreichen. —
2. LAUE, O.: Abh. Inst. Metallhütt. Elektrom. Techn. Hochsch. Aachen Bd. 1
(1916) S. 21/37. — 3. HUNTER, A. M., u. J. W. BACON: Trans. Amer. electrochem.
Soc. Bd. 37 (1920) S. 520.

Ni-Tl. Nickel-Thallium.

Abb. 398 zeigt das von Voss[1] mit Hilfe der thermischen Analyse
gewonnene Zustandsdiagramm,
das durch mikroskopische Untersuchungen bestätigt wurde.
Die monotektische Horizontale
bei etwa 1387° reicht den Haltezeiten zufolge von 3 bis praktisch 100% Tl. Das Bestehen
Ni-reicher Mischkristalle folgt
auch aus der Tatsache, daß die
Temperatur der magnetischen
Umwandlung des Nickels durch
Tl beeinflußt wird.

Literatur.

1. Voss, G.: Z. anorg. allg. Chem.
Bd. 57 (1908) S. 49/52.

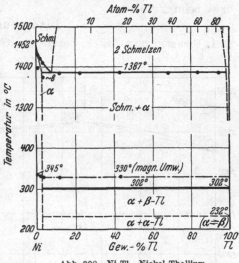

Abb. 398. Ni-Tl. Nickel-Thallium.

Ni-U. Nickel-Uran.

Heller[1] hat einige Ni-U-Legie-
rungen mit U-Gehalten zwischen 28 und 70% und einem durchschnittlichen
C-Gehalt von 4—5% durch Reduktion von NiO mit Hilfe von U_3C_8 bzw. durch
Reduktion eines Gemisches von U_3O_8 und
NiO mit Hilfe von Kohlenstoff dargestellt.
Durch Raffinieren mit NiO wurde eine
C-ärmere Legierung mit 70,92% Ni, 26,26%
U, 1,33% Fe, 0,99% C und 0,93% Si er-
halten.

Literatur.

1. Heller, P. A.: Met. u. Erz Bd. 19
(1922) S. 397/98.

Ni-V. Nickel-Vanadium.

Nach dem von Giebelhausen[1]
gegebenen Erstarrungsdiagramm
(Abb. 399) scheiden sich aus Schmelzen mit 0 bis mindestens 36% V
Mischkristalle aus. (Eine lückenlose
Mischbarkeit der beiden Metalle ist
nicht möglich, da Ni ein kubisch-
flächenzentriertes, V ein kubisch-
raumzentriertes Gitter besitzt). Mit
fallender Temperatur tritt im festen

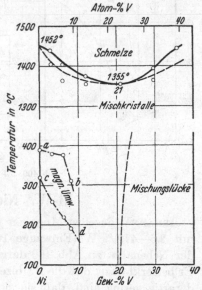

Abb. 399. Ni-V. Nickel-Vanadium.

Zustand eine auf die Bildung zweier Phasen hinauslaufende Reaktion ein (Entmischung, Verbindungsbildung u. ä.), da sich Legie-

rungen mit mehr als 20% nach dem Erkalten aus dem Schmelzfluß als
zweiphasig erwiesen. — a b bzw. b c sind die von GIEBELHAUSEN bestimmten Curiepunkte der Ni-reichen Mischkristalle beim Erhitzen
bzw. beim Erkalten.

Literatur.

1. GIEBELHAUSEN, H.: Z. anorg. allg. Chem. Bd. 91 (1915) S. 254/56.

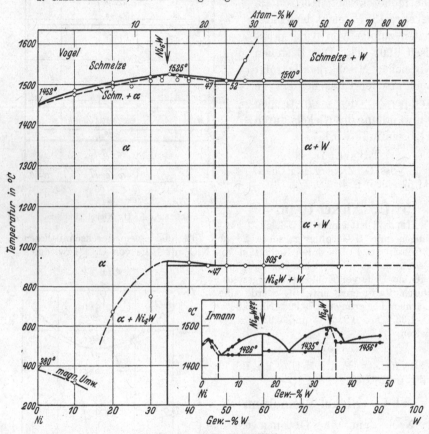

Abb. 400. Ni-W. Nickel-Wolfram.

Ni-W. Nickel-Wolfram.

IRMANN[1] (daselbst Angaben über ältere Literatur) hat Schmelzen
mit 2,6—47,4% W (Einwaage 100 g) thermisch analysiert und die in
der Nebenabb. zu Abb. 400 dargestellten Erstarrungspunkte gefunden.
Er bemerkt dazu, daß die Haltezeiten auf den Abkühlungskurven „meist
derartig gering sind, daß sie sich nur unter dem Mikroskop (?!) bestimmen lassen". Aus IRMANNs Darstellung der Erstarrungsverhältnisse
würde das Bestehen der Verbindungen $Ni_{16}W$ und Ni_6W folgen, erstere
hält der Verfasser jedoch selbst für unwahrscheinlich. Das mikro-

skopische Gefüge[2] erwies sich als nicht vollkommen im Einklang stehend mit dem Erstarrungsdiagramm. Dasselbe gilt von der von IRMANN bestimmten Kurve der elektrischen Leitfähigkeit der Legierungen bis 32% W, aus der mit Sicherheit das Bestehen einer ziemlich ausgedehnten Mischkristallreihe folgt, deren Grenzkonzentration oberhalb 20% W zu suchen ist. IRMANN selbst bespricht nur die weniger charakteristische Kurve des Widerstandes, wonach sich der Widerstand bis 23% W fast linear mit der Konzentration ändert.

Das in Abb. 400 dargestellte Zustandsdiagramm wurde von VOGEL[3] mit Hilfe thermischer und mikroskopischer Untersuchungen ausgearbeitet[4]. Auffallend waren die bei der Kristallisation und der Umwandlung im festen Zustand der Legierungen mit weniger als 45% W auftretenden starken Unterkühlungen; bei der Erstarrung der 35%igen Schmelze betrug diese mehr als 200°. Man erhält dadurch — da die nach Aufhebung einer größeren Unterkühlung freiwerdende Kristallisationswärme nicht mehr genügt, um das Thermoelement auf die Temperatur des Erstarrungspunktes zu erwärmen — unbestimmte, nicht mehr dem Gleichgewicht entsprechende Temperaturwerte. Durch Impfen mit einem Körnchen der betreffenden Legierung glückte es gewöhnlich, die Unterkühlung der Schmelze zu verhüten. Diese Feststellung berechtigt dazu, die von IRMANN gefundenen Liquidustemperaturen als derartige zufällige und unbestimmte Temperaturwerte aufzufassen[5]. In der Tat zeigte es sich, daß die wahren Liquidus- und Solidustemperaturen mit zunehmendem W-Gehalt allmählich auf einer glatten Kurve ansteigen bis bei etwa 35% W und 1525° ($Ni_6W = 34,3\%$ W) ein flaches Maximum erreicht wird. Bezüglich der Schmelzen mit W-Gehalten oberhalb etwa 60% ist zu sagen, daß Wolfram bei 1600° nur unvollständig in Lösung gebracht werden konnte, da sich die Legierungen bei dieser Temperatur im Zustandsgebiet Schmelze + W befinden. Das gelöst gewesene und ausgeschiedene W läßt sich von dem ungelöst gebliebenen mikroskopisch nicht unterscheiden.

Zu Abb. 400 ist folgendes zu bemerken: 1. Die angegebenen Konzentrationen des bei 1510° an W gesättigten Mischkristalls sowie des Eutektikums wurden aus den Haltezeiten bei dieser Temperatur ermittelt und durch mikroskopische Prüfung der bei 1400° abgeschreckten Legierungen mit 45, 50 und 55% W bestätigt.

2. Aus der Extrapolation der eutektischen Haltezeiten nach höheren W-Gehalten hin folgt — in Übereinstimmung mit den oben erwähnten mikroskopischen Untersuchungen an den W-reicheren Legierungen —, daß sich zwischen 47 und 100% W keine intermediäre Kristallart aus der Schmelze ausscheidet.

3. Der Charakter der bei 905° stattfindenden Umwandlung, die mit fallender Temperatur unter Bildung der Verbindung Ni_6W erfolgt,

wurde durch mikroskopische Untersuchung der bei 1400° abgeschreckten bzw. langsam erkalteten Legierungen erkannt. In solchen Proben, bei denen der eutektoide Zerfall von α bei langsamer Abkühlung nur unvollständig erfolgt war, ließen sich das bei 1510° kristallisierende (grobe) Eutektikum und das bei 905° entstehende (fein-lamellare) Eutektoid mikroskopisch einwandfrei unterscheiden.

4. Auf den Abkühlungskurven der Legierungen mit weniger als 35% W fand VOGEL nur vereinzelt sehr unregelmäßige und kleine thermische Effekte bei tieferen Temperaturen. Er zeichnete die vom Maximum bei Ni_6W abfallende Entmischungskurve, konnte jedoch merkwürdigerweise keine Gefügeveränderung gegenüber den bei 1400° abgeschreckten Proben beobachten, auch da nicht, wo ein thermischer Effekt eine Umwandlung angezeigt hatte. Dieser Widerspruch läßt sich m. E. nicht mit der Neigung dieser Legierungen, im instabilen Zustand zu verharren, erklären. Liegt hier wirklich eine Entmischung des α-Mischkristalls (unter Ausscheidung von Ni_6W) vor, so hätte sie in den Legierungen, bei denen ein thermischer Effekt gefunden wurde, auch mikroskopisch nachweisbar sein müssen.

5. Die Kurve der Curiepunkte erreicht wahrscheinlich noch unterhalb 20% W die gewöhnliche Temperatur.

BECKER-EBERT[6] haben die Gitterstruktur der Legierung von der Zusammensetzung Ni_6W bestimmt und ein Nickelgitter mit offenbar statistischer Verteilung der Atome gefunden; eine symmetrische Atomanordnung war nicht nachweisbar. Diese an sich nicht zu erwartende Tatsache läßt sich mit VOGEL so deuten, daß die zur Untersuchung gelangte Probe noch nicht die Umwandlung Mischkristall → Verbindung durchgemacht hatte, da besonders diese Legierung am ausgesprochensten dazu neigt, bei der Abkühlung im instabilen Zustand zu verharren. — Eine Legierung mit 94% W zeigte das unveränderte W-Gitter.

Nachtrag. Die Temperatur des eutektoiden Zerfalls von α in Ni_6W + W (905° nach VOGEL) wurde neuerdings von WINKLER-VOGEL[7] zu 920° gefunden, „was auf die Benutzung reineren Wolframs zurückgeführt werden kann". — SCHULZE[8] hat die Magnetostriktion der Legierung mit 12% W untersucht.

Literatur.

1. IRMANN, R.: Met. u. Erz Bd. 12 (1915) S. 358/64. Abh. Inst. Metallhütt. Elektrom. Techn. Hochsch. Aachen Bd. 1 (1915) S. 27/33. — **2.** Um IRMANNs Angaben mit dem Diagramm von VOGEL vergleichen zu können, seien hier seine Ergebnisse kurz wiedergegeben: 7% W: homogen (statt $Ni_{16}W$ + Eut. nach IRMANN); 18% W: Spuren des zweiten Eut.; 23,5% W: Eutektikum (im Schliffbild nicht deutlich); 33,3% W: etwas Eut. (?); 37% W: deutlich neue Kristallform und neues Eut.; 42% W: wie 37% W. — **3.** VOGEL, R.: Z. anorg. allg. Chem. Bd. 116 (1921) S. 231/42. — **4.** Die Legn. (20 g) wurden unter Verwendung eines Ni mit 0,47% Fe und 0,35% SiO_2 in Pythagorastiegeln ohne Schutzatmosphäre

bei W-Gehalten über 50% unter H_2 erschmolzen. Der Abbrand war sehr gering.
— 5. IRMANNs Beobachtung (s. oben), daß das Ende der Kristallisation auf den
Abkühlungskurven nur sehr wenig ausgeprägt ist, steht mit der Feststellung
VOGELs, daß es sich um die Kristallisation von Mischkristallen handelt, im Einklang.
— 6. BECKER, K., u. F. EBERT: Z. Physik Bd. 16 (1923) S. 168. — 7. WINKLER, K.,
u. R. VOGEL: Arch. Eisenhüttenwes. Bd. 6 (1932/33) S. 165. — 8. SCHULZE, A.:
Z. Physik Bd. 82 (1933) S. 681/82.

Ni-Zn. Nickel-Zink.

Das Zustandsdiagramm des Systems Ni-Zn im Bereich von 50 bis
100% Zn wurde erstmalig von TAFEL[1] auf Grund thermischer und mikroskopischer Untersuchungen
gegeben. Die Herstellung
Ni-reicherer Schmelzen ist
wegen der Annäherung des
Siedepunktes dieser Legierungen an ihren Schmelz-
punkt im offenen Tiegel nicht
möglich. Der annähernde Verlauf der Liquiduskurve und
Soliduskurve zwischen 0 und
50% Zn wurde von TAFEL
durch Extrapolation aus dem
ternären System Cu-Zn-Ni gewonnen[2]. Das in Abb. 401
dargestellte Diagramm weicht
insofern von dem von TAFEL
gegebenen ab, als TAFEL bei
der Zusammensetzung $NiZn_3$
(76,97% Zn) einen maximalen
Erstarrungspunkt fand, und

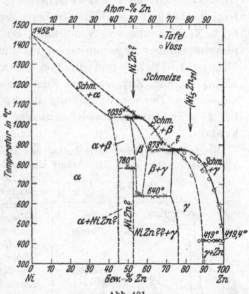

Abb. 401.
Ni-Zn. Nickel-Zink (im wesentlichen nach Tafel).

demnach die Horizontale bei 873° für eine Eutektikale hielt. Die
von TAFEL gefundene Höchsttemperatur 876° liegt jedoch nur um
2—4° höher als die am häufigsten festgestellten Temperaturen der
Horizontalen, so daß man wohl mit mindestens gleicher Berechtigung
eine Peritektikale annehmen kann[3], zumal das von TAFEL als Eutektikum angesehene Gefüge der Legierung mit 72,5% Zn auch als ein
Entmischungsgefüge zu deuten ist. Durch den in Abb. 401 hypothetisch
eingezeichneten Verlauf der Grenze der Ni-reichen γ-Mischkristalle ist
diesem letzteren Umstand Rechnung getragen[4]. Die sich in den Legierungen mit weniger als 60% Zn nach beendeter Erstarrung abspielenden
Vorgänge sind ebenfalls rein hypothetisch gedeutet. Nach den von
TAFEL über die Reaktion bei 780° gefundenen Daten[5] nimmt BORNE-
MANN[6] „mit größtem Vorbehalt" die Bildung der Verbindung NiZn

(52,70% Zn) nach der Gleichung $\alpha + \beta \rightleftharpoons$ NiZn an, während Guertler[7]
eine Umwandlung der Kristallart NiZn, die sich nach seiner Vermutung
bei 1035° durch die peritektische Reaktion: $\alpha +$ Schmelze $\rightleftharpoons$ NiZn bilden
soll, in eine solche gleicher Zusammensetzung für möglich hält.

Der Teil des Zustandsdiagramms zwischen 80 und 100% Zn wurde
von Voss[8] — von geringen Unterschieden in quantitativer Hinsicht
abgesehen — bestätigt. Der Schmelzpunkt des Zinks wird nur außerordentlich wenig erniedrigt, was auch in Übereinstimmung mit den
älteren Messungen von Heycock-Neville[9] steht. Die Horizontale bei
419° ist also eine Eutektikale, die bis etwa 11% Ni reicht. Nach Peirce[10]
ist der eutektische Punkt zwischen 0,12 und 0,25% Ni zu suchen. Die
feste Löslichkeit von Ni in Zn liegt also sicher noch bedeutend unter
0,1% Ni. Für die von Vigouroux-Bourbon[11] auf Grund von Spannungsmessungen angenommenen Verbindungen Ni_3Zn (27,08% Zn) und
$NiZn_4$ (81,67% Zn) und die von Charrier[12] vermutete Verbindung
$NiZn_9$ (90,93% Zn) fehlt im Zustandsschaubild von Tafel jede Voraussetzung. Der von Vigouroux-Bourbon gefundene Spannungssprung
bei 27% Zn entspricht vielleicht der Sättigungsgrenze des α-Misch-
kristalls.

Später hat Hafner[13] den Aufbau der Ni-Zn-Legierungen thermisch und mikroskopisch untersucht. Die Arbeit kann jedoch keinen Anspruch machen,
die Lösung der noch offenen Fragen
gebracht zu haben, da der größte Teil
der von ihm angenommenen Kurven nicht
hinreichend experimentell gestützt ist und
das entworfene Diagramm (Abb. 402 zeigt
den hier interessierenden Teil) z. T. im
Widerspruch zu den Gesetzen der heterogenen Gleichgewichtslehre steht. Im einzelnen ist dazu folgendes zu sagen: 1. Die
von Tafel und Voss gefundene Konstitution im Bereich von 80—100% Zn wurde
bestätigt. 2. Die von Hafner gegebenen
Gefügebilder der Legierungen mit 72,5% Zn
und 75% Zn zeigen m. E. typische Entmischungsstrukturen und bestätigen damit
den in Abb. 402 angenommenen Verlauf
der Grenze des γ-Gebietes nach der Ni-
Seite zu. Hafner schließt aus diesen
eutektoidähnlichen Gefügen auf das
Bestehen eines Eutektoids mit 76% Zn,

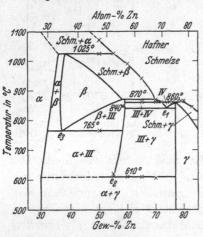

Abb. 402.
Ni-Zn. Nickel-Zink (nach Hafner).

das bei 840° entstehen soll. 3. Die Erstarrungsvorgänge im Bereich von
58—80% Zn sind theoretisch vollkommen unmöglich. Die Horizontale bei 870°,
die (mit den Worten Hafners) „eine peritektische Umwandlung anzeigen soll,
ist nicht auf dem Wege des Versuches gefunden worden; sie stellt vielmehr eine
Konstruktion dar, welche ermöglichen soll, diesen Teil des Diagramms ohne Widerspruch mit den Gesetzen des Gleichgewichtes (!) in Verbindung zu bringen mit
dem sich etwa bei 60% Zn nach der Ni-Seite zu anschließenden Konzentrations-

·gebiet. Wenngleich die Einzeichnung dieser Waagerechten, für die Beweise nicht erbracht werden können, mit einigen Bedenken geschehen ist, so war es doch auf andere Weise nicht möglich, das Diagramm in einer befriedigenden Weise zu konstruieren." Nicht ersichtlich ist weiterhin die Bedeutung der Horizontalen bei 860°, die im Bereich von 73 bis etwa 80% Zn mit der Liquiduskurve zusammenfällt (!). 4. Das Zustandsgebiet der von HAFNER mit III bezeichneten Kristallart fehlt gänzlich. 5. Bei den Legierungen mit weniger als 60% Zn war HAFNER „sehr stark nach dem Aussehen und der Art der Gefügebestandteile auf Kombination angewiesen, da thermische Daten hier praktisch ganz fehlen". Zudem zog er teilweise seine Schlüsse aus dem Gefügeaufbau von Legierungen, die in ihren einzelnen Teilen sehr verschiedene Zusammensetzung aufwiesen (Diffusionslegierungen). Die auch von TAFEL gefundene Wärmetönung bei 765° wird von HAFNER auf die Bildung eines Eutektoids mit 37% Zn zurückgeführt. Tatsächlich hat das Gefüge dieser Legierung nach dem Glühen bei 500° ein eutektoidähnliches Aussehen; Legierungen mit 34 und 40% Zn bestehen nach dem Glühen bei 500° aus „primären" Kristallen (α bzw. γ) und einem typischen Eutektoid, ähnlich dem der Zinnbronzen. Darüber hinaus können die veröffentlichten Gefügebilder jedoch die angenommene Konstitution, insbesondere das Bestehen zweier übereinander liegender Eutektoide mit 37 und 55% Zn, nicht eindeutig beschreiben. Eins dürfte jedoch aus der HAFNERschen Arbeit mit Sicherheit hervorgehen, nämlich daß die Sättigungsgrenze des α-Mischkristalls bei bedeutend geringeren Zinkgehalten liegt als TAFEL angenommen hatte.

EKMAN[14] stellte fest, daß die γ-Kristallart das Gitter der γ-Phase der Cu-Zn-Legierungen (raumzentriert-kubisch mit 52 Atomen im Elementarbereich) besitzt, und daß für sie die Zusammensetzung Ni_5Zn_{21} (82,39% Zn) gemäß einem Verhältnis von Valenzelektronenzahl zu Atomzahl von 21:13 kennzeichnend zu sein scheint; Ni gleich nullwertig. Das Homogenitätsgebiet der γ-Phase liegt nach der beobachteten Veränderung der Gitterkonstanten schätzungsweise zwischen 81 und 85 Atom-% Zn, d. h. zwischen Ni_5Zn_{21} und 86,3 Gew.-% Zn.

1. Nachtrag. Der Aufbau der Ni-Zn-Legierungen wurde erneut von TAMARU[15] und unabhängig davon von HEIKE-SCHRAMM-VAUPEL[16] untersucht.

Abb. 403 zeigt das von TAMARU auf Grund thermischer, thermoresistometrischer, dilatometrischer, magnetischer und mikroskopischer Untersuchungen (vgl. Zeichenerklärung) entworfene Zustandsdiagramm, das in allen wesentlichen Punkten mit dem Diagramm von TAFEL, in der Fassung, die ihm BORNEMANN gegeben hat, übereinstimmt. Die Temperaturen der horizontalen Gleichgewichtskurven sind fast durchweg höher als im Schaubild von TAFEL, da TAFEL nur Abkühlungskurven, TAMARU dagegen auch Messungen bei steigender Temperatur ausgeführt hat. Die in Abb. 403 angegebenen Temperaturen stellen meist Mittelwerte aus den bei Erhitzung und Abkühlung gefundenen Temperaturen dar.

Die Sättigungsgrenze des α-Mischkristalls wurde nicht bestimmt; über ihren Verlauf siehe die Arbeit von HEIKE-SCHRAMM-VAUPEL (Abb. 404). Die peritektoidisch aus α und β gebildete Verbindung NiZn vermag sowohl Ni als Zn zu lösen. Die Grenzen dieser Phase (δ) ergaben sich zu annähernd 51 und 55% Zn. Die Grenzen des β-Gebietes wurden durch Widerstandsmessungen bei Erhitzung und Abkühlung bestimmt, während die Grenzen des γ-Gebietes mit Ausnahme der mikrographisch

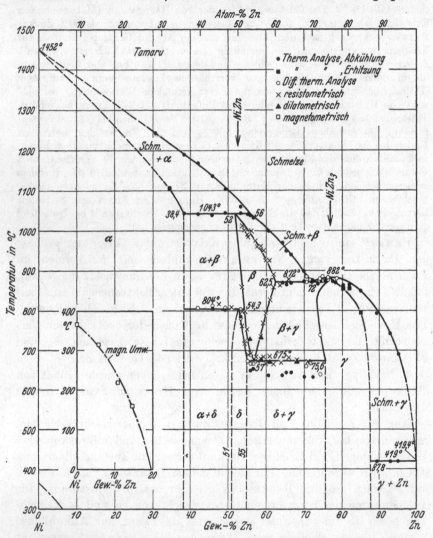

Abb. 403. Ni-Zn. Nickel-Zink nach TAMARU (vgl. auch Abb. 404 und 2. Nachtrag).

bestimmten $\gamma(\beta + \gamma)$-Grenze nicht ermittelt wurden. Die oben ausgesprochene Vermutung, daß die Horizontale bei 870—872° keine Eutektikale, sondern eine Peritektikale ist, hat sich nicht bewahrheitet. Die sehr nahe beieinander liegenden Liquidus- und Solidustemperaturen zwischen 72 und 76,5% Zn waren nur durch Differential-Abkühlungskurven getrennt zu beobachten. Eine qualitative Röntgenanalyse (Debyeaufnahmen) ergab, daß die β-Phase (an einer abgeschreckten Legierung mit 55,6% Zn bestimmt) und die δ-Phase ein hexagonales Gitter, die γ-Phase ein kubisches Gitter, das ähnlich dem Gitter des α-Mangans (s. jedoch EKMAN) sein soll, besitzen (s. auch 2. Nachtrag).

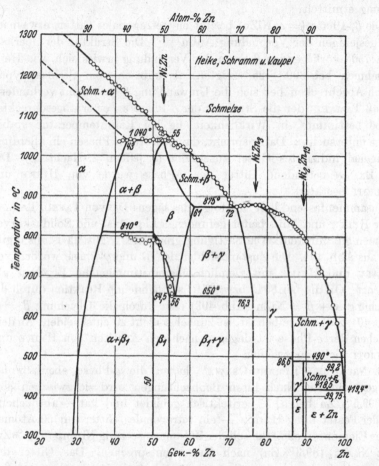

Abb. 404. Ni-Zn. Nickel-Zink nach HEIKE-SCHRAMM-VAUPEL (vgl. auch Abb. 403).

HEIKE-SCHRAMM-VAUPEL[16] untersuchten die Konstitution zwischen 28 und 100% Zn mit Hilfe der thermischen Analyse, des mikrographischen und des röntgenographischen Verfahrens und gelangten zu dem in Abb. 404 dargestellten Schaubild. Danach nehmen die Verfasser im Gegensatz zu TAMARU an, daß sich die Verbindung NiZn bereits bei der peritektischen Reaktion bei 1040° bildet und bei tieferer Temperatur eine Umwandlung in eine andere Kristallform durchmacht. Hiervon abgesehen, sind die Abweichungen zwischen 30 und 80% Zn nur unter-

geordneter Art. Dagegen fanden HEIKE und Mitarbeiter noch eine
weitere Zwischenphase in den Zn-reichen Legierungen, die sich bei 490°
peritektisch bildende hexagonale ε-Phase mit 89,3% Ni entsprechend
Ni_2Zn_{15}. CAGLIOTI[17] hat das Bestehen dieser bereits von CHARRIER
(s. S.694) vermuteten Phase bestätigt, jedoch nicht ihre Zusammensetzung ermittelt.

Die β_1-Phase ($= \alpha$-NiZn) besitzt ein tetragonales Gitter, etwa nach
Art desjenigen der Verbindung AuCu[16 17]. Die Struktur der oberhalb
etwa 750° vorliegenden β-Form der Verbindung erwies sich, wie Heißaufnahmen bei 890 $\pm$ 25° zeigten, als kubisch vom Steinsalztypus.
Durch Abschrecken ließ sich die Umwandlung $\beta \to \beta_1$ nicht verhindern,
so daß TAMARU, der die Struktur der β-Phase an einer abgeschreckten
Probe bestimmte, in Wirklichkeit die bei Raumtemperatur stabile
Phase untersuchte. Dafür spricht, daß er beiden Phasen ein allerdings
hexagonal indiziertes Gitter zuschreibt (s. jedoch 2. Nachtrag). Das
von EKMAN gefundene Gitter der γ-Phase wurde von HEIKE und
CAGLIOTI bestätigt.

Zusammenfassend läßt sich folgendes sagen: Die von TAFEL, TAMARU
sowie HEIKE und Mitarbeiter gefundenen Liquidus- und Soliduskurven
stimmen gut überein. Die Sättigungsgrenze des α-Mischkristalls ergibt
sich aus Abb. 404. Die Zustandsfelder der β- und γ-Phase wurden von
TAMARU und HEIKE mit ziemlich übereinstimmendem Ergebnis ab-
gegrenzt. Ob die bei 804° bzw. 810° stattfindende Reaktion durch die
Gleichung $\alpha + \beta \rightleftharpoons$ NiZn (Abb. 403) oder durch die Gleichung $\beta \rightleftharpoons \beta_1$
(Abb. 404) zu beschreiben ist, ist zunächst nicht zu entscheiden. An dem
Bestehen der ε-Phase ist dagegen nach den Arbeiten von HEIKE und
CAGLIOTI nicht zu zweifeln.

2. **Nachtrag.** TAMARU-OSAWA[18] haben die ε-Phase ebenfalls bestätigen können. Nach ihren Beobachtungen wird sie zwischen 86,5
und 99,5% Zn bei 517° peritektisch gebildet und hat — abweichend
von der Feststellung HEIKEs — ein tetragonales Gitter mit 50 Atomen
in der Elementarzelle. Sie soll der Zusammensetzung Ni_3Zn_{22} (89,1% Zn)
statt Ni_2Zn_{15} (89,3% Zn) nach HEIKE entsprechen. Das Gitter der
β-Phase wird als raumzentriert-tetragonal, dasjenige der δ- (bzw. β_1-)
Phase als flächenzentriert-tetragonal angesprochen. Für die γ-Phase
(raumzentriert-kubisch mir 52 Atomen je Elementarzelle) wird die
Zusammensetzung Ni_3Zn_{10} (78,78% Zn) statt Ni_5Zn_{21} nach EKMAN
als kennzeichnend angesehen.

Literatur.

1. TAFEL, V.: Metallurgie Bd. 4 (1907) S. 781/85; Bd. 5 (1908) S. 413/14,
428/30. — 2. Die Extrapolation ergibt ein Bild von der Form, die dieser Teil des
Diagramms haben würde, wenn die Legn. unter Atmosphärendruck darstellbar
wären. — 3. Die Liquiduskurve und die Horizontale werden im Bereich von etwa

73—79% Zn sehr nahe beieinander liegen, so daß die beiden thermischen Effekte — wie auch aus TAFELs Daten zu entnehmen ist — nur schwer getrennt beobachtet werden können. — **4.** Damit in Übereinstimmung ist die Tatsache, daß TAFEL auf den Abkühlungskurven der Legn. mit 70—77% Zn keine Haltepunkte bei 640° fand. — **5.** Das Gefüge einer oberhalb 780° abgeschreckten und einer langsam erkalteten Legierung zeigte allerdings keine Unterschiede nach TAFEL. — **6.** BORNEMANN, K.: Metallurgie Bd. 7 (1910) S. 94/95, und Die binären Metall-legierungen, Halle a. S.: W. Knapp 1909. — **7.** GUERTLER, W.: Metallographie Bd. 1 S. 445/52, Berlin: Gebr. Borntraeger 1912. — **8.** VOSS, G.: Z. anorg. allg. Chem. Bd. 57 (1908) S. 67/69. — **9.** HEYCOCK, C. T., u. F. H. NEVILLE: J. chem. Soc. Bd. 71 (1897) S. 403. — **10.** PEIRCE, W. M.: Trans. Amer. Inst. min. metallurg. Engr. Bd. 68 (1923) S. 776/77. — **11.** VIGOUROUX, E., u. A. BOURBON: Bull. Soc. chim. France Bd. 9 (1911) S. 873. — **12.** CHARRIER, P.: C. R. Acad. Sci., Paris Bd. 47 (1924) S. 330/33. — **13.** HAFNER, H.: Diss. Freiberg i. Sa. 1927. — **14.** EKMAN, W.: Z. physik. Chem. B Bd. 12 (1931) S. 69/77. Vgl. auch A. WESTGREN: Z. Metallkde. Bd. 22 (1930) S. 372. — **15.** TAMARU, K.: Kinzoku no Kenkyu Bd. 9 (1932) S. 511/26 (japan.). Sci. Rep. Tôhoku Univ. Bd. 21 (1932) S. 344/63. — **16.** HEIKE, W., J. SCHRAMM u. O. VAUPEL: Metallwirtsch. Bd. 11 (1932) S. 525/30, 539/42; Bd. 12 (1933) S. 115/20. — **17.** CAGLIOTI, V.: Atti Congresso naz. Chim. pura appl. Bd. 4 (1933) S. 431/41. Ref. Chem. Zbl. Bd. 105 I (1934) S. 431/41. — **18.** TAMARU, K., u. A. OSAWA: Sci. Rep. Tôhoku Univ. Bd. 23 (1935) S. 794/815.

Ni-Zr. Nickel-Zirkonium.

ALLIBONE-SYKES[1] haben das Gefüge von schnell erstarrten Ni-Zr-Legierungen mit bis zu 55% Zr untersucht. Die Legierungen waren im Vakuum im Hochfrequenzofen aus Mond-Nickel und gesintertem Zr mit 0,2% Hf erschmolzen[a].

Die Reaktion der beiden Metalle erfolgt im Sinne einer Verbindungsbildung unter starker Wärmeentwicklung. Legierungen mit höherem Zr-Gehalt erwiesen sich als zu sehr durch Reaktionsprodukte mit dem Tiegelmaterial (Al_2O_3) verunreinigt.

Die mikroskopischen Untersuchungen berechtigen zu folgenden Schlüssen auf die Konstitution: Bei 16% Zr liegt ein Eutektikum zwischen Ni bzw. einem Ni-reichen Mischkristall[3] und einer Verbindung, deren Formel mit ziemlicher Sicherheit Ni_4Zr ist, da ihre Zusammensetzung zwischen 25 und 30% Zr liegen muß; die Formel Ni_4Zr verlangt 27,98% Zr. Das Bestehen einer zweiten Verbindung Ni_3Zr (34,13% Zr) folgt aus der Tatsache, daß sich eine Legierung mit 35% als zum größten Teil aus einer Phase bestehend erwies. Da die Mikrophotographien der Legierungen mit 25% und 30% Zr außer kleinen Resten des Ni-reichen Eutektikums primär kristallisierte Ni_3Zr-Kristalle, umhüllt von

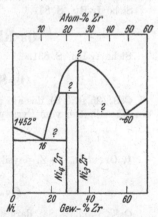

Abb. 405. Ni-Zr.
Nickel-Zirkonium (hypothetisch).

Ni_4Zr-Kristallen, zeigen, wird die Verbindung Ni_4Zr in einem gewissen Konzentrationsbereich durch peritektische Reaktion von Ni_3Zr mit einer Schmelze, die etwas weniger als 25% Zr[4] enthält, gebildet. Ni_3Zr schmilzt im Gegensatz zu Ni_4Zr ohne Zersetzung, da nach Überschreiten von 35% Zr ein neues Eutektikum auftritt, das etwa 60% Zr enthält. Beide Verbindungen schmelzen oberhalb 1600°. — Nach den obigen Angaben wurde das in Abb. 405 dargestellte hypothetische Zustandsdiagramm gezeichnet.

DAVENPORT-KIERNAN[5] fanden in Übereinstimmung mit ALLIBONE-SYKES, daß die Legierung mit 8,5% Zr aus primären Ni-Kristallen und einem Eutektikum besteht.

Der elektrische Widerstand (und sein Temperaturkoeffizient) der geschmiedeten und bei 750° geglühten Legierungen nimmt nach SYKES[6] bis 0,5% Zr etwas ab (etwas zu) und mit weitersteigendem Zr-Gehalt linear zu (ab). Dieses Verhalten läßt sich nicht mit der Bildung Ni-reicher Mischkristalle deuten, da dann der Widerstand (Temperaturkoeffizient) des Nickels durch kleine Zr-Gehalte erhöht (erniedrigt) werden würde.

Literatur.

1. ALLIBONE, T. E., u. C. SYKES: J. Inst. Met., Lond. Bd. 39 (1928) S. 179/82. — 2. Die von K. METZGER: Diss. München, Techn. Hochsch. 1910, H. S. COOPER: Chem. metallurg. Engng. Bd. 16 (1917) S. 660, Trans. Amer. Electrochem. Soc. Bd. 43 (1923) S. 224 und J. W. MARDEN u. M. N. RICH: U. S. Bur. Mines Bull. Nr. 186 (1921) S. 107/108 aluminothermisch hergestellten Legn. hatten große Gehalte an Al, Si und Fe. — 3. Die Sättigungskonzentration ist unbekannt; nach Auffassung von ALLIBONE-SYKES liegt sie unter 0,5% Zr. — 4. Umhüllungs-erscheinungen wurden nur in einem Teil der 25% ig. Legierung festgestellt. — 5. DAVENPORT, E. S., u. W. P. KIERNAN: J. Inst. Met., Lond. Bd. 39 (1928) S. 189 (Diskussionsbeitrag). — 6. SYKES, C.: J. Inst. Met., Lond. Bd. 41 (1929) S. 179/81.

Os-Pd. Osmium-Palladium.

Siehe Ir-Ru, S. 831.

Os-Pt. Osmium-Platin.

Siehe Ir-Ru, S. 831.

Os-Rh. Osmium-Rhodium.

Siehe Ir-Ru, S. 831.

Os-S. Osmium-Schwefel.

OsS_2 (25,14% S), das auf nassem Wege dargestellt war, besitzt nach OFTEDAL[1] ein Kristallgitter vom Pyrittypus, FeS_2.

Literatur.

1. OFTEDAL, I.: Z. physik. Chem. Bd. 135 (1928) S. 291/99.

Os-Se. Osmium-Selen.

$OsSe_2$ (45,35% Se), dargestellt durch Erhitzen der im theoretischen Verhältnis gemengten Elemente im geschlossenen Quarzrohr, besitzt das Kristallgitter des Pyrits, FeS_2.[1]

Literatur.

1. THOMASSEN, L.: Z. physik. Chem. B Bd. 2 (1929) S. 353/57. Es wurde auch ein der Zusammensetzung OsSe entsprechendes Präparat röntgenographisch untersucht. „Alle gemessenen Linien können entweder als Linien von $OsSe_2$ oder von metallischem Os gedeutet werden. Es wird hierbei sehr wahrscheinlich ge-macht, daß im System Os-Se keine Verbindung zwischen 33 Atom-% Os ($= OsSe_2$) und reinem Os, auf trockenem Wege hergestellt, bei niedriger Temperatur stabil ist."

Os-Sn. Osmium-Zinn.

Im Gegensatz zu Rh und Ru bildet Os mit Sn keine Verbindung[1]; aus Os-Sn-Schmelzen kristallisiert elementares Os[2].

Literatur.

1. Auf Grund rückstandsanalytischer Untersuchungen von H. DEBRAY: C. R. Acad. Sci., Paris Bd. 104 (1887) S. 1472, 1667/69. — 2. Es ist denkbar, daß das isolierte Osmium gar nicht gelöst war.

Os-Te. Osmium-Tellur.

OsTe$_2$ (57,19% Te), dargestellt durch Erhitzen der im theoretischen Verhältnis gemengten Elemente im geschlossenen Quarzrohr, besitzt nach THOMASSEN[1] das Kristallgitter des Pyrits, FeS$_2$[2][3].

Literatur.

1. THOMASSEN, L.: Z. physik. Chem. B Bd. 2 (1929) S. 351/53. — 2. OsTe$_2$ „schmilzt bei einer beachtenswert niedrigen Temperatur, ganz grob zu 500—600° geschätzt". — 3. „Es wurde auch versucht CsTe herzustellen. Dieser Stoff konnte nicht zum Schmelzen gebracht werden ... In einem Diagramm des Stoffes können alle Linien als Reflexion von OsTe$_2$ (im Original irrtümlich OsTe) und von metallischem Os gedeutet werden." Bei niedriger Temperatur besteht also zwischen OsTe$_2$ und Os keine auf trockenem Wege darstellbare Verbindung.

Os-Zn. Osmium-Zink.

Nach ST.-CLAIRE DEVILLE und DEBRAY[1] sowie DEBRAY[2] bilden Os und Zn keine Verbindung miteinander: beim Behandeln Zn-reicher Legierungen mit Säuren blieb ein Rückstand von reinem Os ungelöst; s. Os-Sn.

Literatur.

1. ST.-CLAIRE DEVILLE, H., u. H. DEBRAY: C. R. Acad. Sci., Paris Bd. 94 (1882) S. 1557/60. — 2. DEBRAY, H.: C. R. Acad. Sci., Paris Bd. 104 (1887) S. 1667.

P-Pb. Phosphor-Blei.

Über das Verhalten von P zu Pb im geschmolzenen Zustand ist nichts Sicheres bekannt. Es ist denkbar, daß die von BRUKL[1] auf nassem Wege dargestellte Verbindung Pb$_3$P$_2$ (90,9% Pb) auch in Pb-reichen Legierungen vorliegt. GRANGER[2] vermochte weder durch Vereinigung der Elemente, noch durch Einwirkung von PCl$_3$ auf Pb bzw. von PbCl$_2$ auf P ein Pb-Phosphid darzustellen[3].

Literatur.

1. BRUKL, A.: Z. anorg. allg. Chem. Bd. 125 (1922) S. 255/56. — 2. GRANGER, A.: Ann. Chim. Phys. 7 Bd. 14 (1898) S. 5/90. Ref. Chem. Zbl. 1898 I S. 1262. — 3. Vgl. auch Gmelin-Kraut Handbuch Bd. 4, Abt. 2 S. 408 u. 890, Heidelberg 1924.

P-Pd. Phosphor-Palladium.

SCHRÖTTER[1] hat die Verbindung PdP$_2$ (63,23% Pd) durch Glühen von Pd-Pulver in P-Dampf gewonnen, s. P-Pt.

Literatur.

1. SCHRÖTTER, A.: Ber. Wien. Akad. Bd. 2 (1849) S. 301/303.

P-Pt. Phosphor-Platin.

Von den in der chemischen Literatur genannten Platinphosphiden Pt_2P[1,2], PtP[1], Pt_3P_5[1,2] und PtP_2[1,2,3] (75,89% Pt) besteht mit Sicherheit nur die letztgenannte Verbindung, die nach THOMASSEN[4] das Gitter des Pyrits, FeS_2, besitzt. Sie entsteht wenn Pt-Schwamm in P-Dampf bis ungefähr 500° erhitzt wird.

Pt_3P_5 und Pt_2P sind nach den vorliegenden Angaben als Zufallsprodukte anzusprechen. Nach Angabe von CLARKE-JOSLIN[1] ließ sich „Pt_3P_5" durch Königswasser in einen löslichen (PtP_2) und einen unlöslichen Teil (PtP?) trennen. GRANGER[2] fand jedoch, daß „Pt_3P_5", das er selbst für ein Zufallsprodukt ansah, in Königswasser vollkommen löslich ist. Damit ist also das Bestehen von PtP außerordentlich zweifelhaft.

Pt-Tiegel werden durch P (beispielsweise beim Glühen von $Mg_2P_2O_7$, das zu P reduziert werden kann) unter Bildung einer relativ leichtschmelzenden Legierung zerstört (s. Nachtrag).

Nachtrag. Kürzlich haben BILTZ u. Mitarbeiter[5] das System im Bereich von Pt bis PtP_2 thermisch, mikroskopisch und röntgenographisch untersucht. Das Zustandsschaubild ist wie folgt gekennzeichnet. Der Pt-Schmelzpunkt wird durch P-Zusatz außerordentlich stark erniedrigt, und zwar bis auf einen eutektischen Punkt bei 3,8% P und 588°[6]. Das Eutektikum besteht aus Pt und dem Subphosphid $Pt_{20}P_7$ (5,27% P). $Pt_{20}P_7$ wird gebildet durch eine peritektische Reaktion von Schmelze (mit wenig mehr als 3,8% P) und PtP_2 bei 590°, also um nur 2° oberhalb der eutektischen Temperatur. Zwischen 5,3 und etwa 14,7% P liegt eine Mischungslücke im flüssigen Zustand vor; die monotektische Temperatur (Gleichgewicht: Schmelze mit 14,7% P ⇌ Schmelze mit 5,3% P + PtP_2) wurde bei 683° gefunden. Der Schmelzpunkt von PtP_2, der P-reichsten Verbindung des Systems, liegt oberhalb 1500°.

Literatur.

1. CLARKE, F. W., u. O. T. JOSLIN: Amer. Chem. J. Bd. 5 (1883) S. 231. — **2.** GRANGER, A.: C. R. Acad. Sci., Paris Bd. 123 (1896) S. 1284. Ann. Chim. Phys. 7 Bd. 14 (1898) S. 86/88. — **3.** SCHRÖTTER, A.: Ber. Wien. Akad. Bd. 2 (1849) S. 303. — **4.** THOMASSEN, L.: Z. physik. Chem. B Bd. 4 (1929) S. 281/83. — **5.** BILTZ, W., F. WEIBKE, E. MAY u. K. MEISEL: Z. anorg. allg. Chem. Bd. 223 (1935) S.129/43. — **6.** Der niedrige Schmelzpunkt des Eutektikums erklärt die Empfindlichkeit von Pt-Geräten gegenüber freiem Phosphor.

P-Re. Phosphor-Rhenium.

Rhenium bildet mit Phosphor die Verbindungen Re_2P, ReP, ReP_2 und ReP_3[1].

Literatur.

1. HARALDSEN, H.: Z. anorg. allg. Chem. Bd. 221 (1935) S. 397/417.

P-Sb. Phosphor-Antimon.

Über die Zusammensetzung des aus Sb-reichen Sb-P-Schmelzen kristallisierenden Phosphides ist noch nichts bekannt[1].

Literatur.

1. RAMSAY u. MC IVOR: Ber. dtsch. chem. Ges. Bd. 6 (1873) S. 1362 glaubten durch Einwirkung von P auf $SbBr_3$ in einer Lösung von CS_2 die Verbindung SbP (79,7% Sb) erhalten zu haben. M. RAGG: Öst. Chem.-Ztg. Bd. 1 (1898) S. 94 konnte jedoch diese Verbindung nicht nach dem genannten Verfahren darstellen.

P-Sn. Phosphor-Zinn.

Die von verschiedenen Autoren beschriebenen, auf Grund unzureichender Kriterien angenommenen Phosphide Sn_5P_2[1] (90,5% Sn), Sn_2P[2] (88,4% Sn), Sn_3P_2[3] (85,2% Sn), SnP[4] (79,3% Sn) und SnP_2[5] (65,7% Sn) bestehen nicht, da durch neuere exakte Untersuchungen (s. w. u.) festgestellt wurde, daß Mischungen der genannten Zusammensetzungen nicht einheitlich sind. Ein Eingehen auf diese Arbeiten erübrigt sich daher.

Wesentliche Förderung erfuhr das Problem der Zinn-Phosphorverbindungen durch STEAD[3] und vor allem JOLIBOIS[6]. STEAD hat die aus Sn-reichen Schmelzen primär kristallisierenden Tafeln durch Behandeln der betreffenden Legierungen (oberhalb 95% Sn) mit verdünntem HNO_3 oder Quecksilber isoliert; ihre Zusammensetzung entsprach praktisch der Formel Sn_3P_2. Damit ist die Nichtexistenz der beiden obengenannten, an Sn reicheren Verbindungen erwiesen. STEAD bestimmte die Liquidustemperatur der Legierung mit 97% Sn zu 500° und die Solidustemperatur zu 235°. — JOLIBOIS fand, daß Sn unter gewöhnlichem Druck nicht mehr als etwa 13% P aufzunehmen vermag und bestätigte damit eine ältere Beobachtung von PELLETIER[7]. Im Gegensatz zu STEAD bestimmte[8] er jedoch die Zusammensetzung der Sn-reichsten Verbindung zu 15,9—16,2% P, was der Formel Sn_4P_3 (83,61% Sn) sehr nahe kommt. Eine Legierung dieser Konzentration erwies sich als einphasig, während die Legierung Sn_3P_2 noch freies, durch HNO_3 zu lösendes Sn enthält. Durch Erhitzen von Sn mit P in zugeschmolzenen Glasröhren gelang JOLIBOIS die Herstellung von Sn-P-Mischungen mit bis zu 40% P, aus denen er Kristalle mit 56,1% Sn entsprechend der Formel SnP_3 (56,05% Sn) isolieren konnte. Die 80% enthaltende Legierung erkannte er als zweiphasig; die Verbindung SnP besteht also nicht. In Abweichung von JOLIBOIS stellte später VIVIAN[9] fest, daß zwischen SnP_3 und Sn_4P_3 noch eine weitere Verbindung liegt.

Abb. 406 stellt das auf Grund der Ergebnisse thermischer, mikroskopischer und rückstandsanalytischer Untersuchungen von VIVIAN vorgeschlagene Zustandsschaubild dar. Die Schmelzen mit 92—100% Sn wurden unter gewöhnlichem Druck thermisch analysiert, solche mit höheren P-Gehalten konnten nur in geschlossenen Glasröhren dargestellt und thermisch analysiert werden. Diese Legierungen standen also unter einem bestimmten, bei verschiedenen Konzentrationen verschiedenem Druck, d. h. der Phosphordampf ist bei den durch Abb. 406 beschriebenen Phasengleichgewichten und Umwandlungen maßgebend beteiligt, und die Legierungen sind bei höheren Temperaturen nur in Gegenwart von P-Dampf existenzfähig. Das Diagramm stellt also unterhalb etwa 92% Sn einen nicht zu definierenden Schnitt durch den Konzentration-Temperatur-Druck-Raum dar[10].

Im einzelnen ist zu dem Diagramm folgendes zu bemerken:

1. Der Sn-reichsten Verbindung schreibt VIVIAN mit JOLIBOIS die Formel Sn_4P_3 zu, da nur diese Legierung mikroskopisch praktisch kein freies Sn mehr enthielt. Durch zahlreiche Rückstandsanalysen gelangte er jedoch in Übereinstimmung mit STEAD immer wieder zu der Zusammensetzung 85,3% Sn bzw. zu zwischen 83,7 und 85,3 liegenden Werten, was er mit dem Bestehen fester Lösungen von Sn in Sn_4P_3 deutet. Es besteht also ein Widerspruch in den Angaben VIVIANs, der trotz gegenteiliger Auffassung des Verfassers wohl nur so gedeutet werden kann, daß die wiederholten Analysenergebnisse von 85,3% Sn zufällig sind; mit andern Worten, das Herauslösen des Zinns aus den zwischen den Kristallplatten liegenden Räumen dürfte nicht immer vollständig erfolgt sein[11]. In Abb. 406 wurde daher das von VIVIAN angenommene Mischkristallgebiet nicht gezeichnet.

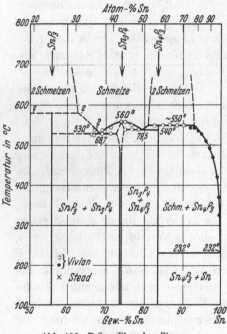

Abb. 406. P-Sn. Phosphor-Zinn.

2. Die Mischungslücke im flüssigen Zustand wurde nach dem thermischen Befund und der Analyse der beiden Schichten zwischen etwa 81 und 93% Sn angenommen.

3. Die Legierung mit 79,5% Sn besteht, wie das Gefügebild zeigt, aus einem Eutektikum, ein erneuter Beweis für das Fehlen der Verbindung SnP.

4. Unterhalb 79,5% Sn tritt eine neue Phase auf, die nach Isolierung aus einer größeren Anzahl Proben mit ziemlicher Sicherheit als die Verbindung Sn_3P_4 (74,16% Sn) erkannt wurde. Bei etwa 69% zeigt das Gefügebild ein zweites Eutektikum.

5. Das Bestehen der Verbindung SnP_3 (JOLIBOIS) wurde durch Rückstandsanalysen bestätigt, doch sind die in Abb. 406 angegebenen Bildungsbedingungen dieser Verbindung aus Sn-P-Schmelzen durchaus hypothetisch.

6. Die thermische Untersuchung der in Glasröhren eingeschlossenen Schmelzen hat gezeigt, daß die Erstarrung ohne Ausnahme erst nach einer Unterkühlung einsetzt. Die Auswertung der Abkühlungskurven

wird dadurch unsicher, ohne daß jedoch die in Abb. 406 wiedergegebenen Erstarrungsverhältnisse grundsätzlich beeinflußt werden. Merkwürdigerweise hat VIVIAN als Liquiduspunkt fast durchweg die Temperatur angenommen, bei der die Unterkühlung ihren größten Wert erreicht hat. Die wahren Liquidustemperaturen liegen also oberhalb (etwa 10—20°) den in Abb. 406 dargestellten. Bemerkenswert ist, daß die der Reaktion: Schmelze 81% Sn + Schmelze 93% Sn = Sn_4P_3 entsprechende Horizontale nach den Versuchen im offenen Tiegel bei 545° und nach den Versuchen unter Druck zwischen 560° und 570° liegt. — Das Ende der Erstarrung liegt nach VIVIAN beim Sn-Schmelzpunkt; bereits bei 0,13% P wurden primäre Sn_4P_3-Kristalle beobachtet. STEAD, der die Solidustemperatur bei 235° fand, hatte vermutet, daß die Schmelze mit 0,4% P homogen erstarrt.

Literatur.

1. NATANSON, S., u. G. VORTMANN: Ber. dtsch. chem. Ges. Bd. 10 (1877) S. 1460. — **2.** RAGG, M.: Öst. Chem.-Ztg. Bd. 1 (1898) S. 94. — **3.** STEAD, J. E.: J. Soc. chem. Ind. Bd. 16 (1897) S. 206. Vgl. auch W. CAMPBELL: J. Franklin Inst. Bd. 154 (1902) S. 216. — **4.** SCHRÖTTER, A.: Ber. Wien. Akad. Bd. 2 (1849) S. 301. VIGIER: Bull. Soc. chim. France 1 Bd. 2 (1861) S. 5. EMMERLING, O.: Ber. dtsch. chem. Ges. Bd. 12 (1879) S. 155. NATANSON, S., u. G. VORTMANN: S. Anm. 1. — **5.** EMMERLING, O.: S. Anm. 4. — **6.** JOLIBOIS, P.: C. R. Acad. Sci., Paris Bd. 148 (1909) S. 636/38. — **7.** PELLETIER: Ann. Chim. Phys. 1 Bd. 13 (1792) S. 120. — **8.** Bei anodischer Polarisation einer Legierung mit 1% P in Na-Polysulfidlösung wurde das Sn herausgelöst und die kleinen Blättchen der Verbindung fielen zu Boden. — **9.** VIVIAN, A. C.: J. Inst. Met., Lond. Bd. 23 (1920) S. 325/55. — **10.** S. Originalarbeit S. 340/43. — **11.** Bei dem von JOLIBOIS verwendeten Verfahren zur Isolierung der Verbindung (s. Anm. 8) tritt diese Schwierigkeit nicht auf.

P-Ta. Phosphor-Tantal.

Ta reagiert bei rd. 500° im geschlossenen Rohr mit P nur höchst unvollkommen[1].

Literatur.

1. HEINERTH, E., u. W. BILTZ: Z. anorg. allg. Chem. Bd. 198 (1931) S. 175.

P-Ti. Phosphor-Titan.

Durch mehrfache Sublimation von $TiCl_4$ in einem Strom von PH_3 bei Rotglut erhielt GEWECKE[1] große gelbe Kristalle, die beim Erhitzen PH_3 und HCl abgeben und in eine dunkle Masse von der annähernden Zusammensetzung TiP übergehen. Die Einheitlichkeit des Präparates ist unbewiesen; vielleicht handelt es sich um ein beim Zerfall von TiP_2, dessen Existenz eher zu erwarten ist, gefundenes Zufallsprodukt.

Literatur.

1. GEWECKE, J.: Liebigs Ann. Chem. Bd. 361 (1908) S. 79/88.

P-Tl. Phosphor-Thallium.

Über dieses System liegt nur eine systematische Untersuchung[1] von MANSURI[2] vor, der Mischungen mit 56—100% Tl[3] in geschlossenen, evakuierten Glasröhren erschmolz und von diesen Schmelzen Abkühlungskurven aufnahm. Das Diagramm (Abb. 407) gilt also nicht für Atmosphärendruck; der Druck, unter dem die verschiedenen Legierungen beim Erstarren standen, war überdies verschieden.

In einem Punkt unterscheidet sich das in Abb. 407 dargestellte Zustandsdiagramm von dem von MANSURI gegebenen. In dem MANSURI-

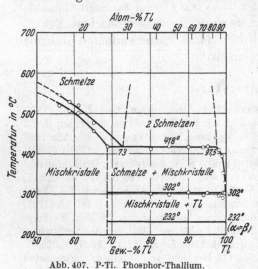

Abb. 407. P-Tl. Phosphor-Thallium.

schen Diagramm laufen die Liquidus- und Soliduskurve der Mischkristalle in einem Punkt, bei 68,5% Tl und 418°, zusammen. Da die Horizontale bei 418° drei bei dieser Temperatur koexistierende Phasen verlangt und da MANSURI hervorhebt, daß nur die Legierungen mit etwa 73 bis 97,5% Tl aus zwei Schichten (die untere Schicht ist praktisch reines Tl) bestehen, wurde die Liquiduskurve der Mischkristalle in der angegebenen Weise gezeichnet.

Literatur.

1. Aus einer Untersuchung präparativer Natur von CARSTANJEN: J. prakt. Chem. Bd. 102 (1867) S. 65 geht hervor, daß sich P und Tl nicht oder nur sehr schwer legieren: Die beiden Elemente vereinigten sich weder beim Zusammenschmelzen im verschlossenen Tiegel, noch beim Erhitzen im CO_2-Strom, noch beim Einwerfen von P-Stückchen in geschmolzenes Tl. — **2.** MANSURI, Q. A.: J. chem. Soc. 1927 II S. 2993/95. Gefügebilder werden nicht gegeben. — **3.** Tl = 99,5% ig (< 0,3% Fe); P = 99,91% ig.

P-U. Phosphor-Uran.

Über ein durch chemische Umsetzung dargestelltes Uranphosphid, U_3P_4, s. A. COLANI: Ann. Chim. Phys. 8 Bd. 12 (1907) S. 59.

P-W. Phosphor-Wolfram.

WP_2 (74,78% W) wurde von DEFACQZ[1] durch Einwirkung von PH_3 auf WCl_6 bei 450°, von HEINERTH-BILTZ[2] durch Reduktion von WO_3 mit rotem P bei 500° im geschlossenen Rohr dargestellt. Dagegen konnte es bisher nicht durch direkte Vereinigung der Elemente (bei 550° im geschlossenen Rohr) erhalten werden[2][3]: W-Pulver bleibt unter diesen Bedingungen unangegriffen.

Von DEFACQZ[4] wurde noch das Bestehen von WP (?) behauptet[5].

Literatur.

1. DEFACQZ, E.: C. R. Acad. Sci., Paris Bd. 130 (1900) S. 915/17. — **2.** HEINERTH, E., u. W. BILTZ: Z. anorg. allg. Chem. Bd. 198 (1931) S. 171/73. — **3.** WÖHLER u. WRIGHT: Liebigs Ann. Chem. Bd. 79 (1851) S. 244 wollen durch Erhitzen von W und P bis zum Glühen im geschlossenen Rohr die Verbindung W_3P_4 erhalten haben. — **4.** DEFACQZ, E.: C. R. Acad. Sci., Paris Bd. 132 (1901) S. 32/35. — **5.** Ein Präparat dieser Zusammensetzung wurde aus WP_2 und überschüssigem Cu_3P bei etwa 1200° erhalten. Die Angabe von DEFACQZ, daß WP durch Cu bei 1200° in W und Cu_3P zerlegt wird, ist jedoch damit nicht in Einklang zu bringen. Das Präparat ist vielmehr als ein Gemisch aus WP_2 und W zu betrachten.

P-Zn. Phosphor-Zink.

Beim Eintragen von P in Zn-Schmelzen (nach JOLIBOIS[1] vermag Zn im offenen Tiegel bis zu 15% P aufzunehmen) entsteht das in der älteren chemischen Literatur mehrfach beschriebene Phosphid Zn_3P_2[2] (75,97% Zn). In neuerer Zeit konnte JOLIBOIS diese Verbindung aus Zn-reichen Legierungen durch Behandeln mit rauchender HNO_3 oder Quecksilber isolieren. Die Einheitlichkeit eines Stoffes dieser Zusammensetzung ist durch die Strukturuntersuchung von PASSERINI[3] erwiesen. — Die aller Wahrscheinlichkeit nach vom Zn-Schmelzpunkt steil ansteigende Liquiduskurve der Zn-reichen Legierungen wurde noch nicht bestimmt.

Durch Einwirkung von P-Dämpfen auf Zn_3P_2 im Vakuum bei 400° erhält man nach JOLIBOIS eine ungeschmolzene Masse, die bei Behandlung mit HCl das Phosphid ZnP_2 (51,3% Zn) zurückläßt, dessen Bestehen bereits von HVOSLEF[4] und RENAULT[5] vermutet wurde (s. Nachtrag).

Nachtrag. Über die Kristallstruktur von Zn_3P_2 siehe ferner v. STACKELBERG-PAULUS[6] (kubisch mit 16 Zn_3P_2 im Elementarbereich). Dieselben Forscher[7] haben auch die Kristallstruktur von ZnP_2 (pseudo-kubisch) bestimmt und damit auch die Einheitlichkeit des Stoffes dieser Zusammensetzung bewiesen.

Literatur.

1. JOLIBOIS, P.: C. R. Acad. Sci., Paris Bd. 147 (1908) S. 801/803. — **2.** Zn_3P_2 wurde auf verschiedene Weise durch Vereinigung der Elemente erhalten von A. SCHRÖTTER: Ber. Wien. Akad. 1849 S. 301. VIGIER: Bull. Soc. chim. France 1 Bd. 2 (1861) S. 5. EMMERLING, O.: Ber. dtsch. chem. Ges. Bd. 12 (1879) S. 152. LÜPKE, R.: Z. physik. chem. Unterr. Bd. 3 (1890) S. 281 und durch chemische Umsetzungen von HVOSLEF: Ann. Pharm. Bd. 100 (1856) S. 99 sowie RENAULT: Ann. Chim. Phys. 4 Bd. 9 (1866) S. 162. — **3.** PASSERINI, L.: Gazz. chim. ital. Bd. 58 (1928) S. 655/64. S. auch Strukturbericht 1913—1928 von P. P. EWALD u. C. HERMANN, Leipzig 1931, S. 786/87. — **4.** S. Anm. 2. — **5.** RENAULT: C. R. Acad. Sci., Paris Bd. 76 (1873) S. 283. — **6.** STACKELBERG, M. v., u. R. PAULUS: Z. physik. Chem. B Bd. 22 (1933) S. 305/22. — **7.** STACKELBERG, M. v., u. R. PAULUS: Z. physik. Chem. B Bd. 28 (1935) S. 427/60.

P-Zr. Phosphor-Zirkonium.

GEWECKE[1] beschreibt die Verbindung ZrP_2 (59,52% Zr), dargestellt durch mehrfache Sublimation von $ZrCl_4$ in einem Strom von PH_3 bei Rotglut.

Literatur.

1. GEWECKE, J.: Liebigs Ann. Chem. Bd. 361 (1908) S. 79/88.

Pb-Pd. Blei-Palladium.

BAUER[1] fand in Pd-reichen Pb-Pd-Legierungen durch Rückstandsanalyse die Verbindung $PbPd_3$ (60,70% Pd). HEYCOCK-NEVILLE[2] haben
den Einfluß geringer Pd-Zusätze (bis 0,92%) auf den Pb-Schmelzpunkt
untersucht und innerhalb dieses Konzentrationsbereiches eine fortschreitende Erniedrigung bis um 12° festgestellt.

Das Zustandsdiagramm wurde von RUER[3] mit Hilfe thermischer und
mikroskopischer Untersuchungen ausgearbeitet (Abb. 408). Dazu ist

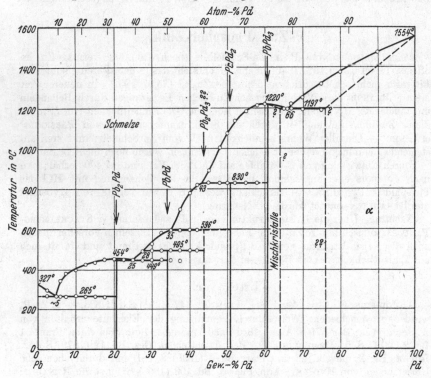

Abb. 408. Pb-Pd. Blei-Palladium.

folgendes zu bemerken: 1. Die Temperaturmessungen erfolgten unter
Zugrundelegung eines Pd-Schmelzpunktes von 1541°. 2. Über die
Löslichkeit von Pd in festem Pb ist nichts bekannt. 3. Das Bestehen
der Verbindung Pb_2Pd (20,47% Pd), das sich schon aus den thermischen
Daten mit einiger Wahrscheinlichkeit ergab, wurde durch mikroskopische Beobachtungen sichergestellt. 4. Bei etwa 28%, 35% und
43% Pd mündet je eine horizontale, bei 495° bzw. 596° und 830° verlaufende Gleichgewichtskurve in die Liquiduskurve ein. Sie entsprechen
drei peritektischen Reaktionen, die bei fallender Temperatur unter
Bildung von je einer intermediären Kristallart verlaufen[4]. Infolge der

bei diesen Umsetzungen zwischen Kristallen und Schmelze auftretenden Umhüllungen der jeweils primär ausgeschiedenen Phase durch die peritektisch gebildete verlaufen die Reaktionen bei zu schneller Abkühlung nicht zu Ende; es kommt also zu erheblichen Gleichgewichtsstörungen, verbunden mit Unterkühlungen, so daß die Feststellung der Zusammensetzung der Phasen mit Hilfe mikroskopischer Untersuchungen und der thermischen Analyse sehr erschwert, ja unmöglich gemacht wird. Da RUER auf eine Wärmebehandlung der Proben zum Zwecke der nachträglichen Gleichgewichtseinstellung verzichtete, so blieb ihm als einziger Anhalt für die Zusammensetzung der intermediären Phasen die Ermittlung der Konzentration des Zeitmaximums der peritektischen Reaktion übrig. Erfahrungsgemäß wird nämlich die Lage der Zeitmaxima durch unvollständigen Verlauf der Reaktion häufig nicht allzu erheblich von der Gleichgewichtslage verschoben. Der Höchstwert der Haltezeiten bei 495° liegt bei etwa 35% Pd und entspricht daher nahezu der Formel PbPd (33,99% Pd). Die Zusammensetzung der sich bei 830° bildenden Kristallart ergibt sich auf dieselbe Weise zu $PbPd_2$ (50,74% Pd). Die bei 596° stattfindende Reaktion ist jedoch mit nur sehr geringer Wärmetönung verknüpft und zeigt keine deutliche Abhängigkeit der Haltezeiten von der Konzentration. Da die längste Kristallisationszeit (15 Sekunden) bei 37,5 und 40% Pd festgestellt wurde, so schließt RUER auf eine zwischen diesen Konzentrationen gelegene Verbindung von der Formel Pb_6Pd_7 (37,52% Pd) oder Pb_5Pd_6 (38,18% Pd) oder Pb_4Pd_5 (39,15% Pd) oder Pb_3Pd_4 (40,71% Pd). Das Atomverhältnis der beiden Elemente ist bei keiner dieser Formeln einfach zu nennen, am ehesten käme noch Pb_3Pd_4 in Betracht. Es ist jedoch durchaus möglich, daß hier die Verbindung Pb_2Pd_3 (43,58% Pd) vorliegt, zumal die Tatsache, daß die peritektische Reaktion oberhalb 42% Pd nicht mehr beobachtet wurde (vgl. Abb. 408) nach Ansicht von RUER eher auf die Kleinheit der thermischen Effekte, als auf das wirkliche Fehlen dieser Effekte (d. h. auf die Existenz von Mischkristallen von Pb in $PbPd_2$) zurückzuführen ist. 5. An dem Bestehen der Verbindung $PbPd_3$ (60,70% Pd) ist nicht zu zweifeln; dem thermischen und mikroskopischen Befund zufolge bildet sie mit etwa 3,5—4,5% Pd eine Reihe fester Lösungen. 6. Bezüglich der festen Löslichkeit von Pb in Pd ist zu sagen, daß die eutektischen Haltezeiten bei 1197° bei etwa 76% Pd Null werden, die Löslichkeit von Pb und Pd bei dieser Temperatur also mindestens 24% Pb beträgt. Die Änderung der Löslichkeit mit der Temperatur ist noch nicht untersucht.

PUSCHIN-PASCHSKY[5] haben mit gegossenen Legierungen die Spannung der Kette Pb/1 n $Pb(NO_3)_2$/$Pb_xPd_{(1-x)}$ gemessen und nur einen bei der Zusammensetzung Pb_2Pd auftretenden Spannungssprung festgestellt; das Bestehen der anderen Verbindungen wird durch die Messungen nicht angedeutet. Dieses Ergebnis zeigt, wie sehr die Spannungs-Konzentrationskurve als Mittel zur Konstitutionsforschung von Legierungen versagt.

Literatur.

1. BAUER, A.: Ber. dtsch. chem. Ges. Bd. 4 (1871) S. 451. — 2. HEYCOCK, C. T., u. F. H. NEVILLE: J. chem. Soc. Bd. 61 (1892) S. 906. — RUER, R.: Z. anorg. allg. Chem. Bd. 52 (1907) S. 345/57. — 4. GUERTLER hat auf die Möglichkeit hingewiesen, daß die Reaktion bei 495° der polymorphen Umwandlung einer bei 596° gebildeten Verbindung PbPd entsprechen könne (Metallographie Bd. 1 Teil 1, S. 627, Fußnote, Berlin 1912). Gegen diese Deutung spricht das Gefüge der Leg. mit 30% Pd, das deutliche Umhüllungen zeigt. — 5. PUSCHIN, N. A., u. N. P. PASCHSKY: Z. anorg. allg. Chem. Bd. 62 (1909) S. 360/63.

Pb-Pr. Blei-Praseodym.

Pb_3Pr (18,48% Pr) kristallisiert kubisch und schmilzt bei 1150°[1].

Literatur.

1. ROSSI, A.: Gazz. chim. ital. Bd. 64 (1934) S. 832/34.

Pb-Pt. Blei-Platin.

Über das Verhalten von Pb zu Pt liegt eine Reihe älterer Beobachtungen vor, die außer den Feststellungen, daß der Pt-Schmelzpunkt durch Pb-Zusätze stark herabgesetzt wird, und daß das Legieren unter Feuererscheinung im Sinne einer Bildung intermediärer Phasen erfolgt, keine Rückschlüsse auf die Konstitution gestatten.

BAUER[1] konnte die Verbindung PbPt (48,51% Pt) isolieren. HEYCOCK-NEVILLE[2] bestimmten die durch kleine Pt-Zusätze (maximal 0,57% Pt) hervorgerufene Gefrierpunktserniedrigung des Bleis.

Abb. 409 gibt die Ergebnisse der von DOERINCKEL[3] durchgeführten thermischen Analyse wieder. Den drei peritektischen Horizontalen bei 360° bzw. 795° und 915° entsprechend bestehen drei unter Zersetzung schmelzende Verbindungen; nur von einer konnte die Zusammensetzung aus den thermischen Daten und dem Gefüge ermittelt werden.

Zu Abb. 409 ist folgendes zu bemerken: 1. Da Legierungen mit mehr als 85% Pt nicht untersucht wurden und die Haltepunktzeiten von 915° wegen ihres unregelmäßigen Ganges (vgl. Abb. 409) keine Extrapolation gestatten, so bleibt es unentschieden, ob aus Schmelzen mit mehr als 58% Pt primär praktisch reines Pt oder ein Mischkristall mit größerem Pb-Gehalt kristallisiert. 2. Die erwähnte Unregelmäßigkeit der peritektischen Haltezeiten von 915°, die durch unvollständigen Reaktionsverlauf hervorgerufen sein muß, macht ebenfalls einen Rückschluß auf die Zusammensetzung der sich bei dieser Temperatur bildenden Kristallart unmöglich. Die Tatsache, daß die Haltezeit der peritektischen Reaktion von 795° erst bei etwa 90% Pt Null wird, spricht für sehr starke Gleichgewichtsstörungen in diesen Legierungen. Die hier zu

erwartenden Umhüllungen und das Vorliegen von drei Phasen konnte
DOERINCKEL jedoch nicht mit Sicherheit feststellen. Er bemerkt, daß
die Zusammensetzung 85% Pt fast einphasig sei; das würde sogar auf
eine Pt-reichere Konzentration hindeuten, als der Formel PbPt$_4$
(79,03% Pt) entspricht (?). 3. Die Zusammensetzung der bei 795° entstehenden Phase ergibt sich aus dem thermischen Befund (vgl. die
Haltezeiten) und der mikroskopischen Prüfung (eine Legierung mit

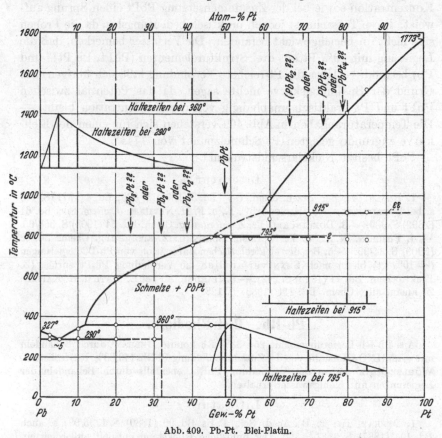

Abb. 409. Pb-Pt. Blei-Platin.

50% Pt war nahezu einphasig) eindeutig zu PbPt (48,51% Pt). 4. Die
Zusammensetzung der Pb-reichsten Zwischenphase ließ sich nicht aus
den Ergebnissen der thermischen Analyse ermitteln, da insbesondere
die Haltezeiten von 360° sich sehr unregelmäßig mit der Konzentration
ändern (vgl. Abb. 409). Die auch mikroskopisch wahrnehmbaren Gleichgewichtsstörungen (Umhüllungen) müssen anderseits auch die eutektische Kristallisation bei 290° in der Weise stören, daß der durch Extrapolation der Haltezeiten sich ergebende Endpunkt der Eutektikalen
höchstwahrscheinlich nicht mehr dem Gleichgewicht entspricht. Dem

Umstand, daß die Verbindung nach Abb. 409 sicher weniger als 40% Pd enthält, würden die folgenden drei in diesem Konzentrationsgebiet denkbaren, möglichst einfachen Formeln entsprechen: Pb_3Pt (23,90% Pt), Pb_2Pt (32,02% Pt) und Pb_3Pt_2 (38,58% Pt). Nach den Spannungsmessungen von Puschin-Laschtschenko[4] an gegossenen Legierungen (Kette Pb/1 n $Pb(NO_3)_2/Pb_xP_{(1-x)}$) hätte man auf das Bestehen der Verbindung Pb_2Pt[5] zu schließen, da die Spannungskurve bei dieser Konzentration sowie bei der Zusammensetzung PbPt einen Sprung aufweist. Diese Tatsache ist jedoch praktisch bedeutungslos, da die Proben sich nicht im Gleichgewicht befanden. Die Verfasser bemerken, daß die Legierung mit 19% Pt aus drei Strukturelementen (PbPt, Pb_2Pt?? und Pb) bestand. — Über die Pt-reichste Verbindung läßt sich übrigens auf Grund der Spannungskurve nichts sagen, da das Potential zwischen PbPt und Pt praktisch unabhängig von der Konzentration bleibt. — Die Temperaturangaben in Abb. 409 verstehen sich für einen der Eichkurve zugrunde gelegten Pt-Schmelzpunkt von 1744°.

PbPt besitzt Nickelarsenidstruktur[6].

Literatur.

1. Bauer, A.: Ber. dtsch. chem. Ges. Bd. 3 (1870) S. 836; Bd. 4 (1871) S. 449 s. bei Doerinckel. — **2.** Heycock, C. T., u. F. H. Neville: J. chem. Soc. Bd. 61 (1892) S. 909. — **3.** Doerinckel, F.: Z. anorg. allg. Chem. Bd. 54 (1908) S. 358/65. — **4.** Puschin, N. A., u. P. N. Laschtschenko: Z. anorg. allg. Chem. Bd. 62 (1909) S. 34/39. — **5.** Bei der elektrolytischen Raffination von Pb-Pt-Legierungen ($\sim$ 10% Pt) bleibt nach Senn vermutlich die Verbindung Pb_2Pt zurück (Z. Elektrochem. Bd. 11 (1905) S. 242). — **6.** Harder, A., bei E. Zintl u. H. Kaiser: Z. anorg. allg. Chem. Bd. 211 (1933) S. 128.

Pb-Rh. Blei-Rhodium.

Aus Pb-Rh-Legierungen mit 25—33% Rh konnte Debray[1] durch Behandeln mit verd. HNO_3 Kristalle von der Zusammensetzung $PbRh_2$ (49,83% Rh) isolieren[2]. Wöhler-Metz[3] haben die Verbindung $PbRh_2$ ebenfalls durch Behandeln der Legierungen mit Königswasser erhalten.

Literatur.

1. Debray, H.: C. R. Acad. Sci., Paris Bd. 90 (1880) S. 1195/99; s. auch Bd. 104 (1887) S. 1581. — **2.** Der unlösliche Rückstand enthielt außerdem ein schwärzliches Pulver, daß außer Wasser und Sauerstoff 15—20% Pb, 63—66% Rh und 15—17% N_2 enthielt und bei 400° unter Feuererscheinung verpuffte. Aus Legn. mit weniger als 15% Rh konnte die Verbindung $PbRh_2$ nicht dargestellt werden; der Rückstand bestand dann nur aus dem schwärzlichen Pulver. Vgl. auch E. Cohen u. T. Strengers: Z. physik. Chem. Bd. 61 (1908) S. 698/752. — **3.** Wöhler, L., u. L. Metz: Z. anorg. allg. Chem. Bd. 149 (1925) S. 311.

Pb-Ru. Blei-Ruthenium.

Nach Debray[1] bilden Blei und Ruthenium keine Verbindung miteinander: Beim Behandeln Pb-reicher Legierungen mit verd. HNO_3 wurde ein aus reinem

Ru bestehender Rückstand erhalten. Es ist nicht sicher, ob das Ruthenium bei höheren Temperaturen im Blei überhaupt gelöst war.

Literatur.

1. DEBRAY, H.: C. R. Acad. Sci., Paris Bd. 104 (1887) S. 1580 u. 1667.

Pb-S. Blei-Schwefel.

Aus dem von FRIEDRICH-LEROUX[1] ausgearbeiteten Erstarrungsschaubild des Systems Pb-PbS (Abb. 410) ist zu entnehmen, daß Pb und PbS (13,40% S) im flüssigen Zustand in allen Verhältnissen mischbar sind, und daß die früher angenommenen Verbindungen Pb_4S und Pb_2S nicht bestehen[2]. Der zwischen etwa 5 und 10% S mit zunehmendem S-Gehalt nur wenig ansteigende Teil der Liquiduskurve (die Erstarrungspunkte der beiden genannten Konzentrationen unterscheiden sich um nur 20—25°) legt indessen den Gedanken an das Bestehen einer allerdings engbegrenzten Mischungslücke im flüssigen Zustand nahe[3]. Die Tatsache, daß beim Vorliegen einer solchen Lücke ein streng horizontales Stück der Liquiduskurve nicht festgestellt wird, wäre dann durch mangelndes Erstarrungsgleichgewicht zu erklären und ist bei zahlreichen ähnlichen Systemen beobachtet worden (vgl. z. B. Cu-Pb). FRIEDRICH-LEROUX bemerken zwar, „daß die einzelnen Legierungen nach dem Schmelzen nicht an allen Stellen die ganz gleiche Zusammensetzung besaßen", von einer Schichtenbildung erwähnen sie jedoch nichts. Das Gefüge der Proben stand mit den Ergebnissen der thermischen Analyse im Einklang.

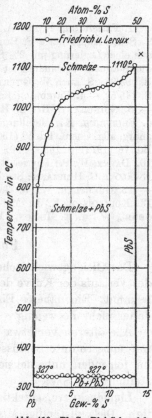

Abb. 410. Pb-S. Blei-Schwefel.

Die Ausarbeitung des über die Konzentration PbS hinausgehenden Teiles des Diagramms war wegen der starken Verdampfung von S und PbS nicht möglich. FRIEDRICH[4] stellte später fest, daß die Liquiduskurve oberhalb 13,4% S noch weiter ansteigt; die S-reichste von ihm untersuchte Schmelze enthielt 14,1% S und erstarrte bei 1130°.

Der Schmelzpunkt von PbS wird von verschiedenen Autoren wie folgt angegeben: GUINCHANT[5] 1015°, FRIEDRICH-LEROUX[1] 1103°,

Friedrich[6] 1114° (bei 12,9% S), Friedrich[4] annähernd 1120° (interpoliert), Biltz[7] 1112 $\pm$ 2°, Truthe[8] 1106° und Heike[9] 1106°. Der Mittelwert aller dieser Bestimmungen mit Ausnahme derjenigen von Guinchant ist 1110°.

PbS besitzt nach Davey[10] und späteren Untersuchungen[11] ein Kristallgitter vom Steinsalztyp.

Nachtrag. Guertler-Landau[12] und Leitgebel-Miksch[14] haben gezeigt, daß eine Mischungslücke im flüssigen Zustand sicher nicht vorliegt. Der PbS-Schmelzpunkt wird von Kohlmeyer[13] zu 1135° angegeben.

Literatur.

1. Friedrich, K., u. A. Leroux: Metallurgie Bd. 2 (1905) S. 536/39. — **2.** Schon früher hatte F. Roessler: Z. anorg. allg. Chem. Bd. 9 (1895) S. 41/44 aus einer Legierung mit 2% S PbS-Kristalle isoliert und damit gezeigt, daß PbS die S-ärmste Verbindung ist. — **3.** Guertler, W.: Metallographie Bd. 1 (1912) S. 993/95. S. auch W. Guertler u. K. L. Meissner: Met. u. Erz Bd. 18 (1921) S. 145/52. — **4.** Friedrich, K.: Metallurgie Bd. 5 (1908) S. 23/27, u. insb. S. 51/52. — **5.** Guinchant, H.: C. R. Acad. Sci., Paris Bd. 134 (1902) S. 1224/26. — **6.** Friedrich, K.: Metallurgie Bd. 4 (1907) S. 481 u. 672. — **7.** Biltz, W.: Z. anorg. allg. Chem. Bd. 59 (1908) S. 273. — **8.** Truthe, W.: Z. anorg. allg. Chem. Bd. 76 (1912) S. 163. — **9.** Heike, W.: Metallurgie Bd. 9 (1912) S. 317. — **10.** Davey, W. P.: Physic. Rev. 2 Bd. 17 (1921) S. 402. — **11.** S. darüber P. P. Ewald u. C. Hermann: Strukturbericht 1913—1928, S. 125 u. 131, Leipzig 1931. — **12.** Guertler, W., u. G. Landau: Met. u. Erz Bd. 31 (1934) S. 169/71. — **13.** Kohlmeyer, E. J.: Met. u. Erz Bd. 29 (1932) S. 108/109. — **14.** Leitgebel, W., u. E. Miksch,: Met. u. Erz Bd. 31 (1934) S. 290/93.

Pb-Sb. Blei-Antimon.

Das Gleichgewichtsschaubild des Systems Pb-Sb ist mit Ausnahme des Verlaufs der Kurve der Löslichkeit von Pb in Sb hinreichend genau bekannt. Ein näheres Eingehen auf die einzelnen Untersuchungen ist daher nicht notwendig.

Alle älteren vor etwa 1890 erschienenen Arbeiten, aus denen sich nur unbestimmte Schlüsse auf die Konstitution ziehen lassen, bleiben im folgenden unberücksichtigt; siehe darüber die Literaturzusammenstellung von Sack[1].

Liquiduskurve, eutektische Temperatur und eutektische Konzentration. Die vollständige Mischbarkeit der beiden flüssigen Metalle wurde von Wright-Thompson[2] durch eigens dafür angestellte Untersuchungen erwiesen; ältere Forscher hatten bereits Pb-Sb-Legierungen in allen Mischungsverhältnissen erschmolzen, ohne Schichtenbildung (von Seigerungen natürlich abgesehen) zu beobachten. Heycock-Neville[3] bestimmten die durch kleine Sb-Zusätze (höchstens 2,7%) hervorgerufene Gefrierpunktserniedrigung des Bleis. Roland-Gosselin[4] ermittelte erstmalig den Verlauf der ganzen Liquiduskurve mit Hilfe von 12 Legierungen. Daraus folgte, daß die beiden Metalle ein einfaches eutektisches

System bilden. Diese Konstitutionsverhältnisse wurden von Charpy[5], Stead[6] sowie Campbell[7] durch mikroskopische Untersuchungen bestätigt. Bei einer vollständigen thermischen Analyse (15 Legn.) fand Gontermann[8], daß die von Roland-Gosselin gegebene Liquiduskurve zwar dem Charakter nach richtig ist, jedoch bei durchweg zu tiefen Temperaturen (20—30°) verläuft. Spätere Wiederholungen der Bestimmung der ganzen Liquiduskurve durch Loebe[9] (ohne Angabe von Einzelwerten), Wüst-Durrer[10] (5 Legn.), Endo[11] (14 Legn.) und Broniewski-Sliwowsky[12] (15 Legn.) sowie kleinerer Teile (6—23% bzw. 0,5—16% Sb) durch Heyn-Bauer[13] bzw. Dean[14] bestätigten die

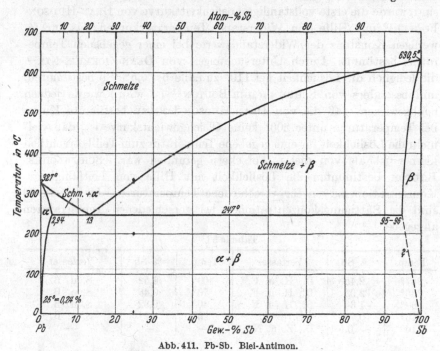

Abb. 411. Pb-Sb. Blei-Antimon.

Richtigkeit der Kurve von Gontermann. Die in Abb. 411 wiedergegebene Kurve wurde durch graphische Interpolation aller Einzelwerte[15] mit Ausnahme derjenigen von Roland-Gosselin gewonnen. Zwischen 0 und rd. 20% Sb und oberhalb etwa 80% Sb stimmen die von den verschiedenen Autoren bestimmten Liquidustemperaturen gut überein, bei den dazwischen liegenden Konzentrationen ergeben sich Abweichungen von ±10—15° von der gemittelten Kurve.

Die eutektische Temperatur und eutektische Konzentration (in Prozenten Sb) werden auf Grund eigener Untersuchungen wie folgt angegeben: Roland-Gosselin 228°, 13%; Charpy 13% (mikroskopisch bestimmt); Stead 247°, 12,7%; Gontermann 247° (Mittel), 13%;

LOEBE 245°, 13%; HEYN-BAUER 245°, 13%; ENDO 250°, 12,5%; DEAN 247° bei Abkühlung und 258° bei Erhitzung, 12,5%; BRONIEWSKI-SLIWOWSKI 250—252°, 13%; ABEL-REDLICH-ADLER[16] 245°, 12,1%.

Die Löslichkeit von Antimon in Blei. Das Bestehen Pb-reicher fester Lösungen, das bereits aus der von MATTHIESSEN[17] bestimmten Leitfähigkeitsisotherme mit einiger Wahrscheinlichkeit folgte, wurde von DEAN mit Sicherheit nachgewiesen und unabhängig davon auch von KANEKO-FUJITA[18] erkannt. Gegenteilige Feststellungen — auch gelegentlich späterer Untersuchungen — bleiben hier unberücksichtigt. Nachdem DEAN festgestellt hatte, daß bei 247° 2—3% Sb in Pb löslich sind, wurde die erste vollständige Löslichkeitskurve von DEAN-HUDSON-FOGLER[19] mit Hilfe von Widerstands-Temperaturkurven (bis zur jeweiligen Konstanz der Widerstandswerte bei einer gegebenen Temperatur) bestimmt. Durch Untersuchungen von DEAN-ZICKRICK-NIX[20], die lediglich die Löslichkeit bei 110° zu nahe bei 0,5% Sb bestimmten, und besonders von SCHUHMACHER-BOUTON[21] (s. w. u.) wurde jedoch nachgewiesen, daß die von DEAN-HUDSON-FOGLER bestimmte Kurve bei Temperaturen unter 200° keine Gleichgewichtskurve ist, daß vielmehr die Löslichkeit für eine gegebene Temperatur zum Teil beträchtlich kleiner ist als von diesen Forschern gefunden war. SCHUHMACHER-BOUTON bestimmten die Löslichkeit mit Hilfe von Leitfähigkeits-Konzentrationskurven für verschiedene Temperaturen. In Tabelle 33 sind die Sättigungskonzentrationen bei verschiedenen Temperaturen angegeben.

Tabelle 33.

Temp.	% Sb	Verfasser	Temp.	% Sb	Verfasser
247°	2,45	D., H. u. F.	100°	0,52	S. u. B.
238°	2,05	D., H. u. F.	70°	0,48	S. u. B.
200°	1,36	D., H. u. F.	40°	0,32	S. u. B.
146°	0,70	S. u. B.	25°	0,24	S. u. B.
110°	~ 0,5	D., Z. u. N.	—	—	—

Die von BRONIEWSKI-SLIWOWSKI ausgeführten Untersuchungen über die Löslichkeit von Sb in Pb mit Hilfe von Eigenschafts-Konzentrationskurven (näheres s. Originalarbeit) treten hinter diesen Bestimmungen an Bedeutung weit zurück, da Legierungen verwendet wurden, die sich in einem nicht näher zu definierenden Zustand befanden; sie waren 48 Stunden bei 200° geglüht, Abkühlung? In diesen Legierungen wird nachträgliche Entmischung stattgefunden haben (s. auch Nachtrag).

Die Soliduskurve der α-Mischkristalle wurde bestimmt von DEAN mit Hilfe von Differential-Erhitzungskurven und von SCHUHMACHER-NIX[22] mit Hilfe von mikroskopischen Untersuchungen geglühter und darauf abgeschreckter Proben. Beide Ergebnisse stimmen gut miteinander überein. Nach SCHUHMACHER-NIX liegt der Schmelzpunkt der

Legierungen mit 0,5 bzw. 1,5 und 1,87% Sb bei 321° bzw. 300° und 291°.

Die Löslichkeit von Blei in Antimon. Das Bestehen Sb-reicher fester Lösungen geht mit Sicherheit hervor aus den bei Raumtemperatur ausgeführten Messungen der elektrischen Leitfähigkeit von MATTHIESSEN, SMITH[23], BRONIEWSKI-SLIWOWSKI und STEPHENS[23a], der Thermokraft von RUDOLFI[24], BRONIEWSKI-SLIWOWSKI und STEPHENS und der magnetischen Suszeptibilität[25] von ENDO[11]. Nähere Angaben über den Grad der Löslichkeit bei einer bestimmten Temperatur, geschweige denn über die ganze Löslichkeitskurve lassen sich jedoch nicht machen, da entweder in dem fraglichen Konzentrationsbereich Messungen fehlen (MATTHIESSEN, RUDOLFI, SMITH, STEPHENS) oder der Zustand der Legierungen nicht eindeutig zu beschreiben ist (ENDO, BRONIEWSKI-SLIWOWSKI). ENDO bzw. BRONIEWSKI-SLIWOWSKI geben als „Löslichkeitsgrenze" 95 bzw. 88—89% Sb an. SOLOMON und MORRIS-JONES[26] geben auf Grund von Röntgenuntersuchungen eine Löslichkeit von nur 0,5% Pb in Sb an. Bemerkenswert ist die Tatsache, daß auf den meisten Eigenschafts-Konzentrationskurven das Vorhandensein Sb-reicher Mischkristalle wesentlich deutlicher zum Ausdruck kommt als das der Pb-reichen Mischkristalle; in einigen Fällen (Thermokraft, Suszeptibilität) würde man sogar auf die Abwesenheit Pb-reicher Mischkristalle schließen. Es wäre jedoch verfehlt, daraus auf eine höhere Löslichkeit von Pb in Sb als von Sb in Pb bei relativ niedrigen Temperaturen zu schließen, vielmehr wird die verschieden große Entmischungsgeschwindigkeit der beiden Mischkristalle eine Rolle spielen (s. auch Nachtrag).

Die Soliduskurve der Sb-reichen β-Mischkristalle hat ENDO[11] mit Hilfe von Widerstands-Temperaturkurven (nach 24stündigem Glühen bei 200—500°) bestimmt. Danach liegt die Sättigungskonzentration bei 247° zwischen 94,5 und 97% Sb.

Besteht eine Pb-Sb-Verbindung? Die von GONTERMANN beobachtete Erscheinung, daß die Abkühlungskurven von Schmelzen mehr als 10% Sb statt eines eutektischen Haltepunktes deren zwei um 4—6° auseinander gelegene Haltepunkte aufwiesen, hat zu einer lebhaften Diskussion über die Frage nach der Existenz einer Pb-Sb-Verbindung geführt (s. u. a. GUERTLER[27], DEAN, KANEKO-FUJITA, DEAN-ZICKRICK-NIX, HOWARD[28], RAEDER-BRUN[29]). Es ist in diesem Zusammenhang nicht notwendig, auf die Deutung dieser Erscheinung und die Ausführungen der genannten Autoren einzugehen, da ein umfangreiches Tatsachenmaterial gegen das Bestehen einer Verbindung spricht. Hier sind vor allem zu nennen die Röntgenuntersuchung von SOLOMON und MORRIS-JONES[26], die Gefügeuntersuchungen von STEAD, CHARPY, GONTERMANN und DEAN-ZICKRICK-NIX und die zahlreichen Bestimmungen der physikalischen Eigenschaften usw. in Abhängigkeit von der

Zusammensetzung: der elektrischen Leitfähigkeit (SMITH, DEAN-ZICKRICK-NIX, SCHUHMACHER-BOUTON, BRONIEWSKI-SLIWOWSKI, STEPHENS), der Thermokraft (RUDOLFI, BRONIEWSKI-SLIWOWSKI, STEPHENS), der magnetischen Suszeptibilität (ENDO), des elektrochemischen Potentials (LAURIE[30], PUSCHIN[31], MUZAFFAR[32], BRONIEWSKI-SLIWOWSKI), der spezifischen Wärme (DURRER[33]), der Dichte (u. a. CALVERT-JOHNSON[34], MATTHIESSEN[35], RICHE[36], GOEBEL[37]), des Hall-Effekts (STEPHENS).

Von Interesse sind noch die thermodynamischen Arbeiten von YAP CHU-PHAY[38] und JEFFERY[39].

Nachtrag. QUADRAT-JIŘIŠTĚ[40] ermittelten den eutektischen Punkt zu 11,4—11,5% Sb, WEAVER[45] jedoch in Übereinstimmung mit den früheren Werten zu nahe bei 12,7% Sb. — OBINATA-SCHMID[41] bestimmten die Löslichkeit von Sb in Pb röntgenographisch zu 2,94 bzw. 2,21, 1,58, 1,16, 0,84, 0,60 und 0,44% bei 247° bzw. 225°, 200°, 175°, 150°, 125° und 100° (s. Abb. 411). Die Werte weichen von den früher gefundenen oberhalb 150° nach größeren Löslichkeiten ab, sind aber sicher genauer. — LE BLANC-SCHÖPEL[42] haben die Sättigungskonzentrationen der beiden Mischkristalle bei der eutektischen Temperatur (zu 249 ± 1° gefunden) thermo-resistometrisch zu 3,5% Sb (zu hoch) und 97,5% Sb bestimmt. Ein auf der Leitfähigkeitsisotherme bei 95 Atom-% = 91,8 Gew.-% Sb gefundener Höchstwert ist bis jetzt unerklärlich. — Die von PORTEVIN-BASTIEN[43] auf Grund von Versuchen über das Formfüllungsvermögen angenommene Löslichkeit von 10% Pb in Sb bei 247° ist sicher zu hoch. — SHIMIZU[44] hat gezeigt, daß die von ENDO[11] bestimmte Kurve der magnetischen Suszeptibilität durch einen Gasgehalt der Legierungen beeinflußt sein muß. SHIMIZUs Kurve weicht nur wenig von der additiven Änderung ab.

Literatur.

1. SACK, M.: Z. anorg. allg. Chem. Bd. 35 (1903) S. 249/328. — **2.** WRIGHT, C. R. A., u. C. THOMPSON: Proc. Roy. Soc., Lond. Bd. 48 (1890) S. 25. WRIGHT, C. R. A.: J. Soc. chem. Ind. Bd. 13 (1894) S. 1016. — **3.** HEYCOCK, C. T., u. F. H. NEVILLE: J. chem. Soc. Bd. 61 (1892) S. 908 u. 911. — **4.** ROLAND-GOSSELIN: Bull. Soc. Encour. Ind. nat. 5 Bd. 1 (1896) S. 1307. S. bei H. GAUTIER: Contribution à l'étude des alliages Paris 1901, S. 107. — **5.** CHARPY, G.: Bull. Soc. Encour. Ind. nat. 5 Bd. 2 (1897) S. 394. — **6.** STEAD, J. E.: J. Soc. chem. Ind. Bd. 16 (1897) S. 200/208 u. 507. — **7.** CAMPBELL, W.: J. Franklin Inst. Bd. 154 (1902) S. 205/207. — **8.** GONTERMANN, W.: Z. anorg. allg. Chem. Bd. 55 (1907) S. 419/25. — **9.** LOEBE, R.: Metallurgie Bd. 8 (1911) S. 8/9. — **10.** WÜST, F., u. R. DURRER: Temperatur-Wärmeinhaltskurven wichtiger Metallegierungen, Berlin 1921, s. bei V. FISCHER: Z. techn. Physik Bd. 6 (1925) S. 148. — **11.** ENDO, H.: Sci. Rep. Tôhoku Univ. Bd. 14 (1925) S. 503/507. — **12.** BRONIEWSKI, W., u. L. SLIWOWSKI: Rev. Métallurgie Bd. 25 (1928) S. 397/404. — **13.** HEYN, E., u. O. BAUER: Untersuchungen über Lagermetalle, Berlin 1914, S. 224. (Beiheft Verh. Ver. Gewerbefl. 1914.) — **14.** DEAN, R. S.: J. Amer. chem. Soc. Bd. 45 (1923) S. 1683/88. — **15.** Dabei wurden auch einige in der Literatur angegebene Erstarrungstemperaturen einzelner Pb-Sb-Schmelzen berücksichtigt. — **16.** ABEL, E., O. REDLICH u. J. ADLER: Z. anorg. allg. Chem. Bd. 174 (1928) S. 270. — **17.** MATTHIESSEN, A.: Pogg. Ann. Bd. 110 (1860) S. 195. S. W. GUERTLER: Z. anorg. allg. Chem. Bd. 51 (1906) S. 415/16. — **18.** KANEKO, K., u. M. FUJITA: Nihon Kogyokwaishi Bd. 40 (1924) S. 439/49 (japan.). Japan. J. Engng. Bd. 4 (1924) S. 45. Ref. J. Inst. Met., Lond. Bd. 36 (1926) S. 445. — **19.** DEAN, R. S., W. E. HUDSON u. M. F. FOGLER: Ind. Engng. Chem. Bd. 17 (1925) S. 1246/47. — **20.** DEAN, R. S., L. ZICKRICK u. F. C. NIX: Trans. Amer. Inst. min. metallurg. Engr. Bd. 73 (1926) S. 505/40. — **21.** SCHUHMACHER, E. E., u. G. M. BOUTON: J. Amer. chem. Soc. Bd. 49 (1927) S. 1667/75. — **22.** SCHUHMACHER, E. E., u. F. C. NIX: Proc. Inst. Metals Div. Amer. Inst. min. metallurg. Engr. 1927 S. 195/205. — **23.** SMITH, A. W.: J. Franklin Inst. Bd. 192 (1921) S. 101. — **23a.** STEPHENS, E.: Philos. Mag. 7 Bd. 5 (1930) S. 547/60. — **24.** RUDOLFI, E.: Z. anorg. allg. Chem. Bd. 67 (1910) S. 83/85. — **25.** Messungen der magnetischen Suszeptibilität wurden auch von F. L. MEARA: Physic. Rev. Bd. 37 (1931) S. 467 ausgeführt. Zahlenangaben fehlen, s. Physics Bd. 2 (1932) S. 33/41. — **26.** SOLOMON, D., u. W. MORRIS-JONES: Philos. Mag. 7 Bd. 10 (1930) S. 470/75. — **27.** GUERTLER, W.: Metallographie Bd. 1 (1912) S. 795/97. — **28.** HOWARD, L. O.: Amer. Inst. min. metallurg. Engr. Techn. Publ. Nr. 90 (1928) 5 S. Ref. J. Inst. Met., Lond. Bd. 39 (1928) S. 495 (Härtemessungen). — **29.** RAEDER, M. G., u. J. BRUN: Z. physik. Chem. Bd. 133 (1928) S. 26/27 (Wasserstoffüberspannung). — **30.** LAURIE, A. P.: J. chem. Soc. Bd. 65 (1894) S. 1035. — **31.** PUSCHIN, N. A.: J. russ. phys.-chem. Ges. Bd. 39 (1907) S. 869/97 (russ.). Ref. Chem. Zbl. 1908 I S. 108. — **32.** MUZAFFAR, S. D.: Trans. Faraday Soc. Bd. 19 (1923) S. 56/58. Ref. J. Inst. Met., Lond. Bd. 30 (1923) S. 474. — **33.** DURRER, R.: Physik. Z. Bd. 19 (1918) S. 86/88. — **34.** CALVERT u. JOHNSON: Philos. Mag. 4 Bd. 18 (1859) S. 354. — **35.** MATTHIESSEN, A.: Pogg. Ann. Bd. 110 (1860) S. 28. — **36.** RICHE, A.: C. R. Acad. Sci., Paris Bd. 55 (1862) S. 143. — **37.** GOEBEL, J.: Z. Metallkde. Bd. 14 (1922) S. 358/60. — **38.** YAP CHU PHAY: Amer. Inst. min. metallurg. Engr. Techn. Publ. Nr. 397 (1931) 24 S. Ref. J. Inst. Met., Lond. Bd. 47 (1931) S. 200. — **39.** JEFFERY, F. H.: Trans. Faraday Soc. Bd. 28 (1932) S. 567/69. — **40.** QUADRAT, O., u. J. JIŘIŠTĚ: Chim. et Ind. 1934 S. 485/89. Ref. J. Inst. Met., Lond. Met. Abs. Bd. 1 (1934) S. 487. — **41.** OBINATA, I., u. E. SCHMID: Metallwirtsch. Bd. 12 (1933) S. 101/103. — **42.** LE BLANC, M., u. H. SCHÖPEL: Z. Elektrochem. Bd. 39 (1933) S. 695/701. — **43.** PORTEVIN, A., u. P. BASTIEN: J. Inst. Met., Lond. Bd. 54 (1934) S. 55. — **44.** SHIMIZU, Y.: Sci. Rep. Tôhoku Univ. Bd. 21 (1932) S. 845/46. — **45.** WEAVER, F. D.: J. Inst. Met., Lond. Bd. 56 (1935) S. 212.

Pb-Se. Blei-Selen.

Die Verbindung PbSe (27,65% Se) ist seit langem bekannt[1]; sie kommt auch natürlich vor. Die thermische Untersuchung des Systems von PÉLABON[2] und unabhängig davon von FRIEDRICH-LEROUX[3] hat ergeben, daß es sowohl Pb-reichere als auch Pb-ärmere Selenide nicht gibt. Zu demselben Ergebnis gelangte PÉLABON[4] später mit Hilfe von — allerdings dürftigen — Spannungsmessungen.

FRIEDRICH-LEROUX beschränkten die thermische Analyse nur auf Schmelzen mit mehr Pb als der Zusammensetzung PbSe entspricht. Soweit die Ergebnisse beider Arbeiten sich zahlenmäßig vergleichen lassen, stimmen sie gut überein (Abb. 412). Den Schmelzpunkt des

Selenids fand PÉLABON allerdings wesentlicher tiefer (1065°) als FRIED-
RICH-LEROUX (1088°), ebenso den zwischen 5 und 27,6% Se liegenden
Teil der Liquiduskurve. Über den Verlauf der Liquiduskurve bei Se-
Gehalten oberhalb 27,6% macht PÉLABON nur sehr spärliche zahlen-
mäßige Angaben, so daß ein Rückschluß auf die Genauigkeit des der
Primärkristallisation von PbSe entsprechenden Liquidusastes nicht

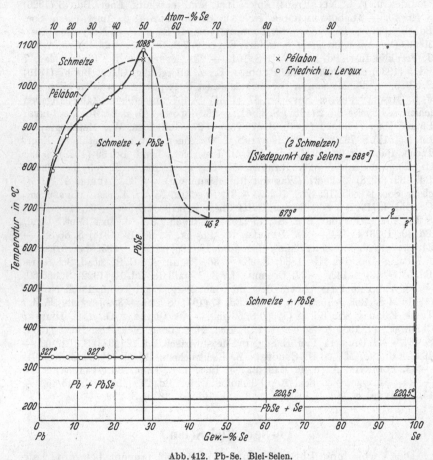

Abb. 412. Pb-Se. Blei-Selen.

möglich ist; der gestrichelte Kurventeil wurde aus PÉLABONs Schaubild
graphisch übertragen. Oberhalb etwa 45% Se beobachtete PÉLABON,
in Übereinstimmung mit seiner Liquiduskurve, Schichtenbildung, und
zwar erwies sich die obere Schicht als Pb-freies Se, die untere enthielt
laut Analyse 46,2% Se. Die Monotektikale bei 673° zeichnet PÉLABON
bis etwa 88% Se. Ob sie hier ihr Ende erreicht hat, oder ob Se-reichere
Schmelzen sich infolge Se-Verdampfung nicht untersuchen ließen, ist
unsicher.

Nach RAMSDELL[5], VON OLSHAUSEN[6] und GOLDSCHMIDT[7] besitzt PbSe (natürliches und künstliches) eine Kristallstruktur vom Typ des Steinsalzes.

Literatur.

1. LITTLE, G.: Liebigs Ann. Chem. Bd. 112 (1859) S. 211. FABRE, C.: C. R. Acad. Sci., Paris Bd. 103 (1886) S. 345. ROESSLER, F.: Z. anorg. allg. Chem. Bd. 9 (1895) S. 41/44. FONCES-DIACON: C. R. Acad. Sci., Paris Bd. 130 (1900) S. 1131/33. — 2. PÉLABON, H.: C. R. Acad. Sci., Paris Bd. 144 (1907) S. 1159/61. Ann. Chim. Phys. 8 Bd. 17 (1909) S. 555/57. — 3. FRIEDRICH, K., u. A. LEROUX: Metallurgie Bd. 5 (1908) S. 355/58. — 4. PÉLABON, H.: C. R. Acad. Sci., Paris Bd. 154 (1912) S. 1414/16. — 5. RAMSDELL, L. S.: Amer. Mineral. Bd. 10 (1925) S. 281/304. — 6. OLSHAUSEN, S. v.: Z. Kristallogr. Bd. 61 (1925) S. 482/83. — 7. GOLDSCHMIDT, V. M.: Geochem. Verteilungsgesetze der Elemente VII u. VIII, Skr. Norske Videnskaps-Akad. Oslo, 1. Math.-nat. Kl. 1926, Nr. 2 u. 1927 Nr. 8.

Pb-Si. Blei-Silizium.

Beobachtungen[1] von ST.-CLAIRE DEVILLE[2] und WINKLER[3] sprechen dafür, daß sich Pb und Si nicht legieren. VIGOUROUX[4] und MOISSAN-SIEMENS[5] fanden, daß sich jedenfalls nur sehr geringe Mengen Si in Pb zur Auflösung bringen lassen, und zwar ohne Bildung eines Silizides. Letztere haben die Löslichkeit von Si in Pb bei 1250—1550° in der Weise bestimmt, daß die bei hohen Temperaturen bis zur Sättigung geglühten Schmelzen abgeschreckt und der Si-Gehalt der Proben ermittelt wurde. Sie fanden auf diese Weise bei 1250° bzw. 1330°, 1400°, 1450° und 1550° eine Löslichkeit von 0,02% bzw. 0,07, 0,15, 0,21 und 0,78% Si (Abb. 413).

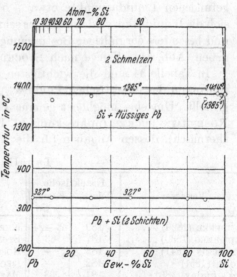

Abb. 413. Pb-Si. Blei-Silizium.

Das von TAMARU[6] gegebene Erstarrungsdiagramm ist in Übereinstimmung mit dem Ergebnis der früheren Forscher; verwendet wurde ein Si mit 6,1% Fe, 1,7% Al!

Nachtrag. Aus Messungen der Gitterkonstanten schließen JETTE-GEBERT[7], daß keine festen Lösungen der beiden Komponenten ineinander bestehen.

Literatur.

1. Eine kurze Inhaltsangabe der älteren Arbeiten s. in Gmelin-Kraut Handbuch Bd. 4 Abt. 2 (1924) S. 604. BARADUC-MULLER, L.: Rev. Métallurg. Bd. 7 (1910) S. 690/91. TAMARU, S.: Z. anorg. allg. Chem. Bd. 61 (1909) S. 42/44. — 2. ST.-

CLAIRE DEVILLE, H: J. prakt. Chem. Bd. 72 (1857) S. 208. — **3.** WINKLER, C.: J. prakt. Chem. Bd. 91 (1864) S. 193. — **4.** VIGOUROUX, E.: C. R. Acad. Sci., Paris Bd. 123 (1896) S. 115. — **5.** MOISSAN, H., u. F. SIEMENS: Ber. dtsch. chem. Ges. Bd. 37 (1904) S. 2086/89. C. R. Acad. Sci., Paris Bd. 138 (1904) S. 657/61. — **6.** TAMARU, S.: Z. anorg. allg. Chem. Bd. 61 (1909) S. 42/44. — **7.** JETTE, E. R., u. E. B. GEBERT: J. Chem. Phys. Bd. 1 (1933) S. 753/55. Ref. Physik. Ber. Bd. 15 (1934) S. 261.

Pb-Sn. Blei-Zinn.

Liquiduskurve und eutektischer Punkt[1]. Mehr oder weniger vollständige Bestimmungen der ganzen Liquiduskurve oder einzelner Teile liegen u. a. vor von KUPFFER[2], RUDBERG,[3] PILLICHODY[4], HEYCOCK-NEVILLE[5], WELD[6], WIESENGRUND[7], ROBERTS-AUSTEN[8], CHARPY[9], KAPP[10], KURNAKOW[11], STOFFEL[12], ROSENHAIN-TUCKER[12], DEGENS[13], MÜLLER[14], KONNO[15], GUREVICH-HROMATKO[16], KANEKO-ARAKI[17], JEFFERY[18], HONDA-ABE[19], STOCKDALE[20]. Abgesehen von einigen herausfallenden Punkten (insbesondere bei HONDA-ABE zwischen 30 und 60% Sn) ist der Streubereich der von den verschiedenen Forschern gefundenen Liquiduspunkte etwa ±5° (Unterkühlungen!), doch läßt sich die Liquiduskurve dank einiger sehr gut übereinstimmender Kurven und besonders sorgfältiger Bestimmungen mit größerer Genauigkeit angeben (Abb. 414; Kurve nach STOCKDALE[20]).

In Tabelle 34 sind die wichtigsten über die Temperatur und Konzentration des eutektischen Punktes vorliegenden Angaben zusammengestellt. Um eine möglichst genaue Bestimmung haben sich bemüht: ROSENHAIN-TUCKER (mikroskopisch), DEGENS und STOCKDALE[25] (beide thermisch), dessen Angaben für die Abb. 414 übernommen wurden.

Tabelle 34.

Verfasser	Eutektische Temp. °C	Konz. % Sn	Verfasser	Eutektische Temp. °C	Konz. % Sn
KUPFFER (1829)	> 189	63—64	KURNAKOW (1905)	184	
RUDBERG (1830)	187	63	STOFFEL (1907)	183—184	59,5—64,5
THOMSON (1841)[21]	183	—	ROSENHAIN—T.(1908)	182	62,9
POHL (1851)[22]	182	—	DEGENS (1909)	181	63,9
PILLICHODY (1861)	181	63	MAZZOTTO (1909)[24]	180	63
MAZZOTTO (1886)[23]	180—182	—	KONNO (1921)	181	~ 63
WELD (1891)	180	—	KANEKO—A. (1925)	181	62,8
WIESENGRUND (1894)	183	63	JEFFERY (1928)	183±0,3	66
ROBERTS-AUSTEN (1897)	180	68	HONDA—A. (1930)	182,2—183,5	(63,5)
CHARPY (1901)	(183)	(63,2)	STOCKDALE (1930)[25,20]	183.3	61,86
KAPP (1901)	184	65,5	SALDAU (1930)[26]	—	62,9

Die Pb-reichen α-Mischkristalle. Die Löslichkeit von Zinn in Blei. Auf Grund der fast linearen Abhängigkeit der elektrischen Leitfähigkeit von der Volumenkonzentration nach MATTHIESSEN[26] glaubte man lange, daß sich aus Pb-Sn-Schmelzen die Komponenten in reinem Zustande ausscheiden. Demgegenüber betonten erstmalig KURNAKOW[11] und STOFFEL[12a], daß bei der eutektischen Temperatur jedenfalls Zinn 'in festem Blei löslich sei; KURNAKOW gab 8,3% Sn an, nach STOFFEL sollte die Löslichkeit sogar mehr als 10% Sn betragen. Bereits aus einigen älteren Arbeiten geht, wie GUERTLER[1] (1909) zeigte, hervor, daß Blei bei der eutektischen Temperatur ziemlich viel Zinn zu lösen vermag. GUERTLERs Auswertung zufolge konnte man nach diesen Arbeiten folgende Löslichkeiten bei 183° annehmen: RUDBERG[3] 20%, MAZZOTTO[23] 6%, SPRING[28] 13%, WIESENGRUND[7] 4,5—10%, KAPP[10] 11% Sn. Von allen späteren Forschern, die sich mit dieser Frage näher beschäftigten, wurde das Bestehen eines ausgedehnten Gebietes fester Lösungen von Sn in Pb bestätigt, und zwar beträgt die Löslichkeit bei der eutektischen Temperatur nach DEGENS 7—7,5% (thermisch), nach ROSENHAIN-TUCKER 16%, nach MAZZOTTO etwa 18%[29] bzw. 16%[30], nach PARRAVANO-SCORTECCI[31] 16—17%, nach KONNO[15] 17—18%, nach KANEKO-ARAKI[17] 18%, nach JEFFERY[18] etwa 16%, nach HONDA-ABE[19] 18% und nach STOCKDALE[20] 19,5% Sn. Die Änderung der Löslichkeit mit der Temperatur wurde von mehreren Forschern[12] [30] [31] [18] [19] [20] auf verschiedene Weise bestimmt. Die Ergebnisse (meist durch Interpolation der Einzelwerte gewonnen) sind in Tabelle 35 zusammengefaßt. Ferner bestimmten OBINATA-SCHMID[32] die Löslichkeit bei Raumtemperatur röntgenographisch zu 2%, bei 100° zu annähernd 9,8% Sn. Nach röntgenographischen Untersuchungen von PHEBUS-BLAKE[33] soll etwa 3,6% Sn in Pb bei „Raumtemperatur" löslich sein.

Tabelle 35.
Löslichkeit von Sn in Pb bei verschiedenen Temperaturen.

Temp. °C.	ROSENHAIN-TUCKER %	MAZZOTTO[30] %	PARRAVANO-SCORTECCI %	JEFFERY %	HONDA-ABE %	STOCKDALE %
183	16,0	16,0	etwa 16,5	etwa 16,0	18,0	19,5
175	—	11,5—12,0	14,5	14,5	18,0	17,5
150	18,0	7,0	11,0	10,0	15,0	12,0
125	etwa 14,5	—	8,5	6,0	11,5	7,75
100	„ 11,5	—	6,5	—	8,5	5,0
75	„ 8	—	4,5	—	—	2,5—3,0
50	„ 7	—	3,0	—	—	—
25	—	—	1,5	—	—	—

Die Soliduskurve der α-Mischkristalle wurde bestimmt von MAZZOTTO[24], KONNO, JEFFERY, HONDA-ABE und am genauesten von STOCKDALE, dessen Kurve in Abb. 414 dargestellt ist.

Die Sn-reichen β-Mischkristalle. Die Löslichkeit von Blei in Zinn. GUERTLER[1] glaubte aus älteren Arbeiten entnehmen zu können, daß nach RUDBERG[3] etwa 1%, nach MAZZOTTO[23] etwa 0,5%, nach SPRING[28] sogar 10% und nach KAPP[10] etwa 1% Pb in Sn bei der eutektischen Temperatur löslich sind. DEGENS[13] nahm auf Grund einer thermoanalytischen Untersuchung etwa 0,4% Pb an. Nach den von JEFFERY[18·] (thermo-resistometrisch) bzw. HONDA-ABE (thermisch) bestimmten Soliduskurven beträgt die Löslichkeit bei 183° etwa 2,6% bzw. 1,5—2% Pb. Die Kurve der Löslichkeit von Pb in Sn wurde von JEFFERY und MATUYAMA[33a] (thermo-resistometrisch, dilatometrisch) ermittelt. Die Ergebnisse — JEFFERY: bei 153° 3%, bei 136° 2%, bei 105° 1% Pb löslich; MATUYAMA: bei 180° zwischen 0,8 und etwa 1,5%, bei 160° nur noch 0,2%, bei 140° rd. 0,05% Pb löslich — weichen außerordentlich

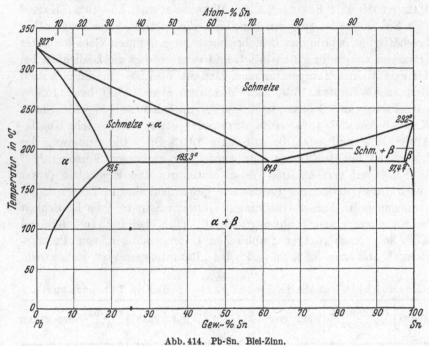

Abb. 414. Pb-Sn. Blei-Zinn.

stark voneinander ab. Die von MATUYAMA gefundene starke Löslichkeitsabnahme ist wohl wahrscheinlicher. Auch nach Messungen der Gitterkonstanten von PHEBUS-BLAKE[33] kann bei tieferen Temperaturen nur sehr wenig Pb in Sn löslich sein[34].

Die angebliche Umwandlung im festen Zustand[35]. Seit der Beobachtung von WIEDEMANN[36], MAZZOTTO[23], SPRING[28] und WIESENGRUND[7], daß im festen Zustand bei etwa 150° eine Reaktion stattfindet, die mit einer erheblichen Änderung des Wärmeinhaltes verbunden ist, haben zahlreiche Forscher[1 12 13 37 29 30 31 15 17 18 19 20] diese „Umwandlung" studiert. Die Natur der Umsetzung wurde aufgeklärt durch die sorgfältigen quantitativen thermischen Messungen von MAZZOTTO[29]. Danach handelt es sich — bei fallender Temperatur betrachtet — weder um die Bildung einer Verbindung, wie von DEGENS vermutet wurde[38],

noch um eine von ROSENHAIN-TUCKER angenommene allotrope Umwandlung der festen Lösung von Zinn in Blei in eine andere Form, in
der das Zinn eine geringere Löslichkeit hat[39]. Die Wärmetönung wird
nach MAZZOTTO vielmehr lediglich hervorgerufen durch die Ausscheidung
des Sn-reichen Mischkristalls aus dem beim eutektischen Punkt gesättigten Pb-reichen Mischkristall infolge der unter 183° sofort stark
abnehmenden Löslichkeit von Sn in Pb. Die Ausscheidung des Sn-
reichen Mischkristalls beginnt aber nicht, wie das nach dem Gleichgewichtsdiagramm zu erwarten wäre, sofort unterhalb der eutektischen
Temperatur, sondern erst bei rd. 150°, weil der Pb-reiche Mischkristall
bei rascher Abkühlung bis zu etwa dieser Temperatur übersättigt bleibt.
Bei 150° tritt dann schlagartig die Ausscheidung einer großen Menge
der Sn-reichen Phase ein, was mit dem plötzlichen Freiwerden einer
größeren Wärmemenge verbunden ist[40] (s. auch Bi-Sn und Cd-Sn).
Das Auftreten des thermischen Effektes bei rd. 150° ist also nur auf
eine Gleichgewichtsstörung (Übersättigung), nicht auf das Bestehen
eines nonvarianten Gleichgewichts zurückzuführen, d. h. eine horizontale Gleichgewichtskurve bei 150° besteht nicht. Bei hinreichend langsamer Abkühlung oder Erhitzung, d. h. bei ständigem
Gleichgewicht, sollte also das Freiwerden (bei Abkühlung) bzw. die
Absorption (bei Erhitzung) der Lösungswärme kontinuierlich erfolgen
und danach die „Reaktion" bei 150° überhaupt nicht beobachtet
werden. In der Tat konnten PARRAVANO-SCORTECCI, KONNO und
JEFFERY bei thermo-resistometrischen Untersuchungen eine solche
nicht feststellen[41]. Damit war eine Bestätigung für die Richtigkeit der
Deutung von MAZZOTTO erbracht. PARRAVANO-SCORTECCI, JEFFERY
und später auch STOCKDALE[20], der weitere Beiträge zu dieser Frage
lieferte, schlossen sich im wesentlichen dieser Deutung an[42] [43].
Demgegenüber glaubten HONDA-ABE auf Grund der von ihnen gefundenen Löslichkeitskurve annehmen zu können, daß der Effekt vornehmlich dadurch verursacht wird, daß die Löslichkeit von Sn in Pb
unterhalb 183° bis etwa 167° kaum, mit weiter fallender Temperatur
dann stark abnimmt. Weder PARRAVANO-SCORTECCI noch JEFFERY und
STOCKDALE konnten jedoch den von HONDA-ABE gefundenen Knick in
der Löslichkeitskurve feststellen (vgl. auch Cd-Sn, Nachtrag).

Bilden Pb und Sn eine Verbindung? DEGENS hatte die Vermutung
ausgesprochen, daß der thermische Effekt bei 150° durch die Bildung
einer Verbindung verursacht sei. Das Gefüge ergibt jedoch, wie übereinstimmend ausgesagt wird, keine Anzeichen dafür. Auch die Röntgenuntersuchung[33] bestätigte das Fehlen einer Verbindung. Ferner ändern
sich die physikalischen Eigenschaften (elektrische Leitfähigkeit[44],
Thermokraft[45], magnetische Suszeptibilität[46]) mit der Konzentration
in einer Weise, die das Bestehen einer Verbindung ausschließt.

Weitere Untersuchungen. Durch die vorliegenden Bestimmungen der Dichte[47], des Potentials[48], der Härte[49] und anderer Eigenschaften erfahren unsere Kenntnisse von dem Aufbau des Systems Pb-Sn keine weitere Bereicherung. Jedenfalls stehen ihre Ergebnisse zu dem in Abb. 414 dargestellten Diagramm nicht im Widerspruch.

Untersuchungen an flüssigen Legierungen. Elektrische Leitfähigkeit: BORNEMANN-MÜLLER[50], MATUYAMA[51]. Dichte: PLÜSS[52]. Innere Reibung: PLÜSS[52]. Magnetische Suszeptibilität: ENDO[53].

Literatur.

1. Die bis 1909 veröffentlichten Arbeiten wurden von W. GUERTLER zusammenfassend besprochen. Z. Elektrochem. Bd. 15 (1909) S. 125/29. — **2.** KUPPFER: Ann. Chim. Phys. Bd. 40 (1829) S. 285. S. Contributions à l'étude des alliages Paris 1901, S. 99. — **3.** RUDBERG, F.: Pogg. Ann. Bd. 18 (1830) S. 240. — **4.** PILLICHODY bei P. BOLLEY: Dinglers polytechn. J. Bd. 162 (1861) S. 217. Zitiert nach GMELIN-KRAUT. — **5.** HEYCOCK, C. T., u. F. H. NEVILLE: J. chem. Soc. Bd. 55 (1889) S. 667; Bd. 57 (1890) S. 376; Bd. 61 (1892) S. 908ff. — **6.** WELD, F. C.: Amer. chem. J. Bd. 13 (1891) S. 121/22. — **7.** WIESENGRUND, B.: Wied. Ann. Bd. 52 (1894) S. 777. S. auch Z. anorg. allg. Chem. Bd. 53 (1907) S. 138/40; Bd. 63 (1909) S. 210. — **8.** ROBERTS-AUSTEN, W. C.: Inst. Mech. Eng. 4. Report to the Alloys Research Committee 1897 S. 47. Engineering Bd. 63 (1897) S. 223. — **9.** CHARPY, G.: Contribution à l'étude des alliages Paris 1901, S. 220/21. S. auch Z. anorg. allg. Chem. Bd. 53 (1907) S. 138/40; Bd. 63 (1909) S. 210. — **10.** KAPP, A. W.: Ann. Physik 4 Bd. 6 (1901) S. 754. Diss. Königsberg 1901. S. auch Z. anorg. allg. Chem. Bd. 53 (1907) S. 138/40; Bd. 63 (1909) S. 210. — **11.** KURNAKOW, N. S.: J. russ. chem. Ges. Bd. 37 (1905) S. 579. Vgl. Z. anorg. allg. Chem. Bd. 60 (1908) S. 32 Fußnote. — **12.** ROSENHAIN, W., u. P. A. TUCKER: Philos. Trans. Roy. Soc., Lond. A Bd. 209 (1908) S. 89. Proc. Roy. Soc., Lond. A Bd. 81 (1909) S. 331/34. — **12a.** STOFFEL, A.: Z. anorg. allg. Chem. Bd. 53 (1907) S. 138/40. — **13.** DEGENS, P. N.: Z. anorg. allg. Chem. Bd. 63 (1909) S. 207/24. — **14.** MÜLLER, P.: Metallurgie Bd. 7 (1910) S. 765. — **15.** KONNO, S.: Sci. Rep. Tôhoku Univ. Bd. 10 (1921) S. 57/74. — **16.** GUREVICH, L. J., u. J. S. HROMATKO: Trans. Amer. Inst. min. metallurg. Engr. Bd. 64 (1921) S. 234. — **17.** KANEKO, K., u. A. ARAKI: Referat einer japan. Arbeit (1925) in J. Inst. Met., Lond. Bd. 38 (1927) S. 422. — **18.** JEFFERY, F. H.: Trans. Faraday Soc. Bd. 24 (1928) S. 209/11. S. auch ebenda Bd. 26 (1930) S. 588/90. — **19.** HONDA, K., u. H. ABE: Sci. Rep. Tôhoku Univ. Bd. 19 (1930) S. 315/30. — **20.** STOCKDALE, D.: J. Inst. Met., Lond. Bd. 49 (1932) S. 267/82. S. auch Diskussion dazu. — **21.** THOMSON, T.: Zitiert nach GMELIN-KRAUT. — **22.** POHL: Dinglers polytechn. J. Bd. 122 (1851) S. 62. Zitiert nach GMELIN-KRAUT. — **23.** MAZOTTO, D.: Mem. R. Ist. Lombardo 3 Bd. 16 (1886) S. 1. S. auch GUERTLER[1][37] und MAZZOTTO[29]. — **24.** MAZZOTTO, D.: Nuovo Cimento 5 Bd. 18 (1909) S. 180. — **25.** STOCKDALE, D.: J. Inst. Met., Lond. Bd. 43 (1930) S. 193/211. — **26.** SALDAU, P.: J. Inst. Met., Lond. Bd. 41 (1929) S. 292/93. Z. anorg. allg. Chem. Bd. 194 (1930) S. 291. — **27.** MATTHIESSEN, A.: Pogg. Ann. Bd. 110 (1860) S. 206. Vgl. Z. anorg. allg. Chem. Bd. 51 (1906) S. 401. — **28.** SPRING, W.: Bull. Soc. chim. France 2 Bd. 46 (1886) S. 255/61. Referat Ber. dtsch. chem. Ges. Bd. 19 (1886) S. 869. S. auch W. GUERTLER[37]. — **29.** MAZZOTTO, D.: Int. Z. Metallogr. Bd. 1 (1911) S. 289/346. — **30.** MAZZOTTO, D.: Mem. R. Accad. Sci., Modena 3 Bd. 10 (1912) S. bei N. PARRAVANO u. A. SCORTECCI[31]. Desgl. Int. Z. Metallogr. Bd. 4 (1913) S. 286/87. — **31.** PARRA-

VANO, N., u. A. SCORTECCI: Gazz. chim. ital. Bd. 50 II (1920) S. 83/92. — 32. OBINATA, I., u. E. SCHMID: Metallwirtsch. Bd. 12 (1933) S. 101/103. — 33. PHEBUS, W. C., u. F. C. BLAKE: Physic. Rev. Bd. 25 (1925) S. 107. — 33a. MATUYAMA, Y.: Sci. Rep. Tôhoku Univ. Bd. 20 (1931) S. 661. — 34. S. auch G. TAMMANN u. G. BANDEL: Z. Metallkde. Bd. 25 (1933) S. 156. — 35. Bezüglich Einzelheiten muß auf die Originalarbeiten verwiesen werden. — 36. WIEDEMANN, E.: Wied. Ann. Bd. 3 (1878) S. 237ff. — 37. GUERTLER, W.: Z. Elektrochem. Bd. 15 (1909) S. 953/65. — 38. Gegen die Bildung einer Verbindung spricht die Tatsache, daß eine solche weder von DEGENS noch von einem anderen Forscher nachgewiesen werden konnte. Andernfalls hätte sich bei der Größe des thermischen Effektes eine tiefgreifende Veränderung des Gefüges durch Auftreten eines neuen Bestandteiles bemerkbar machen müssen. — 39. Die Deutung von ROSENHAIN-TUCKER, daß die bei der Reaktion entwickelte Wärme der Ausscheidung des Zinns beim Übergang des bei hohen Temperaturen beständigen Pb-reichen Mischkristalls in eine unter 150° beständige allotrope Modifikation zuzuschreiben sei, steht zu den Gesetzen der Lehre vom heterogen Gleichgewicht im Widerspruch. — 40. Die Auffassung von MAZZOTTO wurde übrigens schon von GUERTLER[1] vertreten, allerdings in einer etwas anderen Form. GUERTLER nahm ebenfalls an, daß der thermische Effekt auf das Freiwerden von Lösungswärme infolge Ausscheidung von Sn zurückzuführen ist, doch glaubte er, daß die Löslichkeitsabnahme von Sn in Pb durch die damals allgemein angenommene polymorphe Umwandlung von γ-Sn in β-Sn bei rd. 160° hervorgerufen wird. Eine solche Umwandlung besteht, wie wir heute wissen, nicht. (MATUYAMA, Y.: Sci. Rep. Tôhoku Univ. Bd. 20 (1931) S. 649/80.) — 41. PARRAVANO-SCORTECCI und JEFFERY weisen ausdrücklich darauf hin, daß die „Reaktion" bei 150° lediglich durch einfache Übersättigungserscheinungen bzw. metastabile Zustände bedingt ist. — 42. STOCKDALE hält es auch für möglich, daß das Zinn zunächst nicht in seiner stabilen Form, sondern in „irgendeiner anderen Form" ausgeschieden wird. Die beobachtete Wärmetönung sei dann die Umwandlungswärme. — 43. Vgl. auch W. ROSENHAIN: J. Inst. Met., Lond. Bd. 49 (1932) S. 283/84. — 44. MATTHIESSEN, A.[27]. ROBERTS, W. C.: Philos. Mag. 5 Bd. 8 (1879) S. 57. Vgl. Z. anorg. allg. Chem. Bd. 51 (1906) S. 401. Besonders N. PARRAVANO u. A. SCORTECCI[31]. — 45. BATTELLI s. bei W. BRONIEWSKI: Rev. Métallurg. Bd. 7 (1910) S. 355. RUDOLFI, E.: Z. anorg. allg. Chem. Bd. 67 (1910) S. 78/80. — 46. HONDA, K., u. T. SONÉ: Sci. Rep. Tôhoku Univ. Bd. 2 (1913) S. 1/14. SPENCER, J. F., u. M. E. JOHN: Proc. Roy. Soc., Lond. A Bd. 116 (1927) S. 61/72. J. Soc. chem. Ind. Bd. 50 (1931) S. 38. — 47. Zusammenstellung des Schrifttums und der Daten in Gmelin-Kraut Handbuch Bd. 4 Abt. 2 (1924) S. 749/50, 929/31. — 48. PUSCHIN, N.: J. russ. phys-chem. Ges. Bd. 39 (1907) S. 528. Ref. Chem. Zbl. 1907II S. 2027. MUZAFFAR, S. D.: Z. anorg. allg. Chem. Bd. 126 (1923) S. 254/56. RAEDER, M. G., u. D. EFJESTAD: Z. physik. Chem. Bd. 140 (1929) S. 125/26. — 49. SSAPOSHNIKOW, A.: J. russ. phys-chem. Ges. Bd. 40 (1908) S. 92/95. Ref. Chem. Zbl. 1908I S. 1450. GOEBEL, J.: Z. Metallkde. Bd. 14 (1922) S. 362/66. CAPUA, C. DI, u. M. ARNONE: Rend. Accad. Lincei, Roma Bd. 33 (1924) S. 293/97. Ref. Chem. Zbl. 1924II S. 2237. MALLOCK, A.: Nature, Lond. Bd. 121 (1928) S. 827. SCHISCHOKIN, W., u. W. AGEJEWA: Z. anorg. allg. Chem. Bd. 193 (1930) S. 241. MARMET, F.: Diss. Aachen 1930. Ref. Physik. Ber. Bd.12. (1931) S. 40/41. — 50. BORNEMANN, K., u. P. MÜLLER: Metallurgie Bd. 7 (1910) S. 396/402, 730/40, 755/71. — 51. MATUYAMA, Y.: Sci. Rep. Tôhoku Univ. Bd. 16 (1927) S. 447/74. — 52. PLÜSS, M.: Z. anorg. allg. Chem. Bd. 93 (1915) S. 30/33. — 53. ENDO, H.: Sci. Rep. Tôhoku Univ. Bd. 16 (1927) S. 230/31. J. Inst. Met., Lond. Bd. 37 (1927) S. 37.

Pb-Sr. Blei-Strontium.

Abb. 415 gibt das von PIWOWARSKY[1] aufgestellte Erstarrungsschaubild der bleireichen Pb-Sr-Schmelzen mit bis zu 12% Sr wieder. Das Bestehen der Verbindung Pb_3Sr (12,36% Sr) ergab sich eindeutig aus der Abhängigkeit der Haltezeiten der Kristallisation des Pb und dem praktisch homogenen Gefüge einer Legierung mit 12,11% Sr. Der Pb-Schmelzpunkt wird durch 0,35% bzw. 0,74% Sr auf 385° bzw.

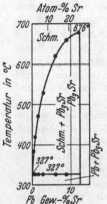

420° erhöht; die übrigen Liquidustemperaturen lassen sich mit hinreichender Genauigkeit aus der Abb. 415 ablesen.

Nachtrag. Nach ZINTL-NEUMAYR[2] kann die Struktur von $SrPb_3$ als eine schwach tetragonal deformierte Struktur von $NaPb_3$ und $CaPb_3$ (s. S. 405) aufgefaßt werden (näheres Originalarbeit). Die Verfasser haben röntgenographisch festgestellt, daß Sr in festem Pb löslich ist. Eine Verbindung PbSr mit raumzentriertem Kristallgitter konnte nicht gefunden werden[3].

Abb. 415. Pb-Sr. Blei-Strontium.

Literatur.

1. PIWOWARSKY, E.: Z. Metallkde. Bd. 14 (1922) S. 300/301. Die Legn. wurden aus einer aus reinen Metallen hergestellten Vorlegierung mit 12,1% Sr und reinem Pb unter H_2 erschmolzen. — 2. ZINTL, E., u. S. NEUMAYR: Z. Elektrochem. Bd. 39 (1933) S. 86/97. — 3. ZINTL, E., u. G. BRAUER: Z. physik. Chem. B Bd. 20 (1933) S. 245/71.

Pb-Te. Blei-Tellur.

Das Erstarrungsdiagramm des Systems Pb-Te wurde ausgearbeitet von FAY-GILLSON[1], PÉLABON[2] und KIMURA[3]. Über die quantitativen Abweichungen unterrichtet die Abb. 416 und die Tabelle 36. Von PÉLABON werden nur die Erstarrungstemperaturen der Verbindung PbTe und des PbTe-Te-Eutektikums angegeben; die übrigen in Abb. 416 eingetragenen Liquidustemperaturen wurden aus seinem Diagramm entnommen.

Tabelle 36.

	F. u. G.	P.	K.
Pb-Erstarrungspunkt	322°	?	326°
Pb-PbTe-Eutektikum	322° 0% Te	?	332—334° 0% Te(!)
Erstarrungspunkt d. Verbindung PbTe	917°	860°	> 904°
PbTe-Te-Eutektikum	400° 78,5% Te	403° 85% Te	412° ca. 76% Te
Te-Erstarrungspunkt	446°	452°	441°

Zu Tabelle 36 ist zu bemerken, daß die Erstarrungspunkte von Pb und Te einen Anhalt für die Bewertung der Temperaturangaben bzw. den Reinheitsgrad der verwendeten Ausgangsstoffe geben sollen. Die von Fay-Gillson angegebene Konzentration des PbTe-Te-Eutektikums verdient den Vorzug, da sie direkt bestimmt wurde; Kimura ermittelte sie aus den eutektischen Haltezeiten; Pélabons Angabe ist sicher nicht richtig.

Die Verbindung PbTe (38,09% Te), die sich in der Natur als Altait vorfindet, war schon früher von Margottet[4] und Fabre[5] aus den Elementen dargestellt; Tibbals[6] hat sie durch Glühen eines nahezu der Zusammensetzung $Pb_2Te_3 \cdot 4\,H_2O$ entsprechenden Niederschlages erhalten, der bei der Einwirkung von Na_4Te_3-Lösung auf essigsaure Pb-Azetatlösung gefällt war. Das Bestehen von PbTe findet weitere Bestätigung durch die Messungen des elektrochemischen Potentials (Kette $Pb/1$ n $Pb(NO_3)_2/Pb_xTe_{(1-x)}$) von Puschin[7], der Thermokraft[8] von Haken[9] und der magnetischen Suszeptibilität von Endo[10].

Über die Bildung fester Lösungen im System Pb-Te ist folgendes zu sagen. Fay-Gillson sowie Kimura folgern aus ihren thermischen und mikroskopischen Untersuchungen, daß weder die Elemente (insbesondere Te), noch die Verbindung Mischkristalle bilden; Wärmebehandlungen zur Erreichung des Gleichgewichtszustandes haben sie allerdings nicht ausgeführt. Puschin glaubt aus seinen Spannungsmessungen schließen zu können, daß PbTe mit Pb ziemlich ausgedehnte, mit Te dagegen praktisch keine Mischkristalle bildet. Mit Hilfe von Messungen der magnetischen Suszeptibilität konnte Endo einwandfrei zeigen, daß zu beiden Seiten der Zusammensetzung PbTe ein ausgedehntes Homogenitätsgebiet vorliegen muß, und daß auch Blei von Tellur in fester Lösung aufgenommen zu werden vermag. Die Grenzkonzentrationen der intermediären Phase variabler Zusammensetzung (β) sind in erster Annäherung mit 20—25% und rd. 45% Te (bei Raumtemperatur gemessen; über den Zustand bzw. die Vorbehandlung der Legierungen ist jedoch nichts mitgeteilt) anzunehmen.

Über den Grad der Löslichkeit von Pb in Te läßt sich nichts Sicheres sagen, da zwischen 90 und 100% Te keine Meßpunkte liegen. In Abb. 416 ist die Löslichkeitskurve willkürlich bei 95% Te gezeichnet.

Endo stellte mit Hilfe von Messungen der magnetischen Suszeptibilität an flüssigen Legierungen fest, daß in der Schmelze PbTe-Moleküle in allerdings partiell dissoziiertem Zustande vorliegen. In diesem Zusammenhang ist die Tatsache von größtem Interesse, daß PbTe (sowohl natürliches als künstliches) nach Untersuchungen von Ramsdell[11] und Goldschmidt[12] ein Kristallgitter vom Steinsalztyp, also ein Ionengitter besitzt, in dem sich nach Abb. 416 beide Elemente gegenseitig vertreten können.

Über den tiefgreifenden Einfluß kleiner Te-Zusätze ($< 0,1\%$) auf die mechanischen Eigenschaften u. a. m. des Bleis s.[13]

Literatur.

1. Fay, H., u. C. B. Gillson: Amer. Chem. J. Bd. 27 (1902) S. 81/95. Ref. Chem. Zbl. 1902 I S. 707/708 (mit Tabelle). — **2.** Pélabon, H.: Ann. Chim. Phys. 8 Bd. 17 (1909) S. 557/58. — **3.** Kimura, M.: Mem. Coll. Engng., Kyoto Bd. 1 (1915) S. 149/52 (deutsch). — **4.** Margottet, J.: Thèse, Paris Nr. 422 (1879). — **5.** Fabre, C.: C. R. Acad. Sci., Paris Bd. 105 (1887) S. 277. — **6.** Tibbals, C. A.: J. Amer. chem. Soc. Bd. 31 (1909) S. 909. — **7.** Puschin, N. A.: Z. anorg. allg.

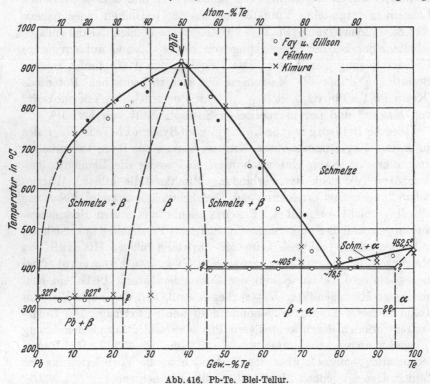

Abb. 416. Pb-Te. Blei-Tellur.

Chem. Bd. 56 (1908) S. 12/15. — **8.** Die Thermokräfte zeigten starke Abweichungen untereinander, so daß sich über den Verlauf der Kurve der Thermokräfte nichts ermitteln ließ. Nur so viel ergab sich, daß die Kurve bei der Zusammensetzung PbTe ein Minimum aufweist. — **9.** Haken, W.: Ann. Physik 4 Bd. 32 (1910) S. 329/30. — **10.** Endo, H.: Sci. Rep. Tôhoku Univ. Bd. 16 (1927) S. 209/11. S. auch K. Honda u. H. Endo: J. Inst. Met., Lond. Bd. 37 (1927) S. 42/43. — **11.** Ramsdell, L. S.: Amer. Mineral. Bd. 10 (1925) S. 281/304. —**12.** Goldschmidt, V. M.: S. Strukturbericht 1913—1928, Leipzig 1931 S. 138. — **13.** Singleton, W., u. B. Jones: J. Inst. Met., Lond. Bd. 51 (1933) S. 71/92.

Pb-Th. Blei-Thorium.

Siehe Cd-Th, S. 460.

Pb-Tl. Blei-Thallium.

Erstarrungsvorgänge. HEYCOCK-NEVILLE[1][2] stellten fest, daß die Tl-Erstarrungstemperatur durch Pb-Zusätze erhöht wird (durch 2,48% um 5,3°), daß dagegen selbst etwas größere Tl-Zusätze den Pb-Erstarrungspunkt nicht beeinflussen.

Die Erstarrungsverhältnisse der ganzen Legierungsreihe wurden zuerst von KURNAKOW-PUSCHIN[3] untersucht (Abb. 417). Auf Grund sehr genauer und wiederholter Bestimmungen der Liquiduskurve im Bereich des Maximums kamen sie zu dem Schluß, daß die Konzentration des Maximums nicht durch eine einfache Formel auszudrücken ist, eine Verbindung (Pb_2Tl_3 oder $PbTl_2$) also nicht vorliegt. Das Maximum ist außerordentlich flach: die Erstarrungspunkte zwischen 59,5 und 66,3% Tl unterscheiden sich um knapp ein Grad; die höchste Temperatur (380,2 bzw. 380,3°!) wurde bei 62,2 und 62,3% Tl gefunden. Das Kristallisationsintervall der beiden Mischkristallreihen ist außerordentlich klein und erreicht im Gebiet von 30—40% Tl den Höchstwert von 2,5°. Bei 310° vollzieht sich die peritektische Reaktion: Schmelze mit 94,5% Tl[4] $+ \gamma$-Mischkristall mit $\leq 75\%$ Tl $= \beta$-Mischkristall mit etwa 93,5% Tl.

LEWKONJA[5] konnte die beschriebenen Erstarrungsvorgänge weitgehend bestätigen; er sprach jedoch das Maximum der Liquiduskurve als der Verbindung $PbTl_2$ (66,36% Tl) zugehörig an. Gegen diese Auffassung ist nach unserer heutigen Kenntnis sofort einzuwenden, daß das Bestehen einer intermediären Phase (wenn auch variabler Zusammensetzung) das Vorhandensein einer Mischungslücke zwischen dieser Phase und Pb notwendig macht. Überdies sind die von KURNAKOW-PUSCHIN beobachteten Temperaturpunkte im fraglichen Bereich ungleich zahlreicher und auch wohl genauer.

Eine weitere, sich auf die Schmelzen mit 60—100% Tl beschränkende thermische Untersuchung von DI CAPUA[6] führte zu einer abermaligen Bestätigung der durch Abb. 417 beschriebenen Erstarrungsvorgänge. Die peritektische Temperatur fanden LEWKONJA und DI CAPUA bei 310° bzw. 311°, die Ausdehnung der Peritektikalen geben sie zu 76—95% Tl bzw. zu 77—94,5% Tl an. Die drei angegebenen Konzentrationen des γ-Mischkristalls bei 310° ($\leq$75, 76 und 77% Tl) wurden nur auf Grund der thermischen Daten (Extrapolation der Haltezeiten usw.) angenommen, im Gleichgewicht liegt sie sicher oberhalb 75—77% Tl (s. Nachtrag).

Um das Wesen des Maximums der Liquiduskurve näher zu ergründen, sind im Anschluß an LEWKONJAs Arbeit eine ganze Reihe Untersuchungen ausgeführt worden.

Gegen die Annahme einer ausgezeichneten Konzentration $PbTl_2$ sprechen folgende Tatsachen: 1. Die makroskopischen Untersuchungen der Oberflächen langsam erkalteter Legierungen (KURNAKOW-PUSCHIN)

hatten erkennen lassen, daß alle Legierungen mit bis zu etwa 76% Tl
wie reines Pb in regulären Oktaedern kristallisieren. 2. Die Leitfähigkeitsisothermen für 0° bzw. Raumtemperatur (KURNAKOW-ZEMCZUZNY[7],
ROLLA[8], GUERTLER-SCHULZE[9], TAMMANN-RÜDIGER[10] wie auch für
höhere Temperaturen (100° KURNAKOW-ZEMCZUZNY und 100—250°
GUERTLER-SCHULZE) besitzen zwischen 0 und rd. 80% Tl einen für das
Vorliegen einer lückenlosen Mischkristallreihe charakterischen Verlauf. 3. Dasselbe ist der Fall für die Kurven der Fließdrucke (KUR-

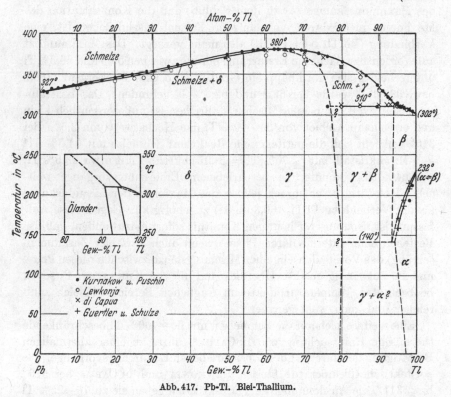

Abb. 417. Pb-Tl. Blei-Thallium.

NAKOW-ZEMCZUZNY), der Thermokräfte (ROLLA), der spezifischen Volumina (ROLLA) und der Härte[11] (ROLLA, DI CAPUA). 4. Die Spannungs-
Konzentrationskurve[12] (BEKIER[13], KREMANN-LOBINGER[14]) sowie die
Kurve der Wasserstoffüberspannungen (RAEDER-EFJESTAD[15]) zeigen
ebenfalls keine Unstetigkeit zwischen 0 und 80% Tl. 5. Die Ergebnisse
der röntgenographischen Strukturuntersuchungen von MC MILLAN-
PAULING[16] sowie HALLA-STAUFER[17] sprechen ebenfalls gegen das Bestehen einer Verbindung[17a]. Erstere fanden, daß Legierungen mit 25,
55, 66,7 (PbTl$_2$), 75 und 80 Atom-% Tl das regulär-flächenzentrierte
Gitter des Bleis (mit verkleinerter Gitterkonstante) besitzen. Ausgehend von dem Gedanken, daß die Konzentration PbTl$_2$ beim Tempern

möglicherweise doch eine geordnete Atomverteilung besitzt, haben HALLA-STAUFER die Struktur der Legierung mit 65 Atom-% Tl nach 4stündigem Glühen zwischen 250 und 327° sehr eingehend untersucht (Pulver-, Laue- und Drehkristallaufnahmen). Daraus geht übereinstimmend hervor, daß diese Legierung das kubisch-flächenzentrierte Bleigitter hat. HALLA-STAUFER halten es überdies für erwiesen, daß die beiden Atomarten regellos verteilt sind; doch ist dieser Schluß nicht überzeugend, da eine Überstruktur wegen des sehr ähnlichen Beugungsvermögens von Pb und Tl nicht nachzuweisen sein wird. 6. Da die berechnete Entropieänderung beim Schmelzen der Legierung $PbTl_2$ mit der Summe der Entropieänderungen der Bestandteile übereinstimmt, entspricht die genannte Zusammensetzung keiner Verbindung, sondern einem Mischkristall (ROOS[18]).

Für das Bestehen einer ausgezeichneten Konzentration $PbTl_2$ könnte die von ENDO[19] zweimal bestimmte Kurve der magnetischen Suszeptibilität geglühter Legierungen (14—20 Stunden bei 280—360°, also wesentlich länger als HALLA-STAUFER) sprechen; sie besitzt bei 66 bis 67% Tl ein Maximum. Aus dem Verlauf der Kurve der magnetischen Suszeptibilität der flüssigen Legierungen will ENDO auf das Vorhandensein von $PbTl_2$-Molekülen (allerdings weitgehend dissoziiert) in der Schmelze schließen können; die Kurve zeigt jedoch m. E. keine Unstetigkeit bei dieser Zusammensetzung. Auch HILDEBRAND-SHARMA[20] (Aktivitätsmessungen an geschmolzenen Legierungen) und PIETSCH-SEUFERLING[21] (Untersuchungen an Pb-Tl-Katalysatoren) glauben Anhaltspunkte für das Bestehen der Verbindung $PbTl_2$ gefunden zu haben. Ferner liegen die Gitterkonstanten der Legierungen mit 25—80 Atom-% Tl nach MC MILLAN-PAULING auf zwei Kurvenästen, die sich bei etwa 60 Atom-% Tl schneiden. — Wie bereits oben erwähnt wurde, ist die Annahme einer lückenlosen Mischbarkeit zwischen einer Verbindung und einer Komponenten mit unseren heutigen Vorstellungen von dem Aufbau der metallischen Phasen unvereinbar. Besteht eine intermediäre Phase jedoch tatsächlich, so müßten sich zwei durch eine Mischungslücke getrennte Zustandsgebiete nachweisen lassen. Bisher spricht lediglich die von MC MILLAN-PAULING bestimmte Kurve der Gitterkonstanten für das Bestehen einer solchen Mischungslücke zwischen 0 und 80% Tl. Ob dieser Feststellung wegen der möglicherweise in den Legierungen vorhanden gewesenen Kristallseigerung ein so großes Gewicht beizumessen ist, muß dahingestellt bleiben bis eine Bestätigung vorliegt (s. Nachtrag).

Nicht belegt ist eine Mitteilung von GOLDSCHMIDT[22]:

„Eine Legierung der Zusammensetzung $PbTl_2$ ist sowohl in hexagonaler, wie in regulär-flächenzentrierter Form erhalten worden; erstere scheint bei dieser Legierung bei gewöhnlicher Temperatur stabil zu sein."

Umwandlungen im festen Zustand, Phasengrenzen. Die Temperatur der polymorphen Umwandlung des Thalliums: α (hexagonal-dicht-gepackt) $\rightleftharpoons \beta$ (kubisch-flächenzentriert) wird nach KURNAKOW-PUSCHIN durch 2% Pb auf 194° erniedrigt (durch Abkühlungskurven bestimmt). GUERTLER[23] und später GUERTLER-SCHULZE bestimmten die Umwandlungsintervalle mit Hilfe von Widerstands-Temperaturkurven; die von letzteren bei steigender Temperatur gefundenen Umwandlungstemperaturen sind in Abb. 417 eingezeichnet. Danach treffen die Umwandlungskurven bei 93,5—94% Tl und etwa 140° auf die Mischungslücke. Bei den Legierungen mit kleinerem Tl-Gehalt wurde allerdings kein Umwandlungspunkt bei 140° festgestellt (!).

Mit der Tatsache, daß sich das β-Gebiet nach GUERTLER-SCHULZE nicht bis herunter zur gewöhnlichen Temperatur erstreckt, ist folgender Befund von KURNAKOW-PUSCHIN nicht in Einklang zu bringen: Die Leitfähigkeitsisotherme zeigt im Bereich von 90—97% Tl ein Maximum bei etwa 95% und ein Minimum bei etwa 97% Tl[24]. Diese nach Abb. 417 nicht zu erwartende Unstetigkeit, die von GUERTLER-SCHULZE übrigens nicht gefunden wurde, könnte darauf hindeuten, daß das β-Feld sich bis zu gewöhnlicher Temperatur erstreckt. Damit würde auch die Feststellung von GOLDSCHMIDT[22] übereinstimmen, daß man durch Zusatz von Pb (? %) das Gitter des β-Tl bei gewöhnlicher Temperatur stabil erhalten kann. — Es bleibt zu untersuchen, ob dieser Widerspruch zwischen den Ergebnissen von GUERTLER-SCHULZE und MC MILLAN-PAULING (s. S. 1003) einerseits und KURNAKOW-PUSCHIN und GOLDSCHMIDT andererseits etwa durch Gleichgewichtsstörungen bei der polymorphen Umwandlung der beiden Tl-reichen Mischkristalle bedingt ist.

Die Sättigungsgrenzen der drei Mischkristalle α, β und γ sind bisher nicht genauer bestimmt worden. GUERTLER-SCHULZE schließen zwar aus ihren Widerstandsisothermen, daß die Mischungslücke sich bei 150° von 80—94% Tl und bei 250° von 78—94% Tl erstreckt. Nach TAMMANN-RÜDIGER[10] ist die in Abb. 417 dargestellte Löslichkeitsabnahme des Pb in α-Tl von 6 auf 3% Pb mit fallender Temperatur wahrscheinlich. MC MILLAN-PAULING fanden ebenfalls, daß eine Legierung mit 96% Tl schon das Pb- und Tl-Gitter nebeneinander enthält.

Das Röntgenogramm von abgeschreckten (Temp.?) Legierungen mit 90 und 95% Tl zeigt nach SEKITO[25] die Linien des kubisch-flächenzentrierten β-Tl.

Nachtrag. Kürzlich wurden noch einige Arbeiten veröffentlicht, die sich fast ausschließlich mit der Frage nach der Natur der Legierungen mit rd. 60—80% Tl — ob Pb-Mischkristalle oder intermediäre Phase — befassen.

KURNAKOW-KORENEW[26] stellten erneut fest, daß das Maximum der Liquiduskurve nicht bei der stöchiometrischen Zusammensetzung $PbTl_2$

liegt, sondern der festen Lösung von Tl in Pb eigen ist. Auch MEISSNER und Mitarbeiter[27] fanden auf den Kurven der Supraleitfähigkeits-Sprungpunkte und des Widerstandes bei 20 und 78° abs. keine Unregelmäßigkeit, die auf das Vorhandensein einer Zwischenphase im Bereich von 0—80% Tl hindeutet (s. auch BENEDICKS[28]). Demgegenüber zeigte jedoch die Legierung PbTl₂ nach Beobachtungen von DE HAAS-BREMMER[29] — hinsichtlich der Wärmeleitfähigkeit im Temperaturgebiet der Supraleitfähigkeit — ein ganz anderes Verhalten als die reinen Metalle.

Mit Hilfe von Spannungsmessungen bei 245—295° stellte ÖLANDER[30] folgendes fest: 1. Die sich an die Tl-Phasen α und β anschließende Mischungslücke soll im Gleichgewichtszustand zwischen 92,5 und 96,4% Tl liegen (s. Nebenabb.), also wesentlich schmaler sein als bisher angenommen wurde. 2. Die Kurve des Temperaturkoeffizienten der Spannung zeigt eine Unregelmäßigkeit bei der Zusammensetzung PbTl₇ (87,35% Tl). ÖLANDER schließt daraus auf eine — allerdings röntgenographisch nicht nachweisbare — geordnete Atomverteilung[31], für welche die Formel PbTl₇ kennzeichnend sei. 3. Sehr wichtig ist die Feststellung von ÖLANDER, daß die Gitterkonstanten der 4 Tage bei 270° geglühten Legierungen mit 0—91,4 Atom-% Tl auf 2 Geraden liegen, die sich bei 54,6 Atom-% = 54,2 Gew.-% Tl schneiden[32]. Damit ist der Befund von MC MILLAN-PAULING (s. S. 1003) eindeutig bestätigt, so daß an dem Vorliegen einer Zwischen„phase" veränderlicher Zusammensetzung oberhalb 54,2% Tl kein Zweifel mehr besteht. Da diese „Phase" jedoch demselben Gittertyp angehört wie Pb, so ist nicht sicher zu sagen, ob die beiden in Abb. 417 mit δ und γ bezeichneten Zustandsgebiete durch ein schmales heterogenes Gebiet getrennt sind, oder ob die Pb-Struktur stetig in die Überstruktur übergeht. JÄNECKE[33] hat — unabhängig von ÖLANDER — auf Grund der Arbeit von MC MILLAN-PAULING und des Dreistoffsystems Pb-Tl-Cd nach DI CAPUA[34] eine schmale peritektische Mischungslücke um 60% Tl angenommen, also γ (nach seiner Ansicht PbTl₂) für strukturell verschieden von δ angesehen (s. auch GOLDSCHMIDT[22]).

Literatur.

1. HEYCOCK, C. T., u. F. H. NEVILLE: J. Chem. Soc. Bd. 65 (1894) S. 35. — **2.** HEYCOCK, C. T., u. F. H. NEVILLE: J. Chem. Soc. Bd. 61 (1892) S. 910. — **3.** KURNAKOW, N. S., u. N. A. PUSCHIN: J. russ. phys.-chem. Ges. Bd. 32 (1900) S. 830; Bd. 33 (1901) S. 565. Z. anorg. allg. Chem. Bd. 52 (1907) S. 431/42. — **4.** Nach den thermischen Daten wäre 95,5% Tl anzunehmen. — **5.** LEWKONJA, K.: Z. anorg. allg. Chem. Bd. 52 (1907) S. 452/56. — **6.** CAPUA, C. DI: Rend. Accad. Lincei, Roma Bd. 23 II (1923) S. 343/46. Ref. J. Inst. Met., Lond. Bd. 31 (1924) S. 423/24. — **7.** KURNAKOW, N. S., u. S. F. ZEMCZUZNY: Z. anorg. allg. Chem. Bd. 64 (1909) S. 155/62. — **8.** ROLLA, L.: Gazz. chim. ital. Bd. 45 I (1915) S. 185/91. — **9.** GUERTLER, W., u. A. SCHULZE: Z. physik. Chem. Bd. 104 (1923) S. 269/309.

— **10.** Tammann, G., u. H. Rüdiger: Z. anorg. allg. Chem. Bd. 192 (1930) S. 35/39.
— **11.** Weniger genaue Härtemessungen liegen außerdem vor von L. Guillet: Rev. Métallurg. Bd. 18 (1921) S. 758/60. — **12.** Abweichend von Bekier und Kremann-Lobinger fand W. Jenge: Z. anorg. allg. Chem. Bd. 118 (1921) S. 115/18 einen Spannungssprung (Resistenzgrenze) zwischen 51 und 52,5 Atom-% Tl. — **13.** Bekier, E.: Chemisk. Polski Bd. 15 (1918) S. 119/31. Ref. Chem. Zbl. 1918 I S. 1001. — **14.** Kremann, R., u. A. Lobinger: Z. Metallkde. Bd. 12 (1920) S. 247/49. — **15.** Raeder, M. G., u. D. Efjestad: Z. physik. Chem. Bd. 140 (1929) S. 126/27. — **16.** Mc Millan, E., u. L. Pauling: J. Amer. chem. Soc. Bd. 49 (1927) S. 666/69. — **17.** Halla, J., u. R. Staufer: Z. Kristallogr. Bd. 67 (1928) S. 440/54; Bd. 68 (1928) S. 299/300. — **17a.** Die Gitterkonstanten lassen sich allerdings nicht zu einer einfachen Kurve vereinigen! — **18.** Roos, G. D.: Z. anorg. allg. Chem. Bd. 94 (1916) S. 347/48. — **19.** Endo, H.: Sci. Rep. Tôhoku Univ. Bd. 14 (1925) S. 497/98; Bd. 16 (1927) S. 211/12. — **20.** Hildebrand, J. H., u. J. N. Sharma: J. Amer. chem. Soc. Bd. 51 (1929) S. 469/71. — **21.** Pietsch, E., u. F. Seuferling: Z. Elektrochem. Bd. 37 (1931) S. 660/62. Pietsch, E.: Metallwirtsch. Bd. 12 (1933) S. 223/24. — **22.** Goldschmidt, V. M.: Z. physik. Chem. Bd. 133 (1928) S. 409/10. — **23.** Guertler, W.: Metallographie Bd. 1 Teil 1 1912) S. 542/43. — **24.** Kurnakow-Puschin bringen Maximum und Minimum mit dem Bestehen einer neuen Phase in Zusammenhang, die mit der thermischen Methode nicht gefunden worden sei. — **25.** Sekito, S.: Z. Kristallogr. Bd. 74 (1930) S. 193/95. — **26.** Kurnakow, N. S., u. N. I. Korenew: Izv. Inst. Fiziko-Khimicheskogo Analiza Bd. 6 (1933) S. 47/68 (russ.). — **27.** Meissner, W., H. Franz u. H. Westerhoff: Ann. Physik Bd. 13 (1932) S. 968/79. — **28.** Benedicks, C.: Z. Metallkde. Bd. 25 (1933) S. 201/202. — **29.** Haas, W. J. de, u. H. Bremmer: Proc. Acad. Wetenschap. Amsterd. Bd. 35 (1932) S. 323/28. — **30.** Ölander, A.: Z. physik. Chem. Bd. 168 (1934) S. 274/82. Vgl. auch Z. Metallkde. Bd. 27 (1935) S. 141. — **31.** Anzeichen dafür will Ölander aus der Leitfähigkeitsisotherme nach Kurnakow-Zemczuzny entnehmen können. — **32.** Bei 54—55% Tl liegt auch eine Grenze der Anlaufgeschwindigkeit. — **33.** Jänecke, E.: Z. Metallkde. Bd. 26 (1934) S. 153/55; Bd. 27 (1935) S. 141. — **34.** Capua, C. di: Gazz. chim. ital. Bd. 55 (1925) S. 282.

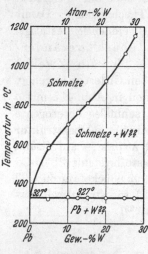

Abb. 418.
Pb-W. Blei-Wolfram.

Pb-W. Blei-Wolfram.

Die im Bereich von 0—27,5% W von Inouye[1] bestimmten Temperaturen des Beginns und des Endes der Erstarrung zeigt Abb. 418. Inouye vertritt die Ansicht, daß die sich primär ausscheidende Kristallart reines Wolfram ist, daß also die beiden Metalle keine Verbindungen miteinander bilden. Den Beweis dafür bleibt er allerdings schuldig, da kein Versuch unternommen wurde, die sich infolge ihres höheren spezifischen Gewichtes gegenüber reinem Blei, das als Eutektikum erstarrt, am Boden des Schmelzgefäßes ansammelnden Primärkristalle näher zu identifizieren[2].

Literatur.

1. INOUYE, S.: Mem. Coll. Engng., Kyoto Bd. 4 (1919) S. 43/46. Die Legn. von rd. 2 cm³ Rauminhalt wurden in Porzellanröhren in einem Wasserstoffstrom erschmolzen. Zwecks Auflösung des Wolframs mußte die Bleischmelze auf 1300° erhitzt werden. Nach höheren W-Gehalten war der Untersuchung durch den Siedepunkt des Bleis, der zu 1525—1630° angegeben wird, eine Grenze gesetzt. — 2. KREMER, D.: Abh. Inst. Metallhütt. Elektrom. Techn. Hochsch. Aachen Bd. 1 (1917) S. 11/12 teilt mit, daß Pb und W sich nicht legieren!

Pb-Zn. Blei-Zink.

Blei und Zink sind im flüssigen Zustand nur sehr beschränkt ineinander löslich. Die Ausdehnung der Mischungslücke wurde von SPRING-ROMANOFF[1] bei verschiedenen Temperaturen bis herauf zu 900° durch Analyse der beiden miteinander im Gleichgewicht befindlichen flüssigen Schichten bestimmt[2]. Der kritische Punkt ist danach bei etwa 60% Zn und zwischen 925° und 950° zu suchen. HEYCOCK-NEVILLE[3][4] fanden, daß der Schmelzpunkt des Bleis (327°) durch etwa 0,7% Zn auf 318° erniedrigt wird (eutektischer Punkt), und daß ein Bleizusatz von etwa 1% den Schmelzpunkt des Zinks (419°) auf 418° erniedrigt (monotektischer Punkt). Höhere Bleigehalte (bis zu 15,5%) rufen keine weitere Erniedrigung hervor. Die Zusammensetzung der bei 418° miteinander im Gleichgewicht stehenden Schmelzen wurde von ARNEMANN[5] auf Grund eingehender thermischer Untersuchungen zu 3,4%[6] und 99,5% Zn angegeben. Der eutektische Punkt liegt nach ARNEMANN bei 1,2% Zn und 317°. MÜLLER[7] hat die Ausdehnung des Zustandsgebietes zweier Schmelzen im Bereich von 0—20% Zn durch Messungen des elektrischen Widerstandes abgegrenzt. Die von ihm gegebenen Entmischungstemperaturen liegen zum Teil beträchtlich höher als die von SPRING-ROMANOFF. Den Daten von MÜLLER ist jedoch der Vorzug zu geben, da die von SPRING-ROMANOFF durchgeführte Trennung der beiden flüssigen Schichten sehr schwierig ist und an Genauigkeit sicher hinter dem von MÜLLER angewandten Verfahren zurückbleibt. Die Abweichung der Kurve von MÜLLER von der SPRING-ROMANOFFschen liegt in der Tat in der Richtung, in der sie bei unvollständiger Abtrennung der beiden Schichten voneinander liegen müßte. Die Zusammensetzung der bleireichen Schmelze wurde übrigens von MÜLLER durch Abkühlungskurven von großen Schmelzen, die während des Erkaltens kräftig gerührt wurden, und unter Berücksichtigung der Haltezeiten sicher zu 2% Zn festgelegt[8]. Bei dieser Konzentration trifft die Monotektikale mit großer Genauigkeit mit der von MÜLLER gefundenen Entmischungskurve zusammen. KONNO[9] bestimmte die Temperaturen des Beginns und des Endes der Erstarrung mit Hilfe von Widerstands-Temperaturkurven zu 416° und 316°. Die Zusammensetzung der bei 416° an Zink gesättigten bleireichen Schmelze wäre nach KONNO

zwischen 5 und 10% Zn anzunehmen. Diese Abweichung von den Ergebnissen ARNEMANNs und MÜLLERs ist auf mangelndes Erstarrungsgleichgewicht zurückzuführen, wodurch sich der Abfall der Liquiduskurve bei höheren Zinkgehalten erklärt. PEIRCE[10] fand, daß Leitfähigkeitsmessungen keinen Anhalt für eine Löslichkeit von Blei in festem
Zink geben, doch war in einer Legierung mit nur 0,03% Pb das Blei
bereits mikroskopisch einwandfrei zu erkennen.

In Abb. 419 ist das auf Grund der vorliegenden und der im Nachtrag

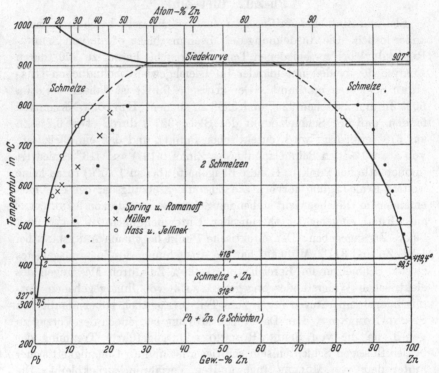

Abb. 419. Pb-Zn. Blei-Zink (vgl. auch 2. Nachtrag).

genannten Untersuchungen gezeichnete Zustandsdiagramm wiedergegeben.

Ohne Bedeutung für die Erforschung der Konstitution der Pb-Zn-
Legierungen sind die Spannungsmessungen von LAURIE[11] sowie KRE-
MANN-KNABEL[12] (1921) und die Dichtemessungen von MAEY[13].

1. Nachtrag. HODGE-HEYER[14] haben die eutektische Temperatur und
Konzentration durch sorgfältige thermische und mikroskopische Untersuchungen zu 318,2° und 0,50% Zn bestimmt. Aus der Abwesenheit
eines thermischen Effektes bei 318,2° auf der Abkühlungskurve der
Schmelze mit 0,05% Zn und der Anwesenheit eines solchen bei 0,06%
ziehen die Verfasser den sehr gewagten, weil nicht durch mikroskopische

Untersuchungen erhärteten Schluß, daß die Sättigungsgrenze des Pb-reichen Mischkristalls bei der eutektischen Temperatur zwischen diesen Konzentrationen liegt.

Hass-Jellinek[15] haben erneut die gegenseitige Löslichkeit von flüssigem Pb und Zn zwischen 420° und 770° bestimmt, und zwar durch Analyse der beiden miteinander im Gleichgewicht stehenden Schichten. Ihr Befund (Abb. 419) ist im Hinblick auf die sorgfältige Durchführung der Untersuchung und die dadurch bedingte Gewähr für eine vollständige Trennung der beiden Schichten bei Entnahme der Analysenproben dem von Spring-Romanoff nach demselben Verfahren gefundenen Ergebnis sicher überlegen. Die Abweichung von Müllers Daten ist oberhalb 5% Zn ebenfalls recht beträchtlich. Mit Hilfe der Regel der Mittellinie von Cailletet und Mathias würde sich der kritische Punkt der extrapolierten Löslichkeitskurve zu ungefähr 47% Zn, 945° ergeben. Der kritische Punkt wird jedoch nicht erreicht, da nach Leitgebel[16] die Löslichkeitskurve bereits bei tieferer Temperatur von der Siedekurve geschnitten wird (Abb. 419). Vgl. jedoch 2. Nachtrag.

2. Nachtrag. Die Grenze der Mischungslücke im flüssigen Zustand wurde abermals von Waring-Anderson-Springer-Wilcox[17] festgelegt. Danach stimmen die Grenzkonzentrationen unterhalb 550° mit denen von Hass-Jellinek gut überein, oberhalb 600° nimmt dagegen die gegenseitige Löslichkeit der beiden flüssigen Metalle so stark zu, daß in erheblicher Abweichung von Abb. 419 bereits bei etwa 790° und rd. 42,5% Zn der kritische Punkt der Löslichkeitskurve erreicht wird. Die Zusammensetzung in Gew.-% Zn der beiden im Gleichgewicht befindlichen Schmelzen ergab sich zu 2,0 und 99,3% bei 417,8° (monotektische Temperatur), 2,3 und 98,6% bei 450°, 3 und 97,7% bei 500°, 6 und 94,1% bei 600°, 12 und 85% bei 700°, 19 und 76% bei 750°, 26 und 68% bei 775°.

Literatur.

1. Spring, W., u. L. Romanoff: Z. anorg. allg. Chem. Bd. 13 (1896) S. 29/35. — **2.** Matthiessen, A., u. M. v. Bose: Proc. Roy. Soc., Lond. Bd. 11 (1861) S. 430 bestimmten die Löslichkeit von Zink in Blei zu 1,6% Zn, die von Blei in Zink zu 1,2% Pb. Diesen Zahlen kommt jedoch eine quantitative Bedeutung nicht zu, da die erkalteten Schichten analysiert wurden. Ähnliche Angaben werden von C. R. A. Wright gemacht: J. Soc. chem. Ind. Bd. 11 (1892) S. 492/94; Bd. 13 (1894) S. 1014/17. — **3.** Heycock, C. T., u. F. H. Neville: J. chem. Soc. Bd. 61 (1892) S. 905. — **4.** Heycock, C. T., u. F. H. Neville: J. chem. Soc. Bd. 71 (1897) S. 394, 402. — **5.** Arnemann, P. Th.: Metallurgie Bd. 7 (1910) S. 201/11. — **6.** Die Konzentration der bleireichen Schmelze wäre nach Spring-Romanoff etwa 6% Zn. — **7.** Müller, P.: Metallurgie Bd. 7 (1910) S. 739/40, 759/62. — **8.** Eine Leg. mit 3,2% Zn zeigte noch einen deutlich ausgeprägten Haltepunkt. — **9.** Konno, S.: Sci. Rep. Tôhoku Univ. Bd. 10 (1921) S. 57/74. — **10.** Peirce, W. M.: Trans. Amer. Inst. min. metallurg. Engr. Bd. 68 (1923) S. 768/69. — **11.** Laurie, A. P.: J. chem. Soc. Bd. 55 (1889) S. 678/79. —

12. KREMANN, R., u. R. KNABEL: Elektrochemische Metallkunde S. 283/84, Berlin: Gebr. Borntraeger 1921. — **13.** MAEY, E.: Z. physik. Chem. Bd. 50 (1905) S. 215. — **14.** HODGE, J. M., u. R. H. HEYER: Met. & Alloys Bd. 5 (1931) S. 297/301, 313. — **15.** HASS, K., u. K. JELLINEK: Z anorg. allg. Chem. Bd. 212 (1933) S. 356/61. — **16.** LEITGEBEL, W.: Z. anorg. allg. Chem. Bd. 202 (1931) S. 305/24. — **17.** WARING, R. K., E. A. ANDERSON, R. D. SPRINGER u. R. L. WILCOX: Trans. Amer. Inst. min. metallurg. Eng. Inst. Metals Div. Bd. 111 (1934) S. 254/63.

Pb-Zr. Blei-Zirkonium.

Kompaktes Zr löst sich in geschmolzenem Pb nicht auf[1], doch lassen sich Pb-Zr-Legierungen durch einen Sinterungsprozeß darstellen[2].

Literatur.

1. MARDEN, J. W., u. M. N. RICH: U. S. Bur. Mines Bull. Nr. 186 (1921) S. 106. — **2.** COOPER, H. S.: Trans. Amer. Electrochem. Soc. Bd. 43 (1923) S. 224.

Pd-Pt. Palladium-Platin.

Die von GEIBEL[1] bestimmten Kurven der elektrischen Leitfähigkeit, des Temperaturkoeffizienten des elektrischen Widerstandes und der Thermokraft der ganzen Legierungsreihe[2] sowie die von SCHULZE[3] mit Hilfe der gleichen Legierungen ermittelte Kurve der thermischen Leitfähigkeit lassen auf das Bestehen einer lückenlosen Reihe von Mischkristallen zwischen den beiden kubisch-flächenzentrierten Komponenten auch bei tieferen Temperaturen schließen[4]. Da die Gitterstruktur des Systems Pd-Pt bisher nicht untersucht wurde, so ist nichts bekannt, was auf das Bestehen einer Umwandlung im festen Zustand unter Bildung einer geordneten Atomverteilung u. ä. oder einer einfachen Mischungslücke hindeutet.

Nachtrag. Auch die magnetische Suszeptibilität der Legierungen ändert sich mit der Konzentration in der bei lückenlosen Mischkristallreihen üblichen Weise (VOGT[5], SHIMIZU[6]).

Demgegenüber glauben TAMMANN-ROCHA[7] auf das Vorhandensein von Umwandlungen im festen Zustand, die sich zwischen 1400° und 700° vollziehen, schließen zu dürfen, da die Härte der bei 1400° abgeschreckten Legierungen — insbesondere derjenigen zwischen 10 und 40 Atom-% Pt und zwischen 60 und 90 Atom-% Pt — größer ist als die Härte der bei 600—700° geglühten Legierungen[8]. Aus der Struktur schnell erstarrter Legierungen ergibt sich, daß die Liquidus- und Soliduskurve vom Pd-Schmelzpunkt zum Pt-Schmelzpunkt stetig ansteigt.

Literatur.

1. GEIBEL, W.: Z. anorg. allg. Chem. Bd. 70 (1911) S. 242/46. — **2.** Ältere Bestimmungen der elektrischen Leitfähigkeit und der Thermokraft von einzelnen Pt-reichen Legn. treten an Bedeutung weit zurück. — **3.** SCHULZE, F. A.: Physik. Z. Bd. 12 (1911) S. 1028/31. — **4.** S. auch J. A. M. VAN LIEMPT: Rec. Trav. chim.

Pays-Bas Bd. 45 (1926) S. 203/206. — 5. Vogt, E.: Ann. Physik Bd. 14 (1932) S. 19/26. — 6. Shimizu, Y.: Sci. Rep. Tôhoku Univ. Bd. 21 (1932) S. 838/39. — 7. Tammann, G., u. H. J. Rocha: Festschrift zum 50jähr. Bestehen der Platinschmelze G. Siebert-Hanau S. 309/16, Hanau 1931. — 8. Zu bemerken ist jedoch, daß sich die Härte nach Abschrecken bei 1200° (besonders zwischen 0 und 70 Atom-% Pt) nur wenig von der Härte nach Glühen bei 600—700° unterscheidet.

Pd-Rh. Palladium-Rhodium.

Aus Gefügeuntersuchungen an schnell erstarrten bzw. bei 1200° geglühten Legierungen schließen Tammann-Rocha[1], 1. daß die Liquidus- und Soliduskurve vom Schmelzpunkt des Pd zu dem des Rh ansteigt, ein Maximum oder Minimum also nicht vorhanden ist, 2. daß die beiden Metalle eine lückenlose Reihe von Mischkristallen bilden. Für die letztere Auffassung spricht auch die Härtekurve der bei 1200° homogenisierten Legierungen.

Literatur.

1. Tammann, G., u. H. J. Rocha: Festschrift zum 50jähr. Bestehen der Platinschmelze G. Siebert-Hanau, S. 317/20, Hanau 1931.

Pd-Ru. Palladium-Ruthenium.

Siehe Ir-Ru, S. 831.

Pd-S. Palladium-Schwefel.

Pd und S im Verhältnis 1:1 zusammengeschmolzen, ergaben nach Roessler[1] die Verbindung Pd_2S (13,06% S), gefunden wurde 12,54% S. Durch Zusammenschmelzen von Pd mit Pd_2S und Behandeln des Regulus mit kalter konz. HNO_3 erhielt er ein Produkt (ohne Kristallformen!) von der Zusammensetzung 12,21% S. Diese Ergebnisse berechtigen jedoch m. E. nicht zur Annahme der genannten Verbindung.

Thomassen[2] berichtet über vergebliche Versuche zur Darstellung von PdS_2 (37,54% S) bei Versuchsbedingungen, unter denen die Darstellung der entsprechenden Platinverbindung leicht gelingt. Es wurde ein Stoff mit 75,4% Pd statt 62,5% Pd erhalten.

Nachtrag bei der Korr. Weibke-Laar-Meisel[3] haben kürzlich das Zustandsschaubild ausgearbeitet. Es bestehen die Verbindungen Pd_4S (6,98% S) und PdS (23,1% S).

Literatur.

1. Roessler, F.: Z. anorg. allg. Chem. Bd. 9 (1895) S. 55/56. — 2. Thomassen, L.: Z. physik. Chem. B Bd. 2 (1929) S. 374. — 3. Weibke, F., J. Laar u. K. Meisel: Z. anorg. allg. Chem. Bd. 224 (1935) S. 49/61.

Pd-Sb. Palladium-Antimon.

Roessler[1] konnte aus einer Legierung mit 97,5% Pd Kristalle isolieren, die annähernd der Zusammensetzung $PdSb_2$ (69,5% Sb) entsprachen.

Das in Abb. 420 dargestellte Zustandsdiagramm wurde von SANDER[2] mit Hilfe thermischer und mikroskopischer Untersuchungen ausgearbeitet; Wärmebehandlungen wurden nicht durchgeführt. Die Ausdehnung der horizontalen Gleichgewichtskurven wurde auf Grund der

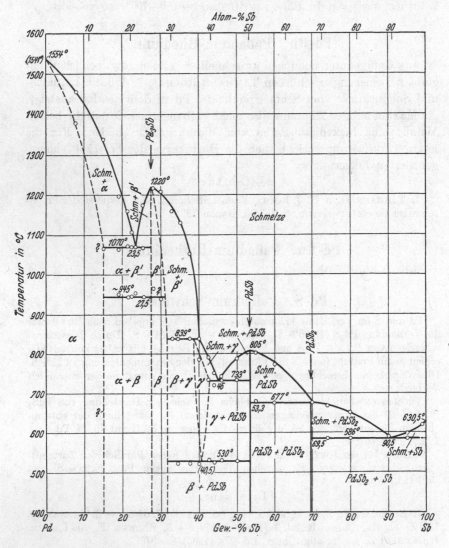

Abb. 420. Pd-Sb. Palladium-Antimon (nach SANDER).

bei diesen Temperaturen beobachteten Haltezeiten festgelegt; sie entspricht also nicht dem Gleichgewichtszustand. Im einzelnen ist noch folgendes zu bemerken: 1. Wenn die bei etwa 945° im Bereich von etwa 15—31% Sb beobachtete Reaktion tatsächlich einer polymorphen

Umwandlung der dem β-Mischkristall zugrunde liegenden Verbindung
Pd$_3$Sb (27,56% Sb) entspricht — wie SANDER auf Grund der Halte-
zeiten annimmt —, so müßte sich die Umwandlungskurve in das Gebiet:
Schmelze $+ \beta$ hinein erstrecken und bei der Zusammensetzung des an
Pd bzw. Sb gesättigten β-Mischkristalls je einen Knick aufweisen.
Innerhalb des Mischkristallgebietes müßte die Umwandlung $\beta \rightleftharpoons \beta'$ in
einem Temperaturintervall vor sich gehen und die Liquiduskurve der
β-Kristallart müßte bei der Umwandlungstemperatur eine Richtungsänderung erfahren[8]. 2. Im Gegensatz zu dem in Abb. 420 dargestellten
eutektoiden Zerfall der γ-Kristallart bei 530° in β und PdSb nimmt
SANDER an, daß dem γ-Mischkristall die Verbindung Pd$_5$Sb$_3$ (40,65% Sb)
zugrunde liegt, und daß diese Verbindung bei 525° im $(\beta + \gamma)$-Gebiet
und bei 532° im $(\gamma + \text{PdSb})$-Gebiet eine polymorphe Umwandlung
durchmachen und sich offenbar gleichzeitig unter Ausscheidung von
β- bzw. PdSb-Kristallen entmischen soll. Dadurch gelangte SANDER zu
einer Anzahl Phasengebiete unterhalb 530° und zwischen etwa 31,5%
und 53% Sb, die mit der Gleichgewichtslehre nicht im Einklang stehen.
Auf Grund der Angaben SANDERs und der wenigen von ihm veröffentlichten Gefügeaufnahmen ist es schwer, zu einer sicheren Deutung der
bei 530° stattfindenden Reaktion zu kommen. Eine Reihe Anhaltspunkte sprechen für die Annahme eines eutektoiden Zerfalls[3] der
γ-Phase. Jedenfalls scheint diese Auffassung die zwangloseste zu sein[4].
3. Die gestrichelt gezeichneten Grenzkurven bedürfen noch der experimentellen Festlegung; über die feste Löslichkeit von Pd in Sb ist
ebenfalls noch nichts bekannt.

Nach röntgenographischen Untersuchungen von THOMASSEN[5] besitzt
PdSb Nickelarsenidstruktur, PdSb$_2$ Pyritstruktur.

Nachtrag. Nach Fertigstellung des Manuskriptes kam mir eine in
russischer Sprache veröffentlichte Arbeit von GRIGORJEW[6] zur Kenntnis.
Da diese Veröffentlichung nicht leicht zu beschaffen ist, gebe ich hier
das vollständige Zustandsschaubild, das mit Hilfe thermischer und
mikroskopischer Untersuchungen ausgearbeitet wurde (Abb. 421).

Das Ergebnis der Untersuchung bestätigt in allen wesentlichen
Punkten die Befunde von SANDER. GRIGORJEW konnte jedoch mit
Hilfe mikroskopischer Beobachtungen an abgeschreckten und langsam
erkalteten bzw. geglühten Legierungen, wie auch durch Messungen des
elektrischen Widerstandes bei Raumtemperatur einwandfrei feststellen,
daß die von SANDER angenommene Verbindung Pd$_5$Sb$_3$, wie bereits
oben vermutet wurde, nicht besteht, sondern daß die γ-Phase bei 550°
in ein Eutektoid $(\beta + \text{PdSb})$ zerfällt. — Die gestrichelt gezeichneten
Kurven beschreiben keine Gleichgewichtszustände.

Spätere Anmerkung: Die Arbeit von GRIGORJEW wurde kürzlich
auch in deutscher Sprache veröffentlicht[7].

Literatur.

1. Roessler, F.: Z. anorg. allg. Chem. Bd. 9 (1895) S. 69/70. — **2.** Sander, W.: Z. anorg. allg. Chem. Bd. 75 (1912) S. 97/106. — **3.** Die Ungleichheit der Umwandlungstemperatur, auf die Sander ausdrücklich hinweist, ist damit nicht im Widerspruch; sie wird bei einem eutektoiden Zerfall häufig beobachtet und ist

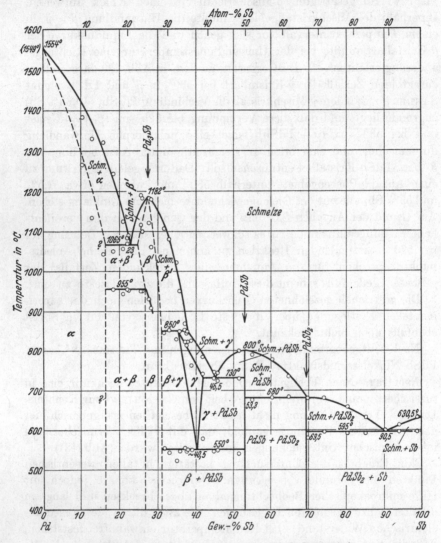

Abb. 421. Pd-Sb. Palladium-Antimon (nach Grigorjew).

auf den vorherrschenden Einfluß einer der beiden Kristallarten (hier PdSb) auf den Zerfallsvorgang zurückzuführen (Aufhebung der Unterkühlung durch Impfwirkung der PdSb-Kristalle). — **4.** Haughton, J. L.: Int. Critical Tables, nimmt nach Sanders Daten die Verbindung Pd$_2$Sb (36,34% Sb) an, die bei 839° peritektisch gebildet wird und Sb zu lösen vermag. Die Reaktion bei 530° läßt Haughton jedoch gänzlich unberücksichtigt. — **5.** THOMASSEN, L.: Z. physik. Chem. Bd. 135 (1928) S. 383/92. — **6.** GRIGORJEW, A. T.: Ann. Inst. Platine 1929, Lief. 7 S. 32/44 (russ.). Ref. J. Inst. Met., Lond. Bd. 44 (1930) S. 511. Chem. Zbl. Bd. 101 I (1930) S. 3101. — **7.** GRIGORJEW, A. T.: Z. anorg. allg. Chem. Bd. 209 (1932) S. 308/20. — **8.** Vgl. die Systeme Bi-Mg und Mg-Sb.

Pd-Se. Palladium-Selen.

F. ROESSLER[1] erhielt beim Zusammenschmelzen von 10 g Palladosamminchlorid mit 5 g Se einen unterhalb des Ag-Schmelzpunktes schmelzenden Regulus, der nahezu der Formel PdSe (42,6% Se) entsprach; gefunden wurde 43,27% Se. Eine aus 60 g Palladosamminchlorid und 2 g Se erschmolzene Probe ergab nach dem Behandeln mit kalter konz. NHO$_3$ unregelmäßig geformte Körperchen von praktisch der Zusammensetzung Pd$_4$Se(?). PdSe war schon früher von H. ROESSLER[2] aus den Rückständen verschiedenster Edelmetallgemische isoliert worden.

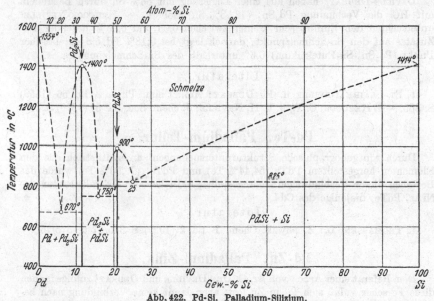

Abb. 422. Pd-Si. Palladium-Silizium.

THOMASSEN[3] berichtet über vergebliche Versuche zur Darstellung von PdSe$_2$ (59,75% Se) bei Versuchsbedingungen, unter denen die Darstellung der entsprechenden Platinverbindung leicht gelingt. Es wurde ein Stoff mit etwa 42,5% Pd anstatt theoretisch 40,25% Pd erhalten. Es gelang nicht, die Gitterstruktur mit Hilfe von Laue- und Pulverphotogrammen aufzuklären.

Literatur.

1. ROESSLER, F.: Z. anorg. allg. Chem. Bd. 9 (1895) S. 56/58. — **2.** ROESSLER, H.: Liebigs Ann. Chem. Bd. 180 S. 240. Zitiert von F. ROESSLER: Z. anorg. allg. Chem. Bd. 9 (1895) S. 55. — **3.** THOMASSEN, L.: Z. physik. Chem. B Bd. 2 (1929) S. 374.

Pd-Si. Palladium-Silizium.

Die Kurve des Beginns der Erstarrung wurde von LEBEAU-JOLIBOIS[1] bestimmt[2]. Leider teilen die Verfasser nur die Konzentrationen und Temperaturen der ausgezeichneten Punkte des Diagramms mit; es war daher nur möglich, die Liquiduskurve anzudeuten (s. Abb. 422). Der thermische Befund [Bestehen der Verbindungen

Pd$_2$Si (11,62% Si) und PdSi (20,82% Si)] wurde durch die mikroskopische Untersuchung bestätigt. PdSi konnte außerdem aus Legierungen mit mehr als 60% Si durch Behandeln mit verd. KOH isoliert werden. — Beim Erkalten der Legierungen mit weniger als 20% Si haben die Verfasser in der Nähe von 600° eine starke Wärmeentwicklung beobachtet, die nach ihrer Ansicht „der Kristallisation einer übersättigten (festen?) Lösung zu entsprechen scheint".

Literatur.

1. Lebeau, P., u. P. Jolibois: C. R. Acad. Sci., Paris Bd. 146 (1908) S. 1028/31. — **2.** Ältere Literaturangaben s. bei L. Baraduc-Muller: Rev. Métallurg. Bd. 7 (1910) S. 757.

Pd-Sn. Palladium-Zinn.

Über den Aufbau dieser Legierungen liegt bisher nur folgendes vor.

Deville-Debray[1] haben aus einer Legierung mit 86% Sn durch Behandeln mit HCl die Verbindung Pd$_3$Sn$_2$ (42,58% Sn) isoliert. — Heycock-Neville[2] untersuchten den Einfluß sehr kleiner zwischen 0,03 und 0,25% liegender Pd-Zusätze auf den Sn-Schmelzpunkt; danach liegt bei 0,18% Pd ein eutektischer Punkt (Pd$_3$Sn$_2$-Sn-Eutektikum) 0,6° unterhalb des Sn-Schmelzpunktes.

Literatur.

1. St.-Claire Deville u. H. Debray: Ann. Chim. Phys. 3 Bd. 56 (1859) S. 385. — **2.** Heycock, C. T., u. F. H. Neville: J. chem. Soc. Bd. 57 (1890) S. 380.

Pd-Te. Palladium-Tellur.

Durch röntgenographische Strukturuntersuchungen[1] an synthetisch aus den Elementen hergestelltem PdTe (54,44% Te) und PdTe$_2$ (70,50% Te) wurde das Bestehen dieser Verbindungen sichergestellt. PtTe hat die Kristallstruktur des NiAs, PdTe$_2$ diejenige des CdJ$_2$.

Literatur.

1. Thomassen, L.: Z. physik. Chem. B Bd. 2 (1929) S. 365/67 u. 375/76.

Pd-Zn. Palladium-Zink.

Dem Referat einer Arbeit von St.-Claire Deville und Debray[1] zufolge fanden diese Forscher, „daß sich Pd in Zn löst, aber damit keine Verbindung nach bestimmten Proportionen eingeht; bei der Behandlung einer solchen Legierung mit Säuren bleibt reines Pd ungelöst".

Ekman[2] fand, daß im System Pd-Zn eine Phase variabler Zusammensetzung vorliegt, die den der Formel Pd$_5$Zn$_{21}$[3] (80,8 Atom-% = 72,02 Gew.-% Zn) entsprechenden Konzentrationswert in sich einschließt und der γ-Phase des Cu-Zn-Systems u. a. m. strukturell analog ist (kubisches Gitter mit 52 Atomen im Elementarbereich; Verhältnis von Valenzelektronenzahl zu Atomzahl = 21 : 13, wobei Pd als nullwertig angenommen ist). Die Grenzen des Homogenitätsgebietes wurden bisher nicht ermittelt. Bei den analogen Verbindungen Fe$_5$Zn$_{21}$ und Ni$_5$Zn$_{21}$ scheint die eine Grenze mit der der Formel entsprechenden Konzentration zusammenzufallen. Beide Phasen vermögen einige Atom-% Zn zu lösen. Dasselbe kann auch hier der Fall sein.

Literatur.

1. St.-Claire Deville, H., u. H. Debray: Ann. Chim. Phys. 3 Bd. 56 (1859) S. 430. — **2.** Ekman, W.: Z. physik. Chem. B Bd. 12 (1931) S. 69/77. Vgl. auch A. Westgren: Z. Metallkde. Bd. 22 (1930) S. 372.

Pr-Sn. Praseodym-Zinn.

PrSn₃ (71,65% Sn) kristallisiert kubisch und schmilzt bei 1160°[1].

Literatur.

1. Rossi, A.: Gazz. chim. ital. Bd. 64 (1934) S. 832/34.

Pt-Re. Platin-Rhenium.

Goedecke[1] schließt aus Messungen des elektrischen Widerstandes und seines Temperaturkoeffizienten von Pt-Re-Legierungen mit bis zu 10% Re, daß diese Legierungen aus Mischkristallen bestehen.

Literatur.

1. Goedecke, W.: Festschrift zum 50jähr. Bestehen der Platinschmelze G. Siebert-Hanau 1931 S. 79/80.

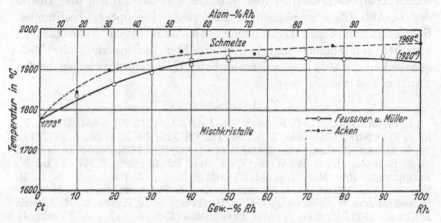

Abb. 423. Pt-Rh. Platin-Rhodium.

Pt-Rh. Platin-Rhodium.

Aus den Messungen der elektrischen Leitfähigkeit bzw. des Temperaturkoeffizienten des elektrischen Widerstandes von Le Chatelier[1] und Dewar-Fleming[1], der Thermokraft von Holborn-Wien[2] und der thermischen Leitfähigkeit von Barrat-Winter[3] an einigen Pt-reichen Legierungen ist zu schließen, daß Pt mit Rh Mischkristalle bildet, und zwar bis sicher mehr als 10% Rh. Die Annahme einer lückenlosen Isomorphie (kubisch-flächenzentriert) der beiden Komponenten liegt nahe.

Neuerdings haben Feussner-Müller[4] die Liquiduskurve des Systems bestimmt (Abb. 423). Der mittlere Fehler des Mittelwertes aus 3—7 Einzelwerten beträgt nach Angabe der Verfasser nicht mehr als ±2°. Auffällig ist, daß die Liquiduskurve in dem großen Bereich von 50—90% Rh nahezu horizontal bei der Erstarrungstemperatur des

Rhodiums (in Wirklichkeit sogar bei einer um 10° oberhalb des Rh-Schmelzpunktes gelegenen Temperatur) verläuft. Man könnte das auf eine ungenügende Durchmischung der Schmelze zurückführen, d. h. es wäre stets der Erstarrungspunkt des spezifisch leichteren Rh gemessen worden (vgl. Ag-Au). — Das Gefüge einer 50%igen Legierung erwies sich als einphasig. Ob auch andere Mischungsverhältnisse mikroskopisch untersucht wurden, geht nicht aus der Veröffentlichung hervor. Die Verfasser halten jedenfalls das Vorliegen einer lückenlosen Reihe von Mischkristallen für hinreichend erwiesen.

Nachtrag. Diese Auffassung wurde von WEERTS-BECK[5] und ACKEN[6] bestätigt. Erstere bestimmten die Gitterkonstanten der ganzen Legierungsreihe und fanden keine Abweichung vom Additivitätsgesetz. Letzterer untersuchte das Gefüge, den elektrischen Widerstand und seinen Temperaturkoeffizienten, die Thermokraft[7], Härte und Dichte der in Abb. 423 angegebenen Legierungen[8]. Die optisch bestimmten Schmelzpunkte dieser Legierungen (Abb. 423) liegen wahrscheinlich zwischen den Solidus- und Liquiduspunkten, da innerhalb der Meßgenauigkeit ($\pm 20°$) kein wahrnehmbarer Unterschied zwischen beiden Punkten festzustellen war.

Literatur.

1. LE CHATELIER, H.: C. R. Acad. Sci., Paris Bd. 111 (1890) S. 454. DEWAR, J., u. J. FLEMING: Philos. Mag. 5 Bd. 34 (1892) S. 326; Bd. 36 (1893) S. 271. Vgl. W. GUERTLER: Z. anorg. allg. Chem. Bd. 51 (1906) S. 427/28; Bd. 54 (1907) S. 73. — **2.** HOLBORN, L., u. W. WIEN: Wied. Ann. Bd. 47 (1892) S. 107. S. bei W. BRONIEWSKI: Rev. Métallurg. Bd. 7 (1910) S. 350. — **3.** BARRAT, J., u. R. M. WINTER: Ann. Physik 4 Bd. 77 (1925) S. 5. — **4.** FEUSSNER, O., u. L. MÜLLER: Festschrift zum 70. Geburtstage von W. HERAEUS S.15/16, Hanau: G. M. Albertis Hofbuchh. 1930. MÜLLER, L.: Ann. Physik Bd. 7 (1930) S. 9/47. — **5.** WEERTS, J., u. F. BECK: Z. Metallkde. Bd. 24 (1932) S. 139/40. — **6.** ACKEN, J. S.: Bur. Stand. J. Res. Bd. 12 (1934) S. 249/58. — **7.** S. auch F. R. CALDEWELL: Bur. Stand. J. Res. Bd. 10 (1933) S. 373/80. — **8.** Über eine völlig gleichartige Untersuchung berichteten auch V. A. NEMILOW u. N. M. WORONOW: Ann. Inst. Platine 1935 S. 27/35 (russ.). Ref. J. Inst. Met., Lond. Met., Abs. Bd. 2 (1935) S. 217.

Pt-Ru. Platin-Ruthenium.

Siehe Ir-Ru, S. 831.

Pt-S. Platin-Schwefel.

Über die Sulfide des Platins PtS (14,11% S) und PtS_2 (24,72% S) (es wurden auch noch die Zwischenstufen Pt_5S_6 und Pt_2S_3 vermutet) liegt ein umfangreiches Schrifttum vor[1]. S. neuerdings auch THOMASSEN[2] sowie BILTZ-JUZA[3]. FRIEDRICH[4] berichtete kurz über vergebliche Versuche, das Schmelzdiagramm oder doch einen Teil desselben auszuarbeiten.

PtS_2 besitzt nach THOMASSEN[2] eine Kristallstruktur vom CdJ_2-Typ. Die Gitterstruktur von PtS wurde von MEISEL[5] bestimmt.

Literatur.

1. S. Gmelin-Kraut Handbuch Bd. 5 Abt. 3 (1915)'S. 268/73. — **2.** Thomassen, L.:
Z. physik. Chem. B Bd. 2 (1929) S. 371/74. — **3.** Biltz, W., u. R. Juza: Z. anorg.
allg. Chem Bd. 190 (1930) S. 166/73. — **4.** Friedrich, K.: Metallurgie Bd. 5
(1908) S. 593. — **5.** Meisel, K.: Zitiert von W. Biltz u. R. Juza: Z. anorg. allg.
Chem. Bd. 190 (1930) S. 168; noch unveröffentlicht.

Pt-Sb. Platin-Antimon.

Abb. 424 gibt das von Friedrich-Leroux[1] auf Grund der Ergebnisse
thermischer und mikroskopischer Untersuchungen aufgestellte Er-
starrungs- und Umwandlungsschaubild wieder.

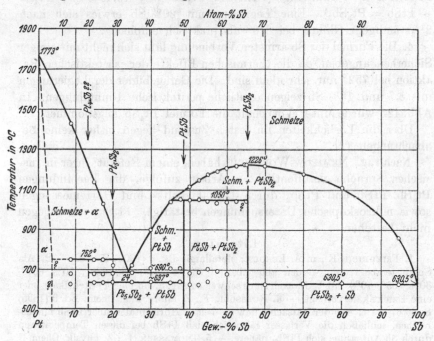

Abb. 424. Pt-Sb. Platin-Antimon (vgl. auch Nachtrag).

Außer praktisch reinem Sb[2] und einem Pt-reichen Mischkristall unbekannter Konzentration beteiligen sich die folgenden intermediären
Kristallarten am Aufbau des Systems:

1. $PtSb_2$ (55,49% Sb); diese Verbindung war bereits von Roessler[3]
aus einer Legierung mit annähernd 98% Sb durch Behandeln mit
Säuren isoliert worden.

2. Die sich bei 1050° aus $PtSb_2$ und Schmelze bildende Kristallart
st höchstwahrscheinlich PtSb (38,41% Sb), da das Maximum der peritektischen Haltezeiten in der Nähe dieser Konzentration liegt. Mikroskopisch konnte festgestellt werden, daß die peritektische Umsetzung

infolge der Bildung von Umhüllungen unvollständig verläuft. Die Tatsache, daß die Horizontalen bei 690° (im Mittel) und 637° (im Mittel), die im Gleichgewicht bei dem Bestehen der Verbindung PtSb nur bis zur Konzentration dieser Phase gehen sollten, sich anscheinend bis zu wesentlich höheren Sb-Gehalten erstrecken (s. Abb. 424), findet damit eine zwanglose Deutung[4]. Inzwischen wurde das Bestehen von PtSb durch röntgenographische Untersuchungen von Thomassen[5] erwiesen; sie besitzt eine Kristallstruktur vom NiAs-Typ.

3. Die nächst Sb-ärmere Verbindung ist wahrscheinlich Pt_5Sb_2 (19,97% Sb). Sie bildet sich bei 637° im festen Zustand aus einer Pt-reicheren Verbindung (vielleicht Pt_4Sb mit 13,49% Sb; Pt_4Sb + PtSb = Pt_5Sb_2). Eine Legierung mit 20% Sb erwies sich nach $2^1/_2$stündigem Glühen bei 640° als praktisch einphasig.

4. Die Formel der Sb-ärmsten Verbindung läßt sich nicht mit einiger Sicherheit angeben, da die thermischen Effekte der peritektischen Reaktion bei 752° nur sehr klein sind. Die Gefügebilder der Legierungen mit 8,7 und 15% Sb zeigen deutliche peritektische Umhüllungen. In Abb. 424 wurde unter Vorbehalt die Formel Pt_4Sb angenommen.

Über die Löslichkeiten im festen Zustand liegen bisher keine Beobachtungen vor.

Nachtrag. Nemilow-Worosow[6] haben, einem Referat[7] ihrer in russischer Sprache veröffentlichten Arbeit zufolge, die Verbindungen Pt_4Sb, PtSb und $PtSb_2$ durch Leitfähigkeits- und Härtemessungen sowie mikroskopische Untersuchungen bestätigt. Pt_5Sb_2 soll dagegen nicht bestehen.

Literatur.

1. Friedrich, K., u. A. Leroux: Metallurgie Bd. 6 (1909) S. 1/3. — **2.** Als Solidustemperaturen werden angegeben: 0,1% Pt 633°, 5% 630°, 20% 637°, 30% 635°, 40% 631°. Danach ist es schwer zu sagen, ob eine Peritektikale oder eine Eutektikale vorliegt. — **3.** Roessler, F.: Z. anorg. allg. Chem. Bd. 9 (1895) S. 66/67. — **4.** Aus der Tatsache, daß die beiden Horizontalen über PtSb hinausreichen, schließen die Verfasser fälschlich, daß PtSb bei diesen Temperaturen durch Sb-Aufnahme sich $PtSb_2$ nähere. — **5.** Thomassen, L.: Z. physik. Chem. B Bd. 4 (1929) S. 285/87. — **6.** Nemilow, V. A., u. N. M. Woronow: Ann. Inst. Platine 1935 S. 17/25 (russ.). — **7.** Inst. Met., Lond. Met. Abs. Bd. 2 (1935) S. 216/17.

Pt-Se. Platin-Selen.

Roessler[1] stellte fest, daß ein aus 5 g Pt und 2,5 g Se erschmolzener Regulus (entsprechend 33,3% Se) beim Umschmelzen unter Se-Abgabe in PtSe (28,86% Se) übergeht. Dieselbe Verbindung glaubte er auch in dem beim Auflösen von Hüttensilber in H_2SO_4 unlöslichen „Goldschlamm" gefunden zu haben. Beim Auflösen einer Pt-Se-Legierung mit rd. 4% Se in kaltem Königswasser erhielt er „unlösliche" (?) Pt-reichere Kristalle (19,84% Se) als der Formel PtSe entspricht.

Minozzi[2] hat durch chemische Umsetzung auf nassem Wege das Platinselenid $PtSe_3$? (54,9% Se) erhalten, was beim Erhitzen im CO_2-Strom bei Dunkelrotglut in PtSe$_2$ (44,79% Se) überging. Das Bestehen der letztgenannten Verbindung (dargestellt durch direkte Synthese) wurde neuerdings von THOMASSEN[3] durch röntgenographische Strukturuntersuchung erwiesen; PtSe$_2$ hat die Kristallstruktur des CdJ$_2$.

Literatur.

1. ROESSLER, F.: Z. anorg. allg. Chem. Bd. 9 (1895) S. 53/55 u. 59/60. — 2. MINOZZI, A.: Atti R. Accad. Lincei, Roma 5 Bd. 18 II (1909) S. 150/54. Ref. Chem. Zbl. 1909 II S. 1413. — 3. THOMASSEN, L.: Z. physik. Chem. B Bd. 2 (1929) S. 369/71.

Pt-Si. Platin-Silizium.

Es ist hier nicht möglich, auf das umfangreiche, das Verhalten von Pt zu Si behandelnde Schrifttum[1] einzugehen. Das Bestehen der Platinsilizide Pt$_2$Si (6,70% Si) und PtSi[2] (12,57% Si) wurde wiederholt behauptet, allerdings auf Grund unzureichender Kriterien; außerdem sollen Pt$_3$Si$_2$ und Pt$_4$Si$_3$ existieren (??). Sicher ist, daß der Pt-Schmelzpunkt durch Si stark erniedrigt wird[3].

Literatur.

1. Vgl. die Zusammenstellungen von L. BARADUC-MULLER: Rev. Métallurg. Bd. 7 (1910) S. 757/58 und in Gmelin-Kraut Handbuch Bd. 5 Abt. 3 (1915) S. 876/79. — 2. PtSi wurde auf Grund der Ergebnisse rückstandsanalytischer Untersuchungen angenommen von P. LEBEAU u. A. NOVITZKY: C. R. Acad. Sci., Paris Bd. 145 (1907) S. 241/43 und E. VIGOUROUX: C. R. Acad. Sci., Paris Bd. 145 (1907) S. 376/78. Der Schmelzpunkt liegt nach den erstgenannten Verfassern bei etwa 1100°. — 3. Platintiegel werden von Si, aber auch von SiO$_2$ in Gegenwart von Reduktionsmitteln (C, H) unter Bildung eines Silizides zerstört.

Pt-Sn. Platin-Zinn.

Präparative Arbeiten[1]. ST.-CLAIRE DEVILLE und DEBRAY[2] isolierten aus einer Legierung mit annähernd 86% Sn durch Behandeln mit HCl Kristalle von der Zusammensetzung Pt$_2$Sn$_3$[3] (47,65% Sn). SCHÜTZEN-BERGER[4] vermutete gleichfalls die Verbindung Pt$_2$Sn$_3$. DEBRAY[5] konnte aus einer Sn-reichen Legierung mit 2% Pt mit Hilfe von HCl ein Produkt von der Zusammensetzung PtSn$_4$ (70,87% Sn) isolieren. LÉVY-BOUR-GEOIS[9] glaubten die Verbindung Pt$_4$Sn$_3$ (31,32% Sn) dargestellt zu haben; es handelte sich hier aber offensichtlich um ein Zufallsprodukt.

Thermische und mikroskopische Untersuchungen, die zur Aufstellung eines Erstarrungs- oder Umwandlungsschaubildes führten, wurden ausgeführt von DOERINCKEL[7] und PODKOPAJEW[8]. Letztere Arbeit war mir nur durch ein Referat im Chemischen Zentralblatt (mit Diagramm) zugänglich. In Abb. 425 sind die von beiden Forschern gefundenen thermischen Effekte dargestellt; die Werte PODKOPAJEWs wurden aus dem im Chemischen Zentralblatt wiedergegebenen Diagramm übertragen.

DOERINCKEL und PODKOPAJEW stellten übereinstimmend fest, daß die Verbindungen Pt$_3$Sn (16,85% Sn), PtSn (37,81% Sn), Pt$_2$Sn$_3$[9] (47,65% Sn, in zwei polymorphen Modifikationen[10]) und eine weitere Sn-reichere intermediäre Phase (s. unten) bestehen. Außer z. T. recht erheblichen Unterschieden in den Liquidustemperaturen (vgl. Abb. 425) und in den Temperaturen der horizontalen Gleichgewichtskurven (vgl. Tabelle 37) weichen die Ergebnisse der beiden Untersuchungen nur in folgenden Punkten voneinander ab: 1. Während DOERINCKEL auf Grund der thermischen Analyse und der mikroskopischen Prüfung die peritektische Bildung von Pt_3Sn annimmt, glaubt PODKOPAJEW, daß diese Verbindung unzersetzt schmilzt. Die Daten des russischen Forschers, dessen Sn-ärmste untersuchte Schmelze bereits 13% Sn enthält, sind

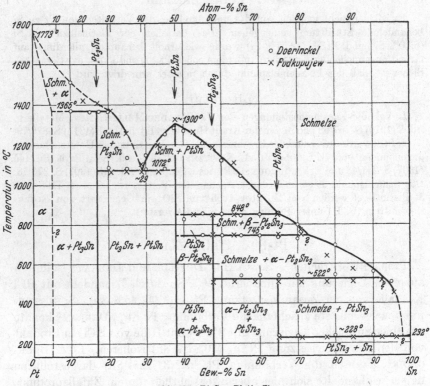

Abb. 425. Pt-Sn. Platin-Zinn.

jedoch wesentlich spärlicher. 2. Das Pt_3Sn-$PtSn$-Eutektikum liegt nach DOERINCKEL bei etwa 27,5% Sn, nach PODKOPAJEW bei etwa 30% Sn. 3. Die Sn-reichste Verbindung ist nach DOERINCKELs Ansicht (wenn auch nicht sicher) Pt_3Sn_8[11] (61,58% Sn), während PODKOPAJEW die Formel $PtSn_3$ (64,59% Sn) angibt. Die einfachere Formel $PtSn_3$, die nur 3% Sn mehr erfordert, ist die wahrscheinlichere. 4. Nach DOERINCKEL schließt die Erstarrung der Sn-reichen Schmelzen mit der Kristallisation von praktisch reinem Sn ab, PODKOPAJEW stellte demgegenüber eine Erniedrigung des Sn-Schmelzpunktes durch Pt um 8° fest. Die Konzentration des Eutektikums ist unbekannt.

Tabelle 37.

	D.	P.
Pt-Erstarrungspunkt	1740° statt 1773°	—
Peritektikale: Schmelze $+ \alpha \rightleftharpoons Pt_3Sn$	1365°	—
Eutektikale: Schmelze $\rightleftharpoons Pt_3Sn + PtSn$	1080°	1065°
Schmelzpunkt der Verbindung PtSn..............	1280°	1324°
Peritektikale: Schmelze $+ PtSn \rightleftharpoons Pt_2Sn_3$	850°	846°
Umwandlungstemperatur von Pt_2Sn_3	743°	746°
Peritektikale: Schmelze $+ Pt_2Sn_3 \rightleftharpoons PtSn_3$	539°	505°
Eutektikale: Schmelze $\rightleftharpoons Sn + PtSn_3$	232°	224°

Die Kurve der Löslichkeit von Sn in Pt wurde bislang nicht untersucht. Nach den von DOERINCKEL bestimmten Haltezeiten bei 1365° wären bei dieser Temperatur rd. 5% Sn, im Gleichgewicht also wohl noch mehr in Pt löslich. BARUS[12] bestimmte den Temperaturkoeffizienten des elektrischen Widerstandes von Legierungen mit rd. 1,4, 2,3 und 6% Sn[13] und fand eine fortschreitende Erniedrigung im Sinne einer Mischkristallbildung; über den Zustand der gemessenen Proben läßt sich jedoch nichts aussagen.

Die Verbindung PtSn besitzt ein hexagonales Kristallgitter vom Typ des NiAs[14].

Literatur.

1. Näheres darüber in der Arbeit von DOERINCKEL[7] und in Gmelin-Kraut Handbuch Bd. 5 Abt. 3 (1915) S. 911/15. — **2.** ST.-CLAIRE DEVILLE, H., u. H. DEBRAY: Ann. Chim. Phys. 3 Bd. 56 (1859) S. 385, 430. — **3.** Die Darstellung dieser Verbindung durch Isolierung aus einer Sn-reichen Legierung ist nach dem Zustandsdiagramm (Abb. 425) unmöglich, da die Sn-reichste Verbindung nicht Pt_2Sn_3 sondern $PtSn_3$ ist. — **4.** SCHÜTZENBERGER, P.: C. R. Acad. Sci., Paris Bd. 98 (1884) S. 985. — **5.** DEBRAY, H.: C. R. Acad. Sci., Paris Bd. 104 (1887) S. 1470, 1557. — **6.** LÉVY, M., u. L. BOURGEOIS: C. R. Acad. Sci., Paris Bd. 94 (1882) S. 1365. — **7.** DOERINCKEL, F.: Z. anorg. allg. Chem. Bd. 54 (1907) S. 349/58. — **8.** PODKOPAJEW, N.: J. russ. phys.-chem. Ges. Bd. 40 (1908) S. 249/60 (russ.). Ref. Chem. Zbl. 1908 II S. 493/94 (mit Diagramm). — **9.** DOERINCKEL hält diese Formel nicht für vollkommen sicher, da die Zusammensetzung der Verbindung wegen der Umhüllungen, die sich bei der peritektischen Umsetzung bilden, nicht genau bestimmt werden konnte. — **10.** Die bei 745° stattfindende Umwandlung ist bei fallender Temperatur mit Volumvergrößerung verbunden. — **11.** Den thermischen Daten (Max. der Haltezeiten bei 522° bei 62% Sn und Nullwerden der Haltezeiten des Endes der Erstarrung) ist wegen der hier sicher auftretenden peritektischen Gleichgewichtsstörungen kein allzu großes Gewicht beizumessen. DOERINCKEL erwähnt allerdings nichts von Umhüllungen: eine Legierung mit 65% Sn (!) habe sich als nahezu einphasig erwiesen. — **12.** BARUS, C.: Amer. J. Sci. 3 Bd. 36 (1888) S. 434. — **13.** Nach W. GUERTLER: Metallographie Bd. 1 Teil 1 (1912) S. 697. — **14.** OFTEDAL, I.: Z. physik. Chem. Bd. 132 (1927) S. 208/216.

Pt-Te. Platin-Tellur.

Das Verhalten des Platins zum Tellur hat ROESSLER[1] untersucht. Aus einer unter Borax erschmolzenen Legierung von Pt mit einem Überschuß von Te (etwa

10fache Menge entsprechend 91% Te) konnte er durch Behandeln mit KOH die Verbindung PtTe$_2$ (56,64% Te) isolieren. Diese Verbindung besitzt nach Thomassen[2] eine Gitterstruktur vom Typ des CdJ$_2$ und einen Schmelzpunkt von 1200—1300°.

Bei längerem Verweilen oberhalb des Schmelzpunktes verliert PtTe$_2$ den gesamten Te-Gehalt. Bei Einhaltung gewisser Versuchsbedingungen gelingt es, die Te-Abgabe nur bis zur Zusammensetzung PtTe (39,51% Te) zu treiben. Wenn auch diese Formel noch nicht die Existenz von PtTe beweist, so ist diese Verbindung doch mit einiger Sicherheit anzunehmen, da Roessler sie mehrfach im Hüttensilber feststellen konnte. Beim Versuch, PtTe aus den Elementen darzustellen, erhielt Thomassen[3] ein Produkt, das zum Hauptteil aus PtTe$_2$ bestand.

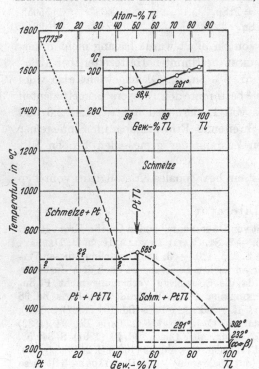
Abb. 426. Pt-Tl. Platin-Thallium.

Bei mehrfachem Umschmelzen von PtTe verliert dieses so lange Te, bis etwa die Zusammensetzung Pt$_2$Te erreicht wird[1]; diese Beobachtung reicht jedoch nicht zur Annahme der genannten Verbindung aus.

Literatur.

1. Roessler, C.: Z. anorg. allg. Chem. Bd. 15 (1897) S. 405/11. — 2. Thomassen, L.: Z. physik. Chem. B Bd. 2 (1929) S. 365/69. — 3. Thomassen, L.: Z. physik. Chem. B Bd. 2 (1929) S. 369.

Pt-Ti. Platin-Titan.

Ti fängt schon bei 400° an sich mit Pt zu legieren[1].

Literatur.

1. Koenigsberger, J., u. K. Schilling: Ann. Physik 4 Bd. 32 (1910) S. 181.

Pt-Tl. Platin-Thallium.

Über die Konstitution der Pt-Tl-Legierungen hat Hackspill[1] einiges mitgeteilt. Er stellte fest, daß der Tl-Schmelzpunkt durch Pt-Gehalte von weniger als 10% etwas erniedrigt wird. Hierüber liegen genauere Messungen von Heycock-Neville[2] vor, wonach sich bei 98,4% Tl und 291° ein eutektischer Punkt befindet. Mit weiter fallendem Tl-Gehalt steigt die Liquiduskurve nach Hackspill bis zu einem bei 51,15% Tl (entsprechend PtTl) und 685° gelegenen Maximum an, fällt darauf etwas ab, um abermals stark anzusteigen und bei 35% Tl 855° zu erreichen. Schmelzen mit einem oberhalb 1000° liegenden Erstarrungspunkt wurden nicht untersucht. Auf Grund dieser Angaben wurde das in Abb. 426 wiedergegebene Diagramm gezeichnet[3]. Damit sind die Ergebnisse der mikroskopischen Prüfung im Einklang: Legierungen mit weniger als 51% Tl bestanden aus Pt (oder einem Pt-reichen Mischkristall), die Zusammensetzung PtTl erwies sich als einphasig, und die Tl-reicheren Legierungen bestanden aus PtTl in einer eutektischen Grundmasse. PtTl konnte auch aus Legierungen mit weniger als 10% Pt durch Behandeln mit verd. HNO$_3$ isoliert werden.

Literatur.

1. HACKSPILL, L.: C. R. Acad. Sci., Paris Bd. 146 (1908) S. 820/22. — 2. HEYCOCK, C. T., u. F. H. NEVILLE: J. chem. Soc. Bd. 65 (1894) S. 34. — 3. Der oberhalb des Tl-Siedepunktes gelegene Teil der Liquiduskurve (in Abb. 426 punktiert) wird kaum noch praktisch beobachtbar sein.

Pt-W. Platin-Wolfram.

KREMER[1] hat das Gefüge von drei Legierungen untersucht: 1. mit 8,02% W 91,12% Pt; 2. mit 26,10% W, 72,91% Pt; 3. mit 88,99% W, 10,15% Pt. Legierung 1 besteht aus einem Pt-reichen Mischkristall und Eutektikum; Legierung 2 „läßt einen Mischkristall erkennen, der entweder in einem gegen das Ätzmittel (koch. Königswasser) sehr widerstandsfähigen Eutektikum oder in einer neuen intermediären Kristallart eingebettet ist"; Legierung 3 besteht aus einem W-reichen Mischkristall und Eutektikum. Aus diesen spärlichen Beobachtungen glaubt KREMER folgendes schließen zu dürfen: „Die Schmelzkurve weist entweder drei Eutektika oder zwei Eutektika und ein verdecktes Maximum auf, das der intermediären Kristallart der Legierung 2 entsprechen würde. Hieraus folgt, daß W und Pt außer den festen Lösungen, die die beiden Metalle augenschein-

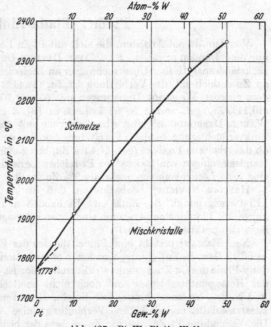

Abb. 427. Pt-W. Platin-Wolfram.

lich miteinander eingehen, noch mindestens zwei Kristallarten miteinander bilden." Es wurden zwei hypothetische Zustandsdiagramme gegeben. Untersuchungen von MÜLLER[2] haben gezeigt, daß die von KREMER mikroskopisch untersuchten Legierungen stark verunreinigt gewesen sein müssen.

MÜLLER bestimmte die in Abb. 427 wiedergegebenen Liquidustempe-

raturen im Bereich 0—50% W; jeder Punkt ist der Mittelwert von 2
bis 8 Einzelwerten, der mittlere Fehler des. Mittelwertes beträgt im
Durchschnitt ± 4°. Die Legierungen wurden in Zirkontiegeln unter
Wasserstoff erschmolzen. Die von Müller bestimmten Temperatur-
koeffizienten des elektrischen Widerstandes (zwischen 0 und 100°) von
Legierungen mit 5 und 11% W[3] deuten auf das Vorliegen Pt-reicher
Mischkristalle bis mindestens 11% W hin. Mikroskopische Untersuchungen an vakuumgeglühten Legierungen mit 10 und 50% W
(5 Stunden bei 1200° und 6,5 Stunden bei 1450°) zeigten, daß sich das
Gebiet der festen Lösungen von W in Pt bis mindestens 50% W erstreckt.
Eine lückenlose Mischbarkeit der beiden Komponenten ist indessen
nicht möglich, da Pt flächenzentriert-kubisch, W raumzentriert-kubisch
kristallisiert.

Literatur.

1. Kremer, D.: Abh. Inst. Metallhütt. Elektromet. Techn. Hochsch. Aachen
Bd. 1 (1916) S. 18/19. — 2. Müller, L.: Ann. Physik 5 Bd. 7 (1930) S. 9/47. —
3. Nach 16stünd. Glühen bei 800° im Vakuum war der Widerstand noch nicht
konstant geworden; s. Originalarbeit.

Pt-Zn. Platin-Zink.

Von den älteren Arbeiten, die sich mit Pt-Zn-Legierungen beschäftigen, seien
nur die folgenden erwähnt. St.-Claire Deville-Debray[1] vermuteten auf Grund
rückstandsanalytischer Untersuchungen an Legierungen, „die einen Überschuß(?)
an Zn enthielten", die Verbindung Pt_2Zn_3 (33,44% Zn), während Behrens[2] auf
dem gleichen Wege aus Legierungen mit 90 und 97% Zn die Verbindung $PtZn_2$
(40,11% Zn, gef. wurde 38%) isoliert zu haben glaubte. Nach Hodgkinson-
Waring-Desborough[3] ging eine Legierung mit 45,6% Zn durch Glühen unter
Zinkverflüchtigung in die „Verbindung" PtZn über; es ist jedoch unbewiesen,
ob das erhaltene Produkt (gef. 24,45% Zn, ber. 25,09) einheitlich war. Aus Widerstandsmessungen von Barus[4] an Pt-reichen Legierungen schließt Guertler[5] auf
eine feste Löslichkeit von mehr als 9% Zn in Pt.

Heycock-Neville[6] beobachteten, daß Pt bis 4% ohne Einfluß auf den
„Erstarrungspunkt" des Zinks ist. Es handelt sich hier fraglos um die Soliduskurve; die Liquidustemperaturen sind ihnen entgangen. Das Ende der Erstarrung
liegt also praktisch bei 419,4°.

Nach Ekman[7] besteht eine Phase, die den der Formel Pt_5Zn_{21} (80,8 Atom-%
= 58,45 Gew.-% Zn) entsprechenden Konzentrationswert in sich einschließt und
der γ-Phase des Cu-Zn-Systems strukturell analog ist (s. auch Pd-Zn). Die Grenzen
des Homogenitätsgebietes sind noch nicht ermittelt. In Analogie mit Fe_5Zn_{21}
und Ni_5Zn_{21} ist anzunehmen, daß die eine Grenze mit der Konzentration Pt_5Zn_{21}
zusammenfällt, und daß diese Verbindung einige Atom-% Zn zu lösen vermag.
Die Verbindung Pt_5Zn_{21} ist die Zn-reichste der bisher vermuteten intermediären
Kristallarten. Die damit nicht in Einklang zu bringenden Ergebnisse von Behrens
sind also unzutreffend.

Literatur.

1. St.-Claire Deville, H., u. H. Debray: Ann. Chim. Phys. 3 Bd. 56 (1859)
S. 430. — 2. Behrens, H.: Das mikroskopische Gefüge der Metalle und Legierungen
S. 42, Hamburg u. Leipzig 1894. — 3. Hodgkinson, Waring u. Desborough:

Chem. News Bd. 80 (1899) S. 185. Ref. Chem. Zbl. 1899 II S. 1047. — **4.** Barus, C.: Amer. J. Sci. 3 Bd. 36 (1888) S. 427 — **5.** Guertler, W.: Metallographie Bd. 1 Teil 1 S. 482, Berlin (1912). — **6.** Heycock, C. T., u. F. H. Neville: J. chem. Soc. Bd. 71 (1897) S. 421. — **7.** Ekman, W.: Z. physik. Chem. B Bd. 12 (1931) S. 69/77.

Rb-S. Rubidium-Schwefel.

Abb. 428 veranschaulicht die Erstarrungsverhältnisse der Rubidium-Schwefel-Schmelzen mit 27,5—56% S nach Untersuchungen von Biltz u. Wilke-Dörfurt[1]. Danach bestehen die Polysulfide Rb_2S_2 (27,28% S), Rb_2S_3 (36,01% S), Rb_2S_4 (42,87% S), Rb_2S_5 (48,40% S) und Rb_2S_6 (52,95% S).

In welcher Weise die Kristallisation der Verbindung Rb_2S_3 erfolgt, konnte nicht aufgeklärt werden, da zwischen dem Disulfid und dem Trisulfid ein Gebiet amorpher Erstarrung der Schmelzen liegt. Aus letzterem Grunde konnte auch der Anschluß des vom Erstarrungspunkt des Disulfids abfallenden Liquidusastes an den übrigen Teil der Liquiduskurve nicht erreicht werden[2]. „Beim Trisulfid beobachtet man, je nachdem man die Impfbedingungen glücklich getroffen hat, Erstarrungspunkte, die für ein und dieselbe Schmelze über 10° auseinanderliegen (vgl. Abb. 428). Man könnte vielleicht denken, daß in dem einen Falle Punkte eines Trisulfidmaximums, in dem anderen solche eines verdeckten Maximums zur Beobachtung gelangen."

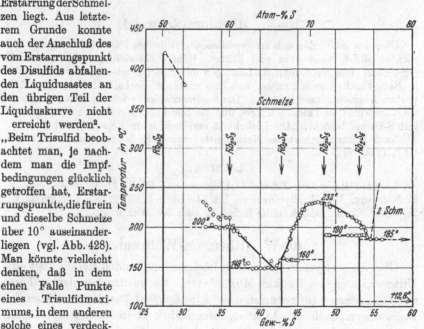

Abb. 428. Rb-S. Rubidium-Schwefel.

In Mischungen mit mehr als 54% S hört, wie ein besonderer Versuch zeigte, die Mischbarkeit der Sulfidschmelzen mit Schwefel auf, d. h. es kommt zur Bildung einer ausgedehnten, sich bis zu 100% S erstreckenden Mischungslücke im flüssigen Zustand. Die schwefelärmere untere Schicht mit etwa 54,5% S erstarrt bei der gleichbleibenden Temperatur von 185° nach der Gleichung: Schmelze $\rightleftharpoons Rb_2S_6 + S$; die obere, aus reinem Schwefel bestehende Schicht erstarrt bei 117,5°.

Literatur.

1. Biltz, W., u. E. Wilke-Dörfurt: Z. anorg. allg. Chem. Bd. 48 (1906) S. 305/18. Experimentelles s. bei Cs-S. — **2.** Die Verfasser bemerken dazu: „Wir können daher nicht mit Bestimmtheit behaupten, ob zwischen diesen beiden Verbindungen (d. h. Rb_2S_2 und Rb_2S_3) noch eine dritte existiert, oder ob etwa zwischen den zugehörigen Temperaturen eine polymorphe Umwandlung des Disulfids stattfindet. Für einen ausgezeichneten Punkt in diesem Gebiet spricht die schwache Neigung der Liquiduskurve zwischen 32,6 und 34% S, die notwendigerweise, um den Anschluß an die hohen Werte zu erreichen, bei einem mittleren Prozentgehalte durch einen Knick unterbrochen sein muß."

Re-Rh. Rhenium-Rhodium.

GOEDECKE[1] glaubt, daß Rh-reiche Legierungen mit bis zu wenigstens 10% Re aus Mischkristallen bestehen.

Literatur.

1. GOEDECKE, W.: Festschrift zum 50jährigen Bestehen der Platinschmelze G. Siebert-Hanau S. 80/81 (1931).

Re-S. Rhenium-Schwefel.

Über das ReS_2, das sich im geschlossenen Rohr bei 980—1000° aus den Elementen bildet, siehe JUZA und BILTZ[1]. Höhere Schweflungsstufen sind nicht erreichbar. Das aus sauren Re-Lösungen mit H_2S fallende Re_2S_7 geht bei 600° in ReS_2 über[2]. Durch Erhitzen auf Temperaturen oberhalb 1100° verliert ReS_2 praktisch seinen ganzen Schwefel. Die tensimetrische Verfolgung dieses Vorganges zeigt eindeutig, daß zwischen ReS_2 und Re kein anderes Sulfid im Gleichgewicht mit S-Dampf besteht. „Die Löslichkeit von ReS_2 ist in Re sehr gering."

Nach MEISEL[3] gehört das Kristallgitter von ReS_2 höchstwahrscheinlich dem CdJ_2-Typus an.

Literatur.

1. JUZA, R., u. W. BILTZ: Z. Elektrochem. Bd. 37 (1931) S. 498/501. — **2.** NODDACK, W.: Z. Elektrochem. Bd. 34 (1928) S. 627/29. — **3.** MEISEL, K.: Z. angew. Chem. Bd. 44 (1931) S. 243, s. auch bei JUZA u. BILTZ.

Re-W. Rhenium-Wolfram.

Über dieses System der beiden höchstschmelzenden Metalle liegt eine Untersuchung von BECKER-MOERS[1] vor. Es wurden von den in Form hoch gesinterter (in reduzierender Atmosphäre) Pastillen vorliegenden Legierungen nach der Lichtbogenmethode[2] die Schmelztemperaturen bestimmt, und zwar in der Weise, „daß der Strom solange gesteigert wurde, bis ein im Mikropyrometer deutlich zu beobachtendes Schmelzen der Probe (Anode) eintrat. Dann wurde die Stromstärke noch weiter erhöht, bis es zur Ausbildung eines großen Schmelztropfens an der Anode kam, der etwa 3 Minuten gehalten werden konnte". Die wahre Schmelztemperatur wurde aus der am Mikropyrometer gemessenen schwarzen Temperatur berechnet. Von jeder Legierung wurden 2 bis 5 Schmelzversuche gemacht. Die in Abb. 429 dargestellten Mittelwerte der Schmelzpunkte sind mit einem Fehler von ± 50° behaftet.

Die Verfasser bezeichnen die in Abb. 429 wiedergegebene Kurve als die Soliduskurve des Systems Re-W. Mit dieser Auffassung sind jedoch — wie wir sehen werden — die weiteren Ausführungen der Verfasser nicht verträglich. Die der Zusammensetzung des relativen Maximums

entsprechende Legierung halten BECKER-MOERS für eine „verbindungs-
ähnliche Phase mit der Formel Re_3W_2 (39,70% W), die mit Re und W
Eutektika mit etwa 32,5% W (Schmelzpunkt rd. 2822°) bzw. etwa
49,4% W (Schmelzpunkt rd. 2892°) bildet.

Die Soliduskurve eines Systems mit der angegebenen Konstitution
besteht jedoch im Gegensatz zu der Auffassung der Verfasser aus zwei
Horizontalen, die bei rd. 2822° und 2892° — vorausgesetzt, daß diese
Temperaturen tatsächlich die eutektischen Temperaturen sind — ver-
laufen. Unter der Voraussetzung, daß hier dieser Diagrammtypus vor-
iegt, sind demnach die in Abb. 429 eingezeichneten Temperaturen, mit
Ausnahme der für die Zusammensetzung Re_3W_2 geltenden, keine
Gleichgewichtstemperaturen des Systems; sie dürften vielmehr im

Gebiet des halbflüssigen Zustandes (Kristalle + Schmelze),
also zwischen der eutektischen
Temperatur und der Liquidustemperatur liegen. Nach der
von den Verfassern gegebenen
Definition der „Schmelztemperatur" (s. w. o.) dürfte das m. E.
durchaus verständlich sein.
Sehr fraglich ist es auch, ob
die angegebenen Konzentrationen der beiden eutektischen
Punkte tatsächlich die eutektischen Konzentrationen sind.
In der Tat sind die beiden von

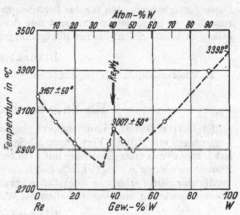

Abb. 429. Re-W. Rhenium-Wolfram.

diesen Zusammensetzungen gegebenen Gefügebilder keineswegs mit
dieser Ansicht verträglich. Nur die Legierung mit 19,6% W zeigt neben
primär kristallisierten Re-(?)Kristallen einen eutektischen Gefügebestandteil. Die Legierung von der Zusammensetzung Re_3W_2 besteht
aus einheitlichen Kristalliten (vgl. die Gefügebilder in der Originalarbeit).

Die röntgenographische Untersuchung des Systems bestätigte das
Bestehen einer intermediären Kristallart, die einen Gitterbau besitzt,
der mit dem des Rheniums eine gewisse Ähnlichkeit aufweist. „Weiterhin ließ sich röntgenographisch eine begrenzte Mischbarkeit der Re_3W_2-
Phase im Wolfram aufweisen", dagegen „war eine Löslichkeit des Re_3W_2
im Rhenium röntgenographisch nicht nachweisbar". Die Re_3W_2-Phase
scheint sowohl W als auch Re lösen zu können.

Literatur.

1. BECKER, K., u. K. MOERS: Metallwirtsch. Bd. 9 (1930) S. 1063/66. Die
Schmelzpunkte der Komponenten und der 60 Atom-% Re enthaltenden Legierung

(Re_3W_2) waren den Verfassern aus früheren Untersuchungen bekannt. — 2. PIRANI, M.: Z. Elektrochem. Bd. 17 (1911) S. 909.

Rh-Ru. Rhodium-Ruthenium.

Siehe Ir-Ru, S. 831.

Rh-S. Rhodium-Schwefel.

THOMASSEN[1] hat ein Rh-S-Produkt mit 41% S Einwaage (die Formel RhS_2 verlangt 38,39% S) hergestellt, das nach der Reaktion langsam von 800° bis 500° abgekühlt, bei 500° 17 Stunden geglüht und darauf in Wasser abgeschreckt wurde. Es erwies sich mikroskopisch als homogen; die Kristallstruktur ist diejenige des Pyrits, FeS_2. Ein Präparat mit rd. 45% S, das 115 Stunden unterhalb 500° getempert war, enthielt außer der Hauptmenge, einem grauschwarzen, groben Pulver, in dem winzige Kristallflächen zu sehen waren, etliche lange Kristallnadeln. Diese Tatsachen könnten für das Bestehen zweier polymorpher Formen von RhS_2 sprechen. — „Von einem Präparat mit der Zusammensetzung RhS (23,76% S) gelang es nicht, ein meßbares Röntgendiagramm zu bekommen."

Literatur.

1. THOMASSEN, L.: Z. physik. Chem. B Bd. 4 (1929) S. 283/85.

Rh-Sn. Rhodium-Zinn.

ST.-CLAIRE DEVILLE und DEBRAY[1] glaubten durch Behandeln von Sn-reichen Legierungen mit HCl die Verbindung RhSn (53,5% Sn) erhalten zu haben. Später hat DEBRAY[2] aus einer Legierung mit 97% Sn auf dieselbe Weise Kristalle von der Zusammensetzung $RhSn_3$ (77,58% Sn) isoliert. Beim Behandeln mit warmer oder verdünnter Säure erhielt er Rückstände graphitischen Aussehens von wechselnder Zusammensetzung und mit Gehalten an Wasserstoff und Sauerstoff.

Literatur.

1. ST.-CLAIRE DEVILLE, H., u. H. DEBRAY: Ann. Chim. Phys. 3 Bd. 56 (1859) S. 385. — 2. DEBRAY, H.: C. R. Acad. Sci., Paris Bd. 104 (1887) S. 1471/72.

Rh-Zn. Rhodium-Zink.

ST.-CLAIRE DEVILLE und DEBRAY[1] glaubten die Verbindung $RhZn_2$ (55,96% Zn) durch rückstandsanalytische Untersuchungen erhalten zu haben. DEBRAY[2] hat aus Zn-reichen Legierungen durch Behandeln mit HCl explosive[3] Rückstände mit stets 20% Zn isoliert. Über ähnliche Beobachtungen berichten ST.-CLAIRE DEVILLE und DEBRAY[4]. Später hat DEBRAY[5] durch Behandlung einer 94% Zn enthaltenden Legierung mit HCl einen explosiven Rückstand mit 32,7% Zn erhalten, der außer Rh und Zn Wasserstoff und Sauerstoff enthielt.

EKMAN[6] konnte durch eine allerdings nur orientierende Röntgenuntersuchung zeigen, daß im System Rh-Zn eine Phase besteht, die der γ-Phase der Cu-Zn-Legierungen strukturell analog ist und für die die Zusammensetzung Rh_5Zn_{21} (72,74% Zn) charakteristisch zu sein scheint.

Literatur.

1. ST.-CLAIRE DEVILLE, H., u. H. DEBRAY: Ann. Chim. Phys. 3 Bd. 56 (1859) S. 385. — 2. DEBRAY, H.: C. R. Acad. Sci., Paris Bd. 90 (1880) S. 1195. — 3. S. darüber auch E. COHEN u. T. STRENGERS: Z. physik. Chem. Bd. 61 (1908) S. 698/752.

— **4.** St.-Claire Deville, H., u. H. Debray: C. R. Acad. Sci., Paris Bd. 94 (1882) S. 1557. — **5.** Debray, H.: C. R. Acad. Sci., Paris Bd. 104 (1887) S. 1577. — **6.** Ekman, W.: Z. physik. Chem. B Bd. 12 (1931) S. 59/77. Vgl. auch A. Westgren: Z. Metallkde. Bd. 22 (1930) S. 372.

Ru-S. Ruthenium-Schwefel.

RuS_2 (38,67% S) besitzt eine Kristallstruktur[1][2] vom Typus des Pyrits, FeS_2.

Literatur.

1. Oftedal, I.: Z. physik. Chem. Bd. 135 (1928) S. 291/99. Die Verbindung war auf nassem Wege hergestellt. — **2.** Jong, W. F. de, u. A. Hoog: Rec. Trav. chim. Pays-Bas Bd. 46 (1927) S. 173. Die Arbeit wurde zeitlich nach der Untersuchung von Oftedal (1926) veröffentlicht.

Ru-Se. Ruthenium-Selen.

Thomassen[1] fand, daß $RuSe_2$ (60,90% Se) die Kristallstruktur des Pyrits, FeS_2, besitzt. Bei einem Versuch RuSe (43,71% Se) darzustellen, erhielt er ein Präparat, das zur Hauptsache aus $RuSe_2$ bestand; vgl. Originalarbeit.

Literatur.

1. Thomassen, L.: Z. physik. Chem. B Bd. 2 (1929) S. 359/61.

Ru-Si. Ruthenium-Silizium.

Moissan-Manchot[1] glauben durch Behandeln eines Reaktionsproduktes aus 1,5 g Ru und 7 g Si (entsprechend etwa 82,4% Si) mit NaOH und einem HF-HNO_3-Gemisch die Verbindung RuSi (21,62% Si) erhalten zu haben.

Literatur.

1. Moissan, H., u. W. Manchot: Ber. dtsch. chem. Ges. Bd. 36 (1903) S. 2993 bis 2996. C. R. Acad. Sci., Paris Bd. 137 (1903) S. 229/32.

Ru-Sn. Ruthenium-Zinn.

Die Zusammensetzung der in Sn-reichen Legierungen vorliegenden intermediären Kristallart wird auf Grund von rückstandsanalytischen Untersuchungen von St.-Claire Deville und Debray[1] zu $RuSn_2$ (70,01% Sn), von Debray[2] später zu $RuSn_3$ (77,78% Sn) angegeben.

Literatur.

1. St.-Claire Deville, H., u. H. Debray: Ann. Chim. Phys. 3 Bd. 56 (1859) S. 385. — **2.** Debray, H.: C. R. Acad. Sci., Paris Bd. 104 (1887) S. 1470.

Ru-Te. Ruthenium-Tellur.

Thomassen[1] hat die Verbindung $RuTe_2$ (71,49% Te) dargestellt und ihre Kristallstruktur als Pyritstruktur, FeS_2, identifiziert. Der Schmelzpunkt dieser Verbindung liegt „schätzungsweise bei 400—600°".

„Es wurde auch versucht, eine Verbindung von der Zusammensetzung RuTe (55,63% Te) herzustellen. Der Stoff ist ziemlich schwer schmelzbar, und es verdampft auch das Te sehr lebhaft, wenn er erhitzt wird. Nach dem Tempern ist der Stoff in eine schwarze klumpige Masse zerfallen. Bei der Pulverisierung zeigte sich, daß viele der kleinen Klumpen einen Kern aus metallischem Ru haben. Ein Pulverdiagramm des Stoffes zeigte nur $RuTe_2$-Linien."

Literatur.

1. THOMASSEN, L.: Z. physik. Chem. B Bd. 2 (1929) S. 357/59.

Ru-Zn. Ruthenium-Zink.

Rückstandsanalytische Untersuchungen von ST.-CLAIRE DEVILLE und DEBRAY[1] und DEBRAY[2] vermochten keine Aussagen über die Zusammensetzung der in Zn-reichen Legierungen vorliegenden intermediären Kristallart zu machen. Durch Behandeln von Legierungen (insbesondere einer solchen mit 94% Zn) mit HCl wurden explosive[3] Rückstände erhalten, deren Zn-Gehalt zwischen etwa 10 und 13,7% schwankte, und die außer Ru und Zn auch Wasserstoff und Sauerstoff enthielten.

Literatur.

1. ST.-CLAIRE DEVILLE, H., u. H. DEBRAY: Ann. Chim. Phys. 3 Bd. 56 (1859) S. 385. C. R. Acad. Sci., Paris Bd. 94 (1882) S. 1557/60. — 2. DEBRAY, H.: C. R. Acad. Sci., Paris Bd. 104 (1887) S. 1580. — 3. S. darüber auch E. COHEN u. T. STRENGERS: Z. physik. Chem. Bd. 61 (1908) S. 698/752.

S-Sb. Schwefel-Antimon.

PÉLABON[1] hat den Teil des Erstarrungsdiagramms zwischen Sb_2S_3 (71,69% Sb) und Sb ausgearbeitet[2]. Ohne Angabe von thermischen Einzeldaten teilt er mit, daß die Liquidustemperatur zwischen etwa 79 und 98,5% Sb — entsprechend der Existenz einer Mischungslücke im flüssigen Zustand[3] zwischen diesen Konzentrationen — bei der konstanten Temperatur von 615°, die Solidustemperatur (eutektische Temperatur) bei 515—519° und das Sb_2S_3-Sb-Eutektikum bei etwa 75,5% Sb liegt. Von 75,5% Sb steigt die Liquidustemperatur mit fallendem Sb-Gehalt von 519° auf 555° bei der Konzentration der Verbindung Sb_2S_3 an[4].

JAEGER-VAN KLOOSTER[5] konnten diese Erstarrungsverhältnisse bestätigen. Wie das von ihnen ausgearbeitete Zustandsdiagramm (Abb. 430) zeigt, stimmen die Temperaturen der Horizontalen mit den von PÉLABON bestimmten ausgezeichnet überein; der Erstarrungspunkt der Verbindung wurde von JAEGER-VAN KLOOSTER um 9° tiefer gefunden. Der Beginn der Erstarrung der Schmelzen mit weniger Sb als der Formel Sb_2S_3 entspricht, konnte nur bis herunter zu 48,7% Sb verfolgt werden, „bei höherem S-Gehalt war das Sieden des Schwefels zu beeinträchtigend". Das Ende der Erstarrung wurde bei 110° festgestellt, also praktisch beim S-Schmelzpunkt.

JAEGER-VAN KLOOSTER teilen mit, daß aus Messungen des elektri-

schen Widerstandes von KRUYT und OLIE auf eine feste Löslichkeit von
etwa 0,08% S in Sb geschlossen werden könne.

Die natürlich als Antimonit vorkommende Verbindung Sb_2S_3 kristallisiert rhombisch-bipyramidal; röntgenographische Untersuchungen über
die Gitterstruktur liegen vor von GOTTFRIED[6] und GOTTFRIED-LUB-
BERGER[7]. Die Verbindung Sb_2S_5 (60,3% Sb) scheidet sich nicht aus
Sb-S-Schmelzen aus; sie ist nur auf nassem Wege darzustellen.

Literatur.

1. PÉLABON, H.: C. R. Acad. Sci., Paris Bd. 138 (1904) S. 277/79. Ann. Chim.
Phys. 8 Bd. 17 (1909) S. 530/35. — 2. Untersuchungen von P. CHRÉTIEN u. J.
GUINCHANT: C. R. Acad. Sci., Paris Bd. 142 (1906) S. 709/11 führten zu einander

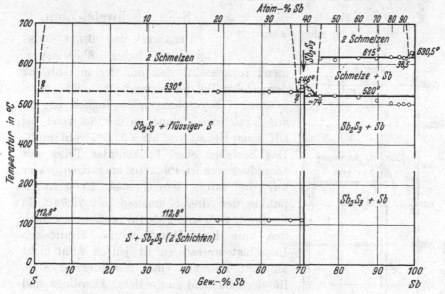

Abb. 430. S-Sb. Schwefel-Antimon.

widersprechenden Ergebnissen. — 3. Die teilweise Unmischbarkeit im flüssigen
Zustand wurde schon sehr viel früher beobachtet, u. a. von BERZELIUS: Pogg.
Ann. Bd. 37 (1836) S. 163 u. H. ROESSLER: Z. anorg. allg. Chem. Bd. 9 (1895)
S. 31. — 4. GUINCHANT u. CHRÉTIEN: C. R. Acad. Sci., Paris Bd. 138 (1904)
S. 1269 geben 540° an. — 5. JAEGER, F. M., u. H. S. VAN KLOOSTER: Z. anorg.
allg. Chem. Bd. 78 (1912) S. 246/48. — 6. GOTTFRIED, C.: Z. Kristallogr. Bd. 65
(1927) S. 428/34. — 7. GOTTFRIED, C., u. E. LUBBERGER: Z. Kristallogr. Bd. 71
(1929) S. 257/62.

S-Se. Schwefel-Selen.

Abb. 431 gibt das von RINGER[1] auf Grund umfangreicher Untersuchungen
aufgestellte Zustandsschaubild des Systems S-Se wieder. Eine nähere Besprechung
der Arbeit erübrigt sich, da nur die Se-reichen Mischungen teilweise metallische
Eigenschaften besitzen.

Die Gitterstruktur der S-reichen α-Mischkristalle mit Se-Gehalten unter 10%,
die wie α-Schwefel rhombisch sind, wurde von HALLA-BOSCH[2] untersucht.

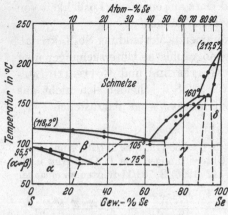

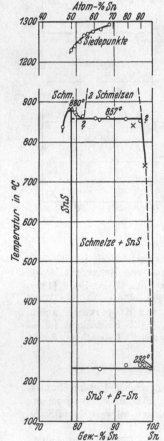

Abb. 431. S-Se. Schwefel-Selen.

Abb. 432. S-Sn. Schwefel-Zinn.

Literatur.

1. Ringer, W. E.: Z. anorg. allg. Chem. Bd. 32 (1902) S. 183/218. Daselbst ausführliche Literaturangaben. S. auch L. Losana: Gazz. chim. ital. Bd. 53 (1923) S. 396/97. — **2.** Halla, F., u. F. X. Bosch: Z. physik. Chem. B Bd. 10 (1930) S. 149/56.

S-Si. Schwefel-Silizium.

In der chemischen Literatur werden die Siliziumsulfide SiS (46,67% Si) und SiS$_2$ (30,44% Si) beschrieben.

S-Sn. Schwefel-Zinn.

Pélabon[1] und Biltz-Mecklenburg[2] haben übereinstimmend festgestellt, daß nur der in Abb. 432 dargestellte Teil des Zustandsschaubildes thermischen Untersuchungen zugänglich ist, da aus S-reicheren Schmelzen der Schwefel bis auf einen Gehalt von etwa 23,5% verdampft. Das Bestehen eines horizontalen Teiles der Liquiduskurve ist Pélabon entgangen, da er nur die mit × bezeichneten Erstarrungspunkte der drei Schmelzen mit 78,74% Sn (= SnS), 95% und 98% Sn bestimmte. Nach den von Biltz-Mecklenburg ermittelten Liquidustemperaturen ist jedoch wohl nicht an dem Bestehen einer Mischungslücke im flüssigen Zustand zu zweifeln. Allerdings sind die Verfasser selbst nicht davon überzeugt, denn sie heben hervor, daß die von ihnen bestimmte Siedekurve (Abb. 432) nicht horizontal verläuft, wie bei der Koexistenz von zwei flüssigen Phasen und Dampf zu erwarten ist[3], und daß die beim Vorhandensein einer Mischungslücke zu erwartende Fortsetzung der Monotektikalen bis zur Konzentration SnS nicht gefunden wurde. Sie bemerken jedoch, daß sich — nach ihrer Ansicht infolge des Unterschiedes in den spezifischen Gewichten von Sn und SnS und der großen Differenz der Erstarrungstemperaturen — zwei Schichten auszubilden pflegen.

Der Schmelzpunkt der Verbindung SnS wurde von PÉLABON und BILTZ-MECKLENBURG übereinstimmend zu 880° gefunden; damit ist eine ältere Angabe von GUINCHANT[4] (950—1000°) als überholt anzusehen. Ob eine beim Abkühlen des SnS zwischen 600° und 400° auftretende Ausdehnung einer Umwandlung der Verbindung entspricht, ist fraglich. Die S-reicheren Sulfide des Zinns lassen sich auf schmelzflüssigem Wege nicht darstellen; s. darüber die chemischen Handbücher. Nach OFTEDAL[5] hat das Stannisulfid SnS_2 (64,93% Sn) eine Gitterstruktur vom Typus des CdJ_2.

Literatur.

1. PÉLABON, H.: C. R. Acad. Sci., Paris Bd. 142 (1906) S. 1147/49. Ann. Chim. Phys. 8 Bd. 17 (1909) S. 526. — **2.** BILTZ, W., u. W. MECKLENBURG: Z. anorg. allg. Chem. Bd. 64 (1909) S. 226/35. — **3.** Es ist jedoch durchaus denkbar, daß bereits vor Erreichen der Siedepunkte vollkommene Mischbarkeit im flüssigen Zustand eingetreten ist. — **4.** GUINCHANT, J.: C. R. Acad. Sci., Paris Bd. 134 (1902) S. 123. — **5.** OFTEDAL, I.: Z. physik. Chem. Bd. 134 (1928) S. 301. Norsk. Geol. Tidsskrift Bd. 9 (1926) S. 225.

S-Sr. Schwefel-Strontium.

Strontiumsulfid (73,22% Sr), das sich sowohl aus den Elementen, wie durch chemische Umsetzungen darstellen läßt, besitzt eine Gitterstruktur vom Typus des Steinsalzes[1].

Literatur.

1. HOLGERSSON, S.: Z. anorg. allg. Chem. Bd. 126 (1923) S. 179. GOLDSCHMIDT, V. M.: Geochem. Verteilungsgesetze der Elemente VIII. Skrifter Norske Videns-kaps-Akademie Oslo, I. Math.-nat. Klasse 1927, Nr. 8.

S-Ta. Schwefel-Tantal.

Darstellung und Eigenschaften von TaS_2 (26,12% S) sind wiederholt beschrieben worden[1].

Literatur.

1. U. a. von H. ROSE: Pogg. Ann. Bd. 99 (1856) S. 575 u. 587. HERMANN, T.: J. prakt. Chem. Bd. 70 (1857) S. 195. BOLTON, W. v.: Z. Elektrochem. Bd. 11 (1905) S. 50. BILTZ, H., u. C. KIRCHNER: Ber. dtsch. chem. Ges. Bd. 43 (1910) S. 1639. PREUNER, G., u. W. SCHUPP: Z. physik. Chem. Bd. 68 (1910) S. 129.

S-Te. Schwefel-Tellur.

Thermische Untersuchungen über dieses System, das nur noch teilweise metallischen Charakter besitzt, liegen vor von PELLINI[1], JAEGER[2], CHIKASHIGE[3], JAEGER-MENKE[4] sowie LOSANA[5]. Alle Forscher kommen hinsichtlich der Konstitution zu demselben Ergebnis: Vollständige Mischbarkeit im flüssigen Zustand, nur sehr beschränkte gegenseitige Löslichkeit im festen Zustand, Abwesenheit von Verbindungen, Vorliegen eines Eutektikums zwischen den gesättigten Mischkristallen.

Die Originalarbeit von PELLINI war mir nicht zugänglich, so daß ich Einzelheiten seiner thermischen Ergebnisse nicht mit dem Befund der anderen Verfasser vergleichen konnte.

JAEGER bzw. JAEGER-MENKE bestimmten die Liquiduskurve zwischen 30 und 100% Te (Abb. 433); sie verläuft zwischen 30 und 70% Te um 50—10° oberhalb den von CHIKASHIGE und LOSANA gefundenen Kurven, oberhalb 70% fällt sie mit diesen Kurven zusammen. Auf Grund der Haltezeiten der eutektischen Kristallisation bei 106° (im Mittel) schließen die Verfasser auf eine eutektische Konzentration von etwa 2% Te und eine Löslichkeit von etwa 8% S in Te bei 106°. Die Löslichkeit von Te in S wurde nicht bestimmt, doch halten die Verfasser die Mischkristallbildung für „äußerst geringfügig".

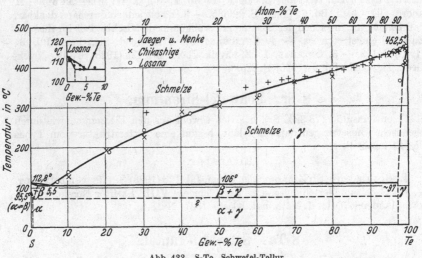

Abb. 433. S-Te. Schwefel-Tellur.

Die von CHIKASHIGE bestimmten Liquidustemperaturen sind ebenfalls in Abb. 433 eingezeichnet. Zwischen 0 und 10% Te sind die Bestimmungen nicht so ausführlich wie die späteren von LOSANA. Die eutektische Zusammensetzung gibt CHIKASHIGE auf Grund der thermischen Daten zu etwa 7% Te, die eutektische Temperatur zu 109° an. β-S (monoklin) und Te vermögen bei der eutektischen Temperatur je 2% der anderen Komponente zu lösen, α-S (rhombisch) nur etwa 0,5% Te. Die Temperatur der polymorphen Umwandlung des Schwefels (95,5°) wird durch Te „stark erniedrigt", eine Feststellung, die auch PELLINI gemacht hatte.

Der thermischen Untersuchung von LOSANA zufolge (Abb. 433 und Nebenabb.) sind bei der eutektischen Temperatur von 106° 1,9% Te in S und etwa 4% S in Te löslich. Das Eutektikum liegt zwischen 5 und 6% Te. Die Liquiduskurve stimmt weitgehend mit der von CHI-

KASHIGE ermittelten überein; ebenfalls die Löslichkeit von Te in β-S.

Nachtrag. Aus Messungen der Thermokraft schließen PETRIKALN-JACOBY[6] auf eine Löslichkeit von 1,5—1,6% S in Te.

Literatur.

1. PELLINI, G.: Atti R. Accad. Lincei, Roma 5 Bd. 18 I (1909) S. 701/706; Bd. 18 II (1909) S. 19/24. Ref. Chem. Zbl. 1909 II S. 790/91. J. chem. Soc. Bd. 96 (1909) S. 726, 805. — **2.** JAEGER, F. M.: Proc. Kon. Acad. Wetensch. Amsterd. Bd. 18 (1910) S. 602/17. — **3.** CHIKASHIGE, M.: Z. anorg. allg. Chem. Bd. 72 (1911) S. 109/18. — **4.** JAEGER, F. M., u. J. B. MENKE: Z. anorg. allg. Chem. Bd. 75 (1912) S. 241/55. — **5.** LOSANA, L.: Gazz. chim. ital. Bd. 53 (1923) S. 399/401. — **6.** PETRIKALN, A., u. H. JACOBY: Z. anorg. allg. Chem. Bd. 210 (1933) S. 195/202.

S-Th. Schwefel-Thorium.

Darstellung und Eigenschaften von ThS_2 (21,64% S) sind wiederholt beschrieben worden[1].

Literatur.

1. U. a. von J. J. BERZELIUS: Pogg. Ann. Bd. 16 (1829) S. 385. NILSON: Ber. dtsch. chem. Ges. Bd. 15 (1882) S. 2537. KRÜSS, G., u. C. VOLCK: Z. anorg. allg. Chem. Bd. 5 (1894) S. 75. MOISSAN, H., u. A. ÉTARD: C. R. Acad. Sci., Paris Bd. 122 (1896) S. 573. DUBOIN, A.: C. R. Acad. Sci., Paris Bd. 146 (1908) S. 815. WARTENBERG, H. V.: Z. Elektrochem. Bd. 15 (1909) S. 871.

S-Ti. Schwefel-Titan.

In der chemischen Literatur werden die Titansulfide TiS (59,91% Ti), Ti_2S_3 (49,90% Ti) und TiS_2 (42,76% Ti) beschrieben. Nach OFTEDAL[1] besitzt TiS_2 ein hexagonales Gitter vom Typus des CdJ_2.

Literatur.

1. OFTEDAL, I.: Z. physik. Chem. Bd. 134 (1928) S. 301/10.

S-Tl. Schwefel-Thallium.

Die von PÉLABON[1] in erster Annäherung bestimmte Kurve des Beginns der Erstarrung (Abb. 434) verläuft zwischen etwa 0% Tl und etwa 72% Tl horizontal bei 125°, steigt dann auf etwa 448° bei 92,7% Tl an und verläuft bei dieser Temperatur bis annähernd 100% Tl wiederum horizontal.

Aus dem Knickpunkt bei 72% Tl schließt PÉLABON ohne Berechtigung auf die Existenz der Verbindung Tl_2S_5 (71,83% Tl; Erstarrungspunkt 125°), die mit Schwefel im flüssigen Zustand unmischbar ist: Das Ende der Erstarrung muß dann notwendigerweise zwischen 0 und 72% praktisch bei der Erstarrungstemperatur des Schwefels liegen. Die Horizontale bei 448° zwischen 92,7 und etwa 100% Tl spricht für das Bestehen einer zweiten Mischungslücke im flüssigen Zustand zwischen Tl und der Verbindung Tl_2S (92,73% Tl), die man trotz der spärlichen Angaben als ziemlich gesichert ansehen darf. Das Ende der Erstarrung ist hier praktisch bei der Erstarrungstemperatur des Thalliums oder einer etwas tieferen eutektischen Temperatur anzunehmen. Der in Abb. 434 angegebene theoretisch notwendige maximale Schmelzpunkt bei der Zusammensetzung Tl_2S wurde von PÉLABON nicht bestimmt. Weniger klar sind die Konstitutionsverhältnisse zwischen

72 und 92,7% Tl. PÉLABON gibt an, daß die Solidustemperatur zwischen 72 und etwa 88% Tl bei 125° (in Wirklichkeit bei 112,8°), zwischen 88 und 92,7% Tl bei annähernd 295° liegt und weist darauf hin, daß die Zusammensetzung 88% Tl durch die Formel Tl_8S_7 auszudrücken ist. Diese Angaben sprechen für das Vorhandensein einer peritektischen Horizontalen bei 295° mit einem peritektischen Punkt bei 88% Tl oder einer davon wenig verschiedenen Konzentration. Das Bestehen einer Verbindung Tl_8S_7 scheint mir wenig wahrscheinlich, ich möchte vielmehr annehmen, daß sich bei 295° die Verbindung TlS (86,44% Tl) bildet, die sich um nur 1,5 Gew.-% = 3,4 Atom-% von Tl_8S_7 unterscheidet[2]. Die Tatsache, daß diese Zusammensetzung um den genannten Betrag außerhalb der von PÉLABON gezeichneten Liquiduskurve (Abb. 434) liegt, erscheint mir weniger wichtig, da PÉLABON offenbar die Erstarrungstemperatur von nur wenigen

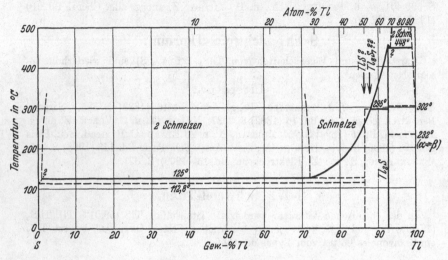

Abb. 434. S-Tl. Schwefel-Thallium.

Schmelzen bestimmt und diese wenigen Liquiduspunkte durch einen glatten Kurvenzug verbunden hat.

In der chemischen Literatur werden u. a. beschrieben die Thalliumsulfide Tl_2S, Tl_2S_3, Tl_2S_5; s. darüber die chemischen Handbücher.

Literatur.

1. PÉLABON, H.: C. R. Acad. Sci., Paris Bd. 145 (1907) S. 118/21. Ref. Chem. Zbl. 1907 II S. 1389 (mit Diagramm). — 2. Ferner käme die Formel Tl_3S_2 (60 Atom-% Tl) in Betracht.

S-U. Schwefel-Uran.

Es wird das Bestehen der Verbindungen US_2[1] (78,79% U), U_2S_3[2] (83,2% U) und US[3] (88,13% U) behauptet[4].

Literatur.

1. Durch Synthese aus den Elementen (U + siedendes S) und chemische Umsetzungen. — 2. Durch Erhitzen von UBr_3 im H_2S-Strom. — 3. Durch Erhitzen von U_2S_3 (?). — 4. S. die chemischen Handbücher.

S-V. Schwefel-Vanadium.

Kay[1] behauptet das Bestehen der drei Vanadiumsulfide V_2S_3 (51,44% V), dargestellt durch Erhitzen von V_2O_3 im H_2S-Strom, $V_2S_2{}^2$ (61,38% V) und $V_2S_5{}^3$ (38,86% V).

Literatur.

1. Kay, W. E.: J. chem. Soc. Bd. 37 (1880) S. 728. — **2.** Durch Glühen von V_2S_3; daher wohl fraglich. — **3.** Durch Erhitzen von V_2S_3 mit S bei Luftabschluß; daher wohl ebenfalls nur Zufallsprodukt.

S-W. Schwefel-Wolfram.

Das Wolframdisulfid WS_2 (74,16% W) ist durch die verschiedenartigsten chemischen Umsetzungen[1] dargestellt worden; an seinem Bestehen ist nicht zu zweifeln. Die Gitterstruktur dieser (durch Erhitzen von W- und S-Pulver im theoretischen Mengenverhältnis in einer eisernen Röhre hergestellten) Verbindung hat van Arkel[2] bestimmt. Die Einheitlichkeit eines als WS_3 angesehenen Produktes[1] ist bisher noch nicht erwiesen.

Literatur.

1. Vgl. die chemischen Handbücher. — **2.** Arkel, A. E. van: Rec. Trav. chim. Pays-Bas Bd. 45 (1926) S. 437/44. Strukturbericht 1913—1928, S. 166, 255, Leipzig 1931.

S-Zn. Schwefel-Zink.

Über den Vorgang der Erstarrung zinkreicher Zn-S-Schmelzen (Löslichkeit von S in geschmolzenem Zn bzw. von Zn in geschmolzenem ZnS) ist noch nichts bekannt. Es ist anzunehmen, daß das Zustandsdiagramm dem der Systeme Se-Zn (s. dieses) und Cd-Se (s. dieses) analog ist.

Cussak[1] gibt an, daß Zinkblende bei 1049° schmilzt. Dieser Wert ist jedoch entschieden zu niedrig. Friedrich[2] extrapoliert aus den Erstarrungsdiagrammen der Systeme von ZnS mit PbS, Cu_2S, Ag_2S und FeS den Schmelzpunkt zu 1600 bis 1700°, näher bei 1700°. Unter gewöhnlichen Bedingungen ist ZnS jedoch wohl nicht zum Schmelzen zu bringen, da es sich bereits bei bedeutend tieferer Temperatur ohne Zersetzung verflüchtigt. Nach einer Untersuchung von Doeltz-Graumann[3] ist ZnS (Zinkblende und synthetisches ZnS) schon gegen 1200° bei hinreichend langer Erhitzung völlig verdampfbar, ohne daß es vorher schmilzt. Allen-Crenshaw[4] fanden, daß ZnS bei 1000° so flüchtig ist, daß sich in wenigen Stunden kleine Kristalle von Wurtzit ergeben. Biltz[5] bestimmte die Sublimationspunkte von reiner natürlicher Zinkblende (regulär) zu 1178 ± 2° und von synthetischem „Wurtzit" (hexagonal), der durch Erhitzen von gefälltem ZnS im Stickstoffstrom bei 1700—1800° erhalten war, zu 1185 ± 6°. Da diese beiden Werte so nahe zusammenliegen, so zieht er daraus den Schluß, daß sich die Blende vor oder bei der Sublimation in Wurtzit umgewandelt hat, die hexagonale Modifikation also als die bei hohen Temperaturen stabile Form anzusehen ist[6]. Das stimmt mit den Beobachtungen von Allen-Crenshaw überein, die den Umwandlungspunkt Zinkblende → Wurtzit zu 1020 ± 5° ermittelten. Tiede-Schleede[7] haben den Schmelzpunkt des Wurtzits unter einem Druck von 100—150 Atm. zu 1800—1900° bestimmt.

Literatur über die Untersuchungen der Gitterstruktur der natürlichen Zinkblende und des Wurtzits und von künstlichem ZnS siehe im „Strukturbericht"[8].

Literatur.

1. Cussak, R.: N. Jahrb. Mineral. 1899 I S. 196. — **2.** Friedrich, K.: Metallurgie Bd. 5 (1908) S. 114/18. — **3.** Doeltz, F. O., u. C. A. Graumann: Metallurgie Bd. 3 (1906) S. 442/43. — **4.** ALLEN, E. T., u. J. L. CRENSHAW: Z. anorg. allg. Chem. Bd. 79 (1912) S. 127/46, 174/79. — **5.** BILTZ, W.: Z. anorg. allg. Chem. Bd. 59 (1908) S. 277/78. — **6.** Durch Reduktion von $ZnSO_4$ mit Kohle im elektrischen Ofen gewonnenes ZnS (MOURLOT, A.: Ann. Chim. Phys. 7 Bd. 17 [1899] S. 510/74) ist hexagonal, ebenso das durch Erhitzen von gefälltem ZnS erhaltene. WEIGEL: Zitiert bei W. BILTZ, s. Anm. 5. S. darüber auch die eingehenden Untersuchungen von ALLEN-CRENSHAW, Anm. 4. — **7.** TIEDE, E., u. A. SCHLEEDE: Ber. dtsch. chem. Ges. Bd. 53 (1920) S. 1719/20. — **8.** EWALD, P. P., u. C. HERMANN: Strukturbericht 1913—1928, S. 76/79, 127/29, 772, Leipzig 1931. S. auch neuerdings D. COSTER, K. S. KNOL u. J. A. PRINS: Z. Physik Bd. 63 (1930) S. 345/69.

S-Zr. Schwefel-Zirkonium.

ZrS_2 (58,72% Zr) besitzt nach VAN ARKEL[1] das hexagonale Gitter des CdJ_2.

Literatur.

1. ARKEL, A. E. VAN: Physica Bd. 4 (1924) S. 286/301. Vgl. auch F. HUND: Z. Physik Bd. 14 (1925) S. 833. Darstellung s. u. a. bei A. E. VAN ARKEL u. J. H. DE BOER: Z. anorg. allg. Chem. Bd. 148 (1925) S. 348 und in Gmelin-Kraut Handbuch Bd. 6 Abt. 1 (1928) S. 24 u. 710.

Sb-Se. Antimon-Selen.

Mit der Konstitution des Systems Sb-Se haben sich zunächst PÉLABON und auch CHRÉTIEN in einer Reihe von Arbeiten beschäftigt, auf die hier nur kurz eingegangen wird, da sie von neueren Untersuchungen an Genauigkeit und Vollkommenheit übertroffen werden. PÉLABON[1] bestimmte den im unteren Teil der Abb. 435 dargestellten gestrichelt gezeichneten Verlauf der Liquiduskurve (einzelne Temperaturwerte werden nicht mitgeteilt), der auf das Bestehen nur einer Verbindung, dem seit langem bekannten Antimontriselenid Sb_2Se_3 (49,38% Se), hindeutet. Der im Bereich von etwa 12—36% Se bei 566° liegende horizontale Teil der Kurve spricht für eine Mischungslücke im flüssigen Zustand, doch konnte PÉLABON keine Schichtenbildung beobachten. Unabhängig von dieser Arbeit hat CHRÉTIEN[2] vier Maxima auf der Liquiduskurve bei den Zusammensetzungen SbSe (542°), Sb_4Se_5 (etwa 590°), Sb_3Se_4 (etwa 605°) und Sb_2Se_3 (611°) festgestellt. Das Bestehen der genannten Verbindungen glaubte er auch durch andere Versuche bestätigt zu haben. In einer zweiten Veröffentlichung hat CHRÉTIEN[3] die Ergebnisse PÉLABONs kritisiert und als unzutreffend hingestellt; gleichzeitig betonte er jedoch, daß ein Teil seiner früheren Schlußfolgerungen bezüglich des Bestehens der Sb-Se-Verbindungen unstichhaltig gewesen sei. Ob sich weitere Beobachtungen von ihm im Sinne einer Schichtenbildung deuten lassen, ist nicht ganz klar.

Nachdem es PÉLABON[4] mit Hilfe von Widerstandsmessungen nicht gelungen war, Schlüsse auf die Konstitution zu ziehen, untersuchte er[5] das Gefüge. Als einzige Verbindung konnte er nur Sb_2Se_3 feststellen. Zwischen 11 und etwa 39% Se ließen sich z w e i S c h i c h t e n f a s t gleicher Dichte erkennen. Damit war die teilweise Unmischbarkeit der flüssigen Komponenten erwiesen. Später konnte PÉLABON[6] das Bestehen der Verbindung Sb_2Se_3 durch Messungen der Thermokraft der ganzen Legierungsreihe erneut bestätigen.

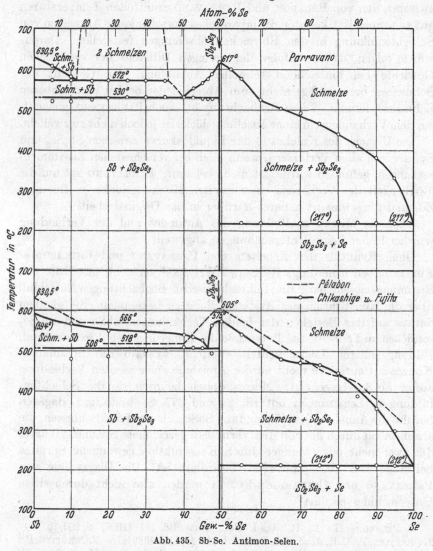

Abb. 435. Sb-Se. Antimon-Selen.

Das vollständige Zustandsschaubild wurde erstmalig von PARRAVANO[7] auf Grund thermischer und mikroskopischer Untersuchungen gegeben (Abb. 435). PÉLABONs Ergebnisse wurden dadurch bestätigt. Später, jedoch ohne Kenntnis der Arbeit von PARRAVANO, haben CHIKASHIGE-FUJITA[8] die Konstitution abermals mit Hilfe thermischer und mikroskopischer Untersuchungen studiert. Sie gelangten zu dem im unteren Teil der Abb. 435 dargestellten Diagramm[9]. Von quantitativen Unterschieden abgesehen (die Temperaturen liegen im Schaubild von CHIKASHIGE-FUJITA durchweg zu tief[10], während die Übereinstimmung zwischen den von PÉLABON und PARRAVANO ermittelten Temperaturen gut zu nennen ist), konnten die japanischen Forscher keine Anzeichen von Schichtenbildung in den Sb-reichen Mischungen feststellen. Daraus würde folgen, daß es infolge der geringen Differenz der spezifischen Gewichte bei hinreichend schneller Abkühlung (das Gewicht der Schmelzen betrug 10 g) nicht zum Absetzen der beiden unmischbaren Schmelzen kommt. Diese Beobachtung hat auch PARRAVANO gemacht. An dem Vorhandensein einer Mischungslücke ist jedoch nicht zu zweifeln.

Die Ursache des Knickes in der Liquiduskurve zwischen Sb_2Se_3 und Se, der von allen Verfassern, wenn auch bei verschiedenen Zusammensetzungen, gefunden wurde, ist nicht bekannt. PARRAVANO hat auf die Möglichkeit des Vorliegens einer zweiten Mischungslücke im flüssigen Zustand hingewiesen; näheres darüber in der Originalarbeit.

Über die Mischkristallbildung des Antimons und der Verbindung wurden bisher keine Untersuchungen angestellt.

Ohne Kenntnis der Arbeiten von PARRAVANO und CHIKASHIGE-FUJITA haben neuerdings KREMANN-WITTEK[11] versucht, mit Hilfe von Spannungsmessungen[12] und mikroskopischen Beobachtungen Aufschluß über die Konstitution des Systems Sb-Se zu bekommen. Sie glauben daraus auf das Bestehen der beiden Verbindungen SbSe und Sb_2Se_3 schließen zu können. Die Potentiale der Legierungen sind jedoch durch Bildung edlerer Deckschichten entstellt, weshalb die Spannungs-Konzentrationskurve nicht zu der Annahme einer zweiten Verbindung außer Sb_2Se_3 berechtigt. Mikroskopisch konnten sie die Schichtenbildung in Legierungen mit rd. 25 und 37% Se bestätigen, dagegen beruht die Annahme der Verbindung SbSe sicher auf Fehlschlüssen, die anscheinend durch die von den Verfassern gezeichnete Spannungskurve, die zwei mehr oder weniger durch Konstruktion gewonnene Sprünge bei SbSe und Sb_2Se_3 aufweist, beeinflußt ist. Die Diagramme von PARRAVANO und CHIKASHIGE-FUJITA werden also nicht durch diese Untersuchung berührt.

Literatur.

1. PÉLABON, H.: C. R. Acad. Sci., Paris Bd. 142 (1906) S. 207/10. — **2.** CHRÉTIEN, P.: C. R. Acad. Sci., Paris Bd. 142 (1906) S. 1339/41. — **3.** CHRÉTIEN, P.: C. R. Acad. Sci., Paris Bd. 142 (1906) S. 1412/13. — **4.** PÉLABON, H.: C. R. Acad. Sci., Paris Bd. 152 (1911) S. 1302/05. — **5.** PÉLABON, H.: C. R. Acad. Sci., Paris Bd. 153 (1911) S. 343/46. — **6.** PÉLABON, H.: C. R. Acad. Sci., Paris Bd. 158 (1914) S. 1669. — **7.** PARRAVANO, N.: Gazz. chim. ital. Bd. 43 I (1913) S. 210/20. — **8.** CHIKASHIGE, M., u. M. FUJITA: Mem. Coll. Sci. Kyoto Univ. Bd. 2 (1917) S. 233/37 (deutsch). — **9.** Da die Untersuchung unabhängig von PARRAVANO ausgeführt wurde und außerdem die Veröffentlichung nur schwer zu beschaffen ist, glaubte ich auf die Wiedergabe des Diagramms nicht verzichten zu dürfen. — **10.** Beachte insbesondere den Sb-Schmelzpunkt, der auf einen minderen Reinheitsgrad hindeutet. — **11.** KREMANN, R., u. R. WITTEK: Z. Metallkde. Bd. 13 (1921) S. 90/97. — **12.** Spannungsmessungen wurden schon früher von PÉLABON ausgeführt (C. R. Acad. Sci., Paris Bd. 151 [1910] S. 641/44), doch erlauben sie keine Rückschlüsse auf die Konstitution.

Sb-Si. Antimon-Silizium.

Das in Abb. 436 dargestellte Erstarrungsschaubild wurde von WILLIAMS[1] ausgearbeitet. Daraus geht hervor, daß sich die von

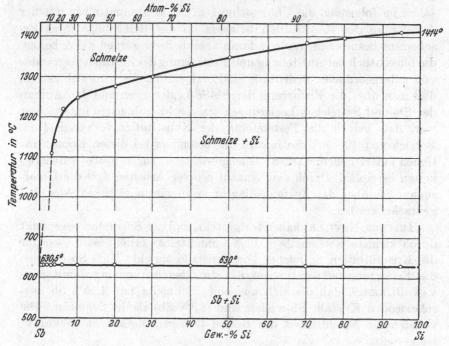

Abb. 436. Sb-Si. Antimon-Silizium.

VIGOUROUX[2] — allerdings auf Grund unzureichender Kriterien — ausgesprochene Vermutung nach dem Bestehen einer Sb-Si-Verbindung nicht bestätigt. WILLIAMS glaubt, daß etwa 1% Sb in Si löslich sei, da in einer Legierung dieser Zusammensetzung nach zehnstündigem Glühen bei 600° kein Sb zwischen den Si-Polyedern zu erkennen war.

Nachtrag. Aus Messungen der Gitterkonstanten schließen JETTE-GEBERT[3], daß keine festen Lösungen der beiden Komponenten ineinander bestehen.

Literatur.

1. WILLIAMS, R. S.: Z. anorg. allg. Chem. Bd. 55 (1907) S. 19/21. Reinheitsgrad des verwendeten Si = 98%. — **2.** VIGOUROUX, E.: C. R. Acad. Sci., Paris Bd. 123 (1896) S. 115. — **3.** JETTE, E. R., u. E. B. GEBERT: J. chem. Phys. Bd. 1 (1933) S. 753/55. Ref. Physik. Ber. Bd. 15 (1934) S. 261.

Sb-Sn. Antimon-Zinn.

Die Sb-Sn-Legierungen haben in hohem Maße das Interesse der Forscher erweckt. Es ist hier nicht möglich, auf Einzelheiten der zahlreichen Untersuchungen, insbesondere auf die Deutungsversuche der verschiedenen Autoren einzugehen. In fast sämtlichen der unten aufgeführten Arbeiten wird das Ergebnis der jeweils früheren Untersuchungen besprochen und dazu Stellung genommen.

Damit die Arbeiten der einzelnen Forscher eine ihnen gebührende Berücksichtigung erfahren und Wiederholungen vermieden werden, sollen im folgenden die Untersuchungen, die sich unmittelbar mit der Aufklärung der Konstitution befassen, in der Reihenfolge ihres Erscheinens besprochen werden; daran anschließend werden die Arbeiten, die hinsichtlich der Aufstellung und Bestätigung des Zustandsdiagramms von untergeordneter Bedeutung sind, aufgeführt. Es wird sich zeigen, daß man über die Erstarrung der Sb-Sn-Legierungen und den Aufbau der Sb- und Sn-reichen Legierungen schon sehr früh genau unterrichtet war, daß jedoch die Feststellung der Konstitutionsverhältnisse im Bereich von 40—60% Sn infolge der besonders bei diesen Konzentrationen auftretenden starken Gleichgewichtsstörungen große Schwierigkeiten bereitete. Durch eine Anzahl neuerer Arbeiten sind die Untersuchungen über das Zustandsdiagramm zu einem gewissen Abschluß gebracht worden.

HEYCOCK-NEVILLE[1] haben festgestellt, daß der Sn-Erstarrungspunkt durch kleinste Sb-Gehalte (0,05%) unmittelbar erhöht wird, was für die Kristallisation Sn-reicher Mischkristalle spricht; 2,6% Sb erhöhen die Erstarrungstemperatur um 6°. In Übereinstimmung damit fand VAN BIJLERT[2], daß die sich aus einer Schmelze mit 4,65% Sb ausscheidenden Kristalle Sb-reicher sind (6,3% Sb) als die Schmelze. Die vollständige Mischbarkeit der beiden flüssigen Metalle hat WRIGHT[3] festgestellt.

ROLAND-GOSSELIN[4] bestimmte erstmalig den Verlauf der Liquiduskurve der ganzen Legierungsreihe. Er fand eine wellenförmige Kurve, die derjenigen von BRONIEWSKI-SLIWOWSKI (Abb. 437d) bestimmten sehr ähnlich ist. Wenig später untersuchten STEAD[5], CHARPY[6] und BEHRENS-BAUCKE[7] den Gefügeaufbau. Von STEADs Ergebnissen ist hier festzuhalten, daß (ohne Wärmebehandlung) etwa 7,5% Sb in Sn löslich sind, und daß bei höherem Sb-Gehalt kubische Kristalle auftreten, deren Zusammensetzung durch rückstandsanalytische Untersuchungen zu 48,56% Sn ermittelt wurde, was etwa der Formel SbSn (49,36% Sn) entspricht. CHARPY konnte ebenfalls das Bestehen Sn-reicher Mischkristalle sowie der kubischen Kristallart (wahrscheinlich SbSn), die mit Sb Mischkristalle bildet, feststellen. BEHRENS-BAUCKE haben aus einer Legierung mit 10% Sb durch Behandeln mit HCl Kristalle der Zusammensetzung 66,3% Sn isoliert; sie schlossen darauf auf die Existenz der Verbindung $SbSn_2$ (66,10% Sn). Aus einer Legierung mit 58% Sn glaubten sie die Verbindung SbSn isoliert zu haben.

REINDERS[8] gab 1900 das in Abb. 437a dargestellte Erstarrungsschaubild, das im wesentlichen auch noch heute als gültig anzusehen ist. Aus dem Vorhandensein der drei Horizontalen bei 430°, 310° und 243° schloß er auf das Bestehen von zwei intermediären Kristallarten, SbSn und Sb_4Sn_3 (42,24% Sn) oder Sb_5Sn_4 (43,82% Sn). Der Gefügeaufbau der Legierungen mittlerer Zusammensetzung war seiner Meinung nach damit im Einklang. REINDERS wies erstmalig auf die starken Gleichgewichtsstörungen hin, die infolge unvollständiger peritektischer Umsetzung bei 430° (Umhüllungen) in den Legierungen mit 40—50% Sn auftreten. Die Löslichkeit von Sb in Sn bestimmte er zu etwa 8%.

ZEMCZUZNY[9] hat die von REINDERS gewonnenen Ergebnisse der thermischen Analyse ausgezeichnet bestätigt. Da er über seine Untersuchungen nicht selbst berichtet hat, sind Einzelangaben nicht bekannt. Dem von KONSTANTINOW-SMIRNOW gegebenen Erstarrungsdiagramm ZEMCZUZNYs zufolge liegen die Temperaturen der drei horizontalen Gleichgewichtskurven bei praktisch denselben Temperaturen wie in REINDERS' Schaubild. Die obere Peritektikale wurde im Bereich von 7—50% Sn, die mittlere zwischen 35 und 79% Sn und die untere zwischen 34 und 91,5% Sn festgestellt.

Mikroskopische Untersuchungen von CAMPBELL[10] brachten keine neuen Erkenntnisse. TUTURIN[11] und PUSCHIN[12] kamen auf Grund von Bestimmungen der Thermokräfte bzw. der elektromotorischen Kräfte[13] zu dem Schluß, daß es zweifellos eine Verbindung SbSn gäbe.

GALLAGHER[14] gelangte mit Hilfe thermischer Untersuchungen, die sich allerdings nur auf die Umwandlungsvorgänge bei 313—319° beschränkten, und mikroskopischer Prüfungen zu dem in Abb. 437b wiedergegebenen Diagramm. Wesentlich war die Feststellung, daß die von REINDERS und ZEMCZUZNY beobachtete Horizontale bei rd. 310° zwischen 40 und 80% Sn nicht der Bildung einer zweiten intermediären Phase im Sinne des Schaubildes von REINDERS entspricht, sondern eine polymorphe Umwandlung der β-Kristallart kennzeichnet, und daß die Umwandlung — wie es die Theorie auch verlangt — im Bereich der $(\alpha + \beta)$-Legierungen bei einer von 319° verschiedenen Temperatur vor sich geht[15]. Die Umwandlung ist nicht mit einer Änderung des Gefüges verknüpft. Das Vorhandensein einer Verbindung wird von GALLAGHER verneint. Die Sättigungsgrenzen der α-, β-, β'- und γ-Mischkristalle wurden durch mikroskopische Untersuchungen an geglühten und darauf abgeschreckten Legierungen bestimmt. Der eigenartige Verlauf der β' $(\alpha + \beta')$-Grenze erklärt sich durch eine ungenügende Glühdauer bei den in Betracht kommenden verhältnismäßig niedrigen

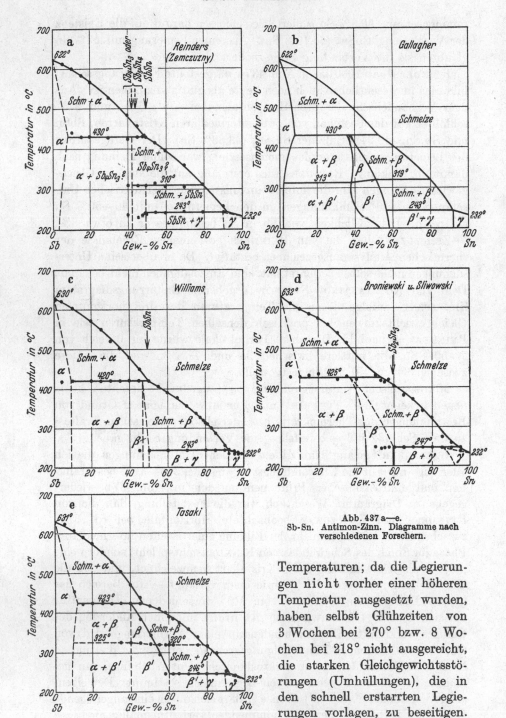

Abb. 437 a—e.
Sb-Sn. Antimon-Zinn. Diagramme nach
verschiedenen Forschern.

Temperaturen; da die Legierungen nicht vorher einer höheren Temperatur ausgesetzt wurden, haben selbst Glühzeiten von 3 Wochen bei 270° bzw. 8 Wochen bei 218° nicht ausgereicht, die starken Gleichgewichtsstörungen (Umhüllungen), die in den schnell erstarrten Legierungen vorlagen, zu beseitigen.

Aus diesem Grunde dürfte auch die in dem Schaubild zum Ausdruck kommende starke Löslichkeitsabnahme von Sn in Sb mit fallender Temperatur nicht sichergestellt sein.

WILLIAMS[16], der eine vollständige thermische Analyse durchführte (vgl. Abb. 437c), konnte die Umwandlungshorizontalen nicht bestätigen. Allerdings arbeitete er mit Legierungen von nur 20 g, in einigen Fällen auch 130 g, während GALLAGHER Legierungen von 400 g verwendet hatte. Er stellte ebenfalls als zweifelsfrei fest, daß bei gewöhnlicher Temperatur nur eine intermediäre Phase besteht, in deren engbegrenztem Homogenitätsbereich die Zusammensetzung SbSn liegt. Nach 16stündigem Glühen bei 360° von Legierungen mit 40—52,5% Sn (die nach dem Erkalten aus dem Schmelzfluß größtenteils dreiphasig waren), erwiesen sich nur die Legierungen mit etwa 47,5—50% Sn als einphasig. Die feste Löslichkeit von Sn in Sb betrug nach 36stündigem Glühen bei 400° und nachfolgender „gewöhnlicher" Abkühlung 9—10% Sn. Bezüglich der festen Löslichkeit von Sb in Sn wurde das Ergebnis von REINDERS und GALLAGHER bestätigt.

LOEBE[17], der „zahlreiche" Schmelzen thermisch untersuchte, „fand die Angaben von WILLIAMS im großen und ganzen bestätigt". Näheres wird nicht mitgeteilt.

KONSTANTINOW-SMIRNOW[18] versuchten mit Hilfe von Leitfähigkeitsmessungen[19] Aufschluß über die Konstitution der Sb-Sn-Legierungen zu bekommen. Die Proben wurden bis zur Konstanz der Leitfähigkeitswerte bei Temperaturen zwischen 200 und 400° geglüht. Aus dem Verlauf der Leitfähigkeitsisotherme und der Kurve des Temperaturkoeffizienten des elektrischen Widerstandes schlossen die Verfasser auf die Existenz Sb-reicher Mischkristalle (bis etwa 10% Sn) und Sn-reicher Mischkristalle (90—100% Sn) sowie auf das Vorliegen der Verbindungen SbSn (49,36% Sn) und Sb_2Sn_3 (59,39% Sn), die beide Sb in fester Lösung aufzunehmen vermögen[20]. Dazu ist nach unserer heutigen Kenntnis zu sagen, daß der unregelmäßige, auf das Bestehen von vier ausgezeichneten Konzentrationen (Phasengrenzen) zwischen 40 und 60% Sn (statt zwei nach GALLAGHER und WILLIAMS) deutende Verlauf der beiden Kurven durch Nichterreichen des Gleichgewichtszustandes — entgegen der Auffassung der Forscher — hervorgerufen wurde. Spätere Messungen von BRONIEWSKI-SLIWOWSKI einerseits und AOKI-OSAWA-IWASÉ andererseits (s. S. 1049) haben gezeigt, daß beide Kurven zwischen den Phasengrenzen der β'-Kristallart (42 und 58% Sn nach AOKI-OSAWA-IWASÉ) einen kontinuierlichen Verlauf besitzen. — Das Bestehen der Horizontalen bei 310—315°, die nach Ansicht von KONSTANTINOW-SMIRNOW allerdings der peritektischen Bildung der Verbindung Sb_2Sn_3 entsprechen soll, wurde erneut bewiesen.

GUREVICH-HROMATKO[21] bestimmten die Erstarrungspunkte von 19 zwischen 90 und 100% Sn gelegenen Schmelzen. In Abweichung von dem Befund von HEYCOCK und NEVILLE (s. S. 1044) stellten sie ein bei etwa 98,7% Sn und 231° (d. h. 1° unterhalb des Sn-Schmelzpunktes) liegendes Minimum in der Liquiduskurve fest. Diese Tatsache ist mit dem Vorliegen einer ziemlich ausgedehnten Reihe Sn-reicher Mischkristalle unvereinbar.

Um die Widersprüche in den Ergebnissen der bisher genannten Arbeiten zu klären, haben BRONIEWSKI-SLIWOWSKI[22] die Änderung des elektrischen Widerstandes, der Thermokraft, des Ausdehnungskoeffizienten und deren Temperaturkoeffizienten sowie des Potentials mit der Konzentration der Legierungen nach 50tägigem Glühen bei 200° untersucht und außerdem eine vollständige thermische Analyse ausgeführt (Abb. 437d). Danach halten die Verfasser das Bestehen der Verbindung Sb_2Sn_3, die nur mit Antimon Mischkristalle bildet, für erwiesen. Diese Annahme ist jedoch m. E. durch nichts tiefer begründet und anscheinend nur erfolgt, um die intermediäre Phase durch eine Formel charakterisieren zu können. Die in den Eigenschafts-Konzentrationskurven auftretenden Richtungsänderungen sind — sofern solche bei mittlerer Zusammensetzung überhaupt ausgeprägt zu erkennen sind — offensichtlich bedingt durch die β' $(\beta' + \gamma)$-Grenze, und es besteht keine Veranlassung, diese Grenzkonzentration durch eine chemische Formel auszudrücken. Betreffend Einzelheiten muß auf die Originalarbeit verwiesen werden. — Bemerkenswert ist noch, daß BRONIEWSKI-SLIWOWSKI die Umwandlungshorizontalen bei rd. 310—320° nicht bestätigen konnten (Abb. 437d).

TASAKI[23] hat das in Abb. 437e dargestellte Erstarrungs- und Umwandlungsschaubild mit Hilfe von Widerstands-Temperaturkurven ausgearbeitet. Im Gegensatz zu GALLAGHER (Abb. 437b) und AOKI-OSAWA-IWASÉ (Abb. 438) fand er die Horizontale der β-Umwandlung im $(\alpha + \beta)$-Gebiet bei einer höheren Temperatur als im Gebiet: Schmelze + β[24]. Um im Bereich von 35—65% Sn den Gleichgewichtszustand zu erreichen, wurden gegossene Legierungen (um je 1% verschieden) 100 Stunden bei Temperaturen zwischen 200° und 400° geglüht. Zwischen 40 und 60% Sn erwiesen sich die Legierungen als homogen. Damit wurde erneut bewiesen, daß nur eine intermediäre Phase mit ziemlich ausgedehntem Homogenitätsbereich besteht.

GOLDSCHMIDT[25] stellte fest, daß eine Legierung von der Zusammensetzung SbSn ein Kristallgitter vom NaCl-Typus besitzt. OSAWA[26] teilte mit, daß die β'-Phase (untersucht wurden geglühte Legierungen mit 45, 50 und 57% Sn) ein einfaches kubisches Gitter hat. EWALD-HERMANN[27] bemerken dazu, daß es sich wahrscheinlich um eine NaCl-Struktur mit doppelter Würfelkante handle. MORRIS-JONES und BOWEN[28] [28a] konnten dieses Ergebnis bestätigen. Sie fanden die NaCl-

Struktur innerhalb des Gebietes von 46—60% Sn und vertreten die Auffassung, daß die β'-Phase ein Mischkristall auf der Basis der Verbindung SbSn (4 Moleküle je Elementarzelle) sei. Nach röntgenographischen Untersuchungen von HERTEL-DEMMER[29] bestehen im System Sb-Sn drei Phasen:

„Eine tetragonale Sn-reiche (Sn-Gitter), deren Gitterpunkte bis zu etwa 10% mit Sb-Atomen besetzt sein können, eine trigonale antimonreiche (Sb-Gitter), deren Gitterpunkte bis zu etwa 10% mit Sn-Atomen besetzt sein können, und

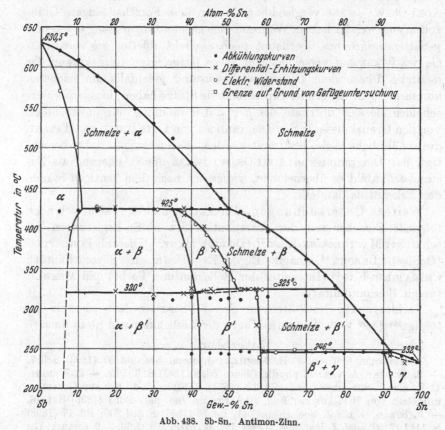

Abb. 438. Sb-Sn. Antimon-Zinn.

eine kubische, die innerhalb weiter Grenzen um das Atomverhältnis 1:1 herum variierende Zusammensetzung haben kann. Für die Existenz einer stöchiometrischen Verbindung sind keine Anhaltspunkte zu finden."

Eine sehr eingehende Untersuchung über das Gleichgewichtsdiagramm haben in jüngster Zeit AOKI-OSAWA-IWASÉ[30] [30a] ausgeführt. Über die Art der Bestimmung der verschiedenen Gleichgewichtskurven gibt die Abb. 438 Auskunft.

Zusammenfassung. Es würde zu weit führen, wenn hier nochmals auf alle kleineren und größeren Abweichungen eingegangen würde, die zwischen den einzelnen Zustandsdiagrammen bestehen. Hinsichtlich der Liquiduskurve, der Temperatur der horizontalen Gleichgewichtskurven und auch der festen Löslichkeit von Sb in Sn bestehen keine wesentlichen Unterschiede. Über die Natur der bei 320—325° stattfindenden Umwandlung besteht nach den Arbeiten von GALLAGHER, TASAKI und besonders AOKI-OSAWA-IWASÉ kein Zweifel. Was die Löslichkeitsgrenzen der α-, β- und β'-Phasen angeht, so sind nur die Diagramme von GALLAGHER, BRONIEWSKI-SLIWOWSKI, TASAKI und AOKI-OSAWA-IWASÉ vergleichbar, da nur diese Forscher längere Glühzeiten angewendet haben. Während eine genaue Bestimmung der α- und γ-Sättigungsgrenzen überhaupt noch aussteht, dürften die von AOKI-OSAWA-IWASÉ auf verschiedenem Wege festgelegten Grenzkurven der β- und β'-Phase dem Gleichgewichtszustand jedenfalls am nächsten kommen, da sie die größte experimentelle Stütze haben; übrigens unterscheiden sie sich oberhalb der $\beta \rightleftharpoons \beta'$-Umwandlung nur unwesentlich von den Grenzkurven in den Diagrammen von GALLAGHER und TASAKI, die auf ähnliche Weise bestimmt wurden. Es scheint mir daher berechtigt, das Diagramm von AOKI-OSAWA-IWASÉ ohne Änderung als Zustandsschaubild zu übernehmen, wie es sich nach dem heutigen Stande der Erkenntnis darstellt.

Weitere Untersuchungen. Direkt oder indirekt haben sich noch folgende Forscher mit der Konstitution der Sb-Sn-Legierungen beschäftigt: MATTHIESSEN-LONG[31] (Dichte), MAEY[32] (Dichte), PORTEVIN[33] (Gefüge), LEROUX[34] (magn. Eig.), ENDO[35] (magn. Suszeptibilität), CHIKASHIGE-KAO[36] (Intensität der Reflexion und Farbe) und MEARA[37] (magn. Suszeptibilität).

Nachtrag. Die NaCl-Struktur der β'-Phase wurde wiederholt bestätigt[30a 38 39 40 41]. Über die Kurve der Löslichkeit von Sb in Sn s.[42].

Literatur.

1. HEYCOCK, C. T., u. F. H. NEVILLE: J. chem. Soc. Bd. 57 (1890) S. 387. — **2.** BIJLERT, A. VAN: Z. physik. Chem. Bd. 8 (1891) S. 357/62. — **3.** WRIGHT, C. R. A.: J. Soc. chem. Ind. Bd. 13 (1894) S. 1014. — **4.** ROLAND-GOSSELIN, mitgeteilt von H. GAUTIER: Bull. Soc. Encour. Ind. nat. Bd. 1 (1896) S. 1316. — **5.** STEAD, J. E.: J. Soc. chem. Ind. Bd. 16 (1897) S. 204/206; Bd. 17 (1898) S. 1111/12. S. auch J. Inst. Met., Lond. Bd. 22 (1919) S. 127/30. — **6.** CHARPY, G.: Bull. Soc. Encour. Ind. nat. Bd. 2 (1897) S. 407. — **7.** BEHRENS, H., u. H. BAUCKE: Versl. Kon. Akad. Wetensch., Amsterd. Bd. 7 (1898/99) S. 58. — **8.** REINDERS, W.: Z. anorg. allg. Chem. Bd. 25 (1900) S. 113/25. — **9.** ZEMCZUZNY, S. F.: Unveröffentlichte Untersuchung. S. die Mitteilung darüber von N. KONSTANTINOW u. W. SMIRNOW, Anm. 18. — **10.** CAMPBELL, W.: J. Franklin Inst. Bd. 154 II (1902) S. 214/16. — **11.** TUTURIN, N. N.: zitiert nach N. KONSTANTINOW u. W. SMIRNOW, Anm. 18. — **12.** PUSCHIN, N.: J. russ. phys.-chem. Ges. Bd. 39 (1906) S. 528 (russ.). Ref. Chem. Zbl. 1907 II S. 2027. — **13.** Frühere Potentialmessungen liegen vor von A. P. LAURIE: J. chem. Soc. Bd. 65 (1894) S. 1031. — **14.** GALLAGHER, F. E.: J. physic. Chem. Bd. 10 (1906) S. 93/98. — **15.** Es wurde schon von früheren Autoren darauf hingewiesen, daß die Einordnung der Umwandlungskurven in der Weise wie sie von GALLAGHER vorgenommen wurde, theoretisch unmöglich ist. Der im $(\alpha + \beta)$-Gebiet liegende Teil ist eine Metatektikale, der im Gebiet: Schmelze $+ \beta$ liegende eine Peritektikale. — **16.** WILLIAMS, R. S.: Z. anorg. allg. Chem. Bd. 55 (1907) S. 12/19. — **17.** LOEBE, R.: Metallurgie Bd. 8 (1911) S. 9/10. — **18.** KONSTANTINOW, N., u. W. SMIRNOW: Int. Z. Metallogr. Bd. 2 (1912) S. 152/71. — **19.** Ältere Leitfähigkeitsmessungen an Legierungen mit 60—100% Sn liegen vor von A. MATTHIESSEN: Pogg. Ann. Bd. 110 (1860) S. 213/14. Daraus geht das Bestehen Sn-reicher Mischkristalle bereits deutlich hervor. — **20.** Es werden folgende Phasengebiete unterschieden: 43—49,5% Sn: Mischkristalle von Sb in SbSn; 49,5—55% Sn: Gemenge von SbSn und fester Lösung von Sb in Sb_2Sn_3; 55—59% Sn: Mischkristalle von Sb in Sb_2Sn_3. — **21.** GUREVICH, L. J., u. J. S. HROMATKO: Trans. Amer. Inst. min. metallurg. Engr. Bd. 64 (1921) S. 233/35. — **22.** BRONIEWSKI, W., u. L. SLIWOWSKI: Rev. Métallurg. Bd. 25 (1928) S. 312/21. — **23.** TASAKI, M.: Mem. Coll. Sci. Kyoto Univ. Bd. 12 (1929) S. 229/30, 249. — **24.** TASAKI deutet die Umwandlung irrtümlich als polymorphe Umwandlungen der Verbindungen Sb_3Sn_2 bei 325° und Sb_2Sn_3 bei 320°. — **25.** GOLDSCHMIDT, V. M.: Skrifter Norske Videnskaps-Akad. Oslo, I. math.-nat. Kl. 1927 Nr. 8. — **26.** OSAWA, A.: Nature, Lond. Bd. 124 (1929) S. 14. — **27.** EWALD, P. P., u. C. HERMANN: Strukturbericht 1913—1928 S. 601, Leipzig 1931. — **28.** MORRIS-JONES, M., u. E. G. BOWEN: Nature, Lond. Bd. 126 (1930) S. 846/47. Ref. J. Inst. Met., Lond. Bd. 47 (1931) S. 90/91. — **28a.** BOWEN, E. G., u. W. MORRIS-JONES: Philos. Mag. Bd. 12 (1931) S. 441/62. — **29.** HERTEL, E., u. A. DEMMER: Metallwirtsch. Bd. 10 (1931) S. 126. — **30.** AOKI, N., A. OSAWA u. K. IWASÉ: Kinzoku no Kenkyu Bd. 7 (1930) S. 147/60 (japan.). Ref. J. Inst. Met., Lond. Bd. 43 (1930) S. 452. — **30a.** Später auch in englischer Sprache veröffentlicht: Sci. Rep. Tôhoku Univ. Bd. 20 (1931) S. 353/68. — **31.** MATTHIESSEN, A., u. C. LONG: Pogg. Ann. Bd. 110 (1860) S. 27. — **32.** MAEY, E.: Z. physik. Chem. Bd. 38 (1901) S. 295. — **33.** PORTEVIN, A.: Rev. Métallurg. Bd. 6 (1909) S. 260/62. — **34.** LEROUX, P.: C. R. Acad. Sci., Paris Bd. 156 (1913) S. 1764. — **35.** ENDO, H.: Sci. Rep. Tôhoku Univ. Bd. 14 (1925) S. 500; Bd. 16 (1927) S. 232/34. HONDA, K., u. H. ENDO: J. Inst. Met., Lond. Bd. 37 (1927) S. 44. — **36.** CHIKASHIGE, M., u. S. KAO: Z. anorg. allg. Chem. Bd. 154 (1926) S. 349/52. — **37.** MEARA, F. L.: Physic. Rev. Bd. 37 (1931) S. 467. Physics Bd. 2 (1932) S. 33/41. — **38.** KLOOSTER, H. S. VAN, u. M. D. DEBACHER: Met. & Alloys Bd. 4 (1933) S. 23/24. — **39.** SCHWARZ, M. V., u. O. SUMMA: Z. Metallkde. Bd. 25 (1933) S. 92/97. — **40.** FARNHAM, G. S.: J. Inst. Met., Lond. Bd. 55 (1934) S. 69. — **41.** HÄGG, G., u. A. G. HYBINETTE: Philos. Mag. Bd. 20 (1935) S. 913/29 ermittelten die Grenzen des Homogenitätsgebietes der β'-Phase zu 45 und 55 Atom-% Sn. — **42.** J. Inst. Met., Lond. Arbeit Nr. 725 (1936).

Sb-Te. Antimon-Tellur.

Das Erstarrungsdiagramm des Systems Sb-Te wurde ausgearbeitet von FAY-ASHLEY[1], PÉLABON[2] (nur Liquiduskurve), KIMATA[3] und KONSTANTINOW-SMIRNOW[4]. Die Abweichungen zwischen den Ergebnissen der einzelnen Untersuchungen sind nur untergeordneter quantitativer Art; s. darüber Abb. 439 und Tabelle 38.

Im einzelnen ist zu den genannten Arbeiten noch folgendes zu sagen: FAY-ASHLEY konnten zwischen 0% Te und der Konzentration der Verbindung Sb_2Te_3 (61,10% Te) keine eutektische Kristallisation feststellen und nahmen daher an, daß Sb und Sb_2Te_3 eine lückenlose Mischkristallreihe miteinander bilden, wofür sie in dem Gefüge dieser Legie-

Tabelle 38.

	F. u. A.	P.	K.	K. u. S.
Sb-Erstarrungspunkt	624°	632°	627°	—
Sb-Sb$_2$Te$_3$-Eutektikum.....	(~ 550°)	—	541°	540°
	(~ 30% Te)	(~ 30% Te)	30% Te*)	30% Te
Erstarrungspunkt der Verbindung Sb$_2$Te$_3$............	629°	(~ 606°)	~ 620°	622°
Sb$_2$Te$_3$-Te-Eutektikum	421°	425°	420°	424°
	87% Te**)	90,5% Te	90,5% Te***)	89% Te
Te-Erstarrungspunkt	446°	452°	442°	—

* KIMATA gibt zwar auf Grund der Haltezeiten eine eutektische Konzentration von 27—28% Te an, doch erstarrt eine Schmelze mit 30% bei konstant bleibender Temperatur von 542°.

** Nach FAY und ASHLEY erstarrt jedoch eine Schmelze mit 90% Te bei konstant bleibender Temperatur von 421°.

*** KIMATA nimmt auf Grund der Haltezeiten 89,5% Te an.

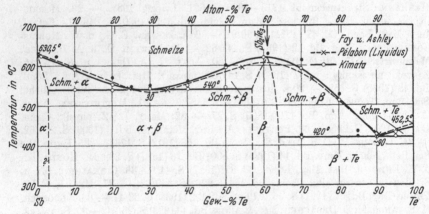

Abb. 439. Sb-Te. Antimon-Tellur.

rungen eine Bestätigung zu finden glaubten. Die späteren Untersuchungen von KIMATA und — unabhängig davon — von KONSTANTINOW-SMIRNOW haben bewiesen, daß diese Feststellung auf einem Irrtum beruht, und daß die Erstarrung der betreffenden Schmelzen mit der Kristallisation eines Eutektikums bei 540° abschließt. Die russischen Forscher konnten insbesondere zeigen, daß die Legierungen mit 0—60% Te bei rascher Erstarrung eine sehr feinkörnige, bei oberflächlicher Betrachtung fast homogen erscheinende Struktur besitzen (wodurch sich die Vermutung von FAY-ASHLEY erklärt), bei langsamer Erstarrung dagegen ein sehr grobes Eutektikum enthalten.

Der Aufbau der Sb-Te-Legierungen wurde kürzlich erneut von ENDO[5] mit Hilfe von thermischen und mikroskopischen Untersuchungen sowie von Messungen des elektrischen Widerstandes und der magnetischen Suszeptibilität untersucht. Der Befund der Arbeiten von KIMATA und

KONSTANTINOW-SMIRNOW wurde dabei in allen wesentlichen Punkten bestätigt. Da ENDO keine Einzelangaben macht, fanden seine Ergebnisse keine Aufnahme in der Tabelle 38. Soweit sich an dem von ihm veröffentlichten sehr kleinen Diagramm Ablesungen machen lassen, liegen die eutektischen Temperaturen bei etwa 540° und 415—420°, die Schmelztemperatur der Verbindung bei etwa 630° und die eutektischen Konzentrationen bei etwa 32 und 88% Te.

Über die Löslichkeitsverhältnisse im festen Zustand lassen sich auf Grund der thermischen Untersuchungen keine Angaben machen; mikroskopische Beobachtungen an wärmebehandelten Legierungen wurden bisher nicht angestellt. KONSTANTINOW-SMIRNOW fanden jedoch — soweit aus dem Referat[4] über ihre Arbeit hervorgeht —, daß die Verbindung eine engbegrenzte Reihe von Mischkristallen zu bilden vermag.

Aus der von HAKEN[6] bestimmten Kurve der elektrischen Leitfähigkeit könnte man auf eine feste Löslichkeit von rd. 10% Te oder mehr in Sb schließen, die von HONDA-SONÉ[7] ermittelte Kurve der magnetischen Suszeptibilität der Legierungen deutet sogar auf eine feste Löslichkeit von rd. 15% Te in Sb[8]. Diesen Werten kommt jedoch keine quantitative Bedeutung zu, da die Kurven keine schroffe Richtungsänderung an der „Grenz"konzentration erfahren, sondern stark abgerundet sind. Des weiteren läßt sich aus der Leitfähigkeits- und Thermokraftkurve von HAKEN mit Sicherheit entnehmen, daß die Verbindung 1—2% Sb und wahrscheinlich auch etwas Te zu lösen vermag.

Die ersten verläßlichen Angaben über die Mischkristallbildung im System Sb-Te hat ENDO[5] gemacht. Die von ihm bestimmte magnetische Suszeptibilitäts-Konzentrationskurve deutet auf eine feste Löslichkeit von etwa 3% Te in Sb sowie von 3—5% Sb und 2—4% Te in der Verbindung (vgl. Abb. 439). Leider ist über den Zustand der zur Messung gelangten Legierungen nichts bekannt.

Die feste Löslichkeit von Sb in Te kann, soweit die Arbeiten von HAKEN, HONDA-SONÉ und besonders ENDO einen Rückschluß darauf gestatten, nur sehr klein sein.

ENDO stellte mit Hilfe von Messungen der magnetischen Suszeptibilität an flüssigen Legierungen fest, daß in der Schmelze Sb_2Te_3-Moleküle in mehr oder weniger dissoziiertem Zustand vorliegen. Im Zusammenhang mit dieser Tatsache wäre die Kenntnis der Kristallstruktur der β-Phase (ob Substitutions- oder Einlagerungsmischkristall) von Wert.

Literatur.

1. FAY, H., u. H. E. ASHLEY: J. Amer. chem. Soc. Bd. 27 (1902) S. 95/105. Ref. Chem. Zbl. 1902 I S. 708 (mit Tabelle). — **2.** PÉLABON, H.: C. R. Acad. Sci., Paris Bd. 142 (1906) S. 207/10. Ann. Chim. Phys. 8 Bd. 17 (1909) S. 526. — **3.** KIMATA, Y.: Mem. Coll. Sci. Kyoto Univ. Bd. 1 (1915) S. 115/18 (deutsch). — **4.** KONSTANTINOW, N. S., u. V. I. SMIRNOW: Ann. Inst. Polytech. Bd. 23

(1915) S. 713/20 (russ.). Über diese Arbeit wurde ich unterrichtet durch ein Referat in J. Inst. Met., Lond. Bd. 14 (1915) S. 238/39. — **5.** ENDO, H.: Sci. Rep. Tôhoku Univ. Bd. 16 (1927) S. 213/15. S. auch K. HONDA u. H. ENDO: J. Inst. Met., Lond. Bd. 37 (1927) S. 42. — **6.** HAKEN, W.: Ann. Physik 4 Bd. 32 (1910) S. 312/16. — **7.** HONDA, K., u. T. SONÉ: Sci. Rep. Tôhoku Univ. Bd. 2 (1913) S. 9/10. — **8.** HAKEN u. HONDA-SONÉ vertraten allerdings die Auffassung, daß ihre Untersuchungen eine Bestätigung für die von FAY-ASHLEY angenommene lückenlose Mischbarkeit von Sb und Sb_2Te_3 erbracht hatten.

Sb-Tl. Antimon-Thallium.

In Abb. 440a sind die von WILLIAMS[1] gefundenen Erstarrungs- und Umwandlungstemperaturen dargestellt. Daraus wäre zu schließen, daß die Erstarrung aller Schmelzen mit der Kristallisation eines Sb—α-Tl-Eutektikums (80% Tl) bei 195° ihren Abschluß findet, und daß bei einer um nur 8° tieferen Temperatur die beiden Komponenten unter Bildung einer Verbindung, wahrscheinlich $SbTl_3$ (83,43% Tl), reagieren. Demgegenüber nimmt jedoch WILLIAMS an, daß sich aus Schmelzen mit 80—86% Tl nicht reines α-Tl primär ausscheidet, sondern ein α-Tl-reicher Mischkristall, da die Dauer der eutektischen Kristallisation bei 195° von 80% Tl auf sehr kleine Werte bei etwa 85% Tl absinkt[2]. In der rechten oberen Ecke der Abb. 440a wurden diese Konstitutionsverhältnisse dargestellt, wobei zu berücksichtigen war, daß nach den Beobachtungen von WILLIAMS die Temperatur der polymorphen $\alpha \rightleftharpoons \beta$-Umwandlung des Tl durch Sb nicht merklich beeinflußt wird, Sb in β-Tl also praktisch nicht löslich ist. Die Bildung der Verbindung $SbTl_3$ aus Sb und einem Mischkristall, der sich um nur 2% (= 3 Atom-%) von der Zusammensetzung der Verbindung unterscheidet, ist jedoch sehr unwahrscheinlich.

Die Zusammensetzung der Verbindung vermochte WILLIAMS nicht mit Sicherheit anzugeben. Das Maximum der Haltezeiten bei 187° liegt zwar sehr nahe bei der Konzentration $SbTl_3$, doch lassen sich daraus keine sicheren Schlüsse ziehen, da — die Richtigkeit der Ansichten WILLIAMS' vorausgesetzt — die an sich schon in kurzer Zeit bei weitem nicht zu Ende verlaufende Reaktion: Sb + gesättigter α-Tl-Mischkristall → $SbTl_3$ durch das Nichterreichen des Gleichgewichtes bei der Erstarrung[2] sowie durch z. T. recht beträchtliche Blockseigerung[3] noch störend beeinflußt wird.

Die mikroskopische Prüfung der ungeglühten Legierungen gestattete aus diesem Grunde ebenfalls keine sicheren Aussagen über die Konstitution: Legierungen mit bis zu 85% Tl enthielten — auch nach 15stündigem Glühen bei 175° — neben Kristallen der strohgelben Verbindung und Tl-(Misch-)-Kristallen noch freies Sb.

Spannungsmessungen — solche wurden ausgeführt von BEKIER[4], KREMANN-LOBINGER[5] und WINOGOROW-PETRENKO[6] — erwiesen sich als gänzlich ungeeignetes Verfahren, den Aufbau der Sb-Tl-Legierungen aufzuklären. Das Ergebnis der Messungen von WINOGOROW-PETRENKO weicht übrigens völlig von dem Befund der anderen Forscher ab.

Mehr Erfolg hatten die Untersuchungen der Gitterstruktur von BARTH[7], GOLDSCHMIDT[8] [9] und besonders PERSSON-WESTGREN[10]. BARTH untersuchte die im oberen Teil der Abb. 440 b durch Pfeile gekennzeichneten Zusammensetzungen mikroskopisch und röntgenographisch, anscheinend ohne jede vorherige Wärmebehandlung. Legierung 1 erwies sich als mikroskopisch heterogen; sie bestand aus Sb und einer Phase,

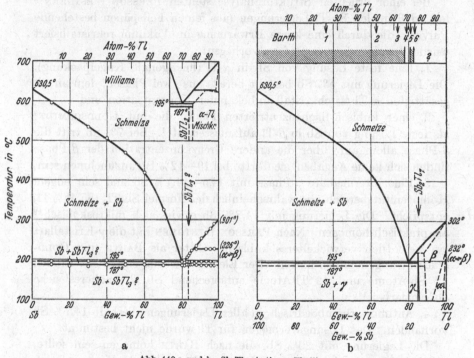

Abb. 440 a und b. Sb-Tl. Antimon-Thallium.

die durch die Röntgenanalyse als intermediäre Kristallart erkannt wurde und hier mit γ bezeichnet werden soll. Legierung 2 (= SbTl) enthielt erheblich weniger γ als Legierung 1. Legierung 3 zeigte sich mikroskopisch „fast homogen", während Legierung 4 (= Sb_5Tl_{11}) nur aus γ-Kristallen bestand. Legierung 5 erwies sich mikroskopisch wiederum als zweiphasig, Legierung 6 bestand mikroskopisch nur aus Tl „und ein Röntgendiagramm zeigte sämtliche Linien des Tl"[11]. Sehr unwahrscheinlich ist jedoch, daß nach Abb. 440 b die γ-Phase einige Prozent zu beiden Seiten der eutektischen Konzentration nach WILLIAMS liegen würde. Aus dem Röntgenogramm der Legierung 4 schloß der Verfasser auf ein kubisch-raumzentriertes Gitter vom CsCl-Typ; er nimmt an, daß die

danach zu erwartende Verbindung SbTl zwar nicht selbst, aber als feste
Lösung von Tl in der Verbindung existenzfähig sei. Schon vor BARTH
hatte GOLDSCHMIDT[8] die Legierung von der Zusammensetzung SbTl
röntgenographisch untersucht und ebenfalls ein CsCl-Gitter festgestellt.
GOLDSCHMIDT[9] konnte später zeigen, daß in der Legierung mit 93,8% Tl
das kubisch-flächenzentrierte Gitter des β-Tl besteht, d. h. also, daß
entgegen der Auffassung von WILLIAMS (Abb. 440a) die Umwandlungstemperatur des Tl durch mindestens 10% Sb bis auf Raumtemperatur
erniedrigt wird.

Bei einer erneuten Strukturanalyse stellten PERSSON-WESTGREN[10]
fest, daß in den Sb-Tl-Legierungen (aus feinen Feilspänen bestehende
Pulver, „die durch eine kurze Erwärmung im Vakuum rekristallisiert
wurden") folgende vier Phasen vorliegen:

1. Eine feste Lösung von Sb in α-Tl (hexagonale Kugelpackung).
Die Legierung mit 5% Sb besteht bereits aus zwei Phasen, dem an Sb
gesättigten α-Tl-Mischkristall unbekannter Konzentration und

2. einer kubisch-flächenzentrierten Phase, die mit GOLDSCHMIDT[9]
als feste Lösung von Sb in β-Tl aufzufassen ist[11]. Bei 7% Sb tritt die
β-Phase allein auf; über die andere Grenzkonzentration der β-Phase
finden sich keine Angaben, sie dürfte bei 10—12% Sb anzunehmen sein.

3. Eine intermediäre γ-Phase mit 14,5—14,7% Sb und sehr engem
Homogenitätsbereich, die wahrscheinlich der Formel Sb_2Tl_7 (85,45% Tl)
entspricht. Die Legierung mit 14,7% Sb erwies sich mikroskopisch[12]
als praktisch homogen. Nach PERSSON-WESTGREN hat die γ-Kristallart
ein wesentlich verwickelteres kubisches Gitter als BARTH und GOLD-
SCHMIDT angenommen hatten. Der Elementarwürfel enthält 54 Atome,
12 Sb-Atome und 42 Tl-Atome entsprechend Sb_2Tl_7; näheres siehe
Originalarbeit[14].

4. Antimon, rhomboedrisch, in allen Legierungen oberhalb 14,7% Sb
vorhanden. Das Lösungsvermögen für Tl wurde nicht bestimmt.

Die Legierung mit 20% Sb, die nach BARTH homogen sein sollte,
wurde in Übereinstimmung mit WILLIAMS als eutektische Konzentration
festgestellt. Wenn man berücksichtigt, daß BARTH die Tl-reichsten
Zusammensetzungen nicht untersuchte, so weichen die Ergebnisse der
Röntgenuntersuchungen von BARTH und PERSSON-WESTGREN gar nicht
so sehr voneinander ab, als es auf den ersten Blick hin erscheint: Die
Verschiebung des γ-Gebietes nach Sb-reicheren Konzentrationen bei
BARTH dürfte dadurch zu erklären sein, daß die Zusammensetzung der
von ihm untersuchten Proben nicht mehr der Einwaage entsprach.

Zusammenfassung. In Abb. 440b sind die Ergebnisse der Untersuchung von PERSSON-WESTGREN mit dem Erstarrungsdiagramm von
WILLIAMS vereinigt. An der Tatsache, daß die β-Tl-Phase als Mischkristall bei Raumtemperatur vorliegt, ist nach GOLDSCHMIDT und

PERSSON-WESTGREN nicht zu zweifeln; die Beobachtung von WILLIAMS, daß die eutektische Haltezeit schon bei 85% Tl praktisch Null wird, ist damit im Einklang. Die γ-Phase dürfte aller Wahrscheinlichkeit nach peritektisch gebildet werden; die kurze peritektische Horizontale kann WILLIAMS sehr wohl entgangen sein. Unklar ist die Natur der Reaktion bei 187°. In Abb. 440 b wurde sie als polymorphe Umwandlung der Verbindung Sb_2Tl_7 gedeutet. Es ist jedoch auch denkbar, daß die γ-Phase in der von WILLIAMS angenommenen Weise bei 187° aus Sb und β gebildet wird.

Nachtrag. Nach SEKITO[13] besitzt eine abgeschreckte (Temp.?) Legierung mit 95% Tl das kubisch-flächenzentrierte Gitter des β-Tl.

Literatur.

1. WILLIAMS, R. S.: Z. anorg. allg. Chem. Bd. 50 (1906) S. 127/32. — **2.** Die bei der eutektischen Temperatur zwischen 86 und 100% Tl noch auftretenden kleinen Haltepunkte sind auf mangelnde Diffusion während der Erstarrung zurückzuführen. — **3.** Zwischen 60 und 80% Tl trat sogar Schichtenbildung ein. — **4.** BEKIER, E.: Chemik Polski Bd. 15 (1918) S. 119/31. Ref. Chem. Zbl. 1918I S. 1000. — **5.** KREMANN, R., u. A. LOBINGER: Z. Metallkde. Bd. 12 (1920) S. 253/55. — **6.** WINOGOROW, G., u. G. PETRENKO: Z. anorg. allg. Chem. Bd. 150 (1926) S. 258/60. — **7.** BARTH, T.: Z. physik. Chem. Bd. 127 (1927) S. 113/20. — **8.** GOLDSCHMIDT, V. M.: Skrifter Norske Videnskaps-Akad. Oslo, I. math.-nat. Kl. 1926 Nr. 2. — **9.** GOLDSCHMIDT, V. M.: Z. physik. Chem. Bd. 138 (1928) S. 410. — **10.** PERSSON, E., u. A. WESTGREN: Z. physik. Chem Bd. 136 (1928) S. 208/14. — **11.** BARTH vermutet, daß es sich um das kubisch-flächenzentrierte β-Tl handelt. — **12.** PERSSON-WESTGREN veröffentlichten die ersten Gefügebilder von Sb-Tl-Legierungen. — **13.** SEKITO, S.: Z. Kristallogr. Bd. 74 (1930) S. 193/95. — **14.** Vgl) auch MORRAL, F. R., u. A. WESTGREN: Svensk. Kem. Tidskrift Bd. 46 (1934. S. 153/56.

Sb-Zn. Antimon-Zink.

Ältere Untersuchungen. Bereits COOK[1], der die Zusammensetzung der sich beim Erkalten von Sb-Zn-Schmelzen ausscheidenden Kristalle (durch Abgießen des noch flüssigen Teiles) ermittelte, stellte fest, daß die Verbindungen SbZn (34,94% Zn) und Sb_2Zn_3 (44,61% Zn) bestehen, die beide rhombisch kristallisieren sollen. WRIGHT[2] bestätigte die vollständige Mischbarkeit der beiden flüssigen Metalle. ROLAND-GOSSELIN und GAUTIER[3] bestimmten erstmalig die Liquiduskurve und fanden zwei eutektische Punkte bei etwa 23% Zn, 495° und etwa 97% Zn, 407° (Zn-Schmelzpunkt 433°!) und ein Maximum bei 39,5—44,5% Zn und 570°, das etwa der Formel Sb_2Zn_3 entspricht. Aus Bestimmungen der Erstarrungspunkte zwischen 95,5 und 100% Zn von HEYCOCK-NEVILLE[4] ergibt sich ein eutektischer Punkt bei 97,7—98% Zn und 412,5°. HERSCHKOWITSCH[5] schloß aus dem Verlauf der Spannungs-Konzentrationskurve auf das Bestehen von Sb_2Zn (21,17% Zn), doch lassen seine tabellarischen Angaben auch die Annahme von Sb_3Zn_2

(26,36% Zn) und Sb_2Zn_3 zu. MAEY[6] glaubte aus der Kurve des spezifischen Volumens auf das Bestehen von Sb_3Zn_2 schließen zu können.

Thermoanalytische und mikroskopische Untersuchungen des vollständigen Systems liegen vor von MÖNKEMEYER[7], ZEMCZUZNY[8], CURRY[9] und TAKEI[10]. Außerdem hat ARNEMANN[11] die Erstarrung der Schmelzen mit 80—100% Zn untersucht und dabei einen eutektischen Punkt bei 97,5% Zn und 412,5° gefunden. Die Ergebnisse dieser Arbeiten lassen sich am einfachsten durch Gegenüberstellung der Zustandsdiagramme vergleichen; s. Abb. 441a bis c und Abb. 442.

Nach MÖNKEMEYER (19 Schmelzen, je 25 g) bestehen die beiden unzersetzt schmelzenden Verbindungen SbZn und Sb_2Zn_3. Die zwischen 45 und 95% Zn beobachteten Haltepunkte bei 359—324° führt MÖNKEMEYER auf eine stark unterkühlbare Umwandlung von Sb_2Zn_3 zurück[12].

ZEMCZUZNY (85 Schmelzen, je 120—140 g) gelangte unabhängig von MÖNKEMEYER zu einer ganz anderen Auffassung. Je nachdem, ob während der Erstarrung mit Kristallen der Verbindung SbZn geimpft wurde oder nicht, wurden zwischen 20 und 35% Zn verschiedene Liquidustemperaturen und zwischen 0 und 44,5% Zn verschiedene Solidustemperaturen gefunden. ZEMCZUZNY schloß darauf auf das Bestehen eines instabilen und eines stabilen Systems. Wurde nicht geimpft, so war zwischen 0 und 25% bzw. 25 und 44,5% Zn nach primärer Kristallisation von Sb (zwischen 20 und 25% Zn instabil) bzw. Sb_2Zn_3 (zwischen 25 und 33% Zn instabil) die Erstarrung erst mit der Kristallisation eines instabilen Sb-Sb_2Zn_3-Eutektikums bei 482° beendet (gestrichelte Kurven in Abb. 441b). Unterhalb dieser Temperatur, bei 390—480°, trat darauf infolge der Neigung zur Aufhebung des instabilen Gleichgewichtes zwischen Sb und Sb_2Zn_3 ein sprunghafter Temperaturanstieg (im Mittel um 40°, im Höchstfall um 80°) und ein unmittelbar darauf stattfindender Temperaturabfall ein. Wurde dagegen geimpft, so kristallisierte zwischen 20 und 32% Zn die stabile Kristallart SbZn primär und die Erstarrung war mit der Kristallisation des stabilen Sb-SbZn-Eutektikums beendet; die Temperatursprünge blieben aus. Zwischen 32 und 44,5% Zn erfolgte nach der Primärkristallisation von Sb_2Zn_3 die peritektische Umsetzung: Schmelze $+$ Sb_2Zn_3 $=$ SbZn bei 537° (entgegen dem Befund von MÖNKEMEYER), womit die Erstarrung beendet war (Temperaturpunkte in Abb. 441b mit $\bigcirc$ bezeichnet; ausgezogene Kurven). Das instabile System verdankt also sein Entstehen der Tatsache, daß sich sowohl die Primärkristallisation von SbZn (zwischen 20 und 33% Zn) als die peritektische Reaktion bei 537° (zwischen 33 und 44,5% Zn) unterkühlen läßt. Das Bestehen eines instabilen und eines stabilen Teilsystems konnte durch mikroskopische Untersuchungen vollauf bestätigt werden[13]. Bezüglich der Umwandlung bei 358° machte ZEMCZUZNY dieselben Beobachtungen wie MÖNKEMEYER.

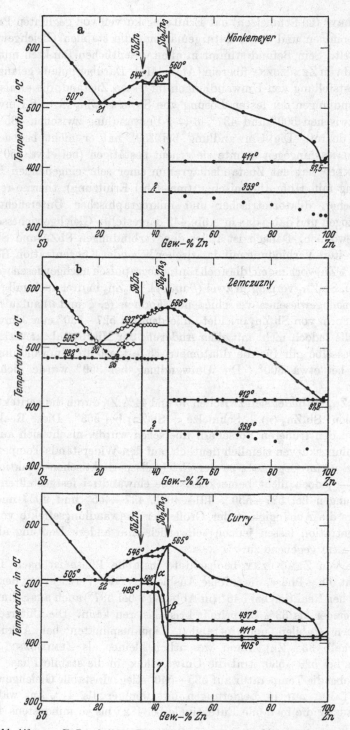

Abb. 441 a—c. Sb-Zn. Antimon-Zink. Diagramme nach verschiedenen Forschern.

CURRY[9] (25 Schmelzen) hat Erhitzungskurven von geglühten Proben aufgenommen und dabei naturgemäß nur die stabilen Gleichgewichte ermittelt. Sein Befund stimmt in allen wesentlichen Punkten mit dem Befund von ZEMCZUZNY überein (Abb. 441c). Darüber hinaus gelang ihm die Feststellung von Umwandlungen im festen Zustand, die er als zwei Umwandlungen der festen Lösung von Sb in Sb_2Zn_3 ($\alpha \rightleftharpoons \beta$-Umwandlung zwischen 500° und 437°, $\beta \rightleftharpoons \gamma$-Umwandlung zwischen 485° und 405°) deutet. Die Umwandlung bei 359° hat er nicht beobachtet. ARNEMANN hingegen konnte sie erneut bestätigen (bei etwa 350°).

TAKEI[10] hat das Zustandsdiagramm einer sehr eingehenden Nachprüfung mit Hilfe thermischer (meist bei Erhitzung), thermo-resistometrischer, dilatometrischer und mikrographischer Untersuchungen unterzogen und dabei das in Abb. 442 dargestellte Gleichgewichtsschaubild gewonnen. Danach ist außer den Verbindungen SbZn und Sb_2Zn_3 eine weitere Verbindung mit dazwischen liegender Konzentration, Sb_3Zn_4 (41,72% Zn) vorhanden, die auch röntgenographisch nachgewiesen werden konnte. Sb_3Zn_4 vermag in zwei (β und γ), Sb_2Zn_3 in drei auch mikroskopisch nachgewiesenen verschiedenen Formen (ε, ζ und η) aufzutreten. Die γ-Form von Sb_3Zn_4 erleidet außerdem bei 527—530° eine Umwandlung, die jedoch nicht mit einer Änderung der Mikrostruktur verknüpft ist. Dasselbe gilt für die dilatometrisch festgestellte Umwandlung von SbZn bei etwa 300°. Die Umwandlung bei 359° wurde nicht gefunden.

Sb_3Zn_4 (γ) bildet sich zwischen 40 und 44% Zn durch die peritektische Reaktion: Sb_2Zn_3 (η) + Schmelze = Sb_3Zn_4 bei 563°. Diese Reaktion, die von den früheren Forschern übersehen wurde, macht sich auf den Abkühlungskurven ziemlich deutlich, auf den Widerstands-Temperaturkurven — im Gegensatz zu der gleichfalls peritektischen Reaktion bei 546° — jedoch nicht bemerkbar. Die einwandfrei festgestellten Umwandlungen bei 527—530°, 491—493°, 437—455° und 405° und besonders die Abhängigkeit der Größe der Umwandlungseffekte von der Konzentration lassen jedoch schwerlich eine andere Deutung als die von TAKEI gegebene zu.

Die von ZEMCZUZNY beobachtete instabile Phase ist nach TAKEI Ansicht die γ-Phase, die infolge Ausbleibens oder Verzögerung der peritektischen Reaktion bei 546° (in Abb. 441b bei 537°) auch aus Schmelzen mit weniger als 33% Zn primär kristallisieren kann. Die Unterschiede zwischen stabilen und instabilen Liquiduspunkten bei Abkühlung (unterhalb 33% Zn) waren wesentlich kleiner als ZEMCZUZNY fand; bereits bei 520—530° trat die Umwandlung in die stabile Phase SbZn ein, wobei die Temperatur auf 535—540° stieg. Instabile Gleichgewichte fand TAKEI nur in Legierungen mit weniger als 41% Zn, während ZEMCZUZNY die instabile Eutektikale bei 482° bis zu mindestens 43,6%

verfolgen konnte. Takei glaubt deshalb, daß Zemczuzny oberhalb 41% Zn die $\beta \rightleftharpoons \gamma$-Umwandlung, die bei Abkühlung bei 485° eintritt, beobachtet hat.

Aus der **Änderung der Eigenschaften mit der Zusammensetzung** sind im Hinblick auf die verwickelte Konstitution zwischen 30 und 50% Zn (drei intermediäre Phasen) keine genauen Aussagen über den Aufbau der Legierungen zu erwarten, zumal wenn durch möglicherweise noch vorliegende instabile Zustände, wie sie Zemczuzny beob-

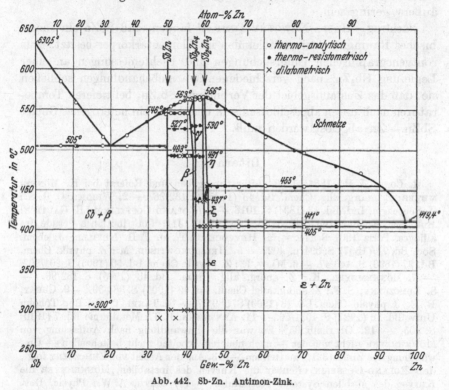

Abb. 442. Sb-Zn. Antimon-Zink.

achtet hat, falsche Werte gemessen werden. In der Kurve des elektrischen Widerstandes und seines Temperaturkoeffizienten nach Smith[14] hebt sich merkwürdigerweise nur die Konzentration SbZn durch ausgezeichnete Werte hervor. Die Kurve der magnetischen Suszeptibilität über der Zusammensetzung nach Honda-Soné[15] sowie Endo[16] deutet auf das Bestehen von SbZn und — weniger deutlich — von Sb_2Zn_3[17]. Die Suszeptibilität der flüssigen Legierungen läßt nach Endo[16] die Existenz dieser beiden Verbindungen auch im flüssigen Zustand erkennen. Dasselbe gilt für die von Matuyama bestimmten Kurven des Widerstandes[18] und der Dichte[19] [20] der flüssigen Legierungen. Matuyama schließt daraus, daß SbZn unzersetzt schmelzen muß (?). Die Spannungs-Konzentrationskurve nach Puschin[21] zeigt einen großen diskontinuierlichen Sprung bei der Zusammensetzung SbZn und einen kleinen zwischen 39,5 und 44,5% Zn. Zu einem ähnlichen Ergebnis gelangten Kremann-Knabel[22] und Kremann-Langbauer-Rauch[23], die insbesondere den Einfluß des Temperns auf die Spannung untersuchten.

Die Löslichkeit der beiden festen Metalle ineinander wurde von Mönkemeyer, Zemczuzny, Curry und Takei nicht untersucht. Sie kann nach den Messungen der magnetischen Suszeptibilität[15 16] nur äußerst gering sein.

Nachtrag. Halla-Nowotny-Tompa[24] fanden, daß SbZn ein rhombisches Raumgitter mit 4 Molekülen im Elementarkörper besitzt. Aus röntgenographischen Untersuchungen und Dichtemessungen an einer Legierung Sb_2Zn_3 nach verschiedenen Wärmebehandlungen schließen sie, daß das Zustandsgebiet der Verbindung Sb_2Zn_3 bei tieferen Temperaturen nach unten abgeschlossen sein und durch ein heterogenes Gebiet SbZn + Zn abgelöst werden muß.

Literatur.

1. Cook, J. P.: 1854—1860. Literaturangaben und Referat bei K. Mönkemeyer: Z. anorg. allg. Chem. Bd. 43 (1905) S. 182/96. — **2.** Wright, C. R. A.: J. Soc. chem. Ind. Bd. 13 (1894) S. 1016. — **3.** (Roland-Gosselin u.) H. Gautier: Bull. Soc. Encour. Ind. nat. 5 Bd. 1 (1896) S. 1311. Contribution à l'étude des alliages, Paris 1901 S. 111. — **4.** Heycock, C. T., u. F. H. Neville: J. chem. Soc. Bd. 71 (1897) S. 394 u. 402. — **5.** Herschkowitsch, M.: Z. physik. Chem. Bd. 27 (1898) S. 146/47. — **6.** Maey, E.: Z. physik. Chem. Bd. 50 (1905) S. 201/202. — **7.** Mönkemeyer, K.: Z. anorg. allg. Chem. Bd. 43 (1905) S. 182/96. — **8.** Zemczuzny, S. F.: Z. anorg. allg. Chem. Bd. 49 (1906) S. 384/99. — **9.** Curry, B. E.: J. physic. Chem. Bd. 13 (1909) S. 589/97. — **10.** Takei, T.: Sci. Rep. Tôhoku Univ. Bd. 16 (1927) S. 1031/56. — **11.** Arnemann, P. T.: Metallurgie Bd. 7 (1910) S. 205. — **12.** Oberhalb 95% Zn war die Umwandlung nach Auffassung von Mönkemeyer nicht von der — nach neueren Arbeiten nicht bestehenden — Umwandlung des Zinks (321°) zu trennen. — **13.** Aus der Arbeit von Zemczuzny folgt, daß Roland-Gosselin offenbar die Kurven des instabilen, Mönkemeyer die Kurven des stabilen Systems bestimmte. — **14.** Smith, A. W.: Physic. Rev. Bd. 32 (1911) S. 178. — **15.** Honda, K., u. T. Soné: Sci. Rep. Tôhoku Univ. Bd. 2 (1913) S. 6/7. — **16.** Endo, H.: Sci. Rep. Tôhoku Univ. Bd. 16 (1927) S. 215/18. Honda, K., u. H. Endo: J. Inst. Met., Lond. Bd. 37 (1927) S. 40. — **17.** Meara, F. L., Physics Bd. 2 (1932) S. 33/41; Ref. J. Inst. Met., Lond. Bd. 50 (1932) S. 354 hat ebenfalls die magnetische Suszeptibilität gemessen und die Verbindung SbZn nachgewiesen. Die Originalarbeit war mir nicht zugänglich. — **18.** Matuyama, Y.: Sci. Rep. Tôhoku Univ. Bd. 16 (1927) S. 447/74. — **19.** Matuyama, Y.: Sci. Rep. Tôhoku Univ. Bd. 18 (1929) S. 737/44. — **20.** Siehe dagegen F. Sauerwald: Z. Metallkde. Bd. 14 (1922) S. 457/58. — **21.** Puschin, N. A.: J. russ. phys.-chem. Ges. Bd. 39 (1906) S. 528 (russ.). Ref. Chem. Zbl. 1907 II S. 2026. — **22.** Kremann, R., u. R. Knabel: Forschungsarb. f. Metallkde. Heft 6, Berlin: Gebr. Borntraeger 1922. — **23.** Kremann, R., A. Langbauer u. H. Rauch: Z. anorg. allg. Chem. Bd. 127 (1923) S. 229/31. — **24.** Halla, F., H. Nowotny u. H. Tompa: Z. anorg. allg. Chem. Bd. 214 (1933) S. 197/200.

Se-Si. Selen-Silizium.

Das Siliziumselenid SiSe$_2$ (15,05% Si) wurde von SABATIER[1] durch Erhitzen von Si in trockenem H$_2$Se bei Rotglut dargestellt; es hat fast metallisches Aussehen.

Literatur.

1. SABATIER: C. R. Acad. Sci., Paris Bd. 113 (1891) S. 132.

Se-Sn. Selen-Zinn.

In der Literatur finden sich mehrere Angaben über Darstellung und Eigenschaften der Verbindungen SnSe (59,98 Sn) und SnSe$_2$ (42,84% Sn),

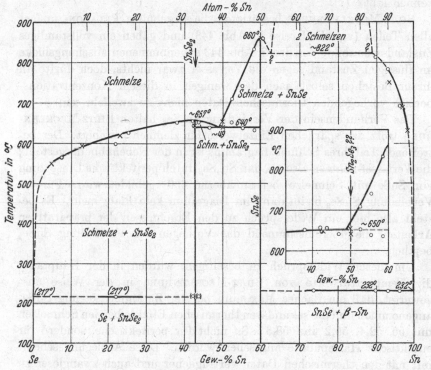

Abb. 443. Se-Sn. Selen-Zinn.

so von LITTLE[1], UELSMANN[2], SCHNEIDER[3], DITTE[4]. Erstere wurde sowohl durch direkte Synthese aus den Elementen als auch auf nassem Wege durch chemische Umsetzung, letztere anscheinend nur durch chemische Umsetzung gewonnen.

PÉLABON[5] bestimmte erstmalig den angenäherten Verlauf der Liquiduskurve, indem er die in Abb. 443 eingezeichneten Kreuze miteinander verband. Bei 50% Sn weist seine Kurve eine schroffe Richtungsänderung auf; von der maximalen Temperatur (861°) bei der Zusammensetzung SnSe fällt die Kurve mit steigendem Sn-Gehalt schräg ab

bis zum Punkte 93,5% Sn und 750°. Da Pélabon anscheinend zwischen
60 und 93,5% Sn keine Erstarrungspunkte bestimmte, so ist ihm das
Bestehen der Mischungslücke im flüssigen Zustand entgangen. — Das
Bestehen einer Verbindung Sn_2Se_3 (49,98% Sn) hält Pélabon für unmöglich, da eine Mischung dieser Zusammensetzung nicht einen, sondern
zwei Erstarrungspunkte besitzt (die Möglichkeit einer peritektischen
Bildung bedachte er also nicht), dagegen hält er die Existenz der Verbindung $SnSe_2$ für durchaus möglich, da eine Schmelze dieser Zusammensetzung nur einen Erstarrungspunkt besitzt, „obgleich die
Erstarrungskurve in dem betreffenden Punkt nichts Auffälliges erkennen läßt" (!).

BILTZ-MECKLENBURG[6] bestätigten die Ergebnisse Pélabons in fast
allen Teilen (vgl. die Kreise in Abb. 443) und gaben ein vollständiges
Zustandsschaubild. Von der in Abb. 443 angenommenen Mischungslücke
im flüssigen Zustand sagen die Verfasser zwar nichts, doch dürfte an
ihrem Bestehen selbst nach den wenigen in diesem Konzentrationsbereich vorliegenden thermischen Daten nicht zu zweifeln sein.

Das Vorhandensein der Verbindung Sn_2Se_3 halten BILTZ-MECKLEN-
BURG trotz der spärlichen Einzelwerte für ziemlich gesichert. Der betreffende Teil ihres Schmelzdiagramms ist in der Nebenabb. dargestellt;
die Verfasser nehmen also an, daß Sn_2Se_3 durch peritektische Umsetzung
von SnSe mit Schmelze bei annähernd 650° gebildet wird. Für die
Verbindung $SnSe_2$ bleibt dann im Diagramm kein Platz mehr. Es besteht also hier ein Widerspruch zu den Ergebnissen der präparativen
Arbeiten, die übereinstimmend das Vorliegen der Verbindung $SnSe_2$
bejahen.

Um diesen Widerspruch zu beseitigen, wurden in der Hauptabb.
die Temperaturwerte von BILTZ-MECKLENBURG in der Weise ausgewertet, daß ein flaches Maximum bei der Zusammensetzung $SnSe_2$
angenommen und die sekundären thermischen Effekte bei den Schmelzen
mit 50, 52,4, 55,2 und 58,3% Sn nicht für peritektische, sondern für
eutektische Haltepunkte angesehen wurden. Diese Auslegung scheint
mir mit den thermischen Daten verträglicher und auch zwangloser zu
sein als die von BILTZ-MECKLENBURG in der Nebenabb. zur Darstellung
gebrachte Deutung.

Das Bestehen der Verbindung $SnSe_2$ konnte Pélabon später durch
(allerdings sehr dürftige) Messungen der elektromotorischen Kraft[7],
nicht aber durch Messungen der Thermokraft[8] bestätigen.

Literatur.

1. Little, G.: Liebigs Ann. Chem. Bd. 112 (1859) S. 211. — **2.** Uelsmann:
Liebigs Ann. Chem. Bd. 116 (1860) S. 722. — **3.** Schneider: Pogg. Ann. Bd. 127
(1866) S. 624. — **4.** Ditte, A.: C. R. Acad. Sci., Paris Bd. 95 (1882) S. 641; Bd. 96
(1883) S. 1792; Bd. 97 (1883) S. 44. — **5.** Pélabon, H.: C. R. Acad. Sci., Paris

Bd. 142 (1906) S. 1147/49. Ann. Chim. Phys. 8 Bd. 17 (1909) S. 526. — 6. Biltz, W., u. W. Mecklenburg: Z. anorg. allg. Chem. Bd. 64 (1909) S. 226/35. — 7. Pélabon, H.: C. R. Acad. Sci. Paris Bd. 154 (1912) S. 1414/16. — 8. Pélabon, H.: C. R. Acad. Sci., Paris Bd. 158 (1914) S. 1897/1900.

Se-Sr. Selen-Strontium.

Das Strontiummonoselenid SrSe (52,53% Sr) besitzt eine Gitterstruktur vom Steinsalztypus[1].

Literatur.

1. Slattery, M. K.: Physic. Rev. Bd. 20 (1922) S. 84; Bd. 21 (1923) S. 213; Bd. 25 (1925) S. 333/37. Goldschmidt, V. M.: Geochemische Verteilungsgesetze der Elemente VIII. Skrifter Norske Videnskaps-Akademi Oslo, I. math.-nat Kl. 1927, Nr. 8.

Se-Ta. Selen-Tantal.

Über ein Tantalselenid unbekannter Zusammensetzung siehe bei v. Bolton[1].

Literatur.

1. Bolton, W. v.: Z. Elektrochem. Bd. 11 (1905) S. 45.

Se-Te. Selen-Tellur.

Nach den thermischen Untersuchungen von Pellini-Vio[1][2] und Kimata[3] (ohne Kenntnis der Arbeit von Pellini-Vio) erstarren die Se-Te-Schmelzen zu einer ununterbrochenen Reihe von Mischkristallen. In quantitativer Hinsicht weichen die Ergebnisse der beiden Arbeiten etwas voneinander ab (vgl. Abb. 444).

Zwischen etwa 30 und 100% Te laufen die von Pellini-Vio und Kimata bestimmten Liquiduskurven ziemlich genau einander parallel; die Kurve Kimatas liegt um praktisch denselben Betrag unterhalb der Kurve von Pellini-Vio, um den sich auch die von den Verfassern bestimmten Erstarrungspunkte des verwendeten Te unterscheiden (nach Pellini-Vio 450°, nach Kimata 441°; letzterer Wert deutet auf einen geringeren Reinheitsgrad des verwendeten Te hin). Zwischen 0 und 30% Te ist die größere Abweichung beider Kurven auf die Tatsache zurückzuführen, daß das Selen große Neigung zur glasigen Erstarrung besitzt[4]. So erklärt sich auch die Ausbildung eines vorgetäuschten Minimums.

Auf welche Weise Pellini-Vio die Soliduskurve festgelegt haben, ist mir nicht bekannt[2]; Kimata „konstruierte" sie nach dem von Tammann angegebenen Verfahren.

Haken[5] hat die elektrische Leitfähigkeit und die Thermokraft gegen Cu der Mischungen mit 2—50% Se bestimmt. Während die Thermokraft sich unregelmäßig mit der Zusammensetzung ändert[6], wird die elektrische Leitfähigkeit von Te durch Se zunächst sehr stark, mit weiter steigendem Se-Gehalt schwächer, jedoch ständig weiter erniedrigt. Neuerdings haben auch PETRIKALN-JACOBY[7] die Thermo-kräfte der Legierungen mit 60—100% Te gemessen.

Literatur.

1. PELLINI, G., u. G. VIO: Atti R. Accad. Lincei, Roma 5 Bd. 15 II (1906) S. 46/53. Ref. Chem. Zbl. 1906 II S. 945. — **2.** Da mir die Originalarbeit nicht zu-gänglich war, wurde das in Abb. 444 wiedergegebene Erstarrungsdiagramm einer Arbeit von L. LOSANA: Gazz. chim. ital. Bd. 53 (1923) S. 396/99 entnommen. — **3.** KIMATA, Y.: Mem. Coll. Sci. Kyoto Univ. Bd. 1 (1915) S. 119/22 (deutsch). — **4.** KIMATA weist darauf hin, daß das Selen nach einer starken Unterkühlung erst bei 197° (statt 220,5°) erstarrte. Ferner: „Die glasig werdende Tendenz beob-achtet man auch bei der Erstarrung der Se reicheren Reguli; man hat also dieselbe Mühe (d. h. hinreichend langsame Abkühlung) anzuwenden wie beim Selen, um

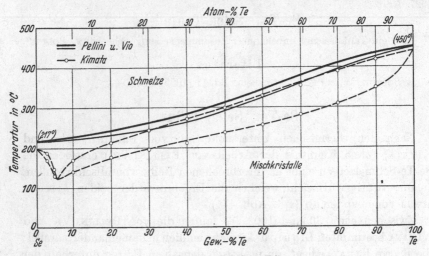

Abb. 444. Se-Te. Selen-Tellur.

sie kristallisieren lassen zu können." — **5.** HAKEN, W.: Ann. Physik 4 Bd. 32 (1910) S. 330/31. — **6.** Die Unregelmäßigkeit ist nach HAKEN vielleicht durch die Existenz der verschiedenen Se-Modifikationen bedingt. S. darüber G. BRIEGLEB: Z. physik. Chem. Bd. 144 (1929) S. 321/58. — **7.** PETRIKALN, A., u. K. JACOBY: Z. anorg. allg. Chem. Bd. 210 (1933) S. 195/202.

Se-Th. Selen-Thorium.

Über ein Thoriumselenid unbekannter Zusammensetzung siehe bei MOISSAN-ÉTARD[1] und MOISSAN-MARTINSEN[2].

Literatur.

1. MOISSAN, H., u. A. ÉTARD: C. R. Acad. Sci., Paris Bd. 122 (1896) S. 573. — **2.** MOISSAN, H., u. MARTINSEN: C. R. Acad. Sci., Paris Bd. 140 (1905) S. 1513.

Se-Ti. Selen-Titan.

OFTEDAL[1] hat festgestellt, daß die Verbindung $TiSe_2$ (37,69% Ti) ein hexa-gonales Kristallgitter vom Typus des CdJ_2 besitzt. Die Verbindung war dar-

gestellt durch Erhitzen von pulverisiertem Ti mit Se im theoretischen Mengenverhältnis in H_2-Atmosphäre.

Literatur.

1. OFTEDAL, I.: Z. physik. Chem. Bd. 134 (1928) S. 301/10.

Se-Tl. Selen-Thallium.

Die Verbindung Tl_2Se (83,77% Tl) wurde schon u. a. von KUHLMANN[1]
(auf nassem Wege hergestellt) und CARSTANJEN[2] (durch Zusammenschmelzen in den erforderlichen Anteilen hergestellt) beschrieben; letzterer hat wahrscheinlich auch schon die Verbindung TlSe (72,07% Tl)
in Händen gehabt.

PÉLABON[3] hat den Verlauf der Liquiduskurve in erster Annäherung
festgestellt. Zwischen 0%[4] und etwa 51% Tl (d. h. etwa der Zusammensetzung Tl_2Se_5 mit 50,80% Tl entsprechend) verläuft sie horizontal bei
195°[5], steigt zu einem Maximum bei 338° bei der Zusammensetzung TlSe
(72,07% Tl) an, fällt zu einem bei 315° und 77% Tl gelegenen eutektischen Punkt ab, steigt abermals bis auf etwa 390° bei 84% Tl (d. h.
entsprechend der Zusammensetzung Tl_2Se mit 83,77% Tl) an und verläuft bei 390° horizontal bis annähernd 100% Tl. PÉLABON schließt
daraus auf das Bestehen der Verbindungen Tl_2Se_5, TlSe und Tl_2Se und
von zwei Mischungslücken im flüssigen Zustand zwischen > 0 und
51% Tl bei 195° (d. h. zwischen der gesättigten Lösung von Tl in Se
und Tl_2Se_5) und 84 und rd. 100% Tl bei 390° (d. h. zwischen Tl_2Se
und Tl, die er auch durch Feststellung von Schichtenbildung bestätigen
konnte.

Das vollständige Zustandsschaubild wurde von MURAKAMI[6] mit Hilfe
der thermischen Analyse, deren Ergebnisse durch mikroskopische
Untersuchungen bestätigt wurden, ausgearbeitet. Aus Abb. 445 geht
hervor, daß die von PÉLABON angenommenen Verbindungen TlSe und
Tl_2Se und die beiden Mischungslücken im flüssigen Zustand durch die
Untersuchung MURAKAMIs bestätigt wurden. Eine Verbindung Tl_2Se_5
gibt es dagegen nicht, wohl aber die peritektisch gebildete Verbindung
Tl_2Se_3 (63,24% Tl), deren Bestehen PÉLABON entgehen mußte, da er
nicht das Ende der Erstarrung bestimmte.

Vergleicht man die oben genannten ausgezeichneten Temperaturen
der von PÉLABON bestimmten Liquiduskurve mit der Liquiduskurve in
MURAKAMIs Diagramm, so stellt man fest, daß MURAKAMIs Temperaturen
erheblich tiefer (20—30°) liegen. Da MURAKAMI die Erstarrungstemperatur des Thalliums mit 287° (statt 303—304°) wesentlich zu tief
angibt — anscheinend wegen eines geringeren Reinheitsgrades — und
andererseits PÉLABONs Temperaturangaben, wie bei anderen Systemen
festzustellen ist, als zuverlässig angesehen werden können, so dürften

die wahren Gleichgewichtstemperaturen durchweg oberhalb (vielleicht etwa 20 ± 5°) von den in Abb. 445 angegebenen zu suchen sein.

Über die Konstitution des Systems Se-Tl liegt noch eine mir im Original nicht zugänglich gewesene Arbeit von ROLLA[7] vor, über die die beiden nachstehenden, einander widersprechenden Referate Auskunft geben:

J. Inst. Met., Lond. Bd. 24 (1920) S. 455: Eine von ROLLA ausgeführte thermische Untersuchung der Gemische von Se und Tl gab unbestimmte Ergebnisse, da die Wärmetönungen klein sind oder die Reaktionen sehr langsam verlaufen. Spannungsmessungen deuten auf das Bestehen der beiden Verbindungen TlSe und Tl_2Se hin; für eine dritte, von anderen Forschern angenommene Verbindung konnten keine Anzeichen gefunden werden.

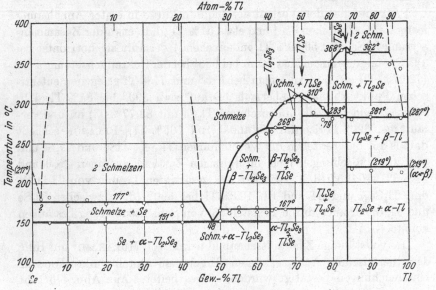

Abb. 445. Se-Tl. Selen-Thallium.

Chem. Zbl. 1922I S. 1064: Auf Grund elektromotorischer Messungen an Schmelzen aus Tl und Se in verschiedenen Konzentrationen kann Verf. die Existenz der von PÉLABON und MURAKAMI beschriebenen Selenide Tl_2Se_5, Tl_2Se, TlSe und Tl_2Se_3 nicht bestätigen.

Es ist gleichgültig, welches der beiden Referate den Befund der Arbeit richtig beschreibt, da an der Richtigkeit des Zustandsdiagramms von MURAKAMI wegen der Eindeutigkeit der Ergebnisse dieses Verfassers nicht zu zweifeln ist.

Literatur.

1. KUHLMANN: Bull. Soc. chim. France 2 Bd. 1 (1864) S. 330. — 2. CARSTANJEN: J. prakt. Chem. Bd. 102 (1867) S. 79. — 3. PÉLABON, H.: C. R. Acad. Sci., Paris Bd. 145 (1907) S. 118/21. Ref. Chem. Zbl. 1907 II S. 1389 (mit Diagramm). Ann. Chim. Phys. 8 Bd. 17 (1909) S. 526. — 4. Den vom Se-Schmelzpunkt (220,5°) auf

195° abfallenden Kurvenast hat PÉLABON nicht bestimmt. — 5. Zwischen 0 und 51% Tl konnten die Erstarrungsverhältnisse nicht aufgeklärt werden, da der Erstarrungsbeginn erst nach einer Unterkühlung eintrat, die PÉLABON in Unkenntnis der wahren Konstitutionsverhältnisse durch Impfen mit Teilchen von der Zusammensetzung 51% Tl statt mit Se vergeblich aufzuheben versuchte. In einigen Fällen beobachtete er zwei deutlich ausgebildete thermische Effekte bei 195° (d. i. nach PÉLABON die Erstarrungstemperatur der unteren aus Tl_2Se_5 bestehenden Schicht) und 170° (d. i. nach PÉLABON die Erstarrungstemperatur der aus der gesättigten Lösung von Tl in Se bestehenden oberen Schicht). — 6. MURAKAMI, T.: Mem. Coll. Sci. Kyoto Univ. Bd. 1 (1915) S. 153/59 (deutsch). — 7. ROLLA, L.: Atti R. Accad. Lincei, Roma 5 Bd. 28 I (1919) S. 355/59.

Se-U. Selen-Uran.

COLANI[1] hat die Verbindungen U_2Se_3 (66,75% U) und USe_2[2] (60,06% U) dargestellt.

Literatur.

1. COLANI, A.: C. R. Acad. Sci., Paris Bd. 137 (1903) S. 382. — 2. U + Se-Dampf.

Se-W. Selen-Wolfram.

UELSMANN[1] behauptete das Bestehen der Verbindungen WSe_2 (53,74% W) und WSe_3 (43,61% W).

Literatur.

1. UELSMANN: Diss. Göttingen 1860.

Se-Zn. Selen-Zink.

Das Zinkselenid ZnSe (45,22% Zn) ist seit langem bekannt und sowohl durch direkte Vereinigung der Elemente wie durch chemische Umsetzungen dargestellt worden[1]. Auffallend ist sein hoher Schmelzpunkt und seine große Beständigkeit.

Über das Erstarrungsdiagramm der Se-Zn-Mischungen versuchten CHIKASHIGE-KUROSAWA[2] Aufschluß zu bekommen. Es stellte sich heraus, daß die

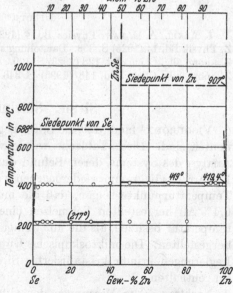

Abb. 446. Se-Zn. Selen-Zink.

beiden geschmolzenen Komponenten sich nicht mischen, und daß es daher nur an der Trennungsfläche der beiden Schichten zur Bildung der Verbindung ZnSe kommen kann. Die Abkühlungskurven zeigen daher den Beginn und das Ende der Erstarrung des reinen

Zinks bzw. des reinen Selens an. Wenn man also die verschiedenen Mischungsverhältnisse Zn : Se durch Erschmelzen der beiden Komponenten herstellt, so hat es nach dem Ergebnis der thermischen Analyse (Abb. 446) den Anschein, als ob eine Zn-Se-Verbindung gar nicht besteht.

Die Menge der gebildeten Verbindung nimmt mit steigender Reaktionstemperatur zu; dieser ist jedoch unter gewöhnlichen Arbeitsbedingungen durch den Siedepunkt des Selens eine Grenze gesetzt. ZnSe schmilzt erst wesentlich oberhalb 1100°.

Die Gitterstruktur von ZnSe gehört dem Zinkblende-Typus an[3].

Literatur.

1. BERZELIUS: Gmelin-Kraut Handbuch. MARGOTTET, J.: C. R. Acad. Sci., Paris Bd. 84 (1877) S. 1295. FABRE, C.: C. R. Acad. Sci., Paris Bd. 105 (1887) S. 277. FONCES-DIACON: C. R. Acad. Sci., Paris Bd. 130 (1900) S. 832/34. — **2.** CHIKASHIGE, M., u. R. KUROSAWA: Mem. Coll. Sci. Kyoto Univ. Bd. 2 (1917) S. 245/48. — **3.** DAVEY, W. P.: Physic. Rev. Bd. 21 (1923) S. 380. JONG, W. F. DE: Z. Kristallogr. Bd. 63 (1926) S. 471. ZACHARIASEN, W.: Z. physik. Chem. Bd. 124 (1926) S. 440/44.

Se-Zr. Selen-Zirkonium.

$ZrSe_2$ (36,54% Zr) besitzt nach VAN ARKEL[1] das hexagonale Gitter des CdJ_2.

Literatur.

1. ARKEL, A. E. VAN: Physica Bd. 4 (1924) S. 286/301. Vgl. auch HUND, F.: Z. Physik Bd. 14 (1925) S. 833. Darstellung s. u. a. bei O. RUFF u. R. WALLSTEIN: Z. anorg. allg. Chem. Bd. 128 (1923) S. 100. ARKEL, A. E. VAN, u. J. H. DE BOER: Z. anorg. allg. Chem. Bd. 148 (1925) S. 348.

Si-Sn. Silizium-Zinn.

VIGOUROUX[1] fand, daß die Si-Sn-Legierungen Gemische der Komponenten sind. Diese Tatsache wurde von TAMARU[2] durch thermische Analyse des Systems, deren Befund durch das in Abb. 447 dargestellte Erstarrungsdiagramm wiedergegeben wird, bestätigt. Die eingetragenen Temperaturpunkte zeigen, daß die mit ziemlich reinem Si (0,4% Fe, 0,4% Al) hergestellten Schmelzen eine erheblich höhere Erstarrungstemperatur besitzen, als die mit weniger reinem Si (6,1% Fe, 1,74% Al) hergestellten. Die mikroskopische Untersuchung zeigte, daß sämtliche Legierungen primär kristallisiertes Si, umgeben von praktisch reinem Sn, enthalten.

Nachtrag. Aus Messungen der Gitterkonstanten schließen JETTE-GEBERT[3], daß keine festen Lösungen der beiden Komponenten ineinander bestehen.

Literatur.

1. VIGOUROUX, E.: C. R. Acad. Sci., Paris Bd. 123 (1896) S. 116. — **2.** TAMARU, S.: Z. anorg. allg. Chem. Bd. 61 (1909) S. 40/42. Die Legn. (10 g Einwaage) wurden in Porzellanröhren unter H_2 zusammengeschmolzen. — **3.** JETTE, E. R., u. E. B. GEBERT: J. chem. Phys. Bd. 1 (1933) S. 753/55. Ref. Physik. Ber. Bd. 15 (1934) S. 261.

Si-Sr. Silizium-Strontium.

Ein Strontiumsilizid, das in Analogie mit $CaSi_2$ die Formel $SrSi_2$ haben würde, ist anscheinend bisher nicht in reiner Form dargestellt worden. Versuche sind mehrfach unternommen worden[1]. FRILLEY[2] erhielt u. a. ein Produkt mit 58,5% Sr ($SrSi_2 = 60,96\%$ Sr).

Nachtrag. Präparative Untersuchungen von WÖHLER-SCHUFF[3] führten zur Isolierung von SrSi (75,75% Sr) und $SrSi_2$.

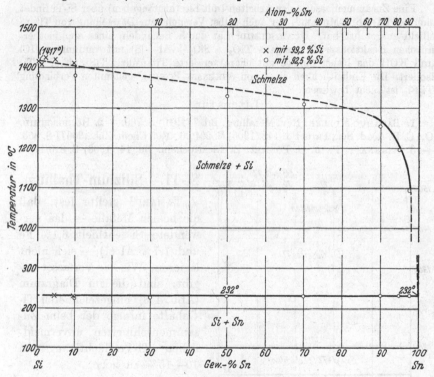

Abb. 447. Si-Sn. Silizium-Zinn.

Literatur.

1. Vgl. die Zusammenfassung von L. BARADUC-MULLER: Rev. Métallurg. Bd. 7 (1910) S. 759. — **2.** FRILLEY, R.: Rev. Métallurg. Bd. 8 (1911) S. 532/33. — **3.** WÖHLER, L., u. W. SCHUFF: Z. anorg. allg. Chem. Bd. 209 (1932) S. 33/59.

Si-Ta. Silizium-Tantal.

HÖNIGSCHMID[1] hat das Tantalsilizid $TaSi_2$ (76,37% Ta) auf aluminothermischem Wege dargestellt.

Literatur.

1. HÖNIGSCHMID, O.: Mh. Chemie Bd. 28 (1907) S. 1017/18. Ref. Chem. Zbl. 1907 II S. 1967.

Si-Th. Silizium-Thorium.

HÖNIGSCHMID[1] glaubt das Thoriumsilizid $ThSi_2$ (80,53% Th) dargestellt zu haben[2].

Literatur.

1. HÖNIGSCHMID, O.: Mh. Chemie Bd. 28 (1907) S. 1017/18. S. auch Rev. Métallurg. Bd. 7 (1910) S. 759/60. — **2.** Durch Erhitzen von Al, Si und metallischem Th im Vakuum auf etwa 1000° und Behandeln des Reaktionsproduktes mit KOH.

Si-Ti. Silizium-Titan.

Eine Zusammenfassung der Arbeiten (mit Literaturangaben) über Si-Ti findet sich bei BARADUC-MULLER[1], der auch selbst Versuche zur Darstellung von Titansilizid ausgeführt hat. HÖNIGSCHMID[2] hat durch Behandeln eines aluminothermischen Reaktionsproduktes (aus $TiO_2 + SiO_2 + Al + S$) mit verdünnter HCl und KOH das bisher einzige gut charakterisierte Titansilizid $TiSi_2$ (46,05% Ti) isoliert. Die Einheitlichkeit einer von ASKENASY-PONNAZ[3] genannten Verbindung Ti_2Si_3 ist nicht bewiesen.

Literatur.

1. BARADUC-MULLER: Rev. Métallurg. Bd. 7 (1910) S. 760. — **2.** HÖNIGSCHMID, O.: C. R. Acad. Sci., Paris Bd. 143 (1906) S. 224/26. Ref. Chem. Zbl. 1906 II S. 853. — **3.** ASKENASY, P., u. C. PONNAZ: Z. Elektrochem. Bd. 14 (1908) S. 810/11.

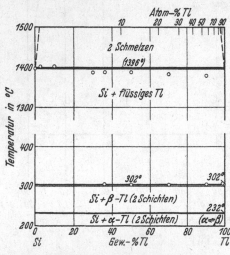

Abb. 448. Si-Tl. Silizium-Thallium.

Si-Tl. Silizium-Thallium.

TAMARU[1] stellte fest, daß die beiden Metalle — das verwendete Si enthielt 6,1% Fe und 1,7% Al (!) — sich nicht legieren. Wie der Verfasser angibt, sind die im Diagramm (Abb. 448) eingezeichneten Tl-Gehalte infolge der beim Zusammenschmelzen unvermeidlichen Tl-Verflüchtigung um 10—15% zu hoch.

Literatur.

1. TAMARU, S.: Z. anorg. allg. Chem. Bd. 61 (1909) S. 44/45.

Si-U. Silizium-Uran.

Aus dem Produkt einer aluminothermischen Reaktion (Reduktion eines Gemisches von SiO_2 und U_3O_8 mit Al in Gegenwart von S) isolierte DEFACQZ[1] durch Behandeln mit Säure und Lauge einen Körper, der praktisch der Zusammensetzung USi_2 (80,93% U) entsprach, dessen Einheitlichkeit jedoch nicht gewährleistet ist.

Literatur.

1. DEFACQZ, E.: C. R. Acad. Sci., Paris Bd. 147 (1908) S. 1050/52. S. auch Rev. Métallurg. Bd. 7 (1910) S. 762.

Si-V. Silizium-Vanadium.

Moissan-Holt[1] haben aus Produkten, die durch Reduktion von V_2O_3 und V_2O_5 mit Si unter verschiedenen Arbeitsbedingungen erhalten wurden, durch abwechselndes Behandeln mit konz. HNO_3 oder H_2SO_4 und 10%ige KOH Kristalle von der Zusammensetzung VSi_2 (47,59% V) und V_2Si (78,41% V) isoliert. VSi_2 soll den niedrigeren Schmelzpunkt besitzen. Dieselben Verbindungen will wenig später auch Lebeau[2] auf ähnliche Weise dargestellt haben[3].

Der in Abb. 449 dargestellte Teil des Erstarrungsschaubildes wurde von Giebelhausen[4] festgelegt. Die eutektische Konzentration wurde nicht näher bestimmt; nach den eutektischen Haltezeiten liegt sie bei oder unterhalb 5% V. Der Höchstwert der Liquiduskurve und das Verschwinden der Haltezeit der eutektischen Kristallisation bei rd. 48% V deuten auf das Bestehen der Verbindung VSi_2. Soweit mikroskopische Untersuchungen an ungeätzten Legierungen den Gefügeaufbau erkennen lassen, liegen zwischen 47,5% V und mindestens 60% V Mischkristalle von V in VSi_2 vor.

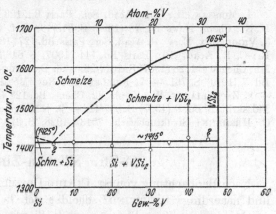

Abb. 449. Si-V. Silizium-Vanadium.

Literatur.

1. Moissan, H., u. Holt: C. R. Acad. Sci., Paris Bd. 135 (1902) S. 78/81, 493/97. — 2. Lebeau, P.: Ann. Chim. Phys. 8 Bd. 1 (1904) S. 553. — 3. Über die Arbeiten von Moissan-Holt und Lebeau s. auch L. Baraduc-Muller: Rev. Métallurg. Bd. 7 (1910) S. 762/63. — 4. Giebelhausen, H.: Z. anorg. allg. Chem. Bd. 91 (1915) S. 251/53.

Si-W. Silizium-Wolfram.

Versuche, Wolframsilizide darzustellen, wurden u. a. ausgeführt von Moissan[1], Warren[2], Vigouroux[3], Defacqz[4], Hönigschmid[5], Baraduc-Muller[6], Frilley[7] und Zachariasen[8]. Einem Teil der genannten Verfasser gelang die Isolation von Produkten, deren Zusammensetzung nahezu einer einfachen chemischen Formel entsprach, deren Verbindungscharakter aber unbewiesen ist. Auf Grund rückstandsanalytischer Untersuchungen wurde das Bestehen der folgenden Silizide behauptet: W_2Si_3[3][7] (81,4% Si), WSi_2[4][5] (76,6% Si), WSi_3[7] (68,6% Si). Frilley versuchte außerdem über die Verbindungsbildung von W mit Si durch Bestimmungen der Dichte einer Anzahl Legierungen mit 10—61% Si und einem allerdings sehr hohen Fe-Gehalt (13,5% Fe bei 10% Si und 5,9% Fe bei 61% Si) Aufschluß zu bekommen. Aus der Dichte-Konzentrationskurve bzw. ihren Abgeleiteten schließt er auf das Bestehen der Verbindungen W_2Si_3, WSi_2 und WSi_3, doch kommt diesem Rückschluß kaum eine Bedeutung zu, da er durch die Ergebnisse der rückstandsanalytischen Untersuchungen offenbar beeinflußt war und wohl auch den genannten Formeln zuliebe gemacht wurde.

Die Untersuchung der Gitterstruktur[9] eines nach dem Verfahren von HÖNIG-SCHMID (s. o.) dargestellten Silizides durch ZACHARIASEN[8] hat das Bestehen der Verbindung WSi_2 als sicher erwiesen. Die von FRILLEY vermutete Verbindung WSi_3 kann dann nicht bestehen, da aus einer Si-reichen Legierung nicht sowohl WSi_2 als WSi_3 isoliert werden kann.

Literatur.

1. MOISSAN, H.: C. R. Acad. Sci., Paris Bd. 123 (1896) S. 13. — **2.** WARREN, H. N.: Chem. News Bd. 78 (1898) S. 318/19. Ref. Chem. Zbl. 1899 I S. 407. — **3.** VIGOUROUX, E.: C. R. Acad. Sci., Paris Bd. 127 (1898) S. 393/95. — **4.** DEFACQZ, E.: C. R. Acad. Sci., Paris Bd. 144 (1907) S. 848/51. — **5.** HÖNIGSCHMID, O.: Mh. Chemie Bd. 28 (1907) S. 1017/28. — **6.** BARADUC-MULLER, L.: Rev. Métallurg. Bd. 7 (1910) S. 761. — **7.** FRILLEY, R.: Rev. Métallurg. Bd. 8 (1911) S. 502/10. — **8.** ZACHARIASEN, W.: Z. physik. Chem. Bd. 128 (1927) S. 39/48. Norsk. Geol. Tidsskrift B Bd. 9 (1927) S. 337/42. — **9.** S. Originalarbeit und P. P. EWALD u. C. HERMANN: Strukturbericht 1913—1928, S. 219, 741, 783/84, Leipzig 1931.

Si-Zn. Silizium-Zink.

Nach Beobachtung von ST.-CLAIRE DEVILLE und CARON[1], WINKLER[2] und neuerdings BAERWIND[3] scheidet sich bei höherer Temperatur in geschmolzenem Zn gelöst gewesenes Si mit fallender Temperatur als solches, nicht als Silizid, aus. VIGOUROUX[4] hat vergeblich versucht, die beiden Elemente im elektrischen Ofen (Zinkverdampfung) direkt zu vereinigen. MOISSAN-SIEMENS[5] haben die Löslichkeit von Si in Zn bei 600—850° in der Weise bestimmt, daß die bei diesen Temperaturen bis zur Sättigung geglühten Schmelzen abgeschreckt und der Si-Gehalt der Proben ermittelt wurde. Sie fanden auf diese Weise bei 600° bzw. 650°, 730°, 800° und 850° eine Löslichkeit von 0,06% bzw. 0,15, 0,57, 0,92 und 1,62% Si.

Nachtrag. Aus Messungen der Gitterkonstanten schließen JETTE-GEBERT[6], daß keine festen Lösungen der beiden Komponenten ineinander bestehen.

Literatur.

1. ST.-CLAIRE DEVILLE, H., u. H. CARON: C. R. Acad. Sci., Paris Bd. 45 (1857) S. 163; Bd. 57 (1863) S. 740. — **2.** WINKLER, C.: J. prakt. Chem. Bd. 91 (1864) S. 193. — **3.** BAERWIND, E.: Diss. Berlin 1914. Ref. Int. Z. Metallogr. Bd. 7 (1915) S. 213. — **4.** VIGOUROUX, E.: C. R. Acad. Sci., Paris Bd. 123 (1896) S. 115. — **5.** MOISSAN, H., u. F. SIEMENS: Ber. dtsch. chem. Ges. Bd. 37 (1904) S. 2086/89. C. R. Acad. Sci., Paris Bd. 138 (1904) S. 657 u. 1299. — **6.** JETTE, E. R., u. E. B. GEBERT: J. Chem. Phys. Bd. 1 (1933) S. 753/55. Ref. Physik. Ber. Bd. 15 (1934) S. 261.

Si-Zr. Silizium-Zirkonium.

Die Untersuchungen über Zirkonsilizide hat BARADUC-MULLER[1] kurz zusammengefaßt. HÖNIGSCHMID[2] konnte durch abwechselnde Behandlung eines aluminothermischen Reaktionsproduktes mit HCl und KOH die Verbindung $ZrSi_2$ (61,91% Zr) isolieren.

Literatur.

1. BARADUC-MULLER, L.: Rev. Métallurg. Bd. 7 (1910) S. 763. S. insbesondere E. WEDEKIND: Ber. dtsch. chem. Ges. Bd. 35 (1902) S. 3932. — 2. HÖNIGSCHMID, O.: C. R. Acad. Sci., Paris Bd. 143 (1906) S. 224/26. Mh. Chemie Bd. 27 (1907) S. 1067/69.

Sn-Sr. Zinn-Strontium.

Aus thermischen und mikroskopischen Untersuchungen (insbesondere nach mehrstündigem Glühen bei 240°) an Sn-reichen Sn-Sr-Legierungen schließt RAY[1] auf das Bestehen der beiden Verbindungen Sn_5Sr (12,87% Sr) und Sn_3Sr (19,75% Sr); Abb. 450 gibt das von ihm aufgestellte Zustandsschaubild wieder.

Literatur.

1. RAY, K. W.: Ind. Engng. Chem. Bd. 22 (1930) S. 519/22. Eine nähere Beschreibung der Herstellung der Legn. durch Elektrolyse gibt der Verf. in Met. & Alloys Bd. 1 (1929) S. 112/13.

Sn-Te. Zinn-Tellur.

Das Erstarrungsschaubild der Sn-Te-Legierungen wurde ausgearbeitet von PÉLABON[1] (nur oberflächlich), FAY[2], BILTZ-MECKLENBURG[3] und KOBAYASHI[4]. In Abb. 451 sind die von diesen Forschern gefundenen Temperaturpunkte des Beginns und des Endes der Erstarrung eingezeichnet[5]; eine Zusammenstellung der ausgezeichneten Temperaturen und Konzentrationen des Diagramms findet sich in Tabelle 39.

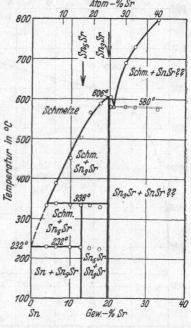

Abb. 450. Sn-Sr. Zinn-Strontium.

Die in Abb. 451 dargestellte Liquiduskurve stützt sich im wesentlichen auf die von PÉLABON, BILTZ-MECKLENBURG und KOBAYASHI bestimmten Werte; die von FAY ermittelten liegen größtenteils wesentlich zu tief.

Die Verbindung SnTe (51,79% Te), deren Bestehen sich unmittelbar aus der thermischen Analyse ergibt, wurde schon früher von DITTE[6]

68*

Tabelle 39.

	P.	F.	B. u. M.	K.
Sn-SnTe-Eutektikum	—	232° 0% Te	232° 0% Te	232° 0% Te
Schmelzp. der Verb. SnTe (51,79% Te).........	∼ 780°	769°	∼ 796°	781°
SnTe-Te-Eutektikum	388° 85% Te	399° 85% Te	405° 85% Te	393° 86% Te
Schmelzpunkt des Tellurs	452°	446°	455°	437°

dargestellt und als äußerst beständig erkannt; sie destilliert unzersetzt. Ob sie mit den Komponenten Mischkristalle zu bilden vermag, ist zwar

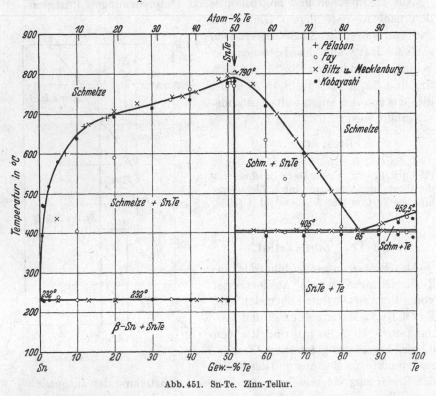

Abb. 451. Sn-Te. Zinn-Tellur.

bisher nicht näher untersucht worden, doch dürfte aus den Messungen der magnetischen Suszeptibilität von HONDA-SONÉ[7] und ENDO[8] mit Sicherheit folgen, daß ihr Lösungsvermögen für Sn und Te äußerst gering ist.

Mit dem in Abb. 451 dargestellten Zustandsschaubild stehen im Einklang die Ergebnisse der mikroskopischen Untersuchungen von FAY, BILTZ-MECKLENBURG und KOBAYASHI, der Leitfähigkeits- und Thermokraftmessungen von HAKEN[9], der Messungen der magnetischen Suszeptibilität von HONDA-SONÉ[7] und ENDO[8] und der Potentialmessungen von PUSCHIN[10]. Aus den Arbeiten von HAKEN, HONDA-SONÉ und ENDO folgt insbesondere, daß die feste Löslichkeit von Sn in Te nur äußerst gering sein kann.

Durch Messung der magnetischen Suszeptibilität der flüssigen Sn-Te-Legierungen konnte ENDO[8] zeigen, daß in der Schmelze SnTe-Moleküle vorliegen: die für 800°, 850° und 900° geltenden Isothermen besitzen ein scharfes Minimum bei der Zusammensetzung SnTe, woraus auf einen sehr kleinen Dissoziationsgrad der Verbindungs-moleküle zu schließen ist, was mit der Beobachtung DITTEs (s. o.) übereinstimmt.

Im Hinblick darauf, daß in der Verbindung SnTe eine intermediäre Phase von höchstwahrscheinlich singulärer Zusammensetzung vorliegt, die im flüssigen Zustand ihren Charakter als chemische Verbindung beibehält, ist die Feststellung interessant, daß ihr ein Gitter vom Steinsalztypus zukommt[11]. Sie ist also nicht mehr als typische inter-metallische Verbindung anzusehen.

Literatur.

1. PÉLABON, H.: C. R. Acad. Sci., Paris Bd. 142 (1906) S. 1147/49. Ann. Chim. Phys. 8 Bd. 17 (1909) S. 526. — **2.** FAY, H.: J. Amer. chem. Soc. Bd. 29 (1907) S. 1265/68. — **3.** BILTZ, W., u. W. MECKLENBURG: Z. anorg. allg. Chem. Bd. 64 (1909) S. 226/35. — **4.** KOBAYASHI, M.: Z. anorg. allg. Chem. Bd. 69 (1911) S. 6/9. — **5.** Es liegt durchaus im Bereich der Möglichkeit, daß der nur schwach geneigte Teil der Liquiduskurve zwischen rd. 25 und 45% Te — insbesondere nach den thermischen Daten von BILTZ u. MECKLENBURG — in Wirklichkeit, d. h. bei vollständigem Erstarrungsgleichgewicht, horizontal verläuft. Über die daraus notwendig folgende Beobachtung der Bildung von zwei Schichten in den betreffenden Legn. fehlen jedoch Angaben der Verfasser. BILTZ u. MECKLENBURG geben nur an, daß starke Seigerungen beobachtet wurden. — **6.** DITTE, A.: C. R. Acad. Sci., Paris Bd. 96 (1893) S. 1792. — **7.** HONDA, K., u. T. SONÉ: Sci. Rep. Tôhoku Univ. Bd. 2 (1913) S. 10/11. — **8.** ENDO, H.: Sci. Rep. Tôhoku Univ. Bd. 16 (1927) S. 218/20. S. auch K. HONDA u. H. ENDO: J. Inst. Met., Lond. Bd. 37 (1927) S. 38/41. — **9.** HAKEN, W.: Ann. Physik Bd. 32 (1910) S. 316/18. — **10.** PUSCHIN, N.: Z. anorg. allg. Chem. Bd. 56 (1908) S. 15/17. — **11.** GOLD-SCHMIDT, V. M. 1927. Vgl. P. P. EWALD u. C. HERMANN: Strukturbericht 1913 bis 1928, S. 74 u. 137, Leipzig 1931.

Sn-Th. Zinn-Thorium.
Siehe Cd-Th, S. 460.

Sn-Th$_B$. Zinn-Thorium B.

Die Löslichkeit des Bleiisotops Thorium B in festem Sn ist kleiner als $1 \cdot 10^{-6}\%$[1].

Literatur.

1. TAMMANN, G., u. G. BANDEL: Z. Metallkde. Bd. 25 (1933) S. 155.

Sn-Tl. Zinn-Thallium.

HEYCOCK-NEVILLE[1] bestimmten bei einer Untersuchung über den Einfluß von Tl-Zusätzen auf den Sn-Erstarrungspunkt die Temperatur des Beginns der Erstarrung von 16 Schmelzen mit 0,2—19,5% Tl (Abb. 452). KURNAKOW-PUSCHIN[2] bestätigten ihre Beobachtungen und bestimmten den Verlauf der ganzen Liquiduskurve mit Hilfe von 50 Schmelzen (Abb. 452). Den eutektischen Punkt ermittelten sie mit großer Genauigkeit zu 43,5% Tl und 170°. Aus der Tatsache, daß die

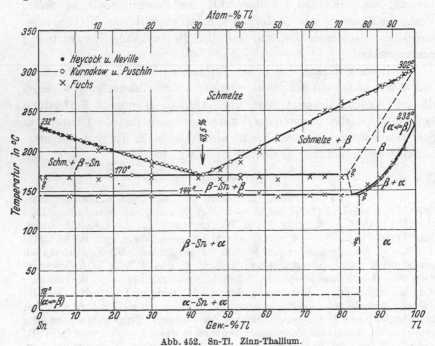

Abb. 452. Sn-Tl. Zinn-Thallium.

Gefrierpunkterniedrigung des Thalliums durch Sn nur ungefähr $^1/_3$ der normalen ist, schlossen sie auf die Bildung Tl-reicher fester Lösungen. Da sie jedoch — wie auch aus Abb. 452 hervorgeht — nicht die Ausdehnung der eutektischen Horizontalen bestimmten, so konnten sie keine Aussagen über den Grad der Mischkristallbildung machen. Die Gefrierpunkterniedrigung des Zinns ist praktisch gleich der normalen; Sn-reiche Mischkristalle erheblicher Konzentration liegen also nicht vor.

Um über die Ausdehnung des Gebietes der Tl-reichen Mischkristalle Aufschluß zu bekommen, führte FUCHS[3] eine vollständige thermische Analyse des Systems durch (vgl. die Kreuze in Abb. 452). Der eutektische Punkt wurde bei 42,4% Tl und 166° gefunden; die von KURNAKOW-PUSCHIN angegebenen Werte verdienen jedoch den Vorzug. Auf Grund der Haltezeiten der eutektischen Kristallisation verläuft die

Eutektikale von 0% (?) bis etwa 82,5% Tl. Im Gleichgewichtszustand dürfte jedoch die Sättigungsgrenze bei 170° des Tl-reichen β-Mischkristalls bei etwas niederem Tl-Gehalt zu suchen sein. FUCHS bestimmte auch die Temperaturen der polymorphen Umwandlung: β-Mischkristall $\rightarrow$ α-Mischkristall (kubisch-flächenzentriert $\rightarrow$ hexagonaldichtestgepackt). Die in Abb. 452 gestrichelt gezeichneten Sättigungsgrenzen beider Mischkristalle wurden bisher noch nicht bestimmt. Bei Raumtemperatur dürfte die Löslichkeitsgrenze unter 85% Tl liegen, da nach TAMMANN-RÜDIGER[4] eine bei 140° abgeschreckte Legierung dieser Zusammensetzung während eines 50tägigen Lagerns bei 20° keine Widerstandsänderung aufwies. Eine bei derselben Temperatur abgeschreckte Legierung mit 79,6% Tl erfuhr dagegen bei gleicher Behandlung infolge Entmischung des übersättigten Mischkristalls eine geringe Widerstandsabnahme.

KREMANN-LOBINGER[8] haben in der Kette Tl (amalgamiert)/TlCl gesätt. Lös./$Sn_xTl_{(1-x)}$ zwischen 100% und annähernd 10% Tl praktisch die Tl-Spannung gemessen, die Tl-reichen Mischkristalle kommen also nicht in der Spannungskurve zum Ausdruck. Zwischen rd. 10% und 0% Tl fällt die Spannung mit abnehmendem Tl-Gehalt allmählich auf das Sn-Potential ab. Diese Beobachtung würde für das Vorhandensein Sn-reicher fester Lösungen sprechen können.

Nachtrag. Nach SEKITO[9] besitzen abgeschreckte (Temp.?) Legierungen mit 80 und 90% Tl das kubisch-flächenzentrierte Gitter des β-Tl.

Die von MEISSNER-FRANZ-WESTERHOFF[5] bestimmten Temperaturen, bei denen die Sn-Tl-Legierungen supraleitend werden (Sprungpunkte), ändern sich nach Auffassung von BENEDICKS[6] mit der Zusammensetzung in einer Weise, die mit dem Zustandsdiagramm der Abb. 452 nicht verträglich ist, und zwar schließt BENEDICKS auf das Bestehen einer intermediären Phase mit rd. 4,5—10 Atom-% = 7,5—16 Gew.-% Tl, die zwischen 170° und 200° durch eine peritektische Reaktion — unter gewöhnlichen Abkühlungsverhältnissen also nur unvollständig — gebildet werden soll. Da eine Bestätigung mit Hilfe anderer Untersuchungsverfahren noch aussteht, wurde davon abgesehen, diese Phase in Abb. 452 einzuzeichnen. Oberhalb etwa 84% Tl fällt der Sprungpunkt allmählich auf den Wert des Tl ab. Aus der Änderung der Sprungpunkte in den Sn-reichsten Legierungen könnte man auf eine geringe Löslichkeit von Tl in Sn schließen.

Literatur.

1. HEYCOCK, C. T., u. F. H. NEVILLE: J. chem. Soc. Bd. 57 (1890) S. 379. — 2. KURNAKOW, N. S., u. N. A. PUSCHIN: Z. anorg. allg. Chem. Bd. 30 (1902) S. 101/108. — 3. FUCHS, P.: Z. anorg. allg. Chem. Bd. 107 (1919) S. 308/12. — 4. TAMMANN, G., u. H. RÜDIGER: Z. anorg. allg. Chem. Bd. 192 (1930) S. 40/42. — 5. MEISSNER, W., H. FRANZ u. H. WESTERHOFF: Ann. Physik Bd. 13 (1932) S. 510/21. Metallwirtsch. Bd. 10 (1931) S. 293/94. — 6. BENEDICKS, C.: Z. Metallkde.

Bd. 25 (1933) S. 201. — **7.** Die Sättigungsgrenze verschiebt sich danach sicher
nicht wesentlich unterhalb 0°. — **8.** KREMANN, R., u. A. LOBINGER: Z. Metallkde.
Bd. 12 (1920) S. 251/53. — **9.** SEKITO, S.: Z. Kristallogr. Bd. 74 (1930) S. 193/95.

Sn-W. Zinn-Wolfram.

CARON[1] stellte fest, daß sich Zinn mit Wolfram nicht legieren läßt. Auch
SARGENT[2] konnte bei Versuchen, die Metalloxyde mit Kohle zu reduzieren, keine
Sn-W-Legierung darstellen. KREMER[3] versuchte vergeblich auf aluminothermischem Wege eine Legierung herzustellen. Die Probe bestand aus W-Körnern in
einer aus reinem Sn bestehenden Grundmasse.

Literatur.

1. CARON: Ann. Chim. Phys. 3 Bd. 68 (1863) S. 143. — **2.** SARGENT, C.: J.
Amer. chem. Soc. Bd. 22 (1900) S. 783. — **3.** KREMER, D.: Abh. Inst. Metallhütt.
u. Elektromet. Techn. Hochsch. Aachen Bd. 1 (1916) Nr. 2 S. 11/12.

Sn-Zn. Zinn-Zink.

Die Bestimmungen von Punkten der Liquidus- und Soliduskurve durch RUDBERG[1], MAZZOTTO[2] und auch GAUTIER[3] (der die erste
vollständige Liquiduskurve gab) treten an Bedeutung hinter den eingehenderen und genaueren Bestimmungen (35 Legn.) seitens HEYCOCK-
NEVILLE[4] zurück (vgl. Abb. 453). Spätere Wiederholungen der Bestimmung der ganzen Kurve durch LORENZ-PLUMBRIDGE[5] (16 Legn.),
CREPAZ[6] (13 Legn.) und kleinerer Teile durch ARNEMANN[7] (Legn. mit
90,95 und 99% Zn) sowie GUREVICH-HROMATKO[8] (16 Legn. zwischen
0 und 4% Zn) bestätigten den von HEYCOCK-NEVILLE gefundenen
Verlauf mit sehr geringen, innerhalb der Fehlergrenzen liegenden Abweichungen.

Eutektische Konzentration (in Prozenten Zn) und eutektische Temperatur werden von verschiedenen Forschern wie folgt
angegeben: RUDBERG: 8,5%, 204°; MAZZOTTO: ~7,5%, 198°; HEYCOCK-
NEVILLE: 9,5%, 198°; LORENZ-PLUMBRIDGE: 8%, 199°, CREPAZ:
~8,3%, 199°; ARNEMANN: eutektische Temperatur = 199°. Daraus
geht hervor, daß die eutektische Temperatur bei 198—199° liegt; die
eutektische Konzentration liegt zwischen 8 und 9,5% Zn; 9% dürfte
nach den thermischen Daten der Wirklichkeit am nächsten kommen.

Die Abwesenheit einer intermediären Kristallart im System Sn-Zn,
die nach den thermischen und mikroskopischen Untersuchungen[9] als
gesicherte Tatsache anzusehen ist, findet ihre Bestätigung durch die
Messungen physikalischer Eigenschaften in Abhängigkeit von der Zusammensetzung. Über folgende Eigenschaften liegen Untersuchungen
vor: Dichte: CALVERT-JOHNSON[10], MAEY[11]; elektrische Leitfähigkeit:
MATTHIESSEN[12], SCHULZE[13]; thermische Leitfähigkeit: SCHULZE[13];
Thermokraft: RUDOLFI[14]; magnetische Suszeptibilität: ENDO[15]; ther-

mische Ausdehnung: MATTHIESSEN[16]; elektrochemische Spannung: LAURIE[17], HERSCHKOWITSCH[18], FUCHS[19], CREPAZ[6].

Über die Löslichkeit von Sn in Zn, die nach den mikroskopischen Beobachtungen an ungeglühten Legierungen und den Messungen der elektrischen Leitfähigkeit, der thermischen Leitfähigkeit, der magnetischen Suszeptibilität u. a. m. nur sehr gering sein kann, sind wir näher unterrichtet durch Untersuchungen von PEIRCE[20] und TAMMANN-CRONE[21]. PEIRCE vertritt auf Grund mikroskopischer Prüfung die Ansicht, daß keine nachweisbare Löslichkeit vorliegt; Legierungen mit 0,1 und wohl auch 0,05% erwiesen sich als zweiphasig und — offenbar infolge der Gegenwart von Zinnhäutchen zwischen den Zinkkörnern —

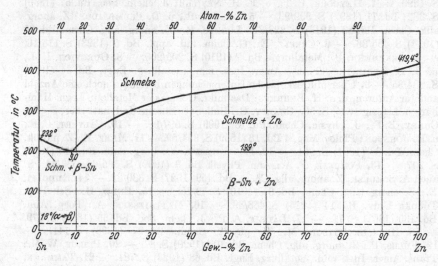

Abb. 453. Sn-Zn. Zinn-Zink.

als spröde. TAMMANN-CRONE fanden, daß die Löslichkeit von Sn in Zn bei 400° (nach dem Abschrecken) wenig größer als 0,1% ist; nach langsamem Erkalten aus dem Schmelzfluß auf Raumtemperatur war in einer Legierung mit 0,05% Sn kein freies Zinn an den Korngrenzen der Zn-Kristallite zu erkennen, wohl aber in einer Legierung mit 0,1% Sn.

Derartig genaue Angaben lassen sich bisher über den Grad der Löslichkeit von Zn in Sn nicht machen. CURRY will Legierungen mit 0—7% Zn als homogen erkannt haben. Aus den Spannungsmessungen (Kette $Zn/1 n ZnSO_4/Sn_x Zn_{(1-x)}$) von HERSCHKOWITSCH, FUCHS und CREPAZ könnte man den allerdings etwas gewagten Schluß ziehen, daß rd. 1,5% Zn[22] (nach FUCHS, der als einziger getemperte Legierungen untersuchte) in Sn löslich sind, da die Spannungskurve zwischen 2 und 1% Zn auf den Spannungswert des Sn abfällt, freie Zn-Teilchen in diesen Legierungen also nicht mehr vorhanden sind. Die Ergebnisse der Messungen der elektrischen Leitfähigkeit, der magnetischen Suszeptibilität usw. sprechen jedoch gegen diese Auffassung[23][27].

Die Dichte der flüssigen Legierungen ändert sich — wie zu erwarten — nach SAUERWALD[24] und MATUYAMA[25] praktisch linear mit der Zusammensetzung.

Nachtrag. Bei der eutektischen Temperatur liegt die Löslichkeit von Sn in Zn nach TAMMANN-ROCHA[26] zwischen 0,05 und 0,1% Sn.

Literatur.

1. RUDBERG, F.: Pogg. Ann. Bd. 18 (1830) S. 240. — **2.** MAZZOTTO, D.: Mem. R. Ist. Lombardo Bd. 16 (1886) S. 1. Vgl. K. BORNEMANN: Metallurgie Bd. 7 (1910) S. 90/91. — **3.** GAUTIER, H.: Bull. Soc. Encour. Ind. nat. 5 Bd. 1 (1896) S. 1293. — **4.** HEYCOCK, C. T., u. F. H. NEVILLE: J. chem. Soc. Bd. 57 (1890) S. 382; Bd. 71 (1897) S. 392/93. — **5.** LORENZ, R., u. D. PLUMBRIDGE: Z. anorg. allg. Chem. Bd. 83 (1913) S. 228/31. LORENZ, R.: Z. anorg. allg. Chem. Bd. 85 (1914) S. 435/36. — **6.** CREPAZ, E.: G. Chim. ind. appl. Bd. 5 (1923) S. 115/16. — **7.** ARNEMANN, P.: Metallurgie Bd. 7 (1910) S. 205/206. — **8.** GUREVICH, L. J., u. J. S. HROMATKO: Trans. Amer. Inst. min. metallurg. Engr. Bd. 64 (1921) S. 234/35. — **9.** Über mikroskopische Untersuchungen berichten noch eine Anzahl anderer Autoren, u. a. H. BEHRENS: Das mikr. Gefüge der Metalle u. Legn. Hamburg u. Leipzig 1894, S. 56. CHARPY, G.: Bull. Soc. Encour. Ind. nat. 1898, S. 670. CURRY, B. E.: J. physic. Chem. Bd. 13 (1909) S. 597/98. — **10.** CALVERT, C. F., u. R. JOHNSON: Philos. Mag. 4 Bd. 18 (1859) S. 354/59. — **11.** MAEY, E.: Z. physik. Chem. Bd. 38 (1901) S. 291. — **12.** MATTHIESSEN, A.: Pogg. Ann. Bd. 110 (1860) S. 207. — **13.** SCHULZE, F. A.: Ann. Physik Bd. 9 (1902) S. 565/67, 583/84. S. auch A. SCHULZE: Z. anorg. allg. Chem. Bd. 159 (1927) S. 330/32. — **14.** RUDOLFI, E.: Z. anorg. allg. Chem. Bd. 67 (1910) S. 72/75. — **15.** ENDO, H.: Sci. Rep. Tôhoku Univ. Bd. 14 (1925) S. 488/89. — **16.** MATTHIESSEN, A.: Pogg. Ann. Bd. 130 (1867) S. 71. — **17.** LAURIE, A. P.: J. chem. Soc. Bd. 55 (1889) S. 679. — **18.** HERSCHKOWITSCH, M.: Z. physik. Chem. Bd. 27 (1898) S. 141. — **19.** FUCHS, P.: Z. anorg. allg. Chem. Bd. 109 (1920) S. 87. — **20.** PEIRCE, W. M.: Trans. Amer. Inst. min. metallurg. Engr. Bd. 68 (1923) S. 781. — **21.** TAMMANN, G., u. W. CRONE: Z. anorg. allg. Chem. Bd. 187 (1930) S. 300. — **22.** Nach HERSCHKOWITSCH fällt die Spannung von etwa 2,5%, nach CREPAZ von etwa 2% Zn ab auf den Spannungswert des Sn herunter. — **23.** Die Aussagen der Spannungsmessungen sind nicht allzu verläßlich, da auch Fälle bekannt sind, in denen ein Spannungsabfall vor Erreichen der neuen Komponente eintritt, obgleich Mischkristalle sicher nicht existieren. — **24.** SAUERWALD, F.: Z. anorg. allg. Chem. Bd. 153 (1926) S. 319/22. — **25.** MATUYAMA, Y.: Sci. Rep. Tôhoku Univ. Bd. 18 (1929) S. 35, 38. — **26.** TAMMANN, G., u. H. J. ROCHA: Z. Metallkde. Bd. 25 (1933) S. 133. — **27.** Neuerdings haben R. BLONDEL u. P. LAFFITTE: C. R. Acad. Sci., Paris Bd. 200 (1935) S. 1472/74 Sn-reiche Mischkristalle nachgewiesen.

Sn-Zr. Zinn-Zirkonium.

Die Herstellung von Sn-Zr-Legierungen durch einen Sinterungsprozeß hat COOPER[1] beschrieben. Kompaktes Zr löst sich in geschmolzenem Sn nicht auf[2].

Literatur.

1. COOPER, H. S.: Trans. Amer. electrochem. Soc. Bd. 43 (1923) S. 222. Vgl. Gmelin-Kraut Handbuch Bd. 6, 1 (1928) S. 777. — **2.** MARDEN, J. W., u. M. N. RICH: U. S. Bur. Mines Bull. Nr. 186 (1921) S. 106.

Sr-Te. Strontium-Tellur.

Die Verbindung SrTe (59,27% Te) besitzt nach GOLDSCHMIDT[1] ein Kristall-gitter vom Steinsalztypus.

Literatur.

1. GOLDSCHMIDT, V. M.: Geochemische Verteilungsgesetze der Elemente VII u. VIII. Skrifter Norske Videnskaps-Akad. Oslo, I. math.-nat. Kl. 1926 Nr. 2 u. 1927 Nr. 8. S. auch P. P. EWALD u. C. HERMANN: Strukturbericht 1913—1928, S. 74 u. 135, Leipzig 1931.

Sr-Tl. Strontium-Thallium.

Die Verbindung SrTl (69,99% Tl) hat eine kubisch-raumzentrierte Struktur vom β-Messingtyp[1].

Literatur.

1. ZINTL, E., u. G. BRAUER: Z. physik. Chem. B Bd. 20 (1933) S 245/71.

Ta-W. Tantal-Wolfram.

Ta soll sich mit W in jedem Verhältnis legieren[1].

Literatur.

1. BOLTON, W. v.: Z. Elektrochem. Bd. 11 (1905) S. 51.

Te-Ti. Tellur-Titan.

Die Gitterstruktur der Verbindung Te_2Ti mit 27,31% Ti (dargestellt durch Erhitzen von pulverisiertem Ti mit Te im theoretischen Mengenverhältnis in H_2-Atmosphäre) hat OFTEDAL[1] bestimmt. Te_2Ti kristallisiert hexagonal im Struktur-typus des CdJ_2.

Literatur.

1. OFTEDAL, I.: Z. physik. Chem. Bd. 134 (1928) S. 301/10.

Te-Tl. Tellur-Thallium.

Das System Te-Tl wurde von PÉLABON[1] und CHIKASHIGE[2] (ohne Kenntnis der Arbeit von PÉLABON) untersucht. Die Abweichung des Befundes beider Arbeiten geht aus der Gegenüberstellung der Zu-standsdiagramme (Abb. 454) hervor.

PÉLABON bestimmte nur die in Abb. 454 voll ausgezogenen Kurven, d. h. fast ausschließlich die Kurve des Beginns der Erstarrung. Die das Diagramm vervollständigenden gestrichelt gezeichneten Kurven er-geben sich zwanglos. Das Maximum bei 442° auf der Liquiduskurve deutet auf das Bestehen der Verbindung Tl_5Te_3 (72,76% Tl) hin[3]. Zwischen 76 und nahezu 100% Tl beobachtete PÉLABON in den er-starrten Legierungen Schichtenbildung. Die Ursache der beiden bei Temperaturen der geneigten Geraden ab' und cd' beobachteten Wärme-tönungen hat PÉLABON nicht geklärt. Die von GUERTLER[4] gegebene

Deutung wird sicher den Verhältnissen am besten gerecht: GUERTLER nimmt an, daß diese von PÉLABON beobachteten thermischen Effekte durch Unterkühlungserscheinungen zu um so tieferen Temperaturen verschoben sind, je höher der Tl-Gehalt der Schmelzen ist. Man erhält dann zwei peritektische Horizontalen ab und cd bei etwa 320° bzw. 265°, die der Bildung zweier intermediärer Kristallarten entsprechen. Als Zusammensetzungen dieser Phasen kommen m. E. die Formeln Tl_2Te_3 (51,66% Tl) und TlTe (61,58% Tl) am ehesten in Betracht.

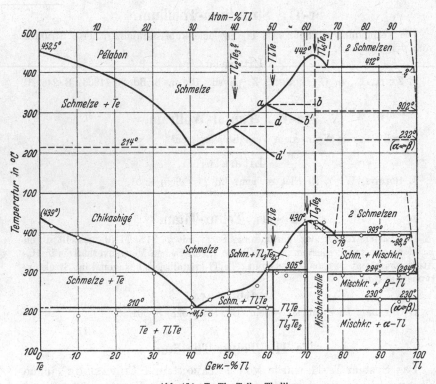

Abb. 454. Te-Tl. Tellur-Thallium.

CHIKASHIGE, der auch das Ende der Erstarrung bestimmte, beobachtete jedoch nur eine peritektische Horizontale (305°), die der Reaktion: Schmelze $+ Tl_3Te_2 \rightleftharpoons$ TlTe entspricht (Abb. 454). Ob hier ein Versuchsfehler von PÉLABON oder ein Übersehen von seiten CHIKASHIGEs vorliegt, kann nur durch eine neue Untersuchung geklärt werden[5]. In weiterer Abweichung von PÉLABONs Diagramm nimmt CHIKASHIGE das Bestehen der Verbindung Tl_3Te_2 (70,63% Tl) statt Tl_5Te_3 an. Die Lage der wenigen in diesem Bereich von CHIKASHIGE bestimmten Temperaturpunkte ließe jedoch auch die Formel Tl_5Te_3 zu. Weitere Einzelheiten sind der Abb. 454 zu entnehmen.

Literatur.

1. Pélabon, H.: C. R. Acad. Sci., Paris Bd. 145 (1907) S. 118/21. Ref. Chem. Zbl. 1907 II S. 1389, mit Diagramm. S. auch Ann. Chim. Phys. 8 Bd. 17 (1909) S. 526. — **2.** Chikashige, M.: Z. anorg. allg. Chem. Bd. 78 (1912) S. 68/74. Die Legn. (20 g) wurden in Röhren aus Jenaer Glas unter H_2 erschmolzen. Jede Abkühlungskurve wurde zweimal aufgenommen. Die zu niedrig gefundenen Erstarrungstemperaturen der Komponenten deuten auf einen nicht sehr hohen Reinheitsgrad. — **3.** Pélabon hielt auch die Konzentrationen des Eutektikums und des Knickes auf der Liquiduskurve bei 76% Tl und 412° für Verbindungen. — **4.** Guertler, W.: Handbuch Metallographie Bd. 1, 1. Teil, S. 936/37, Berlin: Gebr. Borntraeger 1912. — **5.** Chikashige teilt mit, daß die mikroskopische Untersuchung das Ergebnis der thermischen Analyse vollkommen bestätigt.

Te-Zn. Tellur-Zink.

Margottet[1] und Fabre[2] haben die Verbindung ZnTe mit 33,89% Zn (große rubinrote Kristalle) durch Zusammenschmelzen der Elemente

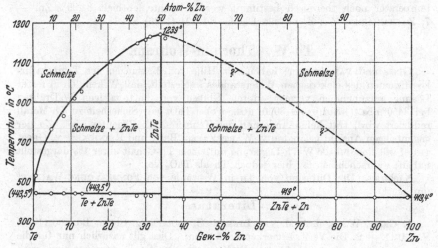

Abb. 455. Te-Zn. Tellur-Zink.

im Wasserstoffstrom dargestellt. Tibbals[3] fand dieselbe Verbindung auf chemischem Wege[4].

Kobayashi[5], der das in Abb. 455 dargestellte Zustandsdiagramm mit Hilfe thermischer und mikroskopischer Untersuchungen ausgearbeitet hat, konnte das Bestehen der Verbindung ZnTe bestätigen. Da aus flüssigen Mischungen der Verbindung mit Zink dieses bis auf einen kleinen Betrag[6], der in der geschmolzenen Verbindung löslich ist, verdampft, so war die Bestimmung der Liquiduskurve im Bereich von 35—100% Zn bei gewöhnlichem Druck nicht möglich. Werden die Mischungen dagegen nur bis auf 900° erhitzt, bei welcher Temperatur sich bereits ein sehr großer Teil der festen Verbindung durch gegenseitige Einwirkung der Komponenten bildete, so konnte die Zinkverdampfung verhindert und damit die Temperatur des Endes der Erstarrung bestimmt werden.

Nach röntgenographischer Untersuchung von ZACHARIASEN[7] kristallisiert ZnTe regulär mit Zinkblendestruktur.

Literatur.

1. MARGOTTET, J.: C. R. Acad. Sci., Paris Bd. 84 (1877) S. 1293/96. — **2.** FABRE, CH.: C. R. Acad. Sci., Paris Bd. 105 (1887) S. 279. — **3.** TIBBALS, CH. A.: J. Amer. chem. Soc. Bd. 31 (1909) S. 908. Die Verbindung hat die Fähigkeit, ein Mol Wasser zu binden, besitzt also schon Salzcharakter. — **4.** Vgl. auch L. M. DENNIS u. R. P. ANDERSON: J. Amer. chem. Soc. Bd. 36 (1914) S. 882/909. S. auch L. MOSER u. K. ERTL: Z. anorg. allg. Chem. Bd. 118 (1921) S. 271/73. — **5.** KOBAYASHI, M.: Int. Z. Metallogr. Bd. 2 (1912) S. 65/69. Mem. Coll. Sci. Kyoto Univ. Bd. 3 (1911) S. 217. KOBAYASHI arbeitete mit Schmelzen von 20 g. Die Abkühlungskurven wurden bis herunter zu 200° verfolgt. Die Legn. mit 0 bis 35% Zn wurden analysiert. — **6.** Die Zn-reichste Legierung, deren Liquidustemperatur noch thermisch bestimmt werden konnte, enthielt 34,99% Zn. — **7.** ZACHARIASEN, W.: Z. physik. Chem. Bd. 124 (1926) S. 277/84.

Th-W. Thorium-Wolfram.

GEISS und VAN LIEMPT[1] haben mit Hilfe von Messungen des Temperaturkoeffizienten des elektrischen Widerstandes festgestellt, daß W kein Th in fester Lösung aufzunehmen vermag: durch Glühen von ThO_2-haltigen W-Drähten bei 3450° abs. (1 Std.) und 3050° abs., wobei ThO_2 mit Sicherheit zu Th-Metall reduziert wird, trat keine Änderung des Temperaturkoeffizienten ein[2]. Zu der gegenteiligen Ansicht gelangten v. WARTENBERG, BROY und REINICKE[3]. v. GROTTHUS[4] will eine duktile W-Th-Legierung mit einem Th-Gehalt unter 1% dargestellt haben; wahrscheinlich lag hier jedoch Th als ThO_2 vor.

Nachtrag. Die Diffusion von Th in W wurde von FONDA-YOUNG-WALKER[5] untersucht.

Literatur.

1. GEISS, W., u. J. A. M. VAN LIEMPT: Z. anorg. allg. Chem. Bd. 168 (1927) S. 110/11. — **2.** Die Verff. bemerken noch dazu: „Dies gilt natürlich nur für die reinen Komponenten; sobald dem Wolfram fremde Metalle zugefügt sind, wird das System ternär und die Verhältnisse können ganz andere werden. So sind wenigstens die abweichenden Resultate anderer Forscher (v. WARTENBERG-BROY-REINICKE, v. GROTTHUS) zu erklären; s. oben. Für das Bestehen einer intermetallischen Verbindung konnten sie keine Anhaltspunkte gewinnen (s. Originalarbeit), doch ist ihre Beweisführung nicht zwingend. — **3.** WARTENBERG, H. v., J. BROY u. R. REINICKE: Z. Elektrochem. Bd. 29 (1923) S. 214/17. — **4.** GROTTHUS, L. v.: Met. u. Erz Bd. 10 (1913) S. 844. — **5.** FONDA, G. R., A. H. YOUNG u. A. WALKER: Physics Bd. 4 (1933) S. 1/6. Ref. Physik. Ber. Bd. 14 (1933) S. 913.

Th-Zn. Thorium-Zink.

Siehe Cd-Th, S. 460.

Ti-Zr. Titan-Zirkonium.

Die Werte des spezifischen elektrischen Widerstandes und seines Temperaturkoeffizienten von drei Legierungen mit 12,3, 78,9 und 86,6 Atom-% Zr lassen sich, wie DE BOER und CLAUSING[1] festgestellt haben, mit den Werten der Elemente zu glatten Kurvenzügen (Kettenkurven) vereinigen. Das würde — falls eine derartig weitgehende Interpolation zulässig sein sollte — für das Bestehen einer lückenlosen Mischkristallreihe zwischen den beiden Metallen sprechen. Die notwendige Voraussetzung dafür, Gleichheit der Gitterstruktur, ist erfüllt[2][3].

Literatur.

1. BOER, J. H. DE, u. P. CLAUSING: Physica Bd. 10 (1930) S. 267/69. Ref· Physik. Ber. Bd. 12 (1931) S. 56. — **2.** Ti und Zr besitzen ein hexagonales Gitter dichtester Packung, c/a = 1,59. — **3.** Vgl. auch ARKEL, A. E. VAN: Metallwirtsch. Bd. 13 (1934) S. 514.

Tl-Zn. Thallium-Zink.

Das Verhalten der Metalle Tl und Zn zueinander wird nach dem von VON VEGESACK[1] aufgestellten Erstarrungsschaubild (Abb. 456) gekennzeichnet durch das Bestehen einer ausgedehnten bei 416 bis 417° (HEYCOCK-NEVILLE[2] fanden eine Erniedrigung des Zn-Erstarrungspunktes auf 414° durch 2,5% Tl) von etwa 5 bis etwa 97,5% Zn reichenden Mischungslücke im flüssigen Zustand. — Über den Grad der Mischbarkeit im festen Zustand ist nichts Näheres bekannt.

Die in Abb. 456 eingezeichnete Horizontale der polymorphen Umwandlung des Thalliums wurde von VON VEGESACK nicht bestimmt.

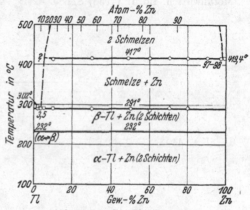

Abb. 456. Tl-Zn. Thallium-Zink.

KREMANN-LOBINGER[3] haben in der Kette Zn/1 n ZnSO$_4$/Tl$_x$Zn$_{(1-x)}$ im Einklang mit dem Zustandsdiagramm im Bereich von 0 bis rd. 98% Zn praktisch die Zn-Spannung gemessen. Legierungen mit 99,3 und 99,6% Zn zeigten die Tl-Spannung, da anscheinend in diesen Legierungselektroden keine Zinkteilchen freilagen.

Literatur.

1. VEGESACK, A. v.: Z. anorg. allg. Chem. Bd. 52 (1907) S. 30/34. Die Schmelzen (3,6 cm³) wurden in Jenaer Glasröhren unter H$_2$ hergestellt. — **2.** HEYCOCK, C. T., u. F. H. NEVILLE: J. chem. Soc. Bd. 71 (1897) S. 383. — **3.** KREMANN, R., u. A. LOBINGER: Z. Metallkde. Bd. 12 (1920) S. 246/47.

W-Zn. Wolfram-Zink.

KREMER[1] teilt mit, daß sich W nicht in geschmolzenem Zn löst.

Literatur.

1. Kremer, D.: Abh. Inst. Metallhütt. u. Elektromet. Techn. Hochsch. Aachen Bd. 1 (1916) Nr. 2 S. 9/10.

W-Zr. Wolfram-Zirkonium.

Die Herstellung von W-Zr-Legierungen wurde verschiedentlich beschrieben[1]. Claassen-Burgers[2] haben das Bestehen der Verbindung W_2Zr (19,86% Zr) mit Sicherheit nachgewiesen und ihre Gitterstruktur bestimmt (kubisch mit 8 Molekülen W_2Zr im Elementarwürfel). W_2Zr bildet mit Zr keine Mischkristalle.

Literatur.

1. Cooper, H. S.: Trans. Amer. electrochem. Soc. Bd. 43 (1923) S. 225. Wartenberg, H. v., J. Broy u. R. Reinicke: Z. Elektrochem. Bd. 29 (1923) S. 215. Boer, J. H. de, u. J. D. Fast: Z. anorg. allg. Chem. Bd. 153 (1926) S. 6. — **2.** Claassen, A., u. W. G. Burgers: Z. Kristallogr. Bd. 86 (1933) S. 100/105. Metallwirtsch. Bd. 12 (1933) S. 689.

Sachverzeichnis.

Printed in the United States
By Bookmasters